정나나의 화공기사 필기

과년도 문제해설

머리말 | PREFACE

화학공학 및 관련 분야를 전공하신 분들이라면 누구나 화공기사 취득에 많은 관심이 있을 것이라 생각합니다. 그러나 막상 시험을 준비하려고 보면 많지 않은 정보와 교재로 인해 어려움을 느끼게 됩니다. 따라서, 좀 더 쉽고 효율적으로 공부할 수 있는 교재의 필요성을 느껴 이 책을 출판하게 되었습니다.

이 책에서는 필수적인 내용을 간추리고, 다년간의 기출문제를 분석하여 수록함으로써 보다 효과적인 학습과 핵심 파악이 자연스럽게 이루어지도록 하였습니다.

화공기사는 기본적으로 열역학, 화공양론, 단위조작, 공정제어, 공업화학(무기/유기), 반응공학을 공부해야 합니다. 그중에서 화공양론이 가장 기초과목이므로 화공양론을 먼저 공부하고, 이어서 열역학이나 단위조작을 공부하면 보다 수월하게 학습 과정이 진행될 것입니다. 또한 2차 필답형에서는 대부분 단위조작이 출제되므로 이 과목은 확실하게 준비하는 것이 좋습니다.

최선을 다해 준비한 이 교재가 수험생 여러분들께 요긴한 도움이 되길 바라며, 출판 과정에서 많은 수고와 도움을 주신 예문사 관계자 여러분께 감사의 말씀을 전합니다.

정 나 나

이 책의 구성 | FEATURE

시험에 자주 출제되는 내용을 핵심만 간추려 주제별로 구성하였습니다.

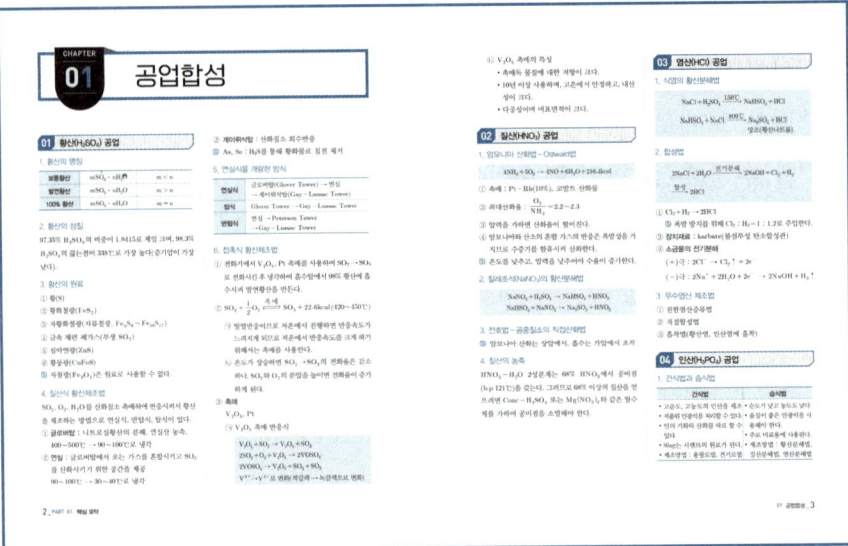

그림과 수식을 한눈에 볼 수 있게 배치하였으며, 중요한 공식은 눈에 잘 띄게 강조하였습니다.

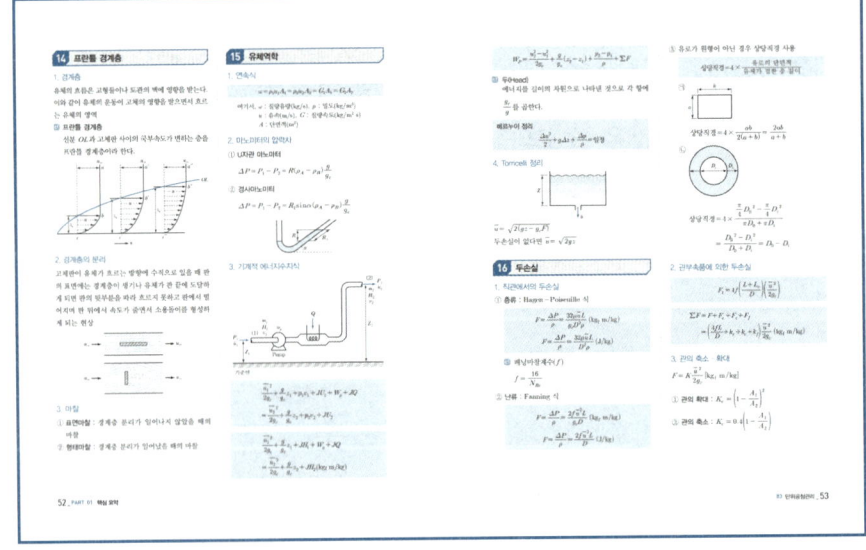

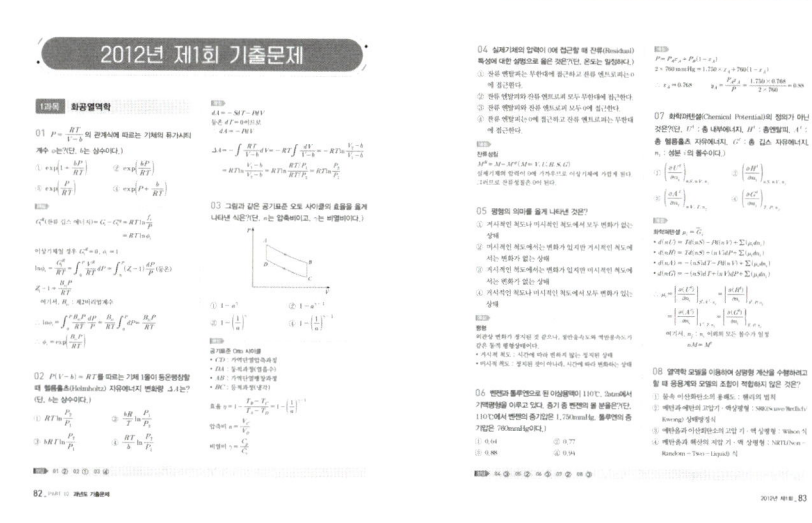

다년간의 기출문제를 회차별로 수록하여 출제경향 변화를 파악할 수 있도록 하였습니다.

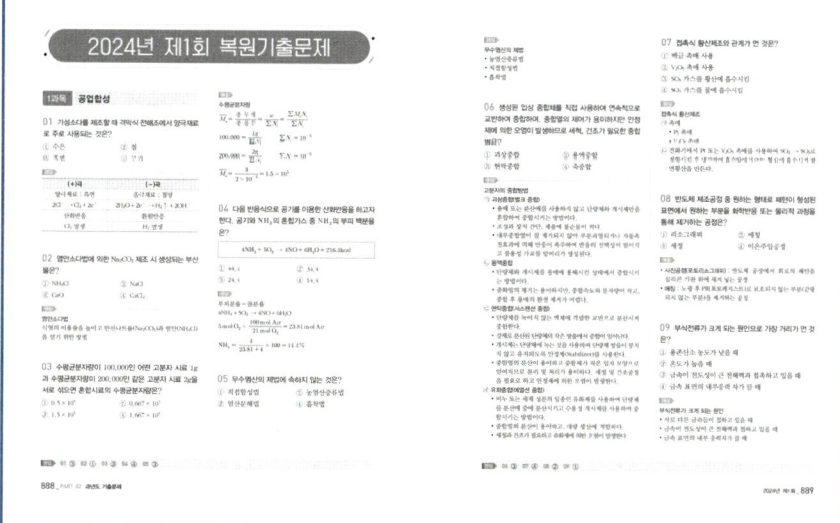

2022년 제3회 시험부터 CBT 방식으로 변경됨에 따라 기출문제를 복원하여 수록하였습니다.

시험 정보 | INFORMATION

☑ 화공기사 자격시험 안내

- 자격명 : 화공기사
- 영문명 : Engineer Chemical Industry
- 관련 부처 : 고용노동부
- 시행기관 : 한국산업인력공단

❶ 시험일정

구분	필기원서접수 (휴일 제외)	필기시험	필기합격 (예정자)발표	실기원서접수 (휴일 제외)	실기시험	최종합격자 발표일
2025년 정기 기사 1회	2025.01.13 ~2025.01.16	2025.02.07 ~2025.03.04	2025.03.12	2025.03.24 ~2025.03.27	2025.04.19 ~2025.05.09	2025.06.13
2025년 정기 기사 2회	2025.04.14 ~2025.04.17	2025.05.10 ~2025.05.30	2025.06.11	2025.06.23 ~2025.06.26	2025.07.19 ~2025.08.06	2025.09.12
2025년 정기 기사 3회	2025.07.21 ~2025.07.24	2025.08.09 ~2025.09.01	2025.09.10	2025.09.22 ~2025.09.25	2025.11.01 ~2025.11.21	2025.12.24

※ 원서접수시간은 원서접수 첫날 10 : 00부터 마지막 날 18 : 00까지
※ 필기시험 합격예정자 및 최종합격자 발표시간은 해당 발표일 09 : 00

❷ 시험과목

- 필기 : ① 공업합성 ② 반응운전 ③ 단위공정관리 ④ 화공계측제어
- 실기 : 화학장치운전 및 화학제품제조 실무

❸ 검정방법

- 필기 : 객관식 4지 택일형, 과목당 20문항(과목당 30분)
- 실기 : 복합형[필답형(1시간 30분) + 작업형(약 4시간)]

❹ 합격기준

- 필기 : 100점을 만점으로 하여 과목당 40점 이상, 전 과목 평균 60점 이상
- 실기 : 100점을 만점으로 하여 60점 이상

☑ 기본정보

❶ 개요

화학공업의 발전을 위한 제반환경을 조성하기 위해 전문지식과 기술을 갖춘 인재를 양성하고자 자격제도 제정

❷ 변천과정

1974년 (대통령령 제7283호, 1974.10.16)	1998년 (대통령령 제15794호, 1998.5.9)	2004년 (노동부령 제217호, 2004.12.31)
공업화학기사 1급	공업화학기사	화공기사
화공기사 1급	화공기사	

❸ 수행직무

화학공정 전반에 걸친 계측, 제어, 관리, 감독업무와 화학장치의 분리기, 여과기, 정제·반응기, 유화기, 분쇄 및 혼합기 등을 제어, 조작, 관리, 감독하는 업무를 수행

❹ 실시기관명

한국산업인력공단

❺ 실시기관 홈페이지

http://www.q-net.or.kr

❻ 진로 및 전망

- 정부투자기관을 비롯해 석유화학, 플라스틱공업화학, 가스 관련 업체, 고무, 식품공업 등 화학제품을 제조·취급하는 분야로 진출 가능하고 관련 연구소에서 화학분석을 포함한 기술개발 및 연구업무를 담당할 수 있다. 또는 품질검사전문기관에서 종사하기도 한다.
- 화공분야는 기초산업에서부터 첨단 정밀화학분야, 환경시설 및 화학분석분야, 가스제조분야, 건설업분야에 이르기까지 응용의 범위가 대단히 넓고 특히 「건설산업기본법」에 의하면 산업설비 공사업 면허의 인력 보유 요건으로 자격증 취득자를 선임토록 되어 있어 자격증 취득 시 취업이 유리한 편이다.

시험 정보 | INFORMATION

❼ 검정 현황

연도	필기			실기		
	응시	합격	합격률	응시	합격	합격률
2024	3,505	861	24.6%	1,606	235	14.6%
2023	3,967	927	23.4%	2,073	438	21.1%
2022	4,177	1,232	29.5%	2,969	623	21%
2021	6,988	2,544	36.4%	4,833	1,690	35%
2020	7,503	3,367	44.9%	5,064	1,914	37.8%
2019	6,370	3,039	47.7%	3,667	2,835	77.3%
2018	4,986	2,481	49.8%	3,183	2,022	63.5%
2017	4,915	2,410	49%	2,956	2,036	68.9%
2016	4,414	1,617	36.6%	2,864	1,321	46.1%
2015	3,771	1,254	33.3%	1,857	917	49.4%
2014	2,413	774	32.1%	1,224	554	45.3%
2013	1,872	653	34.9%	1,125	539	47.9%
2012	1,579	438	27.7%	862	235	27.3%
2011	1,387	469	33.8%	883	417	47.2%
2010	1,542	590	38.3%	997	382	38.3%
2009	1,732	637	36.8%	937	476	50.8%
2008	1,485	516	34.7%	849	443	52.2%
2007	1,153	516	44.8%	828	404	48.8%
2006	1,009	314	31.1%	443	232	52.4%
2005	924	248	26.8%	460	204	44.3%
2004	739	183	24.8%	427	89	20.8%
2003	759	200	26.4%	423	93	22%
2002	753	154	20.5%	270	82	30.4%
2001	621	174	28%	413	129	31.2%
1977~2000	18,797	4,622	24.6%	4,470	1,364	30.5%
소 계	87,361	30,220	34.6%	45,683	19,674	43.1%

☑ 필기 출제기준

| 직무 분야 | 화학 | 중직무분야 | 화공 | 자격 종목 | 화공기사 | 적용 기간 | 2022.1.1.~2026.12.31. |

○ 직무내용 : 화학공정 전반에 걸친 반응, 혼합, 분리정제, 분쇄 등의 단위공정을 설계, 운전, 관리·감독하고 화학공정을 계측, 제어, 조작하는 직무

| 필기검정방법 | 객관식 | 문제수 | 80 | 시험시간 | 2시간 |

필기 과목명	문제수	주요항목	세부항목	세세항목
공업합성	20	1. 무기공업화학	1. 산 및 알칼리공업	1. 황산 2. 질산 3. 염산 4. 인산 5. 탄산나트륨(소다회), 수산화나트륨(가성소다) 6. 기타
			2. 암모니아 및 비료공업	1. 암모니아 2. 비료
			3. 전기 및 전지화학공업	1. 1차 전지, 2차 전지 2. 연료전지 3. 부식, 방식
			4. 반도체공업	1. 반도체 원리 2. 반도체 원료 및 제조공정
		2. 유기공업화학	1. 유기합성공업	1. 유기합성공업 원료 2. 단위반응
			2. 석유화학공업	1. 천연가스 2. 석유정제 3. 합성수지 원료
			3. 고분자공업	1. 고분자 종류 2. 고분자 중합 3. 고분자 물성
		3. 공업화학제품 생산	1. 시제품 평가	1. 배합, 공정 적정성 평가 2. 품질평가
			2. 공업용수, 폐수 관리	1. 공업용수처리 2. 공업폐수처리
		4. 환경·안전 관리	1. 물질안전보건자료 (MSDS)	1. 물질안전보건자료 2. 화학물질 취급 시 안전수칙 3. 규제물질
			2. 안전사고 대응	1. 안전사고 대응

시험 정보 | INFORMATION

필기 과목명	문제수	주요항목	세부항목	세세항목
반응운전	20	1. 반응시스템 파악	1. 화학반응 메커니즘 파악	1. 반응의 분류 2. 반응속도식 3. 활성화 에너지 4. 부반응 5. 한계반응물 6. 화학조성분석
			2. 반응조건 파악	1. 반응조건 도출(온도, 압력, 시간) 2. 반응용매
			3. 촉매특성 파악	1. 균일·불균일 촉매 2. 촉매 활성도 3. 촉매 교체주기 4. 촉매독 5. 촉매 구조 6. 촉매반응 메커니즘 7. 촉매특성 측정장비
			4. 반응 위험요소 파악	1. 폭주반응 2. 위험요소 3. 반응물의 부식과 독성
		2. 반응기설계	1. 단일반응과 반응기 해석	1. 단일반응의 종류와 속도론 2. 다중반응, 순환식 반응, 자동촉매반응 속도론 3. 이상형 반응기의 물질 및 에너지수지
			2. 복합반응과 반응기 해석	1. 연속반응속도론 해석 2. 연속반응의 가역/비가역 반응 3. 최적반응조건
			3. 불균일 반응	1. 불균일 반응의 반응 변수
			4. 반응기 설계	1. 회분 및 흐름반응기의 설계방정식 2. 반응기의 특성 및 성능 비교 3. 비정상상태에서의 반응기운전 4. 반응기의 연결
		3. 반응기와 반응운전 효율화	1. 반응기운전 최적화	1. 직렬, 병렬 반응 2. 복합반응 3. 반응시간과 체류시간 4. 선택도 5. 전환율

필기 과목명	문제수	주요항목	세부항목	세세항목
반응운전	20	4. 열역학 기초	1. 기본량과 단위	1. 차원과 단위 2. 압력, 부피, 온도 3. 힘, 일, 에너지, 열
			2. 유체의 상태방정식	1. 이상기체와 상태방정식 2. P·V·T 관계 3. 기체혼합물과 실제기체 상태법칙 4. 액체와 초임계유체 거동
			3. 열역학적 평형	1. 닫힌계와 열린계 2. 열역학적 상태함수
			4. 열역학 제2법칙	1. 엔트로피와 열역학 제2법칙 2. 열효율, 일, 열 3. 정용, 정압, 등온, 단열, 폴리트로픽(Polytropic) 과정 4. 열기관과 냉동기(Carnot)
		5. 유체의 열역학과 동력	1. 유체의 열역학	1. 잔류성질 2. 2상계 3. 열역학 도표의 이해
			2. 흐름공정 열역학	1. 압축성 유체의 도관흐름 2. 터빈 3. 내연기관 4. 제트, 로켓기관
		6. 용액의 열역학	1. 이상용액	1. 상평형과 화학퍼텐셜 2. 퓨가시티(Fugacity)와 계수
			2. 혼합	1. 혼합액의 평형해석 2. 혼합에서의 물성변화 3. 혼합과정의 열효과
		7. 화학반응과 상평형	1. 화학평형	1. 반응엔탈피 2. 평형상수 3. 반응과 상태함수 4. 다중반응평형
			2. 상평형	1. 평형과 안정성 2. 기－액, 액－액 평형조건 3. 평형과 상률
단위공정 관리	20	1. 물질수지 기초지식	1. 비반응계 물질수지	1. 대수적 풀이 2. 대응성분법
			2. 반응계 물질수지	1. 화공양론 2. 한정반응물과 과잉반응물 3. 과잉백분율 4. 전화율, 수율 및 선택도 5. 연소반응

시험 정보 | INFORMATION

필기 과목명	문제수	주요항목	세부항목	세세항목
단위공정 관리	20	1. 물질수지 기초지식	3. 순환과 분류	1. 순환 2. 분류 3. 퍼징(Purging)
		2. 에너지수지 기초지식	1. 에너지와 에너지수지	1. 운동에너지와 위치에너지 2. 닫힌계/열린계의 에너지수지 3. 에너지수지 계산 4. 기계적 에너지수지
			2. 비반응공정의 에너지수지	1. 열용량 2. 상변화 조작 3. 혼합과 용해
			3. 반응공정의 에너지수지	1. 반응열 2. 생성열 3. 연소열 4. 연료와 연소
		3. 유동현상 기초지식	1. 유체정역학	1. 유체 정역학적 평형 2. 유체 정역학적 응용
			2. 유동현상 및 기본식	1. 유체의 유동 2. 유체의 물질수지 3. 유체의 운동량수지 4. 유체의 에너지수지
			3. 유체수송 및 계량	1. 유체의 수송 및 동력 2. 유량측정
		4. 열전달 기초지식	1. 열전달원리	1. 열전달기구 2. 전도 3. 대류 4. 복사
			2. 열전달응용	1. 열교환기 2. 증발관 3. 다중효용증발
		5. 물질전달 기초지식	1. 물질전달원리	1. 확산의 원리 2. 확산계수
		6. 분리조작 기초지식	1. 증류	1. 기액평형 2. 증류방법 3. 다성분계 증류 4. 공비혼합물의 증류 5. 수증기증류

필기 과목명	문제수	주요항목	세부항목	세세항목
단위공정 관리	20	6. 분리조작 기초지식	2. 추출	1. 추출장치 및 조작 2. 추출계산 3. 침출
			3. 흡수, 흡착	1. 흡수, 흡착 장치 2. 흡수, 흡착 원리 3. 충전탑
			4. 건조, 증발	1. 건조 및 증발 원리 2. 건조장치 3. 습도 4. 포화도 5. 증발과 응축 6. 증기압
			5. 분쇄, 혼합, 결정화	1. 분쇄이론 2. 분쇄기의 종류 3. 교반 4. 반죽 및 혼합 5. 결정화
			6. 여과	1. 막 분리 2. 여과원리 및 장치
화공계측 제어	20	1. 공정제어 일반	1. 공정제어 일반	1. 공정제어 개념 2. 제어계(Control System) 3. 공정제어계의 분류
		2. 공정의 거동해석	1. 라플라스(Laplace) 변환	1. 푸리에(Fourier) 변환과 라플라스(Laplace) 변환 2. 적분의 라플라스(Laplace) 변환 3. 미분의 라플라스(Laplace) 변환 4. 라플라스(Laplace) 역변환
			2. 제어계 전달함수	1. 1차계의 전달함수 2. 2차계의 전달함수 3. 제어계의 과도응답(Transient Response)
		3. 제어계설계	1. 제어계	1. 전달함수와 블록다이어그램(Block Diagram) 2. 비례 제어 3. 비례-적분 제어 4. 비례-미분 제어 5. 비례-적분-미분 제어
			2. 고급제어	1. 캐스케이드(Cascade) 제어 2. 피드포워드(Feedforward) 제어
			3. 안정성	1. 안정성 개념 2. 특성방정식 3. 루스-허비츠(Routh-Hurwitz)의 안정 판정 4. 특수한 경우의 안정 판정

시험 정보 | INFORMATION

필기 과목명	문제수	주요항목	세부항목	세세항목
화공계측 제어	20	4. 계측 · 제어 설비	1. 특성요인도 작성	1. 특성요인도(Cause and Effect)
			2. 설계도면 파악	1. 도면기호와 약어 2. 부품의 구조와 용도 3. 제어루프 4. 분산제어장치(DCS)
			3. 계장설비 원리 파악	1. 컨트롤 밸브의 종류와 용도 2. PLC의 구조와 원리 3. 제어시스템 이론
			4. 안전밸브 용량 산정	1. 안전밸브 종류 2. 안전밸브 용량
		5. 공정모사 (설계), 공정 개선, 열물질 수지검토	1. 공정설계 기초	1. 화학물질의 물리 · 화학적 특성 2. 설계도면 3. 국제규격(ASTM, ASME, API, IEC, JIS 등) 4. 공정모사(Simulation)
			2. 공정개선	1. 공정운전자료 해석 2. 공정개선안 도출 3. 효과 분석
			3. 에너지 사용량 확인	1. 에너지 활용과 절감

차례 | CONTENTS

핵심요약

CHAPTER 1 공업합성 ·· 2
CHAPTER 2 반응운전 ·· 23
CHAPTER 3 단위공정관리 ··· 47
CHAPTER 4 화공계측제어 ··· 67

과년도 기출문제

2012년 제1회 기출문제 ·· 82
2012년 제2회 기출문제 ·· 105
2012년 제4회 기출문제 ·· 127

2013년 제1회 기출문제 ·· 147
2013년 제2회 기출문제 ·· 168
2013년 제4회 기출문제 ·· 189

2014년 제1회 기출문제 ·· 211
2014년 제2회 기출문제 ·· 234
2014년 제4회 기출문제 ·· 256

2015년 제1회 기출문제 ·· 277
2015년 제2회 기출문제 ·· 300
2015년 제4회 기출문제 ·· 323

2016년 제1회 기출문제 ·· 344
2016년 제2회 기출문제 ·· 368
2016년 제4회 기출문제 ·· 392

2017년 제1회 기출문제 ·· 416
2017년 제2회 기출문제 ·· 439
2017년 제4회 기출문제 ·· 462

차례 | CONTENTS

2018년 제1회 기출문제	484
2018년 제2회 기출문제	506
2018년 제4회 기출문제	529
2019년 제1회 기출문제	552
2019년 제2회 기출문제	575
2019년 제4회 기출문제	600
2020년 통합 제1·2회 기출문제	625
2020년 제3회 기출문제	648
2020년 제4회 기출문제	672
2021년 제1회 기출문제	696
2021년 제2회 기출문제	721
2021년 제3회 기출문제	745
2022년 제1회 기출문제	770
2022년 제2회 기출문제	789
2022년 제3회 복원기출문제	809
2023년 제1회 복원기출문제	829
2023년 제2회 복원기출문제	848
2023년 제3회 복원기출문제	866
2024년 제1회 복원기출문제	888
2024년 제2회 복원기출문제	908
2024년 제3회 복원기출문제	928
2025년 제1회 복원기출문제	948
2025년 제2회 복원기출문제	969
2025년 제3회 복원기출문제	990

※ 기사 필기시험 출제방식이 2022년 3회부터 CBT(Computer Based Test)로 변경되었습니다.

01 PART

핵심요약

CHAPTER 1 공업합성
CHAPTER 2 반응운전
CHAPTER 3 단위공정관리
CHAPTER 4 화공계측제어

CHAPTER 01 공업합성

01 황산(H_2SO_4) 공업

1. 황산의 명칭

보통황산	$mSO_3 \cdot nH_2O$	$m < n$
발연황산	$mSO_3 \cdot nH_2O$	$m > n$
100% 황산	$mSO_3 \cdot nH_2O$	$m = n$

2. 황산의 성질

97.35% H_2SO_4의 비중이 1.8415로 제일 크며, 98.3% H_2SO_4의 끓는점이 338℃로 가장 높다(증기압이 가장 낮다).

3. 황산의 원료

① 황(S)
② 황화철광(FeS_2)
③ 자황화철광(자류철광, $Fe_5S_6 \sim Fe_{16}S_{17}$)
④ 금속 제련 폐가스(부생 SO_2)
⑤ 섬아연광(ZnS)
⑥ 황동광(CuFeS)
cf 자철광(Fe_3O_4)은 원료로 사용할 수 없다.

4. 질산식 황산제조법

SO_2, O_2, H_2O를 산화질소 촉매하에 반응시켜서 황산을 제조하는 방법으로 연실식, 반탑식, 탑식이 있다.
① 글로버탑 : 니트로실황산의 분해, 연실산 농축, 400~500℃ → 90~100℃로 냉각
② 연실 : 글로버탑에서 오는 가스를 혼합시키고 SO_2를 산화시키기 위한 공간을 제공 90~100℃ → 30~40℃로 냉각
③ 게이뤼삭탑 : 산화질소 회수반응
cf As, Se : H_2S를 통해 황화물로 침전 제거

5. 연실식을 개량한 방식

연실식	글로버탑(Glover Tower) → 연실 → 게이뤼삭탑(Gay-Lussac Tower)
탑식	Glover Tower → Gay-Lussac Tower
반탑식	연실 → Peterson Tower → Gay-Lussac Tower

6. 접촉식 황산제조법

① 전화기에서 V_2O_5, Pt 촉매를 사용하여 $SO_2 \to SO_3$로 전화시킨 후 냉각하여 흡수탑에서 98% 황산에 흡수시켜 발연황산을 만든다.

② $SO_2 + \dfrac{1}{2}O_2 \xrightleftharpoons{촉매} SO_3 + 22.6\text{kcal}(420 \sim 450℃)$

  ㉠ 발열반응이므로 저온에서 진행하면 반응속도가 느려지게 되므로 저온에서 반응속도를 크게 하기 위해서는 촉매를 사용한다.
  ㉡ 온도가 상승하면 $SO_2 \to SO_3$의 전화율은 감소하나, SO_2와 O_2의 분압을 높이면 전화율이 증가하게 된다.

③ 촉매
  V_2O_5, Pt
  ㉠ V_2O_5 촉매 반응식

  $V_2O_5 + SO_2 \to V_2O_4 + SO_3$
  $2SO_2 + O_2 + V_2O_4 \to 2VOSO_4$
  $2VOSO_4 \to V_2O_5 + SO_3 + SO_2$
  $V^{5+} \to V^{4+}$로 변화(적갈색 → 녹갈색으로 변화)

ⓛ V_2O_5 촉매의 특성
- 촉매독 물질에 대한 저항이 크다.
- 10년 이상 사용하며, 고온에서 안정하고, 내산성이 크다.
- 다공성이며 비표면적이 크다.

02 질산(HNO_3) 공업

1. 암모니아 산화법 – Ostwald법

$$4NH_3 + 5O_2 \rightarrow 4NO + 6H_2O + 216.4kcal$$

① 촉매 : $Pt-Rh(10\%)$, 코발트 산화물
② 최대산화율 : $\dfrac{O_2}{NH_3} = 2.2 \sim 2.3$
③ 압력을 가하면 산화율이 떨어진다.
④ 암모니아와 산소의 혼합 가스의 반응은 폭발성을 가지므로 수증기를 함유시켜 산화한다.
cf 온도를 낮추고, 압력을 낮추어야 수율이 증가한다.

2. 칠레초석($NaNO_3$)의 황산분해법

$$NaNO_3 + H_2SO_4 \rightarrow NaHSO_4 + HNO_3$$
$$NaHSO_4 + NaNO_3 \rightarrow Na_2SO_4 + HNO_3$$

3. 전호법 – 공중질소의 직접산화법
cf 암모니아 산화는 상압에서, 흡수는 가압에서 조작

4. 질산의 농축

$HNO_3 - H_2O$ 2성분계는 68% HNO_3에서 공비점(b.p 121℃)을 갖는다. 그러므로 68% 이상의 질산을 얻으려면 $Conc-H_2SO_4$ 또는 $Mg(NO_3)_2$와 같은 탈수제를 가하여 공비점을 소멸해야 한다.

03 염산(HCl) 공업

1. 식염의 황산분해법

$$NaCl + H_2SO_4 \xrightarrow{150℃} NaHSO_4 + HCl$$
$$NaHSO_4 + NaCl \xrightarrow{800℃} Na_2SO_4 + HCl$$
$$\text{망초(황산나트륨)}$$

2. 합성법

$$2NaCl + 2H_2O \xrightarrow{전기분해} 2NaOH + Cl_2 + H_2$$
$$\xrightarrow{합성} 2HCl$$

① $Cl_2 + H_2 \rightarrow 2HCl$
cf 폭발 방지를 위해 $Cl_2 : H_2 = 1 : 1.2$로 주입한다.
② 장치재료 : karbate(불침투성 탄소합성관)
③ 소금물의 전기분해
  $(+)$극 : $2Cl^- \rightarrow Cl_2 \uparrow + 2e^-$
  $(-)$극 : $2Na^+ + 2H_2O + 2e^- \rightarrow 2NaOH + H_2 \uparrow$

3. 무수염산 제조법
① 진한염산증류법
② 직접합성법
③ 흡착법(황산염, 인산염에 흡착)

04 인산(H_3PO_4) 공업

1. 건식법과 습식법

건식법	습식법
• 고순도, 고농도의 인산을 제조	• 순도가 낮고 농도도 낮다.
• 저품위 인광석을 처리할 수 있다.	• 품질이 좋은 인광석을 사용해야 한다.
• 인의 기화와 산화를 따로 할 수 있다.	• 주로 비료용에 사용된다.
• Slag는 시멘트의 원료가 된다.	• 제조방법 : 황산분해법, 질산분해법, 염산분해법
• 제조방법 : 용광로법, 전기로법	

2. 황산분해법

① 고온 → 저온, 고농도 → 저농도로 갈수록 이수화물 생성

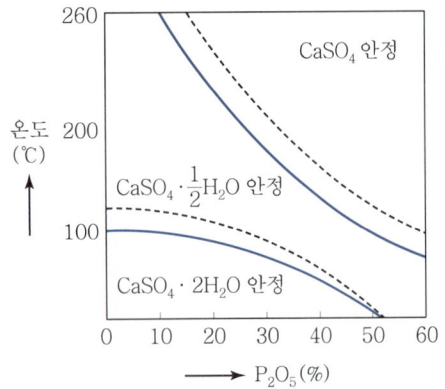

② 부생석고의 결정을 여과하기 쉬운 $CaSO_4 \cdot 2H_2O$로 하기 위한 방법(저온, 저농도)
  ㉠ 반응온도를 저온으로 유지한다(65~75℃).
  ㉡ Slurry를 순환시켜 결정 성장을 돕는다.
  ㉢ 생산 인산의 농도 : 30~33% P_2O_5

05 제염(NaCl) 공업

① NaCl 석출 농도 : 26°Bé
② 간수의 조성 : $MgSO_4$, $MgBr_2$, $MgCl_2$, KCl, $NaCl$
③ 기계제염법
  ㉠ 진공증발법 : 다중효용증발관
  ㉡ 증기압축식 증발법(가압식 증발법) : 압축증기의 응축에 의해 발생된 잠열을 이용
④ 이온교환수지법
⑤ 동결법

06 소다회(Na_2CO_3) 공업

1. Le Blanc법

① NaCl을 황산분해하여, 망초(Na_2SO_4)를 얻고 이를 석탄, 석회석으로 복분해하여 소다회를 제조

$$NaCl + H_2SO_4 \xrightarrow{150℃} NaHSO_4 + HCl$$
$$NaHSO_4 + NaCl \xrightarrow{800℃} Na_2SO_4 + HCl$$
무수망초

② 황산나트륨+석회석+석탄을 혼합하여 가열과 동시에 복분해시켜 흑회를 얻는다.
  ㉠ 흑회 : Na_2CO_3 45%, CaS 30%, CaO 10%, $CaCO_3$ 5%, 기타 10%
  ㉡ 녹액 : 흑회를 온수로 추출하여 얻은 침출액

2. Solvay법(암모니아 소다법)

함수에 암모니아를 포화시켜 암모니아 함수를 만들고 탄산화탑에서 이산화탄소를 도입하여 중조를 침전여과한 후 이를 가소하여 소다회를 얻는 방법

$$NaCl + NH_3 + CO_2 + H_2O \rightarrow NaHCO_3 + NH_4Cl \text{(탄산화)}$$
중조(탄산수소나트륨)
$$2NaHCO_3 \rightarrow Na_2CO_3 + H_2O + CO_2 \text{ (가소반응)}$$
$$2NH_4Cl + Ca(OH)_2 \rightarrow CaCl_2 + 2H_2O + 2NH_3$$
석회유　　　　(암모니아 회수반응)

cf $Ca(OH)_2$를 이용하여 암모니아 회수

3. Solvay법의 개량법

① 염안소다법 : 식염의 이용률을 100%까지 향상시키며, 염소는 염화암모늄을 부생시켜 비료로 이용한다.
② 액안소다법 : NaCl이 액체 암모니아에 용해되는 성질을 이용한다.

07 가성소다(NaOH) 공업

1. 격막법

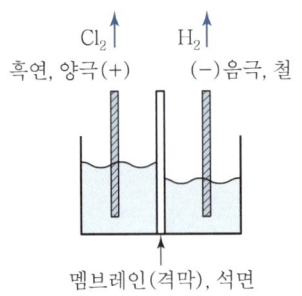

① (+)극 : $2Cl^- \rightarrow Cl_2\uparrow + 2e^-$ (산화)

② (−)극 : $2H_2O + 2e^- \rightarrow H_2\uparrow + 2OH^-$ (환원)

③ $2Na^+ + 2Cl^- + 2H_2O \xrightarrow{\text{전기분해}} 2Na^+ + 2OH^- + Cl_2 + H_2 \rightarrow 2HCl$

2. 수은법

격막을 사용하지 않고, Na 아말감 생성

① 반응식

$Na^+ + e^- + Hg \rightarrow Na(Hg)$

$Na-Hg + H_2O \rightarrow NaOH + \frac{1}{2}H_2 + Hg$

② 전해조의 효율

㉠ 전류효율(%) = $\frac{\text{실제 생성량}}{\text{이론 생성량}} \times 100$

㉡ 전압효율(%) = $\frac{\text{이론분해전압}}{\text{전해조의 전압}} \times 100$

㉢ 소금 수용액의 이론분해전압은 2.31V이다.

㉣ 이론분해전압은 격막법(3.2~4.0V)보다 수은법(3.9~4.5V)의 전압이 크다.

∴ 격막법 < 수은법

㉤ 전력효율 = 전압효율 × 전류효율

㉥ 전류밀도는 수은법이 격막법보다 5~6배 크다.

∴ 격막법 < 수은법

③ 전해실에서 수소가 생성되어 Cl_2 가스 중에 혼입되는 원인

㉠ 아말감 중의 Na 함량이 높을 경우 유동성이 저하되어 굳어지며, 분해되어 수소가 생성되기 때문

㉡ 함수 중에 Fe, Ca, Mg 등의 불순물이 존재할 경우

④ 격막법과 수은법의 비교

격막법	수은법
• NaOH 농도(11~12%)가 낮으므로 농축비가 많이 든다. • 제품 중에 염화물 등을 함유하여 순도가 낮다.	• 제품의 순도가 높으며 진한 NaOH(50~73%)를 얻는다. • 전력비가 많이 든다. • 수은을 사용하므로 공해의 원인이 된다. • 이론분해전압과 전류밀도가 크다.

3. 이온교환막법

격막으로 양이온 교환수지를 사용하는데, 이는 양이온만 통과시키고 음이온을 통과시키지 않는다.

4. 염소 표백제

① 표백액

$$\text{유효염소량} = \frac{4Cl}{CaCl_2 \cdot Ca(ClO)_2 \cdot 2H_2O} \times 100 = 48.96\%$$

② 고도 표백분

$$\text{유효염소량} = \frac{4Cl}{Ca(ClO)_2} \times 100 = 99.4\%$$

08 암모니아 공업

1. 암모니아의 합성반응

$$3H_2 + N_2 \rightleftarrows 2NH_3 + 22kcal$$

$$\text{평형상수 } K_P = \frac{P_{NH_3}^2}{P_{N_2} P_{H_2}^3}$$

① 암모니아의 평형농도는 반응온도를 낮출수록, 압력을 높일수록 증가한다.

② 수소와 질소의 혼합비율이 3 : 1일 때 가장 좋다.

③ 불활성 가스의 양이 증가하면 NH_3 평형농도는 낮아진다.

2. 수성가스의 제법

수증기가 코크스를 통과할 때 얻어지는 $CO + H_2$ 혼합가스를 워터가스 또는 수성가스라 한다.

① Run 조작

$C + H_2O \rightarrow CO + H_2$

② Blow 조작

$C + O_2 \rightarrow CO_2$

③ Blow-Run 조작

$C + \frac{1}{2}O_2 \rightarrow CO$

3. 수증기 개질법

① 1차 개질 공정

$$C_nH_m + nH_2O \xrightarrow[250atm]{Ni, 800℃} nCO + \left(n + \frac{m}{2}\right)H_2$$

② 2차 개질 공정

$$CH_4 + \frac{1}{2}O_2 \rightarrow CO + 2H_2$$

4. 공간속도

촉매 $1m^3$ 당 매시간 통과하는 원료가스(0℃, 1atm)의 수를 공간속도라 한다.

5. 공시득량

촉매 $1m^3$ 당 1시간에 생성되는 암모니아 톤수를 공시득량이라고 한다.

6. 합성방법

Harber – Bosch법, Claude법, Casale법, Fauser법, Uhde법

09 화학비료공업

비료의 3요소 : N(질소), P_2O_5(인), K_2O(칼륨)

1. 질소비료

① **염화암모늄**(NH_4Cl) : 토양의 산성화를 초래
② **질산암모늄**(NH_4NO_3) : 흡습성이 강하여 논농사에 부적합
③ **석회질소**($CaCN_2$)
　㉠ 염기성 비료로 산성 토양에 효과적이다.
　㉡ 토양의 살균, 살충효과가 있다.
④ **석회비료** : 염기성을 이용해 토양의 산성화를 중화
⑤ **요소**[urea, $CO(NH_2)_2$]

2. 인산비료

수용성 인산	인산암모늄, 인산칼슘, 중과린산석회, 과린산석회
구용성 인산	침강인산석회, 토마스인비, 소성인비, 용성인비
불용성 인산	인회석, 골회

① **과린산석회**(P_2O_5 15~20%) : 인광석의 황산분해
② **중과린산석회**(P_2O_5 30~50%) : 인광석의 인산분해
③ **인산암모늄**[$NH_4H_2PO_4$, $(NH_4)_2HPO_4$]
④ **용성인비**(P_2O_5 20%)
　㉠ 인광석에 사문암을 첨가하여 용융시켜 플루오린을 제거
　㉡ 염기성 비료 → 산성 토양에 적합
　㉢ 구용성
　cf 토마스인비 : 구용성, 함인선철에 생석회를 가해 공기산화하여 만든다.
⑤ **소성인비**(P_2O_5 40%)
　㉠ 인광석에 인산, 소다회를 혼합하여 열처리하여 제조
　㉡ 아파타이트 구조를 파괴하여 만든 구용성 비료

3. 칼륨비료

① **염화칼륨** : 실비나이트로부터 제조
　cf 실비나이트 : KCl과 $NaCl$이 혼합된 광물로 칼륨 생산의 공급원
② **황산칼륨** : 흡습성이 낮다.

4. 비료의 원료

① **칼륨비료** : 간수, 해초, 초목재, 볏짚재, 용광로 dust, 시멘트 dust
② **인산비료** : 골분

5. 화학비료의 산성·알칼리성에 따른 분류

산성	과린산석회, 중과린산석회
중성	황안, 염안, 요소, 염화칼륨
염기성	석회질소, 용성인비, 석회

6. 복합비료

① **혼합비료, 배합비료** : N(질소), P_2O_5(인), K_2O(칼륨)을 포함하는 단일비료를 2종 이상 혼합해서 만든 비료

② 화성비료 : 비료의 3요소 중 2종 이상을 화합
③ 산성 비료와 염기성 비료는 혼합하지 않는다.

10 전기화학

1. 전지의 종류

1차 전지	일회용 전지 예 건전지, 망간전지, 알칼리전지, 산화은전지, 수은-아연전지, 리튬 1차 전지
2차 전지	충전이 가능한 전지 예 Ni-Cd, Ni-MH(Metal Hybride)전지, 납축전지, 리튬 2차 전지
기타	연료전지, 태양전지

2. 연료전지

고온형	용융탄산염 연료전지, 고체산화물형 연료전지
저온형	알칼리 연료전지, 인산형 연료전지, 고분자 전해질형 연료전지

① **알칼리 연료전지** : 전해질로 KOH, 산화전극(Pt-Pd합금+테프론), 환원전극(Pt-Au합금+테프론)
② **용융탄산염 연료전지** : 650℃ 정도의 고온 유지, 전해질로 Li_2CO_3, K_2CO_3, $LiAlO_2$ 등의 혼합물을 사용
③ **고체산화물형 연료전지** : 1,000℃ 정도에서 작동, 지르코니아(ZrO_2)와 같은 산화물 세라믹을 사용
④ **인산형 연료전지** : 전해질로 인산을 사용, 가장 먼저 상용화
⑤ **고분자 전해질형 연료전지** : 플루오린계 양이온 교환 수지(Nafion)

11 부식

1. 부식의 특징

① $\Delta G < 0$인 자발적 반응
② 부식의 구동력 $E = \dfrac{-\Delta G}{nF}$

2. 부식속도(부식전류)를 크게 하는 요소

① 서로 다른 금속들이 접하고 있을 때
② 금속이 전도성이 큰 전해액과 접하고 있을 때
③ 금속 표면의 내부응력 차가 클 때

12 반도체

1. 반도체의 종류

① **고유 반도체(진성 반도체)** : 규소, 게르마늄으로 구성, 불순물이 없는 반도체
② **불순물 반도체**

P형 반도체	원자가전자가 3개인 13족 원소(붕소, 알루미늄, 갈륨, 인듐) 첨가 ➡ 전자가 비어 있는 상태(정공)에 전자가 이동
N형 반도체	원자가전자가 5개인 15족 원소(인, 비소, 안티몬) 첨가 ➡ 자유전자의 이동

2. 제조공정

cf 잉곳 : 실리콘 용융액에 실리콘 단결정을 접촉시킨 상태에서 서서히 회전시키면서 끌어올리면 단결정이 원통형 모양으로 성장한다. 여기에 불순물을 첨가하여 제조된 단결정을 잉곳이라 한다.

cf Fz법(플롯존법) : 용융상 실리콘 영역을 다결정 실리콘봉을 따라 천천히 이동시키면서 다결정 실리콘봉이 단결정 실리콘봉으로 성장하도록 하는 방법

① 추크랄스키(Czochralski)법

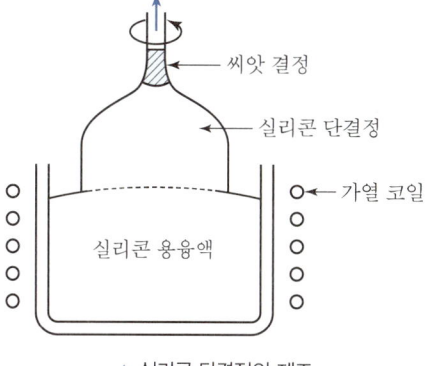

▲ 실리콘 단결정의 제조

② 웨이퍼 가공

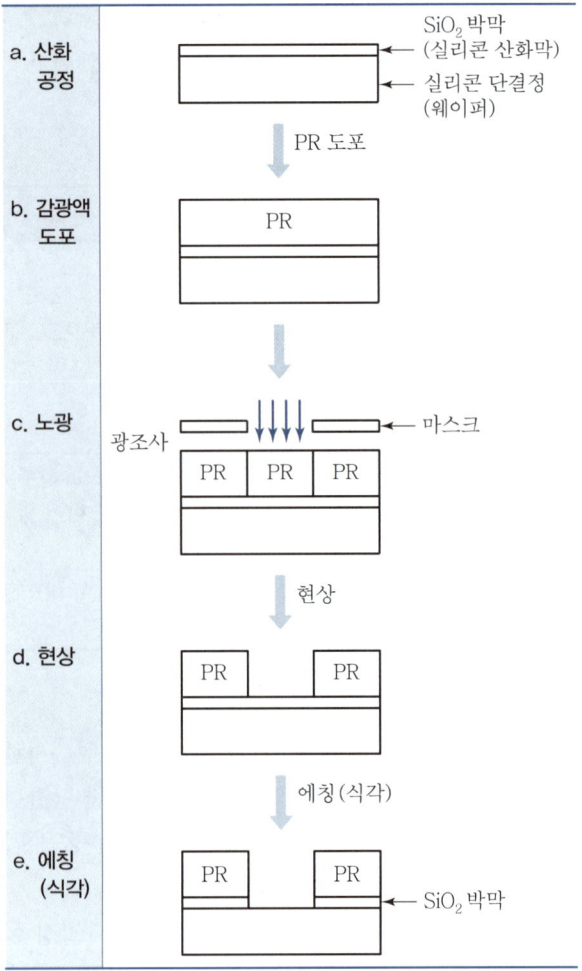

㉠ 산화공정 : 산화막이 입혀진 실리콘웨이퍼 표면에 포토레지스트(PR : Photoresist)를 도포한다.
㉡ PR(감광제)
  • 빛, 방사선에 의해 화학반응을 일으켜 용해도가 변하는 고분자 재료이다. 에칭(Etching, 식각)에 저항하는 특성이 있어 반도체 리소그래피 공정의 핵심재료가 된다.
  • 감광제의 구성요소 : 고분자, 용매, 광감응제
㉢ 현상 : 광조사에 의해 용해도가 높아져 현상 단계에서 용해되어 제거된다(Positive형).
  cf Positive형 ↔ Negative형

㉣ 에칭(식각)
  • 에칭 : 노광 후 PR(포토레지스트)로 보호되지 않는 부분(감광되지 않는 부분)을 제거하는 공정

습식식각	건식식각
• 에칭이 등방성(에칭이 모든 방향으로 동일하게 진행) • 선택도가 크다.	• 에칭이 이방성 • 습식식각에 비해 선택도가 작다.

  • 에칭에 의해 실리콘 산화막이 제거되어 실리콘 단결정이 드러난다.
㉤ Piranha 용액 : 식각공정 후 세정공정에서 사용되는 용액, 황산과 과산화수소를 섞어 만든 용액

13 니트로화 반응

① 니트로기($-NO_2$)를 도입하는 반응(친전자성 반응)
② 공업적으로 $HNO_3 + H_2SO_4$ 혼산 사용
③ 황산의 탈수값(DVS)
  혼합산을 사용하여 니트로화할 때의 기준으로 혼합산 중의 황산과 물의 비가 최적이 되도록 정하는 값이다.

$$DVS 값 = \frac{혼합산 \ 중 \ 황산의 \ 양}{반응 \ 후 \ 혼합산 \ 중 \ 물의 \ 양}$$

㉠ DVS 값이 커지면 반응의 안전성과 수율이 커지고, DVS 값이 작아지면 수율이 감소하며 질산의 산화작용이 활발해진다.
㉡ 반응온도, 화합물의 종류 등 조건에 따라 DVS 값을 조절하여 반응성과 원하는 수율을 얻을 수 있다.
④ 방향족 화합물의 니트로화

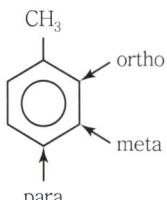

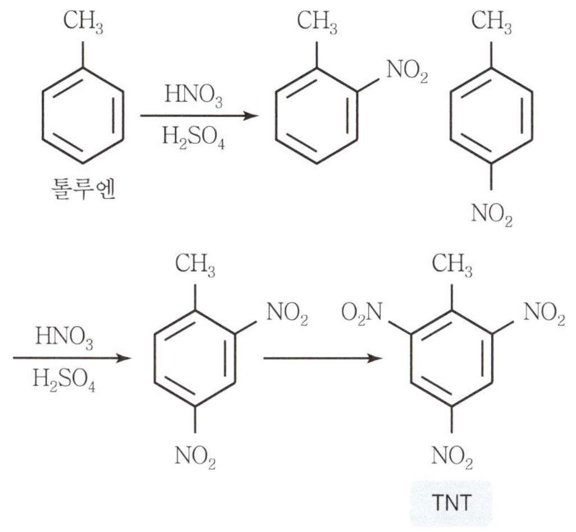

톨루엔 + HNO₃/H₂SO₄ → o-니트로톨루엔, p-니트로톨루엔

→ HNO₃/H₂SO₄ → 디니트로톨루엔 → TNT

⑤ 친전자적 치환반응(반응성)

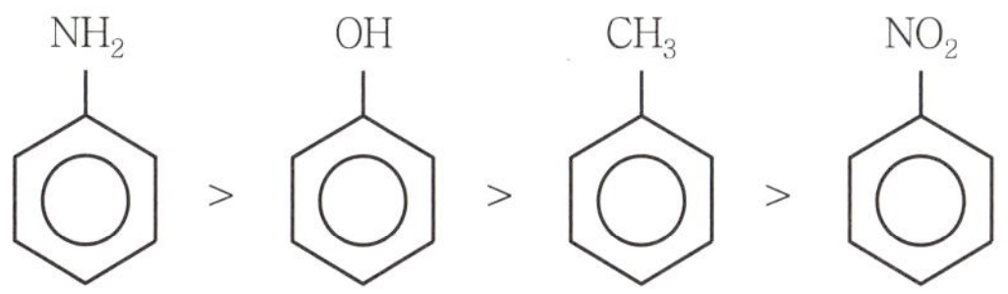

$$\text{PhNH}_2 > \text{PhOH} > \text{PhCH}_3 > \text{PhNO}_2$$

14 할로겐화 반응

① 할로겐 원자를 도입하는 반응
② 반응성

$$F > Cl > Br > I$$

← 반응성 大

$$HF < HCl < HBr < HI$$

➡ 강산, 결합력 小, 반응성 大

③ 불포화 결합에 첨가반응

$$CH_2 = CH_2 + Cl_2 \xrightarrow{FeCl_3} ClH_2C - CH_2Cl$$
에틸렌

$$CH_2 = CH_2 + HCl \xrightarrow{AlCl_3} H_3C - CH_2Cl$$

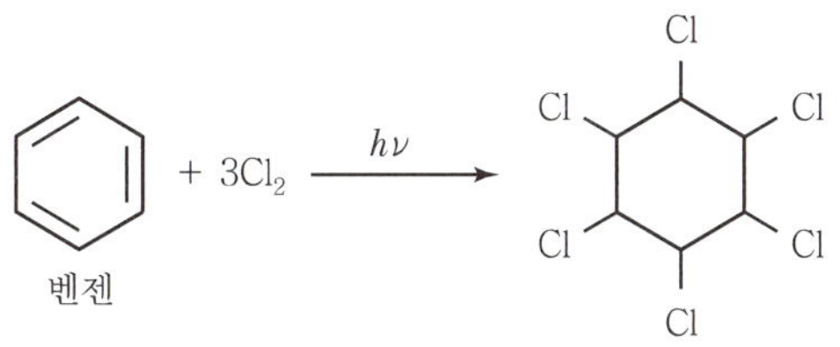

벤젠 + 3Cl₂ $\xrightarrow{h\nu}$ C₆H₆Cl₆

④ 수소원자의 치환

$$CH_4 + Cl_2 \longrightarrow CH_3Cl + HCl$$
메탄

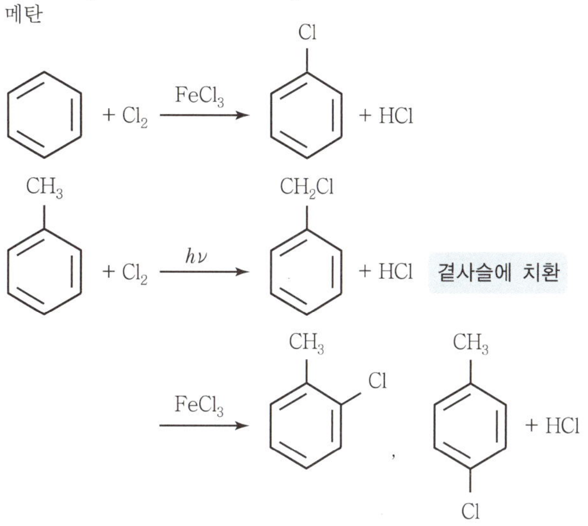

벤젠 + Cl₂ $\xrightarrow{FeCl_3}$ 클로로벤젠 + HCl

톨루엔 + Cl₂ $\xrightarrow{h\nu}$ 벤질클로라이드 + HCl 곁사슬에 치환

$\xrightarrow{FeCl_3}$ o-클로로톨루엔, p-클로로톨루엔 + HCl

⑤ 작용기의 치환

$$C_2H_5\boxed{OH} + \boxed{H}Cl \rightarrow C_2H_5Cl + H_2O$$
에탄올

⑥ 염소화

전체적으로 반응성이 매우 좋다.

㉠ 샌드마이어(Sandmeyer) 반응

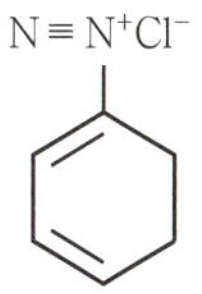

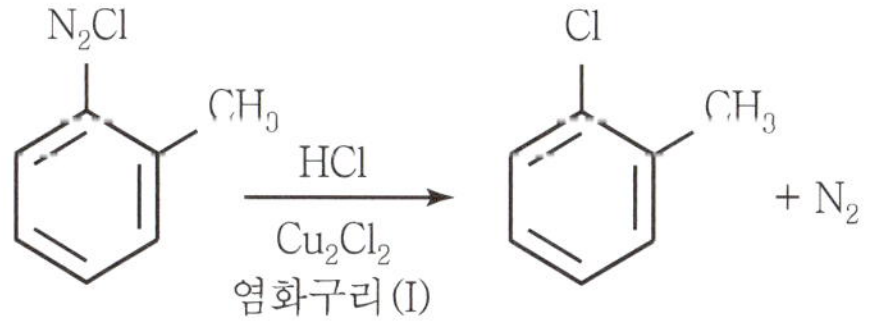

Ar-N≡N⁺Cl⁻

o-톨루엔디아조늄클로라이드 $\xrightarrow[Cu_2Cl_2]{HCl}$ o-클로로톨루엔 + N₂
염화구리(I)

$$R - N_2 - Cl \xrightarrow{Cu_2Cl_2} RCl + N_2$$

㉡ 가터만(Gattermann) 반응

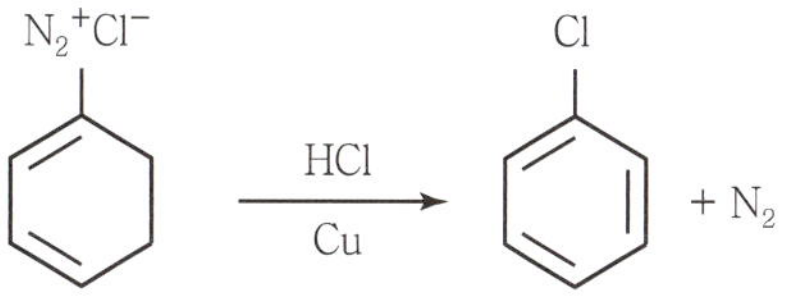

PhN₂⁺Cl⁻ $\xrightarrow[Cu]{HCl}$ PhCl + N₂

15 술폰화

① 황산을 작용시켜 술폰산기($-SO_3H$)를 도입하는 반응(친전자성 치환반응)
$RH + H_2SO_4 \rightarrow R-SO_3H + H_2O$: 축합에 의한 치환반응

② 방향족 화합물의 술폰화
$Ar-H + HO-SO_3H \longrightarrow Ar-SO_3H + H_2O$

나프탈렌 → 40℃(저온): 96%(α위치) + 4%(β위치)
나프탈렌 → 160℃(고온): 85%(β위치) + 15%(α위치)

cf 방향족 치환반응에서 친전자성 치환기 반응성
$-NH_2 > -OH > -CH_3 > -Cl > -SO_3H > -NO_2$

16 아미노화

① 아미노기($-NH_2$)를 도입하는 반응
② 아닐린 : 특유한 냄새, 비점 184℃, 에테르, 에탄올, 벤젠에 용해
③ 아미노화 방법
  ㉠ 환원에 의한 아미노화(환원제의 종류에 의한 구분)

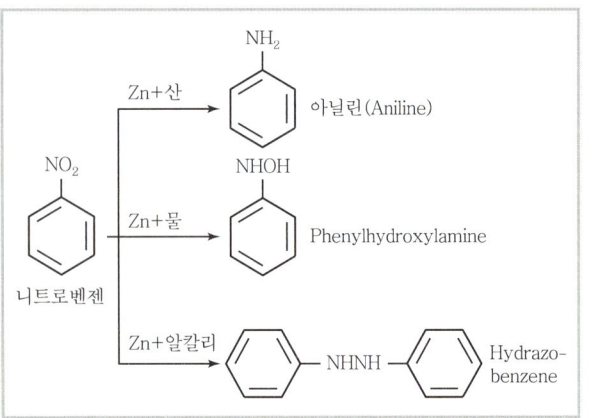

니트로벤젠
- Zn+산 → 아닐린(Aniline) (NH_2)
- Zn+물 → Phenylhydroxylamine (NHOH)
- Zn+알칼리 → Hydrazobenzene (NHNH)

㉡ 암모놀리시스에 의한 아미노화

산화에틸렌 + NH_3 $\xrightarrow{50\sim60℃}$ $HOCH_2CH_2NH_2$ 에탄올아민

cf $N\equiv C-(CH_2)_4-C\equiv N$ 아디포니트릴
$\xrightarrow[\text{(수소첨가)}]{4H_2}$ $H_2N-(CH_2)_6-NH_2$ 헥사메틸렌디아민

수소 첨가(환원)에 의한 반응이다.

17 산화와 환원

1. 산화(Oxidation)

산화반응이란 산소의 작용으로 유기화합물에서 수소(H)를 제거하는 반응 또는 산소(O)를 부가시키는 반응을 말한다.

① 탈수소 반응
  ㉠ 1차 알코올 $\underset{환원}{\overset{산화(탈수소)}{\rightleftharpoons}}$ 알데히드 생성
  $\underset{환원}{\overset{산화}{\rightleftharpoons}}$ 카르복시산
  $C_2H_5OH + \frac{1}{2}O_2 \rightarrow CH_3CHO + H_2O$ 아세트알데히드

  ㉡ 2차 알코올 $\underset{환원}{\overset{산화(탈수소)}{\rightleftharpoons}}$ 케톤 생성
  $CH_3-CH(OH)-CH_3 + \frac{1}{2}O_2 \rightleftharpoons CH_3-CO-CH_3 + H_2O$
  디메틸케톤(아세톤)

알코올의 산화환원반응

1차 알코올(ROH) $\underset{환원}{\overset{산화}{\rightleftharpoons}}$ 알데히드(RCHO) $\underset{환원}{\overset{산화}{\rightleftharpoons}}$ 카르복시산(RCOOH)

예) C_2H_5OH 에탄올 $\underset{환원}{\overset{산화}{\rightleftharpoons}}$ CH_3CHO 아세트알데히드 $\underset{환원}{\overset{산화}{\rightleftharpoons}}$ CH_3COOH 아세트산

2차 알코올 $\underset{환원}{\overset{산화}{\rightleftharpoons}}$ 케톤(RCOR′)

② 산소부가 반응

$$CH_3CHO + \frac{1}{2}O_2 \longrightarrow CH_3COOH$$
아세트알데히드 　　　　　　　아세트산

$$CH_2=CH_2 + \frac{1}{2}O_2 \xrightarrow{Ag} CH_2-CH_2 \text{ 산화에틸렌}$$
$$\phantom{CH_2=CH_2 + \frac{1}{2}O_2} \searrow O \nearrow$$
$$\phantom{CH_2=CH_2 + \frac{1}{2}O_2} \xrightarrow[HCl]{PdCl_2} CH_3CHO \quad Aldehyde$$

③ 탈수소, 산소부가, C-C 결합의 파괴를 동반하는 반응

나프탈렌 $+ 4.5O_2 \xrightarrow{V_2O_5}$ 무수프탈산 $+ 2H_2O + 2CO_2$

말레산 무수물 : 벤젠의 공기산화법, 촉매

벤젠 $+ 4.5O_2 \xrightarrow[400\sim500℃]{V_2O_5(cat)}$ 말레산무수물 $+ 2H_2O + 2CO_2$

---

④ 중간체 반응을 거친 반응

톨루엔 $+ Cl_2 \xrightarrow[-HCl]{h\nu}$ (벤질클로라이드, CH_2Cl)

$\xrightarrow{Cl_2}$ (CCl_3 벤젠) $\xrightarrow[-3HCl]{2H_2O}$ 벤조산(COOH)

⑤ 과산화물이 생기는 반응

(쿠멘) $\xrightarrow[h\nu]{O_2}$ Isopropylbenzene peroxide

2. 환원(Reduction) 및 수소화 반응(Hydrogenation)

환원반응이란 산화의 역반응으로 산소(O)를 잃거나 수소(H)를 첨가하는 반응을 말한다.

① 환원제
　㉠ Ni과 같은 촉매를 사용하여 수소를 첨가하는 데 이용된다.

$$-C\equiv C- \xrightarrow[Ni, Pb, 상압]{H_2} -CH=CH-$$
$$\xrightarrow[Ni, 상압]{H_2} -CH_2-CH_2-$$

　㉡ 금속 + 산

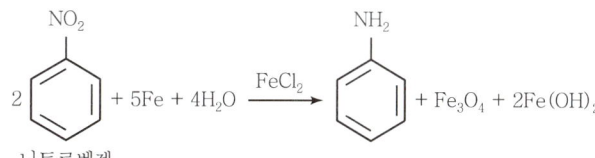

$$Fe + 2HCl \longrightarrow H_2 + FeCl_2$$
(환원 / 산화(환원제))

② 환원반응

$$2\,(NO_2-벤젠) + 5Fe + 4H_2O \xrightarrow{FeCl_2} (NH_2-벤젠) + Fe_3O_4 + 2Fe(OH)_2$$
니트로벤젠

③ 수소화 분해 : 수소 첨가와 동시에 분해가 일어나는 반응

$$RCH=CH_2 + CO_2 + H_2 \xrightarrow{Co} R-CH_2CH_2CHO + RCH-CH_3$$
$$\phantom{RCH=CH_2 + CO_2 + H_2 \xrightarrow{Co} R-CH_2CH_2CHO + RCH} |$$
$$\phantom{RCH=CH_2 + CO_2 + H_2 \xrightarrow{Co} R-CH_2CH_2CHO + RCH} CHO$$
주생성물　　부생성물

cf 옥소(OXO) 반응

알켄과 $Co(CO_4)_2$ 촉매하에 $CO : H_2$ 비를 1 : 1로 반응시켜 탄소수가 하나 더 많은 알데히드를 생성하는 반응

18 알킬화

1. 알킬화
① 유기화합물에 알킬기를 치환 또는 첨가하는 반응
② Olefin, Paraffin을 첨가하여 옥탄가가 높은 가지 달린 탄화수소를 생성한다.
③ 알킬기($-R$) : $-CH_3$, $-C_2H_5$, $-C_3H_7$, ⋯

   cf Friedel–Craft 반응
      주로 $AlCl_3$ 촉매하에 할로겐화 알킬(RX)에 의한 알킬화 반응

2. 말레산 무수물 : 벤젠의 공기산화법, 촉매반응

$$\text{벤젠} + 4.5O_2 \xrightarrow[400\sim500℃]{V_2O_5(\text{cat})} \begin{array}{c} CH-CO \\ \parallel \\ CH-CO \end{array} \hspace{-5pt} O + 2H_2O + 2CO_2$$

말레산무수물

$$\text{Benzene} + CH_2=CH_2 \xrightarrow{HCl-AlCl_3} \text{Ethylbenzene}(CH_2CH_3)$$

3. Cumene(쿠멘) 제조 : Friedel–Crafts 알킬화 반응

$$\text{Benzene} + CH_2=CH-CH_3 \xrightarrow{AlCl_3} \text{Cumene}\left(CH\begin{array}{c}CH_3\\CH_3\end{array}\right)$$

쿠멘의 반응

$$\text{Cumene} \rightarrow \text{페놀(OH)} + CH_3COCH_3 \text{(아세톤)}$$

$$\rightarrow HO-\bigcirc-\underset{CH_3}{\overset{CH_3}{C}}-\bigcirc-OH$$

비스페놀 A

4. Friedel–Crafts 알킬화 반응
① 할로겐화 알킬에 의한 알킬화
② $AlCl_3$ 촉매가 가장 많이 사용되고 $FeCl_3$, BF_3, HF, $ZnCl_2$ 등도 사용된다(루이스산 촉매).
③ 불포화 탄화수소 + RX

$$\bigcirc + R-X \xrightarrow{AlCl_3} \bigcirc-R + H-X$$

$$\bigcirc + (CH_3)_3CCl \xrightarrow{AlCl_3} \bigcirc-C(CH_3)_3 + HCl$$

19 아실화

1. 아실화
① 유기화합물의 수소원자를 아실기($R-CO-$)로 치환하는 반응
② 친전자성 치환반응
③ 치환되는 산기의 종류에 따라 포름화(Formylation), 아세틸화(Acetylation), 벤조일화(Benzoylation) 등이 있다.

2. 방향족 탄화수소의 아실화(Friedel–Crafts 반응)

방향족 탄화수소와 방향족 카르복시산클로라이드(염화아실)를 $AlCl_3$ 촉매하에서 아실화하면 케톤이 생성된다.

$$R-\overset{O}{\underset{\parallel}{C}}-Cl + \bigcirc \xrightarrow{AlCl_3} \bigcirc-\overset{O}{\underset{\parallel}{C}}-R + HCl$$

염화아실

$$\begin{array}{c}CH_3-\overset{O}{\underset{\parallel}{C}}\\CH_3-\overset{O}{\underset{\parallel}{C}}\end{array}\hspace{-5pt}O + \bigcirc \xrightarrow{AlCl_3} \bigcirc-\overset{O}{\underset{\parallel}{C}}-CH_3 + CH_3\overset{O}{\underset{\parallel}{C}}-OH$$

카르복시산무수물

3. 케텐에 의한 아실화

케텐 $CH_2=C=O$는 반응성이 매우 좋아 $-OH$나 $-NH_2$를 가진 화합물과 반응하여 아세틸화한다.

$CH_2=C=O + R-OH \longrightarrow CH_3COO-R$ 초산에스테르

$CH_2=C=O + R-NH_2 \longrightarrow CH_3CONH-R$ 아세트아미드

$CH_2=C=O + CH_3COOH \longrightarrow \begin{matrix} CH_3CO \\ CH_3CO \end{matrix} \rangle O$ 아세트산 무수물

20 에스테르화

① 유기화합물의 분자 내에 Ester기($-COO-$)를 도입시키는 반응
② 산 + Alcohol ⇌ Ester + 물(축합반응)
$RCO\boxed{OH + H}OR' \rightleftharpoons RCOOR' + H_2O$
카르복시산 알코올   에스테르
③ 용도 : 용제(초산에틸, 초산부틸), 폭약(니트로셀룰로오스, 니트로글리세린), 폴리머 제조

21 가수분해

① 가수분해는 물과 반응하여 복분해(Double Decomposition)가 일어나는 반응이다.
$XY + H_2O \rightarrow HY + XOH$
② 비누화, 알칼리 용융, 아세틸렌의 수화, 단백질의 가수분해, Grignard 화합물의 가수분해 등이 있다.
③ 아세틸렌의 수화반응
$CH \equiv CH + H_2O \xrightarrow[H_2SO_4]{HgSO_4} CH_3CHO$
④ 에틸렌옥사이드의 가수분해

$\begin{matrix} CH_2-CH_2 \\ \diagdown \diagup \\ O \end{matrix} + H_2O \xrightarrow{산촉매} \begin{matrix} CH_2-CH_2 \\ | \quad\quad | \\ OH \quad OH \end{matrix}$
에틸렌옥사이드   에틸렌글리콜

22 디아조화

1. 디아조화

① 지방족 1차 아민은 아질산에 의해 $-NH_2$가 $-OH$로 치환
② 방향족 1차 아민은 염화수소산(HCl) 용액에 5℃ 이하 아질산나트륨($NaNO_2$)을 반응시켜 염화벤젠디아조늄(디아조늄염)이 생긴다.

$C_6H_5-NH_2 + 2HCl + NaNO_2 \longrightarrow [C_6H_5-\overset{+}{N}\equiv N]Cl^- + NaCl + 2H_2O$

2. 샌드마이어(Sandmeyer) 반응

디아조늄 그룹이 $-Cl$, $-Br$, $-CN$으로 치환된 화합물을 만드는 반응이다.

톨루엔-NH_2 $\xrightarrow[H_2O]{HCl, NaNO_2}$ 톨루엔-$N_2^+Cl^-$ $\xrightarrow{CuCl}$ 톨루엔-Cl

3. 커플링(Coupling, 짝지음)

디아조늄염이 페놀류, 방향족 아민과 같은 화합물과 반응하여 새로운 아조화합물을 만드는 반응이다.

$[C_6H_5-N^+\equiv N]Cl^- + C_6H_5-OH \longrightarrow C_6H_5-N=N-C_6H_4-OH + HCl$

4. 발색단

유기화합물에 정해진 색을 나타내는 원자단

발색단(이중결합 존재)	조색단
• 아조기($-N=N-$) • 에틸렌기($>C=C<$) • 카르보닐기($>C=O$) • 니트로기($-NO_2$) • 티오카르보닐기($>C=S$) • 니트로소기($-N=O$) • $>C=NH$	• 아미노기($-NH_2$, $-NHR$, $-NH_2$) • 히드록시기($-OH$) • 카르복시기($-COOH$) • 술폰산기($-SO_3H$)

23 옥탄가와 세탄가

1. 옥탄가(Octane Number)
① 가솔린의 안티노크성을 수치로 표시한 것이다.
② 이소옥탄(iso-Octane)의 옥탄가를 100, 노말헵탄(n-Heptane)의 옥탄가를 0으로 정한 후, 이소옥탄의 %를 옥탄가라 한다.
③ n-파라핀에서는 탄소 수가 증가할수록 옥탄가가 저하된다.
④ 이소파라핀에서는 메틸측쇄를 많이 포함할수록, 중앙에 집중할수록 옥탄가는 크게 된다.
⑤ 나프텐계 탄화수소는 같은 탄소 수의 방향족 탄화수소보다 옥탄가가 작지만, n-파라핀보다는 큰 값을 가진다.

> **cf** n-파라핀<올레핀<나프텐계<방향족

⑥ 가솔린의 안티노크성을 증가시키기 위해 소량의 첨가제를 가하는데, 이것을 안티노크제(Antiknock Agent)라 하며 $Pb(C_2H_5)_4$, 테트라에틸납(TEL : Tetraethyl Lead)이 있다.
⑦ 안티노크제를 가했을 경우의 효과를 가연효과라 하는데, 파라핀이 최대이고, 그 다음이 나프텐이며, 방향족이 가장 작다.

2. 세탄가(Cetane Number)
① 디젤기관의 착화성을 정량적으로 나타내는 데 이용되는 수치이다.
② n-Cetane($C_{16}H_{34}$)의 값을 100, α-메틸나프탈렌($CH_3 \cdot C_{10}H_7$)의 값을 0으로 하여 표준연료 중의 Cetane의 %를 세탄가라 한다.
③ 세탄가가 클수록 착화성(발화성)이 크며 디젤 연료로 우수하다.

24 액화석유가스(LPG)와 액화천연가스(LNG)

1. 액화석유가스(LPG : Liquefied Pretroleum Gas)
① 원유의 접촉분해, 상압증류, 접촉리포밍과 같은 조작에서 부생되는 가스이다.
② 주성분은 C_3, C_4 탄화수소가스(프로판, 부탄, 프로필렌, 부틸렌)이다.
③ 프로판가스라고도 하며 쉽게 액화시켜 운반이 용이하다.
④ 자체로는 무색, 무취이나, 냄새를 화학적으로 첨가한다.
⑤ 자동차 연료, 가정용 연료로 사용된다.

2. 액화천연가스(LNG : Liquefied Natural Gas)
① 천연가스를 정제해서 얻는다.
② 메탄(CH_4)이 주성분이다.

25 가솔린(Gasoline)

① 공업용 가솔린은 세척제, 용제, 희석제, 드라이클리닝용으로 사용된다.
② 물에는 녹지 않으나 유기용제에 녹으며 유지를 용해시킨다.
③ $C_5 \sim C_{12}$의 탄화수소 혼합물로 끓는점 100℃ 전후이며, 중질 가솔린과 경질 가솔린으로 나눈다.
④ 항공기용, 자동차용 연료로 사용된다.
⑤ 안티노킹제를 넣어 사용한다(옥탄가).

나프타(Naphtha)
- 원유를 증류할 때 35~220℃의 끓는점 범위에서 유출되는 탄화수소의 혼합체이다. 가솔린 유분과 실질적으로 동일하며, 내연기관 연료 이외의 용도, 특히 석유화학 원료 등으로 사용할 경우 나프타라고 한다. 주로 석유화학 원료를 의미한다.
- 주공업원료 : 에틸렌

26. 석유의 분해와 개질(리포밍)

1. 열분해법

비스브레이킹 (470℃)	점도가 높은 찌꺼기유에서 점도가 낮은 중질유를 얻는 방법
코킹 (1,000℃)	중질유를 강하게 열분해시켜 가솔린과 경유를 얻는 방법

ⓒf 올레핀이 많으며, 방향족 탄화수소는 적다.

2. 접촉분해법

① 실리카 알루미나($SiO_2 - Al_2O_3$), 합성제올라이트 촉매를 이용하여 분해하는 방법
② 열분해보다 파라핀계 탄화수소가 많다(올레핀이 거의 생성되지 않음).
③ 방향족 탄화수소가 많다.
④ 옥탄가가 높은 가솔린을 얻을 수 있으나, 석유화학의 원료 제조에는 부적당하다.

ⓒf 열분해와 접촉분해의 비교

열분해	접촉분해
• 올레핀이 많으며 $C_1 \sim C_2$ 계의 가스가 많다. • 대부분 지방족이며, 방향족 탄화수소는 적다. • 코크스나 타르의 석출이 많다. • 디올레핀이 비교적 많다. • 라디칼 반응 메커니즘	• $C_3 \sim C_6$계의 가지 달린 지방족이 많이 생성된다. • 열분해보다 파라핀계 탄화수소가 많다. • 방향족 탄화수소가 많다. • 탄소질 물질의 석출이 적다. • 디올레핀은 거의 생성되지 않는다. • 이온반응 메커니즘 : 카르보늄이온 기구

3. 수소화 분해법(Hydrocracking)

① 비점이 높은 유분을 고압의 수소 속에서 촉매를 이용하여 분해시켜 가솔린을 얻는 방법
② 탄화수소의 분해, 고리화, 이성질화, 올레핀의 수소 첨가반응, 방향족화, 탈황
③ 실리카알루미나, 제올라이트를 담체로 한 Mo, Ni, W 등의 촉매를 사용
④ 옥탄가가 높은 가솔린을 제조

4. 리포밍(개질)

옥탄가가 낮은 가솔린, 나프타 등을 촉매를 이용하여 방향족 탄화수소나 이소파라핀을 많이 함유하는 옥탄가가 높은 가솔린으로 전환 → 개질가솔린

① Hydro Forming : $MoO_3 - Al_2O_3$ 사용
② Plat Forming : $Pt - Al_2O_3$ 사용
③ Ultra Forming : 촉매를 재생하여 사용
④ Rheni Forming : $Pt - Re - Al_2O_3 - SiO_2$ 사용

5. 알킬화법

$C_2 \sim C_5$의 올레핀과 이소부탄의 반응에 의해 옥탄가가 높은 가솔린을 제조하는 방법

6. 이성화법

n-파라핀을 iso형으로 이성질화하는 방법

27. 석유의 정제

1. 산에 의한 화학적 정제

H_2SO_4로 세척하며, 주성분인 포화 탄화수소가 H_2SO_4와 작용하지 않는다는 성질을 이용한다.

2. 알칼리에 의한 정제

황산으로 처리한 후 알칼리(NaOH) 용액으로 세척하여 중화시킨다.

3. 흡착정제

다공질 흡착제인 산성백토, 활성백토, 활성탄 등의 흡착력이 큰 것을 이용하여 불순물이나 불용성분을 우선적으로 흡착 분리시킨다.

4. 스위트닝(Sweetening)

① 부식성과 악취의 메르캅탄 황화수소, 황 등을 산화하여 이황화물로 만들어 없애는 정제법
② Doctor Process(닥터법), Merox(메록스)법이 있다.

5. 수소화 처리법(Hydrotreating Process)
① 수소 첨가, 촉매 이용
② S, N, O, 할로겐 등의 불순물을 제거하며, 디올레핀을 올레핀으로 만드는 방법

28 용제정제법(Solvent Refining)

1. 정제방법
윤활유 중의 나프텐과 방향족 성분을 페놀이나 푸르푸랄(Furfural)과 같은 용제로 추출·제거한다.

2. 용제의 조건
① 선택성이 커야 하며 다루기 쉽고 값이 저렴해야 한다.
② 추출성분의 끓는점과 용제의 끓는점 차가 커야 한다.
③ 증류로써 회수가 쉬워야 한다.
④ 열적·화학적으로 안정해야 하고 추출성분에 대한 용해도가 커야 한다.
⑤ 원료유와 추출용제 사이의 비중차가 커서 추출할 때 두 액상으로 쉽게 분리할 수 있어야 한다.
예 푸르푸랄(Furfural), 페놀

29 에틸렌($CH_2 = CH_2$)의 유도체

1. 아세트알데히드(CH_3CHO)
① Hoechst-Wacher법(와커공정)
에틸렌을 $PdCl_2$ 촉매를 이용하여 액상 산화시켜 알데히드를 생성한다.

$$CH_2 = CH_2 + PdCl_2 + H_2O \rightarrow CH_3CHO + Pd + 2HCl$$

$$Pd + 2CuCl_2 \rightarrow PdCl_2 + 2CuCl$$

$$\underline{2CuCl + \frac{1}{2}O_2 + 2HCl \rightarrow 2CuCl_2 + H_2O}$$

$$CH_2 = CH_2 + \frac{1}{2}O_2 \rightarrow CH_3CHO$$

2. 산화에틸렌(C_2H_4O, Ethylene Oxide)
① 에틸렌의 직접산화법

$$CH_2 = CH_2 + O_2 \xrightarrow{Ag} \underset{\text{산화에틸렌}}{CH_2 - CH_2 \diagdown O \diagup}$$

3. 에틸렌글리콜
① 산화에틸렌의 수화반응

$$\underset{\text{산화에틸렌}}{CH_2 - CH_2 \diagdown O \diagup} + H_2O(\text{과량}) \longrightarrow \underset{\text{에틸렌글리콜}}{\underset{OH \quad OH}{\underset{|\quad\quad |}{CH_2 - CH_2}}}$$

30 프로필렌의 유도체

1. 프로필렌의 산화

$$\underset{\text{프로필렌}}{CH_2 = CH - CH_3} \xrightarrow[\text{금속산화물 촉매}]{O_2}$$

$$\underset{\text{아크롤레인}}{CH_2 = CH - CHO} \xrightarrow{\frac{1}{2}O_2} \underset{\text{아크릴산}}{CH_2 = CH - COOH}$$

2. 이소프렌

$$CH_2 = CH - CH_3 \xrightarrow{\text{이량화}} CH_2 = \underset{|}{\overset{CH_3}{C}} - CH_2CH_3$$

$$\xrightarrow{\text{이성질화}} CH_3\underset{|}{\overset{CH_3}{C}} = CHCH_2CH_3$$

$$\xrightarrow{\text{분해}} \underset{\text{이소프렌}}{CH_2 = \underset{|}{\overset{CH_3}{C}} - CH = CH_2} + CH_4$$

3. 부틸알코올
① Oxo(옥소) 합성법
 ㉠ $CO + H_2$: 수성가스(Water Gas)
 ㉡ 촉매 : $[Co(CO)_4]_2$ 금속카르보닐 촉매
 ㉢ 탄소 수가 하나 더 증가된 알데히드 화합물을 만든다.

$$CH_3CH = CH_2 + CO + H_2 \longrightarrow CH_3CH_2CH_2CHO$$

② Reppe 합성법
  ㉠ 프로필렌 → 부틸알코올
  ㉡ 반응물 : 올레핀 + CO + H₂O
  ㉢ 촉매 : 철카르보닐 촉매

$$CH_3CH=CH_2 + 3CO + 2H_2O \xrightarrow{Fe(CO)_5}$$

$$CH_3CH_2CH_2CH_2OH + CH_3\text{-}CH(CH_3)\text{-}CH_2OH$$

85% 15%

31 부틸렌의 유도체

1. 부틸알코올

$$CH_3CH_2CH=CH_2 \xrightarrow{H_2SO_4} CH_3CH_2CHCH_3(OSO_3H) \rightarrow CH_3CH_2CHCH_3(OH)$$

2차 부틸알코올

2. 메틸에틸케톤(MEK)

2차 부틸알코올 —탈수소(−H₂)→ 메틸에틸케톤

$$CH_3CH_2CHCH_3(OH) \xrightarrow{-H_2} CH_3CH_2CCH_3(=O)$$

3. Wacker법

$$CH_3CH_2CH=CH_2 + PdCl_2 + H_2O$$
$$\rightarrow CH_3CH_2CCH_3(=O) + Pd + 2HCl$$

32 벤젠의 유도체

1. 페놀

① 황산화법

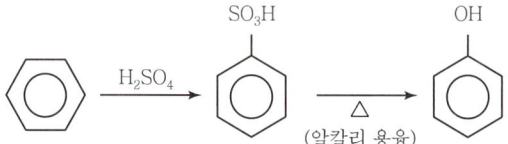

(알칼리 용융)

② 쿠멘법

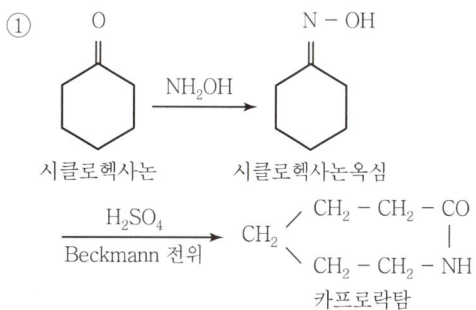

Phenol   Acetone

→ HO-⌬-C(CH₃)₂-⌬-OH

Bisphenol A

2. ε-카프로락탐(ε-caprolactam)

① 시클로헥사논 —NH₂OH→ 시클로헥사논옥심

$$\xrightarrow[\text{Beckmann 전위}]{H_2SO_4} CH_2\begin{pmatrix}CH_2-CH_2-CO\\CH_2-CH_2-NH\end{pmatrix}$$
카프로락탐

② 카프로락탐의 개환중합반응으로 Nylon 6을 생성한다.

$$\text{(락탐)} \xrightarrow{H_2O} \text{–[NH-(CH}_2)_5\text{-C(=O)]}_n\text{–}$$

3. 말레산 무수물(Maleic Anhydride)

① 벤젠의 공기산화법

벤젠을 Si-Al₂O₃ 담체로 한 V₂O₅ 촉매로 공기산화시켜 만든다.

$$\bigcirc + 4.5O_2 \xrightarrow[400\sim500℃]{V_2O_5(cat)} \begin{pmatrix}CH-CO\\CH-CO\end{pmatrix}O + 2H_2O + 2CO_2$$

말레산 무수물

② 부텐의 산화법

$$CH_3-CH=CH-CH_3 + O_2 \xrightarrow[\substack{425\sim480℃\\10\sim15psi}]{\substack{Al_2O_3\text{ 담체로 한}\\V_2O_5 \text{ 촉매}}} \begin{pmatrix}CH-CO\\CH-CO\end{pmatrix}O$$

말레산 무수물

4. 아디프산 : Nylon 6.6의 중요한 원료

① 페놀로부터 합성

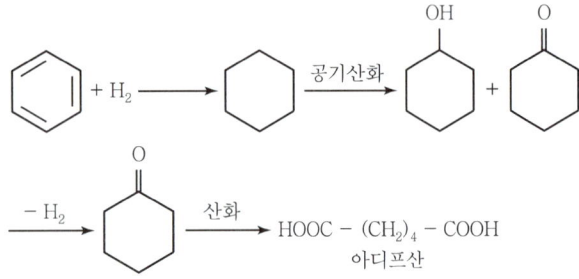

② 벤젠으로부터 합성

33 톨루엔의 유도체

1. 벤즈알데하이드

2. 톨루엔 디이소시아네이트(TDI : Toluene Dissoyanate)

3. TNT(Trinitrotoluene)

34 크실렌의 유도체

1. 프탈산 무수물(Phthalic Anhydride)

2. 이소프탈산(Isophthalic Acid)

3. 테레프탈산(Terephthalic Acid)

① p–크실렌(p–xylene)의 질산산화법

35 아세틸렌의 유도체

1. Reppe 반응

① 비닐화(Vinylation)

$CH \equiv CH + CH_3OH \xrightarrow{KOH} CH_2 = CH \mid OCH_3$
   아세틸렌   메틸비닐에테르

② 에티닐화(Ethynylization)

$CH \equiv CH + HCHO \longrightarrow CH \equiv C - CH_2OH$
                포름알데히드

$\xrightarrow{HCHO} HOCH_2C \equiv CCH_2OH$
        1,4-다이히드록시2부틴

③ 카르보닐화(Carbonylation)

$CH \equiv CH + CO + ROH \longrightarrow CH_2 = CH - COOR$
                                    아크릴산에스테르

④ 고리화(환화중합)

$4CH \equiv CH \longrightarrow$ Cyclooctatetraene

2. 아세트알데히드

① 아세틸렌의 수화반응(수은염 촉매)

$CH \equiv CH + H_2O \rightarrow CH_3CHO$

② 아세트알데히드로부터 아세트산(식초산) 합성

$CH_3CHO + \frac{1}{2}O_2 \rightarrow CH_3COOH$

36 고분자

1. 고분자 분자량

① 수평균분자량

$$\overline{M_n} = \frac{w}{\sum N_i} = \frac{\sum M_i N_i}{\sum N_i}$$

② 중량평균분자량 : 성분의 평균값에 대한 기여도를 나타낸다.

$$\overline{M_w} = \frac{\sum M_i^2 N_i}{\sum M_i N_i}$$

③ 다분산도 : $PD = \dfrac{\overline{M_w}}{\overline{M_n}} = \dfrac{중량평균분자량}{수평균분자량}$

④ 중합도 : $n = \dfrac{총분자량}{분자량}$

2. 분자량 측정방법

① 끓는점 오름법(비점상승법)과 어는점 내림법(빙점강하법) : 비교적 저분자의 분자량을 측정
② 삼투압측정법 : Van't Hoff 법칙 이용($\pi = CRT$)
③ 광산란법 : 중량(무게)평균분자량을 측정하는 방법으로 이용
④ 겔투과 크로마토그래피(GPC) : 한 번의 측정으로 $\overline{M_n}$, $\overline{M_w}$를 모두 구할 수 있어서 편리
⑤ 말단기 분석법 : 폴리에스터, 폴리아미드 등의 반응성 말단기(카르복시기, 히드록시기, 아미노기)를 습식 분석으로 정량화, $\overline{M_n}$ 측정

37 유리전이온도

탄성을 가진 고무와 같은 성질에서 유리와 같이 깨지고, 부스러지기 쉬운 성질로 변하는 온도

중합체	유리전이온도(℃)
폴리이소프렌(천연고무)	-70
폴리에틸렌	-20
폴리염화비닐리덴	-7
폴리프로필렌	5
폴리비닐아세테이트	30
나일론 6.6	47
폴리염화비닐	75
폴리스티렌	100
폴리카보네이트	140~160

38 고분자 중합방법

1. 괴상중합(벌크 중합)
① 용매 또는 분산매를 사용하지 않고 단량체와 개시제만을 혼합하여 중합시키는 방법이다.
② 조성과 장치가 간단하고, 제품에 불순물이 적다.
③ 내부 중합열이 잘 제거되지 않는다.

2. 용액중합
① 단량체와 개시제를 용매에 용해시킨 상태에서 중합시키는 방법이다.
② 중화열의 제거는 용이하지만, 중합속도와 분자량이 작고, 중합 후 용매의 완전 제거가 어렵다.
③ 용매의 회수과정이 필요하므로 주로 물을 안정제로 쓸 수 없는 반응의 경우에 사용된다.

3. 현탁중합(서스펜션 중합)
① 단량체를 녹이지 않는 액체에 격렬한 교반으로 분산시켜 중합한다.
② 강제로 분산된 단량체의 작은 방울에서 중합이 일어난다.
③ 개시제는 단량체에 녹는 것을 사용하며 단량체 방울이 뭉치지 않고 유지되도록 안정제(Stabilizer)를 사용한다.
④ 중합열의 분산이 용이하고 중합체가 작은 입자 모양으로 얻어지므로 분리 및 처리가 용이하다.
⑤ 세정 및 건조공정을 필요로 하고 안정제에 의한 오염이 발생한다.

4. 유화중합(에멀션 중합)
① 비누 또는 세제 성분의 일종인 유화제를 사용하여 단량체를 분산매 중에 분산시키고 수용성 개시제를 사용하여 중합시키는 방법이다.
② 중합열의 분산이 용이하고, 대량 생산에 적합하다.
③ 세정과 건조가 필요하고 유화제에 의한 오염이 발생한다.
④ 중합도가 크고 다른 방법으로는 제조가 불가능한 공중합체의 형성이 가능하다.
⑤ 분자량이 크다.

39 합성수지공업

중합의 종류	
첨가중합	이중결합을 가진 화합물이 첨가반응에 의해 중합체를 만드는 방법
축합중합	단위체들이 결합할 때 H_2O와 같은 작은 분자가 떨어져나가면서 형성되는 반응

1. 열가소성 수지
가열 시 연화되어 외력을 가할 때 쉽게 변형되며, 성형가공 후 냉각하면 외력을 제거해도 성형된 상태를 유지하는 수지

예 폴리에틸렌, 폴리프로필렌, 폴리염화비닐, 폴리스티렌, 폴리아세트산비닐, 폴리비닐알코올

2. 열경화성 수지
가열 시 일단 연화되지만, 계속 가열하면 점점 경화되어 나중에는 온도를 올려도 연화, 용융되지 않고, 원상태로 되지 않는 수지

예 페놀수지, 요소수지, 멜라민수지, 우레탄수지, 에폭시수지, 알키드수지, 규소수지

3. 나일론 : 폴리아미드 섬유
① 나일론 6.6
  ㉠ $-CO-NH-$ 아미드 결합
  ㉡ 헥사메틸렌디아민과 아디프산의 축합 생성물

$$H_2N-(CH_2)_6-NH_2 + HO-\overset{O}{\underset{\|}{C}}-(CH_2)_4-\overset{O}{\underset{\|}{C}}-OH$$
헥사메틸렌디아민   아디프산

$$\rightarrow \left[\overset{O}{\underset{\|}{C}}-(CH_2)_4-\overset{O}{\underset{\|}{C}}-NH-(CH_2)_6-NH \right]$$
Nylon 6.6

ⓒ 용도 : 섬유, 로프, 타이어, 벨트, 천
② 나일론 6
　㉠ −CO−NH− 아미드 결합
　㉡ 카프로락탐의 개환중합

$$\varepsilon-\text{Carprolactam} \xrightarrow{H_2O} H_2N-(CH_2)_5-C-OH$$

$$\longrightarrow \left[N-(CH_2)_5-C \right]_n$$
Nylon 6

　㉢ 성질은 나일론 6.6과 비슷하나 부드러우며 질긴 정도가 덜하다.
　㉣ 용도 : 대부분 섬유 생산에 이용, 플라스틱 제조

4. 폴리에스테르 섬유

① HOOC−⟨⟩−COOH + HO−CH₂CH₂−OH
   테레프탈산   에틸렌글리콜

→ [−C(=O)−⟨⟩−C(=O)−O−CH₂CH₂−O−]ₙ

② 내수성이 강하고 주름이 잘 생기지 않아 섬유용으로 많이 사용한다.

5. 합성고무

① 천연고무

$$\left[\begin{matrix} CH_2 \\ CH_3 \end{matrix} \right. C=C \left. \begin{matrix} CH_2 \\ H \end{matrix} \right]_n$$
Isoprene (cis − 1,4 − Isoprene)

② SBR(스티렌 − 부타디엔 − 고무)

[−CH₂−CH(C₆H₅)−][−CH₂−CH=CH−CH₂−]

40 비누화값과 산값

① **비누화값** : 시료 1g을 완전히 비누화시키는 데 필요한 수산화칼륨(KOH)의 mg 수
② **산값** : 시료 1g 속에 들어 있는 유리지방산을 중화시키는 데 필요한 KOH의 mg 수

41 폐수처리공정의 광촉매

① 광촉매(Photocatalyst)란 빛을 받아들여 화학반응을 촉진시키는 물질로 대표적으로 반도체, 색소, 엽록소가 있는데 반도체에서 산화타이타늄(TiO_2)이 대표적이다. 이런 반응을 광화학 반응이라 한다.
② 폐수처리나 유해가스를 효과적으로 처리할 수 있는 광촉매를 이용한 처리기술이 발달하고 있는데, 광촉매로 사용되는 TiO_2에는 아나타제, 루틸 등의 결정상이 존재한다.

42 물의 경도

물에 포함되어 있는 Ca^{2+}, Mg^{2+}의 양을 표준물질의 중량으로 환산해서 표시한 것

$$경도(CaCO_3) = Ca^{2+} \times \frac{100}{40} + Mg^{2+} \times \frac{100}{24.3}$$

43 물질안전보건자료(MSDS)

1. MSDS(물질안전보건자료)

화학물질의 유해성, 위험성, 응급조치 요령, 취급방법 등을 설명한 자료

2. MSDS 구성항목

① 화학제품과 회사에 관한 정보
② 유해성·위험성
③ 구성성분의 명칭 및 함유량
④ 응급조치요령

⑤ 폭발·화재 시 대처방법
⑥ 누출 사고 시 대처방법
⑦ 취급 및 저장방법
⑧ 노출방지 및 개인보호구
⑨ 물리화학적 특성
⑩ 안정성 및 반응성
⑪ 독성에 관한 정보
⑫ 환경에 미치는 영향
⑬ 폐기 시 주의사항
⑭ 운송에 필요한 정보
⑮ 법적 규제현황
⑯ 기타 참고사항

44 화학물질의 분류

1. 물리적 위험성에 의한 분류
① 폭발성 물질
② 인화성 가스
③ 에어로졸
④ 산화성 가스
⑤ 고압가스
⑥ 인화성 액체
⑦ 인화성 고체
⑧ 자기 반응성 물질 및 혼합물
⑨ 자연 발화성 액체
⑩ 자연 발화성 고체
⑪ 자기 발열성 물질 및 혼합물
⑫ 물 반응성 물질 및 혼합물
⑬ 산화성 액체
⑭ 산화성 고체
⑮ 유기과산화물
⑯ 금속 부식성 물질

2. 건강 유해성에 의한 분류
① 급성독성 물질
② 피부 부식성 또는 자극성 물질
③ 심한 눈 손상 또는 자극성 물질
④ 호흡기 또는 피부 과민성 물질
⑤ 생식세포 변이원성 물질
⑥ 발암성 물질
⑦ 생식독성 물질
⑧ 특정 표적장기 독성 물질(1회 노출)
⑨ 특정 표적장기 독성 물질(반복 노출)
⑩ 흡인유해성 물질

3. 환경 유해성에 의한 분류
① 수생 환경 유해성 물질
② 오존층 유해성 물질

CHAPTER 02 반응운전

01 화학반응

구분	Noncatalytic (비촉매반응)	Catalytic (촉매반응)
Homogeneous (균일계)	대부분 기상반응 불꽃 연소반응과 같은 빠른 반응	대부분 액상반응 • 콜로이드상에서의 반응 • 효소와 미생물의 반응
Heterogeneous (불균일계)	• 석탄의 연소 • 광석의 배소 • 산+고체의 반응 • 기액 흡수 • 철광석의 환원	• NH_3 합성 • 암모니아 산화 → 질산 제조 • 원유의 Cracking • $SO_2 \xrightarrow{산화} SO_3$

cf 균일계 : 단일상에서 반응이 일어나는 경우
불균일계 : 두 상 이상에서 반응이 일어나는 경우

02 Arrhenius 식

속도상수 $k \propto T^m e^{-\frac{E_a}{RT}}$
- $m=0$: 아레니우스식
- $m=\frac{1}{2}$: 충돌이론
- $m=1$: 전이이론

1. 아레니우스 식

$k = Ae^{-\frac{E_a}{RT}}$

여기서, k : 속도상수, A : 빈도인자
R : 기체상수, T : 절대온도
E_a : 활성화 에너지

① $\ln k = \ln A - \frac{E_a}{RT}$

② E_a(활성화 에너지)가 작을수록, T(절대온도)가 클수록 속도상수 k가 크다.
③ T가 작을수록 k의 변화가 크다.
④ $\ln k$와 $\frac{1}{T}$은 직선관계이다.

➡ 기울기 $= -\frac{E_a}{R}$

2. 서로 다른 온도에서 k값 구하기

$\ln \frac{k_2}{k_1} = \frac{E_a}{RT}\left(\frac{1}{T_1} - \frac{1}{T_2}\right)$

03 반응속도

1. 기초반응 : 반응차수가 양론적인 반응

$2A \to B : -r_A = kC_A^2$

여기서, $-r_A$: A의 소모속도[mol/L s]
C_A : A의 농도[mol/L]
k : 속도상수

2. 속도상수 k의 단위

$k = \frac{[\text{mol/L}][1/\text{s}]}{[\text{mol/L}]^n}$

$= [\text{mol/L}]^{1-n}[1/\text{s}]$

차수	속도식	K의 단위
0차($n=0$)	$-r_A = k$	mol/L s
1차($n=1$)	$-r_A = kC_A$	1/s
2차($n=2$)	$-r_A = kC_A^2$	L/mol s
3차($n=3$)	$-r_A = kC_A^3$	L^2/mol^2 s

3. $aA + bB \rightarrow cC + dD$

$$\frac{-r_A}{a} = \frac{-r_B}{b} = \frac{r_C}{c} = \frac{r_D}{d}$$

4. 반응속도식의 표현

$A \rightarrow B$

$$-r_A = -\frac{1}{V}\frac{dN_A}{dt} \qquad r_B = \frac{1}{V}\frac{dN_B}{dt}$$

$$r_i = \frac{1}{V}\frac{dN_i}{dt} = \frac{\text{생성된 } i\text{의 몰수}}{\text{유체의 부피} \times \text{시간}}$$

$$r'_i = \frac{1}{W}\frac{dN_i}{dt} = \frac{\text{생성된 } i\text{의 몰수}}{\text{고체의 질량} \times \text{시간}}$$

$$r''_i = \frac{1}{S}\frac{dN_i}{dt} = \frac{\text{생성된 } i\text{의 몰수}}{\text{고체의 표면적} \times \text{시간}}$$

$$\therefore Vr_i = Wr'_i = Sr''_i$$

5. 반응속도의 측정

① 과량법 ② 적분해석법
③ 미분해석법 ④ 비선형 회귀분석법

04 화학평형상수

$$aA + bB \underset{k_2}{\overset{k_1}{\rightleftharpoons}} cC + dD$$

평형상수 $K_c = \dfrac{[C]^c[D]^d}{[A]^a[B]^b}$

① $K_c = \dfrac{k_1}{k_2} = \dfrac{\text{정반응 속도상수}}{\text{역반응 속도상수}} = \dfrac{C_C^c C_D^d}{C_A^a C_B^b}$

② K_p와 K_c의 관계

$$K_c = \frac{C_C^c C_D^d}{C_A^a C_B^b} = \frac{\left(\dfrac{P_C}{RT}\right)^c \left(\dfrac{P_D}{RT}\right)^d}{\left(\dfrac{P_A}{RT}\right)^a \left(\dfrac{P_B}{RT}\right)^b}$$

$$\therefore K_p = (RT)^{(c+d)-(a+b)} K_c$$

③ 반트호프(Van't Hoff) 식

$$\frac{d\ln K}{dT} = \frac{\Delta H}{RT^2}$$

05 연쇄반응과 비연쇄반응

1. 비연쇄반응

반응물 $\rightarrow$ (중간체)*
(중간체)* $\rightarrow$ 생성물

2. 연쇄반응

(개시단계) 반응물 $\rightarrow$ (중간체)*
(전파단계) (중간체)* + 반응물 $\rightarrow$ (중간체)* + 생성물
(정지단계) (중간체)* $\rightarrow$ 생성물

예 $A_2 + B_2 \rightarrow 2AB$
  $A_2 \rightleftharpoons 2A^*$
  $A^* + B_2 \rightleftharpoons AB + B^*$
  $A^* + B^* \rightleftharpoons AB$

06 Michaelis – Menten 식

효소 촉매 발효반응

$A \xrightarrow{\text{enzyme}} R$

$$-r_A = r_R = \frac{K[A][E_0]}{[M]+[A]}$$

여기서, M : Michaelis 상수
  $[E_0]$: 효소농도
  $[A]$: A의 농도($=C_A$)

$A + \text{효소} \rightleftharpoons (A \cdot \text{효소})^*$
$(A \cdot \text{효소})^* \rightarrow R + \text{효소}$

① A의 농도가 높을 때 : $[A]$에 무관하고 0차 반응에 가까워진다.

$[M] + [A] \simeq [A]$
$-r_A = K[E_0]$

② A의 농도가 낮을 때 : 반응속도 $\propto [A]$, 1차 반응에 가까워진다.

$[M] + [A] \simeq [M]$
$-r_A = \dfrac{K[E_0]}{[M]}[A]$

③ 나머지 : $[E_0]$에 비례

07 PSSH(유사정상상태 가설)

극도로 짧은 시간 동안에 존재하는 기상 활성중간체의 존재를 말하며 반응중간체가 형성되는 만큼 사실상 빠르게 반응하기 때문에 활성중간체(A^*) 형성의 알짜 생성속도는 0이다.

$r_A^* = 0$

08 촉매반응

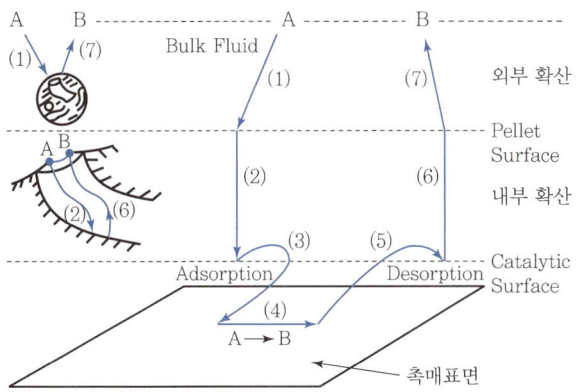

▲ 불균일 촉매의 물질 전달과 반응단계

(1) 반응기 내의 유체 벌크에서 촉매의 펠릿 표면으로 물질(A) 전달하는 단계
(2) 촉매의 펠릿 표면에서 활성점 표면으로 세공 확산하는 단계
(3) 세공 확산된 반응물(A)이 촉매 활성점 표면에 흡착하는 단계
(4) 흡착된 반응물이 촉매 활성점 표면에서 반응하는 단계(A → B)
(5) 반응 생성물(B)이 촉매 활성점 표면에서 탈착하는 단계
(6) 입자 내부에서 촉매의 펠릿 표면으로 생성물(B)이 세공 확산하는 단계
(7) 촉매의 펠릿 표면에서 반응기 유체 벌크로 생성물(B)을 물질 전달하는 단계

1. 율속단계(속도 제한 단계)

$A \to C$의 촉매반응에서 탈착반응이 율속단계인 경우

- 흡착 : $A + S \underset{k_1'}{\overset{k_1}{\rightleftarrows}} A \cdot S$
- 표면반응 : $A \cdot S \underset{k_2'}{\overset{k_2}{\rightleftarrows}} C \cdot S$
- 탈착 : $C \cdot S \overset{k_3}{\longrightarrow} C + S$

① 흡착속도 : $r_1 = k_1 \left(C_A C_S - \dfrac{C_A \cdot s}{K_1} \right)$

② 표면반응속도 : $r_2 = k_2 \left(C_A \cdot s - \dfrac{C_C \cdot s}{K_2} \right)$

③ 탈착속도

$r_3 = k_3 C_{C \cdot S} \to$ 율속단계

$C_{A \cdot S} = K_1 C_A C_S$

$C_{C \cdot S} = K_2 C_{A \cdot S} = K_1 K_2 C_A C_S$

촉매의 농도

$C_t = C_S + C_{A \cdot S} + C_{C \cdot S}$
$\quad = C_S + K_1 C_A C_S + K_1 K_2 C_A C_S$
$\quad = (1 + K_1 C_A + K_1 K_2 C_A) C_S$

$\therefore r_3 = \dfrac{k_3 K_1 K_2 C_t C_A}{1 + K_1 C_A + K_1 K_2 C_A}$

09 기공확산 저항

1. Thiele 계수

$A \to$ 생성물

$-r_A'' = -\dfrac{1}{S}\dfrac{dN_A}{dt} = k'' C_A$

여기서, $-r_A''$: A의 소모속도, S : 표면적
N_A : A의 몰수, t : 시간

$\left(\dfrac{dN_A}{dt}\right)_{in} = -\pi r^2 D \left(\dfrac{dC_A}{dx}\right)_{in}$ $\left(\dfrac{dN_A}{dt}\right)_{out} = -\pi r^2 D \left(\dfrac{dC_A}{dx}\right)_{out}$

➡ 기공 내부로 들어감에 따라 농도가 점차로 떨어지는데, Thiele 계수라고 불리는 무차원량 mL에 의존한다.

$$\frac{C_A}{C_{A \cdot S}} = \frac{e^{m(L-x)} + e^{-m(L-x)}}{e^{mL} + e^{-mL}}$$

$$= \frac{\cosh m(L-x)}{\cosh mL}$$

기공확산 저항에 따른 반응속도의 저하를 측정하기 위해 유효인자 ε을 정의한다.

Effective Actor(유효인자) ε

$$\varepsilon = \frac{\text{Actual Mean Reaction Rate Within Pore}}{\text{Rate if Not Slowed by Pore Diffusion}}$$

$$= \frac{\overline{r_A} \text{ With Diffusion}}{r_A \text{ Without Diffusion Resistance}}$$

특히, 1차 반응에서 반응속도가 농도에 비례하므로

$$\varepsilon = \frac{C_A}{C_{A \cdot S}}$$

$$\varepsilon_{first\ order} = \frac{\overline{C_A}}{C_{A \cdot S}} = \frac{\tanh mL}{mL} = \frac{\tanh \phi}{\phi}$$

여기서, $mL = \phi$ = Thiele 계수

2. 기공확산의 영향

반응속도에 대한 기공확산의 영향은 mL의 크고 작음에 좌우된다.

① $mL < 0.4$: $\varepsilon \simeq 1$ 반응물의 농도가 기공 내에서 그다지 떨어지지 않기 때문에 기공확산에 의한 반응에의 저항은 무시할 수 있다.

② $mL = L\sqrt{\frac{k}{D}}$ 로 값이 작으면 기공이 짧거나, 반응속도가 느리거나, 확산이 빠르다는 것을 의미한다.
➡ 확산에 대한 저항을 낮추는 경향이 있다.

③ $mL > 4$: $\varepsilon = 1/mL$이고 반응물의 농도가 기공 내부로 들어감에 따라 급격히 0으로 떨어지지 때문에 확산이 반응속도에 미치는 영향이 크다. ➡ 기공확산 저항이 크다.

10 회분식 반응기

- 소규모 조업, 새로운 공정의 시험, 다품종 소량생산, 실험실에 사용된다.
- 비정상상태
- 인건비가 비싸고, 대규모 생산이 어렵다.
- 전화율 : $X_A = \dfrac{N_{A0} - N_A}{N_{A0}}$

$$\therefore N_A = N_{A0}(1-X_A)$$

$$\therefore C_A = C_{A0}(1-X_A) = C_{A0} - C_{A0}X_A$$

1. 정용회분반응기

$$-r_A = -\frac{1}{RT}\frac{dP_A}{dt} = -\frac{1}{V}\frac{dN_A}{dt}$$

$$= -\frac{dC_A}{dt} = C_{A0}\frac{dX_A}{dt} = kC_A^n$$

① 0차 반응 : 반응속도가 반응물의 농도에 무관하다.

㉠ $C_{A0}X_A = kt, \quad C_{A0} - C_A = kt$

㉡ 반감기 : $t_{1/2} = \dfrac{C_{A0}}{2k}$

㉢ $t = \dfrac{C_{A0}}{k}$: 반응 완료

② 1차 반응 : 전화율, 반감기는 반응물의 농도에 무관하나, 초기농도가 크면, 반응속도는 증가한다.

㉠ $-\ln\dfrac{C_A}{C_{A0}} = kt, \quad -\ln(1-X_A) = kt$

㉡ $t_{1/2} = \dfrac{\ln 2}{k}$

③ 2분자형 2차 반응

㉠ $A + B \rightarrow R$

$$-r_A = -\frac{dC_A}{dt} = kC_AC_B$$

$$\ln\frac{1-X_B}{1-X_A} = \ln\frac{M-X_A}{M(1-X_A)}$$
$$= \ln\frac{C_B C_{A0}}{C_{B0} C_A} = \ln\frac{C_B}{MC_A}$$
$$= C_{A0}(M-1)kt$$
$$= (C_{B0} - C_{A0})kt \qquad M \neq 1$$

ⓒ $2A \to R$

$$\frac{1}{C_A} - \frac{1}{C_{A0}} = \frac{1}{C_{A0}}\frac{X_A}{(1-X_A)} = kt$$

$$t_{1/2} = \frac{1}{kC_{A0}}$$

④ n차 반응

$$C_A^{1-n} - C_{A0}^{1-n} = k(n-1)t \quad (n \neq 1)$$

$$n\text{차} = 1 - \frac{\ln(t_2/t_1)}{\ln(C_{A0 \cdot 2}/C_{A0 \cdot 1})} = 1 - \frac{\ln(t_2/t_1)}{\ln(P_{A0 \cdot 2}/P_{A0 \cdot 1})}$$

⑤ 평행반응

$$-\ln\frac{C_A}{C_{A0}} = (k_1 + k_2)t$$

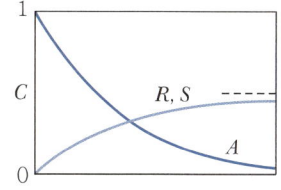 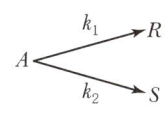

⑥ 연속반응

$$A \xrightarrow{k_1} R \xrightarrow{k_2} S$$

$$C_A = C_{A0}e^{-k_1 t}$$
$$C_R = C_{A0}k_1\left(\frac{e^{-k_1 t}}{k_2-k_1} + \frac{e^{-k_2 t}}{k_1-k_2}\right)$$
$$C_S = C_{A0} - C_A - C_R$$

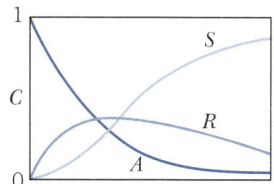

R의 농도가 최대가 되는 데 걸리는 시간, 농도
$$t_{max} = \frac{1}{k_{\log mean}} = \frac{\ln(k_2/k_1)}{k_2 - k_1}$$

$$\frac{C_{R max}}{C_{A0}} = \left(\frac{k_1}{k_2}\right)^{\frac{k_2}{k_2-k_1}}$$

cf $k_1 = k_2 = k$
$$C_{R max} = \frac{C_{A0}}{e}, \quad t_{max} = \frac{1}{k}$$

⑦ **자동촉매반응** : 생성물 중 일부가 반응물이 되는 경우
$$A + R \to R + R$$
$$\ln\frac{C_A/C_{A0}}{C_R/C_{R0}} = -kC_0 t = -k(C_{A0} + C_{R0})t$$

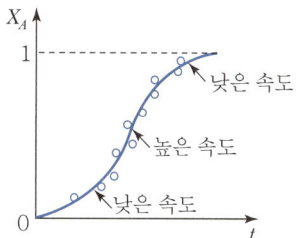

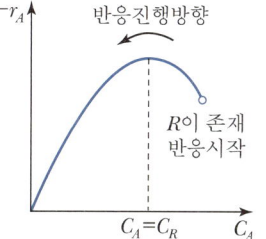 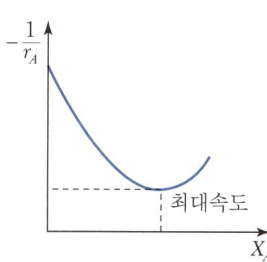

극소량 R에 의해 반응 시작 → R이 생성됨에 따라 반응 속도 증가, A가 감소하면서 반응속도는 감소 (0에 도달)

⑧ 1차 가역반응
$$-\ln\left(1 - \frac{X_A}{X_{Ae}}\right) = -\ln\frac{C_A - C_{Ae}}{C_{A0} - C_{Ae}} = \frac{M+1}{M+X_{Ae}}k_1 t$$

2. 변용회분반응기

$$\varepsilon_A = y_{A0}\delta$$
$$= A\text{의 몰분율} \times \frac{\text{생성물의 몰수} - \text{반응물의 몰수}}{\text{반응물 } A \text{의 몰수}}$$

$$V = V_0(1 + \varepsilon_A X_A), \quad C_A = \frac{C_{A0}(1 - X_A)}{1 + \varepsilon_A X_A}$$

정용 $t = N_{A0} \int_0^{X_A} \dfrac{dX_A}{(-r_A)V} = C_{A0} \int_0^{X_A} \dfrac{dX_A}{-r_A}$

변용 $t = N_{A0} \int_0^{X_A} \dfrac{dX_A}{(-r_A)V_0(1+\varepsilon_A X_A)}$
$= C_{A0} \int_0^{X_A} \dfrac{dX_A}{(-r_A)(1+\varepsilon_A X_A)}$

11 단일이상반응기

① 공간시간(τ) : 반응기 부피만큼의 공급물을 처리하는 데 걸리는 시간

$$\tau = \dfrac{1}{S} = \dfrac{V}{v_0} = \dfrac{\text{반응기 부피}}{\text{공급물 부피유량}} = \dfrac{C_{A0}V}{F_{A0}} [\text{시간}]$$

여기서, F_{A0} : 몰속도(mol/h)

② 공간속도(S) : 단위시간당 처리할 수 있는 공급물의 부피를 반응기 부피로 나눈 값

$S = \dfrac{1}{\tau} [\text{시간}]^{-1}$

12 CSTR(혼합흐름반응기)

① 정상상태(축적량=0)
② 강한 교반이 요구될 때 사용한다.
③ 흐름식 반응기 중 전화율이 가장 낮다.
④ CSTR 내의 농도와 출구농도는 같다.

0차 반응	$C_{A0} - C_A = C_{A0}X_A = k\tau$
1차 반응	$k\tau = \dfrac{X_A}{1-X_A}$
2차 반응	$k\tau C_{A0} = \dfrac{X_A}{(1-X_A)^2}$
n차 반응	$k\tau C_{A0}^{n-1} = \dfrac{X_A}{(1-X_A)^n}$
변용 1차 반응	$k\tau = \dfrac{X_A}{1-X_A}(1+\varepsilon_A X_A)$

$\dfrac{\tau}{C_{A0}} = \dfrac{V}{F_{A0}} = \dfrac{X_A}{-r_A}$

$\tau = \dfrac{1}{S} = \dfrac{V}{v_0} = \dfrac{C_{A0}V}{F_{A0}} = \dfrac{C_{A0}X_A}{-r_A}$

13 PFR(연속흐름반응기)

0차 반응	$C_{A0} - C_A = C_{A0}X_A = k\tau$
1차 반응	$-\ln\dfrac{C_A}{C_{A0}} = k\tau,\ -\ln(1-X_A) = k\tau$
2차 반응	$k\tau C_{A0} = \dfrac{X_A}{1-X_A}$
n차 반응	$\tau = \dfrac{C_{A0}^{1-n}}{k(n-1)}\left[\left(\dfrac{C_A}{C_{A0}}\right)^{1-n} - 1\right]$
변용 1차 반응	$\tau = \dfrac{1}{k}\left[(1+\varepsilon_A)\ln\dfrac{1}{1-X_A} - \varepsilon_A X_A\right]$
변용 n차 반응	$\tau = \dfrac{1}{kC_{A0}^{n-1}}\int_0^{X_A}\dfrac{(1+\varepsilon_A X_A)^n}{(1-X_A)^n}dX_A$

$\dfrac{\tau}{C_{A0}} = \dfrac{V}{F_{A0}} = \int_0^{X_{Af}}\dfrac{dX_A}{-r_A}$

$\tau = \dfrac{V}{v_0} = \dfrac{C_{A0}V}{F_{A0}} = C_{A0}\int_0^{X_{Af}}\dfrac{dX_A}{-r_A}$

14 담퀼러수(Da = 무차원수)

Da를 이용하여 연속흐름반응기에 달성할 수 있는 전화율의 정도

$Da = -\dfrac{r_{A0}V}{F_{A0}} = \dfrac{\text{입구에서의 반응속도}}{A\text{의 유입유량}}$

① 1차 : $Da = k\tau$
② 2차 : $Da = k\tau C_{A0}$

∴ $Da < 0.1$이면 $X < 0.1$
   $Da > 10$이면 $X > 0.9$

15 단일반응기의 크기

$n>0$이면 CSTR 크기(V_m) > PFR 크기(V_p)

1. CSTR 직렬연결

① 1차 반응 : 동일한 크기의 반응기가 최적
② $n>1$인 반응 : 작은 반응기 → 큰 반응기
③ $n<1$인 반응 : 큰 반응기 → 작은 반응기

2. 직렬연결된 서로 다른 반응기

① $n>1$인 반응 : PFR → 작은 CSTR → 큰 CSTR
② $n<1$인 반응 : 큰 CSTR → 작은 CSTR → PFR

16 순환반응기

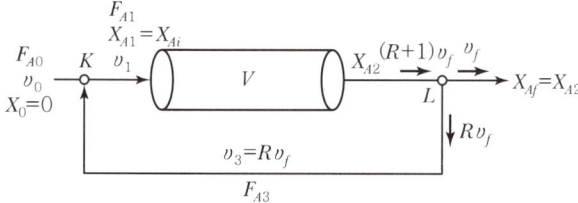

① 순환비 R

$$= \frac{\text{반응기 입구로 되돌아가는 유체의 부피(환류량)}}{\text{계를 떠나는 부피}}$$

② $X_{Ai} = \left(\frac{R}{R+1}\right)X_{Af}, \quad C_{Ai} = \frac{C_{A0}+RC_{Af}}{R+1}$

$$\frac{V}{F_{A0}} = (R+1)\int_{\left(\frac{R}{R+1}\right)X_{Af}}^{X_{Af}} \frac{dX_A}{-r_A} (\varepsilon_A \neq 0)$$

$$\tau = \frac{C_{A0}V}{F_{A0}} = -(R+1)\int_{\frac{C_{A0}+RC_{Af}}{R+1}=C_{Ai}}^{C_{Af}} \frac{dC_A}{-r_A}(\varepsilon_A = 0)$$

$R \to 0$: PFR
$R \to \infty$: CSTR

③ 자동촉매반응 : 순환반응기가 적합하다.

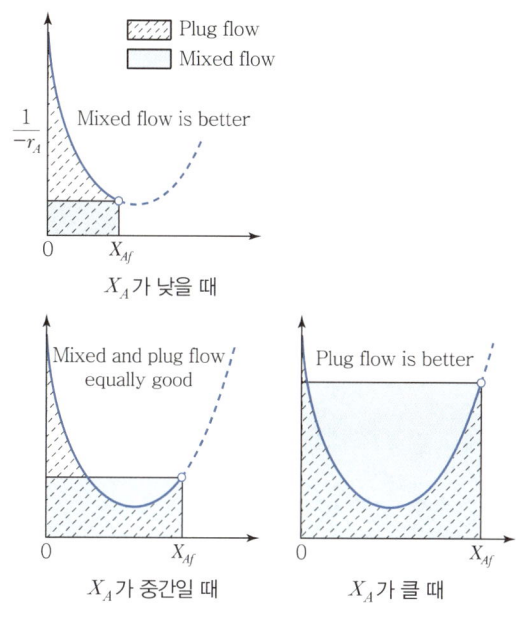

X_A가 낮을 때	X_A가 중간일 때	X_A가 높을 때
CSTR(MFR) 선택	PFR, CSTR 선택	PFR 선택
$V_c < V_p$	$V_c \simeq V_p$	$V_c > V_p$

17 선택도

1. 농도를 조절하는 방법

① 원하는 반응물 차수 > 원하지 않는 반응물 차수일 때 반응물의 농도를 크게 한다.

② $S(\text{선택도}) = \frac{r_R}{r_S} = \frac{dC_R}{dC_S} = \frac{k_1}{k_2}C_A^{a_1-a_2}$

$$= \frac{\text{원하는 생성물의 몰수}}{\text{원하지 않는 생성물의 몰수}}$$

예 원하는 반응이 S인 경우 반응물의 농도

$A+B \xrightarrow{k_1} R, \quad \frac{dC_R}{dt} = k_1 C_A^{0.5} C_B^{1.8}$

$A+B \xrightarrow{k_2} S, \quad \frac{dC_S}{dt} = k_2 C_A C_B^{0.3}$

선택도 $= \frac{dC_S}{dC_R} = \frac{k_2 C_A C_B^{0.3}}{k_1 C_A^{0.5} C_B^{1.8}}$

선택도 $= kC_A^{0.5} C_B^{-1.5}$

∴ A의 농도는 크게, B의 농도는 작게 한다.

① 불연속 운전에서 반응물의 농도 조절방법

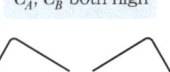

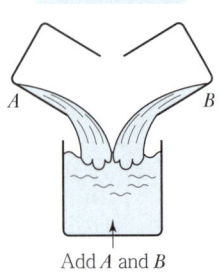

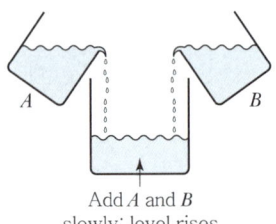 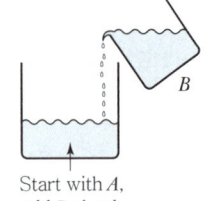

② 연속흐름 운전에서 반응물의 농도 조절방법

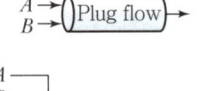 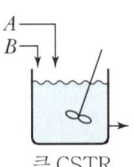

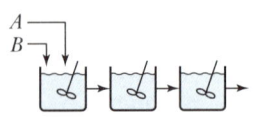

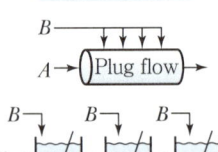 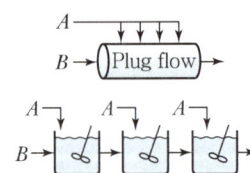

C_A를 높게 유지하는 방법	C_A를 낮게 유지하는 방법
• 회분식 반응기, 플러그흐름 반응기(PFR) 사용 • X_A(전화율)를 낮게 유지 • 공급물에서 불활성 물질을 제거 • 기상계에서 압력을 증가	• 혼합흐름반응기(CSTR) 사용 • X_A(전화율)를 높게 유지 • 공급물에서 불활성 물질을 증가 • 기상계에서 압력을 감소

2. 수율

① 순간수율(ϕ) = $\dfrac{dC_R}{-dC_A}$ = $\dfrac{\text{생성된 } R\text{의 몰수}}{\text{반응한 } A\text{의 몰수}}$

② 총괄수율(Φ) = $\dfrac{C_{Rf}}{C_{A0} - C_{Af}}$ = $\dfrac{\text{생성된 전체 } R}{\text{반응한 전체 } A}$

PFR $\Phi_p = \dfrac{-1}{C_{A0} - C_A} \displaystyle\int_{C_{A0}}^{C_{Af}} \phi \, dC_A$

CSTR $\Phi_m = \dfrac{C_{Rf}}{C_{A0} - C_{Af}}$

∴ $\Phi_p > \Phi_m$

18 연속반응의 최고농도와 그때의 시간

$A \xrightarrow{k_1} R \xrightarrow{k_2} S$

1. PFR

$\dfrac{C_{R\max}}{C_{A0}} = \left(\dfrac{k_1}{k_2}\right)^{\frac{k_2}{k_2 - k_1}}$

$\tau_{p \cdot opt} = \dfrac{1}{k_{\log\text{ mean}}} = \dfrac{\ln(k_2/k_1)}{k_2 - k_1}$

2. CSTR

$\dfrac{C_{R\max}}{C_{A0}} = \dfrac{1}{[(k_2/k_1)^{1/2} + 1]^2}$

$\tau_{p \cdot opt} = \dfrac{1}{\sqrt{k_1 k_2}}$

3. 성능의 특성

① R의 최대농도를 얻는 데 $k_1 = k_2$인 경우를 제외하고는 항상 PFR이 CSTR보다 짧은 시간을 요하며, 이 시간차는 $\dfrac{k_2}{k_1}$이 1에서 멀어질수록 커진다.

② $\dfrac{k_2}{k_1} \ll 1$이면 A의 전화율을 높게 설계해야 하며, 미사용 반응물의 회수는 필요 없다.

③ $\dfrac{k_2}{k_1} > 1$이면 A의 전화율을 낮게 설계해야 하며, R의 분리와 미사용 반응물의 회수가 필요하다.

19 단일반응기의 크기 비교

$n > 0$	CSTR의 크기 > PFR의 크기
	(V_m)　　　　(V_p)

① $n > 0$일 때 혼합흐름반응기의 크기는 항상 플러그 흐름반응기의 크기보다 크다. 이 부피는 반응차수가 증가할수록 커진다.

② $n = 0$, $\dfrac{\tau_m}{\tau_p} = 1$

20 다중반응계

1. PFR(연속흐름반응기)

① 직렬연결

$$\text{Total Volume} = V = V_1 + V_2 + V_3 + \cdots + V_N$$

직렬로 연결된 N개의 PFR은 부피가 V인 한 개의 PFR과 같다. 즉, 동일한 전화율을 갖는다.

② 병렬연결

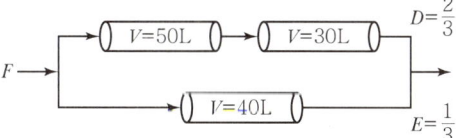

$V_D = 80\text{L}$, $V_E = 40\text{L}$

$\left(\dfrac{V}{F}\right)_D = \left(\dfrac{V}{F}\right)_E$

$\dfrac{F_D}{F_E} = \dfrac{V_D}{V_E} = \dfrac{80\text{L}}{40\text{L}} = \dfrac{2}{1} = 2$

2. CSTR(혼합흐름반응기)

① 1차 반응 직렬연결

$$C_N = \dfrac{C_0}{(1+k\tau)^N} \qquad C_N = C_0(1-X_f)$$

② 직렬로 연결된 두 개의 CSTR 크기
　㉠ 1차 반응 : 동일한 크기의 반응기가 최적
　㉡ $n > 1$인 반응 : 작은 반응기 → 큰 반응기 순서
　㉢ $n < 1$인 반응 : 큰 반응기 → 작은 반응기 순서

③ 직렬로 연결된 다른 유형의 반응기

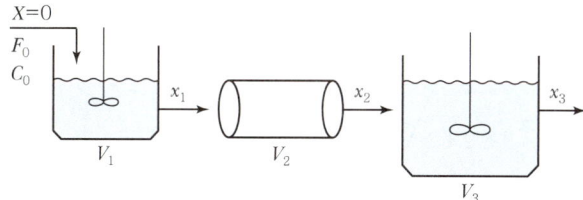

④ 이상반응기 세트의 최적 배열
　㉠ 반응속도 – 농도곡선이 단조증가하는 반응($n > 0$인 n차 반응)에 대해서는 반응기들을 직렬로 연결해야 한다.
　㉡ 반응속도 – 농도곡선이 오목($n > 1$)하면 반응물의 농도를 가능한 한 크게, 볼록($n < 1$)하면 가능한 한 작게 배열한다.

- $n > 1$: PFR → 작은 CSTR → 큰 CSTR 순서로 배열
- $n < 1$: 큰 CSTR → 작은 CSTR → PFR 순서로 배열

21 평형전화율

$$\ln \dfrac{K_2}{K_1} = \dfrac{\Delta H_r}{R}\left(\dfrac{1}{T_1} - \dfrac{1}{T_2}\right)$$

cf X_{Ae}(평형전화율)에 미치는 영향
① 평형상수는 온도만의 함수이다.
② 평형상수는 계의 압력, 불활성 물질의 존재 여부, 반응속도론에는 영향을 받지 않고, 계의 온도에 의해서만 영향을 받는다.
③ 반응물의 평형농도나 평형전화율은 압력이나 불활성 물질에 영향을 받는다.
④ 온도가 증가하면 흡열반응의 평형전화율은 증가하고 발열반응의 평형전화율은 감소한다.

22 단열조작

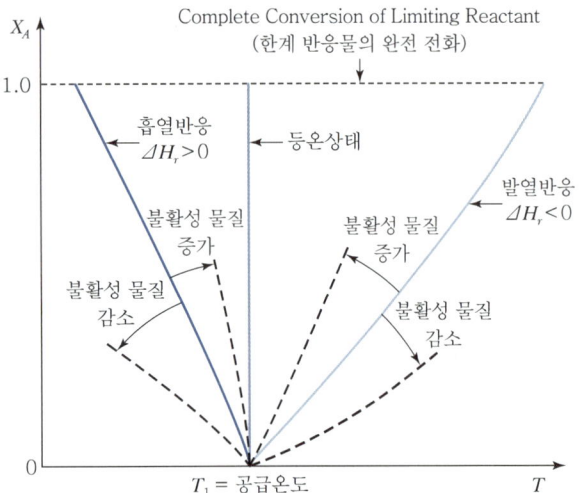

$$X_A = \frac{C_p'\Delta T}{-\Delta H_{r2}}$$

$$= \frac{\text{공급물을 } T_2\text{까지 올리는 데 필요한 열}}{T_2\text{에서 반응에 의해 방출되는 열}}$$

① $\dfrac{C_p}{-\Delta H_r}$ 이 작은 경우(순수한 기체반응물)에는 혼합흐름반응기가 최적이다.

② $\dfrac{C_p}{-\Delta H_r}$ 이 큰 경우(불활성 물질이 대량 포함된 기체 또는 액체계)에는 플러그흐름반응기가 최적이다.

23 비단열조작

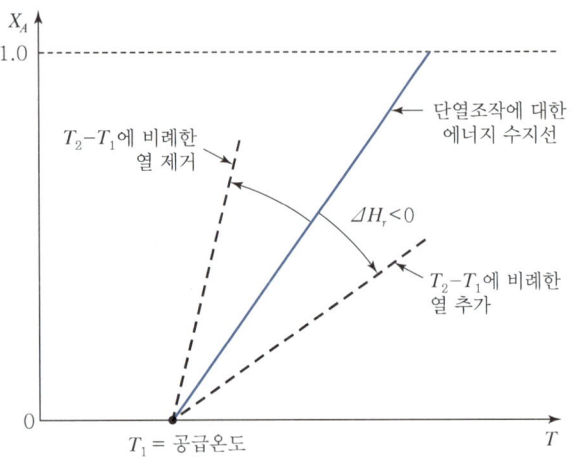

$$X_A = \frac{C_p\Delta T - Q}{-\Delta H_r}$$

$$= \frac{\text{공급물을 } T_2\text{까지 올리기 위한 열전달 후에도 필요한 순수한 열}}{T_2\text{에서 반응 시 발생한 열}}$$

24 다중정상상태(MSS)

1차 반응이 일어나는 CSTR의 정상상태, 단열상태 조작

① 제거열 $R(T) = C_{p0}(1+\kappa)(T-T_c)$

② 발생열 $G(T) = (-\Delta H°_{RX})\left(-\dfrac{r_A V}{F_{A0}}\right)$

$$= -\frac{\Delta H°_{RX}\tau Ae^{-E/RT}}{1+\tau Ae^{-E/RT}}$$

㉠ 아주 낮은 온도 : $G(T) = -\Delta H°_{RX}\tau Ae^{-E/RT}$

㉡ 아주 높은 온도 : $G(T) = -\Delta H°_{RX}$

25 생성물 분포와 온도

$$\frac{k_1}{k_2} = \frac{k_1'e^{-E_1/RT}}{k_2'e^{-E_2/RT}} = \frac{k_1'}{k_2'}e^{(E_2-E_1)/RT}$$

온도가 상승할 때 $E_1 > E_2$ 이면 $\dfrac{k_1}{k_2}$ 는 증가

$$E_1 < E_2 \text{이면 } \frac{k_1}{k_2} \text{는 감소}$$

예)
$$A \begin{array}{c} \xrightarrow{1} R \xrightarrow{3} U \\ \searrow_2 T \xrightarrow{4} S \end{array} \downarrow 5$$

$E_1 < E_2 < E_3 < E_4$, $E_5 = 0$

cf 원하는 반응의 활성화 에너지가 크면 고온, 작으면 저온으로 한다.

① 원하는 생성물이 R인 경우 : 저온, 플러그흐름반응기 사용

② 원하는 생성물이 S인 경우 : 속도가 중요하므로 고온, 플러그흐름반응기 사용

③ 원하는 생성물이 T인 경우 : 강온, 플러그흐름반응

기 사용
④ 원하는 생성물이 U인 경우 : 승온, 플러그흐름반응기 사용

26 연속, 평행반응 그래프

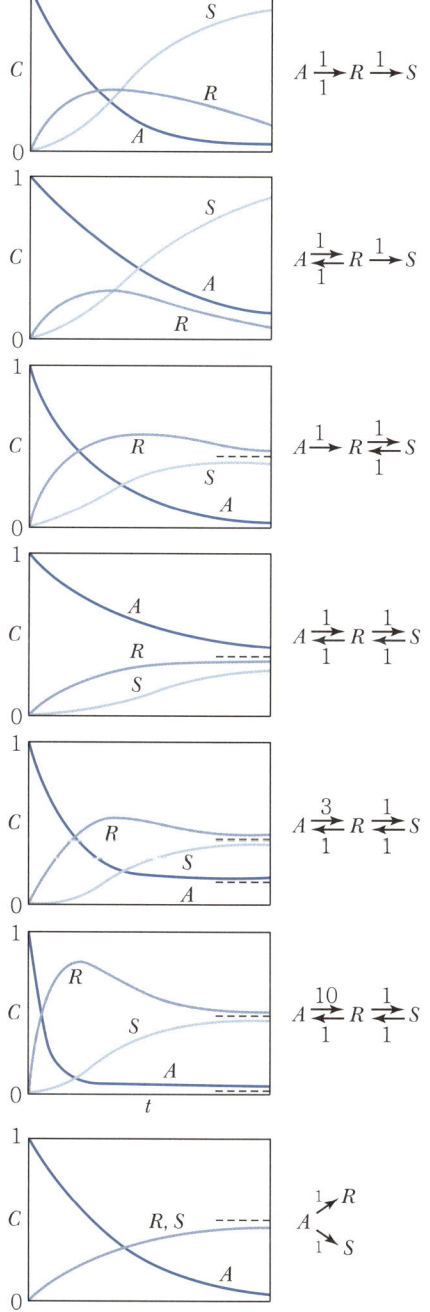

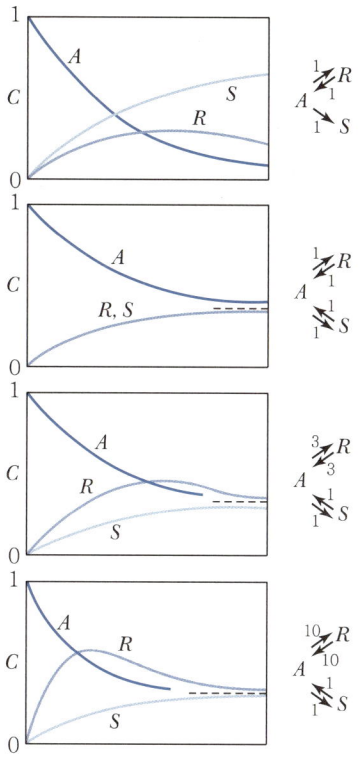

27 열역학 제1법칙

1. 열역학 제1법칙(에너지 보존의 법칙)
에너지는 여러 형태로 존재하지만, 에너지의 총량은 일정하다. 즉, 열과 일은 생성, 소멸되는 것이 아니라 서로 전환하는 것이다(에너지가 다른 형태의 에너지로 전환).

2. 관계식
$$\Delta U = Q + W$$
$$W = -\int P dV$$

28 계(System)

① 닫힌계(Closed System) : 계와 외계 사이에 물질 이동이 불가능한 계
② 열린계(Open System) : 계와 외계 사이에 물질과 에너지 이동이 가능한 계

③ 고립계(Isolated System) : 계와 외계 사이에 물질과 에너지 이동이 불가능한 계
④ 단열계(Adiabatic System) : 열의 이동이 없는 계

29 상태함수와 경로함수

① 상태함수 : 경로에 관계없이 시작점과 끝점의 상태에 의해서만 영향을 받는 함수
  - 예 T(온도), P(압력), ρ(밀도), μ(점도), U(내부에너지), H(엔탈피), S(엔트로피), G(자유에너지)

② 경로함수 : 경로에 따라 영향을 받는 함수
  - 예 Q(열), W(일)

30 시강변수와 시량변수

① 시강변수(세기성질) : 물질의 양과 크기에 따라 변화하지 않는 물성
  - 예 T(온도), P(압력), $\overline{U}$(몰당 내부에너지), $\overline{V}$(몰당 부피), d(밀도), $\overline{G}$(몰당 깁스자유에너지)

② 시량변수(크기성질) : 물질의 양과 크기에 따라 변화하는 물성
  - 예 V(부피), m(질량), n(몰), U(내부에너지), H(엔탈피), G(깁스자유에너지)

cf $\dfrac{\text{크기성질}}{\text{다른 크기성질}} = \text{세기성질}$

$\dfrac{V}{n} = \overline{V}$(몰당 부피) $\dfrac{m}{V} = d$(밀도)

31 상률

두 개의 열역학적 세기 성질이 특정한 값으로 정해지면 순수한 균질유체의 상태는 고정한다.

$$F = 2 - P + C$$

여기서, F : Degree of Freedom(자유도)
P : Phase(상)
C : Component(성분)

예 수증기, 질소 혼합물과 평형을 이루는 물의 자유도
$F = 2 - 2 + 2 = 2$

예 삼중점에서 자유도
$F = 2 - 3 + 1 = 0$

32 엔탈피

엔탈피(H) 변화는 가역 정압공정하에서 가해지는 열과 같다.

$H = U + PV$
$\Delta H = \Delta U + \Delta PV$
$\begin{aligned}dH &= dU + d(PV)\\ &= dQ + dW + d(PV)\\ &= dQ - PdV + PdV + VdP\\ &= dQ + VdP\\ &= dQ_p\end{aligned}$

일정압력($P = \text{Const}, dP = 0$)에서
$dH = dQ_p$
$\Delta H = Q_p$

$\Delta H > 0, Q < 0$: 흡열반응
$\Delta H < 0, Q > 0$: 발열반응

33 열용량과 비열

1. 열용량

물질의 일정량을 1℃ 높이는 데 필요한 열량

$$dQ = CdT$$

여기서, C : 열용량(kcal/℃)

2. 비열

물질 1g을 1℃ 높이는 데 필요한 열량

$$Q = mc\Delta t$$

여기서, m : 질량(g)
c : 비열(cal/g ℃)
Δt : 온도차(℃)

3. 열용량 계산

① 정적상태($dV=0$)

$$\Delta U = Q_V = C_V dT$$

가해진 열 = 내부에너지 변화량

② 정압상태($dP=0$)

$$\Delta H = Q_P = C_P dT$$

가해진 열 = 엔탈피 변화량

4. 이상기체의 C_V와 C_P의 관계

$$C_P = C_V + R$$

$$\frac{C_P}{C_V} = \gamma (비열비)$$

5. 주요 기체의 비열비

기체의 구분	기체의 종류	비열비
단원자 분자	He, Ne, Ar, Kr	1.67
이원자 분자	H_2, N_2, O_2	1.4
삼원자 분자	H_2O, CO_2, SO_2, O_3	1.33

34 순수물질에 대한 $P-T$ 선도

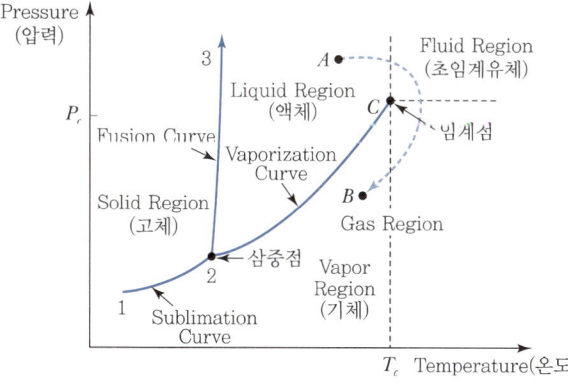

1. 삼중점(Triple Point)

① 세 곡선은 세 가지 상이 평형상태로 공존하는 삼중점에서 만난다.

② 자유도 = 0

2. 임계점(Critical Point)

① 증기, 액체 평형을 이룰 수 있는 최고의 온도를 임계온도(T_c)라 하고, 이때의 압력을 임계압력(P_c)이라 한다.

② 임계온도 이상에서는 순수한 기체를 아무리 압축하여도 액화시킬 수 없다.

③ 임계점 이상에서는 액화되지 않는다. 이 유체를 초임계유체라고 한다.

$$\left(\frac{\partial P}{\partial V}\right)_{T_c} = 0 \qquad \left(\frac{\partial^2 P}{\partial V^2}\right)_{T_c} = 0$$

35 순수한 유체의 부피특성

$$V = V(T, P)$$

$$dV = \left(\frac{\partial V}{\partial T}\right)_P dT + \left(\frac{\partial V}{\partial P}\right)_T dP$$

부피팽창률 $\beta = \dfrac{1}{V}\left(\dfrac{\partial V}{\partial T}\right)_P$: 단위부피당 부피팽창계수

등온압축률 $\kappa = -\dfrac{1}{V}\left(\dfrac{\partial V}{\partial P}\right)_T$: 단위부피당 등온압축계수

$$\therefore \frac{dV}{V} = \beta dT - \kappa dP$$

36 실제기체

1. 압축인자

실제기체가 이상기체에서 벗어난 정도

$$Z = \frac{PV}{nRT} \quad (이상기체\ Z=1)$$

2. Virial 방정식

$$Z = 1 + B'P + C'P^2 + D'P^3 + \cdots$$

$$Z = 1 + \frac{B}{V} + \frac{C}{V^2} + \frac{D}{V^3} + \cdots$$

여기서, $B, C, D \cdots, B', C', D' \cdots$ 등 : Virial 계수
Virial 계수는 온도만의 함수이다.

3. Van der Waals 상태방정식

$$\left(P + \frac{n^2 a}{V^2}\right)(V - nb) = nRT$$

1mol에 대하여 $\left(P + \dfrac{a}{V^2}\right)(V - b) = RT$

임계조건에서

$V_c = 3b$, $P_c = \dfrac{a}{27b^2}$, $T_c = \dfrac{8a}{27bR}$

$a = 3P_c V_c^2 = \dfrac{27}{64} \dfrac{R^2 T_c^2}{P_c}$

$b = \dfrac{1}{8} \dfrac{RT_c}{P_c} = \dfrac{1}{3} V_c$

여기서, T_c : 임계온도
　　　　P_c : 임계압력
　　　　V_c : 임계부피

4. 대응상태의 원리

① Z값을 동일한 T_r, P_r에서 구하면, 기체의 종류에 관계없이 거의 같은 Z을 갖는다.

$T_r = \dfrac{T}{T_c}$, $P_r = \dfrac{P}{P_c}$

② 이심인자(ω)

㉠ 모든 유체들은 같은 환산온도(T_r)와 같은 환산압력(P_r)을 비교하면 대체로 거의 같은 압축인자를 가지며 이상기체 거동에서 벗어나는 정도도 거의 비슷하다.

㉡ 단순유체[Ar(아르곤), Kr(크립톤), Xe(제논, 크세논)]에 대해서는 거의 정확하지만, 복잡한 유체에 대해서는 구조적인 편차를 나타낸다.

$\omega = -1.0 - \log(P_r^{sat})_{T_c = 0.7}$

37 이상기체

1. 이상기체 상태방정식

$PV = nRT = \dfrac{w}{M} RT$

$\therefore d = \dfrac{PM}{RT}$

여기서, P : 압력, V : 부피
　　　　n : 몰수, R : 기체상수
　　　　T : 절대온도, w : 질량
　　　　M : 분자량, d : 밀도

$R = 0.082$L atm/mol K $= 0.082$m^3 atm/kmol K
　$= 8.314$J/mol K $= 1.987$cal/mol K

2. 이상기체의 특징

① 분자 자신의 부피 무시
② 분자 사이에 작용하는 힘 무시
③ 분자 사이의 상호작용 무시
④ 완전탄성충돌
⑤ 온도가 높을수록, 압력이 낮을수록 이상기체에 가깝다.

3. 이상기체의 공정

① 등온공정

$\Delta U = Q + W$
$\Delta U = 0$

$$Q = -W = RT \ln \frac{V_2}{V_1} = RT \ln \frac{P_1}{P_2}$$

② 등압공정

$\Delta H = C_P \Delta T$
$C_P = C_V + R$

여기서, C_P : 정압 열용량

③ 등적공정

$\Delta U = Q_V = C_V \Delta T$, $W = 0$

여기서, C_V : 정적 열용량

④ 단열공정

$\dfrac{T_2}{T_1} = \left(\dfrac{V_1}{V_2}\right)^{\gamma - 1}$

$\dfrac{T_2}{T_1} = \left(\dfrac{P_2}{P_1}\right)^{\frac{\gamma - 1}{\gamma}}$

$\left(\dfrac{P_2}{P_1}\right) = \left(\dfrac{V_1}{V_2}\right)^{\gamma}$

$$W = \frac{RT_1}{\gamma - 1}\left[\left(\frac{P_2}{P_1}\right)^{\frac{\gamma-1}{\gamma}} - 1\right]$$

⑤ 폴리트로픽 공정

$$PV^\delta = 일정$$

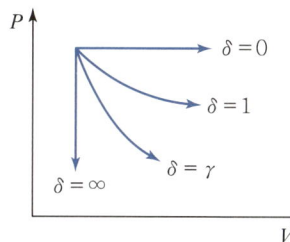

- $\delta = 0$: 정압과정($P = C$)
- $\delta = 1$: 등온과정($T = C$)
- $\delta = \gamma$: 단열과정($PV^\gamma = C$)
- $\delta = \infty$: 정용과정($V = C$)

38 잠열효과

1. Clausius–Clapeyron 식

$$\ln\left(\frac{P_2}{P_1}\right) = \frac{\Delta H}{R}\left(\frac{1}{T_1} - \frac{1}{T_2}\right)$$

2. Watson 식

$$\frac{\Delta H_2}{\Delta H_1} = \left(\frac{1 - Tr_2}{1 - Tr_1}\right)^{0.38}$$

3. Trouton 식

$$\frac{\Delta H}{T} = k$$

4. Ridel 식

$$\frac{\Delta H_n}{RT_n} = \frac{1.092(\ln P_C - 1.013)}{0.930 - T_{rn}}$$

39 Hess의 법칙

① 화학반응과정에서 발생 또는 흡수되는 열량은 최초 상태와 최종상태에 의해 결정되며, 그 도중의 경로에는 무관하다.

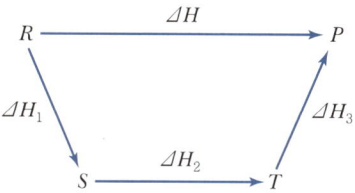

$$\therefore \Delta H = \Delta H_1 + \Delta H_2 + \Delta H_3$$

② 반응열 구하기

㉠ 생성열

$$\Delta H = \sum(\Delta H_f)_P - \sum(\Delta H_f)_R$$

= 생성물의 생성열 − 반응물의 생성열

㉡ 연소열

$$\Delta H = \sum(\Delta H_c)_R - \sum(\Delta H_c)_P$$

= 반응물의 연소열 − 생성물의 연소열

40 현열효과

① $dU = C_V dT + \left(\frac{\partial U}{\partial V}\right)_T dV$

$\left(\frac{\partial U}{\partial V}\right)_T = 0$이 되는 경우
㉠ 일정 부피 공정
㉡ 이상기체, 비압축성 유체

② $dH = C_P dT + \left(\frac{\partial H}{\partial P}\right)_T dT$

$\left(\frac{\partial H}{\partial P}\right)_T = 0$이 되는 경우
㉠ 일정 압력 공정
㉡ 이상기체

③ $dH = C_P dT$

$$\Delta H = \int_{T_0}^{T} C_P dT = C_{P\,\text{mean}}^*(T - T_0)$$

$$C_p = a + bT + cT^2$$

$$\Delta H = \int_{T_0}^{T}(a + bT + cT^2)dT$$

$$= a(T - T_0) + \frac{b}{2}(T^2 - T_0^2) + \frac{c}{3}(T^3 - T_0^3)$$

41 열역학 법칙

열역학 제0법칙	A와 B의 온도가 동일하고, B와 C의 온도가 동일하면, A와 C의 온도는 동일하다(온도계의 원리).
열역학 제1법칙 (에너지 보존 법칙)	에너지의 총량은 일정하다. 즉, 열과 일은 생성, 소멸되는 것이 아니라 서로 전환하는 것이다.
열역학 제2법칙 (엔트로피의 법칙)	자발적 변화는 비가역 변화이며, 엔트로피 (무질서도)는 증가하는 방향으로 진행된다. → 열을 완전히 일로 전환시킬 수 있는 공정은 없다.
열역학 제3법칙	$T=0K$에서 완전한 결정 상태를 유지하는 경우 엔트로피는 0이다.

$$\lim_{T \to 0} \Delta S = 0 \cdots\cdots \text{Nernst 열정리}$$

42 열역학 제2법칙

1. 열역학 제2법칙
① 외부로부터 흡수한 열을 완전히 일로 전환시킬 수 있는 공정은 없다. 즉, 열에 의한 전환효율이 100%가 되는 열기관은 존재하지 않는다.
② 자발적 변화는 비가역변화이며, 엔트로피는 증가하는 방향으로 진행된다(무질서도 증가).
③ 열은 저온에서 고온으로 흐르지 못한다.
④ $dS = \dfrac{dQ}{T} \geq 0$

2. Carnot 사이클

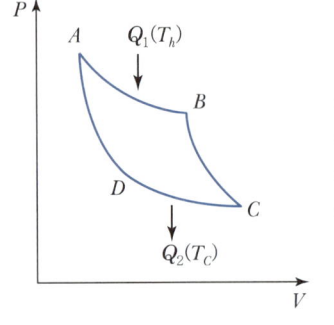

- 제1과정 : 등온팽창
- 제2과정 : 단열팽창
- 제3과정 : 등온압축
- 제4과정 : 단열압축

$$\text{효율 } \eta = \frac{T_h - T_c}{T_h} = \frac{Q_1 - Q_2}{Q_1}$$

3. 엔트로피 변화
① 가역단열과정
$$\Delta S = \frac{Q_{rev}}{T} \Rightarrow dQ = 0 \text{(등엔트로피 과정, } S_1 = S_2\text{)}$$

② 등온과정
$$\Delta S = nR \ln \frac{V_2}{V_1}$$

③ 이상기체의 엔트로피 변화
$$\Delta S = C_p \ln \frac{T_2}{T_1} - R \ln \frac{P_2}{P_1}$$
$$\Delta S = C_p \ln \frac{T_2}{T_1} + R \ln \frac{V_2}{V_1}$$

④ 이상기체 혼합
$$\Delta \overline{S_M} = -(y_A R \ln y_A + y_B R \ln y_B)$$

⑤ 상전이 온도
$$\Delta S = \frac{\Delta H_{tran}}{T}$$

⑥ 고온에서 저온으로 열이동 시 엔트로피 변화

고온 $T_1 \xrightarrow{Q}$ 저온 T_2

고온물체 $\Delta S_1 = \dfrac{-Q}{T_1}$

저온물체 $\Delta S_2 = \dfrac{Q}{T_2}$

$$\Delta S = \Delta S_1 + \Delta S_2 = \frac{-Q}{T_1} + \frac{Q}{T_2} \quad (\Delta S \geq 0)$$

4. 열역학 제3법칙
① 절대 0도(0K)에 있는 모든 완전한 결정형 물질에 대하여 0으로 가정할 수 있다.
② Nernst 식 : $\lim\limits_{T \to 0} \Delta S = 0$

5. 미시적 관점의 엔트로피
① 단열된 용기를 같은 체적의 2개의 방으로 나누기 위해 칸막이를 설치하고 한 칸에는 아보가드로수 N_A 만큼의 이상기체분자가 들어 있고, 다른 칸은 비어 있다. 칸막이를 제거하면 분자들은 용기 전체에 빠

른 속도로 균일하게 분포한다.
② 온도는 변하지 않고 기체의 압력만 반(부피는 2배)으로 줄어들게 되므로 엔트로피 변화는 아래와 같다.

$$\Delta S = -R\ln\frac{P_2}{P_1} = R\ln\frac{V_2}{V_1} = R\ln 2$$

43 열역학적 성질들 간의 관계식

① 내부에너지 $U = Q + W \Rightarrow dU = TdS - PdV$
② 엔탈피 $H = U + PV \Rightarrow dH = TdS + VdP$
③ 헬름홀츠 자유에너지
$A = U - TS \Rightarrow dA = -SdT - PdV$
④ 깁스자유에너지
$G = H - TS \Rightarrow dG = -SdT + VdP$

$$T = \left(\frac{\partial U}{\partial S}\right)_V = \left(\frac{\partial H}{\partial S}\right)_P \quad V = \left(\frac{\partial H}{\partial P}\right)_S = \left(\frac{\partial G}{\partial P}\right)_T$$

$$-P = \left(\frac{\partial U}{\partial V}\right)_S = \left(\frac{\partial A}{\partial V}\right)_T \quad -S = \left(\frac{\partial A}{\partial T}\right)_V = \left(\frac{\partial G}{\partial T}\right)_P$$

44 Maxwell 관계식

$$\left(\frac{\partial T}{\partial V}\right)_S = -\left(\frac{\partial P}{\partial S}\right)_V \quad \left(\frac{\partial T}{\partial P}\right)_S = \left(\frac{\partial V}{\partial S}\right)_P$$

$$\left(\frac{\partial S}{\partial V}\right)_T = \left(\frac{\partial P}{\partial T}\right)_V \quad -\left(\frac{\partial S}{\partial P}\right)_T = \left(\frac{\partial V}{\partial T}\right)_P$$

45 T와 P의 함수로서 엔탈피와 엔트로피

$$dH = C_P dT + \left(\frac{\partial H}{\partial P}\right)_T dP$$
$$= C_P dT + \left[V - T\left(\frac{\partial V}{\partial T}\right)_P\right] dP$$
$$dS = C_P \frac{dT}{T} - \left(\frac{\partial V}{\partial T}\right)_P dP$$

$$\left(\frac{\partial S}{\partial T}\right)_P = \frac{C_P}{T}$$

부피팽창률 $\beta = \frac{1}{V}\left(\frac{\partial V}{\partial T}\right)_P$

등온압축률 $\kappa = -\frac{1}{V}\left(\frac{\partial V}{\partial P}\right)_T$

46 T와 V의 함수로서의 내부에너지와 엔트로피

$$\left(\frac{\partial U}{\partial V}\right)_T = T\left(\frac{\partial P}{\partial T}\right)_V - P$$

$$\left(\frac{\partial S}{\partial T}\right)_V = \frac{C_V}{T}$$

$$dU = C_V dT + \left[T\left(\frac{\partial P}{\partial T}\right)_V - P\right] dV$$

$$dS = C_V \frac{dT}{T} + \left(\frac{\partial P}{\partial T}\right)_V dV$$

일정부피인 경우
$$dU = C_V dT + \left(\frac{\beta}{\kappa}T - P\right) dV$$
$$dS = C_V \frac{dT}{T} + \left(\frac{\beta}{\kappa}\right) dV$$

cf 오일러의 Chain Rule
$$\left(\frac{\partial x}{\partial y}\right)_z \left(\frac{\partial y}{\partial z}\right)_x \left(\frac{\partial z}{\partial x}\right)_y = -1$$

47 잔류성질

1. 잔류성질(M^R)
실제값과 이상기체값의 차이

$$M^R = M - M^{ig}$$

여기서, M : V, S, H, S, G와 같은 시량열역학적 성질의 1몰당의 값

2. 잔류깁스에너지
$G^R = G - G^{ig}$
같은 온도와 압력에서 Gibbs 에너지의 실제값과 이상기체값의 차이이다.

$$V^R = V - V^{ig}$$
$$= \frac{ZRT}{P} - \frac{RT}{P}$$
$$= \frac{RT}{P}(Z-1)$$

$$dG = -SdT + VdP$$
$$dT = 0(\text{온도 일정})$$
$$\frac{G^R}{RT} = \int_0^P (Z-1)\frac{dP}{P} \quad (T = \text{const})$$

3. 생성함수로서의 Gibbs 에너지

① $d\left(\dfrac{G}{RT}\right) = \dfrac{V}{RT}dP - \dfrac{H}{RT^2}dT$

② $\dfrac{V}{RT} = \left[\dfrac{\partial(G/RT)}{\partial P}\right]_T$

③ $\dfrac{H}{RT} = -T\left[\dfrac{\partial(G/RT)}{\partial T}\right]_P$

48 2상계에서의 열역학적 성질

$$G^\alpha = G^\beta$$

여기서, G^α : 기상의 자유에너지
G^β : 액상의 자유에너지

1. Clapeyron 식

$$\frac{dP^{sat}}{dT} = \frac{\Delta H^{\alpha\beta}}{T\Delta V^{\alpha\beta}} = \frac{\Delta H^{vap}}{T\Delta V^{vap}}$$

2. Clausius–Clapeyron 식

$$\ln\frac{P_2}{P_1} = -\frac{\Delta H}{R}\left(\frac{1}{T_2} - \frac{1}{T_1}\right)$$

3. Antoin 식

$$dP^{sat} = A - \frac{B}{T+C}$$

열역학적 크기 성질
$M = (1-x^v)M^l + x^v M^v$

49 퓨가시티

1. 순수성분의 퓨가시티

$$G_i^R = RT\ln\frac{f_i}{P}$$

여기서, f_i : i성분의 퓨가시티, $\dfrac{f_i}{P}$: 퓨가시티 계수 ϕ_i

$$G^R = RT\ln\phi_i$$
$$\ln\phi_i = \int_o^P (Z_i - 1)\frac{dP}{P} \quad (T\text{ 일정})$$

2. 순수성분에 대한 기액평형

$$f_i^v = f_i^l = f_i^{sat}, \quad \phi_i^v = \phi_i^l = \phi_i^{sat}$$

순수성분의 경우 공존하는 액체와 기체상은 각 상의 T, P, f 가 같아야 한다.

3. Van der Waals 상태방정식에서 압력보정을 f로 할 경우

$$\left(P + \frac{n^2 a}{V^2}\right)(V - nb) = nRT$$
$$P(V-b) = RT \text{에서}$$
$$P = \frac{RT}{V-b} \qquad V = \frac{RT}{P} + b$$
$$Z = \frac{PV}{RT} = \frac{P}{RT}\left(\frac{RT}{P} + b\right) = 1 + \frac{bP}{RT}$$
$$Z - 1 = \frac{bP}{RT}$$
$$\ln\phi_i = \int_o^P \frac{bP}{RT}\frac{dP}{P} = \int_o^P \frac{b}{RT}dP = \frac{b}{RT}P$$
$$= \frac{b}{RT}\frac{RT}{V-b} = \frac{b}{V-b}$$

50 화학퍼텐셜

1. 화학퍼텐셜

$$\mu_i = \left[\frac{\partial(nG)}{\partial n_i}\right]_{P, T, n_j}$$

$$d(nG) = (nV)dP - (nS)dT + \sum \mu_i dn_i$$

cf $\mu_i = \left[\dfrac{\partial(nU)}{\partial n_i}\right]_{nS, nV, n_j} = \left[\dfrac{\partial(nH)}{\partial n_i}\right]_{nS, P, n_j}$

$= \left[\dfrac{\partial(nA)}{\partial n_i}\right]_{nV, T, n_j} = \left[\dfrac{\partial(nG)}{\partial n_i}\right]_{T, P, n_j}$

2. 상평형과 화학퍼텐셜

① 전제조건
 ㉠ 평형에 있는 두 상으로 구성된 닫힌계
 ㉡ T, P는 계 전체에서 균일

② 깁스자유에너지 $\mu_i^\alpha = \mu_i^\beta = \cdots = \mu_i^\pi$

3. 용액 중 성분의 퓨가시티

① $\mu_i = \Gamma_i(T) + RT\ln \hat{f}_i$

 여기서, $\hat{f}_i$: 성분 i의 퓨가시티

② 깁스자유에너지 잔류성질

$$\overline{G}^R = \overline{G}_i - \overline{G}_i^{ig} = \mu_i - \mu_i^{ig} = RT\ln\dfrac{\hat{f}_i}{y_i P}$$

$$\hat{\phi}_i = \dfrac{\hat{f}_i}{y_i P}$$

 여기서, $\hat{\phi}_i$: 퓨가시티 계수, y_i : 기상조성
  P : 압력, $\hat{f}_i$: 용액 중 i성분의 퓨가시티

51 부분성질

$$\overline{M}_i = \left[\dfrac{\partial(nM)}{\partial n_i}\right]_{P, T, n_j}$$

$M = \sum x_i \overline{M}_i$

 여기서, 용액성질 M : V, U, H, S, G
  부분몰성질 $\overline{M}_i$
  순수성분성질 M_i

$$\overline{G}_i = \left[\dfrac{\partial(nG)}{\partial n_i}\right]_{P, T, n_j}$$

$$\mu_i = \overline{G}_i = \left[\dfrac{\partial(nG)}{\partial n_i}\right]_{P, T, n_j}$$

52 몰성질과 부분몰성질의 관계식

① Gibbs–Duhem 식

$$\left(\dfrac{\partial M}{\partial P}\right)_{T,x} dP + \left(\dfrac{\partial M}{\partial T}\right)_{P,x} dT - \sum x_i d\overline{M}_i = 0$$

② T, P가 일정하면 $\sum x_i d\overline{M}_i = 0$
 ∴ $\sum x_i d\mu_i = 0$, $\sum x_i d\ln \hat{f}_i = 0$, $\sum x_i d\ln \gamma_i = 0$

53 이상기체 혼합물

$$H^{ig} = \sum_i y_i H_i^{ig}$$

$$S^{ig} = \sum_i y_i S_i^{ig} - R\sum_i y_i \ln y_i$$

$$G^{ig} = \sum_i y_i G_i^{ig} + RT\sum_i y_i \ln y_i$$

54 이상용액

용액의 각 성분의 부분몰부피가 동일한 온도와 압력에서 순수성분의 부피와 같은 혼합물

$\overline{V}_i^{id} = V_i$, $V^{id} = \sum_i x_i \overline{V}_i^{id} = \sum x_i V_i$

$\overline{H}_i^{id} = H_i$, $H^{id} = \sum_i x_i \overline{H}_i^{id} = \sum x_i H_i$

$G^{id} = \sum x_i G_i + RT\sum_i x_i \ln x_i$

$S^{id} = \sum x_i S_i - R\sum_i x_i \ln x_i$

55 Lewis Randall의 법칙

$$\hat{f}_i^{id} = x_i f_i$$

$$\dfrac{\hat{f}_i^{id}}{x_i P} = \dfrac{f_i}{P} = \hat{\phi}_i^{id} = \phi_i$$

이상용액 중의 한 성분 i의 퓨가시티 계수는 용액과 같은 T, P와 같은 물리적 상태에서 순수한 성분 i의 퓨가시티 계수와 같다.

56 라울의 법칙(Raoult's Law)

1. 라울의 법칙

$P = P_1^{sat} x_1 + P_2^{sat} x_2$

$y_i = \dfrac{x_i P_i^{sat}}{P}$

$P = \dfrac{1}{\sum y_i / P_i^{sat}}$

① 라울의 법칙을 따르는 계들은 이상용액이다.
② 분자들의 크기가 비슷하고 화학적 성질이 유사한 액체
　예) 벤젠 + 톨루엔

2. 이슬점, 기포점 계산

① BUBL P : 주어진 x_i와 T에서 y_i와 P를 구한다.
② BUBL T : 주어진 x_i와 P에서 y_i와 T를 구한다.
③ DEW P : 주어진 y_i와 T에서 x_i와 P를 구한다.
④ DEW T : 주어진 y_i와 P에서 x_i와 T를 구한다.

57 과잉물성

$$M^E = M - M^{id}$$

여기서, M : V, U, H, S, G와 같은 시량열역학적 성질의 1몰당의 값

$M^E = M^R - \sum x_i M_i^R$

$G^E = G - \sum_i x_i G_i - RT \sum_i x_i \ln x_i$

$S^E = S - \sum_i x_i S_i + R \sum_i x_i \ln x_i$

$V^E = V - \sum x_i V_i$

$H^E = H - \sum x_i H_i$

58 과잉깁스에너지와 활동도 계수

$$\gamma_i = \dfrac{\hat{f}_i}{x_i f_i}$$

$\overline{G}_i^E = RT \ln \gamma_i$

$\dfrac{G^E}{RT} = B x_1 x_2 + C$

$\ln \gamma_1 = B x_2^2 + C$

$\ln \gamma_2 = B x_1^2 + C$

$\mu_i^{ig} = G_i^{ig} + RT \ln y_i$

$\mu_i^{id} = G_i + RT \ln x_i$

$\mu_i = G_i + RT \ln \gamma_i x_i$

59 혼합에 의한 물성변화

$G^E = \Delta G - RT \sum x_i \ln x_i$

$S^E = \Delta S + R \sum x_i \ln x_i$

$V^E = \Delta V$

$H^E = \Delta H$

$\Delta G^{id} = RT \sum x_i \ln x_i$
$\Delta S^{id} = -R \sum x_i \ln x_i$
$\Delta V^{id} = 0$
$\Delta H^{id} = 0$

60 엔탈피 – 농도 선도

1. 엔탈피 – 농도 선도의 기본적인 관계

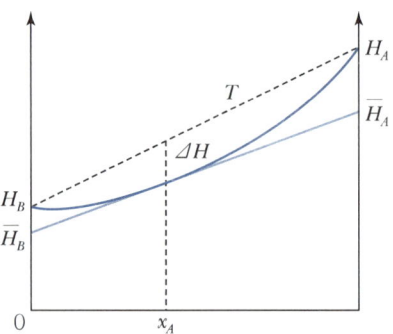

61 평형과 상평형

1. 평형
① 계 내의 어떤 물질이 시간에 따라 변하지 않는 상태
② 정반응속도＝역반응속도

2. 상평형
한 상에서 다른 상으로 물질이동이 정지된 것이 아니라, 상 간에 이동되는 양이 서로 같게 되는 동적인 평형을 의미한다.

62 반응좌표

$\nu_1 A_1 + \nu_2 A_2 \rightarrow \nu_3 A_3 + \nu_4 A_4$

$\dfrac{dn_1}{\nu_1} = \dfrac{dn_2}{\nu_2} = \dfrac{dn_3}{\nu_3} = \dfrac{dn_4}{\nu_4} = \cdots = d\varepsilon$ ← 반응좌표

$n_i = n_{io} + \nu_i \varepsilon$

$y_i = \dfrac{n_i}{n} = \dfrac{n_{io} + \nu_i \varepsilon}{n_o + \nu \varepsilon}$

예 $CH_4 + H_2O \rightarrow CO + 3H_2$ 반응 초기에 2mol CH_4, 1mol H_2O, 1mol CO, 4mol H_2가 존재한다고 할 때 몰분율 y_i를 ε의 함수로 나타내면?

$\nu = -1 - 1 + 1 + 3 = 2$

$n_0 = 2 + 4 + 1 + 1 = 8\,mol$

$y_i = \dfrac{n_{i0}}{n} = \dfrac{n_{i0} + \nu_i \varepsilon}{n_0 + \nu \varepsilon}$ 이므로

$y_{CH_4} = \dfrac{2-\varepsilon}{8+2\varepsilon},\ y_{H_2O} = \dfrac{1-\varepsilon}{8+2\varepsilon}$

$y_{CO} = \dfrac{1+\varepsilon}{8+2\varepsilon},\ y_{H_2} = \dfrac{4+3\varepsilon}{8+2\varepsilon}$

63 화학평형의 판정

1. 주어진 T, P에서 평형상태
① 전체 깁스에너지는 최소이다.
② 이것의 미분은 0이다.

2. 자발적인 화학평형

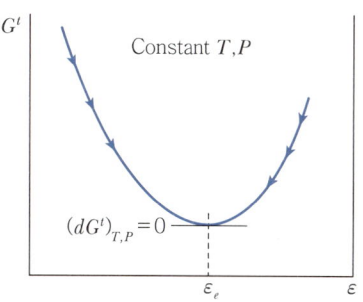

▲ 반응좌표에 대한 전체 Gibbs 에너지

① $\Delta G < 0$: 자발적인 반응
$\Delta G > 0$: 비자발적인 반응
$\Delta G = 0$: 평형상태

② $\mu_A > \mu_B$: $A \rightarrow B$
$\mu_A < \mu_B$: $A \leftarrow B$
$\mu_A = \mu_B$: 평형상태

$\left[\dfrac{\partial G^t}{\partial \varepsilon}\right]_{T,P} = 0,\quad \sum \nu_i \mu_i = 0$

3. 반응지수(Q)
① $K = Q$: 평형상태
② $K > Q$: 자발적 반응
③ $K < Q$: 역반응

64 평형상수

1. 평형상수와 온도의 관계

$$K = \prod_i \left(\dfrac{\hat{f}_i}{f_i^\circ}\right)^{\nu_i}$$

$$K = \exp\left(\dfrac{-\Delta G^\circ}{RT}\right),\quad \ln K = \dfrac{-\Delta G^\circ}{RT}$$

cf 평형상수 K는 온도만의 함수이다.

2. 평형상수에 대한 온도와 압력의 영향

① $\dfrac{d\ln K}{dT} = \dfrac{\Delta H^\circ}{RT^2}$ 에 의하면 평형상수 K에 대한 온도의 영향은 ΔH°의 부호에 의해 결정된다.

㉠ $\Delta H° > 0$이면, 즉 표준반응이 흡열반응이면 온도가 증가할 때 K가 증가하고 일정 P에서 K값이 증가하면 $\prod_i (y_i)^{\nu_i}$가 증가한다. 이것은 반응이 오른쪽으로 이동하고 ε_e값이 증가한다는 것을 의미한다.

㉡ $\Delta H° < 0$이면, 즉 표준반응이 발열반응이면 온도가 증가할 때 K가 감소하고 일정 P에서 $\prod_i (y_i)^{\nu_i}$가 감소한다. 이것은 반응이 왼쪽으로 이동하고 ε_e값이 감소한다는 것을 의미한다.

② 총양론계수 $\nu (\equiv \sum_i \nu_i)$

㉠ ν가 음수이면 일정 T에서 압력이 증가할 때 $\prod_i (y_i)^{\nu_i}$가 증가하여 반응이 오른쪽으로 이동하고, ε_e값은 증가한다.

㉡ ν가 양수이면 일정 T에서 압력이 증가할 때 $\prod_i (y_i)^{\nu_i}$가 감소하여 반응이 왼쪽으로 이동하고, ε_e값은 감소한다.

65 질량작용의 법칙

평형혼합물이 이상용액이면 $\gamma_i = 1$이므로
$$\prod_i (x_i)^{\nu_i} = K$$

66 상률(자유도)

$$F = 2 - \pi + N - r - s$$

여기서, π : 상의 수
N : 성분의 수
r : 화학반응식의 수
s : 제한조건의 수

예 $CaCO_3$을 진공에서 부분적으로 분해하여 만들어진 계의 자유도
$CaCO_3(s) \to CaO(s) + CO_2(g)$
$F = 2 - 3 + 3 - 1 - 0 = 1$

67 역행응축

다성분계 임계점 부근에서 압력을 감소시킬 때 액화가 일어나는 이상한 응축현상

예 • 천연가스 채굴 시 동력 없이 액화천연가스를 얻는다.
• 지하 유정에서 가스를 끌어올릴 때 가벼운 가스를 다시 넣어주어 압력을 높인다.

68 Joule – Thomson 팽창

엔탈피가 일정한 팽창, 조름공정

1. Joule – Thomson 계수

$$\mu = \left(\frac{\partial T}{\partial P}\right)_H$$

① $\mu > 0$: $P \downarrow \to T \downarrow$ 팽창 시 온도가 감소한다.
② $\mu < 0$: $P \downarrow \to T \uparrow$ 팽창 시 온도가 증가한다.
③ $\mu = 0$: 역전온도

2. Joule – Thomson 계수의 표현

① $\mu = \left(\dfrac{\partial T}{\partial P}\right)_H = -\dfrac{\left(\dfrac{\partial H}{\partial P}\right)_T}{\left(\dfrac{\partial H}{\partial T}\right)_P} = -\dfrac{1}{C_P}\left(\dfrac{\partial H}{\partial P}\right)_T$

② $\mu = \left(\dfrac{\partial T}{\partial P}\right)_H = \dfrac{T\left(\dfrac{\partial V}{\partial T}\right)_P - V}{C_P} = \dfrac{V(\beta T - 1)}{C_P}$

69 Rankine 사이클

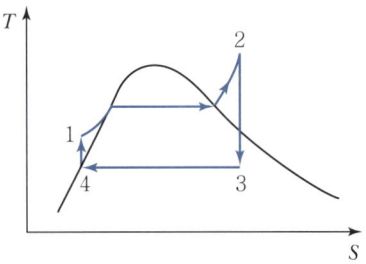

① $1 \to 2$: 정압가열과정으로 경로는 등압선(보일러의 압력)상에 있으며, 3개의 부분으로 구성

㉠ 과냉각된 물을 포화온도까지 가열하는 과정
㉡ 일정온도, 일정압력에서 기화하는 과정
㉢ 포화온도 이상의 온도로 증기를 가열하는 과정

② 2 → 3 : 터빈 내에서 증기를 응축기의 압력으로 가역·단열(등엔트로피)팽창시키는 과정

③ 3 → 4 : 응축기 내에서 4위치의 포화액체를 생산하는 정압·정온과정

④ 4 → 1 : 포화액체를 보일러의 압력까지 가역·단열(등엔트로피) 이송하여 압축된(과냉각된) 액체를 생성하는 과정

70 공기표준 Otto 사이클

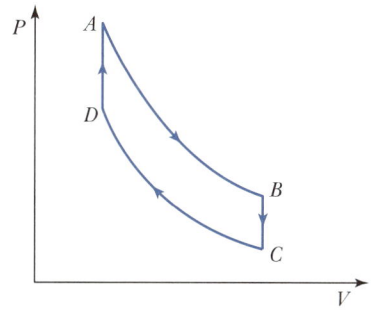

① $C \to D$: 가역단열압축과정
② $D \to A$: 일정부피에서 공기에 의해 충분한 열이 흡수되어 공기의 온도와 압력을 실제 Otto 기관의 연소에서 얻는 값만큼 상승시킨다.
③ $A \to B$: 가역단열팽창과정
④ $B \to C$: 일정한 부피에서 C의 초기상태로 냉각된다.
⑤ 효율

$$\eta = 1 - \left(\frac{1}{r}\right)^{\gamma-1}$$

여기서, r : 압축비
γ : 비열비

71 디젤기관

① 디젤기관은 압축 후 온도가 충분히 높아서 연소가 순간적으로 시작된다.

② 연소가 등압하에서 이루어지므로 등압 사이클이다.

③ 압축비가 같다면 Otto 기관이 Diesel 기관보다 효율이 높다. 그러나 Otto 기관에서는 미리 점화하는 현상 때문에 얻을 수 있는 압축비에 한계가 있다. Diesel 기관은 더 높은 압축비에서 운전되며, 더 높은 효율을 얻는다.

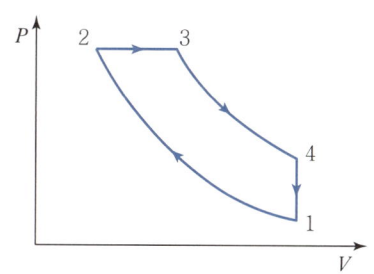

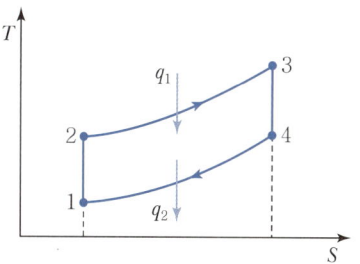

• 1 → 2 : 단열압축   • 2 → 3 : 등압가열
• 3 → 4 : 단열팽창   • 4 → 1 : 등적방열

72 가스터빈 사이클

등압연소 사이클로 공기표준 가스터빈 사이클을 Braton 사이클이라 한다.

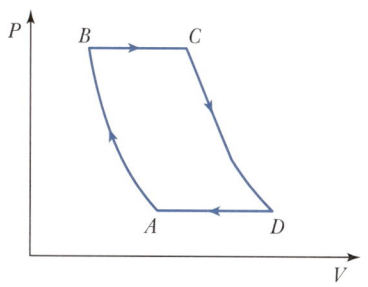

▲ 이상적인 사이클 : Brayton 사이클

① $A \to B$: 공기를 P_A(대기압) → P_B까지 가역단열압축(등엔트로피)

② $B \to C$: 일정압력, 연소를 대체하는 열량 Q_{BC} 가 가해져서 공기의 온도를 높여준다.
③ $C \to D$: 공기의 등엔트로피 팽창으로 일이 생성되면서 압력이 $P_C \to P_D$(대기압)로 감소한다.
④ $D \to A$: 정압냉각과정
⑤ 효율

$$\eta = 1 - \left(\frac{P_A}{P_B}\right)^{\frac{\gamma-1}{\gamma}}$$

73 냉동 성능계수(ω)

$$\omega = \frac{\text{저온에서 흡수된 열}}{\text{알짜일}} = \frac{|Q_C|}{W} = \frac{T_C}{T_H - T_C}$$

74 증기압축 사이클

증발 → 압축 → 응축 → 조름밸브

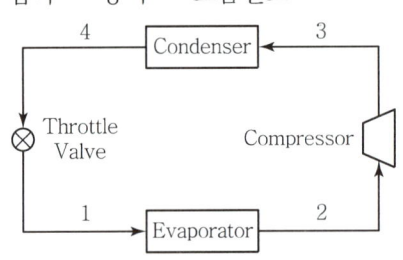

▲ 증기압축 사이클

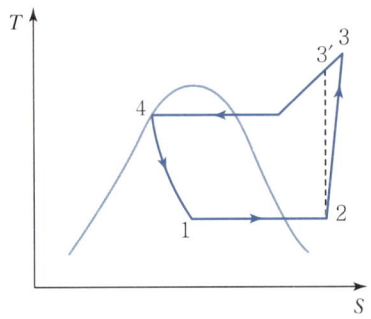

▲ $T-S$ 선도

75 액화공정

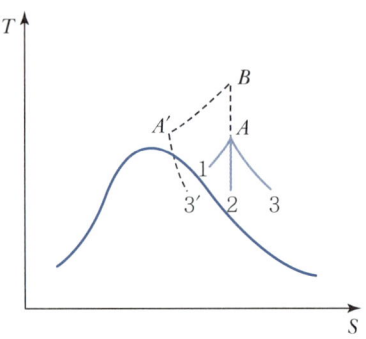

▲ $T-S$ 선도에 나타낸 냉각과정

① 일정압력하에서 열교환에 의하여 발생($A \to 1$)
② 일이 얻어지는 팽창공정에 의하여 발생($A \to 2$)
③ 조름공정에 의하여 발생($A \to B \to A' \to 3'$)

CHAPTER 03 단위공정관리

01 단위

1. 차원(Dimension)
길이[L], 시간[T], 질량[M], 온도[t]와 같은 측정의 기본 개념
① [L] : m, cm, ft, in
② [M] : kg, g, lb
③ [t] : ℃, °F, K, R
④ [T] : s, h
cf ③, ④의 대문자, 소문자는 바뀔 수 있다.
예 압력 $N/m^2(Pa) = kg/m\,s^2$ $[ML^{-1}T^{-2}]$
일 $J = kg\,m^2/s^2$ $[ML^2T^{-2}]$

2. 단위(Unit)
차원을 나타내는 수단
① SI 단위(국제표준단위)

물리량	단위	이름
질량	kg	킬로그램
길이	m	미터
시간	s	초
온도	K	켈빈
물질의 양	mol	몰
전류	A	암페어
광도	cd	칸델라

② 단위
  ㉠ 기본단위 : 길이, 질량, 시간, 온도
  ㉡ 유도단위 : 기본단위를 곱하거나 나누어서 얻은 새로운 단위
    예 밀도(g/cm^3), 힘($kg\,m/s^2$), 가속도(m/s^2)

3. 단위의 종류
① 압력 : 단위면적에 작용하는 힘
$$P = \frac{F}{A}$$

표준대기압 $= 1\text{atm} = 760\text{mmHg}$
$= 1.0332\text{kg}_f/\text{cm}^2 = 10.33\text{mH}_2\text{O}$
$= 1,013\text{mb} = 29.92\text{inHg} = 14.7\text{psi}$
$= 14.7\ \text{lb}_f/\text{in}^2 = 1.013 \times 10^5 \text{N/m}^2$
$= 1.013 \times 10^5 \text{Pa} = 1.013\text{bar}$

절대압 = 게이지압 + 대기압
진공도 = 대기압 − 절대압
cf 절대압이 대기압보다 낮을 때 그 차를 진공도라 한다.

$$P = P_o + \rho \frac{g}{g_c} h$$

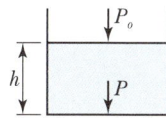

여기서, P_o : 대기압
C : 액체의 밀도
h : 액의 깊이

② 비중 → 밀도
비중 $0.8 = 0.8 \times 1\text{g/cm}^3 = 0.8 \times 1,000 \text{kg/m}^3$
$= 0.8 \times 62.43\ \text{lb/ft}^3$

㉠ Baumé도(°Bé)
• $\rho < 1$: $°\text{Bé} = \dfrac{140}{\text{s}\,\text{p.gr}} - 130$ cf sp.gr : 비중

• $\rho > 1$: $°\text{Bé} = 145 - \dfrac{145}{\text{s}\,\text{p.gr}}$

㉡ API도
• API도 $= \dfrac{141.5}{\text{s}\,\text{p.gr}} - 131.5$
• 석유공업, 석유제품의 비중에 사용

ⓒ TW도
  - TW도 = 200(sp.gr − 1)
  - 물보다 무거운 액체에 사용
③ 점도
  ㉠ 1poise = 1g/cm s = 100cP = 0.1kg/m s
  ㉡ 동점도 $\nu = \dfrac{\mu}{\rho}$
    1stokes = 1cm²/s = 100cst
④ 몰(mol)
  ㉠ 몰수 : $n_A = \dfrac{m_A}{M_A} = \dfrac{\text{질량}}{\text{분자량}}$
  ㉡ 몰분율 : $x_A = \dfrac{n_A}{n}$
  ㉢ 평균 분자량 : $M_{av} = M_A x_A + M_B x_B$
    예 공기의 평균 분자량
      $M_{av} = 32 \times 0.21 + 28 \times 0.79 = 28.84$
⑤ mol부피 : 기체 1몰이 차지하는 부피
  ㉠ 1mol의 부피 : 22.4L, 6.02×10²³개의 분자(원자, 입자) 수
  ㉡ 1 lbmol의 부피 : 359ft³
⑥ 이상기체 상태방정식
  ㉠ $PV = nRT = \dfrac{w}{M}RT$
    ∴ 밀도 $d = \dfrac{PM}{RT}$
  ㉡ R(기체상수) = 0.082L atm/mol K
                 = 0.082m³ atm/kmol K
                 = 1.987cal/mol K
                 = 8.314J/mol K
                 = 10.73psi ft³/lbmol °R

02 방정식에 따른 그래프 용지

① $y = ax + b$: 보통 그래프 용지 y 대 x
② $y = ax^n$: $\log y = \log a + n \log x$ 이므로
    보통 그래프 용지에서 $\log y$ 대 $\log x$
    대수 그래프 용지(log−log)에서 y 대 x
③ $y = c + ax^n$: 보통 그래프 용지에서
    $\log(y - c)$ 대 $\log x$, y 대 x^n
    대수 그래프 용지(log−log)에서
    $(y - c)$ 대 x
④ $y = ae^{bx}$: 보통 그래프 용지에서 $\log y$ 대 x
    반대수 그래프 용지(semi−log)에서 y 대 x
⑤ $y = b + \dfrac{a}{x}$: 보통 그래프 용지에서 y 대 $\dfrac{1}{x}$

03 지렛대 법칙

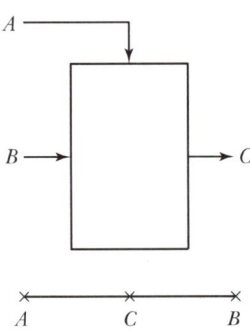

A와 B의 흐름이 C가 될 때 양적인 관계는 다음과 같다.

$$\dfrac{A}{B} = \dfrac{\overline{BC}}{\overline{AC}},\ \dfrac{A}{C} = \dfrac{\overline{BC}}{\overline{AB}},\ \dfrac{C}{B} = \dfrac{\overline{AB}}{\overline{AC}}$$

04 분류와 순환

1. 분류(Bypass)

흐름의 일부가 공정을 거치지 않고 나온 흐름과 합하여 나가는 조작

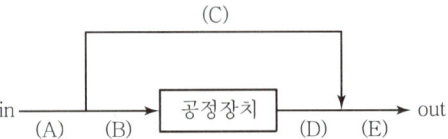

cf 물성 관계
  (A) = (B) = (C)
  (D) ≠ (E) ≠ (C)

2. 순환(Recycle)

공정을 거쳐 나온 흐름의 일부를 다시 되돌아가게 하여 공정으로 들어가는 흐름에 결합하여 공정에 들어가는 조작

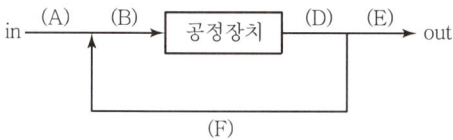

- 물성 관계
  - (A) ≠ (B) ≠ (F)
  - (D) = (E) = (F)

05 증발과 증류

1. 증발

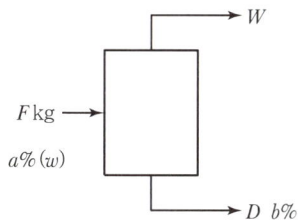

$F = W + D$

$\dfrac{a}{100} \times F = (F - W) \times \dfrac{b}{100}$

$$\therefore W = \left(1 - \dfrac{a}{b}\right) F \text{(kg)}$$

2. 증류

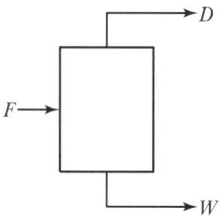

$F = D + W$

$F x_F = D x_D + W x_W$

$x_F (D + W) = D x_D + W x_W$

$(x_F - x_W) W = (x_D - x_F) D$

$$\therefore \dfrac{W}{D} = \dfrac{x_D - x_F}{x_F - x_W}$$

06 유체의 수송

1. 유체

① 외부로부터 힘을 받았을 때 변형에 대하여 영구적으로 저항하지 않는 물질
② 외부의 힘에 의해 쉽게 변형할 수 있는 물질

2. 관의 규격

$$\text{Schedule No.} = 1{,}000 \times \dfrac{\text{내부작업 압력}}{\text{재료의 허용응력}}$$

- Schedule No.가 클수록 관벽의 두께가 두껍고, BWG가 작을수록 관벽이 두껍다.

3. 관부속품

두 개의 관을 연결할 때	플랜지, 유니언, 니플, 커플링, 소켓
관선의 방향을 바꿀 때	엘보, Y자관, 십자, 티(Tee)
관선의 직경을 바꿀 때	리듀서, 부싱
지선을 연결할 때	티(Tee), Y자관, 십자
유로를 차단할 때	플러그, 캡, 밸브
유량을 조절할 때	밸브

07 밸브의 종류

1. Gate Valve(문밸브)

① 유체의 흐름과 직각으로 문의 상하운동에 의해 유량을 조절한다.
② 저수지 수문과 같이 문의 완전개폐에 이용된다.
③ 섬세한 유량조절이 어렵다.

2. Glove Valve(구형밸브)

① 섬세한 유량조절이 가능하다.
② 가정에서 사용하는 수도꼭지에 쓰인다.
③ Stop Valve, Angle Valve, Needle Valve

3. Check Valve(막음밸브)
유체의 역류를 방지하고, 유체를 한 방향으로만 보내고자 할 때 사용한다.

08 펌프의 종류

1. 왕복펌프
왕복운동으로 점성 액체의 수송이나 고압을 얻는 데 적합하다.
① 피스톤 펌프(Piston Pump) : 일반용
② 플런저 펌프(Plunger Pump) : 고압용
③ 다이어프램(격막) 펌프 : 부식, 마식에 강한 격막으로 피스톤 보호
④ 내산펌프 : 산, 펄프 오염액의 부식성 액체나 고체 현탁액에 이용

2. 회전펌프
회전자의 회전으로 점도가 큰 유체를 수송한다.
① 기어 펌프(Gear Pump)
② 스크루 펌프(Screw Pump)
③ 로브 펌프(Lobe Pump)

3. 원심펌프
임펠러(Impeller)의 회전에 의한 원심력에 의해 유체를 밀어낸다.
① 볼류트 펌프(Volute Pump)
② 터빈 펌프(Turbine Pump) : 고압용
③ 프로펠러 펌프(Propeller Pump)

09 원심펌프

1. 장점
구조가 간단하고 가격이 저렴하며 설치장소가 작게 필요하다. 고장이 잘 안 나고 수리가 용이하다. 맥동이 없으며, 진흙과 펄프의 수송도 가능하다.

2. 단점
① 에어바인딩(Air Binding) 현상
　㉠ 펌프보다 수원이 낮을 경우, 펌프 케이싱 내부에 물이 없으면 펌프를 작동시키더라도 실제로 물이 나오지 않는 현상을 말한다.
　㉡ 처음 운전할 때 펌프 속에 들어 있는 공기에 의해 수두의 감소가 일어나 펌핑이 정지되는 현상으로, 이를 방지하기 위해 배출 시작 전에 액을 채워 공기를 제거해야 한다.
　㉢ 자동유출펌프
② 공동현상(Cavitation)
　㉠ 원심펌프를 높은 능력으로 운전할 때 임펠러 흡입부의 압력이 낮아지게 되는 현상이다. 다시 말해 공동현상은 빠른 속도로 액체가 운동할 때 액체의 압력이 증기압 이하로 낮아져서 액체 내에 증기기포가 발생하는 현상이다.
　㉡ 증기기포가 벽에 닿으면 부식이나 소음 등이 발생하므로 설계자는 공동현상을 피하도록 설계해야 한다. 공동화를 피하려면 펌프 흡입부의 압력이 증기압보다 어느 정도 커야 하는데, 이를 유효흡입두(NPSH : Net Positive Suction Head, 유효흡입양정)라 한다.

$$\text{NPSH} = \frac{1}{g}\left(\frac{p_a' - p_v}{\rho} - h_{fs}\right) - Z_a$$

여기서, p_a' : 저장조 표면의 절대압력
　　　　p_v : 증기압
　　　　h_{fs} : 흡입관에서의 마찰손실
　　　　Z_a : 저장조 표면에서 펌프까지의 거리

10 레이놀즈수

$$N_{Re} = \frac{D\bar{u}\rho}{\mu} \text{(무차원수)}$$

① **층류** : $N_{Re} < 2,100$
　유체가 관벽에 직선으로 흐른다(선류, 점성류, 평행류).

② 임계영역 : $2,100 < N_{Re} < 4,000$

③ 난류 : $N_{Re} > 4,000$

　유체가 불규칙적으로 흐른다.

cf CGS(g, cm, s)로 나타낸 N_{Re}가 1,000일 때 MKS (kg, m, s), FPS(lb, ft, s)로 나타내도 1,000이다.

11 평균속도

① $\overline{u} = \dfrac{Q}{A} = \dfrac{Q}{\dfrac{\pi}{4}D^2}$ (m/s)

　여기서, $\overline{u}$: 평균유속(m/s)
　　　　　Q : 유량(m³/s)
　　　　　A : 유로의 단면적(m²)
　　　　　D : 관의 지름(m)

② 층류 : $\overline{u} = \dfrac{1}{2} U_{\max}$

③ 난류 : $\overline{u} = 0.8 U_{\max}$

④ $\dfrac{u}{U_{\max}} = 1 - \left(\dfrac{r}{r_w}\right)^2$

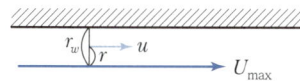

　여기서, $U_{\max}$: 관 중심부에서의 최대유속
　　　　　r : 관의 반경
　　　　　r_w : 관 중심으로부터의 거리

⑤ 임계속도 : N_{Re}가 2,100일 때의 유속

12 전이길이

완전발달된 흐름이 될 때까지의 길이

① 층류 : $L_t = 0.05 N_{Re} D$

② 난류 : $L_t = 40 \sim 50 D$

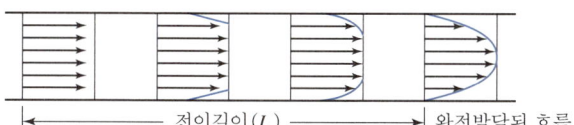

13 유체의 성질

1. Newton의 법칙

$$\tau = \dfrac{F}{A} = \mu \dfrac{du}{dy}$$

여기서, τ : 전단응력, μ : 점도
　　　　y : 판 사이의 거리, u : 유속

2. 유체의 종류

$(\tau - k)^n = \mu \dfrac{du}{dy}$

여기서, k(항복점) : 유동이 일어나지 않는 τ의 한계

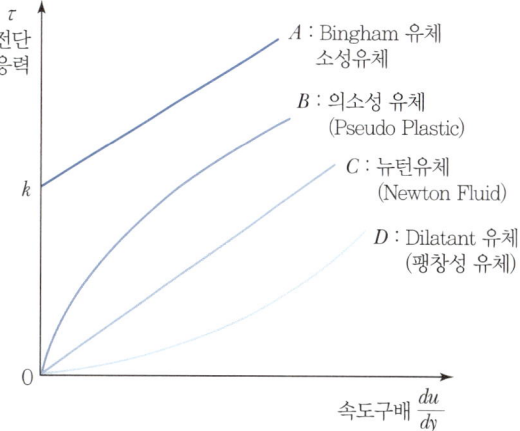

▲ 뉴턴 유체와 비뉴턴 유체의 전단응력과 속도구배의 관계

① 점성유체($k = 0$)

　㉠ $n = 1$: Newton 유체

　　$\tau = \mu \left(\dfrac{du}{dy}\right)$ ➡ 비교질성 액체, 내부분의 용액

　㉡ $n \neq 1$: non-Newton 유체

　　• $n > 1$: Pseudo 유체(의소성 유체)

　　　➡ 고분자 용액, 펄프 용액

　　• $n < 1$: Dilatant 유체(딜라탄트 유체)

　　　➡ 수지, 고온유리, 아스팔트

② 소성유체($k \neq 0$)

　㉠ $n = 1$: Bingham 유체 ➡ 슬러리, 왁스

　㉡ $n \neq 1$: non-Bingham 유체

14 프란틀 경계층

1. 경계층
유체의 흐름은 고형물이나 도관의 벽에 영향을 받는다. 이와 같이 유체의 운동이 고체의 영향을 받으면서 흐르는 유체의 영역

cf 프란틀 경계층
선분 OL과 고체판 사이의 국부속도가 변하는 층을 프란틀 경계층이라 한다.

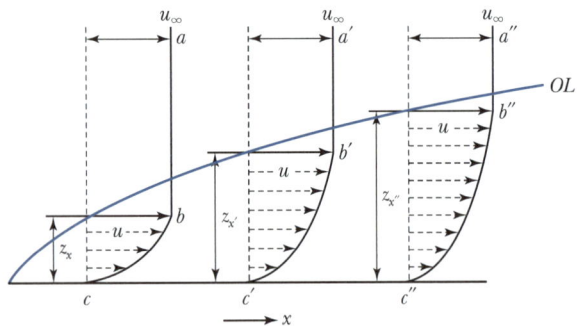

2. 경계층의 분리
고체판이 유체가 흐르는 방향에 수직으로 있을 때 판의 표면에는 경계층이 생기나 유체가 판 끝에 도달하게 되면 판의 뒷부분을 따라 흐르지 못하고 판에서 떨어지며 판 뒤에서 속도가 줄면서 소용돌이를 형성하게 되는 현상

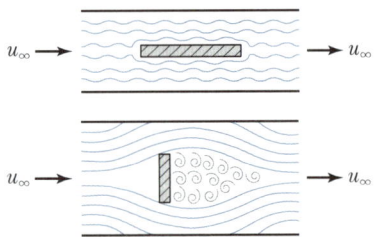

3. 마찰
① **표면마찰** : 경계층 분리가 일어나지 않았을 때의 마찰
② **형태마찰** : 경계층 분리가 일어났을 때의 마찰

15 유체역학

1. 연속식

$$\omega = \rho_1 u_1 A_1 = \rho_2 u_2 A_2 = G_1 A_1 = G_2 A_2$$

여기서, ω : 질량유량(kg/s), ρ : 밀도(kg/m^3)
u : 유속(m/s), G : 질량속도(kg/m^2 s)
A : 단면적(m^2)

2. 마노미터의 압력차

① U자관 마노미터

$$\Delta P = P_1 - P_2 = R(\rho_A - \rho_B)\frac{g}{g_c}$$

② 경사마노미터

$$\Delta P = P_1 - P_2 = R_1 \sin\alpha (\rho_A - \rho_B)\frac{g}{g_c}$$

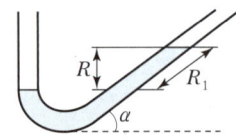

3. 기계적 에너지수지식

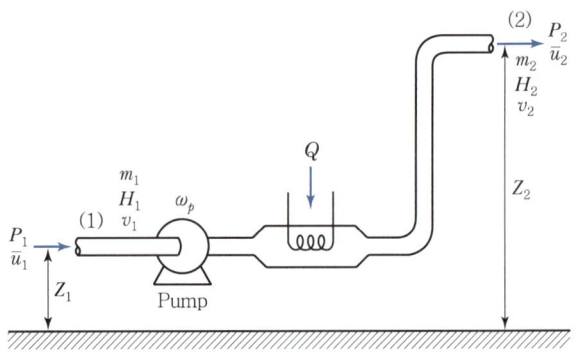

$$\frac{\overline{u_1}^2}{2g_c} + \frac{g}{g_c}z_1 + p_1 v_1 + JU_1 + W_p + JQ$$
$$= \frac{\overline{u_2}^2}{2g_c} + \frac{g}{g_c}z_2 + p_2 v_2 + JU_2$$

$$\frac{\overline{u_1}^2}{2g_c} + \frac{g}{g_c}z_1 + JH_1 + W_p + JQ$$
$$= \frac{\overline{u_2}^2}{2g_c} + \frac{g}{g_c}z_2 + JH_2 \text{(kg}_\text{f}\text{ m/kg)}$$

$$W_P = \frac{u_2^2 - u_1^2}{2g_c} + \frac{g}{g_c}(z_2 - z_1) + \frac{p_2 - p_1}{\rho} + \sum F$$

cf 두(Head)

에너지를 길이의 차원으로 나타낸 것으로 각 항에 $\frac{g_c}{g}$ 를 곱한다.

베르누이 정리

$$\frac{\Delta u^2}{2} + g\Delta z + \frac{\Delta p}{\rho} = 일정$$

4. Torricelli 정리

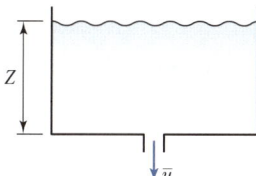

$\bar{u} = \sqrt{2(gz - g_c F)}$

두손실이 없다면 $\bar{u} = \sqrt{2gz}$

16 두손실

1. 직관에서의 두손실

① 층류 : Hagen-Poiseuille 식

$$F = \frac{\Delta P}{\rho} = \frac{32\mu \bar{u} L}{g_c D^2 \rho} \text{ (kg}_f \text{ m/kg)}$$

$$F = \frac{\Delta P}{\rho} = \frac{32\mu \bar{u} L}{D^2 \rho} \text{ (J/kg)}$$

cf 패닝마찰계수(f)

$$f = \frac{16}{N_{Re}}$$

② 난류 : Fanning 식

$$F = \frac{\Delta P}{\rho} = \frac{2f\bar{u}^2 L}{g_c D} \text{ (kg}_f \text{ m/kg)}$$

$$F = \frac{\Delta P}{\rho} = \frac{2f\bar{u}^2 L}{D} \text{ (J/kg)}$$

③ 유로가 원형이 아닌 경우 상당직경 사용

$$상당직경 = 4 \times \frac{유로의\ 단면적}{유체가\ 접한\ 총\ 길이}$$

㉠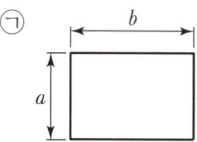

$$상당직경 = 4 \times \frac{ab}{2(a+b)} = \frac{2ab}{a+b}$$

㉡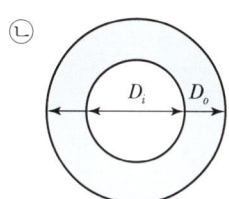

$$상당직경 = 4 \times \frac{\frac{\pi}{4}D_0^2 - \frac{\pi}{4}D_i^2}{\pi D_0 + \pi D_i}$$

$$= \frac{D_0^2 - D_i^2}{D_0 + D_i} = D_0 - D_i$$

2. 관부속품에 의한 두손실

$$F_t = 4f\left(\frac{L + L_e}{D}\right)\left(\frac{\bar{u}^2}{2g_c}\right)$$

$$\sum F = F + F_e + F_c + F_f$$
$$= \left(\frac{4fL}{D} + k_e + k_c + k_f\right)\frac{\bar{u}^2}{2g_c} \text{ (kg}_f \text{ m/kg)}$$

3. 관의 축소·확대

$$F = K\frac{\bar{u}^2}{2g_c} \text{ [kg}_f \text{ m/kg]}$$

① 관의 확대 : $K_e = \left(1 - \frac{A_1}{A_2}\right)^2$

② 관의 축소 : $K_c = 0.4\left(1 - \frac{A_1}{A_2}\right)$

17 유량측정방법

1. 오리피스미터

cf Vena Contracta : 단면이 최소인 부분

$$u_o = \frac{C_o}{\sqrt{1-m^2}} \sqrt{\frac{2g(\rho_A - \rho_B)R}{\rho_B}}$$

$$Q_o = A_o \overline{u_o} = \frac{\pi}{4} D_o^2 \frac{C_o}{\sqrt{1-m^2}} \sqrt{\frac{2g(\rho_A - \rho_B)R}{\rho_B}}$$

$$C_o = 0.61$$

여기서, m : 개구비 $\left(\dfrac{A_o}{A}\right)$, R : 마노미터 읽음

2. 벤투리미터

① 노즐 후방에 확대관을 두어 두손실을 적게 하고 압력을 회복하도록 한 것이다.

② 수축부 : 20~30°　　확대부 : 6~13°

$$u_v = \frac{C_v}{\sqrt{1-m^2}} \sqrt{\frac{2g(\rho_A - \rho_B)R}{\rho_B}}$$

$$Q_v = A_v \overline{u_v} = \frac{\pi}{4} D_v^2 \frac{C_v}{\sqrt{1-m^2}} \sqrt{\frac{2g(\rho_A - \rho_B)R}{\rho_B}}$$

$$C_v = 0.98$$

3. 피토관 : 국부속도 측정

$$u = \sqrt{\frac{2g(\rho_A - \rho_B)R}{\rho_B}}$$

4. 로터미터 : 면적유량계

18 열전달기구

1. 전도(Conduction)

같은 물체나 접촉하고 있는 다른 물체 사이에 온도차가 있으면, 유체의 경우 분자의 운동이나 직접충돌에 의해, 금속의 경우 전자의 이동에 의해 고온부에서 저온부로 열전달이 일어나는 현상이다.

예 금속과 같은 고체벽을 통한 열전달

2. 대류(Convection)

고온의 유체분자가 직접 이동하여 밀도차에 의한 혼합에 의해 열전달이 일어나는 현상이다.

예 실내공기의 가열

3. 복사(Radiation)

① 모든 물체는 절대 0도가 아닌 한 그 온도에 해당하는 열에너지를 표면으로부터 모든 방향에 전자파로 복사한다.

② 300℃ 이하에서는 전도와 대류로 열전달이 주로 이루어지며 1,000℃ 이상에서는 복사가 지배적이다.

19 전도

1. Fourier's Law

$$q = -kA \frac{dt}{dl} \text{ (kcal/h)}$$

여기서, q : 열전달속도(kcal/h)
　　　　k : 열전도도(kcal/m h ℃), A : 열전달면적(m²)
　　　　dl : 미소거리(m), dt : 온도차(℃)

2. 단면적이 일정한 도체에서의 열전도

$$q = k_{av} A \frac{t_1 - t_2}{l} = \frac{t_1 - t_2}{\dfrac{l}{k_{av} A}} = \frac{\Delta t}{R} \text{ (kcal/h)}$$

여기서, Δt : 온도차(추진력)
　　　　R : 열저항 $\left(R = \dfrac{l}{k_{av} A}\right)$

3. 원관벽을 통한 열전도

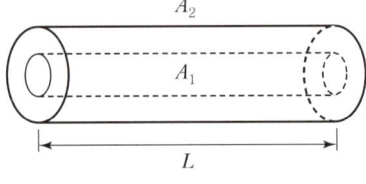
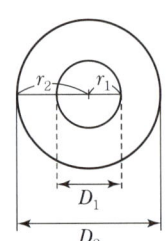

$$q = \frac{k_{av} \overline{A}_L (t_1 - t_2)}{l} = \frac{t_1 - t_2}{\dfrac{l}{k_{av} \overline{A}_L}} = \frac{\Delta t}{R} \text{ (kcal/h)}$$

$$l = r_2 - r_1$$

$$\overline{A}_L = 2\pi \overline{r} L = \pi \overline{D}_L L = \frac{A_2 - A_1}{\ln \dfrac{A_2}{A_1}} = \pi \frac{D_2 - D_1}{\ln \dfrac{D_2}{D_1}} L$$

> 평균전열면적($\overline{A}_L$)
>
> - $\dfrac{A_2}{A_1} < 2$일 때
>
>   산술평균 $\overline{A} = \dfrac{A_1 + A_2}{2} = \dfrac{\pi L(D_1 + D_2)}{2}$
>
> - $\dfrac{A_2}{A_1} \geq 2$일 때
>
>   대수평균 $\overline{A}_L = \dfrac{A_2 - A_1}{\ln \dfrac{A_2}{A_1}} = \dfrac{\pi L(D_2 - D_1)}{\ln \dfrac{D_2}{D_1}}$

4. 여러 층으로 된 벽

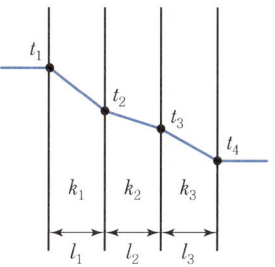

$$q = \frac{\Delta t_1 + \Delta t_2 + \Delta t_3}{R_1 + R_2 + R_3}$$

$$= \frac{t_1 - t_4}{\dfrac{l_1}{k_1 A_1} + \dfrac{l_2}{k_2 A_2} + \dfrac{l_3}{k_3 A_3}}$$

$$= \frac{t_1 - t_4}{R} \qquad R = \frac{l}{kA}$$

$$R = R_1 + R_2 + R_3$$

$$\Delta t : \Delta t_1 : \Delta t_2 = R : R_1 : R_2$$

➡ 고체벽면 사이의 온도를 구할 때 사용

5. 구상벽

$$q = k \frac{\sqrt{A_1 A_2}}{r_2 - r_1}(t_1 - t_2)$$

20 대류

1. 고체와 유체 사이의 열전달

$$q = hA(t_3 - t_4)$$

여기서, h(경막열전달계수) $= \dfrac{k}{l}$ (kcal/m² h ℃)

2. 고체벽을 사이에 둔 두 유체 간의 열전달

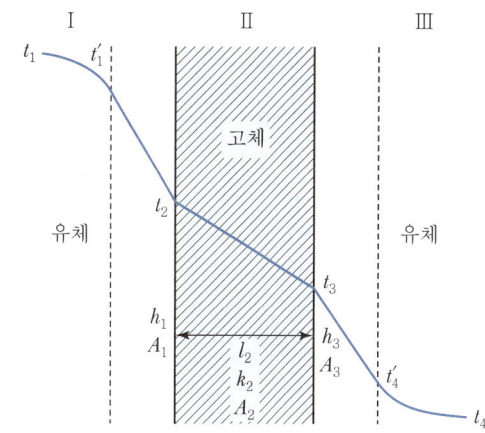

$$q = \frac{t_1 - t_4}{\dfrac{1}{h_1 A_1} + \dfrac{l_2}{k_2 A_2} + \dfrac{1}{h_3 A_3}}$$

$$q = UA\Delta t$$

3. 총괄열전달계수

$$U_1 = \frac{1}{\dfrac{1}{h_1} + \dfrac{l_2 A_1}{k_2 A_2} + \dfrac{A_1}{h_3 A_3}} \ (\text{kcal/m}^2 \text{ h ℃})$$

4. 유체가 원형 이외의 관로를 흐를 경우

상당직경 $D_e = \dfrac{D_s^2 - nD^2}{nD}$

5. 적상응축 촉진

① 전열을 좋게 하기 위해서 막상응축보다 적상응축으로 하는 것이 좋다.
② 적상응축에 대한 평균열전달계수는 막상응축에 비해 5~8배가 된다.
③ h는 막상응축일 때보다 2배 이상 크다.

④ 촉진방법
  ㉠ 동관에 크롬도금을 힌다.
  ㉡ 벽면에 기름을 바른다.
  ㉢ 증기 중에 소량의 유분을 가한다.

cf 막상응축 : 응축한 액이 피막상으로 벽면에 붙어 중력에 의해 흘러내리는 현상

cf 적상응축 : 응축액이 적상이 되어 벽면을 미끄러져 내려오는 현상

21 무차원수

1. Reynolds No.(N_{Re})

$$N_{Re} = \frac{Du\rho}{\mu} = \frac{DG}{\mu} = \frac{Du}{\nu} = \frac{관성력}{점성력}$$

여기서, D : 직경(m)
　　　　u : 유속(m/s)
　　　　ρ : 밀도(kg/m³)
　　　　μ : 점도(kg/m s)

2. Nusselt No.(N_u)

$$N_u = \frac{hD}{k} = \frac{대류\ 열전달}{전도\ 열전달} = \frac{전도\ 열저항}{대류\ 열저항}$$

여기서, k : 열전도도(kcal/m h ℃)

3. Prandtl No.(N_{Pr})

$$N_{Pr} = \frac{C_p\mu}{k} = \frac{\nu}{\alpha} = \frac{운동량\ 확산도}{열\ 확산도}$$

여기서, C_p : 정압비열(kcal/kg ℃)
　　　　α : 열확산계수 $\alpha = \frac{k}{\rho C_p}$(m²/h)

4. Grashof No.(N_{Gr})

$$N_{Gr} = \frac{gD^3\rho^2\beta\Delta t}{\mu^2} = \frac{부력}{점성력}$$

여기서, β : 부피팽창계수(1/℃)
　　　　Δt : 온도차(℃)

5. Peclet No.(N_{Pe})

$$N_{Pe} = \frac{Du\rho C_p}{k} = \frac{DGC_p}{k} = N_{Re} \times N_{Pr}$$

6. Stanton No.(N_{St})

$$N_{St} = \frac{N_{Nu}}{N_{Re} \times N_{Pr}} = \frac{h}{C_p\rho u} = \frac{h}{C_p G}$$

7. Graetz No.(N_{Gz})

$$N_{Gz} = \frac{wC_p}{kL}$$

여기서, w : 질량유량(kg/h)
　　　　L : 흐름진로의 길이(m)

22 비등곡선

포화온도의 물속에 수평가열관을 담가 가열할 경우의 비등특성곡선이다.

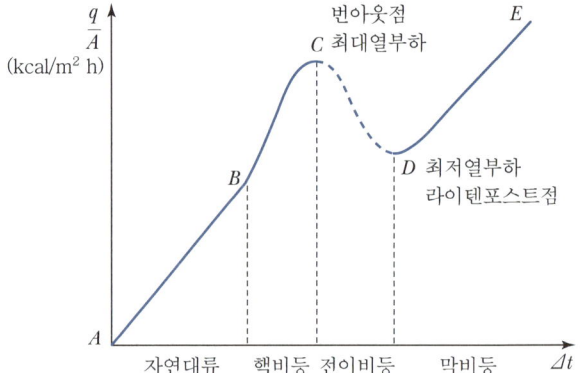

1. AB 구간(자연대류영역)

① 비등을 수반하지 않고 가열관의 온도가 액체의 비점에 도달하면 기포가 발생한다.
② 기포가 발생하면 교란효과가 있어 열전달계수 h가 매우 증가하여 q/A가 직선적으로 급격히 증가한다.

2. BC 구간(핵비등영역)

① AB보다 기울기가 더 큰 직선으로 표시된다.
② 기포의 발생이 더욱 활발해져 열전달계수와 q/A (Heat Flux, 열부하)는 증가하여 최대점 C에 도달하게 된다. C점을 번아웃점(Burnout Point)이라 한다.
③ C점에서의 Δt를 임계온도차(Critical Temperature Drop), q/A를 최대열부하라고 한다.

3. CD 구간(전이비등영역)

열전달면에 불안정한 증기막이 형성되어 q/A (열부하)가 감소하여 최소점 D(Leidenfrost점)에 도달한다.

4. DE 구간(막비등)

① 표면온도가 다시 증가하면 가열표면은 증기막으로 덮이며 이 층을 통과하는 열은 전도와 복사에 의해 전달된다.
② q/A (열부하)는 계속 상승하여 최대열부하를 갖게 된다.
③ 이 현상은 비등열전달의 특징이며, 복사 열전달이 전도 열전달보다 중요하게 취급되는 구간이다.

cf C점 이상의 열부하에 액체의 물성값이나 열전달면의 재질에 따라서 물리적 파손이 반드시 일어난다고는 할 수 없지만, 설계상의 한도를 나타내는 것이다.

23 복사

1. 흑체

흡수율(α)=1인 물체로서, 받은 복사에너지를 전부 흡수하고, 반사나 투과는 없다.

$$\text{반사율} + \text{투과율} + \text{흡수율} = 1$$

2. 슈테판–볼츠만의 법칙

$$q_B = 4.88 A \left(\frac{T}{100}\right)^4 = \sigma A T^4$$

완전흑체에서 복사에너지는 절대온도의 4승에 비례한다.

① 슈테판–볼츠만 상수

$\sigma = 4.88 \times 10^{-8} \text{ kcal/m}^2 \text{ h K}^4$
$\quad = 0.1713 \times 10^{-8} \text{ BTU/ft}^2 \text{ h °R}^4$

② ε(복사능, 흑도, Emissivity)

같은 온도에서 흑체와 그 물체의 복사능의 비

$\varepsilon = \dfrac{W}{W_b} \quad 0 < \varepsilon < 1$

여기서, W : 물체의 복사강도
$\qquad\quad W_b$: 흑체의 복사강도

cf 회색체(Gray Body) : 표면에서 복사능이 같은 물체

3. 빈(Wien)의 법칙

$$\lambda_{\max} T = C$$

주어진 온도에서 최대복사강도에서의 파장 $\lambda_{\max}$는 절대온도에 반비례한다.

4. 플랑크(Planck) 법칙

흑체로부터 복사되는 에너지강도를 표면온도와 파장의 함수로 나타낸 법칙

5. 키르히호프 법칙

① 온도가 평형에 있을 때 어떤 물체에 대한 전체 복사력과 흡수능의 비는 그 물체의 온도에만 의존한다.

$$\frac{W_1}{\alpha_1} = \frac{W_2}{\alpha_2} = \frac{W_b}{1}$$

흑체의 복사력 = W_b, 흑체의 흡수율 $\alpha = 1$

$$\alpha_1 = \frac{W_1}{W_b} = \varepsilon_1, \quad \alpha_2 = \frac{W_2}{W_b} = \varepsilon_2$$

② 어떤 물체가 주위와 온도평형에 있으면 그 물체의 복사능과 흡수능은 같다.

$$\varepsilon_1 = \alpha_1, \ \varepsilon_2 = \alpha_2, \ \varepsilon_n = \alpha_n \text{(Kirchhoff's Law)}$$
온도평형에서 복사능 = 흡수능

6. 흑체가 아닌 경우

$$\mathcal{F}_{1.2} = \frac{1}{\dfrac{1}{F_{1.2}} + \left(\dfrac{1}{\varepsilon_1} - 1\right) + \dfrac{A_1}{A_2}\left(\dfrac{1}{\varepsilon_2} - 1\right)}$$

여기서, $\mathcal{F}$: 총괄적 교환인자(Overall Interchange Factor)

① 무한히 큰 두 평면이 서로 평행한 경우($A_1 \cong A_2$)

$$\mathcal{F}_{1.2} = \frac{1}{1 + \left(\dfrac{1}{\varepsilon_1} - 1\right) + \left(\dfrac{1}{\varepsilon_2} - 1\right)} = \frac{1}{\dfrac{1}{\varepsilon_1} + \dfrac{1}{\varepsilon_2} - 1}$$

A_1이 A_2만 보므로 $F_{1.2} = 1$

$$q = 4.88 A_1 \frac{1}{\frac{1}{\varepsilon_1} + \frac{1}{\varepsilon_2} - 1} \left[\left(\frac{T_1}{100}\right)^4 - \left(\frac{T_2}{100}\right)^4 \right] (\text{kcal/h})$$

② 한쪽 물체에 다른 물체가 둘러싸인 경우($A_2 > A_1$)

$$q = 4.88 A_1 \frac{1}{\frac{1}{\varepsilon_1} + \frac{A_1}{A_2}\left(\frac{1}{\varepsilon_2} - 1\right)} \left[\left(\frac{T_1}{100}\right)^4 - \left(\frac{T_2}{100}\right)^4 \right]$$

③ 큰 공동 내에 작은 물체가 있을 경우($A_2 \gg A_1$)

$$q = 4.88 A_1 \varepsilon_1 \left[\left(\frac{T_1}{100}\right)^4 - \left(\frac{T_2}{100}\right)^4 \right] (\text{kcal/h})$$

24 증발

1. 수증기를 열원으로 사용할 때의 이점
① 가열이 균일하여 국부적인 과열의 염려가 없다.
② 압력조절밸브의 조절에 의해 쉽게 온도를 변화, 조절할 수 있다.
③ 증기기관의 폐증기를 이용할 수 있다.
④ 물은 다른 기체, 액체보다 열전도도가 크므로 열원 측의 열전달계수가 커진다.
⑤ 다중효용, 자기증기압축법에 의한 증발을 할 수 있다.

2. 증발관의 설계

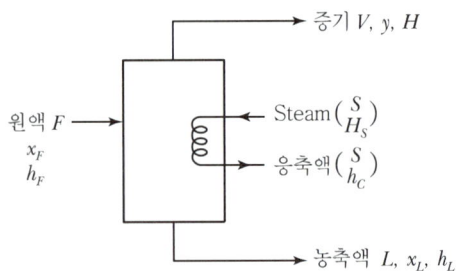

① 열수지식
$$Fh_F + SH_S = VH + Lh_L + Sh_C$$

② 가열면에 공급되는 열량
$$q = S(H_S - h_C) = S\lambda_S$$
$$\quad = FC(t_2 - t_1) + V\lambda_V$$

25 평균온도차

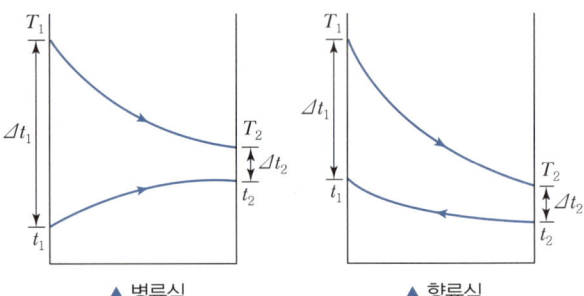

▲ 병류식   ▲ 향류식

$\dfrac{\Delta t_1}{\Delta t_2} \geq 2$인 경우 $\overline{\Delta t_m} = \dfrac{\Delta t_1 - \Delta t_2}{\ln \dfrac{\Delta t_1}{\Delta t_2}}$

$\dfrac{\Delta t_1}{\Delta t_2} < 2$인 경우 $\overline{\Delta t_m} = \dfrac{\Delta t_1 + \Delta t_2}{2}$

26 증발관의 비교

수평관식	수직관식
• 액층이 깊지 않아 비점 상승도가 작다. • 비응축기체의 탈기효율이 좋다. • 관석의 생성 염려가 없는 경우에 사용한다.	• 액의 순환이 좋으므로 열전달계수가 커서 증발효과가 크다. • Down Take : 관군과 동체 사이에 액의 순환을 좋게 하기 위해 관이 없는 빈 공간을 설치한다. • 관석이 생성될 경우 가열관 청소가 쉽다. • 수직관식이 더 많이 사용된다.

27 진공증발

① 열원의 폐증기를 이용할 경우, 온도가 낮으므로 농도가 높고 비점이 큰 용액의 증발은 불가능할 때가 많다.
  ➡ 진공펌프를 이용해서 관 내의 압력을 낮추고 비점을 낮추어 유효한 증발을 할 수 있다.
② 진공증발이란 저압에서의 증발을 의미하며 증기의 경계가 주목적이다.
③ 과즙이나 젤라틴과 같이 열에 예민한 물질을 증발할 경우 진공증발을 함으로써 저온에서 증발시킬 수 있어 열에 의한 변질을 방지할 수 있다.

28 증류

1. Raoult's Law

① 특정 온도에서 혼합물 중 한 성분의 증기분압은 그 성분의 몰분율에 같은 온도에서 그 성분의 순수한 상태에서의 증기압을 곱한 것과 같다.

$$P = P_A x_A + P_B x_B = P_A x_A + P_B(1-x_A)$$

$$y_A = \frac{p_A}{P} = \frac{P_A x_A}{P} = \frac{P_A x_A}{P_A x_A + P_B(1-x_A)}$$

② 라울의 법칙이 적용되는 용액 : 이상용액

> **cf** 실제용액
>
> $$P = \gamma_A P_A x_A + \gamma_B P_B x_B$$
>
> $$y_A = \frac{\gamma_A P_A x_A}{P}$$

2. 비휘발도(상대휘발도, α_{AB})

$$\alpha_{AB} = \frac{y_A/y_B}{x_A/x_B} = \frac{y_A/(1-y_A)}{x_A/(1-x_A)}$$

$$\alpha_{AB} = \frac{P_A}{P_B}$$

> **cf** 비휘발도가 클수록 증류에 의한 분리가 용이하다.
>
> $$y = \frac{\alpha x}{1+(\alpha-1)x}$$

3. 헨리의 법칙

x가 0에 근접할 때, 즉 휘발성의 용질을 포함한 묽은 용액이 기상과 평형에 있을 때, 기상 내의 용질의 분압 p_A는 액상의 몰분율 x_A에 비례한다.

$$p_A = H x_A$$

여기서, H : 헨리상수

29 공비혼합물

cf 공비점 : 한 온도에서 평형상태에 있는 증기의 조성과 액의 조성이 동일한 점

cf 공비혼합물 : 공비점을 가진 혼합물

1. 최고공비혼합물 : 휘발도가 이상적으로 낮은 경우

① 최고의 비점을 갖는 혼합물
② 휘발도가 이상적으로 낮은 경우 $\gamma_A < 1$, $\gamma_B < 1$
③ 증기압은 낮아지고, 비점은 높아진다.
④ 같은 분자 간 친화력 < 다른 분자 간 친화력
⑤ 물-HCl, 물-HNO$_3$, 물-H$_2$SO$_4$

2. 최저공비혼합물 : 휘발도가 이상적으로 높은 경우

① 최저의 비점을 갖는 혼합물
② 휘발도가 이상적으로 높은 경우 $\gamma_A > 1$, $\gamma_B > 1$
③ 증기압은 높아지고, 비점은 낮아진다.
④ 같은 분자 간 친화력 > 다른 분자 간 친화력
⑤ 물-에탄올, 에탄올-벤젠, 아세톤-CS$_2$

30 증류방법

1. 평형증류(Flash 증류)

원액을 연속적으로 공급하여 발생증기와 잔액이 평형을 유지하면서 증류하는 조작

2. 미분증류(단증류, 회분단증류)

액을 끓여 발생증기가 액과 접촉하지 못하게 하여 발생한 것들을 응축시키는 조작

3. 수증기 증류

① 윤활유, 아닐린, 니트로벤젠, 글리세린 및 고급지방산과 같이 증기압이 낮아서 비점이 높은 물질, 즉 상압에서 증류에 의해 비휘발성 물질로부터 분리하기가 쉽지 않은 경우
② 비점이 높아서 분해하는 물질(고온에서)
③ 물과 섞이지 않는 물질

> **진공수증기 증류**
> 고급지방산과 같이 비점이 아주 높은 물질은 상압 수증기에 의해 증류하면 P_A가 아주 작아서 W_A/W_B, 즉 수증기 1kg에 동반되는 목적성분량이 아주 작아서 실용가치가 없다. 이 경우 진공펌프를 사용하고 온도도 될수록 높이며, 더욱 가열수증기를 사용한다.

31 공비혼합물의 증류

1. 추출증류
공비혼합물 중의 한 성분과 친화력이 크고 비교적 비휘발성 물질을 첨가하여 액액추출의 효과와 증류의 효과를 이용하여 분리하는 조작
- 예 물 – HNO_3에 황산 첨가
  benzene – cyclohexane에 furfural 사용

2. 공비증류
① 첨가하는 물질이 한 성분과 친화력이 크고 휘발성이어서 원료 중의 한 성분과 공비혼합물을 만들어 고비점 성분을 분리시키고 다시 새로운 공비혼합물을 분리시키는 조작
② 이때 사용된 첨가제를 공비제라고 한다.
- 예 벤젠 첨가에 의한 알코올의 탈수증류

32 MacCabe – Thiele법

1. 가정
① 관벽에 의한 열손실은 없으며 혼합열도 적어서 무시한다.
② 각 성분의 분자 증발잠열 λ 및 액체의 엔탈피 h는 탑 내에서 같다.
③ 상승증기의 몰수와 강하액의 몰수가 농축부와 회수부에서 각각 일정하다.

2. 농축부 조작선의 방정식

$$y_{n+1} = \frac{R_D}{R_D+1}x_n + \frac{x_D}{R_D+1}$$

↳ 기울기 ↳ y절편

여기서, $R_D = \dfrac{L}{D}$

3. 회수부 조작선의 방정식

$$y_{m+1} = \frac{L+qF}{L+qF-W}x_m - \frac{W}{L+qF-W}x_w$$

4. 원료선의 방정식

$$y = \frac{q}{q-1}x - \frac{x_f}{q-1}$$

cf $q + f = 1$

$$y = -\frac{1-f}{f}x + \frac{x_f}{f}$$

여기서, q : 액의 분율, f : 증기의 분율

5. q 선도

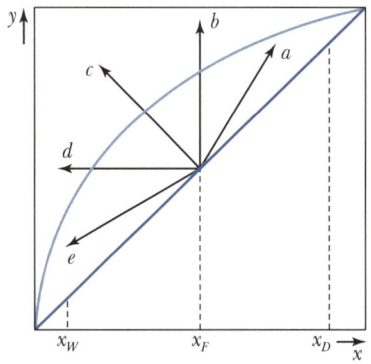

구분	성질	기울기
(a) $q > 1$	차가운 원액	기울기 > 1
(b) $q = 1$	비등에 있는 원액(포화원액)	기울기 = ∞
(c) $0 < q < 1$	부분적으로 기화된 원액	기울기 < 0
(d) $q = 0$	노점에 있는 원액(포화증기)	기울기 = 0
(e) $q < 0$	과열증기 원액	기울기 > 0

$q + f = 1$

33 환류비의 영향

1. 최소이론단수

$$\text{Fenske 식 } N_{\min} + 1 = \frac{\log\left(\dfrac{x_D}{1-x_D} \cdot \dfrac{1-x_w}{x_w}\right)}{\log \alpha_{av}}$$

2. 최소환류비

$$R_{Dm} = \frac{x_D - y_f}{y_f - x_f}$$

최적환류비 = 최소환류비 × 1.2 ~ 2배

3. 환류비

① $R = \dfrac{L_0}{D} = \dfrac{환류량}{유출량}$

② R이 클수록 각 성분의 분리도가 좋다.

③ R이 클수록 이론단수는 줄어든다.

④ $R \to \infty$, $D=0$: 전환류이다. 최소이론단수이며, 정류효과는 최대이지만, 제품을 얻지 못한다.

⑤ $R \to 0$, D는 증가 : 정류는 나빠진다. 무한대 단수이며, 환류는 하지 않고 증류한다.

34 탑효율

① 총괄효율 = $\dfrac{이론단수}{실제단수}$

② Murphree 단효율

$$\eta = \dfrac{y_n - y_{n+1}}{y_n^* - y_{n+1}}$$

여기서, y_n : 단을 떠나는 증기의 조성
y_{n+1} : 단으로 들어가는 증기의 조성
y_n^* : 단을 떠나는 액과 평형에 있는 증기의 조성

③ 국부효율 : 한 국부에서 성립되는 Murphree 단효율

35 고액추출

1. 다회추출

① 추제비 : 분리된 추제의 양(V)과 남은 추제의 양(v)과의 비

$$\alpha = \dfrac{V}{v}$$

② 추잔율 : $\dfrac{a_n}{a_0} = \dfrac{1}{(\alpha+1)^n}$

③ 추출률 : $\eta = 1 - \dfrac{1}{(\alpha+1)^n}$

2. 추제를 m등분하여 m회 추출

$$추잔율 : \dfrac{a_m}{a_0} = \dfrac{1}{\left(\dfrac{\alpha}{m}+1\right)^m}$$

3. 다중단 추출

$$추잔율 : \dfrac{a_p}{a_0} = \dfrac{1}{1+\alpha+\alpha^2+\cdots+\alpha^p} = \dfrac{\alpha-1}{\alpha^{p+1}-1}$$

36 액액추출

1. 병류다단 추출

$$추잔율\ \eta = \dfrac{1}{\left(1+m\dfrac{S}{B}\right)^n}$$

37 평형도표

1. 초산 – 물 – 벤젠의 평형도표

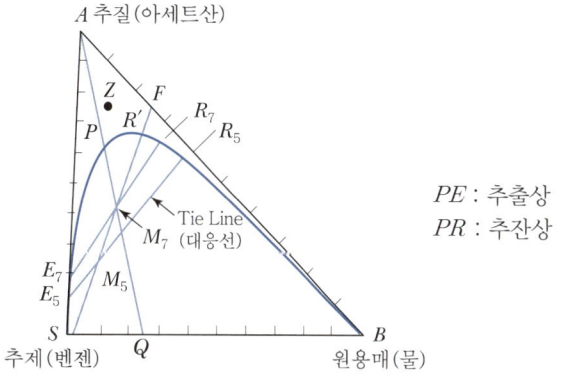

PE : 추출상
PR : 추잔상

2. P(상계점, 임계점 : Plait Point, Critical Point)

① 추출상과 추잔상의 조성이 같은 점

② 대응선(Tie–line)의 길이가 0이 되는 점

③ PE : 추출상, PR : 추잔상

38 추제의 선택

① 선택도가 커야 한다.

$$\text{선택도 } \beta = \frac{y_A/y_B}{x_A/x_B} = \frac{y_A/x_A}{y_B/x_B} = \frac{k_A}{k_B}$$

여기서, y : 추출상
x : 추잔상
$k = y/x$: 분배계수

상계점에서 $\beta = 1$로 분리가 불가능하다.

② 회수가 용이해야 한다.
③ 값이 싸고 화학적으로 안정해야 한다.
④ 비점 및 응고점이 낮으며, 부식성과 유동성이 적고 추질과의 비중차가 클수록 좋다.

39 물질전달

1. 물질전달 속도식

$$\frac{dn_A}{d\theta} = k_G A(p_{A_1} - p_{A_2}) = k_G AP(y_1 - y_2)$$

2. Fick의 제1법칙

$$N_A = \frac{dn_A}{d\theta} = -D_G A \frac{dC_A}{dx} \text{(kmol/h)}$$

여기서, D_G : 분자확산계수(m^2/h)

40 기상물질전달

1. 일방확산

$$N_A x = D_G A C \frac{(y_{B_2} - y_{B_1})}{y_{BM}}$$

$$= D_G A \frac{P}{RT} \frac{(p_{B_2} - p_{B_1})}{p_{BM}}$$

$$= D_G A \frac{P}{RT} \frac{(p_{A_1} - p_{A_2})}{p_{BM}}$$

$$\therefore N_A = \frac{D_G PA}{RTx} \ln \frac{1 - y_{A2}}{1 - y_{A1}}$$

2. 등몰확산

$$N_A = \frac{D_G A(p_{A_1} - p_{A_2})}{RTx}$$

41 액상 내 물질전달 속도

$$\frac{dn_A}{d\theta} = k_L A(C_{A_1} - C_{A_2})$$

$$= k_L A \rho_m (x_{A_1} - x_{A_2}) \text{(kmol/h)}$$

여기서, ρ_m : 액상의 몰밀도 = $\dfrac{A, B \text{ 몰수의 합}}{\text{전체 부피}}$

1. 일방확산

$$N_A = \frac{D_L}{x} \frac{\rho_m}{C_{BM}} A(C_{A_1} - C_{A_2})$$

$$= \frac{D_L}{x} \frac{\rho_m}{x_{BM}} A(x_{A_1} - x_{A_2}) \text{(kmol/h)}$$

2. 등몰상호확산

$$N_A = \frac{D_L}{x} A(C_{A_1} - C_{A_2})$$

$$= \frac{D_L \rho_m}{x} A(x_{A_1} - x_{A_2}) \text{(kmol/h)}$$

42 경막에 있어서 물질전달 속도

1. 총괄물질전달계수 : K_L(kmol/m^2 h kmol/m^3), K_G(kmol/m^2 h atm)

$$\frac{1}{K_L} = \frac{H}{k_G} + \frac{1}{k_L}$$

$$\frac{1}{K_G} = \frac{1}{k_G} + \frac{1}{Hk_L}$$

2. K_G의 값

① 기체경막저항 : 용해도가 매우 큰 경우(H가 큼)

$$\frac{1}{k_G} \gg \frac{1}{Hk_L} \text{이므로 } K_G = k_G \text{(기체경막저항 지배)}$$

② 액경막저항 : 용해도가 매우 작은 경우(H가 작음)

$\dfrac{H}{k_G} \ll \dfrac{1}{k_L}$ 이므로 $K_L = k_L$ (액경막저항 지배)

3. 흡수속도를 크게 하기 위한 방법
① K_L, K_G를 크게 한다.
② 접촉면적 및 접촉시간을 크게 한다.
③ 농도차나 분압차를 크게 한다.

43 충전물의 조건

① 큰 자유부피를 가질 것(공극률이 클 것)
② 비표면적이 클 것
③ 가벼울 것
④ 기계적 강도가 클 것
⑤ 화학적으로 안정할 것
⑥ 값이 싸고 구하기 쉬울 것

44 충진탑의 성질

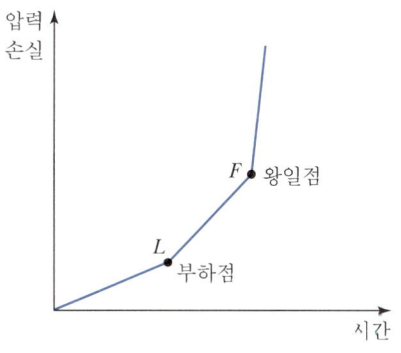

1. 편류(Channeling)
① 액이 한곳으로만 흐르는 현상
② 방지방법
  ㉠ 탑의 지름을 충전물 지름의 8~10배로 한다.
  ㉡ 불규칙 충전을 한다.

2. 부하속도(Loading Velocity)
① 기체의 속도가 차차 증가하면 탑 내의 액체유량이 증가하는데, 이때의 속도를 부하속도라 한다.
② 흡수탑의 작업은 부하속도를 넘지 않는 속도 범위에서 해야 한다.

3. 왕일점(범람점, Flooding Point)
① 기체의 속도가 아주 커서 액이 거의 흐르지 않고 넘치는 점
② 향류조작이 불가능하다.

45 충전탑의 설계

1. 조작선의 식

$$y = \dfrac{V}{L}x + \dfrac{V_a y_a - L_a x_a}{V}$$

여기서, $V(G)$: 기상의 몰유속
L : 액상의 몰유속

$$N_A = G_M{'}S\left(\dfrac{y}{1-y} - \dfrac{y_2}{1-y_2}\right)$$
$$= L_M{'}S\left(\dfrac{x}{1-x} - \dfrac{x_2}{1-x_2}\right)$$

여기서, $G_M{'}$: 동반기체 몰유속
$L_M{'}$: 순용매 몰유속

$$N_A = G_M S(y - y_2) = L_M S(x - x_2)$$

2. 충전탑의 높이

$$\text{탑의 높이}(Z) = \underbrace{\dfrac{G_M}{K_G aP}}\underbrace{\int_{y_2}^{y_1}\dfrac{dy}{y - y^*}}$$
$$= \underbrace{\dfrac{L_M}{K_L a \rho_m}}_{H_{OG}} \underbrace{\int_{x_2}^{x_1}\dfrac{dx}{x^* - x}}_{N_{OG}}$$

여기서, $K_G a$: 총괄기상용량계수(kmol/m³ h atm)
$K_L a$: 총괄액상용량계수(kmol/m³ h, kmol/m³)

$$\int_{y_2}^{y_1}\dfrac{dy}{y-y^*} = \dfrac{y_1 - y_2}{\Delta y_{LM}} = \dfrac{y_1 - y_2}{\dfrac{(y_1 - y_1{}^*)-(y_2 - y_2{}^*)}{\ln\dfrac{y_1 - y_1{}^*}{y_2 - y_2{}^*}}}$$

46 평형곡선과 조작선

1. 평형선과 조작선

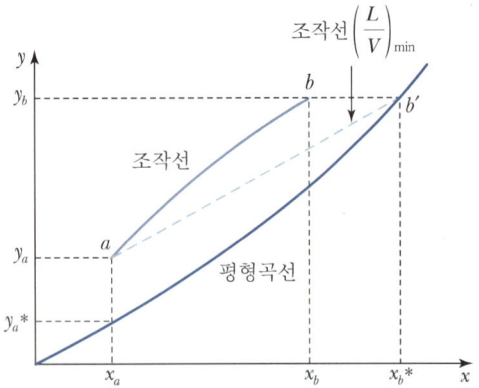

2. 기액비 $\left(\dfrac{L}{V}\right)$

① 농도 차이가 탑 밑바닥에서 0이 되어 무한대로 기다란 충전층이 필요하다. 실제 탑에서 정해진 기체의 조성 변화를 이루려면 액체유속이 이 최소치보다는 커야 한다.
② L/V비는 맞흐름탑에서 흡수의 경제성에 미치는 영향이 크다.
③ 물질전달에 대한 구동력은 $y - y^*$이다. → 조작선과 평형곡선 간의 수직거리에 비례한다.
④ L/V를 증가시키면 탑 꼭대기를 제외하고 탑 어디에서나 구동력을 증가시켜 흡수탑을 길게 할 필요가 없다.
⑤ 많은 양의 액체를 사용하면 묽은 액체 제품이 되어 탈착이나 탈거에 의해 용질을 회수하기가 더욱 어려워진다. → 탈거에 드는 에너지 비용이 많이 든다.

47 습도 및 공기조습

1. 절대습도

건조공기 1kg에 수반되는 수증기의 kg수

$$H = \frac{w_v}{w_a} = \frac{w_v}{w - w_v} = \frac{M_v}{M_g}\frac{p_v}{P - p_v}$$
$$= \frac{18}{29}\frac{p_v}{P - p_v}(\text{kg H}_2\text{O/kg Dry Air})$$

여기서, w_v : 수증기의 양, w_a : 건조공기의 양
P : 전압, p_v : 수증기압

2. 몰습도

건조기체 1kmol에 수반되는 수증기의 kmol수

$$H_m = \frac{p_v}{P - p_v}(\text{kmol H}_2\text{O/kmol Dry Air})$$

3. 포화습도

일정온도에서 공기가 함유할 수 있는 최대 수증기량

$$H_s = \frac{18 p_s}{29(P - p_s)}(\text{kg H}_2\text{O/kg Dry Air})$$

여기서, p_s : 포화증기압

4. 상대습도

공기 중의 수증기분압(p_v)과 그 온도에서의 포화수증기분압(p_s)의 비를 백분율로 표시한 것

$$H_R = \frac{p_v}{p_s} \times 100(\%)$$

5. 비교습도(퍼센트습도)

절대습도(H)와 포화습도(H_s)의 비를 백분율로 표시한 것

$$H_P = \frac{H}{H_s} \times 100(\%)$$
$$= \frac{p_v}{p_s} \times 100 \times \frac{P - p_s}{P - p_v}$$
$$= H_R \times \frac{P - p_s}{P - p_v}$$

cf 일반적으로 $p_s > p_v$이므로 $H_P < H_s$이다($p_s = p_v$가 아닌 경우).

48 건조실험곡선

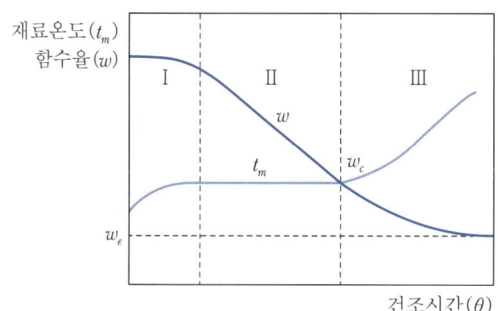

① w_c : 임계함수율(항률건조단계 → 감률건조단계로 넘어가는 점)
② w_e : 평형함수율(더 이상 건조되지 않는다.)

49 건조특성곡선

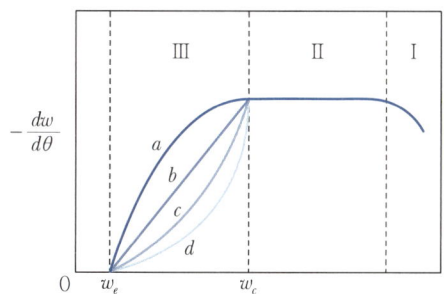

여기서, a : 식물성 섬유재료
b : 여제, 플레이크
c : 곡물, 결정품
d : 치밀한 고체 내부의 수분

① 볼록형 : 섬유새료의 수분 이동이 모세관 중에서 일어난다.
② 직선형 : 입상 물질을 여과한 플레이크상 재료, 잎담배 등의 건조형태
③ 직선형+오목형 : 감률건조 1단+감률건조 2단의 건조과정, 곡물, 결정품
④ 오목형 : 비누, 치밀한 고체와 같은 물질이 건조할 때 일어나는 형태이다.

한계함수율(Critical Moisture Content, w_c)
항률건조기간에서 감률건조기간으로 이동하는 점

cf 감률건조속도 : 한계함수율이 F_c(kgH₂O/kg건조고체)인 물질을 F_1으로부터 F_2까지 건조하는 데 필요한 시간 $\theta(h)$

$$\theta = \theta_c + \theta_f = \frac{1}{R_c}\left\{(F_1 - F_c) + 2.3 F_c \log\left(\frac{F_c}{F_2}\right)\right\}$$

50 건조장치

① 상자건조기 : 상자 모양, 회분식 건조
② 터널건조기 : 다량을 연속적으로 건조
③ 회전건조기 : 조작 초기에 어느 정도 건조(끈끈하지 않음)
④ 분무건조기 : 열에 예민한 물질을 건조
⑤ 적외선복사건조기 : 자동차 페인트 건조
⑥ 원통식 건조기 : 종이 직물의 연속시트 건조
⑦ 조하식 건조기 : 직물, 망판인쇄용지 건조

51 분쇄

1. Lewis 식

$$\frac{dW}{dD_p} = -kD_p^{-n}$$

여기서, D_p : 분쇄 원료의 대표 직경(m)
W : 분쇄에 필요한 일(kg_f m/kg)
k, n : 정수

2. Lewis 식의 적분

① Rittinger의 법칙($n=2$)

$$W = k_R'\left(\frac{1}{D_{p_2}} - \frac{1}{D_{p_1}}\right) = k_R(S_2 - S_1)$$

여기서, D_{p_1} : 분쇄원료의 지름(처음 상태)
D_{p_2} : 분쇄물의 지름(분쇄된 후 상태)
S_1 : 분쇄원료의 비표면적(cm²/g)
S_2 : 분쇄물의 비표면적(cm²/g)
k_R : 리팅거 상수

② Kick의 법칙($n=1$)

$$W = k_K \ln \frac{D_{p_1}}{D_{p_2}}$$

여기서, k_K : 킥의 상수

③ Bond의 법칙($n=\frac{3}{2}$)

$$W = 2k_B \left(\frac{1}{\sqrt{D_{p_2}}} - \frac{1}{\sqrt{D_{p_1}}} \right)$$
$$= \frac{k_B}{5} \frac{\sqrt{100}}{\sqrt{D_{p_2}}} \left(1 - \frac{\sqrt{D_{p_2}}}{\sqrt{D_{p_1}}} \right)$$
$$= W_i \sqrt{\frac{100}{D_{p_2}}} \left(1 - \frac{1}{\sqrt{\gamma}} \right)$$

52 분쇄기

1. 롤분쇄기(Roll Crusher)

① 롤분쇄기의 물림각

$\mu \geq \tan\alpha$

여기서, μ : 마찰계수, 2α : 물림각

② $\cos\alpha = \dfrac{R+d}{R+r}$

여기서, R : 롤의 반경, r : 입자의 반경
d : 롤 사이 거리의 반

2. 볼밀(Ball Mill)

① Steel볼이 회전하는 최대회전수 $N(\mathrm{rpm}) = \dfrac{42.3}{\sqrt{D}}$

② 최적회전수 $= \dfrac{(0.75)(42.3)}{\sqrt{D}} = \dfrac{32}{\sqrt{D}}$

여기서, D : Mill의 지름

53 교반장치

① 노형 교반기 : 점도가 비교적 낮은 액체의 교반에 이용한다.
② 공기 교반기 : 액체 속에 공기를 불어넣어서 공기의 유동으로 액을 교반시킨다.
③ 프로펠러형 교반기 : 점도가 높은 액체나 무거운 고체가 섞인 액체의 교반에는 적당치 못하며, 점도가 낮은 액체의 다량처리에 적합하다.
④ 터빈 교반기 : 급격한 교반을 하는 경우에 적합하다.
⑤ 나선형 교반기와 리본형 교반기
  ㉠ 점도가 큰 액체에 사용한다.
  ㉡ 교반과 함께 운반도 한다.
⑥ 제트형 교반기 : 한쪽 또는 양쪽에서 액을 분출구로부터 뿜어내어 교반시키는 것으로 노즐부에서 분출된 것을 노즐 교반기라 한다.

54 균일도지수

혼합도를 나타내는 방법으로 균일도지수(I)를 사용한다.

$$I = \frac{\sigma}{\sigma_o} = \sqrt{\sum_{i=1}^{n} \frac{(C_i - C_m)^2}{nC_m(1-C_m)}}$$

① 혼합 초기에는 $\sigma = \sigma_o$이므로 $I=1$
② 완전혼합 시에는 $C_i = C_m$이므로 $\sigma=0$, $I=0$
③ 혼합이 진행되는 사이에는 $0 < I < 1$이다.

55 흡착

구분	물리흡착	화학흡착
흡착제	고체	대부분 고체
흡착질	임계온도 이하의 기체	화학적으로 활성인 기체
온도범위	낮은 온도	높은 온도
흡착열	낮음	높음
흡착속도 (활성화 에너지)	매우 빠름 (E_a 값이 낮음)	활성흡착이면 E_a 값이 높음
흡착층	다분자층	단분자층
온도의존성	온도 증가에 따라 감소	다양
가역성	가역성이 높음	가역성이 낮음
결합력	반데르발스 결합, 정전기적 힘	화학결합, 화학반응

CHAPTER 04 화공계측제어

01 공정제어

1. 공정제어
경제적이고 안전한 방법으로 원하는 제품을 생산해내는 것

2. 공정제어의 이점
① 공정안정성의 개선
② 환경적 공정제약의 충족
③ 보다 엄격한 제품규격의 만족
④ 원료와 에너지의 보다 효율적인 활용
⑤ 이익의 증대

3. 오차
오차 = 설정값 − 제어되는 변수의 측정값

4. 이득(gain)

$$K_m = \frac{전환기의\ 출력범위}{전환기의\ 입력범위} = \frac{(20-4)\mathrm{mA}}{(200-50)℃}$$

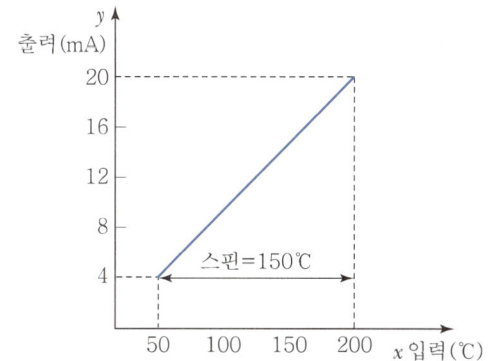

▲ 전환기의 입력과 출력

5. 자동차를 원하는 방향, 속도로 운전하는 경우
① 공정 : 자동차
② 측정요소(센서) : 눈
③ 제어기 : 뇌
④ 최종제어요소 : 손, 발
cf 조작변수 : 핸들

02 공정제어의 기능

1. 제어 구조에 따른 분류
① **닫힌 루프(Closed-loop) 제어시스템**
   ㉠ 열교환기 제어시스템
      제어변수 측정 → 측정된 변수값을 설정치와 비교 → 제어오차(두 변수의 차)에 의해 제어신호 결정 → 수증기 유입량 조절 → 제어변수가 다시 변화되는 일련의 Loop를 이루고 있다.
② **열린 루프(Open-loop) 제어시스템**
   측정된 출력변수(제어변수)의 값이 제어에 이용되지 못하는 경우

2. 제어 목적에 따른 분류
① **조절제어(Regulatory Control)** : 외부교란의 영향에도 불구하고 제어변수를 설정값으로 유지시키고자 하는 제어방법이다.
② **추적제어(Servo Control)** : 설정값이 시간에 따라 변화할 때 제어변수가 설정값을 따르도록 조절변수를 제어한다.

3. 제어방법

① Feedback 제어(되먹임 제어) : 외부교란이 도입되어 공정에 영향을 미치게 되고 이에 의해 제어변수가 변하게 될 때까지 아무런 제어작용을 할 수 없다.

② Feedforward 제어(앞먹임 제어) : 외부교란을 측정하고 이 측정값을 이용하여 외부교란이 공정에 미치게 될 영향을 사전에 보정시키는 제어방법이다.

03 라플라스 변환

1. 라플라스 변환

$$F(s) = \mathcal{L}[f(t)] = \int_0^\infty f(t)e^{-st}dt$$

$f(t)$	$F(s) = \mathcal{L}\{f(t)\}$
$\delta(t)$	1
$u(t)$	$\dfrac{1}{s}$
t	$\dfrac{1}{s^2}$
t^n	$\dfrac{n!}{s^{n+1}}$
e^{-at}	$\dfrac{1}{s+a}$
te^{-at}	$\dfrac{1}{(s+a)^2}$
$\sin\omega t$	$\dfrac{\omega}{s^2+\omega^2}$
$\cos\omega t$	$\dfrac{s}{s^2+\omega^2}$
$\sinh\omega t$	$\dfrac{\omega}{s^2-\omega^2}$
$\cosh\omega t$	$\dfrac{s}{s^2-\omega^2}$
$e^{-at}\sin\omega t$	$\dfrac{\omega}{(s+a)^2+\omega^2}$
$e^{-at}\cos\omega t$	$\dfrac{s+a}{(s+a)^2+\omega^2}$

2. 라플라스 변환의 주요 특성

① 시간지연의 라플라스 변환
$$\mathcal{L}\{f(t-\theta)u(t-\theta)\} = e^{-\theta s}F(s)$$

② 미분식의 라플라스 변환
$$\mathcal{L}\left\{\frac{d^n f(t)}{dt^n}\right\} = s^n F(s) - s^{n-1}f(0) - s^{n-2}f'(0)$$
$$- \cdots - s\frac{d^{n-2}f(0)}{dt^{n-2}} - \frac{d^{n-1}f(0)}{dt^{n-1}}$$

예 $\dfrac{d^2y}{dt^2} + 2\dfrac{dy}{dt} + 3y = 2, \quad y(0) = y'(0) = 0$

$$s^2 Y(s) + 2sY(s) + 3Y(s) = \frac{2}{s}$$

$$\therefore Y(s) = \frac{2}{s(s^2+2s+3)}$$

③ 초기치 정리
$$\lim_{t \to 0} f(t) = \lim_{s \to \infty} sF(s)$$

④ 최종치 정리
$$\lim_{t \to \infty} f(t) = \lim_{s \to 0} sF(s)$$

04 라플라스 역변환

$$F(s) \xrightarrow{\mathcal{L}^{-1}} f(t)$$

예 $F(s) = \dfrac{3s-1}{s(s+1)(s-1)^2}$

$$= \frac{A}{s} + \frac{B}{s+1} + \frac{Cs+D}{(s-1)^2} \text{ (부분분수)}$$

$$= -\frac{1}{s} + \frac{1}{s+1} + \frac{1}{(s-1)^2}$$

$$\therefore f(t) = -1 + e^{-t} + te^t$$

05 공정입력

입력	그래프	라플라스 변환
임펄스 (Impulse)		$u(t) = \delta(t)$ $\rightarrow U(s) = 1$
계단 (Step)	A	$u(t) = A \quad t \geq 0$ $\rightarrow U(s) = \dfrac{A}{s}$
블록 임펄스	Δt, A	$u(t) = A$ $\rightarrow U(s) = \dfrac{A}{s}[1 - e^{\Delta t s}]$
경사 (Ramp)	a	$u(t) = at \quad t \geq 0$ $u(t) = 0 \quad t < 0$ $\rightarrow U(s) = \dfrac{a}{s^2}$
사인파	P(주기), A	$u(t) = A\sin\omega t \quad t \geq 0$ $\rightarrow U(s) = \dfrac{A\omega}{s^2 + \omega^2}$

06 선형화 방법

1. 편차변수

어떤 공정변수의 시간에 따른 값과 정상상태값의 차이

$x'(t) = x(t) - x_s$

여기서, $x(t)$: 변수 x의 시간에 따른 값
x_s : x의 정상상태값
x' : 편차변수

2. Taylor 급수전개

$$f(s) = f(x_s) + \frac{df}{dx}(x_s)(x - x_s)$$

$$f(s) = f(x_s, y_s) + \frac{\partial f}{\partial x}(x_s, y_s)(x - x_s)$$
$$+ \frac{\partial f}{\partial y}(x_s, y_s)(y - y_s)$$

07 블록선도

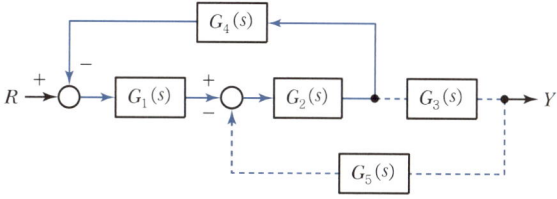

직선 : ⟶, 회선 :

$G(s) = \dfrac{Y(s)}{R(s)}$

$= \dfrac{직선}{1 + 회선(1) + 회선(2) + \cdots + 회선(n)}$

$G(s) = \dfrac{G_1 G_2 G_3}{1 + G_1 G_2 G_4 + G_2 G_3 G_5}$

08 액체저장탱크

1. 액체저장시스템

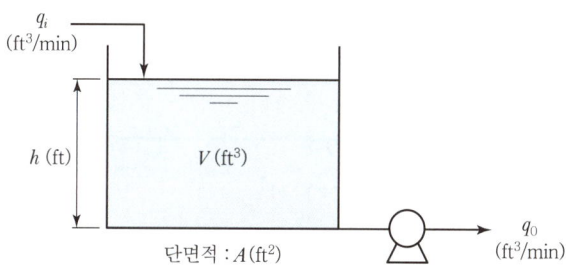

$\dfrac{d}{dt}(\rho V) = q_i \rho - q\rho$

$V = Ah$이고, ρ는 일정하다면 위 식은 다음과 같이 정리된다.

$A\dfrac{dh}{dt} = q_i - q$

2. 유출 유량 q와 액위 h의 관계

① 유출량 q가 액위 h에 비례하는 경우

비례상수를 $\dfrac{1}{R}$이라 하면

$q = \dfrac{1}{R}h$

$A\dfrac{dh}{dt} = q_i - \dfrac{1}{R}h$

$$AR\frac{dh}{dt} = Rq_i - h$$

$$\tau = AR$$

$$\tau\frac{dh}{dt} + h = Rq_i$$

$$\tau s H(s) + H(s) = RQ_i(s)$$

$$\therefore G(s) = \frac{H(s)}{Q_i(s)} = \frac{R}{\tau s + 1}$$

$$K = R$$

$$\therefore G(s) = \frac{K}{\tau s + 1}$$

② 유출량 q가 액위 h의 제곱근에 비례하는 경우 비례상수를 C_u라 하면

$$q = C_u\sqrt{h}$$

선형화하면 $\sqrt{h} \cong \sqrt{h_s} + \frac{1}{2\sqrt{h_s}}(h - h_s)$

$$\therefore A\frac{dh}{dt} = q_i - C_u\sqrt{h_s} - \frac{C_u}{2\sqrt{h_s}}(h - h_s)$$

09 1차 공정

$$G(s) = \frac{Y(s)}{X(s)} = \frac{K}{\tau s + 1}$$

여기서, τ : 시간상수

1. 계단응답

$$Y(s) = G(s)X(s) = \frac{K}{\tau s + 1}\frac{A}{s}$$

➡ $y(t) = KA(1 - e^{-t/\tau})$

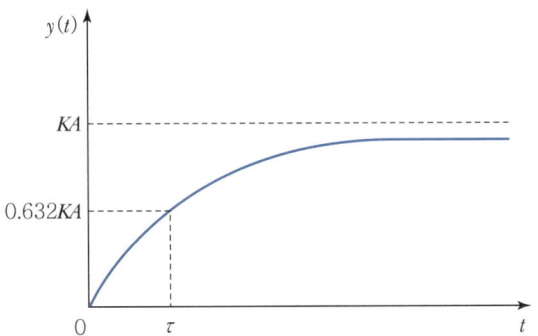

t	0	τ	2τ	3τ	4τ	5τ	∞
$\dfrac{y(t)}{KA}$	0	0.632	0.865	0.950	0.982	0.993	1

2. 임펄스 응답

$$Y(s) = G(s)X(s) = \frac{K}{\tau s + 1} \cdot 1$$

➡ $y(t) = \frac{K}{\tau}e^{-t/\tau}$

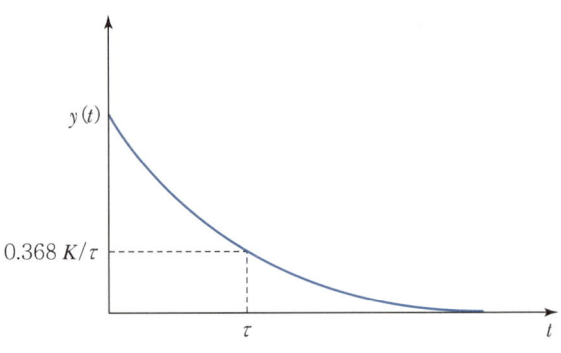

3. 블록 임펄스 응답

$$X(s) = \frac{H}{s}(1 - e^{-Ts})$$

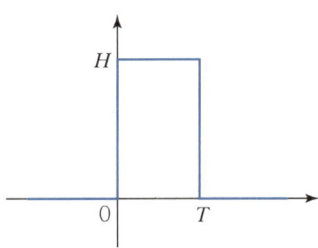

$$y(t) = KH[1 - e^{-t/\tau} - \{1 - e^{-(t-T)/\tau}\}u(t-T)]$$

4. sin 함수의 응답

$$X(s) = A\frac{\omega}{s^2 + \omega^2}$$

$$Y(s) = G(s)X(s) = \frac{KA\omega}{(\tau s + 1)(s^2 + \omega^2)}$$

$$Y(s) = \frac{KA}{1 + \tau^2\omega^2}\left(\frac{\tau^2\omega}{\tau s + 1} - \frac{\tau\omega s}{s^2 + \omega^2} + \frac{\omega}{s^2 + \omega^2}\right)$$

➡ $y(t) = \frac{KA\omega\tau}{1 + \tau^2\omega^2}e^{-t/\tau} + \frac{KA}{\sqrt{1 + \tau^2\omega^2}}\sin(\omega t + \phi)$

$t \to \infty$

$$y(t) = \frac{KA}{\sqrt{1+\tau^2\omega^2}}\sin(\omega t + \phi)$$

$$AR(\text{진폭비}) = \frac{\hat{A}}{A} = \frac{K}{\sqrt{1+\tau^2\omega^2}}$$

$$\phi = \tan^{-1}(-\tau\omega)$$

5. 수은온도계

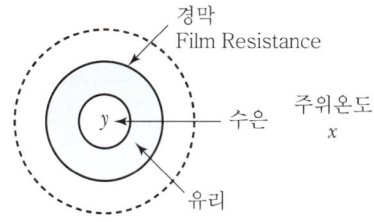

▲ 온도계 단면도

① 입력속도 − 출력속도 = 축적속도

$$hA(x-y) - 0 = mC\frac{dy}{dt}$$

② 편차변수

$x - x_s = X$

$y - y_s = Y$

③ $hA(X-Y) = mC\dfrac{dY}{dt}$

$\dfrac{mC}{hA}\dfrac{dY}{dt} = X - Y$

$\dfrac{mC}{hA} = \tau$

$\tau \dfrac{dY}{dt} = X - Y$

$\tau s Y(s) + Y(s) = X(s)$

$$\therefore G(s) = \frac{Y(s)}{X(s)} = \frac{1}{\tau s + 1}$$

10 2차 공정

$$G(s) = \frac{Y(s)}{X(s)} = \frac{K}{\tau^2 s^2 + 2\tau\zeta s + 1}$$

여기서, τ : 시간상수, ζ : 제동비

1. 입력변수가 단위계단변화인 경우

① $\zeta < 1$
  ㉠ 과소감쇠시스템
  ㉡ r_1, r_2 : 허근
  ㉢ ζ가 작을수록 진동의 폭은 커진다.

② $\zeta = 1$
  ㉠ 임계감쇠시스템
  ㉡ r_1, r_2 : 중근
  ㉢ $y(t)$는 진동을 보이지 않으면서 정상상태값에 가장 빠르게 도달한다.

③ $\zeta > 1$
  ㉠ 과도감쇠시스템
  ㉡ r_1, r_2 : 서로 다른 2개의 실근
  ㉢ $y(t)$는 진동을 보이지 않으나, $\zeta = 1$인 경우보다 느리게 정상상태값에 도달한다.

2. 2차 공정의 계단응답특성

① 시간상수 τ가 작으면 응답이 빠르다.
② $\zeta < 1$일 때만 진동이 일어난다.
③ ζ가 커질수록 응답이 느리다.
④ 진동이 없으면서 가장 빠른 응답은 $\zeta = 1$일 때 얻어진다.

11 $\zeta < 1$ 응답특성

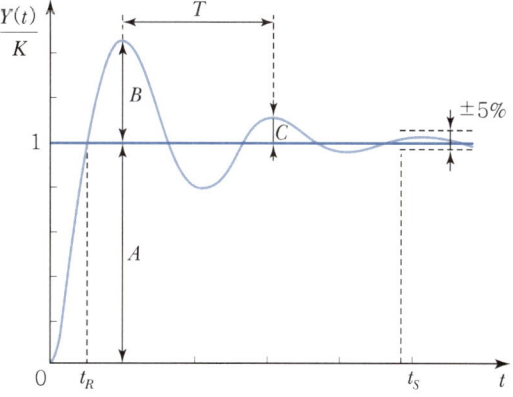

▲ 과소감쇠된 공정의 계단응답

① Overshoot $= \dfrac{B}{A} = \exp\left(-\dfrac{\pi\zeta}{\sqrt{1-\zeta^2}}\right)$

② 감쇠비 $= \dfrac{C}{B} = \exp\left(-\dfrac{2\pi\zeta}{\sqrt{1-\zeta^2}}\right) = (\text{Overshoot})^2$

③ 주기 $T = \dfrac{2\pi\tau}{\sqrt{1-\zeta^2}}$

④ 진동수 $f = \dfrac{1}{T} = \dfrac{\sqrt{1-\zeta^2}}{2\pi\tau}$

⑤ 상승시간(t_R) : 응답이 최초로 최종값(정상상태값)에 도달하는 데 걸리는 시간

⑥ 안정시간(t_s) : 응답이 최종값의 ±5% 이내에 도달할 때까지 걸린 시간

12 2차 공정의 sin 응답

① 진폭비(Amplitude Ratio, AR)

$$AR = \dfrac{\text{출력변수의 진폭}}{\text{입력변수의 진폭}} = \dfrac{\hat{A}}{A}$$
$$= \dfrac{K}{\sqrt{(1-\tau^2\omega^2)^2 + (2\tau\omega\zeta)^2}}$$

② 정규진폭비

$$AR_N = \dfrac{AR}{K} = \dfrac{\text{진폭비}}{\text{공정의 정상상태이득}}$$
$$= \dfrac{1}{\sqrt{(1-\tau^2\omega^2)^2 + (2\tau\omega\zeta)^2}}$$

③ AR_N의 최댓값은 위의 식을 ω에 대하여 미분한 다음 0으로 놓고 구한다.

AR_N이 최대일 경우 $\tau\omega = \sqrt{1-2\zeta^2}$ 이며, 이때의 AR_N 값은 $AR_{N\cdot\max} = \dfrac{1}{2\zeta\sqrt{1-\zeta^2}}$ 이다.

위에서 ζ의 범위는 $0 < \zeta < 0.707$이다.

④ 위상각

$$\phi = -\tan^{-1}\left(\dfrac{2\tau\omega\zeta}{1-\tau^2\omega^2}\right)$$

13 시간지연

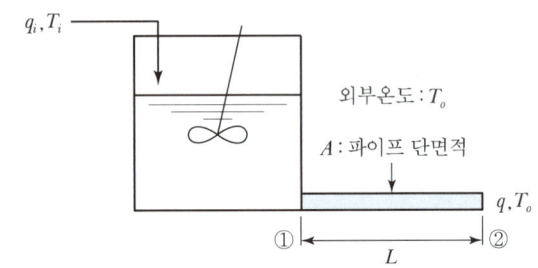

$$\theta = \dfrac{L}{q/A} = \dfrac{LA}{q}$$

$$\dfrac{T_o'(s)}{T'(s)} = e^{-\theta s}$$

14 역응답

▼ τ_a의 크기에 따른 응답 모양

τ_a의 크기	응답 모양
$\tau_a > \tau_1$	Overshoot가 나타남
$0 < \tau_a \leq \tau_1$	1차 공정과 유사한 응답
$\tau_a < 0$	역응답

15 제어밸브

① FC(Fail-closed) 밸브 : 사고의 처리나 예방을 위해 밸브를 잠가야 할 경우 사용

② FO(Fail-open) 밸브 : 사고의 처리나 예방을 위해 밸브를 열어야 할 경우 사용

③ AO(Air-to-open, 공기압 열림) : 공기압의 증가에 따라 열리는 밸브, 일반적으로 FC 밸브에 해당

④ AC(Air-to-close, 공기압 닫힘) : 공기압의 증가에 따라 닫히는 밸브, 일반적으로 FO 밸브에 해당

제어밸브의 특성

$$q = C_v f(x)\sqrt{\dfrac{\Delta P_v}{\rho}}$$

여기서, q : 유량, $f(x)$: 흐름특성함수
ΔP_v : 밸브를 통한 압력차, ρ : 유체의 비중

16 Feedback 제어모드

1. 비례 제어기(P)

$$G(s) = K_C$$

잔류편차(Offset)가 발생한다.

2. 비례미분 제어기(PD)

$$G(s) = K_C(1+\tau_D s)$$

① 공정이 변화해가는 추세를 감안한 것이다.
② Offset은 없어지지 않으나, 최종값에 도달하는 시간은 단축된다.
③ 상승시간이 짧아져 응답은 빨라지고 진동은 줄어든다.
④ 노이즈가 심한 공정에는 사용할 수 없다.

3. 비례적분 제어기(PI)

$$G(s) = K_C\left(1+\frac{1}{\tau_I s}\right)$$

① Offset은 없앨 수 있으나, 최종값에 제어시간이 오래 걸린다.
② Reset Windup : 제어기 출력이 한계에 도달했음에도 불구하고, $e(t)$의 적분값은 계속 증가하는 현상
➡ Anti Reset Windup으로 방지

4. 비례적분미분 제어기(PID)

$$G(s) = K_C\left(1+\tau_D s+\frac{1}{\tau_I s}\right)$$

① K_c, τ_I, τ_D 세 개의 조절 파라미터를 가진다.
② 오차의 크기뿐 아니라 오차가 변화하는 추세, 오차의 누적량까지 감안한다.
③ 시간상수가 비교적 큰 온도·농도제어에 널리 이용한다.
④ Offset을 없애주고 Reset 시간도 단축시키므로 가장 이상적인 제어방법이다.

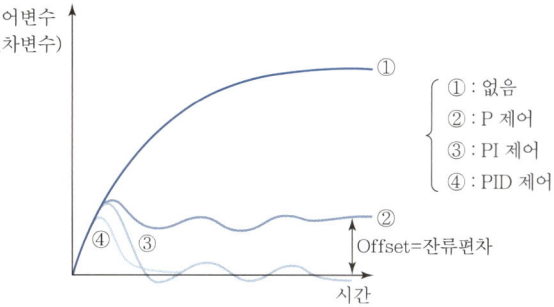

▲ 응답에 미치는 제어의 영향 관계도

① : 없음
② : P 제어
③ : PI 제어
④ : PID 제어

17 과도응답

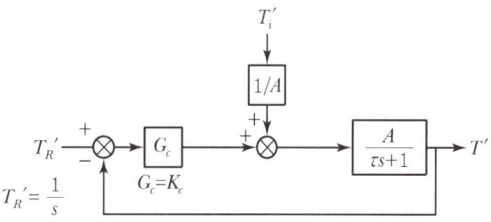

1. Servo 문제(추적제어)

$$T_R' = \frac{1}{s},\ T_i' = 0$$

$$G(s) = \frac{T'}{T_R'} = \frac{\dfrac{K_c A}{\tau s+1}}{1+\dfrac{K_c A}{\tau s+1}} = \frac{K_c A}{\tau s+1+K_c A}$$

$$Y(s) = \frac{K_c A}{\tau s+1+K_c A} \cdot \frac{1}{s}$$

$$\lim_{t \to \infty} y(t) = \lim_{s \to 0} s \frac{K_c A}{s(\tau s+1+K_c A)} = \frac{K_c A}{1+K_c A}$$

$$\text{Offset} = r(\infty) - y(\infty) = 1-\frac{K_c A}{1+K_c A} = \frac{1}{1+K_c A}$$

➡ K_c를 증가시키면 잔류편차 감소

2. Regulatory 문제(조절제어)

$$T_R' = 0,\ T_i' = \frac{1}{s}$$

$$G(s) = \frac{\dfrac{1}{\tau s+1}}{1+\dfrac{K_c A}{\tau s+1}} = \frac{1}{\tau s+1+K_c A}$$

$$\text{Offset} = r(\infty) - y(\infty)$$
$$= 0 - \frac{1}{1+K_cA} = -\frac{1}{1+K_cA}$$

➡ 제어기 이득 K_c를 증가시키면 잔류편차 감소

18 특성방정식의 안정성

1. 닫힌 루프 Feedback 제어시스템의 안정성

Feedback 제어시스템의 특성방정식의 근 가운데 어느 하나라도 양 또는 양의 실수부(허근 존재)를 갖는다면 그 시스템은 불안정하다.

➡ 근이 오른쪽에 존재하면 제어시스템은 불안정하다.

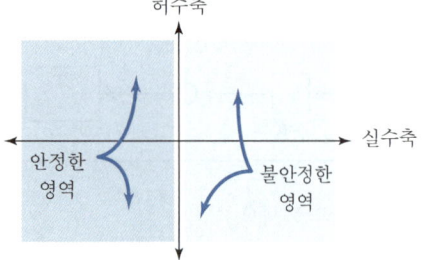

▲ 근의 위치에 따른 안정성

2. 닫힌 루프 제어시스템

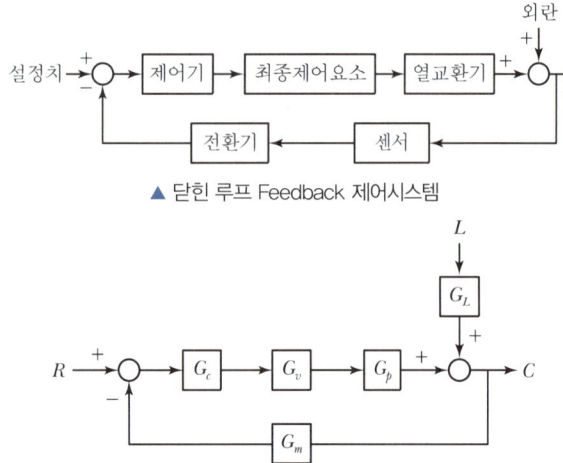

▲ 닫힌 루프 Feedback 제어시스템

① 닫힌 루프 제어시스템의 총괄전달함수
$$C = \frac{G_cG_vG_p}{1+G_cG_vG_pG_m}R + \frac{G_L}{1+G_cG_vG_pG_m}L$$

② 닫힌 루프 제어시스템의 특성방정식
$$1+G_cG_vG_pG_m = 1+G_{OL} = 0$$

19 Routh의 안정성 판별법

특성방정식(s의 고차 방정식)
$$a_ns^n + a_{n-1}s^{n-1} + \cdots + a_1s + a_o = 0 \ (a_n > 0)$$

예 $F(s) = s^4 + 2s^3 + 3s^2 + 4s + K_c + 1$

행\열	1	2	3
1	1	3	K_c+1
2	2	4	
3	$\frac{2\times 3 - 1\times 4}{2} = 1$	$\frac{2(K_c+1)-0}{2} = K_c+1$	0
4	$\frac{1\times 4 - 2(K_c+1)}{1} = 2-2K_c > 0$		
5	$\frac{(2-2K_c)(K_c+1)}{2-2K_c} = K_c+1 > 0$		

$2 - 2K_c > 0 \cdots K_c < 1$

$K_c + 1 > 0 \cdots K_c > -1$

$\therefore -1 < K_c < 1$

➡ 1열의 부호가 +이어야 한다.

20 직접치환법

직접치환법은 제어시스템의 특성방정식에 있는 s를 $i\omega_u$로 치환하여 실수부=0, 허수부=0으로 놓고 풀어서 한계조건에서의 제어기 이득 K_C와 진동수 ω_u를 구하는 방법이다.

cf ω_u : 한계진동수, T_u : 한계주기 $\left(T_u = \dfrac{2\pi}{\omega_u}\right)$

예 특성방정식이 $10s^3 + 17s^2 + 8s + 1 + K_C = 0$인 제어시스템이 안정하기 위한 조건
s 대신 $i\omega_u$를 대입하면
$-10i\omega_u^3 - 17\omega_u^2 + 8i\omega_u + 1 + K_c = 0$
(실수부) $-17\omega_u^2 + 1 + K_c = 0$
(허수부) $-10i\omega_u^3 + 8i\omega_u = 0$

$\omega_u = \pm 0.894 \quad K_c = 12.6$ ⎤ 허용 가능한
$\omega_u = 0 \quad\quad K_c = -1$ ⎦ 최솟값·최댓값

∴ K_c의 범위 $-1 < K_c < 12.6$

한계주기 $T_u = \dfrac{2\pi}{\omega_u} = \dfrac{2\pi}{0.894} = 7.03$

21 나이키스트 선도

① 점$(-1, 0)$을 시계방향으로 한 번이라도 감싸면 닫힌 루프 시스템은 불안정하다.
② Nyquist 선도가 점$(-1, 0)$을 시계방향으로 감싸는 횟수를 N이라 하면 열린 루프 특성방정식의 근 가운데 불안정한 근의 수 Z는 $Z = N + P$ 개이다. 여기서, P는 열린 루프 전달함수의 Pole 가운데 오른쪽 영역에 존재하는 Pole(극점)의 수이다.

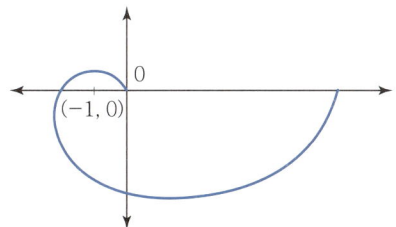

22 서보제어와 레귤레이터 제어

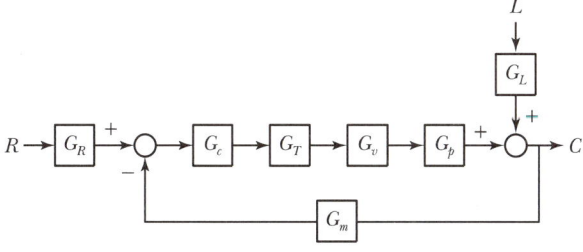

1. 닫힌 루프 제어시스템의 총괄전달함수

$$C = \dfrac{G_R G_c G_T G_v G_p}{1 + G_c G_v G_T G_p G_m} R + \dfrac{G_L}{1 + G_c G_v G_T G_p G_m} L$$

2. 설정값 측정제어(Servo Control) 문제 : 추적제어

$$\dfrac{C}{R} = \dfrac{G_R G_c G_v G_T G_p}{1 + G_{OL}}$$

$G_{OL} = G_c G_v G_T G_p G_m$

개루프(열린 루프) 전달함수로서 외부교란변수는 없고 설정값만 변하는 경우

3. 조정기제어(Regulator Control) 문제 : 조절제어

$$\dfrac{C}{L} = \dfrac{G_L}{1 + G_{OL}}$$

$G_{OL} = G_c G_v G_T G_p G_m$

설정값은 일정하게 유지되고($R = 0$) 외부교란변수의 변화만 일어나는 경우

23 보드 선도

1. 1차 공정

$\tau\omega = 1$, $\omega = \dfrac{1}{\tau}$ (Corner 진동수, Break 진동수)

Corner 진동수에서 진폭비

$AR_N = \dfrac{1}{\sqrt{1 + \tau^2\omega^2}} = \dfrac{1}{\sqrt{2}} = 0.707$

$\phi = -\tan^{-1}(1) = -45°$

2. 2차 공정

$\zeta < 1$

$\dfrac{dAR_N}{d\omega} = 0$

공명진동수 $\omega_r = \dfrac{\sqrt{1 - 2\zeta^2}}{\tau}$

$1 - 2\zeta^2 > 0$

∴ $\zeta < \dfrac{1}{\sqrt{2}} = 0.707$

$AR_N\big|_{\omega = \omega_r} = \dfrac{1}{2\zeta\sqrt{1 - \zeta^2}}$

> **Bode 안정성 기준**
> 진동응답의 진폭비가 임계진동수에서 1보다 크면 닫힌 루프 제어시스템은 불안정하다.

24 이득마진과 위상지연

$$GM = \frac{1}{AR_c} \qquad PM = 180 + \phi_g$$

여기서, AR_c : ϕ이 $-180°$일 때의 진동수(임계진동수)
ϕ_g : 진폭비가 1일 때의 진동수 ω_g에서의 위상각

cf 제어기는 GM이 1.7~2.0, PM이 30~45° 범위를 갖도록 조절한다.

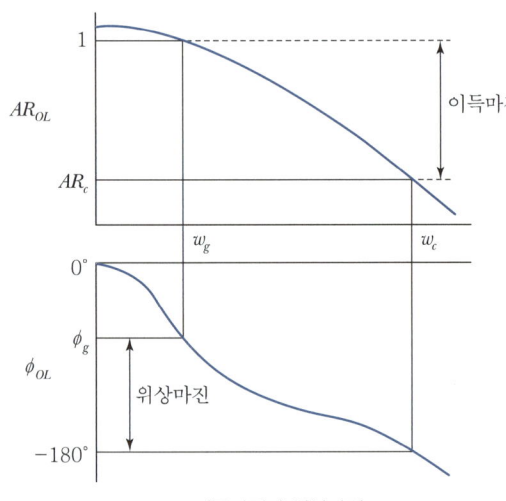

▲ 이득마진과 위상마진

25 Ziegler와 Nichols 방법

① 실시간 조정, 연속진동법 : 한계주기와 한계이득값 이용
② 시간지연이 존재하는 1차 공정 모델식의 시간상수와 이득, 시간지연을 이용한 제어기 조정방법

$$G(s) = \frac{Ke^{-\theta s}}{\tau s + 1}$$

26 제어모드의 특성

제어기 파라미터	상승시간	오버슈트	안정시간	잔류편차
K_c를 증가	감소	증가	조금 변화	감소
τ_I를 증가	증가	감소	감소	제거
τ_D를 증가	감소	감소	감소	조금 변화

27 1차 공정의 진동응답

1. 전달함수

$$G(s) = \frac{Y(s)}{X(s)} = \frac{K}{\tau s + 1}$$

2. 입력변수

$$X(t) = A\sin\omega t$$

$$X(s) = \frac{A\omega}{s^2 + \omega^2}$$

3. 출력변수

$$Y(s) = G(s)X(s)$$
$$= \frac{KA}{\tau^2\omega^2 + 1}\left(\frac{\tau^2\omega}{\tau s + 1} - \frac{\tau\omega s}{s^2 + \omega^2} + \frac{\omega}{s^2 + \omega^2}\right)$$

$$Y(t) = \frac{KA\tau\omega}{\tau^2\omega^2 + 1}e^{-t/\tau} + \frac{KA}{\sqrt{\tau^2\omega^2 + 1}}\sin(\omega t + \phi)$$

$$Y(t) = \frac{KA}{\sqrt{\tau^2\omega^2 + 1}}\sin(\omega t + \phi)$$
$$= \hat{A}\sin(\omega t + \phi)$$

4. 위상각

$$\phi = -\tan^{-1}(\tau\omega)$$

5. 진폭비

$$AR = \frac{\text{출력변수의 진폭}}{\text{입력변수의 진폭}}$$
$$= \frac{\hat{A}}{A} = \frac{K}{\sqrt{\tau^2\omega^2 + 1}}$$

6. 정규화된 진폭비

$$AR_N = \frac{AR}{K} = \frac{1}{\sqrt{\tau^2\omega^2 + 1}}$$

28 n차 공정의 진동응답

$$\hat{A} = A\sqrt{R^2 + I^2}$$
$$AR = \frac{\hat{A}}{A} = \sqrt{R^2 + I^2}$$
$$\phi = \tan^{-1}\left(\frac{I}{R}\right)$$

여기서, R : 실수부
I : 허수부

29 제어기의 진동응답

1. 비례 제어기

$G_c(s) = K_c$이므로 $AR = K_c$이고 위상각은 0이다.

2. 비례적분 제어기

$G_c(s) = K_c\left(1 + \dfrac{1}{\tau_I s}\right)$이므로

$$AR = |G_c(i\omega)| = \left|K_c\left(1 + \frac{1}{\tau_I \omega i}\right)\right| = K_c\sqrt{1 + \frac{1}{\tau_I^2 \omega^2}}$$

$$\phi = \angle G_c(i\omega) = -\tan^{-1}\left(\frac{1}{\tau_I \omega}\right)$$

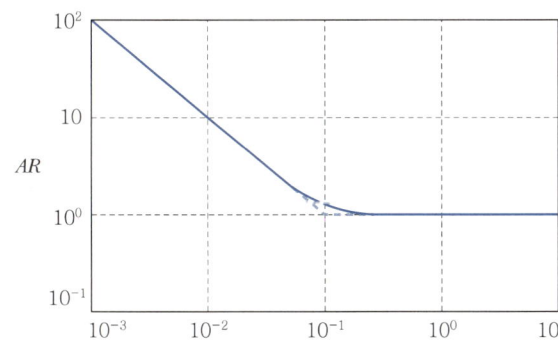

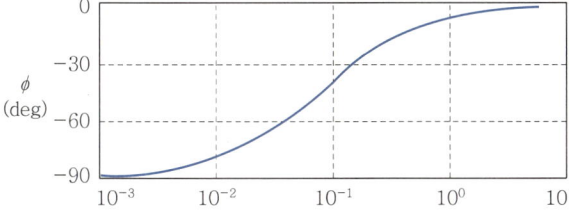

▲ $K_c = 2$, $\tau_I = 10$일 때 PI 제어기의 Bode 선도

3. 비례미분 제어기

$$G_c(s) = K_c(1 + \tau_D s)$$
$$AR = |G_c(i\omega)| = K_c\sqrt{1 + \tau_D^2 \omega^2}$$
$$\phi = \angle G_c(i\omega) = \tan^{-1}(\tau_D \omega)$$

$\omega \to \infty$이면 $AR \to \infty$, $\phi \to 90°$

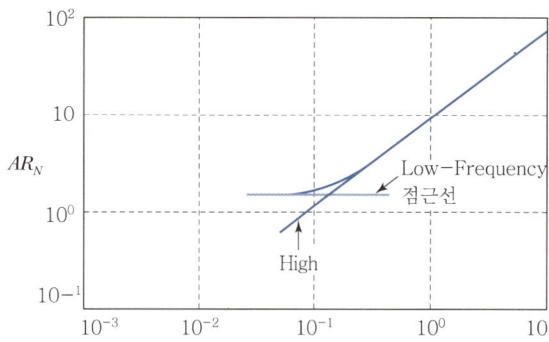

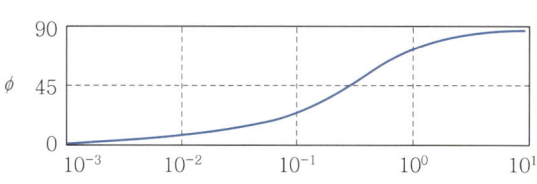

▲ $K_c = 2$, $\tau_D = 4$일 때 PD 제어기의 Bode 선도

이 계는 위상앞섬(Phase Lead)을 나타내므로 중요하다.

4. 비례적분미분 제어기

$$G_c(s) = K_c\left(1 + \frac{1}{\tau_I s} + \tau_D s\right)$$

$$AR = |G_c(i\omega)| = K_c\sqrt{1 + \left(\tau_D \omega - \frac{1}{\tau_I \omega}\right)^2}$$

$$\phi = \angle G_c(i\omega) = \tan^{-1}\left(\tau_D \omega - \frac{1}{\tau_I \omega}\right)$$

30 1차 공정의 Nyquist 선도

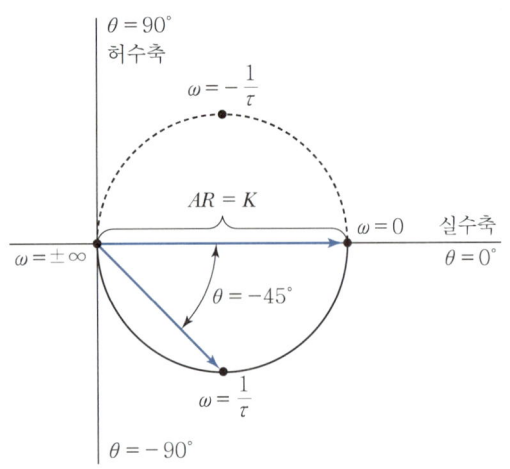

31 Cascade 제어

Cascade 구조에서 온도제어기(주제어기)보다 유량제어기의 FC(부제어기)의 동특성이 매우 빠르다.

주제어기	부제어기
Primary 제어기	Secondary 제어기
Master 제어기	Slave 제어기
Outer 제어기	Inner 제어기

> 스미스 예측기(Smith Predictor)
> 공정의 모델을 이용하여 공정의 시간지연을 보정해주는 모델 예측 제어기

32 특성요인도

특성요인도 : 특성(결과)과 요인(원인)의 관계를 한눈에 알아보기 쉽게 작성한 그림

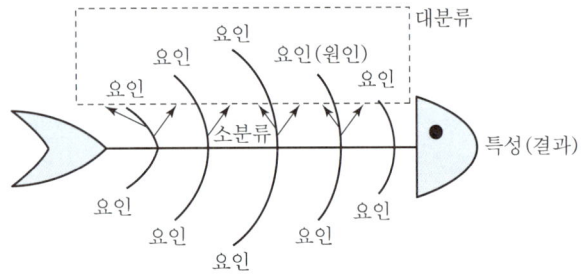

1. 원인추구형(원인 ← 결과)

특성요인도에서 특성에는 결과를, 요인에는 원인을 위치시켜 결과에 대한 원인을 밝히는 것이다.

2. 대책추구형(대책 ← 결과)

특성요인도에서 특성에는 결과를, 요인에는 대책을 위치시켜 결과에 대한 대책을 취하는 방법이다.

> HAZOP
> 공정상에 존재하는 위험요소와 기타 운전상의 문제점을 알아내기 위해 개발된 정성적 위험평가기법

33 공정흐름도

1. 공정흐름도(PFD : Process Flow Diagram)

주요 장치, 장치 간의 공정연관성, 운전조건, 운전변수, 제어설비 및 연동장치 등 기술적 정보를 파악할 수 있는 도면

2. 공정흐름도에 표시해야 할 사항

① 공정처리 순서 및 흐름의 방향
② 주요 동력기계, 장치 및 설비류의 배열
③ 기본제어논리
④ 기본설계를 바탕으로 한 온도, 압력, 물질수지, 열수지
⑤ 압력용기, 저장탱크 등 주요 용기류의 간단한 사양
⑥ 열교환기, 가열로 등의 간단한 사양
⑦ 펌프, 압축기 등 주요 동력기계의 간단한 사양
⑧ 회분식 공정인 경우 작업순서 및 시간

34 공정배관 계장도

1. 공정배관 계장도
   (P & ID : Piping and Instrument Diagram)

운전 시에 필요한 모든 공정장치, 동력기계, 배관, 공정제어 및 계기 등을 표시하고 이들 상호 간에 연관관계를 나타내 주며, 상세설계, 건설, 변경, 유지보수 및 운전 등

을 하는 데 필요한 기술적 정보를 파악할 수 있는 도면

2. 공정배관·계장도에 표시되어야 할 사항

① 일반사항
  ㉠ 공정배관·계장도에 사용되는 부호(Symbol) 및 범례도(Legend)
  ㉡ 장치 및 기계, 배관, 계장 등 고유번호 부여 체계
  ㉢ 약어·약자 등의 정의
  ㉣ 기타 특수 요구사항
② 장치 및 동력기계 : 설치되는 예비기기를 포함한 모든 공정장치 및 동력기계가 표시되어야 한다.
  ㉠ 모든 장치와 동력기계의 고유번호, 명칭, 용량, 전열량 및 재질 등의 주요 명세
③ 배관 : 모든 배관 및 덕트와 유체의 흐름 방향 등이 표시되어야 한다.
  ㉠ 배관 및 덕트의 호칭지름, 배관번호, 재질, 플랜지 호칭압력, 보온 및 보냉 등
  ㉡ 정상운전, 시운전 시에 필요한 모든 배관에 설치되어 있는 벤트 및 드레인
  ㉢ 모든 차단밸브 및 밸브의 종류
  ㉣ 특별한 부속품류, 시료채취배관, 시운전용 및 운전중지에 필요한 배관
④ 계측기기 : 모든 계기 및 자동조절밸브 등이 표시되어야 한다.
  ㉠ 센서, 조절기, 지시계, 기록계, 경보계 등을 포함한 제어계통
  ㉡ 분산제어시스템(DCS) 또는 아날로그 등 제어장치의 구분
  ㉢ 현장설치계기, 현장패널표시계기, 분산제어시스템 표시계기 등의 구분
  ㉣ 고유번호, 종류, 형식, 기능

35 계측용 배관 및 배선 그림기호

종류	그림기호	비고(일본)
배관	———	
공기압배관	—////—	—A—A—A—
유압배관	—////—	—L—L—L—
전기배선	-------	—E—E—E—
세관	—×××—	
전자파·방사선	～～～	

36 밸브기호

종류	그림기호	종류	그림기호
일반밸브	⋈	제어밸브	
게이트밸브	⋈	앵글밸브	
글로브밸브	⋈	삼방면밸브	
체크밸브	⋀		
버터플라이밸브		안전밸브	

37 분산제어 시스템

1. 분산제어 시스템(DCS : Distributed Control System)

DDC(Direct Digital Control)의 단점을 보완하기 위하여 하나의 중앙처리장치를 여러 개의 작은 중앙처리장치로 나누어 기능별로 분리하고 작은 용량의 중앙처리장치를 가진 각각의 컴퓨터를 통신 네트워크로 연결시켜 전체 시스템으로 구성한다.

2. DCS의 장점

① 일관성 있는 공정관리가 가능하고 제어의 신뢰도를 향상시키며, 다양한 응용을 할 수 있고 유연성 있는 제어가 가능하다.

② 한 조작자가 처리공정에 대한 많은 정보처리 및 제어 기능을 수행하여 집중관리를 할 수 있으므로, 인력의 효율적 활용 및 유지보수가 용이하다.
③ 복잡한 연산과 논리회로를 구성할 수 있고, 자료의 수집 및 보고서 작성 기능이 있으며, 개별적인 시스템의 추가로 다른 플랜트 구역과 자동화 개념으로 쉽게 접속할 수 있다.

38 논리연산 제어장치

1. 논리연산 제어장치
(PLC : Programmable Logic Controller)

① 논리연산, 순서 조작, 시한, 계수 및 산술 연산 등의 제어 동작을 실행시키기 위한 장치이다.
② 제어 순서를 일련의 명령어 형식으로 기억하는 메모리가 있으며, 이 메모리의 내용에 따라 기계와 프로세스의 제어를 디지털 또는 아날로그 입출력을 통하여 행하는 디지털 조작형의 공업용 전자 장치이다.
③ 복잡한 시퀀스 시스템을 프로그램으로 바꾸어 사용하기 편리하도록 만든 장치이다.
④ PLC를 이용하면 설계가 간단하고 패널 제작도 쉬우며, 추후 회로 수정 작업 및 증설 작업도 쉽게 할 수 있다. PLC는 자신이 가지고 있는 주소(Address)가 있다.

PART 02

과년도 기출문제

2012년 제1회 기출문제

1과목 화공열역학

01 $P = \dfrac{RT}{V-b}$ 의 관계식에 따르는 기체의 퓨가시티 계수 ϕ는?(단, b는 상수이다.)

① $\exp\left(1+\dfrac{bP}{RT}\right)$
② $\exp\left(\dfrac{bP}{RT}\right)$
③ $\exp\left(\dfrac{P}{RT}\right)$
④ $\exp\left(P+\dfrac{b}{RT}\right)$

해설

G_i^R(잔류 깁스 에너지) $= G_i - G_i^{ig} = RT\ln\dfrac{f_i}{P}$
$\qquad\qquad\qquad\qquad\qquad\qquad = RT\ln\phi_i$

이상기체일 경우 $G_i^R = 0$, $\phi_i = 1$

$\ln\phi_i = \dfrac{G_i^R}{RT} = \int_0^P \dfrac{V^R}{RT}dP = \int_0^P (Z_i - 1)\dfrac{dP}{P}$ (등온)

$Z_i - 1 = \dfrac{B_{ii}P}{RT}$

여기서, B_{ii} : 제2비리얼계수

$\therefore \ln\phi_i = \int_0^P \dfrac{B_{ii}P}{RT}\dfrac{dP}{P} = \dfrac{B_{ii}}{RT}\int_0^P dP = \dfrac{B_{ii}P}{RT}$

$\therefore \phi_i = \exp\left(\dfrac{B_{ii}P}{RT}\right)$

02 $P(V-b) = RT$를 따르는 기체 1몰이 등온팽창할 때 헬름홀츠(Helmholtz) 자유에너지 변화량 ΔA는? (단, b는 상수이다.)

① $RT\ln\dfrac{P_2}{P_1}$
② $\dfrac{bR}{T}\ln\dfrac{P_1}{P_2}$
③ $bRT\ln\dfrac{P_2}{P_1}$
④ $\dfrac{RT}{b}\ln\dfrac{P_2}{P_1}$

해설

$dA = -SdT - PdV$
등온 $dT = 0$이므로
$\therefore dA = -PdV$

$\Delta A = -\int \dfrac{RT}{V-b}dV = -RT\int \dfrac{dV}{V-b} = -RT\ln\dfrac{V_2 - b}{V_1 - b}$
$\qquad = RT\ln\dfrac{V_1 - b}{V_2 - b} = RT\ln\dfrac{RT/P_1}{RT/P_2} = RT\ln\dfrac{P_2}{P_1}$

03 그림과 같은 공기표준 오토 사이클의 효율을 옳게 나타낸 식은?(단, a는 압축비이고, γ는 비열비이다.)

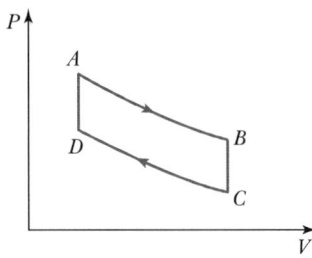

① $1 - a^\gamma$
② $1 - a^{\gamma - 1}$
③ $1 - \left(\dfrac{1}{a}\right)^\gamma$
④ $1 - \left(\dfrac{1}{a}\right)^{\gamma - 1}$

해설

공기표준 Otto 사이클
- CD : 가역단열압축과정
- DA : 등적과정(열흡수)
- AB : 가역단열팽창과정
- BC : 등적과정(냉각)

효율 $\eta = 1 - \dfrac{T_B - T_C}{T_A - T_D} = 1 - \left(\dfrac{1}{a}\right)^{\gamma - 1}$

압축비 $a = \dfrac{V_C}{V_D}$

비열비 $\gamma = \dfrac{C_p}{C_v}$

정답 ▶ 01 ② 02 ① 03 ④

04 실제기체의 압력이 0에 접근할 때 잔류(Residual) 특성에 대한 설명으로 옳은 것은?(단, 온도는 일정하다.)

① 잔류 엔탈피는 무한대에 접근하고 잔류 엔트로피는 0에 접근한다.
② 잔류 엔탈피와 잔류 엔트로피 모두 무한대에 접근한다.
③ 잔류 엔탈피와 잔류 엔트로피 모두 0에 접근한다.
④ 잔류 엔탈피는 0에 접근하고 잔류 엔트로피는 무한대에 접근한다.

해설
잔류성질
$M^R = M - M^{ig}$ ($M = V, U, H, S, G$)
실제기체의 압력이 0에 가까우므로 이상기체에 가깝게 된다. 그러므로 잔류성질은 0이 된다.

05 평형의 의미를 옳게 나타낸 것은?

① 거시적인 척도나 미시적인 척도에서 모두 변화가 없는 상태
② 미시적인 척도에서는 변화가 있지만 거시적인 척도에서는 변화가 없는 상태
③ 거시적인 척도에서는 변화가 있지만 미시적인 척도에서는 변화가 없는 상태
④ 거시적인 척도나 미시적인 척도에서 모두 변화가 있는 상태

해설
평형
외관상 변화가 정지된 것 같으나, 정반응속도와 역반응속도가 같은 동적 평형상태이다.
• 거시적 척도 : 시간에 따라 변하지 않는 정지된 상태
• 미시적 척도 : 정지된 것이 아니라, 시간에 따라 변화하는 상태

06 벤젠과 톨루엔으로 된 이상용액이 110℃, 2atm에서 기액평형을 이루고 있다. 증기 중 벤젠의 몰 분율은?(단, 110℃에서 벤젠의 증기압은 1,750mmHg, 톨루엔의 증기압은 760mmHg이다.)

① 0.64 ② 0.77
③ 0.88 ④ 0.94

해설
$P = P_A x_A + P_B (1 - x_A)$
$2 \times 760 \, mmHg = 1,750 \times x_A + 760 (1 - x_A)$
$\therefore x_A = 0.768 \quad y_A = \dfrac{P_A x_A}{P} = \dfrac{1,750 \times 0.768}{2 \times 760} = 0.88$

07 화학퍼텐셜(Chemical Potential)의 정의가 아닌 것은?(단, U^t : 총 내부에너지, H^t : 총엔탈피, A^t : 총 헬름홀츠 자유에너지, G^t : 총 깁스 자유에너지, n_i : 성분 i의 몰수이다.)

① $\left(\dfrac{\partial U^t}{\partial n_i}\right)_{nS, nV, n_j}$
② $\left(\dfrac{\partial H^t}{\partial n_i}\right)_{nS, nV, n_j}$
③ $\left(\dfrac{\partial A^t}{\partial n_i}\right)_{nV, T, n_j}$
④ $\left(\dfrac{\partial G^t}{\partial n_i}\right)_{T, P, n_j}$

해설
화학퍼텐셜 $\mu_i = \overline{G}_i$
• $d(nU) = Td(nS) - Pd(nV) + \sum(\mu_i dn_i)$
• $d(nH) = Td(nS) + (nV)dP + \sum(\mu_i dn_i)$
• $d(nA) = -(nS)dT - Pd(nV) + \sum(\mu_i dn_i)$
• $d(nG) = -(nS)dT + (nV)dP + \sum(\mu_i dn_i)$

$\therefore \mu_i = \left[\dfrac{\partial(U^t)}{\partial n_i}\right]_{S^t, V^t, n_j} = \left[\dfrac{\partial(H^t)}{\partial n_i}\right]_{S^t, P, n_j}$
$= \left[\dfrac{\partial(A^t)}{\partial n_i}\right]_{V^t, T, n_j} = \left[\dfrac{\partial(G^t)}{\partial n_i}\right]_{T, P, n_j}$

여기서, n_j : n_i 이외의 모든 몰수가 일정
$nM = M^t$

08 열역학 모델을 이용하여 상평형 계산을 수행하려고 할 때 응용계와 모델의 조합이 적합하지 않은 것은?

① 물속 이산화탄소의 용해도 : 헨리의 법칙
② 메탄과 에탄의 고압 기·액상평형 : SRK(Soave/Redlich/Kwong) 상태방정식
③ 에탄올과 이산화탄소의 고압 기·액 상평형 : Wilson 식
④ 메탄올과 헥산의 저압 기·액 상평형 : NRTL(Non-Random-Two-Liquid) 식

정답 04 ③ 05 ② 06 ③ 07 ② 08 ③

> **해설**

Wilson 식
- 국부조성 개념의 원리
- 액·액 상평형에는 적합하지 않다.
- 활동도 계수 모델(저압~중압까지)

09 부피가 $0.15m^3$인 용기에 어떤 기체 50kg을 300K의 온도에서 저장하려면 약 얼마의 압력이 될 때까지 이 기체를 채우면 되겠는가?(단, 이 기체의 분자량은 30g/mol이며, 같은 온도에서 비리얼 계수 B는 $-136.6cm^3$/mol이고 기체상수는 83.14bar cm^3/mol K이다.)

① 90bar　　　② 100bar
③ 110bar　　　④ 120bar

> **해설**

$$Z = \frac{PV}{RT} = 1 + \frac{BP}{RT}$$
$$P(V-B) = RT$$
$$P = \frac{RT}{V-B}$$
$$= \frac{83.14\text{bar cm}^3/\text{mol K} \times 300\text{K}}{150,000\text{cm}^3/50,000\text{g} \times 30\text{g}/1\text{mol} + 136.6\text{cm}^3/\text{mol}}$$
$$= 110\text{bar}$$

10 어떤 화학반응의 평형상수에 대한 온도의 미분계수가 $\left(\frac{\partial \ln K}{\partial T}\right)_P > 0$으로 표시된다. 이 반응에 대하여 옳게 설명한 것은?

① 흡열반응이며, 온도 상승에 따라 K 값은 커진다.
② 발열반응이며, 온도 상승에 따라 K 값은 커진다.
③ 흡열반응이며, 온도 상승에 따라 K 값은 작아진다.
④ 발열반응이며, 온도 상승에 따라 K 값은 작아진다.

> **해설**

평형상수에 대한 온도의 영향
$$\frac{d\ln K}{dT} = \frac{\Delta H°}{RT^2}$$
- $\Delta H° > 0$: 흡열반응이며, 온도가 증가할 때 K가 증가
- $\Delta H° < 0$: 발열반응이며, 온도가 증가할 때 K가 감소

11 성분 i의 평형비 K_i를 $\frac{y_i}{x_i}$로 정의할 때 이상용액이라면 K_i를 어떻게 나타낼 수 있는가?(단, x_i, y_i는 각각 성분 i의 액상과 기상의 조성이다.)

① $\dfrac{\text{기상 } i\text{성분의 분압}(P_i)}{\text{전압}(P)}$

② $\dfrac{\text{순수액체 } i\text{의 증기압}(P_i^{sat})}{\text{전압}(P)}$

③ $\dfrac{\text{전압}(P)}{\text{순수액체 } i\text{의 증기압}(P_i^{sat})}$

④ $\dfrac{\text{기상 } i\text{성분의 분압}(P_i)}{\text{순수액체 } i\text{의 증기압}(P_i^{sat})}$

> **해설**

라울의 법칙
$$y_i = \frac{x_i P_i^{sat}}{P}$$
$$\frac{y_i}{x_i} = \frac{\text{순수액체 } i\text{의 증기압}(P_i^{sat})}{\text{전압}(P)}$$

12 다음과 같은 증기-압축 냉동기의 사이클에서 성능계수(Coefficient of Performance)는?

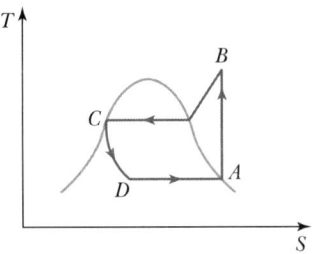

① $\dfrac{H_A - H_D}{(H_B - H_C) - (H_A - H_C)}$

② $\dfrac{H_D - H_A}{(H_C - H_A) + (H_A + H_B)}$

③ $\dfrac{H_A + H_D}{(H_B - H_C) + (H_A - H_B)}$

④ $\dfrac{H_B - H_C}{(H_A - H_D) - (H_C - H_D)}$

> **해설**

성능계수$(w) = \dfrac{\text{저온에서 흡수된 열}}{\text{순 일}}$

$= \dfrac{Q_C}{Q_H - Q_C}$

$= \dfrac{H_A - H_D}{(H_B - H_C) - (H_A - H_D)}$

※ $H_C = H_D$

13 이상기체의 엔트로피 변화에 대한 식으로 옳은 것은?

① $\dfrac{\Delta S}{R} = \int_{T_0}^{T} \dfrac{C_v}{R} dT - \ln \dfrac{P}{P_0}$

② $\dfrac{\Delta S}{R} = \int_{T_0}^{T} \dfrac{C_p}{R} dT - \ln \dfrac{P}{P_0}$

③ $\dfrac{\Delta S}{R} = \int_{T_0}^{T} \dfrac{C_v}{R} \dfrac{dT}{T} - \ln \dfrac{P}{P_0}$

④ $\dfrac{\Delta S}{R} = \int_{T_0}^{T} \dfrac{C_p}{R} \dfrac{dT}{T} - \ln \dfrac{P}{P_0}$

> **해설**

$dS = C_p \dfrac{dT}{T} - R \dfrac{dP}{P}$

$\Delta S = \int_{T_0}^{T} C_p \dfrac{dT}{T} - R \ln \dfrac{P}{P_0}$

$\dfrac{\Delta S}{R} = \int_{T_0}^{T} \dfrac{C_p}{R} \dfrac{dT}{T} - \ln \dfrac{P}{P_0}$

14 활동도(Activity)에 대한 설명으로 옳은 것은?

① 활동도는 차원이 있다.
② 활동도는 질량과 같다.
③ 활동도는 보정된 조성과 같다.
④ 활동도는 이상적 퓨가시티 값과 같다.

> **해설**

활동도 $\hat{a}_i = \dfrac{\hat{f}_i}{f_i^\circ}$

여기서, f_i° : 계의 온도와 1bar의 순수한 액체 i의 퓨가시티

활동도 계수 $\gamma_i = \dfrac{\hat{f}_i}{x_i f_i}$

$\hat{a}_i = \dfrac{\hat{f}_i}{f_i^\circ} = \dfrac{\gamma_i x_i f_i}{f_i^\circ} = \gamma_i x_i \left(\dfrac{f_i}{f_i^\circ}\right)$

액체 : $\dfrac{f_i}{f_i^\circ} \simeq 1$

∴ 활동도는 보정된 조성과 같다.

15 열역학적 시스템은 주위와 열, 일 그리고 물질의 교환을 통하여 상호작용하고 있다. 다음 중 열과 물질의 교환이 일어나지 않는 시스템을 지칭하는 것으로 가장 적당한 것은?

① 단열공정(Adiabatic Process)
② 열린계(Open System)
③ 고립계(Isolated System)
④ 등온공정(Isothermal Process)

> **해설**

- 단열공정 : 열이동 없음
- 열린계 : 물질이동, 열이동 있음
- 고립계 : 물질이동, 열이동 없음
- 닫힌계 : 물질이동 없음, 열이동 있음

16 과잉 깁스(Gibbs) 에너지 모델에서 $G^E/RT = BX_1 X_2$라고 할 때 다음 중 옳은 것은?(단, γ는 활동도 계수이고, B는 주어진 온도에서의 상수이며, X_1, X_2는 2성분계의 성분 1과 2의 몰분율이다.)

① $H^E/RT = 2X_1 X_2 [\partial B/\partial \ln T]_p$
② $S^E/R = (X_1 X_2)^2 [B + (\partial B/\partial \ln T)_p]$
③ $\ln \gamma_1 = BX_2^2$
④ $V^E/RT = (X_1 X_2)^2 (\partial B/\partial \ln P)_{T,X}$

해설

$$\frac{G^E}{RT} = BX_1X_2 = B\frac{n_1n_2}{n \times n}$$

$$\frac{nG^E}{RT} = B\frac{n_1n_2}{n} = B\frac{n_1n_2}{n_1+n_2}$$

$$\frac{\partial\left(\frac{nG^E}{RT}\right)}{\partial n_1} = B\frac{n_2(n_1+n_2)-n_1n_2}{(n_1+n_2)^2} = B\frac{n_2^2}{(n_1+n_2)^2} = BX_2^2$$

$$\therefore \ln\gamma_1 = BX_2^2$$

17 0℃, 200atm에서 산소 1mol의 부피 실측치는 0.1L이고 이상기체의 상태방정식에서 계산한 값은 0.112L이었다. 이 조건에서 산소의 압축인자(Compressibility Factor) 값은 약 얼마인가?

① 1.1 ② 0.89
③ 0.11 ④ 0.01

해설

$PV = ZnRT$

$$Z = \frac{V}{nRT/P} = \frac{V}{V^{ig}} = \frac{0.1\text{L}}{0.112\text{L}} = 0.893$$

18 $\left(\frac{\partial P}{\partial V}\right)_T \left(\frac{\partial T}{\partial P}\right)_S \left(\frac{\partial S}{\partial T}\right)_P$ 와 동일한 것은?

① $\left(\frac{\partial S}{\partial V}\right)_T$ ② $\left(\frac{\partial P}{\partial T}\right)_V$

③ $\left(\frac{\partial V}{\partial T}\right)_S$ ④ $-\left(\frac{\partial P}{\partial T}\right)_V$

해설

오일러 Chain rule

$$\left(\frac{\partial T}{\partial P}\right)_S \left(\frac{\partial P}{\partial S}\right)_T \left(\frac{\partial S}{\partial T}\right)_P = -1$$

양변에 $\left(\frac{\partial S}{\partial V}\right)_T$ 를 곱하면

$$\left(\frac{\partial T}{\partial P}\right)_S \left(\frac{\partial P}{\partial S}\right)_T \left(\frac{\partial S}{\partial T}\right)_P \left(\frac{\partial S}{\partial V}\right)_T = -\left(\frac{\partial S}{\partial V}\right)_T$$

$$\therefore \left(\frac{\partial T}{\partial P}\right)_S \left(\frac{\partial P}{\partial V}\right)_T \left(\frac{\partial S}{\partial T}\right)_P = -\left(\frac{\partial S}{\partial V}\right)_T = -\left(\frac{\partial P}{\partial T}\right)_V$$

맥스웰 방정식에 의해
$$\left(\frac{\partial S}{\partial V}\right)_T = \left(\frac{\partial P}{\partial T}\right)_V$$

19 제2계수까지 포함한 비리얼식을 사용하여 50℃, 1,500kPa에서 기체의 몰부피를 구하면 몇 cm³/mol인가?(단, 비리얼계수 B는 -160cm³/mol이다.)

① 160 ② 195
③ 1,631 ④ 1,791

해설

$$Z = 1 + \frac{B}{V} = 1 + \frac{BP}{RT}$$

$$= 1 + \frac{-160 \times 1,500/101.3}{82.06 \times 323} \fallingdotseq 0.911$$

여기서, $R = 82.06\text{cm}^3\text{ atm/mol K}$

$$P = 1,500\text{kPa} \times \frac{1\text{atm}}{101.3\text{kPa}}$$

$PV = ZnRT$

$$\frac{V}{n} = \frac{ZRT}{P} = \frac{0.91 \times 82.06 \times 323}{1,500/101.3}$$

$$\fallingdotseq 1,629\text{ cm}^3/\text{mol}$$

20 산소 1mol이 25℃에서 100atm으로부터 10atm까지 가역적으로 단열팽창하였을 때의 최종 부피는 몇 L인가?(단, 비열비는 1.4이고 산소는 이상기체로 가정한다.)

① 1.268 ② 2.168
③ 3.804 ④ 4.336

해설

$$\left(\frac{P_1}{P_2}\right) = \left(\frac{V_2}{V_1}\right)^\gamma$$

$$V_1 = \frac{nRT}{P_1} = \frac{1 \times 0.082 \times 298}{100} = 0.244\text{ L}$$

$$\left(\frac{100\text{ atm}}{10\text{ atm}}\right) = \left(\frac{V_2}{0.244}\right)^{1.4}$$

$$\therefore V_2 = 0.244\left(\frac{100}{10}\right)^{\frac{1}{1.4}} = 1.26\text{ L}$$

정답 17 ② 18 ④ 19 ③ 20 ①

2과목 단위조작 및 화학공업양론

21 18℃, 1atm에서 $H_2O(l)$의 생성열은 -68.4 kcal/mol이다. 18℃, 1atm에서, $C(s)+H_2O(l) \to CO(g)+H_2(g)$의 반응열이 42kcal이다. 이를 이용하여 18℃, 1atm에서의 $CO(g)$ 생성열을 구하면 몇 kcal/mol인가?

① $+110.4$
② $+26.4$
③ -26.4
④ -110.4

해설

$C(s)+H_2O(l) \to CO(g)+H_2(g) \quad \Delta H_R = 42\,\text{kcal}$

$H_2 + \dfrac{1}{2}O_2 \to H_2O(l) \quad \Delta H_f = -68.4\,\text{kcal}$

$\therefore C(s) + \dfrac{1}{2}O_2(g) \to CO(g) \quad \Delta H = 42 - 68.4$
$\qquad\qquad\qquad\qquad\qquad\qquad = -26.4\,\text{kcal/mol}$

22 $n-C_5H_{12}$와 $iso-C_5H_{12}$의 혼합물을 다음 그림과 같이 증류할 때 우회(Bypass)되는 양 X는 몇 kg/h인가?

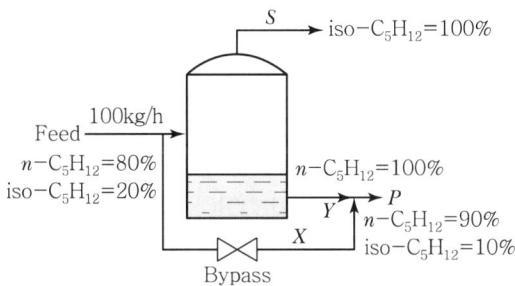

① 89.5
② 55.5
③ 44.5
④ 11.5

해설

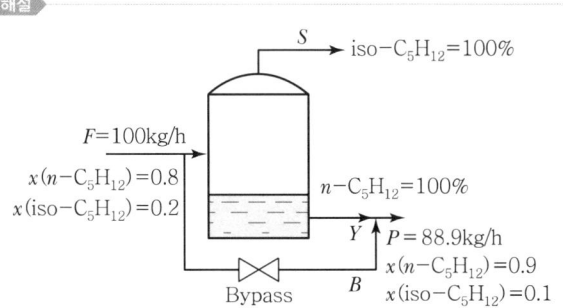

$F = S + P$
$100 = S + P$
$100 \times 0.2 = (100 - P) \times 1 + P \times 0.1$
$\therefore P = 88.9\,\text{kg/h}$

$(88.9 - B) \times 1 + B \times 0.8 = 88.9 \times 0.9$
$\therefore B = 44.5\,\text{kg/h}$

23 25℃에서 71g의 Na_2SO_4(분자량=142)를 물 200g에 녹여 만든 용액의 증기압은?(단, 25℃에서 순수한 물의 증기압은 25mmHg이고, Raoult의 법칙을 이용한다.)

① 23.9mmHg
② 22.0mmHg
③ 20.1mmHg
④ 18.5mmHg

해설

$71g\ Na_2SO_4 \times \dfrac{1\,\text{mol}}{142g} = 0.5\,\text{mol}$

$200g\ 물 \times \dfrac{1\,\text{mol}}{18g} = 11.1\,\text{mol}$

용액의 증기압 $p_A = P x_A$
$\quad\quad\quad\quad\quad\quad \hookrightarrow$ 용매의 몰분율
$\quad\quad\quad\quad\quad\quad \hookrightarrow$ 순수한 물의 증기압

$x_A = \dfrac{11.1}{3 \times 0.5 + 11.1} = 0.881$

$\therefore p_A = 25 \times 0.881 = 22\,\text{mmHg}$

24 18℃, 700mmHg에서 상대습도 50%의 공기의 몰습도는 약 몇 kmolH_2O/kmol 건조공기인가?(단, 18℃의 포화수증기압은 15.477mmHg이다.)

① 0.001
② 0.011
③ 0.022
④ 0.033

해설

상대습도 $H_R = \dfrac{p_V}{p_S} \times 100\%$

$50 = \dfrac{p_V}{15.477} \times 100$

$\therefore p_V = 7.74\,\text{mmHg}$

정답 21 ③ 22 ③ 23 ② 24 ②

몰습도 $H_m = \dfrac{p_V}{P-p_V}$

$= \dfrac{7.74}{700-7.74}$

$= 0.011$

25 NH_3 10kg을 20℃에서 $0.1m^3$으로 압축하려면 약 몇 kg_f/cm^2의 압력을 가해야 하는가?

① 146　　② 183
③ 190　　④ 198

해설

$PV = nRT$

$P = \dfrac{nRT}{V} = \dfrac{WRT}{MV}$

$= \dfrac{10kg \times 0.082m^3 \, atm/kmol \, K \times (273+20)K}{17kg/kmol \times 0.1m^3}$

$= 141.329atm \times \dfrac{1.0332kg_f/cm^2}{1atm}$

$= 146.02kg_f/cm^2$

26 분자량 M_1(g/mol)인 기체 n_1(mol)과 분자량 M_2(g/mol)인 기체 n_2(mol)로 된 혼합기체의 평균 분자량의 표현으로서 옳은 것은?

① $\dfrac{M_1 n_1 + M_2 n_2}{n_1 + n_2}$　　② $\dfrac{M_1 n_2 + M_2 n_1}{n_1 + n_2}$

③ $\dfrac{n_1 + n_2}{M_2 n_1 + M_1 n_2}$　　④ $\dfrac{M_1}{n_1} + \dfrac{M_2}{n_2}$

해설

혼합기체의 평균분자량(M_{av})

$M_{av} = \dfrac{\sum n_i M_i}{\sum n_i} = \sum x_i M_i$

$= \dfrac{M_1 n_1 + M_2 n_2}{n_1 + n_2}$

27 다음 관계식 중 옳지 않은 것은?

① $\Delta U = \int_{T_1}^{T_2} C_V dT$　　② $\left(\dfrac{\partial U}{\partial T}\right)_V = C_V$

③ $\left(\dfrac{\partial H}{\partial T}\right)_P = C_P$　　④ $\Delta H = \Delta U = \Delta(PV)$

해설

엔탈피 : $\Delta H = \Delta U + \Delta(PV)$

28 Dalton의 분압법칙에 대한 설명으로 가장 올바른 것은?

① 용액의 전체 압력은 각 용질이 나타내는 부분압력의 합과 같다.
② 혼합기체의 전체 압력은 각 성분기체의 부분압력의 합과 같다.
③ 단일성분기체에서만 성립하는 법칙이다.
④ 실제기체에도 잘 적용되는 법칙이다.

해설

돌턴의 분압법칙 : $P = p_A + p_B + p_C + \cdots$
혼합기체의 전체 압력은 각 성분기체의 부분압력의 합과 같다.

29 염화칼슘의 용해도는 20℃에서 140.0g/100gH_2O, 80℃에서 160.0g/100gH_2O이다. 80℃에서의 염화칼슘 포화용액 50g을 20℃로 냉각시키면 약 몇 g의 결정이 석출되는가?

① 3.85　　② 5.95
③ 7.05　　④ 9.05

해설

㉠ 80℃에서 염화칼슘 포화용액 50g 중 염화칼슘의 양
260g : 160g = 50g : xg
∴ $x = 30.77g \, CaCl_2$, 물 = 19.23g

㉡ 80℃ $\xrightarrow{냉각}$ 20℃
물 100g : 140g = 물 19.23g : x
∴ $x = 26.92g \, CaCl_2$만 녹는다.

㉢ 20℃에서 석출되는 염화칼슘
30.77g − 26.92g = 3.85g $CaCl_2$ 석출

30 실제기체의 압축인자(Compressibility Factor)를 나타내는 그림이다. 이들 기체 중에서 저온에서 분자 간 인력이 가장 큰 기체는?

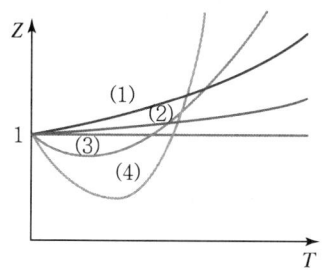

① (1)　　② (2)
③ (3)　　④ (4)

해설
- 압축인자(Z) : 이상기체에서 벗어난 정도
- 이상기체는 분자 간 인력이 없고, 실제기체는 분자 간 인력이 크고 이상기체에서 벗어나는 정도가 크므로, 저온에서 분자 간 인력이 가장 큰 것은 (4)이다.

31 증류탑의 이상단수 작도법으로서의 McCabe-Thiele법의 가정과 가장 관계가 먼 것은?
① 혼합열은 무시한다.
② 각 성분의 증발잠열은 같다.
③ 외부로의 열손실이 없다.
④ 각 성분의 용해열은 같다.

해설
McCabe-Thiele법의 가정
- 관벽에 의한 열손실이 없으며, 혼합열도 적어서 무시한다.
- 각 성분의 분자증발잠열(λ) 및 액체의 엔탈피(h)는 탑 내에서 같다.
- 상승증기의 몰수와 강하액의 몰수가 농축부와 회수부에서 각각 일정하다.

32 충전탑 내의 편류(Channeling) 현상이 가장 클 때는?
① 기체의 유속이 작을 때
② 액체의 유속이 클 때
③ 규칙 충전일 때
④ 불규칙 충전일 때

해설
편류(Channeling)
㉠ 액이 한 방향으로만 흐르는 현상
㉡ 방지법
- 탑의 지름을 충전물 지름의 8~10배로 할 것
- 불규칙 충전할 것

33 어떤 증류탑의 실제단수가 25단이고 그 효율이 60%일 때 McCabe-Thiele법으로 구한 이론단수는?
① 10단　　② 15단
③ 20단　　④ 25단

해설
실제단수 = $\dfrac{\text{이론단수}}{\text{효율}}$

이론단수 = 실제단수 × 효율
　　　　 = 25단 × 0.6
　　　　 = 15단

34 정압비열이 1cal/g ℃인 물 100g/s를 20℃에서 40℃로 이중 열교환기를 통하여 가열하고자 한다. 사용되는 유체는 비열이 10cal/g ℃이며 속도는 10g/s, 들어갈 때의 온도는 80℃이고, 나올 때의 온도는 60℃이다. 유체의 흐름이 병류라고 할 때 열교환기의 총괄열전도계수는 약 몇 cal/m² s ℃인가?(단, 이 열교환기의 전열면적은 10m²이다.)
① 5.5　　② 10.1
③ 50.0　　④ 100.5

해설
$$\Delta \bar{t}_L = \dfrac{\Delta t_1 - \Delta t_2}{\ln \dfrac{\Delta t_1}{\Delta t_2}} = \dfrac{60-20}{\ln \dfrac{60}{20}} = 36.4\,℃$$

$Q = UA\Delta \bar{t}_L = m C_P \Delta t$

$Q = 100\,g/s \times 1\,cal/g\,℃ \times 20\,℃ = 2,000\,cal/s$

$\therefore U = \dfrac{Q}{A\Delta t_L} = \dfrac{2,000\,cal/s}{10m^2 \times 36.4℃} = 5.5\,cal/m^2\,s\,℃$

정답 30 ④　31 ④　32 ③　33 ②　34 ①

35 초미분쇄기(Ultrafine Grinder)인 유체에너지밀(Mill)의 기본원리는?

① 절단
② 압축
③ 가열
④ 마멸

> **해설**
> 유체에너지밀
> 다소의 분쇄는 벽에 부딪치거나 마찰됨으로써 일어난다. 그러나 대부분의 분쇄는 상호 입자의 마멸에 의해 일어난다.

36 증류에서 응축액을 전부 환류시킬 때 농축부 조작선의 기울기에 대한 설명으로 옳은 것은?

① 0이다.
② ∞이다.
③ 1이다.
④ 0보다 작다.

> **해설**
> • 전환류 : $R \to \infty$
> • 농축부 조작선 : $y = \dfrac{R}{R+1}x + \dfrac{x_D}{R+1}$
> 기울기 = $\dfrac{R}{R+1} = 1$

37 물-HCl의 공비혼합물이 염산 농도 20.2 wt%에서 물을 가질 때 10wt% 염산용액을 단순증류하여 얻을 수 있는 가장 진한 농도의 염산은 몇 wt%인가?

① 10
② 20.2
③ 30.2
④ 36.5

> **해설**
> 물-HCl은 염산 20.2wt%에서 공비점을 형성한다.

38 공급원료 1몰을 원료공급단에 넣었을 때 그 중 증류탑의 탈거부(Stripping Section)로 내려가는 액체의 몰수를 q로 정의한다면, 공급원료가 차가운 액체일 때 q값은?

① $q > 1$
② $0 < q < 1$
③ $-1 < q < 0$
④ $q < -1$

> **해설**
>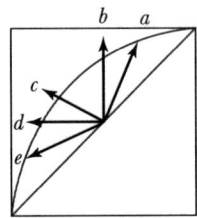
> • $a(q>1)$: 차가운 원액
> • $b(q=1)$: 비등에 있는 원액(포화원액)
> • $c(0<q<1)$: 부분적으로 기화된 원액
> • $d(q=0)$: 노점에 있는 원액(포화증기)
> • $e(q<0)$: 과열증기 원액

39 기체흡수에 관한 설명으로 옳은 것은?

① 기체속도가 일정하고 액 유속이 줄어들면 조작선의 기울기는 증가한다.
② 액/기(L/V)비가 크면 조작선과 평형선의 거리가 줄어서 흡수탑의 길이가 길어진다.
③ 일반적으로 경제적인 조업을 위해서는 조작선과 평형선이 대략 평행이 되어야 한다.
④ 향류 흡수탑의 경우에는 한계 기액비가 흡수탑의 경제성에 별로 영향을 미치지 않는다.

> **해설**
> 액/기(L/V)비
> • 기체속도가 일정하고 액 유속이 줄어들면 조작선의 기울기는 감소한다.
> • 조작선과 평형곡선의 간격이 클수록 흡수의 추진력이 커지므로 흡수탑의 높이는 작아도 된다.
> • L/V비는 맞흐름탑에서 흡수의 경제성에 미치는 영향이 크다.

40 안지름이 20mm인 관속을 비중 1.2의 액체가 7.3cm/s의 유속으로 흐른다. 액체의 점도는 0.9cP이고 관의 길이가 1km일 때 압력손실은 약 몇 kg$_f$/cm²인가?

① 0.536
② 0.236
③ 0.0536
④ 0.0236

정답 35 ④ 36 ③ 37 ② 38 ① 39 ③ 40 ③

해설

$N_{Re} = \dfrac{\bar{Du}\rho}{\mu} = \dfrac{2 \times 7.3 \times 1.2}{0.9 \times 0.01} = 1,946.7$

여기서, D : 직경, u : 유속
ρ : 밀도, μ : 점도
L : 관의 길이

마찰손실 $F = \dfrac{\Delta P}{\rho} = \dfrac{32\mu \bar{u} L}{g_c D^2 \rho}$

$\therefore \Delta P = \dfrac{32\mu \bar{u} L}{g_c D^2}$

$= \dfrac{32 \times (0.9 \times 0.001) \times (7.3 \times 0.01) \times 1,000}{9.8 \times (0.02)^2}$

$= 536\,\text{kg}_f/\text{m}^2 = 0.0536\,\text{kg}_f/\text{cm}^2$

3과목 공정제어

41 다음 식을 풀이하면 $f(t)$는?

$$\dfrac{df(t)}{dt} + f(t) = 1 \cdot f(0) = 0$$

① $\dfrac{1}{t} - e^{-t}$　　② $\dfrac{1}{t} - \dfrac{1}{t+1}$
③ $t - e^t$　　④ $1 - e^{-t}$

해설

$sF(s) - f(0) + F(s) = \dfrac{1}{s}$

$(s+1)F(s) = \dfrac{1}{s}$

$F(s) = \dfrac{1}{s(s+1)} = \dfrac{1}{s} - \dfrac{1}{s+1}$

$\therefore f(t) = 1 - e^{-t}$

42 $G(s) = \dfrac{4}{(s+1)^2}$ 인 공정에 피드백 제어계를 구성할 때, 폐회로(Closed-Loop) 전달함수가 $G_d(s) = \dfrac{1}{(0.5s+1)^2}$ 가 되게 하는 제어기 식은?

① $\dfrac{1}{4}\left(1 + \dfrac{1}{2s} + \dfrac{1}{2}s\right)$　　② $\dfrac{1}{2}\left(1 + \dfrac{1}{s} + \dfrac{1}{4}s\right)$
③ $\dfrac{1}{4}\left(1 + \dfrac{1}{s} + \dfrac{1}{4}s\right)$　　④ $\dfrac{(s+1)^2}{s(s+4)}$

해설

$\dfrac{C}{R} = \dfrac{G_c G}{1 + G_c G}$

$G_c = \dfrac{1}{G}\left[\dfrac{\left(\dfrac{C}{R}\right)_d}{1 - \left(\dfrac{C}{R}\right)_d}\right]$

$= \dfrac{(s+1)^2}{4}\left[\dfrac{\dfrac{1}{(0.5s+1)^2}}{1 - \dfrac{1}{(0.5s+1)^2}}\right]$

$= \dfrac{(s+1)^2}{4} \cdot \dfrac{1}{0.25s^2 + s}$

$= \dfrac{(s+1)^2}{s(s+4)}$

43 어떤 제어계의 특성방정식은 $1 + \dfrac{K_c K}{\tau s + 1} = 0$으로 주어진다. 이 제어시스템이 안정하기 위한 조건은?(단, τ는 양수이다.)

① $K_c K > -1$　　② $K_c K < 0$
③ $\dfrac{K_c K}{\tau} > 1$　　④ $K_c < 1$

해설

특성방정식
$1 + \dfrac{K_c K}{\tau s + 1} = 0$
$\tau s + 1 + K_c K = 0$
$s = \dfrac{-1 - K_c K}{\tau} < 0$
$\therefore K_c K > -1$

정답 41 ④　42 ④　43 ①

44 2차계의 단위계단응답에서 쇠퇴비(Decay Ratio)에 관한 설명으로 옳은 것은?

① 쇠퇴비는 시간상수와 감쇠계수(Damping Factor)의 함수이다.
② 쇠퇴비는 감쇠계수(Damping Factor)가 클수록 작아진다.
③ 쇠퇴비는 시간상수가 작을수록 커진다.
④ 쇠퇴비는 Overshoot가 작을수록 커진다.

해설
쇠퇴비 = 감쇠비(Decay Ratio)
• 진폭이 줄어드는 비율이다.
• 감쇠비 $= \exp\left(-\dfrac{2\pi\zeta}{\sqrt{1-\zeta^2}}\right) = \text{Overshoot}^2$

45 전달함수가 $X(s) = \dfrac{4}{s(s^3+3s^2+3s+2)}$인 함수 $X(t)$의 Final Value는 얼마인가?

① 1
② 2
③ 4
④ 4/9

해설
최종값 정리
$\lim\limits_{t\to\infty} f(t) = \lim\limits_{s\to 0} sF(s)$

$\lim\limits_{s\to 0} sX(s) = \lim\limits_{s\to 0} \dfrac{4}{s^3+3s^2+3s+2} = 2$

46 제어계(Control System)의 구성요소가 아닌 것은?

① 전송부
② 기획부
③ 검출부
④ 조절부

해설
제어계의 구성요소
전송부, 조절부, 검출부

47 다음 그림은 외란의 단위계단 변화에 대해 잘 조율된 P, PI, PD, PID에 의한 제어계 응답을 보인 것이다. 이 중 PID 제어기에 의한 결과는 어떤 것인가?

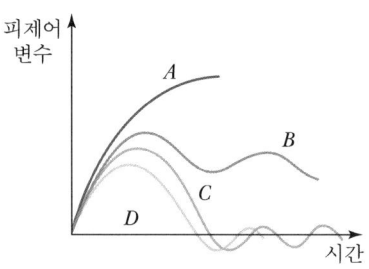

① A
② B
③ C
④ D

해설
• A : 제어기 없음
• B : P 제어(비례 제어기)
• C : PI 제어(비례적분 제어기)
• D : PID 제어(비례적분미분 제어기)

48 다음 공정과 제어기를 고려할 때 정상상태(Steady State)에서 $y(t)$ 값은 얼마인가?

제어기 : $u(t) = 1.0(1.0 - y(t)) + \dfrac{1.0}{2.0}\displaystyle\int_0^t (1 - y(\tau))d\tau$

공정 : $\dfrac{d^2 y(t)}{dt^2} + 2\dfrac{dy(t)}{dt} + y(t) = u(t-0.1)$

① 1
② 2
③ 3
④ 4

해설
$U(s) = \dfrac{1}{s} - Y(s) + \dfrac{1}{2}\left[\dfrac{1}{s^2} - \dfrac{Y(s)}{s}\right]$

$= \dfrac{1}{s} - Y(s) + \dfrac{1}{2s^2} - \dfrac{Y(s)}{2s}$

$\mathcal{L}[u(t-0.1)] = \left[\dfrac{1}{s} - Y(s) + \dfrac{1}{2s^2} - \dfrac{Y(s)}{2s}\right]e^{-0.1s}$

$s^2 Y(s) - sy(0) - y'(0) + 2[sY(s) - y(0)] + Y(s)$
$= \dfrac{1}{s}e^{-0.1s} - Y(s)e^{-0.1s} + \dfrac{1}{2s^2}e^{-0.1s} - \dfrac{Y(s)}{2s}e^{-0.1s}$

정답 44 ② 45 ② 46 ② 47 ④ 48 ①

정리하면,

$\left(s^2 + 2s + 1 + e^{-0.1s} + \dfrac{e^{-0.1s}}{2s}\right)Y(s) = \dfrac{1}{s}e^{-0.1s} + \dfrac{1}{2s^2}e^{-0.1s}$

$\therefore Y(s) = \dfrac{\dfrac{1}{s}e^{-0.1s} + \dfrac{e^{-0.1s}}{2s^2}}{s^2 + 2s + 1 + e^{-0.1s} + \dfrac{e^{-0.1s}}{2s}}$

$\therefore \lim\limits_{t\to\infty} y(t) = \lim\limits_{s\to 0} sY(s) = 1$

49 $G(s) = \dfrac{1}{s^2(s+1)}$ 인 계의 단위 임펄스 응답은?

① $t - 1 + e^{-t}$ ② $t + 1 + e^{-t}$
③ $t - 1 - e^{-t}$ ④ $t + 1 - e^{-t}$

해설

$Y(s) = G(s)X(s)$
$Y(s) = \dfrac{1}{s^2(s+1)} \times 1 = \dfrac{1}{s^2} - \dfrac{1}{s} + \dfrac{1}{s+1}$
$y(t) = t - 1 + e^{-t}$

50 Routh의 판별법에서 수열의 최좌열(最左列)이 다음과 같을 때 이 주어진 계의 특성방정식은 양의 근 또는 양의 실수부를 갖는 근이 몇 개 있는가?

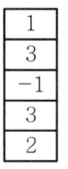

① 0개 ② 1개
③ 2개 ④ 3개

해설

Routh 판별법
- 첫 번째 열의 모든 요소들이 양(+)이어야 한다.
- 첫 번째 열(최좌열)의 부호가 바뀌는 횟수는 허수축 우측에 존재하는 근(양의 근)의 개수와 같다.

51 1차 공정의 계단응답의 특징 중 옳지 않은 것은?

① $t = 0$일 때 응답의 기울기는 0이 아니다.
② 최종응답 크기의 63.2%에 도달하는 시간은 시상수와 같다.
③ 응답의 형태에서 변곡점이 존재한다.
④ 응답이 98% 이상 완성되는 데 필요한 시간은 시상수의 4~5배 정도이다.

해설

1차 공정의 계단응답
$y(t) = A(1 - e^{-t/\tau})$

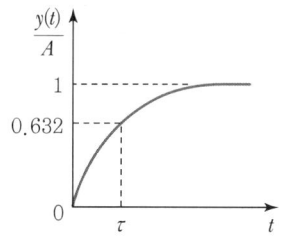

t	$y(t)/A$	t	$y(t)/A$
0	0	4τ	0.982
τ	0.632	5τ	0.993
2τ	0.865	∞	1
3τ	0.950		

52 다음 블록선도에서 $\dfrac{C}{R}$의 전달함수는?

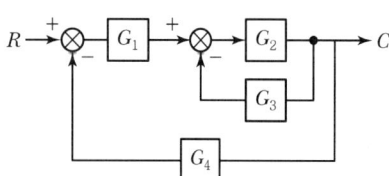

① $\dfrac{G_1 G_2}{1 + G_1 G_2 + G_3 G_4}$ ② $\dfrac{G_1 G_2}{1 + G_2 G_3 + G_1 G_2 G_4}$
③ $\dfrac{G_3 G_4}{1 + G_1 G_2 G_3 G_4}$ ④ $\dfrac{G_1 G_2}{1 + G_1 + G_3 + G_4}$

> 해설

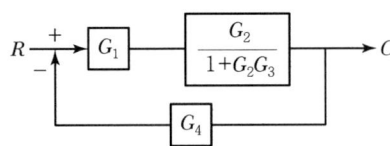

$$\frac{C}{R} = \frac{\dfrac{G_1 G_2}{1+G_2 G_3}}{1+\dfrac{G_1 G_2 G_4}{1+G_2 G_3}} = \frac{G_1 G_2}{1+G_2 G_3 + G_1 G_2 G_4}$$

53 아날로그 계장의 경우, 센서 전승기의 출력신호, 제어기의 출력신호는 흔히 4~20mA의 전류로 전송된다. 이에 대한 설명으로 틀린 것은?

① 전류신호는 전압신호에 비하여 장거리 전송 시 전자기적 잡음에 덜 민감하다.
② 0%를 4mA로 설정한 이유는 신호선의 단락 여부를 쉽게 판단하고 0% 신호에서도 전자기적 잡음에 덜 민감하게 하기 위함이다.
③ 0~150℃ 범위를 측정하는 전송기의 이득은 150/16℃/mA이다.
④ 제어기 출력으로 ATC(Air-To-Close) 밸브를 동작시키는 경우, 8mA에서 밸브열림도(valve position)가 0.75가 된다.

> 해설

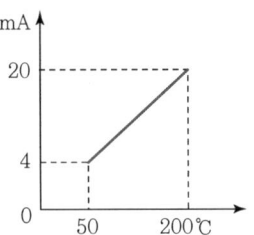

그래프의 기울기는 전환기의 이득을 나타낸다.

전환기의 이득 = $\dfrac{\text{전환기의 출력범위}}{\text{전환기의 입력범위}}$

$= \dfrac{(20-4)\text{mA}}{(200-50)℃}$

$= \dfrac{16}{150} \text{mA}/℃$

54 $Y(s) = \dfrac{4}{s^3+2s^2+4s}$ 식을 역라플라스 변환하여 y값을 옳게 구한 것은?

① $y(t) = e^{-t}\left(\cos\sqrt{3}t + \dfrac{1}{\sqrt{3}}\sin\sqrt{3}t\right)$
② $y(t) = 1 - e^{-t}\left(\cos\sqrt{3}t + \dfrac{1}{\sqrt{3}}\sin\sqrt{3}t\right)$
③ $y(t) = 4 - e^{-t}\left(\sin\sqrt{3}t + \dfrac{1}{\sqrt{3}}\cos\sqrt{3}t\right)$
④ $y(t) = 1 - e^{-t}\left(\sin\sqrt{3}t + \dfrac{1}{\sqrt{3}}\cos\sqrt{3}t\right)$

> 해설

$Y(s) = \dfrac{4}{s^3+2s^2+4s}$

$= \dfrac{4}{s(s^2+2s+4)}$

$= \dfrac{1}{s} - \dfrac{s+2}{(s+1)^2+3}$

$= \dfrac{1}{s} - \dfrac{s+1}{(s+1)^2+(\sqrt{3})^2} - \dfrac{1}{\sqrt{3}}\dfrac{\sqrt{3}}{(s+1)^2+(\sqrt{3})^2}$

$y(t) = 1 - e^{-t}\cos\sqrt{3}t - \dfrac{1}{\sqrt{3}}e^{-t}\sin\sqrt{3}t$

$= 1 - e^{-t}\left(\cos\sqrt{3}t + \dfrac{1}{\sqrt{3}}\sin\sqrt{3}t\right)$

55 선형계가 안정하려면 특성방정식의 근들이 복소평면의 어디에 위치하여야 하는가?

① 복소평면 실수축의 위쪽 반평면
② 복소평면 허수축의 오른쪽 반평면
③ 복소평면 허수축의 왼쪽 반평면
④ 복소평면 실수축의 아래쪽 반평면

> 해설

특성방정식의 근이 y축(허수축)을 중심으로 왼쪽에 위치해야 제어시스템이 안정하다.

정답 53 ③ 54 ② 55 ③

56 공정제어를 최적으로 하기 위한 조건 중 틀린 것은?
① 제어편차 e가 최대일 것
② 응답의 진동이 작을 것
③ Overshoot가 작을 것
④ $\int_0^\infty t\,e\,dt$가 최소일 것

해설
공정제어의 최적화 조건
- 제어편차가 작을 것
- 진동, Overshoot가 작을 것
- $\int_0^\infty t\,e\,dt$가 최소일 것

57 Error에 단위계단변화(Unit Step Change)가 있었을 때 다음과 같은 제어기 출력응답(Response)을 보이는 제어기는?

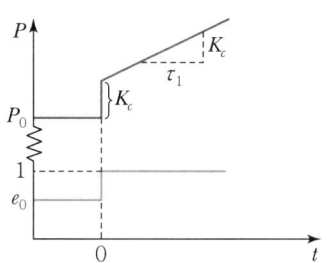

① PID　　② PI
③ PD　　④ P

해설
PI 제어기
$$G_c(s) = K_c\left(1+\frac{1}{\tau_I s}\right) = \frac{M(s)}{E(s)}$$
$$E(s) = \frac{1}{s}$$
$$M(s) = K_c\left(1+\frac{1}{\tau_I s}\right) \cdot \frac{1}{s}$$
$$= K_c\left(\frac{1}{s}+\frac{1}{\tau_I s^2}\right)$$
$$m(t) = K_c\left(1+\frac{t}{\tau_I}\right)$$

58 다단제어(Cascade Control)에 관한 설명으로 틀린 것은?
① 상위(Master) 제어기, 하위(Slave) 제어기 모두 적분동작을 가지고 있어야 한다.
② 지역적으로 발생하는 외란의 영향을 미리 제어해줌으로써, 그 영향이 상위 피제어변수(Primary Controlled Variable)에 미치지 않도록 한다는 개념을 가진다.
③ 하위(Slave) 제어기를 구성하기 위한 하위 피제어 변수가 필요하며, 하위 피제어 변수와 관련된 공정의 동특성이 느릴수록 제어성능이 나빠진다.
④ 다단제어의 하위 제어계는 상위 제어기의 대상 공정을 선형화시키는 효과를 준다.

해설
다단제어(Cascade Control)
주피드백 제어기 외에 2차적인 피드백 제어기를 추가시켜서 교란변수의 영향을 소거시키고자 하는 제어방법

Cascade 제어기의 명칭

주제어기	부제어기
Primary 제어기	Secondary 제어기
Outer 제어기	Inner 제어기
Master 제어기	Slave 제어기

59 다음 시스템이 안정하기 위한 조건은?

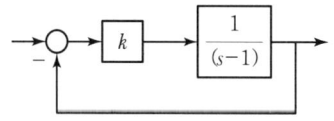

① $0 < k < 1$　　② $k > 1$
③ $k < 1$　　④ $k > 0$

해설
특성방정식 $1+\dfrac{k}{s-1}=0$에서 근이 왼쪽에 위치해야 하므로
$s-1+k=0$
$s=1-k<0$
∴ $k>1$

60 공정제어(Process Control)의 범주에 들지 않는 것은?
① 전력량을 조절하여 가열로의 온도를 원하는 온도로 유지시킨다.
② 폐수처리장의 미생물 양을 조절함으로써 유출수의 독성을 격감시킨다.
③ 증류탑(Distillation Column)의 탑상 농도(Top Concentration)를 원하는 값으로 유지시키기 위하여 무엇을 조절할 것인가를 결정한다.
④ 열효율을 극대화시키기 위해 열교환기의 배치를 다시 한다.

해설
공정제어
공정의 변수를 조절하여 공정을 원하는 상태로 유지시키는 것을 의미한다.
※ 열교환기의 배치는 공정제어가 아니다.

4과목 공업화학

61 헥산(C_6H_{14})의 구조이성질체 수는?
① 4개 ② 5개
③ 6개 ④ 7개

해설
이성질체
분자식은 같으나, 분자의 배열이 다른 것
㉠ C－C－C－C－C－C
㉡ C－C－C－C－C
　　　　｜
　　　　C
㉢ C－C－C－C－C
　　　｜
　　　C
㉣ C－C－C－C
　　｜　｜
　　C　C
㉤ 　　C
　　　｜
　C－C－C－C
　　　｜
　　　C

62 옥탄가에 대한 설명으로 틀린 것은?
① iso－옥탄의 옥탄가를 0으로 하여 기준치로 삼는다.
② 가솔린의 안티노크성(Antiknock Property)을 표시하는 척도이다.
③ n－헵탄과 이소옥탄의 비율에 따라 옥탄가를 구할 수 있다.
④ 탄화수소의 분자구조와 관계가 있다.

해설
옥탄가
• 가솔린의 안티노크성을 수치로 표현한 것
• iso－옥탄의 옥탄가를 100, n－헵탄의 옥탄가를 0으로 정한 후 이소옥탄가의 %를 옥탄가라 한다.

63 반도체 공정에 대한 설명 중 틀린 것은?
① 감광반응되지 않은 부분을 제거하는 공정을 에칭이라 하며, 건식과 습식으로 구분할 수 있다.
② 감광성 고분자를 이용하여 실리콘웨이퍼에 회로패턴을 전사하는 공정을 리소그래피(Lithography)라고 한다.
③ 화학기상증착법 등을 이용하여 3족 또는 6족의 불순물을 실리콘웨이퍼 내로 도입하는 공정을 이온주입이라 한다.
④ 웨이퍼 처리공정 중 잔류물과 오염물을 제거하는 공정을 세정이라 하며 건식과 습식으로 구분할 수 있다.

해설
화학기상증착(CVD)
형성하고자 하는 증착막 재료의 원소가스를 기판 표면 위에 화학반응시켜 원하는 박막을 형성시키는 공정이다.

이온주입
전하를 띤 원자인 도판트(B, P, As)를 주입, 즉 불순물을 웨이퍼 내부로 확산시키는 공정이다.

64 니트로화제로 주로 공업적으로 사용되는 혼산은?
① 염산＋인산 ② 질산＋염산
③ 질산＋황산 ④ 황산＋염산

정답 60 ④ 61 ② 62 ① 63 ③ 64 ③

> 해설

니트로화제
- 질산, 초산, 인산, N_2O_4, N_2O_5, KNO_3, $NaNO_3$
- $H_2SO_4 + HNO_3$의 혼산

65 윤활유의 성상에 대한 설명으로 가장 거리가 먼 것은?

① 유막강도가 커야 한다.
② 적당한 점도가 있어야 한다.
③ 안정도가 커야 한다.
④ 인화점이 낮아야 한다.

> 해설

윤활유
- 고체 표면에 안정한 기름막을 형성
- 적당한 점도
- 안정도가 커야 함(열, 산, 부식성이 적어야 함)
- 인화성이 없어야 함

66 중과린산석회의 제법으로 가장 옳은 것은?

① 인산을 암모니아로 처리한다.
② 과린산석회를 암모니아로 처리한다.
③ 칠레초석을 황산으로 처리한다.
④ 인광석을 인산으로 처리한다.

> 해설

- 중과린산석회(P_2O_5 30~50%) : 인광석을 인산분해
- 과린산석회(P_2O_5 15~20%) : 인광석을 황산분해

67 페놀을 수소화한 후 질산으로 산화시킬 때 생성되는 주 물질은 무엇인가?

① 프탈산
② 아디프산
③ 시클로헥사놀
④ 말레산

> 해설

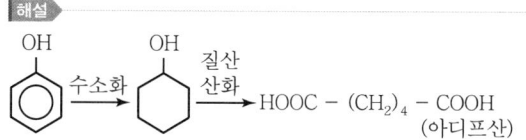

68 아세틸렌을 원료로 하여 합성되는 물질로 가장 거리가 먼 것은?

① 아세트알데히드
② 염화비닐
③ 메틸알코올
④ 아세트산비닐

> 해설

$CH \equiv CH + H_2O \xrightarrow[H_2SO_4]{HgSO_4} CH_3CHO$ (아세트알데히드)

$CH \equiv CH + HCl \longrightarrow CH_2 = CH \longrightarrow [CH_2 - CH_2]$
                                    | |
                                    Cl   Cl
                                 염화비닐   PVC

$CH \equiv CH + CH_3COOH \longrightarrow CH = CH_2$
                                              |
                                           CH_3COO
                                           초산비닐
                                         (아세트산비닐)

69 열경화성 수지와 열가소성 수지로 구분할 때 다음 중 나머지 셋과 분류가 다른 하나는?

① 요소 수지
② 폴리에틸렌
③ 염화비닐
④ 나일론

> 해설

열가소성 수지
가열 시 연화되어 외력을 가할 때 쉽게 변형되므로 이 상태로 성형, 가공한 후에 냉각하면 외력을 가하지 않아도 성형된 상태를 유지하는 수지
예 폴리에틸렌, 폴리프로필렌, 폴리염화비닐, 폴리스티렌, 아크릴수지, 불소수지, 폴리비닐아세테이트

열경화성 수지
가열하면 일단 연화되지만, 계속 가열하면 점점 경화되어 나중에는 온도를 올려도 용해되지 않고, 원상태로도 되돌아가지 않는 수지
예 페놀수지, 요소수지, 멜라민수지, 우레탄수지, 에폭시수지, 알키드수지, 규소수지

70 벤젠의 할로겐화 반응에서 반응력이 가장 작은 것은?

① Cl_2
② I_2
③ Br_2
④ F_2

정답 65 ④ 66 ④ 67 ② 68 ③ 69 ① 70 ②

> 해설

$F_2 > Cl_2 > Br_2 > I_2$
$HF < HCl < HBr < HI$

71 Solvay법과 Le Blanc법에서 같이 사용되는 원료는?

① NaCl
② H_2SO_4
③ CH_4
④ NH_3

> 해설

Le Blanc법
$NaCl + H_2SO_4 \rightarrow NaHSO_4 + HCl(150\sim200℃)$
$NaHSO_4 + NaCl \rightarrow Na_2SO_4 + HCl(800℃)$

Solvay법(암모니아소다법)
$NaCl + NH_3 + CO_2 + H_2O \rightarrow NaHCO_3 + NH_4Cl$(탄산화반응)
$2NaHCO_3 \rightarrow Na_2CO_3 + H_2O + CO_2$(가소반응)
$NH_4Cl + Ca(OH)_2 \rightarrow CaCl_2 + NH_3 + 2H_2O$
(암모니아회수반응)

72 카르복시산과 아민의 축합반응으로 얻어지는 화합물은?

① 에테르(ether)
② 에스테르(ester)
③ 케톤(ketone)
④ 아미드(amide)

> 해설

$R-COOH + R'NH_2 \rightarrow R\ CONHR' + H_2O$
　　　　　　　　　　　　아미드
※ 아미드 결합 : $-CO-NH-$

73 합성염산 제조 시 원료기체인 H_2와 Cl_2는 어떻게 제조하여 사용하는가?

① 공기의 액화
② 공기의 아크방전법
③ 소금물의 전해
④ 염화물의 치환법

> 해설

소금물의 전기분해로 H_2와 Cl_2를 얻는다.

$2NaCl + 2H_2O \xrightarrow{전기분해} 2NaOH + Cl_2 + H_2$

74 격막식 전해법에서 일반적으로 사용하는 격막 물질은?

① $BaNO_3$
② 겔 형태의 Al_2O_3
③ 유리섬유
④ 석면

> 해설

격막법
- 재료 : 석면
- 역류 방지
- 양극의 부반응을 방지
- 산, 알칼리에 부식되지 않음

75 가솔린 유분 중에서 휘발성이 높은 것을 의미하고 한국과 유럽의 석유화학공업에서 분해에 의해 에틸렌 및 프로필렌 등의 제조에 주된 공업원료로 사용되고 있는 것은?

① 경유
② 등유
③ 나프타
④ 중유

> 해설

나프타
- 석유화학 원료의 의미
- 원유를 증류할 때 35~220℃의 끓는점 범위에서 유출되는 탄화수소의 혼합제
- 에틸렌 및 프로필렌 제조에 사용

76 아세틸렌에 HCl이 부가될 때 주로 생성되는 물질과 관계 깊은 것은?

① 아세트알데히드
② PVC
③ PVA
④ 아크릴로니트릴

> 해설

$CH \equiv CH + HCl \rightarrow CH_2 = CH$
　　　　　　　　　　　　|
　　　　　　　　　　　　Cl
　　　　　　　　　　　염화비닐

$\xrightarrow{중합} \left[CH_2-CH \right]_n$
　　　　　　　　|
　　　　　　　　Cl
PVC(폴리비닐클로라이드)

정답 71 ① 72 ④ 73 ③ 74 ④ 75 ③ 76 ②

77 N₂O₄와 H₂O가 같은 몰비로 존재하는 용액에 산소를 넣어 HNO₃ 30kg을 만들고자 한다. 이때 필요한 산소의 양은 약 몇 kg인가?(단, 반응은 100% 일어난다고 가정한다.)

① 3.5 ② 3.8
③ 4.1 ④ 4.5

해설

$$N_2O_4 + H_2O + \frac{1}{2}O_2 \rightarrow 2HNO_3$$
$$2N_2O_4 + 2H_2O + O_2 \rightarrow 4HNO_3$$

	32kg	:	4×63kg
	x	:	30kg

∴ $x = 3.89$ kg

78 염화수소가스 42.3kg을 물 83kg에 흡수시켜 염산을 제조할 때 염산의 농도 백분율은?(단, 염화수소가스는 전량 물에 흡수된 것으로 한다.)

① 13.76% ② 23.76%
③ 33.76% ④ 43.76%

해설

HCl(g) + H₂O(l) → HCl(aq)
42.3kg   83kg

염산의 농도백분율 $= \dfrac{42.3}{42.3+83} \times 100 = 33.76\%$

79 순도가 95%인 황산암모늄이 100kg 있다. 이 중 질소의 함량은 약 몇 kg인가?

① 9.1 ② 10.2
③ 15.1 ④ 20.2

해설

$$95kg(NH_4)_2SO_4 \times \frac{28kg\ N_2}{132kg(NH_4)_2SO_4} = 20.15kg$$

80 벤젠을 니트로화하여 니트로벤젠을 만들 때에 대한 설명으로 옳지 않은 것은?

① 혼산을 사용하여 니트로화 한다.
② NO_2^+이 공격하는 친전자적 치환반응이다.
③ 발열반응이다.
④ DVS의 값은 7이 가장 적합하다.

해설

DVS(황산의 탈수값)
• 혼합산을 사용하여 니트로화할 때의 기준으로 혼합산 중의 황산과 물의 비가 최적이 되도록 정하는 값이다.
  $$DVS = \frac{혼합산\ 중의\ 황산의\ 양}{반응\ 후\ 혼합산\ 중의\ 물의\ 양}$$
• DVS 값이 커지면 반응의 안정성과 수율이 커지고, DVS 값이 작아지면 수율이 감소하여 질산의 산화 작용이 활발해진다.
• 벤젠을 니트로화하여 니트로벤젠을 만들 때 DVS는 2.5~3.5가 적합하다.

벤젠의 니트로화(친전자적 치환반응)

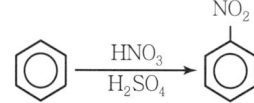

5과목 반응공학

81 밀도 변화가 없는 균일계 비가역 0차 반응, $A \rightarrow R$이 어떤 혼합반응기에서 전화율 90%로 진행된다. R의 생산량을 늘릴 목적으로 A의 공급속도를 2배로 했다면 결과는 어떻게 되겠는가?

① R의 생산량은 변함이 없다.
② R의 생산량이 2배로 증가한다.
③ R의 생산량이 1/2로 감소한다.
④ R의 생산량이 50% 증가한다.

해설

$$-r_A = -\frac{dC_A}{dt} = kC_A^0 = k$$

반응속도와 생산량은 무관하므로 공급속도를 2배 증가시켜도 생산량은 일정하다.

82 다음 각 그림의 빗금 친 부분의 넓이 가운데 플러그 반응기의 공간시간 τ_p를 나타내는 것은?(단, 밀도 변화가 없는 반응이다.)

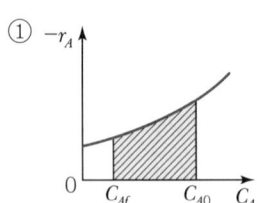 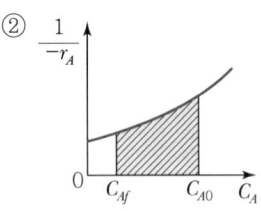

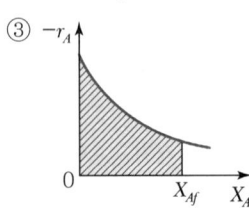 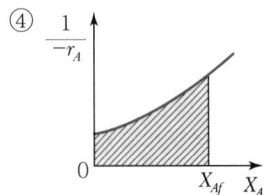

해설

밀도 변화가 없는 반응
$\varepsilon_A = 0$
$$\tau = -\int_{C_{A0}}^{C_A} \frac{dC_A}{-r_A} = \frac{C_{A0} - C_A}{-r_A}$$

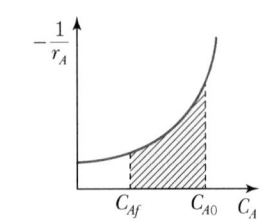

83 N_2O_2의 분해반응은 1차 반응이고 반감기가 20,500s일 때 8시간 후 분해된 분율은 얼마인가?

① 0.422 ② 0.522
③ 0.622 ④ 0.722

해설

㉠ 1차 반응
$t_{1/2} = 20,500\,s$
$-kt = \ln(1-X_A)$
$t_{1/2} = \dfrac{\ln 2}{k} = 20,500\,s$
∴ $k = 3.381 \times 10^{-5}\,s^{-1}$

㉡ 8시간 후
$\ln(1-X_A) = -3.381 \times 10^{-5}\,s^{-1} \times 8\,h \times \dfrac{3,600\,s}{1\,h}$
$\qquad\qquad\quad = -0.974$
∴ $X_A = 0.622$

84 균일계 액상반응 $A \to R$이 회분식 반응기에서 1차 반응으로 진행된다. A의 40%가 반응하는 데 5분이 소요된다면, A의 60%가 반응하는 데 약 몇 분이 소요되겠는가?

① 5분 ② 9분
③ 12분 ④ 15분

해설

$-kt = \ln(1-X_A)$
$-k \times 5\min = \ln(1-0.4)$ ∴ $k = 0.102\,\min^{-1}$
$-0.102 t = \ln(1-0.6)$ ∴ $t = 8.98\,\min$

85 2번째 반응기의 크기가 1번째 반응기 체적의 2배인 2개의 혼합 반응기를 직렬로 연결하여 물질 A의 액상 분해 속도론을 연구한다. 정상상태에서 원료의 농도가 1mol/L이고, 1번째 반응기에서 평균 체류시간은 96초이며 1번째 반응기의 출구농도는 0.5mol/L이고 2번째 반응기의 출구농도는 0.25mol/L이다. 이 분해반응은 몇 차 반응인가?

① 0차 ② 1차
③ 2차 ④ 3차

해설

2개의 CSTR

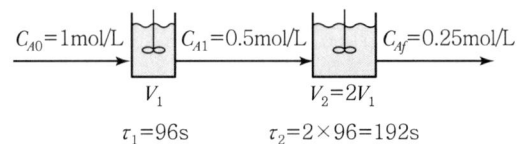

위의 반응을 2차로 가정하면
$k\tau C_{A0} = \dfrac{X_A}{(1-X_A)^2}$

㉠ $k_1 = \dfrac{0.5}{(1-0.5)^2 \times 96 \times 1} = 0.021\,\text{L/mol s}$

㉡ $k_2 = \dfrac{0.5}{(1-0.5)^2 \times 192 \times 0.5} = 0.021\,\text{L/mol s}$

$k_1 = k_2$이므로 이 분해반응은 2차 반응

86 체적이 일정한 회분식 반응기에서 다음과 같은 기체 반응이 일어난다. 초기의 전압과 분압을 각각 P_0, P_{A0}, 나중의 전압을 P라 할 때 분압 P_A를 표시하는 식은? (단, 초기에 A, B는 양론비대로 존재하고 R은 없다.)

$$aA + bB \rightarrow rR$$

① $P_A = P_{A0} - \dfrac{a}{r-a-b}(P-P_0)$

② $P_A = P_{A0} - \dfrac{a}{r+a+b}(P-P_0)$

③ $P_A = P_{A0} + \dfrac{a}{r-a-b}(P-P_0)$

④ $P_A = P_{A0} + \dfrac{a}{r+a+b}(P-P_0)$

해설

	aA	+	bB	→	rR
초기	P_{A0}		P_{B0}		0
반응	$-ax$		$-bx$		$+rx$
	$P_{A0}-ax$		$P_{B0}-bx$		rx

$P_0 = P_{A0} + P_{B0}$

$P = P_{A0} - ax + P_{B0} - bx + rx$

$\therefore P = P_0 + (r-a-b)x$

$x = \dfrac{P-P_0}{r-a-b}$

$\therefore P_A = P_{A0} - ax$

$\qquad = P_{A0} - \dfrac{a}{r-a-b}(P-P_0)$

87 균일계 액상 병렬반응이 다음과 같을 때 R의 순간 수율 ϕ의 값으로 옳은 것은?

$$A + B \xrightarrow{k_1} R, \quad \dfrac{dC_R}{dt} = 1.0\,C_A C_B^{0.5}$$

$$A + B \xrightarrow{k_2} S, \quad \dfrac{dC_S}{dt} = 1.0\,C_A^{0.5} C_B^{1.5}$$

① $\dfrac{1}{1 + C_A^{-0.5} C_B}$

② $\dfrac{1}{1 + C_A^{0.5} C_B^{-1}}$

③ $\dfrac{1}{C_A C_B^{0.5} + C_A^{0.5} C_B^{1.5}}$

④ $C_A^{0.5} C_B^{-1}$

해설

R의 순간수율 $= \dfrac{dC_R}{-dC_A} = \phi$

$\phi = \dfrac{dC_R}{-dC_A}$

$\quad = \dfrac{C_A C_B^{0.5}}{C_A C_B^{0.5} + C_A^{0.5} C_B^{1.5}}$

$\quad = \dfrac{1}{1 + C_A^{-0.5} C_B^{1}}$

88 기상 2차 반응에 관한 속도식을 $-\dfrac{dP_A}{dt} = k_p P_A^2$ (atm/h)로 표시할 때 k_p의 단위로 옳은 것은?

① $\text{atm}^{-1}\,\text{h}$
② h^{-1}
③ atm h
④ $\text{atm}^{-1}\,\text{h}^{-1}$

해설

$\text{atm/h} = k_p[\text{atm}]^2$

$\therefore k_p = \text{atm}^{-1}\,\text{h}^{-1}$

정답 86 ① 87 ① 88 ④

89 Arrhenius Law에 따라 작도한 다음 그림 중에서 평행반응(Parallel Reaction)에 가장 가까운 것은?

①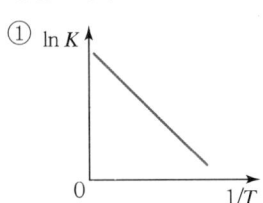
②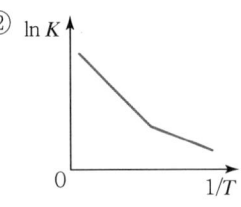
③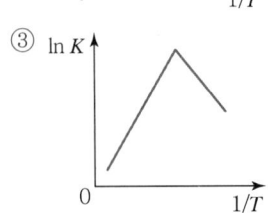
④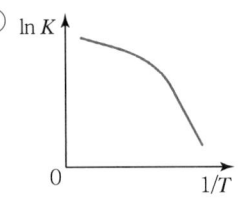

해설

② 평행반응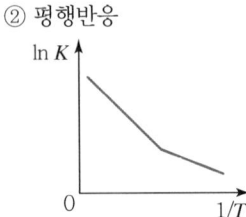
④ 연속반응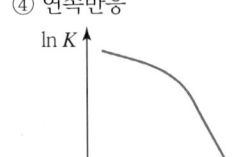

90 균일계 액상반응 $A \to R \to S$에서 1단계는 2차 반응, 2단계는 1차 반응으로 진행되고 R이 원하는 제품일 경우, 다음 설명 중 옳은 것은?

① A의 농도를 높게 유지할수록 좋다.
② 반응온도를 높게 유지할수록 좋다.
③ 혼합 반응기가 플러그 반응기보다 성능이 더 좋다.
④ A의 농도는 R의 수율과 직접 관계가 없다.

해설

$A \xrightarrow[2차]{k_1} R \xrightarrow[1차]{k_2} S$

- $r_R = k_1 C_A^2 - k_2 C_R$
- $r_S = k_2 C_R$

$$\frac{r_R}{r_S} = \frac{k_1 C_A^2 - k_2 C_R}{k_2 C_R} = \frac{k_1}{k_2} \frac{C_A^2}{C_R} - 1$$

∴ R이 원하는 제품이므로 A의 농도를 높게 유지할수록 좋다.

91 반응물 A는 1차 반응 $A \to R$에 의해 분해된다. 서로 다른 2개의 플러그흐름반응기에 다음과 같이 반응물의 주입량을 달리하여 분해실험을 하였다. 두 반응기로부터 동일한 전화율 80%를 얻었을 경우 두 반응기의 부피비 V_2/V_1는 얼마인가?(단, F_{A0}는 공급 몰속도이고 C_{A0}는 초기 농도이다.)

- 반응기 1 : $F_{A0} = 1$, $C_{A0} = 1$
- 반응기 2 : $F_{A0} = 2$, $C_{A0} = 1$

① 0.5
② 1
③ 1.5
④ 2

해설

1차 PFR
$-k\tau = \ln(1 - X_A)$

- 반응기 1 : $\tau = \dfrac{C_{A0} V_1}{F_{A0}} = \dfrac{1 \times V_1}{1}$

  $-kV_1 = \ln(1 - 0.8)$
  ∴ $kV_1 = 1.609$

- 반응기 2 : $\tau = \dfrac{1 \times V_2}{2} = \ln(1 - 0.8)$

  $-kV_2 = 2\ln(1 - 0.8)$
  ∴ $kV_2 = 3.219$

∴ $\dfrac{V_2}{V_1} = \dfrac{3.29}{1.609} ≒ 2$

92 다음 그림과 같은 반응에서 열효과로 옳은 것은?

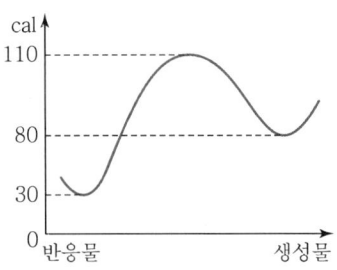

① 30cal 흡열
② 50cal 흡열
③ 30cal 발열
④ 50cal 발열

정답 89 ② 90 ① 91 ④ 92 ②

해설

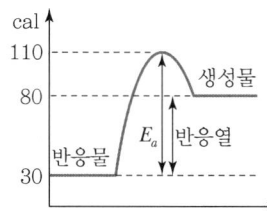

- 반응열 = 80 − 30 = 50cal
- 활성화 에너지 = 110 − 30 = 80cal

93 어떤 반응의 Arrhenius Plot에서 반응속도상수의 상용대수값 $\log k$와 $1/T$은 반대수(Semi Logalithm) 좌표에서 직선관계를 가졌으며, 기울기가 −3,000이라 하면 활성화 에너지는 몇 cal/mol인가?

① 12,800 ② 13,730
③ 21,810 ④ 61,420

해설

$k = k_0 e^{-E_a/RT}$

$\ln k = \ln k_0 - \dfrac{E_a}{RT}$

$\log k = \log k_0 - \dfrac{E_a}{2.303RT}$

$\text{Slope} = -\dfrac{E_a}{2.303R} = -3,000\text{cal/mol}$

$\therefore E_a = 2.303 \times 1.987 \times 3,000$
$= 13,730\text{cal/mol}$

94 흐름반응기(Flow Reactor)에서 다음의 기초반응이 일어날 때 R의 선택도를 최대로 하기 위한 방법은?

$$A + B \rightarrow R, \quad 2A \rightarrow S$$

① C_A를 낮게, C_B를 높게 한다.
② C_A를 높게, C_B를 낮게 한다.
③ C_A와 C_B를 높게 한다.
④ C_A와 C_B를 낮게 한다.

해설

선택도 $\dfrac{r_R}{r_S} = \dfrac{k_1 C_A C_B}{k_2 C_A^2} = \dfrac{k_1}{k_2} \dfrac{C_B}{C_A}$

$\therefore C_A \downarrow \ C_B \uparrow$

95 반응의 진전에 따라 체적이 변하는 반응에서의 부피변화율 ε_A는 $V = V_o(1 + \varepsilon_A X_A)$의 관계가 있다. 순수한 반응물 A로만 시작하는 $A \rightarrow 4R$의 반응에서 부피변화율 ε_A의 값은?(단, V_o는 초기 부피, X_A는 전화율이다.)

① $\dfrac{3}{4}$ ② $\dfrac{5}{4}$
③ 4 ④ 3

해설

$V = V_o(1 + \varepsilon_A X_A)$
순수한 반응물 $A(y_{A_o} = 1)$
$A \rightarrow 4R$
$\varepsilon_A = y_{A_o} \delta = 1 \cdot \dfrac{4-1}{1} = 3$

96 다음 중 일반적인 기초반응의 분자도(Molecularity)에 해당하는 것은?

① 1.5 ② 2
③ 2.5 ④ 4

해설

- 기초반응의 분자도는 대게 1, 2이고 드물게 3이다.
- 분자도란 반응에 관여하는 분자의 수이다.

97 정압반응에서 처음에 80%의 A를 포함하는(나머지 20%는 불활성 물질) 반응 혼합물의 부피가 2min에 20% 감소한다면 기체 반응 $2A \rightarrow R$에서 A의 소모에 대한 1차 반응 속도상수는 약 얼마인가?

① 0.147min^{-1} ② 0.247min^{-1}
③ 0.347min^{-1} ④ 0.447min^{-1}

정답 93 ② 94 ① 95 ④ 96 ② 97 ③

해설

$\varepsilon_A = y_{A_0}\delta = (0.8)\left(\dfrac{1-2}{2}\right) = -0.4$

$2A \rightarrow R$
$V = V_o(1 + \varepsilon_A X_A)$
2min 20% 감소했으므로
$80 = 100(1 - 0.4X_A) \rightarrow X_A = 0.5$
1차 반응이므로
$-kt = \ln(1 - X_A)$
$-k \times 2\min = \ln(1 - 0.5)$
$\therefore k = 0.3471 \min^{-1}$

98 매 3분마다 반응기 체적의 1/2에 해당하는 반응물이 반응기에 주입되는 연속흐름반응기(Steady State Flow Reactor)가 있다. 이때의 공간시간(τ : Space Time)과 공간속도(S : Space Velocity)는 얼마인가?

① $\tau = 6$분, $S = 1$분$^{-1}$
② $\tau = \dfrac{1}{3}$분, $S = 3$분$^{-1}$
③ $\tau = 6$분, $S = \dfrac{1}{6}$분$^{-1}$
④ $\tau = 2$분, $S = \dfrac{1}{2}$분$^{-1}$

해설

τ : 반응기 부피만큼 처리하는 데 소요되는 시간이므로 6분
$S = \dfrac{1}{\tau} = \dfrac{1}{6}$

99 회분식 반응기에서 전화율을 75%까지 얻는 데 소요된 시간이 3시간이었다고 한다. 같은 전화율로 3ft³/min을 처리하는 데 필요한 플러그흐름반응기의 부피는 얼마인가?(단, 반응에 따른 밀도 변화는 없다.)

① 540ft³   ② 620ft³
③ 720ft³   ④ 840ft³

해설

반응에 따른 밀도의 변화가 없으므로 $\varepsilon_A = 0$
$\tau = \dfrac{V}{v_0} = 3\text{h}$
$V = \tau v_0 = 3\text{h} \times 3\text{ft}^3/\min \times \dfrac{60\min}{1\text{h}} = 540\text{ft}^3$

100 미분법에 의한 미분속도 해석법이 아닌 것은?
① 도식적 방법
② 수치해석법
③ 다항식 맞춤법
④ 반감기법

해설

반감기법, 최소자승법은 미분법, 적분법이 정확하지 않을 때 사용한다.

미분해석법
• 도식미분법
• 수치미분법
• 자료에 잘 맞는 다항식의 미분

정답 98 ③   99 ①   100 ④

2012년 제2회 기출문제

1과목 화공열역학

01 기상 반응계에서 평형상수 K가 다음과 같이 표시되는 경우는?(단, K는 성분 i의 양론계수이고, $\nu = \sum_i \nu_i$이다.)

$$K = \left(\frac{P}{P^\circ}\right)^\nu \prod_i y_i^{\nu_i}$$

① 평형혼합물이 이상기체이다.
② 평형혼합물이 이상용액이다.
③ 반응에 따른 몰수 변화가 없다.
④ 반응열이 온도에 관계없이 일정하다.

해설

$K = \left(\frac{P}{P^\circ}\right)^\nu \prod_i y_i^{\nu_i}$

$\prod_i (y_i \phi_i)^{\nu_i} = \left(\frac{P}{P^\circ}\right)^{-\nu} K$

$\phi_i = 1$(이상기체) $\prod_i (y_i)^{\nu_i} = \left(\frac{P}{P^\circ}\right)^{-\nu} K$

$\therefore K = \left(\frac{P}{P^\circ}\right)^\nu \prod_i (y_i)^{\nu_i}$

02 혼합물 중 성분 i의 화학퍼텐셜 μ_i에 관한 식으로 옳은 것은?(단, G는 깁스 자유에너지, n_i는 성분 i의 몰수, n_j는 i번째 성분 이외의 몰수를 나타낸다.)

① $\mu_i = \left[\frac{\partial (nG)}{\partial n_i}\right]_{P, T, n_j}$ ② $\mu_i = \left[\frac{\partial G}{\partial n_i}\right]_{T, V, n_j}$

③ $\mu_i = \left(\frac{\partial G}{\partial n_i}\right)_{P, V}$ ④ $\mu_i = \left(\frac{\partial G}{\partial n_i}\right)_{n_j}$

해설

화학퍼텐셜(μ_i)

$\mu_i = \left[\frac{\partial (nG)}{\partial n_i}\right]_{P, T, n_j}$

03 매우 더운 여름날 방안을 시원하게 할 목적으로 밀폐된 방안에서 가동 중인 냉장고의 문을 열어 놓았다. 방이 완전히 단열된 공간이라고 간주할 때, 몇 시간이 지난 후 방안의 온도는 어떻게 될 것인가?

① 온도의 변화가 없다.
② 온도가 상승한다.
③ 온도가 하강한다.
④ 바깥의 온도에 따라서 달라진다.

해설

방은 단열된 공간이고, 냉장고 문을 열어 놓으면 잠깐은 냉장고에서 찬바람이 나와 온도가 내려가지만, 냉장고 모터에서 열이 발생하여 몇 시간 후 방 안의 온도는 상승한다. 즉, 열역학 제1법칙에 의해 에너지가 보존되므로 온도가 상승한다.

04 물과 수증기와 얼음이 공존하는 삼중점에서 자유도의 수는?

① 0   ② 1
③ 2   ④ 3

해설

$F = 2 - P + C$
$\quad = 2 - 3 + 1$
$\quad = 0$

정답 01 ① 02 ① 03 ② 04 ①

05 오토 사이클(Otto Cycle)에 대한 설명으로 옳은 것은?

① 증기원동기의 이상사이클이다.
② 디젤기관의 이상사이클이다.
③ 가스터빈의 이상사이클이다.
④ 불꽃점화기관이 이상사이클이다.

해설
오토 사이클
㉠ 보편적인 내연기관은 자동차에 이용되는 Otto 기관이다.
㉡ 이 기관의 사이클은 4개의 행정(Stroke)으로 구성되어 있다.

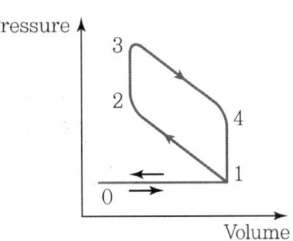

- 0 → 1 : 연료투입
- 1 → 2 : 단열압축
- 2 → 3 : 연소가 빠르게 진행되므로 부피는 거의 일정하나 압력은 상승
- 3 → 4 : 단열팽창
- 4 → 1 : 밸브가 열리면서 일정부피에서 압력 감소

㉢ 오토 사이클은 가솔린 내연기관(불꽃점화기관)의 이상적인 열역학 사이클이다.

06 화학평형상수에 미치는 온도의 영향을 옳게 표현한 것은?(단, $\Delta H°$는 표준반응 엔탈피로서 온도에 무관하며, K_o는 온도 T_o에서의 평형상수, K는 온도 T에서의 평형상수이다.)

① 발열반응이면 온도 증가에 따라 화학평형상수도 증가한다.
② $\Delta H° = -RT\dfrac{d\ln K}{dT}$
③ $\ln \dfrac{K}{K_o} = -\dfrac{\Delta H°}{R}\left(\dfrac{1}{T} - \dfrac{1}{T_o}\right)$
④ $\dfrac{\Delta G°}{RT} = \ln K$

해설
- $\Delta G° = -RT\ln K$
  $\ln K = -\dfrac{\Delta G°}{RT}$
- $\dfrac{d\ln K}{dT} = \dfrac{\Delta H°}{RT^2}$
  $\ln \dfrac{K_2}{K_1} = -\dfrac{\Delta H°}{R}\left(\dfrac{1}{T_2} - \dfrac{1}{T_1}\right)$

07 엔탈피 H에 관한 식이 다음과 같이 표현될 때 식에 관한 설명으로 옳은 것은?

$$dH = \left(\dfrac{\partial H}{\partial T}\right)_P dT + \left(\dfrac{\partial H}{\partial P}\right)_T dP$$

① $\left(\dfrac{\partial H}{\partial T}\right)_P$는 P의 함수이고, $\left(\dfrac{\partial H}{\partial P}\right)_T$는 T의 함수이다.
② $\left(\dfrac{\partial H}{\partial T}\right)_P$, $\left(\dfrac{\partial H}{\partial P}\right)_T$ 모두 P의 함수이다.
③ $\left(\dfrac{\partial H}{\partial T}\right)_P$, $\left(\dfrac{\partial H}{\partial P}\right)_T$ 모두 T의 함수이다.
④ $\left(\dfrac{\partial H}{\partial T}\right)_P$는 T의 함수이고, $\left(\dfrac{\partial H}{\partial P}\right)_T$는 P의 함수이다.

해설
$dH = \left(\dfrac{\partial H}{\partial T}\right)_P dT + \left(\dfrac{\partial H}{\partial P}\right)_T dP$

여기서, $\left(\dfrac{\partial H}{\partial T}\right)_P$: 온도 T의 함수. 일정압력(P)에서 온도에 따른 H의 변화량

$\left(\dfrac{\partial H}{\partial P}\right)_T$: 압력 P의 함수. 일정온도(T)에서 압력에 따른 H의 변화량

정답 05 ④ 06 ③ 07 ④

08 다음의 반응이 760℃, 1기압에서 일어난다. 반응한 CO_2의 몰분율을 X라 하면 이때의 평형상수 K_P를 구하는 식은?(단, 초기에 CO_2와 H_2는 각각 1몰씩이며, 초기의 CO와 H_2O는 없다고 가정한다.)

$$CO_2 + H_2 \rightarrow CO + H_2O$$

① $\dfrac{X^2}{1-X^2}$ ② $\dfrac{X^2}{(1-X)^2}$

③ $\dfrac{X}{1-X}$ ④ $\dfrac{1-X}{X}$

해설

$$CO_2(g) + H_2(g) \rightarrow CO(g) + H_2O(g)$$
초기) 1 : 1 0 : 0
평형) $1-X$: $1-X$ X : X

$$\therefore K_P = \frac{P_{CO} \cdot P_{H_2O}}{P_{CO_2} \cdot P_{H_2}} = \frac{X^2}{(1-X)^2}$$

09 조름 밸브(Throttling Valve)의 과정에서 성립하는 것은?(단, 열전달이 없고, 위치 및 운동에너지는 일정하다.)

① 엔탈피의 변화가 없다.
② 엔트로피의 변화가 없다.
③ 압력의 변화가 없다.
④ 내부 에너지의 변화가 없다.

해설

조름공정
유체가 오리피스, 부분적으로 닫혀진 밸브 또는 다공성 마개와 같은 제한 요소를 통하여 흐를 때 운동에너지나 위치에너지의 변화가 거의 없다면, 유체의 압력강하가 일어나며, 축일을 생성하지 않는다.
$\Delta H = 0$ 또는 $H_2 = H_1$으로 등엔탈피 공정이다.

10 퓨가시티(Fugacity)에 관한 설명으로 틀린 것은?
① 일종의 세기(Intensive Properties) 성질이다.
② 이상기체 압력에 대응하는 실제기체의 상태량이다.
③ 이상기체 압력에 퓨가시티 계수를 곱하면 퓨가시티가 된다.
④ 퓨가시티는 압력만의 함수이다.

해설

퓨가시티(Fugacity)
$f = \phi_i P$
여기서, f : 실제기체에 사용하는 압력
ϕ_i : 실제기체와 이상기체 압력의 관계를 나타내는 계수. 퓨가시티 계수
퓨가시티는 온도, 압력, 조성의 함수이다.
$$\ln \phi_i = \frac{B_{ii} P}{RT}$$

11 활동도 계수(Activity Coefficient)에 관한 식으로 옳게 표시된 것은?(단, G^E는 혼합물 1mol에 대한 과잉 깁스에너지이며, γ_i는 i성분의 활동도 계수, n은 전체 몰수, n_i는 i성분의 몰수, n_j는 i번째 성분 이외의 몰수를 나타낸다.)

① $\ln \gamma_i = \left[\dfrac{\partial(G^E/R)}{\partial n_i} \right]_{T, P, n_j}$

② $\ln \gamma_i = \left[\dfrac{\partial(nG^E/RT)}{\partial n_i} \right]_{T, n_j}$

③ $\ln \gamma_i = \left[\dfrac{\partial(nG^E/RT)}{\partial n_i} \right]_{P, n_j}$

④ $\ln \gamma_i = \left[\dfrac{\partial(nG^E/RT)}{\partial n_i} \right]_{T, P, n_j}$

해설

과잉깁스에너지
$G^E = G - G^{id}$
$\overline{G}_i^E = \overline{G}_i - \overline{G}_i^{id}$ (부분과잉깁스에너지)
$\overline{G}_i^E = RT \ln \dfrac{\hat{f}_i}{P} = RT \ln \dfrac{\hat{f}_i}{x_i f_i} = RT \ln \gamma_i$
$\ln \gamma_i = \dfrac{\overline{G}^E}{RT}$
$\ln \gamma_i = \left[\dfrac{\partial(nG^E/RT)}{\partial n_i} \right]_{T, P, n_j}$

12 1atm, 32℃의 공기를 0.8atm까지 가역 단열팽창시키면 온도는 약 몇 ℃가 되겠는가?(단, 비열비가 1.4인 이상기체라고 가정한다.)

① 3.2
② 13.2
③ 23.2
④ 33.2

해설

$$\left(\frac{T_2}{T_1}\right) = \left(\frac{P_2}{P_1}\right)^{\frac{\gamma-1}{\gamma}}$$

$$\frac{T_2}{(273+32)\text{K}} = \left(\frac{0.8}{1}\right)^{\frac{1.4-1}{1.4}}$$

∴ $T_2 = 286.16\text{K} = 13.16℃$

13 용매에 소량의 기체가 녹아 있을 때 나타나는 퓨가시티를 구하고자 할 경우에 가장 적절한 방법은?

① 라울의 법칙(Raoult's Law)을 이용한다.
② 헨리의 법칙(Henry's Law)을 이용한다.
③ 네른스트(Nernst)의 분배법칙을 이용한다.
④ 반데르발스(Van der Waals) 식을 이용한다.

해설

헨리의 법칙
- 용해도가 작은 기체의 경우, 일정온도에서 액체에 녹는 기체의 질량은 분압에 비례한다.
- 용매에 소량의 기체가 녹는 경우에 해당된다.

14 실린더에 피스톤이 설치되어 있다. 초기에 실린더-피스톤 내부 부피가 0.03m³일 때 14bar의 압력이 유지되도록 힘으로 유지하다가 갑자기 이 힘을 반으로 줄여서 내부 부피가 0.06m³로 되었다면 실린더 내의 기체가 한 일의 크기는?(단, PV = 일정)

① ln2 × 42,000 J
② 42,000 J
③ ln2 × 84,000 J
④ 84,000 J

해설

$$W = \int_{V_1}^{V_2} P dV = \int \frac{nRT}{V} dV = nRT \ln \frac{V_2}{V_1}$$

$$= PV \ln \frac{V_2}{V_1} = 14\text{bar} \times 0.03\text{m}^3 \times \ln \frac{0.06}{0.03}$$

$$= 14\text{bar} \times 0.03\text{m}^3 \times \frac{101.3 \times 10^3 \text{N/m}^2}{1.013\text{bar}} \times \ln 2$$

$$= 42,000 \ln 2 \text{ J}$$

15 진공용기 내에서 $CaCO_3(s)$의 일부가 분해되어 $CaO(s)$와 $CO_2(g)$가 생성된 후 평형에 도달했을 때 자유도는?

① 0
② 1
③ 2
④ 3

해설

$CaCO_3(s) \rightarrow CaO(s) + CO_2(g)$

$F = 2 - p + c - r - s$
  $= 2 - 3 + 3 - 1$
  $= 1$

※ 고체의 상은 각각 계산한다.

16 증기압축 냉동사이클을 옳게 나타낸 것은?

① 압축기 → 응축기 → 증발기 → 팽창밸브 → 압축기
② 압축기 → 팽창엔진 → 응축기 → 증발기 → 압축기
③ 압축기 → 증발기 → 응축기 → 팽창엔진 → 압축기
④ 압축기 → 응축기 → 팽창밸브 → 증발기 → 압축기

해설

증기압축 냉동사이클
- 1 → 2 : 일정압력에서 증발 (열흡수)
- 2 → 3 : 압축
- 3 → 4 : 냉각, 응축
- 4 → 1 : 조름공정(팽창밸브)

압축기 → 응축기 → 팽창밸브(조름공정) → 증발기

정답 12 ② 13 ② 14 ① 15 ② 16 ④

17 압축 또는 팽창에 대해 가장 올바르게 표현한 내용은?(단, 첨자 s는 등엔트로피를 의미한다.)

① 압축기의 효율은 $\eta = \dfrac{(\Delta H)_s}{\Delta H}$ 로 나타낸다.

② 노즐에서 에너지 수지식은 $W_s = -\Delta H$이다.

③ 터빈에서 에너지 수지식은 $W_s = -\int u du$이다.

④ 조름공정에서 에너지 수지식은 $dH = -udu$이다.

해설

- 압축기 효율 $= \dfrac{(\Delta H)_s}{\Delta H}$
- 터빈 효율 $= \dfrac{\Delta H}{(\Delta H)_s}$
- 노즐에서 에너지수지식 : $\Delta H + \dfrac{\Delta u^2}{2} = 0$
- 터빈(팽창기)에서 에너지수지식 : $\Delta H = W_s$
- 조름공정에서 에너지수지식 : $\Delta H = 0$

18 50mol% 메탄과 50mol% n-헥산의 증기 혼합물의 제2비리얼계수(B)는 50℃에서 $-517\text{cm}^3/\text{mol}$이다. 같은 온도에서 메탄 25mol%, n-헥산 75mol%가 들어 있는 혼합물에 대한 제2비리얼계수(B)는 약 몇 cm^3/mol인가?(단, 50℃에서 메탄에 대하여 B_1은 $-33\text{cm}^3/\text{mol}$이고, n-헥산에 대하여 B_2는 $-1,512\text{cm}^3/\text{mol}$이다.)

① $-1,530$ ② $-1,320$
③ $-1,110$ ④ -950

해설

혼합물의 비리얼계수 $= \sum_i \sum_j y_i y_j B_{ij}$

여기서, $y_i y_j$: 기체혼합물 중의 몰분율
B_{ij} : 비리얼계수

2성분계 혼합물이므로
$B = y_1 y_1 B_{11} + y_1 y_2 B_{12} + y_2 y_1 B_{21} + y_2 y_2 B_{22}$
$= y_1^2 B_{11} + 2 y_1 y_2 B_{12} + y_2^2 B_{22}$

㉠ 50mol% 메탄 + 50mol% n-헥산 혼합물에서
제2비리얼계수 $B = -517\text{cm}^3/\text{mol}$
$\therefore -517\text{cm}^3/\text{mol} = 0.5^2 \times (-33) + 2 \times 0.5^2 \times B_{12}$
$\qquad = 0.5^2 \times (-1,512)$
$B_{12} = -261.5\text{cm}^3/\text{mol}$

㉡ 25mol% 메탄 + 75mol% n-헥산 혼합물에서
제2비리얼계수 B를 구하면
$B = (0.25^2)(-33) + (2)(0.25)(0.75)(-261.5)$
$\qquad + 0.75^2(-1,512)$
$\quad = -950.6\text{cm}^3/\text{mol}$

19 맥스웰(Maxwell)의 관계식으로 틀린 것은?

① $\left(\dfrac{\partial T}{\partial V}\right)_S = -\left(\dfrac{\partial P}{\partial S}\right)_V$ ② $\left(\dfrac{\partial T}{\partial P}\right)_S = -\left(\dfrac{\partial P}{\partial S}\right)_V$

③ $\left(\dfrac{\partial S}{\partial V}\right)_T = \left(\dfrac{\partial P}{\partial T}\right)_V$ ④ $-\left(\dfrac{\partial S}{\partial P}\right)_T = \left(\dfrac{\partial V}{\partial T}\right)_P$

해설

Maxwell 관계식

$\left(\dfrac{\partial T}{\partial V}\right)_S = -\left(\dfrac{\partial P}{\partial S}\right)_V \qquad \left(\dfrac{\partial T}{\partial P}\right)_S = \left(\dfrac{\partial V}{\partial S}\right)_P$

$\left(\dfrac{\partial S}{\partial V}\right)_T = \left(\dfrac{\partial P}{\partial T}\right)_V \qquad -\left(\dfrac{\partial S}{\partial P}\right)_T = \left(\dfrac{\partial V}{\partial T}\right)_P$

20 열역학에 관한 설명으로 옳은 것은?

① 일정한 압력과 온도에서 일어나는 모든 비가역과정은 깁스(Gibbs) 에너지를 증가시키는 방향으로 진행한다.

② 공비물의 공비조성에서는 끓는 액체에서 같은 조성을 갖는 기체가 만들어지며 액체의 조성은 증발하면서도 변화하지 않는다.

③ 압력이 일정한 단일상의 PVT계에서 $\Delta H = \int_{T_1}^{T_2} C_v dT$ 이다.

④ 화학반응이 일어나면 생성물의 에너지는 구성 원자들의 물리적 배열의 차이에만 의존하여 변한다.

해설

- 일정한 온도와 압력에서 가역과정은 깁스(Gibbs) 에너지를 감소시키는 방향으로 진행한다.
- 압력이 일정한 PVT계에서 $\Delta H = \int_{T_1}^{T_2} C_p dT$이다.

2과목 단위조작 및 화학공업양론

21 세기성질(Intensive Property)이 아닌 것은?
① 엔트로피 ② 온도
③ 압력 ④ 화학퍼텐셜

해설
- 크기성질 : 물질의 양과 크기에 따라 측정값이 변하는 물성
  예 V, m, n, U, H, A, G
- 세기성질 : 물질의 양과 크기에 상관없이 측정값이 일정한 물성
  예 $T, P, d, \overline{V}, \overline{U}, \overline{H}$
- 세기성질 = $\dfrac{\text{크기성질}}{\text{다른 크기성질}}$
  예 $d, \overline{V}, \overline{U}, \overline{H}$

22 탄소 3g이 산소 16g 중에서 완전연소되었다면 연소 후 혼합기체의 부피는 표준 상태를 기준으로 몇 L인가?
① 5.6 ② 11.2
③ 16.8 ④ 22.4

해설
$$C + O_2 \rightarrow CO_2$$
12g   32g   22.4L(STP에서)
3g   8g $22.4L \times \dfrac{1}{4} = 5.6L$

그리고 $O_2(16-8)$g이 남아 있으므로
$8g\,O_2 \times \dfrac{22.4L}{32g} = 5.6L$
∴ 5.6L + 5.6L = 11.2L

23 벤젠의 비중은 0.872, 디클로로에탄의 비중은 1.246이라고 할 때, 벤젠 20mol%, 디클로로에탄 80mol% 용액을 만들려면 벤젠 대 디클로로에탄의 용적비는?
① 1 : 1.54 ② 1 : 2.00
③ 1 : 3.55 ④ 1 : 4.62

해설
- 벤젠 : $\dfrac{78\,g/mol}{0.872\,g/cm^3} = 89.4\,cm^3/mol$
- 디클로로에탄 : $\dfrac{99\,g/mol}{1.246\,g/cm^3} = 79.4\,cm^3/mol$

  벤젠 : 디클로로에탄
  $89.4 \times 0.2 : 79.4 \times 0.8$
  = 1 : 3.55

24 질소와 수소의 혼합물이 1,000기압을 유지하고 있다. 질소의 분압이 450기압이라면 이 혼합물의 평균 분자량은 얼마인가?
① 16.7 ② 15.7
③ 14.7 ④ 13.7

해설
$M_{av} = 28 \times 0.45 + 2 \times 0.55 = 13.7$

25 점도 1cP는 몇 kg/m s인가?
① 0.1 ② 0.01
③ 0.001 ④ 0.0001

해설
$1cP = 0.01P = 0.01\,g/cm\,s$
$= 0.001\,kg/m\,s$

26 수심 20m 지점의 물의 압력은 몇 kg_f/cm^2인가? (단, 수면에서의 압력은 1atm이다.)
① 1.033 ② 2.033
③ 3.033 ④ 4.033

해설
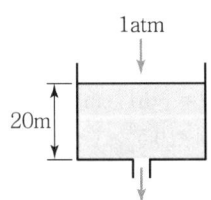

$$P = P_0 + \rho \frac{g}{g_c} h$$
$$= 1.0332 \mathrm{kg_f/cm^2} + (1,000)(20) \mathrm{kg_f/m^2} \times 1\mathrm{m^2}/100^2 \mathrm{cm^2}$$
$$= 3.033 \mathrm{kg_f/cm^2}$$

27 20℃, 730mmHg에서 상대습도가 75%인 공기가 있다. 공기의 mol 습도는?(단, 20℃에서 물의 증기압은 17.5mmHg이다.)

① 0.0012 ② 0.0076
③ 0.0183 ④ 0.0375

해설

H_R(상대습도) = 75%

$H_R = \dfrac{p_v}{17.5} \times 100 = 75\%$

$\therefore p_v = 0.75 \times 17.5 = 13.125\,\mathrm{mmHg}$

H_m(몰습도) $= \dfrac{p_v}{P - p_v} = \dfrac{13.125}{730 - 13.125}$
$= 0.0183\,\mathrm{mol\,H_2O/mol\,Dry\,Air}$

28 그림과 같은 순환조작에서 A, B, C, D, E의 각 흐름의 양을 기호로 나타내었다. 이들의 관계 중 옳은 것은?(단, 이 조작은 정상상태에서 진행되고 있다.)

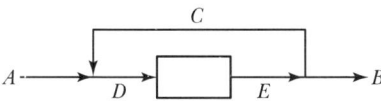

① $A = B$ ② $A + C = D + B$
③ $D = E + C$ ④ $B = A = C$

해설

순환조작

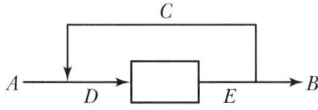

• 조성 : $A \neq C \neq D$
  $E = C = B$
• 물질수지 : $A = B$
  $E = C + B$
  $A + C = D$

29 헵탄(C_7H_{16})을 태워 드라이아이스 $CO_2(s)$를 제조한다. CO_2 기체에서 드라이아이스의 전화율은 50%이고 시간당 드라이아이스의 제조량이 500kg일 때 필요한 헵탄의 양은?

① 325kg/h ② 227kg/h
③ 162kg/h ④ 143kg/h

해설

$C_7H_{16} + \dfrac{11}{2} O_2 \rightarrow 7CO_2 + 8H_2O$

100kg : 7×44kg
x : 500kg/h

$\therefore x = 162.34\mathrm{kg/h}$

하지만, $CO_2(g) \rightarrow CO_2(s)$ 전화율이 50%이므로
$2 \times 162.34 \fallingdotseq 325\mathrm{kg/h}$의 헵탄이 필요하다.

30 건구온도와 습구온도의 상관관계에 대한 설명 중 틀린 것은?

① 공기가 건조할수록 건구온도와 습구온도 차는 커진다.
② 공기가 건조할수록 건구온도가 낮아진다.
③ 공기가 수증기로 포화될 때 건구온도와 습구온도는 같다.
④ 공기가 습할수록 습구온도는 높아진다.

해설

• 습구온도 : 습구가 젖어 있으므로 물이 증발하면서 온도가 낮아지므로 건구온도보다 항상 낮거나 같다.
• 건구온도 : 공기에 직접적으로 노출시켜 측정한 온도(현재 기온)
• 습도가 낮을수록(건조할수록) 증발이 잘 될 일이니 습구온도가 낮아진다.

31 40mol% 벤젠과 60mol% 톨루엔 혼합물을 시간당 100mol씩 증류탑에 공급한다. 탑 상부에서는 97mol%의 벤젠이 생성되고 탑 하부에서는 98mol%의 톨루엔이 생성될 경우, 탑 상부의 제품유량은?

① 40mol/h ② 50mol/h
③ 60mol/h ④ 70mol/h

해설

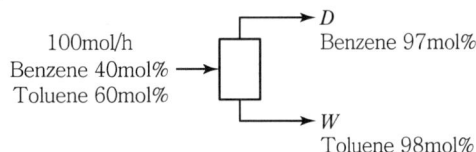

$0.4 \times 100 = D \times 0.97 + (100 - D) \times 0.02$
$\therefore D = 40 \text{mol/h}$

32 향류다단 추출에서 추제비 4와 단수 2로 조작할 때 추잔율은?

① 0.05
② 0.11
③ 0.89
④ 0.95

해설

향류다단 추출에서 추잔율
$$\frac{a_P}{a_0} = \frac{\alpha - 1}{\alpha^{P+1} - 1} = \frac{4-1}{4^{2+1} - 1} = 0.048$$

33 열풍에 의한 건조에서 항률 건조속도에 대한 설명으로 틀린 것은?

① 총괄 열전달 계수에 비례한다.
② 열풍온도와 재료 표면온도의 차이에 비례한다.
③ 재료 표면온도에서의 증발잠열에 비례한다.
④ 건조 면적에 반비례한다.

해설

항률 건조속도(R_c)
$$R_c = \left(\frac{W}{A}\right)\left(-\frac{dw}{d\theta}\right)$$
$$R_c = k_H(H_i - H) = \frac{h(t_G - t_i)}{\lambda_i} \text{[kg/m}^2\text{ h]}$$

여기서, h : 총괄 열전달계수, k_H : 총괄 물질전달계수
λ_i : t_i에서 증발잠열, t_G : 열풍온도
t_i : 재료 표면온도, H_i : 습도
A : 건조면적

$\therefore$ 재료 표면온도에서의 증발잠열에 반비례한다.

34 파이프(Pipe)와 튜브(Tube)에 대한 설명 중 틀린 것은?

① 파이프의 벽두께는 Schedule Number로 표시할 수 있다.
② 튜브의 벽두께는 BWG(Birmingham Wire Gauge) 번호로 표시할 수 있다.
③ 동일한 외경에서 Schedule Number가 클수록 벽 두께가 두껍다.
④ 동일한 외경에서 BWG가 클수록 벽 두께가 두껍다.

해설

Schedule Number : Pipe
• 관의 강도를 나타낸다.
• Sch No.가 클수록 두께는 두껍고, 내경은 작다(외경은 동일).

BWG(Birmingham Wire Gauge) : Tube
• 주로 응축기, 열교환기에 사용한다.
• BWG가 클수록 두께가 얇다.
  열전달이 잘되기 위해서는 BWG 두께가 얇아야 한다.

35 정류에 있어서 전 응축기를 사용할 경우 환류비를 3으로 할 때 유출되는 탑위제품 1mol/h당 응축기에서 응축해야 할 증기량은 몇 mol/h인가?

① 3.5
② 4
③ 4.5
④ 5

해설

$R = \dfrac{L}{D} = 3$
$D = 1 \text{mol/h}$
$L = 3 \text{mol/h}$
$\therefore V = L + D = 3 + 1 = 4 \text{mol/h}$

36 열확산계수의 차원을 옳게 나타낸 것은?(단, L은 길이, θ은 시간, T는 온도이다.)

① $\dfrac{L^2}{\theta}$
② $\dfrac{T}{\theta}$
③ $\dfrac{1}{L\theta T}$
④ $\dfrac{1}{L^2 \theta T}$

정답 32 ① 33 ③ 34 ④ 35 ② 36 ①

해설

열확산계수(α)

$$\alpha = \frac{k}{\rho C_p} = \frac{[\text{kcal/m h °C}]}{[\text{kg/m}^3][\text{kcal/kg °C}]} = \text{m}^2/\text{h}$$

여기서, k : 열전도도(kcal/m h °C)
ρ : 밀도(kg/m³)
C_p : 비열(kcal/kg °C)

α의 차원 : $[L^2/\theta]$

---

37 "분쇄에너지는 생성입자의 입경의 평방근에 반비례한다."는 법칙은?

① Sherwood 법칙　② Rittinger 법칙
③ Kick 법칙　　　 ④ Bond 법칙

해설

분쇄이론

Lewis 식 $\dfrac{dW}{dD_P} = -kD_P^{-n}$

여기서, D_P : 분쇄원료의 대표입경

㉠ Rittinger 법칙
$n = 2$
$$W = k_R'\left(\frac{1}{D_{P_2}} - \frac{1}{D_{P_1}}\right) = k_R(S_2 - S_1)$$
여기서, S_1 : 분쇄원료의 비표면적(cm²/g)
S_2 : 제품의 비표면적(cm²/g)

㉡ Kick 법칙
$n = 1$
$$W = k_K \ln\frac{D_{P_1}}{D_{P_2}}$$
여기서, k_K : 원료의 성질 및 분쇄기에 의해 변하는 정수

㉢ Bond 법칙
$n = \dfrac{3}{2}$
$$W = 2k_B\left(\frac{1}{\sqrt{D_{P_2}}} - \frac{1}{\sqrt{D_{P_1}}}\right)$$
$$= \frac{k_B}{5}\frac{\sqrt{100}}{\sqrt{D_{P_2}}}\left(1 - \frac{\sqrt{D_{P_2}}}{\sqrt{D_{P_1}}}\right)$$

---

38 노벽이 두께 25mm, 열전도도 0.1kcal/m h °C인 내화벽돌과 두께 20mm, 열전도도 0.2kcal/m h °C인 내화벽돌로 이루어졌다. 노벽의 내면온도는 1,000°C이고, 외면온도는 60°C이다. 두 내화벽돌 사이에서의 온도는 약 얼마인가?

① 228.6°C　② 328.6°C
③ 428.6°C　④ 528.6°C

해설

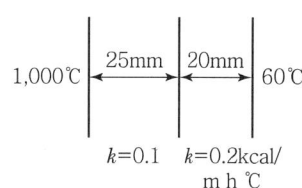

$$q = \frac{\Delta t}{R_1 + R_2} = \frac{1,000 - 60}{\dfrac{0.025}{0.1} + \dfrac{0.02}{0.2}} = \frac{940}{0.25 + 0.1}$$

$R = R_1 + R_2 = 0.25 + 0.1 = 0.35$

$\Delta t : \Delta t_1 = R : R_1$
$940 : \Delta t_1 = 0.35 : 0.25$
$\therefore \Delta t_1 = 671$
$\Delta t_1 = 1,000 - t_1 = 671$
$\therefore t_1 = 329$ °C

---

39 무차원항이 중력과 관계있는 것은?

① 레이놀즈(Reynolds) 수　② 프라우드(Froude) 수
③ 프랜틀(Prandtl) 수　　　 ④ 셔우드(Sherwood) 수

해설

① $N_{Re} = \dfrac{Du\rho}{\mu} = \dfrac{Du}{\nu} = \dfrac{\text{관성력}}{\text{점성력}}$

② $N_{Fr} = \dfrac{u^2}{gL} = \dfrac{\text{관성력}}{\text{중력}}$

③ $N_{Pr} = \dfrac{C_P \cdot \mu}{k} = \dfrac{\nu}{\alpha} = \dfrac{\text{운동량 확산속도}}{\text{열 확산속도}}$

④ $N_{Sh} = \dfrac{k_c L}{D_{AB}} = \dfrac{\text{대류물질 전달}}{\text{확산물질 전달}}$

여기서, k_c : 기상물질 전달계수
D_{AB} : 분자확산계수
L : 장치의 대표적 길이

정답 ▶ 37 ④　38 ②　39 ②

40 충전 흡수탑 내에서 탑 하부로부터 도입되는 기체가 탑 내의 특정 경로로만 흐르는 현상은?

① Loading
② Flooding
③ Hold-up
④ Channeling

해설

충전탑의 성질
㉠ 편류(Channeling, 채널링)
  액이 한 방향으로만 흐르는 현상
㉡ 부하속도(Loading Velocity)
  • 기체의 속도가 차차 증가하면 탑 내의 액체유량이 증가하는데, 이때의 속도를 부하속도라 한다.
  • 흡수탑의 작업은 부하속도를 넘지 않는 속도 범위에서 해야 한다.
㉢ 왕일점(Flooding Point, 범람점)
  기체의 속도가 아주 커서 액이 거의 흐르지 않고 넘치는 점으로, 향류조작이 불가능하다.

3과목 공정제어

41 되먹임 제어가 가장 용이한 공정은?

① 시간지연이 큰 공정
② 역응답이 큰 공정
③ 응답속도가 빠른 공정
④ 비선형성이 큰 공정

해설

되먹임 제어는 제어변수를 측정하고 이것을 설정치와 비교하여 오차를 구하여 제어하므로 응답속도가 빠른 공정이 용이하다.

42 2차계 공정의 동특성을 가지는 공정에 계단입력이 가해졌을 때 응답특성 중 맞는 것은?

① 입력의 크기가 커질수록 진동응답, 즉 과소감쇠응답이 나타날 가능성이 커진다.
② 과소감쇠응답 발생 시 진동주기는 공정이득에 비례하여 커진다.
③ 과소감쇠응답 발생 시 진동주기는 공정이득에 비례하여 작아진다.
④ 출력의 진동 발생 여부는 감쇠계수값에 의하여 결정된다.

해설

• $\zeta > 1$: 과도감쇠
• $\zeta = 1$: 임계감쇠
• $0 < \zeta < 1$: 과소감쇠

43 Underdamped 2차 공정에 관한 설명으로 옳은 것은?

① 한 개의 극이 복소수, 다른 한 극이 음의 실수를 갖는 경우도 Underdamped 2차 공정이 된다.
② 계단응답에서 Overshoot는 Decay Ratio의 제곱이다.
③ 항상 공진주파수가 존재한다.
④ Damping Coefficient가 작을수록 진동이 심해진다.

해설

과소감쇠(Underdamped)
ζ가 작을수록 진동이 심하다.

44 자동제어에 쓰이는 제어기의 기본형이 아닌 것은?

① 비례미분
② 비례적분
③ 적분미분
④ 비례적분미분

해설

제어기의 기본형태
• P : 비례
• PI : 비례적분
• PD : 비례미분
• PID : 비례적분미분

정답 40 ④ 41 ③ 42 ④ 43 ④ 44 ③

45 PID 제어기의 비례 및 적분동작에 의한 제어기 출력특성 중 옳은 것은?

① 비례동작은 오차가 일정하게 유지되면 출력값이 0이 된다.
② 적분동작은 오차가 일정하게 유지되면 출력값도 일정하게 유지된다.
③ 비례동작은 오차가 없어져야 출력값이 일정하게 유지된다.
④ 적분동작은 오차가 없어져야 출력값이 일정하게 유지된다.

해설
적분동작은 오차를 없애주는 동작으로, 오차가 일정해야 출력값도 일정하다.

46 모델식이 다음과 같은 공정의 Laplace 전달함수로 옳은 것은?(단, y는 출력변수, x는 입력변수이며 $Y(s)$와 $X(s)$는 각각 y와 x의 Laplace 변환이다.)

$$a_2\frac{d^2y}{dt^2}+a_1\frac{dy}{dt}+a_0y=b_1\frac{dx}{dt}+b_0x$$
$$\frac{dy}{dt}(0)=y(0)=x(0)=0$$

① $\dfrac{Y(s)}{X(s)}=\dfrac{a_2s^2+a_1s+a_0}{b_1s+b_0}$

② $\dfrac{Y(s)}{X(s)}=\dfrac{b_1+b_0s}{a_2+a_1s+a_0s^2}$

③ $\dfrac{Y(s)}{X(s)}=\dfrac{b_1s+b_0}{a_2s^2+a_1s+a_0}$

④ $\dfrac{Y(s)}{X(s)}=\dfrac{b_1+b_0s}{a_2s^2+a_1s+a_0}$

해설
$a_2s^2Y(s)+a_1sY(s)+a_0Y(s)=b_1sX(s)+b_0X(s)$
$(a_2s^2+a_1s+a_0)Y(s)=(b_1s+b_0)X(s)$
$\dfrac{Y(s)}{X(s)}=\dfrac{b_1s+b_0}{a_2s^2+a_1s+a_0}$

47 어느 계의 단위충격(Impulse) 입력에 대한 $y(t)$가 다음과 같을 때 이 계의 전달함수는?

$$y(t)=1-1.8e^{-4t}+0.8e^{-9t}$$

① $\dfrac{36}{s(s+4)}$ ② $\dfrac{36}{s(s+9)}$

③ $\dfrac{36}{s(s+4)(s+9)}$ ④ $\dfrac{36s}{s(s+4)(s+9)}$

해설
$Y(s)=\dfrac{1}{s}-\dfrac{1.8}{s+4}+\dfrac{0.8}{s+9}=G(s)\cdot 1$
$G(s)=\dfrac{36}{s(s+4)(s+9)}$

48 다음 블록선도의 제어계에서 출력 C를 구하면?

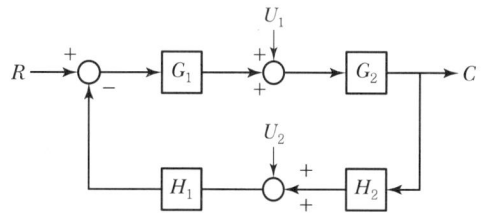

① $\dfrac{G_1G_2R+G_2G_1+G_1G_2H_1H_2}{1+G_1G_2H_1H_2}$

② $\dfrac{G_1G_2R+G_2U_1-G_1G_2H_1U_2}{1+G_1G_2H_1H_2}$

③ $\dfrac{G_1G_2R-G_2U_1+G_1G_2H_1H_2}{1-G_1G_2H_1H_2}$

④ $\dfrac{G_1G_2R-G_2U_1+G_1G_2H_1H_2}{1-G_1G_2H_1H_2}$

해설
$C=\dfrac{G_1G_2}{1+G_1G_2H_1H_2}R+\dfrac{G_2}{1+G_1G_2H_1H_2}U_1$
$\quad -\dfrac{G_1G_2H_1}{1+G_1G_2H_1H_2}U_2$

정답 45 ④ 46 ③ 47 ③ 48 ②

49 다음 보드(Bode) 선도에서 위상각 여유(Phase Margin)는 몇 도인가?

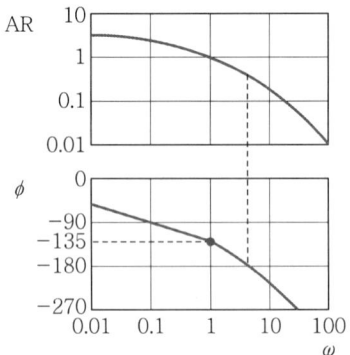

① 30° ② 45°
③ 90° ④ 135°

해설
위상여유는 $-135°$와 $-180°$ 차이이므로 45°이다.
PM $= 180 + \phi_g = 180° - 135° = 45°$

50 제어계의 피제어변수의 목표치를 나타내는 말은?
① 부하(Load) ② 골(Goal)
③ 설정치(Set Point) ④ 오차(Error)

해설
설정치(Set Point)
- 우리가 원하는 출력변수의 값
- 제어계의 피제어변수의 목표치

51 $\dfrac{dy}{dt} + 3y = 1$, $y(0) = 1$에서 라플라스 변환 $Y(s)$는 어떻게 주어지는가?

① $\dfrac{1}{s+3}$ ② $\dfrac{1}{s(s+3)}$
③ $\dfrac{s+1}{s(s+3)}$ ④ $\dfrac{-1}{(s+3)}$

해설
$sY(s) - y(0) + 3Y(s) = \dfrac{1}{s}$
$(s+3)Y(s) = \dfrac{1}{s} + 1 = \dfrac{s+1}{s}$
$\therefore Y(s) = \dfrac{s+1}{s(s+3)}$

52 다음의 전달함수를 가지는 계에 각각 Unit Step Input이 주어지는 경우 초기 응답이 가장 빠른 것은?

① 하나의 1차계 $\left(\dfrac{1}{\tau s+1}\right)$가 독립적으로 존재하는 경우

② $\zeta = 1$인 2차계 $\left(\dfrac{1}{\tau^2 s^2 + 2\tau s + 1}\right)$

③ 동일한 1차계 $\left(\dfrac{1}{\tau s+1}\right)$가 상호작용을 가지며 직렬연결된 계

④ $\zeta > 1$인 2차계 $\left(\dfrac{1}{\tau^2 s^2 + 2\zeta\tau s + 1}\right)$

해설
- τ가 작으면 응답이 빠르다.
- ζ가 클수록 응답이 느려진다.
- 2차 공정에서 $\zeta = 1$일 때 진동 없이 가장 빠르다.

53 다음 중 안정한 공정을 보여주는 폐루프 특성방정식은?

① $s^4 + 5s^3 + s + 1$
② $s^3 + 6s^2 + 11s + 10$
③ $3s^3 + 5s^2 + s - 1$
④ $s^3 + 16s^2 + 5s + 170$

해설
- Routh 안정성 판별법 : 첫 번째 열이 모두 양수이면 안정하다.
- 특성방정식의 근이 음수이면 안정하다.

54 $1 + e^{-\frac{1}{2}t}$ 식을 라플라스 변환하면?

① $\dfrac{4s+1}{2s^2+s}$ ② $\dfrac{2s+1}{s^2+s}$
③ $\dfrac{4s+1}{2s^2+1}$ ④ $\dfrac{4s+2}{2s^2-s}$

정답 49 ② 50 ③ 51 ③ 52 ① 53 ② 54 ①

> [해설]

$y(t) = 1 + e^{-\frac{1}{2}t}$

$Y(s) = \frac{1}{s} + \frac{1}{s+\frac{1}{2}} = \frac{1}{s} + \frac{2}{2s+1} = \frac{4s+1}{2s^2+s}$

55 다음의 공정 중 임펄스 입력이 가해졌을 때 진동특성을 가지며 불안정한 출력을 가지는 것은?

① $G(s) = \dfrac{1}{s^2 - 2s + 2}$ ② $G(s) = \dfrac{1}{s^2 - 2s - 3}$

③ $G(s) = \dfrac{1}{s^2 + 3s + 3}$ ④ $G(s) = \dfrac{1}{s^2 + 3s + 4}$

> [해설]

특성방정식의 근에 양수가 있으면 불안정하고, 허수부가 있으면 진동한다.

$G(s) = \dfrac{1}{s^2 - 2s + 2}$

$1 + G(s) = 0$

$1 + \dfrac{1}{s^2 - 2s + 2} = 0$

$s^2 - 2s + 3 = 0$

근의 공식 이용

$s = \dfrac{2 \pm \sqrt{4-12}}{2} = \dfrac{2 \pm \sqrt{-8}}{2}$

$= \underbrace{1}_{\substack{\text{양의 실수부} \\ (\text{불안정})}} \pm \underbrace{\sqrt{2}i}_{\substack{\text{허수부} \\ (\text{진동})}}$

56 전달함수 $\dfrac{as+1}{(s+1)(2s+1)(3s+1)}$ 에서 a 값에 따라 나타나는 현상에 대한 설명 중 옳은 것은?

① 공정입력으로 sin 파를 넣을 때 a가 증가할수록 공정출력의 sin 파는 상지연(Phase Lag)이 더 많이 된다.
② 공정입력으로 sin 파를 넣을 때 a가 증가할수록 공정출력의 sin 파는 진폭이 커진다.
③ a가 음수이면 공정이 불안해져 공정출력이 발산한다.
④ a가 양수이면 공정이 불안해져 공정출력이 발산한다.

> [해설]

2차 공정에서 a가 증가하면 ζ가 작아지므로 진폭이 증가한다.

57 공정 $Y(s) = G(s)X(s)$의 입력 $x(s)$에 다음의 펄스를 넣었을 때의 출력 $y(t)$를 기록하였다. 출력의 빗금 친 면적이 5로 계산되었다면 이 공정의 정상상태 이득은?

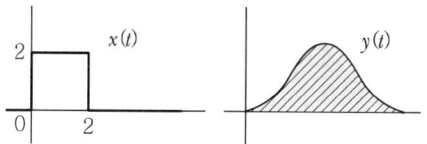

① 0.5 ② 1
③ 1.25 ④ 5

> [해설]

$G(s) = \dfrac{Y(s)}{X(s)} = \dfrac{5}{4} = 1.25$

58 앞먹임 제어에서 사용되는 측정변수는?

① 공정상태변수   ② 출력변수
③ 입력조작변수   ④ 측정 가능한 외란

> [해설]

앞먹임 제어(Feedforward Control)
외부교란을 측정하고 이 측정값을 이용하여 외부교란이 공정에 미치게 될 영향을 사전에 보정시키는 제어방법

59 PID 제어기를 이용한 설정치 변화에 대한 제어의 설명 중 옳지 않은 것은?

① 일반적으로 비례이득을 증가시키고 적분시간의 역수를 증가시키면 응답이 빨라진다.
② P 제어기를 이용하면 모든 공정에 대해 항상 정상상태 잔류오차(Steady State Offset)가 생긴다.
③ 시간지연이 없는 1차 공정에 대해서는 비례이득을 매우 크게 증가시켜도 안정성에 문제가 없다.
④ 일반적으로 잡음이 없는 경우 D 모드를 적절히 이용하면 응답이 빨라지고 안정성이 개선된다.

> [해설]

P 제어기를 이용하더라도 공정의 특성에 따라 잔류오차가 없을 수도 있다.

정답 ▶ 55 ① 56 ② 57 ③ 58 ④ 59 ②

60 그림의 블록선도에서 전달함수 $\dfrac{Y(s)}{R(s)}$를 구하면?

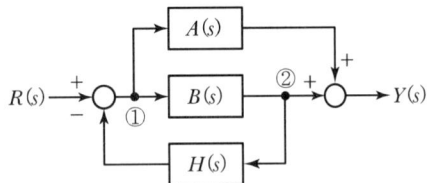

① $\dfrac{H(s)}{A(s)+B(s)}$
② $\dfrac{H(s)B(s)}{1+A(s)B(s)}$
③ $\dfrac{H(s)A(s)B(s)}{1+A(s)+B(s)}$
④ $\dfrac{A(s)+B(s)}{1+H(s)B(s)}$

해설

$G(s) = \dfrac{직선}{1\mp 회선}$
$= \dfrac{A(s)+B(s)}{1+H(s)B(s)}$

4과목 공업화학

61 접촉식 황산 제조 시 원료가스를 충분히 정제하는 이유는 As, Se와 같은 불순물이 있을 경우 바나듐 촉매보다는 백금 촉매에 이 현상이 더욱 두드러지게 나타나기 때문이다. 이 현상은?

① 장치 부식
② 촉매독
③ SO_2 산화
④ 미건조

해설

V_2O_5 촉매
- 촉매독(촉매의 활성을 감소시키는 물질)에 대한 저항이 크다.
- 10년 이상 사용할 수 있다.
- 고온에서 안정하고 내산성이 크다.
- 다공성이며 비표면적이 크다.

---

62 다음 반응식으로 공기를 이용한 산화반응을 하고자 한다. 공기와 NH_3의 혼합가스 중 NH_3의 부피 백분율은?

$$4NH_3 + 5O_2 \rightarrow 4NO + 6H_2O + 216.4kcal$$

① 44.4
② 34.4
③ 24.4
④ 14.4

해설

$4NH_3 + 5O_2 \rightarrow 4NO + 6H_2O$
$NH_3 : O_2$의 부피비 = 4 : 5이므로

$\left.\begin{array}{l}NH_3 \;\; 4L \\ O_2 \;\;\; 5L\end{array}\right]$ 라 하면

$5L\; O_2 \times \dfrac{100}{21} = 23.8L$ 공기

$\dfrac{4}{4+23.8} \times 100 = 14.4\%$

---

63 암모니아 합성공업에 있어서 1,000℃ 이상의 고온에서 코크스에 수증기를 통할 때 주로 얻어지는 가스는?

① CO, H_2
② CO_2, H_2
③ CO, CO_2
④ CH_4, H_2

해설

수성가스(워터가스)
코크스에 수증기를 통과할 때 얻어지는 $CO + H_2$의 혼합가스를 말한다.

---

64 다음 중 1차 전지가 아닌 것은?

① 수은전지
② 알칼리망간전지
③ Leclanche 전지
④ 니켈카드뮴전지

해설

구분	내용	종류
1차 전지	일회용 전지	건전지, 망간전지, 알칼리전지, 산화은전지, 수은-아연전지, 리튬 1차 전지
2차 전지	충전이 가능한 전지	Ni-Cd전지, Ni-MH(Metal Hybride)전지, 납축전지, 리튬 2차 전지

65 LPG에 대한 설명 중 옳은 것은?

① C_3, C_4의 탄화수소가 주성분이다.
② 액체상태는 물보다 무겁다.
③ 그 자체로 매우 독한 냄새가 난다.
④ 액화가 불가능하다.

> 해설

LPG(액화석유가스)
- 원유의 접촉분해, 상압증류, 접촉리포밍과 같은 조작에서 부생되는 가스이다.
- 주성분은 C_3, C_4 탄화수소가스이다.
- 액화시켜 운반이 용이하다.
- 액체상태는 물보다 가볍다.

66 수성가스로부터 인조석유를 만드는 합성법을 무엇이라 하는가?

① Williamson법
② Kolb-Smith법
③ Fischer-Tropsch법
④ Hoffman법

> 해설

Fischer-Tropsch법
수성가스 $CO + H_2$로 액체상태의 탄화수소, 즉 인조석유를 만드는 방법

67 석회질소 제조 시 촉매 역할을 해서 탄화칼슘의 질소화 반응을 촉진시키는 물질은?

① $CaCO_3$
② CaO
③ CaF_2
④ C

> 해설

석회질소($CaCN_2$)

$$CaC_2 + N_2 \xrightarrow{CaF_2} CaCN_2 + C$$

석회질소 제조 시 염화칼슘, 플루오르화칼슘을 촉매로 이용한다.

68 반도체 공정 중 노광 후 포토레지스트로 보호되지 않는 부분을 선택적으로 제거하는 공정을 무엇이라 하는가?

① 에칭
② 조립
③ 박막 형성
④ 리소그래피

> 해설

에칭
노광 후 PR(포토레지스트)로 보호되지 않는 부분을 제거하는 공정

포토리소그래피
마스크를 통해 빛이 조사되면 빛을 투과하는 부분에서는 빛이 웨이퍼 위에 도포된 포토레지스트에 조사되어 광화학 반응을 일으킨다. 이것을 사진공정(포토리소그래피)이라고 한다.

69 다음의 반응식으로 질산이 제조될 때 전체 생성물 중 질산의 질량%는 약 얼마인가?

$$NH_3 + 2O_2 \rightarrow HNO_3 + H_2O$$

① 58
② 68
③ 78
④ 88

> 해설

$NH_3 + 2O_2 \rightarrow HNO_3 + H_2O$

$HNO_3(wt\%) = \dfrac{63}{63+18} \times 100$
$\qquad\qquad\quad = 78\%$

70 이황화탄소를 알칼리셀룰로오스(Cell-ONa)에 반응시켰을 때 주 생성물질은?

① 셀룰로오스 아세테이트
② 셀룰로오스 에테르
③ 셀룰로오스 알코올
④ 셀룰로오스 크산테이트

> 해설

이황화탄소 + 알칼리셀룰로오스 → 셀룰로오스 크산테이트

71 고분자 성형방법에 대한 설명으로 옳은 것은?

① 사출성형 : 고분자의 용융, 금형채움, 가압, 냉각단계로 성형하는 방법이다.
② 압축성형 : 온도를 가하여 고분자를 연화시킨 후 가열된 Roller 사이를 통과시켜 성형하는 방법이다.
③ 압출성형 : 성형재료를 금형의 빈 공간에 넣고 열을 가한 후 높은 압력을 가하여 성형하는 방법이다.
④ 압연성형 : 플라스틱 펠릿을 용융시킨 후 높은 압력으로 용융체를 다이(Die) 속으로 통과시켜 성형하는 방법이다.

해설
고분자 성형방법
- 사출성형 : 플라스틱을 녹인 후 금형에 넣어 고화시켜 성형품을 만드는 방법
- 압축성형 : 열경화성 수지나 열가소성 수지의 가장 일반적인 성형법. 성형재료를 금형의 오목한 부분에 넣고 압력과 열을 가하여 성형하는 방법
- 압출성형 : 열가소성 플라스틱을 가열·가압하여 유동상태로 하여 다이 속으로 통과시켜 성형하는 방법
- 압연성형 : 고분자를 연화시켜 롤러(Roller) 사이를 통과시켜 성형하는 방법

72 황산의 원료인 아황산가스를 황화철광(Iron Pyrite)을 공기로 완전연소하여 얻고자 한다. 황화철광의 10%가 불순물이라 할 때 황화철광 1톤을 완전연소하는 데 필요한 이론공기량은 표준상태 기준으로 약 몇 m³인가?(단, Fe의 원자량은 56이다.)

① 460
② 580
③ 2,200
④ 2,480

해설
$4FeS_2 + 11O_2 \rightarrow 2Fe_2O_3 + 8SO_2$
1,000kg × 0.9 : x
4 × 120 : 11 × 32kg ∴ x = 660kg

$PV = \frac{w}{M}RT$

$V = \frac{wRT}{PM} = \frac{660kg \times 0.082m^3 \, atm/kmol \, K \times 273K}{1atm \times 32kg/kmol}$
= 462m³

462m³ O_2 × $\frac{100m^3 \, Air}{21m^3 \, O_2}$ = 2,198.6m³

73 공업적으로 수소를 제조하는 방법이 아닌 것은?

① 수성가스법
② 수증기개질법
③ 부분산화법
④ 공기액화분리법

해설
수소 제조방법
- 수성가스법
- 수증기개질법
- 부분산화법

74 다음 중 암모니아소다법의 핵심공정 반응식을 옳게 나타낸 것은?

① $2NaCl + H_2SO_4 \rightarrow Na_2SO_4 + 2HCl$
② $2NaCl + SO_2 + H_2O + \frac{1}{2}O_2$
   $\rightarrow Na_2SO_4 + 2HCl$
③ $NaCl + 2NH_3 + CO_2$
   $\rightarrow NaCO_2NH_2 + NH_4Cl$
④ $NaCl + NH_3 + CO_2 + H_2O$
   $\rightarrow NaHCO_3 + NH_4Cl$

해설
암모니아소다법(Solvay법)
$NaCl + NH_3 + CO_2 + H_2O \rightarrow NaHCO_3 + NH_4Cl$
$2NaHCO_3 \rightarrow Na_2CO_3 + H_2O + CO_2$
$2NH_4Cl + Ca(OH)_2 \rightarrow CaCl_2 + 2H_2O + 2NH_3$

75 일산화탄소와 수소에 의한 메탄올의 공업적 제조방법에 대한 설명으로 옳은 것은?

① 압력은 낮을수록 좋다.
② $ZnO-Cr_2O_3$를 촉매로 사용할 수 있다.
③ $CO : H_2$의 사용비율은 3 : 1일 때가 가장 좋다.
④ 생성된 메탄올의 분해반응은 불가능하다.

해설
$CO + 2H_2 \xrightarrow{ZnO-Cr_2O_3 \, 촉매} CH_3OH$
 1 : 2

정답 71 ① 72 ③ 73 ④ 74 ④ 75 ②

76 오산화바나듐(V_2O_5) 촉매하에 벤젠을 공기 중 400℃에서 산화시켰을 때 생성물은?

① 프탈산 무수물
② 스틸벤젠 무수물
③ 말레산 무수물
④ 푸마르산 무수물

해설

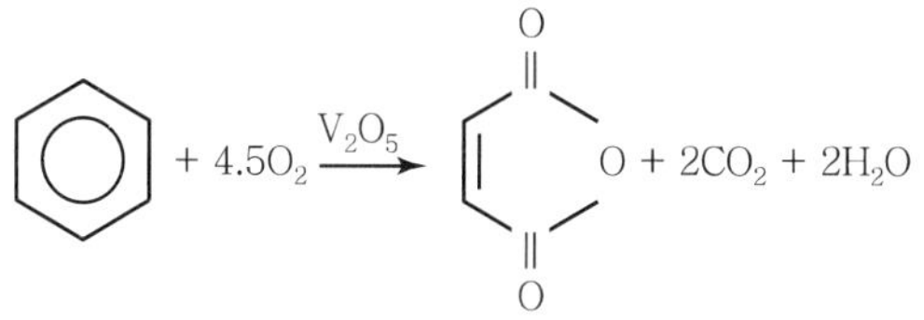

벤젠 + 4.5O_2 $\xrightarrow{V_2O_5}$ 말레산 무수물 + 2CO_2 + 2H_2O

77 산화에틸렌을 수화반응(hydration)시켜 얻어지는 물질은?

① Ethyl alcohol
② Glycerol
③ Ethylene chlorohydrin
④ Ethylene glycol

해설

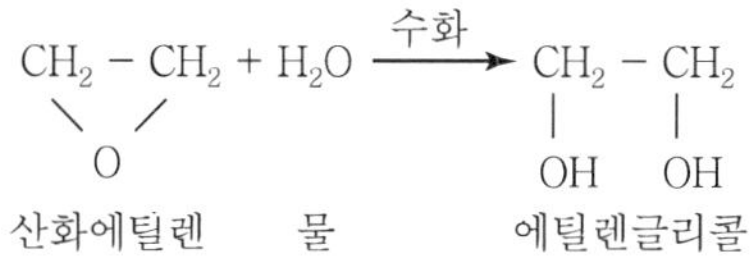

$CH_2 - CH_2$ + H_2O $\xrightarrow{수화}$ $CH_2 - CH_2$
　　＼O／　　　　　　　　　　 |　　　|
　　　　　　　　　　　　　　　OH　OH
산화에틸렌　　물　　　　　　에틸렌글리콜

78 수소화 정제법에 대한 설명으로 틀린 것은?

① 고온·고압하에서 촉매를 사용한다.
② 황, 질소 및 산소화합물 등을 제거하는 방법이다.
③ 원료유를 수소와 혼합하여 이용한다.
④ 환경오염 때문에 현재는 사용되지 않는다.

해설

수소화 정제법
- 수소 첨가, 촉매 이용으로 S, N, O, 할로겐 등의 불순물을 제거한다.
- 아스팔트질의 생성 억제가 가능하며, 촉매독이 제거된다.
- 황화합물 속의 황을 황화수소로, 산소화합물 속의 산소를 물로, 질소화합물 속의 질소를 암모니아로 각각 전환시켜 제거한다. → 환경오염 유발을 억제

79 인산비료에서 인 함량을 나타낼 때 그 기준은 통상 어느 것에 의하는가?

① P
② P_2O_3
③ P_2O_5
④ PO_4

해설

인산비료의 인 함량기준 : P_2O_5

80 황산 제조에 사용되는 원료가 아닌 것은?

① 황화철광
② 자류철광(자류철석)
③ 염안
④ 금속제련 폐가스

해설

황산의 원료
황(S), 황화철광(FeS_2), 자황화철광(자류철광, Fe_5S_6~$Fe_{16}S_{17}$), 금속제련 폐가스(부생 SO_2), 섬아연광(ZnS), 황동광(CuFeS)

5과목　반응공학

81 기체-고체 반응에서 율속단계에 관한 설명으로 옳은 것은?

① 고체표면 반응단계가 항상 율속단계이다.
② 기체막에서의 물질전달 단계가 항상 율속단계이다.
③ 저항이 작은 단계가 율속단계이다.
④ 전체 반응속도를 지배하는 단계가 율속단계이다.

해설

율속단계
- 속도가 가장 느린 단계
- 전체 반응속도를 지배하는 단계

고체 반응단계나 기체막에서의 물질전달 단계가 항상 율속단계는 아니다.

정답 76 ③　77 ④　78 ④　79 ③　80 ③　81 ④

82 그림과 같은 기초적 반응에 대한 농도-시간곡선을 가장 잘 표현하고 있는 반응형태는?

① $A \underset{1}{\overset{1}{\rightleftarrows}} R \underset{1}{\overset{1}{\rightleftarrows}} S$

② $A \underset{10}{\overset{1}{\rightleftarrows}} R \underset{1}{\overset{1}{\rightleftarrows}} S$

③ $A \underset{1}{\overset{1}{\rightleftarrows}} R \underset{1}{\overset{1}{\rightleftarrows}} S$

④ $A \underset{1}{\overset{1}{\rightleftarrows}} R \underset{10}{\overset{1}{\rightleftarrows}} S$

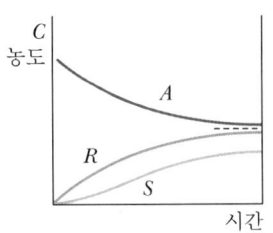

해설

연속반응

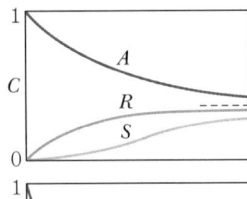
$A \underset{1}{\overset{1}{\rightleftarrows}} R \underset{1}{\overset{1}{\rightleftarrows}} S$

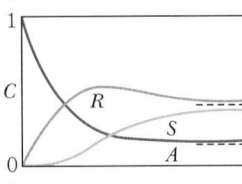
$A \underset{1}{\overset{3}{\rightleftarrows}} R \underset{1}{\overset{1}{\rightleftarrows}} S$

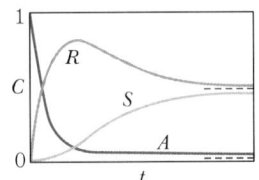
$A \underset{1}{\overset{10}{\rightleftarrows}} R \underset{1}{\overset{1}{\rightleftarrows}} S$

83 액체 A가 $2A \to R$의 2차 반응에 따라 분해하고, 정용회분식 반응기에서 A의 50%가 5분 동안에 전화하였다면 처음부터 75% 전화율에 도달하는 데는 몇 분 소요되겠는가?

① 5 ② 10
③ 15 ④ 30

해설

$2A \to R$: 2차 반응

$ktC_{A0} = \dfrac{X_A}{1-X_A}$

$k \times 5\min \times C_{A0} = \dfrac{0.5}{1-0.5} \to kC_{A0} = 0.2$

$0.2t = \dfrac{0.75}{1-0.75}$

∴ $t = 15\min$

84 $2A \rightleftarrows B + C$의 기초반응식에서 반응속도식을 옳게 나타낸 것은?(단, k_1은 정반응 속도상수, k_2는 역반응 속도상수이다.)

① $-r_A = kC_A^2 - k_2 C_B C_C$
② $-r_A = -kC_A^2 + k_2 C_B C_C$
③ $-r_A = -kC_A^2 - k_2 C_B C_C$
④ $-r_A = kC_A^2 + k_2 C_B C_C$

해설

$2A \underset{k_2}{\overset{k_1}{\rightleftarrows}} B + C$ 기초반응

$-r_A = k_1 C_A^2 - k_2 C_B C_C$

85 $A \to 2R$인 기체상 반응은 기초 반응(Elementary Reaction)이다. 이 반응이 순수한 A로 채워진 부피가 일정한 회분식(Batch) 반응기에서 일어날 때 10분 반응 후 전화율이 80%이었다. 이 반응을 순수한 A를 사용하여 공간시간(Space Time)이 10분인 Mixed Flow 반응기에서 일으킬 경우 A의 전화율은 약 얼마인가?

① 91.5% ② 80.5%
③ 65.5% ④ 51.5%

해설

$A \to 2R$ 기초반응
⟨batch⟩ $-kt = \ln(1-X_A)$
$-k \times 10\min = \ln(1-0.8)$
∴ $k = 0.161\min^{-1}$

순수한 A이므로 $y_{A0} = 1$

$\varepsilon_A = y_{A0}\delta = 1 \times \dfrac{2-1}{1} = 1$

⟨CSTR⟩ $k\tau = \dfrac{X_A}{1-X_A}(1+\varepsilon_A X_A)$

$0.161 \times 10\text{min} = \dfrac{X}{1-X}(1+X)$

$X^2 + 2.61X - 1.61 = 0$

근의 공식 이용 $X = \dfrac{-2.61 \pm \sqrt{2.61^2 + (4)(1.61)}}{2}$

∴ $X = 0.515$

86 적당한 조건에서 A는 다음과 같이 분해되고 원료 A의 유입속도가 100L/h일 때 R의 농도를 최대로 하는 플러그흐름반응기의 크기는?(단, $k_1 = 0.2/\text{min}$, $k_2 = 0.2/\text{min}$이고 $C_{A0} = 1\text{mol/L}$, $C_{R0} = C_{S0} = 0$이다.)

$$A \xrightarrow{k_1} R \xrightarrow{k_2} S$$

① 5.33L ② 6.33L
③ 7.33L ④ 8.33L

해설

$k_1 = k_2$

$\tau_{p \cdot opt} = \dfrac{\ln \dfrac{k_2}{k_1}}{k_2 - k_1}$ (일반식)

$\tau_{p \cdot opt} = \dfrac{1}{k}$ ($k_1 = k_2 = k$일 때) $= \dfrac{1}{0.2} = 5\text{min}$

$\tau = \dfrac{V}{v_0}$ $V = \tau v_0 = 5\text{min} \times 100\text{L/h} \times 1\text{h}/60\text{min} ≒ 8.33\text{L}$

87 속도상수에 관한 설명으로 옳지 않은 것은?

① 속도상수 k의 지수함수항 값은 같은 온도에서 활성화 에너지가 작아질수록 커진다.
② 속도상수 k값은 온도가 올라갈수록 커진다.
③ 속도상수의 활성화 에너지와 온도의존성을 제안한 사람은 Arrhenius이다.
④ 어떤 1개소의 온도에서 속도상수 k를 측정하면 활성화 에너지를 알 수 있다.

해설

Arrhenius 식

속도상수 $k = Ae^{-E_a/RT}$

$\ln \dfrac{k_2}{k_1} = \dfrac{E_a}{R}\left(\dfrac{1}{T_1} - \dfrac{1}{T_2}\right)$

∴ 2개의 온도에서 속도상수 k를 측정해야 활성화 에너지를 알 수 있다.

88 효소반응에 의해 생체 내 단백질을 합성할 때에 대한 설명으로 틀린 것은?

① 실온에서 효소반응의 선택성은 일반적인 반응과 비교해서 높다.
② Michaelis-Menten 식이 사용될 수 있다.
③ 효소반응은 시간에 대해 일정한 속도로 진행된다.
④ 효소와 기질은 반응 효소-기질 복합체를 형성한다.

해설

효소반응
Michaelis-Menten 식

$-r_A = r_R = \dfrac{kC_{E_0}C_A}{C_M + C_A}$

여기서, C_{E_0} : 효소 농도
C_M : 미카엘리스 상수

89 반응물 A가 다음의 평행반응으로 혼합흐름반응기에서 반응한다. 이 반응에서 목적하는 생성물의 순간적인 수득분율의 최댓값은 얼마인가?(단, S는 목적하는 생성물, R과 T는 목적하지 않는 생성물이다.)

- $A \xrightarrow{k_1} R$, $r_R = 1$
- $A \xrightarrow{k_1} S$, $r_S = 3.0C_A$
- $A \xrightarrow{k_1} T$, $r_T = 1.0C_A^{\,2}$

① 0.5 ② 0.6
③ 0.7 ④ 0.8

해설

㉠ $\phi = \dfrac{dC_S}{-dC_A} = \dfrac{r_S}{-r_A} = \dfrac{3C_A}{1+3C_A+C_A^2}$

㉡ 최댓값

$\dfrac{(\text{분자})'(\text{분모}) - (\text{분자})(\text{분모})'}{(\text{분모})^2} = 0$ 이므로

$\dfrac{3(1+3C_A+C_A^2) - 3C_A(3+2C_A)}{(1+3C_A+C_A^2)^2} = 0$

분자가 0이 되어야 하므로
$3 + 9C_A + 3C_A^2 = 9C_A + 6C_A^2$
$3C_A^2 = 3$
∴ $C_A = 1$

㉢ 목적하는 생성물(S)의 순간적인 수득분율의 최댓값
$= \dfrac{3}{1+3+1} = \dfrac{3}{5} = 0.6$

---

90 액상 순환반응($A \to P$, 1차)의 순환율이 ∞일 때 총괄 전화율은?

① 관형 흐름반응기의 전화율보다 크다.
② 완전혼합흐름반응기의 전화율보다 크다.
③ 완전혼합흐름반응기의 전화율과 같다.
④ 관형 흐름반응기의 전화율과 같다.

해설

순환율(R)
- $R = 0$: PFR
- $R = \infty$: CSTR

---

91 정용회분식 반응기(Batch Reactor)에서 반응물 A($C_{A_0} = 1\,\text{mol/L}$)가 80% 전환되는 데 8분 소요되었고, 90% 전환되는 데 18분이 소요되었다면 이 반응은 몇 차 반응인가?

① 0차 ② 2차
③ 2.5차 ④ 3차

해설

2차라고 가정하면

Batch $\dfrac{1}{C_A} - \dfrac{1}{C_{A_0}} = kt$ $ktC_{A_0} = \dfrac{X_A}{1-X_A}$

㉠ $k_1 = \dfrac{X_A}{tC_{A_0}(1-X_A)} = \dfrac{0.8}{8 \times 1 \times (1-0.8)}$
$= 0.5\,\text{L/mol min}$

㉡ $k_2 = \dfrac{0.9}{18 \times 1 \times (1-0.9)} = 0.5$

∴ $k_1 = k_2$이므로 2차

---

92 다음과 같은 기상반응이 진행되고 있다. 처음에 A만으로 반응을 시작한 경우, 부피팽창계수 ε_A는 얼마인가?

$$4A \to B + 6C$$

① 0.25 ② 0.5
③ 0.75 ④ 1.0

해설

$\varepsilon_A = y_{A_0}\delta = 1 \cdot \dfrac{(6+1)-4}{4} = \dfrac{3}{4}$

---

93 어떤 2차 반응에서 60℃의 속도상수가 1.46×10^{-4} L/mol s이며, 활성화 에너지는 60kJ/mol일 때 빈도계수(Frequency Factor)를 옳게 구한 것은?

① 1.8×10^5 L/mol s
② 2.8×10^5 L/mol s
③ 3.8×10^5 L/mol s
④ 4.8×10^5 L/mol s

해설

$k = Ae^{-E_a/RT}$

$1.46 \times 10^{-4} = A\exp\left[-\dfrac{60,000\,\text{J/mol}}{8.314\,\text{J/mol K} \times 333\text{K}}\right]$
$= A \times 3.87 \times 10^{-10}$

∴ $A = 3.77 \times 10^5$ L/mol s

정답 90 ③ 91 ② 92 ③ 93 ③

94 다음과 같은 기상반응이 30L 정용 회분식 반응기에서 등온적으로 일어난다. 초기 A가 30mol 들어 있으며, 반응기는 완전혼합된다고 할 때 1차 반응일 경우 반응기에서 A의 몰수가 0.2mol로 줄어드는 데 필요한 시간은?

$$A \to B, \quad -r_A = kC_A, \quad k = 0.865/\min$$

① 7.1min ② 8.0min
③ 6.3min ④ 5.8min

해설

Batch

$$-kt = \ln(1 - X_A) = \ln\frac{C_A}{C_{A0}}$$

$$-0.865 \times t = \ln\frac{0.2}{30}$$

$$\therefore t = 5.8\min$$

95 연속반응 $A \xrightarrow{k_1} R \xrightarrow{k_2} S$에서 $C_S = C_{A0}[1 - \exp(-k_1 t)]$인 경우 반응속도상수의 관계를 가장 옳게 나타낸 것은?

① $k_2 \gg k_1$ ② $k_2 = k_1$
③ $k_2 + k_1 = 0$ ④ $k_2 \ll k_1$

해설

$$A \xrightarrow{k_1} R \xrightarrow{k_2} S$$

$$\frac{C_A}{C_{A0}} = e^{-k_1 t}$$

$$\frac{C_R}{C_{A0}} = \frac{k_1}{k_2 - k_1}(e^{-k_1 t} - e^{-k_2 t})$$

$$\frac{C_S}{C_{A0}} = 1 + \frac{k_2}{k_1 - k_2}e^{-k_1 t} + \frac{k_1}{k_2 - k_1}e^{-k_2 t}$$

㉠ $k_2 \gg k_1$일 때

$$\frac{C_S}{C_{A0}} = 1 - e^{-k_1 t}$$

㉡ $k_1 \gg k_2$일 때

$$\frac{C_S}{C_{A0}} = 1 - e^{-k_2 t}$$

96 어떤 1차 비가역반응의 반감기는 20분이다. 이 반응의 속도상수를 구하면 몇 $\min^{-1}$인가?

① 0.0347 ② 0.1346
③ 0.2346 ④ 0.3460

해설

$$t_{1/2} = \frac{\ln 2}{k}$$

$$20\min = \frac{\ln 2}{k}$$

$$\therefore k = 0.03466\min^{-1}$$

97 직렬로 연결된 같은 크기의 혼합반응기 또는 플러그반응기에 대한 설명 중 옳지 않은 것은?

① 반응물의 농도 증가에 따라 속도가 증가하는 반응에 대해서 플러그반응기가 혼합반응기보다 효과적이다.
② 최종 전화율은 혼합반응기 쪽이 유리하다.
③ 혼합반응기에서는 순간적으로 농도가 아주 낮은 값까지 감소한다.
④ 플러그반응기에서는 반응물의 농도가 계(系)를 통과하면서 점차 감소한다.

해설

같은 크기의 반응기일 때 PFR 전환율 > CSTR 전환율이다.

98 다음과 같이 진행되는 반응은 어떤 반응인가?

Reactants → (Intermediates)*
(Intermediates)* → Products

① Non-Chain Reaction
② Chain Reaction
③ Elementary Reaction
④ Nonelementary Reaction

정답 94 ④ 95 ① 96 ① 97 ② 98 ①

해설

㉠ 연쇄반응(Chain Reaction)
- 개시단계 : 반응물 → (중간체)*
- 전파단계 : (중간체)*＋반응물 → (중간체)*＋생성물
- 정지단계 : (중간체)* → 생성물

㉡ 비연쇄반응
반응물 → (중간체)*
(중간체)* → 생성물

㉢ 기초반응(Elementary Reaction)
반응속도식이 화학양론수에 맞는 반응

㉣ 비기초반응(Nonelementary Reaction)
반응속도식이 화학양론수와 관계없는 반응

99 이상적 반응기 중 플러그흐름반응기에 대한 설명으로 틀린 것은?

① 반응기 입구와 출구의 몰속도가 같다.
② 정상상태흐름반응기이다.
③ 축방향의 농도구배가 없다.
④ 반응기 내의 온도구배가 없다.

해설

정상상태 PFR(플러그흐름반응기)

Input ＝ Output ＋ Consumption ＋ Accumulation⁰
(입량)　(출량)　　(소모량)　　　(축적량)

반응기 입구 몰속도와 출구의 몰속도가 다르다.

100 다음의 액상 병렬반응을 연속흐름반응기에서 진행시키고자 한다. 이때 같은 입류조건에 A의 전화율이 모두 0.9가 되도록 반응기를 설계한다면 어느 반응기를 사용하는 것이 R로의 전화율을 가장 크게 해주겠는가? (단, $r_R = 20\,C_A$이고, $r_S = 5\,C_A^{\,2}$이다.)

① 플러그흐름반응기
② 혼합흐름반응기
③ 환류식 플러그흐름반응기
④ 다단식 혼합흐름반응기

해설

$r_R = 20\,C_A$
$r_S = 5\,C_A^{\,2}$

선택도 $\dfrac{r_R}{r_S} = \dfrac{20\,C_A}{5\,C_A^{\,2}} = \dfrac{4}{C_A}$

C_A의 농도를 낮추어야 하므로 CSTR을 이용한다.

2012년 제4회 기출문제

1과목 화공열역학

01 3,000K에서 CO_2, CO, O_2의 평형압력은 각각 0.6, 0.4, 0.2atm이다. $2CO_2 \rightarrow 2CO + O_2$ 반응에 대한 $\Delta G°_{T=3,000K}$의 값은 약 몇 kcal/mol인가?(단, 기체상수 R은 1.987cal/mol K이다.)

① 14.4
② -14.4
③ 24.4
④ -24.4

해설

$\Delta G° = -RT\ln K$
$2CO_2 \rightarrow 2CO + O_2$
  0.6   0.4   0.2
$K_p = \dfrac{[0.4]^2[0.2]}{[0.6]^2} = 0.089$

$\therefore \Delta G° = -1.987 \times 3,000 \times \ln(0.089)$
$= 14,420 \, cal/mol$
$\fallingdotseq 14.42 \, kcal/mol$

02 어느 물질의 등압 부피 팽창계수와 등온 부피압축 계수를 나타내는 β와 k가 각각 $\beta = \dfrac{a}{V}$와 $k = \dfrac{b}{V}$로 표시될 때 이 물질에 대한 상태방정식으로 적합한 것은?

① $V = aT + bP +$ 상수
② $V = aT - bP +$ 상수
③ $V = -aT + bP +$ 상수
④ $V = -aT - bP +$ 상수

해설

$V = f(T, P)$
$dV = \left(\dfrac{\partial V}{\partial T}\right)_P dT + \left(\dfrac{\partial V}{\partial P}\right)_T dP$
$\beta = \dfrac{1}{V}\left(\dfrac{\partial V}{\partial T}\right)_P, \; k = -\dfrac{1}{V}\left(\dfrac{\partial V}{\partial P}\right)_T$ 이므로
$\therefore dV = \beta V dT - kV dP$
$= adT - bP$

03 기체의 퓨가시티 계수 계산을 위한 방법으로 가장 거리가 먼 것은?

① 포인팅(Poynting) 방법
② 펭-로빈슨(Peng-Robinson) 방법
③ 비리얼(Virial) 방정식
④ 일반화된 압축인자의 상관관계 도표

해설

포화증기의 퓨가시티 계수(Fugacity Coefficient)
$G_i - G_i^{sat} = \int_{P_i^{sat}}^{P} V_i dP = RT \ln \dfrac{f_i}{f_i^{sat}} \quad (T = \text{const})$
$\ln \dfrac{f_i}{f_i^{sat}} = \dfrac{1}{RT}\int_{P_i^{sat}}^{P} V_i dP = \dfrac{V_i^l(P-P_i^{sat})}{RT}$
$\therefore f_i = \phi_i^{sat} P_i^{sat} \exp\underbrace{\dfrac{V_i^l(P-P_i^{sat})}{RT}}_{\text{Poynting 인자}}$

04 아보가드로수(N_A)와 기체상수(R)의 관계를 옳게 표현한 식은?(단, k는 볼츠만상수, h는 플랑크상수이다.)

① $R = kN_A$
② $R = \dfrac{k}{N_A}$
③ $R = hN_A$
④ $R = \dfrac{N_A}{h}$

정답 01 ① 02 ② 03 ① 04 ①

> **해설**

Boltzmann 식
$S = k \ln \Omega$
여기서, Ω : 열역학적 확률

$k = \dfrac{R}{N_A}$: Boltzmann 상수
여기서, R : 기체상수
N_A : 아보가드로수

05 다음과 같은 반데르발스(Van der Waals)의 식에 적용되는 실제기체에 대하여 $\left(\dfrac{\partial U}{\partial V}\right)_T$ 의 값을 옳게 표현한 것은?

$$\left(P + \dfrac{a}{V^2}\right)(V-b) = RT$$

① $\dfrac{a}{P}$ ② $\dfrac{a}{T}$

③ $\dfrac{a}{V^2}$ ④ $\dfrac{a}{PT}$

> **해설**

$\left(P + \dfrac{a}{V^2}\right)(V-b) = RT$ ·········· ㉠

$dU = TdS - PdV$
$T = \text{const}$
$\div dV$ 하면
$\left(\dfrac{\partial U}{\partial V}\right)_T = T\left(\dfrac{\partial S}{\partial V}\right)_T - P$ ·········· ㉡

㉠식에서
$P = \dfrac{RT}{V-b} - \dfrac{a}{V^2}$
$\left(\dfrac{\partial P}{\partial T}\right)_V = \dfrac{R}{V-b}$

㉡식에 $\left(\dfrac{\partial S}{\partial V}\right)_T = \left(\dfrac{\partial P}{\partial T}\right)_V$ 대입

$\therefore \left(\dfrac{\partial U}{\partial V}\right)_T = T\left(\dfrac{\partial P}{\partial T}\right)_V - P$
$= \dfrac{RT}{V-b} - \left(\dfrac{RT}{V-b} - \dfrac{a}{V^2}\right) = \dfrac{a}{V^2}$

06 $P_1 V_1^\gamma = P_2 V_2^\gamma$ 의 식이 성립하는 경우는?(단, γ는 비열비이다.)

① 등온과정(Isothermal Process)
② 단열과정(Adiabatic Process)
③ 등압과정(Isobaric Process)
④ 정용과정(Isometric Process)

> **해설**

단열과정
$\dfrac{T_2}{T_1} = \left(\dfrac{V_1}{V_2}\right)^{\gamma-1}$, $T_1 V_1^{\gamma-1} = T_2 V_2^{\gamma-1}$

$\dfrac{T_2}{T_1} = \left(\dfrac{P_2}{P_1}\right)^{\frac{\gamma-1}{\gamma}}$, $T_2 P_1^{\frac{\gamma-1}{\gamma}} = T_1 P_2^{\frac{\gamma-1}{\gamma}}$

$\dfrac{P_2}{P_1} = \left(\dfrac{V_1}{V_2}\right)^\gamma$, $P_2 V_2^\gamma = P_1 V_1^\gamma$

07 진공 속에서 $CaCO_3(s)$가 부분적으로 분해함으로써 생긴 계의 자유도는?

① 0 ② 1
③ 2 ④ 3

> **해설**

$CaCO_3(s) \to CaO(s) + CO_2(g)$
$F = 2 - P + C - r - s = 2 - 3 + 3 - 1 - 0 = 1$

08 비압축성 유체(Incompressible Fluid)의 성질을 나타내는 식이 아닌 것은?

① $\left(\dfrac{\partial V}{\partial T}\right)_P = 0$ ② $\left(\dfrac{\partial V}{\partial P}\right)_T = 0$

③ $\left(\dfrac{\partial U}{\partial P}\right)_T = 0$ ④ $\left(\dfrac{\partial H}{\partial P}\right)_T = 0$

> **해설**

비압축성 유체
$\beta = 0$, $\kappa = 0$
$\left(\dfrac{\partial U}{\partial P}\right)_T = (\kappa P - \beta T)V = 0$
$\left(\dfrac{\partial H}{\partial P}\right)_T = (1 - \beta T)V = V$

정답 05 ③ 06 ② 07 ② 08 ④

09 1성분계에서 2상(相)이 평형에 있을 때의 설명으로 옳지 않은 것은?

① 2상의 퓨가시티가 같다.
② 2상의 몰당 깁스(Gibbs) 자유에너지가 같다.
③ 2상의 화학퍼텐셜(Potential)이 같다.
④ 2상의 몰당 엔트로피(Entropy)가 같다.

해설
상평형일 때 온도, 압력, 퓨가시티, 화학퍼텐셜(몰당 깁스자유에너지)이 같다.

10 물질 A와 B가 80℃에서 기-액 상평형을 이루고 있다. 이 온도에서 A물질의 증기압이 54kPa, B물질의 증기압이 79kPa이라고 한다. A, B의 기상 몰분율이 동일한 등온 혼합물의 이슬점(Dew Point) 조성을 옳게 구한 것은?(단, 이 혼합물은 라울의 법칙을 따른다고 한다.)

① $x_A = 0.494$, $x_B = 0.506$
② $x_A = 0.506$, $x_B = 0.494$
③ $x_A = 0.594$, $x_B = 0.406$
④ $x_A = 0.406$, $x_B = 0.594$

해설
A와 B의 기상분율이 같으므로($y_A = y_B$)
$y_A = \dfrac{P_A x_A}{P}$, $y_B = \dfrac{P_B x_B}{P}$
$\therefore P_A x_A = P_B(1-x_A)$
$54 x_A = 79(1-x_A)$
$\therefore x_A = 0.594$
$x_B = 1 - 0.594 = 0.406$

11 G^E가 다음과 같이 표시된다면 활동도 계수는? (단, G^E는 과잉깁스에너지, B, C는 상수, γ는 활동도 계수, X_1, X_2: 액상 성분 1, 2의 몰분율이다.)

$$\frac{G^E}{RT} = BX_1X_2 + C$$

① $\ln\gamma_1 = BX_2^2$
② $\ln\gamma_1 = BX_2^2 + C$
③ $\ln\gamma_1 = BX_1^2 + C$
④ $\ln\gamma_1 = BX_1^2$

해설
$\dfrac{G^E}{RT} = BX_1X_2 + C = B\dfrac{n_1 n_2}{n \times n} + C$

$\dfrac{nG^E}{RT} = B\dfrac{n_1 n_2}{n} + C = B\dfrac{n_1 n_2}{n_1 + n_2} + C$

$\dfrac{\partial\left(\dfrac{nG^E}{RT}\right)}{\partial n_1} = B\dfrac{n_2(n_1+n_2) - n_1 n_2}{(n_1+n_2)^2} = B\dfrac{n_2^2}{(n_1+n_2)^2} = BX_2^2$

$\therefore \ln\gamma_1 = BX_2^2 + C$

12 1기압, 100℃의 액체상태의 물은 그 내부에너지가 418.94J/g이다. 이 조건에서 물의 비부피는 1.0435cm³/g이다. 엔탈피는 몇 J/g인가?

① 410.38
② 419.04
③ 426.94
④ 443.83

해설
$H = U + PV$
$PV = 1.0435\text{cm}^3/\text{g} \times 1\text{atm} \times \dfrac{1\text{m}^3}{100^3\text{cm}^3} \times \dfrac{101.3 \times 10^3 \text{N/m}^2}{1\text{atm}}$
$= 0.1057\text{J/g}$
$\therefore H = 418.94\text{J/g} + 0.1057\text{J/g} = 419.04\text{J/g}$

13 2성분 혼합물이 액체-액체 상평형을 이루고 있는 α상과 β상이 있을 때 액체-액체 상평형 계산에 사용되는 관계식에 해당되는 것은?(단, x_1은 성분 1의 조성, γ는 활동도 계수, P_r^{sat}는 성분 1의 증기압, H_1은 성분 1의 헨리 상수, $\hat{\phi}_1$은 성분 1의 퓨가시티 계수이다.)

① $x_1^\alpha \gamma_1^\alpha = x_1^\beta \gamma_1^\beta$
② $x_1^\alpha P = x_1^\beta P_1^{sat}$
③ $x_1^\alpha P = x_1^\beta H_1$
④ $\hat{\phi}_1^\alpha = \hat{\phi}_1^\beta$

해설
$\hat{f}_i^\alpha = \hat{f}_i^\beta$
$\gamma_i^\alpha x_i^\alpha f_i^\alpha = \gamma_i^\beta x_i^\beta f_i^\beta$ $\qquad \therefore \gamma_i^\alpha x_i^\alpha = \gamma_i^\beta x_i^\beta$

정답 09 ④ 10 ③ 11 ② 12 ② 13 ①

14 반응좌표(Reaction Coordinate)의 변화는 어떻게 표현되는가?

① 화학양론의 계수
② 화학양론수
③ 반응몰수의 변화량 × 화학양론수
④ 반응몰수의 변화량 ÷ 화학양론수

해설

$dn_A = \nu_A d\varepsilon$ 　 여기서, ε : 반응좌표

$d\varepsilon = \dfrac{dn_A}{\nu_A}$

$n_A = n_{A_0} + \nu_A \varepsilon$ 　 여기서, ν_A : 양론수

15 0.5bar에서 $6m^3$의 기체와 1.5bar에서 $2m^3$의 기체를 부피가 $8m^3$인 용기에 넣을 경우 압력은?(단, 온도는 일정하며, 이상기체로 가정한다.)

① 0.65bar   ② 0.75bar
③ 0.85bar   ④ 0.95bar

해설

$P_1 V_1 + P_2 V_2 = PV$
$0.5 \times 6 + 1.5 \times 2 = P \times 8$ 　 ∴ $P = 0.75\text{bar}$

16 다음 중 이심인자(Acentric Factor) 값이 가장 큰 것은?

① 제논(Xe)   ② 아르곤(Ar)
③ 산소(O_2)   ④ 크립톤(Kr)

해설

Xe, Ar, Kr의 ω값은 0이다.

$\omega(\text{이심인자}) = -1 - \log \dfrac{P^{sat}}{P_C}\bigg|_{T_r = 0.7}$

17 열역학적 관계식으로 옳지 않은 것은?

① $dH^{ig} = C_P^{ig} dT$

② $dS^{ig} = C_P^{ig} \dfrac{dT}{T} - R\dfrac{dP}{P}$

③ $dH = C_P dT + \left[V - T\left(\dfrac{\partial V}{\partial T}\right)_P\right]dP$

④ $dS = C_P \dfrac{dT}{T} + \left(\dfrac{\partial V}{\partial T}\right)_P dP$

해설

$dS = C_P \dfrac{dT}{T} - \left(\dfrac{\partial V}{\partial T}\right)_P dP$

$\left(\begin{array}{c} PV = RT \\ \dfrac{V}{T} = \dfrac{R}{P} \end{array}\right)$ 이므로

∴ $dS = C_P \dfrac{dT}{T} - R\dfrac{dP}{P}$

18 열용량이 C_P인 물질이 정압하에서 온도 T_1에서 T_2까지 변화할 때 엔트로피 변화량은?

① $C_P(T_2 - T_1)$ ② $C_P\left(\dfrac{T_2 - T_1}{T_1}\right)$

③ $C_P \ln \dfrac{T_2}{T_1}$ ④ $C_P\left(\dfrac{1}{T_1} - \dfrac{1}{T_2}\right)$

해설

상변화 시 엔트로피 변화(정압하에서)

$\Delta S = \dfrac{\Delta H}{T} = \int C_p \dfrac{dT}{T} = C_p \ln \dfrac{T_2}{T_1}$

$\Delta S = C_p \ln \dfrac{T_2}{T_1} - R\ln \dfrac{P_2}{P_1}^{0} = C_p \ln \dfrac{T_2}{T_1}$

19 $P-H$ 선도에서 등엔트로피선의 기울기 $\left(\dfrac{\partial P}{\partial H}\right)_S$의 값은?

① $\left(\dfrac{\partial P}{\partial H}\right)_S = V$ ② $\left(\dfrac{\partial P}{\partial H}\right)_S = \dfrac{1}{V}$

③ $\left(\dfrac{\partial P}{\partial H}\right)_S = -V$ ④ $\left(\dfrac{\partial P}{\partial H}\right)_S = -\dfrac{1}{V}$

해설

$dH = TdS + VdP$

$\left(\dfrac{\partial H}{\partial P}\right)_S = V \rightarrow \left(\dfrac{\partial P}{\partial H}\right)_S = \dfrac{1}{V}$

정답 14 ④　15 ②　16 ③　17 ④　18 ③　19 ②

20 평형상수의 온도 영향에 대한 설명 중 옳은 것은?

① 온도가 증가하면 항상 증가한다.
② 온도가 증가하면 항상 감소한다.
③ 온도의 영향이 없다.
④ 온도가 증가하면 증가 또는 감소할 수 있다.

해설

평형상수에 대한 온도의 영향

$$\frac{d\ln K}{dT} = \frac{\Delta H}{RT^2}$$

- $\Delta H > 0$: 흡열반응. 온도가 증가하면 평형상수 K가 증가
- $\Delta H < 0$: 발열반응. 온도가 증가하면 평형상수 K가 감소

2과목 단위조작 및 화학공업양론

21 1atm, 200℃의 과열수증기의 엔탈피를 0℃의 물을 기준으로 구하면 몇 kcal/kg인가?(단, 1atm, 100℃에서 물의 증발열은 539kcal/kg이고, 수증기의 평균 정압비열은 0.46kcal/kg ℃이다.)

① 200 ② 539
③ 639 ④ 685

해설

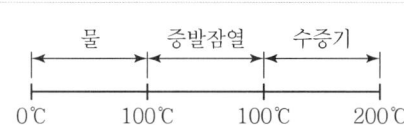

$\Delta H = 1\text{kcal/kg ℃} \times 100℃ + 539\text{kcal/kg} + 0.46\text{kcal/kg ℃} \times (200-100)℃$
$= 685\text{kcal/kg}$

22 10wt%의 식염수 100kg을 20wt%로 농축하려면 몇 kg의 수분을 증발시켜야 하는가?

① 25 ② 30
③ 40 ④ 50

해설

$W = F\left(1 - \dfrac{a}{b}\right) = 100\left(1 - \dfrac{10}{20}\right) = 50\text{kg}$

23 실제기체의 거동을 예측하는 비리얼 상태식에 대한 설명 중 옳은 것은?

① 제1비리얼 계수는 압력에만 의존하는 상수이다.
② 제2비리얼 계수는 조성에만 의존하는 상수이다.
③ 제3비리얼 계수는 체적에만 의존하는 상수이다.
④ 제4비리얼 계수는 온도에만 의존하는 상수이다.

해설

비리얼 방정식

$$Z = \frac{PV}{RT} = 1 + B'P + C'P^2 + D'P^3 + \cdots$$
$$= 1 + \frac{B}{V} + \frac{C}{V^2} + \frac{D}{V^3} + \cdots$$

여기서, $\left.\begin{array}{l}B'\ C'\ D'\cdots \\ B\ \ C\ \ D\cdots\end{array}\right)$ 비리얼 계수

※ 비리얼 계수는 온도만의 함수이다.

24 안지름 25mm인 원관에 분자량 70g/mol, 밀도 0.7g/cm³인 액체가 7g/s의 유량으로 흐르고 있다. 계산값으로 틀린 것은?

① 부피유량 = 10cm³/s
② 몰유량 = 0.1mol/s
③ 평균유속 = 2.04m/s
④ 면적당 질량속도 = 14.26kg/s m²

해설

$D = 2.5\text{cm}$
$M = 70\text{g/mol}$
$d = 0.7\text{g/cm}^3$
$\dot{m} = 7\text{g/s}$

㉠ 부피유량 $Q = \bar{u}A = \dfrac{\dot{m}}{\rho} = \dfrac{7\text{g/s}}{0.7\text{g/cm}^3} = 10\text{cm}^3/s$

㉡ 몰유량 $\dfrac{\dot{m}}{M} = \dfrac{7\text{g/s}}{70\text{g/mol}} = 0.1\text{mol/s}$

㉢ 평균유속 $\bar{u} = \dfrac{Q}{A} = \dfrac{10\text{cm}^3/s}{\dfrac{\pi}{4} \times 2.5^2\text{cm}^2} = 2.04\text{cm/s}$

㉣ 면적당 질량속도
$\dot{m} = \rho u A = GA$

$$\therefore G = \rho u = \frac{\dot{m}}{A} = \frac{7\,\text{g/s}}{\frac{\pi}{4} \times 2.5^2\,\text{cm}^2} = 1.426\,\text{g/cm}^2\,\text{s}$$

$$G = \frac{1{,}426\,\text{g}}{\text{cm}^2\,\text{s}} \left| \frac{1\,\text{kg}}{1{,}000\,\text{g}} \right| \frac{100^2\,\text{cm}^2}{1\,\text{m}^2}$$
$$= 14.26\,\text{kg/m}^2\,\text{s}$$

25 전압을 738mmHg로 일정하게 유지하고 6.0kg의 C_2H_5OH을 완전히 증발시키는 데 필요한 20℃, 738mmHg에서 건조공기의 최소량은?(단, 20℃에서 C_2H_5OH의 증기압은 44.5 mmHg이다.)

① 30.3m³ ② 40.3m³
③ 50.3m³ ④ 60.3m³

해설

중량비 $\dfrac{W_A}{W_B} = \dfrac{P_A M_A}{P_B M_B}$

$\dfrac{W_{C_2H_5OH}}{W_{Dry\,Air}} = \dfrac{46 \times 44.5}{29 \times (738-44.5)}$
$\qquad = 0.1018\,\text{kg}\,C_2H_5OH/\text{kg Dry Air}$

$6\,\text{kg}\,C_2H_5OH \times \dfrac{1\,\text{kg Dry Air}}{0.1018\,\text{kg}\,C_2H_5OH} = 58.94\,\text{kg Dry Air}$

$58.94\,\text{kg Dry Air} \times \dfrac{1\,\text{kmol}}{29\,\text{kg Dry Air}} \times \dfrac{22.4\,\text{m}^3}{\text{kmol}} \times \dfrac{760}{738} \times \dfrac{293}{273}$
$= 50.3\,\text{m}^3$

26 1mol%의 에탄가스를 함유하고 있는 혼합가스가 20℃, 20atm에서 물과 접하고 있다. 물에 용해되어 있는 에탄의 몰분율은?(단, Henry 상수 $H_{C_2H_6} = 2.63 \times 10^4$ atm/mole fraction이다.)

① 7.6×10^{-7} ② 7.6×10^{-6}
③ 7.6×10^{-4} ④ 7.6×10^{-2}

해설

Henry's Law
$p_A = H x_A = P_t y_A$
$x_A = \dfrac{P_t \cdot y_A}{H} = \dfrac{20 \times 0.01}{2.63 \times 10^4} = 7.6 \times 10^{-6}$

27 질량이 14ton인 트럭과 2.5ton인 승용차가 정면으로 충돌하였다. 충돌하는 순간 트럭과 승용차는 각각 시속 90km로 달리고 있었다. 충돌 후 두 차가 모두 정지하였다면 얼마의 운동에너지(J)가 다른 에너지로 변화하였는가?

① 0 ② 7.782×10^4
③ 4.384×10^5 ④ 5.156×10^6

해설

운동에너지 $E_k = \dfrac{1}{2} m v^2$

$E_{k_1} = \dfrac{1}{2} m v^2$
$\quad = \dfrac{1}{2} \times 14{,}000\,\text{kg} \times (90{,}000\,\text{m/h} \times 1\,\text{h}/3{,}600\,\text{s})^2$
$\quad = 4{,}375{,}000\,\text{J}$

$E_{k_2} = \dfrac{1}{2} \times 2{,}500 \times \left(\dfrac{90{,}000}{3{,}600}\right)^2 = 781{,}250\,\text{J}$

$\therefore E_k = E_{k_1} + E_{k_2} = 5.156 \times 10^6\,\text{J}$

28 760mmHg 대기압에서 진공계가 100mmHg 진공을 표시하였다. 절대압력은 몇 atm인가?

① 0.54 ② 0.69
③ 0.87 ④ 0.96

해설

진공도 = 대기압 - 절대압
$100\,\text{mmHg} = 760\,\text{mmHg} - P$
$P = 660\,\text{mmHg} \times \dfrac{1\,\text{atm}}{760\,\text{mmHg}} = 0.87\,\text{atm}$

29 30℃, 750mmHg에서 공기의 상대습도가 75%이다. 공기 중에서 수증기 분압은 약 몇 mmHg인가?(단, 30℃에서 물의 증기압은 30.7mmHg라고 가정한다.)

① 0.31 ② 5.71
③ 23 ④ 91

해설

$H_R = \dfrac{p_V}{p_S} \times 100 = \dfrac{p_V}{30.7} \times 100 = 75\%$

$\therefore p_V = 23\,\text{mmHg}$

정답 25 ③ 26 ② 27 ④ 28 ③ 29 ③

30 동력의 단위환산값 중 1kW와 가장 거리가 먼 것은?

① 10.97kg$_f$ m/s ② 0.239kcal/s
③ 0.948BTU/s ④ 1,000,000mW

해설

동력 = $\dfrac{\text{일의 양}}{\text{시간}}$

$1\text{kW} = 102\,\text{kg}_f\,\text{m/s}$

$1\text{kW} = 1{,}000\,\text{J/s} \times \dfrac{1\text{cal}}{4.184\text{J}} \times \dfrac{1\text{kcal}}{1{,}000\text{cal}} = 0.24\,\text{kcal/s}$

$1\text{kW} = 1{,}000\,\text{J/s} \times \dfrac{1\text{cal}}{4.184\text{J}} \times \dfrac{1\text{BTU}}{252\text{cal}} = 0.948\,\text{BTU}$

$1\text{kW} = 10^6\,\text{mW}$

31 석회석을 분쇄하여 시멘트를 만들고자 할 때 지름이 1m인 볼밀(Ball Mill)의 능률이 가장 좋은 최적 회전속도는 약 몇 rpm인가?

① 5 ② 20
③ 32 ④ 54

해설

볼밀(Ball Mill)

- 최대회전수 $N_{\max} = \dfrac{42.3}{\sqrt{D}}$ [rpm]
- 최적회전수 $N_{\text{opt}} = \dfrac{(0.75)(42.3)}{\sqrt{D}} = \dfrac{32}{\sqrt{D}}$ [rpm]

32 동점성계수의 단위에 해당하는 것은?

① m²/kg ② m²/s
③ kg/m s ④ kg/m s²

33 피건조물에서 자유수분(Free Moisture)을 수식으로 옳게 나타낸 것은?

① 총수분함량 − 임계수분함량
② 총수분함량 − 평형수분함량
③ 임계수분함량 − 평형수분함량
④ 임계수분함량 + 평형수분함량

해설

- 평형함수율 : 고체 중에 습윤기체와 평형상태에서 남아 있는 수분함량
- 자유함수율 : 고체가 갖고 있는 전체 함수율과 평형함수율의 차. 일정온도, 습도의 공기를 사용하여 건조할 때 제거되는 함수율

34 전열에 관한 설명으로 틀린 것은?

① 자연대류에서의 열전달계수가 강제대류에서의 열전달계수보다 크다.
② 대류의 경우 전열속도는 벽과 유체의 온도 차이와 표면적에 비례한다.
③ 흑체란 이상적인 방열기로서 방출열은 물체의 절대온도의 4승에 비례한다.
④ 물체 표면에 있는 유체의 밀도 차이에 의해 자연적으로 열이 이동하는 것이 자연대류이다.

해설

자연대류에서의 열전달계수는 강제대류에서의 열전달계수보다 작다.

35 압력강하를 일정하게 유지하면서 유량에 따른 유로의 면적 변화를 측정하여 유량을 구하는 것은?

① 오리피스미터 ② 벤투리미터
③ 피토관 ④ 로터미터

해설

- 로터미터 : 면적유량계
- 오리피스미터, 벤투리미터 : 차압유량계
- 피토관 : 국부속도 측정

36 밀도가 880kg/m³인 기름이 관 내를 2m/s로 흐른다. 이 질량속도는 몇 kg/m² s인가?

① 3,760 ② 1,760
③ 440 ④ 2.3

해설

$G = \rho u = 880\,\text{kg/m}^3 \times 2\,\text{m/s} = 1{,}760\,\text{kg/m}^2\,\text{s}$

정답 30 ① 31 ③ 32 ② 33 ② 34 ① 35 ④ 36 ②

37 뚜껑이 있는 대용량의 저수탱크의 수면에서 10m 아래에 있는 내경 3cm의 구멍으로 물이 유출된다. 유출 수량은 약 얼마인가?(단, 마찰손실은 무시한다.)

① 22.6m³/h   ② 27.6m³/h
③ 31.6m³/h   ④ 35.6m³/h

해설

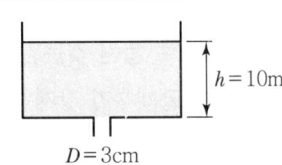

- $u = \sqrt{2gh} = \sqrt{2 \times 9.8 \times 10} = 14\,\text{m/s}$
- $Q = uA = 14\,\text{m/s} \times \dfrac{\pi}{4}(0.03)^2\,\text{m}^2$
  $= 9.89 \times 10^{-3}\,\text{m}^3/\text{s} \times \dfrac{3{,}600\,\text{s}}{1\,\text{h}}$
  $= 35.6\,\text{m}^3/\text{h}$

38 추출에서 선택도(β)에 대한 설명 중 틀린 것은? (단, k_A, k_B는 분배계수로서 A는 추질, B는 원용매이다.)

① β는 k_A/k_B로 표현된다.
② 추질의 분배계수가 원용매의 분배계수보다 작을수록 선택도가 높다.
③ $\beta = 1.0$에서는 분리가 불가능하다.
④ 선택도가 클수록 추제는 적게 든다.

해설

선택도(β)

$\beta = \dfrac{y_A/y_B}{x_A/x_B} = \dfrac{y_A/x_A}{y_B/x_B} = \dfrac{k_A}{k_B}$

여기서, y : 추출상(wt%)
x : 추잔상(wt%)
k_A : 추질의 분배계수
k_B : 원용매의 분배계수

- 선택도가 커야 한다.
- 상계점에서 $\beta = 1$로 분리가 불가능하다.
- 추질의 분배계수가 원용매의 분배계수보다 클수록 선택도가 크다.

39 벤젠 40mol%와 톨루엔 60mol%의 혼합물을 100kmol/h의 속도로 정류탑에 비점의 액체상태로 공급하여 증류한다. 유출액 중의 벤젠 농도는 95mol%, 관출액 중의 농도는 5mol%일 때 최소 환류비는 약 얼마인가?(단, 벤젠과 톨루엔의 순성분 증기압은 각각 1,016, 405mmHg이다.)

① 0.63   ② 1.4
③ 2.51   ④ 3.4

해설

$\alpha(\text{비휘발도}) = \dfrac{P_B^*}{P_T^*} = \dfrac{1{,}016}{405} = 2.51$

$y = \dfrac{\alpha x}{1 + (\alpha - 1)x}$
$= \dfrac{2.51 \times 0.4}{1 + (2.51 - 1) \times 0.4} = 0.626 ≒ 0.63$

$R_{Dm} = \dfrac{x_D - y_f}{y_f - x_f}$
$= \dfrac{0.95 - 0.63}{0.63 - 0.4} = 1.39 ≒ 1.4$

40 비중이 1인 물이 흐르고 있는 관의 양단에 비중이 13인 수은으로 구성된 U자형 마노미터를 설치하고 압력차를 측정해보니 0.4기압이었다. 마노미터에서 수은의 높이차는 약 몇 m인가?

① 0.16   ② 0.33
③ 0.64   ④ 1.23

해설

$\Delta P = R(\rho_A - \rho_B)g$

$0.4\,\text{atm} \times \dfrac{101.3 \times 10^3}{1\,\text{atm}}\,\text{N/m}^2$
$= R(13 - 1) \times 1{,}000\,\text{kg/m}^3 \times 9.8\,\text{m/s}^2$

$\therefore R = 0.34\,\text{m}$

정답 37 ④ 38 ② 39 ② 40 ②

3과목 공정제어

41 $\dfrac{1}{10s+1}$ 로 표현되는 일차계 공정에 경사입력 $\dfrac{2}{s^2}$ 가 들어갔을 때 시간이 충분히 지난 후의 출력은?(단, 이득은 무단위이며 시간은 "분" 단위를 가진다.)

① 입력에 2분만큼 뒤지면서 기울기가 10인 경사응답을 보인다.
② 초기에 경사응답을 보이다가 최종응답값이 2로 일정하게 유지된다.
③ 입력에 10분만큼 뒤지면서 기울기가 2인 경사응답을 보인다.
④ 초기에 경사입력을 보이다가 최종응답값이 10으로 일정하게 유지된다.

해설
$\tau = 10$이므로 출력은 입력에 10분 늦어지며, $a = 2$이므로 기울기가 2인 경사응답

42 단위계단 입력에 대한 응답 $y_S(t)$를 얻었다. 이것으로부터 크기가 1이고 폭이 a인 펄스입력에 대한 응답 $y_p(t)$는?

① $y_p(t) = y_S(t)$
② $y_p(t) = y_S(t-a)$
③ $y_p(t) = y_S(t) - y_S(t-a)$
④ $y_p(t) = y_S(t) + y_S(t-a)$

해설

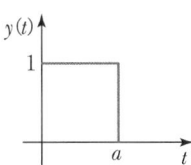

$\therefore y_p(t) = y_S(t) - y_S(t-a)$

43 시정수가 0.1분이며 이득이 1인 1차 공정의 특성을 지닌 온도계가 90℃로 정상상태에 있다. 시간 $t=0$일 때 이 온도계를 100℃인 곳에 옮긴다면 몇 분 후에 98℃에 도달하겠는가?

① 0.161   ② 0.230
③ 0.303   ④ 0.404

해설
$G(s) = \dfrac{K}{\tau s+1} = \dfrac{1}{0.1s+1} = \dfrac{10}{s+10}$
$x(t) = 10 \to X(s) = \dfrac{10}{s}$
$Y(s) = G(s)X(s) = \dfrac{10}{s+10} \cdot \dfrac{10}{s} = 10\left(\dfrac{1}{s} - \dfrac{1}{s+10}\right)$
$\therefore y(t) = 10(1-e^{-10t})$
$8 = 10(1-e^{-10t})$
$\therefore t = 0.161$

44 다음 중 비선형계에 해당하는 것은?

① 0차 반응이 일어나는 혼합반응기
② 1차 반응이 일어나는 혼합반응기
③ 2차 반응이 일어나는 혼합반응기
④ 화학반응이 일어나지 않는 혼합조

해설
2차 반응은 비선형계에 해당한다.

45 그림과 같은 제어계에서 입력은 R, 출력은 C라 할 때 전달함수는?

$R \to \boxed{G_1} \xrightarrow{B} \boxed{G_2} \to C$

① $G_1 G_2$ ② G_1/G_2
③ $G_1 - G_2$ ④ $G_1 + G_2$

해설
• $\dfrac{C}{R} = G_1 \cdot G_2$
• $B = RG_1$ $C = BG_2$
$\therefore C = RG_1G_2 \to \dfrac{C}{R} = G_1G_2$

정답 41 ③ 42 ③ 43 ① 44 ③ 45 ①

46 어떤 계의 단위계단 응답이 $(1-e^{-2t})$라고 하면 이 계의 단위충격(Unit Impulse)응답은?

① $-e^{-2t}$
② $\frac{1}{2}e^{-2t}$
③ $-\frac{1}{2}e^{-2t}$
④ $2e^{-2t}$

> 해설

단위계단응답을 미분하면 단위충격응답이 되므로
$\frac{d}{dt}(1-e^{-2t}) = 2e^{-2t}$

47 함수 $f(t)$의 라플라스 변환은 다음과 같다. $\lim\limits_{t \to 0} f(t)$를 구하면?

$$f(s) = \frac{(s+1)(s+2)}{s(s+3)(s-4)}$$

① 1
② 2
③ 3
④ 4

> 해설

$\lim\limits_{t \to 0} f(t) = \lim\limits_{s \to \infty} sF(s) = \lim\limits_{s \to \infty} \frac{s^2+3s+2}{s^2-s-12} = 1$

48 이득이 1이고 시간상수가 τ인 1차계의 Bode 선도에서 Corner Frequency $\omega_c = \frac{1}{\tau}$일 경우 진폭비 AR의 값은 얼마인가?

① $\sqrt{2}$
② 1
③ 0
④ $\frac{1}{\sqrt{2}}$

> 해설

$AR = \frac{K}{\sqrt{\tau^2\omega^2+1}} = \frac{1}{\sqrt{2}}$

49 개회로 제어계(Open Loop Transfer Function)가 $K\frac{N}{D}$일 때 해당된 폐회로계의 특성방정식은?(단, 측정부의 전달함수는 1이다.)

① $1+K\frac{N}{D}=0$
② $1-K\frac{N}{D}=0$
③ $K\frac{N}{D}=0$
④ $\frac{1}{1+K\dfrac{N}{D}}=0$

> 해설

- Open Loop : $G(s) = K\frac{N}{D}$
- Closed Loop : 특성방정식 $= 1+K\frac{N}{D} = 0$

50 유체가 유입부를 통하여 유입되고 있고 펌프가 설치된 유출부를 통하여 유출되고 있는 드럼이 있다. 이때 드럼의 액위를 유출부에 설치된 제어밸브의 개폐 정도를 조절하여 제어하고자 할 때, 다음 설명 중 옳은 것은?

① 유입유량의 변화가 없다면 비례동작만으로도 설정점 변화에 대하여 오프셋 없는 제어가 가능하다.
② 설정점 변화가 없다면 유입유량의 변화에 대하여 비례동작만으로도 오프셋 없는 제어가 가능하다.
③ 유입유량이 일정할 때 유출유량을 계단으로 변화시키면 액위는 시간이 지난 다음 어느 일정수준을 유지하게 된다.
④ 유출유량이 일정할 때 유입유량이 계단으로 변화되면 액위는 시간이 지난 다음 어느 일정수준을 유지하게 된다.

> 해설

① 유입유량의 변화가 없다면 제어밸브가 유출부에 있으므로 비례동작만으로도 Offset 없는 제어가 가능하다.
② 설정점 변화가 없다면 유입유량의 변화에 대하여 적분동작이 있으면 오프셋 없는 제어가 가능하다.
③ 유입유량이 일정할 때 유출유량을 계단으로 변화시키면 액위는 감소한다.
④ 유출유량이 일정할 때 유입유량이 계단으로 변화되면 액위는 증가한다.

정답 46 ④ 47 ① 48 ④ 49 ① 50 ①

51 다음 중 제어 시스템을 구성하는 주요 요소로 가장 거리가 먼 것은?

① 측정장치   ② 제어기
③ 외부교란변수   ④ 제어밸브

> **해설**
> 제어계의 구성요소
> • 센서   • 전환기
> • 제어기   • 최종제어요소

52 교반탱크에 100L의 물이 들어 있고 여기에 10%의 소금용액이 5L/min의 유속으로 공급되고 혼합액이 같은 유속으로 배출될 때 이 탱크의 소금농도식의 Laplace 변환은?

① $Y(s) = 0.05\left[\dfrac{1}{s} - \dfrac{1}{s+0.05}\right]$

② $Y(s) = 0.05\left[\dfrac{1}{s} - \dfrac{1}{s+0.1}\right]$

③ $Y(s) = 0.1\left[\dfrac{1}{s} - \dfrac{1}{s+0.1}\right]$

④ $Y(s) = 0.1\left[\dfrac{1}{s} - \dfrac{1}{s+0.05}\right]$

> **해설**
>
>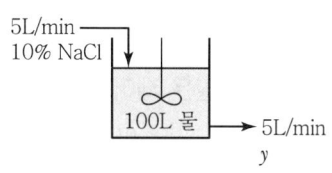
>
> 입량 − 출량 = 축적량
>
> $5\text{L/min} \times 0.1 - 5\text{L/min} \times y = V\dfrac{dy}{dt} = 100\dfrac{dy}{dt}$
>
> $100sY(s) + 5Y(s) = \dfrac{0.5}{s}$
>
> $Y(s) = \dfrac{0.5}{s(100s+5)} = \dfrac{0.005}{s(s+0.05)}$
>
> $= 0.005\left(\dfrac{A}{s} + \dfrac{B}{s+0.05}\right)$
>
> $= 0.005\left(\dfrac{20}{s} - \dfrac{20}{s+0.05}\right)$
>
> $= 0.1\left(\dfrac{1}{s} - \dfrac{1}{s+0.05}\right)$

53 주제어기의 출력신호가 종속제어기의 목푯값으로 사용되는 제어는?

① 비율제어   ② 내부모델제어
③ 예측제어   ④ 다단제어

> **해설**
> 다단제어에서는 주제어기의 출력신호가 종속제어기의 목푯값이 된다.

54 1차 공정의 동특성을 보이며 시간상수가 0.1min인 온도계가 50℃의 항온조 속에 놓여 있었다. 어느 순간($t=0$)부터 이 항온조의 온도가 진폭을 2℃로 하고 주파수를 20rad/min으로 하여 진동한다면 이 온도계의 위상지연(Phases Lag)은 몇 min인가?

① 0.002   ② 0.015
③ 0.055   ④ 1.11

> **해설**
> $G(s) = \dfrac{1}{0.1s+1}$ $\omega = 20\,\text{rad/min}$
>
> $\phi = -\tan^{-1}(\tau\omega) = -\tan^{-1}(0.1\,\text{min} \times 20\,\text{rad/min})$
> $= -\tan^{-1}(2) = -1.11\,\text{rad}$
>
> $\dfrac{1.11\,\text{rad}}{20\,\text{rad/min}} = 0.055\,\text{min}$

55 제어기 설계를 위한 공정모델과 관련된 설명으로 틀린 것은?

① PID 제어기를 Ziegler−Nichols 방법으로 조율하기 위해서는 먼저 공정의 전달함수를 구하는 과정이 필수로 요구된다.
② 제어기 설계에 필요한 모델은 수지식으로 표현되는 물리적 원리를 이용하여 수립될 수 있다.
③ 제어기 설계에 필요한 모델은 공정의 입출력 신호만을 분석하여 경험적 형태로 수립될 수 있다.
④ 제어기 설계에 필요한 모델은 물리적 모델과 경험적 모델을 혼합한 형태로 수립될 수 있다.

> 해설

Ziegler–Nichols법
- 연속진동법, 한계이득법
- 시간지연이 존재하는 1차 공정 모델식의 시간상수와 이득, 시간지연을 이용한 제어기 조정방법
- 공정출력을 관찰하여 K_c를 작은 값에서 시작하여 서서히 증가시켜 진동이 지속되는 시점에서 K_{cu}(한계이동)와 P_u(한계주기)를 결정한다.
- 제어기 파라미터 조정방법으로 Ziegler–Nichols는 출력변수의 $\frac{1}{4}$ 감쇠비 응답을 제안하였다.
- ※ PID 제어기를 Ziegler–Nichols 방법으로 조율하기 위해서 전달함수가 필수는 아니다.

56 피드포워드 제어기에 대한 설명으로 옳은 것은?
① 설정점과 제어변수 간의 오차를 측정하여 제어기의 입력정보로 사용한다.
② 주로 PID 알고리즘을 사용한다.
③ 보상하고자 하는 외란을 측정할 수 있어야 한다.
④ 피드백 제어기와 함께 사용하면 성능 저하를 가져온다.

> 해설

Feedforward 제어기
- 외란을 측정할 수 있어야 한다.
- 외부교란을 측정하고, 외부교란이 공정에 미치게 될 영향을 사전에 보정한다.

57 PID 제어기에서 적분동작에 대한 설명 중 틀린 것은?
① 제어기 입력신호의 절대값을 적분한다.
② 설정점과 제어변수 간의 오프셋을 제거해 준다.
③ 적분상수 τ_I이 클수록 적분동작이 줄어든다.
④ 제어기 이득 K_C가 클수록 적분동작이 커진다.

> 해설

적분동작은 오차를 적분하며, 오프셋(잔류편차)을 제거한다.

58 비례 제어기를 사용하는 어떤 제어계의 폐회로 전달함수는 $\frac{Y(s)}{X(s)} = \frac{0.6}{0.2s+1}$ 이다. 이 계의 설정치 X에 Unit Step Change(단위계단 변화)를 주었을 때 Offset은?

① 0.4 ② 0.5
③ 0.6 ④ 0.8

> 해설

$\text{Offset} = r(\infty) - y(\infty)$
$R = 1$
$Y(s) = \frac{0.6}{0.2s+1} \cdot \frac{1}{s} = \frac{3}{s(s+5)} = \frac{3}{5}\left[\frac{1}{s} - \frac{1}{s+5}\right]$
$y(t) = \frac{3}{5}(1 - e^{-5t})$
$t \to \infty \quad y(\infty) = \frac{3}{5} = 0.6$
∴ $\text{Offset} = 1 - 0.6 = 0.4$

59 시상수가 τ인 안정한 일차계의 계단응답에서 시간이 2τ만큼 경과했을 때의 응답은 최종값의 몇 %에 달하는가?

① 63.2 ② 75.2
③ 86.5 ④ 94.9

> 해설

τ	63.2%
2τ	86.5%
3τ	95%

60 다음 그림에서와 같은 제어계에서 안정성을 갖기 위한 K_C의 범위(Lower Bound)를 가장 옳게 나타낸 것은?

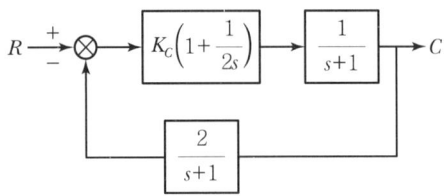

① $K_C > 0$ ② $K_C > \frac{1}{2}$
③ $K_C > \frac{2}{3}$ ④ $K_C > 2$

정답 56 ③ 57 ① 58 ① 59 ③ 60 ①

해설

특성방정식 $1 + K_C\left(1 + \dfrac{1}{2s}\right)\left(\dfrac{1}{s+1}\right)\left(\dfrac{2}{s+1}\right) = 0$

정리하면 $s^3 + 2s^2 + (1+2K_C)s + K_C = 0$

Routh 안정성 판별법

1	1	$1+2K_C$
2	2	K_C
3	$\dfrac{2(1+2K_C)-K_C}{2} > 0$	

$K_C > -\dfrac{2}{3}$ 이므로 문제의 보기에서 $K_C > 0$이면 만족한다.

4과목 공업화학

61 실용전지 제조에 있어서 작용물질의 조건으로 가장 거리가 먼 것은?

① 경량일 것
② 기전력이 안정하면서 낮을 것
③ 전기용량이 클 것
④ 자기방전이 적을 것

해설

실용전지의 조건
- 자기방전이 적어야 한다.
- 기전력이 안정하면서 높아야 한다.
- 두 전극에서의 과전압이 작아야 한다.
- 경량이며, 안정적이어야 한다.

62 파장이 600nm인 빛의 주파수는?

① 3×10^{10} Hz
② 3×10^{14} Hz
③ 5×10^{10} Hz
④ 5×10^{14} Hz

해설

파장 = 600nm
c(빛의 속력) $= \lambda$(파장) $\times f$(주파수)
$3 \times 10^8 \text{m/s} = 600 \times 10^{-9}\text{m} \times f$
$\therefore f = \dfrac{3 \times 10^8}{6 \times 10^{-7}} = 5 \times 10^{14}$ Hz

63 실리콘에 붕소(Boron)와 같은 원소가 첨가된 경우에 전자가 부족하기 때문에 빈자리가 하나 생기는 것을 무엇이라고 하는가?

① Diode
② Dopant
③ Hole
④ Substrate

해설

정공(Hole)
실리콘에 13족 원소인 붕소(B), 알루미늄(Al), 갈륨(Ga), 인듐(In)을 첨가하는 경우, 전자가 비어 있는 상태, 즉 정공(Hole)이 생긴다. 여기에 전압을 걸어주면 정공에 전자가 이동하면서 전류가 흐르게 된다.

64 다음 질소비료 중 이론적으로 질소함유량이 가장 높은 비료는?

① 황산암모늄(황안)
② 염화암모늄(염안)
③ 질산암모늄(질안)
④ 요소

해설

이론적 질소함유량
① 황산암모늄(황안) : $(NH_4)_2SO_4$

$\dfrac{2N}{(NH_4)_2SO_4} \times 100\% = \dfrac{2 \times 14}{132} \times 100 = 21.21\%$

② 염화암모늄(염안) : NH_4Cl

$\dfrac{N}{NH_4Cl} \times 100\% = \dfrac{14}{53.5} \times 100 = 26.17\%$

③ 질산암모늄(질안) : NH_4NO_3

$\dfrac{2N}{NH_4NO_3} \times 100\% = \dfrac{2 \times 14}{80} \times 100 = 35\%$

④ 요소 : $CO(NH_2)_2$

$\dfrac{2N}{CO(NH_2)_2} \times 100\% = \dfrac{2 \times 14}{60} \times 100 = 46.67\%$

65 아세트알데히드의 제조방법으로 가장 거리가 먼 것은?

① 아세틸렌 + 물
② 에탄올 + 산소
③ 에틸렌 + 산소
④ 메탄올 + 초산

정답 61 ② 62 ④ 63 ③ 64 ④ 65 ④

해설

① $CH \equiv CH + H_2O \xrightarrow[H_2SO_4]{HgSO_4} CH_3CHO$

② $C_2H_5OH \underset{환원}{\overset{산화}{\rightleftarrows}} CH_3CHO$

③ $C_2H_4 + \frac{1}{2}O_2 \rightarrow CH_3CHO$

④ $CH_3COOH + CH_3OH \rightarrow CH_3COOCH_3 + H_2O$

66 다음 탄화수소 중 일반적으로 가솔린이 속하는 것은?
① $C_1 - C_4$
② $C_5 - C_{10}$
③ $C_{13} - C_{18}$
④ $C_{22} - C_{28}$

해설

가솔린(Gasoline)
- $C_5 \sim C_{12}$의 탄화수소 혼합물로 끓는점은 100℃ 전후이다.
- 중질가솔린과 경질가솔린으로 나뉜다.
- 안티노킹제를 넣어 사용한다.

67 섬유유연제, 살균제에 사용되는 계면활성제는?
① 양이온성 계면활성제
② 음이온성 계면활성제
③ 양쪽 이온성 계면활성제
④ 비이온성 계면활성제

해설

음이온 섬유 + 양이온 계면활성제
➡ 정전기 방지, 살균제, 섬유유연제

68 다음 중 열가소성 수지인 것은?
① 우레아수지
② 페놀수지
③ 폴리에틸렌수지
④ 에폭시수지

해설

열가소성 수지
가열 시 연화되어 외력을 가할 때 쉽게 변형되므로 이 상태로 성형, 가공한 후에 냉각하면 외력을 가하지 않아도 성형된 상태를 유지하는 수지

예 폴리에틸렌, 폴리프로필렌, 폴리염화비닐, 폴리스티렌, 아크릴수지, 불소수지, 폴리비닐아세테이트

열경화성 수지
가열하면 일단 연화되지만, 계속 가열하면 점점 경화되어 나중에는 온도를 올려도 용해되지 않고, 원상태로도 되돌아가지 않는 수지

예 페놀수지, 요소수지, 멜라민수지, 우레탄수지, 에폭시수지, 알키드수지, 규소수지

69 염화수소가스를 제조하기 위해 고온, 고압에서 H_2와 Cl_2를 연소시키고자 한다. 다음 중 폭발방지를 위한 운전조건으로 가장 적합한 $H_2 : Cl_2$의 비율은?
① 1.2 : 1
② 1 : 1
③ 1 : 1.2
④ 1 : 1.4

해설

$H_2 : Cl_2 = 1.2 : 1$ 수소과잉(폭발방지)

70 다음 물질 중 벤젠의 술폰화 반응에 사용되는 물질로 가장 적합한 것은?
① 묽은 염산
② 클로로술폰산
③ 진한 초산
④ 발연황산

해설

벤젠의 술폰화 반응

⌬ + H_2SO_4 ⇌ ⌬-SO_3H + H_2O

71 다음 중 염산의 생산과 가장 거리가 먼 것은?
① 직접합성법
② NaCl의 황산분해법
③ 칠레초석의 황산분해법
④ 부생염산 회수법

해설

칠레초석의 황산분해법
$2NaNO_3 + H_2SO_4 \rightarrow Na_2SO_4 + 2HNO_3$(질산제조)

정답 66 ② 67 ① 68 ③ 69 ① 70 ④ 71 ③

72 이원자분자 H_2, F_2, HF, HBr에 대한 결합-해리 에너지가 큰 것부터 바르게 나열한 것은?

① HF − HBr − F_2 − H_2
② F_2 − H_2 − HF − HBr
③ F_2 − HBr − HF − H_2
④ HF − H_2 − HBr − F_2

해설
결합-해리에너지
- 결합을 분리할 때 필요한 에너지
- HF > H_2 > HBr > F_2

73 NaOH 제조공정 중 식염수용액의 전해공정 종류가 아닌 것은?

① 격막법　　② 증발법
③ 수은법　　④ 이온교환막법

해설
식염전해법
- 격막법
- 수은법
- 이온교환막법

74 석유류에서 접촉분해반응의 특징이 아닌 것은?

① 고체 산을 촉매로 사용한다.
② 대부분 카르보늄 이온 반응기구로 진행된다.
③ 디올레핀이 다량 생성된다.
④ 분해 생성물은 탄소수 3개 이상의 탄화수소가 많이 생성된다.

해설
접촉분해법
- 등유나 경유를 촉매를 사용하여 분해시키는 방법
- C_3~C_6계의 가지 달린 지방족이 많이 생성된다.
- 열분해보다 파라핀계 탄화수소가 많다.
- 방향족 탄화수소가 많다.
- 디올레핀은 거의 생성되지 않는다.
- 카르보늄 이온 기구로 진행된다.

75 초산과 메탄올을 산촉매하에서 반응시키면 에스테르와 물이 생성된다. 물의 산소원자는 어디에서 왔는가?

① 초산의 C=O　　② 초산의 OH
③ 메탄올의 OH　　④ 알 수 없다.

해설
에스테르화
$CH_3CO\boxed{OH} + \boxed{H}OCH_3 \rightarrow CH_3COOCH_3 + H_2O$
물의 산소원자는 아세트산(초산)의 OH에서 기인한다.

76 활성슬러지법 중에서 막을 폭기조에 직접 투입하여 하수를 처리하는 방법으로 2차 침전지가 필요 없게 되는 장점이 있는 것은?

① 단계폭기법　　② 산화구법
③ 막분리법　　④ 회전원판법

해설
활성슬러지법
하수의 유기물질에 공기를 투입하여 미생물에 의해 분해
- 단계폭기법 : 폐수를 반응조 길이에 걸쳐 골고루 주입시킴으로써 혼합액의 산소요구량을 균등하게 하기 위한 방법
- 산화구법 : 1차 침전지를 설치하지 않고, 생물반응조가 원형 또는 트랙형으로 회전 로터를 사용하여 표면폭기하여 내부를 순환교반시켜 2차 침전지에서 고액분리가 이루어지는 저부하형 활성슬러지 공법
- 막분리법 : 막을 폭기조에 직접 투입하여 하수를 처리하는 방법으로 2차 침전지가 필요 없게 되는 장점이 있지만, 고가의 소모성 막을 사용하므로 설치비가 비싸다.

77 염산을 르블랑(Le Blanc)법으로 제조하기 위하여 소금을 원료로 사용한다. 100% HCl 3,000kg을 제조하기 위한 85% 소금의 이론량은 약 얼마인가?(단, NaCl M.W=58.5, HCl M.W=36.5이다.)

① 3,636kg　　② 4,646kg
③ 5,657kg　　④ 6,667kg

해설
$2NaCl + H_2SO_4 \rightarrow Na_2SO_4 + 2HCl$
2×58.5kg　　:　　2×36.5kg
x　　　　　　　:　　3,000kg

정답 72 ④　73 ②　74 ③　75 ②　76 ③　77 ③

∴ $x = 4,808.2$kg NaCl

85% NaCl이므로 $4,808.2 \times \dfrac{1}{0.85} = 5,657$kg이 필요하다.

78 산화에틸렌의 수화반응으로 만들어지는 것은?
① 아세트알데히드   ② 에틸렌글리콜
③ 에틸알코올   ④ 글리세린

해설
산화에틸렌의 수화반응
$CH_2 - CH_2 + H_2O \rightarrow CH_2 - CH_2$
     \ / | |
      O   OH   OH
 산화에틸렌   에틸렌글리콜

79 다음 중 선형 저밀도 폴리에틸렌에 관한 적합한 설명이 아닌 것은?
① 촉매 없이 1-옥텐을 첨가하여 라디칼중합법으로 제조한다.
② 규칙적인 가지를 포함하고 있다.
③ 낮은 밀도에서 높은 강도를 갖는 장점이 있다.
④ 저밀도 폴리에틸렌보다 강한 인장강도를 갖는다.

해설
선형 저밀도 폴리에틸렌(LLDPE)
• 짧은 가지형
• LDPE(저밀도 폴리에틸렌)보다 강도, 가공성이 우수하다.
• 1-뷰텐, 1-헥센, 1-옥텐을 에틸렌과 공중합하여 제조한다.

80 석유계 아세틸렌의 제조법이 아닌 것은?
① 아크분해법   ② 부분연소법
③ 저온분유법   ④ 수증기분해법

해설
아세틸렌의 제조법
• 부분연소법
• 열분해법
• 축열가마법
• 아크분해법

5과목 반응공학

81 반응기 중 체류시간 분포가 가장 좁게 나타난 것은?
① 완전 혼합형 반응기
② Recycle 혼합형 반응기
③ Recycle 미분형 반응기(Plug Type)
④ 미분형 반응기(Plug Type)

해설
미분형 반응기(Plug Type) : 체류시간 분포가 가장 좁게 나타난다.

82 크기가 다른 3개의 혼합흐름반응기(Mixed Flow Reactor)를 사용하여 2차 반응에 의해서 제품을 생산하려 한다. 최대의 생산율을 얻기 위한 반응기의 설치 순서로서 옳은 것은?(단, 반응기의 부피크기는 $A > B > C$이다.)

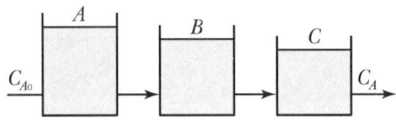

① $A \rightarrow B \rightarrow C$ ② $B \rightarrow A \rightarrow C$
③ $C \rightarrow B \rightarrow A$ ④ 순서에 무관하다.

해설
• $n > 1$: 작은 CSTR → 큰 CSTR
• $n < 1$: 큰 CSTR → 작은 CSTR

83 화학반응속도의 정의 또는 각 관계식의 표현 중 틀린 것은?
① 단위시간과 유체의 단위체적(V)당 생성된 물질의 몰수(r_i)
② 단위시간과 고체의 단위질량(W)당 생성된 물질의 몰수(r_i)
③ 단위시간과 고체의 단위표면적(S)당 생성된 물질의 몰수(r_i)
④ $\dfrac{r_i}{V} = \dfrac{r_i}{W} = \dfrac{r_i}{S}$

해설

화학반응속도식

$$r_i = \frac{1}{V}\frac{dN_i}{dt} = \frac{dC_i}{dt}$$

여기서, r_i : 생성물의 생성속도
V : 용적(m³)
N_i : 생성물의 몰수
C_i : 생성물의 농도
t : 시간

$$r_i' = \frac{1}{W}\frac{dN_i}{dt}$$

$$r_i'' = \frac{1}{S}\frac{dN_i}{dt}$$

여기서, W : 고체의 질량
S : 고체의 표면적

$$\frac{r_i}{V} \neq \frac{r_i}{W} \neq \frac{r_i}{S}$$
$$Vr_i = Wr_i' = Sr_i''$$

84 회분식 반응기에서 속도론적 데이터를 해석하는 방법 중 옳지 않은 것은?

① 정용 회분 반응기의 미분식에서 기울기가 반응차수이다.
② 농도를 표시하는 도함수의 결정은 보통 도시적 미분법, 수치 미분법 등을 사용한다.
③ 적분 해석법에서는 반응차수를 구하기 위해서 시행착오법을 사용한다.
④ 비가역 반응일 경우 농도 – 시간 자료를 수치적으로 미분하여 반응차수와 반응속도상수를 구별할 수 있다.

해설

$$-\frac{dC_A}{dt} = kC_A^\alpha$$

$$\ln\left(-\frac{dC_A}{dt}\right) = \ln k + \alpha \ln C_A$$

$\ln\left(-\frac{dC_A}{dt}\right)$를 $\ln C_A$의 함수로 나타낸 그래프에서 기울기가 반응차수임을 알 수 있다.

85 이상기체반응 $A \rightarrow 2R$이 불활성 물질을 포함하고 있는 최초 50% A로 시작하여 정압하의 회분식 반응기에서 진행된다. A가 100% 반응되면 반응기의 부피는 최초의 몇 배가 되는가?

① 0.5
② 1.0
③ 1.5
④ 2.0

해설

$A \rightarrow 2R$ 50% A + 50% 불활성 물질

$$\varepsilon_A = y_{A0}\delta = 0.5 \times \frac{2-1}{1} = 0.5$$

$V = V_o(1 + \varepsilon_A X_A)$, $X_A = 1$

$$\frac{V}{V_o} = 1 + \varepsilon_A X_A = 1 + 0.5 \times 1 = 1.5$$

86 $A \xrightarrow{k_1} V$(목적물, $r_V = k_1 C_A^{a_1}$), $A \xrightarrow{k_2} W$(비목적물, $r_W = k_2 C_A^{a_2}$)의 두 반응이 평행하게 동시에 진행되는 반응에 대해 목적물의 선택도를 높이기 위한 설명으로 옳은 것은?

① a_1과 a_2가 같으면 혼합반응기가 적절하다.
② a_1이 a_2보다 작으면 관형반응기가 적절하다.
③ a_1이 a_2보다 작으면 혼합반응기가 적절하다.
④ a_1과 a_2가 같으면 관형흐름반응기가 적절하다.

해설

- $a_1 > a_2$: $C_A \uparrow$ PFR 이용
- $a_1 = a_2$: 무관
- $a_1 < a_2$: $C_A \downarrow$ CSTR

87 $A \xrightarrow{\text{enzyme}} R$이 되는 효소반응과 관계없는 것은?

① 반응속도에 효소의 농도가 영향을 미친다.
② 반응물질의 농도가 높을 때 반응속도는 반응물질의 농도에 반비례한다.
③ 반응물질의 농도가 낮을 때 반응속도는 반응물질의 농도에 비례한다.
④ Michaelis – Menten 식이 관계된다.

정답 84 ① 85 ③ 86 ③ 87 ②

> 해설

$$A \xrightarrow{\text{enzyme}} R$$

$$-r_A = r_R = k\frac{C_{E0} \cdot C_A}{C_M + C_A} \rightarrow \text{Michaelis-Menten 식}$$

여기서, C_{E0} : 전체효소농도
C_M : Michaelis 상수

최대반응속도 $A \rightarrow \infty$

$$-r_A = \frac{V_{\max} \cdot C_A}{C_M + C_A}$$

- A농도가 높을 때 $-r_A \simeq V_{\max}$: 반응속도는 A농도에 무관
- A농도가 낮을 때 $-r_A \simeq \dfrac{V_{\max} \cdot C_A}{C_M}$: 반응속도는 A농도에 비례

88 어떤 반응의 속도상수가 25℃일 때 3.46×10^{-5} s^{-1}이고 65℃일 때 $4.87 \times 10^{-3} s^{-1}$이다. 이 반응의 활성화 에너지는 얼마인가?

① 10.75kcal
② 24.75kcal
③ 213kcal
④ 399kcal

> 해설

$$\ln\frac{k_2}{k_1} = \frac{E_a}{R}\left(\frac{1}{T_1} - \frac{1}{T_2}\right)$$

$$\ln\frac{4.87 \times 10^{-3}}{3.46 \times 10^{-5}} = \frac{E_a}{1.987}\left(\frac{1}{298} - \frac{1}{338}\right)$$

$$E_a = 24,760\,\text{cal} = 24.76\,\text{kcal}$$

89 액상 플러그흐름반응기의 일반적 물질 수지를 나타내는 식은?(단, τ는 공간시간, C_{A_0}는 초기농도, C_{A_f}는 유출농도, $-r_A$는 반응속도, t는 반응시간을 나타낸다.)

① $\tau = -\int_{C_{A_0}}^{C_{A_f}} \dfrac{dC_A}{-r_A}$
② $\tau = \dfrac{C_{A_0} - C_A}{-r_A}$
③ $\tau = -\int_{C_{A_0}}^{C_{A_f}} r_A dC_A$
④ $\tau = -\int_{C_{A_0}}^{C_{A_f}} \dfrac{dC_A}{C_A}$

> 해설

PFR($\varepsilon_A = 0$)

$$\tau = \frac{V}{v_o} = C_{A0}\int_0^{X_A} \frac{dX_A}{-r_A} = -\int_{C_{A0}}^{C_{Af}} \frac{dC_A}{-r_A}$$

90 다음 비가역 기초 반응에 의하여 연간 2억kg 에틸렌을 생산하는 데 필요한 플러그흐름반응기의 부피는 몇 m^3인가?(단, 압력은 8atm, 온도는 1,200K 등온이며 압력강하는 무시하고 전화율 90%를 얻고자 한다.)

$C_2H_6 \rightarrow C_2H_4 + H_2$
속도상수 $k_{(1,200K)} = 4.07s^{-1}$

① 2.82
② 28.2
③ 42.8
④ 82.2

> 해설

$C_2H_6 \rightarrow C_2H_4 + H_2$
x : 2×10^8 kg/year
30kg : 28kg $\therefore x = 2.14 \times 10^8$ kg/year

$$\frac{2.14 \times 10^8 \text{kg}}{\text{year}} \times \frac{1\text{year}}{365\text{day}} \times \frac{1\text{day}}{24\text{h}} \times \frac{1\text{h}}{3,600\text{s}} \times \frac{1\text{kmol}}{30\text{kg}}$$
$$= 0.226\,\text{kmol/s}$$

$$F_{A0} = \frac{0.226\,\text{kmol/s}}{0.9} = 0.251\,\text{kmol/s}$$

$$C_{A0} = \frac{P_{A0}}{RT} = \frac{8\text{atm}}{0.082\,\text{m}^3\,\text{atm/kmol K} \times 1,200\text{K}}$$
$$= 0.0813\,\text{kmol/m}^3$$

$$k\tau = (1 + \varepsilon_A)\ln\frac{1}{1-X_A} - \varepsilon_A X_A$$

$$\varepsilon_A = y_{A0}\delta = 1 \cdot \frac{2-1}{1} = 1$$

$$(4.07\text{s}^{-1})\tau = (1+1)\ln\frac{1}{1-0.9} - 1 \times 0.9$$

$$\therefore \tau = 0.91\text{s}$$

$$\tau = \frac{C_{A0} V}{F_{A0}}$$

$$0.91\text{s} = \frac{0.0813\text{kmol/m}^3 \times V}{0.251\text{kmol/s}}$$

$$\therefore V = 2.8\text{m}^3$$

91 공간시간이 25초인 반응기가 있다. 이 반응기의 공간속도(Space Velocity)는 1초당 얼마인가?

① 0.01
② 0.02
③ 0.03
④ 0.04

정답 ▶ 88 ② 89 ① 90 ① 91 ④

> 해설

$\tau = 25\,s$

$s = \dfrac{1}{\tau} = \dfrac{1}{25} = 0.04$

92 공간시간 $\tau=1\min$인 똑같은 혼합흐름반응기 4개가 직렬로 연결되어 있다. 일어나는 반응은 반응속도상수 $k=0.5\min^{-1}$인 1차 반응이며 용적 변화율은 0이다. 이때 $\dfrac{\text{첫 번째 반응기의 출구농도}}{\text{두 번째 반응기의 출구농도}}$의 값은?

① 1.0
② 1.5
③ 2.0
④ 2.5

> 해설

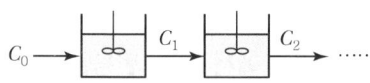

$\dfrac{C_0}{C_1} = 1+k\tau \qquad \dfrac{C_0}{C_N} = (1+k\tau)^N$

$k\tau = 1\min \times 0.5\min^{-1} = 0.5$

$\dfrac{C_0}{C_1} = 1.5,\ \dfrac{C_0}{C_2} = (1.5)^2,\ \dfrac{C_1}{C_2} = \dfrac{C_1}{C_1/1.5} = 1.5$

93 혼합흐름반응기에서 일어나는 액상 1차 반응의 전화율이 50%일 때 같은 크기의 혼합흐름반응기를 직렬로 하나 더 연결하고 유량을 같게 하면 최종 전화율은?

① $\dfrac{2}{3}$
② $\dfrac{3}{4}$
③ $\dfrac{4}{5}$
④ $\dfrac{5}{6}$

> 해설

$X_N = 1 - \dfrac{1}{(1+k\tau)^N}$

$k\tau = \dfrac{X_A}{1-X_A} = \dfrac{0.5}{1-0.5} = 1$

$X_N = 1 - \dfrac{1}{(1+1)^2} = \dfrac{3}{4}$

94 $A \to R$, $-r_A = kC_A$인 반응이 혼합흐름반응기에서 50% 반응된다. 동일한 조건과 크기의 플러그흐름반응기에서 반응이 진행되면 전화율은 얼마가 되는가? (단, 정밀도계로 가정한다.)

① 0.333
② 0.368
③ 0.632
④ 0.667

> 해설

- 정밀도계 : $\varepsilon_A = 0$
- CSTR 1차 : $k\tau = \dfrac{X_A}{1-X_A} = \dfrac{0.5}{1-0.5} = 1$
- PFR 1차 : $-k\tau = \ln(1-X_A)$
  $-1 = \ln(1-X_A)$

$\therefore X_A = 0.632$

95 $2HI \to H_2 + I_2$의 활성화 에너지는 $100\,kJ/mol$이다. 27℃로부터 온도를 1℃ 상승시켰을 때 반응속도는 어느 정도 더 빠르게 되는가?

① 10%
② 14%
③ 18%
④ 20%

> 해설

$k_1 = k_0 \exp\left[-\dfrac{100,000\,J/mol}{8.314\,J/mol\,K \times 300\,K}\right]$
$\quad = 3.87 \times 10^{-18} k_0$

$k_2 = k_0 \exp\left[-\dfrac{100,000\,J/mol}{8.314\,J/mol\,K \times 301\,K}\right]$
$\quad = 4.42 \times 10^{-18} k_0$

$\therefore \dfrac{k_2}{k_1} = 1.14$배, 즉 14% 증가

96 가역 단분자 반응 $A \rightleftarrows R$에서 평형상수 K_c와 평형전화율 X_{Ae}의 관계는?(단, C_{R0}와 팽창계수 ε_A는 0이다.)

① $\ln K_c = \dfrac{1}{X_{Ae}}$
② $K_c = \dfrac{X_{Ae}}{1-X_{Ae}}$
③ $K_c = \dfrac{X_{Ae}}{1+X_{Ae}}$
④ $\ln K_c = \dfrac{X_{Ae}}{1+X_{Ae}}$

정답 92 ② 93 ② 94 ③ 95 ② 96 ②

해설

평형상수 $K_c = \dfrac{k_1}{k_2} = \dfrac{C_{Re}}{C_{Ae}}$　　$(C_{R0}=0)$

$\qquad = \dfrac{C_{A0}X_{Ae}}{C_{A0}(1-X_{Ae})}$

$\qquad = \dfrac{X_{Ae}}{1-X_{Ae}}$

97 액상 비가역 2차 반응 $A \to B$를 그림과 같이 순환비 R의 환류식 플러그흐름반응기에서 연속적으로 진행시키고자 한다. 이때 반응기 입구에서 A의 농도 C_{A_i}를 옳게 표현한 식은?

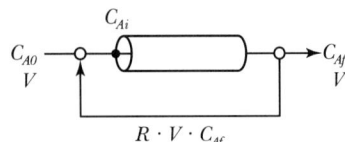

① $C_{A_i} = \dfrac{RC_{A_f}+C_{A_0}}{R+1}$　② $C_{A_i} = \dfrac{C_{A_f}+RC_{A_0}}{R+1}$

③ $C_{A_i} = RC_{A_f}+C_{A_0}$　④ $C_{A_i} = C_{A_f}+C_{A_0}$

해설

$C_{Ai} = \dfrac{F_{Ai}}{v_i} = \dfrac{F_{A0}+F_{A3}}{v_0+Rv_f}$

$\quad = \dfrac{F_{A0}+RF_{A0}(1-X_{Af})}{v_0+Rv_0(1+\varepsilon_A X_{Af})} = C_{A0}\left(\dfrac{1+R-RX_{Af}}{1+R+R\varepsilon_A X_{Af}}\right)$

$\varepsilon_A = 0$

$C_{Ai} = \dfrac{C_{A0}(1+R(1-X_{Af}))}{1+R} = \dfrac{C_{A0}+RC_{Af}}{1+R}$

98 N_2 20%, H_2 80%로 구성된 혼합가스가 암모니아 합성 반응기에 들어갈 때 체적변화율 ε_{N_2}는?

① -0.4　② -0.5
③ 0.4　④ 0.5

해설

$N_2 + 3H_2 \to 2NH_3$

$\varepsilon_{N_2} = y_{N_2}\delta = 0.2 \times \dfrac{2-1-3}{1} = -0.4$

99 반응속도상수 k에서 $\ln k$와 $\dfrac{1}{T}$를 도시(Plot)하였을 때 얻는 직선의 기울기는?

① $\dfrac{-E}{R}$　② $\dfrac{E}{R}$

③ $\dfrac{-E}{RT}$　④ ERT

해설

$k = Ae^{-E_a/RT}$

$\ln k = \ln A - \dfrac{E_a}{R}\dfrac{1}{T}$

- 기울기 : $-\dfrac{E_a}{R}$
- y절편 : $\ln A$

100 회분식 반응기에서 0.5차 반응을 10min 동안 수행하니 75%의 액체반응물 A가 생성물 R로 전화되었다. 15min 동안의 실험에서는 얼마나 전화되겠는가?

① 0.75　② 0.85
③ 0.90　④ 0.94

해설

Batch

$C_A^{1-n} - C_{A0}^{1-n} = k(n-1)t$

$t = \dfrac{C_{A0}^{1-n}}{k(n-1)}\left[\left(\dfrac{C_A}{C_{A0}}\right)^{1-n}-1\right]$

$\quad = \dfrac{C_{A0}^{1-n}}{k(n-1)}\left[(1-X_A)^{1-n}-1\right]$

$10\min = \dfrac{1}{k(-0.5)}\left[(1-0.75)^{0.5}-1\right]$

$\therefore k = 0.1$

$15\min = \dfrac{1}{(0.1)(-0.5)}\left[(1-X)^{0.5}-1\right]$

$\therefore X = 0.937$

2013년 제1회 기출문제

1과목 화공열역학

01 1,100K, 1bar에서 2mol의 H_2O와 1mol의 CO가 다음과 같이 전이 반응한다. 이 반응의 표준 깁스(Gibbs) 에너지 변화는 $\Delta G° = 0$이다. 혼합물을 이상기체로 가정하면 반응한 수증기의 분율은?

$$CO(g) + H_2O(g) \rightarrow CO_2(g) + H_2(g)$$

① 0.333
② 0.367
③ 0.500
④ 0.667

[해설]

CO	+	H_2O	→	CO_2	+	H_2
1mol		2mol				
−1		−1		+1		+1
0		1		1		1

$y_{H_2O} = \dfrac{1\,mol}{3\,mol} = 0.333$

02 두 절대온도 T_1, T_2 ($T_1 < T_2$) 사이에서 운전하는 엔진의 효율에 관한 설명 중 틀린 것은?

① 가역과정인 경우 열효율이 최대가 된다.
② 가역과정인 경우 열효율은 $\dfrac{T_2 - T_1}{T_2}$ 이다.
③ 비가역과정인 경우 열효율은 $\dfrac{T_2 - T_1}{T_2}$ 보다 크다.
④ T_1이 0K인 경우 열효율은 100%가 된다.

[해설]

카르노 사이클(Carnot Cycle)의 열효율

$\eta = \dfrac{W}{Q_H} = \dfrac{Q_H - Q}{Q_H} = \dfrac{T_H - T_C}{T_H}$

$T_1 < T_2$

$\therefore \eta = \dfrac{T_2 - T_1}{T_2}$

※ 비가역과정의 효율은 가역과정의 효율보다 작다.

03 퓨가시티(Fugacity) f_i 및 퓨가시티 계수 ϕ_i에 관한 설명으로 틀린 것은?(단, $\phi_i = \dfrac{f_i}{P}$ 이다.)

① 이상기체에 대한 $\dfrac{f_i}{P}$의 값은 1이 된다.
② 잔류 깁스(Gibbs) 에너지 G_i^R과 ϕ_i의 관계는 $G_i^R = RT \ln \phi_i$로 표시된다.
③ 퓨가시티 계수 ϕ_i의 단위는 압력의 단위를 가진다.
④ 주어진 성분의 퓨가시티가 모든 상에서 동일할 때 접촉하고 있는 상들은 평형 상태에 도달할 수 있다.

[해설]

$G^R = G - G^{ig} = RT \ln \dfrac{f_i}{P} = RT \ln \phi_i$

여기서, f_i : 퓨가시티
P : 압력
ϕ_i : 퓨가시티 계수(무차원)

이상기체 $\phi_i = 1$

04 액상과 기상이 서로 평형이 되어 있을 때에 대한 설명으로 틀린 것은?

① 두 상의 온도는 서로 같다.
② 두 상의 압력은 서로 같다.
③ 두 상의 엔트로피는 서로 같다
④ 두 상의 화학퍼텐셜은 서로 같다.

[해설]

상평형 : T, P, μ가 같아야 한다.

정답 01 ① 02 ③ 03 ③ 04 ③

05 초기에 1몰의 H₂S와 2몰의 O₂를 포함하는 계에서 다음 반응이 일어난다. 반응이 일어나는 동안 O₂와 H₂O의 몰분율을 반응좌표 ε의 함수로 옳게 나타낸 것은?

$$2H_2S(g) + 3O_2(g) \rightarrow 2H_2O(g) + 2SO_2(g)$$

① $y_{O_2} = \dfrac{2-3\varepsilon}{3+\varepsilon}$, $y_{H_2O} = \dfrac{2\varepsilon}{3+\varepsilon}$

② $y_{O_2} = \dfrac{2+3\varepsilon}{3+\varepsilon}$, $y_{H_2O} = \dfrac{2\varepsilon}{3+\varepsilon}$

③ $y_{O_2} = \dfrac{2+3\varepsilon}{3-\varepsilon}$, $y_{H_2O} = \dfrac{2\varepsilon}{3-\varepsilon}$

④ $y_{O_2} = \dfrac{2-3\varepsilon}{3-\varepsilon}$, $y_{H_2O} = \dfrac{2\varepsilon}{3-\varepsilon}$

해설

2H₂S + 3O₂ → 2H₂O + 2SO₂
1mol   2mol

$\dfrac{dn_{H_2S}}{-2} = \dfrac{dn_{O_2}}{-3} = \dfrac{dn_{H_2O}}{2} = \dfrac{dn_{SO_2}}{2} = d\varepsilon$

$n_i = n_{io} + \nu_i \varepsilon$

$n_{O_2} = 2 - 3\varepsilon$, $n_{H_2S} = 1 - 2\varepsilon$

$n_{H_2O} = 2\varepsilon$, $n_{SO_2} = 2\varepsilon$

∴ $n_T = n_{O_2} + n_{H_2S} + n_{H_2O} + n_{SO_2}$
  $= 3 - \varepsilon$

∴ $y_{O_2} = \dfrac{2-3\varepsilon}{3-\varepsilon}$, $y_{H_2O} = \dfrac{2\varepsilon}{3-\varepsilon}$

06 과잉특성과 혼합에 의한 특성치의 변화를 나타낸 상관식으로 옳지 않은 것은?(단, H : 엔탈피, V : 용적, M : 열역학특성치, id : 이상용액이다.)

① $H^E = \Delta H$
② $V^E = \Delta V$
③ $M^E = M - M^{id}$
④ $\Delta M^E = \Delta M$

해설

과잉특성 = 실제용액 - 이상용액
$\Delta M^E \equiv M - \sum x_i M_i$

과잉물성
$M^E = M - M^{id}$
$H^E = H - \sum x_i H_i = \Delta H$
$V^E = V - \sum x_i V_i = \Delta V$

07 어떤 기체가 부피는 변하지 않고서 150cal의 열을 흡수하여 그 온도가 30℃로부터 32℃로 상승하였다. 이 기체의 ΔU는 얼마인가?

① 50cal
② 75cal
③ 150cal
④ 300cal

해설

$\Delta U = Q - W$
부피 일정 : $W = 0$
∴ $\Delta U = Q = 150\text{cal}$

08 어떤 연료의 발열량이 10,000kcal/kg일 때 이 연료 1kg이 연소해서 30%가 유용한 일로 바뀔 수 있다면 500kg의 무게를 들어올릴 수 있는 높이는 약 얼마인가?

① 26m
② 260m
③ 2.6km
④ 26km

해설

$1\text{kg} \times 10,000\text{kcal/kg} \times 0.3 \times \dfrac{1,000\text{ cal}}{1\text{ kcal}} \times \dfrac{4.184\text{ J}}{1\text{ cal}}$
$= 12,552,000\text{ J}$
$E_P = mgh$
$12,552,000\text{J} = 500\text{kg} \times 9.8\text{m/s}^2 \times h$
∴ $h = 2,562\text{m} = 2.56\text{km}$

09 다음 중 잠열에 해당되지 않는 것은?

① 반응열
② 증발열
③ 융해열
④ 승화열

해설

잠열
열이 상태변화에 사용되며, 온도변화는 없다.
예 증발열, 융해열, 승화열

정답 ▶ 05 ④ 06 ④ 07 ③ 08 ③ 09 ①

10 다음 중 기-액 상평형 자료의 건전성을 검증하기 위하여 사용하는 것으로 가장 옳은 것은?

① 깁스-두헴(Gibbs-Duhem) 식
② 클라우시우스-클레이페이론(Clausisus-Clapeyron) 식
③ 맥스웰 관계(Maxwell relation) 식
④ 헤스의 법칙(Hess's Law)

해설

T, P가 일정
$\sum x_i d\overline{M}_i = 0$ (Gibbs-Duhem 식)

11 다음 중 에너지 변화를 나타내지 않는 것은?(단, P : 압력, S : 엔트로피, T : 절대온도, V : 부피, m : 질량, C_p : 정압열용량)

① $\int PdV$
② $TdS + VdP$
③ ΔS
④ $mC_p\Delta T$

해설

$W = \int PdV$
$dH = TdS + VdP$
$Q = mC_p\Delta T$
에너지 = 일 = 엔탈피 = 열(차원이 같다.)

12 이상용액의 활동도 계수 γ는 어느 값을 갖는가?

① $\gamma > 1$
② $\gamma < 1$
③ $\gamma = 0$
④ $\gamma = 1$

해설

활동도 계수(γ_i)
• 이상용액으로부터 벗어나는 정도
$\gamma_i = \dfrac{a_i}{x_i} = \dfrac{f_i}{x_i f_i°}$
$a_i = \dfrac{f_i}{f_i°}$
• 이상용액의 활동도 계수는 1이다.

13 오토(Otto) 엔진과 디젤(Diesel) 엔진에 대한 설명 중 틀린 것은?

① 디젤 엔진에서는 압축 과정의 마지막에 연료가 주입된다.
② 디젤 엔진의 효율이 높은 이유는 오토 엔진보다 높은 압축비로 운전할 수 있기 때문이다.
③ 디젤 엔진의 연소 과정은 압력이 급격히 변화하는 과정 중에 일어난다.
④ 오토 엔진의 효율은 압축비가 클수록 좋아진다.

해설

• 디젤기관은 연소가 등압하에서 이루어지는 등압사이클이다.
• 압축비가 같다면 오토기관이 디젤기관보다 효율이 높다. 그러나 오토기관에서는 미리 점화하는 현상 때문에 얻을 수 있는 압축비에 한계가 있다. 디젤기관은 더 높은 압축비에서 운전되며, 더 높은 효율을 얻는다.

14 압력 20Pa, 온도 200K인 초기상태의 이상기체가 정용과정(Constant Volume Process)을 통하여 온도 800K까지 가열되었다면 나중 압력은?

① 5Pa
② 20Pa
③ 40Pa
④ 80Pa

해설

$\dfrac{P_1 V_1}{T_1} = \dfrac{P_2 V_2}{T_2}$

정용과정 : $V_1 = V_2$

$\dfrac{P_1}{T_1} = \dfrac{P_2}{T_2}$

$\dfrac{20\text{Pa}}{200\text{K}} = \dfrac{P_2}{800\text{K}}$

$\therefore P_2 = 80\text{Pa}$

15 이상기체 3mol이 50℃에서 등온으로 10atm에서 1atm까지 팽창할 때 행해지는 일의 크기는 몇 J인가?

① 4,433
② 6,183
③ 18,550
④ 21,856

정답 10 ① 11 ③ 12 ④ 13 ③ 14 ④ 15 ③

해설

$$Q = W = nRT\ln\frac{V_2}{V_1} = nRT\ln\frac{P_1}{P_2}$$
$$= 3\,\text{mol} \times 8.314\,\text{J/mol K} \times 323\,\text{K} \times \ln\frac{10}{1}$$
$$= 18,550\,\text{J}$$

16 표준 디젤사이클의 $P-V$ 선도에 해당하는 것은?

①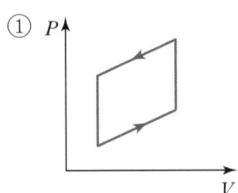
②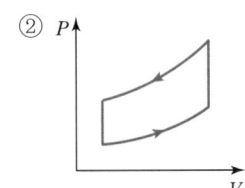
③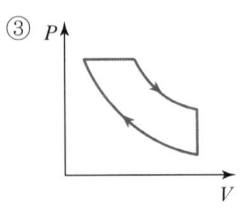
④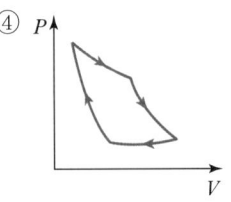

해설

디젤사이클

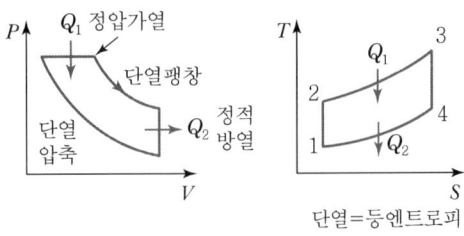

- 연소가 등압하에서 이루어지는 등압사이클
- 같은 압축비인 경우 효율 Otto > Diesel
- Otto 사이클은 점화현상 때문에 압축비의 제한이 있으나 디젤사이클은 높은 압축비에서 운전할 수 있으므로 더 높은 효율을 얻을 수 있다.

17 기체-액체 평형을 이루는 순수한 물에 대한 다음 설명 중 옳지 않은 것은?

① 자유도는 1이다.
② 기체의 내부에너지는 액체의 내부에너지보다 크다.
③ 기체의 엔트로피가 액체의 엔트로피보다 크다.
④ 기체의 깁스에너지가 액체의 깁스에너지보다 크다.

해설

$F = 2 - P + C = 2 - 2 + 1 = 1$
상평형 $G_i^\alpha = G_i^\beta$

18 0℃로 유지되고 있는 냉장고가 27℃의 방 안에 놓여 있다. 어떤 시간 동안 1,000cal의 열이 냉장고 속으로 새어 들어갔다고 한다. 방안 공기의 엔트로피 변화의 크기는 약 몇 cal/K인가?

① 3
② 6
③ 30
④ 60

해설

$$\Delta S = \frac{Q}{T}$$
$$= \frac{-1,000\,\text{cal}}{(273+27)\,\text{K}} = -3.33\,\text{cal/K}$$
$|\Delta S| = 3.33\,\text{cal/K}$

19 1kWh는 약 몇 kcal에 해당되는가?

① 860
② 632
③ 550
④ 427

해설

$1\text{kWh} \times \dfrac{1,000\text{Wh}}{1\text{kWh}} \times \dfrac{1\text{J/s} \times 1\text{h}}{1\text{Wh}} \times \dfrac{3,600\text{s}}{1\text{h}}$
$\times \dfrac{1\text{cal}}{4.184\text{J}} \times \dfrac{1\text{kcal}}{1,000\text{cal}}$
$= 860\text{kcal}$

정답 16 ③ 17 ④ 18 ① 19 ①

20 이상기체에 대하여 일(W)이 다음과 같은 식으로 표현될 때 이 계는 어떤 과정으로 변화하였는가?(단, Q는 열, V_1은 초기부피, V_2는 최종부피이다.)

$$W = -Q = -RT\ln\frac{V_2}{V_1}$$

① 단열과정 ② 등압과정
③ 등온과정 ④ 정용과정

해설

이상기체 공정
- 등온과정
$$Q = -W = RT\ln\frac{V_2}{V_1} \quad W = -\int PdV$$
- 등압과정
$$\Delta H = C_p(T_2 - T_1)$$
- 정용과정
$$\Delta U = Q = C_v(T_2 - T_1) \quad W = 0$$
- 단열과정
$$Q = 0$$
$$W = C_v\Delta T = \frac{RT_2 - RT_1}{\gamma - 1} = \frac{P_2V_2 - P_1V_1}{\gamma - 1}$$

2과목 단위조작 및 화학공업양론

21 반응에 관한 설명으로 옳지 않은 것은?
① 강산과 강염기의 중화열은 일정하다.
② 수소이온의 생성열은 편의상 0으로 정한다.
③ 약산과 강염기의 중화열은 강산과 강염기의 중화열과 같다.
④ 반응 전후의 온도 변화가 없을 때 엔탈피 변화는 0이다.

해설

중화열
- 강산과 강염기의 중화열은 일정하다.
- 약산과 강염기의 중화열은 강산과 강염기의 중화열과 다르다. 강산, 강염기의 경우 H^+, OH^-이 많기 때문에 열이 더 많이 발생한다.

22 도관 내 흐름을 해석할 때 사용되는 베르누이 식에 대한 설명으로 틀린 것은?
① 마찰손실이 압력손실 또는 속도수두손실로 나타나는 흐름을 해석할 수 있는 식이다.
② 수평흐름이면 압력손실이 속도수두 증가로 나타나는 흐름을 해석할 수 있는 식이다.
③ 압력수두, 속도수두, 위치수두의 상관관계 변화를 예측할 수 있는 식이다.
④ 비점성, 비압축성, 정상상태, 유선을 따라 적용할 수 있다.

해설

베르누이 정리
㉠ 관계식
$$\frac{\Delta u^2}{2g_c} + \frac{g}{g_c}\Delta Z + \frac{\Delta P}{\rho} = 일정$$
㉡ 가정
- 정상상태
- 비압축성 유체
- 비점성 유체
- 임의의 두 점은 같은 유선상에 있다.

23 에탄올 20wt%, 수용액 200kg을 증류장치를 통하여 탑 위에서 에탄올 40wt%, 수용액 20kg을 얻었다. 탑 밑으로 나오는 에탄올 수용액의 농도는 약 얼마인가?
① 3wt% ② 8wt%
③ 12wt% ④ 18wt%

해설

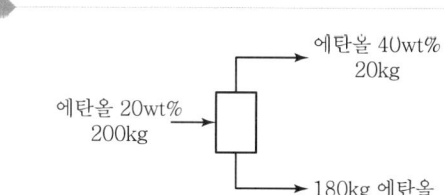

$200 \times 0.2 = 20 \times 0.4 + 180 \times x$

$\therefore x ≒ 0.18(18\text{wt}\%)$

24 이상기체를 T_1, T_2까지 일정압력과 일정용적에서 가열할 때 열용량에 관한 식 중 옳은 것은?(단, C_P는 정압열용량이고, C_V는 정적열용량이다.)

① $C_V + C_P = R$
② $C_V \cdot \Delta T = (C_P - R) \cdot \Delta T$
③ $\Delta U = C_V \cdot \Delta T - W$
④ $\Delta U = R \cdot \Delta T \cdot C_P$

해설
$C_P = C_V + R$
$\Delta U = C_V \Delta T = (C_P - R) \Delta T$

25 0℃, 1atm, 정압하에서 22.4m³의 가스에 3,000 kcal의 열을 주었을 때 이 가스의 온도는?(단, 가스는 이상기체로 보고 정압 평균분자 열용량은 4.5kcal/kmol ℃이다.)

① 500.0℃
② 555.6℃
③ 666.7℃
④ 700.0℃

해설
0℃, 1atm에서 22.4m³ → 1kmol
3,000kcal = 1kmol × 4.5kcal/kmol ℃ × Δt
$\Delta t = 666.7$℃
$t - 0$℃ $= 666.7$℃
$\therefore t = 666.7$℃

26 탄산가스 30vol%, 일산화탄소 5vol%, 산소 10vol%, 질소 55vol%인 혼합가스의 평균 분자량은?(단, 모두 이상기체로 가정한다.)

① 33.2
② 43.2
③ 45.2
④ 47.2

해설
$M_{av} = 0.3 \times 44 + 0.05 \times 28 + 0.1 \times 32 + 0.55 \times 28$
$= 33.2$

27 10ppm SO_2을 %로 나타내면?

① 0.0001%
② 0.001%
③ 0.01%
④ 0.1%

해설
1ppm $= 10^{-6}$
10ppm $\times 100\% = \dfrac{10}{10^6} \times 100 = 0.001\%$

28 40℃에서 벤젠과 톨루엔의 혼합물이 기액평형에 있다. Raoult의 법칙이 적용된다고 볼 때 다음 설명 중 옳지 않은 것은?(단, 40℃에서의 증기압은 벤젠 180mmHg, 톨루엔 60mmHg이고, 액상의 조성은 벤젠 30mol%, 톨루엔 70mol%이다.)

① 기상의 평형분압은 톨루엔 42mmHg이다.
② 기상의 평형분압은 벤젠 54mmHg이다.
③ 이 계의 평형전압은 240mmHg이다.
④ 기상의 평형조성은 벤젠 56.25mol%, 톨루엔 43.75mol%이다.

해설
$P = P_A x_A + P_B(1 - x_A) = 180 \times 0.3 + 60 \times 0.7$
$= 96 \text{mmHg}$ (전압)
$y_A = \dfrac{P_A x_A}{P} = \dfrac{180 \times 0.3}{96} = 0.5625 \,(56.25\%)$
$y_B = \dfrac{P_B x_B}{P} = \dfrac{60 \times 0.7}{96} = 0.4375 \,(43.75\%)$
$P_A = 96 \times 0.5625 = 54 \text{mmHg}$
$P_B = 96 \times 0.4375 = 42 \text{mmHg}$

29 1atm, 100℃의 1,000kg/h 포화수증기($\Delta H = 2,676$kJ/kg)와 1atm, 400℃의 과열수증기($\Delta H = 3,278$kJ/kg)가 단열 혼합기로 유입되어 1atm, 300℃의 과열수증기($\Delta H = 3,074$kJ/kg)가 배출될 때 배출되는 양(kg/h)은?

① 2,921
② 2,931
③ 2,941
④ 2,951

정답 24 ② 25 ③ 26 ① 27 ② 28 ③ 29 ④

해설

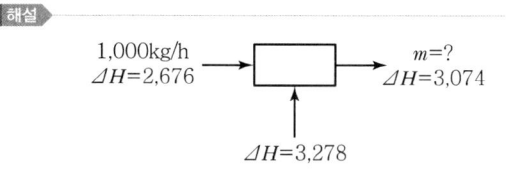

$2,676 \times 1,000 + 3,278(m-1,000) = 3,074m$
$\therefore m = 2,951 \text{kg/h}$

30 1atm, 비점(78℃)에서 에탄올의 분자 증발열은 38,580J/mol이다. 70℃에서 에탄올의 증기압은 몇 mmHg인가?

① 558.3
② 578.3
③ 598.3
④ 618.3

해설

$\ln \dfrac{P_2}{P_1} = \dfrac{\Delta H}{R}\left(\dfrac{1}{T_1} - \dfrac{1}{T_2}\right)$

$\ln \dfrac{P_2}{760} = \dfrac{38,580 \text{ J/mol}}{8.314 \text{ J/mol K}}\left(\dfrac{1}{351} - \dfrac{1}{343}\right) = -0.3083$

$\therefore P_2 = 558.37 \text{ mmHg}$

31 2중관 열교환기를 사용하여 500kg/h의 기름을 240℃의 포화수증기를 써서 60℃에서 200℃까지 가열하고자 한다. 이때 총괄전열계수는 500kcal/m² h ℃, 기름의 정압비열은 1.0kcal/kg ℃이다. 필요한 가열면적은 몇 m²인가?

① 3.1
② 2.4
③ 1.8
④ 1.5

해설

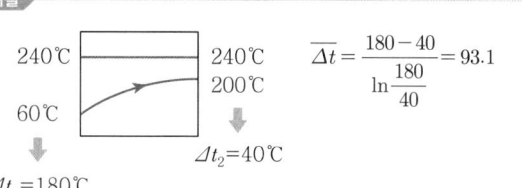

$\overline{\Delta t} = \dfrac{180-40}{\ln \dfrac{180}{40}} = 93.1$

$\Delta t_1 = 180℃$

$Q = mc\Delta t$
$= 500 \text{kg/h} \times 1 \text{kcal/kg ℃} \times (200-60)℃$
$= 70,000 \text{kcal/h}$

$Q = UA\overline{\Delta t}$
$70,000 \text{kcal/h} = 500 \text{kcal/m}^2 \text{ h ℃} \times A \times 93.1$
$\therefore A = 1.5 \text{m}^2$

32 증발기에서 용액의 비점 상승도가 증가할수록 감소하는 것은?

① 가열면적
② 유효온도차
③ 필요한 수증기의 양
④ 용액의 비점

해설

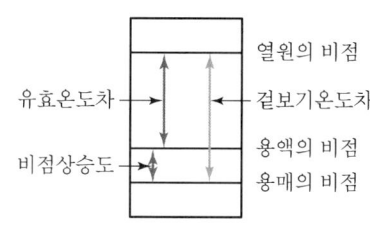

비점상승도가 커지면 유효온도차가 작아진다.
유효온도차 = 열원의 비점 − 용액의 비점

33 복사전열에서 총괄교환인자 F_{12}가 다음과 같이 표현되는 경우는?(단, ε_1, ε_2는 복사율이다.)

$$F_{12} = \dfrac{1}{\dfrac{1}{\varepsilon_1} + \dfrac{1}{\varepsilon_2} - 1}$$

① 두 면이 무한히 평행한 경우
② 한 면이 다른 면으로 완전히 포위된 경우
③ 한 점이 반구에 이하여 완전히 포위된 경우
④ 한 면은 무한 평면이고, 다른 면은 한 점인 경우

해설

총괄적 교환인자

$\mathcal{F}_{1,2} = \dfrac{1}{\dfrac{1}{F_{1,2}} + \left(\dfrac{1}{\varepsilon_1}-1\right) + \dfrac{A_1}{A_2}\left(\dfrac{1}{\varepsilon_2}-1\right)}$

무한히 큰 두 평면이 평행한 경우

$q = 4.88 A_1 \dfrac{1}{\dfrac{1}{\varepsilon_1} + \dfrac{1}{\varepsilon_2} - 1}\left[\left(\dfrac{T_1}{100}\right)^4 - \left(\dfrac{T_2}{100}\right)^4\right]$

정답 30 ① 31 ④ 32 ② 33 ①

34 경사 마노미터를 사용하여 측정한 두 파이프 내 기체의 압력차는?

① 경사각의 sin 값에 반비례한다.
② 경사각의 sin 값에 비례한다.
③ 경사각의 cos 값에 반비례한다.
④ 경사각의 cos 값에 비례한다.

해설

경사 마노미터
$\Delta P = R_1 \sin\alpha (\rho_A - \rho_B) g$

35 40%의 수분을 포함하고 있는 고체 1,000kg을 수분 10%까지 건조시킬 때 제거한 수분량은 약 몇 kg인가?

① 333 ② 450
③ 550 ④ 667

해설

$W = F\left(1 - \dfrac{a}{b}\right)$

여기서, F : 원료의 양, a : 건조 전 재료%
b : 건조 후 재료%

$W = 1,000\left(1 - \dfrac{60}{90}\right) = 333\,kg$

36 다음 중 Drag Coefficient(C_0)를 구하고자 할 때 사용되는 법칙에 대한 설명으로 가장 옳은 것은?

① 레이놀즈수가 아주 작을 때 Stoke의 법칙을 사용한다.
② 레이놀즈수와 관계없이 Stoke의 법칙을 사용한다.
③ 일반적으로 Stoke의 법칙을 사용하되 레이놀즈수가 작을 때는 Newton의 법칙을 사용한다.
④ 점도의 크기에 따라 Stoke의 법칙과 Newton의 법칙을 구별하여 사용한다.

해설

침강
- $N_{Re} < 0.1$: Stoke의 법칙
- $0.1 < N_{Re} < 1,000$: Allen의 법칙
- $1,000 < N_{Re} < 20,000$: Newton의 법칙

37 상계점(Plait Point)에 대한 설명으로 옳지 않은 것은?

① 추출상과 추잔상의 조성이 같아지는 점이다.
② 상계점에서 2상(相)이 1상이 된다.
③ 추출상과 평형에 있는 추잔상의 대응선(Tie-line)의 길이가 가장 길어지는 점이다.
④ 추출상과 추잔상이 공존하는 점이다.

해설

상계점(Plait Point, 임계점)
- 추출상과 추잔상에서의 조성이 같아지는 점
- 상계점에서 2상이 1상이 된다.
- 대응선(Tie-line)의 길이가 0이 된다.

38 증발장치에서 수증기를 열원으로 사용할 때의 장점으로 거리가 먼 것은?

① 가열을 고르게 하여 국부과열을 방지한다.
② 온도변화를 비교적 쉽게 조절할 수 있다.
③ 열전도도가 작으므로 열원 쪽의 열전달계수가 작다.
④ 다중효용관, 압축법으로 조작할 수 있어 경제적이다.

해설

수증기를 열원으로 사용할 경우의 이점
- 가열이 균일하여 국부적인 과열의 염려가 없다.
- 압력조절밸브의 조절에 의해 쉽게 온도를 변화, 조절할 수 있다.
- 증기기관의 폐증기를 이용할 수 있다.
- 물은 다른 기체, 액체보다 열전도도가 크므로, 열원 측의 열전달계수가 커진다.
- 다중효용, 자기증기압축법에 의한 증발을 할 수 있다.

39 벤젠과 톨루엔의 2성분계 정류조작에 있어서의 자유도(Degrees of Freedom)는 얼마인가?

① 0 ② 1
③ 2 ④ 3

해설

$F = 2 - P + C$
$= 2 - 2 + 2 = 2$

정답 ▶ 34 ② 35 ① 36 ① 37 ③ 38 ③ 39 ③

40 그림은 어떤 회분 추출공정의 조성 변화를 보여주고 있다. 평형에 있는 추출 및 추잔상의 조성이 E와 R인 계에 추제를 더 추가하면 M점은 그림의 a, b, c, d 중 어느 쪽으로 이동하겠는가?(단, F는 원료의 조성이다.)

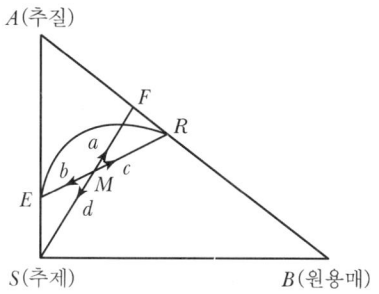

① a
② b
③ c
④ d

해설
E는 추제가 많고, R은 원용매가 많은 평형상태이다. 여기에 추제를 더 첨가하면, 추제(S) 쪽으로 이동하므로 d방향으로 이동한다.

3과목 공정제어

41 초기상태가 공정입출력이 0이고 정상상태일 때, 어떤 선형 공정에 계단입력 $u(t)=1$을 입력했더니 출력 $y(t)$는 $y(1)=0.1$, $y(2)=0.2$, $y(3)=0.4$이었다. $u(t)=0.5$를 입력할 때 출력은 각각 얼마인가?

① $y(1)=0.1$, $y(2)=0.2$, $y(3)=0.4$
② $y(1)=0.05$, $y(2)=0.1$, $y(3)=0.2$
③ $y(1)=0.1$, $y(2)=0.3$, $y(3)=0.7$
④ $y(1)=0.2$, $y(2)=0.4$, $y(3)=0.8$

해설
계단입력이 $\frac{1}{2}$로 감소하면 출력도 $\frac{1}{2}$로 감소한다.
$y(1)=0.05$
$y(2)=0.1$
$y(3)=0.2$

42 다음 공정에 P 제어기가 연결된 닫힌 루프 제어계가 안정하려면 비례이득 K_C의 범위는?(단, 나머지 요소의 전달함수는 1이다.)

$$G_P(s)=\frac{1}{2s-1}$$

① $K_C<1$
② $K_C>1$
③ $K_C<2$
④ $K_C>2$

해설
P 제어기 $G_P(s)=\frac{1}{2s-1}$, $G_C(s)=K_C$, $1+G_PG_C=0$
$1+\frac{K_C}{2s-1}=0$, $s=\frac{1-K_C}{2}<0$

특성방정식의 근은 음수이어야 안정하므로 $K_C>1$

43 일차계 공정에 사인파 입력이 들어갔을 때 시간이 충분히 지난 후의 출력은?

① 사인파 입력의 주파수가 커질수록 출력의 진폭은 작아진다.
② 공정의 시상수가 클수록 출력의 진폭도 커진다.
③ 공정의 이득이 클수록 출력의 진폭은 작아진다.
④ 출력의 진폭은 사인파 입력의 주파수와 공정의 시상수에는 무관하다.

해설
1차 공정
출력 후 진폭 $\hat{A}=\frac{KA}{\sqrt{1+\tau^2\omega^2}}$ $\omega\uparrow \to \hat{A}\downarrow$

44 순수한 적분공정에 대한 설명으로 옳은 것은?
① 진폭비(Amplitude Ratio)는 주파수에 비례한다.
② 입력으로 단위 임펄스가 들어오면 출력은 계단형 신호가 된다.
③ 작은 구멍이 뚫린 저장탱크의 높이와 입력흐름의 관계는 적분공정이다.
④ 이송지연(Transportation Lag) 공정이라고 부르기도 한다.

정답 40 ④ 41 ② 42 ② 43 ① 44 ②

해설

적분공정

$G(s) = \dfrac{K}{s}$

$X(s) = 1 \to$ 단위 임펄스 입력

$Y(s) = G(s)X(s)$

$\qquad = \dfrac{K}{s} \cdot 1 = \dfrac{K}{s} \to$ 계단 출력

$y(t) = K$

45 여름철 사용되는 일반적인 에어컨(Air Conditioner)의 동작에 대한 설명 중 틀린 것은?

① 온도조절을 위한 피드백 제어 기능이 있다.
② 희망온도가 피드백 제어의 설정값에 해당된다.
③ 냉각을 위하여 에어컨으로 흡입되는 공기의 온도변화가 외란에 해당된다.
④ 사용되는 제어방법은 주로 On/Off 제어이다.

해설

에어컨(제어계)
- Feedback 제어
- 희망온도가 Set Point(설정값)이다.
- On – Off 제어이다.
- 에어컨으로 흡입되는 공기의 온도변화는 입력변수에 해당한다.

46 3개의 안정한 Pole들로 구성된 어떤 3차계에 대한 Bode Diagram에서 위상각은?

① $0° \sim -180°$ 사이의 값
② $0° \sim 180°$ 사이의 값
③ $0° \sim -270°$ 사이의 값
④ $0° \sim 270°$ 사이의 값

해설

- 1차 : $0° \sim -90°$
- 2차 : $0° \sim -180°$
- 3차 : $0° \sim -270°$

47 다음 Block 선도로부터 전달함수 $\dfrac{Y(s)}{X(s)}$ 를 구하면?

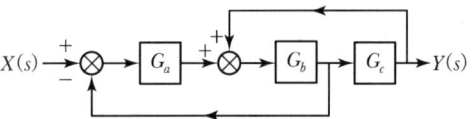

① $\dfrac{G_a G_b G_c}{1 + G_a G_b G_c}$

② $\dfrac{G_a G_b G_c}{1 + G_a G_b - G_b G_c}$

③ $\dfrac{G_b G_c}{1 + G_a G_b G_c}$

④ $\dfrac{G_a G_b G_c}{1 + G_a G_b + G_b G_c}$

해설

$G(s) = \dfrac{직선}{1 \pm 회선}$

$\qquad = \dfrac{G_a G_b G_c}{1 + G_a G_b - G_b G_c}$

48 다단제어에 대한 설명으로 옳은 것은?

① 종속제어기 출력이 주제어기의 설정점으로 작용하게 된다.
② 종속제어루프 공정의 동특성이 주제어루프 공정의 동특성보다 충분히 빠를수록 바람직하다.
③ 주제어루프를 통하여 들어오는 외란을 조기에 보상하는 것이 주목적이다.
④ 종속제어기는 빠른 보상을 위하여 피드포워드 제어알고리즘을 사용한다.

해설

다단제어(Cascade 제어)
- 주 Feedback 제어기 외에 2차적인 Feedback 제어기를 추가시켜서 교란변수의 영향을 소거시키고자 하는 제어방법
- 주제어기보다 부제어기의 동특성이 빨라야 한다.

정답 45 ③ 46 ③ 47 ② 48 ②

49 다음 블록선도에서 서보 문제(Servo Problem)의 전달함수는?

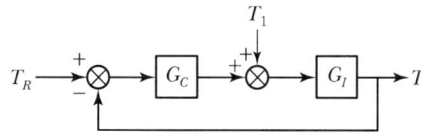

① $\dfrac{G_C G_I}{1+G_C G_I}$ ② $\dfrac{G_C}{1+G_C G_I}$

③ $\dfrac{G_C G_I}{1+G_C}$ ④ $\dfrac{G_I}{1+G_C G_I}$

해설

- 서보문제(Servo Problem) : $L(\text{외부교란변수})=0$

$$\dfrac{T}{T_R}=\dfrac{G_C G_I}{1+G_C G_I}$$

- 조정기제어(Regulatory Problem) : $R=0$

$$\dfrac{T}{T_1}=\dfrac{G_I}{1+G_C G_I}$$

50 다음 공정의 단위 임펄스 응답은?

$$G(s)=\dfrac{4s^2+5s-3}{s^3+2s^2-s-2}$$

① $y(t)=2e^t+e^{-t}+e^{-2t}$
② $y(t)=e^t+2e^{-t}+e^{-2t}$
③ $y(t)=e^t+e^{-t}+2e^{-2t}$
④ $y(t)=2e^t+2e^{-t}+e^{-2t}$

해설

$$Y(s)=G(s)X(s)$$
$$=\dfrac{4s^2+5s-3}{s^3+2s^2-s-2}\times 1$$
$$=\dfrac{4s^2+5s-3}{(s+2)(s+1)(s-1)}$$
$$=\dfrac{1}{s+2}+\dfrac{2}{s+1}+\dfrac{1}{s-1}$$

$y(t)=e^{-2t}+2e^{-t}+e^t$

51 Anti Reset Windup에 관한 설명으로 가장 거리가 먼 것은?

① 제어기 출력이 공정입력한계에 걸렸을 때 작동한다.
② 적분동작에 부과된다.
③ 큰 설정치 변화에 공정출력이 크게 흔들리는 것을 방지한다.
④ Offset을 없애는 동작이다.

해설

- Reset Windup : 제어기 출력 $m(t)$가 최대허용치에 머물고 있음에도 불구하고 $\int e(t)$ 값은 계속 증가되는 현상
- Anti Reset Windup : 적분제어의 결점인 Reset Windup을 없애주는 동작이다.

52 운전자의 눈을 가린 후 도로에 대한 자세한 정보를 주고 운전을 시킨다면 이는 어느 공정제어 기법이라고 볼 수 있는가?

① 되먹임 제어 ② 비례 제어
③ 앞먹임 제어 ④ 분산 제어

해설

Feedforward 제어(앞먹임 제어)
외부교란을 사전에 측정하고, 외부교란이 공정에 미칠 영향을 사전에 보정시키는 제어방법

53 측정 가능한 외란(Measurable Disturbance)을 효과적으로 제거하기 위한 제어기는?

① 앞먹임 제어기(Feedforward Controller)
② 되먹임 제어기(Feedback Controller)
③ 스미스 예측기(Smith Predictor)
④ 다단 제어기(Cascade Controller)

해설

Feedforward 제어(앞먹임 제어)
외부교란을 사전에 측정하고, 외부교란이 공정에 미칠 영향을 사전에 보정시키는 제어방법

정답 49 ① 50 ② 51 ④ 52 ③ 53 ①

54 어떤 항온조에서 항온조 내의 온도계가 나타내는 온도와 항온조 내의 실제 유체온도 사이의 관계는 이득이 1인 1차 계로 나타낼 수 있으며, 이때 시간상수는 0.2min이다. 평형상태에 도달한 후 항온조의 유체온도가 1℃/min의 속도로 평형상태의 값에서 시간에 따라 선형적으로 증가하기 시작하였다. 이 경우 1min 경과 후 온도계의 온도와 항온조 내 실제 유체온도 사이의 온도차는 얼마인가?

① 0.2℃ ② 0.8℃
③ 1.5℃ ④ 2.0℃

해설

$G(s) = \dfrac{Y(s)}{X(s)} = \dfrac{1}{\tau s+1}$, $\tau = 0.2$

선형적으로 증가 $X(t) = t \to X(s) = \dfrac{1}{s^2}$

$Y(s) = G(s)X(s) = \dfrac{1}{(\tau s+1)s^2} = -\dfrac{\tau}{s} + \dfrac{1}{s^2} + \dfrac{\tau}{s+1/\tau}$

$\therefore\ y(t) = -\tau + t + \tau e^{-\frac{t}{\tau}}$

$y(1) = -0.2 + 1 + 0.2e^{-1/0.2} = 0.8$

$x - y = X - Y = 1 - 0.8 = 0.2℃$

55 다음 중 안정도 판정을 위한 개회로 전달함수가 $\dfrac{2K(1+\tau s)}{s(1+2s)(1+3s)}$인 피드백 제어계가 안정할 수 있는 K와 τ의 관계는?

① $12K < (5+2\tau K)$ ② $12K < (5+10\tau K)$
③ $12K > (5+10\tau K)$ ④ $12K > (5+2\tau)$

해설

$1 + \dfrac{2K(1+\tau s)}{s(1+2s)(1+3s)} = 0$

$s(1+2s)(1+3s) + 2K(1+\tau s) = 0$

$6s^3 + 5s^2 + s + 2K\tau s + 2K = 0$

Routh Array

1	6	$1+2K\tau$
2	5	$2K$
3	$\dfrac{5(1+2K\tau)-12K}{5} > 0 \to 12K < 5+10\tau K$	

56 다음 공정에 단위 계단입력이 가해졌을 때 최종치는?

$$G(s) = \dfrac{2}{3s^2+s+2}$$

① 0 ② 1
③ 2 ④ 3

해설

단위계단입력 $X(s) = \dfrac{1}{s}$

$Y(s) = \dfrac{2}{s(3s^2+s+2)}$

$\lim\limits_{t\to\infty} y(t) = \lim\limits_{s\to 0} sY(s) = \lim\limits_{s\to 0} \dfrac{2}{3s^2+s+2} = 1$

57 특성방정식 $1 + \dfrac{G_c}{(2s+1)(5s+1)} = 0$과 같이 주어지는 시스템에서 제어기 G_c로 비례 제어기를 이용할 경우 진동응답이 예상되는 경우는?(단, K_c는 비례이득이다.)

① $K_c = 0$
② $K_c = 1$
③ $K_c = -1$
④ K_c에 관계없이 진동이 발생된다.

해설

$1 + \dfrac{G_c}{(2s+1)(5s+1)} = 0$ $G_c = K_c$

$(2s+1)(5s+1) + K_c = 0$

$10s^2 + 7s + 1 + K_c = 0$

$s = \dfrac{-7 \pm \sqrt{49-40(1+K_c)}}{20}$

진동응답이 되려면 허근이 되어야 하므로
$49 - 40(1+K_c) < 0$

$K_c > \dfrac{49}{40} - 1$

$\therefore\ K_c > 0.225$

정답: 54 ① 55 ② 56 ② 57 ②

58 현대의 화학공정에서 공정제어 및 운전을 엄격하게 요구하는 주요 요인으로 가장 거리가 먼 것은?

① 공정 간의 통합화에 따른 외란의 고립화
② 엄격해지는 환경 및 안전 규제
③ 경쟁력 확보를 위한 생산공정의 대형화
④ 제품 질의 고급화 및 규격의 수시 변동

해설
공정제어의 이점
• 공정안정성의 개선
• 환경적 공정제약의 충족
• 보다 엄격한 제품규격의 만족
• 원료와 에너지의 보다 효율적인 활용
• 이익의 증대

59 $\dfrac{d^2X}{dt^2}+2\dfrac{dX}{dt}=2$에서 $X(t)$의 Laplace 변환은?
(단, $X(0)=X'(0)=0$)

① $\dfrac{2s}{s^2+2s}$ ② $\dfrac{2}{(s+2)s}$
③ $\dfrac{2}{s^3+2s^2}$ ④ $\dfrac{2s}{s^3-2s}$

해설
$s^2X(s)+2sX(s)=\dfrac{2}{s}$

$X(s)=\dfrac{2}{s^3+2s^2}$

60 설정값의 계단변화에 대하여 잔류편차가 발생하지 않는 것은?

① P 제어기 ② PI 제어기
③ PD 제어기 ④ ON/OFF 제어기

해설
PI 제어기 : 적분제어로 잔류편차를 제거한다.

4과목 공업화학

61 질산의 직접 합성 반응이 다음과 같을 때 반응 후 응축하여 생성된 질산 용액의 농도는 얼마인가?

$$NH_3+2O_2 \rightleftarrows HNO_3+H_2O$$

① 68% ② 78%
③ 88% ④ 98%

해설
암모니아를 이론양만큼의 공기와 산화시킨 후 물 제거
→ 78% 질산 생성

62 아닐린에 대한 설명으로 옳은 것은?

① 무색 · 무취의 액체이다.
② 니트로벤젠은 아닐린으로 산화될 수 있다.
③ 비점이 약 184℃이다.
④ 알코올과 에테르에 녹지 않는다.

해설
아닐린
• 특유한 냄새가 나는 무색 액체로 비점은 184℃이다.
• 물에 잘 녹지 않고 에탄올, 에테르, 벤젠 등 유기용매에 녹는다.

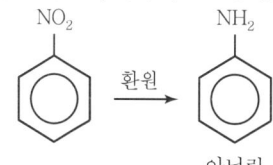

63 인광석을 가열처리하여 불소를 제거하고, 아파타이트 구조를 파괴하여 구용성인 비료로 만든 것은?

① 메타인산칼슘 ② 소성인비
③ 과린산석회 ④ 인산암모늄

해설
소성인비
인광석에 인산, 소다회를 혼합하고 열처리하여 불소를 제거하고, 아파타이트 구조를 파괴하여 만든 구용성 비료

64 황산공업의 원료가 될 수 없는 것은?

① 섬아연광　　② 자류철광
③ 황화철광　　④ 자철광

해설
자철광에는 황이 없어서 황산의 원료가 될 수 없다.

65 HNO_3 14.5%, H_2SO_4 50.5%, $HNOSO_4$ 12.5%, H_2O 20.0%, Nitrobody 2.5%의 조성을 가지는 혼산을 사용하여 Toluene으로부터 mono-Nitrotoluene을 제조하려고 한다. 이때 1,700kg의 Toluene을 12,000kg의 혼산으로 니트로화했다면 DVS(Dehydrating Value of Sulfuric Acid)는?

① 1.87　　② 2.21
③ 3.04　　④ 3.52

해설

$C_6H_5CH_3$ + HNO_3 → $C_6H_4(CH_3)NO_2$ + H_2O
92kg　　63　　　　　137　　　18
1,700kg　　　　　　　　　　　　x

∴ $x = 332.6$ kg

혼산 12,000kg 중 H_2SO_4　12,000 × 0.505 = 6,060kg
　　　　　　　　　H_2O　12,000 × 0.2 = 2,400kg

∴ $DVS = \dfrac{6,060}{2,400 + 332.6} = 2.218$

66 다음 중 Nylon 6 제조의 주된 원료로 사용되는 것은?

① 카프로락탐
② 세바크산
③ 아디프산
④ 헥사메틸렌디아민

해설

ε-Carprolactam + H_2O → $H_2N-(CH_2)_5-C(=O)-OH$

→ $[-N(H)-(CH_2)_5-C(=O)-]_n$　Nylon 6

67 암모니아소다법에서 NH_3 회수에 사용하는 것은?

① $CaCO_3$　　② $CaCl_2$
③ $Ca(OH)_2$　　④ H_2O

해설
암모니아소다법에서 암모니아 회수반응
$2NH_4Cl + \underline{Ca(OH)_2} \rightarrow CaCl_2 + 2NH_3 + 2H_2O$
　　　　　암모니아 회수에 이용

68 스타이렌-부타디엔-스타이렌 블록공중합체를 제조하는 방법은?

① 양이온 중합　　② 리빙 음이온 중합
③ 라디칼 중합　　④ 메타로센 중합

해설
리빙 음이온 중합
음이온 작용기가 단량체와 반응, 블록 공중합체의 합성에 이용

$[-CH_2-CH(C_6H_5)-]_n[-CH_2-CH=CH-CH_2-]_n[-CH_2-CH(C_6H_5)-]_n$

69 무수염산의 제법에 속하지 않는 것은?

① 직접합성법　　② 농염산증류법
③ 염산분해법　　④ 흡착법

정답　64 ④　65 ②　66 ①　67 ③　68 ②　69 ③

> 해설

무수염산의 제법
- 진한염산증류법
- 직접합성법
- 흡착법

70 석유정제에 사용되는 용제가 갖추어야 하는 조건이 아닌 것은?

① 선택성이 높아야 한다.
② 추출할 성분에 대한 용해도가 높아야 한다.
③ 용제의 비점과 추출성분 비점의 차이가 적어야 한다.
④ 독성이나 장치에 대한 부식성이 적어야 한다.

> 해설

용제의 조건
- 선택성이 커야 한다.
- 원료유와 추출용제 사이의 비중차가 커서 추출할 때 두 액상으로 쉽게 분리할 수 있어야 한다.
- 추출성분의 끓는점과 용제의 끓는점 차가 커야 한다.
- 증류로써 회수가 쉬워야 한다.
- 열적, 화학적으로 안정해야 하고 추출성분에 대한 용해도가 커야 한다.
- 독성이나 장치에 대한 부식성이 작아야 한다.

71 다음 중 중과린산석회의 반응은?

① $Ca_3(PO_4)_2 + 2H_2SO_4 + 5H_2O$
  $\rightleftarrows CaH_4(PO_4)_2 \cdot H_2O + 2[CaSO_4 \cdot 2H_2O]$
② $Ca_3(PO_4)_2 + 4H_3PO_4 + 3H_2O$
  $\rightleftarrows 3[CaH_4(PO_4)_2 \cdot H_2O]$
③ $Ca_3(PO_4) + 4HCl \rightleftarrows CaH_4(PO_4)_2 + 2CaCl_2$
④ $CaH_4(PO_4)2 + NH_3 \rightleftarrows NH_4H_2PO_4 + CaHPO_4$

> 해설

- 과린산석회(P_2O_5 15~20%) : 인광석의 황산분해
- 중과린산석회(P_2O_5 30~50%) : 인광석의 인산분해

72 분자량 1.0×10^4g/mol인 고분자 100g과 분자량 2.5×10^4g/mol인 고분자 50g, 그리고 분자량 1.0×10^5 g/mol인 고분자 50g이 혼합되어 있다. 이 고분자 물질의 수평균 분자량은?

① 16,000
② 28,500
③ 36,250
④ 57,000

> 해설

$$\text{수평균 분자량} = \frac{W}{\sum N_i} = \frac{\sum M_i N_i}{\sum N_i}$$
$$= \frac{200g}{\frac{100g}{1 \times 10^4 g/mol} + \frac{50}{2.5 \times 10^4} + \frac{50}{1 \times 10^5}}$$
$$= 16,000$$

73 중질유의 점도를 내릴 목적으로 중질유를 약 20기압과 약 500℃에서 열분해시키는 공정은?

① Coking Process
② Hydroforming Process
③ Reforming Process
④ Visbreaking Process

> 해설

- Visbreaking(비스브레이킹) : 470℃, 중질유의 점도를 낮추기 위한 온화한 열분해
- Coking(코킹) : 1,000℃, 중질유를 열분해하여 가솔린 등을 얻는 공정

74 장치재료의 선택에는 재료가 사용되는 환경에시의 안정성이 중요한 변수가 된다. 다음의 재료변화에 대한 설명 중 반응기구가 다른 것은?

① PbS로부터 Pb의 석출
② Fe 표면 위에 녹[$Fe(OH)_3$] 생성
③ Al 표면 위에 Al_2O_3 생성
④ 산용액 내에서 Cu와 Zn 금속이 접할 때 Zn의 용출

> 해설

①은 환원반응이며, ②, ③, ④는 산화반응이다.

정답 70 ③ 71 ② 72 ① 73 ④ 74 ①

75 니트로벤젠을 환원시켜 아닐린을 얻고자 할 때 사용하는 것은?

① Fe, HCl ② Ba, H₂O
③ C, NaOH ④ S, NH₄Cl

해설

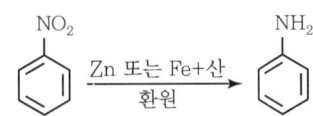

76 H₂와 Cl₂의 직접결합에 의한 합성염산법에서 사용되는 장치가 아닌 것은?

① 촉매실 ② 연소실
③ 냉각기 ④ 흡수기

해설
합성법
- H₂와 Cl₂를 직접 합성시켜 제조
- 연소실, 냉각기, 흡수기 사용

77 접촉식 황산제조방법에 대한 설명 중 옳지 않은 것은?

① 백금, 바나듐 등의 촉매가 이용된다.
② SO₃는 물에만 흡수시켜야 한다.
③ 촉매층의 온도는 410~420℃로 유지하면 좋다.
④ 주요 공정별로 온도 조절이 중요하다.

해설
접촉식 황산제조법
Pt 또는 V₂O₅ 촉매를 사용하여 SO₂를 공기 중의 산소와 산화시켜 SO₃로 전화시킨 후 98.3% 진한 황산에 흡수시켜 발연 황산을 제조하는 방법

78 다음 중 황산암모늄의 제조법이 아닌 것은?

① 합성황안법 ② 순환황안법
③ 변성황안법 ④ 부생황안법

해설
황산암모늄(황안)의 제조법
- 합성 황산암모늄
- 부생 황산암모늄
- 변성 황산암모늄
- 석고법
- 아황산법

79 산과 알코올이 어떤 반응을 일으켜 에스테르가 생성되는가?

① 검화 ② 환원
③ 축합 ④ 중화

해설
산 + 알코올 →(축합) 에스테르 + 물

80 다음 중 고분자의 유리전이온도를 측정하는 방법이 아닌 것은?

① Differential Scanning Calorimetry
② Dilatometry
③ Thermal Gravimetric Analysis
④ Dynamic Mechanical Analysis

해설
유리전이온도 측정법
- DSC(Differential Scanning Calorimetry)
- DMA(Dynamic Mechanical Analysis)
- Dilatometry

정답 75 ① 76 ① 77 ② 78 ② 79 ③ 80 ③

5과목 반응공학

81 비가역 직렬반응 $A \to R \to S$에서 1단계는 2차 반응, 2단계는 1차 반응으로 진행되고, R이 원하는 제품일 경우 다음 설명 중 옳은 것은?

① A의 농도를 높게 유지할수록 좋다.
② 반응 온도를 높게 유지할수록 좋다.
③ 혼합 반응기가 플러그 반응기보다 성능이 더 좋다.
④ A의 농도는 R의 수율과 직접 관계가 없다.

해설

$$A \xrightarrow[k_1]{2차} R \xrightarrow[k_2]{1차} S$$
$$-r_A = k_1 C_A^2$$
$$r_R = k_1 C_A^2 - k_2 C_R$$
$$r_S = k_2 C_R$$
$$\therefore \frac{r_R}{r_S} = \frac{k_1 C_A^2 - k_2 C_R}{k_2 C_R} = \frac{k_1}{k_2}\frac{C_A^2}{C_R} - 1$$

82 $A \to 3R$인 반응에서 A만으로 시작하여 완전히 전화되었을 때 계의 부피변화율은 얼마인가?(단, 기상 반응이며, 반응압력은 일정하다.)

① 0.5　② 1.0
③ 1.5　④ 2.0

해설

$A \to 3R$
$\varepsilon_A = y_{A_0}\delta = 1 \cdot \frac{3-1}{1} = 2$

83 유동층 반응기에 대한 설명 중 가장 거리가 먼 내용은?

① 유동층에서의 전화율은 고정층 반응기에 비하여 낮다.
② 유동화 물질은 대부분 고체이다.
③ 석유나프타의 접촉분해 공정에 적합하다.
④ 작은 부피의 유체를 처리하는 데 적합하다.

해설
유동층 반응기는 큰 부피의 유체 처리에 적합하다.

84 CSTR에 대한 설명으로 옳지 않은 것은?

① 비교적 온도 조절이 용이하다.
② 약한 교반이 요구될 때 사용된다.
③ 높은 전화율을 얻기 위해서 큰 반응기가 필요하다.
④ 반응기 부피당 반응물의 전화율은 흐름반응기들 중에서 가장 작다.

해설

CSTR
• 비교적 온도조절이 용이하다.
• 강한 교반이 요구될 때 사용된다.
• 반응물의 전화율은 흐름반응기 중에서 가장 작다.
• 내용물이 균일하다.
• 유출물의 조성이 반응기 조성과 동일하다.

85 그림과 같이 직렬로 연결된 혼합흐름반응기에서 액상 1차 반응이 진행될 경우 입구의 농도가 C_0이고, 출구의 농도가 C_2일 때 총 부피가 최소로 되기 위한 조건이 아닌 것은?

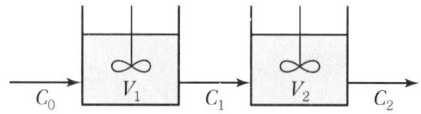

① $C_1 = \sqrt{C_0 C_2}$　② $\dfrac{d(\tau_1 + \tau_2)}{dC_1} = 1$
③ $\tau_1 = \tau_2$　④ $V_1 = V_2$

해설

$V_1 = V_2 \quad \tau_1 = \tau_2$
$\dfrac{C_0}{C_1} = 1 + k\tau \to C_1 = \dfrac{C_0}{1+k\tau}$
$\dfrac{C_1}{C_2} = 1 + k\tau \to C_1 = C_2(1+k\tau)$
$C_1^2 = C_0 C_2 \quad \therefore C_1 = \sqrt{C_0 C_2}$

정답 ▶ 81 ①　82 ④　83 ④　84 ②　85 ②

86 단일 이상형 반응기(Single Ideal Reactor)에 해당하지 않는 것은?

① 플러그흐름반응기(Plug Flow Reactor)
② 회분식 반응기(Batch Reactor)
③ 매크로유체반응기(Macro Fluid Reactor)
④ 혼합흐름반응기(Mixed Flow Reactor)

해설

단일이상반응기
- 회분식 반응기(Batch Reactor)
- 플러그흐름반응기(PFR)
- 혼합흐름반응기(CSTR, MFR)

87 방사성 물질의 감소는 1차 반응 공정을 따른다. 방사성 Kr-89(반감기=76min)를 1일 동안 두면 방사능은 처음 값의 약 몇 배가 되는가?

① 1×10^{-6}
② 2×10^{-6}
③ 1×10^{-5}
④ 2×10^{-5}

해설

반감기 = 76min

$1\,day \times \dfrac{24\,h}{1\,day} \times \dfrac{60\,min}{1\,h} = 1,440\,min$

$\dfrac{1,440\,min}{76\,min} = 19$

$\therefore \left(\dfrac{1}{2}\right)^{19} = 2 \times 10^{-6}$

88 다음은 단열 조작선의 그림이다. 조작선의 기울기는 $\dfrac{C_p}{-\Delta H_r}$로 나타내는데, 이 기울기가 큰 경우에는 어떤 형태의 반응기가 가장 좋겠는가?(단, C_p는 정압열 용량, ΔH_r은 반응열이다.)

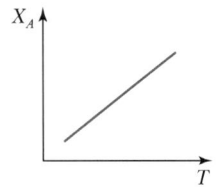

① 플러그흐름(Plug Flow) ② 혼합흐름(Mixed Flow)
③ 교반형 ④ 순환형

해설

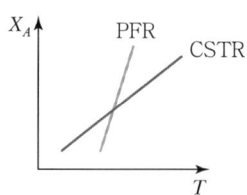

- $\dfrac{C_p}{-\Delta H_r}$가 작은 경우 : 혼합흐름반응기(CSTR)
- $\dfrac{C_p}{-\Delta H_r}$가 큰 경우 : 플러그흐름반응기(PFR)

89 다음 반응에서 $-\ln(C_A/C_{A_0})$를 t로 plot하여 직선을 얻었다. 이 직선의 기울기는?(단, 두 반응 모두 1차 비가역 반응이다.)

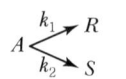

① k_1
② k_2
③ k_1/k_2
④ $k_1 + k_2$

해설

$-r_A = k_1 C_A + k_2 C_A = (k_1 + k_2) C_A$

90 다음 중 Damköhler가 화학반응속도론에 기여한 내용은?

① 전이상태(Transition State)에 대한 양자통계론적인 취급법이 화학반응 속도론에 적용된다는 사실을 지적하였다.
② Langmuir의 활성화 흡착설을 촉매반응 등의 불균일계 반응에 적용, 해석하였다.
③ 유체역학적 인자들과 경계층 현상 등이 화학반응 속도에 영향을 미친다는 사실을 지적하였다.
④ 연쇄반응(Chain Reaction)에 대한 이론을 확립하였다.

해설
담쾰러수(Damköhler 수, Da)
- Da를 이용하면 연속흐름반응기에서 달성할 수 있는 전환율의 정도를 쉽게 추산할 수 있다.
- 유체역학적 인자들과 경계층 현상 등이 화학반응속도에 영향을 미친다는 사실을 지적하였다.

91 다음과 같은 액상 등온반응이 순수한 A로부터 출발하여 혼합반응기에서 전환율 $X_{Af}=0.90$, R의 총괄수율 0.75로 진행된다면 반응기를 나오는 R의 농도는 몇 mol/L인가?(단, $C_{A0}=5.0$ mol/L이다.)

① 0.75 ② 3.38
③ 3.75 ④ 4.5

해설
$X_{Af}=0.9$, $\Phi=0.75$
$C_A = C_{A0}(1-X_A) = 5(1-0.9) = 0.5$
$\Phi = \dfrac{C_R}{C_{A0}-C_A} = \dfrac{C_R}{5-0.5} = 0.75$
$\therefore C_R = 3.375$

92 균일계 액상 병렬반응이 다음과 같을 때 R의 순간수율은?

$$A+B \to R, \quad \dfrac{dC_R}{dt} = 1.0\,C_A^{0.5}C_B^{0.5}$$
$$A+B \to S, \quad \dfrac{dC_S}{dt} = 1.0\,C_A^{0.5}C_B^{1.5}$$

① $\dfrac{1}{1+C_B}$ ② $\dfrac{1}{1+C_A^{0.5}C_B^{0.5}}$
③ $\dfrac{1}{1+C_A}$ ④ $1+C_A^{0.5}C_B^{1.5}$

해설
$$\phi = \dfrac{dC_R}{-dC_A} = \dfrac{C_A^{0.5}C_B^{0.5}}{C_A^{0.5}C_B^{0.5}+C_A^{0.5}C_B^{1.5}} = \dfrac{1}{1+C_B}$$

93 Arrhenius 법칙에서 속도상수 k와 반응온도 T의 관계를 옳게 설명한 것은?
① k와 T는 직선관계가 있다.
② $\ln k$와 $1/T$은 직선관계가 있다.
③ $\ln k$와 $\ln(1/T)$은 직선관계가 있다.
④ $\ln k$와 T는 직선관계가 있다.

해설
$k = Ae^{-E_a/RT}$
$\ln k = \ln A - \dfrac{E_a}{R}\dfrac{1}{T}$ → $\ln k$와 $\dfrac{1}{T}$은 직선관계에 있다.
- 기울기 : $-\dfrac{E_a}{R}$
- y절편 : $\ln A$

94 CNBr(A)과 메틸아민(B)의 액상반응은 2차 반응으로 알려져 있으며, 10℃에서 $k=2.22$ L/s mol이다. 플러그흐름반응기에서 체류시간이 4초이고, $C_{A0}=C_{B0}=0.1$ mol/L일 때 반응기를 나가는 반응생성물 중의 CNBr 농도 C_A는 약 얼마인가?

$$\text{CNBr} + \text{CH}_3\text{NH}_2 \to \text{CNNH}_2 + \text{CH}_3\text{Br}$$
$$-r_A = kC_A^2$$

① 0.021 ② 0.032
③ 0.045 ④ 0.053

해설
$k=2.22$ L/s mol
PFR 2차 $k\tau C_{A0} = \dfrac{X_A}{1-X_A}$
$2.22 \times 4 \times 0.1 = \dfrac{X_A}{1-X_A}$ → $X_A = 0.47$
$C_A = C_{A0}(1-X_A) = 0.1(1-0.47) = 0.053$

정답 91 ② 92 ① 93 ② 94 ④

95 다음 그림에 해당되는 반응 형태는?

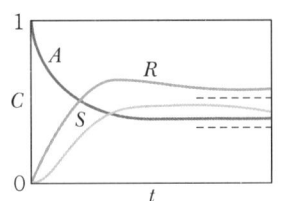

① 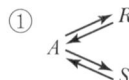   ②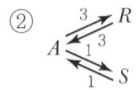

③ $A \underset{1}{\overset{1}{\rightleftarrows}} R \underset{1}{\overset{1}{\rightleftarrows}} S$ ④ $A \underset{1}{\overset{3}{\rightleftarrows}} R \underset{1}{\overset{3}{\rightleftarrows}} S$

해설

① 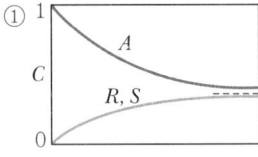   ②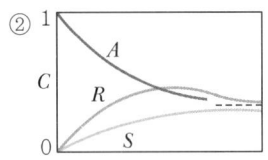

③ 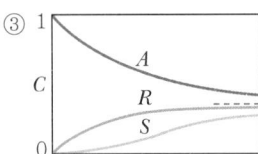   ④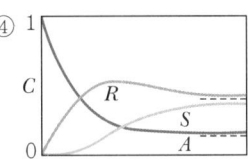

96 무차원 반응속도상수(Dimensionless Reaction Rate Group)에 대한 설명으로 옳은 것은?
① 전화율(Conversion)에 대한 공간시간(Space Time)의 도표에서 매개변수(Parameter)로 중요하다.
② 1차 반응에서는 k이다.
③ 2차 반응에서는 kt이다.
④ 3차 반응에서는 $kC_{A0}t$이다.

해설

$$\tau = \frac{V}{v_0} = \frac{C_{A0}V}{F_{A0}} = \frac{C_{A0}X_A}{-r_A}$$

97 어떤 물질의 분해반응은 1차 반응으로 99%까지 분해하는 데 6,646초가 소요되었다고 한다면 50%까지 분해하는 데는 몇 초가 소요되겠는가?
① 100초   ② 500초
③ 1,000초   ④ 1,500초

해설

$-kt = \ln(1-X_A)$
$-k \times 6,646 = \ln(1-0.99)$
$\therefore k = 0.000692\,\text{s}^{-1}$
$-0.000692t = \ln(1-0.5)$
$\therefore t = 1,000\,\text{s}$

98 플러그흐름반응기 또는 회분식 반응기에서 비가역 직렬 반응 $A \rightarrow R \rightarrow S$, $k_1 = 2\text{min}^{-1}$, $k_2 = 1\text{min}^{-1}$이 일어날 때 C_R이 최대가 되는 시간은?
① 0.301   ② 0.693
③ 1.443   ④ 3.332

해설

$$\tau = \frac{\ln \frac{k_2}{k_1}}{k_2 - k_1} = \frac{\ln \frac{1}{2}}{1-2} = 0.693$$

99 균일상 1차 반응을 이용하여 그림과 같이 크기가 다른 두 개의 연속 혼합류 반응기에서 어떤 생성물을 얻고자 한다. 다음 중 1호 반응기의 공간시간 τ_1을 가장 옳게 표현한 식은?(단, F_{A0}는 반응물의 몰 공급속도, C_{A0}는 반응물 중 A의 초기농도, V_1은 반응기 부피이다.)

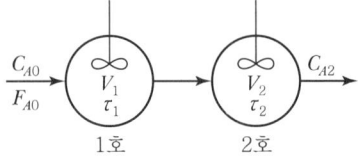

① $\tau_1 = \dfrac{C_{A0}F_{A0}}{V_1}$ ② $\tau_1 = \dfrac{C_{A0}V_1}{F_{A0}}$

③ $\tau_1 = \dfrac{F_{A0}}{C_{A0}V_1}$ ④ $\tau_1 = \dfrac{C_{A0}}{V_1F_{A0}}$

정답 95 ④ 96 ① 97 ③ 98 ② 99 ②

해설

$$\tau = \frac{1}{S} = \frac{1}{\text{공간속도}}$$
$$= \frac{V_1}{v_0} = \frac{\text{반응기 부피}}{\text{공급물 부피유량}}$$
$$= \frac{C_{A0} V_1}{F_{A0}}$$

100 1차 직렬반응 $A \xrightarrow{k_1} R \xrightarrow{k_2} S$, $k_1 = 200\text{s}^{-1}$, $k_2 = 10\text{s}^{-1}$일 경우 $A \xrightarrow{k} S$로 볼 수 있다. 이때 k의 값은?

① 11.00s^{-1}
② 9.52s^{-1}
③ 0.11s^{-1}
④ 0.09s^{-1}

해설

$k_1 \gg k_2$

$$k = \frac{1}{\frac{1}{k_1} + \frac{1}{k_2}} = \frac{1}{\frac{1}{200} + \frac{1}{10}} = 9.523$$

정답 100 ②

2013년 제2회 기출문제

1과목 화공열역학

01 500℃에서 암모니아 합성반응의 표준 자유에너지 변화 $\Delta G°$를 8,700cal/mol NH_3로 가정했을 때 평형 상수는 얼마인가?(단, 기체상수 R은 1.987cal/mol K이다.)

① 1.4×10^{-3}
② 2.4×10^{-3}
③ 3.4×10^{-3}
④ 4.4×10^{-3}

해설

$\ln K = -\dfrac{\Delta G°}{RT}$

$K = \exp\left[-\dfrac{\Delta G°}{RT}\right]$

$= \exp\left[-\dfrac{8,700\,\text{cal/mol}}{1,987\,\text{cal/mol K} \times 773\text{K}}\right]$

$= 0.00346$

02 상평형을 나타내는 식에 해당하는 것은?

① $(dG)_{T,P} > 0$
② $d(U^t + PV^t - TS^t)_{T,P} = 0$
③ $(dG)_{S,T} = 0$
④ $dH^t + PdV^t - TdS^t = 0$

해설

$(dG^t)_{T,P} = 0$
$d(U^t + PV^t - TS^t)_{T,P} = 0$
$d(H^t - TS^t)_{T,P} = 0$

03 기-액 평형에 있는 2성분($A + B$)의 혼합물 중 성분 A에 대한 설명으로 옳지 않은 것은?(단, 액상의 조성은 x, 기상의 조성은 y로 표시한다.)

① 성분 A의 임계압력보다 높은 압력에서 기-액 상평형에 있을 수 있다.
② 임계점에서 $x_A = y_A$이다.
③ 공비점에서 $x_A = y_A$이다.
④ 일정 압력에서 혼합물의 임계점은 항상 2개이다.

해설

임계점과 공비점에서 액의 조성과 증기의 조성이 같다.
$x_A = y_A$

04 다음 중 액상반응의 평형상수를 옳게 나타낸 것은? (단, ν_i : 성분 i의 양론수(Stochiometric Number), x_i : 성분 i의 액상 몰분율, y_i : 성분 i의 기상 몰분율, $\hat{a}_i = \dfrac{\hat{f}_i}{f_i°}$, $f_i°$: 표준상태에서의 순수한 액체 i의 퓨가시티, $\hat{f}_i$: 순수한 액체 i의 퓨가시티이다.)

① $K = P^{-\nu_i}$
② $K = RT \ln x_i$
③ $K = \prod_i y_i^{\nu_i}$
④ $K = \prod_i \hat{a}_i^{\nu_i}$

해설

$K = \prod \left(\dfrac{\hat{f}_i}{f_i°}\right)^{\nu_i}$

$K = \prod (\hat{a}_i)^{\nu_i}$

정답 01 ③ 02 ② 03 ④ 04 ④

05 순수한 물질 1몰의 깁스자유에너지와 같은 것은?
① 내부에너지
② 헬름홀츠자유에너지
③ 화학퍼텐셜
④ 엔탈피

해설
화학퍼텐셜
$$\mu_i = \left[\frac{\partial(nG)}{\partial n_i}\right]_{P,T,n_j} = \overline{G_i}$$

06 표준반응 깁스(Gibbs) 에너지변화량($\Delta G_r°$)이 1,600J mol^{-1}일 때 표준상태에서 이 반응의 평형상수 K는?
① 0.067
② 0.524
③ 1.91
④ 14.891

해설
$$K = \exp\left[-\frac{1,600\text{J/mol}}{8.314\text{J/mol K} \times 298\text{K}}\right] = 0.5$$

07 어떤 가역 열기관이 500℃에서 1,000cal의 열을 받아 일을 생산하고, 나머지 열을 100℃의 열소(Heat Sink)에 버린다. 열소의 엔트로피 변화는 얼마인가?
① 1,000cal/K
② 417cal/K
③ 41.7cal/K
④ 1.29cal/K

해설
$$\eta = \frac{T_1 - T_2}{T_1} = \frac{Q_1 - Q_2}{Q_1} = \frac{1,000 - Q_2}{1,000\text{cal}} = \frac{773 - 373}{773}$$
$$\therefore Q_2 = 482.5\text{ cal}$$
$$\Delta S_2 = \frac{Q_2}{T} = \frac{482.5\text{ cal}}{373\text{K}} = 1.29\text{ cal/K}$$

08 아세톤(1)/에탄올(2) 이성분계가 50℃에서 등몰 혼합물을 이룰 때 이 용액의 몰당 과잉 깁스에너지(G^E)는 약 몇 J인가?(단, 성분 1과 2의 활동도 계수에 관한 식은 다음과 같다.)

$$\ln\gamma_1 = 0.08, \ \ln\gamma_2 = 0.12$$

① 41.57
② 83.14
③ 268.67
④ 537.33

해설
$$\frac{G^E}{RT} = x_1\ln\gamma_1 + x_2\ln\gamma_2$$
$$= 0.5 \times 0.08 + 0.5 \times 0.12 = 0.1$$
$$G^E = 0.1RT$$
$$= 0.1 \times 8.314\text{J/mol K} \times 323\text{K} = 268.5\text{J}$$

09 진공에서 $CaCO_3(s)$가 $CaO(s)$와 $CO_2(g)$로 완전 분해하여 만들어진 계에 대해 자유도(Degree of Freedom) 수는?
① 0
② 1
③ 2
④ 3

해설
$$F = 2 - P + C - r - s$$
$$= 2 - 2 + 2$$
$$= 2$$

10 외부와 단열된 탱크 내에 0℃, 1기압의 산소와 질소가 칸막이에 의해 분리되어 있다. 초기 몰수가 각각 1mol에서 칸막이를 서서히 제거하여 산소와 질소가 확산되어 평형에 도달하였다. 이상용액인 경우 계의 성질이 변하는 것은?(단, 정용 열용량 C_V는 일정하다.)
① 엔트로피
② 부피
③ 엔탈피
④ 온도

해설

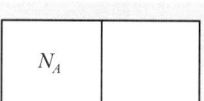

$$\Delta S = R\ln\frac{P_1}{P_2} = R\ln\frac{V_2}{V_1} = R\ln\frac{2}{1} = R\ln 2$$

11 일반적으로 기체의 정압열용량과 정용열용량 사이의 식은?

① $C_p - C_v = \left[P + \left(\frac{\partial U}{\partial V}\right)_T\right]\left(\frac{\partial V}{\partial T}\right)_P$

② $C_p - C_v = -\left[P + \left(\frac{\partial U}{\partial V}\right)_T\right]\left(\frac{\partial V}{\partial T}\right)_P$

③ $C_p - C_v = \left[P - \left(\frac{\partial U}{\partial V}\right)_T\right]\left(\frac{\partial V}{\partial T}\right)_P$

④ $C_p - C_v = \left[-P + \left(\frac{\partial U}{\partial V}\right)_T\right]\left(\frac{\partial V}{\partial T}\right)_P$

해설

$dS = C_p \frac{dT}{T} - R\frac{dP}{P}$

$PV = RT$에서 $\left(\frac{R}{P}\right) = \left(\frac{V}{T}\right)_P$ ($P = \text{const}$)

$\therefore dS = C_p \frac{dT}{T} - \left(\frac{\partial V}{\partial T}\right)_P dP$

$\left(\frac{\partial S}{\partial T}\right)_V = \frac{C_v}{T}$ 이므로 위의 식을 변형($\div dT$)

$\left(\frac{\partial S}{\partial T}\right)_V = \frac{C_p}{T} - \left(\frac{\partial V}{\partial T}\right)_P\left(\frac{\partial P}{\partial T}\right)_V$

$\frac{C_v}{T} = \frac{C_p}{T} - \left(\frac{\partial V}{\partial T}\right)_P\left(\frac{\partial P}{\partial T}\right)_V$

$C_p - C_v = T\left(\frac{\partial V}{\partial T}\right)_P\left(\frac{\partial P}{\partial T}\right)_V$

$dU = TdS - PdV$ ($T = \text{const} \div dV$)

$\left(\frac{\partial U}{\partial V}\right)_T = T\left(\frac{\partial S}{\partial V}\right)_T - P$

Maxwell 방정식

$dA = -SdT - PdV$

$\left(\frac{\partial S}{\partial V}\right)_T = \left(\frac{\partial P}{\partial T}\right)_V$를 이용하면

$\left(\frac{\partial U}{\partial V}\right)_T = T\left(\frac{\partial P}{\partial T}\right)_V - P$

$\left(\frac{\partial P}{\partial T}\right)_V = \frac{1}{T}\left[\left(\frac{\partial U}{\partial V}\right)_T + P\right]$

$\therefore C_p - C_v = T\left(\frac{\partial V}{\partial T}\right)_P \cdot \frac{1}{T} \cdot \left[\left(\frac{\partial U}{\partial V}\right)_T + P\right]$

$= \left(\frac{\partial V}{\partial T}\right)_P\left[\left(\frac{\partial U}{\partial V}\right)_T + P\right]$

12 어떤 물질이 다음과 같은 부피팽창률과 등온압축률을 가지고 있을 때 이 물질의 상태식을 옳게 나타낸 것은?(단, β와 κ는 일정한 값을 갖는다고 가정한다.)

$$\beta = \frac{a}{V} : a = \left(\frac{\partial V}{\partial T}\right)_P$$

$$\kappa = \frac{b}{V} : b = -\left(\frac{\partial V}{\partial P}\right)_T$$

① $V = aT + bP + \text{const}$

② $V = bT + aP + \text{const}$

③ $V = aT - bP + \text{const}$

④ $V = bT - aP + \text{const}$

해설

$V = f(T, P)$

$dV = \left(\frac{\partial V}{\partial T}\right)_P dT + \left(\frac{\partial V}{\partial P}\right)_T dP$

$\beta = \frac{1}{V}\left(\frac{\partial V}{\partial T}\right)_P = \frac{a}{V}$

$\kappa = -\frac{1}{V}\left(\frac{\partial V}{\partial P}\right)_T = \frac{b}{V}$

$dV = adT - bdP$

$\therefore V = aT - bP + \text{const}$

13 일정한 온도에서 일정량의 이상기체가 비가역적으로 단열팽창한다. 이때 이 기체의 엔트로피 값은?

① 증가한다.
② 감소한다.
③ 변하지 않는다.
④ 0℃ 이상일 때는 증가하고, 미만일 때는 감소한다.

해설

이상기체가 비가역 단열팽창할 때 엔트로피는 증가한다.

14 반데르발스 방정식 $\left(P+\dfrac{a}{V^2}\right)(V-b) = RT$에서 P는 atm, V는 L/mol 단위로 하면, 상수 a의 단위는?

① $L^2\,atm/mol^2$
② $atm\,mol^2/L^2$
③ $atm\,mol/L^2$
④ atm/L^2

> **해설**
>
> $\dfrac{a}{V^2} = [atm]$ $\qquad a = [atm][L/mol]^2$

15 어떤 화학반응이 평형상수에 대한 온도의 미분계수가 $\left(\dfrac{\partial \ln K}{\partial T}\right)_P > 0$로 표시된다. 이 반응에 대하여 옳게 설명한 것은?

① 이 반응은 흡열반응이며, 온도 상승에 따라 K값은 커진다.
② 이 반응은 발열반응이며, 온도 상승에 따라 K값은 커진다.
③ 이 반응은 흡열반응이며, 온도 상승에 따라 K값은 작아진다.
④ 이 반응은 발열반응이며, 온도 상승에 따라 K값은 작아진다.

> **해설**
>
> 평형상수에 대한 온도의 영향
> $\dfrac{d\ln K}{dT} = \dfrac{\Delta H°}{RT^2}$
> • $\Delta H° > 0$: 흡열반응이며, 온도가 증가할 때 K가 증가
> • $\Delta H° < 0$: 발열반응이며, 온도가 증가할 때 K가 감소

16 카르노(Carnot) 사이클의 열효율을 높이는 데 다음 중 가장 유효한 방법은?

① 방열온도를 낮게 한다.
② 급열온도를 낮게 한다.
③ 동작물질의 양을 증가시킨다.
④ 밀도가 큰 동작물질을 사용한다.

> **해설**
>
> 카르노 사이클(Carnot Cycle)의 열효율
> $\eta = \dfrac{W}{Q_H} = \dfrac{Q_H - Q_C}{Q_H} = \dfrac{T_H - T_C}{T_H}$
> 방열온도(T_C)가 낮을수록 열효율을 높일 수 있다.

17 실제기체에 대하여 $\left(\dfrac{\partial U}{\partial V}\right)_T$의 값은?(단, 이 기체는 반데르발스(Van der Waals) 식 $\left(P+\dfrac{a}{V^2}\right)(V-b) = RT$에 적용되는 기체이다.)

① $\dfrac{a}{P}$
② $\dfrac{a}{T}$
③ $\dfrac{a}{V^2}$
④ $\dfrac{a}{PT}$

> **해설**
>
> 반데르발스 식 $\left(P+\dfrac{a}{V^2}\right)(V-b) = RT$
> $dU = TdS - PdV \quad \begin{pmatrix} T = \text{const} \\ \div dV \end{pmatrix}$
> $\left(\dfrac{\partial U}{\partial V}\right)_T = T\left(\dfrac{\partial S}{\partial V}\right)_T - P$
> Maxwell 식 $\left(\dfrac{\partial S}{\partial V}\right)_T = \left(\dfrac{\partial P}{\partial T}\right)_V$
> $\left(\dfrac{\partial U}{\partial V}\right)_T = T\left(\dfrac{\partial P}{\partial T}\right)_V - P$
> 반데르발스 식에서 $P = \dfrac{RT}{V-b} - \dfrac{a}{V^2}$
> $\left(\dfrac{\partial P}{\partial T}\right)_V = \dfrac{R}{V-b}$
> $\therefore \left(\dfrac{\partial U}{\partial V}\right)_T = \dfrac{RT}{V-b} - \left(\dfrac{RT}{V-b} - \dfrac{a}{V^2}\right) = \dfrac{a}{V^2}$

정답 14 ① 15 ① 16 ① 17 ③

18 다음 그래프는 무슨 과정을 나타내는가?(단, T는 절대온도, S는 엔트로피이다.)

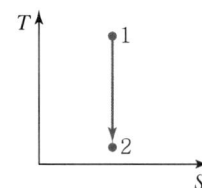

① 등온과정(Isothermal Process)
② 등압과정(Isobaric Process)
③ 등엔트로피과정(Isentropic Process)
④ 정용과정(Isometric Process)

해설
엔트로피가 일정하므로 등엔트로피 과정이다.

19 372℃, 100atm하에 있는 수증기 1mol당 부피를 이상기체 법칙으로 계산하면 얼마인가?

① 0.229L/mol   ② 0.329L/mol
③ 0.429L/mol   ④ 0.529L/mol

해설
$$V = \frac{nRT}{P}$$
$$= \frac{1mol \times 0.082L \ atm/mol \ K \times (372+273)K}{100atm}$$
$$= 0.529L/mol$$

20 이상기체의 퓨가시티(Fugacity)의 값은?
① 압력과 같은 값이다.
② 체적과 같은 값이다.
③ 절대온도와 같은 값이다.
④ 몰분율과 같은 값이다.

해설
$\phi_i = \dfrac{f_i}{P} = 1$
$\therefore f_i = P$

2과목 단위조작 및 화학공업양론

21 순수한 산소와 공기를 혼합하여 60vol%의 산소가 포함된 산소, 질소 혼합물을 만들려고 한다. 혼합물 제조 시 필요한 공기와 산소의 부피비를 옳게 나타낸 것은? (단, 공기는 산소 21vol%, 질소 79vol%이다.)

① 1 : 0.465   ② 1 : 0.580
③ 1 : 0.673   ④ 1 : 0.975

해설
$$Air\begin{cases}21\% \ O_2 \\ 79\% \ N_2\end{cases} + xO_2 \rightarrow \begin{matrix}O_2 : 60\% \\ N_2 : 40\%\end{matrix}$$
$79 : (x+21) = 40 : 60$
$\therefore x = 97.5$
$\therefore Air : O_2 = 100 : 97.5 = 1 : 0.975$

22 온도차의 비를 올바르게 나타낸 것은?
① 1℃/1K, 1.8℃/℉
② 1℃/1.8℉, 1℃/1.8°R
③ 1℉/1.8°R, 1.8℃/℉
④ 1℃/1.8℉, 1℃/1.8K

해설
온도차

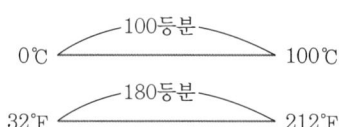

• 1℃ = 1K
• 1℉ = 1°R
• 1℃ = 1.8℉

23 순수한 석회석 10kg에서 이론적으로 생성될 수 있는 CO_2의 부피는 100℃, 1atm에서 얼마인가?(단, Ca의 원자량은 40이다.)

① 8.8m³   ② 4.65m³
③ 3.06m³   ④ 1m³

해설

$$CaCO_3 \rightarrow CaO + CO_2$$
$$100 \quad : \quad 44$$
$$10 \quad : \quad x$$

∴ $x = 4.4$kg

$$V = \frac{nRT}{P}$$
$$= \frac{\frac{4.4\text{kg}}{44\text{kg/kmol}} \times 0.082\text{m}^3\,\text{atm/kmol K} \times 373\text{K}}{1\text{atm}}$$
$$= 3.06\,\text{m}^3$$

24 모터가 무게 800N인 벽돌을 20초 내에 10m 올리려고 한다. 모터가 필요로 하는 최소한의 일률은 몇 W인가?(단, 에너지 손실은 없다.)

① 500　　② 400
③ 300　　④ 200

해설

$$P = \frac{W}{t} = \frac{800\,\text{N} \times 10\,\text{m}}{20\,\text{s}} = 400\,\text{W(J/s)}$$

25 습량 기준으로 30wt% 수분, 56wt% C, 14 wt% N_2로 된 혼합물에서 건량 기준으로 N_2의 wt%는 얼마인가?

① 14　　② 20
③ 25　　④ 30

해설

건량 기준 $\frac{14}{100-30} \times 100 = 20\%$

26 각 물질의 생성열이 다음과 같다고 할 때 $CH_4(g) + 2O_2(g) \rightarrow CO_2(g) + 2H_2O(l)$의 반응열은 몇 kcal/mol 인가?

- $CH_4(g)$의 생성열 : -17.9kcal/mol
- $CO_2(g)$의 생성열 : -94kcal/mol
- $H_2O(l)$의 생성열 : -68.4kcal/mol

① -144.5　　② -180.3
③ -212.9　　④ -284.7

해설

ΔH_R = 생성물의 생성열 − 반응물의 생성열
　　 $= -94 + 2(-68.4) - (-17.9) = -212.9$

27 평균 열용량에 대한 설명 중 틀린 것은?

① 정압열용량의 온도 의존성을 고려한 열용량이다.
② 온도구간이 클 때 대수평균치로 정의되는 열용량이다.
③ 온도구간이 클 때 분자들의 병진운동을 고려한 열용량이다.
④ 온도구간이 작을 때는 정압열용량과 평균정압열용량이 거의 같다.

해설

열용량
- 어떤 물질을 1℃ 올리는 데 필요한 열량
- 정압열용량 $C_P = \left(\frac{\partial H}{\partial T}\right)_P$
- 정적열용량 $C_V = \left(\frac{\partial U}{\partial T}\right)_V$

28 다음 중 1L atm를 cal로 환산하였을 때 가장 가까운 값은?

① 7.27　　② 10.33
③ 20.33　　④ 24.19

해설

$1\text{L atm} \times \frac{1\text{m}^3}{1,000\text{L}} \times \frac{101\,3 \times 10^3\text{N/m}^2}{1\text{atm}} \times \frac{\text{J}}{\text{N m}} \times \frac{1\text{cal}}{4.184\text{J}}$
$= 24.2\text{cal}$

29 14.8vol%의 아세톤을 함유하는 질소혼합 기체가 20℃, 745mmHg 하에 있다. 비교습도는 약 얼마인가? (단, 20℃에서 아세톤의 포화증기압은 184.8mmHg 이다.)

① 92%　　② 88%
③ 53%　　④ 20%

정답 24 ②　25 ②　26 ③　27 ②　28 ④　29 ③

해설

$p_v = 745\text{mmHg} \times 0.148 = 110.26\text{mmHg}$

$H_P = \dfrac{p_v}{p_s} \times \dfrac{P - p_s}{P - p_v} \times 100$

$= \dfrac{110.26}{184.8} \times \dfrac{745 - 184.8}{745 - 110.26} \times 100$

$= 52.66\%$

---

30 일의 단위가 아닌 것은?

① Pa m³
② kg m³/s²
③ N m
④ J

해설
일의 단위
J = N m = Pa m³ = kg m²/s²

---

31 충전탑 내 기체 공급유량을 증가시키면 기-액상의 접촉이 증가하고 효율이 증가하지만, 특정한 값 이상이 되면 탑 전체가 액체로 채워져 운전할 수 없게 된다. 이때의 기체속도를 무엇이라고 하는가?

① 총괄속도(Overall Velocity)
② 범람속도(Flooding Velocity)
③ 평형속도(Equivalent Velocity)
④ 공탑속도(Superficial Velocity)

해설
충전탑의 성질
㉠ 편류(Channeling, 채널링)
   액이 한 방향으로만 흐르는 현상
㉡ 부하속도(Loading Velocity)
   • 기체의 속도가 차차 증가하면 탑 내의 액체유량이 증가하는데, 이때의 속도를 부하속도라 한다.
   • 흡수탑의 작업은 부하속도를 넘지 않는 속도 범위에서 해야 한다.
㉢ 왕일점(Flooding Point, 범람점)
   기체의 속도가 아주 커서 액이 거의 흐르지 않고 넘치는 점으로, 향류조작이 불가능하다.

---

32 벤젠과 톨루엔의 증기압은 80℃에서 각각 800mmHg, 300mmHg이다. 라울(Raoult)의 법칙에 따른다고 하면 80℃, 750mmHg에서 평형상태에 있는 벤젠의 액상(X_B)과 기상(Y_B)의 조성은?

① $X_B = 0.8$, $Y_B = 0.826$
② $X_B = 0.9$, $Y_B = 0.826$
③ $X_B = 0.9$, $Y_B = 0.96$
④ $X_B = 0.8$, $Y_B = 0.96$

해설

$P = P_B + P_T = x_B P_B + (1 - x_B) P_T$

$750\text{mmHg} = x_B \times 800\text{mmHg} + (1 - x_B) \times 300\text{mmHg}$

$\therefore x_B = 0.9$

$y_B = \dfrac{x_B P_B}{P} = \dfrac{0.9 \times 800}{750} = 0.96$

---

33 다음 중 나머지 셋과 서로 다른 단위를 갖는 것은?

① 열전도도 ÷ 길이
② 총괄열전달계수
③ 열전달속도 ÷ 면적
④ 열유속(Heat Flux) ÷ 온도

해설
① 열전도도 ÷ 길이 = kcal/m² h ℃
② 총괄열전달계수 = kcal/m² h ℃
③ 열전달속도 ÷ 면적 = kcal/h m²
④ 열유속 ÷ 온도 = kcal/h m² ℃

---

34 과즙이나 젤라틴 등을 농축하는 데 가장 적합한 증발법은 다음 중 어느 것인가?

① 진공증발
② 고온증발
③ 다중 효용증발
④ 고압증발

해설
진공증발
과즙이나 젤라틴과 같이 열에 예민한 물질을 증발시킬 경우 진공증발함으로써 저온에서 증발시킬 수 있어 열에 의한 변질을 방지할 수 있다.

정답 30 ② 31 ② 32 ③ 33 ③ 34 ①

35 상온의 물이 그림과 같은 큰 탱크로부터 유출된다. 유출구로부터 수면 상부까지의 높이는 2m이며, 출구관의 지름이 100mm이다. 수면의 변화가 없다고 가정하면 단위 시간당 유출량은 약 몇 m³/h인가?(단, 모든 손실은 무시한다.)

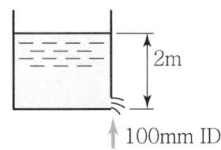

① 101 ② 177
③ 215 ④ 310

해설

$u = \sqrt{2gh} = \sqrt{2 \times 9.8 \times 2} = 6.26$

$Q = uA = 6.26\,\text{m/s} \times \dfrac{\pi}{4}\pi(0.1)^2\,\text{m}^2 = 0.05\,\text{m}^3/\text{s} \times \dfrac{3{,}600\,\text{s}}{1\,\text{h}}$
$= 177\,\text{m}^3/\text{h}$

36 그림은 전열장치에 있어서 장치의 길이와 온도분포의 관계를 나타낸 것이다. 이에 해당하는 전열장치는?(단, T는 증기의 온도, t는 유체의 온도, Δt_1, Δt_2는 각각 입구 및 출구에서의 온도차이다.)

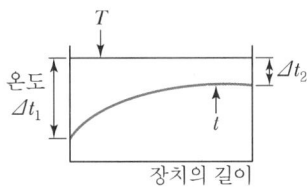

① 과열기 ② 응축기
③ 냉각기 ④ 가열기

해설

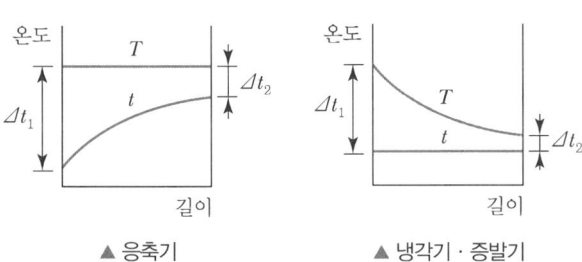

▲ 응축기   ▲ 냉각기 · 증발기

37 태양을 완전 흑체(Black Body)라고 가정하고, 가장 강렬한 복사(Radiation with Maximum Intensity)의 파장이 5,000Å일 때 태양 표면의 온도를 구하면?(단, 상수 C는 2.89×10^{-3} m K이다.)

① 10,400K ② 9,560K
③ 7,200K   ④ 5,780K

해설

Wien's Law(빈의 법칙)
$\lambda_{\max} T = C$
$1\,\text{Å} = 10^{-10}\,\text{m}$
$5{,}000 \times 10^{-10}\,\text{m} \times T = 2.89 \times 10^{-3}\,\text{m K}$
$\therefore\ T = 5{,}780\,\text{K}$

38 Fourier의 법칙에 대한 설명으로 옳은 것은?

① 전열속도는 온도차의 크기에 비례한다.
② 전열속도는 열전도도의 크기에 반비례한다.
③ 열플럭스는 전열면적의 크기에 반비례한다.
④ 열플럭스는 표면계수의 크기에 비례한다.

해설

Fourier의 법칙
$q = \dfrac{dQ}{d\theta} = -kA\dfrac{dt}{dl}$ (kcal/h)
전열속도는 온도차의 크기에 비례한다.
열플럭스 $\dfrac{q}{A} = -k\dfrac{dt}{dl}$ (kcal/m² h)

39 공기를 왕복 압축기를 사용하여 절대압력 1기압에서 64기압까지 3단(3 Stage)으로 압축할 때 각 단의 압축비는?

① 3   ② 4
③ 21 ④ 64

해설

압축비 $= \sqrt[3]{\dfrac{64}{1}} = 4$

정답 35 ② 36 ② 37 ④ 38 ① 39 ②

40 다음 중 순수한 물 20℃의 점도를 가장 옳게 나타낸 것은?

① 1g/cm s
② 1cP
③ 1Pa s
④ 1kg/m s

해설
물의 점도
$1cP = 0.01P$
$= 0.01g/cm\ s$
$= 0.001kg/m\ s$
$= 0.001Pa\ s$

3과목 공정제어

41 다음 그림은 교반되는 탱크를 나타낸 것이다. 용액의 온도는 T이고, 주위온도는 T_1이다. 주위로의 열손실을 나타내는 열전달 저항을 R이라 하고, 탱크 내 액체의 총괄 열용량을 C라고 할 때 이 시스템을 나타낸 블록 다이어그램으로 적합한 것은?(단, 열전달의 크기는 온도 차이 $/R$이다.)

① $T_1 \to \boxed{1 + \dfrac{1}{RCs}} \to T$

② $T_1 \to \boxed{\dfrac{1}{1+RCs}} \to T$

③ $T_1 \to \boxed{\dfrac{RC}{1+RCs}} \to T$

④ $T_1 \to \boxed{\dfrac{RS}{1+RCs}} \to T$

해설
$C\dfrac{dT}{dt} = \dfrac{T_i - T}{R}$

$RCs\,T(s) = T_i(s) - T(s)$

$(RCs+1)T(s) = T_i(s)$

$\therefore \dfrac{T(s)}{T_i(s)} = \dfrac{1}{RCs+1}$

42 기초적인 되먹임 제어(Feedback Control) 형태에서 발생되는 여러 가지 문제점들을 해결하기 위해서 사용되는 보다 진보된 제어 방법 중 Smith Predictor는 어떤 문제점을 해결하기 위하여 채택된 방법인가?

① 역응답
② 지연시간
③ 비선형 요소
④ 변수 간 상호 간섭

해설
Smith Predictor : 시간지연 보정

43 열교환기에서 외부교란변수로 볼 수 없는 것은?

① 유출액 온도
② 유입액 온도
③ 유입액 유량
④ 사용된 수증기의 성질

해설
외부교란변수 : 공정에 영향을 미치는 요인
※ 유출액의 온도는 결과값이므로 외부교란변수가 아니다.

44 복사에 의한 열전달 식은 $q = kcAT^4$으로 표현된다고 한다. 정상상태에서 $T = T_s$일 때 이 식을 선형화시키면?(단, k, c, A는 상수이다.)

① $4kcAT_s^3(T - 0.75T_s)$
② $kcA(T - T_s)$
③ $3kcAT_s^3(T - T_s)$
④ $kcAT_s^4(T - T_s)$

정답 40 ② 41 ② 42 ② 43 ① 44 ①

해설

Taylor 전개식

$$q \cong q_s + \frac{dq}{dT}T_s(T-T_s)$$

$$q = kcAT_s^4 + 4kcAT_s^3(T-T_s)$$
$$= kcAT_s^4 + 4kcAT_s^3 T - 4kcAT_s^4$$
$$= 4kcAT_s^3 T - 3kcAT_s^4$$

$$\therefore q = 4kcAT_s^3\left(T - \frac{3}{4}T_s\right)$$

45 다음의 블록선도(Block Diagram)에 있어서 총괄전달함수는 어떻게 되는가?

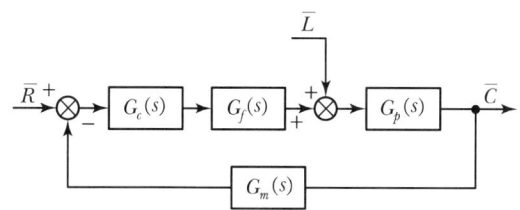

① $\dfrac{\overline{C}}{\overline{R}} = \dfrac{G_p(s)}{1 + G_c(s)G_f(s)G_p(s)}$

② $\dfrac{\overline{C}}{\overline{R}} = \dfrac{G_c(s)G_f(s)G_p(s)}{1 + G_c(s)G_f(s)G_m(s)}$

③ $\dfrac{\overline{C}}{\overline{R}} = \dfrac{G_p(s)}{1 + G_c(s)G_f(s)G_p(s)G_m(s)}$

④ $\dfrac{\overline{C}}{\overline{R}} = \dfrac{G_c(s)G_f(s)G_p(s)}{1 + G_c(s)G_f(s)G_m(s)G_p(s)}$

해설

$$G(s) = \frac{\text{직선}}{1 \pm \text{회선}}$$

$$\frac{C}{R} = \frac{G_c(s)G_f(s)G_p(s)}{1 + G_c(s)G_f(s)G_p(s)G_m(s)}$$

46 다음은 Parallel Cascade 제어시스템의 한 예이다. $D(s)$와 $Y(s)$ 사이의 전달함수 $Y(s)/D(s)$는?

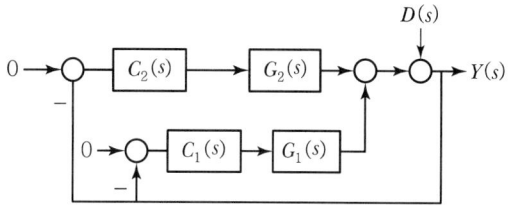

① $\dfrac{Y(s)}{D(s)} = \dfrac{1}{1 + C_1(s)G_1(s) + C_2(s)G_2(s)}$

② $\dfrac{Y(s)}{D(s)} = \dfrac{G_2(s)G_2(s)}{1 + C_1(s)G_1(s)}$

③ $\dfrac{Y(s)}{D(s)} = \dfrac{C_1(s)G_1(s)}{1 + C_2(s)G_2(s)}$

④ $\dfrac{Y(s)}{D(s)} = \dfrac{C_1(s)G_1(s) + C_2(s)G_2(s)}{1 + C_1(s)G_1(s) + C_2(s)G_2(s)}$

해설

$$G(s) = \frac{\text{직선}}{1 \pm \text{회선}}$$

$$\frac{Y(s)}{D(s)} = \frac{1}{1 + C_1(s)G_1(s) + C_2(s)G_2(s)}$$

47 비례제어계에서 설정값(Set Point)의 변화에 대한 측정값 변화의 총괄전달함수가 $\dfrac{e^{-0.5s}}{s+1+2e^{-0.5s}}$로 주어질 때 단위계단함수로 주어진 설정값 변화에 대한 잔류편차는?

① 1/3
② 2/3
③ 1/2
④ 0

해설

$$Y(s) = G(s) \cdot X(s) = \frac{e^{-0.5s}}{s+1+2e^{-0.5s}} \cdot \frac{1}{s}$$

$$c(\infty) : \lim_{t\to\infty}c(t) = \lim_{s\to 0}sC(s) = \lim_{s\to 0}\frac{e^{-0.5s}}{s+1+2e^{-0.5s}} = \frac{1}{3}$$

$$r(\infty) : \lim_{t\to\infty}r(t) = \lim_{s\to 0}sX(s) = \lim_{s\to 0}s \cdot \frac{1}{s} = 1$$

$$\therefore \text{Offset} = 1 - \frac{1}{3} = \frac{2}{3}$$

정답 45 ④ 46 ① 47 ②

48 가정의 주방용 전기오븐을 원하는 온도로 조절하고자 할 때 제어에 관한 설명으로 다음 중 가장 거리가 먼 것은?

① 피제어변수는 오븐의 온도이다.
② 조절변수는 전류이다.
③ 오븐의 내용물은 외부교란변수(외란)이다.
④ 설정점(Set Point)은 전압이다.

> **해설**

제어계
- 센서 : 변수 측정
- 외부교란변수 : 오븐의 내용물
- 피제어변수 : 오븐의 온도
- 설정점 : 원하는 온도

49 2차계의 정현응답에서 위상각 $|\phi|$의 범위는?

① $0 \sim 45°$
② $0 \sim 90°$
③ $0 \sim 180°$
④ $0 \sim 270°$

> **해설**

위상각 $|\phi|$의 범위
- 1차 공정 : $0 \sim 90°$
- 2차 공정 : $0 \sim 180°$
- 3차 공정 : $0 \sim 270°$

50 이득마진(Gain Margin)이 증가할 때 나타나는 현상으로 옳은 것은?

① 진동의 감소
② 안정성의 감소
③ 진동의 증가
④ 위상마진(Phase Margin) 감소

> **해설**

GM(이득마진) $= \dfrac{1}{AR_c}$

GM 증가 시 AR_c 감소, 진폭비 감소, 진동 감소

51 다음 함수 $f(t)$의 그림의 식에 해당하는 것은?

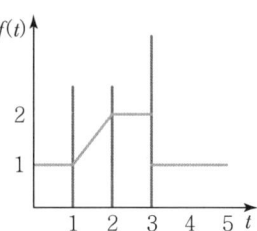

① $f(s) = \dfrac{1}{s} + \dfrac{e^{-s} - e^{-2s}}{s^2} - \dfrac{e^{-3s}}{s}$

② $f(s) = \dfrac{e^{-s} - e^{-2s}}{s}$

③ $f(s) = \dfrac{1}{s}\left\{\dfrac{1}{s} - \dfrac{e^{-s}}{1 - e^{-s}}\right\}$

④ $f(s) = \dfrac{1}{s^2}(1 - 2e^{-s} + e^{-2s})$

> **해설**

$f(s) = \dfrac{1}{s} + \dfrac{e^{-s} - e^{-2s}}{s^2} - \dfrac{e^{-3s}}{s}$

52 다음의 Nyquist 선도에서 불안전한 폐루프계(Closed Loop System)를 나타낸 그림은?(단, 개루프계(Open Loop System)는 Unstable Poles을 갖지 않는다.)

①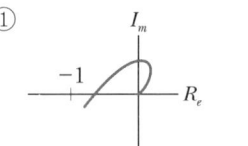
②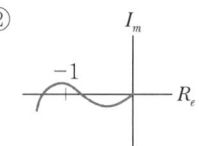
③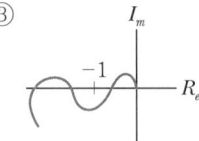
④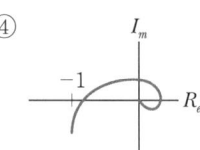

> **해설**

Nyquist 안정성 판별법
Nyquist 선도가 점$(-1, 0)$을 시계방향으로 한 번이라도 감싼다면 닫힌 루프시스템은 불안정하다.

정답 48 ④ 49 ③ 50 ① 51 ① 52 ②

53 다음 식이 나타내는 이론은 무엇인가?

$$\lim_{s \to 0} s \cdot F(s) = \lim_{t \to \infty} f(t)$$

① 스토크스의 정리(Stokes Theorem)
② 최종값 정리(Final Theorem)
③ 지글러-니콜스 정리(Ziegle-Nichols Theorem)
④ 테일러의 정리(Taylers Theorem)

54 다음 블록선도에서 외란 U 제거 문제에 대한 U와 C 간의 총괄전달함수는 무엇인가?(단, $G = G_C G_1 G_2$ 이다.)

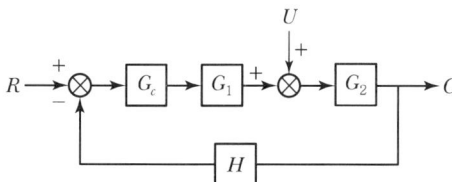

① $\dfrac{C}{U} = \dfrac{G_2}{1+GH}$ ② $\dfrac{C}{U} = \dfrac{G_2}{1+GH}$

③ $\dfrac{C}{U} = \dfrac{G}{1+GH}$ ④ $\dfrac{C}{U} = \dfrac{G}{1-GH}$

해설

$\dfrac{C}{U} = \dfrac{G_2}{1+G_C G_1 G_2 H} = \dfrac{G_2}{1+GH}$

55 그림은 Damped System의 계단응답의 전형적인 곡선들이다. 이 중 ㉣은 어떤 경우인가?

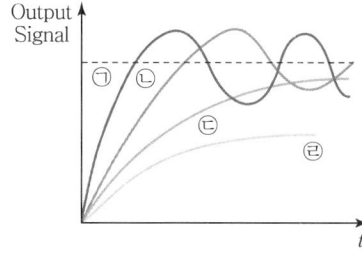

① UnstaBle ② Under Damped
③ Critically Damped ④ Over Dampend

해설

㉣ : 과도감쇠($\zeta > 1$) : Over Damped
㉢ : 임계감쇠($\zeta = 1$) : Critically Damped
㉠, ㉡ : 과소감쇠($\zeta < 1$) : Under Damped

56 다음 그림의 되먹임(Feedback) 제어계에서 $G(s) = \dfrac{K(s+1)}{s^2+1}$, $H(s) = 1$, $K = 5$이다. 폐회로 전달함수를 구하면?

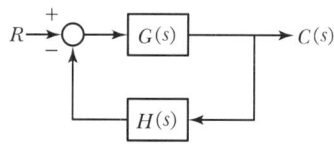

① $\dfrac{5(s+1)}{s^2+5s+6}$ ② $\dfrac{(s^2+2)}{s^2+5s+6}$

③ $\dfrac{5(s+1)}{s^2+2}$ ④ $\dfrac{5}{s^2+2}$

해설

$\dfrac{C}{R} = \dfrac{G}{1+GH} = \dfrac{\dfrac{5(s+1)}{s^2+1}}{1+\dfrac{5(s+1)}{s^2+1}}$

$= \dfrac{5(s+1)}{s^2+1+5(s+1)} = \dfrac{5(s+1)}{s^2+5s+6}$

57 어떤 제어계의 특성방정식이 다음과 같을 때 임계주기(Ultimate Period)는 얼마인가?

$$s^3 + 6s^2 + 9s + 1 + K_c = 0$$

① $\dfrac{\pi}{2}$ ② $\dfrac{2}{3}\pi$

③ π ④ $\dfrac{3}{2}\pi$

해설

$T_u = \dfrac{2\pi}{\omega_u}$

$s^3 + 6s^2 + 9s + 1 + K_c = 0$에 $s = i\omega$ 대입하면

$-i\omega^3 - 6\omega^2 + 9\omega i + 1 + K_c = 0$

$(-6\omega^2 + 1 + K_c) + i(9\omega - \omega^3) = 0$

실수부 $= 0$, 허수부 $= 0$

허수부 $\omega(9 - \omega^2) = 0$

$\therefore \omega = \pm 3$

$T_u = \dfrac{2\pi}{\omega_u} = \dfrac{2}{3}\pi$

58 다음 중 캐스케이드 제어를 적용하기에 가장 적합한 동특성을 가진 경우는?

① 부제어루프 공정 : $\dfrac{2}{10s+1}$

　주제어루프 공정 : $\dfrac{6}{2s+1}$

② 부제어루프 공정 : $\dfrac{6}{10s+1}$

　주제어루프 공정 : $\dfrac{2}{2s+1}$

③ 부제어루프 공정 : $\dfrac{2}{2s+1}$

　주제어루프 공정 : $\dfrac{6}{10s+1}$

④ 부제어루프 공정 : $\dfrac{2}{10s+1}$

　주제어루프 공정 : $\dfrac{6}{10s+1}$

해설

Cascade 제어
주제어기보다 부제어기의 동특성이 빨라야 한다.
→ 시간상수가 작아야 동특성이 빠르다.

59 단일입출력(SISO : Sinale Input Single Output) 공정을 제어하는 경우에 있어서, 제어의 장애 요소로 다음 중 가장 거리가 먼 것은?

① 공정지연시간(Dead Time)
② 밸브 무반응 영역(Valve Deadband)
③ 공정 변수 간의 상호작용(Interaction)
④ 공정 운전상의 한계

해설

단일입출력(SISO)
단일입력, 단일출력의 출력값으로 입력의 제어가 가능하므로 공정변수 간의 큰 상호작용은 없다.

60 공정의 안정성에 대한 언급 중 옳지 않은 것은?

① 근궤적(Root-locus)으로 폐회로의 안정성을 판별할 수 있다.
② 불안정한 극점(Pole)이 원점으로부터 멀어질수록 천천히 발산한다.
③ 영점(Zero)은 안정성에 전혀 영향을 미치지 못한다.
④ Bounded Input Bounded Output(BIBO) 안정성 관점에서 지속적인 진동을 일으키는 극점은 안정한 것으로 판정한다.

해설

극점(Pole)은 전달함수의 분모 $= 0$으로 했을 때의 근으로 근에 따라 발산할 수도 안정할 수도 있다.

4과목　공업화학

61 소다회를 이용하거나 또는 조중조의 현탁액을 수증기로 열분해하여 Na_2CO_3 용액을 제조 후 석회유를 가하여 가성소다($NaOH$)를 제조하는 방법은?

① 가성화법　② 암모니아 소다법
③ 솔베이법　④ 르브랑법

정답 58 ③　59 ③　60 ②　61 ①

해설

가성화법

$2NaHCO_3 \xrightarrow{수증기} Na_2CO_3 + H_2O + CO_2$

$Na_2CO_3 + \underset{석회유}{Ca(OH)_2} \rightarrow CaCO_3 + 2NaOH$

62 소금을 전기분해하여 수산화나트륨을 제조하는 방법에 대한 설명 중 옳지 않은 것은?

① 이론분해전압은 격막법이 수은법보다 높다.
② 전류밀도는 수은법이 격막법보다 크다.
③ 격막법은 공정 중 염분이 남아 있게 된다.
④ 격막법은 양극실과 음극실 액의 pH가 다르다.

해설

이론분해전압 : 격막법 < 수은법

63 합성세제용으로 사용되는 알킬벤젠 술폰산나트륨의 알킬기의 통상적인 탄소 수로 다음 중 가장 적당한 것은?

① C_4 ② C_{12}
③ C_{24} ④ C_{48}

해설

합성세제에 이용되는 알킬벤젠 술폰산나트륨의 알킬기의 탄소수는 통상적으로 12이다.

64 자체만으로는 촉매작용이 없으나 촉매의 지지체로서 촉매의 유효면적을 증가시켜 촉매의 활성을 크게 하는 것은?

① Mixed Catalyst ② Co-Catalyst
③ Carrier ④ Catalyst Poison

해설

담체, Carrier : 자체로는 촉매작용이 없으나 촉매의 지지 역할을 한다.

65 인 31g을 완전연소시키려면 표준상태에서 몇 L의 산소가 필요한가?(단, P의 원자량은 31이다.)

① 11.2 ② 22.4
③ 28 ④ 31

해설

$2P + \dfrac{5}{2}O_2 \rightarrow P_2O_5$

$2 \times 31 : \dfrac{5}{2} \times 32$

$31g : x$

$\therefore x = 40g$

$V = \dfrac{nRT}{P}$

$= \dfrac{40g/(32g/mol) \times 0.082 L\,atm/mol\,K \times 273K}{1 atm} = 28L$

66 어떤 유지 2g 속에 들어 있는 유리지방산을 중화시키는 데 KOH가 200mg 사용되었다. 이 시료의 산가(Acid Value)는?

① 0.1 ② 1
③ 10 ④ 100

해설

산가 : 유지 1g 속에 들어 있는 유리지방산을 중화시키는 데 필요한 KOH의 mg 수

67 질산 농축 시 탈수제가 작용하는 원리로 가장 가까운 것은?

① 비점 상승 ② 공비점 제거
③ 감압 ④ 가압

해설

탈수제($C-H_2SO_4$) 등을 사용하여 공비점을 제거한다.

68 일반적으로 화장품, 의약품, 정밀화학 제조 등의 화학 공업에 주로 사용되는 반응 공정은 어떠한 형태인가?

① 회분식 반응 공정 ② 연속식 반응 공정
③ 유동층 반응 공정 ④ 관형 반응 공정

정답 62 ① 63 ② 64 ③ 65 ③ 66 ④ 67 ② 68 ①

해설

회분식 반응 공정
- 반응물을 반응기에 넣고 반응시킨 후 생성물을 방출시킨다.
- 실험실용, 소형반응기에 사용된다.
- 소량 다품종 생산에 적합하다.
  → 화장품, 의약품, 정밀화학제조 등의 화학공업에 이용된다.

69 Polyvinyl Alcohol의 주원료 물질에 해당하는 것은?

① 비닐알코올 ② 염화비닐
③ 초산비닐 ④ 플루오르화비닐

해설

폴리비닐알코올(PVA)

$$\{CH_2-CH\}_{OCCH_3=O} + CH_3OH \xrightarrow{NaOH} \{CH_2-CH\}_{OH} + CH_3COONa$$

초산비닐   PVA

70 수분 14%, NH_4HCO_3 3.5%가 포함된 $NaHCO_3$ 케이크 1,000kg이 있다. 이 $NaHCO_3$가 단독으로 분해하면 물 몇 kg이 생성되는가?

① 108.25 ② 98.46
③ 88.39 ④ 68.65

해설

$2NaHCO_3 \rightarrow Na_2CO_3 + H_2O + CO_2$
2×84 : 18
$1,000kg \times 0.825$: x ∴ $x = 88.39kg$

71 암모니아의 합성반응에 관한 설명으로 옳지 않은 것은?

① 촉매를 사용하여 반응속도를 높일 수 있다.
② 암모니아 평형농도는 반응온도를 높일수록 증가한다.
③ 암모니아 평형농도는 압력을 높일수록 증가한다.
④ 불활성 가스의 양이 증가하면 암모니아 평형농도는 낮아진다.

해설

$N_2 + 3H_2 \rightarrow 2NH_3 + 22kcal$
평형농도는 온도를 낮출수록, 압력을 높일수록 증가한다.

72 아미드에 할로겐과 알칼리를 작용시켜 순수한 일차 아민을 생성하는 대표적인 반응은?

① Hofmann 자리옮김 반응
② Kolbe-Schmitt 반응
③ Cannizaro 반응
④ Sandmeyer 반응

해설

Hofmann(호프만) 자리옮김 반응
일차 아미드($RCONH_2$)를 브롬(Br_2)과 알칼리로 처리하여 탄소원자 하나가 줄어든 일차 아민을 생성하는 반응

73 성형할 수지, 충전제, 색소, 경화제 등의 혼합분말을 금형에 반 정도 채워 넣고 가압 가열하여 열경화시키는 방법은?

① 주조 ② 압축성형
③ 제강 ④ 제선

해설

압축성형
- 열경화성 수지, 열가소성 수지의 일반적인 성형법
- 페놀수지, 요소수지, 멜라민수지, 나일론, 아크릴수지 등의 플라스틱 분말을 전해로 가열한 금형에 넣고 암형을 밀어올려서 닫고 열과 압력을 가한다.

74 환원반응에 의해 알코올(Alcohol)을 생성하지 않는 것은?

① 카르복시산(Carboxylic Acid)
② 나프탈렌(Naphthalene)
③ 알데히드(Aldehyde)
④ 케톤(Ketone)

정답 69 ③ 70 ③ 71 ② 72 ① 73 ② 74 ②

해설

1차 알코올 $\underset{환원}{\overset{산화}{\rightleftarrows}}$ 알데히드 $\underset{환원}{\overset{산화}{\rightleftarrows}}$ 카르복시산

2차 알코올 $\underset{환원}{\overset{산화}{\rightleftarrows}}$ 케톤

75 공업적으로 테레프탈산을 제조하는 데 사용되는 반응은?

① 벤젠의 산화
② 나프탈렌의 산화
③ m-크실렌(Xylene)의 산화
④ p-크실렌(Xylene)의 산화

해설

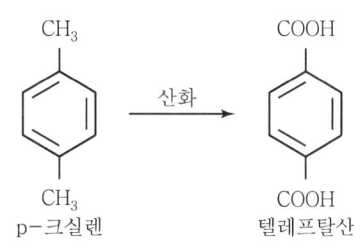

76 석유의 증류, 전화과정 등에서 포함되는 불순물을 제거하거나 불쾌한 냄새를 제거하는 방법으로 가장 거리가 먼 것은?

① 용제추출
② 스위트닝
③ 수소화정제
④ 비스브레이킹

해설

석유정제
- 산, 알칼리
- 용제에 의한 방법
- 흡착법
- 스위트닝법
- 수소화정제

※ 비스브레이킹 : 점도가 높은 찌꺼기유에서 점도가 낮은 중질유를 얻는 방법(470℃)

77 다음 중 일반적인 분류에서 열가소성 플라스틱에 해당하는 것은?

① ABS 수지
② 규소수지
③ 에폭시수지
④ 알키드수지

해설

ABS 수지 : 아크릴로니트릴-부타디엔-스티렌의 공중합체

78 유기화합물 RCOOH에 해당하는 것은?

① 아민(Amine)
② 카르복시산(Carboxylic Acid)
③ 에스테르(Ester)
④ 알데히드(Aldehyde)

해설

- 아민 : $R-NH_2$
- 카르복시산 : $R-COOH$
- 에스테르 : $R-COO-R'$
- 알데히드 : $R-CHO$

79 다음 중 기하이성질체를 갖는 것은?

① $HOOCCH=CHBr$
② $CCl_2=C(COOH)_2$
③ $BrCH=C(NH_2)_2$
④ $CH_2=CHCl$

해설

기하이성질체

$$\underset{cis}{\overset{A \quad\quad A}{\underset{B \quad\quad B}{C=C}}} \quad\quad \underset{trans}{\overset{A \quad\quad B}{\underset{B \quad\quad A}{C=C}}}$$

80 암모니아 합성용 수성가스 제조 시 Blow 반응에 해당하는 것은?

① $C+H_2O \rightleftarrows CO+H_2 - 29,400cal$
② $C+2H_2O \rightleftarrows CO_2+2H_2 - 19,000cal$
③ $C+O_2 \rightleftarrows CO_2+96,630cal$
④ $\frac{1}{2}O_2 \rightleftarrows O+67,410cal$

정답 75 ④ 76 ④ 77 ① 78 ② 79 ① 80 ③

> **해설**
>
> $C + H_2O \rightleftharpoons CO + H_2$: Run 반응
> $C + O_2 \rightleftharpoons CO_2$: Blow 반응
> 수성가스 = 워터가스 : $CO + H_2$

5과목 반응공학

81 다음 반응에서 R이 요구하는 물질일 때 어떻게 반응시켜야 하는가?

$$A + B \rightarrow R, \text{ desired}, \ r_1 = k_1 C_A C_B^2$$
$$R + B \rightarrow S, \text{ unwanted}, \ r_2 = k_2 C_R C_B$$

① A에 B를 한 방울씩 넣는다.
② B에 A를 한 방울씩 넣는다.
③ A와 B를 동시에 넣는다.
④ A와 B를 넣는 순서에 무관하다.

> **해설**
>
> 선택도 $S = \dfrac{r_1}{r_2} = \dfrac{k_1 C_A C_B^2}{k_2 C_R C_B} = \dfrac{k_1 C_A C_B}{k_2 C_R}$
>
> A와 B를 동시에 넣는다.

82 0차 반응 $A \rightarrow B$의 반응속도상수가 0.1mole/L min, 초기농도(C_{A0})가 5mol/L일 때 반응시간 25분에서의 A의 전화율은 얼마인가?

① 25% ② 50%
③ 80% ④ 100%

> **해설**
>
> $kt = -(C_A - C_{A0}) = C_{A0} X_A$
> 0.1mol/L min × 25min = 5mol/L × X_A
> ∴ $X_A = 0.5 = 50\%$

83 액체물질 A가 플러그흐름반응기 내에서 비가역 2차 반응 속도식에 의하여 반응되어 95%의 전화율을 얻었다. 기존 반응기와 크기가 같은 반응기를 한 개 더 구입해서 같은 전화율을 얻기 위하여 두 반응기를 직렬로 연결한다면 공급속도 F_{A0}는 몇 배로 증가시켜야 하는가?

① 0.5 ② 1
③ 1.5 ④ 2

> **해설**
>
> ㉠ PFR
>
> $-r_A = kC_A^2 = kC_{A0}^2(1-X_A)^2$
>
> $\dfrac{V}{F_{A0}} = \int_0^{X_A} \dfrac{dX_A}{-r_A}$
>
> $V = F_{A0} \int_0^{0.95} \dfrac{dX_A}{kC_{A0}^2(1-X_A)^2}$
>
> $V = \dfrac{F_{A0}}{kC_{A0}^2} \left.\dfrac{1}{1-X_A}\right|_0^{0.95} = \dfrac{19 F_{A0}}{kC_{A0}^2}$
>
> ∴ $F_{A0} = \dfrac{VkC_{A0}^2}{19}$
>
> ㉡ PFR 2개의 직렬연결
>
> $2V = F_{A0}' \int_0^{0.95} \dfrac{dX_A}{kC_{A0}^2(1-X_A)^2} = \dfrac{19 F_{A0}'}{kC_{A0}^2}$
>
> ∴ $F_{A0}' = \dfrac{2VkC_{A0}^2}{19} = 2F_{A0}$

84 중합반응에서 반응기의 체류시간(Holding Time)에 비해 활성 고분자의 수명이 짧을 때 분자량 분포를 좁게 하려면 어떤 반응기를 사용해야 하는가?

① 혼합흐름반응기
② 회분식 반응기
③ 관형흐름반응기
④ 반응기의 종류에 관계없다.

> **해설**
>
> 전화율을 낮게 해야 하므로 CSTR을 사용한다.

정답 81 ③ 82 ② 83 ④ 84 ①

85 $A \to R$인 반응의 속도식이 $-r_A = 1\,\text{mol/L s}$로 표현된다. 순환식 반응기에서 순환비를 3으로 반응시켰더니 출구 농도 C_{Af}가 5mol/L가 되었다. 원래 공급물에서의 A 농도가 10mol/L, 반응물 공급속도가 10mol/s이라면 반응기의 체적은 얼마인가?

① 3.0L ② 4.0L
③ 5.0L ④ 6.0L

해설

$$\tau = \frac{C_{A0}V}{F_{A0}} = -(R+1)\int_{C_{Ai}}^{C_{Af}} \frac{dC_A}{-r_A}$$

$$C_{Ai} = \frac{C_{A0} + RC_{Af}}{R+1} = \frac{10 + 3 \times 5}{3+1} = 6.25$$

$$\frac{10\,\text{mol/L} \times V}{10\,\text{mol/s}} = -(3+1)\int_{6.25}^{5} \frac{dC_A}{1\,\text{mol/L s}}$$

$$\therefore V = -4(5-6.25) = 5\,\text{L}$$

86 다음 중 반응속도의 단위로 일반적으로 사용하지 않는 것은?

① mol/m h ② mol/m² h
③ mol/m³ h ④ mol/kg h

해설

반응속도의 단위

$r_i = \dfrac{1}{V}\dfrac{dN_i}{dt}\,[\text{mol/m}^3\,\text{s}]$

$r_i' = \dfrac{1}{W}\dfrac{dN_i}{dt}\,[\text{mol/kg s}]$

$r_i'' = \dfrac{1}{S}\dfrac{dN_i}{dt}\,[\text{mol/m}^2\,\text{s}]$

87 순수한 기체 반응물 A가 2L/s의 속도로 등온혼합반응기에 유입되고 있다. 반응기의 부피는 1L이고 전화율은 50%이며, 반응기로부터 유출되는 반응물의 속도는 4L/s이다. A가 $A \to 3B$의 반응에 따라 분해될 때 다음 중 평균 체류시간으로 예상되는 가장 적합한 것은?

① 0.25초 ② 0.5초
③ 1초 ④ 2초

해설

$A \to 3B$

$\varepsilon_A = y_{A0}\delta = 1 \times \dfrac{3-1}{1} = 2$

$X_A = 0.5$이므로

$v = v_0(1+\varepsilon_A X_A) = 2\,\text{L/s} \times (1+2\times 0.5) = 4\,\text{L/s}$

$\bar{t} = \dfrac{V}{v} = \dfrac{1\,\text{L}}{4\,\text{L/s}} = 0.25\,\text{s}$

88 단분자 1차 비가역 반응을 시키기 위해 관형반응기를 사용하였을 때, 공간속도가 2,000/h이었으며, 이때 전화율은 50%였다. 만일 전화율이 80%에 도달하였다면 공간속도는 약 얼마인가?

① 541/h ② 665/h
③ 861/h ④ 1,386/h

해설

$k\tau = -\ln(1-X_A)$ (1차 PFR)

$k \cdot \dfrac{1}{2,000} = -\ln(1-0.5)$ $\therefore k = 1,386.3\,\text{h}^{-1}$

$1,386.3\tau = -\ln(1-0.8)$ $\therefore \tau = 1.161 \times 10^{-3}\,\text{h}$

$\therefore S = \dfrac{1}{\tau} = \dfrac{1}{1.161 \times 10^{3}\,\text{h}} = 861\,\text{h}^{-1}$

89 $A \to B$의 반응이 플러그흐름반응기 용적 0.1L에서 $-r_A = 50C_A^2\,\text{mol/L min}$으로 진행되었다고 한다. 초기 농도 $C_{A0} = 0.5\,\text{mol/L}$이고, 공급속도가 0.1L/min일 때 전화율은 얼마인가?

① 85% ② 92%
③ 96% ④ 98%

정답 ▶ 85 ③ 86 ① 87 ① 88 ③ 89 ③

해설

$\tau = \dfrac{V}{v_0} = \dfrac{0.1\,\text{L}}{0.1\,\text{L/min}} = 1\,\text{min}$ $\varepsilon_A = 0$

PFR 2차이므로

$k\tau C_{A0} = \dfrac{X_A}{1-X_A}$

$50 \times 1 \times 0.5 = \dfrac{X_A}{1-X_A}$

$\therefore X_A = 0.96\,(96\%)$

90 순수 A의 C_{A0}가 1mol/L인 원료를 1mol/min으로 순환반응기에 공급하여 $A + R \rightarrow R + R$의 자기촉매 기초반응이 등온 등압하에서 일어난다. 총괄 전화율이 99%이고, 속도상수 k는 1.0 L/mol min, 순환율이 무한대일 때 반응기의 체적(L)은?

① 40   ② 60
③ 80   ④ 100

해설

$C_A = C_{A0}(1-X_A)$
$\quad = 1\,\text{mol/L} \times (1-0.99) = 0.01\,\text{mol/L}$
$C_R = C_{R0} + C_{A0}X_A = 1\,\text{mol/L} \times 0.99 = 0.99\,\text{mol/L}$
$\quad C_{R0} = 0\,(\text{순수한}\,A\,\text{만})$

$\tau = \dfrac{C_{A0}V}{F_{A0}} = \dfrac{V}{v_0} = \dfrac{C_{A0}X_A}{-r_A} = \dfrac{C_{A0}X_A}{kC_AC_R}$

$\quad = \dfrac{1\,\text{mol/L} \times 0.99}{1\,\text{L/mol min} \times 0.01\,\text{mol/L} \times 0.99\,\text{mol/L}}$

$\quad = 100\,\text{min}$

$100\,\text{min} = \dfrac{1\,\text{mol/L} \times V(\text{L})}{1\,\text{mol/min}}$

$\therefore V = 100\,\text{L}$

91 $A \rightarrow R$인 0차 반응의 적분법을 이용한 결과 식은?

① $C_A - C_{A0} = kt$ ② $\dfrac{C_{A0}}{C_A} - 1 = kt$
③ $C_{A0} - C_A = kt$ ④ $\dfrac{\ln C_{A0}}{C_A} = kt$

해설

0차 반응

$-r_A = -\dfrac{dC_A}{dt} = k$

$C_{A0} - C_A = kt$

$C_{A0}X_A = kt$

92 단일반응 $A \rightarrow R$의 반응을 동일한 조건하에서 촉매 A, B, C, D를 사용하여 적분 반응기에서 실험하였을 때 다음과 같은 원료성분 A의 전화율 X_A와 $\dfrac{V}{F_0}$ (또는 $\dfrac{W}{F_0}$)를 얻었다. 촉매 활성이 가장 큰 것은?(단, V는 촉매체적, W는 촉매질량, F_0는 공급원료 mole 수이다.)

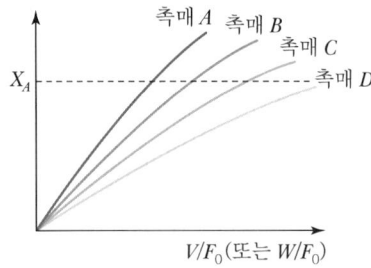

① 촉매 A ② 촉매 B
③ 촉매 C ④ 촉매 D

해설

A가 전환율 X_A에 가장 빨리 도달하므로 활성이 가장 크다.

93 다음과 같은 기상반응이 일어날 때 반응기에 유입되는 기체 반응물 중 반응물 A는 50%이다. 부피팽창계수 ε_A는?

$A \rightarrow 4B$

① 0   ② 0.5
③ 1.0   ④ 1.5

해설

$\varepsilon_A = y_{A0}\delta = 0.5 \times \left(\dfrac{4-1}{1}\right) = 1.5$

94 그림에서 플러그흐름반응기의 면적이 혼합흐름반응기의 면적보다 크다면 어떤 반응기를 사용하는 것이 좋은가?

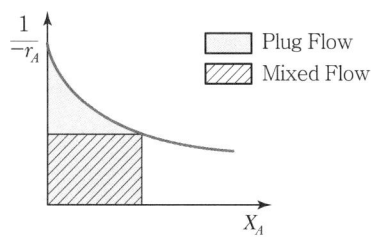

① 플러그흐름반응기
② 혼합흐름반응기
③ 어느 것이나 상관없음
④ 플러그흐름반응기와 혼합흐름반응기를 연속적으로 연결

해설
면적이 $\dfrac{V}{F_{A0}} = \dfrac{\tau}{C_{A0}}$를 의미하므로 면적이 작은 CSTR을 사용하는 것이 유리하다.

95 촉매반응일 때의 평형상수(K_{PC})와 같은 반응에서 촉매를 사용하지 않았을 때의 평형상수(K_P)와의 관계로 옳은 것은?

① $K_P > K_{PC}$
② $K_P < K_{PC}$
③ $K_P = K_{PC}$
④ $K_P + K_{PC} = 0$

해설
촉매는 반응속도에 영향을 주지만 평형에는 영향을 주지 않는다.
∴ $K_p = K_{pc}$

96 어떤 액상반응 $A \to R$이 1차 비가역으로 Batch Reactor에서 일어나 A의 50%가 전환되는 데 5분이 걸린다. 75%가 전환되는 데에는 약 몇 분이 걸리겠는가?

① 7.5분
② 10분
③ 12.5분
④ 15분

해설
Batch 1차 액상반응($\varepsilon_A = 0$)
$kt = -\ln\dfrac{C_A}{C_{A_0}} = -\ln(1 - X_A)$
$k \times 5\,\text{min} = -\ln(1 - 0.5)$
∴ $k = 0.1386\,\text{min}^{-1}$
$0.1386t = -\ln(1 - 0.75)$
∴ $t = 10\,\text{min}$

97 다음 ( ) 안에 알맞은 숫자는?

보통 반응에서 Mixed Flow Reactor와 Plug Flow Reactor의 Space Time의 비($\widehat{\tau_m}/\widehat{\tau_p}$)의 값을 $1 - X_A$에 대해 Plot했을 때 그 비는 ( )보다 크며, ( )차 반응일 때 그 값은 1이다.

① 1, 1
② 0.5, 1
③ 1, 0
④ 2, 0

해설
$\dfrac{\tau_m}{\tau_p} > 1$
0차 반응에서는 $\tau_m = \tau_p$

98 다음 반응식 중 자동촉매반응을 나타내는 것은?

① $A + R \to R + R$
② $A \xrightarrow{k_1} R,\ A + R \xrightarrow{k_2} B + C$
③ $A \underset{k_2}{\overset{k_1}{\rightleftarrows}} R$
④ $A + B \underset{k_2}{\overset{k_1}{\rightleftarrows}} R + S$

해설
자동촉매반응
생성물 중의 하나가 촉매로 작용한다.
$A + R \to R + R$

정답 94 ② 95 ③ 96 ② 97 ③ 98 ①

99 고체 촉매에 의한 기상반응 $A + B \to R$에 있어서 성분 A와 B가 같은 양이 존재할 때 성분 A의 흡착 과정이 율속인 경우의 초기 반응속도와 전압의 관계는?(단, a, b는 정수이고, p는 전압이다.)

① $\gamma_o = \dfrac{p}{a+bp}$ ② $\gamma_o = \dfrac{p}{(a+bp)^2}$

③ $\gamma_o = \left(\dfrac{p}{a+bp}\right)^2$ ④ $\gamma_o = \dfrac{p^2}{a+bp}$

해설

Langmuir 흡착등온식
$A + B \rightleftarrows R$
$A + S \underset{k_d}{\overset{k_a}{\rightleftarrows}} A \cdot S$
흡착속도 $= k_a P_A \theta_0$
탈착속도 $= k_d \theta_A$
평형에서 흡착속도=탈착속도 ($K_a = \dfrac{k_a}{k_d}$)
$k_a P_A (1 - \theta_A) = k_d \theta_A$
$K_a P_A (1 - \theta_A) = \theta_A$
$\therefore \theta_A = \dfrac{K_a P_A}{1 + K_a P_A}$

100 다음 중 반응이 진행되는 동안 반응기 내의 반응물과 생성물의 농도가 같을 때 반응속도가 가장 빠르게 되는 경우가 발생하는 반응은?

① 연속반응(Series Reaction)
② 자동촉매반응(Autocatalytic Reaction)
③ 균일촉매반응(Homogeneous Catalyzed Reaction)
④ 가역반응(Reversible Reaction)

해설

자동촉매반응
- 생성물 중 하나가 촉매로 작용한다.
  $A + R \to R + R$
- $C_A = C_R$일 때, 즉 반응물 농도=생성물 농도일 때 반응속도가 가장 빠르다.

정답 99 ① 100 ②

2013년 제4회 기출문제

1과목   화공열역학

01 정압비열이 0.24kcal/kg K인 공기 1kg이 가역적으로 1atm, 10℃에서 1atm, 70℃까지 변화하였다면 엔트로피 변화는 몇 kcal/kg K인가?(단, 공기는 이상기체로 간주한다.)

① 0.0131
② 0.0241
③ 0.0351
④ 0.0461

해설

$ds = C_p \dfrac{dT}{T} - R\dfrac{dP}{P}$

$\Delta S = \int_{T_o}^{T} C_p \dfrac{dT}{T} - R\ln\dfrac{P}{P_o}$ ↗ 0 정압

10℃ → 70℃로 변화

$\Delta S = C_p \ln \dfrac{T}{T_o}$

$= 0.24 \text{kcal/kg K} \times \ln \dfrac{343}{283}$

$= 0.0461$

02 다음 중 역행응축(Retrograde Condensation) 현상을 가장 유용하게 쓸 수 있는 경우는?

① 기체를 임계점에서 응축시켜 순수성분을 분리시킨다.
② 천연가스 채굴 시 동력 없이 액화천연가스를 얻는다.
③ 고체 혼합물을 기체화시킨 후 다시 응축시켜 비휘발성 물질만을 얻는다.
④ 냉동의 효율을 높이고 냉동제의 증발잠열을 최대로 이용한다.

해설

역행응축
• 온도가 올라갈 때 응축하고 온도가 내려갈 때 증발하는 현상
• 천연가스 채굴 시 동력 없이 액화천연가스를 얻는다.

03 $\left(\dfrac{\partial P}{\partial V}\right)_T \left(\dfrac{\partial S}{\partial T}\right)_P \left(\dfrac{\partial T}{\partial P}\right)_S$ 와 동일한 열역학식은?

① $\left(\dfrac{\partial S}{\partial V}\right)_T$
② $\left(\dfrac{\partial P}{\partial T}\right)_S$
③ $\left(\dfrac{\partial V}{\partial T}\right)_P$
④ $-\left(\dfrac{\partial P}{\partial T}\right)_V$

해설

오일러 식

$\left(\dfrac{\partial S}{\partial T}\right)_P \left(\dfrac{\partial T}{\partial P}\right)_S \left(\dfrac{\partial P}{\partial S}\right)_T = -1$

$\left(\dfrac{\partial S}{\partial T}\right)_P \left(\dfrac{\partial T}{\partial P}\right)_S \left(\dfrac{\partial P}{\partial S}\right)_T \left(\dfrac{\partial S}{\partial V}\right)_T = -\left(\dfrac{\partial S}{\partial V}\right)_T = -\left(\dfrac{\partial P}{\partial T}\right)_V$

$\left(\dfrac{\partial S}{\partial T}\right)_P \left(\dfrac{\partial T}{\partial P}\right)_S \left(\dfrac{\partial P}{\partial V}\right)_T = -\left(\dfrac{\partial P}{\partial T}\right)_V$

Maxwell 식

$\left(\dfrac{\partial S}{\partial V}\right)_T = \left(\dfrac{\partial P}{\partial T}\right)_V$

04 가역과정(Reversible Process)에 관한 설명 중 틀린 것은?

① 연속적으로 일련의 평형상태들을 거친다.
② 가역과정을 일으키는 계와 외부와의 퍼텐셜 차는 무한소이다.
③ 폐쇄계에서 부피가 일정한 경우 내부에너지 변화는 온도와 엔트로피 변화의 곱이다.
④ 자연상태에서 일어나는 실제 과정이다.

해설

가역과정
• 마찰이 없다.
• 평형으로부터 미소한 폭 이상으로 벗어나지 않는다(연속적으로 일련의 평형상태를 거친다).
• 구동력은 그 크기가 미소하다.

정답 ▶ 01 ④   02 ②   03 ④   04 ④

- 외부조건의 미소변화에 의하여 어느 지점에서라도 역전될 수 있다.
- 역전되면 공정이 지나온 경로를 다시 되돌아가서 계와 외계는 초기 상태를 회복하게 된다.

05 열용량이 일정한 이상기체의 $P-V$ 도표에서 일정 엔트로피 곡선과 일정 온도 곡선에 대한 설명 중 옳은 것은?

① 두 곡선 모두 양(Positive)의 기울기를 갖는다.
② 두 곡선 모두 음(Negative)의 기울기를 갖는다.
③ 일정 엔트로피 곡선은 음의 기울기, 일정 온도 곡선은 양의 기울기를 갖는다.
④ 일정 엔트로피 곡선은 양의 기울기, 일정 온도 곡선은 음의 기울기를 갖는다.

해설
- 일정 온도 곡선(T=일정, PV=일정) : 음의 기울기
- 일정 엔트로피 곡선 : 음의 기울기

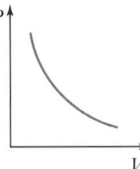

06 1kmol의 이상기체를 1atm, 22.4m³에서 10atm, 2.24m³로 등온압축시킬 때 이루어진 일의 크기는 약 몇 kcal인가?(단, C_P는 5cal/℃ mol, C_V는 3cal/℃ mol 이다.)

① 1.249
② 1.375
③ 1,249
④ 1,375

해설
$PV = nRT$
$T = \dfrac{PV}{nR} = \dfrac{1\,\text{atm} \times 22.4\,\text{m}^3}{1\,\text{kmol} \times 0.082\,\text{m}^3\,\text{atm/kmol K}} = 273\,\text{K}$
$Q = W = nRT \ln \dfrac{V_2}{V_1}$
$= 1\,\text{kmol} \times 1.987\,\text{kcal/kmol K} \times 273\,\text{K} \times \ln \dfrac{2.24}{22.4}$
$= 1,249\,\text{kcal}$

07 과잉 깁스(Gibbs) 에너지 모델 중에서 국부조성(Local Composition) 개념에 기초한 모델이 아닌 것은?

① NRTL(Non-Random-Two-Liquid) 모델
② 윌슨(Wilson) 모델
③ 반라르(van Laar) 모델
④ UNIQUAC(UNlversal QUAsi-Chemical) 모델

해설
과잉깁스에너지 모델(국부조성 개념)
- NRTL 모델 : 라울의 법칙이 적용되는 이상용액으로부터 벗어나는 현상에 관한 모델(Wilson 식의 단점 개선)
- Wilson(윌슨) 모델 : 혼합물의 전체 조성이 국부조성과 같지 않다는 국부조성 개념의 모델
- UNIQUAC 모델 : Wilson 식의 단점을 극복하기 위한 모델

08 이상용액에 대한 혼합의 물성 변화(Property Change of Mixing)를 옳게 설명한 것은?

① 부피 변화와 엔탈피 변화가 없다.
② 엔탈피 변화와 엔트로피 변화가 없다.
③ 부피 변화와 깁스(Gibbs)에너지 변화가 없다.
④ 엔트로피 변화와 깁스(Gibbs)에너지 변화가 없다.

해설
이상용액
$V^{id} = \sum x_i \overline{V_i}^{id} = \sum x_i V_i \qquad G^{id} = \sum x_i G_i + RT \sum x_i \ln x_i$
$H^{id} = \sum x_i \overline{H_i}^{id} = \sum x_i H_i \qquad S^{id} = \sum x_i S_i - R \sum x_i \ln x_i$

09 헨리(Henry)의 법칙에 대한 설명 중 틀린 것은?

① 물속에 용해된 공기의 분율을 계산하고자 할 때 사용할 수 있다.
② 라울(Raoult)의 법칙에 적용범위를 넓힌 식이다.
③ 헨리(Henry) 상수를 사용한다.
④ 라울(Raoult) 법칙에서 액상의 비이상성을 고려한 법칙이다.

해설
라울의 법칙에 맞는 용액은 이상용액이다.

정답 05 ② 06 ③ 07 ③ 08 ① 09 ④

10 성분 A, B, C가 혼합되어 있는 계가 평형을 이룰 수 있는 조건으로 가장 거리가 먼 것은?(단, μ는 화학퍼텐셜, f는 퓨가시티, α, β, γ는 상, T^b는 비점을 나타낸다.)

① $\mu_A^\alpha = \mu_A^\beta = \mu_A^\gamma$
② $T^\alpha = T^\beta = T^\gamma$
③ $T_A^b = T_B^b = T_C^b$
④ $\hat{f}_A^\alpha = \hat{f}_A^\beta = \hat{f}_A^\gamma$

>해설

상평형일 때 온도, 압력, 퓨가시티, 화학퍼텐셜이 모든 상에서 같다.

11 카르노(Carnot) 냉동기의 내부에서 90kJ을 흡수하여 주위온도가 37℃인 주위의 외부로 배출한다. 이 냉동기의 성능계수(Coefficient of Performance)가 9라 할 때, 옳지 않은 것은?

① 냉동기에 가해지는 순 일(Net Work)은 10kJ이다.
② 저온인 냉동기의 내부온도는 4.0℃이다.
③ 외부에 배출되는 열은 100kJ이다.
④ 성능계수가 10이라면, 외부에 배출되는 열은 99kJ이다.

>해설

㉠ 성능계수 $= \dfrac{\text{저온에서 흡수된 열}}{\text{순 일}}$

$9 = \dfrac{90\,\text{kJ}}{W} \rightarrow W = Q_1 - Q_2 = 10\,\text{kJ}$

$Q_2 = 90\,\text{kJ}$이므로
$Q_1 = 100\,\text{kJ}$

㉡ 성능계수가 10인 경우
$10 = \dfrac{90\,\text{kJ}}{W} \rightarrow W = 9\,\text{kJ}$
$Q_1 = W + Q_2 = 9 + 90 = 99\,\text{kJ}$

㉢ $\dfrac{Q_2}{W} = \dfrac{Q_2}{Q_1 - Q_2} = \dfrac{T_2}{T_1 - T_2}$

$\dfrac{90}{10} = \dfrac{T_2}{310 - T_2} = 9$

∴ $T_2 = 279\,\text{K}\,(6℃)$

12 깁스-두헴(Gibbs-Duhem) 방정식에 대한 설명으로 틀린 것은?

① 깁스-두헴(Gibbs-Duhem) 방정식은 부분몰 성질들의 관계에 대한 식이다.
② 깁스-두헴(Gibbs-Duhem) 방정식을 이용하면 이성분계에서 한 성분의 부분몰 성질을 알면 다른 부분몰 성질을 알 수 있다.
③ 깁스-두헴(Gibbs-DuheB) 방정식은 기-액 상평형 계산을 수행하는 기본식이다.
④ 깁스-두헴(Gibbs-Duhem) 방정식을 이용하여 기-액 상평형 자료의 건전성을 평가할 수 있다.

>해설

Gibbs-Duhem 방정식
$dG = -SdT + VdP + \mu_1 dn_1 + \mu_2 dn_2$
온도, 압력 일정
$dG = \mu_1 dn_1 + \mu_2 dn_2$
$G = \mu_1 n_1 + \mu_2 n_2$
$dG = \mu_1 dn_1 + n_1 d\mu_1 + \mu_2 dn_2 + n_2 d\mu_2$
$n_1 d\mu_1 + n_2 d\mu_2 = 0$

이 식을 Gibbs-Duhem 방정식이라 하며, 두 성분계의 기-액 평형관계의 기초식으로 기-액 상평형 자료의 건전성을 평가할 수 있다.

13 깁스-두헴(Gibbs-Duhem) 식이 다음 식으로 표시될 경우는?(단, X_i는 i 성분의 조성, $\overline{M_i}$는 i성분의 부분몰 특성이다.)

$$\sum_i (X_i\, d\overline{M_i}) = 0$$

① 압력과 몰수가 일정할 경우
② 몰수와 성분이 일정할 경우
③ 몰수와 성분이 같을 경우
④ 압력과 온도가 일정할 경우

>정답 10 ③ 11 ② 12 ③ 13 ④

해설

Gibbs–Duhem 식

$$\left(\frac{\partial M}{\partial P}\right)_{T,x} dP + \left(\frac{\partial M}{\partial T}\right)_{T,x} dT - \sum x_i d\overline{M_i} = 0$$

T, P가 일정하면 $\sum x_i d\overline{M_i} = 0$이다.

14 단일상의 2성분계에 대하여 안정성의 판별기준에서 다음 ( ) 안에 알맞은 것은?

> 일정한 온도와 압력에서 ( )와 이의 1차 및 2차 도함수는 조성의 연속 함수이어야 하고 2차 도함수는 항상 양수이다.

① ΔG ② ΔU
③ ΔH ④ ΔS

해설
- $(dG^t)_{T,P} < 0$: 자발적 반응
- $(dG^t)_{T,P} = 0$: 평형

15 이상용액에 관한 식 중 틀린 것은?(단, G는 깁스자유에너지, x는 액상 몰분율, $\overline{G}$는 부분몰 깁스자유에너지이다.)

① $H^{id} = \sum_i x_i H_i$
② $S^{id} = \sum_i S_i + R\sum_i X_i \ln x_i$
③ $G^{id} = \sum_i x_i G_i + RT\sum_i X_i \ln x_i$
④ $\overline{G_i}^{id} = G_i + RT \ln x_i$

해설
$V^{id} = \sum x_i V_i$
$H^{id} = \sum x_i H_i$
$G^{id} = \sum x_i G_i + RT\sum X_i \ln x_i$
$S^{id} = \sum x_i S_i - R\sum X_i \ln x_i$

16 이상기체 1몰이 일정온도에서 가역적으로 팽창할 경우 헬름홀츠(Helmholtz) 자유에너지(A)와 깁스(Gibbs) 자유에너지(G)의 변화에 관하여 표현으로 옳은 것은?

① $dA > dG$ ② $dA < dG$
③ $dA = -dG$ ④ $dA = dG$

해설
$dA = -SdT - PdV$

일정온도 $dA = -PdV = -\dfrac{RT}{V}dV = -RT\dfrac{dV}{V}$

$A = -RT\ln\dfrac{V_2}{V_1} = RT\ln\dfrac{V_1}{V_2}$

$dG = -SdT + VdP$

일정온도 $dG = VdP = \dfrac{RT}{P}dP = RT\dfrac{dP}{P}$

$G = RT\ln\dfrac{P_2}{P_1} = RT\ln\dfrac{V_1}{V_2}$

$\therefore A = G$ (등온)

17 내연기관 중 자동차에 사용되고 있는 것으로 흡입행정은 거의 정압에서 일어나며, 단열압축 과정 후 전기점화에 의해 단열팽창하는 사이클은?

① 오토(Otto) ② 디젤(Diesel)
③ 카르노(Carnot) ④ 랭킨(Rankin)

해설

오토 사이클
㉠ 보편적인 내연기관은 자동차에 이용되는 Otto기관이다.
㉡ 이 기관의 사이클은 4개의 행정(Stroke)으로 구성되어 있다.

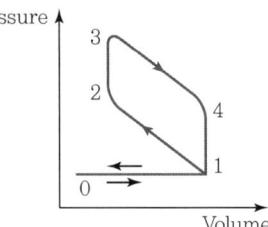

- 0 → 1 : 연료투입
- 1 → 2 : 단열압축
- 2 → 3 : 연소가 빠르게 진행되므로 부피는 거의 일정하나 압력은 상승

- 3→4 : 단열팽창
- 4→1 : 밸브가 열리면서 일정부피에서 압력 감소

ⓒ 오토사이클은 가솔린 내연기관(불꽃점화기관)의 이상적인 열역학 사이클이다.

18 임계점에 대한 설명 중 틀린 것은?

① 임계점보다 높은 온도, 높은 압력을 갖는 영역을 유체영역이라고 한다.
② 임계점에서 포화액체의 내부에너지 값과 포화증기의 내부에너지 값은 서로 다르다.
③ 임계온도 이상의 온도까지 정압가열과 등온압축 후 임계온도 이하의 온도로 냉각함으로 액체를 증발과정 없이 기체로 변화시킬 수도 있다.
④ 임계점에서는 액상과 증기상의 성질이 같아 서로 구별할 수 없다.

해설
- 임계점은 액체와 기체의 상태를 구별할 수 없는 온도와 압력을 말한다.
- 임계점 이상에서는 상변화할 수 없으며 임계점 이상의 영역을 초임계유체영역(Fluid Region)이라 한다.

19 이상기체 간의 반응 $C_2H_4(g) + H_2O(g) \rightarrow C_2H_5OH(g)$가 145℃에서 진행될 때 $\Delta G° = 1,685$ cal/mol이다. 이 반응의 평형상수는?(단, 기체상수 R은 1.987cal/mol K이다.)

① 0.0029 ② 0.009
③ 0.13   ④ 2.0

해설
$$\ln K = \frac{-\Delta G}{RT}$$
$$\ln K = \frac{-1,685 \text{cal/mol}}{1.987 \text{cal/mol K} \times 418 \text{K}} = -2.03$$
$$\therefore K = e^{-2.03} = 0.13$$

20 기체성분 N_2, H_2 및 NH_3를 포함하고 있는 화학반응계의 자유도는?

① 1 ② 2
③ 3 ④ 4

해설
$F = 2 - P + C - r - s$
$= 2 - 1 + 3 - 1$
$= 3$
여기서, P : 상의 수
C : 성분의 수
r : 반응식
s : 제한조건

2과목 단위조작 및 화학공업양론

21 미분수지(Differential Balance)의 개념에 대한 설명으로 가장 옳은 것은?

① 계에서의 물질 출입관계를 어느 두 질량기준 간격 사이에 일어난 양으로 나타낸 것이다.
② 계에서의 물질 출입관계를 성분 및 시간과 무관한 양으로 나타낸 것이다.
③ 어떤 한 시점에서 계의 물질 출입관계를 나타낸 것이다.
④ 계로 특정성분이 유출과 관계없이 투입되는 총 누적양을 나타낸 것이다.

해설
미분수지
- 어떤 한 시점에서 계의 물질 출입관계를 나타낸 것이다.
- 수지식이 미분방정식의 형태로 주어진다.

22 내부에너지를 나타내는 단위가 아닌 것은?

① BTU ② cal
③ J   ④ N

해설
에너지 = 일 = 열
cal, BTU, J, kg_f m, N m

정답 18 ② 19 ③ 20 ③ 21 ③ 22 ④

23 1L atm은 약 몇 cal인가?

① 17.4   ② 20.7
③ 24.2   ④ 29.4

해설

$1L\ atm \times \dfrac{1m^3}{1,000L} \times \dfrac{101.3\times10^3 N/m^2}{1atm} \times \dfrac{1J}{1N\ m} \times \dfrac{1cal}{4.184J}$
$= 24.2\ cal$

24 5wt% NaOH 수용액을 시간당 500kg씩 증발기 속으로 공급하여 25wt%까지 농축하려고 한다. 이때 시간당 몇 kg씩 물을 증발시켜야 하는가?

① 325   ② 400
③ 450   ④ 475

해설

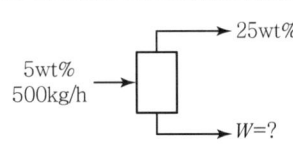

$0.05 \times 500 = 0.25(500 - W)$
$\therefore\ W = 400\ kg$
$W = F\left(1 - \dfrac{a}{b}\right) = 500\left(1 - \dfrac{5}{25}\right) = 400\ kg$

25 지름이 10cm인 파이프 속에서 기름의 유속이 10cm/s일 때 지름이 2cm인 파이프 속에서의 유속은 몇 cm/s인가?

① 50   ② 100
③ 250   ④ 500

해설

$Q = u_1 A_1 = u_2 A_2$
$u_2 = u_1 \dfrac{A_1}{A_2} = u_1 \left(\dfrac{D_1^2}{D_2^2}\right)$
$= 10\ cm/s \times \left(\dfrac{10^2}{2^2}\right) = 250\ cm/s$

26 비중이 0.80인 기름을 밀도단위로 나타내면 몇 kg/m³인가?

① 400   ② 414
③ 800   ④ 980

해설

밀도 $= 0.8 \times 1,000\ kg/m^3$

27 가스 조성이 CH₄ 85vol%, C₂H₆ 13vol%, N₂ 2vol%일 때 이 가스의 평균분자량은?

① 15.6   ② 18.06
③ 20.22 ④ 22.13

해설

$M_{av} = 0.85 \times 16 + 0.13 \times 30 + 0.02 \times 28$
$\quad\quad = 18.06$

28 지름이 5cm인 관에서 물이 9.8m/s의 유속으로 분출되고 있다. 이 물은 약 몇 m 높이까지 올라가겠는가?

① 4.9   ② 9.8
③ 15   ④ 19.8

해설

$v^2 = 2gh$
$h = \dfrac{v^2}{2g} = \dfrac{9.8^2}{2 \times 9.8} = 4.9\ m$

29 벤젠을 25몰%를 함유하는 용액이 1기압, 100℃ 상태에 있을 때 벤젠의 분압은?(단, 100℃에서 벤젠의 증기압은 1,357mmHg이다.)

① 0.25기압   ② 339.25mmHg
③ 1기압   ④ 1,357mmHg

해설

$p_B = 1,357 \times 0.25 = 339.25\ mmHg$

정답 ▶ 23 ③ 24 ② 25 ③ 26 ③ 27 ② 28 ① 29 ②

30 다음과 같은 화학반응에서 공급물의 몰유량(Molar Flow Rate)은 100kmol/h이고, C_2H_4 40kmol/h가 생산되고 CH_4의 생산이 5kmol/h로 병행되고 있다면 메탄에 대한 에틸렌의 선택도(Selectivity) S는?

- $C_2H_6 \rightarrow C_2H_4 + H_2$ (주반응)
- $C_2H_6 + H_2 \rightarrow 2CH_4$ (부반응)

① $S = 0.05$mol CH_4/mol 공급물
② $S = 0.8$mol 공급물/mol CH_4
③ $S = 8$mol C_2H_4/mol CH_4
④ $S = 8$mol C_2H_4/mol 공급물

해설

선택도 $S = \dfrac{\text{에틸렌 몰수}}{\text{메탄 몰수}} = \dfrac{40\,\text{kmol/h}\ C_2H_4}{5\,\text{kmol/h}\ CH_4}$
$= 8\,\text{kmol}\ C_2H_4/\text{kmol}\ CH_4$
$= 8\,\text{mol}\ C_2H_4/\text{mol}\ CH_4$

31 분배의 법칙이 성립하는 영역은 어떤 경우인가?

① 결합력이 상당히 큰 경우
② 용액의 농도가 묽을 경우
③ 용질의 분자량이 큰 경우
④ 화학적으로 반응할 경우

해설
분배의 법칙은 용액의 농도가 묽을수록 잘 성립한다.

32 혼합에 영향을 주는 물리적 조건에 대한 설명으로 옳지 않은 것은?

① 섬유상의 형상을 가진 것은 혼합하기가 어렵다.
② 건조분말과 습한 것의 혼합은 한쪽을 분할하여 혼합한다.
③ 밀도차가 클 때는 밀도가 큰 것이 아래로 내려가므로 상하가 고르게 교환되도록 회전방법을 취한다.
④ 액체와 고체의 혼합·반죽에서는 습윤성이 적은 것이 혼합하기 쉽다.

해설
습윤성이 커야 혼합하기 쉽다.

33 건조특성곡선에서 항률건조기간으로부터 감률건조기간으로 이행하는 점을 무엇이라 하는가?

① 자유 함수율   ② 평형 함수율
③ 수축 함수율   ④ 임계 함수율

해설
임계 함수율
항률건조기간에서 감률건조기간으로 이동하는 점

34 캐비테이션(Cavitation) 현상을 잘못 설명한 것은?

① 공동화(空洞化) 현상을 뜻한다.
② 펌프 내의 증기압이 낮아져서 액의 일부가 증기화하여 펌프 내에 응축하는 현상이다.
③ 펌프의 성능이 나빠진다.
④ 임펠러 흡입부의 압력이 유체의 증기압보다 높아져 증기는 임펠러의 고압부로 이동하여 갑자기 응축한다.

해설
공동현상(Cavitation)
- 원심펌프를 높은 능력으로 운전할 때 임펠러 흡입부의 압력이 낮아지게 되는 현상
- 빠른 속도로 액체가 운동할 때 액체의 압력이 증기압 이하로 낮아져 액체 내에 증기 기포가 발생하는 현상

35 2개의 관을 연결할 때 사용되는 관 부속품이 아닌 것은?

① 유니언(Union)   ② 니플(Nipple)
③ 소켓(Socket)   ④ 플러그(Plug)

해설
관 부속품
- 유로를 차단할 때 : 플러그, 캡, 밸브
- 2개의 관을 연결할 때 : 플랜지(Flange), 유니언(Union), 커플링(Coupling), 니플(Nipple), 소켓(Socket)

정답 30 ③ 31 ② 32 ④ 33 ④ 34 ④ 35 ④

36 고체 혼합물 중 유효성분을 액체 용매에 용해시켜 분리 회수하는 조작은?

① 증류 ② 건조
③ 침출 ④ 흡착

해설
- 액 – 액 : 추출
- 고 – 액 : 침출

37 증발관의 능력을 크게 하기 위한 방법으로 적합하지 않은 것은?

① 액의 속도를 빠르게 해준다.
② 증발관을 열전도도가 큰 금속으로 만든다.
③ 장치 내의 압력을 낮춘다.
④ 증기 측 격막계수를 감소시킨다.

해설
증발관의 능력을 크게 하는 방법
- 액의 속도를 증가시킨다.
- 증발관은 열전도도가 큰 금속으로 만든다.
- 장치 내 압력을 낮춘다.
- 증기 측 경막계수를 증가시킨다.

38 다음 중 높이가 큰 충전탑(Packed Tower)에서 충전물(Packing)을 3~5m 높이로 나누어 여러 단으로 충전하는 가장 주된 이유는?

① 편류(Channeling) 현상을 작게 하기 위하여
② 압력강하(Pressure Drop)를 작게 하기 위하여
③ Flooding(왕일) 현상을 없애기 위하여
④ 공급액(Feed)의 양을 줄이기 위하여

해설
㉠ 편류(Channeling) : 충전탑 내 액체가 한쪽 방향으로만 흐르는 현상
　※ 방지법 : 탑의 지름을 충전물 지름의 8~10배가 되게 하거나 불규칙하게 충전한다.
㉡ 부하속도(Loading Velocity) : 기체의 속도가 점점 커지면 탑 내의 액체유량이 증가한다. 흡수탑의 작업은 부하점을 넘지 않는 속도 범위에서 이루어져야 한다.
㉢ 왕일점(Flooding Point) : 기체의 속도가 아주 커서 액이 거의 흐르지 않고 넘치는 점(Entrainment)으로 향류조작이 불가능하다.

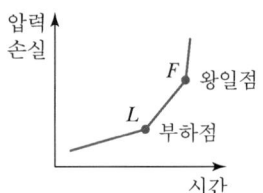

39 1atm에서 메탄올의 몰분율이 0.4인 수용액을 증류하면 몰분율은 0.73으로 된다. 메탄올과 물의 비휘발도는?

① 3.1 ② 4.1
③ 4.7 ④ 5.7

해설
$$\alpha_{AB} = \frac{y_A/x_A}{y_B/x_B} = \frac{0.73/0.4}{0.27/0.6} = 4.056$$

40 확산계수의 차원으로 옳은 것은?(단, L은 길이, T는 시간이다.)

① L/T ② L^2/T
③ L^3/T ④ L/T^2

해설
Fick's Law $\quad J = -D\dfrac{dC}{dx}$

[mol/s m²] = [m²/s][mol/m³ m]

3과목　공정제어

41 $\dfrac{s+a}{(s+a)^2+\omega^2}$ 은 어느 함수의 Laplace Transform인가?

① $t\cos\omega t$ ② $e^{-at}\cos\omega t$
③ $t\sin\omega t$ ④ $e^{at}\cos\omega t$

정답 36 ③　37 ④　38 ①　39 ②　40 ②　41 ②

> **해설**

$f(t) = \cos\omega t \cdot e^{-at} = e^{-at}\cos\omega t$

42 블록다이어그램의 3차 제어계에서 다음 중 계가 안정한 경우에 해당하는 것은?

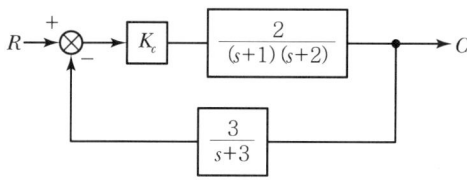

① $K_c = 10$ ② $0 < K_c < 10$
③ $K_c > 10$ ④ $K_c < 10$

> **해설**

특성방정식

$1 + K_c \cdot \dfrac{2}{(s+1)(s+2)} \cdot \dfrac{3}{s+3} = 0$

$1 + \dfrac{6K_c}{(s+1)(s+2)(s+3)} = 0$

위의 식을 정리하면
$(s+1)(s+2)(s+3) + 6K_c = 0$
$s^3 + 6s^2 + 11s + 6 + 6K_c = 0$

Routh 안정성 판별법

1	1	11
2	6	$6+6K_c$
3	$\dfrac{66-6(1+K_c)}{6} > 0 \Rightarrow 11-(1+K_c) > 0,\ 10 > K_c$	
4	$6+6K_c > 0 \Rightarrow K_c > -1$	

$\therefore -1 < K_c < 10$

43 설정치(Set Point)는 일정하게 유지되고, 외부교란변수(Disturbance)가 시간에 따라 변화할 때 피제어변수가 설정치를 따르도록 조절변수를 제어하는 것은?

① 조정(Regulatory) 제어 ② 서보(Servo) 제어
③ 감시 제어 ④ 예측 제어

> **해설**

조정(Regulatory) 제어＝조절제어
외부교란의 영향에도 불구하고 제어변수를 설정값으로 유지시키는 제어

서보(Servo) 제어＝추적제어
설정값이 시간에 따라 변할 때 제어변수가 설정값을 따르도록 조절변수를 제어

44 다음 블록선도에서 전달함수 $\dfrac{B}{U_2(s)}$로 옳은 것은?(단, $G = G_C G_1 G_2 G_3 H_1 H_2$)

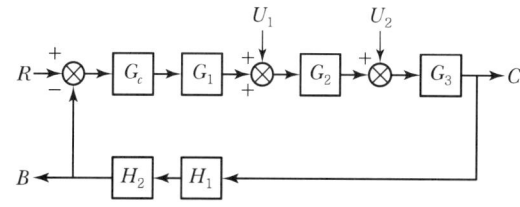

① $\dfrac{G_2 G_3}{1+G}$ ② $\dfrac{G_C G_1 G_2 G_3}{1+G}$
③ $\dfrac{G_3 H_1 H_2}{1+G}$ ④ $\dfrac{G_2 G_3 H_1 H_2}{1+G}$

> **해설**

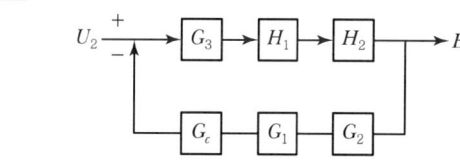

$\dfrac{B}{U_2} = \dfrac{G_3 H_1 H_2}{1 + G_C G_1 G_2 G_3 H_1 H_2} = \dfrac{G_3 H_1 H_2}{1+G}$

45 차압 전송기(Differential Pressure Transmitter)의 가능한 용도가 아닌 것은?

① 액체 유량 측정 ② 액위 측정
③ 기체 분압 측정 ④ 절대압 측정

> **해설**

차압 전송기의 용도
액체 유량 측정, 액위 측정, 절대압 측정

정답 42 ② 43 ① 44 ③ 45 ③

46 공정 $G(s) = 1/(s+1)$를 위한 Internal Model Control에 근거하여 설계한 PI 제어기 $C(s) = 10\left(1 + \dfrac{1}{s}\right)$의 문제점은?

① 설정치 응답이 부하응답에 비하여 늦다.
② 부하응답이 설정치 응답에 비하여 늦다.
③ 불안정해진다.
④ 오프셋(Offset)이 생긴다.

해설
적분제어를 할 경우 적분동작으로 인하여 공정응답이 늦어진다. 그러므로 K_c를 낮게 하는데 위의 경우 공정이득보다 적분제어의 이득이 10배 이상 크기 때문에 부하응답이 설정치에 비해 늦는다.

47 안정한 2차계의 Impulse Response는 t(시간) → ∞에 따라 그 값이 어떻게 변하는가?

① 0에 접근한다.   ② 경우에 따라 다르다.
③ 발산한다.   ④ 1에 접근한다.

해설
$G(s) = \dfrac{K}{\tau^2 s^2 + 2\tau\zeta s + 1}$
$X(s) = 1$
$Y(s) = G(s)X(s) = \dfrac{K}{\tau^2 s^2 + 2\tau\zeta s + 1}$
$\lim\limits_{t\to\infty} y(t) = \lim\limits_{s\to 0} sY(s) = \lim\limits_{s\to 0} \dfrac{Ks}{\tau^2 s^2 + 2\tau\zeta s + 1} = 0$

48 PID 제어기 조율에 관한 내용 중 옳은 것은?

① 시상수가 작고 측정잡음이 큰 공정에는 미분동작을 크게 설정한다.
② 시간지연이 큰 공정은 미분과 적분동작을 모두 크게 설정한다.
③ 적분공정의 경우 제어기의 적분동작을 더욱 크게 설정한다.
④ 시상수가 작을수록 미분동작은 작게 적분동작은 크게 설정한다.

해설
① 시상수가 작고 측정잡음이 큰 공정에는 미분동작을 작게 설정한다.
② 시간지연이 큰 공정은 미분동작은 크게, 적분동작은 작게 설정한다.
③ 적분공정의 경우 제어기의 적분동작을 작게 설정한다.
④ 시상수가 작을수록 미분동작은 작게 적분동작은 크게 설정한다.

49 되먹임 제어계에 대한 설명으로 옳은 것은?

① 원래 안정한 공정에 되먹임 제어기를 설치하면 항상 안정하다.
② 원래 불안정한 공정은 되먹임 제어기를 설치해도 안정화할 수 없다.
③ 되먹임 제어기를 설치하면 정상상태에서 항상 오프셋이 제거된다.
④ 되먹임 제어기를 설치하면 폐루프 응답이 원래의 개루프 응답보다 빨라질 수 있다.

해설
Feedback(되먹임) 제어
제어변수를 측정하고 이를 설정값과 비교하여 그 차이(오차)로 제어신호를 결정한다.

50 Air-To-Close형 제어밸브에서 25% 열림에 해당하는 공기의 압력은 몇 psi인가?(단, 제어밸브는 3~15psi 범위에서 동작한다.)

① 3   ② 6
③ 9   ④ 12

해설
$\dfrac{15-x}{15-3} = 0.25$
∴ $x = 12$

정답 46 ②　47 ①　48 ④　49 ④　50 ④

51 다음 블록선도에서 전달함수 $G(s) = \dfrac{C(s)}{R(s)}$를 옳게 구한 것은?

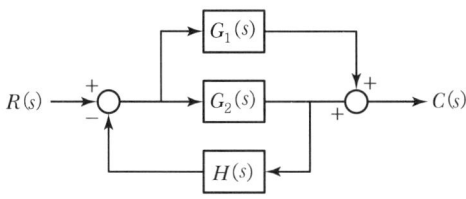

① $\dfrac{C}{R} = \dfrac{G_1(s) + G_2(s)}{1 + G_2(s)H(s)}$

② $\dfrac{C}{R} = \dfrac{G_1(s)G_2(s)}{1 + G_2(s)H(s)}$

③ $\dfrac{C}{R} = \dfrac{G_1(s)}{1 + G_2(s)H(s)}$

④ $\dfrac{C}{R} = \dfrac{G_1(s) - G_2(s)}{1 + G_1(s)H(s)}$

해설

R에서 C로 가는 길이 2개이므로 분자는 $G_1 + G_2$가 되고, 분모는 $1 + G_2H$가 된다.

즉, $\dfrac{C}{R} = \dfrac{G_1 + G_2}{1 + G_2H}$

52 피드포워드(Feedforward) 제어에 대한 설명 중 옳지 않은 것은?

① 화학공정 제어에서는 Lead-lag 보상기로 피드포워드 제어기를 설계하는 일이 많다.
② 피드포워드 제어기는 폐루프 제어시스템의 안정도(Stability)에 주된 영향을 준다.
③ 일반적으로 제어계 설계 시 피드포워드 제어는 피드백 제어기와 함께 구성된다.
④ 피드포워드 제어기의 설계는 공정의 정적 모델, 혹은 동적 모델에 근거하여 설계될 수 있다.

해설

Feedforward(앞먹임) 제어
외부교란을 측정하고, 이 측정값을 이용하여 외부교란이 공정에 미치게 될 영향을 사전에 보정시켜 주는 제어방법
※ 폐루프 제어시스템의 안정도에 주된 영향을 주는 것은 Feedback 제어기이다.

53 $\dfrac{d^2y(t)}{dt^2} + 2\dfrac{dy(t)}{dt} = u(t)$, $y(0) = \dfrac{dy(0)}{dt} = 0$으로 표현되는 동특성 공정의 단위 계단 응답은?

① $(2e^{-t} - 2 + t)U(t)$
② $(-2e^{-t} - 2 + t)U(t)$
③ $(e^{-t} + 1 - t)U(t)$
④ $\dfrac{1}{4}(e^{-2t} - 1 + 2t)$

해설

$s^2Y(s) + 2sY(s) = \dfrac{1}{s}$

$Y(s) = \dfrac{1}{s(s^2 + 2s)} = \dfrac{1}{s^2(s+2)} = \dfrac{A}{s} + \dfrac{B}{s^2} + \dfrac{C}{s+2}$

$= -\dfrac{1}{4}\dfrac{1}{s} + \dfrac{1}{2s^2} + \dfrac{1}{4}\dfrac{1}{s+2} = \dfrac{1}{4}\left(\dfrac{1}{s+2} - \dfrac{1}{s} + \dfrac{2}{s^2}\right)$

$\therefore y(t) = \dfrac{1}{4}(e^{-2t} - 1 + 2t)$

54 다음 공정에서 각속도 $\omega = 0.5\,\text{rad/min}$의 정현파가 입력될 때 진폭비는?(단, s의 단위는 1/min이다.)

$$G(s) = \dfrac{3}{2s+1}$$

① 0.71　② 1.73
③ 2.12　④ 3.03

해설

$AR = \dfrac{K}{\sqrt{\tau^2 w^2 + 1}} = \dfrac{3}{\sqrt{(2)^2(0.5)^2 + 1}} = 2.12$

55 다음과 같은 제어계의 전달함수 $\dfrac{Y(s)}{X(s)}$ 는?

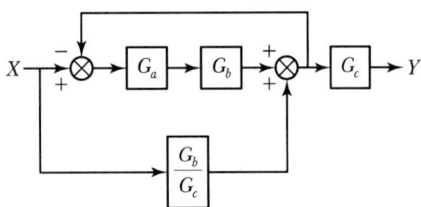

① $\dfrac{Y(s)}{X(s)} = \dfrac{G_b(1+G_aG_c)}{1+G_aG_bG_c}$

② $\dfrac{Y(s)}{X(s)} = \dfrac{G_c(1+G_aG_b)}{1+G_aG_c}$

③ $\dfrac{Y(s)}{X(s)} = \dfrac{G_b(1+G_aG_c)}{1+G_aG_b}$

④ $\dfrac{Y(s)}{X(s)} = \dfrac{G_c(1+G_aG_b)}{1+G_aG_b}$

해설

분자 $= G_aG_bG_c + \dfrac{G_b}{G_c} \cdot G_c$

분모 $= 1+G_aG_b$

$\dfrac{Y(s)}{X(s)} = \dfrac{G_aG_bG_c + \dfrac{G_b}{G_c} \cdot G_c}{1+G_aG_b} = \dfrac{G_aG_bG_c + G_b}{1+G_aG_b}$

56 현장에서 주로 쓰이는 대부분의 제어밸브가 등비(Equalpercentage) 조절 특성을 나타내는 가장 큰 이유는?

① 밸브의 열림 특성이 좋기 때문이다.
② 밸브의 무반응영역이 존재하지 않기 때문이다.
③ 밸브의 공동화(Cavitation) 현상이 없기 때문이다.
④ 설치밸브 특성(Installed Valve Characteristics)이 선형성을 보이기 때문이다.

해설

등비특성밸브
가장 널리 사용하는 밸브로 선형성을 보인다.

57 제어변수의 온도를 측정하는 열전대의 수송지연이 0.5min일 때 제어변수와 측정값 간의 전달함수는?

① $e^{-0.5}$ ② $e^{-0.5s}$
③ $e^{0.5s}$ ④ $e^{-0.5t^2}$

해설

수송지연이 t_0만큼 있을 때 $\mathcal{L}\{f(t-t_0)\}$는 $e^{-t_0s}F(s)$로 나타낸다.

58 어떤 계의 전달함수 $\dfrac{Y(s)}{X(s)} = \dfrac{4}{0.5s+1}$로 표시된다. 정상상태 이득(Steady State Gain)은?

① 2 ② 4
③ 6 ④ 8

해설

$G(s) = \dfrac{K_c}{\tau s+1}$ → 정상상태 이득
→ 시간상수

59 공정의 전달함수가 $G(s) = \dfrac{-10s+2}{s^2+s+1}$일 때 1인 계단입력을 입력했다면, 공정출력에 대한 설명으로 옳은 것은?

① 초기부터 공정출력이 점점 증가하여 진동하면서 발산한다.
② 초기에 공정출력이 감소하다가 다시 증가하여 발산한다.
③ 초기에 공정출력이 감소하다가 다시 증가하고, 2로 진동하면서 수렴한다.
④ 초기부터 공정출력이 점점 증가하여 1로 진동하면서 수렴한다.

해설

최종값 정리

$\lim_{t\to\infty} Y(t) = \lim_{s\to 0} sY(s) = \lim_{s\to 0} \dfrac{-10s+2}{s^2+s+1} = 2$

정답 55 ③ 56 ④ 57 ② 58 ② 59 ③

60 조작변수와 제어변수와의 전달함수가 $\dfrac{2e^{-3s}}{5s+1}$, 외란과 제어변수와의 전달함수가 $\dfrac{-4e^{-4s}}{10s+1}$로 표현되는 공정에 대하여 가장 완벽한 외란보상을 위한 피드포워드 제어기 형태는?

① $\dfrac{2(5s+1)}{(10s+1)}e^{-s}$

② $\dfrac{(10s+1)}{2(5s+1)}e^{-\frac{3}{4}s}$

③ $\dfrac{-8}{(10s+1)(5s+1)}e^{-7s}$

④ $\dfrac{-2(5s+1)}{(10s+1)}e^{-s}$

해설

$G_f = -\dfrac{G_L}{G_P G_V}$

$= -\dfrac{\dfrac{-4e^{-4s}}{10s+1}}{\dfrac{2e^{-3s}}{5s+1}} = \dfrac{4e^{-4s}(5s+1)}{2e^{-3s}(10s+1)}$

$= \dfrac{2e^{-s}(5s+1)}{(10s+1)}$

4과목 공업화학

61 접촉식 황산제조와 관계가 먼 것은?

① 백금 촉매 사용
② V_2O_5 촉매 사용
③ SO_3 가스를 황산에 흡수시킴
④ SO_3 가스를 물에 흡수시킴

해설

접촉식 황산제조법
Pt 또는 V_2O_5 촉매를 사용하여 SO_2를 SO_3로 산화시킨 후 98.3% H_2SO_4에 흡수시켜서 발연황산을 제조

62 비료 중 P_2O_5이 많은 순서대로 열거된 것은?

① 과린산석회 > 용성인비 > 중과린산석회
② 용성인비 > 중과린산석회 > 과린산석회
③ 과린산석회 > 중과린산석회 > 용성인비
④ 중과린산석회 > 소성인비 > 과린산석회

해설

중과린산석회(P_2O_5 30~50%) > 소성인비(P_2O_5 40%) > 과린산석회(P_2O_5 15~20%)

63 포름알데히드를 원료로 하는 합성수지와 가장 관계가 없는 것은?

① 페놀수지   ② 알키드수지
③ 멜라민수지   ④ 요소수지

해설

알키드(alkyd)수지
지방산, 무수프탈산 및 글리세린의 축합반응으로 얻어진다.

64 Lewis산 촉매를 사용하는 Friedel-Craft 반응과 유사하게 방향족에 일산화탄소, 염산을 반응시켜 알데히드를 도입하는 반응은?

① Canizzaro 반응
② Hofmann 반응
③ Sandmeyer 반응
④ Gattermann-Koch 반응

해설

㉠ Canizzaro 반응
 • 동종 간 반응
 • $2CH_3CHO \rightarrow CH_3COOH + CH_3CH_2OH$
㉡ Hofmann 자리옮김 반응 : 일차 아마이드($RCONH_2$)를 브로민(Br_2)과 알칼리로 처리하여 탄소원자 하나가 줄어든 일차 아민을 생성하는 반응
㉢ Sandmeyer 반응 : 방향족 디아조늄염의 디아조기를 구리(I)염을 이용하여 할로겐, 시안 등의 기로 치환하는 반응
㉣ Gattermann-Koch 반응 : 벤젠 및 그 유도체에 염화알루미늄 촉매하에 일산화탄소와 염화수소를 반응시켜 벤젠고리에 알데하이드기를 도입하는 반응

정답 60 ① 61 ④ 62 ④ 63 ② 64 ④

65 염화수소의 pK_a 값은 -7이라고 하면 K_a 값은 얼마인가?

① 10^7
② 10^3
③ 10^{-3}
④ 10^{-7}

해설

$pK_a = -\log K_a$
$-7 = -\log K_a$
$\therefore K_a = 10^7$

66 열가소성 수지에 해당하는 것은?

① 폴리비닐알코올
② 페놀수지
③ 요소수지
④ 멜라민수지

해설

- 열가소성 수지 : 열을 가하여 성형한 후에 다시 가열하면 형태를 변형시킬 수 있고, 성형 후 외력을 없애도 성형된 상태를 유지하는 수지
  예 폴리에틸렌, 폴리프로필렌, 폴리스틸렌, 폴리염화비닐, 폴리아세트산비닐, 폴리비닐알코올

- 열경화성 수지 : 가열하면 일단 연화되지만 계속 가열하면 점점 경화되어 온도를 올려도 용해되지 않고, 원상태로 되지 않는 수지
  예 페놀수지, 요소수지, 멜라민수지, 규소수지, 알키드수지, 에폭시수지

67 아크릴산 에스테르의 공업적 제법과 가장 거리가 먼 것은?

① Reppe 고압법
② 프로필렌의 산화법
③ 에틸렌시안히드린법
④ 에틸알코올법

해설

아크릴산 에스테르의 공업적 제법
- Reppe 고압법
- 프로필렌의 산화법
- 에틸렌시안히드린법

68 에틸렌을 황산 존재하에서 가수분해시켜 제조하는 제품은?

① CH_3CH_2OH
② $CH_3COOHC=CH$
③ CH_3CHO
④ CH_3COOH

해설

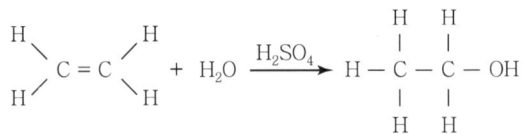

69 지방산의 작용기를 표현한 일반식은?

① $R-CO-R$
② $R-COOH$
③ $R-OH$
④ $R-COO-R'$

해설

① $R-CO-R$: 케톤
② $R-COOH$: 카르복시산(지방산)
③ $R-OH$: 알코올
④ $R-COO-R'$: 에스테르

70 일반적으로 원유 속에 거의 포함되어 있지 않지만 열분해 등을 통해 다량 생성되는 탄화수소는?

① 파라핀계
② 올레핀계
③ 나프텐계
④ 방향족계

해설

열분해
- 올레핀이 많으며 $C_1 \sim C_2$계의 가스가 많다.
- 대부분 지방족이며, 방향족 탄화수소는 적다.
- 디올레핀이 비교적 많다.
- 라디칼 반응을 한다.

71 합성염산 제조에 있어 식염용액의 전해로 생성되는 염소와 수소를 서로 반응 합성할 때 수소를 과잉으로 넣어 반응시키는 이유는?

① 반응을 정량적으로 진행시키기 위하여
② 반응열의 일부를 수소가스 가열로 소모시키기 위하여
③ 반응장치의 부식을 방지하기 위하여
④ 폭발을 방지하기 위하여

정답 65 ① 66 ① 67 ④ 68 ① 69 ② 70 ② 71 ④

해설

합성염산 제조 시 수소를 과잉으로 넣는 이유는 폭발을 방지하기 위해서이다.
$H_2 : Cl_2 = 1.2 : 1$

72 암모니아 산화에 의한 질산제조 공정에 있어서 조건이 옳지 않은 것은?

① NH_3와 공기의 혼합기체를 촉매하에 반응시켜 NO를 만든다.
② 백금, 백금 · 로듐 합금 등의 촉매를 사용할 수 있다.
③ NO를 매우 높은 고온에서 산화하여 NO_2로 한다.
④ NO_2를 물에 흡수시켜 HNO_3로 한다.

해설

$2NO + O_2 \rightleftharpoons 2NO_2$
• 가압, 저온이 유리하다.
• 흡수탑으로 가기 전에 NO는 완전히 산화되어야 한다.

73 석유화학공정 중 전화(Conversion)와 정제로 구분할 때 전화공정에 해당하지 않는 것은?

① 분해(Cracking)
② 알킬화(Alkylation)
③ 스위트닝(Sweetening)
④ 개질(Reforming)

해설

스위트닝(Sweetening)
부식성과 악취의 티올(메르캅탄)을 산화하여 무부식성과 무취의 이황화물로 만드는 정제법
$2RSH + (O) \rightarrow R_2S_2 + H_2O$

전화공정	정제공정
• 분해(열분해, 접촉분해)	• 산, 알칼리 정제
• 리포밍(개질)	• 흡착정제
• 알킬화	• 스위트닝
• 이성화	• 수소화 처리법

74 중량 평균분자량 측정법에 해당하는 것은?

① 말단기분석법
② 분리막 삼투압법
③ 광산란법
④ 비점상승법

해설

분자량 측정방법
• 끓는점 오름법과 어는점 내림법
• 삼투압 측정법
• 광산란법 : 중량(무게) 평균분자량($\overline{M}_w$)을 측정하는 방법
• 겔 투과 크로마토그래피(GPC) : $\overline{M}_n$, $\overline{M}_w$
• 말단기분석법

75 SO_2가 SO_3로 변화할 때 생성되는 반응열(ΔH)은 약 얼마인가?(단, ΔH_f는 SO_2 : -70.96kcal/mol, SO_3 : -94.45kcal/mol이다.)

① -165kcal/mol
② -95kcal/mol
③ -71kcal/mol
④ -24kcal/mol

해설

반응열 = 생성물의 생성열 − 반응물의 생성열
$\Delta H_R = [\Sigma \Delta H_f]_{product} - [\Sigma \Delta H_f]_{reactant}$
$\therefore \Delta H_R = (-94.45) - (-70.96)$
$= -23.5$kcal/mol

76 원유의 증류 시 탄화수소의 열분해를 방지하기 위하여 사용되는 증류법은?

① 상압증류
② 감압증류
③ 가압증류
④ 추출증류

해설

㉠ 상압증류
• 대기압하에서 증류
• 원유를 상압하에서 증류하여 나프타, 등유, 경유 등을 유출하고, 잔유 등과 분리
㉡ 감압증류
• 상압증류의 잔유에서 비점이 높은 윤활유 등을 얻을 때
• 비교적 저온에서 증류할 수 있어 열분해를 방지할 수 있다.
㉢ 가압증류
• 대기압보다 높은 압력에서 증류
• 중유, 경유로 가압증류로 분해하여 가솔린 제조
㉣ 추출증류
공비혼합물을 분리시키기 위해 액액추출의 효과와 증류의 효과를 이용

정답 72 ③ 73 ③ 74 ③ 75 ④ 76 ②

77 질산의 성질과 용도에 대한 설명 중 틀린 것은?

① 강산으로서 강력한 산화제이다.
② 98wt% 이상의 진한 질산은 질소함유 비료 제조 원료나 인광석 분해에 이용된다.
③ 융점은 약 -42℃이고 분자량은 약 63이다.
④ 알루미늄이나 크롬은 진한 질산 속에서 산화피막을 생성하여 부동태가 된다.

해설
98wt% 이상의 진한 질산은 폭약의 제조 원료로 이용

78 결정성 폴리프로필렌을 중합할 때 다음 중 가장 적합한 중합방법은?

① 양이온 중합 ② 음이온 중합
③ 라디칼 중합 ④ 지글러-나타 중합

해설
폴리프로필렌 : 지글러-나타 중합

79 포화식염수에 직류를 통과시켜 수산화나트륨을 제조할 때 환원이 일어나는 음극에서 생성되는 기체는?

① 염화수소 ② 산소
③ 염소   ④ 수소

해설
$2NaCl + 2H_2O \rightarrow 2NaOH + H_2 + Cl_2$
　　　　　　　　　　　　　　(-)극　(+)극
- (+)극 : $2Cl^- \rightarrow Cl_2 + 2e^-$ (산화)
- (-)극 : $2H_2O + 2e^- \rightarrow H_2 + 2OH^-$ (환원)

80 H_2SO_4 60%, HNO_3 32%, H_2O 8%의 질량조성을 가진 혼합산 100kg을 벤젠으로 니트로화할 때 그 중 질산이 화학양론적으로 전부 벤젠과 반응하였다면 DVS(Dehydration Value of Sulfuric Acid) 값은 얼마인가?

① 2.50 ② 3.50
③ 4.50 ④ 5.50

해설

$$DVS = \frac{혼합산\ 중\ 황산의\ 양}{반응\ 후\ 혼합산\ 중\ 물의\ 양}$$

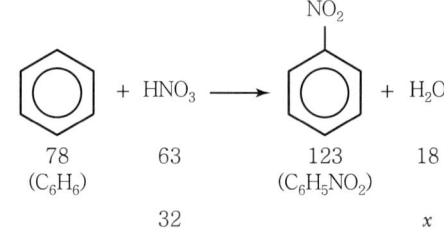

$$\begin{array}{cccc} 78 & 63 & 123 & 18 \\ (C_6H_6) & & (C_6H_5NO_2) & \\ & 32 & & x \end{array}$$

$\therefore x = \dfrac{32 \times 18}{63} = 9.14$

$\therefore DVS = \dfrac{60}{9.14+8} = 3.5$

5과목 반응공학

81 반응에 대한 온도의 영향을 잘못 설명한 것은?

① 가역 흡열반응의 반응속도는 온도가 올라가면 커진다.
② 가역 흡열반응의 평형전화율은 온도가 올라가면 커진다.
③ 가역 발열반응의 반응속도는 온도가 내려가면 작아진다.
④ 가역 발열반응의 평형전화율은 온도가 내려가면 작아진다.

해설
- 발열반응 : $T\uparrow \rightarrow X_{Ae}$(평형전화율)$\downarrow$, $T\downarrow \rightarrow X_{Ae}\uparrow$
- 흡열반응 : $T\uparrow \rightarrow X_{Ae}\uparrow$, $T\downarrow \rightarrow X_{Ae}\downarrow$

82 80% 전화율을 얻는 데 필요한 공간시간이 4h인 혼합흐름반응기에서 3L/min을 처리하는 데 필요한 반응기 부피는 몇 L인가?

① 576 ② 720
③ 900 ④ 960

해설
$\tau = 4h$, $X_A = 0.8$, $v_0 = 3L/min$
$\tau = \dfrac{V}{v_0} = \dfrac{C_{A0}V}{F_{A0}}$
$V = \tau v_0 = 4h \times 3L/min \times 60min/1h = 720L$

정답 77 ② 78 ④ 79 ④ 80 ② 81 ④ 82 ②

83 $A \to R$과 같은 균일계 2차 반응이 혼합반응기에서 50% 전화율로 진행되었다. 반응기의 크기를 2배로 증가시킬 경우에는 전화율이 얼마나 되겠는가?(단, 다른 조건은 동일하다고 가정한다.)

① 50% ② 61%
③ 67% ④ 100%

해설

CSTR 2차

$k\tau C_{A0} = \dfrac{X_A}{(1-X_A)^2} = \dfrac{0.5}{(1-0.5)^2} = 2$

※ 부피가 2배이면 τ도 2배가 된다.

$2k\tau C_{A0} = \dfrac{X_A}{(1-X_A)^2}$

$4 = \dfrac{X_A}{(1-X_A)^2}$

정리하면 $4X_A^2 - 9X + 4 = 0$
근의 공식 이용

$\therefore X = \dfrac{9 \pm \sqrt{81-64}}{8} = 0.61(61\%)$

---

84 반감기가 5.2일인 Xe-133을 혼합흐름반응기(MFR)에서 30일 동안 처리한다. 반응기에서 제거되는 방사능의 분율(Fraction of Activity)은?

① 0.8 ② 0.6
③ 0.4 ④ 0.2

해설

$kt = -\ln(1-X_A)$
$t_{1/2} = 5.2\,\text{day},\ X_A = 0.5$
$-\ln 0.5 = k \times 5.2 \quad \therefore k = 0.133\,\text{day}^{-1}$

CSTR

$k\tau = \dfrac{X_A}{1-X_A}$

$0.133\,\text{day}^{-1} \times 30\,\text{day} = \dfrac{X_A}{1-X_A}$

$3.99 = \dfrac{X_A}{1-X_A} \quad \therefore X_A = 0.8$

---

85 다음 속도데이터를 이용하여 플러그흐름반응기를 직렬로 연결한 후 중간 전화율이 40%, 최종 전화율이 80%일 때의 반응기 부피 V_1과 V_2의 합에 가장 근사한 값은 약 몇 L인가?(단, 초기 반응물 유입속도는 $F_{A0} = 0.92\,\text{mol/s}$이다.)

X(전화율)	0	0.2	0.4	0.6	0.8
$-1/r_A$(L s/mol)	190	210	265	412	856

① 450 ② 350
③ 250 ④ 150

해설

$F_{A0} = 0.92\,\text{mol/s}$

$\dfrac{V}{F_{A0}} = \displaystyle\int_0^{X_A} \dfrac{dX_A}{-r_A}$

※ 5점 적분 공식

$\displaystyle\int_0^{X_A} f(X)dx = \dfrac{\Delta X}{3}[f(0) + 4f(1) + 2f(2) + 4f(3) + f(4)]$

$\Delta X = 0.2$

$V = F_{A0} \displaystyle\int_0^{X_A} \dfrac{dX_A}{-r_A}$

$= \dfrac{0.2}{3} \times 0.92 \times [190 + 4 \times 210 + 2 \times 265 + 4 \times 412 + 856]$

$= 250\,\text{L}$

---

86 20atm에서 A 50%와 불활성물 50%로 이루어진 기체 혼합물이 500°F에서 10dm³/s의 유속으로 반응기로 유입된다. 유입되는 A의 농도 C_{A0}와 유입 몰유량 F_{A0}는 얼마인가?(단, 기체상수 $R = 0.082\,\text{dm}^3\,\text{atm/mol K}$이다.)

① $C_{A0} = 20.29\,\text{mol/dm}^3,\ F_{A0} = 2.29\,\text{mol/s}$
② $C_{A0} = 20.29\,\text{mol/dm}^3,\ F_{A0} = 20.29\,\text{mol/s}$
③ $C_{A0} = 0.229\,\text{mol/dm}^3,\ F_{A0} = 2.29\,\text{mol/s}$
④ $C_{A0} = 0.229\,\text{mol/dm}^3,\ F_{A0} = 20.29\,\text{mol/s}$

정답 83 ② 84 ① 85 ③ 86 ③

해설
$PV = nRT$
$20\text{atm} \times 10\text{dm}^3/\text{s} = n \times 0.082\text{dm}^3 \text{ atm/mol K} \times 533\text{K}$
$\therefore n = 4.58 \text{mol/s}$

$t(°F) = \dfrac{9}{5}t(°C) + 32$

$500°F = \dfrac{9}{5}t + 32 \rightarrow t = 260°C, T = 533\text{K}$

$n_{A0} = 0.5 \times 4.58 \text{mol/s} = 2.29 \text{mol/s}$
$F_{A0} = v_0 C_{A0}$
$2.29 \text{mol/s} = 10 \text{dm}^3/\text{s} \times C_{A0}$
$\therefore C_{A0} = 0.229 \text{mol/dm}^3$

87 부피 3.2L인 혼합흐름반응기에 기체 반응물 A가 1L/s로 주입되고 있다. 반응기에서는 $A \rightarrow 2P$의 반응이 일어나며 A의 전화율은 60%이다. 반응물의 평균 체류시간은?

① 1초 ② 2초
③ 3초 ④ 4초

해설
$\varepsilon_A = y_{A0}\delta = 1 \times \dfrac{2-1}{1} = 1$

$\tau = \dfrac{V}{v_0} = \dfrac{3.2\text{L}}{1\text{L/s}} = 3.2\text{s}$

$\bar{t} = \dfrac{\tau}{1+\varepsilon_A X_A} = \dfrac{3.2\text{s}}{1+1\times 0.6} = 2\text{s}$

88 $A + B \rightarrow AB$가 비가역반응이고, 그 반응속도식이 $r_{AB} = k_1 C_B^2$일 때 이 반응의 예상되는 메커니즘은?(단, k_{-1}, k_{-2}는 각각 k_1, k_2의 역반응속도상수이고 표시 *는 중간체를 의미한다.)

① $A + A \underset{k_{-1}}{\overset{k_1}{\rightleftharpoons}} A_2^*, A_2^* + B \xrightarrow{k_2} A + AB$

② $A + A \underset{k_{-1}}{\overset{k_1}{\rightleftharpoons}} A_2^*, A_2^* + B \underset{k_{-2}}{\overset{k_2}{\rightleftharpoons}} A + AB$

③ $B + B \xrightarrow{k_1} B_2^*, A + B_2^* \underset{k_{-2}}{\overset{k_2}{\rightleftharpoons}} AB + B$

④ $B + B \underset{k_{-1}}{\overset{k_1}{\rightleftharpoons}} B_2^*, A + B_2^* \xrightarrow{k_2}_{k_{-2}} AB + B$

해설
$r_{AB} = k_1 C_B^2$

$B + B \xrightarrow{k_1} B_2^*$

$A + B_2^* \underset{k_{-2}}{\overset{k_2}{\rightleftharpoons}} AB + B$

$r_{B_2^*} = \dfrac{1}{2}k_1 C_B^2 - k_2 C_A C_{B_2^*} + k_{-2} C_{AB} C_B = 0$

$C_{B_2^*} = \dfrac{\dfrac{1}{2}k_1 C_B^2 + k_{-2} C_{AB} C_B}{k_2 C_A}$

$r_{AB} = k_2 C_A C_{B_2^*} - k_{-2} C_{AB} C_B$

$= \dfrac{k_2 C_A \left(\dfrac{1}{2}k_1 C_B^2 + k_{-2} C_{AB} C_B\right)}{k_2 C_A} - k_{-2} C_{AB} C_B$

$= \dfrac{1}{2}k_1 C_B^2 + k_{-2} C_{AB} C_B - k_{-2} C_{AB} C_B$

$= \dfrac{1}{2}k_1 C_B^2$

$\therefore r_{AB} = k C_B^2$

89 CSTR 반응기에서 다음 그림의 $ABCD$의 면적은?(단, C_{A0}는 초기농도, F_{A0}는 초기공급몰속도, X_A는 전화율, C_A는 반응속도, V는 반응기부피, τ는 공간시간이다.)

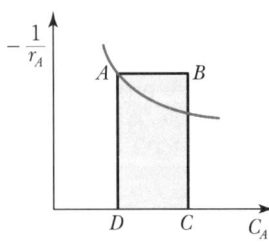

① τ ② $\dfrac{\tau}{C_{A0}}$

③ $\dfrac{V}{F_{A0}}$ ④ $\dfrac{X_A}{-r_A}$

정답 87 ② 88 ③ 89 ①

해설

$$\tau = \frac{C_{A0}V}{F_{A0}} = \frac{C_{A0}X_A}{-r_A} = \frac{C_{A0}-C_A}{-r_A}$$

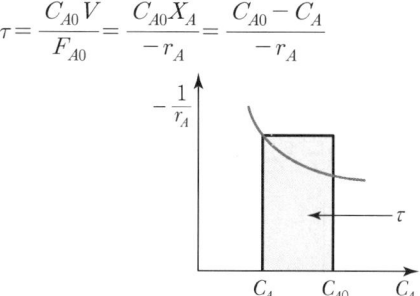

90 액상반응 $2A \rightarrow R$이 플러그흐름반응기에서 일어난다. 반응속도 $-r_A = (250\text{L/mol min})C_A^2$이고 반응물의 공급속도는 0.01mol/h이며 반응기의 부피는 0.1L, 공급물의 부피유량은 0.05L/min일 때, 이 반응기에 대한 공간시간(Space Time)은 몇 min인가?

① 0.5　　　　② 2
③ 5　　　　　④ 10

해설

$$\tau = \frac{V}{v_0} = \frac{0.1\text{L}}{0.05\text{L/min}} = 2\text{min}$$

91 반응장치 내에서 일어나는 열전달 현상과 관련된 설명으로 틀린 것은?

① 발열반응의 경우 관형반응기 직경이 클수록 관 중심의 온도는 상승한다.
② 급격한 온도의 상승은 촉매의 활성을 저하시킨다.
③ 모든 반응에서 고온의 조건이 바람직하다.
④ 전열조건에 의해 반응의 전화율이 좌우된다.

해설

반응에 따라 고온 또는 저온의 조건이 있다.

92 어떤 물질의 분해속도가 1차 반응으로 표시된다. 90% 분해하는 데 100분이 걸렸다면 50% 분해하는 데에는 얼마의 시간이 걸리겠는가?

① 55.6분　　　② 43.2분
③ 30.1분　　　④ 13.1분

해설

$kt = -\ln(1-X_A)$
$k \times 100\text{min} = -\ln(1-0.9)$
$\therefore k = 0.023\text{min}^{-1}$

$0.023t = -\ln(1-0.5)$
$\therefore t = 30.1$분

93 플러그흐름반응기에서 다음과 같은 1차 연속반응이 일어날 때 중간생성물 R의 최대농도 $C_{R\max}$와 그때의 공간시간 $t_{p.opt}$은?(단, k_1과 k_2의 값은 서로 다르다.)

$$A \xrightarrow{k_1} R \xrightarrow{k_2} S$$

① $C_{R\max} = C_{A0}\left(\frac{k_2}{k_1}\right)^{\frac{k_2}{k_2-k_1}}$
　$\tau_{p.opt} = \frac{\ln(k_2/k_1)}{k_2-k_1}$

② $C_{R\max} = C_{A0}\left(\frac{k_1}{k_2}\right)^{\frac{k_2}{k_2-k_1}}$
　$\tau_{p.opt} = \frac{\ln(k_2/k_1)}{k_2-k_1}$

③ $C_{R\max} = C_{A0}\left(\frac{k_1}{k_2}\right)^{\frac{k_2}{k_2-k_1}}$
　$\tau_{p.opt} = \frac{\ln(k_1/k_2)}{k_2-k_1}$

④ $C_{R\max} = C_{A0}\left(\frac{k_2}{k_1}\right)^{\frac{k_2}{k_2-k_1}}$
　$\tau_{p.opt} = \frac{\ln(k_1/k_2)}{k_2-k_1}$

정답 90 ②　91 ③　92 ③　93 ②

해설

$A \xrightarrow{k_1} R \xrightarrow{k_2} S$

PFR : $-r_A = \dfrac{-dC_A}{dt} = k_1 C_A$

$-\ln \dfrac{C_A}{C_{A0}} = kt \rightarrow C_A = C_{A0} e^{-k_1 t}$

$r_R = \dfrac{dC_R}{dt} = k_1 C_A - k_2 C_R$

$r_S = \dfrac{dC_S}{dt} = k_2 C_R$

$\dfrac{C_A}{C_{A0}} = e^{-k_1 t}$

$\dfrac{C_R}{C_{R0}} = \dfrac{k_1}{k_2 - k_1}(e^{-k_1 t} - e^{-k_2 t})$

$C_S = C_{A0} - C_A - C_R$

$\dfrac{dC_R}{dt} = 0$

$t_{opt} = \dfrac{1}{K_{\log\text{mean}}} = \dfrac{\ln\left(\dfrac{k_2}{k_1}\right)}{k_2 - k_1}$

$\dfrac{C_{R\max}}{C_{A0}} = \left(\dfrac{k_1}{k_2}\right)^{\dfrac{k_2}{k_2 - k_1}}$

94 일정한 온도로 조작되고 있는 순환비가 3인 순환 플러그흐름반응기에서 1차 액체반응 $A \rightarrow R$이 40%까지 전화되었다. 만일 반응계의 순환류를 폐쇄시켰을 경우 전화율은 얼마인가?(단, 다른 조건은 그대로 유지한다.)

① 0.26   ② 0.36
③ 0.46   ④ 0.56

해설

㉠ PFR 순환반응기

$V = F_{A0}(R+1) \int_{X_{Ai}}^{X_{Af}} \dfrac{dX_A}{-r_A}$

$-r_A = kC_{A0}(1 - X_A)$

$X_{Ai} = \left(\dfrac{R}{R+1}\right) X_{Af} = \dfrac{3}{4} X_{Af}$

$\therefore V = 4F_{A0} \int_{\frac{3}{4}X_{Af}}^{X_{Af}} \dfrac{dX_A}{kC_{A0}(1 - X_A)}$

$= \dfrac{4F_{A0}}{kC_{A0}} \int_{\frac{3}{4}X_{Af}}^{X_{Af}} \dfrac{dX_A}{1 - X_A}$

$\dfrac{C_{A0}V}{F_{A0}} = \tau = \dfrac{4}{k}\left[-\ln(1-X_A)\right]_{\frac{3}{4}X_{Af}}^{X_{Af}}$

$k\tau = 4\left[-\ln \dfrac{1 - X_{Af}}{1 - \dfrac{3}{4}X_{Af}}\right]_{X_{Af}=0.4}$

$= 4\left[-\ln \dfrac{0.6}{0.7}\right] = 0.617$

㉡ 순환류 폐쇄($R = 0 \rightarrow$ PFR)
PFR 1차 액상반응
$k\tau = -\ln(1 - X_{Af}) = 0.617$
$\therefore X_{Af} = 0.46$

95 액상반응 $A \rightarrow R$, $-r_A = kC_A^2$이 혼합 반응기에서 진행되어 55%의 전화율을 얻었다. 만일 크기가 6배인 똑같은 성능의 반응기로 대체한다면 전화율은 어떻게 되겠는가?

① 60%   ② 78%
③ 88%   ④ 90%

해설

CSTR 2차

$k\tau C_{A0} = \dfrac{X_A}{(1 - X_A)^2}$

$k\tau C_{A0} = \dfrac{0.55}{(1 - 0.55)^2} = 2.72$

크기가 6배 → 6τ

$6k\tau C_{A0} = \dfrac{X_A}{(1 - X_A)^2} = 16.3$

정리하면
$16.3 X^2 - 33.6 X + 16.3 = 0$
$X^2 - 2.06 X + 1 = 0$
$\therefore X = \dfrac{2.06 \pm \sqrt{2.06^2 - 4}}{2} = 0.78$

96 반응전화율을 온도에 대하여 나타낸 직교좌표에서 반응기에 열을 가하면 기울기는 단열과정에서보다 어떻게 되는가?

① 증가한다.
② 감소한다.
③ 일정하다.
④ 반응열의 크기에 따라 증가 또는 감소한다.

해설
단열과정에서 반응기에 열을 가하면 기울기는 단열과정보다 감소한다.

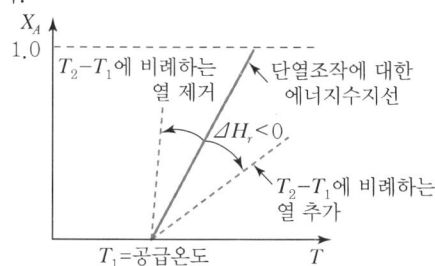

97 1차 반응인 $A \to R$, 2차 반응(desired)인 $A \to S$, 3차 반응인 $A \to T$에서 S가 요구하는 물질일 경우 다음 중 옳은 것은?

① 플러그흐름반응기를 쓰고, 전화율을 낮게 한다.
② 혼합흐름반응기를 쓰고, 전화율을 낮게 한다.
③ 중간 수준의 A 농도에서 혼합흐름반응기를 쓴다.
④ 혼합흐름반응기를 쓰고, 전화율을 높게 한다.

해설

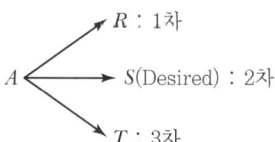

R과 T의 생성억제를 위해 중간수준의 A 농도에서 혼합흐름반응기(CSTR)를 사용하는 것이 유리하다.

98 다음과 같은 반응에서 R을 많이 얻기 위한 방법은?

- $A \to R$, $r_R = k_1 C_A$, 활성화 에너지 E_1
- $A \to S$, $r_S = k_2 C_A$, 활성화 에너지 $E_2 = (1/2)E_1$

① A의 농도를 높여야 한다.
② A의 농도를 낮춰야 한다.
③ 반응온도를 높여야 한다.
④ 반응온도를 낮춰야 한다.

해설
$A \xrightarrow{E_1} R$, $A \xrightarrow{E_2} S$
$E_1 > E_2$이므로 반응온도를 높여줘야 한다.

99 다음과 같은 효소발효반응이 플러그흐름반응기에서 $C_{A0} = 2$mol/L, $v = 25$L/min의 유입속도로 일어난다. 95% 전화율을 얻기 위한 반응기 체적은 몇 m³인가?

$$A \to R, \text{ with enzyme}$$
$$-r_A = \frac{0.1 C_A}{1 + 0.5 C_A} [\text{mol/L min}]$$

① 1 ② 2
③ 3 ④ 4

해설
$$\tau = C_{A0} \int_0^{X_A} \frac{dX_A}{-r_A} = C_{A0} \int_0^{X_A} \frac{dX_A}{\frac{0.1 C_A}{1+0.5 C_A}}$$
$$= C_{A0} \int_0^{X_A} \frac{1+0.5 C_A}{0.1 C_A} dX_A$$
$$= C_{A0} \int_0^{X_A} \frac{1+0.5 C_{A0}(1-X_A)}{0.1 C_{A0}(1-X_A)} dX_A$$
$$= 10 \int_0^{X_A} \left[\frac{1}{1-X_A} + \frac{0.5 C_{A0}(1-X_A)}{1-X_A} \right] dX_A$$
$$= 10 [-\ln(1-X_A)]_0^{X_A} + [10(0.5)(2)X_A]_0^{X_A}$$
$$= 10 [-\ln(1-0.95)] + 10 \times 0.95$$
$$\fallingdotseq 40 \text{min}$$
$$V = \tau \times v_0 = 40\text{min} \times 25\text{L/min} = 1,000\text{L} = 1\text{m}^3$$

정답 96 ② 97 ③ 98 ③ 99 ①

100 CSTR 반응기에서 τ(공간시간)을 틀리게 표현한 항은?

① $\dfrac{V}{v_0}$: $\dfrac{\text{반응물 부피}}{\text{유입되는 부피속도}}$

② $\dfrac{C_{A0}V}{F_{A0}}$: $\dfrac{\text{반응기 내의 몰수}}{\text{유입되는 초기 몰속도}}$

③ $\dfrac{1}{S}$: $\dfrac{1}{\text{공간속도}}$

④ $C_{A0}\displaystyle\int \dfrac{dX_A}{-r_A}$: 속도와 전화율 곡선에서의 일정 구간의 곡선 아래 면적에 초기농도의 곱항

해설

PFR
$$\tau = C_{A0}\int_0^{X_A} \dfrac{dX_A}{-r_A} \quad (\varepsilon_A = 0)$$

CSTR
$$\tau = \dfrac{V}{v_0} = \dfrac{C_{A0}V}{F_{A0}} = \dfrac{1}{S}$$

정답 100 ④

2014년 제1회 기출문제

1과목 화공열역학

01 21℃, 1.4atm에서 250L의 부피를 갖고 있는 이상기체가 49℃에서 300L의 부피를 가질 때의 압력은 약 몇 atm인가?

① 0.9　　② 1.3
③ 1.7　　④ 2.1

해설

$\dfrac{P_1 V_1}{T_1} = \dfrac{P_2 V_2}{T_2}$

$\dfrac{1.4 \times 250}{294} = \dfrac{P_2 \times 300}{322}$

∴ $P_2 = 1.28 \fallingdotseq 1.3$

02 1mol의 이상기체가 1기압 0℃에서 10기압으로 압축되었다. 다음 중 어느 과정을 경유하였을 때 압축 후의 온도가 가장 높겠는가?

① 등온압축(Isothermal)　　② 정용압축(Isometric)
③ 단열압축(Adiabatic)　　④ 비가역압축(Irreversible)

해설

① 등온압축 $T_2 = 273K(0℃)$

② 정용압축 $\dfrac{P_1}{T_1} = \dfrac{P_2}{T_2}$

　　$T_2 = T_1\left(\dfrac{P_2}{P_1}\right) = 273 \times \left(\dfrac{10}{1}\right) = 2,730K$

③ 단열압축 $\dfrac{T_2}{T_1} = \left(\dfrac{P_2}{P_1}\right)^{\frac{r-1}{r}}$

　　$T_2 = T_1\left(\dfrac{P_2}{P_1}\right)^{\frac{r-1}{r}}$　$\dfrac{r-1}{r} < 1$

03 다음 중 공기표준 오토사이클에 대한 설명으로 옳은 것은?

① 2개의 단열과정과 2개의 정적과정으로 이루어진 불꽃점화 기관의 이상사이클이다.
② 정압, 정적, 단열과정으로 이루어진 압축점화 기관의 이상사이클이다.
③ 2개의 단열과정과 2개의 정압과정으로 이루어진 가스터빈의 이상사이클이다.
④ 2개의 정압과정과 2개의 정적과정으로 이루어진 증기원동기의 이상사이클이다.

해설

공기표준 오토사이클
공기를 작동유체로 하는 열기관 사이클로 2개의 단열과정과 2개의 등부피과정으로 구성된다.

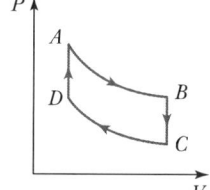

• CD : 가역단열압축
• DA : 일정한 부피에서 공기에 의해 충분한 열이 흡수되어 공기의 온도와 압력을 실제 Otto 기관의 연소에서 얻은 값만큼 상승시킨다.
• AB : 가역단열팽창
• BC : 일정한 부피에서 C의 초기상태로 냉각된다.

04 10kPa인 이상기체 1mol이 등온하에서 1kPa로 팽창될 때, 엔트로피의 변화는 약 몇 J/mol K인가?

① -4.58　　② 4.58
③ -19.14　　④ 19.14

해설

등온 $\Delta S = nR\ln\dfrac{V_2}{V_1} = nR\ln\dfrac{P_1}{P_2} = 8.314\ln\dfrac{10}{1}$
　　　$= 19.14 J/mol\ K$

정답 01 ②　02 ②　03 ①　04 ④

05 500℃에서 1,000kcal의 열을 받고 100℃에서 남은 열을 방출하는 카르노(Carnot) 동력 사이클의 열효율은 약 얼마인가?

① 80.0%　　② 51.7%
③ 48.3%　　④ 20.1%

해설

$$\eta = \frac{773 - 373}{773} \times 100 = 51.7\%$$

06 반응상수의 온도에 따른 변화를 알기 위하여 필요한 물성은 무엇인가?

① 반응에 관여된 물질의 증기압
② 반응에 관여된 물질의 확산계수
③ 반응에 관여된 물질의 임계상수
④ 반응에 수반되는 엔탈피 변화량

해설

평형상수에 대한 온도의 영향

$$\frac{d\ln K}{dT} = \frac{\Delta H°}{RT^2}$$

07 다음과 같은 반응이 일어나는 계에 대해 처음에 CH_4 2mol, H_2O 1mol, CO 1mol, H_2 4mol 이 있었다고 한다. 평형 몰분율 y_i를 반응좌표 ε의 함수로 표시하려고 할 때 총 몰수($\sum n_i$)를 ε의 함수로 옳게 나타낸 것은?

$$CH_4 + H_2O \rightleftarrows CO + 3H_2$$

① $\sum n_i = 2\varepsilon$　　② $\sum n_i = 2 + \varepsilon$
③ $\sum n_i = 4 + 3\varepsilon$　　④ $\sum n_i = 8 + 2\varepsilon$

해설

$\sum n_i = n_0 + \nu\varepsilon$
$\nu = -1 - 1 + 1 + 3 = 2$
$n_0 = 2 + 1 + 1 + 4 = 8\text{mol}$
∴ $\sum n_i = 8 + 2\varepsilon$

08 수증기와 질소의 혼합기체가 물과 평형에 있을 때 자유도 수는?

① 0　　② 1
③ 2　　④ 3

해설

$F = 2 - p + c = 2 - 2 + 2 = 2$

09 A함량 30mol%인 A와 B의 혼합용액이 A함량 60mol%인 A와 B의 혼합증기와 평형상태에 있을 때 순수 A 증기압/순수 B 증기압 비는?

① 6/4　　② 3/7
③ 78/28　　④ 7/2

해설

30mol%A　$x_A = 0.3, x_B = 0.7$　⎤ 평형
60mol%A　$y_A = 0.6, y_B = 0.4$　⎦

$y_A P = x_A P_A \rightarrow 0.6P = 0.3P_A$ ∴ $P_A = 2P$
$y_B P = x_B P_B \rightarrow 0.4P = 0.7P_B$ ∴ $P_B = \frac{4}{7}P$

∴ $\dfrac{P_A}{P_B} = \dfrac{2P}{\frac{4}{7}P} = \dfrac{7}{2}$

10 실험실에서 부동액으로서 30mol% 메탄올 수용액 4L를 만들려고 한다. 25℃에서 4L의 부동액을 만들기 위하여 25℃의 물과 메탄올을 각각 몇 L씩 섞어야 하는가?

25℃	순수성분	30mol%의 메탄올 수용액의 부분 mole 부피
메탄올	40.727cm³/g mol	38.632cm³/g mol
물	18.068cm³/g mol	17.765cm³/g mol

① 메탄올=2.000L, 물=2.000L
② 메탄올=2.034L, 물=2.106L
③ 메탄올=2.064L, 물=1.936L
④ 메탄올=2.100L, 물=1.900L

> 해설

x : MeOH의 몰수, y : H$_2$O의 몰수

$38.632x + 17.765y = 4,000$
$\dfrac{x}{x+y} = 0.3 \rightarrow 0.7x = 0.3y$ ⎬ 연립방정식을 풀면

$x = 49.95$, $y = 116.55$ mol

∴ 49.95 mol × 40.727 cm³/mol = $2,034$ cm³ = 2.034 L
116.55 mol × 18.068 cm³/mol = $2,105.8$ cm³ = 2.106 L

11 다음의 관계식을 이용하여 기체의 정압 열용량과 정적 열용량 사이의 일반식을 구하면?

$$dS = \left(\frac{C_p}{T}\right)dT - \left(\frac{\partial V}{\partial T}\right)_p dP$$

① $C_p - C_v = \left(\dfrac{\partial T}{\partial V}\right)_p \left(\dfrac{\partial T}{\partial P}\right)_v$

② $C_p - C_v = T\left(\dfrac{\partial T}{\partial V}\right)_p \left(\dfrac{\partial T}{\partial P}\right)_v$

③ $C_p - C_v = \left(\dfrac{\partial V}{\partial T}\right)_p \left(\dfrac{\partial P}{\partial T}\right)_v$

④ $C_p - C_v = T\left(\dfrac{\partial V}{\partial T}\right)_p \left(\dfrac{\partial P}{\partial T}\right)_v$

> 해설

$dS = \left(\dfrac{C_p}{T}\right)dT - \left(\dfrac{\partial V}{\partial T}\right)_p dP$ ÷ dT하면

$\left(\dfrac{\partial S}{\partial T}\right)_v = \left(\dfrac{C_p}{T}\right) - \left(\dfrac{\partial V}{\partial T}\right)_p \left(\dfrac{\partial P}{\partial T}\right)_v$

$\dfrac{C_p}{T} - \dfrac{C_v}{T} = \left(\dfrac{\partial V}{\partial T}\right)_p \left(\dfrac{\partial P}{\partial T}\right)_v$

∴ $C_p - C_v = T\left(\dfrac{\partial V}{\partial T}\right)_p \left(\dfrac{\partial P}{\partial T}\right)_v$

12 성분 1과 성분 2가 기-액 평형을 이루는 계에 대하여 라울(Raoult)의 법칙을 만족하는 기포점 압력 계산을 수행하였다. 계산결과에 대한 설명 중 틀린 것은?

① 기포점 압력계산으로 $P-x-y$ 선도를 나타낼 수 있다.

② 기포점 압력 계산 결과에서 기상의 조성선은 직선이다.
③ 성분 1의 조성이 1일 때의 압력은 성분 1의 증기압이다.
④ 공비점의 형성을 나타낼 수 없다.

> 해설

기-액 평형도표에서 액상의 조성선은 직선이다.

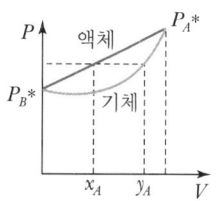

13 화학반응이 자발적으로 일어날 때 깁스(Gibbs) 에너지와 엔트로피의 변화량을 옳게 표시한 것은?(단, $\Delta G_{계}$: 계의 깁스자유에너지 변화, ΔS_{total} : 계와 주위 전체의 엔트로피 변화)

① $(\Delta G_{계})_{T,P} < 0$, $\Delta S_{total} > 0$
② $(\Delta G_{계})_{T,P} > 0$, $\Delta S_{total} > 0$
③ $(\Delta G_{계})_{T,P} = 0$, $\Delta S_{total} = 0$
④ $(\Delta G_{계})_{T,P} > 0$, $\Delta S_{total} < 0$

> 해설

자발적 변화 : $(\Delta G)_{T,P} < 0$, $\Delta S > 0$

14 어떤 화학반응에서 평형상수의 온도에 대한 미분계수는 $\left(\dfrac{\partial \ln K}{\partial T}\right)_\Gamma > 0$으로 표시된다. 이 반응에 대한 설명으로 옳은 것은?

① 이 반응은 흡열반응이며 온도 상승에 따라 K값은 커진다.
② 이 반응은 흡열반응이며 온도 상승에 따라 K값은 작아진다.
③ 이 반응은 발열반응이며 온도 상승에 따라 K값은 커진다.
④ 이 반응은 발열반응이며 온도 상승에 따라 K값은 작아진다.

정답 ▶ 11 ④ 12 ② 13 ① 14 ①

해설

평형상수에 대한 온도의 영향

$$\frac{d\ln K}{dT} = \frac{\Delta H°}{RT^2}$$

- $\Delta H° > 0$: 흡열반응이며, 온도가 증가할 때 K가 증가
- $\Delta H° < 0$: 발열반응이며, 온도가 증가할 때 K가 감소

15 벤젠과 톨루엔은 이상용액에 가까운 용액을 만든다. 80℃에서 벤젠의 증기압은 753mmHg, 톨루엔의 증기압은 290mmHg이다. 벤젠과 톨루엔의 몰비율이 1 : 1인 혼합용액의 80℃에서의 증기의 전압은 약 몇 mmHg인가?

① 700
② 500
③ 300
④ 100

해설
$753 \times 0.5 + 290 \times 0.5 = 521$

16 2성분계 공비혼합물에서 성분 A, B의 활동도 계수를 γ_A와 γ_B, 증기압을 P_A 및 P_B라 하고 이 계의 전압을 P_t라 할 때 γ_B를 옳게 나타낸 것은?(단, B 성분의 기상 및 액상에서의 몰분율은 y_B와 x_B이며, 퓨가시티 계수 $_B = 1$이라 가정한다.)

① $\gamma_B = \dfrac{P_t}{P_B}$
② $\gamma_B = \dfrac{P_t}{P_B(1-x_A)}$
③ $\gamma_B = \dfrac{P_t y_B}{P_B}$
④ $\gamma_B = \dfrac{P_t}{P_B x_B}$

해설
$y_i P = x_i \gamma_i P_i^{sat}$
$P_t = y_A P + y_B P = x_A \gamma_A P_A^{sat} + x_B \gamma_B P_B^{sat}$

$\left.\begin{array}{l} y_A P = x_A \gamma_A P_A \\ y_B P = x_B \gamma_B P_B \end{array}\right\}$ 공비점에서 액체의 조성과 기체의 조성은 같다. $x_B = y_B$

$\therefore \gamma_B = \dfrac{P}{P_B}$

17 다음 그림은 순수한 성분의 온도-압력 관계를 나타낸 그림이다. 이 그림에서 유체의 초임계영역은 어디인가?

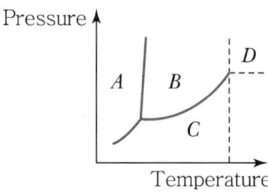

① A 영역
② B 영역
③ C 영역
④ D 영역

해설

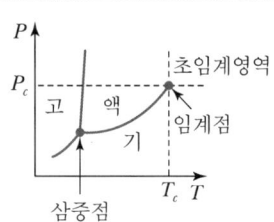

18 다음 그림은 A, B 2성분계 용액에 대한 1기압하에서의 온도-농도 간의 평형관계를 나타낸 것이다. A의 몰분율이 0.4인 용액을 1기압하에서 가열할 경우, 이 용액의 끓는 온도는 몇 ℃인가?(단, x_A는 액상 몰분율이고 y_A는 기상 몰분율이다.)

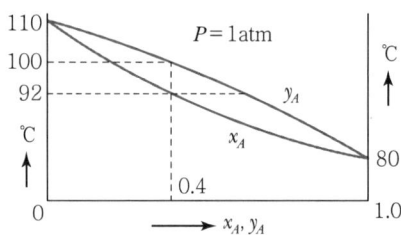

① 80℃
② 80℃부터 92℃까지
③ 92℃부터 100℃까지
④ 110℃

해설
$x = 0.4$에서 기상과 액상이 서로 동시에 존재하는 영역은 92℃~100℃이다.

정답 15 ② 16 ① 17 ④ 18 ③

19 다음 그림은 A, B 2성분 용액의 $H-X$ 선도이다. $X_A=0.4$일 때 A의 부분몰 엔탈피 $\overline{H_A}$는 몇 cal/mol 인가?

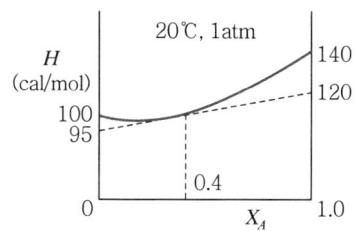

① 95　　　　② 100
③ 120　　　④ 140

해설

엔탈피-농도 선도

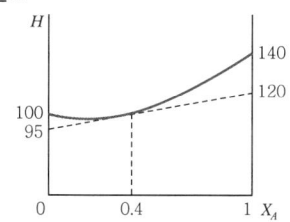

$\overline{H_A}=120\text{cal/mol}$
$\overline{H_B}=95\text{cal/mol}$

20 기체터빈 동력장치가 압축비 $P_A:P_B=1:6$에서 운전되며 $\gamma=1.4$인 경우 이상기체의 사이클 효율 η는?
① 0.2　　　② 0.4
③ 0.6　　　④ 0.8

해설

$$\eta=1-\left(\frac{P_A}{P_B}\right)^{\frac{\gamma-1}{\gamma}}$$
$$=1-\left(\frac{1}{6}\right)^{0.4/1.4}=0.4$$

2과목 단위조작 및 화학공업양론

21 다음 중 Hess의 법칙과 가장 관련이 있는 함수는?
① 비열　　　② 열용량
③ 엔트로피　④ 반응열

해설

최초 상태와 최종 상태만 같으면 경로에 관계없이 반응열은 같다.

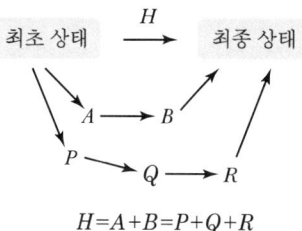

$H=A+B=P+Q+R$

22 반데르발스(Van Der Waals) 상태방정식을 다음과 같이 나타내었다. P의 단위를 N/m², n의 단위를 kmol, V의 단위를 m³, T의 단위를 K으로 표시하였을 때 상수 a의 단위는?

$$\left(P+\frac{n^2a}{V^2}\right)(V-nb)=nRT$$

① $N\left(\dfrac{m^3}{kmol}\right)^2$　　② $N\left(\dfrac{m^4}{kmol}\right)^2$
③ $N\left(\dfrac{m^2}{kmol}\right)^2$　　④ $N\left(\dfrac{m}{kmol}\right)^2$

해설

$\left(\dfrac{kmol}{m^3}\right)^2 a = N/m^2$

$a=\left(\dfrac{N}{m^2}\right)\left(\dfrac{m^6}{kmol^2}\right)=\dfrac{N\,m^4}{kmol^2}=N\left(\dfrac{m^2}{kmol}\right)^2$

23 1기압, 20℃의 공기가 10L의 용기에 들어있다. 공기 중 산소만 제거하여 전체 체적을 질소만 차지한다면 압력은 약 몇 mmHg가 되는가?(단, 공기는 질소 79%, 산소 21%로 되어 있다.)

① 160
② 510
③ 600
④ 760

해설

$P_A = Px_A = 760 \text{mmHg} \times 0.79 = 600 \text{mmHg}$

24 450K, 500kPa에서의 공기 밀도로 옳은 값은?(단, 공기의 평균 분자량은 29이다.)

① 3.877kg/m^3
② 0.128kg/m^3
③ 1.128g/cm^3
④ $3,877 \text{g/cm}^3$

해설

$d = \dfrac{PM}{RT} = \dfrac{500 \times 10^3 \text{N/m}^2 \times 29 \text{kg/kmol}}{8.314 \text{J/mol K} \times \dfrac{1,000 \text{mol}}{1 \text{kmol}} \times 450\text{K}}$

$= 3.876 \text{kg/m}^3$

25 20wt% 소금수용액의 밀도가 10℃에서 1.20g/mL이다. 소금의 ㉠ 몰분율과 ㉡ 노르말농도는 각각 얼마인가?(단, NaCl 분자량은 58이다.)

① ㉠ 0.072, ㉡ 4.31N
② ㉠ 0.38, ㉡ 4.31N
③ ㉠ 0.072, ㉡ 4.14N
④ ㉠ 0.38, ㉡ 4.14N

해설

20wt% 1.2g/mL
$1.2 \text{g/mL} \times 1,000 \text{mL/1L} = 1,200 \text{g/L}$
$1,200 \text{g} \times 0.2 = 240 \text{g NaCl}$
$240 \text{g NaCl} \times \dfrac{1 \text{mol}}{58 \text{g NaCl}} = 4.14 \text{mol}$
$1,200\text{g} - 240\text{g} = 960\text{g H}_2\text{O} \rightarrow \dfrac{960\text{g}}{18\text{g/mol}} = 53.3 \text{mol}$
㉠ 몰분율 $= \dfrac{4.14}{4.14 + 53.3} = 0.072$
㉡ 1L 용액 속에 NaCl 4.14mol(당량)이 들어있으므로 4.14N이다.

26 1atm, 25℃에서 상대습도가 50%인 공기 1m^3 중에 포함되어 있는 수증기의 양은?(단, 25℃에서의 수증기압은 24mmHg이다.)

① 11.6g
② 12.5g
③ 28.8g
④ 51.5g

해설

$H_R = \dfrac{p_v}{p_s} \times 100 = 50\%$

$\dfrac{p_v}{24} \times 100 = 50\%$

$\therefore p = 12 \text{mmHg}$

$PV = \dfrac{w}{M}RT$

$12 \text{mmHg} \times \dfrac{1 \text{atm}}{760 \text{mmHg}} \times 1,000\text{L}$

$= \dfrac{w}{18} \times 0.082 \text{L atm/mol K} \times 298\text{K}$

$\therefore w = 11.6\text{g}$

27 같은 온도에서 같은 부피를 가진 수소와 산소의 무게의 측정값이 같았다. 수소의 압력이 4atm이라면 산소의 압력은 몇 atm인가?

① 4
② 1
③ $\dfrac{1}{4}$
④ $\dfrac{1}{8}$

해설

$H_2 : 2\text{g}, \ O_2 : 32\text{g}(16\text{배})$

산소의 압력 : $\dfrac{1}{16}$ 배 $\times 4\text{atm} = \dfrac{1}{4}$

28 에탄과 메탄으로 혼합된 연료가스가 산소와 질소가 각각 50mol%씩 포함된 공기로 연소된다. 연소 후 연소가스 조성은 CO_2 25mol%, N_2 60mol%, O_2 15mol%이었다. 이때 연료가스 중 메탄의 mol%는 얼마인가?

① 25.0
② 33.3
③ 50.0
④ 66.4

정답 23 ③ 24 ① 25 ③ 26 ① 27 ③ 28 ②

해설

$$CH_4 + C_2H_6 + 6O_2 + N_2 \rightarrow 3CO_2 + N_2 + \frac{1}{2}O_2 + 5H_2O$$

| 1 | 1 | 6 | 1 | 3 | 1 | $\frac{1}{2}$ | 5 |

60mol 60mol 25mol% 60mol% 15mol%

O_2 : 60−15=45 소모
N_2 : 60 → 60
CO_2 : 25 생성

$$CH_4 + 2O_2 \rightarrow CO_2 + 2H_2O$$
x mol

$$C_2H_6 + \frac{7}{2}O_2 \rightarrow 2CO_2 + 3H_2O$$
y mol

산소소모량 이용 : $2x + \frac{7}{2}y = 45$
CO_2 생성 이용 : $x + 2y = 25$
$x = 5$, $y = 10$

∴ $CH_4 = \frac{5}{5+10} \times 100 = 33.3\%$

29 양대수좌표(Log−Log Graph)에서 직선이 되는 식은?

① $Y = bx^a$ ② $Y = be^{ax}$
③ $Y = bx + a$ ④ $\log Y = \log b + ax$

해설

$y = bx^a$: 양대수좌표
$\underbrace{\log y}_{Y} = \log b + a\underbrace{\log x}_{X}$

30 82℃에서 벤젠의 증기압은 811mmHg이고 톨루엔의 증기압은 314mmHg이다. 벤젠과 톨루엔의 혼합용액이 이상용액이라면 벤젠 20 mol%와 톨루엔 80mol%를 포함하는 용액을 증발시켰을 때 증기 중의 벤젠의 몰분율은?

① 0.362   ② 0.372
③ 0.382   ④ 0.392

해설

$P_B = 811$, $P_T = 314$
$P = 811 \times 0.2 + 314 \times 0.8 = 413.4$
$y_B = \dfrac{x_B P_B}{P} \rightarrow y_B = \dfrac{811 \times 0.2}{413.4} = 0.392$

31 노벽의 두께가 200mm이고, 그 외측은 75mm의 석면판으로 보온되어 있다. 노벽의 내부온도가 400℃이고, 외측 온도가 38℃일 경우 노벽의 면적이 10m²라면 열손실은약 몇 kcal/h인가?(단, 노벽과 석면판의 평균 열전도도는 각각 3.3, 0.13kcal/m h ℃이다.)

① 3,070   ② 5,678
③ 15,300   ④ 30,600

해설

$l_1 = 0.2$m, $l_2 = 0.075$m
$t_1 = 400℃$, $t_2 = 38℃$

$$q = \dfrac{t_1 - t_2}{\dfrac{l_1}{k_1 A_1} + \dfrac{l_2}{k_2 A_2}} = \dfrac{(400-38)}{\dfrac{0.2}{3.3 \times 10} + \dfrac{0.075}{0.13 \times 10}}$$

$= \dfrac{362}{0.364 + 0.0577}$

$= 5,678$ kcal/h

32 자유표면이 있는 액체가 경사면을 흘러가고 있다. 속도구배가 완전히 발달한 층류로 층의 두께가 일정하다고 할 때 층의 두께는 1mm이다. 액체 부하를 포함하여 다른 조건이 동일하고 유체의 밀도만 2배가 될 때 층이 두께는 약 얼마인가?

① 0.53mm   ② 0.63mm
③ 1.59mm   ④ 2.59mm

해설

$\mu = \rho \bar{u} A$

$= \rho \times (\delta \times w) \times \dfrac{\rho g \delta^2 \cos\theta}{3\mu}$

$= \dfrac{\rho^2 g \delta^3 w \cos\theta}{3\mu}$

정답 29 ① 30 ④ 31 ② 32 ②

밀도를 제외한 다른 조건은 동일하므로
$$\delta^3 \propto \frac{1}{\rho^2}$$
$$\delta \propto \rho^{-\frac{2}{3}}$$
$$\delta \propto 2^{-\frac{2}{3}} = 0.63배$$
$$\therefore \delta = 1 \times 0.63 = 0.63\text{mm}$$

33 다음 중 일반적으로 가장 작은 크기로 입자를 축소시킬 수 있는 장치는?

① 칼날 절단기(Knife Cutter)
② 조 파쇄기(Jaw Crusher)
③ 선회 파쇄기(Gyratory Crusher)
④ 유체 – 에너지밀(Fluid – Energy Mill)

해설
초미분쇄기
• 제트밀
• 유체에너지밀
• 콜로이드밀
• 마이크로 분쇄기

34 40℃ 물의 점도는 0.00654g/cm s이고 열전도도는 0.539kcal/m h ℃이다. 이때 물의 Prandtl Number는?

① 2.34
② 4.37
③ 5.14
④ 9.58

해설
$$P_r = \frac{C_p \mu}{k}$$
$$= \frac{1\text{kcal/kg ℃} \times 0.00654\text{g/cm s} \times \frac{1\text{kg}}{1,000\text{g}} \times \frac{100\text{cm}}{1\text{m}} \times \frac{3,600\text{s}}{1\text{h}}}{0.539\text{kcal/m h ℃}}$$
$$= 4.37$$

35 A와 B의 혼합용액에서 γ를 활동도 계수라 할 때 최고공비혼합물이 가지는 γ 값의 범위를 옳게 나타낸 것은?

① $\gamma_A = 1, \gamma_B = 1$
② $\gamma_A < 1, \gamma_B > 1$
③ $\gamma_A < 1, \gamma_B < 1$
④ $\gamma_A > 1, \gamma_B > 1$

해설
최고공비혼합물
• 휘발도가 이상적으로 낮은 경우
• 같은 분자 간 친화력 < 다른 분자 간 친화력
• 물 – HCl, 물 – HNO_3, 물 – H_2SO_4, 클로로포름 – 아세톤

36 다중 효용 증발조작의 목적으로 다음 중 가장 중요한 것은?

① 열을 경제적으로 이용하기 위한 것이다.
② 제품의 순도를 높이기 위한 것이다.
③ 작업을 용이하게 하기 위한 것이다.
④ 장치비를 절약하기 위한 것이다.

해설
전증발능력은 단일 효용관과 거의 같다.
다만, 열원인 수증기를 $\frac{1}{n}$로 절약할 수 있다.

37 그림과 같은 3성분계에서의 평형곡선에 대한 설명으로 옳은 것은?

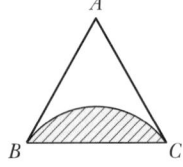

① A와 B는 잘 섞이지 않는다.
② B와 C는 잘 섞이지 않는다.
③ C와 A는 잘 섞이지 않는다.
④ 빗금 친 부분에서 A, B, C는 완전혼합이다.

정답 33 ④ 34 ② 35 ③ 36 ① 37 ②

해설
- $A-B$, $A-C$: 완전혼합
- $B-C$: 잘 섞이지 않는다.

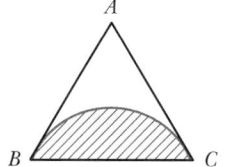

38 진공 증발을 사용하는 이유로 가장 거리가 먼 것은?

① 증발기의 크기를 증가시킨다.
② 비점을 내려가게 한다.
③ 증기를 경제적으로 이용할 수 있게 한다.
④ 열민감 제품의 변질을 방지한다.

해설
진공증발
㉠ 열원으로 폐증기를 이용할 수 있다.
㉡ 폐증기는 온도가 낮으므로 농도가 높고 비점이 큰 용액의 증발은 불가능하다.
  ➡ 진공펌프 이용. 관 내의 압력을 낮추고 비점을 낮추어서 증발. 증기의 경제적 이용이 진공증발의 주목적
㉢ 과즙, 젤라틴과 같은 열에 예민한 물질 증발(저온에서 증발)
  ➡ 열에 의한 변질 방지

39 기포탑(Bubble Tower)과 비교한 충전탑의 특성과 거리가 먼 것은?

① 구조가 간단하다.
② 편류가 형성되는 단점이 있다.
③ 부식 및 압력에 의한 문제점이 크다.
④ 충전물에 오염물이 부착될 수 있는 단점이 있다.

해설
충진탑
- 기체 흡수용으로도 많이 사용. 정류용
- 구조가 간단 – 충전물 충전
- 압력손실이 적고, 기액 접촉면이 클 것(충진물) – 래시히링
- 부식에 견딘다.
- 편류 – 액이 한곳으로만 흐르는 현상. 불규칙충전
  (탑의 지름=충전물 지름×8~10배)
- 기액접촉도가 유하액의 양에 비례
- 충전물에 오염물이 부착될 수 있다.

40 건조조작에서 임계함수율(Critical Moisture Content)을 옳게 설명한 것은?

① 건조속도가 0일 때의 함수율이다.
② 감률건조기간이 끝날 때의 함수율이다.
③ 항률건조기간에서 감률건조기간으로 바뀔 때의 함수율이다.
④ 건조조작이 끝날 때의 함수율이다.

해설
건조실험곡선

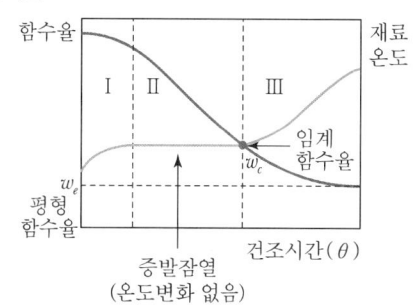

- Ⅰ : 재료예열기간
- Ⅱ : 항률건조속도
- Ⅲ : 감률건조속도

건조특성곡선

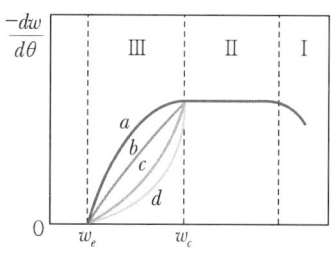

- a : 섬유재료, 식물성 건조
- b : 여제, 플레이크
- c : 곡물, 결정품
- d : 치밀한 고체. 비누의 건조

※ w_c(한계함수율) : 항률건조기간 → 감률건조기간으로 이동하는 점

정답 ▶ 38 ① 39 ③ 40 ③

3과목 공정제어

41 전달함수 $G(s)=e^{-2s}$에 대한 주파수 응답에 있어 위상지연각(Phase Lag)은?(단, Radian Frequency $(\omega)=1$rad/time이다.)

① 28.7° ② 57.3°
③ 114.6° ④ 287.0°

해설
$\phi = -\tau\omega = 2$
$180° : \pi = x : 2$
$\therefore x = \dfrac{180° \times 2}{3.14} = 114.6°$

42 전달함수가 $\dfrac{1}{(s+1)^2}$인 2차계의 단위충격응답(Unit Impulse Response)에서 1분 후의 값은 2분 후 값의 몇 배인가?

① e ② $\dfrac{e}{2}$
③ $\dfrac{e^2}{2}$ ④ $2e^2$

해설
$y(t) = te^{-t}$
1분 후 $y(1) = e^{-1}$
2분 후 $y(2) = 2e^{-2}$
$\therefore \dfrac{y(1)}{y(2)} = \dfrac{e^{-1}}{2e^{-2}} = \dfrac{e}{2}$

43 그림 (a)와 (b)가 등가이기 위한 블록선도 (b)에서의 m의 값은?

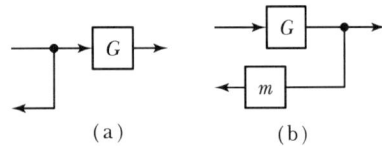
(a)   (b)

① G ② $\dfrac{1}{G}$
③ G^2 ④ $1-G$

해설
(a) $G(s) = \dfrac{G}{1+1}$
(b) $G(s) = \dfrac{G}{1+Gm}$
$\therefore Gm = 1$
$\therefore m = \dfrac{1}{G}$

44 다음 중 제어계의 안정성을 판별하는 방법과 가장 관련이 없는 것은?

① Bode 선도 ② Routh Array
③ Nyquist 선도 ④ Analog 회로

해설
제어계의 안정성 판별법
- Bode 선도
- Routh 안정성 판별법
- Nyquist 선도

45 Routh Array에 의한 안정성 판별법 중 옳지 않은 것은?

① 특성방정식의 계수가 다른 부호를 가지면 불안정하다.
② Routh Array의 첫 번째 칼럼의 부호가 바뀌면 불안정하다.
③ Routh Array Test를 통해 불안정한 Pole의 개수도 알 수 있다.
④ Routh Array의 첫 번째 칼럼에 0이 존재하면 불안정하다.

해설
Routh 안정성 판별법
- 첫 번째 열의 모든 요소가 (+)이면 모든 근이 음의 실근을 가지므로 안정하다.
- 첫 번째 열의 요소가 하나라도 (-)이면 불안정하다.
- 첫 번째 열의 요소가 0이면 허수축 위에 근이 존재하므로 Array 구성은 더 이상 진행될 수 없다.

정답 41 ③ 42 ② 43 ② 44 ④ 45 ④

46 PID 제어기에 관한 설명 중 옳지 않은 것은?

① Reset Windup 현상은 I-모드를 사용할 때 발생하며 자동 모드로 Startup할 때 많이 발생한다.
② 제어출력이 증가할 때 공정출력이 감소하는 공정일 경우, 비례이득의 부호는 양이 되어야 한다.
③ Bumpless Transfer란 수동에서 자동으로 또 자동에서 수동으로 변환될 때 제어기 출력의 Bias Value를 현재 MV 값으로 바꾸어 주는 동작을 말한다.
④ Derivative Kick은 오차에 대한 미분 $\left(\dfrac{de}{dt}\right)$을 측정변수의 미분 $\left(-\dfrac{dy}{dt}\right)$으로 대체하면 제거할 수 있다.

> **해설**
> 제어출력이 증가할 때 공정출력이 감소하는 공정일 경우 비례이득의 부호는 음이 되어야 한다.

47 폐회로 응답에서 PD 제어보다는 Overshoot가 크지만 다른 양식보다는 작고, 잔류편차가 완전히 제거되는 제어양식은?

① P 방식제어
② PI 방식제어
③ PID 방식제어
④ I 방식제어

> **해설**
> PID 제어기는 미분제어와 적분제어를 조합시킨 방법으로 Offset을 없애주고, Reset 시간도 단축시켜 준다. 그러나 적분제어가 추가되어 Overshoot이 증가한다.

48 다음 중 Ziegler-Nichols 제어기 조율법에 관한 설명으로 가장 옳은 것은?

① 폐회로의 계단응답이 대략 1/4 DR(Decay Ratio)를 갖도록 설계된 조율법으로 화학공정 제어에서 지나치게 큰 진동을 주는 경우가 있다.
② 공정의 정상상태 이득을 아는 것은 제어기 조율의 정확성을 증진시킨다.
③ 공정 $G(s)$에 사용할 PI 제어기 $K_c\left(1+\dfrac{1}{\tau_I s}\right)$를 조율하는 경우, $\left(1+\dfrac{1}{\tau_I s}\right)G(s)$의 임계이득(Ultimate Gain)과 임계주파수(Ultimate Frequency)를 구하여 활용한다.
④ 같은 차수의 공정들은 동일한 Z-N 조율값을 보인다.

> **해설**
> Ziegler-Nichols 제어기 조정방법
> • 한계이득법 이외에 시간지연이 존재하는 1차 공정 모델식의 시간상수와 이득, 시간지연을 이용한 제어기 조정방법
> • 제어기 조정방법으로 $\dfrac{1}{4}$ 감쇠비 응답을 갖도록 설계한 방법

49 그림과 같이 표시되는 함수의 Laplace 변환은?

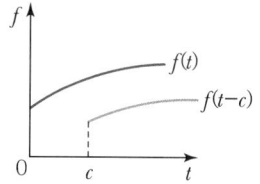

① $e^{-cs}\mathcal{L}\{f\}$
② $e^{cs}\mathcal{L}\{f\}$
③ $\mathcal{L}\{f(s-c)\}$
④ $\mathcal{L}\{s(s+c)\}$

> **해설**
> 시간지연
> 고정변수의 변화가 시간에 따라 지연되어 나타나는 현상
> $\mathcal{L}\{f(t-\theta)u(t-\theta)\}=e^{-\theta s}F(s)$
> ※ 문제에서는 C만큼 시간지연이 있으므로 $e^{-cs}\mathcal{L}\{f\}$가 된다.

50 시간상수 τ가 3초이고 이득 K_p가 1이며 1차 공정의 특성을 지닌 온도계가 초기에 20℃를 유지하고 있다. 이 온도계를 100℃의 물속에 넣었을 때 3초 후의 온도계 읽음은?

① 68.4℃
② 70.6℃
③ 72.3℃
④ 81.9℃

정답 46 ② 47 ③ 48 ① 49 ① 50 ②

해설

$G(s) = \dfrac{1}{3s+1}$, $x(t) = 80 \rightarrow X(s) = \dfrac{80}{s}$

$Y(s) = \dfrac{1}{3s+1} \cdot \dfrac{80}{s} = 80\left(\dfrac{1}{s} - \dfrac{3}{3s+1}\right) = 80\left(\dfrac{1}{s} - \dfrac{1}{s+1/3}\right)$

$y(t) = 80(1 - e^{-\frac{1}{3}t})$

$y(3) = 80(1 - e^{-1}) = 50.6$

∴ 최종값 = 20℃ + 50.6℃ = 70.6℃

51 안정한 1차계의 계단응답에서 시간이 시정수(Time Constant)의 3배가 되면 응답은 최댓값의 몇 %에 도달되는가?

① 83.2%   ② 89.2%
③ 92.3%   ④ 95%

해설

1차계 단위계단응답

t	$y(t)/A$	t	$y(t)/A$
0	0	4τ	0.982
τ	0.632	5τ	0.993
2τ	0.865	∞	1
3τ	0.950		

52 전달함수가 $G(s) = \dfrac{1}{\tau s + 1}$인 1차계에 크기 M인 계단변화가 도입되었을 때의 응답은?(단, 정상상태는 0으로 간주한다.)

① $\dfrac{1}{M}(1 - e^{-t})$ ② $M(1 - e^{-\frac{t}{\tau}})$
③ $Mte^{-\frac{t}{\tau}}$ ④ $M - e^{-\frac{t}{\tau}}$

해설

$Y(s) = G(s)X(s) = \dfrac{1}{\tau s + 1} \cdot \dfrac{M}{s}$

$= M\left(\dfrac{1}{s} - \dfrac{\tau}{\tau s + 1}\right) = M\left(\dfrac{1}{s} - \dfrac{1}{s + \dfrac{1}{\tau}}\right)$

$y(t) = M(1 - e^{-\frac{t}{\tau}})$

53 다음 중 ATO(Air-To-Open) 제어밸브가 사용되어야 하는 경우는?

① 저장 탱크 내 위험물질의 증발을 방지하기 위해 설치된 열교환기의 냉각수 유량 제어용 제어밸브
② 저장 탱크 내 물질의 응고를 방지하기 위해 설치된 열교환기의 온수 유량 제어용 제어밸브
③ 반응기에 발열을 일으키는 반응 원료의 유량 제어용 제어밸브
④ 부반응 방지를 위하여 고온 공정 유체를 신속히 냉각시켜야 하는 열교환기의 냉각수 유량 제어용 제어밸브

해설

ATO(Air-To-Open) 제어밸브
• 공기압의 증가에 따라 열리는 공기압 열림 밸브
• 평상시 또는 사고 시 닫혀 있는 밸브
• 발열을 일으키는 원료의 유량제어용 제어밸브에 이용

54 다음의 전달함수를 역변환한 것은?

$$F(s) = \dfrac{5}{(s-3)^3}$$

① $f(t) = 5e^{3t}$
② $f(t) = \dfrac{5}{2}e^{-3t}$
③ $f(t) = \dfrac{5}{2}t^2 e^{3t}$
④ $f(t) = 5t^2 e^{-3t}$

해설

$y(t) = \dfrac{t^{n-1} e^{-at}}{(n-1)!} \xrightarrow{\mathcal{L}} Y(s) = \dfrac{1}{(s+a)^n}$

$F(s) = \dfrac{5}{(s-3)^3}$

∴ $f(t) = \dfrac{5}{2}t^2 e^{3t}$

정답 51 ④ 52 ② 53 ③ 54 ③

55 함수 $f(t)$의 Laplace 변환이 다음과 같이 주어졌을 때, $f(0)$의 값을 구하면?

$$F(s) = \frac{2s+1}{s^2+s+1}$$

① 0.5 ② 1
③ 2   ④ 3

해설

$$\lim_{s \to \infty} sF(s) = \lim_{s \to \infty} \frac{2s^2+s}{s^2+s+1} = 2$$

56 공정이득(Gain)이 2인 공정을 설정치(Set Point)가 1이고 비례이득(Proportional Gain)이 1/2인 비례(Proportional) 제어기로 제어한다. 이때 오프셋은 얼마인가?

① 0   ② 1/2
③ 3/4   ④ 1

해설

Offset $= R(\infty) - C(\infty) = 1 - \frac{1}{2} = \frac{1}{2}$

57 다음 중 Gain Margin(이득마진)과 관계되는 수식은?(단, ω는 Frequency이며 ω_∞는 Phase Lag가 $-180°$일 때의 ω이다. G_{OL}은 안정도 판정에 사용되는 개루프 전달함수이고, G는 공정전달함수이다.)

① $\dfrac{1}{|G_{OL}(j\omega_\infty)|}$ ② $G_{OL}(j\omega)$

③ $G_{OL}(j\omega) = 1$ ④ $\left|\dfrac{G(j\omega)}{1+G_{OL}(j\omega)}\right|$

해설

GM(이득마진) $= \dfrac{1}{AR_C}$

$AR_C = |G_{OL}(i\omega)|$

$GM = \dfrac{1}{|G_{OL}(i\omega)|}$

58 이상적인 PID 제어기 $K_c\left(1 + \dfrac{1}{\tau_I s} + \tau_D s\right)$가 실용적인 PID 제어기가 되기 위해서는 여러 변형이 가해진다. 이 중 옳지 않은 것은?

① 설정치의 일부만을 비례동작에 반영 :
$K_c E(s) = K_c(R(s) - Y(s))$
$\Rightarrow K_c(\alpha R(s) - Y(s)), 0 \leq \alpha \leq 1$

② 설정치의 일부만을 적분동작에 반영 :
$\dfrac{1}{\tau_I s} E(s) = \dfrac{1}{\tau_I s}(R(s) - Y(s))$
$\Rightarrow \dfrac{1}{\tau_I s}(\alpha R(s) - Y(s)), 0 \leq \alpha \leq 1$

③ 설정치를 미분하지 않음 :
$\tau_D s E(s) = \tau_D s(R(s) - Y(s))$
$\Rightarrow -\tau_D s Y(s)$

④ 미분동작의 잡음에 대한 민감성을 완화시키기 위한 Filtered 미분동작 : $\tau_D s \Rightarrow \dfrac{\tau_D s}{as+1}$

해설

적분동작의 한계 극복은 Windup 제거가 목적이며, 설정치에 가중치를 두는 것은 비례항의 한계 극복을 위한 것이다.

59 전형적인 제어루프에 관한 설명 중 틀린 것은?

① 가스크로마토그래피로 측정되는 농도제어루프의 경우 긴 시간지연을 보이게 된다.
② 동직응답이 느린 온도제어루프는 미분동작을 추기하여 성능향상을 얻을 수 있다.
③ 적분공정 형태의 액위 제어루프에는 비례동작보다는 적분동작을 위주로 설계되어야 한다.
④ 매우 빠른 동특성과 측정 노이즈가 심한 유량제어루프에는 비례 – 적분 제어기가 추천된다.

해설

적분공정 형태의 액위제어루프는 적분동작 위주가 아닌 미분동작 위주로 한다.

정답 55 ③ 56 ② 57 ① 58 ② 59 ③

60 전달함수에 관한 설명으로 틀린 것은?

① 보통 공정(Usual Process)의 경우 분모의 차수가 분자의 차수보다 크다.
② 공정출력의 Laplace 변환을 공정입력의 Laplace 변환으로 나눈 것이다.
③ 공정입력과 공정출력 사이의 동특성(Dynamics)을 Laplace 영역에서 표시한 것이다.
④ 비선형 공정과 선형 공정 모두 전달함수로 완벽하게 표현될 수 있다.

해설
Laplace 변환의 주 용도는 선형 미분방정식이나 선형화된 비선형 미분방정식에 대한 해를 구하기 위한 것이다.

4과목 공업화학

61 인광석을 산분해하여 인산을 제조하는 방식 중 습식법에 해당하지 않는 것은?

① 황산분해법
② 염산분해법
③ 질산분해법
④ 아세트산분해법

해설

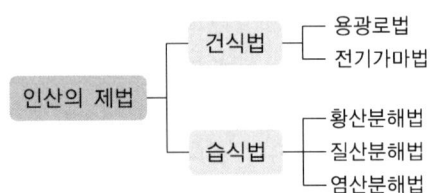

62 다음 중 아세틸렌에 작용시키면 아세틸렌법으로 염화비닐이 생성되는 것은?

① HCl
② NaCl
③ H_2SO_4
④ HOCl

해설
$CH \equiv CH + HCl \rightarrow CH_2 = CH$
아세틸렌 $|$
                      Cl
                  염화비닐 PVC

63 소금을 전기분해하여 하루에 1ton의 염소가스를 생산하는 전해 수산화나트륨 공장이 있다. 이 공장에서 생산되는 NaOH는 하루에 약 몇 ton인가?

① 1.13
② 2.13
③ 3.13
④ 4.13

해설
$2NaCl + 2H_2O \rightarrow 2NaOH + H_2 + Cl_2$
$\qquad\qquad\qquad 2 \times 40 \;\;:\;\; 35.5 \times 2$
$\qquad\qquad\qquad\;\; x \qquad\;\;:\;\;\;\; 1$
$\therefore x = \dfrac{2 \times 40 \times 1}{35.5 \times 2} = 1.126\text{ton} \fallingdotseq 1.13\,\text{ton}$

64 순도가 70%인 아염소산나트륨의 유효염소는 몇 %인가?

① 100
② 110
③ 120
④ 130

해설
$NaClO_2 + 4HCl \rightarrow NaCl + 2H_2O + 4Cl$
$\dfrac{4Cl}{NaClO_2} \times 100[\%] = \dfrac{4 \times 35.5 \times 0.7}{90.5} \times 100 = 110\%$

65 접착속도가 매우 빨라서 순간접착제로 흔히 사용되는 성분은?

① 시아노아크릴레이트
② 아크릴에멀션
③ 벤조퀴논
④ 폴리이소부틸렌

해설
시아노아크릴레이트
• 순간접착제
• 짧은 시간 내에 순간적으로 공기 중의 수분에 의해 중합하여 접착된다.

정답 60 ④ 61 ④ 62 ① 63 ① 64 ② 65 ①

66 염산 제조에 있어서 단위 시간에 흡수되는 HCl 가스량(G)을 나타낸 식으로 옳은 것은?(단, K : HCl 가스 흡수계수, A : 기상-액상의 접촉면적, ΔP : 기상-액상과의 HCl 분압차이다.)

① $G = K^2 A$
② $G = K \Delta P$
③ $G = \dfrac{K}{A} \Delta P$
④ $G = KA\Delta P$

해설

흡수속도 $= \dfrac{dw}{d\theta} = KA\Delta P$

여기서, $\dfrac{dw}{d\theta}$: 단위시간에 흡수되는 HCl 가스의 무게
K : HCl 가스의 흡수계수
A : 기상-액상의 접촉면적
ΔP : 기상과 액상과의 HCl 분압차

67 연료전지에 쓰이는 전해질이 아닌 것은?

① 인산
② 지르코늄다이옥사이드
③ 용융탄산염
④ 테프론 고분자막

해설

종류	전해질
알칼리형	수산화칼륨
고분자전해질형	이온(H^+) 전도성 고분자막
인산형	인산
용융탄산염형	용융탄산염
고체산화물형	고체산화물

68 다음 중 기하이성질체를 나타내는 고분자가 아닌 것은?

① 폴리부타디엔
② 폴리클로로프렌
③ 폴리이소프렌
④ 폴리비닐알코올

해설

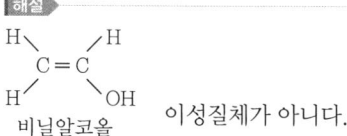
비닐알코올   이성질체가 아니다.

69 질소비료는 주로 어떤 형태로 식물에 흡수되는가?

① NO_2^-
② N_2
③ NO_3^-
④ NH_4OH

해설

질소비료
- NO_3^- 형태로 식물에 흡수된다.
- 황산암모늄, 염화암모늄, 질산암모늄

70 아닐린(Aniline)을 출발물질로 하여 염화벤젠디아조늄을 생성하는 디아조화 반응과 관계가 없는 것은?

① 염화수소
② 에틸렌
③ 아질산나트륨
④ 방향족 1차 아민

해설

71 니트로벤젠을 환원시켜 아닐린을 얻을 때 다음 중 가장 적합한 환원제는?

① Zn + Water
② Zn + Acid
③ Alkaline Sulfide
④ Zn + Alkali

해설

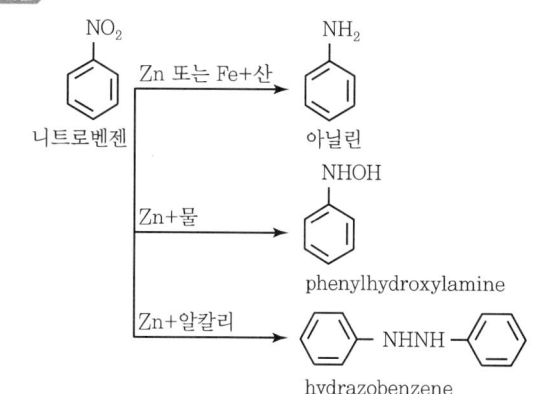

정답 66 ④ 67 ④ 68 ④ 69 ③ 70 ② 71 ②

72 황산을 mSO_3nH_2O로 표시할 때 발연황산을 나타낸 것은?

① $m > n$
② $m = n$
③ $m < n$
④ $m + n = 3$

해설

mSO_3nH_2O
- 보통황산 : $m < n$
- 100% 황산 : $m = n$
- 발연황산 : $m > n$

73 pH가 2인 공장폐수 내에 Cu^{2+}, Zn^{2+} 등의 중금속이온이 다량 함유되어 있다. 이들을 중화처리할 때 중금속이온은 수산화물 형태로 대부분 침전되어 제거되지만, 입자의 크기가 작은 경우에는 콜로이드 상태로 존재하게 되므로 응집제를 사용하여야 한다. 이와 같은 폐수 처리과정에서 필요한 물질들을 옳게 나열한 것은?

① $NaOH$, H_2SO_4
② H_2SO_4, $FeCl_3$
③ H_2SO_4, $Al_2(SO_4)_3 \cdot 18H_2O$
④ CaO, $Al_2(SO_4)_3 \cdot 18H_2O$

해설

콜로이드 응집제로 가장 효과적인 것
CaO, $Al_2(SO_4)_3 \cdot 18H_2O$

74 다음 중 P형 반도체를 제조하기 위해 실리콘에 소량 첨가하는 물질은?

① 비소
② 안티몬
③ 인듐
④ 비스무스

해설

- P형(13족) : B, Al, Ga(갈륨), In(인듐), 정공 발생
- N형(15족) : P, As(비소), Sb(안티몬), 자유전자 발생

75 다음 중 2차 전지에 해당하는 것은?

① 망간전지
② 산화은전지
③ 납축전지
④ 수은전지

해설

2차 전지
- Ni-Cd형, Ni-MH형
- 리튬 2차 전지
- 납축전지

76 산화하여 아세톤이 되는 것은?

① $CH_3CH_2CH_2OH$

② CH_3CHCH_3
$\quad\quad\quad |$
$\quad\quad\quad OH$

③ CH_3CH_2CHO

④ CH_3CHCH_3
$\quad\quad\quad |$
$\quad\quad\quad CHO$

해설

1차 알코올의 산화

$CH_3CH_2OH \xrightleftharpoons[\text{환원}]{-H_2 \text{산화}} CH_3CHO \xrightleftharpoons[\text{환원}]{-O \text{산화}} CH_3COOH$

에탄올 　　아세트알데히드 　　아세트산

2차 알코올의 산화

$CH_3-CH-CH_3 \xrightleftharpoons[\text{환원}]{\text{산화}} CH_3CCH_3$
$\quad\quad\quad |\quad\quad\quad\quad\quad\quad\quad\quad\quad\quad ||$
$\quad\quad\quad OH\quad\quad\quad\quad\quad\quad\quad\quad O$

이소프로필알코올　　아세톤(디메틸케톤)

77 암모니아 합성공정에 있어서 촉매 $1m^3$ 당 1시간에 통과하는 원료가스(0℃, 760mmHg 환산)의 m^3 수를 무엇이라고 하는가?

① 순간속도
② 공시득량
③ 공간속도
④ 원단위

해설

- 공간속도 : 촉매 $1m^3$당 매시간 통과하는 원료가스(0℃, 1atm)의 m^3 수
- 공시득량 : 촉매 $1m^3$당 1시간에 생성되는 암모니아의 톤수

정답 72 ① 73 ④ 74 ③ 75 ③ 76 ② 77 ③

78 접촉식 황산제조 공정에서 전화기에 대한 설명 중 옳은 것은?

① 전화기 조작에서 온도 조절이 좋지 않아서 온도가 지나치게 상승하면 전화율이 감소하므로 이에 대한 조절이 중요하다.
② 전화기는 SO_3 생성열을 제거시키며 동시에 미반응 가스를 냉각시킨다.
③ 촉매의 온도는 200℃ 이하로 운전하는 것이 좋기 때문에 열교환기의 용량을 증대시킬 필요가 있다.
④ 전화기의 열교환방식은 최근에는 거의 내부 열교환방식을 채택하고 있다.

해설
전화기
- Pt 또는 V_2O_5 촉매를 사용하여 $SO_2 \rightarrow SO_3$ 로 전화시킨 후 냉각하여 흡수탑에서 98% H_2SO_4 에 흡수시켜 발연황산을 만든다.
- 가장 중요한 조작은 온도조절이다.
  → 온도조절이 좋지 않아 온도가 지나치게 상승하면 전화율이 감소하므로 온도조절이 중요하다.

79 유지 성분의 공업적 분리방법으로 다음 중 가장 거리가 먼 것은?

① 분별결정법　　② 원심분리법
③ 감압증류법　　④ 분자증류법

해설
유지 성분의 공업적 분리방법
- 분별결정법
- 감압증류법
- 분자증류법

원심분리법
혼합물을 튜브에 넣고 빠른 속도로 회전시켜 발생한 원심력에 의해 혼합물을 분리해 내는 방법

80 $R-COOH$와 $SOCl_2$ 또는 PCl_5를 반응시킬 때 주생성물은?

① $R-Cl$　　② $R-CH_2Cl$
③ $R-COCl$　　④ $R-CHCl_2$

해설

$$R-COOH \xrightarrow{SOCl_2 \text{ 또는 } PCl_5} R-COCl$$

카르복시산　　　　　　　　염화아실

5과목　반응공학

81 자기촉매 반응에서 목표 전화율이 반응속도가 최대가 되는 반응 전화율보다 낮을 때 사용하기에 유리한 반응기는?(단, 반응생성물의 순환이 없는 경우이다.)

① 혼합반응기
② 플러그반응기
③ 직렬 연결한 혼합반응기와 플러그반응기
④ 병렬 연결한 혼합반응기와 플러그반응기

해설
자동촉매반응

X_A가 낮을 때	X_A가 중간일 때	X_A가 높을 때
CSTR 선택	PFR, CSTR 선택	PFR 선택
$V_c < V_p$	$V_c \simeq V_p$	$V_c > V_p$

82 $\frac{1}{2}$차 반응을 수행하였더니 액체 반응 물질이 10분간에 75%가 분해되었다. 같은 조건하에서 이 반응을 완결하는 데 필요한 시간은 몇 분이겠는가?

① 20　　② 25
③ 30　　④ 35

해설

$$C_A^{\frac{1}{2}} - C_{A0}^{\frac{1}{2}} = -\frac{k}{2}t$$

정답　78 ①　79 ②　80 ③　81 ①　82 ①

$$C_{A0}^{\frac{1}{2}}(1-X_A)^{\frac{1}{2}} - C_{A0}^{\frac{1}{2}} = -\frac{k}{2}t$$

$$C_{A0}^{\frac{1}{2}}(1-0.75)^{\frac{1}{2}} - C_{A0}^{\frac{1}{2}} = -\frac{1}{2}k \times 10$$

$$0.5C_{A0}^{\frac{1}{2}} - C_{A0}^{\frac{1}{2}} = -5k$$

$$-0.5C_{A0}^{\frac{1}{2}} = -5k$$

$$\therefore k = 0.1C_{A0}^{\frac{1}{2}}$$

$$C_{A0}^{\frac{1}{2}}(1-X) - C_{A0}^{\frac{1}{2}} = -\frac{1}{2} \times 0.1 \times C_{A0}^{\frac{1}{2}} \times t$$

$$\therefore t = 20\text{min}$$

83 $A \to R$인 반응이 부피가 0.1L인 플러그흐름반응기에서 $-r_A = 50C_A^2$ mol/L min으로 일어난다. A의 초기농도 C_{A0}는 0.1mol/L이고 공급속도가 0.05 L/min일 때 전화율은 얼마인가?

① 0.509
② 0.609
③ 0.809
④ 0.909

해설

$A \to R$ PFR

$$\tau = \frac{V}{v_0} = C_{A0}\int_0^{X_A} \frac{dX_A}{-r_A}$$

$$= C_{A0}\int_0^{X_A} \frac{dX_A}{50C_{A0}^2(1-X_A)^2} = \frac{1}{50C_{A0}}\left[\frac{1}{1-X_A}\right]_0^{X_A}$$

$$\frac{0.1\text{L}}{0.05\text{L/min}} = \frac{1}{50 \times 0.1}\left[\frac{1}{1-X} - 1\right]$$

$$10 = \frac{1}{1-X} - 1$$

$$11 = \frac{1}{1-X} \qquad \therefore X = 0.909$$

84 촉매의 기능에 관한 설명으로 옳지 않은 것은?

① 촉매는 화학평형에 영향을 미치지 않는다.
② 촉매는 반응속도에 영향을 미친다.
③ 촉매는 화학반응의 활성화 에너지를 변화시킨다.
④ 촉매는 화학반응의 양론식을 변화시킨다.

해설

촉매
- 활성화 에너지를 변화시켜 반응속도에 영향을 미친다.
- 화학평형에 영향을 미치지 않는다.

85 다음과 같은 단분자형의 1차 연속 반응이 회분식 반응기에서 일어난다. 공급물에서의 생성물 R과 S의 농도가 모두 0일 때 $k_1 = 0.05\text{s}^{-1}$, $k_2 = 0.005\text{s}^{-1}$이고, 이때 R은 목적하는 생성물, S는 목적하지 않는 생성물이다. 반응이 30초가 경과했을 때의 초기농도에 대한 A의 농도비 C_A/C_{A0}는 얼마인가?

$$A \to R \to S$$

① 0.012
② 0.022
③ 0.223
④ 0.243

해설

Batch 1차 $-\ln\dfrac{C_A}{C_{A0}} = kt = -\ln(1-X_A)$

$$-\ln\frac{C_A}{C_{A0}} = 0.05 \times 30 = 1.5$$

$$\therefore \frac{C_A}{C_{A0}} = e^{-1.5} = 0.223$$

86 다음 중 고체촉매반응의 7단계의 순서로 올바른 것은?

① 외부 확산 → 내부 확산 → 흡착 → 표면반응 → 탈착 → 내부 확산 → 외부 확산
② 내부 확산 → 외부 확산 → 흡착 → 표면반응 → 탈착 → 내부 확산 → 외부 확산
③ 내부 확산 → 외부 확산 → 탈착 → 표면반응 → 흡착 → 외부 확산 → 내부 확산
④ 외부 확산 → 흡착 → 내부 확산 → 표면반응 → 내부 확산 탈착 → 외부 확산

정답 83 ④ 84 ④ 85 ③ 86 ①

해설
고체촉매반응

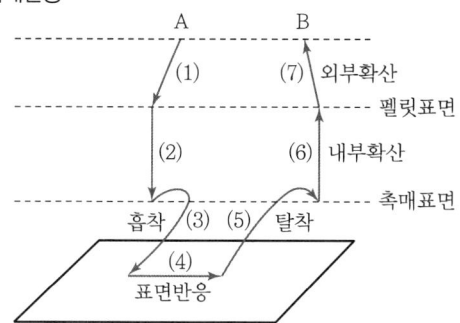

87 반감기가 20h인 어떤 방사성 유체를 200L/h의 속도로 각각 용적이 40,000L인 2개의 직렬교반조를 통과하여 처리하였다. 이 반응기를 통과함으로써 방사능은 몇 % 감소되는가?(단, 방사선 붕괴를 1차 반응으로 간주한다.)

① 95.8% ② 96.8%
③ 97.8% ④ 98.4%

해설
㉠ 1차 반응의 반감기
$$t_{1/2} = \frac{\ln 2}{k}$$
$$\therefore k = \frac{\ln 2}{t_{1/2}} = \frac{\ln 2}{20h}$$

㉡ 같은 크기 N개의 CSTR을 직렬로 연결할 때 최종전화율 X_{Af}
$$\frac{C_o}{C_N} = \frac{1}{1-X_{Af}} = (1+k_m\tau)^N$$
$$1-X_{Af} = (1+k_m\tau)^{-N}$$
$$\therefore X_{Af} = 1-(1+k_m\tau)^{-N}$$

㉢ $\tau = \frac{V}{v_0} = \frac{40,000L}{200L/h} = 200h$, $N=2$이므로
$$X_{Af} = 1-\left(1+\frac{\ln 2}{20}\cdot 200\right)^{-2} = 0.984(98.4\%)$$

88 다음은 n차($n>0$) 단일 반응에 대한 한 개의 혼합 및 플러그흐름반응기 성능을 비교 설명한 내용이다. 옳지 않은 것은?(단, V_m은 혼합흐름반응기 부피, V_p는 플러그흐름반응기 부피를 나타낸다.)

① V_m은 V_p보다 크다.
② V_m/V_p는 전화율의 증가에 따라 감소한다.
③ V_m/V_p는 반응차수에 따라 증가한다.
④ 부피변화 분율이 증가하면 V_m/V_p가 증가한다.

해설
전화율이 클수록 $\frac{V_m}{V_p}$는 증가한다.

89 다음과 같은 경쟁반응에서 원하는 반응을 가장 좋게 하는 접촉방식은?(단, $n>P$, $m<Q$)

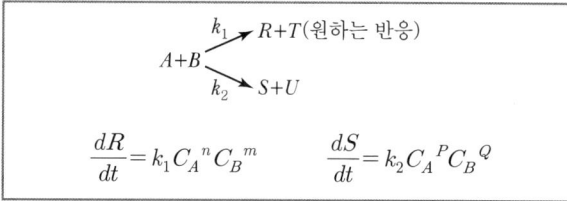

① 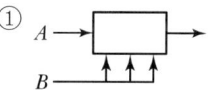 ②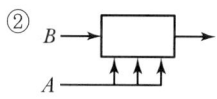
③ 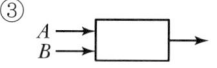 ④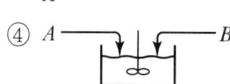

해설
$$S = \frac{r_R}{r_S} = \frac{dR}{dS} = \frac{k_1 C_A^n C_B^m}{k_2 C_A^P C_B^Q}$$
$$= \frac{k_1}{k_2} C_A^{n-P} C_B^{m-Q} \quad (n>P, m<Q)$$

선택도를 크게 하기 위해서 C_A는 크게 C_B는 작게 해야 한다.

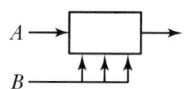

정답 87 ④ 88 ② 89 ①

90 반응기에 유입되는 물질량의 체류시간에 대한 설명으로 옳지 않은 것은?

① 반응물의 부피가 변하면 체류시간이 변한다.
② 반응물이 실제의 부피 유량으로 흘러 들어가면 체류시간이 달라진다.
③ 액상반응이면 공간시간과 체류시간이 같다.
④ 기상반응이면 공간시간과 체류시간이 같다.

해설
- 액상반응
  공간시간=체류시간(반응물 부피=생성물 부피)
- 기상반응
  공간시간≠체류시간(반응물 부피≠생성물 부피)

91 다음 그림은 이상적 반응기의 설계 방정식의 반응시간을 결정하는 그림이다. 회분 반응기의 반응시간 $t =$ (면적)인데 이에 해당하는 면적을 옳게 나타낸 것은? (단, 그림에서 점 D의 C_A 값은 반응 끝 시간의 값을 나타낸다.)

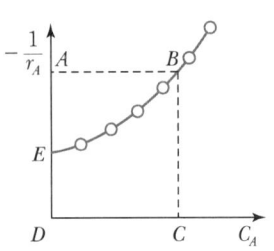

① □ABCD   ② ◺ABE
③ ◿BCDE   ④ $\frac{1}{2}$□ABCD

해설
$$t = C_{A0}\int_0^{X_A} \frac{dX_A}{-r_A}$$
$$t = -\int_{C_{A0}}^{C_A} \frac{dC_A}{-r_A}$$

92 다음 그림은 균일계 비가역 병렬 반응이 플러그흐름반응기에서 진행될 때 순간수율 $\phi\left(\frac{R}{A}\right)$와 반응물의 농도($C_A$) 간의 관계를 나타낸 것이다. 빗금 친 부분의 넓이가 뜻하는 것은?

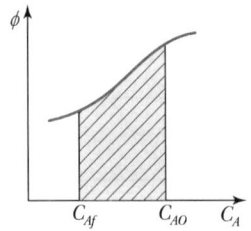

① 총괄수율 ϕ
② 반응하여 없어진 반응물의 몰수
③ 반응으로 생긴 R의 몰수
④ 반응기를 나오는 R의 농도

해설
순간수율 $\phi\left(\dfrac{R}{A}\right) = \dfrac{dC_R}{-dC_A}$

빗금 부분 $= \displaystyle\int_{C_{Af}}^{C_{A0}} \phi\left(\frac{R}{A}\right)dC_A$
$= \displaystyle\int_{C_{Af}}^{C_{A0}} (-dC_R)$
$= C_R(C_{Af}) - C_R(C_{A0}) = C_R$

93 다음 그림은 어느 반응의 농도변화를 나타낸 그림인가?

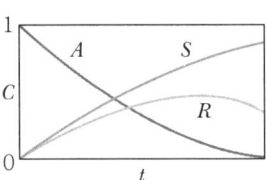

① $A \underset{1}{\overset{1}{\rightleftarrows}} \begin{matrix} R \\ S \end{matrix}$
② $A \underset{3}{\overset{1}{\rightleftarrows}} \begin{matrix} R \\ S \end{matrix}$
③ $A \xrightarrow{1} R \underset{1}{\overset{1}{\rightleftarrows}} S$
④ $A \underset{1}{\overset{1}{\rightleftarrows}} R \xrightarrow{1} S$

해설
평행반응

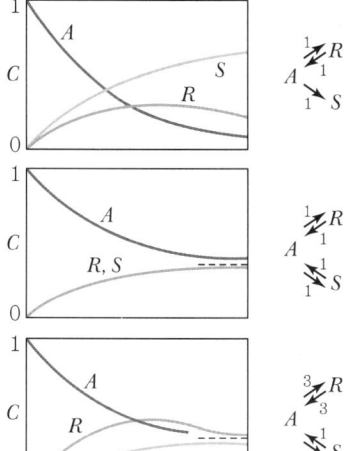

연속반응

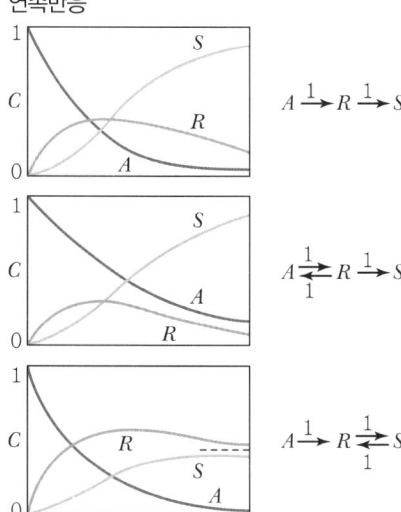

94 기상 촉매반응의 유효인자(Effectiveness Factor)에 영향을 미치는 인자로 다음 중 가장 거리가 먼 것은?

① 촉매 입자의 크기
② 촉매 반응기의 크기
③ 반응기 내의 전체 압력
④ 반응기 내의 온도

해설
기상촉매 반응의 유효인자에 영향을 주는 것
• 촉매 입자의 크기
• 반응기 내의 온도
• 반응기 내의 전체 압력

95 다음과 같은 A의 분해반응에서 원하는 생성물은 T이다. 등온 플러그흐름반응기에서 얻을 수 있는 T의 최대 농도는 얼마인가?(단, $C_{A0}=1$이다.)

$$A \begin{cases} R & : r_R = 1 \\ S & : r_S = 2C_A \\ T & : r_T = C_A^2 \end{cases}$$

① 0.051
② 0.114
③ 0.235
④ 0.391

해설

$$\frac{dC_T}{-dC_A} = \frac{C_A^2}{1+2C_A+C_A^2} = \frac{C_A^2}{(1+C_A)^2}$$

$$\frac{dC_T}{dC_A} = \frac{d}{dC_A}\left[\frac{2C_A}{(1+C_A)^2}(C_{AO}-C_A)\right]=0$$

$$\int_{C_{T0}}^{C_T} dC_T = \int_{C_{A0}}^{C_A} -\frac{C_A^2}{(1+C_A)^2} dC_A$$

$$C_T = \int_0^1 \frac{C_A^2}{(1+C_A)^2} dC_A$$

100% 전화율
$1+C_A=t$

$$C_T = \int_1^2 \frac{(t-1)^2}{t^2} dt = \int_1^2 \frac{t^2-2t+1}{t^2} dt$$

$$= \int_1^2 \left(1-\frac{2}{t}+\frac{1}{t^2}\right) dt$$

$$= \left[t-2\ln t - \frac{1}{t}\right]_1^2$$

$$= 2-2\ln 2-\frac{1}{2}-(1-2\ln 1-1)$$

$$= 0.114$$

96 어떤 반응의 속도상수가 25℃에서 $3.46 \times 10^{-5} s^{-1}$이며 65℃에서는 $4.91 \times 10^{-3} s^{-1}$이었다. 이때 활성화에너지는 몇 kcal인가?

① 44.75　　　　② 34.75
③ 24.79　　　　④ 14.75

해설

$$\ln \frac{k_1}{k_2} = \frac{E_a}{R}\left(\frac{1}{T_2} - \frac{1}{T_1}\right)$$

$$\ln \frac{3.46 \times 10^{-5}}{4.91 \times 10^{-3}} = \frac{E_a}{1.987 \text{cal/mol K}}\left(\frac{1}{338} - \frac{1}{298}\right)$$

$E_a = 24.79 \text{kcal}$

97 부피유량 v가 일정한 관형반응기 내에서 1차 반응 $A \to B$이 일어난다. 부피유량이 10L/min, 반응속도상수 k가 0.23/min일 때 유출농도를 유입농도의 10%로 줄이는 데 필요한 반응기의 부피는?(단, 반응기의 입구조건 $V=0$일 때 $C_A = C_{A0}$이다.)

① 100L　　　　② 200L
③ 300L　　　　④ 400L

해설

$k\tau = -\ln \frac{C_A}{C_{A0}}$

$C_{Af} = 0.1 C_{A0}$

$0.23\tau = -\ln \frac{0.1 C_{A0}}{C_{A0}}$

∴ $\tau = 10 \text{min}$

$\tau = \frac{V}{v_0}$

∴ $V = \tau v_0 = 10 \text{min} \times 10 \text{L/min} = 100 \text{L}$

98 현재의 혼합흐름반응기를 부피가 2배인 것으로 교체하고자 한다. 같은 공급물을 동일한 공급 속도로 공급한다면 교체 후의 새로운 전화율은 얼마인가?(단, 반응속도는 $A \to R$, $-r_A = kC_A$로 나타내며 현재의 전화율은 50%이다.)

① 0.33　　　　② 0.56
③ 0.67　　　　④ 0.78

해설

$k\tau = \frac{X_A}{1-X_A}$ (1차)

$k\tau = \frac{0.5}{1-0.5} = 1$　　$k\tau = 1$

반응기 부피 2배 → 2τ이므로

$k \times 2\tau = \frac{X_A}{1-X_A}$

$\frac{X_A}{1-X_A} = 2$　　∴ $X_A = \frac{2}{3} = 0.67$

99 고체 촉매 기상반응 $A + B \to C$에서 초기속도 대 전압(Total Pressure)의 Plot은 보기의 그림과 같은 경우들이 있다. 반응물 A 및 B 모두가 촉매에 흡착된 후에 반응을 하며 표면반응이 율속단계일 경우(Surface Reaction Control)인 것은?

①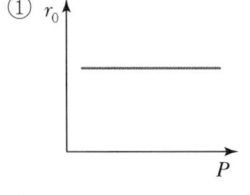
②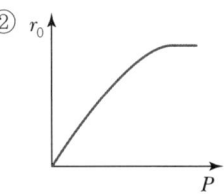
③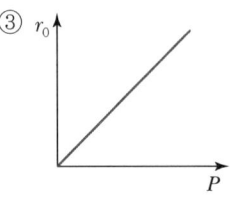
④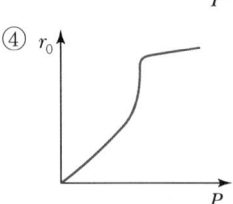

해설

율속단계는 가장 느린 반응으로 흡착 후 표면반응이 율속단계이므로 ②와 같은 그래프 형태가 된다.

100 $C_6H_5CH_3 + H_2 \rightarrow C_6H_6 + CH_4$의 톨루엔과 수소의 반응은 매우 빠른 반응이며 생성물은 평형 상태로 존재한다. 톨루엔의 초기 농도가 2mol/L, 수소의 초기 농도가 4mol/L이고 반응을 900K에서 진행시켰을 때 반응 후 수소의 농도는 약 몇 mol/L인가?(단, 900K에서 평형상수 $K_p = 227$이다.)

① 1.89　　② 1.95
③ 2.01　　④ 4.04

해설

$K = \dfrac{x^2}{(2-x)(4-x)} = 227$

$x^2 = 227(8 - 6x + x^2)$

$226x^2 - 1,362x + 1,816 = 0$

이차방정식의 근의 공식을 이용하여 풀면

$x = \dfrac{1,362 \pm \sqrt{1,362^2 - 4 \times 226 \times 1,816}}{2 \times 226}$

∴ $x = 1.99$

∴ $[H_2] = 4 - 1.99 = 2.01$

정답 100 ③

2014년 제2회 기출문제

1과목 화공열역학

01 이상기체에 대한 설명으로 틀린 것은?
① 이상기체의 엔탈피는 온도만의 함수이다.
② 이상기체의 내부에너지는 온도만의 함수이다.
③ 이상기체의 열효과는 온도만의 함수이다.
④ 이상기체의 경우 $C_p = C_v + R$이다.

해설

이상기체의 경우 $H = f(T)$, $U = f(T)$
엔탈피, 내부에너지는 온도만의 함수이다.
$C_p = C_v + R$

02 어떤 과학자가 자기가 만든 열기관이 80℃와 10℃ 사이에서 작동하면서 100cal의 열을 받아 20cal의 유용한 일을 할 수 있다고 주장한다. 이 과학자의 주장에 대한 판단으로 옳은 것은?
① 열역학 제0법칙에 위배된다.
② 열역학 제1법칙에 위배된다.
③ 열역학 제2법칙에 위배된다.
④ 타당하다.

해설

$$\eta = \frac{T_H - T_C}{T_H}$$
$$= \frac{Q_H - Q_C}{Q_H}$$
$$= \frac{353 - 283}{353} = 0.198$$

효율이 0.198이므로 이 사이클이 할 수 있는 최대일은 19.8cal 이므로 열역학 제2법칙에 위배된다.

03 엔트로피와 에너지에 관한 설명 중 틀린 것은?
① 절대온도 0K에서 완벽한 결정구조체의 엔트로피는 0이다.
② 시스템과 주변환경을 포함하여 엔트로피가 감소하는 공정은 있을 수 없다.
③ 고립된 계의 에너지는 항상 일정하다.
④ 고립된 계의 엔트로피는 항상 일정하다.

해설

열역학 제2법칙
자발적 변화는 비가역 변화이며, 엔트로피는 증가하는 방향으로 흐른다.
$\Delta S^t \geq 0$

04 1atm, 100℃ 포화수증기의 엔탈피(H)와 엔트로피(S)는 각각 얼마인가?(단, 0℃ 포화수의 $S=0$, $H=0$, 0℃에서 100℃까지 물의 평균비열은 1.0kcal/kg ℃, 100℃에 대한 증발잠열은 538.9kcal/kg이다.)
① $H = 538.9$kcal/kg, $S = 1.756$kcal/kg K
② $H = 638.9$kcal/kg, $S = 1.443$kcal/kg K
③ $H = 638.9$kcal/kg, $S = 1.756$kcal/kg K
④ $H = 100$kcal/kg, $S = 0.312$kcal/kg K

해설

$H = 1$kcal/kg ℃ $\times 100$℃ $+ 538.9$kcal/kg
$\quad = 638.9$kcal/kg
$S = \Delta S_1 + \Delta S_2$
$\Delta S_1 = C_p \ln \frac{T_2}{T_1} = 1 \times \ln \frac{373}{273} = 0.312$
$\Delta S_2 = \frac{Q}{T} = \frac{538.9}{373} = 1.44$
$\Delta S = \Delta S_1 + \Delta S_2 = 1.756$kcal/kg K

정답 01 ③ 02 ③ 03 ④ 04 ③

05 다음 중 화학퍼텐셜(Chemical Potential)과 같은 것은?

① 부분 몰 깁스(Gibbs) 자유에너지
② 부분 몰 엔탈피
③ 부분 몰 엔트로피
④ 부분 몰 용적

해설
화학퍼텐셜
$$\mu_i = \left[\frac{\partial(nG)}{\partial n_i}\right]_{T,P,n_j}$$
부분 몰 깁스자유에너지

06 플래시(Flash) 계산에 대한 다음 설명 중 틀린 것은?

① 알려진 T, P 및 전체 조성에서 평형상태에 있는 2상계의 기상과 액상 조성을 계산한다.
② K 인자는 가벼움의 척도이다.
③ 라울의 법칙을 따르는 경우 K 인자는 액상과 기상 조성만의 함수이다.
④ 기포점 압력 계산과 이슬점 압력 계산으로 초기조건을 얻을 수 있다.

해설
$$K = \frac{P_A}{P} = \frac{y_A}{x_A}$$
$$y_A = \frac{x_A P_A}{P} \text{ (라울의 법칙)} \quad \therefore \text{ 온도와 조성의 함수}$$

07 활동도(Activity)에 대한 설명으로 옳은 것은?

① 활동도는 차원이 있다.
② 활동도는 질량과 같다.
③ 활동도는 보정된 조성과 같다.
④ 활동도는 이상적 퓨가시티 값과 같다.

해설
활동도(a_i)
$$\hat{a_i} = \frac{\hat{f_i}}{f_i^\circ}$$
여기서, f_i° : 계의 온도와 1bar의 순수한 액체 i의 퓨가시티

활동도 계수(γ_i)
$$\gamma_i = \frac{\hat{f_i}}{x_i f_i}$$
$$\therefore \hat{a_i} = \frac{\gamma_i x_i f_i}{f_i^\circ} = \gamma_i x_i \left(\frac{f_i}{f_i^\circ}\right)$$
이상용액의 경우 $\frac{f_i}{f_i^\circ} = 1$
∴ 활동도는 보정된 조성과 같다.

08 어떤 화학반응에서 평형상수 K에 대한 설명으로 옳은 것은?

① K는 압력만의 함수이다.
② K는 온도만의 함수이다.
③ K는 조성만의 함수이다.
④ K는 조성과 압력의 함수이다.

해설
$$\ln K = -\frac{\Delta H}{RT}$$
∴ K는 온도만의 함수

09 30kg의 강철 주물(비열 0.12kcal/kg ℃)이 450℃로 가열되었다. 이것을 20℃의 기름(비열 0.6kcal/kg ℃) 120kg 속에 넣으면 주물의 엔트로피 변화는 약 몇 kcal/K인가?(단, 주위와 완전히 단열되어 있다고 가정한다.)

① -1.0
② -3.0
③ 1.0
④ 3.0

해설
$Q = \Delta H = 0$(단열이므로)
강철주물이 잃은 열 = 기름이 얻은 열
$30\text{kg} \times 0.12\text{kcal/kg}℃ \times (450-t)$
$= 120\text{kg} \times 0.6\text{kcal/kg}℃ \times (t-20)$
$t = 40.476℃ = 313.5\text{K}$
$$\Delta S = mC_p \ln\frac{T_2}{T_1}$$
$$= 30\text{kg} \times 0.12\text{kcal/kg K} \times \ln\frac{313.5}{723} = -3\text{kcal/K}$$

정답 05 ① 06 ③ 07 ③ 08 ② 09 ②

10 흐름열량계(Flow Calorimeter)를 이용하여 엔탈피 변화량을 측정하고자 한다. 열량계에서 측정된 열량이 2,000Watt라면, 입력흐름과 출력흐름의 비엔탈피(Specific Enthalpy)의 차이는 얼마인가?(단, 흐름열량계의 입력흐름에서는 0℃의 물이 5g/s의 속도로 들어가며, 출력흐름에서는 3기압, 300℃의 수증기가 배출된다.)

① 400 J/g
② 2,520.4 J/g
③ 10,000 J/g
④ 12,552 J/g

해설

$$\frac{2,000W}{5g/s} = \frac{2,000J/s}{5g/s} = 400 J/g$$

11 반응이 수반되지 않는 계의 깁스(Gibbs)의 상법칙은?(단, F는 자유도, C는 성분의 수, P는 상의 수이다.)

① $F = C - P + 2$
② $F = C + 1 - P$
③ $F = C - P$
④ $F = C + P - 2$

해설

$F = C - P + 2$
여기서, C : 성분의 수
P : 상의 수

12 열역학적 성질에 대한 설명 중 옳지 않은 것은?

① 순수한 물질의 임계점보다 높은 온도와 압력에서는 상의 계면이 없어지며 한 개의 상을 이루게 된다.
② 동일한 이심인자를 갖는 모든 유체는 같은 온도, 같은 압력에서 거의 동일한 Z값을 가진다.
③ 비리얼(Virial) 상태방정식의 순수한 물질에 대한 비리얼 계수는 온도만의 함수이다.
④ 반 데르 발스(Van der Waals) 상태방정식은 기-액 평형상태에서 3개의 부피 해를 가진다.

해설

대응상태의 원리
㉠ 대응상태의 원리를 이용하여 T_r(환산온도), P_r(환산압력)에서 Z값을 구하면 거의 같은 Z값을 갖게 된다.
㉡ ω(이심인자) : 유체들을 같은 T_r, P_r에서 비교하면 대체로 거의 같은 압축인자를 가지며 이상기체 거동에서 벗어나는 정도도 비슷하다. 단순유체(Ar, Kr, Xe)에 대해 거의 정확하나, 복잡한 유체에 대해서 구조적인 편차를 갖는다.

$$\omega = -1 - \log\left[P^{sat}(T_r = 0.7)/P_c\right]$$

단순유체의 경우 $\omega = 0$

13 이상적으로 혼합된 용액에 대한 식으로 틀린 것은? (단, Δ는 혼합에 의한 물성변화, 위첨자 "id"는 이상용액(ideal solution), G=몰당 Gibbs 에너지, S=몰당 엔트로피, H=몰당 엔탈피, V=몰부피, x=몰분율이다.)

① $\Delta G^{id} = RT \sum x_i \ln x_i$
② $\Delta S^{id} = 0$
③ $\Delta V^{id} = 0$
④ $\Delta H^{id} = 0$

해설

$\Delta G^{id} = RT \sum x_i \ln x_i$
$\Delta S^{id} = -R \sum x_i \ln x_i$
$\Delta V^{id} = 0$
$\Delta H^{id} = 0$

14 어떤 반응의 화학평형 상수를 결정하기 위하여 필요한 자료로 가장 거리가 먼 것은?

① 각 물질의 생성 엔탈피
② 각 물질의 열용량
③ 화학양론 계수
④ 각 물질의 증기압

해설

$$\ln K = -\frac{\Delta H}{RT}$$

화학평형 상수(K)를 결정하기 위해서는 ΔH와 T가 필요하다. ΔH는 각 물질의 생성엔탈피, 열용량, 화학양론계수 등이 필요하다.

정답 10 ① 11 ① 12 ② 13 ② 14 ④

15 화학반응에서 정방향으로 반응이 계속 일어나는 경우는?(단, ΔG는 깁스 자유에너지(Gibbs Free Energy) 변화, K_c는 평형상수이다.)

① $\Delta G = K_c$ ② $\Delta G = 0$
③ $\Delta G > 0$ ④ $\Delta G < 0$

해설
- $\Delta G < 0$: 자발적 반응
- $\Delta G = 0$: 평형
- $\Delta G > 0$: 비자발적 반응

16 물이 증발할 때 엔트로피 변화는?

① $\Delta S = 0$ ② $\Delta S < 0$
③ $\Delta S > 0$ ④ $\Delta S \geq 0$

해설
엔트로피는 혼돈도를 나타내므로 물이 증발할 때 $\Delta S > 0$이 된다.

17 공기표준 오토사이클(Otto Cycle)에 해당하는 선도는?

① 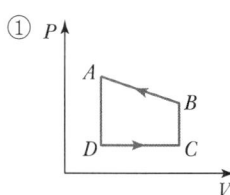   ②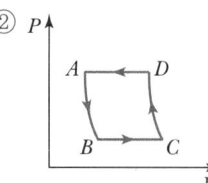

③ 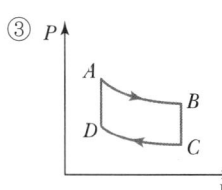   ④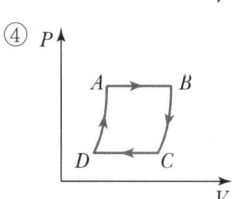

해설
공기표준 오토사이클
공기를 작동유체로 하는 열기관 사이클로 2개의 단열과정과 2개의 등부피과정으로 구성된다.
- CD : 가역단열압축
- DA : 일정한 부피에서 공기에 의해 충분한 열이 흡수되어 공기의 온도와 압력을 실제 Otto 기관의 연소에서 얻은 값만큼 상승시킨다.
- AB : 가역단열팽창
- BC : 일정한 부피에서 C의 초기 상태로 냉각된다.

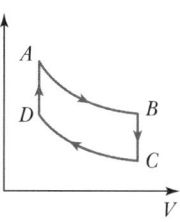

18 오토기관(Otto Cycle)의 열효율을 옳게 나타낸 식은?(단, γ는 압축비, K는 비열비이다.)

① $1 - \left(\dfrac{1}{\gamma}\right)^{K-1}$ ② $1 - \left(\dfrac{1}{\gamma}\right)^{K}$
③ $1 - \left(\dfrac{1}{\gamma}\right)^{K+1}$ ④ $1 - \left(\dfrac{1}{\gamma}\right)^{K+2}$

해설
$$\eta = 1 - \left(\dfrac{1}{\gamma}\right)^{K-1}$$
여기서, γ : 압축비
K : 비열비

19 순수한 물질이 기-액 평형하에 있을 때, 액체와 증기의 열역학 성질이 같은 것은?

① 몰 용적   ② 몰 엔탈피
③ 몰 엔트로피   ④ 몰 깁스자유에너지

해설
기-액 평형상태 : T(온도), P(압력), μ_i(화학퍼텐셜)
$\mu_i = \overline{G_i}$(몰 깁스자유에너지)

20 고체($MgCO_3$)가 부분적으로 분해되어 있는 계의 자유도는?

① 1   ② 2
③ 3   ④ 4

해설
$MgCO_3(s) \rightarrow MgO(s) + CO_2(g)$
$F = 2 - P + C - r - s = 2 - 3 + 3 - 1 - 0 = 1$

정답 15 ④ 16 ③ 17 ③ 18 ① 19 ④ 20 ①

2과목 단위조작 및 화학공업양론

21 다음 반응의 표준반응열은?(단, 298K에서 표준 연소열 $\Delta H°_{298}$은 $C_2H_5OH(l) = -326.7$kcal/mol, $CH_3COOH(l) = -208.4$kcal/mol, $CH_3COOC_2H_5(l) = -538.8$kcal/mol, $H_2O(l) = 0$kcal/mol이다.)

$$C_2H_5OH(l) + CH_3COOH(l) \rightarrow CH_3COOC_2H_5(l) + H_2O(l)$$

① +3.7kcal/mol
② -3.7kcal/mol
③ -6.7kcal/mol
④ +6.7kcal/mol

해설

표준반응열 = Σ생성물의 생성열 - Σ반응물의 생성열
= Σ반응물의 연소열 - Σ생성물의 연소열

$\Delta H_R = [(-326.7) + (-208.4)] - [-538.8 + 0]$
$= 3.7$kcal/mol

22 다음 반응에서 수소생성속도는 6mol/h이다. 메탄이 수증기와 반응하여 일산화탄소와 수소를 정상적으로 생성시킬 때 메탄의 소비속도(mol/h)는?

$$CH_4 + H_2O \rightarrow CO + 3H_2$$

① 0.5 ② 1
③ 1.5 ④ 2

해설

$CH_4 + H_2O \rightarrow CO + 3H_2$
1mol : 3mol
x : 6mol/h
∴ $x = 2$mol/h

23 200g의 $CaCl_2$가 1몰당 6몰의 비율로 공기 중의 수분을 흡수할 경우 발생하는 열은 몇 kcal인가?

- $CaCl_2(s) + 6H_2O(l) \rightarrow CaCl_2 \cdot 6H_2O(s) + 22.63$kcal
- $H_2O(g) \rightarrow H_2O(l) + 10.5$kcal

① 85.6 ② 154.3
③ 174.2 ④ 194.3

해설

$200g\ CaCl_2 \times \dfrac{1mol\ CaCl_2}{108g\ CaCl_2} = 1.85$mol

$CaCl_2(s) + 6H_2O(l) \rightarrow CaCl_2 \cdot 6H_2O(s) + 22.63$kcal
1mol : 6mol
1.85mol : x
∴ $x = 11.1$mol H_2O
22.63kcal/mol × 1.85mol = 41.865kcal
$H_2O(g) \rightarrow H_2O(l) + 10.5$kcal
11.1mol이므로
∴ 11.1mol × 10.5kcal/mol = 116.55kcal
∴ 총 발생열 = 41.865kcal + 116.55kcal = 158.4kcal

24 다음과 같은 일반적인 베르누이의 정리에 적용되는 조건이 아닌 것은?

$$\dfrac{P}{\rho g} + \dfrac{V^2}{2g} + Z = \text{constant}$$

① 직선 관에서만의 흐름이다.
② 마찰이 없는 흐름이다.
③ 정상 상태의 흐름이다.
④ 같은 유선상에 있는 흐름이다.

해설

베르누이의 정리의 조건
- 마찰이 없는 흐름
- 정상상태
- 비압축성 유체
- 같은 유선상의 유체

정답 21 ① 22 ④ 23 ② 24 ①

25 이상기체의 정압열용량(C_P)과 정용열용량(C_V)에 대한 설명으로 틀린 것은?

① C_V가 C_P보다 기체상수(R)만큼 작다.
② 정용계를 가열시키는 데 열량이 정압계보다 더 많이 소요된다.
③ C_P는 보통 개방계의 열 출입을 결정하는 물리량이다.
④ C_V는 보통 폐쇄계의 열 출입을 결정하는 물리량이다.

해설
$C_P = C_V + R$이므로 정용계를 가열시키는 데 필요한 열량이 정압계보다 더 적게 소요된다.

26 물과 혼합되지 않는 미지의 물질을 $T=98℃$, $P=773mmHg$에서 수증기 증류하였다. 물의 증기압은 98℃에서 708mmHg이고 증류액 중 물의 무게 조성은 75wt%이다. 이때 미지물질의 분자량(g/mol)은 얼마인가?

① 23.35
② 65.35
③ 141.35
④ 162.35

해설
$\dfrac{W_B}{W_A} = \dfrac{P_B M_B}{P_A M_A}$

여기서, W_A : 수증기량, W_B : 목적물질의 양
M_A : 수증기의 분자량, M_B : 목적물질의 분자량
P_A : 수증기압, P_B : 목적물질의 증기압

$\dfrac{25}{75} = \dfrac{65 \times M_B}{708 \times 18}$

$\therefore M_B = 65.35 \text{g/mol}$

27 공기 319kg과 탄소 24kg을 반응로 안에서 완전연소시킬 때 미반응 산소의 양은 약 몇 kg인가?

① 9.9
② 4.9
③ 2.3
④ 0

해설
탄소 24kg → 2kmol C

공기 319kg → $319\text{kg} \times \dfrac{1\text{kmol Air}}{29\text{kg}} = 11\text{kmol Air}$

공기의 21%가 산소이므로
$11\text{kmol} \times 0.21 = 2.31\text{kmol O}_2$

```
  C  +  O₂  →  CO₂
  2    2.31    0
 -2    -2      2
  0    0.31    2
```

미반응의 산소는 $0.31\text{kmol} \times \dfrac{32\text{kg}}{1\text{kmol}} = 9.92\text{kg}$

28 기체 A의 30vol%와 기체 B의 70vol%의 기체 혼합물에서 기체 B의 일부가 흡수탑에서 산에 흡수되어 제거된다. 이 흡수탑을 나가는 기체 혼합물 조성에서 기체 A가 80vol%이고 흡수탑을 들어가는 혼합기체가 100 mol/h라 하면 기체 B는 몇 mol/h가 흡수되겠는가?

① 52.5
② 62.5
③ 72.5
④ 82.5

해설

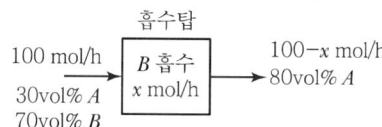

$0.3 \times 100 = 0.8(100-x)$ $\therefore x = 62.5 \text{mol/h}$

29 비리얼 상태식의 설명으로 틀린 것은?

① 제2비리얼 계수는 2분자 간 상호작용을 고려한 계수이다.
② 비리얼계수는 온도와 압력의 함수이다.
③ 제2, 3, 4, 5, 6, … 비리얼 계수가 0이면 이상기체 상태식이 된다.
④ 이상기체의 물리량도 비리얼 상태식으로 구할 수 있다.

해설
비리얼계수는 온도만의 함수이다.

정답 25 ② 26 ② 27 ① 28 ② 29 ②

30 표준대기압에서 압력게이지로 20psi를 얻었다. 절대압은 얼마인가?

① 14.7psi
② 34.7psi
③ 55.7psi
④ 65.7psi

해설
표준대기압 = 1기압(1atm) = 14.7psi
절대압 = 대기압 + 게이지압
= 14.7 + 20
= 34.7psi

31 내경 10cm 관을 통해 층류로 물이 흐르고 있다. 관의 중심유속이 2cm/s일 경우 관 벽에서 2cm 떨어진 곳의 유속은 약 몇 cm/s인가?

① 0.42
② 0.86
③ 1.28
④ 1.68

해설
$$\frac{U}{U_{max}} = 1 - \left(\frac{r}{r_w}\right)^2$$

$$\frac{U}{U_{max}} = 1 - \left(\frac{3}{5}\right)^2 = 0.64$$

여기서, r : 관의 중심에서 떨어진 거리
r_w : 관의 중심에서 관벽까지의 거리

∴ $U = 0.64\,U_{max} = 0.64 \times 2\text{cm/s}$
= 1.28cm/s

32 관속을 흐르는 난류의 압력 손실은?

① 평균유속에 비례한다.
② 평균유속의 제곱에 비례한다.
③ 평균유속의 제곱근에 반비례한다.
④ 관 직경의 제곱에 비례한다.

해설
$$\Delta P = \frac{2f\bar{u}^2 \rho L}{g_c D}$$

∴ 평균유속의 제곱에 비례한다.

33 분자량이 296.5인 Oil의 20℃에서의 점도를 측정하는 데 Ostwald 점도계를 사용했다. 이 온도에서 증류수의 통과시간이 10초이고, Oil의 통과시간이 2.5분 소요되었다. 같은 온도에서 증류수의 밀도와 Oil의 밀도가 각각 0.9982g/cm³, 0.879g/cm³라면 이 Oil의 점도는?

① 0.13Poise
② 0.17Poise
③ 0.25Poise
④ 2.17Poise

해설
$$\frac{\mu_1}{\mu_2} = \frac{d_1 t_1}{d_2 t_2}$$

$$\frac{0.01P}{\mu_2} = \frac{0.9982 \times 10초}{0.879 \times 2.5분 \times \frac{60초}{1분}}$$

∴ $\mu = 0.13$Poise

34 FPS 단위로부터 레이놀즈수를 계산한 결과 1,000이었다. MKS 단위로 환산하여 레이놀즈수를 계산하면 그 값은 얼마로 예상할 수 있는가?

① 10
② 136
③ 1,000
④ 13,600

해설
N_{Re}는 무차원이므로 FPS 단위나 MKS 단위나 같다.

35 Fanning 식을 옳게 나타낸 것은?(단, f는 마찰계수, L은 관의 길이, D는 관의 직경, $\overline{V}$는 평균유속, g_c는 중력환산계수이다.)

① $4f\dfrac{L}{Dg_c}\dfrac{\overline{V^2}}{2}$
② $4f\dfrac{D}{Lg_c}\dfrac{\overline{V^2}}{2}$
③ $f\dfrac{D}{Lg_c}\dfrac{\overline{V^2}}{2}$
④ $f\dfrac{L}{Dg_c}\dfrac{\overline{V^2}}{2}$

해설
Fanning 식
$$F = \frac{\Delta P}{\rho} = 4f\frac{L}{g_c D}\frac{\overline{V^2}}{2}$$

정답 30 ② 31 ③ 32 ② 33 ① 34 ③ 35 ①

36 유체가 내경이 100mm인 관에서 내경이 200mm인 관으로 확대되어 들어간다. 이때 확대 손실계수를 구하면?

① 0.250
② 0.750
③ 0.500
④ 0.563

해설

$$K_e = \left(1 - \frac{A_1}{A_2}\right)^2 = \left(1 - \frac{D_1^2}{D_2^2}\right)^2 = \left(1 - \frac{100^2}{200^2}\right)^2$$
$$= 0.563$$

37 성분 A의 분압을 $\overline{P_A}$라 하고 그 성분의 몰분율 X_A라고 할 때 X_A가 작은 범위에서는 $\overline{P_A}$와 X_A가 직선의 관계를 갖는다. 이와 같은 관계를 무슨 법칙이라고 하는가?

① Raoult의 법칙
② Henry의 법칙
③ Gibbs의 법칙
④ Dalton의 법칙

해설

Henry의 법칙
$x \rightarrow 0$에 근접할 때, 즉 묽은 용액이 기상과 평형에 있을 때 기상 내의 용질의 분압 p_A는 액상의 몰분율 x_A에 비례한다.

38 벤젠 40mol%와 톨루엔 60mol%의 혼합물을 200kmol/h의 속도로 정류탑에 비점으로 공급한다. 유출액의 농도는 95mol%, 벤젠과 관출액의 농도는 98mol%의 톨루엔이다. 이때 최소환류비를 구하면 얼마인가?(단, 벤젠과 톨루엔의 순성분 증기압은 각각 1,180mmHg, 481mmHg이다.)

① 1.5
② 1.7
③ 1.9
④ 2.1

해설

○ α(비휘발도)
$$\alpha = \frac{P_A}{P_B} = \frac{1,180}{481} = 2.45$$
$$y = \frac{\alpha x}{1 + (\alpha - 1)x}$$
$$x_F = 0.4$$
$$y = \frac{2.45 \times 0.4}{1 + (2.45 - 1)0.4} = 0.62$$

○ 최소환류비
$$R_{Dm} = \frac{x_D - y_F}{y_F - x_F} = \frac{0.95 - 0.62}{0.62 - 0.4} = 1.5$$

39 체판(Sieve Plate)의 축방향 왕복운동을 유도하여 액상 간의 혼합이 이루어지는 추출장치는?

① 혼합기 – 침강기(Mixer – Settler)
② 교반탑 추출기(Agitated Tower Extractor)
③ 원심추출기(Centrifugal Extractor)
④ 맥동탑(Pulse Column)

해설

맥동탑
맥동탑에는 충전물과 체판이 있어 맥동으로 액체가 분산하고 편류를 막아 접촉을 증가시킨다.

40 흡수탑의 충전물 선정 시 고려해야 할 조건으로 가장 거리가 먼 것은?

① 기액 간의 접촉률이 좋아야 한다.
② 압력강하가 너무 크지 않고 기액 간의 유통이 잘 되어야 한다.
③ 탑 내의 기액물질에 화학적으로 견딜 수 있는 것이어야 한다.
④ 규칙적인 배열을 할 수 있어야 하며 공극률이 가능한 한 작아야 한다.

해설

충전물을 불규칙적으로 충전하고(편류 방지), 공극률은 가능한 한 커야 한다.

정답 36 ④ 37 ② 38 ① 39 ④ 40 ④

3과목 공정제어

41 증류탑의 일반적인 제어에서 공정출력(피제어) 변수에 해당하지 않는 것은?

① 탑정생산물 조성 ② 증류탑의 압력
③ 공급물 조성 ④ 탑저 액위

해설
공급물의 조성은 입력변수이다.

42 다음 비선형 공정을 정상상태의 데이터 y_s, u_s에 대해 선형화한 것은?

$$\frac{dy(t)}{dt} = y(t) + y(t)u(t)$$

① $\dfrac{d(y(t)-y_s)}{dt} = (1+u_s)(y(t)-y_s) + y_s(u(t)-u_s)$

② $\dfrac{d(y(t)-y_s)}{dt} = (1+u_s)(u(t)-u_s) + y_s(y(t)-y_s)$

③ $\dfrac{d(y(t)-y_s)}{dt} = u_s(u(t)-u_s) + y_s(y(t)-y_s)$

④ $\dfrac{d(y(t)-y_s)}{dt} = u_s(y(t)-y_s) + y_s(u(t)-u_s)$

해설
$\dfrac{dy(t)}{dt} = y(t) + y(t)u(t)$ ……… ㉠

정상상태
$\dfrac{dy_s}{dt} = y_s + y_s u_s$ ……… ㉡

편차변수 이용
㉠ - ㉡
$\dfrac{d(y(t)-y_s)}{dt} = y(t) - y_s + y(t)u(t) - y_s u_s$
$= y(t) - y_s + y(t)u_s - y(t)u_s + y(t)u(t) - y_s u_s$
$= (y(t)-y_s) + u_s(y(t)-y_s) + y(t)(u(t)-u_s)$
$= (1+u_s)(y(t)-y_s) + y_s(u(t)-u_s)$

43 전달함수가 $G(s) = \dfrac{2}{3s+1}$와 같은 1차공정 $G(s)$에 대하여 원하는 닫힌 루프(Closed Loop) 전달함수 $(C/R)_d$를 $(C/R)_d = \dfrac{1}{s+1}$이 되도록 제어기를 정하고자 한다. 이로부터 얻어지는 제어기는 어떤 형태이며 그 제어기의 조정(Tuning) 파라미터는 얼마인가?

① P 제어기이며 $K_c = 2/3$이다.
② PI 제어기이며 $K_c = 1.5$, $\tau_I = 3$이다.
③ PD 제어기이며 $K_c = 1/3$ $\tau_D = 2$이다.
④ PID 제어기이며 $K_c = 1.5$ $\tau_I = 2$, $\tau_D = 3$이다.

해설
$G_c = \dfrac{1}{G}\left\{\dfrac{\left(\dfrac{C}{R}\right)d}{1-\left(\dfrac{C}{R}\right)d}\right\} = \dfrac{3s+1}{2}\left\{\dfrac{\dfrac{1}{s+1}}{1-\dfrac{1}{s+1}}\right\}$

$= \dfrac{3s+1}{2} \cdot \dfrac{1}{s} = 1.5\left(1+\dfrac{1}{3s}\right) = K_c\left(1+\dfrac{1}{\tau_I s}\right)$

44 저감쇠(Under Damped) 2차 공정의 특성이 아닌 것은?

① Damping 계수(Damping Factor)가 클수록 상승시간(Rise Time)이 짧다.
② 감쇠비(Decay Ratio)는 Overshoot의 제곱으로 표시된다.
③ Overshoot은 항상 존재한다.
④ 공진(Resonance)이 발생할 수도 있다.

해설
과소감쇠($\zeta < 1$)

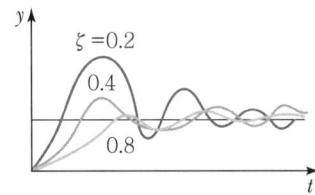

감쇠계수가 클수록 상승시간이 커진다.

정답 41 ③ 42 ① 43 ② 44 ①

45 d초의 수송지연을 가진 공정에 단위계단 입력을 적용했을 때 얻어지는 출력의 라플라스 변환(Laplace Transform)은 무엇인가?

① se^{-ds}
② se^{ds}
③ $\dfrac{1}{s}e^{-ds}$
④ $\dfrac{1}{s}e^{ds}$

해설

- d초의 수송지연 : e^{-ds}
- 단위계단 입력 : $\dfrac{1}{s}$
- 출력의 라플라스 변환 : $\dfrac{1}{s}e^{-ds}$

46 제어계의 구성요소 중 제어오차(에러)를 계산하는 것은 어느 부분에 속하는가?

① 측정요소(센서)
② 공정
③ 제어기
④ 최종제어요소(엑추에이터)

해설

제어오차는 제어기에서 계산된다.

47 PI 제어기가 반응기 온도제어루프에 사용되고 있다. 다음의 변화에 대하여 계의 안정성 한계에 영향을 주지 않는 것은?

① 온도전송기의 Span 변화
② 온도전송기의 영점 변화
③ 밸브의 Trim 변화
④ 반응기 원료 조성 변화

해설

온도 전송기의 영점 변화는 단순히 출력변수 값에 영향을 주며, 안정성 한계에 영향을 주지 않는다.

48 ZN 튜닝룰은 $k_c = 0.6k_{cu}$, $\tau_i = P_u/2$, $\tau_d = P_u/8$ 이다. k_{cu}, P_u는 임계이득과 임계주기이고, k_c, τ_i, τ_d는 PID 제어기의 비례이득, 적분시간, 미분시간이다. 공정에 공정입력 $u(t) = \sin(\pi t)$를 적용할 때 공정출력은 $y(t) = -6\sin(\pi t)$가 되었다. ZN 튜닝룰을 사용할 때, 이 공정에 대한 PID 제어기의 파라미터는 얼마인가?

① $k_c = 3.6$, $\tau_i = 1$, $\tau_d = 0.25$
② $k_c = 0.1$, $\tau_i = 1$, $\tau_d = 0.25$
③ $k_c = 3.6$, $\tau_i = \pi/2$, $\tau_d = \pi/8$
④ $k_c = 0.1$, $\tau_i = \pi/2$, $\tau_d = \pi/8$

해설

$k_c = 0.6k_{cu}$, $\tau_i = P_u/2$, $\tau_d = P_u/8$
$u(t) = \sin(\pi t)$, $y(t) = -6\sin(\pi t)$, $AR_c = 6$
$k_{cu} = \dfrac{1}{6}$, $P_u = \dfrac{2\pi}{\omega_u} = \dfrac{2\pi}{\pi} = 2$
$k_c = 0.6 \times \dfrac{1}{6} = 0.1$
$\tau_i = \dfrac{P_u}{2} = \dfrac{2}{2} = 1$, $\tau_d = \dfrac{P_u}{8} = \dfrac{2}{8} = 0.25$

49 다음 미분방정식을 Laplace 변환하여 $Y(s)$를 구한 것은?

$$2\dfrac{d^2y}{dt^2} + \dfrac{dy}{dt} + y = 2, \; y(0) = \dfrac{dy}{dt}(0) = 0$$

① $Y(s) = \dfrac{s^2 + 0.5s + 0.5}{s}$
② $Y(s) = s(s^2 + 0.5s + 0.5)$
③ $Y(s) = \dfrac{1}{s(s^2 + 0.5s + 0.5)}$
④ $Y(s) = \dfrac{s}{s^2 + 0.5s + 0.5}$

해설

$2s^2 Y(s) + sY(s) + Y(s) = \dfrac{2}{s}$
$Y(s) = \dfrac{2}{(2s^2 + s + 1)s} = \dfrac{1}{s(s^2 + 0.5s + 0.5)}$

정답 45 ③ 46 ③ 47 ② 48 ② 49 ③

50 PID 제어기 조율에 대한 지침 중 잘못된 것은?
① 적분시간은 미분시간보다 작게 주되 1/4 이하로는 줄이지 않는 것이 바람직하다.
② 공정이득(Process Gain)이 커지면 비례이득(Proportional Gain)은 대략 반비례의 관계로 줄인다.
③ 지연시간(Dead Time)/시상수(Time Constant) 비가 커질수록 비례이득을 줄인다.
④ 적분시간은 시상수와 비슷한 값으로 설정한다.

해설
PID 제어기 조율
- 공정이득이 커지면 비례이득은 대략 반비례 관계로 줄인다.
- 지연시간/시상수의 비가 커질수록 비례이득을 줄인다.
- 적분시간은 시상수와 비슷한 값으로 설정한다.

51 다음의 공정변수 제어 중 미분동작이 제어성능 향상에 가장 도움이 되는 경우는?
① 배관을 흐르는 기체 유량 제어
② 배관을 흐르는 액체 유량 제어
③ 혼합 탱크의 액위 제어
④ 반응기의 온도 제어

해설
제어기의 미분동작은 Offset은 존재하나, 최종값에 도달하는 시간이 단축되므로 반응기의 온도제어에 적합하다.

52 어떤 계의 전달함수는 $\frac{1}{\tau s + 1}$이며, 이때 $\tau = 0.1$ 분이다. 이 계에 Unit Step Change가 주어졌을 때 0.1분 후의 응답은?
① $y(t) = 0.39$
② $y(t) = 0.63$
③ $y(t) = 0.78$
④ $y(t) = 0.86$

해설
$G(s) = \frac{1}{\tau s + 1}$, $X(s) = \frac{1}{s}$

$y(s) = G(s)X(s) = \frac{1}{s(\tau s + 1)} = \frac{1}{s} - \frac{\tau}{\tau s + 1}$

$y(t) = 1 - e^{-\frac{t}{\tau}}$

여기서, $\tau = 0.1$min, $t = 0.1$min
∴ $y(0.1) = 1 - e^{-0.1/0.1} = 0.632$

53 어떤 자동제어계의 출력이 다음과 같이 주어질 때 $C(t)$의 정상상태 값은?

$$C(s) = \frac{5}{s(s^2 + s + 2)}$$

① $\frac{2}{5}$
② 2
③ $\frac{5}{2}$
④ 5

해설
$\lim_{t \to \infty} C(t) = \lim_{s \to 0} sC(s) = \lim_{s \to 0} \frac{5}{s^2 + s + 2} = \frac{5}{2}$

54 특성방정식에 대한 설명 중 틀린 것은?
① 주어진 계의 특성방정식의 근이 모두 복소평면의 왼쪽 반평면에 놓이면 계는 안정하다.
② Routh Test에서 주어진 계의 특성방정식이 Routh Array의 처음 열의 모든 요소가 0이 아닌 양의 값이면 주어진 계는 안정하다.
③ 주어진 계의 특성방정식이 $s^4 + 3s^3 - 4s^2 + 7 = 0$일 때 이 계는 안정하다.
④ 특성방정식이 $s^3 + 2s^2 + 2s + 40 = 0$인 계에는 양의 실수부를 가지는 2개의 근이 있다.

해설
Routh 안정성 판별법
특성방정식의 모든 계수는 양수이어야 계가 안정하다.
$s^4 + 3s^3 - 4s^2 + 7 = 0$

1	1	-4
2	3	7
3	$\frac{-3 \times 4 - 1 \times 7}{3} < 0$	

∴ 이 계는 불안정하다.

정답 50 ① 51 ④ 52 ② 53 ③ 54 ③

55 영점(Zero)이 없는 2차 공정의 Bode 선도가 보이는 특성을 잘못 설명한 것은?

① Bode 선도상의 모든 선은 주파수의 증가에 따라 단순 감소한다.
② 제동비(Damping Factor)가 1보다 큰 경우 정규화된 진폭비의 크기는 1보다 작다.
③ 위상각의 변화 범위는 0°에서 −180°까지이다.
④ 제동비(Damping Factor)가 1보다 작은 저감쇠(Under-damped)인 경우 위상각은 공명진동수에서 가장 크게 변화한다.

해설
2차 공정에서 제동비(Damping Ratio)가 0.707보다 작은 경우 Bode 선도상의 선은 주파수 증가에 따라 증가후 감소한다.

56 안정한 Closed Loop에 대한 설명 중 옳은 것은?

① Error가 시간이 경과함에 따라 감소한다.
② Error가 시간이 경과함에 따라 진동 발산한다.
③ Error가 시간이 경과함에 따라 커진다.
④ Error가 초기에는 일정하나 점차적으로 커진다.

해설
안정한 Closed Loop는 Error가 시간이 경과함에 따라 감소하거나 0인 경우이다.

57 $f(t)$의 Laplace 변환 $L\{f(t)\}$를 $F(s)$라 할 때 다음 Laplace 변환 특성 중 틀린 것은?

① $\lim_{t \to \infty} f(t) = \lim_{s \to 0} s \cdot F(s)$
② $L\left\{\int_0^t f(t)dt\right\} = \dfrac{F(s)}{s}$
③ $L\{e^{-at}f(t)\} = F(s+a)$
④ $L\{f(t-t_0)\} = F(s) - F(t_0)$

해설
$L\{f(t-t_0)\} = F(s)e^{-t_0 s}$

58 1차계에 사인파 함수가 입력될 때 위상지연(Phase Lag)은 주파수가 증가함에 따라서 어떻게 변하는가?

① 증가한다.
② 감소한다.
③ 무관한다.
④ $\dfrac{1}{\sqrt{\tau^2\omega^2+1}}$ 만큼 늦어진다.

해설
위상지연
$\phi = -\tan(\tau\omega)$
주파수(ω)가 증가할수록 위상지연도 증가한다.

59 다음 중 1차계의 시상수 τ에 대하여 잘못 설명한 것은?

① 계의 저항과 용량(Capacitance)의 곱과 같다.
② 입력이 단위계단함수일 때 응답이 최종치의 85%에 도달하는 데 소요되는 시간과 같다.
③ 시상수가 큰 계일수록 출력함수의 응답이 느리다.
④ 시간의 단위를 갖는다.

해설
τ는 최종치의 63%에 도달하는 데 소요되는 시간과 같다.

60 특성방정식에 관한 설명으로 옳은 것은?

① 특성방정식의 근 중 하나라도 복소수근을 가지면 그 시스템은 불안정하다.
② 특성방정식의 근 모두가 실근이면 그 시스템은 안정하다.
③ 특성방정식의 근이 허수축에서 멀어질수록 응답은 빨라진다.
④ 특성방정식의 근이 실수축에서 멀어질수록 진동주기가 커진다.

해설
특성방정식의 근이 허수축에서 멀어질수록 시상수가 작아지므로 응답이 빨라진다.

정답 55 ① 56 ① 57 ④ 58 ① 59 ② 60 ③

4과목 공업화학

61 다음 중 니트로벤젠을 함께 환원시켰을 때 아닐린(aniline)을 생성하는 물질은?

① 전해환원수
② Zn + 물
③ Zn + 염기
④ Fe + 강산

해설

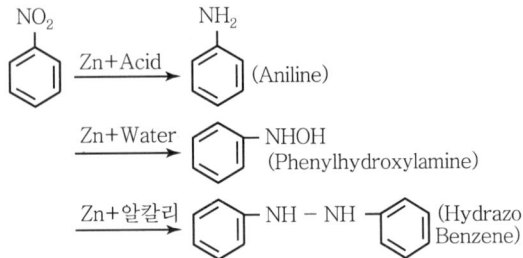

62 Kevlar 섬유의 제조에 필요한 단량체는?

① terephthalic acid + 1,4 – phenylene diamine
② isophthalic acid + 1,4 – phenylene diamine
③ terephthalic acid + 1,3 – phenylene diamine
④ isophthalic acid + 1,3 – phenylene diamine

해설

Kevlar(케블라) 섬유
- 미국 듀폰이 개발한 파라(para)계 방향족 폴리아마이드 섬유이다.
- 황산용액에서 액정방사한 고강력 섬유이다.
- 강도, 탄성, 진동흡수력 등이 우수하여 진동흡수장치나 보강재, 방탄재 등으로 사용한다.
- 인장강도가 높아 쉽게 끊어지지 않고 열에 의한 수축률도 적다. 벤젠 등에 의해 쉽게 녹지 않는 내화학성물질이며 전기절연성 내화성 등의 성질이 있다.

63 Fischer – Tropsch 반응을 옳게 표현한 것은?

① $nCO + (2n+1)H_2 \rightarrow C_nH_{2n+2} + nH_2O$
② $C_nH_{2n+2} + H_2O \rightarrow CH_4 + CO_2$
③ $CH_3OH + H_2 \rightarrow HCHO + H_2O$
④ $CO_2 + H_2 \rightarrow CO + H_2O$

해설

피셔 – 트롭시 합성
일산화탄소의 접촉수소화에 의한 탄화수소합성법
$nCO + (2n+1)H_2 \rightarrow C_nH_{2n+2} + nH_2O$

64 연실법 황산제조 공정 중 Glover 탑에서 질소산화물 공급에 HNO_3를 사용할 경우, 36wt%의 HNO_3 20kg으로 약 몇 kg의 NO를 발생시킬 수 있는가?

① 0.8
② 1.7
③ 2.2
④ 3.4

해설

$2HNO_3 \rightarrow H_2O + 2NO + \frac{3}{2}O_2$
63kg : 30kg
20×0.36 : x

∴ $x = 3.4$kg

65 폴리아미드계인 Nylon 66이 이용되는 분야에 대한 설명으로 가장 거리가 먼 것은?

① 용융방사한 것은 직물로 사용된다.
② 고온의 전열기구용 재료로 이용된다.
③ 로프 제작에 이용된다.
④ 사출성형에 이용된다.

해설

Nylon 66
- 아디프산 + 헥사메틸렌디아민의 축합중합에 의해 만들어진다.
- 아미드결합(−C(=O)−N(H)−)을 한다.
- 섬유, 전선 절연재료, 로프, 사출성형 등에 이용된다.

정답 61 ④ 62 ① 63 ① 64 ④ 65 ②

66 접촉식 황산제조에서 SO_3 흡수탑에 사용하기 적합한 황산의 농도와 그 이유를 바르게 나열한 것은?

① 76.5%, 황산 중 수증기 분압이 가장 낮음
② 76.5%, 황산 중 수증기 분압이 가장 높음
③ 98.3%, 황산 중 수증기 분압이 가장 낮음
④ 98.3%, 황산 중 수증기 분압이 가장 높음

해설
접촉식 황산제조법
흡수탑에서 98.3% H_2SO_4에 흡수시켜 발연황산을 제조시키는데, 이는 황산 중 수증기분압이 가장 낮기 때문이다.

67 불포화 지방산을 많이 포함하게 되면 유지의 점도는 어떻게 되겠는가?

① 높아진다.
② 낮아진다.
③ 변화 없다.
④ 높아지다 점점 일정해진다.

해설
유지의 점도 : 불포화 지방산이 많을수록 점도가 낮아진다.

68 열가소성 수지의 대표적 종류가 아닌 것은?

① 에폭시수지 ② 염화비닐수지
③ 폴리스티렌 ④ 폴리에틸렌

해설
열가소성 수지
가열 시 연화되어 외력을 가할 때 쉽게 변형되므로 이 상태로 성형, 가공한 후에 냉각하면 외력을 가하지 않아도 성형된 상태를 유지하는 수지
예 폴리에틸렌, 폴리프로필렌, 폴리염화비닐, 폴리스티렌, 아크릴수지, 불소수지, 폴리비닐아세테이트

열경화성 수지
가열하면 일단 연화되지만, 계속 가열하면 점점 경화되어 나중에는 온도를 올려도 용해되지 않고, 원상태로도 되돌아가지 않는 수지
예 페놀수지, 요소수지, 멜라민수지, 우레탄수지, 에폭시수지, 알키드수지, 규소수지

69 연실식 황산제조 공정 중 게이뤼삭 탑(Gay-Lussac Tower)에서 일어나는 반응은?

① $2HSO_4NO + SO_2 + 2H_2O$
$\rightleftarrows 2H_2SO_4NO + H_2SO_4$

② $4NO + 3O_2 + 2H_2O$
$\rightleftarrows 4HNO_3$

③ $2HSO_4NO + SO_2 + 2H_2O$
$\rightleftarrows 2H_2SO_4NO + H_2SO_4$

④ $2H_2SO_4 + NO + NO_2$
$\rightleftarrows 2HSO_4NO + H_2O$

해설
연실식 황산제조 공정 중 게이뤼삭 탑
㉠ 최종 연실에서 나오는 질소산화물을 회수하는 데 목적이 있다.
$2H_2SO_4 + NO + NO_2 \rightleftarrows 2HSO_4NO + H_2O$
㉡ 생성 니트로실황산은 저온의 진한 황산에서 안정하다.

70 가솔린의 옥탄가에 대한 설명으로 옳은 것은?

① n-헵탄의 옥탄가를 100으로 한 값이다.
② 일반적으로 동일 계열의 탄화수소에서는 분자량이 큰 것일수록 옥탄가가 높다.
③ 일반적으로 곁가지가 많은 구조의 탄화수소일수록 옥탄가가 높다.
④ 나프텐계 탄화수소는 같은 탄소 수의 n-파라핀보다 옥탄가가 낮고 방향족 탄화수소보다 크다.

해설
옥탄가
• iso-옥탄의 %를 옥탄가라 한다.
• iso-파라핀에서 메틸측쇄가 많을수록, 특히 중앙부에 집중할수록 크다.
• 나프텐계 탄화수소는 동일한 탄소 수의 방향족 탄화수소보다 작은 옥탄가를 가지나 n-파라핀보다 큰 값을 갖는다.
• n-파라핀에서는 탄소 수 증가할수록 옥탄가가 저하된다.

정답 ▶ 66 ③ 67 ② 68 ① 69 ④ 70 ③

71 다음 중 비료의 3요소에 해당하는 것은?

① N, P_2O_5, CO_2
② K_2O, P_2O_5, CO_2
③ N, K_2O, P_2O_5
④ N, P_2O_5, C

해설
비료의 3요소
N(질소), K_2O(칼륨), P_2O_5(인)

72 루이스산 촉매에 해당하는 $AlCl_3$와 BF_3는 어떤 시약에 해당하는가?

① 친전자시약　② 친핵시약
③ 라디칼 제거시약　④ 라디칼 개시시약

해설
친전자성 시약
- 전자를 받아들이는 루이스산으로 대부분 양전하를 띠거나, 부분적 양전하를 띤다.
- 친핵체로부터 전자를 제공받아 화학적 결합을 형성하는 친전자체이다.

73 묽은 질산의 농축제로 다음 중 가장 적당한 것은?

① 진한 염산　② 진한 황산
③ 진한 아세트산　④ 진한 인산

해설
질산의 농축
$HNO_3 - H_2O$ 2성분계는 68% HNO_3에서 공비점(b.p 121℃)을 갖는다. 그러므로 68% 이상의 질산을 얻으려면, Conc-H_2SO_4 또는 $Mg(NO_3)_2$와 같은 탈수제를 가하여 공비점을 소멸해야 한다.

74 반도체 공정 중 감광되지 않은 부분을 제거하는 공정은?

① 노광　② 에칭
③ 세정　④ 산화

해설
에칭
노광 후 PR(포토레지스트)로 보호되지 않는 부분을 제거하는 공정

75 다음 중 연실 내에서 일어나는 반응으로 거리가 먼 것은?

① $SO_3 + H_2O \rightarrow H_2SO_4$
② $2NO + \frac{1}{2}O_2 \rightarrow N_2O_3$
③ $NO + NO_2 + 2H_2SO_4 \rightarrow 2HSO_4 \cdot NO + H_2O$
④ $2SO_2 + O_2 + N_2O_3 + H_2O \rightarrow 2HSO_4 \cdot NO$

해설
연실
니트로실황산($HSO_4 \cdot NO$)과 Violet Acid($H_2SO_4 \cdot NO$)의 생성분해
$SO_2 + H_2O + NO_2 \rightarrow H_2SO_4 \cdot NO \rightleftarrows H_2SO_4 + NO$

$2H_2SO_3 \cdot NO_2 + \frac{1}{2}O_2 \rightarrow 2HSO_4 \cdot NO + H_2O$

$2HSO_4 \cdot NO + SO_2 + 2H_2O \rightleftarrows H_2SO_4 + 2H_2SO_4 \cdot NO$

게이뤼삭탑
산화질소 회수반응
$2H_2SO_4 + NO + NO_2 \rightleftarrows 2HSO_4 \cdot NO + H_2O$

76 PVC의 분자량 분포가 다음과 같을 때 수평균 분자량($\overline{M_n}$)과 중량평균 분자량($\overline{M_w}$)은?

분자량	분자 수
10,000	100
20,000	300
50,000	1,000

① $\overline{M_n} = 4.1 \times 10^4, \overline{M_w} = 4.6 \times 10^4$
② $\overline{M_n} = 4.6 \times 10^4, \overline{M_w} = 4.1 \times 10^4$
③ $\overline{M_n} = 1.2 \times 10^4, \overline{M_w} = 1.3 \times 10^4$
④ $\overline{M_n} = 1.3 \times 10^4, \overline{M_w} = 1.2 \times 10^4$

정답 71 ③　72 ①　73 ②　74 ②　75 ③　76 ①

해설

수평균분자량 $\overline{M_n} = \dfrac{\sum M_i N_i}{\sum N_i}$

중량(무게)평균분자량 $\overline{M_w} = \dfrac{\sum M_i^2 N_i}{\sum M_i N_i}$ (i종의 평균값의 기여도를 나타냄)

$\overline{M_n} = \dfrac{(10,000)(100)+(20,000)(300)+(50,000)(1,000)}{1,000+300+100}$
$= 4.1 \times 10^4$

$\overline{M_w} = \dfrac{(10,000)^2(100)+(20,000)^2(300)+(50,000)^2(1,000)}{(1,000)(100)+(20,000)(300)+(50,000)(1,000)}$
$= 4.6 \times 10^4$

77 건식법에 의한 인산제조공정에 대한 설명 중 옳은 것은?

① 인의 농도가 낮은 인광석을 원료로 사용할 수 있다.
② 고순도의 인산은 제조할 수 없다.
③ 전기로에서는 인의 기화와 산화가 동시에 일어난다.
④ 대표적인 건식법은 이수석고법이다.

해설

㉠ 습식법 : 인광석을 산에 분해시켜서 인산 제조
 • 염산분해법
 • 질산분해법
 • 황산분해법 – 주로 사용
㉡ 건식법 : 인광석을 환원하여 인을 만들고 이를 산화 흡수시켜 인산을 제조
 • 용광로법
 • 전기로법

습식법의 인산	• 순도가 낮고 농도도 낮다. • 품질이 좋은 인광석을 사용해야 한다. • 주로 비료용
건식법의 인산	• 고순도, 고농도의 인산 제조 • 저품위 인광석을 처리할 수 있다. • 인의 기화와 산화를 따로 할 수 있다. • Slag는 시멘트의 원료

78 암모니아 산화법에 의한 질산 제조에서 백금–로듐(Pt–Rh) 촉매에 대한 설명 중 옳지 않은 것은?

① 백금(Pt) 단독으로 사용하는 것보다 수명이 연장된다.
② 촉매독 물질로서는 비소, 유황 등이 있다.
③ 동일 온도에서 로듐(Rh) 함량이 10%인 것이 2%인 것보다 전화율이 낮다.
④ 백금(Pt) 단독으로 사용하는 것보다 내열성이 강하다.

해설

Pt–Rh(10%)가 전화율이 높아 가장 많이 사용된다.

79 소금물을 분해하여 수산화나트륨을 제조하려고 한다. 1kg의 수산화나트륨을 제조할 때 필요한 소금(NaCl)의 양은 약 몇 kg인가?(단, 반응은 화학양론적으로 진행한다고 가정하며, Na와 Cl의 원자량은 각각 23과 35.5이다.)

① 0.684　　② 1.463
③ 2.735　　④ 2.925

해설

$NaCl + H_2O \rightarrow NaOH + \dfrac{1}{2}H_2 + \dfrac{1}{2}Cl_2$

58.5kg : 40kg
x : 1kg
∴ $x = 1.463$kg

80 암모니아 생성평형에 있어서 압력, 온도에 대한 Tour의 실험결과와 일치하는 것은?

① 원료기체의 몰조성이 $N_2 : H_2 = 3 : 1$일 때 암모니아 평형 농도는 최대가 된다.
② 촉매의 농도가 증가하면 암모니아 평형농도는 증가한다.
③ 암모니아 평형농도는 반응온도가 높을수록 증가한다.
④ 암모니아 평형농도는 압력이 높을수록 증가한다.

정답 77 ① 78 ③ 79 ② 80 ④

해설

암모니아 합성반응
$3H_2 + N_2 \rightleftarrows 2NH_3 + 22kcal$

평형상수 $K_p = \dfrac{P_{NH_3}^2}{P_{N_2} P_{H_2}^3}$

- 암모니아의 평형농도는 반응온도를 낮출수록, 압력을 높일수록 증가한다.
- $H_2 : N_2 = 3 : 1$일 때 가장 좋다.
- 불활성가스양이 증가하면 NH_3 평형농도는 낮아진다.

※ 촉매는 반응속도를 빠르게 할 뿐, 평형농도에 관여하지 않는다.

5과목 반응공학

81 $CH_4 + 2S_2 \rightarrow CS_2 + 2H_2S$ 가 1atm, 일정온도 600℃의 관형반응기에서 진행되고, 황과 메탄의 몰유속은 각각 47.6, 23.8mol/h이다. 반응속도 $-r_{S_2} = k_c C_{CH_4} C_{S_2}$, 속도상수 $k = 11.98 \times 10^6 cm^3/h\ mol$일 때 메탄을 18% 전화시키는 데 소요되는 체류시간은 몇 h인가?

① 0.0039 ② 0.0075
③ 0.0121 ④ 0.042

해설

$-r_{CH_4} = \dfrac{-r_{S_2}}{2} = \dfrac{k_c}{2} C_{CH_4} C_{S_2}$

$\varepsilon_A = y_{A0} \delta = \left(\dfrac{1}{3}\right)\left(\dfrac{3-3}{1}\right) = 0$

$k = 11.98 \times 10^6 cm^3/h\ mol \rightarrow$ 2차

PFR 2차

$k\tau C_{A0} = \dfrac{X_A}{1-X_A} \rightarrow \tau_p = \dfrac{1}{kC_{A0}}\dfrac{X_A}{1-X_A}$

$\dfrac{F_{S_2 \cdot 0}}{F_{CH_4 \cdot 0}} = \dfrac{47.6}{23.8} = 2 = \dfrac{C_{S_2 \cdot 0}}{C_{CH_4 \cdot 0}}$

$C_{S_2 \cdot 0} = 2C_{CH_4 \cdot 0}$

$C_{A0} = \dfrac{P_{A0}}{RT} = \dfrac{1atm \times \dfrac{1}{3}}{0.082L\ atm/mol\ K \times 873K \times 1,000cm^3/L}$

$= 4.66 \times 10^{-6} mol/cm^3$

$\tau_p = \dfrac{1}{11.98 \times 10^6 \times 4.66 \times 10^{-6}} \times \dfrac{0.18}{1-0.18}$

$= 0.00393h$

82 반응속도식이 $-r_A = kC_A$인 $A \rightarrow R$의 액상 반응을 다음 그림과 같이 직렬로 연결된 두 반응기에서 시행할 때 이상혼합반응기(Ideal Mixed Flow Reactor)를 떠나는 A의 농도는 얼마인가?(단, $k = 1h^{-1}$, A와 R의 초기 농도는 각각 $C_{A0} = 0.01mol/L$, $C_{R0} = 0$, 이상관형반응기 P(Plug Flow Reactor) 및 혼합반응기 M의 공간시간(Space Time)은 각각 0.5h이다.)

$\xrightarrow{C_{A0}} \boxed{P} \xrightarrow{C_{A1}} \boxed{M} \xrightarrow{C_{A2}}$
$\quad\quad \tau_p = 0.5h \quad\quad \tau_m = 0.5h$

① 0.004mol/L ② 0.003mol/L
③ 0.0025mol/L ④ 0.0021mol/L

해설

$\tau_p = 0.5h$, $\tau_m = 0.5h$

㉠ PFR

$V_p = F_{A0} \int_0^{X_{A1}} \dfrac{dX_A}{-r_A}$

$\rightarrow \tau_p = -\dfrac{1}{k}\ln(1-X_{A1}) = -\dfrac{1}{k}\ln\dfrac{C_A}{C_{A0}}$

$0.5h = -\dfrac{1}{1}\ln(1-X_A)$

$\therefore X_A = 0.3935$

$\therefore C_{A1} = C_{A0}e^{-k\tau_p} = 0.01mol/L \times e^{-1 \times 0.5}$

$= 6.065 \times 10^{-3}$

㉡ CSTR

$V_m = \dfrac{F_{A1} - F_{A2}}{-r_A} = \dfrac{v_0(C_{A1} - C_{A2})}{kC_{A2}}$

$\rightarrow \tau_m k = \dfrac{C_{A1} - C_{A2}}{C_{A2}}$

$\therefore C_{A2} = \dfrac{C_{A1}}{1+k\tau_m} = \dfrac{6.065 \times 10^{-3}}{1+1 \times 0.5}$

$= 0.00404mol/L$

정답 81 ① 82 ①

83 회분식 반응기(Batch Reactor)에서 균일계 비가역 1차 직렬 반응 $A \xrightarrow{k_1} R \xrightarrow{k_2} S$가 일어날 때 R 농도의 최댓값은 얼마인가?(단, $k_1 = 1.5 \min^{-1}$, $k_2 = 3 \min^{-1}$, 각 물질의 초기농도 $C_{A0}=5 \text{mol/L}$, $C_{R0}=0$, $C_{S0}=0$이다.)

① 1.25mol/L ② 1.67mol/L
③ 2.5mol/L   ④ 5.0mol/L

해설

Batch Reactor $A \xrightarrow{k_1} R \xrightarrow{k_2} S$ (1차)

$$C_{R \cdot \max} = C_{A0}\left(\frac{k_1}{k_2}\right)^{\frac{k_2}{k_2-k_1}}$$

$$= 5 \text{mol/L} \times \left(\frac{1.5}{3}\right)^{\frac{3}{3-1.5}}$$

$$= 1.25 \text{mol/L}$$

84 $A \to R$ n_1차 반응, $A \to S$ n_2차 반응(desired), $A \to T$ n_3차 반응에서 S가 요구하는 물질이고, $n_1=3$, $n_2=1$, $n_3=2$일 때에 대한 설명으로 다음 중 가장 옳은 것은?

① 플러그흐름반응기를 쓰고, 전화율을 낮게 한다.
② 플러그흐름반응기를 쓰고, 전화율을 높게 한다.
③ 혼합흐름반응기를 쓰고, 전화율을 낮게 한다.
④ 혼합흐름반응기를 쓰고, 전화율을 높게 한다.

해설

$A \begin{array}{c} \xrightarrow{3차} R \\ \xrightarrow{1차} S(\text{Desired}) \\ \xrightarrow{2차} T \end{array}$

$$\frac{r_s}{-r_A} = \frac{k_2 C_A}{k_1 C_A^3 + k_2 C_A + k_3 C_A^2}$$

$$= \frac{k_2}{k_1 C_A^2 + k_2 + k_3 C_A}$$

$C_A \downarrow$: CSTR 사용

85 $A \rightleftharpoons B+C$ 평형반응기 1bar, 560℃에서 진행될 때 평형상수 $K_p = P_B P_C / P_A$가 100mbar이다. 평형에서 반응물 A의 전화율은?

① 0.12 ② 0.27
③ 0.33 ④ 0.48

해설

$K_p = \dfrac{P_B P_C}{P_A} = 100 \text{mbar}$

$P_{A0}=1 \text{bar}$, $P_{B0}=P_{C0}=0$

$K_p = \dfrac{(P_{B0}+P_{A0}X_{Ae})(P_{C0}+P_{A0}X_{Ae})}{P_{A0}(1-X_{Ae})}$

$= \dfrac{P_{A0}X_{Ae}^2}{1-X_{Ae}} = 100 \text{mbar}$

$\dfrac{X_{Ae}^2}{1-X_{Ae}} = 0.1 \text{bar}$ $\therefore X_{Ae} = 0.27$

86 반응식 $A \to R$에서 속도식이 다음과 같이 주어졌을 때 반응 초기(고농도의 C_A)의 속도식은 몇 차이며 속도상수는 얼마인가?

$$-r_A = \frac{k_1 C_A}{1+k_2 C_A}$$

① 0차 반응, 속도상수 $= k_1$
② 0차 반응, 속도상수 $= \dfrac{k_1}{k_2}$
③ 1차 반응, 속도상수 $= k_1$
④ 1차 반응, 속도상수 $= \dfrac{k_1}{k_2}$

해설

$A \to R$ $-r_A = \dfrac{k_1 C_A}{1+k_2 C_A}$

C_A가 고농도일 경우($C_A \gg 1$)

$-r_A = \dfrac{k_1 C_A}{k_2 C_A} = \dfrac{k_1}{k_2}$

$\therefore$ 0차 반응, 속도상수$= \dfrac{k_1}{k_2}$

정답 83 ① 84 ④ 85 ② 86 ②

87 $A \to R$, $r_R = k_1 C_A^{a_1}$이 원하는 반응이고 $A \to S$, $r_S = k_2 C_A^{a_2}$이 원하지 않는 반응일 때 R을 더 많이 얻기 위한 방법으로 옳은 것은?

① $a_1 = a_2$일 때는 A의 농도를 높인다.
② $a_1 > a_2$일 때는 A의 농도를 높인다.
③ $a_1 < a_2$일 때는 A의 농도를 높인다.
④ $a_1 = a_2$일 때는 A의 농도를 낮춘다.

해설

$A \to R \quad r_R = k_1 C_A^{a_1}$
$A \to S \quad r_S = k_2 C_A^{a_2}$
$a_1 > a_2$이면 C_A가 높을 때 $r_R > r_S$이므로 R이 더 많이 생성된다.

88 이상형 반응기의 대표적인 예가 아닌 것은?

① 회분식 반응기
② 플러그흐름반응기
③ 혼합흐름반응기
④ 촉매반응기

해설

이상형 반응기
• 회분식 반응기
• 플러그흐름반응기
• 혼합흐름반응기

89 반응속도상수 k의 단위는?

① (시간)(농도)$^{n-1}$
② (시간)(농도)$^{1-n}$
③ (시간)$^{-1}$(농도)$^{n-1}$
④ (시간)$^{-1}$(농도)$^{1-n}$

해설

k의 단위 : [시간]$^{-1}$[농도]$^{1-n}$

90 반응기에 대한 설명 중 옳지 않은 것은?

① 회분식 반응기에는 정압 반응기가 있다.
② 혼합흐름반응기에서는 입구 농도와 출구 농도의 변화가 없다.
③ 이상적 관형반응기에서 유체의 흐름은 플러그흐름이다.
④ 회분식 반응기에서는 위치에 따라 조성이 일정하다.

해설

혼합흐름반응기(MFR, CSTR)
반응기 내부와 출구 농도는 같으나, 입구 농도는 다르다.

91 회분식 반응기에서 각 반응시간에 따른 반응 진행도를 구하는 방법으로 가장 거리가 먼 것은?

① 이론에 의한 계산 방법
② 정압계의 부피변화 측정에 의한 방법
③ 정용계의 총압력변화 측정에 의한 방법
④ 전기전도도와 같은 유체의 물성변화 측정에 의한 방법

해설

회분식 반응기에서 반응시간에 따른 반응진행도를 구하는 방법
• 정압계의 부피변화 측정
• 정용계의 총압력변화 측정
• 전기전도도와 같은 유체의 물성변화 측정

92 HBr의 생성반응 속도식이 다음과 같을 때 k_2의 단위에 대한 설명으로 옳은 것은?

$$r_{\text{HBr}} = \frac{k_1 [\text{H}_2] [\text{Br}_2]^{\frac{1}{2}}}{k_2 + [\text{HBr}]/[\text{Br}_2]}$$

① 단위는 [m³ s/mol]이다.
② 단위는 [mol/m³ s]이다.
③ 단위는 [(mol/m³)$^{-0.5}$(s)$^{-1}$]이다.
④ 단위는 무차원(dimensionless)이다.

해설

$$r_{HBr} = \frac{k_1[H_2][Br_2]^{\frac{1}{2}}}{k_2 + [HBr]/[Br_2]}$$

$\frac{[HBr]}{[Br_2]}$의 차원이 무차원이므로 k_2의 차원도 무차원이다.

93 균일 기상반응 $A \to 2R$에서 반응기에 50% A와 50% 비활성 물질의 원료를 유입할 때 A의 확장인자(Expansion Factor) ε_A는 얼마인가?

① 0.5
② 1.0
③ 2.0
④ 4.0

해설

$\varepsilon_A = y_{A0}\delta = 0.5 \times \left(\frac{2-1}{1}\right) = 0.5$

94 $A \to C$의 촉매반응이 다음과 같은 단계로 이루어진다. 탈착반응이 율속단계일 때 Langmuir Hinshelwood 모델의 반응속도식으로 옳은 것은?(단, A는 반응물, S는 활성점, AS와 CS는 흡착 중간체이며, k는 속도상수, K는 평형상수, S_0는 초기 활성점, [ ]는 농도를 나타낸다.)

단계 1 : $A + S \xrightarrow{k_1} AS$, $[AS] = K_1[S][A]$
단계 2 : $AS \xrightarrow{k_2} CS$, $[CS] = K_2[AS] = K_2K_1[S][A]$
단계 3 : $CS \xrightarrow{k_3} C + S$

① $r_3 = \frac{[S_0]k_1K_1K_2[A]}{1+(K_1+K_2K_1)[A]}$

② $r_3 = \frac{[S_0]k_3K_1K_2[A]}{1+(K_1+K_2K_1)[A]}$

③ $r_3 = \frac{[S_0]k_1k_2K_1K_2[A]}{1+(K_1+K_2K_1)[A]}$

④ $r_3 = \frac{[S_0]k_1k_3K_1K_2[A]}{1+(K_1+K_2K_1)[A]}$

해설

$r_3 = k_3[CS] = k_3K_2K_1[S][A]$
$[S_0] = [S] + [AS] + [CS]$
$= [S] + K_1[S][A] + K_2K_1[S][A]$
$\therefore [S] = \frac{[S_0]}{1+K_1[A]+K_2K_1[A]}$
$\therefore r_3 = \frac{[S_0]k_3K_2K_1[A]}{1+(K_1+K_2K_1)[A]}$

95 다음의 특징을 갖는 반응기의 형식에 가장 가까운 것은?

- 촉매의 교환·재생이 용이하다.
- 촉매층의 온도·기울기가 작다.
- 물질확산 저항이 적다.

① 고정상 반응기
② 유동상 반응기
③ 액상 현탁 반응기
④ 기상 균일 반응기

해설

유동상 반응기의 특징
- 촉매교환·재생이 가능하다.
- 물질확산저항이 작다.
- 촉매층의 온도·기울기가 작다.

96 회분식 반응기나 관형 흐름반응기에서 연속반응($A \to B \to S$, 각각의 속도상수는 k_1, k_2)이 일어날 때 중간생성물 R이 최대가 되는 시간은?

① k_1, k_2의 기하평균의 역수
② k_1, k_2의 산술평균의 역수
③ k_1, k_2의 대수평균의 역수
④ k_1, k_2에 관계없다.

정답 93 ① 94 ② 95 ② 96 ③

> 해설

Batch, PFR에서

$$C_{R\max} = C_{A0}\left(\frac{k_1}{k_2}\right)^{\frac{k_2}{k_2-k_1}}$$

$$\tau_{p \cdot opt} = \frac{1}{k_{\log mean}} = \frac{\ln\left(\frac{k_2}{k_1}\right)}{k_2-k_1}$$

∴ k_1, k_2의 대수평균의 역수이다.

97 반응물 A와 B가 반응하여 목적하는 생성물 R과 그밖의 생성물이 생긴다. 다음과 같은 반응식에 대해서 생성물 R의 생성을 높이기 위한 반응물 농도의 조건은?

$$A+B \xrightarrow{k_1} R \qquad A \xrightarrow{k_2} R$$

① C_B를 크게 한다.
② C_A를 크게 한다.
③ C_A, C_B 둘 다 상관없다.
④ C_B를 작게 한다.

> 해설

C_A가 C_B보다 크면 목적하지 않는 생성물도 생성된다. 그러므로 C_B를 더 크게 한다.

98 다음 그림으로 표시된 반응은?(단, C는 농도, t는 시간을 나타낸다.)

① $A+R \to S$
② $A+S \to R$
③ $A \to R \to S$
④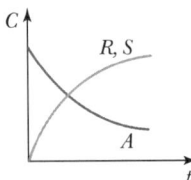

> 해설

A는 감소, R과 S는 동시에 증가하므로

$A \begin{smallmatrix} \nearrow R \\ \searrow S \end{smallmatrix}$ 가 된다.

99 복합반응의 반응속도상수의 비가 다음과 같을 때에 관한 설명으로 옳지 않은 것은?(단, 반응 1이 원하는 반응이다.)

$$\frac{k_1}{k_2} = \frac{k_{10}e^{-E_1/RT}}{k_{20}e^{-E_2/RT}} = \frac{k_{10}}{k_{20}}e^{-(E_1-E_2)/RT}$$

① 활성화 에너지가 크면 고온이 적합하다.
② 평행 반응에서 $E_1 > E_2$이면 고온을 사용한다.
③ 연속 단계에서 $E_1 > E_2$이면 고온을 사용한다.
④ 온도가 상승할 때 $E_1 > E_2$이면 k_1/k_2은 감소한다.

> 해설

$$\frac{k_1}{k_2} = \frac{k_{10}e^{-E_1/RT}}{k_{20}e^{-E_2/RT}} = \frac{k_{10}}{k_{20}}e^{(E_2-E_1)/RT}$$

온도가 상승할 때 $E_1 > E_2$이면 k_1/k_2는 증가하고,
$E_1 < E_2$이면 k_1/k_2는 감소한다.
활성화 에너지가 크면 고온이 적합하고,
활성화 에너지가 작으면 저온이 적합하다.

㉠ 평행반응

$A \begin{smallmatrix} \xrightarrow{1} R(\text{Desired}) \\ \xrightarrow{2} S(\text{Unwanted}) \end{smallmatrix}$

- $E_1 > E_2$이면 고온 사용
- $E_1 < E_2$이면 저온 사용

㉡ 연속반응

$A \xrightarrow{1} R(\text{Desired}) \xrightarrow{2} S$

- k_1/k_2를 증가시키면 R의 생산이 증가
- $E_1 > E_2$이면 고온 사용
- $E_1 < E_2$이면 저온 사용

정답 97 ① 98 ④ 99 ④

100 부피가 100L이고 Space Time이 5min인 혼합 흐름반응기에 대한 설명으로 옳은 것은?

① 이 반응기는 1분에 20L의 반응물을 처리할 능력이 있다.
② 이 반응기는 1분에 0.2L의 반응물을 처리할 능력이 있다.
③ 이 반응기는 1분에 5L의 반응물을 처리할 능력이 있다.
④ 이 반응기는 1분에 100L의 반응물을 처리할 능력이 있다.

해설

$V = 100\text{L}$, $\tau = 5\text{min}$

$\tau = \dfrac{V}{v_0}$

$v_0 = \dfrac{V}{\tau} = \dfrac{100\text{L}}{5\text{min}} = 20\text{L/min}$

정답 100 ①

2014년 제4회 기출문제

1과목 화공열역학

01 그림에서 동력 W를 계산하는 식은?

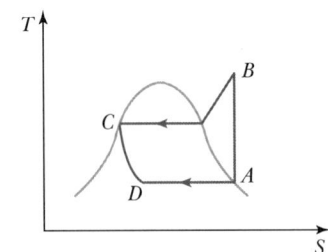

① $W=(H_B-H_C)-(H_A-H_D)$
② $W=(H_B-H_C)-(H_D-H_A)$
③ $W=(H_A-H_D)-(H_B-H_C)$
④ $W=(H_D-H_A)-(H_B-H_C)$

해설
증기압축 냉동사이클
$W=Q_H-Q_C$
$\quad=(H_B-H_C)-(H_A-H_D)$

02 다음 내연기관 사이클(Cycle) 중 같은 조건에서 그 열역학적 효율이 가장 큰 것은?
① 카르노 사이클(Carnot Cycle)
② 오토 사이클(Otto Cycle)
③ 디젤 사이클(Diesel Cycle)
④ 사바테 사이클(Sabathe Cycle)

해설
카르노 사이클은 이상사이클로 열역학적 효율이 가장 크다.

03 일정 온도에서 반데르발스(Van der Walls) 기체를 V_1으로부터 V_2로 팽창시켰다면 내부 에너지 U의 변화는 1mol당 얼마가 되겠는가?(단, 반데르발스 상태방정식은 다음과 같다.)

$$P=\frac{RT}{V-b}-\frac{a}{V^2}$$

① $\Delta U=b\left(\frac{1}{V_1}-\frac{1}{V_2}\right)$
② $\Delta U=b\left(\frac{1}{V_2}-\frac{1}{V_1}\right)$
③ $\Delta U=a\left(\frac{1}{V_2}-\frac{1}{V_1}\right)$
④ $\Delta U=a\left(\frac{1}{V_1}-\frac{1}{V_2}\right)$

해설
$dU=TdS-PdV$
$\left(\frac{dU}{dV}\right)_T=T\left(\frac{\partial S}{\partial V}\right)_T-P$
$\left(\frac{\partial S}{\partial V}\right)_T=\left(\frac{\partial P}{\partial T}\right)_V$ (Maxwell 관계식)
$\left(\frac{\partial U}{\partial V}\right)_T=T\left(\frac{\partial P}{\partial T}\right)_V-P$
$P=\frac{RT}{V-b}-\frac{a}{V^2}$
$\left(\frac{\partial P}{\partial T}\right)_V=\frac{R}{V-b}$
$\left(\frac{\partial U}{\partial V}\right)_T=\frac{RT}{V-b}-P$
$\quad=\frac{RT}{V-b}-\left(\frac{RT}{V-b}-\frac{a}{V^2}\right)$
$\left(\frac{\partial U}{\partial V}\right)_T=\frac{a}{V^2}$

적분하면
$\Delta U=a\left(\frac{1}{V_1}-\frac{1}{V_2}\right)$

정답 01 ① 02 ① 03 ④

04 $P-H$ 선도($P-H$ Diagram)에서 등엔트로피(Isentropic)선의 기울기에 해당하는 식은?

① $\left(\dfrac{\partial P}{\partial H}\right)_S = V$ ② $\left(\dfrac{\partial P}{\partial H}\right)_S = T$

③ $\left(\dfrac{\partial H}{\partial P}\right)_S = T$ ④ $\left(\dfrac{\partial H}{\partial P}\right)_S = V$

해설

$dH = TdS + VdP$
등엔트로피 : $dS = 0$
$\div dP$ 하면
$\left(\dfrac{\partial H}{\partial P}\right)_S = V$

05 150kPa, 300K에서 2몰 이상기체의 부피는 얼마인가?

① $0.03326m^3$ ② $0.3326m^3$
③ $3.326m^3$ ④ $33.26m^3$

해설

$V = \dfrac{nRT}{P}$
$= \dfrac{2\text{mol} \times 8.314\text{J/mol K} \times 300\text{K}}{150 \times 10^3 \text{Pa}}$
$= 0.03326m^3$

06 조름공정(Throtting Process)은 다음 중 어느 과정과 그 원리가 같은가?

① 정용과정 ② 등온과정
③ 등엔트로피 과정 ④ 등엔탈피 과정

해설

조름공정은 등엔탈피 과정이다.

07 25℃, 10atm에서 성분 1, 2로 된 2성분 액체 혼합물 중 성분 1의 퓨가시티가 다음 식으로 주어진다. 성분 1에 대한 헨리(Henry) 상수는 몇 atm인가?(단, x_1은 성분 1의 몰분율이고, $\hat{f}$은 atm 단위를 갖는다.)

$$\hat{f} = 40x_1 - 50x_1^2 + 80x_1^3$$

① 10 ② 20
③ 40 ④ 50

해설

헨리상수 : $x \to 0$
$\hat{f}' = 40 - 100x_1 + 240x_1^2$
$= 40$

08 다음 중 역행응축(Retrograde Condensation)을 이용한 것은?

① 가스 같은 기체를 운반하기 위하여 가스통의 압력을 높인다.
② 지하 유정에서 가스를 끌어올 때 가벼운 가스를 다시 넣어주어 압력을 높인다.
③ 먼지를 제거하기 위하여 질소를 탱크에서 분사시킨다.
④ 냉매를 이용하여 공기를 냉각시켜 에어컨을 가동한다.

해설

역행응축
온도가 증가할 때 응축하고 온도가 내려갈 때 증발하는 현상
예 • 천연가스 채굴 시 동력 없이 액화천연가스를 얻는다.
• 지하 유정에서 가스를 끌어올 때 가벼운 가스를 다시 넣어주어 압력을 높인다.

09 (a)와 같은 반응을 알고 있을 때 (b)의 반응열은 얼마인가?

(a) $C(s) + O_2(g) \to CO_2(g)$
$\Delta H_1 = -94,050\text{kcal/kmol}$
$CO(g) + \dfrac{1}{2}O_2(g) \to CO_2(g)$
$\Delta H_2 = -67,640\text{kcal/kmol}$
(b) $C(s) + \dfrac{1}{2}O_2(g) \to CO(g)$

① $-37,025\text{kcal/kmol}$ ② $-26,410\text{kcal/kmol}$
③ $-74,050\text{kcal/kmol}$ ④ $+26,410\text{kcal/kmol}$

정답 04 ④ 05 ① 06 ④ 07 ③ 08 ② 09 ②

해설

$\Delta H_1 - \Delta H_2 = -94{,}050 + 67{,}640$
$\qquad\qquad\quad = -26{,}410 \text{kcal/kmol}$

10 27℃, 1,800atm하에서 산소 1mol의 부피는 약 몇 L인가?(단, 압축인자는 1.5이다.)

① 20.5
② 0.0185
③ 0.0205
④ 0.00185

해설

$V = \dfrac{ZnRT}{P}$
$\quad = \dfrac{1.5 \times 1 \times 0.082 \times 300}{1{,}800} = 0.0205\text{L}$

11 이상기체에 대하여 $C_p - C_v = R$이 적용되는 조건은?

① $\left(\dfrac{\partial V}{\partial T}\right)_P = 0$
② $\left(\dfrac{\partial C_V}{\partial V}\right)_T = R$
③ $\left(\dfrac{\partial H}{\partial V}\right)_T = R$
④ $\left(\dfrac{\partial U}{\partial V}\right)_T = 0$

해설

$dU = TdS - PdV$
$T = \text{const}$
$\left(\dfrac{\partial U}{\partial V}\right)_T = T\left(\dfrac{\partial S}{\partial V}\right)_T - P$

Maxwell 관계식
$\left(\dfrac{\partial S}{\partial V}\right)_T = \left(\dfrac{\partial P}{\partial T}\right)_V$
$\left(\dfrac{\partial U}{\partial V}\right)_T = T\left(\dfrac{\partial P}{\partial T}\right)_V - P$
$PV = RT$
$\dfrac{P}{T} = \left(\dfrac{\partial P}{\partial T}\right)_V = \dfrac{R}{V}$
$\therefore \left(\dfrac{\partial U}{\partial V}\right)_T = \dfrac{RT}{V} - P = P - P = 0$

12 단일 성분이 두 상으로 평형을 이룰 때 두 상의 각각의 열역학적 특성치 관계로 옳은 것은?

① 각 상의 내부에너지는 같다.
② 각 상의 자유에너지는 같다.
③ 각 상의 엔탈피는 같다.
④ 각 상의 일함수는 같다.

해설

단일 성분의 두 상 평형 : T, P, G가 같다.

13 어떤 기체의 상태방정식은 $P(V-b) = RT$이다. 이 기체 1mol이 3m³에서 5m³로 등온팽창할 때 행한 일의 크기는?(단, b의 단위는 m³이고 $0 < b < V$이다.)

① $RT \ln\left(\dfrac{5-b}{3-b}\right)$
② $\ln\left(\dfrac{5-b}{3-b}\right)$
③ $RT \ln\left(\dfrac{5}{3}\right)$
④ $RT \ln\left(\dfrac{5}{3}\right) + \ln b$

해설

$Q = W = \displaystyle\int_3^5 \dfrac{RT}{V-b} dV = RT \ln \dfrac{5-b}{3-b}$

14 1atm, 100℃에서 1mol의 수증기와 물과의 내부에너지 차는 약 몇 cal인가?(단, 수증기는 이상기체로 생각하고 주어진 압력과 온도에서 물의 증발 잠열은 539cal/g이다.)

① 189,070
② 87,090
③ 19,110
④ 8,960

해설

$U = H - PV = H - nRT$
$\quad = 539\text{cal/g} \times 18\text{g} - 1.987\text{cal/mol K} \times 1\text{mol} \times 373\text{K}$
$\quad = 8{,}960\text{cal}$

정답 10 ③ 11 ④ 12 ② 13 ① 14 ④

15 물과 에탄올, 벤젠의 3성분계가 기체-액체 상평형을 이루고 있다. 자유도는 얼마인가?(단, 액상은 균일하다.)

① 1 ② 2
③ 3 ④ 4

해설

$F = 2 - P + C = 2 - 2 + 3 = 3$

---

16 줄-톰슨(Joule-Thomson) 계수 μ에 대한 표현으로 옳은 것은?

① $\mu = \dfrac{1}{C_P}\left[T\left(\dfrac{\partial V}{\partial T}\right)_P - V\right]$

② $\mu = -\dfrac{1}{C_P}\left[T\left(\dfrac{\partial V}{\partial T}\right)_P - V\right]$

③ $\mu = \dfrac{1}{C_P}\left[V - T\left(\dfrac{\partial T}{\partial V}\right)_P\right]$

④ $\mu = \dfrac{1}{C_P}\left[V - T\left(\dfrac{\partial V}{\partial T}\right)_P\right]$

해설

$\mu = \left(\dfrac{\partial T}{\partial P}\right)_H = -\dfrac{1}{C_P}\left(\dfrac{\partial H}{\partial P}\right)_T$

$= \dfrac{1}{C_P}\left[T\left(\dfrac{\partial V}{\partial T}\right)_P - V\right] = \dfrac{V(\beta T - 1)}{C_P}$

---

17 절대온도 T의 일정온도에서 이상기체를 1기압에서 10기압으로 가역적인 압축을 한다면, 외부가 해야 할 일의 크기는?

① $RT\ln 10$ ② RT^2
③ $9RT$ ④ $10RT$

해설

$Q = -W = RT\ln\dfrac{V_2}{V_1} = RT\ln\dfrac{P_1}{P_2} = -RT\ln 10$

그러므로 일의 크기 $W = RT\ln 10$이다.

---

18 수용액 속에서 낮은 농도로 들어 있는 성분(i)에 대하여 그 활동도(Activity) $\hat{a}$를 옳게 나타낸 것은?(단, X_i=몰분율, ω_i=질량분율, m_i=몰랄농도(Molarity)이다.)

① $\hat{a} = X_i$ ② $\hat{a} = m_i$
③ $\hat{a} = \omega_i$ ④ $\hat{a} = \omega_i X_i$

해설

헨리의 법칙
용질의 농도가 매우 낮다.

$\hat{a_i} = \dfrac{\hat{f_i}}{f_i^\circ} = m_i$ (몰랄농도)

---

19 두헴(Duhem)의 정리는 "초기에 미리 정해진 화학 성분들의 주어진 질량으로 구성된 어떤 닫힌계에 대해서도, 임의의 두 개의 변수를 고정하면 평형상태는 완전히 결정된다."라고 표현할 수 있다. 다음 중 설명이 옳지 않은 것은?

① 정해 주어야 하는 두 개의 독립변수는 세기 변수일 수도 있고 크기 변수일 수도 있다.
② 독립적인 크기 변수의 수는 상률에 의해 결정 된다.
③ $F=1$일 때 두 변수 중 하나는 크기 변수가 되어야 한다.
④ $F=0$일 때는 둘 모두 크기 변수가 되어야 한다.

해설

상률
상률변수는 온도, 압력, $(N-1)$몰분율이며, 동일한 상평형 관계식이 적용되면 그 수는 $(\pi-1)N$이다.

$\therefore F = 2 + (N-1)\pi - (\pi-1)N$
$= 2 - \pi + N$

반응식의 수를 r, 제한조건을 s라 하면
$F = 2 - \pi + N - r - s$가 된다.

정답 ▶ 15 ③ 16 ① 17 ① 18 ② 19 ②

20 다음 중 줄-톰슨(Joule-Thomson) 계수(μ)에 대한 설명으로 옳은 것은?

① $\mu = \left(\dfrac{\partial P}{\partial T}\right)_H$ 로 정의된다.

② 항상 양(+)의 값을 갖는다.

③ 전환점(Inversion Point)에서는 1의 값을 갖는다.

④ 이상기체의 경우는 값이 0이다.

해설

줄-톰슨(Joule-Thomson) 계수

$\mu = \left(\dfrac{\partial T}{\partial P}\right)_H = \dfrac{T\left(\dfrac{\partial V}{\partial T}\right)_P - V}{C_P}$

이상기체의 경우 $\mu = 0$

2과목 단위조작 및 화학공업양론

21 수분 40wt%를 함유한 목재 100kg이 건조기에서 수분 20wt%까지 건조된다. 증발된 물의 양은 얼마인가?

① 50kg ② 40kg
③ 35kg ④ 25kg

해설

㉠ 40% 수분 ⎫
  60% 목재 ⎬ 100kg → 20wt% 수분
건조 후 수분의 양을 x라 하면
$\dfrac{x}{x+60} \times 100 = 20\%$
∴ $x = 15$kg
증발된 물의 양 : 40kg − 15kg = 25kg

㉡ $W = F\left(1 - \dfrac{a}{b}\right) = 100\text{kg} \times \left(1 - \dfrac{60}{80}\right) = 25$kg

22 몰 조성이 79% N_2 및 21% O_2인 공기가 있다. 20℃, 740mmHg에서 이 공기의 밀도는 약 몇 g/L인가?

① 1.17 ② 1.34
③ 3.21 ④ 6.45

해설

공기의 평균분자량
$\overline{M}_{av} = 0.79 \times 28 + 0.21 \times 32 = 28.84$

$PV = nRT \rightarrow PV = \dfrac{w}{M}RT$

$d = \dfrac{w}{V} = \dfrac{PM}{RT} = \dfrac{\left(740 \times \dfrac{1}{760}\right) \times 28.84}{0.082 \times 293} = 1.17$g/L

23 과열수증기가 190℃(과열), 10bar에서 매시간 2,000kg/h로 터빈에 공급되고 있다. 증기는 1bar 포화증기로 배출되며 터빈은 이상적으로 가동된다. 수증기의 엔탈피가 다음과 같다고 할 때 터빈의 출력은 몇 kW인가?

$\widehat{H}_{in}$(10bar, 190℃) = 3,201kJ/kg
$\widehat{H}_{out}$(1bar, 포화증기) = 2,675kJ/kg

① $W = -1,200$kW ② $W = -292$kW
③ $W = -130$kW   ④ $W = -30$kW

해설

$P = (2,675 - 3,201)\text{kJ/kg} \times 2,000\text{kg/h} \times 1\text{h}/3,600\text{s}$
  $= -292$kW

24 임계상태에 관련된 설명으로 옳지 않은 것은?

① 임계상태는 압력과 온도의 영향을 받아 기상거동과 액상거동이 동일한 상태이다.

② 임계온도 이하의 온도 및 임계압력 이상의 압력에서 기체는 응축하지 않는다.

③ 임계점에서의 온도를 임계온도, 그때의 압력을 임계압력이라고 한다.

④ 임계상태를 규정짓는 임계압력은 기상거동과 액상거동이 동일해지는 최저압력이다.

해설

임계점(임계온도, 임계압력) 이상에서는 기체가 응축하지 않는다.

정답 20 ④ 21 ④ 22 ① 23 ② 24 ②

25 상변화에 수반되는 열을 결정하는 데 사용되는 Clausius–Clapeyron 식에 대한 설명 중 옳은 것은?

① 온도에 대한 포화증기압 도시(Plot)의 최대값으로부터 잠열을 결정할 수 있다.
② 온도에 대한 포화증기압 도시(Plot)의 최소값으로부터 잠열을 결정할 수 있다.
③ 온도역수에 대한 포화증기압 대수치 도시(Plot)의 기울기로부터 잠열을 구할 수 있다.
④ 온도역수에 대한 포화증기압 대수치 도시(Plot)의 절편으로부터 잠열을 구할 수 있다.

해설

Clausius–Clapeyron 식
$$\ln \frac{P_2}{P_1} = \frac{\Delta H}{R}\left(\frac{1}{T_1} - \frac{1}{T_2}\right)$$

26 CO_2 75vol%과 NH_3 25vol%의 기체 혼합물을 KOH로 CO_2를 제거하였더니 유출가스의 조성은 25vol% CO_2이었다. CO_2 제거 효율은 약 몇 %인가? (단, NH_3의 양은 불변이다.)

① 10% ② 33%
③ 67% ④ 89%

해설

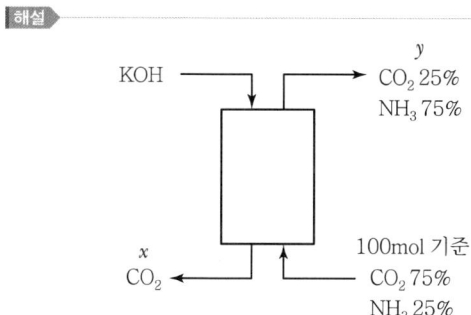

대응성분 : NH_3
$y \times 0.75 = 100 \times 0.25$
∴ $y = 33.3\text{mol}$
$x = 100 - 33.3 = 66.7\text{mol}$
제거효율 $= \dfrac{66.7}{75} \times 100 = 89\%$

27 NH_3 가스가 3.5m³의 용기 속에 21atm, 50℃로 들어 있다. 이 조건에서 NH_3 가스의 압축계수(Compressibility Factor)가 0.845라면 용기 속에 들어 있는 NH_3의 양은 약 얼마인가?

① 18.1kg ② 21.4kg
③ 47.2kg ④ 55.8kg

해설

$$PV = ZnRT = Z\frac{w}{M}RT$$
$$w = \frac{PVM}{ZRT} = \frac{21 \times 3.5 \times 17}{0.845 \times 0.082 \times 323} = 55.8\text{kg}$$

28 $4HCl + O_2 \rightarrow 2H_2O + 2Cl_2$의 반응으로 촉매 존재하에 건조 공기로 건조 염화수소를 산화시켜 염소를 생산한다. 이때 공기를 30% 과잉으로 사용하면 반응기에 들어가는 기체 중 HCl의 부피조성은 몇 %인가? (단, 공기 중 산소의 부피조성이 21%이다.)

① 35.05 ② 39.25
③ 75.54 ④ 80.05

해설

$4HCl + O_2 \rightarrow 2H_2O + 2Cl_2$
 4 : 1
$1 \times \dfrac{100\text{Air}}{21O_2} \times 1.3 = 6.2$
∴ $\dfrac{4}{4 + 6.2} \times 100 = 39.2\%$

29 30wt% A, 70wt% B의 혼합물에서 A의 몰분율은 얼마인가? (단, A의 분자량은 60이고, B의 분자량은 140이다.)

① 0.3 ② 0.4
③ 0.5 ④ 0.6

해설

Basis : 100g(A와 B의 혼합물을 100g이라고 가정)
$$x_A = \frac{n_A}{n_A + n_B} = \frac{30/60}{30/60 + 70/140} = 0.5$$

정답 ▶ 25 ③ 26 ④ 27 ④ 28 ② 29 ③

30 이상기체의 밀도를 옳게 설명한 것은?

① 온도에 비례한다.
② 압력에 비례한다.
③ 분자량에 반비례한다.
④ 이상기체상수에 비례한다.

> 해설

이상기체 상태방정식

$$PV = nRT = \frac{w}{M}RT$$

$$\frac{w}{V} = \rho = \frac{PM}{RT}$$

이상기체의 밀도는 압력과 분자량에 비례하고 온도에 반비례한다.

31 노벽이 두께 25mm의 내화벽돌과 두께 20cm의 보통벽돌로 이루어져 있다. 내화벽돌과 보통벽돌의 열전도도는 각각 0.1kcal/m h ℃, 1.2kcal/m h ℃이며 노벽의 내면온도는 1,000℃이고 외면온도는 60℃이다. 외부노벽으로부터의 단위면적당 열손실은 몇 kcal/m² h인가?

① 1,236
② 2,256
③ 3,326
④ 4,526

> 해설

$$\frac{q}{A} = \frac{t_1 - t_3}{R_1 + R_2}$$

$$= \frac{t_1 - t_3}{\frac{l_1}{k_1} + \frac{l_2}{k_2}}$$

$$= \frac{(1,000 - 60)℃}{\frac{0.025\text{m}}{0.1\text{kcal/m h ℃}} + \frac{0.2\text{m}}{1.2\text{kcal/m h ℃}}}$$

$$= 2,256 \text{kcal/m}^2 \text{h}$$

32 펌프의 공동현상을 방지하기 위하여 고려하여야 할 사항이 아닌 것은?

① NPSH(Net Positive Suction Head)를 크게 펌프를 설치한다.
② 유입관로에서의 유속을 작게 배관한다.
③ 흡입관로에서의 손실수두를 작게 배관한다.
④ 펌프의 회전수를 크게 한다.

> 해설

공동현상(Cavitation)
- 원심펌프를 높은 능력으로 운전할 때 임펠러 흡입부의 압력이 낮아지게 되는 현상
- 빠른 속도로 액체가 운동할 때 액체의 압력이 증기압이하로 낮아져서 액체 내 증기기포가 발생 → 펌프의 회전수를 작게 한다.

33 원관 내에 유체가 난류로 흐르고 있다. 평균유속은 0.5m/s이며, 축방향 평균제곱 편차속도는 6.35×10^{-4} m²/s²이다. 난류 강도는 약 몇 %인가?

① 10
② 8
③ 7
④ 5

> 해설

$$\text{난류강도} = \frac{\sqrt{\text{편차속도}^2}}{\text{유체 평균유속}} \times 100\%$$

$$= \frac{\sqrt{6.35 \times 10^{-4} \text{m}^2/\text{s}^2}}{0.5 \text{m/s}} \times 100\%$$

$$= 5.04\%$$

34 천연가스를 상온 상압에서 150m³/min의 유량으로 수송한다. 이 조건에서 공정 파이프 라인(line)의 최적 유속을 1m/s로 하려면 사용관의 직경은 약 몇 m로 하여야 하는가?

① 1.58
② 1.78
③ 2.24
④ 2.48

> 해설

$$Q = Au$$

$$150\text{m}^3/\text{min} \times 1\text{min}/60\text{s} = \frac{\pi}{4}D^2 \times 1\text{m/s}$$

$$\therefore D = 1.78\text{m}$$

정답 30 ② 31 ② 32 ④ 33 ④ 34 ②

35 저수지로부터 10m 높이의 개방탱크에 펌프로 물을 퍼올린다. 출구의 유속을 3.13m/s로 유지한다. 유로의 마찰손실을 무시하고 온도가 일정할 때 펌프의 이론 동력은 약 몇 $kg_f\ m/kg$인가?

① 10.5
② 13.1
③ 14.5
④ 16.3

해설

$$W = \frac{u_2^2 - u_1^2}{2g_c} + \frac{g}{g_c}(Z_2 - Z_1) + \frac{(p_2 - p_1)}{\rho}$$

$$= \frac{3.13^2}{2 \times 9.8} + 10$$

$$= 10.5 kg_f\ m/kg$$

36 상계점(Plait Point)에 대한 설명 중 틀린 것은?

① 추출상과 추잔상의 조성이 같아지는 점
② 분배곡선과 용해도곡선과의 교점
③ 임계점(Critical Point)으로 불리기도 하는 점
④ 대응선(Tie-line)의 길이가 0이 되는 점

해설

상계점(Plait Point)
- 균일상에서 불균일상으로 되는 경계점
- Tie-line 길이가 0인 점
- 추출상과 추잔상의 조성이 같아지는 점
- 임계점

37 최고공비혼합물에 대한 설명으로 틀린 것은?

① 휘발도가 정규상태보다 비정상적으로 높다.
② 같은 분자 간 인력이 다른 분자 간 인력보다 작다.
③ 활동도 계수가 1보다 작다.
④ 증기압이 이상용액보다 작다.

해설

최고공비혼합물
- 휘발도가 이상적으로 낮다. $\gamma_A < 1$, $\gamma_B < 1$
- 같은 분자 간 인력 < 다른 분자 간 인력
- 증기압은 낮아지고 비점은 높아진다.

38 증류탑에서 환류비를 나타내는 식으로 옳지 않은 것은?(단, R_D, R_V는 환류비, L은 농축부 강하액량, D는 탑상부 제품량, V는 탑내 농축부 상승증기량이다.)

① $R_D = \dfrac{L}{D}$
② $R_V = \dfrac{L}{V}$
③ $R_V = \dfrac{L}{L+D}$
④ $R_V = \dfrac{D}{V}$

해설

$R_D = \dfrac{L}{D}$

$R_V = \dfrac{L}{V} = \dfrac{L}{L+D}$

39 주된 용도가 나머지 셋과 다른 것은?

① 피토관(Pitot Tube)
② 마노미터(Manometer)
③ 로터미터(Rotameter)
④ 벤투리미터(Venturi Meter)

해설

- 유량측정 : 피토관, 로터미터, 벤투리미터
- 압력차 측정 : 마노미터

40 모세관 현상이 지배적인 다공서 고체를 건조할 때 건조속도의 특성을 나타낸 그림은?

정답 ▶ 35 ① 36 ② 37 ① 38 ④ 39 ② 40 ②

해설

모세관 현상이 지배적인 다공성 고체

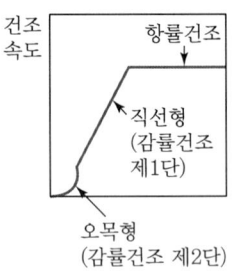

3과목 공정제어

41 시간 상수가 1분인 1차계로 표현되는 수은 온도계가 25℃의 실내에 놓여 있었다. 어느 순간 이 온도계를 5℃의 바깥 공기에 노출시켰다면, 약 몇 분 후에 온도계 눈금이 6℃를 나타내겠는가?

① 1.0분　　② 2.0분
③ 3.0분　　④ 4.0분

해설

$G(s) = \dfrac{1}{\tau s + 1} = \dfrac{1}{s+1}$

$X(t) = 20 \rightarrow X(s) = \dfrac{20}{s}$

$Y(s) = 20\left(\dfrac{1}{s} - \dfrac{1}{s+1}\right)$

∴ $y(t) = 20(1-e^{-t}) = 19$

∴ $t = 3\,\text{min}$

42 0~500℃ 범위의 온도를 4~20mA로 전환하도록 스팬조정이 되어 있던 온도센서에 맞추어 조율되었던 PID 제어기에 대하여, 0~250℃ 범위의 온도를 4~20mA로 전환하도록 온도센서의 스팬을 재조정한 경우, 제어성능을 유지하기 위하여 PID 제어기의 조율은 어떻게 바뀌어야 하는가?

① 비례이득값을 2배로 늘린다.
② 비례이득값을 1/2로 줄인다.
③ 적분상수값을 1/2로 줄인다.
④ 제어기 조율을 바꿀 필요 없다.

해설

제어기의 이득(K_m) = $\dfrac{\text{전환기의 출력범위}}{\text{전환기의 입력범위}}$

$K_{m1} = \dfrac{(20-4)\,\text{mA}}{(500-0)\,℃} = \dfrac{16}{500}\,\text{mA}/℃$

$K_{m2} = \dfrac{(20-4)\,\text{mA}}{(250-0)\,℃} = \dfrac{16}{250}\,\text{mA}/℃$

K_m이 2배로 증가했으므로 비례이득을 $\dfrac{1}{2}$로 감소시킨다.

※ 공정이득이 커지면, 비례이득은 반비례 관계로 줄어든다.

43 다음의 함수를 라플라스로 전환한 것으로 옳은 것은?

$$f(t) = e^{2t}\sin 2t$$

① $F(s) = \dfrac{\sqrt{2}}{(s+2)^2+2}$　　② $F(s) = \dfrac{\sqrt{2}}{(s-2)^2+2}$

③ $F(s) = \dfrac{2}{(s-2)^2+4}$　　④ $F(s) = \dfrac{2}{(s+2)^2+4}$

해설

$\mathcal{L}\{f(t)\} = \mathcal{L}\{e^{2t}\sin 2t\} = \dfrac{2}{(s-2)^2+2^2}$

44 다음 블록선도에서 전달함수 $\dfrac{Y(s)}{X(s)}$ 중 맞는 것은?

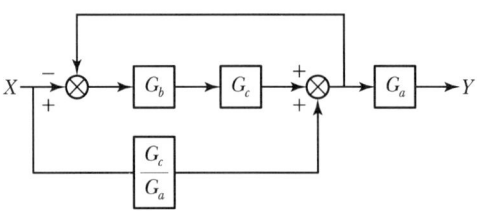

① $\dfrac{G_aG_bG_c + G_c}{1 + G_aG_b}$　　② $\dfrac{G_aG_bG_c + G_c}{1 + G_bG_c}$

③ $\dfrac{G_aG_bG_c + G_b}{1 + G_aG_b}$　　④ $\dfrac{G_aG_bG_c + G_b}{1 + G_bG_c}$

정답 41 ③　42 ②　43 ③　44 ②

해설

$$G(s) = \frac{Y(s)}{X(s)} = \frac{G_a G_b G_c + \left(\frac{G_c}{G_a}\right)(G_a)}{1 + G_b G_c} = \frac{G_a G_b G_c + G_c}{1 + G_b G_c}$$

45 일차계 공정에 사인파 입력이 들어갔을 때 시간이 충분히 지난 후의 출력은?

① 입력 사인파의 진폭에 공정이득을 곱한 크기의 진폭을 가지는 사인파를 보인다.
② 입력 사인파와 같은 주파수를 가지는 사인파를 보인다.
③ 입력 사인파와 같은 위상을 가지는 사인파를 보인다.
④ 입력 사인파의 진폭에 공정이득을 나눈 크기의 진폭을 가지는 사인파를 보인다.

해설
1차계 sin 함수
$x(t) = A\sin\omega t$
$y(t) = \frac{KA}{\sqrt{1+\tau^2\omega^2}} \sin(\omega t + \phi)$
일차계 공정에 사인파 입력이 있을 때 시간이 지난 후 출력은 입력 사인파와 같은 주파수를 가진 사인파를 보인다.

46 비례이득을 변화시켜 공정출력을 연속적으로 진동하게 하여 제어기를 튜닝하는 방법(Continuous Cycling)에 관한 다음 설명 중 옳지 않은 것은?

① 시간지연이 없는 1차 공정에 적용이 가능하다.
② 공정에 대한 사전 지식이 없어도 된다.
③ 연속진동 주기와 연속진동을 가져오는 비례이득 정보를 이용하여 제어기를 튜닝한다.
④ 시간이 많이 걸리고 진동폭이 커지면 위험할 수 있기 때문에 적용할 수 없는 경우가 있다.

해설
연속진동법
- 시간지연이 없는 1차 공정에 비례이득을 변화시켜도 조율이 되지 않아 적용하지 않는다.
- 공정에 대한 사전 지식이 없어도 된다.

47 Disturbance(외부교란)가 시간에 따라 변화할 때 제어변수가 고정된 Set Point에 따르도록 조절변수를 제어하는 것을 무슨 제어라고 칭하는가?

① 조정(Regulatory) 제어
② 서보(Servo) 제어
③ 감시제어
④ 예측제어

해설
조정(Regulatory) 제어
외부교란이 시간에 따라 변화할 때 제어변수가 고정된 Set Point에 따르도록 조절변수를 제어

48 어떤 공정이 다음과 같은 전달함수로 표현된다. 공정입력으로 $\sin(t)$가 계속 들어갈 때 시간이 충분히 지난 후의 공정출력에 관한 설명 중 틀린 것은?

$$G(s) = \frac{1}{(s+1)(3s+1)}$$

① 공정출력은 공정입력과 비교해서 $\tan^{-1}(1) + \tan^{-1}(3)$ radian만큼 지연되어서 나타나는 sin파이다.
② 공정출력은 진폭이 $\frac{1}{\sqrt{2}\sqrt{10}}$ 인 sin파이다.
③ 공정이 안정하기 때문에 출력은 진동하면서 점점 0으로 수렴한다.
④ 공정출력은 주파수(Frequency)가 1인 sin파이다.

해설
$G(s) = \frac{K}{\tau^2 s^2 + 2\tau\zeta s + 1} = \frac{1}{3s^2 + 4s + 1}$
$\tau^2 = 3$
$\therefore \tau = \sqrt{3}$
$2\tau\zeta = 4$
$2\sqrt{3}\zeta = 4$
$\therefore \zeta = \frac{2}{\sqrt{3}} > 1 \rightarrow$ 진동하지 않는다.

49 Smith Predictor는 어떠한 공정문제를 보상하기 위하여 사용되는가?

① 역응답 ② 공정의 비선형
③ 지연시간 ④ 공정의 상호간섭

해설
Smith Predictor는 지연시간을 보상하기 위해 사용된다.

50 화학공장에서 공정제어의 필요성에 대한 설명으로 다음 중 가장 거리가 먼 것은?

① 균일한 제품을 생산하여 제품의 질을 향상시키기 위해 필요하다.
② 온도나 압력 등의 공정변수들을 잘 관리하여 사고를 예방하기 위해 필요하다.
③ 생산비 절감 및 생산성 향상을 위해 필요하다.
④ 공장운전의 완전 무인화를 위해 필요하다.

해설
공정제어의 이점
- 공정안정성의 개선
- 환경적 공정제약의 충족
- 보다 엄격한 제품규격의 만족
- 원료와 에너지의 보다 효율적인 활용
- 이익의 증대

51 전달함수가 $\dfrac{Y(s)}{X(s)} = \dfrac{\tau_1 s + 1}{\tau_2 s + 1}$ 인 계에서 단위계단 응답 $Y(t)$는?

① $1 + \dfrac{\tau_1 - \tau_2}{\tau_2} e^{-t/\tau_2}$ ② $1 + \dfrac{\tau_1 - \tau_2}{\tau_1} e^{-t/\tau_1}$

③ $1 + \dfrac{\tau_2 - \tau_1}{\tau_1} e^{-t/\tau_1}$ ④ $1 + \dfrac{\tau_2 - \tau_1}{\tau_2} e^{-t/\tau_2}$

해설
$G(s) = \dfrac{\tau_1 s + 1}{\tau_2 s + 1}$

$X(s) = \dfrac{1}{s}$

$Y(s) = G(s)\,X(s) = \dfrac{\tau_1 s + 1}{\tau_2 s + 1} \cdot \dfrac{1}{s}$

$= \dfrac{1}{s} + \dfrac{\tau_1 - \tau_2}{\tau_2 s + 1}$

$= \dfrac{1}{s} + \dfrac{(\tau_1 - \tau_2)/\tau_2}{s + \dfrac{1}{\tau_2}}$

$y(t) = 1 + \dfrac{\tau_1 - \tau_2}{\tau_2} e^{-\frac{t}{\tau_2}}$

52 주파수 응답해석(Frequency Response Analysis)에 대한 설명 중 틀린 것은?

① 사인파 형태의 공정입력이 가해졌을 경우, 공정출력의 형태를 해석한 것이다.
② 주파수 응답해석은 앞먹임 제어루프의 안정도를 해석하는 데에 주로 사용된다.
③ $G(s)$를 전달함수로 가지는 공정의 진폭비는 $|G(i\omega)|$ 이다.
④ 보드 선도(Bode Plot)는 주파수에 대한 공정의 진폭비와 위상각 변화를 그래프로 표시한 것이다.

해설
주파수 응답해석은 피드백 제어루프의 안정도를 해석하는 데 주로 사용된다.

53 어떤 액위(Liquid Level) 탱크에서 유입되는 유량(m³/min)과 탱크의 액위(h) 간의 관계는 다음과 같은 전달함수로 표시된다. 탱크로 유입되는 유량에 크기 1인 계단변화가 도입되었을 때 정상상태에서 h의 변화 폭은 얼마인가?

$$\dfrac{H(s)}{Q(s)} = \dfrac{1}{2s+1}$$

① 1 ② 2
③ 3 ④ 6

정답 49 ③ 50 ④ 51 ① 52 ② 53 ①

해설

$$H(s) = \frac{1}{2s+1}\frac{1}{s} = \frac{1}{s} - \frac{1}{s+\frac{1}{2}}$$

$$h(t) = 1 - e^{-\frac{1}{2}t}$$

$t \to \infty$ 이면 $h(t) = 1$

54 함수 $f(t)$의 Laplace 변환이 다음 식과 같을 때 함수 $f(t)$의 최종값을 구하면?

$$F(s) = \frac{2s+1}{s^4 + 2s^3 + 2s^2 + s}$$

① 0　　② 1
③ 2　　④ 3

해설

$$\lim_{t \to \infty} f(t) = \lim_{s \to 0} sF(s)$$
$$= \lim_{s \to 0} \frac{2s+1}{s^3 + 2s^2 + 2s + 1} = 1$$

55 다음 중 1차 지연시간 공정(First-Order Plus Dead Time process)으로의 근사가 가장 부적절한 공정은?

① $G(s) = \dfrac{10(-0.2s+1)}{4s+1}$

② $G(s) = \dfrac{5(-0.2s+1)}{(0.2s+1)^3}$

③ $G(s) = \dfrac{10}{(0.2s+1)(2s+1)}$

④ $G(s) = \dfrac{5(-0.2s+1)}{(0.1s+1)(2s+1)}$

해설

$$e^{-\tau s} \simeq \frac{1}{\tau s + 1}$$

①, ③, ④는 시간지연의 형태로 근사할 수 있다.

56 어떤 계의 단위계단 응답이 다음과 같을 경우 이 계의 단위충격응답(Impulse Response)은?

$$Y(t) = 1 - \left(1 + \frac{t}{\tau}\right)e^{-\frac{t}{\tau}}$$

① $\dfrac{t}{\tau}e^{-\frac{t}{\tau}}$　　② $\dfrac{t}{\tau^2}e^{-\frac{t}{\tau}}$

③ $\left(1 + \dfrac{t}{\tau}\right)e^{-\frac{t}{\tau}}$　　④ $\left(1 - \dfrac{t}{\tau}\right)e^{-\frac{t}{\tau}}$

해설

(단위계단응답)′ = 단위충격응답

$$y(t) = 1 - \left(1 + \frac{t}{\tau}\right)e^{-\frac{t}{\tau}} = 1 - e^{-\frac{t}{\tau}} - \frac{t}{\tau}e^{-\frac{t}{\tau}}$$

$$y'(t) = \frac{1}{\tau}e^{-\frac{t}{\tau}} - \frac{1}{\tau}e^{-\frac{t}{\tau}} + \frac{t}{\tau^2}e^{-\frac{t}{\tau}} = \frac{t}{\tau^2}e^{-\frac{t}{\tau}}$$

57 선형계의 제어시스템의 안정성을 판별하는 방법이 아닌 것은?

① Routh-Hurwitz 시험법 적용
② 특성방정식 근궤적 그리기
③ Bode나 Nyquist 선도 그리기
④ Laplace 변환 적용

해설

안정성 판별법
- Routh-Hurwitz 법
- 특성방정식의 근궤적 그리기
- Bode 선도 그리기
- Nyquist 선도 그리기

58 어떤 압력측정장치의 측정범위는 0~400psig, 출력범위는 4~20mA로 조정되어 있다. 이 장치의 이득을 구하면 얼마인가?

① 25mA/psig　　② 0.01mA/psig
③ 0.08mA/psig　　④ 0.04mA/psig

정답 54 ②　55 ②　56 ②　57 ④　58 ④

해설

$$K = \frac{(20-4)\text{mA}}{(400-0)\text{psig}} = 0.04 \text{mA/psig}$$

59 다음 중 되먹임 제어계가 불안정한 경우에 나타나는 특성은?

① 이득여유(Gain Margin)가 1보다 작다.
② 위상여유(Phase Margin)가 0보다 크다.
③ 제어계의 전달함수가 1차계로 주어진다.
④ 교차주파수(Crossover Frequency)에서 갖는 개루프 전달함수의 진폭비가 1보다 작다.

해설

- Bode 안정성 판별법
  진동응답의 진폭비가 임계진동수에서 1보다 크면 닫힌 루프 제어시스템은 불안정하다.
  ∴ $AR_c > 1$ → 불안정
- GM(이득마진) $= \dfrac{1}{AR_c}$
  GM이 1보다 작으면 $AR_c > 1$이므로 불안정하다.
- PM(위상마진) $= 180 + \phi_g$
  PM이 0보다 크면 안정하다.
- 제어기는 GM이 대략 1.7~2.0, PM이 30~45° 범위를 갖도록 한다.

60 시간지연이 없고 안정한 1차 공정을 비례적분 제어기로 제어하는 경우에 대한 설명으로 틀린 것은?

① 비례대(Proportional Band)가 커질수록 폐루프(Closed Loop)의 응답이 느려진다.
② 직선적으로 증가하는 설정치 변화에 대한 잔류오차는 비례이득(Proportional Gain)이 증가하면 작아진다.
③ 비례이득을 증가시키면 폐루프는 불안정해진다.
④ 폐루프 전달함수에 영점(Zero)이 나타난다.

해설

- 비례이득을 증가시키면 폐루프는 안정해진다.
- PB(비례대)
  $\%PB = \dfrac{\Delta(\text{제어변수\%})}{\Delta(\text{제어기 출력\%})} \times 100$

$PB \uparrow \rightarrow 응답 \downarrow$

- PI 제어기(비례적분 제어기)
  $G(s) = \dfrac{P(s)}{E(s)} = K_c\left(1 + \dfrac{1}{\tau_I s}\right)$

4과목 공업화학

61 폴리카보네이트의 합성방법은?

① 비스페놀-A와 포스겐의 축합반응
② 비스페놀-A와 포름알데히드의 축합반응
③ 하이드로퀴논과 포스겐의 축합반응
④ 하이드로퀴논과 포름알데히드의 축합반응

해설

62 H_2와 Cl_2를 직접 결합시키는 합성염화수소의 제법에서는 활성화된 분자가 연쇄를 이루기 때문에 반응이 폭발적으로 진행된다. 실제 조작에서는 폭발을 막기 위해서 어떤 조치를 하는가?

① 염소를 다소 과잉으로 넣는다.
② 수소를 다소 과잉으로 넣는다.
③ 수증기를 공급하여 준다.
④ 반응압력을 낮추어 준다.

해설

$H_2 : Cl_2 = 1.2 : 1$

63 다음 중 질산 제조 시 가장 널리 사용되는 촉매는?

① V_2O_5
② $Fe-Co$
③ $Pt-Rh$
④ Cr_2O_3

해설
질산 제조 시 $Pt-Rh$ 촉매가 가장 많이 사용된다.

64 암모니아소다법에서 조중조의 하소(Calcination) 때 생성되는 물질은?

① $NaHCO_3$
② Na_2CO_3
③ $NaOH$
④ $CaCl_2$

해설
암모니아 소다법(solvay법)
㉠ $NaCl + NH_3 + CO_2 + H_2O \to NaHCO_3 + NH_4Cl$(탄산화)
　　　　　　　　　　　　중조
㉡ $2NaHCO_3 \to Na_2CO_3 + CO_2 + H_2O$(중조의 가소)
㉢ $2NH_4Cl + Ca(OH)_2 \to 2NH_3 + CaCl_2 + H_2O$(암모니아 회수)
　　석회유 첨가

65 200kg의 인산(H_3PO_4) 제조 시 필요한 인광석의 양은 약 몇 kg인가?(단, 인광석 내에는 30%의 P_2O_5가 포함되어 있으며 P_2O_5의 분자량은 142이다.)

① 241.5
② 362.3
③ 483.1
④ 603.8

해설
$P_2O_5 + 3H_2O \to 2H_3PO_4$
　142　　　　:　2×98
　x　　　　　:　200kg
인광석 $x = 144.9kg \times \dfrac{100}{30} = 483kg$

66 다음 중 국내 올레핀계탄화수소의 공급원으로 가장 많이 쓰이는 것은?

① 석탄가스
② 정유소가스
③ 나프타의 열분해
④ 석유유분의 분리

해설
나프타의 열분해 – 올레핀계탄화수소를 얻음

67 박막형성기체 중에서 SiO_2 막에 사용되는 기체로 가장 거리가 먼 것은?

① SiH_4
② O_2
③ N_2O
④ PH_3

해설
박막형성기체 – SiO_2막
SiH_4, SiH_2Cl_2, $SiCl_4O_2$, NO, N_2O

68 소다회 제조법 중 거의 100%의 식염의 이용이 가능한 것은?

① Solvay법
② Le Blanc법
③ 염안소다법
④ 가성화법

해설
염안소다법
식염의 이용률을 거의 100%에 가깝도록 개선한 방법

69 연실법 Glover 탑의 질산 환원공정에서 35wt% HNO_3 25kg으로부터 NO를 약 몇 kg 얻을 수 있는가?

① 2.17kg
② 4.17kg
③ 6.17kg
④ 8.17kg

해설
HNO_3　　:　NO
63kg　　　:　30kg
$25kg \times 0.35$: x
∴ $x = 4.17kg$

70 암모니아 합성용 수성가스(Water Gas)의 주성분은?

① H_2O, CO
② CO_2, H_2O
③ CO, H_2
④ H_2O, N_2

해설
수성가스(Water Gas) : CO, H_2

정답 63 ③　64 ②　65 ③　66 ③　67 ④　68 ③　69 ②　70 ③

71 다음 중 질소질비료가 아닌 것은?

① 요소 ② 질산암모늄
③ 석회질소 ④ 용성인비

해설
질소질비료
초석(KNO_3), 칠레초석($NaNO_3$), 요소[$CO(NH_2)_2$], 질산암모늄, 노르웨이초석($Ca(NO_3)_2$), 석회질소($CaCN_2$)
인산비료
과린산석회, 중과린산석회, 인산암모늄, 용성인비, 소성인비

72 벤조트리클로리드를 알칼리로 가수분해시켰을 때 얻을 수 있는 주 생성물은?

① 벤조산 ② 페놀
③ 소듐페녹시드 ④ 염화벤젠

해설
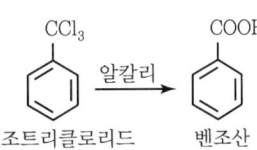

73 Ni/Cd 전지에서 음극의 수소 발생을 억제하기 위해 음극에 과량으로 첨가하는 물질은?

① $Cd(OH)_2$ ② KOH
③ MnO_2 ④ $Ni(OH)_2$

해설
Ni/Cd 전지에서 음극의 수소 발생을 억제하기 위해 음극에 과량으로 첨가하는 물질

74 다음 중 전기 전도성 고분자로 가장 거리가 먼 것은?

① 폴리아세틸렌 ② 폴리티오펜
③ 폴리피롤 ④ 폴리실록산

해설
전기전도성 고분자
폴리아세틸렌, 폴리티오펜, 폴리피롤

75 다음 중 1차 전지가 아닌 것은?

① 산화은전지 ② Ni-MH전지
③ 망간전지 ④ 수은전지

해설

1차 전지	건전지, 망간전지, 알칼리전지, 산화은전지, 수은-아연전지, 리튬전지
2차 전지	납축전지, Ni-Cd전지, Ni-MH전지, 리튬 2차 전지

76 비중이 1.84인 황산 10m³는 몇 kg인가?

① 10,000 ② 13,500
③ 15,269 ④ 18,400

해설
비중=1.84
밀도=$1.84 \times 1,000 kg/m^3 = 1,840 kg/m^3$

1m³당 1,840kg이므로 10m³은 18,400kg이다.

77 Friedel-Craft 반응에 사용되는 촉매는?

① $AlCl_3$ ② ZnO
③ V_2O_5 ④ PCl_5

해설
Friedel-Craft 반응

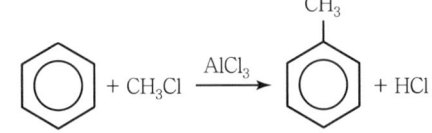

78 석유화학공업에서 분해에 의해 에틸렌 및 프로필렌 등의 제조의 주된 공업원료로 이용되고 있는 것은?

① 경유 ② 등유
③ 나프타 ④ 중유

정답 71 ④ 72 ① 73 ① 74 ④ 75 ② 76 ④ 77 ① 78 ③

> 해설

나프타 : 분해에 의해 에틸렌, 프로필렌 제조(공업원료로 이용)

79 접촉식 황산제조법에서 주로 사용되는 촉매는?
① Fe
② V_2O_5
③ KOH
④ Cr_2O_3

> 해설

Pt 또는 V_2O_5 촉매를 사용한다.

80 방향족 아민에 1당량의 황산을 가했을 때의 생성물에 해당하는 것은?

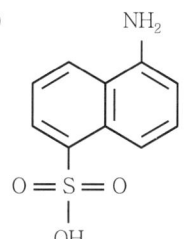
+ H_2SO_4 →

①

②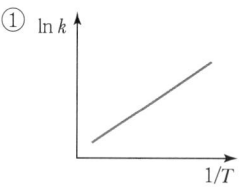

③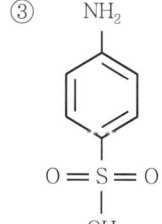

④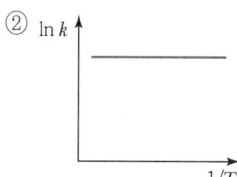

> 해설

방향족 화합물의 술폰화

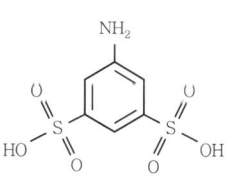

5과목 반응공학

81 다음 중 활성화 에너지와 반응속도에 관한 내용으로 틀린 것은?
① 주어진 반응에서 반응속도는 항상 고온일 때가 저온일 때보다 온도에 더욱 민감하다.
② 활성화 에너지는 Arrhenius plot으로부터 구할 수 있다.
③ 활성화 에너지가 커질수록 반응속도는 온도에 더욱 민감해진다.
④ 경험법칙에 의하면 온도가 10℃ 증가함에 따라 반응속도는 2배씩 증가하는 경우가 있다.

> 해설

반응속도는 저온일 때가 고온일 때보다 더욱 민감하다.

82 반응속도상수 k는 온도 T의 영향을 많이 받는다. $\ln k$와 $\dfrac{1}{T}$ 사이의 관계를 옳게 나타낸 그래프는?

①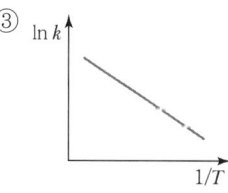

②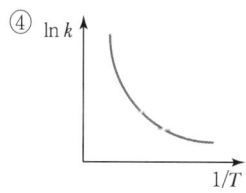

③

④

> 해설

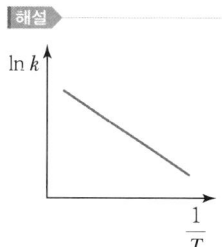

$$\ln k = -\dfrac{E_a}{RT} + \ln A$$

• 기울기 : $-\dfrac{E_a}{R}$
• y절편 : $\ln A$

정답 79 ② 80 ③ 81 ① 82 ③

83 회분식 반응기에서 어떤 액상 비가역 1차 반응으로 1,000초 동안에 반응물의 50%가 분해되었다. 반응물이 처음 농도의 1/10이 될 때까지의 시간은 약 얼마인가?

① 33초 ② 1,600초
③ 3,340초 ④ 9,320초

해설
Batch 1차
$$kt = -\ln\frac{C_A}{C_{A0}} = -\ln(1-X_A)$$
$k \times 1{,}000\text{s} = -\ln(1-0.5)$
$\therefore k = 6.93 \times 10^{-4}\text{s}^{-1}$

$6.93 \times 10^{-4} t = -\ln(1-0.9)$
$\therefore t = 3{,}323$초

84 비가역 연속 흡열반응 $A \rightarrow R \rightarrow S$에서 첫 단계 반응의 활성화 에너지가 둘째 단계 반응의 그것보다 작다. 온도를 조절할 수 있는 플러그흐름반응기에서 반응시킨다면 목표 생성물 R을 가장 많이 얻기에 가장 적합한 온도 분포는?

① 가능한 한 높은 온도를 유지한다.
② 가능한 한 낮은 온도를 유지한다.
③ 반응기 입구에서는 높은 온도, 출구에서는 낮은 온도를 유지한다.
④ 반응기 입구에서는 낮은 온도, 출구에서는 높은 온도를 유지한다.

해설
$$A \xrightarrow{E_1} R \xrightarrow{E_2} S \quad (E_1 < E_2)$$
$\quad\quad\text{(desired)}$

목적물의 활성화 에너지가 작으므로 저온으로 반응시켜야 하지만, 저온에서는 반응속도가 낮으므로 반응기 입구에서는 높은 온도, 출구에서는 낮은 온도를 유지한다.

85 복합반응에서 온도에 따라 활성화 에너지(Activation Energy, E) 변화가 달라지는 것은 반응 메커니즘의 변화 때문이다. 이에 대한 설명으로 가장 적절한 것은?

① 고온에서 E가 크고 저온에서 E가 작아지는 것은 연속(직렬)반응이다.
② 고온에서 E가 크고 저온에서 E가 작아지는 것은 평행(병렬)반응이다.
③ $\ln k$와 $\frac{1}{T}$의 그래프에서 오른쪽으로 갈 때 기울기의 절대치가 작아지는 것은 연속(직렬)반응이다.
④ $\ln k$와 $\frac{1}{T}$의 그래프에서 2개의 직선이 나타나면 메커니즘을 결정할 수 없다.

해설

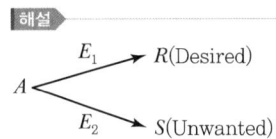

- $E_1 > E_2$: 고온
- $E_1 < E_2$: 저온

86 $A \rightarrow R$, 1차 기초반응이 등온에서 일어나는 정용 회분 반응기에서 원료 A의 99%가 전환된다. 하루 10시간 조업으로 4,752mol의 R이 생성되고, 반응온도로 가열시키는 시간이 0.26h이다. 생성물을 배출시켜 다음 반응을 진행시키는 시간은 0.9h이다. 속도상수 k_c가 0.02min^{-1}, 순수 A의 몰밀도가 8mol/L일 때 소요 반응기의 체적(L)은?

① 150 ② 200
③ 250 ④ 300

해설
$kt = -\ln(1-X_A)$
$0.02t = -\ln(1-0.99)$
$\therefore t = 230$min

총 시간 $= 230$min $+ 0.26$h $+ 0.9$h $= 300$min

$$\frac{4,752 \text{mol}}{10\text{h}} \times \frac{1\text{h}}{60\text{min}} = 7.92 \text{mol/min}$$

$$\therefore 300 \text{min} \times 7.92 \text{mol/min} \times \frac{1}{8 \text{mol/L}} = 300\text{L}$$

87 $(CH_3)_2O \rightarrow CH_4 + CO + H_2$ 기상반응이 1atm, 550℃하에 CSTR에서 진행될 때 순수한 디메틸에테르의 전화율이 20% 될 때까지 공간시간(s)은?(단, 반응차수는 1차이고, 속도상수는 4.50×10^{-3}s 이다.)

① 57.78 ② 67.78
③ 77.78 ④ 87.78

해설
CSTR 1차
$k\tau = \frac{X_A}{1-X_A}(1+\varepsilon_A X_A)$
$\varepsilon_A = y_{A0}\delta = 1 \times \left(\frac{3-1}{1}\right) = 2$
$4.5 \times 10^{-3}\tau = \frac{0.2}{1-0.2}(1+2 \times 0.2)$
$\therefore \tau = 77.78\text{s}$

88 $A + R \rightarrow R + R$인 자동촉매반응(Auto-Catalytic Reaction)에서 반응속도를 반응물의 농도로 플롯할 때 그래프를 옳게 설명한 것은?

① 단조증가한다.
② 단조감소한다.
③ 최소치를 갖는다.
④ 최대치를 갖는다.

해설
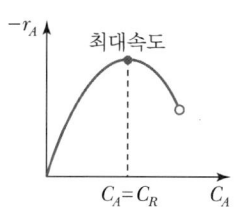

89 다음과 같은 반응속도식에서 반응속도상수 k의 단위는?

$$r_A = kC_A^2$$

① $(\text{mol/L})^{-1}$ ② $(\text{mol/L})^{-1}\text{cm}^{-2}$
③ $(\text{mol/L})^{-1}\text{cm}^{-1}$ ④ $(\text{mol/L})^{-1}\text{h}^{-1}$

해설
$k = [\text{mol/L}]^{1-n}[\text{h}]^{-1}$
2차이므로
$k = [\text{mol/L}]^{-1}[\text{h}]^{-1}$

90 정온 회분반응기(Batch Reactor)에서 A라는 액체가 일차 반응에 의해서 분해된다. 5분간 60%의 A가 분해된다고 하면 90%가 분해되려면 얼마나 오래 걸리는가?

① 약 15.4분 ② 약 12.6분
③ 약 8.5분   ④ 약 20.6분

해설
$kt = -\ln(1-X_A)$
$k \times 5\text{min} = -\ln(1-0.6)$
$\therefore k = 0.18 \text{min}^{-1}$

$0.18t = -\ln(1-0.9)$
$\therefore t = 12.8\text{min}$

91 직렬로 연결된 2개의 혼합반응기에서 다음과 같은 액상반응이 진행될 때 두 반응기의 체적 V_1과 V_2의 합이 최소가 되는 체적비 V_1/V_2에 관한 설명으로 옳은 것은?(단, V_1은 앞에 설치된 반응기의 체적이다.)

$$A \rightarrow R(-r_A = kC_A^n)$$

① $0 < n < 1$이면 V_1/V_2는 항상 1보다 작다.
② $n = 1$이면 V_1/V_2는 항상 1이다.
③ $n > 1$이면 V_1/V_2는 항상 1보다 크다.
④ $n > 0$이면 V_1/V_2는 항상 1이다.

정답 87 ③ 88 ④ 89 ④ 90 ② 91 ②

해설
- $n=1$: 동일한 크기의 반응기가 최적이므로 $V_1/V_2=1$
- $n>1$: 작은 CSTR → 큰 CSTR $V_1/V_2<1$
- $n<1$: 큰 CSTR → 작은 CSTR $V_1/V_2>1$

92 액상 직렬 반응 $A \rightarrow R \rightarrow S$에서 R이 목표 생성물이다. 이 반응을 플러그흐름반응기에서 진행시켜 최대의 R을 얻고자 할 때 반응기의 크기에 관한 설명으로 가장 옳은 것은?
① 작은 것일수록 좋다.
② 큰 것일수록 좋다.
③ 반응 속도식에 따라 큰 것일수록 또는 작은 것일수록 좋을 수 있다.
④ 항상 최적의 크기가 있다.

해설
최대의 목적물을 얻고자 할 때 항상 최적의 크기가 있다.

93 반응물 A는 1차 반응 $A \rightarrow R$에 의해 분해된다. 서로 다른 2개의 플러그흐름반응기에 다음과 같이 반응물의 주입량을 달리하여 분해 실험을 하였다. 두 반응기로부터 동일한 전화율 80%를 얻었을 경우 두 반응기의 부피비 V_2/V_1은 얼마인가?(단, F_{A0}는 공급몰 속도이고 C_{A0}는 초기 농도이다.)

| 반응기 1 : $F_{A0}=1$, $C_{A0}=1$ |
| 반응기 2 : $F_{A0}=2$, $C_{A0}=1$ |

① 0.5　　② 1
③ 1.5　　④ 2

해설
PFR 1차
$k\tau = -\ln(1-X_A)$
$\tau = \dfrac{V}{v_0} = \dfrac{C_{A0}V}{F_{A0}}$
$\tau_1 = V_1,\ \tau_2 = \dfrac{1}{2}V_2$

$kV_1 = -\ln(1-0.8) = 1.61$
$k\dfrac{V_2}{2} = -\ln(1-0.8) \rightarrow kV_2 = 2\times 1.61$
$\therefore \dfrac{V_2}{V_1} = \dfrac{2\times 1.61}{1.61} = 2$

94 회분식 반응기에서 반응시간이 t_F일 때 C_A/C_{A0}의 값을 F라 하면 반응차수 n과 t_F의 관계를 옳게 표현한 식은?(단, k는 반응속도상수이고, $n \neq 1$ 이다.)

① $t_F = \dfrac{F^{1-n}-1}{k(1-n)} C_{A0}^{\,1-n}$

② $t_F = \dfrac{F^{n-1}-1}{k(1-n)} C_{A0}^{\,n-1}$

③ $t_F = \dfrac{F^{1-n}-1}{k(n-1)} C_{A0}^{\,1-n}$

④ $t_F = \dfrac{F^{n-1}-1}{k(n-1)} C_{A0}^{\,n-1}$

해설
n차 반응
$C_A^{1-n} - C_{A0}^{1-n} = k(n-1)t \quad (n \neq 1)$
$t = \dfrac{C_{A0}^{1-n}}{k(n-1)}\left[\left(\dfrac{C_A}{C_{A0}}\right)^{1-n} - 1\right]$

95 정용 회분식 반응기에서 단분자형 0차 비가역 반응에서의 반응이 지속되는 시간 t의 범위는?(단, C_{A0}는 A성분의 초기농도, k는 속도상수를 나타낸다.)

① $t \leq \dfrac{C_{A0}}{k}$　　② $t \leq \dfrac{k}{C_{A0}}$
③ $t \leq k$　　　　④ $t \leq \dfrac{1}{k}$

해설
정용 회분식 0차 반응
$C_{A0} - C_A = C_{A0}X_A = kt$
$t \leq \dfrac{C_{A0}}{k}$: 반응 지속　　$t \geq \dfrac{C_{A0}}{k}$: 반응 완료

정답 92 ④　93 ④　94 ③　95 ①

96 다음의 A와 B가 참여하는 기초반응에 의해서 목적생성물 R과 동시에 부생성물 U, V를 생성한다. R로의 전화를 촉진시키기 위한 각 반응물의 농도는?(단, 물질의 가격, 원하는 전화율, 순환의 가능성 등의 인자는 여기서는 고려하지 않는다.)

- $A+B \xrightarrow{k_1} R$
- $A \xrightarrow{k_2} U$
- $B \xrightarrow{k_3} V$

① C_A, C_B 모두 높게 유지한다.
② C_A, C_B 모두 낮게 유지한다.
③ C_A는 높게, C_B는 낮게 유지한다.
④ C_A는 낮게, C_B는 높게 유지한다.

해설

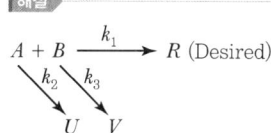

A와 B의 농도 모두 높게 유지한다.

97 CSTR(Continuous Stirred Tank Reactor)의 체류시간 분포를 측정하기 위해서 계단입력과 펄스입력을 이용하였다. 다음 중 틀린 것은?
① 계단입력과 펄스입력의 체류시간 분포는 다르다.
② 계단입력과 펄스입력의 평균 체류시간은 같다.
③ 펄스입력의 출력곡선은 체류시간 분포와 같다.
④ 평균 체류시간은 반응기 내의 반응물 부피를 공급량으로 나눈 것과 같다.

해설

평균 체류시간 = $\dfrac{\text{반응기 부피}}{\text{출구에서의 부피유량}}$

98 관형반응기를 다음과 같이 연결하였을 때 A쪽 반응기들의 전화율과 B쪽 반응기들의 전화율이 같기 위하여 B쪽으로의 전체 공급 속도에 대한 분율은 얼마인가?

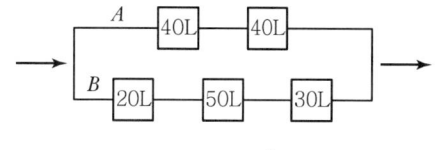

① $\dfrac{4}{5}$ ② $\dfrac{1}{3}$
③ $\dfrac{3}{7}$ ④ $\dfrac{5}{9}$

해설

$\dfrac{F_A}{F_B} = \dfrac{80}{100} = \dfrac{4}{5}$

∴ F_A로 $\dfrac{4}{9}$, F_B로 $\dfrac{5}{9}$ 만큼 유입된다.

99 나프탈렌에서 산화반응에 의해 무수 프탈산이 얻어진다. 다음 중 틀린 것은?

$$C_{10}H_8 + \dfrac{9}{2}O_2 \rightarrow C_8H_4O_3 + 2H_2O + 2CO_2$$
$$\Delta H = -428\text{kcal/mol}$$

① 반응은 발열반응이다.
② 산화촉매의 과열에 의한 열화(劣化)를 방지해야 한다.
③ 고온이 적합하므로 액상반응이 적합하다.
④ 반응열 제거에 의해 반응은 촉진된다.

해설

$\Delta H < 0$: 발열반응
발열반응이므로 저온이 적합하다.

정답 96 ① 97 ④ 98 ④ 99 ③

100 균일계 1차 액상반응이 회분 반응기에서 일어날 때 전화율과 반응시간의 관계를 옳게 나타낸 것은?

① $\ln(1-X_A) = kt$
② $-\ln(1-X_A) = kt$
③ $\ln[X_A/(1-X_A)] = kt$
④ $\ln[1/(1-X_A)] = kC_{A0}t$

해설

1차 액상 회분식 반응기

$-r_A = -\dfrac{dC_A}{dt} = kC_A$

$-\displaystyle\int_{C_{A0}}^{C_A} \dfrac{dC_A}{C_A} = \int_0^t k\,dt$

$-\ln\dfrac{C_A}{C_{A0}} = kt$

$-\ln(1-X_A) = kt$

정답 100 ②

2015년 제1회 기출문제

1과목 화공열역학

01 혼합물의 융해, 기화, 승화 시 변하지 않는 열역학적 성질에 해당하는 것은?
① 엔트로피
② 내부에너지
③ 화학퍼텐셜
④ 엔탈피

해설
상평형
$\mu_i^\alpha = \mu_i^\beta = \cdots = \mu_i^\pi$
- T, P가 같아야 한다.
- 같은 T, P에서 각 성분의 화학퍼텐셜이 같게 될 때 평형에 있다.

02 에너지에 관한 설명으로 옳은 것은?
① 계의 최소 깁스 에너지는 항상 계와 주위의 엔트로피 합의 최대에 해당한다.
② 계의 최소 헬름홀츠 에너지는 항상 계와 주위의 엔트로피 합의 최대에 해당한다.
③ 온도와 압력이 일정할 때 자발적 과정에서 깁스 에너지는 감소한다.
④ 온도와 압력이 일정할 때 자발적 과정에서 헬름홀츠 에너지는 감소한다.

해설
- $(\Delta G)_{T,P} < 0$: 자발적 반응
- $(\Delta G)_{T,P} = 0$: 평형
- $(\Delta G)_{T,P} > 0$: 비자발적 반응

03 혼합물에서 과잉물성(Excess Property)에 관한 설명으로 가장 옳은 것은?
① 실제용액의 물성값에 대한 이상용액의 물성값의 차이다.
② 실제용액의 물성값과 이상용액의 물성값의 합이다.
③ 이상용액의 물성값에 대한 실제용액의 물성값의 비이다.
④ 이상용액의 물성값과 실제용액의 물성값의 곱이다.

해설
과잉물성
과잉물성 = 실제용액 − 이상용액
$M^E = M - M^{id}$

04 에탄올과 톨루엔의 65℃에서의 P_{XY} 선도는 선형성으로부터 충분히 큰 양(+)의 편차를 나타낸다. 이렇게 상당한 양의 편차를 지닐 때 분자 간 인력을 옳게 나타낸 것은?
① 같은 종류의 분자 간 인력 > 다른 종류의 분자 간 인력
② 같은 종류의 분자 간 인력 < 다른 종류의 분자 간 인력
③ 같은 종류의 분자 간 인력 = 다른 종류의 분자 간 인력
④ 같은 종류의 분자 간 인력 + 다른 종류의 분자 간 인력 = 0

해설
최저공비혼합물
- 휘발도가 이상적으로 큰 경우 $\gamma_A > 1$, $\gamma_B > 1$
- 같은 종류의 분자 간 인력 > 다른 종류의 분자 간 인력
- 증기압은 높아지고 비점은 낮아진다.
- 물 − 에탄올

정답 01 ③ 02 ③ 03 ① 04 ①

05 맥스웰의 관계식으로 틀린 것은?

① $\left(\dfrac{\partial T}{\partial V}\right)_S = -\left(\dfrac{\partial P}{\partial S}\right)_V$ ② $\left(\dfrac{\partial T}{\partial P}\right)_S = -\left(\dfrac{\partial P}{\partial S}\right)_V$

③ $\left(\dfrac{\partial S}{\partial V}\right)_T = \left(\dfrac{\partial P}{\partial T}\right)_V$ ④ $-\left(\dfrac{\partial S}{\partial P}\right)_T = \left(\dfrac{\partial V}{\partial T}\right)_P$

해설

① $dU = TdS - PdV \rightarrow \left(\dfrac{\partial T}{\partial V}\right)_S = -\left(\dfrac{\partial P}{\partial S}\right)_V$

② $dH = TdS + VdP \rightarrow \left(\dfrac{\partial T}{\partial P}\right)_S = \left(\dfrac{\partial V}{\partial S}\right)_P$

③ $dA = -SdT - PdV \rightarrow \left(\dfrac{\partial S}{\partial V}\right)_T = \left(\dfrac{\partial P}{\partial T}\right)_V$

④ $dG = -SdT + VdP \rightarrow -\left(\dfrac{\partial S}{\partial P}\right)_T = \left(\dfrac{\partial V}{\partial T}\right)_P$

06 30℃와 -10℃에서 작동하는 이상적인 냉동기의 성능계수는 약 얼마인가?

① 6.58 ② 7.58
③ 13.65 ④ 14.65

해설

성능계수 = $\dfrac{\text{저온에서 흡수된 열}}{\text{순 일}}$

$= \dfrac{263}{303 - 263} = 6.575$

07 초기상태가 300K, 1bar인 1몰의 이상기체를 압력이 10bar가 될 때까지 등온 압축한다. 이 공정이 역학적으로 가역적일 경우 계가 받은 일과 열(W, Q)을 구하였다. 다음 중 옳은 것은?(단, 기체상수는 R(J/mol K)이다.)

① $W = 69R$, $Q = -69R$
② $W = 69R$, $Q = 69R$
③ $W = 690R$, $Q = -690R$
④ $W = 690R$, $Q = 690R$

해설

$\Delta U = Q + W$

등온($\Delta U = 0$)

$-W = Q = RT \ln \dfrac{V_2}{V_1} = RT \ln \dfrac{P_1}{P_2}$

$= R \times 300 \times \ln \dfrac{1}{10} = -690.7R$

$\therefore Q = -690.7R$, $W = 690.7R$

08 560℃, 2atm하에 있는 혼합가스의 조성은 SO_3 10%, O_2 0.5%, SO_2 1.0%, N_2 88.5%이다. 이 온도에서 $SO_2 + \dfrac{1}{2}O_2 \rightleftarrows SO_3$ 반응의 평형상수는 20이다. 이 혼합가스에 대한 설명으로 옳은 것은?

① 평형에 있다.
② 평형에 있지 않으며 SO_3가 생성되고 있다.
③ 분해가 일어나고 있다.
④ 준평형상태에 있다.

해설

$Q = \dfrac{P_{SO_3}}{P_{SO_2} P_{O_2}^{\frac{1}{2}}} = \dfrac{10}{1 \times 0.5^{\frac{1}{2}}} = 14.14 < 20$

$Q < K$이므로 정반응이 일어나고 있다.

09 김 박사는 400K에서 25,000J/s로 에너지를 받아 200K에서 12,000J/s로 열을 방출하고 15kW의 일을 하는 열기관을 발명하였다고 주장하고 있다. 김 박사의 주장을 열역학 제1, 2법칙에 의해 평가한 것으로 가장 적절한 것은?

① 이 열기관은 열역학 제1법칙으로는 가능하나, 제2법칙에 위배되므로 김 박사의 주장은 믿을 수 없다.
② 이 열기관은 열역학 제1법칙으로는 위배되나, 제2법칙에 가능하므로 김 박사의 주장은 믿을 수 없다.
③ 이 열기관은 열역학 제1, 2법칙에 모두 위배되므로 김 박사의 주장은 믿을 수 없다.
④ 이 열기관은 열역학 제1, 2법칙 모두 가능하므로 김 박사의 주장은 옳다.

정답 05 ② 06 ① 07 ③ 08 ② 09 ③

해설
Carnot 열효율

$$\eta = \frac{W}{Q_H} = \frac{Q_H - Q_C}{Q_H} = \frac{T_H - T_C}{T_H}$$

400K 25,000J/s
↓ → 15kW
200K 12,000J/s

$$\eta = \frac{(400-200)\text{K}}{400\text{K}} = 0.5$$

$$\eta = \frac{25,000 - 12,000}{25,000} = 0.52$$

$W = 25,000 - 12,000 = 13,000\text{J/s} = 13\text{kW}$이므로 에너지 보존의 법칙에 위배되며 최대일이 13kW이므로 열역학 제2법칙에도 위배된다.

---

10 G^E가 다음과 같이 표시된다면 활동도 계수는?
(단, G^E는 과잉깁스에너지, B, C는 상수, γ는 활동도 계수, X_1, X_2 : 액상 성분 1, 2의 몰분율이다.)

$$\frac{G^E}{RT} = BX_1X_2 + C$$

① $\ln\gamma_1 = BX_2^2$
② $\ln\gamma_1 = BX_2^2 + C$
③ $\ln\gamma_1 = BX_1^2 + C$
④ $\ln\gamma_1 = BX_1^2$

해설

$$\frac{G^E}{RT} = BX_1X_2 + C = B\frac{n_1n_2}{n \times n} + C$$

$$\frac{nG^E}{RT} = B\frac{n_1n_2}{n} + C = B\frac{n_1n_2}{n_1+n_2} + C$$

$$\frac{\partial\left(\frac{nG^E}{RT}\right)}{\partial n_1} = B\frac{n_2(n_1+n_2) - n_1n_2}{(n_1+n_2)^2}$$

$$= B\frac{n_2^2}{(n_1+n_2)^2} = BX_2^2$$

$\therefore \ln\gamma_1 = BX_2^2 + C$

---

11 라울의 법칙을 옳게 나타낸 것은?
① 증기압 이상에서만 적용될 수 있다.
② 계를 이루는 성분들이 화학적으로 서로 다른 경우에만 근사적으로 유효할 수 있다.
③ 증기압을 모르고 있는 성분들에도 적용할 수 있다.
④ 적용온도는 임계온도 이하여야 한다.

해설
Raoult's Law
- $y_AP = x_AP_A$
- 액체 조성과 기체 조성의 증기압과 압력의 관계
- 임계온도 이하에 적용
- 이상용액

---

12 2단 압축기를 사용하여 1기압의 공기를 7기압까지 압축시킬 때 동력소요를 최저로 하기 위해서는 1단 압축기의 출구 압력은 약 얼마로 해야 하는가?
① 4기압   ② 3.5기압
③ 2.6기압   ④ 1.1기압

해설
다단압축기

$$r = \frac{P_2}{P_1} = \frac{P_3}{P_2} = \sqrt{\frac{P_3}{P_1}}$$

$$r = \sqrt{\frac{7}{1}} = 2.645 = \frac{P_2}{1} \qquad \therefore P_2 = 2.645$$

---

13 발열반응인 경우 표준 엔탈피 변화($\Delta H°$)는 (−)의 값을 갖는다. 이때 온도 증가에 따라 평형상수(K)는 어떻게 되는가?(단, 현열은 무시한다.)
① 증가한다.   ② 감소한다.
③ 감소했다 증가한다. ④ 증가했다 감소한다.

해설
평형상수에 대한 온도의 영향

$$\frac{d\ln K}{dT} = \frac{\Delta H°}{RT^2}$$

- $\Delta H° > 0$: 흡열반응이며, 온도가 증가할 때 K가 증가
- $\Delta H° < 0$: 발열반응이며, 온도가 증가할 때 K가 감소

14 다음의 상태식을 따르는 기체 1mol을 처음 부피 V_i로부터 V_f로 가역등온팽창시켰다면 이때 이루어진 일(Work)의 크기는 얼마인가?(단, b는 $0 < b < V$인 상수이다.)

$$P(V-b) = RT$$

① $W = RT \ln\left(\dfrac{V_f - b}{V_i - b}\right)$

② $W = RT \ln \dfrac{V_f}{V_i}$

③ $W = RT(V_f - V_i)$

④ $W = RT \dfrac{V_f - b}{V_i - b}$

해설

$P = \dfrac{RT}{V-b}$

$W = \displaystyle\int_{V_i}^{V_f} \dfrac{RT}{V-b} dV = RT \ln \dfrac{V_f - b}{V_i - b}$

15 다음 중 평형(Equilibrium)에 대한 설명으로 가장 적절하지 않은 것은?

① 평형은 변화가 전혀 없는 상태이다.
② 평형을 이루는 데 필요한 독립변수의 수는 깁스 상률(Gibbs Phase Rule)에 의하여 구할 수 있다.
③ 기-액 상평형에서 단일 성분일 경우에는 온도가 결정되면 압력은 자동으로 결정된다.
④ 여러 개의 상이 평형을 이룰 때 각 상의 화학퍼텐셜은 모두 같다.

해설

평형
- 계 내의 어떤 물질이 시간에 따라 변하지 않는 상태를 평형이라 한다.
- 한 상에서 다른 상으로의 물질이동이 없는 상태를 의미하는 것이 아니라, 상 간에 이동되는 양이 서로 같게 되는 동적 평형을 의미한다.

16 열역학 모델을 이용하여 상평형 계산을 수행하려고 할 때 응용 계에 대한 모델의 조합이 적합하지 않은 것은?

① 물속 이산화탄소의 용해도 : 헨리의 법칙
② 메탄과 에탄의 고압 기·액 상평형 : SRK(Soave/Redlich/Kwong) 상태방정식
③ 에탄올과 이산화탄소의 고압 기·액 상평형 : Wilson 식
④ 메탄올과 헥산의 저압 기·액 상평형 : NRTL(Non-Random-Two-Liquid) 식

해설

㉠ Henry's Law : 난용성 기체의 용해도에 관한 법칙
$p_A = HC_A$
㉡ 퓨가시티 계수 모델
- Van der Waals 식
- Redlich-Kwong 식
- Soave-Redlich-Kwong(SRK)
- Peng-Robinson
㉢ 활동도 계수 모델
Margules, Van Laar, Wilson, NRTL, UNIQUAC, UNIFAC, Redlich-Kister 식
㉣ 액체용액 국부조성 모델
Wilson, NRTL, UNIQUAC

17 부피팽창률과 등온압축률이 모두 0인 비압축성 유체의 성질이 아닌 것은?

① $\left(\dfrac{\partial S}{\partial P}\right)_T = 0$

② $\left(\dfrac{\partial H}{\partial P}\right)_T = 0$

③ $\left(\dfrac{\partial U}{\partial P}\right)_T = 0$

④ $\left(\dfrac{\partial V}{\partial T}\right)_P = 0$

해설

㉠ $\left(\dfrac{\partial S}{\partial P}\right)_T = -\beta V = 0$

$\left(\dfrac{\partial U}{\partial P}\right)_T = (\kappa P - \beta T)V = 0$

부피팽창계수 $\beta = \dfrac{1}{V}\left(\dfrac{\partial V}{\partial T}\right)_P$

등온압축계수 $\kappa = -\dfrac{1}{V}\left(\dfrac{\partial V}{\partial P}\right)_T$

정답 14 ① 15 ① 16 ③ 17 ②

ⓛ $dH = C_P dT + \left[V - T\left(\dfrac{\partial V}{\partial T}\right)_P\right]dP$

$\left(\dfrac{\partial H}{\partial P}\right)_T = V$

ⓒ $dH = \left(\dfrac{\partial H}{\partial T}\right)_P dT + \left(\dfrac{\partial H}{\partial P}\right)_T dP$

$\left(\dfrac{\partial H}{\partial P}\right)_T$ 가 0이 되는 경우

- 물질에 관계없이 일정압력공정
- 공정에 상관없이 물질의 엔탈피가 압력에 무관한 경우 (이상기체, 저압기체, 고체)

18 평형상태에 대한 설명 중 옳은 것은?

① $(dG)_{T,P} > 0$ ② $(dG)_{T,P} < 0$
③ $(dG)_{T,P} = 1$ ④ $(dG)_{T,P} = 0$

해설

- $(dG)_{T,P} < 0$: 자발적 반응
- $(dG)_{T,P} = 0$: 평형
- $(dG)_{T,P} > 0$: 비자발적 반응

19 크기가 동일한 3개의 상자 A, B, C에 상호작용이 없는 입자 10개가 각각 4개, 3개, 3개씩 분포되어 있고, 각 상자들은 막혀 있다. 상자들 사이의 경계를 모두 제거하여 입자가 고르게 분포되었다면 통계 열역학적인 개념의 엔트로피 식을 이용하여 경계를 제거하기 전후의 엔트로피 변화량은 약 얼마인가?(단, k는 Boltzmann 상수이다.)

① $8.343k$ ② $15.324k$
③ $22.321k$ ④ $50.024k$

해설

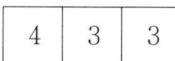

$S = k \ln \Omega$ 부피의 압력

$\Omega = \dfrac{n!}{n_1! n_2! n_3!} = \dfrac{10!}{4!3!3!} = 4,200$

$\therefore S = k \ln 4,200 = 8.343k$

20 그림과 같은 공기표준 오토 사이클의 열효율을 옳게 나타낸 식은?(단, a는 압축비이고 γ는 비열비 (C_P/C_V)이다.)

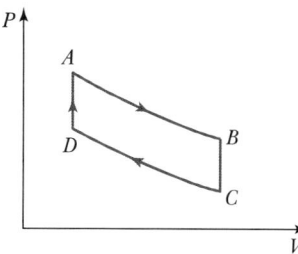

① $1 - a^\gamma$ ② $1 - a^{\gamma-1}$
③ $1 - \left(\dfrac{1}{a}\right)^\gamma$ ④ $1 - \left(\dfrac{1}{a}\right)^{\gamma-1}$

해설

$\eta = 1 - \left(\dfrac{1}{a}\right)^{\gamma-1}$

여기서, a : 압축비
γ : 비열비

2과목 단위조작 및 화학공업양론

21 다음 중 에너지를 나타내지 않는 것은?

① 부피 × 압력
② 힘 × 거리
③ 몰수 × 기체상수 × 온도
④ 열용량 × 질량

해설

① $W = PV$
② $W = FS$
③ $W = PV = nRT$
④ $Q = mc\Delta t = C\Delta t$

여기서, W : 일, Q : 열, P : 압력, V : 부피
F : 힘, S : 이동거리, m : 질량, c : 비열
C : 열용량, Δt : 온도차

22 100℃의 물 1,500g과 20℃의 물 2,500g을 혼합하였을 때의 온도는 몇 ℃인가?

① 20　　② 30
③ 40　　④ 50

해설
$1{,}500 \times 1 \times (100-t) = 2{,}500 \times 1 \times (t-20)$
$150{,}000 - 1{,}500t = 2{,}500t - 50{,}000$
$4{,}000t = 200{,}000$
$\therefore t = 50℃$

23 32℃, 760mmHg에서 공기가 300m³의 용기 속에 들어 있다. 이때 산소가 차지하는 분압은?(단, 공기 중 산소의 부피는 21%이다.)

① 120mmHg　　② 160mmHg
③ 200mmHg　　④ 380mmHg

해설
$P_{O_2} = 760\text{mmHg} \times 0.21$
$\quad = 160\text{mmHg}$

24 37wt% HNO₃ 용액의 노르말(N) 농도는?(단, 이 용액의 비중은 1.227이다.)

① 6　　② 7.2
③ 12.4　　④ 15

해설
노르말 N : 1L, 용질의 g당량수
$1.227\text{g/cm}^3 \times 1{,}000\text{cm}^3/\text{L} = 1{,}227\text{g/L}$
$1{,}227 \times 0.37 = 454\text{g HNO}_3$
$454\text{g HNO}_3 \times \dfrac{1\text{mol}}{63\text{g}} = 7.21\text{mol}$
$\therefore N = \dfrac{7.21\text{mol}}{1\text{L}} = 7.21\text{N}$

25 다음 중 증기압을 추산하는 식은?

① Clausius – Clapeyron 식
② Bernoulli 식
③ Redlich – Kwong 식
④ Kirchhoff 식

해설
① Clausius – Clapeyron 식
$\ln \dfrac{P_2}{P_1} = \dfrac{\Delta H}{R}\left(\dfrac{1}{T_1} - \dfrac{1}{T_2}\right)$
② Bernoulli 식
$\dfrac{\Delta p}{\rho} + \dfrac{\Delta u^2}{2} + g\Delta z = C$ (일정)
③ Redlich – Kwong 식
$P = \dfrac{RT}{V-b} - \dfrac{a}{\sqrt{T}\,V(V+b)}$ … 상태방정식의 발전

26 다음 화학방정식으로부터 CH₄의 표준생성열을 구하면 얼마인가?

㉠ $CH_4 + 2O_2 \to CO_2 + 2H_2O(l)$	$\Delta H(298) = -50{,}900\text{J}$
㉡ $H_2O(l) \to H_2 + 0.5O_2$	$\Delta H(298) = 16{,}350\text{J}$
㉢ $C(s) + O_2 \to CO_2$	$\Delta H(298) = -22{,}500\text{J}$

① $-12{,}050\text{J}$　　② $-9{,}470\text{J}$
③ $-6{,}890\text{J}$　　④ $-4{,}300\text{J}$

해설
㉢ - ㉡ × 2 - ㉠
$CO_2 + 2H_2O \to CH_4 + 2O_2 \quad \Delta H = 50{,}900\text{J}$
$2H_2 + O_2 \to 2H_2O \quad \Delta H = -16{,}350\text{J} \times 2$
$+)\ C + O_2 \to CO_2 \quad \Delta H = -22{,}500\text{J}$
$\overline{C + 2H_2 \to CH_4 \quad \Delta H = -4{,}300\text{J}}$

27 수소 11vol%와 산소 89vol%로 이루어진 혼합기체가 30℃, 737mmHg 상태에서 나타내는 밀도(g/L)는? (단, 기체는 모두 이상기체라 가정한다.)

① 1.12g/L　　② 1.25g/L
③ 1.35g/L　　④ 1.42g/L

정답 22 ④　23 ②　24 ②　25 ①　26 ④　27 ①

해설

$\overline{M} = 0.11 \times 2 + 0.89 \times 32 = 28.7 \text{g/mol}$

$PV = \dfrac{W}{M} RT$

$d = \dfrac{PM}{RT} = \dfrac{737\text{mmHg} \times \dfrac{1\text{atm}}{760\text{mmHg}} \times 28.7\text{g/mol}}{0.082\text{L atm/mol K} \times 303\text{K}}$

$= 1.12 \text{g/L}$

28 어떤 가스의 조성이 부피 비율로 CO_2 40%, C_2H_4 20%, H_2 40%라면 이 가스의 평균 분자량은?

① 23
② 24
③ 25
④ 26

해설

$\overline{M} = 0.4 \times 44 + 0.2 \times 28 + 0.4 \times 2 = 24$

29 부피로 아세톤 15vol%를 함유하고 있는 질소와 아세톤의 혼합가스가 있다. 20℃, 750mmHg에서의 아세톤의 비교포화도는?(단, 20℃에서 아세톤의 증기압은 185 mmHg이다.)

① 45.98%
② 53.90%
③ 57.89%
④ 60.98%

해설

$H_p = \dfrac{p_a}{p_s} \times \dfrac{P - p_s}{P - p_a} \times 100\%$

$p_a = 750 \times 0.15 = 112.5 \text{mmHg}$

$\dfrac{112.5}{185} \times \dfrac{750 - 185}{750 - 112.5} \times 100 = 53.9\%$

30 펌프의 동력이 150kg_f m/s일 때 이 펌프의 동력은 몇 마력(HP)에 해당하는가?

① 1.97
② 5.36
③ 9.2
④ 15

해설

$150 \text{kg}_f \text{m/s} \times \dfrac{1\text{HP}}{76 \text{kg}_f \text{m/s}} = 1.97$

31 추출에서 추료(Feed)에 추제(Extracting Solvent)를 가하여 잘 접촉시키면 2상으로 분리된다. 이 중 불활성 물질이 많이 남아 있는 상을 무엇이라고 하는가?

① 추출상(Extract)
② 추잔상(Raffinate)
③ 추질(Solute)
④ 슬러지(Sludge)

해설

- 추출상 : 추제가 풍부한 상
- 추잔상 : 불활성 물질이 풍부한 상, 원용매가 풍부한 상

32 25%의 수분을 포함한 고체 100kg을 수분함량이 1%가 될 때까지 건조시킬 때 제거되는 수분은 약 얼마인가?

① 8.08kg
② 18.06kg
③ 24.24kg
④ 32.30kg

해설

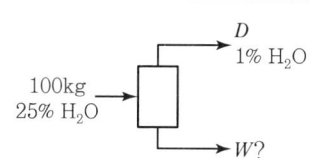

$100 \times 0.25 = (100 - W) \times 0.01 + W$

$\therefore W = 24.24 \text{kg}$

33 온도 20℃, 압력 760mmHg인 공기 중의 수증기 분압은 20mmHg이다. 이 공기의 습도를 건조 공기 kg당 수증기의 kg으로 표시하면 얼마인가?(단, 공기의 분자량은 30으로 한다.)

① 0.016
② 0.032
③ 0.048
④ 0.064

해설

$H = \dfrac{\text{수증기 kg}}{\text{건조공기 kg}}$

$= \dfrac{M_V}{M_G} \dfrac{p_V}{P - p_V} = \dfrac{18}{30} \dfrac{20}{760 - 20}$

$= 0.0162 \text{kgH}_2\text{O/kg Dry Air}$

34 1기압, 300℃에서 과열수증기의 엔탈피는 약 몇 kcal/kg인가?(단, 1기압에서 증발잠열은 539kcal/kg, 수증기의 평균비열은 0.45kcal/kg ℃이다.)

① 190　　　　② 250
③ 629　　　　④ 729

> 해설
> $Q = Q_1 + Q_2 + Q_3$
> $= C_P \Delta t + \lambda + C_{PV} \Delta t$
> $= 1\text{kcal/kg ℃} \times 100℃ + 539\text{kcal/kg}$
> $\quad + 0.45\text{kcal/kg ℃} \times (300-100)℃$
> $= 729\text{kcal/kg}$

35 상대휘발도에 관한 설명 중 틀린 것은?

① 휘발도는 어느 성분의 분압과 몰분율의 비로 나타낼 수 있다.
② 상대휘발도는 2 물질의 순수성분 증기압의 비와 같다.
③ 상대휘발도는 클수록 종류에 의한 분리가 용이하다.
④ 상대휘발도는 액상과 기상의 조성에는 무관하다.

> 해설
> 상대휘발도
> 액상과 평형에 있는 증기상에 대하여 성분 B에 대한 성분 A의 비휘발도
> $\alpha_{AB} = \dfrac{y_A/y_B}{x_A/x_B} = \dfrac{y_A/(1-y_A)}{x_A/(1-x_A)}$

36 가로 40cm, 세로 60cm의 직사각형의 단면을 갖는 도관(Duct)에 공기를 100m³/h로 보낼 때의 레이놀즈 수를 구하려고 한다. 이때 사용될 상당직경(수력직경)은 얼마인가?

① 48cm　　　　② 50cm
③ 55cm　　　　④ 45cm

> 해설

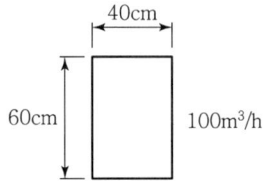

$D_{eq} = 4 \times \dfrac{\text{유로의 단면적}}{\text{열전달면의 둘레}} = 4 \times \dfrac{60 \times 40}{120 + 80} = 48$

37 다음 펌프 중 왕복펌프가 아닌 것은?

① Piston 펌프　　　② Turbine 펌프
③ Plunger 펌프　　 ④ Diaphragm 펌프

> 해설

왕복펌프	원심펌프
• Piston Pump • Plunger Pump • Diaphragm Pump	• Volute Pump • Turbine Pump • Propeller Pump

38 다음 중 국부속도(Local Velocity) 측정에 가장 적합한 것은?

① 오리피스미터　　② 피토관
③ 벤투리미터　　　④ 로터미터

> 해설
> • 차압유량계 : 오리피스미터, 벤투리미터
> • 국부속도 측정 : 피토관
> • 면적유량계 : 로터미터

39 교반기 중 점도가 높은 액체의 경우에는 적합하지 않으나 저점도 액체의 다량 처리에 많이 사용되는 교반기는?

① 프로펠러(Propeller)형 교반기
② 리본형(Ribbon) 교반기
③ 앵커형(Anchor) 교반기
④ 나선형(Screw) 교반기

정답　34 ④　35 ④　36 ①　37 ②　38 ②　39 ①

해설

- **프로펠러형 교반기** : 점도가 높은 액체나 무거운 고체가 섞인 액체에는 적합하지 않으나 점도가 낮은 액체의 다량 처리에 적합
- **리본형, 앵커형, 나선형 교반기** : 점도가 큰 액체에 사용(교반, 운반)

40 다중 효용증발기에 대한 급송방법 중 한 효용관에서 다른 효용관으로의 용액 이동이 요구되지 않는 것은?

① 순류식 급송(Forward Feed)
② 역류식 급송(Baclward Feed)
③ 혼합류식 급송(Mixed Feed)
④ 병류식 급송(Parallel Feed)

해설

병류식 급송(Parallel Feed)
원액을 각 증발관에 공급하고 수증기만을 순환시키는 방법

3과목 공정제어

41 다음과 같은 블록선도에서 폐회로 응답의 시간상수 τ에 대한 옳은 설명은?

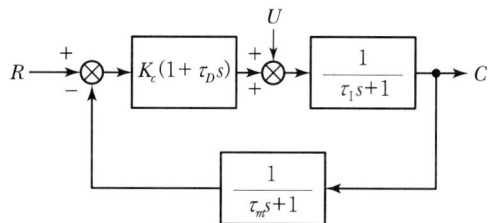

① τ_I이 감소하면 증가한다.
② τ_D가 감소하면 증가한다.
③ K_c가 증가하면 감소한다.
④ τ_m이 증가하면 감소한다.

해설

$$C = \frac{K_c(1+\tau_D s)/\tau_I s+1}{1+K_c(1+\tau_D s)/(\tau_I s+1)(\tau_m s+1)}R$$
$$+ \frac{1/\tau_I s+1}{1+K_c(1+\tau_D s)/(\tau_I s+1)(\tau_m s+1)}U$$
$$= \frac{[K_c(1+\tau_D s)(\tau_m s+1)]R+(\tau_m s+1)U}{(\tau_I s+1)(\tau_m s+1)+K_c(1+\tau_D s)}$$

분모 $= \tau_I \tau_m s^2 + (\tau_I + \tau_m + \tau_D K_c)s + K_c + 1$
$$= \frac{\tau_I \tau_m s^2}{K_c+1} + \frac{(\tau_I + \tau_m + \tau_D K_c)s}{K_c+1} + 1$$

$$\therefore \tau = \sqrt{\frac{\tau_I \tau_m}{K_c+1}}$$

42 $Y = P_1 X \pm P_2 X$의 블록선도로 옳지 않은 것은?

①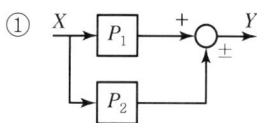

② $X \longrightarrow \boxed{P_1 \pm P_2} \longrightarrow Y$

③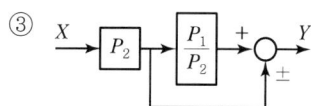

④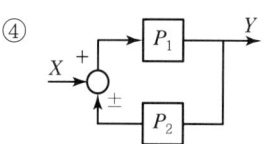

해설

① $Y = (P_1 \pm P_2)X$
② $Y = (P_1 \pm P_2)X$
③ $Y = \left(P_2 \times \dfrac{P_1}{P_2} \pm P_2\right)X$
④ $Y = \dfrac{P_1}{1 \mp P_1 P_2}X$

43 Routh법에 의한 제어계의 안정성 판별조건과 관계 없는 것은?

① Routh Array의 첫 번째 열에 전부 양(+)의 숫자만 있어야 안정하다.
② 특성방정식이 S에 대해 n차 다항식으로 나타내야 한다.
③ 제어계에 수송지연이 존재하면 Routh법은 쓸 수 없다.
④ 특성방정식의 어느 근이든 복소수축의 오른쪽에 위치할 때는 계가 안정하다.

해설
- Routh Array의 첫 번째 열이 모두 양(+)이어야 안정하다.
- 근이 복소평면상에서 허수축의 왼쪽 평면상에 있으면 제어 시스템은 안정하다.

44 다음 중 잔류오차(Offset)가 0이 되는 제어기는?

① P 제어기(비례 제어기)   ② PI 제어기
③ PD 제어기   ④ 해당 제어기는 없다.

해설
PI 제어기
Offset은 없앨 수 있으나, 제어시간이 오래 걸린다.

45 제어밸브 입출구 사이의 불평형 압력(Unbalanced Force)에 의하여 나타나는 밸브위치의 오차, 히스테리시스 등이 문제가 될 때 이를 감소시키기 위하여 사용되는 방법으로 가장 거리가 먼 것은?

① C_V가 큰 제어밸브를 사용한다.
② 면적이 넓은 공압 구동기(Pneumatic Acturator)를 사용한다.
③ 밸브 포지셔너(Positioner)를 제어밸브와 함께 사용한다.
④ 복좌형(Double Seated) 밸브를 사용한다.

해설
- 히스테리시스(이력현상) : 물질의 물리량이 현재의 물리적 조건만으로 결정되지 않고 그 이전부터 그 물질이 겪어온 상태의 변화 과정에 의해 결정되는 현상
- C_V : 조절밸브 용량을 표시하는 수치

46 적분공정($G(s) = \frac{1}{s}$)을 제어하는 경우에 대한 설명으로 틀린 것은?

① 비례제어만으로 설정값의 계단 변화에 대한 잔류오차(Offset)를 제거할 수 있다.
② 비례제어만으로 입력외란의 계단 변화에 대한 잔류오차(Offset)를 제거할 수 있다(입력외란은 공정입력과 같은 지점으로 유입되는 외란).
③ 비례제어만으로 출력외란의 계단 변화에 대한 잔류오차(Offset)를 제거할 수 있다(출력외란은 공정출력과 같은 지점으로 유입되는 외란).
④ 비례 – 적분제어를 수행하면 직선적으로 상승하는 설정값 변화에 대한 잔류오차(Offset)를 제거할 수 있다.

해설
- 설정값이 계단변화

$$Y(s) = \frac{\frac{K}{s}}{1+\frac{K}{s}} \cdot \frac{1}{s} = \frac{K}{s(s+K)}$$

$$\lim_{t \to \infty} y(t) = \lim_{s \to 0} sY(s) = \lim_{s \to 0} s\frac{K}{s(s+K)} = 1$$

$$\text{Offset} = r(\infty) - y(\infty)$$
$$= 1 - 1 = 0$$

- 외란이 계단변화

$$Y(s) = \frac{\frac{1}{s}}{1+\frac{K}{s}} \cdot \frac{1}{s} = \frac{1}{s+K} \cdot \frac{1}{s}$$

$$\lim_{t \to \infty} y(t) = \lim_{s \to 0} sY(s) = \lim_{s \to 0} \frac{1}{s+K} = \frac{1}{K}$$

$$\text{Offset} = r(\infty) - y(\infty)$$
$$= 0 - \frac{1}{K}$$
$$= -\frac{1}{K} : \text{Offset이 존재한다.}$$

※ 적분공정은 잔류편차를 제거할 수 있는 공정으로 적분공정 앞(입력외란)의 잔류오차는 제거할 수 없고, 적분공정 뒤(출력외란)의 잔류오차는 제거할 수 있다.

정답 43 ④ 44 ② 45 ① 46 ②

47 제어기의 와인드업(Windup) 현상에 대한 설명 중 잘못된 것은?

① 이 문제를 해소하기 위한 기능을 Anti-windup이라 부른다.
② Windup이 해소되기까지 제어기는 사실상 제어 불능 상태가 된다.
③ 제어기의 출력이 공정으로 바르게 전달되지 못할 때에 나타나는 현상이다.
④ 제어기의 미분동작과 관련된 현상이다.

해설
적분제어 작용으로 나타나는 현상
출력 $m(t)$가 최대허용치에 있음에도 불구하고 $e(t)$의 적분값은 계속 증가하는 것을 Windup 현상이라고 한다.

48 다음 중 1차계 공정 $\left(\dfrac{K_P}{\tau_P s+1}\right)$의 특성이 아닌 것은?

① 자율공정이다.
② 단위계단 입력의 경우, 공정출력 초기의 기울기 $\left.\dfrac{dy(t)}{dt}\right|_{t=0} = \dfrac{K_P}{\tau_P}$ 이다.
③ 공정이득이 증가하면 진동한다.
④ 최종치의 63.2%에 도달할 때까지 걸린 시간이 시간상수이다.

해설
$$\dfrac{K}{s(\tau s+1)} = \dfrac{A}{s} + \dfrac{B}{\tau s+1}$$

$$\begin{pmatrix} A\tau s + A + Bs = K \\ A = K \\ K\tau s + Bs = 0 \\ B = -K\tau \end{pmatrix}$$

$$\therefore \dfrac{K}{s(\tau s+1)} = \dfrac{K}{s} - \dfrac{K\tau}{\tau s+1} = \dfrac{K}{s} - \dfrac{K}{s+\dfrac{1}{\tau}}$$

$Y(t) = K - Ke^{-\dfrac{t}{\tau}}$

$dY(t) = +\dfrac{K}{\tau}e^{-\dfrac{t}{\tau}}$

$dY(0) = \dfrac{K}{\tau}$

49 1차계 단위계단응답에서 시간 t가 2τ일 때 퍼센트 응답은 약 얼마인가?(단, τ는 1차계 시간상수이다.)

① 50%   ② 63.2%
③ 86.5% ④ 95%

해설
1차계 단위계단응답

t	$y(t)/A$	t	$y(t)/A$
0	0	4τ	0.982
τ	0.632	5τ	0.993
2τ	0.865	∞	1
3τ	0.950		

50 그림과 같은 닫힌 루프계에서 입력 R에 대한 출력 Y의 전달함수는?

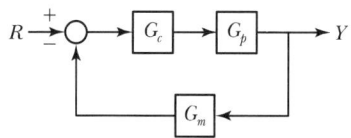

① $\dfrac{Y}{R} = \dfrac{1}{1+G_c G_p G_m}$ ② $\dfrac{Y}{R} = G_c G_p$

③ $\dfrac{Y}{R} = \dfrac{G_c G_p G_m}{1+G_c G_p G_m}$ ④ $\dfrac{Y}{R} = \dfrac{G_c G_p}{1+G_c G_p G_m}$

해설
$\dfrac{Y}{R} = \dfrac{직선}{1+회선} = \dfrac{G_c G_p}{1+G_c G_p G_m}$

51 $\dfrac{1}{(s^2+1)s^2}$의 역변환으로 옳은 것은?(단, $U(t)$는 단위계단함수이다.)

① $(\cos t + 1 + t)U(t)$
② $(-\sin t + t)U(t)$
③ $(-\cos t + 1 + t)U(t)$
④ $(\sin t - t)U(t)$

정답 47 ④ 48 ③ 49 ③ 50 ④ 51 ②

해설

$$U(s) = \frac{1}{(s^2+1)s^2} = \frac{1}{s^2} - \frac{1}{s^2+1}$$

$$U(t) = t - \sin t$$

$$\frac{1}{(s^2+1)s^2} = \frac{A}{s} + \frac{B}{s^2} + \frac{Cs+D}{s^2+1} = \frac{1}{s^2} - \frac{1}{s^2+1}$$

$$As(s^2+1) + B(s^2+1) + s^2(Cs+D) = 1$$
$$(A+C)s^3 + (B+D)s^2 + As + B = 1$$
$$A+C=0$$
$$B+D=0$$
$$\therefore A=0 \quad B=1 \quad C=0 \quad D=-1$$

52 다음 함수의 Laplace 변환은?(단, $u(t)$는 단위계 단함수이다.)

$$f(t) = \frac{1}{h}\{u(t) - u(t-h)\}$$

① $\dfrac{1}{h}\left(\dfrac{1-e^{-h/s}}{s}\right)$ ② $\dfrac{1}{h}\left(\dfrac{1-e^{-hs}}{s}\right)$

③ $\dfrac{1}{h}\left(\dfrac{1+e^{-hs}}{s}\right)$ ④ $\dfrac{1}{h}\left(\dfrac{1+e^{-h/s}}{s}\right)$

해설

$$f(t) = \frac{1}{h}\{u(t) - u(t-h)\}$$

라플라스 변환

$$F(s) = \frac{1}{h}\left(\frac{1}{s} - \frac{1}{s}e^{-hs}\right) = \frac{1}{h}\left(\frac{1-e^{-hs}}{s}\right)$$

53 Bode 선도를 이용한 안정성 판별법 중 옳지 않은 것은?

① 위상 크로스오버 주파수(Phase Crossover Frequency)에서 AR은 1보다 작아야 안정하다.
② 이득여유(Gain Margin)는 위상 크로스오버 주파수에서 AR의 역수이다.
③ 열린 루프에서 안정한 공정 전달함수에 대해서만 적용가능하다.
④ 이득 크로스오버 주파수(Gain Crossover Frequency)에서 위상각은 -180도보다 커야 안정하다.

해설

열린 루프 전달함수의 진동응답의 진폭비가 임계진동수에서 1보다 크면 닫힌 루프 제어시스템은 불안정하다.

$$GM = \frac{1}{AR_c}$$

54 증류탑의 응축기와 재비기에 수은기둥 온도계를 설치하고 운전하면서 한 시간마다 온도를 읽어 다음 그림과 같은 데이터를 얻었다. 이 데이터와 수은기둥 온도 값 각각의 성질로 옳은 것은?

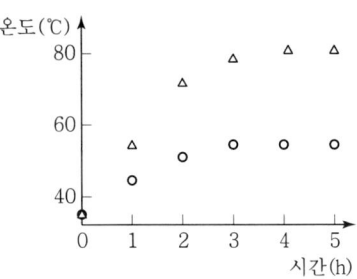

① 연속(Continuous), 아날로그
② 연속(Continuous), 디지털
③ 이산시간(Discrete-time), 아날로그
④ 이산시간(Discrete-time), 디지털

해설

공정데이터 : 아날로그데이터, 디지털데이터(이산데이터)

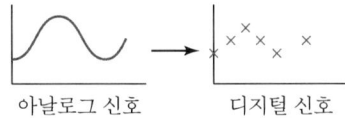

온도, 압력, 전압 → 아날로그데이터
On-Off : 디지털데이터

55 특성방정식이 $s^3 + 6s^2 + 11s + 6 = 0$인 제어계가 있다. 이 제어계의 안정성은?

① 안정하다.
② 불안정하다.
③ 불충분 조건이 있다.
④ 식의 성립이 불가하다.

정답 52 ② 53 ③ 54 ③ 55 ①

해설

Routh 안정성 판별법

	1	2
1	1	11
2	6	6
3	$\frac{6 \times 11 - 1 \times 6}{6} > 0$	

첫 번째 열이 모두 양수이면 안정하다.

56 $F(s) = \dfrac{4(s+2)}{s(s+1)(s+4)}$ 인 신호의 최종값(Final Value)은?

① 2 ② ∞
③ 0 ④ 1

해설
최종치 정리
$$\lim_{t \to \infty} f(t) = \lim_{s \to 0} sF(s) = \lim_{s \to 0} \frac{4s+8}{(s+1)(s+4)} = 2$$

57 개회로 전달함수의 Phase Lag가 180°인 주파수에서 Amplitude Ratio(AR)가 어느 범위일 때 폐회로가 안정한가?

① $AR < 1$ ② $AR < 1/0.707$
③ $AR > 1$ ④ $AR > 0.707$

해설
$\phi = -\tan^{-1}(\tau\omega) = 180°$ $-\tan 180° = 0 = \tau\omega$
$AR = \dfrac{K}{\sqrt{\tau^2\omega^2+1}} = K$ $AR_N = \dfrac{AR}{K} = \dfrac{K}{K} = 1$

58 단면적이 A, 길이가 L인 파이프 내에 평균속도 U로 유체가 흐르고 있다. 입구 유체온도와 출구 유체온도 사이의 전달함수는?

① $\dfrac{1}{\frac{L}{U}s+1}$ ② $e^{-\frac{AL}{U}s}$
③ $e^{\frac{L}{U}s}$ ④ $e^{-\frac{L}{U}s}$

해설
시간 지연 $\theta = \dfrac{L}{q/A} = \dfrac{L}{U}$
$T_0(t) = T(t-\theta)$
편차변수 이용 $\dfrac{T_0'(s)}{T'(s)} = e^{-\theta s} = e^{-\frac{L}{U}s}$

59 비례 제어기를 이용하는 어떤 폐루프 시스템의 특성방정식이 $1 + \dfrac{K_c}{(s+1)(2s+1)} = 0$과 같이 주어진다. 다음 중 진동응답이 예상되는 경우는?

① $K_c = -1.25$
② $K_c = 0$
③ $K_c = 0.25$
④ K_c에 관계없이 진동이 발생된다.

해설
$2s^2 + 3s + (1+K_c) = 0$
$s = \dfrac{-3 \pm \sqrt{9-8(1+K_c)}}{4}$
$9 - 8(1+K_c) < 0$
$K_c > \dfrac{1}{8}$
∴ $K_c > 0.125$이어야 하므로 ③이 정답이다.

60 시간지연(Delay)이 포함되고 공정이득이 1인 1차 공정에 비례 제어기가 연결되어 있다. 임계주파수에서의 각속도 ω의 값이 0.5rad/min일 때 이득여유가 1.7이 되려면 비례제어상수(K_c)는?(단, 시상수는 2분이다.)

① 0.83 ② 1.41
③ 1.70 ④ 2.0

해설
$G(s) = \dfrac{K}{\tau s+1} e^{-\theta s}$
$Y(s) = \dfrac{1}{2s+1} e^{-\theta s} \cdot K_c$

정답 56 ① 57 ① 58 ④ 59 ③ 60 ①

$$AR = \frac{K_c}{\sqrt{\tau^2\omega^2+1}}$$

$\omega = 0.5 \text{rad/min}$

이득여유 $= \frac{1}{AR_c} = 1.7$

$AR_c = 0.59$

$$0.59 = \frac{K_c}{\sqrt{2^2 \times 0.5^2 + 1}}$$

$\therefore K_c = 0.59 \times \sqrt{2} = 0.83$

4과목 공업화학

61 Le Blanc법의 원료와 제조 물질을 옳게 설명한 것은?

① 식염에서 탄산칼슘 제조
② 식염에서 탄산나트륨 제조
③ 염화칼슘에서 탄산칼슘 제조
④ 염화칼슘에서 탄산나트륨 제조

해설

Le Blanc법
$NaCl + H_2SO_4 \rightarrow NaHSO_4 + HCl(150\sim200℃)$
$NaHSO_4 + NaCl \rightarrow Na_2SO_4 + HCl(800℃)$
$Na_2SO_4 + CaCO_3 + 4C \rightarrow Na_2CO_3 + CaS + 4CO$
　　　　　　　　　　　　탄산나트륨

Solvay법(암모니아소다법)
$NaCl + NH_3 + H_2O + CO_2 \rightarrow NaHCO_3 + NH_4Cl$(탄산화반응)
$2NaHCO_3 \rightarrow Na_2CO_3 + H_2O + CO_2$(가소반응)
$2NH_4Cl + Ca(OH)_2 \rightarrow CaCl_2 + 2NH_3 + 2H_2O$
　　　　　　　　　　　(암모니아 회수반응)

62 솔베이법을 이용한 소다회 제조에 있어서 사용되는 기본원료는?

① HCl, H_2O, NH_3, H_2CO_3
② $NaCl, H_2O_2, CaCO_3, H_2SO_4$
③ $NaCl, H_2O, NH_3, CaCO_3$
④ $HCl, H_2O_2, NH_3, CaCO_3, H_2SO_4$

해설

Solvay법(암모니아소다법)
$NaCl + NH_3 + H_2O + CO_2 \rightarrow NaHCO_3 + NH_4Cl$
$2NaHCO_3 \rightarrow Na_2CO_3 + H_2O + CO_2$
$2NH_4Cl + Ca(OH)_2 \rightarrow CaCl_2 + 2H_2O + 2NH_3$
$CaCO_3 \rightarrow CaO + CO_2$
$CaO + H_2O \rightarrow Ca(OH)_2$(암모니아회수)

63 요소비료 1ton을 합성하는 데 필요한 CO_2 원료로 탄산칼슘 85%를 포함하는 석회석을 사용한다면 석회석이 약 몇 ton 필요한가?

① 0.96　　② 1.96
③ 2.96　　④ 3.96

해설

$2NH_3 + CO_2 \rightarrow CO(NH_2)_2 + H_2O$
　　　　44　　：　60
　　　　x　　：　1ton

$\therefore x = 0.733$

$CaCO_3 \rightarrow CaO + CO_2$
　100　　：　　44
　y　　：　0.733ton

$\therefore y = 1.666$

$y' = \frac{1.666}{0.85} = 1.96$

64 반도체 제조공정에서 감광제를 구성하는 주요 기본 요소가 아닌 것은?

① 고분자　　② 용매
③ 광감응제　　④ 현상액

해설

감광제 구성(포토레지스트) PR
- 고분자
- 용매
- 광감응제

정답　61 ②　62 ③　63 ②　64 ④

65 다음 중 에틸렌으로부터 얻는 제품으로 가장 거리가 먼 것은?

① 에틸벤젠 ② 아세트알데히드
③ 에탄올 ④ 염화알릴

해설

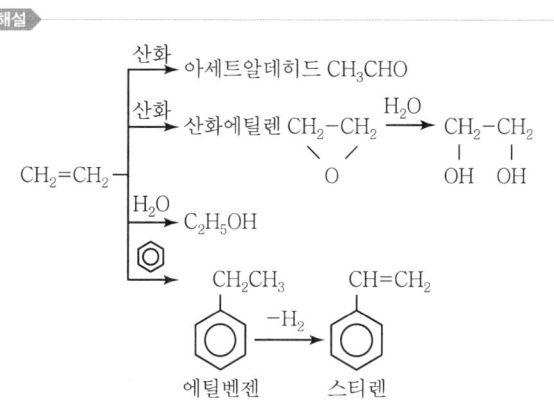

※ 염화알릴($CH_2=CHCH_2Cl$) : 프로필렌에서 만듦

66 Phthalic Anhydride를 합성하기 위한 기본 원료는?

① toluene ② o-xylene
③ m-xylene ④ p-xylene

해설
무수프탈산

※ 테레프탈산

67 아세틸렌을 출발물질로 하여 염화구리와 염화암모늄 수용액을 통해 얻은 모노비닐아세틸렌과 염산을 반응시키면 얻는 주 생성물은?

① 클로로히드린 ② 염화프로필렌
③ 염화비닐 ④ 클로로프렌

해설
클로로프렌
염화구리와 염화암모늄의 착염 수용액에 아세틸렌을 통하여 얻는 비닐아세틸렌에 염화수소를 첨가하면 그 생성물이 이성질화하여 클로로프렌이 된다.

$$CH_2=CH \atop |\atop C\equiv CH \quad +HCl \to \quad CH_2=C-CH=CH_2 \atop |\atop Cl$$

비닐아세틸렌 염산 클로로프렌

68 황산용액의 포화조에 암모니아 가스를 주입하여 황산암모늄을 제조할 때 85wt% 황산 1,000kg을 암모니아 가스와 반응시키면 약 몇 kg의 황산암모늄 결정이 석출되겠는가?(단, 반응 온도에서 황산암모늄 용해도는 97.5g/100g·H_2O이며, 수분의 증발 및 분리공정 중 손실은 없다.)

① 788.7 ② 895.7
③ 998.7 ④ 1095.7

해설
$2NH_3 + H_2SO_4 \to (NH_4)_2SO_4$
　　98　　:　132
　　850kg　:　 x
∴ $x = 1,145$kg

1,000kg − 850 = 150kg 물
100kg : 97.5kg
150kg : y
$y = 146.25$kg 용해
∴ 석출량 = 1,145 − 146.25 = 998.6kg 석출

정답 65 ④　66 ②　67 ④　68 ③

69 말레산 무수물을 벤젠의 공기산화법으로 제조하고자 한다. 이때 사용되는 촉매는 무엇인가?

① 바나듐펜톡사이드(오산화바나듐)
② Si−Al₂O₃ 담체로 한 Nickel
③ PdCl₂
④ LiH₂PO₄

해설

말레산 무수물(벤젠의 공기산화법)

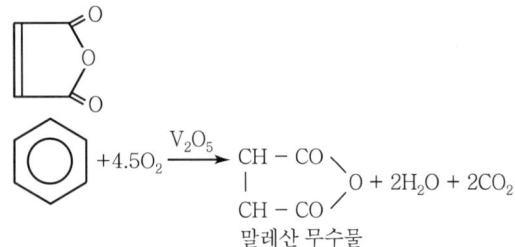

촉매 : V₂O₅(오산화바나듐, 바나듐펜톡사이드)

70 모노글리세라이드를 옳게 설명한 것은?

① 양쪽성 계면활성제이다.
② 비이온 계면활성제이다.
③ 양이온 계면활성제이다.
④ 음이온 계면활성제이다.

해설

- 계면활성제(세제의 주성분) : 전기적 성질에 따라 양이온, 음이온, 비이온, 양쪽성으로 구분된다.
- 모노글리세라이드 : 글리세롤의 히드록시기 3개 중 1개가 지방산과 에스터 결합한다(비이온 계면활성제).

71 다음의 인산칼슘 중 수용성 성질을 가지는 것은?

① 인산 1칼슘 ② 인산 2칼슘
③ 인산 3칼슘 ④ 인산 4칼슘

해설

- 인산 1칼슘 : CaH₄(PO₄)₂, 수용성
- 인산 2칼슘 : CaHPO₄, 구용성
- 인산 3칼슘 : Ca₃(PO₄)₂, 불용성
- 인산 4칼슘 : Ca₄P₂O₉, 구용성

수용성 인산
인산암모늄, 인산칼슘(인산 1칼슘), 중과린산석회, 과린산석회

72 순수 HCl 가스를 제조하는 방법은?

① 질산분해법 ② 흡착법
③ Hargreaves법 ④ Deacon법

해설

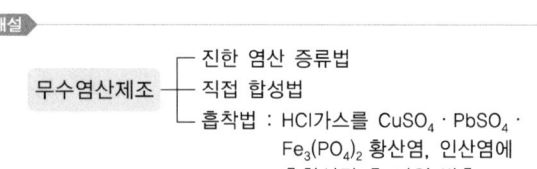

73 아세톤을 HCl 존재하에서 페놀과 반응시켰을 때 생성되는 주 물질은?

① 아세토페논 ② 벤조페논
③ 벤질알코올 ④ 비스페놀 A

해설

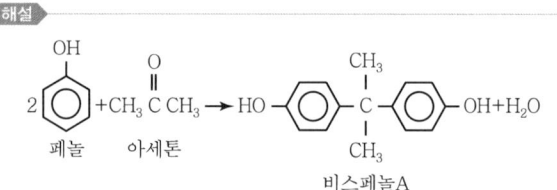

74 일반적으로 물의 순도는 비저항 값으로 표시한다. 이때 사용되는 비저항의 단위로 옳은 것은?

① Ω · cm ② Ω/cm
③ Ω · s ④ Ω/s

해설

비저항 : 단위면적당 단위길이저항(Ω · cm)

75 다음 중 연료전지의 형태에 해당하지 않는 것은?

① 인산형 연료전지 ② 용융탄산염 연료전지
③ 알칼리 연료전지 ④ 질산형 연료전지

정답 69 ① 70 ② 71 ① 72 ② 73 ④ 74 ① 75 ④

> 해설

연료전지
- 고온형 : 용융탄산염 연료전지, 고체 산화물형 연료전지
- 저온형 : 알칼리 연료전지, 인산형 연료전지, 고분자 전해질형 연료전지

76 탄화수소의 분해에 대한 설명 중 옳지 않은 것은?

① 열분해는 자유라디칼에 의한 연쇄반응이다.
② 열분해는 접촉분해에 비해 방향족과 이소파라핀이 많이 생성된다.
③ 접촉분해에서는 촉매를 사용하여 열분해보다 낮은 온도에서 분해시킬 수 있다.
④ 접촉분해에서는 방향족이 올레핀보다 반응성이 낮다.

> 해설

열분해	접촉분해
· 올레핀이 많으며, C_1~C_2계의 가스가 많다. · 대부분 지방족이며, 방향족 탄화수소는 적다. · 코크스나 타르의 석출이 많다. · 디올레핀이 비교적 많다. · 라디칼 반응 메커니즘	· C_3~C_6계의 가지 달린 지방족이 많이 생성된다. · 열분해보다 파라핀계 탄화수소가 많다. · 방향족 탄화수소가 많다. · 탄소질 물질의 석출이 적다. · 디올레핀은 거의 생성되지 않는다. · 이온 반응 메커니즘 : 카르보늄이온 기구

77 LPG에 대한 설명 중 틀린 것은?

① C_3, C_4의 탄화수소가 주성분이다.
② 상온, 상압에서는 기체이다.
③ 그 자체로 매우 심한 독한 냄새가 난다.
④ 가압 또는 냉각시킴으로써 액화한다.

> 해설

LPG(액화석유가스)
- C_3, C_4 탄화수소가 주성분이다.
- 상온·상압에서 기체이다.
- 상온, 상압에서 기체인 프로판, 부탄 등의 혼합물을 냉각시켜 액화한 것이다.
- 그 자체로는 냄새가 거의 나지 않는다.

78 반도체에 대한 일반적인 설명 중 옳은 것은?

① 진성 반도체의 경우 온도가 증가함에 따라 전기전도도가 감소한다.
② P형 반도체는 Si에 V족 원소가 첨가된 것이다.
③ 불순물 원소를 첨가함에 따라 저항이 감소한다.
④ LED(Light Emitting Diode)는 N형 반도체만을 이용한 전자 소자이다.

> 해설

- 반도체 원료인 Si, Ge은 전압을 걸어도 전류가 통하지 않는다.
- 불순물 반도체
  p형(13족) – B · Al · Ga   n형(15족) – P · As · Sb
  　　　　　붕소 알루 갈륨　　　　　　　　인　비소 안티몬
  　　　　　　　미늄
- LED는 반도체의 pn접합 구조를 이용하여 발광시키는 것이다.

79 반도체 공정에 대한 설명 중 틀린 것은?

① 감광반응되지 않은 부분을 제거하는 공정을 에칭이라 하며, 건식과 습식으로 구분할 수 있다.
② 감광성 고분자를 이용하여 실리콘웨이퍼에 회로패턴을 전사하는 공정을 리소그래피(Lithography)라고 한다.
③ 화학기상증착법 등을 이용하여 3족 또는 6족의 불순물을 실리콘웨이퍼 내로 도입하는 공정을 이온주입이라 한다.
④ 웨이퍼 처리공정 중 잔류물과 오염물을 제거하는 공정을 세정이라 하며 건식과 습식으로 구분할 수 있다.

> 해설

박막형성
화학기상증착(CVD)공정은 형성하고자 하는 증착막 재료의 원소가스를 기판 표면 위에 화학반응시켜 원하는 박막을 형성시키는 공정이다.

이온주입
전하를 띤 원자인 도판트(B, P, As)를 주입, 즉 불순물을 웨이퍼 내부로 확산시키는 공정이다.

80 파장이 600nm인 빛의 주파수는?

① 3×10^{10} Hz
② 3×10^{14} Hz
③ 5×10^{10} Hz
④ 5×10^{14} Hz

정답 76 ② 77 ③ 78 ③ 79 ③ 80 ④

> 해설

주파수 = $\dfrac{1}{주기}$

1Hz : 1초당 1회 반복하는 것

진동수 = 1cycle/s

$\lambda = \dfrac{V}{f}$

여기서, λ : 파장(m), V : 전파속도(m/s), f : 주파수(Hz)

$600 \times 10^{-9} \text{m} = 6 \times 10^{-7} \text{m} = \dfrac{3 \times 10^8}{f}$

$f = \dfrac{3 \times 10^8 \text{m/s}}{6 \times 10^{-7}} = \dfrac{5 \times 10^7}{10^{-7}} = 5 \times 10^{14} \text{Hz}$

5과목 반응공학

81 반응물질 A는 2L/min 유속으로 부피가 2L인 혼합흐름반응기에 공급된다. 이때 A의 출구농도 $C_{Af} = 0.02\text{mol/L}$이고 초기농도 $C_{A0} = 0.2\text{mol/L}$일 때 A의 반응속도는?

① 0.045mol/L min
② 0.062mol/L min
③ 0.18mol/L min
④ 0.1mol/L min

> 해설

$\tau = \dfrac{C_{A0} - C_A}{-r_A} = \dfrac{V}{v_o}$

$\dfrac{0.2 - 0.02 \,\text{mol/L}}{-r_A} = \dfrac{2\text{L}}{2\text{L/min}}$

$\therefore -r_A = 0.18 \text{mol/L min}$

82 직렬반응 $A \to R \to S$의 각 단계에서 반응속도상수가 같으면 회분식 반응기 내의 각 물질의 농도는 반응시간에 따라서 어느 그래프처럼 변화하는가?

①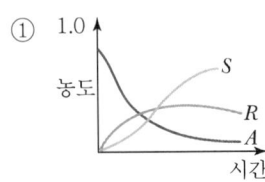
②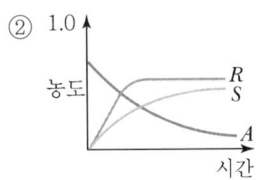
③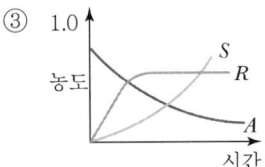
④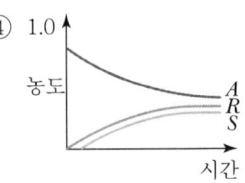

> 해설

A는 소모되므로 감소되고, R은 증가(생성)하다가 감소하고, R이 생성된 이후 S가 생성되어 증가한다.

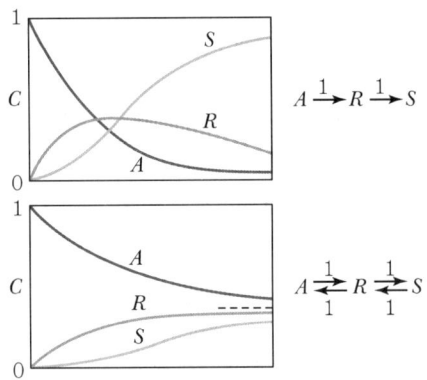

83 자동촉매반응(Autocatalytic Reaction)에 대한 설명으로 옳은 것은?

① 전화율이 작을 때는 관형흐름반응기가 유리하다.
② 전화율이 작을 때는 혼합흐름반응기가 유리하다.
③ 전화율과 무관하게 혼합흐름반응기가 항상 유리하다.
④ 전화율과 무관하게 관형흐름반응기가 항상 유리하다.

> 해설

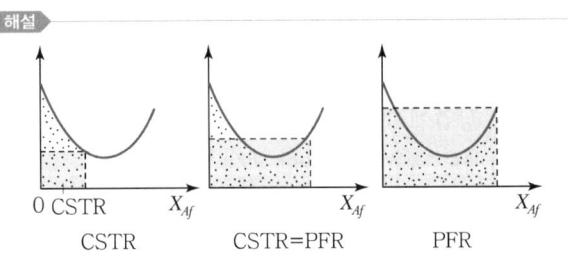

X_A가 낮을 때	X_A가 중간일 때	X_A가 높을 때
CSTR 선택	PFR, CSTR 선택	PFR 선택
$V_c < V_p$	$V_c \simeq V_p$	$V_c > V_p$

정답 81 ③ 82 ① 83 ②

84 평균체류 시간이 같은 관형반응기와 혼합반응기에서 $A \to R(-r_A = kC_A^n)$로 표시되는 화학반응이 일어날 때 관형반응기의 전화율 X_p와 혼합반응기의 전화율 X_m에 관한 설명으로 옳은 것은?(단, n은 반응차수이다.)

① 반응차수 n에 관계없이 항상 X_p는 X_m보다 크다.
② 반응차수 n에 관계없이 항상 X_m은 X_p보다 크다.
③ 반응차수 n이 0보다 크면 X_p는 X_m보다 크다.
④ 반응차수 n이 0보다 크면 X_m은 X_p보다 크다.

해설

$-r_A = kC_A^n$

$\tau = \dfrac{C_{A0} X_m}{-r_A}$

$\tau = C_{A0} \int \dfrac{X_A}{-r_A}$

$n > 0$, CSTR의 크기 > PFR의 크기
$n > 0$이면 CSTR의 전화율 X_m은 PFR의 전화율 X_p보다 작다.
$X_m < X_p$

85 다음 두 액상 반응이 동시에 진행될 때 어떻게 반응시켜야 부반응을 억제할 수 있는가?

- $A + B \xrightarrow{k_1} R + T$ (원하는 반응)

  $\dfrac{dC_R}{dt} = k_1 C_A^{0.3} C_B$

- $A + B \xrightarrow{k_2} S + U$ (원하지 않는 반응)

  $\dfrac{dC_S}{dt} = k_2 C_A^{1.8} C_B^{0.5}$

① 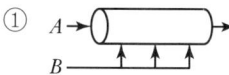 ②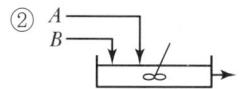
③ 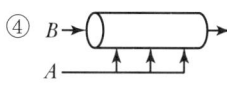 ④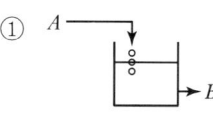

해설

선택도 $= \dfrac{dC_R}{dC_S} = \dfrac{k_1 C_A^{0.3} C_B}{k_2 C_A^{1.8} C_B^{0.5}} = \dfrac{k_1}{k_2} C_A^{-1.5} C_B^{0.5}$

$C_A \downarrow \ C_B \uparrow$

많은 양의 B에 A를 천천히 투입시킨다.

①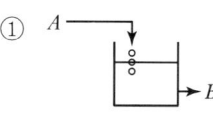

②

③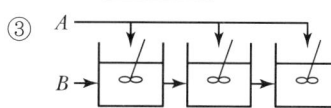

86 회분식 반응기 내에서의 균일계 1차 반응 $A \to R$에 대한 설명으로 가장 부적절한 것은?

① 반응속도는 반응물 A의 농도에 정비례한다.
② 반응률 X_A는 반응시간에 정비례한다.
③ $-\ln\dfrac{C_A}{C_{A0}}$ 와 반응시간 간의 관계는 직선으로 나타난다.
④ 반응속도상수의 차원은 시간의 역수이다.

해설

Batch Reactor 균일계 1차
① $-r_A = kC_A$
②, ③ $\varepsilon = 0$

$$kt = -\ln(1 - X_A) = -\ln\dfrac{C_A}{C_{A0}}$$

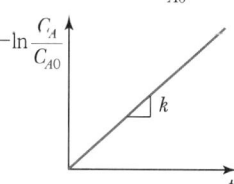

④ 반응속도상수 $k = [\text{농도}]^{1-n}[\text{시간}]^{-1}$
$k(1\text{차}) = 1/\text{시간}$

정답 84 ③ 85 ④ 86 ②

87 기상반응 $2A \rightarrow R + 2S$가 플러그흐름반응기(PFR)에서 A의 전환율 90%까지 반응하는 데 공간속도 1min^{-1}가 필요하였다. 공간시간(τ, min)과 평균체류시간($\bar{t}$, min)은?

① $\tau = 1,\ \bar{t} > 1$
② $\tau = 1,\ \bar{t} < 1$
③ $\tau > 1,\ \bar{t} = 1$
④ $\tau > 1,\ \bar{t} > 1$

해설
- 정밀도계에서는 같다.
  $\tau = \bar{t}$
- $\tau_{PFR} = \dfrac{1}{S} = \dfrac{1}{1} = 1\text{min}$
  $\bar{t} = C_{A0}\displaystyle\int_0^{X_A} \dfrac{dX_A}{(-r_A)(1+\varepsilon_A X_A)}$

88 두 대의 CSTR을 직렬 연결했을 때, 반응기의 최적부피에 대한 설명으로 가장 거리가 먼 것은?

① 최적부피는 반응속도에 의존한다.
② 1차 반응이면 부피가 같은 반응기를 사용한다.
③ 차수가 1보다 크면 큰 반응기를 먼저 놓는다.
④ 최적부피는 전화율에 의존한다.

해설
㉠ 최적부피는 반응속도, 전화율에 상관된다.
㉡ • 1차 : 동일한 크기
 • $n > 1$: 작은 반응기 → 큰 반응기
 • $n < 1$: 큰 반응기 → 작은 반응기
 • $n > 0$: PFR이 CSTR보다 효과적

89 부피 $V = 1\text{L}$인 혼합반응기에 A 용액($C_{A0} = 0.1\text{mol/L}$)만 1L/min로 들어가서 A와 B가 $C_{Af} = 0.02\text{mol/L}$, $C_{Bf} = 0.04\text{mol/L}$의 상태로 흘러나갈 때 B의 생성반응속도는 몇 mol/L min인가?

① -0.04
② -0.02
③ 0.04
④ 0.02

해설
$A \rightarrow B$
$V = 1,\ C_{A0} = 0.1,\ 1\text{L/min},\ C_{Af} = 0.02$
$\tau = \dfrac{C_{A0}X_A}{-r_A} = \dfrac{C_{A0} - C_A}{-r_A} = \dfrac{0.1 - 0.02}{-r_A} = 1 \quad \therefore -r_A = 0.08$
$\dfrac{0.04 - 0}{r_B} = 1 \quad \therefore r_B = 0.04$

90 정압반응에서 처음에 80%의 A를 포함하는(나머지 20%는 불활성 물질) 반응 혼합물의 부피가 2min에 20% 감소한다면 기체반응 $2A \rightarrow R$에서 A의 소모에 대한 1차 반응속도상수는 약 얼마인가?

① 0.147min^{-1}
② 0.247min^{-1}
③ 0.347min^{-1}
④ 0.447min^{-1}

해설
$kt = -\ln(1 - X_A),\quad V = V_0(1 + \varepsilon_A X_A)$
$\varepsilon_A = y_{A0}\delta = 0.8 \times \left(\dfrac{1-2}{2}\right) = -0.4$
$X_A = \dfrac{1}{\varepsilon_A}\left(\dfrac{V - V_0}{V_0}\right) = \dfrac{1}{-0.4}\left(\dfrac{0.8V_0 - V_0}{V_0}\right)$
$= \left(-\dfrac{1}{0.4}\right)(-0.2) = 0.5$
$k \times 2\text{min} = -\ln(0.5) \quad \therefore k = 0.347$

91 반응식이 $2A + 2B \rightarrow R$일 때 각 성분에 대한 반응속도식의 관계로 옳은 것은?

① $-r_A = r_B = r_R$
② $-2r_A = 2r_B = r_R$
③ $-\dfrac{1}{2}r_A = -\dfrac{1}{2}r_B = r_R$
④ $(-r_A)^2 = (-r_B)^2 = r_R$

해설
$aA + bB \rightarrow cC + dD$
$\dfrac{-r_A}{a} = \dfrac{-r_B}{b} = \dfrac{r_C}{c} = \dfrac{r_D}{d}$
$\dfrac{-r_A}{2} = \dfrac{-r_B}{2} = \dfrac{r_R}{1}$

정답 87 ② 88 ③ 89 ③ 90 ③ 91 ③

92 어떤 회분식 반응기에서 전화율 90%까지 얻는 데 소요된 시간이 4시간이었다고 하면, 3m³/min을 처리하여 같은 전화율을 얻는 데 필요한 반응기의 부피는 얼마인가?

① 620m³
② 720m³
③ 820m³
④ 920m³

해설

$\tau = \dfrac{V}{v_o}$

$240\text{min} = \dfrac{V}{3\text{m}^3/\text{min}}$ ∴ $V = 720\text{m}^3$

93 반응 $A \rightarrow$ 생성물의 속도식이 $-r_A = kC_A^n$로 주어질 때 초기농도 C_{A0}가 $\dfrac{C_{A0}}{2}$ 되는 데 걸리는 시간 $t_{1/2}$을 반감기라 한다. $t_{1/2} = \dfrac{\ln 2}{k}$인 경우에는 몇 차 반응인가?

① $n=1$
② $n=2$
③ $n=3$
④ $n=0.5$

해설

$-\ln(1-X_A) = kt$, $-\ln 0.5 = kt_{1/2}$

$t_{1/2} = \dfrac{\ln 2}{k}$

94 Arrhenius Law에 따라 작도한 다음 그림 중에서 평행반응(Parallel Reaction)에 가장 가까운 그림은?

①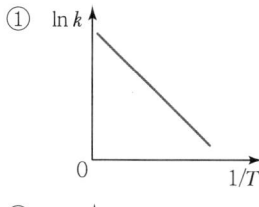
②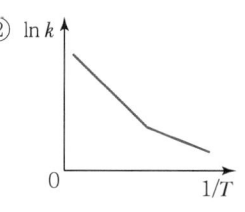
③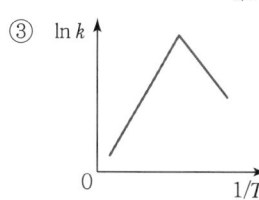
④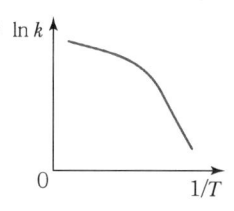

해설

$k = Ae^{-E_a/RT}$

$\ln k = \ln A - \dfrac{E_a}{RT}$

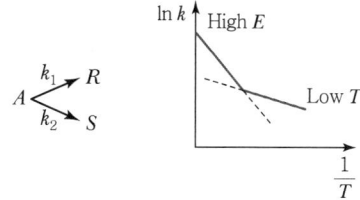

95 반응기 중 체류시간 분포가 가장 좁게 나타난 것은?

① 완전 혼합형 반응기
② Recycle 혼합형 반응기
③ Recycle 미분형 반응기(Plug Type)
④ 미분형 반응기(Plug Type)

해설

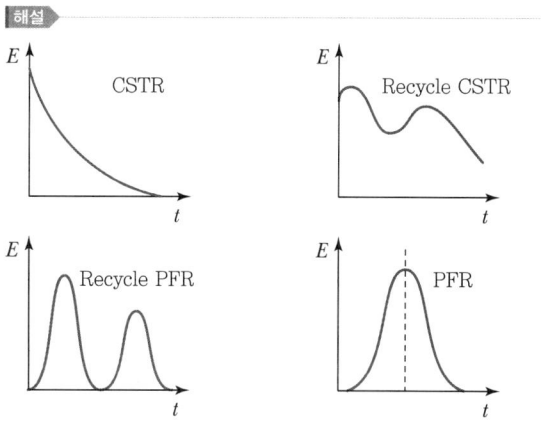

미분형 반응기(Plug Type)
- 체류시간 분포가 가장 좁다.
- 부피당 전화율이 가장 크다.
- 온도조절이 어렵다.

정답 ▶ 92 ② 93 ① 94 ② 95 ④

96 완전혼합이 이루어지는 혼합반응기에 관한 설명 중 옳은 것은?

① 혼합반응기의 내부농도는 출구농도보다 높다.
② 혼합반응기의 내부농도는 출구농도보다 낮다.
③ 혼합반응기의 내부농도는 출구농도와 일치한다.
④ 혼합반응기의 내부농도는 출구농도와 무관하다.

해설

CSTR(혼합흐름반응기)
- 반응기 내부는 완전혼합된다.
- 정상상태에서 운전된다.
- 혼합반응기의 내부농도는 출구농도와 같다.
- 강한 교반이 요구될 때 사용된다.

97 두 1차 반응이 등온회분식 반응기에서 다음과 같이 진행되었다. 반응시간이 60분일 때 반응물 A가 90% 분해되어서 S에 대한 R의 몰비가 10.1로 생성되었다. 최초의 반응 시에 R과 S가 없었다면 k_1은 얼마이겠는가?

$$A \begin{matrix} \overset{k_1}{\nearrow} R \\ \underset{k_2}{\searrow} 2S \end{matrix} \quad \begin{matrix} -r_{A1} = k_1 C_A \\ -r_{A2} = k_2 C_A \end{matrix}$$

① 0.0321/min
② 0.0333/min
③ 0.0366/min
④ 0.0384/min

해설

$$\frac{R}{S} = \frac{k_1 C_R}{k_2 C_S} = \frac{k_1 C_R}{2k_2 C_R} = 10.1$$

$\therefore k_1 = 20.2 k_2$

$-\ln(1 - X_A) = (k_1 + k_2)t$

$-\ln(1 - 0.9) = (20.2 k_2 + k_2) \times 60$

$k_2 = 0.0018 \text{min}^{-1}$

$k_1 = 20.2 \times 0.0018 = 0.0366 \text{min}^{-1}$

98 A가 R이 되는 효소반응이 있다. 전체 효소 농도를 $[E_0]$, 미카엘리스(Michaelis) 상수를 $[M]$이라고 할 때 이 반응의 특징에 대한 설명으로 틀린 것은?

① 반응속도가 전체 효소 농도 $[E_0]$에 비례한다.
② A의 농도가 낮을 때 반응속도는 A의 농도에 비례한다.
③ A의 농도가 높아지면서 0차 반응에 가까워진다.
④ 반응속도는 미카엘리스 상수 $[M]$에 비례한다.

해설

$$-r_A = r_R = \frac{k[E_0][A]}{[M] + [A]}$$

여기서, $[E_0]$: 효소의 농도, $[M]$: 미카엘리스 상수

$A + 효소 \rightleftarrows (A \cdot 효소)^*$
$(A \cdot 효소) \rightarrow R + 효소$

- $A\uparrow$: A의 농도에 무관하다.
- $A\downarrow$: A 반응속도는 A의 농도에 비례한다.
- all $[A]$: 반응속도는 $[E_0]$에 비례

99 다음 액체상 1차 반응이 Plug Flow 반응기(PFR)와 Mixed Flow 반응기(MFR)에서 각각 일어난다. 반응물 A의 전화율을 똑같이 80%로 할 경우 필요한 MFR의 부피는 PFR 부피의 약 몇 배인가?

$$A \rightarrow R, \ r_A = -kC_A$$

① 5.0
② 2.5
③ 0.5
④ 0.2

해설

- CSTR

$$\tau = \frac{C_{A0} V}{F_{A0}} = \frac{V}{v_0} = \frac{C_{A0} - C_A}{-r_A} = \frac{C_{A0} X}{k C_{A0}(1-X)}$$

$$k\tau = \frac{X}{1-X}$$

$k\tau = 4$

- PFR

$k\tau = -\ln(1-X) = -\ln(0.2) = 1.61$

$\therefore \dfrac{4}{1.61} \fallingdotseq 2.5$

정답 96 ③ 97 ③ 98 ④ 99 ②

100 $A \rightarrow 2R$인 기체상 반응은 기초반응이다. 이 반응이 순수한 A로 채워진 부피가 일정한 회분식 반응기에서 일어날 때 10분 반응 후 전화율이 80%이었다. 이 반응을 순수한 A를 사용하며, 공간시간이 10분인 Mixed Flow 반응기에서 일으킬 경우 A의 전화율은 약 얼마인가?

① 91.5% ② 80.5%
③ 65.5% ④ 51.5%

> **해설**
>
> $kt = -\ln(1-X_A)$
> $k \times 10 = -\ln(1-0.8)$
> $\therefore\ k = 0.161 \min^{-1}$
> $\varepsilon_A = y_{A0}\delta = 1 \times \left(\dfrac{2-1}{1}\right) = 1$
>
> 〈CSTR〉
>
> $k\tau = \dfrac{X_A}{1-X_A}(1+\varepsilon_A X_A)$
>
> $0.161 \times 10 = \dfrac{X_A}{1-X_A}(1+X_A)$
>
> $1.61 = \dfrac{X_A + X_A{}^2}{1-X_A}$
>
> 정리하면,
> $X_A{}^2 + 2.61 X_A - 1.61 = 0$
> $X_A = \dfrac{-2.61 \pm \sqrt{(2.61)^2 + 4(1.61)}}{2}$
> $\quad = 0.515 (51.5\%)$

정답 100 ④

2015년 제2회 기출문제

1과목 화공열역학

01 Carnot 냉동기가 $-5℃$의 저열원에서 10,000 kcal/h의 열량을 흡수하여 $20℃$의 고열원에서 방출할 때 버려야 할 최소 열량은?

① 7,760kcal/h
② 8,880kcal/h
③ 10,932kcal/h
④ 12,242kcal/h

해설

$$\frac{T_2}{T_1-T_2}=\frac{Q_c}{Q_H-Q_c}$$

$$\frac{268}{293-268}=\frac{10,000}{Q-10,000}$$

∴ $Q = 10,932.8$ kcal/h

02 다성분 상평형에 대한 설명으로 옳지 않은 것은?

① 각 성분의 화학퍼텐셜이 모든 상에서 같다.
② 각 성분의 퓨가시티가 모든 상에서 동일하다.
③ 시간에 따라 열역학적 특성이 변하지 않는다.
④ 엔트로피가 최소이다.

해설

상평형

$T^\alpha = T^\beta = T^\gamma$ $\hat{f}_i^\alpha = \hat{f}_i^\beta = \hat{f}_i^\gamma$
$P^\alpha = P^\beta = P^\gamma$ $\mu_i^\alpha = \mu_i^\beta = \mu_i^\gamma$

03 다음 열역학식 중 틀린 것은?(단, H : 엔탈피, Q : 열량, P : 압력, V : 부피, G : 깁스에너지, S : 엔트로피, W : 일)

① $H = Q - PV$
② $G = H - TS$
③ $\Delta S = \int dQ_{rev}/T$
④ $W = -\int PdV$

해설

$H = U + PV$
$G = H - TS$
$U = Q + W$
$W = -\int PdV$

04 이상기체의 줄-톰슨 계수(Joule-Thomson Coefficient)의 값은?

① 0
② 0.5
③ 1
④ ∞

해설

$$\mu = \left(\frac{\partial T}{\partial P}\right)_H = \frac{-\left(\frac{\partial H}{\partial P}\right)_T}{\left(\frac{\partial H}{\partial T}\right)_P} = -\frac{1}{C_P}\left(\frac{\partial H}{\partial P}\right)_T$$

$$\mu = \frac{V(\beta T - 1)}{C_P}$$

$$\beta T = \frac{T}{V}\left(\frac{\partial V}{\partial T}\right)_P = \frac{T}{V}\left(\frac{R}{P}\right) = \frac{RT}{PV} = 1$$

이상기체 $\mu = 0$

05 공기가 10Pa, 100m³에서 일정 압력 조건에서 냉각된 후 일정 부피하에서 가열되어 20Pa, 50m³가 되었다. 이 공정이 가역적이라고 할 때 계에 공급된 일의 양은 얼마인가?

① 100J
② 500J
③ 1,000J
④ 2,000J

해설

10Pa, 100m³ $\xrightarrow[W]{정압}$ 10Pa, 50m³ $\xrightarrow[W=0]{정용}$ 20Pa, 50m³

$W = 10\text{Pa}(100-50)\text{m}^3 = 500\text{J}$

정답 01 ③ 02 ④ 03 ① 04 ① 05 ②

06 다음 중 상태함수(State Function)가 아닌 것은?

① 내부에너지 ② 엔트로피
③ 자유에너지 ④ 일

해설
- 상태함수 : 경로와 상관없이 시작점과 끝점의 상태에 의해서만 영향을 받는 함수
  예) T, P, U, H, S
- 경로함수 : 경로에 영향을 받는 함수
  예) Q(열), W(일)

07 알코올 수용액의 증기와 평형을 이루고 있는 시스템(System)의 자유도는?

① 0 ② 1
③ 2 ④ 3

해설
$F = 2 - P + C$
$= 2 - 2 + 2$
$= 2$

08 깁스-두헴(Gibbs-Duhem)의 식에 대한 올바른 표현은?(단, M : 몰당 용액의 성질, $\overline{M_i}$: 용액 내 i성분의 부분몰 성질, x_i : 몰분율)

① $\left(\dfrac{\partial M}{\partial P}\right)_{T,x} dP + \left(\dfrac{\partial M}{\partial T}\right)_{P,x} dT + \sum_i x_i d\overline{M_i} = 0$

② $\left(\dfrac{\partial M}{\partial P}\right)_{T,x} dP - \left(\dfrac{\partial M}{\partial T}\right)_{P,x} dT + \sum_i x_i d\overline{M_i} = 0$

③ $\left(\dfrac{\partial M}{\partial P}\right)_{T,x} dP + \left(\dfrac{\partial M}{\partial T}\right)_{P,x} dT - \sum_i x_i d\overline{M_i} = 0$

④ $\left(\dfrac{\partial M}{\partial P}\right)_{T,x} dP - \left(\dfrac{\partial M}{\partial T}\right)_{P,x} dT - \sum_i x_i d\overline{M_i} = 0$

해설
Gibbs-Duhem 식
균일 다성분계(용액)가 갖는 열역학적 성질이 나타내는 관계식
$\left(\dfrac{\partial M}{\partial P}\right)_{T,x} dP + \left(\dfrac{\partial M}{\partial T}\right)_{P,x} dT - \sum_i x_i d\overline{M_i} = 0$
T = 일정, P = 일정
$\sum_i x_i d\overline{M_i} = 0$

09 반응 평형에 대한 설명 중 옳지 않은 것은?

① 평형상수의 계산을 위해서는 각 물질의 생성 깁스에너지를 알아야 한다.
② 평형상수의 온도 의존성을 위해서는 각 물질의 생성 엔탈피와 열용량을 알아야 한다.
③ 평형상수를 이용하면 반응의 속도를 정확히 알 수 있다.
④ 평형상수를 이용하면 반응 후 최종 조성을 정확히 알 수 있다.

해설
$\ln K = \dfrac{-\Delta G°}{RT}$
$\dfrac{d\ln K}{dt} = \dfrac{\Delta H°}{RT^2}$

10 비리얼 계수에 대한 다음 설명 중 옳은 것을 모두 나열한 것은?

> A. 단일 기체의 비리얼 계수는 온도만의 함수이다.
> B. 혼합 기체의 비리얼 계수는 온도 및 조성의 함수이다.

① A ② B
③ A, B ④ 모두 틀림

해설
- 단일기체 : 비리얼 계수는 온도만의 함수
- 혼합기체 : 비리얼 계수는 온도와 조성의 함수

정답 06 ④ 07 ③ 08 ③ 09 ③ 10 ③

11 다음은 이상기체일 때 퓨가시티(Fugacity) f_i를 표시한 함수들이다. 틀린 것은?(단, $\hat{f}_i$: 용액 중 성분 i의 퓨가시티, f_i : 순수성분 i의 퓨가시티, x_i : 용액의 몰분율, P : 압력)

① $f_i = x_i \hat{f}i$
② $f_i = cP (c = 상수)$
③ $\hat{f}_i = x_i P$
④ $\lim_{p \to 0} f_i / P = 1$

> 해설

퓨가시티
$f = \phi P$
$\lim_{p \to 0} \dfrac{f_i}{P} = 1$

Lewis – Randall's Law $f_i^{id} = x_i f_i$

12 혼합물 중 성분 i의 화학퍼텐셜 μ_i에 관한 식으로 옳은 것은?(단, G는 깁스자유에너지, n_i는 성분 i의 몰수, n_j는 i번째 성분 이외의 몰수를 나타낸다.)

① $\mu_i = \left[\dfrac{\partial (nG)}{\partial n_i}\right]_{P, T, n_j}$
② $\mu_i = \left(\dfrac{\partial G}{\partial n_i}\right)_{T, V, n_j}$
③ $\mu_i = \left(\dfrac{\partial G}{\partial n_i}\right)_{P, V}$
④ $\mu_i = \left(\dfrac{\partial G}{\partial n_i}\right)_{n_j}$

> 해설

화학퍼텐셜
$\mu_i = \left[\dfrac{\partial (nG)}{\partial n_i}\right]_{P, T, n_j} = \overline{G_i}$

13 이상기체의 단열과정에서 온도와 압력에 관계된 식이다. 옳게 나타낸 것은?(단, 열용량비 $\gamma = \dfrac{C_p}{C_v}$이다.)

① $\dfrac{T_2}{T_1} = \left(\dfrac{P_2}{P_1}\right)^{\frac{\gamma-1}{\gamma}}$
② $\dfrac{T_2}{T_1} = \left(\dfrac{P_1}{P_2}\right)^{\gamma}$
③ $\dfrac{T_1}{T_2} = \ln\left(\dfrac{P_1}{P_2}\right)$
④ $\dfrac{T_2}{T_1} = \left(\dfrac{P_2}{P_1}\right)$

> 해설

단열과정
$\dfrac{T_2}{T_1} = \left(\dfrac{P_2}{P_1}\right)^{\frac{\gamma-1}{\gamma}}$
$\dfrac{T_2}{T_1} = \left(\dfrac{V_1}{V_2}\right)^{\gamma-1}$
$\dfrac{P_2}{P_1} = \left(\dfrac{V_1}{V_2}\right)^{\gamma}$

14 활동도 계수(Activity Coefficient)를 구할 수 있는 식이 아닌 것은?

① 윌슨(Wilson) 식
② 반 라르(Van Laar) 식
③ 레드리히 – 키스터(Redlich – Kister) 식
④ 베네딕트 – 웹 – 루빈(Benedict – Webb – Rubin) 식

> 해설

활동도 계수 모델
Margules, Van Laar, Wilson, NRTL, UNIQUAC, Redlich – Kister 식

15 기체상의 부피를 구하는 데 사용되는 식과 가장 거리가 먼 것은?

① 반데르발스 방정식(Van der Waals Equation)
② 래킷 방정식(Rackett Equation)
③ 펭 – 로빈슨 방정식(Peng – Robinson Equation)
④ 베네딕트 – 웹 – 루빈 방정식(Benedict – Webb – Rubin Equation)

> 해설

Rackett Equation(액체에 대한 상관관계식)
$V^{sat} = V_c Z_c^{(1-T_r)^{2/7}}$
$Z^{sat} = \dfrac{P_r}{T_r} Z_c^{[1+(1-T_r)^{2/7}]}$

정답 11 ① 12 ① 13 ① 14 ④ 15 ②

16 326.84℃와 26.84℃ 사이에서 작동하는 가역열기관의 열효율은?

① 0.7   ② 0.5
③ 0.3   ④ 0.1

해설
Carnot 열효율
$\eta = \dfrac{W}{Q_H} = \dfrac{Q_H - Q_C}{Q_H} = \dfrac{T_H - T_C}{T_H}$
$\eta = \dfrac{599.84 - 299.84}{599.84} = 0.5$

17 카르노 사이클(Carnot Cycle)의 $T-S$ 선도는?

① 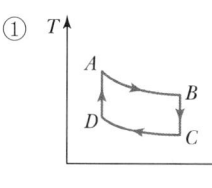   ②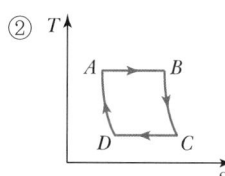

③ 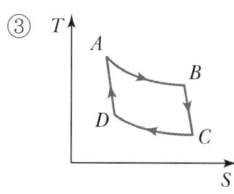   ④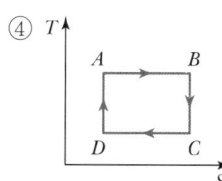

해설
카르노 사이클
2개의 단열과정 + 2개의 등온과정

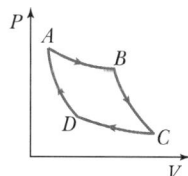 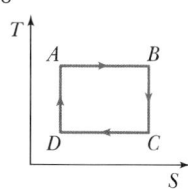

18 다음의 액상에서의 과잉에너지 함수를 나타낸 것 중 국부조성 모델이 아닌 것은?

① 반 라르(Van Lar) 모델   ② 윌슨(Wilson) 모델
③ NRTL 모델   ④ UNIQUAC 모델

해설
국부조성 모델
• Wilson 모델
• NRTL 모델
• UNIQUAC 모델

활동도 계수 모델
Margules, Van Laar, Wilson, NRTL, UNIQUAC, Redlich-Kister 식

19 고립계의 평형 조건을 나타내는 식으로 옳은 것은?(단, G : 깁스에너지, N : 몰수, H : 엔탈피, S : 엔트로피, U : 내부에너지, V : 부피)

① $\left(\dfrac{\partial S}{\partial U}\right)_{V,N} = 0$ ② $\left(\dfrac{\partial S}{\partial V}\right)_{G,V} = 0$

③ $\left(\dfrac{\partial S}{\partial N}\right)_{H,N} = 0$ ④ $\left(\dfrac{\partial S}{\partial H}\right)_{N,V} = 0$

해설
$dU = TdS - PdV$
고립계 : $dU = 0$
$dU = TdS - PdV = 0$
$T\left(\dfrac{\partial S}{\partial U}\right)_{V,N} - P\left(\dfrac{\partial V}{\partial U}\right)_{S,N} = 0$
$\left(\dfrac{\partial S}{\partial U}\right)_{V,N} = 0$
$\left(\dfrac{\partial V}{\partial U}\right)_{S,N} = 0$

20 $PV^n =$ 상수인 폴리트로픽 변화(Polytropic Change)에서 정용과정인 변화는?(단, n은 정수이고, $\gamma = \dfrac{C_p}{C_v}$ 이다.)

① $n = 0$ ② $n = \pm\infty$
③ $n = 1$ ④ $n = \gamma$

정답 ▶ 16 ② 17 ④ 18 ① 19 ① 20 ②

해설

폴리트로픽 공정

$PV^n = $ 일정

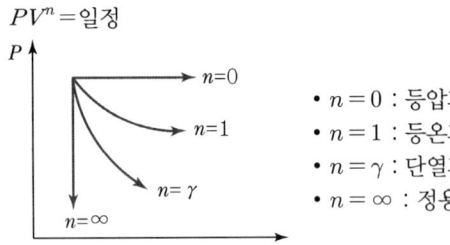

- $n = 0$: 등압과정
- $n = 1$: 등온과정
- $n = \gamma$: 단열과정
- $n = \infty$: 정용과정

2과목 단위조작 및 화학공업양론

21 NaCl 10%, KCl 3%, H₂O 87%의 수용액 18,400 kg을 증발기(Evaporator)에서 농축하여 NaCl 결정만이 석출되고 NaCl 16.8%, KCl 21.6%, H₂O 61.6%의 농축액을 얻었다면 석출된 NaCl의 양은 얼마인가?

① 4,700kg
② 1,840kg
③ 1,411kg
④ 1,250kg

해설

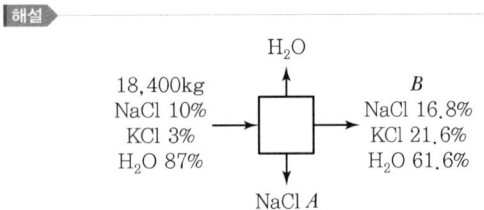

$18,400 \times 0.03 = B \times 0.216$
$\therefore B = 2,555.56$ kg
$18,400 \times 0.1 = A + 2,555.56 \times 0.168$
$\therefore A = 1,411$ kg

22 표준상태에서 측정한 프로판가스 100m³를 액화하였다. 액체 프로판은 몇 kg인가?

① 196.43
② 296.43
③ 396.43
④ 469.43

해설

$PV = \dfrac{w}{M}RT$

$1\text{atm} \times 100\text{m}^3 = \dfrac{w(\text{kg})}{44\text{kg/kmol}} \times 0.082 \times 273$

$\therefore w = 196.5$ kg

23 개천의 유량을 측정하기 위하여 Dilution Method를 사용하였다. 처음 개천물을 분석하였더니 Na₂SO₄의 농도가 180ppm이었다. 1시간에 걸쳐 Na₂SO₄ 10kg을 혼합한 후 하류에서 Na₂SO₄를 측정하였더니 3,300ppm이었다. 이 개천물의 유량은 약 몇 kg/h인가?

① 3,195
② 3,250
③ 3,345
④ 3,395

해설

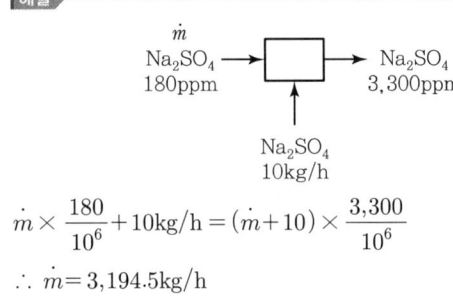

$\dot{m} \times \dfrac{180}{10^6} + 10\text{kg/h} = (\dot{m} + 10) \times \dfrac{3,300}{10^6}$

$\therefore \dot{m} = 3,194.5$ kg/h

24 어떤 여름날의 일기가 낮의 온도 32℃, 상대습도 80%, 대기압 730mmHg에서 밤의 온도 20℃, 대기압 745mmHg로 수분이 포화되어 있다. 낮의 수분 몇 %가 밤의 이슬로 변하였는가?(단, 32℃와 20℃에서 포화수증기압은 각각 36mmHg 17.5mmHg이다.)

① 39.3%
② 40.7%
③ 51.5%
④ 60.7%

> **해설**

• 32℃일 때

$$H_R = \frac{p_v}{p_s} \times 100\% = \frac{p_v}{36} \times 100 = 80\%$$

∴ $p_v = 28.8 \text{mmHg}$

$$H = \frac{18}{29} \frac{28.8}{730-28.8} = 0.0255 \text{kg H}_2\text{O/kg Dry Air}$$

• 20℃일 때

$$H = \frac{18}{29} \frac{17.5}{745-17.5}$$
$$= 0.015 \text{kg H}_2\text{O/kg Dry Air}$$

∴ 낮 − 밤 = 0.0255 − 0.015
= 0.0105 kg H₂O/kg Dry Air

$$\frac{0.0105}{0.0255} \times 100 = 41\%$$

25 터빈을 운전하기 위해 2kg/s의 증기가 5atm, 300℃에서 50m/s로 터빈에 들어가고 300m/s 속도로 대기에 방출된다. 이 과정에서 터빈은 400kW의 축일을 하고 100kJ/s 열을 방출하였다면, 엔탈피 변화는 얼마인가? (단, work : 외부에 일할 시 +, heat : 방출 시 −)

① 212.5kW ② −387.5kW
③ 412.5kW ④ −587.5kW

> **해설**

$$\Delta H + \frac{\Delta u^2}{2} + g\Delta z = Q + W_s$$

$$\Delta H + 2\text{kg/s} \times \frac{(300^2-50^2)\text{m}^2/\text{s}^2}{2}$$
$$= -100,000\text{J/s} - 400,000\text{J/s}$$

∴ $\Delta H = -587,500 \text{J/s (W)} = -587.5\text{kW}$

26 표준상태에서 56m³의 용적을 가진 프로판 기체를 완전히 액화하였을 때 얻을 수 있는 액체 프로판은 몇 kg인가?

① 28.6 ② 110
③ 125 ④ 246

> **해설**

$$PV = \frac{w}{M}RT$$

$$1 \times 56 = \frac{w}{44} \times 0.082 \times 273$$

∴ $w = 110 \text{kg}$

27 이상기체법칙이 적용된다고 가정할 때 용적이 5.5m³인 용기에 질소 28kg을 넣고 가열하여 압력이 10atm이 될 때 도달하는 기체의 온도(℃)는?

① 81.51 ② 176.31
③ 287.31 ④ 397.31

> **해설**

$PV = nRT$
10atm × 5.5m³ = 1kmol × 0.082m³ atm/kmol K × T

∴ $T = 670.73\text{K}$
$= 397.73℃$

28 25℃에서 벤젠이 Bomb 열량계 속에서 연소되어 이산화탄소와 물이 될 때 방출된 열량을 실험으로 재어보니 벤젠 1mol당 780,890cal이었다. 25℃에서의 벤젠의 표준연소열은 약 몇 cal인가?(단, 반응식은 다음과 같으며 이상기체로 가정한다.)

$$\text{C}_6\text{H}_6(l) + 7\frac{1}{2}\text{O}_2(g) \to 3\text{H}_2\text{O}(l) + 6\text{CO}_2(g)$$

① −781,778 ② −781,588
③ −781,201 ④ −780,003

> **해설**

$\Delta H = Q + PV = Q + nRT$
$nRT = \left(6 - \frac{15}{2}\right) \times 1.987 \times 298$
$= -888.2 \text{cal}$
$\Delta H_c = -780,890 - 888.2 \text{cal}$
$= -781,778 \text{cal}$

정답 25 ④ 26 ② 27 ④ 28 ①

29 열화학반응식을 이용하여 클로로포름의 생성열을 계산하면 약 얼마인가?

- $CHCl_3(g) + \frac{1}{2}O_2(g) + H_2O(aq) \rightleftarrows CO_2 + 3HCl(aq)$
  $\Delta H_R = -121,800$ cal ·············· ㉠
- $H_2(g) + \frac{1}{2}O_2(g) \rightleftarrows H_2O(l)$
  $\Delta H_1 = -68,317.4$ cal ·············· ㉡
- $C(s) + O_2(g) \rightleftarrows CO_2(g)$
  $\Delta H_2 = -94,051.8$ cal ·············· ㉢
- $\frac{1}{2}H_2(g) + \frac{1}{2}Cl_2(g) \rightleftarrows HCl(g)$
  $\Delta H_3 = -40,023$ cal ·············· ㉣

① 28,108cal ② -28,108cal
③ 24,003cal ④ -24,003cal

해설

$CO_2 + 3HCl \rightarrow CHCl_3 + \frac{1}{2}O_2 + H_2O$ $\quad \Delta H_R = 121,800$

$H_2O \rightarrow H_2 + \frac{1}{2}O_2$ $\quad \Delta H_1 = 68,317.4$

$C + O_2 \rightarrow CO_2$ $\quad \Delta H_2 = -94,051.8$

$+)\ \frac{3}{2}H_2 + \frac{3}{2}Cl_2 \rightarrow 3HCl$ $\quad \Delta H_3 = 3 \times (-40,023)$

$C + \frac{1}{2}H_2 + \frac{3}{2}Cl_2 \rightarrow CHCl_3$ $\quad \Delta H = -24,003.4$

30 이상기체상수 R의 단위를 $\frac{mmHg\ L}{K\ mol}$로 하였을 때 다음 중 R 값에 가장 가까운 것은?

① 1.98 ② 62.32
③ 82   ④ 108

해설

$0.082L\ atm/mol\ K \times \frac{760mmHg}{1atm} = 62.32mmHg\ L/mol\ K$

31 두께 45cm의 벽돌로 된 평판노벽을 두께 8.5cm의 석면으로 보온하였다. 내면온도와 외면온도가 각각 1,000℃와 40℃일 때 벽돌과 석면 사이의 계면온도는 몇 ℃가 되는가?(단, 벽돌노벽과 석면의 열전도도는 각각 3.0kcal/m h ℃, 0.1kcal/m h ℃이다.)

① 296℃ ② 632℃
③ 856℃ ④ 904℃

해설

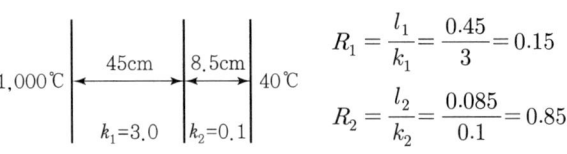

$R_1 = \frac{l_1}{k_1} = \frac{0.45}{3} = 0.15$

$R_2 = \frac{l_2}{k_2} = \frac{0.085}{0.1} = 0.85$

$\Delta t : \Delta t_1 = R : R_1$
$(1,000-40) : (1,000-t_2) = (0.15+0.85) : 0.15$
$\therefore t_2 = 856℃$

32 뉴턴 유체가 관 속을 흐를 때 관 중심으로부터 거리 r만큼 떨어진 점에서 전단응력 τ는?

① r에 비례한다. ② r에 반비례한다.
③ r^2에 비례한다. ④ r^2에 반비례한다.

해설

관 안의 전단응력 변화

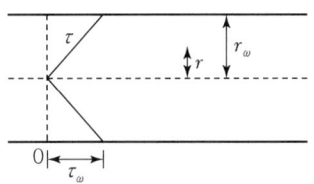

전단응력은 관 중심으로부터의 거리 r에 비례한다.

33 고체 내부의 수분이 건조되는 단계로 재료의 건조 특성이 단적으로 표시되는 기간은?

① 재료예열기간 ② 감률건조기간
③ 항률건조기간 ④ 항률건조 제2기간

정답 29 ④ 30 ② 31 ③ 32 ① 33 ②

해설

건조특성곡선

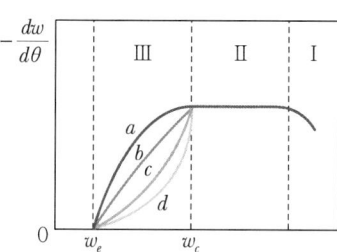

- a : 식물성 섬유재료
- b : 여제, 플레이크, 잎담배
- e : 곡물, 결정품
- d : 비누, 치밀한 고체

- Ⅰ(재료예열기간) : 재료 예열
- Ⅱ(항률건조기간) : 재료함수율이 직선적으로 감소, 건조속도 일정
- Ⅲ(감률건조기간) : 함수율의 감소율이 느리게 되어 평형에 도달할 때까지의 기간으로 재료의 건조특성이 나타난다.

34 안지름이 5cm인 관에서 레이놀즈(Reynolds) 수가 1,500일 때, 관 입구로부터 최종 속도분포가 완성되기까지의 전이길이(Transition Length)는 약 몇 m인가?

① 2.75　　② 3.75
③ 5.75　　④ 6.75

해설

$L_t = 0.05 N_{Re} D$
　　$= 0.05 \times 1,500 \times 0.05$
　　$= 3.75\,\text{m}$

35 비중이 0.9인 액체의 절대압력이 $3.6\,\text{kg}_f/\text{cm}^2$일 때 두(Head)로 환산하면 약 몇 m에 해당하는가?

① 3.24　　② 4
③ 25　　④ 40

해설

$\dfrac{\Delta P}{\rho} = \dfrac{3.6\,\text{kg}_f/\text{cm}^2 \times 100^2/\text{m}^2}{900\,\text{kg/m}^3} \times \dfrac{\text{kg}}{\text{kg}_f} = 40\,\text{m}$

36 흑체의 복사능은 절대온도의 4승에 비례한다는 법칙은 누구의 법칙인가?

① 키르히호프(Kirchhoff)
② 패러데이(Faraday)
③ 슈테판-볼츠만(Stefan-Boltzmann)
④ 빈(Wien)

해설

슈테판-볼츠만 법칙

$q = 4.88 A \left(\dfrac{T}{100}\right)^4 \text{kcal/h}$

완전 흑체에서 복사에너지는 절대온도의 4승에 비례하고, 열전달면적에 비례한다.

37 액-액 추출에서 Plait Point(상계점)에 대한 설명 중 틀린 것은?

① 임계점(Critical Point)이라고도 한다.
② 추출상과 추잔상에서 추질의 농도가 같아지는 점이다.
③ Tie Line의 길이는 0이 된다.
④ 이 점을 경계로 추제성분이 많은 쪽이 추잔상이다.

해설

상계점(Plait Point)
- 임계점
- 추출상과 추잔상에서 추질의 농도가 같아지는 점이다.
- Tie-line의 길이 = 0

※ 추출상 : 추제가 풍부한 상
　추잔상 : 원용매 또는 불활성 물질이 풍부한 상

38 공급원료 1몰을 원료 공급단에 넣었을 때 그중 증류탑의 탈거부(Stripping Section)로 내려가는 액체의 몰수를 q로 정의한다면, 공급원료가 과열증기일 때 q값은?

① $q < 0$
② $0 < q < 1$
③ $q = 0$
④ $q = 1$

정답 34 ② 35 ④ 36 ③ 37 ④ 38 ①

> **해설**

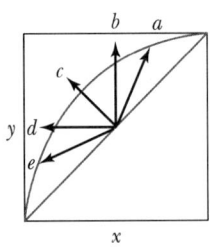

여기서, $a : q>1$(차가운 원액)
$b : q=1$(비등에 있는 원액)
$c : 0<q<1$(부분적으로 기화된 원액)
$d : q=0$(노점에 있는 원액, 포화증기)
$e : q<0$(과열증기원액)

39 "분쇄에 필요한 일은 분쇄 전후의 대표 입경의 비 (D_{p1}/D_{p2})에 관계되며 이 비가 일정하면 일의 양도 일정하다."는 법칙은 무엇인가?

① Sherwood 법칙
② Rittinger 법칙
③ Bond 법칙
④ Kick 법칙

> **해설**

분쇄이론(Lewis 식)
$\dfrac{dW}{dD_p} = -kD_p^{-n}$

- $n=1$: Kick의 법칙, $W = k_k \ln \dfrac{D_{p_1}}{D_{p_2}}$
- $n=2$: Rittinger의 법칙, $W = k_R'\left(\dfrac{1}{D_{p2}} - \dfrac{1}{D_{p1}}\right)$
  $= k_R(s_2 - s_1)$
- $n = \dfrac{3}{2}$: Bond의 법칙, $W = 2k_B\left(\dfrac{1}{\sqrt{D_{p2}}} - \dfrac{1}{\sqrt{D_{p1}}}\right)$

40 40mol% 벤젠-톨루엔 혼합물을 증류하여 탑정에서 98mol% 벤젠을 얻었다. 공급액은 비점에서 공급하며, 벤젠 액조성 40mol%일 때 기액평형상태의 증기조성은 68mol%이다. 이때 최소 환류비는 얼마인가?

① 0.76
② 0.92
③ 1.07
④ 4.21

> **해설**

$R_{Dm} = \dfrac{x_D - y_f}{y_f - x_f}$
$= \dfrac{0.98 - 0.68}{0.68 - 0.4} = 1.07$

3과목 공정제어

41 제어동작에 대한 다음 설명 중 틀린 것은?

① 단순 비례동작제어는 오프셋을 일으킬 수 있다.
② 비례적분동작제어는 오프셋을 일으키지 않는다.
③ 비례미분동작제어는 공정출력을 Set Point에 유지시키면서 장시간에 걸쳐 계를 정상상태로 이끌어간다.
④ 비례적분미분동작제어는 PD 동작제어와 PI 동작제어의 장점을 복합한 것이다.

> **해설**

비례미분동작
Offset(잔류편차)은 없어지지 않으나, 최종값에 도달하는 시간은 단축된다.

42 다음 중 Cascade 제어에 관한 설명으로 옳은 것은?

① 직접 측정되지 않는 외란에 대한 대처에 효과적일 수 없다.
② Slave 루프는 Master 루프에 비해 느린 동특성을 가져야 한다.
③ 외란이 Master 루프에 영향을 주기 전에 Slave 루프가 외란을 미리 제거할 수 있다.
④ Slave 루프를 재튜닝해도 Master 루프를 재튜닝할 필요는 없다.

> **해설**

다단제어(Cascade 제어)
- 주 Feedback 제어기 외에 2차적인 Feedback 제어기를 추가시켜서 교란변수의 영향을 소거시키고자 하는 제어방법
- 주제어기보다 부제어기의 동특성이 빨라야 한다.

정답 39 ④ 40 ③ 41 ③ 42 ③

43 열전대(Thermocouple)와 관계있는 효과는?

① Thomson – Peltier 효과
② Piezo – electric 효과
③ Joule – Thomson 효과
④ Van der Waals 효과

해설

열전대(열전효과)
- 제베크(Seebeck) 효과
  두 종류의 금속 A, B를 접합하고 양 접점에 온도를 달리 해주면 온도차에 비례하여 열기전력이 생긴다.
- 펠티에(Peltier) 효과
  열전대에 전류를 흐르게 했을 때 전류에 의해 발생하는 줄열 외에도 열전대의 각 접점에서 발열 또는 흡열이 일어난다.
- 톰슨(Thomson) 효과
  동일한 금속에서 부분적인 온도차가 있을 때 전류를 흘리면 발열 또는 흡열이 일어난다.

44 다음의 Block Diagram으로 나타낸 제어계가 안정하기 위한 최대 조건(Upper Bound)은?

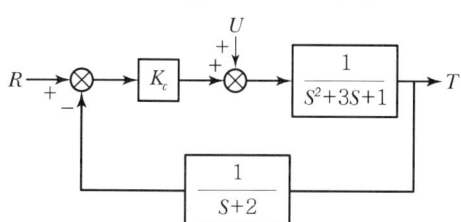

① $K_c < 13.7$
② $K_c < 14.6$
③ $K_c < 10.4$
④ $K_c < 16.5$

해설

특성방정식

$1 + \dfrac{K_c}{(s+2)(s^2+3s+1)} = 0$

$s^3 + 5s^2 + 7s + 2 + K_c = 0$

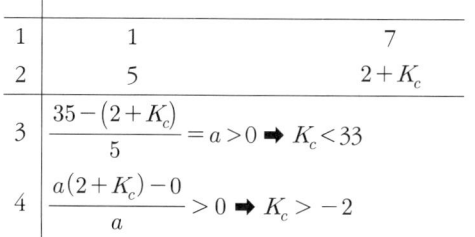

※ 문제의 보기는 다 만족하지만 문제에서 최대 조건이라 했으므로 ④번이 답이다.

45 주파수 응답을 이용한 3차계의 안정성을 판정하기 위한 이득 여유에 관한 설명으로 옳은 것은?

① 계가 안정하기 위해서는 Bode 선도 중 위상각이 -180도일 때의 진폭비가 1보다 작아야 하므로 이득 여유는 1에서 이때의 진폭비를 뺀 값이 된다.
② 계가 안정하기 위해서는 Bode 선도 중 위상각이 -180도일 때의 진폭비가 1보다 작아야 하지만 로그좌표를 사용하므로 이득 여유는 이때의 진폭비의 역수가 된다.
③ 계가 안정하기 위해서는 Bode 선도 중 위상각이 -180도일 때의 진폭비가 1보다 커야 하므로 이득 여유는 이때의 진폭비에서 1을 뺀 값이 된다.
④ 계가 안정하기 위해서는 Bode 선도 중 위상각이 -180도일 때의 진폭비가 1보다 커야 하지만 로그좌표를 사용하므로 이득 여유는 이때의 진폭비가 된다.

해설

Bode 안정성 기준
열린 루프 전달함수의 진동응답의 진폭비가 임계진동수($\phi = -180°$일 때의 진동수)에서 1보다 크면 닫힌 루프 제어시스템은 불안정하다. 이때 이득여유는 진폭비의 역수이다.

46 다음 라플라스 함수 중 최종값 정리를 적용할 수 없는 것은?

① $\dfrac{1}{(s-1)}$
② $\dfrac{1}{(s+1)}$
③ e^{-3s}
④ $\dfrac{1}{(s+2)^2}$

해설

최종값 정리
$\lim_{t \to \infty} f(t) = \lim_{s \to 0} sF(s)$

$\dfrac{1}{s-1}$을 역라플라스 변환하면 e^t가 되어 $t \to \infty$가 되면 발산한다.

정답 43 ① 44 ④ 45 ② 46 ①

47 다음 그림의 블록선도에서 $T_R'(s) = \dfrac{1}{s}$일 때, 서보(Servo) 문제의 정상상태 잔류편차(Offset)는 얼마인가?

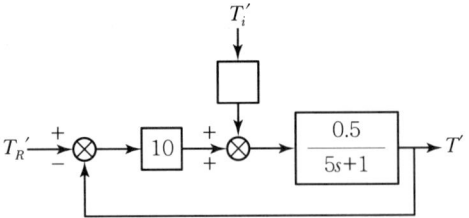

① 0.133
② 0.167
③ 0.189
④ 0.213

해설

$$G(s) = \dfrac{10 \times \dfrac{0.5}{5s+1}}{1 + 10 \times \dfrac{0.5}{5s+1}} = \dfrac{5}{5s+1+5}$$

$$Y(s) = G(s)X(s) = \dfrac{5}{5s+6} \cdot \dfrac{1}{s}$$

$$\lim_{t\to\infty} r(t) = \lim_{s\to 0} sR(s) = \lim_{s\to 0} s \cdot \dfrac{1}{s} = 1$$

$$\lim_{t\to\infty} y(t) = \lim_{s\to 0} sY(s) = \lim_{s\to 0} s \cdot \dfrac{5}{5s+6} \cdot \dfrac{1}{s} = \dfrac{5}{6}$$

$$\text{Offset} = r(\infty) - y(\infty) = 1 - \dfrac{5}{6} = \dfrac{1}{6} = 0.167$$

48 공정의 전달함수가 $\dfrac{2}{s+2}$이다. 이 계에 $x(t) = \sin\dfrac{1}{2}t$의 입력이 주어졌을 때, 위상지연(Phase Lag)은?

① 12.05°
② 14.04°
③ 15.03°
④ 17.02°

해설

$$G(s) = \dfrac{2}{s+2} = \dfrac{1}{\dfrac{1}{2}s+1}$$

$$\therefore \tau = \dfrac{1}{2}$$

$$x(t) = \sin\dfrac{1}{2}t$$

$$\therefore \omega = \dfrac{1}{2}$$

$$y(t) = \hat{A}\sin(0.5t + \phi)$$

$$\phi = -\tan^{-1}(\tau\omega)$$
$$= -\tan^{-1}(0.5 \times 0.5)$$
$$= -14.04°$$

49 어떤 반응기에 원료가 정상상태에서 100L/min의 유속으로 공급될 때 제어밸브의 최대유량을 정상상태 유량의 4배로 하고 I/P 변환기를 설정하였다면 정상상태에서 변환기에 공급된 표준 전류신호는 몇 mA인가?(단, 제어밸브는 선형특성을 가진다.)

① 4
② 8
③ 12
④ 16

해설

$$\dfrac{(20-4)\text{mA}}{(400-0)\text{L/min}} = \dfrac{x-4}{(100-0)}$$

$$\therefore x = 8\text{mA}$$

50 탑상에서 고순도 제품을 생산하는 증류탑의 탑상흐름의 조성을 온도로부터 추론(Inferential) 제어하고자 한다. 이때 맨 윗단보다 몇 단 아래의 온도를 측정하는 경우가 있는데 다음 중 그 이유로 가장 타당한 것은?

① 응축기의 영향으로 맨 윗단에서는 다른 단에 비하여 응축이 많이 일어나기 때문에
② 제품의 조성에 변화가 일어나도 맨 윗단의 온도 변화는 다른 단에 비하여 매우 작기 때문에
③ 맨 윗단은 다른 단에 비하여 공정 유체가 넘치거나(Flooding) 방울져 떨어지기(Weeping) 때문에
④ 운전 조건의 변화 등에 의하여 맨 윗단은 다른 단에 비하여 온도 변동(Fluctuation)이 심하기 때문에

해설

제품의 조성 변화가 일어나도 맨 윗단의 온도 변화는 다른 단에 비하여 매우 작기 때문이다.

정답 47 ② 48 ② 49 ② 50 ②

51 Laplace 변환된 형태가 다음과 같은 경우, 역 Laplace 변환을 구하면?

$$Y(s) = \frac{1}{s^2(s^2+5s+6)}$$

① $-\dfrac{5}{36} + \dfrac{1}{4}e^{-2t} - \dfrac{1}{9}e^{-3t}$

② $\dfrac{1}{6} + \dfrac{1}{4}e^{-2t} - \dfrac{1}{9}e^{-3t}$

③ $\dfrac{1}{6}t - \dfrac{5}{36}\left(\dfrac{1}{4}e^{-2t} - \dfrac{1}{9}e^{-3t}\right)$

④ $-\dfrac{5}{36} + \dfrac{1}{6}t + \dfrac{1}{4}e^{-2t} - \dfrac{1}{9}e^{-3t}$

해설

$Y(s) = \dfrac{1}{s^2(s^2+5s+6)}$

$= \dfrac{1}{s^2(s+2)(s+3)}$

$= \dfrac{A}{s} + \dfrac{B}{s^2} + \dfrac{C}{s+2} + \dfrac{D}{s+3}$

$A = -\dfrac{5}{36}, B = \dfrac{1}{6}, C = \dfrac{1}{4}, D = -\dfrac{1}{9}$

$\therefore y(t) = -\dfrac{5}{36} + \dfrac{1}{6}t + \dfrac{1}{4}e^{-2t} - \dfrac{1}{9}e^{-3t}$

52 그림과 같은 계의 총괄전달함수는?

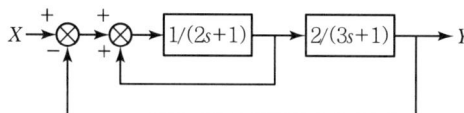

① $\dfrac{Y(s)}{X(s)} = \dfrac{2}{6s^2+8s+4}$

② $\dfrac{Y(s)}{X(s)} = \dfrac{2}{6s^2+2s+2}$

③ $\dfrac{Y(s)}{X(s)} = \dfrac{2}{6s^2+8s+2}$

④ $\dfrac{Y(s)}{X(s)} = \dfrac{2}{6s^2+5s+3}$

해설

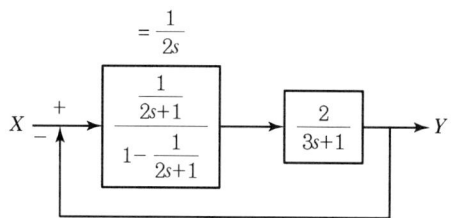

$\dfrac{Y(s)}{X(s)} = \dfrac{\dfrac{2}{2s(3s+1)}}{1 + \dfrac{2}{2s(3s+1)}} = \dfrac{2}{6s^2+2s+2}$

[별해]

$G(s) = \dfrac{Y(s)}{X(s)} = \dfrac{\dfrac{1}{2s+1} \cdot \dfrac{2}{3s+1}}{1 + \dfrac{2}{(2s+1)(3s+1)} - \dfrac{1}{2s+1}}$

$= \dfrac{2}{6s^2+2s+2}$

53 다음 중 과소감쇠진동공정(Underdamped Process)의 전달함수를 나타낸 것은?

① $G(s) = \dfrac{\exp(-3s)}{(s+1)(s+3)}$

② $G(s) = \dfrac{(s+2)}{(s+1)(s+3)}$

③ $G(s) = \dfrac{1}{(s^2+0.5s+1)(s+5)}$

④ $G(s) = \dfrac{1}{(s^2+5.0s+1)(s+1)}$

해설

과소감쇠공정($\zeta < 1$)

$G(s) = \dfrac{Y(s)}{X(s)} = \dfrac{K}{\tau^2 s^2 + 2\tau\zeta s + 1}$

③ $G(s) = \dfrac{1}{s^2+0.5s+1}$

$\tau = 1, 2\tau\zeta = 0.5$

$\therefore \zeta = 0.25$

정답 51 ④ 52 ② 53 ③

54 제어기 설계를 위한 공정모델과 관련된 설명으로 틀린 것은?

① PID 제어기를 Ziegler – Nichols 방법으로 조율하기 위해서는 먼저 공정의 전달함수를 구하는 과정이 필수로 요구된다.
② 제어기 설계에 필요한 모델은 수지식으로 표현되는 물리적 원리를 이용하여 수립될 수 있다.
③ 제어기 설계에 필요한 모델은 공정의 입출력 신호만을 분석하여 경험적 형태로 수립될 수 있다.
④ 제어기 설계에 필요한 모델은 물리적 모델과 경험적 모델을 혼합한 형태로 수립될 수 있다.

해설
Ziegler – Nichols 제어기 설정방법
- 열린 루프의 Bode 선도를 구하여 K_{cu}(Ultimate Gain)를 구한다.
- 시간지연이 존재하는 1차 모델식 $G(s) = \dfrac{ke^{-\theta s}}{\tau s + 1}$를 이용할 수 있다.

55 앞먹임 제어(Feedforward Control)의 특징으로 옳은 것은?

① 공정모델값과 측정값과의 차이를 제어에 이용
② 외부교란변수를 사전에 측정하여 제어에 이용
③ 설정점(Set Point)을 모델값과 미교하여 제어에 이용
④ 공정의 이득(Gain)을 제어에 이용

해설
앞먹임 제어(Feedforward Control)
외부교란을 측정하여 외부교란이 공정에 미치게 될 영향을 사전에 보정시키는 제어방법

56 어떤 함수의 Laplace Transform은 $\dfrac{1}{s^2}$이다. 이 함수를 나타내는 그래프는?

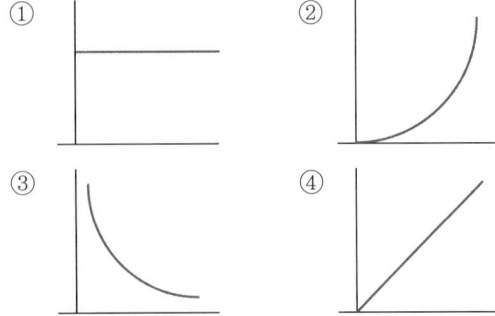

해설
$F(s) = \dfrac{1}{s^2} \rightarrow f(t) = t$

57 동적계(Dynamic System)를 전달함수로서 표현하는 경우를 옳게 설명한 것은?

① 선형계의 동특성을 전달함수로 표현할 수 없다.
② 비선형계를 선형화하고 전달함수로 표현하면, 비선형 동특성을 근사할 수 있다.
③ 비선형계를 선형화하고 전달함수로 표현하면, 비선형 동특성을 정확히 표현할 수 있다.
④ 비선형계의 동특성을 전달함수로 표현할 수 있다.

해설
- 비선형계 → 선형화 → 전달함수 → 동특성
- 비선형계를 선형화하고 전달함수로 표현하며, 비선형 동특성을 정확하게 나타낼 수는 없으나 근사할 수 있다.

정답 54 ① 55 ② 56 ④ 57 ②

58 다음 중 공정제어의 목적과 가장 거리가 먼 것은?

① 반응기의 온도를 최대 제한값 가까이에서 운전하므로 반응속도를 올려 수익을 높인다.
② 평형반응에서 최대의 수율이 되도록 반응온도를 조절한다.
③ 안전을 고려하여 일정 압력 이상이 되지 않도록 반응속도를 조절한다.
④ 외부 시장 환경을 고려하여 이윤이 최대가 되도록 생산량을 조정한다.

해설

공정제어의 목적
- 안전성
- 원하는 제품의 품질 유지
- 안정성
- 이익의 극대화

59 다음 그림에서 제어계의 전달함수 $\dfrac{Y(s)}{X(s)}$ 는?

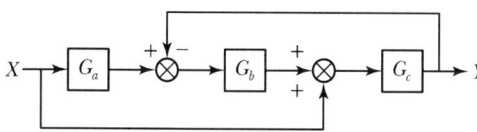

① $\dfrac{Y(s)}{X(s)} = \dfrac{G_c(1 + G_aG_b)}{1 + G_aG_bG_c}$

② $\dfrac{Y(s)}{X(s)} = \dfrac{G_aG_bG_c}{1 + G_bG_c}$

③ $\dfrac{Y(s)}{X(s)} = \dfrac{G_aG_bG_c}{1 + G_aG_bG_c}$

④ $\dfrac{Y(s)}{X(s)} = \dfrac{G_c(1 + G_aG_b)}{1 + G_bG_c}$

해설

$\dfrac{Y(s)}{X(s)} = \dfrac{직선(1) + 직선(2)}{1 + 회선} = \dfrac{G_aG_bG_s + G_c}{1 + G_bG_c}$

60 2차계에 대한 단위계단응답은 다음과 같다. 임계감쇠(Critical Damping)인 경우 응답곡선 $Y(t)$는?

(단, $\omega = \dfrac{\sqrt{1-\xi^2}}{\tau}$, $\phi = \tan^{-1}\left[\dfrac{\sqrt{1-\xi^2}}{\xi}\right]$ 이다.)

$$Y(s) = \dfrac{K_p}{s(\tau^2 s^2 + 2\xi\tau s + 1)}$$

① $y(t) = K_p\left[1 - \dfrac{1}{\sqrt{1-\xi^2}} e^{-\xi\frac{t}{\tau}} \sin(\omega t + \phi)\right]$

② $y(t) = K_p\left[1 - \left(1 + \dfrac{t}{\tau}\right)e^{\frac{-t}{\tau}}\right]$

③ $y(t) = 1 - \cos\dfrac{t}{\tau}$

④ $y(t) = 1 - e^{-\xi\frac{t}{\tau}}\left(\cosh\dfrac{\sqrt{\xi^2-1}\,t}{\tau} + \sinh\dfrac{\sqrt{\xi^2-1}\,t}{\tau}\right)$

해설

- 과소감쇠($\zeta < 1$)
$$y(t) = K\left\{1 - \dfrac{1}{\sqrt{1-\zeta^2}}e^{-\zeta t/\tau}\sin\left(\dfrac{\sqrt{1-\zeta^2}}{\tau}t + \phi\right)\right\}$$

- 임계감쇠($\zeta = 1$)
$$y(t) = K\left\{1 - \left(1 + \dfrac{t}{\tau}\right)e^{-t/\tau}\right\}$$

- 과도감쇠($\zeta > 1$)
$$y(t) = K\left[1 - \dfrac{1}{2}e^{-\zeta t/\tau}\left\{\left(1 + \dfrac{\zeta}{\sqrt{\zeta^2-1}}\right)e^{\frac{\sqrt{\zeta^2-1}}{\tau}t} + \left(1 - \dfrac{\zeta}{\sqrt{\zeta^2-1}}\right)e^{\frac{-\sqrt{\zeta^2-1}}{\tau}t}\right\}\right]$$

임계감쇠($\zeta = 1$)인 경우 응답곡선을 구하면

$Y(s) = \dfrac{K_p}{s(\tau^2 s^2 + 2\tau s + 1)}$

$= \dfrac{K_p}{s(\tau s + 1)^2}$

$= K_p\left[\dfrac{A}{s} + \dfrac{B}{\tau s + 1} + \dfrac{C}{(\tau s + 1)^2}\right]$

$= K_p\left[\dfrac{1}{s} - \dfrac{\tau}{\tau s + 1} - \dfrac{\tau}{(\tau s + 1)^2}\right]$

$\therefore y(t) = K_p(1 - e^{-\frac{t}{\tau}} - \dfrac{t}{\tau}e^{-\frac{t}{\tau}}) = K_p\left[1 - \left(1 + \dfrac{t}{\tau}\right)e^{-\frac{t}{\tau}}\right]$

정답 58 ④ 59 ④ 60 ②

4과목 공업화학

61 염화수소가스를 제조하기 위해 고온, 고압에서 H_2와 Cl_2를 연소시키고자 한다. 다음 중 폭발 방지를 위한 운전조건으로 가장 적합한 $H_2 : Cl_2$의 비율은?

① 1.2 : 1
② 1 : 1
③ 1 : 1.2
④ 1 : 1.4

해설
폭발 방지를 위해 $H_2 : Cl_2 = 1.2 : 1$의 비로 주입한다.

62 염산을 르블랑(Le Blanc)법으로 제조하기 위하여 소금을 원료로 사용한다. 100% HCl 3,000kg을 제조하기 위한 85% 소금의 이론량은 약 얼마인가?(단, NaCl M.W=58.5, HCl M.W=36.5이다.)

① 3,636kg
② 4,646kg
③ 5,657kg
④ 6,667kg

해설
$2NaCl + 2H_2O \rightarrow 2NaOH + H_2 + Cl_2 \rightarrow 2HCl$
2×58.5 : 2×36.5
x : 3,000kg
$x = 4,808$kg(100%일 때)
∴ 85% NaCl의 양 $= \dfrac{4,808}{0.85} = 5,656.5$kg

63 CuO 존재하에 염화벤젠에 NH_3를 첨가하고 가압하면 생성되는 주요 물질은?

①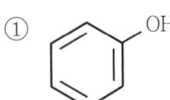
②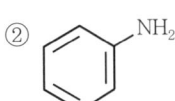
③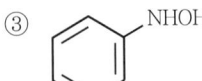
④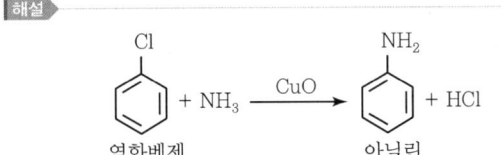

해설

64 휘발유의 안티노크(Antiknock)성의 정도를 표시하는 값은?

① 산가
② 세탄가
③ 옥탄가
④ API도

해설
- 옥탄가는 가솔린의 안티노크성을 표시하는 척도이다.
- iso-Octane의 %를 옥탄가라 한다.

65 다음 중 Nylon 6 제조의 주된 원료로 사용되는 것은?

① 카프로락탐
② 세바크산
③ 아디프산
④ 헥사메틸렌디아민

해설
- Nylon 6 : 카프로락탐의 개환중합
- Nylon 6.6 : 아디프산 + 헥사메틸렌디아민

66 석유 유분에서 접촉분해와 비교한 열분해반응의 특징이 아닌 것은?

① 코크스나 타르의 석출이 많다.
② 디올레핀이 비교적 많이 생성된다.
③ 방향족 탄화수소가 적다.
④ 분지 지방족 중 특히 $C_3 \sim C_6$의 탄화수소가 많다.

정답 61 ① 62 ③ 63 ② 64 ③ 65 ① 66 ④

해설

열분해	접촉분해
• 올레핀이 많으며, C_1~C_2계의 가스가 많다. • 대부분 지방족이며, 방향족 탄화수소는 적다. • 코크스나 타르의 석출이 많다. • 디올레핀이 비교적 많다. • 라디칼 반응 메커니즘	• C_3~C_6계의 가지 달린 지방족이 많이 생성된다. • 열분해보다 파라핀계 탄화수소가 많다. • 방향족 탄화수소가 많다. • 탄소질 물질의 석출이 적다. • 디올레핀은 거의 생성되지 않는다. • 이온 반응 메커니즘 : 카르보늄이온 기구

67 인광석에 인산을 작용시켜 수용성 인산분이 높은 인산비료를 얻을 수 있는데 이에 해당하는 것은?

① 토마스인비
② 침강 인산석회
③ 소성인비
④ 중과린산석회

해설
• 중과린산석회(P_2O_5 30~50%) : 인광석을 인산분해시켜서 제조한다.
• 과린산석회(P_2O_5 15~20%) : 인광석을 황산분해시켜서 제조한다.

68 공업용수 중 칼슘이온의 농도가 20mg/L이었다면, 이는 몇 ppm 경도에 해당하는가?

① 20
② 30
③ 40
④ 50

해설
$$\text{ppm 경도} = [Ca^{2+}] \times \frac{100(CaCO_3)}{40(Ca^{2+})}$$
$$= 20mg/L \times \frac{100}{40}$$
$$= 50ppm$$

69 다음 중 암모니아 산화반응 시 촉매로 주로 쓰이는 것은?

① Nd-Mo
② Ra
③ Pt-Rh
④ Al_2O_3

해설
$4NH_3 + 5O_2 \longrightarrow 4NO + 6H_2O$
cat : Pt-Rh, Co_3O_4

70 다음 중 천연고무와 가장 관계가 깊은 것은?

① Propane
② Ethylene
③ Isoprene
④ Isobutene

해설
천연고무(폴리이소프렌)

$$\left[\begin{array}{c} CH_2 \\ H_3C \end{array} C=C \begin{array}{c} CH_2 \\ H \end{array} \right]_n$$

71 소다회 제법에서 Solvay 공정의 주요 반응이 아닌 것은?

① 정제반응
② 암모니아 함수의 탄산화반응
③ 암모니아 회수반응
④ 가압 흡수반응

해설
Solvay 공정
• 탄산가스와 석회유의 제조
• 원염의 용해 및 정제
• 암모니아 흡수
• 탄산화 공정
• 조중조의 여과 및 세척
• 조중조의 하소
• NH_3의 회수
• 증류폐액의 이용

정답 67 ④ 68 ④ 69 ③ 70 ③ 71 ④

72 솔베이법의 기본공정에서 사용되는 물질로 가장 거리가 먼 것은?

① CaCO₃ ② NH₃
③ HNO₃ ④ NaCl

> 해설

Solvay법
- 암모니아 함수의 탄산화반응
  NaCl + NH₃ + CO₂ + H₂O → NaHCO₃ + NH₄Cl
  (중조)
- 가소반응
  2NaHCO₃ → Na₂CO₃ + H₂O + CO₂
- 암모니아 회수반응
  2NH₄Cl + Ca(OH)₂ → CaCl₂ + 2NH₃ + 2H₂O
※ 석회석의 배소, 원염의 정제

73 염화물의 에스테르화 반응에서 Schotten-Baumann (쇼텐-바우만)법에 해당하는 것은?

① RC₆H₄NH₂ + RC₆H₄Cl $\xrightarrow{\text{Cu}/\text{K}_2\text{CO}_3}$ RC₆H₄NHC₆H₄R + HCl

② R₂NH + 2HC=CH $\xrightarrow{\text{Cu}_2\text{C}_2}$ R₂NCH(CH₃)C=CH

③ RRNH + HC=CH $\xrightarrow{\text{KOH}}$ RRNCH=CH₂

④ RNH₂ + R′COCl $\xrightarrow{\text{NaOH}}$ RNHCOR′

> 해설

Schotten-Bauman(쇼텐-바우만)법
알칼리 존재하에서 산염화물에 의해 알코올이나 아민이 아실화되는 반응

ROH + R′COCl $\xrightarrow{\text{알칼리}}$ ROCOR′

RNH₂ + R′COCl $\xrightarrow{\text{알칼리}}$ RNHCOR′

74 발색단만을 가지고 있는 화합물에 도입하면 색을 짙게 하는 동시에 섬유에 대하여 염착하기 쉽게 하는 원자단은?

① -OH ② -N=N-
③ >C=S ④ -N=O

> 해설

- 발색단 : 화합물이 색을 갖는 원인이 되는 원자단
  예 -N=O, -NO₂, -N=N-, >C=O, >C=S 등 불포화 결합이 있는 원자단이 함유된 것
- 조색단 : 발색단과 결합함으로써 유기화합물의 색조를 변화시키는 원자단
  예 -NH₂, -OH, -OCH₃, -CH₃, -COOH

75 테레프탈산을 공업적으로 제조하는 방법에 해당하는 것은?

① o-크실렌의 산화 ② p-크실렌의 산화
③ 톨루엔의 산화 ④ 나프탈렌의 산화

> 해설

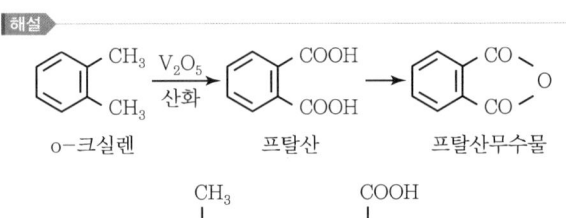

o-크실렌   프탈산   프탈산무수물

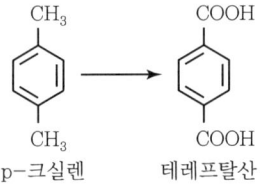

p-크실렌   테레프탈산

76 고분자의 분자량을 측정하는 데 사용되는 방법으로 가장 거리가 먼 것은?

① 말단기정량법 ② 삼투압법
③ 광산란법 ④ 코킹법

> 해설

분자량 측정방법
- 끓는점 오름법과 어는점 내림법
- 삼투압 측정법
- 말단기분석법
- 광산란법
- 겔 투과 크로마토그래피

정답 72 ③ 73 ④ 74 ① 75 ② 76 ④

77 석유화학 공정에 대한 설명 중 틀린 것은?

① 비스브레이킹 공정은 열분해법의 일종이다.
② 열분해란 고온하에서 탄화수소 분자를 분해하는 방법이다.
③ 접촉분해공정은 촉매를 이용하지 않고 탄화수소의 구조를 바꾸어 옥탄가를 높이는 공정이다.
④ 크래킹은 비점이 높고 분자량이 큰 탄화수소를 분자량이 작은 저비점의 탄화수소로 전환하는 것이다.

해설

열분해법
- 비스브레이킹(470℃)
- 코킹(1,000℃)

접촉분해법
- 등유나 경유를 촉매를 사용하여 분해시키는 방법
- 옥탄가가 높은 가솔린을 제조할 수 있다.
- 석유화학 원료 제조에는 부적당하다.
- 올레핀이 거의 생성되지 않는다.
- 방향족 탄화수소가 많이 생성된다.

78 고분자의 사슬성장 중합은 벌크중합, 용액중합 등에 의해 이루어지는데, 이 중 용액중합에 대한 설명으로 가장 거리가 먼 것은?

① 반응속도가 빠르고 분자량이 크다.
② 용매의 회수 및 제거가 필요하다.
③ 반응열 조절이 용이하다.
④ 이온중합에 사용될 수 있다.

해설

용액중합
- 단량체와 개시제를 용매에 용해시킨 상태에서 중합시키는 방법이다.
- 열의 제거는 용이하지만, 중합속도와 분자량이 작다.
- 중합 후 용매의 완전 제거가 어렵다.
- 용매의 회수과정이 필요하다.

79 다음 고분자 중 T_g(Glass Transition Temperature)가 가장 높은 것은?

① Polycarbonate ② Polystyrene
③ Poly vinyl chloride ④ Polyisoprene

해설

유리전이온도
- 용융된 중합체 냉각 시 고체상에서 액체상으로 상변화를 거치기 전에 변화를 보이는 시점의 온도로 이때 물질은 탄성을 가진 고무처럼 변하게 된다.
- 유리전이온도 이하가 되면 유리에서 볼 수 있는 성질, 즉 강하고 딱딱하며 부스러지기 쉽고 투명한 성질이 나타난다.

Polycarbonate > Polystyrene > PVC(Poly Vinyl Chloride) > Nylon 6 > Polypropylene > Polyethylene > Polyisoprene

80 연료전지에 있어서 캐소드에 공급되는 물질은?

① 산소 ② 수소
③ 탄화수소 ④ 일산화탄소

해설

- Anode : (−)극 : $H_2 \rightarrow 2H^+ + 2e^-$ (산화)
- Cathode : (+)극 : $\frac{1}{2}O_2 + 2H^+ + 2e^- \rightarrow H_2O$ (환원)

5과목 반응공학

81 다음과 같은 연속(직렬) 반응에서 A와 R의 반응속도가 $-r_A = k_1 C_A$, $r_R = k_1 C_A - k_2$일 때, 회분식 반응기에서 C_R/C_{A0}를 구하면?(단, 반응은 순수한 A만으로 시작한다.)

$$A \rightarrow R \rightarrow S$$

① $1 + e^{-k_1 t} + \frac{k_2}{C_{A0}}t$ ② $1 + e^{-k_1 t} - \frac{k_2}{C_{A0}}t$

③ $1 - e^{-k_1 t} + \frac{k_2}{C_{A0}}t$ ④ $1 - e^{-k_1 t} - \frac{k_2}{C_{A0}}t$

정답 77 ③ 78 ① 79 ① 80 ① 81 ④

해설

$$-r_A = -\frac{dC_A}{dt} = k_1 C_A$$

$$\frac{dC_A}{C_A} = -k_1 dt$$

$$\int_{C_{A0}}^{C_A} \frac{dC_A}{C_A} = \int_0^t -k_1 dt$$

$$\ln\frac{C_A}{C_{A0}} = -k_1 t$$

$$\therefore C_A = C_{A0} e^{-k_1 t}$$

$$r_R = \frac{dC_R}{dt} = k_1 C_A - k_2$$

$$dC_R = (k_1 C_A - k_2) dt$$

$$\int_{C_{R0}}^{C_R} dC_R = \int_0^t (k_1 C_A - k_2) dt$$

$$= \int_0^t (k_1 C_{A0} e^{-k_1 t} - k_2) dt$$

$$C_R - C_{R0} = -C_{A0} e^{-k_1 t} + C_{A0} - k_2 t$$

$C_{R0} = 0$이므로

$$\therefore C_R = C_{A0} - C_{A0} e^{-k_1 t} - k_2 t$$

$$\therefore \frac{C_R}{C_{A0}} = 1 - e^{-k_1 t} - \frac{k_2}{C_{A0}} t$$

82 $A \rightarrow R \begin{smallmatrix} \nearrow S \\ \searrow T \end{smallmatrix}$ 의 1차 반응에서 $A \rightarrow R$의 반응속도상수를 k_1, $R \rightarrow S$의 반응속도상수를 k_2, $R \rightarrow T$의 반응속도상수를 k_3라고 할 때, $k_1 = 10e^{-3,500/T}$, $k_2 = 10^{12} e^{-10,500/T}$, $k_3 = 10^8 e^{-7,000/T}$이고, 이 반응의 조작 가능 온도는 7~77℃이며 A의 공급 농도는 1mol/L이다. 이때 목적 생산물이 S라면 조작온도는?

① 7℃ ② 42℃
③ 63℃ ④ 77℃

해설

$A \xrightarrow{k_1} R \begin{smallmatrix} \xrightarrow{k_2} S \text{ (desired)} \\ \xrightarrow{k_3} T \end{smallmatrix}$

$$S = \frac{r_S}{r_T} = \frac{10^{12} e^{-10,500/T}}{10^8 e^{-7,000/T}} = 10^4 e^{-3,500/T}$$

$k_2 > k_3 > k_1$이므로 $E_2 > E_3 > E_1$이다.
S(선택도)가 커야 하므로 T가 커야 한다.
7~77℃에서 조작 가능하므로 77℃에서 조작한다.

83 부피가 일정한 회분식 반응기에서 CH_3CHO 증기를 518℃에서 열분해 결과, 반감기는 처음 압력이 363mmHg 일 때 410s이고, 169mmHg일 때 880s이었다. 이 반응의 차수는?

① 0차 반응 ② 1차 반응
③ 2차 반응 ④ 3차 반응

해설

$$n = 1 - \frac{\ln\left(\frac{t_{1/2 \cdot 2}}{t_{1/2 \cdot 1}}\right)}{\ln\left(\frac{P_{A0 \cdot 2}}{P_{A0 \cdot 1}}\right)}$$

$$= 1 - \frac{\ln\left(\frac{880}{410}\right)}{\ln\left(\frac{169}{363}\right)} ≒ 2\text{차 반응}$$

84 R이 목적생산물인 반응 $A \xrightarrow{1} R \xrightarrow{2} S$에서 각 경로에서의 활성화 에너지가 $E_1 < E_2$인 경우의 반응에 대한 설명으로 옳은 것은?

① 공간시간(τ)이 상관없다면 가능한 한 최저온도에서 반응시킨다.
② 등온 반응에서 공간시간(τ) 값이 주어지면 가능한 한 최고 온도에서 반응시킨다.
③ 온도 변화가 가능하다면 초기에는 낮은 온도에서, 반응이 진행됨에 따라 높은 온도에서 반응시킨다.
④ 온도 변화가 가능하더라도 등온 조작이 가장 유리하다.

해설

$E_1 < E_2$이므로 낮은 온도에서 반응시킨다.

정답 82 ④ 83 ③ 84 ①

85 다음의 반응에서 R의 수율은 반응기의 온도조건에 따라 달라진다. R의 수율을 높이기 위해서 반응기의 온도를 시간이 지남에 따라 처음에는 낮은 온도로부터 높은 온도까지 변화시켜야 했다. 다음 사항 중 각 경로에서 활성화 에너지(E) 관계로 옳은 것은?

$$A \xrightarrow{1} R \xrightarrow{3} S$$
$$\searrow_2 T$$

① $E_1 > E_2, E_1 > E_3$ ② $E_1 > E_2, E_1 < E_3$
③ $E_1 < E_2, E_1 < E_3$ ④ $E_1 < E_2, E_1 > E_3$

해설

낮은 온도 → 높은 온도

$$A \xrightarrow{1} R \text{ (Desired)} \xrightarrow{3} S$$
$$\searrow_2 T$$

$E_1 < E_2, E_1 > E_3$

86 직렬로 연결된 2개의 혼합흐름반응기에서 액상 1차 반응이 일어날 때 주어진 전화율에 대하여 두 반응기의 체적이 최소가 되도록 하는 두 반응기의 체적비는?

① 1 : 1   ② 1 : 2
③ 1 : 3   ④ 1 : 4

해설
- 1차 반응, 동일한 크기의 반응기가 최적
- $n > 1$ 반응 : 작은 반응기 → 큰 반응기
- $n < 1$ 반응 : 큰 반응기 → 작은 반응기

87 액상에서 운전되는 회분식 반응기에서 시간에 따른 농도변화를 측정하여 $\dfrac{1}{C_A}$ 과 t를 도시(Plot)하였을 때 직선이 되는 반응은?

① 0차 반응   ② $\dfrac{1}{2}$차 반응
③ 1차 반응   ④ 2차 반응

해설

2차 반응 : $\dfrac{1}{C_A} - \dfrac{1}{C_{A0}} = kt$

88 NO_2의 분해반응은 1차 반응이고 속도상수는 694℃에서 $0.138s^{-1}$, 812℃에서는 $0.37s^{-1}$이다. 이 반응의 활성화 에너지는 약 몇 kcal/mol인가?

① 17.42   ② 27.42
③ 37.42   ④ 47.42

해설

아레니우스 식

$$\ln\dfrac{k_2}{k_1} = \dfrac{E_a}{R}\left(\dfrac{1}{T_1} - \dfrac{1}{T_2}\right)$$

$$\ln\dfrac{0.37}{0.138} = \dfrac{E_a}{1.987 \text{cal/mol K}}\left(\dfrac{1}{273+694} - \dfrac{1}{273+812}\right)$$

∴ $E_a = 17,424$ cal/mol
     $= 17.42$ kcal/mol

89 비가역 1차 액상반응 $A \to R$이 플러그흐름반응기에서 전화율이 50%로 반응된다. 동일 조건에서 반응기의 크기만 2배로 하면 전화율은 몇 %가 되는가?

① 67   ② 70
③ 75   ④ 100

해설

$-\ln(1-X_A) = k\tau$
$-\ln(1-0.5) = k\tau = 0.693$
$-\ln(1-X_A) = 2k\tau = 0.693 \times 2$
∴ $X_A = 0.75 (75\%)$

90 다음 중 일반적으로 볼 때 불균일 촉매반응으로 가장 적합한 것은?

① 대부분의 액상 반응
② 콜로이드계의 반응
③ 효소반응과 미생물반응
④ 암모니아 합성반응

정답 85 ④ 86 ① 87 ④ 88 ① 89 ③ 90 ④

> 해설

구분	비촉매	촉매
균일계	대부분 기상반응	대부분 액상반응
	불꽃연소반응과 같은 빠른 반응	• 콜로이드상에서의 반응 • 효소와 미생물의 반응
불균일계	• 석탄의 연소 • 광석의 배소 • 산+고체의 반응 • 기액 흡수 • 철광석의 환원	• NH_3 합성 • 암모니아 산화 → 질산제조 • 원유의 Cracking • $SO_2 \xrightarrow{산화} SO_3$

91 공간시간(Space Time)에 대한 설명으로 옳은 것은?
① 한 반응기 부피만큼의 반응물을 처리하는 데 필요한 시간을 말한다.
② 반응물이 단위부피의 반응기를 통과하는 데 필요한 시간을 말한다.
③ 단위시간에 처리할 수 있는 원료의 몰수를 말한다.
④ 단위시간에 처리할 수 있는 원료의 반응기 부피의 배수를 말한다.

> 해설

공간시간
반응기 부피만큼 반응물을 처리하는 데 걸리는 시간
$$\tau(공간시간) = \frac{1}{S(공간속도)}$$

92 $A \to B$의 화학반응에서 생성되는 물질의 화학반응속도식 r_B와 소실되는 반응물질의 화학반응속도식 $-r_A$를 옳게 나타낸 것은?

① $r_B = -\frac{1}{V_R} \cdot \frac{dn_B}{dt}$, $-r_A = -\frac{1}{V_R} \cdot \frac{dn_A}{dt}$

② $r_B = \frac{1}{V_R} \cdot \frac{dn_B}{dt}$, $-r_A = -\frac{1}{V_R} \cdot \frac{dn_A}{dt}$

③ $r_B = \frac{1}{V_R} \cdot \frac{dn_A}{dt}$, $-r_A = \frac{1}{V_R} \cdot \frac{dn_A}{dt}$

④ $r_B = \frac{1}{V_R} \cdot \frac{dn_A}{dt}$, $-r_A = -\frac{1}{V_R} \cdot \frac{dn_B}{dt}$

> 해설

$-r_A = -\frac{1}{V} \frac{dn_A}{dt}$, $r_B = \frac{1}{V} \frac{dn_B}{dt}$

93 $A \xrightarrow{k_1} R$ 및 $A \xrightarrow{k_2} 2S$인 두 액상 반응이 동시에 등온 회분반응기에서 진행된다. 50분 후 A의 90%가 분해되어 생성물 비는 9.1mol R/1mol S이다. 반응차수는 각각 1차일 때, 반응속도상수 k_2는 몇 $\min^{-1}$인가?

① 2.4×10^{-6} ② 2.4×10^{-5}
③ 2.4×10^{-4} ④ 2.4×10^{-3}

> 해설

$-\ln(1-X_A) = (k_1+k_2)t$
$-\ln(1-0.9) = (18.2\,k_2+k_2)50$
∴ $k_2 = 2.4 \times 10^{-3} \min^{-1}$

94 이상기체 반응물 A가 1L/s 속도로 체적 1L의 혼합흐름반응기에 공급되어 50%가 반응된다. 반응식이 $A \to 3R$일 때 일정한 온도와 압력하에서 반응물 A의 평균 체류시간(Mean Residence Time)은 몇 초인가?

① 0.5 ② 1.0
③ 1.5 ④ 2.0

> 해설

$\tau = \frac{V}{v_o} = \frac{1L}{1L/s} = 1s$
$A \to 3R$
$\varepsilon_A = y_{A0}\delta = 1 \times \frac{3-1}{1} = 2$
평균체류시간$(\bar{t}) = \frac{\tau}{1+\varepsilon_A X_A}$
$= \frac{1s}{1+2 \times 0.5} = 0.5s$

정답 91 ① 92 ② 93 ④ 94 ①

95 $A+B \to R$인 2차 반응에서 C_{A0}와 C_{B0}의 값이 서로 다를 때 반응속도상수 k를 얻기 위한 방법은?

① $\ln \dfrac{C_B C_{A0}}{C_{B0} C_A}$와 t를 도시(Plot)하여, 원점을 지나는 직선을 얻는다.

② $\ln \dfrac{C_B}{C_A}$와 t를 도시(Plot)하여, 원점을 지나는 직선을 얻는다.

③ $\ln \dfrac{1-X_A}{1-X_B}$와 t를 도시(Plot)하여, 절편이 $\ln \dfrac{C_{A0}^{\;2}}{C_{B0}}$인 직선을 얻는다.

④ 기울기가 $1+(C_{A0}-C_{B0})^2 k$인 직선을 얻는다.

해설

$$\ln \dfrac{1-X_B}{1-X_A} = \ln \dfrac{M-X_A}{M(1-X_A)}$$
$$= \ln \dfrac{C_B C_{A0}}{C_{B0} C_A} = \ln \dfrac{C_B}{MC_A}$$
$$= C_{A0}(M-1)kt$$
$$= (C_{B0}-C_{A0})kt$$

96 $A \to R$의 반응에서 0℃와 100℃ 사이에서 반응이 진행되는데 두 온도 사이에 A와 R의 비열이 같고 반응엔탈피 $\Delta H_{r298} = -18{,}000$cal이었다면 ΔH_{r373}은 얼마인가?

① $-3{,}375$cal ② $-18{,}000$cal
③ $+3{,}375$cal ④ $+18{,}000$cal

해설

```
100℃   A  ──ΔH──▶  R
       │           ▲
       ▼           │
0℃     A  ───────▶ R
              ΔH = 18,000cal
```

$\Delta H = C(0-100) - 18{,}000 + C(100-0)$
$\quad = -18{,}000$cal

97 100℃, 1atm에서 $2A \to R+S$를 반응시키는 데 20%의 비활성 물질을 포함하는 원료를 회분식 반응기에서 처리할 경우, 반응물 A는 95%가 전환되고 이때 소요된 시간이 5분 10초이다. 만일 동일 조성의 반응물을 100mol/h의 속도로 플러그흐름반응기로 처리하여 95% 전환시키고자 할 경우 필요한 반응기 크기는 몇 L이겠는가?(단, 이 반응은 기상반응이며 이상기체라고 가정한다.)

① 235 ② 329
③ 540 ④ 660

해설

- 회분식 반응기(Batch Reactor)
$PV = nRT$
$P_A = C_A RT$
$C_A = \dfrac{P_A}{RT} = \dfrac{1 \times 0.8\text{atm}}{0.082\text{L atm/mol K} \times (273+100)\text{K}}$
$\quad = 0.0262\text{mol/L}$

회분식 2차 $kC_{A0}t = \dfrac{X_A}{1-X_A}$

$k \times 0.0262\text{mol/L} \times 310\text{s} = \dfrac{0.95}{1-0.95}$

$\therefore k = 2.34\text{L/mol s}$

- PFR(플러그흐름반응기)
PFR 2차 $kC_{A0}\tau = \dfrac{X_A}{1-X_A}$

$2.34 \times 0.0262 \times \tau = \dfrac{0.95}{1-0.95}$

$\therefore \tau = 309.91\text{s}$

$\tau = \dfrac{V}{v_o} = \dfrac{C_{A0}V}{F_{A0}}$
$\quad = \dfrac{(0.0262\text{mol/L})V}{100\text{mol/h} \times 1\text{h}/3{,}600\text{s}} = 309.91\text{s}$

$\therefore V = 328.6\text{L}$

정답 95 ① 96 ② 97 ②

98 회분반응기(Batch Reactor)의 일반적인 특성에 대한 설명으로 가장 거리가 먼 것은?

① 일반적으로 소량 생산에 적합하다.
② 단위 생산량당 인건비와 취급비가 적게 드는 장점이 있다.
③ 연속조작이 용이하지 않은 공정에 사용된다.
④ 하나의 장치에서 여러 종류의 제품을 생산하는데 적합하다.

해설

회분반응기
- 반응물을 넣고 반응이 끝난 후 생성물을 방출시킨다.
- 소규모 조업, 새로운 공정의 시험에 사용된다.
- 인건비가 비싸다.
- 매회 품질이 균일하지 못하다.

99 어떤 반응의 속도상수가 25℃에서는 3.46×10^{-5} s^{-1}이고, 65℃에서는 $4.87 \times 10^{-3} s^{-1}$이다. 이 반응의 활성화 에너지는 약 몇 kcal인가?

① 14.8　　② 24.8
③ 34.8　　④ 44.8

해설

$$\ln\frac{4.87 \times 10^{-3}}{3.46 \times 10^{-5}} = \frac{E_a}{1.987}\left(\frac{1}{273+25} - \frac{1}{273+65}\right)$$

$\therefore E_a = 24,752 \text{cal/mol}$
$= 24.75 \text{kcal/mol}$

100 20℃와 30℃에서 어떤 반응의 평형상수 K는 각각 2×10^{-3}, 1×10^{-2}이다. 이 반응의 반응열 ΔH_r 값은 약 몇 kcal/mol인가?

① 12.2　　② 24.3
③ 28.4　　④ 56.4

해설

$$\ln\frac{k_2}{k_1} = \frac{\Delta H_r}{R}\left(\frac{1}{T_1} - \frac{1}{T_2}\right)$$

$$\ln\frac{1 \times 10^{-2}}{2 \times 10^{-3}} = \frac{\Delta H_r}{1.987}\left(\frac{1}{293} - \frac{1}{303}\right)$$

$\therefore \Delta H_r = 28,400 \text{cal} = 28.4 \text{kcal}$

정답 98 ② 99 ② 100 ③

2015년 제4회 기출문제

1과목 화공열역학

01 과열 상태의 증기가 150psia, 500°F에서 노즐을 통하여 30psia로 팽창한다. 이 과정이 단열, 가역적으로 진행하여 평형을 유지한다고 할 때 노즐의 출구에서의 증기 상태는 어떠한지 알고자 한다. 다음 설명 중 틀린 것은?

① 엔트로피 변화는 없다.
② 수증기표(Steam Table)를 이용한다.
③ 몰리에 선도를 이용한다.
④ 기체인지 액체인지는 알 수 없다.

해설
- 가역단열과정 : $\Delta S = 0$
- 몰리에 선도 : $H-S$ 선도이며, P, V, T, 건도, H, S를 나타낸다.
- 수증기표 : T, P, V, U, H, S, 건도를 알 수 있어 상태를 알 수 있다.

02 다음 도표상의 점 A로부터 시작되는 여러 경로 중 액화가 일어나지 않는 공정은?

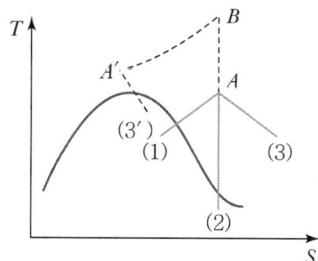

① $A \to (1)$
② $A \to (2)$
③ $A \to (3)$
④ $A \to B \to A' \to (3')$

해설
액화공정
- $A \to (1)$: 일정 압력하에서 열교환에 의하여
- $A \to (2)$: 일이 얻어지는 팽창공정(등엔트로피 팽창)
- $A \to B \to A' \to (3')$: 조름공정에 의하여

03 다음 $T-S$ 선도에서 건도 x인 (1)에서의 습증기 1kg당 엔트로피는 어떻게 표시되는가?(단, 건도 x는 습증기 중 증기의 질량분율이고 V는 증기, L은 액체를 나타낸다.)

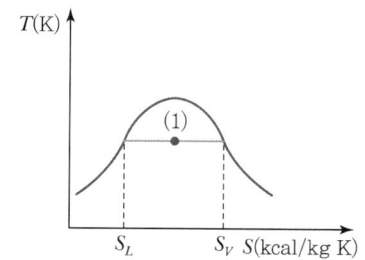

① $S_V + x(S_V - S_L)$
② $S_L + xS_V$
③ $S_V x + S_L(1-x)$
④ $S_L x + S_V(1-x)$

해설
습증기 1kg당 엔트로피 $S = S_V x + S_L(1-x)$

04 3성분계의 기-액 상평형 계산을 위하여 필요한 최소의 변수의 수는 몇 개인가?(단, 반응이 없는 계로 가정한다.)

① 1개
② 2개
③ 3개
④ 4개

해설
$F = 2 - P + C = 2 - 2 + 3 = 3$

정답 01 ④ 02 ③ 03 ③ 04 ③

05 기호의 의미가 다음과 같을 때 수식의 설명으로 옳은 것은?

- ϕ_i^{sat} : 기체의 퓨가시티 계수
- y_i : 기상의 몰분율
- $\hat{\phi}_i^l$: 용액의 퓨가시티 계수
- x_i : 용액의 몰분율
- f_i^l : i성분의 액상 퓨가시티
- f_i^{sat} : i성분의 기상 퓨가시티
- P_i^{sat} : 순수성분 i의 증기압
- $\hat{f}_i$: 이상용액 중의 각 성분의 퓨가시티

① 증기가 이상기체라면 $\phi_i^{sat} = 1$이다.
② 이상용액인 경우 $f_i^l = x_i \hat{f}_i \hat{\phi}_i^l$이다.
③ 루이스-랜들의 법칙(Lewis-Randal의 Rule)에서 $\hat{f}_i = \dfrac{f_i^{sat}}{P}$이다.
④ 라울의 법칙은 $y_i = \dfrac{P_i^{sat}}{P}$이다.

해설

① 증기가 이상기체라면 $\phi_i^{sat} = 1$
② 이상용액 $\hat{f}_i^{id} = x_i f_i$: Lewis-Randal의 법칙
③ ②식 $\div Px_i$하면 다음을 얻는다.

$$\dfrac{\hat{f}_i^{id}}{x_i P} = \dfrac{f_i}{P} = \hat{\phi}_i^{id} = \phi_i$$

④ 라울의 법칙 : $y_i = \dfrac{x_i P_i^{sat}}{P}$

06 화학반응의 평형상수 K의 정의로부터 다음의 관계식을 얻을 수 있을 때 이 관계식에 대한 설명 중 틀린 것은?

$$\dfrac{d \ln K}{dT} = \dfrac{\Delta H°}{RT^2}$$

① 온도에 대한 평형상수의 변화를 나타낸다.
② 발열반응에서는 온도가 증가하면 평형상수가 감소함을 보여준다.
③ 주어진 온도구간에서 $\Delta H°$가 일정하면 $\ln K$를 T의 함수로 표시했을 때 직선의 기울기가 $\dfrac{\Delta H°}{R^2}$이다.
④ 화학반응의 $\Delta H°$를 구하는 데 사용할 수 있다.

해설

$$\ln K = -\dfrac{\Delta H°}{RT}$$

기울기는 $-\dfrac{\Delta H°}{R}$

07 열의 일당량을 옳게 나타낸 것은?

① $427 kg_f$ m/kcal
② $\dfrac{1}{427} kg_f$ m/kcal
③ 427 kcal m/kg_f
④ $\dfrac{1}{427}$ kcal m/kg_f

해설

열의 일당량 : 1kcal = 427kg_f m

08 가역단열과정은 다음 중 어느 과정과 같은가?

① 등엔탈피 과정
② 등엔트로피 과정
③ 등압과정
④ 등온과정

해설

단열과정 = 등엔트로피 과정

09 727℃에서 다음 반응의 평형압력 $K_p = 1.3$atm이다. $CaCO_3(s)$ 30g을 10L 부피의 용기에 넣고 727℃로 가열하여 평형에 도달하게 하였다. CO_2가 이상기체 방정식을 만족시킨다고 할 때 평형에서 반응하지 않은 $CaCO_3(s)$의 몰%는 얼마인가?(단, $CaCO_3$의 분자량은 100이다.)

$$CaCO_3(s) \rightarrow CaO(s) + CO_2(g)$$

① 12%
② 17%
③ 24%
④ 47%

정답 05 ① 06 ③ 07 ① 08 ② 09 ④

해설

$PV = nRT = \dfrac{w}{M}RT$

$1.3\text{atm} \times 10\text{L} = \dfrac{w}{44} \times 0.082 \times 1,000\text{K}$ ∴ $w = 7\text{g}$

$\text{CaCO}_3 \rightarrow \text{CaO} + \text{CO}_2$
  100 :   44
   x :   7   ∴ $x = 15.9\text{g}$

$30\text{g} - 15.9\text{g} = 14.01\text{g}$이 남음

∴ $\dfrac{14.01}{30} \times 100 = 46.7\%$

---

10 비흐름 가역과정에서 압축(또는 수축)에 의한 일이 없다고 가정할 때 이상기체의 내부에너지에 관한 설명으로 옳은 것은?

① 내부에너지는 압력만의 함수이다.
② 내부에너지는 온도만의 함수이다.
③ 내부에너지는 부피만의 함수이다.
④ 내부에너지는 온도 및 압력만의 함수이다.

해설
이상기체의 내부에너지는 온도만의 함수이다.

---

11 퓨가시티(Fugacity)에 관한 설명 중 틀린 것은?(단, G_i는 성분 i의 깁스자유에너지, f는 퓨가시티이다.)

① 이상기체의 압력 대신 비이상기체에서 사용된 새로운 함수이다.
② $dG_i = RT\dfrac{dP}{P}$ 에서 P 대신 퓨가시티를 쓰면 이 식은 실제기체에 적용할 수 있다.
③ $\lim\limits_{P \to 0} \dfrac{f}{P} = \infty$ 의 등식이 성립된다.
④ 압력과 같은 차원을 갖는다.

해설
$\lim\limits_{P \to 0} \dfrac{f}{P} = 1$
$P \to 0$ 실제기체가 이상기체에 가까워진다.

---

12 다음 중 이상용액의 성질은?(단, $\hat{\phi}_i$: 용액 중 성분 i의 퓨가시티 계수, γ_i : 성분 i의 활동도 계수, $\hat{a}_i = \dfrac{\hat{f}_i^\circ}{f_i^\circ}$, f_i° : 표준상태에서 이상기체 i의 퓨가시티, $\hat{f}_i^\circ$: 표준상태에서 용액 중 성분 i의 퓨가시티, x_i : 성분 i의 액상 몰분율이다.)

① $\hat{\phi}_i = 1$
② $\hat{\phi}_i = \phi_i$
③ $\ln \gamma_i = 1$
④ $\ln(\hat{a}_i / x_i) = 1$

해설
$\hat{f}_i^{id} = x_i f_i$
$\div x_i P$ 하면
$\dfrac{\hat{f}_i^{id}}{x_i P} = \dfrac{f_i}{P} = \hat{\phi}_i^{id} = \phi_i$

---

13 120℃와 30℃ 사이에서 Carnot 증기기관이 작동하고 있을 때 1,000J의 일을 얻으려면 열원에서의 열량은 약 몇 J이어야 하는가?

① 1,540
② 4,367
③ 5,446
④ 6,444

해설
$\eta = \dfrac{T_1 - T_2}{T_1} = \dfrac{W}{Q_1}$
$= \dfrac{393 - 303}{393} = \dfrac{1,000\text{J}}{Q_1}$
∴ $Q_1 = 4,367\text{J}$

---

14 205℃, 10.2atm에서의 과열수증기의 퓨가시티 계수가 0.9415일 때의 퓨가시티(Fugacity)는 약 얼마인가?

① 9.6atm
② 10.6atm
③ 11.6atm
④ 12.6atm

정답 10 ② 11 ③ 12 ② 13 ② 14 ①

해설

$$\phi_i = \frac{f}{P}$$

$$0.9415 = \frac{f}{10.2\text{atm}}$$

$$f = 9.6\text{atm}$$

15 화학퍼텐셜(Chemical Potential)에 대한 설명이 올바르지 못한 것은?

① 단위는 압력의 단위인 kPa로 표시된다.

② $\mu_i = \left(\frac{\partial(nA)}{\partial n_i}\right)_{T, V, n_j}$ 로 표시될 수 있다.

③ $\mu_i = \left(\frac{\partial(nG)}{\partial n_i}\right)_{T, P, n_j}$ 로 표시될 수 있다.

④ 평형에서 각 성분의 값들이 같아져야 한다.

해설

$$\mu_i = \left[\frac{\partial(nG)}{\partial n_i}\right]_{T, P, n_j}$$

상평형 시 온도(T), 압력(P), 화학퍼텐셜(μ)이 같아야 한다.

16 $Z=1+BP$와 같은 비리얼 방정식(Virial Equation)으로 표시할 수 있는 기체 1몰을 등온가역과정으로 압력 P_1에서 P_2까지 변화시킬 때 필요한 일 W를 옳게 나타낸 식은?(단, Z는 압축인자이고 B는 상수이다.)

① $W = RT\ln\frac{P_1}{P_2}$

② $W = RT\ln\frac{P_1}{P_2} + B$

③ $W = RT\ln\frac{P_1}{P_2} + BRT$

④ $W = 1 + RT\ln\frac{P_1}{P_2}$

해설

$$Z = \frac{PV}{RT} = 1 + BP$$

$$PV = RT + BPRT$$

$$\therefore P = \frac{RT}{V - BRT}$$

$$W = \int_{V_1}^{V_2} PdV = \int_{V_1}^{V_2} \frac{RT}{V - BRT} dV$$

$$= RT\ln\frac{V_2 - BRT}{V_1 - BRT}$$

$$= RT\ln\frac{RT/P_2}{RT/P_1} = RT\ln\frac{P_1}{P_2}$$

17 $P = \frac{RT}{V-b}$의 관계식에 따르는 기체의 퓨가시티 계수 ϕ는?(단, b는 상수이다.)

① $\exp\left(1 + \frac{bP}{RT}\right)$ ② $\exp\left(\frac{bP}{RT}\right)$

③ $\exp\left(\frac{P}{RT}\right)$ ④ $\exp\left(P + \frac{b}{RT}\right)$

해설

$$P = \frac{RT}{V-b}$$

$$Z = \frac{PV}{RT} = \frac{P}{RT}\left(\frac{RT}{P} + b\right) = 1 + \frac{bP}{RT}$$

$$Z - 1 = \frac{bP}{RT}$$

$$\ln\phi = \int_0^P \frac{bP}{RT}\frac{dP}{P} = \int_0^P \frac{b}{RT}dP = \frac{bP}{RT}$$

$$\therefore \phi = \exp\left(\frac{bP}{RT}\right)$$

18 요오드 증기가 그 고체와 평형에 있는 계에 대한 자유도는 얼마인가?

① 0 ② 1
③ 2 ④ 3

해설

$F = 2 - P + C = 2 - 2 + 1 = 1$

정답 15 ① 16 ① 17 ② 18 ②

19 20℃, 1atm에서 아세톤에 대해 부피팽창률 $\beta = 1.488 \times 10^{-3} (℃)^{-1}$, 등온압축률 $\kappa = 6.2 \times 10^{-5}$ $(atm)^{-1}$, $V = 1.287 cm^3/g$이다. 정용하에서 20℃, 1atm으로부터 30℃까지 가열한다면 그때 압력은 몇 atm인가?

① 1 ② 5.17
③ 241 ④ 20.45

해설

$\dfrac{dV}{V} = \beta dT - \kappa dP$

정용하에서 20℃ 1atm → 30℃ $P_2 = ?$
$0 = \beta dT - \kappa dP$
$\beta(T_2 - T_1) = \kappa(P_2 - P_1)$
$1.488 \times 10^{-3}(30-20) = 6.2 \times 10^{-5}(P_2 - 1)$
$P_2 - 1 = 240$
$\therefore P_2 = 241$

20 다음과 같은 임계 물성을 가진 두 개의 분자(A와 B)가 동일한 이심인자를 가지고 있다. 대응상태 원리가 성립한다고 할 때, 분자 A의 물성을 기준으로 분자 B의 물성을 옳게 유추한 것은?(단, 분자 A의 물성은 300K, 101.325kPa에서 $V = 24,000 cm^3/mol$이다.)

- 분자 A : $T_c = 190K$, $P_c = 4,600 kPa$
- 분자 B : $T_c = 305K$, $P_c = 4,900 kPa$

① $T = 300K$, $P = 101.325kPa$, $V = 36,214 cm^3/mol$
② $T = 481.6K$, $P = 107.8kPa$, $V = 36,214 cm^3/mol$
③ $T = 300K$, $P = 101.325kPa$, $V = 26,215 cm^3/mol$
④ $T = 481.6K$, $P = 107.8kPa$, $V = 26,215 cm^3/mol$

해설

대응상태의 원리
모든 유체들은 같은 환산온도(T_r)와 환산압력(P_r)에서 보면 거의 같은 압축인자를 가지며 이상기체 거동에서 벗어나는 정도도 비슷하다.
$T_r = \dfrac{T}{T_c}$, $P_r = \dfrac{P}{P_c}$

- A : $T_r = \dfrac{300}{190} = 1.58$, $P_r = \dfrac{101.325}{4,600} = 0.022$
- B : $T_r = \dfrac{T}{305} = 1.58 \rightarrow T = 481.9K$

$P_r = \dfrac{P}{4,900} = 0.022 \rightarrow P = 107.8 kPa$

$\dfrac{P_A V_A}{T_A} = \dfrac{P_B V_B}{T_B}$

$\dfrac{101.325 \times 24,000}{300} = \dfrac{107.8 \times V}{481.9}$

$\therefore V = 36,236 cm^3/mol$

2과목 단위조작 및 화학공업양론

21 50mol% 에탄올 수용액을 밀폐용기에 넣고 가열하여 일정 온도에서 평형이 되었다. 이때 용액은 에탄올 27mol%이고, 증기조성은 에탄올 57mol%이었다. 원 용액의 몇 %가 증발되었는가?

① 23.46 ② 30.56
③ 76.66 ④ 89.76

해설

$F = 100 mol$이라 하면
$0.5 \times 100 = 0.57 \times D + 0.27(100 - D)$
$\therefore D = 76.66$
$\dfrac{76.66}{100} \times 100 = 76.66\%$

22 NaCl 수용액이 15℃에서 포화되어 있다. 이 용액 1kg을 65℃로 가열하면 약 몇 g의 NaCl을 더 용해시킬 수 있는가?(단, 15℃에서의 용해도는 358g/1,000g H_2O이고, 65℃에서의 용해도는 373g/1,000g H_2O이다.)

① 7.54 ② 10.53
③ 15.05 ④ 20.3

정답 19 ③ 20 ② 21 ③ 22 ②

해설
- 15℃에서
  1,358g : 358g = 1,000g : x
  ∴ $x = 263.6g$, 물 = 736.4g
- 65℃에서
  1,000g : 373g = 736.4g : y
  ∴ $y = 274.7g$

∴ 274.7 − 263.6 = 11g이 더 용해될 수 있다.

23 다음 중 경로에 관계되는 양은?
① 열
② 내부에너지
③ 압력
④ 엔탈피

해설
- 상태함수 : 경로와 상관없이 시작점과 끝점의 상태에 의해서만 영향을 받는 함수
  예 T, P, U, H, S
- 경로함수 : 경로에 영향을 받는 함수
  예 Q(열), W(일)

24 15℃에서 포화된 NaCl 수용액 100kg을 65℃로 가열하였을 때 이 용액에 추가로 용해시킬 수 있는 NaCl은 약 몇 kg인가?(단, 15℃에서 NaCl의 용해도는 6.12kmol/1,000kg H_2O, 65℃에서 NaCl의 용해도는 6.37kmol/1,000kg H_2O이다.)
① 1.1
② 2.1
③ 3.1
④ 4.1

해설
- 15℃에서 6.12kmol × $\frac{58.5kg}{1kmol}$ = 358kg NaCl/1,000kg H_2O
  1,358kg : 358kg = 100kg : x
  ∴ $x = 26.36$kg NaCl, 물 = 73.64kg H_2O
- 65℃에서 6.37kmol × $\frac{58.5kg}{1kmol}$ = 372.6kg
  1,000kg : 372.6kg = 73.64kg : y
  ∴ $y = 27.44$kg NaCl

∴ 27.44 − 26.36 = 1.08kg 더 용해할 수 있다.

25 80% 물을 함유한 솜을 건조시켜 초기 수분량의 60%를 제거시켰다. 건조된 솜의 수분함량은 약 몇 %인가?
① 39.2
② 48.7
③ 52.3
④ 61.5

해설
Basis : 젖은 솜 100kg ┌ 20kg 솜
                    └ 80kg 물

초기 수분량의 60% 제거 = 80kg × 0.6 = 48kg 제거
80 − 48 = 32kg 물
수분함량 = $\frac{32}{32+20} \times 100(\%) = 61.5\%$

26 건식법으로 전기로를 써서 인광석을 환원 및 증발시키는 공정에서 배출가스가 지름 26cm의 강관을 통해 152.4cm/s의 속도로 노에서 나간다. 이 가스의 밀도가 0.0012g/cm³일 때 1일 배출가스량은 약 얼마인가?
① 5.4ton/day
② 6.4ton/day
③ 7.4ton/day
④ 8.4ton/day

해설
$Q = \frac{\pi}{4} \times 26^2 cm^2 \times 152.4cm/s = 80,872.6 cm^3/s$
$W = \rho Q = 80,872.6 cm^3/s \times 0.0012 g/cm^3 = 97 g/s$

$\frac{97g}{s} \times \frac{3,600s}{1h} \times \frac{24h}{1day} \times \frac{1kg}{1,000g} \times \frac{1ton}{1,000kg} = 8.4 ton/day$

27 분자량 119인 화합물을 분석한 결과 질량 %로 C 70.6%, H 4.2%, N 11.8%, O 13.4%이었다면 분자식은?
① $C_6H_5NO_2$
② $C_6H_4N_2O$
③ $C_6H_6N_2O_2$
④ C_7H_5NO

해설
$C_{\frac{70.6}{12}} H_{\frac{4.2}{1}} N_{\frac{11.8}{14}} O_{\frac{13.4}{16}} = C_{5.88}H_{4.2}N_{0.84}O_{0.84} = C_7H_5NO$
$(C_7H_5NO)_n = 119, n = 1$
∴ 분자식은 C_7H_5NO가 된다.

정답 23 ① 24 ① 25 ④ 26 ④ 27 ④

28 표준상태에서 분자량이 30인 이상기체 100kg의 부피는 약 얼마인가?

① 55m³   ② 65m³
③ 75m³   ④ 85m³

해설

$$V = \frac{nRT}{P} = \frac{100/30 \times 0.082 m^3 \ atm/kmol \ K \times 273K}{1atm}$$
$$= 74.62 m^3$$

29 980N(Newton)은 몇 kg_f인가?

① 9.8   ② 10
③ 100   ④ 980

해설

$$980N \times \frac{1kg_f}{9.8N} = 100kg_f$$

30 밀도 1.15g/cm³인 액체가 밑면의 넓이 930cm², 높이 0.75m인 원통 속에 가득 들어 있다. 이 액체의 질량은 약 몇 kg인가?

① 8.0   ② 80.2
③ 186.2   ④ 862.5

해설

$$V = 930cm^2 \times \frac{1^2 m^2}{100^2 cm^2} \times 0.75m = 0.07m^3$$
$$m = \rho V = 1.15 \times 1,000 kg/m^3 \times 0.07m^3 = 80.5kg$$

31 공기를 왕복압축기를 사용하여 절대압력 1기압에서 64기압까지 3단(3Stage)으로 압축할 때 각 단의 압축비는?

① 3   ② 4
③ 21   ④ 64

해설

압축비 $= \sqrt[3]{\frac{64}{1}} = 4$

32 본드(Bond)의 파쇄법칙에서 매우 큰 원료로부터 크기 D_p의 입자들을 만드는 데 소요되는 일은 무엇에 비례하는가?(단, s는 입자의 표면적(m²), v는 입자의 부피(m³)를 의미한다.)

① 입자들의 부피에 대한 표면적비 : s/v
② 입자들의 부피에 대한 표면적비의 제곱근 : $\sqrt{s/v}$
③ 입자들의 표면적에 대한 부피비 : v/s
④ 입자들의 표면적에 대한 부피비의 제곱근 : $\sqrt{v/s}$

해설

분쇄이론(Lewis 식)

$$\frac{dw}{dD_p} = -kD_p^{-n}$$

- Rittinger 법칙($n=2$)
$$W = k_R' \left(\frac{1}{D_{p_2}} - \frac{1}{D_{p_1}} \right) = k_R(s_2 - s_1)$$

- Kick 법칙($n=1$) : $W = k_k \ln \frac{D_{p_1}}{D_{p_2}}$

- Bond 법칙$\left(n = \frac{3}{2} \right)$
$$W = 2k_B \left(\frac{1}{\sqrt{D_{p_2}}} - \frac{1}{\sqrt{D_{p_1}}} \right) = \frac{k_B}{5} \frac{\sqrt{100}}{\sqrt{D_{p_2}}} \left(1 - \frac{\sqrt{D_{p_2}}}{\sqrt{D_{p_1}}} \right)$$

※ $\frac{1}{\sqrt{D}} = \sqrt{\frac{s}{v}}$

33 비중이 1인 물이 흐르고 있는 관의 양단에 비중이 13.6인 수은으로 구성된 U자형 마노미터를 설치하여 수은의 높이차를 측정해보니 약 33cm이었다. 관 양단의 압력차(기압)는 얼마인가?

① 0.2   ② 0.4
③ 0.6   ④ 0.8

해설

$$\Delta P = \frac{g}{g_c}(\rho_A - \rho_B)R$$
$$= \frac{kg_f}{kg}(13.6-1) \times 1,000kg/m^3 \times 0.33m$$
$$= 4158kg_f/m^2 \times 1m^2/100^2cm^2 \times \frac{1atm}{1.0332kg_f/cm^2}$$
$$= 0.4atm \ (기압)$$

정답 28 ③   29 ③   30 ②   31 ②   32 ②   33 ②

34 50몰% 톨루엔을 함유하고 있는 원료를 정류함에 있어서 환류비가 1.5이고 탑상부에서의 유출물 중의 톨루엔의 몰분율이 0.96이라고 할 때 정류부(Rectifying Section)의 조작선을 나타내는 방정식은?(단, x : 용액 중의 톨루엔의 몰분율, y : 기상에서의 몰분율이다.)

① $y = 0.714x + 0.96$
② $y = 0.6x + 0.384$
③ $y = 0.384x + 0.64$
④ $y = 0.6x + 0.2$

> **해설**
> 정류부 조작선의 방정식 : $y_{n+1} = \dfrac{R}{R+1}x + \dfrac{x_D}{R+1}$
> $y_{n+1} = \dfrac{1.5}{1.5+1}x + \dfrac{0.96}{1.5+1}$
> $\therefore y_{n+1} = 0.6x + 0.384$

35 건조 특성곡선에서 항률건조기간으로부터 감률건조기간으로 바뀔 때의 함수율은?

① 전(Total)함수율
② 평형함수율
③ 자유함수율
④ 임계(Critical)함수율

> **해설**
> 임계함수율
> 항률건조기간에서 감률건조기간으로 바뀔 때의 함수율

36 임계전단응력 이상이 되어야 흐르기 시작하는 유체는?

① 유사가소성 유체(Pseudoplastic Fluid)
② 빙햄가소성 유체(Bingham Plastic Fluid)
③ 뉴턴 유체(Newtonian Fluid)
④ 팽창성 유체(Dilatant Fluid)

> **해설**
> 유체의 종류
> $(\tau - \tau_0)^n = \mu \dfrac{du}{dy}$
> • $\tau_o = 0$: 점성유체 ┌ $n = 1$: Newton 유체
>   ├ $n > 1$: 의소성 유체(Pseudoplastic)
>   └ $n < 1$: Dilatant Fluid
> • $\tau_o \neq 0$: 소성유체 ┌ $n = 1$: Bingham 유체
>   └ $n \neq 1$: Non-Bingham 유체

37 두께 150mm의 노벽에 두께 100mm의 단열재로 보온한다. 노벽의 내면온도는 700℃이고, 단열재의 외면온도는 40℃이다. 노벽 10m²로부터 10시간 동안 잃은 열량은?(단, 노벽과 단열재의 열전도도는 각각 3.0 및 0.1kcal/m h ℃이다.)

① 6,285.7kcal
② 6,754.4kcal
③ 62,857.0kcal
④ 67,544kcal

> **해설**
> $q = \dfrac{(700-40)℃}{\dfrac{0.15}{3 \times 10} + \dfrac{0.1}{0.1 \times 10}} = 6,285.7$ kcal/h
> 10시간 동안 잃은 열량이므로
> 6,285.7kcal/h × 10h = 62,857kcal

38 롤 분쇄기에 상당직경 4cm인 원료를 도입하여 상당직경 1cm로 분쇄한다. 분쇄원료와 롤 사이의 마찰계수가 $\dfrac{1}{\sqrt{3}}$일 때 롤 지름은 약 몇 cm인가?

① 6.6
② 9.2
③ 15.3
④ 18.4

> **해설**
> $\mu = \tan\alpha = \dfrac{1}{\sqrt{3}}$ $\therefore \alpha = 30°$
> $\cos\alpha = \dfrac{R+d}{R+r} = \dfrac{R+\dfrac{1}{2}}{R+\dfrac{4}{2}} = \dfrac{\sqrt{3}}{2}$ $\therefore R = 9.2$cm
> $\therefore$ 롤의 지름 $= 2R = 2 \times 9.2$cm $= 18.4$cm

39 수직관식 증발관이 수평관식 증발관보다 좋은 이유가 아닌 것은?

① 열전달 계수가 크다.
② 관석이 생성될 경우 가열관 청소가 용이하다.
③ 증기 중의 비응축 기체의 탈기효율이 좋다.
④ 증발효과가 좋다.

정답 34 ② 35 ④ 36 ② 37 ③ 38 ④ 39 ③

해설

수평관식	수직관식
• 액층이 깊지 않아 비점상승도가 작다. • 증기 측의 비응축기체 탈기효율이 좋다.	• 액의 순환이 좋으므로 열전달계수가 커서 증발효과가 좋다. • 관석이 생성될 경우 가열관의 청소가 쉽다. • 수직관식이 더 많이 사용되며 관석의 생성 염려가 없을 때에만 수평관식을 사용한다.

40 탑 내에서 기체속도를 점차 증가시키면 탑 내 액정체량(Hold Up)이 증가함과 동시에 압력손실은 급격히 증가하여 액체가 아래로 이동하는 것을 방해할 때의 속도를 무엇이라고 하는가?

① 평균속도   ② 부하속도
③ 초기속도   ④ 왕일속도

해설
- 편류(Channeling, 채널링) : 액이 한곳으로만 흐르는 현상
- 부하속도 : 기체의 속도가 차차 증가하면 탑 내의 액체유량이 증가한다. 이때의 속도를 부하속도라 하며, 흡수탑의 작업은 부하속도를 넘지 않는 범위 내에서 해야 한다.
- 왕일점(Flooding Point, 범람점) : 기체의 속도가 아주 커서 액이 거의 흐르지 않고 넘치는 점으로 향류조작이 불가능하다.

3과목 공정제어

41 바닥면적 $4m^2$의 빈 수직탱크에 물이 $f(t) = 10L$/min의 유속으로 공급될 때 시간에 따른 탱크 내부의 액위(m) 변화 $h(t)$와 라플라스 변환된 $H(s)$는?(단, Lapalce 변수 s의 단위는 1/min이다.)

① $h(t) = 0.0025t$, $H(s) = \dfrac{0.0025}{s^2}$

② $h(t) = 0.0025t$, $H(s) = \dfrac{0.0025}{s}$

③ $h(t) = 0.0025t^2$, $H(s) = \dfrac{0.0025}{s^2}$

④ $h(t) = 0.0025t^2$, $H(s) = \dfrac{0.0025}{s}$

해설
$$h(t) = \frac{Q}{A}t = \frac{10L/min}{4m^2} \times \frac{1m^3}{1,000L} \times t = 0.0025t$$
$$h(t) = 0.0025t$$
$$H(s) = \frac{0.0025}{s^2}$$

42 $\dfrac{Y(s)}{X(s)} = \dfrac{5}{s^2 + 3s + 2.25}$ 일 때 단위계단응답에 해당하는 것은?

① 자연진동   ② 무진동감쇠
③ 무감쇠진동   ④ 임계감쇠

해설
$$\frac{Y(s)}{X(s)} = \frac{5}{s^2 + 3s + 2.25}$$
$$= \frac{2.22}{\frac{1}{2.25}s^2 + 1.33s + 1}$$
$$\therefore \tau = \sqrt{\frac{1}{2.25}} = 0.667$$
$2\tau\zeta = 1.33$
$\therefore \zeta = 1$
ζ가 1이므로 임계감쇠 시스템이다.

43 시간지연이 θ이고 시정수가 τ인 시간지연을 가진 1차계의 전달함수는?

① $G(s) = \dfrac{e^{\theta s}}{s + \tau}$ ② $G(s) = \dfrac{e^{\theta s}}{\tau s + 1}$

③ $G(s) = \dfrac{e^{-\theta s}}{s + \tau}$ ④ $G(s) = \dfrac{e^{-\theta s}}{\tau s + 1}$

해설
$$G(s) = \frac{1}{\tau s + 1} e^{-\theta s}$$

정답 40 ② 41 ① 42 ④ 43 ④

44 어떤 1차계의 함수가 $6\frac{dY}{dt} = 2X - 3Y$일 때 이 계의 전달함수의 시정수(Times Constant)는?

① $\frac{2}{3}$ ② 3

③ $\frac{1}{2}$ ④ 2

> **해설**
> $6sY(s) = 2X(s) - 3Y(s)$
> $(6s+3)Y(s) = 2X(s)$
> $\frac{Y(s)}{X(s)} = \frac{2}{6s+3} = \frac{\frac{2}{3}}{2s+1}$
> $\therefore \tau = 2, K = \frac{2}{3}$

45 공정과 제어기가 불안정한 Pole을 가지지 않는 경우에 다음의 Nyquist 선도에서 불안정한 제어계를 나타낸 그림은?

① 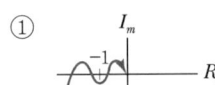   ②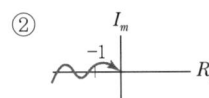

③ 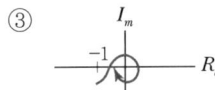   ④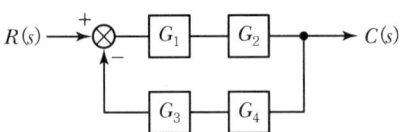

> **해설**
> Nyquist 안정성 판별법
> Nyquist 선도가 (-1, 0)을 한 번이라도 시계방향으로 감싼다면 닫힌 루프 시스템은 불안정하다.

46 다음 중 Bernoulli의 법칙을 이용한 Head Type 차압유량계는?

① Coriolis Flowmeter
② Hot-wire Anemometer
③ Pitot Tube
④ Vortex Shedder

> **해설**
> Head Type 차압식 유량계 : 피토관

47 1차계 2개로 이루어진 2차계에 관한 설명으로 옳은 것은?

① 2차계의 전달함수는 1차계 전달함수의 2배이다.
② 2차계의 계단응답은 1차계의 과도응답보다 빠르다.
③ 2차계의 감쇠계수(Damping Factor)는 1보다 작다.
④ 2차계의 감쇠계수(Damping Factor)는 1과 같거나 크다.

> **해설**
> - 비간섭계 $\zeta = \frac{\tau_1 + \tau_2}{2\sqrt{\tau_1\tau_2}} = 1$ ($\tau_1 = \tau_2$)
> - 간섭계 $\zeta = \frac{\tau_1 + \tau_2}{2\sqrt{\tau_1\tau_2(1-k_2)}} > 1$

48 다음 Block Diagram(블록선도)에서 $\frac{C}{R}$을 옳게 나타낸 것은?

① $\frac{G_1 + G_2}{1 + G_1G_2G_3G_4}$

② $\frac{G_3 + G_4}{1 + G_1G_2G_3G_4}$

③ $\frac{G_1 + G_2}{1 + G_1G_2 + G_3G_4}$

④ $\frac{G_1G_2}{1 + G_1G_2G_3G_4}$

> **해설**
> $\frac{C}{R} = \frac{G_1G_2}{1 + G_1G_2G_3G_4}$

정답 44 ④ 45 ② 46 ③ 47 ④ 48 ④

49 다단제어(Cascade Control)에 관한 설명으로 틀린 것은?

① 상위(Master) 제어기, 하위(Slave) 제어기 모두 적분동작을 가지고 있어야 한다.
② 지역적으로 발생하는 외란의 영향을 미리 제어해줌으로써, 그 영향이 상위 피제어변수(Primary Controlled Variable)에 미치지 않도록 한다는 개념을 가진다.
③ 하위(Slave) 제어기를 구성하기 위한 하위 피제어 변수가 필요하며, 하위 피제어 변수와 관련된 공정의 동특성이 느릴수록 제어성능이 나빠진다.
④ 다단제어의 하위 제어계는 상위 제어기의 대상 공정을 선형화시키는 효과를 준다.

해설

다단제어(Cascade Control)
• 주제어기의 출력신호가 부제어기의 설정값이 된다.
• 주제어루프 안에 부제어루프가 위치한다.
• 주제어기보다 부제어기의 동특성이 빨라야 한다.
• 외란에 빠르게 반응하여 Set Point에 빠르게 도달한다.

50 다음 미분방정식 해의 라플라스 함수는?

$$\cdot \frac{d^2x}{dt^2} + 4\frac{dx}{dt} - 5x = 10$$

$$\cdot \frac{dx(0)}{dt} = x(0) = 0$$

① $\dfrac{10}{(s^2+4s-5)}$ ② $\dfrac{10}{s(s^2+4s-5)}$

③ $\dfrac{1}{(s^2+4s-5)}$ ④ $\dfrac{10}{1/s^2+4/s-5}$

해설

$s^2X(s) - sX(0) - X'(0) + 4sX(s) - 4X(0) - 5X(s) = \dfrac{10}{s}$

$(s^2+4s-5)X(s) = \dfrac{10}{s}$

$X(s) = \dfrac{10}{s(s^2+4s-5)}$

51 어떤 제어계의 특성방정식이 다음과 같을 때 임계주기(Ultimate Period)는 얼마인가?

$$s^3 + 6s^2 + 9s + 1 + K_c = 0$$

① $\dfrac{\pi}{2}$ ② $\dfrac{2}{3}\pi$

③ π ④ $\dfrac{3}{2}\pi$

해설

$s^3 + 6s^2 + 9s + 1 + K_c = 0$
s에 $i\omega_u$ 대입
$-i\omega_u^3 - 6\omega_u^2 + 9i\omega_u + 1 + K_c = 0$
(실수부) $-6\omega_u^2 + 1 + K_c = 0$
(허수부) $i(9\omega_u - \omega_u^3) = 0 \to \omega_u = 0$ 또는 $\omega_u = \pm 3$
$\omega_u = 0 \to K_c = -1$
$\omega_u = \pm 3 \to K_c = 53$
$\therefore -1 < K_c < 53$
임계주기 $T_u = \dfrac{2\pi}{\omega_u} = \dfrac{2\pi}{3}$

52 개루프 안정공정(Open Loop Stable Process)에 다음 제어기를 적용하였을 때, 일정한 설정치에 대해 Offset이 발생하는 것은?

① P형 ② I형
③ PI형 ④ PID형

해설

적분동작이 있으면 Offset이 제거된다.

53 특성방정식이 $1 + \dfrac{K_c}{(s+1)(s+2)} = 0$로 표현되는 선형 제어계에 대하여 Routh-hurwitz의 안정 판정에 의한 K_c의 범위를 구하면?

① $K_c < -1$ ② $K_c > -1$
③ $K_c > -2$ ④ $K_c < -2$

> 해설

Routh 안정성 판별법

$1 + \dfrac{K_c}{(s+1)(s+2)} = 0$

$s^2 + 3s + 2 + K_c = 0$

1	1	$2+K_c$
2	3	0
3	$\dfrac{3(2+K_c)}{3} > 0$	

$2 + K_c > 0$
$K_c > -2$

54 다음 그림에서 Servo Problem인 경우, Proportional Control($G_c = K_c$)의 Offset은?(단, $T_R(t) = U(t)$인 단위계단 신호이다.)

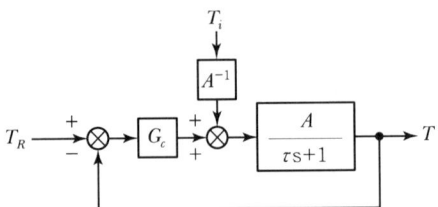

① 0
② $\dfrac{1}{1-K_cA}$
③ $\dfrac{-1}{1+K_cA}$
④ $\dfrac{1}{1+K_cA}$

> 해설

$\dfrac{T}{T_R} = \dfrac{\dfrac{K_cA}{\tau s+1}}{1+\dfrac{K_cA}{\tau s+1}} = \dfrac{K_cA}{\tau s+1+K_cA}$

$T = \dfrac{K_cA}{s(\tau s+1+K_cA)}$

$C(\infty) = \lim_{t \to \infty} t = \lim_{s \to 0} s\,T(s) = \dfrac{K_cA}{1+K_cA}$

Offset $= R(\infty) - C(\infty)$
$= 1 - \dfrac{K_cA}{1+K_cA} = \dfrac{1}{1+K_cA}$

55 측정 가능한 외란(Measurable Disturbance)을 효과적으로 제거하기 위한 제어기는?

① 앞먹임 제어기(Feedforward Controller)
② 되먹임 제어기(Feedback Controller)
③ 스미스 예측기(Smith Predictor)
④ 다단 제어기(Cascade Controller)

> 해설

앞먹임 제어(Feedforward Controller)
외부교란을 측정하고 이 측정값을 이용하여 외부교란이 공정에 미치게 될 영향을 사전에 보정시켜 준다.

56 라플라스 변환을 이용하여 미분방정식 $\dfrac{dX}{dt} + 5X = 0$, $X(0) = 10$을 $X(t)$에 관하여 풀면?

① $e^{-5t} + 9$
② $5e^{-5t} + 5$
③ $e^{-5t} + 10$
④ $10e^{-5t}$

> 해설

$sX(s) - X(0) + 5X(s) = 0$
$X(s) = \dfrac{10}{s+5}$
$X(t) = 10e^{-5t}$

57 전달함수가 $\dfrac{K}{2s^2 + 4s + 1 + K}$인 계의 Step Response가 진동 없이 최종치에 접근하려면 K값은 얼마인가?

① 1
② 2
③ 3
④ 4

> 해설

$G = \dfrac{K}{2s^2+4s+1+K} = \dfrac{\dfrac{K}{1+K}}{\dfrac{2}{1+K}s^2 + \dfrac{4}{1+K}s + 1}$

$\tau = \sqrt{\dfrac{2}{1+K}}$, $2\tau\zeta = \dfrac{4}{1+K}$, $\zeta = \sqrt{\dfrac{2}{1+K}}$

정답 54 ④ 55 ① 56 ④ 57 ①

$\zeta=1$일 때 진동 없이 가장 빨리 최종치에 도달

$1 = \dfrac{2}{1+K}$

$1+K=2$

$K=1$

58 그림과 같은 산업용 스팀보일러의 스팀발생기에서 조작변수 유량(x_3)과 유량(x_5)을 조절하여 액위(x_2)와 스팀압력(x_6)을 제어하고자 할 때 틀린 설명은?(단, FT, PT, LT는 각각 유량, 압력, 액위전송기를 나타낸다.)

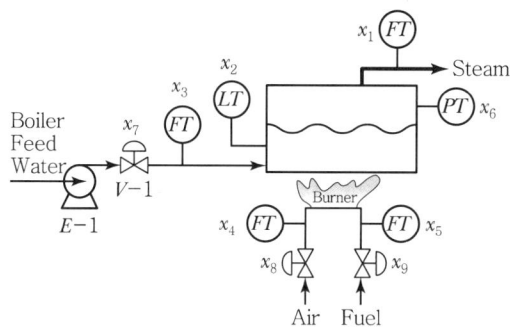

① 압력이 변하면 유량이 변하기 때문에 Air, Fuel, Boiler Feed Water의 공급압력은 외란이 된다.
② 제어성능 향상을 위하여 유량 x_3, x_4, x_5를 제어하는 독립된 유량제어계를 구성하고 그 상위에 액위와 압력을 제어하는 다단제어계(Cascade Control Loop)를 구성하는 것은 바람직하다.
③ x_1의 변화가 x_2와 x_6에 영향을 주기 전에 선제적으로 조작변수를 조절하기 위해서 피드백 제어기를 추가하는 것이 바람직하다(이때, x_1은 측정 가능하다).
④ Air와 Fuel 유량은 독립적으로 제어하기보다는 비율(Ratio)을 유지하도록 제어되는 것이 바람직하다.

해설

x_1의 변화가 x_2, x_6에 영향을 주기 전에 미리 조절하려면 피드포워드 제어를 해야 한다. 아니면 x_1의 결과에 따라 x_2, x_6을 조절해야 한다.

59 $\dfrac{dy}{dt}+3y=1$, $y(0)=1$에서 라플라스 변환 $Y(s)$는 어떻게 주어지는가?

① $\dfrac{1}{s+3}$
② $\dfrac{1}{s(s+3)}$
③ $\dfrac{s+1}{s(s+3)}$
④ $\dfrac{-1}{(s+3)}$

해설

$sY(s)-y(0)+3Y(s)=\dfrac{1}{s}$

$sY(s)-1+3Y(s)=\dfrac{1}{s}$

$(s+3)Y(s)=\dfrac{1}{s}+1=\dfrac{s+1}{s}$

$\therefore Y(s)=\dfrac{s+1}{s(s+3)}$

60 다음 중 공정제어의 일반적인 기능에 관한 설명으로 가장 거리가 먼 것은?

① 외란의 영향을 극복하며 공정을 원하는 상태에 유지시킨다.
② 불안정한 공정을 안정화시킨다.
③ 공정의 최적 운전조건을 스스로 찾아준다.
④ 공정의 시운전 시 짧은 시간 안에 원하는 운전상태에 도달할 수 있도록 한다.

해설

공정제어의 기능(목적)
안정성, 안전성, 경제성, 원하는 제품의 품질 유지

4과목 공업화학

61 다음의 O_2 : NH_3의 비율 중 질산 제조공정에서 암모니아 산화율이 최대로 나타나는 것은?(단, Pt 촉매를 사용하고 NH_3농도가 9%인 경우이다.)

① 9 : 1
② 2.3 : 1
③ 1 : 9
④ 1 : 2.3

정답 58 ③ 59 ③ 60 ③ 61 ②

> **해설**
> - 최대산화율은 $O_2/NH_3 = 2.2 \sim 2.3$일 때이다.
> - Pt-Rh 촉매를 가장 많이 이용한다.

62 다음 중 칼륨 비료에 속하는 것은?
① 유안
② 요소
③ 볏집재
④ 초안

> **해설**
> ㉠ 질소비료
>   - 유안(황산암모늄)
>   - 초안(질산암모늄)
>   - 요소[$CO(NH_2)_2$]
>   - 칠레초석(질산나트륨)
>   - 석회질소($CaCN_2$)
> ㉡ 인산비료
>   - 과인산석회, 용성인비, 소성인비
>   - 원료 : 골분
> ㉢ 칼륨비료
>   - 원료 : 간수, 해조, 초목재, 용광로 Dust, 볏집재
> ㉣ 복합비료

63 석유 정제에 사용되는 용제가 갖추어야 하는 조건이 아닌 것은?
① 선택성이 높아야 한다.
② 추출할 성분에 대한 용해도가 높아야 한다.
③ 용제의 비점과 추출성분의 비점의 차이가 적어야 한다.
④ 독성이나 장치에 대한 부식성이 작아야 한다.

> **해설**
> 용제의 조건
> - 원료유와 추출용제 사이의 비중차가 커서 추출할 때 두 액상으로 쉽게 분리할 수 있어야 한다.
> - 추출성분의 끓는점과 용제의 끓는점 차이가 커야 한다.
> - 증류로써 회수가 쉬워야 한다.
> - 열적, 화학적으로 안정해야 하며 추출성분에 대한 용해도가 커야 한다.
> - 선택성이 커야 하며 다루기 쉽고 값이 싸야 한다.

64 Sylvinite 중 NaCl의 함량은 약 몇 wt%인가?
① 40%
② 44%
③ 56%
④ 60%

> **해설**
> Sylvinite(KCl, NaCl)
> $$\frac{58.5}{74.6 + 58.5} = 44\%$$

65 암모니아 합성 공업의 원료가스인 수소가스 제조공정에서 2차 개질공정의 주반응은?
① $CO + H_2O \rightarrow CO_2 + H_2$
② $CH_4 + \frac{1}{2}O_2 \rightarrow CO + 2H_2$
③ $CO_2 + 3H_2 \rightarrow CH_4 + H_2O + \frac{1}{2}O_2$
④ $C + O_2 \rightarrow CO_2$

> **해설**
> - 1차 개질공정
> $CO + 3H_2 \rightleftarrows CH_4 + H_2O$
> $CO + H_2O \rightleftarrows H_2 + CO_2$
> - 2차 개질공정
> $CH_4 + \frac{1}{2}O_2 \rightarrow CO + 2H_2$

66 다음 중 윤활유 정제에 많이 사용되는 용제(Solvent)는?
① Furfural
② Benzene
③ Toluene
④ n-Hexane

> **해설**
> 윤활유 중의 나프텐과 방향족 성분을 페놀이나 푸르푸랄과 같은 용제로 추출, 제거한다.

정답 62 ③ 63 ③ 64 ② 65 ② 66 ①

67 폐수처리나 유해가스를 효과적으로 처리할 수 있는 광촉매를 이용한 처리기술이 발달되고 있는데, 다음 중 광촉매로 많이 사용되고 있는 물질로 아나타제, 루틸 등의 결정상이 존재하는 것은?

① MgO
② CuO
③ TiO_2
④ FeO

해설
광촉매 : 빛을 받아들여 화학반응을 촉진시키는 물질을 말하고 이러한 반응을 광화학반응이라고 한다.
예) TiO_2(산화타이타늄)

68 다음 중 고분자의 유리전이온도를 측정하는 방법이 아닌 것은?

① Differential Scanning Calorimetry
② Dilatometry
③ Atomic Force Microscope
④ Dynamic Mechanical Analysis

해설
고분자 유리전이온도 측정법
• DSC(Differential Scanning Calorimetry) : 시차주사 열량 분석
• DMA(Dynamic Mechanical Analysis) : 동적 점탄성 분석
• Dilatometry : 팽창측정법
• DTA(Differential Thermal Analysis) : 시차열 분석

69 다음 중 비중이 제일 작으며 Polyethylene Film보다 투명성이 우수한 것은?

① Polymethylmethacrylate
② Polyvinylalcohol
③ Polyvinylidene
④ Polypropylene

해설
Polypropylene
• 밀도 : 0.9~0.91
• 용도 : 포장용 필름, 완구, 보온병, 의료기기 등
• Polyethylene Film보다 투명성이 우수하다.

70 플라스틱 분류에 있어서 열경화성 수지로 분류되는 것은?

① 폴리아미드수지
② 폴리우레탄수지
③ 폴리아세탈수지
④ 폴리에틸렌수지

해설

열경화성 수지	열가소성 수지
• 페놀수지 • 요소수지 • 멜라민수지 • 폴리우레탄 • 알키드수지 • 규소수지	• 폴리염화비닐 • 폴리에틸렌 • 폴리프로필렌 • 폴리스티렌 • 아크릴수지

71 벤젠의 니트로화 반응에서 황산 60%, 질산 24%, 물 16%의 혼산 100kg을 사용하여 벤젠을 니트로화할 때, 질산이 화학양론적으로 전량 벤젠과 반응하였다면 DVS 값은 얼마인가?

① 4.54
② 3.50
③ 2.63
④ 1.85

해설
$$DVS = \frac{\text{혼산 중 황산의 양}}{\text{반응 전후 혼산 중 물의 양}}$$

$C_6H_6 + HNO_3 \rightarrow C_6H_5NO_2 + H_2O$
　　63　　:　　18
　　24　　:　　x

∴ $x = 6.857$

∴ $DVS = \dfrac{60}{16 + 6.857} = 2.63$

정답 67 ③ 68 ③ 69 ④ 70 ② 71 ③

72 염소(Cl_2)에 대한 설명으로 틀린 것은?

① 염소는 식염수의 전해로 제조할 수 있다.
② 염소는 황록색의 유독가스이다.
③ 건조상태의 염소는 철, 구리 등을 급격하게 부식시킨다.
④ 염소는 살균용, 표백용으로 이용된다.

해설

Cl_2(염소)
- 황록색의 유독가스
  ※ 건조상태에서의 염소는 철, 구리 등을 급격하게 부식시키지 않는다.
- 식염수의 전해로 제조
  $2NaCl + 2H_2O \rightarrow 2NaOH + Cl_2 + H_2$
- 표백제, 살균제로 이용

73 다음 중 열가소성 수지는?

① 페놀수지 ② 초산비닐수지
③ 요소수지 ④ 멜라민수지

해설

열경화성 수지	열가소성 수지
• 페놀수지 • 요소수지 • 멜라민수지 • 폴리우레탄 • 알키드수지 • 규소수지	• 폴리염화비닐 • 폴리에틸렌 • 폴리프로필렌 • 폴리스티렌 • 아크릴수지

74 중질유를 열분해하여 얻는 가솔린은?

① 개질가솔린 ② 직류가솔린
③ 알킬화가솔린 ④ 분해가솔린

해설

- 분해가솔린 : 경유나 중유와 같은 중질유를 분해하여 제조
- 직류가솔린 : 원유의 증류에 의해 만들어진 가솔린
- 개질가솔린 : 원유의 증류에 의해 만들어진 가솔린의 옥탄가를 높인 가솔린

75 소금의 전기분해에 의한 가성소다 제조에 있어서 전류효율은 94%이며 전해조의 전압은 4V이다. 이때 전력효율은 약 얼마인가?(단, 이론 분해전압은 2.31V이다.)

① 51.8% ② 54.3%
③ 57.3% ④ 60.9%

해설

- 전압효율 = $\dfrac{\text{이론분해전압}}{\text{전해조의전압}}$

  $= \dfrac{2.31}{4} = 0.5775$
- 전력효율 = 전류효율 × 전압효율
  $= 94\% \times 0.5775 = 54.3\%$

76 벤젠으로부터 아닐린을 합성하는 단계를 순서대로 옳게 나타낸 것은?

① 수소화, 니트로화 ② 암모니아화, 아민화
③ 니트로화, 수소화 ④ 아민화, 암모니아화

해설

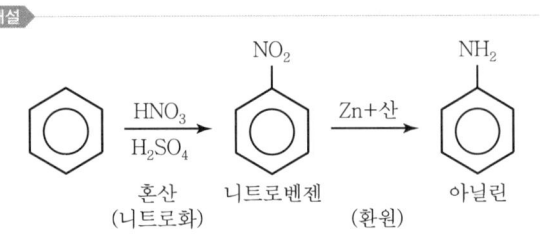

77 전류효율이 90%인 전해조에서 소금물을 전기분해하면 수산화나트륨과 염소, 수소가 만들어진다. 매일 17.75ton의 염소가 부산물로 나온다면 수산화나트륨의 생산량은 약 몇 ton이 되겠는가?

① 16 ② 18
③ 20 ④ 22

해설

$2NaCl + 2H_2O \rightarrow 2NaOH + H_2 + Cl_2$
$\qquad\qquad\qquad\quad 2 \times 40 \;\; : \;\; 71$
$\qquad\qquad\qquad\quad\quad x \;\;\;\; : \;\; 17.75\text{ton/day}$

$\therefore x = 20\text{ton/day}$

정답 72 ③ 73 ② 74 ④ 75 ② 76 ③ 77 ③

78 카프로락탐에 관한 설명으로 옳은 것은?

① 나일론 6.6의 원료이다.
② Cyclohexanone Oxime을 황산처리하면 생성된다.
③ Cyclohexanone과 암모니아의 반응으로 생성된다.
④ Cyclohexane과 초산과 아민의 반응으로 생성된다.

해설

• 카프로락탐의 개환중합으로 Nylon 6 생성

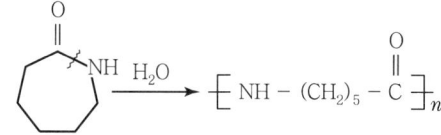

• 카프로락탐 제법(직접 산화)

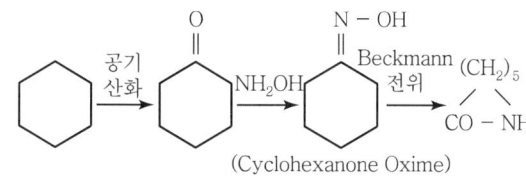 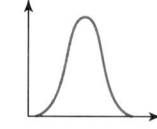
(Cyclohexanone Oxime)

79 Acetylene을 주원료로 하여 수은염을 촉매로 물과 반응시키면 얻어지는 것은?

① Methanol   ② Stylene
③ Acetaldehyde ④ Acetophenone

해설
아세틸렌의 수화 → 아세트알데히드 합성
$CH \equiv CH + H_2O \rightarrow CH_3CHO$

80 석유 정제공정에서 사용되는 증류법 중 중질유의 비점이 강하되어 가장 낮은 온도에서 고비점 유분을 유출시키는 증류법은?

① 상압증류   ② 공비증류법
③ 추출증류법   ④ 수증기증류법

해설
수증기증류법
• 윤활유, 아닐린, 니트로벤젠, 글리세린 및 고급지방산과 같이 증기압이 낮아서 비점이 높은 물질
• 비점이 높아서 분해하는 물질
• 물과 섞이지 않는 물질

5과목 반응공학

81 체류시간 분포함수가 정규분포함수에 가장 가깝게 표시되는 반응기는?

① 플러그흐름(Plug Flow)이 이루어지는 관형반응기
② 분산이 작은 관형반응기
③ 완전혼합(Perfect Mixing)이 이루어지는 하나의 혼합반응기
④ 3개가 직렬로 연결된 혼합반응기

해설

• 정규분포함수

• 반응기의 체류시간 분포함수

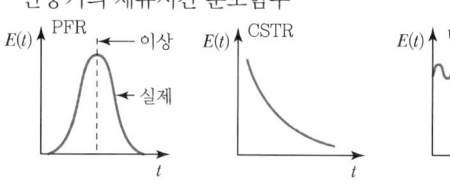

82 400K에서 이상기체반응에 대한 속도가 $-\dfrac{dP_A}{dt}$ $=3.66P_A^2$ atm/h이다. 이 반응의 속도식이 다음과 같을 때, 반응속도상수의 값은 얼마인가?

$$-r_A = kC_A^2 \text{mol/L h}$$

① 120L mol^{-1} h^{-1}
② 120mol L^{-1} h^{-1}
③ 3.66h^{-1} mol L^{-1}
④ 3.66h^{-1} mol L

해설

$$-r_A = -\frac{dP_A}{dt} = 3.66 P_A^2$$
$$= -RT\frac{dC_A}{dt} = 3.66(RT)^2 C_A^2$$

정답 78 ② 79 ③ 80 ④ 81 ② 82 ①

$$-\frac{dC_A}{dt} = \underbrace{3.66(RT)}_{K_c} C_A^2$$

$\therefore K_c = 3.66RT$
$= 3.66/\text{atm h} \times 0.082 \text{L atm/mol K} \times 400\text{K}$
$= 120 \text{L/mol h}$

83 이상기체인 A와 B가 일정한 부피 및 온도의 반응기에서 반응이 일어날 때 반응물 A의 분압이 P_A라고 하면 반응속도식이 옳은 것은?

① $-r_A = -\dfrac{V}{RT}\dfrac{dP_A}{dt}$

② $-r_A = -\dfrac{RT}{V}\dfrac{dP_A}{dt}$

③ $-r_A = -RT\dfrac{dP_A}{dt}$

④ $-r_A = -\dfrac{1}{RT}\dfrac{dP_A}{dt}$

해설

$P_A = C_A RT$

$-r_A = -\dfrac{dC_A}{dt} = -\dfrac{1}{RT}\dfrac{dP_A}{dt}$

84 HBr의 생성반응 속도식이 다음과 같을 때 k_1의 단위는?

$$r_{\text{HBr}} = k_1[\text{H}_2][\text{Br}_2]^{1/2}/(k_2 + [\text{HBr}]/[\text{Br}_2])$$

① $(\text{mol/m}^3)^{-1.5}(\text{s})^{-1}$
② $(\text{mol/m}^3)^{-1}(\text{s})^{-1}$
③ $(\text{mol/m}^3)^{-0.5}(\text{s})^{-1}$
④ $(\text{s})^{-1}$

해설

$K = [농도]^{1-n}[시간]^{-1}$

$\therefore k_1 = [\text{mol/m}^3]^{1-\frac{3}{2}}[\text{s}]^{-1} = [\text{mol/m}^3]^{-0.5}[\text{s}]^{-1}$

85 다음 중 순환반응기(Recycle Reactor)를 사용하기 가장 적당한 반응은?

① 2차 비가역반응
② 1차 가역반응
③ 자동촉매반응
④ 직렬반응(Series Reaction)

해설

생성물의 일부가 반응물로 사용되는 자동촉매반응 ($A+R \to R+R$)에 적합하다.

86 일반적으로 가스-가스 반응을 의미하는 것으로 옳은 것은?

① 균일계 반응과 불균일계 반응의 중간반응
② 균일계 반응
③ 불균일계 반응
④ 균일계 반응과 불균일계 반응의 혼합

해설

구분	비촉매	촉매
균일계	대부분 기상반응 불꽃연소반응과 같은 빠른 반응	대부분 액상반응 • 콜로이드상에서의 반응 • 효소와 미생물의 반응
불균일계	• 석탄의 연소 • 광석의 배소 • 산+고체의 반응 • 기액 흡수 • 철광석의 환원	• NH_3 합성 • 암모니아 산화 $\to$ 질산제조 • 원유의 Cracking • $SO_2 \xrightarrow{산화} SO_3$

87 이상적 혼합반응기(Ideal Mixed Flow Reactor)에 대한 설명으로 옳지 않은 것은?

① 반응기 내의 농도와 출구의 농도가 같다.
② 무한개의 이상적 혼합반응기를 직렬로 연결하면 이상적 관형반응기(Plug Flow Reactor)가 된다.
③ 1차 반응에서의 전화율은 이상적 관형반응기보다 혼합반응기가 항상 못하다.
④ 회분식 반응기(Batch Reactor)와 같은 특성을 나타낸다.

정답 83 ④ 84 ③ 85 ③ 86 ② 87 ④

해설

CSTR은 ∞로 직렬 연결하면 PFR과 같다.
$n > 0$, $V_{CSTR} > V_{PFR}$

88 $A \to B$의 화학반응에 대하여 소실되는 반응물의 속도는 일반적으로 어떻게 표시하는 것이 가장 적절한가? (단, n은 몰수, t는 반응시간, V_R는 반응기부피이다.)

① $r_A = -V_R \cdot \dfrac{dn_B}{dt}$

② $-r_A = -\dfrac{1}{V_R} \cdot \dfrac{dn_A}{dt}$

③ $r_B = V_R \cdot \dfrac{dn_B}{dt}$

④ $-r_B = -\dfrac{1}{V_R} \cdot \dfrac{dn_B}{dt}$

해설

$-r_A = -\dfrac{1}{V}\dfrac{dn_A}{dt}$

$r_B = \dfrac{1}{V}\dfrac{dn_B}{dt}$

89 PFR 반응기에서 순환비 R을 무한대로 하면 일반적으로 어떤 현상이 일어나는가?

① 전화율이 증가한다.
② 공간시간이 무한대가 된다.
③ 대용량의 PFR과 같게 된다.
④ CSTR과 같게 된다.

해설

순환비 R
• $R \to 0$: PFR
• $R \to \infty$: CSTR

90 등온에서 0.9wt% 황산 B와 액상 반응물 A(공급원료 A의 농도는 4 lbmol/ft³)가 동일 부피로 CSTR에 유입될 때 1차 반응 진행으로 2×10^8 lb/year의 생성물 C(분자량 : 62)가 배출된다. A의 전화율이 0.80이 되기 위한 반응기 체적(ft³)은?(단, 속도상수는 0.311min⁻¹이다.)

① 40.4 ② 44.6
③ 49.4 ④ 54.3

해설

CSTR 1차 $k\tau = \dfrac{X_A}{1-X_A}$

$A + B \to C$ (A와 B는 동일 부피로 유입)

$C = \dfrac{2 \times 10^8 \text{lb}}{\text{year}} \times \dfrac{1\text{year}}{365\text{day}} \times \dfrac{1\text{day}}{24\text{h}} \times \dfrac{1\text{h}}{60\text{min}} \times \dfrac{1\text{lbmol}}{62 \text{ lb}}$

$= 6.14$ lbmol/min

이것은 0.8만큼 반응이 진행

$0.311\tau = \dfrac{0.8}{1-0.8}$

∴ $\tau = 12.86$min

$\dfrac{6.14}{0.8} = 7.67$ lbmol/min

$\tau = \dfrac{V}{v_0} = \dfrac{C_{A0}V}{F_{A0}} = \dfrac{4 \times V}{7.67 \times 2} = 12.86$min

∴ $V = 49.4$ft³

91 반응속도식을 구하는 방법 중 미분법에 의한 미분속도 해석법과 가장 관련이 없는 것은?

① 도식적 방법   ② 수치해석법
③ 다항식 맞춤법   ④ 반감기법

해설

미분법에 의한 미분속도 해석법
• 도식적 방법
• 수치해석법
• 다항식 맞춤법
※ 반감기법 : 적분을 이용한 방법

정답 88 ② 89 ④ 90 ③ 91 ④

92 액상 2차 반응에서 만약 $C_A = 1\text{mol/L}$일 때 $-r_A = -dC_A/dt = 0.1\text{mol/L s}$라고 하면 $C_A = 5\text{mol/L}$일 때 반응속도는 어떻게 되는가?

① 1.5mol/L s ② 2.0mol/L s
③ 2.5mol/L s ④ 3.0mol/L s

해설

$$-r_A = -\frac{dC_A}{dt} = kC_A^2 = 0.1\text{mol/L s}$$

$k \times 1^2 = 0.1$
$\therefore k = 0.1\text{L/mol s}$
$-r_A = kC_A^2 = 0.1 \times 5^2 = 2.5\text{mol/L s}$

---

93 체적이 일정한 회분식 반응기에서 다음과 같은 1차 가역반응이 초기 농도가 0.1mol/L인 순수 A로부터 출발하여 진행된다. 평형에 도달했을 때 A의 분해율이 85%이면 이 반응의 평형상수 K_c는 얼마인가?

$$A \underset{k_1}{\overset{k_2}{\rightleftarrows}} R$$

① 0.18 ② 0.57
③ 1.76 ④ 5.67

해설

$$K_c = \frac{k_2}{k_1} = \frac{C_{R0} + C_{A0}X_e}{C_{A0}(1-X_{Ae})}$$

순수한 A인 경우 $C_{R0} = 0$이므로
$$K_c = \frac{X_{Ae}}{1-X_{Ae}} = \frac{0.85}{1-0.85} = 5.67$$

---

94 $A \to \text{Product}$인 액상 반응의 속도식은 다음과 같다. 혼합흐름반응기의 용적이 20L일 때 A가 60% 반응하는 데 필요한 공급속도를 구하면?(단, 초기 농도 $C_{A0} = 1\text{mol/L}$이다.)

$$-r_A = 0.1 C_A^2 (\text{mol/L min})$$

① 0.533mol/min ② 1.246mol/min
③ 1.961mol/min ④ 2.115mol/min

해설

- CSTR 2차

$$k\tau C_{A0} = \frac{X_A}{(1-X_A)^2}$$

$$0.1 \times \tau \times 1 = \frac{0.6}{(1-0.6)^2}$$

$\therefore \tau = 37.5\text{min}$

- $\tau = \frac{C_{A0}V}{F_{A0}} = \frac{1 \times 20\text{L}}{F_{A0}} = 37.5\text{min}$

$\therefore F_{A0} = 0.533\text{mol/min}$

---

95 $A \xrightarrow{k_D} D$, $A \xrightarrow{k_U} U$, 목적반응(D로의 반응) 차수(a_1)가 비목적반응 차수(a_2)보다 큰 경쟁반응에서 원하는 생성물을 최대화시키는 방법이 아닌 것은?

① PFR에서 순수 반응물을 입구로 직접 도입한다.
② PFR보다 CSTR의 선택도를 크게 한다.
③ 액상 반응이면 희석제 사용을 억제한다.
④ CSTR보다 PFR의 선택도를 크게 한다.

해설

$$\frac{dC_D}{dC_U} = \frac{k_D C_A^{a_1}}{k_U C_A^{a_2}} = \frac{k_D}{k_U} C_A^{a_1-a_2}$$

$a_1 > a_2$이므로 C_A의 농도를 크게 한다.
PFR을 사용한다.

---

96 0차 균질반응이 $-r_A = 10^{-3}\text{mol/L s}$로 플러그흐름반응기에서 일어난다. A의 전화율이 0.9이고 $C_{A0} = 1.5\text{mol/L}$일 때 공간시간은 몇 초인가?(단, 이때 용적변화율은 일정하다.)

① 1,300 ② 1,350
③ 1,450 ④ 1,500

정답 92 ③ 93 ④ 94 ① 95 ② 96 ②

해설

PFR 0차
$C_A - C_{A0} = -k\tau$
$C_{A0} X_A = k\tau$
$1.5 \times 0.9 = 10^{-3} \times \tau$
∴ $\tau = 1,350$s

97 $A \to R$, C_{A0}는 1mol/L인 반응이 회분식 반응기에서 일어날 때 1시간 후 전화율이 75%, 2시간 후 반응이 종결되었다. 이때 반응속도식(mol L^{-1} h^{-1})을 옳게 나타낸 것은?

① $-r_A = (1\text{mol}^{1/2}\text{L}^{-1/2}\text{h}^{-1}) C_A^{1/2}$
② $-r_A = (0.5\text{mol}^{1/2}\text{L}^{-1/2}\text{h}^{-1}) C_A^{1/2}$
③ $-r_A = (1\text{h}^{-1}) C_A$
④ $-r_A = (0.5\text{h}^{-1}) C_A$

해설

<Batch>
$C_A^{1-n} - C_{A0}^{1-n} = k(n-1)t$
$C_{A0}^{1-n}(1-X_A)^{1-n} - C_{A0}^{1-n} = k(n-1)t$
$(1-0.75)^{1-n} - 1 = k(n-1)$ ·············· ㉠
$-1 = k(n-1) \times 2$ ·············· ㉡
∴ $k(n-1) = -0.5$
$(1-0.75)^{1-n} - 1 = -0.5$
$0.25^{1-n} = 0.5$
$n = 0.5$
㉡에 대입하면 $k = 1$

98 크기가 같은 반응기 2개를 직렬로 연결하여 $A \to R$로 표시되는 액상 1차 반응을 진행시킬 때 최종 전화율이 가장 큰 경우는?

① 관형반응기 + 혼합반응기
② 혼합반응기 + 관형반응기
③ 관형반응기 + 관형반응기
④ 혼합반응기 + 혼합반응기

해설

$X_{PFR} > X_{CSTR}$

99 균일계 1차 액상 반응 $A \to R$이 플러그반응기에서 전화율 90%로 진행된다. 다른 조건은 그대로 두고 반응기를 같은 크기의 혼합반응기로 바꾼다면 A의 전화율은 얼마로 되는가?

① 67% ② 70%
③ 75% ④ 81%

해설

• PFR
  $k\tau = -\ln(1-X_A)$
  $k\tau = -\ln(1-0.9) = 2.3$
• CSTR
  $k\tau = \dfrac{X_A}{1-X_A} = 2.3$
  $X_A = 0.7 (70\%)$

100 $A \xrightarrow{k_1} V$(목적물, $r_v = k_1 C_A^{a_1}$), $A \xrightarrow{k_2} W$(비목적물, $r_w = k_2 C_A^{a_2}$)의 두 반응이 평행하게 동시에 진행되는 반응에 대해 목적물의 선택도를 높이기 위한 설명으로 옳은 것은?

① a_1과 a_2가 같으면 혼합흐름반응기가 관형흐름반응기보다 훨씬 더 낫다.
② a_1이 a_2보다 작으면 관형흐름반응기가 적절하다.
③ a_1이 a_2보다 작으면 혼합흐름반응기가 적절하다.
④ a_1과 a_2가 같으면 관형흐름반응기가 혼합흐름반응기보다 훨씬 더 낫다.

해설

$s = \dfrac{r_v}{r_w} = \dfrac{dC_v}{dC_w} = \dfrac{k_1 C_A^{a_1}}{k_2 C_A^{a_2}} = \dfrac{k_1}{k_2} C_A^{a_1 - a_2}$

• $a_1 > a_2$: C_A의 농도를 크게 한다. → PFR 사용
• $a_1 < a_2$: C_A의 농도를 작게 한다. → CSTR 사용

정답 97 ① 98 ③ 99 ② 100 ③

2016년 제1회 기출문제

1과목　화공열역학

01 이성분혼합물에 대한 깁스 두헴(Gibbs–Duhem) 식에 속하지 않는 것은?(단, γ는 활성도 계수(Activity Coefficient), μ는 화학퍼텐셜, x는 몰분율)

① $x_1 \left(\dfrac{\partial \ln \gamma_1}{\partial x_1}\right)_{P,T} + (1-x_1)\left(\dfrac{\partial \ln \gamma_2}{\partial x_1}\right)_{P,T} = 0$

② $x_1 \left(\dfrac{\partial \mu_1}{\partial x_1}\right)_{P,T} + (1-x_1)\left(\dfrac{\partial \mu_2}{\partial x_1}\right)_{P,T} = 0$

③ $x_1 d\mu_1 + x_2 d\mu_2 = 0 \,(\text{const. } T, P)$

④ $\mu_1 dx_1 + \mu_2 dx_2 = 0 \,(\text{const. } T, P)$

해설

Gibbs–Duhem 식
- $\left(\dfrac{\partial M}{\partial P}\right)_{T,x} dP + \left(\dfrac{\partial M}{\partial T}\right)_{P,x} dT - \sum x_i d\overline{M_i} = 0$
- $T, P = \text{const}, \sum x_i d\overline{M_i} = 0$
- $x_1 d\overline{M_1} + x_2 d\overline{M_2} = 0$

  $x_1 \dfrac{d\overline{M_1}}{dx_1} + x_2 \dfrac{d\overline{M_2}}{dx_1} = 0$

- $\sum x_i d\mu_i = 0$

  $\sum x_i d\ln f_i = 0$

  $\sum x_i d\ln \gamma_i = 0$

02 i성분의 부분 몰성질(Partial Molar Property, $\overline{M_i}$)을 옳게 나타낸 것은?[단, M : 열역학적 용량변수의 단위몰당의 값(예 : U, H, S, G 등을 표시함), n_i : i성분의 몰수, n_j : i번째 성분 이외의 모든 몰수를 일정하게 유지한다는 것을 의미한다.]

① $\overline{M_i} = \left[\dfrac{\partial(nH)}{\partial n_i}\right]_{nS, nP, n_j}$

② $\overline{M_i} = \left[\dfrac{\partial(nM)}{\partial n_i}\right]_{T, P, n_j}$

③ $\overline{M_i} = \left[\dfrac{\partial(nA)}{\partial n_i}\right]_{P, nV, n_j}$

④ $\overline{M_i} = \left[\dfrac{\partial(nU)}{\partial n_i}\right]_{T, nS, n_j}$

해설

$\overline{M_i} = \left[\dfrac{\partial(nM)}{\partial n_i}\right]_{T, P, n_j}$

$\mu_i = \left[\dfrac{\partial(nU)}{\partial n_i}\right]_{nS, nV, n_j} = \left[\dfrac{\partial(nH)}{\partial n_i}\right]_{nS, P, n_j}$

$= \left[\dfrac{\partial(nA)}{\partial n_i}\right]_{T, nV, n_j} = \left[\dfrac{\partial(nG)}{\partial n_i}\right]_{T, P, n_j}$

03 기상 반응계에서 평형상수가 $K = P^\nu \prod_i (y_i)^{\nu_i}$로 표시될 경우는?(단, ν_i는 성분 i의 양론수, $\nu = \sum \nu_i$, $\prod_i$는 모든 화학종 i의 곱을 나타낸다.)

① 평형 혼합물이 이상기체와 같은 거동을 할 때
② 평형 혼합물이 이상용액과 같은 거동을 할 때
③ 반응에 따른 몰수 변화가 없을 때
④ 반응열이 온도에 관계없이 일정할 때

해설

$\prod (y_i \widehat{\phi_i})^{\nu_i} = \left(\dfrac{P}{P_o}\right)^{-\nu} K$

$K = \left(\dfrac{P}{P_o}\right)^\nu \prod (y_i \widehat{\phi_i})^{\nu_i}$

$P_o = 1\text{bar}, \widehat{\phi_i} = 1$
　이상기체

정답 01 ④　02 ②　03 ①

04 열역학의 기초사항에 대한 설명으로 가장 적절한 것은?
① 이상기체의 엔탈피는 온도만의 함수이다.
② 1기압에서 결정 상태에 있는 물질의 엔트로피는 0℃에서 0이다.
③ 가역과정에서 계가 하는 일은 상태함수이다.
④ 제2종 영구기관은 불가능하지만 제1종 영구기관은 가능하다.

해설
- 열역학 제3법칙 : $T=0K$에서 완전한 결정상태를 유지하는 경우 엔트로피는 0이다.
- 열과 일은 경로함수이다.
- 제1종 영구기관 : 외부로부터 에너지 공급이 없는 환경에서 에너지를 생산하는 기관 → 열역학 제1법칙에 위배
- 제2종 영구기관 : 열을 일로 100% 전환하는 기관 → 열역학 제2법칙에 위배

05 평형(Equilibrium)의 정의와 가장 거리가 먼 것은?
① $\Delta G_{T,P} = 0$
② 시간에 따른 열역학적 특성 변화가 없는 상태
③ 정반응 속도와 역반응의 속도가 같다.
④ $\Delta V_{mix} = 0$

해설
평형
- 정반응속도 = 역반응속도
- $(\Delta G)_{T,P} = 0$
- ※ $\Delta V_{mix} = 0$: 이상용액 혼합의 성질 변화

06 일정한 T, P에 있는 닫힌계가 평형상태에 도달하는 조건에 해당하는 것은?
① $(dG^t)_{T,P} = 0$
② $(dG^t)_{T,P} > 0$
③ $(dG^t)_{T,P} < 0$
④ $(dG^t)_{T,P} = 1$

해설
- $(dG^t)_{T,P} = 0$: 평형상태
- $(dG^t)_{T,P} < 0$: 자발적 반응
- $(dG^t)_{T,P} > 0$: 비자발적 반응

07 액화공정에 대한 설명으로 틀린 것은?
① 일정압력하에서 열교환에 의해 기체는 액화될 수 있다.
② 등엔탈피 팽창을 하는 조름공정(Throttling Process)에 의하여 기체를 액화시킬 수 있다.
③ 기체는 터빈에서 등엔트로피 압축에 의하여 액화된다.
④ 린데(Linde) 공정과 클라우데(Claude) 공정이 대표적인 액화공정이다.

해설
액화공정
- 일정압력하에서 열교환에 의하여
- 일이 얻어지는 팽창공정에 의하여
- 조름공정에 의하여

08 실제기체가 이상기체에 가장 가까울 때의 조건은?
① 저압고온
② 저압저온
③ 고압저온
④ 고압고온

해설
이상기체가 될 조건 : 고온, 저압

09 증기 터빈(Steam Turbine)에서 가장 많은 동력을 얻을 수 있는 공정은?
① 등온 공정
② 등엔탈피 공정
③ 등엔트로피 공정
④ 정압 공정

해설
증기터빈의 Rankine 사이클

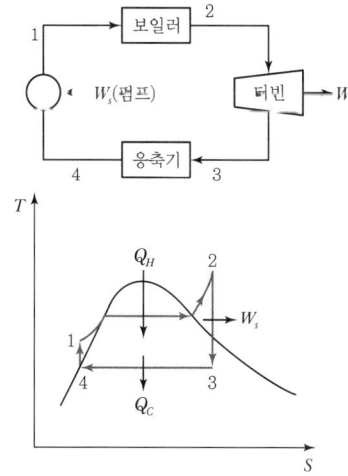

정답 04 ① 05 ④ 06 ① 07 ③ 08 ① 09 ③

㉠ 1 → 2 : [보일러] 정압가열과정
- 과냉각된 물을 포화온도까지 가열하는 과정
- 일정온도, 일정압력에서 기화하는 과정
- 포화온도 이상의 온도로 증기를 가열하는 과정

㉡ 2 → 3 : [터빈] 가역단열과정(등엔트로피 팽창)
터빈 내에서 증기를 응축기의 압력으로 가역단열팽창

㉢ 3 → 4 : [응축기]
4 위치의 포화액체를 생산하는 정온·정압과정

㉣ 4 → 1 : [펌프]
포화액체를 보일러의 압력까지 가역단열(등엔트로피)이송하여 압축(과냉각)된 액체를 생성

10 공비혼합물을 이루는 어느 이성분계 혼합물이 있다. 일정한 온도에서 $P-x$ 선도가 다음의 식으로 표시된다고 할 때 이 온도에서 이 혼합물의 공비점의 조성(x_1)은?

$$P = 2x_1^2 - 3x_1 + 3$$

① 0.35 ② 0.45
③ 0.60 ④ 0.75

해설

$P-x$ 선도에서 공비혼합물의 공비점에서 기울기가 0이 되므로 $\dfrac{dP}{dx_1}=0$, $x_1=y_1$이 된다.

$P = 2x_1^2 - 3x_1 + 3$

$\dfrac{dP}{dx_1} = 4x_1 - 3 = 0$

$\therefore x_1 = \dfrac{3}{4} = 0.75$

11 실제기체의 압력이 0에 접근할 때 잔류(Residual) 특성에 대한 설명으로 옳은 것은?(단, 온도는 일정하다.)

① 잔류 엔탈피는 무한대에 접근하고 잔류 엔트로피는 0에 접근한다.
② 잔류 엔탈피와 잔류 엔트로피 모두 무한대에 접근한다.
③ 잔류 엔탈피와 잔류 엔트로피 모두 0에 접근한다.
④ 잔류 엔탈피는 0에 접근하고 잔류 엔트로피는 무한대에 접근한다.

해설

잔류성질
$M^R = M - M^{ig}$
$P \to 0$이므로 이상기체
$\therefore M^R = M^{ig} - M^{ig} = 0$

12 그림과 같은 압력-엔탈피 선도($\ln P$ 대 H)에서 엔탈피 변화($H_2 - H_1$)는 무엇에 해당하는가?

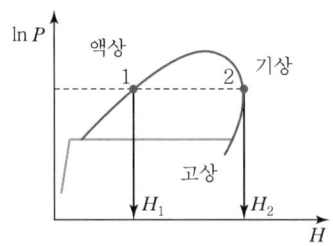

① 승화열 ② 혼합열
③ 증발열 ④ 용해열

해설

$H_2 - H_1$ = 기상의 엔탈피 - 액상의 엔탈피
= 액화열 = 증발열 = 증발잠열

13 다음 반응에서 초기 반응물의 농도가 각각 H_2S 1mol, H_2O 3mol의 비율로 주어진다. 이 화학반응이 평형에 도달할 경우 반응계의 자유도 수는?

$$H_2S(g) + 2H_2O(g) \rightleftarrows 3H_2(g) + SO_2(g)$$

① 1 ② 2
③ 3 ④ 4

해설

제한조건(s) = 1
몰의 비율이 주어졌으므로 제한조건이 1이 된다.
$F = 2 - p + c - r - s$
$= 2 - 1 + 4 - 1 - 1 = 3$

14 A, B 성분의 이상용액에서 혼합에 의한 함수변화 값으로 틀린 것은?(단, x_A, x_B는 액상의 몰분율을 나타낸다.)

① $\Delta G = RT(x_A \ln x_A + x_B \ln x_B)$
② $\Delta V = 0$
③ $\Delta H = \infty$
④ $\Delta S = -R \sum_i x_i \ln x_i$

해설

이상용액 혼합의 성질변화
$\Delta G^{id} = RT \sum x_i \ln x_i$
$\Delta S^{id} = -R \sum x_i \ln x_i$
$\Delta H^{id} = 0$
$\Delta V^{id} = 0$

15 25℃에서 정용열량계의 용기에서 벤젠을 태워 CO_2와 액체인 물로 변화했을 때의 발열량이 780,090cal/mol이었다. 25℃에서의 표준연소열은?(단, 반응은 $C_6H_6(l) + \frac{15}{2}O_2(g) \rightarrow 3H_2O(l) + 6CO_2(g)$이며, 반응에 사용된 기체는 이상기체라고 가정한다.)

① 약 $-780,980$ cal
② 약 $-783,090$ cal
③ 약 $-786,011$ cal
④ 약 $-779,498$ cal

해설

- 정용열량계의 발열량$(Q) = -\Delta U$
  ∴ $\Delta U = -780,090$ cal/mol
- 표준연소열 $= \Delta H$
  $\Delta H = \Delta U + \Delta PV$
  $= \Delta U + \Delta nRT$
  $= -780,090$ cal/mol $+ \left(6 - \frac{15}{2}\right)$ mol
  $\times 1.987$ cal/mol K $\times 298$ K
  $= -780,978$ cal/mol

16 그림과 같이 계가 일을 할 때 이 계의 효율을 옳게 나타낸 것은?

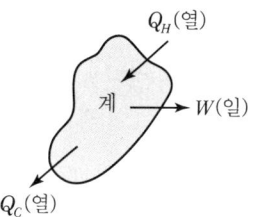

① $\dfrac{|W|}{Q_C}$
② $\dfrac{|W|}{Q_H - Q_C}$
③ $\dfrac{|W|}{Q_H}$
④ $\dfrac{Q_C}{Q_H - |W|}$

해설

$\eta = \dfrac{Q_H - Q_C}{Q_H} = \dfrac{|W|}{Q_H}$

17 20℃, 1atm에서 아세톤의 부피팽창계수 β는 1.487×10^{-3}℃$^{-1}$, 등온압축계수 κ는 62×10^{-6}atm^{-1}이다. 아세톤을 정적하에서 20℃, 1atm으로부터 30℃까지 가열하였을 때 압력은 약 몇 atm인가?(단, β와 κ의 값은 항상 일정하다고 가정한다.)

① 12.1
② 24.1
③ 121
④ 241

해설

$\dfrac{dV}{V} = \beta dT - \kappa dP$
$0 = 1.487 \times 10^{-3}(T_2 - T_1) - 62 \times 10^{-6}(P_2 - P_1)$
$62 \times 10^{-6}(P_2 - 1) = 1.487 \times 10^{-3}(30 - 20)$℃
$P_2 - 1 = 240$ atm
∴ $P_2 = 241$ atm

18 2성분 혼합물이 액체-액체 상평형을 이루고 있는 α상과 β상이 있을 때 액체-액체 상평형 계산에 사용되는 관계식에 해당하는 것은?(단, x_1은 성분 1의 조성, γ는 활동도 계수, P_1^{sat}는 성분 1의 증기압, H_1은 성분 1의 헨리상수, $\widehat{\Phi}_1$은 성분 1의 퓨가시티 계수이다.)

① $x_1^\alpha \gamma_1^\alpha = x_1^\beta \gamma_1^\beta$ ② $x_1^\alpha P = x_1^\beta P_1^{sat}$

③ $x_1^\alpha P = x_1^\beta H_1$ ④ $\widehat{\Phi}_1^\alpha = \widehat{\Phi}_1^\beta$

해설

2성분 혼합물의 액-액 상평형
$\hat{f}_i^\alpha = \hat{f}_i^\beta$

여기서, $\hat{f}_i$: 용액 중 성분 i의 퓨가시티
α, β : 액의 상

$\gamma_i = \dfrac{\hat{f}_i}{x_i f_i}$ 이므로 $x_i^\alpha \gamma_i^\alpha f_i^\alpha = x_i^\beta \gamma_i^\beta f_i^\beta$

$f_i^\alpha = f_i^\beta$ 이므로 $x_i^\alpha \gamma_i^\alpha = x_i^\beta \gamma_i^\beta$

19 비리얼(Virial) 식으로부터 유도된 옳은 식은?(단, B=제2비리얼계수, Z=압축계수)

① $B = R \lim\limits_{P \to 0} \left(\dfrac{P}{Z-1} \right)$

② $B = RT \lim\limits_{P \to 0} \left(\dfrac{P}{Z-1} \right)$

③ $B = R \lim\limits_{P \to 0} \left(\dfrac{Z-1}{P} \right)$

④ $B = RT \lim\limits_{P \to 0} \left(\dfrac{Z-1}{P} \right)$

해설

$Z = \dfrac{PV}{RT} = 1 + \dfrac{BP}{RT}$

$Z - 1 = \dfrac{BP}{RT}$

$B = \dfrac{RT}{P}(Z-1)$

$= RT \lim\limits_{P \to 0} \left(\dfrac{Z-1}{P} \right)$

20 Carnot 순환으로 작동되는 어떤 가역 열기관이 500℃에서 1,000cal의 열을 받아 일을 생산하고 나머지의 열을 100℃에서 배출한다. 가역 열기관이 하는 일은?

① 417cal ② 517cal
③ 373cal ④ 773cal

해설

Carnot Cycle

$\eta = \dfrac{T_1 - T_2}{T_1} = \dfrac{Q_1 - Q_2}{Q_1}$

$\dfrac{773 - 373}{773} = \dfrac{W}{1,000 \text{cal}}$

∴ $W = 517$cal

2과목 단위조작 및 화학공업양론

21 용해도에 영향을 미치는 조건에 대한 설명이 틀린 것은?

① 온도 증가는 기체의 용해도를 감소시킨다.
② 온도 증가는 고체, 액체의 용해도를 증가시킨다.
③ 압력은 고체, 액체, 기체의 용해도에 크게 영향을 미친다.
④ 분자구조에 따라서 극성은 극성을, 비극성은 비극성을 녹인다.

해설

용해도
일정온도에서 용매 100g에 녹을 수 있는 용질의 최대 g수
- 고체 · 액체 : 일반적으로 온도가 증가하면 용해도는 증가하며 압력에는 무관하다.
- 기체 : 온도가 증가하면 용해도는 감소하고, 압력이 증가하면 용해도는 증가한다.

22 벤젠과 톨루엔은 이상용액에 가까운 용액을 만든다. 80℃에서 벤젠과 톨루엔의 증기압은 각각 743mmHg 및 280mmHg이다. 이 온도에서 벤젠의 몰분율이 0.2인 용액의 증기압은?

① 352.6mmHg ② 362.6mmHg
③ 372.6mmHg ④ 382.6mmHg

정답 18 ① 19 ④ 20 ② 21 ③ 22 ③

해설

$P = P_A x_A + P_B x_B$
$= 743 \times 0.2 + 280 \times 0.8$
$= 372.6 \text{mmHg}$

---

23 "고체나 액체의 열용량은 그 화합물을 구성하는 개개 원소의 열용량의 합과 같다."는 누구의 법칙인가?

① Dulong-Petit ② Kopp
③ Trouton ④ Hougen-Watson

해설

- Dulong-Petit의 법칙
  원자량 × 비열 = 6.4cal/℃
- Kopp의 법칙
  몰열용량은 그 화합물의 각 구성원소의 원자 열용량의 총합과 같다.

---

24 그림과 같이 연결된 두 탱크가 있다. 처음 두 탱크 사이는 닫혀 있었으며, 이때 탱크 1에는 600kPa, 70℃의 공기가 들어 있었고, 탱크 2에는 1,200kPa, 100℃에서 O_2 10%, N_2 90%인 기체가 들어 있었다. 밸브를 열어서 두 탱크의 기체가 완전히 섞이게 한 결과, N_2 88%이었다. 탱크 2의 부피는?

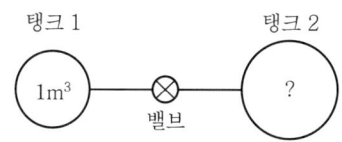

① 1.27m^3 ② 2.45m^3
③ 3.72m^3 ④ 3.84m^3

해설

$PV = nRT$

$n_1 = \dfrac{PV}{RT} = \dfrac{600\text{kPa} \times \dfrac{1\text{atm}}{101.3\text{kPa}} \times 1\text{m}^3}{0.082 \text{m}^3 \text{atm/kmol K} \times 343\text{K}}$
$= 0.21 \text{kmol}$

$n_2 = \dfrac{P_2 V_2}{RT_2} = \dfrac{1,200 \times \dfrac{1}{101.3} \times V_2}{0.082 \times 373} = 0.387 V_2$

$0.21 \times 0.79 + 0.387 V_2 \times 0.9 = (0.387 V_2 + 0.21) \times 0.88$
$\therefore V_2 = 2.45 \text{m}^3$

---

25 수소 16wt%, 탄소 84wt%의 조성을 가진 연료유 100g을 다음 반응식과 같이 연소시킨다. 이때 연소에 필요한 이론 산소량은 몇 mol인가?

$$C + O_2 \rightarrow CO_2$$
$$H_2 + \dfrac{1}{2}O_2 \rightarrow H_2O$$

① 6 ② 11
③ 22 ④ 44

해설

$C + O_2 \rightarrow CO_2$
12 : 32
84 : x
$\therefore x = 224\text{g}$

$H_2 + \dfrac{1}{2}O_2 \rightarrow H_2O$
2 : 16
16 : y
$\therefore y = 128\text{g}$

이론산소량 $= (224 + 128)\text{g} \times \dfrac{1\text{mol}}{32\text{g}}$
$= 11 \text{mol}$

---

26 에너지 소비율 7.1×10^{12}W은 매년 몇 칼로리씩 소모되는 양인가?

① 2.2×10^{20} cal/year ② 5.3×10^{19} cal/year
③ 3.2×10^{19} cal/year ④ 4.3×10^{20} cal/year

해설

$\dfrac{7.1 \times 10^{12}\text{J}}{\text{s}} \times \dfrac{1\text{cal}}{4.184\text{J}} \times \dfrac{3,600\text{s}}{1\text{h}} \times \dfrac{24\text{h}}{1\text{day}} \times \dfrac{365\text{day}}{1\text{year}}$
$= 5.35 \times 10^{19}$ cal/year

정답 23 ② 24 ② 25 ② 26 ②

27 500mL 용액에 10g의 NaOH가 들어 있다. 이 물질의 N 농도는?

① 2.0   ② 1.0
③ 0.5   ④ 0.25

> **해설**
> 노르말 농도(N)
> 용액 1L에 들어 있는 용질의 g당량수
> $$\frac{10\text{g}/(40\text{g/mol})}{0.5\text{L}} = 0.5\text{N}$$

28 75℃, 1.5bar, 40% 상대습도를 갖는 습공기가 1,000m³/h로 한 단위공정에 들어갈 때 이 습공기의 비교습도는 약 몇 %인가?(단, 75℃에서의 포화증기압은 289mmHg이다.)

① 30%   ② 33%
③ 38.4%   ④ 40.0%

> **해설**
> $$H_R = \frac{p_V}{p_S} \times 100 = \frac{p_V}{289} \times 100 = 40\%$$
> $\therefore p_V = 115.6\text{mmHg}$
> $$P = 1.5\text{bar} \times \frac{760\text{mmHg}}{1.013\text{bar}} = 1,125\text{mmHg}$$
> $$H_P = H_R \times \frac{P - p_S}{P - p_V}$$
> $$= 40\% \times \frac{1,125 - 289}{1,125 - 115.6} = 33\%$$

29 다음과 같은 반응의 표준반응열은 몇 kcal/mol인가?(단, C_2H_5OH, CH_3COOH, $CH_3COOC_2H_5$의 표준연소열은 각각 $-326,700$kcal/mol, $-208,340$kcal/mol, $-538,750$kcal/mol이다.)

$$C_2H_5OH(l) + CH_3COOH(l) \rightarrow CH_3COOC_2H_5(l) + H_2O(l)$$

① $-14,240$ ② $-3,710$
③ 3,710   ④ 14,240

> **해설**
> 반응열 $= (\Sigma H_{reactant})_c - (\Sigma H_{product})_c$
> $= (-326,700 - 208,340) - (-538,750)$
> $= 3,710$kcal/mol

30 어떤 기체의 임계압력이 2.9atm이고, 반응기 내의 계기압력이 30psig였다면 환산압력은?

① 0.727   ② 1.049
③ 0.99   ④ 1.112

> **해설**
> $$P_r = \frac{P}{P_c} = \frac{(30 + 14.7)\text{psi} \times \frac{1\text{atm}}{14.7\text{psi}}}{2.9\text{atm}} = 1.049$$

31 3층의 벽돌로 된 노벽이 있다. 내부로부터 각 벽돌의 두께는 각각 10, 8, 30cm이고 열전도도는 각각 0.10, 0.05, 1.5kcal/m h ℃이다. 노벽의 내면 온도는 1,000℃이고 외면 온도는 40℃일 때 단위 면적당의 열손실은 약 얼마인가?(단, 벽돌 간의 접촉저항은 무시한다.)

① 343kcal/m² h   ② 533kcal/m² h
③ 694kcal/m² h   ④ 830kcal/m² h

> **해설**
>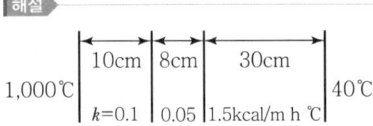
> $$\frac{q}{A} = \frac{t_1 - t_4}{\frac{l_1}{k_1} + \frac{l_2}{k_2} + \frac{l_3}{k_3}}$$
> $$= \frac{1,000 - 40}{\frac{0.1}{0.1} + \frac{0.08}{0.05} + \frac{0.3}{1.5}}$$
> $$= 343\text{kcal/m}^2\text{ h}$$

정답 27 ③ 28 ② 29 ③ 30 ② 31 ①

32 기본 단위에서 길이를 L, 질량을 M, 시간을 T로 표시할 때 다음에서 차원이 틀린 것은?

① 힘 : MLT^{-2}
② 압력 : $ML^{-2}L^{-2}$
③ 점도 : $ML^{-1}T^{-1}$
④ 일 : ML^2T^{-2}

해설

압력 $P = \dfrac{F}{A} = \dfrac{\text{kg m/s}^2}{\text{m}^2} = \text{kg/m s}^2 [ML^2T^{-2}]$

33 기-액 평형의 원리를 이용하는 분리공정에 해당하는 것은?

① 증류(Distillation)
② 액체 추출(Liquid Extraction)
③ 흡착(Adsorption)
④ 침출(Leaching)

해설

① 증류 : 액체 혼합물을 끓는점 차이를 이용하여 분리하는 방법(기-액 평형의 원리)
② 액액추출 : 액체 중 가용성 성분을 적당한 용제로 용해·분리하는 조작(액-액 평형)
③ 흡착 : 기체나 액체가 고체나 액체 표면에 부착되는 과정 (기-고, 액-고 평형)
④ 침출 : 고액 추출(고-액 평형)

34 초산과 물의 혼합액에 벤젠을 추제로 가하여 초산을 추출한다. 추출상의 wt%가 초산 3, 물 0.5, 벤젠 96.5이고 추잔상은 wt%가 초산 27, 물 70, 벤젠 3일 때 초산에 대한 벤젠의 선택도는 약 얼마인가?

① 8.95
② 15.6
③ 72.5
④ 241.5

해설

선택도

$\beta = \dfrac{y_A/y_B}{x_A/x_B} = \dfrac{3/0.5}{27/70} = 15.6$

35 직선 원형 관으로 유체가 흐를 때 유체의 레이놀즈 수가 1,500이고 이 관의 안지름이 50mm이면 전이길이가 3.75m이다. 동일한 조건에서 100mm의 안지름을 가지고 같은 레이놀즈 수를 가진 유체 흐름에서의 전이길이는 약 몇 m인가?

① 1.88
② 3.75
③ 7.5
④ 15

해설

• 층류 : $L_t = 0.05 N_{Re} \cdot D$
 $= 0.05 \times 1,500 \times 0.1 = 7.5\text{m}$
• 난류 : $L_t = 40 \sim 50D$

36 흡수 충전탑에서 조작선(Operating Line)의 기울기를 $\dfrac{L}{V}$이라 할 때 틀린 것은?

① $\dfrac{L}{V}$의 값이 커지면 탑의 높이는 짧아진다.

② $\dfrac{L}{V}$의 값이 작아지면 탑의 높이는 길어진다.

③ $\dfrac{L}{V}$의 값은 흡수탑의 경제적인 운전과 관계가 있다.

④ $\dfrac{L}{V}$의 최솟값은 흡수탑 하부에서 기액 간의 농도차가 가장 클 때의 값이다.

해설

기-액 한계비

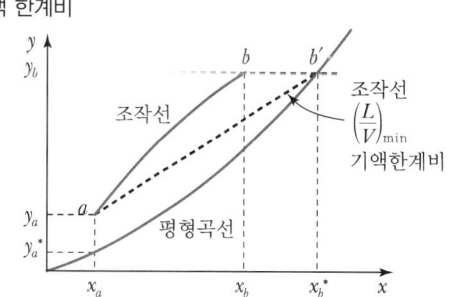

• $\dfrac{L}{V}$ 값이 커지면 흡수의 추진력이 커지므로 흡수탑의 높이는 작아도 된다.

정답 32 ② 33 ① 34 ② 35 ③ 36 ④

- 탑 밑바닥에서 농도 차이가 0이 되어 무한대로 기다란 충전층이 필요하다.
- $\frac{L}{V}$비는 맞흐름탑에서 흡수의 경제성에 미치는 영향이 크다.
- 조작선 식

$$y = \frac{L}{V}x + \frac{V_a y_a - L_b x_b}{V}$$

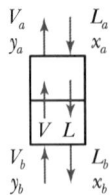

37 퍼텐셜 흐름(Potential Flow)에 대한 설명이 아닌 것은?

① 이상유체(Ideal Fluid)의 흐름이다.
② 고체 벽에 인접한 유체층에서의 흐름이다.
③ 비회전 흐름(Irrotational Flow)이다.
④ 마찰이 생기지 않는 흐름이다.

해설
이상유체의 흐름
비점성 흐름, 비회전성 흐름, 퍼텐셜 흐름, 경계층 밖에서의 흐름, 전단응력이 고려되지 않는 유동장을 가진 유체

38 무차원 항이 밀도와 관계없는 것은?

① 레이놀즈(Reynolds) 수
② 너셀(Nusselt) 수
③ 슈미트(Schmidt) 수
④ 그라쇼프(Grashof) 수

해설
① $N_{Re} = \frac{Du\rho}{\mu} = \frac{관성력}{점성력}$
② $N_{Nu} = \frac{hD}{k} = \frac{대류열전달}{전도열전달} = \frac{전도열저항}{대류열저항}$
③ $N_{Sc} = \frac{\mu}{\rho D_G} = \frac{\nu}{D_G} = \frac{운동량확산}{분자확산}$
④ $N_{Gr} = \frac{gD^3\rho^2\beta\Delta t}{\mu^2} = \frac{부력}{점성력}$

39 3중 효용관의 첫 증발관에 들어가는 수증기의 온도는 110℃이고 맨 끝 효용관에서 용액의 비점은 53℃이다. 각 효용관의 총괄 열전달계수(W/m² ℃가 2,500, 2,000, 1,000일 때 2효용관액의 끓는점은 약 몇 ℃인가?(단, 비점 상승이 매우 작은 액체를 농축하는 경우이다.)

① 73　　② 83
③ 93　　④ 103

해설

$R_1 : R_2 : R_3 = \frac{1}{2,500} : \frac{1}{2,000} : \frac{1}{1,000}$
$= 4 : 5 : 10$

$R = R_1 + R_2 + R_3$
$= 4 + 5 + 10 = 19$

$\Delta t : \Delta t_1 : \Delta t_2 = R : R_1 : R_2$
$(110-53)℃ : \Delta t_1 = 19 : 4$
$\Delta t_1 = 110 - t_2 = 12$
$\therefore t_2 = 98℃$

$\Delta t_1 : \Delta t_2 = R_1 : R_2$
$12℃ : \Delta t_2 = 4 : 5$
$\therefore \Delta t_2 = 15℃$

$\Delta t_2 = 98℃ - t_3 = 15℃$
$\therefore t_3 = 83℃$

40 HETP에 대한 설명으로 가장 거리가 먼 것은?

① "Height Equivalent to a Theoretical Plate"를 말한다.
② HETP의 값이 1m보다 클 때 단의 효율이 좋다.
③ (충전탑의 높이 : Z)/(이론 단위수 : N)이다.
④ 탑의 한 이상단과 똑같은 작용을 하는 충전탑의 높이이다.

해설
HETP
- 등이론단 높이
- 이론단 1단과 동등한 효과를 주는 탑의 높이
- $HETP = \frac{Z}{N}$
  여기서, Z : 충전탑의 높이
  　　　　N : 이론단위수
- 이 값이 작을수록 성능이 좋다.

정답 37 ② 38 ② 39 ② 40 ②

3과목　공정제어

41 $s^3 + 4s^2 + 2s + 6 = 0$으로 특성방정식이 주어지는 계의 Routh 판별을 수행할 때 다음 배열의 (a), (b)에 들어갈 숫자는?

〈행〉

①	1	2
②	4	6
③	(a)	
④	(b)	

① $a = \dfrac{1}{2}$, $b = 3$

② $a = \dfrac{1}{2}$, $b = 6$

③ $a = -\dfrac{1}{2}$, $b = 3$

④ $a = -\dfrac{1}{2}$, $b = 6$

해설

(a) $\dfrac{4 \times 2 - 1 \times 6}{4} = \dfrac{1}{2}$

(b) $\dfrac{\dfrac{1}{2} \times 6 - 4 \times 0}{\dfrac{1}{2}} = 6$

42 근사적으로 다음 보드(Bode) 선도와 같은 주파수 응답을 보이는 전달함수는?(단, AR은 진폭비, ω는 각주파수이다.)

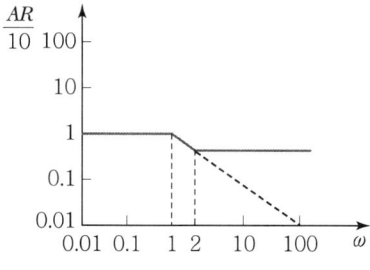

① $G(s) = \dfrac{5(s+2)}{s+1}$

② $G(s) = \dfrac{10(2s+2)}{s+1}$

③ $G(s) = \dfrac{0.5s + 2}{s+1}$

④ $G(s) = \dfrac{10(s+2)}{s+1}$

해설

보드(Bode) 선도
주파수 응답을 크기응답과 위상응답으로 분리하여 그림표로 나타내며, $G(i\omega)$로부터 진폭비 AR과 위상각 ϕ를 ω의 함수로 나타낸다.

$G(s) = \dfrac{As + B}{s + 1}$의 형태

$G(i\omega) = \dfrac{Ai\omega + B}{i\omega + 1}$

$= \dfrac{(Ai\omega + B)(-i\omega + 1)}{(i\omega + 1)(-i\omega + 1)}$

$= \dfrac{A\omega^2 + B}{\omega^2 + 1} + \dfrac{(A-B)\omega}{\omega^2 + 1} i$

　　R(실수부)　I(허수부)

진폭비 $AR = |G(i\omega)| = \sqrt{R^2 + I^2}$

$= \sqrt{\dfrac{(A\omega^2 + B)^2 + (A-B)^2 \omega^2}{(\omega^2 + 1)^2}}$

$= \sqrt{\dfrac{A^2\omega^4 + A^2\omega^2 + B^2\omega^2 + B^2}{(\omega^2 + 1)^2}}$

$\lim\limits_{\omega \to 0} AR = B$　　$\lim\limits_{\omega \to \infty} AR = A$

그래프에서 $\omega = 0$이면 $\dfrac{AR}{10} = 1$　　$\therefore AR = 10$

$\omega = \infty$이면 $\dfrac{AR}{10} = 0.5$　　$\therefore AR = 5$

$\therefore G(s) = \dfrac{As + B}{s + 1} = \dfrac{5s + 10}{s + 1} = \dfrac{5(s+2)}{s+1}$

정답 41 ② 42 ①

43 Anti Reset Windup에 관한 설명으로 가장 거리가 먼 것은?

① 제어기 출력이 공정입력한계에 걸렸을 때 작동한다.
② 적분동작에 부과된다.
③ 큰 설정치 변화에 공정출력이 크게 흔들리는 것을 방지한다.
④ Offset을 없애는 동작이다.

> **해설**
> - Reset Windup
>   제어기 출력이 최대허용치에 머물고 있음에도 불구하고 $\int e(t)$ 값은 계속 증가되는데, 이 현상을 Reset Windup이라 한다.
> - Anti Reset Windup
>   Reset Windup이 발생하면 제어오차의 크기와 상관없이 제어출력은 구동기의 조작한계에 포화되어 운전되므로 사실상 제어불능 상태가 된다. 이것을 방지하기 위해 Anti Reset Windup을 사용한다.

44 어떤 공정의 동특성은 다음과 같은 미분방정식으로 표시된다. 이 공정을 표준형 2차계로 표현했을 때 시간상수(τ)는?(단, 입력변수와 출력변수 X, Y는 모두 편차변수(Deviation Variable)이다.)

$$2\frac{d^2Y}{dt^2} + 4\frac{dY}{dt} + 5Y = 6X(t)$$

① 0.632
② 0.854
③ 0.985
④ 0.998

> **해설**
> $2[s^2Y(s) - sy(0) - y'(0)] + 4[sY(s) - y(0)] + 5Y(s)$
> $= 6X(s)$
>
> $\dfrac{Y(s)}{X(s)} = \dfrac{6}{2s^2+4s+5} = \dfrac{6/5}{\dfrac{2}{5}s^2 + \dfrac{4}{5}s + 1}$
>
> $\tau^2 = \dfrac{2}{5}$
> $\therefore \tau = 0.632$

45 사람이 차를 운전하는 경우 신호등을 보고 우회전하는 것을 공정제어계와 비교해 볼 때 최종 조작변수에 해당된다고 볼 수 있는 것은?

① 사람의 두뇌
② 사람의 눈
③ 사람의 손
④ 사람의 가슴

> **해설**
> - 눈 : 센서
> - 두뇌 : 제어기
> - 손 : 최종제어요소

46 어떤 공정의 전달함수가 $G(s)$이다. $G(0i) = 5$이고, $G(2i) = -2$였다. 공정의 공정이득(k), 임계이득(k_{cu})과 임계주기(P_u)는 무엇인가?

① $k = 5.0$, $k_{cu} = 0.5$, $P_u = \pi$
② $k = 0.2$, $k_{cu} = 0.5$, $P_u = 2$
③ $k = 5.0$, $k_{cu} = 2.0$, $P_u = \pi$
④ $k = 0.2$, $k_{cu} = 2.0$, $P_u = 2$

> **해설**
> $G(0i) = 5$ $\quad\quad \therefore k = 5.0$
> $G(2i) = -2$ $\quad \omega = 2 = \omega_c$(임계주파수)
> $k_{cu} = \dfrac{1}{AR_c} = \dfrac{1}{|G(2i)|} = \dfrac{1}{|-2|} = \dfrac{1}{2} = 0.5$
> $P_u = \dfrac{2\pi}{\omega_u} = \dfrac{2\pi}{2} = \pi$

47 주파수 3에서 Amplitude Ratio가 1/2, Phase Angle이 $-\pi/3$인 공정을 고려할 때 공정입력 $u(t) = \sin(3t + 2\pi/3)$을 적용하면 시간이 많이 지난 후의 공정출력 $y(t)$는?

① $y(t) = \sin(t + \pi/3)$
② $y(t) = 2\sin(t + \pi)$
③ $y(t) = \sin(3t)$
④ $y(t) = 0.5\sin(3t + \pi/3)$

해설

$\omega = 3$

$AR = \dfrac{\hat{A}}{A} = \dfrac{\hat{A}}{1} = \dfrac{1}{2} = 0.5$, $\phi = -\dfrac{\pi}{3}$

$\begin{aligned} y(t) &= \hat{A}\sin(\omega t + \phi) \\ &= 0.5\sin\left(3t + \left(\dfrac{2}{3}\pi - \dfrac{\pi}{3}\right)\right) \\ &= 0.5\sin\left(3t + \dfrac{\pi}{3}\right) \end{aligned}$

48 그림과 같은 단위계단함수의 Laplace 변환은?

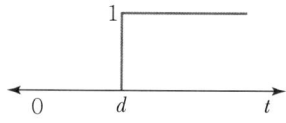

① $\dfrac{1}{s-d}$ ② $\dfrac{e^{-ds}}{s}$

③ $\dfrac{d}{s}$ ④ se^{-ds}

해설

단위계단함수 $= \dfrac{1}{s}$

d만큼 시간지연 : e^{-ds}

$\therefore \mathcal{L}\{f(t-d)\} = F(s)e^{-ds} = \dfrac{e^{-ds}}{s}$

49 불안정한 계에 해당하는 것은?

① $y(s) = \dfrac{\exp(-3s)}{(s+1)(s+3)}$

② $y(s) = \dfrac{1}{(s+1)(s+3)}$

③ $y(s) = \dfrac{1}{s^2 + 0.5s + 1}$

④ $y(s) = \dfrac{1}{s^2 - 0.5s + 1}$

해설

극점의 실수<0이면 안정하다.
① $s = -1, -3$
② $s = -1, -3$

③ $s = \dfrac{-0.5 \pm \sqrt{0.5^2 - 4}}{2} = -0.25 \pm 0.97i$

④ $s = \dfrac{0.5 \pm \sqrt{0.5^2 - 4}}{2} = 0.25 \pm 0.97i$

50 다음 공정의 단위 계단응답은?

$$G_P(s) = \dfrac{4s^2 - 6}{s^2 + s - 6}$$

① $y(t) = 1 + e^{2t} + e^{-2t}$
② $y(t) = 1 + 2e^{2t} + e^{-2t}$
③ $y(t) = 1 + 2e^{2t} + e^{-3t}$
④ $y(t) = 1 + e^{2t} + 2e^{-3t}$

해설

$Y(s) = \dfrac{4s^2 - 6}{s^2 + s - 6} \cdot \dfrac{1}{s} = \dfrac{1}{s} + \dfrac{2}{s+3} + \dfrac{1}{s-2}$

$y(t) = 1 + 2e^{-3t} + e^{2t}$

51 공정변수 값을 측정하는 감지시스템은 일반적으로 센서, 전송기로 구성된다. 다음 중 전송기에서 일어나는 문제점으로 가장 거리가 먼 것은?

① 과도한 수송지연 ② 잡음
③ 잘못된 보정 ④ 낮은 해상도

해설

전송기의 문제점
잡음, 잘못된 정보, 낮은 해상도

52 전달함수가 $G(s) = \dfrac{1}{s^3 + s^2 + s + 0.5}$ 인 공정을 비례제어할 때 한계이득(폐루프의 안정성을 보장하는 비례이득의 최대치)과 이때의 진동주기로 옳은 값은?

① $1, 2\pi$ ② $0.5, 2\pi$
③ $1, \pi$ ④ $0.5, \pi$

정답 48 ② 49 ④ 50 ④ 51 ① 52 ②

> 해설

$1 + G_{OL}(s) = 1 + G_P(s)G_C(s) = 1 + \dfrac{K_C}{s^3 + s^2 + s + 0.5} = 0$

$s^3 + s^2 + s + 0.5 + K_C = 0$

$-i\omega^3 - \omega^2 + i\omega + 0.5 + K_C = 0$

$(-\omega^2 + 0.5 + K_C) + i\omega(1 - \omega^2) = 0$

$\omega = 1$

- 한계이득 $K_C = \omega^2 - 0.5 = 0.5$
- 진동주기 $P = \dfrac{2\pi}{\omega} = 2\pi$

53 전달함수가 $G(s) = \dfrac{\exp(-\theta s)}{\tau s + 1}$인 공정에 공정입력 $u(t) = \sin(\sqrt{2}\,t)$를 입력했을 때 시간이 많이 흐른 후 공정출력은 $y(t) = (1/\sqrt{2})\sin(\sqrt{2}\,t - \pi/2)$였다. θ와 τ는 무엇인가?

① $\tau = \dfrac{1}{2}$ $\qquad \theta = \dfrac{\pi}{2\sqrt{2}}$

② $\tau = \dfrac{1}{\sqrt{2}}$ $\qquad \theta = \dfrac{\pi}{4\sqrt{2}}$

③ $\tau = \dfrac{1}{2}$ $\qquad \theta = \dfrac{\pi}{4\sqrt{2}}$

④ $\tau = \dfrac{1}{\sqrt{2}}$ $\qquad \theta = \dfrac{\pi}{2\sqrt{2}}$

> 해설

$AR = \dfrac{1}{\sqrt{2}}$

$\omega = \sqrt{2}$

$\phi = -\dfrac{\pi}{2}$

$AR = \dfrac{K}{\sqrt{\tau^2\omega^2 + 1}} = \dfrac{1}{\sqrt{2\tau^2 + 1}} = \dfrac{1}{\sqrt{2}} \quad \therefore \tau = \dfrac{1}{\sqrt{2}}$

$\phi = -\tan^{-1}(\tau\omega) - \theta\omega = -\dfrac{\pi}{2}$

$\sqrt{2}\,\theta = -\tan^{-1}(\tau\omega) + \dfrac{\pi}{2}$

$\quad = -\tan^{-1}(1) + \dfrac{\pi}{2} = -\dfrac{\pi}{4} + \dfrac{\pi}{2} = \dfrac{\pi}{4}$

$\therefore \theta = \dfrac{\pi}{4\sqrt{2}}$

54 다음의 블록선도는 제어기 내부 구조를 나타낸다. 이 선도가 나타내는 제어 모드는?

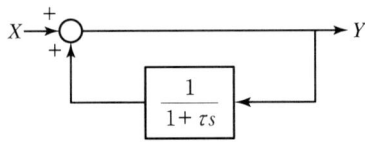

① 비례(P) 제어
② 비례적분(PI) 제어
③ 비례미분(PD) 제어
④ 비례적분미분(PID) 제어

> 해설

PI 제어기 : $G_c(s) = K_c\left(1 + \dfrac{1}{\tau_I s}\right)$

$G(s) = \dfrac{1}{\tau s + 1}$

55 위상지연이 180°인 주파수는?

① 고유 주파수
② 공명(Resonant) 주파수
③ 구석(Corner) 주파수
④ 교차(Crossover) 주파수

> 해설

Bode 안정성 기준
위상지연이 $-180°$일 때의 진동수(임계진동수)에서 열린 루프 전달함수의 진동 응답의 진폭비가 1을 초과하게 되면 그 제어계는 불안정하다. → 이 진동수(주파수)를 교차주파수(Crossover Frequency), 임계주파수라 한다.

56 $F(s) = \dfrac{2}{(s+1)(s+3)}$의 Laplace 역변환은?

① $e^t - e^{3t}$
② $e^{-t} - e^{-3t}$
③ $e^{3t} - e^t$
④ $e^{-3t} - e^{-t}$

정답 53 ② 54 ② 55 ④ 56 ②

해설

$$F(s) = \frac{2}{(s+1)(s+3)} = \frac{A}{s+1} + \frac{B}{s+3}$$
$$= \frac{A(s+3)+B(s+1)}{(s+1)(s+3)} = \frac{(A+B)s+(3A+B)}{(s+1)(s+3)}$$
$$A+B = 0$$
$$3A+B = 2$$
$$\therefore A = 1, B = -1$$
$$= \frac{1}{s+1} - \frac{1}{s+3}$$
$$\therefore f(t) = e^{-t} - e^{-3t}$$

57 PID 제어기의 비례, 적분, 미분 동작이 폐루프 응답에 미치는 효과 중 틀린 것은?

① 비례동작이 클수록 폐루프 응답이 빨라진다.
② 적분동작은 오프셋을 제거하고 시스템의 안정성을 증가시킨다.
③ 미분동작은 오차의 변화율만을 고려하며 오차 크기 자체에는 무관하다.
④ 적분동작은 위상지연, 미분동작은 위상앞섬의 효과가 있다.

해설

㉠ 비례동작
- 제어기로부터의 출력신호가 오차에 비례한다.
- P 제어는 I 제어에 비하여 동작은 빠르지만 잔류편차가 발생한다.
㉡ 적분동작
잔류편차(Offset)를 제거하지만, 안정성을 감소시킨다.

58 다음 블록다이어그램에 관한 사항으로 옳은 것은?

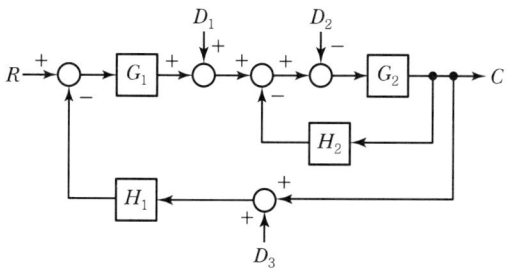

① $D_1 = D_2 = 0$이면,
$$C = \frac{G_1 G_2 R - G_1 G_2 H_1 D_3}{1 + G_2 H_2 + G_1 G_2 H_1}$$
② $D_1 = D_3 = 0$이면,
$$C = \frac{G_1 G_2 R - G_1 G_2 H_1 D_2}{1 + G_2 H_2 + G_1 G_2 H_1}$$
③ $R = D_2 = 0$이면,
$$C = \frac{G_1 G_2 D_1 - G_1 G_2 H_1 D_3}{1 + G_2 H_2 + G_1 G_2 H_1}$$
④ $R = D_1 = 0$이면,
$$C = \frac{G_2 D_2 - G_1 G_2 H_1 D_3}{1 + G_2 H_2 + G_1 G_2 H_1}$$

해설

① $D_1 = D_2 = 0$
$$C = \frac{G_1 G_2 R - H_1 G_1 G_2 D_3}{1 + G_2 H_2 + G_1 G_2 H_1}$$
② $D_1 = D_3 = 0$
$$C = \frac{G_1 G_2 R - G_2 D_2}{1 + G_2 H_2 + G_1 G_2 H_1}$$
③ $R = D_2 = 0$
$$C = \frac{G_2 D_1 - H_1 G_1 G_2 D_3}{1 + G_2 H_2 + G_1 G_2 H_1}$$
④ $R = D_1 = 0$
$$C = \frac{-G_2 D_2 - H_1 G_1 G_2 D_3}{1 + G_2 H_2 + G_1 G_2 H_1}$$

59 그림과 같이 나타나는 함수의 Laplace 변환은?

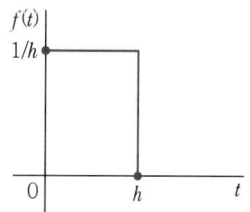

① $\dfrac{1}{h}\dfrac{1-e^{hs}}{s}$ ② $\dfrac{1}{h}\dfrac{1-e^{-hs}}{s}$
③ $h\dfrac{1-e^{hs}}{s}$ ④ $h\dfrac{1-e^{-hs}}{s}$

정답 ▶ 57 ② 58 ① 59 ②

해설

$$f(t) = \frac{1}{h}u(t) - \frac{1}{h}u(t-h)$$

$$\therefore F(s) = \frac{1}{h}\frac{1}{s} - \frac{1}{h}\frac{e^{-hs}}{s} = \frac{1}{h}\frac{1-e^{-hs}}{s}$$

60 연속 입출력 흐름과 내부 전기 가열기가 있는 저장조의 온도를 설정값으로 유지하기 위해 들어오는 입력흐름의 유량과 내부 가열기에 공급 전력을 조작하여 출력흐름의 온도와 유량을 제어하고자 하는 시스템을 분류한다면 어떠한 것에 해당하는가?

① 다중입력 – 다중출력 시스템
② 다중입력 – 단일출력 시스템
③ 단일입력 – 단일출력 시스템
④ 단일입력 – 다중출력 시스템

해설
온도와 유량제어
다중입력 – 다중출력 시스템
MIMO(Multiple Input Multiple Output)
※ 단일입력 – 단일출력 시스템
  SISO(Single Input Single Output)

4과목 공업화학

61 반도체 제조 공정 중 패턴이 형성된 표면에서 원하는 부분을 화학반응 혹은 물리적 과정을 통하여 제거하는 공정을 의미하는 것은?

① 세정 공정
② 에칭 공정
③ 포토리소그래피
④ 건조 공정

해설
에칭(Etching)
- 패턴이 형성된 표면에서 원하는 부분을 화학반응 혹은 물리적 과정을 통하여 제거하는 공정
- 노광 후 PR(포토레지스트)로 보호되지 않는 부분(감광되지 않는 부분)을 제거하는 공정

62 산과 알코올이 어떤 반응을 일으켜 에스테르가 생성되는가?

① 검화
② 환원
③ 축합
④ 중화

해설
$$RCOOH + HOR' \xrightarrow{축합} RCOOR' + H_2O$$

63 95.6% 황산 100g을 40% 발연황산을 이용하여 100% 황산으로 만들려고 한다. 이론적으로 필요한 발연황산의 무게는?

① 42.4g
② 48.9g
③ 53.6g
④ 60.2g

해설
95.6% 황산 100g + 40% 발연황산 = 100% 황산

95.6% 황산 100g = 95.6g 황산 + 4.4g 물
$H_2O + SO_3 \rightarrow H_2SO_4$
 18 : 80
 4.4 : x
$\therefore x = 19.56g$

$mSO_3 \cdot nH_2O$(발연황산)
$SO_3 : H_2O = m : n = 1.4 : 1$
$0.4 \times y = 19.56g$
$\therefore y = 48.9g$

64 다음 중 Le Blanc법과 관계가 없는 것은?

① 망초(황산나트륨)
② 흑회(Black Ash)
③ 녹액(Green Liquor)
④ 암모니아 함수

해설
Le Blanc법(식염의 황산분해법)

$NaCl + H_2SO_4 \xrightarrow{150℃} NaHSO_4 + HCl$

$NaHSO_4 + NaCl \xrightarrow{800℃} Na_2SO_4 + HCl$
                              (망초)

- NaCl을 황산분해하여 망초(Na_2SO_4)를 얻고, 이를 석탄, 석회석으로 환원, 복분해하여 소다회(Na_2CO_3)를 제조하는 방법
- 환원생성물 : 흑회, Na_2CO_3, CaS

정답 60 ① 61 ② 62 ③ 63 ② 64 ④

- 흑회를 온수로 추출하여 얻은 침출액 : 녹액 $\xrightarrow{\text{가성화}}$ 가성소다 제조

65 질소비료 중 암모니아를 원료로 하지 않는 비료는?
① 황산암모늄 ② 요소
③ 질산암모늄 ④ 석회질소

해설
① 황산암모늄 : $(NH_4)_2SO_4$ ② 요소 : Urea, $CO(NH_2)_2$
③ 질산암모늄 : NH_4NO_3 ④ 석회질소 : $CaCN_2$

66 담체(Carrier)에 대한 설명으로 옳은 것은?
① 촉매의 일종으로 반응속도를 증가시킨다.
② 자체는 촉매작용을 못하고, 촉매의 지지체로 촉매의 활성을 도와준다.
③ 부촉매로서 촉매의 활성을 억제시키는 첨가물이다.
④ 불균일 촉매로서 촉매의 유효면적을 감소시켜 촉매의 활성을 잃게 한다.

해설
담체(Carrier)
- 활성 성분을 그 표면에 담지시켜 촉매 성능을 충분히 향상시키기 위해 필요한 촉매
- 표면적이 큰 다공성 물질
- 실리카, 알루미나, 금속산화물을 사용

67 헥산(C_6H_{14})의 구조이성질체 수는?
① 4개 ② 5개
③ 6개 ④ 7개

해설
헥산의 구조이성질체
㉠ C—C—C—C—C—C
㉡ C—C—C—C—C
       |
       C
㉢ C—C—C—C
      |
      C
㉣ C—C—C—C
    |
    C
    |
    C
㉤ C—C—C—C
    | |
    C   C

68 전지 $Cu|CuSO_4(0.05M), HgSO_4(s)|Hg$의 기전력은 25℃에서 약 0.418V이다. 이 전지의 자유에너지 변화는?
① -9.65kcal ② -19.3kcal
③ -96kcal ④ -193kcal

해설
$\Delta G° = -nFE_o$
$= -2\text{mol} \times 96,485\text{C/mol} \times 0.418\text{V} \times \dfrac{\text{J}}{\text{CV}} \times \dfrac{1\text{cal}}{4.184\text{J}}$
$= -19,278\text{cal}$
$= -19.3\text{kcal}$

69 다음의 암모니아 산화반응식에서 공기산화를 위한 혼합가스 중 NH_3 가스의 부피 백분율은?(단, 공기와 NH_3 가스는 양론적 요구량만큼만 공급한다고 가정한다.)

$$4NH_3 + 5O_2 \rightleftharpoons 4NO + 6H_2O + 215.6\text{kcal}$$

① 14.4% ② 22.3%
③ 33.3% ④ 41.4%

해설
$5\text{mol}O_2 \times \dfrac{100\text{molAir}}{21\text{mol}} = 23.8\text{molAir}$
$\dfrac{4}{23.8+4} \times 100 = 14.4\%$

70 $RCH = CH_2$와 할로겐화 메탄 등의 저분자 물질을 중합하여 제조되는 짧은 사슬의 중합체는?
① 덴드리머(Dendrimer) ② 아이오노머(Ionomer)
③ 텔로머(Telomer) ④ 프리커서(Precursor)

정답 65 ④ 66 ② 67 ② 68 ② 69 ① 70 ③

해설
① 덴드리머(Dendrimer)
- 대칭구조와 함께 가지가 많으며 단일 몰질량을 가지는 거대분자
- 중심에서 가지가 규칙적으로 분화되어 뻗어가는 구조
② 아이오노머(Ionomer)
- 에틸렌과 메타크릴산의 공중합체
- 카르복시기에 Zn, Na, Ca, NH₄ 등이 부분치환된 고분자 물질
③ 텔로머
비닐단위체에 사염화탄소, 사브롬화탄소 등을 가해서 중합시켜 중합도가 낮은 저분자량인 중합체를 얻는 방법
④ 프리커서(Precursor)
- 선구물질, 전구체, 선구체
- 반응에 있어서 어떤 물질(생성물)에 선행하는 물질

71 석유·석탄 등의 화석연료 이용 효율 및 환경오염에 대한 설명으로 옳은 것은?
① CO_2의 배출은 오존층 파괴의 주원인이다.
② CO_2와 SO_X는 광화학 스모그의 주원인이다.
③ NO_X는 산성비의 주원인이다.
④ 열에너지로부터 기계에너지로의 변환효율은 100%이다.

해설
- 오존층 파괴의 주원인 : 프레온가스(CFC : 염화불화탄소)
- 광화학 스모그의 주원인 : NO_X, SO_X
- 산성비의 주원인 : NO_X, 아황산가스, 염화수소

72 NaOH 제조에 사용하는 격막법과 수은법을 옳게 비교한 것은?
① 전류밀도는 수은법이 크고, 제품의 품질은 격막법이 좋다.
② 전류밀도는 격막법이 크고, 제품의 품질은 수은법이 좋다.
③ 전류밀도는 격막법이 크고, 제품의 품질도 격막법이 좋다.
④ 전류밀도는 수은법이 크고, 제품의 품질도 수은법이 좋다.

해설

격막법	수은법
• NaOH 농도(11~12%)가 낮으므로 농축비가 많이 든다. • 제품 중에 염화물 등을 함유하여 순도가 낮다.	• 제품의 순도가 높으며, 진한 NaOH(50~73%)를 얻는다. • 전력비가 많이 든다. • 수은을 사용하므로 공해의 원인이 된다. • 이론분해전압과 전류밀도가 크다.

73 합성염산 제조 시 원료기체인 H_2와 Cl_2는 어떻게 제조하여 사용하는가?
① 공기의 액화
② 공기의 아크방전법
③ 소금물의 전해
④ 염화물의 치환법

해설
합성법은 Cl_2, H_2를 사용하여 직접 염산을 합성시키는 방법으로 Cl_2, H_2는 소금을 전기분해하여 얻는다.

74 스타이렌-부타디엔-스타이렌 블록 공중합체를 제조하는 방법은?
① 양이온 중합
② 리빙 음이온 중합
③ 라디칼 중합
④ 메탈로센 중합

해설
리빙 음이온 중합
블록 공중합체의 합성에 이용

$$\left[CH_2-CH \right]_n \left[CH_2-CH=CH-CH_2 \right]_n \left[CH_2-CH \right]_n$$

75 열 제거가 용이하고 반응 혼합물의 점도를 줄일 수 있으나 저분자량의 고분자가 얻어지는 단점이 있는 중합 방법은?
① 괴상중합
② 용액중합
③ 현탁중합
④ 유화중합

정답 71 ③ 72 ④ 73 ③ 74 ② 75 ②

> 해설

① 괴상중합(벌크 중합) : 용매를 쓰지 않고 단량체만을 중합시키는 방법
② 용액중합
 • 단량체와 개시제를 용매에 용해시킨 상태에서 중합시키는 방법
 • 중화열 제거가 용이하고, 중합속도와 분자량이 작다.
③ 현탁중합(서스펜션 중합) : 물속에 분산된 작은 액체 방울을 이용하여 구형의 고체 입자를 만드는 방법
④ 유화중합(에멀션 중합) : 많은 양의 물속에 비닐이나 디엔단량체와 같이 물에 잘 녹지 않는 단량체를 비누와 같은 유화제로 분산시키고 수용성 개시제를 사용하여 중합하는 방법

76 열가소성(Thermoplastic) 고분자에 대한 설명으로 틀린 것은?

① 망상구조의 고분자가 갖고 있는 특징이다.
② 비결정성 플라스틱의 경우는 일반적으로 투명하다.
③ 고체상태의 고분자 물질이 많다.
④ PVC 같은 고분자가 이에 속한다.

> 해설

열가소성
• 열을 가하여 성형한 뒤에도 다시 열을 가하면 형태를 변형시킬 수 있는 수지로, 선 모양의 구조
• 열가소성 수지는 선형 또는 가지형 구조이고, 열경화성 수지는 망상구조의 가교구조이다.

77 아닐린을 삼산화크롬으로 산화시킬 때 생성물은?

① 벤젠 ② 벤조퀴논
③ 크실렌 ④ 스티렌

> 해설

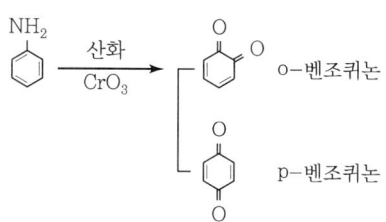

78 암모니아소다법에서 탄산화 과정의 중화탑이 하는 주된 작용은?

① 암모니아 함수의 부분 탄산화
② 알칼리성을 강산성으로 변화
③ 침전탑에 도입되는 가소로 가스와 암모니아의 완만한 반응 유도
④ 온도 상승을 억제

> 해설

Na_2CO_3(소다회)의 제법
㉠ Le Blanc법
 NaCl을 황산분해하여 Na_2SO_4(망초)를 얻고 이를 석탄, 석회석으로 복분해하여 소다회를 제조하는 방법
㉡ Solvay법(암모니아소다법)
 $NaCl + NH_3 + CO_2 + H_2O \rightarrow NaHCO_3 + NH_4Cl$(탄산화)
                                중조
 $2NaHCO_3 \rightarrow Na_2CO_3 + H_2O + CO_2$(가소반응)
 $2NH_4Cl + Ca(OH)_2 \rightarrow CaCl_2 + 2NH_3 + 2H_2O$
      (암모니아 회수반응)

• 중화탑은 $NaHCO_3$(중조)의 스케일 제거, 암모니아 함수의 부분 탄산화를 한다.
• 탄산화 공정은 중화 공정과 침전 공정이 있다.

79 연실식 황산제조에서 Gay-Lussac 탑의 주된 기능은?

① 황산의 생성
② 질산의 환원
③ 질소산화물의 회수
④ 니트로실 황산의 분해

> 해설

Gay-Lussac 탑
연실식(질산식) 황산제조에서 Gay-Lussac 탑은 최종연실에서 나오는 질소산화물을 회수하는 데 목적이 있다.

$2H_2SO_4 + NO + NO_2 \rightleftarrows 2HSO_4 \cdot NO + H_2O$

정답 ▶ 76 ① 77 ② 78 ① 79 ③

80 아디프산과 헥사메틸렌디아민을 원료로 하여 제조되는 물질은?

① 나일론 6 ② 나일론 6.6
③ 나일론 11 ④ 나일론 12

해설

HOOC(CH$_2$)$_4$COOH + H$_2$N(CH$_2$)$_6$NH$_2$
  아디프산   헥사메틸렌디아민
→ ╂OC(CH$_2$)$_4$CONH(CH$_2$)$_6$NH╂$_n$
            Nylon 6.6

※ 나일론 6 : 카프로락탐의 개환중합

5과목 반응공학

81 크기가 같은 Plug Flow 반응기(PFR)와 Mixed Flow 반응기(MFR)를 서로 연결하여 다음의 2차 반응을 실행하고자 한다. 반응물 A의 전화율이 가장 큰 경우는?

$$A \to B, \ r_A = -kC_A^2$$

①

②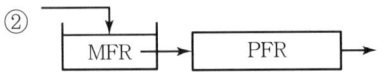

③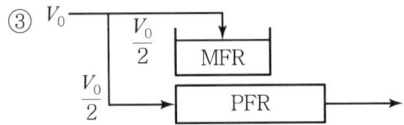

④ 앞의 세 경우 모두 전화율이 똑같다.

해설

- $n > 1$: PFR → 작은 CSTR → 큰 CSTR
- $n < 1$: 큰 CSTR → 작은 CSTR → PFR

82 어떤 1차 비가역 반응의 반감기는 20분이다. 이 반응의 속도상수를 구하면 몇 $\min^{-1}$인가?

① 0.0347 ② 0.1346
③ 0.2346 ④ 0.3460

해설

$-\ln(1-X_A) = kt$
$\ln 2 = kt_{1/2}$
$k = \dfrac{\ln 2}{20\min} = 0.0347\min^{-1}$

83 회분식 반응기에서 전화율을 75%까지 얻는 데 소요된 시간이 3시간이었다고 한다. 같은 전화율로 3ft^3/min을 처리하는 데 필요한 플러그흐름반응기의 부피는?(단, 반응에 따른 밀도 변화는 없다.)

① 540 ft^3 ② 620 ft^3
③ 720 ft^3 ④ 840 ft^3

해설

$\tau = \dfrac{V}{v_0}$

$3h = \dfrac{V}{3\text{ft}^3/\min \times \dfrac{60\min}{1h}}$

∴ $V = 540\text{ft}^3$

84 액상 반응을 위해 다음과 같이 CSTR 반응기를 연결하였다. 이 반응의 반응 차수는?

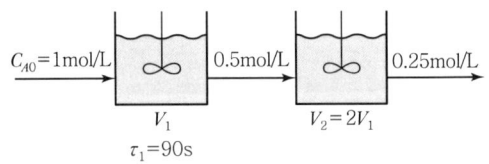

① 1   ② 1.5
③ 2   ④ 2.5

정답 80 ② 81 ① 82 ① 83 ① 84 ③

> 해설

$$k\tau C_{A0}^{n-1} = \frac{X_A}{(1-X_A)^n}$$
$$k \times 90 \times 1 = \frac{0.5}{(1-0.5)^n}$$
$$k \times 180 \times 0.5^{n-1} = \frac{0.5}{(1-0.5)^n}$$
$$90 = 180 \times 0.5^{n-1}$$
$$0.5 = 0.5^{n-1}$$
$$\therefore n = 2차$$

85 순환비가 1인 등온 순환 플러그흐름반응기에서 기초 2차 액상 반응 $2A \to 2R$이 $\frac{2}{3}$의 전화를 일으킨다. 순환비를 0으로 하였을 경우 전화율은?

① 0.25 ② 0.5
③ 0.75 ④ 1

> 해설

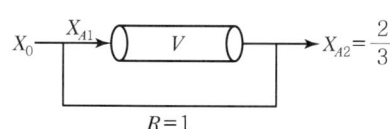

$$X_1 = \frac{R}{R+1}X_2 = \frac{1}{2} \times \frac{2}{3} = \frac{1}{3}$$
$$\frac{V}{F_{A0}} = \frac{\tau}{C_{A0}} = (R+1)\int_{X_{A1}}^{X_{A2}} \frac{dX_A}{-r_A}$$
$$2차 \; -r_A = kC_A^2 = kC_{A0}^2(1-X_A)^2$$
$$\frac{\tau}{C_{A0}} = 2\int_{\frac{1}{3}}^{\frac{2}{3}} \frac{dX_A}{kC_{A0}^2(1-X_A)^2}$$
$$kC_{A0}\tau = 2\left[\frac{1}{1-X_A}\right]_{\frac{1}{3}}^{\frac{2}{3}} = 3$$
순환비 → 0 : PFR
$$kC_{A0}\tau = \frac{X_A}{1-X_A} = 3$$
$$\therefore X_A = 0.75$$

86 H_2O_2를 촉매를 이용하여 회분식 반응기에서 분해시켰다. 분해반응이 시작된 t분 후에 남아있는 H_2O_2의 양(v)을 $KMnO_4$ 표준용액으로 적정한 결과는 다음 표와 같다. 이 반응은 몇 차 반응이겠는가?

t(분)	0	10	20
v(mL)	22.8	13.8	8.25

① 0차 반응 ② 1차 반응
③ 2차 반응 ④ 3차 반응

> 해설

$$2H_2O_2 \to 2H_2O + O_2$$

• 0차로 가정
$$C_{A0} - C_A = kt$$
$$22.8 - 13.8 = k \times 10$$
$$22.8 - 8.25 = k \times 20$$
∴ k가 다른 값을 나타내므로 성립하지 않는다.

• 1차로 가정
$$-\ln\frac{C_A}{C_{A0}} = kt$$
$$-\ln\frac{13.8}{22.8} = k \times 10 \qquad \therefore k = 0.05$$
$$-\ln\frac{8.25}{22.8} = k \times 20 \qquad \therefore k = 0.05$$
∴ k값이 같으므로 성립한다.

87 포스핀의 기상분해 반응은 다음과 같다. 처음에 순수한 포스핀만 있다고 할 때 이 반응계의 팽창계수(ε_{PH_3})는?

$$4PH_3(g) \to P_4(g) + 6H_2(g)$$

① $\varepsilon_{PH_3} = 1.75$ ② $\varepsilon_{PH_3} = 1.50$
③ $\varepsilon_{PH_3} = 0.75$ ④ $\varepsilon_{PH_3} = 0.50$

> 해설

$$\varepsilon_{PH_3} = y_{A0}\delta = 1 \times \frac{7-4}{4} = 0.75$$

정답 85 ③ 86 ② 87 ③

88 Michaelis-Menten 반응($A \to R$, 효소반응)의 속도식은?(단, $[E_0]$: 효소의 초기농도, $[M]$: Michaelis-Menten 상수, $[A]$: A의 농도)

① $r_R = \dfrac{k[A][E_0]}{[M]+[A]}$ ② $r_R = \dfrac{k[A][M]}{[E_0]+[A]}$

③ $r_R = \dfrac{k[A][E_0]}{[M]+[E_0]}$ ④ $r_R = \dfrac{k[A][E_0]}{[M]-[A]}$

해설

효소촉매 발효반응

$-r_A = \dfrac{k[E_0][A]}{[M]+[A]}$

$A \xrightarrow{\text{enzyme}} R$

$A + \text{효소} \rightleftarrows (A \cdot \text{효소})^*$
$(A \cdot \text{효소})^* \to R + \text{효소}$

- A의 농도↑ : $[A]$에 무관
- A의 농도↓ : 반응속도는 $[A]$에 비례
- at all A : $[E_0]$에 비례

89 혼합흐름반응기에서 다음과 같은 1차 연속반응이 일어날 때 중간생성물 R의 최대농도($C_{R,\max}/C_{A0}$)는?

$A \to R \to S$ (속도상수는 각각 k_1, k_2)

① $\left[\left(\dfrac{k_2}{k_1}\right)^2 + 1\right]^{-\frac{1}{2}}$ ② $\left[\left(\dfrac{k_1}{k_2}\right)^2 + 1\right]^{-\frac{1}{2}}$

③ $\left[\left(\dfrac{k_2}{k_1}\right)^{\frac{1}{2}} + 1\right]^{-2}$ ④ $\left[\left(\dfrac{k_1}{k_2}\right)^{\frac{1}{2}} + 1\right]^{-2}$

해설

- CSTR

$\tau_{m.opt} = \dfrac{1}{\sqrt{k_1 k_2}}$

$\dfrac{C_{R,\max}}{C_{A0}} = \left[\left(\dfrac{k_2}{k_1}\right)^{\frac{1}{2}} + 1\right]^{-2}$

- PFR

$\dfrac{C_{R,\max}}{C_{A0}} = \left(\dfrac{k_1}{k_2}\right)^{\frac{k_2}{k_2-k_1}}$, $\tau_{p.opt} = \dfrac{\ln(k_2/k_1)}{k_2 - k_1}$

90 다음은 CH_3CHO의 기상열분해 반응에 대해 정용·등온 회분식 반응기에서 얻은 값이다. 이 반응의 차수에 가장 가까운 값은?

$$CH_3CHO \to CH_4 + CO$$

분해량(%)	20	40
분해속도(mmHg/min)	5.54	3.07

① 1차 ② 1.7차
③ 2.1차 ④ 2.8차

해설

$-r_A = \dfrac{-dP_A}{dt} = kP_A^n = kP_{A0}^n(1-X_A)^n$

$5.54 = kP_{A0}^n(1-0.2)^n$ ········· ㉠
$3.07 = kP_{A0}^n(1-0.4)^n$ ········· ㉡

㉠ ÷ ㉡ 하면

$1.8 = \left(\dfrac{0.8}{0.6}\right)^n$

∴ $n = 2.2$차

91 단분자형 1차 비가역 반응을 시키기 위하여 관형반응기를 사용하였을 때 공간속도가 2,500/h이었으며 이때 전화율은 30%이었다. 만일 전화율이 90%로 되었다면 공간속도는?

① $367 h^{-1}$ ② $377 h^{-1}$
③ $387 h^{-1}$ ④ $397 h^{-1}$

해설

$S = 2,500 h^{-1}$, $\tau = \dfrac{1}{2,500} = 4 \times 10^{-4} h$

$-\ln(1-X_A) = k\tau$
$-\ln(1-0.3) = k \times 4 \times 10^{-4}$
$k = 891.7 h^{-1}$
$-\ln(1-0.9) = 891.7 \times \tau$
$\tau = 2.58 \times 10^{-3} h$
$S = \dfrac{1}{2.58 \times 10^{-3}} = 387 h^{-1}$

정답 88 ① 89 ③ 90 ③ 91 ③

92 이상기체 반응 $A \rightarrow R+S$가 순수한 A로부터 정용 회분식 반응기에서 진행될 때 분압과 전압 간의 상관식으로 옳은 것은?(단, P_A : A의 분압, P_R : R의 분압, π_o : 초기전압, π : 전압)

① $P_A = 2\pi_o - \pi$
② $P_A = 2\pi - \pi_o$
③ $P_A = 2(\pi_o - \pi) + P_R$
④ $P_A = 2(\pi - \pi_o) - P_R$

해설

	aA	+	bB	→	rR	+	sS
시간 0 :	N_{A0}		N_{B0}		N_{R0}		N_{S0}
시간 t :	$N_{A0}-ax$		$N_{B0}-bx$		$N_{R0}+rx$		$N_{S0}+sx$

• 초기에 존재하는 전체 몰수
$N_o = N_{A0} + N_{B0} + \cdots + N_{R0} + N_{S0} + \cdots + N_{inert}$

• 시간 t에서
$N = N_o + (r+s+\cdots-a-b\cdots)x$
$\therefore x = \dfrac{N-N_o}{\Delta n}$
여기서, $\Delta n = r+s+\cdots-a-b\cdots$

• $C_A = \dfrac{P_A}{RT} = \dfrac{N_A}{V} = \dfrac{N_{A0}-ax}{V}$
$= \dfrac{N_{A0}}{V} - \dfrac{a}{V} \cdot \dfrac{N-N_o}{\Delta n}$

$P_A = C_A RT = \left(\dfrac{N_{A0}}{V} - \dfrac{a}{\Delta n}\dfrac{N-N_o}{V}\right)RT$
$= P_{A0} - \dfrac{a}{\Delta n}(\pi - \pi_o)$
여기서, $P_o = \pi_o$
$P = \pi$

$A \rightarrow R+S$
순수한 A만 있으므로 $N_o = N_{A0}$
$\Delta n = 1+1-1 = 1$
$\therefore P_A = \pi_o - \dfrac{1}{1}(\pi - \pi_o)$
$= 2\pi_o - \pi$

93 다음은 어떤 가역 반응의 단열 조작선의 그림이다. 조작선의 기울기는 $\dfrac{C_P}{-\Delta H_r}$ 로 나타내는데 이 기울기가 큰 경우에는 어떤 형태의 반응기가 가장 좋겠는가?(단, C_P는 열용량, ΔH_r은 반응열을 나타낸다.)

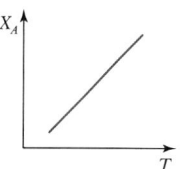

① 플러그흐름반응기
② 혼합흐름반응기
③ 교반형 반응기
④ 순환반응기

해설

단열조작

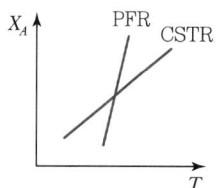

• $\dfrac{C_P}{-\Delta H_r}$ 가 작은 경우(순수한 기체반응물)에는 CSTR(혼합흐름반응기)이 최선이다.
• $\dfrac{C_P}{-\Delta H_r}$ 가 큰 경우(비활성 물질을 대량 포함하는 기체 또는 액체계)에는 PFR(플러그흐름반응기)이 최선이다.

94 물리적 흡착에 대한 설명으로 가장 거리가 먼 것은?

① 다분자층 흡착이 가능하다.
② 활성화 에너지가 작다.
③ 가역성이 낮다.
④ 고체 표면에서 일어난다.

정답 ▶ 92 ① 93 ① 94 ③

해설

구분	물리흡착	화학흡착
흡착제	고체	대부분 고체
흡착질	임계온도 이하의 기체	화학적으로 활성인 기체
온도범위	낮은 온도	높은 온도
흡착열	낮음	높음
흡착속도 (활성화 에너지, E)	매우 빠름 (E_a가 낮음)	활성 흡착이면 E_a가 높음
흡착층	다분자층	단분자층
온도의존성	온도증가에 따라 감소	다양
가역성	높음	낮음
결합력	반데르발스 결합, 정전기적 힘	화학결합, 화학반응

95 다음 중 불균일 촉매반응(Heterogeneous Catalytic Reaction)의 속도를 구할 때 일반적으로 고려하는 단계가 아닌 것은?

① 생성물의 탈착과 확산
② 반응물의 물질 전달
③ 촉매표면에 반응물의 흡착
④ 촉매 표면의 구조 변화

해설
촉매반응의 단계

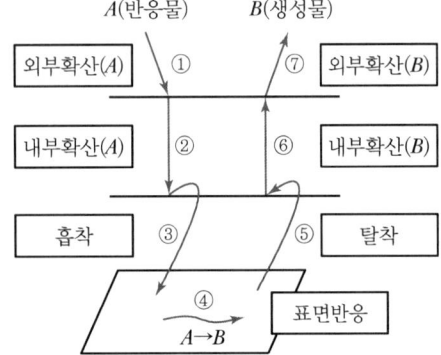

96 다음과 같은 액상 1차 직렬반응이 관형반응기와 혼합반응기에서 일어날 때 R 성분의 농도가 최대가 되는 관형반응기의 공간시간 τ_p와 혼합 반응기의 공간시간 τ_m에 관한 식으로 옳은 것은?(단, 두 반응의 속도상수는 같다.)

$$A \xrightarrow{k} R \xrightarrow{k} S, \ r_R = kC_A, \ r_S = kC_R$$

① $\dfrac{\tau_m}{\tau_p} > 1$ ② $\dfrac{\tau_p}{\tau_m} > 1$

③ $\dfrac{\tau_p}{\tau_m} = 1$ ④ $\dfrac{\tau_p}{\tau_m} = k$

해설

$\tau_{p \cdot opt} = \dfrac{\ln(k_2/k_1)}{k_2 - k_1}$

$\tau_{m \cdot opt} = \dfrac{1}{\sqrt{k_1 k_2}}$

$\therefore k_1 = k_2$

$\tau_p = \tau_m = 1$

97 어떤 반응의 온도를 47℃에서 57℃로 증가시켰더니 이 반응의 속도는 두 배로 빨라졌다고 한다. 이때의 활성화 에너지는?

① 약 12,500cal
② 약 13,500cal
③ 약 14,500cal
④ 약 15,500cal

해설

$\ln \dfrac{k_2}{k_1} = \dfrac{E_a}{R}\left(\dfrac{1}{T_1} - \dfrac{1}{T_2}\right)$

$\ln 2 = \dfrac{E_a}{1.987}\left(\dfrac{1}{320} - \dfrac{1}{330}\right)$

$E_a = 14,544 \text{cal}$

정답 95 ④ 96 ③ 97 ③

98 Space Time이 5분이라면 다음 설명 중 어떤 것을 뜻하는가?

① 원하는 전화율을 얻는 데 소요되는 시간이 $\frac{1}{5}$분이다.
② 분당 반응기 체적의 5배 되는 Feed를 처리할 수 있다.
③ 5분 만에 100% 전환을 얻을 수 있다.
④ 분당 반응기 체적의 $\frac{1}{5}$배 되는 Feed를 처리할 수 있다.

해설
- $\tau = 5\text{min}$
  Feed를 반응기 체적만큼 처리하는 데 5min이 걸린다.
- $S(\text{공간속도}) = \dfrac{1}{\tau(\text{공간시간})} = \dfrac{1}{5\text{min}}$
  Feed를 분당 반응기 체적의 $\frac{1}{5}$만큼 처리한다.

99 다음의 평행반응에서 A가 반응물질, R이 요구하는 물질일 때 Instantaneous Fractional Yield(순간적 수득분율) Φ는?

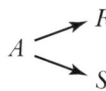

① $\dfrac{dC_R}{-dC_A}$ ② $\dfrac{dC_R}{dC_A}$
③ $\dfrac{dC_S}{-dC_A}$ ④ $\dfrac{dC_S}{dC_A}$

해설
$\phi(\text{순간수율}) = \dfrac{\text{생성된 } R\text{의 몰수}}{\text{반응한 } A\text{의 몰수}} = \dfrac{dC_R}{-dC_A}$

100 기초 2차 액상반응 $2A \to 2R$을 순환비가 2인 등온 플러그흐름반응기에서 반응시킨 결과 50%의 전화율을 얻었다. 동일 반응에서 순환류를 폐쇄시킨다면 전화율은?

① 0.6 ② 0.7
③ 0.8 ④ 0.9

해설
$X_{Ai} = \dfrac{R}{R+1} X_{Af} = \dfrac{2}{3} \times 0.5 = \dfrac{1}{3}$

$\dfrac{V}{F_{A0}} = \dfrac{\tau}{C_{A0}} = (R+1)\displaystyle\int_{X_{Ai}}^{X_{Af}} \dfrac{dX_A}{-r_A}$

2차 $-r_A = kC_A^2 = kC_{A0}^2(1-X_A)^2$

$\dfrac{\tau}{C_{A0}} = (2+1)\displaystyle\int_{\frac{1}{3}}^{0.5} \dfrac{dX_A}{kC_{A0}^2(1-X_A)^2}$

$\tau = \dfrac{3}{kC_{A0}}\left[\dfrac{1}{1-X_A}\right]_{\frac{1}{3}}^{0.5} = \dfrac{3}{kC_{A0}}[2-1.5] = \dfrac{1.5}{kC_{A0}}$

$k\tau C_{A0} = 1.5$

순환류 폐쇄 → PFR

$k\tau C_{A0} = \dfrac{X_A}{1-X_A}$

$1.5 = \dfrac{X_A}{1-X_A}$

$\therefore X_A = 0.6$

정답 ▶ 98 ④ 99 ① 100 ①

2016년 제2회 기출문제

1과목 화공열역학

01 $PV^n = C$일 경우 폴리트로픽 지수 n의 값에 따라 변화하는 과정으로 틀린 것은?(단, C는 상수이고, $\gamma = \dfrac{C_p}{C_v}$이다.)

① $n=0$, $P=C$, 등압변화
② $n=1$, $PV=C$, 등온변화
③ $n=\gamma$, $PV^\gamma = C$, 등압변화
④ $n=\infty$, $V=C$, 정용변화

해설

폴리트로픽 공정

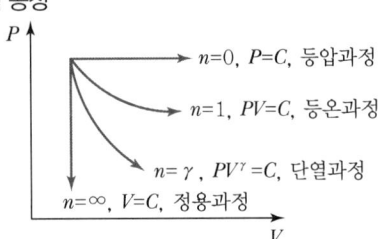

02 다음 중 열역학 제2법칙의 수학적인 표현으로 올바른 것은?

① $\Delta U + \dfrac{\Delta u^2}{2} + g\Delta z = Q - W$
② $\Delta S_{total} \geq 0$
③ $\lim\limits_{T \to 0} \Delta S = 0$
④ $dU = dQ - dW$

해설

①, ④ 열역학 제1법칙(에너지 보존의 법칙)
② 열역학 제2법칙(엔트로피의 법칙)
③ 열역학 제3법칙

03 10atm, 260℃의 과열증기(엔트로피 : 1.66kcal/kg K)가 단열가역적으로 2atm까지 팽창한다면 수증기의 질량%는 얼마인가?(단, 2atm일 때 포화증기와 포화액체의 엔트로피는 각각 1.70, 0.36kcal/kg K이다.)

① 97   ② 94
③ 89.5 ④ 88.7

해설

$M = x^v M^v + (1-x^v)M^l$
$S = x^v S^v + (1-x^v)S^l$
$1.66 \text{kcal/kg K} = x^v \times 1.7 + (1-x^v) \times 0.36$
$\therefore x^v = 0.97 (97\%)$

04 상평형에서 계의 성질이 최대가 되는 것은?

① 엔탈피
② 엔트로피
③ 내부에너지
④ 깁스(Gibbs) 자유에너지

해설

- 상평형
  $\Delta G = 0$
- 자발적 반응
  $\Delta G < 0$, $\Delta S > 0$

정답 01 ③ 02 ② 03 ① 04 ②

05 순환법칙 $\left(\frac{\partial P}{\partial T}\right)_V \left(\frac{\partial T}{\partial V}\right)_P \left(\frac{\partial V}{\partial P}\right)_T = -1$에서 얻을 수 있는 최종식은?(단, β는 부피 팽창률(Volume expansivity), κ는 등온압축률(Isothermal compressibility)이다.)

① $(\partial P/\partial T)_V = -\frac{\kappa}{\beta}$ ② $(\partial P/\partial T)_V = \frac{\kappa}{\beta}$

③ $(\partial P/\partial T)_V = \frac{\beta}{\kappa}$ ④ $(\partial P/\partial T)_V = -\frac{\beta}{\kappa}$

해설

$$\left(\frac{\partial P}{\partial T}\right)_V = \frac{\left(\frac{\partial V}{\partial T}\right)_P}{-\left(\frac{\partial V}{\partial P}\right)_T} = \frac{\beta}{\kappa}$$

06 화학반응의 평형상수 K에 관한 내용 중 틀린 것은? (단, a_i, ν_i는 각각 I성분의 활동도와 양론수이며, $\Delta G°$는 표준 깁스(Gibbs) 자유에너지 변화이다.)

① $K = \Pi (\widehat{a_i})^{\nu_i}$

② $\ln K = -\frac{\Delta G°}{RT^2}$

③ K는 온도에 의존하는 함수이다.

④ K는 무차원이다.

해설

$K = \Pi \left(\frac{\widehat{f_i}}{f_i°}\right)^{\nu_i} = \Pi (\widehat{a_i})^{\nu_i} = \exp\left(\frac{-\sum \nu_i G_i°}{RT}\right)$

$-RT \ln K = \sum \nu_i G_i° = \Delta G°$

$\therefore \ln K = -\frac{\Delta G°}{RT}$

07 주어진 온도와 압력에서 화학반응의 평형조건은?

① $\Delta S = 0$ ② $\Delta A = 0$
③ $\Delta H = 0$ ④ $\Delta G = 0$

해설
- $\Delta G = 0$: 평형상태
- $\Delta G < 0$: 자발적 반응
- $\Delta G > 0$: 비자발적 반응

08 500K과 10bar의 조건에 있는 메탄가스가 1bar가 될 때까지 가역단열팽창된다. 이 조건에서 메탄이 이상기체라고 가정하면 마지막의 온도 T_2를 초기온도 T_1으로 옳게 나타낸 것은?

① $T_2 = T_1 \exp\left(\frac{-2.3026}{C_p/R}\right)$

② $T_2 = C_p \exp\left(\frac{-2.3026}{T_1/R}\right)$

③ $T_2 = T_1 \exp\left(\frac{-1.6094}{C_p/R}\right)$

④ $T_2 = C_p \exp\left(\frac{-1.6094}{T_1/R}\right)$

해설

$\Delta S = C_p \ln \frac{T_2}{T_1} - R \ln \frac{P_2}{P_1} = 0$ (단열과정)

$C_p \ln \frac{T_2}{T_1} = R \ln \frac{P_2}{P_1} = R \ln \frac{1}{10}$

$T_2 = T_1 \exp\left[\frac{R}{C_p} \cdot (-2.3026)\right]$

$\therefore T_2 = T_1 \exp\left[\frac{-2.3026}{C_p/R}\right]$

09 실제기체(Real Gas)가 이상기체와 가장 가까워질 경우의 상태는?

① 고압, 저온   ② 저압, 고온
③ 고압, 고온   ④ 저압, 저온

해설

실제기체 $\xrightarrow{T\uparrow \ P\downarrow}$ 이상기체

정답 05 ③ 06 ② 07 ④ 08 ① 09 ②

10 온도의 함수로 순수물질의 증기압을 계산하는 다음 식의 이름은?(단, P, T는 각각 온도와 압력을 나타내며, A, B, C는 순수물질 고유상수이다.)

$$\ln P = A - \frac{B}{T+C}$$

① 돌턴(Dalton) 식 ② 뉴턴(Newton) 식
③ 라울(Raoult) 식 ④ 안토인(Antoine) 식

해설
Antoine 식
$$\ln P^* = A - \frac{B}{T+C}$$
여기서, P^* : 증기압

11 어떤 화학반응에 대한 $\Delta S°$는 $\Delta H° = \Delta G°$인 온도에서 어떤 값을 갖겠는가?(단, $\Delta S°$: 표준엔트로피 변화, $\Delta H°$: 표준엔탈피 변화, $\Delta G°$: 표준깁스에너지 변화, T : 절대온도이다.)

① $\Delta S° > 0$ ② $\Delta S° < 0$
③ $\Delta S° = 0$ ④ $\Delta S° = \frac{\Delta H°}{T}$

해설
$\Delta G = \Delta H - T\Delta S$
$\Delta S = 0$

12 다음과 같은 반응이 1,105K에서 일어나며, 반응평형상수 K는 1.0이다. 초기에 1몰의 일산화탄소와 2몰의 물로 반응이 진행된다면 최종 반응좌표(몰)는 얼마인가?(단, 혼합물은 이상기체로 본다.)

$$CO(g) + H_2O(g) \leftrightarrow CO_2(g) + H_2(g)$$

① 0.333   ② 0.500
③ 0.667   ④ 0.700

해설

CO	+	H_2O	→	CO_2	+	H_2
1		2		0		0
$-X$		$-X$		$+X$		$+X$
$(1-X)$		$(2-X)$		X		X

$$K = \frac{X^2}{(1-X)(2-X)} = 1$$
$X^2 = 2 - 3X + X^2$
$3X = 2$
$\therefore X = \frac{2}{3} = 0.667$

13 단일 상계에서 열역학적 특성값들의 관계에서 틀린 것은?

① $\left(\frac{\partial T}{\partial V}\right)_S = -\left(\frac{\partial P}{\partial S}\right)_V$

② $\left(\frac{\partial T}{\partial P}\right)_S = \left(\frac{\partial V}{\partial S}\right)_P$

③ $\left(\frac{\partial P}{\partial T}\right)_V = -\left(\frac{\partial S}{\partial V}\right)_T$

④ $\left(\frac{\partial V}{\partial T}\right)_P = -\left(\frac{\partial S}{\partial P}\right)_T$

해설
$dU = TdS - PdV \Rightarrow \left(\frac{\partial T}{\partial V}\right)_S = -\left(\frac{\partial P}{\partial S}\right)_V$

$dH = TdS + VdP \Rightarrow \left(\frac{\partial T}{\partial P}\right)_S = \left(\frac{\partial V}{\partial S}\right)_P$

$dA = -SdT - PdV \Rightarrow -\left(\frac{\partial S}{\partial V}\right)_T = -\left(\frac{\partial P}{\partial T}\right)_V$

$dG = -SdT + VdP \Rightarrow -\left(\frac{\partial S}{\partial P}\right)_T = \left(\frac{\partial V}{\partial T}\right)_P$

14 액체의 증발잠열을 계산하는 식과 관계없는 식은?
① Clapeyron 식   ② Watson Correlation 식
③ Riedel 식   ④ Gibbs-Duhem 식

정답 10 ④ 11 ③ 12 ③ 13 ③ 14 ④

해설

① Clapeyron 식

$$\Delta H = T \Delta V \frac{dP^{sat}}{dT}$$

여기서, ΔH : 잠열
ΔV : 상변화 시 부피변화
P^{sat} : 증기압

② Watson 식

$$\frac{\Delta H_2}{\Delta H_1} = \left(\frac{1-T_{r2}}{1-T_{r1}}\right)^{0.38}$$

③ Riedel 식

$$\frac{\Delta H_n}{RT_n} = \frac{1.092(\ln P_c - 1.013)}{0.930 - T_{rn}}$$

④ Gibbs-Duhem 식 : 몰성질과 부분몰성질 사이의 관계식

$$\left(\frac{\partial M}{\partial P}\right)_{T,x} dP + \left(\frac{\partial M}{\partial T}\right)_{P,x} dT - \sum x_i \overline{M_i} = 0$$

$$\therefore \sum x_i d\overline{M_i} = 0 \quad (\text{const } T, P)$$

15 순수한 성분이 액체에서 기체로 변화하는 상의 전이에 대한 설명 중 옳지 않은 것은?

① 1몰당 깁스(Gibbs) 자유에너지 G는 불연속이다.
② 1몰당 엔트로피 S는 불연속이다.
③ 1몰당 부피 V는 불연속이다.
④ 액체는 일정 온도에서의 감압 또는 일정 압력에서의 가열에 의해 기체로 상전이가 일어난다.

해설

- $G^l = G^v$: 연속
- $S^l < S^v$, $V^l < V^v$: 불연속

16 100℃에서 물의 엔트로피 값은 0.3kcal/kg K이다. 증발열이 539.1kcal/kg이라면 100℃에서 수증기의 엔트로피 값은 약 몇 kcal/kg K인가?

① 5.69
② 2.85
③ 1.74
④ 0.87

해설

$\Delta S = S^v - S^l$

$$S^v = S^l + \Delta S$$
$$= S^l + \frac{\Delta H^{lv}}{T}$$
$$= 0.3\text{kcal/kg K} + \frac{539.1\text{kcal/kg}}{(273+100)\text{K}}$$
$$= 1.74\text{kcal/kg K}$$

17 압축비 4.5인 오토 사이클(Otto Cycle)에 있어서 압축비가 7.5로 되었다고 하면 열효율은 몇 배가 되겠는가?(단, 작동유체는 이상기체이며, 열용량의 비 $\frac{C_p}{C_v} = 1.4$이다.)

① 1.22
② 1.96
③ 2.86
④ 3.31

해설

$$\eta_1 = 1 - \left(\frac{1}{r}\right)^{\gamma-1} = 1 - \left(\frac{1}{4.5}\right)^{0.4} = 0.452$$

$$\eta_2 = 1 - \left(\frac{1}{7.5}\right)^{0.4} = 0.553$$

$$\frac{\eta_2}{\eta_1} = \frac{0.553}{0.452} = 1.22$$

18 이상기체를 등온하에서 압력을 증가시키면 엔탈피는?

① 증가한다.
② 감소한다.
③ 일정하다.
④ 초기에 증가하다가 점차로 감소한다.

해설

이상기체에서 H(엔탈피)는 온도만의 함수이므로 등온상태에서 압력을 증가시켜도 H는 일정하다.

정답 15 ① 16 ③ 17 ① 18 ③

19 그림과 같이 상태 A로부터 상태 C로 변화하는데 $A \to B \to C$의 경로로 변하였다. 경로 $B \to C$ 과정에 해당하는 것은?

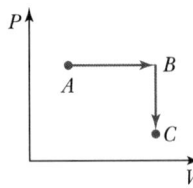

① 등온과정
② 정압과정
③ 정용과정
④ 단열과정

해설
- $A \to B$: 정압과정
- $B \to C$: 정용과정

20 다음 등온선 그래프에서 빗금 친 부분의 면적은 무엇을 나타내는가?

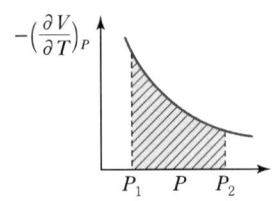

① Ω
② W
③ ΔS
④ ΔH

해설

$$\text{빗금} = \int_{P_1}^{P_2} -\left(\frac{\partial V}{\partial T}\right)_P dP$$
$$= \int_{P_1}^{P_2} \left(\frac{\partial S}{\partial P}\right)_T dP \quad \cdots\cdots\cdots \text{Maxwell 관계식}$$
$$= \frac{\Delta S}{\Delta P} \times \Delta P$$
$$= \Delta S$$

2과목 단위조작 및 화학공업양론

21 10ppm SO_2를 %로 나타내면?
① 0.0001%
② 0.001%
③ 0.01%
④ 0.1%

해설

$$10\text{ppm} = 10 \times \frac{1}{10^6} \times 100\%$$
$$= \frac{1}{10^3}\% = 0.001\%$$

22 시량변수와 시강변수에 대한 설명으로 옳은 것은?
① 시량변수에는 체적, 온도, 비체적이 있다.
② 시강변수에는 온도, 질량, 밀도가 있다.
③ 계의 크기에 무관한 변수가 시강변수이다.
④ 시강변수는 계의 상태를 규정할 수 없다.

해설
- 시량변수(크기성질) : 물질의 양에 관계있는 변수
  예 n, m, V, U, H, G
- 시강변수(세기성질) : 물질의 양에 무관한 변수
  예 $T, P, d(\text{밀도}), \overline{V}(\text{비체적}), \overline{H}, \overline{G}$

23 포도당($C_6H_{12}O_6$) 4.5g이 녹아 있는 용액 1L와 소금물을 반투막을 사이에 두고 방치해 두었더니 두 용액의 농도 변화가 일어나지 않았다. 이 농도에서 소금은 완전히 전리한다고 보고 1L 중에는 몇 g의 소금이 녹아 있는가?
① 0.0731g
② 0.146g
③ 0.731g
④ 1.462g

해설
농도평형

포도당 $4.5\,\text{g} \times \dfrac{1\,\text{mol}}{180\,\text{g}} = 0.025\,\text{mol}$

소금 완전 전리 $0.025/2\,\text{mol} = 0.0125\,\text{mol}$

$0.0125\,\text{mol} \times \dfrac{58.5\,\text{g}}{1\,\text{mol}} = 0.731\,\text{g}$

정답 19 ③ 20 ③ 21 ② 22 ③ 23 ③

24 다음 중 습구온도계 하단부의 구를 젖은 솜으로 싸는 이유로 가장 거리가 먼 것은?

① 물을 공기 중으로 기화시키기 위하여
② 주위 공기의 건조상태를 예측하기 위하여
③ 잠열이 공기온도에 미치는 영향을 예측하기 위하여
④ 공기건조도가 기화속도에 무관하게 됨을 예측하기 위하여

해설
습구온도계

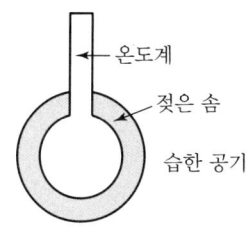

- 젖은 솜의 물이 공기 중으로 증발(기화)할 때 증발잠열만큼 열을 빼앗겨 온도가 낮아진다.
- 공기가 포화되면(100% 상대습도)
  건구온도=습구온도
- 습도가 낮을수록 건구온도와 습구온도의 차는 더욱 커진다.

25 그림과 같은 순환조작에서 A, B, C, D, E의 각 흐름의 양을 기호로 나타내었다. 이들의 관계 중 옳은 것은? (단, 이 조작은 정상상태에서 진행되고 있다.)

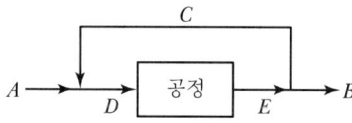

① A=B
② A+C=D+B
③ D=E+C
④ B=A=C

해설
- A=B
- A+C=D
- E=B+C
- D=E

26 30℃, 750mmHg에서 Percentage Humidity(비교습도 %H)는 20%이고, 30℃에서 포화증기압은 31.8mmHg이다. 공기 중의 실제 증기압은?

① 6.58mmHg
② 7.48mmHg
③ 8.38mmHg
④ 9.29mmHg

해설

$$H_P = \frac{p_V}{p_S} \times \frac{P-p_S}{P-p_V} \times 100 = 20\%$$

$$\frac{p_V}{31.8} \times \frac{750-31.8}{750-p_V} = 0.2$$

$$\therefore p_V = 6.58\,\mathrm{mmHg}$$

27 10mol의 N_2와 32mol의 H_2를 515℃, 300atm에서 반응시킨 결과 평형에서 전체 가스는 38mol이 되었다. 생성된 NH_3의 몰수는?

① 1.5mol
② 2mol
③ 4mol
④ 6.5mol

해설

N_2	+	$3H_2$	→	$2NH_3$
10mol		32mol		0
$-x$		$-3x$		$+2x$
$(10-x)$		$(32-3x)$		$2x$

$10-x+32-3x+2x=38$
$\therefore x=2$
생성된 암모니아 $=2x=4\,\mathrm{mol}$

28 몰 증발잠열을 구할 수 있는 방법 중 2가지 물질의 증기압을 동일 온도에서 비교하여 대수좌표에 나타낸 것은?

① Dühring 도표
② Othmer 도표
③ Cox 선도
④ Watson 도표

정답 24 ④ 25 ① 26 ① 27 ③ 28 ②

해설

- Othmer 도표 : 임의 액체의 증기압과 그것과 같은 온도에서의 기준물질의 증기압을 양 로그 좌표에 플롯해서 직선으로 나타낸 증기압선도
- Dühring 도표 : 일정농도에서 용액의 비점과 용매의 비점을 Plot하면 동일 직선이 된다.
- Cox선도 : 액체의 증기압과 온도의 관계를 직선상으로 나타낸 선도

29 다음 단위환산 관계 중 틀린 것은?

① $1.0 g/cm^3 = 1,000 kg/m^3$
② $0.2386 J = 0.057 cal$
③ $0.4536 kg_f = 9.80665 N$
④ $1.013 bar = 101.3 kPa$

해설

① $1 g/cm^3 \times \dfrac{1 kg}{1,000 g} \times \dfrac{(100 cm)^3}{1 m^3} = 1,000 kg/m^3$

② $0.2386 J \times \dfrac{1 cal}{4.184 J} = 0.057 cal$

③ $0.4536 kg_f \times \dfrac{9.8 N}{1 kg_f} = 4.45 N$

④ $1.013 bar \times \dfrac{101.3 kPa}{1.013 bar} = 101.3 kPa$

30 CO_2 25vol%와 NH_3 75vol%의 기체 혼합물 중 NH_3의 일부가 산에 흡수되어 제거된다. 이 흡수탑을 떠나는 기체가 37.5vol%의 NH_3을 가질 때 처음에 들어 있던 NH_3 부피의 몇 %가 제거되었는가?(단, CO_2의 양은 변하지 않으며 산 용액은 증발하지 않는다고 가정한다.)

① 15%
② 20%
③ 62.5%
④ 80%

해설

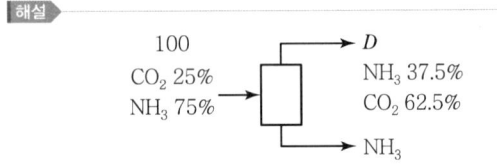

$100 \times 0.25 = D \times 0.625$
∴ $D = 40$

제거된 $NH_3 = 75 - 40 \times 0.375 = 60$

$\dfrac{60}{75} \times 100 = 80\%$

31 Fanning 마찰계수를 f라 하고 손실수두를 H_f라 할 때 H_f와 f의 관계를 나타내는 식은?

① $H_f = 4f \dfrac{L}{D} \dfrac{\overline{V^2}}{2g}$
② $H_f = f \dfrac{L}{D^2} \dfrac{\overline{V^2}}{g}$
③ $H_f = \dfrac{16}{f}$
④ $H_f = \dfrac{16f}{N_{Re}}$

해설

$F(\text{마찰손실}) = \dfrac{\Delta P}{\rho} = \dfrac{2f\overline{V^2}L}{g_c D}$

$H(\text{손실수두}) = \dfrac{g_c}{g} F$

$= \dfrac{g_c}{g} \cdot \dfrac{2f\overline{V^2}L}{g_c D} = \dfrac{2f\overline{V^2}L}{gD}$

$= 4f \dfrac{L}{D} \dfrac{\overline{V^2}}{2g}$

32 다음 중 순수한 물 20℃의 점도를 가장 옳게 나타낸 것은?

① $1 g/cm\ s$
② $1 cP$
③ $1 Pa\ s$
④ $1 kg/m\ s$

해설

물의 점도 $= 1 cP = 0.01 P$
$= 0.01 g/cm\ s$
$= 0.001 kg/m\ s$

33 70℃, 1atm에서 에탄올과 메탄올의 혼합물이 액상과 기상의 평형을 이루고 있을 때 액상의 메탄올의 몰분율은?(단, 이 혼합물은 이상용액으로 가정하며, 70℃에서 순수한 에탄올과 메탄올의 증기압은 각각 543mmHg, 857mmHg이다.)

① 0.12
② 0.31
③ 0.69
④ 0.75

> 해설

$760 = 543(1-x) + 857x$
$\therefore x = 0.69$

34 2개의 관을 연결할 때 사용되는 관 부속품이 아닌 것은?

① 유니언(Union) ② 니플(Nipple)
③ 소켓(Socket) ④ 플러그(Plug)

> 해설

관부속품

두 개의 관을 연결할 때	플랜지, 유니언, 니플, 커플링, 소켓
관선의 방향을 바꿀 때	엘보, Y자관, 십자, 티(Tee)
관선의 직경을 바꿀 때	리듀서, 부싱
지선을 연결할 때	티(Tee), Y자관, 십자
유로를 차단할 때	플러그, 캡, 밸브
유량을 조절할 때	밸브

35 향류 열교환기에서 온도 300K의 냉각수 30kg/s를 사용하여 더운물 20kg/s를 370K에서 340K으로 연속 냉각시키려고 한다. 총괄전열계수를 $2.5\,\mathrm{kW/m^2\,K}$으로 가정하였을 때 전열면적은 약 몇 m²인가?

① 22.4 ② 34.1
③ 41.3 ④ 50.2

> 해설

$q = mc\Delta t$
$30\mathrm{kg/s} \times 1\mathrm{kcal/kg}\,℃ \times (T - 300)$
$= 20\mathrm{kg/s} \times 1\mathrm{kcal/kg}\,℃ \times (370 - 340)$
$\therefore T = 320\,\mathrm{K}$

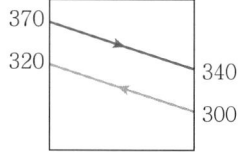

$\Delta t_1 = 50,\ \Delta t_2 = 40$
$\Delta \bar{t} = \dfrac{50-40}{\ln\dfrac{50}{40}} = 44.8\,\mathrm{K}$

$q = UA\Delta t$
$q = 20\mathrm{kg/s} \times 1\mathrm{kcal/kg}\,℃ \times (370-340)\mathrm{K} = 600\,\mathrm{kcal/s}$
$\dfrac{600\,\mathrm{kcal}}{\mathrm{s}} \times \dfrac{4.184\,\mathrm{kJ/s}}{1\mathrm{kcal/s}} \times \dfrac{\mathrm{kW}}{\mathrm{kJ/s}} = 2{,}510\,\mathrm{kW}$
$2{,}510\,\mathrm{kW} = 2.5\mathrm{kW/m^2} \times A \times 44.8\mathrm{K}$
$\therefore A = 22.4\,\mathrm{m^2}$

36 기체 흡수에 관한 설명으로 옳지 않은 것은?

① 기체 속도가 일정하고 액 유속이 줄어들면 조작선의 기울기는 감소한다.
② 액/기(L/V)비가 작으면 조작선과 평형선의 거리가 줄어서 흡수탑의 길이가 길어진다.
③ 일반적으로 경제적인 조업을 위해서는 조작선과 평형선이 대략 평형이 되어야 한다.
④ 향류 흡수탑의 경우에는 한계 기액비가 흡수탑의 경제성에 별로 영향을 미치지 않는다.

> 해설

기 - 액 한계비

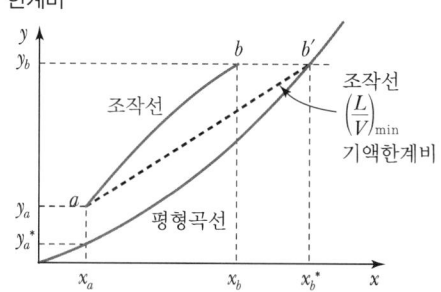

- $\dfrac{L}{V}$ 값이 커지면 흡수의 추진력이 커지므로 흡수탑의 높이는 작아진다.
- 탑 밑바닥에서 농도 차이가 0이 되어 무한대로 기다란 충전층이 필요하다.
- $\dfrac{L}{V}$ 비는 맞흐름탑에서 흡수의 경제성에 미치는 영향이 크다.
- 조작선 식
  $y = \dfrac{L}{V}x + \dfrac{V_a y_a - L_b x_b}{V}$

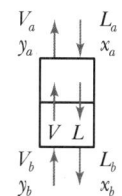

정답 34 ④ 35 ① 36 ④

37 젖은 고체 10kg을 완전히 건조하였더니 9.2kg이 되었다. 처음 재료의 수분은 몇 %인가?

① 0.08% ② 0.8%
③ 8% ④ 10%

해설

수분% = $\dfrac{(10-9.2)\text{kg}}{10\text{kg}} \times 100 = 8\%$

38 다음의 확산식 중 단일 성분 확산과 관계가 있는 식은?(단, N_A : 물질이동속도, D_m : 확산계수, B : 확산층 두께, A : 면적, y_i, y : 상경계 및 기상의 용질 몰분율)

① $\dfrac{N_A}{A} = \dfrac{D_m}{B} \ln\left(\dfrac{1-y}{1-y_i}\right)$

② $\dfrac{N_A}{A} = \dfrac{D_m}{B}(y_i - y)$

③ $\dfrac{N_A}{A} = \dfrac{D_m}{B}\dfrac{1-y}{1-y_i}$

④ $\dfrac{N_A}{A} = \dfrac{D_m}{B}\ln(y_i - y)$

해설

$N_A = -D_G A \dfrac{dC_A}{dx} + (N_A + N_B)\dfrac{p_A}{P}$

일방확산 $N_B = 0$

$N_A = -D_G A \dfrac{dC_A}{dx} + y_A N_A$

$(1-y_A)N_A = -D_G A \dfrac{dC_A}{dx}$

$N_A \int_0^x dx = -\int D_G A \dfrac{Cdy_A}{1-y_A}$

$N_A x = D_G A C \ln \dfrac{1-y_{A2}}{1-y_{A1}}$

∴ $\dfrac{N_A}{A} = \dfrac{D_G C}{x} \ln \dfrac{1-y_{A2}}{1-y_{A1}}$

여기서, $D_G = D_m$: 확산계수
$x = B$: 확산층 두께

∴ $\dfrac{N_A}{A} = \dfrac{D_m C}{B} \ln \dfrac{1-y_{A2}}{1-y_{A1}}$

39 다음 중 기계적 분리조작과 가장 거리가 먼 것은?

① 여과 ② 침강
③ 집진 ④ 분쇄

해설

기계적 분리
여과, 침강, 집진
※ 분쇄 : 고체를 작게 부수는 조각

40 열전달과 온도 관계를 표시한 가장 기본되는 법칙은?

① 뉴턴의 법칙
② 푸리에의 법칙
③ 픽의 법칙
④ 후크의 법칙

해설

① 뉴턴의 법칙
$\tau = \dfrac{F}{A} = -\mu \dfrac{du}{dy}(\text{N/m}^2)$

② 푸리에의 법칙
$\dfrac{q}{A} = -k\dfrac{dt}{dl}(\text{kcal/h m}^2)$

③ 픽의 법칙
$J_A = \dfrac{N_A}{A} = -D_G \dfrac{dC_A}{dx}(\text{kmol/h m}^2)$

④ 후크의 법칙
$F = kx$

정답 37 ③ 38 ① 39 ④ 40 ②

3과목 공정제어

41 공정에 대한 수학적 모델의 직접적 용도로 부적절한 것은?
① 공정에 대한 이해의 향상
② 공정 운전의 최적화
③ 제어시스템의 설계와 평가
④ 제품 시작의 분석 및 평가

[해설]
수학적 모델의 직접적 용도
• 공정에 대한 이해의 향상
• 공정운전의 최적화
• 제어시스템의 설계와 평가

42 다음 공정에 비례 제어기($K_c = 3$)가 연결되어 있고 초기 정상상태에서 설정값이 5만큼 계단변화할 때 잔류편차는?

$$G_p(s) = \frac{2}{3s+1}$$

① 0.71 ② 1.43
③ 3.57 ④ 4.29

[해설]

$X(s) = \dfrac{5}{s}$

$G(s) = \dfrac{\dfrac{2K_c}{3s+1}}{1 + K_c \dfrac{2}{3s+1}} = \dfrac{2K_c}{3s+1+2K_c} = \dfrac{6}{3s+7}$

$r(\infty) = 5$
$C(s) = G(s)X(s)$
$= \dfrac{6}{3s+7} \cdot \dfrac{5}{s}$

$c(\infty) = \lim_{t \to \infty} c(t) = \lim_{s \to 0} sC(s)$
$= \lim_{s \to 0} s \cdot \dfrac{6}{3s+7} \cdot \dfrac{5}{s} = \lim_{s \to 0} \dfrac{30}{3s+7}$
$= \dfrac{30}{7}$

Offset $= r(\infty) - c(\infty)$
$= 5 - \dfrac{30}{7} = \dfrac{5}{7} = 0.71$

43 정상상태에서의 x와 y의 값을 각각 0, 2라 할 때 함수 $f(x, y) = e^x + y^2 - 5$을 주어진 정상상태에서 선형화하면?

① $x + 4y - 8$ ② $x + 4y - 5$
③ $x + 2y - 8$ ④ $x + 2y - 5$

[해설]

$f(x \cdot y) \simeq (e^{x_s} + y_s^2 - 5) + e^{x_s}(x - x_s) + 2y_s(y - y_s)$
$x_s = 0, \, y_s = 2$
$f(x \cdot y) \simeq 1 + 4 - 5 + x + 4y - 8 = x + 4y - 8$

44 전달함수가 $G(s) = \dfrac{-2s+1}{(s+1)^2}$인 공정의 단위계단 응답의 모양으로 옳은 것은?

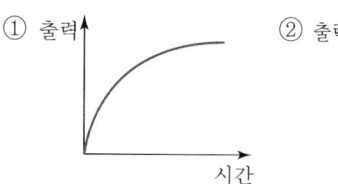
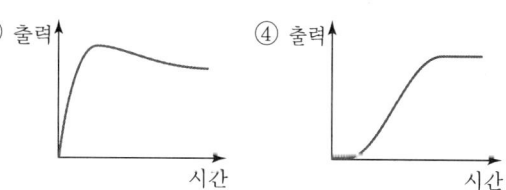

[해설]
역응답
초기 공정응답의 방향이 시간이 많이 지난 후의 공정응답 방향과 반대일 때
$\tau_d < 0$이므로 역응답

정답 41 ④ 42 ① 43 ① 44 ②

45 $G(s) = \dfrac{1}{(s+1)^3}$인 공정에 $C(s) = K_c\left(1 + \dfrac{1}{2s}\right)$인 PI 제어기가 연결되었을 때, 폐루프가 안정하기 위한 K_c의 최대치와 임계주파수(Critical Frequency 또는 Phase Crossover Frequency) 값은?

① (4.34, 1.33(radian/time))
② (0.23, 1.33(radian/time))
③ (4.34, 2.68(radian/time))
④ (0.23, 2.68(radian/time))

해설

$G(s) = \dfrac{1}{(s+1)^3} \cdot \dfrac{K_c(2s+1)}{2s}$

특성방정식 : $1 + \dfrac{K_c(2s+1)}{2s(s+1)^3} = 0$

$2s(s^3 + 3s^2 + 3s + 1) + K_c(2s+1)$
$= 2s^4 + 6s^3 + 6s^2 + 2(K_c+1)s + K_c = 0$

s에 $i\omega_u$ 대입

$2\omega_u^4 - 6i\omega_u^3 - 6\omega_u^2 + 2(K_c+1)i\omega_u + K_c = 0$
$(2\omega_u^4 - 6\omega_u^2 + K_c) + i[2(K_c+1)\omega_u - 6\omega_u^3] = 0$
$2\omega_u^4 - 6\omega_u^2 + K_c = 0 \to \omega_u = 0, K_c = 0$
$2(K_c+1)\omega_u - 6\omega_u^3 = 0 \to \omega_u = 0$

$\omega_u = \pm\sqrt{\dfrac{K_c+1}{3}}$ 일 경우

$2\left(\dfrac{K_c+1}{3}\right)^2 - 6\left(\dfrac{K_c+1}{3}\right) + K_c = 0$

$2K_c^2 - 5K_c - 16 = 0$

근의 공식에 의해 $K_c = \dfrac{5 \pm \sqrt{25+128}}{4} = 4.34, -1.84$

$\therefore \omega_u = \sqrt{\dfrac{4.34+1}{3}} = 1.33$

46 선형제어계의 안전성을 판별하기 위한 특성방정식을 옳게 나타낸 것은?

① 1 + 닫힌 루프 전달함수 = 0
② 1 - 닫힌 루프 전달함수 = 0
③ 1 + 열린 루프 전달함수 = 0
④ 1 - 열린 루프 전달함수 = 0

해설

특성방정식
$1 + G_{OL} = 0$
여기서, G_{OL} : 열린 루프 전달함수

47 어떤 이차계의 특성방정식의 두 근이 다음과 같다고 할 때 단위계단 입력에 대하여 감쇠하는 진동응답을 보이는 공정은?

① $1 + 3i, 1 - 3i$
② $-1, -2$
③ $2, 4$
④ $-1 + 2i, -1 - 2i$

해설

감쇠하는 진동응답은 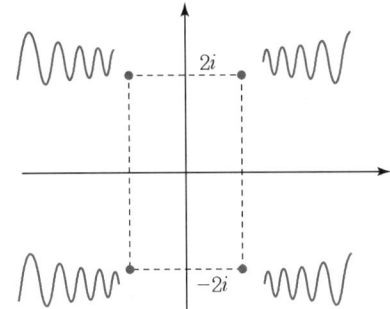 의 형태이므로 실수부 < 0, 허수부가 존재해야 한다.

48 $\dfrac{2}{10s+1}$로 표현되는 공정 A와 $\dfrac{4}{5s+1}$로 표현되는 공정 B가 있을 때 같은 크기의 계단입력이 가해졌을 경우 옳은 것은?

① 공정 A가 더 빠르게 정상상태에 도달한다.
② 공정 B가 더 진동이 심한 응답을 보인다.
③ 공정 A가 더 진동이 심한 응답을 보인다.
④ 공정 B가 더 큰 최종 응답 변화 값을 가진다.

해설

1차계의 동특성
- 시상수(τ)가 작을수록 정상상태에 빠르게 도달한다.
- K(gain)가 클수록 큰 최종응답 변화값을 갖는다.
- 계단입력이 가해졌을 때 진동하지 않는다.

정답 45 ① 46 ③ 47 ④ 48 ④

49 공정제어(Process Control)의 범주에 들지 않는 것은?

① 전력량을 조절하여 가열로의 온도를 원하는 온도로 유지시킨다.
② 폐수처리장의 미생물 양을 조절함으로써 유출수의 독성을 격감시킨다.
③ 증류탑(Distillation Column)의 탑상농도(Top Concentration)를 원하는 값으로 유지시키기 위하여 무엇을 조절할 것인가를 결정한다.
④ 열효율을 극대화시키기 위해 열교환기의 배치를 다시 한다.

해설

공정제어의 목적
• 안전성(Safety)
• 공장이익의 극대화
• 원하는 제품의 품질 유지
• 안정성(Stability)

50 x_1과 x_2는 다음의 미분방정식을 만족할 때 x_1과 x_2에 대하여 $V = x_1^2 + x_2^2$는 시간에 따라 어떻게 되는가?

$$\dot{x_1} = x_2$$
$$\dot{x_2} = -x_1 - x_2$$

① 감소한다. ② 증가한다.
③ 진동한다. ④ 초기값에 따라 달라진다.

해설

$V = x_1^2 + x_2^2$

$\dfrac{dV}{dt} = 2x_1\dot{x_1} + 2x_2\dot{x_2}$

$\dot{x_1} = \dfrac{dx_1}{dt} = x_2$

$\dot{x_2} = \dfrac{dx_2}{dt} = -x_1 - x_2$

$\therefore \dfrac{dV}{dt} = 2x_1x_2 + 2x_2(-x_1 - x_2) = -2x_2^2 < 0$

V는 시간에 따라 감소한다.

51 앞먹임 제어에서 사용되는 측정 변수는?

① 공정 상태 변수
② 출력 변수
③ 입력 조작 변수
④ 측정 가능한 외란

해설

앞먹임 제어(Feedforward 제어)
외부교란을 측정하고, 이 측정값을 이용하여 외부교란이 공정에 미치게 될 영향을 사전에 보정시키는 제어방법

52 다음 중 캐스케이드 제어를 적용하기에 가장 적합한 동특성을 가진 경우는?

① 부제어루프 공정 : $\dfrac{2}{10s+1}$

   주제어루프 공정 : $\dfrac{6}{2s+1}$

② 부제어루프 공정 : $\dfrac{6}{10s+1}$

   주제어루프 공정 : $\dfrac{2}{2s+1}$

③ 부제어루프 공정 : $\dfrac{2}{2s+1}$

   주제어루프 공정 : $\dfrac{6}{10s+1}$

④ 부제어루프 공정 : $\dfrac{2}{10s+1}$

   주제어루프 공정 : $\dfrac{6}{10s+1}$

해설

Cascade 제어(다단제어)
부제어가 주제어보다 빨라야 하므로 부제어의 시상수(τ)가 주제어의 시상수(τ)보다 작아야 한다.

정답 49 ④ 50 ① 51 ④ 52 ③

53 $f(t)=1$의 Laplace 변환은?

① s ② $\dfrac{1}{s}$

③ s^2 ④ $\dfrac{1}{s^2}$

해설

$\mathcal{L}\{f(t)\}=\mathcal{L}\{1\}=\dfrac{1}{s}$

54 피드포워드 제어기에 대한 설명으로 옳은 것은?

① 설정점과 제어변수 간의 오차를 측정하여 제어기의 입력 정보로 사용한다.
② 주로 PID 알고리즘을 사용한다.
③ 보상하고자 하는 외란을 측정할 수 있어야 한다.
④ 피드백 제어기와 함께 사용하면 성능 저하를 가져온다.

해설

앞먹임 제어(Feedforward 제어)
외부교란을 측정하고, 이 측정값을 이용하여 외부교란이 공정에 미치게 될 영향을 사전에 보정시키는 제어방법

55 Routh의 판별법에서 수열의 최좌열(最左列)이 다음과 같을 때 이 주어진 계의 특성방정식은 양의 근 또는 양의 실수부를 갖는 근이 몇 개 있는가?

1
3
−1
3
2

① 0개 ② 1개
③ 2개 ④ 3개

해설

부호가 2회 바뀌므로
∴ 양의 실수부는 2개

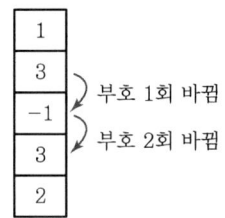

56 어떤 계의 단위계단 응답이 다음과 같을 경우 이 계의 단위충격 응답(impulse response)은?

$$Y(t)=1-\left(1+\dfrac{t}{\tau}\right)e^{-\dfrac{t}{\tau}}$$

① $\left(\dfrac{t}{\tau}\right)e^{-\dfrac{t}{\tau}}$

② $\left(\dfrac{t}{\tau^2}\right)e^{-\dfrac{t}{\tau}}$

③ $\left(1+\dfrac{t}{\tau}\right)e^{-\dfrac{t}{\tau}}$

④ $\left(1-\dfrac{t}{\tau^2}\right)e^{-\dfrac{t}{\tau}}$

해설

$y(t)=1-\left(1+\dfrac{t}{\tau}\right)e^{-t/\tau}$

$y'(t)=-\dfrac{1}{\tau}e^{-\dfrac{t}{\tau}}+\dfrac{1}{\tau}\left(1+\dfrac{t}{\tau}\right)e^{-\dfrac{t}{\tau}}$

$=-\dfrac{1}{\tau}e^{-\dfrac{t}{\tau}}+\dfrac{1}{\tau}e^{-\dfrac{t}{\tau}}+\dfrac{t}{\tau^2}e^{-\dfrac{t}{\tau}}=\dfrac{t}{\tau^2}e^{-\dfrac{t}{\tau}}$

정답 53 ② 54 ③ 55 ③ 56 ②

57 다음 블록선도에서 $\frac{Y(s)}{X(s)}$를 구하면?

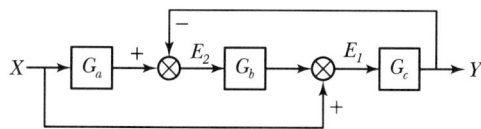

① $\frac{G_aG_bG_c + G_c}{1 + G_aG_b}$ ② $\frac{G_aG_bG_c + G_c}{1 + G_bG_c}$

③ $\frac{G_aG_bG_c + G_b}{1 + G_aG_b}$ ④ $\frac{G_aG_bG_c + G_b}{1 + G_bG_c}$

해설

$G(s) = \frac{Y(s)}{X(s)} = \frac{\text{직선}}{1 \pm \text{회선}} = \frac{2\text{개}}{1 + \text{회선}}$

$G(s) = \frac{G_aG_bG_c + G_c}{1 + G_bG_c}$

58 Amplitude Ratio가 항상 1인 계의 전달함수는?

① $\frac{1}{s+1}$ ② $\frac{1}{s-0.1}$

③ $e^{-0.2s}$ ④ $s+1$

해설

㉠ 보드 선도
- $G(s) = K$ $\quad AR = K \quad \phi = 0°$
- $G(s) = e^{-\theta s}$ $\quad AR = 1 \quad \phi = -\theta\omega°$
- $G(s) = s^n$ $\quad AR = \omega^n \quad \phi = 90n°$

㉡ AR(Amplitude Ratio) : 진폭비

$AR = |G(i\omega)| = \sqrt{R^2 + I^2}$

여기서, R : 실수부
$\quad\quad I$: 허수부

$\phi = \angle G(i\omega) = \tan^{-1}\left(\frac{I}{R}\right)$

$e^{-0.2s} = e^{-0.2i\omega}$
$= \cos(-0.2\omega) - i\sin(-0.2\omega)$
$= \sqrt{\cos^2(-0.2\omega) + \sin^2(-0.2\omega)}$
$= 1$

59 제어계를 조작하는 방법으로 몇 가지 방법이 있다. 부하(Load)에 변화가 들어오고 설정치(Set Point)를 일정하게 유지하며 화학공장에서 흔히 나타나는 문제는?

① 서보 문제 ② 레귤레이터 문제
③ 혼합 문제 ④ 브라시우스 문제

해설

㉠ 서보문제(Servo Control)
- 추적제어($L = 0$)
- 설정값이 시간에 따라 변화할 때 제어변수가 설정값을 따르도록 조절변수를 제어

㉡ 조절제어(Regulatory Control)
- 조정기제어($R = 0$)
- 외부교란의 영향에도 불구하고 제어변수를 설정값으로 유지시키고자 하는 제어

60 전달함수 $\frac{2(3s+1)}{(5s+1)(2s+1)}e^{-4s}$로 표현되는 공정에 단위계단 입력이 들어왔을 때의 응답과 관련한 내용으로 틀린 것은?(단, 시간단위는 분이다.)

① 출력응답은 최종적으로 6만큼 변한다.
② 실제 출력변화는 4분이 지난 후에 발생한다.
③ 역응답(Inverse Response)을 보이지 않는다.
④ 극점값이 실수이므로 진동 응답은 발생하지 않는다.

해설

$G(s) = \frac{2(3s+1)}{(5s+1)(2s+1)}e^{-4s}$

$Y(s) = G(s)X(s)$
$= \frac{2(3s+1)}{(5s+1)(2s+1)}e^{-4s} \cdot \frac{1}{s}$

$\lim_{t \to \infty} y(t) = \lim_{s \to 0} sY(s)$
$= \lim_{s \to 0} \frac{2(3s+1)e^{-4s}}{(5s+1)(2s+1)}$
$= 2$

시간지연이 4분 존재하며, 최종적으로 2에 도달한다.

4과목 공업화학

61 다음 중 유리기(Free Radical) 연쇄반응으로 일어나는 반응은?

① $CH_2 = CH_2 + H_2 \rightarrow CH_3 - CH_3$
② $CH_4 + Cl_2 \rightarrow CH_3Cl + HCl$
③ $CH_2 = CH_2 + Br_2 \rightarrow CH_2Br - CH_2Br$
④ $C_6H_6 + HNO_3 \xrightarrow{H_2SO_4} C_6H_5NO_2 + H_2O$

해설

유리기(자유라디칼, Free Radical) 연쇄반응
- 자유라디칼 : 비공유전자를 갖는 원자 · 분자 · 이온
- 열, 빛 등의 자극으로 공유결합을 분해하여 비공유전자를 가진 라디칼로 분해된다.

$Cl_2 \xrightarrow{h\nu} Cl \cdot + Cl \cdot$

(개시) $Cl : Cl \longrightarrow 2Cl \cdot$
(전파) $Cl \cdot + CH_4 \longrightarrow HCl + CH_3 \cdot$
$CH_3 \cdot + Cl_2 \longrightarrow CH_3Cl + Cl \cdot$

62 같은 몰수의 두 종류의 단량체 사이에서 이루어지는 선형 축합중합체의 경우 전화율과 수평균중합도 사이에는 Carothers 식에 의한 관계를 가정할 수 있다. 전화율이 99%인 경우, 얻어지는 축합고분자의 수평균중합도는?

① 10
② 100
③ 1,000
④ 10,000

해설

수평균중합도($\overline{DP}$)

$\overline{DP} = \dfrac{N_o}{N} = \dfrac{N_o}{N_o(1-P)} = \dfrac{1}{1-P}$

여기서, N_o : 초기 분자수
N : 반응 후 남은 분자수
P : 전화율

$\therefore \overline{DP} = \dfrac{1}{1-0.99} = 100$

63 격막법에서 사용하는 식염수의 농도는 30g/100mL이다. 분해율은 50%일 때 전체 공정을 통한 염의 손실률이 5%이면 몇 m³의 식염수를 사용하여 NaOH 1ton을 생산할 수 있는가?(단, NaCl의 분자량은 58.5이고, NaOH 분자량은 40이다.)

① 10.26
② 20.26
③ 30.26
④ 40.26

해설

$NaCl + H_2O \rightarrow NaOH + \dfrac{1}{2}H_2 + \dfrac{1}{2}Cl_2$

58.5 : 40
x : 1,000kg

$\therefore x = \dfrac{58.5 \times 1,000\text{kg}}{40} \times \dfrac{1}{0.95} \times \dfrac{1}{0.5} \times \dfrac{10\text{L}}{3\text{kg}} \times \dfrac{1\text{m}^3}{100\text{L}}$
$= 10.26\text{ m}^3$

64 다음 중 직접적으로 전지의 성능을 나타내는 것이 아닌 것은?

① 에너지밀도
② 충방전횟수
③ 자기방전율
④ 전해질

해설

전지의 성능을 나타내는 것
- 에너지밀도 = 전기에너지/무게(또는 부피)
- 충방전횟수
- 자기방전율 : 보관 중 자가방전되는 속도
- 출력밀도 = 전지의 출력/무게(또는 부피)
- 작동전압
- 전류특성
- 용량

정답 61 ② 62 ② 63 ① 64 ④

65 인산제조법 중 건식법에 대한 설명으로 틀린 것은?

① 전기로법과 용광로법이 있다.
② 철과 알루미늄 함량이 많은 저품위의 광석도 사용할 수 있다.
③ 인의 기화와 산화를 별도로 진행시킬 수 있다.
④ 철, 알루미늄, 칼슘의 일부가 인산 중에 함유되어 있어 순도가 낮다.

해설

건식법 인산	습식법 인산
• 고순도, 고농도의 인산을 제조 • 저품위 인광석을 처리할 수 있다. • 인의 기화와 산화를 따로 할 수 있다. • Slag는 시멘트의 원료가 된다. • 종류 : 용광로법, 전기로법	• 순도와 농도가 낮다. • 품질이 좋은 인광석을 사용해야 한다. • 주로 비료용에 사용된다. • 종류 : 황산분해법, 질산분해법, 염산분해법

66 폴리탄산에스테르 결합을 갖는 열가소성수지로 비스페놀 A로부터 얻어지며 투명하고 자기소화성을 가지고 있으며, 뛰어난 내충격성, 내한성, 전기적 성질을 균형 있게 갖추고 있는 엔지니어링 플라스틱은?

① 폴리프로필렌
② 폴리아미드
③ 폴리이소프렌
④ 폴리카보네이트

해설

㉠ 폴리카보네이트(폴리탄산에스테르)
포스겐 + 비스페놀 A

㉡ 폴리탄산에스테르 결합을 갖는 열가소성 수지
$CO(OH_2)$, $O=C\begin{smallmatrix}OH\\OH\end{smallmatrix}$ (탄산)의 폴리에스테르

㉢ 특성
• 투명성
• 자기소화성
• 내충격성
• 내열성, 내한성

67 반도체의 일반적인 성질에 대한 설명 중 틀린 것은?

① 4족 원소 가운데 에너지 갭의 크기 순서는 탄소 > 실리콘 > 게르마늄이다.
② 에너지 갭의 크기가 클수록 전기전도도는 감소한다.
③ 진성 반도체의 전기전도도는 온도가 증가함에 따라 감소한다.
④ 절대온도 0K에서 전자가 존재하는 최상위 에너지 준위를 페르미 준위라고 한다.

해설

㉠ 진성 반도체
• 불순물이나 결함이 없는 거의 순수한 실리콘 반도체
• Ge(게르마늄)이나 Si(실리콘) 결정처럼 4개의 가전자로 공유결합을 하고 있는 반도체
• 전기전도도는 온도가 증가함에 따라 증가

㉡ 페르미준위(Fermi Level)
• 절대온도 0K에서 전자가 존재하는 최상위 에너지 준위
• 전자에 의해 채워질 확률이 $\frac{1}{2}$이 되는 에너지 준위

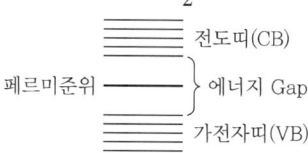

68 다음 중 Syndiotactic-폴리스타이렌의 합성에 관여하는 촉매로 가장 적합한 것은?

① 메탈로센 촉매
② 메탈옥사이드 촉매
③ 린들러 촉매
④ 벤조일퍼록사이드

해설

• 메탈로센 촉매
두 개의 사이클로펜타디엔 사이에 금속(M)이 끼어 있는 구조의 촉매이다. 금속의 종류로는 철(Fe) 이외에도 다양한 금속물질(Ti, V, Cr, Ni, Pb)을 사용할 수 있고, 금속물질의 종류에 따라 고분자 합성반응을 변화할 수 있다.

• Syndiotactic-polystyrene
메탈로센 촉매에 의해 개발된 폴리스티렌으로 주 사슬의 탄소에 결합되어 있는 페닐기의 방향이 번갈아 나오는 구조이다.

정답 65 ④ 66 ④ 67 ③ 68 ①

69 유지의 분석시험값으로 성분 지방산의 평균분자량을 알 수 있는 것은?

① Acid Value(산값)
② Rhodan Value(로단값)
③ Acetyl Value(아세틸값)
④ Saponification Value(비누화값)

> 해설
- 비누화값
  유지 1g을 완전히 비누화하는 데 필요로 하는 수산화칼륨의 양을 mg으로 나타낸 수
- 산값
  유지 1g 중에 포함되는 유리지방산을 중화하는 데 필요로 하는 수산화칼륨의 mg 수

70 가성소다를 제조할 때 격막식 전해조에서 양극재료로 주로 사용되는 것은?

① 수은
② 철
③ 흑연
④ 구리

> 해설

(+)극	(−)극
양극재료 : 흑연	음극재료 : 철망
$2Cl^- \rightarrow Cl_2 + 2e^-$	$2H_2O + 2e^- \rightarrow H_2\uparrow + 2OH^-$
산화반응	환원반응
Cl_2 발생	H_2 발생

71 염안소다법에 의한 Na_2CO_3 제조 시 생성되는 부산물은?

① NH_4Cl
② $NaCl$
③ CaO
④ $CaCl_2$

> 해설
염안소다법
식염의 이용률을 높이고 탄산나트륨과 염안(NH_4Cl)을 얻기 위한 방법

72 다음 중 술폰산화가 되기 가장 쉬운 것은?

① 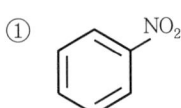 NO₂
② 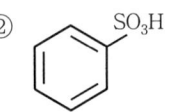 SO₃H
③ 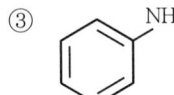 NH₂
④ RH

> 해설
- 술폰화 : 유기화합물에 황산을 작용시켜 술폰산기($-SO_3H$)를 도입하는 방법

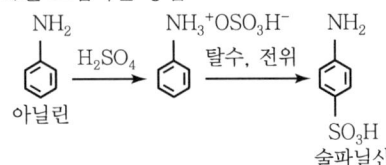

- 벤젠고리에 친전자적 치환반응이 잘 일어나는 순서
  $-NH_2 > -OH > -CH_3 > -Cl > -SO_3H > -NO_2$

73 다음 중 석유의 접촉분해 시 일어나는 반응으로 가장 거리가 먼 것은?

① 축합
② 탈수소
③ 고리화
④ 이성질화

> 해설
접촉분해 : 이성질화, 탈수소, 고리화, 탈알킬
- 이소파라핀, 고리모양 올레핀, 방향족 탄화수소, 프로필렌 생성, 옥탄가가 높은 가솔린 ○, 석유화학원료 ×
- cat : $SiO_2 - Al_2O_3$(실리카 알루미나)

74 칼륨 광물 실비나이트(Sylvinite) 중 KCl의 함량은?(단, 원자량은 K : 39.1, Na : 23, Cl : 35.5이다.)

① 36.05%
② 46.05%
③ 56.05%
④ 66.05%

> 해설

KCl	NaCl
74.6	58.5

$$\frac{74.6}{74.6 + 58.5} \times 100 = 56.05\%$$

정답 69 ④ 70 ③ 71 ① 72 ③ 73 ① 74 ③

75 다음 중 무수염산의 제조법이 아닌 것은?

① 직접합성법　② 액중연소법
③ 농염산의 증류법　④ 건조 흡탈착법

해설
무수염산 제조
- 진한 염산 증류법 : 합성염산을 가열 증류하여 생성된 염산가스를 냉동 탈수하여 제조
- 직접합성법 : 원료인 Cl_2, H_2 Gas를 $C-H_2SO_4$로 탈수철재(장치재료)
- 흡착법 : HCl 가스를 $CuSO_4$, $PbSO_4$ 등의 황산염, 인산염 $[Fe_3(PO_4)_2]$에 흡착시킨 후 가열 방출시켜서 제조

76 페놀의 공업적 제조방법 중에서 페놀과 부산물로 아세톤이 생성되는 합성법은?

① Raschig법　② Cumene법
③ Dow법　④ Toluene법

해설
Cumene법

77 아세틸렌과 작용하여 염화비닐을 생성하는 물질은?

① Cl_2　② NaCl
③ NaClO　④ HCl

해설

78 황산제조방법 중 연실법에 있어서 장치의 능률을 높이고 경제적으로 조업하기 위하여 개량된 방법(또는 설비)인 것은?

① 소량응축법　② Petersen Tower법
③ Reynold법　④ Monsanto법

해설

연실식		Glover 탑 → 연실 → Gay-Lussac 탑
개량법	탑식	Glover 탑 → Gay-Lussac 탑
	반탑식	Glover 탑 → Petersen 탑 → Gay-Lussac 탑

79 암모니아 산화에 의한 질산제조 공정에서 사용되는 촉매에 대한 설명으로 틀린 것은?

① 촉매로는 백금(Pt)에 Rh이나 Pd를 첨가하여 만든 백금계 촉매가 일반적으로 사용된다.
② 촉매는 단위 중량에 대한 표면적이 큰 것이 유리하다.
③ 촉매형상은 직경 0.2cm 이상의 선으로 망을 떠서 사용한다.
④ Rh은 가격이 비싸지만 강도, 촉매활성, 촉매손실을 개선하는 데 효과가 있다.

해설
암모니아 산화법(Ostwald 법)
암모니아와 산소를 촉매 존재하에서 산화시켜 NO를 얻는다.
(암모니아 산화기)
$4NH_3 + 5O_2 \rightarrow 4NO + 6H_2O$

㉠ 촉매
- 백금-로듐(Pt-Rh), 코발트산화물(Co_3O_4)
- Pt-Rh(10%)을 많이 사용

㉡ 최대산화율
- $\dfrac{O_2}{NH_3} = 2.2 \sim 2.3$
- 촉매형상은 직경 0.02mm 선으로 망을 떠서 사용한다.

80 수평균분자량이 100,000인 어떤 고분자 시료 1g과 수평균분자량이 200,000인 같은 고분자 시료 2g을 서로 섞으면 혼합시료의 수평균분자량은?

① 0.5×10^5　② 0.667×10^5
③ 1.5×10^5　④ 1.667×10^5

정답 75 ② 76 ② 77 ④ 78 ② 79 ③ 80 ③

> 해설

수평균분자량

$$\overline{M_n} = \frac{총\ 무게}{총\ 몰수} = \frac{w}{\sum N_i} = \frac{\sum M_i N_i}{\sum N_i}$$

$$100{,}000 = \frac{1g}{\sum N_i} \quad \sum N_i = 10^{-5}$$

$$200{,}000 = \frac{2g}{\sum N_i} \quad \sum N_i = 10^{-5}$$

$$\overline{M_n} = \frac{3}{2 \times 10^{-5}} = 1.5 \times 10^5$$

5과목 반응공학

81 체적 $0.212m^3$의 로켓엔진에서 수소가 6kmol/s의 속도로 연소된다. 이때 수소의 반응속도는 약 몇 kmol/m^3 s인가?

① 18.0
② 28.3
③ 38.7
④ 49.0

> 해설

$$\frac{6\,\text{kmol/s}}{0.212\,\text{m}^3} = 28.3\,\text{kmol/m}^3\,\text{s}$$

82 가역적 소반응(기초반응) $A + B \rightleftarrows R + S$에서 $r_R = k_1 C_A C_B$이고 $-r_R = k_2 C_R C_S$일 때 다음 중 이 반응의 평형상수 K_C에 해당하는 것은?

① $\dfrac{k_2}{k_1}$
② $\dfrac{k_1}{k_2}$
③ $\dfrac{1}{k_1 k_2}$
④ $k_1 k_2$

> 해설

$r_R = k_1 C_A C_B - k_2 C_R C_S = 0$(평형상태)

$$K_c = \frac{k_1}{k_2} = \frac{C_R C_S}{C_A C_B}$$

여기서, k_1 : 정반응 속도상수
k_2 : 역반응 속도상수

83 액상 비가역 2차 반응 $A \to B$를 그림과 같이 순환비 R의 환류식 플러그흐름반응기에서 연속적으로 진행시키고자 한다. 이때 반응기 입구에서의 A의 농도 C_{Ai}를 옳게 표현한 식은?

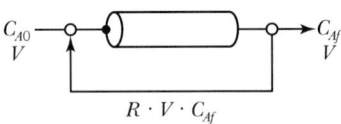

① $C_{Ai} = \dfrac{RC_{Af} + C_{A0}}{R+1}$

② $C_{Ai} = \dfrac{C_{Af} + RC_{A0}}{R+1}$

③ $C_{Ai} = RC_{Af} + C_{A0}$

④ $C_{Ai} = C_{Af} + RC_{A0}$

> 해설

$F_{A0} + RF_{Af} = F_{Ai}$
$C_{A0}V + RC_{Af}V = C_{Ai}V_i = C_{Ai}(R+1)V$

$$C_{Ai} = \frac{RC_{Af} + C_{A0}}{R+1}$$

84 크기가 다른 2개의 혼합흐름반응기를 사용하여 1차 반응에 의해서 제품을 생산하려 한다. 다음 중 옳은 설명은?

① 혼합흐름반응기의 순서는 전화율에 아무런 영향도 주지 않는다.
② 혼합속도가 느린 반응기를 먼저 설치해야 전화율이 크다.
③ 작은 혼합흐름반응기를 먼저 설치해야 전화율이 크다.
④ 큰 혼합흐름반응기를 먼저 설치해야 전화율이 크다.

> 해설

- 1차 반응 : 동일한 크기의 반응기가 최적
- $n > 1$: 작은 CSTR → 큰 CSTR
- $n < 1$: 큰 CSTR → 작은 CSTR

정답 81 ② 82 ② 83 ① 84 ①

85 반응전화율을 온도에 대하여 나타낸 직교좌표에서 반응기에 열을 가하면 기울기는 단열과정에서보다 어떻게 되는가?

① 증가한다.
② 감소한다.
③ 일정하다.
④ 반응열의 크기에 따라 증가 또는 감소한다.

해설

비단열조작
주위의 열교환에 의한 단열조작선의 변동을 보여주는 에너지수지식의 개략도는 다음과 같다.

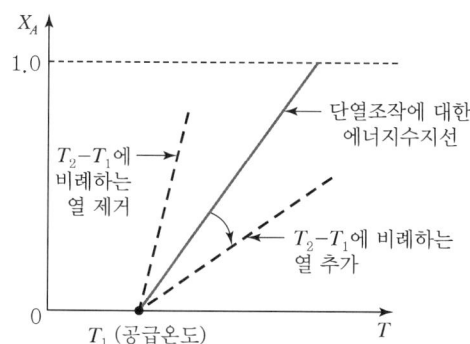

$$X_A = \frac{C_P \Delta T - Q}{-\Delta H_r} = \frac{\text{공급물을 } T_2\text{까지 올리기 위한 열전달 후에도 필요한 순수한 열}}{T_2\text{에서의 반응 시 발생한 열}}$$

반응기에 열을 가하면 기울기는 단열과정에서보다 감소한다.

86 다음은 Arrhenius 법칙에 의해 그린 활성화 에너지(Activation Energy)에 대한 그래프이다. 이 그래프에 대한 설명으로 옳은 것은?

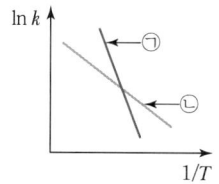

① 직선 ⓒ보다 ㉠이 활성화 에너지가 크다.
② 직선 ㉠보다 ⓒ이 활성화 에너지가 크다.
③ 초기에는 직선 ㉠이 활성화 에너지가 크나 후기에는 ⓒ이 크다.
④ 초기에는 직선 ⓒ이 활성화 에너지가 크나 후기에는 ㉠이 크다.

해설

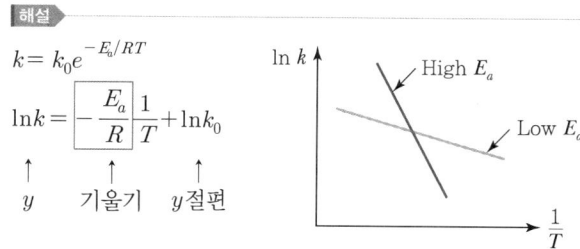

$$k = k_0 e^{-E_a/RT}$$

$$\ln k = -\boxed{\frac{E_a}{R}}\frac{1}{T} + \ln k_0$$

↑ ↑ ↑
y 기울기 y절편

- 아레니우스 법칙에서 $\ln k$를 y로, $\frac{1}{T}$을 x로 그리면 기울기가 $-\frac{E_a}{R}$ 이고 y절편이 $\ln k_0$인 1차식이 된다.
- E_a(활성화 에너지)가 크면 기울기가 크다.

87 그림 (A), (B), (C)는 Mixed Flow Reactor와 Plug Flow Reactor를 각각 다르게 연결한 것이다. 1차 이상의 반응에서 (A)의 생성물의 양을 X_1로 하고 (B)의 생성물의 양을 X_2로 하며, (C)의 생성물의 양을 X_3로 하였을 때 옳은 것은?

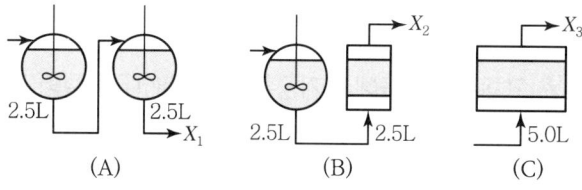

① $X_1 < X_3 < X_2$
② $X_2 < X_1 < X_3$
③ $X_1 < X_2 < X_3$
④ $X_3 < X_1 < X_2$

해설

$n > 0$, $V_m > V_P$, $\tau_m > \tau_p$
동일한 크기의 반응기 : $X_{PFR} > X_{CSTR}$

정답 ▶ 85 ② 86 ① 87 ③

88 플러그흐름반응기(Plug Flow Reactor)에서 반응이 진행된다. 그림의 빗금 친 부분은 무엇을 의미하는가?(단, Φ는 반응 $A \rightarrow R$에 대해 이 반응기에서 R의 순간수율(Instantaneous Fractional Yield)이다.)

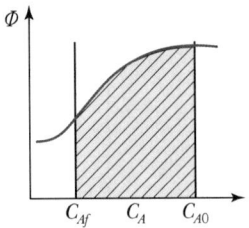

① 총괄수율
② 반응해서 없어진 반응물의 몰 수
③ 생성되는 R의 최종농도
④ 그 순간의 반응물의 농도

해설

$$\Phi = \frac{\text{생성된 } R}{\text{반응한 } A}$$
$$= \frac{C_{Rf}}{C_{A0} - C_{Af}} = \frac{C_{Rf}}{-\Delta C}$$
$$\Phi_P = \frac{-1}{C_{A0} - C_{Af}} \int_{C_{A0}}^{C_{Af}} \phi \, dC_A$$
$$\Phi_P(C_{A0} - C_{Af}) = \Phi_P(-\Delta C) = C_{Rf}$$

89 고체촉매 반응에서 기공확산 저항에 대한 설명 중 옳은 것은?

① 유효인자(Effectiveness Factor)가 작을수록 실제 반응속도가 작아진다.
② 고체촉매 반응에서 기공확산 저항만이 율속단계가 될 수 있다.
③ 기공확산 저항이 클수록 실제 반응속도는 증가된다.
④ 기공확산 저항은 항상 고체입자의 형태에는 무관하다.

해설

• 고체촉매 반응 단계
 외부확산 → 내부확산 → 흡착 → 표면반응 → 탈착 → 내부확산 → 외부확산

• ε(유효인자) = $\dfrac{\overline{r_A} \text{ 확산이 있을 때}}{r_A \text{ 확산이 없을 때}}$
 = $\dfrac{\text{기공 내에서의 실제 반응속도}}{\text{기공확산의 영향이 없는 경우의 속도}}$

• ε(유효인자)가 작을수록 실제 반응속도 $\overline{r_A}$가 작다.

90 부피가 일정한 회분식 반응기에서 반응혼합물 A기체의 최초 압력을 478mmHg로 할 경우에 반감기가 80s이었다고 한다. 만일 이 A기체의 반응 혼합물에 최초 압력을 315mmHg로 하였을 때 반감기가 120s로 되었다면 반응의 차수는 몇 차 반응으로 예상할 수 있는가?(단, 반응물은 초기 조성이 같고, 비가역 반응이 일어난다.)

① 1차 반응 ② 2차 반응
③ 3차 반응 ④ 4차 반응

해설

$$n = 1 - \frac{\ln\left(\frac{t_{1/2 \cdot 2}}{t_{1/2 \cdot 1}}\right)}{\ln\left(\frac{P_{A0 \cdot 2}}{P_{A0 \cdot 1}}\right)} = 1 - \frac{\ln\left(\frac{80}{120}\right)}{\ln\left(\frac{478}{315}\right)} = 1.97 ≒ 2차$$

91 이상적 반응기 중 완전교반흐름반응기에 대한 설명으로 틀린 것은?

① 반응기 입구와 출구의 몰 속도가 같다.
② 정상상태흐름반응기이다.
③ 축방향의 농도 구배가 없다.
④ 반응기 내의 온도 구배가 없다.

해설

CSTR(교반흐름반응기)

• 정상상태 $\dfrac{dN_A}{dt} = 0$

• 입량 = 출량 + 반응에 의한 소모량 + 축적량⁰
 $F_{A0} = F_A + (-r_A)V$
 $\therefore F_{A0} \neq F_A$

• 반응기 내부농도와 출구농도는 같다.
• 축방향의 농도구배가 없다.

정답 88 ③ 89 ① 90 ② 91 ①

92 그림은 단열조작에서 에너지수지식의 도식적 표현이다. 발열반응의 경우 불활성 물질을 증가시켰을 때 단열조작선은 어느 방향으로 이동하겠는가?(단, 실선은 불활성 물질이 없는 경우를 나타낸다.)

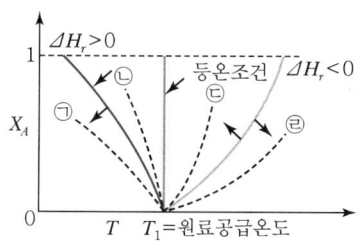

① ㉠
② ㉡
③ ㉢
④ ㉣

해설

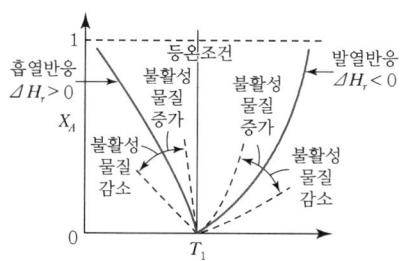

93 체적이 일정한 회분식 반응기에서 다음과 같은 기체반응이 일어난다. 초기의 전압과 분압을 각각 P_0, P_{A0}, 나중의 전압을 P라 할 때 분압 P_A을 표시하는 식은?(단, 초기에 A, B는 양론비대로 존재하고 R은 없다.)

$$aA + bB \to rR$$

① $P_A = P_{A0} - [a/(r+a+b)](P-P_0)$
② $P_A = P_{A0} - [a/(r-a-b)](P-P_0)$
③ $P_A = P_{A0} + [a/(r-a-b)](P-P_0)$
④ $P_A = P_{A0} + [a/(r+a+b)](P-P_0)$

해설

$$aA \quad + \quad bB \quad \to \quad rR$$
$t=0$: $\quad N_{A0} \quad\quad N_{B0} \quad\quad N_{R0}$
$t=t$: $\quad N_{A0}-ax \quad N_{B0}-bx \quad N_{R0}+rx$

$N_0 = N_{A0} + N_{B0} + N_{R0}$
$N = N_0 + x(r-a-b) = N_0 + x\Delta n$
$x = \dfrac{N-N_0}{\Delta n}$

$C_A = \dfrac{N_A}{V} = \dfrac{N_{A0}-ax}{V}$
$\quad = \dfrac{N_{A0}}{V} - \dfrac{a}{V} \cdot \dfrac{N-N_0}{\Delta n}$

$P_A = C_A RT$
$\quad = P_{A0} - \dfrac{a}{\Delta n}(P-P_0)$
$\quad = P_{A0} - \dfrac{a}{(r-a-b)}(P-P_0)$

94 부피가 일정한 회분식(Batch) 반응기에서 다음의 기초반응(Elementary Reaction)이 일어난다. 반응속도상수 $k=1.0\text{m}^3/\text{s mol}$, 반응 초기 A의 농도는 1.0 mol/m³라면 A의 전화율이 75%일 때까지 걸리는 반응시간은 얼마인가?

$$A+A \to D$$

① 1.4s
② 3.0s
③ 4.2s
④ 6.0s

해설

$k = 1\text{m}^3/\text{mol s}$
$\quad = [농도]^{1-n}[시간]^{-1}$
$\therefore n = 2$차

2차 batch : $ktC_{A0} = \dfrac{X_A}{1-X_A}$

$1 \times t \times 1 = \dfrac{0.75}{1-0.75}$

$\therefore t = 3\text{s}$

95 0차 반응의 반응물 농도와 시간의 관계를 옳게 나타낸 것은?

① 농도
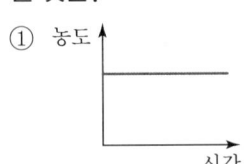

② 농도
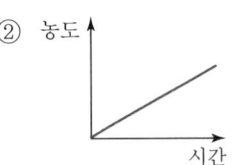

③ 농도
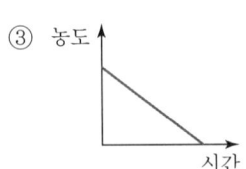

④ 농도
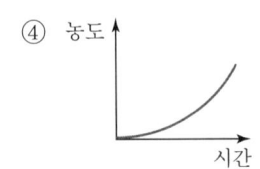

해설

0차
$-(C_A - C_{A0}) = kt$
$C_A = -kt + C_{A0}$

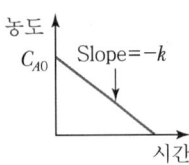

96 반감기가 50시간인 방사능액체를 10L/h의 속도를 유지하여 직렬로 연결된 두 개의 혼합탱크(각각 $V = 4,000L$)에 통과시켜 처리한다. 이와 같이 처리시킬 때 방사능이 얼마나 감소하겠는가?

① 93.67%   ② 95.67%
③ 97.67%   ④ 99.67%

해설

$t_{1/2} = 50h$

1차 반응 $-\ln(1-X_A) = kt$

$-\ln \dfrac{1}{2} = k \times 50h$

$\therefore k = \dfrac{\ln 2}{50h}$

$\tau = \dfrac{V}{v_0} = \dfrac{4,000L}{10L/h} = 400h$

$\dfrac{C_{A2}}{C_{A0}} = \dfrac{1}{(1+k\tau)^2} = 1 - X_{A2}$

$\therefore X_{A2} = 1 - \dfrac{1}{(1+k\tau)^2}$

$= 1 - \dfrac{1}{\left(1 + \dfrac{\ln 2}{50h} \times 400h\right)^2}$

$= 0.9767(97.67\%)$

97 연속흐름반응기에서 물질수지식으로 옳은 것은?

① 입류량=출류량−소멸량+축적량
② 입류량=출류량−소멸량−축적량
③ 입류량=출류량+소멸량+축적량
④ 입류량=출류량+소멸량−축적량

해설

입량−출량−소모량=축적량

98 다음의 액상 병렬반응을 연속흐름반응기에서 진행시키고자 한다. 이때 같은 입류조건에 A의 전화율이 모두 0.9가 되도록 반응기를 설계한다면 어느 반응기를 사용하는 것이 R로의 전화율을 가장 크게 해주겠는가? (단, $r_R = 20 C_A$이고 $r_S = 5 C_A^2$이다.)

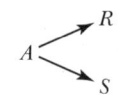

① 플러그흐름반응기
② 혼합흐름반응기
③ 환류식 플러그흐름반응기
④ 다단식 혼합흐름반응기

해설

$\dfrac{r_R}{r_S} = \dfrac{20 C_A}{5 C_A^2} = \dfrac{4}{C_A}$ 이므로 C_A를 낮게 유지해야 하므로 CSTR이 유리하다.

99 불균질(Heterogeneous) 반응속도에 대한 설명으로 가장 거리가 먼 것은?

① 불균질 반응에서 일반적으로 반응속도식은 화학반응항에 물질이동항이 포함된다.
② 어떤 단계가 비선형성을 띠면 이를 회피하지 말고 총괄속도식에 적용하여 문제를 해결해야 한다.
③ 여러 과정의 속도를 나타내는 단위가 서로 같으면 총괄속도식을 유도하기 편리한다.
④ 총괄속도식에는 중간체의 농도항이 제거되어야 한다.

해설

불균질(불균일, Heterogeneous) 반응속도
㉠ 속도식에서 상 사이의 물질이동을 고려
  속도식 = 화학반응항 + 물질이동항
㉡ 총괄속도
  • 평행경로 : $r_{총괄} = \sum_{i=1}^{n} r_i$
  • 연속경로 : $r_{총괄} = r_1 = r_2 = \cdots = r_n$

100 양론식 $A + 3B \rightarrow 2R + S$가 2차 반응 $-r_A = k_1 C_A C_B$일 때, r_A, r_B와 r_R의 관계식으로 옳은 것은?

① $r_A = r_B = r_R$
② $-r_A = -r_B = r_R$
③ $-r_A = -\dfrac{1}{3} r_B = \dfrac{1}{2} r_R$
④ $-r_A = -3 r_B = 2 r_R$

해설

$aA + bB \rightarrow cC + dD$

$\dfrac{-r_A}{a} = \dfrac{-r_B}{b} = \dfrac{r_C}{c} = \dfrac{r_D}{d}$

$A + 3B \rightarrow 2R + S$

$\dfrac{-r_A}{1} = \dfrac{-r_B}{3} = \dfrac{r_R}{2} = \dfrac{r_S}{1}$

2016년 제4회 기출문제

1과목 화공열역학

01 정압과정으로, 액체로부터 증기로 바뀌는 순수한 물질에 대한 깁스자유에너지 G와 온도 T의 그래프를 옳게 나타낸 것은?

①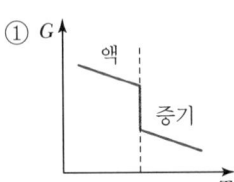
②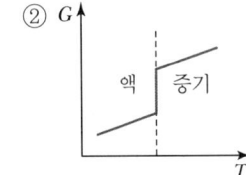
③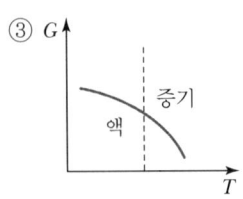
④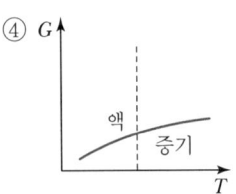

해설

상평형
$G(l) = G(v)$
G는 S(엔트로피)와 부호가 반대이다.
$dG = -SdT + VdP$

일정압력(정압과정) $dP = 0$
$\therefore \dfrac{dG}{dT} = -S$

증기의 엔트로피 > 액체의 엔트로피
$G-T$ 그래프에서 증기의 기울기가 더 가파르다.

02 줄-톰슨(Joule-Thomson) 팽창은 다음 중 어느 과정에 속하는가?

① 등엔탈피 과정
② 등엔트로피 과정
③ 정용 과정
④ 정압 과정

해설

Joule-Thomson 계수
$\mu = \left(\dfrac{\partial T}{\partial P}\right)_H$
등엔탈피 과정

03 혼합물이 기-액 상평형을 이루고 압력과 기상 조성이 주어졌을 때 온도와 액상 조성을 계산하는 방법을 다음 중 무엇이라 하는가?

① BUBL P
② BUBL T
③ DEW P
④ DEW T

해설

- DEW T : 주어진 $\{y_i\}$와 P로부터 $\{x_i\}$와 T를 계산
- DEW P : 주어진 $\{y_i\}$와 T로부터 $\{x_i\}$와 P를 계산
- BUBL P : 주어진 $\{x_i\}$와 T로부터 $\{y_i\}$와 P를 계산
- BUBL T : 주어진 $\{x_i\}$와 P로부터 $\{y_i\}$와 T를 계산

여기서, x_i : 액상조성
y_i : 기상조성
T : 온도
P : 압력

04 역행응축(逆行凝縮, Retrograde Condensation) 현상을 가장 유용하게 쓸 수 있는 경우는?

① 천연가스 채굴 시 동력 없이 많은 양의 액화 천연가스를 얻는다.
② 기체를 임계점에서 응축시켜 순수성분을 분리시킨다.
③ 고체 혼합물을 기체화시킨 후 다시 응축시켜 비휘발성 물질만을 얻는다.
④ 냉동의 효율을 높이고 냉동제의 증발잠열을 최대로 이용한다.

정답 01 ③ 02 ① 03 ④ 04 ①

해설

역행응축
다성분계의 임계점 부근에서, 압력을 감소시킬 때 액화가 일어나는 이상한 응축현상

예) • 천연가스 채굴 시 동력 없이 액화천연가스를 얻는다.
    • 지하 유정에서 가스를 끌어올릴 때 가벼운 가스를 다시 넣어 주어 압력을 높인다.

05 실제기체의 조름공정(Throttling Process)을 전후해서 변하지 않는 성질은?
① 온도 ② 엔탈피
③ 압력 ④ 엔트로피

해설

조름공정
기체를 가는 구멍이나 다공성 마개를 통과시키면 온도가 변하는 현상으로 엔탈피가 일정한 공정이다.

06 $P-H$ 선도에서 등엔트로피선의 기울기 $\left(\dfrac{\partial P}{\partial H}\right)_S$ 의 값은?

① $\left(\dfrac{\partial P}{\partial H}\right)_S = V$
② $\left(\dfrac{\partial P}{\partial H}\right)_S = \dfrac{1}{V}$
③ $\left(\dfrac{\partial P}{\partial H}\right)_S = -V$
④ $\left(\dfrac{\partial P}{\partial H}\right)_S = -\dfrac{1}{V}$

해설

$dH = TdS + VdP$
등엔트로피이므로 $dS = 0$
$\left(\dfrac{\partial P}{\partial H}\right)_S = \dfrac{1}{V}$

07 다음 중 혼합물에서 성분 i의 화학퍼텐셜(Chemical Potential)을 올바르게 나타낸 것은?

① $\mu_i = \left(\dfrac{\partial(nA)}{\partial n_i}\right)_{P,T,n_j}$
② $\mu_i = \left(\dfrac{\partial(nA)}{\partial n_i}\right)_{P,V,n_j}$
③ $\mu_i = \left(\dfrac{\partial(nG)}{\partial n_i}\right)_{P,T,n_j}$
④ $\mu_i = \left(\dfrac{\partial(nG)}{\partial n_i}\right)_{P,V,n_j}$

해설

$$\mu_i = \left(\dfrac{\partial(nU)}{\partial n_i}\right)_{nS,nV,n_j} = \left(\dfrac{\partial(nH)}{\partial n_i}\right)_{nS,P,n_j}$$
$$= \left(\dfrac{\partial(nA)}{\partial n_i}\right)_{nV,T,n_j} = \left(\dfrac{\partial(nG)}{\partial n_i}\right)_{P,T,n_j}$$

08 같은 몰수의 벤젠과 톨루엔의 액체 혼합물이 303.15K에서 증기와 기-액 상평형을 이루고 있다. 라울의 법칙을 가정할 때 계의 총 압력과 벤젠의 증기 조성은 얼마인가?(단, 303.15K에서 벤젠의 증기압은 15.9kPa이며, 톨루엔의 증기압은 4.9kPa이다.)

① 전압=20.8kPa, 증기의 벤젠 조성=0.236
② 전압=20.8kPa, 증기의 벤젠 조성=0.764
③ 전압=10.4kPa, 증기의 벤젠 조성=0.236
④ 전압=10.4kPa, 증기의 벤젠 조성=0.764

해설

$P = p_A + p_B = P_A x_A + P_B(1-x_A)$
$= 15.9 \times 0.5 + 4.9 \times 0.5$
$= 10.4 \text{kPa}$
$y_A = \dfrac{P_A x_A}{P} = \dfrac{15.9 \times 0.5}{10.4} = 0.764$

09 다음의 $P-H$ 선도에서 $H_2 - H_1$의 값은 무엇에 해당하는가?

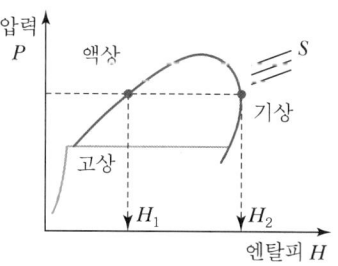

① 혼합열 ② 승화열
③ 증발열 ④ 융해열

해설

$H_2 - H_1 =$ 증발잠열 = 액화열

정답 ▶ 05 ② 06 ② 07 ③ 08 ④ 09 ③

10 열과 일 사이의 에너지 보존의 원리를 표현한 법칙은?

① 보일 – 샤를의 법칙
② 열역학 제1법칙
③ 열역학 제2법칙
④ 열역학 제3법칙

해설

열역학 법칙
- 열역학 제0법칙 : 온도계의 원리
- 열역학 제1법칙 : 에너지 보존의 법칙
- 열역학 제2법칙 : 엔트로피의 법칙
- 열역학 제3법칙 : 절대 0도에서의 엔트로피에 관한 법칙

11 3개의 기체화학종(Chemical Species) N_2, H_2, NH_3로 구성되어 다음의 화학반응이 일어나는 반응계의 자유도는?

$$N_2(g) + 3H_2(g) \rightarrow 2NH_3(g)$$

① 0 ② 1
③ 2 ④ 3

해설

$F = 2 - p + c - r - s$
$\quad = 2 - 1 + 3 - 1$
$\quad = 3$

12 디젤(Diesel) 엔진의 사이클 중 연소는 열역학적으로 다음의 어느 과정에서 일어나는가?

① 정용 과정 ② 등압 과정
③ 단열 과정 ④ 등엔탈피 과정

해설

디젤기관
- 연소가 등압하에서 이루어지는 등압사이클이다.
- 같은 압축비를 사용하면 Otto 기관이 Diesel 기관보다 효율이 높으나 디젤기관은 높은 압축비에서 운전되므로 더 높은 효율을 얻는다.

13 컴퓨터를 이용한 이성분계 계산에 대한 설명 중 적합하지 않은 것은?

① 등온 플래시 계산은 온도, 압력을 주고 기상, 액상의 몰 조성을 구하는 계산이다.
② 등온 플래시 계산은 뉴턴의 방법 같은 반복계산을 통해서 계산된다.
③ 평형상수를 이용하면 반응의 속도를 정확히 알 수 있다.
④ 평형상수를 이용하면 반응 후 최종 조성을 정확히 알 수 있다.

해설

- Flash 계산
기액평형 계산으로 가압상태의 액체가 밸브를 통해 액체의 일부가 증발(Flash)할 수 있도록 압력이 낮은 상태로 될 때 일어나는 변화에서 유래

$$\frac{y_i}{x_i} = \frac{P_i^*}{P} = K_i$$

$$x_i = \frac{Z_i}{1 + \nu(K_i - 1)}$$

$$y_i = \frac{Z_i K_i}{1 + \nu(K_i - 1)}$$

$$F = \sum \frac{Z_i K_i}{1 + \nu(K_i - 1)} - 1 = 0 \text{에서 값 계산}$$

- Newton의 법칙
방정식의 정확한 해에 빨리 수렴하는 근사해의 수열을 생성하는 반복 계산방법

$$X_{i+1} = X_i - \frac{Y_i}{(dY/dX)_i}$$

14 디젤기관(Diesel Cycle)과 오토기관(Otto Cycle)에 대한 설명으로 옳은 것은?

① 두 기관 모두 효율은 압축비와 무관하게 결정된다.
② 디젤기관(Diesel Cycle)은 2개의 정용과정이 있다.
③ 같은 압축비에 대하여는 오토기관(Otto Cycle)은 디젤기관(Diesel Cycle)보다 효율이 좋다.
④ 오토기관(Otto Cycle)은 1개의 정용 과정과 1개의 정압 과정이 있다.

정답 10 ② 11 ④ 12 ② 13 ③ 14 ③

해설

㉠ 디젤기관
- 연소가 등압하에서 이루어지므로 등압사이클이다.
- 압축 후 온도가 충분히 높아서 연소가 순간적으로 시작된다.
- 디젤 사이클은 압축비와 팽창비의 함수이다.
- 압축비가 같다면 Otto 기관이 Diesel 기관보다 효율이 높다. 그러나 Otto 기관에서는 미리 점화하는 현상 때문에 얻을 수 있는 압축비에 한계가 있다. Diesel 기관은 더 높은 압축비에서 운전되며 더 높은 효율을 얻는다.

㉡ Otto 기관
- 2개의 단열과정 + 2개의 등부피과정
- $\eta = 1 - \left(\dfrac{1}{r}\right)^{\gamma-1}$

여기서, r : 압축비
γ : 비열비

15 퓨가시티(Fugacity) f_i 및 퓨가시티 계수 ϕ_i에 관한 설명으로 틀린 것은?(단, $\phi_i = \dfrac{f_i}{P}$이다.)

① 이상기체에 대한 $\dfrac{f_i}{P}$의 값은 1이 된다.
② 잔류 깁스(Gibbs) 에너지 G_i^R과 ϕ_i의 관계는 $G_i^R = RT\ln\phi_i$로 표시된다.
③ 퓨가시티 계수 ϕ_i의 단위는 압력의 단위를 가진다.
④ 주어진 성분의 퓨가시티가 모든 상에서 동일할 때 접촉하고 있는 상들은 평형상태에 도달할 수 있다.

해설

① $\phi_i - \dfrac{f_i}{P} - 1 \ (f_i^{ig} - P)$
② $G_i^R = RT\ln\phi_i$
③ ϕ_i : 퓨가시티 계수, 무차원
④ 평형상태에서 모든 상에 대한 i성분의 퓨가시티는 같다.
$(\hat{f}_i^\alpha = \hat{f}_i^\beta)$

16 이성분 혼합용액에 관한 라울(Raoult)의 법칙으로 옳은 것은?(단, y_i, x_i는 기상 및 액상의 몰분율을 의미한다.)

① $y_1 = \dfrac{x_1 P_1^{sat}}{P_2^{sat} + x_1(P_1^{sat} - P_2^{sat})}$

② $y_1 = \dfrac{x_2 P_2^{sat}}{P_2^{sat} + x_1(P_1^{sat} - P_2^{sat})}$

③ $y_1 = \dfrac{x_1 P_1^{sat}}{P_2^{sat} + x_1(P_2^{sat} - P_1^{sat})}$

④ $y_1 = \dfrac{x_2 P_2^{sat}}{P_2^{sat} + x_1(P_2^{sat} - P_1^{sat})}$

해설

라울의 법칙
$y_1 = \dfrac{P_1}{P} = \dfrac{x_1 P_1^{sat}}{P}$
$P = P_1^{sat} x_1 + P_2^{sat}(1 - x_1) = P_2^{sat} + (P_1^{sat} - P_2^{sat})x_1$
$\therefore y_1 = \dfrac{x_1 P_1^{sat}}{P_2^{sat} + x_1(P_1^{sat} - P_2^{sat})}$

17 60기압의 기체($\gamma = 1.33$)가 들어 있는 탱크에 수렴 노즐(Convergent Nozzle)을 연결하여 이 기체를 다른 탱크로 뽑아내고자 할 때 가장 빨리 뽑아내기 위해서는 제2의 탱크 압력을 몇 기압으로 유지시켜야 하는가?(단, 기체는 이상기체, γ는 비열비이다.)

① 3.24기압
② 32.4기압
③ 4.51기압
④ 45.1기압

해설

노즐목(Throat) 부분에서의 압력비
$\dfrac{P_2}{P_1} = \left(\dfrac{2}{\gamma+1}\right)^{\frac{\gamma}{\gamma-1}}$

$\therefore P_2 = P_1 \left(\dfrac{2}{\gamma+1}\right)^{\frac{\gamma}{\gamma-1}}$

$= 60\text{atm}\left(\dfrac{2}{1.33+1}\right)^{\frac{1.33}{1.33-1}} = 32.42\text{atm}$

18 두 성분이 완전 혼합되어 하나의 이상용액을 형성할 때 한 성분 i의 화학퍼텐셜 μ_i는 $\mu_i°(T,P) + RT\ln X_i$로 표시할 수 있다. 동일 온도와 압력하에서 한 성분 i의 순수한 화학퍼텐셜 μ_i^{Pure}는 어떻게 나타낼 수 있는가?

① $\mu_i^{Pure} = \mu_i°(T,P) + RT + \ln X_i$
② $\mu_i^{Pure} = RT\ln X_i$
③ $\mu_i^{Pure} = \mu_i°(T,P) + RT$
④ $\mu_i^{Pure} = \mu_i°(T,P)$

해설
$\mu_i^{id} = G_i + RT\ln X_i$
$\mu_i = \mu_i°(T, P) + RT\ln X_i$
$\mu_i^{pure} = \mu°(T, P) + RT\ln 1 = \mu°(T, P)$

19 $C_P/C_V = 1.4$인 공기 $1m^3$를 5atm에서 20atm으로 단열압축 시 최종 체적은 얼마인가?(단, 이상기체로 가정한다.)

① $0.18m^3$
② $0.37m^3$
③ $0.74m^3$
④ $3.7m^3$

해설
$\dfrac{C_P}{C_V} = \gamma = 1.4$
$P_1 V_1^\gamma = P_2 V_2^\gamma$
$\dfrac{P_1}{P_2} = \left(\dfrac{V_2}{V_1}\right)^\gamma$
$\dfrac{5}{20} = \left(\dfrac{V_2}{1}\right)^{1.4}$
$\therefore V_2 = 0.37\,m^3$

20 상태방정식에 대한 성명으로 틀린 것은?
① 3차 상태방정식은 압력을 온도와 부피의 항으로 표시한다.
② 3차 상태방정식은 3개 또는 1개의 실근을 가진다.
③ 3차 상태방정식을 이용하면 기체 혼합물의 잔류물성(Residual Propreties)을 계산할 수 있다.
④ 3차 상태방정식을 이용하여 기준 물성($H°$, $C_P°$, $S°$) 등을 계산할 수 있다.

해설
3차 상태방정식
$f(T, P, V)$
예 $P = \dfrac{RT}{V-b} - \dfrac{a}{V^2}$

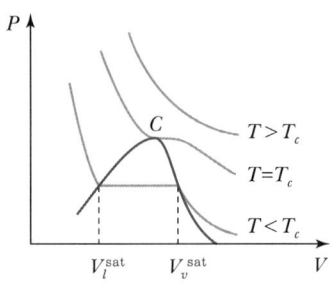

- $T > T_c$: 하나의 양의 실근
- $T = T_c$: 하나의 양의 실근 또는 삼중근(V_c)
- $T < T_c$: 하나의 양의 실근(고압), 세 개의 양의 실근(낮은 압력범위)

2과목 단위조작 및 화학공업양론

21 정상상태로 흐르는 유체가 유로의 확대된 부분을 흐를 때 변화하지 않는 것은?
① 유량
② 유속
③ 압력
④ 유동단면적

해설
$\dot{m} = \rho u A = \rho Q =$ 일정
$u_1 A_1 = u_2 A_2 : A\uparrow,\ u\downarrow$
$\dfrac{u^2}{2} + gZ + \dfrac{P}{\rho} = $ const : 베르누이 정리
속도가 변하면 압력도 변한다.

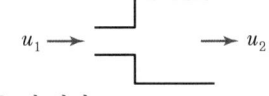

22 25℃에서 10L의 이상기체를 1.5L까지 정온 압축시켰을 때 주위로부터 2,250cal의 일을 받았다면 이 이상기체는 몇 mol인가?

① 0.5mol　　② 1mol
③ 2mol　　　④ 3mol

해설

$\Delta U = Q - W = 0$ (등온)

$Q = W = nRT \ln \dfrac{V_2}{V_1}$

$-2,250\,\text{cal} = n \times 1.987\,\text{cal/mol K} \times 298\,\text{K} \times \ln \dfrac{1.5}{10}$

$\therefore n = 2\,\text{mol}$

---

23 이상기체 1몰이 300K에서 100kPa로부터 400kPa로 가역과정으로 등온 압축되었다. 이때 작용한 일의 크기를 옳게 나타낸 것은?

① $(1)(8.314)(300)\ln\dfrac{400}{100}\,\text{J}$

② $(1)(8.314)\left(\dfrac{1}{300}\right)\ln\dfrac{400}{100}\,\text{J}$

③ $(1)\left(\dfrac{1}{8.314}\right)(300)\ln\dfrac{400}{100}\,\text{kJ}$

④ $(1)\left(\dfrac{1}{8.314}\right)\left(\dfrac{1}{300}\right)\ln\dfrac{400}{100}\,\text{kJ}$

해설

$\Delta U = Q + W = 0$ (등온)

여기서, W : 계에 일을 할 때 $(+)$인 경우

$Q = -W = \int P\,dV = \int \dfrac{nRT}{V}\,dV$

$= nRT \ln \dfrac{V_2}{V_1} = nRT \ln \dfrac{P_1}{P_2}$

$\therefore W = -1\,\text{mol} \times 8.314\,\text{J/mol K} \times 300\,\text{K} \times \ln\dfrac{100}{400}$

$= (1)(8.314)(300)\ln\dfrac{400}{100}\,\text{J}$

---

24 톨루엔 속에 녹은 40%의 이염화에틸렌용액이 매시간 100mol씩 증류탑 중간으로 공급되고 탑 속의 축적량 없이 두 곳으로 나간다. 위로 올라가는 것을 증류물이라 하고, 밑으로 나가는 것을 잔류물이라 한다. 증류물은 이염화에틸렌 95%를 가졌고 잔류물은 이염화에틸렌 10%를 가졌다고 할 때 각 흐름의 속도는 약 몇 mol/h인가?

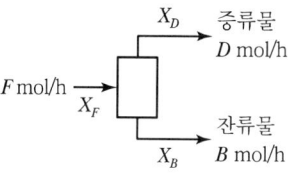

① $D = 0.35$　$B = 0.64$
② $D = 64.7$　$B = 35.3$
③ $D = 35.3$　$B = 64.7$
④ $D = 0.64$　$B = 0.35$

해설

$F = 100\,\text{mol/h}$
$F = D + B = 100\,\text{mol/h}$
$100 \times 0.4 = D \times 0.95 + (100 - D) \times 0.1$
$\therefore D = 35.3\,\text{mol/h}$
$B = 100 - 35.3 = 64.7\,\text{mol/h}$

---

25 대기압이 760mmHg이고 기온이 30℃인 공기의 밀도는 약 몇 kg/m³인가?

① 1.167　　② 1.206
③ 1.513　　④ 1.825

해설

$d = \dfrac{PM}{RT}$

$= \dfrac{1\,\text{atm} \times 29\,\text{kg/kmol}}{0.082\,\text{m}^3\,\text{atm/kmol K} \times 303\,\text{K}}$

$= 1.167\,\text{kg/m}^3$

정답 22 ③　23 ①　24 ③　25 ①

26 이상기체에서 단열공정(Adiabatic Process)에 대한 관계를 옳게 나타낸 것은?(단, K는 비열비이다.)

① $\dfrac{T_2}{T_1} = \left(\dfrac{P_2}{P_1}\right)^{\frac{1-K}{K}}$ ② $\dfrac{T_2}{T_1} = \left(\dfrac{P_2}{P}\right)^{K-1}$

③ $\dfrac{T_2}{T_1} = \left(\dfrac{P_2}{P_1}\right)^{\frac{K-1}{K}}$ ④ $\dfrac{T_2}{T_1} = \left(\dfrac{P_2}{P}\right)^{1-K}$

해설

$\left(\dfrac{T_2}{T_1}\right) = \left(\dfrac{V_1}{V_2}\right)^{K-1}$

$\left(\dfrac{T_2}{T_1}\right) = \left(\dfrac{P_2}{P_1}\right)^{\frac{K-1}{K}}$

$\dfrac{P_2}{P_1} = \left(\dfrac{V_1}{V_2}\right)^{K}$

27 Hess의 법칙에 대한 설명으로 옳은 것은?
① 정압하에서 열(Q_P)을 추산하는 데 무관한 법칙이다.
② 경로함수의 성질을 이용하는 법칙이다.
③ 상태함수의 변화치를 추산하는 데 이용할 수 없는 법칙이다.
④ 엔탈피 변화는 초기 및 최종 상태에만 의존한다.

해설

Hess' Law(총열량 불변의 법칙)
화학반응에서 엔탈피 변화는 초기상태와 최종상태 사이의 경로와 무관하다.

$A+B \xrightarrow{\Delta H} P$
$\Delta H_1 \searrow \quad \nearrow \Delta H_3$
$C+D \xrightarrow{\Delta H_2} E$

$\therefore \Delta H = \Delta H_1 + \Delta H_2 + \Delta H_3$

28 혼합물인 공기의 조성은 질소(N_2) 79mol%, 산소(O_2) 21mol%이다. 공기를 이상기체로 가정했을 때 질소의 질량분율은 얼마인가?

① 0.325   ② 0.531
③ 0.767   ④ 0.923

해설

$0.79 \times 28 + 0.21 \times 32 = 28.84\,g/mol$

$x_{N_2} = \dfrac{0.79 \times 28}{28.84} = 0.767$

29 다음 중 가장 낮은 압력을 나타내는 것은?
① 760mmHg   ② 101.3kPa
③ 14.2psi   ④ 1bar

해설

$760\,mmHg = 101.3\,kPa = 1\,atm$

$14.2\,psi \times \dfrac{1\,atm}{14.7\,psi} = 0.966\,atm$

$1\,bar \times \dfrac{1\,atm}{1.01325\,bar} = 0.987\,atm$

30 1atm, 25℃에서 상대습도가 50%인 공기 1m³ 중에 포함되어 있는 수증기의 양은?(단, 25℃에서 수증기의 증기압은 24mmHg이다.)

① 11.6g   ② 12.5g
③ 28.8g   ④ 51.5g

해설

$H_R = \dfrac{P_V}{P_S} \times 100\%$

$50\% = \dfrac{P_V}{24} \times 100$

$\therefore P_V = 12\,mmHg$

$PV = nRT = \dfrac{\omega}{M}RT$

$\omega = \dfrac{PVM}{RT}$

$= \dfrac{12\,mmHg \times \dfrac{1\,atm}{760\,mmHg} \times 1\,m^3 \times 18\,kg/kmol}{0.082\,m^3\,atm/kmol\,K \times 298K}$

$= 0.01163\,kg = 11.63\,g$

정답 26 ③ 27 ④ 28 ③ 29 ③ 30 ①

31 Isotropic Turbulent란?

① 난류에서 x, y, z 세 방향의 편차속도의 자승의 평균값이 모두 다른 경우
② 난류에서 x, y, z 세 방향의 편차속도의 자승의 평균값이 모두 같은 경우
③ 난류의 편차속도가 x, y, z 세 방향에 대하여 서로 다른 경우
④ 난류의 편차속도가 x, y, z 세 방향에 대하여 서로 같은 경우

해설

Isotropic Turbulent(등방성 난류)
- 방향에 따라 물질의 물리적 성질이 달라지지 않는 성질을 등방성이라 하며, 방향에 따라 수리특성이 달라지지 않는 난류를 등방성 난류라고 한다.
- 등방성 난류는 x, y, z 세 방향의 편차속도의 자승의 평균값이 모두 같다.
  $(\overline{u'})^2 = (\overline{v'})^2 = (\overline{\omega'})^2$

32 건조 조작에서 임계(Critical)함수율이란?

① 건조속도가 0일 때 함수율
② 감율 건조가 끝나는 때의 함수율
③ 항률 단계에서 감율 단계로 바뀌는 함수율
④ 건조 조작이 끝나는 함수율

해설

임계함수율
항률건조기간에서 감률건조기간으로 바뀔 때의 함수율

33 다음 그림은 충전흡수탑에서 기체의 유량변화에 따른 압력강하를 나타낸 것이다. 부하점(Loading Point)에 해당하는 곳은?

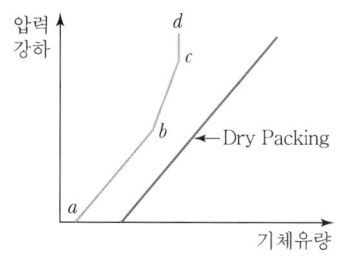

① a ② b
③ c ④ d

해설

부하점(Loading Point) : b점
- 기체속도 증가에 의해 액체유량이 증가한다.
- 흡수탑의 작업은 이 점을 넘지 않는 범위에서 한다.

※ 범람점(왕일점, Flooding Point) : c점
   기체속도가 더 증가하여 액이 범람하는 점

34 기체 흡수 설계에 있어서 평행선과 조작선이 직선일 경우 이동단위높이(HTU)와 이동단위수(NTU)에 대한 해석으로 옳지 않은 것은?

① HTU는 대수평균농도차(평균추진력)만큼의 농도 변화가 일어나는 탑 높이이다.
② NTU는 전탑 내에서 농도 변화를 대수 평균 농도차로 나눈 값이다.
③ HTU는 NTU로 전 충전고를 나눈 값이다
④ NTU는 평균 불활성 성분 조성의 역수이다.

해설

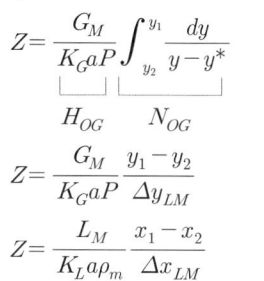 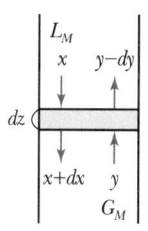

$Z = \dfrac{G_M}{K_G aP} \underbrace{\int_{y_2}^{y_1} \dfrac{dy}{y-y^*}}_{N_{OG}}$
    $\underbrace{\phantom{\dfrac{G_M}{K_G aP}}}_{H_{OG}}$

$Z = \dfrac{G_M}{K_G aP} \dfrac{y_1 - y_2}{\Delta y_{LM}}$

$Z = \dfrac{L_M}{K_L a\rho_m} \dfrac{x_1 - x_2}{\Delta x_{LM}}$

∴ $Z = H_{OG} \times N_{OG}$

여기서, Z : 충전층의 높이
H_{OG} : 총괄이동단위높이(HTU)
N_{OG} : 총괄이동단위높이(NTU)

정답 31 ② 32 ③ 33 ② 34 ④

35 증류에 있어서 원료 흐름 중 기화된 증기의 분율을 f라 할 때 f에 대한 표현 중 틀린 것은?

① 원료가 포화액체일 때 $f=0$
② 원료가 포화증기일 때 $f=1$
③ 원료가 증기와 액체 혼합물일 때 $0<f<1$
④ 원료가 과열증기일 때 $f<1$

해설

액의 분율(q)	증기의 분율(f)
차가운 원액 $q>1$	$f<0$
포화원액 $q=1$	$f=0$
부분적으로 기화된 원액 $0<q<1$	$0<f<1$
포화증기 $q=0$	$f=1$
과열증기 $q<0$	$f>1$

36 p-Xylene 40mol%, o-Xylene 60mol%인 혼합물을 비점으로 연속 공급하여 탑정 중의 p-Xylene을 95mol%로 만들고자 한다. 비휘발도가 1.5라면 최소환류비는 얼마인가?

① 1.5 ② 2.5
③ 3.5 ④ 4.5

해설

$$y_f = \frac{\alpha x_f}{1+(\alpha-1)x_f} = \frac{1.5 \times 0.4}{1+(1.5-1) \times 0.4} = 0.5$$

$$R_{Dm} = \frac{x_D - y_f}{y_f - x_f} = \frac{0.95 - 0.5}{0.5 - 0.4} = 4.5$$

37 공비혼합물에 관한 설명으로 거리가 먼 것은?

① 보통의 증류방법으로 고순도의 제품을 얻을 수 없다.
② 비점도표에서 극소 또는 극대점을 나타낼 수 있다.
③ 상대휘발도가 1이다.
④ 전압을 변화시켜도 공비혼합물의 조성과 비점이 변하지 않는다.

해설

공비혼합물
① 공비증류, 추출증류방법을 사용한다.
② 극소 또는 극대점
 • 최저공비혼합물 : 비점도표에서 극소점
 • 최고공비혼합물 : 비점도표에서 극대점
③ 상대휘발도
$$\alpha_{AB} = \frac{y_A/x_A}{y_B/x_B} = 1$$
$$x_A = y_A, \ x_B = y_B$$
④ 비점도표($T-x$, y 선도)는 압력이 일정할 때이며, 압력이 변하면 조성과 비점도 변한다.

38 태양광선 중 최대강도를 갖는 파장이 6×10^{-5}cm라고 할 때 빈(Wien)의 변위법칙을 사용하여 태양의 표면온도를 구하면?(단, 상수값은 2.89×10^{-3}m K이다.)

① 약 4,544℃ ② 약 5,011℃
③ 약 5,500℃ ④ 약 6,010℃

해설

$\lambda_{max} T = 2.89 \times 10^{-3}$m K

$$T = \frac{2.89 \times 10^{-3} \text{m K}}{6 \times 10^{-5} \times 10^{-2} \text{m}}$$
$= 4,817 K = 4,544℃$

39 2중관 열교환기를 사용하여 500kg/h의 기름을 240℃의 포화수증기를 써서 60℃에서 200℃까지 가열하고자 한다. 이때 총괄전열계수가 500kcal/m² h ℃, 기름의 정압비열은 1.0kcal/kg ℃이다. 필요한 가열면적은 몇 m²인가?

① 3.1 ② 2.4
③ 1.8 ④ 1.5

해설

$q = \dot{m} C_P (t_2 - t_1)$
$= 500 \text{kg/h} \times 1 \text{kcal/kg °C} \times (200-60)\text{°C}$
$= 70,000 \text{kcal/h}$

$\Delta \bar{t}_L = \dfrac{180-40}{\ln \dfrac{180}{40}} = 93.1$

240°C → 240°C
200°C
60°C
$\Delta t_1 = 40$°C $\Delta t_2 = 180$°C

$q = UA\Delta \bar{t}_L$

$70,000 \text{kcal/h} = 500 \text{kcal/m}^2 \text{ h °C} \times A \times 93.1$

$\therefore A = 1.5 \text{m}^2$

---

40 다음 중 고점도를 갖는 액체를 혼합하는 데 가장 적합한 교반기는?

① 공기(Air) 교반기
② 터빈(Turbine) 교반기
③ 프로펠러(Propeller) 교반기
④ 나선형 리본(Helical Ribbon) 교반기

해설
- 터빈 교반기 : 급격한 교반을 할 필요가 있을 때 사용한다.
- 프로펠러 교반기 : 점도가 낮은 액체의 다량 처리에 알맞다.
- 나선형 리본형 교반기 : 점도가 큰 액체에 사용하며, 교반도 하면서 운반을 한다.

3과목 공정제어

41 주제어기의 출력신호가 종속제어기의 목푯값으로 사용되는 제어는?

① 비율제어
② 내부모델제어
③ 예측제어
④ 다단제어

해설
다단제어
주제어기의 출력신호가 종속제어기의 목푯값이 된다.

---

42 다음 공정에 PI 제어기($K_c = 0.5$, $\tau_I = 1$)가 연결되어 있을 때 설정값에 대한 출력의 닫힌 루프(Closed Loop) 전달함수는?(단, 나머지 요소의 전달함수는 1이다.)

$$G(s) = \dfrac{2}{2s+1}$$

① $\dfrac{Y(s)}{Y_{SP}(s)} = \dfrac{1}{2s^2 + 2s + 1}$

② $\dfrac{Y(s)}{Y_{SP}(s)} = \dfrac{s+1}{2s^2 + 2s + 1}$

③ $\dfrac{Y(s)}{Y_{SP}(s)} = \dfrac{s+1}{2s^2 + s + 1}$

④ $\dfrac{Y(s)}{Y_{SP}(s)} = \dfrac{s+1}{2s^2 + s + 1}$

해설

$G(s) = \dfrac{Y(s)}{Y_{SP}(s)} = \dfrac{0.5\left(1+\dfrac{1}{s}\right)\left(\dfrac{2}{2s+1}\right)}{1+0.5\left(1+\dfrac{1}{s}\right)\left(\dfrac{2}{2s+1}\right)}$

$= \dfrac{\dfrac{s+1}{s(2s+1)}}{1+\dfrac{s+1}{s(2s+1)}} = \dfrac{s+1}{2s^2+2s+1}$

---

43 PID 제어기에서 적분동작에 대한 설명 중 틀린 것은?

① 제어기 입력신호의 절댓값을 적분한다.
② 설정점과 제어변수 간의 오프셋을 제거해 준다.
③ 적분상수 τ_I가 클수록 적분동작이 줄어든다.
④ 제어기 이득 K_c가 클수록 적분동작이 커진다.

해설
PID 제어기

$P = K_c e + K_c \tau_D \dfrac{de}{dt} + \dfrac{K_c}{\tau_I} \int_0^t e\,dt + P_s$

$\therefore G(s) = \dfrac{P(s)}{E(s)} = K_c \left(1 + \tau_D s + \dfrac{1}{\tau_I s}\right)$

적분동작은 오차를 시간에 대하여 적분한다.
적분제어가 추가되면 잔류편차가 제거되며 진동은 심해진다.

정답 40 ④ 41 ④ 42 ② 43 ①

44 1차계 전달함수 $G(s) = \dfrac{1}{s+1}$의 구석점 주파수(Corner Frequency)에서 이 1차계 2개가 직렬로 연결된 $G_{overall}(s)$의 위상각(Phase Angle)은 얼마인가?

① $-\dfrac{\pi}{4}$
② $-\dfrac{\pi}{2}$
③ $-\pi$
④ $-\dfrac{3}{2}\pi$

해설

$G(s) = \dfrac{1}{(s+1)} \cdot \dfrac{1}{(s+1)} = \dfrac{1}{s^2 + 2s + 1}$

$\tau = 1, \zeta = 1$

※ 구석점 주파수(Corner 주파수=Break 주파수)

$\tau \omega = 1$

$\phi = -\tan^{-1}\left(\dfrac{2\tau\zeta w}{1 - \tau^2 w^2}\right)$

$= -\tan^{-1} \infty$

$= -\dfrac{\pi}{2}$

45 동일한 2개의 1차계가 상호작용 없이(Non Interacting) 직렬연결되어 있는 계는 다음 중 어느 경우의 2차계와 같아지는가?(단, ξ는 감쇠계수(Damping Coefficient)이다.)

① $\xi > 1$
② $\xi = 1$
③ $\xi < 1$
④ $\xi = \infty$

해설

$G(s) = \dfrac{1}{(\tau_1 s + 1)} \times \dfrac{1}{(\tau_2 s + 1)}$ $(\tau_1 = \tau_2 = \tau)$

$= \dfrac{1}{\tau^2 s^2 + 2\tau s + 1}$

2차계에서 $\zeta = 1$

2차계 $G(s) = \dfrac{1}{\tau^2 s^2 + 2\tau\zeta s + 1}$

46 다음은 Parallel Cascade 제어시스템의 한 예이다. $D(s)$와 $Y(s)$사이의 전달함수 $\dfrac{Y(s)}{D(s)}$는?

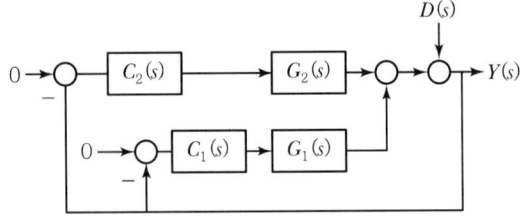

① $\dfrac{Y(s)}{D(s)} = \dfrac{1}{1 + C_1(s)G_1(s) + C_2(s)G_2(s)}$

② $\dfrac{Y(s)}{D(s)} = \dfrac{C_2(s)G_2(s)}{1 + C_1(s)G_1(s)}$

③ $\dfrac{Y(s)}{D(s)} = \dfrac{C_1(s)G_1(s)}{1 + C_2(s)G_2(s)}$

④ $\dfrac{Y(s)}{D(s)} = \dfrac{C_1(s)G_1(s) + C_2(s)G_2(s)}{1 + C_1(s)G_1(s) + C_2(s)G_2(s)}$

해설

$\dfrac{Y(s)}{D(s)} = \dfrac{직선}{1 \pm 회선}$

$= \dfrac{1}{1 + C_1(s)G_1(s) + C_2(s)G_2(s)}$

47 다음 블록선도로부터 서보 문제(Servo Problem)에 대한 총괄전달함수 $\dfrac{C}{R}$는?

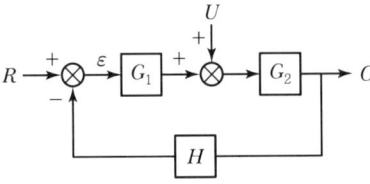

① $\dfrac{G_2}{1 + G_1 G_2 H}$
② $\dfrac{G_1}{1 + G_1 G_2 H}$
③ $\dfrac{G_1 G_2}{1 + G_1 G_2 H}$
④ $\dfrac{G_1 G_2 H}{1 + G_1 G_2 H}$

정답 44 ② 45 ② 46 ① 47 ③

해설

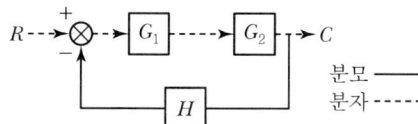

$$\frac{C}{R} = \frac{G_1 G_2}{1 + G_1 G_2 H}$$

분모 ——
분자 -----

48 다음과 같은 블록 다이어그램에서 총괄전달함수 (Overall Transfer Function)는?

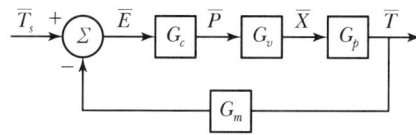

① $\dfrac{G_C G_V G_P G_m}{1 - G_C G_V G_P}$ ② $\dfrac{G_C G_V G_P G_m}{1 + G_C G_V G_P}$

③ $\dfrac{G_C G_V G_P}{1 - G_C G_V G_P G_m}$ ④ $\dfrac{G_C G_V G_P}{1 + G_C G_V G_P G_m}$

해설

$$G(s) = \frac{G_C G_V G_P}{1 + G_C G_V G_P G_m}$$

49 아날로그 계장의 경우, 센서 전송기의 출력신호, 제어기의 출력신호는 흔히 4~20mA의 전류로 전송된다. 이에 대한 설명으로 틀린 것은?

① 전류신호는 전압신호에 비하여 장거리 전송 시 전자기적 잡음에 널 민감하나.
② 0%를 4mA로 설정한 이유는 신호선의 단락 여부를 쉽게 판단하고, 0% 신호에서도 전자기적 잡음에 덜 민감하게 하기 위함이다.
③ 0~150℃의 범위를 측정하는 전송기의 이득은 150/16℃/mA이다.
④ 제어기 출력으로 ATC(Air−To−Close) 밸브를 동작시키는 경우, 8mA에서 밸브 열림도(Valve Position)가 0.75가 된다.

해설

- K_c(Gain, 이득) : 오차신호에 대하여 제어기의 출력신호가 얼마나 변하는지를 결정하는 파라미터

$$K_c = \frac{20\text{mA} - 4\text{mA}}{150℃ - 0℃} = \frac{16\text{mA}}{150℃}$$

- ATC(Air−To−Close) = FO(Fail Open) 공기압 닫힘
- 밸브 열림도(Valve Position)
  4mA일 때 완전히 열리고 20mA일 때 완전히 닫힌다.
  $$\frac{8-4}{20-4} \times 100 = 25\%$$
  25%만큼 닫힌다(75%만큼 열린다).

50 다음 전달함수를 갖는 계 중 sin 응답에서 Phase Lead를 나타내는 것은?

① $\dfrac{1}{\tau s + 1}$ ② $e^{-\tau s}$

③ $1 + \dfrac{1}{\tau s}$ ④ $1 + \tau s$

해설

$G(s) = 1 + \tau s$

$X(s) = \dfrac{A\omega}{s^2 + \omega^2}$

$Y(s) = G(s) X(s) = \dfrac{A\omega(1+\tau s)}{s^2 + \omega^2}$

$\quad = \dfrac{A\omega}{s^2 + \omega^2} + \dfrac{A\omega\tau s}{s^2 + \omega^2}$

$y(t) = A\sin\omega t + A\omega\tau\cos\omega t$
$\quad = \sqrt{A^2 + A^2\omega^2\tau^2}\sin(\omega t + \phi)$
$\quad = A\sqrt{1+\tau^2\omega^2}\sin(\omega t + \psi)$

$\phi = \tan^{-1}\left(\dfrac{A\omega\tau}{A}\right) = \tan^{-1}(\tau\omega)$

- $\phi > 0$: 위상앞섬(Phase Lead)
- $\phi < 0$: 위상지연(Phase Lag)

∴ $\phi = \tan^{-1}(\tau\omega) > 0 \rightarrow$ 위상앞섬

$G(s) = K_c(1+\tau_D s)$는 PD 제어기로 위상앞섬이 나타난다.

정답 48 ④ 49 ③ 50 ④

51 안정도 판정에 사용되는 열린 루프 전달함수가 $G(s)H(s) = \dfrac{K}{s(s+1)^2}$ 인 제어계에서 이득여유가 2.0이면 K값은 얼마인가?

① 1.0　　② 2.0
③ 5.0　　④ 10.0

해설

$G(s)H(s) = \dfrac{K}{s(s+1)^2} = \dfrac{K}{s^3+2s^2+s}$

$G(i\omega)H(i\omega) = \dfrac{K}{(i\omega)^3+2(i\omega)^2+(i\omega)}$

$= \dfrac{K}{-i\omega^3-2\omega^2+\omega i} = \dfrac{K}{-2\omega^2+(\omega-\omega^3)i}$

$= \dfrac{K[-2\omega^2-(\omega-\omega^3)i]}{[-2\omega^2+(\omega-\omega^3)i][-2\omega^2-(\omega-\omega^3)i]}$

$= \dfrac{K[-2\omega^2-(\omega-\omega^3)i]}{4\omega^4+(\omega-\omega^3)^2}$

$\phi = \angle G(i\omega) = \tan^{-1}\left(\dfrac{I}{R}\right)$

$= \tan^{-1}\left[\dfrac{-(\omega-\omega^3)}{-2\omega^2}\right] = -180°$

$\therefore \tan(-180°) = \dfrac{-(\omega-\omega^3)}{-2\omega^2} = 0$

$\omega = \omega_c = 1$

$AR_c = \sqrt{R^2+I^2}$

$= \sqrt{\dfrac{4\omega^4 K^2+K^2(\omega-\omega^3)^2}{[4\omega^4+(\omega-\omega^3)^2]^2}} = \dfrac{K}{2}$

$GM = \dfrac{1}{AR_c} = \dfrac{1}{K/2} = 2$

$\therefore K = 1$

52 다음의 2차계들 중 어느 것이 1차계 2개를 직렬로 연결한 것과 같은가?

① $\dfrac{1}{s^2+3s+2}$　　② $\dfrac{1}{s^2+0.9s+0.7}$
③ $\dfrac{1}{s^2+5}$　　④ $\dfrac{1}{s^2+s+2}$

해설

$G_1(s)G_2(s) = \dfrac{1}{s^2+3s+2}$

$= \dfrac{1}{(s+2)} \cdot \dfrac{1}{(s+1)}$

53 2차계에 단위계단입력이 가해져서 자연진동(진폭이 일정한 지속적 진동)을 할 때 이 계의 특징을 옳게 설명한 것은?

① 제동비(Damping Ratio) 값이 0이다.
② 제동비(Damping Ratio) 값이 1이다.
③ 시간상수 값이 1이다.
④ 2차계는 자연진동할 수 없다.

해설

$G(s) = \dfrac{Y(s)}{X(s)} = \dfrac{K}{\tau^2 s^2+2\tau\zeta s+1}$

$X(s) = \dfrac{1}{s}$

$Y(s) = \dfrac{1}{s} \dfrac{K}{(\tau^2 s^2+2\tau\zeta s+1)}$

ζ(감쇠비 = 제동비 = Damping Ratio)
• $\zeta < 1$: 과소감쇠, 진동, 복소근
• $\zeta = 1$: 임계감쇠, 실근(중근)
• $\zeta > 1$: 과도감쇠, 무진동, 실근

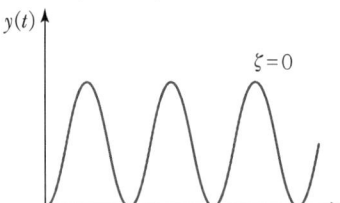

54 비례대가 거의 0(Zero)에 가까운 제어동작은?

① PD 제어동작　　② PI 제어동작
③ PID 제어동작　　④ On-Off 제어동작

정답 51 ①　52 ①　53 ①　54 ④

> **해설**
> ㉠ 비례대(PB ; Proportional Band)
> $PB = \dfrac{제어량의\ 변화}{측정변수의\ 범위} \times 100\%$
> ㉡ 비례 제어기
> • 비례 제어기 전달함수
> $G(s) = \dfrac{P(s)}{E(s)} = K_c$
> • 비례 제어의 한 종류가 개폐식 제어이다.
> • K_c가 아주 큰 경우 목푯값이 조금만 벗어나더라도 밸브는 한쪽 끝에서 반대쪽 끝으로 움진인다. → 개폐식 작용
> • 개폐식 제어기의 대역폭은 거의 0에 가깝다. → 비례대는 0에 가까운 제어동작이다.

55 어떤 증류탑의 응축기에서 유입되는 증기의 유량은 V, 주성분의 몰분율은 y, 재순환되는 액체 유량은 R, 생성물로 얻어지는 유량은 D, 생성물의 주성분 몰분율은 x이다. 응축기 드럼 내의 액체량(hold-up)을 M이라 할 때 성분수지식으로 맞는 것은?

① $M\dfrac{dx}{dt} = Vy - Dx$

② $\dfrac{d}{dt}(Mx) = Vy - (R+D)x$

③ $x\dfrac{dM}{dt} = V - (R+D)x$

④ $\dfrac{dM}{dt} = V - (R+D)x$

> **해설**
> 축적량 = 입량 - 출량
> $\dfrac{d}{dt}(Mx) = Vy - (R+D)x$
>
>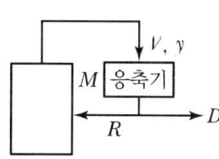

56 사람이 원하는 속도, 원하는 방향으로 자동차를 운전할 때 일어나는 상황이 공정제어시스템과 비교될 때 연결이 잘못된 것은?

① 눈 - 계측기
② 손 - 제어기
③ 발 - 최종 제어 요소
④ 공정 - 자동차

> **해설**
> • 눈 : 계측기   • 손, 발 : 최종제어요소
> • 머리(뇌) : 제어기   • 공정 : 자동차

57 공정의 정상상태 이득(k), Ultimate Gain(K_{cu}) 그리고 Ultimate Period(P_u)를 실험으로 측정하였다. $k = 2$, $K_{cu} = 3$, $P_u = 3.14$일 때, 이와 같은 결과를 주는 1차 시간지연 모델 $G(s) = \dfrac{ke^{-\theta s}}{\tau s + 1}$의 시간상수 τ를 구하면?

① 1.414
② 2.958
③ 3.163
④ 3.872

> **해설**
> $K_{cu} = \dfrac{1}{AR} = 3,\ AR = \dfrac{1}{3}$
> $P_u = \dfrac{2\pi}{\omega_u} = 3.14,\ \omega_u = 2$
> $AR = \dfrac{K}{\sqrt{\tau^2\omega^2+1}} = \dfrac{2}{\sqrt{4\tau^2+1}} = \dfrac{1}{3}$
> $\therefore \tau = 2.958$

58 다음 미분방적식을 라플라스 변환시키면?

$$2\dfrac{dy(t)}{dt} + y(t) = 3,\ y(0) = 1$$

① $Y(s) = \dfrac{3}{2s+1}$

② $Y(s) = \dfrac{2s+3}{s(2s+1)}$

③ $Y(s) = \dfrac{3}{s(2s+1)}$

④ $Y(s) = \dfrac{2}{2s+1}$

> **해설**
> $2[sY(s) - y(0)] + Y(s) = \dfrac{3}{s}$
> $2sY(s) - 2 + Y(s) = \dfrac{3}{s}$
> $(2s+1)Y(s) = \dfrac{3}{s} + 2 = \dfrac{2s+3}{s}$
> $\therefore Y(s) = \dfrac{2s+3}{s(2s+1)}$

정답 55 ② 56 ② 57 ② 58 ②

59 라플라스 변환의 주요 목적은?

① 비선형 대수방정식을 선형 대수방정식으로 변환
② 비선형 미분방정식을 선형 미분방정식으로 변환
③ 선형 미분방정식을 대수방정식으로 변환
④ 비선형 미분방정식을 대수방정식으로 변환

해설

라플라스 변환
선형 미분방정식을 대수방정식으로 전환

방정식의 변환

비선형 → 선형화 → 라플라스 변환 → 역변환

60 시간지연항의 성격에 대한 설명으로 옳지 않은 것은?

① 공정의 측정지연, 이송지연을 표현하기도 하며, 또한 고차 전달함수를 간략히 표현하기 위한 용도로도 사용된다.
② 어떤 전달함수 공정에 시간지연이 더해지면 더해지지 않을 때에 비하여 한계이득(Ultimate Gain)이 작아진다.
③ 어떤 전달함수 공정에 시간지연이 더해지면 더해지지 않을 때에 비하여 한계주파수(Ultimate 혹은 Crossover Frequency)가 감소한다.
④ 주파수의 증가에 따라 위상각(Phase Angle)이 음의 방향으로 지수적으로 증가하기 때문에 피드백 제어계에 좋지 않은 영향을 준다.

해설

$G(s) = e^{-\tau s}$
$y(t) = x(t-\tau)$
$x = A\sin\omega t$
$y = A\sin\omega(t-\tau) = A\sin(\omega t - \tau\omega)$
진폭비 $AR = 1$
위상각 $\phi = -\tau\omega$

4과목 공업화학

61 인광석에 의한 과린산석회 비료의 제조공정 화학반응식으로 옳은 것은?

① $CaH_4(PO_4)_2 + NH_3 \rightleftarrows NH_4H_2PO_4 + CaHPO_4$
② $Ca_3(PO_4)_2 + 4H_3PO_4 + 3H_2O$
    $\rightleftarrows 3[CaH_4(PO_4)_2 \cdot H_2O]$
③ $Ca_3(PO_4)_2 + 2H_2SO_4 + 5H_2O$
    $\rightleftarrows CaH_4(PO_4)_2 \cdot H_2O + 2[CaSO_4 \cdot 2H_2O]$
④ $Ca_3(PO_4)_2 + 4HCl$
    $\rightleftarrows CaH_4(PO_4)_2 + 2CaCl_2$

해설

• 과린산석회(P_2O_5 15~20%)
  인광석을 황산분해시켜 제조한다.
  $Ca_3(PO_4)_2 + 2H_2SO_4 + 5H_2O$
  $\rightarrow CaH_4(PO_4)_2 \cdot H_2O + 2[CaSO_4 \cdot 2H_2O]$
• 중과린산석회(P_2O_5 30~50%)
  인광석을 인산분해시켜 제조한다.
  $Ca_3(PO_4)_2 + 4H_3PO_4 + 3H_2O$
  $\rightarrow 3[CaH_4(PO_4)_2 \cdot H_2O]$

62 페놀을 수소화한 후 질산으로 산화시킬 때 생성되는 주 생성물은 무엇인가?

① 프탈산   ② 아디프산
③ 시클로헥산올   ④ 말레산

해설

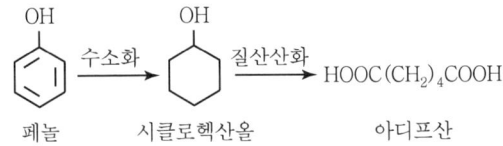

정답 59 ③ 60 ④ 61 ③ 62 ②

63 암모니아 산화법에 의하여 질산을 제조하면 상압에서 순도가 약 65% 내외가 되어 공업적으로 사용하기 힘들다. 이럴 경우 순도를 높이기 위해 일반적으로 어떻게 하는가?

① H_2SO_4의 흡수제를 첨가하여 3성분계를 만들어 농축한다.
② 끓이면서 온도를 높여 물을 날려 보낸다.
③ 촉매를 첨가하여 부가반응을 시킨다.
④ 계면활성제를 사용하여 물을 제거한다.

해설
$HNO_3 - H_2O$ 2성분계는 68% HNO_3에서 공비점(b.p 121℃)을 갖는다. 그러므로 68% 이상의 질산을 얻으려면 Conc-H_2SO_4 또는 $Mg(NO_3)_2$와 같은 탈수제를 가하여 공비점을 소멸해야 한다.

64 고분자의 결정구조를 분석할 수 있는 방법은?

① FT-IR
② X선 회절
③ NMR
④ UV-Visible Spectroscopy

해설
① FT-IR(Fourier Transform Infrared Spectroscopy) 푸리에 변환 적외선 분광분석법
② X선 회절 : 고분자의 결정구조 분석
③ NMR : 핵자기 공명 분광법
④ UV-Vis 분광법 : 자외선-가시광선 분광법

65 아세트알데히드가 산화되어 생성되는 주요 물질은?

① 프탈산
② 벤조산
③ 아세트산
④ 피크르산

해설

$$C_2H_5OH \xrightleftharpoons[\text{환원}]{\text{산화}(-H_2)} CH_3CHO \xrightleftharpoons[\text{환원}]{\text{산화}(\frac{1}{2}O_2)} CH_3COOH$$

에탄올　　　아세트알데히드　　　아세트산

66 연실법 황산제조 공정에서 질소산화물 공급을 위해 HNO_3를 사용할 수 있다. 36wt%의 HNO_3 용액 10kg으로부터 약 몇 kg의 NO가 발생할 수 있는가?

① 1.72
② 3.43
③ 6.86
④ 10.29

해설
36% HNO_3 10kg 중 HNO_3의 양 : 10kg × 0.36 = 3.6kg

$$2HNO_3 \rightarrow H_2O + 2NO + \frac{3}{2}O_2$$

2×63 : 2×30
3.6 : x
∴ $x = 1.714$ kg

67 정유공정에서 감압증류법을 사용하여 유분을 감압하는 가장 큰 이유는 무엇인가?

① 공정의 압력손실을 줄이기 위해
② 석유의 열분해를 방지하기 위해
③ 고온에서 증류하여 수율을 증가시키기 위해
④ 제품의 점도를 낮추어 주기 위해

해설
열분해를 방지하기 위해 감압한다.

68 원유 정유공정에서 비점이 낮은 순으로부터 옳게 나열된 것은?

① 가스-경유-중유-등유-나프타-아스팔트
② 가스-경유-등유-중유-아스팔트-나프타
③ 가스-나프타-등유-경유-중유-아스팔트
④ 가스-나프타-경유-등유-중유-아스팔트

해설
원유의 분별증류
가스-나프타(가솔린)-등유-경유-중유-아스팔트

정답 63 ① 64 ② 65 ③ 66 ① 67 ② 68 ③

69 200℃에서 활성탄 담체를 촉매로 아세틸렌에 아세트산을 작용시키면 생성되는 주 물질은?

① 비닐에테르
② 비닐카르복실산
③ 비닐아세테이트
④ 비닐알코올

해설

비닐아세테이트

$CH \equiv CH + CH_3COOH \longrightarrow CH_2=CH-O-C(=O)-CH_3$

아세틸렌 아세트산 비닐아세테이트

70 다음 물질 중 친전자적 치환반응이 일어나기 쉽게 하여 술폰화가 가장 용이하게 일어나는 것은?

① $C_6H_5NO_2$
② $C_6H_5NH_2$
③ $C_6H_5SO_3H$
④ $C_6H_4(NO_2)_2$

해설

- 친전자성 치환반응

친전자체(E^+)가 방향쪽 고리와 반응하여 한 개의 수소와 치환

⌬ + E^+ (친전자체) ⟶ ⌬-E + H^+

- 술폰화

아닐린 ⌬-NH_2 $\xrightarrow{H_2SO_4}$ ⌬-$NH_3^+OSO_3H^-$ $\xrightarrow{탈수, 전위}$ ⌬(NH_2)(SO_3H)

$-NH_2 > -OH > -CH_3 > -Cl > -SO_3H > -NO_2$

71 다음 중 사슬중합(혹은 연쇄중합)에 대한 설명으로 옳은 것은?

① 중합 말기의 매우 높은 전화율에서 고분자량의 고분자 사슬이 생성된다.
② 주로 비닐 단량체의 중합이 이에 해당한다.
③ 단량체의 농도는 단계중합에 비해 급격히 감소한다.
④ 단량체는 서로 반응할 수 있는 관능기를 가지고 있어야 한다.

해설

㉠ Step Growth Polymerization(단계중합)
- 축합중합
- 작용기들 간의 결합
- 예) $HOOC-⌬-COOH + HO-CH_2CH_2-OH$
  $\longrightarrow [-C(=O)-⌬-C(=O)-O-CH_2CH_2-O-]_n$
  PET ; Poly Ethylene Terephtalate

㉡ Chain Growth Polymerization(사슬중합, 연쇄중합)
- 반응성 화학종들 간의 연쇄반응 : 자유라디칼, 음이온, 양이온
- 첨가반응
- 반응이 빠르고 분자량이 커진다.
- 예) Polystyrene : $[-CH_2-CH(⌬)-]_n$
- 비닐기($CH_2=CH-$)를 가진 Vinyl Monomer의 중합

72 다음 유기용매 중에서 물과 가장 섞이지 않는 것은?

① CH_3COCH_3
② CH_3COOH
③ C_2H_5OH
④ $C_2H_5OC_2H_5$

해설

H_2O는 극성이고 $C_2H_5OC_2H_5$(에테르)는 비극성이므로 H_2O에 섞이지 않는다.

73 질산 제조에서 암모니아 산화에 사용되는 촉매에 대한 설명 중 옳은 것은?

① 가장 널리 사용되는 것은 Pt-Bi이다.
② Pt계의 일반적인 수명은 1개월 정도이다.
③ 공업적으로 Fe-Bi 계는 작업범위가 가장 넓다.
④ 산화코발트의 조성은 Co_3O_4이다.

해설

암모니아 산화법에 사용되는 촉매
- Pt-Rh(10%) 촉매가 가장 많이 사용된다.
- Co_3O_4(산화코발트)

정답 69 ③ 70 ② 71 ② 72 ④ 73 ④

74 다음 반응식으로 공기를 이용한 산화반응을 하고자 한다. 공기와 NH_3의 혼합가스 중 NH_3의 부피 백분율은?

$$4NH_3 + 5O_2 \rightarrow 4NO + 6H_2O + 216.4kcal$$

① 44.4　　　　② 34.4
③ 24.4　　　　④ 14.4

해설
부피분율 = 몰분율
$4NH_3 + 5O_2 \rightarrow 4NO + 6H_2O$
$5\,mol\,O_2 \times \dfrac{100\,mol\,Air}{21\,mol\,O_2} = 23.81\,mol\,Air$
$NH_3 = \dfrac{4}{23.81 + 4} \times 100 = 14.4\%$

---

75 무수염산의 제법에 속하지 않는 것은?

① 직접합성법　　② 농염산증류법
③ 염산분해법　　④ 흡착법

해설
무수염산의 제법
• 농염산증류법
• 직접합성법
• 흡착법

---

76 비료 중 P_2O_5이 많은 순서대로 열거된 것은?

① 과린산석회 > 용성인비 > 중과린산석회
② 용성인비 > 중과린산석회 > 과린산석회
③ 과린산석회 > 중과린산석회 > 용성인비
④ 중과린산석회 > 소성인비 > 과린산석회

해설
• 과린산석회 : P_2O_5 15~20%
• 중과린산석회 : P_2O_5 30~50%
• 소성인비 : P_2O_5 40%
• 용성인비 : P_2O_5 18%

---

77 일반적인 성질이 열경화성 수지에 해당하지 않는 것은?

① 페놀수지　　　② 폴리우레탄
③ 요소수지　　　④ 폴리프로필렌

해설
• 열가소성 수지
　가열 시 연화되어 외력을 가할 때 쉽게 변형되므로, 이 상태로 성형, 가공한 후에 냉각하면 외력을 가하지 않아도 성형된 상태를 유지하는 수지
　예 폴리에틸렌, 폴리프로필렌, 폴리염화비닐, 폴리스티렌, 아크릴수지, 불소수지, 폴리비닐아세테이트

• 열경화성 수지
　가열하면 일단 연화되지만 계속 가열하면 점점 경화되어 나중에는 온도를 올려도 용해되지 않고, 원상태로도 되돌아가지 않는 수지
　예 페놀수지, 요소수지, 에폭시수지, 우레탄수지, 멜라민수지, 알키드수지, 규소수지

---

78 건식법 H_3PO_4 제조의 원료로서 적합한 것은?

① 인광석, 규사, 코크스
② 인광석, 석회암, 규사
③ 석회석, 사문암, 코크스
④ 백운석, 황산, 규사

해설
건식법 H_3PO_4 원료 : 인광석, 규사, 코크스

---

79 제염방법 중 해수를 가열하여 농축된 슬러리를 건조기로 보낸 후 소금을 얻는 방식으로 각종 미네랄 및 흡습 방지 성분이 포함되어 식탁염을 생산하는 것은?

① 진공증발법
② 증기압축식 증발법
③ 액중연소법
④ 이온수지막법

정답 74 ④　75 ③　76 ③　77 ④　78 ①　79 ③

> **해설**

제염법
㉠ 천일제염법
㉡ 기계제염법
- 진공증발법 : 증발증기의 잠열을 이용하여 열효율을 크게 하는 방법
- 증기압축식 증발법 : 가압식 증발법
- 이온교환수지법 : 이온교환수지의 선택적 투과성을 이용하여 NaCl을 추출하는 방법
- 액중연소법 : 액중 연소증발장치를 사용하여 농축하고 생성한 슬러리를 증발 건조하여 소금 제조
- 동결법 : 프로판, 부탄 등의 냉매 이용

80 니트로화합물 중 트리니트로톨루엔에 관한 설명으로 틀린 것은?

① 물에 매우 잘 녹는다.
② 톨루엔을 니트로화하여 제조할 수 있다.
③ 폭발물질로 많이 이용된다.
④ 공업용 제품은 담황색 결정형태이다.

> **해설**

트리니트로톨루엔(TNT)
- 물에 거의 녹지 않으나, 벤젠에 쉽게 녹는다.
- TNT라 불리는 폭약이다.
- 톨루엔을 니트로화하여 제조한다.
- 연한 노란색의 막대 모양 결정이다.

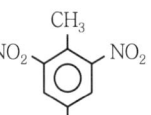

5과목 반응공학

81 N_2 20%, H_2 80%로 구성된 혼합 가스가 암모니아 합성 반응기에 들어갈 때 체적 변화율 ε_{N_2}는?

① -0.4
② -0.5
③ 0.4
④ 0.5

> **해설**

$N_2 + 3H_2 \rightarrow 2NH_3$

$\delta = \dfrac{2-1-3}{1} = -2$

$\varepsilon_{N_2} = y_{N_2}\delta = 0.2 \times (-2) = -0.4$

82 A 분해반응의 1차 반응 속도상수는 $0.345/\text{min}$이고 반응 초기의 농도 C_{A0}가 2.4mol/L이다. 정용 회분식 반응기에서 A의 농도가 0.9mol/L 될 때까지의 시간은?

① 1.84min
② 2.84min
③ 3.84min
④ 4.84min

> **해설**

$-\ln\dfrac{C_A}{C_{A0}} = -\ln(1-X_A) = kt$

$-\ln\dfrac{0.9}{2.4} = 0.345 \times t$

$\therefore t = 2.84\text{min}$

83 다음과 같은 기상반응이 30L 정용 회분반응기에서 등온적으로 일어난다. 초기 A가 30mol이 들어 있으며, 반응기는 완전 혼합된다고 할 때 1차 반응일 경우 반응기에서 A의 몰수가 0.2mol로 줄어드는 데 필요한 시간은?

$$A \rightarrow B, \quad -r_A = kC_A, \quad k = 0.865\text{min}^{-1}$$

① 7.1min
② 8.0min
③ 6.3min
④ 5.8min

> **해설**

$-\ln\dfrac{C_A}{C_{A0}} = -\ln\dfrac{N_A/V}{N_{A0}/V} = kt$

$-\ln\dfrac{0.2/30}{30/30} = 0.865t$

$\therefore t = 5.79 \fallingdotseq 5.8\text{min}$

정답 80 ① 81 ① 82 ② 83 ④

84 $A + B \to R$인 비가역 기상 반응에 대해 다음과 같은 실험 데이터를 얻었다. 반응 속도식으로 옳은 것은? (단, $t_{1/2}$은 B의 반감기이고 P_A 및 P_B는 각각 A 및 B의 초기 압력이다.)

실험번호	1	2	3	4
P_A(mmHg)	500	125	250	250
P_B(mmHg)	10	15	10	20
$t_{1/2}$(min)	80	213	160	80

① $r = -\dfrac{dP_B}{dt} = k_p P_A P_B$

② $r = -\dfrac{dP_B}{dt} = k_p P_A^2 P_B$

③ $r = -\dfrac{dP_B}{dt} = k_p P_A P_B^2$

④ $r = -\dfrac{dP_B}{dt} = k_p P_A^2 P_B^2$

해설

$-r_A = -r_B = r = \dfrac{-dP_B}{dt} = k_p P_A^\alpha P_B^\beta$

㉠ 실험번호 3, 4($P_A = 250\,\mathrm{mmHg}$로 일정)

$\dfrac{-dP_B}{dt} = k_P P_A^\alpha P_B^\beta = k_B P_B^\beta$

$\displaystyle\int_{P_{B0}}^{P_B} \dfrac{-dP_B}{P_B^\beta} = \int_0^t k_B dt$

$\dfrac{1}{\beta - 1} P_B^{1-\beta}\big|_{P_{B0}}^{P_B} = k_B t_{1/2} \quad \left(P_B = \dfrac{1}{2} P_{B0}\right)$

$\dfrac{1}{\beta - 1}\left[\left(\dfrac{P_{B0}}{2}\right)^{1-\beta} - P_{B0}^{1-\beta}\right] = k_B \times t_{1/2}$

• No.3 : $\dfrac{1}{\beta - 1}\left[\left(\dfrac{10}{2}\right)^{1-\beta} - 10^{1-\beta}\right] = k_B \times 160$ ⋯⋯ ⓐ

• No.4 : $\dfrac{1}{\beta - 1}\left[\left(\dfrac{20}{2}\right)^{1-\beta} - 20^{1-\beta}\right] = k_B \times 80$ ⋯⋯ ⓑ

ⓐ ÷ ⓑ에 의해

$\dfrac{10^{1-\beta}}{20^{1-\beta}} = \left(\dfrac{1}{2}\right)^{1-\beta} = 2$

$\therefore \beta = 2$

㉡ 실험번호 1, 3($P_B = 10\,\mathrm{mmHg}$로 일정)

$\dfrac{-dP_B}{dt} = k_P P_A^\alpha P_B^\beta = k_A P_A^\alpha$

$-dP_B = k_A P_A^\alpha dt$

$\displaystyle -\int_{P_{B0}}^{P_B} dP_B = k_A P_A^\alpha \int_0^t dt$

$P_{B0} - P_B = k_A P_A^\alpha t_{1/2} \quad \left(P_B = \dfrac{1}{2} P_{B0}\right)$

• No.1 : $10 - \dfrac{10}{2} = k_A \times 500^\alpha \times 80$ ⋯⋯ ⓒ

• No.3 : $10 - \dfrac{10}{2} = k_A \times 250^\alpha \times 160$ ⋯⋯ ⓓ

ⓒ ÷ ⓓ에 의해

$1 = \left(\dfrac{500}{250}\right)^\alpha \left(\dfrac{80}{160}\right)$

$\therefore \alpha = 1$

$\therefore -r_A = -r_B = r = \dfrac{-dP_B}{dt} = k_p P_A P_B^2$

85 액체물질 A가 플러그흐름반응기 내에서 비가역 2차 반응 속도식에 의하여 반응되어 95%의 전화율을 얻었다. 기존 반응기와 크기가 같은 반응기를 한 개 더 구입해서 같은 전화율을 얻기 위하여 두 반응기를 직렬로 연결한다면 공급속도 F_{A0}는 몇 배로 증가시켜야 하는가?

① 0.5
② 1
③ 1.5
④ 2

해설

PFR 직렬 연결

$V = V_1 + V_2$

• 직렬로 연결된 N개의 PFR은 부피가 V인 한 개의 PFR과 같다.
• 부피가 2배이므로 같은 전화율을 얻기 위해서는 공급속도도 2배로 된다.

86 다음과 같은 자동촉매 반응에서 A가 분해되는 속도 $-r_A$와 A의 농도비 C_A/C_{A0}를 그래프로 그리면 어떤 형태가 되겠는가?(단, C_{A0} : A의 초기농도, C_A : A의 농도, C_R : R의 농도, k : 속도상수)

$$A + R \rightarrow R + R, \quad -r_A = kC_AC_R$$

① 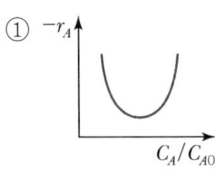 ②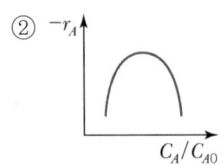

③ 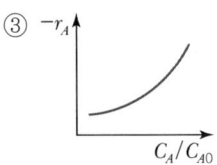 ④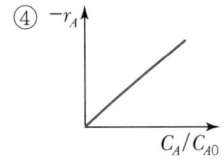

해설

자동촉매반응

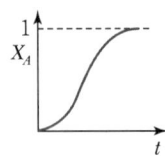 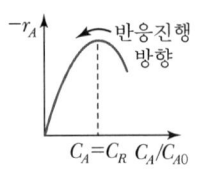 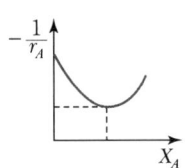

87 다음 그림에 해당되는 반응 형태는?

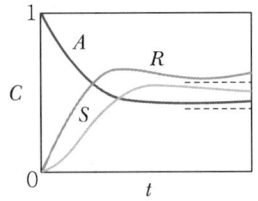

① 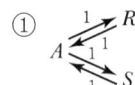 ②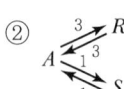

③ $A \underset{1}{\overset{1}{\rightleftarrows}} R \underset{1}{\overset{1}{\rightleftarrows}} S$ ④ $A \underset{1}{\overset{3}{\rightleftarrows}} R \underset{1}{\overset{1}{\rightleftarrows}} S$

해설

①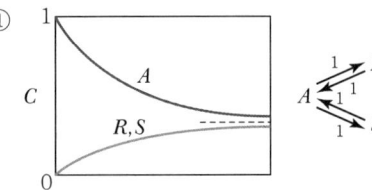

②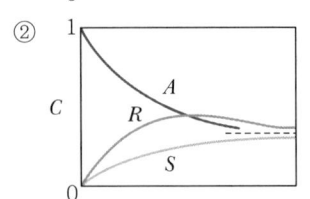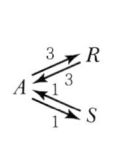

③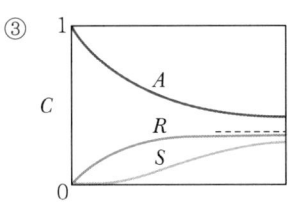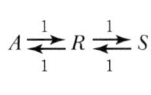

④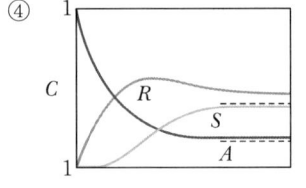

88 다음과 같은 1차 병렬 반응이 일정한 온도의 회분식 반응기에서 진행되었다. 반응시간이 1,000s일 때 반응물 A가 90% 분해되어 생성물 중 R이 S의 10배로 생성되었다. 반응 초기에 R과 S의 농도를 0으로 할 때, k_1 및 k_1/k_2은 각각 얼마인가?

$$A \rightarrow R, \quad r_1 = k_1C_A$$
$$A \rightarrow 2S, \quad r_2 = k_2C_A$$

① $k_1 = 0.131/\text{min}, \quad k_1/k_2 = 20$
② $k_1 = 0.046/\text{min}, \quad k_1/k_2 = 10$
③ $k_1 = 0.131/\text{min}, \quad k_1/k_2 = 10$
④ $k_1 = 0.046/\text{min}, \quad k_1/k_2 = 20$

정답 86 ② 87 ④ 88 ①

> 해설

$-\ln(1-X_A) = (k_1+k_2)t$
$-\ln(1-0.9) = kt$
$\therefore k = 0.138 \text{min}^{-1}$

$20k_2 + k_2 = 0.138$
$\therefore k_2 = 0.00657$
$\quad k_1 = 20k_2 = 0.131 \text{min}^{-1}$

89 다음 반응이 기초 반응(Elementary Reaction)이라고 가정하면 이 반응의 분자도(Molecularity)는 얼마인가?

$$2NO + O_2 \rightarrow 2NO_2$$

① 1
② 2
③ 3
④ 4

> 해설

기초반응에서 분자도는 반응물만의 몰수에 관계된다.
$2NO + O_2 = 3$

90 비가역 1차 액상 반응을 부피가 다른 두 개의 이상 혼합 반응기에서 다른 조건은 같게 하여 반응시켰더니 전화율이 각각 40%, 60%이었다면 두 반응기의 부피비 (V40%/V60%)는 얼마인가?

① 1/3
② 4/9
③ 2/3
④ 3/2

> 해설

CSTR

$\dfrac{\tau_1}{C_{A0}} = \dfrac{V_1}{F_{A0}} = \dfrac{X_A}{-r_A} = \dfrac{X_A}{kC_{A0}(1-X_A)}$
$\quad = \dfrac{0.4}{kC_{A0}(1-0.4)}$

$\dfrac{\tau_2}{C_{A0}} = \dfrac{V_2}{F_{A0}} = \dfrac{X_A}{-r_A} = \dfrac{X_A}{kC_{A0}(1-X_A)}$
$\quad = \dfrac{0.6}{kC_{A0}(1-0.6)}$

$\dfrac{V_1/F_{A0}}{V_2/F_{A0}} = \dfrac{0.4/(1-0.4)}{0.6/(1-0.6)} = \dfrac{16}{36} = \dfrac{4}{9}$

91 자동촉매반응에서 최소 부피의 반응기 선정에 관한 내용으로 가장 적당한 것은?

① 혼합흐름반응기가 유리하다.
② 플러그흐름반응기가 유리하다.
③ 전화율에 따라 유리한 반응기가 다르다.
④ 전화율과 무관하게 어떤 반응기를 사용해도 된다.

> 해설

자동촉매반응
- 전화율이 낮을 때는 혼합흐름반응기가 플러그흐름반응기보다 유리하다.
- 전화율이 중간일 때는 어떤 반응기를 사용해도 된다.
- 전화율이 높을 때는 플러그흐름반응기가 더 유리하다.

92 1차 비가역 액상반응이 일어나는 관형반응기에서 공간시간은 2min이고 전화율이 40%였을 때 전화율을 90%로 하려면 공간시간은 얼마가 되어야 하는가?

① 0.26min
② 0.39min
③ 5.59min
④ 9.02min

> 해설

$-\ln(1-X_A) = k\tau$
$-\ln(1-0.4) = k \times 2\text{min}$
$k = 0.255\text{min}^{-1}$
$-\ln(1-0.9) = 0.255\tau$
$\therefore \tau = 9.03 \text{min}$

93 공간시간이 5분이라고 할 때의 설명으로 옳은 것은?

① 5분 안에 100% 전화율을 얻을 수 있다.
② 반응기 부피의 5배 되는 원료를 처리할 수 있다.
③ 매 5분마다 반응기 부피만큼의 공급물이 반응기에서 처리된다.
④ 5분 동안에 반응기 부피의 5배 원료를 도입한다.

정답 ▶ 89 ③ 90 ② 91 ③ 92 ④ 93 ③

> **해설**

공간시간(τ)
주어진 조건에서 측정된 반응기 부피만큼의 공급물 처리에 필요한 시간

- τ(공간시간) $= \dfrac{1}{S} = 5\min$

  반응기 부피만큼의 공급물을 처리하는 데 5분이 걸린다.

- S(공간속도) $= \dfrac{1}{5} = 0.2\min^{-1}$

  1분 동안 반응기 부피의 0.2(20%)만큼 처리한다.

94 동일 조업조건, 일정 밀도와 등온, 등압하의 CSTR과 PFR에서 반응이 진행될 때 반응기 부피를 옳게 설명한 것은?

① 반응차수가 0보다 크면 PFR 부피가 CSTR보다 크다.
② 반응차수가 0이면 두 반응기 부피가 같다.
③ 반응차수가 커지면 CSTR 부피는 PFR보다 작다.
④ 반응차수와 전화율은 반응기 부피에 무관하다.

> **해설**

반응차수가 0이면 두 반응기의 부피가 같고, 반응차수가 0보다 크면 PFR의 부피가 CSTR의 부피보다 더 작다.

95 균일계 액상반응 $A \to R \to S$에서 1단계는 2차 반응, 2단계는 1차 반응으로 진행되고 R이 원하는 제품일 경우, 다음 설명 중 옳은 것은?

① A의 농도를 높게 유지할수록 좋다.
② 반응온도를 높게 유지할수록 좋다.
③ 혼합 반응기가 플러그 반응기보다 성능이 더 좋다.
④ A의 농도는 R의 수율과 직접 관계가 없다.

> **해설**

$A \xrightarrow{k_1} R \xrightarrow{k_2} S$

$-r_A = k_1 C_A^2$
$r_R = k_1 C_A^2 - k_2 C_R$
$r_S = k_2 C_R$

$\therefore \dfrac{r_R}{r_S} = \dfrac{dC_R}{dC_S} = \dfrac{k_1 C_A^2 - k_2 C_R}{k_2 C_R}$

$\quad = \dfrac{k_1 C_A^2}{k_2 C_R} - 1$
$\qquad\qquad\uparrow$
$\quad C_A$의 농도를 크게 한다.

$n > 0$이면, PFR이 CSTR보다 성능이 우수하다.

ϕ(순간수율) $= \dfrac{dC_R}{-dC_A}$

Φ(총괄수율) $= \dfrac{C_{Rf} - C_{R0}}{C_{A0} - C_{Af}}$

A의 농도는 수율과 직접 관계가 있다.

96 크기가 같은 관형반응기와 혼합반응기에서 다음과 같은 액상 1차 직렬반응이 일어날 때 관형반응기에서의 R의 성분수율 Φ_P와 혼합반응기에서의 R의 성분수율 Φ_m에 관한 설명으로 옳은 것은?

$$A \to R \to S \ (r_R = k_1 C_A,\ r_S = k_2 C_R)$$

① $k_1 = k_2$이면 $\Phi_p = \Phi_m$이다.
② $k_1 < k_2$이면 $\Phi_p < \Phi_m$이다.
③ Φ_p는 항상 Φ_m보다 크다.
④ Φ_m은 항상 Φ_p보다 크다.

> **해설**

플러그흐름에서 R의 수율이 혼합흐름에서보다 항상 크다.
$\therefore \Phi_P > \Phi_m$

97 Thiele 계수에 대한 설명으로 틀린 것은?

① Thiele 계수는 가속도와 속도의 비를 나타내는 차원수이다.
② Thiele 계수가 클수록 입자 내 농도는 저하된다.
③ 촉매 입자 내 유효농도는 Thiele 계수의 값에 의존한다.
④ Thiele 계수는 촉매 표면과 내부의 효율적 이용의 척도이다.

정답 94 ② 95 ① 96 ③ 97 ①

해설

Thiele 계수

$A \longrightarrow P$: 1차 반응

① Thiele 계수 : 촉매입자 내에서 확산에 의해 반응이 일어날 때, 반응에 대한 확산의 상대적 중요성을 평가하는 지표로서 무차원수이다.

$$\text{Thiele 계수(Thiele Modulus)} = mL = L\sqrt{\frac{k}{D}}$$

② mL이 클수록 입자 내에 C_A의 농도는 저하된다.

③ $\dfrac{C_A}{C_{As}} = \dfrac{\cosh m(L-x)}{\cosh mL}$

④ Thiele 계수가 크면 일반적으로 확산이 총괄반응속도를 지배하고, Thiele 계수가 작으면 표면반응이 총괄속도를 지배한다.

98 다음 중 연속 평행반응(Series Parallel Reaction)은?

① $A + B \to R$
    $R + B \to S$
② $A \to R \to S$
③ $A \to R$
    $A \to S$
④ $A \to R$
    $B \to S$

해설

- 평행반응 : $A \diagdown^{R}_{S}$
- 연속반응 : $A \to R \to S$
- 연속 평행반응 : $A + B \to R$
                 $R + B \to S$

99 기체-고체 반응에서 율속단계(Rate Determining)에 관한 설명으로 옳은 것은?

① 고체 표면 반응단계가 항상 율속단계이다.
② 기체막에서의 물질전달 단계가 항상 율속단계이다.
③ 저항이 작은 단계가 율속단계이다.
④ 전체 반응속도를 지배하는 단계가 율속단계이다.

해설

율속단계
- 전체 반응속도를 지배하는 단계
- 속도가 가장 느린 단계

100 다음 반응에서 R이 요구하는 물질일 때 어떻게 반응시켜야 하는가?

$A + B \to R$, desired, $r_1 = k_1 C_A C_B^2$
$R + B \to S$, undesired, $r_2 = k_2 C_R C_B$

① A에 B를 한 방울씩 넣는다.
② B에 A를 한 방울씩 넣는다.
③ A와 B를 동시에 넣는다.
④ A와 B를 넣는 순서는 무관하다.

해설

$$S = \frac{r_R}{r_S} = \frac{k_1 C_A C_B^2}{k_2 C_R C_B}$$
$$= \frac{k_1 C_A C_B}{k_2 C_R}$$

C_A와 C_B의 농도를 높이려면 A와 B를 동시에 넣는다.

정답 ▶ 98 ① 99 ④ 100 ③

2017년 제1회 기출문제

1과목 화공열역학

01 어떤 과학자가 자기가 만든 열기관이 80℃와 10℃ 사이에서 작동하면서 100cal의 열을 받아 20cal의 유용한 일을 할 수 있다고 주장한다. 이 과학자의 주장에 대한 판단으로 옳은 것은?

① 열역학 제0법칙에 위배된다.
② 열역학 제1법칙에 위배된다.
③ 열역학 제2법칙에 위배된다.
④ 타당하다.

해설

$$\eta = \frac{T_1 - T_2}{T_1} = \frac{W}{Q_1} = \frac{353 - 283}{353} = \frac{W}{100}$$

∴ $W = 19.8$cal가 최대
20cal의 유용한 일은 할 수 없다. → 열역학 제2법칙에 위배

02 이상기체의 거동을 따르는 산소와 질소를 0.21 대 0.79의 몰(mol)비로 혼합할 때에 혼합 엔트로피 값은?

① 0.4434kcal/kmol K
② 1.021kcal/kmol K
③ 0.161kcal/kmol K
④ 0.00kcal/kmol K

해설

$$\Delta \overline{S}_M = -(y_A R \ln y_A + y_B R \ln y_B)$$
$$= -(0.21 \times 1.987\text{kcal/kmol K} \times \ln 0.21$$
$$+ 0.79 \times 1.987 \times \ln 0.79)$$
$$= -\{(-0.65) + (-0.37)\}$$
$$= 1.02\text{kcal/kmol K}$$

03 다음 그림은 역카르노 사이클이다. 이 사이클의 성능계수는 어떻게 표시되는가?(단, T_1에서 열이 방출되고 T_2에서 열이 흡수된다.)

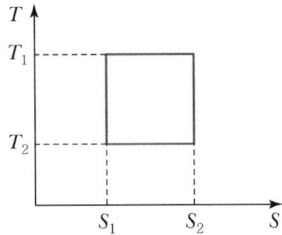

① $\dfrac{T_2}{T_1 - T_2}$ ② $\dfrac{T_1}{T_2 - T_1}$

③ $\dfrac{T_2 - T_1}{T_1}$ ④ $\dfrac{T_1 - T_2}{T_1}$

해설

성능계수
$$\text{COP} = \frac{T_2}{T_1 - T_2} = \frac{Q_2}{Q_1 - Q_2} = \frac{Q_2}{W}$$

04 비가역과정에 있어서 다음 식 중 옳은 것은?(단, S는 엔트로피, Q는 열량, T는 절대온도이다.)

① $\Delta S > \int \dfrac{dQ}{T}$ ② $\Delta S = \int \dfrac{dQ}{T}$

③ $\Delta S < \int \dfrac{dQ}{T}$ ④ $\Delta S = 0$

해설

$$\Delta S > \int \frac{dQ}{T}$$

비가역과정에서 엔트로피는 증가하는 방향으로 흐른다.

정답 01 ③ 02 ② 03 ① 04 ①

05 반데르발스 방정식 $\left(P+\dfrac{a}{V^2}\right)(V-b)=RT$에서 P는 atm, V는 L/mol 단위로 하면 상수 a의 단위는?

① L^2 atm/mol^2
② atm mol^2/L^2
③ atm mol/L^2
④ atm/L^2

해설

$\dfrac{a}{V^2}=\text{atm}$

$a=\text{atm}\,(L/\text{mol})^2$

06 벤젠과 톨루엔으로 이루어진 용액이 기상과 액상으로 평형을 이루고 있을 때 이 계에 대한 자유도수는?

① 0
② 1
③ 2
④ 3

해설

$F=2-P+C=2-2+2=2$

07 25℃에서 1몰의 이상기체가 20atm에서 1atm로 단열 가역적으로 팽창하였을 때 최종온도는 약 몇 K인가?(단, 비열비 $\dfrac{C_P}{C_V}=\dfrac{5}{3}$이다.)

① 100K
② 90K
③ 80K
④ 70K

해설

$\left(\dfrac{T_2}{T_1}\right)=\left(\dfrac{P_2}{P_1}\right)^{\frac{\gamma-1}{\gamma}}$

$\dfrac{T_2}{298}=\left(\dfrac{1}{20}\right)^{\frac{5/3-1}{5/3}}$ ∴ $T_2=90K$

08 다음은 이상용액의 혼합특성을 나타내는 열역학적 함수이다. 옳지 않은 것은?(단, G, V, U, S, T는 각각 깁스(Gibbs) 자유에너지, 부피, 내부에너지, 엔트로피, 온도이며, R은 기체상수, X_i는 몰분율, 첨자 id는 이상용액의 물성을 의미한다.)

① $\Delta G^{id}/RT=\sum X_i\ln X_i$
② $\Delta V^{id}=0$
③ $\Delta U^{id}=0$
④ $\Delta S^{id}/R=0$

해설

$\Delta G^{id}=RT\sum x_i\ln x_i$
$\Delta S^{id}=-R\sum x_i\ln x_i$
$\Delta V^{id}=0$
$\Delta H^{id}=0$

09 25℃에서 1몰의 이상기체를 실린더 속에 넣고 피스톤에 100bar의 압력을 가하였다. 이때 피스톤의 압력을 처음에 70bar, 다음엔 30bar, 마지막으로 10bar로 줄여서 실린더 속에 기체를 3단계 팽창시켰다. 이 과정이 등온 가역팽창인 경우 일의 크기는 얼마인가?

① 712cal
② 826cal
③ 947cal
④ 1,364cal

해설

$Q=W=nRT\ln\dfrac{P_1}{P_2}$

$W=nRT\ln\dfrac{P_1}{P_2}+nRT\ln\dfrac{P_2}{P_3}+nRT\ln\dfrac{P_3}{P_4}$

$=nRT\ln\dfrac{P_1}{P_4}$

$=1.987\text{cal/mol K}\times 1\text{mol}\times 298K\times\ln\dfrac{100}{10}$

$=1,363\text{cal}$

10 액체상태의 물이 얼음 및 수증기와 평형을 이루고 있다. 이 계의 자유도수를 구하면?

① 0
② 1
③ 2
④ 3

해설

$F=2-P+C$
$=2-3+1=0$

11 다음 중 공기표준 오토 사이클에 대한 설명으로 옳은 것은?

① 2개의 단열과정과 2개의 정적과정으로 이루어진 불꽃 점화기관의 이상사이클이다.
② 정압, 정적, 단열 과정으로 이루어진 압축점화기관의 이상사이클이다.
③ 2개의 단열과정과 2개의 정압과정으로 이루어진 가스터빈의 이상사이클이다.
④ 2개의 정압과정과 2개의 정적과정으로 이루어진 증기원동기의 이상사이클이다.

> 해설

Otto Cycle

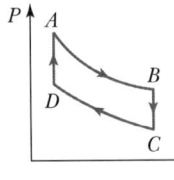

- $A \to B$: 가역단열팽창
- $B \to C$: 등적과정
- $C \to D$: 가역단열압축
- $D \to A$: 등적과정(열흡수)

② 디젤 사이클
③ 가스-터빈 사이클(Brayton 사이클)
④ 증기원동기 사이클(Rankine 사이클)

12 이상기체와 반데르발스(Van der Waals) 상태방정식을 만족시키는 각 기체에 대해 일정한 온도에서 내부 에너지의 부피에 대한 변화율, 즉 $\left(\dfrac{\partial U}{\partial V}\right)_T$ 를 나타낸 올바른 식은?(단, 반데르발스(Van der Waals) 상태방정식은 $P = \dfrac{RT}{V-b} - \dfrac{a}{V^2}$ 이다.)

① $RT/(V-b)$
② a/V^2
③ a/V
④ $RT/(V-b)^2$

> 해설

$\left(\dfrac{\partial U}{\partial V}\right)_T = T\left(\dfrac{\partial P}{\partial T}\right)_V - P$

$P = \dfrac{RT}{V-b} - \dfrac{a}{V^2}$

$\left(\dfrac{\partial P}{\partial T}\right)_V = \dfrac{R}{V-b}$

$\left(\dfrac{\partial U}{\partial V}\right)_T = \dfrac{RT}{V-b} - \left(\dfrac{RT}{V-b} - \dfrac{a}{V^2}\right) = \dfrac{a}{V^2}$

13 초기에 메탄, 물, 이산화탄소, 수소가 각각 1몰씩 존재하고 다음과 같은 반응이 이루어질 경우 물의 몰분율을 반응좌표 ε 로 옳게 나타낸 것은?

$$CH_4 + 2H_2O \to CO_2 + 4H_2$$

① $y_{H_2O} = \dfrac{1-2\varepsilon}{4+2\varepsilon}$
② $y_{H_2O} = \dfrac{1+\varepsilon}{4-2\varepsilon}$
③ $y_{H_2O} = \dfrac{1+2\varepsilon}{4-\varepsilon}$
④ $y_{H_2O} = \dfrac{1-2\varepsilon}{4+\varepsilon}$

> 해설

$$CH_4 + 2H_2O \to CO_2 + 4H_2$$

1	1	1	1
$-\varepsilon$	-2ε	$+\varepsilon$	$+4\varepsilon$
$(1-\varepsilon)$	$(1-2\varepsilon)$	$(1+\varepsilon)$	$(1+4\varepsilon)$

$n_{H_2O} = 1 - 2\varepsilon$

$n_T = 1-\varepsilon+1-2\varepsilon+1+\varepsilon+1+4\varepsilon = 4+2\varepsilon$

$\therefore y_{H_2O} = \dfrac{1-2\varepsilon}{4+2\varepsilon}$

14 공기표준 오토 사이클(Otto Cycle)에 해당하는 선도는?

①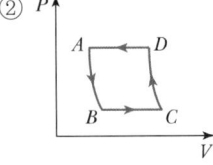
②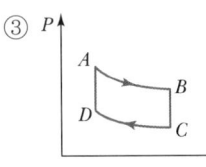
③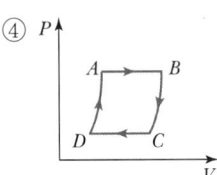
④

> 해설

2개의 단열과정 + 2개의 등적과정

15 다음 내연기관 사이클(Cycle) 중 같은 조건에서 그 열역학적 효율이 가장 큰 것은?

① 카르노 사이클(Carnot Cycle)
② 오토 사이클(Otto Cycle)
③ 디젤 사이클(Diesel Cycle)
④ 사바테 사이클(Sabathe Cycle)

해설
Carnot 사이클은 이상사이클로 효율이 가장 크다.

16 기체가 초기상태에서 최종상태로 단열팽창을 할 경우 비가역과정에 의해 행한 일(W_{irr})과 가역과정에 의해 행한 일(W_{rev})의 크기를 옳게 비교한 것은?

① $|W_{irr}| > |W_{rev}|$
② $|W_{irr}| < |W_{rev}|$
③ $|W_{irr}| = |W_{rev}|$
④ $|W_{irr}| \geq |W_{rev}|$

해설
가역과정 $|W_{rev}|$ > 비가역과정 $|W_{irr}|$

17 어떤 화학반응에서 평형상수의 온도에 대한 미분계수는 $\left(\dfrac{\partial \ln K}{\partial T}\right)_P > 0$으로 표시된다. 이 반응에 대한 설명으로 옳은 것은?

① 이 반응은 흡열반응이며 온도상승에 따라 K값은 커진다.
② 이 반응은 흡열반응이며 온도상승에 따라 K값은 작아진다.
③ 이 반응은 발열반응이며 온도상승에 따라 K값은 커진다.
④ 이 반응은 발열반응이며 온도상승에 따라 K값은 작아진다.

해설
$$\frac{d\ln K}{dT} = \frac{\Delta H°}{RT^2}$$
흡열반응($\Delta H > 0$)
온도상승에 따라 K값이 커진다.

18 다음 중 상태변수(State Variables)가 될 수 없는 것은?

① 비부피(Specific Volume)
② 굴절률(Refractive Index)
③ 질량(Mass)
④ 몰당 내부에너지(Molar Internal Energy)

해설
상태변수 : $T, P, d, \overline{V}, \overline{U}$

19 다음 중 줄-톰슨(Joule-Thomson) 팽창에 적합한 조건을 나타내는 것은?

① $W=0, Q=0, H_2-H_1=0$
② $W\neq 0, Q=0, H_2-H_1\neq 0$
③ $W=0, Q\neq 0, H_2-H_1\neq 0$
④ $W\neq 0, Q\neq 0, H_2-H_1\neq 0$

해설
Joule-Thomson 팽창 : 엔탈피가 일정한 팽창

20 압력과 온도 변화에 따른 엔탈피 변화가 다음과 같은 식으로 표시될 때 □에 해당하는 것은?

$$dH = \square dP + C_p dT$$

① V
② $\left(\dfrac{\partial V}{\partial T}\right)$
③ $T\left(\dfrac{\partial V}{\partial T}\right)_P$
④ $V - T\left(\dfrac{\partial V}{\partial T}\right)_P$

정답 15 ① 16 ② 17 ① 18 ③ 19 ① 20 ④

해설

$dH = \square dP + C_P dT$

$H = f(T, P)$

$dH = \left(\dfrac{\partial H}{\partial T}\right)_P dT + \left(\dfrac{\partial H}{\partial P}\right)_T dP = C_P dT + \left(\dfrac{\partial H}{\partial P}\right)_T dP$

$dH = TdS + VdP \div dP$

$\left(\dfrac{\partial H}{\partial P}\right)_T = T\left(\dfrac{\partial S}{\partial P}\right)_T + V$

Maxwell 식 $\left(\dfrac{\partial S}{\partial P}\right)_T = -\left(\dfrac{\partial V}{\partial T}\right)_P$

$\therefore \left(\dfrac{\partial H}{\partial P}\right)_T = -T\left(\dfrac{\partial V}{\partial T}\right)_P + V$

$\therefore dH = C_P dT + \left[V - T\left(\dfrac{\partial V}{\partial T}\right)_P\right]dP$

2과목 단위조작 및 화학공업양론

21 1mol% 에탄을 함유한 기체가 20℃, 20atm에서 물과 접촉할 때 용해된 에탄의 몰분율은?(단, 탄수화물은 비교적 물에 녹지 않으며 에탄의 헨리상수는 2.63×10^4 atm/몰분율이다.)

① 7.6×10^{-6}
② 6.3×10^{-5}
③ 5.4×10^{-5}
④ 4.6×10^{-6}

해설

$20\text{atm} \times 0.01 = 2.63 \times 10^4 x$

$\therefore x = 7.6 \times 10^{-6}$

22 C_2H_4 40kg을 연소시키기 위해 800kg의 공기를 공급하였다. 과잉공기 백분율은 약 몇 %인가?

① 45.2
② 35.2
③ 25.2
④ 12.2

해설

$C_2H_4 + 3O_2 \rightarrow 2CO_2 + 2H_2O$

28kg : 3kmol

40kg : x

$\therefore x = 4.28\text{kmol}$

$4.28\text{kmol O}_2 \times \dfrac{100\text{kmol Air}}{21\text{kmol O}_2} = 20.4\text{kmol Air}$

$800\text{kg Air} \times \dfrac{1\text{kmol Air}}{29\text{kg Air}} = 27.6\text{kmol Air}$

과잉공기 백분율(%) $= \dfrac{\text{과잉량}}{\text{이론량}} \times 100\%$

$= \dfrac{\text{공급량} - \text{이론량}}{\text{이론량}} \times 100\%$

$= \dfrac{27.6 - 20.4}{20.4} \times 100\%$

$= 35.2\%$

23 30℃, 1atm의 공기 중의 수증기 분압이 21.9 mmHg일 때 건조공기당 수증기 질량[kg(H_2O)/kg(Dry Air)]은 얼마인가?(단, 건조 공기의 분자량은 29이다.)

① 0.0272
② 0.0184
③ 0.272
④ 0.184

해설

$H = \dfrac{18}{29} \dfrac{p_V}{P - p_V} = \dfrac{18}{29} \times \dfrac{21.9}{760 - 21.9}$

$= 0.0184 \text{kgH}_2\text{O/kg건조공기}$

24 지하 220m 깊이에서부터 지하수를 양수하여 20m 높이에 가설된 물탱크에 15kg/s의 양으로 물을 올리고 있다. 이때 위치 에너지(Potential Energy)의 증가분(ΔEp)은 얼마인가?

① 35,280J/s
② 3,600J/s
③ 3,250J/s
④ 205J/s

해설

$\Delta E_P = mgh$

$= 15\text{kg/s} \times 9.8\text{m/s}^2 \times 240\text{m} = 35,280\text{J/s}$

정답 21 ① 22 ② 23 ② 24 ①

25 공기의 O_2와 N_2의 몰%는 각각 21.0과 79.0이다. 산소와 질소의 질량비(O_2/N_2)는 약 얼마인가?

① 0.102 ② 0.203
③ 0.303 ④ 0.401

해설

Air $\begin{bmatrix} O_2 : 21\% \\ N_2 : 79\% \end{bmatrix}$ 1mol Air $\begin{bmatrix} O_2 : 0.21\text{mol} \\ N_2 : 0.79\text{mol} \end{bmatrix}$

$n = \dfrac{W}{M} \to W = nM$

$W_{O_2} = 0.21\text{mol} \times 32\text{g/mol} = 6.72\text{g}$
$W_{N_2} = 0.79\text{mol} \times 28\text{g/mol} = 22.12\text{g}$

$\therefore \dfrac{O_2}{N_2}(질량비) = \dfrac{6.72}{22.12} = 0.303$

26 동력의 단위환산값 중 1kW와 가장 거리가 먼 것은?

① 10.97kg$_f$ m/s   ② 0.239kcal/s
③ 0.948BTU/s   ④ 1,000,000mW

해설

① $1\text{kW} \times \dfrac{1,000\text{W}}{1\text{kW}} \times \dfrac{1\text{J/s}}{1\text{W}} \times \dfrac{1\text{N m}}{1\text{J}} \times \dfrac{1\text{kg}_f}{9.8\text{N}}$
$= 102\text{kg}_f \text{ m/s}$

② $1\text{kW} \times \dfrac{1,000\text{W}}{1\text{kW}} \times \dfrac{1\text{J/s}}{1\text{W}} \times \dfrac{1\text{cal}}{4.184\text{J}} \times \dfrac{1\text{kcal}}{1,000\text{cal}}$
$= 0.239\text{kcal/s}$

③ $1\text{kW} \times \dfrac{1,000\text{W}}{1\text{kW}} \times \dfrac{1\text{J/s}}{1\text{W}} \times \dfrac{1\text{cal}}{4.184\text{J}} \times \dfrac{1\text{BTU}}{252\text{cal}}$
$= 0.948\text{BTU/s}$

④ $1\text{kW} = 10^3\text{W} = 10^3 \times 10^3 \text{mW} = 10^6 \text{mW}$

27 몰 조성이 79% N_2 및 21% O_2인 공기가 있다. 20℃, 740mmHg에서 이 공기의 밀도는 약 몇 g/L인가?

① 1.17 ② 1.34
③ 3.21 ④ 6.45

해설

$PV = \dfrac{W}{M}RT$

$P = \dfrac{W}{V} \dfrac{RT}{M}$

$\therefore d = \dfrac{PM}{RT}$

$= \dfrac{740\text{mmHg} \times \dfrac{1\text{atm}}{760\text{mmHg}} \times 29\text{g/mol}}{0.082\text{atm L/mol K} \times 293\text{K}}$

$= 1.17\text{g/L}$

28 과열수증기가 190℃(과열), 10bar에서 매시간 2,000kg/h로 터빈에 공급되고 있다. 증기는 1bar 포화증기로 배출되며 터빈은 이상적으로 가동된다. 수증기의 엔탈피가 다음과 같다고 할 때 터빈의 출력은 몇 kW인가?

$\hat{H}_{in}(10\text{bar}, 190℃) = 3,201\text{kJ/kg}$
$\hat{H}_{out}(1\text{bar}, 포화증기) = 2,675\text{kJ/kg}$

① $W = -1,200\text{kW}$ ② $W = -292\text{kW}$
③ $W = -130\text{kW}$ ④ $W = -30\text{kW}$

해설

$\Delta H = 2,675 - 3,201$
$= -526\text{kJ/kg} \times 2,000\text{kg/h} \times 1\text{h}/3,600\text{s}$
$= -292\text{kW}$

29 100℃, 765mmHg에서 기체 혼합물의 분석값이 CO_2 8vol%, O_2 12vol%, N_2 80vol%이었다. 이때 CO_2 분압은 약 몇 mmHg인가?

① 14.1   ② 31.1
③ 61.2   ④ 107.5

해설

$P_{CO_2} = 765\text{mmHg} \times 0.08 = 61.2\text{mmHg}$

정답 25 ③ 26 ① 27 ① 28 ② 29 ③

30 25wt%의 알코올 수용액 20g을 증류하여 95wt%의 알코올 용액 xg과 5wt%의 알코올 수용액 yg으로 분리한다면 x와 y는 각각 얼마인가?

① $x=4.44$, $y=15.56$
② $x=15.56$, $y=4.44$
③ $x=6.56$, $y=13.44$
④ $x=13.44$, $y=6.56$

해설

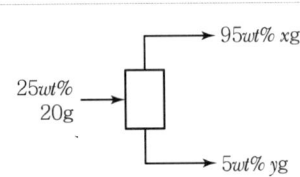

$20 \times 0.25 = x \times 0.95 + (20-x) \times 0.05$
∴ $x = 4.44$g
$y = 20 - x = 20 - 4.44 = 15.56$g

31 운동량 유속(Momentum Flux)에 대한 표현으로 옳지 않은 것은?

① 질량 유속(Mass Flux)과 선속도의 곱이다.
② 밀도와 질량 유속(Mass Flux)과의 곱이다.
③ 밀도와 선속도 자승의 곱이다.
④ 질량 유량(Mass Flow Rate)과 선속도의 곱을 단면적으로 나눈 것이다.

해설

운동량 유속(운동량 플럭스)
$\dfrac{\text{운동량}}{\text{단면적} \times \text{시간}} = \dfrac{\text{kg m/s}}{\text{m}^2 \text{ s}} = \text{kg/m s}^2 = $ 운동량 플럭스

32 펄프로 종이의 연속 시트(Sheet)를 만들 경우 다음 중 가장 적당한 건조기는?

① 터널건조기(Tunnel Dryer)
② 회전건조기(Rotary Dryer)
③ 상자건조기(Tray Dryer)
④ 원통형 건조기(Cylinder Dryer)

해설

연속 Sheet상 재료의 건조장치
• 원통식 건조기 : 종이나 직물의 연속시트를 건조
• 조하식 건조기 : 직물이나 망판인쇄용지 등의 건조

33 정류 조작에서 최소 환류비에 대한 올바른 표현은?

① 이론 단수가 무한대일 때의 환류비이다.
② 이론 단수가 최소일 때의 환류비이다.
③ 탑상 유출물이 제일 적을 때의 환류비이다.
④ 탑저 유출물이 제일 적을 때의 환류비이다.

해설

• 최소환류비 : 무한대단수
• 전환류 : 최소이론단수

34 추제(Solvent)의 선택요인으로 옳은 것은?

① 선택도가 작다.
② 회수가 용이하다.
③ 값이 비싸다.
④ 화학결합력이 크다.

해설

추제의 선택조건
• 선택도가 커야 한다.
$\beta = \dfrac{y_A/y_B}{x_A/x_B} = \dfrac{y_A/x_A}{y_B/x_B} = \dfrac{k_A}{k_B}$
• 회수가 용이해야 한다.
• 값이 싸고 화학적으로 안정해야 한다.
• 비점·응고점이 낮으며 부식성과 유독성이 적고 추질과의 비중차가 클수록 좋다.

35 막 분리 공정 중 역삼투법에서 물과 염류의 수송 메커니즘에 대한 설명으로 가장 거리가 먼 내용은?

① 물과 용질은 용액 확산 메커니즘에 의해 별도로 막을 통해 확산된다.
② 치밀층의 저압 쪽에서 1atm일 때 순수가 생성된다면 활동도는 사실상 1이다.
③ 물의 플럭스 및 선택도는 압력차에 의존하지 않으나 염류의 플럭스는 압력차에 따라 크게 증가한다.
④ 물 수송의 구동력은 활동도 차이며, 이는 압력차에서 공급물과 생성물의 삼투압 차이를 뺀 값에 비례한다.

해설
일단 삼투압을 초과하면 물의 플럭스는 압력차 ΔP에 따라 선형적으로 증가하나, 염류의 흐름은 ΔP에 의존하지 않고 일정하다.

36 원관 내 25℃의 물을 65℃까지 가열하기 위해서 100℃의 포화수증기를 관 외부로 도입하여 그 응축열을 이용하고 100℃의 응축수가 나오도록 하였다. 이때 대수평균온도차는 몇 ℃인가?

① 0.56
② 0.85
③ 52.5
④ 55.5

해설
$\Delta t_1 = 75℃$
$\Delta t_2 = 35℃$
$\Delta \bar{t}_{ln} = \dfrac{75-35}{\ln\dfrac{75}{35}} = 52.5℃$

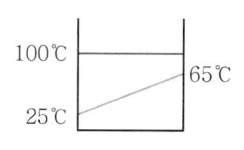

37 흡수탑에서 전달단위수(NTU)는 20이고 전달단위높이(HTU)가 0.7m일 경우, 필요한 충전물의 높이는 몇 m인가?

① 1.4
② 14
③ 2.8
④ 28

해설
$Z = H \times N$
  $= 0.7m \times 20$
  $= 14m$

38 Prandtl 수가 1보다 클 경우 다음 중 옳은 것은?
① 운동량 경계층이 열 경계층보다 더 두껍다.
② 운동량 경계층이 열 경계층보다 더 얇다.
③ 운동량 경계층과 열 경계층의 두께가 같다.
④ 운동량 경계층과 열 경계층의 두께와는 관계가 없다.

해설
$N_{Pr} = \dfrac{C_P \mu}{k} = \dfrac{\text{운동량의 전달(확산)}}{\text{열에너지의 전달(확산)}}$
$= \dfrac{\mu/\rho}{k/C_P\rho} = \dfrac{\nu}{\alpha} = \dfrac{\text{동력학적 경계층의 두께(확산도)}}{\text{열경계층의 두께(확산도)}}$

$N_{Pr} > 1$일 때 동력학적 경계층(운동량 경계층)의 두께가 열경계층의 두께보다 두껍다.

39 면적이 0.25m²인 250℃ 상태의 물체가 있다. 50℃ 공기가 그 위에 있을 때 전열속도는 약 몇 kW인가?(단, 대류에 의한 열전달계수는 30W/m² ℃이다.)

① 1.5
② 1,875
③ 1,500
④ 1,875

해설
$q = hA\Delta t$
$q = 30W/m^2 ℃ \times 0.25m^2 \times (250-50)℃$
  $= 1,500W = 1.5kW$

40 내경 10cm 관을 통해 층류로 물이 흐르고 있다. 관의 중심유속이 2cm/s일 경우 관벽에서 2cm 떨어진 곳의 유속은 약 몇 cm/s인가?

① 0.42
② 0.86
③ 1.28
④ 1.68

해설

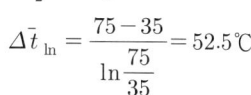

$\dfrac{u}{u_{max}} = 1 - \left(\dfrac{r}{r_w}\right)^2$

$\therefore u = 2cm/s\left[1-\left(\dfrac{3}{5}\right)^2\right] = 1.28cm/s$

정답 36 ③ 37 ② 38 ① 39 ① 40 ③

3과목 공정제어

41 과소감쇠 2차계(Underdamped System)의 경우 Decay Ratio는 Overshoot를 a라 할 때 어떤 관계가 있는가?

① a이다.
② a^2이다.
③ a^3이다.
④ a^4이다.

해설

Decay Ratio = (Overshoot)^2

Overshoot = $\exp\left(-\dfrac{\pi\zeta}{\sqrt{1-\zeta^2}}\right)$

Decay Ratio(감쇠비) = $\exp\left(-\dfrac{2\pi\zeta}{\sqrt{1-\zeta^2}}\right)$ = Overshoot^2

42 개회로 전달함수(Open-loop Transfer Function) $G(s) = \dfrac{K_c}{(s+1)\left(\dfrac{1}{2}s+1\right)\left(\dfrac{1}{3}s+1\right)}$ 인 계(系)에 있어서 K_c가 4.41인 경우 폐회로의 특성방정식은?

① $s^3 + 7s^2 + 14s + 76.5 = 0$
② $s^3 + 5s^2 + 12s + 4.4 = 0$
③ $s^3 + 4s^2 + 10s + 10.4 = 0$
④ $s^3 + 6s^2 + 11s + 32.5 = 0$

해설

$1 + G(s) = 0$

$1 + \dfrac{K_c}{(s+1)\left(\dfrac{1}{2}s+1\right)\left(\dfrac{1}{3}s+1\right)} = 0$

$(s+1)\left(\dfrac{1}{2}s+1\right)\left(\dfrac{1}{3}s+1\right) + K_c = 0$

$s^3 + 6s^2 + 11s + 6(1+K_c) = 0$

$\therefore s^3 + 6s^2 + 11s + 32.5 = 0$

43 전달함수 $y(s) = (1+2s)e(s) + \dfrac{1.5}{s}e(s)$에 해당하는 시간영역에서의 표현으로 옳은 것은?

① $y(t) = 1 + 2\dfrac{de(t)}{dt} + 1.5\displaystyle\int_0^t e(t)dt$
② $y(t) = e(t) + 2\dfrac{de(t)}{dt} + 1.5\displaystyle\int_0^t e(t)dt$
③ $y(t) = e(t) + 2\displaystyle\int_0^1 e(t)dt + 1.5\dfrac{de(t)}{dt}$
④ $y(t) = 1 + 2\displaystyle\int_0^1 e(t)dt + 1.5\dfrac{de(t)}{dt}$

해설

$y(s) = e(s) + 2se(s) + \dfrac{1.5}{s}e(s)$

$y(t) = e(t) + 2\dfrac{de(t)}{dt} + 1.5\displaystyle\int_0^t e(t)dt$

44 어떤 제어계의 총괄전달함수의 분모가 다음과 같이 나타날 때 그 계가 안정하게 유지되려면 K의 최대범위(Upper Bound)는 다음 중에서 어느 것이 되어야 하는가?

$$s^3 + 3s^2 + 2s + 1 + K$$

① $K < 5$
② $K < 1$
③ $K < \dfrac{1}{2}$
④ $K < \dfrac{1}{3}$

해설

Routh 안정성 판별법

1	1	2
2	3	$1+K$
3	$\dfrac{6-(1+K)}{3} > 0$	

$6 - (1+K) > 0$
$6 > 1 + K$
$\therefore K < 5$

45 전달함수가 다음과 같이 주어진 계가 역응답(Inverse Response)을 갖기 위한 τ 값은?

$$G(s) = \frac{4}{2s+1} - \frac{1}{\tau s+1}$$

① $\tau < 2$
② $\tau > 2$
③ $\tau > \frac{1}{2}$
④ $\tau < \frac{1}{2}$

해설

$G(s) = \frac{4(\tau s+1) - (2s+1)}{(2s+1)(\tau s+1)} = \frac{(4\tau-2)s+3}{(2s+1)(\tau s+1)}$

$4\tau - 2 < 0$

$\therefore \tau < \frac{1}{2}$

46 Servo Problem에 대한 설명으로 가장 적절한 것은?

① Set Point Value가 변하지 않는 경우이다.
② Load Value가 변하는 경우이다.
③ Set Point Value는 변하고 Load Value는 변하지 않는 경우이다.
④ Feedback이 없는 경우이다.

해설

Servo Problem(추적제어)
설정값이 시간에 따라 변화할 때 제어변수가 설정값을 따르도록 조절변수를 제어
L(외부교란변수) $= 0$

47 $y(s) = \frac{\omega}{(s+a)^2 + \omega^2}$ 의 Laplace 역변환은?

① $y(t) = \exp(-at)\sin(\omega t)$
② $y(t) = \sin(\omega t)$
③ $y(t) = \exp(at)\cos(\omega t)$
④ $y(t) = \exp(at)$

해설

$y(t) = e^{-at}\sin\omega t \xrightarrow{\mathcal{L}} Y(s) = \frac{\omega}{(s+a)^2 + \omega^2}$

48 전달함수가 원하는 Closed-loop 응답이 각각 $G(s) = \frac{3}{(5s+1)(7s+1)}$, $(C/R)_d = \frac{1}{6s+1}$ 일 때 얻어지는 제어기의 유형과 해당되는 제어기의 파라미터를 옳게 나타낸 것은?

① P 제어기, $K_c = \frac{1}{3}$
② PD 제어기, $K_c = \frac{2}{3}$, $\tau_D = \frac{35}{6}$
③ PI 제어기, $K_c = \frac{1}{3}$, $\tau_I = 12$
④ PID 제어기, $K_c = \frac{2}{3}$, $\tau_I = 12$, $\tau_D = \frac{35}{12}$

해설

$G(s) = \frac{3}{35s^2+12s+1}$, $\left(\frac{C}{R}\right)_d = \frac{1}{6s+1}$

$G_c(s) = \frac{1}{G}\left[\frac{\left(\frac{C}{R}\right)_d}{1-\left(\frac{C}{R}\right)_d}\right]$

$= \frac{35s^2+12s+1}{3}\left[\frac{\frac{1}{6s+1}}{1-\frac{1}{6s+1}}\right]$

$= \frac{35s^2+12s+1}{3}\left[\frac{\frac{1}{6s+1}}{\frac{6s}{6s+1}}\right]$

$= \frac{1}{6s}\left[\frac{35s^2+12s+1}{3}\right] = \frac{35}{18}s + \frac{2}{3} + \frac{1}{18s}$

$= \frac{2}{3}\left[1 + \frac{35}{12}s + \frac{1}{12s}\right]$

$\therefore K_c = \frac{2}{3}$, $\tau_I = 12$, $\tau_D = \frac{35}{12}$, PID 제어기

정답 45 ④ 46 ③ 47 ① 48 ④

49 다음 공정과 제어기를 고려할 때 정상상태(Steady State)에서 $\int_0^t (1-y(\tau))d\tau$ 값은 얼마인가?

> 제어기 : $u(t) = 1.0(1.0-y(t)) + \dfrac{1.0}{2.0}\int_0^t (1-y(\tau))d\tau$
>
> 공정 : $\dfrac{d^2y(t)}{dt^2} + 2\dfrac{dy(t)}{dt} + y(t) = u(t-0.1)$

① 1　　　② 2
③ 3　　　④ 4

해설

$u(t) = 1.0(1.0-y(t)) + \dfrac{1.0}{2.0}\int_0^t (1-y(\tau))d\tau$

$U(s) = \dfrac{1}{s} - Y(s) + \dfrac{1}{2s^2} - \dfrac{Y(s)}{2s}$

$\dfrac{d^2y(t)}{dt^2} + \dfrac{2dy(t)}{dt} + y(t) = u(t-0.1)$

$s^2Y(s) + 2sY(s) + Y(s) = U(s)e^{-0.1s}$

$(s^2+2s+1)Y(s) \cdot e^{0.1s} = U(s)$
$= \dfrac{1}{s} - Y(s) + \dfrac{1}{2s^2} - \dfrac{Y(s)}{2s}$

$\left(s^2e^{0.1s} + 2se^{0.1s} + e^{0.1s} + 1 + \dfrac{1}{2s}\right)Y(s) = \dfrac{1}{s} + \dfrac{1}{2s^2}$
$= \dfrac{2s+1}{2s^2}$

$\therefore Y(s) = \dfrac{\dfrac{2s+1}{2s^2}}{s^2e^{0.1s}+2se^{0.1s}+e^{0.1s}+1+\dfrac{1}{2s}}$

$= \dfrac{\dfrac{2s+1}{2s^2}}{\dfrac{2s^3e^{0.1s}+4s^2e^{0.1s}+2se^{0.1s}+2s+1}{2s}}$

$= \dfrac{\dfrac{2s+1}{s}}{2s^3e^{0.1s}+4s^2e^{0.1s}+2se^{0.1s}+2s+1}$

$\lim_{t \to \infty} y(t) = \lim_{s \to 0} sY(s)$

$= \lim_{s \to 0} \dfrac{2s+1}{2s^3e^{0.1s}+4s^2e^{0.1s}+2se^{0.1s}+2s+1} = 1$

$f(t) = \int_0^t (1-y(\tau))d\tau$

$F(s) = \dfrac{1}{s^2} - \dfrac{Y(s)}{s}$

$\lim_{t \to \infty} f(t) = \lim_{s \to 0} s\left(\dfrac{1}{s^2} - \dfrac{Y(s)}{s}\right) = \lim_{s \to 0}\left(\dfrac{1}{s} - Y(s)\right)$

$= \lim_{s \to 0}\left(\dfrac{1}{s} - \dfrac{\dfrac{2s+1}{s}}{2s^3e^{0.1s}+4s^2e^{0.1s}+2se^{0.1s}+2s+1}\right)$

$= \lim_{s \to 0} \dfrac{2s^3e^{0.1s}+4s^2e^{0.1s}+2se^{0.1s}+2s+1-2s-1}{2s^4e^{0.1s}+4s^3e^{0.1s}+2s^2e^{0.1s}+2s^2+s}$

$= \lim_{s \to 0} \dfrac{2s^2e^{0.1s}+4se^{0.1s}+2e^{0.1s}}{2s^3e^{0.1s}+4s^2e^{0.1s}+2se^{0.1s}+2s+1}$

$= 2$

50 제어계의 피제어 변수의 목표치를 나타내는 말은?

① 부하(Load)
② 골(Goal)
③ 설정치(Set Point)
④ 오차(Error)

해설

설정값(Set Point) : 피제어변수의 목표치

51 PID 제어기에서 미분동작에 대한 설명으로 옳은 것은?

① 제어에러의 변화율에 반비례하여 동작을 내보낸다.
② 미분동작이 너무 작으면 측정잡음에 민감하게 된다.
③ 오프셋을 제거해 준다.
④ 느린 동특성을 가지고 잡음이 적은 공정의 제어에 적합하다.

해설

PID 제어계에서 미분동작
- 미분동작은 입력신호의 변화율에 비례하여 동작한다.
- 미분동작이 클수록 측정잡음에 민감하다.
- 미분동작은 오프셋을 제거하지 못한다.
- 시상수가 크고 잡음이 적은 공정의 제어에 적합하다.

정답 49 ② 50 ③ 51 ④

52 전달함수가 $G(s) = \dfrac{K\exp(-\theta s)}{\tau s + 1}$ 인 공정에 공정입력 $u(t) = \sin(\sqrt{2}\,t)$를 적용했을 때, 시간이 많이 흐른 후 공정출력 $y(t) = \dfrac{2}{\sqrt{2}}\sin\left(\sqrt{2}\,t - \dfrac{\pi}{2}\right)$이었다. 또한, $u(t) = 1$을 적용하였을 때 시간이 많이 흐른 후 $y(t) = 2$이었다. K, τ, θ 값은 얼마인가?

① $K=1$, $\tau = \dfrac{1}{\sqrt{2}}$, $\theta = \dfrac{\pi}{2\sqrt{2}}$

② $K=1$, $\tau = \dfrac{1}{\sqrt{2}}$, $\theta = \dfrac{\pi}{4\sqrt{2}}$

③ $K=2$, $\tau = \dfrac{1}{\sqrt{2}}$, $\theta = \dfrac{\pi}{4\sqrt{2}}$

④ $K=2$, $\tau = \dfrac{1}{\sqrt{2}}$, $\theta = \dfrac{\pi}{2\sqrt{2}}$

해설

$G(s) = \dfrac{Ke^{-\theta s}}{\tau s+1}$

$u(t) = \sin(\sqrt{2}\,t) \to y(t) = \dfrac{2}{\sqrt{2}}\sin\left(\sqrt{2}\,t - \dfrac{\pi}{2}\right)$

$u(t) = 1 \to y(t) = 2$

$Y(s) = \dfrac{Ke^{-\theta s}}{\tau s+1} \cdot \dfrac{1}{s}$

$\lim\limits_{t\to\infty} y(t) = \lim\limits_{s\to 0} sY(s) = \lim\limits_{s\to 0} \dfrac{Ke^{-\theta s}}{\tau s+1} = 2$

$\therefore K = 2$

$Y(s) = \dfrac{Ke^{-\theta s}}{\tau s+1} \cdot \dfrac{\sqrt{2}}{s^2+2} = \dfrac{2\sqrt{2}\,e^{-\theta s}}{(\tau s+1)(s^2+2)}$

$\therefore \omega = \sqrt{2}$

$y(\infty) = \dfrac{K}{\sqrt{1+\tau^2\omega^2}}\sin(\omega t + \phi)$

$= \dfrac{2}{\sqrt{2}}\sin\left(\sqrt{2}\,t - \dfrac{\pi}{2}\right)$

$= \dfrac{2}{\sqrt{1+2\tau^2}}\sin(\sqrt{2}\,t + \phi) \leftarrow u(t-\theta)$

$\therefore \dfrac{2}{\sqrt{1+2\tau^2}} = \dfrac{2}{\sqrt{2}}$

$\therefore \tau = \dfrac{1}{\sqrt{2}}$

$\tau\omega = 1$

$\phi = \tan^{-1}(-\tau\omega) - \theta\omega$

$-\dfrac{\pi}{2} = -\dfrac{\pi}{4} - \sqrt{2}\,\theta$

$\therefore \theta = \dfrac{\pi}{4\sqrt{2}}$

53 설정치(Set Point)는 일정하게 유지되고, 외부교란변수(Disturbance)가 시간에 따라 변화할 때 피제어변수가 설정치를 따르도록 조절변수를 제어하는 것은?

① 조정(Regulatory) 제어
② 서보(Servo) 제어
③ 감시 제어
④ 예측 제어

해설

• 조정제어(Regulatory Control) = 정치제어
 설정치는 일정하게 유지하고, 외부교란변수(L)가 시간에 따라 변화할 때 피제어변수가 설정치를 따르도록 조절변수를 제어

• 서보제어(Servo Control) = 추종제어
 외부교란변수(L, 부하)가 변하지 않으며 설정값(R)이 변화

54 다음 블록선도에서 전달함수 $\dfrac{Y(s)}{X(s)}$는?

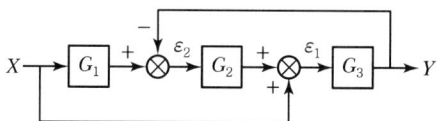

① $\dfrac{G_1G_2G_3 + G_3}{1 + G_2G_3}$

② $\dfrac{G_1G_2G_3 + G_3}{1 + G_1G_3}$

③ $\dfrac{G_1G_2G_3 + G_2}{1 + G_1}$

④ $\dfrac{G_1G_2G_3 + G_3}{1 + G_1}$

해설

$G(s) = \dfrac{Y(s)}{X(s)} = \dfrac{직선}{1 \pm 회선}$

$= \dfrac{G_1G_2G_3 + G_3}{1 + G_2G_3}$

정답 52 ③ 53 ① 54 ①

55 다음 그림의 액체저장탱크에 대한 선형화된 모델식으로 옳은 것은?(단, 유출량 $q(\text{m}^3/\text{min})$는 $2\sqrt{h}$로 나타내어지며, 액위 h의 정상상태값은 4m이고 단면적은 A m²이다.)

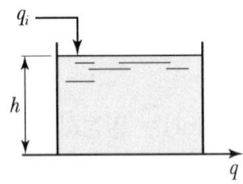

① $A\dfrac{dh}{dt} = q_i - \dfrac{h}{2} - 2$

② $A\dfrac{dh}{dt} = q_i - h + 2$

③ $A\dfrac{dh}{dt} = q_i - \dfrac{h}{2} + 2$

④ $A\dfrac{dh}{dt} = 2q_i - h + 2$

해설

$A\dfrac{dh}{dt} = q_i - 2\sqrt{h}$

선형화 $\sqrt{h} \simeq \sqrt{h_s} + \dfrac{1}{2\sqrt{h_s}}(h - h_s)$

$A\dfrac{dh}{dt} = q_i - 2\sqrt{h_s} - \dfrac{2}{2\sqrt{h_s}}(h - h_s)$

$A\dfrac{dh}{dt} = q_i - 2\sqrt{4} - \dfrac{2}{2\sqrt{4}}(h - 4)$

$\therefore A\dfrac{dh}{dt} = q_i - \dfrac{h}{2} - 2$

56 전달함수 $\dfrac{(0.2s-1)(0.1s+1)}{(s+1)(2s+1)(3s+1)}$에 대해 잘못 설명한 것은?

① 극점(Pole)은 -1, -0.5, $-1/3$이다.
② 영점(Zero)은 $1/0.2$, $-1/0.1$이다.
③ 전달함수는 안정하다.
④ 전달함수가 안정하기 때문에 전달함수의 역함수도 안정하다.

해설

극점(Pole)이 모두 음의 실근이므로 안정하다.

57 제어기를 설계할 때에 대한 설명으로 옳지 않은 것은?

① 일반적으로 제어기의 강인성(Robustness)과 성능(Performance)을 동시에 고려하여야 한다.
② 제어기의 튜닝은 잔류오차(Offset)가 없고 부드럽고 빠르게 설정값에 접근하도록 이루어져야 한다.
③ 설정값 변화 공정에 최적인 튜닝값은 외란 변화 공정에도 최적이다.
④ 공정이 가진 시간지연이 길어지면 제어루프가 가질 수 있는 최대 성능은 나빠진다.

해설

설정값 변화 공정과 외란 변화 공정은 제어기를 다르게 튜닝한다.

58 다음의 식이 나타내는 이론은 무엇인가?

$$\lim_{s \to 0} s \cdot F(s) = \lim_{t \to \infty} f(t)$$

① 스토크스의 정리(Stokes Theorem)
② 최종값 정리(Final Theorem)
③ 지글러-니콜스의 정리(Ziegler-Nichols Theorem)
④ 테일러의 정리(Taylor's Theorem)

해설

- $\lim\limits_{t \to \infty} f(t) = \lim\limits_{s \to 0} sF(s)$: 최종값 정리
- $\lim\limits_{t \to 0} f(t) = \lim\limits_{s \to \infty} sF(s)$: 초기값 정리

정답 55 ① 56 ④ 57 ③ 58 ②

59 Unstable 공정은 비례 제어기로 먼저 안정화시키는 것이 운전에 중요하다. 공정 $G(s) = \dfrac{2e^{-s}}{s-1}$ 을 안정화시키는 비례이득값의 아래 한계(Lower Bound)는?

① 0.5　　② 1
③ 2　　④ 5

해설

$1 + G_{OL} = 1 + K_c \dfrac{2e^{-s}}{s-1} = 0$

$e^{-\tau s} = \dfrac{1}{e^{\tau s}} = \dfrac{1}{1 + \tau s + \dfrac{\tau^2 s^2}{2} + \cdots}$

$\therefore e^{-\tau s} = \dfrac{1}{1+\tau s}$

$1 + K_c \dfrac{\dfrac{2}{1+s}}{s-1} = 0$

$(s-1)(s+1) + 2K_c = 0$

$s^2 - 1 + 2K_c = 0$

$\therefore s = \sqrt{1 - 2K_c} < 0$

$1 - 2K_c < 0$

$\therefore K_c > \dfrac{1}{2}$

60 다음 시스템이 안정하기 위한 조건은?

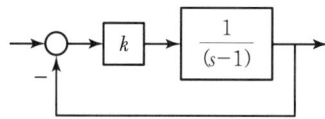

① $0 < k < 1$　　② $k > 1$
③ $k < 1$　　④ $k > 0$

해설

$1 + \dfrac{k}{s-1} = 0$

$s - 1 + k = 0$

$s = 1 - k < 0$

$k - 1 > 0$

$\therefore k > 1$

4과목 공업화학

61 질산과 황산의 혼산에 글리세린을 반응시켜 만드는 물질로 비중이 약 1.6이고 다이너마이트를 제조할 때 사용되는 것은?

① 글리세릴디니트레이트
② 글리세릴모노니트레이트
③ 트리니트로톨루엔
④ 니트로글리세린

해설

다이너마이트
니트로글리세린을 7% 이상 함유하는 폭약의 총칭

$$\begin{array}{c} CH_2OH \\ | \\ CHOH \\ | \\ CH_2OH \end{array} + 3HNO_3 \longrightarrow \begin{array}{c} CH_2ONO_2 \\ | \\ CHONO_2 \\ | \\ CH_2ONO_2 \end{array} + 3H_2O$$

글리세롤　　　　　　　니트로글리세린

62 200kg의 인산(H_3PO_4) 제조 시 필요한 인광석의 양은 약 몇 kg인가?(단, 인광석 내에는 30%의 P_2O_5가 포함되어 있으며 P_2O_5의 분자량은 142이다.)

① 241.5　　② 362.3
③ 483.1　　④ 603.8

해설

$P_2O_5 + 3H_2O \rightarrow 2H_3PO_4$
142　　　:　　2×98 kg
x　　　:　　200 kg
$\therefore x = 145$ kg
인광석의 양 $\times 0.3 = 145$
$\therefore$ 인광석의 양 $= 483$ kg

정답 59 ①　60 ②　61 ④　62 ③

63 융점이 327℃이며, 이 온도 이하에서는 용매가공이 불가능할 정도로 매우 우수한 내약품성을 지니고 있어 화학공정기계의 부식방지용 내식재료로 많이 응용되고 있는 고분자 재료는 무엇인가?

① 폴리에틸렌
② 폴리테트라플루오로에틸렌
③ 폴리카보네이트
④ 폴리아미드

해설

폴리테트라플루오로에틸렌(PTFE : Polytetrafluoroethylene)

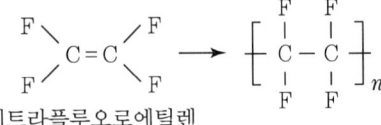

테트라플루오로에틸렌

- 백색, 엷은 회색 고체
- 녹는점 : 327℃
- 불연성, 유기용제에 안정, 비흡수성
- 용도 : 패킹, 튜브, 시트 등 기계부품, 전선, 피복, 전자기부품
- 상품명 : 테플론(Teflon)

64 윤활유의 성상에 대한 설명으로 가장 거리가 먼 것은?

① 유막강도가 커야 한다.
② 적당한 점도가 있어야 한다.
③ 안정도가 커야 한다.
④ 인화점이 낮아야 한다.

해설

윤활유
- 사용온도에 적당한 점성을 유지해야 한다.
- 열과 산화에 대해 안정도가 높아야 한다.
- 안정한 유막을 형성해야 한다.
- 인화성이 없어야 한다.

65 지하수 내에 Ca^{2+} 40mg/L, Mg^{2+} 24.3mg/L가 포함되어 있다. 지하수의 경도를 mg/L $CaCO_3$로 옳게 나타낸 것은?(단, 원자량은 Ca 40, Mg 24이다.)

① 32.15
② 64.3
③ 100
④ 200

해설

$$경도 = Mg^{2+} \times \frac{84}{24} \times \frac{100}{84} + Ca^{2+} \times \frac{100}{40}$$
$$= 24.3 \times \frac{100}{24} + 40 \times \frac{100}{40}$$
$$= 200 mg/L\, CaCO_3$$

66 가성소다 제조에 있어 격막법과 수은법에 대한 설명 중 틀린 것은?

① 전류밀도는 수은법이 격막법의 약 5~6배가 된다.
② 가성소다 제품의 품질은 수은법이 좋고 격막법은 약 1~1.5% 정도의 NaCl을 함유한다.
③ 격막법은 양극실과 음극실 액의 pH가 다르다.
④ 수은법은 고농도를 만들기 위해서 많은 증기가 필요하기 때문에 보일러용 연료가 필요하므로 대기오염의 문제가 없다.

해설

격막법	수은법
• NaOH 농도(11~12%)가 낮으므로 농축비가 많이 든다. • 제품 중에 염화물 등을 함유하여 순도가 낮다.	• 제품의 순도가 높으며, 진한 NaOH(50~73%)를 얻는다. • 전력비가 많이 든다. • 수은을 사용하므로 공해의 원인이 된다. • 이론분해전압과 전류밀도가 크다.

67 생성된 입상 중합체를 직접 사용하여 연속적으로 교반하여 중합하며, 중합열의 제어가 용이하지만 안정제에 의한 오염이 발생하므로 세척, 건조가 필요한 중합법은?

① 괴상중합 ② 용액중합
③ 현탁중합 ④ 축중합

해설

고분자의 중합방법
㉠ 괴상중합(벌크 중합)
 • 용매 또는 분산매를 사용하지 않고 단량체와 개시제만을 혼합하여 중합시키는 방법이다.
 • 조성과 장치 간단, 제품에 불순물이 적다.
 • 내부중합열이 잘 제거되지 않아 부분과열되거나 자동촉진효과에 의해 반응이 폭주하여 반응의 선택성이 떨어지고 불용성 가교물 덩어리가 생성된다.
㉡ 용액중합
 • 단량체와 개시제를 용매에 용해시킨 상태에서 중합시키는 방법이다.
 • 중화열의 제거는 용이하지만, 중합속도와 분자량이 작고, 중합 후 용매의 완전 제거가 어렵다.
㉢ 현탁중합(서스펜션 중합)
 • 단량체를 녹이지 않는 액체에 격렬한 교반으로 분산시켜 중합한다.
 • 강제로 분산된 단량체의 작은 방울에서 중합이 일어난다.
 • 개시제는 단량체에 녹는 것을 사용하며 단량체 방울이 뭉치지 않고 유지되도록 안정제(Stabilizer)를 사용한다.
 • 중합열의 분산이 용이하고 중합체가 작은 입자 모양으로 얻어지므로 분리 및 처리가 용이하다. 세정 및 건조공정을 필요로 하고 안정제에 의한 오염이 발생한다.
㉣ 유화중합(에멀션 중합)
 • 비누 또는 세제 성분의 일종인 유화제를 사용하여 단량체를 분산매 중에 분산시키고 수용성 개시제를 사용하여 중합시키는 방법이다.
 • 중합열의 분산이 용이하고, 대량 생산에 적합하다.
 • 세정과 건조가 필요하고 유화제에 의한 오염이 발생한다.

68 Friedel – Crafts 반응에 쓰이는 대표적인 촉매는?

① Al_2O_3 ② H_2SO_4
③ P_2O_5 ④ $AlCl_3$

해설

Friedel – Crafts 반응에 사용되는 대표적인 촉매 : $AlCl_3$

69 접촉식에 의한 황산의 제조 공장에서 이산화황이 산화되어 삼산화황으로 전환하여 평형상태에 도달한다. 삼산화황 1몰을 생산하기 위해서 필요한 공기 최소량은 표준상태를 기준으로 약 몇 L인가?(단, 이상적인 반응을 가정한다.)

① 53L ② 40.3L
③ 20.16L ④ 10.26L

해설

$$SO_2 + \frac{1}{2}O_2 \rightarrow SO_3$$
$$0.5 mol O_2 \quad 1 mol$$
$$0.5 mol O_2 \times \frac{100 mol Air}{21 mol O_2} = 2.38 mol Air$$
$$V = \frac{nRT}{P}$$
$$= \frac{2.38 mol \times 0.082 L\ atm/mol\ K \times 273K}{1 atm} = 53L$$

70 디젤연료의 성능을 표시하는 하나의 척도는?

① 옥탄가 ② 유동점
③ 세탄가 ④ 아닐린점

해설

세탄가
• 디젤연료의 성능을 나타낸다.
• n – cetane의 값을 100, α – 메틸나프탈렌의 값을 0으로 하여 표준연료 중의 cetane의 %를 세탄가라 한다.
• 세탄가가 클수록 착화성이 크며 디젤 연료로 우수하다.

71 질산의 직접 합성 반응이 다음과 같을 때 반응 후 응축하여 생성된 질산용액의 농도는 얼마인가?

$$NH_3 + 2O_2 \rightleftarrows HNO_3 + H_2O$$

① 68wt% ② 78wt%
③ 88wt% ④ 98wt%

정답 ▶ 67 ③ 68 ④ 69 ① 70 ③ 71 ②

해설

질산의 직접 합성
㉠ 고농도 질산을 얻기 위한 방법
㉡ $NH_3 + 2O_2 \rightarrow HNO_3 + H_2O$
- 암모니아를 이론량만큼의 공기와 산화시킨 후 물을 제거해야 한다.
- 응축하면 78% HNO_3가 생성되므로 농축하거나 물을 제거해야 한다.

72 다음 중 수용성 인산 비료는?

① Thomas 인비 ② 중과린산석회
③ 용성인비   ④ 소성인산 3석회

해설

수용성 인산	인산암모늄, 인산칼슘, 중과린산석회, 과린산석회
구용성 인산	침강인산석회, 토마스인비, 소성인비, 용성인비
불용성 인산	인회석, 골회

73 반도체 제조공정 중 원하는 형태로 패턴이 형성된 표면에서 원하는 부분을 화학반응 또는 물리적 과정을 통해 제거하는 공정은?

① 리소그래피   ② 에칭
③ 세정   ④ 이온주입공정

해설

- 사진공정(포토리소그래피) : 반도체 공장에서 회로의 패턴을 실리콘 기판 위에 새겨 넣는 공정
- 에칭 : 노광 후 PR(포토레지스트)로 보호되지 않는 부분(감광되지 않는 부분)을 제거하는 공정

74 아닐린에 대한 설명으로 옳은 것은?

① 무색·무취의 액체이다.
② 니트로벤젠은 아닐린으로 산화될 수 있다.
③ 비점이 약 184℃이다.
④ 알코올과 에테르에 녹지 않는다.

해설

아닐린

- 특유한 냄새, 무색
- 비점 184℃
- 에테르, 에탄올, 벤젠에 용해
- 반응식 : NO₂ → NH₂ (Zn/산)

75 다음의 과정에서 얻어지는 물질로 ( ) 안에 알맞은 것은?

$$CH_2 = CH_2 \xrightarrow{O_2/Ag} CH_2 - CH_2 \text{(O)} \xrightarrow{H_2O} (\quad)$$

① 에탄올   ② 에텐디올
③ 에틸렌글리콜   ④ 아세트알데히드

해설

$$CH_2=CH_2 \xrightarrow{O_2/Ag} \underset{\text{에틸렌옥사이드}}{CH_2-CH_2 \text{(O)}} \xrightarrow{H_2O} \underset{\text{에틸렌글리콜}}{CH_2-CH_2 \text{(OH OH)}}$$

에틸렌

76 다음 중 암모니아소다법의 핵심공정 반응식을 옳게 나타낸 것은?

① $2NaCl + H_2SO_4 \rightarrow Na_2SO_4 + 2HCl$
② $2NaCl + SO_2 + H_2O + \frac{1}{2}O_2 \rightarrow Na_2SO_4 + 2HCl$
③ $NaCl + 2NH_3 + CO_2 \rightarrow NaCO_2NH_2 + NH_4Cl$
④ $NaCl + NH_3 + CO_2 + H_2O \rightarrow NaHCO_3 + NH_4Cl$

해설

암모니아소다법(Solvay법)
$NaCl + NH_3 + CO_2 + H_2O \rightarrow NaHCO_3 + NH_4Cl$
$2NaHCO_3 \rightarrow Na_2CO_3 + H_2O + CO_2$
$2NH_4Cl + Ca(OH)_2 \rightarrow CaCl_2 + 2H_2O + 2NH_3$

정답 72 ② 73 ② 74 ③ 75 ③ 76 ④

77 논농사보다는 밭농사를 주로 하는 지역에서 사용하는 흡습성이 강한 비료로서 Fauser법으로 생산하는 것은?

① NH_4Cl
② NH_4NO_3
③ NH_2CONH_2
④ $(NH_4)_2SO_4$

해설

NH_4NO_3(질산암모늄)
• 질산을 암모니아 가스로 중화해서 제조
• 흡습성이 강하여 논농사에는 부적합

78 고분자의 수평균분자량을 측정하는 방법으로 가장 거리가 먼 것은?

① 광산란법
② 삼투압법
③ 비등점상승법
④ 빙점강하법

해설

분자량 측정방법
• 끓는점 오름법과 어는점 내림법 : 비교적 저분자 분자량 측정
• 삼투압측정법 : Van't Hoff 법칙 이용
• 광산란법 : 중량(무게) 평균 분자량을 측정하는 방법으로 이용
• 겔투과 크로마토그래피(GPC) : 한 번의 측정으로 $\overline{M}_n$, $\overline{M}_w$를 모두 구할 수 있다.
• 말단기 분석기 : $\overline{M}_n$ 측정

79 부식전류가 크게 되는 원인으로 가장 거리가 먼 것은?

① 용존산소 농도가 낮을 때
② 온도가 높을 때
③ 금속이 진도성이 큰 진해액과 접측히고 있을 때
④ 금속 표면의 내부응력 차가 클 때

해설

부식전류가 크게 되는 원인
• 서로 다른 금속들이 접하고 있을 때
• 금속이 전도성이 큰 전해액과 접하고 있을 때
• 금속 표면의 내부 응력차가 클 때

80 아세틸렌을 원료로 하여 합성되는 물질이 아닌 것은?

① 아세트알데히드
② 염화비닐
③ 포름알데히드
④ 아세트산비닐

해설

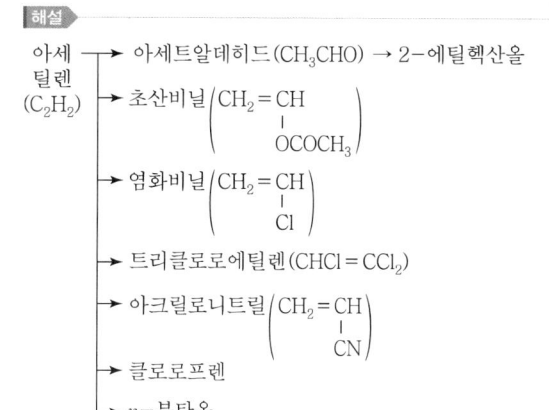

5과목 반응공학

81 공간시간과 평균체류시간에 대한 설명 중 틀린 것은?

① 밀도가 일정한 반응계에서는 공간시간과 평균체류시간은 항상 같다.
② 부피가 팽창하는 기체 반응의 경우 평균체류시간은 공간시간보다 작다.
③ 반응물의 부피가 전화율과 직선 관계로 변하는 관형반응기에서 평균체류시간은 반응속도와 무관하다.
④ 공간시간과 공간속도의 곱은 항상 1이다.

해설

• 공간시간
$$\tau = \frac{V}{v_o} = \frac{C_{A0}V}{F_{A0}} = \frac{1}{S(\text{공간속도})}$$

• 체류시간
$$\bar{t} = \frac{V}{v_f} = \frac{V}{v_o(1+\varepsilon_A X_A)}$$

• 액상반응($\rho = \text{const}$) : $\tau = \bar{t}$

정답 77 ② 78 ① 79 ① 80 ③ 81 ③

82 고체 촉매에 의한 기상 반응 $A+B \to R$에 있어서 성분 A와 B가 같은 양이 존재할 때 성분 A의 흡착 과정이 율속인 경우의 초기 반응 속도와 전압의 관계는?(단, a, b는 정수이고, P는 전압이다.)

① $r_0 = \dfrac{P}{a+bP}$ ② $r_0 = \dfrac{P}{(a+bP)^2}$

③ $r_0 = \left(\dfrac{P}{a+bP}\right)^2$ ④ $r_0 = \dfrac{P^2}{a+bP}$

해설

A의 흡착과정이 율속단계

$A + S \underset{k_{-A}}{\overset{k_A}{\rightleftharpoons}} A \cdot S$

(흡착) $r_{AD} = k_A PN(1-\theta)$

여기서, N : 활성점, 전체 자릿수
θ : 피복률
$N(1-\theta)$: 빈 자릿수

(탈착) $r_{DE} = k_D N\theta$

(평형) $k_A PN(1-\theta) = k_D N\theta$

$\theta = \dfrac{k_A P}{k_A P + k_D} = \dfrac{(k_A/k_D)P}{(k_A/k_D)P+1}$

K(평형상수) $= \dfrac{k_A}{k_D}$

$\therefore \theta = \dfrac{KP}{KP+1} = \dfrac{P}{P+1/K}$

83 물질 A는 $A \to 5S$로 반응하고 A와 S가 모두 기체일 때, 이 반응의 부피변화율 ε_A를 구하면?(단, 초기에는 A만 있다.)

① 1   ② 1.5
③ 4   ④ 5

해설

$A \to 5S$

$\varepsilon_A = y_{A0} \delta = 1 \cdot \dfrac{5-1}{1} = 4$

84 균일계 액상 병렬 반응이 다음과 같을 때 R의 순간수율 ϕ 값으로 옳은 것은?

$$A+B \xrightarrow{k_1} R, \quad \dfrac{dC_R}{dt} = 1.0 C_A C_B^{0.5}$$
$$A+B \xrightarrow{k_2} S, \quad \dfrac{dC_S}{dt} = 1.0 C_A^{0.5} C_B^{1.5}$$

① $\dfrac{1}{1+C_A^{-0.5}C_B}$ ② $\dfrac{1}{1+C_A^{0.5}C_B^{-1}}$

③ $\dfrac{1}{C_A C_B^{0.5} + C_A^{0.5} C_B^{1.5}}$ ④ $C_A^{0.5} C_B^{-1}$

해설

$\phi = \dfrac{\text{생성된 } R \text{의 몰수}}{\text{소비된 } A \text{의 몰수}}$

$= \dfrac{1.0 C_A C_B^{0.5}}{1.0 C_A C_B^{0.5} + 1.0 C_A^{0.5} C_B^{1.5}} = \dfrac{1}{1+C_A^{-0.5}C_B}$

85 고체촉매의 고정층 반응기를 이용한 비압축성 유체의 반응에서 다음 중 반응속도에 영향이 가장 적은 변수는?

① 반응온도   ② 반응압력
③ 반응물 농도   ④ 촉매의 활성도

해설

비압축성 유체는 밀도가 일정한 액상이므로 압력의 영향이 매우 적다.

86 $\dfrac{V}{F_{A0}} = (R+1) \displaystyle\int_{\frac{R}{R+1}X_{Af}}^{X_{Af}} \dfrac{dX_A}{-r_A}$ 의 식에서 순환비 R을 0으로 하면 어떤 반응기에 적용되는 식이 되는가? (단, V : 반응기 부피, F_{Ao} : 반응물 유입몰속도, X_A : 전화율, $-r_A$: 반응속도)

① 회분식 반응기   ② 플러그흐름반응기
③ 혼합흐름반응기   ④ 다중효능반응기

해설

- 순환비 $R \to 0$: PFR
- 순환비 $R \to \infty$: CSTR

정답 82 ① 83 ③ 84 ① 85 ② 86 ②

87 $A \to B \rightleftarrows R$인 복합반응의 회분조작에 대한 3성분계 조성도를 옳게 나타낸 것은?

① 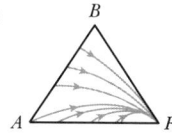 ②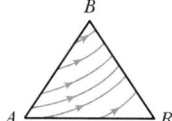

③ 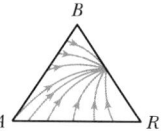 ④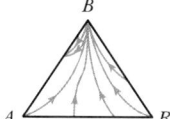

해설
$C_A \to 0$일 때 $C_B = C_R$
시간이 지날수록 A는 소모되고, B와 R은 평형이 된다.

88 액상 1차 반응 $A \to R + S$가 혼합흐름반응기와 플러그흐름반응기가 직렬로 연결된 곳에서 일어난다. 다음 중 옳은 설명은?(단, 반응기의 크기는 동일하다.)

① 전화율을 크게 하기 위해서는 혼합흐름반응기를 앞에 배치해야 한다.
② 전화율을 크게 하기 위해서는 플러그흐름반응기를 앞에 배치해야 한다.
③ 전화율을 크게 하기 위해, 낮은 전화율에서는 혼합흐름반응기를, 높은 전화율에서는 플러그흐름반응기를 앞에 배치해야 한다.
④ 반응기의 배치순서는 전화율에 영향을 미치지 않는다.

해설
- 1차 반응 : 동일한 크기의 반응기기 최적
- $n > 1$: PFR → 작은 CSTR → 큰 CSTR
- $n < 1$: 큰 CSTR → 작은 CSTR → PFR

89 액상 플러그흐름반응기의 일반적 물질수지를 나타내는 식은?(단, τ는 공간시간, C_{A0}는 초기농도, C_{Af}는 유출농도, $-r_A$는 반응속도, t는 반응시간을 나타낸다.)

① $\tau = -\int_{C_{A0}}^{C_{Af}} \dfrac{dC_A}{-r_A}$

② $\tau = \dfrac{C_{A0} - C_A}{-r_A}$

③ $\tau = -\int_{C_{A0}}^{C_{Af}} r_A dC_A$

④ $t = -\int_{C_{A0}}^{C_{Af}} \dfrac{dC_A}{C_A}$

해설
PFR : $\tau = -\int_{C_{A0}}^{C_A} \dfrac{dC_A}{-r_A}$

CSTR : $\tau = \dfrac{C_{A0} - C_A}{-r_A}$

90 에틸아세트산의 가수분해반응은 1차 반응속도식에 따른다고 한다. 만일 어떤 실험조건하에서 정확히 20% 분해시키는 데 50분이 소요되었다면, 반감기는 몇 분이 걸리겠는가?

① 145 ② 155
③ 165 ④ 175

해설
$-\ln(1 - X_A) = kt$
$-\ln(1 - 0.2) = k \times 50\,\text{min}$
$k = 4.46 \times 10^{-3}\,\text{L/min}$
$-\ln(1 - 0.5) = 4.46 \times 10^{-3} \times t$
$\therefore t = 155\,\text{min}$

91 $2A + B \to 2C$ 반응이 회분반응기에서 정압등온으로 진행된다. A, B가 양론비로 도입되며 불활성물이 없고 임의 시간 전화율이 X_A일 때 초기 전몰수 N_{to}에 대한 전몰수 N_t의 비(N_t/N_{to})를 옳게 나타낸 것은?

① $1 - \dfrac{X_A}{3}$ ② $1 + \dfrac{X_A}{4}$

③ $1 - \dfrac{X_A^2}{3}$ ④ $1 + \dfrac{X_A^2}{4}$

정답 ▶ 87 ③ 88 ④ 89 ① 90 ② 91 ①

해설

$N_{to} = N_{A0} + N_{B0} = 2\text{mol} + 1\text{mol} = 3\text{mol}$

$$\begin{array}{cccc} 2A & + & B & \rightarrow & 2C \\ 2\text{mol} & & 1\text{mol} & & 0 \\ +) -2X_A & & -X_A & & +2X_A \\ \hline (2-2X_A) & & (1-X_A) & & 2X_A \end{array}$$

$t = (2-2X_A) + (1-X_A) + 2X_A = 3 - X_A$

$\therefore \dfrac{N_t}{N_{to}} = \dfrac{3-X_A}{3} = 1 - \dfrac{X_A}{3}$

92 다음과 같은 플러그흐름반응기에서의 반응시간에 따른 $C_B(t)$는 어떤 관계로 주어지는가? (단, k는 각 경로에서의 속도상수, C_{A0}는 A의 초기농도, t는 시간이고, 초기에 A만 존재한다.)

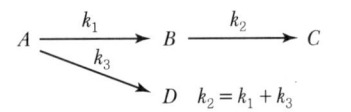

① $k_3 C_{A0} t e^{-k_1 t}$
② $k_1 C_{A0} t e^{-k_2 t}$
③ $k_1 C_{A0} e^{-k_3 t} + k_2 C_B$
④ $k_1 C_{A0} e^{-k_2 t} + k_2 C_B$

해설

$-r_A = -\dfrac{dC_A}{dt} = k_1 C_A + k_3 C_A = k_2 C_A$

$-\dfrac{dC_A}{C_A} = k_2 dt$

$-\ln \dfrac{C_A}{C_{A0}} = k_2 t$

$\therefore C_A = C_{A0} e^{-k_2 t}$

$r_B = \dfrac{dC_B}{dt} = k_1 C_A - k_2 C_B = k_1 C_{A0} e^{-k_2 t} - k_2 C_B$

$\dfrac{dC_B}{dt} + k_2 C_B = k_1 C_{A0} e^{-k_2 t} \xrightarrow{\mathcal{L}} s C_B(s) + k_2 C_B(s) = \dfrac{k_1 C_{A0}}{s + k_2}$

$C_B(s) = \dfrac{k_1 C_{A0}}{(s+k_2)^2} \xrightarrow{\mathcal{L}^{-1}} C_B = k_1 C_{A0} t e^{-k_2 t}$

93 평형전화율에 미치는 압력과 비활성 물질의 역할에 대한 설명으로 옳지 않은 것은?

① 평형상수는 반응속도론에 영향을 받지 않는다.
② 평형상수는 압력에 무관하다.
③ 평형상수가 1보다 많이 크면 비가역 반응이다.
④ 모든 반응에서 비활성 물질의 감소는 압력의 감소와 같다.

해설

평형 전화율

• 열역학에 의한 평형상수는 계의 압력, 불활성 물질의 존재 여부, 반응의 속도론에 대해서는 영향을 받지 않고 계의 온도에 의하여 영향을 받는다.
• 열역학에 의한 평형상수는 압력이나 불활성 물질에 영향을 받지 않지만, 반응물의 평형농도나 평형전화율은 이들 변수에 영향을 받는다.
• $K \gg 1$이면 실제로 완전한 전화가 가능하여 반응을 비가역 반응으로 간주할 수 있다. 그러나 $K \ll 1$이면 반응은 많이 진행되지 않는다.
• 온도가 증가하면 흡열반응의 평형전화율은 증가하고 발열반응에 대해서는 평형전화율이 떨어진다.
• 기체반응에서 압력이 증가할 경우 반응에 따라 몰수가 감소하면 전화율은 증가하고 반면에 반응에 따라 몰수가 증가하면 전화율은 떨어진다.
• 모든 반응에서 불활성 물질의 감소는 기체반응에서 압력이 증가하는 것과 같은 작용을 한다.

94 다음 반응에서 $C_{A0} = 1\text{mol/L}$, $C_{R0} = C_{S0} = 0$이고 속도상수 $k_1 = k_2 = 0.1 \min^{-1}$이며 100L/h의 원료유입에서 R을 얻는다고 한다. 이때 성분 R의 수득률을 최대로 할 수 있는 플러그흐름반응기의 크기를 구하면?

$$A \xrightarrow{k_1} R \xrightarrow{k_2} S$$

① 16.67L
② 26.67L
③ 36.67L
④ 46.67L

해설

$k_1 = k_2 = 0.1 \text{min}^{-1} = k$

$\tau_{opt} = \dfrac{1}{k} = \dfrac{1}{0.1} = 10\text{min}$

$\tau = \dfrac{V}{v_o}$

$10\text{min} = \dfrac{V}{100\text{L/h} \times 1\text{h}/60\text{min}}$

$\therefore V = 16.67\text{L}$

95 크기가 다른 3개의 혼합흐름반응기(Mixed Flow Reactor)를 사용하여 2차 반응에 의해서 제품을 생산하려 한다. 최대의 생산율을 얻기 위한 반응기의 설치 순서로서 옳은 것은?(단, 반응기의 부피 크기는 A>B>C이다.)

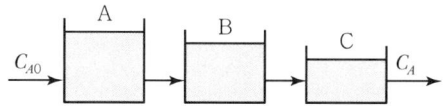

① A → B → C
② B → A → C
③ C → B → A
④ 순서에 무관

해설
- $n > 1$: 작은 반응기 → 큰 반응기
- $n < 1$: 큰 반응기 → 작은 반응기

96 다음 반응에서 전환율 X_A에 따르는 반응 후 총 몰수를 구하면 얼마인가?(단, 반응 초기에 B, C, D는 없고, n_{A0}는 초기 A성분의 몰수, X_A는 A성분의 전환율이다.)

$$A \to B + C + D$$

① $n_{A0} + n_{A0}X_A$
② $n_{A0} - n_{A0}X_A$
③ $n_{A0} + 2n_{A0}X_A$
④ $n_{A0} - 2n_{A0}X_A$

해설

	A	$\to$	B	$+$	C	$+$	D
	n_{A0}		0		0		0
+)	$-n_{A0}X_A$		$n_{A0}X_A$		$n_{A0}X_A$		$n_{A0}X_A$
	$(n_{A0} - n_{A0}X_A)$				$3n_{A0}X_A$		

$\therefore n_t = n_{A0} - n_{A0}X_A + 3n_{A0}X_A$
$= n_{A0} + 2n_{A0}X_A$

97 $A \xrightarrow{k} R$ 반응을, 2개의 같은 크기의 혼합흐름반응기(Mixed Flow Reactor)를 직렬로 연결하여 반응시켰을 때 최종 반응기 출구에서의 전환율은?(단, 이 반응은 기초반응이고, 각 반응기의 $k\tau = 2$이다.)

① 0.111
② 0.333
③ 0.667
④ 0.889

해설

1차 반응

$\dfrac{C_o}{C_1} = (1 + k\tau)$

$\dfrac{C_o}{C_1} = (1+2) = 3 = \dfrac{1}{1-X_1}$

$\therefore X_1 = 0.667$

$\dfrac{C_o}{C_2} = \dfrac{1}{1-X_2} = (1+k\tau)^2 = (1+2)^2$

$\therefore X_2 = 0.889$

98 화학평형에서 열역학에 의한 평형상수에 다음 중 가장 큰 영향을 미치는 것은?

① 계의 온도
② 불활성 물질의 존재 여부
③ 반응속도론
④ 계의 압력

해설

$\dfrac{d\ln K}{dT} = \dfrac{\Delta H}{RT^2}$

평형상수 $K = f(T)$

정답 95 ③ 96 ③ 97 ④ 98 ①

99 어떤 반응에서 $-r_A = 0.05\,C_A\,\text{mol/cm}^3\,\text{h}$일 때 농도를 mol/L, 그리고 시간을 min으로 나타낼 경우 속도상수의 값은?

① 7.33×10^{-4}
② 8.33×10^{-4}
③ 9.33×10^{-4}
④ 10.33×10^{-4}

해설

$K = [\text{mol/L}]^{1-n}[1/s]$

1차 $K = \dfrac{1}{\text{시간}}$

$0.05\dfrac{1}{\text{h}} \times \dfrac{1\text{h}}{60\text{min}} = 8.33 \times 10^{-4}\,\text{min}^{-1}$

100 균일 2차 액상반응($A \rightarrow R$)이 혼합반응기에서 진행되어 50%의 전환을 얻었다. 다른 조건은 그대로 두고, 반응기만 같은 크기의 플러그흐름반응기로 대체시켰을 때 전환율은 어떻게 되겠는가?

① 47%
② 57%
③ 67%
④ 77%

해설

- 2차 CSTR

$$\dfrac{X_A}{(1-X_A)^2} = C_{A0}k\tau$$

$$\dfrac{0.5}{(1-0.5)^2} = C_{A0}k\tau = 2$$

- 2차 PFR

$$\dfrac{X_A}{1-X_A} = C_{A0}k\tau = 2$$

$X_A = 0.67\,(67\%)$

정답 99 ② 100 ③

2017년 제2회 기출문제

1과목 화공열역학

01 화학 평형상태에서 CO, CO_2, H_2, H_2O 및 CH_4로 구성되는 기상계의 자유도는?

① 3
② 4
③ 5
④ 6

해설

$C + \frac{1}{2}O_2 \rightarrow CO$ ·········· ㉠

$C + O_2 \rightarrow CO_2$ ·········· ㉡

$H_2 + \frac{1}{2}O_2 \rightarrow H_2O$ ·········· ㉢

$C + 2H_2 \rightarrow CH_4$ ·········· ㉣

㉠, ㉡에서 $CO + \frac{1}{2}O_2 \rightarrow CO_2$ ·········· ㉤

㉡, ㉣에서 $CH_4 + O_2 \rightarrow 2H_2 + CO_2$ ·········· ㉥

O_2가 소거되도록 식을 결합한다.

㉢, ㉤에서 $CO_2 + H_2 \rightarrow CO + H_2O$ ·········· ㉦

㉢, ㉥에서 $CH_4 + 2H_2O \rightarrow CO_2 + 4H_2$ ·········· ㉧

㉦과 ㉧은 독립된 세트이고 $r = 2$라는 것을 의미한다.

$F = 2 - \pi + N - r - s$
$= 2 - 1 + 5 - 2 - 0 = 4$

02 다음 중 이상기체에 대한 특성식과 관련이 없는 것은? (단, Z : 압축인자, C_p : 정압비열, C_v : 정적비열, U : 내부에너지, R : 기체상수, P : 압력, V : 부피, T : 절대온도, n : 몰수)

① $Z = 1$
② $C_p + C_v = R$
③ $\left(\frac{\partial U}{\partial V}\right)_T = 0$
④ $PV = nRT$

해설

$C_p = C_v + R$
$dU = TdS - PdV$

$\left(\frac{\partial U}{\partial V}\right)_T = T\left(\frac{\partial S}{\partial V}\right)_T - P$

$= T\left(\frac{\partial P}{\partial T}\right)_V - P \quad (PV = RT)$

$= T\left(\frac{R}{V}\right) - P$

$= P - P = 0$

03 다음 열역학 관계식 중 옳지 않은 것은?

① $\left(\frac{\partial T}{\partial V}\right)_S = -\left(\frac{\partial P}{\partial S}\right)_V$
② $\left(\frac{\partial T}{\partial P}\right)_S = \left(\frac{\partial V}{\partial S}\right)_P$
③ $\left(\frac{\partial P}{\partial T}\right)_V = \left(\frac{\partial S}{\partial V}\right)_T$
④ $\left(\frac{\partial V}{\partial T}\right)_P = \left(\frac{\partial S}{\partial P}\right)_T$

해설

Maxwell 방정식

$\left(\frac{\partial T}{\partial V}\right)_S = -\left(\frac{\partial P}{\partial S}\right)_V \quad \left(\frac{\partial T}{\partial P}\right)_S = \left(\frac{\partial V}{\partial S}\right)_P$

$\left(\frac{\partial S}{\partial V}\right)_T = \left(\frac{\partial P}{\partial T}\right)_V \quad \left(\frac{\partial S}{\partial P}\right)_T = -\left(\frac{\partial V}{\partial T}\right)_P$

04 줄-톰슨(Joule-Thomson) 팽창과 엔트로피의 관계를 옳게 설명한 것은?

① 엔트로피와 관련이 없다.
② 엔트로피가 일정해진다.
③ 엔트로피가 감소한다.
④ 엔트로피가 증가한다.

해설

Joule-Thomson 팽창

$\mu = \left(\frac{\partial T}{\partial P}\right)_H$

등엔탈피 팽창 → 엔트로피 증가

정답 01 ② 02 ② 03 ④ 04 ④

05 "액체혼합물 중의 한 성분이 나타내는 증기압은 그 온도에 있어서 그 성분이 단독으로 존재할 때의 증기압에 그 성분의 몰분율을 곱한 값과 같다." 이것은 누구의 법칙인가?

① 라울(Raoult)의 법칙
② 헨리(Henry)의 법칙
③ 픽(Fick)의 법칙
④ 푸리에(Fourier)의 법칙

해설
Raoult의 법칙 : 혼합물 중 한 성분의 증기분압은 그 성분의 몰분율에 같은 온도에서 그 성분의 순수한 상태에서의 증기압을 곱한 것과 같다.
$p_A = P_A x_A$, $p_B = P_B(1-x_A)$
$P = p_A + p_B$ (2성분계)
$y_A = \dfrac{P_A x_A}{P}$

06 27℃, 800atm하에서 산소 1mol의 부피는 몇 L인가?(단, 이때 압축계수는 1.5 이다.)

① 0.46L
② 0.72L
③ 0.046L
④ 0.072L

해설
$PV = ZnRT$
$V = \dfrac{ZnRT}{P}$
$= \dfrac{1.5 \times 1\text{mol} \times 0.082\text{L atm/mol K} \times 300\text{K}}{800\text{atm}}$
$= 0.046\text{L}$

07 어느 물질의 등압 부피팽창계수와 등온 부피압축계수를 나타내는 β와 κ가 각각 $\beta = \dfrac{a}{V}$와 $\kappa = \dfrac{b}{V}$로 표시될 때 이 물질에 대한 상태방정식으로 적합한 것은?

① $V = aT + bP + $상수
② $V = aT - bP + $상수
③ $V = -aT + bP + $상수
④ $V = -aT - bP + $상수

해설
$V = V(T, P)$
$dV = \left(\dfrac{\partial V}{\partial T}\right)_P dT + \left(\dfrac{\partial V}{\partial P}\right)_T dP$
$\beta = \dfrac{1}{V}\left(\dfrac{\partial V}{\partial T}\right)_P$, $\kappa = -\dfrac{1}{V}\left(\dfrac{\partial V}{\partial P}\right)_T$
$\beta = \dfrac{a}{V}$, $\kappa = \dfrac{b}{V}$이므로
$\therefore dV = adT - bdP$
적분하면 $V = aT - bP + $상수

08 다음 그림은 1기압하에서의 A, B 2성분계 용액에 대한 비점선도(Boiling Point Diagram)이다. $X_A = 0.40$인 용액을 1기압하에서 서서히 가열할 때 일어나는 현상을 설명한 내용으로 틀린 것은?(단, 처음 온도는 40℃이고, 마지막 온도는 70℃이다.)

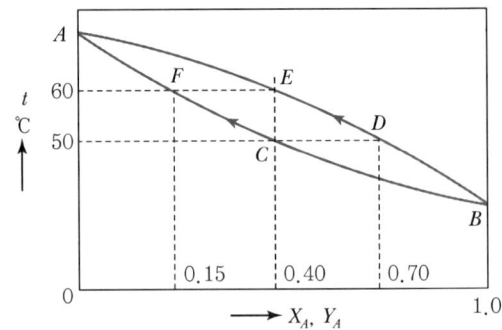

① 용액은 50℃에서 끓기 시작하여 60℃가 되는 순간 완전히 기화한다.
② 용액이 끓기 시작하자마자 생긴 최초의 증기조성은 $Y_A = 0.70$이다.
③ 용액이 계속 증발함에 따라 남아 있는 용액의 조성은 곡선 DE를 따라 변한다.
④ 마지막 남은 한 방울의 조성은 $X_A = 0.15$이다.

해설
$x_A = 0.4 \to y_A = 0.7$
용액의 조성은 곡선 CF를 따라 변하고 기상의 조성은 DE를 따라 변한다.

09 다음 중 역행응축(Retrograde Condensation) 현상을 가장 유용하게 쓸 수 있는 경우는?

① 기체를 임계점에서 응축시켜 순수성분을 분리시킨다.
② 천연가스 채굴 시 동력 없이 액화천연가스를 얻는다.
③ 고체 혼합물을 기체화시킨 후 다시 응축시켜 비휘발성 물질만을 얻는다.
④ 냉동의 효율을 높이고 냉동제의 증발잠열을 최대로 이용한다.

해설

역행응축
다성분계의 임계점 부근에서 압력을 감소시킬 때 액화가 일어나는 이상한 응축현상
※ 액화 : 압력을 증가시킬 때 일어난다.
예 • 천연가스 채굴 시 동력 없이 액화천연가스를 얻는다.
• 지하유정에서 가스를 끌어올릴 때 가벼운 가스를 다시 넣어 압력을 높인다.

10 어떤 기체가 줄-톰슨 전환점(Joule-Thomson Inversion Point)이 될 수 있는 조건은?

(단, $dH = C_P dT + \left[V - T\left(\frac{\partial V}{\partial T}\right)_P\right]dP$ 이다.)

① $T\left(\frac{\partial V}{\partial T}\right)_P = V$ ② $\left(\frac{\partial V}{\partial T}\right)_P = V$

③ $T\left(\frac{\partial V}{\partial T}\right)_P = 0$ ④ $\left(\frac{\partial V}{\partial T}\right)_P = \frac{1}{V}$

해설

$\mu = \left(\frac{\partial T}{\partial P}\right)_H$

$dH = 0$(등엔탈피), $\mu = \left(\frac{\partial T}{\partial P}\right)_H = 0$

전환곡선은 μ가 양인 영역과 음인 영역으로 구분해준다.

$dH = C_P dT + \left[V - T\left(\frac{\partial V}{\partial T}\right)_P\right]dP = 0$

$C_P dT = T\left(\frac{\partial V}{\partial T}\right)_P - V$

$\left(\frac{\partial T}{\partial P}\right)_H = \frac{T\left(\frac{\partial V}{\partial T}\right)_P - V}{C_P} = 0$ ∴ $V = T\left(\frac{\partial V}{\partial T}\right)_P$

11 다음 중 루이스-랜들 규칙(Lewis-Randall Rule)의 옳은 표현은?(단, 실제 용액에 적용할 수 있는 식, $\hat{f}_i$: 용액 중 i 성분의 퓨가시티(Fugacity), f_i : 순수성분 i의 퓨가시티, f_i° : 표준상태에서 순수성분 i의 퓨가시티, x_i : 성분 i의 액상 몰분율이다.)

① $\lim_{x_i \to 0} \frac{\hat{f}_i}{x_i} = f_i$ ② $\lim_{x_i \to 0} \frac{\hat{f}_i}{x_i} = f_i^{\circ}$

③ $\lim_{x_i \to 1} \frac{\hat{f}_i}{x_i} = f_i$ ④ $\lim_{x_i \to 1} \frac{\hat{f}_i}{x_i} = f_i^{\circ}$

해설

Lewis-Randall 법칙은 농도가 $x_1 = 1$에 접근하는 성분에 대해 유효하다.
$\hat{f}_i^{id} = x_i f_i$
$\lim_{x_i \to 1} \frac{\hat{f}_i}{x_i} = f_i$

12 1mol의 이상기체의 처음상태 50℃, 10kPa에서 20℃, 1kPa로 팽창했을 때의 엔트로피(S)의 변화는?

$\left(\text{단, } C_p = \frac{7}{2}R \text{이다.}\right)$

① $-2.6435R$ ② $2.6435R$
③ $-1.9616R$ ④ $1.9616R$

해설

1mol, 50℃, 10kPa → 20℃, 1kPa

$\Delta S = C_p \ln\frac{T_2}{T_1} + R\ln\frac{P_1}{P_2}$

∴ $\Delta S = \frac{7}{2}R\ln\frac{293}{323} + R\ln\frac{10}{1} = 1.9616R$

정답 09 ② 10 ① 11 ③ 12 ④

13 물과 수증기와 얼음이 공존하는 삼중점에서 자유도의 수는?

① 0   ② 1
③ 2   ④ 3

해설

$F = 2 - P + C$
$= 2 - 3 + 1 = 0$

---

14 질량 1,500kg의 승용차가 40km/h의 속도로 달린다. 이 승용차의 운동에너지는 몇 N m인가?

① 1.20×10^6 ② 9.26×10^5
③ 1.20×10^5 ④ 9.26×10^4

해설

$m = 1,500 \text{kg}$
$v = 40 \text{km/h} = \dfrac{40,000 \text{m}}{3,600 \text{s}} = 11.11 \text{m/s}$
$E_k = \dfrac{1}{2} mv^2$
$= \dfrac{1}{2}(1,500 \text{kg})(11.11 \text{m/s})^2$
$= 92,574 \text{J} \fallingdotseq 9.26 \times 10^4 \text{N m}$

---

15 평형(Equilibrium)에 대한 정의가 아닌 것은?(단, G는 깁스(Gibbs)에너지, mix는 혼합에 의한 변화를 의미한다.)

① 계(System)의 거시적 성질들이 시간에 따라 변하지 않는 경우
② 정반응의 속도와 역반응의 속도가 동일할 경우
③ $\Delta G_{T,P} = 0$
④ $\Delta V_{\text{mix}} = 0$

해설

평형
- 계의 거시적 성질들이 시간에 따라 변하지 않는 상태
- 정반응속도 = 역반응속도
- 동적 평형
- $(dG^t)_{T,P} = 0$

---

16 벤젠(1)-톨루엔(2)의 기-액 평형에서 라울의 법칙이 만족된다면 90℃, 1atm에서 기체의 조성 y_1은 얼마인가?(단, $P_1^{sat} = 1.5 \text{atm}$, $P_2^{sat} = 0.5 \text{atm}$이다.)

① $\dfrac{1}{3}$ ② $\dfrac{1}{4}$
③ $\dfrac{1}{2}$ ④ $\dfrac{3}{4}$

해설

$P = p_A + p_B$
$P = P_A x_A + P_B(1 - x_A)$
$1 \text{atm} = 1.5 x_A + 0.5(1 - x_A)$
$\therefore x_A = 0.5$
$\therefore y_A = \dfrac{P_A x_A}{P} = \dfrac{1.5 \times 0.5}{1} = 0.75 = \dfrac{3}{4}$

---

17 압축인자 $Z = 1 + \dfrac{BP}{RT}$일 때 퓨가시티 계수 ϕ는?

① $\phi = \dfrac{BP}{RT}$
② $\ln \phi = \dfrac{BP}{RT}$
③ $\phi = B$
④ $\ln \phi = B$

해설

$Z = 1 + \dfrac{BP}{RT}$, $\phi_i = \dfrac{f_i}{P}$
$G_i - G_i^{ig} = RT \ln \dfrac{f_i}{P}$
$G_i^R = RT \ln \phi_i$
$\therefore \ln \phi_i = \displaystyle\int_0^P (Z_i - 1) \dfrac{dP}{P}$ (일정 온도)
$Z_i - 1 = \dfrac{BP}{RT}$
$\therefore \ln \phi_i = \dfrac{BP}{RT}$

정답   13 ①   14 ④   15 ④   16 ④   17 ②

18 열역학 기초에 관한 내용으로 옳은 것은?

① 이상기체의 엔탈피는 온도만의 함수이다.
② 이상기체의 엔트로피는 온도만의 함수이다.
③ 일은 항상 $\int PdV$의 적분으로 구한다.
④ 열역학 제1법칙은 계의 총에너지가 그 계의 내부에서 항상 보존된다는 것을 뜻한다.

해설

① 이상기체
$dH = C_P dT$
$H = f(T)$
② $dS = C_P \dfrac{dT}{T} - R \dfrac{dP}{P}$
$S = f(T, P)$
③ $W = \int PdV = F \cdot S = E$
④ $\Delta U + \Delta E_K + \Delta E_P = Q + W$

19 성분 A와 B가 섞여 있는 2성분 혼합물이 서로 화학반응이 일어나지 않으며, 기-액 평형에서 라울의 법칙에 잘 따른다고 한다. 온도 T와 압력 P에서 A와 B의 증기압이 각각 $P_A°$, $P_B°$라 할 때, 액체와 평형상태에 있는 기체혼합물 중 성분 A의 조성 y_A를 옳게 표현한 것은?

① $y_A = \left(\dfrac{P_A°}{P}\right)\left(\dfrac{P - P_B°}{P_A° - P_B°}\right)$
② $y_A = \left(\dfrac{P_A°}{P}\right)\left(\dfrac{P - P_A°}{P_A° - P_B°}\right)$
③ $y_A = \left(\dfrac{P \quad P_B°}{P_A° - P_B°}\right)$
④ $y_A = \left(\dfrac{P - P_A°}{P_A° - P_B°}\right)$

해설

$P = P_A° x_A + P_B°(1 - x_A)$
$P - P_B° = (P_A° - P_B°)x_A$
$\therefore x_A = \dfrac{P - P_B°}{P_A° - P_B°}$
$y_A P = x_A P_A°$
$\therefore y_A = \dfrac{x_A P_A°}{P}$
$= \dfrac{P_A°}{P}\left(\dfrac{P - P_B°}{P_A° - P_B°}\right)$

20 기상 반응계에서 평형상수 K가 다음과 같이 표시되는 경우는?(단, ν_i는 성분 i의 양론계수이고 $\nu = \sum_i \nu_i$이다.)

$$K = \left(\dfrac{P}{P°}\right)^\nu \prod_i y_i^{\nu_i}$$

① 평형혼합물이 이상기체이다.
② 평형혼합물이 이상용액이다.
③ 반응에 따른 몰수 변화가 없다.
④ 반응열이 온도에 관계없이 일정하다.

해설

$\prod_i \left(\dfrac{\hat{f}_i}{f_i°}\right)^{\nu_i} = K$

$\prod_i \left(\dfrac{\hat{f}_i}{P°}\right)^{\nu_i} = K$

$\hat{f}_i = \hat{\phi}_i y_i P$

$\prod_i (y_i \hat{\phi}_i)^{\nu_i} = \left(\dfrac{P}{P°}\right)^{-\nu} K$

이상기체 $\phi_i = 1$

$K = \left(\dfrac{P}{P°}\right)^\nu \prod_i y_i^{\nu_i}$

• 이상기체
• K는 온도만의 함수

정답 18 ① 19 ① 20 ①

2과목 단위조작 및 화학공업양론

21 어떤 장치의 압력계가 게이지압 26.7mmHg의 진공을 나타내었고 이때의 대기압은 745mmHg였다. 이 장치의 절대압은 몇 mmHg인가?

① 26.7　　② 718.3
③ 771.7　　④ 733.3

해설
절대압(P) = 대기압(P_{atm}) + 게이지압(P_g)
진공도 = 대기압 − 절대압
26.7mmHg = 745mmHg − P
∴ P = 718.3mmHg

22 액체염소 40kg이 표준상태에서 증발했을 때 약 몇 m³의 Cl₂ 가스가 생성되는가?(단, Cl₂의 분자량은 70.9이다.)

① 10.6　　② 12.6
③ 10,600　　④ 12,600

해설
$PV = nRT = \dfrac{w}{M}RT$

∴ $V = \dfrac{wRT}{PM}$

$= \dfrac{40\text{kg} \times 0.082\text{m}^3\text{ atm/kmol K} \times 273\text{K}}{1\text{atm} \times 70.9\text{kg/kmol}}$

$= 12.63\text{m}^3$

23 전압 750mmHg, 수증기분압 40mmHg일 때 절대습도는 몇 kg H₂O/kg Dry Air인가?

① 35　　② 3.5
③ 0.35　　④ 0.035

해설
$H = \dfrac{18}{29} \dfrac{p_A}{P - p_A}$

$= \dfrac{18}{29} \dfrac{40}{750 - 40} = 0.035$ kg H₂O/kg Dry Air

24 162g의 C, 22g의 H₂의 혼합연료를 연소하여 CO₂ 11.1vol%, CO 2.4vol%, O₂ 4.1vol%, N₂ 82.4vol% 조성의 연소가스를 얻었다. 과잉공기%는 약 얼마인가?

① 17.3　　② 20.3
③ 15.3　　④ 25.3

해설
162g C × $\dfrac{1\text{mol}}{12\text{g}}$ = 13.5mol

22g H₂ × $\dfrac{1\text{mol}}{2\text{g}}$ = 11mol

C + O₂ → CO₂　　H₂ + $\dfrac{1}{2}$O₂ → H₂O
1　:　1　　　　　1　:　0.5
13.5　:　x　　　11　:　y
∴ x = 13.5mol　　∴ y = 5.5mol

필요한 산소량 = (13.5 + 5.5)mol = 19mol

필요 공기량 = 19mol × $\dfrac{1}{0.21}$ = 90.5mol Air

연소가스 100mol 중
N₂가 82.4%이므로 N₂는 82.4mol

82.4mol N₂ × $\dfrac{1}{0.79}$ = 104.3mol Air

과잉공기 % = $\dfrac{\text{과잉량}}{\text{이론량}} \times 100$

$= \dfrac{\text{공급량} - \text{이론량}}{\text{이론량}} \times 100$

$= \dfrac{104.3 - 90.5}{90.5} \times 100 = 15.3\%$

25 200g의 CaCl₂가 다음의 반응식과 같이 공기 중의 수증기를 흡수할 경우에 발생하는 열은 약 몇 kcal인가?(단, CaCl₂의 분자량은 111이다.)

- CaCl₂(s) + 6H₂O(l) → CaCl₂ · 6H₂O(s) + 22.63kcal
- H₂O(g) → H₂O(l) + 10.5kcal

① 164　　② 154
③ 60　　④ 41

정답 21 ②　22 ②　23 ④　24 ③　25 ②

해설
$CaCl_2(s) + 6H_2O(l) \rightarrow CaCl_2 \cdot 6H_2O(s) + 22.63 kcal$
111 : $22.63 + 6 \times 10.5 = 85.63 kcal$
200 : x
∴ $x = 154 kcal$

26 25℃, 760mmHg에서 10,000m³ 용기에 공기가 차 있을 때 산소가 차지하는 분용(Partial Volume)은 몇 m³인가?

① 2,100
② 2,240
③ 2,290
④ 2,450

해설
$1,000 m^3 \times 0.21 = 2,100 m^3$

27 18℃, 1atm에서 $H_2O(l)$의 생성열은 $-68.4 kcal/mol$이다. 18℃, 1atm에서, 다음 반응의 반응열이 42kcal/mol이다. 이를 이용하여 18℃, 1atm에서의 $CO(g)$ 생성열을 구하면 몇 kcal/mol인가?

$$C(s) + H_2O(l) \rightarrow CO(g) + H_2(g)$$

① +110.4
② +26.4
③ -26.4
④ -110.4

해설
$C(s) + H_2O(l) \rightarrow CO(g) + H_2(g)$
$H_R = (\sum H_f)_P - (\sum H_f)_R$
$42 kcal/mol - H_{CO} - (-68.4 kcal/mol)$
∴ $H_{CO} = -26.4 kcal/mol$

28 질소에 아세톤이 14.8vol% 포함되어 있다. 20℃, 745mmHg에서 이 혼합물의 상대포화도는 약 몇 %인가?(단, 20℃에서 아세톤의 포화증기압은 184.8mmHg이다.)

① 73
② 60
③ 53
④ 40

해설
$H_R = \dfrac{p_v}{p_s} \times 100\%$
∴ $H_R = \dfrac{745 \times 0.148}{184.8} \times 100 = 59.7\% ≒ 60\%$

29 펄프를 건조기 속에 넣어 수분을 증발시키는 공정이 있다. 이때 펄프가 75wt%의 수분을 포함하고, 건조기에서 100kg의 수분을 증발시켜 수분 25wt%의 펄프가 되었다면 원래의 펄프 무게는 몇 kg인가?

① 125
② 150
③ 175
④ 200

해설

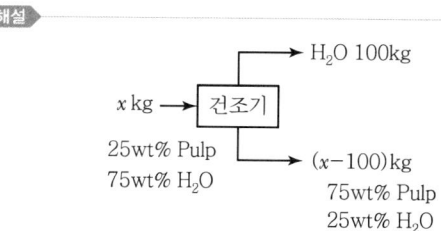

대응성분 : Pulp
$x \times 0.25 = (x - 100) \times 0.75$
∴ $x = 150 kg$

30 3atm의 압력과 가장 가까운 값을 나타내는 것은?

① 309.9 kg_f/cm^2
② 441psi
③ 22.8cmHg
④ 30.3975 N/cm^2

해설

① $3atm \times \dfrac{1.0332 kg_f/cm^2}{1atm} = 3.1 kg_f/cm^2$

② $3atm \times \dfrac{14.7psi}{1atm} = 44.1psi$

③ $3atm \times \dfrac{76cmHg}{1atm} = 228cmHg$

④ $3atm \times \dfrac{101.3 \times 10^3 N/m^2}{1atm} \times \dfrac{1m^2}{100^2 cm^2} = 30.39 N/cm^2$

31 U자관 마노미터를 오리피스(Orifice) 유량계에 설치했다. 마노미터에는 수은(비중 : 13.6)이 들어 있고 수은 상부는 사염화탄소(비중 : 1.6)로 차 있다. 마노미터가 21cm를 가리킬 때 물기둥 높이(cm)로 환산하면 약 얼마인가?

① 124 ② 142
③ 196 ④ 252

해설

$\Delta P = \dfrac{g}{g_c}(\rho_A - \rho_B)R$

$= \dfrac{kg_f}{kg}(13.6 - 1.6) \times 1,000 kg/m^3 \times 21cm \times \dfrac{1m}{100cm}$

$= 2,520 kg_f/m^2$

$2,520 \dfrac{kg_f}{m^2} \times \dfrac{1m^2}{100^2 cm^2} \times \dfrac{10.33 mH_2O}{1.0332 kg_f/cm^2} \times \dfrac{100cm}{1m}$

$= 252 cmH_2O$

32 두 물체가 열적 평형에 있을 때 전체 복사강도(W_1, W_2)와 흡수율(α_1, α_2)의 관계는?

① $W_1 \times W_2 \times \alpha_1 \times \alpha_2 = 1$
② $\alpha_1 \times W_2 = \alpha_2 \times W_1$
③ $\alpha_1 \times W_1 = \alpha_2 \times W_2$
④ $W_1 \times W_2 = \alpha_1 \times \alpha_2$

해설

키르히호프(Kirchhoff) 법칙
온도가 평형에 있을 때 어떤 물질에 대한 전체 복사력과 흡수능의 비는 그 물체의 온도에만 의존한다.

- 복사력 W_1, W_2

$\dfrac{W_1}{\alpha_1} = \dfrac{W_2}{\alpha_2} = \dfrac{W_b}{1}$

$W_1 \alpha_2 = W_2 \alpha_1$

- 흡수능 α_1, α_2

$\alpha_1 = \dfrac{W_1}{W_b} = \varepsilon_1$, $\alpha_2 = \dfrac{W_2}{W_b} = \varepsilon_2$

어떤 물체가 주위와 온도평형에 있으면 그 물체의 복사능과 흡수능은 같다.
$\alpha_1 = \varepsilon_1$, $\alpha_2 = \varepsilon_2$

33 어떤 증류탑의 환류비가 2이고 환류량이 400kmol/h이다. 이 증류탑 상부에서 나오는 증기의 몰(mol)잠열이 7,800kcal/kmol이며 전축기로 들어가는 냉각수는 20℃에서 156,000kg/h이다. 이 냉각수의 출구 온도는?

① 30℃ ② 40℃
③ 50℃ ④ 60℃

해설

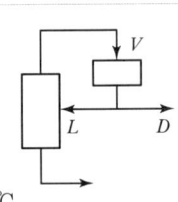

$R = \dfrac{L}{D} = 2$, $L = 400 kmol/h$
$D = 200 kmol/h$
$V = L + D = 600 kmol/h$
$600 kmol \times 7,800 kcal/kmol$
$= 156,000 kg/h \times 1 kcal/kg℃ \times (t - 20)℃$
$\therefore t = 50℃$

34 일정한 압력 손실에서 유로의 면적 변화로부터 유량을 알 수 있게 한 장치는?

① 피토튜브(Pitot Tube)
② 로터미터(Rotameter)
③ 오리피스미터(Orifice Meter)
④ 벤투리미터(Venturi Meter)

해설

로터미터 : 면적유량계

35 건조특성곡선에서 항률건조기간에서 감률건조기간으로 변하는 점을 무엇이라고 하는가?

① 자유(Free) 함수율
② 평형(Equilibrium) 함수율
③ 수축(Shrink) 함수율
④ 한계(Critical) 함수율

해설
한계 함수율
항률건조기간에서 감률건조기간으로 이동하는 점

36 혼합조작에서 혼합 초기, 혼합 도중, 완전이상혼합 시 각 균일도 지수의 값을 옳게 나타낸 것은?(단, 균일도 지수는 $\frac{\sigma}{\sigma_0}$이며, σ는 혼합 도중의 표준편차, σ_0는 혼합 전 최초의 표준편차이다.)

① 혼합 초기 : 0, 혼합 도중 : 0에서 1 사이의 값, 완전이상혼합 : 1
② 혼합 초기 : 1, 혼합 도중 : 0에서 1 사이의 값, 완전이상혼합 : 0
③ 혼합 초기와 혼합 도중 : 0에서 1 사이의 값, 완전이상혼합 : 1
④ 혼합 초기 : 1, 혼합 도중 : 0, 완전이상혼합 : 1

해설
균일도 지수(I)

$$I = \frac{\sigma}{\sigma_0} = \sqrt{\sum_{i=1}^{n} \frac{(C_i - C_m)^2}{nC_m(1 - C_m)}}$$

여기서, C_i : 각 시료의 농도
C_m : 완전 혼합된 경우 A의 평균농도

- 혼합 초기 : $\sigma = \sigma_0$이므로 $I = 1$
- 완전혼합 : $C_i = C_m$, $\sigma = 0$, $I = 0$
- 혼합이 진행되는 사이 : $I = 0 \sim 1$

37 추출조작 시 추제(Solvent)의 선택도에 대한 설명으로 옳지 않은 것은?

① 선택도는 추질과 원용매의 분배계수로부터 구한다.
② 선택도가 1.0인 경우 분리효과를 최대로 얻을 수 있다.
③ 선택도가 클수록 분리효과가 작아진다.
④ 선택도가 클수록 보다 적은 양의 추제가 사용된다.

해설
선택도(β)

- $\beta = \dfrac{y_A/y_B}{x_A/x_B} = \dfrac{y_A/x_A}{y_B/x_B} = \dfrac{k_A}{k_B}$
- $\beta = 1$이면 분리가 불가능하다.
- 선택도가 클수록 분리가 잘된다.

38 직경이 15cm인 파이프에 비중이 0.7인 디젤유가 280ton/h의 유량으로 이송되고 있다. 1,509m의 배관거리를 통과하는 데 걸리는 시간은 약 몇 분인가?

① 1 ② 2
③ 3 ④ 4

해설
$\dfrac{280\text{ton}}{\text{h}} \times \dfrac{1{,}000\text{kg}}{1\text{ton}} \times \dfrac{1\text{h}}{60\text{min}} = 4{,}667\text{kg/min}$

$\dot{m} = \rho u A$

$4{,}667\text{kg/min} = 700\text{kg/m}^3 \times u \times \dfrac{\pi}{4} \times 0.15^2 \text{m}^2$

$\therefore u = 377.4\text{m/min}$

$\dfrac{1{,}509\text{m}}{377.4\text{m/min}} = 4\text{min}$

39 증발관의 능력을 크게 하기 위한 방법으로 적합하지 않은 것은?

① 액의 속도를 빠르게 해준다.
② 증발관을 열전도도가 큰 금속으로 만든다.
③ 장치 내의 압력을 낮춘다.
④ 증기 측 경막계수를 감소시킨다.

해설

$q = UA\Delta T$
① 액의 속도↑ → h↑ → U↑
② k(열전도도)↑ : 열전달이 잘된다.
③ 장치 내 P↓ → 비점↓ → Vapor양↑
④ 증기 측 h(경막계수)↓ → U↓ → q↓

40 충전탑에서 기체의 속도가 매우 커서 액이 거의 흐르지 않고, 넘치는 현상을 무엇이라고 하는가?

① 편류(Channeling)
② 범람(Flooding)
③ 공동화(Cavitation)
④ 비말동반(Entrainment)

해설

- 왕일점(범람점, Flooding Point) : 기체의 속도가 아주 커서 액이 거의 흐르지 않고 넘치는 점, 향류조작이 불가능하다.
- 편류(Channeling) : 액이 한곳으로만 흐르는 현상. 탑의 지름을 충전물 지름의 8~10배로 하거나 불규칙 충전을 한다.
- 부하속도(Loading Velocity) : 기체의 속도가 증가하면 탑 내 액체유량이 증가한다. 이때의 속도를 부하속도라 하며, 흡수탑의 작업은 부하속도를 넘지 않는 속도 범위에서 해야 한다.
- 비말동반 : 증기 속에 존재하는 액체 방울의 일부가 증기와 함께 밖으로 배출되는 현상
- 공동화 현상(Cavitation) : 원심펌프를 높은 능력으로 운전할 때 임펠러 흡입부의 압력이 낮아지게 되는 현상

3과목 공정제어

41 다음 블록선도에서 전달함수 $G(s) = \dfrac{C(s)}{R(s)}$를 옳게 구한 것은?

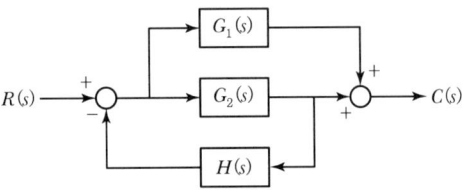

① $\dfrac{C}{R} = \dfrac{G_1(s) + G_2(s)}{1 + G_2(s)H(s)}$

② $\dfrac{C}{R} = \dfrac{G_1(s)G_2(s)}{1 + G_2(s)H(s)}$

③ $\dfrac{C}{R} = \dfrac{G_1(s)}{1 + G_2(s)H(s)}$

④ $\dfrac{C}{R} = \dfrac{G_1(s) - G_2(s)}{1 + G_1(s)H(s)}$

해설

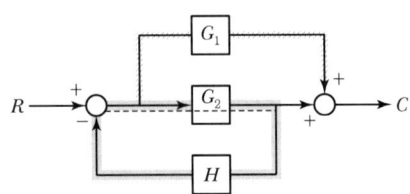

$\dfrac{C}{R} = \dfrac{\cdots +}{1 + \square} = \dfrac{G_2 + G_1}{1 + G_2 H}$

42 특성방정식이 $10s^3 + 17s^2 + 8s + 1 + K_c = 0$과 같을 때 시스템의 한계이득(Ultimate Gain, K_{cu})과 한계주기(Ultimate Period, T_u)를 구하면?

① $K_{cu} = 12.6$, $T_u = 7.0248$
② $K_{cu} = 12.6$, $T_u = 0.8944$
③ $K_{cu} = 13.6$, $T_u = 7.0248$
④ $K_{cu} = 13.6$, $T_u = 0.8944$

해설

한계이득과 한계주기는 직접치환법에 의해 구할 수 있다.
$10s^3 + 17s^2 + 8s + 1 + K_c = 0$
$10(i\omega)^3 + 17(i\omega)^2 + 8(i\omega) + 1 + K_c = 0$
$-10\omega^3 i - 17\omega^2 + 8\omega i + 1 + K_c = 0$
$i(8\omega - 10\omega^3) + (1 + K_c - 17\omega^2) = 0$
$8\omega - 10\omega^3 = 0 \quad \therefore \omega_u = \omega = 0.894 \text{rad/min}$
$1 + K_c - 17\omega^2 = 0 \quad \therefore K_c = K_{cu} = 17\omega^2 - 1 = 12.6$
$T_u = \dfrac{2\pi}{\omega_u} = \dfrac{2\pi}{0.894} = 7.0248$

정답 40 ② 41 ① 42 ①

43 X_1에서 X_2로의 전달함수와 X_2에서 X_3로의 전달함수가 각각 다음과 같이 표현될 때 X_1에서 X_3로의 전달함수는?

$$X_2 = \frac{2}{(2s+1)} X_1, \quad X_3 = \frac{1}{(3s+1)} X_2$$

① $\dfrac{2}{(2s+1)(3s+1)}$ ② $\dfrac{2}{(2s+1)} + \dfrac{1}{(3s+1)}$

③ $2(2s+1)(3s+1)$ ④ $\dfrac{(2s+1)}{2(3s+1)}$

해설

$X_2 = \dfrac{2}{(2s+1)} X_1, \quad X_3 = \dfrac{1}{(3s+1)} X_2$

$X_3 = \dfrac{2}{(3s+1)(2s+1)} X_1$

$\therefore \dfrac{X_3}{X_1} = \dfrac{2}{(3s+1)(2s+1)}$

44 그림과 같은 지연시간 a인 단위 계단함수의 Laplace 변환식은?

① $\dfrac{1}{s}$

② $\dfrac{a}{s}$

③ $\dfrac{e^{-as}}{s}$

④ $\dfrac{ae^{-as}}{s}$

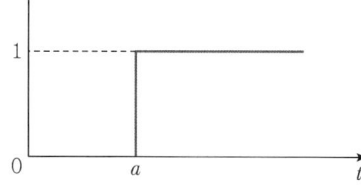

해설

$f(t) = 1 \cdot u(t-a)$

$F(s) = \dfrac{1}{s} e^{-as}$

45 다음 중 안정한 공정을 보여주는 폐루프 특성방정식은?

① $s^4 + 5s^3 + 1$ ② $s^3 + 6s^2 + 11s + 10$

③ $3s^3 + 5s^2 + s - 1$ ④ $s^3 + 16s^2 + 5s + 170$

해설

Routh Array

$s^3 + 6s^2 + 11s + 10$

1	1	11
2	6	10
3	$\dfrac{6 \times 11 - 10}{6} = 9.33 > 0$	0
4	$\dfrac{9.33 \times 10 - 0}{9.33} > 0$	

46 다음 그림에서 피드백 제어계의 총괄전달함수는?

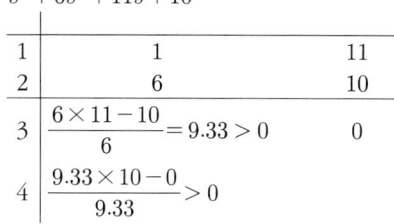

① $\dfrac{1}{-H(s)}$ ② $\dfrac{1}{1+H(s)}$

③ $\dfrac{1}{1-H(s)}$ ④ $\dfrac{1}{H(s)}$

해설

$\dfrac{R}{C} = \dfrac{1}{1+H}$

47 제어계(Control System)의 구성요소로 가장 거리가 먼 것은?

① 전송부   ② 기획부
③ 검출부   ④ 조절부

해설

제어시스템

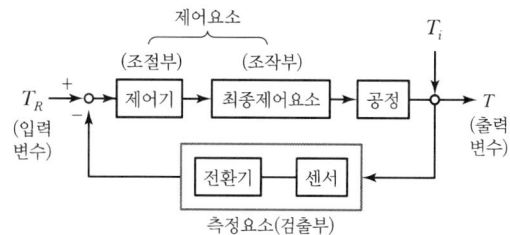

정답 43 ① 44 ③ 45 ② 46 ② 47 ②

48 PD 제어기에 다음과 같은 입력신호가 들어올 경우, 제어기 출력 형태는?(단, K_c와 τ_D는 각각 1이다.)

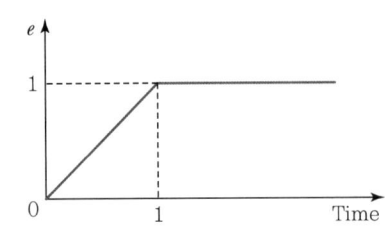

① 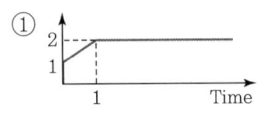 ②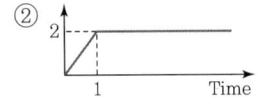

③ 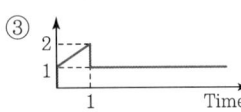 ④

해설

$X(t) = tu(t) - (t-1)u(t-1)$

$X(s) = \dfrac{1}{s^2} - \dfrac{e^{-s}}{s^2}$

$Y(s) = G(s)X(s)$

$= K_c(1+\tau_D s)\left[\dfrac{1}{s^2} - \dfrac{e^{-s}}{s^2}\right]$

$= (1+s)\left(\dfrac{1}{s^2} - \dfrac{e^{-s}}{s^2}\right)$

$= \dfrac{1}{s^2} - \dfrac{e^{-s}}{s^2} + \dfrac{1}{s} - \dfrac{e^{-s}}{s}$

$y(t) = tu(t) - (t-1)u(t-1) + u(t) - u(t-1)$
$= (t+1)u(t) - tu(t-1)$

- $0 < t < 1$이면, $y(t) = t+1$
- $t > 1$이면, $y(t) = 1$

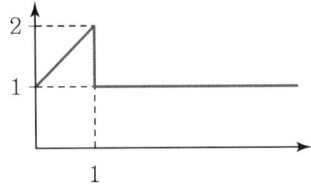

49 전달함수가 $G(s) = \dfrac{3}{s^2+3s+2}$과 같은 2차계의 단위계단(Unit Step) 응답은?

① $\dfrac{3}{2}e^{-t} + 3(1+e^{-2t})$

② $-3e^{-t} + \dfrac{3}{2}(1+e^{-2t})$

③ $3e^{-t} - 3(1+e^{-2t})$

④ $e^{-t} - 3(1+e^{-2t})$

해설

$Y(s) = G(s)X(s)$

$= \dfrac{3}{s^2+3s+2} \cdot \dfrac{1}{s} = \dfrac{A}{s} + \dfrac{B}{(s+1)} + \dfrac{C}{(s+2)}$

$= \dfrac{A(s+1)(s+2) + Bs(s+2) + Cs(s+1)}{s(s+1)(s+2)}$

$= \dfrac{3/2}{s} - \dfrac{3}{s+1} + \dfrac{3/2}{s+2}$

∴ $y(t) = \dfrac{3}{2} - 3e^{-t} + \dfrac{3}{2}e^{-2t}$

$= -3e^{-t} + \dfrac{3}{2}(1+e^{-2t})$

50 $\dfrac{5e^{-2s}}{10s+1}$를 근사화했을 때의 근사적 전달함수로 가장 거리가 먼 것은?

① $\dfrac{5(-2s+1)}{10s+1}$ ② $\dfrac{5}{(10s+1)(2s+1)}$

③ $\dfrac{5(-s+1)}{(10s+1)(s+1)}$ ④ $\dfrac{5(-2s+1)}{(10s+1)(2s+1)}$

해설

④를 근사화하면

$\dfrac{5(-2s+1)}{(10s+1)(2s+1)}$

$= \dfrac{5e^{-2s} \cdot e^{-2s}}{10s+1}$ ← 분자의 τ와 분모의 작은 τ를 지수로 표현
← τ가 큰 것

$= \dfrac{5e^{-4s}}{10s+1}$

정답 48 ③ 49 ② 50 ④

51 증류탑의 일반적인 제어에서 공정출력(피제어)변수에 해당하지 않는 것은?

① 탑정생산물 조성 ② 증류탑의 압력
③ 공급물 조성 ④ 탑저 액위

해설
공급물 조성 : 입력변수

52 제어계의 응답 중 편차(Offset)의 의미를 가장 옳게 설명한 것은?

① 정상상태에서 제어기 입력과 출력의 차
② 정상상태에서 공정 입력과 출력의 차
③ 정상상태에서 제어기 입력과 공정 출력의 차
④ 정상상태에서 피제어변수의 희망값과 실제값의 차

해설
Offset = 설정값 − 최종값
= $R(\infty) - C(\infty)$
= 희망값 − 실제값

53 1차계의 시간상수 τ에 대한 설명으로 틀린 것은?

① 계의 저항과 용량(Capacitance)의 곱과 같다.
② 입력이 계단함수일 때 응답이 최종변화치의 95%에 도달하는 데 걸리는 시간과 같다.
③ 시간상수가 큰 계일수록 출력함수의 응답이 느리다.
④ 시간의 단위를 갖는다.

해설
- $\tau = \dfrac{V}{v_o} = \dfrac{m^3}{m^3/s} = s$ (시간의 단위)
- 액위 저장탱크에서 $\tau = RA$ = 저항 × 커패시티
- 입력이 계단함수일 때 응답이 63.2%에 도달하는 시간이 τ이다(3τ일 때 95%).

54 공정 $G(s) = \dfrac{\exp(-\theta s)}{s+1}$를 위하여 PI 제어기 $C(s) = 5\left(1 + \dfrac{1}{s}\right)$을 설치하였다. 이 폐루프가 안정성을 유지하는 불감시간(Dead Time) θ의 범위는?

① $0 \leq \theta < 0.314$ ② $0 \leq \theta < 3.14$
③ $0 \leq \theta < 0.141$ ④ $0 \leq \theta < 0.141$

해설

$G_{overall}(s) = 5\left(1 + \dfrac{1}{s}\right)\left(\dfrac{e^{-\theta s}}{s+1}\right)$

$= \dfrac{5e^{-\theta s}}{s}$

$G_{overall}(i\omega) = \dfrac{5e^{-\theta i \omega}}{i\omega}$

$= \dfrac{5(\cos\theta\omega - i\sin\theta\omega)}{i\omega} \dfrac{(-i\omega)}{(-i\omega)}$

$= \dfrac{-5\omega(\sin\theta\omega - i\cos\theta\omega)}{\omega^2}$

$= \dfrac{-5}{\omega}\sin\theta\omega + \dfrac{5}{\omega}i\cos\theta\omega$

$AR_c = |G(i\omega)| = \sqrt{R^2 + I^2} \ (\phi = -180°) < 1$

$= \sqrt{\left(\dfrac{5\sin\theta\omega}{\omega}\right)^2 + \left(\dfrac{5\cos\theta\omega}{\omega}\right)^2}$

$= \dfrac{5}{\omega}$ ·············· ㉠

$\phi = \tan^{-1}\left(\dfrac{I}{R}\right) = \tan^{-1}\left(\dfrac{\cos\omega\theta}{\sin\omega\theta}\right) = -\pi$

$\tan(-\pi) = \dfrac{\cos\omega\theta}{\sin\omega\theta} = \dfrac{1}{\tan\omega\theta} = 0$

$\therefore \cos\omega\theta = 0$

$\omega\theta = \dfrac{\pi}{2} \rightarrow \omega = \dfrac{\pi}{2\theta}$ ·············· ㉡

㉡을 ㉠에 대입하면

$AR_c = \dfrac{5}{\omega} = \dfrac{5}{\pi/2\theta} = \dfrac{10\theta}{\pi} < 1$

$0 \leq AR_c < 1$

$0 \leq \dfrac{10\theta}{\pi} < 1$

$0 \leq \theta < 0.314$

정답 51 ③ 52 ④ 53 ② 54 ①

55 어떤 계의 단위계단 응답이 다음과 같을 경우 이 계의 단위충격응답(Impulse Response)은?

$$Y(t) = 1 - \left(1 + \frac{t}{\tau}\right)e^{-\frac{t}{\tau}}$$

① $\frac{t}{\tau}e^{-\frac{t}{\tau}}$
② $\frac{t}{\tau^2}e^{-\frac{t}{\tau}}$
③ $\left(1 + \frac{t}{\tau}\right)e^{-\frac{t}{\tau}}$
④ $\left(1 - \frac{t}{\tau}\right)e^{-\frac{t}{\tau}}$

해설

$Y(t) = 1 - \left(1 + \frac{t}{\tau}\right)e^{-\frac{t}{\tau}}$

$Y'(t) = -\frac{1}{\tau}e^{-\frac{t}{\tau}} + \left(1 + \frac{t}{\tau}\right)\frac{1}{\tau}e^{-\frac{t}{\tau}} = \frac{t}{\tau^2}e^{-\frac{t}{\tau}}$

56 비례폭(Proportional Band)이 0에 가까운 값을 갖는 제어기는?

① PI Controller
② PD Controller
③ PID Controller
④ On-Off Controller

해설

On-Off 제어기는 비례폭이 0에 가깝다.

57 자동차를 운전하는 것을 제어시스템의 가동으로 간주할 때 도로의 차선을 유지하며 자동차가 주행하는 경우 자동차의 핸들은 제어시스템을 구성하는 요소 중 어디에 해당하는가?

① 감지기
② 조작변수
③ 구동기
④ 피제어변수

해설

핸들 : 조작변수

58 PID 제어기의 조율과 관련한 설명으로 옳은 것은?

① Offset을 제거하기 위해서는 적분동작을 넣어야 한다.
② 빠른 공정일수록 미분동작을 위주로 제어하도록 조율한다.
③ 측정잡음이 큰 공정일수록 미분동작을 위주로 제어하도록 조율한다.
④ 공정의 동특성 빠르기는 조율 시 고려사항이 아니다.

해설

PID 제어
• Offset 제거는 적분동작을 넣어야 한다.
• 미분동작은 느린 동특성, 시상수가 클 때, 잡음이 적을 때 사용한다.
• 측정에 잡음이 많으면 미분동작을 사용하지 않는다.

59 $\frac{K}{(\tau^2 s^2 + 2\zeta\tau s + 1)}$ 인 2차계 공정에서 단위계단입력에 대한 공정응답으로 옳은 것은?(단, ζ, $\tau > 0$이다.)

① ζ가 1보다 작을수록 Overshoot이 작다.
② ζ가 1보다 작을수록 진동주기가 작다.
③ 진동주기는 K와 τ에는 무관하다.
④ K가 클수록 응답이 빨라진다.

해설

$\zeta < 1$: ζ가 작을수록 Overshoot가 크다.

주기 $T = \frac{2\pi\tau}{\sqrt{1-\zeta^2}}$

60 다음의 전달함수를 역변환하면 어떻게 되는가?

$$F(s) = \frac{5}{s^2 + 3}$$

① $f(t) = \frac{5}{\sqrt{3}}\cos 3t$
② $f(t) = 5\sin\sqrt{3}\,t$
③ $f(t) = \frac{5}{\sqrt{3}}\sin\sqrt{3}\,t$
④ $f(t) = 5\cos\sqrt{3}\,t$

해설

$F(s) = \frac{5}{s^2 + 3} = \frac{\sqrt{3}}{s^2 + \sqrt{3}^2} \times \frac{5}{\sqrt{3}}$

$f(t) = \frac{5}{\sqrt{3}}\sin\sqrt{3}\,t$

정답 55 ② 56 ④ 57 ② 58 ① 59 ② 60 ③

4과목 공업화학

61 암모니아소다법에서 암모니아 함수가 갖는 조성을 옳게 나타낸 것은?

① 전염소 90g/L, 암모니아 160g/L
② 전염소 240g/L, 암모니아 45g/L
③ 전염소 40g/L, 암모니아 240g/L
④ 전염소 160g/L, 암모니아 90g/L

해설
- 함수 : 원염(NaCl)을 해수로 용해하여 NaCl 300g/L 정도의 농도가 되게 한다.
- 암모니아 함수 : 전염소 160g/L, 암모니아 90g/L 정도이다.

62 공업적으로 수소를 제조하는 방법이 아닌 것은?

① 수성가스법   ② 수증기개질법
③ 부분산화법   ④ 공기액화분리법

해설
수소의 제법
㉠ 물의 전기분해
  $2H_2O \rightarrow 2H_2 + O_2$
  　　　　　음극　　　양극
  　　　　　(철판)　　(Ni 도금 철판)
  20% NaOH 또는 25% KOH를 넣어 전기분해
㉡ 워터가스(수성가스) 제법 : 수증기가 코크스를 통과할 때 얻어지는 $CO+H_2$ 혼합가스를 워터가스(수성가스)라 한다.
㉢ 수증기개질법 : 나프타에 수증기를 혼합한 후 수소와 일산화탄소를 생성시키는 방법

63 벤젠이 Ni 촉매하에서 수소화 반응을 하였을 때 생성되는 것은?

① 시클로헥산   ② 벤즈알데히드
③ BHC   ④ 디히드로벤젠

해설
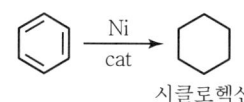
시클로헥산

64 다음은 석유정제공업에서의 전화법에 대한 설명이다. 어떤 공정에 대한 설명인가?

- 주로 고체 산촉매 또는 제올라이트 촉매 사용
- 카르보늄이온 반응기구
- 방향족 탄화수소가 많이 생성됨

① 접촉분해법   ② 열분해법
③ 수소화분해법   ④ 이성화법

해설
석유의 전화
크래킹이나 리포밍으로 석유 유분을 화학적으로 변화시켜 보다 가치 있고 유용한 제품으로 만드는 것으로 가솔린의 옥탄가 향상에 그 목적이 있다.

분해(Cracking)
비점이 높고 분자량이 큰 탄화수소를 끓는점이 낮고 분자량이 작은 탄화수소로 전환시키는 방법
㉠ 열분해법
  - 비스브레이킹(Visbreaking) : 470℃
  - 코킹(Coking) : 1,000℃
㉡ 접촉분해법
  - 촉매 이용 : 실리카알루미나($SiO_2-Al_2O_3$), 합성 제올라이트
  - 카르보늄이온 생성
  - 탄소 수 3개 이상의 탄화수소. 방향족 탄화수소가 많이 생성되며, 올레핀은 거의 생성되지 않음
  - 옥탄가가 높은 가솔린을 얻을 수 있으나 석유화학의 원료 제조에는 부적당함
㉢ 수소화분해 : 비점이 높은 유분을 고압의 수소 속에서 촉매를 이용하여 분해시켜 가솔린을 얻는 방법

65 실리콘 진성 반도체의 전도대(Conduction Band)에 존재하는 전자 수가 $6.8 \times 10^{12}/m^3$이며, 전자의 이동도(Mobility)는 $0.19m^2/V\,s$, 가전자대(Valence Band)에 존재하는 정공(Hole)의 이동도는 $0.0425m^2/V\,s$일 때 전기전도도는 얼마인가?(단, 전자의 전하량은 1.6×10^{-19} Coulomb이다.)

① $2.06 \times 10^{-7} \Omega^{-1} m^{-1}$ ② $2.53 \times 10^{-7} \Omega^{-1} m^{-1}$
③ $2.89 \times 10^{-7} \Omega^{-1} m^{-1}$ ④ $1.09 \times 10^{-6} \Omega^{-1} m^{-1}$

정답 61 ④ 62 ④ 63 ① 64 ① 65 ②

해설

$6.8 \times 10^{12}/m^3 \times (0.19+0.0425)m^2/V\,s \times 1.6 \times 10^{-19}C$
$= 2.53 \times 10^{-7} C/m\,V\,s$
$= 2.53 \times 10^{-7} \Omega^{-1} m^{-1}$

66 건식법에 의한 인산제조공정에 대한 설명 중 옳은 것은?

① 인의 농도가 낮은 인광석을 원료로 사용할 수 있다.
② 고순도의 인산은 제조할 수 없다.
③ 전기로에서는 인의 기화와 산화가 동시에 일어난다.
④ 대표적인 건식법은 이수석고법이다.

해설

건식법 인산	습식법 인산
• 고순도, 고농도의 인산을 제조 • 저품위 인광석을 처리할 수 있다. • 인의 기화와 산화를 따로 할 수 있다. • Slag는 시멘트의 원료가 된다. • 종류 : 용광로법, 전기로법	• 순도와 농도가 낮다. • 품질이 좋은 인광석을 사용해야 한다. • 주로 비료용에 사용된다. • 종류 : 황산분해법, 질산분해법, 염산분해법

67 석유 중에 황화합물이 다량 들어 있을 때 발생되는 문제점으로 볼 수 없는 것은?

① 장치 부식   ② 환원 작용
③ 공해 유발   ④ 악취 발생

해설

석유 중에 황화합물이 존재할 때 문제점
• 장치 부식
• 공해 유발
• 악취 발생

68 격막식 전해조에서 전해액은 양극에 도입되어 격막을 통해 음극으로 흐르고, 음극실의 OH⁻ 이온이 역류한다. 이때 격막실 전해조 양극의 재료는?

① 철망   ② Ni
③ Hg   ④ 흑연

해설

(+)극 : $2Cl^- \rightarrow Cl_2 + 2e^-$ (산화반응)
+) (−)극 : $2H_2O + 2e^- \rightarrow H_2 + 2OH^-$ (환원반응)
전체 반응 : $2NaCl + 2H_2O \rightarrow 2NaOH + Cl_2 + H_2$

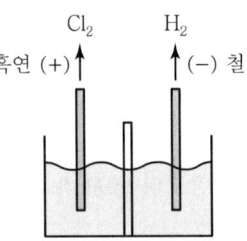

69 인산비료에서 유효인산 또는 가용성 인산이란?

① 수용성 인산만이 비효를 갖는 것
② 구용성 인산만이 비효를 갖는 것
③ 불용성 인산만이 비효를 갖는 것
④ 수용성 인산과 구용성 인산이 비효를 갖는 것

해설

수용성 인산과 구용성 인산을 가용성 인산 또는 유효인산이라 한다.

수용성 인산	인산암모늄, 인산칼슘, 중과린산석회, 과린산석회
구용성 인산	침강인산석회, 토마스인비, 소성인비, 용성인비
불용성 인산	인회석, 골회

※ 비효 : 비료를 주었을 때 효과가 나타나는 반응

70 톨루엔의 중간체로 폴리우레탄 제조에 사용되는 TDI의 구조식은?

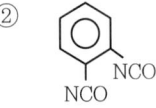

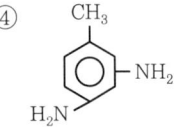

정답 66 ① 67 ② 68 ④ 69 ④ 70 ③

해설

TDI(톨루엔디이소시아네이트)

$$OCN-R-NCO + HO-R'-OH$$
TDI 　　　글리콜

→ 폴리우레탄

71 접촉식 황산제조 공정에서 전화기에 대한 설명 중 옳은 것은?

① 전화기 조작에서 온도조절이 좋지 않아서 온도가 지나치게 상승하면 전화율이 감소하므로 이에 대한 조절이 중요하다.
② 전화기는 SO_3 생성열을 제거시키며 동시에 미반응 가스를 냉각시킨다.
③ 촉매의 온도는 200℃ 이하로 운전하는 것이 좋기 때문에 열교환기의 용량을 증대시킬 필요가 있다.
④ 전화기의 열교환방식은 최근에는 거의 내부 열교환방식을 채택하고 있다.

해설

전화기

$$SO_2 + \frac{1}{2}O_2 \underset{}{\overset{Pt \text{ 또는 } V_2O_5}{\rightleftharpoons}} SO_3 + 22.6kcal$$

(반응온도 : 420~450℃)

- 발열반응이므로 저온에서 진행하면 반응속도가 느려지므로 저온에서 반응속도를 크게 하기 위해 촉매를 사용한다.
- 온도가 상승하면 $SO_2 \to SO_3$의 전화율은 감소하나 SO_2와 O_2의 분압을 높이면 전화율이 증가하게 된다.

72 고분자에서 열가소성과 열경화성의 일반적인 특징이 옳게 설명된 것은?

① 열가소성 수지는 유기용매에 녹지 않는다.
② 열가소성 수지는 분자량이 커지면 용해도가 감소한다.
③ 열경화성 수지는 열에 잘 견디지 못한다.
④ 열경화성 수지는 가열하면 경화하다가 더욱 가열하면 연화한다.

해설

㉠ 열가소성 수지 : 가열 시 연화되어 외력을 가할 때 쉽게 변형되므로, 성형가공 후 냉각하면 외력을 제거해도 성형된 상태를 유지하는 수지
- 선모양 구조
- 내열성, 내용제성은 열경화성 수지에 비해 약하다.
- 용제에 녹는다.

㉡ 열경화성 수지 : 가열 시 일단 연화되지만, 계속 가열하면 점점 경화되어, 나중에는 온도를 올려도 연화, 용융되지 않고 원상태로 되지도 않는 성질의 수지
- 그물모양 구조
- 내열성, 내용제성이 우수하다.

73 술(에탄올)을 마시고 나서 숙취의 원인이 되는 물질은?

① 아세탈　　　　② 아세틸코린
③ 아세틸에텔　　④ 아세트알데히드

해설

에탄올의 산화과정

$$CH_3CH_2OH \xrightarrow[\text{산화}]{-H_2} CH_3CHO \xrightarrow[\text{산화}]{+O} CH_3COOH$$
(에탄올)　　　　(아세트알데히드)　　　(아세트산)

74 염화비닐은 아세틸렌에 다음 중 어느 것을 작용시키면 생성되는가?

① NaCl　　　② KCl
③ HCl　　　④ HOCl

해설

$$CH \equiv CH + HCl \longrightarrow CH_2 = CHCl$$
염화비닐

정답 71 ① 72 ② 73 ④ 74 ③

75 연실법 황산제조 공정 중 Glover 탑에서 질소산화물 공급에 HNO_3를 사용할 경우, 36wt%의 HNO_3 20kg으로 약 몇 kg의 NO를 발생시킬 수 있는가?

① 0.8
② 1.7
③ 2.2
④ 3.4

> **해설**
>
> HNO_3 → NO
> 63kg : 30kg
> 20kg × 0.36 : x
> ∴ $x = 3.4$kg

76 Fischer 에스테르화 반응에 대한 설명으로 틀린 것은?

① 염기성 촉매하에서의 카르복시산과 알코올의 반응을 의미한다.
② 가역반응이다.
③ 알코올이나 카르복시산을 과량 사용하여 에스테르의 생성을 촉진할 수 있다.
④ 반응물로부터 물을 제거하여 에스테르의 생성을 촉진할 수 있다.

> **해설**
>
> R COOH + R OH ⇌ R COOR + H_2O (에스테르화)
> 카르복시산 + 알코올 $\xrightarrow{C-H_2SO_4}$ 에스테르 + 물

77 NaOH 제조 공정 중 식염수용액의 전해 공정 종류가 아닌 것은?

① 격막법
② 증발법
③ 수은법
④ 이온교환막법

> **해설**
>
>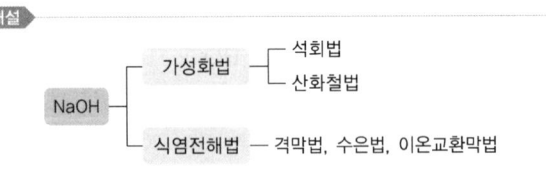

78 부타디엔에 무수말레인산을 부가하여 환상화합물을 얻는 반응은?

① Diels – Alder 반응
② Wolff – Kishner 반응
③ Gattermann – Koch 반응
④ Fridel – Craft 반응

> **해설**
>
> ① Diels – Alder 반응 : 디엔(부타디엔) + 디에노필(말레산무수물) → 환상화합물
> ② Wolff – Kishner 반응 : 알데히드나 케톤의 카르보닐기를 메틸렌으로 환원하는 반응
> ③ Gattermann – Koch 반응 : 벤젠 및 그 유도체에 염화알루미늄 촉매하에 일산화탄소와 염화수소를 반응시켜 벤젠고리에 알데하이드기를 도입하는 반응
> ④ Fridel – Craft 반응 : 벤젠이 촉매인 염화알루미늄($AlCl_3$), 산염화물(R – CO – Cl)과 반응해 케톤 생성

79 다니엘 전지의 (−)극에서 일어나는 반응은?

① $CO + CO_3^{2-} \rightarrow 2CO_2 + 2e^-$
② $Zn \rightarrow Zn^{2+} + 2e^-$
③ $Cu^{2+} + 2e^- \rightarrow Cu$
④ $H_2 \rightarrow 2H^+ + 2e^-$

> **해설**
>
> 다니엘전지
> $Zn \mid Zn^{2+} \parallel Cu^{2+} \mid Cu$
> (−)극 : $Zn \rightarrow Zn^{2+} + 2e^-$
> (+)극 : $Cu^{2+} + 2e^- \rightarrow Cu$

80 염화수소가스의 직접 합성 시 화학반응식이 다음과 같을 때 표준상태 기준으로 200L의 수소가스를 연소시키면 발생되는 열량은 약 몇 kcal 인가?

$$H_2 + Cl_2 \rightarrow 2HCl + 44.12\text{kcal}$$

① 365
② 394
③ 407
④ 603

정답 75 ④ 76 ① 77 ② 78 ① 79 ② 80 ②

해설

$PV = nRT$

$1\text{atm} \times 200\text{L} = n \times 0.82 \times 273$

∴ $n = 8.93 \text{mol}$

$\text{H}_2 + \text{Cl}_2 \rightarrow 2\text{HCl} + 44.12\text{kcal}$

1mol : 44.12kcal

8.93mol : x

∴ $x = 394\text{kcal}$

5과목 반응공학

81 화학반응의 온도의존성을 설명하는 이론 중 관계가 가장 먼 것은?

① 아레니우스(Arrhenius) 법칙
② 전이상태이론
③ 분자충돌이론
④ 볼츠만(Boltzmann) 법칙

해설

온도에 의한 반응속도

$K \propto T^m e^{-\frac{E_a}{RT}}$

- $m = 0$: 아레니우스 식 $\left(\ln K = \ln A - \dfrac{E_a}{RT}\right)$
- $m = \dfrac{1}{2}$: 충돌이론
- $m = 1$: 전이이론

82 정용 회분식 반응기에서 단분자형 0차 비가역반응에서의 반응이 지속되는 시간 t의 범위는?(단, C_{A0}는 A성분의 초기농도, k는 속도상수를 나타낸다.)

① $t \leq \dfrac{C_{A0}}{k}$ ② $t \leq \dfrac{k}{C_{A0}}$

③ $t \leq k$ ④ $t \leq \dfrac{1}{k}$

해설

$-r_A = -\dfrac{dC_A}{dt} = kC_A^0 = k$ $C_A = -kt + C_{A0}$

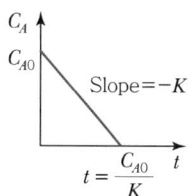

- $t = \dfrac{C_{A0}}{k}$ 에서 반응 완료
- $t \geq \dfrac{C_{A0}}{k}$: 반응 완료
- $t < \dfrac{C_{A0}}{k}$: 반응 지속

83 불균일 촉매반응에서 확산이 반응율속 영역에 있는지를 알기 위한 식과 가장 거리가 먼 것은?

① Thiele Modulus
② Weisz – Prater 식
③ Mears 식
④ Langmuir – Hishelwood 식

해설

Langmuir – Hishelwood 식
흡착등온식

84 회분식 반응기에서 반응시간이 t_F일 때 C_A/C_{A0}의 값을 F라 하면 반응차수 n과 t_F의 관계를 옳게 표현한 식은?(단, k는 반응속도상수이고, $n \neq 1$이다.)

① $t_F = \dfrac{F^{1-n} - 1}{k(1-n)} C_{A0}^{1-n}$

② $t_F = \dfrac{F^{n-1} - 1}{k(1-n)} C_{A0}^{n-1}$

③ $t_F = \dfrac{F^{1-n} - 1}{k(n-1)} C_{A0}^{1-n}$

④ $t_F = \dfrac{F^{n-1} - 1}{k(n-1)} C_{A0}^{n-1}$

해설

$C_A^{1-n} - C_{A0}^{1-n} = k(n-1)t$

$t = \dfrac{C_{A0}^{1-n}}{k(n-1)} \left[\left(\dfrac{C_A}{C_{A0}}\right)^{1-n} - 1\right]$

∴ $t_F = \dfrac{C_{A0}^{1-n}}{k(n-1)} [F^{1-n} - 1]$

정답 81 ④ 82 ① 83 ④ 84 ③

85 단일반응 $A \to R$의 반응을 동일한 조건하에서 촉매 A, B, C, D를 사용하여 적분반응기에서 실험하였을 때 다음과 같은 원료성분 A의 전화율 X_A와 V/F_0(또는 W/F_0)를 얻었다. 촉매 활성이 가장 큰 것은?(단, V는 촉매 체적, W는 촉매질량, F_0는 공급원료의 mole 수이다.)

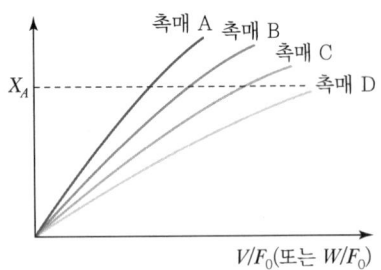

① 촉매 A   ② 촉매 B
③ 촉매 C   ④ 촉매 D

해설
가장 적은 양으로 가장 먼저 전화율에 도달한 촉매 A가 가장 활성이 크다.

86 부피유량 v가 일정한 관형반응기 내에서 1차 반응 $A \to B$이 일어난다. 부피유량이 10L/min, 반응속도상수 k가 0.23/min일 때 유출농도를 유입농도의 10%로 줄이는 데 필요한 반응기의 부피는?(단, 반응기의 입구조건 $V=0$일 때 $C_A = C_{A0}$이다.)

① 100L   ② 200L
③ 300L   ④ 400L

해설
1차 PFR
$k\tau = -\ln(1-X_A)$
$0.23\text{min}^{-1} \times \tau = -\ln(1-0.9)$
$\tau = 10\text{min}$
$\tau = \dfrac{V}{v_0}$
$10\text{min} = \dfrac{V}{10\text{L/min}}$
∴ $V = 100\text{L}$

87 비가역 액상반응에서 공간시간 τ가 일정할 때 전환율이 초기 농도에 무관한 반응차수는?

① 0차   ② 1차
③ 2차   ④ 0차, 1차, 2차

해설
$-r_A = -\dfrac{dC_A}{dt} = kC_A$
$-\ln(1-X_A) = k\tau$

88 다음 그림은 농도-시간의 곡선이다. 이 곡선에 해당하는 반응식을 옳게 나타낸 것은?

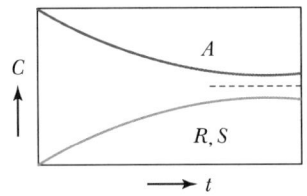

① $A \rightleftarrows \begin{array}{c} R \\ S \end{array}$ (양쪽 가역)   ② $A \rightleftarrows R,\ A \to S$

③ $A \to R,\ A \to S$ ④ $A \rightleftarrows R \to S$

해설

② 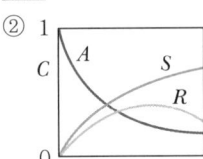 $A \rightleftarrows R,\ A \to S$

③ 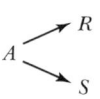 $A \to R,\ A \to S$

④ 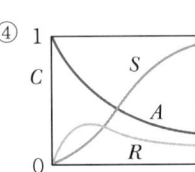 $A \rightleftarrows R \to S$

89 2번째 반응기의 크기가 1번째 반응기 체적의 2배인 2개의 혼합반응기를 직렬로 연결하여 물질 A의 액상분해 속도론을 연구한다. 정상상태에서 원료의 농도가 1mol/L이고, 1번째 반응기에서 평균체류시간은 96초이며 1번째 반응기의 출구 농도는 0.5mol/L이고 2번째 반응기의 출구 농도는 0.25mol/L이다. 이 분해반응은 몇 차 반응인가?

① 0차
② 1차
③ 2차
④ 3차

해설

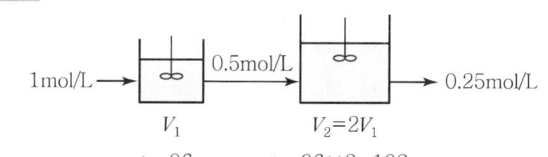

$$k\tau C_{A0}{}^{n-1} = \frac{X_A}{(1-X_A)^n}$$

$$k \times 96 \times 1 = \frac{0.5}{(1-0.5)^n}$$

$$k \times 192 \times 0.5^{n-1} = \frac{0.5}{(1-0.5)^n}$$

$$\therefore k \times 96 = k \times 192 \times 0.5^{n-1}$$

$$\therefore n = 2차$$

90 촉매반응의 경우 촉매의 역할을 잘 설명한 것은?

① 평형상수 K값을 높여준다.
② 평형상수 K값을 낮추어 준다.
③ 활성화 에너지 E값을 높여준다.
④ 활성화 에너지 E값을 낮추어준다.

해설
활성화 에너지를 낮추어 반응속도를 빠르게 한다.

91 N_2O_2의 분해 반응은 1차 반응이고 반감기가 20,500s일 때 8시간 후 분해된 분율은 얼마인가?

① 0.422
② 0.522
③ 0.622
④ 0.722

해설
1차 반응이므로
$-\ln(1-X_A) = kt$
$-\ln(1-0.5) = k \times 20,500s$
$\therefore k = 3.38 \times 10^{-5}(1/s)$
$-\ln(1-X_A) = 3.38 \times 10^{-5}(1/s) \times (3,600s/1h) \times 8h$
$\qquad = 0.974$
$1-X_A = e^{-0.974} = 0.377$
$\therefore X_A = 0.622$

92 어떤 반응의 온도를 24℃에서 34℃로 증가시켰더니 반응 속도가 2.5배로 빨라졌다면, 이때의 활성화 에너지는 몇 kcal인가?

① 10.8
② 12.8
③ 16.6
④ 18.6

해설
$$\ln\frac{k_2}{k_1} = \frac{E_a}{R}\left(\frac{1}{T_1} - \frac{1}{T_2}\right)$$
$$\ln 2.5 = \frac{E_a}{1.987}\left(\frac{1}{297} - \frac{1}{307}\right)$$
$$\therefore E_a = 16,600 cal = 16.6 kcal$$

93 플러그흐름반응기 또는 회분식 반응기에서 비가역 직렬 반응 $A \to R \to S$, $k_1 = 2min^{-1}$, $k_2 = 1min^{-1}$이 일어날 때 C_R이 최대가 되는 시간은?

① 0.301
② 0.693
③ 1.443
④ 3.332

정답 89 ③ 90 ④ 91 ③ 92 ③ 93 ②

해설

Batch/PFR

$$\frac{C_{R\max}}{C_{A0}} = \left(\frac{k_1}{k_2}\right)^{\frac{k_2}{k_2-k_1}}$$

$$t_{\max} = \frac{1}{k_{\log\text{ mean}}} = \frac{\ln\left(\frac{k_2}{k_1}\right)}{k_2 - k_1}$$

$$\therefore t_{\max} = \frac{1}{k_{\log\text{ mean}}} = \frac{\ln\left(\frac{k_2}{k_1}\right)}{k_2 - k_1} = \frac{\ln\left(\frac{1}{2}\right)}{1-2}$$
$$= 0.693$$

94 회분식 반응기(Batch Reactor)에서 비가역 1차 액상반응인 반응물 A가 40% 전환되는 데 5분이 걸렸다면 80% 전환되는 데는 약 몇 분이 걸리겠는가?

① 7분
② 10분
③ 12분
④ 16분

해설

$-\ln(1-X_A) = kt$
$-\ln(1-0.4) = k \times 5\text{min}$
$\therefore k = 0.102\text{min}^{-1}$
$-\ln(1-0.8) = 0.102 \times t$
$\therefore t = 15.8\text{min}$
$\fallingdotseq 16\text{min}$

95 다음과 같은 효소발효반응이 플러그흐름반응기에서 $C_{A0} = 2\text{mol/L}$, $v = 25\text{L/min}$의 유입속도로 일어난다. 95% 전화율을 얻기 위한 반응기 체적은 약 몇 m^3인가?

$$A \to R, \text{ with enzyme}$$
$$-r_A = \frac{0.1C_A}{1+0.5C_A}(\text{mol/L min})$$

① 1
② 2
③ 3
④ 4

해설

$$-r_A = -\frac{dC_A}{dt} = \frac{0.1C_A}{1+0.5C_A}$$

$$\frac{1+0.5C_A}{0.1C_A}dC_A = -dt$$

적분하면, $10\ln\frac{C_A}{C_{A0}} + 5(C_A - C_{A0}) = -t$

$\therefore t = 5C_{A0}X_A - 10\ln(1-X_A)$
$= 5 \times 2 \times 0.95 - 10\ln(1-0.95)$
$= 39.5\text{min}$

$$\tau = \frac{V}{v_o}$$

$$39.5\text{min} = \frac{V}{25\text{L/min}}$$

$\therefore V = 988\text{L} \fallingdotseq 1,000\text{L} = 1m^3$

96 $A \to R \to S(k_1, k_2)$인 반응에서 $k_1 = 100$, $k_2 = 1$이면 회분식 반응기에서 C_S/C_{A0}에 가장 가까운 식은? (단, 두 반응은 모두 1차이다.)

① e^{-100t}
② e^{-t}
③ $1 - e^{-100t}$
④ $1 - e^{-t}$

해설

$$C_S = C_{A0}\left(1 + \frac{k_2}{k_1-k_2}e^{-k_1 t} + \frac{k_1}{k_2-k_1}e^{-k_2 t}\right)$$

$k_1 \gg k_2$이므로$(100 \gg 1)$
$C_S = C_{A0}(1-e^{-k_2 t})$
$\therefore \frac{C_S}{C_{A0}} = 1 - e^{-t}$

97 촉매 반응일 때의 평형상수(K_{PC})와 같은 반응에서 촉매를 사용하지 않았을 때의 평형상수(K_P)와의 관계로 옳은 것은?

① $K_P > K_{PC}$
② $K_P < K_{PC}$
③ $K_P = K_{PC}$
④ $K_P + K_{PC} = 0$

정답 94 ④ 95 ① 96 ④ 97 ③

> [해설]

촉매는 활성화 에너지를 낮추어 반응속도를 증가시킬 뿐 평형에는 관여하지 않는다. → 촉매는 평형상수에 영향을 미치치 않는다.
∴ $K_P = K_{PC}$

98 Arrhenius 법칙에 따라 반응속도상수 k의 온도 T에 대한 의존성을 옳게 나타낸 것은?(단, θ는 양수 값의 상수이다.)

① $k \propto \exp(\theta T)$
② $k \propto \exp(\theta/T)$
③ $k \propto \exp(-\theta T)$
④ $k \propto \exp(-\theta/T)$

> [해설]

$k \propto T^m e^{-\frac{E_a}{RT}}$
$m = 0$: 아레니우스식
$k \propto e^{\frac{-E_a}{RT}}$

99 액상반응 $A \to R$, $-r_A = kC_A^2$이 혼합반응기(Mixed Flow Reactor)에서 진행되어 50%의 전화율을 얻었다. 만약 크기가 6배인 똑같은 성능의 반응기로 대치한다면 전화율은 어떻게 되겠는가?

① 0.55
② 0.65
③ 0.75
④ 0.85

> [해설]

$k\tau C_{A0} = \dfrac{X_A}{(1-X_A)^2}$
$k\tau C_{A0} = \dfrac{0.5}{(1-0.5)^2} = 2$
$k(6\tau)C_{A0} = \dfrac{X_A}{(1-X_A)^2}$
$12 = \dfrac{X_A}{(1-X_A)^2}$, $12X_A^2 - 25X_A + 12 = 0$
$X_A = \dfrac{25 \pm \sqrt{25^2 - 4 \times 12 \times 12}}{24}$
∴ $X_A = 0.75$

100 $A \to R$, $r_R = k_1 C_A^{a_1}$, $A \to S$, $r_s = k_2 C_A^{a_2}$에서 R이 요구하는 물질일 때 옳은 것은?

① $a_1 > a_2$이면 반응물의 농도를 낮춘다.
② $a_1 < a_2$이면 반응물의 농도를 높인다.
③ $a_1 = a_2$이면 CSTR이나 PFR에 관계없다.
④ a_1과 a_2에 관계없고 k_1과 k_2에만 관계된다.

> [해설]

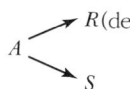
$r_R = k_1 C_A^{a_1}$
$r_S = k_2 C_A^{a_2}$

여기서, R : 요구하는 물질

- $a_1 > a_2$: 반응물의 농도를 높인다(Batch, PFR).
- $a_1 < a_2$: 반응물의 농도를 낮춘다(CSTR).
- $a_1 = a_2$: 반응기 유형에는 무관하며 $\dfrac{k_1}{k_2}$에 의해 결정

정답 ▶ 98 ④ 99 ③ 100 ③

2017년 제4회 기출문제

1과목 화공열역학

01 어떤 연료의 발열량이 10,000kcal/kg일 때 이 연료 1kg이 연소해서 30%가 유용한 일로 바뀔 수 있다면 500kg의 무게를 들어 올릴 수 있는 높이는 약 얼마인가?

① 26m ② 260m
③ 2.6km ④ 26km

해설

$10,000\text{kcal/kg} \times 1\text{kg} \times 0.3 = 3,000\text{kcal}$

$3,000\text{kcal} \times \dfrac{1,000\text{cal}}{1\text{kcal}} \times \dfrac{4.184\text{J}}{1\text{cal}} = 1.26 \times 10^7 \text{J}$

$E_P = mgh$

$1.26 \times 10^7 \text{J} = 500\text{kg} \times 9.8\text{m/s}^2 \times h$

$\therefore h = 2,571.43\text{m} \fallingdotseq 2.6\text{km}$

02 플래시(Flash) 계산에 대한 설명 중 틀린 것은?

① 알려진 T, P 및 전체 조성에서 평형상태에 있는 2상계의 기상과 액상 조성을 계산한다.
② K 인자는 가벼움의 척도이다.
③ 라울의 법칙을 따르는 경우 K 인자는 액상과 기상 조성만의 함수이다.
④ 기포점 압력계산과 이슬점 압력계산으로 초기조건을 얻을 수 있다.

해설

Flash 계산
- 기포점 압력 이상의 압력하에 있는 액체가 압력이 감소되는 경우 "플래시" 혹은 부분적으로 증발되어 평형상태의 기체와 액체의 2상계를 형성한다.
- 알려진 P, T와 전체 조성에서 평형상태에 있는 2상계를 구성하는 기상과 액상의 조성의 양을 계산한다.
- $\dfrac{y_i}{x_i} = \dfrac{P_i^{sat}}{P} = K$

03 질량 40kg, 온도 427℃의 강철주물($C_P = 500$J/kg ℃)을 온도 27℃, 200kg의 기름($C_P = 2,500$J/kg ℃) 속에서 급랭시킨다. 열손실이 없다면 전체 엔트로피(Entropy) 변화는 얼마인가?

① 6,060J/K ② 7,061J/K
③ 8,060J/K ④ 9,052J/K

해설

$40\text{kg} \times 500\text{J/kg ℃} \times (427 - t)$
$= 200\text{kg} \times 2,500\text{J/kg ℃} \times (t - 27)$

$\therefore t = 42.4\text{℃}(315.4\text{K})$

$\Delta S_{강철} = 40\text{kg} \times 500\text{J/kg K} \times \ln\dfrac{315.4}{700}$

$\qquad = -15,945\text{J/K}$

$\Delta S_{기름} = 200\text{kg} \times 2,500\text{J/kg K} \times \ln\dfrac{315.4}{300}$

$\qquad = 25,030\text{J/K}$

$\therefore \Delta S = \Delta S_{강철} + \Delta S_{기름} = 9,085\text{J/K}$

04 150kPa, 300K에서 2몰의 이상기체 부피는 얼마인가?

① 0.03326m³ ② 0.3326m³
③ 3.326m³ ④ 33.26m³

해설

$V = \dfrac{nRT}{P}$

$R = 8.314\text{J/mol K} \times \dfrac{1\text{Pa m}^3}{1\text{J}} \times \dfrac{1\text{kPa}}{1,000\text{Pa}}$

$\quad = 8.314 \times 10^{-3} \text{m}^3 \text{kPa/mol K}$

$V = \dfrac{2\text{mol} \times 8.314 \times 10^{-3}\text{m}^3 \text{kPa/mol K} \times 300\text{K}}{150\text{kPa}}$

$\quad = 0.03326\text{m}^3$

정답 01 ③ 02 ③ 03 ④ 04 ①

05 기체-액체 평형을 이루는 순수한 물에 대한 다음 설명 중 옳지 않은 것은?

① 자유도는 1이다.
② 같은 조건에서 기체의 내부에너지는 액체의 내부에너지보다 크다.
③ 같은 조건에서 기체의 엔트로피가 액체의 엔트로피보다 크다.
④ 같은 조건에서 기체의 깁스에너지가 액체의 깁스에너지보다 크다.

해설

$F = 2 - P + C = 2 - 2 + 1 = 1$
$G^l = G^v$

06 압력이 일정한 정지상태의 닫힌계(Closed System)가 흡수한 열은 다음 중 어느 것의 변화량과 같은가?

① 온도
② 운동에너지
③ 내부에너지
④ 엔탈피

해설

• 등적과정
  $\Delta U = Q_V = C_V \Delta T$
• 등압과정
  $\Delta H = Q_P = C_P \Delta T$

07 다음의 반응식과 같이 NH_4Cl이 진공에서 부분적으로 분해할 때 자유도 수는?

$$NH_4Cl(s) \rightarrow NH_3(g) + HCl(g)$$

① 0
② 1
③ 2
④ 3

해설

$NH_4Cl(s) \rightarrow NH_3(g) + HCl(g)$
$F = 2 - \pi + N - r - s$
$\quad = 2 - 2 + 3 - 1 - 1 = 1$
제한조건(s) : 등몰 분해

08 유체의 등온압축률(Isothermal Compressibility, κ)이 다음과 같이 정의된다고 할 때, 이상기체의 등온압축률을 옳게 나타낸 것은?

$$\kappa = -\frac{1}{V}\left(\frac{\partial V}{\partial P}\right)_T$$

① $\kappa = \dfrac{1}{T}$
② $\kappa = \dfrac{1}{P}$
③ $\kappa = \dfrac{R}{T}$
④ $\kappa = \dfrac{R}{P}$

해설

$\kappa = -\dfrac{1}{V}\left(\dfrac{\partial V}{\partial P}\right)_T$

이상기체 $PV = RT \rightarrow V = \dfrac{RT}{P}$

$\left(\dfrac{\partial V}{\partial P}\right)_T = -\dfrac{RT}{P^2}$

$\therefore \kappa = \left(-\dfrac{1}{V}\right)\left(-\dfrac{RT}{P^2}\right)$
$\quad = \left(\dfrac{-P}{RT}\right)\left(\dfrac{-RT}{P^2}\right)$
$\quad = \dfrac{1}{P}$

09 기체의 퓨가시티 계수 계산을 위한 방법으로 가장 거리가 먼 것은?

① 포인팅(Poynting) 방법
② 펭-로빈슨(Peng-Robinson) 방법
③ 비리얼(Virial) 방정식
④ 일반화된 압축인자의 상관관계 도표

해설

퓨가시티 계수 계산방법
• 비리얼 방정식
• 3차 상태방정식으로부터의 계산
  3차 상태방정식 : Van der Waals, Redlich-Kwong, Soave-Redlich-Kwong, Peng-Robinson 식 등
• 일반화된 압축인자의 상관도표

※ 포인팅(Poynting) 방법
- 압축된 액체상태의 순수성분 i의 퓨가시티(f_i)를 계산하는 방법
- $f_i = \phi_i^{sat} P_i^{sat} \exp \dfrac{V_i^l (P - P_i^{sat})}{RT}$

여기서, 지수함수 : Poynting 인자

10 압력 240kPa에서 어떤 액체의 상태량이 V_f는 0.00177m³/kg, V_g는 0.105m³/kg, H_f는 181kJ/kg, H_g는 496kJ/kg일 때 이 압력에서의 U_{fg}는 약 몇 kJ/kg인가?(단, V는 비체적, U는 내부에너지, H는 엔탈피, 하첨자 f는 포화액, g는 건포화증기를 나타내고 $U_{fg} = U_g - U_f$이다.)

① 24.8
② 290.2
③ 315.0
④ 339.8

해설

$\Delta H = \Delta U + \Delta PV$
$\Delta U = \Delta H - \Delta PV$
$= (496 - 181) \text{kJ/kg} - 240\text{kPa}(0.105 - 0.00177)\text{m}^3/\text{kg}$
$= 290.2 \text{kJ/kg}$

11 가역단열 공정이 진행될 때 올바른 표현식은?

① $\Delta H = 0$
② $\Delta U = 0$
③ $\Delta A = 0$
④ $\Delta S = 0$

해설

가역단열 공정
$Q = 0$
등엔트로피 공정 : $S_1 = S_2, \Delta S = 0$

12 이상기체의 내부에너지에 대한 설명으로 옳은 것은?

① 온도만의 함수이다.
② 압력만의 함수이다.
③ 압력과 온도의 함수이다.
④ 압력이나 온도의 함수가 아니다.

해설

이상기체의 내부에너지와 엔탈피는 온도만의 함수이다.

13 물이 증발할 때 엔트로피 변화는?

① $\Delta S = 0$
② $\Delta S < 0$
③ $\Delta S > 0$
④ $\Delta S \geq 0$

해설

물이 증발할 때 엔트로피는 증가한다.

14 어떤 화학반응의 평형상수의 온도에 대한 미분계수가 0보다 작다고 한다. 즉, $\left(\dfrac{\partial \ln K}{\partial T}\right)_P < 0$이다. 이때에 대한 설명으로 옳은 것은?

① 이 반응은 흡열반응이며, 온도가 증가하면 K값은 커진다.
② 이 반응은 흡열반응이며, 온도가 증가하면 K값은 작아진다.
③ 이 반응은 발열반응이며, 온도가 증가하면 K값은 작아진다.
④ 이 반응은 발열반응이며, 온도가 증가하면 K값은 커진다.

해설

$\dfrac{d \ln K}{dT} = \dfrac{\Delta H}{RT^2} < 0$

$\Delta H < 0$(발열반응) ➡ 온도가 증가하면 K는 작아진다.
$\Delta H > 0$(흡열반응) ➡ 온도가 증가하면 K는 커진다.

15 랭킨 사이클로 작용하는 증기 원동기에서 25kg$_f$/cm², 400℃의 증기가 증기 원동기소에 들어가고 배기압 0.04kg$_f$/cm²로 배출될 때 펌프 일을 구하면 약 몇 kg$_f$ m/kg인가?(단, 0.04kg$_f$/cm²에서 액체물의 비체적은 0.001m³/kg이다.)

① 24.96
② 249.6
③ 49.96
④ 499.6

해설

$\therefore W = 0.001 \text{m}^3/\text{kg} \times (25 - 0.04) \text{kg}_f/\text{cm}^2 \times \dfrac{100^2 \text{cm}^2}{1\text{m}^2}$
$= 249.6 \text{kg}_f \text{ m/kg}$

정답 10 ② 11 ④ 12 ① 13 ③ 14 ③ 15 ②

16 오토기관(Otto Cycle)의 열효율을 옳게 나타낸 식은?(단, r는 압축비, K는 비열비이다.)

① $1-\left(\dfrac{1}{r}\right)^{K-1}$ ② $1-\left(\dfrac{1}{r}\right)^{K}$

③ $1-\left(\dfrac{1}{r}\right)^{K+1}$ ④ $1-\left(\dfrac{1}{r}\right)^{\frac{1}{K+1}}$

해설

Otto Cycle의 열효율
$\eta = 1-\left(\dfrac{1}{r}\right)^{K-1}$
여기서, r : 압축비, K : 비열비

17 $P-H$ 선도에서 등엔트로피 선 기울기 $\left(\dfrac{\partial P}{\partial H}\right)_S$의 값은?

① V ② T
③ $\dfrac{1}{V}$ ④ $\dfrac{1}{T}$

해설

$dH = TdS + VdP$
$S = \text{const}, \ dS = 0$
$V\left(\dfrac{\partial P}{\partial H}\right)_S = 1$
$\therefore \left(\dfrac{\partial P}{\partial H}\right)_S = \dfrac{1}{V}$

18 다음 중 카르노(Carnot) 사이클의 열효율을 높이는 데 가장 유효한 방법은?

① 방열온도를 낮게 한다.
② 급열온도를 낮게 한다.
③ 동작물질의 양을 증가시킨다.
④ 밀도가 큰 동작 물질을 사용한다.

해설

카르노 사이클
$\eta = \dfrac{W}{Q_1} = \dfrac{Q_1-Q_2}{Q_1} = \dfrac{T_1-T_2}{T_1}$ $(T_1 > T_2)$
T_1(급열온도)을 높게, T_2(방열온도)를 낮게 한다.

19 디젤(Diesel) 기관에 관한 설명 중 틀린 것은?

① 디젤(Diesel) 기관은 압축과정에서의 온도가 충분히 높아서 연소가 순간적으로 시작된다.
② 같은 압축비를 사용하면 오토(Otto) 기관이 디젤(Diesel) 기관보다 효율이 높다.
③ 디젤(Diesel) 기관은 오토(Otto) 기관보다 미리 점화하게 되므로 얻을 수 있는 압축비에 한계가 있다.
④ 디젤(Diesel) 기관은 연소공정이 거의 일정한 압력에서 일어날 수 있도록 서서히 연료를 주입한다.

해설

디젤(Diesel) 기관
• 압축 후의 온도가 충분히 높아서 연소가 순간적으로 시작된다.
• 압축과정의 마지막에 연료가 주입되는데, 연소과정이 거의 일정한 압력에서 일어날 수 있도록 서서히 연료가 주입된다.
• 압축비가 같다면 Otto 기관이 Diesel 기관보다 효율이 높다.
  그러나 Otto 기관에서는 미리 점화하는 현상 때문에 얻을 수 있는 압축비에 한계가 있다. Diesel 기관은 더 높은 압축비에서 운전되며 따라서 더 높은 효율을 얻는다.

20 물의 증발잠열 $\Delta \overline{H}$는 1기압, 100℃에서 539cal/g이다. 만일 이 값이 온도와 기압에 따라 큰 변화가 없다면 압력이 635mmHg인 고산지대에서 물의 끓는 온도는 약 몇 ℃인가?(단, 기체상수 $R=1.987$cal/mol K이다.)

① 26.2 ② 30
③ 95 ④ 98

해설

$\ln\dfrac{P_2}{P_1} = \dfrac{\Delta H}{R}\left(\dfrac{1}{T_1}-\dfrac{1}{T_2}\right)$
$\ln\dfrac{635}{760} = \dfrac{539\text{cal/g}\times 18\text{g}/1\text{mol}}{1.987\text{cal/mol K}}\left(\dfrac{1}{373}-\dfrac{1}{T_2}\right)$
$\therefore T_2 = 368\text{K}(95℃)$

정답 16 ① 17 ③ 18 ① 19 ③ 20 ③

2과목 단위조작 및 화학공업양론

21 농도가 5%인 소금 수용액 1kg을 1%인 소금 수용액으로 희석하여 3%인 소금 수용액을 만들고자 할 때 필요한 1% 소금 수용액의 질량은 몇 kg인가?

① 1.0   ② 1.2
③ 1.4   ④ 1.6

해설

$1\text{kg} \times \dfrac{5}{100} + x \times \dfrac{1}{100} = (1+x)\text{kg} \times \dfrac{3}{100}$

$\therefore x = 1\text{kg}$

22 82℃에서 벤젠의 증기압은 811mmHg, 톨루엔의 증기압은 314mmHg이다. 같은 온도에서 벤젠과 톨루엔의 혼합 용액을 증발시켰더니 증기 중 벤젠의 몰분율은 0.5이었다. 용액 중의 톨루엔의 몰분율은 약 얼마인가?(단, 이상기체이며 라울의 법칙이 성립한다고 본다.)

① 0.72   ② 0.54
③ 0.46   ④ 0.28

해설

라울의 법칙

$P = p_A + p_B = x_A P_A + x_B P_B$

$y_A = \dfrac{P_A x_A}{P}$

$0.5 = \dfrac{811 \times x_A}{811 \times x_A + 314(1 - x_A)}$

$\therefore x_A = 0.28,\ x_B = 1 - x_A = 0.72$

23 40℃에서 벤젠과 톨루엔의 혼합물이 기액평형에 있다. Raoult의 법칙이 적용된다고 볼 때 다음 설명 중 옳지 않은 것은?(단, 40℃에서의 증기압은 벤젠 180mmHg, 톨루엔 60mmHg이고, 액상의 조성은 벤젠 30mol%, 톨루엔 70mol%이다.)

① 기상의 평형분압은 톨루엔 42mmHg이다.
② 기상의 평형분압은 벤젠 54mmHg이다.
③ 이 계의 평형전압은 240mmHg이다.
④ 기상의 평형조성은 벤젠 56.25mol%, 톨루엔 43.75mol%이다.

해설

$P = 180 \times 0.3 + 60 \times 0.7 = 96\text{mmHg}$

$y_A = \dfrac{180 \times 0.3}{96} = 0.56(56\text{mol}\%)$

$y_B = 0.44(44\text{mol}\%)$

$P_A = 180 \times 0.3 = 54\text{mmHg}$

$P_B = 60 \times 0.7 = 42\text{mmHg}$

24 염화칼슘의 용해도는 20℃에서 140.0g/100gH$_2$O, 80℃에서 160.0g/100gH$_2$O이다. 80℃에서의 염화칼슘 포화용액 70g을 20℃로 냉각시키면 약 몇 g의 결정이 석출되는가?

① 4.61   ② 5.39
③ 6.61   ④ 7.39

해설

80℃ CaCl$_2$ 70g → 20℃

(80℃) 260g : 160g = 70g : x

$\therefore x = 43.1\text{g}$

(20℃) 100g : 140g = (70 - 43.1)g : y

$\therefore y = 37.66\text{g}$

$\therefore$ 석출되는 양 = 43.1g - 37.66g = 5.4g

25 순수한 CaC$_2$ 1kg을 25℃, 1기압하에서 물 1L 중에 투입하여 아세틸렌 가스를 발생시켰다. 이때 얻어지는 아세틸렌은 몇 L인가?(단, Ca의 원자량은 40이다.)

① 350   ② 368
③ 382   ④ 393

해설

$CaC_2 + 2H_2O \rightarrow C_2H_2 + Ca(OH)_2$

64kg : $22.4 \times \dfrac{298}{273}\text{m}^3$

1kg   : x

$\therefore x = 0.382\text{m}^3 = 382\text{L}$

정답 21 ① 22 ① 23 ③ 24 ② 25 ③

26 끝이 열린 수은 마노미터가 물탱크 내의 액체 표면 아래 10m 지점에 부착되어 있을 때 마노미터의 눈금은?(단, 대기압은 1atm이다.)

① 29.5cmHg
② 61.5cmHg
③ 73.5cmHg
④ 105.5cmHg

해설
10.33mH₂O : 76cmHg = 10mH₂O : x
∴ x = 73.57cmHg

27 노점 12℃, 온도 22℃, 전압 760mmHg의 공기가 어떤 계에 들어가서 나올 때 노점 58℃, 전압이 740mmHg로 되었다. 계에 들어가는 건조공기 mole당 증가된 수분의 mole 수는 얼마인가?(단, 12℃와 58℃에서 포화수증기압은 각각 10mmHg, 140mmHg이다.)

① 0.02
② 0.12
③ 0.18
④ 0.22

해설

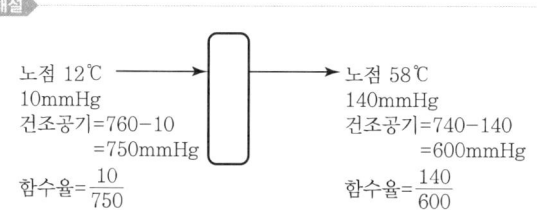

수분의 변화량(증가량) = $\dfrac{140}{600} - \dfrac{10}{750}$
= 0.22 mol H₂O/mol Dry Air

28 세기성질(Intensive Property)이 아닌 것은?

① 온도
② 압력
③ 엔탈피
④ 화학퍼텐셜

해설
- 세기성질 : T, P, d(밀도), $\overline{V}$, $\overline{U}$, $\overline{H}$, $\overline{G}$
- 크기성질 : m, n, V, U, H, G

29 다음 그림과 같은 습윤공기의 흐름이 있다. A공기 100kg당 B공기 몇 kg을 섞어야겠는가?

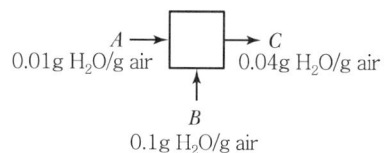

① 200kg
② 100kg
③ 60kg
④ 50kg

해설
$100 \times 0.01 + B \times 0.1 = (100 + B) \times 0.04$
∴ B = 50kg

30 같은 온도에서 같은 부피를 가진 수소와 산소 무게의 측정값이 같았다. 수소의 압력이 4atm이라면 산소의 압력은 몇 atm인가?

① 4
② 1
③ $\dfrac{1}{4}$
④ $\dfrac{1}{8}$

해설
$PV = \dfrac{w}{M} RT$
$PM = \dfrac{w}{V} RT$ = 일정
$P_1 M_1 = P_2 M_2$
$4\text{atm} \times 2 = P_2 \times 32$
∴ $P_2 = \dfrac{1}{4}$ atm

31 다음 중 나머지 셋과 서로 다른 단위를 갖는 것은?

① 열전도도÷길이
② 총괄열전달계수
③ 열전달속도÷면적
④ 열유속(Heat Flux)÷온도

해설
① $\dfrac{k}{l}$ = kcal/m² h ℃
② U = kcal/m² h ℃
③ $\dfrac{q}{A}$ = kcal/m² h
④ $\dfrac{q}{At}$ = kcal/m² h ℃

정답 26 ③ 27 ④ 28 ③ 29 ④ 30 ③ 31 ③

32 Fourier의 법칙에 대한 설명으로 옳은 것은?

① 전열속도는 온도차의 크기에 비례한다.
② 전열속도는 열전도도의 크기에 반비례한다.
③ 열플럭스는 전열면적의 크기에 반비례한다.
④ 열플럭스는 표면계수의 크기에 비례한다.

해설

Fourier's Law

$$q = kA\frac{\Delta t}{l}$$

여기서, q : 열전달속도
k : 열전도도
A : 단면적
Δt : 온도차
l : 길이

33 정압비열이 1cal/g ℃인 물 100g/s을 20℃에서 40℃로 이중 열교환기를 통하여 가열하고자 한다. 사용되는 유체는 비열이 10cal/g ℃이며 속도는 10g/s, 들어갈 때의 온도는 80℃이고, 나올 때의 온도는 60℃이다. 유체의 흐름이 병류라고 할 때 열교환기의 총괄열전달계수는 약 몇 cal/m² s ℃인가?(단, 이 열교환기의 전열면적은 10m²이다.)

① 5.5
② 10.1
③ 50.0
④ 100.5

해설

$Q = mc\Delta t$

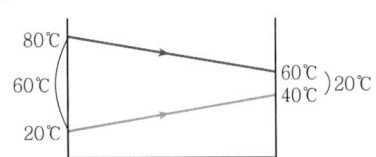

$$\Delta \overline{t_L} = \frac{60-20}{\ln\frac{60}{20}} = 36.4℃$$

$Q = 100\text{g/s} \times 1\text{cal/g ℃} \times (40-20)℃$
$\quad = 2{,}000\text{cal/s}$

$Q = UA\Delta \overline{t_L}$

$2{,}000\text{cal/s} = U \times 10\text{m}^2 \times 36.4℃$

$\therefore U = 5.5\text{cal/m}^2 \text{ s ℃}$

34 수분을 함유하고 있는 비누와 같이 치밀한 고체를 건조시킬 때 감률건조기간에서의 건조속도와 고체의 함수율과의 관계를 옳게 나타낸 것은?

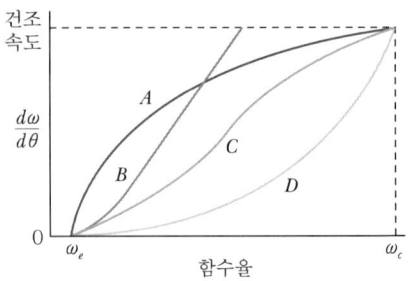

① A
② B
③ C
④ D

해설

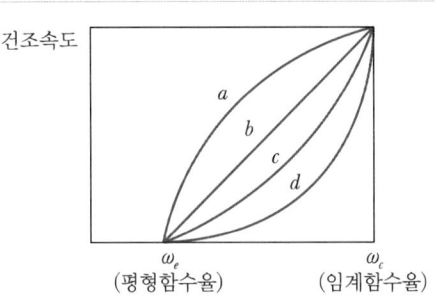

- a(볼록형) : 식물성 섬유 재료
- b(직선형) : 여제, 플레이크
- c(직선형+오목형) : 곡물, 결정품
- d(오목형) : 비누와 같은 치밀한 고체의 건조

35 농축조작선 방정식에서 환류비가 R일 때 조작선의 기울기를 옳게 나타낸 것은?(단, X_W는 탑저 제품 몰분율이고, X_D는 탑상 제품 몰분율이다.)

① $\dfrac{1}{R+1}$
② $\dfrac{X_W}{R+1}$
③ $\dfrac{X_D}{R+1}$
④ $\dfrac{R}{R+1}$

해설

상부조작선의 방정식

$$y = \frac{R}{R+1}x + \frac{x_D}{R+1}$$

36 분쇄에 대한 일반적인 설명으로 틀린 것은?
① 볼밀(Ball Mill)은 마찰분쇄방식이다.
② 볼밀(Ball Mill)의 회전수는 지름이 클수록 커진다.
③ 롤분쇄기의 분쇄량은 분쇄기의 폭에 비례한다.
④ 일반 볼밀(Ball Mill)에 비해 쇠막대를 넣은 로드밀(Rod Mill)의 회전수는 대개 더 느리다.

해설
Ball Mill
$$N(\text{rpm}) = \frac{42.3}{\sqrt{D}}$$
최적회전수 $= \dfrac{0.75 \times 42.3}{\sqrt{D}}$

37 안지름 10cm의 수평관을 통하여 상온의 물을 수송한다. 관의 길이 100m, 유속 7m/s, 패닝 마찰계수(Fanning Friction Factor)가 0.005일 때 생기는 마찰 손실 $kg_f \, m/kg$은?
① 5
② 25
③ 50
④ 250

해설
$$\sum F = \frac{2fu^2 L}{g_c D} = \frac{2 \times 0.005 \times (7\text{m/s})^2 \times 100\text{m}}{9.8 \text{kg m}/\text{kg}_f \, \text{s}^2 \times 0.1\text{m}}$$
$$= 50 \text{kg}_f \, \text{m/kg}$$

38 동점도(Kinematic Viscosity)의 설명으로 틀린 것은?
① 점도를 밀도로 나눈 것이다.
② 기체의 동점도는 압력의 변화나 밀도의 변화에 무관하다.
③ 차원은 $[L^2 t^{-1}]$이다.
④ 스토크(Stoke) 또는 센티스토크(Centistoke)의 단위를 쓰기도 한다.

해설
- 점도(μ)
  단위 : $1\text{cP} = 0.01\text{cP} = 0.01\text{g/cm s}$
  $= 0.001 \text{kg/m s}$
- 동점도(ν)
  $\nu = \dfrac{\mu}{\rho} \quad \leftarrow \text{점도} \atop \leftarrow \text{밀도}$
  $1\text{St} = 1\text{cm}^2/\text{s}$
  기체의 동점도는 T, P, ρ의 영향을 받는다.

39 그림과 같이 50wt%의 추질을 함유한 추료(F)에 추제(S)를 가하여 교반 후 정치하였더니 추출상(E)과 추잔상(R)으로 나뉘어졌다. 다음 중 틀린 것은?

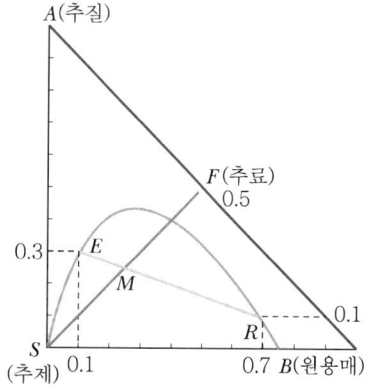

① E의 질량은 $\dfrac{(F+S)\overline{MR}}{\overline{ER}}$이다.
② 추출률은 $\dfrac{(F+S)\overline{MR} \times 0.3}{\overline{ER} \times 0.5 F}$이다.
③ 분배 계수는 3이다.
④ 선택도는 2.1이다.

해설
① F(추료) $= A$(추질) $+ B$(원용매)
E의 질량 : R의 질량 $= \overline{RM} : \overline{EM}$
전체 혼합물 중 E의 질량분율 $= \dfrac{\overline{MR}}{\overline{ER}}$
전체 혼합물의 양 $= F + S = E + R$
∴ E의 질량 $= (F+S) \times \dfrac{\overline{MR}}{\overline{ER}}$

② 추출률

$$= \frac{\text{추출상의 추질의 양}}{\text{처음 추질의 양}}$$

$$= \frac{\text{추출상의 질량}(E) \times \text{추출상에서 추질의 분율}}{\text{처음 추질의 양}}$$

$$= \frac{(F+S)\overline{\frac{MR}{ER}} \times 0.3}{0.5F}$$

③ 분배계수

$$K = \frac{y}{x} = \frac{\text{추출상에서 추질의 농도}}{\text{추잔상에서 추질의 농도}}$$

$$= \frac{0.3}{0.1} = 3$$

④ 선택도

$$\beta = \frac{k_A}{k_B} = \frac{y_A/x_A}{y_B/x_B}$$

$$= \frac{0.3/0.1}{0.1/0.7} = 21$$

40 어떤 촉매반응기의 공극률 ε가 0.4이다. 이 반응기 입구의 공탑유속이 0.2m/s라면 촉매층 세공에서의 유속은 몇 m/s가 되겠는가?

① 2.0
② 1.0
③ 0.8
④ 0.5

해설

평균유속 $\overline{V} = \dfrac{\overline{V_o}(\text{공탑속도})}{\varepsilon}$

$\dfrac{0.2\text{m/s}}{0.4} = 0.5\text{m/s}$

3과목 공정제어

41 다단제어에 대한 설명으로 옳은 것은?

① 종속제어기 출력이 주제어기의 설정점으로 작용하게 된다.
② 종속제어루프 공정의 동특성이 주제어루프 공정의 동특성보다 충분히 빠를수록 바람직하다.
③ 주제어루프를 통하여 들어오는 외란을 조기에 보상하는 것이 주목적이다.
④ 종속제어기는 빠른 보상을 위하여 피드포워드 제어 알고리즘을 사용한다.

해설

다단제어 : 종속제어기의 동특성이 주제어기의 동특성보다 빨라야 한다.

42 피드포워드(Feedforward) 제어에 대한 설명 중 옳지 않은 것은?

① 화학공정제어에서는 Lead-lag 보상기로 피드포워드 제어기를 설계하는 일이 많다.
② 피드포워드 제어기는 폐루프 제어시스템의 안정도(Stability)에 주된 영향을 준다.
③ 일반적으로 제어계 설계 시 피드포워드 제어는 피드백 제어기와 함께 구성된다.
④ 피드포워드 제어기는 공정의 정적 모델 혹은 동적 모델에 근거하여 설계될 수 있다.

해설

피드포워드 제어
- 외부 교란 변수를 사전에 측정하여 제어에 이용함으로써 외부 교란 변수가 공정에 미치는 영향을 미리 보정하여 주도록 하는 제어
- 일반적으로 피드포워드 제어기는 피드백 제어기와 결합되어 사용된다.
- 공정의 모델이 필요하다(모델의 정확도에 따라 좌우된다).
- 제어시스템의 안정성과는 무관하다.

43 어떤 압력측정장치의 측정범위는 0~400psig, 출력범위는 4~20mA로 조정되어 있다. 이 장치의 이득을 구하면 얼마인가?

① 25mA/psig
② 0.01mA/psig
③ 0.08mA/psig
④ 0.04mA/psig

해설

$K = \dfrac{20-4}{400-0} = 0.04\text{mA/psig}$

44 다음 그림의 펄스 Laplace 변환은?

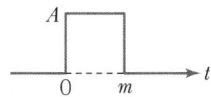

① $\dfrac{A}{s}(1-e^{-ms})$ ② $As(1-e^{-ms})$

③ $\dfrac{As}{1-e^{-ms}}$ ④ Ase^{-ms}

해설
$y(t) = Au(t) - Au(t-m)$
$Y(s) = \dfrac{A}{s} - \dfrac{A}{s}e^{-ms} = \dfrac{A}{s}(1-e^{-ms})$

45 비례-미분 제어장치의 전달함수의 형태를 옳게 나타낸 것은?(단, K는 이득, τ는 시간정수이다.)

① $K\tau s$ ② $K\left(1+\dfrac{1}{\tau s}\right)$

③ $K(1+\tau s)$ ④ $K\left(1+\tau_1 s + \dfrac{1}{\tau_2 s}\right)$

해설
- PD 제어 : $G(s) = K(1+\tau_D s)$
- PI 제어 : $G(s) = K\left(1+\dfrac{1}{\tau_I s}\right)$
- PID 제어 : $G(s) = K\left(1+\tau_D s + \dfrac{1}{\tau_I s}\right)$

46 전달함수가 $G(s) = \dfrac{1}{2s+1}$인 1차계의 단위계단 응답은?

① $1+e^{-0.5t}$ ② $1-e^{-0.5t}$
③ $1+e^{0.5t}$ ④ $1-e^{0.5t}$

해설
$G(s) = \dfrac{1}{2s+1}$
$Y(s) = G(s)X(s) = \dfrac{1}{2s+1} \cdot \dfrac{1}{s} = \left(\dfrac{1}{s} - \dfrac{2}{2s+1}\right)$
$y(t) = 1 - e^{-\frac{1}{2}t}$

47 다음 블록선도에서 $Q(t)$의 변화만 있고, $T_i'(t) = 0$일 때 $\dfrac{T'(s)}{Q(s)}$의 전달함수로 옳은 것은?

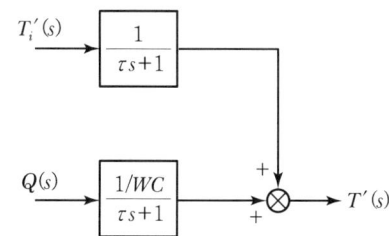

① $\dfrac{1}{\tau s+1}$ ② $\dfrac{1/WC}{\tau s+1}$

③ $\dfrac{1}{\tau s+1} + \dfrac{1/WC}{\tau s+1}$ ④ $\dfrac{1/WC}{(\tau s+1)^2}$

해설
$T'(s) = \dfrac{1}{\tau s+1}T_i'(s) + \dfrac{1/WC}{\tau s+1}Q(s)$
$\therefore \dfrac{T'(s)}{Q(s)} = \dfrac{1/WC}{\tau s+1}$

48 다음 중 계단입력에 대한 공정출력이 가장 느리게 움직이는 것은?

① $\dfrac{1}{s+1}$ ② $\dfrac{1}{s+2}$
③ $\dfrac{2}{s+2}$ ④ $\dfrac{2}{s+3}$

해설
τ가 크면 출력이 느리므로 $\dfrac{1}{s+1}$ ($\tau=1$)이 가장 느리고 $\dfrac{2}{s+3}\left(\dfrac{2/3}{\frac{1}{3}s+1}, \tau=\dfrac{1}{3}\right)$이 가장 빠르다.

정답 44 ① 45 ③ 46 ② 47 ② 48 ①

49 함수 $f(t)$의 라플라스 변환은 다음과 같다. $\lim_{t \to 0} f(t)$를 구하면?

$$f(s) = \frac{(s+1)(s+2)}{s(s+3)(s-4)}$$

① 1   ② 2
③ 3   ④ 4

해설

$$\lim_{t \to 0} f(t) = \lim_{s \to \infty} sF(s)$$
$$= \lim_{s \to \infty} \frac{(s+1)(s+2)}{(s+3)(s-4)}$$
$$= \lim_{s \to \infty} \frac{s^2 + 3s + 2}{s^2 - s - 12} = 1$$

50 폐루프 특성방정식의 근에 대한 설명으로 옳은 것은?
① 음의 실수근은 진동 수렴 응답을 의미한다.
② 양의 실수근은 진동 발산 응답을 의미한다.
③ 음의 실수부의 복소수근은 진동 발산 응답을 의미한다.
④ 양의 실수부의 복소수근은 진동 발산 응답을 의미한다.

해설
특성방정식의 근

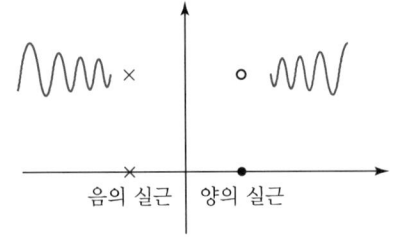

음의 실근일 때 안정하다.

51 다음 두 블록선도가 등가인 경우 A요소의 전달함수를 구하면?

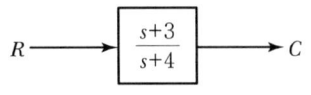

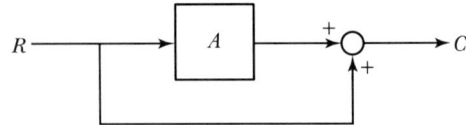

① $-\dfrac{1}{s+4}$ ② $-\dfrac{2}{s+4}$
③ $-\dfrac{3}{s+4}$ ④ $-\dfrac{4}{s+4}$

해설

$$\frac{C}{R} = \frac{s+3}{s+4} = A + 1$$

$$\frac{s+3-s-4}{s+4} = A$$

$$\therefore A = \frac{-1}{s+4}$$

52 전달함수가 $K_c\left(1 + \dfrac{1}{3}s + \dfrac{3}{s}\right)$인 PID 제어기에서 미분시간과 적분시간은 각각 얼마인가?

① 미분시간 : 3, 적분시간 : 3
② 미분시간 : $\dfrac{1}{3}$, 적분시간 : 3
③ 미분시간 : 3, 적분시간 : $\dfrac{1}{3}$
④ 미분시간 : $\dfrac{1}{3}$, 적분시간 : $\dfrac{1}{3}$

해설
PID 제어기 전달함수

$$G(s) = K_c\left(1 + \frac{1}{3}s + \frac{1}{\frac{1}{3}s}\right)$$

$\tau_D = \dfrac{1}{3}$, $\tau_I = \dfrac{1}{3}$

53 운전자의 눈을 가린 후 도로에 대한 자세한 정보를 주고 운전을 시킨다면 이는 어느 공정제어 기법이라고 볼 수 있는가?

① 되먹임 제어   ② 비례 제어
③ 앞먹임 제어   ④ 분산 제어

해설
도로에 대한 자세한 정보(외란)를 주고 운전 → 앞먹임 제어

54 그림과 같은 응답을 보이는 시간함수에 대한 라플라스 함수는?

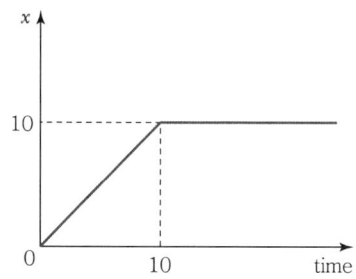

① $\dfrac{1}{s^2} + \dfrac{e^{-10s}}{s}$

② $\dfrac{10}{s^2} + \dfrac{e^{-10s}}{s}$

③ $\dfrac{(1-e^{-10s})}{s^2}$

④ $\dfrac{(1-e^{-10s})}{s^2} + 10\dfrac{e^{-10s}}{s}$

해설
$f(t) = tu(t) - (t-10)u(t-1)$
$F(s) = \dfrac{1}{s^2} - \dfrac{1}{s^2}e^{-10s}$
$= \dfrac{1}{s^2}(1-e^{-10s})$

55 다음 그림은 간단한 제어계 Block 선도이다. 전체 제어계의 총괄전달함수(Overall Transfer Function)에서 시상수(Time Constant)는 원래 Process $\left(\dfrac{1}{2s+1}\right)$의 시상수에 비해서 어떠한가?(단, $K > 0$이다.)

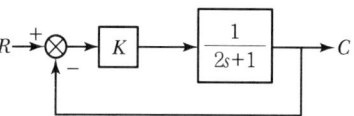

① 늘어난다.
② 줄어든다.
③ 불변이다.
④ 늘어날 수도 있고 줄어들 수도 있다.

해설
$G(s) = \dfrac{\dfrac{K}{2s+1}}{1 + \dfrac{K}{2s+1}}$

$= \dfrac{K}{2s+1+K}$

$= \dfrac{\dfrac{K}{1+K}}{\dfrac{2}{1+K}s+1}$

∴ $K > 0$이므로 τ는 감소한다.

56 공정제어를 최적으로 하기 위한 조건 중 틀린 것은?
① 제어편차 e가 최대일 것
② 응답의 진동이 작을 것
③ Overshoot이 작을 것
④ $\int_0^\infty t|e|dt$가 최소일 것

해설
공정제어를 최적으로 하기 위한 조건 : 제어편차 e가 최소가 되어야 한다.

정답 53 ③ 54 ③ 55 ② 56 ①

57 제어계의 구성요소 중 제어오차(에러)를 계산하는 것은 어느 부분에 속하는가?

① 측정요소(센서)
② 공정
③ 제어기
④ 최종제어요소(엑추에이터)

해설
제어오차(에러)는 제어기에서 계산한다.

58 다음의 적분공정에 비례 제어기를 설치하였다. 계단 형태의 외란 D_1과 D_2에 대하여 옳은 것은?

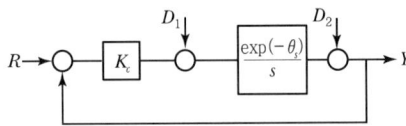

① 외란 D_1에 대한 Offset은 없으나, 외란 D_2에 대한 Offset은 있다.
② 외란 D_1에 대한 Offset은 있으나, 외란 D_2에 대한 Offset은 없다.
③ 외란 D_1 및 D_2에 대하여 모두 Offset이 있다.
④ 외란 D_1 및 D_2에 대하여 모두 Offset이 없다.

해설

$$Y(s) = \frac{\frac{K_c e^{-\theta s}}{s}}{1+\frac{K_c e^{-\theta s}}{s}}R + \frac{\frac{e^{-\theta s}}{s}}{1+\frac{K_c e^{-\theta s}}{s}}D_1 + \frac{1}{1+\frac{K_c e^{-\theta s}}{s}}D_2$$

• $D_1 = \frac{1}{s}(R = D_2 = 0)$

$$\lim_{t\to\infty} y(t) = \lim_{s\to 0} sY(s) = \lim_{s\to 0} s \frac{\frac{e^{-\theta s}}{s}}{1+\frac{K_c e^{-\theta s}}{s}} \frac{1}{s}$$

$$= \lim_{s\to 0} \frac{e^{-\theta s}}{s + K_c e^{-\theta s}} = \frac{1}{K_c}$$

Offset $= r(\infty) - y(\infty)$
$= 0 - \frac{1}{K_c} = -\frac{1}{K_c}$

• $D_2 = \frac{1}{s}(R = D_1 = 0)$

$$\lim_{t\to\infty} y(t) = \lim_{s\to 0} sY(s) = \lim_{s\to 0} s \frac{1}{1+\frac{K_c e^{-\theta s}}{s}} \frac{1}{s}$$

$$= \lim_{s\to 0} \frac{1}{1+\frac{K_c e^{-\theta s}}{s}} = \lim_{s\to 0} \frac{s}{s + K_c e^{-\theta s}} = 0$$

Offset $= r(\infty) - y(\infty)$
$= 0 - 0 = 0$

59 다음 입력과 출력의 그림에서 나타내는 것은?(단, L은 이동거리(cm)이고, V는 이동속도(cm/s)이다.)

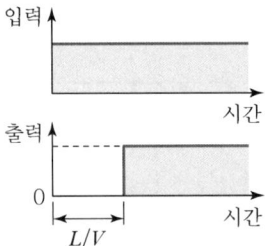

① CR 회로의 동작응답
② 용수철계의 응답
③ 데드타임의 공정응답
④ 적분요소의 계단상 응답

해설
Dead Time(불감시간) = 시간지연 = 수송지연
$\theta = \frac{L(\text{cm})}{V(\text{cm/s})}$

60 전달함수 $G(s) = \dfrac{10}{s^2 + 1.6s + 4}$인 2차계의 시정수 τ와 Damping Factor ξ의 값은?

① $\tau = 0.5, \xi = 0.8$
② $\tau = 0.8, \xi = 0.4$
③ $\tau = 0.4, \xi = 0.5$
④ $\tau = 0.5, \xi = 0.4$

해설

$$G(s) = \frac{10}{s^2 + 1.6s + 4} = \frac{10/4}{\frac{1}{4}s^2 + 0.4s + 1}$$

$\tau^2 = \frac{1}{4}$ ∴ $\tau = \frac{1}{2}$
$2\tau\xi = 0.4$ ∴ $\xi = 0.4$

정답 57 ③ 58 ② 59 ③ 60 ④

4과목 공업화학

61 아미노기는 물에서 이온화된다. 아미노기가 중성의 물에서 이온화되는 정도는?(단, 아미노기의 K_b 값은 10^{-5}이다.)

① 90% ② 95%
③ 99% ④ 100%

해설

$NH_2 + H_2O \rightarrow NH_3^+ + OH^-$ $K_b = \dfrac{[NH_3^+][OH^-]}{[NH_2]} = 10^{-5}$

중성에서 $[OH^-] = 10^{-7}$이므로

$\dfrac{[NH_3^+]}{[NH_2]} = 100 = \dfrac{100}{1}$

이온화 정도 $= \dfrac{100}{100+1} \times 100\% = 99\%$

62 다음 중 칼륨질 비료의 원료와 가장 거리가 먼 것은?

① 간수 ② 초목재
③ 고로 더스트 ④ 칠레초석

해설

칼륨질 비료의 원료
- 간수
- 해조
- 용광로 더스트
- 초목재
- 칼륨광물

63 다음 화학반응 중 수소의 첨가 반응으로 이루어질 수 없는 반응은?

① ⟨○⟩-NH-NH-⟨○⟩ + H₂ → ⟨○⟩-N(H)-⟨○⟩ + NH₃

② ⟨○⟩-CH₂CH₃ + H₂ → ⟨○⟩ + CH₃CH₃

③ ⟨○⟩-⟨○⟩ + H₂ → 2⟨○⟩

④ $RCH_2OH + H_2 \rightleftharpoons RCH_3 + H_2O$

해설

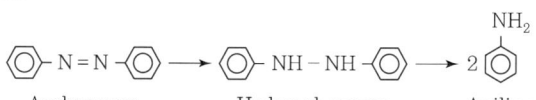

Azobenzene → Hydrazobenzene → 2 Aniline

64 옥탄가에 대한 설명으로 틀린 것은?

① n-헵탄의 옥탄가를 100으로 하여 기준치로 삼는다.
② 가솔린의 안티노크성(Antiknock Property)을 표시하는 척도이다.
③ n-헵탄과 iso-옥탄의 비율에 따라 옥탄가를 구할 수 있다.
④ 탄화수소의 분자구조와 관계가 있다.

해설

옥탄가
- 옥탄가는 가솔린의 안티노크성을 수치로 표시한 것이다.
- 이소옥탄의 옥탄가를 100, 노말헵탄의 옥탄가를 0으로 정한 후 이소옥탄의 %를 옥탄가라 한다.
- n-파라핀 < 올레핀 < 나프텐계 < 방향족
- 안티노크제[$Pb(C_2H_5)_4$]를 가했을 경우의 효과를 가연효과라 한다.

65 연실법 Glover 탑의 환원공정에서 35wt% HNO_3 25kg으로부터 NO를 약 몇 kg 얻을 수 있는가?

① 2.17kg ② 4.17kg
③ 6.17kg ④ 8.17kg

해설

HNO_3 : NO
63kg : 30kg
25kg × 0.35 : x

∴ $x = 4.17$kg

66 나일론 6.6의 주된 원료가 되는 물질은?

① 헥사메틸렌테트라민 ② 헥사메틸렌트리아민
③ 헥사메틸렌디아민 ④ 카프로락탐

해설

나일론 6.6
헥사메틸렌디아민과 아디프산의 축합생성물

$H_2N-(CH_2)_6-NH_2 + HO-\overset{O}{\underset{\|}{C}}-(CH_2)_4-\overset{O}{\underset{\|}{C}}-OH$
헥사메틸렌디아민   아디프산

$\rightarrow \left[\overset{O}{\underset{\|}{C}}-(CH_2)_4-\overset{O}{\underset{\|}{C}}-NH-(CH_2)_6-NH \right]$
Nylon 6.6

정답 61 ③ 62 ④ 63 ① 64 ① 65 ② 66 ③

67 다음의 구조를 갖는 물질의 명칭은?

(구조: 벤젠고리에 COOH와 OH)

① 석탄산 ② 살리실산
③ 톨루엔 ④ 피크르산

해설
① 석탄산(페놀): OH-벤젠
② 살리실산: COOH, OH-벤젠
③ 톨루엔: CH₃-벤젠
④ 피크르산: OH, NO₂(×3)-벤젠

68 고도표백분에서 이상적으로 차아염소산칼슘의 유효염소는 약 몇 %인가?(단, Cl의 원자량은 35.5이다.)

① 24.8 ② 49.7
③ 99.3 ④ 114.2

해설
고도표백분
유효염소량 = $\dfrac{4Cl}{Ca(ClO)_2} \times 100 = 99.3\%$

69 질산을 공업적으로 제조하기 위하여 이용하는 다음 암모니아 산화반응에 대한 설명으로 옳지 않은 것은?

$$4NH_3 + 5O_2 \rightarrow 4NO + 6H_2O$$

① 바나듐(V_2O_5) 촉매가 가장 많이 이용된다.
② 암모니아와 산소의 혼합가스는 폭발성이 있기 때문에 [O_2]/[NH_3] = 2.2~2.3이 되도록 주의한다.
③ 산화율에 영향을 주는 인자 중 온도와 압력의 영향이 크다.
④ 반응온도가 지나치게 높아지면 산화율은 낮아진다.

해설
$4NH_3 + 5O_2 \rightarrow 4NO + 6H_2O$
• Pt-Rh 촉매가 가장 많이 사용된다.
• 최대 산화율은 O_2/NH_3 = 2.2~2.3이 되어야 한다.
• 압력을 가하면 산화율은 저하된다.

70 Poly Vinyl Alcohol의 주원료 물질에 해당하는 것은?

① 비닐알코올 ② 염화비닐
③ 초산비닐   ④ 플루오린화비닐

해설
폴리비닐알코올의 주원료 물질(PVA)

$CH_2=CH-OCOCH_3$ → $[CH_2-CH-CH_2-CH]_n$ (OCOCH₃) → 탈초산 → 폴리비닐알코올

비닐아세테이트(초산비닐) → 폴리비닐아세테이트 → 폴리비닐알코올

71 올레핀의 니트로화에 관한 설명 중 옳지 않은 것은?

① 저급 올레핀의 반응시간은 일반적으로 느리다.
② 고급 올레핀의 반응속도가 저급 올레핀보다 빠르다.
③ 일반적으로 -10~25℃의 온도 범위에서 실시한다.
④ 이산화질소의 부가에 의하여 용이하게 이루어진다.

해설
니트로화
$RH + HNO_3 \rightarrow RNO_2 + H_2O$
올레핀은 반응성이 우수하며, 고급 올레핀이 저급 올레핀보다 반응속도가 빠르다.

72 소금을 전기분해하여 수산화나트륨을 제조하는 방법에 대한 설명 중 옳지 않은 것은?

① 이론분해전압은 격막법이 수은법보다 높다.
② 전류밀도는 수은법이 격막법보다 크다.
③ 격막법은 공정 중 염분이 남아 있게 된다.
④ 격막법은 양극실과 음극실 액의 pH가 다르다.

정답 67 ② 68 ③ 69 ① 70 ③ 71 ① 72 ①

격막법	수은법
• NaOH 농도(11~12%)가 낮으므로 농축비가 많이 든다. • 제품 중에 염화물 등을 함유하여 순도가 낮다.	• 제품의 순도가 높으며, 진한 NaOH(50~73%)를 얻는다. • 전력비가 많이 든다. • 수은을 사용하므로 공해의 원인이 된다. • 이론분해전압과 전류밀도가 크다.

73 청바지의 색을 내는 염료로 사용하는 청색 배트 염료에 해당하는 것은?

① 매염아조 염료
② 나프톨 염료
③ 아세테이트용 아조염료
④ 인디고 염료

해설

인디고(Indigo)

천연염료 중 가장 많이 사용된 청색염료인 쪽의 색소이다.

74 석유화학 공정에 대한 설명 중 틀린 것은?

① 비스브레이킹 공정은 열분해법의 일종이다.
② 열분해란 고온하에서 탄화수소 분자를 분해하는 방법이다.
③ 접촉분해공정은 촉매를 이용하지 않고 탄화수소의 구조를 바꾸어 옥탄가를 높이는 공정이다.
④ 크래킹은 비점이 높고 분자량이 큰 탄화수소를 분자량이 작은 저비점의 탄화수소로 전환하는 것이다.

해설

접촉분해법
• 등유나 경유를 촉매로 사용하여 분해시키는 방법
• 촉매 : $SiO_2 - Al_2O_3$, 합성제올라이트
• 옥탄가가 높은 가솔린을 얻을 수 있으나, 석유화학의 원료제조에는 부적당하다.
• 방향족 탄화수소가 많이 생기고 올레핀은 거의 생성되지 않는다.

75 일반적으로 윤활성능이 높은 탄화수소 순으로 옳게 나타낸 것은?

① 파라핀계 > 나프텐계 > 방향족계
② 파라핀계 > 방향족계 > 나프텐계
③ 방향족계 > 나프텐계 > 파라핀계
④ 나프텐계 > 파라핀계 > 방향족계

해설

윤활성능
파라핀계 > 나프텐계 > 방향족계

76 격막식 수산화나트륨 전해조에서 Cl_2가 발생하는 쪽의 전극 재료로 사용하는 것은?

① 흑연
② 철망
③ 니켈
④ 다공성 구리

해설

격막법
• (+)극 : 흑연 사용, 염소가스 생성
• (-)극 : 철망 또는 다공성 철판 사용, 수소가스 생성

77 다음 중 이론 질소량이 가장 높은 질소질 비료는?

① 요소
② 황산암모늄
③ 석회질소
④ 질산칼슘

해설

이론 질소량 = $\dfrac{\text{질소 함량}}{\text{화학식량}} \times 100(\%)$

요소 : $\dfrac{2N}{CO(NH_2)_2} \times 100\%$

$= \dfrac{2 \times 14}{12 + 16 + (14+2) \times 2} \times 100\%$

$= 46.67\%$

78 레페(Reppe) 합성반응을 크게 4가지로 분류할 때 해당하지 않는 것은?

① 알킬화 반응
② 비닐화 반응
③ 고리화 반응
④ 카르보닐화 반응

정답 73 ④ 74 ③ 75 ① 76 ① 77 ① 78 ①

> 해설

Reppe 합성반응
- 비닐화 : $CH \equiv CH + R-OH \rightarrow CH_2 = CH-OR$
       아세틸렌   알코올   비닐에테르
- 에티닐화 : $CH \equiv CH + HCHO \rightarrow HC \equiv C-CH_2OH$
- 고리화 : 아세틸렌 4분자 또는 3분자가 중합하여 고리모양 화합물을 생성하는 반응

  $4CH \equiv CH \longrightarrow$ (cyclooctatetraene)

- 카르보닐화 : 아세틸렌과 일산화탄소에서 카르보닐기를 가진 유도체를 합성하는 반응
  $CH \equiv CH + CO + ROH \rightarrow CH_2CH-COOR$
                               아크릴산에스테르

79 인광석을 황산으로 분해하여 인산을 제조하는 습식법의 경우 생성되는 부산물은?

① 석고   ② 탄산나트륨
③ 탄산칼슘   ④ 중탄산칼슘

> 해설

인광석을 황산분해하여 인산 제조 : 과린산석회 생성
$Ca_3(PO_4)_2 + 2H_2SO_4 + 5H_2O$
$\rightarrow CaH_4(PO_4)_2 \cdot H_2O + 2[CaSO_4 \cdot 2H_2O]$
      과린산석회   석고

80 소금의 전기분해에 의한 가성소다 제조공정 중 격막식 전해조의 전력원단위를 향상시키기 위한 조치로서 옳지 않은 것은?

① 공급하는 소금물을 양극액 온도와 같게 예열하여 공급한다.
② 동판 등 전해조 자체의 재료의 저항을 감소시킨다.
③ 전해조를 보온한다.
④ 공급하는 소금물의 망초(Na_2SO_4)의 함량을 2% 이상 유지한다.

> 해설

격막식 전해조의 전력원단위를 향상시키기 위한 조치
- 공급하는 소금물을 양극액 온도와 같게 예열하여 공급한다. (60~70℃)
- 동판 등 전해조 자체의 재료의 저항을 감소시킨다.
- 전해조를 보온한다.
- 소금물의 망초(Na_2SO_4) 등의 불순물의 농도를 낮춘다.
- NaCl 용액의 농도를 크게 한다.

5과목 반응공학

81 반응물 A의 농도를 C_A, 시간을 t라고 할 때 0차 반응의 경우 직선으로 나타나는 관계는?

① C_A vs t ② $\ln C_A$ vs t
③ $\dfrac{1}{C_A}$ vs t ④ $\dfrac{1}{\ln C_A}$ vs t

> 해설

0차 반응
$-(C_A - C_{A0}) = kt$
$C_A = C_{A0} - kt$

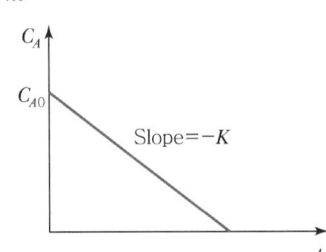

82 반응물질 A의 농도가 $[A_0]$에서 시작하여 t 시간 후 $[A]$로 감소하는 액상반응에 대하여 반응속도상수 $k = \dfrac{[A_0] - [A]}{t}$로 표현된다. 이때 k를 옳게 나타낸 것은?

① 0차 반응의 속도상수
② 1차 반응의 속도상수
③ 2차 반응의 속도상수
④ 3차 반응의 속도상수

> 해설

$[A_0] - [A] = kt$ … 0차 반응

83 반응물 A가 다음과 같은 병렬반응을 일으킨다. 두 반응의 차수 $n_1 = n_2$이면 생성물 분포비율 $\left(\dfrac{r_R}{r_S}\right)$은 어떻게 되는가?

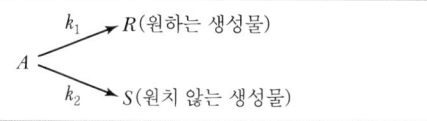

① A의 농도에 비례해서 커진다.
② A의 농도에 관계없다.
③ A의 농도에 비례해서 작아진다.
④ 속도상수에 관계없다.

해설
$$\frac{r_R}{r_S} = \frac{dC_R/dt}{dC_S/dt} = \frac{k_1}{k_2}$$

84 다음 반응에서 $-\ln(C_A/C_{A0})$를 t로 Plot하여 직선을 얻었다. 이 직선의 기울기는?(단, 두 반응 모두 1차 비가역반응이다.)

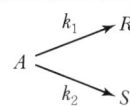

① k_1 ② k_2
③ k_1/k_2 ④ $k_1 + k_2$

해설
$$-r_A = -\frac{dC_A}{dt} = k_1 C_A + k_2 C_A = (k_1 + k_2) C_A$$

85 액상 가역 1차 반응 $A \rightleftarrows R$을 등온하에서 반응시켜 평형전화율 X_{Ae}는 80%로 유지하고 싶다. 반응온도를 얼마로 해야 하는가?(단, 반응열은 온도에 관계없이 $-10,000$ cal/mol, 25℃에서의 평형상수는 300, $C_{R0}=0$이다.)

① 75℃   ② 127℃
③ 185℃ ④ 212℃

해설
$$K_c = \frac{C_{Re}}{C_{Ae}} = \frac{M + X_{Ae}}{1 - X_{Ae}} \qquad \left(M = \frac{C_{R0}}{C_{A0}} = 0\right)$$

$$\therefore K_c = \frac{0.8}{1 - 0.8} = 4$$

$$\ln \frac{K_2}{K_1} = \frac{\Delta H}{R}\left(\frac{1}{T_1} - \frac{1}{T_2}\right)$$

$$\ln \frac{4}{300} = \frac{-10,000}{1.987}\left(\frac{1}{298} - \frac{1}{T_2}\right)$$

$$\therefore T_2 = 400\text{K} = 127℃$$

86 다음 그림은 기초적 가역반응에 대한 농도-시간 그래프이다. 그래프의 의미를 가장 잘 나타낸 것은?

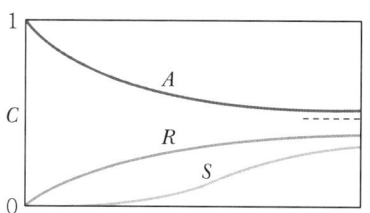

① $A \underset{1}{\overset{1}{\rightleftarrows}} R \underset{1}{\overset{1}{\rightleftarrows}} S$
② $A \underset{1}{\overset{1}{\rightleftarrows}} R \overset{1}{\rightarrow} S$
③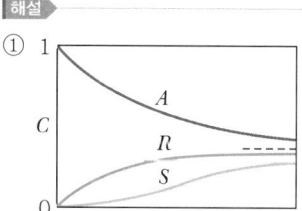
④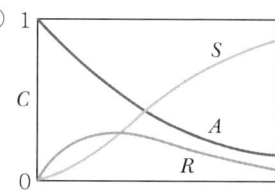

해설

① 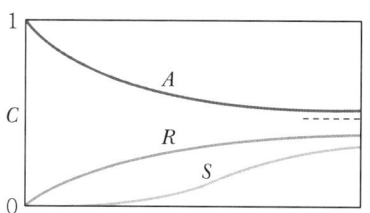 $A \underset{1}{\overset{1}{\rightleftarrows}} R \underset{1}{\overset{1}{\rightleftarrows}} S$

② (그래프) $A \underset{1}{\overset{1}{\rightleftarrows}} R \overset{1}{\rightarrow} S$

정답 83 ② 84 ④ 85 ② 86 ①

③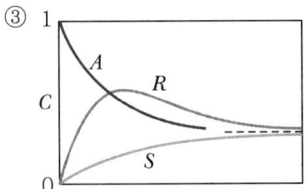

④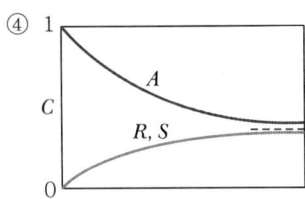

87 다음과 같은 반응메커니즘의 촉매 반응이 일어날 때 Langmuir 이론에 의한 A의 흡착반응 속도 r_A를 옳게 나타낸 것은?(단, k_a와 k_{-a}는 각 경로에서 흡착 및 탈착 속도상수, θ는 흡착분율, P_A는 A 성분의 분압이고 S는 활성점이다.)

$$A+S \rightleftarrows A-S$$
$$A-S \rightleftarrows B-S$$

① $r_A = k_a P_A \theta_A \theta_B - k_{-a}\theta_B$
② $r_A = k_a P_A \theta_A \theta_B - k_{-a}\theta_A$
③ $r_A = k_a P_A (1-\theta_A-\theta_B) - k_{-a}\theta_A$
④ $r_A = k_a P_A (1-\theta_A) - k_{-a}\theta_B$

해설

Langmuir 이론
$A \rightleftarrows B$

(흡착) $A+S \underset{k_1'}{\overset{k_1}{\rightleftarrows}} A-S$

(표면반응) $A-S \underset{k_2'}{\overset{k_2}{\rightleftarrows}} B-S$

(탈착) $B-S \underset{k_3'}{\overset{k_3}{\rightleftarrows}} B+S$

A의 전 흡착속도
$r_A = k_1 P_A(1-\theta_A-\theta_B) - k_{-a}\theta_A$ [흡착된 Amol/시간·촉매량]
여기서, θ_A : A의 표면 피복율

88 기상 촉매반응의 유효인자(Effectiveness Factor)에 영향을 미치는 인자로 다음 중 가장 거리가 먼 것은?

① 촉매입자의 크기
② 촉매반응기의 크기
③ 반응기 내의 전체 압력
④ 반응기 내의 온도

해설

$$\varepsilon(\text{유효인자}) = \frac{\overline{r_A} \text{ with diffusion}}{r_A \text{ without diffusion resistance}}$$

$$\varepsilon_{1st\,order} = \frac{\overline{C_A}}{C_{As}} = \frac{\tanh mL}{mL}$$

ε=촉매입자의 크기, 반응기 내 전체 압력·온도의 함수이다.

89 공간시간이 $\tau=1$min인 똑같은 혼합반응기 4개가 직렬로 연결되어 있다. 반응속도상수가 $k=0.5$min^{-1}인 1차 액상 반응이며 용적 변화율은 0이다. 첫째 반응기의 입구 농도가 1mol/L일 때 네 번째 반응기의 출구 농도(mol/L)는 얼마인가?

① 0.098
② 0.125
③ 0.135
④ 0.198

해설

$\tau=1$min, $k=0.5$min^{-1}

$$\frac{C_0}{C_N} = (1+k\tau_i)^N$$

$$\frac{1\text{mol/L}}{C_N} = (1+0.5 \times 1)^4$$

$\therefore C_N = 0.198$mol/L

90 어떤 반응을 "플러그흐름반응기 → 혼합반응기 → 플러그흐름반응기"의 순으로 직렬연결시켜 반응하고자 할 때 반응기 성능을 나타낸 것은?

①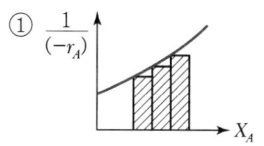
②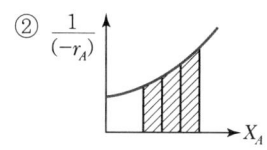
③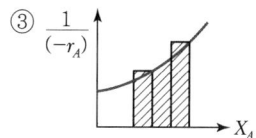
④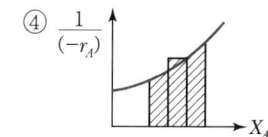

해설
PFR → CSTR → PFR

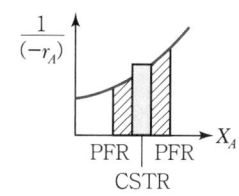

91 혼합흐름반응기에서 연속반응($A \to R \to S$, 각각의 속도상수는 k_1, k_2)이 일어날 때 중간생성물 R이 최대가 되는 시간은?

① k_1, k_2의 기하평균 역수
② k_1, k_2의 산술평균 역수
③ k_1, k_2의 대수평균 역수
④ k_1, k_2에 관계없다.

해설
$A \to R \to S$

- PFR : $\tau_{p \cdot opt} = \dfrac{1}{k_{\log mean}} = \dfrac{\ln(k_2/k_1)}{k_2 - k_1}$ … 대수평균 역수

$\dfrac{C_{R \cdot \max}}{C_A} = \left(\dfrac{k_1}{k_2}\right)^{\frac{k_2}{k_2 - k_1}}$

- CSTR : $\tau_{m \cdot opt} = \dfrac{1}{\sqrt{k_1 k_2}}$ … 기하평균 역수

$\dfrac{C_{R \cdot \max}}{C_A} = \dfrac{1}{\left[(k_2/k_1)^{1/2} + 1\right]^2}$

92 다음의 액상 균일 반응을 순환비가 1인 순환식 반응기에서 반응시킨 결과 반응물 A의 전화율이 50%이었다. 이 경우 순환 Pump를 중지시키면 이 반응기에서 A의 전화율은 얼마인가?

$$A \to B,\ r_A = -kC_A$$

① 45.6% ② 55.6%
③ 60.6% ④ 66.6%

해설
$\dfrac{\tau_P}{C_{A0}} = (R+1)\displaystyle\int_{X_{Ai}}^{X_{Af}} \dfrac{dX_A}{-r_A}$

$X_{Ai} = \dfrac{R}{R+1} X_{Af} = \dfrac{1}{1+1} \times 0.5 = 0.25$

$\dfrac{\tau_P}{C_{A0}} = 2\displaystyle\int_{X_{Ai}}^{X_{Af}} \dfrac{dX_A}{kC_{A0}(1-X_A)}$

$\tau_P = \dfrac{2}{k}\left[-\ln(1-X_A)\right]_{0.25}^{0.5}$

$k\tau_P = 2\left[-\ln\dfrac{1-0.5}{1-0.25}\right] = 0.811$

순환류폐쇄
$-\ln(1-X_A) = k\tau$
$-\ln(1-X_A) = 0.811$
$X_A = 0.556\,(55.6\%)$

93 비가역 1차 반응에서 속도정수가 $2.5 \times 10^{-3} \text{s}^{-1}$이었다. 반응물의 농도가 $2.0 \times 10^{-2}\text{mol/cm}^3$일 때의 반응속도는 몇 $\text{mol/cm}^3\ \text{s}$인가?

① 0.4×10^{-1} ② 1.25×10^{-1}
③ 2.5×10^{-5} ④ 5.0×10^{-5}

해설
$k = 2.5 \times 10^{-3}\text{s}^{-1} \to 1차$
$C_A = 2.0 \times 10^{-2}\text{mol/cm}^3$
$-r_A = kC_A$
$= (2.5 \times 10^{-3})\text{s}^{-1} \times 2.0 \times 10^{-2}\text{mol/cm}^3$
$= 5 \times 10^{-5}\text{mol/cm}^3\ \text{s}$

정답 90 ④ 91 ① 92 ② 93 ④

94 균일 반응 $A + \dfrac{3}{2}B \rightarrow P$에서 반응속도가 옳게 표현된 것은?

① $r_A = \dfrac{2}{3}r_B$ ② $r_A = r_B$

③ $r_B = \dfrac{2}{3}r_A$ ④ $r_B = r_P$

해설

$\dfrac{-r_A}{1} = \dfrac{-r_B}{\dfrac{3}{2}} = \dfrac{r_P}{1}$

$\therefore -r_A = -\dfrac{2}{3}r_B = r_P$

95 목적물이 R인 연속반응 $A \rightarrow R \rightarrow S$에서 $A \rightarrow R$의 반응속도상수를 k_1이라 하고, $R \rightarrow S$의 반응속도상수를 k_2라 할 때 연속반응의 설계에 대한 다음 설명 중 틀린 것은?

① 목적하는 생성물 R의 최대 농도를 얻는 데는 $k_1 = k_2$인 경우를 제외하면 혼합흐름반응기보다 플러그흐름반응기가 더 짧은 시간이 소요된다.
② 목적하는 생성물 R의 최대 농도는 플러그흐름반응기에서 혼합흐름반응기보다 더 큰 값을 얻을 수 있다.
③ $\dfrac{k_2}{k_1} \ll 1$이면 반응물의 전환율을 높게 설계하는 것이 좋다.
④ $\dfrac{k_2}{k_1} > 1$이면 미반응물을 회수할 필요는 없다.

해설

- 원하는 생성물(R)의 최대농도를 얻는 데 있어서 $k_1 = k_2$인 경우를 제외하고는 항상 PFR이 CSTR보다 짧은 시간을 요하며, 이 시간차는 $\dfrac{k_2}{k_1}$이 1에서 멀어질수록 커진다.
- PFR에서의 R의 수율이 CSTR에서보다 항상 크다.
- 반응이 $k_2/k_1 \ll 1$이면 A의 전환율을 높게 설계해야 하며, 이때 미사용 반응물의 회수는 필요 없다.
- $\dfrac{k_2}{k_1} > 1$이면 A의 전환율을 낮게 설계해야 하며, R의 분리와 미사용 반응물의 회수가 필요하다.

96 그림과 같이 직렬로 연결된 혼합흐름반응기에서 액상 1차 반응이 진행될 때 입구의 농도가 C_0이고 출구의 농도가 C_2일 때 총 부피가 최소로 되기 위한 조건이 아닌 것은?

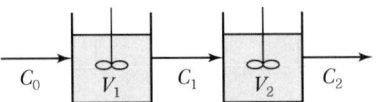

① $C_1 = \sqrt{C_0 C_2}$ ② $\dfrac{d(\tau_1 + \tau_2)}{dC_1} = 1$

③ $\tau_1 = \tau_2$ ④ $V_1 = V_2$

해설

직렬연결된 동일한 크기의 혼합흐름반응기(1차 반응)

$\dfrac{C_0}{C_1} = 1 + k\tau_1$

공간시간 τ는 부피가 V인 크기가 동일한 반응기에 대하여

$\dfrac{C_0}{C_2} = (1 + k\tau)^2 = \dfrac{C_0}{C_1} \cdot \dfrac{C_1}{C_2}$

$\dfrac{C_0}{C_1} = \dfrac{C_1}{C_2}$

$\therefore C_1 = \sqrt{C_0 C_2}$

같은 크기의 반응기이므로
$V_1 = V_2$,
$\tau_1 = \tau_2$가 된다.

97 촉매의 기능에 관한 설명으로 옳지 않은 것은?

① 촉매는 화학평형에 영향을 미치지 않는다.
② 촉매는 반응속도에 영향을 미친다.
③ 촉매는 화학반응의 활성화 에너지를 변화시킨다.
④ 촉매는 화학반응의 양론식을 변화시킨다.

해설

촉매의 기능
촉매는 활성화 에너지를 변화시켜 반응속도에 영향을 미친다.

98 회분식 반응기에서 $A \to R$, $-r_A = 3C_A^{0.5}$ mol/L h, $C_{A0} = 1$ mol/L의 반응이 일어날 때 1시간 후의 전화율은?

① 0
② $\frac{1}{2}$
③ $\frac{2}{3}$
④ 1

해설

$-r_A = 3C_A^{0.5}$ mol/L h, $C_{A0} = 1$ mol

$-r_A = -\frac{dC_A}{dt} = 3C_A^{0.5}$

$\frac{-dC_A}{C_A^{0.5}} = 3dt$

$-2(C_A^{0.5} - C_{A0}^{0.5}) = 3t$

$-2C_{A0}^{0.5}[(1-X_A)^{0.5} - 1] = 3t$

$[(1-X_A)^{0.5} - 1] = -\frac{3}{2}$

$(1-X_A)^{0.5} = -\frac{1}{2}$

→ 좌변은 +, 우변은 -이므로 성립하지 않는다.

$(1-X_A)^{0.5} - 1 = -\frac{3}{2}t$

$X_A = 1$

$\therefore t = \frac{2}{3}$ 시간에 종료

1시간 후는 반응이 종료된 후 시간이 경과한 경우이므로 $X_A = 1$이다.

99 다음의 반응에서 R이 목적생성물일 때 활성화 에너지 E가 $E_1 < E_2$, $E_1 < E_3$이면 온도를 유지하는 가장 적절한 방법은?

$A \xrightarrow{1} R \xrightarrow{3} S$
$ \searrow_{2} U$

① 저온에서 점차적으로 고온으로 전환한다.
② 온도를 높게 유지한다.
③ 온도를 낮게 유지한다.
④ 고온 → 저온 → 고온으로 전환을 반복한다.

해설

$E_1 < E_2$, $E_1 < E_3$이므로 온도를 낮게 유지한다.

100 반응물질 A는 1L/min 속도로 부피가 2L인 혼합 반응기로 공급된다. 이때 A의 출구농도 C_{Af}는 0.01 mol/L이고, 초기 농도 C_{A0}는 0.1mol/L일 때 A의 반응속도는 몇 mol/L min인가?

① 0.045
② 0.062
③ 0.082
④ 0.100

해설

$\tau = \frac{V}{v_0} = \frac{2L}{1L/min} = 2\min$

$\tau = \frac{C_{A0} - C_A}{-r_A}$

$-r_A = \frac{C_{A0} - C_A}{\tau} = \frac{(0.1 - 0.01) \text{mol/L}}{2\min}$
$= 0.045 \text{mol/L min}$

정답 98 ④ 99 ③ 100 ①

2018년 제1회 기출문제

1과목 화공열역학

01 열용량에 관한 설명으로 옳지 않은 것은?
① 이상기체의 정용(定容)에서의 몰열용량은 내부에너지 관련 함수로 정의된다.
② 이상기체의 정압에서의 몰열용량은 엔탈피 관련 함수로 정의된다.
③ 이상기체의 정용(定容)에서의 몰열용량은 온도변화와 관계없다.
④ 이상기체의 정압에서의 몰열용량은 온도변화와 관계있다.

해설
몰열용량은 온도에 대한 함수이다.
$$C_V = \left(\frac{\partial U}{\partial T}\right)_V \rightarrow \Delta U = n\int C_V dT$$
$$C_P = \left(\frac{\partial H}{\partial T}\right)_P \rightarrow \Delta H = n\int C_P dT$$

02 액상과 기상이 서로 평형이 되어 있을 때에 대한 설명으로 틀린 것은?
① 두 상의 온도는 서로 같다.
② 두 상의 압력은 서로 같다.
③ 두 상의 엔트로피는 서로 같다.
④ 두 상의 화학퍼텐셜은 서로 같다.

해설
평형
- 온도(T)가 같다.
- 압력(P)이 같다.
- $\mu_i^l = \mu_i^g$, 화학퍼텐셜이 같다.

03 부피 팽창성 β와 등온 압축성 κ의 비 $\left(\frac{\kappa}{\beta}\right)$를 옳게 표시한 것은?

① $\frac{1}{C_V}\left(\frac{\partial U}{\partial P}\right)_V$ ② $\frac{1}{C_P}\left(\frac{\partial U}{\partial T}\right)_P$

③ $\frac{1}{C_P}\left(\frac{\partial H}{\partial T}\right)_P$ ④ $\frac{1}{C_V}\left(\frac{\partial H}{\partial P}\right)_V$

해설
$$\beta = \frac{1}{V}\left(\frac{\partial V}{\partial T}\right)_P$$
$$\kappa = -\frac{1}{V}\left(\frac{\partial V}{\partial P}\right)_T$$
$$\frac{\kappa}{\beta} = -\frac{\frac{1}{V}\left(\frac{\partial V}{\partial P}\right)_T}{\frac{1}{V}\left(\frac{\partial V}{\partial T}\right)_P} = -\left(\frac{\partial V}{\partial P}\right)_T\left(\frac{\partial T}{\partial V}\right)_P = \left(\frac{\partial T}{\partial P}\right)_V$$

Euler's Chain Rule
$$\left(\frac{\partial V}{\partial P}\right)_T\left(\frac{\partial P}{\partial T}\right)_V\left(\frac{\partial T}{\partial V}\right)_P = -1$$
$$-\left(\frac{\partial V}{\partial P}\right)_T\left(\frac{\partial T}{\partial V}\right)_P = \left(\frac{\partial T}{\partial P}\right)_V$$

$dU = C_V dT$
$dT = \frac{1}{C_V}dU$
$V = \text{const}$
$\div dP$하면
$$\left(\frac{\partial T}{\partial P}\right)_V = \frac{1}{C_V}\left(\frac{\partial U}{\partial P}\right)_V$$
$$\therefore \frac{\kappa}{\beta} = \left(\frac{\partial T}{\partial P}\right)_V = \frac{1}{C_V}\left(\frac{\partial U}{\partial P}\right)_V$$

정답 01 ③ 02 ③ 03 ①

04 이상기체의 단열과정에서 온도와 압력에 관계된 식이다. 옳게 나타낸 것은?(단, 열용량비 $\gamma = \dfrac{C_P}{C_V}$ 이다.)

① $\dfrac{T_2}{T_1} = \left(\dfrac{P_2}{P_1}\right)^{\frac{\gamma-1}{\gamma}}$ ② $\dfrac{T_2}{T_1} = \left(\dfrac{P_1}{P_2}\right)^{\gamma}$

③ $\dfrac{T_1}{T_2} = \ln\left(\dfrac{P_1}{P_2}\right)$ ④ $\dfrac{T_2}{T_1} = \left(\dfrac{P_2}{P_1}\right)$

해설

$\dfrac{T_2}{T_1} = \left(\dfrac{P_2}{P_1}\right)^{\frac{\gamma-1}{\gamma}}$, $\dfrac{T_2}{T_1} = \left(\dfrac{V_1}{V_2}\right)^{\gamma-1}$, $\dfrac{P_2}{P_1} = \left(\dfrac{V_1}{V_2}\right)^{\gamma}$

05 600K의 열저장고로부터 열을 받아서 일을 하고 400K의 외계에 열을 방출하는 카르노(Carnot) 기관의 효율은?

① 0.33 ② 0.40
③ 0.88 ④ 1.00

해설

$\eta = \dfrac{W}{Q_1} = \dfrac{T_1 - T_2}{T_1} = \dfrac{600 - 400}{600} = 0.33$

06 $C(s) + \dfrac{1}{2}O_2(g) \rightarrow CO(g)$의 반응열은 얼마인가? (단, 다음의 반응식을 참고한다.)

- $C(s) + O_2(g) \rightarrow CO_2(g)$
  $\Delta H_1 = -94,050\,\text{kcal/kmol}$
- $CO(g) + \dfrac{1}{2}O_2(g) \rightarrow CO_2(g)$
  $\Delta H_2 = -67,640\,\text{kcal/kmol}$

① $-37,025\,\text{kcal/kmol}$
② $-26,410\,\text{kcal/kmol}$
③ $-74,050\,\text{kcal/kmol}$
④ $+26,410\,\text{kcal/kmol}$

해설

$C + O_2 \rightarrow CO_2 \quad \Delta H_1 = -94,050\,\text{kcal/kmol}$
$+)\ CO_2 \rightarrow CO + \dfrac{1}{2}O_2 \quad \Delta H_2 = +67,640\,\text{kcal/kmol}$

$C + \dfrac{1}{2}O_2 \rightarrow CO \quad \Delta H = \Delta H_1 + \Delta H_2$
$\qquad\qquad\qquad\qquad = -94,050 + 67,640$
$\qquad\qquad\qquad\qquad = -26,410\,\text{kcal/kmol}$

07 몰리에 선도(Mollier Diagram)는 어떤 성질들을 기준으로 만든 도표인가?

① 압력과 부피 ② 온도와 엔트로피
③ 엔탈피와 엔트로피 ④ 부피와 엔트로피

해설

몰리에 선도 : $H-S$ 선도

08 2성분계 공비혼합물에서 성분 A, B의 활동도 계수를 γ_A와 γ_B, 포화증기압을 P_A 및 P_B라 하고, 이 계의 전압을 P_t라 할 때 수정된 Raoult의 법칙을 적용하여 γ_B를 옳게 나타낸 것은?(단, B 성분의 기상 및 액상에서의 몰분율은 y_B와 x_B이며, 퓨가시티 계수 $\hat{\phi}_B = 1$이라 가정한다.)

① $\gamma_B = \dfrac{P_t}{P_B}$ ② $\gamma_B = \dfrac{P_t}{P_B(1-x_A)}$

③ $\gamma_B = \dfrac{P_t y_B}{P_B}$ ④ $\gamma_B = \dfrac{P_t}{P_B x_B}$

해설

$y_i P = x_i \gamma_i P_i$
$y_A P + y_B P = x_A \gamma_A P_A + x_B \gamma_B P_B = P_t$
공비점에서 액체의 조성과 기체의 조성은 같다.
$x_B = y_B$, $y_B = \dfrac{\gamma_B x_B P_B}{P_t}$, $1 = \dfrac{\gamma_B P_B}{P_t}$

$\therefore \gamma_B = \dfrac{P_t}{P_B}$

정답 04 ① 05 ① 06 ② 07 ③ 08 ①

09 엔트로피에 관한 설명 중 틀린 것은?

① 엔트로피는 혼돈도(Randomness)를 나타내는 함수이다.
② 융점에서 고체가 액화될 때의 엔트로피 변화는 $\Delta S = \dfrac{\Delta H_m}{T_m}$ 로 표시할 수 있다.
③ $T = 0K$에서 엔트로피 $S = 1$이다.
④ 엔트로피 감소는 질서도(Orderliness)의 증가를 의미한다.

해설
$T = 0K$에서 모든 완전한 결정형 물질에 대하여 엔트로피는 0이다.

10 다음 중 동력의 단위가 아닌 것은?

① HP
② kWh
③ kgf m s^{-1}
④ BTU s^{-1}

해설
• 동력 = $\dfrac{일}{시간}$
• kWh : 일의 단위

11 비가역과정에서의 관계식으로 옳은 것은?

① $dS > 0$
② $dS < 0$
③ $dS = 0$
④ $dS = -1$

해설
비가역과정 $dS > 0$

12 이상기체 3mol이 50℃에서 등온으로 10atm에서 1atm까지 팽창할 때 행해지는 일의 크기는 몇 J인가?

① 4,433
② 6,183
③ 18,550
④ 21,856

해설

$W = nRT \ln \dfrac{V_2}{V_1} = nRT \ln \dfrac{P_1}{P_2}$

$\therefore W = nRT \ln \dfrac{P_1}{P_2}$

$= 3\text{mol} \times 8.314\text{J/mol K} \times (273 + 50)\text{K} \times \ln \dfrac{10}{1}$

$= 18,550\text{J}$

13 두헴(Duhem)의 정리는 "초기에 미리 정해진 화학 성분들의 주어진 질량으로 구성된 어떤 닫힌계에 대해서도, 임의의 두 개의 변수를 고정하면 평형상태는 완전히 결정된다."라고 표현할 수 있다. 다음 중 설명이 옳지 않은 것은?

① 정해 주어야 하는 두 개의 독립변수는 세기변수일 수도 있고 크기변수일 수도 있다.
② 독립적인 크기변수의 수는 상률에 의해 결정된다.
③ $F = 1$일 때 두 변수 중 하나는 크기변수가 되어야 한다.
④ $F = 0$일 때는 두 개 모두 크기변수가 되어야 한다.

해설
Duhem의 정리
초기에 미리 정해진 화학성분들의 주어진 질량으로 구성된 어떤 계에 대해서도, 임의의 두 개의 변수를 고정하면 평형상태는 완전히 결정된다.
• 정해 주어야 하는 2개의 독립변수는 세기변수일 수도 있고 크기변수일 수도 있다.
• 독립적인 세기변수의 수는 상률에 의해 결정된다.
• $F = 1$일 때는 두 변수 중 적어도 하나는 크기변수가 되어야 한다.
• $F = 0$일 때는 두 개 모두 크기변수가 되어야 한다.

14 25℃에서 산소 기체가 50atm에서 500atm으로 압축되었을 때 깁스(Gibbs) 자유에너지 변화량의 크기는 약 얼마인가?(단, 산소는 이상기체로 가정한다.)

① 1,364cal/mol
② 682cal/mol
③ 136cal/mol
④ 68cal/mol

정답 09 ③ 10 ② 11 ① 12 ③ 13 ② 14 ①

해설

$dG = -SdT + VdP$

등온 $\Delta G = \int VdP = RT\int \dfrac{dP}{P} = RT\ln\dfrac{P_2}{P_1}$

$\therefore \Delta G = nRT\ln\dfrac{P_2}{P_1}$

$= 1.987\text{cal/mol} \times 298\text{K} \times \ln\dfrac{500}{50}$

$= 1,363.4 \text{cal/mol}$

15 크기가 동일한 3개의 상자 A, B, C에 상호작용이 없는 입자 10개가 각각 4개, 3개, 3개씩 분포되어 있고, 각 상자들은 막혀 있다. 상자들 사이의 경계를 모두 제거하여 입자가 고르게 분포되었다면, 통계 열역학적인 개념의 엔트로피 식을 이용하여 구한 경계를 제거하기 전후의 엔트로피 변화량은 약 얼마인가?(단, k는 Boltzmann 상수이다.)

① $8.343k$ ② $15.324k$
③ $22.321k$ ④ $50.024k$

해설

| 4개 | 3개 | 3개 |

$S = k\ln\Omega$

여기서, Ω : 미시적인 입자들이 그들에게 부여된 "상태들"에 분포될 수 있는 서로 다른 방법의 수

$\Omega = \dfrac{n!}{4!3!3!} = 4,200$

$\therefore S = k\ln 4,200 = 8.343k$

16 이상기체 혼합물에 대한 설명 중 옳지 않은 것은? (단, $\Gamma_i(T)$는 일정온도 T에서의 적분상수, y_i는 이상기체 혼합물 중 성분 i의 몰분율이다.)

① 이상기체의 혼합에 의한 엔탈피 변화는 0이다.
② 이상기체의 혼합에 의한 엔트로피 변화는 0보다 크다.
③ 동일한 T, P에서 성분 i의 부분 몰부피는 순수성분의 몰부피보다 작다.
④ 이상기체 혼합물의 깁스(Gibbs) 에너지는
$G^{ig} = \sum_i y_i\Gamma_i(T) + RT\sum_i y_i\ln(y_iP)$이다.

해설

$\overline{V}_i^{ig} = V_i^{ig} = V^{ig}$

주어진 T와 P에서 이상기체에 대한 부분 몰부피, 순수성분의 몰부피, 혼합물의 몰부피는 모두 같다.

17 부피가 1m^3인 용기에 공기를 25℃의 온도와 100bar의 압력으로 저장하려 한다. 이 용기에 저장할 수 있는 공기의 질량은 약 얼마인가?(단, 공기의 평균분자량은 29이며 이상기체로 간주한다.)

① 107kg   ② 117kg
③ 127kg   ④ 137kg

해설

$PV = \dfrac{W}{M}RT \rightarrow W = \dfrac{PVM}{RT}$

$\therefore W = \dfrac{100\text{bar} \times \dfrac{1\text{atm}}{1.013\text{bar}} \times 1\text{m}^3 \times 29\text{kg/kmol}}{0.082\text{m}^3\,\text{atm/kmol K} \times 298\text{K}}$

$= 117\text{kg}$

18 상태함수에 대한 설명으로 옳은 것은?

① 최초와 최후의 상태에 관계없이 경로의 영향으로만 정해지는 값이다.
② 점함수라고도 하며, 일에너지를 말한다.
③ 내부에너지만 정해지면 모든 상태를 나타낼 수 있는 함수를 말한다.
④ 내부에너지와 엔탈피는 상태함수이다.

해설

- **상태함수** : 경로에 관계없이 시작점과 끝점의 상태에 의해서만 영향을 받는 함수, 점함수
  예 T, P, ρ, U, H, S, G

- **경로함수** : 경로에 따라 영향을 받는 함수
  예 Q(열), W(일)

정답 15 ① 16 ③ 17 ② 18 ④

19 다음 중에서 같은 환산온도와 환산압력에서 압축인자가 가장 비슷한 것끼리 짝지어진 것은?

① 아르곤 - 크립톤
② 산소 - 질소
③ 수소 - 헬륨
④ 메탄 - 프로판

해설
같은 환산온도와 환산압력에서 같은 압축인자를 갖는 유체
Ar(아르곤), Kr(크립톤), Xe(크세논)

20 상압 300K에서 2.0L인 이상기체 시료의 부피를 일정 압력에서 400cm³로 압축시켰을 때의 온도는?

① 60K
② 300K
③ 600K
④ 1,500K

해설
$$\frac{P_1V_1}{T_1}=\frac{P_2V_2}{T_2}, \quad \frac{T_2}{T_1}=\frac{V_2}{V_1}$$
$$\therefore T_2=T_1\left(\frac{V_2}{V_1}\right)=300\text{K}\times\left(\frac{0.4}{2}\right)=60\text{K}$$

2과목 단위조작 및 화학공업양론

21 18℃, 1atm에서 $H_2O(l)$의 생성열은 -68.4 kcal/mol이다. 다음 반응에서의 반응열이 42kcal/mol인 것을 이용하여 등온등압에서의 $CO(g)$의 생성열을 구하면 몇 kcal/mol인가?

$$C(s)+H_2O(l) \rightarrow CO(g)+H_2(g)$$

① 110.4
② -110.4
③ 26.4
④ -26.4

해설
$$H_2+\frac{1}{2}O_2 \rightarrow H_2O \quad \Delta H_1=-68.4\text{kcal/mol}$$
$$+) C+H_2O \rightarrow CO+H_2 \quad \Delta H_2=42\text{kcal/mol}$$
$$\overline{C+\frac{1}{2}O_2 \rightarrow CO \quad \Delta H=-68.4+42}$$
$$=-26.4\text{kcal/mol}$$

22 시강특성치(Intensive Property)가 아닌 것은?

① 비엔탈피
② 밀도
③ 온도
④ 내부에너지

해설
- 시강특성치 : T, P, d(밀도), $\overline{U}$(몰당 내부에너지), $\overline{H}$(몰당 엔탈피)
- 시량특성치 : m(질량), n(몰), V(부피), U(내부에너지), H(엔탈피)

23 이상기체의 법칙이 적용된다고 가정할 때 용적이 5.5m³인 용기에 질소 28kg을 넣고 가열하여 압력이 10atm이 될 때 도달하게 되는 기체의 온도는 약 몇 ℃인가?

① 698
② 498
③ 598
④ 398

해설
$$PV=\frac{W}{M}RT \rightarrow T=\frac{PVM}{WR}$$
$$\therefore T=\frac{10\text{atm}\times 5.5\text{m}^3\times 28\text{kg/kmol}}{28\text{kg}\times 0.082\text{m}^3\text{ atm/kmol K}}$$
$$=671\text{K}(398℃)$$

24 질소에 벤젠이 10vol% 포함되어 있다. 온도 20℃, 압력 740mmHg일 때 이 혼합물의 상대포화도는 몇 %인가?(단, 20℃에서 순수한 벤젠의 증기압은 80mmHg이다.)

① 10.8%
② 80.0%
③ 92.5%
④ 100.0%

해설
$$H_R=\frac{p_A}{p_S}\times 100(\%)$$
$$\therefore H_R=\frac{740\times 0.1}{80}\times 100$$
$$=92.5\%$$

정답 19 ① 20 ① 21 ④ 22 ④ 23 ④ 24 ③

25 어떤 물질의 한 상태 중에서 온도가 Dew Point 온도보다 높은 상태는 어떤 상태를 의미하는가?(단, 압력은 동일하다.)

① 포화 ② 과열
③ 과냉각 ④ 임계

해설

과냉 → 포화액체 → 기·액 → 포화증기 → 과열
　　　Boiling Point　　　　　Dew Point

26 다음 중 비용(Specific Volume)의 차원으로 옳은 것은?(단, 길이(L), 질량(M), 힘(F), 시간(T)이다.)

① $\dfrac{F}{L^2}$ ② $\dfrac{L^3}{M}$
③ ML^2 ④ $\dfrac{ML^2}{T^2}$

해설

비용 = $\dfrac{부피}{질량}[L^3/M]$

27 증류탑을 이용하여 에탄올 25wt%와 물 75wt%의 혼합액 50kg/h을 증류하여 에탄올 85wt%의 조성을 가지는 상부액과 에탄올 3wt%의 조성을 가지는 하부액으로 분리하고자 한다. 상부액에 포함되는 에탄올은 초기 공급되는 혼합액에 함유된 에탄올 중의 몇 wt%에 해당하는 양인가?

① 85 ② 88
③ 91 ④ 93

해설

```
                  → 85wt% D
  25wt%    ┌───┐
  50kg/h → │   │
           └───┘
                  → 3wt% W=50−D
```

$50 \times 0.25 = D \times 0.85 + (50-D) \times 0.03$
∴ $D = 13.4$kg/h

$\dfrac{상부액 중 에탄올의 양}{초기 공급된 에탄올의 양} \times 100\%$
$= \dfrac{13.4 \times 0.85}{50 \times 0.25} \times 100\%$
$= 91.12\%$

28 어느 석회석 성분을 분석하니, $CaCO_3$ 92.89wt%, $MgCO_3$ 5.41wt%, 불용 성분이 1.70wt%였다. 이 석회석 100kg에서 몇 kg의 CO_2를 회수할 수 있겠는가?(단, Ca의 분자량은 40, Mg의 분자량은 24.3이다.)

① 43.7 ② 47.3
③ 54.8 ④ 58.2

해설

석회석 100kg 중 ─ $CaCO_3$ 92.89kg
　　　　　　　　├ $MgCO_3$ 5.41kg
　　　　　　　　└ 불용성분 1.7kg

$CaCO_3 \rightarrow CaO + CO_2$
100kg　　：　44kg
92.89kg　：　x
∴ $x = 40.9$kg

$MgCO_3 \rightarrow MgO + CO_2$
84.3kg　：　44kg
5.41kg　：　y
∴ $y = 2.8$kg

∴ CO_2의 양 = $x + y = 43.7$kg

29 다음 중 에너지를 나타내지 않는 것은?

① 부피 × 압력
② 힘 × 거리
③ 몰수 × 기체상수 × 온도
④ 열용량 × 질량

해설

$Q = mc\Delta t = C\Delta t$
$W = F \times S$
$W = PV = nRT$
여기서, Q : 열, W : 일, F : 힘, S : 이동거리
　　　　P : 압력, V : 부피, c : 비열, C : 열용량
　　　　Δt : 온도차

정답 25 ② 26 ② 27 ③ 28 ① 29 ④

30 350K, 760mmHg에서의 공기의 밀도는 약 몇 kg/m³인가?(단, 공기의 평균 분자량은 29이며 이상기체로 가정한다.)

① 0.01
② 1.01
③ 2.01
④ 3.01

해설
$PV = nRT$
$PV = \dfrac{W}{M}RT \rightarrow \dfrac{W}{V} = d = \dfrac{PM}{RT}$

$\therefore d = \dfrac{760\text{mmHg} \times \dfrac{1\text{atm}}{760\text{mmHg}} \times 29\text{kg/kmol}}{0.082\text{m}^3 \text{atm/kmol K} \times 350\text{K}}$
$= 1.01\text{kg/m}^3$

31 이중열교환기에서 내부관의 두께가 매우 얇고, 관벽 내부경막열전달계수 h_i가 외부경막열전달계수 h_o와 비교하여 대단히 클 경우, 총괄열전달계수 U에 대한 식으로 가장 적합한 것은?

① $U = h_i + h_o$
② $U = h_i$
③ $U = h_o$
④ $U = \dfrac{1}{\sqrt{1/h_i + h/h_o}}$

해설
한 유체의 경막계수 h_o의 값이 다른 값에 비하여 아주 작을 경우 $1/h_o$이 지배저항이 되어 $U \fallingdotseq h_o$이 된다.

32 공급원료 1몰을 원료 공급단에 넣었을 때 그 중 증류탑의 탈거부(Stripping Section)로 내려가는 액체의 몰수를 q로 정의한다면, 공급원료가 과열증기일 때 q 값은?

① $q < 0$
② $0 < q < 1$
③ $q = 0$
④ $q = 1$

해설
• $q > 1$: 차가운 원액
• $q = 1$: 포화원액(비등에 있는 원액)
• $0 < q < 1$: 부분적으로 기화된 원액
• $q = 0$: 포화증기(노점에 있는 원액)
• $q < 0$: 과열증기 원액

33 그림은 전열장치에 있어서 장치의 길이와 온도 분포의 관계를 나타낸 그림이다. 이에 해당하는 전열장치는?(단, T는 증기의 온도, t는 유체의 온도, Δt_1, Δt_2는 각각 입구 및 출구에서의 온도차이다.)

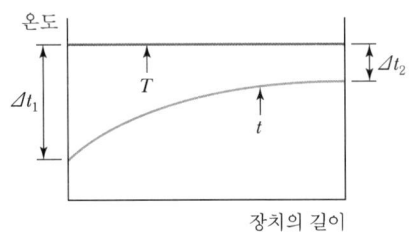

① 과열기
② 응축기
③ 냉각기
④ 가열기

해설
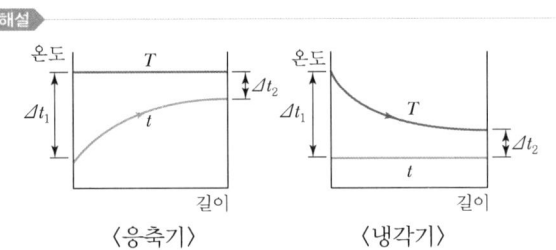

〈응축기〉   〈냉각기〉

34 흡수탑의 충전물 선정 시 고려해야 할 조건으로 가장 거리가 먼 것은?

① 기액 간의 접촉률이 좋아야 한다.
② 압력강하가 너무 크지 않고 기액 간의 유통이 잘 되어야 한다.
③ 탑 내의 기액물질에 화학적으로 견딜 수 있는 것이어야 한다.
④ 규칙적인 배열을 할 수 있어야 하며 공극률이 가능한 작아야 한다.

해설
불규칙 충전을 해야 하며, 공극률이 커야 한다.

정답 30 ② 31 ③ 32 ① 33 ② 34 ④

35 관(Pipe, Tube)의 치수에 대한 설명 중 틀린 것은?
① 파이프의 벽두께는 Schedule Number로 표시할 수 있다.
② 튜브의 벽두께는 BWG(Birmingham Wire Gauge) 번호로 표시할 수 있다.
③ 동일한 외경에서 Schedule Number가 클수록 벽두께가 두껍다.
④ 동일한 외경에서 BWG가 클수록 벽두께가 두껍다.

해설
동일한 외경에서 Schedule Number가 클수록 벽의 두께가 두껍고, BWG가 클수록 벽두께가 얇다.

36 다음 단위조작 가운데 침출(Leaching)에 속하는 것은?
① 소금물 용액에서 소금분리
② 식초산 – 수용액에서 식초산 회수
③ 금광석에서 금을 회수
④ 물속에서 미량의 브롬 제거

해설
• 고 – 액 추출 : 침출(Leaching)
• 액 – 액 추출 : 추출

37 총괄 에너지수지식을 간단하게 나타내어 다음과 같을 때 α는 유체의 속도에 따라서 변한다. 유체가 층류일 때 다음 중 α에 가장 가까운 값은?(단, H_i는 엔탈피, V_{iave}는 평균유속, Z는 높이, g는 중력가속도, Q는 열량, W_s는 일이다.)

$$H_2 - H_1 + \frac{1}{2\alpha}(V_{2ave}^2 - V_{1ave}^2) + g(Z_2 - Z_1) = Q - W_s$$

① 0.5   ② 1
③ 1.5   ④ 2

해설
$\frac{\alpha(V_2^2 - V_1^2)}{2}$에서 층류일 때 $\alpha = 2$이므로
식에서 $\frac{1}{\alpha} = 2$ ∴ $\alpha = 0.5$

38 오리피스미터(Orifice Meter)에 U자형 마노미터를 설치하였고 마노미터는 수은이 채워져 있으며, 그 위의 액체는 물이다. 마노미터에서의 압력차가 15.44kPa이면 마노미터의 읽음은 약 몇 mm인가?(단, 수은의 비중은 13.6이다.)
① 75   ② 100
③ 125   ④ 150

해설
$\Delta P = g(\rho_A - \rho_B)R$
$15.44\text{kPa} = 15,440\text{N/m}^2$이므로
$15,440\text{N/m}^2 = 9.8\text{m/s}^2 \times (13.6-1) \times 1,000\text{kg/m}^3 \times R$
∴ $R = 0.125\text{m} = 125\text{mm}$

39 롤 분쇄기에 상당직경 5cm의 원료를 도입하여 상당직경 1cm로 분쇄한다. 롤 분쇄기와 원료 사이의 마찰계수가 0.34일 때 필요한 롤의 직경은 몇 cm인가?
① 35.1   ② 50.0
③ 62.3   ④ 70.1

해설
$\mu = \tan\alpha$
$0.34 = \tan\alpha$
∴ $\alpha = 18.8$
$\cos\alpha = \frac{R+d}{R+r} = \frac{R+1/2}{R+5/2} = 0.947$
$R = 35.3\text{cm}$
∴ 롤의 직경 = 70.6cm

40 가열된 평판 위로 Prandtl 수가 1보다 큰 액체가 흐를 때 수력학적 경계층 두께 δ_h와 열전달 경계층 두께 δ_T와의 관계로 옳은 것은?

① $\delta_h > \delta_T$
② $\delta_h < \delta_T$
③ $\delta_h = \delta_T$
④ Prandtl 수만으로는 알 수 없다.

해설

$N_{\text{Pr}} = \dfrac{C_P \mu}{k} = \dfrac{\nu}{\alpha}$

$N_{\text{Pr}} = \dfrac{\text{동력학적 경계층(속도)의 두께}(\delta_h)}{\text{열전달 경계층의 두께}(\delta_T)} > 1$

$\therefore \delta_h > \delta_T$

3과목 공정제어

41 Laplace 변환 등에 대한 설명으로 틀린 것은?

① $y(t) = \sin \omega t$의 Laplace 변환은 $\omega/(s^2 + \omega^2)$이다.
② $y(t) = 1 - e^{-t/\tau}$의 Laplace 변환은 $1/(s(\tau s + 1))$이다.
③ 높이와 폭이 1인 사각펄스의 폭을 0에 가깝게 줄이면 단위 임펄스와 같은 모양이 된다.
④ Laplace 변환은 선형변환으로 중첩의 원리(Superposition Principle)가 적용된다.

해설

① $y(t) = \sin \omega t \xrightarrow{\mathcal{L}} Y(s) = \dfrac{\omega}{s^2 + \omega^2}$

② $y(t) = 1 - e^{-t/\tau} \xrightarrow{\mathcal{L}} Y(s) = \dfrac{1}{s} - \dfrac{1}{s + \dfrac{1}{\tau}} = \dfrac{1}{s(\tau s + 1)}$

③ $\delta = \lim\limits_{h \to 0} \dfrac{u(t) - u(t-h)}{h}$

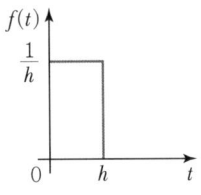

$\delta(t)$의 면적이 1 : $\displaystyle\int_{-\infty}^{\infty} \delta(t) dt = 1$

④ 중첩의 원리
$X(s) = a_1 X_1(s) + a_2 X_2(s)$
$Y(s) = G(s) X(s)$
$\quad = a_1 G(s) X_1(s) + a_2 G(s) X_2(s)$
$\quad = a_1 Y_1(s) + a_2 Y_2(s)$
$Y_1(s)$와 $Y_2(s)$는 각각 $X_1(s)$와 $X_2(s)$에 대한 응답이다.

42 다음 Block 선도로부터 전달함수 $\dfrac{Y(s)}{X(s)}$를 구하면?

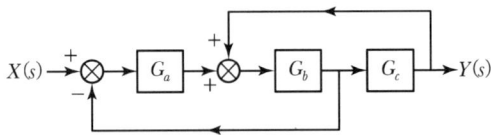

① $\dfrac{G_a G_b G_c}{1 + G_a G_b G_c}$
② $\dfrac{G_a G_b G_c}{1 + G_a G_b - G_b G_c}$
③ $\dfrac{G_b G_c}{1 + G_a G_b G_c}$
④ $\dfrac{G_a G_b G_c}{1 + G_a G_b + G_b G_c}$

해설

$G(s) = \dfrac{\text{직선}}{1 \pm \text{회선}}$

43 전달함수가 $G(s) = \dfrac{4}{s^2 - 4}$인 1차계의 단위 임펄스 응답은?

① $e^{2t} + e^{-2t}$
② $1 - e^{-2t}$
③ $e^{2t} - e^{-2t}$
④ $1 + e^{2t}$

해설

$Y(s) = G(s) X(s)$
$\quad = \dfrac{4}{s^2 - 4} \cdot 1 = \dfrac{4}{(s+2)(s-2)}$
$\quad = \dfrac{1}{s-2} - \dfrac{1}{s+2}$

$\therefore y(t) = e^{2t} - e^{-2t}$

정답 40 ① 41 ③ 42 ② 43 ③

44 다음 중 비선형계에 해당하는 것은?

① 0차 반응이 일어나는 혼합 반응기
② 1차 반응이 일어나는 혼합 반응기
③ 2차 반응이 일어나는 혼합 반응기
④ 화학반응이 일어나지 않는 혼합조

해설

- 0차 CSTR : $C_{A0} - C_A = k\tau$
- 1차 CSTR : $k\tau = \dfrac{X_A}{1-X_A}$
- 2차 CSTR : $k\tau C_{A0} = \dfrac{X_A}{(1-X_A)^2}$

45 어떤 제어계의 특성방정식은 $1 + \dfrac{K_c K}{\tau s + 1} = 0$으로 주어진다. 이 제어시스템이 안정하기 위한 조건은?(단, τ는 양수이다.)

① $K_c K > -1$
② $K_c K < 0$
③ $\dfrac{K_c K}{\tau} > 1$
④ $K_c < 1$

해설

$\tau s + 1 + K_c K = 0$
$s = -\dfrac{(1+K_c K)}{\tau} < 0$
$1 + K_c K > 0 \qquad \therefore K_c K > -1$

46 1차계의 sin 응답에서 $\omega\tau$가 증가되었을 때 나타나는 영향을 옳게 설명한 것은?(단, ω는 각주파수, τ는 시간정수, AR은 진폭비, $|\phi|$는 위상각의 절댓값이다.)

① AR은 증가하나 $|\phi|$는 감소한다.
② AR, $|\phi|$ 모두 증가한다.
③ AR은 감소하나 $|\phi|$는 증가한다.
④ AR, $|\phi|$ 모두 감소한다.

해설

1차계 sin 응답
$AR = \dfrac{K}{\sqrt{\tau^2\omega^2+1}} \qquad \phi = -\tan(\tau\omega)$
$\tau\omega$가 클수록 AR은 감소하고 $|\phi|$는 증가한다.

47 공정의 위상각(Phase Angle) 및 주파수에 대한 설명으로 틀린 것은?

① 물리적 공정은 항상 위상지연(음의 위상각)을 갖는다.
② 위상지연이 크다는 것은 폐루프의 안정성이 쉽게 보장될 수 있음을 의미한다.
③ FOPDT(First Order Plus Dead Time) 공정의 위상지연은 주파수 증가에 따라 지속적으로 증가한다.
④ 비례제어 시 Critical 주파수와 Ultimate 주파수는 일치한다.

해설

- FOPDT
$G(s) = \dfrac{ke^{-\theta s}}{\tau s + 1}$
$\phi = \tan^{-1}(-\tau\omega) - \theta\omega$
- ω_u (한계주파수, Ultimate Frequency)
일정한 진동이 감쇠되거나 증폭되지 않고 반복 → 근이 허수축에 존재
- ω_c (임계주파수, Critical Frequency)
Bode 선도에서 위상각 $\phi = -180°$일 때의 주파수

48 다음 블록선도에서 $\dfrac{C}{R}$의 전달함수는?

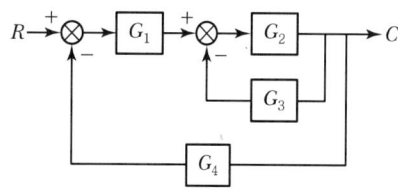

① $\dfrac{G_1 G_2}{1+G_1 G_2 + G_3 G_4}$
② $\dfrac{G_1 G_2}{1+G_2 G_3 + G_1 G_2 G_4}$
③ $\dfrac{G_3 G_4}{1+G_1 G_2 G_3 G_4}$
④ $\dfrac{G_1 G_2}{1+G_1 + G_3 + G_4}$

해설

$$\frac{C}{R} = \frac{G_1 G_2}{1 + G_1 G_2 G_4 + G_2 G_3}$$

→ 직선: $G_1 G_2$
↓ 큰 회선: $G_1 G_2 G_4$ ↓ 작은 회선: $G_2 G_3$

49 2차계 공정은 $\dfrac{K}{\tau^2 s^2 + 2\tau\zeta s + 1}$ 의 형태로 표현된다. $0 < \zeta < 1$이면 계단입력변화에 대하여 진동응답이 발생하는데 이때 진동응답의 주기와 τ, ζ와의 관계에 대한 설명으로 옳은 것은?

① 진동주기는 ζ가 클수록, τ가 작을수록 커진다.
② 진동주기는 ζ가 작을수록, τ가 클수록 커진다.
③ 진동주기는 ζ와 τ가 작을수록 커진다.
④ 진동주기는 ζ와 τ가 클수록 커진다.

해설

진동주기 $T = \dfrac{2\pi\tau}{\sqrt{1-\zeta^2}}$

T는 τ가 클수록, ζ가 클수록 커진다.

50 총괄전달함수가 $\dfrac{1}{(s+1)(s+2)}$ 인 계의 주파수 응답에 있어 주파수가 2rad/s일 때 진폭비는?

① $\dfrac{1}{\sqrt{10}}$ ② $\dfrac{1}{2\sqrt{10}}$
③ $\dfrac{1}{5}$ ④ $\dfrac{1}{10}$

해설

$\dfrac{1}{s^2 + 3s + 2} = \dfrac{1/2}{\frac{1}{2}s^2 + \frac{3}{2}s + 1}$

$\tau^2 = \dfrac{1}{2}$ ∴ $\tau = \dfrac{1}{\sqrt{2}}$

$2\tau\zeta = \dfrac{3}{2}$, $2 \cdot \dfrac{1}{\sqrt{2}} \cdot \zeta = \dfrac{3}{2}$ ∴ $\zeta = \dfrac{3}{2\sqrt{2}}$

$K = \dfrac{1}{2}$

진폭비 $AR = \dfrac{K}{\sqrt{(1-\tau^2\omega^2)^2 + (2\tau\zeta\omega)^2}}$

∴ $AR = \dfrac{1/2}{\sqrt{\left(1 - \left(\dfrac{1}{\sqrt{2}}\right)^2 \cdot 2^2\right)^2 + \left(2 \times \dfrac{1}{\sqrt{2}} \times \dfrac{3}{2\sqrt{2}} \times 2\right)^2}}$

$= \dfrac{1}{2\sqrt{10}}$

51 PID 제어기를 이용한 설정치 변화에 대한 제어의 설명 중 옳지 않은 것은?

① 일반적으로 비례이득을 증가시키고 적분시간의 역수를 증가시키면 응답이 빨라진다.
② P 제어기를 이용하면 모든 공정에 대해 항상 정상상태 잔류오차(Steady State Offset)가 생긴다.
③ 시간지연이 없는 1차 공정에 대해서는 비례이득을 매우 크게 증가시켜도 안정성에 문제가 없다.
④ 일반적으로 잡음이 없는 느린 공정의 경우 D 모드를 적절히 이용하면 응답이 빨라지고 안정성이 개선된다.

해설

- 비례이득을 증가시키고 적분시간을 감소시키면 응답이 빨라진다.
- 적분공정일 경우 P 제어기만 사용해도 Offset(잔류편차)을 제거할 수 있다.

52 $Y(s) = 4/(s^3 + 2s^2 + 4s)$ 식을 역라플라스 변환하여 $y(t)$ 값을 옳게 구한 것은?

① $y(t) = e^{-t}\left[\cos\sqrt{3}\,t + \dfrac{1}{\sqrt{3}}\sin\sqrt{3}\,t\right]$
② $y(t) = 1 - e^{-t}\left[\cos\sqrt{3}\,t + \dfrac{1}{\sqrt{3}}\sin\sqrt{3}\,t\right]$
③ $y(t) = 4 - e^{-t}\left[\sin\sqrt{3}\,t + \dfrac{1}{\sqrt{3}}\cos\sqrt{3}\,t\right]$
④ $y(t) = 1 - e^{-t}\left[\sin\sqrt{3}\,t + \dfrac{1}{\sqrt{3}}\cos\sqrt{3}\,t\right]$

정답 49 ④ 50 ② 51 ② 52 ②

해설

$$Y(s) = \frac{4}{s^3 + 2s^2 + 4s}$$
$$= \frac{4}{s(s^2 + 2s + 4)}$$
$$= \frac{1}{s} - \frac{s+2}{s^2 + 2s + 4}$$
$$= \frac{1}{s} - \frac{(s+1)+1}{(s+1)^2 + 3}$$
$$= \frac{1}{s} - \frac{(s+1)}{(s+1)^2 + (\sqrt{3})^2} - \frac{1}{(s+1)^2 + (\sqrt{3})^2}$$
$$\therefore y(t) = 1 - e^{-t}\cos\sqrt{3}\,t - \frac{e^{-t}}{\sqrt{3}}\sin\sqrt{3}\,t$$
$$= 1 - e^{-t}\left[\cos\sqrt{3}\,t + \frac{1}{\sqrt{3}}\sin\sqrt{3}\,t\right]$$

53 다음의 함수를 리플라스로 전환한 것으로 옳은 것은?

$$f(t) = e^{2t}\sin 2t$$

① $F(s) = \dfrac{\sqrt{2}}{(s+2)^2 + 2}$

② $F(s) = \dfrac{\sqrt{2}}{(s-2)^2 + 2}$

③ $F(s) = \dfrac{2}{(s-2)^2 + 4}$

④ $F(s) = \dfrac{2}{(s+2)^2 + 4}$

해설

$f(t) = e^{2t}\sin 2t$

$\mathcal{L}[\sin\omega t] = \dfrac{\omega}{s^2 + \omega^2}$

$F(s) = \dfrac{2}{(s-2)^2 + 2^2}$

54 주파수 응답에서 위상 앞섬(Phase Lead)을 나타내는 제어기는?

① 비례 제어기
② 비례미분 제어기
③ 비례적분 제어기
④ 제어기는 모두 위상의 지연을 나타낸다.

해설

위상 앞섬을 나타내는 제어기는 비례미분 제어기이다.

55 공정이득(Gain)이 2인 공정을 설정치(Set Point)가 1이고 비례이득(Proportional Gain)이 1/2인 비례(Proportional) 제어기로 제어한다. 이때 오프셋은 얼마인가?

① 0　　② 1/2
③ 3/4　　④ 1

해설

K_c(공정이득) $= 2$　　Set Point $= 1$

K_p(비례이득) $= \dfrac{1}{2}$

$$G(s) = \frac{Y(s)}{X(s)} = \frac{G_cG_p}{1 + G_cG_p} = \frac{2 \times \frac{1}{2}}{1 + 2 \times \frac{1}{2}} = \frac{1}{2}$$

Offset $= R(\infty) - C(\infty) = 1 - \dfrac{1}{2} = \dfrac{1}{2}$

56 발열이 있는 반응기의 온도제어를 위해 그림과 같이 냉각수를 이용한 열교환으로 제열을 수행하고 있다. 다음 중 옳은 설명은?

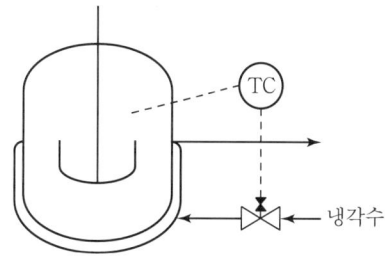

① 공압 구동부와 밸브형은 각각 ATO(Air-To-Open), 선형을 택하여야 한다.
② 공압 구동부와 밸브형은 각각 ATC(Air-To-Close), Equal Percentage(등비율)형을 택하여야 한다.
③ 공압 구동부와 밸브형은 각각 ATO(Air-To-Open), Equal Percentage(등비율)형을 택하여야 한다.
④ 공압 구동부는 ATC(Air-To-Close)를 택해야 하지만 밸브형은 이 정보만으로는 결정하기 어렵다.

해설
공압식 구동제어밸브
- ATC(Air-To-Close)
 = FO(Fail Open)
 = NO(Normal Open)
- ATC는 공기압을 작동 시 밸브가 닫히는 것
- 공기압이 작용하지 않을 때는 열려 있어서 냉각수가 흐르도록 하여 발열반응기가 과열되지 않도록 한다.

57 가정의 주방용 전기오븐을 원하는 온도로 조절하고자 할 때 제어에 관한 설명으로 다음 중 가장 거리가 먼 것은?
① 피제어변수는 오븐의 온도이다.
② 조절변수는 전류이다.
③ 오븐의 내용물은 외부교란변수(외란)이다.
④ 설정점(Set Point)은 전압이다.

해설
Set Point는 오븐의 온도이다.

58 비례-적분 제어의 가장 중요한 장점은?
① 최대변위가 작다.
② 잔류편차(Offset)가 없다.
③ 진동주기가 작다.
④ 정상상태에 빨리 도달한다.

해설
PI 제어
Offset이 없다.

59 특성 방정식이 $s^3 - 3s + 2 = 0$인 계에 대한 설명으로 옳은 것은?
① 안정하다.
② 불안정하고, 양의 중근을 갖는다.
③ 불안정하고, 서로 다른 2개의 양의 근을 갖는다.
④ 불안정하고, 3개의 양의 근을 갖는다.

해설
$s^3 - 3s + 2 = 0$
$(s-1)(s+2)(s-1) = 0$
$s = -2, 1, 1$
∴ 불안정하고, 양의 중근을 갖는다.

60 다음 중 순수한 전달지연(Transportation Lag)에 대한 전달함수는?
① $G(s) = e^{-\tau s}$
② $G(s) = \tau e^{-\tau s}$
③ $G(s) = \dfrac{1}{\tau s + 1}$
④ $G(s) = \dfrac{e^{-\tau s}}{\tau s + 1}$

해설
시간지연이 θ만큼 있을 때
$G(s) = e^{-\theta s}$

4과목 공업화학

61 다음 중 에폭시수지의 합성과 관련이 없는 물질은?
① 비스페놀-에이
② 에피클로로하이드린
③ 톨루엔 디이소시아네이트
④ 멜라민

해설
- 에폭시수지 : 비스페놀 A와 에피클로로히드린으로 만든 열경화성 수지
- 멜라민수지 : 멜라민과 포름알데히드를 반응시켜 만든 열경화성 수지

정답 57 ④ 58 ② 59 ② 60 ① 61 ③

62 석회질소 제조 시 촉매 역할을 해서 탄화칼슘의 질소화 반응을 촉진시키는 물질은?

① $CaCO_3$ ② CaO
③ CaF_2 ④ C

해설
석회질소($CaCN_2$)
탄산칼슘을 강하게 가열하여 염화칼슘, 플루오린화칼슘을 촉매로 질소를 흡수시켜 제조한다.
$CaO + 3C \rightarrow CaC_2 + CO$
$CaC_2 + N_2 \xrightarrow{CaF_2} CaCN_2 + C$

63 포름알데히드를 사용하는 축합형 수지가 아닌 것은?

① 페놀수지   ② 멜라민수지
③ 요소수지   ④ 알키드수지

해설
① 페놀수지 : 페놀 + 포름알데히드
② 멜라민수지 : 멜라민 + 포름알데히드
③ 요소수지 : 요소 + 포름알데히드
④ 알키드수지 : 지방산 + 무수프탈산 + 글리세린

64 [보기]의 설명에 가장 잘 부합되는 연료전지는?

[보기]
• 전극으로는 세라믹 산화물이 사용된다.
• 작동온도는 약 1,000℃이다.
• 수소나 수소/일산화탄소 혼합물을 사용할 수 있다.

① 인산형 연료전지(PAFC)
② 용융탄산염 연료전지(MCFC)
③ 고체산화물형 연료전지(SOFC)
④ 알칼리 연료전지(AFC)

해설
① 인산형 연료전지(PAFC)
  • 인산을 전해질로 사용
  • 전극은 백금 또는 니켈입자를 탄소 – 테프론의 다공성물질에 분산시킨 형태로 되어있다.
  • 연료전지 중 가장 먼저 상용화

② 용융탄산염 연료전지(MCFC)
  • 전해질로 Li_2CO_3, K_2CO_3, $LiAlO_2$ 등의 혼합물을 사용
  • 650℃ 정도의 고온 유지
③ 고체산화물형 연료전지(SOFC)
  • 지르코니아(ZrO_2)와 같은 산화물 세라믹 사용
  • 약 1,000℃에서 작동
④ 알칼리 연료전지(AFC)
  • 산화전극 : Pt – Pd 합금(백금 – 팔라듐)과, 테프론의 혼합물

65 H_2와 Cl_2를 직접 결합시키는 합성염화수소의 제법에서는 활성화된 분자가 연쇄를 이루기 때문에 반응이 폭발적으로 진행된다. 실제 조작에서는 폭발을 막기 위해서 어떤 조치를 하는가?

① 염소를 다소 과잉으로 넣는다.
② 수소를 다소 과잉으로 넣는다.
③ 수증기를 공급하여 준다.
④ 반응압력을 낮추어 준다.

해설
$H_2 : Cl_2 = 1.2 : 1$
수소를 과잉으로 넣는다.

66 다음 중 석유의 성분으로 가장 거리가 먼 것은?

① C_3H_8 ② C_2H_4
③ C_6H_6 ④ $C_2H_5OC_2H_5$

해설
석유의 성분
• Paraffin계 탄화수소
• Cycloparaffin계 탄화수소(Naphthene계)
• 방향족계 탄화수소
• Olefin계 탄화수소

67 어떤 유지 2g 속에 들어 있는 유리지방산을 중화시키는 데 KOH가 200mg 사용되었다. 이 시료의 산가(Acid Value)는?

① 0.1   ② 1
③ 10   ④ 100

정답 62 ③   63 ④   64 ③   65 ②   66 ④   67 ④

해설

산가
유지 1g 속에 들어 있는 유리지방산을 중화시키는 데 필요한 KOH를 mg으로 나타낸다. 2g에 200mg이므로 1g에는 100mg이다.

68 질산공업에서 암모니아 산화반응은 촉매 존재하에서 일어난다. 이 반응에서 주반응에 해당하는 것은?

① $2NH_3 \rightarrow N_2 + 3H_2$
② $2NO \rightarrow N_2 + O_2$
③ $4NH_3 + 3O_2 \rightarrow 2N_2 + 6H_2O$
④ $4NH_3 + 5O_2 \rightarrow 4NO + 6H_2O$

해설

암모니아 산화반응
$4NH_3 + 5O_2 \rightarrow 4NO + 6H_2O + 216.4kcal$

69 다음 중 비료의 3요소에 해당하는 것은?

① N, P_2O_5, CO_2
② K_2O, P_2O_5, CO_2
③ N, K_2O, P_2O_5
④ N, P_2O_5, C

해설

비료의 3요소
N(질소), P_2O_5(인), K_2O(칼륨)

70 H_2와 Cl_2를 원료로 하여 염산을 제조하는 공정에 대한 설명 중 틀린 것은?

① HCl 합성반응기는 폭발의 위험성이 있으므로 강도가 높고 부식에 강한 순철 재질로 제조한다.
② 합성된 HCl은 무색투명한 기체로서 염산용액의 농도는 기상 중의 HCl 농도에 영향을 받는다.
③ 일정 온도에서 기상 중의 HCl 분압과 액상 중의 HCl 증기압이 같을 때 염산농도는 최대치를 갖는다.
④ 고농도의 염산을 제조 시 HCl이 물에 대한 용해열로 인하여 온도가 상승하게 된다.

해설

HCl 합성관은 불침투성 탄소합성관인 카베이트(Karbate)를 사용한다.

71 1,000ppm 처리제를 사용하여 반도체 폐수 1,000 m^3/day를 처리하고자 할 때 하루에 필요한 처리제는 몇 kg인가?

① 1
② 10
③ 100
④ 1,000

해설

$1,000ppm = 1,000\dfrac{mg}{kg} = 1,000\dfrac{mg}{L} \times 1,000\dfrac{L}{m^3} = 10^6 mg/m^3$

$\dfrac{1,000m^3}{day} \times \dfrac{10^6 mg}{m^3} \times \dfrac{1g}{1,000mg} \times \dfrac{1kg}{1,000g}$
$= 1,000 kg/day$

72 환원반응에 의해 알코올(Alcohol)을 생성하지 않는 것은?

① 카르복시산
② 나프탈렌
③ 알데히드
④ 케톤

해설

- 1차 알코올 $\underset{환원}{\overset{산화}{\rightleftarrows}}$ 알데히드 $\underset{환원}{\overset{산화}{\rightleftarrows}}$ 카르복시산
- 2차 알코올 $\underset{환원}{\overset{산화}{\rightleftarrows}}$ 케톤

73 다음 탄화수소 중 석유의 원유 성분에 가장 적은 양이 포함되어 있는 것은?

① 나프텐계 탄화수소
② 올레핀계 탄화수소
③ 방향족 탄화수소
④ 파라핀계 탄화수소

해설

원유의 주성분은 파라핀계 탄화수소, 나프텐계 탄화수소가 80~90%이고 방향족 탄화수소는 5~15%이다. 올레핀계 탄화수소는 거의 함유되어 있지 않다.

정답 68 ④ 69 ③ 70 ① 71 ④ 72 ② 73 ②

74 다음의 O_2 : NH_3의 비율 중 질산 제조 공정에서 암모니아 산화율이 최대로 나타나는 것은?(단, Pt 촉매를 사용하고 NH_3 농도가 9%인 경우이다.)

① 9 : 1
② 2.3 : 1
③ 1 : 9
④ 1 : 2.3

해설

최대산화율 $\dfrac{O_2}{NH_3} = 2.2 \sim 2.3$

75 다음 중 접촉개질 반응으로부터 얻어지는 화합물은?

① 벤젠
② 프로필렌
③ 가지화 C_5 유분
④ 이소뷰틸렌

해설

접촉개질법
- 옥탄가가 높은 가솔린 제조
- 방향족 탄화수소의 생성
- 이성질화, 고리화

76 비닐단량체(VCM)의 중합반응으로 생성되는 중합체 PVC가 분자량 425,000으로 형성되었다. Carothers에 의한 중합도(Degree of Polymerization)는 얼마인가?

$$n\text{CH}_2=\text{CH} \longrightarrow -(\text{CH}_2-\text{CH})_n-$$
$$\quad\quad\quad | \quad\quad\quad\quad\quad\quad |$$
$$\quad\quad\quad \text{Cl} \quad\quad\quad\quad\quad\quad \text{Cl}$$

① 2,500
② 3,580
③ 5,780
④ 6,800

해설

중합도 $\overline{DP} = \dfrac{\text{고분자 분자량}}{\text{단량체 분자량}} = \dfrac{425,000}{62.5} = 6,800$

77 벤젠을 산 촉매를 이용하여 프로필렌에 의해 알킬화함으로써 얻어지는 것은?

① 프로필렌옥사이드
② 아크릴산
③ 아크롤레인
④ 쿠멘

해설

쿠멘 제조법

$CH_3-CH=CH_2 +$ 벤젠 $\longrightarrow$ 쿠멘(이소프로필벤젠) $\longrightarrow$ 페놀 $+ CH_3COCH_3$ (아세톤)

78 솔베이법의 기본공정에서 사용되는 물질로 가장 거리가 먼 것은?

① $CaCO_3$
② NH_3
③ HNO_3
④ $NaCl$

해설

Solvay법(암모니아소다법)
NaCl 수용액에 NH_3를 포화시켜 암모니아 함수를 만들고 탄산화탑에서 CO_2를 도입하여 $NaHCO_3$(중조)를 침전, 여과한 후, 가소하여 Na_2CO_3를 얻는다.

79 소금의 전기분해 공정에 있어 전해액은 양극에 도입되어 격막을 통해 음극으로 흐른다. 격막법 전해조의 양극 재료로서 구비하여야 할 조건 중 옳지 않은 것은?

① 내식성이 우수하여야 한다.
② 염소과전압이 높고 산소과전압이 낮아야 한다.
③ 재료의 순도가 높은 것이 좋다.
④ 인조흑연을 사용하지만 금속전극도 사용할 수 있다.

해설

NaOH 제조방법 중 격막법
- (+)극 : $2Cl^- \rightarrow Cl_2 + 2e^-$ (산화반응)
  양극재료는 염소과전압이 낮은 인조흑연을 사용
- (−)극 : $2H_2O + 2e^- \rightarrow H_2 + 2OH^-$ (환원반응)
  음극재료는 수소과전압이 낮은 철망, 다공성 철판을 사용

정답 74 ② 75 ① 76 ④ 77 ④ 78 ③ 79 ②

80 다음 중 석유의 성분으로 질소화합물에 해당하는 것은?

① 나프텐산　　② 피리딘
③ 나프토티오펜　　④ 벤조티오펜

해설

석유 성분 중 질소화합물

피리딘 , 퀴놀린, 인돌, 피롤, 카르바졸

※ 벤조티오펜 : 황을 고리 안에 가지는 축합 헤테로고리화합물

5과목 반응공학

81 다음과 같은 경쟁반응에서 원하는 반응을 가장 좋게 하는 접촉방식은?(단, $n > P$, $m < Q$)

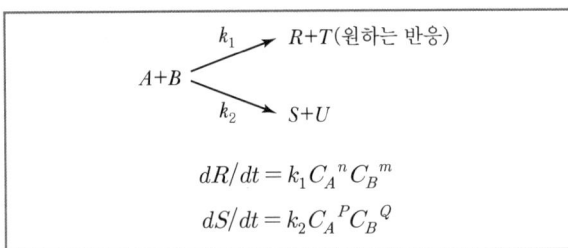

① 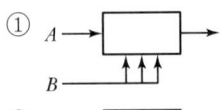　　②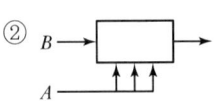

③ 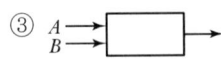　　④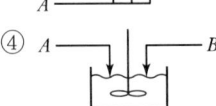

해설

선택도 $s = \dfrac{dR}{dS} = \dfrac{k_1}{k_2}C_A^{n-P}C_B^{m-Q}$

$n > P$, $m < Q$이므로 C_A의 농도는 높게 C_B의 농도는 낮게 해야 한다.

그러므로 많은 양의 A에 B를 천천히 넣는다.

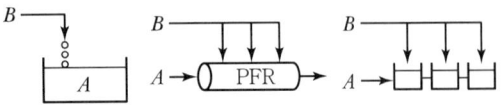

82 순환식 플러그흐름반응기에 대한 설명으로 옳은 것은?

① 순환비는 $\dfrac{\text{계를 떠난 양}}{\text{환류량}}$으로 표현된다.

② 순환비 = ∞인 경우, 반응기 설계식은 혼합흐름식 반응기와 같게 된다.

③ 반응기 출구에서의 전화율과 반응기 입구에서의 전화율의 비는 용적 변화율 제곱에 비례한다.

④ 반응기 입구에서의 농도는 용적 변화율에 무관하다.

해설

- 순환비 $R = \dfrac{\text{반응기 입구로 되돌아가는 유체의 부피}}{\text{계를 떠나는 부피}}$
- $R = 0$: 플러그흐름반응기(PFR)
  $R = \infty$: 혼합흐름반응기(CSTR)
- $X_{A1} = \left(\dfrac{R}{R+1}\right)X_{Af}$
- $C_{A1} = C_{A0}\left(\dfrac{1+R-RX_{Af}}{1+R+R\varepsilon_A X_{Af}}\right)$

  $\varepsilon_A = 0$

  $C_{A1} = \dfrac{C_{A0} + RC_{Af}}{R+1}$

83 다음 반응식과 같이 A와 B가 반응하여 필요한 생성물 R과 불필요한 물질 S가 생길 때, R로의 전화율을 높이기 위해서 반응물질의 농도(C)를 어떻게 조정해야 하는가?(단, 반응 1은 A 및 B에 대하여 1차 반응이고, 반응 2도 1차 반응이다.)

$$A + B \xrightarrow{1} R \qquad A \xrightarrow{2} S$$

① C_A의 값을 C_B의 2배로 한다.
② C_B의 값을 크게 한다.
③ C_A의 값을 크게 한다.
④ C_A와 C_B의 값을 같게 한다.

> **해설**
> - $A+B \to R : r_R = k_1 C_A C_B$
> - $A \to S : r_S = k_2 C_A$
>
> $\dfrac{dC_R}{dC_S} = \dfrac{k_1 C_B}{k_2}$
>
> ∴ R의 전화율을 높이기 위해서는 C_B를 크게 한다.

84 $A \to R$인 1차 액상반응의 속도식이 $-r_A = kC_A$로 표시된다. 이 반응을 Plug Flow Reactor에서 진행시킬 경우 체류시간(τ)과 전화율(X_A) 사이의 관계식은?

① $k\tau = -\ln(1-X_A)$
② $k\tau = -C_{A0}\ln(1-X_A)$
③ $k\tau = X/(1-X_A)$
④ $k\tau = C_{A0}X_A/(1-X_A)$

> **해설**
> 1차 액상반응
> $-\ln \dfrac{C_A}{C_{A0}} = -\ln(1-X_A) = k\tau$

85 $A \xrightarrow{k_1} R \xrightarrow{k_2} S$ 반응에서 R의 농도가 최대가 되는 점은?(단, $k_1 = k_2$이다.)

① $C_A > C_R$
② $C_R = C_S$
③ $C_A = C_S$
④ $C_A = C_R$

> **해설**
> $t_{\max} = \dfrac{\ln k_2/k_1}{k_2 - k_1}$
>
> $\dfrac{C_{R\max}}{C_{A0}} = \left(\dfrac{k_1}{k_2}\right)^{\frac{k_2}{k_2-k_1}}$
>
> $C_A = C_{A0} e^{-k_1 t}$
>
> $C_R = C_{A0} k_1 \left(\dfrac{e^{-k_1 t}}{k_2 - k_1} + \dfrac{e^{-k_2 t}}{k_1 - k_2}\right)$
>
> $C_S = C_{A0} - C_A - C_R$
>
> $k_1 = k_2 = k$에서
> $\dfrac{dC_R}{dt} = k_1 C_A - k_2 C_R = kC_{A0}e^{-kt} - kC_R$
> $\dfrac{dC_R}{dt} + kC_R = kC_{A0}e^{-kt}$
> 라플라스 변환하면
> $C_R(s) = kC_{A0}\dfrac{1}{(s+k)^2}$
> $C_R(t) = kC_{A0} t e^{-kt}$ ················ ㉠
> $\dfrac{dC_R(t)}{dt} = kC_{A0}(e^{-kt} - kte^{-kt}) = 0$
> ∴ $kt = 1$
> $t_{\max} = \dfrac{1}{k}$
> ㉠식에서
> $C_R = kC_{A0}te^{-kt} = kC_{A0}\dfrac{1}{k}e^{-k \cdot \frac{1}{k}} = \dfrac{C_{A0}}{e}$
> $C_A = C_{A0}e^{-k_1 t} = C_{A0}e^{-kt} = \dfrac{C_{A0}}{e}$
> ∴ $C_A = C_R$

86 기상반응 $A \to 4R$이 흐름반응기에서 일어날 때 반응기 입구에서는 A가 50%, Inert Gas가 50% 포함되어 있다. 전환율이 100%일 때 반응기 입구에서 체적속도가 1이면 반응기 출구에서의 체적속도는 얼마인가?(단, 반응기의 압력은 일정하다.)

① 0.5
② 1
③ 1.5
④ 2.5

> **해설**
> $\varepsilon = y_{A0}\delta = 0.5 \times \dfrac{4-1}{1} = 1.5$
> $v_f = v_o(1 + \varepsilon_A \times A)$
> $= 1 \times (1 + 1.5 \times 1) = 2.5$

정답 ▶ 84 ① 85 ④ 86 ④

87 다음과 같은 연속 반응에서 각 반응이 기초 반응이라고 할 때 R의 수율을 가장 높게 할 수 있는 반응계는? (단, 각 경우 전체 반응기의 부피는 같다.)

$$A \rightarrow R \rightarrow S$$

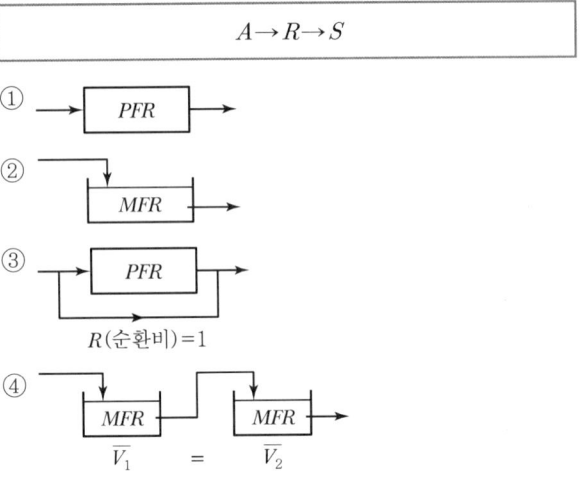

해설

R의 수율을 높이기 위해서는 PFR을 사용한다.

88 $A \rightarrow C$의 촉매반응이 다음과 같은 단계로 이루어진다. 탈착반응이 율속단계일 때 Langmuir Hinshelwood 모델의 반응속도식으로 옳은 것은?(단, A는 반응물, S는 활성점, AS와 CS는 흡착 중간체이며, k는 속도상수, K는 평형상수, S_0는 초기 활성점, [ ]는 농도를 나타낸다.)

단계 1 : $A+S \xrightarrow{k_1} AS$
$[AS] = K_1[S][A]$

단계 2 : $AS \xrightarrow{k_2} CS$
$[CS] = K_2[AS] = K_2K_1[S][A]$

단계 3 : $CS \xrightarrow{k_3} C+S$

① $r_3 = \dfrac{[S_0]k_1K_1K_2[A]}{1+(K_1+K_2K_1)[A]}$

② $r_3 = \dfrac{[S_0]k_3K_1K_2[A]}{1+(K_1+K_2K_1)[A]}$

③ $r_3 = \dfrac{[S_0]k_1k_2K_1K_2[A]}{1+(K_1+K_2K_1)[A]}$

④ $r_3 = \dfrac{[S_0]k_1k_3K_1K_2[A]}{1+(K_1+K_2K_1)[A]}$

해설

탈착반응이 율속단계일 때
$r_1 = k_1[A][S] - k_{-1}[A \cdot S] = 0$
$[A \cdot S] = K_1[A][S]$
$r_2 = k_2[A \cdot S] - k_{-2}[C \cdot S] = 0$
$[C \cdot S] = K_2[A \cdot S] = K_1K_2[A][S]$
$r_3 = k_3[C \cdot S] = k_3K_1K_2[A][S]$
$[S_o] = [S] + [A \cdot S] + [C \cdot S]$
$= [S] + K_1[A][S] + K_1K_2[A][S]$
$= [S]\{1 + K_1[A] + K_1K_2[A]\}$
$[S] = \dfrac{[S_o]}{1+K_1[A]+K_1K_2[A]}$
$\therefore r_3 = \dfrac{k_3K_1K_2[A][S_o]}{1+K_1[A]+K_1K_2[A]}$

89 기초 반응 $A \begin{smallmatrix} \nearrow S \\ \searrow R \end{smallmatrix}$ 에서 R의 순간수율 $\phi(R/A)$를 C_A에 대해 그린 결과가 그림에 곡선으로 표시되어 있다. 원하는 물질 R의 총괄수율이 직사각형으로 표시되는 경우, 어떤 반응기를 사용하였는가?

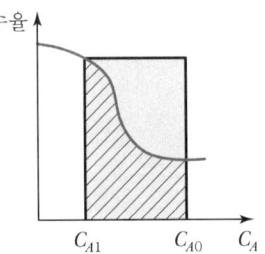

① Plug Flow Reactor
② Mixed-Flow Reactor와 Plug Flow Reactor
③ Mixed Flow Reactor
④ Laminar Flow Reactor

해설

- PFR : 적분 면적
- CSTR(MFR) : 직사각형 면적

90 비가역 1차 액상반응 $A \rightarrow P$를 직렬로 연결된 2개의 CSTR에서 진행시킬 때 전체 반응기 부피를 최소화하기 위한 조건에 해당하는 것은?(단, 첫 번째와 두 번째 반응기의 부피는 각각 V_{C1}, V_{C2}이다.)

① $V_{C1} = 2V_{C2}$
② $2V_{C1} = V_{C2}$
③ $3V_{C1} = V_{C2}$
④ $V_{C1} = V_{C2}$

해설
1차 반응에서는 동일한 크기의 반응기가 최적이고, $n > 1$인 반응에서는 작은 반응기가 먼저 위치하여야 하며, $n < 1$인 반응에서는 큰 반응기가 먼저 와야 한다.

91 비가역 0차 반응에서 전화율이 1로 반응이 완결되는 데 필요한 반응시간에 대한 설명으로 옳은 것은?

① 초기 농도의 역수와 같다.
② 속도상수 k의 역수와 같다.
③ 초기 농도를 속도상수로 나눈 값과 같다.
④ 초기 농도에 속도상수를 곱한 값과 같다.

해설
$C_{A0}X_A = kt$ $\therefore t = \dfrac{C_{A0}}{k}$

92 체중 70kg, 체적 0.075m³인 사람이 포도당을 산화시키는 데 하루에 12.8mol의 산소를 소모한다고 할 때 이 사람의 반응속도를 mol O_2/m^3 s로 표시하면 약 얼마인가?

① 2×10^{-4}
② 5×10^{-4}
③ 1×10^{-3}
④ 2×10^{-3}

해설
$12.8\text{mol} \times \dfrac{1}{0.075\text{m}^3} \times \dfrac{1}{1\text{day}} \times \dfrac{1\text{day}}{24\text{h}} \times \dfrac{1\text{h}}{3,600\text{s}}$
$= 0.002 = 2 \times 10^{-3} \text{mol O}_2/\text{m}^3 \text{ s}$

93 Arrhenius 법칙에서 속도상수 k와 반응온도 T의 관계를 옳게 설명한 것은?

① k와 T는 직선관계가 있다.
② $\ln k$와 $1/T$은 직선관계가 있다.
③ $\ln k$와 $\ln(1/T)$은 직선관계가 있다.
④ $\ln k$와 T는 직선관계가 있다.

해설
Arrhenius 법칙
$\ln k = \dfrac{-E_a}{RT}$

94 다음의 반응에서 반응속도상수 간의 관계는 $k_1 = k_{-1} = k_2 = k_{-2}$이며 초기 농도는 $C_{A0} = 1$, $C_{R0} = C_{S0} = 0$일 때 시간이 충분히 지난 뒤, 농도 사이의 관계를 옳게 나타낸 것은?

$$A \underset{k_{-1}}{\overset{k_1}{\rightleftarrows}} R \underset{k_{-2}}{\overset{k_2}{\rightleftarrows}} S$$

① $C_A \neq C_R = C_S$
② $C_A = C_R \neq C_S$
③ $C_A = C_R = C_S$
④ $C_A \neq C_R \neq C_S$

해설
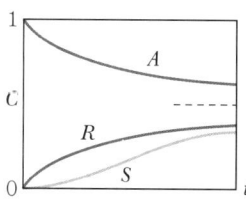

A, R, S는 모두 가역반응이고 속도상수가 같으므로 A는 초기에 감소, R은 증가, S는 마지막으로 증가한다.
$\therefore A$, R, S는 평형농도에 도달한다.

95 $A \to R$인 액상반응이 부피가 0.1L인 플러그흐름 반응기에서 $-r_A = 50{C_A}^2$ mol/L min으로 일어난다. A의 초기농도 C_{A0}는 0.1mol/L이고 공급속도가 0.05 L/min일 때 전화율은 얼마인가?

① 0.509
② 0.609
③ 0.809
④ 0.909

해설

$$C_{A0}k\tau = \frac{X_A}{1-X_A}$$

$$\tau = \frac{V}{v_0} = \frac{0.1\text{L}}{0.05\text{L/min}} = 2\text{min}$$

$$0.1\text{mol/L} \times 50\text{L/mol min} \times 2\text{min} = \frac{X_A}{1-X_A}$$

$$\therefore X_A = 0.909$$

96 어떤 물질의 분해반응은 비가역 1차 반응으로 90% 까지 분해하는 데 8,123초가 소요되었다면 40% 분해하는 데 걸리는 시간은 약 몇 초인가?

① 1,802
② 2,012
③ 3,267
④ 4,128

해설

$-\ln(1-X_A) = kt$
$-\ln(1-0.9) = k \times 8,123 \quad \therefore k = 0.000283\text{s}^{-1}$
$-\ln(1-0.4) = 0.000283t \quad \therefore t = 1,805\text{s}$

97 $A \to B$인 1차 반응에서 플러그흐름반응기의 공간 시간(Space Time) τ를 옳게 나타낸 것은?(단, 밀도는 일정하고, X_A는 A의 전화율, k는 반응속도상수이다.)

① $\tau = \dfrac{X_A}{1-X_A}$
② $\tau = \dfrac{C_{A0} - C_A}{kC_A}$
③ $\tau = \dfrac{-\ln(1-X_A)}{k}$
④ $\tau = C_A + \ln(1-X_A)$

해설

$-\ln(1-X_A) = k\tau$

$$\tau = \frac{-\ln(1-X_A)}{k}$$

98 자기촉매 반응에서 목표 전화율이 반응속도가 최대가 되는 반응 전화율보다 낮을 때 사용하기에 유리한 반응기는?(단, 반응 생성물의 순환이 없는 경우이다.)

① 혼합반응기
② 플러그반응기
③ 직렬연결한 혼합반응기와 플러그반응기
④ 병렬연결한 혼합반응기와 플러그반응기

해설

낮은 전화율에서는 CSTR이 효과적이고 높은 전화율에서는 PFR이 효과적이다.

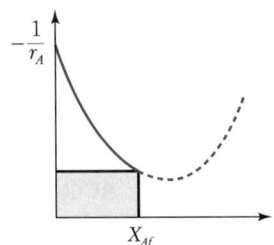

99 이상형 반응기의 대표적인 예가 아닌 것은?

① 회분식 반응기
② 플러그흐름반응기
③ 혼합흐름반응기
④ 촉매반응기

해설

이상반응기
- 회분식 반응기
- 플러그흐름반응기
- 혼합흐름반응기

정답 95 ④ 96 ① 97 ③ 98 ① 99 ④

100 다음의 균일계 액상평행반응에서 S의 순간 수율을 최대로 하는 C_A의 농도는?

(단, $r_R = C_A$, $r_S = 2C_A^2$, $r_T = C_A^3$이다.)

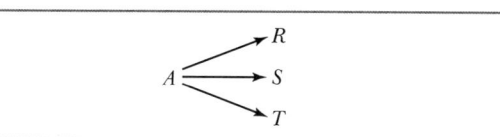

① 0.25　　　② 0.5
③ 0.75　　　④ 1

해설

$$\phi = \frac{dC_S}{dC_A + dC_S + dC_T}$$

$$= \frac{2C_A^2}{C_A + 2C_A^2 + C_A^3} = \frac{2C_A}{1 + 2C_A + C_A^2}$$

$$= \frac{2C_A}{(1+C_A)^2}$$

$$\frac{d\phi}{dC_A} = \frac{d}{dC_A}\left\{\frac{2C_A}{(1+C_A)^2}\right\} = 0$$

$$\frac{2(1+C_A)^2 - 4C_A(1+C_A)}{(1+C_A)^4} = \frac{2(1-C_A^2)}{(1+C_A)^4} = 0$$

∴ $C_A = 1$일 때 $\phi = 0.5$

정답 100 ④

2018년 제2회 기출문제

1과목 화공열역학

01 1kg의 질소가스가 2.3atm, 367K에서 압력이 2배로 증가하는데, $PV^{1.3}=\text{const.}$의 폴리트로픽 공정(Polytropic Process)에 따라 변화한다고 한다. 질소가스의 최종 온도는 약 얼마인가?

① 360K ② 400K
③ 430K ④ 730K

해설

$$\left(\frac{T_2}{T_1}\right)=\left(\frac{P_2}{P_1}\right)^{\frac{\gamma-1}{\gamma}}$$

$$\frac{T_2}{367}=\left(\frac{4.6}{2.3}\right)^{\frac{1.3-1}{1.3}}$$

$$\therefore T_2 = 430.6K$$

02 그림의 2단 압축조작에서 각 단에서의 기체는 처음 온도로 냉각된다고 한다. 각 압력 사이에 어떤 관계가 성립할 때 압축에 소요되는 전 소요일량(Total Work)이 최소가 되겠는가?

$\xrightarrow{P_1, T_1}$ ▷ $\xrightarrow{P, T_1}$ ▷ $\xrightarrow{P_2}$

① $P^2 > P_2P_1$ ② $(P_2)^2 = PP_1$
③ $(P_1)^2 = PP_2$ ④ $P^2 = P_2P_1$

해설

n단 압축

$$W=\frac{n\gamma_1 P_1 V_1}{\gamma-1}\left(1-r^{\frac{\gamma-1}{\gamma}}\right)$$

각 단의 압축비가 같다고 하면 → 최소일

$$r=\frac{P_2}{P_1}=\frac{P_3}{P_2}$$

$$\therefore P_2 = \sqrt{P_1 P_3}$$

$$r=\frac{P}{P_1}=\frac{P_2}{P}$$

$$\therefore P^2 = P_1 P_2$$

03 공기표준 디젤 사이클의 구성요소로서 그 과정이 옳은 것은?

① 단열압축 → 정압가열 → 단열팽창 → 정적방열
② 단열압축 → 정적가열 → 단열팽창 → 정적방열
③ 단열압축 → 정적가열 → 단열팽창 → 정압방열
④ 단열압축 → 정압가열 → 단열팽창 → 정압방열

해설

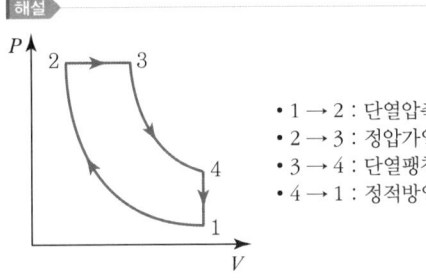

- 1 → 2 : 단열압축
- 2 → 3 : 정압가열
- 3 → 4 : 단열팽창
- 4 → 1 : 정적방열

04 비리얼 방정식(Virial Equation)이 $Z=1+BP$로 표시되는 어떤 기체를 가역적으로 등온압축시킬 때 필요한 일의 양은?(단, $Z=\dfrac{PV}{RT}$, B : 비리얼 계수)

① 이상기체의 경우와 같다.
② 이상기체의 경우보다 많다.
③ 이상기체의 경우보다 적다.
④ B 값에 따라 다르다.

정답 01 ③ 02 ④ 03 ① 04 ①

해설

$$\frac{PV}{RT} = 1 + BP$$

P에 대해 정리하면

$$P = \frac{RT}{V - BRT}, \quad V - BRT = \frac{RT}{P}$$

$$W = \int_1^2 P dV = \int_1^2 \frac{RT}{V - BRT} dV$$

$$= RT \ln \frac{V_2 - BRT}{V_1 - BRT}$$

$$= RT \ln \left(\frac{RT/P_2}{RT/P_1}\right) = RT \ln \left(\frac{P_1}{P_2}\right)$$

∴ 이상기체의 일과 같다.

05 열역학에 관한 설명으로 옳은 것은?
① 일정한 압력과 온도에서 일어나는 모든 비가역과정은 깁스(Gibbs)에너지를 증가시키는 방향으로 진행한다.
② 공비물의 공비조성에서는 끓는 액체에서와 같은 조성을 갖는 기체가 만들어지며 액체의 조성은 증발하면서도 변화하지 않는다.
③ 압력이 일정한 단일상의 PVT계에서 $\Delta H = \int_{T_1}^{T_2} C_V dT$ 이다.
④ 화학반응이 일어나면 생성물의 에너지는 구성 원자들의 물리적 배열의 차이에만 의존하여 변한다.

해설
① 깁스에너지를 감소시키는 방향으로 흐른다.
③ $\Delta H = \int_{T_1}^{T_0} C_p dT$

06 다음 그림은 A, B - 2성분계 용액에 대한 1기압하에서의 온도-농도 간의 평형관계를 나타낸 것이다. A의 몰분율이 0.4인 용액을 1기압하에서 가열할 경우, 이 용액의 끓는 온도는 몇 ℃인가?(단, x_A는 액상 몰분율이고 y_A는 기상 몰분율이다.)

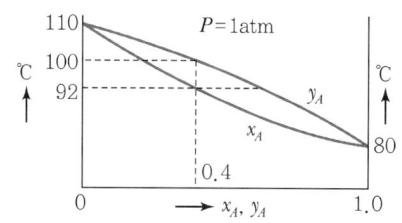

① 80℃
② 80℃부터 92℃까지
③ 92℃부터 100℃까지
④ 110℃

해설
몰분율이 0.4일 때 92℃에서 끓기 시작하여 100℃가 되면 완전 기화한다.

07 여름철에 집 안에 있는 부엌을 시원하게 하기 위하여 부엌의 문을 닫아 부엌을 열적으로 집 안의 다른 부분과 격리하고 부엌에 있는 전기냉장고의 문을 열어 놓았다. 이 부엌의 온도는?
① 온도가 내려간다.
② 온도의 변화는 없다.
③ 온도가 내려갔다, 올라갔다를 반복한다.
④ 온도는 올라간다.

해설
냉장고가 부엌에 열을 버리므로 부엌의 온도는 올라간다.

08 평형상수의 온도에 따른 변화를 알기 위하여 필요한 물성은 무엇인가?
① 반응에 관여한 물질의 증기압
② 반응에 관여한 물질의 확산계수
③ 반응에 관여한 물질의 임계상수
④ 반응에 수반되는 엔탈피 변화량

해설

$$\frac{d\ln K}{dT} = \frac{\Delta H°}{RT^2}$$

$\Delta H° < 0$: 발열반응. 온도가 증가하면 평형상수는 감소한다.
$\Delta H° > 0$: 흡열반응. 온도가 증가하면 평형상수도 증가한다.

정답 05 ② 06 ③ 07 ④ 08 ④

09 다음 중 이심인자(Acentric Factor) 값이 가장 큰 것은?

① 제논(Xe)   ② 아르곤(Ar)
③ 산소(O_2)   ④ 크립톤(Kr)

> **해설**
> - 동일한 이심인자 값을 갖는 모든 유체들은 같은 T_r, P_r에서 비교했을 때 거의 동일한 Z값을 가지며 이상기체거동에서 벗어나는 정도도 거의 같다.
> - ω(이심인자)의 정의에 따라 아르곤(Ar), 크립톤(Kr), 제논(Xe)의 ω는 0이 된다.

10 열역학 제2법칙에 대한 설명 중 틀린 것은?

① 고립계로 생각되는 우주의 엔트로피는 증가한다.
② 어떤 순환공정도 계가 흡수한 열을 완전히 계에 의해 행하여지는 일로 변환시키지 못한다.
③ 열이 고온부에서 저온부로 이동하는 현상은 자발적이다.
④ 열기관의 최대효율은 100%이다.

> **해설**
> **열역학 제2법칙**
> - 외부로부터 흡수한 열을 완전히 일로 전환할 수 있는 공정은 없다. 즉, 열에 의한 전환효율이 100%가 되는 열기관은 존재하지 않는다.
> - 자발적 변화는 비가역변화이며, 엔트로피는 증가하는 방향으로 진행된다.
> - 열은 저온에서 고온으로 흐르지 못한다.

11 다음 중에서 공기표준 오토(Air-Standard Otto) 엔진의 압력-부피 도표에서 사이클을 옳게 나타낸 것은?

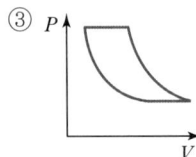
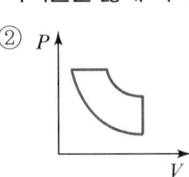
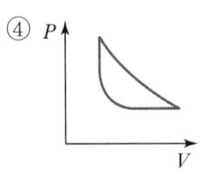

> **해설**
> - 오토기관 사이클
>
>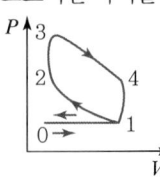
>
> - 공기표준 오토 사이클
>
>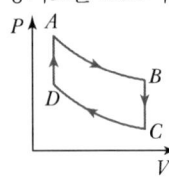
>
> - 공기표준 디젤 사이클
>
>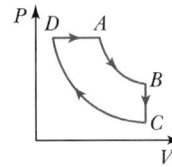
>
> - 기체-터빈 기관의 이상적인 사이클
>
>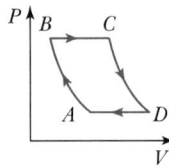

12 등온과정에서 300K일 때 기체의 압력이 10atm에서 2atm으로 변했다면 소요된 일의 크기는?(단, 기체는 이상기체라 가정하고, 기체상수 R은 1.987cal/mol K이다.)

① 596.1cal   ② 959.4cal
③ 2,494.2cal   ④ 4,014.3cal

> **해설**
> $$W = RT\ln\frac{V_2}{V_1} = RT\ln\frac{P_1}{P_2}$$
> $$\therefore W = 1.987\text{cal/mol K} \times 300\text{K} \times \ln\frac{10}{2}$$
> $$= 959.4\text{cal/mol}$$

13 진공에서 $CaCO_3(s)$가 $CaO(s)$와 $CO_2(g)$로 완전분해하여 만들어진 계에 대해 자유도(Degree of Freedom) 수는?

① 0
② 1
③ 2
④ 3

해설

$CaCO_3(s) \rightarrow CaO(s) + CO_2(g)$

- 완전분해(생성물 조건만 고려)
  $F = 2 - p + c - r - s = 2 - 2 + 2 - 0 - 0 = 2$
- 부분분해
  $F = 2 - p + c - r - s = 2 - 3 + 3 - 1 - 0 = 1$

14 압축인자(Compressibility Factor)인 Z를 표현하는 비리얼 전개(Virial Expansion)는 다음과 같다. 이에 대한 설명으로 옳지 않은 것은?(단, B, C, D 등은 비리얼 계수이다.)

$$Z = \frac{PV}{RT} = 1 + \frac{B}{V} + \frac{C}{V^2} + \frac{D}{V^3} + \cdots$$

① 비리얼 계수들은 실제기체의 분자 상호 간의 작용 때문에 나타나는 것이다.
② 비리얼 계수들은 주어진 기체에서 온도 및 압력에 관계없이 일정한 값을 나타낸다.
③ 이상기체의 경우 압축인자의 값은 항상 1이다.
④ $\frac{B}{V}$ 항은 $\frac{C}{V^2}$ 항에 비해 언제나 값이 크다.

해설

- B, C, D는 비리얼 계수로 온도만의 함수이다.
- $\frac{B}{V}$는 분자쌍 사이의 상호 작용 때문에 나타나는 것이고, $\frac{C}{V^2}$는 세 분자 간의 상호 작용에 기인한다.
- $\frac{B}{V} > \frac{C}{V^2}$
- 차수가 높은 항일수록 Z에 대한 기여도가 작다.

15 화학평형상수에 미치는 온도의 영향을 옳게 나타낸 것은?(단, $\Delta H°$는 표준반응 엔탈피로서 온도에 무관하며, K_0는 온도 T_0에서의 평형상수, K는 온도 T에서의 평형상수이다.)

① 발열반응이면 온도증가에 따라 화학평형상수는 증가한다.
② $\Delta H° = -RT\frac{d\ln K}{dT}$
③ $\ln\frac{K}{K_0} = -\frac{\Delta H°}{R}\left(\frac{1}{T} - \frac{1}{T_0}\right)$
④ $\frac{\Delta G°}{RT} = \ln K$

해설

$\frac{d\ln K}{dT} = \frac{\Delta H°}{RT^2}$

$\ln\frac{K}{K_0} = -\frac{\Delta H°}{R}\left(\frac{1}{T} - \frac{1}{T_0}\right)$

16 1atm, 32℃의 공기를 0.8atm까지 가역단열 팽창시키면 온도는 약 몇 ℃가 되겠는가?(단, 비열비가 1.4인 이상기체라고 가정한다.)

① 3.2℃
② 13.2℃
③ 23.2℃
④ 33.2℃

해설

$\left(\frac{T_2}{T_1}\right) = \left(\frac{P_2}{P_1}\right)^{\frac{\gamma-1}{\gamma}}$

$\frac{T_2}{305} = \left(\frac{0.8}{1}\right)^{\frac{1.4-1}{1.4}}$

$\therefore T_2 = 286.2K(13.2℃)$

정답 13 ③ 14 ② 15 ③ 16 ②

17 열역학 제1법칙에 대한 설명 중 틀린 것은?

① 에너지는 여러 가지 형태를 가질 수 있지만 에너지의 총량은 일정하다.
② 계의 에너지 변화량과 외계의 에너지 변화량의 합은 영(Zero)이다.
③ 한 형태의 에너지가 없어지면 동시에 다른 형태의 에너지로 나타난다.
④ 닫힌계에서 내부에너지 변화량은 영(Zero)이다.

> 해설

열역학 제1법칙(에너지 보존의 법칙)
에너지는 여러 형태로 존재하지만, 에너지의 총량은 일정하다. 즉 열과 일은 생성, 소멸되는 것이 아니라 서로 전환하는 것이다(에너지가 다른 형태의 에너지로 전환).

18 다음 중 기-액 상평형 자료의 건전성을 검증하기 위하여 사용하는 것으로 가장 옳은 것은?

① 깁스-두헴(Gibbs-Duhem) 식
② 클라우지우스-클레이페이론(Clausius-Clapeyron) 식
③ 맥스웰 관계(Maxwell Relation) 식
④ 헤스의 법칙(Hess's Law)

> 해설

① Gibbs-Duhem 식 : 기-액 상평형 자료의 건전성을 검증
$n_1 d\mu_1 + n_2 d\mu_2 = 0$
$x_1 d\mu_1 + (1-x_1) d\mu_2 = 0$

② Clausius-Clapeyron 식
$\ln \dfrac{P_2}{P_1} = \dfrac{\Delta H}{R} \left(\dfrac{1}{T_1} - \dfrac{1}{T_2} \right)$

③ Maxwell Relation
$\left(\dfrac{\partial T}{\partial V} \right)_S = -\left(\dfrac{\partial P}{\partial S} \right)_V \qquad \left(\dfrac{\partial T}{\partial P} \right)_S = \left(\dfrac{\partial V}{\partial S} \right)_P$
$\left(\dfrac{\partial S}{\partial V} \right)_T = \left(\dfrac{\partial P}{\partial T} \right)_V \qquad -\left(\dfrac{\partial S}{\partial P} \right)_T = \left(\dfrac{\partial V}{\partial T} \right)_P$

④ Hess's Law
화학반응에서 반응열은 그 반응의 시작과 끝 상태만으로 결정되며, 도중의 경로에는 무관하다는 법칙이다.

19 오토(Otto) 사이클의 효율(η)을 표시하는 식으로 옳은 것은?(단, k=비열비, r_v=압축비, r_f=팽창비이다.)

① $\eta = 1 - \left(\dfrac{1}{r_v} \right)^{k-1}$

② $\eta = 1 - \left(\dfrac{1}{r_v} \right)^{k}$

③ $\eta = 1 - \left(\dfrac{1}{r_v} \right)^{\frac{k-1}{k}}$

④ $\eta = 1 - \left(\dfrac{1}{r_v} \right)^{k-1} \cdot \dfrac{r_f^{k-1}}{k(r_f-1)}$

> 해설

Otto 기관
$\eta = 1 - r \left(\dfrac{1}{r} \right)^k = 1 - \left(\dfrac{1}{r} \right)^{k-1}$

기체터빈기관
$\eta = 1 - \left(\dfrac{P_A}{P_B} \right)^{\frac{\gamma-1}{\gamma}}$

20 0℃, 1atm인 상태에 있는 100L의 헬륨을 밀폐된 용기에서 100℃로 가열하였을 때 ΔH를 구하면 약 몇 cal인가?(단, 헬륨은 $C_V = \dfrac{3}{2}R$인 이상기체로 가정하고, 기체상수 $R=1.987$cal/mol K이다.)

① 1,477
② 1,772
③ 2,018
④ 2,216

> 해설

$n = \dfrac{PV}{RT} = \dfrac{1\text{atm} \times 100\text{L}}{0.082 \times 273} = 4.47\text{mol}$

$C_P = C_V + R = \dfrac{3}{2}R + R = \dfrac{5}{2}R$

$\Delta H = n C_P \Delta T$
$= 4.47 \times \left(\dfrac{5}{2} \times 1.987 \right) \times 100$
$= 2,220\text{cal}$

정답 17 ④ 18 ① 19 ① 20 ④

2과목 단위조작 및 화학공업양론

21 산소 75vol%와 메탄 25vol%로 구성된 혼합가스의 평균분자량은?

① 14 ② 18
③ 28 ④ 30

해설

$\overline{M}_{av} = 32 \times 0.75 + 16 \times 0.25 = 28$

22 25℃에서 다음 반응의 정압에서와 정용에서의 반응열의 차이를 구하면 약 몇 cal인가?

$$C(s) + \frac{1}{2}O_2(g) \rightarrow CO(g)$$

① 29.6 ② 59.2
③ 296 ④ 592

해설

$\Delta H = \Delta U + \Delta PV$
$\Delta H - \Delta U = \Delta nRT$
$= \left(1 - \frac{1}{2}\right) mol \times 1.987 cal/mol\ K \times 298K$
$= 296 cal$

23 500mL의 플라스크에 4g의 N_2O_4를 넣고 50℃에서 해리시켜 평형에 도달하였을 때 전압이 3.63atm이었다. 이때 해리도는 약 몇 %인가?(단, 반응식은 $N_2O_4 \rightarrow 2NO_2$이다.)

① 27.5 ② 37.5
③ 47.5 ④ 57.5

해설

$P = \dfrac{nRT}{V}$
$= \dfrac{(4mol/92g/mol)(0.082L\ atm/mol\ K)(323K)}{0.5L} = 2.3atm$

$N_2O_4 \rightarrow 2NO_2$
　　2.3atm　　　0
+)　 $-x$　　　$+2x$

전체압 : $2.3 - x + 2x = 3.63$ ∴ $x = 1.33$

∴ 해리도 $= \dfrac{1.33}{2.3} \times 100 = 57.8\%$

24 임계상태에 대한 설명으로 옳지 않은 것은?

① 임계상태는 압력과 온도의 영향을 받아 기상거동과 액상거동이 동일한 상태이다.
② 임계온도 이하의 온도 및 임계압력 이상의 압력에서 기체는 응축하지 않는다.
③ 임계점에서의 온도를 임계온도, 그때의 압력을 임계압력이라고 한다.
④ 임계상태를 규정짓는 임계압력은 기상거동과 액상거동이 동일해지는 최저압력이다.

해설

임계온도 이하, 임계압력 이상에서 기체는 응축한다.

25 어떤 공업용수 내에 칼슘(Ca) 함량이 100ppm일 때 이를 무게 백분율(wt%)로 환산하면 얼마인가?(단, 공업용수의 비중은 1.0이다.)

① 0.01% ② 0.1%
③ 1% ④ 10%

해설

$100ppm = 100mg/kg = 100 \times 10^{-6}$
$= 100 \times 10^{-6} \times 100(\%) = 0.01\%$

26 보일러에 Na_2SO_3를 기하여 공급수 중의 산소를 제거한다. 보일러 공급수 200톤에 산소함량이 2ppm일 때 이 산소를 제거하는 데 필요한 Na_2SO_3의 이론량은?

① 1.58kg ② 3.15kg
③ 4.74kg ④ 6.32kg

해설

$2Na_2SO_3 + O_2 \rightarrow 2Na_2SO_4$
2×126 : 32
　x　:　$200 \times 10^3 kg \times 2 \times 10^{-6}$
∴ $x = 3.15kg$

정답 ▶ 21 ③ 22 ③ 23 ④ 24 ② 25 ① 26 ②

27 점도 0.05Poise를 kg/m s로 환산하면?

① 0.005
② 0.025
③ 0.05
④ 0.25

> 해설

$$0.05P = \frac{0.05g}{cm \cdot s} \times \frac{1kg}{1,000g} \times \frac{100cm}{1m}$$
$$= 0.005 kg/m \cdot s$$

28 30℃, 742mmHg에서 수증기로 포화된 H_2 가스가 2,300cm³의 용기 속에 들어 있다. 30℃, 742mmHg에서 순 H_2 가스의 용적은 약 몇 cm³인가?(단, 30℃에서 포화수증기압은 32mmHg이다.)

① 2,200
② 2,090
③ 1,880
④ 1,170

> 해설

$$\frac{742-32}{742} = 0.957$$
$$2,300 \times 0.957 = 2,200 cm^3$$

29 도관 내 흐름을 해석할 때 사용되는 베르누이식에 대한 설명으로 틀린 것은?

① 마찰손실이 압력손실 또는 속도수두 손실로 나타나는 흐름을 해석할 수 있는 식이다.
② 수평흐름이면 압력손실이 속도수두 증가로 나타나는 흐름을 해석할 수 있는 식이다.
③ 압력수두, 속도수두, 위치수두의 상관관계 변화를 예측할 수 있는 식이다.
④ 비점성, 비압축성, 정상상태, 유선을 따라 적용할 수 있다.

> 해설

베르누이 정리
$$\frac{\Delta u^2}{2g_c} + \frac{g}{g_a}\Delta z + \frac{\Delta p}{\rho} = 일정$$
정상상태, 비압축성, 비점성, 동일선상의 유선을 따라 적용

30 300kg의 공기와 24kg의 탄소가 반응기 내에서 연소하고 있다. 연소하기 전 반응기 내에 있는 산소는 약 몇 kmol인가?

① 2
② 2.18
③ 10.34
④ 15.71

> 해설

$$300kg\,Air \times \frac{23.3kg\,O_2}{100kg\,Air} \times \frac{1kmol\,O_2}{32kg\,O_2} = 2.18kmol$$

31 반경이 R인 원형파이프를 통하여 비압축성 유체가 층류로 흐를 때의 속도분포는 다음 식과 같다. v는 파이프 중심으로부터 벽 쪽으로의 수직거리 r에서의 속도이며, V_{max}는 중심에서의 최대속도이다. 파이프 내에서 유체의 평균속도는 최대속도의 몇 배인가?

$$v = V_{max}(1-r/R)$$

① 1/2
② 1/3
③ 1/4
④ 1/5

> 해설

평균유속 $v_{av} = \bar{v} = \bar{u}$
$\dot{m} = \rho \bar{u} A = \rho Q$
여기서, $\dot{m}$: 질량유량
Q : 부피유량

$$\bar{u} = \frac{\dot{m}}{\rho A} = \frac{1}{A}\int_A u\,dA$$

관의 단면적 $A = \pi r^2$, $dA = 2\pi r dr$

$$\therefore \bar{u} = \frac{1}{A}\int u\,dA = \frac{1}{\pi R^2}\int_0^R u \cdot 2\pi r\,dr$$
$$= \frac{1}{\pi R^2}\int_0^R V_{max}\left(1-\frac{r}{R}\right)\cdot 2\pi r\,dr$$
$$= \frac{2\pi}{\pi R^2}V_{max}\int_0^R\left(r-\frac{r^2}{R}\right)dr$$
$$= \frac{2}{R^2}V_{max}\left[\frac{1}{2}r^2 - \frac{1}{3R}r^3\right]_0^R$$
$$= \frac{2}{R^2}V_{max}\left(\frac{1}{2}R^2 - \frac{1}{3}R^2\right) = \frac{1}{3}V_{max}$$

정답 27 ① 28 ① 29 ① 30 ② 31 ②

32 전압이 1atm에서 n-헥산과 n-옥탄의 혼합물이 기-액 평형에 도달하였다. n-헥산과 n-옥탄의 순성분 증기압이 1,025mmHg와 173mmHg이다. 라울의 법칙이 적용될 경우 n-헥산의 기상 평형 조성은 약 얼마인가?

① 0.93 ② 0.69
③ 0.57 ④ 0.49

해설
$760 = 1,025 x_A + 173(1 - x_A)$
$\therefore x_A = 0.689$
$y_A = \dfrac{p_A}{P} = \dfrac{P_A x_A}{P}$
$= \dfrac{1,025 \times 0.689}{760} = 0.93$

33 상계점(Plait Point)에 대한 설명 중 틀린 것은?

① 추출상과 추잔상의 조성이 같아지는 점
② 분배곡선과 용해도곡선과의 교점
③ 임계점(Critical Point)으로 불리기도 하는 점
④ 대응선(Tie Line)의 길이가 0이 되는 점

해설
상계점(임계점)
• 추출상과 추잔상에서 추질의 조성이 같은 점
• 대응선(Tie Line)의 길이가 0이 되는 점

34 FPS 단위로부터 레이놀즈 수를 계산한 결과 1,000이었다. MKS 단위로 환산하여 레이놀즈 수를 계산하면 그 값은 얼마로 예상할 수 있는가?

① 10 ② 136
③ 1,000 ④ 13,600

해설
FPS, MKS, CGS 모두 같은 레이놀즈 수를 갖는다.

35 건조조작에서 임계함수율(Critical Moisture Content)을 옳게 설명한 것은?

① 건조 속도가 0일 때의 함수율이다.
② 감률 건조기간이 끝날 때의 함수율이다.
③ 항률 건조기간에서 감률 건조기간으로 바뀔 때의 함수율이다.
④ 건조조작이 끝날 때의 함수율이다.

해설
임계함수율
항률 건조기간에서 감률 건조기간으로 바뀔 때 함수율이다.

36 확산에 의한 물질전달현상을 나타낸 Fick의 법칙처럼 전달속도, 구동력 및 저항 사이의 관계식으로 일반화되는 점에서 유사성을 갖는 법칙은 다음 중 어느 것인가?

① Stefan-Boltzman 법칙
② Henry 법칙
③ Fourier 법칙
④ Raoult 법칙

해설

이동현상	법칙	식
운동량전달	Newton의 법칙	$\tau = \dfrac{F}{A} = -\mu \dfrac{du}{dy}$
열전달	Fourier의 법칙	$q = \dfrac{Q}{A} = -k \dfrac{dt}{dl}$
물질전달	Fick의 법칙	$J_A = \dfrac{N_A}{A} = -D_{AB} \dfrac{dC_A}{dx}$

37 공극률(Porosity)이 0.3인 충전탑 내를 유체가 유효 속도(Superficial Velocity) 0.9m/s로 흐르고 있을 때 충전탑 내의 평균 속도는 몇 m/s인가?

① 0.2 ② 0.3
③ 2.0 ④ 3.0

해설
평균 속도 = $\dfrac{유효\ 속도}{공극률} = \dfrac{0.9}{0.3} = 3\text{m/s}$

정답 32 ① 33 ② 34 ③ 35 ③ 36 ③ 37 ④

38 다음 중에서 Nusselt 수(N_{Nu})를 나타내는 것은? (단, h는 경막열전달계수, D는 관의 직경, k는 열전도도이다.)

① $k \cdot D \cdot h$
② $k \cdot D$
③ $\dfrac{D}{k \cdot h}$
④ $\dfrac{D \cdot h}{k}$

해설

$N_{Nu} = \dfrac{hD}{k}$

39 혼합에 영향을 주는 물리적 조건에 대한 설명으로 옳지 않은 것은?

① 섬유상의 형상을 가진 것은 혼합하기가 어렵다.
② 건조분말과 습한 것의 혼합은 한쪽을 분할하여 혼합한다.
③ 밀도차가 클 때는 밀도가 큰 것이 아래로 내려가므로 상하가 고르게 교환되도록 회전방법을 취한다.
④ 액체와 고체의 혼합·반죽에서는 습윤성이 적은 것이 혼합하기 쉽다.

해설

혼합에 영향을 주는 물리적 조건
- 밀도 : 밀도차가 작은 것이 좋으나 밀도차가 클 때는 밀도가 큰 것이 아래로 내려가므로 상하가 고르게 교환되도록 회전방법을 취한다.
- 입도 : 입도는 작은 것이 혼합하기 좋다.
- 형상 : 섬유상의 것은 혼합하기 어렵다.
- 수분, 습윤성 : 분체에서는 일반적으로 습윤이 작은 것이 혼합하기 쉽다. 액체와 고체의 혼합, 반죽에서는 습윤성이 큰 것이 좋다.
- 혼합비 : 대량의 것과 소량의 것, 건조분말과 습한 것의 혼합은 한쪽을 분할하여 가한다.

40 원심펌프의 장점에 대한 설명으로 가장 거리가 먼 것은?

① 대량 유체 수송이 가능하다.
② 구조가 간단하다.
③ 처음 작동 시 Priming 조작을 하면 더 좋은 양정을 얻는다.
④ 용량에 비해 값이 싸다.

해설

㉠ 원심펌프의 장점
- 왕복펌프에 비해 구조가 간단하고, 용량이 같아도 소형이며 가볍고 값이 싸다.
- 진흙과 펌프의 수송도 가능하며, 고장이 적다.

㉡ 원심펌프의 단점
- 공기바인딩 현상
- 공동화 현상

3과목 공정제어

41 PI 제어기는 Bode Diagram 상에서 어떤 특징을 갖는가?(단, τ_I는 PI 제어기의 적분시간을 나타낸다.)

① $\omega\tau_I$ 가 1일 때 위상각이 $-45°$
② 위상각이 언제나 0
③ 위상 앞섬(Phase Lead)
④ 진폭비가 언제나 1보다 작음

해설

PI 제어기

$$G(s) = K_c\left(1 + \dfrac{1}{\tau_I s}\right)$$

$$G(i\omega) = K_c\left(1 + \dfrac{1}{\tau_I i\omega}\right) = K_c - \dfrac{K_c i}{\tau_I \omega}$$

$$|AR| = |G(i\omega)| = \sqrt{R^2 + I^2}$$
$$= \sqrt{K_c^2 + \left(-\dfrac{K_c}{\tau_I \omega}\right)^2}$$
$$= K_c\sqrt{1 + \dfrac{1}{(\tau_I \omega)^2}}$$

$$\phi = \angle G(i\omega) = \tan^{-1}\left(\dfrac{I}{R}\right)$$
$$= \tan^{-1}\left(\dfrac{-K_c/\tau_I \omega}{K_c}\right) = \tan^{-1}\left(-\dfrac{1}{\tau_I \omega}\right)$$

$\tau_I \omega = 1 \rightarrow \phi = \tan^{-1}(-1) = -45°$

정답 38 ④ 39 ④ 40 ③ 41 ①

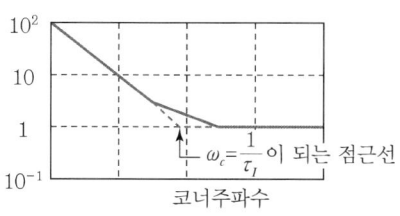

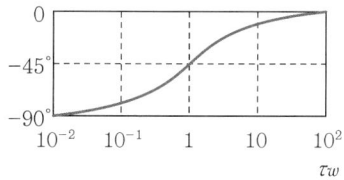

$\tau w_I = 1$
$\phi = \tan^{-1}(-1) = -45°$

42 비례 제어기를 이용하는 어떤 폐루프 시스템의 특성방정식이 $1 + \dfrac{K_c}{(s+1)(2s+1)} = 0$과 같이 주어진다. 다음 중 진동응답이 예상되는 경우는?

① $K_c = -1.25$
② $K_c = 0$
③ $K_c = 0.25$
④ K_c에 관계없이 진동이 발생한다.

해설

$2s^2 + 3s + 1 + K_c = 0$
$s = \dfrac{-3 \pm \sqrt{9 - 8(1 + K_c)}}{4}$
$9 - 8(1 + K_c) < 0$이면 진동응답
$\therefore K_c > \dfrac{1}{8}(0.125)$
그러므로 보기에서 0.125보다 큰 수는 ③ 0.25이다.

43 다음 중 0이 아닌 잔류편차(Offset)를 발생시키는 제어방식이며 최종값 도달시간을 가장 단축시킬 수 있는 것은?

① P형
② PI형
③ PD형
④ PID형

해설

PD 제어기
• 잔류편차(Offset)를 제거하지 못하나 최종값, 도달시간을 단축할 수 있다.
• 오버슛을 줄이고 안정성을 향상시킨다.

44 어떤 1차계의 함수가 $6\dfrac{dY}{dt} = 2X - 3Y$일 때 이계의 전달함수의 시정수(Times Constant)는?

① $\dfrac{2}{3}$
② 3
③ $\dfrac{1}{2}$
④ 2

해설

$6sY(s) = 2X(s) - 3Y(s)$
$(6s + 3)Y(s) = 2X(s)$
$\dfrac{Y(s)}{X(s)} = \dfrac{2/3}{2s + 1}$
$\therefore \tau = 2$

45 앞먹임 제어(Feedforward Control)의 특징으로 옳은 것은?

① 공정모델값과 측정값과의 차이를 제어에 이용
② 외부교란 변수를 사전에 측정하여 제어에 이용
③ 설정점(Set Point)을 모델값과 비교하여 제어에 이용
④ 제어기 출력값은 이득(Gain)에 비례

해설

Feedforward 제어
• 외부교란을 사전에 측정하여 제어에 이용함으로써 외부교란 변수가 공정에 미치는 영향을 미리 보정하여 주도록 하는 제어를 말한다.
• 피드포워드 제어기는 측정된 외부교란 변숫값들을 이용하여 제어되는 변수가 설정치로부터 벗어나기 전에 조절변수를 미리 조정한다.

정답 42 ③ 43 ③ 44 ④ 45 ②

46 센서는 선형이 되도록 설계되는 것에 반하여, 제어밸브는 Quick Opening 혹은 Equal Percentage 등으로 비선형 형태로 제작되기도 한다. 다음 중 그 이유로 가장 타당한 것은?
① 높은 압력에 견디도록 하는 구조가 되기 때문
② 공정흐름과 결합하여 선형성이 좋아지기 때문
③ Stainless Steal 등 부식에 강한 재료로 만들기가 쉽기 때문
④ 충격파를 방지하기 위하여

해설
선형밸브는 액위제어계 또는 밸브를 통한 압력강하가 거의 일정한 공정에 많이 이용되며, Quick Opening(빨리 열림) 밸브는 밸브가 열림과 동시에 많은 유량이 요구되는 On-Off 제어계에서 주로 사용된다. 등비밸브가 가장 널리 사용되는 밸브이다.

47 $Y(s) = \dfrac{1}{s(s+1)^2}$ 일 때에 $y(t)$, $t \geq 0$ 값은?
① $1 + e^{-t} - e^{t}$
② $1 - e^{-t} + e^{t}$
③ $1 - e^{-t} - te^{-t}$
④ $1 - e^{-t} + te^{-t}$

해설
$$Y(s) = \frac{A}{s} + \frac{B}{s+1} + \frac{C}{(s+1)^2}$$
$$= \frac{1}{s} - \frac{1}{s+1} - \frac{1}{(s+1)^2}$$
$$\therefore y(t) = 1 - e^{-t} - te^{-t}$$

48 50℃에서 150℃ 범위의 온도를 측정하여 4mA에서 20mA의 신호로 변환해 주는 변환기(Transducer)에서의 영점(Zero)과 변화폭(Span)은 각각 얼마인가?
① 영점=0℃, 변화폭=100℃
② 영점=100℃, 변화폭=150℃
③ 영점=50℃, 변화폭=150℃
④ 영점=50℃, 변화폭=100℃

해설
- 스팬(Span)=100℃(150℃ - 50℃)
- 출력범위=(20-4)mA
- 영점 : 전환기의 압력의 최저한계 50℃

49 탑상에서 고순도 제품을 생산하는 증류탑의 탑상 흐름의 조성을 온도로부터 추론(Inferential) 제어하고자 한다. 이때 맨 윗단보다 몇 단 아래의 온도를 측정하는 경우가 있는데 다음 중 그 이유로 가장 타당한 것은?
① 응축기의 영향으로 맨 윗단에서는 다른 단에 비하여 응축이 많이 일어나기 때문에
② 제품의 조성에 변화가 일어나도 맨 윗단의 온도 변화는 다른 단에 비하여 매우 작기 때문에
③ 맨 윗단은 다른 단에 비하여 공정 유체가 넘치거나(Flooding) 방울져 떨어지기(Weeping) 때문에
④ 운전 조건의 변화 등에 의하여 맨 윗단은 다른 단에 비하여 온도 변동(Fluctuation)이 심하기 때문에

해설
제품 조성에 변화가 일어나도 맨 윗단 온도 변화는 다른 단에 비해 매우 작다.

50 단위 귀환(Unit Negative Feedback)계의 개루프 전달함수가 $G(s) = \dfrac{-(s-1)}{s^2 - 3s + 3}$ 이다. 이 제어계의 폐회로 전달함수의 특성방정식의 근은 얼마인가?
① $-2, +2$
② -2(중근)
③ $+2$(중근)
④ ± 3(중근)

해설
$$1 + G_{OL} = 0$$
$$1 - \frac{(s-1)}{s^2 - 3s + 3} = 0$$
$$s^2 - 3s + 3 - s + 1 = 0$$
$$s^2 - 4s + 4 = 0$$
$$(s-2)^2 = 0$$
$$\therefore s = 2 \text{(중근)}$$

정답 46 ② 47 ③ 48 ④ 49 ② 50 ③

51 0~500℃ 범위의 온도를 4~20mA로 전환하도록 스팬 조정이 되어 있던 온도센서에 맞추어 조율되었던 PID 제어기에 대하여, 0~250℃ 범위의 온도를 4~20mA로 전환하도록 온도센서의 스팬을 재조정한 경우, 제어 성능을 유지하기 위하여 PID 제어기의 조율은 어떻게 바꾸어야 하는가?(단, PID 제어기의 피제어 변수는 4~20mA 전류이다.)

① 비례이득값을 2배 늘린다.
② 비례이득값을 1/2로 줄인다.
③ 적분상수값을 1/2로 줄인다.
④ 제어기 조율을 바꿀 필요 없다.

해설

K(비례이득) = $\dfrac{\text{전환기의 출력범위}}{\text{전환기의 입력범위}}$

$K_1 = \dfrac{20-4}{500-0} = \dfrac{16}{500}$ mA/℃

$K_2 = \dfrac{20-4}{250-0} = \dfrac{16}{250}$ mA/℃

$K_2 = 2K_1$이므로 K_2를 $\dfrac{1}{2}$로 줄여야 한다.
(∴ $K_1 = K_2$)

52 다음 중 공정제어의 목적과 가장 거리가 먼 것은?

① 반응기의 온도를 최대 제한값 가까이에서 운전하므로 반응속도를 올려 수익을 높인다.
② 평형반응에서 최대의 수율이 되도록 반응온도를 조절한다.
③ 안전을 고려하여 일정 압력 이상이 되지 않도록 반응속도를 조절한다.
④ 외부 시장 환경을 고려하여 이윤이 최대가 되도록 생산량을 조절한다.

해설
공정제어의 목적
제품의 품질을 원하는 수준으로 유지시키면서 안정적이고 경제적인 조업을 지향한다.

53 전달함수가 $\dfrac{2}{(5s+1)}e^{-2s}$인 공정의 계단입력 $\dfrac{2}{s}$에 대한 응답형태는?

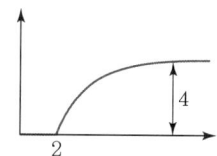

해설

$Y(s) = \dfrac{2e^{-2s}}{(5s+1)} \cdot \dfrac{2}{s} = \dfrac{4e^{-2s}}{s(5s+1)}$

$\lim_{t \to \infty} Y(s) = \lim_{s \to 0} sY(s) = \lim_{s \to 0} \dfrac{4e^{-2s}}{5s+1} = 4$

54 다음 공정에 P 제어기가 연결된 닫힌 루프 제어계가 안정하려면 비례이득 K_c의 범위는?(단, 나머지 요소의 전달함수는 1이다.)

$$G_p(s) = \dfrac{1}{2s-1}$$

① $K_c < 1$
② $K_c > 1$
③ $K_c < 2$
④ $K_c > 2$

해설

$1 + \dfrac{K_c}{2s-1} = 0$

$2s - 1 + K_c = 0$

$s = \dfrac{1-K_c}{2} < 0$

∴ $1 - K_c < 0$
　$K_c > 1$

정답 51 ② 52 ④ 53 ④ 54 ②

55 블록선도(Block Diagram)가 다음과 같은 계의 전달함수를 구하면?

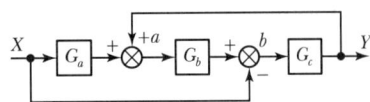

① $\dfrac{(G_aG_b-1)G_c}{1-G_bG_c}$ ② $\dfrac{(G_aG_b-1)G_c}{1+G_bG_c}$

③ $\dfrac{(G_aG_b+1)G_c}{1-G_bG_c}$ ④ $\dfrac{(G_aG_b+1)G_c}{1+G_bG_c}$

해설

$\dfrac{Y(s)}{X(s)} = \dfrac{G_aG_bG_c - G_c}{1-G_bG_c}$ ←직선구간
←되돌아가는 구간

$= \dfrac{(G_aG_b-1)G_c}{1-G_bG_c}$

56 그래프의 함수와 그의 Laplace 변환된 형태의 함수가 옳게 되어 있는 항은?[단, $U(t)$는 단위계단함수(Unit Step Function)이다.]

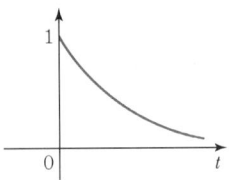

① $e^{-at}U(t)$, $\dfrac{1}{s+a}$

② $e^{-at}U(t)$, $\dfrac{a}{s}$

③ $e^{-t}U(t+a)$, $\dfrac{1}{s+a}$

④ $e^{-t}U(t+a)$, $\dfrac{a}{s}$

해설

$U(t)$: 단위계단함수 → $U(s) = \dfrac{1}{s}$

e^{-at}는 a만큼 평행이동이 있으므로 $\dfrac{1}{s+a}$ 이 된다.

57 다음 블록선도에서 전달함수 $G(s) = \dfrac{C(s)}{R(s)}$를 옳게 구한 것은?

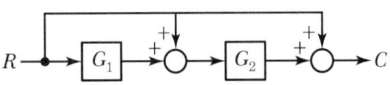

① $1 + G_1G_2$ ② $1 + G_2 + G_1G_2$

③ $\dfrac{G_1G_2}{1-G_1G_2}$ ④ $\dfrac{G_1G_2}{1-G_1-G_2}$

해설

$(RG_1+R)G_2 + R = C$

$\dfrac{C}{R} = G_1G_2 + G_2 + 1$

58 복사에 의한 열전달 식은 $q = kcAT^4$으로 표현된다고 한다. 정상상태에서 $T = T_s$일 때 이 식을 선형화시키면?(단, k, c, A는 상수이다.)

① $4kcAT_s^3(T - 0.75T_s)$

② $kcA(T - T_s)$

③ $3kcAT_s^3(T - T_s)$

④ $kcAT_s^4(T - T_s)$

해설

Taylor 식

$$f(x) = f(x_s) + \dfrac{df}{dx}(x_s)(x - x_s)$$

$q = kcAT_s^4 + 4kcAT_s^3(T - T_s)$
$= 4kcAT_s^3T - 3kcAT_s^4$
$= 4kcAT_s^3\left(T - \dfrac{3}{4}T_s\right)$

정답 55 ① 56 ① 57 ② 58 ①

59 전달함수 $G(s)$가 다음과 같은 1차계에서 입력 $x(t)$가 단위충격(Impulse)인 경우 출력 $y(t)$는?

$$G(s) = \frac{Y(s)}{X(s)} = \frac{K_p}{\tau s + 1}$$

① $\dfrac{1}{K_p}e^{-t/\tau}$ ② $\dfrac{1}{\tau}e^{-k_p t/\tau}$

③ $\dfrac{\tau}{K_p}e^{-t/\tau}$ ④ $\dfrac{K_p}{\tau}e^{-t/\tau}$

해설

$Y(s) = \dfrac{K_p}{\tau s + 1} = \dfrac{K_p/\tau}{s + \dfrac{1}{\tau}}$

$y(t) = \dfrac{K_p}{\tau}e^{-\dfrac{t}{\tau}}$

60 안정한 2차계에 대한 공정응답의 특성으로 옳은 것은?

① 사인파 입력에 대한 시간이 충분히 지난 후의 공정응답은 같은 주기의 사인파가 된다.
② 두 개의 1차계 공정이 직렬로 이루어진 2차계의 경우 큰 계단 입력에 대해 진동응답을 보인다.
③ 공정 이득이 클수록 진동주기가 짧아진다.
④ 진동응답이 발생할 때의 진동주기는 감쇠계수 ζ에만 영향 받는다.

해설

2차 공정

$G(s) = \dfrac{K}{\tau^2 s^2 + 2\tau\zeta s + 1}$

$X(s) = \dfrac{A\omega}{s^2 + \omega^2}$

$Y(s) = \dfrac{KA\omega}{(s^2 + \omega^2)(\tau^2 s^2 + 2\tau\zeta s + 1)}$

$y(t) = \dfrac{KA}{\sqrt{(1-\tau^2\omega^2)^2 + (2\tau\zeta\omega)^2}}\sin(\omega t + \phi)$

$\phi = -\tan^{-1}\left(\dfrac{2\zeta\omega}{1-\tau^2\omega^2}\right) \quad \omega = \dfrac{\sqrt{1-\zeta^2}}{\tau}$

$T = \dfrac{2\pi}{\omega} = \dfrac{2\pi\tau}{\sqrt{1-\zeta^2}} \left(\omega = 2\pi f = \dfrac{2\pi}{T}\right)$

4과목 공업화학

61 다음 중 축합(Condensation) 중합반응으로 형성되는 고분자로서 알코올기와 이소시안산기의 결합으로 만들어진 것은?

① 폴리에틸렌(Polyethylene)
② 폴리우레탄(Polyurethane)
③ 폴리메틸메타크릴레이트(Polymethyl Methacrylate)
④ 폴리아세트산비닐(Polyvinyl Acetate)

해설

우레탄수지(폴리우레탄, 이소시아네이트고분자)

$HO-R'-OH + O=C=N-R-N=C=O$

$\rightarrow \left[R'-O-\underset{\underset{O}{\|}}{C}-NH-R-NH-\underset{\underset{O}{\|}}{C}-O\right]_n$

62 다음은 각 환원반응과 표준환원전위이다. 이것으로 예측한 다음의 현상 중 옳은 것은?

$Fe^{2+} + 2e^- \rightarrow Fe$	$E° = -0.447V$
$Sn^{2+} + 2e^- \rightarrow Sn$	$E° = -0.138V$
$Zn^{2+} + 2e^- \rightarrow Zn$	$E° = -0.667V$
$O_2 + 2H_2O + 4e^- \rightarrow 4OH^-$	$E° = 0.401V$

① 철은 공기 중에 노출 시 부식되지만 아연은 공기 중에서 부식되지 않는다.
② 철은 공기 중에 노출 시 부식되지만 주석은 공기 중에서 부식되지 않는다.
③ 주석과 아연이 접촉 시에 주석이 우선적으로 부식된다.
④ 철과 아연이 접촉 시에 아연이 우선적으로 부식된다.

해설

표준환원전위
- 표준수소전극과 환원이 일어나는 반쪽전지를 결합시켜 만든 전지에서 측정한 전위를 말한다.
- 표준환원전위가 작을수록 먼저 부식된다.
- 표준환원전위가 클수록 환원((+)극)이 잘되고 표준환원전위가 작을수록 산화((-)극)가 잘된다.

정답 59 ④ 60 ① 61 ② 62 ④

63 오산화바나듐(V_2O_5) 촉매하에 나프탈렌을 공기 중 400℃에서 산화시켰을 때 생성물은?

① 프탈산 무수물 ② 초산 무수물
③ 말레산 무수물 ④ 푸마르산 무수물

해설

나프탈렌 + 4.5O_2 $\xrightarrow[400℃]{V_2O_5}$ 프탈산 무수물 + 2CO_2 + 2H_2O

벤젠 + 4.5O_2 $\xrightarrow[400℃\sim500℃]{V_2O_5}$ 말레산 무수물 + 2H_2O + 2CO_2

64 접촉식 황산제조에서 SO_3 흡수탑에 사용하기에 적합한 황산의 농도와 그 이유를 바르게 나열한 것은?

① 76.5%, 황산 중 수증기 분압이 가장 낮음
② 76.5%, 황산 중 수증기 분압이 가장 높음
③ 98.3%, 황산 중 수증기 분압이 가장 낮음
④ 98.3%, 황산 중 수증기 분압이 가장 높음

해설

접촉식 황산제조
SO_3를 98.3% H_2SO_4에 흡수시켜 발연황산을 제조한다.
→ 98.3% H_2SO_4의 b.p가 가장 높다.

65 다음 중 전도성 고분자가 아닌 것은?

① 폴리아닐린 ② 폴리피롤
③ 폴리실록산 ④ 폴리티오펜

해설

전도성 고분자
가볍고 가공이 쉬운 장점을 유지한 채 전기를 잘 통하는 플라스틱으로 대부분 전자수용체 또는 전자공여체를 고분자에 도포함으로써 높은 전도율을 얻는다.
예 폴리아닐린, 폴리에틸렌, 폴리피롤, 폴리티오펜

66 암모니아 합성용 수성가스(Water Gas)의 주성분은?

① H_2O, CO ② CO_2, H_2O
③ CO, H_2 ④ H_2O, N_2

해설

수성가스(Water Gas)
H_2와 CO의 혼합가스

67 수은법에 의한 NaOH 제조에서 아말감 중의 Na의 함유량이 많아지면 어떤 결과를 가져오는가?

① 아말감의 유동성이 좋아진다.
② 아말감의 분해속도가 느려진다.
③ 전해질 내에서 수소가스가 발생한다.
④ 불순물의 혼입이 많아진다.

해설

아말감 중의 Na 함량이 높으면 유동성이 저하되어 굳어지며, 분해되어 수소가 생성된다.

68 다음 중 옥탄가가 가장 낮은 것은?

① 2 − Methyl heptane ② 1 − Pentene
③ Toluene ④ Cyclohexane

해설

옥탄가
- 가솔린의 안티노크성을 수치로 표시한 것
- 이소옥탄의 옥탄가를 100, 노말헵탄의 옥탄가를 0으로 정한 후 이소옥탄의 %를 옥탄가라 한다.
- n − 파라핀에서는 탄소수가 증가할수록 옥탄가가 낮아진다.
- 이소파라핀에서는 메틸 측쇄가 많을수록 중앙에 집중할수록 옥탄가가 크다.
- n − 파라핀 < 올레핀 < 나프텐계 < 방향족

69 다음 중 CFC − 113에 해당되는 것은?

① $CFCl_3$ ② $CFCl_2CF_2Cl$
③ CF_3CHCl_2 ④ $CHClF_2$

정답 63 ① 64 ③ 65 ③ 66 ③ 67 ③ 68 ① 69 ②

해설
CFC – 113
113 + 90 = 203 또는
   ↓↓↓
   CHF
∴ $C_2F_3Cl_3$

CFC- ◯◯◯ ← (F의 수)
     (H의 수+1)
     (C의 수-1)

70 암모니아 합성장치 중 고온전환로에 사용되는 재료로서 뜨임 취성의 경향이 적은 것은?

① 18-8 스테인리스강 ② Cr-Mo강
③ 탄소강 ④ Cr-Ni강

해설
뜨임 취성
담금질 뜨임 후 재료에 나타나는 취성으로 Ni-Cr 간에 나타나는 특이성이다. 여기에 소량의 몰리브덴(Mo)을 첨가하여 이를 방지할 수 있다.
- 뜨임 : 강도와 경도를 증가시키기 위한 열처리 방법
- 취성 : 재료가 외력에 의해 영구변형하지 않고 파괴되거나, 극히 일부만 영구변형을 하고 파괴되는 성질

71 아세틸렌에 무엇을 작용시키면 염화비닐이 생성되는가?

① HCl ② Cl_2
③ HOCl ④ NaCl

해설
$CH \equiv CH$ + HCl → $CH_2 = CH$
아세틸렌   염화수소 |
                          Cl
                       염화비닐

72 용액중합반응의 일반적인 특징을 옳게 설명한 것은?

① 유화제로는 계면활성제를 사용한다.
② 온도조절이 용이하다.
③ 높은 순도의 고분자물질을 얻을 수 있다.
④ 물을 안정제로 사용한다.

해설
용액중합
- 단위체를 적당한 용제에 용해하여 용액 상태에서 중합하게 하는 방법이다.
- 국부적인 발열이나 급격한 발열을 피할 수 있다.
- 용매의 회수, 제거가 필요하다.
- 저분자량의 고분자가 얻어진다.

73 분자량 1.0×10^4 g/mol인 고분자 100g과 분자량 2.5×10^4 g/mol인 고분자 50g 그리고 분자량 1.0×10^5 g/mol인 고분자 50g이 혼합되어 있다. 이 고분자 물질의 수평균분자량은?

① 16,000 ② 28,500
③ 36,250 ④ 57,000

해설
수평균분자량
$$\overline{M}_n = \frac{총무게}{총몰수} = \frac{\sum M_i N_i}{\sum N_i} = \frac{\omega}{\sum N_i}$$

$$\therefore \overline{M}_n = \frac{100+50+50}{\frac{100}{1 \times 10^4} + \frac{50}{2.5 \times 10^4} + \frac{50}{1 \times 10^5}} = 16,000$$

74 수(水)처리와 관련된 [보기]의 설명 중 옳은 것으로만 나열한 것은?

[보기]
㉠ 물의 경도가 높으면 관 또는 보일러의 벽에 스케일이 생성된다.
㉡ 물의 경도는 석회소다법 및 이온교환법에 의하여 낮출 수 있다.
㉢ COD는 화학적 산소요구량을 말한다.
㉣ 물의 온도가 증가할 경우 용존산소의 양은 증가한다.

① ㉠, ㉡, ㉢ ② ㉡, ㉢, ㉣
③ ㉠, ㉢, ㉣ ④ ㉠, ㉡, ㉣

해설
- COD : 화학적 산소요구량
- BOD : 생화학적 산소요구량
- 용존산소량 : 온도가 오르면 감소하고, 기압이 오르면 증가한다.

정답 70 ② 71 ① 72 ② 73 ① 74 ①

75 석유화학공정에서 열분해와 비교한 접촉분해(Catalytic Cracking)에 대한 설명 중 옳지 않은 것은?

① 분지지방족 $C_3 \sim C_6$ 파라핀계 탄화수소가 많다.
② 방향족 탄화수소가 적다.
③ 코크스, 타르의 석출이 적다.
④ 디올레핀의 생성이 적다.

해설

열분해	접촉분해
• 올레핀이 많으며 $C_1 \sim C_2$계의 가스가 많다. • 대부분 지방족, 방향족 탄화수소는 적다. • 코크스나 타르의 석출이 많다. • 디올레핀이 비교적 많다. • 라디칼 반응 메커니즘	• $C_3 \sim C_6$계의 가지 달린 지방족이 많이 생성된다. • 열분해보다 파라핀계 탄화수소가 많다. • 방향족 탄화수소가 많다. • 탄소질 물질의 석출이 적다. • 디올레핀은 거의 생성되지 않는다. • 이온 반응 메커니즘 : 카르보늄이온기구

76 20% HNO_3 용액 1,000kg을 55% 용액으로 농축하였다. 증발된 수분의 양은 얼마인가?

① 550kg
② 800kg
③ 334kg
④ 636kg

해설

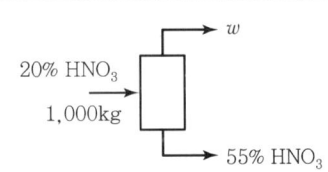

$1,000 \times 0.2 = (1,000 - w) \times 0.55$
$\therefore w = 636.4kg$

77 다음 중 염산의 생산과 가장 거리가 먼 것은?

① 직접합성법
② NaCl의 황산분해법
③ 칠레초석의 황산분해법
④ 부생염산 회수법

해설

염산의 제조방법
• 식염의 황산분해법
• 직접합성법
• 부생염산의 회수법

78 순수 염화수소(HCl) 가스의 제법 중 흡착법에서 흡착제로 이용되지 않는 것은?

① $MgCl_2$
② $CuSO_4$
③ $PbSO_4$
④ $Fe_3(PO_4)_2$

해설

흡착법
HCl 가스를 황산염 $CuSO_4$, $PbSO_4$이나 인산염 $Fe_3(PO_4)_2$에 흡착시킨 후 가열하여 HCl 가스를 방출시켜 제조한다.

79 $Na_2CO_3 \cdot 10H_2O$ 중에는 H_2O를 몇 % 함유하는가?

① 48%
② 55%
③ 63%
④ 76%

해설

$Na_2CO_3 \ 10H_2O = 23 \times 2 + 12 + 16 \times 3 + 10 \times 18$
$= 286$

$\dfrac{180}{286} \times 100 = 63\%$

80 다음 화합물 중 산성이 가장 강한 것은?

① $C_6H_5SO_3H$
② C_6H_5OH
③ C_6H_5COOH
④ CH_3CH_2COOH

해설

① $C_6H_5SO_3H$(벤젠술폰산) : 산성은 아세트산 등의 카르복시산보다 훨씬 강하며 황산과 거의 비슷하다.
② C_6H_5OH(페놀) : 약산성
③ C_6H_5COOH(벤조산) : 카르복시기가 벤젠고리에 붙어 있는 형태
④ CH_3CH_2COOH(프로피온산) : 카르복시산이며 프로판올을 산화시키면 얻을 수 있다.

정답 75 ② 76 ④ 77 ③ 78 ① 79 ③ 80 ①

5과목 반응공학

81 반응장치 내에서 일어나는 열전달 현상과 관련된 설명으로 틀린 것은?

① 발열반응의 경우 관형반응기 직경이 클수록 관중심의 온도는 상승한다.
② 급격한 온도의 상승은 촉매의 활성을 저하한다.
③ 모든 반응에서 고온의 조건이 바람직하다.
④ 전열조건에 의해 반응의 전화율이 좌우된다.

해설
반응에 따라 저온조건이 유리할 때도 있다.

82 90mol%의 A 45mol/L와 10mol%의 불순물 B 5mol/L와의 혼합물이 있다. A/B를 100/1 수준으로 품질을 유지하고자 한다. D는 A 또는 B와 다음과 반이 반응한다. 완전반응을 가정했을 때, 필요한 품질을 유지하기 위해서 얼마의 D를 첨가해야 하는가?

$$A+D \to R \quad -r_A = C_A C_D$$
$$B+D \to S \quad -r_B = 7 C_B C_D$$

① 19.7mol
② 29.7mol
③ 39.7mol
④ 49.7mol

해설

$A+D \to R \quad -\dfrac{dC_A}{dt} = C_A C_D$ ········· ㉠

$B+D \to S \quad -\dfrac{dC_B}{dt} = 7 C_B C_D$ ········· ㉡

㉠ ÷ ㉡을 하면

$\dfrac{dC_A}{dC_B} = \dfrac{C_A}{7C_B}$

$\displaystyle\int_{C_{A0}}^{C_A} \dfrac{dC_A}{C_A} = \int_{C_{B0}}^{C_B} \dfrac{dC_B}{7C_B}$

$7\ln\dfrac{C_A}{C_{A0}} = \ln\dfrac{C_B}{C_{B0}}$

$7\ln\dfrac{C_A}{45} = \ln\dfrac{C_B}{5}$

$\left(\dfrac{C_A}{45}\right)^7 = \dfrac{C_B}{5} \qquad \dfrac{C_A}{C_B} = \dfrac{100}{1}$

$\left(\dfrac{100 C_B}{45}\right)^7 = \dfrac{C_B}{5}$

$\therefore C_B = \left(\dfrac{45^7}{5 \times 100^7}\right)^{\frac{1}{6}} = 0.3$

$\therefore C_A = 30$

$C_A + C_B = 30 + 0.3 = 30.3$(남은 것)

첨가해야 하는 D의 양 $= (45+5) - 30.3$
$= 19.7\text{mol/L}$

$\therefore$ 1L당 19.7mol의 D를 첨가해야 한다.

83 순수한 액체 A의 분해반응이 25℃에서 아래와 같을 때, A의 초기농도가 2mol/L이고, 이 반응이 혼합반응기에서 S를 최대로 얻을 수 있는 조건에서 진행되었다면 S의 최대농도는?

$$A \begin{cases} R : r_R = 1.0\,\text{mol/L h} \\ S : r_S = 2C_A\,\text{mol/L h} \\ T : r_T = C_A^2\,\text{mol/L h} \end{cases}$$

① 0.33mol/L
② 0.25mol/L
③ 0.50mol/L
④ 0.67mol/L

해설

$\phi = \dfrac{dC_S}{-dC_A} = \dfrac{2C_A}{1 + 2C_A + C_A^2} = \dfrac{2C_A}{(1+C_A)^2}$

$0 = \dfrac{2(1+C_A)^2 - 2C_A \cdot 2(1+C_A)}{[(1+C_A)^2]^2}$

$C_A = 1$

$\therefore \phi = 0.5$

CSTR

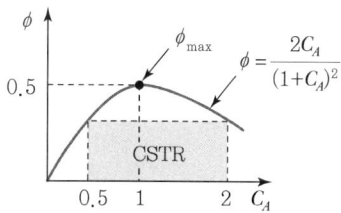

ϕ vs C_A 도표에서 직사각형의 면적이 최대일 때 S가 최대로 생성된다.

$$C_{Sf} = \phi(-\Delta C_A) = \frac{2C_A}{(1+C_A)^2}(C_{A0} - C_A)$$
$$= \frac{2C_A}{(1+C_A)^2}(2-C_A)$$
$$\frac{dC_{Sf}}{dC_A} = \frac{d}{dC_A}\left[\frac{2C_A}{(1+C_A)^2}(2-C_A)\right] = 0$$
$$\frac{d}{dC_A}\left[\frac{4C_A - 2C_A^2}{(1+C_A)^2}\right] = 0$$
$$\frac{(4-4C_A)(1+C_A)^2 - 2(1+C_A)(4C_A - 2C_A^2)}{(1+C_A)^4} = 0$$
$$\frac{8C_A^2 + 4C_A - 4}{(1+C_A)^4} = 0$$
$$\therefore C_{Af} = 0.5 \rightarrow C_{Sf} = \frac{2C_A}{(1+C_A)^2}(C_{A0} - C_A)$$
$$= \frac{2 \times 0.5}{(1+0.5)^2}(2-0.5)$$
$$= \frac{2}{3} = 0.667 \text{mol/L}$$

84 어떤 반응에서 $1/C_A$을 시간 t로 플롯하여 기울기 1인 직선을 얻었다. 이 반응의 속도식은?

① $-r_A = C_A$
② $-r_A = 2C_A$
③ $-r_A = C_A^2$
④ $-r_A = 2C_A^2$

> 해설

$$\frac{1}{C_A} \propto t$$
$$\frac{1}{C_A} - \frac{1}{C_{A0}} = kt \text{(2차식)}$$

85 비가역 직렬반응 $A \rightarrow R \rightarrow S$에서 1단계는 2차 반응, 2단계는 1차 반응으로 진행되고 R이 원하는 제품일 경우 다음 설명 중 옳은 것은?

① A의 농도를 높게 유지할수록 좋다.
② 반응 온도를 높게 유지할수록 좋다.
③ 혼합흐름반응기가 플러그반응기보다 성능이 더 좋다.
④ A의 농도는 R의 수율과 직접 관계가 없다.

> 해설

$$A \xrightarrow[k_1]{2\bar{\lambda}} R \xrightarrow[k_2]{1\bar{\lambda}} S$$
$$\frac{r_R}{r_S} = \frac{k_1 C_A^2 - k_2 C_R}{k_2 C_R}$$
$$= \frac{k_1}{k_2}\frac{C_A^2}{C_R} - 1 \rightarrow C_A \uparrow$$

반응온도를 높게 유지하면 전체적인 속도가 빨라져 S의 생성 속도도 증가된다.

86 액상 반응이 다음과 같이 병렬 반응으로 진행될 때 R을 많이 얻고 S를 적게 얻으려면 A, B의 농도는 어떻게 되어야 하는가?

$$A + B \xrightarrow{k_1} R, \; r_R = k_1 C_A C_B^{0.5}$$
$$A + B \xrightarrow{k_2} S, \; r_S = k_2 C_A^{0.5} C_B$$

① C_A는 크고, C_B도 커야 한다.
② C_A는 작고, C_B도 커야 한다.
③ C_A는 크고, C_B도 작아야 한다.
④ C_A는 작고, C_B도 작아야 한다.

> 해설

$$\frac{C_R}{C_S} = \frac{k_1 C_A C_B^{0.5}}{k_2 C_A^{0.5} C_B} = \frac{k_1}{k_2}\frac{C_A^{0.5}}{C_B^{0.5}}$$
C_A는 크게 하고 C_B는 작게 한다.

87 밀도가 일정한 비가역 1차 반응 $A \xrightarrow{k}$ Product가 혼합흐름반응기(Mixed Flow Reactor 또는 CSTR)에서 등온으로 진행될 때 정상상태 조건에서의 성능 방정식(Performance Equation)으로 옳은 것은?(단, τ는 공간속도, k는 속도상수, C_{A0}는 초기농도, X_A는 전화율, C_{Af}는 유출농도이다.)

① $\dfrac{\tau}{kC_{A0}} = \ln \dfrac{X_A}{1-X_A}$

② $\tau k C_{A0} = C_{A0} - C_{Af}$

③ $k\tau C_{Af} = C_{A0} - C_{Af}$

④ $kC_{A0}\tau = \dfrac{C_{A0}}{C_{Af}} - 1$

해설
CSTR
- 0차 : $k\tau = C_{A0} - C_A$
- 1차 : $k\tau = \dfrac{X_A}{1-X_A} = \dfrac{C_{A0} - C_A}{C_A}$
- 2차 : $k\tau C_{A0} = \dfrac{X_A}{(1-X_A)^2}$

88 혼합반응기(CSTR)에서 균일액상반응 $A \to R$, $-r_A = kC_A^2$인 반응이 일어나 50%의 전화율을 얻었다. 이때 이 반응기의 다른 조건은 변하지 않고 반응기 크기만 6배로 증가한다면 전화율은 얼마인가?

① 0.65 ② 0.75
③ 0.85 ④ 0.95

해설
$k\tau C_{A0} = \dfrac{X_A}{(1-X_A)^2}$

$k\tau C_{A0} = \dfrac{0.5}{(1-0.5)^2} = 2$

$k \times 6\tau \times C_{A0} = \dfrac{X_A}{(1-X_A)^2}$

$12 = \dfrac{X_A}{(1-X_A)^2}$

$12X_A^2 - 25X_A + 12 = 0$

$X_A = \dfrac{25 \pm \sqrt{25^2 - 4 \cdot 12 \cdot 12}}{24} = 0.75$

89 회분식 반응기에서 일어나는 다음과 같은 1차 가역 반응에서 A만으로 시작했을 때 A의 평형 전화율은 60%이다. 평형상수 k는 얼마인가?

① 1.5 ② 2
③ 2.5 ④ 3

해설
$k_e = \dfrac{M + X_{Ae}}{1 - X_{Ae}} = \dfrac{X_{Ae}}{1 - X_{Ae}}$

$= \dfrac{0.6}{1 - 0.6} = 1.5$

90 다음은 n차($n > 0$) 단일 반응에 대한 한 개의 혼합 및 플러그흐름반응기 성능을 비교 설명한 내용이다. 옳지 않은 것은?(단, V_m은 혼합흐름반응기 부피, V_p는 플러그흐름반응기 부피를 나타낸다.)

① V_m은 V_p보다 크다.
② V_m/V_p는 전화율의 증가에 따라 감소한다.
③ V_m/V_p는 반응차수에 따라 증가한다.
④ 부피변화 분율이 증가하면 V_m/V_p가 증가한다.

해설
$n > 0$에 대하여 CSTR의 크기는 항상 PFR보다 크다. 이 부피비(V_m/V_p)는 반응차수가 증가할수록 커진다.

정답 87 ③ 88 ② 89 ① 90 ②

91 일반적인 반응 $A \to B$에서 생성되는 물질 기준의 반응속도 표현을 옳게 나타낸 것은?(단, n은 몰수, V_R은 반응기의 부피이다.)

① $r_B = \dfrac{1}{V_R} \cdot \dfrac{dn_B}{dt}$

② $r_B = -\dfrac{1}{V_R} \cdot \dfrac{dn_B}{dt}$

③ $r_A = \dfrac{2}{V_R} \cdot \dfrac{dn_A}{dt}$

④ $r_A = -\dfrac{2}{V_R} \cdot \dfrac{dn_A}{dt}$

해설

$-r_A = -\dfrac{1}{V}\dfrac{dn_A}{dt}$

$r_B = -\dfrac{1}{V}\dfrac{dn_A}{dt} = \dfrac{1}{V}\dfrac{dn_B}{dt}$

92 회분식 반응기에서 0.5차 반응을 10min 동안 수행하니 75%의 액체 반응물 A가 생성물 R로 전화되었다. 같은 조건에서 15min간 반응을 시킨다면 전화율은 약 얼마인가?

① 0.75　　② 0.85
③ 0.90　　④ 0.94

해설

$-r_A = \dfrac{-dC_A}{dt} = kC_A^{0.5}$

$C_{A0}\dfrac{dX_A}{dt} = k\sqrt{C_{A0}(1-X_A)}$

$\therefore \dfrac{dX_A}{\sqrt{1-X_A}} = \dfrac{k}{\sqrt{C_{A0}}}dt$

$\displaystyle\int_0^{0.75}\dfrac{dX_A}{\sqrt{1-X_A}} = \dfrac{k}{\sqrt{C_{A0}}} \times 10\text{min}$

$-2\sqrt{1-X_A}\Big|_0^{0.75} = \dfrac{k}{\sqrt{C_{A0}}} \times 10$

$\therefore \dfrac{k}{\sqrt{C_{A0}}} = 0.1$

$-2\sqrt{1-X_A}\Big|_0^{X_A} = 0.1t = 0.1 \times 15\text{min}$

$-2\sqrt{1-X_A} + 2 = 1.5$

$\sqrt{1-X_A} = 0.25$

$\therefore X_A = 0.94$

93 부피 3.2L인 혼합흐름반응기에 기체 반응물 A가 1L/s로 주입되고 있다. 반응기에서는 $A \to 2P$의 반응이 일어나며 A의 전화율은 60%이다. 반응물의 평균 체류시간은?

① 1초　　② 2초
③ 3초　　④ 4초

해설

$\varepsilon_A = y_{A0}\delta = \dfrac{2-1}{1} = 1$

$\tau = \dfrac{3.2\text{L}}{1\text{L/s}} = 3.2\text{s}$

$1 + \varepsilon_A X_A = 1 + 1 \times 0.6 = 1.6$

$\bar{t} = \dfrac{\tau}{1+\varepsilon_A X_A} = \dfrac{3.2}{1.6} = 2\text{s}$

94 회분식 반응기 내에서의 균일계 액상 1차 반응 $A \to R$과 관계가 없는 것은?

① 반응속도는 반응물 A의 농도에 정비례한다.
② 전화율 X_A는 반응시간에 정비례한다.
③ $-\ln\dfrac{C_A}{C_{A0}}$ 와 반응시간과의 관계는 직선으로 나타난다.
④ 반응속도상수의 차원은 시간의 역수이다.

해설

1차 반응

$-\ln(1-X_A) = -\ln\dfrac{C_A}{C_{A0}} = kt$

정답　91 ①　92 ④　93 ②　94 ②

95 $A+B \to R$인 2차 반응에서 C_{A0}와 C_{B0}의 값이 서로 다를 때 반응속도상수 k를 얻기 위한 방법은?

① $\ln \dfrac{C_B C_{A0}}{C_{B0} C_A}$와 t를 도시(Plot)하여 원점을 지나는 직선을 얻는다.

② $\ln \dfrac{C_B}{C_A}$와 t를 도시(Plot)하여 원점을 지나는 직선을 얻는다.

③ $\ln \dfrac{1-X_A}{1-X_B}$와 t를 도시(Plot)하여 절편이 $\ln \dfrac{C_{A0}^{\,2}}{C_{B0}}$인 직선을 얻는다.

④ 기울기가 $1+(C_{A0}-C_{B0})^2 k$인 직선을 얻는다.

해설

$$\ln \frac{1-X_B}{1-X_A} = \ln \frac{M-X_A}{M(1-X_A)}$$
$$= \ln \frac{C_B C_{A0}}{C_{B0} C_A} = \ln \frac{C_{A0}}{MC_{B0}}$$
$$= C_{A0}(M-1)kt$$
$$= (C_{B0}-C_{A0})kt \quad M \neq 1$$

여기서, $M = C_{B0}/C_{A0}$

96 단일이상(理想)반응기가 아닌 것은?

① 회분식 반응기
② 플러그흐름반응기
③ 유동층 반응기
④ 혼합흐름반응기

해설

단일이상반응기
- 회분식 반응기(Batch)
- 플러그흐름반응기(PFR)
- 혼합흐름반응기(CSTR)

97 80% 전화율을 얻는 데 필요한 공간시간이 4h인 혼합흐름반응기에서 3L/min을 처리하는 데 필요한 반응기 부피는 몇 L인가?

① 576
② 720
③ 900
④ 960

해설

$$\tau = \frac{V}{u_0}$$
$$4\text{h} = \frac{V}{3\text{L/min} \times 60\text{min/1h}}$$
$$\therefore V = 720\text{L}$$

98 직렬로 연결된 2개의 혼합흐름반응기에서 다음과 같은 액상반응이 진행될 때 두 반응기의 체적 V_1과 V_2의 합이 최소가 되는 체적비 V_1/V_2에 관한 설명으로 옳은 것은?(단, V_1은 앞에 설치된 반응기의 체적이다.)

$$A \to R \quad (-r_A = kC_A^n)$$

① $0 < n < 1$이면 V_1/V_2는 항상 1보다 작다.
② $n = 1$이면 V_1/V_2는 항상 1이다.
③ $n > 1$이면 V_1/V_2는 항상 1보다 크다.
④ $n > 0$이면 V_1/V_2는 항상 1이다.

해설

- 1차 반응 : 동일한 크기의 반응기가 최적($V_1 = V_2$)
- $n > 1$: 작은 CSTR → 큰 CSTR
- $n < 1$: 큰 CSTR → 작은 CSTR

99 $A \to R$로 표시되는 화학반응의 반응열이 $\Delta_r = 1,800$cal/mol A로 일정할 때 입구온도 95℃인 단열반응기에서 A의 전화율이 50%이면, 반응기의 출구온도는 몇 ℃인가?(단, A와 R의 열용량은 각각 10cal/mol K이다.)

① 5
② 15
③ 25
④ 35

정답 95 ① 96 ③ 97 ② 98 ② 99 ①

> 해설

A가 50%, R이 50% 존재하므로
$10 \times (95-t) + 10 \times (95-t) = 1,800$
$\therefore t = 5℃$

100 비가역 액상 0차 반응에서 반응이 완전히 완결되는 데 필요한 반응시간은?

① 초기농도의 역수와 같다.
② 속도상수의 역수와 같다.
③ 초기농도를 속도상수로 나눈 값과 같다.
④ 초기농도에 속도상수를 곱한 값과 같다.

> 해설

0차 반응
$-(C_A - C_{A0}) = kt$
$C_A - C_{A0} = -kt$
$C_{A0}X_A = kt$
$X_A = 1$ (반응완결)
$t = \dfrac{C_{A0}}{k}$

정답 100 ③

2018년 제4회 기출문제

1과목 화공열역학

01 기-액상에서 두 성분이 한 가지의 독립된 반응을 하고 있다면, 이 계의 자유도는?

① 0
② 1
③ 2
④ 3

해설
$F = 2 - P + C - r - s$
$= 2 - 2 + 2 - 1$
$= 1$

02 일정압력($3\text{kg}_f/\text{cm}^2$)에서 0.5m^3의 기체를 팽창시켜 $24,000\text{kg}_f \cdot \text{m}$의 일을 얻으려 한다. 기체의 체적을 얼마로 팽창시켜야 하는가?

① 0.6m^3
② 1.0m^3
③ 1.3m^3
④ 1.5m^3

해설
$W = \int PdV = P(V_2 - V_1)$

$3\text{kg}_f/\text{cm}^2 \times \dfrac{100^2 \text{cm}^2}{1\text{m}^2} = 3 \times 10^4 \text{kg}_f/\text{m}^2$

$24,000\text{kg}_f \cdot \text{m} = 3 \times 10^4 \text{kg}_f/\text{m}^2 \times (V - 0.5)\text{m}^3$

$\therefore V = 1.3\text{m}^3$

03 다음 중 일의 단위가 아닌 것은?

① N m
② Watt s
③ L atm
④ cal/s

해설
W의 단위 : cal, J, N m, W s, L atm, $\text{kg}_f \cdot \text{m}$

04 액상반응의 평형상수를 옳게 나타낸 것은?(단, ν_i : 성분 i의 양론수(Stoichiometric Number), x_i : 성분 i의 액상 몰분율, y_i : 성분 i의 기상 몰분율, $\hat{a}_i = \dfrac{\hat{f}_i}{f_i^\circ}$, f_i° : 표준상태에서의 순수한 액체 i의 퓨가시티, $\hat{f}_i$: 순수한 액체 i의 퓨가시티이다.)

① $K = P^{-\nu_i}$
② $K = RT\ln x_i$
③ $K = \prod_i y_i^{\nu_i}$
④ $K = \prod_i \hat{a}_i^{\nu_i}$

해설
$\prod \left(\dfrac{\hat{f}_i}{f_i^\circ}\right)^{\nu_i} = K$

$K = \exp\left(\dfrac{-\Delta G^\circ}{RT}\right)$

• 기상반응
$f_i^\circ = P^\circ$

$\hat{\phi}_i = \dfrac{\hat{f}_i}{y_i P} \rightarrow \hat{f}_i = \hat{\phi}_i y_i P$

$\prod_i (y_i \hat{\phi}_i)^{\nu_i} = \left(\dfrac{P}{P^\circ}\right)^{-\nu}$

여기서, P° : 표준압력(1bar)

평형혼합물이 이상기체 : $\hat{\phi}_i = 1$

$\prod_i (y_i)^{\nu_i} = \left(\dfrac{P}{P^\circ}\right)^{-\nu} = K$

• 액상반응
$\hat{a}_i = \dfrac{\hat{f}_i}{f_i^\circ}$

$K = \prod_i \left(\dfrac{\hat{f}_i}{f_i^\circ}\right)^{\nu_i} = \prod_i \hat{a}_i^{\nu_i}$

$K = \prod_i (x_i \gamma_i)^{\nu_i} \leftarrow \gamma_i = \dfrac{\hat{f}_i}{x_i f_i}$

정답 01 ② 02 ③ 03 ④ 04 ④

평형혼합물이 이상용액 : $\gamma_i = 1$

$\therefore K = \prod_i (x_i)^{\nu_i}$

↳ 질량작용의 법칙

05 그림과 같은 공기표준 오토 사이클의 효율을 옳게 나타낸 식은?(단, a는 압축비이고 γ은 비열비(C_p/C_v)이다.)

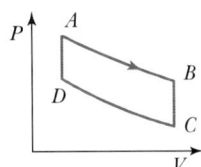

① $1 - a^\gamma$
② $1 - a^{\gamma-1}$
③ $1 - \left(\dfrac{1}{a}\right)^\gamma$
④ $1 - \left(\dfrac{1}{a}\right)^{\gamma-1}$

해설

공기표준 오토 사이클

$\eta = 1 - \left(\dfrac{1}{r}\right)^{\gamma-1} = 1 - \dfrac{T_B - T_C}{T_A - T_D}$

여기서, r : 압축비

$r = \dfrac{V_C}{V_D}$

γ : 비열비

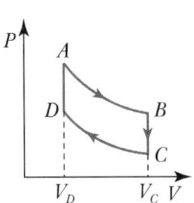

06 500K의 열저장소(Heat Reservoir)로부터 300K의 열저장소로 열이 이동된다. 이동된 열의 양이 100kJ이라고 할 때 전체 엔트로피 변화량은 얼마인가?

① 50.0kJ/K
② 13.3kJ/K
③ 0.500kJ/K
④ 0.133kJ/K

해설

$\Delta S = |Q| \left(\dfrac{T_H - T_C}{T_H T_C}\right)$

$= 100\text{kJ} \times \left(\dfrac{500 - 300}{500 \times 300}\right) = 0.133\text{kJ/K}$

07 다음 중 에너지의 출입은 가능하나 물질의 출입은 불가능한 계는?

① 열린계(Open System)
② 닫힌계(Closed System)
③ 고립계(Isolated System)
④ 가역계(Reversible System)

해설

계(System)
① 열린계 : 물질이동 있음, 에너지 이동 있음
② 닫힌계 : 물질이동 없음, 에너지 이동 있음
③ 고립계 : 물질이동 없음, 에너지 이동 없음
④ 단열계 : 열이동 없음

08 이상기체의 단열가역 변화에 대하여 옳은 것은?

(단, $\gamma = \dfrac{C_p}{C_v}$이다.)

① $\dfrac{P_2}{P_1} = \left(\dfrac{V_2}{V_1}\right)^\gamma$
② $\dfrac{T_2}{T_1} = \left(\dfrac{V_1}{V_2}\right)^{\gamma-1}$
③ $\dfrac{T_2}{T_1} = \left(\dfrac{P_1}{P_2}\right)^{\frac{\gamma-1}{\gamma}}$
④ $\dfrac{P_2}{P_1} = \left(\dfrac{V_1}{V_2}\right)^{\frac{\gamma-1}{\gamma}}$

해설

단열공정

$\dfrac{T_2}{T_1} = \left(\dfrac{P_2}{P_1}\right)^{\frac{\gamma-1}{\gamma}}$

$\dfrac{T_2}{T_1} = \left(\dfrac{V_1}{V_2}\right)^{\gamma-1}$

$\dfrac{P_2}{P_1} = \left(\dfrac{V_1}{V_2}\right)^\gamma$

정답 05 ④ 06 ④ 07 ② 08 ②

09 공기표준 디젤 사이클의 $P-V$ 선도에 해당하는 것은?

①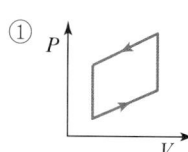
②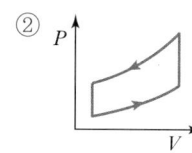
③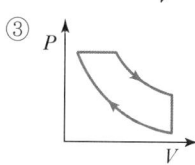
④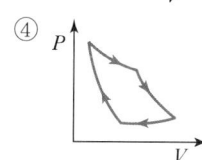

해설
- 공기표준 Otto 사이클
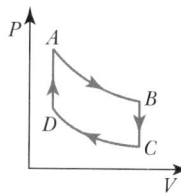
- 공기표준 디젤기관
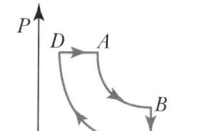
- 기체-터빈기관의 이상적 사이클(Brayton 사이클)
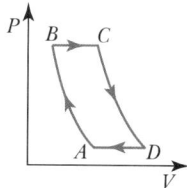

10 G^E가 다음과 같이 표시된다면 활동도 계수는? (단, G^E : 과잉깁스에너지, B, C : 상수, γ : 활동도 계수, x_1, x_2 : 액상 성분 1, 2의 몰분율이다.)

$$\frac{G^E}{RT} = Bx_1x_2 + C$$

① $\ln\gamma_1 = Bx_2^2$
② $\ln\gamma_1 = Bx_2^2 + C$
③ $\ln\gamma_1 = Bx_1^2 + C$
④ $\ln\gamma_1 = Bx_1^2$

해설
$$\frac{G^E}{RT} = Bx_1x_2 + C$$
$$\frac{nG^E}{RT} = nB\frac{n_1n_2}{(n_1+n_2)^2} + C = B\frac{n_1n_2}{(n_1+n_2)} + C$$

$$\ln\gamma_1 = \left[\frac{\partial(nG^E/RT)}{\partial n_1}\right]_{P,T,n_j}$$
$$= B\frac{n_2(n_1+n_2) - n_1n_2}{(n_1+n_2)^2} + C = B\frac{n_2^2}{(n_1+n_2)^2} + C$$
$$\therefore \ln\gamma_1 = Bx_2^2 + C$$

11 다음의 반응에서 반응물과 생성물이 평형을 이루고 있다. 평형이동에 미치는 온도와 압력의 영향을 살펴보기 위해서, 온도를 올려보고 압력을 상승시키는 변화를 주었을 때 평형은 두 경우에 각각 어떻게 이동하겠는가?(단, 정반응이 흡열반응이다.)

$$N_2O_4(g) \rightleftarrows 2NO_2(g), \text{ 표준반응 엔탈피 } \Delta H° > 0$$

① 온도 상승 : 오른쪽, 압력 상승 : 오른쪽
② 온도 상승 : 오른쪽, 압력 상승 : 왼쪽
③ 온도 상승 : 왼쪽, 압력 상승 : 오른쪽
④ 온도 상승 : 왼쪽, 압력 상승 : 왼쪽

해설
$N_2O_4(g) \rightleftarrows 2NO_2(g) - Q$(흡열반응)

르 샤틀리에 원리
- 온도 상승 : →
- 압력 상승 : ←

12 일반적인 삼차 상태방정식(Cubic Equation of State)의 매개변수를 구하기 위한 조건을 옳게 표시한 것은?

① $\left(\frac{\partial P}{\partial T}\right)_{V.\,critical\,point} = \left(\frac{\partial^2 P}{\partial T^2}\right)_{V.\,critical\,point} = 0$

② $\left(\frac{\partial V}{\partial T}\right)_{P.\,critical\,point} = \left(\frac{\partial^2 V}{\partial T^2}\right)_{P.\,critical\,point} = 0$

③ $\left(\frac{\partial P}{\partial V}\right)_{T.\,critical\,point} = \left(\frac{\partial^2 P}{\partial V^2}\right)_{T.\,critical\,point} = 0$

④ $\left(\frac{\partial T}{\partial V}\right)_{P.\,critical\,point} = \left(\frac{\partial^2 T}{\partial V^2}\right)_{P.\,critical\,point} = 0$

정답 09 ③ 10 ② 11 ② 12 ③

해설

임계점(Critical Point)
임계온도 이상에서는 순수한 기체를 아무리 압축하여도 액화시킬 수 없다.
수학적 조건은 $\left(\frac{\partial P}{\partial V}\right)_{T_c} = 0$, $\left(\frac{\partial^2 P}{\partial V^2}\right)_{T_c} = 0$을 만족해야 한다.

13 열역학 제3법칙은 무엇을 의미하는가?

① 절대 0도에 대한 정의
② $\lim_{T \to 0} S = 1$
③ $\lim_{T \to 0} S = 0$
④ $\Delta S = R \ln 2$

해설

열역학 제3법칙
절대온도 0도에 있는 모든 완전한 결정물질에 대하여 절대엔트로피는 0이라고 가정한다.
$\lim_{T \to 0} S = 0$

14 실제가스에 관한 설명 중 틀린 것은?

① 압축인자는 항상 1보다 작거나 같다.
② 혼합가스의 2차 비리얼(Virial)계수는 온도와 조성의 함수이다.
③ 압력이 영(Zero)에 접근하면 잔류(Residual) 엔탈피나 엔트로피가 영(Zero)으로 접근한다.
④ 조성이 주어지면 혼합물의 임계치(T_c, P_c, Z_c)는 일정하다.

해설

실제가스
• 압축인자
$PV = ZnRT$
($Z = 1$이면 이상기체)

• Virial 방정식
$$Z = 1 + \frac{B}{V} + \frac{C}{V^2} + \cdots$$
$$= 1 + B'P + C'P^2 + \cdots$$
여기서, $B, C, B', C' \cdots$: 비리얼계수

• 잔류성질
$M^R \equiv M - M^{ig}$
실제기체와 이상기체의 차를 나타낸다.
M은 V, U, H, S, G의 1몰당 값이다.
$P \to 0$이면 실제기체는 이상기체에 가까워진다.

15 열역학 모델을 이용하여 상평형 계산을 수행하려고 할 때 응용 계에 대한 모델의 조합이 적합하지 않은 것은?

① 물속의 이산화탄소의 용해도 : 헨리의 법칙
② 메탄과 에탄의 고압 기·액 상평형 :
   SRK(Soave/Redlich/Kwong) 상태방정식
③ 에탄올과 이산화탄소의 고압 기·액 상평형 :
   Wilson 식
④ 메탄올과 헥산의 저압 기·액 상평형 :
   NRTL(Non-Random-Two-Liquid) 식

해설

㉠ Henry's Law
  • 난용성 기체의 용해도에 관한 법칙
  • 난용성 기체의 용해도는 용매와 평형을 이루고 있는 기체의 부분압력에 비례한다.
  $P_A = HC_A$
㉡ 퓨가시티 계수 모델
  • Van der Waals, Redlich-Kwong
  • Soave-Redlich-Kwong, Peng-Robinson
㉢ 활동도 계수 모델(저압~중간압력)
  • Margules, Van Laar, Wilson
  • NRTL, UNIQUAC, UNIFAC

※ 열역학 모델
  • Wilson, NRTL, UNIQUAC : 액체용액 국부조성 모델
  • Redlich-Kister식 : 활동도 계수를 구할 수 있는 모델식

16 다음과 같은 반데르발스(Van der Waals) 식을 이용하여 실제기체의 $\left(\frac{\partial U}{\partial V}\right)_T$ 를 구한 결과로서 옳은 것은?

$$P = \frac{RT}{V-b} - \frac{a}{V^2}$$

① $\left(\frac{\partial U}{\partial V}\right)_T = \frac{a}{V^2}$

② $\left(\frac{\partial U}{\partial V}\right)_T = \frac{a}{(V-b)^2}$

③ $\left(\frac{\partial U}{\partial V}\right)_T = \frac{b}{V^2}$

④ $\left(\frac{\partial U}{\partial V}\right)_T = \frac{b}{(V-b)^2}$

해설

$dU = TdS - PdV$

$\left(\frac{\partial U}{\partial V}\right)_T = T\left(\frac{\partial S}{\partial V}\right)_T - P$

$= T\left(\frac{\partial P}{\partial T}\right)_V - P$

$\left(\frac{\partial P}{\partial T}\right)_V = \frac{R}{V-b}$

$\therefore \left(\frac{\partial U}{\partial V}\right)_T = T\left(\frac{R}{V-b}\right) - \left(\frac{RT}{V-b} - \frac{a}{V^2}\right) = \frac{a}{V^2}$

17 2atm의 일정한 외압 조건에 있는 1mol의 이상기체 온도를 10K만큼 상승시켰다면 이상기체가 외계에 대하여 한 최대 일의 크기는 몇 cal인가?(단, 기체상수 $R = 1.987$cal/mol K이다.)

① 14.90
② 19.87
③ 39.74
④ 43.35

해설

$W = \Delta PV = \Delta nRT = nR\Delta T$
$= 1\text{mol} \times 1.987\text{cal/mol K} \times 10\text{K}$
$= 19.87\text{cal}$

18 1atm, 357℃인 이상기체 1mol을 10atm으로 등온압축하였을 때의 엔트로피 변화량은 약 얼마인가?(단, 기체는 단원자 분자이며, 기체상수 $R = 1.987$cal/mol K이다.)

① -4.6cal/mol K
② 4.6cal/mol K
③ -0.46cal/mol K
④ 0.46cal/mol K

해설

$\Delta S = nC_p\ln\frac{T_2}{T_1} + nR\ln\frac{P_1}{P_2}$

$= 1\text{mol} \times 1.987\text{cal/mol K} \times \ln\frac{1}{10}$

$= -4.58\text{cal/K}$

1mol당 값은 -4.58cal/mol K이 된다.

19 1mole의 이상기체(단원자 분자)가 1기압 0℃에서 10기압으로 가역 압축되었다. 다음 압축 공정 중 압축 후의 온도가 높은 순으로 배열된 것은?

① 등온>정용>단열
② 정용>단열>등온
③ 단열>정용>등온
④ 단열=정용>등온

해설

• 정용
  1atm 0℃ → 10atm
  22.4L   22.4L

  $\frac{P_1V_1}{T_1} = \frac{P_2V_2}{T_2}$

  $\frac{1 \times 22.4}{273} = \frac{10 \times 22.4}{T_2}$ ∴ $T_2 = 2,730$K

• 단열

  $\frac{T_2}{T_1} = \left(\frac{P_2}{P_1}\right)^{\frac{\gamma-1}{\gamma}}$

  $T_2 = T_1\left(\frac{P_2}{P_1}\right)^{\frac{\gamma-1}{\gamma}}$

  $= 273\left(\frac{10}{1}\right)^{\frac{1.67-1}{1.67}}$

  $= 687.64$K ∴ $T_2 = 687.64$K

• 등온
  1atm 0℃ → 0℃(273K) ∴ $T_2 = 273$K

정답 ▶ 16 ① 17 ② 18 ① 19 ②

20 평형상태에 대한 설명 중 옳은 것은?

① $(dG^t)_{T,P} > 0$이 성립한다.
② $(dG^t)_{T,P} < 0$이 성립한다.
③ $(dG^t)_{T,P} = 1$이 성립한다.
④ $(dG^t)_{T,P} = 0$이 성립한다.

해설

- $(dG^t)_{T,P} = 0$: 평형상태
- $(dG^t)_{T,P} < 0$: 자발적 반응
- $(dG^t)_{T,P} > 0$: 비자발적 반응

2과목 단위조작 및 화학공업양론

21 1mol의 NH_3를 다음과 같은 반응에서 산화시킬 때 O_2를 50% 과잉 사용하였다. 만일 반응의 완결도가 90%라 하면 남아 있는 산소는 몇 mol인가?

$$NH_3 + 2O_2 \rightarrow HNO_3 + H_2O$$

① 0.6
② 0.8
③ 1.0
④ 1.2

해설

$NH_3 + 2O_2 \rightarrow HNO_3 + H_2O$
1mol 2mol
2mol $O_2 \times 1.5 = 3$mol O_2
반응완결도가 90%이므로 2mol × 0.9만큼 소요되므로
3mol − 2 × 0.9mol = 1.2mol이 남아 있다.

22 이상기체의 정압열용량(C_p)과 정용열용량(C_v)에 대한 설명 중 틀린 것은?

① C_v가 C_p보다 기체상수(R)만큼 작다.
② 정용계를 가열하는 데 열량이 정압계보다 더 많이 소요된다.
③ C_p는 보통 개방계의 열출입을 결정하는 물리량이다.
④ C_v는 보통 폐쇄계의 열출입을 결정하는 물리량이다.

해설

- 이상기체
  $C_p = C_v + R$
- $\Delta H = \Delta U + \Delta(PV)$
  $\quad\quad = \Delta U + \Delta(nRT)$
  $Q_p = Q_v + \Delta(nRT)$
- 닫힌계(폐쇄계)
  $\Delta U + \Delta E_k + \Delta E_p = Q + W$
  $\Delta U = Q + W$
- 개방계
  $\Delta H + \Delta E_k + \Delta E_p = Q + W_s$
  $\Delta H = Q + W_s$

23 밀도 $1.15g/cm^3$인 액체가 밑면의 넓이 $930cm^2$, 높이 0.75m인 원통 속에 가득 들어 있다. 이 액체의 질량은 약 몇 kg인가?

① 8.0
② 80.1
③ 186.2
④ 862.5

해설

질량 = 부피 × 밀도
$= 930cm^2 \times \dfrac{1m^2}{100^2 cm^2} \times 0.75m \times (1.15 \times 1,000) kg/m^3$
$= 80.2 kg$

24 760mmHg 대기압에서 진공계가 100mmHg 진공을 표시하였다. 절대압력은 몇 atm인가?

① 0.54
② 0.69
③ 0.87
④ 0.96

해설

P_{abs}(절대압) = P_{atm}(대기압) + P_g(게이지압)
$P_{진공}$(진공압) = P_{atm}(대기압) − P_{abs}(절대압)
$100mmHg \times \dfrac{1atm}{760mmHg} = 1atm - P_{abs}$
∴ $P_{abs} = 0.87atm$

정답 20 ④ 21 ④ 22 ② 23 ② 24 ③

25 물질의 증발잠열(Heat of Vaporization)을 예측하는 데 사용되는 식은?

① Raoult의 식
② Fick의 식
③ Clausius-Clapeyron의 식
④ Fourier의 식

해설

① Raoult's Law
$$P = P_A x_A + P_B(1-x_A)$$
$$y_A = \frac{p_A}{P} = \frac{P_A x_A}{P}$$

② Fick's Law
$$N_A = -D_G A \frac{dC_A}{dx}$$

③ Clausius-Clapeyron 식
$$\ln\left(\frac{P_2}{P_1}\right) = \frac{\Delta H}{R}\left(\frac{1}{T_1} - \frac{1}{T_2}\right)$$

④ Fourier's Law
$$q = kA \frac{dt}{l}$$

26 다음은 실제기체의 압축인자(Compressibility Factor)를 나타내는 그림이다. 이들 기체 중에서 저온에서 분자 간 인력이 가장 큰 기체는?

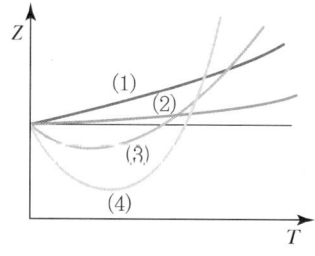

① (1) ② (2)
③ (3) ④ (4)

해설

(4)번이 저온에서 $Z=1$과 가장 멀리 위치하므로 이상기체에서 가장 멀리 떨어져 있다.

27 25℃, 대기압하에서 0.38mH$_2$O의 수두압으로 포화된 습윤공기 100m^{3}가 있다. 이 공기 중의 수증기량은 약 몇 kg인가?(단, 대기압은 755mmHg이고, 1기압은 수두로 10.3mH$_2$O이다.)

① 2.71 ② 12.2
③ 24.7 ④ 37.1

해설

$PV = nRT$

$755\text{mmHg} \times \dfrac{1\text{atm}}{760\text{mmHg}} \times 100\text{m}^3$
$= n \times 0.082\text{m}^3 \text{atm/kmol K} \times 298\text{K}$
$\therefore n = 4.065\text{kmol}$

$4.065\text{kmol} \times \dfrac{0.38\text{mH}_2\text{O}}{10.3\text{mH}_2\text{O}} = 0.15\text{kmol H}_2\text{O}$

$0.15\text{kmol H}_2\text{O} \times \dfrac{18\text{kg}}{1\text{kmol}} = 2.7\text{kg}$

28 25℃에서 벤젠이 Bomb 열량계 속에서 연소되어 이산화탄소와 물이 될 때 방출된 열량을 실험으로 재어 보니 벤젠 1mol당 780,890cal이었다. 25℃에서의 벤젠의 표준연소열은 약 몇 cal인가?(단, 반응식은 다음과 같으며 이상기체로 가정한다.)

$$C_6H_6(l) + 7\frac{1}{2}O_2(g) \rightarrow 3H_2O(l) + 6CO_2(g)$$

① -781,778
② -781,588
③ -781,201
④ -780,003

해설

$\Delta H = \Delta U + \Delta n RT$
$= (-780,890)\text{cal} + \left(6 - \dfrac{15}{2}\right)\text{mol}$
$\quad \times 1.987\text{cal/mol K} \times 298\text{K}$
$= -781,778\text{cal}$

29 이상기체 법칙이 적용된다고 가정할 경우 용적이 5.5m³인 용기에 질소 28kg을 넣고 가열하여 압력이 10atm이 될 때 도달하는 기체의 온도(℃)는?

① 81.51　　② 176.31
③ 287.31　　④ 397.31

해설

$PV = \dfrac{w}{M}RT$

$T = \dfrac{PVM}{wR}$

$= \dfrac{10\text{atm} \times 5.5\text{m}^3 \times 28\text{kg/kmol}}{28\text{kg} \times 0.082\text{m}^3\,\text{atm/kmol K}}$

$= 670.7\text{K}$

$= 397.7℃$

30 0℃, 800atm에서 O_2의 압축계수는 1.5이다. 이 상태에서 산소의 밀도(g/L)는 약 얼마인가?

① 632　　② 762
③ 827　　④ 1,715

해설

$PV = Z\dfrac{w}{M}RT$

$d = \dfrac{w}{V} = \dfrac{PM}{ZRT}$

$= \dfrac{800\text{atm} \times 32\text{g/mol}}{1.5 \times 0.082\text{L atm/mol K} \times 273\text{K}}$

$= 762\text{g/L}$

31 매우 넓은 2개의 평행한 회색체 평면이 있다. 평면 1과 2의 복사율은 각각 0.8, 0.6이고 온도는 각각 1,000K, 600K이다. 평면 1에서 2까지의 순복사량은 얼마인가? (단, Stefan-Boltzman 상수는 $5.67 \times 10^{-8}\text{W/m}^2\,\text{K}^4$이다.)

① 12,874W/m²　　② 25,749W/m²
③ 33,665W/m²　　④ 47,871W/m²

해설

$q = \sigma A \mathcal{F}_{1.2}(T_1^4 - T_2^4),\ A_1 ≒ A_2$

여기서, $\sigma = 5.67 \times 10^{-8}\text{W/m}^2\,\text{K}^4$

$\mathcal{F}_{1.2} = \dfrac{1}{\dfrac{1}{F_{1.2}} + \left(\dfrac{1}{\varepsilon_1} - 1\right) + \dfrac{A_1}{A_2}\left(\dfrac{1}{\varepsilon_2} - 1\right)}$

$= \dfrac{1}{1 + \left(\dfrac{1}{0.8} - 1\right) + \left(\dfrac{1}{0.6} - 1\right)}$

$\therefore\ \dfrac{q}{A} = (5.67 \times 10^{-8})\left(\dfrac{1}{\dfrac{1}{0.8} + \dfrac{1}{0.6} - 1}\right) \times (1,000^4 - 600^4)$

$= 25,749\text{W/m}^2$

32 가로 30cm, 세로 60cm인 직사각형 단면을 갖는 도관에 세로 35cm까지 액체가 차서 흐르고 있다. 상당직경(Equivalent Diameter)은 얼마인가?

① 62cm　　② 52cm
③ 42cm　　④ 32cm

해설

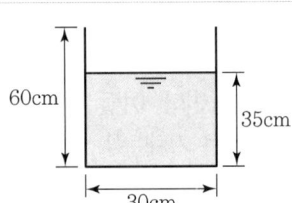

$D_e = 4 \times \dfrac{\text{유로의 단면적}}{\text{젖은 벽의 둘레}}$

$= 4 \times \dfrac{30 \times 35}{35 \times 2 + 30}$

$= 42\text{cm}$

33 다음 그림과 같은 건조속도 곡선(X는 자유수분, R은 건조속도)을 나타내는 고체는?(단, 건조는 $A \to B \to C \to D$ 순서로 일어난다.)

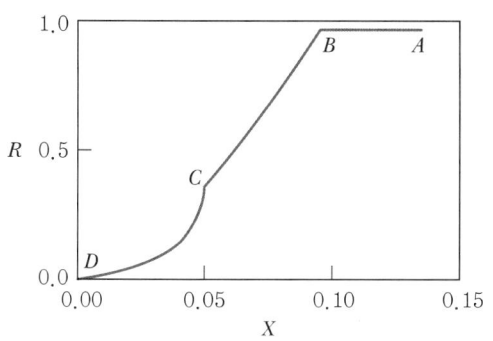

① 비누
② 소성점토
③ 목재
④ 다공성 촉매입자

해설
보기의 그림은 다공성 세라믹판의 건조속도 곡선이다.

34 단일효용증발기에서 10wt% 수용액을 50wt% 수용액으로 농축한다. 공급용액은 55,000kg/h, 증발기에서 용액의 비점이 52℃이고, 공급용액의 온도가 52℃일 때 증발된 물의 양은?

① 11,000kg/h
② 22,000kg/h
③ 44,000kg/h
④ 55,000kg/h

해설

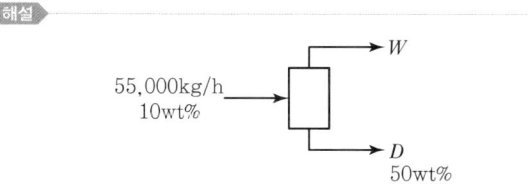

대응성분
$55,000 \times 0.1 = D \times 0.5$
$\therefore D = 11,000 \text{kg/h}$
$\therefore w = 55,000 - 11,000 = 44,000 \text{kg/h}$

35 분배의 법칙이 성립하는 영역은 어떤 경우인가?
① 결합력이 상당히 큰 경우
② 용액의 농도가 묽을 경우
③ 용질의 분자량이 큰 경우
④ 화학적으로 반응할 경우

해설
분배법칙
농도가 묽을 경우 추출액상에서의 용질의 농도와 추잔액상에서의 용질의 농도비는 일정하다.

분배율
$k = \dfrac{y}{x} = \dfrac{\text{추출상에서 용질의 농도}}{\text{추잔상에서 용질의 농도}}$

36 다음 중 디스크의 형상을 원뿔모양으로 바꾸어서 유체가 통과하는 단면이 극히 작은 구조로 되어 있기 때문에 고압 소유량의 유체를 누설 없이 조절할 목적에 사용하는 것은?
① 콕밸브(Cock Valve)
② 체크밸브(Check Valve)
③ 게이트밸브(Gate Valve)
④ 니들밸브(Needle Valve)

해설
니들밸브
구형 밸브의 일종으로 밸브체의 끝이 원뿔모양이다. 유량이 적거나 고압인 경우 유량을 줄이면서 소량 조정하는 데 적합하다.

37 교반기 중 점도가 높은 액제의 경우에는 적합하지 않으나 점도가 낮은 액체의 다량 처리에 많이 사용되는 것은?
① 프로펠러(Propeller)형 교반기
② 리본(Ribbon)형 교반기
③ 앵커(Anchor)형 교반기
④ 나선형(Screw)형 교반기

정답 33 ④ 34 ③ 35 ② 36 ④ 37 ①

해설
- 프로펠러형 교반기
  점도가 높은 액체나 무거운 고체가 섞인 액체의 교반에는 적당치 못하며, 점도가 낮은 액체의 다량처리에 적합하다.
- 리본형 교반기, 나선형 교반기
  점도가 큰 액체에 사용, 교반, 운반

38 증류탑의 Ideal Stage(이상단)에 대한 설명으로 옳지 않은 것은?

① Stage(단)를 떠나는 두 Stream(흐름)은 서로 평행 관계를 이루고 있다.
② 재비기(Reboiler)는 한 Ideal Stage로 계산한다.
③ 부분응축기(Partial Condenser)는 한 Ideal Stage로 계산한다.
④ 전응축기(Total Condenser)는 한 Ideal Stage로 계산한다.

해설
- 전응축기는 단수로 계산하지 않는다.
- 부분응축기, 재비기는 이론단 1단에 해당한다.

39 비중이 1인 물이 흐르고 있는 관의 양단에 비중이 13.6인 수은으로 구성된 U자형 마노미터를 설치하여 수은의 높이차를 측정해 보니 약 33cm이었다. 관 양단의 압력차는 약 몇 atm인가?

① 0.2 ② 0.4
③ 0.6 ④ 0.8

해설
$$\Delta P = \frac{g}{g_c}(\rho_A - \rho_B)R$$
$$= \frac{\text{kg}_f}{\text{kg}}(13.6-1) \times 1,000\text{kg/m}^3 \times 0.33\text{m}$$
$$= 4158\text{kg}_f/\text{m}^2 \times \frac{1\text{m}^2}{100^2\text{cm}^2}$$
$$= 0.4158\text{kg}_f/\text{cm}^2$$
$$0.4158\text{kg}_f/\text{cm}^2 \times \frac{1\text{atm}}{1.0332\text{kg}_f/\text{cm}^2} = 0.4\text{atm}$$

40 탑 내에서 기체속도를 점차 증가시키면 탑 내 액정체량(Hold Up)이 증가함과 동시에 압력손실이 급격히 증가하여 액체가 아래로 이동하는 것을 방해할 때의 속도를 무엇이라고 하는가?

① 평균속도 ② 부하속도
③ 초기속도 ④ 왕일속도

해설
- 편류 : 액이 한곳으로만 흐르는 현상
- 부하속도 : 기체의 속도를 점차 증가시키면 탑 내에 액체의 정체량이 증가하여 액체가 아래로 이동하는 것을 방해하는 점이 나타나는데, 이때의 속도를 부하속도라 한다.
- 왕일속도 : 기체의 속도가 아주 커서 액이 거의 흐르지 않고 넘치는 점이 생기며 이때의 속도를 왕일속도라 한다.

3과목 공정제어

41 적분공정($G(s) = \frac{1}{s}$)을 제어하는 경우에 대한 설명으로 틀린 것은?

① 비례제어만으로 설정값의 계단변화에 대한 잔류오차(Offset)를 제거할 수 있다.
② 비례제어만으로 입력외란의 계단변화에 대한 잔류오차(Offset)를 제거할 수 있다(입력외란은 공정입력과 같은 지점으로 유입되는 외란).
③ 비례제어만으로 출력외란의 계단변화에 대한 잔류오차(Offset)를 제거할 수 있다(출력외란은 공정출력과 같은 지점으로 유입되는 외란).
④ 비례–적분제어를 수행하면 직선적으로 상승하는 설정값 변화에 대한 잔류오차(Offset)를 제거할 수 있다.

해설
- 설정값이 계단변화
$$Y(s) = \frac{\frac{K}{s}}{1+\frac{K}{s}} \cdot \frac{1}{s} = \frac{K}{s(s+K)}$$

정답 38 ④ 39 ② 40 ② 41 ②

$$\lim_{t\to\infty}y(t)=\lim_{s\to 0}sY(s)=\lim_{s\to 0}s\frac{K}{s(s+K)}=1$$

$$\text{Offset}=r(\infty)-y(\infty)$$
$$=1-1=0$$

- 입력외란이 계단변화

$$Y(s)=\frac{\frac{1}{s}}{1+\frac{K}{s}}\frac{1}{s}=\frac{1}{s+K}\cdot\frac{1}{s}$$

$$\lim_{t\to\infty}y(t)=\lim_{s\to 0}sY(s)=\lim_{s\to 0}\frac{1}{s+K}=\frac{1}{K}$$

$$\text{Offset}=r(\infty)-y(\infty)$$
$$=0-\frac{1}{K}$$
$$=-\frac{1}{K} : \text{Offset이 존재한다.}$$

42 다음 공정과 제어기를 고려할 때 정상상태(Steady State)에서 $y(t)$ 값은 얼마인가?

제어기 : $u(t)=1.0(1.0-y(t))+\frac{1.0}{2.0}\int_0^t(1-y(\tau))d\tau$

공정 : $\frac{d^2y(t)}{dt^2}+2\frac{dy(t)}{dt}+y(t)=u(t-0.1)$

① 1　　　② 2
③ 3　　　④ 4

해설

$$U(s)=\frac{1}{s}-Y(s)+\frac{1}{2}\left[\frac{1}{s^2}-\frac{1}{s}Y(s)\right]$$
$$=\frac{1}{s}-Y(s)+\frac{1}{2s^2}-\frac{1}{2s}Y(s)$$

$$\mathcal{L}[u(t-0.1)]=\left[\frac{1}{s}-Y(s)+\frac{1}{2s^2}-\frac{1}{2s}Y(s)\right]e^{-0.1s}$$

$$s^2Y(s)+2sY(s)+Y(s)=\mathcal{L}[u(t-0.1)]$$

$$\therefore (s^2+2s+1)Y(s)$$
$$=\frac{1}{s}e^{-0.1s}-Y(s)e^{-0.1s}+\frac{1}{2s^2}e^{-0.1s}-\frac{1}{2s}Y(s)e^{-0.1s}$$

정리하면

$$Y(s)=\frac{\frac{1}{s}e^{-0.1s}+\frac{1}{2s^2}e^{-0.1s}}{s^2+2s+1+e^{-0.1s}+\frac{1}{2s}e^{-0.1s}}$$

$$\lim_{t\to\infty}y(t)=\lim_{s\to 0}sY(s)$$

$$=\lim_{s\to 0}\frac{e^{-0.1s}+\frac{1}{2s}e^{-0.1s}}{s^2+2s+1+e^{-0.1s}+\frac{1}{2s}e^{-0.1s}}$$

$$=\lim_{s\to 0}\frac{2se^{-0.1s}+e^{-0.1s}}{2s^3+4s^2+2s+2se^{-0.1s}+e^{-0.1s}}=1$$

43 다음 중 제어밸브를 나타낸 것은?

① 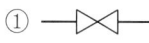　　②

③ ┤FN├　　④

해설

- ⟶⋈⟶ : 문 또는 구형밸브
- ⟶⩒⟶ : 앵글밸브
- ⟶▽⟶ : 막음밸브
- ⟶⋈⟶ : 제어밸브

44 Feedback 제어에 대한 설명 중 옳지 않은 것은?

① 중요변수(CV)를 측정하여 이를 설정값(SP)과 비교하여 제어동작을 계산한다.
② 외란(DV)을 측정할 수 없어도 Feedback 제어를 할 수 있다.
③ PID 제어기는 Feedback 제어기의 일종이다.
④ Feedback 제어는 Feedforward 제어에 비해 성능이 이론적으로 항상 우수하다.

해설

- Feedback 제어
  외부교란이 도입되어 공정에 영향을 미치게 되고 이에 따라 제어변수가 변하게 되면 제어작용을 수행한다.
- Feedforward 제어
  외부교란을 측정하고 이 측정값을 이용하여 외부교란이 공정에 미치게 될 영향을 사전에 보정해 주는 제어방법이다.

정답 42 ① 43 ④ 44 ④

45 입력과 출력 사이의 전달함수의 정의로서 가장 적절한 것은?

① $\dfrac{\text{출력의 라플라스 변환}}{\text{입력의 라플라스 변환}}$

② $\dfrac{\text{출력}}{\text{입력}}$

③ $\dfrac{\text{편차형태로 나타낸 출력의 라플라스 변환}}{\text{편차형태로 나타낸 입력의 라플라스 변환}}$

④ $\dfrac{\text{시간함수의 출력}}{\text{시간함수의 입력}}$

해설

전달함수

$G(s) = \dfrac{Y(s)}{X(s)}$

$= \dfrac{\text{편차형태로 나타낸 출력의 라플라스 변환}}{\text{편차형태로 나타낸 입력의 라플라스 변환}}$

46 특성방정식이 $1 + \dfrac{G_c}{(2s+1)(5s+1)} = 0$와 같이 주어지는 시스템에서 제어기 G_c로 비례 제어기를 이용할 경우 진동응답이 예상되는 경우는?(단, K_c는 제어기의 비례이득이다.)

① $K_c = 0$
② $K_c = 1$
③ $K_c = -1$
④ K_c에 관계없이 진동이 발생된다.

해설

$(2s+1)(5s+1) + K_c = 0$

$10s^2 + 7s + 1 + K_c = 0$

$s = \dfrac{-7 \pm \sqrt{49 - 4 \cdot 10(1+K_c)}}{20}$

진동응답 $49 - 40(1+K_c) < 0$

∴ $K_c > 0.225$

그러므로 $K_c = 1$은 $K_c > 0.225$에 만족한다.

47 모델식이 다음과 같은 공정의 Laplace 전달함수로 옳은 것은?(단, y는 출력변수, x는 입력변수이며 $Y(s)$와 $X(s)$는 각각 y와 x의 Laplace 변환이다.)

$$a_2 \dfrac{d^2 y}{dt^2} + a_1 \dfrac{dy}{dt} + a_0 y = b_1 \dfrac{dx}{dt} + b_0 x$$

$$\dfrac{dy}{dt}(0) = y(0) = x(0) = 0$$

① $\dfrac{Y(s)}{X(s)} = \dfrac{a_2 s^2 + a_1 s + a_0}{b_1 s + b_0}$

② $\dfrac{Y(s)}{X(s)} = \dfrac{b_1 + b_0 s}{a_2 + a_1 s + a_0 s^2}$

③ $\dfrac{Y(s)}{X(s)} = \dfrac{b_1 s + b_0}{a_2 s^2 + a_1 s + a_0}$

④ $\dfrac{Y(s)}{X(s)} = \dfrac{b_1 + b_0 s}{a_2 s^2 + a_1 s + a_0}$

해설

$a_2 s^2 Y(s) + a_1 s Y(s) + a_0 Y(s) = b_1 s X(s) + b_0 X(s)$

∴ $\dfrac{Y(s)}{X(s)} = \dfrac{b_1 s + b_0}{a_2 s^2 + a_1 s + a_0}$

48 연속 입출력 흐름과 내부 가열기가 있는 저장조의 온도제어 방법 중 공정제어 개념이라고 볼 수 없는 것은?

① 유입되는 흐름의 유량을 측정하여 저장조의 가열량을 조절한다.
② 유입되는 흐름의 온도를 측정하여 저장조의 가열량을 조절한다.
③ 유출되는 흐름의 온도를 측정하여 저장조의 가열량을 조절한다.
④ 저장조의 크기를 증가시켜 유입되는 흐름의 온도 영향을 줄인다.

해설

- 유입되는 유량, 온도를 측정하여 가열량을 조절한다.
- 유출온도를 측정하여 가열량을 조절한다.

정답 45 ③ 46 ② 47 ③ 48 ④

49 PID 제어기의 전달함수의 형태로 옳은 것은?(단, K_c는 비례이득, τ_I는 적분시간상수, τ_D는 미분시간상수를 나타낸다.)

① $K_c\left(s+\dfrac{1}{\tau_I}+\dfrac{\tau_D}{s}\right)$

② $K_c\left(s+\dfrac{1}{\tau_I}\int sdt+\tau_D\dfrac{ds}{dt}\right)$

③ $K_c\left(1+\dfrac{1}{\tau_I s}+\tau_D s\right)$

④ $K_c\left(1+\tau_I s+\tau_D s^2\right)$

해설

- 비례 제어기
  $G_c(s)=K_c$
- 비례적분 제어기
  $G_c(s)=K_c\left(1+\dfrac{1}{\tau_I s}\right)$
- 비례미분적분 제어기
  $G_c(s)=K_c\left(1+\dfrac{1}{\tau_I s}+\tau_D s\right)$

50 시간지연이 θ이고 시상수가 τ인 시간지연을 가진 1차계의 전달함수는?

① $G(s)=\dfrac{e^{\theta s}}{s+\tau}$

② $G(s)=\dfrac{e^{\theta s}}{\tau s+1}$

③ $G(s)=\dfrac{e^{-\theta s}}{s+\tau}$

④ $G(s)=\dfrac{e^{-\theta s}}{\tau s+1}$

해설

- 1차계의 전달함수
  $G(s)=\dfrac{K}{\tau s+1}$
- 시간지연이 있다면
  $G(s)=\dfrac{K}{\tau s+1}e^{-\theta s}$

51 1차계의 시상수 τ에 대하여 잘못 설명한 것은?

① 계의 저항과 용량(Capacitance)과의 곱과 같다.
② 입력이 단위계단함수일 때 응답이 최종치의 85%에 도달하는 데 걸리는 시간과 같다.
③ 시상수가 큰 계일수록 출력함수의 응답이 느리다.
④ 시간의 단위를 갖는다.

해설

1차계의 시상수 τ
- 계의 저항×용량과 같다.
- τ는 시간의 단위를 갖는다.
- 시간상수가 크면 입력변화에 대한 공정의 응답속도는 더욱 느려진다.
- 입력이 단위계단함수일 때 최종치의 63.2%에 도달하는 데 걸리는 시간이 τ이다.

52 다음 공정에 단위계단 입력이 가해졌을 때 최종치는?

$$G(s)=\dfrac{2}{3s^2+s+2}$$

① 0
② 1
③ 2
④ 3

해설

$Y(s)=G(s)X(s)$
$=\dfrac{2}{3s^2+s+2}\cdot\dfrac{1}{s}$

$\lim_{t\to\infty}f(t)=\lim_{s\to 0}sF(s)$
$=\lim_{s\to 0}\dfrac{2}{3s^2+s+2}=1$

53 단위계단 입력에 대한 응답 $y_s(t)$를 얻었다. 이것으로부터 크기가 1이고 폭이 a인 펄스 입력에 대한 응답 $y_p(t)$는?

① $y_p(t) = y_s(t)$
② $y_p(t) = y_s(t-a)$
③ $y_p(t) = y_s(t) - y_s(t-a)$
④ $y_p(t) = y_s(t) + t_s(t-a)$

> 해설

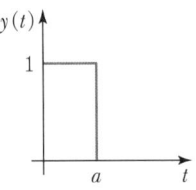

전달함수 $G(s)$
$X(x) = \dfrac{1}{s} - \dfrac{1}{s}e^{-as}$
$Y(s) = G(s)\left[\dfrac{1-e^{-as}}{s}\right]$
$\quad\quad = G(s)\dfrac{1}{s} - G(s)\dfrac{e^{-as}}{s}$
$y(t) = y_s(t) - y_s(t-a)$

54 선형계의 제어시스템의 안정성을 판별하는 방법이 아닌 것은?

① Routh-Hurwitz 시험법 적용
② 특성방정식 근궤적 그리기
③ Bode나 Nyquist 선도 그리기
④ Laplace 변환 적용

> 해설

안정성 판별 방법
- 특성방정식의 근궤적도
- Routh-Hurwitz의 안정성 판별법
- 직접치환법
- Nyquist 안정성 판별법
- Bode 선도

55 어떤 액위저장탱크로부터 펌프를 이용하여 일정한 유량으로 액체를 뽑아내고 있다. 이 탱크로는 지속적으로 일정량의 액체가 유입되고 있다. 탱크로 유입되는 액체의 유량이 기울기가 1인 1차 선형변화를 보인 경우 정상 상태로부터의 액위의 변화 $H(t)$를 옳게 나타낸 것은?(단, 탱크의 단면적은 A이다.)

① $\dfrac{1}{At^2}$ ② $\dfrac{At}{2}$
③ $\dfrac{t^2}{2A}$ ④ $\dfrac{1}{At^3}$

> 해설

$A\dfrac{dh}{dt} = q_i - q_o$
$\dfrac{H(s)}{Q_i(s)} = \dfrac{1}{As}$
$Q_i(s) = \dfrac{1}{s^2}$ 이므로
$H(s) = \dfrac{1}{As^3}$, $h(t) = \dfrac{t^2}{2A}$

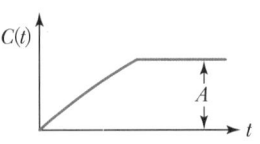

56 다음 그림은 외란의 단위계단 변화에 대해 여러 형태의 제어기에 의해 얻어진 공정출력이다. 이때 A는 무엇을 나타내는가?

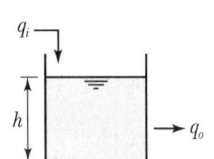

① Phase Lag ② Phase Lead
③ Gain ④ Offset

> 해설

정상상태 오차인 잔류편차 Offset
Offset $= r(\infty) - c(\infty)$
$\quad\quad\; = 0 - c(\infty) = A$

정답 53 ③ 54 ④ 55 ③ 56 ④

57 개루프 전달함수가 $G(s) = \dfrac{K}{s^2 - s}$ 일 때 Negative Feedback 폐루프 전달함수를 구한 것은?

① $\dfrac{K}{s^2 + s + 1}$ ② $\dfrac{s + K}{s^2 + s}$

③ $\dfrac{s + K}{s^2 + s + 1}$ ④ $\dfrac{K}{s^2 - s + K}$

해설
폐루프 전달함수
$$G(s) = \dfrac{\dfrac{K}{s^2 - s}}{1 + \dfrac{K}{s^2 - s}} = \dfrac{\dfrac{K}{s^2 - s}}{\dfrac{s^2 - s + K}{s^2 - s}} = \dfrac{K}{s^2 - s + K}$$

58 여름철에 사용되는 일반적인 에어컨(Air Conditioner)의 동작에 대한 설명 중 틀린 것은?

① 온도 조절을 위한 피드백 제어 기능이 있다.
② 희망온도가 피드백 제어의 설정값에 해당된다.
③ 냉각을 위하여 에어컨으로 흡입되는 공기의 온도변화가 외란에 해당된다.
④ On/Off 제어가 주로 사용된다.

해설
냉각을 위하여 에어컨으로 흡입되는 공기의 온도변화는 입력 변수에 해당된다.

59 제어 결과로 항상 Cycling이 나타나는 제어기는?

① 비례 제어기
② 비례 – 미분 제어기
③ 비례 – 적분 제어기
④ On – Off 제어기

해설
On – Off 제어기
간단한 제어기로 실험실 가정용기기에서 널리 이용되나, 출력 값이 두 가지(On, Off)이므로 제어변수에 나타나는 지속적인 진동(Cycling)과 최종제어요소의 빈번한 작동에 따른 마모가 단점이다.

60 $s^3 + 4s^2 + 2s + 6 = 0$으로 특성방정식이 주어지는 계의 Routh 판별을 수행할 때 다음 배열의 (a), (b)에 들어갈 숫자는?

<행>

①	1	2
②	4	6
③	(a)	
④	(b)	

① $a = \dfrac{1}{2}, b = 3$ ② $a = \dfrac{1}{2}, b = 6$

③ $a = -\dfrac{1}{2}, b = 3$ ④ $a = -\dfrac{1}{2}, b = 6$

해설

①	1	2
②	4	6
③	$\dfrac{4 \times 2 - 1 \times 6}{4} = \dfrac{1}{2}$	0
④	$\dfrac{\dfrac{1}{2} \times 6 - 4 \times 0}{\dfrac{1}{2}} = 6$	

4과목 공업화학

61 석유의 접촉개질(Catalytic Reforming)에 대한 설명으로 옳지 않은 것은?

① 수소화 분해나 이성화를 최대한 억제한다.
② 가솔린 유분의 옥탄가를 높이기 위한 것이다.
③ 온도, 압력 등은 중요한 운전조건이다.
④ 방향족화(Aromatization)가 일어난다.

해설
접촉개질
촉매를 이용하여 옥탄가가 낮은 가솔린, 나프타 등을 방향족 탄화수소나 이소파라핀을 많이 함유하는 옥탄가가 높은 가솔린으로 개질시킨다.

62 벤젠으로부터 아닐린을 합성하는 단계를 순서대로 옳게 나타낸 것은?

① 수소화, 니트로화
② 암모니아화, 아민화
③ 니트로화, 수소화
④ 아민화, 암모니아화

해설

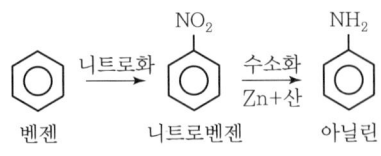

63 다음 중 고분자의 일반적인 물리적 성질에 관련된 설명으로 가장 거리가 먼 것은?

① 중량평균분자량에 비해 수평균분자량이 크다.
② 분자량의 범위가 넓다.
③ 녹는점이 뚜렷하지 않아 분리정제가 용이하지 않다.
④ 녹슬지 않고, 잘 깨지지 않는다.

해설

고분자
- 분자량이 1만 이상인 큰 분자이다.
- 분자량이 일정하지 않아 녹는점, 끓는점이 일정하지 않다.
- 반응을 잘 하지 않아 안정적이다.

64 다음 중 가스용어 LNG의 의미에 해당하는 것은?

① 액화석유가스
② 액화천연가스
③ 고화천연가스
④ 액화프로판가스

해설

- LNG(Liquefied Natural Gas) : 액화천연가스
- LPG(Liquefied Petroleum Gas) : 액화석유가스

65 소다회 제조법 중 거의 100%의 식염의 이용이 가능한 것은?

① Solvay법
② Le Blanc법
③ 염안소다법
④ 가성화법

해설

소다회 제조법(Na_2CO_3)
㉠ Le Blanc법
NaCl을 황산분해하여 망초(Na_2SO_4)를 얻고 이를 석탄, 석회석으로 복분해하여 소다회를 제조하는 방법
㉡ Solvay법(암모니아소다법)
함수에 암모니아를 포화시켜 암모니아 함수를 만들고 탄산화탑에서 이산화탄소를 도입시켜 중조를 침전 여과한 후 이를 가소하여 소다회를 얻는 방법
㉢ 암모니아소다법의 개량법
- 염안소다법 : 식염의 이용률을 100%까지 향상시키고 염소는 염화암모늄(NH_4Cl)을 부생시켜 비료로 이용한다.
- 액안소다법 : NaCl을 액체암모니아에 용해하면 $CaCl_2$, $MgCl_2$, $CaSO_4$, $MgSO_4$ 등은 용해도가 작으므로 용해와 정제를 동시에 할 수 있다.

66 염화수소가스를 물 50kg에 용해시켜 20%의 염산 용액을 만들려고 한다. 이때 필요한 염화수소는 약 몇 kg인가?

① 12.5
② 13.0
③ 13.5
④ 14.0

해설

$$\frac{x}{x+50} \times 100\% = 20$$
$$\therefore x = 12.5$$

67 다음 고분자 중 T_g(Glass Transition Temperature)가 가장 높은 것은?

① Polycarbonate
② Polystyrene
③ Poly vinyl chloride
④ Polyisoprene

해설

Polycarbonate > Polystyrene > PVC(Polyvinyl chloride) > Nylon 6 > Polyvinyl acetate > Polypropylene > Polyethylene > Polyisoprene

정답 62 ③ 63 ① 64 ② 65 ③ 66 ① 67 ①

68 HNO₃ 14.5%, H₂SO₄ 50.5%, HNOSO₄ 12.5%, H₂O 20.0%, Nitrobody 2.5%의 조성을 가지는 혼산을 사용하여 Toluene으로부터 mono-Nitrotoluene을 제조하려고 한다. 이때 1,700kg의 Toluene을 12,000kg의 혼산으로 니트로화했다면 DVS(Dehydrating Value of Sulfuric acid)는?

① 1.87
② 2.21
③ 3.04
④ 3.52

> 해설

$$DVS = \frac{혼합산\ 중\ 황산의\ 양}{반응\ 후\ 혼합산\ 중\ 물의\ 양}$$

$C_6H_5CH_3$ + HNO₃ → $C_6H_4(NO_2)CH_3$ + H₂O
92   63   137   18
1,700kg   332.6kg

$$\therefore DVS = \frac{12,000 \times 0.505}{12,000 \times 0.2 + 332.6} = 2.21$$

69 다음 중 1차 전지가 아닌 것은?

① 산화은전지
② Ni-MH전지
③ 망간전지
④ 수은전지

> 해설

1차 전지	건전지, 망간전지, 알칼리전지, 산화은전지, 수은-아연전지, 리튬전지
2차 전지	납축전지, Ni-Cd전지, Ni-MH전지, 리튬 2차 전지

70 합성염산을 제조할 때는 폭발의 위험이 있으므로 주의해야 한다. 염산 합성 시 폭발을 방지하는 방법에 대한 설명으로 가장 거리가 먼 것은?

① 불활성 가스를 주입하여 조업온도를 낮춘다.
② H₂를 과잉으로 주입하여 Cl₂가 미반응 상태로 남지 않도록 한다.
③ 반응완화 촉매를 주입한다.
④ HCl의 생성속도를 빠르게 한다.

> 해설

합성염산 제조 시 폭발 방지방법
• Cl₂ : H₂ = 1 : 1.2
• 불활성 가스로 Cl₂를 희석한다.
• 반응완화 촉매를 사용한다.
• 연소 시 H₂를 먼저 점화 후 Cl₂와 연소시킨다.

71 석회질소 비료에 대한 설명 중 틀린 것은?

① 토양의 살균효과가 있다.
② 과린산석회, 암모늄염 등과의 배합비료로 적당하다.
③ 저장 중 이산화탄소, 물을 흡수하여 부피가 증가한다.
④ 분해 시 생성되는 디시안디아미드는 식물에 유해하다.

> 해설

CaCN₂(석회질소)
• 염기성비료, 산성토양에 효과적이다.
• 토양의 살균, 살충효과가 있다.
• 분해 시 디시안아미드(독성)가 생성된다.
• 배합비료로는 부적합하다.
• 디시안아미드는 디시안디아미드를 거쳐 요소로 변화되어 식물에 흡수된다.
• 질소비료, 시안화물을 만드는 데 주로 사용된다.
• 저장 중 이산화탄소, 물을 흡수하여 부피가 증가한다.

72 산성토양이 된 곳에 알칼리성 비료를 사용하고자 할 때 다음 중 가장 적합한 비료는?

① 과린산석회
② 염안
③ 석회질소
④ 요소

> 해설

산성	과린산석회, 중과린산석회
중성	황안, 염안, 요소, 염화칼륨
알칼리성	석회질소, 용성인비, 석회

정답 68 ② 69 ② 70 ④ 71 ② 72 ③

73 반도체 제조과정 중에서 식각공정 후 행해지는 세정공정에 사용되는 Piranha 용액의 주원료에 해당하는 것은?

① 질산, 암모니아
② 불산, 염화나트륨
③ 에탄올, 벤젠
④ 황산, 과산화수소

해설
Piranha 용액
- 식각공정 후 세정공정에서 사용되는 용액
- 황산과 과산화수소를 7 : 3의 비율로 섞어 만든 용액

74 Acetylene을 주원료로 하여 수은염을 촉매로 물과 반응시켜 얻는 것은?

① Methanol
② Stylene
③ Acetaldehyde
④ Acetophenone

해설

$$C_2H_2 + H_2O \xrightarrow[\text{수화반응}]{\text{수은염촉매}} CH_3CHO$$

아세틸렌 　　　　　　　아세트알데히드

75 황산의 원료인 아황산가스를 황화철광(Ironpyrite)을 공기로 완전 연소하여 얻고자 한다. 황화철광의 10%가 불순물이라 할 때 황화철광 1톤을 완전 연소하는 데 필요한 이론 공기량은 표준상태 기준으로 약 몇 m^3인가? (단, Fe의 원자량은 56이다.)

① 460
② 580
③ 2,200
④ 2,480

해설
$4FeS_2 + 11O_2 \rightarrow 2Fe_2O_3 + 8SO_2$
황화철광
$4 \times (56 + 32 \times 2)kg : 11 \times 32kg$
$1,000kg \times 0.9 \quad : \quad x$
$\therefore x = 660kgO_2$

$660kgO_2 \times \dfrac{1}{0.233} = 2,832.6kg \text{ Air}$

$2,832.6kg \times \dfrac{1kmol}{29kg} \times \dfrac{22.4m^3}{1kmol} = 2,188m^3$

76 선형 저밀도 폴리에틸렌에 관한 설명이 아닌 것은?

① 촉매 없이 1-옥텐을 첨가하여 라디칼 중합법으로 제조한다.
② 규칙적인 가지를 포함하고 있다.
③ 낮은 밀도에서 높은 강도를 갖는 장점이 있다.
④ 저밀도 폴리에틸렌보다 강한 인장강도를 갖는다.

해설
폴리에틸렌
㉠ HDPE(고밀도 폴리에틸렌) : 고강도, 변형성 우수
㉡ LDPE(저밀도 폴리에틸렌) : 투명성 우수
㉢ LLDPE(선형 저밀도 폴리에틸렌)
- 포장재료나 공업용, 농업용 필름에 적합
- LDPE보다 강도와 가공성 우수
- 규칙적인 가지 포함
- 1-뷰텐, 1-헥센, 1-옥텐을 에틸렌과 공중합하여 제조

77 Fischer-Tropsch 반응을 옳게 표현한 것은?

① $nCO + (2n+1)H_2 \rightarrow C_nH_{2n+2} + nH_2O$
② $C_nH_{2n+2} + H_2O \rightarrow CH_4 + CO_2$
③ $CH_3OH + H_2 \rightarrow HCHO + H_2O$
④ $CO_2 + H_2 \rightarrow CO + H_2O$

해설
Fischer-Tropsch 반응
일산화탄소와 수소로부터 탄화수소 혼합물을 얻는 방법
$nCO + (2n+1)H_2 \rightarrow C_nH_{2n+2} + nH_2O$

78 접촉식 황산 제조법에서 주로 사용되는 촉매는?

① Fe
② V_2O_5
③ KOH
④ Cr_2O_3

해설
접촉식 황산 제조법
V_2O_5 촉매를 많이 사용하고 있다.

V_2O_5(오산화바나듐)
- 촉매독 물질에 대한 저항이 크다.
- 10년 이상 사용, 고온에서 안정, 내산성이 크다.
- 다공성이며 비표면적이 크다.

정답 73 ④　74 ③　75 ③　76 ①　77 ①　78 ②

79 공기 중에서 프로필렌을 산화시켜서 알코올과 작용시켰을 때 얻는 주 생성물은?

① $CH_3-R-COOH$
② CH_3-CH_2-COOR
③ $CH_2=R-COOH$
④ $CH_2=CH-COOR$

해설

$CH_2=CH-CH_3 \xrightarrow[O_2]{산화} CH_2=CH-CHO \xrightarrow[\frac{1}{2}O_2]{산화}$
프로필렌   아크롤레인

$CH_2=CH-COOH \xrightarrow[C-H_2SO_4]{ROH} CH_2=CH-COOR$
아크릴산   아크릴산에스터

80 다음 중 소다회 제조법으로써 암모니아를 회수하는 것은?

① 르블랑법
② 솔베이법
③ 수은법
④ 격막법

해설

- Solvay법(암모니아소다법) : 함수에 암모니아를 포화시켜 암모니아 함수를 만들고 탄산화탑에서 이산화탄소를 도입시켜 중조를 침전 여과한 후 이를 가소화하여 소다회를 얻는 방법
- Le Blanc법 : NaCl을 황산분해하여 망초(Na_2SO_4)를 얻고, 이를 석탄, 석회석으로 복분해하여 소다를 제조하는 방법
- 수은법, 격막법 : 가성소다 제조법

5과목 반응공학

81 혼합흐름반응기에서 반응 속도식이 $-r_A=kC_A^2$ 인 반응에 대해 50% 전화율을 얻었다. 모든 조건을 동일하게 하고 반응기의 부피만 5배로 했을 경우 전화율은?

① 0.6
② 0.73
③ 0.8
④ 0.93

해설

CSTR 2차
$k\tau C_{A0} = \dfrac{X_A}{(1-X_A)^2}$

$k\tau C_{A0} = \dfrac{0.5}{(1-0.5)^2} = 2$

반응기부피를 5배로 했으므로 5τ가 된다.

$k5\tau C_{A0} = \dfrac{X_A}{(1-X_A)^2}$

$5 \times 2 = \dfrac{X_A}{(1-X_A)^2}$

$10X_A^2 - 21X_A + 10 = 0$

$X = \dfrac{21 \pm \sqrt{21^2 - 4 \cdot 10 \cdot 10}}{20} = 0.73$

82 다음 반응에서 R의 순간 수율 $\left(\dfrac{생성된\ R의\ 몰수}{반응한\ A의\ 몰수}\right)$은?

$A \begin{smallmatrix} K_1 \\ \searrow \\ K_2 \end{smallmatrix} \begin{matrix} R\ (목적하는\ 생성물) \\ \\ S\ (목적하지\ 않는\ 생성물) \end{matrix}$

① $\dfrac{dC_R}{-dC_A}$
② $\dfrac{dC_S}{dC_R}$
③ $\dfrac{dC_S}{dC_A}$
④ $\dfrac{dC_R}{-dC_S}$

해설

$\phi\left(\dfrac{R}{A}\right) = \dfrac{dC_R}{-dC_A}$

83 1개의 혼합흐름반응기에 크기가 2배 되는 반응기를 추가로 직렬로 연결하여 A 물질을 액상 분해반응시켰다. 정상상태에서 원료의 농도가 1mol/L이고, 제1반응기의 평균 공간시간이 96초이었으며 배출농도가 0.5 mol/L이었다. 제2반응기의 배출농도가 0.25mol/L일 경우 반응속도식은?

① $1.25\,C_A^2$ mol/L min
② $3.0\,C_A^2$ mol/L min
③ $2.46\,C_A$ mol/L min
④ $4.0\,C_A$ mol/L min

정답 79 ④ 80 ② 81 ② 82 ① 83 ①

해설

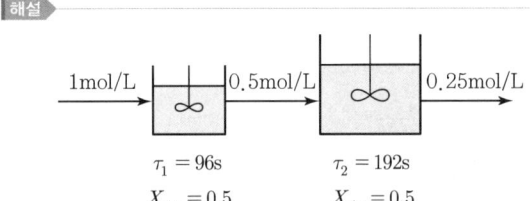

$$k\tau C_{A0}^{n-1} = \frac{X_A}{(1-X_A)^n}$$

$$k \times 96 \times 1^{n-1} = \frac{0.5}{(1-0.5)^n}$$

$$k \times 192 \times 0.5^{n-1} = \frac{0.5}{(1-0.5)^n}$$

$$\therefore k \times 96 \times 1 = k \times 192 \times 0.5^{n-1}$$

$n = 2$차

$$\therefore -r_A = kC_A^2$$

$$k \times 96 \times 1 = \frac{0.5}{(1-0.5)^2}$$

$$k = 0.0208 \text{L/mol s} \times \frac{60s}{1\min}$$

$$= 1.25 \text{L/mol min}$$

$$\therefore -r_A = 1.25 C_A^2$$

84 다음의 액상반응에서 R이 요구하는 물질일 때에 대한 설명으로 가장 거리가 먼 것은?

$$A + B \to R, \ r_R = k_1 C_A C_B$$
$$R + B \to S, \ r_S = k_2 C_R C_B$$

① A에 B를 조금씩 넣는다.
② B에 A를 조금씩 넣는다.
③ A와 B를 빨리 혼합한다.
④ A의 농도가 균일하면 B의 농도는 관계없다.

해설

$$\frac{r_R}{r_S} = \frac{k_1 C_A C_B}{k_2 C_R C_B} = \frac{k_1}{k_2} \frac{C_A}{C_R}$$

C_A의 농도를 크게 한다.
C_B의 농도는 무관하다.

85 회분식 반응기에서 아세트산에틸을 가수분해하면 1차 반응속도식에 따른다고 한다. 만일 어떤 실험조건에서 아세트산에틸을 정확히 30% 분해하는 데 40분이 소요되었을 경우에 반감기는 몇 분인가?

① 58 ② 68
③ 78 ④ 88

해설

$$t_{1/2} = \frac{\ln 2}{k}$$

1차 Batch : $-\ln(1-X_A) = kt$
$\quad\quad\quad\quad -\ln(1-0.3) = k \times 40\min$
$\quad\quad\quad\quad \therefore k = 0.00891 \min^{-1}$

$$\therefore t_{1/2} = \frac{\ln 2}{0.00891} = 78\min$$

86 2차 액상 반응, $2A \to \text{Products}$가 혼합흐름반응기에서 60%의 전화율로 진행된다. 다른 조건은 그대로 두고 반응기의 크기만 두 배로 했을 경우 전화율은 얼마로 되는가?

① 66.7% ② 69.5%
③ 75.0% ④ 91.0%

해설

CSTR 2차

$$k\tau C_{A0} = \frac{X_A}{(1-X_A)^2}$$

$$= \frac{0.6}{(1-0.6)^2} = 3.75$$

$$k 2\tau C_{A0} = \frac{X_A}{(1-X_A)^2} = 2 \times 3.75$$

$$\frac{X_A}{(1-X_A)^2} = 7.5$$

정리하면 $7.5 X_A^2 - 16 X_A + 7.5 = 0$
근의 공식에 의해

$$X_A = \frac{16 \pm \sqrt{16^2 - 4 \times 7.5 \times 7.5}}{15}$$

$$= 0.695 (69.5\%)$$

정답 84 ② 85 ③ 86 ②

87 다음 중 불균일 촉매반응에서 일어나는 속도결정단계(Rate Determining Step)와 거리가 먼 것은?

① 표면반응단계 ② 흡착단계
③ 탈착단계   ④ 촉매불활성화단계

해설
흡착 → 표면반응 → 탈착

88 매 3분마다 반응기 체적의 1/2에 해당하는 반응물이 반응기에 주입되는 연속흐름반응기(Steady State Flow Reactor)가 있다. 이때의 공간시간(τ : Space Time)과 공간속도(S : Space Velocity)는 얼마인가?

① $\tau=6$분, $S=1$분$^{-1}$
② $\tau=\dfrac{1}{3}$분, $S=3$분$^{-1}$
③ $\tau=6$분, $S=\dfrac{1}{6}$분$^{-1}$
④ $\tau=2$분, $S=\dfrac{1}{2}$분$^{-1}$

해설
공간시간(τ)
반응기 체적만큼 처리하는 데 걸리는 시간
$\tau=\dfrac{3\text{분}}{\dfrac{1}{2}}=6$분
$S=\dfrac{1}{\tau}=\dfrac{1}{6}$분$^{-1}$

89 일반적으로 $A \to P$와 같은 반응에서 반응물의 농도가 $C=1.0\times 10$mol/L일 때 그 반응속도가 0.020mol/L s이고 반응속도상수가 $k=2\times 10^{-4}$L/mol s이라고 한다면 이 반응의 차수는?

① 1차 ② 2차
③ 3차 ④ 4차

해설
$-r_A=kC_A^n$
k의 단위 $= [\text{mol/L}]^{1-n}[1/\text{s}]$
∴ $n=2$일 때 k의 단위는 L/mol s가 된다.

90 CSTR에 대한 설명으로 옳지 않은 것은?

① 비교적 온도 조절이 용이하다.
② 약한 교반이 요구될 때 사용된다.
③ 높은 전화율을 얻기 위해서 큰 반응기가 필요하다.
④ 반응기 부피당 반응물의 전화율은 흐름반응기들 중에서 가장 작다.

해설
CSTR(혼합흐름반응기)
• 내용물이 잘 혼합되어 균일하게 되는 반응기이다.
• 강한 교반이 요구될 때 사용한다.
• 온도 조절이 용이하다.
• 흐름식 반응기 중 반응기 부피당 전화율이 가장 낮다.

91 650℃에서 에탄의 열분해 반응은 500℃에서보다 2,790배 빨라진다. 이 분해 반응의 활성화 에너지는?

① 75,000cal/mol ② 34,100cal/mol
③ 15,000cal/mol ④ 5,600cal/mol

해설
$\ln\dfrac{k_2}{k_1}=\dfrac{E_a}{R}\left(\dfrac{1}{T_1}-\dfrac{1}{T_2}\right)$
$\ln 2,790=\dfrac{E_a}{1.987}\left(\dfrac{1}{773}-\dfrac{1}{923}\right)$
∴ $E_a=74,984$cal/mol

92 다음과 같은 반응에서 최초 혼합물인 반응물 A가 25%, B가 25%인 것에 불활성 기체가 50% 혼합되었다고 한다. 반응이 완결되었을 때 용적변화율 ε_A는 얼마인가?

$$2A+B\to 2C$$

① -0.125 ② -0.25
③ 0.5 ④ 0.875

해설
$\varepsilon_A=y_{A0}\delta$
$=0.25\times\dfrac{2-2-1}{2}$
$=-0.125$

정답 87 ④ 88 ③ 89 ② 90 ② 91 ① 92 ①

93 A가 분해되는 정용 회분식 반응기에서 $C_{A0} =$ 4mol/L이고, 8분 후의 A의 농도 C_A를 측정한 결과 2mol/L이었다. 속도상수 k는 얼마인가?(단, 속도식은 $-r_A = \dfrac{kC_A}{1+C_A}$ 이다.)

① 0.15min^{-1} ② 0.18min^{-1}
③ 0.21min^{-1} ④ 0.34min^{-1}

해설

$-r_A = \dfrac{-dC_A}{dt} = \dfrac{kC_A}{1+C_A}$

$-\int_{C_{A0}}^{C_A} \dfrac{1+C_A}{C_A} dC_A = \int_0^t k \, dt$

$-\left[\ln \dfrac{C_A}{C_{A0}} + (C_A - C_{A0})\right] = kt$

$-\ln \dfrac{2}{4} - (2-4) = k \times 8\text{min}$

$\therefore k = 0.34 \text{min}^{-1}$

94 다음과 같은 연속(직렬) 반응에서 A와 R의 반응속도가 $-r_A = k_1 C_A$, $r_R = k_1 C_A - k_2$일 때, 회분식 반응기에서 C_R/C_{A0}를 구하면?(단, 반응은 순수한 A만으로 시작한다.)

$$A \to R \to S$$

① $1 + e^{-k_1 t} + \dfrac{k_2}{C_{A0}} t$ ② $1 + e^{-k_1 t} - \dfrac{k_2}{C_{A0}} t$
③ $1 - e^{-k_1 t} + \dfrac{k_2}{C_{A0}} t$ ④ $1 - e^{-k_1 t} - \dfrac{k_2}{C_{A0}} t$

해설

$-r_A = \dfrac{-dC_A}{dt} = k_1 C_A \to -\ln \dfrac{C_A}{C_{A0}} = k_1 t$

$\therefore C_A = C_{A0} e^{-k_1 t}$

$r_R = \dfrac{dC_R}{dt} = k_1 C_A - k_2$

$\dfrac{dC_R}{dt} = k_1 C_{A0} e^{-k_1 t} - k_2$

$C_R = -C_{A0} e^{-k_1 t} \Big|_0^t - k_2 t$

$\therefore C_R = -C_{A0} e^{-k_1 t} + C_{A0} - k_2 t$

$\therefore \dfrac{C_R}{C_{A0}} = -e^{-k_1 t} + 1 - \dfrac{k_2 t}{C_{A0}}$

95 자동촉매반응(Autocatalytic Reaction)에 대한 설명으로 옳은 것은?

① 전화율이 작을 때는 관형흐름반응기가 유리하다.
② 전화율이 작을 때는 혼합흐름반응기가 유리하다.
③ 전화율과 무관하게 혼합흐름반응기가 항상 유리하다.
④ 전화율과 무관하게 관형흐름반응기가 항상 유리하다.

해설

자동촉매반응
반응 생성물 중의 하나가 촉매로 작용하는 반응
• X_A가 낮을 때 : CSTR 선택
• X_A가 중간일 때 : CSTR, PFR
• X_A가 높을 때 : PFR 선택

96 반응속도상수에 영향을 미치는 변수가 아닌 것은?

① 반응물의 몰수 ② 반응계의 온도
③ 반응활성화 에너지 ④ 반응에 첨가된 촉매

해설

반응속도상수
• $\ln k = \ln A - \dfrac{E_a}{RT}$
• 활성화 에너지가 작고 절대온도가 클 때 k값이 커진다.

97 비가역 1차 액상반응 $A \to R$이 플러그흐름반응기에서 전화율이 50%로 반응된다. 동일조건에서 반응기의 크기만 2배로 하면 전화율은 몇 %가 되는가?

① 67 ② 70
③ 75 ④ 100

정답 93 ④ 94 ④ 95 ② 96 ① 97 ③

해설

1차 PFR
$-\ln(1-X_A) = k\tau$
$-\ln(1-0.5) = k\tau$
$\therefore k\tau = 0.693$
$-\ln(1-X_A) = 2k\tau$
$-\ln(1-X_A) = 1.39$
$\therefore X_A = 0.75(75\%)$

98 회분식 반응기에서 A의 분해 반응을 50℃ 등온하에서 진행시켜 얻는 C_A와 반응시간 t 간의 그래프로부터 각 농도에서의 곡선에 대한 접선의 기울기를 다음과 같이 얻었다. 이 반응의 반응 속도식은?

C_A(mol/L)	접선의 기울기(mol/L min)
1.0	−0.50
2.0	−2.00
3.0	−4.50
4.0	−8.00

① $-\dfrac{dC_A}{dt} = 0.5 C_A^2$　　② $-\dfrac{dC_A}{dt} = 0.5 C_A$

③ $-\dfrac{dC_A}{dt} = 2.0 C_A^2$　　④ $-\dfrac{dC_A}{dt} = 8.0 C_A^2$

해설

$\dfrac{-dC_A}{dt} = kC_A^n$

$C_A = 1$, $k = \dfrac{-dC_A/dt}{C_A^n} = \dfrac{0.5}{1} = 0.5$

$C_A = 2$, $2 = 0.5 \times 2^n$ $\therefore n = 2$

$C_A = 1\text{mol/L}$　$\dfrac{dC_A}{dt} = -0.5 \times 1^2 = -0.5$

$C_A = 2\text{mol/L}$　$\dfrac{dC_A}{dt} = -0.5 \times 2^2 = -2$

$C_A = 3\text{mol/L}$　$\dfrac{dC_A}{dt} = -0.5 \times 3^2 = -4.5$

$C_A = 4\text{mol/L}$　$\dfrac{dC_A}{dt} = -0.5 \times 4^2 = -8$

$\therefore -\dfrac{dC_A}{dt} = 0.5 C_A^2$

99 $A \xrightarrow{k_1} R$ 및 $A \xrightarrow{k_2} 2S$인 두 액상 반응이 동시에 등온 회분반응기에서 진행된다. 50분 후 A의 90%가 분해되어 생성물비는 9.1mol R/1mol S이다. 반응차수는 각각 1차일 때, 반응속도상수 k_2는 몇 min^{-1}인가?

① 2.4×10^{-6}　　② 2.4×10^{-5}
③ 2.4×10^{-4}　　④ 2.4×10^{-3}

해설

$-r_A = -\dfrac{dC_A}{dt} = (k_1 + k_2) C_A$

$\dfrac{9.1 \text{mol } R}{1 \text{mol } S}$ 이므로 $k_1 = 2 \times 9.1 k_2$가 된다.

$\therefore -\ln\dfrac{C_A}{C_{A0}} = -\ln(1-X_A) = (k_1 + k_2)t$

$\therefore -\ln(1-0.9) = (18.2k_2 + k_2) \times 50\text{min}$

$k_2 = 0.0024 = 2.4 \times 10^{-3} \text{min}^{-1}$

$k_1 = 18.2 \times 0.0024 = 0.044 \text{min}^{-1}$

100 회분식 반응기(Batch Reactor)에서 균일계 비가역 1차 직렬반응 $A \xrightarrow{k_1} R \xrightarrow{k_2} S$이 일어날 때 R 농도의 최댓값은 얼마인가?(단, $k_1 = 1.5\text{min}^{-1}$, $k_2 = 3\text{min}^{-1}$이고, 각 물질의 초기농도는 $C_{A0} = 5\text{mol/L}$, $C_{R0} = 0$, $C_{S0} = 0$이다.)

① 1.25mol/L　　② 1.67mol/L
③ 2.5mol/L　　④ 5.0mol/L

해설

$\dfrac{C_{R\max}}{C_{A0}} = \left(\dfrac{k_1}{k_2}\right)^{\frac{k_2}{k_2-k_1}}$

$C_{R\max} = 5\text{mol/L} \times \left(\dfrac{1.5}{3}\right)^{\frac{3}{3-1.5}}$

　　　 $= 1.25\text{mol/L}$

정답 98 ①　99 ④　100 ①

2019년 제1회 기출문제

1과목 화공열역학

01 $Z = 1 + BP$와 같은 비리얼 방정식(Virial Equation)으로 표시할 수 있는 기체 1몰을 등온 가역과정으로 압력 P_1에서 P_2까지 변화시킬 때 필요한 일 W의 절댓값을 옳게 나타낸 식은?(단, Z는 압축인자이고 B는 상수이다.)

① $|W| = \left| RT \ln \dfrac{P_1}{P_2} \right|$

② $|W| = \left| RT \ln \dfrac{P_1}{P_2} + B \right|$

③ $|W| = \left| RT \ln \dfrac{P_1}{P_2} + BRT \right|$

④ $|W| = \left| 1 + RT \ln \dfrac{P_1}{P_2} \right|$

해설

$PV = ZRT$

$Z = \dfrac{PV}{RT} = 1 + BP$

$PV - BPRT = RT$

$P(V - BRT) = RT$

$\therefore P = \dfrac{RT}{V - BRT}$

등온과정 $W = \int_{V_1}^{V_2} P dV = \int_{V_1}^{V_2} \dfrac{RT}{V - BRT} dV$

$= RT \ln \left(\dfrac{V_2 - BRT}{V_1 - BRT} \right)$

$= RT \ln \left(\dfrac{RT/P_2}{RT/P_1} \right)$

$= RT \ln \dfrac{P_1}{P_2}$

02 다음 중 가역단열과정에 해당하는 것은?

① 등엔탈피 과정 ② 등엔트로피 과정
③ 등압 과정 ④ 등온 과정

해설

가역단열과정

$dS^t = \dfrac{dQ_{rev}}{T}$

공정이 가역이고 단열일 때

$dQ_{rev} = 0$이므로 $dS^t = 0$이다. → 등엔트로피 과정

03 성분 i의 평형비 K_i를 $\dfrac{y_i}{x_i}$로 정의할 때 이상용액이라면 K_i를 어떻게 나타낼 수 있는가?(단, x_i, y_i는 각각 성분 i의 액상과 기상의 조성이다.)

① $\dfrac{\text{기상 } i \text{성분의 분압}(P_i)}{\text{전압}(P)}$

② $\dfrac{\text{순수액체 } i \text{의 증기압}(P_i^{sat})}{\text{전압}(P)}$

③ $\dfrac{\text{전압}(P)}{\text{순수액체 } i \text{의 증기압}(P_i^{sat})}$

④ $\dfrac{\text{기상 } i \text{성분의 분압}(P_i)}{\text{순수액체 } i \text{의 증기압}(P_i^{sat})}$

해설

$K_i = \dfrac{y_i}{x_i} = \dfrac{x_i P_i / P}{x_i} = \dfrac{P_i}{P}$

여기서, P_i : 순수한 i의 증기압
P : 전체 압력

정답 01 ① 02 ② 03 ②

04 단열된 상자가 같은 부피로 3등분 되었는데, 2개의 상자에는 각각 아보가드로(Avogadro)수의 이상기체 분자가 들어 있고 나머지 한 개에는 아무 분자도 들어 있지 않다고 한다. 모든 칸막이가 없어져서 기체가 전체 부피를 차지하게 되었다면 이때 엔트로피 변화값 기체 1몰당 ΔS에 해당하는 것은?

① $\Delta S = R \ln \dfrac{2}{3}$ ② $\Delta S = RT \ln \dfrac{2}{3}$

③ $\Delta S = R \ln \dfrac{3}{2}$ ④ $\Delta S = RT \ln \dfrac{3}{2}$

해설

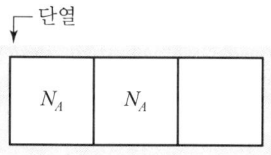

온도는 변하지 않고, 기체의 압력은 $\dfrac{2}{3}$로 줄어든다.

$\therefore \Delta S = -R \ln \dfrac{P_2}{P_1} = R \ln \dfrac{V_2}{V_1} = R \ln \dfrac{3}{2}$

05 이상기체에 대하여 $C_p - C_v = nR$이 적용되는 조건은?

① $\left(\dfrac{\partial V}{\partial T}\right)_P = 0$ ② $\left(\dfrac{\partial C_v}{\partial V}\right)_T = R$

③ $\left(\dfrac{\partial H}{\partial V}\right)_T = R$ ④ $\left(\dfrac{\partial U}{\partial V}\right)_T = 0$

해설

$dU = TdS - PdV$

$\left(\dfrac{\partial U}{\partial V}\right)_T = T\left(\dfrac{\partial S}{\partial V}\right)_T - P$

$= T\left(\dfrac{\partial P}{\partial T}\right)_V - P$

$= \dfrac{RT}{V} - P = P - P = 0$

$dA = -SdT - PdV$

$\left(\dfrac{\partial S}{\partial V}\right)_T = \left(\dfrac{\partial P}{\partial T}\right)_V$

※ 이상기체

$dH = dU + d(PV)$

$C_p dT = C_v dT + d(RT) = C_v dT + RdT$

$\therefore C_p = C_v + R$

$PV = RT \cdots$ 이상기체 상태방정식

$\left(\dfrac{\partial P}{\partial T}\right)_V = \dfrac{R}{V}$

06 20℃, 1atm에서 아세톤에 대해 부피팽창률 $\beta = 1.488 \times 10^{-3} (℃)^{-1}$, 등온압축률 $\kappa = 6.2 \times 10^{-5} (atm)^{-1}$, $V = 1.287 cm^3/g$이다. 정용하에서 20℃, 1atm에서 30℃까지 가열한다면 그때 압력은 몇 atm 인가?

① 1   ② 5.17
③ 241   ④ 20.45

해설

$V = f(T, P)$를 전미분하면

$dV = \left(\dfrac{\partial V}{\partial T}\right)_P dT + \left(\dfrac{\partial V}{\partial P}\right)_T dP$

양변을 $\div V$

$\dfrac{dV}{V} = \dfrac{1}{V}\left(\dfrac{\partial V}{\partial T}\right)_P dT + \dfrac{1}{V}\left(\dfrac{\partial V}{\partial P}\right)_T dP$

$\dfrac{dV}{V} = \beta dT - \kappa dP$

적분하면

$\ln \dfrac{V_2}{V_1} = \beta(T_2 - T_1) - \kappa(P_2 - P_1)$

정적가열이므로

$0 = \beta(T_2 - T_1) - \kappa(P_2 - P_1)$

$\therefore P_2 = P_1 + \dfrac{\beta(T_2 - T_1)}{\kappa}$

$= 1 + \dfrac{1.488 \times 10^{-3}℃^{-1}(30-20)℃}{62 \times 10^{-6} atm^{-1}}$

$= 241 atm$

정답 04 ③ 05 ④ 06 ③

07 에탄올-톨루엔 2성분계에 대한 기액평형상태를 결정하는 실험적 방법으로 다음과 같은 결과를 얻었다. 에탄올의 활동도 계수는?(단, x_1, y_1 ; 에탄올의 액상, 기상의 몰분율이다.)

> $T = 45℃$, $P = 183 mmHg$
> $x_1 = 0.3$, $y_1 = 0.634$
> 45℃의 순수성분에 대한 포화증기압(에탄올)
> = 173 mmHg

① 3.152 ② 2.936
③ 2.235 ④ 1.875

해설

$y_A = \dfrac{\gamma_A P_A x_A}{P}$

$0.634 = \dfrac{\gamma_A \times 173mmHg \times 0.3}{183mmHg}$

$\therefore \gamma_A = 2.235$

08 공기표준 Otto 사이클에 대한 설명으로 틀린 것은?

① 2개의 단열과정과 2개의 일정압력 과정으로 구성된다.
② 실제 내연기관과 동일한 성능을 나타내며 공기를 작동유체로 하는 순환기관이다.
③ 연소과정은 대등한 열을 공기에 가하는 것으로 대체된다.
④ 효율 $\eta = 1 - \left(\dfrac{1}{r}\right)^{\gamma-1}$ (r : 압축비, $\gamma : \dfrac{C_p}{C_v}$)

해설
공기표준 Otto 사이클

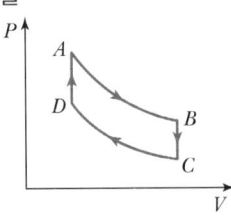

2개의 단열과정과 2개의 등부피과정으로 구성된다.

09 다음 중 1기압 100℃에서 끓고 있는 수증기의 밀도 (Density)는?(단, 수증기는 이상기체로 본다.)

① 22.4g/L ② 0.59g/L
③ 18.0g/L ④ 0.95g/L

해설

$PV = nRT = \dfrac{w}{M}RT$

$d = \dfrac{w}{V} = \dfrac{PM}{RT}$

$\therefore d = \dfrac{1atm \times 18g/mol}{0.082L\ atm/mol\ K \times 373K}$
$= 0.59g/L$

10 열역학 제2법칙에 대한 설명이 아닌 것은?

① 가역 공정에서 총 엔트로피 변화량은 0이 될 수 있다.
② 외부로부터 아무런 작용을 받지 않는다면 열은 저열원에서 고열원으로 이동할 수 없다.
③ 효율이 1인 열기관을 만들 수 있다.
④ 자연계의 엔트로피 총량은 증가한다.

해설
열역학 제2법칙
- 외부로부터 흡수한 열을 완전히 일로 전환시킬 수 있는 공정은 없다. → 전환효율이 100%($\eta = 1$)가 되는 열기관은 존재하지 않는다.
- 자발적 변화는 비가역변화이며, 엔트로피는 증가하는 방향으로 진행된다.
- 열은 저온에서 고온으로 흐르지 못한다.

11 성분 A, B, C가 혼합되어 있는 계가 평형을 이룰 수 있는 조건으로 가장 거리가 먼 것은?(단, μ는 화학퍼텐셜, f는 퓨가시티, α, β, γ는 상, T^b는 비점을 나타낸다.)

① $\mu_A^\alpha = \mu_A^\beta = \mu_A^\gamma$ ② $T^\alpha = T^\beta = T^\gamma$
③ $T_A^b = T_B^b = T_C^b$ ④ $\hat{f}_A^\alpha = \hat{f}_A^\beta = \hat{f}_A^\gamma$

정답 07 ③ 08 ① 09 ② 10 ③ 11 ③

해설

상평형조건
$$\mu_A{}^\alpha = \mu_A{}^\beta = \mu_A{}^\gamma$$
여기서, A : 성분
α, β, γ : 상
$$\hat{f}_A{}^\alpha = \hat{f}_A{}^\beta = \hat{f}_A{}^\gamma$$
$$T^\alpha = T^\beta = T^\gamma$$
$$P^\alpha = P^\beta = P^\gamma$$

12 몰리에(Mollier) 선도를 나타낸 것은?

① $P-V$ 선도 ② $T-S$ 선도
③ $H-S$ 선도 ④ $T-H$ 선도

해설

Mollier 선도($H-S$ 선도)
엔탈피 H를 y축으로 엔트로피 S를 x축으로 하고 증기의 상태, 즉 압력 P, 비용적 V, 온도 T, 건도 x를 나타낸 선

13 다음 화학평형에 대한 설명 중 옳지 않은 것은?

① 화학평형 판정기준은 일정 T와 P에서 폐쇄계의 총 깁스(Gibbs) 에너지가 최소가 되는 상태를 말한다.
② 화학평형 판정기준은 일정 T와 P에서 수학적으로 표현하면 $\sum \nu_i \mu_i = 0$이다(단, ν_i : 성분 i의 양론 수, μ_i : 성분 i의 화학퍼텐셜).
③ 화학반응의 표준 깁스(Gibbs) 에너지 변화($\Delta G°$)와 화학평형상수(K)의 관계는 $\Delta G° = -R \cdot \ln K$이다.
④ 화학반응에서 평형전환율은 열역학적 계산으로 알 수 있다.

해설

화학평형
- $(dG^t)_{T,P} = 0$
  일정한 T와 P에 있는 닫힌계의 전체 Gibbs 에너지는 감소하여 평형에서 최솟값을 갖는다.
- $\sum \nu_i \mu_i = 0$
- $\ln K = \dfrac{-\Delta G°}{RT}$

14 다음 중 상태함수에 해당하지 않는 것은?

① 비용적(Specific Volume)
② 몰 내부 에너지(Molar Internal Energy)
③ 일(Work)
④ 몰 열용량(Molar Heat Capacity)

해설

- 상태함수 : 경로에 관계없이 시작점과 끝점의 상태에 의해서만 영향을 받는 함수
  예 T, P, ρ, U, H, S, G
- 경로함수 : 경로에 따라 영향을 받는 함수
  예 Q(열), W(일)

15 다음은 이상기체일 때 퓨가시티(Fugacity) f_i를 표시한 함수들이다. 틀린 것은?(단, $\hat{f}_i$: 용액 중 성분 i의 퓨가시티, f_i : 순수성분 i의 퓨가시티, x_i : 용액의 몰분율, P : 압력)

① $f_i = x_i \hat{f}_i$ ② $f_i = cP$ ($c=$상수)
③ $\hat{f}_i = x_i P$ ④ $\lim\limits_{p \to 0} \dfrac{f_i}{P} = 1$

해설

- Lewis–Randall의 규칙
  $$\gamma_i = \dfrac{\hat{f}_i}{x_i f_i}$$
  이상용액에서 $\gamma_i = 1$
  $$\therefore \hat{f}_i = x_i f_i$$
- 퓨가시티 계수
  $$\phi = \dfrac{f}{P}$$
  $$\phi_i = \dfrac{f_i}{P} \text{ (순수한 } i \text{ 성분)}$$
  $$\therefore f_i = \phi_i P$$
  $$\hat{\phi}_i = \dfrac{\hat{f}_i}{y_i P} \to \text{이상기체 } \hat{\phi}_i = 1$$
  $$\therefore \hat{f}_i = y_i P$$
  이상기체에서 $\phi_i = \dfrac{f_i}{P}$ (순수한 i 성분)
  $$\lim_{P \to 0} \dfrac{f_i}{P} = \lim_{P \to 0} \dfrac{P}{P} = 1$$

정답 12 ③ 13 ③ 14 ③ 15 ①

16 이상기체에 대하여 일(W)이 다음과 같은 식으로 나타나면 이 계는 어떤 과정으로 변화하였는가?(단, Q는 열, P_1은 초기압력, P_2는 최종압력, T는 온도이다.)

$$Q = -W = RT\ln\left(\frac{P_1}{P_2}\right)$$

① 정온과정　　② 정용과정
③ 정압과정　　④ 단열과정

해설

- 등온과정 : $Q = -W = RT\ln\dfrac{V_2}{V_1} = RT\ln\dfrac{P_1}{P_2}$
- 등압과정 : $Q = \Delta H = C_p \Delta T$
- 등적과정 : $Q = \Delta U = C_v \Delta T$, $W = 0$
- 단열과정 : $Q = 0$

17 1mol의 이상기체가 그림과 같은 가역열기관 ㄱ($1 \to 2 \to 3 \to 1$), ㄴ($4 \to 5 \to 6 \to 4$)이 있다. T_a, T_b 곡선은 등온선, 2-3, 5-6은 등압선이고, 3-1, 6-4는 정용(Isometric)선이면 열기관 ㄱ, ㄴ의 외부에 한 일(W) 및 열량(Q)의 각각의 관계는?

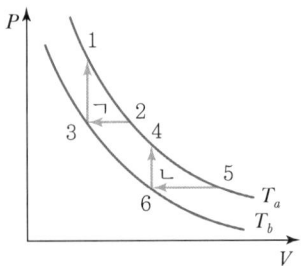

① $W_ㄱ = W_ㄴ$, $Q_ㄱ > Q_ㄴ$
② $W_ㄱ = W_ㄴ$, $Q_ㄱ = Q_ㄴ$
③ $W_ㄱ > W_ㄴ$, $Q_ㄱ = Q_ㄴ$
④ $W_ㄱ < W_ㄴ$, $Q_ㄱ = Q_ㄴ$

해설

㉠ 열기관 ㄱ
- $3 \to 1$: 정적 $Q = \int_{T_1}^{T_2} C_v dT = C_v(T_a - T_b)$, $W = 0$
- $1 \to 2$: 등온 $Q = W = RT_a \ln\dfrac{V_2}{V_1} = RT_a \ln\dfrac{P_1}{P_2}$
  $= RT_a \ln\dfrac{T_a}{T_b}$
- $2 \to 3$: 등압 $Q = C_p(T_b - T_a)$

㉡ 열기관 ㄴ
- $6 \to 4$: 정적 $Q = \int_{T_1}^{T_2} C_v dT = C_v(T_a - T_b)$, $W = 0$
- $4 \to 5$: 등온 $Q = W = RT_a \ln\dfrac{V_5}{V_4} = RT_a \ln\dfrac{P_4}{P_5}$
  $= RT_a \ln\dfrac{T_a}{T_b}$
- $5 \to 6$: 등압 $Q = C_p(T_b - T_a)$

㉢ $\dfrac{V_2}{V_1} = \dfrac{V_2}{V_3} = \dfrac{RT_a/P_2}{RT_b/P_3} = \dfrac{T_a}{T_b}$ ($\because P_2 = P_3$)

$\dfrac{V_5}{V_4} = \dfrac{V_5}{V_6} = \dfrac{RT_a/P_5}{RT_b/P_6} = \dfrac{T_a}{T_b}$ ($\because P_5 = P_6$)

$\therefore$ ㄱ = ㄴ

18 다음 그림은 열기관 사이클이다. T_1에서 열을 받고 T_2에서 열을 방출할 때 이 사이클의 열효율은 얼마인가?

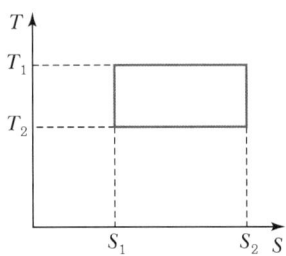

① $\dfrac{T_2}{T_1 - T_2}$　　② $\dfrac{T_1}{T_2 - T_1}$
③ $\dfrac{T_2 - T_1}{T_1}$　　④ $\dfrac{T_1 - T_2}{T_1}$

정답 16 ① 17 ② 18 ④

해설

$$\eta = \frac{Q_1 - Q_2}{Q_1} = \frac{T_1 - T_2}{T_1}$$

19 에너지에 관한 설명으로 옳은 것은?

① 계의 최소 깁스(Gibbs) 에너지는 항상 계와 주위의 엔트로피 합의 최대에 해당한다.
② 계의 최소 헬름홀츠(Helmholtz) 에너지는 항상 계와 주위의 엔트로피 합의 최대에 해당한다.
③ 온도와 압력이 일정할 때 자발적 과정에서 깁스(Gibbs) 에너지는 감소한다.
④ 온도와 압력이 일정할 때 자발적 과정에서 헬름홀츠(Helmholtz) 에너지는 감소한다.

해설

- $dG < 0$: 자발적 반응
- $dG > 0$: 비자발적 반응
- $dG = 0$: 평형상태

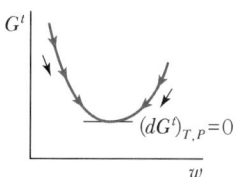

20 온도가 323.15K인 경우 실린더에 충전되어 있는 기체 압력이 300kPa(계기압)이다. 이상기체로 간주할 때 273.15K에서의 계기압력은 얼마인가?(단, 실린더의 부피는 일정하며, 대기압은 1atm이라 간주한다.)

① 253.58kPa
② 237.90kPa
③ 354.91kPa
④ 339.23kPa

해설

$$\frac{P_1 V_1}{T_1} = \frac{P_2 V_2}{T_2}$$

부피일정 $V_1 = V_2$

$$\frac{(300 + 101.3)\text{kPa}}{323.15\text{K}} = \frac{P_2}{273.15\text{K}}$$

∴ $P_2 = 339.21$K
$P_2 = P_g + P_\text{atm}$
$339.2 = P_g + 101.3$
∴ $P_g = 237.9$

2과목 단위조작 및 화학공업양론

21 각 온도 단위에서의 온도 차이(Δ) 값의 관계를 옳게 나타낸 것은?

① $\Delta 1℃ = \Delta 1\text{K}, \Delta 1.8℃ = \Delta 1℉$
② $\Delta 1℃ = \Delta 1.8℉, \Delta 1℃ = \Delta 1\text{K}$
③ $\Delta 1℉ = \Delta 1.8°\text{R}, \Delta 1.8℃ = \Delta 1℉$
④ $\Delta 1℃ = \Delta 1.8℉, \Delta 1℃ = \Delta 1.8\text{K}$

해설

$\Delta 1℃ = \Delta 1\text{K}, \Delta 1℃ = \Delta 1.8℉$
℃와 K의 눈금간격은 같고 ℉의 눈금간격의 1.8배와 같다.

22 질량조성이 N_2가 70%, H_2가 30%인 기체의 평균 분자량은 얼마인가?

① 4.7g/mol
② 5.7g/mol
③ 20.2g/mol
④ 30.2g/mol

해설

$M_{av} = M_{N_2} x_{N_2} + M_{H_2} x_{H_2}$
질량조성 → 몰조성
$n = \dfrac{w}{M}$
$N_2 + H_2 = 100$g으로 하면
$N_2 = 70$g, $H_2 = 30$g
$n_{N_2} = \dfrac{70}{28} = 2.5 \quad n_{H_2} = \dfrac{30}{2} = 15$
$x_{N_2} = \dfrac{2.5}{2.5 + 15} = 0.143 \quad x_{H_2} = \dfrac{15}{2.5 + 15} = 0.857$
∴ $M_{av} = 28 \times 0.143 + 2 \times 0.857 = 5.7$g/mol

23 건구온도와 습구온도에 대한 설명 중 틀린 것은?

① 공기가 습할수록 건구온도와 습구온도 차는 작아진다.
② 공기가 건조할수록 건구온도가 증가한다.
③ 공기가 수증기로 포화될 때 건구온도와 습구온도는 같다.
④ 공기가 건조할수록 습구온도는 높아진다.

정답 19 ③ 20 ② 21 ② 22 ② 23 ④

습구온도
온도계 끝을 젖은 거즈로 감싸 젖은 거즈에서 수분이 증발하면 온도를 빼앗아가므로 건구온도보다 낮아진다.
공기가 건조할수록 증발이 잘 되므로 습구온도는 낮아진다.

24 H_2의 임계온도는 33K이고, 임계압력은 12.8atm이다. Newton's 보정식을 이용하여 보정한 T_c와 P_c는?

① $T_c = 47K$, $P_c = 26.8atm$
② $T_c = 45K$, $P_c = 24.8atm$
③ $T_c = 41K$, $P_c = 20.8atm$
④ $T_c = 38K$, $P_c = 17.8atm$

해설

Newton's 보정식
$T_c' = T_c + 8K$
$P_c' = P_c + 8atm$

25 80wt% 수분을 함유하는 습윤펄프를 건조하여 처음 수분의 70%를 제거하였다. 완전 건조펄프 1kg당 제거된 수분의 양은 얼마인가?

① 1.2kg   ② 1.5kg
③ 2.3kg   ④ 2.8kg

해설

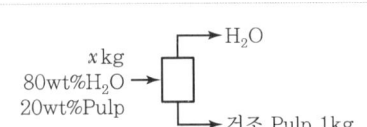

$x \times 0.2 = 1kg$ ∴ $x = 5kg$
$5kg \times 0.8 = 4kg\,H_2O$
$4kg \times 0.7 = 2.8kg$ 수분 제거

26 50mol% 에탄올 수용액을 밀폐용기에 넣고 가열하여 일정온도에서 평형이 되었다. 이때 용액은 에탄올 27mol%이고, 증기조성은 에탄올 57mol%이었다. 원용액의 몇 %가 증발되었는가?

① 23.46   ② 30.56
③ 76.66   ④ 89.76

해설

$0.5 \times F = 0.57V + 0.27(F-V)$
$0.23F = 0.3V$
$F = 100mol$ 기준
$V = 76.66mol$ 증발
∴ $\dfrac{V}{F} \times 100[\%] = \dfrac{76.66}{100} \times 100 = 76.66\%$

27 이상기체의 밀도를 옳게 설명한 것은?

① 온도에 비례한다.
② 압력에 비례한다.
③ 분자량에 반비례한다.
④ 이상기체상수에 비례한다.

해설

$d = \dfrac{PM}{RT}$

밀도는 압력, 분자량에 비례하고 온도에 반비례한다.

28 에탄과 메탄으로 혼합된 연료가스가 산소와 질소 각각 50mol%씩 포함된 공기로 연소된다. 연소 후 연소가스 조성은 CO_2 25mol%, N_2 60mol%, O_2 15mol%이었다. 이때 연료가스 중 메탄의 mol%는?

① 25.0   ② 33.3
③ 50.0   ④ 66.4

해설

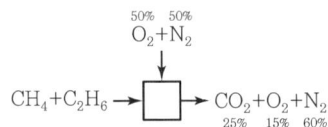

$CO_2 + O_2 + N_2 = 100mol$ 기준
공기의 양을 Amol이라 하면
$N_2 : A \times 0.5 = 100 \times 0.6$
∴ $A = 120mol$
　$O_2 : 60mol$, $N_2 : 60mol$

$60mol\,O_2 - 15mol\,O_2 = 45mol\,O_2$(반응에 소모)

$$CH_4 + 2O_2 \rightarrow CO_2 + 2H_2O$$
$$1 \ : \ 2 \ : \ 1$$
$$x \ : \ 2x \ : \ x$$

$$C_2H_6 + \frac{7}{2}O_2 \rightarrow 2CO_2 + 3H_2O$$
$$1 \ : \ \frac{7}{2} \ : \ 2$$
$$y \ : \ \frac{7}{2}y \ : \ 2y$$

O_2 소모량 : $2x + \frac{7}{2}y = 45$
CO_2 생성량 : $x + 2y = 25$
연립방정식을 풀면 $x = 5$, $y = 10$

$$\frac{x}{x+y} = \frac{5}{5+10} \times 100 = 33.3\%$$

29 열에 관한 용어의 설명 중 틀린 것은?

① 표준생성열은 표준조건에 있는 원소로부터 표준조건의 화합물로 생성될 때의 반응열이다.
② 표준연소열은 25℃, 1atm에 있는 어떤 물질과 산소분자와의 산화반응에서 생기는 반응열이다.
③ 표준반응열이란 25℃, 1atm 상태에서의 반응열을 말한다.
④ 진발열량이란 연소해서 생성된 물이 액체상태일 때의 발열량이다.

해설

진발열량(저발열량) = 고발열량(총발열량) − 수증기잠열
※ 진발열량 : 연소생성물 H_2O가 수증기인 경우의 발열량

30 이상기체 A의 정압열용량을 다음 식으로 나타낸다고 할 때 1mol을 대기압하에서 100℃에서 200℃까지 가열하는 데 필요한 열량은 약 몇 cal/mol인가?

$$C_p(\text{cal/mol K}) = 6.6 + 0.96 \times 10^{-3}T$$

① 401
② 501
③ 601
④ 701

해설

$$Q = \int_{T_1}^{T_2} C_p dT$$
$$= \int_{373}^{473} (6.6 + 0.96 \times 10^{-3}T) dT$$
$$= \left(6.6T + \frac{1}{2} \times 0.96 \times 10^{-3}T^2\right)\bigg|_{373}^{473}$$
$$= 6.6(473 - 373) + \frac{1}{2} \times 0.96 \times 10^{-3}(473^2 - 373^2)$$
$$= 700.6 \text{ cal/mol}$$

31 캐비테이션(Cavitation) 현상을 잘못 설명한 것은?

① 공동화(空洞化) 현상을 뜻한다.
② 펌프 내의 증기압이 낮아져서 액의 일부가 증기화하여 펌프 내에 응축하는 현상이다.
③ 펌프의 성능이 나빠진다.
④ 임펠러 흡입부의 압력이 유체의 증기압보다 높아져 증기는 임펠러의 고압부로 이동하여 갑자기 응축한다.

해설

Cavitation(공동화) 현상
• 임펠러 흡입부의 압력이 유체의 증기압보다 낮아져서 액체 내에 증기기포가 발생하는 현상이다.
• 증기기포가 벽에 닿으면 부식이나 소음이 발생하므로 설계자는 공동화 현상을 파악하도록 설계해야 한다.

32 "분쇄에 필요한 일은 분쇄 전후의 대표 입경의 비 (D_{p_1}/D_{p_2})에 관계되며 이 비가 일정하면 일의 양도 일정하다."는 법칙은 무엇인가?

① Sherwood 법칙
② Rittinger 법칙
③ Bond 법칙
④ Kick 법칙

해설

Lewis 식
$$\frac{dW}{dD_p} = -kD_p^{-n}$$
• Rittinger의 법칙
$n = 2$
$$W = k_R'\left(\frac{1}{D_{p_2}} - \frac{1}{D_{p_1}}\right) = k_R(S_2 - S_1)$$

정답 29 ④ 30 ④ 31 ④ 32 ④

- Kick의 법칙
  $n = 1$
  $$W = k_K \ln \frac{D_{p_1}}{D_{p_2}}$$
- Bond의 법칙
  $n = \frac{3}{2}$
  $$W = 2k_B \left(\frac{1}{\sqrt{D_{p_2}}} - \frac{1}{\sqrt{D_{p_1}}} \right)$$
  $$= \frac{k_B}{5} \frac{\sqrt{100}}{\sqrt{D_{p_2}}} \left(1 - \frac{\sqrt{D_{p_2}}}{\sqrt{D_{p_1}}} \right)$$
  $$= W_i \sqrt{\frac{100}{D_{p_2}}} \left(1 - \frac{1}{\sqrt{\gamma}} \right)$$

33 냉각하는 벽에서 응축되는 증기의 형태는 막상응축(Film Type Condensation)과 적상응축(Drop Wise Condensation)으로 나눌 수 있다. 적상응축의 전열계수는 막상응축에 비하여 대략 몇 배가 되는가?

① 1배
② 5~8배
③ 80~100배
④ 1,000~2,000배

해설
적상응축의 열전달계수는 평균 막상응축의 5~8배가 된다. 그러므로 전열을 좋게 하기 위해서는 적상응축으로 하는 것이 좋다.

34 습한 재료 10kg을 건조한 후 고체의 무게를 측정하였더니 7kg이었다. 처음 재료의 함수율은 얼마인가? (단, 단위는 kg H₂O/kg 건조고체)

① 약 0.43
② 약 0.53
③ 약 0.62
④ 약 0.70

해설
함수율 = $\frac{수분kg}{건조고체kg} = \frac{3kg}{7kg}$
= 0.43kg H₂O/kg 건조고체

35 안지름 10cm의 원관에 비중 0.8, 점도 1.6cP인 유체가 흐르고 있다. 층류를 유지하는 최대 평균유속은 얼마인가?

① 2.2cm/s
② 4.2cm/s
③ 6.2cm/s
④ 8.2cm/s

해설
$$N_{Re} = \frac{Du\rho}{\mu}$$
$$\frac{10 \times u \times 0.8}{1.6 \times 0.01} = 2,100$$
∴ $u = 4.2 \text{cm/s}$

36 McCabe-Thiele의 최소이론 단수를 구한다면, 정류부 조작선의 기울기는?

① 1.0
② 0.5
③ 2.0
④ 0

해설
전환류일 때 단수는 최소가 되고 그때의 기울기는 1이 되므로 조작선은 대각선과 같은 선이 된다.

37 기체 흡수탑에서 액체의 흐름을 원활히 하려면 어느 것을 넘지 않는 범위에서 조작해야 하는가?

① 부하점(Loading Point)
② 왕일점(Flooding Point)
③ 채널링(Channeling)
④ 비말동반(Entrainment)

해설
충진탑의 성질
- 편류(Channeling) : 액이 한곳으로 흐르는 현상
- 부하속도(Loading Velocity) : 기체의 속도가 차차 증가하면 탑 내의 액체유량이 증가한다. 이때의 속도를 부하속도라 하며, 흡수탑의 작업은 부하속도를 넘지 않는 범위 내에서 해야 한다.
- 왕일점(Flooding Point) : 기체의 속도가 아주 커서 액이 거의 흐르지 않고 넘치는 점

38 상계점(Plait Point)에 대한 설명으로 옳지 않은 것은?

① 추출상과 추잔상의 조성이 같아지는 점이다.
② 상계점에서 2상(相)이 1상(相)이 된다.
③ 추출상과 평형에 있는 추잔상의 대응선(Tie Line)의 길이가 가장 길어지는 점이다.
④ 추출상과 추잔상이 공존하는 점이다.

해설
상계점(Plait Point)
• 추출상과 추잔상의 조성이 같아지는 점
• Tie Line(대응선)의 길이가 0이 되는 점
• 임계점

39 전열에 관한 설명으로 틀린 것은?

① 자연대류에서의 열전달계수가 강제대류에서의 열전달계수보다 크다.
② 대류의 경우 전열속도는 벽과 유체의 온도 차이와 표면적에 비례한다.
③ 흑체란 이상적인 방열기로서 방출열은 물체의 절대 온도의 4승에 비례한다.
④ 물체 표면에 있는 유체의 밀도 차이에 의해 자연적으로 열이 이동하는 것이 자연대류이다.

해설
자연대류 열전달계수 < 강제대류 열전달계수
$q = hA\Delta T$ (대류)
$q = \sigma A T^4$ (복사)

40 동점성계수와 직접적인 관련이 없는 것은?

① m^2/s
② $kg/m \, s^2$
③ $\dfrac{\mu}{\rho}$
④ stokes

해설
$\nu = \dfrac{\mu}{\rho}$
여기서, ν : 동점도, μ : 점도, ρ : 밀도
※ 1stokes = 1cm²/s

3과목 공정제어

41 비례이득이 2, 적분시간이 1인 비례-적분(PI) 제어기로 도입되는 제어 오차(Error)에 단위계단 변화가 주어졌다. 제어기로부터의 출력 $m(t)$, $t \geq 0$를 구한 것으로 옳은 것은?(단, 정상상태에서의 제어기의 출력은 0으로 간주한다.)

① $1 - 0.5t$
② $2t$
③ $2(1+t)$
④ $1 + 0.5t$

해설
PI 제어기
$G_c = K_c\left(1 + \dfrac{1}{\tau_I s}\right)$
$M(s) = K_c\left(1 + \dfrac{1}{\tau_I s}\right)\left(\dfrac{1}{s}\right) = K_c\left(\dfrac{1}{s} + \dfrac{1}{\tau_I s^2}\right)$
$m(t) = K_c\left(1 + \dfrac{t}{\tau_I}\right)$
∴ $m(t) = 2(1+t)$

42 1차 공정의 계단응답의 특징 중 옳지 않은 것은?

① $t = 0$일 때 응답의 기울기는 0이 아니다.
② 최종응답 크기의 63.2%에 도달하는 시간은 시상수와 같다.
③ 응답의 형태에서 변곡점이 존재한다.
④ 응답이 98% 이상 완성되는 데 필요한 시간은 시상수의 4~5배 정도이다.

해설
1차 공정의 계단응답
$Y(t) = G(s)X(s) = \dfrac{K}{\tau s + 1} \cdot \dfrac{A}{s}$
$y(t) = KA(1 - e^{-t/\tau})$

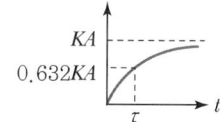

t	$y(t)/A$	t	$y(t)/A$
0	0	4τ	0.982
τ	0.632	5τ	0.993
2τ	0.865	∞	1
3τ	0.950		

정답 38 ③ 39 ① 40 ② 41 ③ 42 ③

43 다음 함수의 Laplace 변환은?(단, $u(t)$는 단위계 단함수(Unit Step Function)이다.)

$$f(t) = \frac{1}{h}\{u(t) - u(t-h)\}$$

① $\frac{1}{h}\left(\frac{1-e^{-h/s}}{s}\right)$

② $\frac{1}{h}\left(\frac{1-e^{-hs}}{s}\right)$

③ $\frac{1}{h}\left(\frac{1+e^{-hs}}{s}\right)$

④ $\frac{1}{h}\left(\frac{1+e^{-h/s}}{s}\right)$

해설

$f(t) = \frac{1}{h}u(t) - \frac{1}{h}u(t-h)$

$F(s) = \frac{1}{h}\frac{1}{s} - \frac{1}{h}\frac{e^{-hs}}{s}$

$= \frac{1}{h}\left(\frac{1}{s} - \frac{e^{-hs}}{s}\right) = \frac{1}{h}\left(\frac{1-e^{-hs}}{s}\right)$

44 다음 중 가장 느린 응답을 보이는 공정은?

① $\frac{1}{(2s+1)}$ ② $\frac{10}{(2s+1)}$

③ $\frac{1}{(10s+1)}$ ④ $\frac{1}{(s+10)}$

해설 시간상수 τ가 크면 느린 응답을 보인다.

45 폭이 w이고, 높이가 h인 사각펄스의 Laplace 변환으로 옳은 것은?

① $\frac{h}{s}(1-e^{-ws})$ ② $\frac{h}{s}(1-e^{-s/w})$

③ $\frac{hw}{s}(1-e^{-ws})$ ④ $\frac{h}{ws}(1-e^{-s/w})$

해설

$x(t) = hu(t) = h(t-w)$

$X(s) = \frac{h}{s} - \frac{h}{s}e^{-ws}$

$= \frac{h}{s}(1-e^{-ws})$

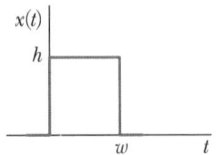

46 다음 그림에서와 같은 제어계에서 안정성을 갖기 위한 K_c의 범위(Lower Bound)를 가장 옳게 나타낸 것은?

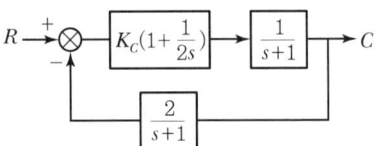

① $K_c > 0$ ② $K_c > \frac{1}{2}$

③ $K_c > \frac{2}{3}$ ④ $K_c > 2$

해설

$G_c = \dfrac{K_c\left(1+\dfrac{1}{2s}\right)\left(\dfrac{1}{s+1}\right)}{1+K_c\left(1+\dfrac{1}{2s}\right)\left(\dfrac{1}{s+1}\right)\left(\dfrac{2}{s+1}\right)}$

분모 $= 0$

$1 + 2K_c\left(\dfrac{2s+1}{2s}\right)\left(\dfrac{1}{s+1}\right)\left(\dfrac{1}{s+1}\right) = 0$

정리하면
$s^3 + 2s^2 + (1+2K_c)s + K_c = 0$

Routh 안정성 판별법

1	1	$1+2K_c$
2	2	K_c
3	$\dfrac{2(1+2K_c)-K_c}{2} > 0$	

∴ $K_c > -\dfrac{2}{3}$ 이므로 보기 중 가장 옳은 것은 $K_c > 0$이 된다.

정답 43 ② 44 ③ 45 ① 46 ①

47 그림과 같은 블록 다이어그램으로 표시되는 제어계에서 R과 C 간의 관계를 하나의 블록으로 나타낸 것은?(단, $G_a = \dfrac{G_{C2}G_1}{1+G_{C2}G_1H_2}$ 이다.)

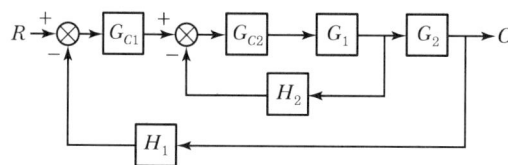

① $R \to \boxed{\dfrac{G_{C2}G_1G_2}{1+G_{C1}G_aG_2H_1}} \to C$

② $R \to \boxed{\dfrac{G_{C1}G_aG_2}{1+G_{C1}G_aG_2H_1}} \to C$

③ $R \to \boxed{\dfrac{G_{C1}G_aG_2}{1+G_{C1}G_{C2}G_1G_2H_1}} \to C$

④ $R \to \boxed{\dfrac{G_aG_2}{1+G_{C1}G_{C2}G_1G_2H_1}} \to C$

해설

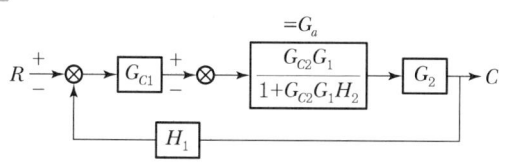

$$\dfrac{C}{R} = \dfrac{G_{C1}G_aG_2}{1+G_{C1}G_aG_2H_1}$$

48 강연회 같은 데서 간혹 일어나는 일로 마이크와 스피커가 방향이 맞으면 '삐'하는 소리가 나게 된다. 마이크의 작은 신호가 스피커로 증폭되어 나오고, 다시 이것이 마이크로 들어가 증폭되는 동작이 반복되어 매우 큰 소리로 되는 것이다. 이러한 현상을 설명하는 폐루프의 안정성 이론은?

① Routh Stability ② Unstable Pole
③ Lyapunov Stability ④ Bode Stability

해설
Bode 안정성
열린 루프 전달함수의 주파수 응답의 진폭비가 임계주파수에서 1보다 크면 닫힌 루프 제어시스템은 불안정하다.
※ 높은 주파수에서 잡음성분을 강하게 증폭시킨다.
→ Bode Stability

49 단면적이 $3m^2$인 수평관을 사용해서 100m 떨어진 지점에 4,000kg/min의 속도로 물을 공급하고 있다. 이 계의 수송지연(Transportation Lag)은 몇 분인가?(단, 물의 밀도는 $1,000kg/m^3$이다.)

① 25min ② 50min
③ 75min ④ 120min

해설

$$\dfrac{300m^3 \times 1,000kg/m^3}{4,000kg/min} = 75min$$

50 다음 블록선도의 제어계에서 출력 C를 구하면?

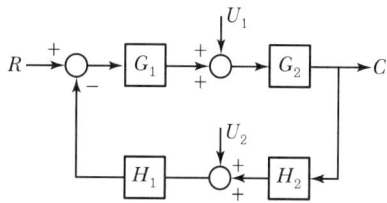

① $\dfrac{G_1G_2R + G_2G_1 + G_1G_2H_1H_2}{1+G_1G_2H_1H_2}$

② $\dfrac{G_1G_2R + G_2U_1 - G_1G_2H_1U_2}{1+G_1G_2H_1H_2}$

③ $\dfrac{G_1G_2R - G_2U_1 + G_1G_2H_1H_2}{1+G_1G_2H_1H_2}$

④ $\dfrac{G_1G_2R - G_2U_1 + G_1G_2H_1H_2}{1-G_1G_2H_1H_2}$

해설

$$C = \dfrac{G_1G_2R + G_2U_1 - H_1G_1G_2U_2}{1+G_1G_2H_2H_1}$$

정답 47 ② 48 ④ 49 ③ 50 ②

51 어떤 공정에 비례이득(Gain)이 2인 비례 제어기로 운전되고 있다. 이때 공정출력이 주기 3으로 계속 진동하고 있다면, 다음 설명 중 옳은 것은?

① 이 공정의 임계이득(Ultimate Gain)은 2이고 임계주파수(Ultimate Frequency)는 3이다.
② 이 공정의 임계이득(Ultimate Gain)은 2이고 임계주파수(Ultimate Frequency)는 $\frac{2\pi}{3}$ 이다.
③ 이 공정의 임계이득(Ultimate Gain)은 1/2이고 임계주파수(Ultimate Frequency)는 3이다.
④ 이 공정의 임계이득(Ultimate Gain)은 1/2이고 임계주파수(Ultimate Frequency)는 $\frac{2\pi}{3}$ 이다.

해설
$K_c = 2$
$P_u = \frac{2\pi}{\omega_u} = 3$
여기서, P_u : 임계주기, ω_u : 임계주파수
$\therefore \omega_u = \frac{2}{3}\pi$

52 다음 그림은 외란의 단위계단 변화에 대해 잘 조율된 P, PI, PD, PID에 의한 제어계 응답을 보인 것이다. 이 중 PID 제어기에 의한 결과는 어떤 것인가?

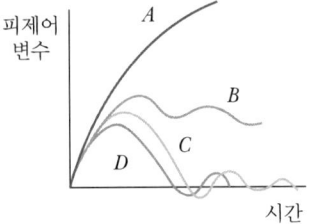

① A ② B
③ C ④ D

해설
- A : 없음
- B : P 제어
- C : PI 제어
- D : PID 제어

53 공정의 제어 성능을 적절히 발휘하는 데에 장애가 되는 요소가 아닌 것은?
① 측정변수와 제어되는 변수의 일치
② 제어밸브의 무 반응영역
③ 공정 운전상의 제약
④ 공정의 지연시간

해설
측정해야 할 변수=제어되는 변수 : 성능 우수

54 이득이 1인 2차계에서 감쇠계수(Damping Factor) $\xi < 0.707$일 때 최대 진폭비 $(AR)_{\max}$는?

① $\dfrac{1}{2\sqrt{1-\xi^2}}$ ② $\sqrt{1-\xi^2}$
③ $\dfrac{1}{2\xi\sqrt{1-\xi^2}}$ ④ $\dfrac{1}{\xi\sqrt{1-2\xi^2}}$

해설
진폭비 $AR = \dfrac{출력변수의\ 진폭}{입력변수의\ 진폭}$
$= \dfrac{K}{\sqrt{(1-\tau^2 w^2)^2 + (2\tau w\zeta)^2}}$

정규진폭비 $AR_N = \dfrac{AR}{K}$

AR_N이 최대일 경우 $\tau w = \sqrt{1-2\zeta^2}$

$\therefore AR_{N \cdot \max} = \dfrac{1}{2\zeta\sqrt{1-\zeta^2}}$

$\zeta < 0.707$

55 공정변수 값을 측정하는 감지시스템은 일반적으로 센서, 전송기로 구성된다. 다음 중 전송기에서 일어나는 문제점으로 가장 거리가 먼 것은?

① 과도한 수송지연   ② 잡음
③ 잘못된 보정   ④ 낮은 해상도

해설
전송기에 일어나는 문제점
잡음, 잘못된 보정, 낮은 해상도

56 $\cosh \omega t$의 Laplace 변환은?

① $\dfrac{s}{s^2+\omega^2}$ ② $\dfrac{\omega}{s^2-\omega^2}$

③ $\dfrac{s}{s^2-\omega^2}$ ④ $\dfrac{\omega}{s^2+\omega^2}$

해설

$\cos \omega t \xrightarrow{\mathcal{L}} \dfrac{s}{s^2+\omega^2}$

$\cosh \omega t \xrightarrow{\mathcal{L}} \dfrac{s}{s^2-\omega^2}$

---

57 다음 중에서 사인응답(Sinusoidal Response)이 위상앞섬(Phase Lead)을 나타내는 것은?

① P 제어기
② PI 제어기
③ PD 제어기
④ 수송 지연(Transportation Lag)

해설

PD 제어기
- 위상 앞섬
- Offset은 없어지지 않으나 최종값에 도달하는 시간은 단축되는 것을 나타내는 제어기

---

58 제어밸브 입출구 사이의 불평형 압력(Unbalanced Force)에 의하여 나타나는 밸브위치의 오차, 히스테리시스 등이 문제가 될 때 이를 감소시키기 위하여 사용되는 방법과 관련이 가장 적은 것은?

① C_v가 큰 제어 밸브를 사용한다.
② 면적이 넓은 공압 구동기(Pneumatic Actuator)를 사용한다.
③ 밸브 포지셔너(Positioner)를 제어밸브와 함께 사용한다.
④ 복좌형(Double Seated) 밸브를 사용한다.

해설

$q = C_v \sqrt{\dfrac{\Delta P_V}{\rho}}$

여기서, q : 유량(gallon/min)
ΔP_V : 밸브를 통한 압력차
ρ : 유체의 비중
C_v : 밸브계수 → 밸브의 용량(크기)을 조절

---

59 어떤 반응기에 원료가 정상상태에서 100L/min의 유속으로 공급될 때 제어밸브의 최대유량을 정상상태 유량의 4배로 하고 I/P 변환기를 설정하였다면 정상상태에서 변환기에 공급된 표준전류신호는 몇 mA인가?(단, 제어밸브는 선형특성을 가진다.)

① 4   ② 8
③ 12   ④ 16

해설

I/P 변환기
I/P 변환기는 제어실 혹은 중앙제어장치로부터 4~20mA 전류신호를 받아 공압신호로 전환하여 출력하는 제어장치이다.

$y - y_1 = \dfrac{y_2 - y_1}{x_2 - x_1}(x - x_1)$

$100 - 0 = \dfrac{400 - 0}{20 - 4}(x - 4)$

$\therefore x = 8$

---

60 다음 중 되먹임 제어계가 불안정한 경우에 나타나는 특성은?

① 이득여유(Gain Margin)가 1보다 작다.
② 위상여유(Phase Margin)가 0보다 크다.
③ 제어계의 전달함수가 1차계로 주어진다.
④ 교차주파수(Crossover Frequency)에서 갖는 개루프 전달함수의 진폭비가 1보다 작다.

해설

이득여유가 1보다 작은 경우 불안정하다.
GM이 1.7~2.0, PM이 30~45° 범위를 갖도록 조정한다.

정답 56 ③　57 ③　58 ①　59 ②　60 ①

4과목 공업화학

61 다음 중 석유의 전화법으로 거리가 먼 것은?
① 개질법
② 이성화법
③ 수소화법
④ 고리화법

해설
석유의 전화법
- 크래킹 – 열분해법, 접촉분해법, 수소화분해법
- 리포밍(개질)
- 알킬화법
- 이성화법

62 반도체공정 중 노광 후 포토레지스트로 보호되지 않는 부분을 선택적으로 제거하는 공정을 무엇이라 하는가?
① 에칭
② 조립
③ 박막형성
④ 리소그래피

해설
- 에칭(식각) : 반도체공정 중 노광 후 PR(포토레지스트)로 보호되지 않는 부분(감광되지 않는 부분)을 제거하는 공정
- 사진공정(포토 리소그래피) : 회로의 패턴을 실리콘 기판에 새겨 넣는 공정
- 박막형성 : 화학기상증착(CVD) 공정은 형성하고자 하는 증착막재료의 원소가스를 기판 표면 위에 화학반응시켜 원하는 박막을 형성시킨다.

63 N_2O_4와 H_2O가 같은 몰비로 존재하는 용액에 산소를 넣어 HNO_3 30kg을 만들고자 한다. 이때 필요한 산소의 양은 약 몇 kg인가?(단, 반응은 100% 일어난다고 가정한다.)
① 3.5kg
② 3.8kg
③ 4.1kg
④ 4.5kg

해설
$N_2O_4 + H_2O + \frac{1}{2}O_2 \rightarrow 2HNO_3$

$\frac{1}{2} \times 32kg : 2 \times 63kg$
$\quad\quad x : 30kg$

$\therefore x = 3.8kg$

64 암모니아 합성공업에 있어서 1,000℃ 이상의 고온에서 코크스에 수증기를 통할 때 주로 얻어지는 가스는?
① CO, H_2
② CO_2, H_2
③ CO, CO_2
④ CH_4, H_2

해설
워터가스제법
수증기가 코크스를 통과할 때 얻어지는 $CO+H_2$ 혼합가스를 워터가스(수성가스)라 한다.
$C + H_2O \rightarrow CO + H_2$

65 실용전지 제조에 있어서 작용물질의 조건으로 가장 거리가 먼 것은?
① 경량일 것
② 기전력이 안정하면서 낮을 것
③ 전기용량이 클 것
④ 자기방전이 적을 것

해설
- 기전력 : 단위전하당 한 일(V)
- 전지는 기전력이 높아야 한다.

66 니트로벤젠을 환원시켜 아닐린을 얻고자 할 때 사용하는 것은?
① Fe, HCl
② Ba, H_2O
③ C, NaOH
④ S, NH_4Cl

해설

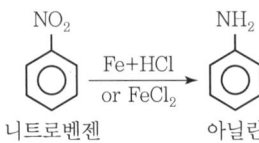

67 다음 중 소다회의 사용 용도로 가장 거리가 먼 것은?
① 판유리
② 시멘트 주원료
③ 조미료, 식품
④ 유지합성세제

정답 61 ④ 62 ① 63 ② 64 ① 65 ② 66 ① 67 ②

해설

소다회(Na_2CO_3)
㉠ 제조방법
- Le Blanc법
- Solvay법(암모니아소다법)
- Solvay법의 개량법 : 염안소다법, 액안소다법

㉡ 용도 : 유리의 원료, 조미료 제조, 비누의 제조, 염료, 향료, 의약품, 농약, 종이·펄프제조, 고무의 재생

68 하루 117ton의 NaCl을 전해하는 NaOH 제조 공장에서 부생되는 H_2와 Cl_2를 합성하여 39wt% HCl을 제조할 경우 하루 약 몇 ton의 HCl이 생산되는가?(단, NaCl은 100%, H_2와 Cl_2는 99% 반응하는 것으로 가정한다.)

① 200 ② 185
③ 156 ④ 100

해설

$NaCl + H_2O \rightarrow NaOH + \frac{1}{2}Cl_2 + \frac{1}{2}H_2 \rightarrow HCl$

58.5 : 36.5
117ton : x

$\therefore x = \dfrac{73\text{ton} \times 0.99}{0.39} = 185\text{ton}$

69 다음 물질 중 감압증류로 얻는 것은?

① 등유, 가솔린 ② 등유, 경유
③ 윤활유, 등유 ④ 윤활유, 아스팔트

해설

원유의 증류
- 상압증류 : 등유, 나프타, 경유
- 감압증류 : 윤활유, 아스팔트

70 프로필렌, CO 및 H_2의 혼합가스를 촉매하에서 고압으로 반응시켜 카르보닐 화합물을 제조하는 반응은?

① 옥소 반응 ② 에스테르화 반응
③ 니트로화 반응 ④ 스위트닝 반응

해설

Oxo 반응
올레핀과 CO, H_2를 촉매하에서 반응시켜 탄소수가 하나 더 증가된 알데히드 화합물을 얻는다.

71 Polyisobutylene의 중합방법은?

① 양이온 중합 ② 음이온 중합
③ 라디칼 중합 ④ 지글러나타 중합

해설

Polyisobutylene

$$H_2C=C(CH_3)_2 \rightarrow \left[\begin{array}{c} H\ CH_3 \\ | \ \ | \\ C-C \\ | \ \ | \\ H\ CH_3 \end{array}\right]_n$$

-100℃ 부근의 저온에서 삼플루오린화붕소 등의 양이온의 촉매로 중합하면, 분자량이 10만 이상인 고중합체를 얻을 수 있다.

72 공업적인 HCl 제조방법에 해당하는 것은?

① 부생염산법 ② Petersen Tower법
③ OPL법 ④ Meyer법

해설

공업적인 HCl의 제조방법
㉠ 식염의 황산분해법
- Le Blanc법
- Mannheim법, Laury법
- Hargreaves법

㉡ 합성법
㉢ 부생염산법

73 황산 중에 들어 있는 비소산화물을 제거하는 데 이용되는 물질은?

① NaOH ② KOH
③ NH_3 ④ H_2S

해설

As(비소), Se(셀레늄) : H_2S를 이용해 황화물로 침전 제거

정답 68 ② 69 ④ 70 ① 71 ① 72 ① 73 ④

74 소금물을 전기분해하여 공업적으로 가성소다를 제조할 때 다음 중 적합한 방법은?

① 격막법　　② 침전법
③ 건식법　　④ 중화법

해설

NaOH
㉠ 가성화법
- 석회법
- 산화철법
㉡ 식염전해법
- 격막법
- 수은법

75 열가소성 수지의 대표적인 종류가 아닌 것은?

① 에폭시수지　　② 염화비닐수지
③ 폴리스티렌　　④ 폴리에틸렌

해설

- 열가소성 수지
  가열 시 연화되어 외력을 가할 때 쉽게 변형되므로, 이 상태로 성형, 가공한 후에 냉각하면 외력을 가하지 않아도 성형된 상태를 유지하는 수지
  예 폴리에틸렌, 폴리프로필렌, 폴리염화비닐, 폴리스티렌, 아크릴수지, 불소수지, 폴리비닐아세테이트
- 열경화성 수지
  가열하면 일단 연화되지만 계속 가열하면 점점 경화되어 나중에는 온도를 올려도 용해되지 않고, 원상태로도 되돌아가지 않는 수지
  예 페놀수지, 요소수지, 에폭시수지, 우레탄수지, 멜라민수지, 알키드수지, 규소수지

76 아크릴산 에스테르의 공업적 제법과 가장 거리가 먼 것은?

① Reppe 고압법　　② 프로필렌의 산화법
③ 에틸렌시안히드린법　　④ 에틸알코올법

해설

아크릴산 에스테르($CH_2=CHCOOR$)의 공업적 제법
- Reppe 고압법
- 프로필렌 산화법
- 에틸렌시안히드린법

77 아세트알데히드는 Höchst-Wacker법을 이용하여 에틸렌으로부터 얻어질 수 있다. 이때 사용되는 촉매에 해당하는 것은?

① 제올라이트　　② NaOH
③ $PdCl_2$　　④ $FeCl_3$

해설

Höchst-Wacker법
$CH_2=CH_2 + PdCl_2 + H_2O \rightarrow CH_3CHO + Pd + 2HCl$
　　　　　　(촉매)

78 암모니아의 합성반응에 관한 설명으로 옳지 않은 것은?

① 촉매를 사용하여 반응속도를 높일 수 있다.
② 암모니아 평형농도는 반응온도를 높일수록 증가한다.
③ 암모니아 평형농도는 압력을 높일수록 증가한다.
④ 불활성 가스의 양이 증가하면 암모니아 평형농도는 낮아진다.

해설

$N_2 + 3H_2 \rightleftarrows 2NH_3 + 22kcal$
- 암모니아의 평형농도는 반응온도를 낮출수록, 압력을 높일수록 증가한다.
- 수소와 질소의 혼합비율이 3 : 1일 때 가장 좋다.
- 불활성 가스의 양이 증가하면 NH_3 평형농도는 낮아진다.

79 벤젠을 400~500℃에서 V_2O_5 촉매상으로 접촉 기상 산화시킬 때의 주생성물은?

① 나프텐산
② 푸마르산
③ 프탈산무수물
④ 말레산무수물

해설

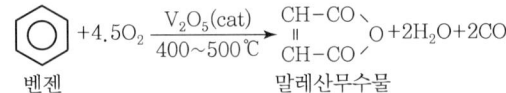

정답　74 ①　75 ①　76 ④　77 ③　78 ②　79 ④

80 황산 60%, 질산 24%, 물 16%의 혼산 100kg을 사용하여 벤젠을 니트로화할 때, 질산이 화학양론적으로 전량 벤젠과 반응하였다면 DVS 값은 얼마인가?

① 4.54
② 3.50
③ 2.63
④ 1.85

해설

$$DVS = \frac{혼합산\ 중의\ 황산의\ 양}{반응\ 후\ 혼합산\ 중의\ 물의\ 양}$$

$C_6H_6 + HNO_3 \rightarrow C_6H_5NO_2 + H_2O$

63 : 18
24 : x

$$\therefore x = \frac{24 \times 18}{63} = 6.86$$

$$DVS = \frac{60}{16 + 6.86} = 2.62$$

5과목 반응공학

81 다음 비가역 기초반응에 의하여 연간 2억kg 에틸렌을 생산하는 데 필요한 플러그흐름반응기의 부피는 몇 m^3인가?(단, 압력은 8atm, 온도는 1,200K 등온이며 압력강하는 무시하고 전화율 90%를 얻고자 한다.)

$$C_2H_6 \rightarrow C_2H_4 + H_2,\ 속도상수\ k_{(1,200K)} = 4.07s^{-1}$$

① 2.82
② 28.2
③ 42.8
④ 82.2

해설

$C_2H_6 \rightarrow C_2H_4 + H_2$
30　　　28

$2 \times 10^8 kg/y \times \frac{1y}{365d} \times \frac{1d}{24h} \times \frac{1h}{3,600s} \times \frac{1kmol}{28kg}$
$= 0.226 kmol/s$

$F_B = F_{A0} + F_{A0}X_A$
　　　0

$$\therefore F_{A0} = \frac{F_B}{X_A} = \frac{0.226 kmol/s}{0.9} = 0.2516 kmol/s$$

$$\tau = \frac{1}{k}\left[(1+\varepsilon_A)\ln\frac{1}{1-X_A} - \varepsilon_A X_A\right]$$

$$\varepsilon_A = y_{A0}\delta = \frac{2-1}{1} = 1$$

$PV = nRT$

$$v_o = \frac{F_{A0}RT}{P}$$
$$= \frac{0.2516 kmol/s \times 0.082 m^3\ atm/kmol\ K \times 1,200K}{8atm}$$
$$= 3.095 m^3/s$$

$$\therefore \tau = \frac{1}{4.07}\left[(1+1)\ln\frac{1}{1-0.9} - 0.9\right]$$
$$= 0.91s$$

$$\tau = \frac{V}{v_o} = \frac{C_{A0}V}{F_{A0}}$$

$$0.91s = \frac{V}{3.095 m^3/s}$$

$$\therefore V = 2.81 m^3$$

82 다음 두 반응이 평행하게 동시에 진행되는 반응에 대해 목적물의 선택도를 높이기 위한 설명으로 옳은 것은?

$$A \xrightarrow{k_1} V\ (목적물,\ r_v = k_1 C_A^{a_1})$$
$$A \xrightarrow{k_2} W\ (비목적물,\ r_w = k_2 C_A^{a_2})$$

① a_1과 a_2가 같으면 혼합흐름반응기가 관형흐름반응기보다 훨씬 더 낫다.
② a_1이 a_2보다 작으면 관형흐름반응기가 적절하다.
③ a_1이 a_2보다 작으면 혼합흐름반응기가 적절하다.
④ a_1과 a_2가 같으면 관형흐름반응기가 혼합흐름반응기보다 훨씬 더 낫다.

해설

$$\frac{r_v}{r_w} = \frac{k_1 C_A^{a_1}}{k_2 C_A^{a_2}} = \frac{k_1}{k_2}C_A^{a_1-a_2}$$

- $a_1 > a_2$: PFR, Batch
- $a_1 < a_2$: CSTR
- $a_1 = a_2$: 반응기 유형에 무관

정답 80 ③　81 ①　82 ③

83 그림과 같은 기초적 반응에 대한 농도-시간곡선을 가장 잘 표현하고 있는 반응 형태는?

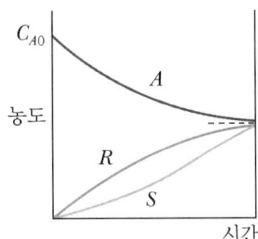

① $A \underset{1}{\overset{1}{\rightleftarrows}} R \underset{1}{\overset{1}{\rightleftarrows}} S$
② $A \underset{10}{\overset{1}{\rightleftarrows}} R \underset{1}{\overset{1}{\rightleftarrows}} S$
③ $A \overset{1}{\rightarrow} R \underset{1}{\overset{1}{\rightleftarrows}} S$
④ $A \overset{1}{\rightarrow} R \underset{10}{\overset{1}{\rightleftarrows}} S$

해설

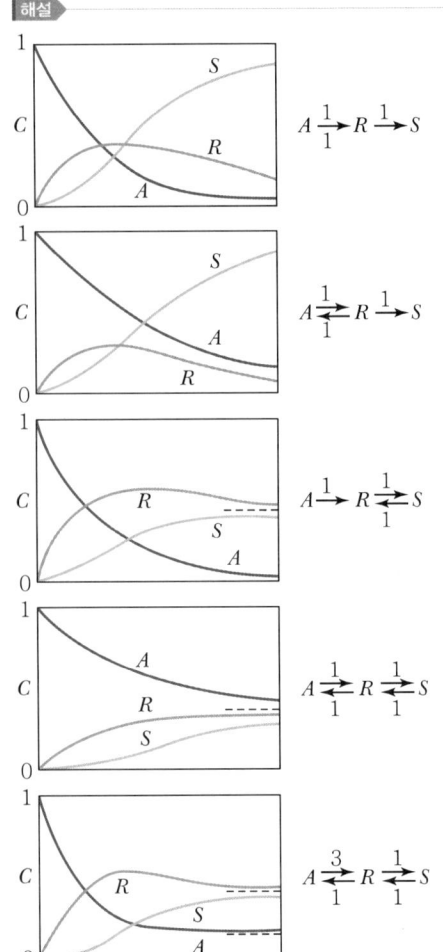

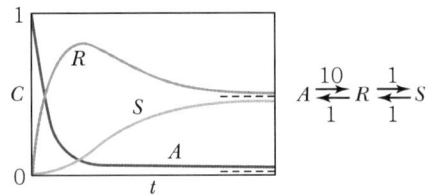

84 정용 회분식 반응기(Batch Reactor)에서 반응물 $A(C_{Ao}=1\text{mol/L})$가 80% 전환되는 데 8분 걸렸고, 90% 전환되는 데 18분이 걸렸다면 이 반응은 몇 차 반응인가?

① 0차
② 2차
③ 2.5차
④ 3차

해설

$$-r_A = -\frac{dC_A}{dt} = kC_A^n = kC_{A0}^n(1-X_A)^n$$
$$C_A^{1-n} - C_{A0}^{1-n} = k(n-1)t$$
$$C_{A0}^{1-n}(1-X_A)^{1-n} - C_{A0}^{1-n} = k(n-1)t$$
$$(1-X_A)^{1-n} - 1 = k(n-1)t$$
$$(1-0.8)^{1-n} - 1 = k(n-1) \times 8 \quad \cdots\cdots ㉠$$
$$(1-0.9)^{1-n} - 1 = k(n-1) \times 18 \quad \cdots\cdots ㉡$$
㉠식과 ㉡식에 의해 $n=2$차에서 성립

85 $1A \leftrightarrow 1B + 1C$이 1bar에서 진행되는 기상반응이다. 1몰 A가 수증기 15몰로 희석되어 유입된다. 평형에서 반응물 A의 전화율은?(단, 평형상수 K_p는 100mbar이다.)

① 0.65
② 0.70
③ 0.86
④ 0.91

해설

$$\varepsilon_A = y_{A0}\delta = \frac{1}{16}\left(\frac{2-1}{1}\right) = 0.0625$$
$$P_A = P_{A0}\left(\frac{1-X_A}{1+\varepsilon_A X_A}\right)$$
$$P_B = P_C = P_{A0}\left(\frac{X_A}{1+\varepsilon_A X_A}\right)$$

정답 83 ① 84 ② 85 ②

$$K_P = \frac{P_B \times P_C}{P_A} = 100 \text{mbar} = 0.1 \text{bar}$$

$$= \frac{P_{A0}^2 \left(\frac{X_A}{1+\varepsilon_A X_A}\right)^2}{P_{A0}\left(\frac{1-X_A}{1+\varepsilon_A X_A}\right)} = \frac{P_{A0} X_A^2}{(1-X_A)(1+\varepsilon_A X_A)}$$

$$= \frac{\left(\frac{1}{16}\right)X_A^2}{(1-X_A)\left(1+\frac{1}{16}X_A\right)} = 0.1$$

$$\therefore \frac{1}{16}X_A^2 = 0.1(1-X_A)\left(1+\frac{1}{16}X_A\right)$$

$$1.1 X_A^2 + 1.5 X_A - 1.6 = 0$$

$$\therefore X_A = \frac{-1.5 \pm \sqrt{1.5^2 + 4(1.1)(1.6)}}{2 \times 1.1} = 0.7036$$

86 A가 R이 되는 효소반응이 있다. 전체 효소농도를 $[E_0]$, 미카엘리스(Michaelis) 상수를 $[M]$라고 할 때 이 반응의 특징에 대한 설명으로 틀린 것은?

① 반응속도가 전체 효소농도 $[E_0]$에 비례한다.
② A의 농도가 낮을 때 반응속도는 A의 농도에 비례한다.
③ A의 농도가 높아지면서 0차 반응에 가까워진다.
④ 반응속도는 마카엘리스 상수 $[M]$에 비례한다.

해설

$$-r_A = r_R = \frac{K[E_0][A]}{[M]+[A]}$$

- $-r_A$(반응속도)는 효소농도 $[E_0]$에 비례한다.
- $[A]$가 낮을 때 반응속도는 A의 농도 $[A]$에 비례한다.
$$-r_A = r_R = \frac{K[E_0][A]}{[M]}$$
- $[A]$가 높아지면 $[A]$에 무관하므로 0차 반응에 가까워진다.
$$-r_A = r_R = \frac{K[E_0][A]}{[A]} = K[E_0]$$
- 나머지는 효소농도 $[E_0]$에 비례한다.

87 화학반응의 활성화 에너지와 온도 의존성에 대한 설명 중 옳은 것은?

① 활성화 에너지는 고온일 때 온도에 더욱 민감하다.
② 낮은 활성화 에너지를 갖는 반응은 온도에 더 민감하다.
③ Arrhenius 법칙에서 빈도 인자는 반응의 온도 민감성에 영향을 미치지 않는다.
④ 반응속도상수 K와 온도 $1/T$의 직선의 기울기가 클 때 낮은 활성화 에너지를 갖는다.

해설

아레니우스 식
$$K = K_o e^{-E_a/RT}$$
$$\ln K = \ln K_o - \frac{E_a}{RT}$$

- Arrhenius 법칙으로부터 $\ln K$ 대 $\frac{1}{T}$의 플롯은 직선이다.
- 높은 활성화 에너지를 갖는 반응은 온도에 대단히 민감하고 낮은 활성화 에너지를 갖는 반응은 덜 민감하다.
- 주어진 반응에서 저온일 때가 고온일 때보다 온도에 더욱 민감하다.
- Arrhenius 법칙에서 빈도인자는 반응의 온도민감성에 영향을 미치지 않는다.

88 다음은 어떤 가역 반응의 단열 조작선의 그림이다. 조작선의 기울기는 $\frac{C_p}{-\Delta H_r}$로 나타내는데 이 기울기가 큰 경우에는 어떤 형태의 반응기가 가장 좋겠는가?(단, C_p는 열용량, ΔH_r은 반응열을 나타낸다.)

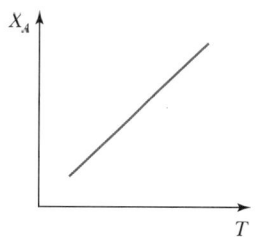

① 플러그흐름반응기   ② 혼합흐름반응기
③ 교반형 반응기   ④ 순환반응기

해설

- $C_p/-\Delta H_r$이 작은 경우(순수한 기체반응물)에는 혼합흐름반응기가 최선이다.
- $C_p/-\Delta H_r$이 큰 경우(불활성물질을 대량 포함하는 기체 또는 액체계)에는 플러그흐름이 최선이다.

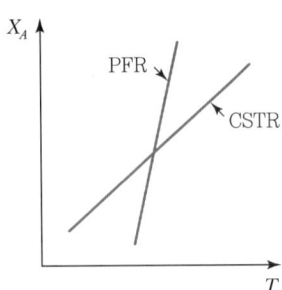

89 다음의 등온에서 병렬 반응인 경우 S_{DU}(선택도)를 향상시킬 수 있는 조건 중 옳지 않은 것은?(단, 활성화 에너지는 $E_1 < E_2$이다.)

$$A+B \to D(\text{desired}) \quad r_D = k_1 C_A^2 C_B^3$$
$$A+B \to U(\text{undesired}) \quad r_U = k_2 C_A C_B$$

① 관형반응기 ② 높은 압력
③ 높은 온도 ④ 반응물의 고농도

해설

$$\frac{r_D}{r_U} = \frac{k_1 C_A^2 C_B^3}{k_2 C_A C_B} = \frac{k_1}{k_2} C_A C_B^2$$

- $E_1 < E_2$: 온도가 상승할 때 $\frac{k_1}{k_2}$ 는 감소
- 활성화 에너지가 큰 반응이 온도에 더 예민하다.
- 활성화 에너지가 크면 고온이 적합하고 활성화 에너지가 작으면 저온이 적합하다.

90 공간속도(Space Velocity)가 2.5s^{-1}이고 원료의 공급률이 1초당 100L일 때의 반응기의 체적은 몇 L이겠는가?

① 10 ② 20
③ 30 ④ 40

해설

$$\tau = \frac{1}{S} = \frac{1}{2.5} = 0.4\text{s}$$
$$\tau = \frac{V}{v_o}$$
$$V = \tau v_o = 0.4\text{s} \times 100\text{L/s} = 40\text{L}$$

91 HBr의 생성반응 속도식이 다음과 같을 때 k_1의 단위는?

$$r_{\text{HBr}} = \frac{k_1[\text{H}_2][\text{Br}_2]^{1/2}}{k_2 + [\text{HBr}]/[\text{Br}_2]}$$

① $(\text{mol/m}^3)^{-1.5}(\text{s})^{-1}$ ② $(\text{mol/m}^3)^{-1}(\text{s})^{-1}$
③ $(\text{mol/m}^3)^{-0.5}(\text{s})^{-1}$ ④ $(\text{s})^{-1}$

해설

$$K = [\text{mol/m}^3]^{1-n}[1/\text{s}]$$
$$= [\text{mol/m}^3]^{1-\frac{3}{2}}[1/\text{s}]$$
$$= [\text{mol/m}^3]^{-0.5}[\text{s}]^{-1}$$

92 다음 그림은 균일계 비가역 병렬 반응이 플러그흐름반응기에서 진행될 때 순간수율 $\phi\left(\dfrac{R}{A}\right)$와 반응물의 농도($C_A$) 간의 관계를 나타낸 것이다. 빗금 친 부분의 넓이가 뜻하는 것은?

① 총괄 수율 ϕ
② 반응하여 없어진 반응물의 몰수
③ 반응으로 생긴 R의 몰수
④ 반응기를 나오는 R의 농도

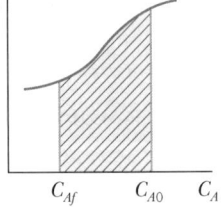

해설

$$\int_{C_{A1}}^{C_{A0}} \phi \, dC_A = \int_{C_{Af}}^{C_{A0}} \frac{dC_R}{-dC_A} dC_A$$
$$= C_R(C_{Af}) - C_R(C_{A0}) = C_R$$

93 기초 2차 액상반응 $2A \to 2R$을 순환비가 2인 등온 플러그흐름반응기에서 반응시킨 결과 50%의 전화율을 얻었다. 동일반응에서 순환류를 폐쇄시킨다면 전화율은?

① 0.6
② 0.7
③ 0.8
④ 0.9

해설

$$X_{A1} = \left(\frac{R}{R+1}\right)X_{Af}$$
$$= \left(\frac{2}{2+1}\right) \times 0.5 = 0.33$$
$$\frac{\tau_p}{C_{A0}} = \frac{V}{F_{A0}} = (R+1)\int_{X_{A1}}^{X_{Af}} \frac{dX_A}{-r_A}$$
$$= 3\int_{X_{A1}}^{X_{Af}} \frac{dX_A}{kC_{A0}^2(1-X_A)^2}$$
$$= \frac{3}{kC_{A0}^2}\int_{0.33}^{0.5} \frac{dX_A}{(1-X_A)^2}$$
$$= \frac{3}{kC_{A0}^2}\left[\frac{1}{1-X_A}\right]_{0.33}^{0.5}$$
$$= \frac{3}{kC_{A0}^2}\left(\frac{1}{0.5} - \frac{1}{0.67}\right)$$
$$k\tau_p C_{A0} = 3\left(\frac{1}{0.5} - \frac{1}{0.67}\right) = 1.52$$

순환류 폐쇄 $R \to 0$ PFR에 접근
2차 PFR

$$k\tau_p C_{A0} = \frac{X_A}{1-X_A} = 1.52$$
$$\therefore X_A = 0.6$$

94 정용회분식 반응기에서 1차 반응의 반응속도식은? (단, $[A]$는 반응물 A의 농도, $[A_0]$는 반응물 A의 초기농도, k는 속도상수, t는 시간이다.)

① $[A] = -kt + [A_0]$
② $\ln[A] = -kt + \ln[A_0]$
③ $\frac{1}{[A]} = kt + \frac{1}{[A_0]}$
④ $\frac{1}{\ln[A]} = kt + \frac{1}{\ln[A_0]}$

해설

$$-\ln\frac{C_A}{C_{A0}} = kt$$
$$\ln\frac{C_A}{C_{A0}} = -kt$$
$$\ln C_A - \ln C_{A0} = -kt$$
$$\therefore \ln C_A = -kt + \ln C_{A0}$$

95 다음 중 촉매 작용의 일반적인 특성으로 옳지 않은 것은?

① 비교적 적은 양의 촉매로 다량의 생성물을 생성시킬 수 있다.
② 촉매는 근본적으로 선택성을 변경시킬 수 있다.
③ 활성화 에너지가 촉매를 사용하지 않을 경우에 비해 낮아진다.
④ 평형 전화율을 촉매작용에 의하여 변경시킬 수 있다.

해설

촉매는 활성화 에너지를 낮춰 반응속도를 빠르게 할 수 있지만 평형전화율을 변경시킬 수 없다.

96 혼합흐름반응기에서 일어나는 액상 1차 반응의 전화율이 50%일 때 같은 크기의 혼합흐름반응기를 직렬로 하나 더 연결하고 유량을 같게 하면 최종 전화율은?

① $\frac{2}{3}$
② $\frac{3}{4}$
③ $\frac{4}{5}$
④ $\frac{5}{6}$

해설

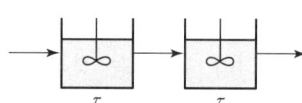

1차 : $k\tau = \frac{X_A}{1-X_A} = \frac{0.5}{1-0.5} = 1$

$$X_{Af} = 1 - \frac{1}{(1+\tau k)^N}$$
$$\therefore X_{Af} = 1 - \frac{1}{(1+1)^2} = 1 - \frac{1}{4} = \frac{3}{4}$$

정답 93 ① 94 ② 95 ④ 96 ②

97 다음과 같이 진행되는 반응은 어떤 반응인가?

> Reactants → (Intermediates)*
> (Intermediates)* → Products

① Non-Chain Reaction
② Chain Reaction
③ Elementary Reaction
④ Parallel Reaction

해설
- 비연쇄반응
  반응물 → (중간체)*
  (중간체)* → 생성물
- 연쇄반응
  (개시단계) 반응물 → (중간체)*
  (전파단계) (중간체)* + 반응물 → (중간체)* + 생성물
  (정지단계) (중간체)* → 생성물

98 $A \to B$ 반응이 1차 반응일 때 속도상수가 4×10^{-3} s^{-1}이고 반응속도가 10×10^{-5} mol/cm³ s이라면 반응물의 농도는 몇 mol/cm³인가?

① 2.0×10^{-2} ② 2.5×10^{-2}
③ 3.0×10^{-2} ④ 3.5×10^{-2}

해설
$-r_A = kC_A$
10×10^{-5} mol/cm³ s $= 4 \times 10^{-3}$/s $\times C_A$
$\therefore C_A = 0.025$ mol/cm³ $= 2.5 \times 10^{-2}$ mol/cm³

99 다음 반응에서 생성속도의 비를 표현한 식은? (단, a_1은 $A \to R$ 반응의 반응차수이며 a_2는 $A \to S$ 반응의 반응차수이다. k_1, k_2는 각각의 경로에서 속도상수이다.)

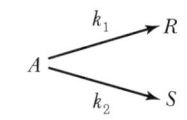

① $\dfrac{r_S}{r_R} = \dfrac{k_2}{k_1} C_A^{(a_2-a_1)}$

② $\dfrac{r_S}{r_R} = \dfrac{k_1}{k_2} C_A^{(a_2-a_1)}$

③ $\dfrac{r_S}{r_R} = \dfrac{k_2}{k_1} C_A^{(a_1-a_2)}$

④ $\dfrac{r_S}{r_R} = \dfrac{k_1}{k_2} C_A^{(a_1-a_2)}$

해설
$\dfrac{r_S}{r_R} = \dfrac{k_2 C_A^{a_2}}{k_1 C_A^{a_1}} = \dfrac{k_2}{k_1} C_A^{a_2-a_1}$

100 부피 100L이고 Space Time이 5min인 혼합흐름반응기에 대한 설명으로 옳은 것은?
① 이 반응기는 1분에 20L의 반응물을 처리할 능력이 있다.
② 이 반응기는 1분에 0.2L의 반응물을 처리할 능력이 있다.
③ 이 반응기는 1분에 5L의 반응물을 처리할 능력이 있다.
④ 이 반응기는 1분에 100L의 반응물을 처리할 능력이 있다.

해설
$\tau = \dfrac{V}{v_o}$
$5\text{min} = \dfrac{100\text{L}}{v_o}$
$\therefore v_o = 20\text{L/min}$

정답 97 ① 98 ② 99 ① 100 ①

2019년 제2회 기출문제

1과목 화공열역학

01 그림에서 동력 W를 계산하는 식은?

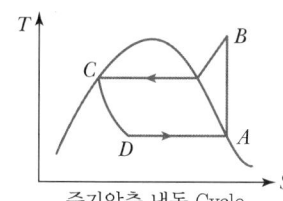

증기압축 냉동 Cycle

① $W = (H_B - H_C) - (H_A - H_D)$
② $W = (H_B - H_C) - (H_D - H_A)$
③ $W = (H_A - H_D) - (H_B - H_C)$
④ $W = (H_D - H_A) - (H_B - H_C)$

해설

$W = |Q_H| - |Q_C|$
$= (H_B - H_C) - (H_A - H_D) = H_B - H_A$

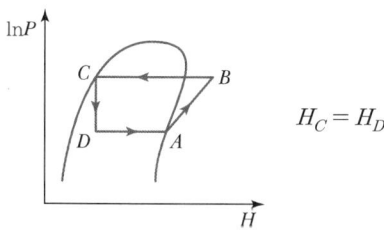

$H_C = H_D$

$P - H$ 선도에 나타낸 증기-압축 냉동사이클

02 다음과 같은 반데르발스(Van der Waals) 상태방정식을 이용하여 실제기체의 $(\partial U / \partial V)_T$를 구한 결과로 옳은 것은?(단, V는 부피, T는 절대온도, a는 상수, b는 상수이다.)

$$P = \frac{R}{V-b}T - \frac{a}{V^2}$$

① $\left(\dfrac{\partial U}{\partial V}\right)_T = \dfrac{a}{V^2}$

② $\left(\dfrac{\partial U}{\partial V}\right)_T = \dfrac{a}{(V-b)^2}$

③ $\left(\dfrac{\partial U}{\partial V}\right)_T = \dfrac{b}{V^2}$

④ $\left(\dfrac{\partial U}{\partial V}\right)_T = \dfrac{b}{(V-b)^2}$

해설

- $dU = TdS - PdV$
  $\left(\dfrac{\partial U}{\partial V}\right)_T = T\left(\dfrac{\partial S}{\partial V}\right)_T - P$ ········· ㉠
- $dA = -SdT - PdV$
  $\left(\dfrac{\partial S}{\partial V}\right)_T = \left(\dfrac{\partial P}{\partial T}\right)_V$ ········· ㉡
- $P = \dfrac{R}{V-b}T - \dfrac{a}{V^2}$
  $\left(\dfrac{\partial P}{\partial T}\right)_V = \dfrac{R}{V-b}$ ········· ㉢

㉠식에 ㉡, ㉢을 대입하면

$\left(\dfrac{\partial U}{\partial V}\right)_T = T\left(\dfrac{\partial P}{\partial T}\right)_V - P$
$= \dfrac{RT}{V-b} - \left(\dfrac{RT}{V-b} - \dfrac{a}{V^2}\right)$
$= \dfrac{a}{V^2}$

03 어떤 화학반응이 평형상수에 대한 온도의 미분계수가 $\left(\dfrac{\partial \ln K}{\partial T}\right)_P > 0$로 표시된다. 이 반응에 대하여 옳게 설명한 것은?

① 흡열반응이며, 온도 상승에 따라 K 값은 커진다.
② 발열반응이며, 온도 상승에 따라 K 값은 커진다.
③ 흡열반응이며, 온도 상승에 따라 K 값은 작아진다.
④ 발열반응이며, 온도 상승에 따라 K 값은 작아진다.

정답 01 ① 02 ① 03 ①

> **해설**

$\frac{\partial \ln K}{\partial T} = \frac{\Delta H}{RT^2} > 0$

- $\Delta H > 0$이므로 흡열반응이다.
- 온도가 증가할 때 K도 증가한다.
- 일정압력에서 K가 증가하면 $\pi_i(y_i)^{\nu_i}$가 증가한다.
  → 반응이 오른쪽으로 이동하고, ε_e가 증가한다.

04 다음 중 브레이턴(Brayton) 사이클은?

① 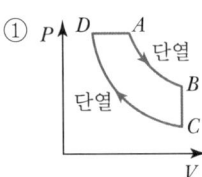   ②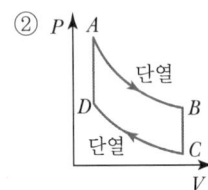

③ 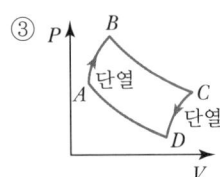   ④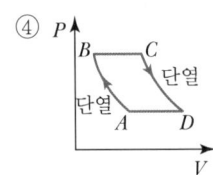

> **해설**

Brayton 사이클 : 이상적인 기체 – 터빈기관

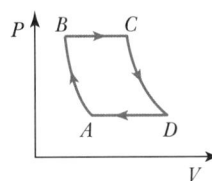

$\eta = 1 - \left(\frac{P_A}{P_B}\right)^{\frac{\gamma-1}{\gamma}}$

05 정압 열용량 C_P를 옳게 나타낸 것은?

① $C_P = \left(\frac{\partial V}{\partial T}\right)_P$ ② $C_P = \left(\frac{\partial H}{\partial P}\right)_P$

③ $C_P = \left(\frac{\partial H}{\partial T}\right)_P$ ④ $C_P = \left(\frac{\partial U}{\partial T}\right)_P$

> **해설**

$C_V = \left(\frac{\partial U}{\partial T}\right)_V$, $C_P = \left(\frac{\partial H}{\partial T}\right)_P$

06 열역학적 성질에 관한 설명 중 틀린 것은?(단, C_P는 정압열용량, C_V는 정적열용량, R은 기체상수이다.)

① 일은 상태함수가 아니다.
② 이상기체에 있어서 $C_P - C_V = R$의 식이 성립한다.
③ 크기성질은 그 물질의 양과 관계가 있다.
④ 변화하려는 경향이 최대일 때 그 계는 평형에 도달하게 된다.

> **해설**

- 상태함수 : U, H, S, G
- 경로함수 : 일, 열
- 크기성질 : m, V, n, U, H, S, G
- 세기성질 : $T, P, d, \overline{U}, \overline{H}$

※ 변화하려는 경향이 최소일 때 그 계는 평형에 도달한다.

07 물리량에 대한 단위가 틀린 것은?

① 힘 : kg m/s²
② 일 : kg m²/s²
③ 기체상수 : atm L/mol
④ 압력 : N/m²

> **해설**

- 힘 $F = [N] = [\text{kg m/s}^2]$
- 일 $W = [J] = [\text{N m}] = [\text{kg m}^2/\text{s}^2]$
- 기체상수 $R = [\text{L atm/mol K}]$
- 압력 $P = \frac{F}{A} = [\text{N/m}^2]$

08 그림과 같이 상태 A로부터 상태 C로 변화하는데 A → B → C의 경로로 변하였다. 경로 B → C 과정에 해당하는 것은?

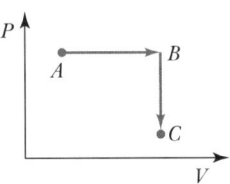

① 등온과정   ② 정압과정
③ 정용과정   ④ 단열과정

정답 04 ④   05 ③   06 ④   07 ③   08 ③

해설
- A → B : 정압과정
- B → C : 정용과정

09 이상기체의 단열변화를 나타내는 식 중 옳은 것은?(단, γ는 비열비이다.)

① $TP^{\frac{\gamma-1}{1}} = $ 일정
② $T_1 P_2^{\frac{\gamma-1}{\gamma}} = T_2 P_1^{\frac{\gamma-1}{\gamma}}$
③ $TP^{\frac{1}{1-\gamma}} = $ 일정
④ $P_1 T_1^{\frac{\gamma-1}{\gamma}} = P_2 T_2^{\frac{\gamma-1}{\gamma}}$

해설
단열변화

$\left(\dfrac{T_2}{T_1}\right) = \left(\dfrac{P_2}{P_1}\right)^{\frac{\gamma-1}{\gamma}}$, $T_1 P_2^{\frac{\gamma-1}{\gamma}} = T_2 P_1^{\frac{\gamma-1}{\gamma}} = $ 일정

$\dfrac{T_2}{T_1} = \left(\dfrac{V_1}{V_2}\right)^{\gamma-1}$, $T_1 V_1^{\gamma-1} = T_2 V_2^{\gamma-1} = $ 일정

$\dfrac{P_2}{P_1} = \left(\dfrac{V_1}{V_2}\right)^{\gamma}$, $P_1 V_1^{\gamma} = P_2 V_2^{\gamma} = $ 일정

10 맥스웰 관계식(Maxwell Relation) 중에서 옳지 않은 것은?

① $\left(\dfrac{\partial T}{\partial V}\right)_S = \left(\dfrac{\partial P}{\partial S}\right)_V$
② $\left(\dfrac{\partial T}{\partial P}\right)_S = \left(\dfrac{\partial V}{\partial S}\right)_P$
③ $\left(\dfrac{\partial P}{\partial T}\right)_V = \left(\dfrac{\partial S}{\partial V}\right)_T$
④ $\left(\dfrac{\partial V}{\partial T}\right)_P = -\left(\dfrac{\partial S}{\partial P}\right)_T$

해설
Maxwell Relation(맥스웰 관계식)

$\left(\dfrac{\partial T}{\partial V}\right)_S = -\left(\dfrac{\partial P}{\partial S}\right)_V$ $\left(\dfrac{\partial T}{\partial P}\right)_S = \left(\dfrac{\partial V}{\partial S}\right)_P$

$\left(\dfrac{\partial S}{\partial V}\right)_T = \left(\dfrac{\partial P}{\partial T}\right)_V$ $-\left(\dfrac{\partial S}{\partial P}\right)_T = \left(\dfrac{\partial V}{\partial T}\right)_P$

11 실험실에서 부동액으로 30mol% 메탄올 수용액 4L를 만들려고 한다. 25℃에서 4L의 부동액을 만들기 위하여 25℃의 물과 메탄올을 각각 몇 L씩 섞어야 하는가?

25℃	순수성분	30mol% 메탄올 수용액의 부분 mole 부피
메탄올	40.727cm³/g mol	38.632cm³/g mol
물	18.068cm³/g mol	17.765cm³/g mol

① 메탄올 = 2.000L, 물 = 2.000L
② 메탄올 = 2.034L, 물 = 2.106L
③ 메탄올 = 2.064L, 물 = 1.936L
④ 메탄올 = 2.100L, 물 = 1.900L

해설
$M = \sum x_i \overline{M_i}$
$V = \sum x_i \overline{V_i} = 0.3 \times 38.632 + 0.7 \times 17.765$
$\quad = 24.025 \text{cm}^3/\text{mol}$

$4,000 \text{cm}^3 = 24.025 \text{cm}^3/\text{mol} \times n(\text{mol})(\text{mol})$
$n = 166.5 \text{mol}$

30mol% 메탄올 $= \dfrac{x}{166.5} \times 100$

$x = 49.95 \text{mol}$ 메탄올
∴ 물 $= 166.5 - 49.95 = 116.55 \text{mol}$

- 메탄올 : $49.95 \text{mol} \times 40.727 \text{cm}^3/\text{mol} = 2,034 \text{cm}^3 = 2.034 \text{L}$
- 물 : $116.5 \text{mol} \times 18.068 \text{cm}^3/\text{mol} = 2,106 \text{cm}^3 = 2.106 \text{L}$

12 두 절대온도 T_1, $T_2(T_1 < T_2)$ 사이에서 운전하는 엔진의 효율에 관한 설명 중 틀린 것은?

① 가역과정인 경우 열효율이 최대가 된다.
② 가역과정인 경우 열효율은 $(T_2 - T_1)/T_2$이다.
③ 비가역과정인 경우 열효율은 $(T_2 - T_1)/T_2$보다 크다.
④ T_1이 0K인 경우 열효율은 100%가 된다.

해설
$\eta = \dfrac{T_2 - T_1}{T_2}$ $(T_2 > T_1)$

정답 09 ② 10 ① 11 ② 12 ③

13 이상기체인 경우와 관계가 없는 것은?(단, Z는 압축인자이다.)

① $Z=1$이다.
② 내부에너지는 온도만의 함수이다.
③ $PV=RT$가 성립하는 경우이다.
④ 엔탈피는 압력과 온도의 함수이다.

해설
이상기체의 경우 엔탈피는 온도만의 함수이다.

14 엔탈피 H에 관한 식이 다음과 같이 표현될 때 식에 관한 설명으로 옳은 것은?

$$dH = \left(\frac{\partial H}{\partial T}\right)_P dT + \left(\frac{\partial H}{\partial P}\right)_T dP$$

① $\left(\frac{\partial H}{\partial T}\right)_P$는 P의 함수이고, $\left(\frac{\partial H}{\partial P}\right)_T$는 T의 함수이다.
② $\left(\frac{\partial H}{\partial T}\right)_P$, $\left(\frac{\partial H}{\partial P}\right)_T$ 모두 P의 함수이다.
③ $\left(\frac{\partial H}{\partial T}\right)_P$, $\left(\frac{\partial H}{\partial P}\right)_T$ 모두 T의 함수이다.
④ $\left(\frac{\partial H}{\partial T}\right)_P$는 T의 함수이고, $\left(\frac{\partial H}{\partial P}\right)_T$는 P의 함수이다.

해설
$H = f(T, P)$ … H는 T와 P의 함수
$dH = \underbrace{\left(\frac{\partial H}{\partial T}\right)_P}_{T\text{의 함수}} dT + \underbrace{\left(\frac{\partial H}{\partial P}\right)_T}_{P\text{의 함수}} dP$

15 2몰의 이상기체 시료가 등온가역팽창하여 그 부피가 2배가 되었다면 이 과정에서 엔트로피 변화량은?

① $-5.763\,\mathrm{JK^{-1}}$
② $-11.526\,\mathrm{JK^{-1}}$
③ $5.763\,\mathrm{JK^{-1}}$
④ $11.526\,\mathrm{JK^{-1}}$

해설
$\Delta S = nC_P \ln\frac{T_2}{T_1} + nR\ln\frac{V_2}{V_1}$
$\Delta S = nR\ln\frac{V_2}{V_1}$ ($T=$일정)
$= 2\,\mathrm{mol} \times 8.314\,\mathrm{J/mol\ K} \times \ln\frac{2}{1}$
$= 11.526\,\mathrm{J/K}$

16 기체상의 부피를 구하는 데 사용되는 식과 가장 거리가 먼 것은?

① 반데르발스 방정식(Van der Waals Equation)
② 래킷 방정식(Rackett Equation)
③ 펭-로빈슨 방정식(Peng-Robinson Equation)
④ 베네딕트-웹-루빈 방정식(Bendict-Webb-Rubin Equation)

해설
기체의 부피를 구하는 식
- Van der Waals Equation
  $\left(P + \frac{a}{V^2}\right)(V-b) = RT$
- Berthelot 상태방정식
  $\left(P + \frac{a}{TV^2}\right)(V-b) = RT$
- Benedict-Webb-Rubin 상태방정식
- Beattie-Bridgeman 상태방정식
- Redlich-Kwong식
- Peng-Robinson Equation

17 과잉특성과 혼합에 의한 특성치의 변화를 나타낸 상관식으로 옳지 않은 것은?(단, H : 엔탈피, V : 용적, M : 열역학특성치, id : 이상용액이다.)

① $H^E = \Delta H$
② $V^E = \Delta V$
③ $M^E = M - M^{id}$
④ $\Delta M^E = \Delta M$

정답 13 ④ 14 ④ 15 ④ 16 ② 17 ④

> 해설

과잉물성
$M^E = M - M^{id}$
$M^E = M^R - \sum x_i M_i^R$
$V^E = \Delta V$
$H^E = \Delta H$
$G^E = \Delta G - RT \sum x_i \ln x_i$
$S^E = \Delta S + R \sum x_i \ln x_i$
$\therefore \Delta M = M - \sum x_i M_i$

18 일정온도 및 압력하에서 반응좌표(Reaction Coor-dinate)에 따른 깁스(Gibbs) 에너지의 관계도에서 화학반응 평형점은?

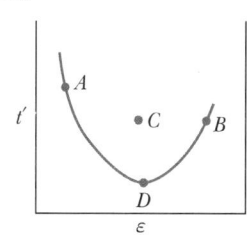

① A
② B
③ C
④ D

> 해설

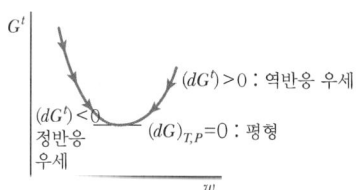

19 고체 $MgCO_3$가 부분적으로 분해되어 있는 계의 자유도는?

① 1
② 2
③ 3
④ 4

> 해설

$MgCO_3(s) \rightarrow MgO(s) + CO_2(g)$
$F = 2 - \pi + N - r - s = 2 - 3 + 3 - 1 = 1$

20 아르곤(Ar)을 가역적으로 70℃에서 150℃로 단열 팽창시켰을 때 이 기체가 한 일의 크기는 약 몇 cal/mol인가?(단, 아르곤은 이상기체이며, $C_P = \dfrac{5}{2}R$, 기체상수 $R = 1.987$ cal/mol K이다.)

① 240
② 300
③ 360
④ 400

> 해설

$\Delta U = Q + W, \ Q = 0$
$W = C_V \Delta T = \dfrac{R \Delta T}{\gamma - 1}$
$= \dfrac{1.987 \times (150 - 70)}{1.67 - 1} = 237.3 \text{cal/mol}$
$\gamma = \dfrac{C_P}{C_V} = \dfrac{\dfrac{5}{2}R}{\dfrac{3}{2}R} = 1.67$

2과목 단위조작 및 화학공업양론

21 다음 조작에서 조성이 다른 흐름은?(단, 정상상태이다.)

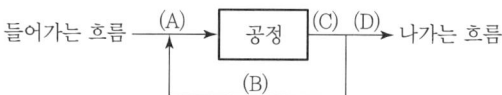

① (A)
② (B)
③ (C)
④ (D)

> 해설

• 순환(Recycle)

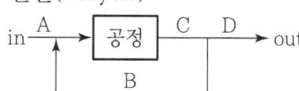

나가는 흐름(조성) C=D=B

• 분류(bypass)

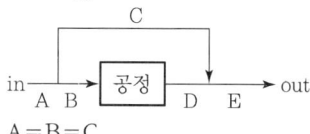

A=B=C

정답 ▶ 18 ④ 19 ① 20 ① 21 ①

22 온도는 일정하고 물질의 상이 바뀔 때 흡수하거나 방출하는 열을 무엇이라고 하는가?

① 잠열   ② 현열
③ 반응열 ④ 흡수열

해설
잠열
물질의 상이 바뀔 때 흡수하거나 방출되는 열로 이때 온도변화는 없다.

23 섭씨온도 단위를 대체하는 새로운 온도 단위를 정의하여 1기압하에서 물이 어는 온도를 새로운 온도 단위에서는 10도로 선택하고 물이 끓는 온도를 130도로 정하였다. 섭씨 20도는 새로운 온도 단위로 환산하면 몇 도인가?

① 30   ② 34
③ 38   ④ 42

해설
$\frac{(130-10)℃}{100} = 1.2$: 눈금 한 간격

∴ $t = 20 \times 1.2 + 10 = 34$도

24 어떤 여름날의 일기가 낮의 온도 32℃, 상대습도 80%, 대기압 738mmHg에서 밤의 온도 20℃, 대기압 745mmHg로 수분이 포화되어 있다. 낮의 수분 몇 %가 밤의 이슬로 변하였는가?(단, 32℃와 20℃에서 포화수증기압은 각각 36mmHg, 17.5mmHg이다.)

① 39.3%   ② 40.7%
③ 51.5%   ④ 60.7%

해설
• 낮(32℃)

$H_R = \frac{p_V}{p_S} \times 100 = 80\%$

$\frac{p_V}{36} \times 100 = 80$ ∴ $p_V = 28.8$mmHg

$H = \frac{18}{29} \frac{28.8}{738-28.8} = 0.025$kgH₂O/kg Dry Air

• 밤(20℃) : 포화 $p_V = p_S = 17.5$mmHg

$H = \frac{18}{29} \frac{17.5}{745-17.5} = 0.015$kgH₂O/kg Dry Air

낮 ⟶ 밤
0.025kgH₂O 0.015kgH₂O
    0.01kgH₂O

$\frac{0.01}{0.025} \times 100 = 40\%$

25 29.5℃에서 물의 포화증기압은 0.04bar이다. 29.5℃, 1.0bar에서 공기의 상대습도가 70%일 때 절대습도를 구하는 식은?(단, 절대습도의 단위는 kg H₂O/kg 건조공기이며 공기의 분자량은 29이다.)

① $\frac{(0.028)(18)}{(1.0-0.028)(29)}$ ② $\frac{(1-0.028)(29)}{(0.028)(18)}$
③ $\frac{(0.028)(18)}{(1.0-0.04)(29)}$ ④ $\frac{(0.04)(29)}{(1.0-0.04)(18)}$

해설
$H_R = \frac{p_V}{p_S} \times 100 = 70\%$

$\frac{p_V}{0.04} = 0.7$

∴ $p_V = 0.028$bar

$H = \frac{18}{29} \frac{p_V}{P-p_V}$

$= \frac{18}{29} \frac{0.028}{1-0.028} = 0.018$kg H₂O/kg 건조공기

26 이상기체상수 R의 단위를 $\frac{\text{mmHg L}}{\text{K mol}}$로 하였을 때 다음 중 R값에 가장 가까운 것은?

① 1.9   ② 62.3
③ 82.3 ④ 108.1

해설
$\frac{0.082\text{L atm}}{\text{mol K}} \times \frac{760\text{mmHg}}{1\text{atm}} = 62.32$L mmHg/mol K

27 25wt%의 알코올 수용액 20g을 증류하여 95wt%의 알코올 용액 xg과 5wt%의 알코올 수용액 yg으로 분리한다면 x와 y는 각각 얼마인가?

① $x=4.44,\ y=15.56$
② $x=15.56,\ y=4.44$
③ $x=6.56,\ y=13.44$
④ $x=13.44,\ y=6.56$

해설
$20 = x+y$
$20 \times 0.25 = x \times 0.95 + (20-x) \times 0.05$
∴ $x = 4.44$g, $y = 15.56$g

28 27℃, 8기압의 공기 1kg이 밀폐된 강철용기 내에 들어 있다. 이 용기 내에 공기 2kg을 추가로 집어넣었다. 이때 공기의 온도가 127℃이었다면 이 용기 내의 압력은 몇 기압이 되는가?(단, 이상기체로 가정한다.)

① 21
② 32
③ 48
④ 64

해설
$V_1 = V_2$
$\dfrac{P_1 V_1}{n_1 T_1} = \dfrac{P_2 V_2}{n_2 T_2}$

$\dfrac{8\text{atm}}{\dfrac{1}{29} \times (273+27)} = \dfrac{P_2}{\dfrac{1+2}{29} \times (273+127)}$

∴ $P_2 = 32$atm

29 다음 실험 데이터로부터 CO의 표준생성열(ΔH)을 구하면 몇 kcal/mol인가?

- $C(s) + O_2(g) \rightarrow CO_2(g)$
  $\Delta H = -94.052$kcal/mol
- $CO(g) + 0.5O_2(g) \rightarrow CO_2(g)$
  $\Delta H = -67.636$kcal/mol

① -26.42
② -41.22
③ 26.42
④ 41.22

해설
$C(s) + O_2(g) \rightarrow CO_2(g)$ $\Delta H = -94.052$
$+)\ CO_2(g) \rightarrow CO(g) + 0.5O_2(g)$ $\Delta H = 67.636$
$\overline{C(s) + 0.5O_2(g) \rightarrow CO(g)\quad \Delta H = -26.416\text{kcal/mol}}$

30 10ppm SO_2을 %로 나타내면?

① 0.0001%
② 0.001%
③ 0.01%
④ 0.1%

해설
$10\text{ppm} = 10 \times \dfrac{1}{10^6}$

$10 \times \dfrac{1}{10^6} \times 100(\%) = \dfrac{1}{10^3}\% = 0.001\%$

31 본드(Bond)의 파쇄법칙에서 매우 큰 원료로부터 입자크기 D_p의 입자들을 만드는 데 소요되는 일은 무엇에 비례하는가?(단, s는 입자의 표면적(m²), v는 입자의 부피(m³)를 의미한다.)

① 입자들의 부피에 대한 표면적비 : s/v
② 입자들의 부피에 대한 표면적비의 제곱근 : $\sqrt{s/v}$
③ 입자들의 표면적에 대한 부피비 : v/s
④ 입자들의 표면적에 대한 부피비의 제곱근 : $\sqrt{v/s}$

해설
Bond의 법칙
$W = 2k_B \left(\dfrac{1}{\sqrt{D_{p2}}} - \dfrac{1}{\sqrt{D_{p1}}} \right)$
$= \dfrac{k_B}{5} \dfrac{\sqrt{100}}{\sqrt{D_{p2}}} \left(1 - \dfrac{\sqrt{D_{p2}}}{\sqrt{D_{p1}}} \right)$

여기서, D_{p1} : 분쇄원료의 지름
D_{p2} : 분쇄물의 지름

W는 $\dfrac{1}{\sqrt{D_p}}$에 비례하므로

$\dfrac{1}{\sqrt{D_p}} = \dfrac{1}{\sqrt{\dfrac{v}{s}}} = \sqrt{\dfrac{s}{v}}$에 비례한다.

정답 27 ① 28 ② 29 ① 30 ② 31 ②

32 N_{Nu}(Nusselt Number)의 정의로서 옳은 것은? (단, N_{st}는 Stanton 수, N_{pr}는 Prandtl 수, k는 열전도도, D는 지름, h는 개별 열전달계수, N_{Re}는 레이놀즈 수이다.)

① $\dfrac{kD}{h}$

② $\dfrac{전도저항}{대류저항}$

③ $\dfrac{전체의 온도구배}{표면에서의 온도구배}$

④ $\dfrac{N_{st}}{N_{Re} \cdot N_{pr}}$

해설

$N_{Nu} = \dfrac{hD}{k} = \dfrac{대류열전달}{전도열전달} = \dfrac{전도저항}{대류저항}$

$N_{st} = \dfrac{N_{Nu}}{N_{Re} \cdot N_{Pr}}$

33 추출상은 초산 3.27wt%, 물 0.11wt%, 벤젠 96.62wt%이고 추잔상은 초산 29.0wt%, 물 70.6wt%, 벤젠 0.40wt%일 때 초산에 대한 벤젠의 선택도를 구하면?

① 24.8 ② 51.2
③ 66.3 ④ 72.4

해설

선택도(β)

$\beta = \dfrac{y_A/y_B}{x_A/x_B} = \dfrac{3.27/0.11}{29/70.6} = 72.37 \fallingdotseq 72.4$

34 액-액 추출에서 Plait Point(상계점)에 대한 설명 중 틀린 것은?

① 임계점(Critical Point)이라고도 한다.
② 추출상과 추잔상에서 추질의 농도가 같아지는 점이다.
③ Tie Line의 길이는 0이 된다.
④ 이 점을 경계로 추제성분이 많은 쪽이 추잔상이다.

해설

상계점(Plait Point)
- 임계점(Critical Point)
- 추출상과 추잔상에서 추질의 조성이 같은 점
- 대응선(Tie Line)의 길이가 0이 된다.
- 상계점을 중심으로 추제성분이 많은 쪽이 추출상이고, 원용매가 많은 쪽이 추잔상이다.

35 흡수탑의 높이가 18m, 전달단위수 NTU(Number of Transfer Unit)가 3일 때 전달단위높이 HTU(Height of a Transfer Unit)는 몇 m인가?

① 54 ② 6
③ 2   ④ 1/6

해설

Z = HTU × NTU
18m = HTU × 3
∴ HTU = 6m

36 열풍에 의한 건조에서 항률건조속도에 대한 설명으로 틀린 것은?

① 총괄 열전달계수에 비례한다.
② 열풍온도와 재료 표면온도의 차이에 비례한다.
③ 재료 표면온도에서의 증발잠열에 비례한다.
④ 건조면적에 반비례한다.

해설

항률건조속도

$R_c = \left(\dfrac{W}{A}\right)\left(\dfrac{-dW}{d\theta}\right)_c = k(H_m - H) = \dfrac{h_t(t - t_m)}{\lambda_m}$

여기서, R_c : 항률건조속도(kg/h m²)
t : 열풍온도(℃)
H : 습도(kg 수증기/kg 건조공기)
k : 물질이동계수(kg/h m² ΔH)
h_t : 총괄열이동계수(kcal/m² h ℃)
λ_m : t_m에 대응하는 증발잠열(kcal/kg)

정답 32 ② 33 ④ 34 ④ 35 ② 36 ③

37 복사열 전달에서 총괄교환인자 F_{12}가 다음과 같이 표현되는 경우는?(단, ε_1, ε_2는 복사율이다.)

$$F_{12} = \cfrac{1}{\cfrac{1}{\varepsilon_1} + \cfrac{1}{\varepsilon_2} - 1}$$

① 두 면이 무한히 평행한 경우
② 한 면이 다른 면으로 완전히 포위된 경우
③ 한 점이 반구에 의하여 완전히 포위된 경우
④ 한 면은 무한 평면이고 다른 면은 한 점인 경우

해설

총괄교환인자($\mathcal{F}_{1,2}$)

$$\mathcal{F}_{1,2} = \cfrac{1}{\cfrac{1}{F_{1,2}} + \left(\cfrac{1}{\varepsilon_1} - 1\right) + \cfrac{A_1}{A_2}\left(\cfrac{1}{\varepsilon_2} - 1\right)}$$

• 무한히 큰 두 평면이 서로 평행한 경우($A_1 = A_2$)

$$\mathcal{F}_{1,2} = \cfrac{1}{\cfrac{1}{\varepsilon_1} + \cfrac{1}{\varepsilon_2} - 1}$$

• 한쪽 물체에 다른 물체가 둘러싸인 경우($A_2 > A_1$)

$$\mathcal{F}_{1,2} = \cfrac{1}{\cfrac{1}{\varepsilon_1} + \cfrac{A_1}{A_2}\left(\cfrac{1}{\varepsilon_2} - 1\right)}$$

• 큰 공동 내에 작은 물체가 있는 경우($A_2 \gg A_1$)
$\mathcal{F}_{1,2} = \varepsilon_1$

38 Fick의 법칙에 대한 설명으로 옳은 것은?
① 확산속도는 농도구배 및 접촉면적에 반비례한다.
② 확산속도는 농도구배 및 접촉면적에 비례한다.
③ 확산속도는 농도구배에 반비례하고 접촉면적에 비례한다.
④ 확산속도는 농도구배에 비례하고 접촉면적에 반비례한다.

해설

Fick의 법칙

$$N_A = \frac{dn_A}{d\theta} = -D_G A \frac{dC_A}{dx} \text{(kmol/h)}$$

여기서, D_G : 분자확산계수(m²/h)

확산속도는 농도구배에 비례하고, 접촉면적에 비례한다.

39 공기를 왕복 압축기를 사용하여 절대압력 1기압에서 64기압까지 3단(3Stage)으로 압축할 때 각 단의 압축비는?

① 3   ② 4
③ 21 ④ 64

해설

압축비 = $\sqrt[n]{\dfrac{P_2}{P_1}} = \sqrt[3]{\dfrac{64}{1}} = 4$

40 분자량이 296.5인 Oil의 20℃에서의 점도를 측정하는 데 Ostwald 점도계를 사용했다. 이 온도에서 증류수의 통과시간이 10초이고 Oil의 통과시간이 2.5분 걸렸다. 같은 온도에서 증류수의 밀도와 Oil의 밀도가 각각 0.9982g/cm³, 0.879g/cm³이라면 이 Oil의 점도는?

① 0.13Poise   ② 0.17Poise
③ 0.25Poise   ④ 2.17Poise

해설

$$\frac{\mu}{t \cdot \rho} = \frac{\mu_\omega}{t_\omega \rho_\omega}$$

$$\frac{\mu}{150\text{s} \times 0.879\text{g/cm}^3} = \frac{0.01\text{Poise}}{10\text{s} \times 0.9982\text{g/cm}^3}$$

∴ $\mu = 0.13$Poise

3과목 공정제어

41 라플라스 변환에 대한 것 중 옳지 않은 것은?

① $\mathcal{L}[f(t)] = \int_0^\infty f(t)e^{-st}dt$

② $\mathcal{L}[e^{at}] = \dfrac{1}{s-a}$

③ $\mathcal{L}[a_1 f_1(t) f_2(t)] = a_1 \mathcal{L}[f_1(t)] \cdot \mathcal{L}[f_2(t)]$

④ $\mathcal{L}[f(t+t_0)] = e^{st_0} \mathcal{L}[f(t)]$

해설

$\mathcal{L}[a_1 f_1(t) f_2(t)] = a_1 \mathcal{L}[f_1(t) f_2(t)]$

42 Laplace 함수 $X(s) = \dfrac{4}{s(s^3 + 3s^2 + 3s + 2)}$ 인 함수 $X(t)$의 Final Value는 얼마인가?

① 1 ② 2
③ 4 ④ 4/9

해설

$\lim_{t \to \infty} f(t) = \lim_{s \to 0} sF(s)$

$\therefore \lim_{s \to 0} \dfrac{4s}{s(s^3 + 3s^2 + 3s + 2)} = 2$

43 오버슈트 0.5인 공정의 감쇠비(Decay Ratio)는 얼마인가?

① 0.15 ② 0.20
③ 0.25 ④ 0.30

해설

$\text{Overshoot} = \exp\left(-\dfrac{\pi \zeta}{\sqrt{1-\zeta^2}}\right)$

$\text{감쇠비} = \exp\left(-\dfrac{2\pi \zeta}{\sqrt{1-\zeta^2}}\right)$
$= \text{Overshoot}^2$
$= 0.5^2 = 0.25$

44 전달함수가 다음과 같은 2차 공정에서 $\tau_1 > \tau_2$이다. 이 공정에 크기 A인 계단 입력변화가 야기되었을 때 역응답이 일어날 조건은?

$$G(s) = \dfrac{Y(s)}{X(s)} = \dfrac{K(\tau_d s + 1)}{(\tau_1 s + 1)(\tau_2 s + 1)}$$

① $\tau_d > \tau_1$ ② $\tau_d < \tau_2$
③ $\tau_d > 0$ ④ $\tau_d < 0$

해설

τ_d의 크기	응답모양
$\tau_d > \tau_1$	Overshoot가 나타남
$0 < \tau_d \leq \tau_1$	1차 공정과 유사한 응답
$\tau_d < 0$	역응답

45 공정유체 10m³를 담고 있는 완전혼합이 일어나는 탱크에 성분 A를 포함한 공정유체가 1m³/h로 유입되며 또한 동일한 유량으로 배출되고 있다. 공정유체와 함께 유입되는 성분 A의 농도가 1시간을 주기로 평균치를 중심으로 진폭 0.3mol/L로 진동하며 변한다고 할 때 배출되는 A의 농도변화의 진폭은 약 몇 mol/L인가?

① 0.5 ② 0.05
③ 0.005 ④ 0.0005

해설

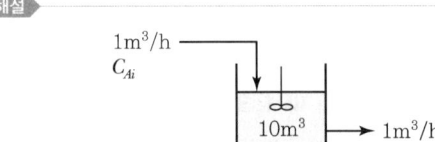

성분 A에 대한 물질수지

$\dfrac{d(VC_A)}{dt} = q_i C_{Ai} - q_o C_A$

$V \dfrac{dC_A}{dt} = q_i C_{Ai} - q_o C_A$

$\xrightarrow{\mathcal{L}} V s C_A(s) = q C_{Ai}(s) - q C_A(s)$

$q_i = q = 1\text{m}^3/\text{h}$

정답 41 ③ 42 ② 43 ③ 44 ④ 45 ③

$$C_A(s) = \frac{1}{10s+1} C_{Ai}(s)$$

$$\frac{C_A(s)}{C_{Ai}(s)} = \frac{1}{10s+1}$$

$$\therefore K=1, \tau=10$$

$$T = \frac{2\pi}{\omega}$$

$$1h = \frac{2\pi}{\omega}$$

$$\therefore \omega = 2\pi = 6.28$$

$$\hat{A} = \frac{KA}{\sqrt{\tau^2\omega^2+1}} = \frac{1 \times 0.3}{\sqrt{10^2 \times 6.28^2 + 1}} = 0.0048$$

46 기초적인 되먹임 제어(Feedback Control) 형태에서 발생되는 여러 가지 문제점들을 해결하기 위해서 사용되는 보다 진보된 제어방법 중 Smith Predictor는 어떤 문제점을 해결하기 위하여 채택된 방법인가?

① 역응답
② 지연시간
③ 비선형 요소
④ 변수 간 상호 간섭

해설

Smith Predictor
공정의 모델을 이용하여 공정의 시간지연을 보정해 주는 모델 예측 제어기이다.

47 다음 중 ATO(Air-To-Open) 제어밸브가 사용되어야 하는 경우는?

① 저장탱크 내 위험물질의 증발을 방지하기 위해 설치된 열교환기의 냉각수 유량 제어용 제어밸브
② 저장탱크 내 물질의 응고를 방지하기 위해 설치된 열교환기의 온수 유량 제어용 제어밸브
③ 반응기에 발열을 일으키는 반응 원료의 유량 제어용 제어밸브
④ 부반응 방지를 위하여 고온 공정 유체를 신속히 냉각시켜야 하는 열교환기의 냉각수 유량 제어용 제어밸브

해설

Air-To-Open 제어밸브
- ATO = FC(Fail Closed) = NC(Normal Closed)
- 공압식 구동제어밸브로 출력신호가 증가함에 따라 격막에 가해지는 압력은 스프링을 압축하고, 축을 끌어올려 밸브를 열게 된다.
- 발열반응기에서 시스템이 작동불능일 때는 반응원료가 공급되지 않도록 ATO(FC)를 사용한다.

48 영점(Zero)이 없는 2차 공정의 Bode 선도가 보이는 특성을 잘못 설명한 것은?

① Bode 선도상의 모든 선은 주파수의 증가에 따라 단순 감소한다.
② 제동비(Damping Factor)가 1보다 큰 경우 정규화된 진폭비의 크기는 1보다 작다.
③ 위상각의 변화 범위는 0도에서 −180도까지이다.
④ 제동비(Damping Factor)가 0.707보다 작은 경우 진폭비는 공명진동수에서 1보다 큰 최댓값을 보인다.

해설

2차 공정
- $\zeta \geq 1$ 일 때

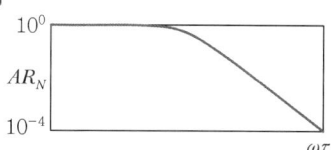

- $\zeta < 1$ 일 때

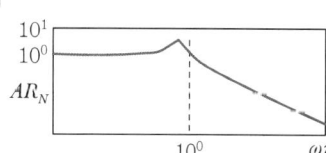

$$G(s) = \frac{K}{\tau^2 s^2 + 2\zeta s + 1}$$

$$AR_N = \frac{1}{\sqrt{(1-\tau^2\omega^2)^2 + (2\zeta\omega)^2}}$$

$$AR_N = \frac{AR}{K} = \frac{진폭비}{공정의\ 정상상태이득}$$

$\omega \to 0 \quad AR \to 1$
$\log AR \to 0, \phi = 0$
$\omega \to \infty \quad AR \to \dfrac{1}{\tau^2\omega^2}$
$\log AR = -2\log\tau\omega, \phi = -180°$

2차 공정에서 감쇠비(제동비)가 0.707보다 작은 경우 주파수 증가에 따라 감소한다.
$\zeta < 0.707$에서 $\tau\omega = 1$ 근처에서 최대점에 이른다.
$\dfrac{dAR_N}{d\omega} = 0$
$(\tau\omega)_{max} = \sqrt{1-2\zeta^2} \quad (\zeta < 0.707)$
$(AR)_{max} = \dfrac{1}{2\zeta\sqrt{1-\zeta^2}}$
$\therefore \omega = \omega_r = \dfrac{\sqrt{1-2\zeta^2}}{\tau}$ ← 공명주파수

49 다음 그림과 같은 계에서 전달함수 $\dfrac{B}{U_2}$는?

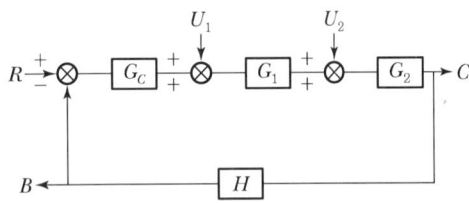

① $\dfrac{B}{U_2} = \dfrac{G_cG_1}{1+G_cG_1G_2H}$

② $\dfrac{B}{U_2} = \dfrac{G_1G_2}{1+G_cG_1G_2H}$

③ $\dfrac{B}{U_2} = \dfrac{HG_2}{1+G_cG_1G_2}$

④ $\dfrac{B}{U_2} = \dfrac{G_cG_1G_2H}{1+G_cG_1G_2H}$

> 해설

$\dfrac{B}{U_2} = \dfrac{G_2H}{1+G_cG_1G_2H}$
$\dfrac{B}{U_1} = \dfrac{G_1G_2H}{1+G_cG_1G_2H}$

50 공정의 전달함수와 제어기의 전달함수 곱이 $G_{OL}(s)$이고 다음의 식이 성립한다. 이 제어시스템의 Gain Margin(GM)과 Phase Margin(PM)은 얼마인가?

$$G_{OL}(3i) = -0.25$$
$$G_{OL}(1i) = -\dfrac{1}{\sqrt{2}} - \dfrac{i}{\sqrt{2}}$$

① $GM = 0.25, PM = \pi/4$
② $GM = 0.25, PM = 3\pi/4$
③ $GM = 4, PM = \pi/4$
④ $GM = 4, PM = 3\pi/4$

> 해설

$AR_c = |G(\omega i)| = |-0.25| = 0.25$
$GM = \dfrac{1}{AR_c} = \dfrac{1}{0.25} = 4$
$\angle G(i\omega) = \tan^{-1}\left(\dfrac{I}{R}\right) = \tan^{-1}\left(\dfrac{-1/\sqrt{2}}{-1/\sqrt{2}}\right) = \tan^{-1}(1) = \dfrac{\pi}{4}$
$PM = 180 + \phi_g = \pi - \dfrac{3}{4}\pi = \dfrac{\pi}{4}$

51 차압전송기(Differential Pressure Transmitter)의 가능한 용도가 아닌 것은?

① 액체유량 측정 ② 액위 측정
③ 기체분압 측정 ④ 절대압 측정

> 해설

차압전송기 : 두 점 간의 압력차를 이용하여 검출기 등으로부터 발신된 신호를 수신기에 송신하여 전달
예 액위 측정, 액체유량 측정, 절대압 측정

52 되먹임 제어계가 안정하기 위한 필요충분조건은?

① 폐루프 특성방정식의 모든 근이 양의 실수부를 갖는다.
② 폐루프 특성방정식의 모든 근이 실수부만 갖는다.
③ 폐루프 특성방정식의 모든 근이 음의 실수부를 갖는다.
④ 폐루프 특성방정식의 모든 실수근이 양의 실수부를 갖는다.

정답 ▶ 49 ③ 50 ③ 51 ③ 52 ③

해설
되먹임 제어계가 안정하기 위한 조건
폐루프 특성방정식의 모든 근이 음의 실수부를 갖는다.

53 다음 보드(Bode) 선도에서 위상각 여유(Phase Margin)는 몇 도인가?

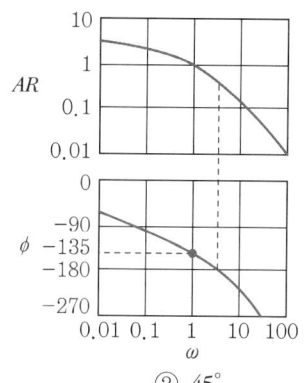

① 30°
② 45°
③ 90°
④ 135°

해설

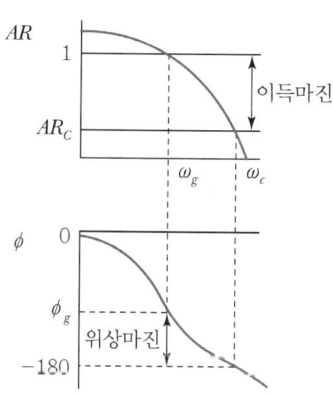

위상마진 $PM = 180 + \phi_g = 180 - 135 = 45°$

54 현대의 화학공정에서 공정제어 및 운전을 엄격하게 요구하는 주요 요인으로 가장 거리가 먼 것은?
① 공정 간의 통합화에 따른 외란의 고립화
② 엄격해지는 환경 및 안전 규제
③ 경쟁력 확보를 위한 생산공정의 대형화
④ 제품 질의 고급화 및 규격의 수시 변동

해설
화학공정 조업의 주된 목적
- 가장 경제적이고 안전한 방법으로 원하는 제품을 생산해 내는 것이다.
- 공정의 안정적이고 능률적인 조업이 점차 강조되고 있으며 이에 따라 생산되는 제품의 품질을 원하는 수준으로 유지시키면서 안정적이고 경제적인 조업을 지향하는 공정제어가 매우 중요하다.

55 다음 공정과 제어기를 고려할 때 정상상태(Steady State)에서 y값은 얼마인가?

제어기 : $u(t) = 0.5(2.0 - y(t))$

공정 : $\dfrac{d^2y(t)}{dt^2} + 2\dfrac{dy(t)}{dt} + y(t) = 0.1\dfrac{du(t-1)}{dt} + u(t-1)$

① 2/3
② 1/3
③ 1/4
④ 3/4

해설

$u(t) = 0.5(2.0 - y(t)) = 1 - \dfrac{1}{2}y(t)$

$U(s) = \dfrac{1}{s} - \dfrac{1}{2}Y(s)$

$\mathcal{L}[u(t-1)] = \left(\dfrac{1}{s} - \dfrac{1}{2}Y(s)\right)e^{-s}$

$\dfrac{d^2y(t)}{dt^2} + 2\dfrac{dy(t)}{dt} + y(t) = 0.1\dfrac{du(t-1)}{dt} + u(t-1)$

$s^2Y(s) + 2sY(s) + Y(s)$
$= 0.1s\left(\dfrac{1}{s} - \dfrac{1}{2}Y(s)\right)e^{-s} + \left(\dfrac{1}{s} - \dfrac{1}{2}Y(s)\right)e^{-s}$

$s^2Y(s) + 2sY(s) + Y(s)$
$= \dfrac{1}{10}e^{-s} - \dfrac{1}{20}sY(s)e^{-s} + \dfrac{1}{s}e^{-s} - \dfrac{1}{2}Y(s)e^{-s}$

$\left[s^2 + 2s + 1 + \dfrac{1}{20}se^{-s} + \dfrac{1}{2}e^{-s}\right]Y(s) = \dfrac{1}{10}e^{-s} + \dfrac{1}{s}e^{-s}$

$Y(s) = \dfrac{\dfrac{1}{10}e^{-s} + \dfrac{1}{s}e^{-s}}{s^2 + 2s + 1 + \dfrac{1}{20}se^{-s} + \dfrac{1}{2}e^{-s}}$

정답 53 ② 54 ① 55 ①

$$\lim_{t\to\infty} y(t) = \lim_{s\to 0} s\,Y(s)$$

$$= \lim_{s\to 0} \frac{\frac{1}{10}se^{-s} + e^{-s}}{s^2 + 2s + 1 + \frac{1}{20}se^{-s} + \frac{1}{2}e^{-s}}$$

$$= \frac{1}{1 + \frac{1}{2}} = \frac{2}{3}$$

56 다음 블록선도에서 $\dfrac{Y(s)}{X(s)}$ 는 무엇인가?

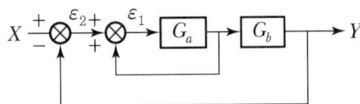

① $\dfrac{G_a G_b}{1 - G_a + G_a G_b}$

② $\dfrac{G_a G_b}{1 + G_a + G_a G_b}$

③ $\dfrac{G_a G_b}{1 - G_b + G_a G_b}$

④ $\dfrac{G_a G_b}{1 + G_b + G_a G_b}$

해설

$G(s) = \dfrac{Y(s)}{X(s)} = \dfrac{직선}{1 \pm 회선}$

$= \dfrac{G_a G_b}{1 - G_a + G_a G_b}$

57 PID 제어기 조율에 대한 지침 중 잘못된 것은?

① 적분시간은 미분시간보다 작게 주되 1/4 이하로는 줄이지 않는 것이 바람직하다.
② 공정이득(Process Gain)이 커지면 비례이득(Proportional Gain)은 대략 반비례의 관계로 줄인다.
③ 지연시간(Dead Time)/시상수(Time Constant) 비가 커질수록 비례이득을 줄인다.
④ 적분시간을 늘리면 응답 안정성이 커진다.

해설

$K_P \propto \dfrac{1}{K_c}$

$\dfrac{\theta}{\tau} \uparrow \to K_c \downarrow$

Ziegler – Nichols 제어기 조율

제어기	$G_c(s)$	K_c	τ_I	τ_D
P	K_c	$0.5K_u$		
PI	$K_c\left(1 + \dfrac{1}{\tau_I s}\right)$	$0.45K_u$	$\dfrac{P_u}{1.2}$	
PID	$K_c\left(1 + \dfrac{1}{\tau_I s} + \tau_D s\right)$	$0.6K_u$	$\dfrac{P_u}{2}$	$\dfrac{P_u}{8}$

- 제어기 파라미터의 조정기준으로 Ziegler – Nichols는 출력변수의 감쇠비(Decay Ratio)가 1/4이 되는 경우를 고려하였다.
- $\tau_I = 0.5 P_u$
  P_u로 설정 시 $\tau_D = 0.25 \tau_I$
  → 미분시간이 적분시간보다 작게 설정된다.
- PID는 PI보다 K_c도 더 크고, 적분동작도 더 크게 설정된다.

58 그림과 같은 보드 선도로 나타내어지는 시스템은?

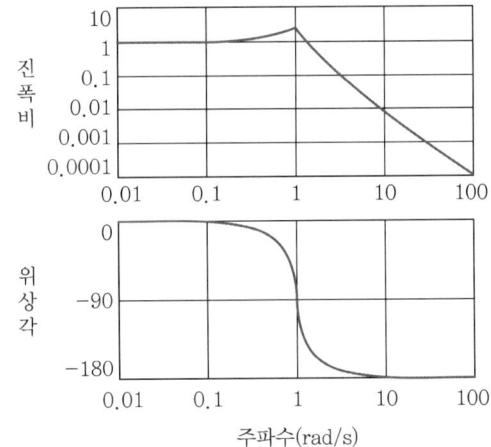

① 과소감쇠 2차계 시스템(Underdamped Second Order System)
② 2개의 1차계 공정이 직렬연결된 시스템
③ 순수 적분 공정 시스템
④ 1차계 공정 시스템

해설

2차 공정의 Bode 선도
- $\zeta \geq 1$ (과도감쇠, 임계감쇠)

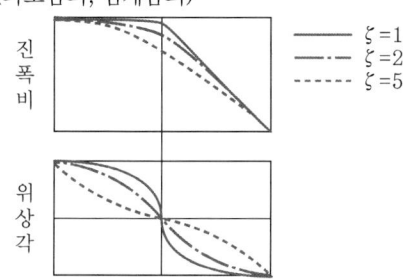

- $\zeta < 1$ (과소감쇠)

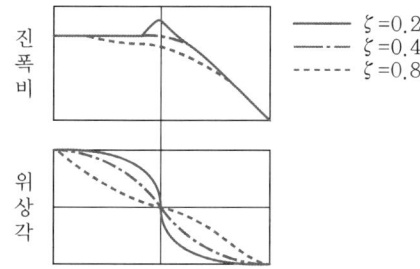

59 반응속도상수는 다음의 아레니우스(Arrhenius) 식으로 표현될 수 있다. 여기서 조성 K_0와 E 및 R은 상수이며 T는 온도이다. 정상상태 온도 T_S에서 선형화시킨 K의 표현으로 타당한 것은?

$$K = K_0 \exp\left(\frac{-E}{RT}\right)$$

① $K = K_0 \exp\left(\dfrac{-E}{RT_S}\right)$
  $+ (T - T_S) \times K_0 \exp\left(\dfrac{-E}{RT_S}\right) \dfrac{E}{RT_S^2}$

② $K = K_0 \exp\left(\dfrac{-E}{RT_S}\right) + (T - T_S) \dfrac{E}{RT_S^2}$

③ $K = K_0 \exp\left(\dfrac{E}{RT_S}\right) + (T - T_S) K_0 \exp\left(\dfrac{-E}{RT_S}\right)$

④ $K = K_0 (T - T_S) \exp\left(\dfrac{-E}{RT_S}\right)$

해설

Taylor 식
$$f(x) \cong f(x_s) + \frac{df}{dx}(x_s)(x - x_s)$$
$$K = K_0 \exp\left(\frac{-E}{RT}\right)$$
$$\therefore K = K_0 \exp\left(\frac{-E}{RT_S}\right)$$
$$\quad + K_0 \exp\left(\frac{-E}{RT_S}\right)\left(\frac{E}{RT_S^2}\right) \times (T - T_S)$$

60 비례대(Proportional Band)의 정의로 옳은 것은?(단, K_c는 제어기 비례이득이다.)

① K_c
② $100 K_c$
③ $\dfrac{1}{K_c}$
④ $\dfrac{100}{K_c}$

해설

비례대
$$\text{PB}(\%) = \frac{100}{K_c}$$
여기서, K_c : 제어기 이득

4과목 공업화학

61 다음 중 테레프탈산 합성을 위한 공업적 원료로 가장 거리가 먼 것은?
① p-자일렌
② 톨루엔
③ 벤젠
④ 무수프탈산

정답 ▶ 59 ① 60 ④ 61 ③

해설

테레프탈산 합성법
- p-크실렌(p-자일렌)의 산화

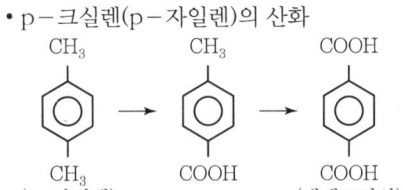

- 프탈산무수물

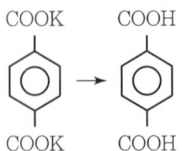

---

62 수평균분자량이 100,000인 어떤 고분자 시료 1g과 수평균분자량이 200,000인 같은 고분자 시료 2g을 서로 섞으면 혼합시료의 수평균분자량은?

① 0.5×10^5　　② 0.667×10^5
③ 1.5×10^5　　④ 1.667×10^5

해설

$$\overline{M_n} = \frac{W}{\sum N_i} = \frac{(1+2)g}{\frac{1}{100,000} + \frac{2}{200,000}}$$
$$= 150,000 = 1.5 \times 10^5$$

---

63 삼산화황과 디메틸에테르를 반응시킬 때 주생성물은?

① $(CH_3)_3SO_3$　　② $(CH_3)_2SO_4$
③ CH_3-OSO_3H　　④ $CH_3-SO_2-CH_3$

해설

SO_3 + CH_3OCH_3 → $(CH_3)_2SO_4$
삼산화황　디메틸에테르　황산디메틸

---

64 고분자 전해질 연료전지에 대한 설명 중 틀린 것은?

① 전기화학 반응을 이용하여 전기에너지를 생산하는 전지이다.
② 전지전해질은 수소이온전도성 고분자를 주로 사용한다.
③ 전극 촉매로는 백금과 백금계 합금이 주로 사용된다.
④ 방전 시 전기화학 반응을 시작하기 위해 전기 충전이 필요하다.

해설

고분자 전해질 연료전지
- 온도 : 저온형으로 상온 운전이 가능하다.
- 전해질 : 이온(H^+) 전도성 고분자막
　※ 전해질 막으로 대표적인 것이 듀퐁사에서 개발한 Nafion이다.
- 촉매 : 백금 사용

---

65 첨가축합에 의해 주로 생성되는 수지가 아닌 것은?

① 요소　　② 페놀
③ 멜라민　　④ 폴리에스테르

해설

폴리에스테르 : 축합중합에 의해 생성

---

66 황산 제조 시 원료로 FeS_2나 금속 제련가스를 사용할 때 H_2S를 사용하여 제거시키는 불순물에 해당하는 것은?

① Mn　　② Al
③ Fe　　④ As

해설

As, Se : H_2S를 통해 황화물로 침전 제거

67 LPG에 대한 설명 중 틀린 것은?

① C_3, C_4의 탄화수소가 주성분이다.
② 상온, 상압에서는 기체이다.
③ 그 자체로 매우 심한 독한 냄새가 난다.
④ 가압 또는 냉각시킴으로써 액화한다.

> **해설**
> LPG(Liquefied Petroleum Gas)
> • C_3, C_4의 탄화수소가 주성분이다.
> • 자체로는 무색, 무취이다.
> • 끓는점이 낮은 탄화수소가스를 상온에서 가압하거나 냉각시켜 액화한다.

68 커플링(Coupling)은 어떤 반응을 의미하는가?

① 아조화합물의 생성반응
② 탄화수소의 합성반응
③ 안료의 착색반응
④ 에스테르의 축합반응

> **해설**
> Coupling(커플링)
> • 디아조늄염은 페놀류, 방향족 아민과 같은 화합물과 반응하여 새로운 아조화합물을 만드는 반응을 한다.
> • 디아조늄이온은 약한 친전자체이므로 반응성이 큰 페놀, 아닐린 등과 반응하여 아조화합물을 만든다.

69 다음의 인산칼슘 중 수용성 성질을 가지는 것은?

① 인산 1칼슘   ② 인산 2칼슘
③ 인산 3칼슘   ④ 인산 4칼슘

> **해설**
> 인산칼슘
> • 인산이수소칼슘 : 일차인산칼슘, $Ca(H_2PO_4)_2$
>   수용성 비료로 사용한다.
> • 인산수소칼슘 : 이차인산칼슘, $CaHPO_4$
>   물과 알코올에 녹지 않고 묽은 염산, 묽은 아세트산에 녹는다.
> • 인산삼칼슘 : 삼차인산칼슘, $Ca_3(PO_4)_2$
>   물에 잘 녹지 않고 강산에 녹는다.

70 중질유와 같이 끓는점이 높고 고온에서 분해하기 쉬우며 물과 섞이지 않는 경우에 적당한 증류방법은?

① 수증기증류   ② 가압증류
③ 공비증류   ④ 추출증류

> **해설**
> 수증기증류
> 끓는점이 높고, 고온에서 분해하기 쉬운 물질로 물과 섞이지 않는 물질의 증류

71 수산화나트륨을 제조하기 위해서 식염을 전기분해할 때 격막법보다 수은법을 사용하는 이유로 가장 타당한 것은?

① 저순도의 제품을 생산하지만 Cl_2와 H_2가 접촉해서 HCl이 되는 것을 막기 위해서
② 흑연, 다공철판 등과 같은 경제적으로 유리한 전극을 사용할 수 있기 때문에
③ 순도가 높으며 비교적 고농도의 NaOH를 얻을 수 있기 때문에
④ NaCl을 포함하여 대기오염 문제가 있지만 전해 시 전력이 훨씬 적게 소모되기 때문에

> **해설**
> 격막법과 수은법
>
> | 격막법 | 수은법 |
> |---|---|
> | • NaOH 농도(11~12%)가 낮으므로 농축비가 많이 든다.
• 제품 중에 염화물 등을 함유하여 순도가 낮다. | • 제품의 순도가 높으며 진한 NaOH(50~73%)를 얻는다.
• 전력비가 많이 든다.
• 수은을 사용하므로 공해의 원인이 된다.
• 이론분해전압과 전류밀도가 크다. |

72 Sylvinite 중 NaCl의 함량은 약 몇 wt%인가?

① 40%   ② 44%
③ 56%   ④ 60%

> **해설**
> Sylvinite : KCl과 NaCl이 혼합된 비료원광으로 그중 NaCl의 함량은 약 44% 정도이다.
> $$\frac{NaCl}{KCl+NaCl}\times 100 = \frac{58.5}{74.6+58.5} = 44\%$$

정답 67 ③   68 ①   69 ①   70 ①   71 ③   72 ②

73 접촉식 황산제조법에 대한 설명 중 틀린 것은?

① 일정온도에서 이산화황 산화반응의 평형전화율은 압력의 증가에 따라 증가한다.
② 일정압력에서 이산화황 산화반응의 평형전화율은 온도의 증가에 따라 증가한다.
③ 삼산화황을 흡수 시 진한 황산을 이용한다.
④ 이산화황 산화반응 시 산화바나듐(V_2O_5)을 촉매로 사용할 수 있다.

해설

접촉식 황산제조법
㉠ 전화반응

$$SO_2 + \frac{1}{2}O_2 \xrightleftharpoons{cat} SO_3 + 22.6kcal$$

- 발열반응이므로 저온에서 진행하면 반응속도가 느려져 저온에서 반응속도를 크게 하기 위해 촉매를 사용한다.
- 온도가 상승하면 $SO_2 \rightarrow SO_3$의 전화율은 감소하나, SO_2와 O_2의 분압을 높이면 전화율이 증가한다.

㉡ 촉매
V_2O_5(오산화바나듐) 촉매를 많이 사용한다.

74 염화수소가스 42.3kg을 물 83kg에 흡수시켜 염산을 제조할 때 염산의 농도 백분율(wt%)은?(단, 염화수소가스는 전량 물에 흡수된 것으로 한다.)

① 13.76% ② 23.76%
③ 33.76% ④ 43.76%

해설

$$염산 wt\% = \frac{42.3}{42.3+83} \times 100(\%) = 33.76\%$$

75 다음 중 암모니아 산화반응 시 촉매로 주로 쓰이는 것은?

① Nd – Mo ② Ra
③ Pt – Rh ④ Al_2O_3

해설

암모니아 산화반응
- NH_3를 산소(공기)로 산화시켜 NO를 얻는다.
- 촉매 : Pt – Rh(백금 – 로듐)을 주로 사용

- 최대산화율 $\dfrac{O_2}{NH_3} = 2.2 \sim 2.3$
- 압력을 가하면 산화율이 떨어진다.

76 파장이 600nm인 빛의 주파수는?

① 3×10^{10}Hz ② 3×10^{14}Hz
③ 5×10^{10}Hz ④ 5×10^{14}Hz

해설

$$\lambda_{(파장)} = \frac{C_{(속도)}}{f_{(진동수, 주파수)}}$$

$$600 \times 10^{-9}m = \frac{3 \times 10^8 m/s}{f}$$

$$f = 5 \times 10^{14} Hz$$

77 다음 중 유화중합 반응과 관계없는 것은?

① 비누(Soap) 등을 유화제로 사용한다.
② 개시제는 수용액에 녹아 있다.
③ 사슬이동으로 낮은 분자량의 고분자가 얻어진다.
④ 반응온도를 조절할 수 있다.

해설

유화중합(에멀션 중합)
- 비누 또는 세제성분의 일종인 유화제를 사용하여 단량체를 분산매 중에 분산시키고, 수용성 개시제를 사용하여 중합시키는 방법이다.
- 중합열의 분산이 용이하고, 대량생산에 적합하다.
- 세정과 건조가 필요하다.
- 반응온도를 조절할 수 있다.
- 분자량이 큰 고분자를 얻을 수 있다.

78 석유화학에서 방향족 탄화수소의 정제방법 중 용제 추출법에 있어서 추출용제가 갖추어야 할 요건 중 옳은 것은?

① 방향족 탄화수소에 대한 용해도가 낮을 것
② 추출용제와 원료유와의 비중차가 작을 것
③ 추출용제와 방향족 탄화수소와의 선택성이 높을 것
④ 추출용제와 추출해야 할 방향족 탄화수소의 비점차가 작을 것

정답 73 ② 74 ③ 75 ③ 76 ④ 77 ③ 78 ③

> 해설

용제의 조건
- 선택성이 커야 한다.
- 원료유와 추출용제 사이의 비중차가 커서 추출할 때 두 액상으로 쉽게 분리할 수 있어야 한다.
- 추출성분과 용제의 비점차가 커야 한다.
- 증류로써 회수가 쉬워야 한다.
- 열적, 화학적으로 안정해야 하고 추출성분에 대한 용해도가 커야 한다.

79 페놀수지에 대한 설명 중 틀린 것은?
① 열가소성 수지이다.
② 우수한 기계적 성질을 갖는다.
③ 전기적 절연성, 내약품성이 강하다.
④ 알칼리에 약한 결점이 있다.

> 해설

페놀수지
- 열경화성 수지이다.
- 페놀과 포름알데히드의 축합생성물이다.
- 염기촉매하에서 축합시켜 얻어진 생성물을 레졸(Resols)이라 하며, 산접촉하에서 얻어진 생성물을 노볼락(Novolacs)이라 한다.
- 우수한 기계적 성질을 가지며, 전기절연성, 내약품성이 있다.
- 알칼리에 약한 결점이 있다.

80 암모니아소다법의 주된 단점에 해당하는 것은?
① 원료 및 중간과정에서의 물질을 재사용하는 것이 불가능하다.
② Na 변화율이 20% 미만으로 매우 낮다.
③ 염소의 회수가 어렵다.
④ 암모니아의 회수가 불가능하다.

> 해설

암모니아소다법(Solvay법)
- 소금 수용액 암모니아와 이산화탄소 가스를 흡수시켜 용해도가 작은 탄산수소나트륨을 침전시킨다.
- 탄산수소나트륨(중조)을 침전분리하고, 하소하여 탄산소다를 얻는다.
- 중조를 여과한 모액(NH_4Cl)에 석회유[$Ca(OH)_2$] 용액을 가하고 증류하면 암모니아를 얻고 그 부산물로 $CaCl_2$를 얻는다.
- NaCl의 이용률이 75% 미만이며, 염소의 회수가 어렵다.

5과목 반응공학

81 $A \to 4R$인 기상 반응에 대해 50% A와 50% 불활성 기체 조성으로 원료를 공급할 때 부피팽창계수(ε_A)는?(단, 반응은 완전히 진행된다.)
① 1
② 1.5
③ 3
④ 4

> 해설

$$\varepsilon_A = y_{A0}\delta = \frac{1}{2} \cdot \frac{4-1}{1} = 1.5$$

82 1atm, 610K에서 다음과 같은 가역 기초반응이 진행될 때 평형상수 K_P와 정반응속도식 $k_{P1}P_A^2$의 속도 상수 k_{P1}이 각각 $0.5atm^{-1}$과 10mol/L atm^2 h일 때 농도항으로 표시되는 역반응속도상수는?(단, 이상기체로 가정한다.)

| $2A \rightleftarrows B$ |

① $1,000h^{-1}$
② $100h^{-1}$
③ $10h^{-1}$
④ $0.1h^{-1}$

정답 79 ① 80 ③ 81 ② 82 ①

> 해설

$$2A \underset{k_{P_2}}{\overset{k_{P_1}}{\rightleftarrows}} B$$

$$K_P = \frac{k_{P_1}}{k_{P_2}}$$

$$0.5\text{atm}^{-1} = \frac{10\text{mol/L atm}^2 \text{ h}}{k_{P2}}$$

$\therefore k_{P2} = 20\text{mol/L atm h}$

정반응속도 $-r_A = k_{P1}P_A^2$

역반응속도 $r_A = k_{P2}P_B$

이상기체 : $P_B = C_B RT$

$r_A = k_{P2}P_B = k_{P2}RTC_B$

$\therefore k_{C2} = k_{P2}RT$
$= 20\text{mol/L atm h} \times 0.082\text{L atm/mol K} \times 610\text{K}$
$= 1,000.4\text{h}^{-1}$

83 직렬반응 $A \to R \to S$의 각 단계에서 반응속도상수가 같으면 회분식 반응기 내의 각 물질의 농도는 반응시간에 따라서 어느 그래프처럼 변화하는가?

①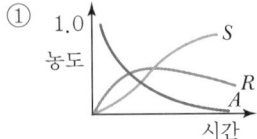
②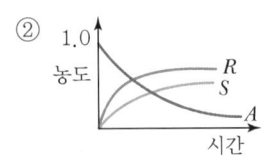
③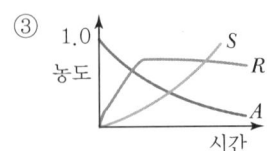
④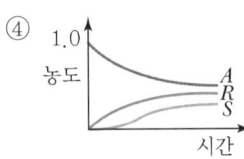

> 해설

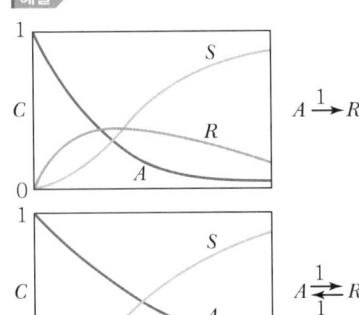

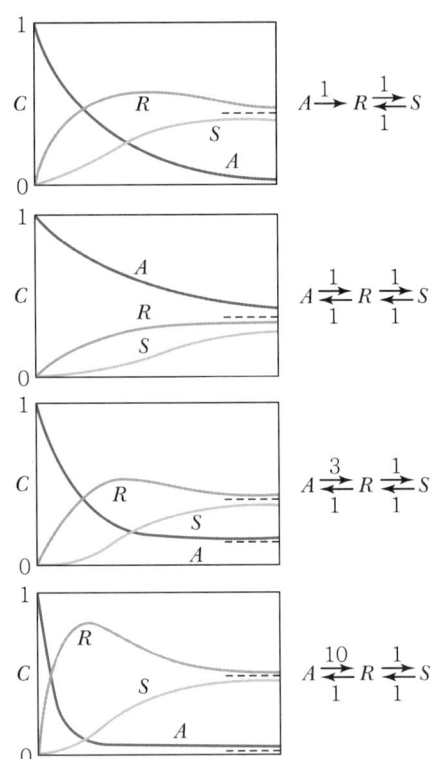

84 $A \to P$ 1차 액상반응이 부피가 같은 N개의 직렬 연결된 완전혼합흐름반응기에서 진행될 때 생성물의 농도 변화를 옳게 설명한 것은?

① N이 증가하면 생성물의 농도가 점진적으로 감소하다 다시 증가한다.
② N이 작으면 체적 합과 같은 관형반응기 출구의 생성물 농도에 접근한다.
③ N은 체적 합과 같은 관형반응기 출구의 생성물 농도에 무관하다.
④ N이 크면 체적 합과 같은 관형반응기 출구의 생성물 농도에 접근한다.

> 해설

부피가 같은 CSTR N개를 직렬연결
$N \to \infty$: 플러그흐름반응기

정답 83 ① 84 ④

85 액상 비가역 반응 $A \to R$의 반응속도식은 $-r_A = kC_A$로 표시된다. 농도는 20kmol/m^3의 반응물 A를 정용 회분반응기에 넣고 반응을 진행시킨 지 4시간 만에 A의 농도가 2.7kmol/m^3로 되었다면 k 값은 몇 h^{-1}인가?

① 0.5
② 1
③ 2
④ 4

해설

$$-\ln\frac{C_A}{C_{A0}} = kt$$

$$-\ln\frac{2.7}{20} = k \times 4$$

$$\therefore k = 0.5\text{h}^{-1}$$

86 이상적 혼합반응기(Ideal Mixed Flow Reactor)에 대한 설명으로 옳지 않은 것은?

① 반응기 내의 농도와 출구의 농도가 같다.
② 무한개의 이상적 혼합반응기를 직렬로 연결하면 이상적 관형반응기(Plug Flow Reactor)가 된다.
③ 1차 반응에서의 전환율은 이상적 관형반응기보다 혼합반응기가 항상 못하다.
④ 회분식 반응기(Batch Reactor)와 같은 특성을 나타낸다.

해설

CSTR(혼합 반응기)
• 내용물이 잘 혼합되어 균일하게 되는 반응기이다.
• 반응기에서 나가는 흐름은 반응기 내의 유체와 동일한 조성을 갖는다.
• MFR이라 부르기도 한다.

87 이상기체 반응 $A \to R + S$가 순수한 A로부터 정용 회분식 반응기에서 진행될 때 분압과 전압 간의 상관식으로 옳은 것은?(단, P_A : A의 분압, P_R : R의 분압, π_0 : 초기전압, π : 전압)

① $P_A = 2\pi_0 - \pi$
② $P_A = 2\pi - \pi_0$
③ $P_A^2 = 2(\pi_0 - \pi) + P_R$
④ $P_A^2 = 2(\pi - \pi_0) - P_R$

해설

$aA \to rR + sS$
$\Delta n = 1 + 1 - 1 = 1, a = 1$
$N = N_0 + x\Delta n$

$$\therefore x = \frac{N - N_0}{\Delta n}$$

$$C_A = \frac{p_A}{RT} = \frac{N_A}{V}$$

$$= \frac{N_{A0} - ax}{V}$$

$$= \frac{N_{A0}}{V} - \frac{a}{\Delta n} \cdot \frac{N - N_0}{V}$$

$p_A = C_A RT$

$$= p_{A0} - \frac{a}{\Delta n}(\pi - \pi_0)$$

$\therefore p_A = \pi_0 - (\pi - \pi_0) = 2\pi_0 - \pi$

88 회분식 반응기에서 속도론적 데이터를 해석하는 방법 중 옳지 않은 것은?

① 정용회분반응기의 미분식에서 기울기가 반응차수이다.
② 농도를 표시하는 도함수의 결정은 보통 도시적 미분법, 수치미분법 등을 사용한다.
③ 적분해석법에서는 반응차수를 구하기 위해서 시행착오법을 사용한다.
④ 비가역반응일 경우 농도-시간 자료를 수치적으로 미분하여 반응차수와 반응속도상수를 구별할 수 있다.

정답 85 ① 86 ④ 87 ① 88 ①

> **해설**

속도론적 데이터 해석 방법

㉠ 적분법
- 시간에 대한 함수로서 농도를 얻기 위해 미분방정식을 적분한다. 가정한 차수가 옳다면 농도-시간 자료의 적절한 그래프(적분)는 직선이 되어야 한다.
- 적분법은 보통 반응차수를 알고 E_a를 구하기 위해 서로 다른 온도에서의 반응속도를 계산할 필요가 있을 때 가장 많이 사용한다.
- ∴ 적분법은 반응차수를 구하기 위해 시행착오법을 사용한다.

㉡ 미분해석법

$$\ln\left(-\frac{dC_A}{dt}\right) \text{ vs } \ln C_A$$

그래프에서 기울기가 반응차수이므로 k_A를 구한다.

$$-\frac{dC_A}{dt} = k_A C_A^\alpha$$

※ 시간의 함수로 농도를 표시해주는 도함수를 결정하기 위한 세 가지 방법
  농도-시간 자료에서 $-\frac{dC_A}{dt}$를 구하는 방법
  - 도식미분법
  - 수치미분법
  - 자료에 잘 맞는 다항식의 미분

㉢ 비선형 회귀분석법
  모든 자료에 대한 측정된 변수값과 계산된 변수값의 차의 제곱합이 최소가 되게 하는 매개변수 값들을 찾는 방법이다.

89 다음 반응에서 원하는 생성물을 많이 얻기 위해서 반응 온도를 높게 유지하였다. 반응속도상수 k_1, k_2, k_3의 활성화 에너지 E_1, E_2, E_3를 옳게 나타낸 것은?

$$A \underset{k_2}{\overset{k_1}{\rightleftarrows}} R(\text{원하는 생성물}) \xrightarrow{k_3} S$$
$$ T$$

① $E_1 < E_2$, $E_1 < E_3$
② $E_1 > E_2$, $E_1 < E_3$
③ $E_1 > E_2$, $E_1 > E_3$
④ $E_1 < E_2$, $E_1 > E_3$

> **해설**

- R을 얻기 위해 온도를 올리는 경우
  $E_1 > E_2$, $E_1 > E_3$
- R을 얻기 위해 온도를 내리는 경우
  $E_1 < E_2$, $E_1 < E_3$

90 다음과 같은 1차 병렬 반응이 일정한 온도의 회분식 반응기에서 진행되었다. 반응시간이 1,000s일 때 반응물 A가 90% 분해되어 생성물은 R이 S의 10배로 생성되었다. 반응 초기에 R과 S의 농도를 0으로 할 때, k_1 및 k_1/k_2은 각각 얼마인가?

$$A \rightarrow R, \ r_1 = k_1 C_A$$
$$A \rightarrow 2S, \ r_2 = k_2 C_A$$

① $k_1 = 0.131/\text{min}$, $k_1/k_2 = 20$
② $k_1 = 0.046/\text{min}$, $k_1/k_2 = 10$
③ $k_1 = 0.131/\text{min}$, $k_1/k_2 = 10$
④ $k_1 = 0.046/\text{min}$, $k_1/k_2 = 20$

> **해설**

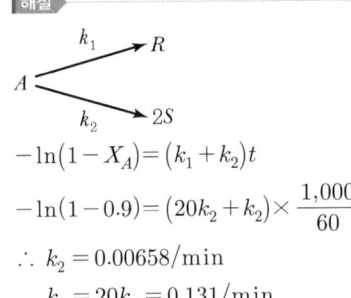

$$-\ln(1-X_A) = (k_1+k_2)t$$
$$-\ln(1-0.9) = (20k_2+k_2) \times \frac{1,000}{60}$$
$$\therefore k_2 = 0.00658/\text{min}$$
$$k_1 = 20k_2 = 0.131/\text{min}$$

91 0차 균질 반응이 $-r_A = 10^{-3}\text{mol/L s}$로 플러그흐름반응기에서 일어난다. A의 전환율이 0.9이고 $C_{A0} = 1.5\text{mol/L}$일 때 공간시간은 몇 초인가?(단, 이때 용적변화율은 일정하다.)

① 1,300 ② 1,350
③ 1,450 ④ 1,500

> **해설**

$$\tau = C_{A0} \int_0^{X_{Af}} \frac{dX_A}{-r_A}$$
$$= 1.5\text{mol/L} \times \frac{0.9}{10^{-3}\text{mol/L s}}$$
$$= 1,350\text{s}$$

정답 89 ③ 90 ① 91 ②

92 다단완전 혼합류 조작에 있어서 1차 반응에 대한 체류시간을 옳게 나타낸 것은?(단, k는 반응속도 정수, t는 각 단의 용적이 같을 때 한 단에서의 체류 시간, X_{An}는 n단 직렬인 경우의 최종단 출구에서의 A의 전화율, n은 단수이다.)

① $kt = (1 - X_{An})^{1/n} - 1$

② $\dfrac{t}{k} = (1 - X_{An})^{1/n} - 1$

③ $kt = (1 - X_{An})^{-1/n} - 1$

④ $\dfrac{t}{k} = (1 - X_{An})^{-1/n} - 1$

해설

$$k\tau_N = N\left[\left(\dfrac{C_0}{C_N}\right)^{1/N} - 1\right]$$

$$\dfrac{C_0}{C_N} = (1 + k\tau)^N$$

$$C_N = C_0(1 - X_{AN})$$

$$\therefore \dfrac{C_0}{C_N} = \dfrac{1}{1 - X_{AN}} = (1 + k\tau)^N$$

$$k\tau_N = N\left[\left(\dfrac{1}{1 - X_{AN}}\right)^{1/N} - 1\right]$$

$$\tau_N = N\tau$$

$$\therefore k\tau = \left[\left(\dfrac{1}{1 - X_{AN}}\right)^{1/N} - 1\right]$$

93 일반적으로 암모니아(Ammonia)의 상업적 합성반응은 다음 중 어느 화학반응에 속하는가?

① 균일(Homogeneous) 비촉매 반응
② 불균일(Heterogeneous) 비촉매 반응
③ 균일촉매(Homogeneous Catalytic) 반응
④ 불균일촉매(Heterogeneous Catalytic) 반응

해설

구분	비촉매	촉매
균일계	대부분 기상반응 불꽃연소반응과 같은 빠른 반응	대부분 액상반응 • 콜로이드상에서의 반응 • 효소와 미생물의 반응
불균일계	• 석탄의 연소 • 광석의 배소 • 산 + 고체의 반응 • 기액 흡수 • 철광석의 환원	• NH_3 합성 • 암모니아 산화 → 질산제조 • 원유의 Cracking • $SO_2 \xrightarrow{산화} SO_3$

94 반응기에 유입되는 물질량의 체류시간에 대한 설명으로 옳지 않은 것은?

① 반응물의 부피가 변하면 체류시간이 변한다.
② 기상 반응물이 실제의 부피 유량으로 흘러 들어가면 체류시간이 달라진다.
③ 액상반응이면 공간시간과 체류시간이 같다.
④ 기상반응이면 공간시간과 체류시간이 같다.

해설

τ(공간시간) : 반응기 부피만큼의 공급물 처리에 필요한 시간
$\bar{t}$(체류시간) : 흐르는 물질의 반응기에서 평균체류시간

• 액상반응 $\tau = \bar{t}$
• 기상반응 $\tau \neq \bar{t}$

$$\tau = \dfrac{V}{v_0} = \dfrac{C_{A0}V}{F_{A0}} = C_{A0}\int_0^{X_A} \dfrac{dX_A}{(-r_A)}$$

$$\bar{t} = C_{A0}\int_0^{X_A} \dfrac{dX_A}{(-r_A)(1 + \varepsilon_A X_A)}$$

95 $A \to R$인 반응의 속도식이 $-r_A = 1\,mol/L\,s$로 표현된다. 순환식 반응기에서 순환비를 3으로 반응시켰더니 출구농도 C_{Af}가 5mol/L로 되었다. 원래 공급물에서의 A 농도가 10mol/L, 반응물 공급속도가 10mol/s이라면 반응기의 체적은 얼마인가?

① 3.0L
② 4.0L
③ 5.0L
④ 6.0L

정답 92 ③ 93 ④ 94 ④ 95 ③

해설

순환비 $R=3$

$X_{A1} = \left(\dfrac{R}{R+1}\right)X_{Af}$

$V = F_{A0}(R+1)\displaystyle\int_{X_{A1}}^{X_{Af}} \dfrac{dX_A}{-r_A}$

$\therefore V = -\dfrac{F_{A0}}{C_{A0}}(R+1)\displaystyle\int_{\frac{C_{A0}+RC_{Af}}{R+1}}^{C_{Af}} \dfrac{dC_A}{-r_A} \quad (\varepsilon_A = 0)$

$V = -\dfrac{10\,\text{mol/s}}{10\,\text{mol/L}}(3+1)\displaystyle\int_{\frac{10+3\times 5}{3+1}}^{5} \dfrac{dC_A}{1\,\text{mol/L s}}$

$\quad = -4(5-6.25) = 5\text{L}$

96 다음의 병행반응에서 A가 반응물질, R이 요구하는 물질일 때 순간수율(Instantaneous Fractional Yield)은?

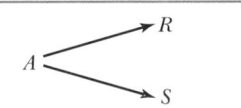

① $\dfrac{dC_R}{(-dC_A)}$ ② $\dfrac{dC_R}{dC_A}$

③ $\dfrac{dC_S}{(-dC_A)}$ ④ $\dfrac{dC_S}{dC_A}$

해설

수율 $\phi\left(\dfrac{R}{A}\right) = \dfrac{\text{생성된 } R\text{의 몰수}}{\text{소비된 } A\text{의 몰수}} = \dfrac{dC_R}{(-dC_A)}$

97 Arrhenius 법칙이 성립할 경우에 대한 설명으로 옳은 것은?(단, k는 반응속도상수이다.)

① k와 T는 직선관계에 있다.
② $\ln k$와 $\dfrac{1}{T}$은 직선관계에 있다.
③ $\dfrac{1}{k}$과 $\dfrac{1}{T}$은 직선관계에 있다.
④ $\ln k$와 $\ln T^{-1}$은 직선관계에 있다.

해설

Arrhenius 법칙
$k = k_0 e^{-E_a/RT}$

$\ln k = \ln k_0 - \dfrac{E_a}{RT}$

- $\ln k$와 $\dfrac{1}{T}$은 직선관계에 있다.

- $\ln k$를 y로 하고 $\dfrac{1}{T}$을 x로 할 때 기울기는 $-\dfrac{E_a}{R}$이다.

98 체류시간 분포함수가 정규분포함수에 가장 가깝게 표시되는 반응기는?

① 플러그흐름(Plug Flow)이 이루어지는 관형반응기
② 분산이 작은 관형반응기
③ 완전혼합(Perfect Mixing)이 이루어지는 하나의 혼합반응기
④ 3개가 직렬로 연결된 혼합반응기

해설

㉠ 정규분포(Gauss 분포)

$f(x) = \dfrac{1}{\sqrt{2\pi\sigma^2}} e^{-\dfrac{(x-m)^2}{2\sigma^2}}$ (확률밀도함수)

여기서, m : 평균
σ : 표준편차

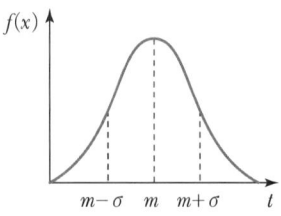

㉡ PFR ·· ①
　분산이 작은 PFR ················· ②

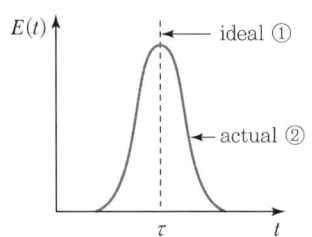

정답 96 ① 97 ② 98 ②

ⓒ CSTR

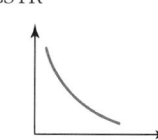

99 다음 중 반응이 진행되는 동안 반응기 내의 반응물과 생성물의 농도가 같을 때 반응속도가 가장 빠르게 되는 경우가 발생하는 반응은?

① 연속반응(Series Reaction)
② 자동 촉매반응(Autocatalytic Reaction)
③ 균일 촉매반응(Homogeneous Catalyzed Reaction)
④ 가역 반응(Reversible Reaction)

해설
자동촉매반응

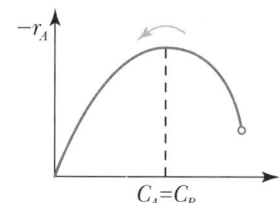

100 반응물 A와 B의 농도가 각각 2.2×10^{-2} mol/L와 8.0×10^{-3} mol/L이며 반응속도상수가 1.0×10^{-2} L/mol s일 때 반응속도는 몇 mol/L s이겠는가?(단, 반응차수는 A와 B에 대해 각각 1차이다.)

① 2.41×10^{-5}
② 2.41×10^{-6}
③ 1.76×10^{-5}
④ 1.76×10^{-6}

해설
$$-r_A = kC_A C_B$$
$$= (1.0 \times 10^{-2} \text{L/mol s}) \times (2.2 \times 10^{-2} \text{mol/L})$$
$$\quad \times (8.0 \times 10^{-3} \text{mol/L})$$
$$= 1.76 \times 10^{-6} \text{mol/L s}$$

정답 ▶ 99 ② 100 ④

2019년 제4회 기출문제

1과목 화공열역학

01 카르노 사이클(Carnot Cycle)의 가역과정의 순서를 옳게 나타낸 것은?

① 단열압축 → 단열팽창 → 등온팽창 → 등온압축
② 등온팽창 → 등온압축 → 단열팽창 → 단열압축
③ 단열팽창 → 등온팽창 → 단열압축 → 등온압축
④ 단열압축 → 등온팽창 → 단열팽창 → 등온압축

해설

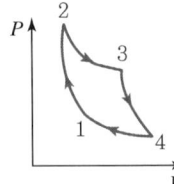

- 1 → 2 : 단열압축
- 2 → 3 : 등온팽창
- 3 → 4 : 단열팽창
- 4 → 1 : 등온압축

02 기상 반응계에서 평형상수가 $K = P^\nu \prod_i (y_i)^{\nu_i}$ 로 표시될 경우는?(단, ν_i는 성분의 양론 수, $\nu = \sum \nu_i$ 및 $\prod_i$는 모든 화학종 i의 곱을 나타낸다.)

① 평형 혼합물이 이상기체와 같은 거동을 할 때
② 평형 혼합물이 이상용액과 같은 거동을 할 때
③ 반응에 따른 몰수 변화가 없을 때
④ 반응열이 온도에 관계없이 일정할 때

해설
기상 반응
$$\prod_i \left(\frac{\hat{f}_i}{P^\circ}\right)^{\nu_i} = K$$
평형상수 K는 온도만의 함수
$\hat{f}_i = \hat{\phi}_i y_i P$

$$\prod_i (y_i \hat{\phi}_i)^{\nu_i} = \left(\frac{P}{P^\circ}\right)^{-\nu} K$$

이상기체 $\hat{\phi}_i = 1$, $P^\circ = 1\text{bar}$

$$\prod_i (y_i)^{\nu_i} = P^{-\nu} K$$

$$\therefore K = P^\nu \prod_i (y_i)^{\nu_i}$$

03 다음 중 경로함수(Path Property)에 해당하는 것은?

① 내부에너지(J/mol)
② 위치에너지(J/mol)
③ 열(J/mol)
④ 엔트로피(J/mol K)

해설
- 경로함수 : 경로에 따라 영향을 받는 함수
  예 Q(열), W(일)
- 상태함수 : 경로에 관계없이 시작점과 끝점의 상태에 의해서만 영향을 받는 함수
  예 T, P, ρ, U, H, S, G

04 다음 중 등엔트로피 과정(Isentropic Process)은?

① 줄-톰슨 팽창 과정
② 가역등온 과정
③ 가역등압 과정
④ 가역단열 과정

해설
$$dS^t = \frac{dQ_{rev}}{T}$$
공정이 가역단열일 때 $dQ_{rev} = 0$이므로 $dS^t = 0$이다.
→ 엔트로피는 일정하며 "등엔트로피 과정"이라 한다.

정답 01 ④ 02 ① 03 ③ 04 ④

05 내연기관 중 자동차에 사용되는 것으로 흡입행정은 거의 정압에서 일어나며, 단열압축 과정 후 전기 점화에 의해 단열팽창하는 사이클은?

① 오토(Otto) ② 디젤(Diesel)
③ 카르노(Carnot) ④ 랭킨(Rankine)

해설

오토 사이클(Otto Cycle)

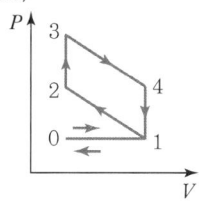

- 일정압력하에서 흡입행정(0 → 1)이 일어난다.
- 단열압축(1 → 2) 후 점화, 연소가 신속히 진행되므로 압력은 상승하지만, 부피는 거의 일정(2 → 3)하다.
- 일이 생산(3 → 4 → 1), 단열팽창(3 → 4), 방출밸브가 열리며 압력은 거의 일정한 부피에서 급격히 감소(4 → 1)된다.
- 피스톤이 실린더로부터 남아 있는 연소기체를 밀어낸다. (1 → 0)

06 이상용액의 활동도 계수 γ는?

① $\gamma > 1$ ② $\gamma < 1$
③ $\gamma = 0$ ④ $\gamma = 1$

해설

이상용액 $\gamma = 1$

07 어떤 가스(Gas) 1g의 정압비열(C_P)이 온도의 함수로서 다음 식으로 주어질 때 계의 온도를 0℃에서 100℃로 변화시켰다면 이때 계에 가해진 열량은 몇 cal인가? (단, $C_P = 0.2 + \dfrac{10}{t+100}$, C_P는 cal/g ℃, t는 ℃이며, 계의 압력은 일정하고 주어진 온도 범위에서 가스의 상변화는 없다.)

① 20.05 ② 22.31
③ 24.71 ④ 26.93

해설

$$Q = \int_{T_1}^{T_2} C_P dt$$
$$= \int_{0℃}^{100℃} \left(0.2 + \dfrac{10}{t+100}\right) dt$$
$$= 0.2(100-0) + 10\left[\ln\left(\dfrac{100+100}{0+100}\right)\right]$$
$$= 26.93 \text{cal}$$

08 실제기체의 압력이 0에 접근할 때, 잔류(Residual) 특성에 대한 설명으로 옳은 것은?(단, 온도는 일정하다.)

① 잔류 엔탈피는 무한대에 접근하고 잔류 엔트로피는 0에 접근한다.
② 잔류 엔탈피와 잔류 엔트로피 모두 무한대에 접근한다.
③ 잔류 엔탈피와 잔류 엔트로피 모두 0에 접근한다.
④ 잔류 엔탈피는 0에 접근하고 잔류 엔트로피는 무한대에 접근한다.

해설

잔류성질
$M^R = M - M^{ig}$
　여기서, M : V, U, H, S, G의 1mol당 값
잔류성질 = 실제값 − 이상기체의 값
이상기체에서 $M^R = 0$

09 순환법칙 $\left(\dfrac{\partial P}{\partial T}\right)_V \left(\dfrac{\partial T}{\partial V}\right)_P \left(\dfrac{\partial V}{\partial P}\right)_T = -1$에서 얻을 수 있는 최종 식은?(단, β는 부피팽창률(Volume Expansivity), κ는 등온압축률(Isothermal Compressibility)이다.)

① $\left(\dfrac{\partial P}{\partial T}\right)_V = -\dfrac{\kappa}{\beta}$ ② $\left(\dfrac{\partial P}{\partial T}\right)_V = \dfrac{\kappa}{\beta}$
③ $\left(\dfrac{\partial P}{\partial T}\right)_V = \dfrac{\beta}{\kappa}$ ④ $\left(\dfrac{\partial P}{\partial T}\right)_V = -\dfrac{\beta}{\kappa}$

정답 05 ① 06 ④ 07 ④ 08 ③ 09 ③

해설

부피팽창률 $\beta = \dfrac{1}{V}\left(\dfrac{\partial V}{\partial T}\right)_P$

등온압축률 $\kappa = -\dfrac{1}{V}\left(\dfrac{\partial V}{\partial P}\right)_T$

$\left(\dfrac{\partial P}{\partial T}\right)_V \left(\dfrac{\partial T}{\partial V}\right)_P \left(\dfrac{\partial V}{\partial P}\right)_T = -1$

$\left(\dfrac{\partial P}{\partial T}\right)_V = -\dfrac{1}{\left(\dfrac{\partial T}{\partial V}\right)_P \left(\dfrac{\partial V}{\partial P}\right)_T} = \dfrac{\left(\dfrac{\partial V}{\partial T}\right)_P}{-\left(\dfrac{\partial V}{\partial P}\right)_T} = \dfrac{\beta}{\kappa}$

10 흐름열량계(Flow Calorimeter)를 이용하여 엔탈피 변화량을 측정하고자 한다. 열량계에서 측정된 열량이 2,000W라면, 입력흐름과 출력흐름의 비엔탈피(Specific Enthalpy)의 차이는 몇 J/g인가?(단, 흐름열량계의 입력흐름에서는 0℃의 물이 5g/s의 속도로 들어가며, 출력흐름에서는 3기압, 300℃의 수증기가 배출된다.)

① 400
② 2,000
③ 10,000
④ 12,000

해설

$\dfrac{2,000\text{W}}{5\text{g/s}} = \dfrac{2,000\text{J/s}}{5\text{g/s}} = 400\text{J/g}$

11 반데르발스(Van der Waals) 식에 맞는 실제기체를 등온가역 팽창시켰을 때 행한 일(Work)의 크기는?(단, $P = \dfrac{RT}{V-b} - \dfrac{a}{V^2}$이며, V_1은 초기부피, V_2는 최종부피이다.)

① $W = RT\ln\left(\dfrac{V_2-b}{V_1-b}\right) - a\left(\dfrac{1}{V_1} - \dfrac{1}{V_2}\right)$

② $W = RT\ln\left(\dfrac{P_2-b}{P_1-b}\right) - a\left(\dfrac{1}{P_1} - \dfrac{1}{P_2}\right)$

③ $W = RT\ln\left(\dfrac{V_2-a}{V_1-a}\right) - b\left(\dfrac{1}{V_1} - \dfrac{1}{V_2}\right)$

④ $W = RT\ln\left(\dfrac{V_2-b}{V_1-b}\right) - a\left(\dfrac{1}{V_2} - \dfrac{1}{V_1}\right)$

해설

$W = \int_{V_1}^{V_2} P dV = \int_{V_1}^{V_2}\left(\dfrac{RT}{V-b} - \dfrac{a}{V^2}\right)dV$

$= RT\ln\dfrac{V_2-b}{V_1-b} + \dfrac{a}{V_2} - \dfrac{a}{V_1}$

$= RT\ln\dfrac{V_2-b}{V_1-b} - a\left(\dfrac{1}{V_1} - \dfrac{1}{V_2}\right)$

12 용액 내에서 한 성분의 퓨가시티 계수를 표시한 식은?(단, ϕ_i는 퓨가시티 계수, $\hat{\phi}_i$는 용액 중의 성분 i의 퓨가시티 계수, f_i는 순수성분 i의 퓨가시티, $\hat{f}_i$는 용액 중의 성분 i의 퓨가시티, x_i는 용액의 몰분율이다.)

① $\hat{\phi}_i = f_i P$
② $\hat{\phi}_i = \dfrac{f_i}{P}$
③ $\hat{\phi}_i = \dfrac{\hat{f}_i}{x_i P}$
④ $\hat{\phi}_i = \dfrac{P\hat{f}_i}{x_i}$

해설

- 순수한 성분 : $\phi_i = \dfrac{f_i}{P}$
- 용액 내 한 성분 : $\hat{\phi}_i = \dfrac{\hat{f}_i}{x_i P}$

13 평형에 대한 다음의 조건 중 틀린 것은?(단, ϕ_i는 순수 성분의 퓨가시티 계수, $\hat{\phi}_i$는 혼합물에서 성분 i의 퓨가시티 계수, $\hat{f}_i$는 혼합물에서 성분 i의 퓨가시티, γ_i는 활동도 계수이며, x_i는 액상에서 성분 i의 조성을 나타내며, 상첨자 V는 기상, L은 액상, S는 고상, Ⅰ과 Ⅱ는 두 액상을 나타낸다.)

① 순수성분의 기-액 평형 : $\phi_i^V = \phi_i^L$
② 2성분 혼합물의 기-액 평형 : $\hat{\phi}_i^V = \hat{\phi}_i^L$
③ 2성분의 혼합물의 액-액 평형 : $x_i^Ⅰ \gamma_i^Ⅰ = x_i^Ⅱ \gamma_i^Ⅱ$
④ 2성분 혼합물의 고-기 평형 : $\hat{f}_i^V = f_i^S$

정답 10 ① 11 ① 12 ③ 13 ②

> **해설**

- 순수한 성분에 대한 기-액 평형
  $\phi_i^V = \phi_i^L = \phi_i^{sat}$
- 용액의 기-액 평형
  $\hat{f}_i^V = \hat{f}_i^L \quad y_i\hat{\phi}_i^V = x_i\hat{\phi}_i^L$
  $\hat{f}_i^\alpha = \hat{f}_i^\beta = \cdots = \hat{f}_i^\pi$
  $\gamma_i = \dfrac{\hat{f}_i}{x_i f_i}$
  $\gamma_i^\alpha x_i^\alpha f_i^\alpha = \gamma_i^\beta x_i^\beta f_i^\beta$
  $f_i^\alpha = f_i^\beta$
  $\therefore \gamma_i^\alpha x_i^\alpha = \gamma_i^\beta x_i^\beta$

VLE에서
$\phi_i^V = \phi_i^L$
$\phi_i = \dfrac{f_i}{P},\ \hat{\phi}_i = \dfrac{\hat{f}_i}{y_i P}$

증기혼합물에서 성분 i에 대해 $\hat{f}_i^V = y_i\hat{\phi}_i P$
액체용액의 성분 i에 대해 $\hat{f}_i^L = x_i\gamma_i f_i$
$\therefore y_i\hat{\phi}_i P = x_i\gamma_i f_i$

14 평형의 조건이 되는 열역학적 물성이 아닌 것은?

① 퓨가시티(Fugacity)
② 깁스자유에너지(Gibbs Free Energy)
③ 화학퍼텐셜(Chemical Potential)
④ 엔탈피(Enthalpy)

> **해설**

평형의 조건
- $(dG^t)_{T,P} = 0$
  ↳ 깁스자유에너지
- $\sum \nu_i \mu_i = 0$
  여기서, ν_i : 양론수
  μ_i : 화학퍼텐셜
  $\mu_i = \overline{G_i} = RT\ln\hat{f}_i + \Gamma_i(T)$
  ↳ 퓨가시티

15 3성분계의 기-액 상평형 계산을 위하여 필요한 최소의 변수의 수는 몇 개인가?(단, 반응이 없는 계로 가정한다.)

① 1개　　② 2개
③ 3개　　④ 4개

> **해설**

$F = 2 - P + C - r - s$
$\quad = 2 - 2 + 3 - 0 - 0$
$\quad = 3$

16 0℃, 1atm의 물 1kg이 100℃, 1atm의 물로 변하였을 때 엔트로피 변화는 몇 kcal/K인가?(단, 물의 비열은 1.0cal/g K이다.)

① 100　　② 1.366
③ 0.312　　④ 0.136

> **해설**

$\Delta S = mC_p \ln\dfrac{T_2}{T_1} + mR\ln\dfrac{P_1}{P_2}^{\,0}$
$\quad = 1\text{kg} \times 1\text{kcal/kg K} \times \ln\dfrac{373}{273}$
$\quad = 0.312\text{kcal/K}$

17 부피를 온도와 압력의 함수로 나타낼 때 부피팽창률(β)과 등온압축률(κ)의 관계를 나타낸 식으로 옳은 것은?

① $\dfrac{dV}{V} = (\beta)dT - (\kappa)dP$
② $\dfrac{dV}{V} = (\beta)dT + (\kappa)dP$
③ $\dfrac{dV}{V} = (\beta)dP - (\kappa)dT$
④ $\dfrac{dV}{V} = (\beta)dP + (\kappa)dT$

정답 14 ④　15 ③　16 ③　17 ①

해설

$V = f(T, P)$ ·········· 부피는 온도와 압력의 함수

$$dV = \left(\frac{\partial V}{\partial T}\right)_P dT + \left(\frac{\partial V}{\partial P}\right)_T dP$$

각 항을 $\div V$

$$\frac{dV}{V} = \frac{1}{V}\left(\frac{\partial V}{\partial T}\right)_P dT + \frac{1}{V}\left(\frac{\partial V}{\partial P}\right)_T dP$$

$$\beta = \frac{1}{V}\left(\frac{\partial V}{\partial T}\right)_P$$

$$\kappa = -\frac{1}{V}\left(\frac{\partial V}{\partial P}\right)_T$$

$$\therefore \frac{dV}{V} = \beta dT - \kappa dP$$

18 $C_P = 5\text{cal/mol K}$인 이상기체를 25℃, 1기압으로부터 단열, 가역과정을 통해 10기압까지 압축시킬 경우, 기체의 최종 온도는 약 몇 ℃인가?

① 60 ② 470
③ 745 ④ 1,170

해설

$C_P = C_V + R$

$\gamma = \dfrac{C_P}{C_V} = \dfrac{5}{5 - 1.987} = 1.66$

$\dfrac{T_2}{T_1} = \left(\dfrac{P_2}{P_1}\right)^{\frac{\gamma-1}{\gamma}}$

$\dfrac{T_2}{273+25} = \left(\dfrac{10}{1}\right)^{\frac{1.66-1}{1.66}}$

$\therefore T_2 = 744\text{K} = 471℃$

19 설탕물을 만들다가 설탕을 너무 많이 넣어 아무리 저어도 컵 바닥에 설탕이 여전히 남아있을 때의 자유도는?(단, 물의 증발은 무시한다.)

① 1 ② 2
③ 3 ④ 4

해설

$F = 2 - P + C$
$\quad = 2 - 2 + 2 = 2$

20 이상기체가 P_1, V_1, T_1의 상태에서 P_2, V_2, T_2까지 가역적으로 단열팽창되었다. 상관관계로 옳지 않은 것은?(단, γ는 비열비이다.)

① $T_1 P_1^{\left(\frac{1-\gamma}{\gamma}\right)} = T_2 P_2^{\left(\frac{1-\gamma}{\gamma}\right)}$

② $T_1 V_1^{\gamma} = T_2 V_2^{\gamma}$

③ $\dfrac{V_2}{V_1} = \left(\dfrac{P_2}{P_1}\right)^{-\frac{1}{\gamma}}$

④ $\dfrac{T_2}{T_1} = \left(\dfrac{V_1}{V_2}\right)^{\gamma-1}$

해설

$\dfrac{T_2}{T_1} = \left(\dfrac{P_2}{P_1}\right)^{\frac{\gamma-1}{\gamma}}$

$\dfrac{T_2}{T_1} = \left(\dfrac{V_1}{V_2}\right)^{\gamma-1}$

$\dfrac{P_2}{P_1} = \left(\dfrac{V_1}{V_2}\right)^{\gamma}$

2과목 단위조작 및 화학공업양론

21 0℃, 0.5atm하에 있는 질소가 있다. 이 기체를 같은 압력하에서 20℃ 가열하였다면 처음 체적의 몇 %가 증가하였는가?

① 0.54 ② 3.66
③ 7.33 ④ 103.66

해설

$\overline{V} = \dfrac{RT}{P} = \dfrac{0.082\text{L atm/mol K} \times 273\text{K}}{0.5\text{atm}} = 44.8\text{L}$

$\overline{V} = \dfrac{RT}{P} = \dfrac{0.082 \times (273+20)}{0.5} = 48.05\text{L}$

$\dfrac{48.05 - 44.8}{44.8} \times 100 = 7.3\%$

정답 18 ② 19 ② 20 ② 21 ③

22 CO_2 25vol%와 NH_3 75vol%의 기체 혼합물 중 NH_3의 일부가 산에 흡수되어 제거된다. 이 흡수탑을 떠나는 기체가 37.5vol%의 NH_3를 가질 때 처음에 들어 있던 NH_3의 몇 %가 제거되었는가?(단, CO_2의 양은 변하지 않는다고 하며, 산용액은 조금도 증발하지 않는다고 한다.)

① 85% ② 80%
③ 75% ④ 65%

해설

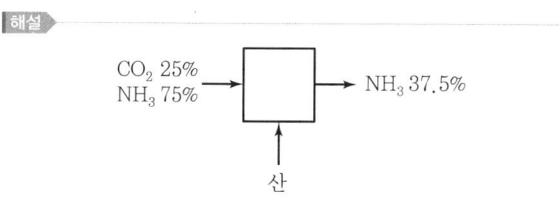

들어가는 양을 100L로 하면

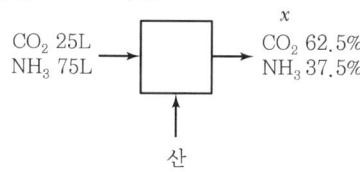

대응성분 : CO_2
$25L = x \times 0.625$ ∴ $x = 40L$
∴ 흡수탑을 떠나는 $NH_3 = 40 \times 0.375 = 15L$
∴ 제거된 $NH_3 = 75L - 15L = 60L$

제거된 NH_3의 % : $\dfrac{60}{75} \times 100 = 80\%$

23 정상상태로 흐르는 유체가 유로의 확대된 부분을 흐를 때 변화하지 않는 것은?

① 유량 ② 유속
③ 압력 ④ 유동단면적

해설

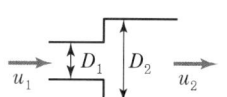

- 유속이 느려짐
- 직경(단면적)이 커짐
- 압력이 커짐
- 질량유량, 부피유량(비압축성 유체)은 일정

24 습한 쓰레기에 71wt% 수분이 포함되어 있었다. 최초 수분의 60%를 증발시키면 증발 후 쓰레기 내 수분의 조성은 몇 %인가?

① 40.5 ② 49.5
③ 50.5 ④ 59.5

해설

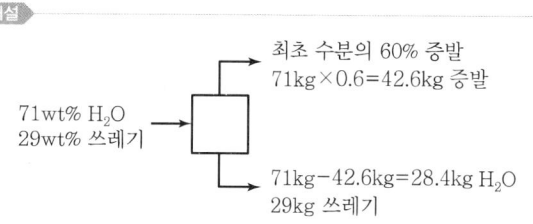

100kg 기준 $\Big\langle$ 71kg H_2O
29kg 쓰레기

∴ $x_{H_2O} = \dfrac{28.4}{28.4+29} \times 100 = 49.5\%$

25 1.5wt% NaOH 수용액을 10wt% NaOH 수용액으로 농축하기 위해 농축 증발관으로 1.5wt% NaOH 수용액을 1,000kg/h로 공급하면 시간당 증발되는 수분의 양은 몇 kg인가?

① 450 ② 650
③ 750 ④ 850

해설

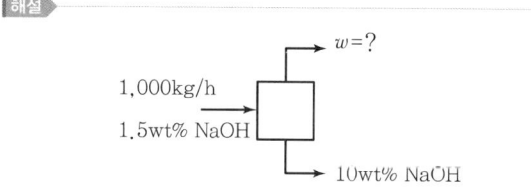

$W = F\left(1 - \dfrac{a}{b}\right)$
$= 1,000\text{kg/h} \times \left(1 - \dfrac{1.5}{10}\right)$
$= 850\text{kg/h}$

26 실제기체의 거동을 예측하는 비리얼 상태식에 대한 설명으로 옳은 것은?

① 제1비리얼 계수는 압력에만 의존하는 상수이다.
② 제2비리얼 계수는 조성에만 의존하는 상수이다.
③ 제3비리얼 계수는 체적에만 의존하는 상수이다.
④ 제4비리얼 계수는 온도에만 의존하는 상수이다.

해설
비리얼 계수는 온도만의 함수이다.
$$Z = \frac{PV}{RT} = 1 + \frac{B}{V} + \frac{C}{V^2} + \cdots$$

27 37wt% HNO_3 용액의 노르말(N) 농도는?(단, 이 용액의 비중은 1.227이다.)

① 6
② 7.2
③ 12.4
④ 15

해설
37wt% HNO_3

1,000g 기준 $\begin{cases} 370g\ HNO_3 \times \dfrac{1mol}{63g} = 5.87mol \\ 630g\ H_2O \end{cases}$

용액 1,000g의 부피 $= \dfrac{1,000g}{1.277g/cm^3 \times \dfrac{1,000cm^3}{1L}}$
$= 0.815L$

$N = \dfrac{용질의\ g당량수(mol)}{용액의\ 부피(L)} = \dfrac{5.87mol}{0.815L} = 7.2N$

28 반대수(semi-log) 좌표계에서 직선을 얻을 수 있는 식은?(단, F와 y는 종속변수이고, t와 x는 독립변수이며, a와 b는 상수이다.)

① $F(t) = at^b$
② $F(t) = ae^{bt}$
③ $y(x) = ax^2 + b$
④ $y(x) = ax$

해설
① $F(t) = at^b$
$\underline{\log F(t) = \log a + b\log t}$ ┈┈► log-log 좌표

② $F(t) = ae^{bt}$
$\log F(t) = \log a + bt\log e = \log a + \dfrac{b}{2.3}t$
┈┈┈┈┈┈┈┈┈┈┈┈► semi-log 좌표

③ $y - b = ax^2$
$\underline{\log(y-b) = \log a + 2\log x}$ ┈┈► log-log 좌표

④ $y = ax$ ┈┈┈┈┈┈┈┈┈┈┈┈┈┈► 일반

29 Ethylene glycol의 열용량 값이 다음과 같은 온도의 함수일 때, 0~100℃ 사이의 온도범위 내에서 열용량의 평균값은 몇 cal/g ℃인가?

$$C_P(cal/g\ ℃) = 0.55 + 0.001T$$

① 0.60
② 0.65
③ 0.70
④ 0.75

해설
$\overline{C_p} = \dfrac{\int_{0℃}^{100℃}(0.55 + 0.001T)dT}{100 - 0}$
$= \dfrac{0.55(100-0) + \dfrac{0.001}{2}(100^2 - 0^2)}{100}$
$= 0.6\,cal/g\ ℃$

30 30kg의 공기를 20℃에서 120℃까지 가열하는 데 필요한 열량은 몇 kcal인가?(단, 공기의 평균정압비열은 0.24kcal/kg ℃이다.)

① 720
② 820
③ 920
④ 980

해설
$Q = m\int C_p dt = mC_p \Delta t$
$= 30kg \times 0.24kcal/kg\ ℃ \times (120-20)℃$
$= 720kcal$

정답 26 ④ 27 ② 28 ② 29 ① 30 ①

31 정압비열 0.24kcal/kg ℃의 공기가 수평관 속을 흐르고 있다. 입구에서 공기온도가 21℃, 유속이 90m/s이고, 출구에서 유속은 150m/s이며, 외부와 열교환이 전혀 없다고 보면 출구에서의 공기온도는?

① 10.2℃ ② 13.8℃
③ 28.2℃ ④ 31.8℃

해설

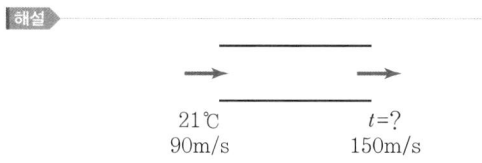

$$\Delta H + \frac{\Delta u^2}{2} + g\Delta z = Q + W$$

$\Delta H = 0.24\text{kcal/kg ℃} \times (t-21)℃$

$0.24(t-21)\text{kcal/kg} + \frac{150^2 - 90^2}{2}\text{J/kg} = 0$

$0.24(t-21)\frac{\text{kcal}}{\text{kg}} + \frac{150^2 - 90^2}{2}\frac{\text{J}}{\text{kg}} \times \frac{1\text{cal}}{4.184\text{J}} \times \frac{1\text{kcal}}{1{,}000\text{cal}} = 0$

$0.24(t-21) + 1.72 = 0$

$\therefore t = 13.8℃$

32 다음 중 국부속도(Local Velocity) 측정에 가장 적합한 것은?

① 오리피스미터 ② 피토관
③ 벤투리미터   ④ 로터미터

해설

- 오리피스미터, 벤투리미터 : 차압유량계
- 피토관 : 국부속도 측정
- 로터미터 : 면적유량계

33 온도에 민감하여 증발하는 동안 손상되기 쉬운 의약품을 농축하는 방법으로 적절한 것은?

① 가열시간을 늘린다.
② 증기공간의 절대압력을 낮춘다.
③ 가열온도를 높인다.
④ 열전도도가 높은 재질을 쓴다.

해설

진공증발
- 증발관 내를 감압상태로 유지
- 증기의 경제적 이용
- 과즙, 젤라틴과 같이 열에 민감한 물질을 처리하는 데 주로 사용

34 고체건조의 항률건조단계(Constant Rate Period)에 대한 설명으로 틀린 것은?

① 항률건조단계에서 복사나 전도에 의한 열전달이 없는 경우 고체 온도는 공기의 습구온도와 동일하다.
② 항률건조단계에서 고체의 건조 속도는 고체의 수분함량과 관계가 없다.
③ 항률건조속도는 열전달식이나 물질전달식을 이용하여 계산할 수 있다.
④ 주로 고체의 임계 함수량(Critical Moisture Content) 이하에서 항률건조를 할 수 있다.

해설

항률건조기간
- 재료의 함수율이 직선적으로 감소한다.
- 재료온도가 일정한 기간이다.
- 항률건조기간에서 감률건조기간으로 이행하는 점을 "한계함수율"이라 한다.
- 항률건조속도

$$R_c = \left(\frac{W}{A}\right)\left(-\frac{d\omega}{d\theta}\right)_c = k(H_m - H) = \frac{h_t(t - t_m)}{\lambda_m}$$

여기서, k : 물질이동계수(kg/h m² ΔH)
h_f : 총괄열이동계수(kcal/m² h ℃)
λ_m : t_m에 대응하는 증발잠열(kcal/kg)
H : kg 수증기/kg 건조공기

35 추출에서 추료(Feed)에 추제(Extracting Solvent)를 가하여 잘 접촉시키면 2상으로 분리된다. 이 중 불활성 물질이 많이 남아 있는 상을 무엇이라고 하는가?

① 추출상(Extract) ② 추잔상(Raffinate)
③ 추질(Solute)   ④ 슬러지(Sludge)

정답 31 ② 32 ② 33 ② 34 ④ 35 ②

해설
- 추출상 : 추제가 풍부한 상
- 추잔상 : 원용매가 풍부한 상, 불활성 물질이 풍부한 상

36 증류에서 일정한 비휘발도의 값으로 2를 가지는 2성분 혼합물을 90mol%인 탑위제품과 10mol%인 탑밑제품으로 분리하고자 한다. 이때 필요한 최소 이론단수는?

① 3
② 4
③ 6
④ 7

해설
$$N_{\min} + 1 = \log\left(\frac{x_D}{1-x_D} \cdot \frac{1-x_\omega}{x_\omega}\right)/\log\alpha$$
$$= \log\left(\frac{0.9}{0.1} \cdot \frac{0.9}{0.1}\right)/\log 2$$
$$= 6.3$$
$$\therefore N_{\min} = 5.3 ≒ 6단$$

37 노즐흐름에서 충격파에 대한 설명으로 옳은 것은?

① 급격한 단면적 증가로 생긴다.
② 급격한 속도 감소로 생긴다.
③ 급격한 압력 감소로 생긴다.
④ 급격한 밀도 증가로 생긴다.

해설
노즐을 통해 유체를 분출시킬 때 압력에너지가 속도에너지로 바뀐다(급격한 압력의 감소 → 급격한 속도의 증가).

38 흡수 충전탑에서 조작선(Operating Line)의 기울기를 $\frac{L}{V}$이라 할 때 틀린 것은?

① $\frac{L}{V}$의 값이 커지면 탑의 높이는 낮아진다.
② $\frac{L}{V}$의 값이 작아지면 탑의 높이는 높아진다.
③ $\frac{L}{V}$의 값은 흡수탑의 경제적인 운전과 관계가 있다.
④ $\frac{L}{V}$의 최솟값은 흡수탑 하부에서 기-액 간의 농도차가 가장 클 때의 값이다.

해설
조작선은 평형곡선의 왼쪽 부분에 존재해야 한다. → 평형곡선과 조작선이 만나면 추진력이 0이 되어 실용적이지 못하다.

기액한계비
- $\frac{L}{V}$값이 커지면 탑의 높이는 낮아진다.
- 물질 전달에 요하는 농도 차이가 탑 밑바닥에서 0이 되어 무한대로 기다란 충전층이 필요해진다.
- $\frac{L}{V}$는 맞흐름탑에서 흡수의 경제성에 미치는 영향이 크다.

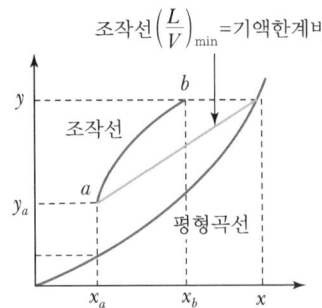

39 롤 분쇄기에 상당직경 4cm인 원료를 도입하여 상당직경 1cm로 분쇄한다. 분쇄 원료와 롤 사이의 마찰계수가 $\frac{1}{\sqrt{3}}$일 때 롤 지름은 약 몇 cm인가?

① 6.6
② 9.2
③ 15.3
④ 18.4

해설
$$\mu = \tan\alpha = \frac{1}{\sqrt{3}}$$
$$\therefore \alpha = 30°$$
$$\cos\alpha = \frac{R+d}{R+r}$$
$$\cos 30° = \frac{R+1/2}{R+4/2} = 0.866$$
$$\therefore R = 9.2\text{cm}$$
$$\therefore D = 2 \times 9.2 = 18.4\text{cm}$$

정답 36 ③ 37 ③ 38 ④ 39 ④

40 운동점도(Kinematic Viscosity)의 단위는?

① N s/m² ② m²/s
③ cP   ④ m²/s N

해설
운동점도 $\nu = \dfrac{\mu(점도)}{\rho(밀도)} = \dfrac{g/cm \cdot s}{g/cm^3} = cm^2/s$

단위 : m^2/s, cm^2/s (stokes)

3과목 공정제어

41 전류식 비례 제어기가 20℃에서 100℃까지의 범위로 온도를 제어하는 데 사용된다. 제어기는 출력전류가 4mA에서 20mA까지 도달하도록 조정되어 있다면 제어기의 이득(mA/℃)은?

① 5   ② 0.2
③ 1   ④ 10

해설
$K = \dfrac{(20-4)mA}{(100-20)℃} = 0.2 mA/℃$

42 PD 제어기에 다음과 같은 입력신호가 들어올 경우, 제어기 출력 형태는?(단, K_C는 1이고 τ_D는 1이다.)

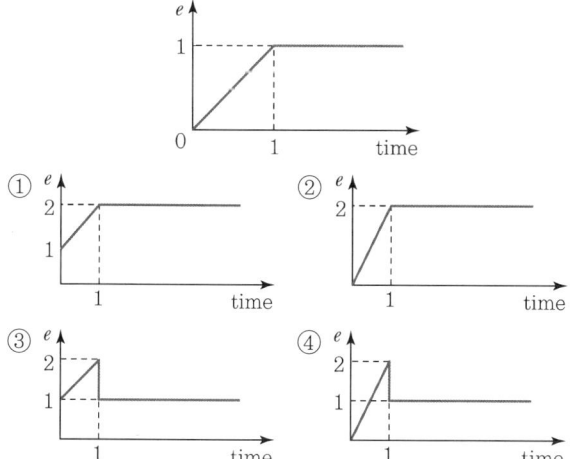

해설
$G(s) = K_c(1+\tau_D s) = 1+s$

$X(s) = \dfrac{1}{s^2}(1-e^{-s})$

$Y(s) = G(s)X(s)$
$= \dfrac{(1+s)}{s^2}(1-e^{-s})$
$= \dfrac{1}{s^2} + \dfrac{1}{s} - \dfrac{1}{s^2}e^{-s} - \dfrac{1}{s}e^{-s}$

$y(t) = tu(t) - (t-1)u(t-1) + u(t) - u(t-1)$
$= (t+1)u(t) - tu(t-1)$

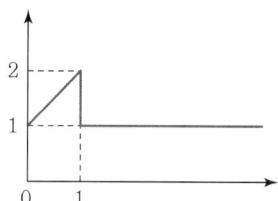

43 Anti Reset Windup에 관한 설명으로 가장 거리가 먼 것은?

① 제어기 출력이 공정입력한계에 걸렸을 때 작동한다.
② 적분동작에 부과된다.
③ 큰 설정치 변화에 공정출력이 크게 흔들리는 것을 방지한다.
④ Offset을 없애는 동작이다.

해설
Anti Reset Windup
Reset Windup은 적분제어 작용에서 나타나는 현상으로 오차 $e(t)$가 0보다 클 경우 $e(t)$의 적분값은 시간이 길수록 점점 커지게 된다. 제어기 출력 $m(t)$가 최대 허용치에 머물고 있음에도 불구하고 $e(t)$의 적분값은 계속 증가하는데 이 현상을 Windup이라고 하고, 이 현상을 방지하는 기능을 Anti Reset Windup이라 한다.

정답 40 ② 41 ② 42 ③ 43 ④

44 다음과 같은 2차계의 주파수 응답에서 감쇠계수 값에 관계없이 위상의 지연이 90°가 되는 경우는?(단, τ는 시정수이고, ω는 주파수이다.)

$$G(s) = \frac{K}{(\tau s)^2 + 2\xi\tau s + 1}$$

① $\omega\tau = 1$일 때
② $\omega = \tau$일 때
③ $\omega\tau = \sqrt{2}$일 때
④ $\omega = \tau^2$일 때

해설

$\phi = -\tan^{-1}\left(\dfrac{2\tau\omega\xi}{1-\tau^2\omega^2}\right)$

$\tau\omega = 1$

45 $\dfrac{Y(s)}{X(s)} = \dfrac{10}{s^2 + 1.6s + 4}$, $X(s) = \dfrac{4}{s}$인 계에서 $y(t)$의 최종값(Ultimate Value)은?

① 10
② 2.5
③ 2
④ 1

해설

$Y(s) = \dfrac{10}{s^2 + 1.6s + 4} \cdot \dfrac{4}{s}$

$\therefore \lim\limits_{t\to\infty} y(t) = \lim\limits_{s\to 0} sY(s)$

$\qquad = \lim\limits_{s\to 0} \dfrac{40}{s^2 + 1.6s + 4}$

$\qquad = 10$

46 다음 그림과 같은 액위제어계에서 제어밸브는 ATO(Air-To-Open)형이 사용된다고 가정할 때에 대한 설명으로 옳은 것은?(단, Direct는 공정출력이 상승할 때 제어출력이 상승함을, Reverse는 제어출력이 하강함을 의미한다.)

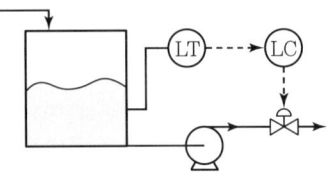

① 제어기 이득의 부호에 관계없이 제어기의 동작 방향은 Reverse이어야 한다.
② 제어기의 동작 방향은 Direct, 즉 제어기 이득이 음수이어야 한다.
③ 제어기의 동작 방향은 Direct, 즉 제어기 이득이 양수이어야 한다.
④ 제어기의 동작 방향은 Reverse, 즉 제어기 이득이 음수이어야 한다.

해설

• Reverse(역동작)
  $K_c > 0$: 입력신호가 감소할 때 제어기 출력이 증가
• Direct(정동작)
  $K_c < 0$: 입력신호가 증가할 때 제어기 출력이 증가

액위가 높아졌다면 제어출력을 크게 하여 밸브를 열어 유량을 증가시킨다. → Direct

47 다음과 같은 특성식(Characteristic Equation)을 갖는 계가 있다면 이 계는 Routh 시험법에 의하여 다음의 어느 경우에 해당하는가?

$$s^4 + 3s^3 + 5s^2 + 4s + 2 = 0$$

① 안정(Stable)하다.
② 불안정(Unstable)하다.
③ 모든 근(Root)이 허수축의 우측반면에 존재한다.
④ 감쇠진동을 일으킨다.

정답 44 ① 45 ① 46 ② 47 ①

해설

1	1	5	2
2	3	4	
3	$\frac{3 \times 5 - 1 \times 4}{3} = 3.67$	$\frac{3 \times 2 - 1 \times 0}{3} = 2$	
4	$\frac{3.67 \times 4 - 3 \times 2}{3.67} = 2.36$		

∴ Routh 배열의 첫 번째 열의 모든 원소들이 양이므로 안정하다.

48 동적계(Dynamic System)를 전달함수로 표현하는 경우를 옳게 설명한 것은?

① 선형계의 동특성을 전달함수로 표현할 수 없다.
② 비선형계를 선형화하고 전달함수로 표현하면 비선형 동특성을 근사할 수 있다.
③ 비선형계를 선형화하고 전달함수로 표현하면 비선형 동특성을 정확히 표현할 수 있다.
④ 비선형계의 동특성을 선형화하지 않아도 전달함수로 표현할 수 있다.

해설

비선형계를 편차변수, Taylor 급수전개를 통해 선형화하고 전달함수로 표현하면 비선형 동특성을 근사할 수 있다.

49 다음 그림과 같은 제어계의 전달함수 $\frac{Y(s)}{X(s)}$는?

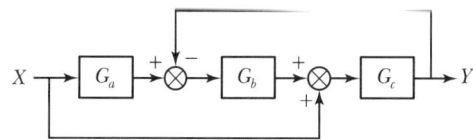

① $\frac{Y(s)}{X(s)} = \frac{G_c(1 + G_a G_b)}{1 + G_a G_b G_c}$

② $\frac{Y(s)}{X(s)} = \frac{G_a G_b G_c}{1 + G_b G_c}$

③ $\frac{Y(s)}{X(s)} = \frac{G_a G_b G_c}{1 + G_a G_b G_c}$

④ $\frac{Y(s)}{X(s)} = \frac{G_c(1 + G_a G_b)}{1 + G_b G_c}$

해설

$$G(s) = \frac{Y(s)}{X(s)}$$
$$= \frac{G_a G_b G_c + G_c}{1 + G_b G_c}$$
$$= \frac{(G_a G_b + 1) G_c}{1 + G_b G_c}$$

50 온도 측정장치인 열전대를 반응기 탱크에 삽입한 접점의 온도를 T_m, 유체와 접점 사이의 총열전달계수(Overall Heat Transfer Coefficient)를 U, 접점의 표면적을 A, 탱크의 온도를 T, 접점의 질량을 m, 접점의 비열을 C_m이라고 하였을 때 접점의 에너지수지식은?

(단, 열전대의 시간상수(τ) = $\frac{m C_m}{UA}$ 이다.)

① $\tau \frac{dT_m}{dt} = T - T_m$ ② $\tau \frac{dT}{dt} = T - T_m$

③ $\tau \frac{dT_m}{dt} = T_m - T$ ④ $\tau \frac{dT}{dt} = T_m - T$

해설

$$\frac{dQ}{dt} = UA(T - T_m)$$
$$dQ = m C_m dT_m$$
$$\frac{m C_m dT_m}{dt} = UA(T - T_m)$$
$$\frac{m C_m}{UA} \frac{dT_m}{dt} = T - T_m$$
$$\tau \frac{dT_m}{dt} = T - T_m$$

정답 48 ② 49 ④ 50 ①

51 다음 블록선도의 닫힌 루프 전달함수는?

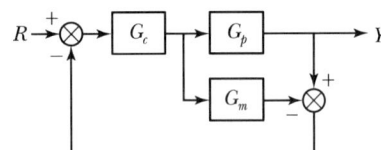

① $\dfrac{Y}{R} = \dfrac{G_c G_p}{1 + G_c G_p G_m}$

② $\dfrac{Y}{R} = \dfrac{G_c G_p}{1 + G_c(G_p - G_m)}$

③ $\dfrac{Y}{R} = \dfrac{1 - G_c G_p}{1 + G_c(G_p - G_m)}$

④ $\dfrac{Y}{R} = \dfrac{G_m G_c G_p}{1 + G_c(G_p - G_m)}$

해설

$\dfrac{Y}{R} = \dfrac{G_c G_p}{1 + G_c G'} = \dfrac{G_c G_p}{1 + G_c(G_p - G_m)}$

52 1차계의 단위계단응답에서 시간 t가 2τ일 때 퍼센트 응답은 약 얼마인가?(단, τ는 1차계의 시간상수이다.)

① 50% ② 63.2%
③ 86.5% ④ 95%

해설

1차계 단위계단응답

t	$y(t)/KA$	t	$y(t)/KA$
0	0	4τ	0.982
τ	0.632	5τ	0.993
2τ	0.865	∞	1
3τ	0.950		

53 $Y = P_1 X \pm P_2 X$의 블록선도로 옳지 않은 것은?

①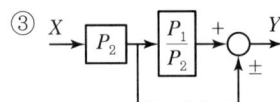

② $X \longrightarrow \boxed{P_1 \pm P_2} \longrightarrow Y$

③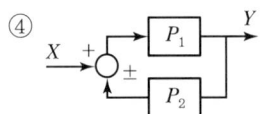

④ $X \longrightarrow \bigotimes\!\!\!\pm \longrightarrow \boxed{P_1} \longrightarrow Y$ / $\boxed{P_2}$

해설

① $Y = P_1 X \pm P_2 X$

② $Y = (P_1 \pm P_2) X$

③ $Y = P_2 \left(\dfrac{P_1}{P_2}\right) X \pm P_2 X = P_1 X \pm P_2 X$

④ $Y = \dfrac{P_1 X}{1 \mp P_1 P_2}$

54 어떤 2차계의 Damping Ratio(ζ)가 1.2일 때 Unit Step Response는?

① 무감쇠 진동응답   ② 진동응답
③ 무진동 감쇠응답   ④ 임계 감쇠응답

해설

2차계
- $\zeta < 1$: 과소감쇠, ζ가 작을수록 진동의 폭이 크다.
- $\zeta = 1$: 임계감쇠
- $\zeta > 1$: 과도감쇠

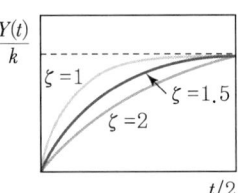

55 아날로그 계장의 경우 센서 전송기의 출력신호, 제어기의 출력신호는 흔히 4~20mA의 전류로 전송된다. 이에 대한 설명으로 틀린 것은?

① 전류신호는 전압신호에 비하여 장거리 전송 시 전자기적 잡음에 덜 민감하다.
② 0%를 4mA로 설정한 이유는 신호선의 단락여부를 쉽게 판단하고, 0% 신호에서도 전자기적 잡음에 덜 민감하게 하기 위함이다.
③ 0~150℃ 범위를 측정하는 전송기의 이득은 $\frac{20}{150}$ mA/℃이다.
④ 제어기 출력으로 ATC(Air-To-Close) 밸브를 동작시키는 경우 8mA에서 밸브열림도(Valve Position)는 0.75가 된다.

해설

③ 전송기의 이득 $K = \frac{(20-4)mA}{(150-0)℃} = \frac{16}{150}$ mA/℃

④ 밸브열림도
ATC이므로 4mA에서 완전히 열리고, 20mA에서 완전히 닫힌다.
$\frac{8-4}{20-4} \times 100\% = 25\%$
25%만큼 닫히므로 75%만큼 열린다.

56 다음 함수를 Laplace 변환할 때 올바른 것은?

$$\frac{d^2X}{dt^2} + 2\frac{dX}{dt} + 2X = 2$$
$$X(0) = X'(0) = 0$$

① $\frac{2}{s(s^2+2s+3)}$　② $\frac{2}{s(s^2+2s+2)}$
③ $\frac{3}{s(s^2+2s+1)}$　④ $\frac{2}{s(s^2+s+2)}$

해설

$s^2X(s) + 2sX(s) + 2X(s) = \frac{2}{s}$
$(s^2+2s+2)X(s) = \frac{2}{s}$　∴ $X(s) = \frac{2}{s(s^2+2s+2)}$

57 다음과 같은 블록선도에서 정치제어(Regulatory Control)일 때 옳은 상관식은?

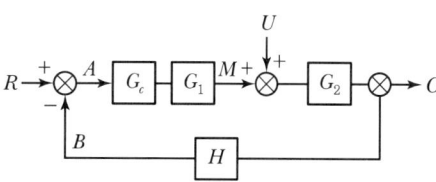

① $C = G_cG_1G_2A$　② $M = (R+B)G_cG_1$
③ $C = G_cG_1G_2(-B)$　④ $M = G_cG_1(-B)$

해설

조정기제어(Regulator Control : 정치제어)
설정값은 일정하게 유지($R=0$)되고, 외부교란변수의 변화만 일어난다.

• $\frac{C}{U} = \frac{G_2}{1+G_cG_1G_2H}$
• $C = G_2U + G_cG_1G_2R - G_cG_1G_2HC$
  $C = \frac{G_2U}{1+G_cG_1G_2H}$ ($R=0$)
• $C = G_2U + G_cG_1G_2A$
  $= G_2U + G_cG_1G_2(R-B) = G_2U - G_cG_1G_2B$
• $M = AG_cG_1$
  $= (R-B)G_cG_1$ ($R=0$)
  $= (-B)G_cG_1$

58 다음 중 캐스케이드제어를 적용하기에 가장 적합한 동특성을 가진 경우는?

① 부제어루프 공정 : $\frac{2}{10s+1}$
　주제어루프 공정 : $\frac{6}{2s+1}$
② 부제어루프 공정 : $\frac{6}{10s+1}$
　주제어루프 공정 : $\frac{2}{2s+1}$
③ 부제어루프 공정 : $\frac{2}{2s+1}$
　주제어루프 공정 : $\frac{6}{10s+1}$

정답 55 ③　56 ②　57 ④　58 ③

④ 부제어루프 공정 : $\dfrac{2}{10s+1}$

　주제어루프 공정 : $\dfrac{6}{10s+1}$

해설
부제어루프의 동특성이 주제어루프보다 빨라야 한다.

59 어떤 공정에 대하여 수동모드에서 제어기 출력을 10% 계단 증가시켰을 때 제어변수가 초기에 5%만큼 증가하다가 최종적으로는 원래 값보다 10%만큼 줄어들었다. 이에 대한 설명으로 옳은 것은?(단, 공정입력의 상승이 공정출력의 상승을 초래하면 정동작 공정이고, 공정출력의 상승이 제어출력의 상승을 초래하면 정동작 제어기이다.)

① 공정이 정동작 공정이므로 PID 제어기는 역동작으로 설정해야 한다.
② 공정이 역동작 공정이므로 PID 제어기는 정동작으로 설정해야 한다.
③ 공정 이득값은 제어변수 과도응답 변화 폭을 기준하여 1.5이다.
④ 공정 이득값은 과도응답 최대치를 기준하여 0.5이다.

해설
공정에 제어기 출력을 증가시켰더니 최종적으로 공정출력이 감소하였으므로 역동작 공정이므로 제어기는 정동작으로 설정해야 한다.

60 $F(s) = \dfrac{4(s+2)}{s(s+1)(s+4)}$ 인 신호의 최종값(Final Value)은?

① 2　　② ∞
③ 0　　④ 1

해설
$\lim\limits_{t \to \infty} f(t) = \lim\limits_{s \to 0} sF(s)$
$= \lim\limits_{s \to 0} \dfrac{4(s+2)}{(s+1)(s+4)} = \dfrac{8}{4} = 2$

4과목 공업화학

61 NaOH 제조에 사용하는 격막법과 수은법을 옳게 비교한 것은?

① 전류밀도는 수은법이 크고, 제품 품질은 격막법이 좋다.
② 전류밀도는 격막법이 크고, 제품 품질은 수은법이 좋다.
③ 전류밀도는 격막법이 크고, 제품 품질은 격막법이 좋다.
④ 전류밀도는 수은법이 크고, 제품 품질은 수은법이 좋다.

해설
격막법과 수은법

격막법	수은법
• NaOH 농도(11~12%)가 낮으므로 농축비가 많이 든다. • 제품 중에 염화물 등을 함유하여 순도가 낮다.	• 제품의 순도가 높으며, 진한 NaOH(50~73%)를 얻는다. • 전력비가 많이 든다. • 수은을 사용하므로 공해의 원인이 된다. • 이론분해전압과 전류밀도가 크다.

62 무기화합물과 비교한 유기화합물의 일반적인 특성으로 옳은 것은?

① 가연성이 있고, 물에 쉽게 용해되지 않는다.
② 가연성이 없고, 물에 쉽게 용해되지 않는다.
③ 가연성이 없고, 물에 쉽게 용해된다.
④ 가연성이 있고, 물에 쉽게 용해된다.

해설
유기화합물
C, H(N, O)로 이루어진 화합물로 대부분 물에 녹지 않고 유기용매에 녹는 것이 많다.

63 카프로락탐에 관한 설명으로 옳은 것은?

① 나일론 6.6의 원료이다.
② Cyclohexanone oxime을 황산처리하면 생성된다.
③ Cyclohexanone과 암모니아의 반응으로 생성된다.
④ Cyclohexane 및 초산과 아민의 반응으로 생성된다.

정답 59 ② 60 ① 61 ④ 62 ① 63 ②

해설

카프로락탐

시클로헥사논 옥심을 진한 황산과 가열해서 베크만 전환반응에 의해 생성되며, 나일론 6의 원료로 사용된다.

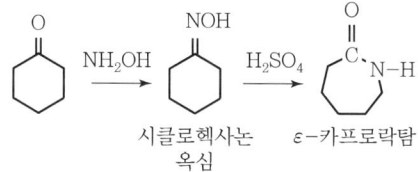

시클로헥사논 옥심 → ε-카프로락탐

64 석유정제에 사용되는 용제가 갖추어야 하는 조건이 아닌 것은?

① 선택성이 높아야 한다.
② 추출할 성분에 대한 용해도가 높아야 한다.
③ 용제의 비점과 추출성분의 비점의 차이가 적어야 한다.
④ 독성이나 장치에 대한 부식성이 적어야 한다.

해설

용제의 조건
- 원료유와 추출용제 사이의 비중차가 커야 한다.
- 증류로써 회수가 용이해야 한다.
- 추출성분에 대한 용해도가 커야 한다.
- 열적, 화학적으로 안정해야 한다.
- 선택성이 커야 한다.

65 암모니아 산화법에 의하여 질산을 제조하면 상압에서 순도가 약 65% 내외가 되어 공업적으로 사용하기 힘들다. 이럴 경우 순도를 높이기 위한 일반적인 방법으로 옳은 것은?

① H_2SO_4의 흡수제를 첨가하여 3성분계를 만들어 농축한다.
② 온도를 높여 끓여서 물을 날려 보낸다.
③ 촉매를 첨가하여 부가반응을 일으킨다.
④ 계면활성제를 사용하여 물을 제거한다.

해설

진한 질산의 제조
- Pauling식 : 묽은 질산에 진한 황산(98%)을 가하여 증류하는 방법
- Maggie식 : $Mg(NO_3)_2$을 섞어 탈수 농축하는 방법

66 질소비료 중 이론적으로 질소함유량이 가장 높은 비료는?

① 황산암모늄(황안)
② 염화암모늄(염안)
③ 질산암모늄(질안)
④ 요소

해설

① 황산암모늄 $(NH_4)_2SO_4 = \dfrac{2N}{(NH_4)_2SO_4} = \dfrac{2 \times 14}{132} = 0.21$

② 염화암모늄 $NH_4Cl = \dfrac{N}{NH_4Cl} = \dfrac{14}{53.5} = 0.26$

③ 질산암모늄 $NH_4NO_3 = \dfrac{2N}{NH_4NO_3} = \dfrac{2 \times 14}{80} = 0.35$

④ 요소 $CO(NH_2)_2 = \dfrac{2N}{CO(NH_2)_2} = \dfrac{2 \times 14}{60} = 0.47$

67 일반적으로 고분자의 합성은 단계 성장 중합(축합중합)과 사슬 성장 중합(부가중합) 반응으로 분리될 수 있다. 이에 대한 설명으로 옳지 않은 것은?

① 단계 성장 중합은 작용기를 가진 분자들 사이의 반응으로 일어난다.
② 단계 성장 중합은 중간에 반응이 중지될 수 없고, 중간체도 사슬 성장 중합과 마찬가지로 분리될 수 없다.
③ 사슬 성장 중합은 중합 중에 일시적이지만 분리될 수 없는 중간체를 가진다.
④ 사슬 성장 중합은 탄소-탄소 이중 결합을 포함한 단량체를 기본으로 하여 중합이 이루어진다.

해설

㉠ 단계 성장 중합 : 두 개 이상의 작용기를 포함하는 단량체들이 서로 반응하여 이량체, 삼량체, 다량체로 성장한다.
㉡ 사슬 성장 중합
- 고분자 사슬에 단량체가 첨가하는 방법으로 반응성이 커서(자유라디칼, 음이온, 양이온) 빨리 진행된다.
- 중합 중에 일시적이지만 분리될 수 없는 중간체를 가진다.

정답 64 ③ 65 ① 66 ④ 67 ②

68 가성소다 전해법 중 수은법에 대한 설명으로 틀린 것은?

① 양극은 흑연, 음극은 수은을 사용한다.
② Na는 수은에 녹아 엷은 아말감을 형성한다.
③ 아말감을 물과 반응시켜 NaOH와 H_2를 생성한다.
④ 아말감 중 Na 함량이 높으면 분해 속도가 느려지므로 전해질 내에서 H_2가 제거된다.

해설

수은법
- 음극 : 수은 사용
  양극 : 흑연 전극
- 음극에서 석출된 나트륨이 수은에 녹아 나트륨아말감(Na-Hg)을 만드는데, 나트륨의 농도가 너무 진하면 유동성이 낮아지므로 나트륨의 농도를 0.2% 정도로 조정한다.
- 아말감 중 Na 함유량이 많으면 유동성이 저하되어 전해질 내에서 수소가스가 발생한다.

69 분자량이 5,000, 10,000, 15,000, 20,000, 25,000 g/mol로 이루어진 다섯 개의 고분자가 각각 50, 100, 150, 200, 250kg이 있다. 이 고분자의 다분산도(Polydispersity)는?

① 0.8
② 1.0
③ 1.2
④ 1.4

해설

- $\overline{M_n}$(수평균분자량) $= \dfrac{w}{\sum N_i}$

$= \dfrac{50+100+150+200+250}{\dfrac{50}{5,000}+\dfrac{100}{10,000}+\dfrac{150}{15,000}+\dfrac{200}{20,000}+\dfrac{250}{25,000}}$

$= 15,000 \text{kg/kmol}$

- $\overline{M_w}$(중량평균분자량) $= \dfrac{\sum M_i^2 N_i}{\sum M_i N_i}$

$= \dfrac{5,000 \times 50 + 10,000 \times 100 + 15,000 \times 150 + 20,000 \times 200 + 25,000 \times 250}{50+100+150+200+250}$

$= 18,333$

∴ 다분산도 $= \dfrac{\overline{M_w}}{\overline{M_n}} = \dfrac{18,333}{15,000} = 1.2$

70 프로필렌($CH_2=CH-CH_3$)에서 쿠멘

)을 합성하는 유기합성 반응으로 옳은 것은?

① 산화반응
② 알킬화반응
③ 수화공정
④ 중합공정

해설

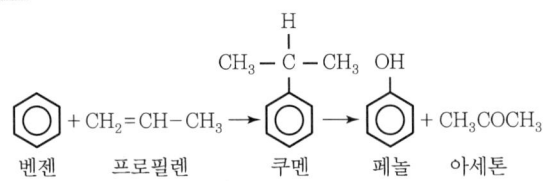

※ Fridel-Craft 알킬화반응
  촉매 : $AlCl_3$, BF_3, H_3PO_4

71 감압증류 공정을 거치지 않고 생산된 석유화학제품으로 옳은 것은?

① 윤활유
② 아스팔트
③ 나프타
④ 벙커C유

해설

감압증류
윤활유, 아스팔트, 잔유 등 비점이 높은 유분을 얻을 때 사용한다.

72 부식전류가 커지는 원인이 아닌 것은?

① 용존산소 농도가 낮을 때
② 온도가 높을 때
③ 금속이 전도성이 큰 전해액과 접촉하고 있을 때
④ 금속 표면의 내부 응력의 차가 클 때

해설

부식전류를 크게 하는 요소
- 서로 다른 금속들이 접하고 있을 때
- 금속이 전도성이 큰 전해액과 접하고 있을 때
- 금속 표면의 내부 응력차가 클 때
- 온도가 높을 때

73 황산 제조방법 중 연실법에서 장치의 능률을 높이고 경제적으로 조업하기 위하여 개량된 방법 또는 설비는?

① 소량응축법
② Pertersen Tower법
③ Reynold법
④ Monsanto법

해설

연실식 제조방법 : 질산식 황산 제법
- 연실 바닥으로 SO_2, N_2, NO_2, O_2 등을 주입하고 상부에서 물을 분무하는 방식
- 연실은 크기에 비하여 능률이 낮고, 기계적 성질이 나쁘다.
- 장치양식에 따라 연실식, 반탑식, 탑식이 있다.

연실식		Glover 탑 → 연실 → Gay–Lussac 탑
개량법	탑식	Glover 탑 → Gay–Lussac 탑
	반탑식	Glover 탑 → Petersen 탑 → Gay–Lussac 탑

74 에폭시 수지에 대한 설명으로 틀린 것은?

① 접착제, 도료 또는 주형용 수지로 만들어지며 금속 표면에 잘 접착한다.
② 일반적으로 비스페놀A와 에피클로로히드린의 반응으로 제조한다.
③ 열에는 안정하지만 강도가 좋지 않은 단점이 있다.
④ 에폭시 수지 중 Hydroxy기도 Epoxy기와 반응하여 가교 결합을 형성할 수 있다.

해설

에폭시 수지
- 제법 : 비스페놀A + 에피클로로히드린을 결합시켜 제조
- 경화제를 가하면, 기계적 강도나 내약품성이 우수한 것을 만든다.
- 가교화된 에폭시 수지는 견고하고 내화학성이 뛰어나며, 안정된 구조의 우수한 전기적 물성을 갖고 있다.
- 표면 보호 코팅으로 사용되며, 접착제, 주물재료 등에도 사용된다.

75 화학비료를 토양시비 시 토양이 산성화가 되는 주된 원인으로 옳은 것은?

① 암모늄 이온(종)
② 토양콜로이드
③ 황산 이온(종)
④ 질산화미생물

해설

황산암모늄[황안, $(NH_4)_2SO_4$]
- 질소비료
- 토양을 산성화시키는 단점이 있다.

76 인 31g을 완전 연소시키기 위한 산소의 부피는 표준상태에서 몇 L인가?(단, P의 원자량은 31이다.)

① 11.2
② 22.4
③ 28
④ 31

해설

$4P + 5O_2 \rightarrow 2P_2O_5$
$4 \times 31g : 5 \times 22.4L(STP)$
  $31 \quad : \quad x$
∴ $x = 28L$

77 일반적으로 니트로화 반응을 이용하여 벤젠을 니트로벤젠으로 합성할 때 많이 사용하는 것은?

① $AlCl_3 + HCl$
② $H_2SO_4 + HNO_3$
③ $(CH_3CO)_2O_2 + HNO_3$
④ $HCl + HNO_3$

해설

니트로화
- NO_2 도입
- 니트로화제 : $HNO_3 + H_2SO_4$의 혼합산
      (질산) (황산)

정답 73 ② 74 ③ 75 ③ 76 ③ 77 ②

78 인광석을 산분해하여 인산을 제조하는 방식 중 습식법에 해당하지 않는 것은?

① 황산분해법
② 염산분해법
③ 질산분해법
④ 아세트산분해법

해설

인산의 제법 ─┬─ 건식법 ─┬─ 용광로법
             │   └─ 전기로법
             └─ 습식법 ─┬─ 황산분해법
                        ├─ 질산분해법
                        └─ 염산분해법

79 다음 중 Ⅲ-Ⅴ 화합물 반도체로만 나열된 것은?

① SiC, SiGe
② AlAs, AlSb
③ CdS, CdSe
④ PbS, PbTe

해설

㉠ 원자가전자 3개(13족 원소)
  • B(붕소), Al(알루미늄), Ga(갈륨), In(인듐)
  • 전자가 비어 있는 상태
㉡ 원자가전자 5개(15족 원소)
  • P(인), As(비소), Sb(안티몬)
  • 전자 1개가 남아 잉여전자가 생긴다.

80 일반적인 공정에서 에틸렌으로부터 얻는 제품이 아닌 것은?

① 에틸벤젠
② 아세트알데히드
③ 에탄올
④ 염화알릴

해설

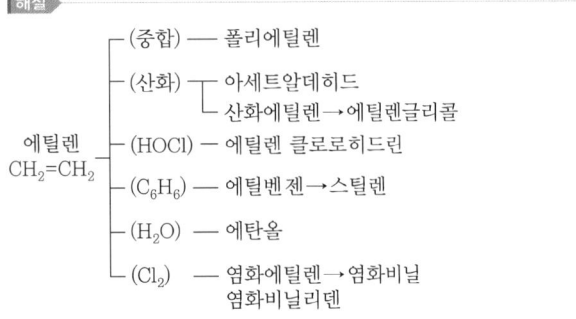

5과목 반응공학

81 다음과 같은 평행반응이 진행되고 있을 때 원하는 생성물이 S라면 반응물의 농도는 어떻게 조절해 주어야 하는가?

$$A+B \xrightarrow{k_1} R \quad \frac{dC_R}{dt}=k_1 C_A^{0.5} C_B^{1.8}$$
$$A+B \xrightarrow{k_2} S \quad \frac{dC_S}{dt}=k_2 C_A C_B^{0.3}$$

① C_A를 높게, C_B를 낮게
② C_A를 낮게, C_B를 높게
③ C_A와 C_B를 높게
④ C_A와 C_B를 낮게

해설

선택도 $= \dfrac{dC_S/dt}{dC_R/dt} = \dfrac{k_2 C_A C_B^{0.3}}{k_1 C_A^{0.5} C_B^{1.8}} = \dfrac{k_2}{k_1} C_A^{0.5} C_B^{-1.5}$

C_A는 높게, C_B는 낮게 해준다.

82 어느 조건에서 Space Time이 3초이고, 같은 조건 하에서 원료의 공급률이 초당 300L일 때 반응기의 체적은 몇 L인가?

① 100
② 300
③ 600
④ 900

해설

$\tau = 3s$
$v_o = 300 L/s$
$\tau = \dfrac{V}{v_o}$
$\therefore V = \tau v_o = 3s \times 300 L/s = 900 L$

정답 78 ④ 79 ② 80 ④ 81 ① 82 ④

83 평균 체류시간이 같은 관형반응기와 혼합흐름반응기에서 $A \to R$로 표시되는 화학반응이 일어날 때 전환율이 서로 같다면 이 반응의 차수는?

① 0차 ② $\frac{1}{2}$차
③ 1차 ④ 2차

해설
- 관형반응기(0차)
  $k\tau = C_{A0} - C_A = C_{A0}X_A$
- 혼합흐름반응기(0차)
  $k\tau = C_{A0} - C_A = C_{A0}X_A$

84 회분계에서 반응물 A의 전환율 X_A를 옳게 나타낸 것은?(단, N_A는 A의 몰수, N_{A0}는 초기 A의 몰수이다.)

① $X_A = \dfrac{N_{A0} - N_A}{N_A}$ ② $X_A = \dfrac{N_A - N_{A0}}{N_A}$

③ $X_A = \dfrac{N_A - N_{A0}}{N_{A0}}$ ④ $X_A = \dfrac{N_{A0} - N_A}{N_{A0}}$

해설
$$X_A = \frac{\text{반응한 } A\text{의 mol수}}{\text{초기에 공급한 } A\text{의 mol수}} = \frac{N_{A0} - N_A}{N_{A0}}$$

85 촉매작용의 일반적인 특성에 대한 설명으로 옳지 않은 것은?

① 활성화 에너지가 촉매를 사용하지 않을 경우에 비해 낮아진다.
② 촉매작용에 의하여 평형 조성을 변화시킬 수 있다.
③ 촉매는 여러 반응에 대한 선택성이 높다.
④ 비교적 적은 양의 촉매로도 다량의 생성물을 생성시킬 수 있다.

해설
촉매(Catalyst)
- 활성화 에너지를 조절하여 반응속도를 조절한다.
- 촉매는 단지 반응속도만을 변화시키며 평형에는 영향을 미치지 않는다.

86 $A + B \to R$인 비가역 기상 반응에 대해 다음과 같은 실험 데이터를 얻었다. 반응속도식으로 옳은 것은? (단, $t_{1/2}$은 B의 반감기이고 P_A 및 P_B는 각각 A 및 B의 초기 압력이다.)

실험번호	1	2	3	4
P_A mmHg	500	125	250	250
P_B mmHg	10	15	10	20
$t_{1/2}$ min	80	213	160	80

① $r = -\dfrac{dP_B}{dt} = k_P P_A P_B$

② $r = -\dfrac{dP_B}{dt} = k_P P_A^2 P_B$

③ $r = -\dfrac{dP_B}{dt} = k_P P_A P_B^2$

④ $r = -\dfrac{dP_B}{dt} = k_P P_A^2 P_B^2$

해설
$$-r_A = -r_B = r = \frac{-dP_B}{dt} = K_P P_A^\alpha P_B^\beta$$

1. 실험번호 3, 4($P_A = 250\,\text{mmHg}$로 일정)

$$\frac{-dP_B}{dt} = K_P P_A^\alpha P_B^\beta = K_B P_B^\beta$$

$$\int_{P_{B0}}^{P_B} \frac{-dP_B}{P_B^\beta} = \int_0^t K_B \, dt$$

$$\frac{1}{\beta - 1} P_B^{1-\beta} \Big|_{P_{B0}}^{P_B} = K_B t_{1/2} \quad \left(P_B = \frac{1}{2}P_{B0}\right)$$

$$\frac{1}{\beta - 1}\left[\left(\frac{P_{B0}}{2}\right)^{1-\beta} - P_{B0}^{1-\beta}\right] = K_B \times t_{1/2}$$

- No.3 : $\dfrac{1}{\beta - 1}\left[\left(\dfrac{10}{2}\right)^{1-\beta} - 10^{1-\beta}\right] = K_B \times 160$ …… ㉠

- No.4 : $\dfrac{1}{\beta - 1}\left[\left(\dfrac{20}{2}\right)^{1-\beta} - 20^{1-\beta}\right] = K_B \times 80$ …… ㉡

㉠ ÷ ㉡에 의해
$$\frac{10^{1-\beta}}{20^{1-\beta}} = \left(\frac{1}{2}\right)^{1-\beta} = 2$$

$\therefore \beta = 2$

정답 83 ① 84 ④ 85 ② 86 ③

2. 실험번호 1, 3($P_B = 10\,\text{mmHg}$로 일정)

$$\frac{-dP_B}{dt} = K_P P_A^\alpha P_B^\beta = K_A P_A^\alpha$$

$$-dP_B = K_A P_A^\alpha dt$$

$$-\int_{P_{B0}}^{P_B} dP_B = K_A P_A^\alpha \int_0^t dt$$

$$P_{B0} - P_B = K_A P_A^\alpha t_{1/2} \quad \left(P_B = \frac{1}{2}P_{B0}\right)$$

- No. 1 : $10 - \dfrac{10}{2} = K_A \times 500^\alpha \times 80$ ············ ㉢
- No. 3 : $10 - \dfrac{10}{2} = K_A \times 250^\alpha \times 160$ ············ ㉣

㉢ ÷ ㉣에 의해

$$1 = \left(\frac{500}{250}\right)^\alpha \left(\frac{80}{160}\right)$$

$$\therefore \alpha = 1$$

$$\therefore -r_A = -r_B = r = \frac{-dP_B}{dt} = K_P P_A P_B^2$$

87 크기가 같은 Plug Flow 반응기(PFR)와 Mixed Flow 반응기(MFR)를 서로 연결하여 다음의 2차 반응을 실행하고자 한다. 반응물 A의 전환율이 가장 큰 경우는?

$$A \rightarrow B, \quad r_A = kC_A^2$$

①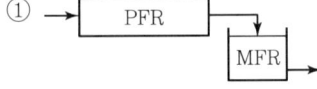

②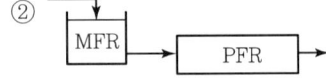

③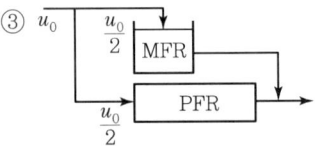

④ 전환율은 반응기의 연결 방법, 순서와 상관없이 동일하다.

해설
- $n > 1$: PFR → 작은 CSTR → 큰 CSTR 순서로 배열
- $n < 1$: 큰 CSTR → 작은 CSTR → PFR 순서로 배열

88 불균질(Heterogeneous) 반응 속도에 대한 설명으로 가장 거리가 먼 것은?

① 불균질 반응에서 일반적으로 반응 속도식은 화학 반응항에 물질 이동항이 포함된다.
② 어떤 단계가 비선형성을 띠면 이를 회피하지 말고 총괄 속도식에 적용하여 문제를 해결해야 한다.
③ 여러 과정의 속도를 나타내는 단위가 서로 같으면 총괄 속도식을 유도하기 편리하다.
④ 총괄 속도식에는 중간체의 농도항이 제거되어야 한다.

해설
불균질(Heterogeneous)
- 두 상 이상에서 반응이 진행되는 경우이다.
- 속도식 = 화학반응항 + 물질이동항
- 중간체 농도항은 제거되어야 한다.

89 균일계 가역 1차 반응 $A \underset{k_2}{\overset{k_1}{\rightleftharpoons}} R$이 회분식 반응기에서 순수한 A로부터 반응이 시작하여 평형에 도달했을 때 A의 전환율이 85%이었다면 이 반응의 평형상수 K_c는?

① 0.18 ② 0.85
③ 5.67 ④ 12.3

해설

$$K_c = \frac{k_1}{k_2} = \frac{C_{Re}}{C_{Ae}} = \frac{C_{R0} + C_{A0}X_{Ae}}{C_{A0}(1 - X_{Ae})}$$

$$= \frac{X_{Ae}}{1 - X_{Ae}}$$

$$= \frac{0.85}{1 - 0.85} = 5.67$$

90 $A+B \to R$, $r_R = 1.0 C_A^{1.5} C_B^{0.3}$과 $A+B \to S$, $r_S = 1.0 C_A^{0.5} C_B^{1.3}$에서 R이 요구하는 물질일 때 A의 전화율이 90%이면 혼합흐름반응기에서 R의 총괄수율(Overall Fractional Yield)은 얼마인가?(단, A와 B의 농도는 각각 20mol/L이며 같은 속도로 들어간다.)

① 0.225　　② 0.45
③ 0.675　　④ 0.9

해설

$$\phi\left(\frac{R}{A}\right) = \frac{C_A^{1.5} C_B^{0.3}}{C_A^{1.5} C_B^{0.3} + C_A^{0.5} C_B^{1.3}} = \frac{C_A}{C_A + C_B}$$

$C_A = C_B$이므로 $\phi\left(\frac{R}{A}\right) = 0.5$

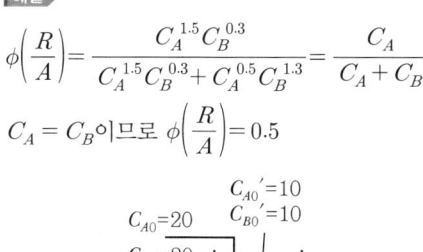

$\therefore C_{Rf} = 9 \times 0.5 = 4.5 \text{mol/L}$

$\phi = \frac{R}{A} = \frac{4.5 \text{mol/L}}{10 \text{mol/L}} \times 100 = 45\%(0.45)$

91 다음 반응이 회분식 반응기에서 일어날 때 반응시간이 t이고 처음에 순수한 A로 시작하는 경우, 가역 1차 반응을 옳게 나타낸 식은?(단, A와 B의 농도는 C_A, C_B이고, C_{Aeq}는 평형상태에서 A의 농도이다.)

$$A \underset{k_2}{\overset{k_1}{\rightleftarrows}} B$$

① $\dfrac{(C_A - C_{Aeq})}{(C_{A0} - C_{Aeq})} = e^{-(k_1+k_2)t}$

② $\dfrac{(C_A - C_{Aeq})}{(C_{A0} - C_{Aeq})} = e^{(k_1-k_2)t}$

③ $\dfrac{(C_{A0} - C_{Aeq})}{(C_A - C_{Aeq})} = e^{-(k_1+k_2)t}$

④ $\dfrac{(C_{A0} - C_{Aeq})}{(C_A - C_{Aeq})} = e^{(k_1-k_2)t}$

해설

$A \underset{k_2}{\overset{k_1}{\rightleftarrows}} B$　　$C_{B0} = 0$

$-\dfrac{dC_A}{dt} = C_{A0} \dfrac{dX_A}{dt} = k_1 C_A - k_2 C_B$

$\quad = k_1 \left(C_A - \dfrac{C_B}{k_1/k_2} \right)$

$\quad = k_1 \left(C_A - \dfrac{C_B}{K_e} \right)$

$C_{A0} \dfrac{dX_A}{dt} = k_1 \left(C_A - \dfrac{C_B}{K_e} \right)$

대입 $C_A = C_{A0}(1 - X_A)$
$\quad C_B = C_{A0} X_A$

$K_e = \dfrac{X_{Ae}}{1 - X_{Ae}}$

$\dfrac{dX_A}{dt} = k_1 \left(1 - \dfrac{X_A}{X_{Ae}}\right) = \dfrac{k_1}{X_{Ae}}(X_{Ae} - X_A)$

$\displaystyle\int_0^{X_A} \dfrac{dX_A}{X_{Ae} - X_A} = \int_0^t \dfrac{k_1}{X_{Ae}} dt$

$-\ln\left(1 - \dfrac{X_A}{X_{Ae}}\right) = -\ln\dfrac{C_A - C_{Ae}}{C_{A0} - C_{Ae}} = \dfrac{k_1}{X_{Ae}} t$

$K_c = \dfrac{k_1}{k_2} = \dfrac{X_{Ae}}{1 - X_{Ae}} \to X_{Ae} = \dfrac{k_1}{k_1 + k_2}$

$\dfrac{C_A - C_{Ae}}{C_{A0} - C_{Ae}} = e^{-\frac{k_1 t}{X_{Ae}}} = e^{-(k_1+k_2)t}$

92 1차 반응인 $A \to R$, 2차 반응(Desired)인 $A \to S$, 3차 반응인 $A \to T$에서 S가 요구하는 물질일 경우에 다음 중 옳은 것은?

① 플러그흐름반응기를 쓰고 전화율을 낮게 한다.
② 혼합흐름반응기를 쓰고 전화율을 낮게 한다.
③ 중간수준의 A 농도에서 혼합흐름반응기를 쓴다.
④ 혼합흐름반응기를 쓰고 전화율을 높게 한다.

정답▶ 90 ② 91 ① 92 ③

> 해설

$$\phi = \frac{k_2 C_A^2}{k_1 C_A + k_2 C_A^2 + k_3 C_A^3}$$

$$= \frac{k_2 C_A}{k_1 + k_2 C_A + k_3 C_A^2}$$

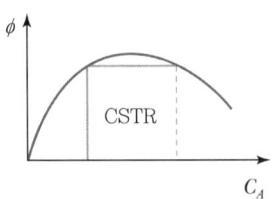

중간 수준의 C_A에서 CSTR 사용

93 $C_6H_5CH_3 + H_2 \rightarrow C_6H_6 + CH_4$의 톨루엔과 수소의 반응은 매우 빠른 반응이며 생성물은 평형 상태로 존재한다. 톨루엔의 초기 농도가 2mol/L, 수소의 초기 농도가 4mol/L이고 반응을 900K에서 진행시켰을 때 반응 후 수소의 농도는 약 몇 mol/L인가?(단, 900K에서 평형상수 $K_P=227$이다.)

① 1.89
② 1.95
③ 2.01
④ 4.04

> 해설

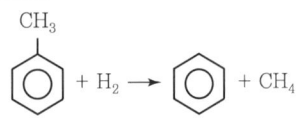

2mol/L	4mol/L	0	0
$-x$	$-x$	$+x$	$+x$
$(2-x)$	$(4-x)$	x	x

$$K = \frac{x^2}{(2-x)(4-x)} = 227$$

$$226x^2 - 1,362x + 1,816 = 0$$

$$x = \frac{1,362 \pm \sqrt{1,362^2 - 4 \times 226 \times 1,816}}{2 \times 226}$$

$\therefore x = 2$

94 그림에 해당되는 반응 형태는?

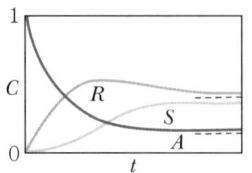

① $A \underset{1}{\overset{1}{\rightleftarrows}} R$, $A \underset{1}{\overset{1}{\rightleftarrows}} S$

② $A \underset{3}{\overset{3}{\rightleftarrows}} R$, $A \underset{1}{\overset{1}{\rightleftarrows}} S$

③ $A \underset{1}{\overset{1}{\rightleftarrows}} R \underset{1}{\overset{1}{\rightleftarrows}} S$

④ $A \underset{1}{\overset{3}{\rightleftarrows}} R \underset{1}{\overset{1}{\rightleftarrows}} S$

> 해설

①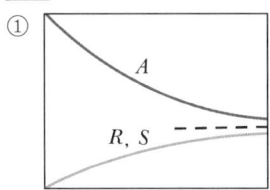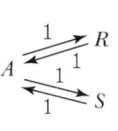

②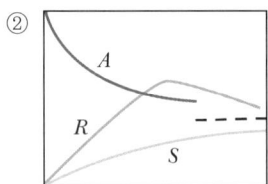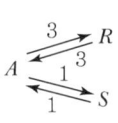

③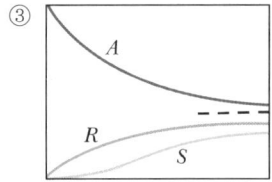

④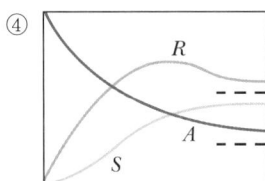

95 온도가 27℃에서 37℃로 될 때 반응속도가 2배로 빨라진다면 활성화 에너지는 약 몇 cal/mol인가?

① 1,281
② 1,376
③ 12,810
④ 13,760

해설

$\ln\dfrac{k_2}{k_1} = \dfrac{E}{R}\left(\dfrac{1}{T_1} - \dfrac{1}{T_2}\right)$

$\ln 2 = \dfrac{E}{1.987}\left(\dfrac{1}{300} - \dfrac{1}{310}\right)$

∴ $E = 12{,}809 \text{cal/mol} ≒ 12{,}810 \text{cal/mol}$

---

96 반응물 A는 1차 반응 $A \to R$에 의해 분해된다. 서로 다른 2개의 플러그흐름반응기에 다음과 같이 반응물의 주입량을 달리하여 분해 실험을 하였다. 두 반응기로부터 동일한 전화율 80%를 얻었을 경우 두 반응기의 부피비 $\dfrac{V_2}{V_1}$은 얼마인가?(단, F_{A0}는 공급물 속도이고 C_{A0}는 초기 농도이다.)

반응기 1 : $F_{A0} = 1$, $C_{A0} = 1$
반응기 2 : $F_{A0} = 2$, $C_{A0} = 1$

① 0.5
② 1
③ 1.5
④ 2

해설

$\tau = \dfrac{C_{A0}V}{F_{A0}}$

$\dfrac{V_2}{V_1} = \dfrac{(F_{A0}\tau/C_{A0})_2}{(F_{A0}\tau/C_{A0})_1} = \dfrac{(2\tau/1)}{(1\tau/1)} = 2$

---

97 플러그흐름반응기를 다음과 같이 연결할 때 D와 E에서 같은 전화율을 얻기 위해서는 D쪽으로의 공급속도 분율 $\dfrac{D}{T}$값은 어떻게 되어야 하는가?

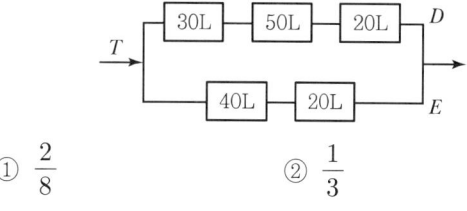

① $\dfrac{2}{8}$
② $\dfrac{1}{3}$
③ $\dfrac{5}{8}$
④ $\dfrac{2}{3}$

해설

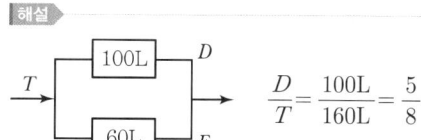

$\dfrac{D}{T} = \dfrac{100\text{L}}{160\text{L}} = \dfrac{5}{8}$

---

98 Thiele 계수에 대한 설명으로 틀린 것은?

① Thiele 계수는 가속도와 속도의 비를 나타내는 차원수이다.
② Thiele 계수가 클수록 입자 내 농도는 저하된다.
③ 촉매입자 내 유효농도는 Thiele 계수의 값에 의존한다.
④ Thiele 계수는 촉매표면과 내부의 효율적 이용의 척도이다.

해설

Thiele 계수

기공 내부로 이동함에 따라 농도가 점차 저하됨을 보여 준다.

1차 반응 유효인자 $\varepsilon = \dfrac{\text{actual rate}}{\text{ideal rate}} = \dfrac{\tan mL}{mL}$

여기서, Thiele Modulus $= mL = L\sqrt{\dfrac{k}{D}}$

L : 세공길이

- $mL < 0.4$ $\varepsilon = 1$
  기공확산에 의한 반응에의 저항이 무시된다.
- $mL > 0.4$ $\varepsilon = \dfrac{1}{mL}$
  기공확산에 의한 반응에의 저항이 크다.

정답 95 ③ 96 ④ 97 ③ 98 ①

- mL이 클수록 입자 내 C_A의 농도가 저하된다.

$$\frac{C_A}{C_{A \cdot S}} = \frac{\cosh m(L-x)}{\cosh mL}$$

99 우유를 저온살균할 때 63℃에서 30분이 걸리고, 74℃에서는 15초가 걸렸다. 이때 활성화 에너지는 약 몇 kJ/mol인가?

① 365
② 401
③ 422
④ 450

해설

$$\ln \frac{k_2}{k_1} = \frac{E}{R}\left(\frac{1}{T_1} - \frac{1}{T_2}\right)$$

$$\ln \frac{15}{30 \times 60} = \frac{E}{8.314 \text{J/mol K}}\left(\frac{1}{336} - \frac{1}{347}\right)$$

$\therefore E = 422,000 \text{J/mol} = 422 \text{kJ/mol}$

100 1차 직렬반응이 $A \xrightarrow{k_1} R \xrightarrow{k_2} S$, $k_1 = 200 \text{s}^{-1}$, $k_2 = 10 \text{s}^{-1}$일 경우 $A \xrightarrow{k} S$로 볼 수 있다. 이때 k의 값은?

① 11.00s^{-1}
② 9.52s^{-1}
③ 0.11s^{-1}
④ 0.09s^{-1}

해설

$A \xrightarrow{k_1} R \xrightarrow{k_2} S$

$A \xrightarrow{k} S \ (k_1 \gg k_2)$

$$\therefore k = \frac{1}{\frac{1}{k_1} + \frac{1}{k_2}} = \frac{1}{\frac{1}{200} + \frac{1}{10}} = 9.52 \text{s}^{-1}$$

정답 99 ③ 100 ②

2020년 통합 제1·2회 기출문제

1과목 화공열역학

01 반데르발스(Van der Waals) 식에 적용되는 실제 기체에 대하여 $\left(\dfrac{\partial U}{\partial V}\right)_T$의 값을 옳게 표현한 것은?

$$\left(P+\dfrac{a}{V^2}\right)(V-b)=RT$$

① $\dfrac{a}{P}$
② $\dfrac{a}{T}$
③ $\dfrac{a}{V^2}$
④ $\dfrac{a}{PT}$

해설

$dU = TdS - PdV$

$\left(\dfrac{\partial U}{\partial V}\right)_T = T\left(\dfrac{\partial S}{\partial V}\right)_T - P$

Maxwell 관계식 : $\left(\dfrac{\partial S}{\partial V}\right)_T = \left(\dfrac{\partial P}{\partial T}\right)_V$

$\left(\dfrac{\partial U}{\partial V}\right)_T = T\left(\dfrac{\partial P}{\partial T}\right)_V - P$

Van der Waals 식 : $P = \dfrac{RT}{V-b} - \dfrac{a}{V^2}$

$\left(\dfrac{\partial P}{\partial T}\right)_V = \dfrac{R}{V-b}$

$\therefore \left(\dfrac{\partial U}{\partial V}\right)_T = \dfrac{RT}{V-b} - \left(\dfrac{RT}{V-b} - \dfrac{a}{V^2}\right) = \dfrac{a}{V^2}$

02 이상기체가 가역공정을 거칠 때, 내부에너지의 변화와 엔탈피의 변화가 항상 같은 공정은?
① 정적공정
② 등온공정
③ 등압공정
④ 단열공정

해설

$T = \text{const}$(일정)
이상기체 $dU = 0$, $dH = 0$

03 물이 얼음 및 수증기와 평형을 이루고 있을 때, 이 계의 자유도는?
① 0
② 1
③ 2
④ 3

해설

$F = 2 - P + C$
$F = 2 - 3 + 1 = 0$
여기서, P : 상의 수
C : 성분의 수

04 단열계에서 비가역 팽창이 일어난 경우의 설명으로 가장 옳은 것은?
① 엔탈피가 증가되었다.
② 온도가 내려갔다.
③ 일이 행해졌다.
④ 엔트로피가 증가되었다.

해설

비가역 팽창공정에서 엔트로피는 증가한다.

05 C_P에 대한 압력의존성을 설명하기 위해 정압하에서 온도에 대해 미분해야 하는 식으로 옳은 것은?(단, C_P : 정압열용량, μ : Joule-Thomson Coefficient이다.)
① $-\mu C_P$
② C_P/μ
③ $C_P - \mu$
④ $C_P + \mu$

정답 01 ③ 02 ② 03 ① 04 ④ 05 ①

해설

$$\mu = \left(\frac{\partial T}{\partial P}\right)_H$$

$$\left(\frac{\partial T}{\partial P}\right)_H \left(\frac{\partial P}{\partial H}\right)_T \left(\frac{\partial H}{\partial T}\right)_P = -1$$

$$\mu = \left(\frac{\partial T}{\partial P}\right)_H = \frac{-\left(\frac{\partial H}{\partial P}\right)_T}{\left(\frac{\partial H}{\partial T}\right)_P} = \frac{-\left(\frac{\partial H}{\partial P}\right)_T}{C_P}$$

$$\therefore \left(\frac{\partial H}{\partial P}\right)_T = -\mu C_P \leftarrow 등온에서\ 압력의존성$$

06 내부에너지의 관계식이 다음과 같을 때 괄호 안에 들어갈 식으로 옳은 것은?(단, 닫힌계이며, U : 내부에너지, S : 엔트로피, T : 절대온도이다.)

$$dU = TdS + (\quad)$$

① PdV　　② $-PdV$
③ VdP　　④ $-VdP$

해설

$dU = TdS - PdV$
$dH = TdS + VdP$
$dA = -SdT - PdV$
$dG = -SdT + VdP$

07 다음 계에서 열효율(η)의 표현으로 옳은 것은?(단, Q_H : 외계로부터 전달받은 열, Q_C : 계로부터 전달된 열, W : 순 일)

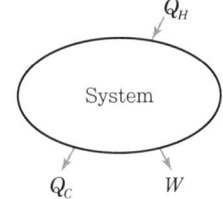

① $\eta = \dfrac{W}{Q_C}$　　② $\eta = -\dfrac{W}{Q_H}$

③ $\eta = \dfrac{W}{Q_H - W}$　　④ $\eta = \dfrac{Q_C + W}{Q_H}$

해설

$$\eta = \frac{W}{Q_H} = \frac{Q_H - Q_C}{Q_H} = \frac{T_H - T_C}{T_H}$$

W는 계에서 외계로 나가므로 −값을 가진다. 그러므로 효율에 −부호를 붙인다(계가 일을 받을 때를 +로 할 경우).

08 32℃의 방에서 운전되는 냉장고를 −12℃로 유지한다. 냉장고로부터 2,300cal의 열량을 얻기 위하여 필요한 최소 일량(J)은?

① 1,272　　② 1,443
③ 1,547　　④ 1,621

해설

$$성능계수 = \frac{Q_C}{W} = \frac{T_C}{T_H - T_C}$$

$$= \frac{(273-12)}{(273+32)-(273-12)} = 5.93$$

$$5.93 = \frac{2,300\text{cal}}{W}$$

$$W = \frac{2,300\text{cal}}{5.93} \times \frac{4.184\text{J}}{1\text{cal}} = 1,622\text{J}$$

09 일산화탄소 가스의 산화반응의 반응열이 −68,000 cal/mol일 때, 500℃에서 평형상수는 e^{28}이었다. 동일한 반응이 350℃에서 진행됐을 때의 평형상수는?(단, 위의 온도범위에서 반응열은 일정하다.)

① $e^{38.7}$　　② $e^{48.7}$
③ $e^{98.7}$　　④ e^{120}

해설

$$\ln \frac{K_2}{K_1} = \frac{\Delta H}{R}\left(\frac{1}{T_1} - \frac{1}{T_2}\right)$$

$$\ln \frac{e^{28}}{K_1} = \frac{-68,000\text{cal/mol}}{1.987\text{cal/mol K}}\left(\frac{1}{623} - \frac{1}{773}\right)$$

$$\therefore K = e^{38.7}$$

정답　06 ②　07 ②　08 ④　09 ①

10 이상기체에 대하여 일(W)이 다음과 같은 식으로 표현될 때, 이 계의 변화과정은?(단, Q는 열, V_1은 초기부피, V_2는 최종부피이다.)

$$W = -Q = -RT \ln \frac{V_2}{V_1}$$

① 단열과정 ② 등압과정
③ 등온과정 ④ 정용과정

해설

$dU = dQ - PdV = dQ + dW$
등온에서 $dU = 0$
$W = -Q = -\int_{V_1}^{V_2} PdV$
$= -\int_{V_1}^{V_2} \frac{RT}{V} dV = -RT \ln \frac{V_2}{V_1}$

11 열역학 제1법칙에 대한 설명과 가장 거리가 먼 것은?

① 받은 열량을 모두 일로 전환하는 기관을 제작하는 것은 불가능하다.
② 에너지의 형태는 변할 수 있으나 총량은 불변한다.
③ 열량은 상태량이 아니지만 내부에너지는 상태량이다.
④ 계가 외부에서 흡수한 열량 중 일을 하고 난 나머지는 내부에너지를 증가시킨다.

해설

㉠ 열역학 제1법칙 : 에너지 보존의 법칙
  열과 일은 생성하거나 소멸되는 것이 아니라 서로 전환하는 것이다.
㉡ 열역학 제2법칙 : 엔트로피의 법칙
  • 자발적 변화는 비가역변화이며 엔트로피는 증가하는 방향으로 흐른다.
  • 열은 저온에서 고온으로 흐르지 못한다.
  • 외부로부터 흡수한 열을 완전히 일로 전환시킬 수 있는 공정은 없다(효율이 100%인 열기관은 존재하지 않는다).

12 $1m^3$의 공기를 20atm으로부터 100atm로 등엔트로피 공정으로 압축했을 때, 최종상태의 용적(m^3)은?(단, $\frac{C_P}{C_V} = 1.40$이며, 공기는 이상기체라 가정한다.)

① 0.40 ② 0.32
③ 0.20 ④ 0.16

해설

$\left(\frac{P_2}{P_1}\right) = \left(\frac{V_1}{V_2}\right)^\gamma$

$\left(\frac{100}{20}\right) = \left(\frac{1}{V_2}\right)^{1.4}$

∴ $V_2 = 0.32 m^3$

13 다음 사이클(Cycle)이 나타내는 내연기관은?

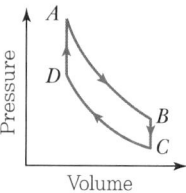

① 공기표준 오토엔진 ② 공기표준 디젤엔진
③ 가스터빈 ④ 제트엔진

해설

• 공기표준 오토엔진
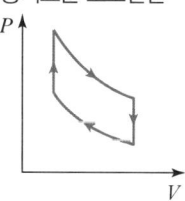

• 공기표준 디젤엔진
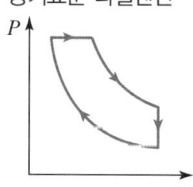

• 가스터빈
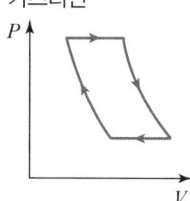

14 40℃, 20atm에서 혼합가스의 성분이 아래의 표와 같을 때, 각 성분의 퓨가시티 계수(ϕ)는?

	조성(mol%)	퓨가시티(f)
Methane	70	13.3
Ethane	20	3.64
Propane	10	1.64

① Methane : 0.95, Ethane : 0.93, Propane : 0.91
② Methane : 0.93, Ethane : 0.91, Propane : 0.82
③ Methane : 0.95, Ethane : 0.91, Propane : 0.82
④ Methane : 0.98, Ethane : 0.93, Propane : 0.82

해설

$P_M = 20\text{atm} \times 0.7 = 14\text{atm}$
$P_E = 20\text{atm} \times 0.2 = 4\text{atm}$
$P_P = 20\text{atm} \times 0.1 = 2\text{atm}$

$\phi_i = \dfrac{f_i}{P_i}$

$\phi_M = \dfrac{13.3}{14} = 0.95$

$\phi_E = \dfrac{3.64}{4} = 0.91$

$\phi_P = \dfrac{1.64}{2} = 0.82$

15 Joule-Thomson Coefficient(μ)에 관한 설명 중 틀린 것은?

① $\mu \equiv \left(\dfrac{\partial T}{\partial P}\right)_H$로 정의된다.
② 일정 엔탈피에서 발생되는 변화에 대한 값이다.
③ 이상기체의 점도에 비례한다.
④ 실제기체에서도 그 값은 0이 될 수 있다.

해설

$\mu = \left(\dfrac{\partial T}{\partial P}\right)_H$

• $\mu > 0$: $P\downarrow\ T\downarrow$
• $\mu = 0$: Inversion Point
• $\mu < 0$: $P\downarrow\ T\uparrow$

16 다음은 평형조건들 중 $T' = T''$, $P' = P''$ 조건을 제외한 평형 관계식 중 실제 물질의 거동과 가장 관련이 없는 것은?(단, X, Y는 액체, 기체의 몰분율이며, $\hat{\phi_i}$는 i성분의 퓨가시티 계수, $\overline{G_i}$는 몰당 Gibbs 자유에너지이다.)

① 기액평형 : $\overline{G_i}' = \overline{G_i}''$
② 기액평형 : $\hat{\phi_i}' Y_i' = \hat{\phi_i}'' X_i''$
③ 기액평형 : $Y_i' P = X_i' P_i^{sat}$
④ 액액평형 : $\hat{\phi_i}' X_i' = \hat{\phi_i}'' X_i''$

해설

기액평형

$\overline{G}^V = \overline{G}^l \qquad \mu_i^V = \mu_i^l$
$\hat{f}_i^V = \hat{f}_i^l \qquad y_i\hat{\phi}_i^V = x_i\hat{\phi}_i^l$
$y_i P = x_i P_i^{sat}$ (Raoult's Law) : 이상용액

17 정압공정에서 80℃의 물 2kg과 10℃의 물 3kg을 단열된 용기에서 혼합하였을 때 발생한 총 엔트로피 변화(kJ/K)는?(단, 물의 열용량은 $C_P = 4.184$kJ/kg K으로 일정하다고 가정한다.)

① 0.134
② 0.124
③ 0.114
④ 0.104

해설

$\Delta S = mC_P \ln\dfrac{T_2}{T_1}$

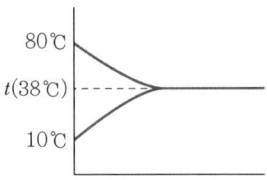

고온의 물이 잃은 열 = 저온의 물이 얻은 열
$Q = mC_P \Delta t$
$2\text{kg} \times 1\text{kcal/kg}\ ℃ \times (80-t) = 3 \times 1 \times (t-10)$
∴ $t = 38℃\ (311\text{K})$

$\Delta S_1 = 2\text{kg} \times 4.184\text{kJ/kg K} \times \ln\dfrac{311}{353}$
$\quad\quad = -1.06\text{kJ/K}$

$$\Delta S_2 = 3\text{kg} \times 4.184\,\text{kJ/kg K} \times \ln\frac{311}{283}$$
$$= 1.184\,\text{kJ/K}$$
$$\Delta S = \Delta S_1 + \Delta S_2 = -1.06 + 1.184$$
$$= 0.124\,\text{kJ/K}$$

18 다음의 관계식을 이용하여 기체의 정압 열용량(C_P)과 정적 열용량(C_V) 사이의 일반식을 유도하였을 때 옳은 것은?

$$dS = \left(\frac{C_P}{T}\right)dT - \left(\frac{\partial V}{\partial T}\right)_P dP$$

① $C_P - C_V = \left(\frac{\partial T}{\partial V}\right)_P \left(\frac{\partial T}{\partial P}\right)_V$

② $C_P - C_V = T\left(\frac{\partial T}{\partial V}\right)_P \left(\frac{\partial T}{\partial P}\right)_V$

③ $C_P - C_V = \left(\frac{\partial V}{\partial T}\right)_P \left(\frac{\partial P}{\partial T}\right)_V$

④ $C_P - C_V = T\left(\frac{\partial V}{\partial T}\right)_P \left(\frac{\partial P}{\partial T}\right)_V$

해설

$$dS = \left(\frac{C_P}{T}\right)dT - \left(\frac{\partial V}{\partial T}\right)_P dP \div dT \quad (V = \text{const})$$

$$\left(\frac{\partial S}{\partial T}\right)_V = \frac{C_P}{T} - \left(\frac{\partial V}{\partial T}\right)_P \left(\frac{\partial P}{\partial T}\right)_V$$

$$\frac{C_V}{T} = \frac{C_P}{T} - \left(\frac{\partial V}{\partial T}\right)_P \left(\frac{\partial P}{\partial T}\right)_V$$

· $C_P - C_V = T\left(\frac{\partial V}{\partial T}\right)_P \left(\frac{\partial P}{\partial T}\right)_V$

19 열역학적 지표에 대한 설명 중 틀린 것은?
① 이상기체의 엔탈피는 온도만의 함수이다.
② 일은 항상 $\int PdV$로 계산된다.
③ 고립계의 에너지는 일정해야만 한다.
④ 계의 상태가 가역 단열적으로 진행될 때 계의 엔트로피는 변하지 않는다.

해설

$$W = \int PdV = FS$$

20 화학퍼텐셜(Chemical Potential)과 같은 것은?
① 부분 몰 Gibbs 에너지
② 부분 몰 엔탈피
③ 부분 몰 엔트로피
④ 부분 몰 용적

해설

화학퍼텐셜(μ_i)

$$\mu_i = \overline{G_i} = \left(\frac{\partial(nG)}{\partial n_i}\right)_{T,P,n_j}$$

부분 몰 깁스에너지

2과목 단위조작 및 화학공업양론

21 SI 기본단위가 아닌 것은?
① A(Ampere)
② J(Joule)
③ cm(centimeter)
④ kg(kilogram)

해설

SI 단위

시간	s(초)
길이	m(미터)
질량	kg(킬로그램)
물질의 양	mol(몰)
온도	K(켈빈)
전류	A(암페어)
광도	cd(칸델라)

정답 18 ④ 19 ② 20 ① 21 ③

22 가역적인 일정압력의 닫힌계에서 전달되는 열의 양과 같은 값은?

① 깁스자유에너지 변화
② 엔트로피 변화
③ 내부에너지 변화
④ 엔탈피 변화

해설
$Q = mc\Delta t = C_P \Delta t = \Delta H$

23 라울의 법칙에 대한 설명 중 틀린 것은?

① 벤젠과 톨루엔의 혼합액과 같은 이상용액에서 기-액 평형의 정도를 추산하는 법칙이다.
② 용질의 용해도가 높아 액상에서 한 성분의 몰분율이 거의 1에 접근할 때 잘 맞는 법칙이다.
③ 기-액 평형 시 기상에서 한 성분의 압력(P_A)은 동일 온도에서의 순수한 액체성분의 증기압(P_A^*)과 액상에서 한 액체성분의 몰분율(X_A)의 식으로 나타나는 법칙이다.
④ 순수한 액체성분의 증기압(P_A^*)은 대체적으로 물질 특성에 따른 압력만의 함수이다.

해설
Raoult's Law
$P = P_A x_A + P_B (1 - x_A)$
$y_A = \dfrac{p_A}{P} = \dfrac{P_A x_A}{P}$
예 벤젠-톨루엔(이상용액)

24 수소와 질소의 혼합물의 전압이 500atm이고, 질소의 분압이 250atm이라면 이 혼합기체의 평균 분자량은?

① 3.0
② 8.5
③ 9.4
④ 15.0

해설
$P_{N_2} = 250\text{atm}$
$X_{N_2} = \dfrac{250}{500} = 0.5$
$P_{H_2} = 500 - 250 = 250\text{atm}$
$X_{H_2} = 0.5$
$\overline{M}_{av} = M_{N_2} x_{N_2} + M_{H_2} x_{H_2}$
$\phantom{\overline{M}_{av}} = 28 \times 0.5 + 2 \times 0.5 = 15$

25 메탄가스를 20vol% 과잉산소를 사용하여 연소시킨다. 초기 공급된 메탄가스의 50%가 연소될 때, 연소 후 이산화탄소의 습량기준(Wet Basis) 함량(vol%)은?

① 14.7
② 16.3
③ 23.2
④ 30.2

해설
$CH_4 + 2O_2 \rightarrow CO_2 + 2H_2O$
1mol 2mol
20% 과잉 = $2 \times 1.2 = 2.4$mol 산소 공급
0.5mol CH_4 연소
$CH_4 + 2O_2 \rightarrow CO_2 + 2H_2O$
0.5mol 1mol 0.5mol 1mol
연소 후 $CH_4 = 1 - 0.5 = 0.5$mol $CO_2 = 0.5$mol
$O_2 = 2.4 - 1 = 1.4$mol $H_2O = 1$mol
$CO_2\% = \dfrac{0.5}{0.5 + 1.4 + 0.5 + 1} \times 100 = 14.7\%$

26 A와 B 혼합물의 구성비가 각각 30wt%, 70wt%일 때, 혼합물에서의 A의 몰분율은?(단, 분자량 A : 60g/mol, B : 150g/mol이다.)

① 0.3
② 0.4
③ 0.5
④ 0.6

해설
$n = \dfrac{w}{M}$
A와 B 혼합물 100g 기준 ⟨ A : 30g
B : 70g

$n_A = \dfrac{30g}{60g/mol} = 0.5 mol$

$n_B = \dfrac{70g}{150g/mol} = 0.47 mol$

$\therefore x_A = \dfrac{n_A}{n_A + n_B} = \dfrac{0.5}{0.5 + 0.47} = 0.5$

27 임계상태에 대한 설명으로 옳은 것은?

① 임계온도 이하의 기체는 압력을 아무리 높여도 액체로 변화시킬 수 없다.
② 임계압력 이하의 기체는 온도를 아무리 낮추어도 액체로 변화시킬 수 없다.
③ 임계점에서 체적에 대한 압력의 미분값이 존재하지 않는다.
④ 증발잠열이 0이 되는 상태이다.

해설
- 임계온도(T_C) : 액체, 기체 두 개의 상으로 공존할 수 있는 최고의 온도
- 임계압력(P_C) : 임계온도에서의 압력
- 임계온도 이상에서는 기화, 액화할 수 없다.

28 F_1, F_2가 다음과 같을 때, $F_1 + F_2$의 값으로 옳은 것은?

- F_1 : 물과 수증기가 평형상태에 있을 때의 자유도
- F_2 : 소금의 결정과 포화수용액이 평형상태에 있을 때의 자유도

① 2
② 3
③ 4
④ 5

해설
$F_1 = 2 - P + C = 2 - 2 + 1 = 1$
$F_2 = 2 - 2 + 2 = 2$
$\therefore F = F_1 + F_2 = 1 + 2 = 3$

29 18℃에서 액체 A의 엔탈피를 0이라 가정하면, 150℃에서 증기 A의 엔탈피(cal/g)는?(단, 액체 A의 비열 0.44cal/g ℃, 증기 A의 비열 0.32cal/g ℃, 100℃의 증발열 86.5cal/g ℃이다.)

① 70
② 139
③ 200
④ 280

해설

$18℃ \xrightarrow{Q_1} 100℃ \xrightarrow{Q_2} 100℃ \xrightarrow{Q_3} 150℃$

$Q_1 = mc\Delta t = 0.44 cal/g ℃ \times (100 - 18)℃ = 36.08 cal/g$
$Q_2 = 86.5 cal/g$
$Q_3 = 0.32 cal/g ℃ \times (150 - 100)℃ = 16 cal/g$
$\therefore Q = Q_1 + Q_2 + Q_3$
$= 36.08 + 86.5 + 16 = 138.58 ≒ 139 cal/g$

30 양대수좌표(log-log Graph)에서 직선이 되는 식은?

① $Y = bx^a$
② $Y = be^{ax}$
③ $Y = bx + a$
④ $\log Y = \log b + ax$

해설
- $y = bx^a$
  $\log y = \log b + a \log x$
  $Y = B + aX$
  → 양대수좌표
- $y = be^{ax}$
  $\log y = \log b + ax$
  $Y = B + aX$
  → 반대수좌표

31 상접점(Plait Point)의 설명으로 틀린 것은?

① 균일상에서 불균일상으로 되는 경계점
② 액액 평형선, 즉 Tie Line의 길이가 0인 점
③ 용해도 곡선(Binodal Curve) 내부에 존재하는 한 점
④ 추출상과 추출 잔류상의 조성이 같아지는 점

해설
상계점(Plait Point)
• 용해도 곡선상의 Tie Line 길이가 0인 점
• 추출상과 추잔상의 조성이 같은 점
• 균일상에서 불균일상으로 되는 점

32 메탄올 40mol%, 물 60mol%의 혼합액을 정류하여 메탄올 95mol%의 유출액과 5mol%의 관출액으로 분리한다. 유출액 100kmol/h을 얻기 위한 공급액의 양 (kmol/h)은?

① 257 ② 226
③ 190 ④ 175

해설

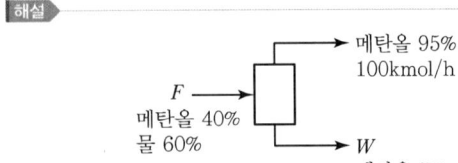

$F \times 0.4 = 100 \times 0.95 + (F-100) \times 0.05$
$\therefore F = 257 \text{kmol/h}$

33 불포화상태 공기의 상대습도(Relative Humidity)를 H_R, 비교습도(Percentage Humidity)를 H_P로 표시할 때 그 관계를 옳게 나타낸 것은?(단, 습도가 0% 또는 100%인 경우는 제외한다.)

① $H_P = H_R$ ② $H_P > H_R$
③ $H_P < H_R$ ④ $H_P + H_R = 0$

해설

$H_P = H_R \times \dfrac{P - p_S}{P - p_V}$

$= \dfrac{p_V}{p_S} \times 100\% \times \dfrac{P - p_S}{P - p_V}$

$p_S > p_V$ 이므로
$\therefore H_R > H_P$

34 열전달은 3가지의 기본인 전도, 대류, 복사로 구성된다. 다음 중 열전달 메커니즘이 다른 하나는?

① 자동차의 라디에이터가 팬에 의해 공기를 순환시켜 열을 손실하는 것
② 용기에서 음식을 조리할 때 젓는 것
③ 뜨거운 커피잔의 표면에 바람을 불어 식히는 것
④ 전자레인지에 의해 찬 음식물을 데우는 것

해설

①, ②, ③ 대류
④ 복사

35 경사 마노미터를 사용하여 측정한 두 파이프 내 기체의 압력차는?

① 경사각의 sin 값에 반비례한다.
② 경사각의 sin 값에 비례한다.
③ 경사각의 cos 값에 반비례한다.
④ 경사각의 cos 값에 비례한다.

해설

경사 마노미터

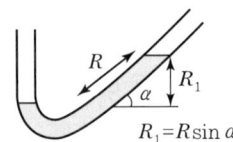

$R_1 = R \sin \alpha$

$\Delta P = P_1 - P_2 = R_1 \sin\alpha (\rho_A - \rho_B) \dfrac{g}{g_c}$

36 기본 단위에서 길이를 L, 질량을 M, 시간을 T로 표시할 때 차원의 표현이 틀린 것은?

① 힘 : MLT^{-2} ② 압력 : $ML^{-2}T^{-2}$
③ 점도 : $ML^{-1}T^{-1}$ ④ 일 : ML^2T^{-2}

해설

① $F = ma$: kg m/s^2 $[MLT^{-2}]$
② $P = \dfrac{F}{A}$: $\dfrac{\text{kg m/s}^2}{\text{m}^2}$ $[ML^{-1}T^{-1}]$
③ μ : kg/m s $[ML^{-1}T^{-1}]$
④ $W = F \cdot S$: $\text{kg m}^2/\text{s}^2$ $[ML^2T^{-2}]$

정답 ▶ 32 ① 33 ③ 34 ④ 35 ② 36 ②

37 기계적 분리조작과 가장 거리가 먼 것은?
① 여과 ② 침강
③ 집진 ④ 분쇄

> 해설
> - 여과, 침강, 집진 : 기계적 분리조작
> - 분쇄 : 고체입자를 작게 부수는 일

38 40%의 수분을 포함하고 있는 고체 1,000kg을 10%의 수분을 가질 때까지 건조할 때 제거된 수분량(kg)은?
① 333 ② 450
③ 550 ④ 667

> 해설
>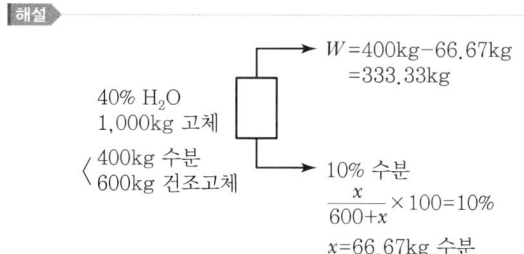
> $W = F\left(1 - \dfrac{a}{b}\right)$
> $= 1,000\text{kg}\left(1 - \dfrac{0.6}{0.9}\right) = 333\text{kg}$

39 2성분 혼합물의 증류에서 휘발성이 큰 A 성분에 대한 정류부의 조작선이 $y = \dfrac{R}{R+1}x + \dfrac{x_D}{R+1}$로 표현될 때, 최소환류비에 대한 설명으로 옳은 것은?(단, y는 $n+1$단을 떠나는 증기 중 A 성분의 몰분율, x는 n단을 떠나는 액체 중 A 성분의 몰분율, R은 탑정제품에 대한 환류의 몰비, x_D는 탑정제품 중 A 성분의 몰분율이다.)
① R은 ∞이다. ② R은 0이다.
③ 단수는 ∞이다. ④ 최소단수를 갖는다.

> 해설
> 환류비를 작게 하면 소요단수가 많아지므로 최소환류비는 무한대 단수를 필요로 한다.

40 단면이 가로 5cm, 세로 20cm인 직사각형 관로의 상당직경(cm)은?
① 16 ② 12
③ 8   ④ 4

> 해설
> $D_{eq} = 4 \times \dfrac{\text{관로의 면적}}{\text{젖은 벽의 둘레}}$
> $= 4 \times \dfrac{5 \times 20}{(5 \times 2) + (20 \times 2)}$
> $= 8\text{cm}$
>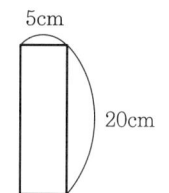

3과목 공정제어

41 PI 제어기가 반응기 온도제어루프에 사용되고 있다. 다음의 변화에 대하여 계의 안정성 한계에 영향을 주지 않는 것은?
① 온도전송기의 Span 변화
② 온도전송기의 영점 변화
③ 밸브의 Trim 변화
④ 반응기 원료 조성 변화

> 해설
> 온도전송기의 영점변화는 단순히 출력변수값에 영향을 주며, 안정성 한계에 영향을 주지 않는다.

42 다음과 같은 $f(t)$에 대응하는 라플라스 함수는?

$$f(t) = e^{-at}\cos\omega t$$

① $\dfrac{\omega}{(s+a)^2 + \omega^2}$ ② $\dfrac{s+a}{(s+a)^2 + \omega^2}$
③ $\dfrac{s}{s^2 + \omega^2}$ ④ $\dfrac{1}{(s+a)^2 + \omega^2}$

정답 37 ④ 38 ① 39 ③ 40 ③ 41 ② 42 ②

해설

$f(t) = \cos\omega t \rightarrow F(s) = \dfrac{s}{s^2+\omega^2}$

$f(t) = e^{-at}\cos\omega t \rightarrow F(s) = \dfrac{s+a}{(s+a)^2+\omega^2}$

43 조작변수와 제어변수와의 전달함수가 $\dfrac{2e^{-3s}}{5s+1}$, 외란과 제어변수와의 전달함수가 $\dfrac{-4e^{-4s}}{10s+1}$ 로 표현되는 공정에 대하여 가장 완벽한 외란보상을 위한 피드포워드 제어기 형태는?

① $\dfrac{-8}{(10s+1)(5s+1)}e^{-7s}$

② $\dfrac{(10s+1)}{2(5s+1)}e^{-\frac{3}{4}s}$

③ $\dfrac{-2(5s+1)}{10s+1}e^{-s}$

④ $\dfrac{2(5s+1)}{(10s+1)}e^{-s}$

해설

$G(s) = -\dfrac{G_L}{G_T G_V G_P} = -\dfrac{\dfrac{-4e^{-4s}}{10s+1}}{\dfrac{2e^{-3s}}{5s+1}}$

$= \dfrac{2(5s+1)e^{-s}}{10s+1}$

44 Closed Loop 전달함수의 특성방정식이 $10s^3 + 17s^2 + 8s + 1 + K_c = 0$일 때 이 시스템이 안정할 K_c의 범위는?

① $K_c > 1$
② $-1 < K_c < 12.6$
③ $1 < K_c < 12.6$
④ $K_c > 12.6$

해설

	1	2
1	10	8
2	17	$1+K_C$
3	$\dfrac{17\times 8 - 10(1+K_C)}{17} = \dfrac{126-10K_C}{17} = a$	
4	$\dfrac{a(1+K_C)-0}{a} = 1+K_C$	

$\dfrac{126-10K_C}{17} > 0$

$12.6 > K_C$

$1 + K_C > 0 \rightarrow K_C > -1$

∴ $-1 < K_C < 12.6$

45 열전대(Thermocouple)와 관계있는 효과는?

① Thomson – Peltier 효과
② Piezo – electric 효과
③ Joule – Thomson 효과
④ Van der Waals 효과

해설

열전대
종류가 다른 두 금속선을 연결하여 두 접점 사이에 온도차가 존재하면 전류가 발생하는 열전효과를 이용하여 온도 측정에 이용한 것

※ 열전효과
Seebeck 효과, Peltier 효과, Thomson 효과

46 전달함수가 $G(s) = \dfrac{4}{s^2+2s+4}$ 인 시스템에 대한 계단응답의 특징은?

① 2차 과소감쇠(Underdamped)
② 2차 과도감쇠(Overdamped)
③ 2차 임계감쇠(Critically Damped)
④ 1차 비진동

정답 43 ④ 44 ② 45 ① 46 ①

해설

$$G(s) = \frac{4}{s^2+2s+4} = \frac{1}{\frac{1}{4}s^2 + \frac{1}{2}s + 1} = \frac{K}{\tau^2 s^2 + 2\tau\zeta s + 1}$$

$\tau^2 = \frac{1}{4}$, $2\tau\zeta = \frac{1}{2}$, $2 \times \frac{1}{2} \times \zeta = \frac{1}{2}$

$\therefore \zeta = \frac{1}{2}$

$0 < \zeta < 1$이므로 과소감쇠

47 안정도 판정을 위한 개회로 전달함수가 $\frac{2K(1+\tau s)}{s(1+2s)(1+3s)}$인 피드백 제어계가 안정할 수 있는 K와 τ의 관계로 옳은 것은?

① $12K < (5+2\tau K)$
② $12K < (5+10\tau K)$
③ $12K > (5+10\tau K)$
④ $12K > (5+2\tau K)$

해설

$1 + G_{OL} = 0$

$1 + \frac{2K(1+\tau s)}{s(1+2s)(1+3s)} = 0$

정리하면 $6s^3 + 5s^2 + (1+2K\tau)s + 2K = 0$

1	6	$1+2K\tau$
2	5	$2K$
3	$\frac{5(1+2K\tau)-12K}{5} > 0$	

$\therefore 12K < 5(1+2K\tau)$

48 PID 제어기의 적분제어 동작에 관한 설명 중 잘못된 것은?

① 일정한 값의 설정치와 외란에 대한 잔류오차(Offset)를 제거해 준다.
② 적분시간(Integral Time)을 길게 주면 적분동작이 약해진다.
③ 일반적으로 강한 적분동작이 약한 적분동작보다 폐루프(Closed Loop)의 안정성을 향상시킨다.
④ 공정변수에 혼입되는 잡음의 영향을 필터링하여 약화시키는 효과가 있다.

해설

적분동작
- 잔류편차(Offset)를 제거해 준다.
- 적분시간 τ_I의 증가는 응답을 느리게 한다. 적분동작을 크게 하면 폐루프의 안정성을 떨어뜨린다.

49 단면적이 3ft^3인 액체저장탱크에서 유출유량은 $8\sqrt{h-2}$로 주어진다. 정상상태 액위(h_s)가 9ft^2일 때, 이 계의 시간상수(τ : 분)는?

① 5   ② 4
③ 3   ④ 2

해설

$A = 3\text{ft}^2$, $q_o = 8\sqrt{h-2}$, $h_s = 9\text{ft}$

q_o 선형화

$q_o = 8\sqrt{h_s - 2} + \frac{8}{2\sqrt{h_s-2}}(h - h_s)$

$= 8\sqrt{9-2} + \frac{8}{2\sqrt{9-2}}(h-9) = \frac{4}{\sqrt{7}}h + \frac{20}{\sqrt{7}}$

$A\frac{dh}{dt} = q_i - q$

$= q_i - \left(\frac{4}{\sqrt{7}}h + \frac{20}{\sqrt{7}}\right)$

$\downarrow$

$\frac{h}{\sqrt{7}/4} \leftarrow R(\text{저항})$

편차변수 이용

$A\frac{dh}{dt} = q_i - \left(\frac{h}{R} + \frac{20}{\sqrt{7}}\right)$ ·········· ㉠

$A\frac{dh_s}{dt} = q_{is} - \left(\frac{h_s}{R} + \frac{20}{\sqrt{7}}\right)$ ·········· ㉡

㉠ - ㉡ 하면

$A\frac{d(h-h_s)}{dt} = (q_i - q_{is}) - \frac{(h-h_s)}{R}$

$$A\frac{dh}{dt} = q_i - \frac{h}{R}$$
$$AR\frac{dh}{dt} = Rq_i - h$$
$$\tau s H(s) + H(s) = RQ_i(s)$$
$$G(s) = \frac{H(s)}{Q_i(s)} = \frac{R}{\tau s + 1}$$
$$AR = 3 \times \frac{\sqrt{7}}{4} \fallingdotseq 2$$

50 다음 비선형공정을 정상상태의 데이터 y_s, u_s에 대해 선형화한 것은?

$$\frac{dy(t)}{dt} = y(t) + y(t)u(t)$$

① $\dfrac{d(y(t) - y_s)}{dt} = u_s(u(t) - u_s) + y_s(y(t) - y_s)$

② $\dfrac{d(y(t) - y_s)}{dt} = u_s(y(t) - y_s) + y_s(u(t) - u_s)$

③ $\dfrac{d(y(t) - y_s)}{dt} = (1 + u_s)(u(t) - u_s) + y_s(y(t) - y_s)$

④ $\dfrac{d(y(t) - y_s)}{dt} = (1 + u_s)(y(t) - y_s) + y_s(u(t) - u_s)$

해설

$$\frac{dy(t)}{dt} = y(t) + y(t)u(t)$$
$$\frac{dy_s}{dt} = y_s + y_s u_s$$
$$\begin{aligned}\frac{d(y(t) - y_s)}{dt} &= y(t) - y_s + y(t)u(t) - y_s u_s\\ &= y(t) - y_s + y_s u_s + u_s(y - y_s)\\ &\quad + y_s(u - u_s) - y_s u_s\\ &= (y(t) - y_s) + y_s(u(t) - u_s)\\ &\quad + u_s(y(t) - y_s)\\ &= (1 + u_s)(y(t) - y_s) + y_s(u(t) - u_s)\end{aligned}$$

$y(t)u(t)$의 선형화
$y(t)u(t) = y_s u_s + u_s(y - y_s) + y_s(u - u_s)$

51 다음 그림과 같은 시스템의 안정도에 대해 옳은 것은?

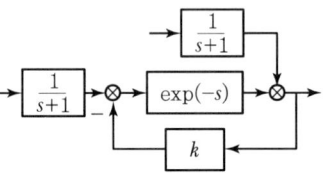

① $-1 < k < 0$이면, 이 공정은 안정하다.
② $k > 3$이면, 이 공정은 안정하다.
③ $0 < k < 1$이면, 이 공정은 안정하다.
④ $k > 1$이면, 이 공정은 안정하다.

해설

$1 + ke^{-s} = 0$
$1 + ke^{-i\omega} = 0$
$1 + k(\cos\omega - i\sin\omega) = 0$
$1 + k\cos\omega - ik\sin\omega = 0$
$\sin\omega = 0$
$\cos\omega = \pm 1$
∴ $-1 < k < 1$에서 안정

52 $G(s) = \dfrac{1}{0.1s + 1}$인 계에 $X(t) = 2\sin(20t)$인 입력을 가하였을 때 출력의 진폭(Amplitude)은?

① $\dfrac{2}{5}$ ② $\dfrac{\sqrt{2}}{5}$

③ $\dfrac{5}{2}$ ④ $\dfrac{2}{\sqrt{5}}$

해설

$$G(s) = \frac{K}{\tau s + 1} = \frac{1}{0.1s + 1}$$
$$AR = \frac{\hat{A}}{A} = \frac{K}{\sqrt{\tau^2 \omega^2 + 1}}$$
$X(t) = 2\sin(20t)$
$A = 2$, $\omega = 20$
$$AR = \frac{\hat{A}}{2} = \frac{1}{\sqrt{0.1^2 \times 20^2 + 1}} = \frac{1}{\sqrt{5}}$$
∴ $\hat{A} = \dfrac{2}{\sqrt{5}}$

정답 50 ④ 51 ③ 52 ④

53 그림과 같이 표시되는 함수의 Laplace 변환으로 옳은 것은?

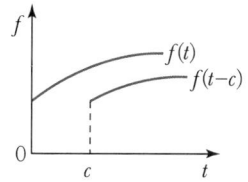

① $e^{-cs}\mathcal{L}\{f\}$ ② $e^{cs}\mathcal{L}\{f\}$
③ $\mathcal{L}\{f(s-c)\}$ ④ $\mathcal{L}\{f(s+c)\}$

해설

c만큼 시간지연
$\mathcal{L}\{f(t)\} = F(s)$라 할 때 $f(t-c)$를 라플라스 변환하면 $e^{-cs}F(s)$가 된다.

54 다음 공정에 PI 제어기($K_c = 0.5$, $\tau_I = 3$)가 연결되어 있는 닫힌 루프 제어공정에서 특성방정식은?(단, 나머지 요소의 전달함수는 1이다.)

$$G_P(s) = \frac{2}{2s+1}$$

① $2s+1=0$
② $2s^2+s=0$
③ $6s^2+6s+1=0$
④ $6s^2+3s+2=0$

해설

$1 + K_c\left(1 + \frac{1}{\tau_I s}\right)\frac{2}{2s+1} = 0$

$1 + 0.5\left(1 + \frac{1}{3s}\right)\frac{2}{2s+1} = 0$

$1 + \frac{3s+1}{3s(2s+1)} = 0$

정리하면 $6s^2+6s+1=0$

55 증류탑의 응축기와 재비기에 수은기둥 온도계를 설치하고 운전하면서 한 시간마다 온도를 읽어 다음 그림과 같은 데이터를 얻었다. 이 데이터와 수은기둥 온도 값 각각의 성질로 옳은 것은?

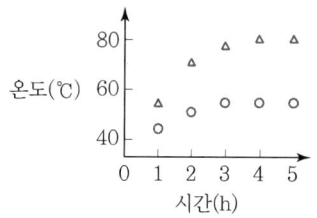

① 연속(Continuous), 아날로그
② 연속(Continuous), 디지털
③ 이산시간(Discrete-time), 아날로그
④ 이산시간(Discrete-time), 디지털

해설

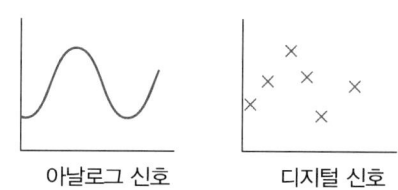

아날로그 신호 디지털 신호

· 온도, 압력, 전압 : 아날로그 데이터
· On-Off : 디지털 데이터

56 순수한 적분공정에 대한 설명으로 옳은 것은?
① 진폭비(Amplitude Ratio)는 주파수에 비례한다.
② 입력으로 단위 임펄스가 들어오면 출력은 계단형 신호가 된다.
③ 작은 구멍이 뚫린 저장탱크의 높이와 입력흐름의 관계는 적분공정이다.
④ 이송지연(Transportation Lag) 공정이라고 부르기도 한다.

해설

적분공정

$G(s) = \frac{K}{s}$ $X(s) = 1$

$Y(s) = G(s)X(s) = \frac{K}{s}$ ← 계단 신호

$Y(t) = K$

정답 ▶ 53 ① 54 ③ 55 ③ 56 ②

57 $Q(H) = C\sqrt{H}$로 나타나는 식을 정상상태(H_s) 근처에서 선형화했을 때 옳은 것은?(단, C는 비례정수이다.)

① $Q \cong C\sqrt{H_s} + \dfrac{C(H-H_s)}{2\sqrt{H_s}}$

② $Q \cong C\sqrt{H_s} + C(H-H_s)2\sqrt{H_s}$

③ $Q \cong C\sqrt{H_s} + \dfrac{C(H-H_s)}{\sqrt{H_s}}$

④ $Q \cong C\sqrt{H_s} + C\sqrt{H_s}(H_s - H)$

해설

Taylor식
$$y = y_s + \dfrac{dy}{dx}\bigg|_s (y-y_s)$$
$$Q = C\sqrt{H}$$
$$Q \cong C\sqrt{H_s} + \dfrac{C}{2\sqrt{H_s}}(H-H_s)$$

58 제어기 설계를 위한 공정모델과 관련된 설명으로 틀린 것은?

① PID 제어기를 Ziegler–Nichols 방법으로 조율하기 위해서는 먼저 공정의 전달함수를 구하는 과정이 필수로 요구된다.
② 제어기 설계에 필요한 모델은 수지식으로 표현되는 물리적 원리를 이용하여 수립될 수 있다.
③ 제어기 설계에 필요한 모델은 공정의 입출력 신호만을 분석하여 경험적 형태로 수립될 수 있다.
④ 제어기 설계에 필요한 모델은 물리적 모델과 경험적 모델을 혼합한 형태로 수립될 수 있다.

해설

Ziegler–Nichols 법
- 한계이득법, 실시간 조정, 연속진동법이라고도 한다.
- 한계이득 K_{cu}와 한계주기 P_u만을 이용할 뿐 공정모델 전체를 요구하지 않는다.
- 공정을 정상상태에 안정시킨다.
- PID 제어기에서 I, D 동작은 Off시키고, P 동작만 On시킨다.
- 공정출력을 관찰하여 K_c를 작은 값부터 서서히 증가시킨다.

- K_c가 증가하여 공정출력이 감쇠진동을 보이고 K_c를 계속 증가시키면 진동이 지속되는 시점이 나타난다. → 이때의 K_c값이 K_{cu}(한계이득), 주기 P가 P_u(한계주기)가 된다.
- PID 제어기의 파라미터(K_c, τ_I, τ_D)를 결정한다.
- 제어기 파라미터의 조정기준으로 Z–N 출력변수의 감쇠비가 1/4이 되는 경우를 고려하였다.

59 Offset은 없어지지 않으나 최종치(Final Value)에 도달하는 시간이 가장 많이 단축되는 제어기(Controller)는?

① PI Controller ② P Controller
③ D Controller ④ PID Controller

해설

P 제어는 I 제어에 비해 동작은 빠르지만 잔류오차를 발생한다.

60 개루프 전달함수 $G(s) = \dfrac{s+2}{s(s+1)}$일 때, 다음과 같은 Negative 되먹임의 폐루프 전달함수($\dfrac{C}{R}$)는?

① $\dfrac{s+2}{s^2+s}$ ② $\dfrac{s+2}{s^2+s+2}$

③ $\dfrac{s+2}{s^2+2s+2}$ ④ $\dfrac{2}{s^2+2s+2}$

해설

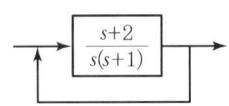

$$G(s) = \dfrac{\dfrac{s+2}{s(s+1)}}{1+\dfrac{s+2}{s(s+1)}} = \dfrac{\dfrac{s+2}{s(s+1)}}{\dfrac{s(s+1)+s+2}{s(s+1)}}$$

$$= \dfrac{s+2}{s(s+1)+s+2} = \dfrac{s+2}{s^2+2s+2}$$

정답 57 ① 58 ① 59 ② 60 ③

4과목 공업화학

61 니트릴 이온(NO_2^+)을 생성하는 중요 인자로 밝혀진 것과 가장 거리가 먼 것은?

① $C_2H_5ONO_2$
② N_2O_4
③ HNO_3
④ N_2O_5

해설
니트로화제 : 질산, N_2O_4, N_2O_5, KNO_3, $NaNO_3$

62 고분자 합성에 의하여 생성되는 범용 수지 중 부가 반응에 의하여 얻는 수지가 아닌 것은?

① $\left[O-R-O-\overset{\overset{O}{\|}}{C} \right]_n$
② $\left[CH_2-\underset{Cl}{CH} \right]_n$
③ $\left[CH_2-\underset{\text{(페닐)}}{CH} \right]_n$
④ $\left[CH_2-CH_2 \right]_n$

해설
- 부가반응(첨가반응)
  불포화 결합에 다른 분자가 결합하는 반응으로 첨가반응에 의해 고분자를 형성
- 축합반응
  두 개의 분자가 화합하여 작은 분자(주로 물)가 제거되는 반응

63 염화수소가스의 합성에 있어서 폭발이 일어나지 않도록 주의하여야 할 사항이 아닌 것은?

① 공기와 같은 불활성 가스로 염소가스를 묽게 한다.
② 석영괘, 자기괘 등 반응완화 촉매를 사용한다.
③ 생성된 염화수소가스를 냉각시킨다.
④ 수소가스를 과잉으로 사용하여 염소가스를 미반응 상태가 안 되도록 한다.

해설
폭발을 방지하기 위해 $Cl_2 : H_2 = 1 : 1.2$로 주입한다.

64 아닐린을 $Na_2Cr_2O_7$을 산화제로 황산용액 중에서 저온(5℃)에서 산화시켜 얻을 수 있는 생성물은?

① 벤조퀴논
② 아조벤젠
③ 니트로벤젠
④ 니트로페놀

해설
벤조퀴논
아닐린, p-페닐디아민 등을 중크롬산 칼륨과 황산으로 산화하여 제조

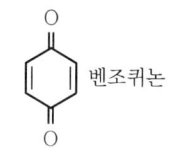
벤조퀴논

65 25wt% HCl 가스를 물에 흡수시켜 35wt% HCl 용액 1ton을 제조하고자 한다. 이때 배출가스 중 미반응 HCl 가스가 0.012wt% 포함된다면 실제 사용된 25wt% HCl 가스의 양(ton)은?

① 0.35
② 1.40
③ 3.51
④ 7.55

해설

HCl → HCl
25wt%　35wt%
x　　1ton
$0.25 \times x = 0.35 \times 1$
∴ $x = 1.4$ton

66 솔베이법에서 암모니아는 증류탑에서 회수된다. 이때 쓰이는 조작 중 옳은 것은?

① $Ca(OH)_2$를 가한다.
② $Ba(OH)_2$를 가한다.
③ 가열 조작만 한다.
④ $NaCl$을 가한다.

해설
Solvay법(암모니아소다법)
- $NaCl + NH_3 + CO_2 + H_2O \rightarrow NaHCO_3$(중조)$+ NH_4Cl$
- $2NaHCO_3 \rightarrow Na_2CO_3 + H_2O + CO_2$ (가소반응)
- $2NH_4Cl + Ca(OH)_2 \rightarrow CaCl_2 + 2H_2O + 2NH_3$
  (암모니아 회수반응)

정답 61 ① 62 ① 63 ③ 64 ① 65 ② 66 ①

67 95.6% 황산 100g을 40% 발연황산을 이용하여 100% 황산을 만들려고 한다. 이론적으로 필요한 발연황산의 무게(g)는?

① 42.4 ② 48.9
③ 53.6 ④ 60.2

해설

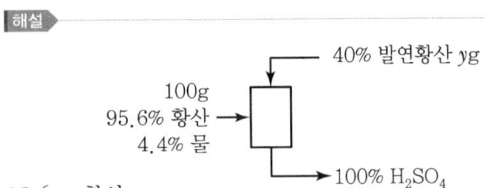

95.6g 황산
4.4g 물
$H_2O + SO_3 \rightarrow H_2SO_4$
 18 : 80
 4.4 : x
$x = 19.56g\ SO_3$ 필요

$y \times 0.4 = 19.56g$
∴ $y = 48.9g$

68 다음 중 고옥탄가의 가솔린을 제조하기 위한 공정은?

① 접촉개질 ② 알킬화 반응
③ 수증기 분해 ④ 중합반응

해설

- 알킬화 반응 : 올레핀과 이소부탄(Isobutane)을 반응시켜 고옥탄가 가솔린을 제조하는 방법이다.
- 접촉개질 : 촉매(알루미나, 실리카 알루미나를 지지체로 한 산화몰리브덴(MoO_3), 백금(Pt) 또는 Pt/Re촉매)를 이용하여 방향족 탄화수소나 이소파라핀을 많이 함유하는 옥탄가가 높은 가솔린으로 전환시키는 방법이다.

※ 문제 오류로 ①도 정답 처리

69 가성소다(NaOH)를 만드는 방법 중 격막법과 수은법을 비교한 것으로 옳은 것은?

① 격막법에서는 막이 파손될 때에 폭발이 일어날 위험이 없다.
② 제품의 가성소다 품질은 격막법보다 수은법이 좋다.
③ 수은법에서는 고농도를 만들기 위해서 많은 증기가 필요하기 때문에 보일러용 연료가 많이 필요하다.
④ 전류 밀도에 있어서 격막법은 수은법의 5~6배가 된다.

해설

격막법	수은법
• NaOH 농도(11~12%)가 낮으므로 농축비가 많이 든다. • 제품 중에 염화물 등을 함유하여 순도가 낮다.	• 제품의 순도가 높으며, 진한 NaOH(50~73%)를 얻는다. • 전력비가 많이 든다. • 수은을 사용하므로 공해의 원인이 된다. • 이론분해전압과 전류밀도가 크다.

70 격막법 전해조에서 양극과 음극 용액을 다공성의 격막으로 분리하는 주된 이유로 옳은 것은?

① 설치 비용을 절감하기 위해
② 잔류 저항을 높이기 위해
③ 부반응을 작게 하기 위해
④ 전해 속도를 증가시키기 위해

해설

격막법
식염수를 전기분해하여 가성소다와 염소를 제조, 식염수로 전해하면 Cl_2와 H_2의 발생과 동시에 음극 주변에 Na^+와 OH^-로 가성소다로 생성되나 양극에서 발생하는 Cl_2가 음극액과 접촉하면 부반응을 일으키므로 두 극 간을 격막으로 분리한다.

71 융점이 327℃이며, 이 온도 이하에서는 용매가공이 불가능할 정도로 매우 우수한 내약품성을 지니고 있어 화학공정기계의 부식 방지용 내식재료로 많이 응용되고 있는 고분자 재료는?

① 폴리테트라플루오로에틸렌
② 폴리카보네이트
③ 폴리아미드
④ 폴리에틸렌

정답 67 ② 68 ② 69 ② 70 ③ 71 ①

해설

폴리테트라플루오로에틸렌(테프론)

$$\left[\begin{array}{cc} F & F \\ | & | \\ C - C \\ | & | \\ F & F \end{array} \right]_n$$

• 녹는점이 높고 융해상태에서 점도가 높아 적절한 용매가 없다.
• 우수한 내약품성, 내열성, 소수성을 지닌다.

72 에스테르화(Esterification) 반응을 할 수 있는 반응물로 옳게 짝지어진 것은?

① $CH_3COOC_2H_5$, CH_3OH
② C_2H_2, CH_3COOH
③ CH_3COOH, C_2H_5OH
④ C_2H_5OH, CH_3CONH_2

해설

에스테르화
산과 알코올이 반응하여 에스터(Ester)를 형성하는 형태

$$RCOOH + R'OH \rightarrow RCOOR' + H_2O$$
카르복시산   알코올   에스터   물

73 접촉식 황산제조와 관계가 먼 것은?

① 백금 촉매 사용
② V_2O_5 촉매 사용
③ SO_3 가스를 황산에 흡수시킴
④ SO_3 가스를 물에 흡수시킴

해설

접촉식 황산제조
㉠ 촉매
  • Pt 촉매
  • V_2O_5 촉매
㉡ 전화기에서 Pt 또는 V_2O_5 촉매를 사용하여 $SO_2 \rightarrow SO_3$로 전환시킨 후 냉각하여 흡수탑에서 98% 황산에 흡수시켜 발열황산을 만든다.

74 고체 $MgCO_3$가 부분적으로 분해되어진 계의 자유도는?

① 1
② 2
③ 3
④ 4

해설

$F = 2 - P + C - r - s = 2 - 3 + 3 - 1 - 0 = 1$

$MgCO_3(s) \rightarrow MgO(s) + CO_2(g)$

75 질산과 황산의 혼산에 글리세린을 반응시켜 만드는 물질로 비중이 약 1.6이고 다이너마이트를 제조할 때 사용되는 것은?

① 글리세릴디니트레이트
② 글리세릴모노니트레이트
③ 트리니트로톨루엔
④ 니트로글리세린

해설

$$\begin{array}{c} CH_2 - OH \\ | \\ CH - OH \\ | \\ CH_2 - OH \end{array} \xrightarrow[\text{(니트로화)}]{HNO_3+H_2SO_4} \begin{array}{c} CH_2 - O - NO_2 \\ | \\ CH - O - NO_2 \\ | \\ CH_2 - O - NO_2 \end{array}$$

글리세린   니트로글리세린

폭약, 다이너마이트 제조

76 아래와 같은 장단점을 갖는 중합반응공정으로 옳은 것은?

[장점]
• 반응열 조절이 용이하다.
• 중합속도가 빠르면서 중합도가 큰 것을 얻을 수 있다.
• 다른 방법으로는 제조하기 힘든 공중합체를 만들 수 있다.

[단점]
• 첨가제에 의한 제품오염의 문제점이 있다.

① 괴상중합
② 용액중합
③ 현탁중합
④ 유화중합

정답 72 ③ 73 ④ 74 ① 75 ④ 76 ④

해설

유화중합(에멀션 중합)
- 비누 또는 세제 성분의 일종인 유화제를 사용하여 단량체를 분산매 중에 분산시키고 수용성 개시제를 사용하여 중합시키는 방법이다.
- 중합열의 분산이 용이하고 대량생산에 적합하다.
- 유화중합에 의해 제조되는 고분자는 취급이 간단하고, 반응 속도 조절이 용이하며 중합도가 크고 다른 방법으로는 제조가 불가능한 공중합체의 형성이 가능하여 공업적으로 널리 사용되고 있다.
- 세정과 건조가 필요하고 유화제에 의한 오염이 발생한다.
- 분자량이 크다.

77 석유의 증류공정 중 원유에 다량의 황화합물이 포함되어 있을 경우 발생되는 문제점이 아닌 것은?
① 장치 부식
② 공해 유발
③ 촉매 환원
④ 악취 발생

해설

스위트닝
부식성과 악취의 메르캅탄, 황화수소, 황 등을 산화하여 이황화물로 만들어 제거하는 정제법

78 수성가스로부터 인조석유를 만드는 합성법으로 옳은 것은?
① Williamson법
② Kolbe – Schmitt법
③ Fischer – Tropsch법
④ Hoffman법

해설

Fischer – Tropsch법
촉매를 사용해서 일산화탄소를 수소화하여 인공석유를 얻는 합성법
$nCO + (2n+1)H_2 \rightarrow C_nH_{2n+2} + nH_2O$

79 진성 반도체(Intrinsic Semiconductor)에 대한 설명 중 틀린 것은?
① 전자와 Hole쌍에 의해서만 전도가 일어난다.
② Fermi 준위가 Band Gap 내의 Valence Band 부근에 형성된다.
③ 결정 내에 불순물이나 결함이 거의 없는 화학양론적 도체를 이룬다.
④ 낮은 온도에서는 부도체와 같지만 높은 온도에서는 도체와 같이 거동한다.

해설

진성 반도체
불순물을 첨가하지 않는 순수한 반도체

반도체의 Fermi(페르미) 준위는 띠간격 중앙에 형성된다.

80 다음 염의 수용액을 전기분해할 때 음극에서 금속을 얻을 수 있는 것은?
① KOH
② K_2SO_4
③ NaCl
④ $CuSO_4$

해설

전기분해
- (+)극 : 산화반응, $B^- \rightarrow B + e^-$
- (−)극 : 환원반응, $A^+ + e^- \rightarrow A$

NaCl(aq)
- (+)극 : $2Cl^- \rightarrow Cl_2 + 2e^-$
- (−)극 : $2H_2O + 2e^- \rightarrow H_2\uparrow + 2OH^-$

CuSO₄(aq)
- (+)극 : $H_2O \rightarrow 2H^+ + \frac{1}{2}O_2 + 2e^-$
- (−)극 : $\underline{Cu^{2+} + 2e^- \rightarrow Cu}$

$H_2O + Cu^{2+} \rightarrow 2H^+ + \frac{1}{2}O_2 + Cu$

정답 77 ③ 78 ③ 79 ② 80 ④

5과목 반응공학

81 화학반응에서 $\ln k$와 $\frac{1}{T}$ 사이의 관계를 옳게 나타낸 그래프는?(단, k : 반응속도상수, T : 온도를 나타내며, 활성화 에너지는 양수이다.)

①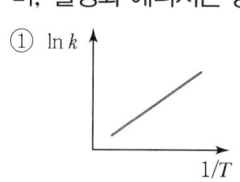
②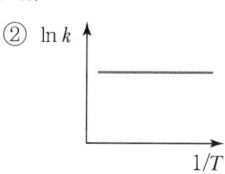
③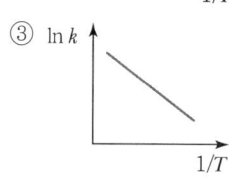
④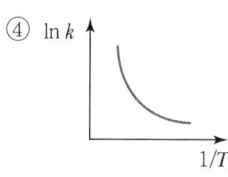

해설

$\ln k = \frac{-E_a}{RT}$

$\ln k$ vs $\frac{1}{T}$ plot

→ $\frac{-E_a}{R}$ 이 기울기

82 공간시간(Space Time)에 대한 설명으로 옳은 것은?
① 한 반응기 부피만큼의 반응물을 처리하는 데 필요한 시간을 말한다.
② 반응물이 단위부피의 반응기를 통과하는 데 필요한 시간을 말한다.
③ 단위시간에 처리할 수 있는 원료의 몰수를 말한다.
④ 단위시간에 처리할 수 있는 원료의 반응기 부피의 배수를 말한다.

해설
- 공간시간(τ) : 반응기 부피만큼 처리하는 데 필요한 시간
- 공간속도(S) = $\frac{1}{\tau}$

83 반응물 A가 단일 혼합흐름반응기에서 1차 반응으로 80%의 전환율을 얻고 있다. 기존의 반응기와 동일한 크기의 반응기를 직렬로 하나 더 연결하고자 한다. 현재의 처리속도와 동일하게 유지할 때 추가되는 반응기로 인해 변화되는 반응물의 전환율은?

① 0.90　　② 0.93
③ 0.96　　④ 0.99

해설

CSTR 1차

$k\tau = \frac{X_A}{1-X_A}$

$k\tau = \frac{0.8}{1-0.8} = 4$

$1 - X_{Af} = \frac{1}{(1+k\tau)^N}$

$1 - X_{Af} = \frac{1}{(1+4)^2}$

$\therefore X_{Af} = 0.96$

84 어떤 기체 A가 분해되는 단일성분의 비가역 반응에서 A의 초기농도가 340mol/L인 경우 반감기가 100초이고, A기체의 초기농도가 288mol/L인 경우 반감기가 140초라면 이 반응의 반응차수는?

① 0차　　② 1차
③ 2차　　④ 3차

해설

$n = 1 - \dfrac{\ln\left(\dfrac{t_{y2\cdot 2}}{t_{y2\cdot 1}}\right)}{\ln\left(\dfrac{C_{A0\cdot 2}}{C_{A0\cdot 1}}\right)} = 1 - \dfrac{\ln\left(\dfrac{140}{100}\right)}{\ln\left(\dfrac{288}{340}\right)} ≒ 3차$

정답 81 ③　82 ①　83 ③　84 ④

85 화학반응속도의 정의 또는 각 관계식의 표현 중 틀린 것은?

① 단위시간과 유체의 단위체적(V)당 생성된 물질의 몰수(r_i)
② 단위시간과 고체의 단위질량(W)당 생성된 물질의 몰수(r_i)
③ 단위시간과 고체의 단위표면적(S)당 생성된 물질의 몰수(r_i)
④ $\dfrac{r_i}{V} = \dfrac{r_i}{W} = \dfrac{r_i}{S}$

해설

$r_i = \dfrac{1}{V}\dfrac{dN_i}{dt}$, $r_i' = \dfrac{1}{W}\dfrac{dN_i}{dt}$, $r_i'' = \dfrac{1}{S}\dfrac{dN_i}{dt}$

∴ $Vr_i = Wr_i' = Sr_i''$

86 정용 회분식 반응기에서 비가역 0차 반응이 완결되는 데 필요한 반응 시간에 대한 설명으로 옳은 것은?

① 초기 농도의 역수와 같다.
② 반응속도 정수의 역수와 같다.
③ 초기 농도를 반응속도 정수로 나눈 값과 같다.
④ 초기 농도에 반응속도 정수를 곱한 값과 같다.

해설

$C_{A0} - C_A = kt$
$C_{A0} X_A = kt$
$X_A = 1$(반응완결)
∴ $t = \dfrac{C_{A0}}{k}$

87 액상 반응물 A가 다음과 같이 반응할 때 원하는 물질 R의 순간수율($\phi(\dfrac{R}{A})$)을 옳게 나타낸 것은?

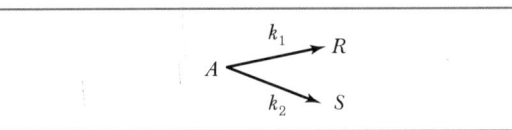

① $\dfrac{1}{1+(K_2/K_1)C_A}$ ② $\dfrac{1}{1+(K_1/K_2)C_A}$
③ $\dfrac{1}{1+(2K_1/K_2)C_A}$ ④ $\dfrac{1}{1+(2K_2/K_1)C_A}$

해설

$\dfrac{-r_A}{2} = \dfrac{r_S}{1} = K_2 C_A^2$

∴ $-r_A = 2K_2 C_A^2$

$\phi\left(\dfrac{R}{A}\right) = \dfrac{K_1 C_A}{K_1 C_A + 2K_2 C_A^2} = \dfrac{1}{1+\left(\dfrac{2K_2}{K_1}\right)C_A}$

88 다음과 같은 균일계 액상 등온반응을 혼합반응기에서 A의 전환율 90%, R의 총괄수율 0.75로 진행시켰다면, 반응기를 나오는 R의 농도(mol/L)는?(단, 초기농도는 $C_{A0} = 10$mol/L, $C_{R0} = C_{S0} = 0$이다.)

$$A \xrightarrow{k_1} R \quad A \xrightarrow{k_2} S$$

① 0.675 ② 0.75
③ 6.75   ④ 7.50

해설

$C_A = C_{A0}(1-X_A) = 10\text{mol/L}(1-0.9) = 1\text{mol/L}$

$\Phi = \dfrac{dC_R}{dC_A} = \dfrac{C_R}{10-1} = 0.75$

∴ $C_R = 6.75$mol/L

89 압력이 일정하게 유지되는 회분식 반응기에서 초기에 A물질 80%를 포함하는 반응혼합물의 체적이 3분 동안에 20% 감소한다고 한다. 이 기상반응이 $2A \rightarrow R$ 형태의 1차 반응으로 될 때 A물질의 소멸에 대한 속도상수($\min^{-1}$)는?

① -0.135 ② 0.135
③ 0.323   ④ 0.231

정답 85 ④ 86 ③ 87 ④ 88 ③ 89 ④

> **해설**

변용회분반응기 1차 반응

$-\ln\left(1 - \dfrac{\Delta V}{\varepsilon_A V_o}\right) = kt$

$-\ln(1 - X_A) = kt$

$\varepsilon_A = y_{A0}\delta = 0.8 \dfrac{1-2}{2} = -0.4$

$V = V_o(1 + \varepsilon_A X_A)$

$X_A = \dfrac{V - V_o}{\varepsilon_A V_o} = \dfrac{0.8 V_o - V_o}{(-0.4) V_o} = 0.5$

$-\ln(1 - 0.5) = k \times 3$

$\therefore k = 0.231/\min$

90 $A \rightarrow 2R$인 기체상 반응은 기초반응(Elementary Reaction)이다. 이 반응이 순수한 A로 채워진 부피가 일정한 회분식 반응기에서 일어날 때 10분 반응 후 전환율이 80%이었다. 이 반응을 순수한 A를 사용하며 공간시간이 10분인 혼합흐름반응기에서 일으킬 경우 A의 전환율은?

① 91.5% ② 80.5%
③ 65.5% ④ 51.5%

> **해설**

$-\ln(1 - X_A) = kt$

$-\ln(1 - 0.8) = k \times 10\min$

$\therefore k = 0.161/\min$

$k\tau = \dfrac{X_A}{1 - X_A}(1 + \varepsilon_A X_A)$

$\varepsilon_A = y_{A0}\delta = \dfrac{2-1}{1} = 1$

$0.161 \times 10\min = \dfrac{X_A}{1 - X_A}(1 + X_A)$

정리하면 $X_A^2 + 2.61 X_A - 1.61 = 0$

$\therefore X_A = \dfrac{-2.61 \pm \sqrt{2.61^2 + 4(1.61)}}{2}$
$= 0.515(51.5\%)$

91 순환비가 $R = 4$인 순환식 반응기가 있다. 순수한 공급물에서의 초기 전환율이 0일 때, 반응기 출구의 전환율이 0.9이다. 이때 반응기 입구에서의 전환율은?

① 0.72 ② 0.77
③ 0.80 ④ 0.82

> **해설**

$X_{Ai} = \dfrac{R}{R+1} X_{Af} = \dfrac{4}{4+1} \times 0.9 = 0.72$

92 어떤 반응의 속도상수가 25℃일 때 3.46×10^{-5} s^{-1}이고 65℃일 때 $4.87 \times 10^{-3} s^{-1}$이다. 이 반응의 활성화 에너지(kcal/mol)는?

① 10.75 ② 24.75
③ 213   ④ 399

> **해설**

$\ln \dfrac{k_2}{k_1} = \dfrac{E_a}{R}\left(\dfrac{1}{T_1} - \dfrac{1}{T_2}\right)$

$\ln \dfrac{4.87 \times 10^{-3}}{3.46 \times 10^{-5}} = \dfrac{E_a}{1.987 \text{cal/mol K}}\left(\dfrac{1}{298} - \dfrac{1}{338}\right)$

$\therefore E_a = 24,752 \text{cal/mol} = 24.75 \text{kcal/mol}$

93 어떤 단일성분 물질의 분해반응은 1차 반응이며 정용 회분식 반응기에서 99%까지 분해하는 데 6,646초가 소요되었을 때, 30%까지 분해하는 데 소요되는 시간(s)은?

① 515 ② 540
③ 720 ④ 813

> **해설**

$-\ln(1 - X_A) = kt$

$-\ln(1 - 0.99) = k \times 6,646$

$\therefore k = 0.000693 s^{-1}$

$-\ln(1 - 0.3) = 0.000693 \times t$

$\therefore t = 515s$

정답 90 ④ 91 ① 92 ② 93 ①

94 $A \leftrightharpoons R$인 액상반응에 대한 25℃에서의 평형상수(K_{298})는 300이고 반응열(ΔH_r)은 $-18,000$cal/mol일 때, 75℃에서 평형전환율은?

① 55% ② 69%
③ 79% ④ 93%

해설

$$\ln\frac{K_2}{K_1} = \frac{\Delta H_r}{R}\left(\frac{1}{T_1} - \frac{1}{T_2}\right)$$

$$\ln\frac{K_2}{300} = \frac{-18,000}{1.987}\left(\frac{1}{298} - \frac{1}{348}\right)$$

$\therefore K_2 = 3.78$

$K_2 = \dfrac{X_{Ae}}{1-X_{Ae}} = 3.78$

$\therefore X_{Ae} = 0.79(79\%)$

95 $C_{A0}=1$, $C_{R0}=C_{S0}=0$, $A \to R \leftrightarrow S$, $k_1 = k_2 = k_{-2}$일 때, 시간이 충분히 지나 반응이 평형에 이르렀을 때 농도의 관계로 옳은 것은?

① $C_A = C_R$ ② $C_A = C_S$
③ $C_R = C_S$ ④ $C_A \neq C_R \neq C_S$

해설

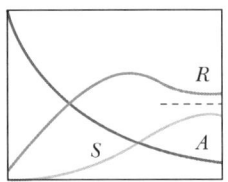

시간이 충분히 흐르면 R과 S는 평형농도(------)에 이르게 된다.

$\therefore C_R = C_S$

96 다음과 같은 두 일차 병렬반응이 일정한 온도의 회분식 반응기에서 진행되었다. 반응시간이 1,000초일 때 반응물 A가 90% 분해되어 생성물은 R이 S보다 10배 생성되었다. 반응 초기에 R과 S의 농도를 0으로 할 때, k_1, k_2, k_1/k_2는?

$A \to R$	$r_{A1} = k_1 C_A$
$A \to 2S$	$r_{A2} = k_2 C_A$

① $k_1 = 0.131$/min, $k_2 = 6.57\times 10^{-3}$/min, $k_1/k_2 = 20$

② $k_1 = 0.046$/min, $k_2 = 2.19\times 10^{-3}$/min, $k_1/k_2 = 21$

③ $k_1 = 0.131$/min, $k_2 = 11.9\times 10^{-3}$/min, $k_1/k_2 = 11$

④ $k_1 = 0.046$/min, $k_2 = 4.18\times 10^{-3}$/min, $k_1/k_2 = 11$

해설

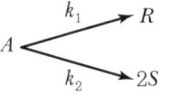

$-\ln(1-X_A) = (k_1+k_2)t$

$\therefore k_1 = 20k_2$

$-\ln(1-0.9) = (20k_2 + k_2)\times 1,000\text{s} \times \dfrac{1\text{min}}{60\text{s}}$

$k_2 = 0.00657$/min

$k_1 = 20k_2 = 0.131$/min

$\dfrac{k_1}{k_2} = 20$

97 어떤 반응의 반응속도와 전환율의 상관관계가 아래의 그래프와 같다. 이 반응을 상업화한다고 할 때 더 경제적인 반응기는?(단, 반응기의 유지보수 비용은 같으며, 설치비를 포함한 가격은 반응기 부피에만 의존한다고 가정한다.)

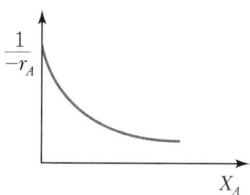

① 플러그흐름반응기
② 혼합흐름반응기
③ 어느 것이나 상관 없음
④ 플러그흐름반응기와 혼합흐름반응기를 연속으로 연결

해설

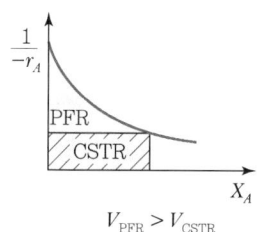

$V_{PFR} > V_{CSTR}$

98 반응차수가 1차인 반응의 반응물 A를 공간시간(Space Time)이 같은 보기의 반응기에서 반응을 진행시킬 때, 반응기 부피 관점에서 가장 유리한 반응기는?

① 혼합흐름반응기
② 플러그흐름반응기
③ 플러그흐름반응기와 혼합흐름반응기의 직렬연결
④ 전환율에 따라 다르다.

해설
$n > 0$에 대해 CSTR의 크기는 PFR보다 크다($V_m > V_P$). 이 부피비는 반응차수가 증가할수록 커진다.

99 적당한 조건에서 A는 다음과 같이 분해되고 원료 A의 유입속도가 100L/h일 때 R의 농도를 최대로 하는 플러그흐름반응기의 부피(L)는?(단, $k_1 = 0.2$/min, $k_2 = 0.2$/min, $C_{A0} = 1$mol/L, $C_{R0} = C_{S0} = 0$이다.)

$$A \xrightarrow{k_1} R \xrightarrow{k_2} S$$

① 5.33
② 6.33
③ 7.33
④ 8.33

해설
$\tau = \dfrac{V}{v_o}$
$v_o = 100\text{L/h} \times 1\text{h}/60\text{min}$
$\tau = \dfrac{1}{k} = \dfrac{1}{0.2} = 5\text{min}$
$5\text{min} = \dfrac{V}{100/60} \text{L/min}$
∴ $V = 8.33$L

100 회분반응기(Batch Reactor)의 일반적인 특성에 대한 설명으로 가장 거리가 먼 것은?
① 일반적으로 소량 생산에 적합하다.
② 단위 생산량당 인건비와 취급비가 적게 드는 장점이 있다.
③ 연속조작이 용이하지 않은 공정에 사용된다.
④ 하나의 장치에서 여러 종류의 제품을 생산하는 데 적합하다.

해설
회분식 반응기의 특성
• 반응물을 용기에 채우고 일정시간 반응시킨 후 생성물을 방출시킨다.
• 다품종 소량생산에 적합하다.
• 인건비, 취급비가 많이 든다.

정답 97 ② 98 ② 99 ④ 100 ②

2020년 제3회 기출문제

1과목 화공열역학

01 이상기체의 열용량에 대한 설명으로 옳은 것은?
① 이상기체의 열용량은 상태함수이다.
② 이상기체의 열용량은 온도에 무관하다.
③ 이상기체의 열용량은 압력에 무관하다.
④ 모든 이상기체는 같은 값의 열용량을 갖는다.

해설

$C = \dfrac{dQ}{dT}$

이상기체의 열용량은 온도만의 함수이다. → 압력과는 무관

02 일정온도 80℃에서 라울(Raoult)의 법칙에 근사적으로 일치하는 아세톤과 니트로메탄 이성분계가 기액평형을 이루고 있다. 아세톤의 액상 몰분율이 0.4일 때 아세톤의 기체상 몰분율은?(단, 80℃에서 순수 아세톤과 니트로메탄의 증기압은 각각 195.75, 50.32kPa이다.)

① 0.85   ② 0.72
③ 0.28   ④ 0.15

해설

$P_A = 195.75$, $P_B = 50.32$
$P = P_A x_A + P_B x_B$
$\quad = 195.75 \times 0.4 + 50.32 \times 0.6$
$\quad = 108.5\text{kPa}$
$y_A = \dfrac{x_A P_A}{P} = \dfrac{0.4 \times 195.75}{108.5} = 0.72$

03 372℃, 100atm에서의 수증기부피(L/mol)는?(단, 수증기는 이상기체라 가정한다.)

① 0.229   ② 0.329
③ 0.429   ④ 0.529

해설

$PV = nRT$
$\dfrac{V}{n} = \dfrac{RT}{P} = \dfrac{0.082\text{L atm/mol K} \times (273+372)\text{K}}{100\text{atm}}$
$\quad = 0.529\text{L/mol}$

04 이상기체에 대한 설명 중 틀린 것은?(단, U : 내부에너지, R : 기체상수, C_p : 정압열용량, C_v : 정적열용량이다.)
① 이상기체의 등온가역과정에서는 PV값은 일정하다.
② 이상기체의 경우 $C_p - C_v = R$이다.
③ 이상기체의 단열가역과정에서는 TV값은 일정하다.
④ 이상기체의 경우 $\left(\dfrac{\partial U}{\partial V}\right)_T = 0$ 이다.

해설

$T = \text{const}$
$PV = RT$

단열

$\left(\dfrac{T_2}{T_1}\right) = \left(\dfrac{V_1}{V_2}\right)^{\gamma-1}$ $\left(\dfrac{T_2}{T_1}\right) = \left(\dfrac{P_2}{P_1}\right)^{\frac{\gamma-1}{\gamma}}$

$\dfrac{P_2}{P_1} = \left(\dfrac{V_1}{V_2}\right)^{\gamma}$

$dU = TdS - PdV$

$\left(\dfrac{\partial U}{\partial V}\right)_T = T\left(\dfrac{\partial S}{\partial V}\right)_T - P$

$dA = -SdT - PdV$에서 $\left(\dfrac{\partial S}{\partial V}\right)_T = \left(\dfrac{\partial P}{\partial T}\right)_V$

$\left(\dfrac{\partial U}{\partial V}\right)_T = T\left(\dfrac{\partial P}{\partial T}\right)_V - P$

$PV = RT$에서 $\left(\dfrac{\partial P}{\partial T}\right)_V = \dfrac{R}{V} = C$

$\left(\dfrac{\partial U}{\partial V}\right)_T = \dfrac{RT}{V} - P = 0$

정답 01 ③ 02 ② 03 ④ 04 ③

05 360℃ 고온 열저장고와 120℃ 저온 열저장고 사이에서 작동하는 열기관이 60kW의 동력을 생산한다면 고온 열저장고로부터 열기관으로 유입되는 열량(Q_H ; kW)은?

① 20
② 85.7
③ 90
④ 158.3

해설

$T_1 = (273+360)\text{K}$
$T_2 = (273+120)\text{K}$
$\eta = \dfrac{T_1-T_2}{T_1} = \dfrac{Q_H-Q_C}{Q_H} = \dfrac{W}{Q_H}$
$\dfrac{240}{633} = \dfrac{60\text{kW}}{Q_H}$
$\therefore Q_H = 158.3\text{kW}$

06 Joule-Thomson Coefficient를 옳게 나타낸 것은?(단, C_p : 정압열용량, V : 부피, P : 압력, T : 온도를 의미한다.)

① $\left(\dfrac{\partial T}{\partial P}\right)_H = \dfrac{1}{C_p}\left[V - T\left(\dfrac{\partial V}{\partial T}\right)_P\right]$

② $\left(\dfrac{\partial T}{\partial P}\right)_H = -\dfrac{1}{C_p}\left[V - T\left(\dfrac{\partial V}{\partial T}\right)_P\right]$

③ $\left(\dfrac{\partial T}{\partial P}\right)_H = \dfrac{1}{C_p}\left[V - T\left(\dfrac{\partial T}{\partial V}\right)_P\right]$

④ $\left(\dfrac{\partial T}{\partial P}\right)_H = -C_p\left[V - T\left(\dfrac{\partial V}{\partial T}\right)_P\right]$

해설

$\left(\dfrac{\partial T}{\partial P}\right)_H \left(\dfrac{\partial P}{\partial H}\right)_T \left(\dfrac{\partial H}{\partial T}\right)_P = -1$

$\left(\dfrac{\partial T}{\partial P}\right)_H = -\dfrac{\left(\dfrac{\partial H}{\partial P}\right)_T}{\left(\dfrac{\partial H}{\partial T}\right)_P}$

$= -\dfrac{1}{C_p}\left[V - T\left(\dfrac{\partial V}{\partial T}\right)_P\right]$

$dH = TdS + VdP$
$\left(\dfrac{\partial H}{\partial P}\right)_T = T\left(\dfrac{\partial S}{\partial P}\right)_T + V$
$dG = -SdT + VdP$
$-\left(\dfrac{\partial S}{\partial P}\right)_T = \left(\dfrac{\partial V}{\partial T}\right)_P$
$\left(\dfrac{\partial H}{\partial P}\right)_T = -T\left(\dfrac{\partial V}{\partial T}\right)_P + V$

07 다음 중 상태함수가 아닌 것은?

① 일
② 몰 엔탈피
③ 몰 엔트로피
④ 몰 내부에너지

해설

- 상태함수 : 경로에 관계없이 시작점과 끝점의 상태에 의해서만 영향을 받는 함수
  예 T, P, ρ, U, H, S, G
- 경로함수 : 경로에 따라 영향을 받는 함수
  예 Q(열), W(일)

08 다음 그래프가 나타내는 과정으로 옳은 것은?(단, T는 절대온도, S는 엔트로피이다.)

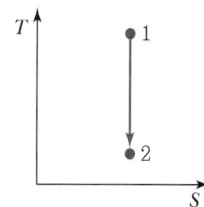

① 등엔트로피과정(Isentropic Process)
② 등온과정(Isothermal Process)
③ 정용과정(Isometric Process)
④ 등압과정(Isobaric Process)

해설

$S_1 = S_2$: 등엔트로피

정답 05 ④ 06 ② 07 ① 08 ①

09 "에너지 보존의 법칙"으로 불리는 것은?

① 열역학 제0법칙 ② 열역학 제1법칙
③ 열역학 제2법칙 ④ 열역학 제3법칙

해설

열역학 법칙
- 열역학 제0법칙 : 온도계의 원리
- 열역학 제1법칙 : 에너지 보존의 법칙
- 열역학 제2법칙 : 엔트로피의 법칙
- 열역학 제3법칙 : 절대영도에서 엔트로피는 0이다.

10 $CO_2 + H_2 \rightarrow CO + H_2O$ 반응이 760℃, 1기압에서 일어난다. 반응한 CO_2의 몰분율을 x라 하면 이때 평형상수 K_p를 구하는 식으로 옳은 것은?(단, 초기에 CO_2와 H_2는 각각 1몰씩이며, 초기의 CO와 H_2O는 없다고 가정한다.)

① $\dfrac{x^2}{1-x^2}$ ② $\dfrac{x^2}{(1-x)^2}$

③ $\dfrac{x}{1-x}$ ④ $\dfrac{1-x}{x}$

해설

$$\begin{array}{cccc} CO_2 & + H_2 & \rightarrow CO & + H_2O \\ 1 & 1 & 0 & 0 \\ -x & -x & +x & +x \\ (1-x) & (1-x) & x & x \end{array}$$

$K_p = \dfrac{x^2}{(1-x)^2}$

11 어떤 가역 열기관이 500℃에서 1,000cal의 열을 받아 일을 생산하고 나머지의 열을 100℃의 열소(Heat Sink)에 버린다. 열소의 엔트로피 변화(cal/K)는?

① 1,000 ② 417
③ 41.7 ④ 1.29

해설

$\eta = \dfrac{T_1 - T_2}{T_1} = \dfrac{Q_1 - Q_2}{Q_1}$

$\dfrac{400}{773} = \dfrac{1,000 - Q_2}{1,000}$

∴ $Q_2 = 482.5\text{cal}$

∴ $\Delta S_2 = \dfrac{Q_2}{T_2} = \dfrac{482.5\text{cal}}{(273+100)\text{K}} = 1.29\text{cal/K}$

12 화학반응의 평형상수 K의 정의로부터 다음의 관계식을 얻을 수 있을 때, 이 관계식에 대한 설명 중 틀린 것은?

$$\dfrac{d\ln K}{dT} = \dfrac{\Delta H°}{RT^2}$$

① 온도에 대한 평형상수의 변화를 나타낸다.
② 발열반응에서는 온도가 증가하면 평형상수가 감소함을 보여준다.
③ 주어진 온도구간에서 $\Delta H°$가 일정하면 $\ln K$를 T의 함수로 표시했을 때 직선의 기울기가 $\dfrac{\Delta H°}{R^2}$이다.
④ 화학반응의 $\Delta H°$를 구하는 데 사용할 수 있다.

해설

$\ln \dfrac{K_2}{K_1} = \dfrac{\Delta H°}{R} \left(\dfrac{1}{T_1} - \dfrac{1}{T_2} \right)$

$\ln K = -\dfrac{\Delta H°}{RT}$

직선의 기울기는 $-\dfrac{\Delta H°}{R}$

발열 $\Delta H < 0$ $T\uparrow$ → $K\downarrow$
흡열 $\Delta H > 0$ $T\uparrow$ → $K\uparrow$

13 수증기와 질소의 혼합기체가 물과 평형에 있을 때 자유도는?

① 0 ② 1
③ 2 ④ 3

해설

$F = 2 - P + C = 2 - 2 + 2 = 2$

정답 09 ② 10 ② 11 ④ 12 ③ 13 ③

14 카르노 사이클(Carnot Cycle)에 대한 설명으로 틀린 것은?

① 가역 사이클이다.
② 효율은 엔진이 사용하는 작동물질에 무관하다.
③ 효율은 두 열원의 온도에 의하여 결정된다.
④ 비가역 열기관의 열효율은 예외적으로 가역기관의 열효율보다 클 수 있다.

[해설]

카르노 사이클(Carnot Cycle)
- 어떤 기관도 Carnot 엔진보다 열효율이 높을 수는 없다.
- Carnot 엔진의 열효율은 온도의 높고 낮음에만 관계되고 엔진이 사용하는 작동물질에는 무관하다.

15 화학반응에서 정방향으로 반응이 계속 일어나는 경우는?(단, ΔG : 깁스자유에너지 변화량, K : 평형상수이다.)

① $\Delta G = K$
② $\Delta G = 0$
③ $\Delta G > 0$
④ $\Delta G < 0$

[해설]

$$\ln K = \frac{-\Delta G°}{RT}$$

16 반데르발스(Van der Waals)의 상태식에 따르는 n mol의 기체가 초기 용적(v_1)에서 나중 용적(v_2)으로 정온가역적으로 팽창할 때 행한 일의 크기를 나타낸 식으로 옳은 것은?

① $W = nRT\ln\left(\dfrac{v_1 - nb}{v_2 - nb}\right) - n^2a\left(\dfrac{1}{v_1} - \dfrac{1}{v_2}\right)$

② $W = nRT\ln\left(\dfrac{v_2 - nb}{v_1 - nb}\right) - n^2a\left(\dfrac{1}{v_1} + \dfrac{1}{v_2}\right)$

③ $W = nRT\ln\left(\dfrac{v_2 - nb}{v_1 - nb}\right) + n^2a\left(\dfrac{1}{v_2} - \dfrac{1}{v_1}\right)$

④ $W = nRT\ln\left(\dfrac{v_2 - nb}{v_1 - nb}\right) + n^2a\left(\dfrac{1}{v_1} + \dfrac{1}{v_2}\right)$

[해설]

$$\left(P + \frac{n^2}{V^2}a\right)(V - nb) = nRT$$

$$W = \int_{v_1}^{v_2} P dV$$

$$= \int_{v_1}^{v_2}\left(\frac{nRT}{V - nb} - \frac{n^2}{V^2}a\right)dV$$

$$= nRT\ln\frac{v_2 - nb}{v_1 - nb} + n^2a\left(\frac{1}{v_2} - \frac{1}{v_1}\right)$$

17 비압축성 유체의 성질이 아닌 것은?

① $\left(\dfrac{\partial H}{\partial P}\right)_T = 0$
② $\left(\dfrac{\partial V}{\partial T}\right)_P = 0$
③ $\left(\dfrac{\partial V}{\partial P}\right)_T = 0$
④ $\left(\dfrac{\partial U}{\partial P}\right)_T = 0$

[해설]

$\left(\dfrac{\partial V}{\partial T}\right)_P = 0$, $\left(\dfrac{\partial V}{\partial P}\right)_T = 0$

$dU = TdS - PdV$

$\left(\dfrac{\partial U}{\partial P}\right)_T = T\left(\dfrac{\partial S}{\partial P}\right)_T - P\left(\dfrac{\partial V}{\partial P}\right)_T$

$= -T\left(\dfrac{\partial V}{\partial T}\right)_P - P\left(\dfrac{\partial V}{\partial P}\right)_T = 0$

$dG = -SdT + VdP$

$-\left(\dfrac{\partial S}{\partial P}\right)_T = \left(\dfrac{\partial V}{\partial T}\right)_P$

$dH = TdS + VdP$

$\left(\dfrac{\partial H}{\partial P}\right)_T = T\left(\dfrac{\partial S}{\partial P}\right)_T + V$

$= -T\left(\dfrac{\partial V}{\partial T}\right)_P + V = V$

정답 14 ④ 15 ④ 16 ③ 17 ①

18 오토(Otto) 사이클의 효율(η)을 표시하는 식으로 옳은 것은?(단, γ : 비열비, r_v : 압축비, r_f : 팽창비이다.)

① $\eta = 1 - \left(\dfrac{1}{r_v}\right)^{\gamma-1}$

② $\eta = 1 - \left(\dfrac{1}{r_v}\right)^{\gamma}$

③ $\eta = 1 - \left(\dfrac{1}{r_v}\right)^{\frac{\gamma-1}{\gamma}}$

④ $\eta = 1 - \left(\dfrac{1}{r_v}\right)^{\frac{\gamma-1}{\gamma}} \cdot \dfrac{r_f^{\gamma-1}}{\gamma(r_f-1)}$

해설

Otto 사이클의 효율

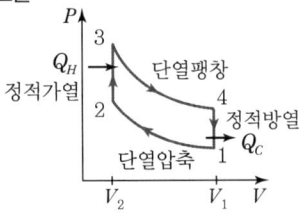

$\eta = 1 - \left(\dfrac{1}{r}\right)^{\gamma-1}$ (비열비, 압축비)

$r = \dfrac{V_1}{V_2}$

19 열전도도가 없는 수평 파이프 속에 이상기체가 정상상태로 흐른다. 이상기체의 유속이 점점 증가할 때 이상기체의 온도변화로 옳은 것은?

① 높아진다.
② 낮아진다.
③ 일정하다.
④ 높아졌다 낮아짐을 반복한다.

해설

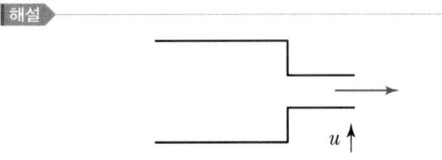

$\dfrac{\Delta u^2}{2} + g\Delta z + \dfrac{\Delta P}{\rho} = 0$

유속↑ 운동E↑ 외부에서 열이 가해지지 않으면 다른 에너지의 감소가 초래되므로 그 결과 온도가 감소한다.

20 2.0atm의 압력과 25℃의 온도에 있는 2.0몰의 수소가 동일 조건에 있는 3.0몰의 암모니아와 이상적으로 혼합될 때 깁스자유에너지 변화량(ΔG ; kJ)은?

① -8.34
② -5.58
③ 8.34
④ 5.58

해설

$\Delta G = RT\sum x_i \ln x_i$

$y_{H_2} = \dfrac{2}{2+3} = 0.4$

$y_{N_2} = \dfrac{3}{2+3} = 0.6$

$\Delta G = n_A RT \ln y_A + n_B RT \ln y_B$
$= 2\text{mol} \times 8.314\text{J/mol K} \times 298\text{K} \times \ln 0.4$
$\quad + 3 \times 8.314 \times 298 \times \ln 0.6$
$= -8,337\text{J}$
$= -8.34\text{kJ}$

정답 ▶ 18 ① 19 ② 20 ①

2과목 단위조작 및 화학공업양론

21 30℃, 760mmHg에서 공기의 수증기압이 25mmHg이고 같은 온도에서 포화 수증기압이 $0.0433 kg_f/cm^2$일 때, 상대습도(%)는?

① 48.6
② 52.7
③ 58.4
④ 78.5

해설

$H_R = \dfrac{p_V}{p_S} \times 100 (\%)$

$p_V = 25 mmHg$

$p_S = 0.0433 kg_f/cm^2 \times \dfrac{760 mmHg}{1.0332 kg_f/cm^2}$

$= 31.85 mmHg$

$H_R = \dfrac{25}{31.85} \times 100 = 78.5\%$

22 표준상태에서 일산화탄소의 완전연소 반응열(kcal/gmol)은?(단, 일산화탄소와 이산화탄소의 표준생성엔탈피는 아래와 같다.)

$C(s) + \dfrac{1}{2}O_2(g) \rightarrow CO(g), \ \Delta H = -26.4157 kcal/gmol$

$C(s) + O_2(g) \rightarrow CO_2(g), \ \Delta H = -94.0518 kcal/gmol$

① −67.6361
② 63.6361
③ 94.0518
④ −94.0518

해설

$CO \rightarrow C + \dfrac{1}{2}O_2 \quad \Delta H = 26.4157$

$+) \ C + O_2 \rightarrow CO_2 \quad \Delta H = -94.0518$

$CO + \dfrac{1}{2}O_2 \rightarrow CO_2$

∴ $\Delta H = -67.6361 kcal/gmol$

23 25℃에서 10L의 이상기체를 1.5L까지 정온 압축시켰을 때 주위로부터 2,250cal의 일을 받았다면 압축한 이상기체의 몰수(mol)는?

① 0.5
② 1
③ 2
④ 3

해설

$\Delta U = Q + W$

$W = -\int P dV = -\int \dfrac{nRT}{V} dV$

$= -nRT \ln \dfrac{V_2}{V_1} = nRT \ln \dfrac{V_1}{V_2}$

$2,250 cal = n \times 1.987 cal/mol \ K \times 298K \times \ln \dfrac{10}{1.5}$

∴ $n = 2$

24 대응상태 원리에 대한 설명 중 틀린 것은?

① 물질의 극성, 비극성 구조의 효과를 고려하지 않은 원리이다.
② 환산상태가 동일해도 압력이 다르면 두 물질의 압축계수는 다르다.
③ 단순구조의 한정된 물질에 적용 가능한 원리이다.
④ 환산상태가 동일하면 압력이 달라도 두 물질의 압축계수는 유사하다.

해설

- 이심인자 : $\omega = -1.0 - \log(P_r^{sat})_{T_r = 0.7}$
- 단순유체 : Ar, Kr, Xe : $\omega = 0$

동일한 ω을 갖는 모든 유체들은 같은 T_r, P_r에서 거의 동일한 z값을 가지며 이상기체 거동에서 벗어나는 정도도 비슷하다.

대응상태의 원리
모든 유체들은 같은 환산온도와 환산압력에서 비교하면 대체로 거의 같은 압축인자를 가지며, 이상기체 거동에서 벗어나는 정도도 거의 비슷하다.

$P_r = \dfrac{P}{P_c} \quad T_r = \dfrac{T}{T_c}$

정답 21 ④ 22 ① 23 ③ 24 ②

25 질소 280kg과 수소 64kg이 반응기에서 500℃, 300 atm 조건으로 반응되어 평형점에서 전체 몰수를 측정하였더니 26kmol이었다. 반응기에서 생성된 암모니아(kg)는?

① 272
② 160
③ 136
④ 80

해설

$280 \text{kgN}_2 \times \dfrac{1\text{kmol}}{28\text{kg}} = 10\text{kmol}$

$64 \text{kgH}_2 \times \dfrac{1\text{kmol}}{2\text{kg}} = 32\text{kmol}$

$$\begin{array}{cccc} N_2 & + & 3H_2 & \to & 2NH_3 \\ 10 & & 32 & & 0 \\ -x & & -3x & & +2x \\ \hline (10-x) & & (32-3x) & & 2x \end{array}$$

$10 - x + 32 - 3x + 2x = 26 \quad \therefore x = 8$

$NH_3 = 2 \times 8\text{kmol} \times \dfrac{17\text{kg}}{1\text{kmolNH}_3} = 272\text{kg}$

---

26 기화잠열을 추산하는 방법에 대한 설명 중 틀린 것은?

① 포화압력의 대수값과 온도역수의 도시로부터 잠열을 추산하는 공식은 Clausius – Clapeyron Equation이다.
② 기화잠열과 임계온도가 일정 비율을 가지고 있다고 추론하는 방법은 Trouton's Rule이다.
③ 환산온도와 기화열로부터 잠열을 구하는 공식은 Watson's Equation이다.
④ 정상비등온도와 임계온도 압력을 이용하여 잠열을 구하는 공식은 Riedel's Equation이다.

해설

• Clausius – Clapeyron Equation
$\ln \dfrac{P_2}{P_1} = \dfrac{\Delta H}{R}\left(\dfrac{1}{T_1} - \dfrac{1}{T_2}\right)$

• Trouton's Rule
정상 끓는점에서 순수한 액체들의 증발잠열에 대한 개략적인 추정값
$\dfrac{\Delta H_n}{RT_n} \sim$ 일정한 값

• Watson's Equation
$\dfrac{\Delta H_2}{\Delta H_1} = \left(\dfrac{1-T_{r2}}{1-T_{r1}}\right)^{0.38}$

• Riedel 식
$\dfrac{\Delta H_n}{RT_n} = \dfrac{1.092(\ln P_c - 1.013)}{0.930 - T_{rn}}$

---

27 원유의 비중을 나타내는 지표로 사용되는 것은?

① Baumé
② Twaddell
③ API
④ Sour

해설

• Baumé도 $= \dfrac{140}{\text{sp.gr}} - 130 \quad (\rho < 1)$

Bé $= 145 - \dfrac{145}{\text{sp.gr}} \quad (\rho > 1)$

• API도 $= \dfrac{141.5}{\text{sp.gr}\left(\dfrac{60}{60}\right)} - 131.5$

→ 석유공업 및 석유제품의 비중에 이용

• Tw도 : 물보다 무거운 액체에 사용
Tw도 $= 200(\text{sp.gr} - 1)$

---

28 $CO(g)$를 활용하기 위해 162g의 C, 22g의 H_2의 혼합연료를 연소하여 CO_2 11.1vol%, CO 2.4vol%, O_2 4.1vol%, N_2 82.4vol% 조성의 연소가스를 얻었다. CO의 완전연소를 고려하지 않은 공기의 과잉공급률(%)은? (단, 공기의 조성은 O_2 21vol%, N_2 79vol%이다.)

① 15.3
② 17.3
③ 20.3
④ 23.0

해설

$162\text{gC} \times \dfrac{1\text{mol}}{12\text{g}} = 13.5\text{mol}$ $\quad 22\text{gH}_2 \times \dfrac{1\text{mol}}{2\text{g}} = 11\text{mol}$

$C + \dfrac{1}{2}O_2 \to CO$ $\qquad H_2 + \dfrac{1}{2}O_2 \to H_2O$

2.4 $\dfrac{1}{2} \times 2.4$ $\qquad$ 11 $\dfrac{1}{2} \times 11$

$C + O_2 \to CO_2$

11.1 11.1

정답 25 ① 26 ② 27 ③ 28 ④

∴ 이론량 $O_2 = 2.4 \times \frac{1}{2} + 11 \times \frac{1}{2} + 11.1 = 17.8$

이론량 $Air = 17.8 \times \frac{1}{0.21} = 84.76$

100mol $\begin{bmatrix} CO\ 2.4\% \\ CO_2\ 11.1\% \\ O_2\ 4.1\% \\ N_2\ 82.4\% \end{bmatrix}$ 13.5% → 과잉량 $Air = 4.1 \times \frac{1}{0.21}$
$= 19.52\text{mol}$

과잉% = $\frac{과잉량}{이론량} \times 100 = \frac{19.52}{84.76} \times 100 = 23\%$

29 상, 상평형 및 임계온도에 대한 다음 설명 중 틀린 것은?

① 순성분의 기액평형 압력은 그때의 증기압과 같다.
② 3중점에 있는 계의 자유도는 0이다.
③ 평형온도보다 높은 온도의 증기는 과열증기이다.
④ 임계온도는 그 성분의 기상과 액상이 공존할 수 있는 최저온도이다.

해설

② $F = 2 - P + C = 2 - 3 + 1 = 0$
④ 임계온도는 그 성분의 기상과 액상이 공존할 수 있는 최고온도이고, 그때의 압력을 임계압력이라 한다.

30 20℃, 740mmHg에서 N_2 79mol%, O_2 21mol% 공기의 밀도(g/L)는?

① 1.17 ② 1.23
③ 1.35 ④ 1.42

해설

$M = x_A M_A + x_B M_B$
$= 0.79 \times 28 + 0.21 \times 32 = 28.84$

$PV = \frac{w}{M}RT$

$d = \frac{w}{V} = \frac{PM}{RT}$

$= \frac{740\text{mmHg} \times \frac{1\text{atm}}{760\text{mmHg}} \times 28.84\text{g/mol}}{0.082\text{L atm/mol K} \times 293\text{K}}$

$= 1.17\text{g/L}$

31 벤젠과 톨루엔의 2성분계 정류조작의 자유도(Degrees of Freedom)는?

① 0 ② 1
③ 2 ④ 3

해설

$F = 2 - P + C = 2 - 2 + 2 = 2$

32 완전 흑체에서 복사 에너지에 관한 설명으로 옳은 것은?

① 복사면적에 반비례하고 절대온도에 비례
② 복사면적에 비례하고 절대온도에 비례
③ 복사면적에 반비례하고 절대온도의 4승에 비례
④ 복사면적에 비례하고 절대온도의 4승에 비례

해설

슈테판-볼츠만 법칙

$q = 4.88A \left(\frac{T}{100}\right)^4 \text{kcal/h}$
$= 4.88 \times 10^{-8} A T^4$

$\sigma = 4.88 \times 10^{-8} \text{kcal/m}^2\ \text{h K}^4$
$= 0.1713 \times 10^{-8} \text{BTU/ft}^2\ \text{h R}^4$

33 중력가속도가 지구와 다른 행성에서 물이 흐르는 오리피스의 압력차를 측정하기 위해 U자관 수은압력계(Manometer)를 사용하였더니 압력계의 읽음이 10cm이고 이때의 압력차가 $0.05\text{kg}_\text{f}/\text{cm}^2$였다. 같은 오리피스에 기름을 흘려보내고 압력치를 측정하니 압력계의 읽음이 15cm라고 할 때 오리피스에서의 압력차($\text{kg}_\text{f}/\text{cm}^2$)는? (단, 액체의 밀도는 지구와 동일하며, 수은과 기름의 비중은 각각 13.5, 0.8이다.)

① 0.0750 ② 0.0762
③ 0.0938 ④ 0.1000

해설

$$\Delta P = \frac{g}{g_c}(\rho_A - \rho_B)R$$
$$= \frac{g}{9.8}(13.5-1) \times 1{,}000 \times 0.1$$
$$= 0.05 \text{kg}_f/\text{cm}^2 \times \frac{100^2 \text{cm}^2}{1\text{m}^2}$$
$$= 500 \text{kg}_f/\text{m}^2$$
$$\therefore g = 3.92 \text{m/s}^2$$
$$\Delta P = \frac{3.92}{9.8}(13.5-0.8) \times 1{,}000 \times 0.15$$
$$= 762 \text{kg}_f/\text{m}^2 = 0.0762 \text{kg}_f/\text{cm}^2$$

34 1atm, 건구온도 65℃, 습구온도 32℃일 때 습윤공기의 절대습도($\frac{\text{kgH}_2\text{O}}{\text{kg 건조공기}}$)는?(단, 습구온도 32℃의 상대습도 : 0.031, 기화잠열 : 580kcal/kg, 습구계수 : 0.227kg kcal/℃)

① 0.012 ② 0.018
③ 0.024 ④ 0.030

해설

$$H_w - H = \frac{C_H}{\lambda_s}(t_G - t_w)$$

여기서, H_w : t_w에서의 포화습도, H : 절대습도
C_H : 습구계수, λ_s : 기화잠열
t_G : 기체온도, t_w : 습구온도

$$0.031 - H = \frac{0.227}{580}(65-32) = 0.0129$$
$$\therefore H = 0.018 \text{kgH}_2\text{O/kg 건조공기}$$

35 막 분리 공정 중 역삼투법에서 물과 염류의 수송 메커니즘에 대한 설명으로 가장 거리가 먼 것은?

① 물과 용질은 용액 확산 메커니즘에 의해 별도로 막을 통해 확산된다.
② 치밀층의 저압 쪽에서 1atm일 때 순수가 생성된다면 활동도는 사실상 1이다.
③ 물의 플럭스 및 선택도는 압력차에 의존하지 않으나 염류의 플럭스는 압력차에 따라 크게 증가한다.
④ 물 수송의 구동력은 활동도 차이이며, 이는 압력차에서 공급물과 생성물의 삼투압 차이를 뺀 값에 비례한다.

해설

• 역삼투 : 묽은 수용액으로부터 순수한 물 제조에 이용
• 용질은 용액 확산 메커니즘에 의해 별도로 막을 통해 확산
• 치밀한 고분자 중의 물의 농도는 용액 중의 물의 활동도에 비례
※ 삼투압 : 물이 농도가 낮은 쪽에서 높은 쪽으로 이동할 때 생성되는 압력

36 비중 1.2, 운동점도 0.254St인 어떤 유체가 안지름이 1inch인 관을 0.25m/s의 속도로 흐를 때, Reynolds수는?

① 2.5 ② 98
③ 250 ④ 300

해설

$$N_{Re} = \frac{Du\rho}{\mu} = \frac{Du}{\nu}$$
$$= \frac{1\text{in} \times \frac{2.54\text{cm}}{1\text{in}} \times 0.25\text{m/s} \times \frac{100\text{cm}}{1\text{m}} \times 1.2\text{g/cm}^3}{0.3048}$$
$$= 250$$
$$0.254\text{St} = \frac{\mu}{1.2}$$
$$\therefore \mu = 0.3048 \text{Poise}$$
$$N_{Re} = \frac{Du}{\nu} = \frac{(1 \times 2.54)(0.25 \times 100)}{0.254} = 250$$

37 성분 A, B가 각각 50mol%인 혼합물을 Flash 증류하여 Feed의 50%를 유출시켰을 때 관출물의 A조성($X_{W,A}$)은?(단, 혼합물의 비휘발도(α_{AB})는 2이다.)

① $X_{W,A} = 0.31$ ② $X_{W,A} = 0.41$
③ $X_{W,A} = 0.59$ ④ $X_{W,A} = 0.85$

정답 34 ② 35 ③ 36 ③ 37 ②

해설

$Fx_A = Dy + Wx_w$

F : 100mol 기준

$100 \times 0.5 = 50y + 50x_w$

$1 = y + x_w$

$y = \dfrac{\alpha x}{1+(\alpha-1)x} = \dfrac{2x}{1+x}$

$1 - x_w = \dfrac{2x_w}{1+x_w}$

$1 - x_w^2 = 2x_w$

$x_w^2 + 2x_w - 1 = 0$

$x_w = \dfrac{-1 \pm \sqrt{1^2 + 1}}{1} = -1 \pm \sqrt{2} = 0.41$

38 열교환기에 사용되는 전열튜브(Tube)의 두께를 Birmingham Wire Gauge(BWG)로 표시하는데 다음 중 튜브의 두께가 가장 두꺼운 것은?

① BWG 12
② BWG 14
③ BWG 16
④ BWG 18

해설

- Schedule No.가 클수록 관이 두껍다.
- BWG가 작을수록 두껍다.

39 다음 중 기체수송장치가 아닌 것은?

① 선풍기(Fan)
② 회전펌프(Rotary Pump)
③ 송풍기(Blower)
④ 압축기(Compressor)

해설

펌프 : 액체수송장치

40 추출조작에 이용하는 용매의 성질로서 옳지 않은 것은?

① 선택도가 클 것
② 값이 저렴하고 환경친화적일 것
③ 화학 결합력이 클 것
④ 회수가 용이할 것

해설

추제의 선택조건
- 선택도가 커야 한다.

$\beta = \dfrac{k_A}{k_B} = \dfrac{y_A/x_A}{y_B/x_B}$ 여기서, y_A : 추출상, x_A : 추잔상

- 회수가 용이해야 한다.
- 값이 싸고 화학적으로 안정해야 한다.
- 비점·응고점이 낮으며 부식성과 유독성이 적고 추질과의 비중차가 클수록 좋다.

3과목 공정제어

41 PID 제어기에서 미분동작에 대한 설명으로 옳은 것은?

① 제어에러의 변화율에 반비례하여 동작을 내보낸다.
② 미분동작이 너무 작으면 측정잡음에 민감하게 된다.
③ 오프셋을 제거해 준다.
④ 느린 동특성을 가지고 잡음이 적은 공정의 제어에 적합하다.

해설

$m(t) = \overline{m} + K_c e(t) + \dfrac{K_c}{\tau_I}\int e(t)dt + K_c \tau_D \dfrac{de(t)}{dt}$

- 미분동작 : 응답속도가 빨라지며, 잡음에 민감하다.
- 적분동작 : 오프셋을 제거해 준다.

42 $G(s) = \dfrac{1}{s^2(s+1)}$ 인 계의 Unit Impulse 응답은?

① $t - 1 + e^{-t}$
② $t + 1 + e^{-t}$
③ $t - 1 - e^{-t}$
④ $t + 1 - e^{-t}$

정답 38 ① 39 ② 40 ③ 41 ④ 42 ①

해설

$X(s) = 1$

$Y(s) = \dfrac{1}{s^2(s+1)} = \dfrac{A}{s} + \dfrac{B}{s^2} + \dfrac{C}{s+1}$

$\quad = \dfrac{-1}{s} + \dfrac{1}{s^2} + \dfrac{1}{s+1}$

$y(t) = -1 + t + e^{-t}$

$\quad = t - 1 + e^{-t}$

43 그림과 같은 음의 피드백(Negative Feedback)에 대한 설명으로 틀린 것은?(단, 비례상수 K는 상수이다.)

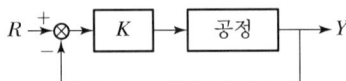

① 불안정한 공정을 안정화시킬 수 있다.
② 안정한 공정을 불안정하게 만들 수 있다.
③ 설정치(R) 변화에 대해 Offset이 발생한다.
④ K값에 상관없이 R값 변화에 따른 응답(Y)에 진동이 발생하지 않는다.

해설

㉠ 음의 되먹임(Negative Feedback)
  • 설정값과 측정변수의 오차를 줄이는 방향으로 제어요소를 제어하는 데 사용한다.
  • 본질적으로 루프 내의 신호를 안정화시키는 경향이 있다. 잘못 설계 시 불안정해질 수도 있다.
㉡ 양의 되먹임(Positive Feedback)
  • 설정값과 측정변수의 합으로 주어진다.
  • 불안정성을 유발한다.

44 다음 블록선도로부터 서보 문제(Servo Problem)에 대한 총괄전달함수 $\dfrac{C}{R}$는?

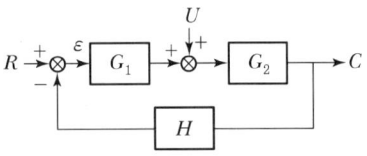

① $\dfrac{G_2}{1+G_1G_2H}$
② $\dfrac{G_1}{1+G_1G_2H}$
③ $\dfrac{G_1G_2}{1+G_1G_2H}$
④ $\dfrac{G_1G_2H}{1+G_1G_2H}$

해설

$G = \dfrac{C}{R} = \dfrac{G_1G_2}{1+G_1G_2H}$

45 Routh-Hurwitz 안전성 판정이 가장 정확하게 적용되는 공정은?(단, 불감시간은 Dead Time을 뜻한다.)

① 선형이고 불감시간이 있는 공정
② 선형이고 불감시간이 없는 공정
③ 비선형이고 불감시간이 있는 공정
④ 비선형이고 불감시간이 없는 공정

해설

Routh-Hurwitz 안전성 판정은 공정이 선형이고, 지연시간, 불감시간(Dead Time)이 없는 공정에 정확하게 적용된다.

46 Laplace 변환에 대한 설명 중 틀린 것은?

① 모든 시간의 함수는 해당되는 Laplace 변환을 갖는다.
② Laplace 변환을 통해 함수의 주파수 영역에서의 특성을 알 수 있다.
③ 상미분방정식을 Laplace 변환하면 대수방정식으로 바뀐다.
④ Laplace 변환은 선형 변환이다.

해설

Laplace 변환은 미분방정식을 대수방정식으로 전환하며, 공정제어시스템의 표현과 해석이 용이한 선형 변환이다.

$F(s) = \mathcal{L}\{f(t)\} = \displaystyle\int_0^\infty f(t)e^{-st}dt$

47 비례적분(PI) 제어계에 단위계단 변화의 오차가 인가되었을 때 비례이득(K_c) 또는 적분시간(τ_1)을 응답으로부터 구하는 방법이 타당한 것은?

① 절편으로부터 적분시간을 구한다.
② 절편으로부터 비례이득을 구한다.
③ 적분시간과 무관하게 기울기에서 비례이득을 구한다.
④ 적분시간은 구할 수 없다.

해설

$$G_c = K_c\left(1 + \frac{1}{\tau_I s}\right)$$

$$M(s) = K_c\left(1 + \frac{1}{\tau_I s}\right)\frac{1}{s} = K_c\left(\frac{1}{s} + \frac{1}{\tau_I s^2}\right)$$

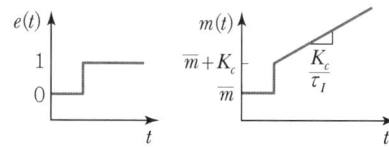

$$m(t) = \overline{m} + K_c + \frac{K_c}{\tau_I}t$$

K_c : y절편, $\dfrac{K_c}{\tau_I}$: 기울기

48 Amplitude Ratio가 항상 1인 계의 전달함수는?

① $\dfrac{1}{s+1}$ ② $\dfrac{1}{s-0.1}$
③ $e^{-0.2s}$ ④ $s+1$

해설

AR(진폭비) $= 1$
$\omega \to 0$
$G(s) = e^{-\theta s}$
$G_c(i\omega) = e^{-\theta \omega i}$
$AR = |G_c(i\omega)| = |e^{-\theta \omega i}| = 1$
$\phi = \angle G(i\omega) = -\theta \omega$

49 $G(s) = \dfrac{4}{(s+1)^2}$ 인 공정에 피드백 제어계(Unit Feedback System)를 구성할 때, 폐회로(Closed Loop) 전체의 전달함수가 $G_d(s) = \dfrac{1}{(0.5s+1)^2}$ 이 되게 하는 제어기는?

① $\dfrac{1}{4}\left(1 + \dfrac{1}{2s} + \dfrac{1}{2}s\right)$

② $\dfrac{1}{2}\left(1 + \dfrac{1}{s} + \dfrac{1}{4}s\right)$

③ $\dfrac{1}{4}\left(1 + \dfrac{1}{s} + \dfrac{1}{4}s\right)$

④ $\dfrac{(s+1)^2}{s(s+4)}$

해설

$$G_c = \frac{1}{G}\left[\frac{\left(\frac{C}{R}\right)_d}{1 - \left(\frac{C}{R}\right)_d}\right]$$

$$G_c = \frac{1}{G}\left[\frac{G_d}{1 - G_d}\right]$$

$$= \frac{(s+1)^2}{4}\left[\frac{\frac{1}{(0.5s+1)^2}}{1 - \frac{1}{(0.5s+1)^2}}\right] = \frac{(s+1)^2}{s(s+4)}$$

50 열교환기에서 유출물의 온도를 제어하려고 한다. 열교환기는 공정이득 1, 시간상수 10을 갖는 1차계 공정의 특성을 나타내는 것으로 파악되었다. 온도 감지기는 시간상수 1을 갖는 1차계 공정 특성을 나타낸다. 온도 제어를 위하여 비례 제어기를 사용하여 되먹임 제어시스템을 채택할 경우, 제어시스템이 임계감쇠계(Critically Damped System) 특성을 나타낼 경우의 제어기 이득(K_c) 값은?(단, 구동기의 전달함수는 1로 가정한다.)

① 1.013 ② 2.025
③ 4.050 ④ 8.100

정답 47 ② 48 ③ 49 ④ 50 ②

해설

1차계 $G_P = \dfrac{1}{10s+1}$ $\dfrac{1}{s+1}$

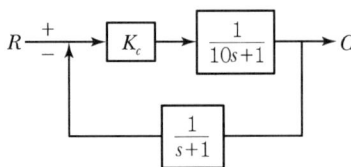

$K=1$ $\tau=10$

$1 + \dfrac{K_c}{(10s+1)(s+1)} = 0$

$(10s+1)(s+1) + K_c = 0$

$10s^2 + 11s + 1 + K_c = 0$

$\dfrac{10}{1+K_c}s^2 + \dfrac{11}{1+K_c}s + 1 = 0$

$\tau = \sqrt{\dfrac{10}{1+K_c}}$

$2\tau\zeta = \dfrac{11}{1+K_c}$ (임계감쇠 : $\zeta=1$) $\tau = \dfrac{5.5}{1+K_c}$

$\dfrac{10}{1+K_c} = \dfrac{5.5^2}{(1+K_c)^2}$

∴ $K_c = 2.025$

51 자동차를 운전하는 것을 제어시스템의 가동으로 간주할 때 도로의 차선을 유지하며 자동차가 주행하는 경우 자동차의 핸들은 제어시스템을 구성하는 요소 중 어디에 해당하는가?

① 감지기 ② 조작변수
③ 구동기 ④ 피제어변수

해설
자동차를 운전하는 경우 자동차의 핸들은 조작변수이다.
핸들=조작변수=조절변수

52 단일입출력(Single Input Single Output ; SISO) 공정을 제어하는 경우에 있어서, 제어의 장애 요소로 다음 중 가장 거리가 먼 것은?

① 공정지연시간(Dead Time)
② 밸브 무반응 영역(Valve Deadband)
③ 공정 변수 간의 상호작용(Interaction)
④ 공정 운전상의 한계

해설
공정 변수 간의 상호작용은 다중입력 – 다중출력이다.

53 2차계 시스템에서 시간의 변화에 따른 응답곡선이 아래와 같을 때 Overshoot은?

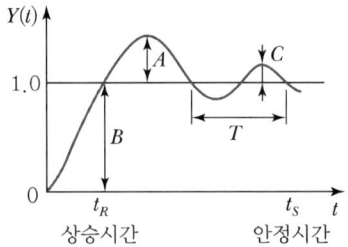

① $\dfrac{A}{B}$ ② $\dfrac{C}{B}$
③ $\dfrac{C}{A}$ ④ $\dfrac{C}{T}$

해설
과소감쇠된 시스템
- Overshoot $= \dfrac{A}{B} = \exp\left(-\dfrac{\pi\zeta}{\sqrt{1-\zeta^2}}\right)$
- 감쇠비(Decay Ratio) $= \dfrac{C}{A} = \exp\left(-\dfrac{2\pi\zeta}{\sqrt{1-\zeta^2}}\right)$
  $=$ Overshoot^2
- T(주기) $= \dfrac{2\pi\tau}{\sqrt{1-\zeta^2}}$
- 진동수 $f = \dfrac{1}{T}$ $\omega = 2\pi f$

정답 51 ② 52 ③ 53 ①

54 $Y(s) = \dfrac{1}{s^2(s^2+5s+6)}$ 함수의 역 Laplace 변환으로 옳은 것은?

① $-\dfrac{5}{36} + \dfrac{1}{4}e^{-2t} - \dfrac{1}{9}e^{-3t}$

② $\dfrac{1}{6} + \dfrac{1}{4}e^{-2t} - \dfrac{1}{9}e^{-3t}$

③ $\dfrac{1}{6}t - \dfrac{5}{36}(\dfrac{1}{4}e^{-2t} - \dfrac{1}{9}e^{-3t})$

④ $-\dfrac{5}{36} + \dfrac{1}{6}t + \dfrac{1}{4}e^{-2t} - \dfrac{1}{9}e^{-3t}$

해설

$Y(s) = \dfrac{1}{s^2(s+2)(s+3)} = \dfrac{A}{s} + \dfrac{B}{s^2} + \dfrac{C}{s+2} + \dfrac{D}{s+3}$

$A = -\dfrac{5}{36} \quad B = \dfrac{1}{6} \quad C = \dfrac{1}{4} \quad D = -\dfrac{1}{9}$

$\therefore y(t) = -\dfrac{5}{36} + \dfrac{1}{6}t + \dfrac{1}{4}e^{-2t} - \dfrac{1}{9}e^{-3t}$

55 다음은 열교환기에서의 온도를 제어하기 위한 제어 시스템을 나타낸 것이다. 제어목적을 달성하기 위한 조절변수는?

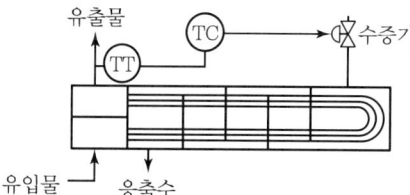

① 유출물 온도 ② 수증기 유량
③ 응축수 유량 ④ 유입물 온도

해설

온도를 제어하기 위해 수증기 유량을 조절한다.

56 다음 중 제어계 설계에서 위상각 여유(Phase Margin)는 어느 범위일 때 가장 강인(Robust)한가?

① $5° \sim 10°$ ② $10° \sim 20°$
③ $20° \sim 30°$ ④ $30° \sim 40°$

해설

PM = $30° \sim 40°(45°)$
GM = $1.7 \sim 2$

57 위상지연이 180°인 주파수는?

① 고유 주파수 ② 공명(Resonant) 주파수
③ 구석(Corner) 주파수 ④ 교차(Crossover) 주파수

해설

① 고유 주파수 : $\zeta = 0$일 때 진동수 $f = \dfrac{1}{2\pi\tau}$

② 공명 주파수

$\zeta < 1 \quad AR_N$은 최댓값 $\dfrac{dAR_N}{d\omega} = 0$

$\omega = \omega_r = \dfrac{\sqrt{1-2\zeta^2} > 0}{\tau} \quad \zeta < \dfrac{\sqrt{2}}{2} = 0.707$

공명진동수(ω_r)에서 AR은 최대이고 출력변수는 입력변수보다 큰 진폭을 갖는 진동을 나타낸다.

③ 코너 주파수 = 구석 주파수 = Break 주파수 : $\tau\omega = 1$
④ 교차 주파수 = 한계 주파수 : $\phi = -180°$일 때 주파수(ω_c)

58 어떤 계의 Unit Impulse 응답이 e^{-2t}였다. 이 계의 전달함수(Transfer Function)는?

① $\dfrac{1}{s-2}$ ② $\dfrac{s}{s-2}$

③ $\dfrac{s}{s+2}$ ④ $\dfrac{1}{s+2}$

해설

$X(s) = 1$
$Y(s) = G(s)X(s)$
$y(t) = e^{-2t} \rightarrow Y(s) = \dfrac{1}{s+2}$

정답 54 ④ 55 ② 56 ④ 57 ④ 58 ④

59 비례 제어기의 비례제어 상수를 선형계가 안정되도록 결정하기 위해 비례제어 상수를 0으로 놓고 특성방정식을 푼 결과 서로 다른 세 개의 음수의 실근이 구해졌다. 비례제어 상수를 점점 크게 할 때 나타나는 현상을 옳게 설명한 것은?

① 특성방정식은 비례제어 상수와 관계없으므로 세 개의 실근값은 변화가 없으며 계는 계속 안정하다.
② 비례제어 상수가 커짐에 따라 세 개의 실근값 중 하나는 양수의 실근으로 가게 되므로 계가 불안정해진다.
③ 비례제어 상수가 커짐에 따라 세 개의 실근값 중 두 개는 음수의 실수값을 갖는 켤레 복소수 근으로 갖게 되므로 계의 안정성은 유지된다.
④ 비례제어 상수가 커짐에 따라 세 개의 실근값 중 두 개는 양수의 실수값을 갖는 켤레 복소수 근으로 갖게 되므로 계가 불안정해진다.

해설
특성방정식의 근의 모두 음의 실근을 가지면 계는 안정하나, K_c가 커짐에 따라 양의 실근을 갖는 켤레 복소수 근이 되어 계가 불안정해진다.

60 PID 제어기의 비례 및 적분동작에 의한 제어기 출력 특성 중 옳은 것은?

① 비례동작은 오차가 일정하게 유지될 때 출력값은 0이 된다.
② 적분동작은 오차가 일정하게 유지될 때 출력값이 일정하게 유지된다.
③ 비례동작은 오차가 없어지면 출력값이 일정하게 유지된다.
④ 적분동작은 오차가 없어지면 출력값이 일정하게 유지된다.

해설
• 비례동작 : 오차=0, 출력=0
• 적분동작 : 오차=0, 출력=일정

4과목 공업화학

61 다음 중 1차 전지가 아닌 것은?
① 수은 전지
② 알칼리망간 전지
③ Leclanche 전지
④ 니켈 카드뮴 전지

해설

1차 전지	건전지, 망간전지, 수은－아연전지, 산화은전지
2차 전지	Ni－MH(Metal Hybride)전지, Ni－Cd전지, 납축전지, 리튬 2차 전지

※ Leclanche 전지 : 아연음극과 탄소양극을 쓰며 염화암모늄 수용액을 전해액으로 한 1차 전지

62 암모니아소다법에서 암모니아와 함께 생성되는 부산물에 해당하는 것은?
① H_2SO_4
② $NaCl$
③ NH_4Cl
④ $CaCl_2$

해설
암모니아소다법(Solvay법)
$NaCl + NH_3 + H_2O + CO_2 \rightarrow NaHCO_3 + NH_4Cl$ (탄산화)
　　　　　　　　　　　　　　중조
$2NaHCO_3 \rightarrow Na_2CO_3 + CO_2 + H_2O$ (가소)
　　　　　　소다회
$2NH_4Cl + Ca(OH)_2 \rightarrow 2NH_3 + CaCl_2 + 2H_2O$
　　　　　　　　　　(암모니아 회수반응)

63 Nylon 6의 원료 중 Caprolactam의 화학식에 해당하는 것은?
① $C_6H_{11}NO_2$
② $C_6H_{11}NO$
③ C_7H_7NO
④ $C_6H_7NO_2$

해설

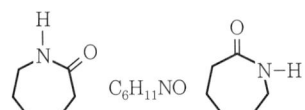

64 수용액 상태에서 산성을 나타내는 것은?

① 페놀 ② 아닐린
③ 수산화칼슘 ④ 암모니아

해설

① OH-페닐 : 약산성
② NH₂-페닐 : 약염기성
③ Ca(OH)₂ : 염기성
④ NH₃ : 약염기성

65 일반적인 성질이 열경화성 수지에 해당하지 않는 것은?

① 페놀수지 ② 폴리우레탄
③ 요소수지 ④ 폴리프로필렌

해설

• 열가소성 수지
  가열 시 연화되어 외력을 가할 때 쉽게 변형되므로, 이 상태로 성형, 가공한 후에 냉각하면 외력을 가하지 않아도 성형된 상태를 유지하는 수지
  예 폴리에틸렌, 폴리프로필렌, 폴리염화비닐, 폴리스티렌, 아크릴수지, 불소수지, 폴리비닐아세테이트

• 열경화성 수지
  가열하면 일단 연화되지만 계속 가열하면 점점 경화되어 나중에는 온도를 올려도 용해되지 않고, 원상태로도 되돌아가지 않는 수지
  예 페놀수지, 요소수지, 에폭시수지, 폴리우레탄, 멜라민수지, 알키드수지, 규소수지

66 방향족 아민에 1당량의 황산을 가했을 때의 생성물에 해당하는 것은?

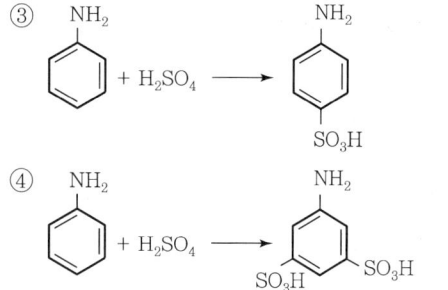

67 솔베이법과 염안소다법을 이용한 소다회 제조과정에 대한 비교 설명 중 틀린 것은?

① 솔베이법의 나트륨 이용률은 염안소다법보다 높다.
② 솔베이법이 염안소다법에 비하여 암모니아 사용량이 적다.
③ 솔베이법의 경우 CO_2를 얻기 위하여 석회석 소성을 필요로 한다.
④ 염안소다법의 경우 원료인 NaCl을 정제한 고체 상태로 반응계에 도입한다.

해설

솔베이법	• NaCl 이용률이 75% 미만 • NH_3 사용량이 상대적으로 적다. • CO_2를 얻기 위해 석회석 소성이 필요하다. $CaCO_3 \rightarrow CaO + CO_2$
염안소다법	• NaCl 이용률이 100% • NH_3 증류탑, 석회로가 필요 없고, 함수정제장치가 불필요하다. • NH_3 손실이 크다. • $NaHCO_3$ Scale 제거능력이 없다.

-SO₃H : 술폰산기 도입

정답 64 ① 65 ④ 66 ③ 67 ①

68 Aramid섬유의 한 종류인 Kevlar섬유의 제조에 필요한 단량체는?

① Terephtaloyl Chloride + 1,4 – phenylene – diamine
② Isophthaloyl Chloride + 1,4 – phenylene – diamine
③ Terephtaloyl Chloride + 1,3 – phenylene – diamine
④ Isophthaloyl Chloride + 1,3 – phenylene – diamine

> 해설

- Aramid섬유 : 나일론 분자 내에 있는 $-CH_2-$ 기 대신 방향족 벤젠고리가 아마이드결합에 의해 연결된 방향족 폴리아마이드
- Kevlar : 듀폰사가 개발

HOOC—⟨⟩—COOH + NH_2—⟨⟩—NH_2
테레프탈산   1,4–다이아미노벤젠

69 탄화수소의 분해에 대한 설명 중 틀린 것은?

① 열분해는 자유라디칼에 의한 연쇄반응이다.
② 열분해는 접촉분해에 비해 방향족과 이소파라핀이 많이 생성된다.
③ 접촉분해에서는 촉매를 사용하여 열분해보다 낮은 온도에서 분해시킬 수 있다.
④ 접촉분해에서는 방향족이 올레핀보다 반응성이 낮다.

> 해설

㉠ 열분해 – Radical 반응 : 올레핀을 얻는 것이 목적
- 비스브레이킹(470℃) : 점도가 낮은 중질경유를 얻는 것이 목적
- 코킹(1,000℃) : 가솔린, 경유를 얻는 것이 목적

㉡ 접촉분해 – 이온반응
- $SiO_2-Al_2O_3$(실리카알루미나)
- 디올레핀 생성이 거의 없음, 탄소수 3개 이상 탄화수소 많음, 방향족 많음

70 에틸렌과 프로필렌을 공이량화(Codimerization)시킨 후 탈수소시켰을 때 생성되는 주물질은?

① 이소프렌   ② 클로로프렌
③ n – 펜탄   ④ n – 헥센

> 해설

$CH_3-CH=CH_2+CH_2=CH_2 \longrightarrow CH_2=C(CH_3)-CH=CH_2$ 이소프렌
$CH_3-CH=CH_2+CH_3-CH=CH_2$

이량화 → $CH_2=C(CH_3)-CH_2CH_2CH_3$

열분해 → $CH_2=C(CH_3)-CH=CH_2+CH_4$ 이소프렌

71 접촉식 황산 제조법에 사용하는 바나듐촉매의 특성이 아닌 것은?

① 촉매 수명이 길다.
② 촉매독 작용이 적다.
③ 전화율이 상당히 낮다.
④ 가격이 비교적 저렴하다.

> 해설

V_2O_5 촉매
- $V^{5+} \rightarrow V^{4+}$ (적갈색 → 녹갈색)
- 10년 이상 사용 가능하고, 고온에서 안정하며, 내산성이 크다.
- 촉매독 물질에 대한 저항이 크다.
- 다공성이며 비표면적이 크다.

72 아세틸렌법으로 염화비닐을 생성할 때 아세틸렌과 반응하는 물질로 옳은 것은?

① HCl   ② NaCl
③ H_2SO_4 ④ HOCl

> 해설

$CH \equiv CH + HCl \rightarrow CH_2=CH-Cl$

> 정답 68 ① 69 ② 70 ① 71 ③ 72 ①

73 수분 14wt%, NH₄HCO₃ 3.5wt%가 포함된 NaHCO₃ 케이크 1,000kg에서 NaHCO₃가 단독으로 열분해되어 생기는 물의 질량(kg)은?(단, NaHCO₃의 열분해는 100% 진행된다.)

① 68.65 ② 88.39
③ 98.46 ④ 108.25

해설

$1,000\,kg \times 0.825 = 825\,kg$
$2NaHCO_3 \rightarrow Na_2CO_3 + H_2O + CO_2$
$2 \times 84\,kg \quad : \quad 18\,kg$
$\quad 825\,kg \quad : \quad x$
$\therefore x = 88.39\,kg$

---

74 석유화학공업에서 분해에 의해 에틸렌 및 프로필렌 등의 제조의 주된 공업원료로 이용되고 있는 것은?

① 경유 ② 나프타
③ 등유 ④ 중유

해설

가솔린 : 석유화학 원료

---

75 SO₂가 SO₃로 산화될 때의 반응열(ΔH ; kcal/mol)은?(단, SO₂의 $\Delta H_f = -70.96$ kcal/mol, SO₃의 $\Delta H_f = -94.45$ kcal/mol이다.)

① 165 ② 24
③ −165 ④ −23

해설

$SO_2 + \dfrac{1}{2}O_2 \rightarrow SO_3$
생성열 $\Delta H_R = (\sum H_f)_P - (\sum H_f)_R$
$\Delta H_R = -94.45 - (-70.96) = -23.5\,kcal/mol$

---

76 암모니아 합성용 수성가스 제조 시 Blow반응에 해당하는 것은?

① $C + H_2O \rightleftarrows CO + H_2 - 29,400\,cal$
② $C + 2H_2O \rightleftarrows CO_2 + 2H_2 - 19,000\,cal$
③ $C + O_2 \rightleftarrows CO_2 + 96,630\,cal$
④ $\dfrac{1}{2}O_2 \rightleftarrows O + 67,410\,cal$

해설

- Run반응 : $C + H_2O \rightleftarrows CO + H_2$ (수성가스 생성)
- Blow반응 : $C + O_2 \rightleftarrows CO_2$ (산화반응)

---

77 반도체 공정에 대한 설명 중 틀린 것은?

① 감광반응되지 않은 부분을 제거하는 공정을 에칭이라 하며, 건식과 습식으로 구분할 수 있다.
② 감광성 고분자를 이용하여 실리콘웨이퍼에 회로패턴을 전사하는 공정을 리소그래피(Lithography)라고 한다.
③ 화학기상증착법 등을 이용하여 3족 또는 6족의 불순물을 실리콘웨이퍼 내로 도입하는 공정을 이온주입이라 한다.
④ 웨이퍼 처리공정 중 잔류물과 오염물을 제거하는 공정을 세정이라 하며, 건식과 습식으로 구분할 수 있다.

해설

3족(B, Al, Ga, In) 또는 15족(As, Sb)의 불순물을 실리콘웨이퍼 내로 도입하는 공정을 이온주입이라 한다.

리소그래피
회로의 패턴을 실리콘웨이퍼에 새겨넣는 공정

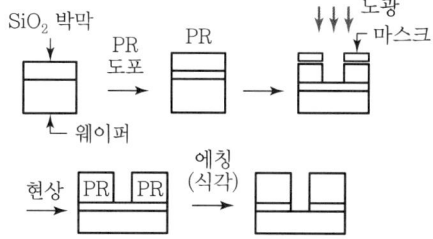

화학기상증착법(CVD ; Chemical Vapor Deposition)
가스의 화학반응으로 형성된 입자들을 웨이퍼 표면에 수증기 형태로 증착하여 절연막이나 전도성 막을 형성시킨다.

78 35wt% HCl 용액 1,000kg에서 HCl의 몰질량(kmol)은?

① 6.59
② 7.59
③ 8.59
④ 9.59

해설

$1,000\text{kg} \times 0.35 = 350\text{kg} \times \dfrac{1\text{kmol}}{36.5\text{kg}} = 9.59\text{kmol}$

79 복합비료에 대한 설명으로 틀린 것은?

① 비료 3요소 중 2종 이상을 하나의 화합물 상태로 함유하도록 만든 비료를 화성비료라 한다.
② 화성비료는 비효성분의 총량에 따라서 저농도화성비료와 고농도화성비료로 구분할 수 있다.
③ 배합비료는 주로 산성과 염기성의 혼합을 사용하는 것이 좋다.
④ 질소, 인산 또는 칼륨을 포함하는 단일비료를 2종 이상 혼합하여 2성분 이상의 비료요소를 조정해서 만든 비료를 배합비료라 한다.

해설

배합비료는 산성과 염기성의 혼합을 사용하면 화학반응이 일어나므로 부적합하다.

80 Witt의 발색단설에 의한 분류에서 조색단 기능성기로 옳은 것은?

① $-N=N-$
② $-NO_2$
③ $>C=O$
④ $-SO_3H$

해설

조색단 : 색을 짙게 하고 섬유에 염착하기 쉽게 하는 원자단
$-SO_3H$ $-CO_2H$
$-OH$(히드록시기) $-NH_2$(아미노기)

발색단 : 정해진 색을 나타내는 원자단(이중결합 존재)
$-N=N-$
$>C=C<$
$>C=O$
$-NO_2$

5과목 반응공학

81 촉매반응의 경우 촉매의 역할을 잘 설명한 것은?

① 평형상수(K)를 높여 준다.
② 평형상수(K)를 낮추어 준다.
③ 활성화 에너지(E)를 높여 준다.
④ 활성화 에너지(E)를 낮추어 준다.

해설

촉매는 E_a를 낮춰 반응속도를 빠르게 해 주며, 평형에는 무관하다.

82 A와 B를 공급물로 하는 아래 반응에서 R이 목적생성물일 때, 목적생성물의 선택도를 높일 수 있는 방법은?

$$A+B \rightarrow R(\text{desired}), \quad r_1 = k_1 C_A C_B^2$$
$$R+B \rightarrow S(\text{unwanted}), \quad r_2 = k_2 C_R C_B$$

① A에 B를 한 방울씩 넣는다.
② B에 A를 한 방울씩 넣는다.
③ A와 B를 동시에 넣는다.
④ A와 B의 농도를 낮게 유지한다.

해설

선택도 $S = \dfrac{k_1 C_A C_B^2}{k_2 C_R C_B} = \dfrac{k_1}{k_2} \dfrac{C_A C_B}{C_R}$

83 HBr의 생성반응 속도식이 다음과 같을 때 k_2의 단위에 대한 설명으로 옳은 것은?

$$r_{\text{HBr}} = \dfrac{k_1 [\text{H}_2][\text{Br}_2]^{\frac{1}{2}}}{k_2 + [\text{HBr}]/[\text{Br}_2]}$$

① 단위는 $[\text{m}^3 \text{ s/mol}]$이다.
② 단위는 $[\text{mol/m}^3 \text{ s}]$이다.
③ 단위는 $[(\text{mol/m}^3)^{-0.5}(\text{s})^{-1}]$이다.
④ 단위는 무차원(Dimensionless)이다.

해설

k_2의 단위 $= \dfrac{[HBr]}{[Br_2]} =$ 무차원

84 균일계 액상반응($A \rightarrow R$)이 회분식 반응기에서 1차 반응으로 진행된다. A의 40%가 반응하는 데 5분이 걸린다면, A의 60%가 반응하는 데 걸리는 시간(min)은?

① 5 ② 9
③ 12 ④ 15

해설

$-\ln(1-X_A) = kt$
$-\ln(1-0.4) = k \times 5\min$
$k = 0.102 \min^{-1}$
$-\ln(1-0.6) = 0.102 \times t$
$\therefore t = 9\min$

85 균일촉매 반응이 다음과 같이 진행될 때 평형상수와 반응속도상수의 관계식으로 옳은 것은?

$$A + C \underset{k_2}{\overset{k_1}{\rightleftarrows}} X \underset{k_4}{\overset{k_3}{\rightleftarrows}} B + C$$

① $K_{eq} = \dfrac{k_1 k_3}{k_2 k_4}$ ② $K_{eq} = \dfrac{k_2 k_4}{k_1 k_3}$

③ $K_{eq} = \dfrac{k_2 k_3}{k_1 k_4}$ ④ $K_{eq} = \dfrac{k_1 k_4}{k_2 k_3}$

해설

$k_1 C_A C_C = k_2 C_X$
$k_3 C_X = k_4 C_B C_C$
$K = \dfrac{k_1 k_3}{k_2 k_4} = \dfrac{\text{정반응 속도상수}}{\text{역반응 속도상수}}$

86 공간시간과 평균체류시간에 대한 설명 중 틀린 것은?

① 밀도가 일정한 반응계에서는 공간시간과 평균체류시간은 항상 같다.
② 부피가 팽창하는 기체 반응의 경우 평균체류시간은 공간시간보다 작다.
③ 반응물의 부피가 전화율과 직선 관계로 변하는 관형반응기에서 평균체류시간은 반응속도와 무관하다.
④ 공간시간과 공간속도의 곱은 항상 1이다.

해설

$\tau = C_{A0} \displaystyle\int_0^{X_A} \dfrac{dX_A}{-r_A}$

$t = C_{A0} \displaystyle\int_0^{X_A} \dfrac{dX_A}{-r_A(1+\varepsilon_A X_A)}$

87 어떤 반응의 전화율과 반응속도가 아래의 표와 같다. 혼합흐름반응기(CSTR)와 플러그흐름반응기(PFR)를 직렬연결하여 CSTR에서 전환율을 40%까지, PFR에서 60%까지 반응시키려 할 때, 각 반응기의 부피합(L)은?(단, 유입 몰유량은 15mol/s이다.)

전화율(X)	반응속도(mol/L s)
0.0	0.0053
0.1	0.0052
0.2	0.0050
0.3	0.0045
0.4	0.0040
0.5	0.0033
0.6	0.0025

① 1,066 ② 1,996
③ 2,148 ④ 2,442

해설

$F_A = 15 \text{mol/s}$

CSTR의 부피
$$\frac{V_1}{F_0} = \frac{X_1 - X_0}{-r_A}$$
$$\therefore V_1 = 15 \times \frac{0.4 - 0}{0.004} = 1,500$$

※ Simpson 공식
$$\int_{x_0}^{x_2} f(x)dx = \frac{h}{3}[f(x_0) + 4f(x_1) + f(x_2)]$$
$$h = \frac{x_2 - x_0}{2}$$

PFR의 부피
$$\frac{V_2}{F_0} = \int_{X_1}^{X_2} \frac{dX}{-r_A}$$
$$V_2 = F_{A0} \int_{x_0}^{x_2} f(x)dx$$
$$= 15 \text{mol/s} \int_{0.4}^{0.6} f(x)dx$$
$$\therefore V_2 = 15 \text{mol/s} \times \frac{0.1}{3}\left[\frac{1}{0.0040} + 4\left(\frac{1}{0.0033}\right) + \frac{1}{0.0025}\right]$$
$$= 931.06 \text{L}$$
$$\therefore V = V_1 + V_2 = 1,500\text{L} + 931.06\text{L} = 2,431\text{L}$$

88 $A + R \rightarrow R + R$인 자동촉매 반응이 회분식 반응기에서 일어날 때 반응속도가 가장 빠를 때는?(단, 초기 반응기 내에는 A가 대부분이고 소량의 R이 존재한다.)

① 반응 초기
② 반응 말기
③ A와 R의 농도가 서로 같을 때
④ A의 농도가 R의 농도의 2배일 때

해설

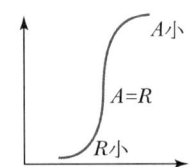

89 플러그흐름반응기에서 아래와 같은 반응이 진행될 때, 빗금 친 부분이 의미하는 것은?(단, ϕ는 반응 $A \rightarrow R$에 대한 R의 순간수율(Instantaneous Fractional Yield)이다.)

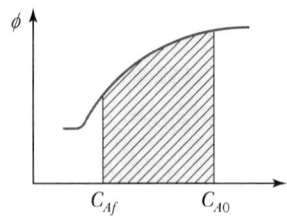

① 총괄수율
② 반응해서 없어진 반응물의 몰수
③ 생성되는 R의 최종농도
④ 그 순간의 반응물의 농도

해설

$$\text{순간수율} = \frac{\text{생성된 } R\text{의 몰수}}{\text{소비된 } A\text{의 몰수}}$$
$$\int_{C_{Af}}^{C_{A0}} \phi \, dC_A = \int_{C_{Af}}^{C_{A0}} \frac{dC_R}{-dC_A} dC_A$$
$$= C_R(C_{Af}) - C_R(C_{A0}) = C_R$$

90 1차 기본반응의 속도상수가 $1.5 \times 10^{-3} \text{s}^{-1}$일 때, 이 반응의 반감기(s)는?

① 162
② 262
③ 362
④ 462

해설

$-\ln(1 - X_A) = kt$
$-\ln 0.5 = 1.5 \times 10^{-3} \times t_{\frac{1}{2}}$
$\therefore t_{\frac{1}{2}} = 462.15 \text{s}$

정답 88 ③ 89 ③ 90 ④

91 균일 반응($A + 1.5B \to P$)의 반응속도관계로 옳은 것은?

① $r_A = \dfrac{2}{3} r_B$ ② $r_A = r_B$

③ $r_B = \dfrac{2}{3} r_A$ ④ $r_B = r_P$

해설

$$\dfrac{-r_A}{1} = \dfrac{-r_B}{\dfrac{3}{2}} = \dfrac{r_P}{1}$$

92 Arrhenius Law에 따라 작도한 다음 그림 중에서 평행반응(Parallel Reaction)에 가장 가까운 그림은?

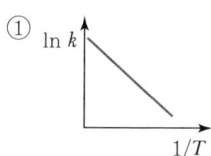 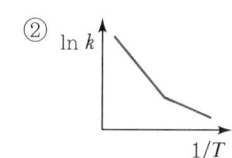
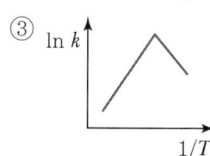 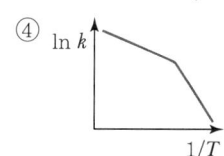

해설

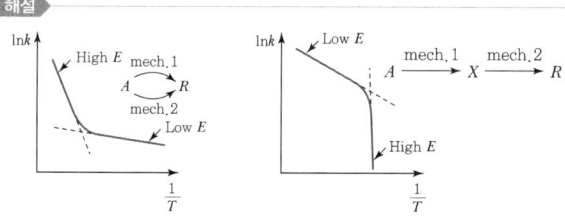

93 다음과 같은 기초반응이 동시에 진행될 때 R의 생성에 가장 유리한 반응조건은?

$$A + B \to R, \ A \to S, \ B \to T$$

① A와 B의 농도를 높인다.
② A와 B의 농도를 낮춘다.
③ A의 농도는 높이고 B의 농도는 낮춘다.
④ A의 농도는 낮추고 B의 농도는 높인다.

해설

$A + B \to R$
$\searrow \quad \searrow$
$\ S \quad\ \ T$

94 불균일 촉매반응에서 확산의 반응 율속 영역에 있는지를 알기 위한 식과 가장 거리가 먼 것은?

① Thiele Modulus
② Weisz – Prater 식
③ Mears 식
④ Langmuir – Hishelwood 식

해설

㉠ Thiele Modulus : 촉매입자 내에서 확산하면서 반응이 일어나고 있을 때 반응에 대한 확산의 상대적 중요성을 평가하는 지표
㉡ Langmuir – Hishelwood 식 : 흡착등온식
 • 단일 활성점 : 반응물이 흡착된 지점에서 반응이 일어난다.
 • 흡착량과 농도의 관계 : 온도가 일정할 때 흡착평형(분압)이 이루어지면 흡착량은 농도와 온도의 함수이다.

95 $A \to R$ 액상반응이 부피가 $0.1L$인 플러그흐름반응기에서 $-r_A = 50 C_A^2 \text{mol/L min}$로 일어난다. A의 초기농도는 0.1mol/L이고 공급속도가 0.05L/min일 때 전화율은?

① 0.509 ② 0.609
③ 0.809 ④ 0.909

해설

$$\tau = \dfrac{V}{v_0} = \dfrac{0.1 \text{L}}{0.05 \text{L/min}} = 2\min$$

$$k\tau C_{A0} = \dfrac{X_A}{1 - X_A}$$

$$50 \times 2 \times 0.1 = \dfrac{X_A}{1 - X_A}$$

$$10 = \dfrac{X_A}{1 - X_A}$$

$$\therefore X_A = 0.909$$

정답 ▶ 91 ① 92 ② 93 ① 94 ④ 95 ④

96 $A \to R \to S$로 진행하는 연속 1차 반응에서 각 농도별 시간의 곡선을 옳게 나타낸 것은?(단, C_A, C_R, C_S는 각각 A, R, S의 농도이다.)

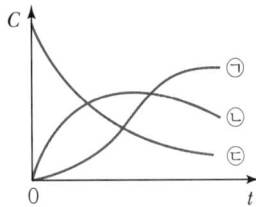

① ㉠ C_S, ㉡ C_R, ㉢ C_A
② ㉠ C_S, ㉡ C_A, ㉢ C_R
③ ㉠ C_R, ㉡ C_A, ㉢ C_S
④ ㉠ C_A, ㉡ C_R, ㉢ C_S

$A \to R \to S$

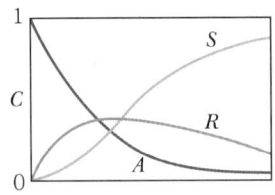

97 균일계 병렬 반응이 다음과 같을 때 R을 최대로 얻을 수 있는 반응 방식은?

$$A+B \xrightarrow{k_1} R, \quad \frac{dC_R}{dt}=k_1 C_A^{0.5} C_B^{1.5}$$
$$A+B \xrightarrow{k_2} S, \quad \frac{dC_S}{dt}=k_2 C_A C_B^{0.5}$$

①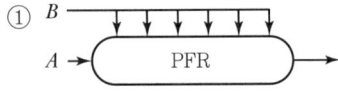
②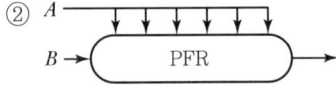
③ $\begin{array}{l} A \to \\ B \to \end{array}$ PFR $\to$

④ $\begin{array}{l} A \\ B \end{array}$ → CSTR →

해설
$$\frac{R}{S}=\frac{k_1 C_A^{0.5} C_B^{1.5}}{k_2 C_A C_B^{0.5}}=\frac{k_1 C_B}{k_2 C_A^{0.5}}$$
$\therefore C_A \downarrow \ C_B \uparrow$

98 아래와 같은 경쟁반응에서 R을 더 많이 생기게 하기 위한 조건으로 적절한 것은?(단, 농도 그래프의 R과 S의 농도는 경향을 의미하며 E_1은 1번 반응의 활성화 에너지, E_2는 2번 반응의 활성화 에너지이다.)

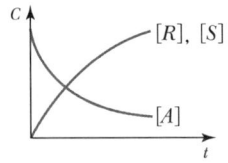 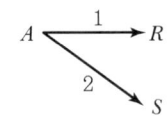

① $E_1 > E_2$이면 저온조작
② $E_1 > E_2$이면 고온조작
③ $E_1 = E_2$이면 저온조작
④ $E_1 = E_2$이면 고온조작

해설
- $E_1 < E_2$: 저온조작
- $E_1 > E_2$: 고온조작

99 반감기가 50시간인 방사능액체를 10L/h의 속도를 유지하며 직렬로 연결된 두 개의 혼합탱크(각 4,000L)에 통과시켜 처리할 때 감소되는 방사능의 비율(%)은?(단, 방사능붕괴는 1차 반응으로 가정한다.)

① 93.67
② 95.67
③ 97.67
④ 99.67

정답 96 ① 97 ② 98 ② 99 ③

해설

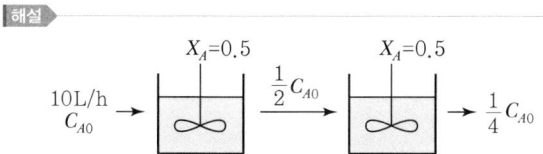

$$\frac{C_0}{C_N} = (1+k\tau)^N \qquad \frac{C_0}{C_N} = \frac{1}{(1-X_N)^N}$$

$$\tau = \frac{V}{v_0} = \frac{4{,}000\text{L}}{10\text{L/h}} = 400\text{h}$$

$$\frac{C_A}{C_{A0}} = \left(\frac{1}{2}\right)$$

$$t_{\frac{1}{2}} = \frac{\ln 2}{k}$$

$$50\text{h} = \frac{\ln 2}{k}$$

$$\therefore k = 0.0139/\text{h}$$

CSTR 2개 직렬연결

$$\frac{C_0}{C_2} = \frac{1}{1-X} = (1+k\tau)^2$$

$$(1+0.0139 \times 400)^2 = \frac{1}{1-X}$$

$$\therefore X = 0.9767\,(97.67\%)$$

$$0.253 \times 6.25 = \frac{X}{1-X}$$

$$\therefore X_A = 0.613$$

$$C_A = C_{A0}(1-0.613) = 0.387\,C_{A0}$$

$$\frac{C_0}{C_2} = \frac{1}{1-X} = (1+k\tau)^2$$

$$\frac{C_0}{C_2} = (1+0.253 \times 6.25)^2 = 6.663$$

$$\frac{1}{1-X_A} = 6.663$$

$$\therefore X_A = 0.85\,(85\%)$$

100 $A \to R$ 액상 기초반응을 부피가 2.5L인 혼합흐름반응기 2개를 직렬로 연결해 반응시킬 때의 전화율(%)은?(단, 반응상수는 0.253min^{-1}, 공급물은 순수한 A이며, 공급속도는 $400\text{cm}^3/\text{min}$이다.)

① 73% ② 78%
③ 80% ④ 85%

해설

$$\tau = \frac{V}{v_0} = \frac{2.5\text{L}}{0.4\text{L/min}} = 6.25\text{min}$$

$$k\tau = \frac{X_A}{1-X_A}$$

정답 100 ④

2020년 제4회 기출문제

1과목 화공열역학

01 줄-톰슨(Joule-Thomson) 팽창이 해당되는 열역학적 과정은?

① 정용과정
② 정압과정
③ 등엔탈피과정
④ 등엔트로피과정

해설

줄-톰슨 공정
$$\mu = \left(\frac{\partial T}{\partial P}\right)_H$$
여기서, H : 등엔탈피

02 역학적으로 가역인 비흐름과정에 대하여 이상기체의 폴리트로픽 과정(Polytropic Process)은 PV^n이 일정하게 유지되는 과정이다. 이때 n값이 열용량비(또는 비열비)라면 어떤 과정인가?

① 단열과정(Adiabatic Process)
② 정온과정(Isothermal Process)
③ 가역과정(Reversible Process)
④ 정압과정(Isobaric Process)

해설

폴리트로픽 과정
$PV^n =$ 일정
- $n = 0$: 정압과정
- $n = 1$: 정온과정
- $n = \gamma$: 단열과정
- $n = \infty$: 정적과정

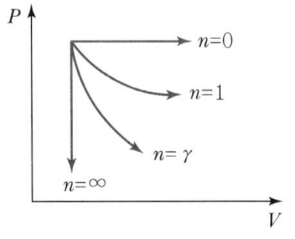

03 Carnot 냉동기가 -5℃의 저열원에서 10,000kcal/h의 열량을 흡수하여 20℃의 고열원에서 방출할 때 버려야 할 최소 열량(kcal/h)은?

① 7,760
② 8,880
③ 10,932
④ 12,242

해설

성능계수
$$COP = \frac{|Q_c|}{W} = \frac{T_2}{T_1 - T_2}$$
$$\frac{10,000}{Q_1 - 10,000} = \frac{(273-5)}{(273+20)-(273-5)}$$
∴ $Q_1 = 10,932.8$ kcal/h

04 100℃에서 증기압이 각각 1, 2atm인 두 물질이 0.5mol씩 들어 있는 기상혼합물의 이슬점에서의 전압력(atm)은?(단, 두 물질은 모두 Raoult의 법칙을 따른다고 가정한다.)

① 0.25
② 0.50
③ 1.33
④ 2.00

해설

$y_1 = \dfrac{0.5}{0.5+0.5} = 0.5$

$y_2 = 1 - 0.5 = 0.5$

$P = \dfrac{1}{\sum y_i/P_i^{sat}} = \dfrac{1}{\dfrac{0.5}{1}+\dfrac{0.5}{2}} = 1.33$ atm

정답 01 ③ 02 ① 03 ③ 04 ③

05 1기압, 103℃의 수증기가 103℃의 물(액체)로 변하는 과정이 있다. 이 과정에서의 깁스(Gibbs) 자유에너지와 엔트로피 변화량의 부호가 올바르게 짝지어진 것은?

① $\Delta G > 0$, $\Delta S > 0$
② $\Delta G > 0$, $\Delta S < 0$
③ $\Delta G < 0$, $\Delta S > 0$
④ $\Delta G < 0$, $\Delta S < 0$

해설
103℃ 수증기 → 103℃ 물 (상변화)
$\Delta S = \dfrac{\Delta H}{T} < 0$ $\Delta H < 0$ 잠열방출
$\Delta G > 0$ (ΔS와 반대부호)

06 2성분계 용액(Binary Solution)이 그 증기와 평형상태하에 놓여있을 경우 그 계 안에서 독립적인 반응이 1개 있을 때, 평형상태를 결정하는 데 필요한 독립변수의 수는?

① 1
② 2
③ 3
④ 4

해설
$F = 2 - P + C - r$
$= 2 - 2 + 2 - 1$
$= 1$

07 25℃에서 프로판 기체의 표준연소열(J/mol)은? (단, 프로판, 이산화탄소, 물(l)의 표준 생성 엔탈피는 각각 −104,680, −393,509, −285,830J/mol이다.)

① 574,659
② −574,659
③ 1,253,998
④ −2,219,167

해설
$C_3H_8 + 5O_2 \rightarrow 3CO_2 + 4H_2O$
$\Delta H = 3 \times (-393,509) + 4 \times (-285,830) - (-104,680)$
$= -2,219,167 \text{J/mol}$

08 비리얼 방정식(Virial Equation)이 $Z = 1 + BP$로 표시되는 어떤 기체를 가역적으로 등온압축시킬 때 필요한 일의 양에 대한 설명으로 옳은 것은?(단, $Z = \dfrac{PV}{RT}$, B는 비리얼 계수를 나타낸다.)

① B값에 따라 다르다.
② 이상기체의 경우와 같다.
③ 이상기체의 경우보다 많다.
④ 이상기체의 경우보다 적다.

해설
$Z = 1 + BP$
$\dfrac{PV}{RT} = 1 + BP$
$P = \dfrac{RT}{V - BRT} \rightarrow V - BRT = \dfrac{RT}{P}$
$W = \int_{V_1}^{V_2} P dV = \int_{V_1}^{V_2} \dfrac{RT}{V - BRT} dV$
$\therefore W = RT \ln \dfrac{V_2 - BRT}{V_1 - BRT} = RT \ln \dfrac{\frac{RT}{P_2}}{\frac{RT}{P_1}} = RT \ln \dfrac{P_1}{P_2}$

이상기체 $W = RT \dfrac{V_2}{V_1} = RT \ln \dfrac{P_1}{P_2}$

09 다음 맥스웰(Maxwell) 관계식의 부호가 옳게 표시된 것은?

$$\left(\dfrac{\partial S}{\partial V}\right)_T = (a)\left(\dfrac{\partial P}{\partial T}\right)_V \quad \left(\dfrac{\partial S}{\partial P}\right)_T = (b)\left(\dfrac{\partial V}{\partial T}\right)_P$$

① $a : (+), b : (+)$
② $a : (+), b : (-)$
③ $a : (-), b : (-)$
④ $a : (-), b : (+)$

해설
• $dA = -SdT - PdV$
$\left(\dfrac{\partial S}{\partial V}\right)_T = \left(\dfrac{\partial P}{\partial T}\right)_V$
• $dG = -SdT + VdP$
$-\left(\dfrac{\partial S}{\partial P}\right)_T = \left(\dfrac{\partial V}{\partial T}\right)_P$

정답 05 ② 06 ① 07 ④ 08 ② 09 ②

10 초임계유체에 대한 설명으로 틀린 것은?

① 비등 현상이 없다.
② 액상과 기상의 구분이 없다.
③ 열을 가하면 온도와 체적이 증가한다.
④ 온도가 임계온도보다 높고, 압력은 임계압력보다 낮은 범위이다.

해설

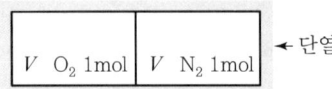

초임계유체
• 액상과 기상의 구분이 없다.
• 액 → 기, 기 → 액으로 되지 않는다.
• 임계온도, 임계압력보다 높은 범위이다.

11 다음의 $P-H$ 선도에서 H_2-H_1 값이 의미하는 것은?

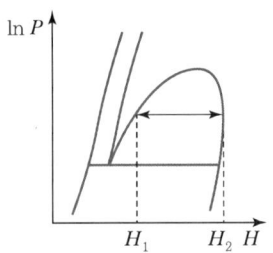

① 혼합열
② 승화열
③ 증발열
④ 융해열

해설

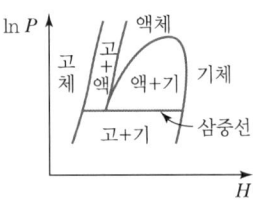

12 외부와 단열된 탱크 내에 0℃, 1기압의 산소와 질소가 칸막이에 의해 분리되어 있다. 초기 몰수가 각각 1mol에서 칸막이를 서서히 제거하여 산소와 질소가 확산되어 평형에 도달하였다. 이상용액인 경우 계의 성질이 변하는 것은?(단, 정용 열용량(C_v)은 일정하다.)

① 부피
② 온도
③ 엔탈피
④ 엔트로피

해설

| V O_2 1mol | V N_2 1mol | ← 단열 |

칸막이 제거 T=일정 0℃, $\Delta H=0$

$\Delta S = -R\sum x_i \ln x_i$
$= -R\left(\dfrac{1}{2}\ln\dfrac{1}{2}+\dfrac{1}{2}\ln\dfrac{1}{2}\right) = R\ln 2$

이상용액의 혼합
$\Delta V^{id}=0$
$\Delta H^{id}=0$
$\Delta S^{id}=-R\sum x_i \ln x_i$
$\Delta G^{id}=RT\sum x_i \ln x_i$

13 다음 에너지 보존식이 성립되기 위한 조건이 아닌 것은?

$$\Delta H + \dfrac{\Delta u^2}{2} + g\Delta z = Q + W_S$$

① 열린계(Open System)
② 등온계(Isothermal System)
③ 정상상태(Steady State)로 흐르는 계
④ 각 항은 유체 단위질량당 에너지를 나타냄

해설

정상상태 흐름공정에 대한 에너지수지

$\Delta H + \dfrac{\Delta u^2}{2} + g\Delta Z = Q + W_S$

• 정상상태
• 흐름공정
• 단위질량당 에너지
• 열린계

정답 10 ④ 11 ③ 12 ④ 13 ②

14 열의 일당량을 옳게 나타낸 것은?

① $427 kg_f \, m/kcal$
② $\dfrac{1}{427} kg_f \, m/kcal$
③ $427 kcal \, m/kg_f$
④ $\dfrac{1}{427} kcal \, m/kg_f$

해설

$1 kcal = 427 kg_f \, m$

$427 kg_f \, m \times \dfrac{9.8N}{1 kg_f} \times \dfrac{J}{N \, m} \times \dfrac{1 cal}{4.184 J} \times \dfrac{1 kcal}{1,000 cal} = 1 kcal$

15 아래와 같은 반응이 일어나는 계에서 초기에 CH_4 2mol, H_2O 1mol, CO 1mol, H_2 4mol이 있었다고 한다. 평형 몰분율 y_i를 반응좌표 ε의 함수로 표시하려고 할 때 총몰수($\sum n_i$)를 ε의 함수로 옳게 나타낸 것은?

$$CH_4 + H_2O \rightleftarrows CO + 3H_2$$

① $\sum n_i = 2\varepsilon$
② $\sum n_i = 2 + \varepsilon$
③ $\sum n_i = 4 + 3\varepsilon$
④ $\sum n_i = 8 + 2\varepsilon$

해설

$CH_4 + H_2O \rightleftarrows CO + 3H_2$
2mol 1mol 1mol 4mol

$\dfrac{dn_1}{\nu_1} = \dfrac{dn_2}{\nu_2} = \dfrac{dn_3}{\nu_3} = \dfrac{dn_4}{\nu_4} = d\varepsilon$

$\nu = \sum \nu_i = -1 -1 +1 +3 = 2$

$n_o = 2+1+1+4 = 8$

$dn_i = \nu_i d\varepsilon$

$n_i = n_{io} + \nu_i \varepsilon$

$\sum n_i = \sum n_{io} + \varepsilon \sum \nu_i$

$\therefore n = n_o + \varepsilon \nu$

$\therefore n = 8 + 2\varepsilon$

16 어떤 평형계의 성분의 수는 1, 상의 수는 3이다. 그 계의 자유도는?(단, 반응이 수반되지 않는 계이다.)

① 0
② 1
③ 2
④ 3

해설

$F = 2 - P + C = 2 - 3 + 1 = 0$

17 열과 일 사이의 에너지 보존의 원리를 표현한 것은?

① 열역학 제0법칙
② 열역학 제1법칙
③ 열역학 제2법칙
④ 열역학 제3법칙

해설

열역학 법칙
• 열역학 제0법칙 : 온도계의 원리
• 열역학 제1법칙 : 에너지 보존의 법칙
• 열역학 제2법칙 : 엔트로피의 법칙
• 열역학 제3법칙 : 절대영도에서 엔트로피는 0이다.

18 2성분계 공비혼합물에서 성분 A, B의 활동도 계수를 γ_A와 γ_B, 포화증기압을 P_A 및 P_B라 하고, 이 계의 전압을 P_t라 할 때 수정된 Raoult의 법칙을 적용하여 γ_B를 옳게 나타낸 것은?(단, B성분의 기상 및 액상에서의 몰분율은 y_B와 x_B이며, 퓨가시티 계수는 1이라 가정한다.)

① $\gamma_B = \dfrac{P_t}{P_B}$
② $\gamma_B = \dfrac{P_t}{P_B(1-x_A)}$
③ $\gamma_B = \dfrac{P_t y_B}{P_B}$
④ $\gamma_B = \dfrac{P_t}{P_B x_B}$

해설

$P_t = \gamma_A x_A P_A + \gamma_B x_B P_B$

$y_B = \dfrac{\gamma_B x_B P_B}{P_t}$

공비혼합물 $x_B = y_B$

$\therefore \gamma_B = \dfrac{P_t}{P_B}$

정답 14 ① 15 ④ 16 ① 17 ② 18 ①

19 이상적인 기체 터빈 동력장치의 압력비는 6이고 압축기로 들어가는 온도는 27℃이며 터빈의 최대허용 온도는 816℃일 때, 가역조작으로 진행되는 이 장치의 효율은?(단, 비열비는 1.4이다.)

① 20%   ② 30%
③ 40%   ④ 50%

해설
기체 터빈 동력장치

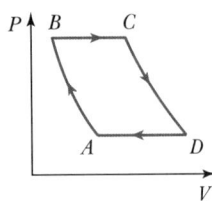

$$\eta = 1 - \left(\frac{P_A}{P_B}\right)^{\frac{\gamma-1}{\gamma}}$$
$$= 1 - \left(\frac{1}{6}\right)^{\frac{1.4-1}{1.4}}$$
$$= 0.4(40\%)$$

20 비리얼 계수에 대한 다음 설명 중 옳은 것을 모두 나열한 것은?

A. 단일 기체의 비리얼 계수는 온도만의 함수이다.
B. 혼합 기체의 비리얼 계수는 온도 및 조성의 함수이다.

① A   ② B
③ A, B   ④ 모두 틀림

해설
비리얼 계수는 온도만의 함수이며 혼합기체의 경우 조성의 함수이기도 하다.

2과목 단위조작 및 화학공업양론

21 이산화탄소 20vol%와 암모니아 80vol%의 기체혼합물이 흡수탑에 들어가서 암모니아의 일부가 산에 흡수되어 탑 하부로 떠나고, 기체혼합물은 탑 상부로 떠난다. 상부 기체혼합물의 암모니아 체적분율이 35%일 때 암모니아 제거율(vol%)은?(단, 산용액의 증발이 무시되고, 이산화탄소의 양은 일정하다.)

① 75.73   ② 81.26
③ 86.54   ④ 90.12

해설

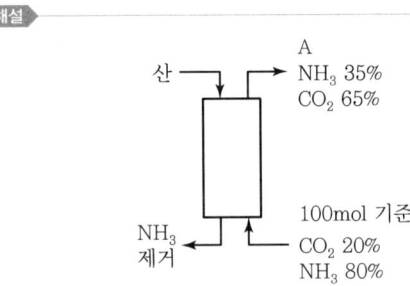

대응성분 CO_2
$100 \times 0.2 = A \times 0.65$ ∴ $A = 30.78\text{mol}$
제거된 NH_3 x
$100 \times 0.8 - x = 30.78 \times 0.35$ ∴ $x = 69.23\text{mol}$
제거율(vol%) $= \dfrac{69.23}{80} \times 100 = 86.54\%$

22 0℃, 1atm에서 22.4m³의 혼합가스에 3,000kcal의 열을 정압하에서 가열하였을 때, 가열 후 가스의 온도(℃)는?(단, 혼합가스는 이상기체로 가정하고, 혼합가스의 평균분자 열용량은 4.5kcal/kmol ℃이다.)

① 500.0   ② 555.6
③ 666.7   ④ 700.0

해설
$PV = nRT$
$1\text{atm} \times 22.4\text{m}^3 = n \times 0.082\text{m}^3 \text{ atm/kmol K} \times 273\text{K}$
∴ $n = 1\text{kmol}$
$3,000\text{kcal} = 1\text{kmol} \times 4.5\text{kcal/kmol ℃} \times \Delta t$
$\Delta t = t - 0℃ = 666.7℃$
∴ $t = 666.7℃$

23 특정 성분의 질량분율이 X_A인 수용액 L(kg)과 X_B인 수용액 N(kg)을 혼합하여 X_M의 질량분율을 갖는 수용액을 얻으려고 한다. L과 N의 비를 옳게 나타낸 것은?

① $\dfrac{L}{N} = \dfrac{X_B - X_A}{X_M - X_A}$　　② $\dfrac{L}{N} = \dfrac{X_A - X_M}{X_B - X_M}$

③ $\dfrac{L}{N} = \dfrac{X_A - X_B}{X_M - X_B}$　　④ $\dfrac{L}{N} = \dfrac{X_M - X_B}{X_A - X_M}$

해설

• 지렛대 법칙

```
   Lkg              Nkg
────┼──────────┼─────
   X_A    X_M    X_B
```

$\dfrac{L}{N} = \dfrac{X_M - X_B}{X_A - X_M}$

• L/N비

```
 Lkg  ┌─────┐ (L+N)kg
 X_A →│     │→  X_M
      └──┬──┘
         ↑
       Nkg X_B
```

$LX_A + NX_B = (L+N)X_M$

정리하면 $\dfrac{L}{N} = \dfrac{X_M - X_B}{X_A - X_M}$

24 다음 중 증기압을 추산하는 식은?

① Clausius – Clapeyron 식
② Bernoulli 식
③ Redlich – Kwong 식
④ Kirchhoff 식

해설

• Clausius – Clapeyron 식

$\ln \dfrac{P_2}{P_1} = \dfrac{\Delta H}{R}\left(\dfrac{1}{T_1} - \dfrac{1}{T_2}\right)$

• Bernoulli 식

$\dfrac{\Delta u^2}{2} + g\Delta Z + \dfrac{\Delta P}{\rho} = 0$

• Redlich – Kwong 식

$P = \dfrac{RT}{V-b} - \dfrac{a}{\sqrt{T}\,V(V+b)}$

• Kirchhoff 식
복사력과 흡수능의 비는 그 물체의 온도에만 의존한다.

$\dfrac{W_1}{\alpha_1} = \dfrac{W_2}{\alpha_2} = \dfrac{W_b}{1}$ 2가 흑체인 경우 $\alpha_2 = 1$, $W_2 = W_b$

$\therefore \alpha_1 = \dfrac{W_1}{W_b} = \varepsilon_1$　$\therefore$ 흡수율=방사율

25 20wt% NaCl 수용액을 mol%로 옳게 나타낸 것은?

① 1　　② 3
③ 5　　④ 7

해설

20wt% NaCl
100g 기준 ┌ NaCl 20g
　　　　　└ H₂O   80g

$n_{NaCl} = \dfrac{20g}{58.5g/mol} = 0.34 \,\text{mol}$

$n_{H_2O} = \dfrac{80g}{18g/mol} = 4.44 \,\text{mol}$

$\therefore x_{NaCl} = \dfrac{0.34}{0.34 + 4.44} = 0.071\,(7.1\%)$

26 25℃에서 용액 3L에 500g의 NaCl을 포함한 수용액에서 NaCl의 몰분율은?(단, 25℃ 수용액의 밀도는 1.15g/cm³이다.)

① 0.050　　② 0.070
③ 0.090　　④ 0.110

해설

$3L \text{ 용액} \times \dfrac{1.15g}{cm^3} \times \dfrac{1{,}000cm^3}{1L} = 3{,}450g$

NaCl : 500g
H₂O : 3,450 − 500 = 2,950g

$n_{NaCl} = \dfrac{500g}{58.5g/mol} = 8.547 \,\text{mol}$

$n_{H_2O} = \dfrac{2{,}950g}{18g/mol} = 163.89 \,\text{mol}$

$\therefore x_{NaCl} = \dfrac{8.547}{8.547 + 163.89} = 0.05$

정답 23 ④　24 ①　25 ④　26 ①

27 깁스의 상률법칙에 대한 설명 중 틀린 것은?

① 열역학적 평형계를 규정짓기 위한 자유도는 상의 수와 화학종의 수에 의해 결정된다.
② 자유도는 화학종의 수에서 상의 수를 뺀 후 2를 더하여 결정한다.
③ 반응이 있는 열역학적 평형계에서도 적용이 가능하다.
④ 자유도를 결정할 때 화학종 간의 반응이 독립적인지 또는 종속적인지를 고려해야 한다.

해설

$F = 2 - P + C$
여기서, P : 상의 수
C : 화학종의 수

평형상태에 있는 여러 상의 계에 대하여 계의 세기상태를 결정하기 위해서 임의로 고정시켜야 하는 독립변수의 수는 상률에 의해 결정된다.

28 100℃에서 내부에너지 100kcal/kg을 가진 공기 2kg이 밀폐된 용기 속에 있다. 이 공기를 가열하여 내부에너지가 130kcal/kg이 되었을 때 공기에 전달되는 열량(kcal)은?

① 55   ② 60
③ 75   ④ 80

해설

내부에너지 = 2kg × 100kcal/kg = 200kcal
가열한 후 2kg × 130kcal/kg = 260kcal 가 되었으므로
공기에 전달되는 열량 = 260 - 200 = 60kcal

29 어떤 공기의 조성이 N_2 79mol%, O_2 21mol%일 때, N_2의 질량분율은?

① 0.325   ② 0.531
③ 0.767   ④ 0.923

해설

100mol 기준 $\begin{cases} N_2 & 79mol\% \\ O_2 & 21mol\% \end{cases}$

$n = \dfrac{w}{M} \rightarrow w = nM$

$w_{N_2} = 79\text{mol} \times 28\text{g/mol} = 2,212\text{g}$
$w_{O_2} = 21\text{mol} \times 32\text{g/mol} = 672\text{g}$

$\therefore x_{N_2} = \dfrac{2,212}{2,212 + 672} = 0.767$

30 탄소 70mol%, 수소 15mol% 및 기타 회분 등의 연소할 수 없는 물질로 구성된 석탄을 연소하여 얻은 연소가스의 조성이 CO_2 15mol%, O_2 4mol% 및 N_2 81mol%일 때 과잉공기의 백분율은?(단, 공급되는 공기의 조성은 N_2 79mol%, O_2 21mol%이다.)

① 4.9%   ② 9.3%
③ 16.2% ④ 22.8%

해설

연소가스
100mol 기준 $\begin{cases} CO_2 & 15\text{mol} \\ O_2 & 4\text{mol} \\ N_2 & 81\text{mol} \end{cases}$

$A \begin{cases} C & 70\text{mol\%} \\ H_2 & 15\text{mol\%} \end{cases}$

$A \times 0.7 = 15$
$\therefore A = 21.43\text{mol}$
$21.43 \times 0.15 = 3.21\text{mol } H_2$

$C + O_2 \rightarrow CO_2$
15 15mol 15mol H_2

$H_2 + \dfrac{1}{2}O_2 \rightarrow H_2O$
3.21 $\dfrac{1}{2} \times 3.21$mol

필요산소량 = $15 + \dfrac{1}{2} \times 3.21 = 16.61\text{mol}$

필요공기량 = $16.61 \times \dfrac{1}{0.21} = 79.07\text{mol}$

과잉공기량 = $4\text{mol} \times \dfrac{1}{0.21} = 19.04$

$\therefore$ 과잉공기% = $\dfrac{19.04}{79.07} \times 100 = 24\%$

정답 27 ③ 28 ② 29 ③ 30 ④

31 다음 중 왕복식 펌프는?

① 기어펌프(Gear Pump)
② 볼류트펌프(Volute Pump)
③ 플런저펌프(Plunger Pump)
④ 터빈펌프(Turbine Pump)

해설

- 왕복식 펌프 : 피스톤펌프, 플런저펌프, 격막펌프
- 원심펌프 : 볼류트펌프, 터빈펌프
- 회전펌프 : 기어펌프, 스크루펌프, 로브펌프

32 압력용기에 연결된 지름이 일정한 관(Pipe)을 통하여 대기로 기체가 흐를 경우에 대한 설명으로 옳은 것은?

① 무제한 빠른 속도로 흐를 수 있다.
② 빛의 속도에 근접한 속도로 흐를 수 있다.
③ 초음속으로 흐를 수 없다.
④ 종류에 따라서 초음속으로 흐를 수 있다.

해설

$M = \dfrac{\text{유체의 속도}}{\text{음속}} > 1 \leftarrow$ 초음속 흐름

33 같은 용적, 같은 압력하에 있는 같은 온도의 두 이상기체 A와 B의 몰수 관계로 옳은 것은?(단, 분자량은 $A > B$이다.)

① 주어진 조건으로는 알 수 없다.
② $A > B$
③ $A < B$
④ $A = B$

해설

같은 온도, 같은 압력에서 같은 부피(용적)에는 기체의 종류에 관계없이 같은 수의 입자를 포함한다. 즉, 같은 몰수를 포함한다.

34 초미분쇄기(Ultrafine Grinder)인 유체-에너지 밀(Mill)의 분쇄 원리로 가장 거리가 먼 것은?

① 입자 간 마멸
② 입자와 기벽 간 충돌
③ 입자와 기벽 간 마찰
④ 입자와 기벽 간 열전달

해설

유체-에너지 밀
고압의 공기 또는 증기를 노즐에 의해 분쇄실로 분사시켜 얻은 초음속의 기류를 원료에 보내어 회전에 의한 원심력을 이용, 입자 상호 간 및 입자와 기벽 사이에 충돌과 마찰작용을 일으켜 분쇄한다.

35 20℃, 1atm 공기 중 수증기 분압이 20mmHg일 때, 이 공기의 습도(kg 수증기/kg 건조공기)는?(단, 공기의 분자량은 30g/mol로 한다.)

① 0.016
② 0.032
③ 0.048
④ 0.064

해설

$H = \dfrac{18}{30} \dfrac{p_v}{P - p_v}$ $1\text{atm} = 760\text{mmHg}$

$= \dfrac{18}{30} \dfrac{20}{760 - 20}$

$= 0.016\text{kg H}_2\text{O/kg 건조공기}$

36 다중효용관에 대한 설명으로 틀린 것은?

① 마지막 효용관의 증기공간 압력이 가장 높다.
② 첫 번째 효용관에는 생수증기(Raw Steam)가 공급된다.
③ 수증기와 응축기 사이의 압력차는 다중효용관에서 두 개 또는 그 이상의 효용관에 걸쳐 분산된다.
④ 다중효용관 설계에 있어서 보통 원하는 결과는 소모된 수증기량, 소요 가열 면적, 여러 효용관에서 근사적 온도, 마지막 효용관을 떠나는 증기량 등이다.

해설

다중효용관
- 수증기의 효율을 높이기 위해 증발관을 2중 이상으로 설치하여 증발관에서 발생한 증기를 다시 이용하는 것이 목적이다.
- 증발관 몇 개를 직렬로 배치하고 앞에서 발생한 증기를 보다 저압인 다음 증발관의 가열증기로 사용한다.
- 최종증발관으로 갈수록 압력이 낮으므로 응축기와 진공장치를 설치한다.

37 원통관 내에서 레이놀즈(Reynolds) 수가 1,600인 상태로 흐르는 유체의 Fanning 마찰계수는?

① 0.01
② 0.02
③ 0.03
④ 0.04

해설

$$f = \frac{16}{N_{Re}} = \frac{16}{1,600} = 0.01$$

38 상접점(Plait Point)에 대한 설명으로 옳은 것은?

① 추출상과 평형에 있는 추잔상의 점을 잇는 선의 중간점을 말한다.
② 상접점에서는 추출상과 추잔상의 조성이 같다.
③ 추출상과 추잔상 사이에 유일한 상접점이 존재한다.
④ 상접점은 추출을 할 수 있는 최적의 조건이다.

해설

상접점(Plait Point)

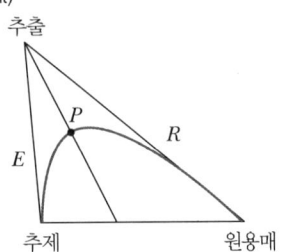

- 추출상과 추잔상 추질의 농도가 같은 점(P)
- 상계점 = 임계점
- 대응선의 길이 = 0
- 상계점을 경계로 추제성분이 많은 쪽 PE가 추출상이고, 원용매가 많은 PR이 추잔상이다.

39 2중효용관 증발기에서 비점상승이 무시되는 액체를 농축하고 있다. 제1증발관에 들어가는 수증기의 온도는 110℃이고 제2증발관에서 용액 비점은 82℃이다. 제1, 2증발관의 총괄열전달계수는 각각 300, 100W/m² ℃일 경우 제1증발관 액체의 비점(℃)은?

① 110
② 103
③ 96
④ 89

해설

$$R_1 : R_2 = \frac{1}{U_1} : \frac{1}{U_2} = \frac{1}{300} : \frac{1}{100} = 1 : 3$$

$\Delta t : \Delta t_1 = R : R_1$
$(110 - 82) : \Delta t_1 = 4 : 1$
$\therefore \Delta t_1 = 110 - t_2 = 7$
$\therefore t_2 = 103℃$

40 기체흡수에 대한 설명 중 옳은 것은?

① 기체속도가 일정하고 액 유속이 줄어들면 조작선의 기울기는 증가한다.
② 액체와 기체의 몰 유량비(L/V)가 크면 조작선과 평형곡선의 거리가 줄어들어 흡수탑의 길이를 길게 하여야 한다.
③ 액체와 기체의 몰 유량비(L/V)는 맞흐름탑에서 흡수의 경제성에 미치는 영향이 크다.
④ 물질전달에 대한 구동력은 조작선과 평형선 간의 수직거리에 반비례한다.

해설

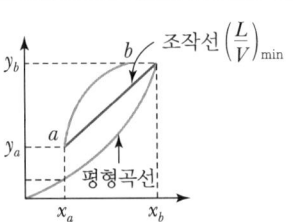

여기서, 조작선 $\left(\dfrac{L}{V}\right)_{min}$: 기액한계비

- 조작선은 평형곡선의 왼쪽에 존재해야 한다.
- 평행선과 조작선이 만나면 추진력이 0이 되어 실용적이지 못하다.

정답 37 ① 38 ② 39 ② 40 ③

기액한계비($\frac{L}{V}$)
- 주어진 기체흐름에 대해 액체흐름이 줄어들면 조작선의 기울기는 감소한다.
- L/V는 맞흐름탑에서 흡수의 경제성에 미치는 영향이 크다.
- 물질전달에 대한 구동력은 조작선과 평형선 간의 수직거리에 비례한다.
- L/V를 증가시키면 구동력이 증가되어 흡수탑을 길게 할 필요가 없다.

3과목 공정제어

41 다음 블록선도의 총괄전달함수($\frac{C}{R}$)로 옳은 것은?

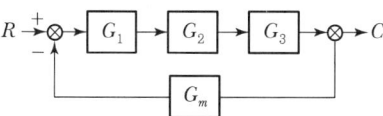

① $\dfrac{G_1 G_2 G_3}{1 + G_m}$
② $\dfrac{G_m G_1 G_2 G_3}{G_1 G_2 G_3}$
③ $\dfrac{1 + G_m G_1 G_2 G_3}{G_1 G_2 G_3}$
④ $\dfrac{G_1 G_2 G_3}{1 + G_m G_1 G_2 G_3}$

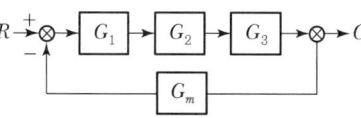

$G = \dfrac{G_1 G_2 G_3 (직선)}{1 + G_1 G_2 G_3 G_m (회선)}$

42 제어계가 안정하려면 특성방정식의 모든 근이 S평면상의 어느 영역에 있어야 하는가?
① 실수부(+), 허수부(−)
② 실수부(−)
③ 허수부(−)
④ 근이 존재하지 않아야 함

해설
특성방정식의 모든 근이 음의 실수부를 가져야 계는 안정하다.

43 PID 제어기의 조율방법에 대한 설명으로 가장 올바른 것은?
① 공정의 이득이 클수록 제어기 이득값도 크게 설정해 준다.
② 공정의 시상수가 클수록 적분시간값을 크게 설정해 준다.
③ 안정성을 위해 공정의 시간지연이 클수록 제어기 이득값을 크게 설정해 준다.
④ 빠른 폐루프 응답을 위하여 제어기 이득값을 작게 설정해 준다.

해설
PID 제어기
- 적분동작은 설정점과 제어변수 간의 오프셋을 제거해 준다.
- 적분상수가 클수록 적분동작이 줄어든다.
- 제어기 이득 K_c가 클수록 적분동작이 커진다.
- 미분동작은 느린 동특성을 가지고 잡음이 적은 공정에 적합하다.

44 연속 입출력 흐름과 내부 전기 가열기가 있는 저장조의 온도를 설정값으로 유지하기 위해 들어오는 입력흐름의 유량과 내부 가열기에 공급 전력을 조작하여 출력흐름의 온도와 유량을 제어하고자 하는 시스템의 분류로 적절한 것은?
① 다중 입력 – 다중 출력 시스템
② 다중 입력 – 단일 출력 시스템
③ 단일 입력 – 단일 출력 시스템
④ 단일 입력 – 다중 출력 시스템

해설
- 입력변수와 출력변수의 수가 1개씩 : 단일 입력 – 단일 출력 공정
- 입력변수와 출력변수의 수가 여러 개 : 다중 입력 – 다중 출력 공정

정답 41 ④ 42 ② 43 ② 44 ①

45 폐회로의 응답이 다음 식과 같이 주어진 제어계의 설정점(Set Point)에 단위계단변화(Unit Step Change)가 일어났을 때, 잔류편차(Offset)는?(단, $y(s)$: 출력, $R(s)$: 설정점이다.)

$$y(s) = \frac{0.2}{3s+1}R(s)$$

① -0.8 ② -0.2
③ 0.2 ④ 0.8

해설

$X(s) = \frac{1}{s}$

$Y(s) = \frac{0.2}{3s+1} \cdot \frac{1}{s} = 0.2\left(\frac{1}{s} - \frac{3}{3s+1}\right)$

$y(t) = 0.2(1 - e^{-\frac{1}{3}t})$ $y(\infty) = 0.2$
$x(t) = 1$
Offset $= R(\infty) - C(\infty) = 1 - 0.2 = 0.8$

46 다음과 같은 보드 선도(Bode Plot)로 표시되는 제어기는?

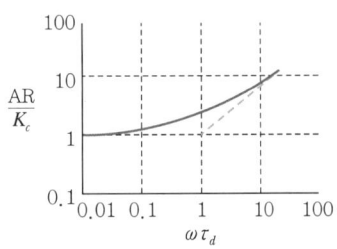

① 비례 제어기   ② 비례-적분 제어기
③ 비례-미분 제어기   ④ 적분-미분 제어기

해설

• PI 제어기의 Bode 선도

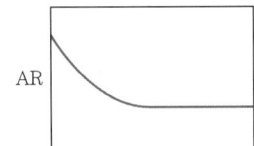

• PD 제어기의 Bode 선도

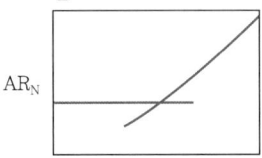

47 다음 중 가능한 커야 하는 계측기의 특성은?
① 감도(Sensitivity)
② 시간상수(Time Constant)
③ 응답시간(Response Time)
④ 수송지연(Transportation Lag)

해설

계측기는 물리량을 측정해야 하므로 감도가 좋아야 한다.

48 사람이 원하는 속도, 원하는 방향으로 자동차를 운전할 때 일어나는 상황이 공정제어시스템과 비교될 때 연결이 잘못된 것은?
① 눈-계측기   ② 손-제어기
③ 발-최종 제어 요소 ④ 자동차-공정

해설

손-최종 제어 요소

49 편차(Offset)는 제거할 수 있으나 미래의 에러(Error)를 반영할 수 없어 제어성능 향상에 한계를 가지는 제어기는?(단, 모든 제어기들이 튜닝이 잘 되었을 경우로 가정한다.)
① P형   ② PD형
③ PI형   ④ PID형

해설

㉠ PI 제어
  • 잔류편차를 제거한다.
  • 과거로부터 발생된 제어오차의 누적치를 이용한다.
㉡ PD 제어
  • 공정의 응답이 미래에 어떻게 나타날지 예측한다.
  • 응답이 빨라지며 잡음에 민감하다.

정답 45 ④ 46 ③ 47 ① 48 ② 49 ③

50 어떤 공정의 전달함수가 $G(s)$이고 $G(2i) = -1-i$일 때, 공정입력으로 $u(t) = 2\sin(2t)$를 입력하면 시간이 많이 지난 후에 $y(t)$로 옳은 것은?

① $y(t) = \sqrt{2}\sin(2t)$
② $y(t) = -\sqrt{2}\sin(2t+\pi/4)$
③ $y(t) = 2\sqrt{2}\sin(2t-\pi/4)$
④ $y(t) = 2\sqrt{2}\sin(2t-3\pi/4)$

▣ 해설

$AR = |G(i\omega)| = \sqrt{R^2+I^2}$
$= \dfrac{\hat{A}}{A} = \sqrt{(-1)^2+(-1)^2} = \sqrt{2}$

$A = 2 \quad \hat{A} = 2\sqrt{2}$

$\phi = -\tan^{-1}(\tau\omega) = \tan^{-1}\left(\dfrac{I}{R}\right) = \tan^{-1}\left(\dfrac{-1}{-1}\right)$
$= \tan^{-1}(1) = \dfrac{\pi}{4}$

$y(t) = \hat{A}\sin(\omega t + \phi)$

$\therefore y(t) = 2\sqrt{2}\sin\left(2t+\dfrac{\pi}{4}\right) = 2\sqrt{2}\sin\left(2t-\dfrac{3}{4}\pi\right)$

51 Routh Array에 의한 안정성 판별법 중 옳지 않은 것은?

① 특성방정식의 계수가 다른 부호를 가지면 불안정하다.
② Routh Array의 첫 번째 칼럼의 부호가 바뀌면 불안정하다.
③ Routh Array Test를 통해 불안정한 Pole의 개수도 알 수 있다.
④ Routh Array의 첫 번째 칼럼에 0이 존재하면 불안정하다.

▣ 해설

Routh Array에 의한 안정성 판별법
• Routh Array의 첫 번째 열의 요소가 모두 양이면 모든 근이 복소수 왼쪽 열린 반평면에 존재한다.
  → 안정하다.
• 복소수 오른쪽 열린 반평면에 존재하는 근의 수는 요소의 부호가 바뀌는 횟수와 같다.
• Array 구성과정에서 첫 번째 열의 요소가 0이 되면 허수축 위에 근이 존재함을 의미하며, Array 구성은 더 이상 진행될 수 없다.

52 1차계의 시간상수에 대한 설명이 아닌 것은?

① 시간의 단위를 갖는 계의 특성상수이다.
② 그 계의 용량과 저항의 곱과 같은 값을 갖는다.
③ 직선관계로 나타나는 입력함수와 출력함수 사이의 비례상수이다.
④ 단위계단 변화 시 최종치의 63%에 도달하는 데 소요되는 시간과 같다.

▣ 해설

1차계 시간상수
$G(s) = \dfrac{Y(s)}{X(s)} = \dfrac{K}{\tau s+1}$
여기서, τ : 시간상수(시간의 단위)

• 온도계 : $\tau = \dfrac{mC}{hA}$
• 액위공정 : $\tau = AR$
• 혼합공정 : $\tau = \dfrac{V}{q}$
• 가열공정 : $\tau = \dfrac{\rho V}{\omega}$

단위계단 입력 시

τ	$Y(t)/KA$	τ	$Y(t)/KA$
τ	63.2%	4τ	98.2%
2τ	86.5%	5τ	99.3%
3τ	95%		

53 유체가 유입부를 통하여 유입되고 있고, 펌프가 설치된 유출부를 통하여 유출되고 있는 드럼이 있다. 이때 드럼의 액위를 유출부에 설치된 제어밸브의 개폐 정도를 조절하여 제어하고자 할 때, 다음 설명 중 옳은 것은?

① 유입유량의 변화가 없다면 비례동작만으로도 설정점 변화에 대하여 오프셋 없는 제어가 가능하다.
② 설정점 변화가 없다면 유입유량의 변화에 대하여 비례동작만으로도 오프셋 없는 제어가 가능하다.
③ 유입유량이 일정할 때 유출유량을 계단으로 변화시키면 액위는 시간이 지난 다음 어느 일정수준을 유지하게 된다.
④ 유출유량이 일정할 때 유입유량이 계단으로 변화되면 액위는 시간이 지난 다음 어느 일정수준을 유지하게 된다.

정답 ▶ 50 ④ 51 ④ 52 ③ 53 ①

해설
유입유량의 변화가 없다면 비례동작만으로도 설정값 변화에 대하여 Offset이 없는 제어가 가능하다.

54 되먹임 제어(Feedback Control)가 가장 용이한 공정은?
① 시간지연이 큰 공정   ② 역응답이 큰 공정
③ 응답속도가 빠른 공정   ④ 비선형성이 큰 공정

해설
되먹임 제어는 제어변수를 측정하고 이것을 설정값과 비교하여 오차를 구해야 하므로 응답속도가 빠른 공정에 용이하다.

55 어떤 계의 단위계단 응답이 다음과 같을 경우 이 계의 단위충격 응답(Impulse Response)은?

$$Y(t) = 1 - \left(1 + \frac{t}{\tau}\right)e^{-\frac{t}{\tau}}$$

① $\dfrac{t}{\tau}e^{-\frac{t}{\tau}}$ ② $(1+\dfrac{t}{\tau})e^{-\frac{t}{\tau}}$

③ $\dfrac{t}{\tau^2}e^{-\frac{t}{\tau}}$ ④ $(1-\dfrac{t}{\tau^2})e^{-\frac{t}{\tau}}$

해설
단위계단응답′=단위충격응답

$Y(t) = 1 - \left(1 + \dfrac{t}{\tau}\right)e^{-\frac{t}{\tau}}$

$Y'(t) = -\dfrac{1}{\tau}e^{-\frac{t}{\tau}} - \left(1+\dfrac{t}{\tau}\right)\left(-\dfrac{1}{\tau}\right)e^{-\frac{t}{\tau}} = \dfrac{t}{\tau^2}e^{-\frac{t}{\tau}}$

56 다음 전달함수를 갖는 계(System) 중 sin응답에서 Phase Lead를 나타내는 것은?
① $\dfrac{1}{\tau s + 1}$ ② $e^{-\tau s}$

③ $1 + \dfrac{1}{\tau s}$ ④ $1 + \tau s$

해설
위상지연은 I 제어에서 나타나고, 위상앞섬은 D 제어에서 나타난다.

57 전달함수의 극(Pole)과 영(Zero)에 관한 설명 중 옳지 않은 것은?
① 순수한 허수 Pole은 일정한 진폭을 가지고 진동이 지속되는 응답 모드에 대응된다.
② 양의 Zero는 전달함수가 불안정함을 의미한다.
③ 양의 Zero는 계단입력에 대해 역응답을 유발할 수 있다.
④ 물리적 공정에서는 Pole의 수가 Zero의 수보다 항상 같거나 많다.

해설
전달함수

$$G(s) = \dfrac{Y(s)}{X(s)} = \dfrac{b_m s^m + b_{m-1}s^{m-1} + \cdots + b_1 s + b_0}{a_n s^n + a_{n-1}s^{n-1} + \cdots + a_1 s + a_0}$$

• 분자와 분모는 각각 n, m차 멱급수 함수이다.
• 분모의 차수 n은 m 이상이다.
• 극(Pole)은 분모의 근이고, 영(Zero)은 분자의 근이다.
• 분자의 $\tau < 0$인 경우 역응답을 보인다.

58 다음 블록선도에서 서보 문제(Servo Problem)의 전달함수는?

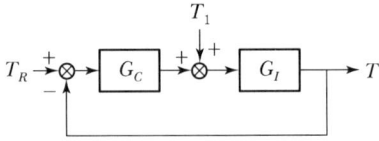

① $\dfrac{G_C G_I}{1 + G_C G_I}$ ② $\dfrac{G_C}{1 + G_C G_I}$

③ $\dfrac{G_C G_I}{1 + G_C}$ ④ $\dfrac{G_I}{1 + G_C G_I}$

정답 54 ③ 55 ③ 56 ④ 57 ② 58 ①

해설
- Servo Problem
$$G(s) = \frac{T}{T_R} = \frac{G_C G_I}{1 + G_C G_I}$$
- Regulatory Problem
$$G(s) = \frac{T}{T_I} = \frac{G_I}{1 + G_C G_I}$$

59 함수 $f(t)(t \geq 0)$의 라플라스 변환(Laplace Transform)을 $F(s)$라 할 때, 다음 설명 중 틀린 것은?

① 모든 연속함수 $f(t)$가 이에 대응하는 $F(s)$를 갖는 것은 아니다.
② $g(t)(t \geq 0)$의 라플라스 변환을 $G(s)$라 할 때, $f(t)g(t)$의 라플라스 변환은 $F(s)G(s)$이다.
③ $g(t)(t \geq 0)$의 라플라스 변환을 $G(s)$라 할 때, $f(t) + g(t)$의 라플라스 변환은 $F(s) + G(s)$이다.
④ $d^2 f(t)/dt^2$의 라플라스 변환은 $s^2 F(s) - sf(0) - df(0)/dt$이다.

해설
라플라스 변환
- 선형성
  $\mathcal{L}\{af(t) + bg(t)\} = aF(s) + bG(s)$
- 미분식의 라플라스 변환
  $$\mathcal{L}\left\{\frac{d^n f(t)}{dt^n}\right\} = s^n F(s) - s^{n-1} f(0) - \frac{s^{n-2} df(0)}{dt} - \cdots - \frac{sd^{n-2} f(0)}{dt^{n-2}} - \frac{d^{n-1} f(0)}{dt^{n-1}}$$
- 라플라스 변환은 부정적분으로 정의되므로 모든 함수 $f(t)$에 대하여 라플라스 변환이 존재하는 것은 아니다.

60 전달함수가 $G(s) = \dfrac{2}{s^2 + 2s + s}$인 2차계의 단위 계단응답은?

① $1 - e^{-t}(\cos t + \sin t)$
② $1 + e^{-t}(\cos t + \sin t)$
③ $1 - e^{-t}(\cos t - \sin t)$
④ $1 - e^t(\cos t + \sin t)$

해설
$Y(s) = G(s)X(s)$
$= \dfrac{2}{s^2 + 2s + 2} \cdot \dfrac{1}{s} = \dfrac{1}{s} - \dfrac{s+2}{s^2 + 2s + 2}$
$= \dfrac{1}{s} - \dfrac{(s+1) + 1}{(s+1)^2 + 1}$
$= \dfrac{1}{s} - \dfrac{(s+1)}{(s+1)^2 + 1} - \dfrac{1}{(s+1)^2 + 1}$
$y(t) = 1 - e^{-t} \cos t - e^{-t} \sin t$
$\therefore y(t) = 1 - e^t(\cos t + \sin t)$

4과목 공업화학

61 반도체에서 Si의 건식식각에 사용하는 기체가 아닌 것은?

① CF_4 ② HBr
③ C_6H_6 ④ $CClF$

해설
식각에 사용하는 기체 : CF_4, CHF_3, HBr

62 암모니아와 산소를 이용하여 질산을 합성할 때, 생성되는 질산 용액의 농도(wt%)는?

① 68 ② 78
③ 88 ④ 98

해설
직접합성법
고농도 질산을 얻기 위한 방법으로, 암모니아를 산소와 반응시켜 78% HNO_3을 생성한다.

63 석유 정제공정에서 사용되는 증류법 중 중질유의 비점이 강하되어 가장 낮은 온도에서 고비점 유분을 유출시키는 증류법은?

① 가압증류법 ② 상압증류법
③ 공비증류법 ④ 수증기증류법

해설
석유 정제공정의 증류법
- 상압증류 : 원유를 가열한 후 상압증류탑으로 보내어 비점차로 나프타, 등유, 경유, 찌꺼기유, 유분으로 분류
- 감압증류 : 상압증류의 잔유에서 윤활유와 같은 비점이 높은 유분을 얻을 때 사용
- 추출증류 : 공비혼합물의 증류
- 수증기증류 : 윤활유 등의 중질유의 비점이 높은 물질의 비점을 낮추어 증류

64 염화수소가스의 직접 합성 시 화학반응식이 다음과 같을 때 표준상태 기준으로 200L의 수소가스를 연소시킬 때 발생되는 열량(kcal)은?

$$H_2(g) + Cl_2(g) \rightarrow 2HCl(g) + 44.12\text{kcal}$$

① 365 ② 394
③ 407 ④ 603

해설
$H_2(g) + Cl_2(g) \rightarrow 2HCl(g) + 44.12\text{kcal}$
22.4L : 44.12kcal
200L : x
∴ $x = 394$kcal

65 부식반응에 대한 구동력(Electromotive Force) E는?(단, ΔG는 깁스자유에너지, n은 금속 1몰당 전자의 몰수, F는 패러데이 상수이다.)

① $E = -nF$
② $E = -nF/\Delta G$
③ $E = -nF\Delta G$
④ $E = -\Delta G/nF$

해설
부식의 구동력
$$E = \frac{-\Delta G}{nF}$$
$\Delta G < 0$: 자발적인 반응

66 인산 제조법 중 건식법에 대한 설명으로 틀린 것은?

① 전기로법과 용광로법이 있다.
② 철과 알루미늄 함량이 많은 저품위의 광석도 사용할 수 있다.
③ 인의 기화와 산화를 별도로 진행시킬 수 있다.
④ 철, 알루미늄, 칼슘의 일부가 인산 중에 함유되어 있어 순도가 낮다.

해설
인산 제조법
㉠ 습식법 ┌ 황산분해법 : 주로 사용
          ├ 질산분해법
          └ 염산분해법
- 순도가 낮고 농도도 낮다.
- 품질이 좋은 인광석을 사용해야 한다.
- 주로 비료용에 사용한다.

㉡ 건식법 ┌ 전기로법
          └ 용광로법

인광석 $\xrightarrow{환원}$ 인 $\xrightarrow{산화 \cdot 흡수}$ 인산

- 고순도·고농도의 인산을 제조한다.
- 저품위 인광석을 처리할 수 있다.
- 인의 기화와 산화를 따로 할 수 있다.
- Slag는 시멘트의 원료가 된다.

67 Friedel – Crafts 반응에 사용하지 않는 것은?

① CH_3COCH_3 ② $(CH_3CO)_2O$
③ $CH_3CH = CH_2$ ④ CH_3CH_2Cl

정답 63 ④ 64 ② 65 ④ 66 ④ 67 ①

해설

Friedel – Crafts 반응

- 알킬화 반응

$$C_6H_6 + RCl \xrightarrow{AlCl_3} C_6H_5R + HCl$$
벤젠 할로겐화알킬   알킬벤젠

- 아실화 반응

$$C_6H_6 + RCOCl \xrightarrow{AlCl_3} C_6H_5COR + HCl$$
   할로겐화아실   아실벤젠

$$C_6H_6 + (RCO)_2O \xrightarrow{AlCl_3} C_6H_5COR + RCOOH$$
   산무수물

※ 아실화 반응에서 케톤기가 도입되면 반응성이 낮아져서 반응이 진행되지 않는다.

68 전화 공정 중 아래의 설명에 부합하는 것은?

- 수소화/탈수소화 및 탄소양이온 형상촉진의 이원기능 촉매 사용
- Platforming, Ultraforming 등의 공정이 있음
- 생성물을 가솔린으로 사용 시 벤젠의 분리가 반드시 필요함

① 열분해법   ② 이성화법
③ 접촉분해법   ④ 수소화분해법

해설

접촉개질

옥탄가가 낮은 가솔린, 나프타 등을 촉매로 이용하여 방향족 탄화수소나 이소파라핀을 많이 함유하는 옥탄가가 높은 가솔린으로 전환시킨다(개질가솔린).

- Platforming : $Pt-Al_2O_3$ 사용
- Ultraforming : $Pt-Al_2O_3$ 사용, 촉매를 재생하여 사용
- Rheniforming : $Pt-Re-Al_2O_3$ 사용
- Hydroforming : $MoO_3-Al_2O_3$ 사용

69 양이온 중합에서 공개시제(Coinitiator)로 사용되는 것은?

① Lewis 산   ② Lewis 염기
③ 유기금속염기   ④ Sodium Amide

해설

㉠ 양이온 중합
  양이온 작용기가 단량체와 반응하여 말단으로 전이하는 과정을 반복하여 고분자를 생성
㉡ 양이온 중합의 개시제
  - BF_3, $TiCl_4$, $AlCl_3$, $SnCl_4$와 같은 강한 Lewis 산
  - 양성자를 제공할 수 있는 양성자산과 전자쌍을 받을 수 있는 루이스산이 사용된다.

70 모노글리세라이드에 대한 설명으로 가장 옳은 것은?

① 양쪽성 계면활성제이다.
② 비이온 계면활성제이다.
③ 양이온 계면활성제이다.
④ 음이온 계면활성제이다.

해설

㉠ 이온성 계면활성제
  - 음이온성 계면활성제 : 카복실산염, 탄산에스터염
  - 양이온성 계면활성제 : 암모늄염, 아민염
  - 양쪽성 계면활성제
㉡ 비이온성 계면활성제
  친수성 구조로 수산기, 에테르기를 가진다.
㉢ 특수이온성 계면활성제
  플루오린계, 실리콘계, 고분자계
※ 모노글리세라이드 : 글리세린의 OH기 1개가 지방산과 에스테르를 형성하고 있는 화합물

71 Le Blanc법 소다회 제조공정이 오늘날 전적으로 폐기된 이유로 옳은 것은?

① 수동적인 공정(Batch Process)
② 원료인 Na_2SO_4의 공급난
③ 고순도 석탄의 수요증가
④ NaS 등 부산물의 수요감소

해설

Le Blanc법은 비연속적인 조업으로 Solvay법과 경쟁이 되지 못했다.

정답 68 ③ 69 ① 70 ② 71 ①

72 다음 중 술폰화 반응이 가장 일어나기 쉬운 화합물은?

① 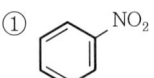 ②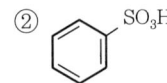

③ 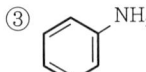 ④ NR₃ 벤젠

해설

술폰화 반응
$-NH_2 > -OH > -CH_3 > -Cl > -SO_3H > -NO_2$

73 다음 중 칼륨비료의 원료가 아닌 것은?
① 칼륨광물 ② 초목재
③ 간수   ④ 골분

해설

비료의 원료

질소비료	칠레초석, 석회질소, 요소
인산비료	인회석, 골회
칼륨비료	해조, 초목재, 용광로 Dust, 칼륨광물

74 소금물의 전기분해에 의한 가성소다 제조공정 중 격막식 전해조의 전력원단위를 향상시키기 위한 조치로서 옳지 않은 것은?
① 공급하는 소금물을 양극액 온도와 같게 예열하여 공급한다.
② 동판 등 전해조 자체의 재료의 저항을 감소시킨다.
③ 전해조를 보온한다.
④ 공급하는 소금물의 망초(Na_2SO_4) 함량을 2% 이상 유지한다.

해설

㉠ 격막식 전해조
 • (+)극 : $2Cl^- \rightarrow Cl_2 + 2e^-$ (산화반응)
   흑연
 • (−)극 : $2H_2O + 2e^- \rightarrow H_2 + 2OH^-$ (환원반응)
   철망
 • 전체 반응 : $2NaCl + 2H_2O \rightarrow 2NaOH + Cl_2 + H_2$

㉡ 격막식 전해조의 전력원단위 향상조치
 • 공급하는 소금물을 양극액 온도와 같게 예열하여 공급한다(60~70℃).
 • 동판 등 전해조 자체 재료의 저항을 감소시킨다.
 • 전해조를 보온한다.
 • NaCl 용액의 농도를 크게 한다.
 • Na_2SO_4(망초) 등 불순물의 농도를 낮춘다.
 • 극 간격을 되도록 접근시킨다.
 • 액 중 기포를 속히 이탈시킨다.

75 암모니아 합성방법과 사용되는 압력(atm)을 짝지어 놓은 것 중 옳은 것은?
① Casale법 – 약 300atm
② Fauser법 – 약 600atm
③ Claude법 – 약 1,000atm
④ Haber – Bosch법 – 약 500atm

해설

• Casale법 : 600atm
• Fauser법 : 200~300atm
• Claude법 : 900~1,000atm
• Haber – Bosch법 : 200~350atm
• Uhde법 : 100~300atm

76 니트로벤젠을 환원시켜 아닐린을 얻을 때 다음 중 가장 적합한 환원제는?
① Zn + Water   ② Zn + Acid
③ Alkaline Sulfide ④ Zn + Alkali

해설

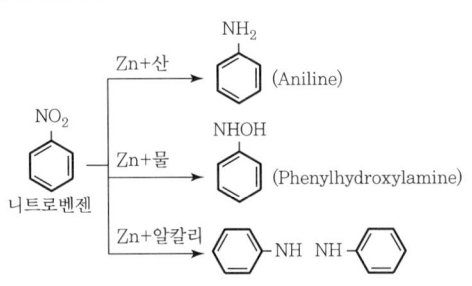

정답 72 ③ 73 ④ 74 ④ 75 ③ 76 ②

77 다음 원유 및 석유 성분 중 질소 화합물에 해당하는 것은?

① 나프텐산
② 피리딘
③ 나프토티오펜
④ 벤조티오펜

해설

• 나프텐산 : 나프텐 고리를 가진 카르복시산

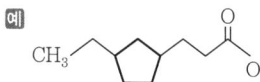

• 피리딘   • 티오펜   • 벤조티오펜

78 디메틸테레프탈레이트와 에틸렌글리콜을 축중합하여 얻어지는 것은?

① 아크릴 섬유
② 폴리아미드 섬유
③ 폴리에스테르 섬유
④ 폴리비닐알코올 섬유

해설

$CH_3-O-\overset{O}{\underset{\|}{C}}--\overset{O}{\underset{\|}{C}}-O-CH_3 + \begin{matrix}CH_2-CH_2\\||\\OHOH\end{matrix}$

디메틸테레프탈레이트   폴리에틸렌

$\xrightarrow{축중합} \left[O-\overset{O}{\underset{\|}{C}}--\overset{O}{\underset{\|}{C}}-O-CH_2-CH_2\right]$

79 접촉식 황산 제조 공정에서 이산화황이 산화되어 삼산화황으로 전환하여 평형상태에 도달한다. 삼산화황 1kmol을 생산하기 위해 필요한 공기의 최소량(Sm^3)은?

① 53.3
② 40.8
③ 22.4
④ 11.2

해설

$SO_2 + \frac{1}{2}O_2 \rightarrow SO_3$
$0.5kmol 1kmol$

$0.5kmolO_2 \times \frac{1}{0.21} = 2.38kmol$

$2.38kmol \times \frac{22.4m^3}{1kmol} = 53.3m^3$

80 정상상태의 라디칼 중합에서 모노머가 2,000개 소모되었다. 이 반응은 2개의 라디칼에 의하여 개시·성장되었고, 재결합에 의하여 정지반응이 이루어졌을 때, 생성된 고분자의 동역학적 사슬 길이 ⓐ와 중합도 ⓑ는?

① ⓐ 1,000, ⓑ 1,000
② ⓐ 1,000, ⓑ 2,000
③ ⓐ 1,000, ⓑ 4,000
④ ⓐ 2,000, ⓑ 4,000

해설

모노머 = 2,000개 소모
n(중합도) = 2,000
2개의 라디칼에 의해 생성되는
사슬 길이 = $\frac{2,000}{2}$ = 1,000

5과목 반응공학

81 반응 전환율을 온도에 대하여 나타낸 직교 좌표에서 반응기에 열을 가하면 기울기는 단열과정보다 어떻게 되는가?

① 반응열의 크기에 따라 증가하거나 감소한다.
② 증가한다.
③ 일정하다.
④ 감소한다.

정답 77 ② 78 ③ 79 ① 80 ② 81 ④

해설
단열조작

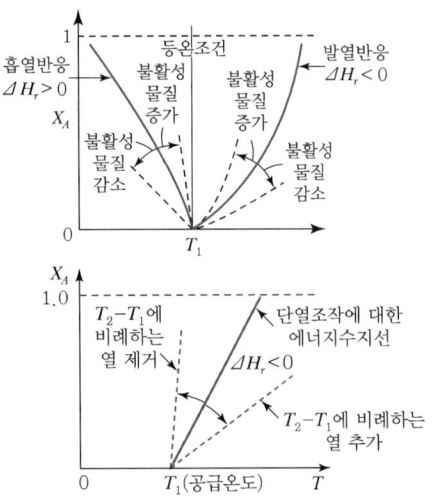

82 균질계 비가역 1차 직렬반응, $A \xrightarrow{k_1} R \xrightarrow{k_2} S$가 회분식 반응기에서 일어날 때, 반응시간에 따르는 A의 농도 변화를 바르게 나타낸 식은?

① $C_A = C_{A0}e^{-k_1 t}$
② $C_A = C_{A0}e^{-k_2 t}$
③ $C_A = C_{A0}e^{-(k_1+k_2)t}$
④ $C_A = C_{A0}\left(\dfrac{k_1}{k_2-k_1}\right)e^{-k_1 t}$

해설
$A \xrightarrow{k_1} R \xrightarrow{k_2} S$

$-\ln\dfrac{C_A}{C_{A0}} = k_1 t$ or $C_A = C_{A0}e^{-k_1 t}$

$C_R = C_{A0}k_1\left(\dfrac{e^{-k_1 t}}{k_2-k_1} + \dfrac{e^{-k_2 t}}{k_1-k_2}\right)$

$C_{A0} = C_A + C_R + C_S$

83 다음 그림은 이상적 반응기의 설계 방정식의 반응시간을 결정하는 그림이다. 회분 반응기의 반응시간에 해당하는 면적으로 옳은 것은?(단, 그림에서 점 D의 C_A값은 반응 끝 시간의 값을 나타낸다.)

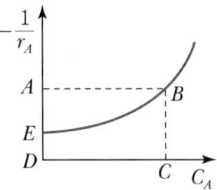

① ▭ABCD
② ▱ABE
③ ◿BCDE
④ $\dfrac{1}{2}$▭ABCD

해설
- ▭ABCD : CSTR
- ◿BCDE : Batch, PFR

84 플러그흐름반응기에서의 반응이 아래와 같을 때, 반응시간에 따른 C_B의 관계식으로 옳은 것은?(단, 반응 초기에는 A만 존재하며, 각각의 기호는 C_{A0} : A의 초기농도, t : 시간, k : 속도상수이며 $k_2 = k_1 + k_3$을 만족한다.)

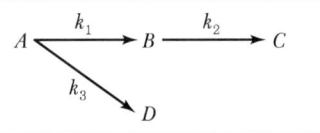

① $k_3 C_{A0} t e^{-k_1 t}$
② $k_1 C_{A0} t e^{-k_2 t}$
③ $k_1 C_{A0} e^{-k_3 t} + k_2 C_B$
④ $k_1 C_{A0} e^{-k_2 t} + k_2 C_B$

정답 82 ① 83 ③ 84 ②

해설

$k_1 + k_3 = k_2$

$-r_A = -\dfrac{dC_A}{dt} = (k_1 + k_3)C_A$

$-\ln\dfrac{C_A}{C_{A0}} = k_2 t$

$\therefore C_A = C_{A0} e^{-k_2 t}$

$r_B = \dfrac{dC_B}{dt} = k_1 C_A - k_2 C_B$

$\dfrac{dC_B}{dt} + k_2 C_B = k_1 C_{A0} e^{-k_2 t}$

㉠ 적분인자 $e^{\int k_2 dt}$를 곱하면 해는

$C_B e^{\int k_2 dt} = \int k_1 C_{A0} e^{-k_2 t} \cdot e^{\int k_2 dt} dt$

$C_B e^{k_2 t} = k_1 C_{A0} \int e^{-k_2 t} e^{k_2 t} dt$

$C_B e^{k_2 t} = k_1 C_{A0} t$

$\therefore C_B = k_1 C_{A0} t e^{-k_2 t}$

㉡ 라플라스 변환하면

$s C_B(s) + k_2 C_B(s) = \dfrac{k_1 C_{A0}}{(s+k_2)}$

$\therefore C_B(s) = \dfrac{k_1 C_{A0}}{(s+k_2)^2}$

$\therefore C_B(t) = k_1 C_{A0} t e^{-k_2 t}$

85 CH_3CHO 증기를 정용 회분식 반응기에서 518℃로 열분해한 결과 반감기는 초기압력이 363mmHg일 때 410s, 169mmHg일 때 880s이었다면, 이 반응의 반응차수는?

① 0차　　　　　② 1차
③ 2차　　　　　④ 3차

해설

$n = 1 - \dfrac{\ln\left(\dfrac{t_{1/2 \cdot 2}}{t_{1/2 \cdot 1}}\right)}{\ln\left(\dfrac{P_{A0 \cdot 2}}{P_{A0 \cdot 1}}\right)} = 1 - \dfrac{\ln\left(\dfrac{880}{410}\right)}{\ln\left(\dfrac{169}{363}\right)} = 2차$

86 플러그흐름반응기에서 0차 반응($A \to R$)이 반응 속도가 10mol/L h로 반응하고 있을 때, 요구되는 반응기의 부피(L)는?(단, 반응물의 초기공급속도 1,000mol/h, 반응물의 초기농도 10mol/L, 반응물의 출구농도 5mol/L이다.)

① 10　　　　　② 50
③ 100　　　　④ 150

해설

$A \to R$　PFR 0차

$C_{A0} X_A = k\tau$

$-r_A = 10\text{mol/L h} = \dfrac{-dC_A}{dt} = kC_A^0 = k$

$\therefore k = 10\text{mol/L h}$

$C_A = C_{A0}(1-X_A)$

$5 = 10(1-X_A)$

$\therefore X_A = 0.5$

$10\text{mol/L} \times 0.5 = 10\text{mol/L h} \times \tau$

$\therefore \tau = 0.5\text{h}$

$\tau = \dfrac{V}{v_o} = \dfrac{C_{A0} V}{F_{A0}}$

$0.5\text{h} = \dfrac{10\text{mol/L} \times V}{1,000\text{mol/h}}$

$\therefore V = 50\text{L}$

87 기체반응물 A가 2L/s의 속도로 부피 1L인 반응기에 유입될 때, 공간시간(s)은?(단, 반응은 $A \to 3B$이며 전화율(X)은 50%이다.)

① 0.5　　　　　② 1
③ 1.5　　　　　④ 2

해설

$\tau = \dfrac{V}{v_o} = \dfrac{1\text{L}}{2\text{L/s}} = 0.5$

정답 85 ③　86 ②　87 ①

88 액상 1차 가역반응($A \rightleftarrows R$)을 등온반응시켜 80%의 평형전화율(X_{Ae})을 얻으려 할 때, 적절한 반응온도(℃)는?(단, 반응열은 온도에 관계없이 −10,000cal/mol로 일정하고, 25℃에서의 평형상수는 300, R의 초기농도는 0이다.)

① 75
② 127
③ 185
④ 212

해설

$A \rightleftarrows R$

$C_{R0} = 0$이므로 $K_e = \dfrac{X_{Ae}}{1-X_{Ae}} = \dfrac{0.8}{1-0.8} = 4$

$\ln \dfrac{k_2}{k_1} = \dfrac{\Delta H}{R}\left(\dfrac{1}{T_1} - \dfrac{1}{T_2}\right)$

$\ln \dfrac{4}{300} = \dfrac{-10,000 \text{cal/mol}}{1.987 \text{cal/mol K}} \left(\dfrac{1}{273+25} - \dfrac{1}{T_2}\right)$

$\therefore T_2 = 400 \text{K} = 127℃$

89 어떤 반응을 '플러그흐름반응기 → 혼합흐름반응기 → 플러그흐름반응기'의 순으로 직렬 연결시켜 반응하고자 할 때 반응기 성능을 나타낸 것으로 옳은 것은?

①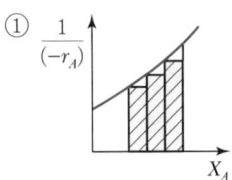
②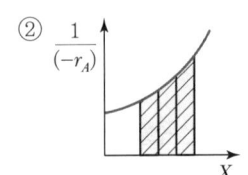
③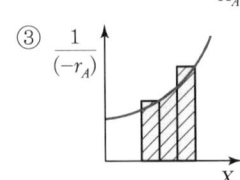
④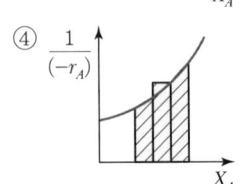

해설

- PFR : 적분면적
- CSTR : 사각형면적

90 혼합흐름반응기에 3L/h로 반응물을 유입시켜서 75%가 전환될 때의 반응기 부피(L)는?(단, 반응은 비가역적이며, 반응속도상수(k)는 0.0207/min, 용적변화율(ε)은 0이다.)

① 7.25
② 12.7
③ 32.7
④ 42.7

해설

$k = 0.0207/\text{min} \leftarrow$ 1차 반응단위
CSTR 1차
$k\tau = \dfrac{X_A}{1-X_A}$

$0.0207\tau = \dfrac{0.75}{1-0.75}$

$\therefore \tau = 145 \text{min}$

$\tau = \dfrac{V}{v_o}$

$145\text{min} \times \dfrac{1\text{h}}{60\text{min}} = \dfrac{V}{3\text{L/h}}$

$\therefore V = 7.25 \text{L}$

91 기상 1차 촉매반응 $A \rightarrow R$에서 유효인자가 0.8이면 촉매기공 내의 평균농도 $\overline{C_A}$와 촉매표면농도 C_{AS}의 농도비($\dfrac{\overline{C_A}}{C_{AS}}$)로 옳은 것은?

① tanh(1.25)
② 1.25
③ tanh(0.2)
④ 0.8

해설

유효인자 $\varepsilon = \dfrac{\overline{r}_A \text{ with Diffusion}}{r_A \text{ without Diffusion Resistance}}$

1차 반응 $\varepsilon = \dfrac{\overline{C_A}}{C_{AS}} = \dfrac{\tanh mL}{mL}$

여기서, mL : Thiele 계수

$\therefore$ 유효인자 $\varepsilon = \dfrac{\overline{C_A}}{C_{AS}} = 0.8$

정답 88 ② 89 ④ 90 ① 91 ④

92 자동촉매반응에서 낮은 전화율의 생성물을 원할 때 옳은 것은?

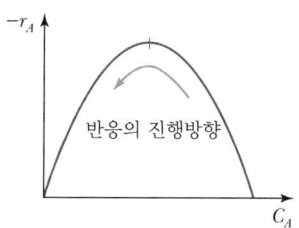

① 플러그흐름반응기로 반응시키는 것이 더 효과적이다.
② 혼합흐름반응기로 반응시키는 것이 더 효과적이다.
③ 반응기의 종류와 상관없이 동일하다.
④ 온도에 따라 효과적인 반응기가 다르다.

해설

자동촉매반응

 CSTR   혼합흐름반응기(V_m)
       PFR   플러그흐름반응기(V_p)

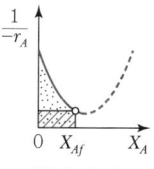
전화율이 낮을 때
CSTR이 유리
$V_p > V_m$

전화율이 중간일 때
CSTR, PFR
$V_p = V_m$

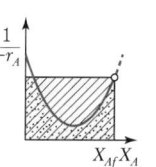
전화율이 높을 때
PFR
$V_p < V_m$

93 A의 3가지 병렬반응이 아래와 같을 때, S의 수율 (S/A)을 최대로 하기 위한 조치로 옳은 것은?(단, 각각의 반응속도상수는 동일하다.)

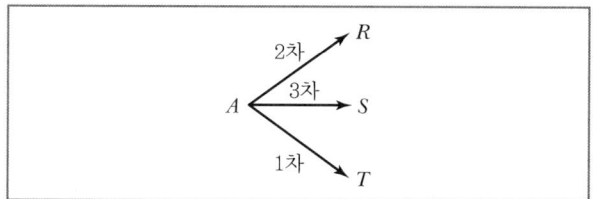

① 혼합흐름반응기를 쓰고 전화율을 낮게 한다.
② 혼합흐름반응기를 쓰고 전화율을 높게 한다.
③ 플러그흐름반응기를 쓰고 전화율을 낮게 한다.
④ 플러그흐름반응기를 쓰고 전화율을 높게 한다.

해설

$\dfrac{dC_R}{dt} = kC_A^2$

$\dfrac{dC_S}{dt} = kC_A^3$

$\dfrac{dC_T}{dt} = kC_A$

$\phi\left(\dfrac{S}{A}\right) = \dfrac{dC_S}{dC_R + dC_S + dC_T} = \dfrac{kC_A^3}{kC_A^2 + kC_A^3 + kC_A}$

$= \dfrac{C_A^3}{C_A^2 + C_A^3 + C_A} = \dfrac{C_A^2}{1 + C_A + C_A^2}$

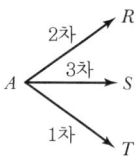 낮은 전화율, PFR 사용

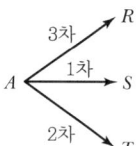 높은 전화율, CSTR 사용

94 R이 목적생산물인 반응($A \xrightarrow{1} R \xrightarrow{2} S$)의 활성화에너지가 $E_1 < E_2$일 경우, 반응에 대한 설명으로 옳은 것은?

① 공간시간(τ)이 상관없다면 가능한 한 최저온도에서 반응시킨다.
② 등온 반응에서 공간시간(τ) 값이 주어지면 가능한 한 최고 온도에서 반응시킨다.
③ 온도 변화가 가능하다면 초기에는 낮은 온도에서, 반응이 진행됨에 따라 높은 온도에서 반응시킨다.
④ 온도 변화가 가능하더라도 등온 조작이 가장 유리하다.

해설

$A \xrightarrow{1} R \xrightarrow{2} S$
R이 목적생성물
$E_1 < E_2$일 때 저온에서 진행한다.

95 성분 A의 비가역 반응에 대한 혼합흐름반응기의 설계식으로 옳은 것은?(단, N_A : A성분의 몰수, V : 반응기 부피, t : 시간, F_{A0} : A의 초기유입량, F_A : A의 출구 몰유량, r_A : 반응속도를 의미한다.)

① $\dfrac{dN_A}{dt^2} = r_A V$
② $V = \dfrac{F_{A0} - F_A}{-r_A}$
③ $\dfrac{dF_A}{dV} = r_A$
④ $-\dfrac{dN_A}{dt} = -r_A V$

해설

- CSTR(혼합흐름반응기)
  입력량 = 출력량 + 반응에 의한 소모량 + 축적량⁰
  $F_{A0} = F_A + (-r_A)V$
  $\therefore V = \dfrac{F_{A0} - F_A}{-r_A}$

- PFR(플러그흐름반응기)
  $F_A = (F_A + dF_A) + (r_A)dV$
  $F_{A0} dX_A = (-r_A)dV$
  $\displaystyle\int_0^V \dfrac{dV}{F_{A0}} = \int_0^{X_{Af}} \dfrac{dX_A}{-r_A}$

96 물리적 흡착에 대한 설명으로 가장 거리가 먼 것은?
① 다분자층 흡착이 가능하다.
② 활성화 에너지가 작다.
③ 가역성이 낮다.
④ 고체 표면에서 일어난다.

해설

구분	물리흡착	화학흡착
온도범위	낮은 온도	높은 온도
흡착열	낮음	높음
활성화 에너지	낮음	높음
흡착층	다분자층	단분자층
가역성	높음	낮음

97 메탄의 열분해반응($CH_4 \rightarrow 2H_2 + C(s)$)의 활성화에너지는 7,500cal/mol이다. 위의 열분해반응이 546℃에서 일어날 때 273℃보다 몇 배 빠른가?
① 2.3
② 5.0
③ 7.5
④ 10.0

해설

$\ln\dfrac{k_2}{k_1} = \dfrac{\Delta H}{R}\left(\dfrac{1}{T_1} - \dfrac{1}{T_2}\right)$

$\ln\dfrac{k_2}{k_1} = \dfrac{7,500}{1.987}\left(\dfrac{1}{273+273} - \dfrac{1}{273+546}\right)$

$= 2.3043$

$\dfrac{k_2}{k_1} = \exp(2.3043) = 10$

98 반응기로 A와 C 기체 5:5 혼합물이 공급되어 $A \rightarrow 4B$ 기상반응이 일어날 때, 부피팽창계수 ε_A는?
① 0
② 0.5
③ 1.0
④ 1.5

해설

$\varepsilon_A = y_{A0}\delta$
$= 0.5 \times \dfrac{4-1}{1}$
$= 1.5$

99 어떤 반응의 속도상수가 25℃에서 $3.46 \times 10^{-5} s^{-1}$이며 65℃에서는 $4.91 \times 10^{-3} s^{-1}$이었다면, 이 반응의 활성화 에너지(kcal/mol)는?
① 49.6
② 37.2
③ 24.8
④ 12.4

해설

$\ln\dfrac{k_2}{k_1} = \dfrac{\Delta H}{R}\left(\dfrac{1}{T_1} - \dfrac{1}{T_2}\right)$

$\ln\dfrac{4.91 \times 10^{-3}}{3.46 \times 10^{-5}}$

$= \dfrac{\Delta H}{1.987 \text{cal/mol K}}\left(\dfrac{1}{273+25} - \dfrac{1}{273+65}\right)$

$\therefore \Delta H = 24,793 \text{cal/mol} = 24.8 \text{kcal/mol}$

정답 95 ② 96 ③ 97 ④ 98 ④ 99 ③

100 효소발효반응($A \to R$)이 플러그흐름반응기에서 일어날 때, 95%의 전화율을 얻기 위한 반응기의 부피(m^3)는?(단, A의 초기농도(C_{A0}) = 2mol/L, 유량(v) = 25L/min이며, 효소발효반응의 속도식은
$$-r_A = \frac{0.1 C_A}{1 + 0.5 C_A} \text{(mol/L min)이다.)}$$

① 1　　② 2
③ 3　　④ 4

> 해설

$$\tau = \frac{V}{v_o} = C_{A0} \int_0^{x_{Af}} \frac{dX_A}{-r_A} = -\int_{C_{A0}}^{C_{Af}} \frac{dC_A}{-r_A}$$

$C_{Af} = C_{A0}(1 - X_A)$
　　　$= 2\text{mol/L} \times (1 - 0.95) = 0.1\text{mol/L}$

$$\therefore \tau = -\int_2^{0.1} \frac{dC_A}{\frac{0.1 C_A}{1 + 0.5 C_A}} = \int_{0.1}^2 \frac{1 + 0.5 C_A}{0.1 C_A} dC_A$$

$$= 10 \ln \frac{2}{0.1} + 5(2 - 0.1) = 39.46 \text{min}$$

$\tau = \dfrac{V}{v_o}$

$39.46\text{min} = \dfrac{V}{25\text{L/min}}$

$\therefore V = 987\text{L} = 0.99\text{m}^3 \fallingdotseq 1\text{m}^3$

정답 100 ①

2021년 제1회 기출문제

1과목 화공열역학

01 화학반응의 평형상수(K)에 관한 내용 중 틀린 것은?(단, a_i, ν_i는 각각 i성분의 활동도와 양론수이며 $\Delta G°$는 표준 깁스(Gibbs) 자유에너지 변화량이다.)

① $K = \Pi(\hat{a_i})^{\nu_i}$
② $\ln K = -\dfrac{\Delta G°}{RT^2}$
③ K는 무차원이다.
④ K는 온도에 의존하는 함수이다.

해설
평형상수(K)
$K = \prod_i \left(\dfrac{\hat{f_i}}{f_i^°}\right)^{\nu_i} = \prod_i (\hat{a_i})^{\nu_i}$
$K = \exp\left(\dfrac{-\Delta G°}{RT}\right)$
K는 온도의 함수이다.

02 액상과 기상이 서로 평형이 되어 있을 때에 대한 설명으로 틀린 것은?

① 두 상의 온도는 서로 같다.
② 두 상의 압력은 서로 같다.
③ 두 상의 엔트로피는 서로 같다.
④ 두 상의 화학퍼텐셜은 서로 같다.

해설
기액평형의 조건
$\mu_i^\alpha = \mu_i^\beta$
$P^\alpha = P^\beta$
$T^\alpha = T^\beta$

03 부피팽창률(β)과 등온압축률(κ)의 비 $\left(\dfrac{\kappa}{\beta}\right)$를 옳게 표시한 것은?

① $\dfrac{1}{C_V}\left(\dfrac{\partial U}{\partial P}\right)_V$
② $\dfrac{1}{C_P}\left(\dfrac{\partial U}{\partial T}\right)_P$
③ $\dfrac{1}{C_P}\left(\dfrac{\partial H}{\partial T}\right)_P$
④ $\dfrac{1}{C_V}\left(\dfrac{\partial H}{\partial P}\right)_V$

해설
$\beta = \dfrac{1}{V}\left(\dfrac{\partial V}{\partial T}\right)_P$, $\kappa = -\dfrac{1}{V}\left(\dfrac{\partial V}{\partial P}\right)_T$

$\dfrac{\kappa}{\beta} = -\dfrac{\dfrac{1}{V}\left(\dfrac{\partial V}{\partial P}\right)_T}{\dfrac{1}{V}\left(\dfrac{\partial V}{\partial T}\right)_P} = \left(\dfrac{\partial T}{\partial P}\right)_V$

$\left(\dfrac{\partial V}{\partial T}\right)_P \left(\dfrac{\partial T}{\partial P}\right)_V \left(\dfrac{\partial P}{\partial V}\right)_T = -1$

$-\dfrac{\left(\dfrac{\partial V}{\partial P}\right)_T}{\left(\dfrac{\partial V}{\partial T}\right)_P} = \left(\dfrac{\partial T}{\partial P}\right)_V$

$U = f(T, V)$
$dU = \left(\dfrac{\partial U}{\partial T}\right)_V dT + \left(\dfrac{\partial U}{\partial V}\right)_T dV$
$V = \text{const}$
$\div dP$하면
$\left(\dfrac{\partial U}{\partial P}\right)_V = \left(\dfrac{\partial U}{\partial T}\right)_V \left(\dfrac{\partial T}{\partial P}\right)_V$
$= C_V \left(\dfrac{\partial T}{\partial P}\right)_V$

$\therefore \dfrac{\kappa}{\beta} = \left(\dfrac{\partial T}{\partial P}\right)_V = \dfrac{1}{C_V}\left(\dfrac{\partial U}{\partial P}\right)_V$

정답 01 ② 02 ③ 03 ①

04 C_P가 $3.5R$(R : Ideal Gas Constant)인 1몰의 이상기체가 10bar, 0.005m³에서 1bar로 가역정용과정을 거쳐 변화할 때, 내부에너지 변화(ΔU ; J)와 엔탈피 변화(ΔH ; J)는?

① $\Delta U = -11,250$, $\Delta H = -15,750$
② $\Delta U = -11,250$, $\Delta H = -9,750$
③ $\Delta U = -7,250$, $\Delta H = -15,750$
④ $\Delta U = -7,250$, $\Delta H = -9,750$

해설

1mol 이상기체

10bar 0.005m³ $\xrightarrow{\text{가역정용과정}}$ 1bar

$T_1 = \dfrac{P_1 V_1}{nR} = \dfrac{10\text{bar} \times \dfrac{101.3 \times 10^3 \text{Pa}}{1.013\text{bar}} \times 0.005\text{m}^3}{1\text{mol} \times 8.314\text{J/mol K}} = 601.4\text{K}$

$T_2 = \dfrac{P_2 V_2}{nR} = \dfrac{1\text{bar} \times \dfrac{101.3 \times 10^3 \text{Pa}}{1.013\text{bar}} \times 0.005\text{m}^3}{1\text{mol} \times 8.314\text{J/mol K}} = 60.14\text{K}$

$C_P = C_V + R$

$\Delta U = nC_V \Delta T$
$= 1\text{mol} \times (3.5R - R) \times (60.14 - 601.4)\text{K}$
$= 1\text{mol} \times 2.5 \times 8.314\text{J/mol K} \times (60.14 - 601.4)\text{K}$
$= -11,250.1\text{J}$

$\Delta H = nC_P \Delta T$
$= 1\text{mol} \times 3.5 \times 8.314\text{J/mol K} \times (60.14 - 601.4)\text{K}$
$= -15,750\text{J}$

05 어떤 가역 열기관이 300℃에서 400kcal의 열을 흡수하여 일을 하고 50℃에서 열을 방출한다. 이때 낮은 열원의 엔트로피 변화량(kcal/K)의 절댓값은?

① 0.698
② 0.798
③ 0.898
④ 0.998

해설

$\eta = \dfrac{T_1 - T_2}{T_1} = \dfrac{Q_1 - Q_2}{Q_1} = \dfrac{573\text{K} - 323\text{K}}{573\text{K}} = \dfrac{400 - Q_2}{400}$

$\therefore Q_2 = 225.48\text{kcal}$

$\Delta S_2 = \dfrac{Q_2}{T_2} = \dfrac{225.48\text{kcal}}{323\text{K}} = 0.698\text{kcal/K}$

06 100,000kW를 생산하는 발전소에서 600K에서 스팀을 생산하여 발전기를 작동시킨 후 잔열을 300K에서 방출한다. 이 발전소의 발전효율이 이론적 최대효율의 60%라고 할 때, 300K에 방출하는 열량(kW)은?

① 100,000
② 166,667
③ 233,333
④ 333,333

해설

$\eta = \dfrac{T_1 - T_2}{T_1} = \dfrac{600 - 300}{600} = 0.5$ → 이론적 최대효율

실제효율 $\eta_r = 0.5 \times 0.6 = 0.3$

$0.3 = \dfrac{W}{Q_1} = \dfrac{100,000\text{kW}}{Q_1}$

$\therefore Q_1 = 333,333\text{kW}$

$W = Q_1 - Q_2$
$100,000\text{kW} = 333,333\text{kW} - Q_2$

$\therefore Q_2 = 233,333\text{kW}$

07 질량보존의 법칙이 성립하는 정상상태의 흐름과정을 표시하는 연속방정식은?(단, A는 단면적, U는 속도, ρ는 유체 밀도, V는 유체 비부피를 의미한다.)

① $\Delta(UA\rho) = 0$
② $\Delta\left(\dfrac{UA}{\rho}\right) = 0$
③ $\Delta\left(\dfrac{U\rho}{A}\right) = 0$
④ $\Delta(UAV) = 0$

해설

$\dot{m} = \rho_1 U_1 A_1 = \rho_2 U_2 A_2 =$ 일정

$\therefore \Delta \rho UA = 0$

08 460K, 15atm n-Butane 기체의 퓨가시티 계수는?(단, n-Butane의 환산온도(T_r)는 1.08, 환산압력(P_r)은 0.40, 제1,2비리얼 계수는 각각 −0.29, 0.014, 이심인자(Acentric factor ; ω)는 0.193이다.)

① 0.9
② 0.8
③ 0.7
④ 0.6

해설

$$V = \frac{RT}{P} = \frac{0.082\text{L atm/mol K} \times 460\text{K}}{15\text{atm}} = 2.515\text{L}$$

$$Z = \frac{PV}{RT} = 1 + \frac{B}{V} + \frac{C}{V^2} = 1 + \frac{BP}{RT} + \frac{CP^2}{(RT)^2}$$

$$\therefore V = \frac{RT}{P} + B + \frac{CP}{RT}$$

$$= \frac{0.082\text{L atm/mol K} \times 460\text{K}}{15\text{atm}} + (-0.29)$$

$$+ \frac{0.014 \times 15}{0.082 \times 460}$$

$$= 2.23\text{L}$$

$$\ln\phi = (B^0 + \omega B^1)\frac{P_r}{T_r}$$

$$= (-0.29 + 0.193 \times 0.014)\frac{0.4}{1.08} = -0.106$$

$$\therefore \phi = \exp(-0.106) = 0.9$$

09 온도와 증기압의 관계를 나타내는 식은?

① Gibbs – Duhem Equation
② Antoine Equation
③ Van Laar Equation
④ Van der Waals Equation

해설

① Gibbs – Duhem 식
　몰성질과 부분몰성질 사이의 관계식
$$\left(\frac{\partial M}{\partial P}\right)_{T,x} dP + \left(\frac{\partial M}{\partial T}\right)_{P,x} dT - \sum x_i d\overline{M_i} = 0$$
　const T, P　$\sum x_i d\overline{M_i} = 0$

② Antoine Equation
$$\ln P^* = A - \frac{B}{T + C}$$
여기서, P^* : 증기압

③ Van Laar Equation
$$\frac{x_1 x_2}{G^E/RT} = A' + B'(x_1 - x_2)$$
$$= A' + B'(2x_1 - 1)$$

④ Van der Waals Equation
$$\left(P + \frac{n^2}{V^2}a\right)(V - nb) = nRT$$

10 어떤 기체 50kg을 300K의 온도에서 부피가 0.15 m³인 용기에 저장할 때 필요한 압력(bar)은?(단, 기체의 분자량은 30g/mol이며, 300K에서 비리얼 계수는 −136.6 cm³/mol이다.)

① 90
② 100
③ 110
④ 0.6

해설

$$50\text{kg} \times \frac{1\text{kmol}}{30\text{kg}} = 1.67\text{kmol}$$

$$Z = \frac{PV}{RT} = 1 + \frac{B}{V}$$

$$V = \frac{RT}{P} + B$$

$$\frac{0.15\text{m}^3}{1.67\text{kmol}} = \frac{0.082\text{m}^3 \text{ atm/kmol K} \times 300\text{K}}{P}$$

$$- 136.6\text{cm}^3/\text{mol} \times \frac{1\text{m}^3}{100^3\text{cm}^3} \times \frac{1,000\text{mol}}{1\text{kmol}}$$

$$\therefore P = 108.56\text{atm} \times \frac{1.013\text{bar}}{1\text{atm}}$$

$$= 110\text{bar}$$

11 주위(Surrounding)가 매우 큰 전체 계에서 일손실(Lost Work)의 열역학적 표현으로 옳은 것은?(단, 하첨자 total, sys, sur, 0는 각각 전체, 계, 주위, 초기를 의미한다.)

① $T_0 \Delta S_{sys}$
② $T_0 \Delta S_{total}$
③ $T_{sur} \Delta S_{sur}$
④ $T_{sys} \Delta S_{sys}$

해설

일손실(잃은 열)
$$\dot{W}_{lost} = \dot{W}_s - \dot{W}_{ideal}$$
$$\dot{W}_s = \Delta\left[\left(H + \frac{1}{2}U^2 + gZ\right)\dot{m}\right]_{fs} - \dot{Q}$$
　　　여기서, fs : 모든 흐름
$$\dot{W}_{ideal} = \Delta\left[\left(H + \frac{1}{2}U^2 + gZ\right)\dot{m}\right]_{fs} - T_\sigma(S\dot{m})_{fs}$$
$$\therefore \dot{W}_{lost} = T_\sigma \Delta(S\dot{m})_{fs} - \dot{Q} \quad \cdots\cdots\cdots ㉠$$

정답 09 ② 10 ③ 11 ②

주위의 온도가 T_σ뿐이면

$$\dot{S}_G = \Delta(S\dot{m})_{fs} - \frac{\dot{Q}}{T_\sigma}$$

$$T_\sigma \dot{S}_G = T_\sigma \Delta(S\dot{m})_{fs} - \dot{Q} \quad \cdots\cdots\cdots\cdots \text{ⓒ}$$

㉠, ㉡식 : 우변이 같으면 좌변도 같다.

$\therefore \dot{W}_{lost} = T_\sigma \dot{S}_G$

여기서, $T_\sigma = T_o$(전체 온도)

$\dot{S}_G$: 생성 엔트로피의 전체 변화율

12 0℃, 1atm에서 이상기체 1mol을 10atm으로 가역 등온압축할 때, 계가 받은 일(cal)은?(단, C_P와 C_V는 각각 5, 3cal/mol K이다.)

① 1.987
② 22.40
③ 273
④ 1,249

해설

0℃ 1atm 1mol $\xrightarrow{\text{등온압축}}$ 10atm

$\Delta U = Q + W = 0$(등온)

$W = -Q = -\int PdV = -\int \frac{nRT}{V}dV$

$= -nRT\ln\frac{V_2}{V_1}$

$= nRT\ln\frac{P_2}{P_1}$

$\therefore W = 1\text{mol} \times 1.987\text{cal/mol K} \times 273\text{K} \times \ln\frac{10}{1}$

$= 1,249\text{cal}$

13 상태함수(State Function)가 아닌 것은?

① 내부에너지
② 자유에너지
③ 엔트로피
④ 일

해설

- 상태함수 : 경로에 관계없이 시작점과 끝점의 상태에 의해서만 영향을 받는 함수
  예 T, P, ρ, U, H, S, G
- 경로함수 : 경로에 따라 영향을 받는 함수
  예 Q(열), W(일)

14 어떤 실제기체의 부피를 이상기체로 가정하여 계산하였을 때는 $100\text{cm}^3/\text{mol}$이고 잔류부피가 $10\text{cm}^3/\text{mol}$일 때, 실제기체의 압축인자는?

① 0.1
② 0.9
③ 1.0
④ 1.1

해설

$V^R = V - V^{ig}$

$10\text{cm}^3/\text{mol} = V - 100\text{cm}^3/\text{mol}$

$\therefore V = 110\text{cm}^3/\text{mol}$

$Z = \frac{PV}{RT} = \frac{V}{RT/P}$

$= \frac{V}{V^{ig}} = \frac{110}{100} = 1.1$

15 두 성분이 완전 혼합되어 하나의 이상용액을 형성할 때 i성분의 화학퍼텐셜(μ_i)은 아래와 같이 표현된다. 동일 온도와 압력하에서 i성분의 순수한 화학퍼텐셜(μ_i^{Pure})의 표현으로 옳은 것은?(단, x_i는 i성분의 몰분율, $\mu(T, P)$는 해당 온도와 압력에서의 화학퍼텐셜을 의미한다.)

$$\mu_i(T, P) = \mu_i^{Pure}(T, P) + RT\ln x_i$$

① $\mu_i^{Pure}(T,P) + RT + \ln x_i$
② $\mu_i^{Pure}(T,P) + RT$
③ $\mu_i^{Pure}(T,P)$
④ $RT\ln x_i$

해설

$\mu_i(T, P) = \mu_i^{Pure}(T, P) + RT\ln x_i$

$x_i = 1$, $\ln x_i = 0$

$\therefore \mu_i(T, P) = \mu_i^{Pure}(T, P)$

16 증기압축식 냉동사이클의 냉매순환 경로는?

① 압축기 → 팽창밸브 → 증발기 → 응축기
② 압축기 → 응축기 → 증발기 → 팽창밸브
③ 응축기 → 압축기 → 팽창밸브 → 증발기
④ 압축기 → 응축기 → 팽창밸브 → 증발기

해설

증기-압축 냉동사이클

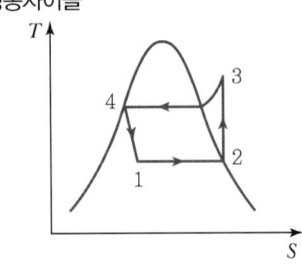

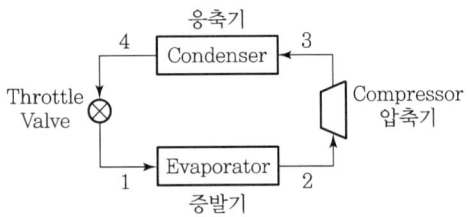

17 SI 단위계의 유도단위와 차원의 연결이 틀린 것은? (단, 차원의 표기법은 시간 : t, 길이 : L, 질량 : M, 온도 : T, 전류 : I이다.)

① Hz(Hertz) : t^{-1}
② C(Coulomb) : $I \times t^{-1}$
③ J(Joule) : $M \times L^2 \times t^{-2}$
④ rad(radian) : -(무차원)

해설

① Hz(Hertz) : 초당 반복운동이 일어난 횟수로서 진동수의 단위(t^{-1})
② C(Coulomb) : 1A의 전류가 1s 동안 흐를 때 이동하는 전하의 양(It)으로 $1C = 1A \times 1s$
③ J(Joule) : $1J = 1kg\ m^2/s^2 = 1N\ m\ [ML^2t^{-2}]$
④ rad(radian) : 무차원수이며, $180° = \pi\ rad$

18 코크스의 불완전연소로 인해 생성된 500℃ 건조가스의 자유도는?(단, 연소를 위해 공급된 공기는 질소와 산소만을 포함하며, 건조가스는 미연소 코크스, 과잉공급 산소가 포함되어 있으며, 건조가스의 추가 연소 및 질소산화물의 생성은 없다고 가정한다.)

① 2 ② 3
③ 4 ④ 5

해설

$F = 2 - P + C - r - s$
$= 2 - 2 + 5 = 5$

19 일정한 온도와 압력의 닫힌계가 평형상태에 도달하는 조건에 해당하는 것은?

① $(dG^t)_{T,P} < 0$ ② $(dG^t)_{T,P} = 0$
③ $(dG^t)_{T,P} > 0$ ④ $(dG^t)_{T,P} = 1$

해설

- $(dG^t)_{T,P} = 0$: 평형상태
- $(dG^t)_{T,P} < 0$: 자발적 반응
- $(dG^t)_{T,P} > 0$: 비자발적 반응

20 압력이 매우 작은 상태의 계에서 제2비리얼계수에 관한 식으로 옳은 것은?(단, B는 제2비리얼계수, Z는 압축인자를 의미한다.)

① $B = RT \lim\limits_{P \to 0} \dfrac{P}{Z-1}$ ② $B = R \lim\limits_{P \to 0} \dfrac{P}{Z-1}$
③ $B = RT \lim\limits_{P \to 0} \dfrac{Z-1}{P}$ ④ $B = R \lim\limits_{P \to 0} \dfrac{Z-1}{P}$

해설

$Z = 1 + \dfrac{B}{V} = 1 + \dfrac{BP}{RT}$

$Z - 1 = \dfrac{BP}{RT},\ B = \dfrac{RT}{P}(Z-1)$

압력이 매우 작은 상태($P \to 0$)

$\therefore B = RT \lim\limits_{P \to 0} \dfrac{Z-1}{P}$

정답 16 ④ 17 ② 18 ④ 19 ② 20 ③

2과목 단위조작 및 화학공업양론

21 이상기체 혼합물일 때 참인 등식은?

① 몰%＝분압%＝부피%
② 몰%＝부피%＝중량%
③ 몰%＝중량%＝분압%
④ 몰%＝부피%＝질량%

해설

mol% ＝ vol% ＝ p%

22 70°F, 750mmHg 질소 79vol%, 산소 21vol%로 이루어진 공기의 밀도(g/L)는?

① 1.10
② 1.14
③ 1.18
④ 1.22

해설

$M_{av} = 28 \times 0.79 + 32 \times 0.21 = 28.84$

$70°F = \frac{9}{5}t(°C) + 32$

$\therefore t = 21.1°C = 294K$

$d = \frac{w}{V} = \frac{PM}{RT}$

$= \frac{750 mmHg \times \frac{1atm}{760mmHg} \times 28.84 g/mol}{0.082 L\ atm/mol\ K \times 294K}$

$= 1.18 g/L$

23 25℃에서 71g의 Na_2SO_4를 증류수 200g에 녹여 만든 용액의 증기압(mmHg)은?(단, Na_2SO_4의 분자량은 142g/mol이고, 25℃ 순수한 물의 증기압은 25mmHg이다.)

① 23.9
② 22.0
③ 20.1
④ 18.5

해설

$71g\ Na_2SO_4 \times \frac{1mol}{142g} = 0.5 mol\ Na_2SO_4$

$200g\ H_2O \times \frac{1mol}{18g} = 11.11 mol\ H_2O$

$P = xP°$

여기서, P : 용액의 증기압
$P°$: 용매의 증기압

$\therefore P = \frac{11.11}{11.11 + 0.5 \times 3} \times 25 mmHg = 22 mmHg$

24 세기성질(Intensive Property)이 아닌 것은?

① 온도
② 압력
③ 엔탈피
④ 화학퍼텐셜

해설

• 세기성질(시강변수)
  물질의 양과 크기에 따라 변화하지 않는 물성
  예) $T, P, \overline{U}, \overline{V}, \overline{H}, \overline{G}, d$(밀도)
• 크기성질(시량변수)
  물질의 양과 크기에 따라 변화하는 물성
  예) V, m, n, U, H
• $\frac{크기성질}{다른\ 크기성질}$ ＝ 세기성질
  예) $\frac{m}{V} = d$

25 1mol당 0.1mol의 증기가 있는 습윤공기의 절대습도는?

① 0.069
② 0.1
③ 0.191
④ 0.2

해설

$H = \frac{18}{29} \frac{p_v}{P - p_v} (kg\ H_2O/kg\ Dry\ Air)$

$= \frac{18}{29} \frac{0.1}{1 - 0.1} = 0.069$

26 82℃ 벤젠 20mol%, 톨루엔 80mol% 혼합용액을 증발시켰을 때 증기 중 벤젠의 몰분율은?(단, 벤젠과 톨루엔의 혼합용액은 이상용액의 거동을 보인다고 가정하고, 82℃에서 벤젠과 톨루엔의 포화증기압은 각각 811, 314mmHg이다.)

① 0.360
② 0.392
③ 0.721
④ 0.785

정답 21 ① 22 ③ 23 ② 24 ③ 25 ① 26 ②

해설

$$P = P_A x_A + P_B x_B$$
$$= 811 \times 0.2 + 314 \times 0.8 = 413.4 \text{mmHg}$$

$$y_A = \frac{x_A P_A}{P}$$
$$= \frac{0.2 \times 811}{413.4} = 0.392$$

27 CO_2 25vol%와 NH_3 75vol%의 기체 혼합물 중 NH_3의 일부가 흡수탑에서 산에 흡수되어 제거된다. 흡수탑을 떠나는 기체 중 NH_3 함량이 37.5vol%일 때, NH_3 제거율은?(단, CO_2의 양은 변하지 않으며 산 용액은 증발하지 않는다고 가정한다.)

① 15% ② 20%
③ 62.5% ④ 80%

해설

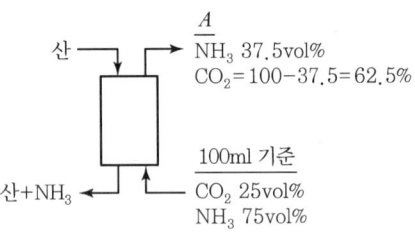

$A \times 0.625 = 100 \times 0.25$
$\therefore A = 40\text{mol}$
흡수탑을 떠나는 기체 중 $NH_3 = 40\text{mol} \times 0.375 = 15\text{mol}$
제거된 NH_3의 양 $= 75\text{mol} - 15\text{mol} = 60\text{mol}$
$\therefore NH_3$ 제거율 $= \frac{60}{75} \times 100 = 80\%$

28 염화칼슘의 용해도 데이터가 아래와 같을 때, 80℃ 염화칼슘 포화용액 70g을 20℃로 냉각시켰을 때 석출되는 염화칼슘 결정의 무게(g)는?

[용해도 데이터]
• 20℃ 140.0g/100g H_2O
• 80℃ 160.0g/100g H_2O

① 4.61 ② 5.39
③ 6.61 ④ 7.39

해설

80℃ → 20g 석출 → 20℃
160g/100g H_2O → 140g/100g H_2O

260g 용액 : 20g 석출 = 70g : x
$\therefore x = 5.38\text{g}$

29 분자량이 103인 화합물을 분석해서 아래와 같은 데이터를 얻었다. 이 화합물의 분자식은?

C : 81.5, H : 4.9, N : 13.6 (Unit : wt%)

① $C_{82}H_5N_{14}$ ② $C_{16}HN_7$
③ C_9H_3N ④ C_7H_5N

해설

$C_{\frac{81.5}{12}} H_{\frac{4.9}{1}} N_{\frac{13.6}{14}} = C_{6.8} H_{4.9} N_{0.97} (\div 0.97) = C_7H_5N$

$(C_7H_5N)_n = 103$
$\therefore n = 1$
분자식 $= C_7H_5N$

30 어떤 기체의 열용량 관계식이 아래와 같을 때, 영국 표준단위계로 환산하였을 때의 관계식으로 옳은 것은? (단, 열량단위는 BTU, 질량단위는 pound, 온도단위는 Fahrenheit를 사용한다.)

$$C_P(\text{cal/gmol K}) = 5 + 0.01 T(\text{K})$$

① $C_P = 16.189 + 0.0583 T$
② $C_P = 7.551 + 0.0309 T$
③ $C_P = 4.996 + 0.0056 T$
④ $C_P = 1.544 + 1.5223 T$

정답 27 ④ 28 ② 29 ④ 30 ③

해설

$$\frac{5\text{cal}}{\text{mol K}} \times \frac{1\text{BTU}}{252\text{cal}} \times \frac{454\text{mol}}{1\text{ lbmol}} \times \frac{\text{K}}{1.8°\text{F}} = 5$$

$$\frac{0.01T\text{ cal}}{\text{mol K K}} \times \frac{1\text{BTU}}{252\text{cal}} \times \frac{454\text{mol}}{1\text{ lbmol}} \times \frac{\text{K}}{1.8°\text{F}} \times \frac{T°\text{R}}{1.8}$$

$$= 0.0056T$$

31 침수식 방법에 의한 수직관식 증발관이 수평관식 증발관보다 좋은 이유가 아닌 것은?

① 열전달계수가 크다.
② 관석이 생기는 물질의 증발에 적합하다.
③ 증기 중의 비응축기체의 탈기효율이 좋다.
④ 증발효과가 좋다.

해설

수평관식 증발관	수직관식 증발관
• 액층이 깊지 않아 비점 상승도가 작다. • 비응축기체의 탈기효율이 좋다. • 관석의 생성 염려가 없는 경우에 사용한다.	• 액의 순환이 좋으므로 열전달계수가 커서 증발효과가 크다. • Down Take : 관군과 동체 사이에 액의 순환을 좋게 하기 위해 관이 없는 빈 공간을 설치한다. • 관석이 생성될 경우 가열관 청소가 쉽다. • 수직관식이 더 많이 사용된다.

32 FPS 단위로부터 레이놀즈 수를 계산한 결과가 3,522이었을 때, MKS 단위로 환산하여 구한 레이놀즈 수는?(단, 1ft는 3.2808m, 1kg은 2.20462 lb이다.)

① 2.839×10^{-4}
② 2,367
③ 3,522
④ 5,241

해설

$$N_{Re} = \frac{Du\rho}{\mu}$$

N_{Re}는 FPS, MKS, CGS의 단위계로 나타내었을 때 모두 같은 값을 갖는다.

33 액액추출의 추제 선택 시 고려해야 할 사항으로 가장 거리가 먼 것은?

① 선택도가 큰 것을 선택한다.
② 추질과의 비중차가 적은 것을 선택한다.
③ 비점이 낮은 것을 선택한다.
④ 원용매를 잘 녹이지 않는 것을 선택한다.

해설

추제의 선택
• 선택도가 커야 한다.

$$\text{선택도 } \beta = \frac{y_A/y_B}{x_A/x_B} = \frac{y_A/x_A}{y_B/x_B} = \frac{k_A}{k_B}$$

여기서, k : 분배계수

• 회수가 용이해야 한다.
• 값이 싸고 화학적으로 안정해야 한다.
• 비점 및 응고점이 낮으며, 부식성과 유동성이 적고 추질과의 비중차가 클수록 좋다.

34 고체면에 접하는 유체의 흐름에 있어서 경계층이 분리되고 웨이크(Wake)가 형성되어 발생하는 마찰현상을 나타내는 용어는?

① 두손실(Head Loss)
② 표면마찰(Skin Friction)
③ 형태마찰(Form Friction)
④ 자유난류(Free Turbulent)

해설

㉠ 마찰
  • 표면마찰 : 경계층이 분리되지 않을 때의 마찰
  • 형태마찰 : 경계층이 분리되어 웨이크가 형성되면, 이 웨이크 안에서 에너지가 더욱 손실된다. 이러한 마찰은 고체의 위치와 모양에 따라 달라지므로 형태마찰이라 한다.
㉡ 두손실(Head loss)
  유체가 장치 안을 통과할 때 손실되는 에너지의 양
㉢ 난류
  • 자유난류 : 고체벽이 존재하지 않는 속도의 크기와 방향이 시간적으로 변하는 유체의 흐름
  • 벽난류 : 흐르는 유체가 고체 경계와 접촉될 때 생기는 난류

정답 31 ③ 32 ③ 33 ② 34 ③

35 슬러지나 용액을 미세한 입자의 형태로 가열하여 기체 중에 분산시켜서 건조시키는 건조기는?

① 분무건조기   ② 원통건조기
③ 회전건조기   ④ 유동층건조기

해설
- 분무건조기 : 용액·슬러지를 미세한 입자의 형태로 가열, 기체 중에 분산시켜 건조하며, 건조시간이 아주 짧아서 열에 예민한 물질에 효과적이다.
- 원통건조기 : 종이나 직물의 연속시트를 건조한다.
- 회전건조기 : 다량의 입상, 결정상 물질을 처리할 수 있으며, 조작 초기에 고체 수송에 적합하게 건조되어 있어야 하며 건조기 벽에 부착될 정도로 끈끈해서는 안 된다.
- 유동층건조기 : 미립분체 건조에 사용한다.

36 충전탑의 높이가 2m이고 이론 단수가 5일 때, 이론단의 상당높이(HETP ; m)는?

① 0.4   ② 0.8
③ 2.5   ④ 10

해설
$Z = N \times H$
$2m = 5 \times H$
$\therefore H = 0.4m$

37 관(Pipe, Tube)의 치수에 대한 설명 중 틀린 것은?
① 파이프의 벽두께는 Schedule Number로 표시할 수 있다.
② 튜브의 벽두께는 BWG 번호로 표시할 수 있다.
③ 동일한 외경에서 Schedule Number가 클수록 벽두께가 두껍다.
④ 동일한 외경에서 BWG가 클수록 벽두께가 두껍다.

해설
㉠ Schedule No.
- 강관, 주철관의 규격
Schedule No. $= 1,000 \times \dfrac{\text{내부작업압력}}{\text{재료의 허용응력}}$
- Schedule No.에서는 번호가 클수록 두께가 커진다.

㉡ BWG(Birmingham Wire Gauge)
- 응축기, 열교환기 등에서 사용되는 배관용 동관류는 BWG로 표시한다.
- BWG값이 작을수록 관벽이 두꺼운 것이다.

38 3층의 벽돌로 쌓은 노벽의 두께가 내부부터 차례로 100, 150, 200mm, 열전도도는 0.1, 0.05, 1.0kcal/mh℃이다. 내부온도가 800℃, 외벽의 온도는 40℃일 때, 외벽과 중간벽이 만나는 곳의 온도(℃)는?

① 76   ② 97
③ 106   ④ 117

해설

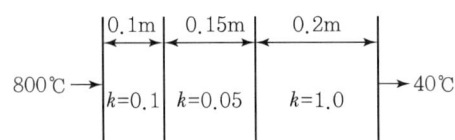

$\dfrac{q}{A} = \dfrac{\Delta t}{\dfrac{l_1}{k_1} + \dfrac{l_2}{k_2} + \dfrac{l_3}{k_3}} = \dfrac{\Delta t}{R_1 + R_2 + R_3}$

$= \dfrac{(800-40)℃}{\dfrac{0.1}{0.1} + \dfrac{0.15}{0.05} + \dfrac{0.2}{1}}$

$= 180.95 \, \text{kcal/h m}^2$

$R = R_1 + R_2 + R_3$
$\quad = 1 + 3 + 0.2 = 4.2$

$\Delta t : \Delta t_1 = R : R_1$
$(800 - 40) : \Delta t_1 = 4.2 : 1$
$\Delta t_1 = 800 - t_2 = 180.95$
$\therefore t_2 = 619.05℃$

$\Delta t_1 : \Delta t_2 = R_1 : R_2$
$180.95 : \Delta t_2 = 1 : 3$
$\Delta t_2 = t_2 - t_3 = 619.05 - t_3 = 542.85℃$
$\therefore t_3 = 76.2℃$

정답 35 ① 36 ① 37 ④ 38 ①

39 교반 임펠러에 있어서 Froude Number(N_{Fr})는? (단, n은 회전속도, D_a는 임펠러의 직경, ρ는 액체의 밀도, μ는 액체의 점도이다.)

① $\dfrac{nD_a^2\rho}{\mu}$ ② $\dfrac{D_a v\rho}{\mu}$

③ $\dfrac{n^3 D_a\rho}{g}$ ④ $\dfrac{n^2 D_a}{g}$

해설

$N_{Fr} = \dfrac{DN^2}{g}$

여기서, D : 날개의 지름
N : 교반기의 날개 속도

40 벤젠 40mol%와 톨루엔 60mol%의 혼합물을 100kmol/h의 속도로 정류탑에 비점의 액체상태로 공급하여 증류한다. 유출액 중의 벤젠 농도는 95mol%, 관출액 중의 농도는 5mol%일 때, 최소 환류비는?(단, 벤젠과 톨루엔의 순성분 증기압은 각각 1,016, 405mmHg이다.)

① 0.63 ② 1.43
③ 2.51 ④ 3.42

해설

$R_{Dm}(\text{최소환류비}) = \dfrac{x_D - y_f}{y_f - x_f}$

$\alpha = \dfrac{P_A}{P_B} = \dfrac{y_A/y_B}{x_A/x_B}$

$= \dfrac{1,016\,\text{mmHg}}{405\,\text{mmHg}} = 2.51$

$y_f = \dfrac{\alpha x_f}{1+(\alpha-1)x_f}$

$= \dfrac{2.51 \times 0.4}{1+(2.51-1) \times 0.4} = 0.626$

$\therefore R_{Dm} = \dfrac{0.95 - 0.626}{0.626 - 0.4} = 1.43$

3과목 공정제어

41 저장탱크에서 나가는 유량(F_o)을 일정하게 하기 위한 아래 3개의 P&ID 공정도의 제어방식을 옳게 설명한 것은?

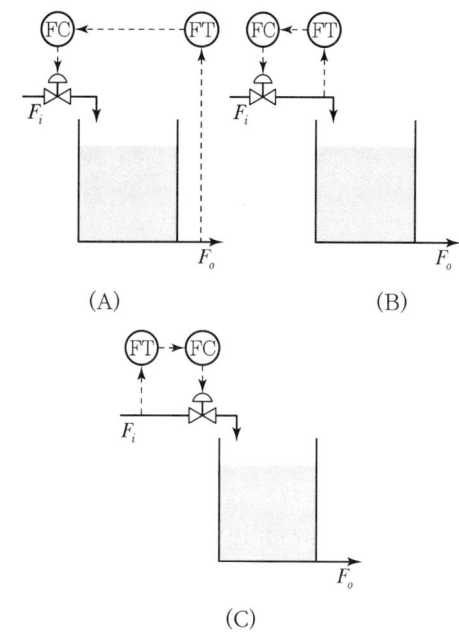

① A, B, C 모두 앞먹임(Feedforward) 제어
② A와 B는 앞먹임(Feedforward) 제어,
  C는 되먹임(Feedback) 제어
③ A와 B는 되먹임(Feedback) 제어,
  C는 앞먹임(Feedforward) 제어
④ A는 되먹임(Feedback) 제어,
  B와 C는 앞먹임(Feedforward) 제어

해설

A와 B는 피제어변수를 측정하여 제어하므로 Feedback 제어이고, C는 입력변수를 미리 보정하여 제어하므로 Feedforward 제어이다.

정답 39 ④ 40 ② 41 ③

42 동특성이 매우 빠르고 측정 잡음이 큰 유량루프의 제어에 관련한 내용 중 틀린 것은?

① PID 제어기의 미분 동작을 강화하여 제어성능을 향상시킨다.
② 공정의 전체 동특성은 주로 밸브의 동특성에 의하여 결정된다.
③ 비례동작보다는 적분동작 위주로 PID 제어기를 조율한다.
④ 공정의 시상수가 작고 시간지연이 없어 상대적으로 빠른 제어가 가능하다.

> 해설
> PID 제어
> • P 제어 : 오차에 비례하여 제어하며, 비례동작이 클수록 폐루프응답이 빨라진다.
> • I 제어 : Offset을 없애나, 진동이 커지고 시간이 오래 걸린다.
> • D 제어 : 공정의 동특성이 매우 빠르고, 진동을 억제하므로 느린 공정에 적합하다. 잡음에 민감하여 잡음이 큰 공정에는 부적합하다.

43 폐루프 특성방정식이 다음과 같을 때 계가 안정하기 위한 K_c의 필요충분조건은?

$$20s^3 + 32s^2 + (13 - 4.8K_c)s + 1 + 4.8K_c$$

① $-0.21 < K_c < 1.59$
② $-0.21 < K_c < 2.71$
③ $0 < K_c < 2.71$
④ $-0.21 < K_c < 0.21$

> 해설
>
> | 1 | 20 | $13 - 4.8K_c$ |
> | 2 | 32 | $1 + 4.8K_c$ |
> | 3 | $a = \dfrac{32(13-4.8K_c) - 20(1+4.8K_c)}{32} > 0$ | |
> | | $\therefore K_c < 1.59$ | |
> | 4 | $\dfrac{a(1+4.8K_c) - 0}{a} > 0$ | |
> | | $\therefore K_c > -0.21$ | |
> | | $\therefore -0.21 < K_c < 1.59$ | |

44 어떤 액위(Liquid Level) 탱크에서 유입되는 유량(m³/min)과 탱크의 액위(h) 간의 관계는 다음과 같은 전달함수로 표시된다. 탱크로 유입되는 유량에 크기 1인 계단변화가 도입되었을 때 정상상태에서 h의 변화 폭은?

$$\frac{H(s)}{Q(s)} = \frac{1}{2s+1}$$

① 6 ② 3
③ 2 ④ 1

> 해설
> $$H(s) = \frac{1}{2s+1} \cdot \frac{1}{s}$$
> $$\lim_{t \to \infty} h(t) = \lim_{s \to 0} sH(s) = \lim_{s \to 0} s \times \frac{1}{(2s+1)s}$$
> $$= \lim_{s \to 0} \frac{1}{2s+1} = 1$$

45 다음 블록선도에서 $\dfrac{C}{R}$의 전달함수는?

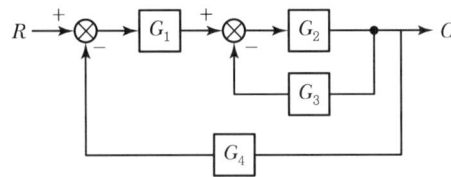

① $\dfrac{G_1 G_2}{1 + G_1 G_2 + G_3 G_4}$
② $\dfrac{G_1 G_2}{1 + G_2 G_3 + G_1 G_2 G_4}$
③ $\dfrac{G_3 G_4}{1 + G_1 G_2 G_3 G_4}$
④ $\dfrac{G_1 G_2}{1 + G_1 + G_3 + G_4}$

> 해설
> $$G(s) = \frac{C(s)}{R(s)} = \frac{직선}{1 + 회선}$$
> $$= \frac{G_1 G_2}{1 + G_2 G_3 + G_1 G_2 G_4}$$

정답 ▶ 42 ① 43 ① 44 ④ 45 ②

46 그림과 같은 단면적이 3m²인 액위계(Liquid Level System)에서 $q_o = 8\sqrt{h}$ m³/min이고 평균 조작수위($\bar{h}$)는 4m일 때, 시간상수(Time Constant ; min)는?

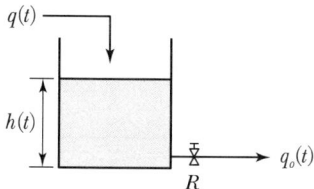

① $\dfrac{4}{9}$
② $\dfrac{3\sqrt{3}}{4}$
③ $\dfrac{3}{4}$
④ $\dfrac{3}{2}$

해설

$A\dfrac{dh}{dt} = q_i - q_o$

$q_o = 8\sqrt{h}$

$\xrightarrow{\text{선형화}} q_o = 8\sqrt{h_s} + \dfrac{8}{2}\dfrac{1}{\sqrt{h_s}}(h - h_s)$

$= 8\sqrt{4} + \dfrac{4}{\sqrt{4}}(h - 4)$

$= 8 + 2h$

$A\dfrac{dh}{dt} = q_i - (8 + 2h)$ ············· ㉠

$A\dfrac{dh_s}{dt} = q_{is} - (8 + 2h_s)$ ············ ㉡

㉠ - ㉡ 하면

$3\dfrac{dh'}{dt} = q_i' - 2h'$

$= q_i' - \dfrac{h'}{1/2}$ ←R

$\dfrac{3}{2}\dfrac{dh'}{dt} = \dfrac{1}{2}q_i' - h'$

∴ $\tau = AR = \dfrac{3}{2}$

47 $\dfrac{s+\alpha}{(s+\alpha)^2 + \omega^2}$의 라플라스 역변환은?

① $t\cos\omega t$
② $e^{-at}\cos\omega t$
③ $t\sin\omega t$
④ $e^{at}\cos\omega t$

해설

$\dfrac{s}{s^2 + \omega^2}$에서 $-\alpha$만큼 평행이동

$\dfrac{(s+\alpha)}{(s+\alpha)^2 + \omega^2} \xrightarrow{\mathcal{L}^{-1}} \cos\omega t \cdot e^{-\alpha t}$

48 Error(e)에 단위계단 변화(Unit Step Change)가 있었을 때 다음과 같은 제어기 출력응답(Response ; P)을 보이는 제어기는?

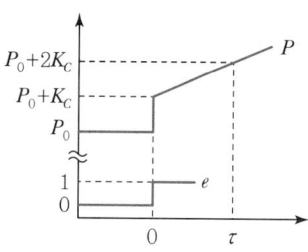

① PID
② PD
③ PI
④ P

해설

PI 제어기 계단응답

$E(s) = \dfrac{1}{s}$

$M(s) = K_c\left(1 + \dfrac{1}{\tau_I s}\right) \cdot \dfrac{1}{s}$

$= K_c\left(\dfrac{1}{s} + \dfrac{1}{\tau_I s^2}\right)$

$m(t) = K_c\left(1 + \dfrac{t}{\tau_I}\right)u(t)$

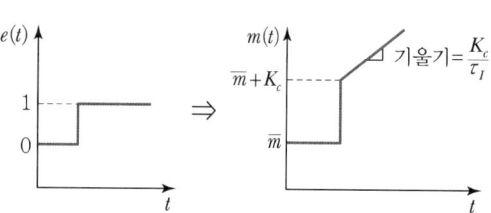

정답 46 ④ 47 ② 48 ③

49 제어시스템을 구성하는 주요 요소로 가장 거리가 먼 것은?

① 제어기
② 제어밸브
③ 측정장치
④ 외부교란변수

> 해설
> 제어계의 구성요소
> • 제어기
> • 최종제어요소
> • 공정
> • 센서/전환기

50 다음 식으로 나타낼 수 있는 이론은?

$$\lim_{s \to 0} s \cdot F(s) = \lim_{t \to \infty} f(t)$$

① Final Theorem
② Stokes Theorem
③ Taylers Theorem
④ Ziegle-Nichols Theorem

> 해설
> • 최종치 정리(Final Theorem)
> $\lim_{t \to \infty} f(t) = \lim_{s \to 0} sF(s)$
> • 초기치 정리
> $\lim_{t \to 0} f(t) = \lim_{s \to \infty} sF(s)$

51 2차계의 주파수 응답에서 정규화된 진폭비 $\left(\dfrac{AR}{k}\right)$의 최댓값에 대한 설명으로 옳은 것은?

① 감쇠계수(damping factor)가 $\sqrt{2}/2$보다 작으면 1이다.
② 감쇠계수(damping factor)가 $\sqrt{2}/2$보다 크면 1이다.
③ 감쇠계수(damping factor)가 $\sqrt{2}/2$보다 작으면 $1/2\tau$이다.
④ 감쇠계수(damping factor)가 $\sqrt{2}/2$보다 크면 $1/2\tau$이다.

> 해설
> $AR_N = \dfrac{AR}{K} = \dfrac{1}{\sqrt{(1-\tau^2\omega^2)^2 + (2\tau\omega\zeta)^2}}$

AR_N이 최대일 경우 $\dfrac{dAR_N}{d\omega} = 0$

$\tau\omega = \sqrt{1-2\zeta^2}$ 여기서, $\omega = \omega_r =$ 공명진동수

$AR_{N \cdot \max} = \dfrac{1}{2\zeta\sqrt{1-\zeta^2}}$

$0 < \zeta < \dfrac{\sqrt{2}}{2}$에서 AR_N은 최댓값을 갖는다.

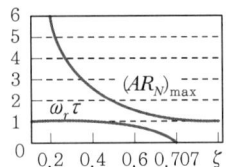

ζ가 $\dfrac{\sqrt{2}}{2}$보다 크면 $(AR_N)_{\max}$는 1이다.

52 주파수 응답에서 위상앞섬(Phase Lead)을 나타내는 제어기는?

① P 제어기
② PI 제어기
③ PD 제어기
④ 제어기 모두 위상의 지연을 나타낸다.

> 해설
> • 위상앞섬(Phase Lead) - D 제어
> • 위상지연(Phase Lag) - I 제어

53 전달함수 $G(s)$의 단위계단(Unit Step) 입력에 대한 응답을 y_s, 단위충격(Unit Impulse) 입력에 대한 응답을 y_I라 한다면 y_s와 y_I의 관계는?

① $\dfrac{dy_I}{dt} = y_s$
② $\dfrac{dy_s}{dt} = y_I$
③ $\dfrac{d^2y_I}{dt^2} = y_s$
④ $\dfrac{d^2y_s}{dt^2} = y_I$

> 해설
> (단위계단응답)' = 단위충격응답
> $\dfrac{dy_s}{dt} = y_I$

정답 49 ④ 50 ① 51 ② 52 ③ 53 ②

54 근궤적(Root Locus)은 특성방정식에서 제어기의 비례이득 K_c가 0으로부터 ∞까지 변할 때, 이 K_c에 대응하는 특성방정식의 무엇을 s 평면상에 점철하는 것인가?

① 근
② 이득
③ 감쇠
④ 시정수

해설
특성방정식의 근을 표시한다.

55 함수 e^{-bt}의 라플라스 변환 함수는?

① $\dfrac{1}{(s-b)}$
② e^{-bs}
③ $\dfrac{1}{(s+b)}$
④ $s+b$

해설
① $\dfrac{1}{s-b} \xrightarrow{\text{역라플라스 변환}} e^{bt}$
② $e^{-bs} \to u(t-b)$
③ $\dfrac{1}{s+b} \to e^{-bt}$

56 $G(s) = \dfrac{10}{(s+1)^2}$인 공정에 대한 설명 중 틀린 것은?

① P 제어를 하는 경우 모든 양의 비례이득 값에 대해 제어계가 안정하다.
② PI 제어를 하는 경우 모든 양의 비례이득 및 적분시간에 대해 제어계가 안정하다.
③ PD 제어를 하는 경우 모든 양의 비례이득 및 미분시간에 대해 제어계가 안정하다.
④ 한계이득, 한계주파수를 찾을 수 없다.

해설
① P 제어
$1 + \dfrac{10K_c}{(s+1)^2} = 0$
$s^2 + 2s + 1 + 10K_c = 0$

1	1	$1+10K_c$
2	2	
3	$\dfrac{2(1+10K_c)-1\times 0}{2}=1+10K_c > 0$	

$\therefore K_c > -\dfrac{1}{10}$

양의 K_c에서는 안정하다.

② PI 제어
$1 + \dfrac{10K_c}{(s+1)^2}\left(1+\dfrac{1}{\tau_I s}\right) = 0$
$\tau_I s^3 + 2\tau_I s^2 + \tau_I s + 10K_c \tau_I s + 10K_c = 0$

1	τ_I	$\tau_I + 10K_c\tau_I$
2	$2\tau_I$	$10K_c$
3	$\dfrac{2\tau_I(\tau_I+10K_c\tau_I)-10K_c\tau_I}{2\tau_I} > 0$	

$K_c > \dfrac{\tau_I}{5(1-2\tau_I)}$

$\tau_I > 0$이므로 $1-2\tau_I > 0$이어야 한다.
$\therefore 0 < \tau_I < \dfrac{1}{2}$

모든 양의 값에 해당되지 않는다.

③ PD 제어
$1 + \dfrac{10K_c}{(s+1)^2}(1+\tau_D s) = 0$
$\tau_D = \tau$
$s^2 + 2s + 10K_c\tau s + 1 + 10K_c = 0$

1	1	$1+10K_c$
2	$2+10K_c\tau$	
3	$\dfrac{(2+10K_c\tau)(1+10K_c)-0}{2+10K_c\tau} > 0$	

$1 + 10K_c > 0$
$\therefore K_c > -\dfrac{1}{10}$

양의 K_c에 대하여 안정하다.

④ 직접치환법에 의해 한계이득, 한계주파수를 찾을 수 있다.

정답 54 ① 55 ③ 56 ②

57 공정제어의 목적과 가장 거리가 먼 것은?

① 반응기의 온도를 최대 제한값 가까이에서 운전함으로써 반응속도를 올려 수익을 높인다.
② 평형반응에서 최대의 수율이 되도록 반응온도를 조절한다.
③ 안전을 고려하여 일정 압력 이상이 되지 않도록 반응속도를 조절한다.
④ 외부 시장 환경을 고려하여 이윤이 최대가 되도록 생산량을 조정한다.

해설
공정제어의 목적
• 안전성(Safety)
• 안정성(Stability)
• 공장이익의 극대화
• 원하는 제품 품질 유지

58 제어계의 응답 중 편차(Offset)의 의미를 가장 옳게 설명한 것은?

① 정상상태에서 제어기 입력과 출력의 차
② 정상상태에서 공정 입력과 출력의 차
③ 정상상태에서 제어기 입력과 공정 출력의 차
④ 정상상태에서 피제어변수의 희망값과 실제값의 차

해설
Offset = $r(\infty) - c(\infty)$
정상상태에서의 오차 = 설정값(희망값) - 출력값(실제값)

59 열교환기에서 외부교란변수로 볼 수 없는 것은?

① 유입액 온도
② 유입액 유량
③ 유출액 온도
④ 사용된 수증기의 성질

해설
유출액의 온도 : 피제어변수, 출력변수

60 시간지연(Delay)이 포함되고 공정이득이 1인 1차 공정에 비례 제어기가 연결되어 있다. 교차주파수(Crossover Frequency)에서의 각속도(ω)가 0.5rad/min일 때 이득여유가 1.7이 되려면 비례제어 상수(K_c)는?

① 0.83
② 1.41
③ 1.70
④ 2.0

해설
$GM = \dfrac{1}{AR_c} = 1.7$

$\therefore AR_c = \dfrac{1}{1.7} = 0.588$

교차주파수 $\omega = 0.5$
$\tau\omega = 1,\ \tau = 2$

$AR_c = \dfrac{K_c}{\sqrt{1+\tau^2\omega^2}}$

$= \dfrac{K_c}{\sqrt{1+2^2 \times 0.5^2}} = 0.588$

$\therefore K_c = 0.83$

4과목 공업화학

61 식염수를 전기분해하여 1ton의 NaOH를 제조하고자 할 때 필요한 NaCl의 이론량(kg)은?(단, Na와 Cl의 원자량은 각각 23, 35.5g/mol이다.)

① 1,463
② 1,520
③ 2,042
④ 3,211

해설
$NaCl + H_2O \rightarrow NaOH + \dfrac{1}{2}H_2 + \dfrac{1}{2}Cl_2 \rightarrow HCl$

58.5 : 40
x : 1,000

$\therefore x = 1,462.5$kg

정답 57 ④ 58 ④ 59 ③ 60 ① 61 ①

62 황산제조에서 연실의 주된 작용이 아닌 것은?

① 반응열을 발산시킨다.
② 생성된 산무의 응축을 위한 공간을 부여한다.
③ Glover 탑에서 나오는 SO_2 가스를 산화시키기 위한 시간과 공간을 부여한다.
④ 가스 중의 질소산화물을 H_2SO_4에 흡수시켜 회수하여 함질황산을 공급한다.

해설

㉠ 연실
- 90~100℃로 주입된 가스는 30~40℃로 냉각된다.
- 글로버탑에서 오는 가스를 혼합시키고, SO_2를 산화시키기 위한 공간이다.
- 반응열을 발산한다.
- 산무의 응축을 위한 표면적을 준다.

㉡ 게이뤼삭탑
- 산화질소 회수가 목적이다.
- 질소산화물을 흡수하여 함질황산을 제조한다.
  $2HNO_3 + NO + NO_2 \rightleftarrows 2HSO_4 \cdot NO + H_2O$

63 음성감광제와 양성감광제를 비교한 것 중 틀린 것은?

① 음성감광제가 양성감광제보다 노출속도가 빠르다.
② 음성감광제가 양성감광제보다 분해능이 좋다.
③ 음성감광제가 양성감광제보다 공정상태에 민감하다.
④ 음성감광제가 양성감광제보다 접착성이 좋다.

해설

감광제
빛이나 열 등의 에너지에 노출되었을 때 내부구조가 바뀌는 특성을 가진 유기고분자 물질

음성(Negative)	양성(Positive)
빛을 조사한 부분, 즉 노광된 부분은 남아 있고 빛이 차단된 영역이 제거된다.	빛을 조사한 부분, 즉 노광된 부분이 가용성이 되어 현상액에서 쉽게 제거된다.
분해능이 낮다.	분해능이 높다.
노출속도가 빠르다.	노출속도가 느리다.

64 열분산이 용이하고 반응 혼합물의 점도를 줄일 수 있으나 연쇄이동반응으로 저분자량의 고분자가 얻어지는 단점이 있는 중합방법은?

① 용액중합　② 괴상중합
③ 현탁중합　④ 유화중합

해설

㉠ 괴상중합(벌크 중합)
- 용매, 분산매를 사용하지 않고 단량체와 개시제만을 혼합하여 중합시키는 방법
- 내부 중합열이 잘 제거되지 않는다.

㉡ 용액중합
- 단량체와 개시제를 용매에 용해시킨 상태에서 중합시키는 방법
- 중화열의 제거는 용이하지만, 중합속도와 분자량이 작고, 중합 후 용매의 완전 제거가 어렵다.

㉢ 현탁중합(서스펜션 중합)
- 단량체를 녹이지 않는 액체에 격렬한 교반으로 분산시켜 중합하는 방법
- 단량체 방울이 뭉치지 않고 유지되도록 안정제를 사용한다.
- 중합열의 분산이 용이하다.

㉣ 유화중합(에멀션 중합)
- 비누 또는 세제 성분의 일종인 유화제를 사용하여 단량체를 분산매 중에 분산시키고 수용성 개시제를 사용하여 중합시키는 방법
- 중합열의 분산이 용이하고 대량생산에 적합하다.

65 유지 성분의 공업적 분리 방법으로 다음 중 가장 거리가 먼 것은?

① 분별결정법　② 원심분리법
③ 감압증류법　④ 분자증류법

해설

유지 성분의 공업적 분리 방법
- 분별결정법
- 감압증류법
- 분자증류법
- 유지의 분해
- 경화유 제조

정답 62 ④　63 ②　64 ①　65 ②

66 환경친화적인 생분해성 고분자가 아닌 것은?

① 지방족 폴리에스테르
② 폴리카프로락톤
③ 폴리이소프렌
④ 전분

해설
생분해성(화학적 분해성) 고분자
폴리락트산, 에스테르, 아마이드, 에테르, 전분, 셀룰로스
※ 폴리이소프렌 : 합성 천연고무

67 다음 반응의 주생성물 A는?

$$\text{NO}_2\text{-C}_6\text{H}_5 + 3CO + ROH \xrightarrow{100 \sim 200℃, \ 10 \sim 100 bar} A + 2CO_2$$

① 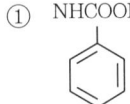 NHCOOR

② 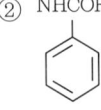 NHCOR

③ 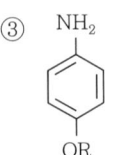 NH₂ / OR

④ 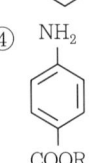 NH₂ / COOR

해설

$$\underset{\text{니트로벤젠}}{\text{NO}_2\text{-C}_6\text{H}_5} + 3CO + ROH \xrightarrow{100 \sim 200℃, \ 10 \sim 100 bar} \underset{\text{비닐우레탄}}{\text{NHCOOR-C}_6\text{H}_5} + 2CO_2$$

68 석유화학 공정 중 전화(Conversion)와 정제로 구분할 때 전화공정에 해당하지 않는 것은?

① 분해(Cracking)
② 개질(Reforming)
③ 알킬화(Alkylation)
④ 스위트닝(Sweetening)

해설
석유의 전화 : 가솔린의 옥탄가 향상이 목적
① 분해(Cracking)
  ㉠ 열분해
   • 비스브레이킹(Visbreaking) : 점도가 높은 찌꺼기유에서 점도가 낮은 중질유를 얻는 방법(470℃)
   • 코킹(Coking) : 중질유를 강하게 열분해시켜(1,000℃) 가솔린과 경유를 얻는 방법
  ㉡ 접촉분해(Catalytic Cracking)
   • 등유나 경유를 촉매를 사용하여 분해시키는 방법
   • 이소파라핀, 고리모양 올레핀, 방향족 탄화수소, 프로필렌 생성
   • 촉매 : 실리카알루미나($SiO_2 - Al_2O_3$), 합성제올라이트
  ㉢ 수소화 분해
   비점이 높은 유분을 고압의 수소 속에서 촉매를 이용하여 분해시켜 가솔린을 얻는 방법
② 개질(Reforming) : 개질 가솔린 제조
③ 알킬화법(Alkylation) : 올레핀+이소부탄 → 옥탄가 높은 가솔린을 제조
④ 이성화법(Isomerization) : n-파라핀을 iso형으로 이성질화하는 방법
※ 스위트닝 : 부식성과 악취가 있는 메르캅탄, 황화수소, 황 등을 산화하여 이황화물로 만들어 없애는 정제법

69 염산제조에 있어서 단위 시간에 흡수되는 HCl 가스양(G)을 나타낸 식은?(단, K는 HCl 가스 흡수계수, A는 기상-액상의 접촉면적, ΔP는 기상-액상과의 HCl 분압차이다.)

① $G = K^2 A$
② $G = K\Delta P$
③ $G = \dfrac{K}{A}\Delta P$
④ $G = KA\Delta P$

해설
HCl 가스의 흡수량
$G = \dfrac{dw}{d\theta} = KA\Delta P$

70 순수 HCl 가스(무수염산)를 제조하는 방법은?

① 질산분해법
② 흡착법
③ Hargreaves법
④ Deacon법

정답 66 ③ 67 ① 68 ④ 69 ④ 70 ②

해설

㉠ 무수염산 제조법
- 진한 염산 증류법 : 합성염산을 가열, 증류하여 생성된 염산가스를 냉동탈수하여 제조한다.
- 직접합성법 : Cl_2, $H_2 + conc-H_2SO_4$를 탈수하여 무수 상태로 만든다.
- 흡착법 : HCl 가스를 황산염($CuSO_4$, $PbSO_4$)이나 인산염[$Fe_3(PO_4)_2$]에 흡착시킨 후 가열하여 HCl 가스를 방출하여 제조한다.

㉡ Hargreaves법 : 식염의 황산분해법에서 황산을 사용하지 않고 직접 황을 사용하는 방법

㉢ Deacon법 : 부생염산으로부터 Cl_2를 제조하는 방법

71 암모니아소다법에서 탄산화 과정의 중화탑이 하는 주된 작용은?

① 암모니아 함수의 부분 탄산화
② 알칼리성을 강산성으로 변화
③ 침전탑에 도입되는 하소로 가스와 암모니아의 완만한 반응 유도
④ 온도 상승을 억제

해설

Solvay법(암모니아소다법)

$NaCl + NH_3 + CO + H_2O \rightarrow NaHCO_3 + NH_4Cl$ (탄산화)
(중조)

$2NaHCO_3 \rightarrow Na_2CO_3 + H_2O + CO_2$ (가소반응)

$2NH_4Cl + Ca(OH)_2 \rightarrow CaCl_2 + 2H_2O + 2NH_3$
(암모니아 회수반응)

72 산화에틸렌의 수화반응으로 생성되는 물질은?

① 에틸알코올
② 아세트알데히드
③ 메틸알코올
④ 에틸렌글리콜

해설

$$CH_2 - CH_2 + H_2O \rightarrow CH_2 - CH_2$$
산화에틸렌 → 에틸렌글리콜 (OH, OH)

73 인광석에 의한 과린산석회 비료의 제조공정 화학반응식으로 옳은 것은?

① $CaH_4(PO_4)_2 + NH_3 \rightleftarrows NH_4H_2PO_4 + CaHPO_4$
② $Ca_3(PO_4)_2 + 4H_3PO_4 + 3H_2O \rightleftarrows 3[CaH_4(PO_4)_2 \cdot H_2O]$
③ $Ca_3(PO_4)_2 + 2H_2SO_4 + 5H_2O \rightleftarrows CaH_4(PO_4)_2 \cdot H_2O + 2(CaSO_4 \cdot 2H_2O)$
④ $Ca_3(PO_4) + 4HCl \rightleftarrows CaH_4(PO_4)_2 + 2CaCl_2$

해설

- 과린산석회(P_2O_5 15~20%) : 인광석을 황산분해시켜 제조
- 중과린산석회(P_2O_5 30~50%) : 인광석을 인산분해시켜 제조

74 아세틸렌과 반응하여 염화비닐을 만드는 물질은?

① NaCl
② KCl
③ HCl
④ HOCl

해설

$$CH \equiv CH + HCl \rightarrow CH_2 = CH - Cl$$
염화비닐

75 가수분해에 관한 설명 중 틀린 것은?

① 무기화합물의 가수분해는 산·염기 중화반응의 역반응을 의미한다.
② 니트릴(Nitrile)은 알칼리 환경에서 가수분해되어 유기산을 생성한다.
③ 화합물이 물과 반응하여 분리되는 반응이다.
④ 알켄(Alkene)은 알칼리 환경에서 가수분해된다.

해설

$$CH_2 = CH_2 + H_2O \xrightarrow[250\,°C]{H_3PO_4(인산)} CH_3CH_2OH$$

에틸렌(Alkene)

정답 71 ① 72 ④ 73 ③ 74 ③ 75 ④

76 다음의 반응식으로 질산이 제조될 때 전체 생성물 중 질산의 질량%는?

$$NH_3 + 2O_2 \rightarrow HNO_3 + H_2O$$

① 58　　　　② 68
③ 78　　　　④ 88

해설
직접합성법
$NH_3 + 2O_2 \rightarrow HNO_3 + H_2O$
78% HNO_3가 생성된다.

---

77 폴리아미드계인 Nylon 6.6이 이용되는 분야에 대한 설명으로 가장 거리가 먼 것은?

① 용융방사한 것은 직물로 사용된다.
② 고온의 전열기구용 재료로 사용된다.
③ 로프 제작에 이용된다.
④ 사출성형에 이용된다.

해설
나일론 6.6
• 용도 : 섬유, 로프, 타이어, 벨트, 천
• 반응식

$H_2N-(CH_2)_6-NH_2 + HO-\overset{O}{\underset{\|}{C}}-(CH_2)_4-\overset{O}{\underset{\|}{C}}-OH$
　　헥사메틸렌디아민　　　　아디프산
　　　　　　　　　　　　　　아미노 결합

$\rightarrow \left[\overset{O}{\underset{\|}{C}}-(CH_2)_4-\overset{O}{\underset{\|}{C}}-\overset{H}{\underset{|}{N}}-(CH_2)_6-\overset{H}{\underset{|}{N}} \right]_n$
나일론 6.6

---

78 아미노화 반응 공정에 대한 설명 중 틀린 것은?

① 암모니아의 수소원자를 알킬기나 알릴기로 치환하는 공정이다.
② 암모니아의 수소원자 1개가 아실, 술포닐기로 치환된 것을 1개 아미드라고 한다.
③ 아미노화 공정에는 환원에 의한 방법과 암모니아 분해에 의한 방법 등이 있다.
④ Béchamp Method는 철과 산을 사용하는 환원 아미노화 방법이다.

해설
아미노화($-NH_2$)
• 환원에 의한 아미노화

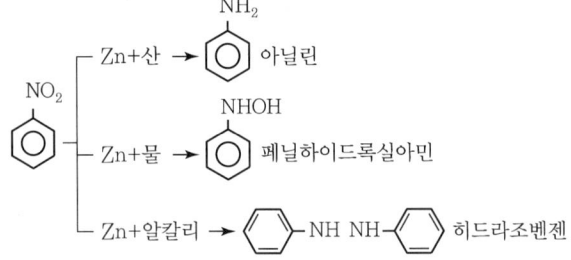

• 암모놀리시스에 의한 아미노화
$R-X + NH_3 \rightarrow R-NH_2 + HX$

---

79 건전지에 대한 설명 중 틀린 것은?

① 용량을 결정하는 원료는 이산화망간이다.
② 아연의 자기방전을 방지하기 위하여 전해액을 중성으로 한다.
③ 전해액에 부식을 방지하기 위하여 소량의 $ZnCl_2$을 첨가한다.
④ 아연은 양극에서 염소 이온과 반응하여 $ZnCl_2$이 된다.

해설
• ($-$)극 : $Zn(s) \rightarrow Zn^{2+} + 2e^-$ (산화)
• ($+$)극 : $2MnO_2 + 2NH_4^+ + 2e^-$
　　　　　$\rightarrow Mn_2O_3 + 2NH_3 + H_2O$ (환원)
• MnO_2(이산화망간) : 감극제로서 수소기체의 발생에 의한 분극작용을 억제한다.

정답 76 ③　77 ②　78 ②　79 ④

80 암모니아 합성공정에 있어서 촉매 $1m^3$당 1시간에 통과하는 원료가스의 m^3수를 나타내는 용어는?(단, 가스의 부피는 0℃, 1atm 상태로 환산한다.)

① 순간속도
② 공시득량
③ 공간속도
④ 원단위

해설
- 공간속도 : 촉매 $1m^3$당 매시간 통과하는 원료가스(0℃, 1atm)의 m^3수
- 공시득량 : 촉매 $1m^3$당 1시간에 생성되는 암모니아의 톤수

5과목 반응공학

81 액상 1차 직렬반응이 관형반응기(PFD)와 혼합반응기(CSTR)에서 일어날 때 R성분의 농도가 최대가 되는 PFR의 공간시간(τ_P)과 CSTR의 공간시간(τ_C)에 관한 식으로 옳은 것은?

$$A \xrightarrow{k} R \xrightarrow{2k} S$$
$$r_R = k_1 C_A, \ r_S = k_2 C_R$$

① $\dfrac{\tau_C}{\tau_P} > 1$
② $\dfrac{\tau_C}{\tau_P} < 1$
③ $\dfrac{\tau_C}{\tau_P} = 1$
④ $\dfrac{\tau_C}{\tau_P} = k$

해설
- PFR : $\tau_{p.opt} = \dfrac{\ln(k_2/k_1)}{k_2 - k_1}$

$$\dfrac{C_{R.\max}}{C_{A0}} = \left(\dfrac{k_1}{k_2}\right)^{\frac{k_2}{k_2 - k_1}}$$

- CSTR : $\tau_{m.opt} = \dfrac{1}{\sqrt{k_1 k_2}}$

$$\dfrac{C_{R.\max}}{C_{A0}} = \dfrac{1}{\left[\left(\dfrac{k_2}{k_1}\right)^{\frac{1}{2}} + 1\right]^2}$$

$$\tau_{p.opt} = \dfrac{\ln(2k/k)}{2k - k} = \dfrac{\ln 2}{k}, \ \tau_{m.opt} = \dfrac{1}{\sqrt{k \cdot 2k}} = \dfrac{1}{\sqrt{2}k}$$

$$\therefore \ \dfrac{\tau_m}{\tau_p} = \dfrac{1/\sqrt{2}k}{\ln 2/k} = \dfrac{1}{\sqrt{2}\ln 2} > 1$$

- $k_1 = k_2$인 경우를 제외하고는 항상 PFR이 R의 최대농도를 얻는 데 CSTR보다 짧은 시간을 요한다.
- k_2/k_1이 1에서 멀어질수록 점차 커진다.

82 기체반응물 $A(C_{A0} = 1\text{mol/L})$를 혼합흐름반응기($V = 0.1\text{L}$)에 넣어서 반응시킨다. 반응식이 $2A \rightarrow R$이고, 실험결과가 다음 표와 같을 때, 이 반응의 속도식($-r_A$; mol/L h)은?

u_0(L/h)	C_{Af}(mol/L)	u_0(L/h)	C_{Af}(mol/L)
1.5	0.34	9.0	0.667
3.6	0.500	30.0	0.857

① $-r_A = (30h^{-1})C_A$
② $-r_A = (36h^{-1})C_A$
③ $-r_A = (100\text{L/mol h})C_A^2$
④ $-r_A = (150\text{L/mol h})C_A^2$

해설
$V = 0.1\text{L}$

$\varepsilon_A = y_{A0}\delta = \dfrac{1-2}{2} = -\dfrac{1}{2}$

$C_A = \dfrac{C_{A0}(1-X_A)}{1+\varepsilon_A X_A} = \dfrac{1-X_A}{1-\dfrac{1}{2}X_A}$

$-r_A = \dfrac{C_{A0} - C_A}{\tau} \quad C_A = C_{A0}(1-X_A)$

$= \dfrac{C_{A0}X_A}{\tau} = \dfrac{v_0 C_{A0} X_A}{V}$

v_0	C_A	X_A	$-r_A = \dfrac{v_0 C_{A0} X_A}{V}$	$\log C_A$	$\log(-r_A)$
1.5	0.34	0.795	11.925	−0.4685	1.076
3.6	0.5	0.667	24.012	−0.301	1.38
9.0	0.667	0.5	45	−0.1759	1.653
30	0.857	0.25	75	−0.067	1.875

정답 80 ③ 81 ① 82 ③

$-r_A = kC_A^n$

$\underbrace{\log(-r_A)}_{Y} = \log k + n\underbrace{\log C_A}_{X}$ (기울기(차수), y절편)

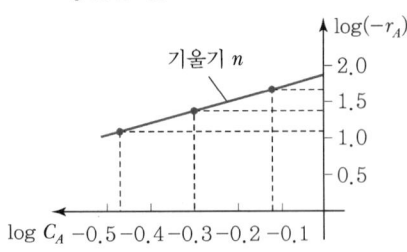

$\text{slope} = \dfrac{1.875 - 1.076}{-0.067 - (-0.4685)} = 2 : \text{2차 반응}$

$-r_A = kC_A^2$

$11.925 = k \times 0.34^2 \rightarrow k = 103$
$24.012 = k \times 0.5^2 \rightarrow k = 96.048$
$45 = k \times 0.667^2 \rightarrow k = 101$
$75 = k \times 0.857^2 \rightarrow k = 102$

$k_{av} = \dfrac{103 + 96.048 + 101 + 102}{4} = 100.5$

$\therefore -r_A = 100.5(\text{L/mol h})C_A^2$

83 유효계수(η)에 대한 설명 중 틀린 것은?(단, h는 Thiele Modulus이다.)

① η는 기공확산에 의해 느려지지 않았을 때의 속도분의 기공 내 실제 평균반응속도로 정의된다.
② $h > 10$일 때 $\eta = \infty$이다.
③ $h < 1$일 때 $\eta \cong 1$이다.
④ η는 h만의 함수이다.

해설

㉠ 유효인자
$\eta = \dfrac{\overline{r_A} \text{ with diffusion}}{r_a \text{ without diffusion resistance}}$
$= \dfrac{\text{actual mean reaction rate within pore}}{\text{rate if not slowed by pore diffusion}}$

㉡ 1차 반응
$\eta = \dfrac{\overline{C_A}}{C_{As}} = \dfrac{\tanh\phi}{\phi}$
여기서, ϕ : Thiele Modulus(티엘계수)

- $\phi \ll 1$이면 $\eta = 1$: 세공확산의 제한이 없는 경우
- $\phi = 1$이면 $\eta = 0.762$: 세공확산의 제한이 약간 있는 경우
- $\phi \gg 1$이면 $\eta = \dfrac{1}{\phi}$: 세공확산의 제한이 강한 경우

84 균일계 1차 액상반응이 회분반응기에서 일어날 때 전화율과 반응시간의 관계를 옳게 나타낸 것은?

① $\ln(1-X_A) = kt$
② $\ln(1-X_A) = -kt$
③ $\ln\left(\dfrac{X_A}{1-X_A}\right) = kt$
④ $\ln\left(\dfrac{1}{1-X_A}\right) = kC_{A0}t$

해설

$-r_A = -\dfrac{dC_A}{dt} = kC_A$

$-\ln\dfrac{C_A}{C_{A0}} = kt$

$-\ln(1-X_A) = kt$

85 다음은 Arrhenius 법칙에 의해 도시(Plot)한 활성화 에너지(Activation Energy)에 대한 그래프이다. 이 그래프에 대한 설명으로 옳은 것은?

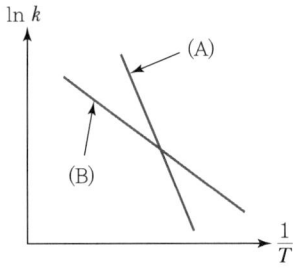

① 직선 B보다 A의 활성화 에너지가 크다.
② 직선 A보다 B의 활성화 에너지가 크다.
③ 초기에는 직선 A의 활성화 에너지가 크나 후기에는 B가 크다.
④ 초기에는 직선 B의 활성화 에너지가 크나 후기에는 A가 크다.

정답 83 ② 84 ② 85 ①

> 해설

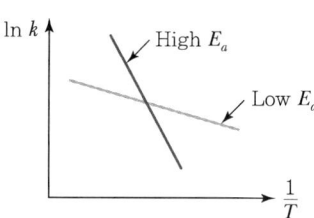

$k = Ae^{-E_a/RT}$

$\ln k = \ln A - \dfrac{E_a}{RT}$

여기서, k : 속도상수 E_a : 활성화 에너지
  A : 빈도인자 R : 기체상수
  T : 절대온도

86 어떤 공장에서 아래와 같은 조건을 만족하는 공정을 가동한다고 할 때 첨가해야 하는 D의 양(mol)은? (단, 반응은 완전히 반응한다고 가정한다.)

| 혼합 공정 반응 : $A + D \to R$, $-r_A = C_A C_D$ |
| $B + D \to S$, $-r_B = 7 C_B C_D$ |
| 원료 투입량 : 50mol/L |
| 원료 성분 : A 90mol% |
| B 10mol% |
| 공정 품질 기준 : A : B = 100 : 1 |

① 19.6 ② 29.6
③ 39.6 ④ 49.6

> 해설

$A + D \to R$ $-\dfrac{dC_A}{dt} = C_A C_D$ ·········· ㉠

$B + D \to S$ $-\dfrac{dC_B}{dt} = 7 C_B C_D$ ·········· ㉡

㉠ ÷ ㉡하면

$\dfrac{dC_A}{dC_B} = \dfrac{C_A}{7 C_B}$

$\displaystyle\int_{C_{A0}}^{C_A} \dfrac{dC_A}{C_A} = \int_{C_{B0}}^{C_B} \dfrac{dC_B}{7 C_B}$

$7 \ln \dfrac{C_A}{C_{A0}} = \ln \dfrac{C_B}{C_{B0}}$

$\left(\dfrac{C_A}{C_{A0}}\right)^7 = \dfrac{C_B}{C_{B0}}$

$\left(\dfrac{C_A}{45}\right)^7 = \dfrac{C_B}{5}$, $\dfrac{C_A}{C_B} = \dfrac{100}{1}$

$\left(\dfrac{100 C_B}{45}\right)^7 = \dfrac{C_B}{5}$

$\therefore C_B = \left(\dfrac{45^7}{5 \times 100^7}\right)^{\frac{1}{6}} = 0.3 \text{mol/L}$

$\therefore C_A = 30 \text{mol/L}$

$C_A + C_B = 30 + 0.3 = 30.3$ ← 남은 것

첨가해야 하는 D의 양 = $(45 + 5) - 30.3 = 19.7 \text{mol/L}$

∴ 1L당 19.7mol의 D를 첨가해야 한다.

87 반응기의 체적이 2,000L인 혼합반응기에서 원료가 1,000mol/min씩 공급되어서 80%가 전화될 때, 원료 A의 소멸속도(mol/L min)는?

① 0.1 ② 0.2
③ 0.3 ④ 0.4

> 해설

$\tau = \dfrac{V}{v_o} = \dfrac{C_{A0} V}{F_{A0}} = \dfrac{C_{A0} X_A}{-r_A}$

$\therefore \dfrac{V}{F_{A0}} = \dfrac{X_A}{-r_A}$

$\dfrac{2,000 \text{L}}{1,000 \text{mol/min}} = \dfrac{0.8}{-r_A}$

$\therefore -r_A = 0.4 \text{mol/L min}$

88 300J/mol의 활성화 에너지를 갖는 반응의 650K 반응속도는 500K에서의 반응속도보다 몇 배 빨라지는가?

① 1.02 ② 2.02
③ 3.02 ④ 4.02

> 해설

$\ln \dfrac{k_2}{k_1} = \dfrac{\Delta H}{R} \left(\dfrac{1}{T_1} - \dfrac{1}{T_2}\right)$

$= \dfrac{300 \text{J/mol}}{8.314 \text{J/mol K}} \left(\dfrac{1}{500} - \dfrac{1}{650}\right) = 0.01665$

$\therefore \dfrac{k_2}{k_1} = 1.02$

정답 86 ① 87 ④ 88 ①

89 액상 2차 반응에서 A의 농도가 1mol/L일 때 반응속도가 0.1mol/L s라고 하면 A의 농도가 5mol/L일 때 반응속도(mol/L s)는?(단, 온도변화는 없다고 가정한다.)

① 1.5 ② 2.0
③ 2.5 ④ 3.0

> 해설
> $-r_A = kC_A^2$
> $0.1\text{mol/L s} = k(1)^2$
> $\therefore k = 0.1\text{L/mol s}$
> $-r_A = 0.1\text{L/mol s} \times (5\text{mol/L})^2 = 2.5\text{mol/L s}$

90 연속반응 $A \to R \to S \to T \to U$에서 각 성분의 농도를 시간의 함수로 도시(Plot)할 때 다음 설명 중 틀린 것은?(단, 초기에는 A만 존재한다.)

① C_R 곡선은 원점에서의 기울기가 양수(+)값이다.
② C_S, C_T, C_U 곡선은 원점에서의 기울기가 0이다.
③ C_S가 최대일 때 C_T 곡선의 기울기가 최소이다.
④ C_A는 단조감소함수, C_U는 단조증가함수이다.

> 해설
>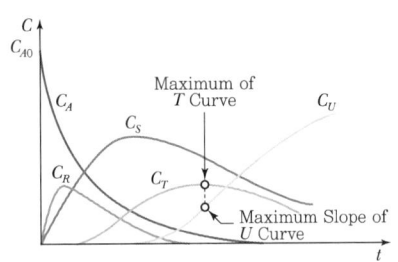

91 다음과 같이 반응물과 생성물의 에너지 상태가 주어졌을 때 반응열 관계로서 옳은 것은?

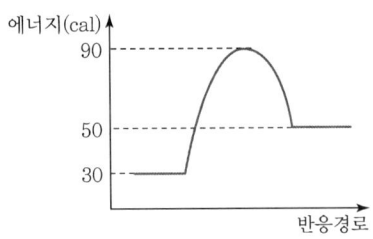

① 발열반응이며, 발열량은 20cal이다.
② 발열반응이며, 발열량은 40cal이다.
③ 흡열반응이며, 흡열량은 20cal이다.
④ 흡열반응이며, 흡열량은 40cal이다.

> 해설
>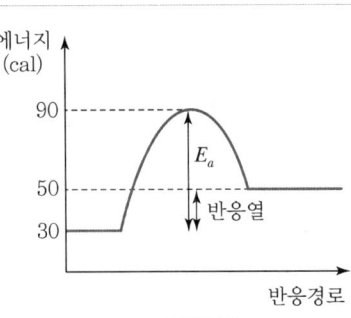
> 흡열반응
>
>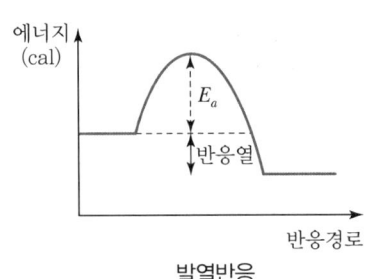
> 발열반응

92 순환반응기에서 반응기 출구 전화율이 입구 전화율의 2배일 때 순환비는?

① 0 ② 0.5
③ 1.0 ④ 2.0

> 해설
> $X_{Ai} = \left(\dfrac{R}{R+1}\right) X_{Af}$
> $X_{Ai} = \dfrac{R}{R+1} \times (2X_{Ai})$
> $\therefore R = 1$

정답 89 ③ 90 ③ 91 ③ 92 ③

93 부반응이 있는 어떤 액상 반응이 아래와 같을 때, 부반응을 적게 하는 반응기 구조는?(단, $k_1 = 3k_2$, $r_R = k_1 C_A^2 C_B$, $r_U = k_2 C_A C_B^3$이고, 부반응은 S와 U를 생성하는 반응이다.)

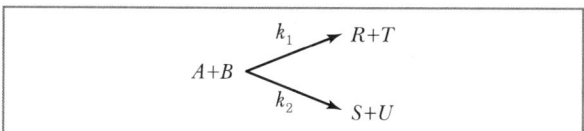

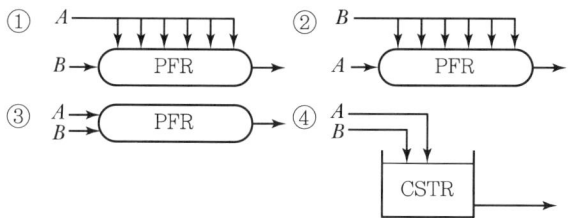

해설

선택도$(S) = \dfrac{dC_R}{dC_U} = \dfrac{k_1 C_A^2 C_B}{k_2 C_A C_B^3} = \dfrac{3k_2 C_A^2 C_B}{k_2 C_A C_B^3} = \dfrac{3C_A}{C_B^2}$

$C_A \uparrow$ $C_B \downarrow$

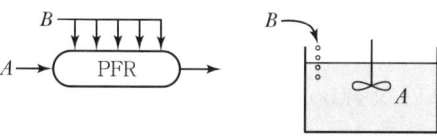

94 $A \to R$ 반응이 회분식 반응기에서 일어날 때 1시간 후 전화율은?(단, $-r_A = 3 C_A^{0.5}$ mol/L h, $C_{A0} = 1$ mol/L이다.)

① 0
② $\dfrac{1}{2}$
③ $\dfrac{2}{3}$
④ 1

해설

$-r_A = -\dfrac{dC_A}{dt} = 3 C_A^{0.5}$

$-\dfrac{dC_A}{C_A^{0.5}} = 3dt$

적분하면 $2\sqrt{C_A} - 2\sqrt{C_{A0}} = -3t$

$X_A = 1$(반응완결)일 때 시간
$2\sqrt{C_{A0}(1-X_A)} - 2\sqrt{C_{A0}} = -3t$
$2\sqrt{1-X_A} - 2 = -3t$
$\therefore t = \dfrac{2}{3}$h

반응이 완결된 시간이 $\dfrac{2}{3}$h이므로 1h은 반응이 완결된 이후이다($X_A = 1$).

95 반응물질의 농도를 낮추는 방법은?

① 관형반응기(Tubular Reactor)를 사용한다.
② 혼합흐름반응기(Mixed Flow Reactor)를 사용한다.
③ 회분식 반응기(Batch Reactor)를 사용한다.
④ 순환반응기(Recycle Reactor)에서 순환비를 낮춘다.

해설

반응물의 농도를 낮추는 방법	반응물의 농도를 높이는 방법
• CSTR 사용	• PFR, Batch 사용
• X_A를 높게 유지	• X_A를 낮게 유지
• 공급물에서 불활성물질 증가	• 공급물에서 불활성물질 제거
• 기상계에서 압력 감소	• 기상계에서 압력 증가

96 반응물 A가 회분반응기에서 비가역 2차 액상반응으로 분해하는데 5분 동안에 50%가 전화된다고 할 때, 75% 전화에 걸리는 시간(min)은?

① 5.0
② 7.5
③ 15.0
④ 20.0

해설

$\dfrac{1}{C_A} - \dfrac{1}{C_{A0}} = kt$

$\dfrac{X_A}{1-X_A} = C_{A0}kt$

$\dfrac{0.5}{1-0.5} = C_{A0}k \times 5\min$ $\therefore C_{A0}k = 0.2$

$\dfrac{0.75}{1-0.75} = 0.2t$ $\therefore t = 15\min$

정답 93 ② 94 ④ 95 ② 96 ③

97 다음과 같은 반응을 통해 목적생성물(R)과 그 밖의 생성물(S)이 생긴다. 목적생성물의 생성을 높이기 위한 반응물 농도 조건은?(단, C_x는 x물질의 농도를 의미한다.)

$$A + B \xrightarrow{k_1} R \quad A \xrightarrow{k_2} S$$

① C_B를 크게 한다.
② C_A를 크게 한다.
③ C_A를 작게 한다.
④ C_A, C_B와 무관하다.

해설

$$S = \frac{r_R}{r_S} = \frac{k_1 C_A C_B}{k_2 C_A} = \frac{k_1}{k_2} C_B$$

A의 농도에 무관하며 B의 농도를 크게 한다.

98 1차 비가역 액상반응을 관형반응기에서 반응시켰을 때 공간속도가 $6,000h^{-1}$이었으며 전화율은 40%였다. 같은 반응기에서 전화율이 90%가 되게 하는 공간속도(h^{-1})는?

① 1,221
② 1,331
③ 1,441
④ 1,551

해설

PFR 1차 : $-\ln(1 - X_A) = k\tau$

$\tau = \dfrac{1}{S} = \dfrac{1}{6,000}h$

$-\ln(1 - 0.4) = \dfrac{k}{6,000}$

$\therefore k = 3,065 h^{-1}$

$-\ln(1 - 0.9) = 3,065\tau$

$\therefore \tau = 7.51 \times 10^{-4}$

$S = \dfrac{1}{\tau} = \dfrac{1}{7.51 \times 10^{-4}} = 1,331 h^{-1}$

99 병렬반응하는 A의 속도상수와 반응식이 아래와 같을 때, 생성물 분포비율$\left(\dfrac{r_R}{r_S}\right)$은?(단, 두 반응의 차수는 동일하다.)

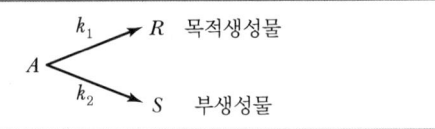

① 속도상수에 관계없다.
② A의 농도에 관계없다.
③ A의 농도에 비례해서 커진다.
④ A의 농도에 비례해서 작아진다.

해설

$$S = \frac{r_R}{r_S} = \frac{k_1 C_A^n}{k_2 C_A^n} = \frac{k_1}{k_2}$$

C_A의 농도에 관계없다.

100 화학반응의 온도의존성을 설명하는 것과 관계가 가장 먼 것은?

① 볼츠만 상수(Boltzmann Constant)
② 분자충돌이론(Collision Theory)
③ 아레니우스 식(Arrhenius Equation)
④ 랭뮤어-힌셜우드 속도론(Langmuir-Hinshelwood Kinetics)

해설

㉠ 볼츠만 상수

$k = \dfrac{R}{N_A} = \dfrac{기체상수}{아보가드로수}$

㉡ 분자충돌이론

$k \propto T^m e^{-E_a/RT}$

- $m = 0$: 아레니우스 식 $k = Ae^{-E_a/RT}$
- $m = \dfrac{1}{2}$: 충돌이론
- $m = 1$: 전이이론

2021년 제2회 기출문제

1과목 화공열역학

01 벤젠과 톨루엔으로 이루어진 용액이 기상과 액상으로 평형을 이루고 있을 때 이 계에 대한 자유도는?

① 0
② 1
③ 2
④ 3

해설

$F = 2 - P + C$
$= 2 - 2 + 2 = 2$

02 어떤 화학반응에서 평형상수 K의 온도에 대한 미분계수가 다음과 같이 표시된다. 이 반응에 대한 설명으로 옳은 것은?

$$\frac{d\ln K}{dT} < 0$$

① 흡열반응이며, 온도상승에 따라 K의 값이 커진다.
② 흡열반응이며, 온도상승에 따라 K의 값은 작아진다.
③ 발열반응이며, 온도상승에 따라 K의 값은 커진다.
④ 발열반응이며, 온도상승에 따라 K의 값은 작아진다.

해설

평형상수에 온도가 미치는 영향
$$\frac{d\ln K}{dT} = \frac{\Delta H°}{RT^2}$$

- $\Delta H° < 0$: 발열반응
  온도가 상승하면 평형상수(K)는 감소한다.
- $\Delta H° > 0$: 흡열반응
  온도가 상승하면 평형상수(K)는 증가한다.

03 다음 설명 중 맞는 표현은?(단, 하첨자 $i(_i)$: i성분, 상첨자 $sat(^{sat})$: 포화, Hat($\hat{}$) : 혼합물, f : 퓨가시티, ϕ : 퓨가시티 계수, P : 증기압, x : 용액의 몰분율을 의미한다.)

① 증기가 이상기체라면 $\phi_i^{sat} = 1$이다.

② 이상용액인 경우 $\hat{\phi} = \dfrac{x_i f_i}{P}$이다.

③ 루이스 – 랜들(Lewis – Randall)의 법칙에서
$\hat{f}_i = \dfrac{f_i^{sat}}{P}$이다.

④ 라울의 법칙은 $y_i = \dfrac{P_i^{sat}}{P}$이다.

해설

- 증기가 이상기체 : $\hat{\phi}_i^{sat} = 1$
- 이상용액 : $\hat{\phi}_i^{id} = \dfrac{\hat{f}_i^{id}}{x_i P} = \dfrac{x_i f_i}{x_i P} = \dfrac{f_i}{P} = \phi_i$
- 루이스 – 랜들의 법칙 : $\hat{f}_i^{id} = x_i f_i$
- 라울의 법칙 : $y_i = \dfrac{x_i P_i^{sat}}{P}$

04 냉동용량이 18,000BTU/h인 냉동기의 성능계수(Coefficient of Performance ; w)가 4.5일 때 응축기에서 방출되는 열량(BTU/h)은?

① 4,000
② 22,000
③ 63,000
④ 81,000

해설

$COP(성능계수) = \dfrac{Q_c}{W} = \dfrac{Q_c}{Q_H - Q_c}$

$4.5 = \dfrac{18,000}{Q_H - 18,000}$

$\therefore Q_H = 22,000 \text{BTU/h}$

정답 01 ③ 02 ④ 03 ① 04 ②

05 2성분계 혼합물이 기-액 상평형을 이루고 압력과 기상조성이 주어졌을 때 압력과 액상조성을 계산하는 방법을 "DEW P"라 정의할 때, DEW P에 포함될 필요가 없는 식은?(단, A, B, C는 상수이다.)

① $P = P_2^{sat} + x_1 P_1^{sat}$

② $\ln P_i^{sat} = A_i - \dfrac{B}{T+C_i}$

③ $x_1 = \dfrac{P - P_2^{sat}}{P_1^{sat} - P_2^{sat}}$

④ $P = \dfrac{1}{y_1/P_1^{sat} + y_2/P_2^{sat}}$

해설

DEW P 계산
주어진 y_i와 T로부터 x_i와 P를 계산하면
$P = P_1^{sat} x_1 + P_2^{sat}(1-x_1)$
$\quad = P_2^{sat} + (P_1^{sat} - P_2^{sat})x_1$
$P = \dfrac{1}{y_1/P_1^{sat} + y_2/P_2^{sat}}$
$y_1 = \dfrac{x_1 P_1^{sat}}{P}$, $x_1 = \dfrac{y_1 P}{P_1^{sat}}$

일정 P에 대하여 t_1^{sat}, t_2^{sat}를 얻는다.

$x_1 = \dfrac{P - P_2^{sat}}{P_1^{sat} - P_2^{sat}}$

Antoine 식으로부터 온도를 계산하면
$\ln P_i^{sat} = A_i - \dfrac{B_i}{T+C_i}$

06 등엔트로피 과정이라고 할 수 있는 것은?

① 가역 단열과정 ② 가역과정
③ 단열과정   ④ 비가역 단열과정

해설

가역 단열과정
$S_1 = S_2$, $\Delta S = 0$, $Q = 0$
$\Delta S = \dfrac{Q}{T} = 0$

07 어떤 물질의 정압비열이 아래와 같다. 이 물질 1kg이 1atm의 일정한 압력하에 0℃에서 200℃로 될 때 필요한 열량(kcal)은?(단, 이상기체이고 가역적이라 가정한다.)

$$C_P = 0.2 + \dfrac{5.7}{t+73} [\text{kcal/kg °C}], (t : \text{°C})$$

① 24.9 ② 37.4
③ 47.5 ④ 56.8

해설

$\Delta H = \int_{t_1}^{t_2} m C_P dt$
$\quad = \int_{0°C}^{200°C} (1\text{kg})\left(0.2 + \dfrac{5.7}{t+73}\right)dt$
$\quad = 0.2t\big|_0^{200} + 5.7\ln(t+73)\big|_0^{200}$
$\quad = 0.2(200-0) + 5.7\ln\dfrac{273}{73}$
$\quad = 47.5°C$

08 초임계유체(Supercritical Fluid) 영역의 특징으로 틀린 것은?

① 초임계유체 영역에서는 가열해도 온도는 증가하지 않는다.
② 초임계유체 영역에서는 액상이 존재하지 않는다.
③ 초임계유체 영역에서는 액체와 증기의 구분이 없다.
④ 임계점에서는 액체의 밀도와 증기의 밀도가 같아진다.

해설

초임계유체
• 임계점 이상의 온도와 압력에서 존재하는 물질의 상태
• 초임계유체 영역에서는 액체와 증기의 구별이 없는 상태

정답 05 ① 06 ① 07 ③ 08 ①

09 반데르발스(Van der Waals) 식으로 해석할 수 있는 실제기체에 대하여 $\left(\dfrac{\partial U}{\partial V}\right)_T$의 값은?

① $\dfrac{a}{P}$ ② $\dfrac{a}{T}$

③ $\dfrac{a}{V^2}$ ④ $\dfrac{a}{PT}$

해설

Van der Waals 식
$$\left(P+\dfrac{a}{V^2}\right)(V-b)=RT$$
$$P=\dfrac{RT}{V-b}-\dfrac{a}{V^2}$$
$$\left(\dfrac{\partial P}{\partial T}\right)_V=\dfrac{R}{V-b}$$
$$dU=TdS-PdV$$
$$\left(\dfrac{\partial U}{\partial V}\right)_T=T\left(\dfrac{\partial S}{\partial V}\right)_T-P$$
Maxwell 관계식 $\left(\dfrac{\partial S}{\partial V}\right)_T=\left(\dfrac{\partial P}{\partial T}\right)_V$

$\therefore \left(\dfrac{\partial U}{\partial V}\right)_T=T\left(\dfrac{\partial P}{\partial T}\right)_V-P$
$=T\left(\dfrac{R}{V-b}\right)-\left(\dfrac{RT}{V-b}-\dfrac{a}{V^2}\right)$
$=\dfrac{a}{V^2}$

10 이성분혼합물에 대한 깁스-두헴(Gibbs-Duhem) 식에 속하지 않는 것은?(단, γ는 활성도 계수(Activity Coefficient), μ는 화학퍼텐셜, x는 몰분율이고 온도와 압력은 일정하다.)

① $x_1\left(\dfrac{\partial \ln\gamma_1}{\partial x_1}\right)+(1-x_1)\left(\dfrac{\partial \ln\gamma_2}{\partial x_1}\right)=0$

② $x_1\left(\dfrac{\partial \mu_1}{\partial x_1}\right)+(1-x_1)\left(\dfrac{\partial \mu_2}{\partial x_1}\right)=0$

③ $x_1 d\mu_1 + x_2 d\mu_2 = 0$

④ $(\gamma_1 + \gamma_2)dx_1 = 0$

해설

Gibbs-Duhem 식
$\sum x_i d\overline{M}_i = 0$

- $x_1 d\mu_1 + (1-x_1)d\mu_2 = 0$
- $x_1\left(\dfrac{\partial \mu_1}{\partial x_1}\right)+(1-x_1)\left(\dfrac{\partial \mu_2}{\partial x_1}\right)=0$
- $x_1\left(\dfrac{\partial \ln f_1}{\partial x_1}\right)+(1-x_1)\left(\dfrac{\partial \ln f_2}{\partial x_1}\right)=0$
- $x_1\left(\dfrac{\partial \ln\gamma_1}{\partial x_1}\right)+(1-x_1)\left(\dfrac{\partial \ln\gamma_2}{\partial x_1}\right)=0$

11 오토기관(Otto Cycle)의 열효율을 옳게 나타낸 식은?(단, r는 압축비, γ는 비열비이다.)

① $1-\left(\dfrac{1}{r}\right)^{\gamma}$ ② $1-\left(\dfrac{1}{r}\right)^{\gamma+1}$

③ $1-\left(\dfrac{1}{r}\right)^{\gamma-1}$ ④ $1-\left(\dfrac{1}{r}\right)^{\frac{1}{\gamma-1}}$

해설

Otto Cycle

효율 $\eta = 1-\left(\dfrac{1}{r}\right)^{\gamma-1}$

여기서, r : 압축비 $=\dfrac{V_C}{V_D}$

γ : 비열비 $=\dfrac{C_P}{C_V}$

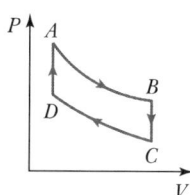

12 공기표준 디젤 사이클의 $P-V$ 선도는?

① 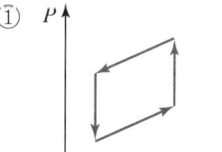 ②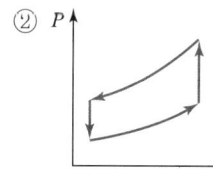

③ 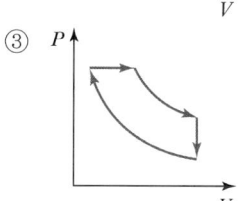 ④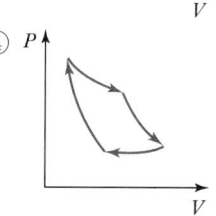

정답 09 ③ 10 ④ 11 ③ 12 ③

해설

- 공기표준 Diesel 사이클

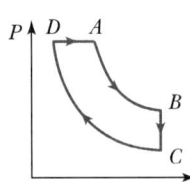

- 공기표준 Otto 사이클

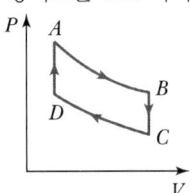

- 기체-터빈 Brayton 사이클

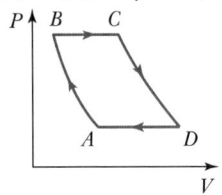

- 정용 : $\dfrac{P_1}{T_1} = \dfrac{P_2}{T_2}$ ($\because V_1 = V_2$)

  $\dfrac{1}{273} = \dfrac{10}{T_2}$

  $\therefore T_2 = 2{,}730\text{K}$

- 단열 : $\dfrac{T_2}{T_1} = \left(\dfrac{P_2}{P_1}\right)^{\frac{\gamma-1}{\gamma}}$

  단원자분자 $\gamma = 1.67$

  $\therefore T_2 = 273\text{K}\left(\dfrac{10}{1}\right)^{\frac{1.67-1}{1.67}} = 687.6\text{K}$

$\therefore$ 정용 > 단열 > 등온

13 어떤 이상기체의 정적 열용량이 $1.5R$일 때, 정압 열용량은?

① $0.67R$
② $0.5R$
③ $1.5R$
④ $2.5R$

해설

$C_P = C_V + R$
$= 1.5R + R$
$= 2.5R$

여기서, R : 기체상수

14 기체 1mole이 0℃, 1atm에서 10atm으로 가역압축되었다. 압축 공정 중 압축 후의 온도가 높은 순으로 배열된 것은?(단, 이 기체는 단원자 분자이며, 이상기체로 가정한다.)

① 등온 > 정용 > 단열
② 정용 > 단열 > 등온
③ 단열 > 정용 > 등온
④ 단열 = 정용 > 등온

해설

0℃, 1atm → T_2, 10atm

- 등온 : $T_2 = 0℃$ (273K)

15 열역학 기초에 관한 내용으로 옳은 것은?

① 일은 항상 압력과 부피의 곱으로 구한다.
② 이상기체의 엔탈피는 온도만의 함수이다.
③ 이상기체의 엔트로피는 온도만의 함수이다.
④ 열역학 제1법칙은 계의 총에너지가 그 계의 내부에서 항상 보존된다는 것을 뜻한다.

해설

① $W = \int P dV = F \times S$
② 이상기체 : $H = f(T)$, $U = f(T)$
  엔탈피와 내부에너지는 온도만의 함수이다.
③ 이상기체의 엔트로피는 온도와 압력의 함수이다.
④ 열역학 제1법칙(에너지 보존의 법칙)
  에너지는 여러 가지 형태를 가질 수 있지만, 에너지 총량은 일정하다.

16 800kPa, 240℃의 과열수증기가 노즐을 통하여 150kPa까지 가역적으로 단열팽창될 때, 노즐 출구에서 상태는?(단, 800kPa, 240℃에서 과열수증기의 엔트로피는 6.9976kJ/kg K이고 150kPa에서 포화액체(물)와 포화수증기의 엔트로피는 각각 1.4336kJ/kg K와 7.2234kJ/kg K이다.)

① 과열수증기
② 포화수증기
③ 증기와 액체 혼합물
④ 과냉각액체

정답 ▶ 13 ④ 14 ② 15 ② 16 ③

> 해설

$$\left(\frac{T_2}{T_1}\right) = \left(\frac{P_2}{P_1}\right)^{\frac{\gamma-1}{\gamma}}$$

$$\frac{T_2}{273+240} = \left(\frac{150}{800}\right)^{\frac{1.33-1}{1.33}}$$

$$\therefore T_2 = 338.6K$$

노즐 출구 : 338.6K, 150kPa
$S_1 = S_2 = 6.9976 \text{kJ/kg K}$
$S_2 = (1-x_2^V)S_2^l + x_2^V S_2^V$
$6.9976 \text{kJ/kg K} = (1-x_2^V) \times 1.4336 + x_2^V \times 7.2234$
$\therefore x_2^V = 0.96$
$x_2^l = 1 - x_2^V = 0.04$
증기와 액체의 혼합물

17 열역학 제2법칙의 수학적 표현은?

① $dU = dQ - PdV$ ② $dH = TdS + VdP$
③ $\frac{|Q_H|}{|Q_C|} = \frac{T_H}{T_C}$ ④ $\Delta S_{total} \geq 0$

> 해설

열역학 제2법칙(엔트로피의 법칙)
- 수학적 표현 : $\Delta S_{total} \geq 0$
- 총엔트로피 변화량이 양의 값을 갖는 방향으로 진행되며, 극한값인 0은 오직 가역공정에 의해서만 도달된다.

18 기체에 대한 설명 중 옳은 것은?

① 기체의 압축인자는 항상 1보다 작거나 같다.
② 임계점에서는 포화증기의 밀도와 포화액의 밀도가 같다.
③ 기체혼합물의 비리얼 계수(Virial Coefficient)는 온도와 무관한 상수이다.
④ 압력이 0으로 접근하면 모든 기체의 잔류부피(Residual Volume)는 항상 0으로 접근한다.

> 해설

① 압축인자는 1보다 크거나 작거나 같다.
③ 기체혼합물의 비리얼계수는 온도와 조성의 함수이다.
④ 잔류부피
$$V^R = V - V^{ig} = \frac{RT}{P}(Z-1)$$
$P \to 0$, $V^R = 0$

19 고립계의 평형 조건을 나타내는 식으로 옳은 것은?
(단, G : 깁스(Gibbs) 에너지, N : 몰수, H : 엔탈피, S : 엔트로피, U : 내부에너지, V : 부피를 의미한다.)

① $\left(\frac{\partial S}{\partial U}\right)_{V,N} = 0$ ② $\left(\frac{\partial S}{\partial V}\right)_{G,V} = 0$
③ $\left(\frac{\partial S}{\partial N}\right)_{H,N} = 0$ ④ $\left(\frac{\partial S}{\partial H}\right)_{N,V} = 0$

> 해설

$dU^t = dQ - PdV^t$
$dU^t + PdV^t \leq TdS^t$ (등호는 가역과정)
V와 N이 일정하면 $dV^t = 0$
$\therefore dU^t \leq TdS^t \leftarrow \left(\frac{\partial S^t}{\partial U^t}\right)_{V,N} \geq 0$

평형에서 $\left(\frac{\partial S^t}{\partial U^t}\right)_{V,N} = 0$

20 일정온도와 일정압력에서 일어나는 화학반응의 평형 판정기준을 옳게 표현한 식은?(단, 하첨자 tot는 총 변화량을 의미한다.)

① $(\Delta G_{tot})_{T,P} = 0$ ② $(\Delta H_{tot})_{T,P} > 0$
③ $(\Delta G_{tot})_{T,P} < 0$ ④ $(\Delta H_{tot})_{T,P} = 0$

> 해설

- $(\Delta G)_{T,P} = 0$: 화학평형
- $(\Delta G)_{T,P} < 0$: 자발적 반응
- $(\Delta G)_{T,P} > 0$: 비자발적 반응

정답 17 ④ 18 ② 19 ① 20 ①

2과목 단위조작 및 화학공업양론

21 다음 중 차원이 다른 하나는?
① 일
② 열
③ 에너지
④ 엔트로피

해설
일 = 열 = 에너지
J, kgf m, cal, kcal

22 미분 수지(Differential Balance)의 개념에 대한 설명으로 가장 옳은 것은?
① 어떤 한 시점에서 계의 물질 출입관계를 나타낸 것이다.
② 계에서의 물질 출입관계를 성분 및 시간과 무관한 양으로 나타낸 것이다.
③ 계로 특정성분이 유출과 관계없이 투입되는 총 누적양을 나타낸 것이다.
④ 계에서의 물질 출입관계를 어느 두 질량 기준 간격 사이에 일어난 양으로 나타낸 것이다.

해설
미분 수지
어떤 한 시점에서 계의 물질 출입관계를 나타낸 것이다.

23 다음 중 결정화시키는 방법이 아닌 것은?
① 압력을 높이는 방법
② 온도를 낮추는 방법
③ 염을 첨가시키는 방법
④ 용매를 제거시키는 방법

해설
결정화 방법
• 온도를 낮춘다(냉각).
• 용매를 제거한다(증발).
• 염을 첨가한다.

24 25℃에서 정용반응열(ΔH_V)이 -326.1kcal일 때 같은 온도에서 정압반응열(ΔH_P ; kcal)은?

$$C_2H_5OH(l) + 3O_2(g) \rightarrow 3H_2O(l) + 2CO_2(g)$$

① 325.5
② -325.5
③ 326.7
④ -326.7

해설
$\Delta H = \Delta U + \Delta nRT$
$\Delta H_P = \Delta H_V + \Delta nRT$
$= -326.1\text{kcal} + (2-3) \times 1.987\text{cal/mol K}$
$\times 298\text{K} \times \dfrac{1\text{kcal}}{1,000\text{cal}}$
$= -326.7\text{kcal}$

25 어떤 기체의 임계압력이 2.9atm이고, 반응기 내의 계기압력이 30psig였다면 환산압력은?
① 0.727
② 1.049
③ 0.990
④ 1.112

해설
$P = P_{atm} + P_{gauge}$
$= 14.7\text{psi} + 30\text{psi}$
$= 44.7\text{psi} \times \dfrac{1\text{atm}}{14.7\text{psi}} = 3.04\text{atm}$
$P_r = \dfrac{P}{P_c} = \dfrac{3.04\text{atm}}{2.9\text{atm}} = 1.048$

26 탄산칼슘 200kg을 완전히 하소(煆燒 ; Calcination)시켜 생성된 건조 탄산가스의 25℃, 740mmHg에서의 용적(m³)은?(단, 탄산칼슘의 분자량은 100g/mol이고, 이상기체로 간주한다.)
① 14.81
② 25.11
③ 50.22
④ 87.31

해설
$200\text{kg CaCO}_3 \times \dfrac{1\text{kmol}}{100\text{kg}} = 2\text{kmol}$

정답 21 ④ 22 ① 23 ① 24 ④ 25 ② 26 ③

$$CaCO_3 \rightarrow CaO + CO_2$$
$$\text{2kmol} \qquad\qquad \text{2kmol}$$

$$V = \frac{nRT}{P}$$
$$= \frac{2\text{kmol} \times 0.082\text{m}^3 \text{ atm/kmol K} \times 298\text{K}}{740\text{mmHg} \times \dfrac{1\text{atm}}{760\text{mmHg}}}$$
$$= 50.2\text{m}^3$$

27 어떤 실린더 내에 기체 I, II, III, IV가 각각 1mol씩 들어 있다. 각 기체의 Van der Waals$((P+a/V^2)(V-b)=RT)$ 상수 a와 b가 다음 표와 같고, 각 기체에서의 기체분자 자체의 부피에 의한 영향 차이는 미미하다고 할 때, 80℃에서 분압이 가장 작은 기체는?(단, a의 단위는 atm (cm³/mol)²이고, b의 단위는 cm³/mol이다.)

구분	a	b
I	0.254×10^6	26.6
II	1.36×10^6	31.9
III	5.45×10^6	30.6
IV	2.25×10^6	42.8

① I   ② II
③ III   ④ IV

해설

$$P = \frac{RT}{V-b} - \frac{a}{V^2}$$

- a는 인력, b는 분자 자체의 크기를 고려한 것이다. 기체분자 자체의 부피에 의한 영향 차이가 미미하므로 b의 영향은 무시할 수 있으므로 a의 영향에만 관계한다.
- a가 크면 P가 작다.

28 25℃, 1atm에서 벤젠 1mol의 완전연소 시 생성된 물질이 다시 25℃, 1atm으로 되돌아올 때 3,241kJ/mol의 열을 방출한다. 이때, 벤젠 3mol의 표준생성열(kJ)은?(단, 이산화탄소와 물의 표준생성엔탈피는 각각 -394, -284kJ/mol이다.)

① 19,371   ② 6,457
③ 75   ④ 24

해설

$$C_6H_6 + \frac{15}{2}O_2 \rightarrow 6CO_2 + 3H_2O \quad \Delta H = -3{,}241\text{kJ/mol}$$
$$\Delta H = (\sum H_f)_P - (\sum H_f)_R$$
$$-3{,}241\text{kJ/mol} = 6 \times (-394) + 3 \times (-284) - \Delta H_{fC_6H_6}$$
$$\therefore \Delta H_{fC_6H_6} = 25\text{kJ/mol}$$

벤젠(C_6H_6) 3mol의 표준생성열
$$\Delta H_{fC_6H_6} = 25\text{kJ/mol} \times 3\text{mol}$$
$$= 75\text{kJ}$$

29 포도당($C_6H_{12}O_6$) 4.5g이 녹아 있는 용액 1L와 소금물을 반투막을 사이에 두고 방치해 두었더니 두 용액의 농도 변화가 일어나지 않았다. 이때 소금의 L당 용해량(g)은?(단, 소금물의 소금은 완전히 전리했다.)

① 0.0731   ② 0.146
③ 0.731   ④ 1.462

해설

$$\frac{\text{포도당}4.5\text{g} \times \dfrac{1\text{mol}}{180\text{g}}}{1\text{L}} = 0.025\text{mol/L}$$

NaCl은 100% 이온화되므로
$$0.025\text{mol/L} = \frac{n \times 2}{L}$$
$$\therefore n = 0.0125\text{mol NaCl}$$
$$0.0125\text{mol} \times \frac{58.5\text{g}}{1\text{mol}} = 0.731\text{g}$$

30 500mL 용액에 10g NaOH가 들어있을 때 N농도는?

① 0.25   ② 0.5
③ 1.0   ④ 2.0

해설

$$10\text{g NaOH} \times \frac{1\text{mol}}{40\text{g}} = 0.25\text{mol}$$
$$N = \frac{1 \times 0.25\text{mol}}{500\text{mL} \times \dfrac{1\text{L}}{1{,}000\text{mL}}} = 0.5\text{N}$$

정답 27 ③ 28 ③ 29 ③ 30 ②

31 어떤 증발관에 1wt%의 용질을 가진 70℃ 용액을 20,000kg/h로 공급하여 용질의 농도를 4wt%까지 농축하려 할 때 증발관이 증발시켜야 할 용매의 증기량(kg/h)은?

① 5,000
② 10,000
③ 15,000
④ 20,000

해설
$$W = F\left(1 - \frac{a}{b}\right)$$
$$= 20,000\text{kg/h}\left(1 - \frac{1}{4}\right)$$
$$= 15,000\text{kg/h}$$

32 건조 특성곡선에서 항률건조기간으로부터 감률건조기간으로 바뀔 때의 함수율은?

① 전(Total)함수율
② 자유(Free)함수율
③ 임계(Critical)함수율
④ 평형(Equilibrium)함수율

해설
임계함수율(w_c)
항률건조기간에서 감률건조기간으로 바뀔 때의 함수율

33 어느 공장의 폐가스는 공기 1L당 0.08g의 SO_2를 포함한다. SO_2의 함량을 줄이고자 공기 1L에 대하여 순수한 물 2kg의 비율로 연속향류접촉(Continuous Counter Current Contact)시켰더니 SO_2의 함량이 1/10로 감소하였다. 이때 물에 흡수된 SO_2 함량은?

① 물 1kg당 SO_2 0.072g
② 물 1kg당 SO_2 0.036g
③ 물 1L당 SO_2 0.018g
④ 물 1L당 SO_2 0.009g

해설

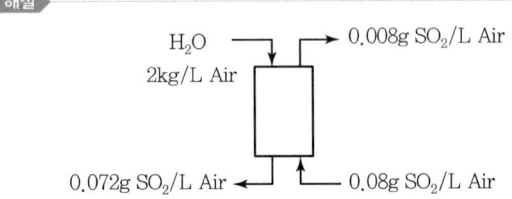

물 2kg당 0.072g SO_2를 흡수하므로
물 1kg당 0.036g SO_2가 흡수된다.

34 2성분 혼합물의 액-액 추출에서 평형관계를 나타내는 데 필요한 자유도의 수는?

① 2
② 3
③ 4
④ 5

해설
$F = 2 - P + C = 2 - 1 + 2 = 3$

35 열전도도에 관한 설명 중 틀린 것은?

① 기체의 열전도도는 온도에 따라 다르다.
② 물질에 따라 다르며, 단위는 W/m℃이다.
③ 물체 안으로 열이 얼마나 빨리 흐르는가를 나타내 준다.
④ 단위면적당 전열속도는 길이에 비례하는 비례상수이다.

해설
$$\frac{q}{A} = k\frac{\Delta t}{l}$$

여기서, k : 열전도도(kcal/m h ℃)
단위면적당 전열속도는 온도차(Δt)에 비례하고 길이(l)에 반비례하며, 비례상수는 k이다.

36 1기압, 300℃에서 과열수증기의 엔탈피(kcal/kg)는?(단, 1기압에서 증발잠열은 539kcal/kg, 수증기의 평균비열은 0.45kcal/kg ℃이다.)

① 190
② 250
③ 629
④ 729

해설

$$Q = Q_1 + Q_2 + Q_3$$
$$= C_P \Delta t + \lambda + C_{PV} \Delta t$$
$$= 1\text{kcal/kg}°C \times 100°C + 539\text{kcal/kg}$$
$$+ 0.45\text{kcal/kg}°C \times (300-100)°C$$
$$= 729\text{kcal/kg}$$

37 일반적으로 교반조작의 목적이 될 수 없는 것은?

① 물질전달속도의 증대
② 화학반응의 촉진
③ 교반성분의 균일화 촉진
④ 열전달저항의 증대

해설

교반조작의 목적
- 성분의 균일화
- 물질전달속도의 증대
- 열전달속도의 증대
- 물리적 변화 촉진
- 화학적 변화 촉진
- 분산액 제조

38 벤젠과 톨루엔의 혼합물을 비점, 액상으로 증류탑에 공급한다. 공급, 탑상, 탑저의 벤젠 농도가 각각 45, 92, 10wt%, 증류탑의 환류비가 2.2이고 탑상 제품이 23,688.38kg/h로 생산될 때 탑 상부에서 나오는 증기의 양(kmol/h)은?

① 360
② 660
③ 960
④ 990

해설

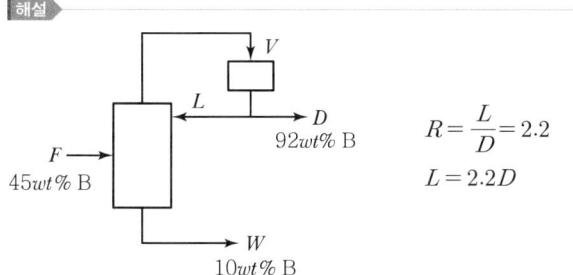

$$R = \frac{L}{D} = 2.2$$
$$L = 2.2D$$

$23,688.38\text{kg/h} \times 0.92 = 21,793.3\text{kg/h}$ B
$23,688.38\text{kg/h} \times 0.08 = 1,895.07\text{kg/h}$ T

$21,793.3\text{kg/h B} \times \dfrac{1\text{kmol}}{78\text{kg}} = 279.4\text{kmol/h}$ B
$1,895.07\text{kg/h T} \times \dfrac{1\text{kmol}}{92\text{kg}} = 20.6\text{kmol/h}$ T ⎤ 300kmol/h

$$\therefore V = L + D = 2.2D + D = 3.2D$$
$$= 3.2 \times 300\text{kmol/h}$$
$$= 960\text{kmol/h}$$

39 비중이 0.7인 액체를 0.2m³/s의 속도로 수송하기 위해 기계적 일이 5.2kg_f m/kg만큼 액체에 주어지기 위한 펌프의 필요 동력(HP)은?(단, 전효율은 0.7이다.)

① 6.70
② 12.7
③ 13.7
④ 49.8

해설

$$\dot{m} = \rho u A = \rho Q$$
$$= 0.7 \times 1,000\text{kg/m}^3 \times 0.2\text{m}^3/\text{s}$$
$$= 140\text{kg/s}$$
$$P = \frac{\dot{m}W}{76}$$
$$= \frac{140\text{kg/s} \times 5.2\text{kg}_f\text{ m/kg} \times 0.7}{76}$$
$$= 6.7\text{HP}$$

40 나머지 셋과 서로 다른 단위를 갖는 것은?

① 열전도도 ÷ 길이
② 총괄열선달계수
③ 열전달속도 ÷ 면적
④ 열유속(Heat Flux) ÷ 온도

해설

① 열전도도 ÷ 길이 : $\text{kcal/m}^2\text{ h }°C$
② 총괄열전달계수 : $\text{kcal/m}^2\text{ h }°C$
③ 열전달속도 ÷ 면적 : kcal/h m^2
④ 열유속 ÷ 온도 : $\text{kcal/h m}^2\text{ }°C$

정답 37 ④ 38 ③ 39 ① 40 ③

3과목 공정제어

41 피드백 제어계의 총괄전달함수는?

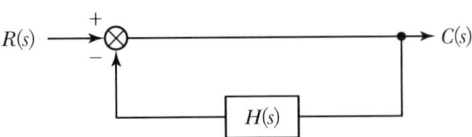

① $\dfrac{1}{-H(s)}$ ② $\dfrac{1}{1+H(s)}$

③ $\dfrac{1}{H(s)}$ ④ $\dfrac{1}{1-H(s)}$

해설

$G(s) = \dfrac{직선}{1+회선}$

$= \dfrac{1}{1+H(s)}$

42 2차계 공정의 동특성을 가지는 공정에 계단입력이 가해졌을 때 응답특성에 대한 설명 중 옳은 것은?

① 입력의 크기가 커질수록 진동응답, 즉 과소감쇠응답이 나타날 가능성이 커진다.
② 과소감쇠응답 발생 시 진동주기는 공정이득에 비례하여 커진다.
③ 과소감쇠응답 발생 시 진동주기는 공정이득에 비례하여 작아진다.
④ 출력의 진동 발생 여부는 감쇠계수 값에 의하여 결정된다.

해설

· 과소감쇠 : $0 < \zeta < 1$ → ζ가 작아질수록 진동의 폭은 커진다.

주기 $T = \dfrac{2\pi\tau}{\sqrt{1-\zeta^2}}$

· 임계감쇠 : $\zeta = 1$
· 과도감쇠 : $\zeta > 1$

43 다음의 공정 중 임펄스 입력이 가해졌을 때 진동특성을 가지며 불안정한 출력을 가지는 것은?

① $G(s) = \dfrac{1}{s^2 - 2s + 2}$

② $G(s) = \dfrac{1}{s^2 - 2s - 3}$

③ $G(s) = \dfrac{1}{s^2 + 3s + 3}$

④ $G(s) = \dfrac{1}{s^2 + 3s + 4}$

해설

$Y(s) = G(s)X(s)$

$= \dfrac{1}{s^2 - 2s + 2} \cdot 1$

$= \dfrac{1}{(s-1)^2 + 1}$

$y(t) = e^t \sin t$ → 진동발산

44 시정수가 0.1분이며 이득이 1인 1차 공정의 특성을 지닌 온도계가 90℃로 정상상태에 있다. 특정 시간($t = 0$)에 이 온도계를 100℃인 곳에 옮겼을 때, 온도계가 98℃를 가리키는 데 걸리는 시간(분)은?(단, 온도계는 단위계단응답을 보인다고 가정한다.)

① 0.161 ② 0.230
③ 0.303 ④ 0.404

해설

$Y(s) = G(s)X(s)$

$= \dfrac{1}{0.1s + 1} \cdot \dfrac{10}{s}$

$= 10\left(\dfrac{1}{s} - \dfrac{0.1}{0.1s + 1}\right)$

$= 10\left(\dfrac{1}{s} - \dfrac{1}{s + 10}\right)$

$y(t) = 10(1 - e^{-10t}) = 8$

$1 - e^{-10t} = 0.8$

∴ $t = 0.161\text{min}$

정답 41 ② 42 ④ 43 ① 44 ①

45 Reset Windup 현상에 대한 설명으로 옳은 것은?

① PID 제어기의 미분동작과 관련된 것으로 일정한 값의 제어오차를 미분하면 0으로 Reset되어 제어동작에 반영되지 않는 것을 의미한다.
② PID 제어기의 미분동작과 관련된 것으로 잡음을 함유한 제어오차신호를 미분하면 잡음이 크게 증폭되며 실제 제어오차 미분값은 상대적으로 매우 작아지는(Reset 되는) 것을 의미한다.
③ PID 제어기의 적분동작과 관련된 것으로 잡음을 함유한 제어오차신호를 적분하면 잡음이 상쇄되어 그 영향이 Reset되는 것을 의미한다.
④ PID 제어기의 적분동작과 관련된 것으로 공정의 제약으로 인해 제어오차가 빨리 제거될 수 없을 때 제어기의 적분값이 필요 이상으로 커지는 것을 의미한다.

해설

Reset Windup
- 적분제어 작용에서 나타난다.
- 오차 $e(t)$가 0보다 클 경우 $e(t)$의 적분값은 시간이 지날수록 점점 커지게 된다.
- 제어기 출력 $m(t)$가 최대 허용치에 머물고 있음에도 불구하고 $e(t)$의 적분값이 계속 커지는 현상이다.

46 다음 공정의 단위 임펄스 응답은?

$$G_P(s) = \frac{4s^2+5s-3}{s^3+2s^2-s-2}$$

① $y(t) = 2e^t + e^{-t} + e^{-2t}$
② $y(t) = 2e^t + 2e^{-t} + e^{-2t}$
③ $y(t) = e^t + 2e^{-t} + e^{-2t}$
④ $y(t) = e^t + e^{-t} + 2e^{-2t}$

해설

$$Y(s) = \frac{4s^2+5s-3}{s^3+2s^2-s-2} \cdot 1$$
$$= \frac{2}{s+1} + \frac{1}{s-1} + \frac{1}{s+2}$$
$$\therefore y(t) = 2e^{-t} + e^t + e^{-2t}$$

47 어떤 제어계의 Nyquist 선도가 아래와 같을 때, 이 제어계의 이득여유(Gain Margin)를 1.7로 할 경우 비례이득은?

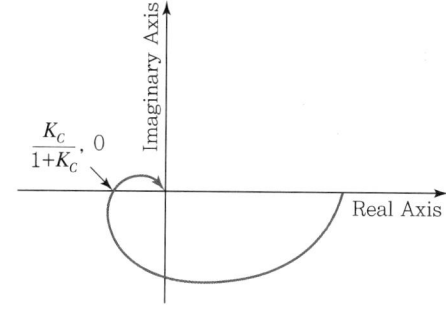

① 0.43
② 1.43
③ 2.33
④ 2.43

해설

이득여유 $GM = \dfrac{1}{AR_c} = 1.7$

$\therefore AR_c = \dfrac{1}{1.7}$

AR_c : $\phi = -180°$일 때의 진폭비

$\dfrac{K_c}{1+K_c} = \dfrac{1}{1.7}$

$\therefore K_c = 1.43$

48 비례-미분제어 장치의 전달함수 형태를 옳게 나타낸 것은?(단, K는 이득, τ는 시간정수이다.)

① $K\tau s$
② $K\left(1+\dfrac{1}{\tau s}\right)$
③ $K(1+\tau s)$
④ $K\left(1+\tau_1 s + \dfrac{1}{\tau_2 s}\right)$

해설

- P 제어기 : $G(s) = K_c$
- PD 제어기 : $G(s) = K_c(1+\tau_D s)$
- PID 제어기 : $G(s) = K_c\left(1+\dfrac{1}{\tau_I s}+\tau_D s\right)$

정답 45 ④ 46 ③ 47 ② 48 ③

49 $f(s) = \dfrac{s^4 - 6s^2 + 9s - 8}{s(s-2)(s^3 + 2s^2 - s - 2)}$ 의 라플라스 변환을 갖는 함수 $f(t)$에 대하여 $f(0)$를 구하는 데 이용할 수 있는 이론과 $f(0)$의 값으로 옳은 것은?

① 초기치 정리 (Initial Value Theorem), 1
② 최종치 정리 (Final Value Theorem), -2
③ 함수의 변이 이론(Translation Theorem of Function), 1
④ 로피탈 정리 이론(L'Hopital's Theorem), -2

해설

• 초기치 정리
$$\lim_{t\to 0} f(t) = \lim_{s\to\infty} sF(s)$$
$$= \lim_{s\to\infty} \frac{s^4 - 6s^2 + 9s - 8}{(s-2)(s^3 + 2s^2 - s - 2)} = 1$$

• 최종치 정리
$$\lim_{t\to\infty} f(t) = \lim_{s\to 0} sF(s)$$
$$= \lim_{s\to 0} \frac{s^4 - 6s^2 + 9s - 8}{(s-2)(s^3 + 2s^2 - s - 2)}$$
$$= \frac{-8}{4} = -2$$

50 주파수 응답의 위상각이 0°와 90° 사이인 제어기는?

① 비례 제어기
② 비례 – 미분 제어기
③ 비례 – 적분 제어기
④ 비례 – 미분 – 적분 제어기

해설

• 비례 제어기 : $\phi = 0$
• 비례미분 제어기 : $\phi = 0 \sim 90°$
• 비례적분 제어기 : $\phi = -90° \sim 0°$
• 비례미분적분 제어기 : $\phi = -90° \sim 90°$

51 전달함수가 $Ke^{\dfrac{-\theta s}{\tau s + 1}}$ 인 공정에 대한 결과가 아래와 같을 때, K, τ, θ의 값은?

• 공정입력 $\sin(\sqrt{2}\,t)$ 적용 후 충분한 시간이 흐른 후의 공정출력 $\dfrac{2}{\sqrt{2}}\sin\left(\sqrt{2}\,t - \dfrac{\pi}{2}\right)$
• 공정입력 1 적용 후 충분한 시간이 흐른 후의 공정출력 2

① $K = 1$, $\tau = \dfrac{1}{\sqrt{2}}$, $\theta = \dfrac{\pi}{2\sqrt{2}}$

② $K = 1$, $\tau = \dfrac{1}{\sqrt{2}}$, $\theta = \dfrac{\pi}{4\sqrt{2}}$

③ $K = 2$, $\tau = \dfrac{1}{\sqrt{2}}$, $\theta = \dfrac{\pi}{2\sqrt{2}}$

④ $K = 2$, $\tau = \dfrac{1}{\sqrt{2}}$, $\theta = \dfrac{\pi}{4\sqrt{2}}$

해설

$x(t) = \sin\sqrt{2}\,t$
$y(t) = \dfrac{2}{\sqrt{2}} \sin\left(\sqrt{2}\,t - \dfrac{\pi}{2}\right)$
$\omega = \sqrt{2}$
$Y(s) = Ke^{-\dfrac{\theta s}{\tau s + 1}} \cdot \dfrac{1}{s}$

$\lim_{t\to\infty} y(t) = \lim_{s\to 0} sY(s) = \lim_{s\to 0} Ke^{-\dfrac{\theta s}{\tau s + 1}} = K = 2$

$AR = \dfrac{K}{\sqrt{\tau^2\omega^2 + 1}}$

$\dfrac{2}{\sqrt{2}} = \dfrac{2}{\sqrt{\tau^2 \times (\sqrt{2})^2 + 1}}$

$\therefore \tau = \dfrac{1}{\sqrt{2}}$

$\phi = -\tan^{-1}(\tau\omega) - \theta\omega$
$= -\tan^{-1}\left(\dfrac{1}{\sqrt{2}} \cdot \sqrt{2}\right) - \sqrt{2}\,\theta$

$-\dfrac{\pi}{2} = -\dfrac{\pi}{4} - \sqrt{2}\,\theta$

$\therefore \theta = \dfrac{\pi}{4\sqrt{2}}$

52 되먹임 제어에 관한 설명으로 옳은 것은?

① 제어변수를 측정하여 외란을 조절한다.
② 외란 정보를 이용하여 제어기 출력을 결정한다.
③ 제어변수를 측정하여 조작변수 값을 결정한다.
④ 외란이 미치는 영향을 선(先) 보상해주는 원리이다.

해설

되먹임 제어(Feedback)
제어변수를 측정하여 측정된 변수값을 설정치와 비교하며, 이들 두 변수의 차이인 제어오차에 의하여 제어신호가 결정된 다음 이에 따라 조작변수를 조절하여 다시 변화되는 일련의 루프를 이룬다.

53 블록선도 (a)와 (b)가 등가이기 위한 m의 값은?

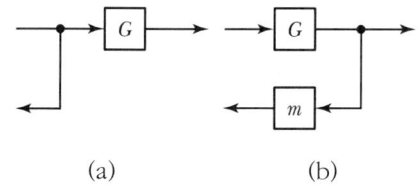

(a)   (b)

① G
② $1/G$
③ G^2
④ $1-G$

해설

$(a) = \dfrac{G}{1+1}$, $(b) = \dfrac{G}{1+Gm}$

$\dfrac{G}{1+1} = \dfrac{G}{1+Gm}$, $Gm = 1$ ∴ $m = \dfrac{1}{G}$

54 $\dfrac{d^2y}{dt^2} + 3\dfrac{dy}{dt} + y = u$를 상태함수 $\dfrac{dx}{dt} = Ax + Bu$

형태로 나타낼 경우 A와 B는?

① $A = \begin{bmatrix} 0 & 1 \\ 1 & 3 \end{bmatrix}, B = \begin{bmatrix} 1 \\ 1 \end{bmatrix}$

② $A = \begin{bmatrix} 0 & 1 \\ -1 & -3 \end{bmatrix}, B = \begin{bmatrix} 0 \\ 1 \end{bmatrix}$

③ $A = \begin{bmatrix} 0 & -1 \\ 1 & 3 \end{bmatrix}, B = \begin{bmatrix} 1 \\ -1 \end{bmatrix}$

④ $A = \begin{bmatrix} 0 & 1 \\ -1 & 3 \end{bmatrix}, B = \begin{bmatrix} 1 \\ -1 \end{bmatrix}$

해설

상태공간법
$\dot{x}(t) = Ax(t) + Bu(t)$
$\dfrac{d^2y}{dt^2} + 3\dfrac{dy}{dt} + y = u$

$A = \begin{bmatrix} 0 & 1 \\ -1 & -3 \end{bmatrix}$ $B = \begin{bmatrix} 0 \\ 1 \end{bmatrix}$

$\begin{bmatrix} \dot{x}_1 \\ \dot{x}_2 \end{bmatrix} = \begin{bmatrix} 0 & 1 \\ -1 & -3 \end{bmatrix} \begin{bmatrix} x_1 \\ x_2 \end{bmatrix} + \begin{bmatrix} 0 \\ 1 \end{bmatrix} u(t)$

55 아래와 같은 블록 다이어그램의 총괄전달함수(Over-all Transfer Function)는?

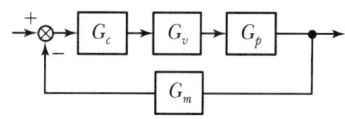

① $\dfrac{G_c G_v G_p G_m}{1 - G_c G_v G_p}$
② $\dfrac{G_c G_v G_p G_m}{1 + G_c G_v G_p}$
③ $\dfrac{G_c G_v G_p}{1 - G_c G_v G_p G_m}$
④ $\dfrac{G_c G_v G_p}{1 + G_c G_v G_p G_m}$

해설

$G(s) = \dfrac{\text{직선}}{1 + \text{회선}} = \dfrac{G_c G_v G_p}{1 + G_c G_v G_p G_m}$

56 Routh법에 의한 제어계의 안정성 판별조건과 관계 없는 것은?

① Routh Array의 첫 번째 열에 전부 양(+)의 숫자만 있어야 안정하다.
② 특성방정식이 s에 대해 n차 다항식으로 나타나야 한다.
③ 제어계에 수송지연이 존재하면 Routh법은 쓸 수 없다.
④ 특성방정식의 어느 근이든 복소수축의 오른쪽에 위치할 때는 계가 안정하다.

정답 ▶ 52 ③ 53 ② 54 ② 55 ④ 56 ④

> 해설

Routh 안정성 판별 조건
특성방정식의 어느 근이든 복소수축의 왼쪽(음의 실근)에 위치할 때 계가 안정하다.

57 제어루프를 구성하는 기본 Hardware를 주요 기능별로 분류하면?

① 센서, 트랜스듀서, 트랜스미터, 제어기, 최종제어요소, 공정
② 변압기, 제어기, 트랜스미터, 최종제어요소, 공정, 컴퓨터
③ 센서, 차압기, 트랜스미터, 제어기, 최종제어요소, 공정
④ 샘플링기, 제어기, 차압기, 밸브, 반응기, 펌프

> 해설

전류－압력(I/P) 변환기
출력신호 : 전류의 변화 → 공기압의 변화

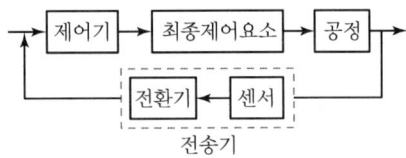

※ 트랜스듀서 : 변환기
　트랜스미터 : 전송기

58 특성방정식이 $1 + \dfrac{G_c}{(2s+1)(5s+1)} = 0$ 과 같이 주어지는 시스템에서 제어기(G_c)로 비례 제어기를 이용할 경우 진동응답이 예상되는 경우는?

① $K_c = -1$
② $K_c = 0$
③ $K_c = 1$
④ K_c에 관계없이 진동이 발생된다.

> 해설

$$1 + \frac{K_c}{(2s+1)(5s+1)} = 0$$
$$(2s+1)(5s+1) + K_c = 0$$
$$10s^2 + 7s + 1 + K_c = 0$$
$$\therefore s = \frac{-7 \pm \sqrt{49 - 40(1+K_c)}}{20}$$

진동응답을 할 경우
$49 - 40(1+K_c) < 0$
$K_c > 0.225$
$K_c = 1$은 $K_c > 0.225$ 조건을 만족하므로 진동응답을 한다.

59 적분공정 $\left(G(s) = \dfrac{1}{s(\tau s + 1)}\right)$을 P형 제어기로 제어한다. 공정 운전에 따라 양수 τ는 바뀐다고 할 때, 어떠한 τ에 대하여도 안정을 유지하는 P형 제어기 이득(K_c)의 범위는?

① $0 < K_c < \infty$
② $0 \leq K_c < \infty$
③ $0 < K_c < 1$
④ $0 \leq K_c < 1$

> 해설

$$1 + \frac{K_c}{s(\tau s + 1)} = 0$$
$$\tau s^2 + s + K_c = 0$$
$$s = \frac{-1 \pm \sqrt{1^2 - 4\tau K_c}}{2\tau}$$

• 음의 실근
$0 \leq \sqrt{1^2 - 4\tau K_c} < 1$
$0 < K_c \leq \dfrac{1}{4\tau}$

• 허근
$1^2 - 4\tau K_c < 0$
$K_c > \dfrac{1}{4\tau}$
$K_c > 0$
$\therefore 0 < K_c < \infty$

60 이상적인 PID 제어기를 실용하기 위한 변형 중 적절하지 않은 것은?(단, K_c는 비례이득, τ는 시간상수를 의미하며 하첨자 I와 D는 각각 적분과 미분 제어기를 의미한다.)

① 설정치의 일부만을 비례동작에 반영 :
$$K_c E(s) = K_c(R(s) - Y(s))$$
$$\downarrow$$
$$K_c E(s) = K_c(\alpha R(s) - Y(s)), 0 \leq \alpha \leq 1$$

② 설정치의 일부만을 적분동작에 반영 :
$$\frac{1}{\tau_I s} E(s) = \frac{1}{\tau_I s}(R(s) - Y(s))$$
$$\downarrow$$
$$\frac{1}{\tau_I s} E(s) = \frac{1}{\tau_I s}(\alpha R(s) - Y(s)), 0 \leq \alpha \leq 1$$

③ 설정치를 미분하지 않음 :
$$\tau_D s E(s) = \tau_D s(R(s) - Y(s))$$
$$\downarrow$$
$$\tau_D s E(s) = -\tau_D s Y(s)$$

④ 미분동작의 잡음에 대한 민감성을 완화시키기 위한 Filtered 미분동작 :
$$\tau_D s$$
$$\downarrow$$
$$\frac{\tau_D s}{as+1}$$

해설

PID 제어기의 변형
$$G_c(s) = K_c\left(1 + \frac{1}{\tau_I s}\right)\left(\frac{\tau_D s + 1}{\alpha \tau_D s + 1}\right)$$

- 간섭형
$$U(s) = K_c\left(1 + \frac{1}{\tau_I s}\right)(1 + \tau_D s)e(s)$$

- 잡음에 대한 민감성 억제(필터링)
$$\tau_D s e(s) = \frac{\tau_D s}{(\tau_D/N)s + 1} e(s) = \frac{\tau_D s}{as+1} e(s)$$

- Derivative Kick 제거
$$\tau_D \frac{d}{dt}(r(t) - y(t)) \to -\tau_D \frac{d}{dt} y(t) \to -\tau_D s Y(s)$$

Derivative Kick
설정값에 변화를 줄 때 $\frac{dr(t)}{dt}$가 순간적으로 큰 값이 되어 제어출력에 충격을 가한다.
※ ②에서 설정치(R)에 가중치(기여도)를 부여하는 것은 비례동작의 한계 극복에 해당된다.

4과목 공업화학

61 포화식염수에 직류를 통과시켜 수산화나트륨을 제조할 때 환원이 일어나는 음극에서 생성되는 기체는?

① 염화수소   ② 산소
③ 염소   ④ 수소

해설

- (+)극 : $2Cl^- \to Cl_2 + 2e^-$ (산화)
- (-)극 : $2H_2O + 2e^- \to H_2 + 2OH^-$ (환원)

62 벤젠 유도체 중 니트로화 과정에서 meta 배향성을 갖는 것은?

① 벤조산   ② 브로모벤젠
③ 톨루엔   ④ 바이페닐

해설

- 전자 주는 기 : ortho, para 지향성
  예) 아미노기, 수산기, 할로겐기, 알킬기
- 전자 끄는 기 : meta 지향성
  예) 니트로기, 카르보닐기, 카르복시기, 니트릴기

63 양쪽성 물질에 대한 설명으로 옳은 것은?

① 동일한 조건에서 여러 가지 축합반응을 일으키는 물질
② 수계 및 유계에서 계면활성제로 작용하는 물질
③ pKa 값이 7 이하인 물질
④ 반응조건에 따라 산으로도 작용하고 염기로도 작용하는 물질

> 해설

$$H_2O + H_2O \longrightarrow H_3O^+ + OH^-$$
(염기, 산 → 짝산, 짝염기)

양쪽성 물질 : 산으로도 작용하고 염기로도 작용

64 다니엘 전지(Daniel Cell)를 사용하여 전자기기를 작동시킬 때 측정한 전압(방전 전압)과 충전 시 전지에 인가하는 전압(충전 전압)에 대한 관계와 그 설명으로 옳은 것은?

① 충전 전압은 방전 전압보다 크다. 이는 각 전극에서의 반응과 용액의 저항 때문이며, 전극의 면적과는 관계가 없다.
② 충전 전압은 방전 전압보다 크다. 이는 각 전극에서의 반응과 용액의 저항 때문이며, 전극의 면적이 클수록 그 차이는 증가한다.
③ 충전 전압은 방전 전압보다 작다. 이는 각 전극에서의 반응과 용액의 저항 때문이며, 전극의 면적과는 관계가 없다.
④ 충전 전압은 방전 전압보다 작다. 이는 각 전극에서의 반응과 용액의 저항 때문이며, 전극의 면적이 클수록 그 차이는 증가한다.

> 해설

충전전압>방전전압 (면적은 관계 없음)

65 H_2와 Cl_2를 직접 결합시키는 합성염화수소의 제법에서는 활성화된 분자가 연쇄를 이루기 때문에 반응이 폭발적으로 진행된다. 실제 조작에서 폭발을 막기 위해 행하는 조치는?

① 반응압력을 낮추어 준다.
② 수증기를 공급하여 준다.
③ 수소를 다소 과잉으로 넣는다.
④ 염소를 다소 과잉으로 넣는다.

> 해설

$H_2 : Cl_2 = 1.2 : 1$
수소를 과잉으로 넣는다.

66 질소와 수소를 원료로 암모니아를 합성하는 반응에서 암모니아의 생성을 방해하는 조건은?

① 온도를 낮춘다.
② 압력을 낮춘다.
③ 생성된 암모니아를 제거한다.
④ 평형반응이므로 생성을 방해하는 조건은 없다.

> 해설

NH_3 생성 방해
$N_2 + 3H_2 \rightleftarrows 2NH_3 + Q$(발열)
 온도 ↑ : 역반응
 압력 ↑ : 정반응
∴ NH_3를 생성하려면 온도를 낮추고 압력을 높인다.

67 황산 제조공업에서의 바나듐 촉매 작용기구로서 가장 거리가 먼 것은?

① 원자가의 변화
② 3단계에 의한 회복
③ 산성의 피로인산염 생성
④ 화학변화에 의한 중간생성물의 생성

> 해설

V_2O_5 Catalyst
$V_2O_5 + SO_2 \rightarrow V_2O_4 + SO_3$
$\quad V^{5+} \rightarrow V^{4+}$
적갈색 → 녹갈색

$2SO_2 + O_2 + V_2O_4 \rightarrow 2VOSO_4$
$2VOSO_4 \rightarrow V_2O_5 + SO_2 + SO_3$
※ 피로인산염 : 피로인산($H_4P_2O_7$)의 염. $M_4P_2O_7$

68 불순물을 제거하는 석유정제 공정이 아닌 것은?

① 코킹법
② 백토처리
③ 메록스법
④ 용제추출법

정답 64 ① 65 ③ 66 ② 67 ③ 68 ①

> 해설

석유정제 공정 중 불순물 제거
㉠ 연료유 정제
- 산에 의한 화학적 정제
- 알칼리에 의한 화학적 정제
- 흡착법(백토처리)
- 스위트닝(Merox법, 닥터법)
- 수소화 처리법

㉡ 윤활유 정제
- 용제정제법
- 탈아스팔트
- 탈납

석유의 전화
㉠ 분해
- 열분해(비스브레이킹, 코킹)
- 접촉분해
- 수소화분해
㉡ 리포밍
㉢ 알킬화법
㉣ 이성화법

69 공업적으로 인산을 제조하는 방법 중 인광석의 산분해법에 주로 사용되는 산은?

① 염산
② 질산
③ 초산
④ 황산

> 해설

- 과린산석회(P_2O_5 15~20%) : 인광석을 황산분해시켜 제조
- 중과린산석회(P_2O_5 30~50%) : 인광석을 인산분해시켜 제조

70 열가소성 수지에 해당하는 것은?

① 폴리비닐알코올
② 페놀 수지
③ 요소 수지
④ 멜라민 수지

> 해설

- 열가소성 수지 : 가열 시 연화되어 외력을 가할 때 쉽게 변형되므로 성형가공 후 냉각하면 외력을 제거해도 성형된 상태를 유지하는 수지
  예) 폴리염화비닐, 폴리에틸렌, 폴리프로필렌, 폴리스티렌, 폴리아세트산, 폴리비닐알코올
- 열경화성 수지 : 가열 시 일단 연화되지만, 계속 가열하면 점점 경화되어 나중에는 온도를 올려도 연화, 용융되지 않고 원상태로 되지도 않는 성질의 수지
  예) 페놀수지, 요소수지, 멜라민수지, 에폭시수지, 알키드수지, 규소수지

71 반도체 제조공정 중 원하는 형태로 패턴이 형성된 표면에서 원하는 부분을 화학반응 또는 물리적 과정을 통해 제거하는 공정은?

① 세정
② 에칭
③ 리소그래피
④ 이온주입공정

> 해설

- 에칭(식각) : 노광 후 PR(포토레지스트)로 보호되지 않는 부분(감광되지 않는 부분)을 제거하는 공정
- 리소그래피 : 마스크를 통해 빛이 조사되면 빛을 투과하는 부분에서는 빛이 웨이퍼 위에 도포된 포토레지스트에 조사되어 광화학반응을 일으킨다. 이것을 사진공정(포토리소그래피)이라 한다. 마스크 위에 설계된 패턴, 즉 현상을 그대로 웨이퍼 표면 위로 옮기는 공정
- 이온주입공정 : 전하를 띤 원자인 도판트(B, P, As) 주입, 즉 불순물을 웨이퍼 내부로 확산시키는 공정

72 순도 77% 아염소산나트륨($NaClO_2$) 제품 중 당량 유효염소 함량(%)은?(단, Na, Cl의 원자량은 각각 23, 35.5g/mol이다.)

① 92.82
② 112.12
③ 120.82
④ 222.25

> 해설

$4NaOH + Ca(OH)_2 + C + 4ClO_2$
$\to 4NaClO_2 + CaCO_3 + 3H_2O$

ClO_2 가스를 환원제 존재하에서 NaOH 용액에 흡수하여 제조한다.

공업용의 유효염소 함량 : 125%

$\dfrac{4Cl}{NaClO_2} \times 100\% = \dfrac{4 \times 35.5}{90.5} \times 100\% \times 0.77 = 120.82\%$

73 다음 중 옥탄가가 가장 낮은 것은?

① Butane
② 1-Pentene
③ Toluene
④ Cyclohexane

> 해설

n-파라핀<올레핀<나프텐계<방향족
동일계 탄화수소의 경우 비점이 낮을수록 옥탄가가 높다.

74 폴리카보네이트의 합성방법은?

① 비스페놀A와 포스겐의 축합반응
② 비스페놀A와 포름알데히드의 축합반응
③ 하이드로퀴논과 포스겐의 축합반응
④ 하이드로퀴논과 포름알데히드의 축합반응

해설

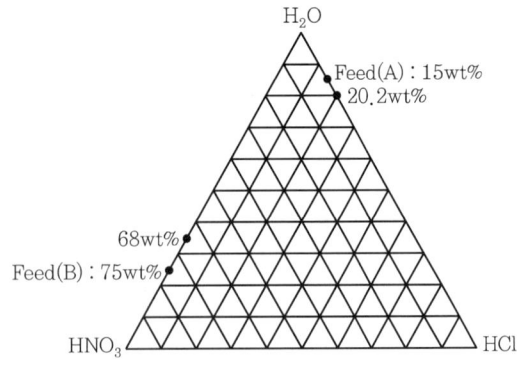

75 1기압에서의 HCl, HNO₃, H₂O의 Ternary Plot과 공비점 및 용액 A와 B가 아래와 같을 때 틀린 설명은?

① 황산을 이용하여 A용액을 20.2wt% 이상으로 농축할 수 있다.
② 황산을 이용하여 B용액을 75wt% 이상으로 농축할 수 있다.
③ A용액을 가열 시 최고 20.2wt%로 농축할 수 있다.
④ B용액을 가열 시 80wt%까지 농축할 수 있다.

해설

- HCl – H₂O : 20.2wt% HCl에서 공비점을 갖는다.
- HNO₃ – H₂O : 68wt% HNO₃에서 공비점을 갖는다. 68wt% 이상의 질산을 얻으려면 황산을 탈수제로 공비점을 소멸하여 얻을 수 있다.

76 석유 유분을 냉각하였을 때, 파라핀 왁스 등이 석출되기 시작하는 온도를 나타내는 용어는?

① Solidifying Point   ② Cloud Point
③ Nodal Point   ④ Aniline Point

해설

- Cloud Point(구름점) : 디젤연료에서 온도가 내려갈 때 파라핀이 석출되기 시작하는 온도
- Solidifying Point : 응고점
- Aniline Point(아닐린점) : 시료와 아닐린의 동량 혼합물이 완전히 균일하게 용해되는 온도

77 아미드(Amide)를 이루는 핵심 결합은?

① −NH−NH−CO−   ② −NH−CO−
③ −NH−N=CO   ④ −N=N−CO

해설

아미드 결합 : −CO−NH−
※ 단백질에서는 펩티드 결합

78 페놀(Phenol)의 공업적 합성법이 아닌 것은?

① Cumene법   ② Raschig법
③ Dow법   ④ Esso법

해설

- Cumene법
- Raschig법
- Dow법

정답 74 ① 75 ① 76 ② 77 ② 78 ④

- 황산화법

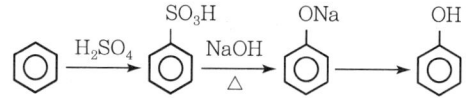

- 벤조산의 산화

79 어떤 유지 2g 속에 들어 있는 유리지방산을 중화시키는 데 KOH가 200mg 사용되었다. 이 시료의 산가(Acid Value)는?

① 0.1
② 1
③ 10
④ 100

해설
산가
유지 1g을 중화하는 데 필요로 하는 KOH의 mg으로 나타낸다.

80 요소비료를 합성하는 데 필요한 CO_2의 원료로 석회석(탄산칼슘 함량 85wt%)을 사용하고자 한다. 요소비료 1ton을 합성하기 위해 필요한 석회석의 양(ton)은? (단, Ca의 원자량은 40g/mol이다.)

① 0.96
② 1.96
③ 2.96
④ 3.96

해설

$2NH_3 + CO_2 \longrightarrow NH_4CO_2NH_2 \longrightarrow NH_2CONH_2 + H_2O$
　　　　　　　　　　　　　　　　　　　　　요소
　　44ton　　　　　　:　　　　　　60ton
　　　x　　　　　　　:　　　　　　1ton
∴ $x = 0.733\text{ton}$

$CaCO_3 \longrightarrow CaO + CO_2$
　100　　:　　44
$y \times 0.85$　:　0.733ton
∴ $y = 1.96\text{ton}$

5과목 반응공학

81 부피가 2L인 액상혼합반응기로 농도가 0.1mol/L인 반응물이 1L/min 속도로 공급된다. 공급한 반응물의 출구농도가 0.01mol/L일 때, 반응물 기준 반응속도(mol/L min)는?

① 0.045
② 0.062
③ 0.082
④ 0.100

해설

$\tau = \dfrac{V}{v_o} = \dfrac{C_{Ao} - C_A}{-r_A}$

$\tau = \dfrac{V}{v_o} = \dfrac{2L}{1L/min} = 2min$

$2min = \dfrac{0.1mol/L - 0.01mol/L}{-r_A}$

∴ $-r_A = 0.045\text{mol/L min}$

82 일정한 온도로 조작되고 있는 순환비가 3인 순환 플러그흐름반응기에서 1차 액체반응($A \to R$)이 40%까지 전화되었다. 만일 반응계의 순환류를 폐쇄시켰을 경우 변경되는 전화율(%)은?(단, 다른 조건은 그대로 유지한다.)

① 0.26
② 0.36
③ 0.46
④ 0.56

해설

$R = 3$, $X_{Af} = 0.4$

$X_{Ai} = \dfrac{R}{R+1} X_{Af} = \dfrac{3}{3+1} \times 0.4 = 0.3$

$\dfrac{V}{F_{A0}} = \dfrac{\tau}{C_{A0}} = (R+1) \int_{X_{Ai}}^{X_{Af}} \dfrac{dX_A}{-r_A}$

$= (R+1) \int_{X_{Ai}}^{X_{Af}} \dfrac{dX_A}{kC_A} = (3+1) \int_{0.3}^{0.4} \dfrac{dX_A}{kC_{A0}(1-X_A)}$

$= \dfrac{4}{kC_{A0}} \left(-\ln \dfrac{1-0.4}{1-0.3} \right)$

∴ $k\tau = 4 \left(-\ln \dfrac{0.6}{0.7} \right) = 0.617$

정답 79 ④　80 ②　81 ①　82 ③

순환류 폐쇄 시
1차 PFR : $k\tau = -\ln(1-X_A) = 0.617$
∴ $X_A = 0.46$

83 비가역반응($A+B \to AB$)의 반응속도식이 아래와 같을 때, 이 반응의 예상되는 메커니즘은?(단, k_{-}는 역반응속도상수이고 *표시는 중간체를 의미한다.)

$$r_{AB} = k_1 C_B^{\ 2}$$

① $A+A \underset{k_{-1}}{\overset{k_1}{\rightleftarrows}} A_2^*,\ A_2^* + B \overset{k_2}{\longrightarrow} A + AB$

② $A+A \underset{k_{-1}}{\overset{k_1}{\rightleftarrows}} A_2^*,\ A_2^* + B \underset{k_{-2}}{\overset{k_2}{\rightleftarrows}} A + AB$

③ $B+B \overset{k_1}{\longrightarrow} B_2^*,\ A + B_2^* \underset{k_{-2}}{\overset{k_2}{\rightleftarrows}} AB + B$

④ $B+B \underset{k_{-1}}{\overset{k_1}{\rightleftarrows}} B_2^*,\ A + B_2^* \underset{k_{-2}}{\overset{k_2}{\rightleftarrows}} AB + B$

해설

$r_{AB} = k_1 C_B^2$

$B+B \overset{k_1}{\longrightarrow} B_2^*$

$A + B_2^* \underset{k_{-2}}{\overset{k_2}{\rightleftarrows}} AB + B$

$r_{AB} = k_2 C_A C_{B_2^*} - k_{-2} C_{AB} C_B$

$r_{B_2^*} = \frac{1}{2} k_1 C_B^2 - k_2 C_A C_{B_2^*} + k_{-2} C_{AB} C_B = 0$

∴ $C_{B_2^*} = \dfrac{\frac{1}{2} k_1 C_B^2 + k_{-2} C_{AB} C_B}{k_2 C_A}$

∴ $r_{AB} = \frac{1}{2} k_1 C_B^2 = k C_B^2$

84 다음 그림은 기초적 가역 반응에 대한 농도−시간 그래프이다. 그래프의 의미를 가장 잘 나타낸 것은?(단, 반응방향 위 숫자는 상대적 반응속도 비율을 의미한다.)

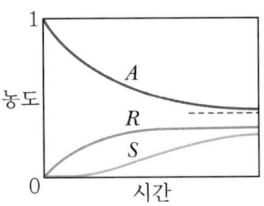

① $A \underset{1}{\overset{1}{\rightleftarrows}} R \underset{1}{\overset{1}{\rightleftarrows}} S$ ② $A \underset{1}{\overset{1}{\rightleftarrows}} R \overset{1}{\longrightarrow} S$

③ $A \underset{1}{\overset{1}{\rightleftarrows}} R,\ A \underset{1}{\overset{1}{\rightleftarrows}} S$ ④ $A \underset{1}{\overset{1}{\rightleftarrows}} R,\ A \underset{10}{\overset{10}{\rightleftarrows}} S$

해설

① 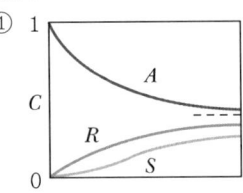 $A \underset{1}{\overset{1}{\rightleftarrows}} R \underset{1}{\overset{1}{\rightleftarrows}} S$

② 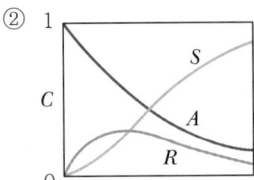 $A \underset{1}{\overset{1}{\rightleftarrows}} R \overset{1}{\longrightarrow} S$

③ 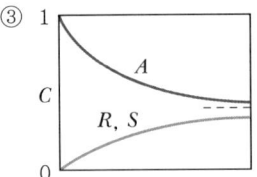 $A \underset{1}{\overset{1}{\rightleftarrows}} R,\ A \underset{1}{\overset{1}{\rightleftarrows}} S$

④ 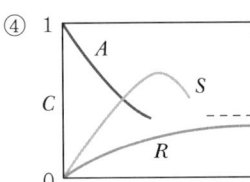 $A \underset{1}{\overset{1}{\rightleftarrows}} R,\ A \underset{10}{\overset{10}{\rightleftarrows}} S$

정답 83 ③ 84 ①

85 반응속도가 $0.005\,C_A^2$ mol/cm³ min으로 주어진 어떤 반응의 속도상수(L/mol h)는?

① 300
② 2.0×10^{-4}
③ 200
④ 3.0×10^{-4}

해설

$$K = 0.005\left(\frac{\text{mol}}{\text{cm}^3}\right)^{-1}\left(\frac{1}{\text{min}}\right)$$

$$= 0.005\,\text{cm}^3/\text{mol min} \times \frac{1\text{L}}{1,000\text{cm}^3} \times \frac{60\text{min}}{1\text{h}}$$

$$= 3 \times 10^{-4}\,\text{L/mol h}$$

86 Michaelis-Merten 반응($S \to P$, 효소반응)의 속도식은?(단, E_0는 효소, [ ]은 각 성분의 농도, k_m는 Michaelis-Menten 상수, $V_{\max}$는 효소 농도에 대한 최대 반응속도를 의미한다.)

① $r_R = \dfrac{V_{\max}[S]}{k_m + [S]}$

② $r_R = \dfrac{k_m[S]}{[E_0] + [S]}$

③ $r_R = \dfrac{k_m[S]}{V_{\max}[E_0] + [S]}$

④ $r_R = \dfrac{k[S][P]}{[E_0] - V_{\max}[S]}$

해설

$S \to R$: 효소반응

$-r_S = r_R = \dfrac{K[S][E_0]}{k_m + [S]}$

$\therefore r_R = \dfrac{V_{\max}[S]}{k_m + [S]}$

여기서, $V_{\max} = K[E_0]$
k_m : 미카엘리스 상수

87 평형전화율에 미치는 압력과 비활성 물질의 역할에 대한 설명으로 옳지 않은 것은?

① 평형상수는 반응속도론에 영향을 받지 않는다.
② 평형상수는 압력에 무관하다.
③ 평형상수가 1보다 많이 크면 비가역 반응이다.
④ 모든 반응에서 비활성 물질의 감소는 압력의 감소와 같다.

해설

- 평형상수 K는 온도만의 함수이다.
- 비활성 물질의 감소 → $C_A \uparrow$ → $X_A \downarrow$ → 기상계에서 P(압력) $\uparrow$

88 $(CH_3)_2O \to CH_4 + CO + H_2$ 기상반응이 1atm, 550℃의 CSTR에서 진행될 때 $(CH_3)_2O$의 전화율이 20% 될 때의 공간시간(s)은?(단, 속도상수는 $4.50 \times 10^{-3}\,\text{s}^{-1}$이다.)

① 87.78
② 77.78
③ 67.78
④ 57.78

해설

$\varepsilon_A = y_{A0}\delta = \dfrac{3-1}{1} = 2$

$k\tau = \dfrac{X_A}{1-X_A}(1 + \varepsilon_A X_A)$

$4.5 \times 10^{-3}(1/\text{s}) \times \tau = \dfrac{0.2}{1-0.2}(1 + 2 \times 0.2)$

$\therefore \tau = 77.78\,\text{s}$

89 액상 순환반응($A \to P$, 1차)의 순환율이 ∞일 때 총괄전화율의 변화 경향으로 옳은 것은?

① 관형흐름반응기의 전화율보다 크다.
② 완전혼합흐름반응기의 전화율보다 크다.
③ 완전혼합흐름반응기의 전화율과 같다.
④ 관형흐름반응기의 전화율과 같다.

해설

순환반응기
- $R \to 0$: PFR
- $R \to \infty$: CSTR

정답 85 ④ 86 ① 87 ④ 88 ② 89 ③

90 순수한 기체 반응물 A가 2L/s의 속도로 등온혼합반응기에 유입되어 분해반응($A \to 3B$)이 일어나고 있다. 반응기의 부피는 1L이고 전화율은 50%이며, 반응기로부터 유출되는 반응물의 속도는 4L/s일 때, 반응물의 평균체류시간(s)은?

① 0.25초 ② 0.5초
③ 1초   ④ 2초

해설

$$\tau = \frac{V}{v_o} = \frac{1L}{2L/s} = 0.5s$$

$$\varepsilon_A = y_{A0}\delta = 1 \cdot \frac{3-1}{1} = 2$$

$$\bar{t} = \frac{\tau}{1+\varepsilon_A X_A} = \frac{0.5}{1+2 \times 0.5} = 0.25s$$

[별해]

$$\bar{t} = \frac{V}{v_f} = \frac{1L}{4L/s} = 0.25s$$

91 공간시간이 5min으로 같은 혼합흐름반응기(MFR)와 플러그흐름반응기(PFR)를 그림과 같이 직렬로 연결시켜 반응물 A를 분해시킨다. A물질의 액상 분해반응 속도식이 아래와 같고 첫 번째 반응기로 들어가는 A의 농도가 1mol/L라면 반응 후 둘째 반응기에서 나가는 A물질의 농도(mol/L)는?

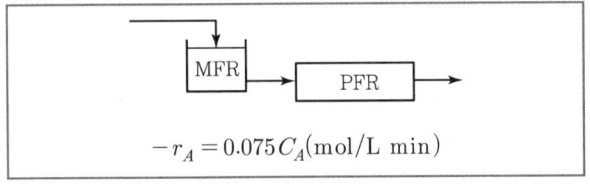

$-r_A = 0.075 C_A (\text{mol/L min})$

① 0.25 ② 0.50
③ 0.75 ④ 0.80

해설

$$\frac{\tau}{C_{A0}} = \frac{V_1}{F_{A0}} = \frac{X_{A1} - X_{A0}}{-r_A}$$

$$\frac{\tau}{1\text{mol/L}} = \frac{X_{A1}}{0.075\,C_{A0}(1-X_{A1})}$$

$$5\text{min} = \frac{X_{A1}}{0.075(1-X_{A1})}$$

$$\therefore X_{A1} = 0.27$$

$C_{A1} = C_{A0}(1-X_{A1})$

$\therefore C_{A1} = 1 - 0.27 = 0.73$

$$\tau = -\int_{C_{A1}}^{C_{Af}} \frac{dC_A}{-r_A} = -\int_{C_{A1}}^{C_{Af}} \frac{dC_A}{0.075\,C_A} = \frac{-1}{0.075}\ln\frac{C_{Af}}{C_{A1}}$$

$$0.075 \times 5\text{min} = -\ln\frac{C_{Af}}{0.73}$$

$$\therefore C_{Af} = 0.5$$

92 비가역 1차 반응($A \to P$)에서 A의 전화율(X_A)에 관한 식으로 옳은 것은?(단, C, F, N은 각각 농도, 유량, 몰수를, 하첨자 0($_0$)은 초기상태를 의미한다.)

① $X_A = 1 - \dfrac{F_{A0}}{F_A}$

② $X_A = \dfrac{C_{A0}}{C_A} - 1$

③ $N_A = N_{A0}(1-X_A)$

④ $dX_A = \dfrac{dC_A}{C_{A0}}$

해설

$N_A = N_{A0}(1-X_A)$

$C_A = C_{A0}(1-X_A)$

$dC_A = -C_{A0}\,dX_A$

$dX_A = -\dfrac{dC_A}{C_{A0}}$

$X_A = 1 - \dfrac{C_A}{C_{A0}}$

정답 90 ① 91 ② 92 ③

93 균일계 액상반응이 회분식 반응기에서 등온으로 진행되고, 반응물의 20%가 반응하여 없어지는 데 필요한 시간이 초기농도 0.2mol/L, 0.4mol/L, 0.8mol/L일 때 모두 25분이었다면, 이 반응의 차수는?

① 0차 ② 1차
③ 2차 ④ 3차

해설
- 초기농도에 무관하게 20%가 반응한 시간이 일정 → 1차 반응

$$-r_A = -\frac{dC_A}{dt} = kC_A$$

$$-\ln(1-X_A) = kt$$

- 반응속도가 물질의 농도에 무관 → 0차 반응

94 단일이상형 반응기(Single Ideal Reactor)에 해당하지 않는 것은?

① 플러그흐름반응기(Plug Flow Reactor)
② 회분식 반응기(Batch Reactor)
③ 매크로유체반응기(Macro Fluid Reactor)
④ 혼합흐름반응기(Mixed Flow Reactor)

해설
단일이상반응기
- 회분식 반응기
- 플러그흐름반응기
- 혼합흐름반응기

95 액상반응이 아래와 같이 병렬반응으로 진행될 때, R을 많이 얻고 S를 적게 얻기 위한 A와 B의 농도는?

$$A+B \xrightarrow{k_1} R, \ r_R = k_1 C_A C_B^{0.5}$$
$$A+B \xrightarrow{k_2} S, \ r_S = k_2 C_A^{0.5} C_B$$

① C_A는 크고, C_B도 커야 한다.
② C_A는 작고, C_B는 커야 한다.
③ C_A는 크고, C_B는 작아야 한다.
④ C_A는 작고, C_B도 작아야 한다.

해설

선택도$(S) = \frac{dC_R}{dC_S} = \frac{k_1 C_A C_B^{0.5}}{k_2 C_A^{0.5} C_B} = \frac{k_1}{k_2} C_A^{0.5} C_B^{-0.5}$

C_A는 크게, C_B는 작게 한다.

96 $A \rightarrow R$인 액상반응의 속도식이 아래와 같을 때, 이 반응을 순환비가 2인 순환반응기에서 A의 출구농도가 0.5mol/L가 되도록 운영하기 위한 순환반응기의 공간시간(τ; h)은?(단, A는 1mol/L로 공급된다.)

$$-r_A = 0.1 C_A (\text{mol/L h})$$

① 3.5 ② 8.6
③ 18.5 ④ 133.5

해설

$$\tau = \frac{C_{A0}V}{F_{A0}} = -(R+1)\int_{C_{Ai}}^{C_{Af}} \frac{dC_A}{-r_A}$$

$$C_{Ai} = \frac{C_{A0} + RC_{Af}}{R+1}$$

$$= \frac{1+2\times 0.5}{2+1} = \frac{2}{3}$$

$$\therefore \tau = -(2+1)\int_{\frac{2}{3}}^{0.5} \frac{dC_A}{0.1 C_A}$$

$$= -30\ln\frac{0.5}{2/3} = 8.63\text{h}$$

97 밀도 변화가 없는 균일계 비가역 0차 반응($A \rightarrow R$)이 어떤 혼합반응기에서 전화율 90%로 진행될 때, A의 공급속도를 2배로 증가시켰을 때의 결과로 옳은 것은?

① R의 생산량은 변함이 없다.
② R의 생산량이 2배로 증가한다.
③ R의 생산량이 1/2로 감소한다.
④ R의 생산량이 50% 증가한다.

정답 93 ② 94 ③ 95 ③ 96 ② 97 ①

해설

$$k\tau = C_{A0}X_A = k\frac{C_{A0}V}{F_{A0}}$$

$$-r_A = r_R = kC_A^0 = k$$

R의 생산량은 전화율과 관계있고 공급속도와는 무관하다.

98 A와 B의 기상 등온반응이 아래와 같이 병렬반응일 경우 D에 대한 선택도를 향상시킬 수 있는 조건이 아닌 것은?

| $A+B \to D$ | $r_D = k_1 C_A^2 C_B^3$ |
| $A+B \to U$ | $r_U = k_2 C_A C_B$ |

① 관형반응기 사용
② 회분반응기 사용
③ 반응물의 고농도 유지
④ 반응기의 낮은 반응압력 유지

해설

$$S = \frac{r_D}{r_U} = \frac{k_1 C_A^2 C_B^3}{k_2 C_A C_B} = \frac{k_1}{k_2} C_A C_B^2$$

C_A, C_B 모두 크게 한다.

C_A 농도를 크게 하는 방법
- Batch, PFR 사용
- X_A를 낮게 유지
- 공급물에 불활성 물질 제거
- 기상계에서 압력 증가

99 플러그흐름반응기에서 순수한 A가 공급되어 아래와 같은 비가역 병렬 액상반응이 A의 전화율 90%로 진행된다. A의 초기농도가 10mol/L일 경우 반응기를 나오는 R의 농도(mol/L)는?

| $A \to R$ | $dC_R/dt = 100C_A$ |
| $A \to S$ | $dC_S/dt = 100C_A^2$ |

① 0.19
② 1.7
③ 1.9
④ 5.0

해설

$$\phi\left(\frac{R}{A}\right) = \frac{100C_A}{100C_A + 100C_A^2} = \frac{1}{1+C_A}$$

$$C_A = C_{A0}(1-X_A)$$
$$= 10\,\text{mol/L}(1-0.9)$$
$$= 1\,\text{mol/L}$$

$$C_R = -\int_{C_{A0}}^{C_A} \phi\left(\frac{R}{A}\right)dC_A = -\int_{C_{A0}}^{C_A} \frac{1}{1+C_A}dC_A$$

$$= -\ln(1+C_A)\Big|_{10}^{1} = -\ln\frac{(1+1)}{(1+10)} = 1.7\,\text{mol/L}$$

100 회분식 반응기에서 A의 분해반응을 50℃ 등온으로 진행시켜 얻는 데이터가 아래와 같을 때, 이 반응의 반응속도식은?(단, C_A는 A물질의 농도, t는 반응시간을 의미한다.)

C_A(mol/L)	$C_A - t$ 기울기(mol/L min)
1.0	-0.50
2.0	-2.00
3.0	-4.50
4.0	-8.00

① $-\dfrac{dC_A}{dt} = 0.5C_A^2$
② $-\dfrac{dC_A}{dt} = 0.5C_A$
③ $-\dfrac{dC_A}{dt} = 2.0C_A^2$
④ $-\dfrac{dC_A}{dt} = 8.0C_A^2$

해설

$$-r_A = -\frac{dC_A}{dt} = kC_A^n$$

$C_A = 1\,\text{mol/L}$ $k(1)^2 = 0.5$
                 $k = 0.5$

$2\,\text{mol/L}$ $k(2)^n = 2$
         $0.5 \times 2^n = 2$ $\therefore n = 2$

$3\,\text{mol/L}$ $k(3)^n = 4.5$
         $0.5 \times 3^n = 4.5$ $\therefore n = 2$

$4\,\text{mol/L}$ $k(4)^n = 8.0$
         $0.5 \times 4^n = 8$ $\therefore n = 2$

$$\therefore -r_A = -\frac{dC_A}{dt} = kC_A^n = 0.5C_A^2$$

정답 98 ④   99 ②   100 ①

2021년 제3회 기출문제

1과목 화공열역학

01 닫힌계에서 엔탈피에 대한 설명 중 잘못된 것은? (단, H는 엔탈피, U는 내부에너지, P는 압력, T는 온도, V는 부피이다.)

① $H = U + PV$로 정의된다.
② 경로에 무관한 특성치이다.
③ 정적과정에서는 엔탈피의 변화로 열량을 나타낸다.
④ 압력이 일정할 때에는 $dH = C_p dT$로 표현된다.

해설

정적과정에서는 내부에너지의 변화로 열량을 나타낸다.
- 상태함수 : 경로에 상관없이 시작점과 끝점에 의해서만 영향을 받는 함수
  예 U, H, S, G
- 경로함수 : 경로에 따라 영향을 받는 함수
  예 Q, W

02 27℃, 1atm의 질소 14g을 일정 체적에서 압력이 2배가 되도록 가역적으로 가열하였을 때 엔트로피 변화 (ΔS ; cal/K)는?(단, 질소를 이상기체라 가정하고 C_P는 7cal/mol K이다.)

① 1.74
② 3.48
③ -1.74
④ -3.48

해설

$14\text{g N}_2 \times \dfrac{1\text{mol N}_2}{28\text{g N}_2} = 0.5\text{mol N}_2$

$\dfrac{P_1}{T_1} = \dfrac{P_2}{T_2}$ (일정 체적)

$\dfrac{1}{(273+27)} = \dfrac{2}{T_2}$

$\therefore T_2 = 600\text{K}$

$\Delta S = nC_P \ln \dfrac{T_2}{T_1} - nR \ln \dfrac{P_2}{P_1}$

$= 0.5\text{mol} \times 7\text{cal/mol K} \times \ln \dfrac{600}{300}$

$- 0.5\text{mol} \times 1.987\text{cal/mol K} \times \ln \dfrac{2}{1}$

$= 1.74\text{cal/K}$

03 100atm, 40℃의 기체가 조름공정으로 1atm까지 급격하게 팽창하였을 때, 이 기체의 온도(K)는?(단, Joule-Thomson Coefficient(μ ; K/atm)는 다음 식으로 표시된다고 한다.)

$$\mu = -0.0011P[\text{atm}] + 0.245$$

① 426
② 331
③ 294
④ 250

해설

$\mu = \left(\dfrac{\partial T}{\partial P}\right)_H$

100atm 40℃ 기체 →조름공정→ 1atm T_2

$\mu(100\text{atm}) = -0.0011 \times 100 + 0.245 = 0.135$
$\mu(1\text{atm}) = -0.0011 \times 1 + 0.245 = 0.244$

$\bar{\mu} = \dfrac{0.135 + 0.244}{2} = 0.1895$

$0.1895 = \dfrac{313 - T_2}{100 - 1}$

$\therefore T_2 = 294\text{K}$

정답 01 ③ 02 ① 03 ③

04 압축 또는 팽창에 대해 가장 올바르게 표현한 내용은?(단, 하첨자 S는 등엔트로피를 의미한다.)

① 압축기의 효율은 $\eta = \dfrac{(\Delta H)_S}{\Delta H}$로 나타낸다.
② 노즐에서 에너지수지식은 $W_S = -\Delta H$이다.
③ 터빈에서 에너지수지식은 $W_S = -\int udu$이다.
④ 조름공정에서 에너지수지식은 $dH = -udu$이다.

해설

$\Delta H + \dfrac{\Delta u^2}{2} + g\Delta z = Q + W_S$

• 노즐에서의 에너지수지식
  $\Delta H + \dfrac{\Delta u^2}{2} = 0$
  $dH = -udu$
• 터빈에서 에너지수지식
  $W_S = \Delta H$
  터빈에서의 효율 $\eta = \dfrac{\Delta H}{(\Delta H)_S}$
• 조름공정
  $\Delta H = 0$

05 엔트로피에 관한 설명 중 틀린 것은?

① 엔트로피는 혼돈도(Randomness)를 나타내는 함수이다.
② 융점에서 고체가 액화될 때의 엔트로피 변화는 $\Delta S = \dfrac{\Delta H_m}{T_m}$로 표시할 수 있다.
③ $T = 0K$에서의 엔트로피는 1이다.
④ 엔트로피 감소는 질서도(Orderliness)의 증가를 의미한다.

해설

열역학 제3법칙
$\lim_{T \to 0} \Delta S = 0$ ← Nernst 식
절대엔트로피는 절대온도 0K에 있는 모든 완전한 결정형 물질에 대하여 0이라고 가정한다.

06 과잉깁스에너지 모델 중에서 국부조성(Local Composition) 개념에 기초한 모델이 아닌 것은?

① 윌슨(Wilson) 모델
② 반라르(Van Laar) 모델
③ NRTL(Non-Random-Two-Liquid) 모델
④ UNIQUAC(UNIversal QUAsi-Chemical) 모델

해설

국부조성모델
• Wilson 식
• NRTL
• UNIQUAC

07 두 절대온도 T_1, $T_2(T_1 < T_2)$ 사이에서 운전하는 엔진의 효율에 관한 설명 중 틀린 것은?

① 가역과정인 경우 열효율이 최대가 된다.
② 가역과정인 경우 열효율은 $(T_2 - T_1)/T_2$이다.
③ 비가역과정인 경우 열효율은 $(T_2 - T_1)/T_2$보다 크다.
④ T_1이 0K인 경우 열효율은 100%가 된다.

해설

비가역과정의 열효율은 가역과정인 경우보다 작다.

08 평형상수에 대한 편도함수가 $\left(\dfrac{\partial \ln K}{\partial T}\right)_P > 0$으로 표시되는 화학반응에 대한 설명으로 옳은 것은?

① 흡열반응이며, 온도 상승에 따라 K값은 커진다.
② 발열반응이며, 온도 상승에 따라 K값은 커진다.
③ 흡열반응이며, 온도 상승에 따라 K값은 작아진다.
④ 발열반응이며, 온도 상승에 따라 K값은 작아진다.

해설

평형상수 K에 대한 온도의 영향은 $\Delta H°$의 부호에 따라 결정된다.
• $\Delta H° > 0$: 흡열반응이면 온도가 증가할 때 K가 증가한다.
• $\Delta H° < 0$: 발열반응이면 온도가 감소하고 K는 감소한다.

정답 04 ① 05 ③ 06 ② 07 ③ 08 ①

09 과잉깁스에너지(G^E)가 아래와 같이 표시된다면 활동도 계수(γ)에 대한 표현으로 옳은 것은?(단, R은 이상기체상수, T는 온도, B, C는 상수, x는 액상 몰분율, 하첨자는 성분 1과 2에 대한 값임을 의미한다.)

$$\frac{G^E}{RT} = Bx_1x_2 + C$$

① $\ln\gamma_1 = Bx_1^2$
② $\ln\gamma_1 = Bx_2^2$
③ $\ln\gamma_1 = Bx_1^2 + C$
④ $\ln\gamma_1 = Bx_2^2 + C$

해설

$$\frac{G^E}{RT} = Bx_1x_2 + C$$
$$= B\frac{n_1 \times n_2}{n \times n} + C$$
$$\frac{nG^E}{RT} = B\frac{n_1 \times n_2}{n_1 + n_2} + C$$
$$\frac{\partial\left(\frac{nG^E}{RT}\right)}{\partial n_1} = B\frac{n_2(n_1+n_2) - n_1n_2}{(n_1+n_2)^2}$$
$$\ln\gamma_1 = B\frac{n_2^2}{(n_1+n_2)^2} + C$$
$$= Bx_2^2 + C$$

10 세기성질(Intensive Property)이 아닌 것은?

① 일(Work)
② 비용적(Specific Volume)
③ 몰열용량(Molar Heat Capacity)
④ 몰내부에너지(Molar Internal Energy)

해설

- 세기성질(시강변수) : 물질의 양에 관계가 없는 성질
  예 T, P, d, $\overline{V}$, $\overline{U}$, $\overline{H}$, $\overline{G}$
- 크기성질(시량변수) : 물질의 양에 관계되는 성질
  예 n, m, V, U, H, G
- $\dfrac{크기성질}{다른\ 크기성질}$ = 세기성질
  예 $\dfrac{m}{V} = d$(밀도)

11 액체로부터 증기로 바뀌는 정압 경로를 밟는 순수한 물질에 대한 깁스자유에너지(G)와 절대온도(T)의 그래프를 옳게 표시한 것은?

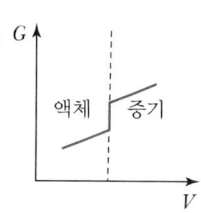
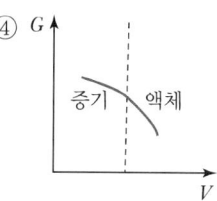

해설

$G_i^l = G_i^V$
$dG = -SdT + VdP$
일정압력에서 $-\dfrac{dG}{dT} = S$
증기의 S > 액체의 S
증기의 G < 액체의 G

12 어떤 실제기체의 실제상태에서 가지는 열역학적 특성치와 이상상태에서 가지는 열역학적 특성치의 차이를 나타내는 용어는?

① 부분성질(Partial Property)
② 과잉성질(Excess Property)
③ 시강성질(Intensive Property)
④ 잔류성질(Residual Property)

해설

① 부분성질 : 일정한 T와 P에서 일정량의 용액에 미분량의 성분 i를 첨가할 때 용액의 총성질 nM이 보이는 변화를 나타내는 응답함수
$$\overline{M_i} = \left[\frac{\partial(nM)}{\partial n_i}\right]_{P,T,n}$$

정답 09 ④ 10 ① 11 ③ 12 ④

② 과잉성질
$M^E = M - M^{id}$
= 실제 물성값 - 이상용액 물성값
여기서, M : 열역학적 변수(예 V, U, H, S, G)의 단위몰 (단위질량)당 값
③ 시강성질(세기성질)
물질의 양에 관계가 없는 성질
예 $T, P, d, \overline{V}, \overline{U}, \overline{H}, \overline{G}$
④ 잔류성질
$M^R = M - M^{ig}$
= 실제 물성값 - 이상기체 물성값

13 240kPa에서 어떤 액체의 상태량이 V_r는 0.00177 m³/kg, V_g는 0.105m³/kg, H_r는 181kJ/kg, H_g는 496 kJ/kg일 때, 이 압력에서의 U_{fg}(kJ/kg)는?(단, V는 비체적, U는 내부에너지, H는 엔탈피, 하첨자 f는 포화액, g는 건포화증기를 나타내고, U_{fg}는 $U_g - U_r$를 의미한다.)

① 24.8   ② 290.2
③ 315.0   ④ 339.8

해설
$U_{fg} = H_{fg} - (PV)_{fg}$
$= (496 - 181)\text{kJ/kg} - 240\text{kPa}(0.105 - 0.00177)\text{m}^3/\text{kg}$
$= 290.2 \text{kJ/kg}$

14 역카르노 사이클에 대한 그래프이다. 이 사이클의 성능계수를 표시한 것으로 옳은 것은?(단, T_1에서 열이 방출되고 T_2에서 열이 흡수된다.)

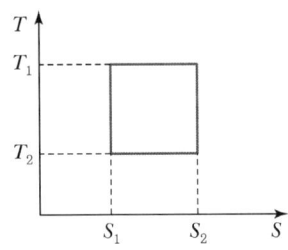

① $\dfrac{T_2}{T_1 - T_2}$ ② $\dfrac{T_1}{T_2 - T_1}$

③ $\dfrac{T_2 - T_1}{T_1}$ ④ $\dfrac{T_1 - T_2}{T_1}$

해설
성능계수
$COP = \dfrac{Q_2}{W} = \dfrac{T_2}{T_1 - T_2} = \dfrac{Q_2}{Q_1 - Q_2}$

15 액상반응의 평형상수(K)를 옳게 나타낸 것은? (단, P는 압력, v_i는 성분 i의 양론수(Stoichiometric Number), R은 이상기체상수, T는 온도, x_i는 성분 i의 액상 몰분율, y_i는 성분 i의 기상 몰분율, f_i°는 표준상태에서의 순수한 액체 i의 퓨가시티, $\hat{f}_i$는 용액 중 성분 i의 퓨가시티이다.)

① $K = P^{-v_i}$ ② $K = RT\ln x_i$

③ $K = \prod_i y_i^{v_i}$ ④ $K = \prod_i \left(\dfrac{\hat{f}_i}{f_i^\circ}\right)^{v_i}$

해설
• 기상반응
$f_i^\circ = P^\circ, \hat{\phi}_i = \dfrac{\hat{f}_i}{y_i P}$
$\hat{f}_i = \hat{\phi}_i y_i P$
$\prod_i (y_i \hat{\phi}_i)^{v_i} = \left(\dfrac{P}{P^\circ}\right)^{-v} K = P^{-v} K$ (P° = 표준압력 1bar)
평형혼합물이 이상기체이면 $\hat{\phi}_i = 1$, $\prod_i (y_i)^{v_i} = \left(\dfrac{P}{P^\circ}\right)^{-v} K$
• 액상반응
$\gamma_i = \dfrac{\hat{f}_i}{x_i f_i}$
$\hat{f}_i = \gamma_i x_i f_i, \hat{a}_i = \dfrac{\hat{f}_i}{f_i^\circ}$
$K = \prod_i \left(\dfrac{\hat{f}_i}{f_i^\circ}\right)^{v_i} = \prod (\hat{a}_i)^{v_i} = \prod_i (\gamma_i x_i)^{v_i}$
평형혼합물이 이상용액이면 $\gamma_i = 1$
$K = \prod_i (x_i)^{v_i}$ ← 질량작용의 법칙

정답 ▶ 13 ②   14 ①   15 ④

16 실제기체가 이상기체 상태에 가장 가까울 때의 압력, 온도 조건은?

① 고압 저온
② 고압 고온
③ 저압 저온
④ 저압 고온

해설
실제기체가 이상기체에 가까워질 조건
고온, 저압

17 열역학적 성질에 대한 설명 중 옳지 않은 것은?

① 순수한 물질의 임계점보다 높은 온도와 압력에서는 한 개의 상을 이루게 된다.
② 동일한 이심인자를 갖는 모든 유체는 같은 온도, 같은 압력에서 거의 동일한 Z값을 가진다.
③ 비리얼(Virial) 상태방정식의 순수한 물질에 대한 비리얼 계수는 온도만의 함수이다.
④ 반데르발스(Van der Waals) 상태방정식은 기액평형 상태에서 임계점을 제외하고 3개의 부피 해를 가진다.

해설
- 이심인자
  모든 유체들은 같은 환산온도와 환산압력에서 대체로 거의 같은 압축인자를 가지며, 이상기체 거동에서 벗어나는 정도도 거의 비슷하다.
  $\omega = -1.0 - \log(P_r^{sat})_{T_r=0.7}$
- Van der Waals 상태방정식
  $\left(P + \dfrac{a}{V^2}\right)(V-b) = RT$
  3차 상태방정식이다.
- 비리얼 식
  $Z = \dfrac{PV}{RT} = 1 + \dfrac{B}{V} + \dfrac{C}{V^2} + \cdots$

18 1atm, 90℃, 2성분계(벤젠 – 톨루엔) 기액평형에서 액상 벤젠의 조성은?(단, 벤젠, 톨루엔의 포화증기압은 각각 1.34, 0.53atm이다.)

① 1.34
② 0.58
③ 0.53
④ 0.42

해설
$P = P_A x_A + P_B x_B$
$1 = 1.34 x_A + 0.53(1 - x_A)$
∴ $x_A = 0.58$

19 1,540°F와 440°F 사이에서 작동하고 있는 카르노 사이클 열기관(Carnot Cycle Heat Engine)의 효율은?

① 29%
② 35%
③ 45%
④ 55%

해설
$\eta = \dfrac{T_1 - T_2}{T_1} = \dfrac{Q_1 - Q_2}{Q_1}$
$= \dfrac{(1,540+460) - (440+460)}{(1,540+460)} \times 100 = 55\%$

20 이상기체와 관계가 없는 것은?(단, Z는 압축인자이다.)

① $Z = 1$이다.
② 내부에너지는 온도만의 함수이다.
③ $PV = RT$가 성립한다.
④ 엔탈피는 압력과 온도의 함수이다.

해설
이상기체의 내부에너지와 엔탈피는 온도만의 함수이다.

2과목 단위조작 및 화학공업양론

21 반데르발스(Van der Waals) 상태방정식의 상수 a, b와 임계온도(T_c) 및 임계압력(P_c)과의 관계를 잘못 표현한 것은?(단, R은 기체상수이다.)

① $P_c = \dfrac{a}{27b^2}$
② $T_c = \dfrac{8a}{27Rb}$
③ $a = 27R^2 T_c$
④ $b = \dfrac{RT_c}{8P_c}$

정답 16 ④ 17 ② 18 ② 19 ④ 20 ④ 21 ③

해설

$$P = \frac{RT}{V-b} - \frac{a^2}{V^2}$$

$$\left(\frac{\partial P}{\partial V}\right)_{T_c} = 0 \qquad \left(\frac{\partial^2 P}{\partial V^2}\right)_{T_c} = 0$$

$$a = 3P_c V_c^2 = \frac{27}{64} \frac{R^2 T_c^2}{P_c}$$

$$b = \frac{1}{3} V_c = \frac{1}{8} \frac{RT_c}{P_c}$$

$a = 3P_c V_c^2$ 에서 $P_c = \dfrac{a}{3V_c^2} = \dfrac{a}{3(3b)^2} = \dfrac{a}{27b^2}$

$a = \dfrac{27}{64} \dfrac{R^2 T_c^2}{P_c}$ 에서 $T_c^2 = \dfrac{64aP_c}{27R^2} = \dfrac{64a^2}{27^2 R^2 b^2}$

$$\therefore T_c = \frac{8a}{27Rb}$$

22 동일한 압력에서 어떤 물질의 온도가 Dew Point보다 높은 상태를 나타내는 것은?

① 포화 ② 과열
③ 과냉각 ④ 임계

해설
Dew Point(이슬점, 노점)
대기 속의 수증기가 포화되어 그 수증기의 일부가 물로 응결할 때의 온도

23 20L/min의 물이 그림과 같은 원관에 흐를 때 ⓐ지점에서 요구되는 압력(kPa)은?(단, 마찰손실은 무시하며, D는 관의 내경, P는 압력, h는 높이를 의미한다.)

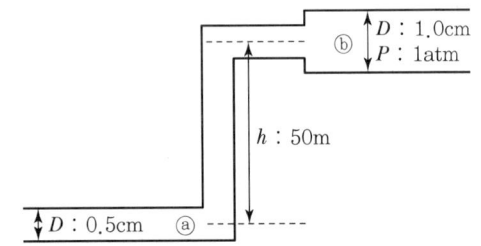

① 45 ② 202
③ 456 ④ 742

해설

$$\frac{20L}{min} \times \frac{1min}{60s} \times \frac{1m^3}{1,000L} = 3.33 \times 10^{-3} m^3/s$$

$$u_1 = \frac{Q}{A} = \frac{3.33 \times 10^{-4} m^2/s}{\frac{\pi}{4} \times 0.005^2 m^2} = 17 m/s$$

$$u_1 D_1^2 = u_2 D_2^2$$

$$17 \times 0.5^2 = u_2 \times 1^2$$

$$\therefore u_2 = 4.25 m/s$$

$$\frac{u_2^2 - u_1^2}{2} + g(z_2 - z_1) + \frac{P_2 - P_1}{\rho} = 0$$

$$\frac{P_2 - P_1}{\rho} = \frac{u_1^2 - u_2^2}{2} + g(z_1 - z_2)$$

$$= \frac{17^2 - 4.25^2}{2} - 9.8 \times 50$$

$$= -354.53 J/kg$$

$$\frac{P_1 - 101.3 \times 1,000 Pa}{1,000 kg/m^3} = 354.53 J/kg$$

$$\therefore P_1 = 455,830 Pa = 455.83 kPa$$

24 20wt% 메탄올 수용액에 10wt% 메탄올 수용액을 섞어 17wt% 메탄올 수용액을 만들었다. 이때 20wt% 메탄올 수용액에 대한 17wt% 메탄올 수용액의 질량비는?

① 1.43 ② 2.72
③ 3.85 ④ 4.86

해설

$0.2A + 0.1B = 0.17(A+B)$
$0.03A = 0.07B$

$$\therefore B = \frac{3}{7} A$$

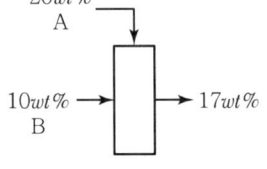

17% 메탄올 수용액 $= A + B$
$= A + \dfrac{3}{7}A = \dfrac{10}{7}A$

$$\frac{17wt\% \text{ 메탄올 수용액}}{20wt\% \text{ 메탄올 수용액}} = \frac{\dfrac{10}{7}A}{A} = 1.43$$

정답 22 ② 23 ③ 24 ①

25 그림과 같은 공정에서 물질수지도를 작성하기 위해 측정해야 할 최소한의 변수는?(단, A, B, C는 성분을 나타내고 F와 P는 3성분계, W흐름은 2성분계이다.)

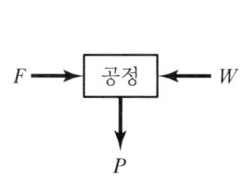

흐름양	몰분율		
	성분 A	성분 B	성분 C
F	$x_{F,A}$	$x_{F,B}$	$x_{F,C}$
W	$x_{W,A}$	$x_{W,B}$	—
P	$x_{P,A}$	$x_{P,B}$	$x_{P,C}$

① 3   ② 4
③ 5   ④ 6

해설

$F + W = P$
$Fx_{FA} + Wx_{WA} = Px_{PA}$
$Fx_{FB} + Wx_{WB} = Px_{PB}$
$Fx_{FC} = Px_{PC}$
$x_A + x_B + x_C = 1$

26 몰증발잠열을 구할 수 있는 방법 중 2가지 물질의 증기압을 동일 온도에서 비교하여 대수좌표에 나타낸 것은?

① Cox 선도   ② Dühring 도표
③ Othmer 도표 ④ Watson 도표

해설

- Cox 선도
  액체의 증기압과 온도와의 관계를 직선상으로 나타내는 선도
- Dühring 도표
  일정농도에서 용액의 비점과 용매의 비점을 plot하면 놓일 직선이 된다.
- Othmer 도표
  몰증발잠열을 구할 수 있는 방법으로 2가지 물질의 증기압을 동일 온도에서 비교하여 대수좌표에 나타낸 것
- Watson 식
  $\dfrac{\Delta H_2}{\Delta H_1} = \left(\dfrac{1 - T_{r2}}{1 - T_{r1}}\right)^{0.38}$

27 석유제품에서 많이 사용되는 비중단위로 많은 석유제품이 10~70° 범위에 들도록 설계된 것은?

① Baumé   ② API
③ Twaddell도 ④ 표준비중

해설

㉠ Baumé 비중도(°Bé)
- $\rho < 1$: $°Bé = \dfrac{140}{\text{sp.gr}} - 130$
- $\rho > 1$: $°Bé = 145 - \dfrac{145}{\text{sp.gr}}$

㉡ API도(American Petroleum Institute)
$\text{API도} = \dfrac{141.5}{\text{sp.gr}(60°F/60°F)} - 131.5$
석유제품의 비중단위로 사용한다.

28 어떤 기체혼합물의 성분 분석 결과가 아래와 같을 때, 기체의 평균 분자량은?

CH_4 80mol%, C_2H_6 12mol%, N_2 8mol%

① 18.6   ② 17.4
③ 7.4   ④ 6.0

해설

$M_{av} = 16 \times 0.8 + 30 \times 0.12 + 28 \times 0.08$
$= 18.64$

29 표준대기압에서 압력게이지로 압력을 측정하였을 때 20psi였다면 절대압(psi)은?

① 14.7   ② 34.7
③ 55.7   ④ 65.7

해설

$P = P_{atm} + P_g$
$= 14.7\text{psi} + 20\text{psi}$
$= 34.7\text{psi}$

정답 25 ③ 26 ③ 27 ② 28 ① 29 ②

30 Methyl Acetate가 다음 반응식과 같이 고압촉매 반응에 의하여 합성될 때, 이 반응의 표준반응열(kcal/mol)은?(단, 표준연소열은 CO(g)가 -67.6kcal/mol, $CH_3COOCH_3(g)$는 -397.5kcal/mol, $CH_3OCH_3(g)$는 -348.8kcal/mol이다.)

$$CH_3OCH_3(g)+CO(g) \rightarrow CH_3COOCH_3(g)$$

① 814　　　　　　　② 28.9
③ -614　　　　　④ -18.9

해설

$\Delta H = (\sum \Delta H_c)_R - (\sum \Delta H_c)_P$
$= (-348.8 - 67.6) - (-397.5)$
$= -18.9$ kcal/mol

31 분쇄에 대한 설명으로 틀린 것은?
① 최종 입자의 크기가 중요하다.
② 최초 입자의 크기는 무관하다.
③ 파쇄물질의 종류도 분쇄동력의 계산에 관계된다.
④ 파쇄기 소요일량은 분쇄되어 생성되는 표면적에 비례한다.

해설

분쇄
고체를 기계적으로 잘게 부수는 조작
Lewis식 : $\dfrac{dW}{dD_p} = -kD_p^{-n}$
　　여기서, D_p : 분쇄 원료의 대표직경(m)
　　　　　W : 분쇄에 필요한 일(kg$_f$ m/kg)

• Rittinger의 법칙($n=2$)
$W = k_R' \left(\dfrac{1}{D_{p2}} - \dfrac{1}{D_{p1}} \right) = k_R(s_2 - s_1)$

• Kick의 법칙($n=1$)
$W = k_K \ln \dfrac{D_{p1}}{D_{p2}}$

• Bond의 법칙($n=\dfrac{3}{2}$)
$W = 2k_B \left(\dfrac{1}{\sqrt{D_{p2}}} - \dfrac{1}{\sqrt{D_{p1}}} \right)$
$= \dfrac{k_B}{5} \dfrac{\sqrt{100}}{\sqrt{D_{p2}}} \left(1 - \dfrac{\sqrt{D_{p2}}}{\sqrt{D_{p1}}} \right)$
$= W_i \sqrt{\dfrac{100}{D_{p2}}} \left(1 - \dfrac{1}{\sqrt{\gamma}} \right)$

여기서, 일지수 $W_i = \dfrac{k_B}{5}$

분쇄비 $\gamma = \dfrac{D_{p1}}{D_{p2}}$

32 벽의 두께가 100mm인 물질의 양 표면의 온도가 각각 $t_1=300$℃, $t_2=30$℃일 때, 이 벽을 통한 열손실(Flux ; kcal/m² h)은?(단, 벽의 평균 열전도도는 0.02kcal/m h ℃이다.)

① 29　　　　　　　② 54
③ 81　　　　　　　④ 108

해설

$q = kA\dfrac{\Delta t}{l} \rightarrow \dfrac{q}{A} = k\dfrac{\Delta t}{l}$

$\therefore \dfrac{q}{A} = 0.02$kcal/m h ℃ $\times \dfrac{(300-30)℃}{0.1\text{m}}$
$= 54.2$ kcal/m² h

33 추제(Solvent)의 성질 중 틀린 것은?
① 선택도가 클 것　　② 회수가 용이할 것
③ 화학결합력이 클 것　④ 가격이 저렴할 것

해설

추제
• 선택도가 커야 한다.
$\beta = \dfrac{y_A/y_B}{x_A/x_B} = \dfrac{y_A/x_A}{y_B/x_B} = \dfrac{k_A}{k_B}$

• 회수가 용이해야 한다.
• 값이 싸고 화학적으로 안정해야 한다.
• 비점 및 응고점이 낮으며 부식성과 유동성이 작고 추질과의 비중차가 클수록 좋다.

정답 30 ④　31 ②　32 ②　33 ③

34 다음 무차원군 중 밀도와 관계없는 것은?

① 그라스호프(Grashof) 수
② 레이놀즈(Reynolds) 수
③ 슈미트(Schmidt) 수
④ 너셀(Nusselt) 수

해설

- $N_{Gr} = \dfrac{gD^3\rho^2\beta\Delta t}{\mu^2} = \dfrac{부력}{점성력}$
- $N_{Re} = \dfrac{Du\rho}{\mu} = \dfrac{관성력}{점성력}$
- $N_{Sc} = \dfrac{\mu}{\rho D_{AB}}$: 열전달에서 N_{Pr}에 해당
- $N_{Nu} = \dfrac{hD}{k} = \dfrac{대류열전달}{전도열전달}$

35 액체와 비교한 초임계유체의 성질로서 틀린 것은?

① 밀도가 크다.   ② 점도가 낮다.
③ 고압이 필요하다. ④ 용질의 확산도가 높다.

해설

초임계유체
- 일정한 고온·고압의 한계를 넘어선 상태에 도달하여 액체와 기체를 구분할 수 없다.
- 임계점 이상의 온도와 압력에서 존재하는 물질의 상태
- 분자의 밀도는 액체에 가깝고, 점도는 낮아 기체에 가깝다.
- 확산이 빨라 열전도성이 높아 화학반응에 유용하게 사용된다.

36 흡수용액으로부터 기체를 탈거(Stripping)하는 일반적인 방법에 대한 설명으로 틀린 것은?

① 좋은 조건을 위해 온도와 압력을 높여야 한다.
② 액체와 기체가 맞흐름을 갖는 탑에서 이루어진다.
③ 탈거매체로는 수증기나 불활성 기체를 이용할 수 있다.
④ 용질의 제거율을 높이기 위해서는 여러 단을 사용한다.

해설

Stripping(탈거)
- 액체 중에 용해되어 있는 기체를 기상으로 전달하는 조작
- 가열하거나, 공기, 기타의 가스, 수증기와 액체를 접촉시킨다.
- 액체를 불활성 기체와 접촉시켜 액체로부터 용질을 제거한다.

37 낮은 온도에서 증발이 가능해서 증기의 경제적 이용이 가능하고 과즙, 젤라틴 등과 같이 열에 민감한 물질을 처리하는 데 주로 사용되는 것은?

① 다중효용증발   ② 고압증발
③ 진공증발   ④ 압축증발

해설

진공증발
- 열원으로 폐증기를 이용할 경우, 온도가 낮으므로 농도가 높고 비점이 큰 용액의 증발은 불가능하므로 진공펌프를 이용해서 관 내의 압력을 낮추고, 비점을 낮추어 유효한 증발을 할 수 있다.
- 진공증발이란 저압에서의 증발을 의미하며 증기의 경제가 주목적이다.
- 과즙이나 젤라틴과 같이 열에 예민한 물질을 증발할 경우, 진공증발함으로써 저온에서 증발시킬 수 있어 열에 의한 변질을 방지할 수 있다.

38 용액의 증기압 곡선을 나타낸 도표에 대한 설명으로 틀린 것은?(단, γ는 활동도 계수이다.)

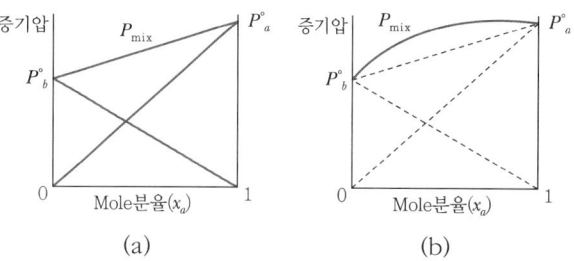

① (a)는 $\gamma_a = \gamma_b = 1$로서 휘발도는 정규상태이다.
② (b)는 $\gamma_a < 1$, $\gamma_b < 1$로서 휘발도가 정규상태보다 비정상적으로 낮다.
③ (a)는 벤젠 – 톨루엔계 및 메탄 – 에탄계와 같이 두 물질의 구조가 비슷하여 동종분자 간 인력이 이종분자 간 인력과 비슷할 경우에 나타난다.
④ (b)는 물 – 에탄올계, 에탄올 – 벤젠계 및 아세톤 – CS_2계가 이에 속한다.

정답 34 ④ 35 ① 36 ① 37 ③ 38 ②

> 해설

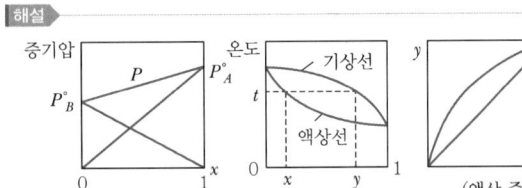

㉠ 최저공비혼합물

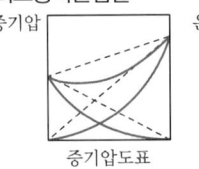 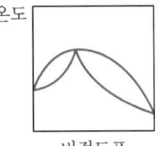 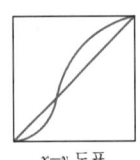

- $\gamma_A > 1$, $\gamma_B > 1$ (휘발도가 이상적으로 높은 경우)
- 증기압도표 : 극대점, 비점도표 : 극소점
- 같은 분자 간 친화력 > 다른 분자 간 친화력
- 예 물-에탄올, 에탄올-벤젠, 아세톤-CS_2

㉡ 최고공비혼합물

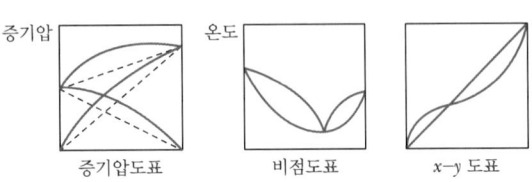

- $\gamma_A < 1$, $\gamma_B < 1$ (휘발도가 이상적으로 낮은 경우)
- 증기압은 낮아지고, 비점은 높아진다.
  → 증기압도표 : 극소점, 비점도표 : 극대점
- 같은 분자 간 친화력 < 다른 분자 간 친화력
- 예 물-HCl, 물-HNO_3, 물-H_2SO_4

39 유체가 난류($Re > 30{,}000$)로 흐르고 있는 오리피스 유량계에 사염화탄소(비중 1.6) 마노미터를 설치하여 50cm의 읽음값을 얻었다. 유체비중이 0.8일 때, 오리피스를 통과하는 유체의 유속은(m/s)?(단, 오리피스 계수는 0.61이다.)

① 1.91
② 4.25
③ 12.1
④ 15.2

> 해설

$$u_o = \frac{C_o}{\sqrt{1-m^2}}\sqrt{\frac{2g(\rho_A-\rho_B)R}{\rho_B}}\,[\text{m/s}]$$

$$m = \frac{A_o}{A} = \left(\frac{D_o}{D}\right)^2 \quad \beta = \frac{D_o}{D}$$

$N_{Re} > 30{,}000$에서 C_o가 거의 일정하고 β와 무관
$\beta < 0.25$이면 $\sqrt{1-\beta^4} \simeq 1$

$$\therefore u_o = 0.61\sqrt{\frac{2 \times 9.8(1.6-0.8) \times 1{,}000 \times 0.5}{0.8 \times 1{,}000}}$$
$$= 1.91\text{m/s}$$

40 건조특성곡선상 정속기간이 끝나는 점은?

① 수축(Shrink) 함수율
② 자유(Free) 함수율
③ 임계(Critical) 함수율
④ 평형(Equilibrium) 함수율

> 해설

임계함수율(w_c) : 항률건조기간 → 감률건조기간

㉠ 건조실험곡선

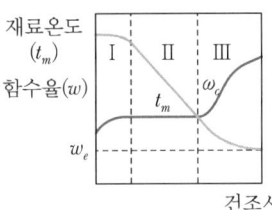

- Ⅰ : 재료예열기간
- Ⅱ : 항률건조기간
- Ⅲ : 감률건조기간

㉡ 건조특성곡선

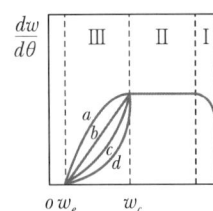

- a : 식물성 섬유재료
- b : 여제, 플레이크
- c : 곡물결정품
- d : 치밀한 고체 내부의 수분

정답 39 ① 40 ③

3과목 공정제어

41 현장에서 PI 제어기를 시행착오를 통하여 결정하는 방법이 아래와 같다. 이 방법을 $G(s)=1/(s+1)^3$인 공정에 적용하여 1단계 수행 결과 제어기 이득이 4일 때, 폐루프가 불안정해지기 시작하는 적분상수는?

- 1단계 : 적분상수를 최댓값으로 하여 적분동작을 없애고 제어기 이득의 안정한 최댓값을 실험을 통하여 구한 후 이 최댓값의 반을 제어기 이득으로 한다.
- 2단계 : 앞의 제어기 이득을 사용한 상태에서 안정한 적분상수의 최솟값을 실험을 통하여 구한 후 이것의 3배를 적분상수로 한다.

① 0.17 ② 0.56
③ 2   ④ 2.4

해설

PI 제어기 $= K_C \left(1 + \dfrac{1}{\tau_I s}\right)$

$1 + \dfrac{1}{(s+1)^3} 4\left(1 + \dfrac{1}{\tau_I s}\right) = 0$

$\tau_I = \tau$

$\tau s^4 + 3\tau s^3 + 3\tau s^2 + 5\tau s + 4 = 0$

1	τ	3τ	4
2	3τ	5τ	
3	$\dfrac{3\tau \times 3\tau - \tau \times 5\tau}{3\tau} = \dfrac{4}{3}\tau$	$\dfrac{3\tau \times 4 - \tau \times 0}{3\tau} = 4$	
4	$\dfrac{\dfrac{4}{3}\tau \times 5\tau - 3\tau \times 4}{\dfrac{4}{3}\tau} = a$		
5	$\dfrac{a \times 4 - 0}{a} = 4$		

$a = 5\tau - 9 > 0$
$\therefore \tau_I > 1.8$
$\tau = 0.6$

42 비선형계에 해당하는 것은?
① 0차 반응이 일어나는 혼합 반응기
② 1차 반응이 일어나는 혼합 반응기
③ 2차 반응이 일어나는 혼합 반응기
④ 화학반응이 일어나지 않는 혼합조

해설

- CSTR 0차 반응 : $k\tau = C_{A0} - C_A = C_{A0} X_A$
- CSTR 1차 반응 : $k\tau = \dfrac{X_A}{1-X_A}$ $\tau = \dfrac{C_{A0}-C_A}{kC_A}$
- CSTR 2차 반응 : $k\tau = \dfrac{C_{A0}-C_A}{C_A^2}$

43 사람이 차를 운전하는 경우 신호등을 보고 우회전하는 것을 공정제어계와 비교해 볼 때 최종 조작변수에 해당된다고 볼 수 있는 것은?
① 사람의 손   ② 사람의 눈
③ 사람의 두뇌 ④ 사람의 가슴

해설

- 눈 : 센서
- 두뇌 : 제어기
- 손 : 최종제어요소

44 블록선도의 전달함수 $\left(\dfrac{Y(s)}{X(s)}\right)$는?

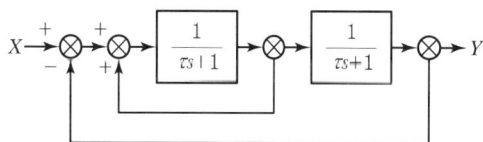

① $\dfrac{1}{\tau s + 1}$ ② $\dfrac{1}{(\tau s + 1)^2}$
③ $\dfrac{1}{\tau s^2 + \tau s + 1}$ ④ $\dfrac{1}{\tau^2 s^2 + \tau s + 1}$

정답 41 ② 42 ③ 43 ① 44 ④

> 해설

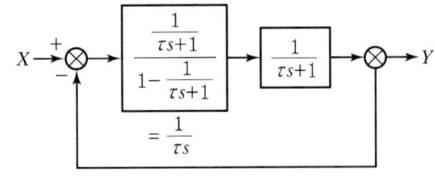

$$\frac{Y(s)}{X(s)} = \frac{\frac{1}{\tau s(\tau s+1)}}{1+\frac{1}{\tau s}\cdot\frac{1}{\tau s+1}} = \frac{1}{\tau s(\tau s+1)+1}$$
$$= \frac{1}{\tau^2 s^2 + \tau s + 1}$$

[별해]

$$\frac{Y(s)}{X(s)} = \frac{\frac{1}{(\tau s+1)^2}}{1+\frac{1}{(\tau s+1)^2}-\frac{1}{\tau s+1}}$$

45 전달함수가 $\frac{5s+1}{2s+1}$인 장치에 크기가 2인 계단입력이 들어왔을 때의 시간에 따른 응답은?

① $2-3e^{-t/2}$
② $2+3e^{-t/2}$
③ $2+3e^{-2t}$
④ $2-3e^{-2t}$

> 해설

$$Y(s) = \frac{5s+1}{2s+1}\cdot\frac{2}{s} = \frac{2(5s+1)}{s(2s+1)}$$
$$= 2\left[\frac{A}{s}+\frac{B}{2s+1}\right] = 2\left[\frac{1}{s}+\frac{3}{2s+1}\right]$$
$$\therefore y(t) = 2\left(1+\frac{3}{2}e^{-\frac{t}{2}}\right) = 2+3e^{-\frac{t}{2}}$$

46 1차 공정의 Nyquist 선도에 대한 설명으로 틀린 것은?

① Nyquist 선도는 반원을 형성한다.
② 출발점 좌표의 실수값은 공정의 정상상태 이득과 같다.
③ 주파수의 증가에 따라 시계반대방향으로 진행한다.
④ 원점에서 Nyquist 선상의 각 점까지의 거리는 진폭비 (Amplitude ratio)와 같다.

> 해설

• 1차 공정 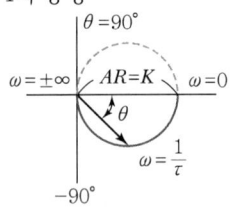　• 2차 공정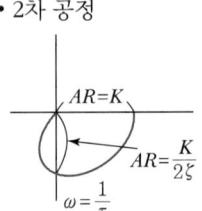

$\omega=0$이면 $AR=K$, $\phi=0°$
ω가 증가하여 $\omega=\frac{1}{\tau}$이면
$AR=\frac{K}{\sqrt{1+1}}=0.707K$, $\phi=-\tan^{-1}(1)=-45°$
$\omega\to\infty$이면 $AR=0$, $\phi=-\tan^{-1}(\infty)=-90°$
Nyquist 선도는 주파수 증가에 따라 시계방향으로 회전한다.

47 $G(j\omega)=\dfrac{10(j\omega+5)}{j\omega(j\omega+1)(j\omega+2)}$에서 ω가 아주 작을 때, 즉 $\omega\to 0$일 때의 위상각은?

① $-90°$
② $0°$
③ $+90°$
④ $+180°$

> 해설

$$G(i\omega) = \frac{25(0.2i\omega+1)}{i\omega(i\omega+1)(0.5i\omega+1)}$$
$$\phi = \angle G(i\omega)$$
$$= \tan^{-1}(0.2\omega)-\tan^{-1}(\omega)-\tan^{-1}(0.5\omega)-\frac{\pi}{2}$$
$$= \tan^{-1}(0)-\tan^{-1}(0)-\tan^{-1}(0)-\frac{\pi}{2}$$
$$= -\frac{\pi}{2}(-90°)$$

48 시간상수가 1min이고 이득(Gain)이 1인 1차계의 단위응답이 최종치의 10%로부터 최종치의 90%에 도달할 때까지 걸린 시간(Rise Time ; t_r, min)은?

① 2.20
② 1.01
③ 0.83
④ 0.21

정답 45 ② 46 ③ 47 ① 48 ①

해설

$$G(s) = \frac{K}{\tau s+1} = \frac{1}{s+1}$$
$$Y(s) = \frac{1}{s+1}\frac{1}{s} = \frac{1}{s} - \frac{1}{s+1}$$
$$y(t) = 1 - e^{-t}$$
$$\frac{y(t)}{K} = y(t) = 1 (정상상태)$$
$$0.1 = (1-e^{-t}) \quad \therefore t = 0.105$$
$$0.9 = (1-e^{-t}) \quad \therefore t = 2.302$$
∴ 10% → 90%까지 걸린 시간
$$t_r = 2.302 - 0.105 = 2.2$$

49 아래의 제어계와 동일한 총괄전달함수를 갖는 블록 선도는?

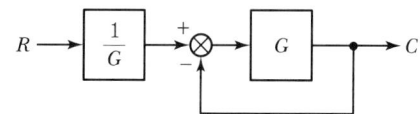

①

②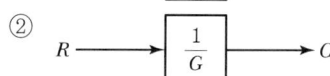

③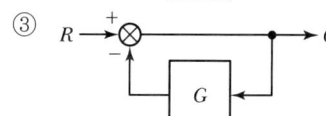

④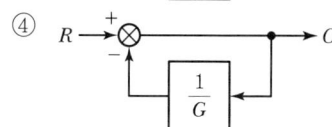

해설

$$G(s) = \frac{Y(s)}{X(s)} = \frac{1}{1+G}$$

① $RG = C \quad \therefore G = \frac{C}{R}$

② $\frac{R}{G} = C \quad \therefore \frac{1}{G} = \frac{C}{R}$

③ $\frac{C}{R} = \frac{1}{1+G}$

④ $\frac{C}{R} = \frac{1}{1+\frac{1}{G}} = \frac{G}{G+1}$

50 전달함수 $\frac{(0.2s-1)(0.1s+1)}{(s+1)(2s+1)(3s+1)}$에 대해 잘못 설명한 것은?

① 극점(Pole)은 $-1, -0.5, -\frac{1}{3}$이다.

② 영점(Zero)은 $\frac{1}{0.2}, -\frac{1}{0.1}$이다.

③ 전달함수는 안정하다.

④ 전달함수의 역수 전달함수는 안정하다.

해설
- 극점이 −이므로 안정하다.
- 음의 실근이 안정하다.

51 물리적으로 실현 불가능한 계는?(단, x는 입력변수, y는 출력변수이고 $\theta > 0$이다.)

① $y = \frac{dx}{dt} + x$ ② $\frac{dy}{dt} = x(t-\theta)$

③ $\frac{dy}{dt} + y = x$ ④ $\frac{d^2y}{dt^2} + y = x$

해설

① $Y(s) = sX(s) + X(s) \quad \therefore \frac{Y(s)}{X(s)} = s+1$

② $sY(s) = X(s)e^{-\theta s} \quad \therefore \frac{Y(s)}{X(s)} = \frac{1}{s}e^{-\theta s}$

③ $sY(s) + Y(s) = X(s) \quad \therefore \frac{Y(s)}{X(s)} = \frac{1}{s+1}$

④ $s^2Y(s) + Y(s) = X(s) \quad \therefore \frac{Y(s)}{X(s)} = \frac{1}{s^2+1}$

52 2차계의 전달함수가 아래와 같을 때 시간상수(τ)와 제동계수(Damping Ratio ; ζ)는?

$$\frac{Y(s)}{X(s)} = \frac{4}{9s^2 + 10.8s + 9}$$

① $\tau = 1, \zeta = 0.4$ ② $\tau = 1, \zeta = 0.6$
③ $\tau = 3, \zeta = 0.4$ ④ $\tau = 3, \zeta = 0.6$

정답 49 ③ 50 ④ 51 ① 52 ②

해설

$$\frac{Y(s)}{X(s)} = \frac{\frac{4}{9}}{s^2 + \frac{10.8}{9}s + 1}$$

$\therefore \tau^2 = 1 \quad \tau = 1$

$2\zeta = \frac{10.8}{9}$

$\therefore \zeta = \frac{10.8}{18} = 0.6$

53 PID 제어기의 작동식이 아래와 같을 때 다음 중 틀린 설명은?

$$p = K_c \varepsilon + \frac{K_c}{\tau_I}\int_0^t \varepsilon dt + K_c \tau_D \frac{d\varepsilon}{dt} + p_s$$

① p_s 값은 수동모드에서 자동모드로 변환되는 시점에서의 제어기 출력값이다.
② 적분동작에서 적분은 수동모드에서 자동모드로 변환될 때 시작된다.
③ 적분동작에서 적분은 자동모드에서 수동모드로 전환될 때 중지된다.
④ 오차 절댓값이 증가하다 감소하면 적분동작 절댓값도 증가하다 감소하게 된다.

해설
오차 $e(t)$가 0보다 클 경우 $e(t)$의 적분값은 시간이 갈수록 점점 커지게 된다.

54 아래와 같은 제어계의 블록선도에서 $T_R'(s)$가 $\frac{1}{s}$일 때, 서보(Servo) 문제의 정상상태 잔류편차(Offset)는?

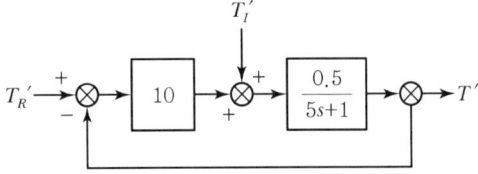

① 0.133   ② 0.167
③ 0.189   ④ 0.213

해설
Servo Problem($L = 0$)

$$G(s) = \frac{T'(s)}{T_R'(s)} = \frac{\frac{5}{5s+1}}{1 + \frac{5}{5s+1}} = \frac{5}{5s+6}$$

$Y(s) = \frac{5}{5s+6} \cdot \frac{1}{s}$

$\lim_{t \to \infty} y(t) = \lim_{s \to 0} sY(s) = \lim_{s \to 0} \frac{5}{5s+6} = \frac{5}{6}$

Offset $= r(\infty) - c(\infty)$
$r(\infty) = 1, \ c(\infty) = \frac{5}{6}$

$\therefore$ Offset $= 1 - \frac{5}{6} = 0.167$

55 $G(s) = \frac{e^{-3s}}{(s-1)(s+2)}$의 계단응답(Step Response)에 대해 옳게 설명한 것은?

① 계단입력을 적용하자 곧바로 출력이 초기치에서 움직이기 시작하여 1로 진동하면서 수렴한다.
② 계단입력을 적용하자 곧바로 출력이 초기치에서 움직이기 시작하여 진동하지 않으면서 발산한다.
③ 계단입력에 대해 시간이 3만큼 지난 후 진동하지 않고 발산한다.
④ 계단입력에 대해 진동하면서 발산한다.

해설
$G(s) = \frac{e^{-3s}}{(s-1)(s+2)}$
양의 극점을 가지므로 시간이 3만큼 지난 후 발산한다.
$s = 1, -2$

56 제어 결과로 항상 Cycling이 나타나는 제어기는?
① 비례 제어기   ② 비례-미분 제어기
③ 비례-적분 제어기   ④ On-Off 제어기

해설
On-Off 제어기
제어기 출력이 On 또는 Off로만 구성되므로 지속적인 Cycling이 나타나고, 최종제어요소의 빈번한 작동에 의한 마모가 단점이다.

57 임계진동 시 공정입력이 $u(t) = \sin(\pi t)$, 공정출력이 $y(t) = -6\sin(\pi t)$인 어떤 PID 제어계에 Ziegler-Nichols 튜닝룰을 적용할 때, 제어기의 비례이득(K_C), 적분시간(τ_I), 미분시간(τ_D)은?(단, K_u와 P_u는 각각 최대이득과 최종주기를 의미하며, Ziegler-Nichols 튜닝룰에서 비례이득(K_C)=$0.6K_u$, 적분시간(τ_I)=$P_u/2$, 미분시간(τ_D)=$P_u/8$이다.)

① K_C=3.6, τ_I=1, τ_D=0.25
② K_C=0.1, τ_I=1, τ_D=0.25
③ K_C=3.6, τ_I=$\frac{\pi}{2}$, τ_D=$\frac{\pi}{8}$
④ K_C=0.1, τ_I=$\frac{\pi}{2}$, τ_D=$\frac{\pi}{8}$

해설

$\omega_u = \pi$, $AR_C = \frac{\hat{A}}{A} = \frac{6}{1} = 6$

$P_u = \frac{2\pi}{\omega_u} = \frac{2\pi}{\pi} = 2$

$\tau_I = \frac{P_u}{2} = \frac{2}{2} = 1$

$\tau_D = \frac{P_u}{8} = \frac{2}{8} = 0.25$

$K_{cu} = \frac{1}{AR_C} = \frac{1}{6}$

$K_C = 0.6K_{cu} = 0.6 \times \frac{1}{6} = 0.1$

58 과소감쇠진동공정(Underdamped Process)의 전달함수를 나타낸 것은?

① $G(s) = \frac{s}{(s+1)(s+3)}$
② $G(s) = \frac{(s+2)}{(s+1)(s+3)}$
③ $G(s) = \frac{1}{(s^2+0.5s+1)(s+5)}$
④ $G(s) = \frac{1}{(s^2+5.0s+1)(s+1)}$

해설

$\frac{A}{(s+1)(s+3)} = \frac{A/3}{\frac{1}{3}s^2 + \frac{4}{3}s + 1}$

$\tau^2 = \frac{1}{3}$ ∴ $\tau = \frac{1}{\sqrt{3}}$

$2\tau\zeta = \frac{4}{3}$ ∴ $\zeta = \frac{2}{3} \times \sqrt{3} = \frac{2}{\sqrt{3}} = 1.155$ ← 과도감쇠

$\frac{1}{s^2 + 0.5s + 1}$

$\tau^2 = 1$ ∴ $\tau = 1$

$2\tau\zeta = 0.5$ ∴ $\zeta = \frac{1}{4} < 1$ ← 과소감쇠

59 탑상에서 고순도 제품을 생산하는 증류탑의 탑상 흐름의 조성을 온도로부터 추론(Inferential) 제어하고자 한다. 이때 맨 윗단보다 몇 단 아래의 온도를 측정하는 경우가 있는데 그 이유로 가장 타당한 것은?

① 응축기의 영향으로 맨 윗단에서는 다른 단에 비하여 응축이 많이 일어나기 때문에
② 제품의 조성에 변화가 일어나도 맨 윗단의 온도 변화는 다른 단에 비하여 매우 작기 때문에
③ 맨 윗단은 다른 단에 비하여 공정 유체가 넘치거나(Flooding) 방울져 떨어지기(Weeping) 때문에
④ 운전 조건의 변화 등에 의하여 맨 윗단은 다른 단에 비하여 온도의 변동(Fluctuation)이 심하기 때문에

해설

맨 윗단의 온도 변화는 다른 단에 비하여 매우 작다.

60 Bode 선도를 이용한 안정성 판별법 중 틀린 것은?

① 위상 크로스오버 주파수(Phase Crossover Frequency)에서 AR은 1보다 작아야 안정하다.
② 이득여유(Gain Margin)는 위상 크로스오버 주파수에서 AR의 역수이다.
③ 이득여유가 클수록 이득 크로스오버 주파수(Gain Crossover Frequency)에서 위상각은 $-180°$에 접근한다.
④ 이득 크로스오버 주파수(Gain Crossover Frequency)에서 위상각은 $-180°$보다 커야 안정하다.

정답 57 ② 58 ③ 59 ② 60 ③

해설

Bode 안정성 판별법
- 열린 루프 전달함수의 진동응답의 진폭비가 임계진동수에서 1보다 크면 닫힌 루프 제어시스템은 불안정하다.
- 임계진동수($\phi = -180°$일 때 진동수 ω_u)에서 진폭비가 1보다 작아야 한다.

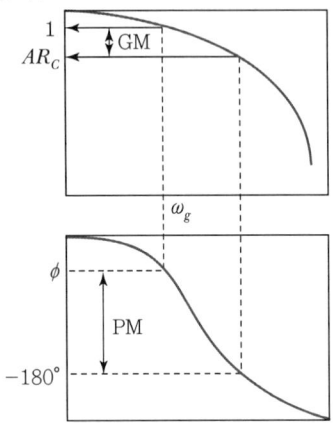

이득여유(GM)가 클수록 ω_g에서 위상각은 $-180°$에서 멀어진다.

$GM = \dfrac{1}{AR_c}$, $PM = 180° + \phi$

4과목 공업화학

61 N형 반도체만으로 구성되어 있는 것은?

① Cu_2O, CoO
② TiO_2, Ag_2O
③ Ag_2O, SnO_2
④ SnO_2, CuO

해설

불순물 반도체
- N형 반도체 : 15족 원소 N(질소), P(인), As(비소)가 첨가되고 원자 1개당 한 개씩의 자유전자가 생긴다.
- P형 반도체 : 13족 원소 B(붕소), Al(알루미늄), Ga(갈륨), In(인듐)을 첨가하는 경우 전자가 비어 있는 상태, 즉 정공이 생긴다.

산화물 반도체 산소 센서
- 산화물 반도체는 공기 중의 산소분압으로 전기저항이 변화한다.
- 산소분압이 증가하면 N형 반도체인 ZnO, TiO_2, Fe_2O_3, SnO_2, CuO는 저항이 증가하고, P형 반도체인 NiO, CoO, Ag_2O는 저항이 감소한다. → 산화물 반도체 산소 센서는 전기저항으로부터 산소분압을 측정한다.

62 합성염산 제조 시 원료기체인 H_2와 Cl_2는 어떻게 제조하여 사용하는가?

① 공기의 액화
② 소금물의 전해
③ 염화물의 치환법
④ 공기의 아크방전법

해설

$2NaCl + 2H_2O \xrightarrow{\text{전기분해}} 2NaOH + Cl_2 + H_2$

소금물의 전기분해
- (+)극 : $2Cl^- \rightarrow Cl_2 + 2e^-$
- (-)극 : $2Na^+ + 2H_2O + 2e^- \rightarrow 2NaOH + H_2$

63 20wt%의 HNO_3 용액 1,000kg을 55wt% 용액으로 농축하였을 때 증발된 수분의 양(kg)은?

① 334
② 550
③ 636
④ 800

해설

$W = F\left(1 - \dfrac{a}{b}\right)$

$= 1,000\text{kg}\left(1 - \dfrac{20}{55}\right) = 636\text{kg}$

$1,000 \times 0.2 = (1,000 - W) \times 0.55$

64 레페(Reppe) 합성반응을 크게 4가지로 분류할 때 해당하지 않는 것은?

① 알킬화 반응
② 비닐화 반응
③ 고리화 반응
④ 카르보닐화 반응

정답 61 ④ 62 ② 63 ③ 64 ①

해설

레페 합성반응

• 비닐화

$$CH \equiv CH + CH_3OH \xrightarrow{KOH} CH_2 = CH - OCH_3$$
메틸비닐에테르

• 카르보닐화

$$CH \equiv CH + CO + ROH \longrightarrow CH_2 = CH - COOR$$
아크릴산에스테르

• 고리화

$$4CH \equiv CH \longrightarrow \bigcirc$$

• 에티닐화

$$CH \equiv CH + HCHO \rightarrow CH \equiv C-CH_2OH \xrightarrow{HCHO} HOCH_2C \equiv CCH_2OH$$

---

65 Nylon 6 합성섬유의 원료는?

① Caprolactam
② Hexamethylene diamine
③ Hexamethylene triamine
④ Hexamethylene tetraamine

해설

카프로락탐의 개환중합

$$\underset{\text{NH}}{\bigcirc} \longrightarrow \left[NH-(CH_2)_5-\underset{\underset{O}{\parallel}}{C} \right]_n$$
나일론 6

Nylon 6.6

$$H_2N-(CH_2)_6-NH_2 + HO-\underset{\underset{O}{\parallel}}{C}-(CH_2)_4-\underset{\underset{O}{\parallel}}{C}-OH$$
헥사메틸렌디아민   아디프산

$$\rightarrow \left[\underset{\underset{O}{\parallel}}{C}-(CH_2)_4-\underset{\underset{O}{\parallel}}{C}-\underset{\underset{H}{\mid}}{N}-(CH_2)_6-\underset{\underset{H}{\mid}}{N} \right]_n$$
나일론 6.6

---

66 나프타를 열분해(Thermal Cracking)시킬 때 주로 생성되는 물질로 거리가 먼 것은?

① 에틸렌
② 벤젠
③ 프로필렌
④ 메탄

해설

열분해	접촉분해
• 올레핀이 많으며 $C_1 \sim C_2$ 계 가스가 많다. • 대부분 지방족, 방향족 탄화수소는 적다.	• $C_3 \sim C_6$ 계의 가지 달린 지방족이 많이 생성된다. • 열분해보다 파라핀계 탄화수소가 많다. • 방향족 탄화수소가 많다.

---

67 페놀의 공업적 제조방법 중에서 페놀과 부산물로 아세톤이 생성되는 합성법은?

① Raschig법
② Cumene법
③ Dow법
④ Toluene법

해설

쿠멘 → 페놀 + 아세톤 → 비스페놀A

---

68 요소비료 제조방법 중 카바메이트 순환방식의 제조방법으로 약 210℃, 400atm의 비교적 고온, 고압에서 반응시키는 것은?

① IG법
② Inventa법
③ Dupont법
④ CCC법

정답 65 ① 66 ② 67 ② 68 ③

> 해설

요소 제조공정(순환법)
순환법 : 미반응가스를 순환시키는 방법
- CCC법(Chemico 공정) : 모노에탄올아민(MEA)으로 미반응가스 중의 CO_2를 흡수시키고 분리된 NH_3를 압축순환시키는 방법
- Inventa Process : 미반응 NH_3를 NH_4NO_3 용액에 흡수·분리하여 순환시키는 방법
- Dupont Process : 카바민산암모늄을 암모니아성 수용액으로 회수순환시키는 방식으로, 비교적 고온·고압에서 반응
- Pechiney : 카바민산암모늄을 분리하여 광유에 흡수시킨 후 암모늄카바메이트의 작은 입자가 현탁하는 슬러리로 만들어 반응관에 재순환시키는 방식

69
Cu|$CuSO_4$(0.05M), $HgSO_4$(s)|Hg 전지의 기전력은 25℃에서 0.418V이다. 이 전지의 자유에너지(kcal) 변화량은?

① −9.65 ② −19.3
③ 9.65 ④ 19.3

> 해설

$$E = \frac{-\Delta G}{nF}$$
$$\therefore \Delta G = -nFE$$
$$= -2mol \times 96,500C/mol \times 0.418V$$
$$\times \frac{1J}{CV} \times \frac{1cal}{4.184J} \times \frac{1kcal}{1,000cal}$$
$$= -19.3kcal$$

70 방향족 니트로화합물의 특성에 대한 설명 중 틀린 것은?

① $-NO_2$가 많이 결합할수록 끓는점이 낮아진다.
② 일반적으로 니트로기가 많을수록 폭발성이 강하다.
③ 환원되어 아민이 된다.
④ 의약품 생산에 응용된다.

> 해설

- 니트로기가 많을수록 연소하기 쉽고 폭발성이 강하다.
- 폭발물, 방향족 아민, 의약품의 원료로 사용된다.

71 98wt% H_2SO_4 용액 중 SO_3의 비율(wt%)은?

① 55 ② 60
③ 75 ④ 80

> 해설

100g H_2SO_4 수용액 중 98wt% H_2SO_4가 있으므로
$$\frac{80}{98} \times 100(\%) = 80\%$$

72 중과린산석회의 합성반응은?

① $Ca_3(PO_4)_2 + 2H_2SO_4 + 5H_2O \rightleftharpoons CaH_4(PO_4)_2 \cdot H_2O + 2[CaSO_4 \cdot 2H_2O]$
② $Ca_3(PO_4)_2 + 4H_3PO_4 + 3H_2O \rightleftharpoons 3[CaH_4(PO_4)_2 \cdot H_2O]$
③ $Ca_3(PO_4)_2 + 4HCl \rightleftharpoons CaH_4(PO_4)_2 + 2CaCl_2$
④ $CaH_4(PO_4)_2 + NH_3 \rightleftharpoons NH_4H_2PO_4 + CaHPO_4$

> 해설

- 과린산석회(P_2O_5 15~20%) : 인광석을 황산분해시켜 제조
- 중과린산석회(P_2O_5 30~50%) : 인광석을 인산분해시켜 제조

73 암모니아 함수의 탄산화 공정에서 주로 생성되는 물질은?

① NaCl ② $NaHCO_3$
③ Na_2CO_3 ④ NH_4HCO_3

> 해설

암모니아 함수는 탄산화탑 상부에서 공급하고 하부에서 CO_2를 불어넣어 중조($NaHCO_3$)를 침전시킨다.

- Solvay법
$NaCl + NH_3 + CO_2 + H_2O \rightarrow NaHCO_3 + NH_4Cl$
　　　　　　　　　　중조(탄산수소나트륨)
$2NaHCO_3 \rightarrow Na_2CO_3 + H_2O + CO_2$(가소반응)
$2NH_4Cl + Ca(OH)_2 \rightarrow CaCl_2 + 2H_2O + 2NH_3$
　　　　　(암모니아 회수반응)
- Le Blanc법 : 소금의 황산분해법
$NaCl + H_2SO_4 \xrightarrow{150℃} NaHSO_4 + HCl$
$NaHSO_4 + NaCl \xrightarrow{800℃} Na_2SO_4$(무수망초) $+ HCl$

정답 69 ②　70 ①　71 ④　72 ②　73 ②

74 열경화성 수지와 열가소성 수지로 구분할 때 다음 중 나머지 셋과 분류가 다른 하나는?

① 요소수지 ② 폴리에틸렌
③ 염화비닐 ④ 나일론

해설
- 열가소성 수지
  가열 시 연화되어 외력을 가할 때 쉽게 변형되므로, 성형가공 후 냉각하면 외력을 제거해도 성형된 상태를 유지하는 수지
  예 폴리에틸렌, 폴리염화비닐, 폴리프로필렌, 폴리스티렌, 나일론(폴리아미드)
- 열경화성 수지
  가열 시 일단 연화되지만, 계속 가열하면 점점 경화되어, 나중에는 온도를 올려도 연화, 용융되지 않고 원상태로 되지도 않는 성질의 수지
  예 페놀수지, 요소수지, 멜라민수지, 에폭시수지, 알키드수지, 규소수지

75 에폭시 수지의 합성과 관련이 없는 물질은?

① Melamine
② Bisphenol A
③ Epichlorohydrin
④ Toluene diisocyanate

해설

$$HO-\bigcirc-\underset{CH_3}{\overset{CH_3}{C}}-\bigcirc-OH + H_2C-CH-CH_2Cl$$
비스페놀A 　　　　　에피클로로히드린

$$\xrightarrow{NaOH} \left[O-\bigcirc-\underset{CH_3}{\overset{CH_3}{C}}-\bigcirc-O-CH_2-\underset{OH}{CH}-CH_2 \right]_n$$
에폭시 수지

※ 에폭시수지 : 분자 내에 에폭시기($-CH-CH_2$)를 갖는 열경화성 수지의 총칭
　　　　　　　　　　　　　　　$\diagdown O \diagup$

76 용액중합에 대한 설명으로 옳지 않은 것은?

① 용매회수, 모노머 분리 등의 설비가 필요하다.
② 용매가 생장라디칼을 정지시킬 수 있다.
③ 유화중합에 비해 중합속도가 빠르고 고분자량의 폴리머가 얻어진다.
④ 괴상중합에 비해 반응온도 조절이 용이하고 균일하게 반응시킬 수 있다.

해설
㉠ 괴상중합(벌크 중합) : 용매 또는 분산매를 사용하지 않고 단량체와 개시제만을 혼합하여 중합시키는 방법
㉡ 용액중합
  - 단량체와 개시제를 용매에 용해시킨 상태에서 중합시키는 방법
  - 중화열의 제거는 용이하지만, 중합속도와 분자량이 작고, 중합 후 용매의 완전 제거가 어렵다.
  - 용매의 회수과정이 필요하므로 주로 물을 안정제로 사용할 수 없는 경우에 사용된다.
㉢ 현탁중합(서스펜션 중합)
  단량체를 녹이지 않는 액체에 격렬한 교반으로 분산시켜 중합한다.
㉣ 유화중합(에멀션 중합)
  - 비누 또는 세제 성분의 일종인 유화제를 사용하여 단량체를 분산매 중에 분산시키고 개시제를 사용하여 중합시키는 방법이다.
  - 중합열의 분산이 용이하고 대량생산에 적합하다.

77 소다회(Na_2CO_3) 제조방법 중 NH_3를 회수하는 제조법은?

① 산화철법　　② 가성화법
③ Solvay법　　④ Le Blanc법

해설
- Le Blanc법 : NaCl을 황산분해하여 망초(Na_2SO_4)를 얻고, 이를 석탄, 석회석으로 복분해하여 소다회를 제조하는 방법

$$NaCl + H_2SO_4 \xrightarrow{150℃} NaHSO_4 + HCl$$

$$NaHSO_4 + NaCl \xrightarrow{800℃} Na_2SO_4(무수망초) + HCl$$

정답 74 ① 75 ④ 76 ③ 77 ③

- Solvay법(암모니아소다법) : 함수에 암모니아를 포화시켜 암모니아 함수를 만들고, 탄산화탑에서 이산화탄소를 도입시켜 중조를 침전여과한 후 이를 가소하여 소다회를 얻는 방법
$NaCl + NH_3 + CO_2 + H_2O \rightarrow NaHCO_3 + NH_4Cl$
　　　　　　　　　중조(탄산수소나트륨)
$2NaHCO_3 \rightarrow Na_2CO_3 + H_2O + CO_2$(가소반응)
$2NH_4Cl + Ca(OH)_2 \rightarrow CaCl_2 + 2H_2O + 2NH_3$
　　　　　　　　　　(암모니아 회수반응)

78 석유류의 불순물인 황, 질소, 산소 제거에 사용되는 방법은?

① Coking Process
② Visbreaking Process
③ Hydrorefining Process
④ Isomerization Process

해설
① Coking Process : 중질유를 강하게 열분해시켜(1,000℃) 가솔린과 경유를 얻는 방법
② Visbreaking Process : 점도가 높은 찌꺼기유에서 점도가 낮은 중질유를 얻는 방법(470℃)
③ Hydrorefining Process : 수소화 처리법으로, S, H, O, N, 할로겐 등의 불순물을 제거
④ Isomerization Process : 이성화법

79 공업적 접촉개질 프로세스 중 $MoO_3 - Al_2O_3$계 촉매를 사용하는 것은?

① Platforming
② Houdriforming
③ Ultraforming
④ Hydroforming

해설
Reforming(리포밍, 개질)
옥탄가가 낮은 가솔린, 나프타 등을 촉매를 이용하여 방향족 탄화수소나 이소파라핀을 많이 함유하는 옥탄가가 높은 가솔린으로 전환시킨다(개질 가솔린).

- Hydroforming : $MnO_3 - Al_2O_3$ 사용
- Platforming : $Pt - Al_2O_3$ 사용
- Ultraforming : 촉매를 재생하여 사용
- Rheniforming : $Pt - Re - Al_2O_3 - SiO_2$ 사용

80 HCl 가스를 합성할 때 H_2 가스를 이론량보다 과잉으로 넣어 반응시키는 주된 목적은?

① Cl_2 가스의 손실 억제
② 장치부식 억제
③ 반응열 조절
④ 폭발 방지

해설
$Cl_2 : H_2 = 1 : 1.2$
H_2, Cl_2는 가열하거나 빛을 가하면 폭발적으로 반응한다.

5과목　반응공학

81 충돌이론(Collision Theory)에 의한 아래 반응의 반응속도식($-r_A$)은?(단, C는 하첨자 물질의 농도를 의미하며, U는 빈도인자이다.)

$$A + B \rightarrow C + D$$

① $-r_A = UT^{-1}e^{-E/RT}C_A C_B$
② $-r_A = Ue^{-E/RT}C_A C_B$
③ $-r_A = UTe^{-E/RT}C_A C_B$
④ $-r_A = T^2 e^{-E/RT}C_A C_B$

해설
$-r_A = kC_A C_B$
$-r_A = Ue^{-E/RT}C_A C_B$
반응속도에서 2분자 간 충돌이론은 아레니우스식과 같다.

정답 78 ③　79 ④　80 ④　81 ②

82 액상 병렬반응을 연속흐름반응기에서 진행시키고자 한다. 같은 입류조건에 A의 전화율이 모두 0.9가 되도록 반응기를 설계한다면 어느 반응기를 사용하는 것이 R로의 전환율을 가장 크게 해주겠는가?

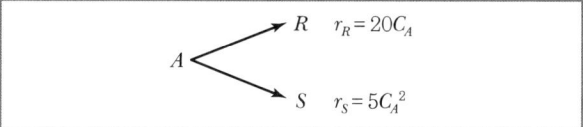

① 플러그흐름반응기
② 혼합흐름반응기
③ 환류식 플러그흐름반응기
④ 다단식 혼합흐름반응기

해설

$$s = \frac{r_R}{r_S} = \frac{dC_R}{dC_S} = \frac{20C_A}{5C_A^2} = \frac{4}{C_A}$$

C_A의 농도를 낮추어야 한다.

C_A의 농도를 낮게 하는 방법
- CSTR 사용
- X_A를 높게 유지
- 공급물에 불활성 물질 증가
- 기상계에서 압력 감소

83 순환식 플러그흐름반응기에 대한 설명으로 옳은 것은?

① 순환비는 $\dfrac{\text{계를 떠난 양}}{\text{환류량}}$으로 표현된다.
② 순환비가 무한인 경우, 반응기 설계식은 혼합흐름식 반응기와 같게 된다.
③ 반응기 출구에서의 전화율과 반응기 입구에서의 전환율의 비는 용적 변화율 제곱에 비례한다.
④ 반응기 입구에서의 농도는 용적 변화율에 무관하다.

해설
- R(순환비)
$= \dfrac{\text{반응기 입구로 되돌아가는 유체의 부피(환류량)}}{\text{계를 떠나는 부피}}$
$R \to \infty$: CSTR
$R \to 0$: PFR

- $X_{A1} = \dfrac{R}{R+1} X_{Af}$

$C_{A1} = C_{A0} \left(\dfrac{1+R-RX_{Af}}{1+R+R\varepsilon_A X_{Af}} \right)$

여기서, X_{A1} : 반응기 입구에서의 전환율

84 액상 1차 반응($A \to R+S$)이 혼합흐름반응기와 플러그흐름반응기를 직렬로 연결하여 반응시킬 때에 대한 설명 중 옳은 것은?(단, 각 반응기의 크기는 동일하다.)

① 전환율을 크게 하기 위해서는 혼합흐름반응기를 앞에 배치해야 한다.
② 전환율을 크게 하기 위해서는 플러그흐름반응기를 앞에 배치해야 한다.
③ 전환율을 크게 하기 위해, 낮은 전환율에서는 혼합흐름반응기를, 높은 전환율에서는 플러그흐름반응기를 앞에 배치해야 한다.
④ 반응기의 배치 순서는 전환율에 영향을 미치지 않는다.

해설
- $n = 1$차 : 동일한 크기의 반응기가 최적
- $n > 1$차 : PFR → 작은 CSTR → 큰 CSTR
- $n < 1$차 : 큰 CSTR → 작은 CSTR → PFR

85 어떤 반응의 속도식이 아래와 같이 주어졌을 때, 속도상수(k)의 단위와 값은?

$$r = 0.005 C_A^2 (\text{mol/cm}^3 \text{ min})$$

① 20/h
② 5×10^{-2} mol/L h
③ 3×10^{-3} L/mol h
④ 5×10^{-2} L/mol h

해설
$n = 2$
$k = (\text{mol/cm}^3)^{1-n}(1/\text{min})$
$= 0.05 \text{cm}^3/\text{mol min} \times \dfrac{1\text{L}}{1,000\text{cm}^3} \times \dfrac{60\text{min}}{1\text{h}}$
$= 3 \times 10^{-3}$ L/mol h

정답 82 ② 83 ② 84 ④ 85 ③

86 반응식이 $0.5A + B \to R + 0.5S$인 어떤 반응의 속도식은 $r_A = -2C_A^{0.5}C_B$로 알려져 있다. 만약 이 반응식을 정수로 표현하기 위해 $A + 2B \to 2R + S$로 표현하였을 때의 반응속도식으로 옳은 것은?

① $r_A = -2C_A C_B$
② $r_A = -2C_A C_B^2$
③ $r_A = -2C_A^2 C_B$
④ $r_A = -2C_A^{0.5} C_B$

해설

$\times 2 \Big(\begin{array}{l} 0.5A + B \to R + 0.5S \quad -r_A = -2C_A^{0.5}C_B \\ A + 2B \to 2R + S \quad -r_A = -2C_A^{0.5}C_B \end{array}$

화학양론식의 양론계수는 반응속도식에 영향을 미치지 않는다.

87 그림과 같은 반응물과 생성물의 에너지 상태가 주어졌을 때 반응열 관계로 옳은 것은?

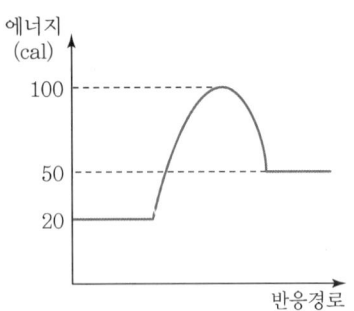

① 발열반응이며, 발열량은 20cal이다.
② 발열반응이며, 발열량은 50cal이다.
③ 흡열반응이며, 흡열량은 30cal이다.
④ 흡열반응이며, 흡열량은 50cal이다.

해설

흡열반응

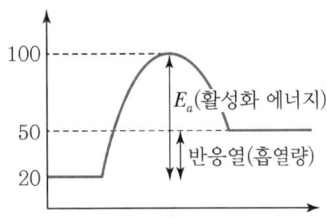

88 A물질 분해반응의 반응속도상수는 0.345min^{-1}이고 A의 초기농도는 2.4mol/L일 때, 정용 회분식 반응기에서 A의 농도가 0.9mol/L 될 때까지 필요한 시간(min)?

① 1.84
② 2.84
③ 3.84
④ 4.84

해설

$C_A = C_{A0}(1 - X_A)$
$0.9 = 2.4(1 - X_A)$ ∴ $X_A = 0.625$
$k = 0.345\text{min}^{-1}$(1차 반응)
$kt = -\ln(1 - 0.625)$
$0.345t = -\ln(1 - 0.625)$ ∴ $t = 2.84\text{min}$

89 A의 분해반응이 아래와 같을 때, 등온 플러그흐름 반응기에서 얻을 수 있는 T의 최대 농도는?(단, $C_{A0} = 1$이다.)

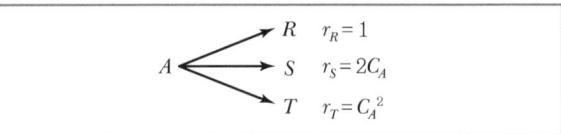

① 0.051
② 0.114
③ 0.235
④ 0.391

해설

$\phi\left(\dfrac{T}{A}\right) = \dfrac{dC_T}{dC_R + dC_S + dC_T} = \dfrac{C_A^2}{1 + 2C_A + C_A^2} = \dfrac{C_A^2}{(1+C_A)^2}$

$C_{Tf} = -\int_{C_{A0}}^{C_{Af}} \phi\left(\dfrac{T}{A}\right) dC_A = \int_0^1 \dfrac{C_A^2}{(1+C_A)^2} dC_A$

$1 + C_A = t$라 하면

$C_{Tf} = \int_1^2 \dfrac{(t-1)^2}{t^2} dt = \int_1^2 \left(1 - \dfrac{2}{t} + \dfrac{1}{t^2}\right) dt$

$= \left[t - 2\ln t - \dfrac{1}{t}\right]_1^2$

$= \left[(1+C_A) - 2\ln(1+C_A) - \dfrac{1}{1+C_A}\right]_0^1$

$= \left(2 - 2\ln 2 - \dfrac{1}{2}\right) - 0 = 0.1137$

$C_{Af} = 0$에서 $C_{Tf} = 0.1137 ≒ 0.114$

90 반응기 중 체류시간 분포가 가장 좁게 나타나는 것은?

① 완전 혼합형 반응기
② Recycle 혼합형 반응기
③ Recycle 미분형 반응기(Plug Type)
④ 미분형 반응기(Plug Type)

해설

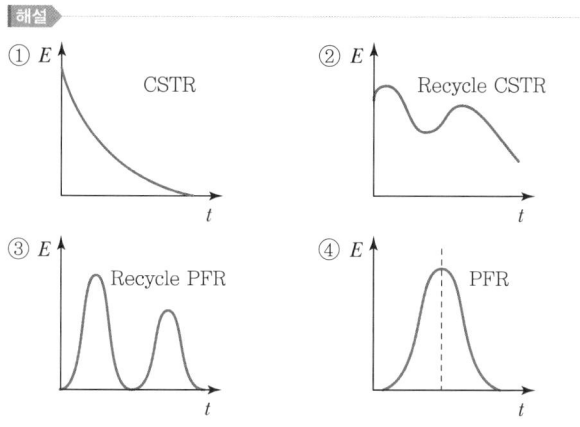

91 A와 B가 반응하여 필요한 생성물 R과 불필요한 물질 S가 생길 때, R의 전환율을 높이기 위해 취하는 조치로 적절한 것은?(단, C는 하첨자 물질의 농도를 의미하며, 각 반응은 기초반응이다.)

$$A+B \xrightarrow{k_1} R, \quad A \xrightarrow{k_2} S, \quad 2k_1 = k_2$$

① C_A와 C_B를 같게 한다.
② C_A를 되도록 크게 한다.
③ C_B를 되도록 크게 한다.
④ C_A를 C_B의 2배로 한다.

해설

R의 전환율을 높이기 위해서는 C_B를 크게 해야 한다.

$$S = \frac{r_R}{r_S} = \frac{dC_R}{dC_S} = \frac{k_1 C_A C_B}{k_2 C_A} = \frac{k_1 C_A C_B}{2k_1 C_A} = \frac{C_B}{2}$$

92 반응속도식이 아래와 같은 $A \rightarrow R$ 기초반응을 플러그흐름반응기에서 반응시킨다. 반응기로 유입되는 A 물질의 초기농도가 10mol/L이고, 출구농도가 5mol/L일 때, 이 반응기의 공간시간(h)은?

$$-r_A = 0.1 C_A (\text{mol/L h})$$

① 8.6　② 6.9
③ 5.2　④ 4.3

해설

$C_A = C_{A0}(1-X_A)$
$5\text{mol/L} = 10\text{mol/L}(1-X_A)$
$\therefore X_A = 0.5$

$k\tau = -\ln(1-X_A)$
$0.1\tau = -\ln(1-0.5)$
$\therefore \tau = 6.93\text{h}$

93 n차($n > 0$) 단일 반응에 대한 혼합 및 플러그흐름반응기 성능을 비교 설명한 내용 중 틀린 것은?(단, V_m은 혼합흐름반응기 부피를, V_p는 플러그흐름반응기 부피를 나타낸다.)

① V_m은 V_p보다 크다.
② V_m/V_p는 전환율의 증가에 따라 감소한다.
③ V_m/V_p는 반응차수에 따라 증가한다.
④ 부피변화 분율이 증가하면 V_m/V_p가 증가한다.

해설

$n > 0 \quad V_m > V_p$
• 부피비는 반응차수가 증가할수록 커진다.
• 전화율이 클수록 부피비가 급격히 증가한다.

정답 90 ④　91 ③　92 ②　93 ②

94 PSSH(Pseudo Steady State Hypothesis) 설정은 다음 중 어떤 가정을 근거로 하는가?

① 반응속도가 균일하다.
② 반응기 내의 온도가 일정하다.
③ 반응기의 물질수지식에서 축적항이 없다.
④ 중간 생성물의 생성속도와 소멸속도가 같다.

해설

PSSH(유사정상상태 가설)
반응중간체가 형성될 때 사실상 빠르게 반응하기 때문에 활성 중간체 형성의 알짜 생성속도는 0이다.
$r_A^* = 0$
중간생성물의 생성속도와 소멸속도는 같다(평형).

95 Batch Reactor의 일반적인 특성을 설명한 것으로 가장 거리가 먼 것은?

① 설비가 적게 든다.
② 노동력이 많이 든다.
③ 운전비가 작게 든다.
④ 쉽게 작동할 수 있다.

해설

Batch Reactor
• 소규모 조업, 새로운 공정의 시험에 사용된다.
• 인건비가 비싸고 매회 품질이 균일하지 못할 수 있으며 대규모 생산이 어렵다.
• 설비가 적게 드나, 운전비는 많이 든다.

96 반응물 A가 동시반응에 의하여 분해되어 아래와 같은 두 가지 생성물을 만든다. 이때, 비목적생성물(U)의 생성을 최소화하기 위한 조건으로 틀린 것은?

$$A \rightarrow D, \ r_D = 0.002 e^{4,500\left(\frac{1}{300K} - \frac{1}{T}\right)} C_A$$
$$A \rightarrow U, \ r_U = 0.004 e^{2,500\left(\frac{1}{300K} - \frac{1}{T}\right)} C_A^2$$

① 불활성 가스의 혼합 사용
② 저온반응
③ 낮은 C_A
④ CSTR 반응기 사용

해설

$$\frac{r_D}{r_U} = \frac{dC_D}{dC_U} = \frac{0.002 e^{4,500\left(\frac{1}{300} - \frac{1}{T}\right)}}{0.004 e^{2,500\left(\frac{1}{300} - \frac{1}{T}\right)} C_A}$$

C_A의 농도는 낮게 하고, $E_D > E_U$이므로 고온을 사용한다.
$e^{2,000\left(\frac{1}{300} - \frac{1}{T}\right)}$가 크려면 $\frac{1}{T}$이 작아야 하므로 T가 커야 한다.

C_A의 농도를 낮게 하는 방법
• CSTR 사용
• X_A을 높게 유지
• 공급물에 불활성 물질 증가
• 기상계에서 압력 감소

97 균일 액상반응($A \rightarrow R$, $-r_A = kC_A^2$)이 혼합흐름반응기에서 50%가 전환된다. 같은 반응을 크기가 같은 플러그흐름반응기로 대치시킬 때 전환율은?

① 0.67
② 0.75
③ 0.50
④ 0.60

해설

• CSTR 2차
$$k\tau C_{A0} = \frac{X_A}{(1-X_A)^2}$$
$$k\tau C_{A0} = \frac{0.5}{(1-0.5)^2} = 2$$

• PFR 2차
$$k\tau C_{A0} = \frac{X_A}{1-X_A}$$
$$2 = \frac{X_A}{1-X_A}$$
$$\therefore X_A = 0.67$$

정답 94 ④ 95 ③ 96 ② 97 ①

98 비기초반응의 반응속도론을 설명하기 위해 자유라디칼, 이온과 극성물질, 분자, 전이착제의 중간체를 포함하여 반응을 크게 2가지 유형으로 구분하여 해석할 때, 다음과 같이 진행되는 반응은?

> Reactants → (Intermediates)*
> (Intermediates)* → Products

① Chain Reaction
② Parallel Reaction
③ Elementary Reaction
④ Non-chain Reaction

해설
- 비연쇄반응
  반응물 → (중간체)*
  (중간체)* → 생성물
- 연쇄반응
  반응물 → (중간체)*
  (중간체)* + 반응물 → (중간체)* + 생성물
  (중간체)* → 생성물

99 포스핀의 기상 분해반응이 아래와 같을 때, 포스핀만으로 반응을 시작한 경우 이 반응계의 부피 변화율은?

> $4PH_3(g) \rightarrow P_4(g) + 6H_2(g)$

① $\varepsilon_{PH_3} = 1.75$
② $\varepsilon_{PH_3} = 1.50$
③ $\varepsilon_{PH_3} = 0.75$
④ $\varepsilon_{PH_3} = 0.50$

해설
$aA \rightarrow bB + cC$
$\varepsilon_{PH_3} = \dfrac{b+c-a}{a} = \dfrac{1+6-4}{4} = 0.75$

100 순환비가 1로 유지되고 있는 등온의 플러그흐름반응기에서 아래의 액상 반응이 0.5의 전환율(X_A)로 진행되고 있을 때, 순환류를 폐쇄시켰을 때 전환율(X_A)은?

> $A \rightarrow R, \ -r_A = kC_A$

① $\dfrac{5}{9}$
② $\dfrac{4}{5}$
③ $\dfrac{2}{3}$
④ $\dfrac{3}{4}$

해설

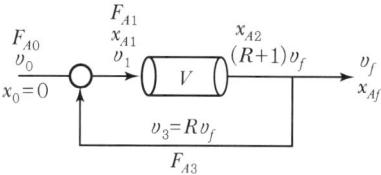

$X_{A1} = \dfrac{R}{R+1} X_{Af} = \dfrac{1}{1+1} \times 0.5 = 0.25$

$\dfrac{V}{F_{A0}} = (R+1) \int_{X_{A1}}^{X_{Af}} \dfrac{dX_A}{-r_A}$

$\tau = \dfrac{C_{A0} V}{F_{A0}}$

$\dfrac{\tau}{C_{A0}} = (R+1) \int_{0.25}^{0.5} \dfrac{dX_A}{kC_{A0}(1-X_A)}$

$= \dfrac{R+1}{kC_{A0}} \int_{0.25}^{0.5} \dfrac{dX_A}{1-X_A}$

$\dfrac{\tau}{C_{A0}} = \dfrac{2}{kC_{A0}} \left[-\ln(1-X_A)\right]_{0.25}^{0.5}$

$k\tau = 2\left[-\ln \dfrac{(1-0.5)}{(1-0.25)}\right]$

$= 2\ln \dfrac{0.75}{0.5}$

$= 0.81$

순환류 폐쇄 : 1차 PFR
$k\tau = -\ln(1-X_A)$
$0.81 = -\ln(1-X_A)$
$\therefore X_A = \dfrac{5}{9}$

정답 98 ④ 99 ③ 100 ①

2022년 제1회 기출문제

1과목 공업합성

01 기하이성질체를 나타내는 고분자가 아닌 것은?

① 폴리부타디엔
② 폴리클로로프렌
③ 폴리이소프렌
④ 폴리비닐알코올

해설

기하이성질체

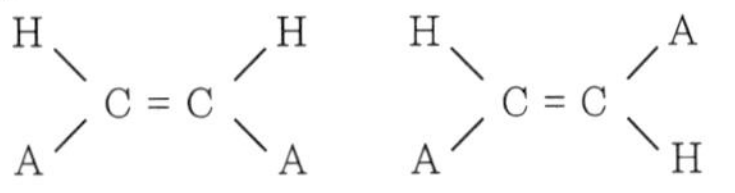

cis trans

① 부타디엔

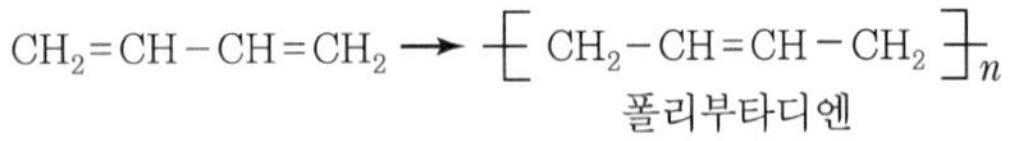

폴리부타디엔

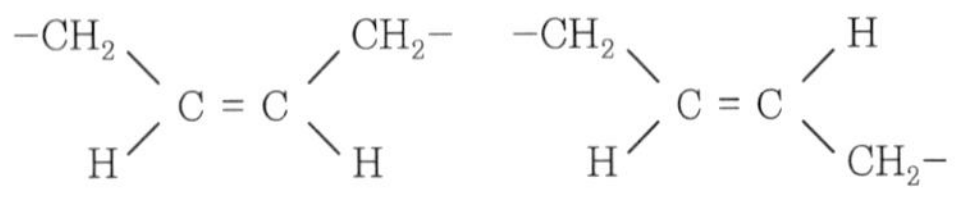

cis trans

② 클로로프렌

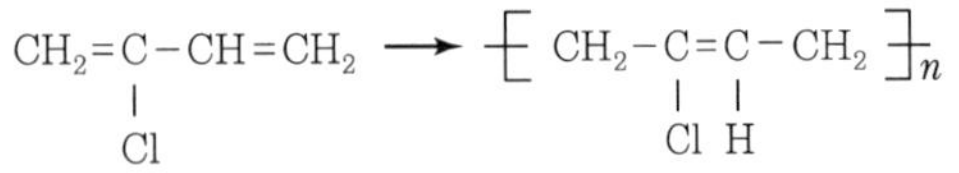

폴리클로로프렌

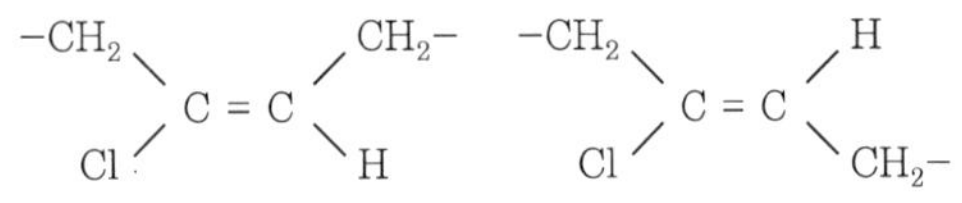

cis trans

③ 이소프렌

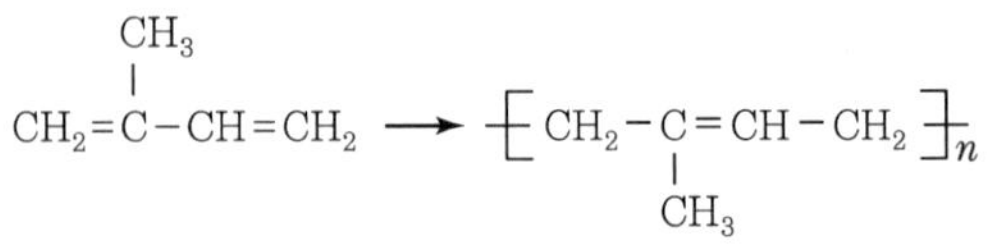

폴리이소프렌

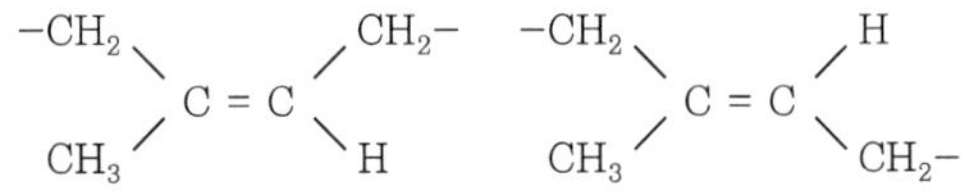

cis trans

④ 비닐알코올

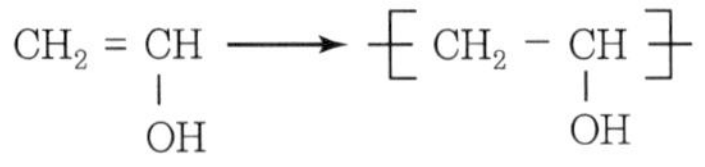

폴리비닐알코올

02 양쪽성 물질에 대한 설명으로 옳은 것은?

① 동일한 조건에서 여러 가지 축합반응을 일으키는 물질
② 수계 및 유계에서 계면활성제로 작용하는 물질
③ pKa 값이 7 이하인 물질
④ 반응조건에 따라 산으로도 작용하고 염기로도 작용하는 물질

해설

양쪽성 물질

산으로도 작용하고 염기로도 작용하는 물질

예 H_2O, HSO_4^-, HCO_3^-, $H_2PO_4^-$

$HCl + H_2O \rightarrow H_3O^+ + Cl^-$

짝산, 짝염기

$NH_3 + H_2O \rightarrow NH_4^+ + OH^-$

염기 산 산 염기

짝염기, 짝산

정답 01 ④ 02 ④

03 염화물의 에스테르화 반응에서 Schotten-Baumann법에 해당하는 것은?

① $RC_6H_4NH_2 + RC_6H_4Cl \xrightarrow[K_2CO_3]{Cu} RC_6H_4NHC_6H_4R + HCl$

② $R_2NH + 2HC \equiv CH \xrightarrow{Cu_2C_2} R_2NCH(CH_3)C \equiv CH$

③ $RRNH + HC \equiv CH \xrightarrow{KOH} RRNCH = CH_2$

④ $RNH_2 + R'COCl \xrightarrow{NaOH} RNHCOR'$

해설

Schotten-Baumann법

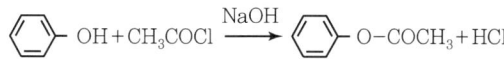

- 알칼리 존재하에 산염화물에 의해 $-OH$, $-NH_2$가 아실화되는 반응이다.
- 10~20% NaOH 수용액에 페놀이나 알코올을 용해시킨 후 강하게 교반하면서 산염화물을 서서히 가하면 순간적으로 에스테르가 생성된다.
- 염화물의 에스테르화 반응 중 가장 좋은 방법이다.

04 질산의 직접 합성 반응식이 아래와 같을 때 반응 후 응축하여 생성된 질산 용액의 농도(wt%)는?

$$NH_3 + 2O_2 \rightleftarrows HNO_3 + H_2O$$

① 68 ② 78
③ 88 ④ 98

해설

질산의 직접 합성 반응
78% HNO_3를 얻는다.
$NH_3 + 2O_2 \rightleftarrows HNO_3 + H_2O$

05 가성소다 공업에서 전해액의 저항을 낮추기 위해서 수행하는 조작은?

① 전해액 중의 기포가 증가되도록 한다.
② 두 전극 간의 거리를 증가시킨다.
③ 전해액의 온도 및 NaCl의 농도를 높여준다.
④ 전해액의 온도를 저온으로 유지시켜 준다.

해설

전해액의 저항을 낮추기 위한 방법
- NaCl의 농도를 크게 한다.
- 전해액의 온도를 높인다(60~70℃).
- 극 간격을 되도록 접근시킨다.
- 액 중의 기포를 되도록 속히 이탈시킨다.

06 합성염산의 원료기체를 제조하는 방법은?

① 공기의 액화   ② 공기의 아크방전법
③ 소금물의 전해 ④ 염화물의 치환법

해설

합성염산의 원료
소금을 전기분해하여 얻는다.

$2NaCl + 2H_2O \xrightarrow{전기분해} 2NaOH + Cl_2 + H_2 \xrightarrow{합성} 2HCl$

- (+)극 : $2Cl^- \rightarrow Cl_2 \uparrow + 2e^-$
- (-)극 : $2Na^+ + 2H_2O + 2e^- \rightarrow 2NaOH + H_2 \uparrow$

07 옥탄가가 낮은 나프타를 고옥탄가의 가솔린으로 변화시키는 공정은?

① 스위트닝 공정   ② MTG 공정
③ 가스화 공정   ④ 개질 공정

해설

석유의 개질
㉠ 열분해법
- 비스브레이킹 : 점도가 높은 찌꺼기유에서 점도가 낮은 중질유를 얻는 방법(470℃)
- 코킹 : 중질유를 강하게 열분해시켜(1,000℃) 가솔린과 경유를 얻는 방법

정답 03 ④ 04 ② 05 ③ 06 ③ 07 ④

ⓛ 접촉분해법
- 등유나 경유를 촉매를 이용하여 분해시키는 방법
- 옥탄가가 높은 가솔린을 얻을 수 있으나, 석유화학의 원료제조에는 부적당하다.
ⓒ 수소화분해법 : 비점이 높은 유분을 고압의 수소 속에서 촉매를 이용하여 분해시켜서 가솔린을 얻는 방법
ⓔ 리포밍(개질) : 옥탄가가 낮은 가솔린, 나프타 등을 촉매를 이용하여 방향족 탄화수소나 이소파라핀을 많이 함유하는 옥탄가가 높은 가솔린으로 전환시킨다.
ⓜ 알킬화법 : $C_2 \sim C_5$의 올레핀과 이소부탄의 반응에 의해 옥탄가가 높은 가솔린을 제조하는 방법
ⓗ 이성화법 : 촉매를 사용해 n-파라핀을 iso형으로 이성질화하는 방법
※ 스위트닝 : 부식성과 악취가 있는 메르캅탄, 황화수소, 황 등을 산화하여 이황화물로 만들어 없애는 정제방법
MTG 공정(Methanol to Gasoline) : 메탄올을 탄화수소로 변환하는 방법

08 칼륨비료에 속하는 것은?

① 유안 ② 요소
③ 볏집재 ④ 초안

해설

- 칼륨비료의 원료 : 간수, 해초, 초목재, 볏집재, 용광로 Dust, 시멘트 Dust
- 질소비료 : 유안($(NH_4)_2SO_4$, 황안), 요소(NH_2CONH_2), 초안(NH_4NO_3, 질안)

09 아래의 구조를 갖는 물질의 명칭은?

① 석탄산 ② 살리실산
③ 톨루엔 ④ 피크르산

해설

① 석탄산 :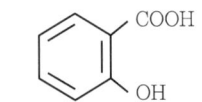
페놀

② 살리실산 : (COOH, OH)

③ 톨루엔 : (CH_3)

④ 피크르산 : (OH, NO_2, NO_2, NO_2)

10 환원반응에 의해 알코올(Alcohol)을 생성하지 않는 것은?

① 카르복시산 ② 나프탈렌
③ 알데히드 ④ 케톤

해설

1차 알코올 $\underset{환원}{\overset{산화}{\rightleftarrows}}$ 알데히드 $\underset{환원}{\overset{산화}{\rightleftarrows}}$ 카르복시산

2차 알코올 $\underset{환원}{\overset{산화}{\rightleftarrows}}$ 케톤

11 석유의 접촉분해 시 일어나는 반응으로 가장 거리가 먼 것은?

① 축합 ② 탈수소
③ 고리화 ④ 이성질화

해설

석유의 접촉분해
- 등유나 경유를 촉매를 사용하여 분해시키는 방법
- 이성질화, 탈수소, 고리화, 탈알킬반응이 분해반응과 함께 일어나서 이소파라핀, 고리모양 올레핀, 방향족 탄화수소, 프로필렌 등이 생긴다.
- 탄소수 3개 이상의 탄화수소, 방향족 탄화수소가 많이 생긴다. → 올레핀은 생성되지 않는다.
- 실리카알루미나($SiO_2 - Al_2O_3$), 합성제올라이트를 촉매로 사용한다.
- 카르보늄이온이 생성되는 반응
- 옥탄가가 높은 가솔린을 얻을 수 있으나, 석유화학의 원료제조에는 부적당하다.

정답 08 ③ 09 ② 10 ② 11 ①

12 나프타의 열분해 반응은 감압하에 하는 것이 유리하나 실제로는 수증기를 도입하여 탄화수소의 분압을 내리고 평형을 유지하게 한다. 이러한 조건으로 하는 이유가 아닌 것은?

① 진공가스 펌프의 에너지 효율을 높인다.
② 중합 등의 부반응을 억제한다.
③ 수성가스 반응에 의한 탄소 석출을 방지한다.
④ 농축에 의해 생성물과의 분류가 용이하다.

해설
나프타의 열분해
나프타의 열분해는 감압하에서 하는 것이 유리하나 실제로는 수증기를 도입하여 탄화수소의 분압을 내리고 평형을 유지하게 하여 조업한다. 그 이유는 다음과 같다.
- 중합 등의 부반응을 억제한다.
- 수성가스 반응에 의한 탄소 석출을 방지한다.
- 농축에 의해 생성물과의 분류가 용이하다.

13 격막식 전해조에서 전해액은 양극에 도입되어 격막을 통해 음극으로 흐르고, 음극실의 OH^- 이온이 역류한다. 이때 격막실 전해조 양극의 재료는?

① 철망　　② Ni
③ Hg　　　④ 흑연

해설
격막법
- (+)극(양극) : $2Cl^- \rightarrow Cl_2\uparrow + 2e^-$ (산화), 흑연
- (-)극(음극) : $2H_2O + 2e^- \rightarrow H_2\uparrow + 2OH^-$ (환원), 철

14 천연고무와 가장 관계가 깊은 것은?

① Propane　　② Ethylene
③ Isoprene　　④ Isobutene

해설
천연고무(폴리이소프렌)

$CH_2=C-CH=CH_2 \rightarrow \left[\begin{array}{c} CH_2 \\ | \\ CH_3 \end{array} C=C \begin{array}{c} CH_2 \\ | \\ H \end{array} \right]_n$

15 아래와 같은 특성을 가지고 있는 연료전지는?

- 전극으로는 세라믹 산화물이 사용된다.
- 작동온도는 약 1,000℃이다.
- 수소나 수소/일산화탄소 혼합물을 사용할 수 있다.

① 인산형 연료전지(PAFC)
② 용융탄산염 연료전지(MCFC)
③ 고체산화물형 연료전지(SOFC)
④ 알칼리 연료전지(AFC)

해설
연료전지
㉠ 인산형 연료전지
  - 가장 먼저 상용화
  - 백금 또는 니켈 입자를 분산시킨 탄소 촉매전극
  - 연료 : 수소
  - 산화체 : 공기 중 산소
㉡ 용융탄산염 연료전지
  - 탄화수소를 개질할 때 생성되는 수소 또는 일산화탄소의 혼합가스를 직접 연료로 사용
  - 650℃ 정도의 고온 유지
㉢ 고체산화물 연료전지
  - 이온전도성 산화물을 전해질로 이용
  - 1,000℃ 정도에서 작동
  - 지르코니아(ZrO_2)와 같은 세라믹 산화물을 사용
  - 이론에너지 효율은 저하, 에너지 회수율이 향상되면서 화력발전을 대체하고 석탄 가스를 이용한 고효율이 기대된다(50% 이상의 전기적 효율).
㉣ 알칼리 연료전지
  - 아폴로 우주계획 등 우주선에 가장 많이 활용
  - Raney 니켈, 은 촉매
㉤ 고분자 전해질 연료전지
  - 듀퐁의 Nafion
  - 작동온도가 낮다.

16 HCl 가스를 합성할 때 H_2 가스를 이론량보다 과잉으로 넣어 반응시키는 이유로 가장 거리가 먼 것은?

① 폭발 방지　　② 반응열 조절
③ 장치부식 억제　　④ Cl_2 가스의 농축

정답 12 ① 13 ④ 14 ③ 15 ③ 16 ④

> **해설**

H_2와 Cl_2는 가열하거나 빛을 가하면 폭발적으로 반응한다. 이를 방지하기 위해 Cl_2와 H_2 원료의 몰비를 1 : 1.2로 한다.

17 황산의 원료인 아황산가스를 황화철광(Iron Pyrite)을 공기로 완전연소하여 얻고자 한다. 황화철광의 10%가 불순물이라 할 때 황화철광 1톤을 완전연소하는 데 필요한 이론공기량(Sm^3)은?(단, S와 Fe의 원자량은 각각 32amu와 56amu이다.)

① 460
② 580
③ 2,200
④ 2,480

> **해설**

황화철광 : FeS_2
$4FeS_2 + 11O_2 \rightarrow 2Fe_2O_3 + 8SO_2$
$4 \times 120kg \ : \ 11 \times 22.4m^3 (STP)$
$1,000kg \times 0.9 \ : \ x$
$\therefore \ x = 462m^3 O_2 \times \dfrac{1}{0.21} = 2,200m^3 \, Air$

18 석회질소비료 제조 시 반응되고 남은 카바이드는 수분과 반응하여 아세틸렌 가스를 생성한다. 1kg 석회질소비료에서 아세틸렌 가스가 200L 발생하였을 때, 비료 중 카바이드의 함량(wt%)은?(단, Ca의 원자량은 40amu이고, 아세틸렌 가스의 부피 측정은 20℃, 760 mmHg에서 진행하였다.)

① 53.2%
② 63.5%
③ 78.8%
④ 83.9%

> **해설**

$CaC_2 + 2H_2O \rightarrow Ca(OH)_2 + C_2H_2$
64g   : $22.4L \times \dfrac{293}{273}$
xg   :   200L
$\therefore \ x = 532.4g \ CaC_2$
1kg 석회질소 중 카바이드의 양이 532.4g이므로
$\dfrac{532.4g}{1,000g} \times 100 = 53.24\%$

19 P형 반도체를 제조하기 위해 실리콘에 소량 첨가하는 물질은?

① 인듐
② 비소
③ 안티몬
④ 비스무트

> **해설**

- P형 반도체 : 13족 원소인 B(붕소), Al(알루미늄), Ga(갈륨), In(인듐) 첨가
- N형 반도체 : 15족 원소인 N(질소), P(인), As(비소), Sb(안티몬) 첨가

20 Syndiotactic Polystyrene의 합성에 관여하는 촉매로 가장 적합한 것은?

① 메탈로센 촉매
② 메탈옥사이드 촉매
③ 린들러 촉매
④ 벤조일퍼록사이드

> **해설**

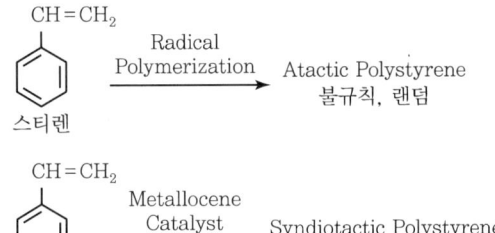

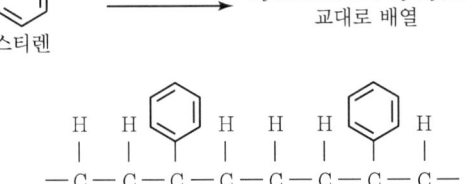

Syndiotactic Polystyrene

정답 17 ③ 18 ① 19 ① 20 ①

2과목 반응운전

21 화학반응의 평형상수(K)에 관한 내용 중 틀린 것은?(단, a_i, ν_i는 각각 i 성분의 활동도와 양론수이며 $\Delta G°$는 표준 깁스(Gibbs) 자유에너지 변화이다.)

① $K = \prod_i (\hat{a}_i)^{\nu_i}$

② $\ln K = -\dfrac{\Delta G°}{RT^2}$

③ K는 온도에 의존하는 함수이다.

④ K는 무차원이다.

해설

평형상수(K)

- $K = \prod_i \left(\dfrac{\hat{f}_i}{f_i°}\right)^{\nu_i}$
- $K = \prod_i (\hat{a}_i)^{\nu_i}$
- $\ln K = -\dfrac{\Delta G°}{RT}$
- K는 온도만의 함수

22 수증기 1L를 1기압에서 5기압으로 등온압축했을 때 부피 감소량(cm³)은?(단, 등온압축률은 4.53×10^5 atm^{-1}이다.)

① 0.181　　② 0.225
③ 1.81　　④ 2.25

해설

$\kappa = -\dfrac{1}{V}\left(\dfrac{\partial V}{\partial P}\right)_T$

$V = 1\text{L}$

$4.53 \times 10^{-5} \text{atm}^{-1} = \left(\dfrac{\Delta V}{5-1}\right)$

$1.812 \times 10^{-4} = \Delta V(\text{L})$

$\therefore \Delta V = 0.182\,\text{cm}^3$

23 어떤 산 정상에서 질량(Mass)이 600kg인 물체를 10m 높이까지 들어 올리는 데 필요한 일(kg$_f$ m)은?(단, 지표면과 산 정상에서의 중력가속도는 각각 9.8m/s², 9.4m/s²이다.)

① 600　　② 1,255
③ 3,400　　④ 5,755

해설

$E_P = m\dfrac{g}{g_c}h$

$= 600\text{kg} \times \dfrac{9.4\text{m/s}^2}{9.8\text{kg m/kg}_f\,\text{s}^2} \times 10\text{m}$

$= 5,755\text{m}$

24 C와 O$_2$, CO$_2$의 임의의 양이 500℃ 근처에서 혼합된 2상계의 자유도는?

① 1　　② 2
③ 3　　④ 4

해설

$\text{C}(s) + \text{O}_2(g) \rightarrow \text{CO}_2(g)$

$F = 2 - P + C - r - s$
$= 2 - 2 + 3 - 1$
$= 2$

25 혼합물의 융해, 기화, 승화 시 변하지 않는 열역학적 성질에 해당하는 것은?

① 엔트로피　　② 내부에너지
③ 화학퍼텐셜　　④ 엔탈피

해설

상평형(융해, 기화, 승화)

- $T^\alpha = T^\beta$
- $P^\alpha = P^\beta$
- $\mu_i^\alpha = \mu_i^\beta$

정답 21 ②　22 ①　23 ④　24 ②　25 ③

26 열용량이 일정한 이상기체의 $P-V$ 도표에서 일정 엔트로피 곡선과 일정 온도 곡선에 대한 설명 중 옳은 것은?

① 두 곡선 모두 양(Positive)의 기울기를 갖는다.
② 두 곡선 모두 음(Negative)의 기울기를 갖는다.
③ 일정 엔트로피 곡선은 음의 기울기를, 일정 온도 곡선은 양의 기울기를 갖는다.
④ 일정 엔트로피 곡선은 양의 기울기를, 일정 온도 곡선은 음의 기울기를 갖는다.

해설
등엔트로피 선도는 등온선보다 더 가파르다.

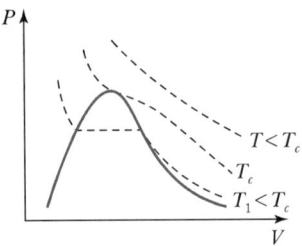

27 활동도 계수(Activity Coefficient)에 관한 식으로 옳게 표시된 것은?(단, G^E는 혼합물 1mol에 대한 과잉 깁스에너지이며, γ_i는 i 성분의 활동도 계수, n은 전체 몰수, n_i는 i 성분의 몰수, n_j는 i 성분 이외의 몰수를 나타낸다.)

① $\ln\gamma_i = \left[\dfrac{\partial(G^E/R)}{\partial n_i}\right]_{T,P,n_j}$

② $\ln\gamma_i = \left[\dfrac{\partial(nG^E/RT)}{\partial n_i}\right]_{T,n_j}$

③ $\ln\gamma_i = \left[\dfrac{\partial(nG^E/RT)}{\partial n_i}\right]_{P,n_j}$

④ $\ln\gamma_i = \left[\dfrac{\partial(nG^E/RT)}{\partial n_i}\right]_{T,P,n_j}$

해설
활동도 계수
$\gamma_i = \dfrac{\hat{f}_i}{x_i f_i}$

$\overline{G}_i^E = RT\ln\gamma_i$

$\therefore \ln\gamma_i = \left[\dfrac{\partial(nG^E/RT)}{\partial n_i}\right]_{P,T,n_j}$

28 정상상태로 흐르는 유체가 노즐을 통과할 때의 일반적인 에너지수지식은?(단, H는 엔탈피, U는 내부에너지, KE는 운동에너지, PE는 위치에너지, Q는 열, W는 일을 나타낸다.)

① $\Delta H = 0$
② $\Delta H + \Delta KE = 0$
③ $\Delta H + \Delta PE = 0$
④ $\Delta U = Q - W$

해설
$\Delta H + \dfrac{\Delta u^2}{2} = 0$

29 여름철 실내 온도를 26℃로 유지하기 위해 열펌프의 실내 측 방열판의 온도를 5℃, 실외 측 방열판의 온도를 18℃로 유지하여야 할 때, 이 열펌프의 성능계수는?

① 21.40
② 19.98
③ 15.56
④ 8.33

해설
$COP = \dfrac{(273+5)}{(273+18)-(273+5)} = 21.38$

30 가역과정(Reversible Process)에 관한 설명 중 틀린 것은?

① 연속적으로 일련의 평형상태들을 거친다.
② 가역과정을 일으키는 계와 외부와의 퍼텐셜 차는 무한소이다.
③ 폐쇄계에서 부피가 일정한 경우 내부에너지 변화는 온도와 엔트로피 변화의 곱이다.
④ 자연상태에서 일어나는 실제 과정이다.

정답 26 ② 27 ④ 28 ② 29 ① 30 ④

> **해설**

가역과정
- 평형으로부터 미소한 폭 이상으로 벗어나지 않는다.
- 연속적으로 일련의 평형상태를 거친다.
- 외부조건의 미소변화에 의하여 어느 지점에서라도 역전될 수 있다.
- $dU = dQ - PdV$
  $V = \text{Const}$
  $dU = dQ = TdS$
- 자연계에서 자발적으로 일어나는 과정은 비가역과정이다.

31 혼합흐름반응기에서 $A+R \to R+R$인 자동촉매반응으로 99mol% A와 1mol% R인 반응물질을 전환시켜서 10mol% A와 90mol% R인 생성물을 얻고자 할 때, 반응기의 체류시간(min)은?(단, 혼합반응물의 초기 농도는 1mol/L이고, 반응상수는 1L/mol min이다.)

① 6.89
② 7.89
③ 8.89
④ 9.89

> **해설**

$A+R \to R+R$
99mol% A + 1mol% R → 10mol% A + 90mol% R
CSTR
$$\tau = \frac{V}{v_0} = \frac{C_{A0}V}{F_{A0}} = \frac{C_{A0}X_A}{-r_A} = \frac{C_{A0}-C_A}{-r_A}$$
$$-r_A = -\frac{dC_A}{dt} = kC_AC_R = kC_A(C_0-C_A)$$
$$= 1\text{L/mol min} \times 0.1 \times 0.9$$
$$= 0.09\text{mol/L min}$$
$$\tau = \frac{0.99-0.1}{0.09} = 9.89\text{min}$$

32 자동촉매반응(Autocatalytic Reaction)에 대한 설명으로 옳은 것은?
① 전화율이 작을 때는 플러그흐름반응기가 유리하다.
② 전화율이 작을 때는 혼합흐름반응기가 유리하다.
③ 전화율과 무관하게 혼합흐름반응기가 항상 유리하다.
④ 전화율과 무관하게 플러그흐름반응기가 항상 유리하다.

> **해설**

자동촉매반응

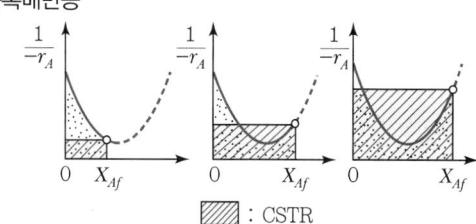

| | : CSTR |
| | : PFR |

X_A가 낮을 때	X_A가 중간일 때	X_A가 높을 때
CSTR 선택	PFR, CSTR	PFR
$V_c < V_p$	$V_c \fallingdotseq V_p$	$V_c > V_p$

33 1차 직렬반응을 아래와 같이 단일반응으로 간주하려 할 때, 단일반응의 반응속도상수(k ; s^{-1})는?

$$A \xrightarrow{k_1} R \xrightarrow{k_2} S \cdots k_1 = 200\text{s}^{-1}, k_2 = 10\text{s}^{-1}$$
$$A \xrightarrow{k} S$$

① 11.00
② 9.52
③ 0.11
④ 0.09

> **해설**

$A \xrightarrow{k_1} R \xrightarrow{k_2} S$

$k_1 = 200\text{s}^{-1}$
$k_2 = 10\text{s}^{-1}$

$A \xrightarrow{k} S$ ($k_1 \gg k_2$)

$$\therefore k = \frac{1}{\frac{1}{k_1}+\frac{1}{k_2}} = \frac{1}{\frac{1}{200}+\frac{1}{10}}$$
$$= 9.52\text{s}^{-1}$$

정답 ▶ 31 ④ 32 ② 33 ②

34 반응물 A와 B가 R과 S로 반응하는 아래와 같은 경쟁반응이 혼합흐름반응기(CSTR)에서 일어날 때, A의 전화율이 80%일 때 생성물 흐름 중 S의 함량(mol%)은?(단, 반응기로 유입되는 A와 B의 농도는 각각 20 mol/L이다.)

$$A + B \rightarrow R \quad \cdots\cdots \quad \frac{dC_R}{dt} = C_A C_B^{0.3}$$

$$A + B \rightarrow S \quad \cdots\cdots \quad \frac{dC_S}{dt} = C_A^{0.5} C_B^{1.8}$$

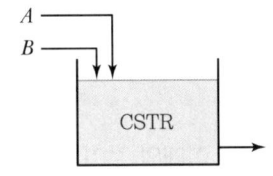

① 33.3
② 44.4
③ 55.5
④ 66.6

해설

R의 수율

$$\phi\left(\frac{S}{A}\right) = \frac{C_A^{0.5} C_B^{1.8}}{C_A C_B^{0.3} + C_A^{0.5} C_B^{1.8}}$$

$$= \frac{1}{1 + C_A^{0.5} C_B^{-1.5}} \quad (C_A = C_B)$$

$$= \frac{1}{1 + C_B^{-1}}$$

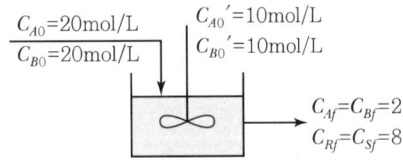

$$\phi = \frac{1}{1 + C_B^{-1}} = \frac{1}{1 + \frac{1}{2}} = \frac{2}{3}$$

$$C_{Sf} = 8 \times \frac{2}{3} = 5.3 \, \text{mol/L}$$

$$C_{Rf} = 8 - 5.3 = 2.7 \, \text{mol/L}$$

$$\frac{C_{Sf}}{C_A + C_B + C_R + C_{Sf}} \times 100\% = \frac{5.3}{2 + 2 + 5.3 + 2.7} \times 100\%$$

$$= 44.2\%$$

35 크기가 다른 두 혼합흐름반응기를 직렬로 연결한 반응계에 대하여, 정해진 유량과 온도 및 최종 전화율 조건하에서 두 반응기의 부피 합이 최소가 되는 경우에 대한 설명으로 옳지 않은 것은?(단, n은 반응차수를 의미한다.)

① $n = 1$인 반응에서는 크기가 다른 반응기를 연결하는 것이 이상적이다.
② $n > 1$인 반응에서는 작은 반응기가 먼저 와야 한다.
③ $n < 1$인 반응에서는 큰 반응기가 먼저 와야 한다.
④ 두 반응기의 크기 비는 일반적으로 반응속도와 전화율에 따른다.

해설

크기가 다른 두 CSTR을 직렬로 연결하는 경우
• 1차 반응 : 동일한 크기의 반응기가 최적
• $n > 1$: 작은 반응기 → 큰 반응기
• $n < 1$: 큰 반응기 → 작은 반응기
※ 직렬로 연결된 2개의 CSTR의 크기는 일반적으로 반응속도론과 전화율에 의해 결정된다.

36 A와 B에 각각 1차인 $A + B \rightarrow C$인 반응이 아래의 조건에서 일어날 때, 반응속도(mol/L s)는?

반응물	농도
A	2.2×10^{-2} mol/L
B	8.0×10^{-3} mol/L

반응속도상수	1.0×10^{-2} L/mol s

① 2.41×10^{-6}
② 2.41×10^{-5}
③ 1.76×10^{-6}
④ 1.76×10^{-5}

해설

$$-r_A = kC_A C_B$$
$$= (1.0 \times 10^{-2} \, \text{L/mol s}) \times (2.2 \times 10^{-2} \, \text{mol/L})$$
$$\times (8.0 \times 10^{-3} \, \text{mol/L})$$
$$= 1.76 \times 10^{-6} \, \text{mol/L s}$$

정답 34 ② 35 ① 36 ③

37 A가 R을 거쳐 S로 반응하는 연속반응과 A와 R의 소모 및 생성 속도가 아래와 같을 때, 이 반응을 회분식 반응기에서 반응시켰을 때의 C_R/C_{A0}는?(단, 반응 시작 시 회분식 반응기에는 순수한 A만을 공급하여 반응을 시작한다.)

$$A \to R \to S$$
$$-r_A = k_1 C_A, \quad r_R = k_1 C_A - k_2$$

① $1 + e^{-k_1 t} - \dfrac{k_2}{C_{A0}} t$
② $1 + e^{-k_1 t} + \dfrac{k_2}{C_{A0}} t$
③ $1 - e^{-k_1 t} - \dfrac{k_2}{C_{A0}} t$
④ $1 - e^{-k_1 t} + \dfrac{k_2}{C_{A0}} t$

해설

$-r_A = -\dfrac{dC_A}{dt} = k_1 C_A$

$-\dfrac{dC_A}{C_A} = k_1 dt$

$\ln \dfrac{C_A}{C_{A0}} = -k_1 t \qquad \therefore C_A = C_{A0} e^{-k_1 t}$

$r_R = \dfrac{dC_R}{dt} = k_1 C_A - k_2 = k_1 C_{A0} e^{-k_1 t} - k_2$

$\dfrac{dC_R}{dt} = k_1 C_{A0} e^{-k_1 t} - k_2$

$C_R = \dfrac{k_1}{-k_1} C_{A0} e^{-k_1 t} \Big|_0^t - k_2 t = -C_{A0} e^{-k_1 t} + C_{A0} - k_2 t$

$\therefore \dfrac{C_R}{C_{A0}} = -e^{-k_1 t} + 1 - \dfrac{k_2 t}{C_{A0}}$

38 $2A + B \to 2C$인 기상반응에서 초기 혼합 반응물의 몰비가 아래와 같을 때, 반응이 완료되었을 때 A의 부피 변화율(ε_A)은?(단, 반응이 진행되는 동안 압력은 일정하게 유지된다고 가정한다.)

$$A : B : \text{Inert Gas} = 3 : 2 : 5$$

① -0.200
② -0.300
③ -0.167
④ -0.150

해설

$2A + B \to 2C$

$\varepsilon_A = y_{A0} \delta$

$y_{A0} = \dfrac{3}{3+2+5} = 0.3$

$\therefore \varepsilon_A = 0.3 \dfrac{2-2-1}{2} = -0.15$

39 반응물 A의 농도를 C_A, 시간을 t라고 할 때, 0차 반응의 경우 직선으로 나타나는 관계는?

① C_A vs t
② $\ln C_A$ vs t
③ C_A^{-1} vs t
④ $(\ln C_A)^{-1}$ vs t

해설

$-r_A = -\dfrac{dC_A}{dt} = kC_A^0 = k$

$C_A - C_{A0} = -kt$

$\therefore \underbrace{C_A}_{Y} = -k\underbrace{t}_{X} + \underbrace{C_{A0}}_{y\text{절편}}$

기울기

40 공간속도(Space Velocity)가 2.5s^{-1}이고 원료 공급속도가 1초당 100L일 때 반응기의 체적(L)은?

① 10
② 20
③ 30
④ 40

해설

$\tau = \dfrac{1}{S} = \dfrac{1}{2.5\text{s}^{-1}} = 0.4\text{s}$

$\tau = \dfrac{V}{v_o}$

$0.4\text{s} = \dfrac{V}{100\text{L/s}}$

$\therefore V = 40\text{L}$

정답 37 ③ 38 ④ 39 ① 40 ④

3과목 단위공정관리

41 같은 질량을 갖는 2개의 구가 공기 중에서 낙하한다. 두 구의 직경비(D_1/D_2)가 3일 때 입자 레이놀즈 수($N_{Re,p}$)는 $N_{Re,p} < 1.0$이라면 종단속도의 비(V_1/V_2)는?

① 9
② 9^{-1}
③ 3
④ 3^{-1}

해설

종말속도 $V \propto \dfrac{1}{\sqrt{A}}$ ∴ $V \propto \dfrac{1}{D}$

$\dfrac{V_1}{V_2} = \dfrac{D_2}{D_1} = \dfrac{1}{3}$

42 물질전달 조작에서 확산현상이 동반되며 물질 자체의 분자운동에 의하여 일어나는 확산은?

① 분자확산
② 난류확산
③ 상호확산
④ 단일확산

해설

- 물질전달 : 같은 상이나 다른 상 사이의 경계면에서 물질이 서로 이동하는 것 → 확산
- 분자확산 : 물질 자신의 분자운동에 의해 일어난다. 각 분자가 무질서한 개별운동에 의해 유체 속을 운동 또는 이동해 나가는 것이다.

43 유량측정기구 중 부자 또는 부표(Float)라고 하는 부품에 의해 유량을 측정하는 기구는?

① 로터미터(Rotameter)
② 벤투리미터(Venturi Meter)
③ 오리피스미터(Orifice Meter)
④ 초음파유량계(Ultrasonic Meter)

해설

유량계
- 오리피스미터 : 차압유량계
- 벤투리미터 : 차압유량계
- 로터미터 : 면적유량계이며, 유체를 밑에서 위로 올려 보내면서 부자(Float)를 띄워 정지하는 곳에서 유리관의 눈금을 읽어 유량을 알 수 있다.
- 초음파유량계 : 음파가 유체 속에서 흐름방향으로 흐를 때와 흐름의 반대방향으로 흐를 때의 속도 차이를 이용하여 유체의 속도를 측정하는 장치

44 충전 흡수탑에서 플러딩(Flooding)이 일어나지 않게 하기 위한 조건은?

① 탑의 높이를 높게 한다.
② 탑의 높이를 낮게 한다.
③ 탑의 직경을 크게 한다.
④ 탑의 직경을 작게 한다.

해설

범람점(왕일점, Flooding Point)
기체의 속도가 아주 커서 액이 거의 흐르지 않고 넘치는 점

45 분쇄에 대한 설명으로 틀린 것은?

① 최종입자가 중요하다.
② 최초의 입자는 무관하다.
③ 파쇄물질의 종류도 분쇄동력의 계산에 관계된다.
④ 파쇄기 소요일량은 분쇄되어 생성되는 표면적에 비례한다.

해설

분쇄
Lewis 식 $\dfrac{dW}{dD_p} = -kD_p^{-n}$

여기서, D_p : 분쇄원료의 대표직경
W : 분쇄에 필요한 에너지
k, n : 정수

D_p를 D_{p1}(분쇄원료의 직경)에서 D_{p2}(분쇄 후 직경)까지 적분한다.

46 건조장치 선정에서 가장 중요한 사항은?

① 습윤상태
② 화학퍼텐셜
③ 선택도
④ 반응속도

해설

건조장치 : 건조는 고체물질에 함유되어 있는 수분을 가열에 의해 제거하는 조작이므로 습윤상태가 중요하다.

정답 41 ④ 42 ① 43 ① 44 ③ 45 ② 46 ①

47 정류탑에서 50mol%의 벤젠-톨루엔 혼합액을 비등 액체 상태로 1,000kg/h의 속도로 공급한다. 탑상의 유출액은 벤젠 99mol% 순도이고 탑저 제품은 톨루엔 98mol%를 얻고자 한다. 벤젠의 액 조성이 0.5일 때 평형증기의 조성은 0.72이다. 실제 환류비는?(단, 실제 환류비는 최소환류비의 3배이다.)

① 0.82
② 1.23
③ 2.73
④ 3.68

해설

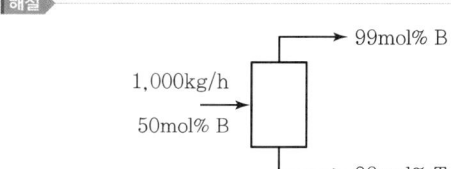

최소환류비 $R_{Dm} = \dfrac{x_D - y_f}{y_f - x_f}$

$= \dfrac{0.99 - 0.72}{0.72 - 0.5} = 1.227$

환류비 $R = 3R_{Dm}$
$= 3 \times 1.227 = 3.68$

48 열전도도가 0.15kcal/m h ℃인 100mm 두께의 평면벽 양쪽 표면 온도차가 100℃일 때, 이 벽의 1m²당 전열량(kcal/h)은?

① 15
② 67
③ 150
④ 670

해설

$q = kA\dfrac{dt}{dl}$

$\dfrac{q}{A} = 0.15\text{kcal/m h ℃} \times \dfrac{100℃}{0.1\text{m}} = 150\text{kcal/h m}^2$

49 무차원 항이 밀도와 관계없는 것은?

① 그라스호프(Grashof) 수
② 레이놀즈(Reynolds) 수
③ 슈미트(Schmidt) 수
④ 너셀(Nusselt) 수

해설

① $N_{Gr} = \dfrac{gD^3\rho^2\beta\Delta t}{\mu^2} = \dfrac{부력}{점성력}$

② $N_{Re} = \dfrac{Du\rho}{\mu} = \dfrac{관성력}{점성력}$

③ $N_{Sc} = \dfrac{\mu}{\rho D_{AB}} = \dfrac{\nu}{D_{AB}}$

④ $N_{Nu} = \dfrac{hD}{k} = \dfrac{대류열전달}{전도열전달}$

50 낮은 온도에서 증발이 가능해서 증기의 경제적 이용이 가능하고 과즙, 젤라틴 등과 같이 열에 민감한 물질을 처리하는 데 주로 사용되는 것은?

① 다중효용증발
② 고압증발
③ 진공증발
④ 압축증발

해설

진공증발
- 열원으로 폐증기를 이용할 경우, 온도가 낮으므로 농도가 높고 비점이 큰 용액의 증발은 불가능할 때에 진공펌프를 이용해서 관 내의 압력은 낮추고 비점을 낮추어 유효한 증발을 할 수 있다.
- 진공증발이란 저압에서의 증발을 의미하며 증기의 경제가 주목적이다.
- 과즙이나 젤라틴과 같이 열에 예민한 물질을 증발할 경우 진공증발함으로써 저온에서 증발시킬 수 있어 열에 의한 변질을 방지할 수 있다.

51 25℃에서 벤젠이 Bomb 열량계 속에서 연소되어 이산화탄소와 물이 될 때 방출된 열량을 실험으로 재어 보니 벤젠 1mol당 780,890cal였을 때, 25℃에서의 벤젠의 표준연소열(cal)은?(단, 반응식은 다음과 같으며 이상기체로 가정한다.)

$$C_6H_6(l) + 7.5O_2(g) \to 3H_2O(l) + 6CO_2(g)$$

① -781,778
② -781,588
③ -781,201
④ -780,003

정답 ▶ 47 ④ 48 ③ 49 ④ 50 ③ 51 ①

해설

$\Delta H = \Delta U + \Delta nRT$
$= -780,890 \text{cal/mol} + (6-7.5)\text{mol}$
$\quad \times 1.987\text{cal/mol K} \times 298\text{K}$
$= -781,778 \text{cal/mol}$

52 101kPa에서 물 1mol을 80℃에서 120℃까지 가열할 때 엔탈피 변화(kJ)는?(단, 물의 비열은 75.0 J/mol K, 물의 기화열은 47.3kJ/mol, 수증기의 비열은 35.4J/mol K이다.)

① 40.1　　② 46.0
③ 49.5　　④ 52.1

해설

$\Delta H = nC_p \Delta T$

물 $\xrightarrow{\Delta H_1}$ 물 $\xrightarrow{\Delta H_2}$ 수증기 $\xrightarrow{\Delta H_3}$ 수증기
80℃　　　100℃　　　100℃　　　120℃

$\Delta H = \Delta H_1 + \Delta H_2 + \Delta H_3$
$= 1\text{mol} \times 75\text{J/mol K} \times 20\text{K} + 1\text{mol} \times 47.3\text{kJ/mol}$
$\quad + 1\text{mol} \times 35.4\text{J/mol K} \times 20\text{K}$
$= 1,500\text{J} + 47.3\text{kJ} + 708\text{J}$
$= 2,208\text{J} + 47.3\text{kJ}$
$= 49.5\text{kJ}$

53 Hess의 법칙과 가장 관련이 있는 함수는?

① 비열　　② 열용량
③ 엔트로피　　④ 반응열

해설

Hess의 법칙

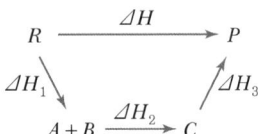

$\Delta H = \Delta H_1 + \Delta H_2 + \Delta H_3$

54 1atm에서 포름알데히드 증기의 내부에너지(U ; J/mol)가 아래와 같이 온도(t ; ℃)의 함수로 표시될 때, 0℃에서 정용열용량(J/mol ℃)은?

$$U = 25.96t + 0.02134t^2$$

① 13.38　　② 17.64
③ 21.42　　④ 25.96

해설

$U = 25.96t + 0.02134t^2$
$U = \int C_v dt = 25.96t + 0.02134t^2$
$\therefore C_v = 25.96 + 0.04268t \quad (t = 0℃)$
$\quad = 25.96$

55 터빈을 운전하기 위해 2kg/s의 증기가 5atm, 300℃에서 50m/s로 터빈에 들어가고 300m/s 속도로 대기에 방출된다. 이 과정에서 터빈은 400kW의 축일을 하고 100kJ/s의 열을 방출하였다고 할 때, 엔탈피 변화(kW)는?

① 212.5　　② -387.5
③ 412.5　　④ -587.5

해설

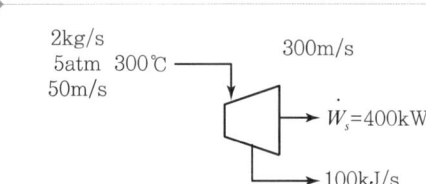

$\Delta H + \dfrac{1}{2} \times 2 \times (300^2 - 50^2) = -100 - 400$
$\therefore \Delta H = -87,500\text{J/s} - 500\text{kW}$
$\quad = -587.5\text{kW}$

56 압력이 1atm인 화학변화계의 체적이 2L 증가하였을 때 한 일(J)은?

① 202.65　　② 2,026.5
③ 20,265　　④ 202,650

정답　52 ③　53 ④　54 ④　55 ④　56 ①

> 해설

$$W = \int PdV = P\Delta V$$
$$= 1\text{atm} \times 2\text{L}$$
$$= 1\text{atm} \times \frac{101.325 \times 10^3 \text{N/m}^2}{1\text{atm}} \times 2\text{L} \times \frac{1\text{m}^3}{1,000\text{L}}$$
$$= 202.65 \text{N m (J)}$$

57 40mol% $C_2H_4Cl_2$ 톨루엔 혼합용액이 100mol/h로 증류탑에 공급되어 아래와 같은 조성으로 분리될 때, 각 흐름의 속도(mol/h)는?

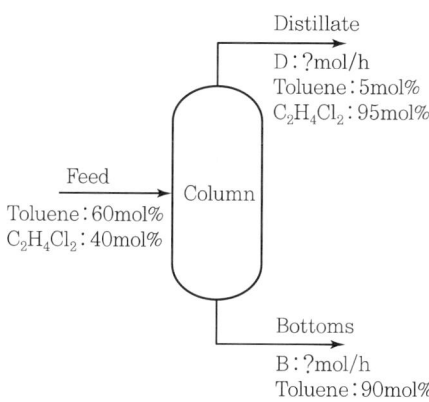

① $D=0.35, B=0.64$ ② $D=64.7, B=35.3$
③ $D=35.3, B=64.7$ ④ $D=0.64, B=0.35$

> 해설

$100 \times 0.6 = D \times 0.05 + (100-D) \times 0.9$
∴ $D = 35.3 \text{mol/h}$
∴ $B = 100 - D = 64.7 \text{mol/h}$

58 가스분석기를 사용하여 사염화탄소를 분석하고자 하는데 한쪽에서는 순수 질소가 유입되고 다른 쪽에서는 가스 1L당 280mg의 CCl_4를 함유하는 질소가 0.2L/min의 유속으로 혼합기에 유입되어 혼합된다. 혼합가스가 대기압하에서 10L/min의 유량으로 가스분석기에 보내질 때 온도가 24℃로 일정하다면 혼합기 내 혼합가스의 CCl_4 농도(mg/L)는?(단, 혼합기의 게이지압은 $8\text{cmH}_2\text{O}$이다.)

① 3.74 ② 5.64
③ 7.28 ④ 9.14

> 해설

$280\text{mg/L} \times 0.2\text{L/min} = x \times 10\text{L/min}$
∴ $x = 5.6\text{mg/L} \times \frac{(10.33+0.08)\text{mH}_2\text{O}}{10.33\text{mH}_2\text{O}}$
$= 5.64\text{mg/L}$

59 주어진 계에서 기체 분자들이 반응하여 새로운 분자가 생성되었을 때 원자백분율 조성에 대한 설명으로 옳은 것은?

① 그 계의 압력 변화에 따라 변화한다.
② 그 계의 온도 변화에 따라 변화한다.
③ 그 계 내에서 화학반응이 일어날 때 변화한다.
④ 그 계 내에서 화학반응에 관계없이 일정하다.

> 해설

$A + B \rightarrow AB$
A 원자백분율 $= \frac{A}{AB} \times 100(\%) =$ 일정

60 수분이 60wt%인 어묵을 500kg/h의 속도로 건조하여 수분을 20wt%로 만들 때 수분의 증발속도(kg/h)는?

① 200 ② 220
③ 240 ④ 250

> 해설

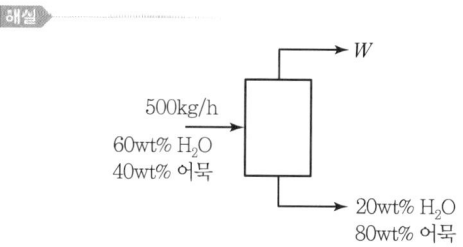

$W = F\left(1 - \frac{a}{b}\right) = 500\text{kg/h} \times \left(1 - \frac{40}{80}\right) = 250\text{kg/h}$

> 정답 57 ③ 58 ② 59 ④ 60 ④

4과목 화공계측제어

61 비례-적분-미분(PID) 제어기가 제어하고 있는 제어시스템에서 정상상태에서의 제어기 출력 순 변화가 2라 할 때 정상상태에서의 제어기의 비례 $P = k_c(y_s - y)$, 적분 $I = \dfrac{k_c}{\tau_i}\displaystyle\int_0^t (y_s - y)dt$, 미분 $D = k_c \tau_d \dfrac{d(y_s - y)}{dt}$ 항 각각의 크기는?

① $P:0, I:0, D:0$ ② $P:0, I:2, D:0$
③ $P:2, I:0, D:0$ ④ $P:0, I:0, D:2$

해설
PID 제어기
$$P = p_s + k_c e(t) + \dfrac{k_c}{\tau_i}\int e(t)dt + k_c \tau_d \dfrac{de(t)}{dt}$$

62 서보(Servo)제어에 대한 설명 중 옳은 것은?
① 설정점의 변화와 조작변수와의 동작관계이다.
② 부하와 조작변수와의 동작관계이다.
③ 부하와 설정점의 동시변화에 대한 조작변수와의 동작관계이다.
④ 설정점의 변화와 부하와의 동작관계이다.

해설
- 서보(Servo)제어 : 설정값이 시간에 따라 변화할 때 제어변수를 설정값으로 유지시키고자 하는 제어
- 조절(Regulatory)제어 : 외부교란의 영향에도 제어변수를 설정값으로 유지시키고자 하는 제어

63 특성방정식이 $1 + \dfrac{K_c}{(s+1)(s+2)} = 0$으로 표현되는 선형 제어계에 대하여 Routh-Hurwitz의 안정 판정에 의한 K_c의 범위는?

① $K_c < -1$ ② $K_c > -1$
③ $K_c > -2$ ④ $K_c < -2$

해설
$$1 + \dfrac{K_c}{(s+1)(s+2)} = 0$$
$$(s+1)(s+2) + K_c = 0$$
$$s^2 + 3s + 2 + K_c = 0$$

1	1	$2+K_c$
2	3	
3	$\dfrac{3(2+K_c) - 1\times 0}{3} = 2+K_c$	

$2 + K_c > 0$
$\therefore K_c > -2$

64 밸브, 센서, 공정의 전달함수가 각각 $G_v(s) = G_m(s) = 1$, $G_p(s) = \dfrac{3}{2s+1}$인 공정시스템에 비례 제어기로 피드백 제어계를 구성할 때, 성취될 수 있는 폐회로(Closed-loop) 전달함수는?

① $G(s) = \dfrac{3}{(2s+1)^2}$
② $G(s) = \dfrac{3}{(2s+4)^2}$
③ $G(s) = \dfrac{3}{2s+4}$
④ $G(s) = \dfrac{3}{2s+1}$

해설
$$G(s) = \dfrac{G_v G_c G_p}{1 + G_v G_m G_c G_p}$$
$$= \dfrac{\dfrac{3K_c}{2s+1}}{1 + \dfrac{3K_c}{2s+1}} = \dfrac{\dfrac{3K_c}{2s+1}}{\dfrac{2s+1+3K_c}{2s+1}} = \dfrac{3K_c}{2s+1+3K_c}$$
$K_c = 1$
$\therefore G(s) = \dfrac{3}{2s+4}$

정답 61 ② 62 ① 63 ③ 64 ③

65 다음의 비선형계를 선형화하여 편차변수 $y' = y - y_{ss}$, $u' = u - u_{ss}$로 표현한 것은?

$$4\frac{dy}{dt} + 2y^2 = u(t)$$
정상상태 : $y_{ss} = 1$, $u_{ss} = 2$

① $4\dfrac{dy'}{dt} + 2y' = u'(t)$ ② $4\dfrac{dy'}{dt} + \dfrac{1}{2}y' = u'(t)$

③ $4\dfrac{dy'}{dt} + 4y' = u'(t)$ ④ $4\dfrac{dy'}{dt} + 4y' = 0$

해설

$4\dfrac{dy}{dt} + 2y^2 = u(t)$

$4\dfrac{dy_s}{dt} + 2y_s^2 = u_s$

$4\dfrac{d(y-y_s)}{dt} + 2(y^2 - y_s^2) = u - u_s$

y^2을 선형화하면 $y^2 = y_s^2 + 2y_s(y - y_s)$

∴ $4\dfrac{d(y-y_s)}{dt} + 2[2y_s(y-y_s)] = u - u_s$ ($y_s = 1$)

$4\dfrac{dy'}{dt} + 4y' = u'$

66 다음 중 2차계에서 Overshoot를 가장 크게 하는 제동비(Damping Factor ; ζ)는?

① 0.1 ② 0.5
③ 1   ④ 10

해설

$\zeta < 1$인 경우 Overshoot가 일어나며, ζ가 작을수록 Overshoot는 커진다.

67 개방회로 전달함수가 $\dfrac{K_c}{(s+1)^3}$인 제어계에서 이득여유(Gain Margin)가 2.0이 되는 K_c는?

① 2 ② 4
③ 6 ④ 8

해설

$G_{OL} = \dfrac{K_c}{(s+1)^3}$

특성방정식 = $1 + \dfrac{K_c}{(s+1)^3} = 0$

$(s+1)^3 + K_c = 0$

$s^3 + 3s^2 + 3s + 1 + K_c = 0$

$(i\omega)^3 + 3(i\omega)^2 + 3(i\omega) + 1 + K_c = 0$

$-i\omega^3 - 3\omega^2 + 3\omega i + 1 + K_c = 0$

$(1 + K_c - 3\omega^2) + i(3\omega - \omega^3) = 0$

$3\omega - \omega^3 = 0$

$\omega(3 - \omega^2) = 0$

$\omega_u = 0, \pm\sqrt{3}$

$1 + K_c - 3\omega^2 = 0$

$\omega_u^2 = 3$일 때 $K_{cu} = 8$

$K_c = \dfrac{K_{cu}}{GM}$

∴ $K_c = \dfrac{8}{2} = 4$

68 교반탱크에 100L의 물이 들어있고 여기에 10%의 소금용액이 5L/min로 공급되며 혼합액이 같은 유속으로 배출될 때 이 탱크의 소금농도식의 Laplace 변환은?

① $Y(s) = 0.05\left(\dfrac{1}{s} - \dfrac{1}{s+0.05}\right)$

② $Y(s) = 0.05\left(\dfrac{1}{s} - \dfrac{1}{s+0.1}\right)$

③ $Y(s) = 0.1\left(\dfrac{1}{s} - \dfrac{1}{s+0.05}\right)$

④ $Y(s) = 0.1\left(\dfrac{1}{s} - \dfrac{1}{s+0.1}\right)$

해설

y : 소금의 농도
$V = 100L$ (일정)

정답 65 ③ 66 ① 67 ② 68 ③

$$0.1 \times 5\text{L/min} - y \times 5\text{L/min} = V\frac{dy}{dt}$$

$$0.5 - 5y = 100\frac{dy}{dt}$$

$$\frac{0.5}{s} - 5Y(s) = 100sY(s)$$

$$5(20s+1)Y(s) = \frac{0.5}{s}$$

$$Y(s) = \frac{0.1}{s(20s+1)} = 0.1\left(\frac{1}{s} - \frac{20}{20s+1}\right)$$

$$= 0.1\left(\frac{1}{s} - \frac{1}{s+0.05}\right)$$

69 어떤 1차계의 전달함수는 $\frac{1}{2s+1}$로 주어진다. 크기 1, 지속시간 1인 펄스입력변수가 도입되었을 때 출력은?(단, 정상상태에서의 입력과 출력은 모두 0이다.)

① $1 - te^{-t/2}u(t-1)$
② $1 - e^{-(t-1)/2}u(t-1)$
③ $1 - \{e^{-t/2} + e^{-(t-1)/2}\}u(t-1)$
④ $1 - e^{-t/2} - \{1 - e^{-(t-1)/2}\}u(t-1)$

해설

$$G(s) = \frac{1}{2s+1}$$

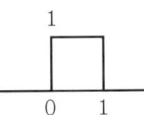

$$X(s) = \frac{1}{s}(1-e^{-s})$$

$$Y(s) = G(s)X(s)$$
$$= \frac{1}{s(2s+1)}(1-e^{-s})$$
$$= \left(\frac{1}{s} - \frac{2}{2s+1}\right)(1-e^{-s})$$
$$= \left(\frac{1}{s} - \frac{1}{s+\frac{1}{2}}\right)(1-e^{-s})$$

$$\therefore y(t) = (1-e^{-\frac{1}{2}t}) - \{1-e^{-\frac{1}{2}(t-1)}\}u(t-1)$$

70 다음 함수의 Laplace 변환은?(단, $u(t)$는 단위계단함수이다.)

$$f(t) = h\{u(t-A) - u(t-B)\}$$

① $F(s) = \frac{h}{s}(e^{-As} - e^{-Bs})$
② $F(s) = \frac{h}{s}\{1 - e^{-(B-A)s}\}$
③ $F(s) = \frac{h}{s}\{1 - e^{(B-A)s}\}$
④ $F(s) = \frac{h}{s}(e^{-As} - e^{Bs})$

해설

$$f(t) = h\{u(t-A) - u(t-B)\}$$
$$\therefore F(s) = \frac{h}{s}(e^{-As} - e^{-Bs})$$

71 어떤 공정의 열교환망 설계를 위한 핀치 방법이 아래와 같을 때, 틀린 설명은?

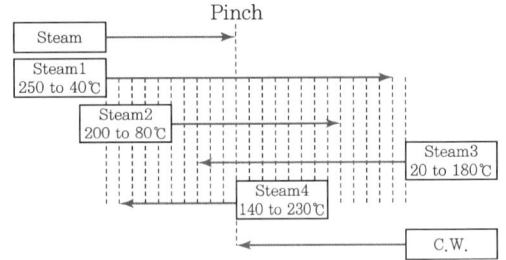

① 최소 열교환 온도차는 10℃이다.
② 핀치의 상부의 흐름은 5개이다.
③ 핀치의 온도는 고온 흐름 기준 140℃이다.
④ 유틸리티로 냉각수와 수증기를 모두 사용한다고 할 때 핀치 방법으로 필요한 최소 열교환 장치는 7개이다.

해설

Pinch Method
- 온도간격 : 10℃
- 핀치의 상부흐름 : 5개
- 핀치의 하부흐름 : 4개
- 고온흐름의 핀치점 : 150℃
- 저온흐름의 핀치점 : 140℃
- 최소 열교환 장치 $N = 7$개

72 발열이 있는 반응기의 온도제어를 위해 그림과 같이 냉각수를 이용한 열교환으로 제열을 수행하고 있다. 다음 중 옳은 설명은?

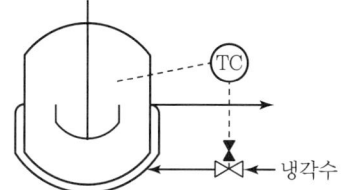

① 공압 구동부와 밸브형은 각각 ATO(Air-To-Open), 선형을 택하여야 한다.
② 공압 구동부와 밸브형은 각각 ATC(Air-To-Close), Equal Percentage(등비율)형을 택하여야 한다.
③ 공압 구동부와 밸브형은 각각 ATO(Air-To-Open), Equal Percentage(등비율)형을 택하여야 한다.
④ 공압 구동부는 ATC(Air-To-Close)를 택해야 하지만 밸브형은 이 정보만으로는 결정하기 어렵다.

해설
발열이 있는 반응기이므로 FO이어야 하므로 ATC를 사용한다. 하지만 밸브형은 이 정보만으로는 결정하기 어렵다.

73 제어계의 구성요소 중 제어오차(에러)를 계산하는 부분은?

① 센서
② 공정
③ 최종제어요소
④ 피드백 제이기

해설
오차(E) = 설정값(R) − 출력값(C)

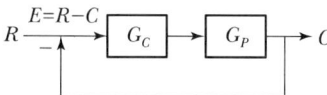

74 어떤 제어계의 특성방정식이 다음과 같을 때 한계주기(Ultimate Period)는?

$$s^3 + 6s^2 + 9s + 1 + K_c = 0$$

① $\dfrac{\pi}{2}$ ② $\dfrac{2}{3}\pi$
③ π ④ $\dfrac{3}{2}\pi$

해설
$s^3 + 6s^2 + 9s + 1 + K_c = 0$
$(i\omega)^3 + 6(i\omega)^2 + 9(i\omega) + 1 + K_c = 0$
$-i\omega^3 - 6\omega^2 + 9\omega i + 1 + K_c = 0$
$(1 + K_c - 6\omega^2) + i(9\omega - \omega^3) = 0$
$1 + K_c - 6 \times 3^2 = 0 \qquad \omega(9 - \omega^2) = 0$
$\therefore K_c = 53 \qquad\qquad \therefore \omega_u = 0, \pm 3$

한계주기 $P_u = \dfrac{2\pi}{\omega_u}$

$\therefore P_u = \dfrac{2\pi}{3}$

75 4~20mA를 출력으로 내어주는 온도 변환기의 측정폭을 0℃에서 100℃ 범위로 설정하였을 때 25℃에서 발생한 표준 전류신호(mA)는?

① 4 ② 8
③ 12 ④ 16

해설
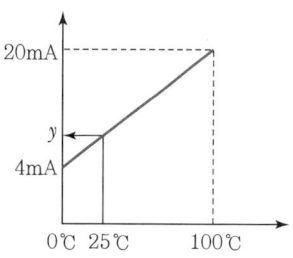

$\dfrac{(20-4)\text{mA}}{(100-0)℃} = \dfrac{y-4}{25-0}$

$\therefore y = 8\text{mA}$

76 수송 지연(Transportation Lag)의 전달함수가 $G(s) = e^{-\tau_a s}$ 일 때, 위상각(Phase Angle ; ϕ)은?(단, ω는 각속도를 의미한다.)

① $\phi = -\omega \tau_a$
② $\phi = \dfrac{1}{\omega \tau_a}$
③ $\phi = \dfrac{1}{1+\omega \tau_a}$
④ $\phi = \dfrac{1}{\sqrt{1+\omega \tau_a}}$

해설
시간지연에서 위상각 $\phi = -\tau_a \omega$

77 $\dfrac{Y(s)}{U(s)} = \dfrac{1}{s^2+5s+6}$의 전달함수를 갖는 계에서 $y_1 = y$, $y_2 = \dfrac{dy}{dt}$ 라고 할 때, 상태함수를 $\begin{bmatrix} \dot{y_1} \\ \dot{y_2} \end{bmatrix} = A \begin{bmatrix} y_1 \\ y_2 \end{bmatrix} + Bu$로 나타낼 수 있다. 이때, 행렬 A와 B는?(단, 문자 위 점(˙)은 시간에 대한 미분을 의미한다.)

① $A = \begin{bmatrix} 0 & 1 \\ -2 & -3 \end{bmatrix}$, $B = \begin{bmatrix} 1 \\ 1 \end{bmatrix}$
② $A = \begin{bmatrix} 0 & 1 \\ 2 & 3 \end{bmatrix}$, $B = \begin{bmatrix} 0 \\ 1 \end{bmatrix}$
③ $A = \begin{bmatrix} 0 & 1 \\ -6 & -5 \end{bmatrix}$, $B = \begin{bmatrix} 0 \\ 1 \end{bmatrix}$
④ $A = \begin{bmatrix} 0 & 1 \\ -5 & -6 \end{bmatrix}$, $B = \begin{bmatrix} 1 \\ 0 \end{bmatrix}$

해설
$G(s) = \dfrac{1}{s^2+5s+6}$

$A = \begin{bmatrix} 0 & 1 \\ -6 & -5 \end{bmatrix}$, $B = \begin{bmatrix} 0 \\ 1 \end{bmatrix}$

78 $F(s) = \dfrac{5}{s^2+3}$의 라플라스 역변환은?

① $f(t) = 5\sin \sqrt{3}\, t$
② $f(t) = \dfrac{5}{\sqrt{3}} \cos 3t$
③ $f(t) = 5\cos \sqrt{3}\, t$
④ $f(t) = \dfrac{5}{\sqrt{3}} \sin \sqrt{3}\, t$

해설
$F(s) = \dfrac{5}{s^2+3} = \dfrac{5}{\sqrt{3}} \dfrac{\sqrt{3}}{s^2+(\sqrt{3})^2}$

$\therefore y(t) = \dfrac{5}{\sqrt{3}} \sin \sqrt{3}\, t$

79 배관계장도(P & ID)에서 공기 신호(Pneumatic Signal)와 유압 신호(Hydraulic Signal)를 나타내는 선이 순서대로 옳게 나열된 것은?

① ─○─○─ , ─#─#─
② ─×─×─ , ─ㄴ─ㄴ─
③ ─#─#─ , ─ㄴ─ㄴ─
④ ─ㄴ─ㄴ─ , ─○─○─

해설
계측용 배관 및 배선 그림기호

종류	그림기호	비고(일본)
배관	───	
공기압배관	─#─#─#─	─A─A─
유압배관	─/─/─/─	─L─L─
전기배선	-------	─E─E─
세관	─×─×─×─	
전자파・방사선	～～～	

80 공장에서 배출되는 이산화탄소를 아민류로 포집하는 시설을 공정설계 시뮬레이터를 사용하여 모사한다고 할 때 적합한 열역학적 물성 모델은?

① UNIFAC
② Ion-NRTL
③ Peng-Robinson
④ Ideal Gas Law

해설
NRTL 모델
• 두 가지 이상의 물질이 혼합되어 있는 경우 라울의 법칙이 적용되는 이상용액으로부터 벗어나는 현상에 관한 모델
• 공장에서 배출되는 다양한 종류의 배출가스 모사 시에 적합

정답 76 ① 77 ③ 78 ④ 79 ③ 80 ②

2022년 제2회 기출문제

1과목 공업합성

01 중과린산석회의 제법으로 가장 옳은 설명은?
① 인산을 암모니아로 처리한다.
② 과린산석회를 암모니아로 처리한다.
③ 칠레 초석을 황산으로 처리한다.
④ 인광석을 인산으로 처리한다.

해설
중과린산석회(P_2O_5 30~50%) : 인광석을 인산분해시켜 제조한다.

02 공업적인 HCl 제조방법에 해당하는 것은?
① 부생염산법
② Petersen Tower법
③ OPL법
④ Meyer법

해설
HCl의 제조방법
㉠ 식염의 황산분해법

$$NaCl + H_2SO_4 \xrightarrow{150℃} NaHSO_4 + HCl$$

$$NaCl + NaHSO_4 \xrightarrow{800℃} Na_2SO_4 + HCl$$

㉡ 합성법
$$H_2(g) + Cl_2(g) \rightarrow 2HCl(g)$$

㉢ 부생염산법
㉣ 무수염산 제조법
  • 진한 염산 증류법
  • 직접 합성법
  • 흡착법

03 석회질소 비료에 대한 설명 중 틀린 것은?
① 토양의 살균효과가 있다.
② 과린산석회, 암모늄염 등과의 배합비료로 적당하다.
③ 저장 중 이산화탄소, 물을 흡수하여 부피가 증가한다.
④ 분해 시 생성되는 디시안디아미드는 식물에 유해하다.

해설
석회질소($CaCN_2$)
• 염기성 비료로서 산성 토양에 효과적이다.
• 토양의 살균, 살충효과가 있다.
• 분해 시 디시안아미드(독성)가 생성된다.
• 배합비료로는 부적합하다.
• 질소비료, 시안화물을 만드는 데 주로 사용된다.
• 저장 중 이산화탄소, 물을 흡수하여 부피가 증가한다.

※ 디시안디아미드는 디시안아미드의 중합에 의해 얻어지는 화합물이다.

04 석유 정제에 사용되는 용제가 갖추어야 하는 조건이 아닌 것은?
① 선택성이 높아야 한다.
② 추출할 성분에 대한 용해도가 높아야 한다.
③ 용제의 비점과 추출성분의 비점의 차이가 적어야 한다.
④ 독성이나 장치에 대한 부식성이 적어야 한다.

해설
용제의 조건
• 원료유와 추출용제 사이의 비중차가 커서 추출할 때 두 액상으로 쉽게 분리할 수 있어야 한다.
• 추출성분의 끓는점과 용제의 끓는점 차이가 커야 한다.
• 증류로써 회수가 쉬워야 한다.
• 열적·화학적으로 안정해야 하고 추출성분에 대한 용해도가 커야 한다.
• 선택성이 커야 하며 다루기 쉽고 값이 저렴해야 한다.

정답 01 ④ 02 ① 03 ② 04 ③

05 말레산 무수물을 벤젠의 공기산화법으로 제조하고자 할 때 사용되는 촉매는?

① V_2O_5
② $PdCl_2$
③ LiH_2PO_4
④ $Si-Al_2O_3$ 담체로 한 Nickel

해설
말레산 무수물
㉠ 벤젠의 공기산화법

$$\text{C}_6\text{H}_6 + 4.5O_2 \xrightarrow[400\sim500℃]{V_2O_5(cat)} \begin{array}{c}\text{CH-CO}\\ \|\\ \text{CH-CO}\end{array}\!\!\!\!\text{O} + 2H_2O + 2CO_2$$

$Si-Al_2O_3$ 담체로 한 V_2O_5 촉매를 공기산화시켜 만든다.
㉡ 부텐의 산화법

$$CH_3-CH=CH-CH_3+O_2 \xrightarrow[\substack{425\sim480℃\\10\sim15psi}]{\substack{Al_2O_3\text{를 담체로 한}\\V_2O_5(cat)}} \begin{array}{c}\text{CH-CO}\\ \|\\ \text{CH-CO}\end{array}\!\!\!\!\text{O}$$
말레산 무수물

06 전류효율이 90%인 전해조에서 소금물을 전기분해하면 수산화나트륨과 염소, 수소가 만들어진다. 매일 17.75ton의 염소가 부산물로 나온다면 수산화나트륨의 생산량(ton/day)은?

① 16
② 18
③ 20
④ 22

해설
$$NaCl + H_2O \rightarrow NaOH + \frac{1}{2}Cl_2 + \frac{1}{2}H_2 \rightarrow HCl$$

$\quad\quad\quad\quad\quad\quad\quad\; 40 \quad : \frac{1}{2}\times 71$
$\quad\quad\quad\quad\quad\quad\quad\; x \quad\; : 17.75\text{ton/day}$

$\therefore x = 20\text{ton/day}$

07 초산과 에탄올을 산 촉매하에서 반응시켜 에스테르와 물을 생성할 때, 물분자의 산소원자의 출처는?

① 초산의 C=O
② 초산의 OH
③ 에탄올의 OH
④ 촉매에서 산소 도입

해설
$$CH_3COOH + C_2H_5OH \xrightarrow{ester} CH_3COOC_2H_5 + H_2O$$

08 암모니아 산화에 의한 질산제조 공정에서 사용되는 촉매에 대한 설명으로 틀린 것은?

① 촉매로는 Pt에 Rh이나 Pd를 첨가하여 만든 백금계 촉매가 일반적으로 사용된다.
② 촉매는 단위 중량에 대한 표면적이 큰 것이 유리하다.
③ 촉매형상은 직경 0.2cm 이상의 선으로 망을 떠서 사용한다.
④ Rh은 가격이 비싸지만 강도, 촉매활성, 촉매손실을 개선하는 데 효과가 있다.

해설
암모니아 산화법(Ostwald법)
암모니아와 산소(공기)를 촉매 존재하에서 산화시켜 NO를 얻는다.
㉠ $4NH_3 + 5O_2 \rightarrow 4NO + 6H_2O + 216.4\text{kcal}$
  • 촉매 : Pt-Rh(백금-로듐), 코발트 산화물(Co_3O_4)
    Pt-Rh(10%) 촉매를 가장 많이 사용한다.
  • 최대 산화율 $\frac{O_2}{NH_3} = 2.2\sim 2.3$
  • 암모니아와 산소의 혼합가스의 반응은 폭발성을 가지므로 수증기를 함유시켜 산화한다.
  • 압력을 가하면 산화율이 떨어진다.
㉡ NO의 산화반응 : 가압·저온이 유리하다.
  $2NO + O_2 \rightarrow 2NO_2 + 27.1\text{kcal}$
㉢ NO_2의 흡수반응
  $3NO_2 + H_2O \rightarrow 2HNO_3 + NO + 32.2\text{kcal}$

Pt-Rh 촉매
백금 단독으로 사용하는 것보다 Pt-Rh(백금-로듐) 합금의 수명이 연장되며, 성능이 우수하다.

정답 05 ① 06 ③ 07 ② 08 ③

09 다음 중 옥탄가가 가장 낮은 가솔린은?
① 접촉개질 가솔린   ② 알킬화 가솔린
③ 접촉분해 가솔린   ④ 직류 가솔린

해설
- 옥탄가 크기 비교
  같은 탄소수에서 방향족계 > 나프텐계 > 올레핀계 > 파라핀계
- 옥탄가 향상을 위해 접촉분해법(접촉분해 가솔린), 수소화 분해법, 개질(리포밍, 개질 가솔린), 알킬화법, 이성화법을 사용한다.

10 열가소성 플라스틱에 해당하는 것은?
① ABS 수지   ② 규소수지
③ 에폭시수지   ④ 알키드수지

해설
- 열가소성 수지
  가열 시 연화되어 외력을 가할 때 쉽게 변형되므로, 이 상태로 성형, 가공한 후에 냉각하면 외력을 가하지 않아도 성형된 상태를 유지하는 수지
  예 폴리에틸렌(PE), 폴리프로필렌(PP), 폴리염화비닐(PVC), 폴리스티렌(ABS 수지, AS 수지), 폴리비닐아세테이트(PVAc)
- 열경화성 수지
  가열하면 일단 연화되지만, 계속 가열하면 점점 경화되어 나중에는 온도를 올려도 용해되지 않고, 원상태로 되돌아가지 않는 수지
  예 페놀수지, 요소수지, 멜라민수지, 우레탄수지, 에폭시수지, 알키드수지, 규소수지

11 황산제조에 사용되는 원료가 아닌 것은?
① 황화철광   ② 자류철광
③ 염화암모늄   ④ 금속제련 폐가스

해설
황산의 원료 : 황(S)이 포함되어 있어야 한다.
- 황(S)
- 황화철광(FeS_2)
- 자황화철광(자류철광, $Fe_5S_6 \sim Fe_{16}S_{17}$)
- 금속제련 폐가스(부생 SO_2)
- 섬아연광(ZnS)
- 황동광(CuFeS)
※ 염화암모늄 : NH_4Cl

12 650℃에서 작동하며 수소 또는 일산화탄소를 음극 연료로 사용하는 연료전지는?
① 인산형 연료전지(PAFC)
② 알칼리형 연료전지(AFC)
③ 고체산화물 연료전지(SOFC)
④ 용융탄산염 연료전지(MCFC)

해설
연료전지
㉠ 인산형 연료전지(PAFC)
  - 가장 먼저 상용화
  - 백금 또는 니켈 입자를 분산시킨 탄소 촉매전극
  - 연료 : 수소
  - 산화제 : 공기 중 산소
㉡ 용융탄산염 연료전지(MCFC)
  - 탄화수소를 개질할 때 생성되는 수소 또는 일산화탄소의 혼합가스를 직접 연료로 사용
  - 650℃ 정도의 고온 유지
㉢ 고체산화물 연료전지(SOFC)
  - 이온전도성 산화물을 전해질로 이용
  - 1,000℃ 정도에서 작동
  - 지르코니아(ZrO_2)와 같은 세라믹 산화물을 사용
  - 이론에너지 효율은 저하, 에너지 회수율이 향상되면서 화력발전을 대체하고 석탄 가스를 이용한 고효율이 기대된다(50% 이상의 전기적 효율).
㉣ 알칼리 연료전지(AFC)
  - 아폴로 우주계획 등 우주선에 가장 많이 활용
  - Raney 니켈, 은 촉매
㉤ 고분자 전해질 연료전지(PEMFC)
  - 듀퐁의 Nafion
  - 작동온도가 낮다.

13 반도체 제조과정 중에서 식각공정 후 행해지는 세정공정에 사용되는 Piranha 용액의 주원료에 해당하는 것은?
① 질산, 암모니아   ② 불산, 염화나트륨
③ 에탄올, 벤젠   ④ 황산, 과산화수소

해설
Piranha 용액
- 식각공정 후 세정공정에서 사용되는 용액
- 황산과 과산화수소를 섞어 만든 용액

정답 09 ④   10 ①   11 ③   12 ④   13 ④

14 폐수 내에 녹아 있는 중금속 이온을 제거하는 방법이 아닌 것은?

① 열분해
② 이온교환수지를 이용하여 제거
③ pH를 조절하여 수산화물 형태로 침전 제거
④ 전기화학적 방법을 이용한 전해 회수

> 해설

중금속의 처리
㉠ Cr(6가 크롬)
  • 환원침전법
  • 이온교환수지법
  • 활성탄흡착법
㉡ Cd(카드뮴)
  • 침전분리법
  • 부상분리법
㉢ As(비소)
  • 수산화물 공침법
  • 활성탄·활성백토 등에 의한 흡착처리
  • 이온교환처리
㉣ Mn(망간)
  망간이온을 불용성 침전물로 전환시켜 제거
㉤ Pb(납)
  침전($PbCO_3$, $Pb(OH)_2$)
㉥ Cu(구리)
  침전, 이온교환, 전기투석

15 Le Blanc법으로 100% HCl 3,000kg을 제조하기 위한 85% 소금의 이론량(kg)은?(단, 각 원자의 원자량은 Na는 23amu, Cl은 35.5amu이다.)

① 3,636
② 4,646
③ 5,657
④ 6,667

> 해설

$2NaCl + H_2SO_4 \rightarrow Na_2SO_4 + 2HCl$
2×58.5kg : 2×36.5kg
x : 3,000kg
∴ $x = 4,808.22$kg

NaCl 85%이므로
$\dfrac{4,808.22\text{kg}}{0.85} = 5,656.7\text{kg}$

16 레페(Reppe) 합성반응을 크게 4가지로 분류할 때 해당하지 않는 것은?

① 알킬화 반응
② 비닐화 반응
③ 고리화 반응
④ 카르보닐화 반응

> 해설

레페(Reppe) 합성반응
• 비닐화
• 에티닐화
• 카르보닐화
• 고리화

17 환경친화적인 생분해성 고분자로 가장 거리가 먼 것은?

① 전분
② 폴리이소프렌
③ 폴리카프로락톤
④ 지방족 폴리에스테르

> 해설

친환경적 생분해성 고분자의 종류
에스테르 및 아마이드, 에테르 구조를 가지고 있다.
예 전분, 셀룰로스, 폴리카프로락톤(PCL), 폴리글리코산(PGA), 폴리락트산(PLA), 지방족 폴리에스테르

18 염화수소 가스 42.3kg을 물 83kg에 흡수시켜 염산을 제조할 때 염산의 농도(wt%)는?(단, 염화수소 가스는 전량 물에 흡수된 것으로 한다.)

① 13.76
② 23.76
③ 33.76
④ 43.76

> 해설

$HCl(g) + H_2O(l) \rightarrow HCl(aq)$
$\dfrac{42.3}{42.3 + 83} \times 100\% = 33.76\%$

19 일반적인 공정에서 에틸렌으로부터 얻는 제품이 아닌 것은?

① 에틸벤젠
② 아세트알데히드
③ 에탄올
④ 염화알릴

해설

$CH_2=CH-CH_3 + Cl_2 \rightarrow CH_2=CH-CH_2Cl$
프로필렌　　　　　　　　　　염화알릴

$CH_2=CH_2 + $ ⬡ $\rightarrow$ ⬡-CH_2CH_3 $\rightarrow$ ⬡-$CH=CH_2$
에틸렌　　　　　　　에틸벤젠　　　스티렌

$CH_2=CH_2 + \frac{1}{2}O_2 \rightarrow CH_3CHO$
　　　　　　　　　아세트알데히드

$CH_2=CH_2 + H_2O \rightarrow C_2H_5OH$
　　　　　　　　　에탄올

20 $A(g) + B(g) \rightleftarrows C(g) + 2kcal$ 반응에 대한 설명 중 틀린 것은?

① 발열반응이다.
② 압력을 높이면 반응이 정방향으로 진행한다.
③ 온도를 높이면 반응이 정방향으로 진행한다.
④ 가역반응이다.

해설

$A(g) + B(g) \rightleftarrows C(g) + 2kcal$
- 발열반응이므로 온도를 올리면 역반응으로 진행한다.
- 압력을 높이면 정반응으로 진행한다.
- 가역반응이다.

2과목 　반응운전

21 평형상태에 대한 설명 중 옳은 것은?

① $(dG^t)_{T,P} = 1$이 성립한다.
② $(dG^t)_{T,P} > 0$이 성립한다.
③ $(dG^t)_{T,P} = 0$이 성립한다.
④ $(dG^t)_{T,P} < 0$이 성립한다.

해설

- $(dG^t)_{T,P} < 0$: 자발적 반응
- $(dG^t)_{T,P} = 0$: 평형상태
- $(dG^t)_{T,P} > 0$: 비자발적 반응

22 질소가 200atm, 250K으로 채워져 있는 10L 기체 저장탱크에 5L 진공용기를 두 탱크의 압력이 같아질 때까지 연결하였을 때, 기체저장탱크($T_{1,f}$)와 진공용기($T_{2,f}$)의 온도(K)는?(단, 질소는 이상기체이고, 탱크 밖으로 질소 또는 열의 손실을 완전히 무시할 수 있다고 가정하며, 질소의 정압열용량은 7cal/mol K이다.)

① $T_{1,f} = 222.8$, $T_{2,f} = 330.6$
② $T_{1,f} = 222.8$, $T_{2,f} = 133.3$
③ $T_{1,f} = 133.3$, $T_{2,f} = 330.6$
④ $T_{1,f} = 133.3$, $T_{2,f} = 222.8$

해설

자유팽창

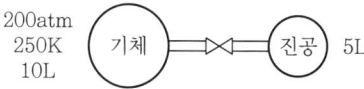

$Q = 0$, $W = 0$
$P_i V_i = P_f V_f$
$200\text{atm} \times 10\text{L} = P_f \times 15\text{L}$
$\therefore P_f = 133.33\text{atm}$

$\gamma = \dfrac{C_p}{C_v} = \dfrac{7}{7-1.987} = 1.396$

$\left(\dfrac{T_{1f}}{T_{1i}}\right) = \left(\dfrac{P_{1f}}{P_{1i}}\right)^{\frac{\gamma-1}{\gamma}}$

$\dfrac{T_{1f}}{250\text{K}} = \left(\dfrac{133.33}{200}\right)^{\frac{1.396-1}{1.396}}$

$\therefore T_{1f} = 222.84\text{K}$

$n_2 = n_0 - n_1 = \dfrac{P_0 V_0}{RT_0} - \dfrac{P_{1f} V_0}{RT_{1f}}$

$= \dfrac{200\text{atm} \times 10\text{L}}{0.082\text{L atm/mol K} \times 250\text{K}}$
$- \dfrac{133.33\text{atm} \times 10\text{L}}{0.082\text{L atm/mol K} \times 222.84\text{K}}$
$= 24.59\text{mol}$

$PV = nRT$
$P_{2f} V_{2f} = 24.59\text{mol} \times 0.082\text{L atm/mol K} \times T_{2f}$

$\therefore T_{2f} = \dfrac{133.33\text{atm} \times 5\text{L}}{24.59\text{mol} \times 0.082\text{L atm/mol K}} = 330.6\text{K}$

정답 20 ③　21 ③　22 ①

23 3개의 기체 화학종(N_2, H_2, NH_3)으로 구성된 계에서 아래의 화학반응이 일어날 때 반응계의 자유도는?

$$N_2(g) + 3H_2(g) \rightarrow 2NH_3(g)$$

① 0
② 1
③ 2
④ 3

해설

$N_2(g) + 3H_2(g) \rightarrow 2NH_3(g)$
$F = 2 - P + C - r - s = 2 - 1 + 3 - 1 = 3$

24 기체의 평균 열용량($\langle C_p \rangle$)과 온도에 대한 2차 함수로 주어지는 열용량(C_p)과의 관계식으로 옳은 것은? (단, 열용량은 $\alpha + \beta T + \gamma T^2$로 주어지며, T_0는 초기온도, T는 최종온도, α, β, γ는 물질의 고유상수를 의미한다.)

① $\int_{T_0}^{T} \dfrac{C_p}{R} dT = (T - T_0)\langle C_p \rangle$

② $\int_{T_0}^{T} \dfrac{C_p}{R} dT = (T + T_0)\langle C_p \rangle$

③ $\int_{T_0}^{T} \dfrac{C_p}{R} dT = \dfrac{\langle C_p \rangle}{T + T_0}$

④ $\int_{T_0}^{T} \dfrac{C_p}{R} dT = \dfrac{\langle C_p \rangle}{T - T_0}$

해설

$\Delta H = n \int_{T_0}^{T} C_p dT = n \langle C_p \rangle (T - T_0)$

25 에탄올과 톨루엔의 65℃에서의 $P - x$ 선도는 선형성으로부터 충분히 큰 양(+)의 편차를 나타낸다. 이렇게 상당한 양의 편차를 지닐 때 분자 간의 인력을 옳게 나타낸 것은?

① 같은 종류의 분자 간의 인력＞다른 종류의 분자 간의 인력
② 같은 종류의 분자 간의 인력＜다른 종류의 분자 간의 인력
③ 같은 종류의 분자 간의 인력＝다른 종류의 분자 간의 인력
④ 같은 종류의 분자 간의 인력＋다른 종류의 분자 간의 인력＝0

해설

최저공비혼합물
• 휘발도가 이상적으로 높은 경우($\gamma_A > 1$, $\gamma_B > 1$)
• 증기압은 높아지고 비점은 낮아진다.
• 같은 분자 간 친화력＞다른 분자 간 친화력

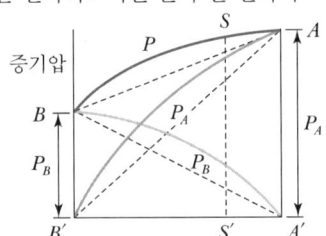

26 공기표준 오토 사이클의 효율을 옳게 나타낸 식은? (단, a는 압축비, γ는 비열비(C_p / C_v)이다.)

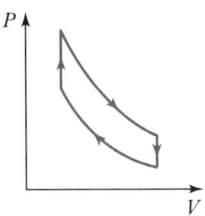

① $1 - \left(\dfrac{1}{a}\right)^{\gamma}$
② $1 - a^{\gamma}$
③ $1 - \left(\dfrac{1}{a}\right)^{\gamma - 1}$
④ $1 - a^{\gamma - 1}$

정답 23 ④ 24 ① 25 ① 26 ③

해설

공기표준 오토 사이클

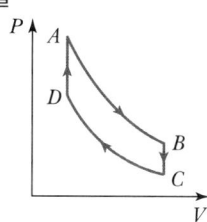

효율 $\eta = 1 - \left(\dfrac{1}{r}\right)^{\gamma - 1}$

여기서, r : 압축비 $r = \dfrac{V_C}{V_D}$

γ : 비열비 $\gamma = \dfrac{C_p}{C_v}$

27 열역학적 성질에 대한 설명 중 옳지 않은 것은?
① 순수한 물질의 임계점보다 높은 온도와 압력에서는 상의 계면이 없어지며 한 개의 상을 이루게 된다.
② 동일한 이심인자를 갖는 모든 유체는 같은 온도, 같은 압력에서 거의 동일한 Z값을 가진다.
③ 비리얼(Virial) 상태방정식의 순수한 물질에 대한 비리얼 계수는 온도만의 함수이다.
④ 반데르발스(Van der Waals) 상태방정식은 기-액 평형상태에서 3개의 부피 해를 가진다.

해설

이심인자(ω)
동일한 ω를 갖는 모든 유체들은 같은 환산온도(T_r) 및 환산압력(P_r)에서 비교했을 때 기의 동일한 Z값을 가지며 이상기체 거동에서 벗어나는 정도 역시 같다.
$\omega = -1.0 - \log(P_r^{sat})_{T_r = 0.7}$

28 아세톤의 부피팽창계수(β)는 $1.487 \times 10^{-3}℃^{-1}$, 등온압축계수($\kappa$)는 $62 \times 10^{-6} \text{atm}^{-1}$일 때, 아세톤을 정적에서 20℃, 1atm부터 30℃까지 가열하였을 때 압력(atm)은?(단, β와 κ의 값은 항상 일정하다고 가정한다.)
① 12.1
② 24.1
③ 121
④ 241

해설

$\dfrac{dV}{V} = \beta dT - \kappa dP$

정적 $dV = 0$
$\beta(T_2 - T_1) = \kappa(P_2 - P_1)$
$487 \times 10^{-3}℃^{-1} \times (30 - 20)℃ = 62 \times 10^{-6} \text{atm}^{-1} \times (P_2 - 1)$
$P_2 - 1 = 239.8$
$\therefore P_2 = 240.8 ≒ 241 \text{atm}$

29 i성분의 부분몰성질(Partial Molar Property, $\overline{M_i}$)을 바르게 나타낸 것은?(단, M은 열역학적 용량변수의 단위 몰당 값, n_i은 i성분 이외의 모든 몰수를 일정하게 유지한다는 것을 의미한다.)

① $\overline{M_i} = \left[\dfrac{\partial(nM)}{\partial n_i}\right]_{nS, nP, n_j}$

② $\overline{M_i} = \left[\dfrac{\partial(nM)}{\partial n_i}\right]_{T, P, n_j}$

③ $\overline{M_i} = \left[\dfrac{\partial(nM)}{\partial n_i}\right]_{P, nV, n_j}$

④ $\overline{M_i} = \left[\dfrac{\partial(nM)}{\partial n_i}\right]_{T, nS, n_j}$

해설

부분몰성질
$\overline{M_i} = \left[\dfrac{\partial(nM)}{\partial n_i}\right]_{T, P, n_j}$

30 퓨가시티(Fugacity)에 관한 설명으로 틀린 것은?
① 일종의 세기(Intensive Properties) 성질이다.
② 이상기체 압력에 대응하는 실제기체의 상태량이다.
③ 순수기체의 경우 이상기체 압력에 퓨가시티 계수를 곱하면 퓨가시티가 된다.
④ 퓨가시티는 압력만의 함수이다.

정답 27 ② 28 ④ 29 ② 30 ④

해설

퓨가시티(Fugacity)
- 압력 P가 압력단위를 갖는 새로운 물성 f_i로 대체되었다.
- 이상기체 압력에 대응하는 실제기체의 압력이다.
- 퓨가시티 계수 : $\phi_i = \dfrac{f_i}{P}$
- 용액에서의 퓨가시티는 압력과 조성의 함수이다.

31 반응물 A가 아래와 같이 반응하고, 이 반응이 회분식 반응기에서 진행될 때, R 물질의 최대 농도(mol/L)는?(단, 반응기에 A물질만 1.0mol/L로 공급하였다.)

$$A \xrightarrow{k_1} R \begin{smallmatrix} \xrightarrow{k_2} S \\ \xrightarrow{k_3} T \end{smallmatrix} \quad \begin{matrix} k_1 = 6\text{h}^{-1} \\ k_2 = 3\text{h}^{-1} \\ k_3 = 1\text{h}^{-1} \end{matrix}$$

① 0.111 ② 0.222
③ 0.333 ④ 0.444

해설

$$A \xrightarrow{k_1} R \begin{smallmatrix} \xrightarrow{k_2} S \\ \xrightarrow{k_3} T \end{smallmatrix}$$

$-r_A = \dfrac{-dC_A}{dt} = k_1 C_A$

$-\ln\dfrac{C_A}{C_{A0}} = k_1 t \rightarrow C_A = C_{A0} e^{-k_1 t}$

$-r_R = \dfrac{-dC_R}{dt} = -k_1 C_A + (k_2 + k_3) C_R$

$\dfrac{dC_R}{dt} = k_1 C_A - (k_2 + k_3) C_R$

㉠ 라플라스 변환

$\dfrac{dC_R}{dt} = k_1 C_A - (k_2 + k_3) C_R$

$\dfrac{dC_R}{dt} + (k_2 + k_3) C_R = k_1 C_{A0} e^{-k_1 t}$

$sC_R(s) + (k_2 + k_3) C_R(s) = \dfrac{k_1 C_{A0}}{(s + k_1)}$

$C_R(s) = \dfrac{k_1 C_{A0}}{(s + k_1)(s + (k_2 + k_3))}$

$= \dfrac{k_1 C_{A0}}{k_2 + k_3 - k_1} \left(\dfrac{1}{s + k_1} - \dfrac{1}{s + (k_2 + k_3)} \right)$

$\therefore C_R(t) = \dfrac{k_1 C_{A0}}{k_2 + k_3 - k_1} \left[e^{-k_1 t} - e^{-(k_2 + k_3)t} \right]$

㉡ 적분인자 이용

$C_R e^{\int (k_2 + k_3) dt} = \int k_1 C_{A0} e^{-k_1 t} e^{\int (k_2 + k_3) dt} dt$

$C_R e^{(k_2 + k_3)t} = \int k_1 C_{A0} e^{-k_1 t} e^{(k_2 + k_3)t} dt$

$= \int k_1 C_{A0} e^{(k_2 + k_3 - k_1)t} dt$

$= \dfrac{k_1 C_{A0}}{k_2 + k_3 - k_1} e^{(k_2 + k_3 - k_1)t} \Big|_0^t$

$= \dfrac{k_1 C_{A0}}{k_2 + k_3 - k_1} \left[e^{(k_2 + k_3 - k_1)t} - 1 \right]$

$\therefore C_R = \dfrac{k_1 C_{A0}}{k_2 + k_3 - k_1} \left[e^{-k_1 t} - e^{-(k_2 + k_3)t} \right]$

R의 최대 농도를 구하면

$\dfrac{dC_R}{dt} = 0$

$\dfrac{dC_R}{dt} = \dfrac{k_1 C_{A0}}{k_2 + k_3 - k_1} \left[-k_1 e^{-k_1 t} + (k_2 + k_3) e^{-(k_2 + k_3)t} \right] = 0$

$k_1 e^{-k_1 t} = (k_2 + k_3) e^{-(k_2 + k_3)t}$

$\dfrac{k_1}{k_2 + k_3} = e^{[k_1 - (k_2 + k_3)]t}$

$\ln \dfrac{k_1}{k_2 + k_3} = [k_1 - (k_2 + k_3)] t_{\max}$

$\therefore t_{\max} = \dfrac{\ln \dfrac{k_1}{k_2 + k_3}}{k_1 - (k_2 + k_3)}$

$= \dfrac{\ln \dfrac{6}{3 + 1}}{6 - (3 + 1)} = 0.2\text{h}$

$C_{R \cdot \max} = \dfrac{k_1 C_{A0}}{k_2 + k_3 - k_1} \left[e^{-k_1 t_{\max}} - e^{-(k_2 + k_3) t_{\max}} \right]$

$= \dfrac{6 \times 1}{3 + 1 - 6} \left[e^{-6 \times 0.2} - e^{-(3+1) \times 0.2} \right]$

$= 0.444$

32 $A \rightarrow P$ 비가역 1차 반응에서 A의 전화율 관련식을 옳게 나타낸 것은?

① $1 - \dfrac{N_{A0}}{N_A} = X_A$ ② $1 - \dfrac{C_{A0}}{C_A} = X_A$

③ $N_A = N_{A0}(1 - X_A)$ ④ $dX_A = \dfrac{dC_A}{C_{A0}}$

정답 31 ④ 32 ③

해설

$N_A = N_{A0}(1-X_A) \rightarrow X_A = 1 - \dfrac{N_A}{N_{A0}}$

$C_A = C_{A0}(1-X_A) \rightarrow X_A = 1 - \dfrac{C_A}{C_{A0}}$

$dX_A = -\dfrac{dC_A}{C_{A0}}$

33 $A \rightarrow R \rightarrow S$인 균일계 액상반응에서 1단계는 2차 반응, 2단계는 1차 반응으로 진행된다. 이 반응의 목적 생성물이 R일 때, 다음 설명 중 옳은 것은?

① A의 농도를 높게 유지할수록 좋다.
② 반응온도를 높게 유지할수록 좋다.
③ A의 농도는 R의 수율과 직접 관계가 없다.
④ 혼합흐름반응기가 플러그흐름반응기보다 더 좋다.

해설

$A \xrightarrow{2차} R \xrightarrow{1차} S$

R이 생성되는 차수가 S가 생성되는 차수보다 크므로 A의 농도를 높게 한다.

34 이상기체인 A와 B가 일정한 부피 및 온도의 반응기에서 반응이 일어날 때 반응물 A의 반응속도식($-r_A$)으로 옳은 것은?(단, P_A는 A의 분압을 의미한다.)

① $-r_A = -RT\dfrac{dP_A}{dt}$

② $-r_A = -\dfrac{1}{RT}\dfrac{dP_A}{dt}$

③ $-r_A = -\dfrac{V}{RT}\dfrac{dP_A}{dt}$

④ $-r_A = -\dfrac{RT}{V}\dfrac{dP_A}{dt}$

해설

$-r_A = \dfrac{-dC_A}{dt} = -\dfrac{1}{RT}\dfrac{dP_A}{dt}$

$P_A = C_A RT$

35 반응물 A의 전화율(X_A)과 온도(T)에 대한 데이터가 아래와 같을 때 이 반응에 대한 설명으로 옳은 것은?(단, 반응은 단열상태에서 진행되었으며, H_R은 반응의 엔탈피를 의미한다.)

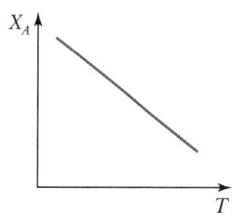

① 흡열반응, $\Delta H_R < 0$
② 발열반응, $\Delta H_R < 0$
③ 흡열반응, $\Delta H_R > 0$
④ 발열반응, $\Delta H_R > 0$

해설

단열조작

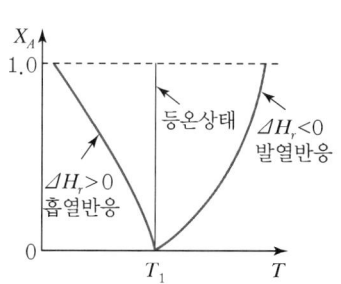

36 다음 비가역 기초반응에 의하여 연간 2억 kg의 에틸렌을 생산하는 데 필요한 플러그흐름반응기의 부피(m³)는?(단, 공장은 24시간 가동하며, 압력은 8atm, 온도는 1,200K으로 등온이며 압력강하는 무시하고, 전화율 90%로 반응한다.)

$$C_2H_6 \rightarrow C_2H_4 + H_2, \quad k_{(1,200K)} = 4.07 s^{-1}$$

① 2.84
② 28.4
③ 42.8
④ 82.2

해설

$C_2H_6 \rightarrow C_2H_4 + H_2$
  30 : 28
   x : 2×10^8kg/y

$\therefore x = 2.14 \times 10^8 \text{kg/y} \times \dfrac{1\text{y}}{365\text{d}} \times \dfrac{1\text{d}}{24\text{h}} \times \dfrac{1\text{h}}{3,600\text{s}} \times \dfrac{1\text{kmol}}{30\text{kg}}$

$\qquad = 0.226 \text{kmol/s}$

$F_{A0} = \dfrac{0.226 \text{kmol/s}}{0.9} = 0.25 \text{kmol/s}$

$C_A = \dfrac{P_A}{RT} = \dfrac{8\text{atm}}{0.082 \text{m}^3 \text{ atm/kmol K} \times 1,200\text{K}}$

$\qquad = 0.0813 \text{kmol/m}^3$

$\varepsilon_A = y_{A0}\delta = 1 \cdot \dfrac{2-1}{1} = 1$

1차 기상반응
$k\tau = (1+\varepsilon_A) \ln \dfrac{1}{1-X_A} - \varepsilon_A X_A$

$4.07\text{s}^{-1} \times \tau = (1+1)\ln \dfrac{1}{1-0.9} - 1 \times 0.9$

$\therefore \tau = 0.91\text{s}$

$\tau = \dfrac{V}{v_0} = \dfrac{C_{A0} V}{F_{A0}}$

$0.91\text{s} = \dfrac{0.0813 \text{kmol/m}^3 \times V}{0.25 \text{kmol/s}}$

$\therefore V = 2.8 \text{m}^3$

37 반응물 A의 경쟁반응이 아래와 같을 때, 생성물 R의 순간수율(ϕ_R)은?

$$A \rightarrow R$$
$$A \rightarrow S$$

① $\phi_R = \dfrac{dC_R}{-dC_A}$ ② $\phi_R = \dfrac{dC_S}{dC_R}$

③ $\phi_R = \dfrac{dC_S}{dC_A}$ ④ $\phi_R = \dfrac{dC_R}{-dC_S}$

해설

순간수율

$\phi = -\dfrac{dC_R}{dC_A}$

38 플러그흐름반응기에서 비가역 2차 반응에 의해 액체에 원료 A를 95%의 전화율로 반응시키고 있을 때, 동일한 반응기 1개를 추가로 직렬 연결하여 동일한 전화율을 얻기 위한 원료의 공급속도(F_{A0}')와 직렬연결 전 공급속도(F_{A0})의 관계식으로 옳은 것은?

① $F_{A0}' = 0.5 F_{A0}$

② $F_{A0}' = F_{A0}$

③ $F_{A0}' = \ln 2 F_{A0}$

④ $F_{A0}' = 2 F_{A0}$

해설

$F_{A0} \rightarrow [\; V \;] \rightarrow$

$F_{A0}' \rightarrow [\; V_1 \;][\; V_2 \;] \rightarrow$
$\qquad\qquad V = V_1 + V_2$

$\therefore F_{A0}' = 2F_{A0}$

직렬 연결된 N개의 PFR은 부피가 V인 1개의 PFR과 같다.

39 A와 B의 병렬반응에서 목적생성물의 선택도를 향상시킬 수 있는 조건이 아닌 것은?(단, 반응은 등온에서 일어나며, 각 반응의 활성화 에너지는 $E_1 < E_2$이다.)

$$A + B \rightarrow D(desired) \;\;\cdots\cdots\;\; r_D = k_1 C_A^2 C_B^3$$
$$A + B \rightarrow U \;\;\cdots\cdots\;\; r_U = k_2 C_A C_B$$

① 높은 압력
② 높은 온도
③ 관형반응기
④ 반응물의 고농도

해설

선택도 $S = \dfrac{dC_D}{dC_U} = \dfrac{k_1 C_A^2 C_B^3}{k_2 C_A C_B} = \dfrac{k_1}{k_2} C_A C_B^2$

- C_A, C_B의 농도를 높인다.
- $E_1 < E_2$이므로 저온에서 반응시킨다.
- PFR을 사용한다.

정답 37 ① 38 ④ 39 ②

40 혼합흐름반응기의 다중정상상태에 대한 설명 중 틀린 것은?(단, 반응은 1차 반응이며, $R(T)$와 $G(T)$는 각각 온도에 따른 제거된 열과 생성된 열을 의미한다.)

① $R(T)$의 그래프는 직선으로 나타낸다.
② 점화-소화곡선에서 도약이 일어나는 온도를 점화온도라 한다.
③ 유입온도가 점화온도 이상일 경우 상부 정상상태에서 운전이 가능하다.
④ 아주 높은 온도에서는 공식을
$G(T) = -\Delta H_{RX}^\circ \tau A e^{-\frac{E}{RT}}$ 로 축소해서 생성된 열을 구할 수 있다.

해설

다중정상상태(MSS)
CSTR
㉠ 제거열 $R(T)$
  • 유입온도 변화 : $R(T)$는 온도에 따라 선형적으로 증가
   기울기 $= C_{po}(1+\kappa)$, 절편 $= T_c$

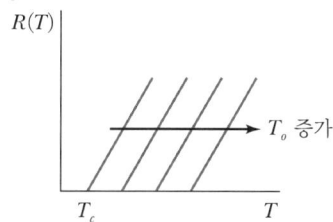

  • 비단열매개변수 κ의 변화

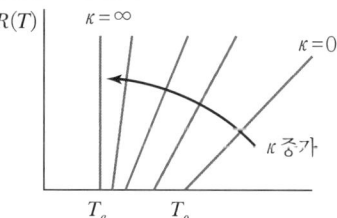

㉡ 발생열 $G(T)$
  1차 반응, 아주 낮은 온도에서 $G(T) = -\Delta H_{RX}^\circ \tau A e^{-E/RT}$
  아주 높은 온도에서 $G(T) = -\Delta H_{RX}^\circ$
㉢ 점화온도 : 점화-소화곡선에서 도약이 일어나는 온도

3과목 단위공정관리

41 2개의 관을 연결할 때 사용되는 관부속품이 아닌 것은?

① 유니언(Union) ② 니플(Nipple)
③ 소켓(Socket)   ④ 플러그(Plug)

해설

관부속품

두 개의 관을 연결할 때	플랜지, 유니언, 니플, 커플링, 소켓
관선의 방향을 바꿀 때	엘보, Y자관, 십자, 티(Tee)
관선의 직경을 바꿀 때	리듀서, 부싱
지선을 연결할 때	티(Tee), Y자관, 십자
유로를 차단할 때	플러그, 캡, 밸브
유량을 조절할 때	밸브

42 절대습도가 0.02인 공기를 매분 50kg씩 건조기에 불어 넣어 젖은 목재를 건조시키려고 한다. 건조기를 나오는 공기의 절대습도가 0.05일 때 목재에서 60kg의 수분을 제거하기 위한 건조시간(min)은?

① 20.0   ② 20.4
③ 40.0   ④ 40.8

해설

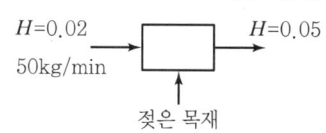

$\dfrac{0.02}{1+0.02} \times 50\text{kg/min} = 0.98\text{kg H}_2\text{O/min}$
$50 - 0.98 = 49.02\text{kg Dry Air/min}$

목재에서 흡수된 수분 $= 0.05 - 0.02$
$\qquad\qquad\qquad\qquad = 0.03\text{kg H}_2\text{O/kg Dry Air}$
$0.03\text{kg H}_2\text{O/kg Dry Air} \times 49.02\text{kg Dry Air/min}$
$= 1.4706\text{kg/min}$

$\therefore \dfrac{60\text{kg}}{1.4706\text{kg/min}} = 40.8\text{min}$

정답 40 ④ 41 ④ 42 ④

43 8% NaOH 용액을 18%로 농축하기 위해서 21℃ 원액을 내부압이 417mmHg인 증발기로 4,540kg/h의 질량유속으로 보낼 때, 증발기의 총괄열전달계수(kcal/m² h ℃)는?(단, 증발기의 유효전열면적은 37.2m², 8% NaOH 용액의 417mmHg에서 비점은 88℃, 88℃에서의 물의 증발잠열은 547kcal/kg, 가열증기온도는 110℃이며, 액체의 비열은 0.92kcal/kg ℃로 일정하다고 가정하고, 비점 상승은 무시한다.)

① 860
② 1,120
③ 1,560
④ 2,027

해설

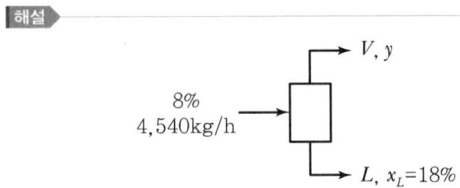

$4,540 \text{kg/h} \times 0.08 = L \times 0.18$
$\therefore L = 2,017.8 \text{kg/h}$
$V = 4,540 - 2,017.8 = 2,522.2 \text{kg/h}$
$q = FC(t_2 - t_1) + V\lambda$
$= 4,540 \text{kg/h} \times 0.92 \text{kcal/kg ℃} \times (88-21) ℃$
$\quad + 2,522.2 \text{kg/h} \times 547 \text{kcal/kg}$
$= 1,659,489 \text{kcal/h}$
$q = UA\Delta t$
$1,659,489 \text{kcal/h} = U \times 37.2 \text{m}^2 \times (110-88) ℃$
$\therefore U = 2,027.7 \text{kcal/m}^2 \text{ h ℃}$

44 건조장치의 선정에서 고려할 사항 중 가장 중요한 사항은?

① 습윤상태
② 화학퍼텐셜
③ 엔탈피
④ 반응속도

해설
원하는 형태의 제품을 생산하기 위해서는 습윤상태가 중요하다.

45 분자량이 296.5인 어떤 유체 A의 20℃에서의 점도를 측정하기 위해 Ostwald 점도계를 사용하여 측정한 결과가 아래와 같을 때, A유체의 점도(P)는?

측정결과		
유체종류	통과시간	밀도(g/cm³)
증류수	10s	0.9982
A	2.5min	0.8790

① 0.13
② 0.17
③ 0.25
④ 2.17

해설

$\dfrac{\mu_A}{\mu_B} = \dfrac{\rho_A t_A}{\rho_B t_B}$

$\dfrac{\mu_A}{0.01 \text{P}} = \dfrac{0.8790 \times 2.5 \text{min} \times \dfrac{60\text{s}}{1\text{min}}}{0.9982 \times 10\text{s}}$

$\therefore \mu_A = 0.13 \text{P}$

46 HETP에 대한 설명으로 가장 거리가 먼 것은?

① Height Equivalent to a Theoretical Plate를 말한다.
② HETP의 값이 1m보다 클 때 단의 효율이 좋다.
③ (충전탑의 높이 : Z)/(이론 단위수 : N)이다.
④ 탑의 한 이상단과 똑같은 작용을 하는 충전탑의 높이이다.

해설
HETP(등이론단 높이)
• Height Equivalent to a Theoretical Plate
• $HETP = \dfrac{Z}{N_P}$
  여기서, N_P(NTP) : 이론단수
• 탑의 이상단 한 단과 같은 작용을 하는 충전탑의 높이

정답 43 ④ 44 ① 45 ① 46 ②

47 1atm에서 물이 끓을 때 온도구배(ΔT)와 열전달계수(h)와의 관계를 표시한 아래의 그래프에서 핵비등(Nucleate Boiling)에 해당하는 구간은?

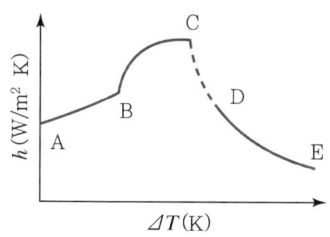

① A − B ② A − C
③ B − C ④ D − E

해설

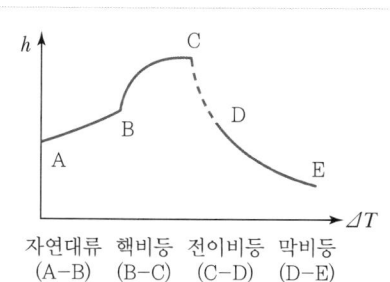

자연대류 핵비등 전이비등 막비등
(A−B)   (B−C)   (C−D)   (D−E)

48 확산에 의한 분리조작이 아닌 것은?
① 증류   ② 추출
③ 건조   ④ 여과

해설
- 등몰확산 : 증류
- 일방확산 : 증발, 추출, 흡수, 건조, 조습

49 레이놀즈수가 300인 유체가 흐르고 있는 내경이 2.5cm인 관에 마노미터를 설치하고자 할 때, 관 입구로부터 마노미터까지의 최소 적정거리(m)는?
① 0.158   ② 0.375
③ 1.58   ④ 3.75

해설
$L_t = 0.05 N_{Re} D$ (층류)
$= 0.05 \times 300 \times 0.025\text{m} = 0.375\text{m}$

50 증류에 대한 설명으로 가장 거리가 먼 것은?(단, q는 공급원료 1몰을 원료 공급단에 넣었을 때 그중 탈거부로 내려가는 액체의 몰수이다.)
① 최소환류비일 경우 이론단수는 무한대로 된다.
② 포종(Bubble−cap)을 사용하면 기액접촉의 효과가 좋다.
③ McCabe−Thiele법에서 q값은 증기 원료일 때 0보다 크다.
④ Ponchon−Savarit법은 엔탈피−농도 도표와 관계가 있다.

해설
- $q > 1$: 차가운 원액
- $q = 1$: 비등에 있는 원액(포화액체)
- $0 < q < 1$: 부분적으로 기화된 원액
- $q = 0$: 노점에 있는 원액(포화증기)
- $q < 0$: 과열증기 원액

51 Methyl acetate가 아래의 반응식과 같이 고압촉매반응에 의하여 합성될 때 이 반응의 표준반응열(kcal/mol)은?(단, 표준연소열은 CO(g) −67.6kcal/mol, $CH_3OCH_3(g)$ −348.8kcal/mol, $CH_3COOCH_3(g)$ −397.5kcal/mol이다.)

$$CH_3OCH_3(g) + CO(g) \rightarrow CH_3COOCH_3(g)$$

① −18.9   ② +28.9
③ −614   ④ +814

해설
$\Delta H = (\sum H_c)_R - (\sum H_c)_P$
$= (-348.8 - 67.6)\text{kcal/mol} - (-397.5\text{kcal/mol})$
$= -18.9\text{kcal/mol}$

52 기체 A 30vol%와 기체 B 70vol% 기체 혼합물에서 기체 B의 일부가 흡수탑에서 산에 흡수되어 제거된다. 이 흡수탑을 나가는 기체 혼합물 조성에서 기체 A가 80vol%이고 흡수탑을 들어가는 혼합기체가 100mol/h라 할 때, 기체 B의 흡수량(mol/h)은?

① 52.5
② 62.5
③ 72.5
④ 82.5

[해설]

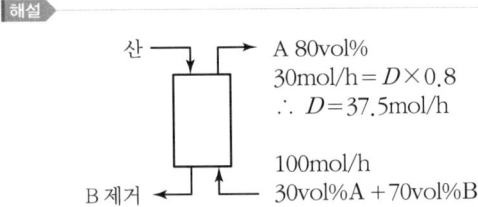

$D = 37.5\text{mol/h}$
$B = 37.5\text{mol/h} \times 0.2 = 7.5\text{mol/h}$
제거되는 B의 양 $= 100 \times 0.7 - 7.5\text{mol/h}$
$\qquad = 62.5\text{mol/h}$

53 각기 반대 방향의 시속 90km로 운전 중인 질량이 10ton인 트럭과 2.5ton인 승용차가 정면으로 충돌하여 두 차가 모두 정지하였을 때, 충돌로 인한 운동에너지의 변화량(J)은?

① 0
② 3.9×10^6
③ 4.3×10^6
④ 5.1×10^6

[해설]

• 트럭
$E_K = \dfrac{1}{2}mv^2$
$v = 90\text{km/h} \times \dfrac{1{,}000\text{m}}{1\text{km}} \times \dfrac{1\text{h}}{3{,}600\text{s}} = 25\text{m/s}$
$E_{K_1} = \dfrac{1}{2} \times 10{,}000\text{kg} \times (25\text{m/s})^2 = 3{,}125{,}000\text{J}$

• 승용차
$E_{K_2} = \dfrac{1}{2} \times 2{,}500\text{kg} \times (25\text{m/s})^2 = 781{,}250\text{J}$

• 총운동에너지
$E_K = E_{K_1} + E_{K_2} = 3{,}125{,}000\text{J} + 781{,}250\text{J} = 3.9 \times 10^6\text{J}$

54 순환(Recycle)과 우회(Bypass)에 대한 설명 중 틀린 것은?

① 순환은 공정을 거쳐 나온 흐름의 일부를 원료로 함께 공정에 공급한다.
② 우회는 원료의 일부를 공정을 거치지 않고, 그 공정에서 나오는 흐름과 합류시킨다.
③ 순환과 우회 조작은 연속적인 공정에서 행한다.
④ 우회와 순환 조작에 의한 조성의 변화는 같다.

[해설]

순환(Recycle)
공정을 거쳐 나온 흐름의 일부를 다시 되돌아가게 하여 공정으로 들어가는 흐름에 결합하여 공정에 들어가는 조작

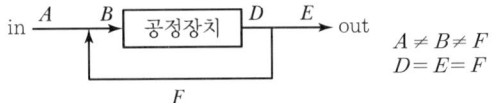

분류(Bypass)
흐름의 일부가 공정을 거치지 않고, 공정에서 나온 흐름과 합하여 나가는 조작

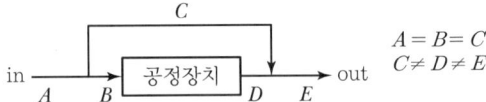

55 일산화탄소 분자의 온도에 대한 열용량(C_p)이 아래와 같을 때, 500℃와 1,000℃ 사이의 평균열용량(cal/mol ℃)은?

$$C_p = 6.935 + 6.77 \times 10^{-4}T + 1.3 \times 10^{-7}T^2$$
단위 : C_p = cal/mol ℃
T = ℃

① 0.7518
② 7.518
③ 37.59
④ 375.9

[해설]

$\Delta H = \displaystyle\int_{500℃}^{1{,}000℃} C_p dt = \overline{C_p}(1{,}000 - 500)℃$

$\displaystyle\int_{500℃}^{1{,}000℃} (6.935 + 6.77 \times 10^{-4}T + 1.3 \times 10^{-7}T^2)dT$
$= \overline{C_p}(1{,}000 - 500)℃$

정답 52 ② 53 ② 54 ④ 55 ②

$$\therefore \overline{C_p} = \frac{6.935(1,000-500) + \frac{6.77 \times 10^{-4}}{2}(1,000^2 - 500^2) + \frac{1.3 \times 10^{-7}}{3}(1,000^3 - 500^3)}{(1,000-500)}$$

$$= 6.935 + \frac{6.77 \times 10^{-4}}{2}(1,000+500)$$
$$+ \frac{1.3 \times 10^{-7}}{3}(1,000^2 + 1,000 \times 500 + 500^2)$$
$$= 7.5 \text{cal/mol} \ ℃$$

56 60℃에서 $NaHCO_3$ 포화 수용액 10,000kg을 20℃로 냉각할 때 석출되는 $NaHCO_3$의 양(kg)은?(단, $NaHCO_3$의 용해도는 60℃에서 16.4g $NaHCO_3$/100g H_2O이고, 20℃에서 9.6g $NaHCO_3$/100g H_2O이다.)

① 682　　② 584
③ 485　　④ 276

해설
60℃에서
116g : 16.4g = 10,000kg : x
∴ x = 1,413.8kg $NaHCO_3$
10,000kg − 1,413.8kg = 8,586.2kg H_2O
100g : (16.4 − 9.6)g = 8,586.2kg : y
∴ y = 584kg

57 그림과 같은 공정에서 물질수지도를 작성하려면 측정해야 할 최소한의 변수(자유도)는?(단, A, B, C는 성분을 나타내고 F 흐름은 3성분계, W 흐름은 2성분계, P 흐름은 3성분계이다.)

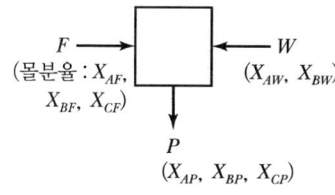

① 3　　② 4
③ 5　　④ 6

해설
$F + W = P$
$Fx_{AF} + Wx_{AW} = Px_{AP}$
$Fx_{BF} + Wx_{BW} = Px_{BP}$
$Fx_{CF} = Px_{CP}$
$x_A + x_B + x_C = 1$
∴ 5개

58 질소와 산소의 반응과 반응열이 아래와 같을 때, NO 1mol의 분해열(kcal)은?

$$N_2 + O_2 \rightleftarrows 2NO, \ \Delta H = -43 \text{kcal}$$

① −21.5　　② −43
③ +43　　④ +21.5

해설
$2NO \rightleftarrows N_2 + O_2$　　$\Delta H = +43 \text{kcal}$
$NO \rightleftarrows \frac{1}{2}N_2 + \frac{1}{2}O_2$　　$\Delta H = +21.5 \text{kcal}$

59 연료를 완전 연소시키기 위해 이론상 필요한 공기량을 A_0, 실제 공급한 공기량을 A라고 할 때, 과잉공기%를 옳게 나타낸 것은?

① $\frac{A_0}{A} \times 100$　　② $\frac{A}{A_0} \times 100$
③ $\frac{A - A_0}{A} \times 100$　　④ $\frac{A - A_0}{A_0} \times 100$

해설
$$\text{과잉공기\%} = \frac{\text{과잉량}}{\text{이론량}} \times 100\%$$
$$= \frac{\text{공급량} - \text{이론량}}{\text{이론량}} \times 100\%$$
$$= \frac{A - A_0}{A_0} \times 100\%$$

정답 56 ②　57 ③　58 ④　59 ④

60 지하 220m 깊이에서부터 지하수를 양수하여 20m 높이에 가설된 물탱크에 15kg/s의 양으로 물을 올릴 때, 위치에너지의 증가량(J/s)은?

① 35,280
② 3,600
③ 3,250
④ 205

해설

$E_P = mgh$
$= 15\text{kg/s} \times 9.8\text{m/s}^2 \times (220+20)\text{m}$
$= 35,280\text{J/s}$

4과목 화공계측제어

61 공정 $G(s) = \dfrac{1}{(s+1)^4}$ 에 대한 PI 제어기를 Ziegler-Nichols법으로 튜닝한 것은?

① $K_c = 0.5, \tau_I = 2.8$
② $K_c = 1.8, \tau_I = 5.2$
③ $K_c = 2.5, \tau_I = 6.8$
④ $K_c = 2.5, \tau_I = 2.8$

해설

$\tau = 1$
$AR = \dfrac{1}{(\sqrt{\omega^2+1})^4}$
$\phi = -4\tan^{-1}(\omega)$
$-180° = -4\tan^{-1}(\omega)$
$\therefore \omega_u = 1$
$AR_c = \dfrac{1}{(\omega^2+1)^2} = \dfrac{1}{(1+1)^2} = 0.25$
$P_u = \dfrac{2\pi}{\omega_u} = 2\pi$
$\therefore \tau_I = \dfrac{2\pi}{1.2} = 5.2$
$\therefore K_c = 0.45 K_{cu} = 0.45 \dfrac{1}{AR_c}$
$= \dfrac{0.45}{0.25} = 1.8$

62 $\dfrac{2}{10s+1}$ 로 표현되는 공정 A와 $\dfrac{4}{5s+1}$ 로 표현되는 공정 B에 같은 크기의 계단입력이 가해졌을 때 다음 설명 중 옳은 것은?

① 공정 A가 더 빠르게 정상상태에 도달한다.
② 공정 B가 더 진동이 심한 응답을 보인다.
③ 공정 A가 더 진동이 심한 응답을 보인다.
④ 공정 B가 더 큰 최종응답 변화값을 가진다.

해설

B의 시간상수가 A의 시간상수보다 작으므로 B가 정상상태에 더 빠르게 도달하며, B의 이득이 더 크므로 더 큰 최종응답 변화값을 갖는다.

63 연속 입출력 흐름과 내부 가열기가 있는 저장조의 온도제어 방법 중 공정제어 개념이라고 볼 수 없는 것은?

① 유입되는 흐름의 유량을 측정하여 저장조의 가열량을 조절한다.
② 유입되는 흐름의 온도를 측정하여 저장조의 가열량을 조절한다.
③ 유출되는 흐름의 온도를 측정하여 저장조의 가열량을 조절한다.
④ 저장조의 크기를 증가시켜 유입되는 흐름의 온도 영향을 줄인다.

해설

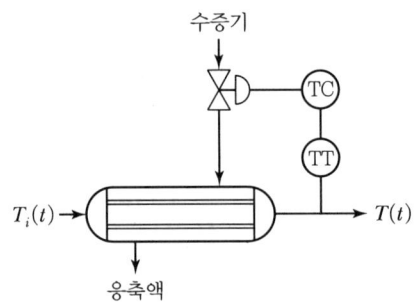

유입되는 유량, 유출되는 유량의 온도를 측정하여 저장조의 가열량을 조절한다.

정답 60 ① 61 ② 62 ④ 63 ④

64 다음과 같은 블록선도에서 Bode 시스템 안정도 판단에 사용되는 개방회로 전달함수는?

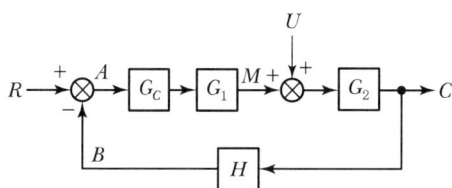

① $\dfrac{C}{R}$ ② $\dfrac{C}{U}$
③ $G_1 G_2 U$ ④ $G_C G_1 G_2 H$

해설
$G_{OL} = G_C G_1 G_2 H$
↳ 열린 루프 전달함수

65 Smith Predictor는 어떠한 공정문제를 보상하기 위하여 사용되는가?
① 역응답 ② 공정의 비선형
③ 지연시간 ④ 공정의 상호 간섭

해설
Smith Predictor
지연시간(불감시간) 보상을 위해 사용한다.

66 동일한 2개의 1차계가 상호작용 없이(Non Interacting) 직렬연결되어 있는 계는 다음 중 어느 경우의 2차계와 같아지는가?(단, ξ는 감쇠계수(Damping Coefficient) 이다.)
① $\xi > 1$ ② $\xi = 1$
③ $\xi < 1$ ④ $\xi = \infty$

해설
$G(s) = \dfrac{K_1 K_2}{(\tau s+1)(\tau s+1)}$
$= \dfrac{K}{\tau^2 s^2 + 2\tau s + 1}$
$2\tau\zeta = 2\tau$이므로 $\zeta = 1$이다.

67 특성방정식의 근 중 하나가 복소평면의 우측 반평면에 존재하면 이 계의 안정성은?
① 안정하다.
② 불안정하다.
③ 초기는 불안정하다 점진적으로 안정해진다.
④ 주어진 조건으로는 판단할 수 없다.

해설
특성방정식의 근이 좌측 반평면에 존재해야 안정하다. 근 중 하나가 우측 반평면에 존재한다면 그 계는 불안정하다.

68 블록선도에서 Servo Problem인 경우 Proportional Control($G_c = K_c$)의 Offset은?(단, $T_R(t) = U(t)$인 단위계단신호이다.)

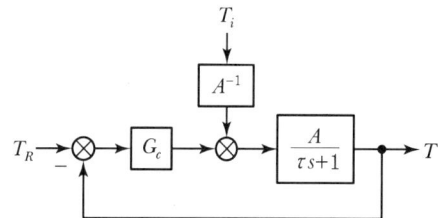

① 0 ② $\dfrac{1}{1 - AK_c}$
③ $-\dfrac{1}{1 + AK_c}$ ④ $\dfrac{1}{1 + AK_c}$

해설
$T_R(t) = 1 \quad T_R(s) = \dfrac{1}{s}$

$T = \dfrac{\dfrac{K_c A}{\tau s + 1}}{1 + \dfrac{K_c A}{\tau s + 1}} \cdot \dfrac{1}{s} = \dfrac{K_c A}{\tau s + 1 + K_c A} \cdot \dfrac{1}{s}$

최종치 정리
$\lim\limits_{t \to \infty} y(t) = \lim\limits_{s \to 0} s Y(s)$
$\lim\limits_{s \to 0} s T(s) = \lim\limits_{s \to 0} s \dfrac{K_c A}{\tau s + 1 + K_c A} \cdot \dfrac{1}{s} = \dfrac{K_c A}{1 + K_c A}$
Offset = $T_R(t) - T(t)$
$= 1 - \dfrac{K_c A}{1 + K_c A} = \dfrac{1}{1 + K_c A}$

정답 64 ④ 65 ③ 66 ② 67 ② 68 ④

69 운전자의 눈을 가린 후 도로에 대한 자세한 정보를 주고 운전을 시킨다면 이는 어느 공정제어 기법이라고 볼 수 있는가?
① 앞먹임 제어
② 비례제어
③ 되먹임 제어
④ 분산제어

해설
미리 외란에 대한 정보를 주고 제어하므로 앞먹임 제어가 된다.

70 동적계(Dynamic System)를 전달함수로 표현하는 경우를 옳게 설명한 것은?
① 선형계의 동특성을 전달함수로 표현할 수 없다.
② 비선형계를 선형화하고 전달함수로 표현하면 비선형 동특성을 근사할 수 있다.
③ 비선형계를 선형화하고 전달함수로 표현하면 비선형 동특성을 정확히 표현할 수 있다.
④ 비선형계의 동특성을 선형화하지 않아도 전달함수로 표현할 수 있다.

해설
비선형계의 경우 선형화하여 전달함수로 표현하면, 비선형계의 동특성을 근사할 수 있다.

71 어떤 계의 단위계단응답이 아래와 같을 때, 이 계의 단위충격응답(Impulse Response)은?

$$Y(t) = 1 - \left(1 + \frac{t}{\tau}\right)e^{-\frac{t}{\tau}}$$

① $\frac{t}{\tau}e^{-\frac{t}{\tau}}$
② $\frac{t}{\tau^2}e^{-\frac{t}{\tau}}$
③ $\left(1 + \frac{t}{\tau}\right)e^{-\frac{t}{\tau}}$
④ $\left(1 - \frac{t}{\tau}\right)e^{-\frac{t}{\tau}}$

해설
(단위계단응답)′ = 단위충격응답

$$y(t) = 1 - \left(1 + \frac{t}{\tau}\right)e^{-\frac{t}{\tau}} = 1 - e^{-\frac{t}{\tau}} - \frac{t}{\tau}e^{-\frac{t}{\tau}}$$

$$y'(t) = \frac{1}{\tau}e^{-\frac{t}{\tau}} - \frac{1}{\tau}e^{-\frac{t}{\tau}} + \frac{t}{\tau^2}e^{-\frac{t}{\tau}} = \frac{t}{\tau^2}e^{-\frac{t}{\tau}}$$

72 특성방정식에 대한 설명 중 틀린 것은?
① 주어진 계의 특성방정식의 근이 모두 복소평면의 왼쪽 반평면에 놓이면 계는 안정하다.
② Routh Test에서 주어진 계의 특성방정식이 Routh Array의 처음 열의 모든 요소가 0이 아닌 양의 값이면 주어진 계는 안정하다.
③ 주어진 계의 특성방정식이 $s^4 + 3s^3 - 4s^2 + 7 = 0$일 때 이 계는 안정하다.
④ 특성방정식이 $s^3 + 2s^2 + 2s + 40 = 0$인 계에는 양의 실수부를 가지는 2개의 근이 있다.

해설
Routh 안정성 판별법
$s^4 + 3s^3 - 4s^2 + 7 = 0$

1	1	−4
2	3	7
3	$\frac{-12-7}{3} < 0$	

∴ 이 계는 불안정하다.

73 초기상태 공정입출력이 0이고 정상상태일 때, 어떤 선형 공정에 계단입력 $u(t) = 1$을 입력했더니, 출력 $y(t)$는 각각 $y(1) = 0.1$, $y(2) = 0.2$, $y(3) = 0.4$이었다. 입력 $u(t) = 0.5$를 입력할 때 각각의 출력은?
① $y(1) = 0.1, y(2) = 0.2, y(3) = 0.4$
② $y(1) = 0.05, y(2) = 0.1, y(3) = 0.2$
③ $y(1) = 0.1, y(2) = 0.3, y(3) = 0.7$
④ $y(1) = 0.2, y(2) = 0.4, y(3) = 0.8$

정답 69 ① 70 ② 71 ② 72 ③ 73 ②

> **해설**

계단입력 $u(t)=1$
$y(1)=0.1$ $y(2)=0.2$ $y(3)=0.4$
입력이 $u(t)=0.5$이면 출력도 $\frac{1}{2}$이 된다.
$y(1)=0.05$ $y(2)=0.1$ $y(3)=0.2$

74 $\mathcal{L}[f(t)]=F(s)$일 때, 최종치 정리를 옳게 나타낸 것은?

① $\lim_{t\to\infty}f(t)=\lim_{s\to 0}s\cdot F(s)$

② $\lim_{t\to 0}f(t)=\lim_{s\to\infty}s\cdot F(s)$

③ $\lim_{t\to\infty}f(t)=\lim_{s\to\infty}s\cdot F(s)$

④ $\lim_{t\to 0}f(t)=\lim_{s\to 0}s\cdot F(s)$

> **해설**

최종치 정리
$\lim_{t\to\infty}f(t)=\lim_{s\to 0}sF(s)$

75 다음 중 ATO(Air-To-Open) 제어밸브가 사용되어야 하는 경우는?

① 저장탱크 내 위험물질의 증발을 방지하기 위해 설치된 열교환기의 냉각수 유량 제어용 제어밸브
② 저장탱크 내 물질의 응고를 방지하기 위해 설치된 열교환기의 온수 유량 제어용 제어밸브
③ 반응기에 발열을 일으키는 반응 원료의 유량 제어용 제어밸브
④ 부반응 방지를 위하여 고온 공정 유체를 신속히 냉각시켜야 하는 열교환기의 냉각수 유량 제어용 제어밸브

> **해설**

ATO(Air−To−Open) = FC = NC
평상시나 사고 후에는 닫혀 있고, 공기압이 가해질 때 열리는 밸브 → 위험해지면 밸브를 닫아야 하는 경우에 사용한다.

76 복사에 의한 열전달식은 $q=\sigma AT^4$으로 표현된다. 정상상태에서 $T=T_s$일 때 이 식을 선형화하면? (단, σ와 A는 상수이다.)

① $\sigma A(T-T_s)$
② $\sigma AT_s^4(T-T_s)$
③ $3\sigma AT_s^3(T-T_s)^2$
④ $4\sigma AT_s^3(T-0.75T_s)$

> **해설**

Taylor 급수전개
$f(s)=f(x_s)+\frac{df}{dx}(x_s)(x-x_s)$
$q=\sigma AT^4$
선형화하면
$q=\sigma AT_s^4+4\sigma AT_s^3(T-T_s)$
$=\sigma AT_s^4+4\sigma AT_s^3T-4\sigma AT_s^4$
$=4\sigma AT_s^3T-3\sigma AT_s^4$
$=4\sigma AT_s^3(T-0.75T_s)$

77 비례 제어기를 사용하는 어떤 제어계의 폐루프 전달함수는 $\frac{Y(s)}{X(s)}=\frac{0.6}{0.2s+1}$이다. 이 계의 설정치 X에 단위계단변화를 주었을 때 Offset은?

① 0.4
② 0.5
③ 0.6
④ 0.8

> **해설**

$x(t)=1 \Rightarrow X(s)=\frac{1}{s}$
$Y(s)=\frac{0.6}{0.2s+1}\cdot\frac{1}{s}$
$\lim_{t\to\infty}y(t)=\lim_{s\to 0}sY(s)$
$=\lim_{s\to 0}s\frac{0.6}{0.2s+1}\cdot\frac{1}{s}$
$=0.6$
Offset $=x(\infty)-y(\infty)$
$=1-0.6=0.4$

정답 74 ① 75 ③ 76 ④ 77 ①

78 나뉘어 운영되고 있던 두 공정을 한 구역으로 통합하여 운영할 때의 경제성을 평가하고자 한다. $\Delta T_{\min} = 20℃$로 하여 최대 열교환을 하고, 추가로 필요한 열량은 수증기나 냉각수로 공급한다고 할 때, 필요한 유틸리티와 그 에너지양은?(단, 필요에 따라 Stream은 Spilt할 수 있으며, T_s와 T_t는 해당 Stream의 유입온도와 유출온도를 의미한다.)

Area A			
Stream	T_s(℃)	T_t(℃)	C_p(kW/K)
1	190	110	20.0
2	90	170	10.0

Area B			
Stream	T_s(℃)	T_t(℃)	C_p(kW/K)
3	140	50	10.0

① 냉각수, 10kW ② 냉각수, 30kW
③ 수증기, 10kW ④ 수증기, 30kW

79 공정유체 10m³를 담고 있는 완전혼합이 일어나는 탱크에 성분 A를 포함한 공정유체가 1m³/h로 유입되며 또한 동일한 유량으로 배출되고 있다. 공정유체와 함께 유입되는 성분 A의 농도가 1시간을 주기로 평균치를 중심으로 진폭 0.3mol/L로 진동하며 변한다고 할 때 배출되는 A의 농도변화 진폭(mol/L)은?

① 0.5   ② 0.05
③ 0.005   ④ 0.0005

> 해설
> $\tau = \dfrac{V}{q} = \dfrac{10\text{m}^3}{1\text{m}^3/\text{h}} = 10\text{h}$
> $\omega = 2\pi f = \dfrac{2\pi}{T} = \dfrac{2\pi}{1\text{h}} = 2\pi$
> $\widehat{A} = \dfrac{A}{\sqrt{\tau^2\omega^2+1}} = \dfrac{0.3}{\sqrt{10^2(2\pi)^2+1}}$
> $= 0.0048\text{mol/L} ≒ 0.005\text{mol/L}$

80 제어밸브(Control Valve)를 나타낸 것은?

① 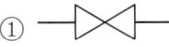 ②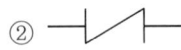
③ 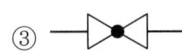 ④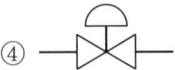

> 해설
>
> • 제어밸브 :
> • 밸브(일반) :
> • 체크밸브 :
> • 글로브밸브 :

정답 78 ③ 79 ③ 80 ④

2022년 제3회 복원기출문제

1과목 공업합성

01 가성소다를 제조할 때 격막식 전해조에서 양극재료로 주로 사용되는 것은?

① 수은
② 철
③ 흑연
④ 구리

해설

(+)극	(−)극
양극재료 : 흑연	음극재료 : 철망
$2Cl^- \rightarrow Cl_2 + 2e^-$	$2H_2O + 2e^- \rightarrow H_2\uparrow + 2OH^-$
산화반응	환원반응
Cl_2 발생	H_2 발생

02 다음 반응식처럼 식염수를 전기분해하여 1톤의 NaOH를 제조하고자 할 때 필요한 NaCl의 이론량은 약 몇 kg인가?(단, 원자량은 Na 23, Cl 35.5이다.)

$$2NaCl + 2H_2O \rightarrow 2NaOH + Cl_2 + H_2$$

① 1,463
② 1,520
③ 2,042
④ 3,211

해설

$2NaCl + 2H_2O \rightarrow 2NaOH + Cl_2 + H_2$
$2 \times 58.5 \;:\; 2 \times 40$
$\quad x \;:\; 1,000kg$
$\therefore x = \dfrac{58.5 \times 1,000}{40} = 1,463kg$

03 HCl을 산화시켜 Cl_2를 생성하는 반응에서 O_2를 30% 과잉으로 주입한다. 이때 공기를 사용한다면, HCl의 부피%는 얼마인가?

① 64.62%
② 32.5%
③ 39.2%
④ 75.47%

해설

$4HCl + O_2 \rightarrow 2H_2O + 2Cl_2$
$\;4m^3 \;:\; 1.3m^3$
$1.3m^3\,O_2 \times \dfrac{1Air}{0.21O_2} = 6.19m^3\,Air$

HCl의 부피% $= \dfrac{4}{4+6.19} \times 100$
$= 39.2\%$

04 다음 반응에서 1m³의 NH_3를 산화시키는 데 필요한 공기량은 약 몇 m³인가?(단, 공기 중 산소는 21vol%이다.)

$$NH_3 + 2O_2 \rightleftarrows HNO_3 + H_2O$$

① 9.5
② 15.3
③ 24.5
④ 29.9

해설

$NH_3 + 2O_2 \rightleftarrows HNO_3 + H_2O$
$\quad 1 \;:\; 2m^3$
$2m^3\,O_2 \times \dfrac{100Air}{21O_2} = 9.5m^3\,Air$

정답 01 ③ 02 ① 03 ③ 04 ①

05 다음의 반응에서 NO의 수율을 높이는 방법에 대한 설명으로 옳지 않은 것은?

$$4NH_3 + 5O_2 \rightleftarrows 4NO + 6H_2O + 216kcal$$

① 산소와 암모니아의 농도비를 적절하게 조절한다.
② 반응가스 유입량에 따라 적합한 산화온도를 적용한다.
③ 반응 시 80~100atm의 고압을 가한다.
④ Pt나 Pt-Rh과 같은 촉매를 사용한다.

해설
암모니아 산화법(Ostwald법)
$4NH_3 + 5O_2 \rightleftarrows 4NO + 6H_2O + 216kcal$
- Pt-Rh 촉매(백금-로듐 cat)
- 최대산화율 $O_2/NH_3 = 2.2~2.3$
- 압력을 가하면 산화율이 떨어진다.

06 반도체에 대한 일반적인 설명 중 옳은 것은?
① 진성 반도체의 경우 온도가 증가함에 따라 전기전도도가 감소한다.
② P형 반도체는 Si에 V족 원소가 첨가된 것이다.
③ 불순물 원소를 첨가함에 따라 저항이 감소한다.
④ LED(Light Emitting Diode)는 N형 반도체만을 이용한 전자 소자이다.

해설
- 진성 반도체 : 온도↑ → 전기전도도↑
- P형 반도체 : 13족 원소(B, Al, Ga, In)를 첨가 ← 정공(Hole)이 생김
- N형 반도체 : 15족 원소(P, As, Sb)를 첨가 ← 자유전자
- LED(발광다이오드) : 전기에너지 → 빛에너지
반도체의 PN접합 구조를 이용하여 전자 또는 정공을 주입하고, 이들의 재결합에 의해 발광시킨다.

07 Ni-Cd 전지에서 음극의 수소 발생을 억제하기 위해 음극에 과량으로 첨가하는 물질은 무엇인가?
① $Cd(OH)_2$
② KOH
③ MnO_2
④ $Ni(OH)_2$

해설
Ni-Cd 전지
음극에서 발생하는 수소를 억제하기 위해 음극에 $Cd(OH)_2$를 과량으로 첨가한다.

08 섬유를 크게 합성섬유와 재생섬유로 나눌 때 재생섬유에 해당하는 것은?
① 나일론
② 비닐론
③ 폴리아크릴로 니트릴
④ 레이온

해설
재생섬유
섬유상 고분자물질을 용해, 융해 등에 의하여 균일한 상태로 만들고 이것을 다시 섬유로 형성한 것이다.
예 셀룰로스계 재생섬유 : 레이온

09 합성염산의 제조장치로서 많이 사용되는 것은?
① 불침투성 탄소관
② 용융석영재료
③ 철재
④ 도기관

해설
합성염산 장치재료 : Karbate(불침투성 탄소합성관)
- 탄소, 흑연을 성형해서 푸랄계, 페놀계 수지를 침투시켜 불침투성으로 만든 것이다.
- 불침투성이므로 빛을 투과하지 않아 작업이 안전하다.
- 내식성이 강하다.
- 열팽창성이 작으며 열전도율이 좋다.
- 합성관, 흡수관, 냉각기의 장치재료로 우수하다.

10 다음 중 전도성 고분자가 아닌 것은?
① 폴리아닐린
② 폴리피롤
③ 폴리실록산
④ 폴리티오펜

해설
전도성 고분자
가볍고 가공이 쉬운 장점을 유지한 채 전기를 잘 통하는 플라스틱으로 대부분 전자수용체 또는 전자공여체를 고분자에 도포함으로써 높은 전도율을 얻는다.
예 폴리아닐린, 폴리에틸렌, 폴리피롤, 폴리티오펜

정답 05 ③ 06 ③ 07 ① 08 ④ 09 ① 10 ③

11 LPG에 대한 설명 중 틀린 것은?

① C_3, C_4의 탄화수소가 주성분이다.
② 상온, 상압에서는 기체이다.
③ 그 자체로 매우 심한 독한 냄새가 난다.
④ 가압 또는 냉각시킴으로써 액화한다.

해설
LPG
- C_3, C_4 탄화수소가 주성분이다.
- 상온, 상압에서 기체이다.
- 상온, 상압에서 기체인 프로판, 부탄 등의 혼합물을 냉각시켜 액화한 것이다.
- 그 자체로는 냄새가 거의 나지 않는다.

12 다음 중 비료의 3요소에 해당하는 것은?

① N, P_2O_5, CO_2
② K_2O, P_2O_5, CO_2
③ N, K_2O, P_2O_5
④ N, P_2O_5, C

해설
비료의 3요소
N(질소), K_2O(칼륨), P_2O_5(인)

13 프로필렌, CO 및 H_2의 혼합가스를 촉매하에서 고압으로 반응시켜 카르보닐 화합물을 제조하는 반응은?

① 옥소 반응
② 에스테르화 반응
③ 니트로화 반응
④ 스위트닝 반응

해설
Oxo 반응
- $CH_3-CH=CH_2+CO+H_2$
  $\rightarrow CH_3-CH_2-CH_2-CHO$
- 올레핀 $+CO+H_2 \rightarrow$ 탄소 수가 하나 더 증가된 알데히드

14 연실식 황산제조에서 Gay-Lussac 탑의 주된 기능은?

① 황산의 생성
② 질산의 환원
③ 질소산화물의 회수
④ 니트로실황산의 분해

해설
Gay-Lussac 탑의 기능
- 질소산화물의 회수
- $2H_2SO_4+NO+NO_2 \rightleftarrows 2HSO_4 \cdot NO+H_2O$

15 Friedel-Crafts 반응이 아닌 것은?

① $C_6H_6 + CH_3CH=CH_2 \longrightarrow$
② MgBr-C₆H₅ $+ CH_2=CHBr \longrightarrow$
③ OH-C₆H₅ $+ (CH_3)_3COH \longrightarrow$
④ $(CH_3-CO)_2O$ + C₆H₆ $\xrightarrow{AlCl_3}$

해설
Friedel-Crafts 반응
- 알킬화
  C₆H₆ $+RX \xrightarrow{AlCl_3}$ C₆H₅R $+HX$
- 아실화
  C₆H₆ $+RCOCl \xrightarrow{AlCl_3}$ C₆H₅-CO-R $+HCl$
  C₆H₆ + (RCO)₂O $\xrightarrow{AlCl_3}$ C₆H₅-CO-R $+CH_3COOH$

16 석유화학 공정에 대한 설명 중 틀린 것은?

① 비스브레이킹 공정은 열분해법의 일종이다.
② 열분해란 고온하에서 탄화수소 분자를 분해하는 방법이다.
③ 접촉분해공정은 촉매를 이용하지 않고 탄화수소의 구조를 바꾸어 옥탄가를 높이는 공정이다.
④ 크래킹은 비점이 높고 분자량이 큰 탄화수소를 분자량이 작은 저비점의 탄화수소로 전환하는 것이다.

정답 11 ③ 12 ③ 13 ① 14 ③ 15 ② 16 ③

해설

열분해법
- 비스브레이킹(470℃)
- 코킹(1,000℃)

접촉분해법
- 등유나 경유를 촉매를 사용하여 분해시키는 방법
- 옥탄가가 높은 가솔린을 제조할 수 있다.
- 석유화학 원료 제조에는 부적당하다.
- 올레핀이 거의 생성되지 않는다.
- 방향족 탄화수소가 많이 생성된다.

17 오산화바나듐(V_2O_5) 촉매하에 나프탈렌을 공기 중 400℃에서 산화시켰을 때 생성물은?

① 프탈산 무수물
② 초산 무수물
③ 말레산 무수물
④ 푸마르산 무수물

해설

나프탈렌 + $4.5O_2$ $\xrightarrow{V_2O_5, 400℃}$ 프탈산 무수물 + $2CO_2 + 2H_2O$

벤젠 + $4.5O_2$ $\xrightarrow{V_2O_5, 400℃\sim500℃}$ 말레산 무수물 + $2H_2O + 2CO_2$

18 가솔린 유분 중에서 휘발성이 높은 것을 의미하고 한국과 유럽의 석유화학공업에서 분해에 의해 에틸렌 및 프로필렌 등의 제조에 주된 공업원료로 사용되고 있는 것은?

① 경유
② 등유
③ 나프타
④ 중유

해설

나프타
- 석유화학 원료의 의미
- 원유를 증류할 때 35~220℃의 끓는점 범위에서 유출되는 탄화수소의 혼합제
- 에틸렌 및 프로필렌 제조에 사용

19 폐수 내에 포함된 고순도의 Cu^{2+}를 pH를 조절하여 $Cu(OH)_2$ 형태로 일부 제거함으로써 Cu^{2+}의 농도를 63.55mg/L까지 감소시키고자 할 때, 폐수의 적절한 pH는?(단, Cu의 원자량은 63.55이다.)

$$Cu(OH)_2 \rightarrow Cu^{2+} + 2OH^-, \quad K_{sp} = 2 \times 10^{-19}$$

① 4.4
② 6.2
③ 8.1
④ 99.4

해설

$[Cu^{2+}] = 63.55\text{mg/L} \times \dfrac{1\text{g}}{1,000\text{mg}} \times \dfrac{1\text{mol}}{63.55\text{g}}$

$= 1 \times 10^{-3} \text{M(mol/L)}$

$K_{sp} = [Cu^{2+}][OH^-]^2 = 2 \times 10^{-19}$

$[OH^-] = \sqrt{\dfrac{(2 \times 10^{-19})}{(1 \times 10^{-3})}} = 1.41 \times 10^{-8}$

$pOH = -\log[OH^-] = -\log(1.41 \times 10^{-8}) = 7.851$

$pH + pOH = 14$

$pH = 14 - 7.851 = 6.149$

20 기하이성질체를 나타내는 고분자가 아닌 것은?

① 폴리부타디엔
② 폴리클로로프렌
③ 폴리이소프렌
④ 폴리비닐알코올

해설

기하이성질체

cis / trans 구조

① 부타디엔
$CH_2=CH-CH=CH_2 \rightarrow \left[CH_2-CH=CH-CH_2 \right]_n$ 폴리부타디엔

cis / trans 구조

정답 17 ① 18 ③ 19 ② 20 ④

② 클로로프렌

$CH_2=C-CH=CH_2 \longrightarrow \left[CH_2-C=C-CH_2 \right]_n$
       | | |
       Cl   Cl H

폴리클로로프렌

cis / trans 구조

③ 이소프렌

$CH_2=C-CH=CH_2 \longrightarrow \left[CH_2-C=CH-CH_2 \right]_n$
       | |
       CH_3 CH_3

폴리이소프렌

cis / trans 구조

④ 비닐알코올

$CH_2=CH \longrightarrow \left[CH_2-CH \right]_n$
      | |
      OH   OH

폴리비닐알코올

2과목 반응운전

21 $A \longrightarrow R \begin{smallmatrix} \nearrow S \\ \searrow T \end{smallmatrix}$ 의 1차 반응에서 $A \rightarrow R$의 반응속도상수를 k_1, $R \rightarrow S$의 반응속도상수를 k_2, $R \rightarrow T$의 반응속도상수를 k_3라고 할 때, $k_1 = 10e^{-3,500/T}$, $k_2 = 10^{12}e^{-10,500/T}$, $k_3 = 10^8 e^{-7,000/T}$이고, 이 반응의 조작 가능 온도는 7~77℃이며 A의 공급 농도는 1mol/L이다. 이때 목적 생산물이 S라면 조작온도는?

① 7℃ ② 42℃
③ 63℃ ④ 77℃

해설

$A \xrightarrow{k_1} R \begin{smallmatrix} \xrightarrow{k_2} S \text{ (desired)} \\ \xrightarrow{k_3} T \end{smallmatrix}$

$S = \dfrac{r_S}{r_T} = \dfrac{10^{12}e^{-10,500/T}}{10^8 e^{-7,000/T}} = 10^4 e^{-3,500/T}$

$k_2 > k_3 > k_1$이므로 $E_2 > E_3 > E_1$이다.
S(선택도)가 커야 하므로 T가 커야 한다.
7~77℃에서 조작 가능하므로 77℃에서 조작한다.

22 평형상수 $K_c = 10$인 1차 가역반응 $A \rightleftarrows B$이 순수한 A로부터 반응이 시작되어 평형에 도달했다면 A의 평형 전화율 X_{Ae}는?

① 0.67 ② 0.85
③ 0.91 ④ 0.99

해설

$A \underset{k_2}{\overset{k_1}{\rightleftarrows}} R$

$C_{R0} = 0$

평형상수 $K_e = \dfrac{k_1}{k_2} = \dfrac{C_{Re}}{C_{Ae}} = \dfrac{C_{R0} + C_{A0}X_{Ae}}{C_{A0}(1-X_{Ae})} = \dfrac{X_{Ae}}{1-X_{Ae}}$

$\therefore X_{Ae} = \dfrac{K_e}{1+K_e} = \dfrac{10}{1+10} = 0.91$

23 플러그흐름반응기 또는 회분식 반응기에서 비가역 직렬 반응 $A \rightarrow R \rightarrow S$, $k_1 = 2\text{min}^{-1}$, $k_2 = 1\text{min}^{-1}$이 일어날 때 C_R이 최대가 되는 시간은?

① 0.301 ② 0.693
③ 1.443 ④ 3.332

해설

Batch/PFR

$\dfrac{C_{R\max}}{C_{A0}} = \left(\dfrac{k_1}{k_2}\right)^{\frac{k_2}{k_2-k_1}}$, $t_{\max} = \dfrac{1}{k_{\log \text{mean}}} = \dfrac{\ln\left(\dfrac{k_2}{k_1}\right)}{k_2-k_1}$

$\therefore t_{\max} = \dfrac{1}{k_{\log \text{mean}}} = \dfrac{\ln\left(\dfrac{k_2}{k_1}\right)}{k_2-k_1} = \dfrac{\ln\left(\dfrac{1}{2}\right)}{1-2} = 0.693$

정답 21 ④ 22 ③ 23 ②

24 기초 2차 액상 반응 $2A \to 2R$을 순환비가 2인 등온 플러그흐름반응기에서 반응시킨 결과 50%의 전화율을 얻었다. 동일 반응에서 순환류를 폐쇄시킨다면 전화율은?

① 0.6
② 0.7
③ 0.8
④ 0.9

해설

$$\frac{\tau_p}{C_{A0}} = (R+1)\int_{X_{Ai}}^{X_{Af}} \frac{dX_A}{-r_A} \text{ (순환반응기)}$$

$$X_{Ai} = \frac{R}{R+1}X_{Af} = \frac{2}{2+1}(0.5) = \frac{1}{3}$$

$$\frac{\tau_p}{C_{A0}} = 3\int_{\frac{1}{3}}^{0.5} \frac{dX_A}{kC_{A0}^2(1-X_A)^2}$$

$$k\tau_p C_{A0} = 3\left[\frac{1}{1-X_A}\right]_{\frac{1}{3}}^{0.5} = 1.5$$

PFR(순환류 폐쇄)

2차 $k\tau_p C_{A0} = \frac{X_A}{1-X_A}$

$1.5 = \frac{X_A}{1-X_A}$

$\therefore X_A = 0.6$

25 어떤 성분 A가 분해되는 단일 성분의 비가역 반응에서 A의 초기 농도가 340mol/L인 경우 반감기가 100s이었다. A 기체의 초기 농도를 288mol/L로 할 경우에는 140s가 되었다면 이 반응의 반응차수는 얼마인가?

① 0차
② 1차
③ 2차
④ 3차

해설

$C_{A0 \cdot 1} = 340\text{mol/L} \quad t_{1/2 \cdot 1} = 100\text{s}$
$C_{A0 \cdot 2} = 288\text{mol/L} \quad t_{1/2 \cdot 2} = 140\text{s}$

반응차수

$$n = 1 - \frac{\ln\left(\frac{t_{1/2 \cdot 2}}{t_{1/2 \cdot 1}}\right)}{\ln\left(\frac{C_{A0 \cdot 2}}{C_{A0 \cdot 1}}\right)} = 1 - \frac{\ln\left(\frac{140}{100}\right)}{\ln\left(\frac{288}{340}\right)} = 3.03$$

$\therefore$ 3차 반응이다.

26 반응속도 $-r_A = 0.005 C_A^2 \text{mol/cm}^3 \text{min}$일 때 농도를 mol/L, 시간을 h로 나타내면 속도상수는?

① 1×10^{-4}L/mol h
② 2×10^{-4}L/mol h
③ 3×10^{-4}L/mol h
④ 4×10^{-4}L/mol h

해설

$$k = 0.005 \frac{\text{cm}^3}{\text{mol min}} \times \frac{1\text{L}}{1,000\text{cm}^3} \times \frac{60\text{min}}{1\text{h}}$$
$$= 3 \times 10^{-4} \text{L/mol h}$$

27 부피가 일정한 회분식(Batch) 반응기에서 다음의 기초반응(Elementary Reaction)이 일어난다. 반응속도상수 $k = 1.0\text{m}^3/\text{s mol}$, 반응 초기 A의 농도는 1.0 mol/m³라면 A의 전화율이 75%일 때까지 걸리는 반응시간은 얼마인가?

$$A + A \to D$$

① 1.4s
② 3.0s
③ 4.2s
④ 6.0s

해설

$k = 1.0\text{m}^3/\text{mol s}$
$= [\text{농도}]^{1-n}[\text{시간}]^{-1}$
$\therefore n = 2$차

2차 batch : $ktC_{A0} = \frac{X_A}{1-X_A}$

$1\text{m}^3/\text{s mol} \times t \times 1\text{mol/m}^3 = \frac{0.75}{1-0.75}$

$\therefore t = 3\text{s}$

정답 24 ① 25 ④ 26 ③ 27 ②

28 $A \to C$의 촉매반응이 다음과 같은 단계로 이루어진다. 탈착반응이 율속단계일 때 Langmuir Hinshelwood 모델의 반응속도식으로 옳은 것은?(단, A는 반응물, S는 활성점, AS와 CS는 흡착 중간체이며, k는 속도상수, K는 평형상수, S_0는 초기 활성점, [ ]는 농도를 나타낸다.)

- 단계 1 : $A + S \xrightarrow{k_1} AS$, $[AS] = K_1[S][A]$
- 단계 2 : $AS \xrightarrow{k_2} CS$, $[CS] = K_2[AS] = K_2K_1[S][A]$
- 단계 3 : $CS \xrightarrow{k_3} C + S$

① $r_3 = \dfrac{[S_0]k_1K_1K_2[A]}{1 + (K_1 + K_2K_1)[A]}$

② $r_3 = \dfrac{[S_0]k_3K_1K_2[A]}{1 + (K_1 + K_2K_1)[A]}$

③ $r_3 = \dfrac{[S_0]k_1k_2K_1K_2[A]}{1 + (K_1 + K_2K_1)[A]}$

④ $r_3 = \dfrac{[S_0]k_1k_3K_1K_2[A]}{1 + (K_1 + K_2K_1)[A]}$

해설

$r_3 = k_3 C_{C \cdot S} = k_3[CS] = k_3K_1K_2[S][A]$
$[S_0] = [S] + [AS] + [CS]$
$= [S] + K_1[S][A] + K_1K_2[S][A]$
$= [S](1 + K_1[A] + K_1K_2[A])$

$\therefore [S] = \dfrac{[S_0]}{1 + K_1[A] + K_1K_2[A]}$

$\therefore r_3 = \dfrac{k_3K_1K_2[S_0][A]}{1 + K_1[A] + K_1K_2[A]} = \dfrac{[S_0]k_3K_1K_2[A]}{1 + (K_1 + K_1K_2)[A]}$

29 공간시간(Space Time)에 대한 설명으로 옳은 것은?

① 한 반응기 부피만큼의 반응물을 처리하는 데 필요한 시간을 말한다.
② 반응물이 단위부피의 반응기를 통과하는 데 필요한 시간을 말한다.
③ 단위시간에 처리할 수 있는 원료의 몰수를 말한다.
④ 단위시간에 처리할 수 있는 원료의 반응기 부피의 배수를 말한다.

해설

공간시간
반응기 부피만큼 반응물을 처리하는 데 걸리는 시간
$\tau(공간시간) = \dfrac{1}{S(공간속도)}$

30 1개의 혼합흐름반응기에 크기가 2배 되는 반응기를 추가로 직렬로 연결하여 A 물질을 액상 분해반응시켰다. 정상상태에서 원료의 농도가 1mol/L이고, 제1반응기의 평균 공간시간이 96초이었으며 배출농도가 0.5mol/L이었다. 제2반응기의 배출농도가 0.25mol/L일 경우 반응속도식은?

① $1.25 C_A^2$ mol/L min
② $3.0 C_A^2$ mol/L min
③ $2.46 C_A^2$ mol/L min
④ $4.0 C_A^2$ mol/L min

해설

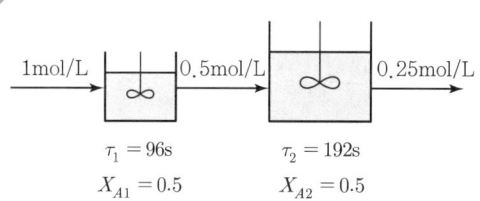

$\tau_1 = 96s$, $\tau_2 = 192s$
$X_{A1} = 0.5$, $X_{A2} = 0.5$

$\tau k C_{A0}^{n-1} = \dfrac{X_A}{(1-X_A)^n}$ 에 넣어 확인한다.

2차로 예상
$96k_1 = 2$ ············ $k_1 = 0.021$
$192k_2(0.5) = 2$ ······ $k_2 = 0.021$
$\therefore -r_A = 0.021 C_A^2$ mol/L s
$= 1.25 C_A^2$ mol/L min

[별해]
$96k = \dfrac{0.5}{(1-0.5)^n}$, $192k(0.5)^{n-1} = \dfrac{0.5}{(1-0.5)^n}$
$96k = 192k(0.5)^{n-1}$
$0.5 = (0.5)^{n-1}$
$\therefore n = 2$차

정답 28 ② 29 ① 30 ①

31 그림과 같이 3개의 플러그흐름반응기를 2개는 직렬로 연결한 뒤 다시 나머지 하나와 병렬로 연결된 반응조가 있다. 이때 반응물 A를 F_{A0}(mol/min)으로 F지점에서 공급했을 때 D와 E로 보내지는 반응물의 몰유량 $F_{A0,D}$와 $F_{A0,E}$를 옳게 나타낸 것은?(단, 반응이 완결된 뒤에 G지점에서의 전화율은 동일하다.)

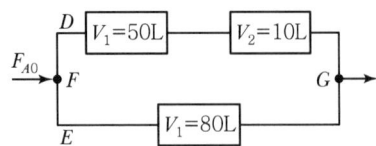

① $F_{A0,D} = \dfrac{3}{4}F_{A0}$, $F_{A0,E} = \dfrac{1}{4}F_{A0}$

② $F_{A0,D} = \dfrac{3}{7}F_{A0}$, $F_{A0,E} = \dfrac{4}{7}F_{A0}$

③ $F_{A0,D} = 3F_{A0}$, $F_{A0,E} = 4F_{A0}$

④ $F_{A0,D} = 3F_{A0}$, $F_{A0,E} = 1F_{A0}$

해설

$F_{A0} = 60 + 80 = 140\text{L}$

$F_{A0,D} = 60\text{L} = \dfrac{60}{140}F_{A0} = \dfrac{3}{7}F_{A0}$

$F_{A0,E} = 80\text{L} = \dfrac{80}{140}F_{A0} = \dfrac{4}{7}F_{A0}$

32 이성분 혼합용액에 관한 라울(Raoult)의 법칙으로 옳은 것은?(단, y_i, x_i는 기상 및 액상의 몰분율을 의미한다.)

① $y_1 = \dfrac{x_1 P_1^{sat}}{P_2^{sat} + x_1(P_1^{sat} - P_2^{sat})}$

② $y_1 = \dfrac{x_2 P_2^{sat}}{P_2^{sat} + x_1(P_1^{sat} - P_2^{sat})}$

③ $y_1 = \dfrac{x_1 P_1^{sat}}{P_2^{sat} + x_1(P_2^{sat} - P_1^{sat})}$

④ $y_1 = \dfrac{x_2 P_2^{sat}}{P_2^{sat} + x_1(P_2^{sat} - P_1^{sat})}$

해설

라울의 법칙

$P = P_1^{sat} x_1 + P_2^{sat}(1 - x_1)$

$P = P_2^{sat} + (P_1^{sat} - P_2^{sat}) x_1$

$y_1 = \dfrac{x_1 P_1^{sat}}{P}$

$\therefore y_1 = \dfrac{x_1 P_1^{sat}}{P_2^{sat} + x_1(P_1^{sat} - P_2^{sat})}$

33 기체가 초기상태에서 최종상태로 단열팽창을 할 경우 비가역과정에 의해 행한 일(W_{irr})과 가역과정에 의해 행한 일(W_{rev})의 크기를 옳게 비교한 것은?

① $|W_{irr}| > |W_{rev}|$ ② $|W_{irr}| < |W_{rev}|$

③ $|W_{irr}| = |W_{rev}|$ ④ $|W_{irr}| \geq |W_{rev}|$

해설

가역과정 $|W_{rev}|$ > 비가역과정 $|W_{irr}|$

34 수증기와 질소의 혼합기체가 물과 평형에 있을 때 자유도수는?

① 0 ② 1
③ 2 ④ 3

해설

$F = 2 - P + C = 2 - 2 + 2 = 2$
여기서, P : 상의 수
C : 성분의 수

35 표준상태에서 반응이 이루어졌다. 정용반응열이 $-26,711$ kcal/kmol일 때 정압반응열은 약 몇 kcal/kmol인가?(단, 이상기체라고 가정한다.)

$$C(s) + \dfrac{1}{2}O_2(g) \rightarrow CO(g)$$

① 296 ② -296
③ 26,415 ④ $-26,415$

> 해설

$C + \frac{1}{2}O_2 \rightarrow CO$

$Q_v = -26,711 \text{kcal/kmol}$

$\Delta H = \Delta U + \Delta(PV)$

$Q_p = Q_v + \Delta n_g RT$

$\quad = -26,711 \text{kcal/kmol} + \left(1 - \frac{1}{2}\right) \text{kmol} \times 1.987 \text{kcal/kmol K}$

$\quad \times 298 \text{K}$

$\quad = -26,415 \text{kcal}$

36 다음 그림은 A, B 2성분 용액의 $H - X$ 선도이다. $x_A = 0.4$일 때의 A의 부분몰 엔탈피 $\overline{H}_A$는 몇 cal/mol 인가?

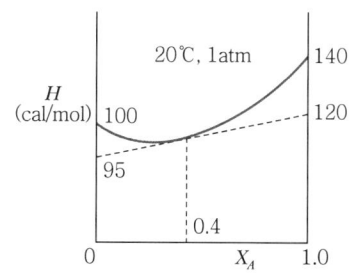

① 95
② 100
③ 120
④ 140

> 해설

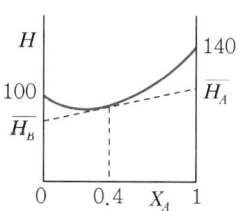

37 기상반응계에서 평형상수 $K = P^\nu \prod_i (y_i)^\nu$로 표시 될 경우는?(단, ν_i는 성분 i의 양론수, $\nu = \Sigma \nu_i$, $\prod_i$는 모든 화학종 i의 곱을 나타낸다.)

① 평형 혼합물이 이상기체와 같은 거동을 할 때
② 평형 혼합물이 이상용액과 같은 거동을 할 때
③ 반응에 따른 몰수 변화가 없을 때
④ 반응열이 온도에 관계없이 일정할 때

> 해설

• 기상(이상기체) : $\prod (y_i)^{\nu_i} = \left(\dfrac{P}{P^\circ}\right)^{-\nu} K$

$\quad P^\circ = 1 \text{bar}$

$\quad \therefore K = P^\nu \prod (y_i)^{\nu_i}$

• 액상(이상용액) : $\prod (x_i)^{\nu_i} = K$

38 다음은 이상기체일 때 퓨가시티(Fugacity) f_i를 표시한 함수들이다. 틀린 것은?(단, $\hat{f}_i$: 용액 중 성분 i의 퓨가시티, f_i : 순수성분 i의 퓨가시티, x_i : 용액의 몰분율, P : 압력)

① $f_i = x_i \hat{f}_i$
② $f_i = cP$ ($c =$ 상수)
③ $\hat{f}_i = x_i P$
④ $\lim_{p \to 0} \dfrac{f_i}{P} = 1$

> 해설

• Lewis-Randall의 규칙

$\gamma_i = \dfrac{\hat{f}_i}{x_i f_i}$

이상용액에서 $\gamma_i = 1$

$\therefore \hat{f}_i = x_i f_i$

• 퓨가시티 계수

$\phi = \dfrac{f}{P}$

$\phi_i = \dfrac{f_i}{P}$ (순수한 i 성분)

$\therefore f_i = \phi_i P$

$\hat{\phi}_i = \dfrac{\hat{f}_i}{y_i P} \rightarrow$ 이상기체 $\hat{\phi}_i = 1$

$\therefore \hat{f}_i = y_i P$

이상기체에서 $\phi_i = \dfrac{f_i}{P}$ (순수한 i 성분)

$\lim_{P \to 0} \dfrac{f_i}{P} = \lim_{P \to 0} \dfrac{P}{P} = 1$

39 열역학 모델을 이용하여 상평형 계산을 수행하려고 할 때 응용 계에 대한 모델의 조합이 적합하지 않은 것은?

① 물속 이산화탄소의 용해도 : 헨리의 법칙
② 메탄과 에탄의 고압 기·액 상평형 :
   SRK(Soave/Redlich/Kwong) 상태방정식
③ 에탄올과 이산화탄소의 고압 기·액 상평형 :
   Wilson 식
④ 메탄올과 헥산의 저압 기·액 상평형 :
   NRTL(Non−Random−Two−Liquid) 식

해설

㉠ Henry's Law : 난용성 기체의 용해도에 관한 법칙
   $p_A = HC_A$
㉡ 퓨가시티 계수 모델
   • Van der Waals 식
   • Redlich − Kwong 식
   • Soave − Redlich − Kwong(SRK)
   • Peng − Robinson
㉢ 활동도 계수 모델(저압~중간압력)
   Margules, Van Laar, Wilson, NRTL, UNIQUAC, UNIFAC, Redlich − Kister 식
㉣ 액체용액 국부조성 모델
   Wilson, NRTL, UNIQUAC
㉤ Wilson 식 : 액액 상평형에 부적합

40 Otto 엔진과 Diesel 엔진에 대한 설명 중 틀린 것은?

① Diesel 엔진에서는 압축과정의 마지막에 연료가 주입된다.
② Diesel 엔진의 효율이 높은 이유는 Otto 엔진보다 높은 압축비로 운전할 수 있기 때문이다.
③ Diesel 엔진의 연소과정은 압력이 급격히 변화하는 과정 중에 일어난다.
④ Otto 엔진의 효율은 압축비가 클수록 좋아진다.

해설

Diesel 엔진의 연소과정은 정압하에서 일어난다.

3과목 단위공정관리

41 이상기체를 T_1에서 T까지 일정압력과 일정용적에서 가열할 때 열용량에 관한 식 중 옳은 것은?(단, C_p는 정압 열용량이고, C_v는 정적 열용량이다.)

① $C_v + C_p = R$
② $C_v \cdot \Delta T = (C_p - R) \cdot \Delta T$
③ $\Delta U = C_v \cdot \Delta T - W$
④ $\Delta U = R \cdot \Delta T \cdot C_p$

해설

$C_p = C_v + R$
$\Delta U = C_v \Delta T \quad \Delta H = C_p \Delta T$

42 10℃, 2기압의 어떤 기체 1kmol을 등압으로 150℃까지 가열하였더니 엔탈피 변화가 2,200kcal/kmol이었다. 정압비열(C_p)은 몇 kcal/kmol ℃인가?

① 7.42
② 7.85
③ 14.67
④ 15.71

해설

$\Delta H = n \int C_p dT$

2,200kcal/kmol $= \int_{283}^{423} C_p dT = C_p(423 - 283)$

∴ $C_p = 15.71$ kcal/kmol ℃

43 보일러에 Na_2SO_3를 가하여 공급수 중의 산소를 제거한다. 보일러 공급수 100톤에 산소함량이 4ppm일 때 이 산소를 제거하는 데 필요한 Na_2SO_3의 이론량(kg)은?

① 3.15
② 4.15
③ 5.15
④ 6.15

해설

산소의 양 $100{,}000\text{kg} \times \dfrac{4}{10^6} = 0.4\text{kg}$

$\text{Na}_2\text{SO}_3 + \dfrac{1}{2}\text{O}_2 \rightarrow \text{Na}_2\text{SO}_4$

$x\text{kg}$: 0.4kg
126kg : 16kg
$\therefore x = 3.15\text{kg}$

44 터빈을 운전하기 위해 2kg/s의 증기가 5atm, 300℃에서 50m/s로 터빈에 들어가고 300m/s 속도로 대기에 방출된다. 이 과정에서 터빈은 400kW의 축일을 하고 100kJ/s 열을 방출하였다면, 엔탈피 변화는 얼마인가? (단, work : 외부에 일할 시 +, heat : 방출 시 -)

① 212.5kW
② -387.5kW
③ 412.5kW
④ -587.5kW

해설

$\Delta H + \dfrac{\Delta u^2}{2} + g\Delta z = Q - W_s$

$\Delta H + 2 \times \dfrac{(300^2 - 50^2)}{2} = -100{,}000\text{J/s} - 400{,}000\text{J/s}$

$\Delta H = -587{,}500\text{J/s}(\text{W}) = -587.5\text{kW}$

45 펌프의 동력이 $150\text{kg}_f\,\text{m/s}$일 때 이 펌프의 동력은 몇 마력(HP)에 해당하는가?

① 1.97
② 5.36
③ 9.2
④ 15

해설

$150\text{kg}_f\,\text{m/s} \times \dfrac{1\text{HP}}{76\text{kg}_f\,\text{m/s}} = 1.97$

46 오리피스 유량계에서 유체가 난류($Re > 30{,}000$)로 흐르고 있다. 사염화탄소(비중 1.6) 마노미터를 설치하여 60cm의 읽음을 얻었다. 유체의 비중은 0.8이고 점도가 15cP일 때 오리피스를 통과하는 유체의 유속은 약 몇 m/s인가?(단, 오리피스 계수는 0.61이고, 개구비는 0.09이다.)

① 2.1
② 4.2
③ 12.1
④ 15.2

해설

$\overline{u}_0 = \dfrac{C_0}{\sqrt{1-m^2}}\sqrt{\dfrac{2g(\rho_A - \rho_B)R}{\rho_B}}$

$u_0 = \dfrac{0.61}{\sqrt{1-0.09^2}}$
$\times \sqrt{\dfrac{2 \times 9.8 \times (1.6-0.8) \times 1{,}000\text{kg/m}^3 \times 0.6\text{m}}{0.8 \times 1{,}000\text{kg/m}^3}}$
$= 2.1\text{m/s}$

47 다음 그림과 같이 데이터가 증류탑에 대해 주어졌을 때 유출물에 대한 환류비[Reflux Ratio$\left(\dfrac{R}{D}\right)$]는 얼마인가?(단, 탑정의 흐름, 유출물, 환류액의 조성은 같다.)

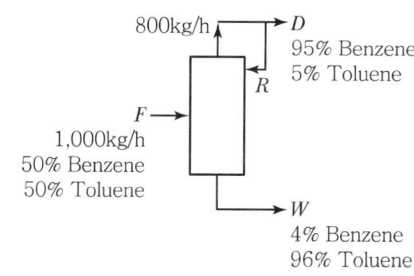

① 0.583
② 0.779
③ 0.856
④ 0.978

해설

$800\text{kg/h} = D + R$
$1{,}000\text{kg/h} = D + W$
$1{,}000 \times 0.5 = D \times 0.95 + (1{,}000 - D) \times 0.04$
$D = 505.5\text{kg/h}$
$\therefore R = 800 - D = 294.5$
환류비 $\dfrac{R}{D} = \dfrac{294.5}{505.5} = 0.583$

정답 44 ④ 45 ① 46 ① 47 ①

48 CO$_2$ 25vol%와 NH$_3$ 75vol%의 기체 혼합물 중 NH$_3$의 일부가 산에 흡수되어 제거된다. 이 흡수탑을 떠나는 기체가 37.5vol%의 NH$_3$을 가질 때 처음에 들어 있던 NH$_3$ 부피의 몇 %가 제거되었는가?(단, CO$_2$의 양은 변하지 않으며 산 용액은 증발하지 않는다고 가정한다.)

① 15%   ② 20%
③ 62.5%   ④ 80%

해설

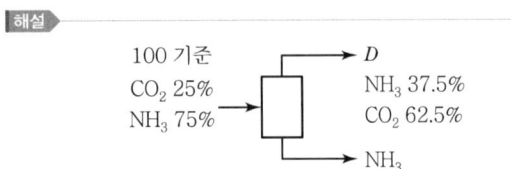

$100 \times 0.25 = D \times 0.625$
$\therefore D = 40$
제거된 NH$_3 = 75 - 40 \times 0.375 = 60$
$\dfrac{60}{75} \times 100 = 80\%$

49 메탄올 30mol%, 물 70mol%의 혼합물을 증류하여 메탄올은 95mol%의 유출액과 5mol%의 관출액으로 분리한다. 관출액이 80kmol/h일 때 공급액의 양은 몇 kmol/h인가?

① 2.86   ② 11.8
③ 110.8   ④ 288

해설

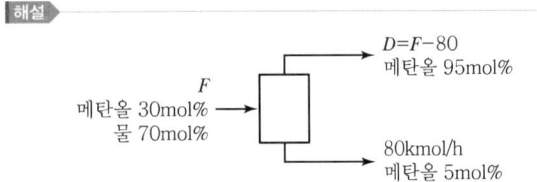

$F \times 0.3 = (F-80) \times 0.95 + 80 \times 0.05$
$\therefore F = 110.8\,\text{kmol/h}$

50 다음과 같은 반응의 표준반응열은 몇 kcal/mol인가?(단, C$_2$H$_5$OH, CH$_3$COOH, CH$_3$COOC$_2$H$_5$의 표준연소열은 각각 $-326{,}700$kcal/mol, $-208{,}340$kcal/mol, $-538{,}750$kcal/mol이다.)

$$\boxed{\begin{array}{c} \text{C}_2\text{H}_5\text{OH}(l) + \text{CH}_3\text{COOH}(l) \\ \rightarrow \text{CH}_3\text{COOC}_2\text{H}_5(l) + \text{H}_2\text{O}(l) \end{array}}$$

① $-14{,}240$ ② $-3{,}710$
③ $3{,}710$ ④ $14{,}240$

해설

반응열 $= (\sum H_{reactant})_c - (\sum H_{product})_c$
$= (-326{,}700 - 208{,}340) - (-538{,}750)$
$= 3{,}710\,\text{kcal/mol}$

51 유체의 성질에 대한 설명으로 가장 거리가 먼 것은?

① 유체란 비틀림(Distortion)에 대하여 영구적으로 저항하지 않는 물질이다.
② 이상유체에도 전단응력 및 마찰력이 있다.
③ 전단응력의 크기는 유체의 점도와 미끄럼 속도에 따라 달라진다.
④ 유체의 모양이 변형할 때 전단응력이 나타난다.

해설

• 유체 : 외부로부터 어떤 힘을 받았을 때 변형에 대하여 영구적으로 저항하지 않는 물질
• 이상유체(완전유체) : 점성이 없고, 마찰이 없으며, 비압축성 유체이다.
• 전단응력 : $\tau = \mu \dfrac{du}{dy}$

52 벽의 외부는 두께 6cm의 벽돌로 되어 있고 내부는 두께 10cm의 콘크리트로 되어 있다. 바깥 표면의 온도가 0℃이고 안쪽 표면의 온도가 18℃로 유지될 때 단위면적당 열손실속도는 몇 cal/cm^2 s인가?(단, 벽돌과 콘크리트의 열전도도는 각각 0.0015cal/cm s ℃와 0.002cal/cm s ℃이다.)

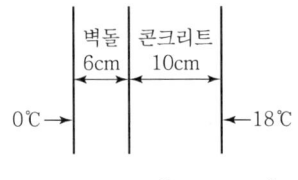

① 5×10^{-3} ② 4×10^{-3}
③ 3×10^{-3} ④ 2×10^{-3}

> 해설

$$q = \frac{t_1-t_2}{R_1+R_2} = \frac{t_1-t_2}{\frac{l_1}{k_1A_1}+\frac{l_2}{k_2A_2}} = \frac{18-0}{\frac{6}{0.0015}+\frac{10}{0.002}}$$
$$= 2\times 10^{-3}\,\text{cal/cm}^2\,\text{s}$$

53 외경이 5cm인 철관 내를 흐르는 물을 외측의 기체로서 가열한다. 물 쪽의 경막계수는 2,440kcal/m² h ℃이고, 기체 쪽의 경막계수는 29.2kcal/m² h ℃이며, 철관의 열전도도는 37.2kcal/m h ℃이다. 철관의 두께가 3mm일 때 총괄전열계수는 약 몇 kcal/m² h ℃인가? (단, 관의 내면적과 외면적의 차이는 무시한다.)

① 0.035
② 0.715
③ 28.8
④ 148.2

> 해설

$$u = \frac{1}{\frac{1}{h_1}+\frac{l}{k}+\frac{1}{h_3}}$$
$$= \frac{1}{\frac{1}{2,440}+\frac{0.003}{37.2}+\frac{1}{29.2}}$$
$$= 28.8\,\text{kcal/m}^2\,\text{h}\,℃$$

54 기체 흡수 설계에 있어서 평행선과 조작선이 직선일 경우 이동단위높이(HTU)와 이농단위수(NTU)에 대한 해석으로 옳지 않은 것은?

① HTU는 대수평균농도차(평균추진력)만큼의 농도 변화가 일어나는 탑 높이이다.
② NTU는 전탑 내에서 농도 변화를 대수 평균 농도차로 나눈 값이다.
③ HTU는 NTU로 전 충전고를 나눈 값이다
④ NTU는 평균 불활성 성분 조성의 역수이다.

> 해설

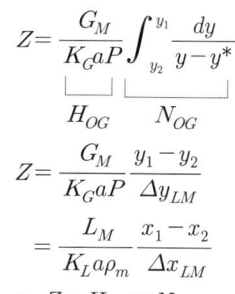
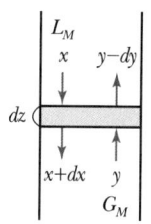

$$Z = \frac{G_M}{K_GaP}\underbrace{\int_{y_2}^{y_1}\frac{dy}{y-y^*}}_{N_{OG}}$$
$$\underbrace{\phantom{\frac{G_M}{K_GaP}}}_{H_{OG}}$$

$$Z = \frac{G_M}{K_GaP}\frac{y_1-y_2}{\Delta y_{LM}}$$
$$= \frac{L_M}{K_La\rho_m}\frac{x_1-x_2}{\Delta x_{LM}}$$
$$\therefore Z = H_{OG}\times N_{OG}$$

여기서, Z : 충전층의 높이
H_{OG} : 총괄이동단위높이(HTU)
N_{OG} : 총괄이동단위높이(NTU)

55 한 변의 길이가 1m이고 두께가 6mm인 판상의 펄프를 일정건조 조건에서 수분 66.7%로부터 35%까지 건조하는 데 필요한 시간은?(단, 이 건조조건에서 평형수분은 0.5%, 한계수분은 62%(습량기준), 건조재료는 2kg으로 항률건조속도는 1.5kg/m² h이며, 감률건조속도는 함수율에 비례하여 감소한다.)

① 0.45
② 1.45
③ 2.45
④ 3.45

> 해설

$$w_1 = \frac{66.7}{100-66.7} = 2$$
$$w_2 = \frac{35}{100-35} = 0.538$$
$$w_c = \frac{62}{100-62} = 1.63$$
$$w_e = \frac{0.5}{100-0.5} = 0.005$$
$$F_1 = 2-0.005 = 1.995$$
$$F_2 = 0.538-0.005 = 0.533$$
$$F_c = 1.63-0.005 = 1.625$$
$$F_1 - F_c = 1.995-1.625 = 0.370$$
재료의 증발 면적 $= 1^2 \times 2 = 2\,\text{m}^2$
무수 중량 2kg이므로
$$R_c = \frac{1.5\times 2}{2} = 1.5\,\text{kg H}_2\text{O/kg 건조고체}\cdot\text{h}$$

$$\theta = \theta_c + \theta_f = \frac{1}{R_c}\left[(F_1 - F_c) + 2.3 F_c \log\left(\frac{F_c}{F_2}\right)\right]$$
$$= \frac{1}{1.5}\left[0.370 + 2.3 \times 1.625 \times \log\left(\frac{1.625}{0.533}\right)\right]$$
$$= 1.45h$$

56 초미분쇄기(Ultrafine Grinder)인 유체에너지밀(Mill)의 기본원리는?

① 절단 ② 압축
③ 가열 ④ 마멸

해설
유체에너지밀
다소의 분쇄는 벽에 부딪치거나 마찰됨으로써 일어난다. 그러나 대부분의 분쇄는 상호 입자의 마멸에 의해 일어난다.

57 $\Delta G_f^\circ(g, CO_2)$, $\Delta G_f^\circ(l, H_2O)$, $\Delta G_f^\circ(g, CH_4)$ 값이 각각 -94.3kcal/mol, -56.7kcal/mol, -12kcal/mol 일 때, 298K에서 다음 반응의 표준 깁스에너지 변화 ΔG° 값은 약 몇 kcal/mol인가?(단, ΔG_f°는 298K에서의 표준생성에너지이다.)

$$CH_4(g) + 2O_2(g) \rightarrow CO_2(g) + 2H_2O(l)$$

① -180.5 ② -195.6
③ -220.3 ④ -340.2

해설
$\Delta G = (\sum \Delta G_f)_P - (\sum \Delta G_f)_R$
$\Delta G = -94.3 + 2 \times (-56.7) - (-12)$
$= -195.7\text{kcal/mol}$

58 내경 150mm, 길이 150m의 수평관에 비중이 0.8의 기름을 평균 1m/s의 속도로 보낼 때 레이놀즈 수(Reynolds Number)를 측정하였더니 1,600이었다. 이때 생기는 마찰손실은 약 몇 $\text{kg}_f \text{m/kg}$인가?

① 2.04 ② 4.0
③ 9.1   ④ 21

해설
$$F = \frac{\Delta p}{\rho} = 4f\frac{L}{D}\frac{u^2}{2g_c}$$
$$f = \frac{16}{N_{Re}} = \frac{16}{1,600} = 0.01$$
$$F = 4 \times 0.01 \times \frac{150}{0.15} \times \frac{1^2}{2 \times 9.8} = 2.04\text{kg}_f \text{ m/kg}$$

59 점성이 2Poise인 뉴턴 액체 표면에 면적이 $2m^2$인 평판을 놓고 액체의 속도구배가 1m/s m가 되도록 평판을 밀 때 몇 N의 힘이 필요한가?

① 0.2N ② 0.4N
③ 0.6N ④ 0.8N

해설
$$\tau = \frac{F}{A} = \mu\frac{du}{dy}$$
$$F = \mu A \frac{du}{dy}$$
$$= 2\text{Poise} \times \frac{0.1\text{kg/m s}}{1\text{Poise}} \times 2m^2 \times 1\text{m/s m}$$
$$= 0.4N$$

60 20℃의 물 1kg을 150℃ 수증기로 변화시키는 데 필요한 열량은 약 몇 cal인가?(단, 물의 비열은 18cal/mol K이고, 수증기의 비열은 8.0cal/mol K으로 일정하며, 물의 증발열은 9.7×10^3cal/mol이다.)

① 5.41×10^5 ② 6.41×10^5
③ 7.41×10^5 ④ 8.41×10^5

해설
$$20℃ \text{ 물} \xrightarrow{Q_1} 100℃ \text{ 물} \xrightarrow{Q_2} 100℃ \text{ 수증기} \xrightarrow{Q_3} 150℃ \text{ 수증기}$$
$Q = Q_1 + Q_2 + Q_3$
$= 55.6 \times 18 \times (100 - 20) + 55.6 \times (9.7 \times 10^3)$
$\quad + 55.6 \times 8 \times (150 - 100)$
$= 641,624\text{cal} = 6.41 \times 10^5\text{cal}$
(물 1kg = 1,000g, $\frac{1,000g}{18g/mol} = 55.6\text{mol}$)

정답 56 ④ 57 ② 58 ① 59 ② 60 ②

4과목 화공계측제어

61 PID 제어기의 적분제어 동작에 관한 설명 중 잘못된 것은?

① 일정한 값의 설정치와 외란에 대한 잔류오차(Offset)를 제거해 준다.
② 적분시간(Integral Time)을 길게 주면 적분동작이 약해진다.
③ 일반적으로 강한 적분동작이 약한 적분동작보다 폐루프(Closed Loop)의 안정성을 향상시킨다.
④ 공정변수에 혼입되는 잡음의 영향을 필터링하여 약화시키는 효과가 있다.

해설

적분동작
- 적분시간 τ_I의 증가는 응답을 느리게 한다. 적분동작을 크게 하면 폐루프의 안정성을 떨어뜨린다.
- 잔류편차(Offset)를 제거해 준다.

62 다음 그림의 블록선도에서 $T_R'(s) = \dfrac{1}{s}$일 때, 서보(Servo) 문제의 정상상태 잔류편차(Offset)는 얼마인가?

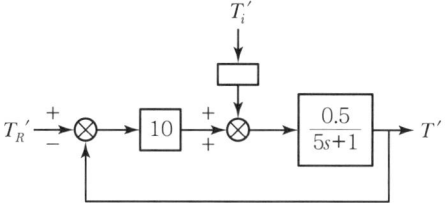

① 0.133
② 0.167
③ 0.189
④ 0.213

해설

$\therefore$ Offset $= r(\infty) - c(\infty)$

$G(s) = \dfrac{5/5s+1}{1+\dfrac{5}{5s+1}} = \dfrac{5}{5s+6}$

$r(\infty) = \lim_{s \to 0} sF(s) = s \cdot \dfrac{1}{s} = 1$

$c(\infty) = \lim_{s \to 0} sF(s) = \lim_{s \to 0} \dfrac{5s}{5s+6} \cdot \dfrac{1}{s} = \dfrac{5}{6}$

$\therefore$ Offset $= r(\infty) - c(\infty) = 1 - \dfrac{5}{6} = \dfrac{1}{6} = 0.167$

63 $F(s) = \dfrac{4s^4 + 2s^2 - 14}{s(s^4 - 2s^3 + s^2 - 10s + 8)}$의 초기값은 얼마인가?

① 1
② 2
③ 4
④ 8

해설

$\lim_{t \to 0} f(t) = \lim_{s \to \infty} sF(s)$

$= \lim_{s \to \infty} \dfrac{s(4s^4 + 2s^2 - 14)}{s(s^4 - 2s^3 + s^2 - 10s + 8)} = 4$

64 다음 함수를 Laplace 변환할 때 올바른 것은?

$$\dfrac{d^2X}{dt^2} + 2\dfrac{dX}{dt} + 2X = 2$$
$$X(0) = X'(0) = 0$$

① $\dfrac{2}{s(s^2 + 2s + 3)}$
② $\dfrac{2}{s(s^2 + 2s + 2)}$
③ $\dfrac{2}{s(s^2 + 2s + 1)}$
④ $\dfrac{2}{s(s^2 + s + 2)}$

해설

$s^2 X(s) + 2sX(s) + 2X(s) = \dfrac{2}{s}$

$\therefore X(s) = \dfrac{2}{s(s^2 + 2s + 2)}$

정답 61 ③ 62 ② 63 ③ 64 ②

65 다음 비선형공정을 정상상태의 데이터 y_s, u_s에 대해 선형화한 것은?

$$\frac{dy(t)}{dt} = y(t) + y(t)u(t)$$

① $\dfrac{d(y(t)-y_s)}{dt} = u_s(u(t)-u_s) + y_s(y(t)-y_s)$

② $\dfrac{d(y(t)-y_s)}{dt} = u_s(y(t)-y_s) + y_s(u(t)-u_s)$

③ $\dfrac{d(y(t)-y_s)}{dt} = (1+u_s)(u(t)-u_s) + y_s(y(t)-y_s)$

④ $\dfrac{d(y(t)-y_s)}{dt} = (1+u_s)(y(t)-y_s) + y_s(u(t)-u_s)$

해설

$\dfrac{dy(t)}{dt} = y(t) + y(t)u(t)$

$\dfrac{dy_s}{dt} = y_s + y_s u_s$

$\dfrac{d(y(t)-y_s)}{dt} = y(t) - y_s + y(t)u(t) - y_s u_s$

$= y(t) - y_s + y_s u_s + u_s(y-y_s)$
$\quad + y_s(u-u_s) - y_s u_s$

$= (y(t) - y_s) + y_s(u(t)-u_s)$
$\quad + u_s(y(t) - y_s)$

$= (1+u_s)(y(t)-y_s)$
$\quad + y_s(u(t)-u_s)$

$= (1+u_s)(y(t)-y_s) + y_s(u(t)-u_s)$

※ $y(t)u(t)$의 선형화
  $y(t)u(t) = y_s u_s + u_s(y-y_s) + y_s(u-u_s)$

66 특성방정식이 $1 + \dfrac{G_c}{(2s+1)(5s+1)} = 0$과 같이 주어지는 시스템에서 제어기 G_c로 비례 제어기를 이용할 경우 진동응답이 예상되는 경우는?(단, K_c는 제어기의 비례이득이다.)

① $K_c = 0$
② $K_c = 1$
③ $K_c = -1$
④ K_c에 관계없이 진동이 발생된다.

해설

$(2s+1)(5s+1) + K_c = 0$

$10s^2 + 7s + 1 + K_c = 0$

$s = \dfrac{-7 \pm \sqrt{49 - 4 \cdot 10(1+K_c)}}{20}$

진동응답 $49 - 40(1+K_c) < 0$ ∴ $K_c > 0.225$
그러므로 $K_c = 1$은 $K_c > 0.225$에 만족한다.

67 어떤 공정의 전달함수가 $G(s)$이고 $G(2i) = -1-i$일 때, 공정입력으로 $u(t) = 2\sin(2t)$를 입력하면 시간이 많이 지난 후에 $y(t)$로 옳은 것은?

① $y(t) = \sqrt{2}\sin(2t)$
② $y(t) = -\sqrt{2}\sin(2t + \pi/4)$
③ $y(t) = 2\sqrt{2}\sin(2t - \pi/4)$
④ $y(t) = 2\sqrt{2}\sin(2t - 3\pi/4)$

해설

$AR = |G(i\omega)| = \sqrt{R^2 + I^2}$
$= \dfrac{\hat{A}}{A} = \sqrt{(-1)^2 + (-1)^2} = \sqrt{2}$

$A = 2 \quad \hat{A} = 2\sqrt{2}$

$\phi = -\tan^{-1}(\tau w) = \tan^{-1}\left(\dfrac{I}{R}\right) = \tan^{-1}\left(\dfrac{-1}{-1}\right)$

$= \tan^{-1}(1) = \dfrac{\pi}{4}$

$y(t) = \hat{A}\sin(\omega t + \phi)$

∴ $y(t) = 2\sqrt{2}\sin\left(2t + \dfrac{\pi}{4}\right) = 2\sqrt{2}\sin\left(2t - \dfrac{3}{4}\pi\right)$

정답 65 ④ 66 ② 67 ④

68 다음 그림과 같은 두 개의 탱크가 직렬로 연결되어 있을 경우 q와 h_2 간의 전달함수는?(단, R : 선형저항, A : 탱크 밑면적, $\tau = AR$이다.)

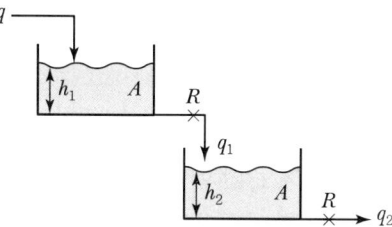

① $\left(\dfrac{1}{\tau s+1}\right)^2$ ② $\dfrac{R}{(\tau s+1)^2}$

③ $\left(\dfrac{R}{\tau s+1}\right)^2$ ④ $\dfrac{R}{\tau^2 s^2 + 3\tau s + 1}$

해설

2차 공정의 동특성(비간섭계)

$H_2(s) = \dfrac{R_2}{(\tau_1 s+1)(\tau_2 s+1)} Q_i$

$\dfrac{h_2}{q} = \dfrac{R}{(\tau s+1)^2}$

69 다음 중 비선형계에 해당하는 것은?

① 0차 반응이 일어나는 혼합반응기
② 1차 반응이 일어나는 혼합반응기
③ 2차 반응이 일어나는 혼합반응기
④ 화학반응이 일어나지 않는 혼합조

해설

혼합반응기

• 0차 반응 : $C_{A0}X_A = k\tau$

• 1차 반응 : $k\tau = \dfrac{X_A}{1-X_A}$

• 2차 반응 : $k\tau C_{A0} = \dfrac{X_A}{(1-X_A)^2}$ → 비선형

70 압력을 조절하는 제어기에서 제어기의 출력범위는 $4 \sim 20\text{mA}$이며 가능한 운전압력 범위는 $10 \sim 50\text{psi}$이다. 비례밴드가 20%라면 압력의 최대 측정값과 최소 측정값의 차이(측정압력범위)는?

① 4psi ② 6psi
③ 8psi ④ 10psi

해설

$\%\text{PB} = \dfrac{\Delta \text{제어변수}}{\Delta \text{제어출력}} \times 100$

$20\% = \dfrac{\Delta x}{50-10} \times 100$

$\Delta x = 8\text{psi}$

71 블록선도에서 Servo Problem인 경우 Proportional Control($G_c = K_c$)의 Offset은?(단, $T_R(t) = U(t)$인 단위계단신호이다.)

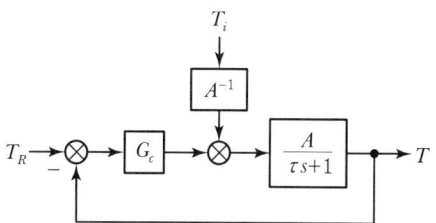

① 0 ② $\dfrac{1}{1-AK_c}$

③ $-\dfrac{1}{1+AK_c}$ ④ $\dfrac{1}{1+AK_c}$

해설

$T_R(t) = 1$

$T_R(s) = \dfrac{1}{s}$

$T = \dfrac{\dfrac{K_c A}{\tau s+1}}{1+\dfrac{K_c A}{\tau s+1}} \cdot \dfrac{1}{s} = \dfrac{K_c A}{\tau s+1+K_c A} \cdot \dfrac{1}{s}$

최종치 정리
$$\lim_{t\to\infty} y(t) = \lim_{s\to 0} s Y(s)$$
$$\lim_{s\to 0} s T(s) = \lim_{s\to 0} s \frac{K_c A}{\tau s + 1 + K_c A} \cdot \frac{1}{s} = \frac{K_c A}{1 + K_c A}$$
$$\text{Offset} = T_R(\infty) - T(\infty)$$
$$= 1 - \frac{K_c A}{1 + K_c A} = \frac{1}{1 + K_c A}$$

72 서보(Servo)제어에 대한 설명 중 옳은 것은?
① 설정점의 변화와 조작변수와의 동작관계이다.
② 부하와 조작변수와의 동작관계이다.
③ 부하와 설정점의 동시변화에 대한 조작변수와의 동작관계이다.
④ 설정점의 변화와 부하와의 동작관계이다.

해설
- 서보(Servo)제어 : 설정값이 시간에 따라 변화할 때 제어변수를 설정값으로 유지시키고자 하는 제어
- 조절(Regulatory)제어 : 외부교란의 영향에도 제어변수를 설정값으로 유지시키고자 하는 제어

73 어떤 2차계의 특성방정식의 두 근이 다음과 같다고 할 때 안정한 공정은?
① $1 + 3i, 1 - 3i$
② $-1, 2$
③ $2, 4$
④ $-1 + 2i, -1 - 2i$

해설
음의 실근을 가지면 안정하다.

74 어떤 제어계의 특성방정식은 $1 + \frac{K_c K}{\tau s + 1} = 0$으로 주어진다. 이 제어시스템이 안정하기 위한 조건은?(단, τ는 양수이다.)
① $K_c K > -1$
② $K_c K < 0$
③ $\frac{K_c K}{\tau} > 1$
④ $K_c < 1$

해설
$\tau s + 1 + K_c K = 0$
$s = -\frac{(1 + K_c K)}{\tau} < 0$
$1 + K_c K > 0$
$\therefore K_c K > -1$

75 되먹임 제어에 관한 설명으로 옳은 것은?
① 제어변수를 측정하여 외란을 조절한다.
② 외란 정보를 이용하여 제어기 출력을 결정한다.
③ 제어변수를 측정하여 조작변수 값을 결정한다.
④ 외란이 미치는 영향을 선(先) 보상해주는 원리이다.

해설
되먹임 제어(Feedback)
제어변수를 측정하여 측정된 변수값을 설정치와 비교하며, 이들 두 변수의 차이인 제어오차에 의하여 제어신호가 결정된 다음 이에 따라 조작변수를 조절하여 다시 변화되는 일련의 루프를 이룬다.

76 배관계장도(P & ID)에서 공기 신호(Pneumatic Signal)와 유압 신호(Hydraulic Signal)를 나타내는 선이 순서대로 옳게 나열된 것은?

해설
계측용 배관 및 배선 그림기호

종류	그림기호	비고(일본)
배관	———	
공기압배관	—#—#—#—	—A—A—
유압배관	—/—/—/—	—L—L—
전기배선	-------	—E—E—
세관	—×—×—	
전자파·방사선	∿∿∿	

정답 72 ① 73 ④ 74 ① 75 ③ 76 ③

77 $G(j\omega) = \dfrac{10(j\omega+5)}{j\omega(j\omega+1)(j\omega+2)}$ 에서 ω가 아주 작을 때, 즉 $\omega \to 0$일 때의 위상각은?

① $-90°$
② $0°$
③ $+90°$
④ $+180°$

해설

$G(i\omega) = \dfrac{25(0.2i\omega+1)}{i\omega(i\omega+1)(0.5i\omega+1)}$

$\phi = \angle G(i\omega)$

$= \tan^{-1}(0.2\omega) - \tan^{-1}(\omega) - \tan^{-1}(0.5\omega) - \dfrac{\pi}{2}$

$= \tan^{-1}(0) - \tan^{-1}(0) - \tan^{-1}(0) - \dfrac{\pi}{2}$

$= -\dfrac{\pi}{2}(-90°)$

78 제어밸브 입출구 사이의 불평형 압력(Unbalanced Force)에 의하여 나타나는 밸브위치의 오차, 히스테리시스 등이 문제가 될 때 이를 감소시키기 위하여 사용되는 방법과 관련이 가장 적은 것은?

① C_v가 큰 제어 밸브를 사용한다.
② 면적이 넓은 공압 구동기(Pneumatic Actuator)를 사용한다.
③ 밸브 포지셔너(Positioner)를 제어밸브와 함께 사용한다.
④ 복좌형(Double Seated) 밸브를 사용한다.

해설

$q = C_v f(x) \sqrt{\dfrac{\Delta P_V}{\rho}}$

여기서, q : 유량(gallon/min)
ΔP_V : 밸브를 통한 압력차
ρ : 유체의 비중
C_v : 밸브계수 → 밸브의 용량(크기)을 조절
$f(x)$: 특성함수

79 다음 공정과 제어기를 고려할 때 정상상태(Steady State)에서 y값은 얼마인가?

제어기 : $u(t) = 0.5(2.0 - y(t))$
공정 : $\dfrac{d^2y(t)}{dt^2} + 2\dfrac{dy(t)}{dt} + y(t) = 0.1\dfrac{du(t-1)}{dt} + u(t-1)$

① $\dfrac{2}{3}$
② $\dfrac{1}{3}$
③ $\dfrac{1}{4}$
④ $\dfrac{3}{4}$

해설

$u(t) = 0.5(2.0 - y(t)) = 1 - \dfrac{1}{2}y(t)$

$U(s) = \dfrac{1}{s} - \dfrac{1}{2}Y(s)$

$\mathcal{L}[u(t-1)] = \left(\dfrac{1}{s} - \dfrac{1}{2}Y(s)\right)e^{-s}$

$\dfrac{d^2y(t)}{dt^2} + 2\dfrac{dy(t)}{dt} + y(t) = 0.1\dfrac{du(t-1)}{dt} + u(t-1)$

$s^2Y(s) + 2sY(s) + Y(s)$
$= 0.1s\left(\dfrac{1}{s} - \dfrac{1}{2}Y(s)\right)e^{-s} + \left(\dfrac{1}{s} - \dfrac{1}{2}Y(s)\right)e^{-s}$

$s^2Y(s) + 2sY(s) + Y(s)$
$= \dfrac{1}{10}e^{-s} - \dfrac{1}{20}sY(s)e^{-s} + \dfrac{1}{s}e^{-s} - \dfrac{1}{2}Y(s)e^{-s}$

$\left[s^2 + 2s + 1 + \dfrac{1}{20}se^{-s} + \dfrac{1}{2}e^{-s}\right]Y(s) = \dfrac{1}{10}e^{-s} + \dfrac{1}{s}e^{-s}$

$Y(s) = \dfrac{\dfrac{1}{10}e^{-s} + \dfrac{1}{s}e^{-s}}{s^2 + 2s + 1 + \dfrac{1}{20}se^{-s} + \dfrac{1}{2}e^{-s}}$

$\lim_{t \to \infty} y(t) = \lim_{s \to 0} sY(s)$

$= \lim_{s \to 0} \dfrac{\dfrac{1}{10}se^{-s} + e^{-s}}{s^2 + 2s + 1 + \dfrac{1}{20}se^{-s} + \dfrac{1}{2}e^{-s}}$

$= \dfrac{1}{1 + \dfrac{1}{2}} = \dfrac{2}{3}$

정답 77 ① 78 ① 79 ①

80 다음 그림과 같은 계에서 전달함수 $\dfrac{B}{U_2}$는?

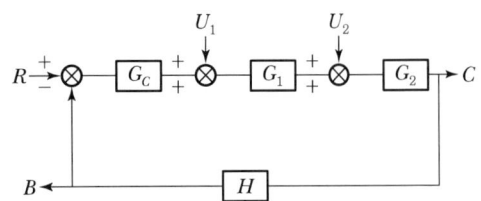

① $\dfrac{B}{U_2} = \dfrac{G_c G_1}{1 + G_c G_1 G_2 H}$

② $\dfrac{B}{U_2} = \dfrac{G_1 G_2}{1 + G_c G_1 G_2 H}$

③ $\dfrac{B}{U_2} = \dfrac{H G_2}{1 + G_c G_1 G_2 H}$

④ $\dfrac{B}{U_2} = \dfrac{G_c G_1 G_2 H}{1 + G_c G_1 G_2 H}$

해설

$\dfrac{B}{U_2} = \dfrac{G_2 H}{1 + G_c G_1 G_2 H}$

$\dfrac{B}{U_1} = \dfrac{G_1 G_2 H}{1 + G_c G_1 G_2 H}$

2023년 제1회 복원기출문제

1과목 공업합성

01 인광석을 가열처리하여 불소를 제거하고, 아파타이트 구조를 파괴하여 구용성인 비료로 만든 것은?
① 메타인산칼슘
② 소성인비
③ 과인산석회
④ 인산암모늄

해설
㉠ 용성인비
- 인광석에 사문암을 첨가하여 용융시켜 플루오린을 제거한다.
- 염기성 비료이므로 산성 토양에 적합하다.

㉡ 소성인비
- 인광석에 인산, 소다회를 혼합하고 열처리하여 제조한다.
- 인광석을 가열처리하여 불소를 제거한다.
- 아파타이트 구조를 파괴하여 만든 구용성 비료이다.

02 아미노기는 물에서 이온화된다. 아미노기가 중성의 물에서 이온화되는 정도는?(단, 아미노기의 K_b 값은 10^{-5}이다.)
① 90%
② 95%
③ 99%
④ 100%

해설
$NH_2 + H_2O \rightarrow NH_3^+ + OH^-$

$K_b = \dfrac{[NH_3^+][OH^-]}{[NH_2]} = 10^{-5}$

중성에서 $[OH^-] = 10^{-7}$이므로

$\dfrac{[NH_3^+]}{[NH_2]} = \dfrac{10^{-5}}{10^{-7}} = \dfrac{100}{1}$

이온화 정도 $= \dfrac{100}{100+1} \times 100\% = 99\%$

03 질산을 공업적으로 제조하기 위하여 이용하는 다음 암모니아 산화반응에 대한 설명으로 옳지 않은 것은?

$$4NH_3 + 5O_2 \rightarrow 4NO + 6H_2O$$

① 바나듐(V_2O_5) 촉매가 가장 많이 이용된다.
② 암모니아와 산소의 혼합가스는 폭발성이 있기 때문에 $[O_2]/[NH_3] = 2.2 \sim 2.3$이 되도록 주의한다.
③ 산화율에 영향을 주는 인자 중 온도와 압력의 영향이 크다.
④ 반응온도가 지나치게 높아지면 산화율은 낮아진다.

해설
$4NH_3 + 5O_2 \rightarrow 4NO + 6H_2O$
- Pt-Rh 촉매가 가장 많이 사용된다.
- 최대 산화율은 $O_2/NH_3 = 2.2 \sim 2.3$이 되어야 한다.
- 산소(공기)와 암모니아 혼합가스의 반응은 폭발성을 가지므로 수증기를 함유하여 산화시킨다.
- 압력을 가하면 산화율은 저하된다.

04 다음 중 암모니아 산화반응 시 촉매로 주로 쓰이는 것은?
① Nd-Mo
② Ra
③ Pt-Rh
④ Al_2O_3

해설
Pt-Rh(10%), Co_3O_4가 촉매로 주로 쓰인다.

05 암모니아 합성반응에서 N_2 4mol과 H_2 10mol을 공급하였다. 반응이 완결된 후 기체의 전체 몰수가 10mol이었다면 NH_3는 몇 mol이 생성되었는가?
① 2mol
② 3mol
③ 4mol
④ 6mol

정답 01 ② 02 ③ 03 ① 04 ③ 05 ③

해설

$$N_2 + 3H_2 \rightarrow 2NH_3$$

4mol	10mol	0
$-x$	$-3x$	$+2x$
$4-x$	$10-3x$	$2x$

$(4-x)+(10-3x)+2x=10$
$\therefore x=2\text{mol}$
$NH_3 = 2x = 4\text{mol}$

06 HNO_3 14.5%, H_2SO_4 50.5%, $HNOSO_4$ 12.5%, H_2O 20.0%, Nitrobody 2.5%의 조성을 가지는 혼산을 사용하여 Toluene으로부터 mono-Nitrotoluene을 제조하려고 한다. 이때 1,700kg의 Toluene을 12,000kg의 혼산으로 니트로화했다면 DVS(Dehydrating Value of Sulfuric acid)는?

① 1.87 ② 2.21
③ 3.04 ④ 3.52

해설

$$DVS = \frac{혼산 중 황산의 양}{반응 후 혼산 중 물의 양}$$

CH₃-C₆H₅ + HNO₃ → CH₃-C₆H₄-NO₂ + H₂O
92   63   137   18
1,700kg   332.6kg

$\therefore DVS = \dfrac{12,000 \times 0.505}{12,000 \times 0.2 + 332.6} = 2.21$

07 열분산이 용이하고 반응 혼합물의 점도를 줄일 수 있으나 연쇄이동반응으로 저분자량의 고분자가 얻어지는 단점이 있는 중합방법은?

① 용액중합
② 괴상중합
③ 현탁중합
④ 유화중합

해설

㉠ 괴상중합(벌크 중합)
- 용매, 분산매를 사용하지 않고 단량체와 개시제만을 혼합하여 중합시키는 방법
- 내부 중합열이 잘 제거되지 않는다.

㉡ 용액중합
- 단량체와 개시제를 용매에 용해시킨 상태에서 중합시키는 방법
- 중화열의 제거는 용이하지만, 중합속도와 분자량이 작고, 중합 후 용매의 완전 제거가 어렵다.

㉢ 현탁중합(서스펜션 중합)
- 단량체를 녹이지 않는 액체에 격렬한 교반으로 분산시켜 중합하는 방법
- 단량체 방울이 뭉치지 않고 유지되도록 안정제를 사용한다.
- 중합열의 분산이 용이하다.

㉣ 유화중합(에멀션 중합)
- 비누 또는 세제 성분의 일종인 유화제를 사용하여 단량체를 분산매 중에 분산시키고 수용성 개시제를 사용하여 중합시키는 방법
- 중합열의 분산이 용이하고 대량생산에 적합하다.

08 반도체 공정 중 노광 후 포토레지스트로 보호되지 않는 부분을 선택적으로 제거하는 공정을 무엇이라 하는가?

① 에칭 ② 조립
③ 박막 형성 ④ 리소그래피

해설

식각(에칭)
노광후 PR(포토레지스트)로 보호되지 않는 부분(감광되지 않는 부분)을 제거하는 공정

09 석유 유분에서 접촉분해와 비교한 열분해반응의 특징이 아닌 것은?

① 코크스나 타르의 석출이 많다.
② 디올레핀이 비교적 많이 생성된다.
③ 방향족 탄화수소가 적다.
④ 분지 지방족 중 특히 $C_3 \sim C_6$의 탄화수소가 많다.

정답 06 ② 07 ① 08 ① 09 ④

해설

열분해	접촉분해
• 올레핀이 많으며, C_1~C_2계의 가스가 많다. • 대부분 지방족이며, 방향족 탄화수소는 적다. • 코크스나 타르의 석출이 많다. • 디올레핀이 비교적 많다. • 라디칼 반응 메커니즘	• C_3~C_6계의 가지 달린 지방족이 많이 생성된다. • 열분해보다 파라핀계 탄화수소가 많다. • 방향족 탄화수소가 많다. • 탄소질 물질의 석출이 적다. • 디올레핀은 거의 생성되지 않는다. • 이온 반응 메커니즘 : 카르보늄 이온 기구

10 다음 중 최종 주 생성물로 페놀이 얻어지지 않는 것은?

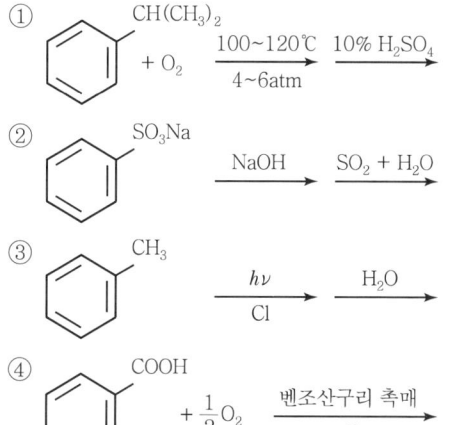

해설

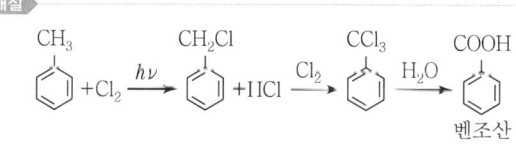

11 건식법에 의한 인산제조 공정에 대한 설명 중 옳은 것은?

① P_2O_5 85% 정도의 고농도 인산을 제조할 수 없다.
② 인의 농도가 낮은 인광석을 원료로 할 수 있다.
③ 전기로에서는 인의 기화와 산화가 동시에 일어난다.
④ 대표적인 건식법은 이수염법이다.

해설

건식법	습식법
• 고순도, 고농도의 인산을 제조한다. • 저품위 인광석을 처리할 수 있다. • 인의 기화와 산화를 별도로 할 수 있다. • Slag는 시멘트의 원료가 된다.	• 순도가 낮고 농도도 낮다. • 품질이 좋은 인광석을 사용해야 한다. • 주로 비료용에 사용된다.

12 다음 반응에서 생성되는 물질로 옳은 것은?

$$CH_3CN + C_2H_5OH + H_2O \rightarrow (\quad) + NH_3$$

① 아크릴산
② 아세트산에스테르
③ 아미노에스테르
④ 아크릴로니트릴

해설

$CH_3CN + C_2H_5OH + H_2O \longrightarrow CH_3COOC_2H_5 + NH_3$
아세트니트릴 에탄올   아세트산에스테르

$2CH_3CN + C_2H_5OH + 3H_2O \longrightarrow 2CH_3COOCH_3 + 2NH_3$
                                         아세트산에스테르

13 다음 중 Le Blanc법과 관계가 없는 것은?

① 망초(황산나트륨)
② 흑회(Black Ash)
③ 녹액(Green Liquor)
④ 암모니아 함수

해설

Le Blanc법(식염의 황산분해법)

$NaCl + H_2SO_4 \xrightarrow{150℃} NaHSO_4 + HCl$

$NaHSO_4 + NaCl \xrightarrow{800℃} \underset{(망초)}{Na_2SO_4} + HCl$

• NaCl을 황산분해하여 망초(Na_2SO_4)를 얻고, 이를 석탄, 석회석으로 환원, 복분해하여 소다회(Na_2CO_3)를 제조하는 방법
• 흑회 : Na_2CO_3, CaS, CaO, $CaCO_3$
• 흑회를 온수로 추출하여 얻은 침출액 : 녹액 $\xrightarrow{가성화}$ 가성소다 제조

정답 10 ③ 11 ② 12 ② 13 ④

14 하루 117ton의 NaCl을 전해하는 NaOH 제조공장에서 부생되는 H_2와 Cl_2를 합성하여 36.5% HCl을 제조할 경우 하루 약 몇 ton의 HCl이 생산되는가?(단, NaCl은 100%, H_2와 Cl_2는 99% 반응하는 것으로 가정한다.)

① 200 ② 185
③ 156 ④ 100

해설

$2NaCl + 2H_2O \rightarrow 2NaOH + H_2 + Cl_2 \rightarrow 2HCl$

2×58.5 : 2×36.5
117 : x

∴ $x = 73$ton

$\dfrac{73 \times 0.99}{0.365} = 198$ton

15 비료공업에서 인산은 황산분해법과 같은 습식법을 주로 이용하여 얻고 있는데 대표적인 습식법이 아닌 것은?

① Le Blanc법 ② Dorr법
③ Prayon법   ④ Chemico법

해설

황산분해법(이수염법)
Dorr법, Chemico법, Prayon법

※ Le Blanc법 : 소금의 황산분해법으로 소다회, 염산 제조

16 다음 그림에서 $CaSO_4 \cdot 2H_2O$에 해당하는 영역은?

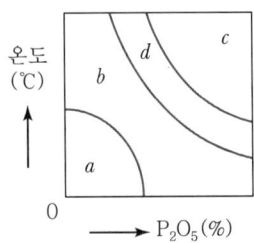

① a ② b
③ c ④ d

해설

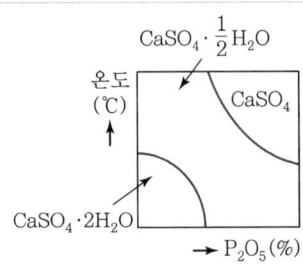

17 황산 제조방법 중 연실법에서 장치의 능률을 높이고 경제적으로 조업하기 위하여 개량된 방법 또는 설비는?

① 소량응축법   ② Pertersen Tower법
③ Reynold법   ④ Monsanto법

해설

연실식 제조방법 : 질산식 황산 제법
• 연실 바닥으로 SO_2, N_2, NO_2, O_2 등을 주입하고 상부에서 물을 분무하는 방식
• 연실은 크기에 비하여 능률이 낮고, 기계적 성질이 나쁘다.
• Petersen Tower를 이용한 개량법이 있다.
• 장치양식에 따라 연실식, 반탑식, 탑식이 있다.

18 다음 중 가스용어 "LNG"의 의미에 해당하는 것은?

① 액화석유가스   ② 액화천연가스
③ 고화천연가스   ④ 액화프로판가스

해설

LNG (Liquefied Natural Gas)	• 액화천연가스 • 메탄이 주성분 • 도시가스
LPG (Liquefied Petroleum Gas)	• 액화석유가스 • C_3, C_4 탄화수소가 주성분 • 프로판가스, 자동차 연료, 가정용 연료

19 다음 중 아세틸렌에 작용시키면 아세틸렌법으로 염화비닐이 생성되는 것은?

① HCl   ② NaCl
③ H_2SO_4 ④ HOCl

정답 14 ① 15 ① 16 ① 17 ② 18 ② 19 ①

해설

$$CH \equiv CH + HCl \longrightarrow CH_2 = CH|Cl$$
염화비닐

20 다음 중 테레프탈산을 얻을 수 있는 반응은?

① m - 크실렌(Xylene) 산화
② p - 크실렌(Xylene) 산화
③ 나프탈렌의 산화
④ 벤젠의 산화

해설

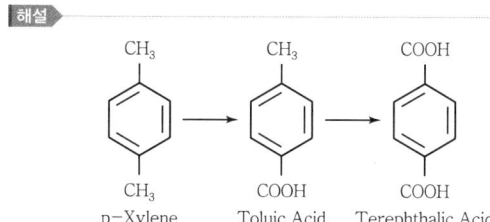

p-Xylene → Toluic Acid → Terephthalic Acid

2과목 반응운전

21 반응속도 $-r_A = 0.005\,C_A^2$ mol/cm³ min일 때 농도를 mol/L, 시간을 h로 나타내면 속도상수는?

① 1×10^{-4} L/mol h
② 2×10^{-4} L/mol h
③ 3×10^{-4} L/mol h
④ 4×10^{-4} L/mol h

해설

$k = 0.005 \dfrac{cm^3}{mol\,min} \times \dfrac{1L}{1,000cm^3} \times \dfrac{60min}{1h}$

$= 3 \times 10^{-4}$ L/mol h

22 어떤 반응의 온도를 24℃에서 34℃로 증가시켰더니 반응속도가 2.5배로 빨라졌다면, 이때의 활성화 에너지는 몇 kcal인가?

① 10.8
② 12.8
③ 16.8
④ 18.6

해설

$\ln \dfrac{k_2}{k_1} = \dfrac{E_a}{R}\left(\dfrac{1}{T_1} - \dfrac{1}{T_2}\right)$

$\ln 2.5 = \dfrac{E_a}{1.987}\left(\dfrac{1}{297} - \dfrac{1}{307}\right)$

$\therefore E_a = 16.6$ kcal/mol

23 물의 증발잠열 $\Delta \overline{H}$는 1기압, 100℃에서 539cal/g이다. 만일 이 값이 온도와 기압에 따라 큰 변화가 없다면 압력이 635mmHg인 고산지대에서 물의 끓는 온도는 약 몇 ℃인가?(단, 기체상수 $R = 1.987$ cal/mol K이다.)

① 26.2
② 30
③ 95
④ 98

해설

$\ln \dfrac{P_2}{P_1} = \dfrac{\Delta H}{R}\left(\dfrac{1}{T_1} - \dfrac{1}{T_2}\right)$

$\ln \dfrac{635}{760} = \dfrac{539\,cal/g \times 18g/1mol}{1.987\,cal/mol\,K}\left(\dfrac{1}{373} - \dfrac{1}{T_2}\right)$

$\therefore T_2 = 368K(95℃)$

24 다음과 같은 연속(직렬)반응에서 A와 R의 반응속도가 $-r_A = k_1 C_A$, $r_R = k_1 C_A - k_2$일 때 회분식 반응기에서 C_R/C_{A0}를 구하면?(단, 반응은 순수한 A만으로 시작한다.)

$$A \rightarrow R \rightarrow S$$

① $1 + e^{-k_1 t} + \dfrac{k_2}{C_{A0}}t$
② $1 - e^{-k_1 t} - \dfrac{k_2}{C_{A0}}t$
③ $1 - e^{-k_1 t} + \dfrac{k_2}{C_{A0}}t$
④ $1 - e^{-k_1 t} - \dfrac{k_2}{C_{A0}}t$

해설

$A \xrightarrow{k_1} R \xrightarrow{k_2} S$: 연속반응

$-r_A = k_1 C_A$
$r_R = k_1 C_A - k_2$

$\therefore -r_A = -\dfrac{dC_A}{dt} = k_1 C_A \rightarrow \ln \dfrac{C_A}{C_{A0}} = -k_1 t$

정답 20 ② 21 ③ 22 ③ 23 ③ 24 ④

$$C_A = C_{A0}e^{-k_1 t}$$
$$r_R = \frac{dC_R}{dt} = k_1 C_A - k_2$$
$$\frac{dC_R}{dt} = k_1 C_{A0}e^{-k_1 t} - k_2$$
$\xrightarrow{\text{적분}}$ $C_R = \int_0^t k_1 C_{A0} e^{-k_1 t} dt - k_2 \int_0^t dt$
$$= -\frac{k_1}{k_1} C_{A0} e^{-k_1 t} \Big|_0^t - k_2 t$$
$$= -C_{A0} e^{-k_1 t} + C_{A0} - k_2 t$$
$$\therefore \frac{C_R}{C_{A0}} = -e^{-k_1 t} + 1 - \frac{k_2 t}{C_{A0}} = 1 - e^{-k_1 t} - \frac{k_2}{C_{A0}} t$$

25 다음과 같은 균일계 액상 반응에서 첫 단계는 2차 반응, 두 번째 단계는 1차 반응으로 진행되고, R이 원하는 제품일 때의 설명으로 옳은 것은?

$$A \xrightarrow{k_1} R \xrightarrow{k_2} S$$

① 반응물 A의 농도는 높게 유지할수록 좋다.
② 반응물 A의 농도는 R의 수율과 무관하다.
③ 반응온도를 높게 유지할수록 좋다.
④ 혼합흐름반응기를 사용하는 것이 좋다.

해설

$$S = \frac{dC_R}{dC_S} = \frac{k_1 C_A^2}{k_2 C_A} = \frac{k_1}{k_2} C_A$$
$\therefore C_A$를 높게 유지한다.

26 회분식 반응기에서 전화율을 75%까지 얻는 데 소요된 시간이 3시간이었다고 한다. 같은 전화율로 $3ft^3/min$을 처리하는 데 필요한 플러그 흐름 반응기의 부피는?(단, 반응에 따른 밀도 변화는 없다.)

① $540 ft^3$ ② $620 ft^3$
③ $720 ft^3$ ④ $840 ft^3$

해설

$$\tau = \frac{V}{v_0}$$
$$3h = \frac{V}{3ft^3/min \times \frac{60min}{1h}}$$
$$\therefore V = 540 ft^3$$

27 기초 2차 액상 반응 $2A \rightarrow 2R$을 순환비가 2인 등온 플러그흐름반응기에서 반응시킨 결과 50%의 전화율을 얻었다. 동일 반응에서 순환류를 폐쇄시킨다면 전화율은?

① 0.6   ② 0.7
③ 0.8   ④ 0.9

해설

$$\frac{\tau_p}{C_{A0}} = (R+1) \int_{X_{Ai}}^{X_{Af}} \frac{dX_A}{-r_A} \text{(순환반응기)}$$
$$X_{Ai} = \frac{R}{R+1} X_{Af} = \frac{2}{2+1}(0.5) = \frac{1}{3}$$
$$\frac{\tau_p}{C_{A0}} = 3 \int_{\frac{1}{3}}^{0.5} \frac{dX_A}{kC_{A0}^2(1-X_A)^2}$$
$$k\tau_p C_{A0} = 3 \left[\frac{1}{1-X_A} \right]_{\frac{1}{3}}^{0.5} = 1.5$$

PFR(순환류 폐쇄)
2차 $k\tau_p C_{A0} = \frac{X_A}{1-X_A}$
$$1.5 = \frac{X_A}{1-X_A}$$
$$\therefore X_A = 0.6$$

28 비가역 1차 반응에서 속도정수가 $2.5 \times 10^{-3} s^{-1}$이었다. 반응물의 농도가 $2.0 \times 10^{-2} mol/cm^3$일 때의 반응속도는 몇 $mol/cm^3 \cdot s$인가?

① 0.4×10^{-1} ② 1.25×10^{-1}
③ 2.5×10^{-5} ④ 5×10^{-5}

정답 25 ① 26 ① 27 ① 28 ④

해설

$-r_A = kC_A$
$= 2.5 \times 10^{-3}\ 1/s \times 2 \times 10^{-2} mol/cm^3$
$= 5 \times 10^{-5} mol/cm^3\ s$

29 반응물 A가 동시반응에 의하여 분해되어 아래와 같은 두 가지 생성물을 만든다. 이때, 비목적생성물(U)의 생성을 최소화하기 위한 조건으로 틀린 것은?

$$A \to D,\ r_D = 0.002 e^{4,500\left(\frac{1}{300K} - \frac{1}{T}\right)} C_A$$
$$A \to U,\ r_U = 0.004 e^{2,500\left(\frac{1}{300K} - \frac{1}{T}\right)} C_A^{\ 2}$$

① 불활성 가스의 혼합 사용
② 저온반응
③ 낮은 C_A
④ CSTR 반응기 사용

해설

$$\frac{r_D}{r_U} = \frac{dC_D}{dC_U} = \frac{0.002 e^{4,500\left(\frac{1}{300} - \frac{1}{T}\right)}}{0.004 e^{2,500\left(\frac{1}{300} - \frac{1}{T}\right)} C_A}$$

$E_D > E_U$이므로 고온을 사용한다.

$e^{2,000\left(\frac{1}{300} - \frac{1}{T}\right)}$가 크려면 $\frac{1}{T}$이 작아야 하므로 T가 커야 한다.

C_A의 농도를 낮게 하는 방법
- CSTR 사용
- X_A을 높게 유지
- 공급물에 불활성 불실 증가
- 기상계에서 압력 감소

30 평형(Equilibrium)에 대한 정의가 아닌 것은?(단, G는 깁스(Gibbs)에너지, mix는 혼합에 의한 변화를 의미한다.)

① 계(System)의 거시적 성질들이 시간에 따라 변하지 않는 경우
② 정반응의 속도와 역반응의 속도가 동일할 경우
③ $\Delta G_{T,P} = 0$
④ $\Delta V_{mix} = 0$

해설

평형
- 계의 거시적 성질들이 시간에 따라 변하지 않는 상태
- 정반응속도 = 역반응속도
- 동적 평형
- $(dG^t)_{T,P} = 0$

31 25℃에서 1몰의 이상기체가 20atm에서 1atm로 단열 가역적으로 팽창하였을 때 최종온도는 약 몇 K인가?(단, 비열비 $\frac{C_P}{C_V} = \frac{5}{3}$이다.)

① 100K
② 90K
③ 80K
④ 70K

해설

$$\left(\frac{T_2}{T_1}\right) = \left(\frac{P_2}{P_1}\right)^{\frac{\gamma-1}{\gamma}}$$

$$\frac{T_2}{298} = \left(\frac{1}{20}\right)^{\frac{5/3-1}{5/3}}$$

$\therefore T_2 = 90K$

32 $P-H$ 선도에서 등엔트로피선 기울기 $\left(\frac{\partial P}{\partial H}\right)_S$의 값은?

① V
② $-V$
③ $\frac{1}{V}$
④ $-\frac{1}{V}$

해설

$dH = TdS + VdP$
양변을 $\div dP$, 등엔트로피
$\left(\frac{\partial H}{\partial P}\right)_S = V$
$\therefore \left(\frac{\partial P}{\partial H}\right)_S = \frac{1}{V}$

정답 29 ② 30 ④ 31 ② 32 ③

33 1기압에서 1mol의 100℃ 물이 100℃ 수증기로 변할 때 엔트로피 변화는 얼마인가?(단, 증발잠열은 539cal/g 이다.)

① 1.44cal/K ② 1.71cal/K
③ 26.01cal/K ④ 30.84cal/K

해설

$$\Delta S = \frac{\Delta H_{tran}}{T}$$
$$= \frac{539\text{cal/g} \times 18\text{g/mol}}{373\text{K}}$$
$$= 26.01\text{cal/K}$$

34 이상기체로 가정한 2몰의 질소를 250℃에서 역학적으로 가역인 정압과정으로 430℃까지 가열 팽창시켰을 때 엔탈피 변화량 ΔH는 약 몇 kJ인가?(단, 이 온도영역에서 일정압력 열용량 값은 일정하며, 20.785 J/mol K이다.)

① 3.75 ② 7.5
③ 15.0 ④ 30.0

해설

$$H = U + PV \xrightarrow{\text{정압}} \Delta H = \Delta U + P\Delta V$$
$$= Q_P = nC_P\Delta T$$

$$\therefore \Delta H = Q_P = nC_P\Delta T$$
$$= 2\text{mol} \times 20.785\text{J/mol K} \times (430-250)\text{K}$$
$$= 7,482.6\text{J}$$
$$= 7.48\text{kJ}$$

35 줄-톰슨 계수(μ)에 관한 설명 중 틀린 것은?

① $\mu = \left(\frac{\partial T}{\partial P}\right)_H$ 로 정의된다.
② 일정 엔탈피에서 발생되는 변화에 대한 값이다.
③ 이상기체의 점도에 비례한다.
④ 실제기체에서도 그 값이 0이 될 수 있다.

해설

$$\mu = \left(\frac{\partial T}{\partial P}\right)_H$$

압력강하 시
- $\mu > 0$: 온도하강
- $\mu = 0$: 반전온도
- $\mu < 0$: 온도상승

36 다음 반응에서 체적팽창률(Fractional Change in Volume, ε_A)의 값은?

$$C(s) + O_2(g) \rightarrow CO_2(g)$$

① $-\frac{1}{2}$ ② 0
③ $\frac{1}{2}$ ④ 1

해설

$$\varepsilon_A = y_{A0}\delta$$
$$\varepsilon_A = \frac{1}{2}\left(\frac{1-1}{1}\right) = 0$$
$$\therefore \varepsilon_A = 0$$

37 역행응축(逆行凝縮, Retrograde CondenSation) 현상을 가장 유용하게 쓸 수 있는 경우는?

① 천연가스 채굴 시 동력 없이 많은 양의 액화천연가스를 얻는다.
② 기체를 임계점에서 응축시켜 순수성분을 분리시킨다.
③ 고체 혼합물을 기체화시킨 후 다시 응축시켜 비휘발성 물질만을 얻는다.
④ 냉동의 효율을 높이고 냉동제의 증발잠열을 최대로 이용한다.

해설

역행응축
압력을 감소시키면 액체의 증발이 일어나는데 다성분계의 임계점 부근에서 압력을 감소시킬 때 액화가 일어나는 이상한 응축현상

정답 33 ③ 34 ② 35 ③ 36 ② 37 ①

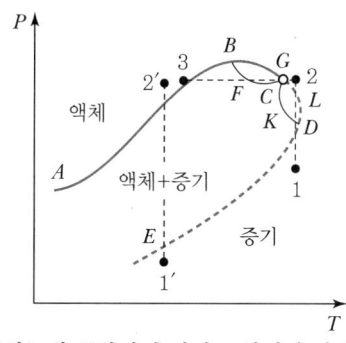

압력이 증가하는데 증발이 추진되고 압력이 감소하는데 응축이 일어나는, 보통과 반대의 현상을 "역행응축"이라 한다.

예 • 천연가스 채굴 시 동력 없이 액화천연가스를 얻는다.
• 지하 유정에서 가스를 끌어올릴 때 가벼운 가스를 다시 넣어주어 압력을 높인다.

38 엔트로피에 대한 설명으로 옳지 않은 것은?(단, k는 Boltzmann 상수이고, Ω는 열역학적 확률이다.)

① 계의 엔트로피 변화는 항상 양수이다.
② S는 $k\ln\Omega$으로 표현될 수 있다.
③ 열역학 제2법칙을 수학적으로 표현하면, $\Delta S_{total} \geq 0$이다.
④ 자발적 반응에서는 비가역으로 증가한다.

해설
엔트로피 변화가 음수인 경우도 있다. 다만 그 계의 Total 엔트로피가 0보다 큰 값을 갖는다.
$\Delta S_{total} \geq 0$

39 회분식 반응기에서 속도론적 데이터를 해석하는 방법 중 옳지 않은 것은?

① 정용회분반응기의 미분식에서 기울기가 반응차수이다.
② 농도를 표시하는 도함수의 결정은 보통 도시적 미분법, 수치미분법 등을 사용한다.
③ 적분해석법에서는 반응차수를 구하기 위해서 시행착오법을 사용한다.
④ 비가역반응일 경우 농도 – 시간 자료를 수치적으로 미분하여 반응차수와 반응속도상수를 구별할 수 있다.

해설
속도론적 데이터 해석방법
㉠ 적분법
• 시간에 대한 함수로서 농도를 얻기 위해 미분방정식을 적분한다. 가정한 차수가 옳다면 농도 – 시간 자료의 적절한 그래프(적분)는 직선이 되어야 한다.
• 적분법은 보통 반응차수를 알고 E_a를 구하기 위해 서로 다른 온도에서의 반응속도를 계산할 필요가 있을 때 가장 많이 사용한다.
∴ 적분법은 반응차수를 구하기 위해 시행착오법을 사용한다.
㉡ 미분해석법
$$\ln\left(-\frac{dC_A}{dt}\right) \text{ vs } \ln C_A$$
그래프에서 기울기가 반응차수이므로 k_A를 구한다.
$$-\frac{dC_A}{dt} = k_A C_A^{\alpha}$$
※ 시간의 함수로 농도를 표시해주는 도함수를 결정하기 위한 세 가지 방법
농도 – 시간 자료에서 $-\frac{dC_A}{dt}$를 구하는 방법
• 도식미분법
• 수치미분법
• 자료에 잘 맞는 다항식의 미분
㉢ 비선형 회귀분석법
모든 자료에 대한 측정된 변수값과 계산된 변수값의 차의 제곱합이 최소가 되게 하는 매개변수 값들을 찾는 방법이다.

40 물 100g을 18℃에서 90℃로 가열하는 데 5,320 kcal/m³인 연료 12L가 사용되었다. 연료의 손실률(%)은 얼마인가?

① 11.28% ② 26.11%
③ 78.67% ④ 88.72%

해설
$Q = mc\Delta t$
$= 100g \times 1cal/g \cdot ℃ \times (90-18)℃ = 7,200cal$

연료 $= \frac{5,320kcal}{m^3} \times \frac{1,000cal}{1kcal} \times \frac{1m^3}{1,000L} \times 12L$
$= 63,840cal$

손실률(%) $= \frac{63,840 - 7,200}{63,840} \times 100\%$
$= 88.72\%$

정답 ▶ 38 ① 39 ① 40 ④

3과목 단위공정관리

41 일반적인 물질수지의 항에서 계 내의 축적량 A를 옳게 나타낸 식은?(단, I는 계에 들어오는 양, O는 계에서 나가는 양, F는 계 내의 생성량, C는 계 내의 소모량이다.)

① $A = I - O - F + C$
② $A = I + F - C - O$
③ $A = I - O - F - C$
④ $A = O - I - F - C$

해설

축적량 = 입량 - 출량 - 소모량 + 생성량
$A = I - O - C + F$

42 "분쇄 에너지는 생성입자 입경의 평방근에 반비례한다"는 법칙은?

① Sherwood 법칙
② Rittinger 법칙
③ Kick 법칙
④ Bond 법칙

해설

- Rittinger의 법칙 : $W = k_R'\left(\dfrac{1}{D_{P2}} - \dfrac{1}{D_{P1}}\right) = k_R(S_{P2} - S_{P1})$
- Kick의 법칙 : $W = k_K \ln\dfrac{D_{P1}}{D_{P2}}$
- Bond의 법칙 : $W = 2k_B\left(\dfrac{1}{\sqrt{D_{P2}}} - \dfrac{1}{\sqrt{D_{P1}}}\right)$

43 20℃의 물 1kg을 150℃ 수증기로 변화시키는 데 필요한 열량은 약 몇 cal인가?(단, 물의 비열은 18cal/mol K이고, 수증기의 비열은 8.0cal/mol K으로 일정하며, 물의 증발열은 9.7×10^3cal/mol이다.)

① 5.41×10^5
② 6.41×10^5
③ 7.41×10^5
④ 8.41×10^5

해설

$$20℃ \text{ 물} \xrightarrow{Q_1} 100℃ \text{ 물} \xrightarrow{Q_2} 100℃ \text{ 수증기} \xrightarrow{Q_3} 150℃ \text{ 수증기}$$

$Q = Q_1 + Q_2 + Q_3$
$= 55.6 \times 18 \times (100 - 20) + 55.6 \times (9.7 \times 10^3)$
$\quad + 55.6 \times 8 \times (150 - 100)$
$= 641,624\text{cal}$

(물 1kg = 1,000g, $\dfrac{1,000\text{g}}{18\text{g/mol}} = 55.6\text{mol}$)

44 다음과 같은 반응의 표준반응열은 몇 kcal/mol인가?(단, C_2H_5OH, CH_3COOH, $CH_3COOC_2H_5$의 표준연소열은 각각 $-326,700$kcal/mol, $-208,340$kcal/mol, $-538,750$kcal/mol이다.)

$$C_2H_5OH(l) + CH_3COOH(l) \to CH_3COOC_2H_5(l) + H_2O(l)$$

① $-14,240$
② $-3,710$
③ $3,710$
④ $14,240$

해설

반응열 $= (\sum H_{reactant})_c - (\sum H_{product})_c$
$= (-326,700 - 208,340) - (-538,750)$
$= 3,710\text{kcal/mol}$

45 증류에서 일정한 비휘발도 값으로 2를 가지는 2성분 혼합물을 90mol%인 탑위제품과 10mol%인 탑밑제품으로 분리하고자 한다. 최소 이론단수는 얼마인가?

① 3
② 4
③ 6
④ 7

해설

Fenske 식

$N_{min} + 1 = \log\left(\dfrac{x_D}{1-x_D} \cdot \dfrac{1-x_w}{x_w}\right)/\log\alpha$
$\qquad\qquad = \log\left(\dfrac{0.9}{0.1} \cdot \dfrac{0.9}{0.1}\right)/\log 2 = 6.34$

$\therefore N_{min} = 5.34 \to 6$단

정답 41 ② 42 ④ 43 ② 44 ③ 45 ③

46 증류탑의 Ideal Stage(이상단)에 대한 설명으로 옳지 않은 것은?

① Stage(단)를 떠나는 두 Stream(흐름)은 서로 평행 관계를 이루고 있다.
② 재비기(Reboiler)는 한 Ideal Stage로 계산한다.
③ 부분응축기(Partial Condenser)는 한 Ideal Stage로 계산한다.
④ 전응축기(Total Condenser)는 한 Ideal Stage로 계산한다.

> 해설
- 전응축기는 단수로 계산하지 않는다.
- 부분응축기, 재비기는 이론단 1단에 해당한다.

47 큰 저수지에 있는 물을 안지름 100mm인 파이프를 통하여 높이 150m에 있는 물 탱크에 72m³/h의 유속으로 수송하려 할 때 이론상 필요한 펌프의 마력은 약 얼마인가? (단, 물의 비중은 1로 하며, 1마력은 76kgf m/s로 하고 탱크 내부의 압력은 대기압이며, 마찰손실은 무시한다.)

① 0.04 ② 40
③ 144 ④ 164

> 해설

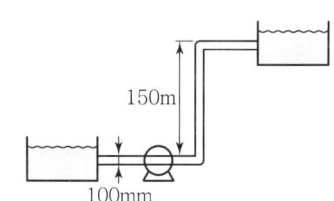

$\dfrac{\Delta u^2}{2g_c} + \dfrac{g}{g_c}\Delta z + \dfrac{\Delta p}{\rho} + \sum F = W_p$

$Q = 72\text{m}^3/\text{h} \times 1\text{h}/3{,}600\text{s} = 0.02\text{m}^3/\text{s}$

$\bar{u} = \dfrac{Q}{A} = \dfrac{0.02\text{m}^3/\text{s}}{\dfrac{\pi}{4} \times 0.1^2 \text{m}^2} = 2.55\text{m/s}$

$\therefore W_p = \dfrac{2.55^2 - 0^2}{2 \times 9.8} + 150 = 150.33 \text{kg}_f \text{ m/kg}$

$\dot{m} = \rho \bar{u} A = \rho Q = 1{,}000\text{kg/m}^3 \times 0.02\text{m}^3/\text{s} = 20\text{kg/s}$

$P = \dfrac{W_p \dot{m}}{76} = \dfrac{150.33 \times 20}{76} = 39.6\text{HP} \fallingdotseq 40\text{HP}$

48 다음 그림은 1기압하에서의 A, B 2성분계 용액에 대한 비점선도(Boiling Point Diagram)이다. $X_A = 0.40$인 용액을 1기압하에서 서서히 가열할 때 일어나는 현상을 설명한 내용으로 틀린 것은?(단, 처음 온도는 40℃이고, 마지막 온도는 70℃이다.)

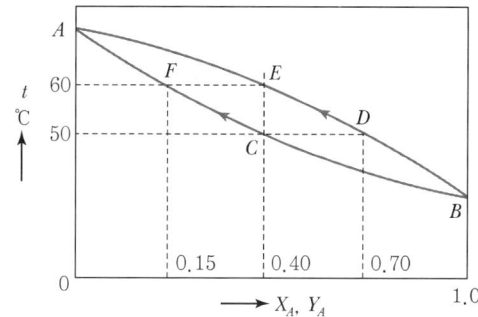

① 용액은 50℃에서 끓기 시작하여 60℃가 되는 순간 완전히 기화한다.
② 용액이 끓기 시작하자마자 생긴 최초의 증기조성은 $Y_A = 0.70$이다.
③ 용액이 계속 증발함에 따라 남아 있는 용액의 조성은 곡선 DE를 따라 변한다.
④ 마지막 남은 한 방울의 조성은 $X_A = 0.15$이다.

> 해설

$x_A = 0.4 \rightarrow y_A = 0.7$
용액의 조성은 곡선 CF를 따라 변하고 기상의 조성은 DE를 따라 변한다.

49 벤젠, 톨루엔의 혼합물로 그 비점에서 정류탑에 공급한다. 원액 중 벤젠의 몰분율은 0.2, 유출액은 0.96, 관출액은 0.04의 조건에서 매시 90kmol을 처리한다. 환류비는 최소 환류비의 1.5배이다. 상부 조작선의 방정식을 옳게 나타낸 것은?(단, 벤젠의 액조성이 0.2일 때 평형증기의 조성은 0.375이다.)

① $y_{n+1} = 3.34x_n + 0.834$
② $y_{n+1} = 0.833x_n + 0.834$
③ $y_{n+1} = 3.34x_n + 0.16$
④ $y_{n+1} = 0.833x_n + 0.16$

정답 46 ④ 47 ② 48 ③ 49 ④

해설

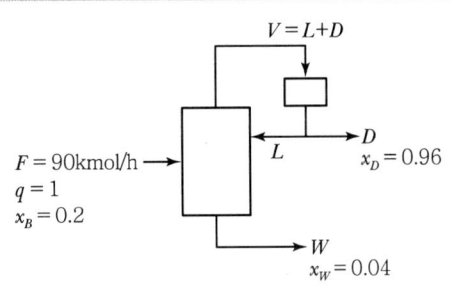

- $R = \dfrac{L}{D} = R_{min} \times 1.5$

  $R_{min} = \dfrac{x_D - y_f}{y_f - x_f} = \dfrac{0.96 - 0.375}{0.375 - 0.2} = 3.34$

  ∴ $R = 3.34 \times 1.5 = 5.01$

- 상부조작선의 방정식

  $y_{n+1} = \dfrac{R}{R+1} x_n + \dfrac{x_D}{R+1}$

  $= \dfrac{5}{6} x_n + \dfrac{0.96}{6} = 0.833 x_n + 0.16$

  ∴ $y_{n+1} = 0.833 x_n + 0.16$

50 다음 중 증발, 건조, 결정화, 분쇄, 분급의 기능을 모두 가지고 있는 건조장치는?

① 적외선복사건조기 ② 원통건조기
③ 회전건조기 ④ 분무건조기

해설

분무건조기(Spray Dryer)
용액, 슬러리를 미세한 입자의 형태로 가열기체 중에 분산시켜 건조. 건조시간이 짧아서 열에 예민한 물질에 효과적

51 습한 재료 10kg을 건조했더니 8.2kg이었다. 처음 재료의 수분율은 몇 %인가?

① 12% ② 14%
③ 16% ④ 18%

해설

수분율 $= \dfrac{10\text{kg} - 8.2\text{kg}}{10\text{kg}} \times 100 = 18\%$

52 N_{Nu}(Nusselt Number)의 정의로서 옳은 것은? (단, N_{st}는 Stanton 수, N_{pr}는 Prandtl 수, k는 열전도도, D는 지름, h는 개별 열전달계수, N_{Re}는 레이놀즈 수이다.)

① $\dfrac{kD}{h}$

② $\dfrac{\text{전도저항}}{\text{대류저항}}$

③ $\dfrac{\text{전체의 온도구배}}{\text{표면에서의 온도구배}}$

④ $\dfrac{N_{st}}{N_{Re} \cdot N_{pr}}$

해설

$N_{Nu} = \dfrac{hD}{k} = \dfrac{\text{대류열전달}}{\text{전도열전달}} = \dfrac{\text{전도저항}}{\text{대류저항}}$

$N_{st} = \dfrac{N_{Nu}}{N_{Re} \cdot N_{Pr}}$

53 다음은 실제기체의 압축인자(Compressibility Factor)를 나타내는 그림이다. 이들 기체 중에서 저온에서 분자 간 인력이 가장 큰 기체는?

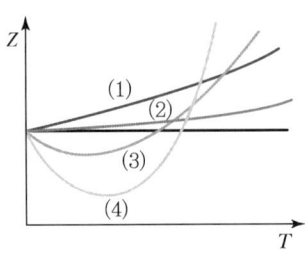

① (1) ② (2)
③ (3) ④ (4)

해설

(4)번이 저온에서 $Z=1$과 가장 멀리 위치하므로 이상기체에서 가장 멀리 떨어져 있다.

정답 50 ④ 51 ④ 52 ② 53 ④

54 비중 0.8, 점도 5cP인 유체를 10cm/s의 평균속도로 안지름 10cm의 원관을 사용하여 수송한다. Fanning 식의 마찰계수값은 약 얼마인가?

① 0.1
② 0.01
③ 0.001
④ 0.0001

해설

$$f = \frac{16}{N_{Re}}$$

$$N_{Re} = \frac{D \bar{u} \rho}{\mu} = \frac{10 \times 10 \times 0.8}{0.05} = 1,600 < 2,100 \text{(층류)}$$

$$\therefore f = \frac{16}{1,600} = 0.01$$

55 다음 중 Dittus-Boelter 식과 관련된 무차원수가 아닌 것은?

① N_{Nu}
② N_{Gr}
③ N_{Re}
④ N_{Pr}

해설

Dittus-Boelter 식

$$\frac{hD}{k} = 0.023 \left(\frac{D u \rho}{\mu}\right)^{0.8} \left(\frac{C_p \mu}{k}\right)^n$$

$$N_{Nu} = \frac{hD}{k}$$

$$N_{Re} = \frac{D u \rho}{\mu}$$

$$N_{Pr} = \frac{C_p \mu}{k}$$

$$N_{Gr} = \frac{y D^3 \rho^2 \beta \Delta t}{\mu^2}$$

56 다음 중 나머지 셋과 서로 다른 단위를 갖는 것은?

① 열전도도÷길이
② 총괄열전달계수
③ 열전달속도÷면적
④ 열유속(Heat Flux)÷온도

해설

① $\frac{k}{l} = \text{kcal/m}^2 \text{ h } ℃$

② $U = \text{kcal/m}^2 \text{ h } ℃$

③ $\frac{q}{A} = \text{kcal/m}^2 \text{ h}$

④ $\frac{q}{At} = \text{kcal/m}^2 \text{ h } ℃$

57 3중 효용관의 처음 증발관에 들어가는 수증기의 온도는 110℃이고 맨끝 효용관의 진공도는 660mmHg (51℃)이다. 각 효용관의 총괄전열계수가 500, 300, 200일 때 제2효용관 액의 비점은 몇 ℃인가?

① 11.4℃
② 98.6℃
③ 19℃
④ 79.6℃

해설

$$\Delta t : \Delta t_1 : \Delta t_2 = \frac{1}{U_1} : \frac{1}{U_2} : \frac{1}{U_3}$$

$$= \frac{1}{500} : \frac{1}{300} : \frac{1}{200}$$

$$= 6 : 10 : 15$$

$(110 - 51) : \Delta t_1 = (6 + 10 + 15) : 6$

$\therefore \Delta t_1 = 110 - t_2 = 11.4$

$\therefore t_2 = 98.6℃$

$\Delta t_1 : \Delta t_2 = R_1 : R_2$

$11.4 : \Delta t_2 = 6 : 10$

$\Delta t_2 = 98.6 - t_3 = 19℃$

$\therefore t_3 = 79.6℃$

58 냉장고의 소비전력이 71W이다. 1년 동안 사용했을 때 총소비전력량(kcal)은 얼마인가?

① 71
② 25,915
③ 6,194
④ 535,147

해설

$P = 71\text{W} = 71\text{J/s}$

$W = Pt$

$= 71\text{J/s} \times 1\text{year} \times \frac{365\text{d}}{1\text{y}} \times \frac{24\text{h}}{1\text{d}} \times \frac{3,600\text{s}}{1\text{h}}$

$= 2,239,056,000\text{J} \times \frac{1\text{cal}}{4.184\text{J}} \times \frac{1\text{kcal}}{1,000\text{cal}}$

$= 535,147\text{kcal}$

정답 54 ② 55 ② 56 ③ 57 ④ 58 ④

59 이상기체 A의 정압 열용량을 다음 식으로 나타낸다고 할 때 1mol을 대기압하에서 100℃에서 200℃까지 가열하는 데 필요한 열량은 약 몇 cal/mol인가?

$$C_p(\text{cal/mol K}) = 6.6 + 0.96 \times 10^{-3} T$$

① 401
② 501
③ 601
④ 701

해설

$$Q = n \int C_p dT$$
$$= \int_{373}^{473} (6.6 + 0.96 \times 10^{-3} T) dT$$
$$= 6.6 \times (473 - 373) + \frac{0.96 \times 10^{-3}}{2} \times (473^2 - 373^2)$$
$$= 700.6 \, \text{cal/mol}$$

60 내경 150mm, 길이 150m의 수평관에 비중이 0.8의 기름을 평균 1m/s의 속도로 보낼 때 레이놀즈 수(Reynolds Number)를 측정하였더니 1,600이었다. 이때 생기는 마찰손실은 약 몇 kg$_f$ m/kg인가?

① 2.04
② 4.0
③ 9.1
④ 21

해설

$$F = \frac{\Delta p}{\rho} = 4f \frac{L}{D} \frac{u^2}{2g_c}$$
$$f = \frac{16}{N_{Re}} = \frac{16}{1,600} = 0.01$$
$$F = 4 \times 0.01 \times \frac{150}{0.15} \times \frac{1^2}{2 \times 9.8}$$
$$= 2.04 \, \text{kg}_f \, \text{m/kg}$$

4과목 화공계측제어

61 공정제어를 최적으로 하기 위한 조건 중 틀린 것은?

① 제어편차 e가 최대일 것
② 응답의 진동이 작을 것
③ Overshoot이 작을 것
④ $\int_0^\infty t|e|dt$가 최소일 것

해설

공정제어를 최적으로 하기 위한 조건 : 제어편차 e가 최소가 되어야 한다.

62 Laplace 변환 등에 대한 설명으로 틀린 것은?

① $y(t) = \sin \omega t$의 Laplace 변환은 $\omega/(s^2 + \omega^2)$이다.
② $y(t) = 1 - e^{-t/\tau}$의 Laplace 변환은 $1/(s(\tau s + 1))$이다.
③ 높이와 폭이 1인 사각펄스의 폭을 0에 가깝게 줄이면 단위 임펄스와 같은 모양이 된다.
④ Laplace 변환은 선형변환으로 중첩의 원리(Superposition Principle)가 적용된다.

해설

① $y(t) = \sin \omega t \xrightarrow{\mathcal{L}} Y(s) = \dfrac{\omega}{s^2 + \omega^2}$

② $y(t) = 1 - e^{-t/\tau} \xrightarrow{\mathcal{L}} Y(s) = \dfrac{1}{s} - \dfrac{1}{s + \dfrac{1}{\tau}} = \dfrac{1}{s(\tau s + 1)}$

③ $\delta = \lim\limits_{h \to 0} \dfrac{u(t) - u(t-h)}{h}$

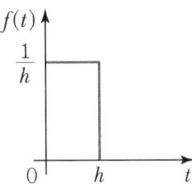

$$\int_{-\infty}^{\infty} \delta(t) dt = 1$$

④ 중첩의 원리
$X(s) = a_1 X_1(s) + a_2 X_2(s)$

$Y(s) = G(s)X(s)$
$\quad = a_1 G(s) X_1(s) + a_2 G(s) X_2(s)$
$\quad = a_1 Y_1(s) + a_2 Y_2(s)$
$Y_1(s)$와 $Y_2(s)$는 각각 $X_1(s)$와 $X_2(s)$에 대한 응답이다.

63 총괄전달함수가 $\dfrac{1}{(s+1)(s+2)}$ 인 계의 주파수 응답에 있어 주파수가 2rad/s일 때 진폭비는?

① $\dfrac{1}{\sqrt{10}}$ ② $\dfrac{1}{2\sqrt{10}}$
③ $\dfrac{1}{5}$ ④ $\dfrac{1}{10}$

해설

$\dfrac{1}{s^2+3s+2} = \dfrac{1/2}{\frac{1}{2}s^2+\frac{3}{2}s+1}$

$\tau^2 = \dfrac{1}{2} \quad \therefore \tau = \dfrac{1}{\sqrt{2}}$

$2\tau\zeta = \dfrac{3}{2},\ 2\cdot\dfrac{1}{\sqrt{2}}\cdot\zeta = \dfrac{3}{2} \quad \therefore \zeta = \dfrac{3}{2\sqrt{2}}$

$K = \dfrac{1}{2}$

진폭비 $AR = \dfrac{K}{\sqrt{(1-\tau^2\omega^2)^2+(2\tau\zeta\omega)^2}}$

$\therefore AR = \dfrac{1/2}{\sqrt{\left(1-\left(\dfrac{1}{\sqrt{2}}\right)^2\cdot 2^2\right)^2+\left(2\times\dfrac{1}{\sqrt{2}}\times\dfrac{3}{2\sqrt{2}}\times 2\right)^2}}$

$= \dfrac{1}{2\sqrt{10}}$

64 다음의 비선형계를 선형화하여 편차변수 $y' = y - y_{ss}$, $u' = u - u_{ss}$로 표현한 것은?

$$4\dfrac{dy}{dt}+2y^2 = u(t)$$
정상상태 : $y_{ss}=1,\ u_{ss}=2$

① $4\dfrac{dy'}{dt}+2y' = u'(t)$ ② $4\dfrac{dy'}{dt}+\dfrac{1}{2}y' = u'(t)$
③ $4\dfrac{dy'}{dt}+4y' = u'(t)$ ④ $4\dfrac{dy'}{dt}+4y' = 0$

해설

$4\dfrac{dy}{dt}+2y^2 = u(t)$

$4\dfrac{dy_s}{dt}+2y_s^2 = u_s$

$4\dfrac{d(y-y_s)}{dt}+2(y^2-y_s^2) = u-u_s$

y^2을 선형화하면 $y^2 = y_s^2 + 2y_s(y-y_s)$

$\therefore 4\dfrac{d(y-y_s)}{dt}+2[2y_s(y-y_s)] = u-u_s \ (y_s=1)$

$4\dfrac{dy'}{dt}+4y' = u'$

65 2차계의 상승시간에 대한 설명 중 옳은 것은?
① 응답이 최종값의 ±5% 이내에 위치하기 시작할 때까지 걸린 시간
② 응답이 최초로 최종값에 도달하는 데 걸리는 시간
③ $\zeta=0$일 때의 시간
④ 최초 진동의 피크에 도달하는 시간

해설

- 상승시간(t_R)
 응답이 최초로 최종값(정상상태값)에 도달하는 데 걸린 시간
- 안정시간(t_s)
 응답이 최종값의 ±5% 이내에 위치하기 시작할 때까지 걸린 시간

66 시간상수가 1min이고 이득(Gain)이 1인 1차계의 단위응답이 최종치의 10%부터 최종치의 90%에 도달할 때까지 걸린 시간(Rise Time ; t_r, min)은?

① 2.20 ② 1.01
③ 0.83 ④ 0.21

해설

$G(s) = \dfrac{K}{\tau s+1} = \dfrac{1}{s+1}$

$Y(s) = \dfrac{1}{s+1}\dfrac{1}{s} = \dfrac{1}{s} - \dfrac{1}{s+1}$

$y(t) = 1-e^{-t}$

정답 63 ② 64 ③ 65 ② 66 ①

$\dfrac{y(t)}{K} = y(t) = 1$ (정상상태)

$0.1 = (1 - e^{-t})$ ∴ $t = 0.105$

$0.9 = (1 - e^{-t})$ ∴ $t = 2.302$

∴ 10% → 90%까지 걸린 시간
$t_r = 2.302 - 0.105 = 2.2$

67 측정 가능한 외란(Measurable Disturbance)을 효과적으로 제거하기 위한 제어기는?

① 앞먹임 제어기(Feedforward Controller)
② 되먹임 제어기(Feedback Controller)
③ 스미스 예측기(Smith Predictor)
④ 다단 제어기(Cascade Controller)

해설
앞먹임 제어(Feedforward Controller)
외부교란을 측정하고 이 측정값을 이용하여 외부교란이 공정에 미치게 될 영향을 사전에 보정시켜 준다.

68 시정수가 0.1분이며 이득이 1인 1차 공정의 특성을 지닌 온도계가 90℃로 정상상태에 있다. 특정 시간($t = 0$)에 이 온도계를 100℃인 곳에 옮겼을 때, 온도계가 98℃를 가리키는 데 걸리는 시간(분)은?(단, 온도계는 단위계단응답을 보인다고 가정한다.)

① 0.161
② 0.230
③ 0.303
④ 0.404

해설
$Y(s) = G(s)X(s)$
$= \dfrac{1}{0.1s + 1} \cdot \dfrac{10}{s}$
$= 10\left(\dfrac{1}{s} - \dfrac{0.1}{0.1s + 1}\right)$
$= 10\left(\dfrac{1}{s} - \dfrac{1}{s + 10}\right)$

$y(t) = 10(1 - e^{-10t}) = 8$
$1 - e^{-10t} = 0.8$
∴ $t = 0.161 \text{min}$

69 전달함수가 다음과 같은 2차 공정에서 $\tau_1 > \tau_2$이다. 이 공정에 크기 A인 계단 입력변화가 야기되었을 때 역응답이 일어날 조건은?

$$G(s) = \dfrac{Y(s)}{X(s)} = \dfrac{K(\tau_d s + 1)}{(\tau_1 s + 1)(\tau_2 s + 1)}$$

① $\tau_d > \tau_1$
② $\tau_d < \tau_2$
③ $\tau_d > 0$
④ $\tau_d < 0$

해설

τ_d의 크기	응답모양
$\tau_d > \tau_1$	Overshoot가 나타남
$0 < \tau_d \leq \tau_1$	1차 공정과 유사한 응답
$\tau_d < 0$	역응답

70 PID 제어기에서 미분동작에 대한 설명으로 옳은 것은?

① 입력신호의 변화율에 반비례하여 동작을 내보낸다.
② 미분동작이 너무 작으면 측정 잡음에 민감하게 된다.
③ 오프셋을 제거해 준다.
④ 시상수가 크고 잡음이 적은 공정의 제어에 적합하다.

해설
미분동작
- 오프셋(잔류편차)은 존재하나 최종값에 도달하는 시간을 단축한다.
- 시상수가 큰 공정에 적합하다.
- 측정잡음에 민감하다.

71 가정의 주방용 전기오븐을 원하는 온도로 조절하고자 할 때 제어에 관한 설명으로 다음 중 가장 거리가 먼 것은?

① 피제어변수는 오븐의 온도이다.
② 조절변수는 전류이다.
③ 오븐의 내용물은 외부교란변수(외란)이다.
④ 설정점(Set Point)은 전압이다.

정답 67 ① 68 ① 69 ④ 70 ④ 71 ④

해설

Set Point(설정값)는 오븐의 온도이다.

72 다음 그림에서와 같은 제어계에서 안정성을 갖기 위한 K_c의 범위(Lower Bound)를 가장 옳게 나타낸 것은?

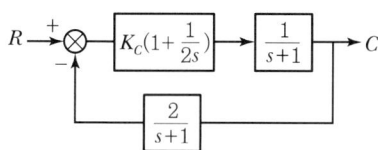

① $K_c > 0$
② $K_c > \dfrac{1}{2}$
③ $K_c > \dfrac{2}{3}$
④ $K_c > 2$

해설

$$G_c = \dfrac{K_c\left(1+\dfrac{1}{2s}\right)\left(\dfrac{1}{s+1}\right)}{1+K_c\left(1+\dfrac{1}{2s}\right)\left(\dfrac{1}{s+1}\right)\left(\dfrac{2}{s+1}\right)}$$

분모 = 0

$$1+2K_c\left(\dfrac{2s+1}{2s}\right)\left(\dfrac{1}{s+1}\right)\left(\dfrac{1}{s+1}\right)=0$$

정리하면
$$s^3+2s^2+(1+2K_c)s+K_c=0$$

Routh 안정성 판별법

1	1	$1+2K_c$
2	2	K_c
3	$\dfrac{2(1+2K_c)-K_c}{2}>0$	

∴ $K_c > -\dfrac{2}{3}$ 이므로 보기 중 가장 옳은 것은 $K_c > 0$ 이 된다.

73 다음 블록선도에서 전달함수 $\dfrac{Y(s)}{X(s)}$ 는?

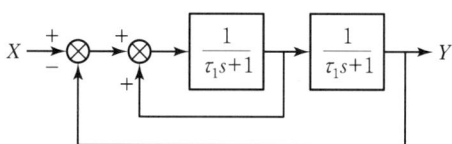

① $\dfrac{1}{\tau_1 s+1}$
② $\dfrac{2}{(\tau_1 s+1)^2}$
③ $\dfrac{1}{\tau_1^2 s^2+\tau_1 s+1}$
④ $\dfrac{2}{\tau_1^2 s^2+\tau_1 s+1}$

해설

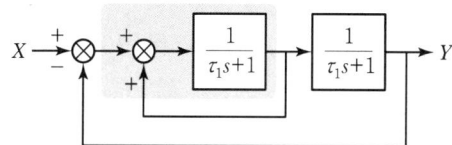

: $G'(s) = \dfrac{\dfrac{1}{\tau_1 s+1}}{1-\dfrac{1}{\tau_1 s+1}} = \dfrac{1}{\tau_1 s}$

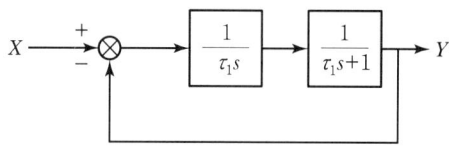

$G(s) = \dfrac{Y(s)}{X(s)} = \dfrac{\dfrac{1}{\tau_1 s(\tau_1 s+1)}}{1+\dfrac{1}{\tau_1 s(\tau_1 s+1)}} = \dfrac{1}{\tau_1^2 s^2+\tau_1 s+1}$

[별해]

$G(s) = \dfrac{\dfrac{1}{(\tau_1 s+1)^2}}{1+\dfrac{1}{(\tau_1 s+1)^2}-\dfrac{1}{(\tau_1 s+1)}}$

$= \dfrac{1}{\tau_1^2 s^2+\tau_1+1}$

74 다음과 같은 $f(t)$에 대응하는 라플라스 함수는?

$$f(t) = e^{-at}\cos\omega t$$

① $\dfrac{\omega}{(s+a)^2+\omega^2}$
② $\dfrac{s+a}{(s+a)^2+\omega^2}$
③ $\dfrac{s}{s^2+\omega^2}$
④ $\dfrac{1}{(s+a)^2+\omega^2}$

정답 72 ① 73 ③ 74 ②

해설

$$f(t) = \cos\omega t \to F(s) = \frac{s}{s^2 + \omega^2}$$

$$f(t) = e^{-at}\cos\omega t \to F(s) = \frac{s+a}{(s+a)^2 + \omega^2}$$

75 어떤 2차계의 특성방정식의 두 근이 다음과 같다고 할 때 안정한 공정은?

① $1+3i$, $1-3i$
② -1, 2
③ 2, 4
④ $-1+2i$, $-1-2i$

해설

음의 실근을 가지면 안정하다.

76 그림과 같은 산업용 스팀보일러의 스팀발생기에서 조작변수 유량(x_3)과 유량(x_5)을 조절하여 액위(x_2)와 스팀압력(x_6)을 제어하고자 할 때 틀린 설명은?(단, FT, PT, LT는 각각 유량, 압력, 액위전송기를 나타낸다.)

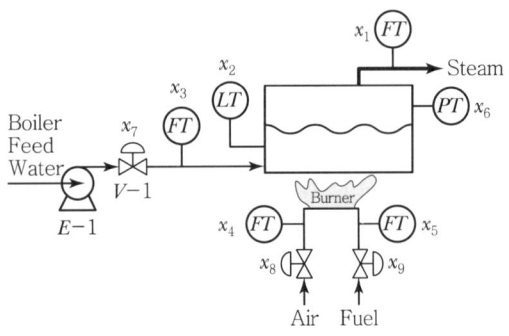

① 압력이 변하면 유량이 변하기 때문에 Air, Fuel, Boiler Feed Water의 공급압력은 외란이 된다.
② 제어성능 향상을 위하여 유량 x_3, x_4, x_5를 제어하는 독립된 유량제어계를 구성하고 그 상위에 액위와 압력을 제어하는 다단제어계(Cascade Control Loop)를 구성하는 것은 바람직하다.
③ x_1의 변화가 x_2와 x_6에 영향을 주기 전에 선제적으로 조작변수를 조절하기 위해서 피드백 제어기를 추가하는 것이 바람직하다(이때, x_1은 측정 가능하다).
④ Air와 Fuel 유량은 독립적으로 제어하기보다는 비율(Ratio)을 유지하도록 제어되는 것이 바람직하다.

해설

x_1의 변화가 x_2, x_6에 영향을 주기 전에 미리 조절하려면 피드포워드 제어를 해야 한다. 아니면 x_1의 결과에 따라 x_2, x_6을 조절해야 한다.

77 어떤 반응기에 원료가 정상상태에서 100L/min의 유속으로 공급될 때 제어밸브의 최대유량을 정상상태 유량의 4배로 하고 I/P 변환기를 설정하였다면 정상상태에서 변환기에 공급된 표준 전류신호는 몇 mA인가?(단, 제어밸브는 선형특성을 가진다.)

① 4
② 8
③ 12
④ 16

해설

$$\frac{(20-4)\text{mA}}{(400-0)\text{L/min}} = \frac{x-4}{(100-0)}$$

$\therefore x = 8\text{mA}$

78 공정과 제어기가 불안정한 Pole을 가지지 않는 경우에 다음의 Nyquist 선도에서 불안정한 제어계를 나타낸 그림은?

①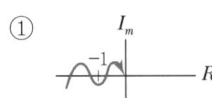
②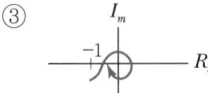
③
④

해설

Nyquist 선도가 $(-1, 0)$을 한 번이라도 시계방향으로 감싼다면 닫힌 루프 시스템은 불안정하다.

79 어떤 공정의 열교환망 설계를 위한 핀치 방법이 아래와 같을 때, 틀린 설명은?

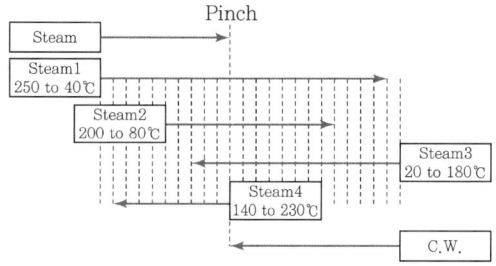

① 최소 열교환 온도차는 10℃이다.
② 핀치의 상부의 흐름은 5개이다.
③ 핀치의 온도는 고온 흐름 기준 140℃이다.
④ 유틸리티로 냉각수와 수증기를 모두 사용한다고 할 때 핀치 방법으로 필요한 최소 열교환 장치는 7개이다.

> **해설**

Pinch Method
- 온도간격 : 10℃
- 핀치의 상부흐름 : 5개
- 핀치의 하부흐름 : 4개
- 고온흐름의 핀치점 : 150℃
- 저온흐름의 핀치점 : 140℃
- 최소 열교환 장치 $N=7$개

80 제어밸브(Control Valve)를 나타낸 것은?

① 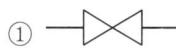   ②
③ 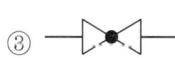   ④

> **해설**

- 제어밸브 :
- 밸브(일반) :
- 체크밸브 :
- 글로브밸브 :

정답 ▶ 79 ③ 80 ④

2023년 제2회 복원기출문제

1과목 공업합성

01 HCl 74g과 H₂O 144g의 혼합용액 중 HCl의 mol%는?

① 2.02
② 20.2
③ 33.94
④ 79.84

해설

HCl $74g \times \dfrac{1mol}{36.5g} = 2.027mol$

H₂O $144g \times \dfrac{1mol}{18g} = 8mol$

HCl $= \dfrac{2.027}{2.027+8} \times 100\%$
$= 20.2 mol\%$

02 질산의 직접 합성 반응이 다음과 같을 때 반응 후 응축하여 생성된 질산용액의 농도는 얼마인가?

$$NH_3 + 2O_2 \rightleftharpoons HNO_3 + H_2O$$

① 68wt%
② 78wt%
③ 88wt%
④ 98wt%

해설

질산의 직접 합성
㉠ 고농도 질산을 얻기 위한 방법
㉡ $NH_3 + 2O_2 \rightarrow HNO_3 + H_2O$
 • 암모니아를 이론량만큼의 공기와 산화시킨 후 물을 제거해야 한다.
 • 응축하면 78% HNO₃가 생성되므로 농축하거나 물을 제거해야 한다.

03 인광석을 가열처리하여 불소를 제거하고, 아파타이트 구조를 파괴하여 구용성인 비료로 만든 것은?

① 메타인산칼슘
② 소성인비
③ 과인산석회
④ 인산암모늄

해설

㉠ 용성인비
 • 인광석에 사문암을 첨가하여 용융시켜 플루오린을 제거한다.
 • 염기성 비료이므로 산성 토양에 적합하다.
㉡ 소성인비
 • 인광석에 인산, 소다회를 혼합하고 열처리하여 제조한다.
 • 인광석을 가열처리하여 불소를 제거한다.
 • 아파타이트 구조를 파괴하여 만든 구용성 비료이다.

04 다음 중 중질유의 점도를 내릴 목적으로 중질유를 약 20기압과 약 500℃에서 열분해시키는 방법은?

① Visbreaking Process
② Coking Process
③ Reforming
④ Hydrotreating Process

해설

분해
㉠ 열분해
 • Visbreaking(비스브레이킹) : 점도가 높은 찌꺼기유에서 점도가 낮은 중질유를 얻는 방법(470℃)
 • Coking(코킹) : 중질유를 강하게 열분해(1,000℃)시켜 가솔린과 경유를 얻는 방법
㉡ 접촉분해법
 • 등유나 경유를 촉매로 사용하여 분해시키는 방법
 • 이성질화, 탈수소, 고리화, 탈알킬반응이 분해반응과 함께 일어나서 이소파라핀, 고리 모양 올레핀, 방향족 탄화수소, 프로필렌이 생성된다.
㉢ 수소화 분해법(Hydrotreating Process)
 비점이 높은 유분을 고압의 수소 속에서 촉매를 이용하여 분해시켜 가솔린을 얻는 방법

정답 01 ② 02 ② 03 ② 04 ①

05 LPG에 대한 설명 중 틀린 것은?

① C_3, C_4의 탄화수소가 주성분이다.
② 상온, 상압에서는 기체이다.
③ 그 자체로 매우 심한 독한 냄새가 난다.
④ 가압 또는 냉각시킴으로써 액화한다.

해설

LPG(액화석유가스)
- C_3, C_4 탄화수소가 주성분이다.
- 상온·상압에서 기체이다.
- 상온, 상압에서 기체인 프로판, 부탄 등의 혼합물을 냉각시켜 액화한 것이다.
- 그 자체로는 냄새가 거의 나지 않는다.

06 다음 반응식에서 에스테르를 많이 생성할 수 있는 조건이 아닌 것은?

$$CH_3COOH(l) + C_2H_5OH(l)$$
$$\rightleftarrows CH_3COOC_2H_5(l) + H_2O(l)$$

① H_2SO_4을 이용하여 물을 제거한다.
② 반응물의 농도를 높여 준다.
③ 촉매를 사용한다.
④ $CH_3COOC_2H_5$를 제거한다.

해설

촉매가 정반응의 활성화 에너지를 낮추면 역반응의 활성화 에너지도 낮아진다. 따라서 촉매는 화학평형에 영향을 주지 않는다.

07 암모니아 합성 공업의 원료가스인 수소가스 제조공정에서 2차 개질공정의 주반응은?

① $CO + H_2O \rightarrow CO_2 + H_2$
② $CH_4 + \frac{1}{2}O_2 \rightarrow CO + 2H_2$
③ $CO_2 + 3H_2 \rightarrow CH_4 + H_2O + \frac{1}{2}O_2$
④ $C + O_2 \rightarrow CO_2$

해설

- 1차 개질공정
  $CO + 3H_2 \rightleftarrows CH_4 + H_2O$
  $CO + H_2O \rightleftarrows H_2 + CO_2$
- 2차 개질공정
  $CH_4 + \frac{1}{2}O_2 \rightarrow CO + 2H_2$

08 인광석을 황산으로 분해하여 인산을 제조하는 습식법의 경우 생성되는 부산물은?

① 석고
② 탄산나트륨
③ 탄산칼슘
④ 중탄산칼슘

해설

인광석을 황산분해하여 인산 제조 : 과린산석회(P_2O_5 15~20%) 생성
$Ca_3(PO_4)_2 + 2H_2SO_4 + 5H_2O$
$\rightarrow CaH_4(PO_4)_2 \cdot H_2O + 2[CaSO_4 \cdot 2H_2O]$
　　　　과린산석회　　　　　석고

09 박막형성기체 중에서 SiO_2 막에 사용되는 기체로 가장 거리가 먼 것은?

① SiH_4
② O_2
③ N_2O
④ PH_3

해설

박막형성기체 - SiO_2막
SiH_4, SiH_2Cl_2, $SiCl_4$, O_2, NO, N_2O

10 다음 중 비중이 제일 작으며 Polyethylene Film보다 투명성이 우수한 것은?

① Polymethylmethacrylate
② Polyvinylalcohol
③ Polyvinylidene
④ Polypropylene

정답 05 ③　06 ③　07 ②　08 ①　09 ④　10 ④

해설
Polypropylene
- 밀도 : 0.9~0.91
- 용도 : 포장용 필름, 완구, 보온병, 의료기기 등
- Polyethylene Film보다 투명성이 우수하다.

11 200℃에서 활성탄 담체를 촉매로 아세틸렌에 아세트산을 작용시키면 생성되는 주 물질은?

① 비닐에테르 ② 비닐카르복실산
③ 비닐아세테이트 ④ 비닐알코올

해설
비닐아세테이트

$$CH \equiv CH + CH_3COOH \longrightarrow CH_2=CH-O-\underset{\underset{O}{\|}}{C}-CH_3$$

12 다음 중 술폰산화가 되기 가장 쉬운 것은?

① 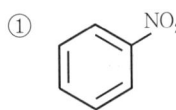 ②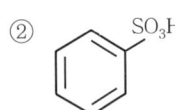

③ 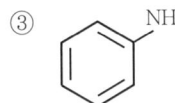 ④ RH

해설
- 술폰화 : 유기화합물에 황산을 작용시켜 술폰산기($-SO_3H$)를 도입하는 방법

  ⬡ + H_2SO_4 ⟶ $Ar-SO_3H + H_2O$

- 벤젠고리에 친전자적 치환반응이 잘 일어나는 순서
  $-NH_2 > -OH > -CH_3 > -Cl > -SO_3H > -NO_2$

13 다음 중 열가소성 수지는?

① 페놀수지 ② 초산비닐수지
③ 요소수지 ④ 멜라민수지

해설
- **열가소성 수지**
  가열 시 연화되어 외력을 가할 때 쉽게 변형되므로, 이 상태로 성형, 가공한 후에 냉각하면 외력을 가하지 않아도 성형된 상태를 유지하는 수지
  예 폴리에틸렌, 폴리프로필렌, 폴리염화비닐, 폴리스티렌, 아크릴수지, 불소수지, 폴리비닐아세테이트

- **열경화성 수지**
  가열하면 일단 연화되지만 계속 가열하면 점점 경화되어 나중에는 온도를 올려도 용해되지 않고, 원상태로도 되돌아가지 않는 수지
  예 페놀수지, 요소수지, 에폭시수지, 우레탄수지, 멜라민수지, 알키드수지, 규소수지

14 전해조 효율을 나타낸 것으로 옳지 않은 것은?

① 전류효율(%) = $\dfrac{실제\ 생성량}{이론\ 생성량} \times 100$

② 전압효율(%) = $\dfrac{전해조\ 전압}{이론분해전압} \times 100$

③ 전력효율은 전류효율 × 전압효율이다.

④ 전류효율을 높이고 전해조 전압이 되도록 낮게 한다.

해설
전압효율(%) = $\dfrac{이론분해전압}{전해조의\ 전압} \times 100$

15 소다회 제조법 중 거의 100%의 식염의 이용이 가능한 것은?

① Solvay법 ② Le Blanc법
③ 염안소다법 ④ 가성화법

해설
소다회 제조법(Na_2CO_3)
㉠ Le Blanc법
  NaCl을 황산분해하여 망초(Na_2SO_4)를 얻고 이를 석탄, 석회석으로 복분해하여 소다회를 제조하는 방법
㉡ Solvay법(암모니아소다법)
  함수에 암모니아를 포화시켜 암모니아 함수를 만들고 탄산화탑에서 이산화탄소를 도입시켜 중조를 침전 여과한 후 이를 가소하여 소다회를 얻는 방법

ⓒ 암모니아소다법의 개량법
- 염안소다법 : 식염의 이용률을 100%까지 향상시키고 염소는 염화암모늄(NH_4Cl)을 부생시켜 비료로 이용한다.
- 액안소다법 : NaCl을 액체암모니아에 용해하면 $CaCl_2$, $MgCl_2$, $CaSO_4$, $MgSO_4$ 등은 용해도가 작으므로 용해와 정제를 동시에 할 수 있다.

16 접촉식 황산제조 공정에서 전화기에 대한 설명 중 옳은 것은?

① 전화기 조작에서 온도조절이 좋지 않아서 온도가 지나치게 상승하면 전화율이 감소하므로 이에 대한 조절이 중요하다.
② 전화기는 SO_3 생성열을 제거시키며 동시에 미반응 가스를 냉각시킨다.
③ 촉매의 온도는 200℃ 이하로 운전하는 것이 좋기 때문에 열교환기의 용량을 증대시킬 필요가 있다.
④ 전화기의 열교환방식은 최근에는 거의 내부 열교환방식을 채택하고 있다.

해설

전화기(반응온도 : 420~450℃)

$$SO_2 + \frac{1}{2}O_2 \xrightleftharpoons{Pt \text{ 또는 } V_2O_5} SO_3 + 22.6 kcal$$

- 발열반응이므로 저온에서 진행하면 반응속도가 느려지므로 저온에서 반응속도를 크게 하기 위해 촉매를 사용한다.
- 온도가 상승하면 $SO_2 \rightarrow SO_3$의 전화율은 감소하나 SO_2와 O_2의 분압을 높이면 전화율이 증가하게 된다.

17 황산제조의 원료로 사용되는 것이 아닌 것은?

① 황철광   ② 자류철광
③ 자철광   ④ 황동광

해설

자철광(Fe_3O_4, Magnetite)은 황(S)이 없어서 황산제조의 원료로 사용할 수 없다.

18 비료 중 P_2O_5이 많은 순서대로 열거된 것은?

① 과린산석회 > 용성인비 > 중과린산석회
② 용성인비 > 중과린산석회 > 과린산석회
③ 과린산석회 > 중과린산석회 > 용성인비
④ 중과린산석회 > 소성인비 > 과린산석회

해설

- 과린산석회 : P_2O_5 15~20%
- 중과린산석회 : P_2O_5 30~50%
- 소성인비 : P_2O_5 40%
- 용성인비 : P_2O_5 18%

19 실용전지 제조에 있어서 작용물질의 조건으로 가장 거리가 먼 것은?

① 경량일 것
② 기전력이 안정하면서 낮을 것
③ 전기용량이 클 것
④ 자기방전이 적을 것

해설

- 기전력 : 단위전하당 한 일(V)
- 전지는 기전력이 높아야 한다.

20 아세톤을 HCl 존재하에서 페놀과 반응시켰을 때 생성되는 주 물질은?

① 아세토페논   ② 벤조페논
③ 벤질알코올   ④ 비스페놀 A

해설

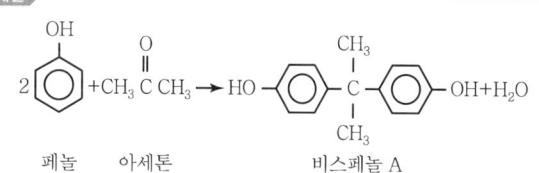

페놀   아세톤   비스페놀 A

2과목 반응운전

21 $A \to P$, $-r_A = kC_A^2$인 2차 액상 반응이 회분반응기에서 진행된다. 5분 후 A의 전화율 X_A가 0.5이면 전화율 X_A가 0.75로 되는 데 소요시간은 몇 분인가?

① 15　　② 20
③ 25　　④ 30

해설

$\dfrac{X_A}{1-X_A} = kC_{A0}t$

5분 후 : $\dfrac{0.5}{1-0.5} = kC_{A0} \cdot 5 \to kC_{A0} = 0.2$

$X_A = 0.75$이면

$0.2t = \dfrac{0.75}{1-0.75}$

$\therefore t = 15\text{min}$

22 회분식 반응기에서 $A \to R$, $-r_A = 3C_A^{0.5}$ mol/L h, $C_{A0} = 1$mol/L의 반응이 일어날 때 1시간 후의 전화율은?

① 0　　② $\dfrac{1}{2}$
③ $\dfrac{2}{3}$　　④ 1

해설

$-r_A = 3C_A^{0.5}$ mol/L h, $C_{A0} = 1$mol

$-r_A = -\dfrac{dC_A}{dt} = 3C_A^{0.5}$

$\dfrac{-dC_A}{C_A^{0.5}} = 3dt$

$-2(C_A^{0.5} - C_{A0}^{0.5}) = 3t$

$-2C_{A0}^{0.5}[(1-X_A)^{0.5} - 1] = 3t$

$[(1-X_A)^{0.5} - 1] = -\dfrac{3}{2}$

$(1-X_A)^{0.5} = -\dfrac{1}{2}$

→ 좌변은 +, 우변은 -이므로 성립하지 않는다.

$(1-X_A)^{0.5} - 1 = -\dfrac{3}{2}t$

$X_A = 1$

$\therefore t = \dfrac{2}{3}$ 시간에 종료

1시간 후는 반응이 종료된 후 시간이 경과한 경우이므로 $X_A = 1$이다.

23 회분식 반응기 내에서의 균일계 1차 반응 $A \to R$과 관계가 없는 것은?

① 반응속도는 반응물 A의 농도에 정비례한다.
② 반응률 X_A는 반응시간에 정비례한다.
③ $-\ln\dfrac{C_A}{C_{A0}}$ 와 반응시간과의 관계는 직선으로 나타난다.
④ 반응속도상수의 차원은 시간의 역수이다.

해설

1차 반응
$-\ln\dfrac{C_A}{C_{A0}} = -\ln(1-X_A) = kt$

24 크기가 같은 Plug Flow 반응기(PFR)와 Mixed Flow 반응기(MFR)를 서로 연결하여 다음의 2차 반응을 실행하고자 한다. 반응물 A의 전화율이 가장 큰 경우는?

$$A \to B,\ r_A = -kC_A^2$$

①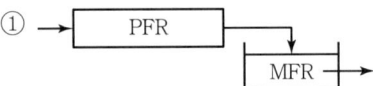

②

③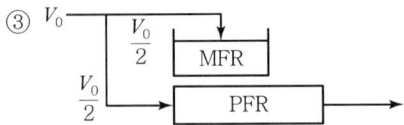

④ 앞의 세 경우 모두 전화율이 똑같다.

해설
- $n > 1$: PFR → 작은 CSTR → 큰 CSTR
- $n < 1$: 큰 CSTR → 작은 CSTR → PFR

25 다음 반응식과 같이 A와 B가 반응하여 필요한 생성물 R과 불필요한 물질 S가 생길 때, R로의 전화율을 높이기 위해서 반응 물질의 농도(C)를 어떻게 조정해야 하는가?(단, 반응 1은 A 및 B에 대하여 1차 반응이고 반응 2도 1차 반응이다.)

$$A+B \xrightarrow{1} R, \quad A \xrightarrow{2} S$$

① C_A의 값을 C_B의 2배로 한다.
② C_B의 값을 크게 한다.
③ C_A의 값을 크게 한다.
④ C_A와 C_B의 값을 같게 한다.

해설
$$S = \frac{dC_R}{dC_S} = \frac{k_1 C_A C_B}{k_2 C_A} = \frac{k_1}{k_2} C_B$$
C_B의 농도를 크게 한다.

26 고립계의 평형 조건을 나타내는 식으로 옳은 것은?(단, G : 깁스에너지, N : 몰수, H : 엔탈피, S : 엔트로피, U : 내부에너지, V : 부피)

① $\left(\frac{\partial S}{\partial U}\right)_{V,N} = 0$ ② $\left(\frac{\partial S}{\partial V}\right)_{G,V} = 0$
③ $\left(\frac{\partial S}{\partial N}\right)_{H,N} = 0$ ④ $\left(\frac{\partial S}{\partial H}\right)_{N,V} = 0$

해설
$dU = TdS - PdV$
고립계 : $dU = 0$
$dU = TdS - PdV = 0$
$T\left(\frac{\partial S}{\partial U}\right)_{V,N} - P\left(\frac{\partial V}{\partial U}\right)_{S,N} = 0$
$\left(\frac{\partial S}{\partial U}\right)_{V,N} = 0 \quad \left(\frac{\partial V}{\partial U}\right)_{S,N} = 0$

27 비가역과정에 있어서 다음 식 중 옳은 것은?(단, S는 엔트로피, Q는 열량, T는 절대온도이다.)

① $\Delta S > \int \frac{dQ}{T}$ ② $\Delta S = \int \frac{dQ}{T}$
③ $\Delta S < \int \frac{dQ}{T}$ ④ $\Delta S = 0$

해설
$$\Delta S > \int \frac{dQ}{T}$$
비가역과정에서 엔트로피는 증가하는 방향으로 흐른다.

28 열역학 모델을 이용하여 상평형 계산을 수행하려고 할 때 응용 계에 대한 모델의 조합이 적합하지 않은 것은?

① 물속 이산화탄소의 용해도 : 헨리의 법칙
② 메탄과 에탄의 고압 기·액 상평형 :
  SRK(Soave/Redlich/Kwong) 상태방정식
③ 에탄올과 이산화탄소의 고압 기·액 상평형 :
  Wilson 식
④ 메탄올과 헥산의 저압 기·액 상평형 :
  NRTL(Non-Random-Two-Liquid) 식

해설
㉠ Henry's Law : 난용성 기체의 용해도에 관한 법칙
  $p_A = HC_A$
㉡ 퓨가시티 계수 모델
  - Van der Waals 식
  - Redlich-Kwong 식
  - Soave-Redlich-Kwong(SRK)
  - Peng-Robinson
㉢ 활동도 계수 모델(저압~중간압력)
  Margules, Van Laar, Wilson, NRTL, UNIQUAC, UNIFAC
㉣ 액체용액 국부조성 모델
  Wilson, NRTL, UNIQUAC

정답 25 ② 26 ① 27 ① 28 ③

29 다음 그림과 같은 건조속도 곡선(X는 자유수분, R은 건조속도)을 나타내는 고체는?(단, 건조는 $A \to B \to C \to D$ 순서로 일어난다.)

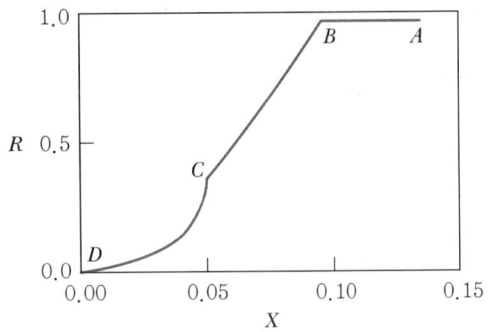

① 비누
② 소성점토
③ 목재
④ 다공성 촉매입자

해설
보기의 그림은 다공성 세라믹판의 건조속도 곡선이다.

30 등온과정에서 이상기체의 초기압력이 1atm, 최종 압력이 10atm일 때 엔트로피 변화 ΔS를 옳게 나타낸 것은?

① $\Delta S = -R$
② $\Delta S = -2.303R$
③ $\Delta S = 4.606R$
④ $\Delta S = RT\ln 5$

해설
등온과정
$$\Delta S = \frac{Q_{rev}}{T} = nR\ln\frac{P_1}{P_2} = nR\ln\frac{1}{10} = -nR\ln 10$$

$n = 1\text{mol}$이라 하면,
$\therefore \Delta S = -R\ln 10 = -2.303R$

31 가역단열과정은 다음 어느 과정과 같은가?
① 등엔탈피 과정
② 등엔트로피 과정
③ 등압과정
④ 등온과정

해설
가역단열과정($Q=0$) : 등엔트로피 과정($\Delta S = \frac{Q}{T} = 0$)

32 400K에서 이상기체반응에 대한 속도가 $-\frac{dP_A}{dt} = 3.66P_A^2$ atm/h이다. 이 반응의 속도식이 다음과 같을 때, 반응속도상수의 값은 얼마인가?

$$-r_A = kC_A^2 \text{mol/L h}$$

① 120L mol^{-1} h^{-1}
② 120mol L^{-1} h^{-1}
③ 3.66h^{-1} mol L^{-1}
④ 3.66h^{-1} mol L

해설
$-r_A = -\frac{dP_A}{dt} = 3.66P_A^2$
$= -RT\frac{dC_A}{dt} = 3.66(RT)^2 C_A^2$

$-\frac{dC_A}{dt} = \underbrace{3.66(RT)}_{K_c} C_A^2$

$\therefore K_c = 3.66RT$
$= 3.66/\text{atm h} \times 0.082\text{L atm/mol K} \times 400\text{K}$
$= 120 \text{L/mol h}$

33 과열수증기가 190℃(과열), 10bar에서 매시간 2,000kg/h로 터빈에 공급되고 있다. 증기는 1bar 포화증기로 배출되며 터빈은 이상적으로 가동된다. 수증기의 엔탈피가 다음과 같다고 할 때 터빈의 출력은 몇 kW인가?

$$\hat{H}_{in}(10\text{bar}, 190℃) = 3,201\text{kJ/kg}$$
$$\hat{H}_{out}(1\text{bar}, 포화증기) = 2,675\text{kJ/kg}$$

① $W = -1,200$kW
② $W = -292$kW
③ $W = -130$kW
④ $W = -30$kW

해설
$\Delta H = 2,675 - 3,201\text{kJ/kg} = -526\text{kJ/kg}$
$W = -526\text{kJ/kg} \times 2,000\text{kg/h} \times 1\text{h}/3,600\text{s}$
$= -292\text{kW}$

34 이상용액의 활동도 계수 γ는 어느 값을 갖는가?

① $\gamma > 1$
② $\gamma < 1$
③ $\gamma = 0$
④ $\gamma = 1$

해설

$\gamma_i = \dfrac{\hat{f}_i}{x_i f_i}$ → 실제혼합물 중 성분 i의 퓨가시티
→ 이상혼합물 중 성분 i의 퓨가시티

이상용액에 대해서
$\hat{f}_i = x_i f_i$ 이므로 $\gamma_i = 1$이 된다.

35 비리얼 계수에 대한 다음 설명 중 옳은 것을 모두 나열한 것은?

A. 단일 기체의 비리얼 계수는 온도만의 함수이다.
B. 혼합 기체의 비리얼 계수는 온도 및 조성의 함수이다.

① A
② B
③ A, B
④ 모두 틀림

해설

- 단일기체 : 비리얼 계수는 온도만의 함수
- 혼합기체 : 비리얼 계수는 온도와 조성의 함수

36 Thiele 계수에 대한 설명으로 틀린 것은?

① Thiele 계수는 가속도와 속도의 비를 나타내는 차원수이다.
② Thiele 계수가 클수록 입자 내 농도는 저하된다.
③ 촉매입자 내 유효농도는 Thiele 계수의 값에 의존한다.
④ Thiele 계수는 촉매표면과 내부의 효율적 이용의 척도이다.

해설

Thiele 계수

기공 내부로 이동함에 따라 농도가 점차 저하됨을 보여 준다.

유효인자 $\varepsilon = \dfrac{\text{actual rate}}{\text{ideal rate}} = \dfrac{\overline{C_A}}{C_{A \cdot S}} = \dfrac{\tan mL}{mL}$ (1차 반응)

여기서, Thiele Modulus $= mL = L\sqrt{\dfrac{k}{D}}$

L : 세공길이

- $mL < 0.4 \quad \varepsilon = 1$
기공확산에 의한 반응에의 저항이 무시된다.
- $mL > 0.4 \quad \varepsilon = \dfrac{1}{mL}$
기공확산에 의한 반응에의 저항이 크다.
- mL이 클수록 입자 내 C_A의 농도가 저하된다.

37 PSSH(Pseudo Steady State Hypothesis) 설정은 다음 중 어떤 가정을 근거로 하는가?

① 반응속도가 균일하다.
② 반응기 내의 온도가 일정하다.
③ 반응기의 물질수지식에서 축적항이 없다.
④ 중간 생성물의 생성속도와 소멸속도가 같다.

해설

PSSH(유사정상상태 가설)
반응중간체가 형성될 때 사실상 빠르게 반응하기 때문에 활성중간체 형성의 알짜 생성속도는 0이다.
$r_A{}^* = 0$
중간생성물의 생성속도와 소멸속도는 같다(평형).

38 A가 R이 되는 효소반응이 있다. 전체 효소농도를 $[E_0]$, 미카엘리스(Michaelis) 상수를 $[M]$이라고 할 때 이 반응의 특징에 대한 설명으로 틀린 것은?

① 반응속도가 전체 효소농도 $[E_0]$에 비례한다.
② A의 농도가 낮을 때 반응속도는 A의 농도에 비례한다.
③ A의 농도가 높아지면서 0차 반응에 가까워진다.
④ 반응속도는 마카엘리스 상수 $[M]$에 비례한다.

해설

$-r_A = r_R = \dfrac{K[E_0][A]}{[M]+[A]}$

- $-r_A$(반응속도)는 효소농도 $[E_0]$에 비례한다.
- $[A]$가 낮을 때 반응속도는 A의 농도 $[A]$에 비례한다.
  $-r_A = r_R = \dfrac{K[E_0][A]}{[M]}$
- $[A]$가 높아지면 $[A]$에 무관하므로 0차 반응에 가까워진다.
  $-r_A = r_R = \dfrac{K[E_0][A]}{[A]} = K[E_0]$
- 나머지는 효소농도 $[E_0]$에 비례한다.

정답 34 ④　35 ③　36 ①　37 ④　38 ④

39 깁스-두헴(Gibbs-Duhem)의 식에 대한 올바른 표현은?(단, M : 몰당 용액의 성질, $\overline{M_i}$: 용액 내 i성분의 부분몰 성질, x_i : 몰분율)

① $\left(\frac{\partial M}{\partial P}\right)_{T,x} dP + \left(\frac{\partial M}{\partial T}\right)_{P,x} dT + \sum_i x_i d\overline{M_i} = 0$

② $\left(\frac{\partial M}{\partial P}\right)_{T,x} dP - \left(\frac{\partial M}{\partial T}\right)_{P,x} dT + \sum_i x_i d\overline{M_i} = 0$

③ $\left(\frac{\partial M}{\partial P}\right)_{T,x} dP + \left(\frac{\partial M}{\partial T}\right)_{P,x} dT - \sum_i x_i d\overline{M_i} = 0$

④ $\left(\frac{\partial M}{\partial P}\right)_{T,x} dP - \left(\frac{\partial M}{\partial T}\right)_{P,x} dT - \sum_i x_i d\overline{M_i} = 0$

해설
Gibbs-Duhem 식
균일 다성분계(용액)가 갖는 열역학적 성질이 나타내는 관계식
$\left(\frac{\partial M}{\partial P}\right)_{T,x} dP + \left(\frac{\partial M}{\partial T}\right)_{P,x} dT - \sum_i x_i d\overline{M_i} = 0$

40 그림과 같은 공기표준 오토 사이클의 열효율을 옳게 나타낸 식은?(단, a는 압축비이고 γ는 비열비 (C_P/C_V)이다.)

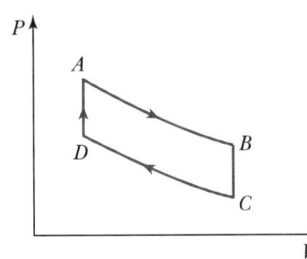

① $1 - a^\gamma$
② $1 - a^{\gamma - 1}$
③ $1 - \left(\frac{1}{a}\right)^\gamma$
④ $1 - \left(\frac{1}{a}\right)^{\gamma - 1}$

해설
$\eta = 1 - \left(\frac{1}{a}\right)^{\gamma - 1}$
여기서, a : 압축비
γ : 비열비

3과목 단위공정관리

41 수분 37wt%를 함유한 목재 1kg을 수분함량 10wt%가 되도록 건조하려면 약 몇 kg의 물을 증발시켜야 하는가?
① 0.18
② 0.27
③ 0.30
④ 0.40

해설

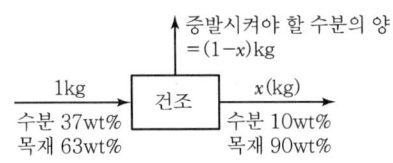

$1\text{kg} \times 0.63 = x \times 0.9$
∴ $x = 0.7$
∴ 증발시켜야 할 수분의 양 $= 1 - x = 0.3\text{kg}$

[별해]
$W = F\left(1 - \frac{a}{b}\right) = 1\text{kg}\left(1 - \frac{0.63}{0.9}\right) = 0.3\text{kg}$

42 다음 중 진공증발의 주목적이 아닌 것은?
① 고온에서 증발
② 저온에서 증발
③ 증기의 경제성
④ 과즙, 젤라틴의 증발

해설
진공증발
• 저온의 폐증기 이용
• 압력을 낮추어 비점을 낮게 하여 증발
• 과즙, 젤라틴과 같이 열에 예민한 물질의 증발에 이용

정답 39 ③ 40 ④ 41 ③ 42 ①

43 표준상태에서 반응이 이루어졌다. 정용반응열이 $-26,711$ kcal/kmol일 때 정압반응열은 약 몇 kcal/kmol인가?(단, 이상기체라고 가정한다.)

$$C(s) + \frac{1}{2}O_2(g) \rightarrow CO(g)$$

① 296
② -296
③ 26,415
④ $-26,415$

해설

$C + \frac{1}{2}O_2 \rightarrow CO$ $Q_v = -26,711$ kcal/kmol

$\Delta H = \Delta U + \Delta(PV)$

$Q_p = Q_v + \Delta n_g RT$

$= -26,711$ kcal/kmol $+ \left(1 - \frac{1}{2}\right)$ kmol $\times 1.987$ kcal/kmol K $\times 298$ K

$= -26,415$ kcal

44 점토의 겉보기 밀도가 1.5cm³이고, 진밀도가 2g/cm³이다. 기공도는 얼마인가?

① 0.2
② 0.25
③ 0.3
④ 0.35

해설

기공도 $\varepsilon = 1 - \frac{겉보기밀도}{진밀도} = 1 - \frac{1.5}{2} = 0.25$

45 양대수좌표(Log-log Graph)에서 직선이 되는 식은?

① $Y = bx^a$
② $y = be^{ax}$
③ $Y = bx + a$
④ $\log Y = \log b + ax$

해설

① $\log Y = \log b + a \log x$
  ∴ log-log 용지에서 직선
② $\log Y = \log b + ax$
  ∴ 반대수 용지에서 직선
③ 보통 그래프 용지에서 직선
④ 반대수 용지에서 직선

46 이상기체 A의 정압 열용량을 다음 식으로 나타낸다고 할 때 1mol을 대기압하에서 100℃에서 200℃까지 가열하는 데 필요한 열량은 약 몇 cal/mol인가?

$$C_p(\text{cal/mol K}) = 6.6 + 0.96 \times 10^{-3} T$$

① 401
② 501
③ 601
④ 701

해설

$Q = n \int C_p dT$

$= \int_{373}^{473} (6.6 + 0.96 \times 10^{-3} T) dT$

$= 6.6 \times (473 - 373) + \frac{0.96 \times 10^{-3}}{2} \times (473^2 - 373^2)$

$= 700.6$ cal/mol

47 노벽의 두께가 100mm이고, 그 외측은 50mm의 석면으로 보온되어 있다. 벽의 내면온도가 400℃, 석면의 바깥쪽 온도가 20℃일 경우 두 벽 사이의 온도는 약 몇 ℃인가?(단, 노벽과 석면의 평균 열전도도는 각각 5.5kcal/m h ℃, 0.15kcal/m h ℃이다.)

① 380.5
② 350.5
③ 300.5
④ 250.5

해설

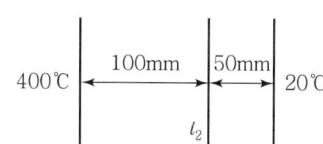

$q = \frac{\Delta t}{R_1 + R_2} = \frac{(400 - 20)}{\frac{0.1}{5.5} + \frac{0.05}{0.15}} = 1,081$ kcal/m² h

$R = R_1 + R_2$
$= 0.018 + 0.333$
$= 0.351$

$\Delta t : \Delta t_1 = R : R_1$
$380 : (400 - t_2) = 0.351 : 0.018$
$t_2 = 380.51$ ℃

48 1Poise를 lb/ft s로 환산하면 얼마인가?

① 1 lb/ft s
② 62.43 lb/ft s
③ 0.0672 lb/ft s
④ 32.174 lb/ft s

해설

$$\frac{1\text{g}}{\text{cm s}} \times \frac{1\text{ lb}}{453.6\text{g}} \times \frac{30.48\text{cm}}{1\text{ft}} = 0.0672 \text{ lb/ft s}$$

49 200g의 $CaCl_2$가 다음의 반응식과 같이 공기 중의 수증기를 흡수할 경우에 발생하는 열은 약 몇 kcal인가?(단, $CaCl_2$의 분자량은 111이다.)

- $CaCl_2(s) + 6H_2O(l) \rightarrow CaCl_2 \cdot 6H_2O(s) + 22.63\text{kcal}$
- $H_2O(g) \rightarrow H_2O(l) + 10.5\text{kcal}$

① 164
② 154
③ 60
④ 41

해설

$H_2O(g) \rightarrow H_2O(l) + 10.5\text{kcal}$
$CaCl_2(s) + 6H_2O(l) \rightarrow CaCl_2 \cdot 6H_2O(s) + 22.63\text{kcal}$
111 : $22.63 + 6 \times 10.5 = 85.63\text{kcal}$
200 : x
∴ $x = 154\text{kcal}$

50 대응상태 원리에 대한 설명 중 틀린 것은?

① 물질의 극성, 비극성 구조의 효과를 고려하지 않은 원리이다.
② 환산상태가 동일해도 압력이 다르면 두 물질의 압축계수는 다르다.
③ 단순구조의 한정된 물질에 적용 가능한 원리이다.
④ 환산상태가 동일하면 압력이 달라도 두 물질의 압축계수는 유사하다.

해설

- 이심인자 : $\omega = -1.0 - \log(P_r^{sat})_{T_r = 0.7}$
- 단순유체 : Ar, Kr, Xe : $\omega = 0$

동일한 ω을 갖는 모든 유체들은 같은 T_r, P_r에서 거의 동일한 z값을 가지며 이상기체 거동에서 벗어나는 정도도 비슷하다.

대응상태의 원리
모든 유체들은 같은 환산온도와 환산압력에서 비교하면 대체로 거의 같은 압축인자를 가지며, 이상기체 거동에서 벗어나는 정도도 거의 비슷하다.

$$P_r = \frac{P}{P_c} \quad T_r = \frac{T}{T_c}$$

51 비중 0.7인 액체가 내경이 5cm인 강관에 흐른다. 중간부 2cm에 구멍을 가진 오리피스를 설치했더니 수은 마노미터의 압력차가 10cm가 되었다. 이때 흐르는 액체의 유량은 몇 m³/h인가?(단, 오리피스의 유량계는 0.61이다.)

① 4.19
② 16.15
③ 25.9
④ 36.7

해설

$$Q_0 = A_0 \bar{u}_0 = \frac{\pi}{4} D_0^2 \frac{C_0}{\sqrt{1-m^2}} \sqrt{\frac{2g(\rho_A - \rho_B)R}{\rho_B}}$$

여기서, m : 개구비

$$m = \frac{A_0}{A_1} = \left(\frac{D_0}{D_1}\right)^2 = \left(\frac{2}{5}\right)^2 = 0.16$$

∴ $Q = \frac{\pi}{4} \times 0.02^2 \times \frac{0.61}{\sqrt{1-0.16^2}}$
$\times \sqrt{\frac{2 \times 9.8 \times (13.6 - 0.7) \times 1,000 \times 0.1}{0.7 \times 1,000}}$
$= 1.166 \times 10^{-3} \text{m}^3/\text{s} \times 3,600\text{s}/1\text{h}$
$= 4.19 \text{m}^3/\text{h}$

52 비중이 0.7이고 점도가 0.0125cP인 가솔린이 내경 5.08cm이고 길이가 50m인 관을 평균 100cm/s로 흐르고 있다. 마찰계수가 0.0065일 때 Fanning 식을 이용해 압력손실을 구하면 몇 Pa인가?

① 91.04
② 291.14
③ 1,868.52
④ 8,956.69

해설

Fanning 식

$$F = \frac{\Delta P}{\rho} = 4f \frac{L}{D} \cdot \frac{u^2}{2}$$

정답 48 ③ 49 ② 50 ② 51 ① 52 ④

$$\Delta P = 4f \frac{L}{D} \cdot \frac{u^2 \cdot \rho}{2}$$
$$= 4 \times 0.0065 \times \frac{50\text{m}}{0.0508\text{m}} \times \frac{(1\text{m/s})^2 \times 700\text{kg/m}^3}{2}$$
$$= 8,956.69\text{Pa}$$

53 단일효용 증발관(Single Effect Evaporator)에서 어떤 물질 10% 수용액을 50% 수용액으로 농축한다. 공급용액은 55,000kg/h, 공급용액의 온도는 52℃, 수증기의 소비량은 4.75×10^4kg/h일 때 이 증발기의 경제성은?

① 0.895 ② 0.926
③ 1.005 ④ 1.084

해설

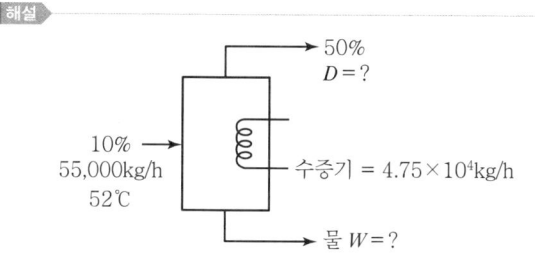

$55,000 \times 0.1 = D \times 0.5$ ∴ $D = 11,000$kg/h
$W = 55,000 - 11,000 = 44,000$kg/h
경제성 $= \dfrac{\text{증발된 양}}{\text{수증기 소비량}} = \dfrac{44,000\text{kg/h}}{47,500\text{kg/h}} = 0.926$

54 개천의 유량을 측정하기 위하여 Dilution Method를 사용하였다. 처음 개천물을 분석하였더니 Na_2SO_4의 농도가 180ppm이었다. 1시간에 걸쳐 Na_2SO_4 10kg을 혼합한 후 하류에서 Na_2SO_4를 측정하였더니 3,300ppm이었다. 이 개천물의 유량은 약 몇 kg/h인가?

① 3,195 ② 3,250
③ 3,345 ④ 3,395

해설

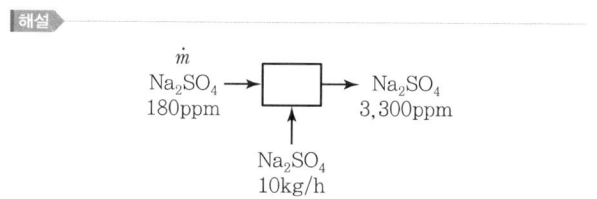

$$\dot{m} \times \frac{180}{10^6} + 10\text{kg/h} = (\dot{m} + 10) \times \frac{3,300}{10^6}$$
$$\therefore \dot{m} = 3,194.5\text{kg/h}$$

55 어떤 여름날의 일기가 낮의 온도 32℃, 상대습도 80%, 대기압 730mmHg에서 밤의 온도 20℃, 대기압 745mmHg로 수분이 포화되어 있다. 낮의 수분 몇 %가 밤의 이슬로 변하였는가?(단, 32℃와 20℃에서 포화수증기압은 각각 36mmHg 17.5mmHg이다.)

① 39.3% ② 40.7%
③ 51.5% ④ 60.7%

해설

• 32℃일 때
$$H_R = \frac{p_v}{p_s} \times 100\%$$
$$= \frac{p_v}{36} \times 100 = 80\%$$
$$\therefore p_v = 28.8\text{mmHg}$$
$$H = \frac{18}{29} \frac{28.8}{730 - 28.8} = 0.0255\text{kg H}_2\text{O/kg Dry Air}$$

• 20℃일 때
$$H = \frac{18}{29} \frac{17.5}{745 - 17.5}$$
$$= 0.015\text{kg H}_2\text{O/kg Dry Air}$$
$$\therefore \text{낮} - \text{밤} = 0.0255 - 0.015$$
$$= 0.0105\text{kg H}_2\text{O/kg Dry Air}$$
$$= \frac{0.0105}{0.0255} \times 100 = 41\%$$

56 무한히 큰 두 개의 평면이 서로 평행하게 있을 때 각각의 표면온도가 200℃, 600℃라고 한다면 복사에 의한 단위면적당의 전열량은 약 몇 kcal/m² h인가?(단, 방사율은 각각 1이라고 가정한다.)

① 25,902 ② 21,625
③ 17,032 ④ 14,520

정답 53 ② 54 ① 55 ② 56 ①

해설

$$q_{1,2} = 4.88 A_1 \frac{1}{\left(\frac{1}{\varepsilon_1}+\frac{1}{\varepsilon_2}-1\right)}\left[\left(\frac{T_1}{100}\right)^4 - \left(\frac{T_2}{100}\right)^4\right]$$

$$\frac{q_{1,2}}{A} = 4.88\left[\left(\frac{873}{100}\right)^4 - \left(\frac{473}{100}\right)^4\right]$$
$$= 25,900.6 \text{kcal/m}^2 \text{ h}$$

57 75℃, 1.1bar, 30% 상대습도를 갖는 습공기가 1,000m³/h로 한 단위공정에 들어갈 때 이 습공기의 비교습도는 약 몇 %인가?(단, 75℃에서의 포화증기압은 289mmHg이다.)

① 21.8 ② 22.8
③ 23.4 ④ 24.5

해설

$H_R = \dfrac{p_v}{p_s} \times 100 = 30\%$

$p_s = 289 \text{mmHg}$
$p_v = 289 \times 0.3 = 86.7 \text{mmHg}$

$H_P(\text{비교습도}) = \dfrac{H}{H_s} \times 100$

$= \dfrac{p}{p_s} \times \dfrac{P_t - p_s}{P_t - p_v} \times 100$

$= H_R \times \dfrac{P_t - p_s}{P_t - p_v}$

$= 30 \times \dfrac{825.27 - 289}{825.27 - 86.7} = 21.8\%$

$\therefore P_t = 1.1 \text{bar} \times \dfrac{760 \text{mmHg}}{1.013 \text{bar}} = 825.27 \text{mmHg}$

58 롤 분쇄기에 상당직경 4cm인 원료를 도입하여 상당직경 1cm로 분쇄한다. 분쇄원료와 롤 사이의 마찰계수가 $\dfrac{1}{\sqrt{3}}$ 일 때 롤 지름은 약 몇 cm인가?

① 6.6 ② 9.2
③ 15.3 ④ 18.4

해설

$\mu = \tan\alpha = \dfrac{1}{\sqrt{3}} \quad \therefore \alpha = 30°$

$\cos\alpha = \dfrac{R+d}{R+r} = \dfrac{R+\frac{1}{2}}{R+\frac{4}{2}} = \dfrac{\sqrt{3}}{2} \quad \therefore R = 9.2 \text{cm}$

$\therefore$ 롤의 지름 $= 2R = 2 \times 9.2 \text{cm} = 18.4 \text{cm}$

59 CO_2 25vol%와 NH_3 75vol%의 기체 혼합물 중 NH_3의 일부가 산에 흡수되어 제거된다. 이 흡수탑을 떠나는 기체가 37.5vol%의 NH_3을 가질 때 처음에 들어 있던 NH_3 부피의 몇 %가 제거되었는가?(단, CO_2의 양은 변하지 않으며 산 용액은 증발하지 않는다고 가정한다.)

① 15% ② 20%
③ 62.5% ④ 80%

해설

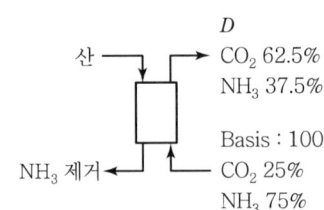

$100 \times 0.25 = D \times 0.625$
$\therefore D = 40$
제거된 $NH_3 = 75 - 40 \times 0.375 = 60$
$\dfrac{60}{75} \times 100 = 80\%$

60 추출상은 초산 3.27wt%, 물 0.11wt%, 벤젠 96.62 wt%이고 추잔상은 초산 29.0wt%, 물 70.6wt%, 벤젠 0.40wt%일 때 초산에 대한 벤젠의 선택도를 구하면?

① 24.8 ② 51.2
③ 66.3 ④ 72.4

해설

$\beta = \dfrac{y_A/y_B}{x_A/x_B} = \dfrac{3.27/0.11}{29/70.6} = 72.37 \fallingdotseq 72.4$

정답 57 ① 58 ④ 59 ④ 60 ④

4과목　화공계측제어

61 열교환기 제어밸브는 Linear 특성을 가지며 $P_0 = 30\text{psig}$, P_2는 대기압으로서 일정하다. 제어밸브가 절반이 열린 상태에서 유량이 185gpm(gallon/min)일 때 열교환기에 의한 압력강하 $\Delta P_h = 20\text{psi}$가 되도록 설계되었다고 할 때 밸브계수 C_v는?(단, 유체의 밀도는 1이다.)

① 117　　　　　　② 58.5
③ 37　　　　　　　④ 18.5

해설

$q = C_v f(x) \sqrt{\dfrac{\Delta P_v}{\rho}}$

$\Delta P_h = P_0 - P_1 = 20\text{psi}$, $P_1 = 10\text{psig}$

$\Delta P_v = 10\text{psi}$

$f(x) = x = 0.5$

$\therefore C_v = \dfrac{185}{0.5}\sqrt{\dfrac{1}{10}} = 117$

62 다음 그림과 같은 계에서 전달함수 $\dfrac{B}{U_2}$는?

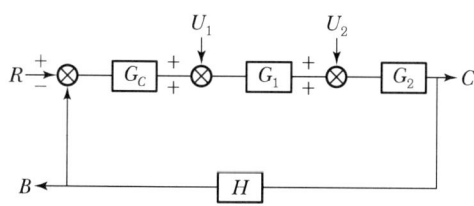

① $\dfrac{B}{U_2} = \dfrac{G_c G_1}{1 + G_c G_1 G_2 H}$

② $\dfrac{B}{U_2} = \dfrac{G_1 G_2}{1 + G_c G_1 G_2 H}$

③ $\dfrac{B}{U_2} = \dfrac{H G_2}{1 + G_c G_1 G_2 H}$

④ $\dfrac{B}{U_2} = \dfrac{G_c G_1 G_2 H}{1 + G_c G_1 G_2 H}$

해설

$\dfrac{B}{U_2} = \dfrac{G_2 H}{1 + G_c G_1 G_2 H}$

$\dfrac{B}{U_1} = \dfrac{G_1 G_2 H}{1 + G_c G_1 G_2 H}$

63 제어계(Control System)의 구성요소로 가장 거리가 먼 것은?

① 전송부　　　　② 기획부
③ 검출부　　　　④ 조절부

해설

제어시스템

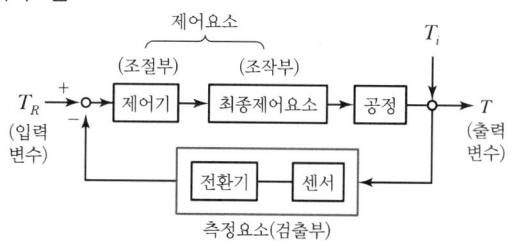

64 폭이 w이고, 높이가 h인 사각펄스의 Laplace 변환으로 옳은 것은?

① $\dfrac{h}{s}(1 - e^{-ws})$

② $\dfrac{h}{s}(1 - e^{-s/w})$

③ $\dfrac{hw}{s}(1 - e^{-ws})$

④ $\dfrac{h}{ws}(1 - e^{-s/w})$

해설

$x(t) = hu(t) = h(t - w)$

$X(s) = \dfrac{h}{s} - \dfrac{h}{s}e^{-ws}$

$\quad\quad = \dfrac{h}{s}(1 - e^{-ws})$

정답　61 ①　62 ③　63 ②　64 ①

65 다음 함수를 Laplace 변환할 때 올바른 것은?

$$\frac{d^2X}{dt^2}+2\frac{dX}{dt}+2X=2, \quad X(0)=X'(0)=0$$

① $\dfrac{2}{s(s^2+2s+3)}$ ② $\dfrac{2}{s(s^2+2s+2)}$

③ $\dfrac{3}{s(s^2+2s+1)}$ ④ $\dfrac{2}{s(s^2+s+2)}$

해설

$s^2X(s)+2sX(s)+2X(s)=\dfrac{2}{s}$

$(s^2+2s+2)X(s)=\dfrac{2}{s}$

$\therefore X(s)=\dfrac{2}{s(s^2+2s+2)}$

66 1차계 전달함수 $G(s)=\dfrac{1}{s+1}$의 구석점 주파수(Corner Frequency)에서 이 1차계 2개가 직렬로 연결된 $G_{overall}(s)$의 위상각(Phase Angle)은 얼마인가?

① $-\dfrac{\pi}{4}$ ② $-\dfrac{\pi}{2}$

③ $-\pi$ ④ $-\dfrac{3}{2}\pi$

해설

$G(s)=\dfrac{1}{(s+1)}\cdot\dfrac{1}{(s+1)}=\dfrac{1}{s^2+2s+1}$

$\tau=1, \zeta=1$

구석점 주파수(Corner Frequency) : $\tau w=1$일 때 주파수

$\phi=-\tan^{-1}\left(\dfrac{2\zeta w}{1-\tau^2 w^2}\right)=-\tan^{-1}\infty=-\dfrac{\pi}{2}$

67 미분법에 의한 미분속도 해석법이 아닌 것은?

① 도식적 방법 ② 수치해석법
③ 다항식 맞춤법 ④ 반감기법

해설

반감기법, 최소자승법은 미분법, 적분법이 정확하지 않을 때 사용한다.

미분속도 해석법
• 도식미분법
• 수치미분법
• 다항식 맞춤법

68 공정의 전달함수와 제어기의 전달함수 곱이 $G_{OL}(s)$이고 다음의 식이 성립한다. 이 제어시스템의 Gain Margin(GM)과 Phase Margin(PM)은 얼마인가?

$$G_{OL}(3i)=-0.25$$
$$G_{OL}(1i)=-\frac{1}{\sqrt{2}}-\frac{i}{\sqrt{2}}$$

① $GM=0.25, PM=\pi/4$
② $GM=0.25, PM=3\pi/4$
③ $GM=4, PM=\pi/4$
④ $GM=4, PM=3\pi/4$

해설

$AR_c=|G(\omega i)|=|-0.25|=0.25$

$GM=\dfrac{1}{AR_c}=\dfrac{1}{0.25}=4$

$\angle G(i\omega)=\tan^{-1}\left(\dfrac{I}{R}\right)=\tan^{-1}\left(\dfrac{-1/\sqrt{2}}{-1/\sqrt{2}}\right)=\tan^{-1}(1)=\dfrac{\pi}{4}$

$PM=180+\phi_g=\pi-\dfrac{3}{4}\pi=\dfrac{\pi}{4}$

69 1차계의 단위계단응답에서 시간 t가 2τ일 때 퍼센트 응답은 약 얼마인가?(단, τ는 1차계의 시간상수이다.)

① 50% ② 63.2%
③ 86.5% ④ 95%

해설

1차계 단위계단응답

t	$y(t)/KA$	t	$y(t)/KA$
0	0	4τ	0.982
τ	0.632	5τ	0.993
2τ	0.865	∞	1
3τ	0.950		

정답 65 ② 66 ② 67 ④ 68 ③ 69 ③

70 어떤 압력측정장치의 측정범위는 0~400psig, 출력범위는 4~20mA로 조정되어 있다. 이 장치의 이득을 구하면 얼마인가?

① 25mA/psig ② 0.01mA/psig
③ 0.08mA/psig ④ 0.04mA/psig

해설

$$K = \frac{20-4}{400-0} = 0.04\,\text{mA/psig}$$

71 Spring-Mass-Damper로 구성된 감쇠진동기(Damper Oscillator)에서 2차 미분형태를 나타내는 항과 관련이 있는 것은?

① 힘 = 질량 × 가속도
② 힘 = 용수철 Hook 상수 × 늘어난 길이
③ 힘 = 감쇠계수 × 위치의 변화율
④ 힘 = 시간의 함수인 구동력

해설

감쇠진동기

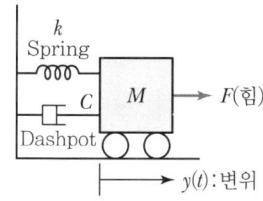

$$\frac{Md^2y(t)}{dt^2} = -ky(t) - \frac{cdy(t)}{dt} + F(t)$$

$$\frac{Md^2y(t)}{kdt^2} + \frac{cdy(t)}{kdt} + y(t) = \frac{F(t)}{k}$$

$$\tau^2 s^2 Y(s) + 2\tau\zeta Y(s) + Y(s) = X(s)$$

$$\therefore \frac{Y(s)}{X(s)} = \frac{1}{\tau^2 s^2 + 2\tau\zeta s + 1}$$

72 Bode 선도를 이용한 안정성 판별법 중 틀린 것은?

① 위상 크로스오버 주파수(Phase Crossover Frequency)에서 AR은 1보다 작아야 안정하다.
② 이득여유(Gain Margin)는 위상 크로스오버 주파수에서 AR의 역수이다.
③ 이득여유가 클수록 이득 크로스오버 주파수(Gain Crossover Frequency)에서 위상각은 -180°에 접근한다.
④ 이득 크로스오버 주파수(Gain Crossover Frequency)에서 위상각은 -180°보다 커야 안정하다.

해설

Bode 안정성 판별법
• 열린 루프 전달함수의 진동응답의 진폭비가 임계진동수에서 1보다 크면 닫힌 루프 제어시스템은 불안정하다.
• 임계진동수($\phi = -180°$일 때 진동수 ω_u)에서 진폭비가 1보다 작아야 한다.

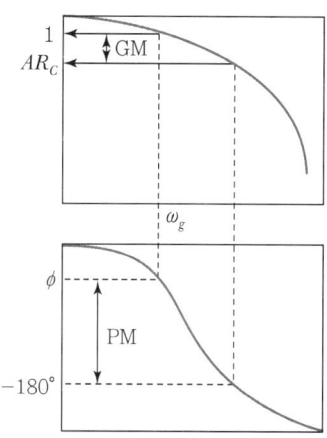

이득여유(GM)가 클수록 ω_g에서 위상각은 -180°에서 멀어진다.

73 특성 방정식이 $s^3 - 3s + 2 = 0$인 계에 대한 설명으로 옳은 것은?

① 안정하다.
② 불안정하고, 양의 중근을 갖는다.
③ 불안정하고, 서로 다른 2개의 양의 근을 갖는다.
④ 불안정하고, 3개의 양의 근을 갖는다.

해설

$s^3 - 3s + 2 = 0$
$(s-1)(s+2)(s-1) = 0$
$s = -2, 1, 1$
∴ 불안정하고, 양의 중근을 갖는다.

74 주파수 3에서 Amplitude Ratio가 1/2, Phase Angle이 $-\pi/3$인 공정을 고려할 때 공정입력 $u(t) = \sin(3t + 2\pi/3)$을 적용하면 시간이 많이 지난 후의 공정출력 $y(t)$는?

① $y(t) = \sin\left(t + \dfrac{\pi}{3}\right)$

② $y(t) = 2\sin(t + \pi)$

③ $y(t) = \sin(3t)$

④ $y(t) = 0.5\sin\left(3t + \dfrac{\pi}{3}\right)$

> 해설
> $\omega = 3$
> $AR = \dfrac{\hat{A}}{A} = \dfrac{\hat{A}}{1} = \dfrac{1}{2} = 0.5,\ \phi = -\dfrac{\pi}{3}$
> $y(t) = \hat{A}\sin(\omega t + \phi)$
> $\quad = 0.5\sin\left(3t + \left(\dfrac{2}{3}\pi - \dfrac{\pi}{3}\right)\right)$
> $\quad = 0.5\sin\left(3t + \dfrac{\pi}{3}\right)$

75 다음 공정에 P 제어기가 연결된 닫힌 루프 제어계가 안정하려면 비례이득 K_c의 범위는?(단, 나머지 요소의 전달함수는 1이다.)

$$G_p(s) = \dfrac{1}{2s-1}$$

① $K_c < 1$ ② $K_c > 1$
③ $K_c < 2$ ④ $K_c > 2$

> 해설
> $1 + \dfrac{K_c}{2s-1} = 0$
> $2s - 1 + K_c = 0$
> $s = \dfrac{1-K_c}{2} < 0$
> $\therefore 1 - K_c < 0$
> $\quad K_c > 1$

76 다음 그림의 액체저장탱크에 대한 선형화된 모델식으로 옳은 것은?(단, 유출량 $q(\mathrm{m}^3/\mathrm{min})$는 $2\sqrt{h}$로 나타내어지며, 액위 h의 정상상태값은 4m이고 단면적은 A m²이다.)

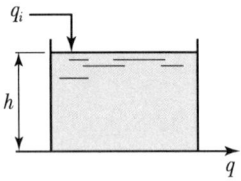

① $A\dfrac{dh}{dt} = q_i - \dfrac{h}{2} - 2$ ② $A\dfrac{dh}{dt} = q_i - h + 2$

③ $A\dfrac{dh}{dt} = q_i - \dfrac{h}{2} + 2$ ④ $A\dfrac{dh}{dt} = 2q_i - h + 2$

> 해설
> $A\dfrac{dh}{dt} = q_i - 2\sqrt{h}$
> 선형화 $\sqrt{h} \simeq \sqrt{h_s} + \dfrac{1}{2\sqrt{h_s}}(h - h_s)$
> $A\dfrac{dh}{dt} = q_i - 2\sqrt{h_s} - \dfrac{2}{2\sqrt{h_s}}(h - h_s)$
> $A\dfrac{dh}{dt} = q_i - 2\sqrt{4} - \dfrac{2}{2\sqrt{4}}(h - 4)$
> $\therefore A\dfrac{dh}{dt} = q_i - \dfrac{h}{2} - 2$

77 블록선도에서 Servo Problem인 경우 Proportional Control($G_c = K_c$)의 Offset은?(단, $T_R(t) = U(t)$인 단위계단신호이다.)

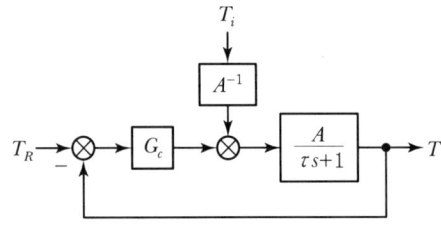

① 0   ② $\dfrac{1}{1-AK_c}$

③ $-\dfrac{1}{1+AK_c}$ ④ $\dfrac{1}{1+AK_c}$

정답 74 ④ 75 ② 76 ① 77 ④

해설

$$T_R(t) = 1 \qquad T_R(s) = \frac{1}{s}$$

$$T = \frac{\frac{K_cA}{\tau s+1}}{1+\frac{K_cA}{\tau s+1}} \cdot \frac{1}{s} = \frac{K_cA}{\tau s+1+K_cA} \cdot \frac{1}{s}$$

최종치 정리
$$\lim_{t \to \infty} y(t) = \lim_{s \to 0} sY(s)$$

$$\lim_{s \to 0} sT(s) = \lim_{s \to 0} s \frac{K_cA}{\tau s+1+K_cA} \cdot \frac{1}{s}$$
$$= \frac{K_cA}{1+K_cA}$$

Offset $= T_R(\infty) - T(\infty)$
$$= 1 - \frac{K_cA}{1+K_cA} = \frac{1}{1+K_cA}$$

78 어떤 제어계의 특성방정식이 다음과 같을 때 한계주기(Ultimate Period)는?

$$s^3 + 6s^2 + 9s + 1 + K_c = 0$$

① $\frac{\pi}{2}$
② $\frac{2}{3}\pi$
③ π
④ $\frac{3}{2}\pi$

해설

$s^3 + 6s^2 + 9s + 1 + K_c = 0$
$(i\omega)^3 + 6(i\omega)^2 + 9(i\omega) + 1 + K_c = 0$
$-i\omega^3 - 6\omega^2 + 9\omega i + 1 + K_c = 0$
$(1+K_c-6\omega^2) + i(9\omega-\omega^3) = 0$
$1+K_c - 6\times 3^2 = 0 \qquad \omega(9-\omega^2) = 0$
$\therefore K_c = 53 \qquad \therefore \omega_u = 0, \pm 3$

한계주기 $P_u = \frac{2\pi}{\omega_u}$

$\therefore P_u = \frac{2\pi}{3}$

79 복사에 의한 열전달 식은 $q = kcAT^4$으로 표현된다고 한다. 정상상태에서 $T=T_s$일 때 이 식을 선형화시키면?(단, k, c, A는 상수이다.)

① $4kcAT_s^3(T-0.75T_s)$
② $kcA(T-T_s)$
③ $3kcAT_s^3(T-T_s)$
④ $kcAT_s^4(T-T_s)$

해설

Taylor 식

$$f(x) = f(x_s) + \frac{df}{dx}(x_s)(x-x_s)$$

$q = kcAT_s^4 + 4kcAT_s^3(T-T_s)$
$= 4kcAT_s^3 T - 3kcAT_s^4$
$= 4kcAT_s^3 \left(T - \frac{3}{4}T_s\right)$

80 PID 제어기를 이용한 설정치 변화에 대한 제어의 설명 중 옳지 않은 것은?

① 일반적으로 비례이득을 증가시키고 적분시간의 역수를 증가시키면 응답이 빨라진다.
② P 제어기를 이용하면 모든 공정에 대해 항상 정상상태 잔류오차(Steady State Offset)가 생긴다.
③ 시간지연이 없는 1차 공정에 대해서는 비례이득을 매우 크게 증가시켜도 안정성에 문제가 없다.
④ 일반적으로 잡음이 없는 느린 공정의 경우 D 모드를 적절히 이용하면 응답이 빨라지고 안정성이 개선된다.

해설

- 비례이득을 증가시키고 적분시간을 감소시키면 응답이 빨라진다.
- 적분공정일 경우 P 제어기만 사용해도 Offset(잔류편차)을 제거할 수 있다.

정답 78 ② 79 ① 80 ②

2023년 제3회 복원기출문제

1과목 공업합성

01 기하이성질체를 나타내는 고분자가 아닌 것은?

① 폴리부타디엔
② 폴리클로로프렌
③ 폴리이소프렌
④ 폴리비닐알코올

해설

기하이성질체

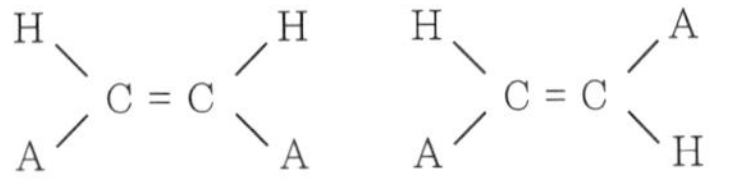

$$\underset{cis}{\overset{H}{\underset{A}{>}}C=C\overset{H}{\underset{A}{<}}} \quad \underset{trans}{\overset{H}{\underset{A}{>}}C=C\overset{A}{\underset{H}{<}}}$$

① 부타디엔
$CH_2=CH-CH=CH_2 \rightarrow [CH_2-CH=CH-CH_2]_n$
폴리부타디엔

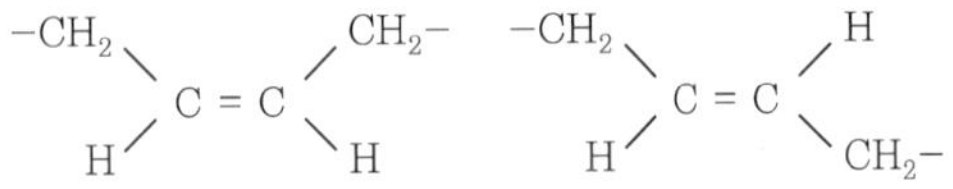

cis / trans 구조

② 클로로프렌 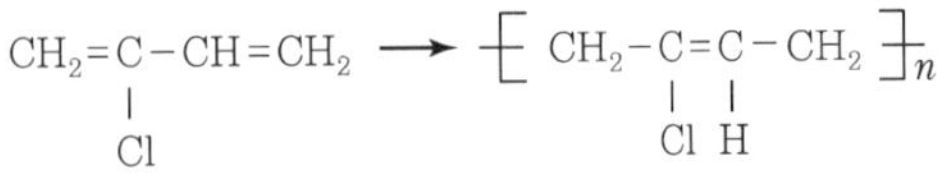
$CH_2=C(Cl)-CH=CH_2 \rightarrow [CH_2-C=C-CH_2]_n$ (Cl, H 치환)
폴리클로로프렌

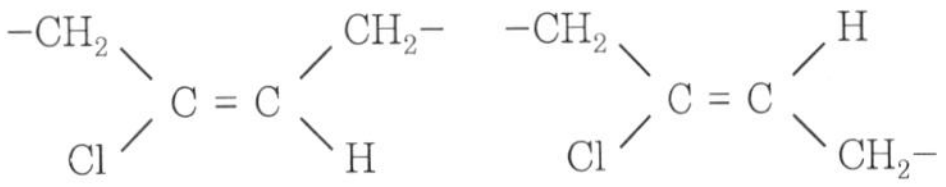

cis / trans 구조

③ 이소프렌 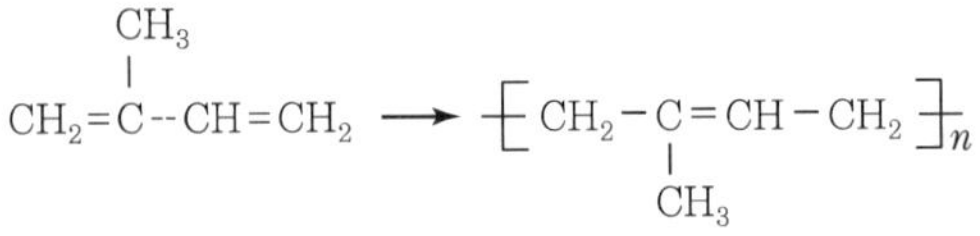
$CH_2=C(CH_3)-CH=CH_2 \rightarrow [CH_2-C(CH_3)=CH-CH_2]_n$
폴리이소프렌

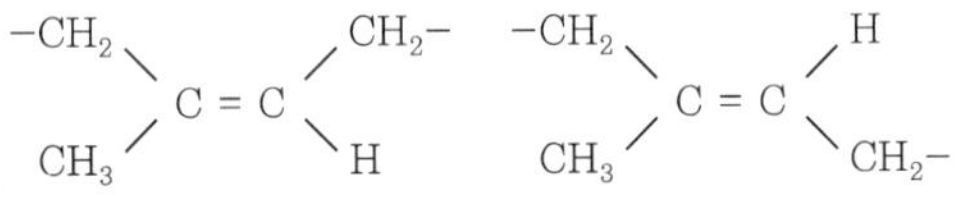

cis / trans 구조

④ 비닐알코올 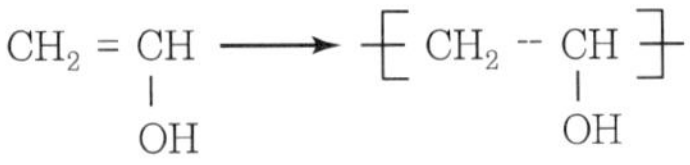
$CH_2=CH(OH) \rightarrow [CH_2-CH(OH)]$
폴리비닐알코올

02 아래와 같은 특성을 가지고 있는 연료전지는?

- 전극으로는 세라믹 산화물이 사용된다.
- 작동온도는 약 1,000℃이다.
- 수소나 수소/일산화탄소 혼합물을 사용할 수 있다.

① 인산형 연료전지(PAFC)
② 용융탄산염 연료전지(MCFC)
③ 고체산화물형 연료전지(SOFC)
④ 알칼리 연료전지(AFC)

해설

연료전지
㉠ 인산형 연료전지
  - 가장 먼저 상용화
  - 백금 또는 니켈 입자를 분산시킨 탄소 촉매전극
  - 연료 : 수소
  - 산화체 : 공기 중 산소
㉡ 용융탄산염 연료전지
  - 탄화수소를 개질할 때 생성되는 수소 또는 일산화탄소의 혼합가스를 직접 연료로 사용

정답 01 ④ 02 ③

- 650℃ 정도의 고온 유지
ⓒ 고체산화물 연료전지
  - 이온전도성 산화물을 전해질로 이용
  - 1,000℃ 정도에서 작동
  - 지르코니아(ZrO_2)와 같은 세라믹 산화물을 사용
  - 이론에너지 효율은 저하, 에너지 회수율이 향상되면서 화력발전을 대체하고 석탄 가스를 이용한 고효율이 기대된다(50% 이상의 전기적 효율).
ⓔ 알칼리 연료전지
  - 아폴로 우주계획 등 우주선에 가장 많이 활용
  - Raney 니켈, 은 촉매
ⓜ 고분자 전해질 연료전지
  - 듀퐁의 Nafion
  - 작동온도가 낮다.

03 칼륨비료에 속하는 것은?

① 유안   ② 요소
③ 볏집재   ④ 초안

해설

- 칼륨비료의 원료 : 간수, 해초, 초목재, 볏집재, 용광로 Dust, 시멘트 Dust
- 질소비료 : 유안($(NH_4)_2SO_4$, 황안), 요소(NH_2CONH_2), 초안(NH_4NO_3, 질안)

04 말레산 무수물을 벤젠의 공기산화법으로 제조하고자 할 때 사용되는 촉매는?

① V_2O_5
② $PdCl_2$
③ LiH_2PO_4
④ $Si-Al_2O_3$ 담체로 한 Nickel

해설

말레산 무수물
㉠ 벤젠의 공기산화법

$$\text{C}_6\text{H}_6 + 4.5O_2 \xrightarrow[400\sim500℃]{V_2O_5(cat)} \begin{array}{c}CH-CO\\ \parallel \\ CH-CO\end{array}O + 2H_2O + 2CO_2$$

말레산 무수물

$Si-Al_2O_3$ 담체로 한 V_2O_5 촉매를 공기산화시켜 만든다.

㉡ 부텐의 산화법

$$CH_3-CH=CH-CH_3+O_2 \xrightarrow[\substack{425\sim480℃\\10\sim15psi}]{\substack{Al_2O_3\text{를 담체로 한}\\V_2O_5(cat)}} \begin{array}{c}CH-CO\\ \parallel \\ CH-CO\end{array}O$$

말레산 무수물

05 전류효율이 90%인 전해조에서 소금물을 전기분해하면 수산화나트륨과 염소, 수소가 만들어진다. 매일 17.75ton의 염소가 부산물로 나온다면 수산화나트륨의 생산량(ton/day)은?

① 16   ② 18
③ 20   ④ 22

해설

$$NaCl + H_2O \rightarrow NaOH + \frac{1}{2}Cl_2 + \frac{1}{2}H_2 \rightarrow HCl$$

$\quad\quad\quad\quad\quad\quad 40 \quad : \quad \frac{1}{2}\times 71$

$\quad\quad\quad\quad\quad\quad x \quad : \quad 17.75\text{ton/day}$

∴ $x = 20\text{ton/day}$

06 황산 제조공업에서의 바나듐 촉매 작용기구로서 가장 거리가 먼 것은?

① 원자가의 변화
② 3단계에 의한 회복
③ 산성의 피로인산염 생성
④ 화학변화에 의한 중간생성물의 생성

해설

V_2O_5 Catalyst
㉠ $V_2O_5 + SO_2 \rightarrow V_2O_4 + SO_3$
$\quad\quad V^{5+} \rightarrow V^{4+}$
$\quad\quad$적갈색 → 녹갈색

㉡ $2SO_2 + O_2 + V_2O_4 \rightarrow 2VOSO_4$
㉢ $2VOSO_4 \rightarrow V_2O_5 + SO_2 + SO_3$
  ※ 피로인산염 : 피로인산($H_4P_2O_7$)의 염. $M_4P_2O_7$

정답 03 ③ 04 ① 05 ③ 06 ③

07 열가소성 수지에 해당하는 것은?

① 폴리비닐알코올
② 페놀 수지
③ 요소 수지
④ 멜라민 수지

해설

- 열가소성 수지 : 가열 시 연화되어 외력을 가할 때 쉽게 변형되므로 성형가공 후 냉각하면 외력을 제거해도 성형된 상태를 유지하는 수지
  예 폴리염화비닐, 폴리에틸렌, 폴리프로필렌, 폴리스티렌, 폴리아세트산, 폴리비닐알코올
- 열경화성 수지 : 가열 시 일단 연화되지만, 계속 가열하면 점점 경화되어 나중에는 온도를 올려도 연화, 용융되지 않고 원상태로 되지도 않는 성질의 수지
  예 페놀수지, 요소수지, 멜라민수지, 에폭시수지, 알키드수지, 규소수지

08 다음 중 옥탄가가 가장 낮은 것은?

① Butane
② 1-Pentene
③ Toluene
④ Cyclohexane

해설

n-파라핀 < 올레핀 < 나프텐계 < 방향족
동일계 탄화수소의 경우 비점이 낮을수록 옥탄가가 높다.

09 가성소다 제조에 있어 격막법과 수은법에 대한 설명 중 틀린 것은?

① 전류밀도는 수은법이 격막법의 약 5~6배가 된다.
② 가성소다 제품의 품질은 수은법이 좋고 격막법은 약 1~1.5% 정도의 NaCl을 함유한다.
③ 격막법은 양극실과 음극실 액의 pH가 다르다.
④ 수은법은 고농도를 만들기 위해서 많은 증기가 필요하기 때문에 보일러용 연료가 필요하므로 대기오염의 문제가 없다.

해설

격막법	수은법
• NaOH 농도(11~12%)가 낮으므로 농축비가 많이 든다. • 제품 중에 염화물 등을 함유하여 순도가 낮다.	• 제품의 순도가 높으며 진한 NaOH(50~73%)를 얻는다. • 전력비가 많이 든다. • 수은을 사용하므로 공해의 원인이 된다. • 이론분해전압과 전류밀도가 크다.

10 질산의 직접 합성 반응이 다음과 같을 때 반응 후 응축하여 생성된 질산용액의 농도는 얼마인가?

$$NH_3 + 2O_2 \rightleftarrows HNO_3 + H_2O$$

① 68wt%
② 78wt%
③ 88wt%
④ 98wt%

해설

질산의 직접 합성
㉠ 고농도 질산을 얻기 위한 방법
㉡ $NH_3 + 2O_2 \rightarrow HNO_3 + H_2O$
- 암모니아를 이론량만큼의 공기와 산화시킨 후 물을 제거해야 한다.
- 응축하면 78% HNO_3가 생성되므로 농축하거나 물을 제거해야 한다.

11 다음의 과정에서 얻어지는 물질로 ( ) 안에 알맞은 것은?

$$CH_2 = CH_2 \xrightarrow{O_2/Ag} CH_2 - CH_2 \xrightarrow{H_2O} (\quad)$$
$$\underset{O}{\diagdown \diagup}$$

① 에탄올
② 에텐디올
③ 에틸렌글리콜
④ 아세트알데히드

해설

$$CH_2 = CH_2 \xrightarrow{O_2/Ag} \underset{에틸렌옥사이드}{CH_2 - CH_2} + H_2O \xrightarrow{H_2O} \underset{에틸렌글리콜}{\underset{OH \quad OH}{CH_2 - CH_2}}$$
에틸렌

정답 07 ① 08 ② 09 ④ 10 ② 11 ③

12 부식전류가 크게 되는 원인으로 가장 거리가 먼 것은?

① 용존산소 농도가 낮을 때
② 온도가 높을 때
③ 금속이 전도성이 큰 전해액과 접촉하고 있을 때
④ 금속 표면의 내부응력 차가 클 때

해설

부식전류가 크게 되는 원인
- 서로 다른 금속들이 접하고 있을 때
- 금속이 전도성이 큰 전해액과 접하고 있을 때
- 금속 표면의 내부 응력차가 클 때

13 건식법에 의한 인산제조공정에 대하여 옳은 것은?

① 인의 농도가 낮은 인광석을 원료로 사용할 수 있다.
② 고순도의 인산은 제조할 수 없다.
③ 전기로에서는 인의 기화와 산화가 동시에 일어난다.
④ 대표적인 건식법은 이수석고법이다.

해설

건식법 인산	습식법 인산
• 고순도, 고농도의 인산을 제조 • 저품위 인광석을 처리할 수 있다. • 인의 기화와 산화를 따로 할 수 있다. • Slag는 시멘트의 원료가 된다. • 종류 : 용광로법, 전기로법	• 순도와 농도가 낮다. • 품질이 좋은 인광석을 사용해야 한다. • 주로 비료용에 사용된다. • 종류 : 황산분해법, 질산분해법, 염산분해법

14 접촉식 황산제조 공정에서 전화기에 대한 설명 중 옳은 것은?

① 전화기 조작에서 온도조절이 좋지 않아서 온도가 지나치게 상승하면 전화율이 감소하므로 이에 대한 조절이 중요하다.
② 전화기는 SO_3 생성열을 제거시키며 동시에 미반응 가스를 냉각시킨다.
③ 촉매의 온도는 200℃ 이하로 운전하는 것이 좋기 때문에 열교환기의 용량을 증대시킬 필요가 있다.
④ 전화기의 열교환방식은 최근에는 거의 내부 열교환방식을 채택하고 있다.

해설

전화기(반응온도 : 420~450℃)

$$SO_2 + \frac{1}{2}O_2 \xrightleftharpoons[]{Pt \text{ 또는 } V_2O_5} SO_3 + 22.6\text{kcal}$$

- 발열반응이므로 저온에서 진행하면 반응속도가 느려지므로 저온에서 반응속도를 크게 하기 위해 촉매를 사용한다.
- 온도가 상승하면 $SO_2 \rightarrow SO_3$의 전화율은 감소하나 SO_2와 O_2의 분압을 높이면 전화율이 증가하게 된다.

15 질산을 공업적으로 제조하기 위하여 이용하는 다음 암모니아 산화반응에 대한 설명으로 옳지 않은 것은?

$$4NH_3 + 5O_2 \rightarrow 4NO + 6H_2O$$

① 바나듐(V_2O_5) 촉매가 가장 많이 이용된다.
② 암모니아와 산소의 혼합가스는 폭발성이 있기 때문에 $[O_2]/[NH_3] = 2.2 \sim 2.3$이 되도록 주의한다.
③ 산화율에 영향을 주는 인자 중 온도와 압력의 영향이 크다.
④ 반응온도가 지나치게 높아지면 산화율은 낮아진다.

해설

$4NH_3 + 5O_2 \rightarrow 4NO + 6H_2O$
- Pt-Rh 촉매가 가장 많이 사용된다.
- 최대 산화율은 $O_2/NH_3 = 2.2 \sim 2.3$이 되어야 한다.
- 압력을 가하면 산화율은 저하된다.

16 LPG에 대한 설명 중 틀린 것은?

① C_3, C_4의 탄화수소가 주성분이다.
② 상온, 상압에서는 기체이다.
③ 그 자체로 매우 심한 독한 냄새가 난다.
④ 가압 또는 냉각시킴으로써 액화한다.

해설

LPG(Liquefied Petroleum Gas)
- C_3, C_4의 탄화수소가 주성분이다.
- 끓는점이 낮은 탄화수소가스를 상온에서 가압하거나 냉각시켜 액화한다.
- 상온, 상압에서는 기체이다.
- 그 자체로 무색, 무취이다.

정답 12 ① 13 ① 14 ① 15 ① 16 ③

17 Friedel-Crafts 알칼화 반응에서 주로 사용하는 촉매는?

① AlCl₃ ② ZnCl₂
③ BaI₃ ④ HgCl₂

[해설]
Friedel-Crafts 촉매
AlCl₃, FeCl₃, BF₃ 등

18 CuO 존재하에 NH₃를 염화벤젠에 첨가하고, 가압하면 생성되는 주요 물질은?

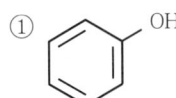

[해설]
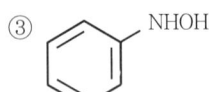

19 다음 중 테레프탈산을 얻을 수 있는 반응은?
① m-크실렌(Xylene) 산화
② p-크실렌(Xylene) 산화
③ 나프탈렌의 산화
④ 벤젠의 산화

[해설]
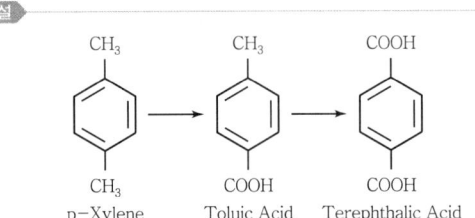
p-Xylene → Toluic Acid → Terephthalic Acid

20 생성된 입상 중합체를 직접 사용하여 연속적으로 교반하여 종합하며 중합열의 제어가 용이하지만 안정제에 의한 오염이 발생하므로 세척, 건조가 필요한 중합법은?

① 괴상중합 ② 용액중합
③ 현탁중합 ④ 축중합

[해설]
현탁중합(서스펜션 중합)
• 단량체를 녹이지 않는 액체에 격렬한 교반으로 분산시켜 중합한다.
• 강제로 분산된 단량체의 작은 방울에서 중합이 일어난다.
• 개시제는 단량체에 녹는 것을 사용하며, 단량체 방울이 뭉치지 않고 유지되도록 안정제를 사용한다.
• 중합열의 분산이 용이하고 중합체가 작은 입자 모양으로 얻어지므로 분리 및 처리가 용이하다.
• 세정 및 건조공정을 필요로 하고 안정제에 의한 오염이 발생한다.

2과목 반응운전

21 어떤 단일성분 물질의 분해반응이 1차 반응으로 99%까지 분해하는 데 6,646초가 소요되었다면 30%까지 분해하는 데는 약 몇 초가 소요되는가?

① 515 ② 540
③ 720 ④ 813

[해설]
$\ln(1-X_A) = -kt$
$\ln(1-0.99) = -k \times 6{,}646$ ∴ $k = 6.93 \times 10^{-4}$
$\ln(1-0.3) = -6.93 \times 10^{-4} \times t$ ∴ $t = 514.7$초

정답 17 ① 18 ② 19 ② 20 ③ 21 ①

22 액상 반응을 위해 다음과 같이 CSTR 반응기를 연결하였다. 이 반응의 반응 차수는?

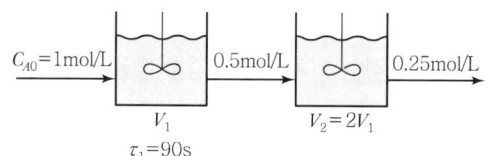

① 1
② 1.5
③ 2
④ 2.5

해설

$k\tau C_{A0}^{n-1} = \dfrac{X_A}{(1-X_A)^n}$

$k \times 90 = \dfrac{0.5}{(1-0.5)^n}$

$k \times 180 \times 0.5^{n-1} = \dfrac{0.5}{(1-0.5)^n}$

$90 = 180 \times 0.5^{n-1}$

$0.5 = 0.5^{n-1}$

$\therefore n = 2\text{차}$

23 순환비가 1인 등온 순환 플러그흐름반응기에서 기초 2차 액상 반응 $2A \rightarrow 2R$이 $\dfrac{2}{3}$의 전화를 일으킨다. 순환비를 0으로 하였을 경우 전화율은?

① 0.25
② 0.5
③ 0.75
④ 1

 해설

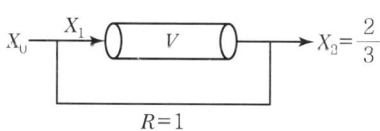

$X_1 = \dfrac{R}{R+1} X_f = \dfrac{1}{2} \times \dfrac{2}{3} = \dfrac{1}{3}$

$\dfrac{V}{F_{A0}} = \dfrac{\tau}{C_{A0}} = (R+1) \int_{X_{A_1}}^{X_{A_f}} \dfrac{dX_A}{-r_A}$

2차 $-r_A = kC_A^2 = kC_{A0}^2(1-X_A)^2$

$\dfrac{\tau}{C_{A0}} = 2 \int_{\frac{1}{3}}^{\frac{2}{3}} \dfrac{dX_A}{kC_{A0}^2(1-X_A)^2}$

$kC_{A0}\tau = 2\left[\dfrac{1}{1-X_A}\right]_{\frac{1}{3}}^{\frac{2}{3}} = 3$

순환비 $\to 0$: PFR

$kC_{A0}\tau = \dfrac{X_A}{1-X_A} = 3$

$\therefore X_A = 0.75$

24 혼합흐름반응기에서 다음과 같은 1차 연속반응이 일어날 때 중간생성물 R의 최대농도($C_{R,\max}/C_{A0}$)는?

$A \rightarrow R \rightarrow S$(속도상수는 각각 k_1, k_2)

① $\left[\left(\dfrac{k_2}{k_1}\right)^2 + 1\right]^{-1/2}$
② $\left[\left(\dfrac{k_1}{k_2}\right)^2 + 1\right]^{-1/2}$
③ $\left[\left(\dfrac{k_2}{k_1}\right)^{1/2} + 1\right]^{-2}$
④ $\left[\left(\dfrac{k_1}{k_2}\right)^{1/2} + 1\right]^{-2}$

해설

- CSTR

$\tau_{m.opt} = \dfrac{1}{\sqrt{k_1 k_2}}$

$\dfrac{C_{R,\max}}{C_{A0}} = \left[\left(\dfrac{k_2}{k_1}\right)^{\frac{1}{2}} + 1\right]^{-2}$

- PFR

$\dfrac{C_{R,\max}}{C_{A0}} = \left(\dfrac{k_1}{k_2}\right)^{\frac{k_2}{k_2-k_1}}$, $\tau_{p.opt} = \dfrac{\ln(k_2/k_1)}{k_2-k_1}$

25 체적이 일정한 회분식 반응기에서 다음과 같은 기체반응이 일어난다. 초기의 전압과 분압을 각각 P_0, P_{A0}, 나중의 전압을 P라 할 때 분압 P_A을 표시하는 식은?(단, 초기에 A, B는 양론비대로 존재하고 R은 없다.)

$aA + bB \rightarrow rR$

① $P_A = P_{A0} - [a/(r+a+b)](P-P_0)$
② $P_A = P_{A0} - [a/(r-a-b)](P-P_0)$
③ $P_A = P_{A0} + [a/(r-a-b)](P-P_0)$
④ $P_A = P_{A0} + [a/(r+a+b)](P-P_0)$

정답 22 ③ 23 ③ 24 ③ 25 ②

해설

$$aA + bB \to rR$$
$t=0$: $\quad N_{A0} \quad N_{B0} \quad N_{R0}$
$t=t$: $\quad N_{A0}-ax \quad N_{B0}-bx \quad N_{R0}+rx$

$N_0 = N_{A0} + N_{B0} + N_{R0}$
$N = N_0 + x(r-a-b) = N_0 + x\Delta n$
$x = \dfrac{N-N_0}{\Delta n}$
$C_A = \dfrac{N_A}{V} = \dfrac{N_{A0}-ax}{V} = \dfrac{N_{A0}}{V} - \dfrac{a}{V} \cdot \dfrac{N-N_0}{\Delta n}$
$P_A = C_A RT = P_{A0} - \dfrac{a}{\Delta n}(P-P_0)$
$\therefore P_A = P_{A0} - \dfrac{a}{(r-a-b)}(P-P_0)$

26 다음과 같은 1차 병렬 반응이 일정한 온도의 회분식 반응기에서 진행되었다. 반응시간이 1,000s일 때 반응물 A가 90% 분해되어 생성물은 R이 S의 10배로 생성되었다. 반응 초기에 R과 S의 농도를 0으로 할 때, k_1 및 k_1/k_2은 각각 얼마인가?

$$A \to R, \; r_1 = k_1 C_A$$
$$A \to 2S, \; r_2 = k_2 C_A$$

① $k_1 = 0.131/\text{min}, \; k_1/k_2 = 20$
② $k_1 = 0.046/\text{min}, \; k_1/k_2 = 10$
③ $k_1 = 0.131/\text{min}, \; k_1/k_2 = 10$
④ $k_1 = 0.046/\text{min}, \; k_1/k_2 = 20$

해설

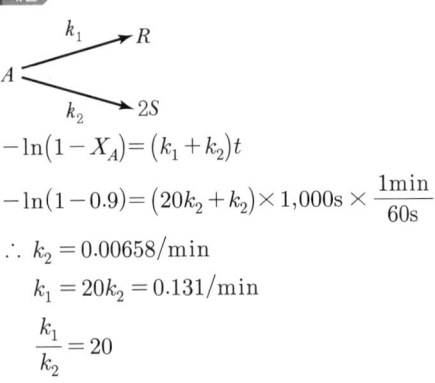

$-\ln(1-X_A) = (k_1+k_2)t$
$-\ln(1-0.9) = (20k_2 + k_2) \times 1{,}000\text{s} \times \dfrac{1\text{min}}{60\text{s}}$
$\therefore k_2 = 0.00658/\text{min}$
$k_1 = 20k_2 = 0.131/\text{min}$
$\dfrac{k_1}{k_2} = 20$

27 공간시간과 평균체류시간에 대한 설명 중 틀린 것은?

① 밀도가 일정한 반응계에서는 공간시간과 평균체류시간은 항상 같다.
② 부피가 팽창하는 기체반응의 경우 평균체류시간은 공간시간보다 적다.
③ 반응물의 부피가 전화율과 직선관계로 변하는 관형 반응기에서 평균체류시간은 반응속도와 무관하다.
④ 공간시간과 공간속도의 곱은 항상 1이다.

해설

액상 : τ(공간시간) $= \bar{t}$(평균체류시간)
기상 : τ(공간시간) $\neq \bar{t}$(평균체류시간)
τ(공간시간) $= \dfrac{1}{S(\text{공간속도})}$

28 $A \to R, \; r_R = k_1 C_A^{a_1}$이 원하는 반응이고 $A \to S, \; r_S = k_1 C_A^{a_2}$이 원하지 않는 반응일 때 R을 더 많이 얻기 위한 방법으로 옳은 것은?

① $a_1 = a_2$일 때는 A의 농도를 높인다.
② $a_1 > a_2$일 때는 A의 농도를 높인다.
③ $a_1 < a_2$일 때는 A의 농도를 높인다.
④ $a_1 = a_2$일 때는 A의 농도를 낮춘다.

해설

$S = \dfrac{r_R}{r_S} = \dfrac{k_1 C_A^{a_1}}{k_2 C_A^{a_2}} = \dfrac{k_1}{k_2} C_A^{a_1 - a_2}$

- $a_1 > a_2$: C_A를 높게 유지
- $a_1 = a_2$: 농도에 관계없이 속도상수로 결정
- $a_1 < a_2$: C_A를 낮게 유지

정답 26 ① 27 ③ 28 ②

29 다음과 같은 플러그흐름반응기에서의 반응시간에 따른 $C_B(t)$는 어떤 관계로 주어지는가?(단, k는 각 경로에서의 속도상수, C_{A0}는 A의 초기농도, t는 시간이고, 초기에 A만 존재한다.)

$$A \xrightarrow{k_1} B \xrightarrow{k_2} C$$
$$A \xrightarrow{k_3} D \quad k_2 = k_1 + k_3$$

① $k_3 C_{A0} t e^{-k_1 t}$
② $k_1 C_{A0} t e^{-k_2 t}$
③ $k_1 C_{A0} e^{-k_3 t} + k_2 C_B$
④ $k_1 C_{A0} e^{-k_2 t} + k_2 C_B$

해설

$-r_A = -\dfrac{dC_A}{dt} = k_1 C_A + k_3 C_A = k_2 C_A$

$-\dfrac{dC_A}{C_A} = k_2 dt \rightarrow -\ln\dfrac{C_A}{C_{A0}} = k_2 t$

$\therefore C_A = C_{A0} e^{-k_2 t}$

$r_B = \dfrac{dC_B}{dt} = k_1 C_A - k_2 C_B = k_1 C_{A0} e^{-k_2 t} - k_2 C_B$

$\dfrac{dC_B}{dt} + k_2 C_B = k_1 C_{A0} e^{-k_2 t}$

$\xrightarrow{\text{라플라스 변환}} s C_B(s) + k_2 C_B(s) = \dfrac{k_1 C_{A0}}{s + k_2}$

$C_B(s) = \dfrac{k_1 C_{A0}}{(s+k_2)^2} \xrightarrow{\text{역변환}} C_B = k_1 C_{A0} t e^{-k_2 t}$

30 $A \rightarrow C$의 촉매반응이 다음과 같은 단계로 이루어진다. 탈착반응이 율속단계일 때 Langmuir Hinshelwood 모델의 반응속도식으로 옳은 것은?(단, A는 반응물, S는 활성점, AS와 CS는 흡착 중간체이며, k는 속도상수, K는 평형상수, S_0는 초기 활성점, [ ]는 농도를 나타낸다.)

- 단계 1 : $A + S \xrightarrow{k_1} AS$, $[AS] = K_1[S][A]$
- 단계 2 : $AS \xrightarrow{k_2} CS$, $[CS] = K_2[AS] = K_2 K_1[S][A]$
- 단계 3 : $CS \xrightarrow{k_3} C + S$

① $r_3 = \dfrac{[S_0] k_1 K_1 K_2 [A]}{1 + (K_1 + K_2 K_1)[A]}$

② $r_3 = \dfrac{[S_0] k_3 K_1 K_2 [A]}{1 + (K_1 + K_2 K_1)[A]}$

③ $r_3 = \dfrac{[S_0] k_1 k_2 K_1 K_2 [A]}{1 + (K_1 + K_2 K_1)[A]}$

④ $r_3 = \dfrac{[S_0] k_1 k_3 K_1 K_2 [A]}{1 + (K_1 + K_2 K_1)[A]}$

해설

탈착반응이 율속단계일 때
$r_1 = k_1[A][S] - k_{-1}[AS] = 0$
$[AS] = K_1[A][S]$
$r_2 = k_2[AS] - k_{-2}[CS] = 0$
$[CS] = K_2[AS] = K_1 K_2 [A][S]$
$r_3 = k_3[CS] = k_3 K_1 K_2 [A][S]$
$[S_o] = [S] + [AS] + [CS]$
$= [S] + K_1[A][S] + K_1 K_2[A][S]$
$= [S]\{1 + K_1[A] + K_1 K_2[A]\}$
$[S] = \dfrac{[S_o]}{1 + K_1[A] + K_1 K_2[A]}$

$\therefore \Rightarrow r_3 = \dfrac{k_3 K_1 K_2 [A][S_o]}{1 + K_1[A] + K_1 K_2[A]}$

31 에탄올과 톨루엔의 65℃에서의 P_{XY}선도는 선형성으로부터 충분히 큰 양(+)의 편차를 나타낸다. 이렇게 상당한 양의 편차를 지닐 때 분자 간 인력을 옳게 나타낸 것은?

① 같은 종류의 분자 간 인력 > 다른 종류의 분자 간 인력
② 같은 종류의 분자 간 인력 < 다른 종류의 분자 간 인력
③ 같은 종류의 분자 간 인력 = 다른 종류의 분자 간 인력
④ 같은 종류의 분자 간 인력 + 다른 종류의 분자 간 인력 = 0

해설

최저공비혼합물
- 휘발도가 이상적으로 큰 경우($\gamma_A > 1$, $\gamma_B > 1$)
- 같은 종류의 분자 간 인력 > 다른 종류의 분자 간 인력

정답 29 ② 30 ② 31 ①

- 증기압은 최고점, 비점은 최저점을 나타낸다.

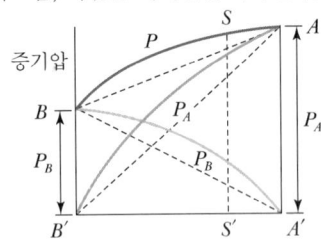

32 Carnot 냉동기가 $-5℃$의 저열원에서 10,000 kcal/h의 열량을 흡수하여 $20℃$의 고열원에서 방출할 때 버려야 할 최소 열량은?

① 7,760kcal/h ② 8,880kcal/h
③ 10,932kcal/h ④ 12,242kcal/h

해설

성능계수

$$COP = \frac{T_2}{T_1 - T_2} = \frac{Q_c}{Q_H - Q_c}$$

$$\frac{268}{293 - 268} = \frac{10,000}{Q - 10,000}$$

∴ $Q = 10,932.8$ kcal/h

33 이상기체의 단열과정에서 온도와 압력에 관계된 식이다. 옳게 나타낸 것은?(단, 열용량비 $\gamma = \dfrac{C_p}{C_v}$이다.)

① $\dfrac{T_2}{T_1} = \left(\dfrac{P_2}{P_1}\right)^{\frac{\gamma-1}{\gamma}}$ ② $\dfrac{T_2}{T_1} = \left(\dfrac{P_1}{P_2}\right)^{\gamma}$

③ $\dfrac{T_1}{T_2} = \ln\left(\dfrac{P_1}{P_2}\right)$ ④ $\dfrac{T_2}{T_1} = \left(\dfrac{P_2}{P_1}\right)$

해설

이상기체의 단열과정

$$\frac{T_2}{T_1} = \left(\frac{P_2}{P_1}\right)^{\frac{\gamma-1}{\gamma}}$$

$$\frac{T_2}{T_1} = \left(\frac{V_1}{V_2}\right)^{\gamma-1}$$

$$\frac{P_2}{P_1} = \left(\frac{V_1}{V_2}\right)^{\gamma}$$

34 다음 도표상의 점 A로부터 시작되는 여러 경로 중 액화가 일어나지 않는 공정은?

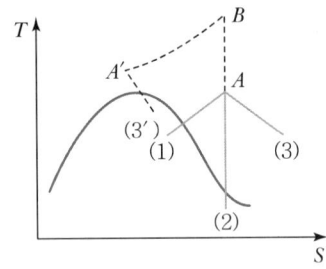

① $A \to (1)$ ② $A \to (2)$
③ $A \to (3)$ ④ $A \to B \to A' \to (3')$

해설

액화공정
- $A \to (1)$: 일정 압력하에서 열교환에 의하여
- $A \to (2)$: 일이 얻어지는 팽창공정(등엔트로피 팽창)
- $A \to B \to A' \to (3')$: 조름공정에 의하여

35 화학반응의 평형상수 K의 정의로부터 다음의 관계식을 얻을 수 있을 때 이 관계식에 대한 설명 중 틀린 것은?

$$\frac{d\ln K}{dT} = \frac{\Delta H°}{RT^2}$$

① 온도에 대한 평형상수의 변화를 나타낸다.
② 발열반응에서는 온도가 증가하면 평형상수가 감소함을 보여준다.
③ 주어진 온도구간에서 $\Delta H°$가 일정하면 $\ln K$를 T의 함수로 표시했을 때 직선의 기울기가 $\dfrac{\Delta H°}{R^2}$이다.
④ 화학반응의 $\Delta H°$를 구하는 데 사용할 수 있다.

해설

$\ln K = -\dfrac{\Delta H°}{RT}$

기울기는 $-\dfrac{\Delta H°}{R}$

- 발열반응($\Delta H < 0$)이면 T가 증가할 때 K는 감소한다.
- 흡열반응($\Delta H > 0$)이면 T가 증가할 때 K는 증가한다.

정답 ▶ 32 ③ 33 ① 34 ③ 35 ③

36 퓨가시티(Fugacity)에 관한 설명 중 틀린 것은?(단, G_i는 성분 i의 깁스자유에너지, f는 퓨가시티이다.)

① 이상기체의 압력 대신 비이상기체에서 사용된 새로운 함수이다.
② $dG_i = RT\dfrac{dP}{P}$ 에서 P 대신 퓨가시티를 쓰면 이 식은 실제기체에 적용할 수 있다.
③ $\lim\limits_{P \to 0} \dfrac{f}{P} = \infty$ 의 등식이 성립된다.
④ 압력과 같은 차원을 갖는다.

해설
$\lim\limits_{P \to 0} \dfrac{f}{P} = 1$
$P \to 0$ 실제기체가 이상기체에 가까워진다.

37 단열된 상자가 같은 부피로 3등분 되었는데, 2개의 상자에는 각각 아보가드로(Avogadro)수의 이상기체 분자가 들어 있고 나머지 한 개에는 아무 분자도 들어 있지 않다고 한다. 모든 칸막이가 없어져서 기체가 전체 부피를 차지하게 되었다면 이때 엔트로피 변화값 기체 1몰당 ΔS에 해당하는 것은?

① $\Delta S = R\ln\dfrac{2}{3}$
② $\Delta S = RT\ln\dfrac{2}{3}$
③ $\Delta S = R\ln\dfrac{3}{2}$
④ $\Delta S = RT\ln\dfrac{3}{2}$

해설

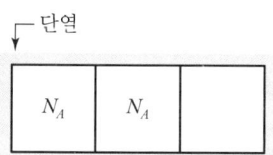

온도는 변하지 않고, 기체의 압력은 $\dfrac{2}{3}$로 줄어든다.
∴ $\Delta S = -R\ln\dfrac{P_2}{P_1} = R\ln\dfrac{V_2}{V_1} = R\ln\dfrac{3}{2}$

38 이상기체에 대하여 일(W)이 다음과 같은 식으로 나타나면 이 계는 어떤 과정으로 변화하였는가?(단, Q는 열, P_1은 초기압력, P_2는 최종압력, T는 온도이다.)

$$Q = -W = RT\ln\left(\dfrac{P_1}{P_2}\right)$$

① 정온과정 ② 정용과정
③ 정압과정 ④ 단열과정

해설
- 등온과정 : $Q = -W = RT\ln\dfrac{V_2}{V_1} = RT\ln\dfrac{P_1}{P_2}$
- 등압과정 : $Q = \Delta H = C_p \Delta T$
- 등적과정 : $Q = \Delta U = C_v \Delta T$
- 단열과정 : $Q = 0$

39 다음 중 브레이턴(Brayton) 사이클은?

①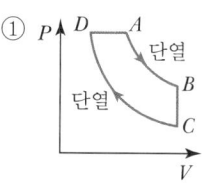
②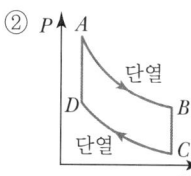
③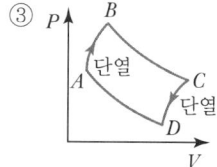
④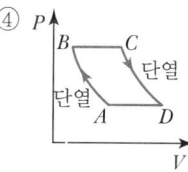

해설
Brayton 사이클
이상적인 기체 – 터빈기관

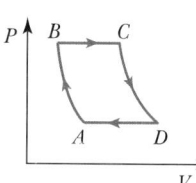

$\eta = 1 - \left(\dfrac{P_A}{P_B}\right)^{\frac{\gamma-1}{\gamma}}$

정답 36 ③ 37 ③ 38 ① 39 ④

40 실제기체의 압력이 0에 접근할 때, 잔류(Residual) 특성에 대한 설명으로 옳은 것은?(단, 온도는 일정하다.)

① 잔류 엔탈피는 무한대에 접근하고 잔류 엔트로피는 0에 접근한다.
② 잔류 엔탈피와 잔류 엔트로피 모두 무한대에 접근한다.
③ 잔류 엔탈피와 잔류 엔트로피 모두 0에 접근한다.
④ 잔류 엔탈피는 0에 접근하고 잔류 엔트로피는 무한대에 접근한다.

해설

잔류성질
$M^R = M - M^{ig}$
여기서, M : V, U, H, S, G의 1mol당 값
잔류성질 = 실제값 - 이상기체의 값
이상기체의 $M^R = 0$

3과목 단위공정관리

41 점도 1cP는 몇 kg/m s인가?

① 0.1
② 0.01
③ 0.001
④ 0.0001

해설

$1cP = 0.01P = 0.01 g/cm \cdot s$
$\quad\quad = 0.001 kg/m \cdot s$

42 수심 20m 지점의 물의 압력은 몇 kg$_f$/cm^{2}인가? (단, 수면에서의 압력은 1atm이다.)

① 1.033
② 2.033
③ 3.033
④ 4.033

해설

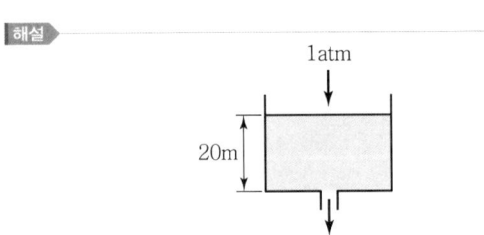

$P = P_0 + \rho \dfrac{g}{g_c} h$
$\quad = 1.0332 kg_f/cm^2 + 1,000 kg_f/m^3 \times 20m \times 1m^2/100^2 cm^2$
$\quad = 3.033 kg_f/cm^2$

43 $n-C_5H_{12}$와 $iso-C_5H_{12}$의 혼합물을 다음 그림과 같이 증류할 때 우회(Bypass)되는 양 X는 몇 kg/h인가?

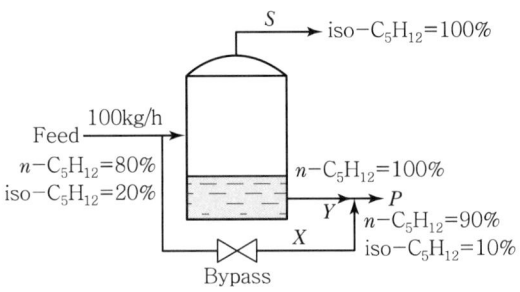

① 89.5
② 55.5
③ 44.5
④ 11.5

해설

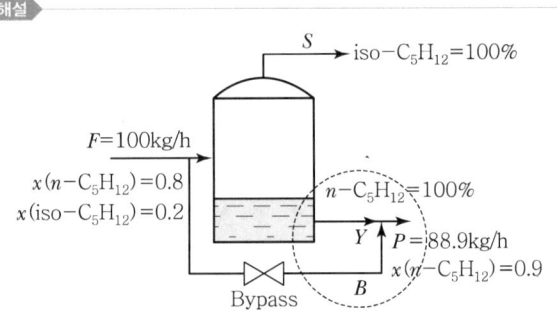

$F = S + P$
$100 = S + P$
$100 \times 0.2 = (100 - P) \times 1 + P \times 0.1$
$\therefore P = 88.9 kg/h$

$(88.9 - B) \times 1 + B \times 0.8 = 88.9 \times 0.9$
$\therefore B = 44.5 kg/h$

정답 40 ③ 41 ③ 42 ③ 43 ③

44 18℃, 700mmHg에서 상대습도 50%의 공기의 몰습도는 약 몇 kmolH₂O/kmol 건조공기인가?(단, 18℃의 포화수증기압은 15.477mmHg이다.)

① 0.001
② 0.011
③ 0.022
④ 0.033

해설

상대습도 $H_R = \dfrac{p_V}{p_S} \times 100\%$

$50 = \dfrac{p_V}{15.477} \times 100$

∴ $p_V = 7.74\,\mathrm{mmHg}$

몰습도 $H_m = \dfrac{p_V}{P - p_V} = \dfrac{7.74}{700 - 7.74} = 0.011$

45 에탄올 20wt%, 수용액 200kg을 증류장치를 통하여 탑 위에서 에탄올 40wt%, 수용액 20kg을 얻었다. 탑 밑으로 나오는 에탄올 수용액의 농도는 약 얼마인가?

① 3wt%
② 8wt%
③ 12wt%
④ 18wt%

해설

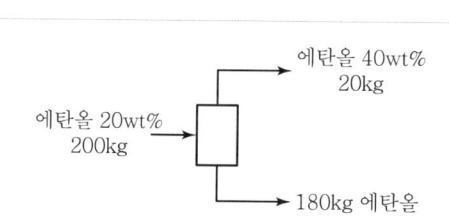

$200 \times 0.2 = 20 \times 0.4 + 180 \times x$
∴ $x ≒ 0.18(18\text{wt}\%)$

46 흡수 충전탑에서 조작선(Operating Line)의 기울기를 $\dfrac{L}{V}$이라 할 때 틀린 것은?

① $\dfrac{L}{V}$의 값이 커지면 탑의 높이는 짧아진다.
② $\dfrac{L}{V}$의 값이 작아지면 탑의 높이는 길어진다.
③ $\dfrac{L}{V}$의 값은 흡수탑의 경제적인 운전과 관계가 있다.
④ $\dfrac{L}{V}$의 최솟값은 흡수탑 하부에서 기액 간의 농도차가 가장 클 때의 값이다.

해설

기액한계비($\dfrac{L}{V}$)

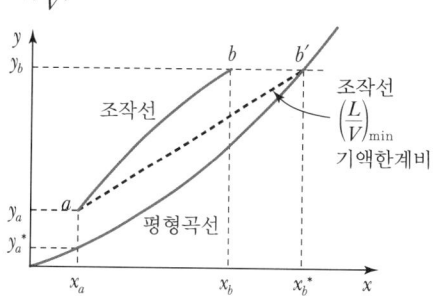

- $\dfrac{L}{V}$ 값이 커지면 흡수의 추진력이 커지므로 흡수탑의 높이는 작아도 된다.
- 탑 밑바닥에서 농도 차이가 0이 되어 무한대로 기다란 충전층이 필요하다.
- $\dfrac{L}{V}$ 비는 맞흐름탑에서 흡수의 경제성에 미치는 영향이 크다.
- 조작선 식

$y = \dfrac{L}{V}x + \dfrac{V_a y_a - L_b x_b}{V}$

47 다음과 같은 반응의 표준반응열은 몇 kcal/mol인가?(단, C_2H_5OH, CH_3COOH, $CH_3COOC_2H_5$의 표준연소열은 각각 −326,700kcal/mol, −208,340kcal/mol, −538,750kcal/mol이다.)

$$C_2H_5OH(l) + CH_3COOH(l)$$
$$\rightarrow CH_3COOC_2H_5(l) + H_2O(l)$$

① −14,240
② −3,710
③ 3,710
④ 14,240

해설

반응열 $= (\sum H_{reactant})_c - (\sum H_{product})_c$
$= (-326,700 - 208,340) - (-538,750)$
$= 3,710\,\text{kcal/mol}$

정답 44 ② 45 ④ 46 ④ 47 ③

48 3중 효용관의 첫 증발관에 들어가는 수증기의 온도는 110℃이고 맨 끝 효용관에서 용액의 비점은 53℃이다. 각 효용관의 총괄 열전달계수(W/m² ℃가 2,500, 2,000, 1,000일 때 2효용관액의 끓는점은 약 몇 ℃인가? (단, 비점 상승이 매우 작은 액체를 농축하는 경우이다.)

① 73　　　② 83
③ 93　　　④ 103

해설

$R_1 : R_2 : R_3 = \dfrac{1}{2,500} : \dfrac{1}{2,000} : \dfrac{1}{1,000} = 4 : 5 : 10$

$R = R_1 + R_2 + R_3 = 19$

$\Delta t : \Delta t_1 : \Delta t_2 = R : R_1 : R_2$

$57℃ : \Delta t_1 = 19 : 4$

$\Delta t_1 = 110 - t_2 = 12$

$\therefore t_2 = 98℃$

$\Delta t_1 : \Delta t_2 = R_1 : R_2$

$12℃ : \Delta t_2 = 4 : 5$

$\therefore \Delta t_2 = 15℃$

$\Delta t_2 = 98℃ - t_3 = 15℃$

$\therefore t_3 = 83℃$

49 이상기체 A의 정압열용량을 다음 식으로 나타낸다고 할 때 1mol을 대기압하에서 100℃에서 200℃까지 가열하는 데 필요한 열량은 약 몇 cal/mol인가?

$$C_p(\text{cal/mol K}) = 6.6 + 0.96 \times 10^{-3} T$$

① 401　　　② 501
③ 601　　　④ 701

해설

$Q = \displaystyle\int_{T_1}^{T_2} C_p dT$

$= \displaystyle\int_{373}^{473} (6.6 + 0.96 \times 10^{-3} T) dT$

$= \left(6.6T + \dfrac{1}{2} \times 0.96 \times 10^{-3} T^2\right)\Big|_{373}^{473}$

$= 6.6(473-373) + \dfrac{1}{2} \times 0.96 \times 10^{-3}(473^2 - 373^2)$

$= 700.6 \text{cal/mol}$

50 본드(Bond)의 파쇄법칙에서 매우 큰 원료로부터 입자크기 D_p의 입자들을 만드는 데 소요되는 일은 무엇에 비례하는가?(단, s는 입자의 표면적(m²), v는 입자의 부피(m³)를 의미한다.)

① 입자들의 부피에 대한 표면적비 : s/v
② 입자들의 부피에 대한 표면적비의 제곱근 : $\sqrt{s/v}$
③ 입자들의 표면적에 대한 부피비 : v/s
④ 입자들의 표면적에 대한 부피비의 제곱근 : $\sqrt{v/s}$

해설

Bond의 법칙

$W = 2k_B \left(\dfrac{1}{\sqrt{D_{p2}}} - \dfrac{1}{\sqrt{D_{p1}}}\right)$

$= \dfrac{k_B}{5} \dfrac{\sqrt{100}}{\sqrt{D_{p2}}} \left(1 - \dfrac{\sqrt{D_{p2}}}{\sqrt{D_{p1}}}\right)$

여기서, D_{p1} : 분쇄원료의 지름
　　　　D_{p2} : 분쇄물의 지름

W는 $\dfrac{1}{\sqrt{D_p}}$ 에 비례하므로

$\dfrac{1}{\sqrt{D_p}} = \dfrac{1}{\sqrt{\dfrac{v}{s}}} = \sqrt{\dfrac{s}{v}}$ 에 비례한다.

51 기체 흡수탑에서 액체의 흐름을 원활히 하려면 어느 것을 넘지 않는 범위에서 조작해야 하는가?

① 부하점(Loading Point)
② 왕일점(Flooding Point)
③ 채널링(Channeling)
④ 비말동반(Entrainment)

해설

충진탑의 성질
- **편류(Channeling)** : 액이 한곳으로 흐르는 현상
- **부하속도(Loading Velocity)** : 기체의 속도가 차차 증가하면 탑 내의 액체유량이 증가한다. 이때의 속도를 부하속도라 하며, 흡수탑의 작업은 부하속도를 넘지 않는 범위 내에서 해야 한다.
- **왕일점(Flooding Point)** : 기체의 속도가 아주 커서 액이 거의 흐르지 않고 넘치는 점

정답 48 ② 49 ④ 50 ② 51 ①

52 추출상은 초산 3.27wt%, 물 0.11wt%, 벤젠 96.62 wt%이고 추잔상은 초산 29.0wt%, 물 70.6wt%, 벤젠 0.40wt%일 때 초산에 대한 벤젠의 선택도를 구하면?

① 24.8
② 51.2
③ 66.3
④ 72.4

해설

$$\beta = \frac{y_A/y_B}{x_A/x_B} = \frac{3.27/0.11}{29/70.6} = 72.37 \fallingdotseq 72.4$$

53 액-액 추출에서 Plait Point(상계점)에 대한 설명 중 틀린 것은?

① 임계점(Critical Point)이라고도 한다.
② 추출상과 추잔상에서 추질의 농도가 같아지는 점이다.
③ Tie Line의 길이는 0이 된다.
④ 이 점을 경계로 추제성분이 많은 쪽이 추잔상이다.

해설

상계점(Plait Point)
- 임계점(Critical Point)
- 추출상과 추잔상에서 추질의 조성이 같은 점
- 대응선(Tie Line)의 길이가 0이 된다.
- 상계점을 중심으로 추제성분이 많은 쪽이 추출상이다.

54 18℃에서 액체 A의 엔탈피를 0이라 가정하면, 150℃에서 증기 A의 엔탈피(cal/g)는?(단, 액체 A의 비열 0.44cal/g ℃, 증기 A의 비열 0.32cal/g ℃, 100℃의 증발열 86.5cal/g ℃이다.)

① 70
② 139
③ 200
④ 280

해설

$$18℃ \xrightarrow{Q_1} 100℃ \xrightarrow{Q_2} 100℃ \xrightarrow{Q_3} 150℃$$

$Q_1 = mc\Delta t = 0.44\text{cal/g ℃} \times (100-18)℃ = 36.08\text{cal/g}$
$Q_2 = 86.5\text{cal/g}$
$Q_3 = 0.32\text{cal/g ℃} \times (150-100)℃ = 16\text{cal/g}$

$\therefore Q = Q_1 + Q_2 + Q_3$
$= 36.08 + 86.5 + 16 = 138.58 \fallingdotseq 139\text{cal/g}$

55 양대수좌표(log-log Graph)에서 직선이 되는 식은?

① $Y = bx^a$
② $Y = be^{ax}$
③ $Y = bx + a$
④ $\log Y = \log b + ax$

해설

- $y = bx^a$
  $\log y = \log b + a\log x$
  $Y = B + aX$
  → 양대수좌표
- $y = be^{ax}$
  $\log y = \log b + ax$
  $Y = B + aX$
  → 반대수좌표

56 기본 단위에서 길이를 L, 질량을 M, 시간을 T로 표시할 때 차원의 표현이 틀린 것은?

① 힘 : MLT^{-2}
② 압력 : $ML^{-2}T^{-2}$
③ 점도 : $ML^{-1}T^{-1}$
④ 일 : ML^2T^{-2}

해설

① $F = ma$ kg m/s² $[MLT^{-2}]$
② $P = \dfrac{F}{A}$ $\dfrac{\text{kg m/s}^2}{\text{m}^2}$ $[ML^{-1}T^{-2}]$
③ μ kg/m s $[ML^{-1}T^{-1}]$
④ $W = F \cdot S$ kg m²/s² $[ML^2T^{-2}]$

57 CO(g)를 활용하기 위해 162g의 C, 22g의 H₂의 혼합연료를 연소하여 CO_2 11.1vol%, CO 2.4vol%, O_2 4.1vol%, N_2 82.4vol% 조성의 연소가스를 얻었다. CO의 완전연소를 고려하지 않은 공기의 과잉공급률(%)은? (단, 공기의 조성은 O_2 21vol%, N_2 79vol%이다.)

① 15.3
② 17.3
③ 20.3
④ 23.0

정답 52 ④ 53 ④ 54 ② 55 ① 56 ② 57 ④

해설

$162g\ C \times \dfrac{1mol}{12g} = 13.5mol \qquad 22g\ H_2 \times \dfrac{1mol}{2g} = 11mol$

$C + \dfrac{1}{2}O_2 \rightarrow CO \qquad H_2 + \dfrac{1}{2}O_2 \rightarrow H_2O$

2.4 $\dfrac{1}{2} \times 2.4$ \qquad 11 $\dfrac{1}{2} \times 11$

$C + O_2 \rightarrow CO_2$
11.1 11.1

∴ 이론량 $O_2 = 2.4 \times \dfrac{1}{2} + 11 \times \dfrac{1}{2} + 11.1 = 17.8$

이론량 Air $= 17.8 \times \dfrac{1}{0.21} = 84.76$

100mol $\begin{cases} CO\ 2.4\% \\ CO_2\ 11.1\% \end{cases} 13.5\%$
$\quad\quad\ \ O_2\ 4.1\% \rightarrow$ 과잉량 Air $= 4.1 \times \dfrac{1}{0.21}$
$\quad\quad\ \ N_2\ 82.4\%$
$\quad\quad\quad\quad\quad\quad\quad\quad\quad\quad\quad = 19.52mol$

과잉% = $\dfrac{과잉량}{이론량} \times 100 = \dfrac{19.52}{84.76} \times 100 = 23\%$

---

58 CO_2 25vol%와 NH_3 75vol%의 기체 혼합물 중 NH_3의 일부가 흡수탑에서 산에 흡수되어 제거된다. 흡수탑을 떠나는 기체 중 NH_3 함량이 37.5vol%일 때, NH_3 제거율은?(단, CO_2의 양은 변하지 않으며 산 용액은 증발하지 않는다고 가정한다.)

① 15% ② 20%
③ 62.5% ④ 80%

해설

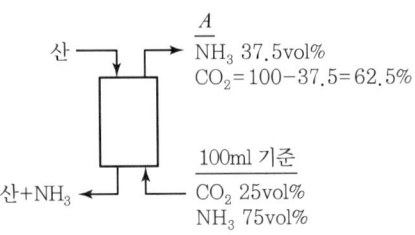

$A \times 0.625 = 100 \times 0.25$
∴ $A = 40mol$
흡수탑을 떠나는 기체 중 $NH_3 = 40mol \times 0.375 = 15mol$
제거된 NH_3의 양 $= 75mol - 15mol = 60mol$
∴ NH_3 제거율 $= \dfrac{60}{75} \times 100 = 80\%$

---

59 침수식 방법에 의한 수직관식 증발관이 수평관식 증발관보다 좋은 이유가 아닌 것은?
① 열전달계수가 크다.
② 관석이 생기는 물질의 증발에 적합하다.
③ 증기 중의 비응축기체의 탈기효율이 좋다.
④ 증발효과가 좋다.

해설

수평관식 증발관	수직관식 증발관
• 액층이 깊지 않아 비점 상승도가 작다. • 비응축기체의 탈기효율이 좋다. • 관석의 생성 염려가 없는 경우에 사용한다.	• 액의 순환이 좋으므로 열전달계수가 커서 증발효과가 크다. • Down Take : 관군과 동체 사이에 액의 순환을 좋게 하기 위해 관이 없는 빈 공간을 설치한다. • 관석이 생성될 경우 가열관 청소가 쉽다. • 수직관식이 더 많이 사용된다.

---

60 82℃ 벤젠 20mol%, 톨루엔 80mol% 혼합용액을 증발시켰을 때 증기 중 벤젠의 몰분율은?(단, 벤젠과 톨루엔의 혼합용액은 이상용액의 거동을 보인다고 가정하고, 82℃에서 벤젠과 톨루엔의 포화증기압은 각각 811, 314mmHg이다.)

① 0.360 ② 0.392
③ 0.721 ④ 0.785

해설

$P = P_A x_A + P_B x_B$
$\ \ = 811 \times 0.2 + 314 \times 0.8$
$\ \ = 413.4 mmHg$

$y_A = \dfrac{x_A P_A}{P}$
$\quad = \dfrac{0.2 \times 811}{413.4} = 0.392$

정답 58 ④ 59 ③ 60 ②

4과목 화공계측제어

61 어떤 제어계의 총괄전달함수의 분모가 다음과 같이 나타날 때 그 계가 안정하게 유지되려면 K의 최대범위 (Upper Bound)는 다음 중에서 어느 것이 되어야 하는가?

$$s^3 + 3s^2 + 2s + 1 + K$$

① $K < 5$
② $K < 1$
③ $K < \dfrac{1}{2}$
④ $K < \dfrac{1}{3}$

해설

Routh 안정성 판별법

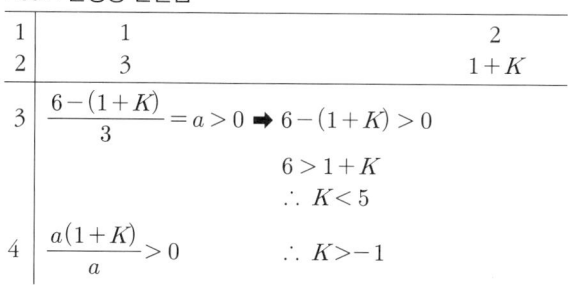

1	1	2
2	3	$1+K$
3	$\dfrac{6-(1+K)}{3} = a > 0 \Rightarrow 6-(1+K) > 0$	
	$6 > 1+K$	
	$\therefore K < 5$	
4	$\dfrac{a(1+K)}{a} > 0 \qquad \therefore K > -1$	

62 전달함수가 $G(s) = K\exp(-\theta s)/(\tau s + 1)$인 공정에 공정입력 $u(t) = \sin(\sqrt{2}\,t)$를 적용했을 때, 시간이 많이 흐른 후 공정출력 $y(t) = (2/\sqrt{2})\sin(\sqrt{2}\,t - \pi/2)$이었다. 또한, $u(t) = 1$을 적용하였을 때 시간이 많이 흐른 후 $y(t) = 2$이었다. K, τ, θ 값은 얼마인가?

① $K = 1$, $\tau = 1/\sqrt{2}$, $\theta = \pi/2\sqrt{2}$
② $K = 1$, $\tau = 1/\sqrt{2}$, $\theta = \pi/4\sqrt{2}$
③ $K = 2$, $\tau = 1/\sqrt{2}$, $\theta = \pi/4\sqrt{2}$
④ $K = 2$, $\tau = 1/\sqrt{2}$, $\theta = \pi/2\sqrt{2}$

해설

$G(s) = \dfrac{Ke^{-\theta s}}{\tau s + 1}$

$u(t) = \sin(\sqrt{2}\,t) \to y(t) = \dfrac{2}{\sqrt{2}}\sin\left(\sqrt{2}\,t - \dfrac{\pi}{2}\right)$

$u(t) = 1 \to y(t) = 2$

$Y(s) = \dfrac{Ke^{-\theta s}}{\tau s + 1} \cdot \dfrac{1}{s}$

$\lim\limits_{t \to \infty} y(t) = \lim\limits_{s \to 0} sY(s) = \lim\limits_{s \to 0} \dfrac{Ke^{-\theta s}}{\tau s + 1} = 2$

$\therefore K = 2$

$Y(s) = \dfrac{Ke^{-\theta s}}{\tau s + 1} \cdot \dfrac{\sqrt{2}}{s^2 + 2} = \dfrac{2\sqrt{2}\,e^{-\theta s}}{(\tau s + 1)(s^2 + 2)}$

$\therefore \omega = \sqrt{2}$

$AR = \dfrac{\hat{A}}{A} = \dfrac{2}{\sqrt{2}} = \dfrac{K}{\sqrt{\tau^2\omega^2 + 1}}$

$\therefore \dfrac{2}{\sqrt{1+2\tau^2}} = \dfrac{2}{\sqrt{2}} \qquad \therefore \tau = \dfrac{1}{\sqrt{2}}$

$\phi = \tan^{-1}(-\tau\omega) - \theta\omega$

$-\dfrac{\pi}{2} = -\dfrac{\pi}{4} - \sqrt{2}\,\theta$

$\therefore \theta = \dfrac{\pi}{4\sqrt{2}}$

63 특성방정식이 $10s^3 + 17s^2 + 8s + 1 + K_c = 0$과 같을 때 시스템의 한계이득(Ultimate Gain, K_{cu})과 한계주기(Ultimate Period, T_u)를 구하면?

① $K_{cu} = 12.6$, $T_u = 7.0248$
② $K_{cu} = 12.6$, $T_u = 0.8944$
③ $K_{cu} = 13.6$, $T_u = 7.0248$
④ $K_{cu} = 13.6$, $T_u = 0.8944$

해설

한계이득과 한계주기는 직접치환법에 의해 구할 수 있다.

$10s^3 + 17s^2 + 8s + 1 + K_c = 0$

$10(i\omega)^3 + 17(i\omega)^2 + 8(i\omega) + 1 + K_c = 0$

$-10\omega^3 i - 17\omega^2 + 8\omega i + 1 + K_c = 0$

$i(8\omega - 10\omega^3) + (1 + K_c - 17\omega^2) = 0$

$8\omega - 10\omega^3 = 0$

$\therefore \omega_u = \omega = 0.894\,\mathrm{rad/min}$

$1 + K_c - 17\omega^2 = 0$

$\therefore K_c = K_{cu} = 17\omega^2 - 1 = 12.6$

$\therefore T_u = \dfrac{2\pi}{\omega_u} = \dfrac{2\pi}{0.894} = 7.0248$

정답 61 ① 62 ③ 63 ①

64 PID 제어기의 조율과 관련한 설명으로 옳은 것은?
① Offset을 제거하기 위해서는 적분동작을 넣어야 한다.
② 빠른 공정일수록 미분동작을 위주로 제어하도록 조율한다.
③ 측정잡음이 큰 공정일수록 미분동작을 위주로 제어하도록 조율한다.
④ 공정의 동특성 빠르기는 조율 시 고려사항이 아니다.

> **해설**

PID 제어
- 적분동작은 Offset을 제거한다.
- 미분동작은 느린 동특성, 시상수가 클 때, 잡음이 적을 때 사용한다.
- 측정에 잡음이 많으면 미분동작을 사용하지 않는다.

65 다음 블록선도에서 $\dfrac{C}{R}$의 전달함수는?

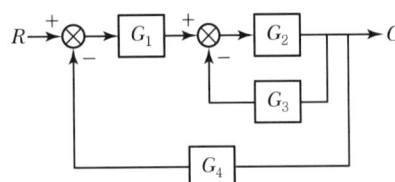

① $\dfrac{G_1 G_2}{1 + G_1 G_2 + G_3 G_4}$
② $\dfrac{G_1 G_2}{1 + G_2 G_3 + G_1 G_2 G_4}$
③ $\dfrac{G_3 G_4}{1 + G_1 G_2 G_3 G_4}$
④ $\dfrac{G_1 G_2}{1 + G_1 + G_3 + G_4}$

> **해설**

$$\dfrac{C}{R} = \dfrac{\overset{\text{직선}}{G_1 G_2}}{1 + \underset{\text{큰 회선}}{G_1 G_2 G_4} + \underset{\text{작은 회선}}{G_2 G_3}}$$

66 총괄전달함수가 $\dfrac{1}{(s+1)(s+2)}$ 인 계의 주파수 응답에 있어 주파수가 2rad/s일 때 진폭비는?

① $\dfrac{1}{\sqrt{10}}$
② $\dfrac{1}{2\sqrt{10}}$
③ $\dfrac{1}{5}$
④ $\dfrac{1}{10}$

> **해설**

$$\dfrac{1}{s^2 + 3s + 2} = \dfrac{1/2}{\dfrac{1}{2}s^2 + \dfrac{3}{2}s + 1}$$

$\tau^2 = \dfrac{1}{2}$ ∴ $\tau = \dfrac{1}{\sqrt{2}}$

$2\tau\zeta = \dfrac{3}{2}$, $2 \cdot \dfrac{1}{\sqrt{2}} \cdot \zeta = \dfrac{3}{2}$ ∴ $\zeta = \dfrac{3}{2\sqrt{2}}$

$K = \dfrac{1}{2}$

진폭비 $AR = \dfrac{K}{\sqrt{(1 - \tau^2\omega^2)^2 + (2\tau\zeta\omega)^2}}$

∴ $AR = \dfrac{1/2}{\sqrt{\left(1 - \left(\dfrac{1}{\sqrt{2}}\right)^2 \cdot 2^2\right)^2 + \left(2 \times \dfrac{1}{\sqrt{2}} \times \dfrac{3}{2\sqrt{2}} \times 2\right)^2}}$

$= \dfrac{1}{2\sqrt{10}}$

67 다음의 함수를 라플라스로 전환한 것으로 옳은 것은?

$$f(t) = e^{2t}\sin 2t$$

① $F(s) = \dfrac{\sqrt{2}}{(s+2)^2 + 2}$
② $F(s) = \dfrac{\sqrt{2}}{(s-2)^2 + 2}$
③ $F(s) = \dfrac{2}{(s-2)^2 + 4}$
④ $F(s) = \dfrac{2}{(s+2)^2 + 4}$

> **해설**

$f(t) = e^{2t}\sin 2t$

$\mathcal{L}[\sin\omega t] = \dfrac{\omega}{s^2 + \omega^2}$

$F(s) = \dfrac{2}{(s-2)^2 + 2^2}$

정답 64 ① 65 ② 66 ② 67 ③

68 앞먹임 제어(Feedforward Control)의 특징으로 옳은 것은?

① 공정모델값과 측정값과의 차이를 제어에 이용
② 외부교란 변수를 사전에 측정하여 제어에 이용
③ 설정점(Set Point)을 모델값과 비교하여 제어에 이용
④ 제어기 출력값은 이득(Gain)에 비례

해설

Feedforward 제어
- 외부교란을 사전에 측정하여 제어에 이용함으로써 외부교란 변수가 공정에 미치는 영향을 미리 보정하여 주도록 하는 제어를 말한다.
- 피드포워드 제어기는 측정된 외부교란 변숫값들을 이용하여 제어되는 변수가 설정치로부터 벗어나기 전에 조절변수를 미리 조정한다.

69 다음 보드(Bode) 선도에서 위상각 여유(Phase Margin)는 몇 도인가?

① 30°
② 45°
③ 90°
④ 135°

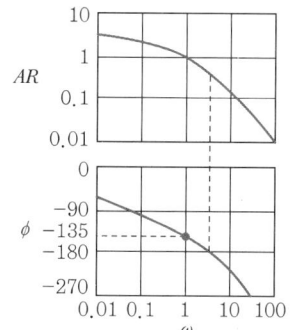

해설

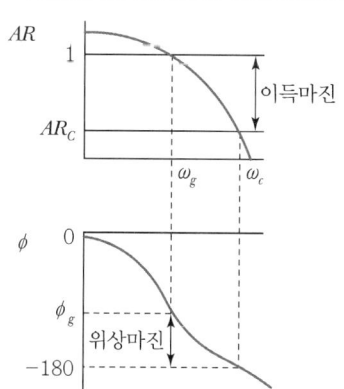

위상마진 $PM = 180 + \phi_g = 180 - 135 = 45°$

70 다음 공정과 제어기를 고려할 때 정상상태(Steady State)에서 y값은 얼마인가?

| 제어기 : $u(t) = 0.5(2.0 - y(t))$ |
| 공정 : $\dfrac{d^2y(t)}{dt^2} + 2\dfrac{dy(t)}{dt} + y(t) = 0.1\dfrac{du(t-1)}{dt} + u(t-1)$ |

① $\dfrac{2}{3}$
② $\dfrac{1}{3}$
③ $\dfrac{1}{4}$
④ $\dfrac{3}{4}$

해설

$u(t) = 0.5(2.0 - y(t)) = 1 - \dfrac{1}{2}y(t)$

$u(s) = \dfrac{1}{s} - \dfrac{1}{2}Y(s)$

$\mathcal{L}[u(t-1)] = \left(\dfrac{1}{s} - \dfrac{1}{2}Y(s)\right)e^{-s}$

$\dfrac{d^2y(t)}{dt^2} + 2\dfrac{dy(t)}{dt} + y(t) = 0.1\dfrac{du(t-1)}{dt} + u(t-1)$

$s^2 Y(s) + 2sY(s) + Y(s)$
$= 0.1s\left(\dfrac{1}{s} - \dfrac{1}{2}Y(s)\right)e^{-s} + \left(\dfrac{1}{s} - \dfrac{1}{2}Y(s)\right)e^{-s}$

$s^2 Y(s) + 2sY(s) + Y(s)$
$= \dfrac{1}{10}e^{-s} - \dfrac{1}{20}sY(s)e^{-s} + \dfrac{1}{s}e^{-s} - \dfrac{1}{2}Y(s)e^{-s}$

$\left[s^2 + 2s + 1 + \dfrac{1}{20}se^{-s} + \dfrac{1}{2}e^{-s}\right]Y(s) = \dfrac{1}{10}e^{-s} + \dfrac{1}{s}e^{-s}$

$Y(s) = \dfrac{\dfrac{1}{10}e^{-s} + \dfrac{1}{s}e^{-s}}{s^2 + 2s + 1 + \dfrac{1}{20}se^{-s} + \dfrac{1}{2}e^{-s}}$

$\lim_{t \to \infty} y(t) = \lim_{s \to 0} sY(s)$

$= \lim_{s \to 0} \dfrac{\dfrac{1}{10}se^{-s} + e^{-s}}{s^2 + 2s + 1 + \dfrac{1}{20}se^{-s} + \dfrac{1}{2}e^{-s}}$

$= \dfrac{1}{1 + \dfrac{1}{2}} = \dfrac{2}{3}$

정답 68 ② 69 ② 70 ①

71 현대의 화학공정에서 공정제어 및 운전을 엄격하게 요구하는 주요 요인으로 가장 거리가 먼 것은?

① 공정 간의 통합화에 따른 외란의 고립화
② 엄격해지는 환경 및 안전 규제
③ 경쟁력 확보를 위한 생산공정의 대형화
④ 제품 질의 고급화 및 규격의 수시 변동

> 해설

화학공정 조업의 주된 목적
- 가장 경제적이고 안전한 방법으로 원하는 제품을 생산해 내는 것이다.
- 엄격해지는 환경 및 안전규제에서 공정의 안정적이고 능률적인 조업이 점차 강조되고 있으며 이에 따라 생산되는 제품의 품질을 원하는 수준으로 유지시키면서 안정적이고 경제적인 조업을 지향하는 공정제어가 매우 중요하다.

72 PD 제어기에 다음과 같은 입력신호가 들어올 경우, 제어기 출력 형태는?(단, K_C는 1이고 τ_D는 1이다.)

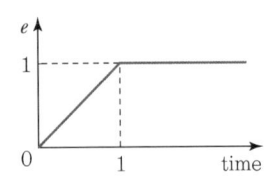

① 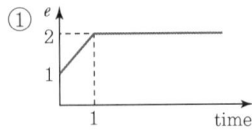   ②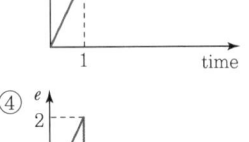

③ 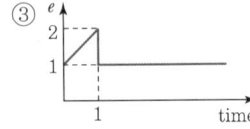   ④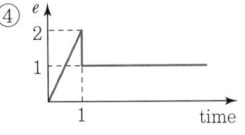

> 해설

$G(s) = K_c(1+\tau_D s) = 1+s$

$X(s) = \dfrac{1}{s^2}(1-e^{-s})$

$Y(s) = G(s)X(s)$
$= \dfrac{(1+s)}{s^2}(1-e^{-s})$
$= \dfrac{1}{s^2} + \dfrac{1}{s} - \dfrac{1}{s^2}e^{-s} - \dfrac{1}{s}e^{-s}$

$y(t) = tu(t) - (t-1)u(t-1) + u(t) - u(t-1)$
$= (t+1)u(t) - tu(t-1)$

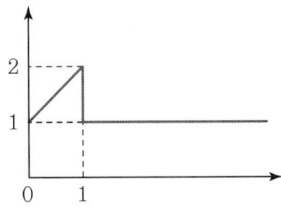

73 다음 그림과 같은 액위제어계에서 제어밸브는 ATO(Air-To-Open)형이 사용된다고 가정할 때에 대한 설명으로 옳은 것은?(단, Direct는 공정출력이 상승할 때 제어출력이 상승함을, Reverse는 제어출력이 하강함을 의미한다.)

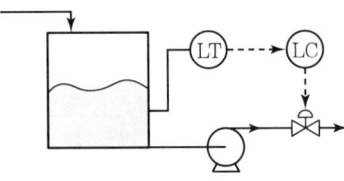

① 제어기 이득의 부호에 관계없이 제어기의 동작 방향은 Reverse이어야 한다.
② 제어기의 동작 방향은 Direct, 즉 제어기 이득이 음수이어야 한다.
③ 제어기의 동작 방향은 Direct, 즉 제어기 이득이 양수이어야 한다.
④ 제어기의 동작 방향은 Reverse, 즉 제어기 이득이 음수이어야 한다.

> 해설

- Reverse(역동작)
  입력신호가 감소할 때 제어기 출력이 증가
- Direct(정동작)
  입력신호가 증가할 때 제어기 출력이 증가

액위가 높아졌다면 제어출력을 크게 하여 밸브를 열어 유량을 증가시킨다. → Direct

정답 71 ① 72 ③ 73 ②

74 단면적이 3ft³인 액체저장탱크에서 유출유량은 $8\sqrt{h-2}$로 주어진다. 정상상태 액위(h_s)가 9ft²일 때, 이 계의 시간상수(τ : 분)는?

① 5　　　　② 4
③ 3　　　　④ 2

해설

$A = 3\text{ft}^2$
$q_o = 8\sqrt{h-2}$, $h_s = 9\text{ft}$

q_o 선형화

$q_o = 8\sqrt{h_s - 2} + \dfrac{8}{2\sqrt{h_s - 2}}(h - h_s)$

$\quad = 8\sqrt{9-2} + \dfrac{8}{2\sqrt{9-2}}(h-9)$

$\quad = \dfrac{4}{\sqrt{7}}h + \dfrac{20}{\sqrt{7}}$

$A\dfrac{dh}{dt} = q_i - q$

$\quad = q_i - \left(\dfrac{4}{\sqrt{7}}h + \dfrac{20}{\sqrt{7}}\right)$

$\quad\quad\quad\downarrow$

$\quad\quad \dfrac{h}{\sqrt{7}/4} \leftarrow R(저항)$

$A\dfrac{dh}{dt} = q_i - \dfrac{h}{R}$

$AR\dfrac{dh}{dt} = Rq_i - h$

$\tau s H(s) + H(s) = RQ_i(s)$

$G(s) = \dfrac{H(s)}{Q_i(s)} = \dfrac{R}{\tau s + 1}$

$AR = 3 \times \dfrac{\sqrt{7}}{4} \fallingdotseq 2$

75 1차계의 시간상수에 대한 설명이 아닌 것은?

① 시간의 단위를 갖는 계의 특정상수이다.
② 그 계의 용량과 저항의 곱과 같은 값을 갖는다.
③ 직선관계로 나타나는 입력함수와 출력함수 사이의 비례상수이다.
④ 단위계단 변화 시 최종치의 63%에 도달하는 데 소요되는 시간과 같다.

해설

1차계 시간상수

$G(s) = \dfrac{Y(s)}{X(s)} = \dfrac{K}{\tau s + 1}$

여기서, τ : 시간상수(시간의 단위)

- 온도계 : $\tau = \dfrac{mC}{hA}$
- 액위공정 : $\tau = AR$
- 혼합공정 : $\tau = \dfrac{V}{q}$
- 가열공정 : $\tau = \dfrac{\rho V}{\omega}$

단위계단 입력 시

t	$y(t)/KA$	t	$y(t)/KA$
τ	63.2%	4τ	98.2%
2τ	86.5%	5τ	99.3%
3τ	95%		

76 사람이 원하는 속도, 원하는 방향으로 자동차를 운전할 때 일어나는 상황이 공정제어시스템과 비교될 때 연결이 잘못된 것은?

① 눈 – 계측기
② 손 – 제어기
③ 발 – 최종 제어 요소
④ 자동차 – 공정

해설

손 – 최종 제어 요소

정답　74 ④　75 ③　76 ②

77 저장탱크에서 나가는 유량(F_o)을 일정하게 하기 위한 아래 3개의 P & ID 공정도의 제어방식을 옳게 설명한 것은?

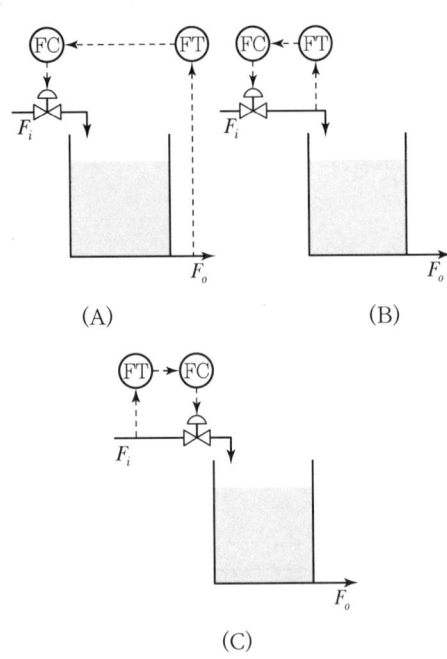

① A, B, C 모두 앞먹임(Feedforward) 제어
② A와 B는 앞먹임(Feedforward) 제어,
　C는 되먹임(Feedback) 제어
③ A와 B는 되먹임(Feedback) 제어,
　C는 앞먹임(Feedforward) 제어
④ A는 되먹임(Feedback) 제어,
　B와 C는 앞먹임(Feedforward) 제어

해설
A와 B는 피제어변수를 측정하여 제어하므로 Feedback 제어이고, C는 입력변수를 미리 보정하여 제어하므로 Feedforward 제어이다.

78 시정수가 0.1분이며 이득이 1인 1차 공정의 특성을 지닌 온도계가 90℃로 정상상태에 있다. 특정 시간($t=0$)에 이 온도계를 100℃인 곳에 옮겼을 때, 온도계가 98℃를 가리키는 데 걸리는 시간(분)은?(단, 온도계는 단위계 단응답을 보인다고 가정한다.)

① 0.161
② 0.230
③ 0.303
④ 0.404

해설
$$Y(s) = G(s)X(s)$$
$$= \frac{1}{0.1s+1} \cdot \frac{10}{s}$$
$$= 10\left(\frac{1}{s} - \frac{0.1}{0.1s+1}\right)$$
$$= 10\left(\frac{1}{s} - \frac{1}{s+10}\right)$$
$$y(t) = 10(1-e^{-10t}) = 8$$
$$1-e^{-10t} = 0.8$$
$$\therefore t = 0.161\text{min}$$

79 시간상수가 1min이고 이득(Gain)이 1인 1차계의 단위응답이 최종치의 10%로부터 최종치의 90%에 도달할 때까지 걸린 시간(Rise Time ; t_r, min)은?

① 2.20
② 1.01
③ 0.83
④ 0.21

해설
$$G(s) = \frac{K}{\tau s+1} = \frac{1}{s+1}$$
$$Y(s) = \frac{1}{s+1}\frac{1}{s} = \frac{1}{s} - \frac{1}{s+1}$$
$$y(t) = 1-e^{-t}$$
$$\frac{y(t)}{K} = y(t) = 1\,(정상상태)$$
$$0.1 = (1-e^{-t}) \quad \therefore t = 0.105$$
$$0.9 = (1-e^{-t}) \quad \therefore t = 2.302$$
$\therefore$ 10% → 90%까지 걸린 시간
$$t_r = 2.302 - 0.105 = 2.2$$

정답 77 ③　78 ①　79 ①

80 다음과 같이 나뉘어 운영되고 있던 두 공정을 한 구역으로 통합하여 운영할 때 유틸리티의 양을 계산하면? (단, $\Delta T_m = 20\,℃$이다.)

Area A			
Steam	$T_s(℃)$	$T_t(℃)$	C_p(kW/K)
1	190	110	2.5
2	90	170	20.0

Area B			
Steam	$T_s(℃)$	$T_t(℃)$	C_p(kW/K)
3	140	50	20.0
4	30	120	5.0

① 따로 유지하기 위해서는 300kW Hot Utility와 100kW Cold Utility가 필요하다.
② 따로 유지하기 위해서는 300kW Hot Utility와 450kW Cold Utility가 필요하다.
③ 따로 유지하기 위해서는 450kW Hot Utility와 300kW Cold Utility가 필요하다.
④ 따로 유지하기 위해서는 450kW Hot Utility와 450kW Cold Utility가 필요하다.

해설

A구역

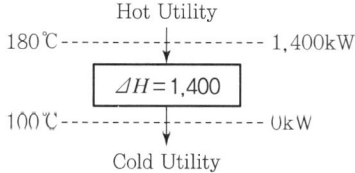

B구역

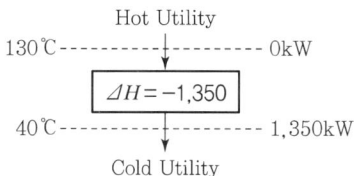

A+B구역

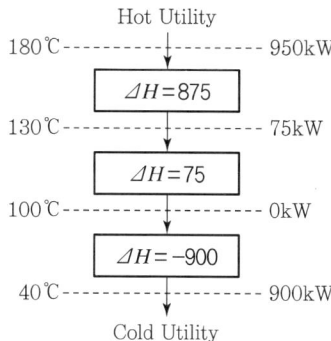

두 구역을 따로 유지하기 위한 추가적인 유틸리티의 양은 $(1,400-950)=450$kW의 Hot 유틸리티와 $(1,350-900)=450$kW의 Cold 유틸리티이다.

정답 ▶ 80 ④

2024년 제1회 복원기출문제

1과목 공업합성

01 가성소다를 제조할 때 격막식 전해조에서 양극재료로 주로 사용되는 것은?

① 수은 ② 철
③ 흑연 ④ 구리

해설

(+)극	(−)극
양극재료 : 흑연	음극재료 : 철망
$2Cl^- \rightarrow Cl_2 + 2e^-$	$2H_2O + 2e^- \rightarrow H_2 \uparrow + 2OH^-$
산화반응	환원반응
Cl_2 발생	H_2 발생

02 염안소다법에 의한 Na_2CO_3 제조 시 생성되는 부산물은?

① NH_4Cl ② $NaCl$
③ CaO ④ $CaCl_2$

해설
염안소다법
식염의 이용률을 높이고 탄산나트륨(Na_2CO_3)과 염안(NH_4Cl)을 얻기 위한 방법

03 수평균분자량이 100,000인 어떤 고분자 시료 1g과 수평균분자량이 200,000인 같은 고분자 시료 2g을 서로 섞으면 혼합시료의 수평균분자량은?

① 0.5×10^5 ② 0.667×10^5
③ 1.5×10^5 ④ 1.667×10^5

해설
수평균분자량
$$\overline{M_n} = \frac{총\ 무게}{총\ 몰수} = \frac{w}{\sum N_i} = \frac{\sum M_i N_i}{\sum N_i}$$

$100,000 = \frac{1g}{\sum N_i}$ $\sum N_i = 10^{-5}$

$200,000 = \frac{2g}{\sum N_i}$ $\sum N_i = 10^{-5}$

$\overline{M_n} = \frac{3}{2 \times 10^{-5}} = 1.5 \times 10^5$

04 다음 반응식으로 공기를 이용한 산화반응을 하고자 한다. 공기와 NH_3의 혼합가스 중 NH_3의 부피 백분율은?

$$4NH_3 + 5O_2 \rightarrow 4NO + 6H_2O + 216.4kcal$$

① 44.4 ② 34.4
③ 24.4 ④ 14.4

해설
부피분율 = 몰분율
$4NH_3 + 5O_2 \rightarrow 4NO + 6H_2O$

$5\,mol\,O_2 \times \frac{100\,mol\,Air}{21\,mol\,O_2} = 23.81\,mol\,Air$

$NH_3 = \frac{4}{23.81 + 4} \times 100 = 14.4\%$

05 무수염산의 제법에 속하지 않는 것은?

① 직접합성법 ② 농염산증류법
③ 염산분해법 ④ 흡착법

정답 01 ③ 02 ① 03 ③ 04 ④ 05 ③

> **해설**

무수염산의 제법
- 농염산증류법
- 직접합성법
- 흡착법

06 생성된 입상 중합체를 직접 사용하여 연속적으로 교반하여 중합하며, 중합열의 제어가 용이하지만 안정제에 의한 오염이 발생하므로 세척, 건조가 필요한 중합법은?

① 괴상중합
② 용액중합
③ 현탁중합
④ 축중합

> **해설**

고분자의 중합방법
㉠ 괴상중합(벌크 중합)
- 용매 또는 분산매를 사용하지 않고 단량체와 개시제만을 혼합하여 중합시키는 방법이다.
- 조성과 장치 간단, 제품에 불순물이 적다.
- 내부중합열이 잘 제거되지 않아 부분과열되거나 자동촉진효과에 의해 반응이 폭주하여 반응의 선택성이 떨어지고 불용성 가교물 덩어리가 생성된다.
㉡ 용액중합
- 단량체와 개시제를 용매에 용해시킨 상태에서 중합시키는 방법이다.
- 중화열의 제거는 용이하지만, 중합속도와 분자량이 작고, 중합 후 용매의 완전 제거가 어렵다.
㉢ 현탁중합(서스펜션 중합)
- 단량체를 녹이지 않는 액체에 격렬한 교반으로 분산시켜 중합한다.
- 강제로 분산된 단량체의 작은 방울에서 중합이 일어난다
- 개시제는 단량체에 녹는 것을 사용하며 단량체 방울이 붙지 지 않고 유지되도록 안정제(Stabilizer)를 사용한다.
- 중합열의 분산이 용이하고 중합체가 작은 입자 모양으로 얻어지므로 분리 및 처리가 용이하다. 세정 및 건조공정을 필요로 하고 안정제에 의한 오염이 발생한다.
㉣ 유화중합(에멀션 중합)
- 비누 또는 세제 성분의 일종인 유화제를 사용하여 단량체를 분산매 중에 분산시키고 수용성 개시제를 사용하여 중합시키는 방법이다.
- 중합열의 분산이 용이하고, 대량 생산에 적합하다.
- 세정과 건조가 필요하고 유화제에 의한 오염이 발생한다.

07 접촉식 황산제조와 관계가 먼 것은?

① 백금 촉매 사용
② V_2O_5 촉매 사용
③ SO_3 가스를 황산에 흡수시킴
④ SO_3 가스를 물에 흡수시킴

> **해설**

접촉식 황산제조
㉠ 촉매
- Pt 촉매
- V_2O_5 촉매
㉡ 전화기에서 Pt 또는 V_2O_5 촉매를 사용하여 $SO_2 \rightarrow SO_3$로 전환시킨 후 냉각하여 흡수탑에서 98% 황산에 흡수시켜 발연황산을 만든다.

08 반도체 제조공정 중 원하는 형태로 패턴이 형성된 표면에서 원하는 부분을 화학반응 또는 물리적 과정을 통해 제거하는 공정은?

① 리소그래피
② 에칭
③ 세정
④ 이온주입공정

> **해설**

- 사진공정(포토리소그래피) : 반도체 공장에서 회로의 패턴을 실리콘 기판 위에 새겨 넣는 공정
- 에칭 : 노광 후 PR(포토레지스트)로 보호되지 않는 부분(감광되지 않는 부분)을 제거하는 공정

09 부식전류가 크게 되는 원인으로 가장 거리가 먼 것은?

① 용존산소 농도가 낮을 때
② 온도가 높을 때
③ 금속이 전도성이 큰 전해액과 접촉하고 있을 때
④ 금속 표면의 내부응력 차가 클 때

> **해설**

부식전류가 크게 되는 원인
- 서로 다른 금속들이 접하고 있을 때
- 금속이 전도성이 큰 전해액과 접하고 있을 때
- 금속 표면의 내부 응력차가 클 때

정답 06 ③ 07 ④ 08 ② 09 ①

10 다음은 석유정제공업에서의 전화법에 대한 설명이다. 어떤 공정에 대한 설명인가?

- 주로 고체 산촉매 또는 제올라이트 촉매 사용
- 카르보늄이온 반응기구
- 방향족 탄화수소가 많이 생성됨

① 접촉분해법 ② 열분해법
③ 수소화분해법 ④ 이성화법

해설

석유의 전화
크래킹이나 리포밍으로 석유 유분을 화학적으로 변화시켜 보다 가치 있고 유용한 제품으로 만드는 것으로 가솔린의 옥탄가 향상에 그 목적이 있다.

분해(Cracking)
비점이 높고 분자량이 큰 탄화수소를 끓는점이 낮고 분자량이 작은 탄화수소로 전환시키는 방법

㉠ 열분해법
- 비스브레이킹(Visbreaking) : 470℃
- 코킹(Coking) : 1,000℃

㉡ 접촉분해법
- 촉매 이용 : 실리카알루미나($SiO_2-Al_2O_3$), 합성 제올라이트
- 카르보늄이온 생성
- 탄소 수 3개 이상의 탄화수소. 방향족 탄화수소가 많이 생성되며, 올레핀은 거의 생성되지 않음
- 옥탄가가 높은 가솔린을 얻을 수 있으나 석유화학의 원료 제조에는 부적당함

㉢ 수소화분해 : 비점이 높은 유분을 고압의 수소 속에서 촉매를 이용하여 분해시켜 가솔린을 얻는 방법

11 건식법에 의한 인산제조공정에 대한 설명 중 옳은 것은?

① 인의 농도가 낮은 인광석을 원료로 사용할 수 있다.
② 고순도의 인산은 제조할 수 없다.
③ 전기로에서는 인의 기화와 산화가 동시에 일어난다.
④ 대표적인 건식법은 이수석고법이다.

해설

건식법 인산	습식법 인산
• 고순도, 고농도의 인산을 제조 • 저품위 인광석을 처리할 수 있다. • 인의 기화와 산화를 따로 할 수 있다. • Slag는 시멘트의 원료가 된다. • 종류 : 용광로법, 전기로법	• 순도와 농도가 낮다. • 품질이 좋은 인광석을 사용해야 한다. • 주로 비료용에 사용된다. • 종류 : 황산분해법, 질산분해법, 염산분해법

12 접촉식 황산제조 공정에서 전화기에 대한 설명 중 옳은 것은?

① 전화기 조작에서 온도조절이 좋지 않아서 온도가 지나치게 상승하면 전화율이 감소하므로 이에 대한 조절이 중요하다.
② 전화기는 SO_3 생성열을 제거시키며 동시에 미반응 가스를 냉각시킨다.
③ 촉매의 온도는 200℃ 이하로 운전하는 것이 좋기 때문에 열교환기의 용량을 증대시킬 필요가 있다.
④ 전화기의 열교환방식은 최근에는 거의 내부 열교환방식을 채택하고 있다.

해설

전화기

$$SO_2 + \frac{1}{2}O_2 \xrightleftharpoons{\text{Pt 또는 } V_2O_5} SO_3 + 22.6kcal$$

(반응온도 : 420~450℃)

- 발열반응이므로 저온에서 진행하면 반응속도가 느려지므로 저온에서 반응속도를 크게 하기 위해 촉매를 사용한다.
- 온도가 상승하면 $SO_2 \rightarrow SO_3$의 전화율은 감소하나 SO_2와 O_2의 분압을 높이면 전화율이 증가하게 된다.

13 아미노기는 물에서 이온화된다. 아미노기가 중성의 물에서 이온화되는 정도는?(단, 아미노기의 K_b 값은 10^{-5}이다.)

① 90% ② 95%
③ 99% ④ 100%

정답 10 ① 11 ① 12 ① 13 ③

해설

$NH_2 + H_2O \rightarrow NH_3^+ + OH^-$

$K_b = \dfrac{[NH_3^+][OH^-]}{[NH_2]} = 10^{-5}$

중성에서 $[OH^-] = 10^{-7}$이므로

$\dfrac{[NH_3^+]}{[NH_2]} = 100 = \dfrac{100}{1}$

이온화 정도 $= \dfrac{100}{100+1} \times 100\% = 99\%$

14 소금을 전기분해하여 수산화나트륨을 제조하는 방법에 대한 설명 중 옳지 않은 것은?

① 이론분해전압은 격막법이 수은법보다 높다.
② 전류밀도는 수은법이 격막법보다 크다.
③ 격막법은 공정 중 염분이 남아 있게 된다.
④ 격막법은 양극실과 음극실 액의 pH가 다르다.

해설

격막법	수은법
• NaOH 농도(11~12%)가 낮으므로 농축비가 많이 든다. • 제품 중에 염화물 등을 함유하여 순도가 낮다.	• 제품의 순도가 높으며, 진한 NaOH(50~73%)를 얻는다. • 전력비가 많이 든다. • 수은을 사용하므로 공해의 원인이 된다. • 이론분해전압과 전류밀도가 크다.

15 레페(Reppe) 합성반응을 크게 4가지로 분류할 때 해당하지 않는 것은?

① 알킬화 반응   ② 비닐화 반응
③ 고리화 반응   ④ 카르보닐화 반응

해설

Reppe 합성반응

• 비닐화 : $R-OH + CH \equiv CH \rightarrow CH_2 = CH-OR$
  알코올 아세틸렌   비닐에테르
• 에티닐화 : $HCHO + CH \equiv CH \rightarrow HC \equiv C-CH_2OH$

• 고리화 : 아세틸렌 4분자 또는 3분자가 중합하여 고리모양 화합물을 생성하는 반응

$4CH \equiv CH \longrightarrow$ cyclooctatetraene

• 카르보닐화 : 아세틸렌과 일산화탄소에서 카르보닐기를 가진 유도체를 합성하는 반응
$CH \equiv CH + CO + ROH \rightarrow CH_2 = CH-COOR$
  아크릴산에스테르

16 HCl 가스를 합성할 때 H_2 가스를 이론량보다 과잉으로 넣어 반응시키는 이유로 가장 거리가 먼 것은?

① 폭발 방지   ② 반응열 조절
③ 장치부식 억제   ④ Cl_2 가스의 농축

해설

H_2와 Cl_2는 가열하거나 빛을 가하면 폭발적으로 반응한다. 이를 방지하기 위해 Cl_2와 H_2 원료의 몰비를 1 : 1.2로 한다.

17 Le Blanc법으로 100% HCl 3,000kg을 제조하기 위한 85% 소금의 이론량(kg)은?(단, 각 원자의 원자량은 Na는 23amu, Cl은 35.5amu이다.)

① 3,636   ② 4,646
③ 5,657   ④ 6,667

해설

$2NaCl + H_2SO_4 \rightarrow Na_2SO_4 + 2HCl$

2×58.5kg : 2×36.5kg
x : 3,000kg

∴ $x = 4,808.22$kg

NaCl 100%이므로

$\dfrac{4,808.22\text{kg}}{0.85} = 5,656.7$kg

18 소다회(Na_2CO_3) 제조방법 중 NH_3를 회수하는 제조법은?

① 산화철법   ② 가성화법
③ Solvay법   ④ Le Blanc법

정답 14 ①　15 ①　16 ④　17 ③　18 ③

> 해설

- Le Blanc법 : NaCl을 황산분해하여 망초(Na_2SO_4)를 얻고, 이를 석탄, 석회석으로 복분해하여 소다회를 제조하는 방법

$$NaCl + H_2SO_4 \xrightarrow{150℃} NaHSO_4 + HCl$$

$$NaHSO_4 + NaCl \xrightarrow{800℃} Na_2SO_4(무수망초) + HCl$$

- Solvay법(암모니아소다법) : 함수에 암모니아를 포화시켜 암모니아 함수를 만들고, 탄산화탑에서 이산화탄소를 도입시켜 중조를 침전여과한 후 이를 가소하여 소다회를 얻는 방법

$$NaCl + NH_3 + CO_2 + H_2O \rightarrow NaHCO_3 + NH_4Cl$$
                                                   (중조(탄산수소나트륨))
$$2NaHCO_3 \rightarrow Na_2CO_3 + H_2O + CO_2 (가소반응)$$
$$2NH_4Cl + Ca(OH)_2 \rightarrow CaCl_2 + 2H_2O + 2NH_3$$
                                                   (암모니아 회수반응)

19 다음 중 테레프탈산 합성을 위한 공업적 원료로 가장 거리가 먼 것은?

① p-자일렌
② 톨루엔
③ 벤젠
④ 무수프탈산

> 해설

테레프탈산 합성법
- p-크실렌(p-자일렌)의 산화

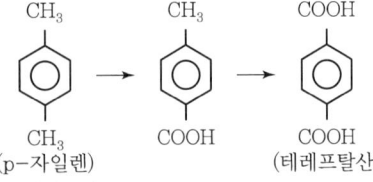

- 프탈산무수물

20 프로필렌, CO 및 H_2의 혼합가스를 촉매하에서 고압으로 반응시켜 카르보닐 화합물을 제조하는 반응은?

① 옥소 반응
② 에스테르화 반응
③ 니트로화 반응
④ 스위트닝 반응

> 해설

- Oxo 반응 : 올레핀과 CO, H_2를 촉매하에서 반응시켜 탄소수가 하나 더 증가된 알데히드 화합물을 얻는다.
- 스위트닝 : 부식성과 악취가 있는 메르캅탄, 황화수소, 황 등을 산화하여 이황화물로 만들어 없애는 반응

2과목 반응운전

21 어떤 반응에서 $-r_A = 0.05 C_A$ mol/cm³ h일 때 농도를 mol/L, 그리고 시간을 min으로 나타낼 경우 속도상수의 값은?

① 7.33×10^{-4}
② 8.33×10^{-4}
③ 9.33×10^{-4}
④ 10.33×10^{-4}

> 해설

$K = [mol/L]^{1-n}[1/s]$

1차 $K = \dfrac{1}{시간}$

$0.05 \dfrac{1}{h} \times \dfrac{1h}{60min} = 8.33 \times 10^{-4} min^{-1}$

22 크기가 다른 3개의 혼합흐름반응기(Mixed Flow Reactor)를 사용하여 2차 반응에 의해서 제품을 생산하려 한다. 최대의 생산율을 얻기 위한 반응기의 설치 순서로서 옳은 것은?(단, 반응기의 부피 크기는 A>B>C이다.)

① A → B → C
② B → A → C
③ C → B → A
④ 순서에 무관

해설
- $n > 1$: 작은 반응기 → 큰 반응기
- $n < 1$: 큰 반응기 → 작은 반응기

23 회분식 반응기(Batch Reactor)에서 비가역 1차 액상반응인 반응물 A가 40% 전환되는 데 5분이 걸렸다면 80% 전환되는 데는 약 몇 분이 걸리겠는가?

① 7분　　　　② 10분
③ 12분　　　　④ 16분

해설
$-\ln(1-X_A) = kt$
$-\ln(1-0.4) = k \times 5\min$
$\therefore\ k = 0.102\min^{-1}$

$-\ln(1-0.8) = 0.102 \times t$
$\therefore\ t = 15.8\min \fallingdotseq 16\min$

24 액상 가역 1차 반응 $A \rightleftarrows R$을 등온하에서 반응시켜 평형전환율 X_{Ae}는 80%로 유지하고 싶다. 반응온도를 얼마로 해야 하는가?(단, 반응열은 온도에 관계없이 $-10,000$cal/mol, 25℃에서의 평형상수는 300, $C_{R0} = 0$이다.)

① 75℃　　　　② 127℃
③ 185℃　　　　④ 212℃

해설
$K_c = \dfrac{C_{Re}}{C_{Ae}} = \dfrac{M + X_{Ae}}{1 - X_{Ae}}$　$\left(M = \dfrac{C_{R0}}{C_{A0}} = 0\right)$

$\therefore\ K_c = \dfrac{0.8}{1-0.8} = 4$

$\ln\dfrac{K_2}{K_1} = \dfrac{\Delta H}{R}\left(\dfrac{1}{T_1} - \dfrac{1}{T_2}\right)$

$\ln\dfrac{4}{300} = \dfrac{-10,000}{1.987}\left(\dfrac{1}{298} - \dfrac{1}{T_2}\right)$

$\therefore\ T_2 = 400K = 127℃$

25 공간시간이 $\tau = 1\min$인 똑같은 혼합반응기 4개가 직렬로 연결되어 있다. 반응속도상수가 $k = 0.5\min^{-1}$인 1차 액상 반응이며 용적 변화율은 0이다. 첫째 반응기의 입구 농도가 1mol/L일 때 네 번째 반응기의 출구 농도(mol/L)는 얼마인가?

① 0.098　　　　② 0.125
③ 0.135　　　　④ 0.198

해설
$\tau = 1\min,\ k = 0.5\min^{-1}$

$\dfrac{C_0}{C_N} = (1 + k\tau_i)^N$

$\dfrac{1\text{mol/L}}{C_N} = (1 + 0.5 \times 1)^4$　$\therefore\ C_N = 0.198\text{mol/L}$

26 다음의 액상 균일 반응을 순환비가 1인 순환식 반응기에서 반응시킨 결과 반응물 A의 전화율이 50%이었다. 이 경우 순환 Pump를 중지시키면 이 반응기에서 A의 전화율은 얼마인가?

$$A \rightarrow B,\ r_A = -kC_A$$

① 45.6%　　　　② 55.6%
③ 60.6%　　　　④ 66.6%

해설
$\dfrac{\tau_P}{C_{A0}} = (R+1)\displaystyle\int_{X_{Ai}}^{X_{Af}} \dfrac{dX_A}{-r_A}$

$X_{Ai} = \dfrac{R}{R+1}X_{Af} = \dfrac{1}{1+1} \times 0.5 = 0.25$

$\dfrac{\tau_P}{C_{A0}} = 2\displaystyle\int_{X_{Ai}}^{X_{Af}} \dfrac{dX_A}{kC_{A0}(1-X_A)}$

$\tau_P = \dfrac{2}{k}\left[-\ln(1-X_A)\right]_{0.25}^{0.5}$

$k\tau_P = 2\left[-\ln\dfrac{1-0.5}{1-0.25}\right] = 0.811$

순환류폐쇄
$-\ln(1-X_A) = k\tau$
$-\ln(1-X_A) = 0.811$
$X_A = 0.556(55.6\%)$

27 PFR 반응기에서 순환비 R을 무한대로 하면 일반적으로 어떤 현상이 일어나는가?

① 전화율이 증가한다.
② 공간시간이 무한대가 된다.
③ 대용량의 PFR과 같게 된다.
④ CSTR과 같게 된다.

해설

순환비 R
- $R \to 0$: PFR
- $R \to \infty$: CSTR

28 등온에서 0.9wt% 황산 B와 액상 반응물 A(공급원료 A의 농도는 4 lbmol/ft³)가 동일 부피로 CSTR에 유입될 때 1차 반응 진행으로 2×10^8 lb/year의 생성물 C(분자량 : 62)가 배출된다. A의 전화율이 0.8이 되기 위한 반응기 체적(ft³)은?(단, 속도상수는 0.311min^{-1}이다.)

① 40.4
② 44.6
③ 49.4
④ 54.3

해설

CSTR 1차 $k\tau = \dfrac{X_A}{1-X_A}$

$A + B \to C$ (A와 B는 동일 부피로 유입)

$C = \dfrac{2 \times 10^8 \text{lb}}{\text{year}} \times \dfrac{1\text{year}}{365\text{day}} \times \dfrac{1\text{day}}{24\text{h}} \times \dfrac{1\text{h}}{60\text{min}} \times \dfrac{1\text{lbmol}}{62 \text{ lb}}$

$= 6.14 \text{ lbmol/min}$

이것은 0.8만큼 반응이 진행

$0.311\tau = \dfrac{0.8}{1-0.8}$

$\therefore \tau = 12.86\text{min}$

$\dfrac{6.14}{0.8} = 7.67 \text{ lbmol/min}$

$\tau = \dfrac{V}{v_0} = \dfrac{C_{A0}V}{F_{A0}} = \dfrac{4 \times V}{7.67 \times 2} = 12.86\text{min}$

$\therefore V = 49.4\text{ft}^3$

29 일반적으로 가스-가스 반응을 의미하는 것으로 옳은 것은?

① 균일계 반응과 불균일계 반응의 중간반응
② 균일계 반응
③ 불균일계 반응
④ 균일계 반응과 불균일계 반응의 혼합

해설

구분	비촉매	촉매
균일계	대부분 기상반응	대부분 액상반응
	불꽃연소반응과 같은 빠른 반응	• 콜로이드상에서의 반응 • 효소와 미생물의 반응
불균일계	• 석탄의 연소 • 광석의 배소 • 산+고체의 반응 • 기액 흡수 • 철광석의 환원	• NH_3 합성 • 암모니아 산화 $\to$ 질산제조 • 원유의 Cracking • $SO_2 \xrightarrow{\text{산화}} SO_3$

30 다음은 n차($n>0$) 단일 반응에 대한 한 개의 혼합 및 플러그흐름반응기 성능을 비교 설명한 내용이다. 옳지 않은 것은?(단, V_m은 혼합흐름반응기 부피, V_p는 플러그흐름반응기 부피를 나타낸다.)

① V_m은 V_p보다 크다.
② V_m/V_p는 전화율의 증가에 따라 감소한다.
③ V_m/V_p는 반응차수에 따라 증가한다.
④ 부피변화 분율이 증가하면 V_m/V_p가 증가한다.

해설

$n>0$에 대하여 CSTR의 크기는 항상 PFR보다 크다. 이 부피비(V_m/V_p)는 반응차수가 증가할수록 커진다.

정답 27 ④ 28 ③ 29 ② 30 ②

31 혼합물의 융해, 기화, 승화 시 변하지 않는 열역학적 성질에 해당하는 것은?

① 엔트로피
② 내부에너지
③ 화학퍼텐셜
④ 엔탈피

> **해설**
> 상평형
> $\mu_i^\alpha = \mu_i^\beta = \cdots = \mu_i^\pi$
> • T, P가 같아야 한다.
> • 같은 T, P에서 각 성분의 화학퍼텐셜이 같게 될 때 평형에 있다.

32 혼합물에서 과잉물성(Excess Property)에 관한 설명으로 가장 옳은 것은?

① 실제용액의 물성값에 대한 이상용액의 물성값의 차이다.
② 실제용액의 물성값과 이상용액의 물성값의 합이다.
③ 이상용액의 물성값에 대한 실제용액의 물성값의 비이다.
④ 이상용액의 물성값과 실제용액의 물성값의 곱이다.

> **해설**
> 과잉물성 = 실제용액 – 이상용액

33 초기상태가 300K, 1bar인 1몰의 이상기체를 압력이 10bar가 될 때까지 등온 압축한다. 이 공정이 역학적으로 가역적일 경우 계가 받은 일과 열(W, Q)을 구하였다. 다음 중 옳은 것은?(단, 기체상수는 R(J/mol K)이다.)

① $W = 69R$, $Q = -69R$
② $W = 69R$, $Q = 69R$
③ $W = 690R$, $Q = -690R$
④ $W = 690R$, $Q = 690R$

> **해설**
> $\Delta U = Q + W$
> 등온($\Delta U = 0$)
> $-W = Q = RT \ln \dfrac{P_1}{P_2}$
> $= R \times 300 \times \ln \dfrac{1}{10} = -690.7R$
> ∴ $W = 690.7R$, $Q = -690.7R$

34 김 박사는 400K에서 25,000J/s로 에너지를 받아 200K에서 12,000J/s로 열을 방출하고 15kW의 일을 하는 열기관을 발명하였다고 주장하고 있다. 김 박사의 주장을 열역학 제1, 2법칙에 의해 평가한 것으로 가장 적절한 것은?

① 이 열기관은 열역학 제1법칙으로는 가능하나, 제2법칙에 위배되므로 김 박사의 주장은 믿을 수 없다.
② 이 열기관은 열역학 제1법칙으로는 위배되나, 제2법칙에 가능하므로 김 박사의 주장은 믿을 수 없다.
③ 이 열기관은 열역학 제1, 2법칙에 모두 위배되므로 김 박사의 주장은 믿을 수 없다.
④ 이 열기관은 열역학 제1, 2법칙 모두 가능하므로 김 박사의 주장은 옳다.

> **해설**
> Carnot 열효율
> $\eta = \dfrac{W}{Q_H} = \dfrac{Q_H - Q_C}{Q_H} = \dfrac{T_H - T_C}{T_H}$
> 400K   25,000J/s
> ↓ , 15kW
> 200K   12,000J/s
> $\eta = \dfrac{(400-200)\text{K}}{400\text{K}} = 0.5$
> $\eta = \dfrac{25,000 - 12,000}{25,000} = 0.52$
> $W = 25,000 - 12,000 = 13,000$J/s = 13kW이므로 에너지 보존의 법칙에 위배되며 최대일이 13kW이므로 열역학 제2법칙에도 위배된다.

정답 31 ③ 32 ① 33 ③ 34 ③

35 Carnot 냉동기가 −5℃의 저열원에서 10,000kcal/h의 열량을 흡수하여 20℃의 고열원에서 방출할 때 버려야 할 최소 열량은?

① 7,760kcal/h ② 8,880kcal/h
③ 10,932kcal/h ④ 12,242kcal/h

해설

$$\frac{T_2}{T_1 - T_2} = \frac{Q_c}{Q_H - Q_c}$$

$$\frac{268}{293 - 268} = \frac{10,000}{Q - 10,000}$$

$$\therefore Q = 10,932.8 \text{kcal/h}$$

36 이상기체의 줄−톰슨 계수(Joule−Thomson Coefficient)의 값은?

① 0 ② 0.5
③ 1 ④ ∞

해설

$$\mu = \left(\frac{\partial T}{\partial P}\right)_H = \frac{-\left(\frac{\partial H}{\partial P}\right)_T}{\left(\frac{\partial H}{\partial T}\right)_P} = -\frac{1}{C_P}\left(\frac{\partial H}{\partial P}\right)_T$$

$$\mu = \frac{V(\beta T - 1)}{C_P}$$

$$\beta T = \frac{T}{V}\left(\frac{\partial V}{\partial T}\right)_P = \frac{T}{V}\left(\frac{R}{P}\right) = \frac{RT}{PV} = 1$$

이상기체 $\mu = 0$

37 알코올 수용액의 증기와 평형을 이루고 있는 시스템(System)의 자유도는?

① 0 ② 1
③ 2 ④ 3

해설

$F = 2 - P + C$
$= 2 - 2 + 2$
$= 2$

38 다음 도표상의 점 A로부터 시작되는 여러 경로 중 액화가 일어나지 않는 공정은?

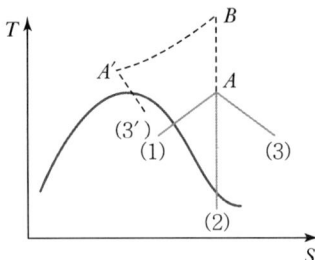

① $A \to (1)$
② $A \to (2)$
③ $A \to (3)$
④ $A \to B \to A' \to (3')$

해설

액화공정
- $A \to (1)$: 일정 압력하에서 열교환에 의하여
- $A \to (2)$: 일이 얻어지는 팽창공정(등엔트로피 팽창)
- $A \to B \to A' \to (3')$: 조름공정에 의하여

39 화학반응의 평형상수 K의 정의로부터 다음의 관계식을 얻을 수 있을 때 이 관계식에 대한 설명 중 틀린 것은?

$$\frac{d\ln K}{dT} = \frac{\Delta H°}{RT^2}$$

① 온도에 대한 평형상수의 변화를 나타낸다.
② 발열반응에서는 온도가 증가하면 평형상수가 감소함을 보여준다.
③ 주어진 온도구간에서 $\Delta H°$가 일정하면 $\ln K$를 T의 함수로 표시했을 때 직선의 기울기가 $\dfrac{\Delta H°}{R^2}$이다.
④ 화학반응의 $\Delta H°$를 구하는 데 사용할 수 있다.

해설

$\ln K = -\dfrac{\Delta H°}{RT}$

기울기는 $-\dfrac{\Delta H°}{R}$

정답 35 ③ 36 ① 37 ③ 38 ③ 39 ③

40 $Z = 1 + BP$와 같은 비리얼 방정식(Virial Equation)으로 표시할 수 있는 기체 1몰을 등온가역과정으로 압력 P_1에서 P_2까지 변화시킬 때 필요한 일 W를 옳게 나타낸 식은?(단, Z는 압축인자이고 B는 상수이다.)

① $W = RT \ln \dfrac{P_1}{P_2}$

② $W = RT \ln \dfrac{P_1}{P_2} + B$

③ $W = RT \ln \dfrac{P_1}{P_2} + BRT$

④ $W = 1 + RT \ln \dfrac{P_1}{P_2}$

해설

$Z = \dfrac{PV}{RT} = 1 + BP$

$PV = RT + BPRT$

$\therefore P = \dfrac{RT}{V - BRT}$

$W = \int_{V_1}^{V_2} P \, dV = \int_{V_1}^{V_2} \dfrac{RT}{V - BRT} dV$

$= RT \ln \dfrac{V_2 - BRT}{V_1 - BRT}$

$= RT \ln \dfrac{RT/P_2}{RT/P_1} = RT \ln \dfrac{P_1}{P_2}$

3과목 단위공정관리

41 50mol% 에탄올 수용액을 밀폐용기에 넣고 가열하여 일정 온도에서 평형이 되었다. 이때 용액은 에탄올 27mol%이고, 증기조성은 에탄올 57mol%이었다. 원용액의 몇 %가 증발되었는가?

① 23.46   ② 30.56
③ 76.66   ④ 89.76

해설

$F = 100$mol이라 하면
$0.5 \times 100 = 0.57 \times D + 0.27(100 - D)$
$\therefore D = 76.66$
$\dfrac{76.66}{100} \times 100 = 76.66\%$

42 다음 중 경로에 관계되는 양은?

① 열   ② 내부에너지
③ 압력   ④ 엔탈피

해설

- 상태함수 : 경로와 상관없이 시작점과 끝점의 상태에 의해서만 영향을 받는 함수
  예 T, P, U, H, S

- 경로함수 : 경로에 영향을 받는 함수
  예 Q(열), W(일)

43 15℃에서 포화된 NaCl 수용액 100kg을 65℃로 가열하였을 때 이 용액에 추가로 용해시킬 수 있는 NaCl은 약 몇 kg인가?(단, 15℃에서 NaCl의 용해도는 6.12kmol/1,000kg H₂O, 65℃에서 NaCl의 용해도는 6.37kmol/1,000kg H₂O이다.)

① 1.1   ② 2.1
③ 3.1   ④ 4.1

해설

- 15℃에서 $6.12 \text{kmol} \times \dfrac{58.5\text{kg}}{1\text{kmol}} = 358$kg NaCl/1,000kg H₂O
  $1,358$kg : 358kg $= 100$kg : x
  $\therefore x = 26.36$kg NaCl, 물 $= 73.64$kg H₂O

- 65℃에서 $6.37 \text{kmol} \times \dfrac{58.5\text{kg}}{1\text{kmol}} = 372.6$kg
  $1,000$kg : 372.6kg $= 73.64$kg : y
  $\therefore y = 27.44$kg NaCl

$\therefore 27.44 - 26.36 = 1.08$kg 더 용해할 수 있다.

정답 40 ① 41 ③ 42 ① 43 ①

44 본드(Bond)의 파쇄법칙에서 매우 큰 원료로부터 크기 D_p의 입자들을 만드는 데 소요되는 일은 무엇에 비례하는가?(단, s는 입자의 표면적(m²), v는 입자의 부피(m³)를 의미한다.)

① 입자들의 부피에 대한 표면적비 : s/v
② 입자들의 부피에 대한 표면적비의 제곱근 : $\sqrt{s/v}$
③ 입자들의 표면적에 대한 부피비 : v/s
④ 입자들의 표면적에 대한 부피비의 제곱근 : $\sqrt{v/s}$

해설
분쇄이론(Lewis 식)
$$\frac{dW}{dD_p} = -kD_p^{-n}$$

- Rittinger 법칙($n=2$)
$$W = k_R'\left(\frac{1}{D_{p_2}} - \frac{1}{D_{p_1}}\right) = k_R(s_2 - s_1)$$

- Kick 법칙($n=1$) : $W = k_k \ln\dfrac{D_{p_1}}{D_{p_2}}$

- Bond 법칙 $\left(n = \dfrac{3}{2}\right)$
$$W = 2k_B\left(\frac{1}{\sqrt{D_{p_2}}} - \frac{1}{\sqrt{D_{p_1}}}\right) = \frac{k_B}{5}\frac{\sqrt{100}}{\sqrt{D_{p_2}}}\left(1 - \sqrt{\frac{D_{p_2}}{D_{p_1}}}\right)$$

※ $\dfrac{1}{\sqrt{D}} = \sqrt{\dfrac{s}{v}}$

45 다음과 같은 반응의 표준반응열은 몇 kcal/mol인가?(단, C_2H_5OH, CH_3COOH, $CH_3COOC_2H_5$의 표준연소열은 각각 $-326,700$kcal/mol, $-208,340$kcal/mol, $-538,750$kcal/mol이다.)

$$C_2H_5OH(l) + CH_3COOH(l) \rightarrow CH_3COOC_2H_5(l) + H_2O(l)$$

① $-14,240$ ② $-3,710$
③ $3,710$ ④ $14,240$

해설
반응열 $= (\sum H_{reactant})_c - (\sum H_{product})_c$
$= (-326,700 - 208,340) - (-538,750)$
$= 3,710$ kcal/mol

46 3층의 벽돌로 된 노벽이 있다. 내부로부터 각 벽돌의 두께는 각각 10, 8, 30cm이고 열전도도는 각각 0.10, 0.05, 1.5kcal/m h ℃이다. 노벽의 내면 온도는 1,000℃이고 외면 온도는 40℃일 때 단위 면적당의 열 손실은 약 얼마인가?(단, 벽돌 간의 접촉저항은 무시한다.)

① 343kcal/m² h   ② 533kcal/m² h
③ 694kcal/m² h   ④ 830kcal/m² h

해설

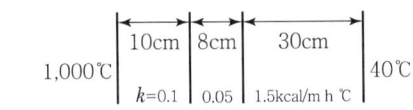

$$\frac{q}{A} = \frac{t_1 - t_4}{\dfrac{l_1}{k_1} + \dfrac{l_2}{k_2} + \dfrac{l_3}{k_3}}$$
$$= \frac{1,000 - 40}{\dfrac{0.1}{0.1} + \dfrac{0.08}{0.05} + \dfrac{0.3}{1.5}}$$
$$= 343 \text{kcal/m}^2 \text{ h}$$

47 흡수 충전탑에서 조작선(Operating Line)의 기울기를 $\dfrac{L}{V}$이라 할 때 틀린 것은?

① $\dfrac{L}{V}$의 값이 커지면 탑의 높이는 짧아진다.
② $\dfrac{L}{V}$의 값이 작아지면 탑의 높이는 길어진다.
③ $\dfrac{L}{V}$의 값은 흡수탑의 경제적인 운전과 관계가 있다.
④ $\dfrac{L}{V}$의 최솟값은 흡수탑 하부에서 기액 간의 농도차가 가장 클 때의 값이다.

정답 44 ② 45 ③ 46 ① 47 ④

해설

기-액 한계비

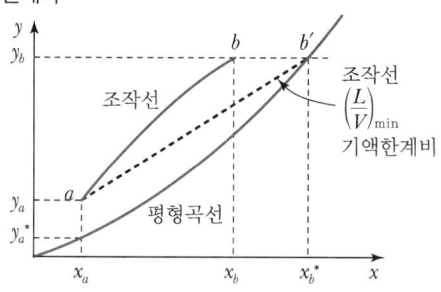

- $\dfrac{L}{V}$ 값이 커지면 흡수의 추진력이 커지므로 흡수탑의 높이는 작아도 된다.
- 탑 밑바닥에서 농도 차이가 0이 되어 무한대로 기다란 충전층이 필요하다.
- $\dfrac{L}{V}$ 비는 맞흐름탑에서 흡수의 경제성에 미치는 영향이 크다.
- 조작선 식

$$y = \dfrac{L}{V}x + \dfrac{V_a y_a - L_b x_b}{V}$$

48 3중 효용관의 첫 증발관에 들어가는 수증기의 온도는 110℃이고 맨 끝 효용관에서 용액의 비점은 53℃이다. 각 효용관의 총괄 열전달계수(W/m² ℃)가 2,500, 2,000, 1,000일 때 2효용관액의 끓는점은 약 몇 ℃인가? (단, 비점 상승이 매우 작은 액체를 농축하는 경우이다.)

① 73
② 83
③ 93
④ 103

해설

$R_1 : R_2 : R_3 = \dfrac{1}{2,500} : \dfrac{1}{2,000} : \dfrac{1}{1,000} = 4 : 5 : 10$

$R = R_1 + R_2 + R_3 = 4 + 5 + 10 = 19$

$\Delta t : \Delta t_1 : \Delta t_2 = R : R_1 : R_2$

$(110-53)℃ : \Delta t_1 = 19 : 4$

$\Delta t_1 = 110 - t_2 = 12$

$\therefore t_2 = 98℃$

$\Delta t_1 : \Delta t_2 = R_1 : R_2$

$12℃ : \Delta t_2 = 4 : 5$

$\therefore \Delta t_2 = 15℃$

$\Delta t_2 = 98℃ - t_3 = 15℃$

$\therefore t_3 = 83℃$

49 30℃, 750mmHg에서 Percentage Humidity(비교습도 %H)는 20%이고, 30℃에서 포화증기압은 31.8mmHg이다. 공기 중의 실제 증기압은?

① 6.58mmHg
② 7.48mmHg
③ 8.38mmHg
④ 9.29mmHg

해설

$H_P = \dfrac{p_V}{p_S} \times \dfrac{P - p_S}{P - p_V} \times 100 = 20\%$

$\dfrac{p_V}{31.8} \times \dfrac{750 - 31.8}{750 - p_V} = 0.2$

$\therefore p_V = 6.58\,\mathrm{mmHg}$

50 2개의 관을 연결할 때 사용되는 관 부속품이 아닌 것은?

① 유니언(Union)
② 니플(Nipple)
③ 소켓(Socket)
④ 플러그(Plug)

해설

관부속품

두 개의 관을 연결할 때	플랜지, 유니언, 니플, 커플링, 소켓
관선의 방향을 바꿀 때	엘보, Y자관, 십자, 티(Tee)
관선의 직경을 바꿀 때	리듀서, 부싱
지선을 연결할 때	티(Tee), Y자관, 십자
유로를 차단할 때	플러그, 캡, 밸브
유량을 조절할 때	밸브

51 열전달과 온도 관계를 표시한 가장 기본되는 법칙은?

① 뉴턴의 법칙
② 푸리에의 법칙
③ 픽의 법칙
④ 후크의 법칙

정답 48 ② 49 ① 50 ④ 51 ②

해설

① 뉴턴의 법칙
$$\tau = \frac{F}{A} = -\mu \frac{du}{dy} (\text{N/m}^2)$$
② 푸리에의 법칙
$$\frac{q}{A} = -k\frac{dt}{dl} (\text{kcal/h m}^2)$$
③ 픽의 법칙
$$J_A = \frac{N_A}{A} = -D_G \frac{dC_A}{dx} (\text{kmol/h m}^2)$$
④ 후크의 법칙
$$F = kx$$

52 다음 중 가장 낮은 압력을 나타내는 것은?

① 760mmHg
② 101.3kPa
③ 14.2psi
④ 1bar

해설

$760\,\text{mmHg} = 101.3\,\text{kPa} = 1\,\text{atm}$

$14.2\,\text{psi} \times \dfrac{1\,\text{atm}}{14.7\,\text{psi}} = 0.966\,\text{atm}$

$1\,\text{bar} \times \dfrac{1\,\text{atm}}{1.013\,\text{bar}} = 0.987\,\text{atm}$

53 건조 조작에서 임계(Critical)함수율이란?

① 건조속도가 0일 때 함수율
② 감율 건조가 끝나는 때의 함수율
③ 항률 단계에서 감율 단계로 바뀌는 함수율
④ 건조 조작이 끝나는 함수율

해설

임계함수율
항률건조기간에서 감률건조기간으로 바뀔 때의 함수율

54 증류에 있어서 원료 흐름 중 기화된 증기의 분율을 f라 할 때 f에 대한 표현 중 틀린 것은?

① 원료가 포화액체일 때 $f = 0$
② 원료가 포화증기일 때 $f = 1$
③ 원료가 증기와 액체 혼합물일 때 $0 < f < 1$
④ 원료가 과열증기일 때 $f < 1$

해설

액의 분율(q)	증기의 분율(f)
차가운 원액 $q > 1$	$f < 0$
포화원액 $q = 1$	$f = 0$
부분적으로 기화된 원액 $0 < q < 1$	$0 < f < 1$
포화증기 $q = 0$	$f = 1$
과열증기 $q < 0$	$f > 1$

55 Prandtl 수가 1보다 클 경우 다음 중 옳은 것은?

① 운동량 경계층이 열 경계층보다 더 두껍다.
② 운동량 경계층이 열 경계층보다 더 얇다.
③ 운동량 경계층과 열 경계층의 두께가 같다.
④ 운동량 경계층과 열 경계층의 두께와는 관계가 없다.

해설

$$N_{Pr} = \frac{C_P \mu}{k} = \frac{\text{운동량의 전달(확산)}}{\text{열에너지의 전달(확산)}}$$
$$= \frac{\mu/\rho}{k/C_P\rho} = \frac{\nu}{\alpha} = \frac{\text{동력학적 경계층의 두께(확산도)}}{\text{열경계층의 두께(확산도)}}$$

$N_{Pr} > 1$일 때 동력학적 경계층(운동량 경계층)의 두께가 열 경계층의 두께보다 두껍다.

56 충전탑에서 기체의 속도가 매우 커서 액이 거의 흐르지 않고, 넘치는 현상을 무엇이라고 하는가?

① 편류(Channeling)
② 범람(Flooding)
③ 공동화(Cavitation)
④ 비말동반(Entrainment)

해설

- **왕일점(범람점, Flooding Point)** : 기체의 속도가 아주 커서 액이 거의 흐르지 않고 넘치는 점, 향류조작이 불가능하다.
- **편류(Channeling)** : 액이 한곳으로만 흐르는 현상. 탑의 지름을 충전물 지름의 8~10배로 하거나 불규칙 충전을 한다.
- **부하속도(Loading Velocity)** : 기체의 속도가 증가하면 탑 내 액체유량이 증가한다. 이때의 속도를 부하속도라 하며, 흡수탑의 작업은 부하속도를 넘지 않는 속도 범위에서 해야 한다.

정답 52 ③ 53 ③ 54 ④ 55 ① 56 ②

- 비말동반 : 증기 속에 존재하는 액체 방울의 일부가 증기와 함께 밖으로 배출되는 현상
- 공동화 현상(Cavitation) : 원심펌프를 높은 능력으로 운전할 때 임펠러 흡입부의 압력이 낮아져 기포가 발생하는 현상

57 82℃에서 벤젠의 증기압은 811mmHg, 톨루엔의 증기압은 314mmHg이다. 같은 온도에서 벤젠과 톨루엔의 혼합 용액을 증발시켰더니 증기 중 벤젠의 몰분율은 0.5이었다. 용액 중의 톨루엔의 몰분율은 약 얼마인가?(단, 이상기체이며 라울의 법칙이 성립한다고 본다.)

① 0.72
② 0.54
③ 0.46
④ 0.28

해설
라울의 법칙
$P = p_A + p_B = x_A P_A + x_B P_B$
$y_A = \dfrac{P_A x_A}{P}$
$0.5 = \dfrac{811 \times x_A}{811 \times x_A + 314(1-x_A)}$
∴ $x_A = 0.28$, $x_B = 1 - x_A = 0.72$

58 안지름 10cm의 수평관을 통하여 상온의 물을 수송한다. 관의 길이 100m, 유속 7m/s, 패닝 마찰계수(Fanning Friction Factor)가 0.005일 때 생기는 마찰손실 kg_f m/kg은?

① 5
② 25
③ 50
④ 250

해설
$\sum F = \dfrac{2fu^2 L}{g_c D}$
$= \dfrac{2 \times 0.005 \times (7\text{m/s})^2 \times 100\text{m}}{9.8\text{kg m/kg}_f \text{ s}^2 \times 0.1\text{m}}$
$= 50\text{kg}_f \text{ m/kg}$

59 최고공비혼합물에 대한 설명으로 틀린 것은?
① 휘발도가 정규상태보다 비정상적으로 높다.
② 같은 분자 간 인력이 다른 분자 간 인력보다 작다.
③ 활동도 계수가 1보다 작다.
④ 증기압이 이상용액보다 작다.

해설
최고공비혼합물
- 휘발도가 이상적으로 낮다. $\gamma_A < 1$, $\gamma_B < 1$
- 같은 분자 간 인력 < 다른 분자 간 인력
- 증기압은 낮아지고 비점은 높아진다.
예 물 – HCl, 물 – HNO$_3$, 물 – H$_2$SO$_4$

60 롤 분쇄기에 상당직경 4cm인 원료를 도입하여 상당직경 1cm로 분쇄한다. 분쇄원료와 롤 사이의 마찰계수가 $\dfrac{1}{\sqrt{3}}$일 때 롤 지름은 약 몇 cm인가?

① 6.6
② 9.2
③ 15.3
④ 18.4

해설
$\mu = \tan\alpha = \dfrac{1}{\sqrt{3}}$ ∴ $\alpha = 30°$
$\cos\alpha = \dfrac{R+d}{R+r} = \dfrac{R+\frac{1}{2}}{R+\frac{4}{2}} = \dfrac{\sqrt{3}}{2}$ ∴ $R = 9.2\text{cm}$
∴ 롤의 지름 $= 2R = 2 \times 9.2\text{cm} = 18.4\text{cm}$

4과목 화공계측제어

61 1차계 단위계단응답에서 시간 t가 2τ일 때 퍼센트 응답은 약 얼마인가?(단, τ는 1차계 시간상수이다.)

① 50%
② 63.2%
③ 86.5%
④ 95%

정답 57 ① 58 ③ 59 ① 60 ④ 61 ③

> **해설**

1차계 단위계단응답

t	$y(t)/KA$	t	$y(t)/KA$
0	0	4τ	0.982
τ	0.632	5τ	0.993
2τ	0.865	∞	1
3τ	0.950		

62 시간지연(Delay)이 포함되고 공정이득이 1인 1차 공정에 비례 제어기가 연결되어 있다. 임계주파수에서의 각속도 ω의 값이 0.5rad/min일 때 이득여유가 1.7이 되려면 비례제어상수(K_c)는?(단, 시상수는 2분이다.)

① 0.83　　② 1.41
③ 1.70　　④ 2.0

> **해설**

$G(s) = \dfrac{k}{\tau s+1} e^{-\theta s}$

$AR = \dfrac{K_c}{\sqrt{\tau^2\omega^2+1}}$

$\omega = 0.5\text{rad/min}$

이득여유 $= \dfrac{1}{AR_c} = 1.7$

$AR_c = 0.59$

$0.59 = \dfrac{K_c}{\sqrt{2^2 \times 0.5^2 + 1}}$

$\therefore K_c = 0.59 \times \sqrt{2} = 0.83$

63 제어동작에 대한 다음 설명 중 틀린 것은?

① 단순 비례동작제어는 오프셋을 일으킬 수 있다.
② 비례적분동작제어는 오프셋을 일으키지 않는다.
③ 비례미분동작제어는 공정출력을 Set Point에 유지시키면서 장시간에 걸쳐 계를 정상상태로 이끌어간다.
④ 비례적분미분동작제어는 PD 동작제어와 PI 동작제어의 장점을 복합한 것이다.

> **해설**

비례미분동작
Offset(잔류편차)은 없어지지 않으나, 최종값에 도달하는 시간은 단축된다.

64 어떤 제어계의 특성방정식이 다음과 같을 때 임계주기(Ultimate Period)는 얼마인가?

$$s^3 + 6s^2 + 9s + 1 + K_c = 0$$

① $\dfrac{\pi}{2}$　　② $\dfrac{2}{3}\pi$
③ π　　④ $\dfrac{3}{2}\pi$

> **해설**

$s^3 + 6s^2 + 9s + 1 + K_c = 0$

s에 $i\omega_u$ 대입

$-i\omega_u^3 - 6\omega_u^2 + 9i\omega_u + 1 + K_c = 0$

(실수부) $-6\omega_u^2 + 1 + K_c = 0$

(허수부) $i(9\omega_u - \omega_u^3) = 0 \rightarrow \omega_u = 0$ 또는 $\omega_u = \pm 3$

$\omega_u = 0 \rightarrow K_c = -1$

$\omega_u = \pm 3 \rightarrow K_c = 53$

$\therefore -1 < K_c < 53$

임계주기 $T_u = \dfrac{2\pi}{\omega_u} = \dfrac{2\pi}{3}$

65 특성방정식이 $1 + \dfrac{K_c}{(s+1)(s+2)} = 0$로 표현되는 선형 제어계에 대하여 Routh-hurwitz의 안정 판정에 의한 K_c의 범위를 구하면?

① $K_c < -1$　　② $K_c > -1$
③ $K_c > -2$　　④ $K_c < -2$

정답　62 ①　63 ③　64 ②　65 ③

해설

Routh 안정성 판별법

$1 + \dfrac{K_c}{(s+1)(s+2)} = 0$

$s^2 + 3s + 2 + K_c = 0$

1	1	$2+K_c$
2	3	0
3	$\dfrac{3(2+K_c)}{3} > 0$ $2+K_c > 0$ $K_c > -2$	

66 다음 그림에서 Servo Problem인 경우, Proportional Control($G_c = K_c$)의 Offset은?(단, $T_R(t) = U(t)$인 단위계단 신호이다.)

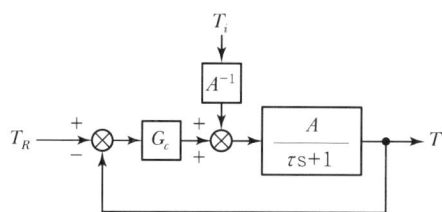

① 0
② $\dfrac{1}{1 - K_c A}$
③ $\dfrac{-1}{1 + K_c A}$
④ $\dfrac{1}{1 + K_c A}$

해설

$\dfrac{T}{T_R} = \dfrac{\dfrac{K_c A}{\tau s + 1}}{1 + \dfrac{K_c A}{\tau s + 1}} = \dfrac{K_c A}{\tau s + 1 + K_c A}$

$T = \dfrac{K_c A}{s(\tau s + 1 + K_c A)}$

$C(\infty) = \lim_{t \to \infty} T(t) = \lim_{s \to 0} s T(s)$

$= \lim_{s \to 0} \dfrac{K_c A}{\tau s + 1 + K_c A} = \dfrac{K_c A}{1 + K_c A}$

Offset $= R(\infty) - C(\infty) = 1 - \dfrac{K_c A}{1 + K_c A} = \dfrac{1}{1 + K_c A}$

67 사람이 차를 운전하는 경우 신호등을 보고 우회전하는 것을 공정제어계와 비교해 볼 때 최종 조작변수에 해당된다고 볼 수 있는 것은?

① 사람의 두뇌
② 사람의 눈
③ 사람의 손
④ 사람의 가슴

해설

- 눈 : 센서
- 두뇌 : 제어기
- 손 : 최종제어요소

68 위상지연이 180°인 주파수는?

① 고유 주파수
② 공명(Resonant) 주파수
③ 구석(Corner) 주파수
④ 교차(Crossover) 주파수

해설

Bode 안정성 기준

위상지연이 $-180°$일 때의 진동수(임계진동수)에서 열린 루프 전달함수의 진동 응답의 진폭비가 1을 초과하게 되면 그 제어계는 불안정하다. → 이 진동수(주파수)를 교차주파수(Crossover Frequency), 임계주파수라 한다.

69 정상상태에서의 x와 y의 값을 각각 0, 2라 할 때 함수 $f(x, y) = e^x + y^2 - 5$을 주어진 정상상태에서 선형화하면?

① $x + 4y - 8$
② $x + 4y - 5$
③ $x + 2y - 8$
④ $x + 2y - 5$

해설

$f(x, y) \simeq (e^{x_s} + y_s^2 - 5) + e^{x_s}(x - x_s) + 2y_s(y - y_s)$

$x_s = 0, y_s = 2$

$f(x, y) \simeq 1 + 4 - 5 + x + 4y - 8 = x + 4y - 8$

70 다음 공정과 제어기를 고려할 때 정상상태(Steady State)에서 $\int_0^t (1-y(\tau))d\tau$ 값은 얼마인가?

> 제어기 : $u(t) = 1.0(1.0-y(t)) + \dfrac{1.0}{2.0}\int_0^t (1-y(\tau))d\tau$
>
> 공정 : $\dfrac{d^2y(t)}{dt^2} + 2\dfrac{dy(t)}{dt} + y(t) = u(t-0.1)$

① 1   ② 2
③ 3   ④ 4

해설

$u(t) = 1.0(1.0-y(t)) + \dfrac{1.0}{2.0}\int_0^t (1-y(\tau))d\tau$

$U(s) = \dfrac{1}{s} - Y(s) + \dfrac{1}{2s^2} - \dfrac{Y(s)}{2s}$

$\dfrac{d^2y(t)}{dt^2} + \dfrac{2dy(t)}{dt} + y(t) = u(t-0.1)$

$s^2Y(s) + 2sY(s) + Y(s) = U(s)e^{-0.1s}$

$(s^2 + 2s + 1)Y(s) \cdot e^{0.1s} = U(s)$

$\qquad = \dfrac{1}{s} - Y(s) + \dfrac{1}{2s^2} - \dfrac{Y(s)}{2s}$

$\left(s^2e^{0.1s} + 2se^{0.1s} + e^{0.1s} + 1 + \dfrac{1}{2s}\right)Y(s) = \dfrac{1}{s} + \dfrac{1}{2s^2}$

$\qquad = \dfrac{2s+1}{2s^2}$

$\therefore Y(s) = \dfrac{\dfrac{2s+1}{2s^2}}{s^2e^{0.1s} + 2se^{0.1s} + e^{0.1s} + 1 + \dfrac{1}{2s}}$

$\qquad = \dfrac{\dfrac{2s+1}{2s^2}}{\dfrac{2s^3e^{0.1s} + 4s^2e^{0.1s} + 2se^{0.1s} + 2s + 1}{2s}}$

$\qquad = \dfrac{\dfrac{2s+1}{s}}{2s^3e^{0.1s} + 4s^2e^{0.1s} + 2se^{0.1s} + 2s + 1}$

$\lim_{t \to \infty} y(t) = \lim_{s \to 0} sY(s)$

$\qquad = \lim_{s \to 0} \dfrac{2s+1}{2s^3e^{0.1s} + 4s^2e^{0.1s} + 2se^{0.1s} + 2s + 1} = 1$

$f(t) = \int_0^t (1-y(\tau))d\tau$

$F(s) = \dfrac{1}{s^2} - \dfrac{Y(s)}{s}$

$\lim_{t \to \infty} f(t) = \lim_{s \to 0} s\left(\dfrac{1}{s^2} - \dfrac{Y(s)}{s}\right) = \lim_{s \to 0}\left(\dfrac{1}{s} - Y(s)\right)$

$\qquad = \lim_{s \to 0}\left(\dfrac{1}{s} - \dfrac{\dfrac{2s+1}{s}}{2s^3e^{0.1s} + 4s^2e^{0.1s} + 2se^{0.1s} + 2s + 1}\right)$

$\qquad = \lim_{s \to 0} \dfrac{2s^3e^{0.1s} + 4s^2e^{0.1s} + 2se^{0.1s} + 2s + 1 - 2s - 1}{2s^4e^{0.1s} + 4s^3e^{0.1s} + 2s^2e^{0.1s} + 2s^2 + s}$

$\qquad = \lim_{s \to 0} \dfrac{2s^2e^{0.1s} + 4se^{0.1s} + 2e^{0.1s}}{2s^3e^{0.1s} + 4s^2e^{0.1s} + 2se^{0.1s} + 2s + 1}$

$\qquad = 2$

71 다음 그림의 액체저장탱크에 대한 선형화된 모델식으로 옳은 것은?(단, 유출량 $q(\text{m}^3/\text{min})$는 $2\sqrt{h}$ 로 나타내어지며, 액위 h의 정상상태값은 4m이고 단면적은 $A\,\text{m}^2$이다.)

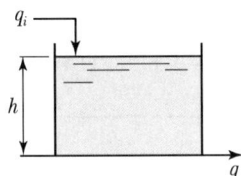

① $A\dfrac{dh}{dt} = q_i - \dfrac{h}{2} - 2$

② $A\dfrac{dh}{dt} = q_i - h + 2$

③ $A\dfrac{dh}{dt} = q_i - \dfrac{h}{2} + 2$

④ $A\dfrac{dh}{dt} = 2q_i - h + 2$

해설

$A\dfrac{dh}{dt} = q_i - 2\sqrt{h}$

선형화 $\sqrt{h} \simeq \sqrt{h_s} + \dfrac{1}{2\sqrt{h_s}}(h - h_s)$

$A\dfrac{dh}{dt} = q_i - 2\sqrt{h_s} - \dfrac{2}{2\sqrt{h_s}}(h - h_s)$

$$A\frac{dh}{dt} = q_i - 2\sqrt{4} - \frac{2}{2\sqrt{4}}(h-4)$$

$$\therefore A\frac{dh}{dt} = q_i - \frac{h}{2} - 2$$

72 PID 제어기에서 미분동작에 대한 설명으로 옳은 것은?

① 제어에러의 변화율에 반비례하여 동작을 내보낸다.
② 미분동작이 너무 작으면 측정잡음에 민감하게 된다.
③ 오프셋을 제거해 준다.
④ 느린 동특성을 가지고 잡음이 적은 공정의 제어에 적합하다.

해설

PID 제어계에서 미분동작
- 미분동작은 입력신호의 변화율에 비례하여 동작한다.
- 미분동작이 클수록 측정잡음에 민감하다.
- 미분동작은 오프셋을 제거하지 못한다.
- 시상수가 크고 잡음이 적은 공정의 제어에 적합하다.

73 다음 블록선도에서 전달함수 $G(s) = \frac{C(s)}{R(s)}$ 를 옳게 구한 것은?

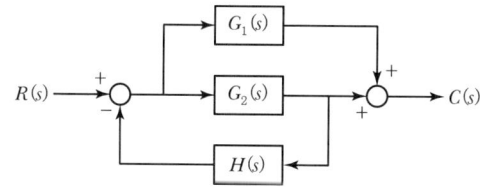

① $\frac{C}{R} = \frac{G_1(s) + G_2(s)}{1 + G_2(s)H(s)}$

② $\frac{C}{R} = \frac{G_1(s)G_2(s)}{1 + G_2(s)H(s)}$

③ $\frac{C}{R} = \frac{G_1(s)}{1 + G_2(s)H(s)}$

④ $\frac{C}{R} = \frac{G_1(s) - G_2(s)}{1 + G_1(s)H(s)}$

해설

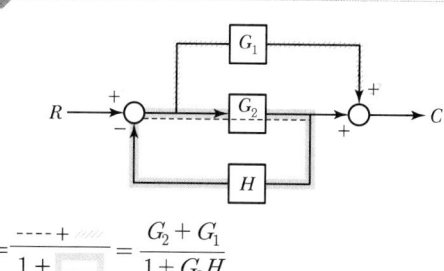

$\frac{C}{R} = \frac{\cdots +}{1 + \boxed{}} = \frac{G_2 + G_1}{1 + G_2 H}$

74 2차계 공정은 $\frac{K}{\tau^2 s^2 + 2\tau\zeta s + 1}$ 의 형태로 표현된다. $0 < \zeta < 1$이면 계단입력변화에 대하여 진동응답이 발생하는데 이때 진동응답의 주기와 τ, ζ와의 관계에 대한 설명으로 옳은 것은?

① 진동주기는 ζ가 클수록, τ가 작을수록 커진다.
② 진동주기는 ζ가 작을수록, τ가 클수록 커진다.
③ 진동주기는 ζ와 τ가 작을수록 커진다.
④ 진동주기는 ζ와 τ가 클수록 커진다.

해설

진동주기 $T = \frac{2\pi\tau}{\sqrt{1-\zeta^2}}$

T는 τ가 클수록, ζ가 클수록 커진다.

75 총괄전달함수가 $\frac{1}{(s+1)(s+2)}$ 인 계의 주파수 응답에 있어 주파수가 2rad/s일 때 진폭비는?

① $\frac{1}{\sqrt{10}}$
② $\frac{1}{2\sqrt{10}}$
③ $\frac{1}{5}$
④ $\frac{1}{10}$

해설

$\frac{1}{s^2 + 3s + 2} = \frac{1/2}{\frac{1}{2}s^2 + \frac{3}{2}s + 1}$

$\tau^2 = \frac{1}{2}$ $\therefore \tau = \frac{1}{\sqrt{2}}$

정답 72 ④ 73 ① 74 ④ 75 ②

$2\tau\zeta = \dfrac{3}{2}$, $2 \cdot \dfrac{1}{\sqrt{2}} \cdot \zeta = \dfrac{3}{2}$ ∴ $\zeta = \dfrac{3}{2\sqrt{2}}$

$K = \dfrac{1}{2}$

76 앞먹임 제어(Feedforward Control)의 특징으로 옳은 것은?

① 공정모델값과 측정값과의 차이를 제어에 이용
② 외부교란 변수를 사전에 측정하여 제어에 이용
③ 설정점(Set Point)을 모델값과 비교하여 제어에 이용
④ 제어기 출력값은 이득(Gain)에 비례

> **해설**
>
> Feedforward 제어
> - 외부교란을 사전에 측정하여 제어에 이용함으로써 외부교란 변수가 공정에 미치는 영향을 미리 보정하여 주도록 하는 제어를 말한다.
> - 피드포워드 제어기는 측정된 외부교란 변숫값들을 이용하여 제어되는 변수가 설정치로부터 벗어나기 전에 조절변수를 미리 조정한다.

77 전달함수가 다음과 같은 2차 공정에서 $\tau_1 > \tau_2$이다. 이 공정에 크기 A인 계단 입력변화가 야기되었을 때 역응답이 일어날 조건은?

$$G(s) = \dfrac{Y(s)}{X(s)} = \dfrac{K(\tau_d s + 1)}{(\tau_1 s + 1)(\tau_2 s + 1)}$$

① $\tau_d > \tau_1$
② $\tau_d < \tau_2$
③ $\tau_d > 0$
④ $\tau_d < 0$

> **해설**
>
> | τ_d의 크기 | 응답모양 |
> | --- | --- |
> | $\tau_d > \tau_1$ | Overshoot가 나타남 |
> | $0 < \tau_d \leq \tau_1$ | 1차 공정과 유사한 응답 |
> | $\tau_d < 0$ | 역응답 |

78 $G(s) = \dfrac{1}{0.1s + 1}$인 계에 $X(t) = 2\sin(20t)$인 입력을 가하였을 때 출력의 진폭(Amplitude)은?

① $\dfrac{2}{5}$
② $\dfrac{\sqrt{2}}{5}$
③ $\dfrac{5}{2}$
④ $\dfrac{2}{\sqrt{5}}$

> **해설**
>
> $G(s) = \dfrac{K}{\tau s + 1} = \dfrac{1}{0.1s + 1}$
>
> $AR = \dfrac{\hat{A}}{A} = \dfrac{K}{\sqrt{\tau^2\omega^2 + 1}}$
>
> $X(t) = 2\sin(20t)$
>
> $A = 2$, $\omega = 20$
>
> $AR = \dfrac{\hat{A}}{2} = \dfrac{1}{\sqrt{0.1^2 \times 20^2 + 1}} = \dfrac{1}{\sqrt{5}}$
>
> ∴ $\hat{A} = \dfrac{2}{\sqrt{5}}$

79 다음 중 ATO(Air-To-Open) 제어밸브가 사용되어야 하는 경우는?

① 저장탱크 내 위험물질의 증발을 방지하기 위해 설치된 열교환기의 냉각수 유량 제어용 제어밸브
② 저장탱크 내 물질의 응고를 방지하기 위해 설치된 열교환기의 온수 유량 제어용 제어밸브
③ 반응기에 발열을 일으키는 반응 원료의 유량 제어용 제어밸브
④ 부반응 방지를 위하여 고온 공정 유체를 신속히 냉각시켜야 하는 열교환기의 냉각수 유량 제어용 제어밸브

> **해설**
>
> Air-To-Open 제어밸브
> - ATO = FC(Fail Closed) = NC(Normal Closed)
> - 공압식 구동제어밸브로 출력신호가 증가함에 따라 격막에 가해지는 압력은 스프링을 압축하고, 축을 끌어올려 밸브를 열게 된다.
> - 발열반응기에서 시스템이 작동불능일 때는 반응원료가 공급되지 않도록 ATO(FC)를 사용한다.

정답 76 ② 77 ④ 78 ④ 79 ③

80 열교환망 문제에 대한 공정흐름 데이터가 다음과 같을 때, 틀린 설명은?(단, 최소허용 온도차는 20℃이며, 상부의 흐름은 5개이고, 하부의 흐름은 4개이다.)

Stream		T_s(℃)	T_t(℃)	C_p(MW K^{-1})
1	Hot	400	60	0.3
2	Hot	210	40	0.5
3	Cold	20	160	0.4
4	Cold	100	300	0.6

① 온류의 Pinch 온도는 120℃이다.
② 냉류의 Pinch 온도는 110℃이다.
③ 최소 뜨거운 유틸리티 요구량은 15MW이고, 최소 차가운 유틸리티 요구량은 26MW이다.
④ 최소단위 열교환기 수는 7이다.

해설

ΔT(℃)	$\Sigma C_{PC} - \Sigma C_{PH}$	ΔH (MW)	0	+15
80	−0.3	−24	24	39
110	0.3	33	−9	6
30	−0.2	−6	−3	12
60	0.2	12	−15	0
60	−0.4	−24	9	24
20	−0.1	−2	11	26

• 온류 핀치 온도 : 110+10=120℃
• 냉류 핀치 온도 : 110−10=100℃
• 열교환기 수=(5−1)+(4−1)=7
• 최소 뜨거운 유틸리티 요구량=15MW
• 최소 차가운 유틸리티 요구량=26MW

정답 80 ②

2024년 제2회 복원기출문제

1과목 공업합성

01 Le Blanc법의 원료와 제조 물질을 옳게 설명한 것은?
① 식염에서 탄산칼슘 제조
② 식염에서 탄산나트륨 제조
③ 염화칼슘에서 탄산칼슘 제조
④ 염화칼슘에서 탄산나트륨 제조

해설
Le Blanc법
$NaCl + H_2SO_4 \rightarrow NaHSO_4 + HCl(150\sim200℃)$
$NaHSO_4 + NaCl \rightarrow Na_2SO_4 + HCl(800℃)$

Solvay법(암모니아소다법)
$NaCl + NH_3 + H_2O + CO_2 \rightarrow NaHCO_3 + NH_4Cl$(탄산화반응)
$2NaHCO_3 \rightarrow Na_2CO_3 + H_2O + CO_2$(가소반응)
$NH_4Cl + Ca(OH)_2 \rightarrow CaCl_2 + NH_3 + 2H_2O$(암모니아회수반응)

02 반도체 제조공정에서 감광제를 구성하는 주요 기본 요소가 아닌 것은?
① 고분자   ② 용매
③ 광감응제   ④ 현상액

해설
감광제 구성
• 고분자
• 용매
• 광감응제

03 반도체에 대한 일반적인 설명 중 옳은 것은?
① 진성 반도체의 경우 온도가 증가함에 따라 전기전도도가 감소한다.
② P형 반도체는 Si에 V족 원소가 첨가된 것이다.
③ 불순물 원소를 첨가함에 따라 저항이 감소한다.
④ LED(Light Emitting Diode)는 N형 반도체만을 이용한 전자 소자이다.

해설
• 반도체 원료인 Si, Ge은 전압을 걸어도 전류가 통하지 않는다.
• 불순물 반도체
  P형(13족) – B · Al · Ga   N형(15족) – P · As · Sb
         붕소 알루 갈륨   인 비소 안티몬
              미늄

04 탄화수소의 분해에 대한 설명 중 옳지 않은 것은?
① 열분해는 자유라디칼에 의한 연쇄반응이다.
② 열분해는 접촉분해에 비해 방향족과 이소파라핀이 많이 생성된다.
③ 접촉분해에서는 촉매를 사용하여 열분해보다 낮은 온도에서 분해시킬 수 있다.
④ 접촉분해에서는 방향족이 올레핀보다 반응성이 낮다.

해설

열분해	접촉분해
• 올레핀이 많으며, $C_1 \sim C_2$계의 가스가 많다.	• $C_3 \sim C_6$계의 가지 달린 지방족이 많이 생성된다.
• 대부분 지방족이며, 방향족 탄화수소는 적다.	• 열분해보다 파라핀계 탄화수소가 많다.
• 코크스나 타르의 석출이 많다.	• 방향족 탄화수소가 많다.
• 디올레핀이 비교적 많다.	• 탄소질 물질의 석출이 적다.
• 라디칼 반응 메커니즘	• 디올레핀은 거의 생성되지 않는다.
	• 이온 반응 메커니즘 : 카르보늄 이온 기구

정답 01 ② 02 ④ 03 ③ 04 ②

05 LPG에 대한 설명 중 틀린 것은?

① C_3, C_4의 탄화수소가 주성분이다.
② 상온, 상압에서는 기체이다.
③ 그 자체로 매우 심한 독한 냄새가 난다.
④ 가압 또는 냉각시킴으로써 액화한다.

해설

LPG(액화석유가스)
- C_3, C_4 탄화수소가 주성분이다.
- 상온·상압에서 기체이다.
- 상온, 상압에서 기체인 프로판, 부탄 등의 혼합물을 냉각시켜 액화한 것이다.
- 그 자체로는 냄새가 거의 나지 않는다.

06 염산을 르블랑(Le Blanc)법으로 제조하기 위하여 소금을 원료로 사용한다. 100% HCl 3,000kg을 제조하기 위한 85% 소금의 이론량은 약 얼마인가?(단, NaCl M.W=58.5, HCl M.W=36.5이다.)

① 3,636kg ② 4,646kg
③ 5,657kg ④ 6,667kg

해설

$2NaCl + H_2SO_4 \rightarrow Na_2SO_4 + 2HCl$

2×58.5 : 2×36.5
x : $3,000$kg

$x = 4,808$kg(100%일 때)

$\therefore$ 85% NaCl의 양 $= \dfrac{4,808}{0.85} = 5,656.5$kg

07 다음 중 천연고무와 가장 관계가 깊은 것은?

① Propane ② Ethylene
③ Isoprene ④ Isobutene

해설

천연고무(폴리이소프렌)

$$\left[\begin{array}{c} CH_2 \\ | \\ H_3C \end{array} C = C \begin{array}{c} CH_2 \\ | \\ H \end{array}\right]_n$$

08 다음 고분자 중 T_g(Glass Transition Temperature)가 가장 높은 것은?

① Polycarbonate ② Polystyrene
③ Poly vinyl chloride ④ Polyisoprene

해설

유리전이온도
무정형 고분자가 딱딱하고 부서지기 쉽고 투명한 유리질 상태에서 부드러운 고무 상태로 변화하기 시작하는 온도

Polycarbonate > Polystyrene > PVC(Poly Vinyl Chloride) > Nylon 6 > Polypropylene > Polyethylene > Polyisoprene

09 다음의 O_2 : NH_3의 비율 중 질산 제조공정에서 암모니아 산화율이 최대로 나타나는 것은?(단, Pt 촉매를 사용하고 NH_3농도가 9%인 경우이다.)

① 9 : 1 ② 2.3 : 1
③ 1 : 9 ④ 1 : 2.3

해설

- 최대산화율은 $O_2/NH_3 = 2.2 \sim 2.3$일 때이다.
- Pt-Rh 촉매를 가장 많이 이용한다.

10 벤젠의 니트로화 반응에서 황산 60%, 질산 24%, 물 16%의 혼산 100kg을 사용하여 벤젠을 니트로화할 때, 질산이 화학양론적으로 전량 벤젠과 반응하였다면 DVS 값은 얼마인가?

① 4.54 ② 3.50
③ 2.63 ④ 1.85

해설

$DVS = \dfrac{\text{혼산 중 황산의 양}}{\text{반응 전후 혼산 중 물의 양}}$

$C_6H_6 + HNO_3 \rightarrow C_6H_5NO_2 + H_2O$
63 : 18
24 : x

$\therefore x = 6.857$

$\therefore DVS = \dfrac{60}{16 + 6.857} = 2.63$

11 다음 중 열가소성 수지는?

① 페놀수지
② 초산비닐수지
③ 요소수지
④ 멜라민수지

해설

열경화성 수지	열가소성 수지
• 페놀수지 • 요소수지 • 멜라민수지 • 폴리우레탄 • 알키드수지 • 규소수지	• 폴리염화비닐 • 폴리에틸렌 • 폴리프로필렌 • 폴리스티렌 • 아크릴수지

12 전지 Cu|CuSO$_4$(0.05M), HgSO$_4$(s)|Hg의 기전력은 25℃에서 약 0.418V이다. 이 전지의 자유에너지 변화는?

① -9.65kcal
② -19.3kcal
③ -96kcal
④ -193kcal

해설

$\Delta G° = -nFE_o$
$= -2mol \times 96,485C/mol \times 0.418V \times \dfrac{J}{CV} \times \dfrac{1cal}{4.184J}$
$= -19,278cal$
$= -19.3kcal$

13 열 제거가 용이하고 반응 혼합물의 점도를 줄일 수 있으나 저분자량의 고분자가 얻어지는 단점이 있는 중합방법은?

① 괴상중합
② 용액중합
③ 현탁중합
④ 유화중합

해설

고분자의 중합방법

㉠ 괴상중합(벌크 중합)
 • 용매 또는 분산매를 사용하지 않고 단량체와 개시제만을 혼합하여 중합시키는 방법이다.
 • 조성과 장치 간단, 제품에 불순물이 적다.
 • 내부중합열이 잘 제거되지 않아 부분과열되거나 자동촉진효과에 의해 반응이 폭주하여 반응의 선택성이 떨어지고 불용성 가교물 덩어리가 생성된다.

㉡ 용액중합
 • 단량체와 개시제를 용매에 용해시킨 상태에서 중합시키는 방법이다.
 • 중화열의 제거는 용이하지만, 중합속도와 분자량이 작고, 중합 후 용매의 완전 제거가 어렵다.

㉢ 현탁중합(서스펜션 중합)
 • 단량체를 녹이지 않는 액체에 격렬한 교반으로 분산시켜 중합한다.
 • 강제로 분산된 단량체의 작은 방울에서 중합이 일어난다.
 • 개시제는 단량체에 녹는 것을 사용하며 단량체 방울이 뭉치지 않고 유지되도록 안정제(Stabilizer)를 사용한다.
 • 중합열의 분산이 용이하고 중합체가 작은 입자 모양으로 얻어지므로 분리 및 처리가 용이하다. 세정 및 건조공정을 필요로 하고 안정제에 의한 오염이 발생한다.

㉣ 유화중합(에멀션 중합)
 • 비누 또는 세제 성분의 일종인 유화제를 사용하여 단량체를 분산매 중에 분산시키고 수용성 개시제를 사용하여 중합시키는 방법이다.
 • 중합열의 분산이 용이하고, 대량 생산에 적합하다.
 • 세정과 건조가 필요하고 유화제에 의한 오염이 발생한다.

14 연실식 황산제조에서 Gay-Lussac 탑의 주된 기능은?

① 황산의 생성
② 질산의 환원
③ 질소산화물의 회수
④ 니트로실 황산의 분해

해설

Gay-Lussac 탑
연실식(질산식) 황산제조에서 Gay-Lussac 탑은 최종연실에서 나오는 질소산화물을 회수하는 데 목적이 있다.

$2H_2SO_4 + NO + NO_2 \rightleftarrows 2HSO_4 \cdot NO + H_2O$

정답 11 ② 12 ② 13 ② 14 ③

15 아디프산과 헥사메틸렌디아민을 원료로 하여 제조되는 물질은?

① 나일론 6
② 나일론 6.6
③ 나일론 11
④ 나일론 12

해설

HOOC(CH$_2$)$_4$COOH + H$_2$N(CH$_2$)$_6$NH$_2$
   아디프산   헥사메틸렌디아민
→ ⊦OC(CH$_2$)$_4$CONH(CH$_2$)$_6$NH⊦$_n$
         Nylon 6.6

※ 나일론 6 : 카프로락탐의 개환중합

16 인산제조법 중 건식법에 대한 설명으로 틀린 것은?

① 전기로법과 용광로법이 있다.
② 철과 알루미늄 함량이 많은 저품위의 광석도 사용할 수 있다.
③ 인의 기화와 산화를 별도로 진행시킬 수 있다.
④ 철, 알루미늄, 칼슘의 일부가 인산 중에 함유되어 있어 순도가 낮다.

해설

건식법 인산	습식법 인산
• 고순도, 고농도의 인산을 제조 • 저품위 인광석을 처리할 수 있다. • 인의 기화와 산화를 따로 할 수 있다. • Slag는 시멘트의 원료가 된다. • 종류 : 용광로법, 전기로법	• 순도와 농도가 낮다. • 품질이 좋은 인광석을 사용해야 한다. • 주로 비료용에 사용된다. • 종류 : 황산분해법, 질산분해법, 염산분해법

17 다음 중 Syndiotactic-폴리스타이렌의 합성에 관여하는 촉매로 가장 적합한 것은?

① 메탈로센 촉매
② 메탈옥사이드 촉매
③ 린들러 촉매
④ 벤조일퍼록사이드

해설

• 메탈로센 촉매
  두 개의 사이클로펜타디엔 사이에 금속(M)이 끼어 있는 구조의 촉매이다. 금속의 종류로는 철(Fe) 이외에도 다양한 금속물질(Ti, V, Cr, Ni, Pb)을 사용할 수 있고, 금속물질의 종류에 따라 고분자 합성반응을 변화할 수 있다.

• Syndiotactic-polystyrene
  메탈로센 촉매에 의해 개발된 폴리스티렌으로 주 사슬의 탄소에 결합되어 있는 페닐기의 방향이 번갈아 나오는 구조이다.

18 포화식염수에 직류를 통과시켜 수산화나트륨을 제조할 때 환원이 일어나는 음극에서 생성되는 기체는?

① 염화수소
② 산소
③ 염소
④ 수소

해설

• (+)극 : 2Cl$^-$ → Cl$_2$ + 2e$^-$ (산화)
• (−)극 : 2H$_2$O + 2e$^-$ → H$_2$ + 2OH$^-$ (환원)

19 아세틸렌을 원료로 하여 합성되는 물질이 아닌 것은?

① 아세트알데히드
② 염화비닐
③ 포름알데히드
④ 아세트산비닐

해설

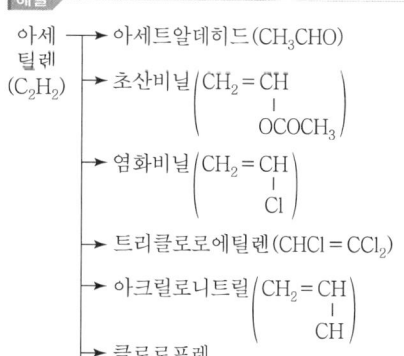

정답 15 ② 16 ④ 17 ① 18 ④ 19 ③

20 석회질소 제조 시 촉매 역할을 해서 탄화칼슘의 질소화 반응을 촉진시키는 물질은?

① $CaCO_3$
② CaO
③ CaF_2
④ C

해설
석회질소($CaCN_2$)
탄산칼슘을 강하게 가열하여 염화칼슘, 플루오린화칼슘을 촉매로 질소를 흡수시켜 제조한다.
$CaO + 3C \rightarrow CaC_2 + CO$
$CaC_2 + N_2 \xrightarrow{CaF_2} CaCN_2 + C$

2과목 반응운전

21 균일계 액상 병렬 반응이 다음과 같을 때 R의 순간 수율 ϕ 값으로 옳은 것은?

$$A + B \xrightarrow{k_1} R, \quad \frac{dC_R}{dt} = 1.0 C_A C_B^{0.5}$$
$$A + B \xrightarrow{k_2} S, \quad \frac{dC_S}{dt} = 1.0 C_A^{0.5} C_B^{1.5}$$

① $\dfrac{1}{1 + C_A^{-0.5} C_B}$

② $\dfrac{1}{1 + C_A^{0.5} C_B^{-1}}$

③ $\dfrac{1}{C_A C_B^{0.5} + C_A^{0.5} C_B^{1.5}}$

④ $C_A^{0.5} C_B^{-1}$

해설
$$\phi = \frac{\text{생성된 } R\text{의 몰수}}{\text{소비된 } A\text{의 몰수}}$$
$$= \frac{1.0 C_A C_B^{0.5}}{1.0 C_A C_B^{0.5} + 1.0 C_A^{0.5} C_B^{1.5}} = \frac{1}{1 + C_A^{-0.5} C_B}$$

22 에틸아세트산의 가수분해반응은 1차 반응속도식에 따른다고 한다. 만일 어떤 실험조건하에서 정확히 20% 분해시키는 데 50분이 소요되었다면, 반감기는 몇 분이 걸리겠는가?

① 145
② 155
③ 165
④ 175

해설
$-\ln(1 - X_A) = kt$
$-\ln(1 - 0.2) = k \times 50\text{min}$
$k = 4.46 \times 10^{-3} \text{min}^{-1}$
$-\ln(1 - 0.5) = 4.46 \times 10^{-3} \times t$
$\therefore t = 155\text{min}$

23 다음 반응에서 $C_{A0} = 1\,\text{mol/L}$, $C_{R0} = C_{S0} = 0$이고 속도상수 $k_1 = k_2 = 0.1\,\text{min}^{-1}$이며 100L/h의 원료유입에서 R을 얻는다고 한다. 이때 성분 R의 수득률을 최대로 할 수 있는 플러그흐름반응기의 크기를 구하면?

$$A \xrightarrow{k_1} R \xrightarrow{k_2} S$$

① 16.67L
② 26.67L
③ 36.67L
④ 46.67L

해설
$k_1 = k_2 = 0.1\text{min}^{-1} = k$
$\tau_{opt} = \dfrac{1}{k} = \dfrac{1}{0.1} = 10\text{min}$
$\tau = \dfrac{V}{v_o}$
$10\text{min} = \dfrac{V}{100\text{L/h} \times 1\text{h}/60\text{min}}$
$\therefore V = 16.67\text{L}$

24 화학평형에서 열역학에 의한 평형상수에 다음 중 가장 큰 영향을 미치는 것은?

① 계의 온도
② 불활성 물질의 존재 여부
③ 반응속도론
④ 계의 압력

정답 20 ③ 21 ① 22 ② 23 ① 24 ①

해설

$$\frac{d\ln K}{dT} = \frac{\Delta H}{RT^2}$$

평형상수 $K = f(T)$

25 Thiele 계수에 대한 설명으로 틀린 것은?

① Thiele 계수는 가속도와 속도의 비를 나타내는 차원수이다.
② Thiele 계수가 클수록 입자 내 농도는 저하된다.
③ 촉매 입자 내 유효농도는 Thiele 계수의 값에 의존한다.
④ Thiele 계수는 촉매 표면과 내부의 효율적 이용의 척도이다.

해설

Thiele 계수
$A \longrightarrow P$: 1차 반응
① Thiele 계수 : 촉매입자 내에서 확산에 의해 반응이 일어날 때, 반응에 대한 확산의 상대적 중요성을 평가하는 지표로서 무차원수이다.

Thiele 계수(Thiele Modulus) $= mL = L\sqrt{\dfrac{k}{D}}$

② mL이 클수록 입자 내에 C_A의 농도는 저하된다.

③ $\varepsilon_{first\ order} = \dfrac{\overline{C_A}}{C_{AS}} = \dfrac{\tanh mL}{mL}$

④ Thiele 계수가 크면 일반적으로 확산이 총괄반응속도를 지배하고, Thiele 계수가 작으면 표면반응이 총괄속도를 지배한다.

26 다음 반응에서 R이 요구하는 물질일 때 어떻게 반응시켜야 하는가?

$A + B \to R$, desired, $r_1 = k_1 C_A C_B^2$
$R + B \to S$, undesired, $r_2 = k_2 C_R C_B$

① A에 B를 한 방울씩 넣는다.
② B에 A를 한 방울씩 넣는다.
③ A와 B를 동시에 넣는다.
④ A와 B를 넣는 순서는 무관하다.

해설

$$S = \frac{r_R}{r_S} = \frac{k_1 C_A C_B^2}{k_2 C_R C_B}$$
$$= \frac{k_1 C_A C_B}{k_2 C_R}$$

C_A와 C_B의 농도를 높이려면 A와 B를 동시에 넣는다.

27 체적이 일정한 회분식 반응기에서 다음과 같은 기체반응이 일어난다. 초기의 전압과 분압을 각각 P_0, P_{A0}, 나중의 전압을 P라 할 때 분압 P_A을 표시하는 식은? (단, 초기에 A, B는 양론비대로 존재하고 R은 없다.)

$$aA + bB \to rR$$

① $P_A = P_{A0} - [a/(r+a+b)](P-P_0)$
② $P_A = P_{A0} - [a/(r-a-b)](P-P_0)$
③ $P_A = P_{A0} + [a/(r-a-b)](P-P_0)$
④ $P_A = P_{A0} + [a/(r+a+b)](P-P_0)$

해설

	aA	$+$	bB	$\to$	rR
$t=0$:	N_{A0}		N_{B0}		N_{R0}
$t=t$:	$N_{A0}-ax$		$N_{B0}-bx$		$N_{R0}+rx$

$N_0 = N_{A0} + N_{B0} + N_{R0}$
$N = N_0 + x(r-a-b) = N_0 + x\Delta n$

$$x = \frac{N-N_0}{\Delta n}$$

$$C_A = \frac{N_A}{V} = \frac{N_{A0}-ax}{V}$$
$$= \frac{N_{A0}}{V} - \frac{a}{V} \cdot \frac{N-N_0}{\Delta n}$$

$P_A = C_A RT$
$$= P_{A0} - \frac{a}{\Delta n}(P-P_0)$$
$$= P_{A0} - \frac{a}{(r-a-b)}(P-P_0)$$

정답 25 ① 26 ③ 27 ②

28 부피가 일정한 회분식(Batch) 반응기에서 다음의 기초반응(Elementary Reaction)이 일어난다. 반응속도 상수 $k=1.0\text{m}^3/\text{s mol}$, 반응 초기 A의 농도는 1.0 mol/m^3라면 A의 전화율이 75%일 때까지 걸리는 반응시간은 얼마인가?

$$A+A \to D$$

① 1.4s ② 3.0s
③ 4.2s ④ 6.0s

[해설]

$k=1\text{m}^3/\text{mol s}$
$=[\text{농도}]^{1-n}[\text{시간}]^{-1}$
∴ $n=2$차

2차 batch : $ktC_{A0} = \dfrac{X_A}{1-X_A}$

$1 \times t \times 1 = \dfrac{0.75}{1-0.75}$

∴ $t = 3\text{s}$

29 부피가 일정한 회분식 반응기에서 반응혼합물 A기체의 최초 압력을 478mmHg로 할 경우에 반감기가 80s이었다고 한다. 만일 이 A기체의 반응 혼합물에 최초 압력을 315mmHg로 하였을 때 반감기가 120s로 되었다면 반응의 차수는 몇 차 반응으로 예상할 수 있는가?(단, 반응물은 초기 조성이 같고, 비가역 반응이 일어난다.)

① 1차 반응 ② 2차 반응
③ 3차 반응 ④ 4차 반응

[해설]

$n = 1 - \dfrac{\ln\left(\dfrac{t_{1/2 \cdot 2}}{t_{1/2 \cdot 1}}\right)}{\ln\left(\dfrac{P_{A0 \cdot 2}}{P_{A0 \cdot 1}}\right)} = 1 - \dfrac{\ln\left(\dfrac{80}{120}\right)}{\ln\left(\dfrac{478}{315}\right)} = 1.97 \fallingdotseq 2$차

30 다음은 Arrhenius 법칙에 의해 그린 활성화 에너지(Activation Energy)에 대한 그래프이다. 이 그래프에 대한 설명으로 옳은 것은?

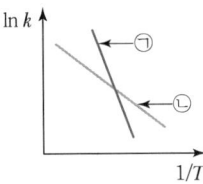

① 직선 ㉡보다 ㉠이 활성화 에너지가 크다.
② 직선 ㉠보다 ㉡이 활성화 에너지가 크다.
③ 초기에는 직선 ㉠이 활성화 에너지가 크나 후기에는 ㉡이 크다.
④ 초기에는 직선 ㉡이 활성화 에너지가 크나 후기에는 ㉠이 크다.

[해설]

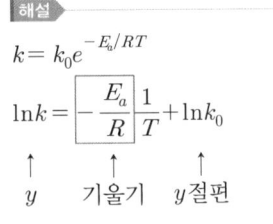
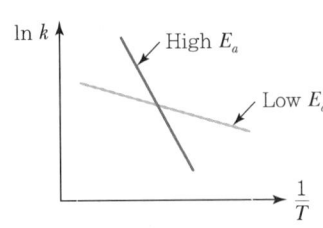

- 아레니우스 법칙에서 $\ln k$를 y로, $\dfrac{1}{T}$을 x로 그리면 기울기가 $-\dfrac{E_a}{R}$이고 y절편이 $\ln k_0$인 1차식이 된다.
- E_a(활성화 에너지)가 크면 기울기가 크다.

31 역행응축(逆行凝縮, Retrograde Condensation) 현상을 가장 유용하게 쓸 수 있는 경우는?

① 천연가스 채굴 시 동력 없이 많은 양의 액화 천연가스를 얻는다.
② 기체를 임계점에서 응축시켜 순수성분을 분리시킨다.
③ 고체 혼합물을 기체화시킨 후 다시 응축시켜 비휘발성 물질만을 얻는다.
④ 냉동의 효율을 높이고 냉동제의 증발잠열을 최대로 이용한다.

정답 28 ② 29 ② 30 ① 31 ①

> **해설**
>
> 역행응축
> 다성분계의 임계점 부근에서, 압력을 감소시킬 때 액화가 일어나는 이상한 응축현상
> - 천연가스 채굴 시 동력 없이 액화천연가스를 얻는다.
> - 지하 유정에서 가스를 끌어올릴 때 가벼운 가스를 다시 넣어주어 압력을 높인다.

32 줄-톰슨(Joule-Thomson) 팽창은 다음 중 어느 과정에 속하는가?

① 등엔탈피 과정
② 등엔트로피 과정
③ 정용 과정
④ 정압 과정

> **해설**
>
> Joule-Thomson 계수
> $$\mu = \left(\frac{\partial T}{\partial P}\right)_H$$
> 등엔탈피 과정

33 혼합물이 기-액 상평형을 이루고 압력과 기상 조성이 주어졌을 때 온도와 액상 조성을 계산하는 방법을 다음 중 무엇이라 하는가?

① BUBL P
② BUBL T
③ DEW P
④ DEW T

> **해설**
>
> - DEW T : 주어진 $\{y_i\}$와 P로부터 $\{x_i\}$와 T를 계산
> - DEW P : 주어진 $\{y_i\}$와 T로부터 $\{x_i\}$와 P를 계산
> - BUBL P : 주어진 $\{x_i\}$와 T로부터 $\{y_i\}$와 P를 계산
> - BUBL T : 주어진 $\{x_i\}$와 P로부터 $\{y_i\}$와 T를 계산
>   여기서, x_i : 액상조성
> y_i : 기상조성
> T : 온도
> P : 압력

34 액체의 증발잠열을 계산하는 식과 관계없는 식은?

① Clapeyron 식
② Watson Correlation 식
③ Riedel 식
④ Gibbs-Duhem 식

> **해설**
>
> ① Clapeyron 식
> $$\Delta H = T \Delta V \frac{dP^{sat}}{dT}$$
> 여기서, ΔH : 잠열
> ΔV : 상변화 시 부피변화
> P^{sat} : 증기압
>
> ② Watson 식
> $$\frac{\Delta H_2}{\Delta H_1} = \left(\frac{1-T_{r2}}{1-T_{r1}}\right)^{0.38}$$
>
> ③ Riedel 식
> $$\frac{\Delta H_n}{RT_n} = \frac{1.092(\ln P_c - 1.013)}{0.930 - T_{rn}}$$
>
> ④ Gibbs-Duhem 식 : 몰성질과 부분몰성질 사이의 관계식
> $$\left(\frac{\partial M}{\partial P}\right)_{T,x} dP + \left(\frac{\partial M}{\partial T}\right)_{P,x} dT - \sum x_i d\overline{M_i} = 0$$
> $$\therefore \sum x_i d\overline{M_i} = 0 \quad (\text{const } T, P)$$

35 압축비 4.5인 오토 사이클(Otto Cycle)에 있어서 압축비가 7.5로 되었다고 하면 열효율은 몇 배가 되겠는가?(단, 작동유체는 이상기체이며, 열용량의 비 $\frac{C_p}{C_v} = 1.40$이다.)

① 1.22
② 1.96
③ 2.86
④ 3.31

> **해설**
>
> $$\eta_1 = 1 - \left(\frac{1}{r}\right)^{\gamma-1} = 1 - \left(\frac{1}{4.5}\right)^{0.4} = 0.452$$
> $$\eta_2 = 1 - \left(\frac{1}{7.5}\right)^{0.4} = 0.553$$
> $$\frac{\eta_2}{\eta_1} = \frac{0.553}{0.452} = 1.22$$

정답 32 ① 33 ④ 34 ④ 35 ①

36 화학반응의 평형상수 K에 관한 내용 중 틀린 것은?(단, a_i, ν_i는 각각 i성분의 활동도와 양론수이며, $\Delta G°$는 표준 깁스(Gibbs) 자유에너지 변화이다.)

① $K = \Pi (\hat{a_i})^{\nu_i}$

② $\ln K = -\dfrac{\Delta G°}{RT^2}$

③ K는 온도에 의존하는 함수이다.

④ K는 무차원이다.

> [해설]
> $K = \Pi \left(\dfrac{\hat{f_i}}{f_i°}\right)^{\nu_i} = \Pi (\hat{a_i})^{\nu_i} = \exp\left(\dfrac{-\sum \nu_i G_i°}{RT}\right)$
> $-RT \ln K = \sum \nu_i G_i° = \Delta G°$
> $\therefore \ln K = -\dfrac{\Delta G°}{RT}$

37 일정한 T, P에 있는 닫힌계가 평형상태에 도달하는 조건에 해당하는 것은?

① $(dG^t)_{T,P} = 0$ ② $(dG^t)_{T,P} > 0$

③ $(dG^t)_{T,P} < 0$ ④ $(dG^t)_{T,P} = 1$

> [해설]
> • $(dG^t)_{T,P} = 0$: 평형상태
> • $(dG^t)_{T,P} < 0$: 자발적 반응
> • $(dG^t)_{T,P} > 0$: 비자발적 반응

38 $P = \dfrac{RT}{V-b}$의 관계식에 따르는 기체의 퓨가시티 계수 ϕ는?(단, b는 상수이다.)

① $\exp\left(1 + \dfrac{bP}{RT}\right)$ ② $\exp\left(\dfrac{bP}{RT}\right)$

③ $\exp\left(\dfrac{P}{RT}\right)$ ④ $\exp\left(P + \dfrac{b}{RT}\right)$

> [해설]
> $P = \dfrac{RT}{V-b}$
> $Z = \dfrac{PV}{RT} = \dfrac{P}{RT}\left(\dfrac{RT}{P} + b\right) = 1 + \dfrac{bP}{RT}$
> $Z - 1 = \dfrac{bP}{RT}$
> $\ln \phi = \int_0^P (Z-1) \dfrac{dP}{P}$ ($T = \text{const}$)
> $= \int_0^P \dfrac{bP}{RT} \dfrac{dP}{P} = \int_0^P \dfrac{b}{RT} dP = \dfrac{bP}{RT}$
> $\therefore \phi = \exp\left(\dfrac{bP}{RT}\right)$

39 어떤 화학반응에서 평형상수의 온도에 대한 미분계수는 $\left(\dfrac{\partial \ln K}{\partial T}\right)_P > 0$으로 표시된다. 이 반응에 대한 설명으로 옳은 것은?

① 이 반응은 흡열반응이며 온도상승에 따라 K값은 커진다.

② 이 반응은 흡열반응이며 온도상승에 따라 K값은 작아진다.

③ 이 반응은 발열반응이며 온도상승에 따라 K값은 커진다.

④ 이 반응은 발열반응이며 온도상승에 따라 K값은 작아진다.

> [해설]
> $\dfrac{d \ln K}{dT} = \dfrac{\Delta H°}{RT^2}$
> 흡열반응($\Delta H > 0$)
> 온도상승에 따라 K값이 커진다.

40 압력과 온도 변화에 따른 엔탈피 변화가 다음과 같은 식으로 표시될 때 □에 해당하는 것은?

$$dH = \square dP + C_P dT$$

① V ② $\left(\dfrac{\partial V}{\partial T}\right)$

③ $T\left(\dfrac{\partial V}{\partial T}\right)_P$ ④ $V - T\left(\dfrac{\partial V}{\partial T}\right)_P$

정답 36 ② 37 ① 38 ② 39 ① 40 ④

해설

$dH = \square dP + C_P dT$

$H = f(T, P)$

$dH = \left(\dfrac{\partial H}{\partial T}\right)_P dT + \left(\dfrac{\partial H}{\partial P}\right)_T dP = C_P dT + \left(\dfrac{\partial H}{\partial P}\right)_T dP$

$dH = TdS + VdP \quad (\div dP)$

$\left(\dfrac{\partial H}{\partial P}\right)_T = T\left(\dfrac{\partial S}{\partial P}\right)_T + V$

Maxwell 식 $\left(\dfrac{\partial S}{\partial P}\right)_T = -\left(\dfrac{\partial V}{\partial T}\right)_P$

$\therefore \left(\dfrac{\partial H}{\partial P}\right)_T = -T\left(\dfrac{\partial V}{\partial T}\right)_P + V$

$\therefore dH = C_P dT + \left[V - T\left(\dfrac{\partial V}{\partial T}\right)_P\right] dP$

3과목 단위공정관리

41 C_2H_4 40kg을 연소시키기 위해 800kg의 공기를 공급하였다. 과잉공기 백분율은 약 몇 %인가?

① 45.2
② 35.2
③ 25.2
④ 12.2

해설

$C_2H_4 + 3O_2 \rightarrow 2CO_2 + 2H_2O$

28kg : 3kmol
40kg : x

$\therefore x = 4.28$ kmol

4.28kmol $O_2 \times \dfrac{100\text{kmol Air}}{21\text{kmol } O_2} = 20.4$kmol Air

800kg Air $\times \dfrac{1\text{kmol Air}}{29\text{kg Air}} = 27.6$kmol Air

과잉공기 백분율(%) = $\dfrac{\text{과잉량}}{\text{이론량}} \times 100\%$

$= \dfrac{\text{공급량} - \text{이론량}}{\text{이론량}} \times 100\%$

$= \dfrac{27.6 - 20.4}{20.4} \times 100\%$

$= 35.2\%$

42 추제(Solvent)의 선택요인으로 옳은 것은?

① 선택도가 작다.
② 회수가 용이하다.
③ 값이 비싸다.
④ 화학결합력이 크다.

해설

추제의 선택조건
- 선택도가 커야 한다.
  $\beta = \dfrac{y_A/y_B}{x_A/x_B} = \dfrac{y_A/x_A}{y_B/x_B} = \dfrac{k_A}{k_B}$
- 회수가 용이해야 한다.
- 값이 싸고 화학적으로 안정해야 한다.
- 비점·응고점이 낮으며 부식성과 유독성이 적고 추질과의 비중차가 클수록 좋다.

43 p-Xylene 40mol%, o-Xylene 60mol%인 혼합물을 비점으로 연속 공급하여 탑정 중의 p-Xylene을 95mol%로 만들고자 한다. 비휘발도가 1.5라면 최소환류비는 얼마인가?

① 1.5
② 2.5
③ 3.5
④ 4.5

해설

$y_f = \dfrac{\alpha x_f}{1+(\alpha-1)x_f} = \dfrac{1.5 \times 0.4}{1+(1.5-1) \times 0.4} = 0.5$

$R_{Dm} = \dfrac{x_D - y_f}{y_f - x_f} = \dfrac{0.95 - 0.5}{0.5 - 0.4} = 4.5$

44 2중관 열교환기를 사용하여 500kg/h의 기름을 240℃의 포화수증기를 써서 60℃에서 200℃까지 가열하고자 한다. 이때 총괄전열계수가 500kcal/m² h ℃, 기름의 정압비열은 1.0kcal/kg ℃이다. 필요한 가열면적은 몇 m²인가?

① 3.1
② 2.4
③ 1.8
④ 1.5

정답 41 ② 42 ② 43 ④ 44 ④

해설

$q = \dot{m} C_P(t_2 - t_1)$
$= 500 \text{kg/h} \times 1 \text{kcal/kg} \, ℃ \times (200-60)℃$
$= 70,000 \text{kcal/h}$

$\Delta \overline{t_L} = \dfrac{180-40}{\ln \dfrac{180}{40}} = 93.1$

$q = UA\Delta \overline{t_L}$
$70,000 \text{kcal/h} = 500 \text{kcal/m}^2 \, \text{h} \, ℃ \times A \times 93.1℃$
$\therefore A = 1.5 \text{m}^2$

45 다음 그림은 충전흡수탑에서 기체의 유량변화에 따른 압력강하를 나타낸 것이다. 부하점(Loading Point)에 해당하는 곳은?

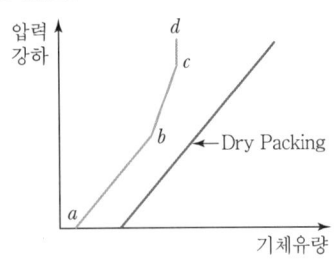

① a ② b
③ c ④ d

해설

부하점(Loading Point) : b점
- 기체속도 증가에 의해 액체유량이 증가한다.
- 흡수탑의 작업은 이 점을 넘지 않는 범위에서 한다.

※ 범람점(왕일점, Flooding Point) : c점
  기체속도가 더 증가하여 액이 범람하는 점

46 기체 흡수 설계에 있어서 평행선과 조작선이 직선일 경우 이동단위높이(HTU)와 이동단위수(NTU)에 대한 해석으로 옳지 않은 것은?

① HTU는 대수평균농도차(평균추진력)만큼의 농도 변화가 일어나는 탑 높이이다.
② NTU는 전탑 내에서 농도 변화를 대수 평균 농도차로 나눈 값이다.
③ HTU는 NTU로 전 충전고를 나눈 값이다
④ NTU는 평균 불활성 성분 조성의 역수이다.

해설

$Z = \underbrace{\dfrac{G_M}{K_G aP}}_{H_{OG}} \underbrace{\int_{y_2}^{y_1} \dfrac{dy}{y-y^*}}_{N_{OG}}$

$Z = \dfrac{G_M}{K_G aP} \dfrac{y_1-y_2}{\Delta y_{LM}}$

$Z = \dfrac{L_M}{K_L a\rho_m} \dfrac{x_1-x_2}{\Delta x_{LM}}$

$\therefore Z = H_{OG} \times N_{OG}$

여기서, Z : 충전층의 높이
H_{OG} : 총괄이동단위높이(HTU)
N_{OG} : 총괄이동단위높이(NTU)

47 Hess의 법칙에 대한 설명으로 옳은 것은?
① 정압하에서 열(Q_P)을 추산하는 데 무관한 법칙이다.
② 경로함수의 성질을 이용하는 법칙이다.
③ 상태함수의 변화치를 추산하는 데 이용할 수 없는 법칙이다.
④ 엔탈피 변화는 초기 및 최종 상태에만 의존한다.

해설

Hess' Law(총열량 불변의 법칙)
화학반응에서 엔탈피 변화는 초기상태와 최종상태 사이의 경로와 무관하다.

$A+B \xrightarrow{\Delta H} P$
$\Delta H_1 \searrow \quad \nearrow \Delta H_3$
$C+D \xrightarrow{\Delta H_2} E$

$\therefore \Delta H = \Delta H_1 + \Delta H_2 + \Delta H_3$

48 1atm, 25℃에서 상대습도가 50%인 공기 1m^3 중에 포함되어 있는 수증기의 양은?(단, 25℃에서 수증기의 증기압은 24mmHg이다.)

① 11.6g ② 12.5g
③ 28.8g ④ 51.5g

정답 45 ② 46 ④ 47 ④ 48 ①

해설

$$H_R = \frac{P_V}{P_S} \times 100\%$$

$$50\% = \frac{P_V}{24} \times 100$$

$$\therefore P_V = 12\text{mmHg}$$

$$PV = nRT = \frac{w}{M}RT$$

$$w = \frac{PVM}{RT}$$

$$= \frac{12\text{mmHg} \times \frac{1\text{atm}}{760\text{mmHg}} \times 1\text{m}^3 \times 18\text{kg/kmol}}{0.082\text{m}^3 \text{ atm/kmol K} \times 298\text{K}}$$

$$= 0.01163\text{kg} = 11.63\text{g}$$

49 다음 단위환산 관계 중 틀린 것은?

① $1.0\text{g/cm}^3 = 1,000\text{kg/m}^3$
② $0.2386\text{J} = 0.057\text{cal}$
③ $0.4536\text{kg}_f = 9.80665\text{N}$
④ $1.013\text{bar} = 101.3\text{kPa}$

해설

① $1\text{g/cm}^3 \times \frac{1\text{kg}}{1,000\text{g}} \times \frac{(100\text{cm})^3}{1\text{m}^3} = 1,000\text{kg/m}^3$

② $0.2386\text{J} \times \frac{1\text{cal}}{4.184\text{J}} = 0.057\text{cal}$

③ $0.4536\text{kg}_f \times \frac{9.8\text{N}}{1\text{kg}_f} = 4.45\text{N}$

④ $1.013\text{bar} \times \frac{101.3\text{kPa}}{1.013\text{bar}} = 101.3\text{kPa}$

50 CO_2 25vol%와 NH_3 75vol%의 기체 혼합물 중 NH_3의 일부가 산에 흡수되어 제거된다. 이 흡수탑을 떠나는 기체가 37.5vol%의 NH_3을 가질 때 처음에 들어 있던 NH_3 부피의 몇 %가 제거되었는가?(단, CO_2의 양은 변하지 않으며 산 용액은 증발하지 않는다고 가정한다.)

① 15%
② 20%
③ 62.5%
④ 80%

해설

```
       산 →  ┌─────┐  → D
              │     │    NH₃ 37.5%
              │     │    CO₂ 62.5%
              │     │
              │     │    Basis : 100
       산 ←  │     │  ← CO₂ 25%
       NH₃    └─────┘    NH₃ 75%
```

$100 \times 0.25 = D \times 0.625$

$\therefore D = 40$

제거된 $NH_3 = 75 - 40 \times 0.375 = 60$

$\frac{60}{75} \times 100 = 80\%$

51 열화학반응식을 이용하여 클로로포름의 생성열을 계산하면 약 얼마인가?

- $CHCl_3(g) + \frac{1}{2}O_2(g) + H_2O(aq) \rightleftharpoons CO_2 + 3HCl(aq)$
  $\Delta H_R = -121,800\text{cal}$ ·········· ㉠

- $H_2(g) + \frac{1}{2}O_2(g) \rightleftharpoons H_2O(l)$
  $\Delta H_1 = -68,317.4\text{cal}$ ·········· ㉡

- $C(s) + O_2(g) \rightleftharpoons CO_2(g)$
  $\Delta H_2 = -94,051.8\text{cal}$ ·········· ㉢

- $\frac{1}{2}H_2(g) + \frac{1}{2}Cl_2(g) \rightleftharpoons HCl(g)$
  $\Delta H_3 = -40,023\text{cal}$ ·········· ㉣

① 28,108cal
② −28,108cal
③ 24,003cal
④ −24,003cal

해설

$$CO_2 + 3HCl \rightarrow CHCl_3 + \frac{1}{2}O_2 + H_2O \quad \Delta H_R = 121,800$$

$$H_2O \rightarrow H_2 + \frac{1}{2}O_2 \quad \Delta H_1 = 68,317.4$$

$$C + O_2 \rightarrow CO_2 \quad \Delta H_2 = -94,051.8$$

$$+)\ \frac{3}{2}H_2 + \frac{3}{2}Cl_2 \rightarrow 3HCl \quad \Delta H_3 = 3 \times (-40,023)$$

$$\overline{C + \frac{1}{2}H_2 + \frac{3}{2}Cl_2 \rightarrow CHCl_3 \quad \Delta H = -24,003.4}$$

정답 49 ③ 50 ④ 51 ④

52 부피로 아세톤 15vol%를 함유하고 있는 질소와 아세톤의 혼합가스가 있다. 20℃, 750mmHg에서의 아세톤의 비교포화도는?(단, 20℃에서 아세톤의 증기압은 185mmHg이다.)

① 45.98% ② 53.90%
③ 57.89% ④ 60.98%

해설

$$H_p = \frac{p_a}{p_s} \times \frac{P-p_s}{P-p_a} \times 100\%$$

$p_a = 750 \times 0.15 = 112.5\,\mathrm{mmHg}$

$\dfrac{112.5}{185} \times \dfrac{750-185}{750-112.5} \times 100 = 53.9\%$

53 밀도 1.15g/cm³인 액체가 밑면의 넓이 930cm², 높이 0.75m인 원통 속에 가득 들어 있다. 이 액체의 질량은 약 몇 kg인가?

① 8.0 ② 80.2
③ 186.2 ④ 862.5

해설

$V = 930\,\mathrm{cm}^2 \times \dfrac{1^2\,\mathrm{m}^2}{100^2\,\mathrm{cm}^2} \times 0.75\,\mathrm{m} = 0.07\,\mathrm{m}^3$

$m = \rho V = 1.15 \times 1{,}000\,\mathrm{kg/m^3} \times 0.07\,\mathrm{m^3} = 80.5\,\mathrm{kg}$

54 100℃의 물 1,500g과 20℃의 물 2,500g을 혼합하였을 때의 온도는 몇 ℃인가?

① 20 ② 30
③ 40 ④ 50

해설

$1{,}500 \times 1 \times (100-t) = 2{,}500 \times 1 \times (t-20)$
$150{,}000 - 1{,}500t = 2{,}500t - 50{,}000$
$4{,}000t = 200{,}000$
$\therefore t = 50\,℃$

55 저수지로부터 10m 높이의 개방탱크에 펌프로 물을 퍼올린다. 출구의 유속을 3.13m/s로 유지한다. 유로의 마찰손실을 무시하고 온도가 일정할 때 펌프의 이론 동력은 약 몇 kg_f m/kg인가?

① 10.5 ② 13.1
③ 14.5 ④ 16.3

해설

$W = \dfrac{u_2^2 - u_1^2}{2g_c} + \dfrac{g}{g_c}(Z_2 - Z_1) + \dfrac{(p_2 - p_1)}{\rho} + \Sigma F$

$= \dfrac{3.13^2}{2 \times 9.8} + 10$

$= 10.5\,\mathrm{kg_f\,m/kg}$

56 상계점(Plait Point)에 대한 설명 중 틀린 것은?

① 추출상과 추잔상의 조성이 같아지는 점
② 분배곡선과 용해도곡선과의 교점
③ 임계점(Critical Point)으로 불리기도 하는 점
④ 대응선(Tie-line)의 길이가 0이 되는 점

해설

상계점(Plait Point)
- 균일상에서 불균일상으로 되는 경계점
- Tie-line 길이가 0인 점
- 추출상과 추잔상의 조성이 같아지는 점
- 임계점
- 공액선과 용해도곡선의 교점

57 노벽이 두께 25mm의 내화벽돌과 두께 20cm의 보통벽돌로 이루어져 있다. 내화벽돌과 보통벽돌의 열전도도는 각각 0.1kcal/m h ℃, 1.2kcal/m h ℃이며 노벽의 내면온도는 1,000℃이고 외면온도는 60℃이다. 외부노벽으로부터의 단위면적당 열손실은 몇 kcal/m² h인가?

① 1,236 ② 2,256
③ 3,326 ④ 4,526

정답 52 ② 53 ② 54 ④ 55 ① 56 ② 57 ②

해설

$$\frac{q}{A} = \frac{t_1 - t_3}{R_1 + R_2}$$

$$= \frac{t_1 - t_3}{\frac{l_1}{k_1} + \frac{l_2}{k_2}}$$

$$= \frac{(1,000 - 60)℃}{\frac{0.025m}{0.1kcal/m\ h\ ℃} + \frac{0.2m}{1.2kcal/m\ h\ ℃}}$$

$$= 2,256 kcal/m^2\ h$$

58 펌프의 공동현상을 방지하기 위하여 고려하여야 할 사항이 아닌 것은?

① NPSH(Net Positive Suction Head)를 크게 펌프를 설치한다.
② 유입관로에서의 유속을 작게 배관한다.
③ 흡입관로에서의 손실수두를 작게 배관한다.
④ 펌프의 회전수를 크게 한다.

해설

공동현상(Cavitation)
- 원심펌프를 높은 능력으로 운전할 때 임펠러 흡입부의 압력이 낮아지게 되는 현상
- 빠른 속도로 액체가 운동할 때 액체의 압력이 증기압이하로 낮아져서 액체 내 증기기포가 발생 → 펌프의 회전수를 작게 한다.

59 상변화에 수반되는 열을 결정하는 데 사용되는 Clausius-Clapeyron 식에 대한 설명 중 옳은 것은?

① 온도에 대한 포화증기압 도시(Plot)의 최대값으로부터 잠열을 결정할 수 있다.
② 온도에 대한 포화증기압 도시(Plot)의 최소값으로부터 잠열을 결정할 수 있다.
③ 온도역수에 대한 포화증기압 대수치 도시(Plot)의 기울기로부터 잠열을 구할 수 있다.
④ 온도역수에 대한 포화증기압 대수치 도시(Plot)의 절편으로부터 잠열을 구할 수 있다.

해설

Clausius-Clapeyron 식

$$\ln \frac{P_2}{P_1} = \frac{\Delta H}{R}\left(\frac{1}{T_1} - \frac{1}{T_2}\right)$$

60 He와 N_2 혼합기체가 298K, 전압 1atm에서 파이프를 통해 일정하게 빠져나가고 있다. 파이프 끝의 한 점 p_{A1}에서 He 분압은 0.6atm이고, 0.2m 떨어진 다른 끝 p_{A2}에서는 0.2atm이다. He-N_2 혼합기체의 분자확산계수가 $D_{AB} = 0.687 \times 10^{-4} m^2/s$라면 He의 전달속도($kmol/m^2\ s$)는 얼마인가?

① 5.62×10^{-3}
② 5.62×10^{-6}
③ 1.124×10^{-6}
④ 1.124×10^{-5}

해설

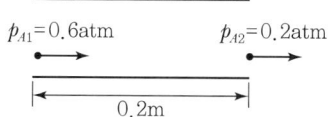

$$N_A = -D_{AB}\frac{dC_A}{dx} = -\frac{D_{AB}}{RT}\frac{dP_A}{dx}$$

$$= \frac{0.687 \times 10^{-4} m^2/s \times (0.6 - 0.2)atm}{0.082 m^3\ atm/kmol\ K \times 298K \times 0.2m}$$

$$= 5.62 \times 10^{-6} kmol/m^2\ s$$

4과목 화공계측제어

61 특성방정식이 $s^3 + 6s^2 + 11s + 6 = 0$인 제어계가 있다. 이 제어계의 안정성은?

① 안정하다.
② 불안정하다.
③ 불충분 조건이 있다.
④ 식의 성립이 불가하다.

해설

Routh 안정성 판별법

	1	2
1	1	11
2	6	6
3	$\frac{6 \times 11 - 1 \times 6}{6} = 10 > 0$	
4	$\frac{10 \times 6 - 6 \times 0}{10} = 6 > 0$	

62 Routh법에 의한 제어계의 안정성 판별조건과 관계없는 것은?

① Routh Array의 첫 번째 열에 전부 양(+)의 숫자만 있어야 안정하다.
② 특성방정식이 s에 대해 n차 다항식으로 나타내야 한다.
③ 제어계에 수송지연이 존재하면 Routh법은 쓸 수 없다.
④ 특성방정식의 어느 근이든 복소수축의 오른쪽에 위치할 때는 계가 안정하다.

해설

- Routh Array의 첫 번째 열이 모두 양(+)이어야 안정하다.
- 근이 복소평면상에서 허수축의 왼쪽 평면상에 있으면 제어 시스템은 안정하다.

63 다음 중 Cascade 제어에 관한 설명으로 옳은 것은?

① 직접 측정되지 않는 외란에 대한 대처에 효과적일 수 없다.
② Slave 루프는 Master 루프에 비해 느린 동특성을 가져야 한다.
③ 외란이 Master 루프에 영향을 주기 전에 Slave 루프가 외란을 미리 제거할 수 있다.
④ Slave 루프를 재튜닝해도 Master 루프를 재튜닝할 필요는 없다.

해설

다단제어(Cascade 제어)
- 주 Feedback 제어기 외에 2차적인 Feedback 제어기를 추가시켜서 교란변수의 영향을 소거시키고자 하는 제어방법
- 주제어기보다 부제어기의 동특성이 빨라야 한다.

64 다음 그림의 블록선도에서 $T_R'(s) = \frac{1}{s}$ 일 때, 서보(Servo) 문제의 정상상태 잔류편차(Offset)는 얼마인가?

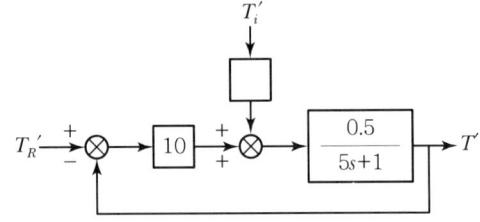

① 0.133
② 0.167
③ 0.189
④ 0.213

해설

$$G(s) = \frac{10 \times \frac{0.5}{5s+1}}{1 + 10 \times \frac{0.5}{5s+1}} = \frac{5}{5s+1+5}$$

$$Y(s) = G(s)X(s) = \frac{5}{5s+6} \cdot \frac{1}{s}$$

$$\lim_{t \to \infty} r(t) = \lim_{s \to 0} sR(s) = \lim_{s \to 0} s \cdot \frac{1}{s} = 1$$

$$\lim_{t \to \infty} y(t) = \lim_{s \to 0} sY(s) = \lim_{s \to 0} s \cdot \frac{5}{5s+6} \cdot \frac{1}{s} = \frac{5}{6}$$

Offset $= r(\infty) - y(\infty) = 1 - \frac{5}{6} = \frac{1}{6} = 0.167$

65 Laplace 변환된 형태가 다음과 같은 경우, 역Laplace 변환을 구하면?

$$Y(s) = \frac{1}{s^2(s^2+5s+6)}$$

① $-\frac{5}{36} + \frac{1}{4}e^{-2t} - \frac{1}{9}e^{-3t}$
② $\frac{1}{6} + \frac{1}{4}e^{-2t} - \frac{1}{9}e^{-3t}$
③ $\frac{1}{6}t - \frac{5}{36}\left(\frac{1}{4}e^{-2t} - \frac{1}{9}e^{-3t}\right)$
④ $-\frac{5}{36} + \frac{1}{6}t + \frac{1}{4}e^{-2t} - \frac{1}{9}e^{-3t}$

정답 62 ④ 63 ③ 64 ② 65 ④

해설

$$Y(s) = \frac{1}{s^2(s^2+5s+6)}$$
$$= \frac{1}{s^2(s+2)(s+3)}$$
$$= \frac{A}{s} + \frac{B}{s^2} + \frac{C}{s+2} + \frac{D}{s+3}$$
$$A = -\frac{5}{36}, \ B = \frac{1}{6}, \ C = \frac{1}{4}, \ D = -\frac{1}{9}$$
$$\therefore y(t) = -\frac{5}{36} + \frac{1}{6}t + \frac{1}{4}e^{-2t} - \frac{1}{9}e^{-3t}$$

66 다음 중 공정제어의 목적과 가장 거리가 먼 것은?

① 반응기의 온도를 최대 제한값 가까이에서 운전하므로 반응속도를 올려 수익을 높인다.
② 평형반응에서 최대의 수율이 되도록 반응온도를 조절한다.
③ 안전을 고려하여 일정 압력 이상이 되지 않도록 반응속도를 조절한다.
④ 외부 시장 환경을 고려하여 이윤이 최대가 되도록 생산량을 조정한다.

해설

공정제어의 목적
• 안전성
• 원하는 제품의 품질 유지
• 안정성
• 이익의 극대화

67 그림과 같은 계의 총괄전달함수는?

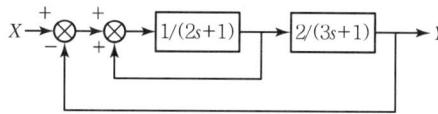

① $\dfrac{Y(s)}{X(s)} = \dfrac{2}{6s^2+8s+4}$
② $\dfrac{Y(s)}{X(s)} = \dfrac{2}{6s^2+2s+2}$
③ $\dfrac{Y(s)}{X(s)} = \dfrac{2}{6s^2+8s+2}$
④ $\dfrac{Y(s)}{X(s)} = \dfrac{2}{6s^2+5s+3}$

해설

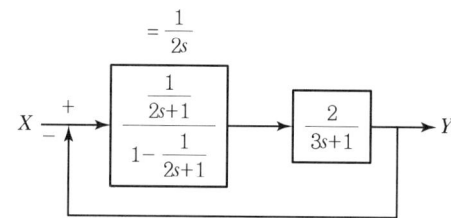

$$\frac{Y(s)}{X(s)} = \frac{\dfrac{2}{2s(3s+1)}}{1 + \dfrac{2}{2s(3s+1)}} = \frac{2}{6s^2+2s+2}$$

[별해]

$$G(s) = \frac{Y(s)}{X(s)} = \frac{\dfrac{1}{2s+1} \cdot \dfrac{2}{3s+1}}{1 + \dfrac{2}{(2s+1)(3s+1)} - \dfrac{1}{2s+1}}$$
$$= \frac{2}{6s^2+2s+2}$$

68 어떤 제어계의 특성방정식이 다음과 같을 때 임계주기(Ultimate Period)는 얼마인가?

$$s^3 + 6s^2 + 9s + 1 + K_c = 0$$

① $\dfrac{\pi}{2}$
② $\dfrac{2}{3}\pi$
③ π
④ $\dfrac{3}{2}\pi$

해설

$s^3 + 6s^2 + 9s + 1 + K_c = 0$
s에 $i\omega_u$ 대입
$-i\omega_u^3 - 6\omega_u^2 + 9i\omega_u + 1 + K_c = 0$
(실수부) $-6\omega_u^2 + 1 + K_c = 0$
(허수부) $i(9\omega_u - \omega_u^3) = 0 \to \omega_u = 0$ 또는 $\omega_u = \pm 3$

정답 66 ④ 67 ② 68 ②

$\omega_u = 0 \rightarrow K_c = -1$
$\omega_u = \pm 3 \rightarrow K_c = 53$
$\therefore -1 < K_c < 53$

임계주기 $T_u = \dfrac{2\pi}{\omega_u} = \dfrac{2\pi}{3}$

69 어떤 공정의 동특성은 다음과 같은 미분방정식으로 표시된다. 이 공정을 표준형 2차계로 표현했을 때 시간상수(τ)는?(단, 입력변수와 출력변수 X, Y는 모두 편차변수(Deviation Variable)이다.)

$$2\dfrac{d^2Y}{dt^2} + 4\dfrac{dY}{dt} + 5Y = 6X(t)$$

① 0.632　　② 0.854
③ 0.985　　④ 0.998

해설
$2[s^2Y(s) - sy(0) - y'(0)] + 4[sY(s) - y(0)] + 5Y(s)$
$= 6X(s)$

$\dfrac{Y(s)}{X(s)} = \dfrac{6}{2s^2 + 4s + 5} = \dfrac{6/5}{\dfrac{2}{5}s^2 + \dfrac{4}{5}s + 1}$

$\tau^2 = \dfrac{2}{5}$
$\therefore \tau = 0.632$

70 주파수 3에서 Amplitude Ratio가 1/2, Phase Angle이 $-\pi/3$인 공정을 고려할 때 공정입력 $u(t) = \sin(3t + 2\pi/3)$을 적용하면 시간이 많이 지난 후의 공정출력 $y(t)$는?

① $y(t) = \sin(t + \pi/3)$
② $y(t) = 2\sin(t + \pi)$
③ $y(t) = \sin(3t)$
④ $y(t) = 0.5\sin(3t + \pi/3)$

해설
$\omega = 3$
$AR = \dfrac{\hat{A}}{A} = \dfrac{\hat{A}}{1} = \dfrac{1}{2} = 0.5$, $\phi = -\dfrac{\pi}{3}$
$y(t) = \hat{A}\sin(\omega t + \phi)$
$\quad = 0.5\sin\left(3t + \left(\dfrac{2}{3}\pi - \dfrac{\pi}{3}\right)\right)$
$\quad = 0.5\sin\left(3t + \dfrac{\pi}{3}\right)$

71 PID 제어기의 비례, 적분, 미분 동작이 폐루프 응답에 미치는 효과 중 틀린 것은?

① 비례동작이 클수록 폐루프 응답이 빨라진다.
② 적분동작은 오프셋을 제거하고 시스템의 안정성을 증가시킨다.
③ 미분동작은 오차의 변화율만을 고려하며 오차 크기 자체에는 무관하다.
④ 적분동작은 위상지연, 미분동작은 위상앞섬의 효과가 있다.

해설
㉠ 비례동작
 • 제어기로부터의 출력신호가 오차에 비례한다.
 • P 제어는 I 제어에 비하여 동작은 빠르지만 잔류편차가 발생한다.
㉡ 적분동작
 잔류편차(Offset)를 제거할 수 있지만, 응답의 진동이 심해진다.

72 1차계의 시간상수 τ에 대한 설명으로 틀린 것은?

① 계의 저항과 용량(Capacitance)의 곱과 같다.
② 입력이 계단함수일 때 응답이 최종변화치의 95%에 도달하는 데 걸리는 시간과 같다.
③ 시간상수가 큰 계일수록 출력함수의 응답이 느리다.
④ 시간의 단위를 갖는다.

정답 69 ①　70 ④　71 ②　72 ②

해설
- $\tau = \dfrac{V}{v_o} = \dfrac{m^3}{m^3/s} = s$ (시간의 단위)
- 액위 저장탱크에서 $\tau = RA =$ 저항 $\times$ 커패시티
- 입력이 계단함수일 때 응답이 63.2%에 도달하는 시간이 τ이다(3τ일 때 95%)

73 단면적이 $3ft^3$인 액체저장탱크에서 유출유량은 $8\sqrt{h-2}$로 주어진다. 정상상태 액위(h_s)가 $9ft^2$일 때, 이 계의 시간상수(τ : 분)는?

① 5 ② 4
③ 3 ④ 2

해설
$A = 3ft^2$
$q_o = 8\sqrt{h-2}$, $h_s = 9ft$
q_o 선형화
$q_o = 8\sqrt{h_s - 2} + \dfrac{8}{2\sqrt{h_s - 2}}(h - h_s)$
$= 8\sqrt{9-2} + \dfrac{8}{2\sqrt{9-2}}(h - 9)$
$= \dfrac{4}{\sqrt{7}}h + \dfrac{20}{\sqrt{7}}$

$A\dfrac{dh}{dt} = q_i - q$
$= q_i - \left(\dfrac{4}{\sqrt{7}}h + \dfrac{20}{\sqrt{7}}\right)$
$\downarrow$
$\dfrac{h}{\sqrt{7}/4} \leftarrow R$(저항)

$A\dfrac{dh}{dt} = q_i - \left(\dfrac{h}{R} + \dfrac{20}{\sqrt{7}}\right)$ ········· ㉠
$A\dfrac{dh_s}{dt} = q_{is} - \left(\dfrac{h_s}{R} + \dfrac{20}{\sqrt{7}}\right)$ ········· ㉡

㉠ - ㉡ 편차변수
$A\dfrac{d(h-h_s)}{dt} = (q_i - q_{is}) - \dfrac{(h-h_s)}{R}$

$A\dfrac{dh'}{dt} = q_i' - \dfrac{h'}{R}$

$AR\dfrac{dh'}{dt} = Rq_i' - h'$
$\tau s H(s) + H(s) = RQ_i(s)$
$G(s) = \dfrac{H(s)}{Q_i(s)} = \dfrac{R}{\tau s + 1}$
$AR = 3 \times \dfrac{\sqrt{7}}{4} \fallingdotseq 2$

74 시정수가 0.1분이며 이득이 1인 1차 공정의 특성을 지닌 온도계가 90℃로 정상상태에 있다. 특정 시간($t = 0$)에 이 온도계를 100℃인 곳에 옮겼을 때, 온도계가 98℃를 가리키는 데 걸리는 시간(분)은?(단, 온도계는 단위계단응답을 보인다고 가정한다.)

① 0.161 ② 0.230
③ 0.303 ④ 0.404

해설
$Y(s) = G(s)X(s)$
$= \dfrac{1}{0.1s+1} \cdot \dfrac{10}{s}$
$= 10\left(\dfrac{1}{s} - \dfrac{0.1}{0.1s+1}\right)$
$= 10\left(\dfrac{1}{s} - \dfrac{1}{s+10}\right)$
$y(t) = 10(1 - e^{-10t}) = 8$
$1 - e^{-10t} = 0.8$
$\therefore t = 0.161 min$

75 시간상수기 1min이고 이득(Gain)이 1인 1차계의 단위응답이 최종치의 10%로부터 최종치의 90%에 도달할 때까지 걸린 시간(Rise Time ; t_r, min)은?

① 2.20 ② 1.01
③ 0.83 ④ 0.21

정답 73 ④ 74 ① 75 ①

해설

$$G(s) = \frac{K}{\tau s + 1} = \frac{1}{s+1}$$

$$Y(s) = \frac{1}{s+1}\frac{1}{s} = \frac{1}{s} - \frac{1}{s+1}$$

$$y(t) = 1 - e^{-t}$$

$$\frac{y(t)}{K} = y(t) = 1 \text{(정상상태)}$$

$$0.1 = (1 - e^{-t}) \quad \therefore t = 0.105$$

$$0.9 = (1 - e^{-t}) \quad \therefore t = 2.302$$

∴ 10% → 90%까지 걸린 시간
$$t_r = 2.302 - 0.105 = 2.2$$

76 다음과 같이 나뉘어 운영되고 있던 두 공정을 한 구역으로 통합하여 운영할 때 유틸리티의 양을 계산하면? (단, $\Delta T_m = 20℃$이다.)

Area A			
Steam	T_s(℃)	T_t(℃)	C_p(kW/K)
1	190	110	2.5
2	90	170	20.0

Area B			
Steam	T_s(℃)	T_t(℃)	C_p(kW/K)
3	140	50	20.0
4	30	120	5.0

① 따로 유지하기 위해서는 300kW Hot Utility와 100kW Cold Utility가 필요하다.
② 따로 유지하기 위해서는 300kW Hot Utility와 450kW Cold Utility가 필요하다.
③ 따로 유지하기 위해서는 450kW Hot Utility와 300kW Cold Utility가 필요하다.
④ 따로 유지하기 위해서는 450kW Hot Utility와 450kW Cold Utility가 필요하다.

해설

A구역

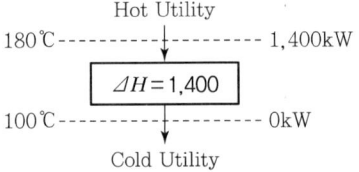

B구역

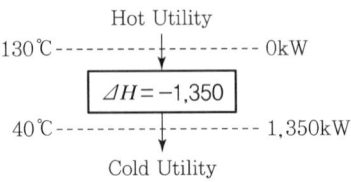

A+B구역

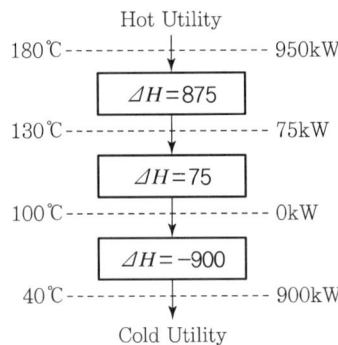

두 구역을 따로 유지하기 위한 추가적인 유틸리티의 양은 $(1,400-950) = 450$kW의 Hot 유틸리티와 $(1,350-900) = 450$kW의 Cold 유틸리티이다.

77 특성방정식이 $1 + \dfrac{G_c}{(2s+1)(5s+1)} = 0$과 같이 주어지는 시스템에서 제어기($G_c$)로 비례 제어기를 이용할 경우 진동응답이 예상되는 경우는?

① $K_c = -1$
② $K_c = 0$
③ $K_c = 1$
④ K_c에 관계없이 진동이 발생된다.

해설

$$1 + \frac{K_c}{(2s+1)(5s+1)} = 0$$
$$(2s+1)(5s+1) + K_c = 0$$
$$10s^2 + 7s + 1 + K_c = 0$$
$$\therefore s = \frac{-7 \pm \sqrt{49 - 40(1+K_c)}}{20} < 0$$

진동응답을 할 경우
$49 - 40(1+K_c) < 0$
$K_c > 0.225$
$K_c = 1$은 $K_c > 0.225$ 조건을 만족하므로 진동응답을 한다.

78 다음의 공정 중 임펄스 입력이 가해졌을 때 진동특성을 가지며 불안정한 출력을 가지는 것은?

① $G(s) = \dfrac{1}{s^2 - 2s + 2}$

② $G(s) = \dfrac{1}{s^2 - 2s - 3}$

③ $G(s) = \dfrac{1}{s^2 + 3s + 3}$

④ $G(s) = \dfrac{1}{s^2 + 3s + 4}$

해설

$Y(s) = G(s)X(s)$
$= \dfrac{1}{s^2 - 2s + 2} \cdot 1 = \dfrac{1}{(s-1)^2 + 1}$
$y(t) = e^t \sin t \rightarrow$ 진동발산

79 Feedback 제어에 대한 설명 중 옳지 않은 것은?

① 중요변수(CV)를 측정하여 이를 설정값(SP)과 비교하여 제어동작을 계산한다.
② 외란(DV)을 측정할 수 없어도 Feedback 제어를 할 수 있다.
③ PID 제어기는 Feedback 제어기의 일종이다.
④ Feedback 제어는 Feedforward 제어에 비해 성능이 이론적으로 항상 우수하다.

해설

- Feedback 제어
  외부교란이 도입되어 공정에 영향을 미치게 되고 이에 따라 제어변수가 변하게 되면 제어작용을 수행한다.
- Feedforward 제어
  외부교란을 측정하고 이 측정값을 이용하여 외부교란이 공정에 미치게 될 영향을 사전에 보정해 주는 제어방법이다.

80 다음 중 공정배관·계장도(P & ID)에 대한 설명으로 옳은 것은?

① 공정처리 순서 및 흐름의 방향을 나타낸다.
② 상세설계, 건설, 변경, 유지보수, 운전 등을 하는 데 필요한 기술적 정보를 파악할 수 있는 도면이다.
③ 설계도면에 포함되어 있지 않은 내용이 표기된 문서이다.
④ 공정상에 존재하는 위험요소를 알아내기 위해 개발되었다.

해설

공정흐름도(PFD)
㉠ 주요 장치, 장치 간의 공정 연관성, 운전조건, 운전변수, 물질수지, 에너지수지, 제어설비 및 연동장치 등 기술적 정보를 파악할 수 있는 도면
㉡ 공정흐름도에 표시해야 할 사항
  • 공정처리 순서 및 흐름의 방향
  • 주요 동력기계, 장치 및 설비류의 배열
  • 기본 제어논리
  • 기본 설계를 바탕으로 한 온도, 압력, 물질수지, 열수지
  • 압력용기, 저장탱크 등 주요 용기류의 간단한 사양
  • 열교환기, 가열로 등의 간단한 사양
  • 펌프, 압축기 등 주요 동력기계의 간단한 사양
  • 회분식 공정인 경우 작업순서 및 시간

공정배관·계장도(P & ID)
운전 시에 필요한 모든 공정장치, 동력기계, 배관, 공정제어 및 계기 등을 표시하고 이들 상호 간에 연관관계를 나타내주며, 상세설계, 건설, 변경, 유지보수 및 운전 등을 하는 데 필요한 기술적 정보를 파악할 수 있는 도면

2024년 제3회 복원기출문제

1과목 공업합성

01 다음의 구조를 갖는 물질의 명칭은?

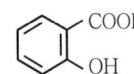

① 석탄산　　　② 살리실산
③ 톨루엔　　　④ 피크르산

해설

① 석탄산(페놀) : OH-C₆H₅
② 살리실산 : COOH, OH 치환된 벤젠
③ 톨루엔 : CH₃-C₆H₅
④ 피크르산 : OH와 NO₂ 3개가 치환된 벤젠

02 옥탄가에 대한 설명으로 틀린 것은?

① n-헵탄의 옥탄가를 100으로 하여 기준치로 삼는다.
② 가솔린의 안티노크성(Antiknock Property)을 표시하는 척도이다.
③ n-헵탄과 iso-옥탄의 비율에 따라 옥탄가를 구할 수 있다.
④ 탄화수소의 분자구조와 관계가 있다.

해설

옥탄가
- 옥탄가는 가솔린의 안티노크성을 수치로 표시한 것이다.
- 이소옥탄의 옥탄가를 100, 노말헵탄의 옥탄가를 0으로 정한 후 이소옥탄의 %를 옥탄가라 한다.
- n-파라핀 < 올레핀 < 나프텐계 < 방향족
- 안티노크제[Pb(C₂H₅)₄]를 가했을 경우의 효과를 가연효과라 한다.

03 질산을 공업적으로 제조하기 위하여 이용하는 다음 암모니아 산화반응에 대한 설명으로 옳지 않은 것은?

$$4NH_3 + 5O_2 \rightarrow 4NO + 6H_2O$$

① 바나듐(V_2O_5) 촉매가 가장 많이 이용된다.
② 암모니아와 산소의 혼합가스는 폭발성이 있기 때문에 [O_2]/[NH_3]=2.2~2.3이 되도록 주의한다.
③ 산화율에 영향을 주는 인자 중 온도와 압력의 영향이 크다.
④ 반응온도가 지나치게 높아지면 산화율은 낮아진다.

해설

$$4NH_3 + 5O_2 \rightarrow 4NO + 6H_2O$$
- Pt-Rh 촉매가 가장 많이 사용된다.
- 최대 산화율은 O_2/NH_3=2.2~2.3이 되어야 한다.
- 산소(공기)와 암모니아 혼합가스의 반응은 폭발성을 가진다.
- 압력을 가하면 산화율은 저하된다.

04 [보기]의 설명에 가장 잘 부합되는 연료전지는?

[보기]
- 전극으로는 세라믹 산화물이 사용된다.
- 작동온도는 약 1,000℃이다.
- 수소나 수소/일산화탄소 혼합물을 사용할 수 있다.

① 인산형 연료전지(PAFC)
② 용융탄산염 연료전지(MCFC)
③ 고체산화물형 연료전지(SOFC)
④ 알칼리 연료전지(AFC)

해설

① 인산형 연료전지(PAFC)
- 인산을 전해질로 사용
- 전극은 백금 또는 니켈입자를 탄소-테프론의 다공성 물질에 분산시킨 형태로 되어 있다.

정답 01 ②　02 ①　03 ①　04 ③

- 연료전지 중 가장 먼저 상용화
② 용융탄산염 연료전지(MCFC)
- 전해질로 Li_2CO_3, K_2CO_3, $LiAlO_2$ 등의 혼합물을 사용
- 650℃ 정도의 고온 유지
③ 고체산화물형 연료전지(SOFC)
- 지르코니아(ZrO_2)와 같은 산화물 세라믹 사용
- 약 1,000℃에서 작동
④ 알칼리 연료전지(AFC)
- 산화전극 : Pt-Pd 합금(백금-팔라듐)과 테프론의 혼합물
- 환원전극 : Pt-Au 합금과 테프론의 혼합물
- 전해질은 다공성 물질에 KOH 용액을 흡수시킨 것을 사용

05 Acetylene을 주원료로 하여 수은염을 촉매로 물과 반응시켜 얻는 것은?

① Methanol
② Stylene
③ Acetaldehyde
④ Acetophenone

해설

$$C_2H_2 + H_2O \xrightarrow[\text{수화반응}]{\text{수은염촉매}} CH_3CHO$$

아세틸렌   아세트알데히드

06 황산의 원료인 아황산가스를 황화철광(Ironpyrite)을 공기로 완전 연소하여 얻고자 한다. 황화철광의 10%가 불순물이라 할 때 황화철광 1톤을 완전 연소하는 데 필요한 이론 공기량은 표준상태 기준으로 약 몇 m³인가?(단, Fe의 원자량은 56이다.)

① 460
② 580
③ 2,200
④ 2,480

해설

$4FeS_2 + 11O_2 \rightarrow 2Fe_2O_3 + 8SO_2$
황화철광
$4 \times (56+32 \times 2)\text{kg} : 11 \times 32\text{kg}$
$1,000\text{kg} \times 0.9 \quad : \quad x$
$\therefore x = 660\text{kg } O_2$
$660\text{kg } O_2 \times \dfrac{1}{0.233} = 2,832.6\text{kg Air}$
$2,832.6\text{kg} \times \dfrac{1\text{kmol}}{29\text{kg}} \times \dfrac{22.4\text{m}^3}{1\text{kmol}} = 2,188\text{m}^3$

07 선형 저밀도 폴리에틸렌에 관한 설명이 아닌 것은?

① 촉매 없이 1-옥텐을 첨가하여 라디칼 중합법으로 제조한다.
② 규칙적인 가지를 포함하고 있다.
③ 낮은 밀도에서 높은 강도를 갖는 장점이 있다.
④ 저밀도 폴리에틸렌보다 강한 인장강도를 갖는다.

해설

폴리에틸렌
- HDPE(고밀도 폴리에틸렌) : 고강도, 변형성 우수
- LDPE(저밀도 폴리에틸렌) : 낮은 밀도와 많은 가지로 인해 유연성이 뛰어남. 자유라디칼 중합
- LLDPE(선형 저밀도 폴리에틸렌) : 포장재료나 공업용, 농업용 필름에 적합, LDPE보다 강도와 가공성 우수, 규칙적인 가지 포함

08 다음 중 소다회 제조법으로써 암모니아를 회수하는 것은?

① 르블랑법
② 솔베이법
③ 수은법
④ 격막법

해설

- Solvay법(암모니아소다법) : 함수에 암모니아를 포화시켜 암모니아 함수를 만들고 탄산화탑에서 이산화탄소를 도입시켜 중조를 침전 여과한 후 이를 가소화하여 소다회를 얻는 방법
- Le Blanc법 : NaCl을 황산분해하여 망초(Na_2SO_4)를 얻고, 이를 석탄, 석회석으로 복분해하여 소다회를 제조하는 방법
- 수은법, 격막법 : 가성소다 제조법

09 다음 중 전도성 고분자가 아닌 것은?

① 폴리아닐린
② 폴리피롤
③ 폴리실록산
④ 폴리티오펜

해설

전도성 고분자
가볍고 가공이 쉬운 장점을 유지한 채 전기를 잘 통하는 플라스틱으로 대부분 전자수용체 또는 전자공여체를 고분자에 도포함으로써 높은 전도율을 얻는다.
예 폴리아닐린, 폴리에틸렌, 폴리피롤, 폴리티오펜

정답 05 ③ 06 ③ 07 ① 08 ② 09 ③

10 오산화바나듐(V_2O_5) 촉매하에 나프탈렌을 공기 중 400℃에서 산화시켰을 때 생성물은?

① 프탈산 무수물
② 초산 무수물
③ 말레산 무수물
④ 푸마르산 무수물

해설

나프탈렌 $+ 4.5O_2 \xrightarrow[400℃]{V_2O_5}$ 프탈산 무수물 $+ 2CO_2 + 2H_2O$

벤젠 $+ 4.5O_2 \xrightarrow[400℃\sim 500℃]{V_2O_5}$ 말레산 무수물 $+ 2H_2O + 2CO_2$

11 석유화학공정에서 열분해와 비교한 접촉분해(Catalytic Cracking)에 대한 설명 중 옳지 않은 것은?

① 분지지방족 $C_3 \sim C_6$ 파라핀계 탄화수소가 많다.
② 방향족 탄화수소가 적다.
③ 코크스, 타르의 석출이 적다.
④ 디올레핀의 생성이 적다.

해설

열분해	접촉분해
• 올레핀이 많으며 $C_1 \sim C_2$계의 가스가 많다. • 대부분 지방족이며, 방향족 탄화수소는 적다. • 코크스나 타르의 석출이 많다. • 디올레핀이 비교적 많다. • 라디칼 반응 메커니즘	• $C_3 \sim C_6$계의 가지 달린 지방족이 많이 생성된다. • 열분해보다 파라핀계 탄화수소가 많다. • 방향족 탄화수소가 많다. • 탄소질 물질의 석출이 적다. • 디올레핀은 거의 생성되지 않는다. • 이온 반응 메커니즘 : 카르보늄 이온 기구

12 다음 중 비료의 3요소에 해당하는 것은?

① N, P_2O_5, CO_2
② K_2O, P_2O_5, CO_2
③ N, K_2O, P_2O_5
④ N, P_2O_5, C

해설

비료의 3요소
N(질소), P_2O_5(인), K_2O(칼륨)

13 하루 117ton의 NaCl을 전해하는 NaOH 제조 공장에서 부생되는 H_2와 Cl_2를 합성하여 39wt% HCl을 제조할 경우 하루 약 몇 ton의 HCl이 생산되는가?(단, NaCl은 100%, H_2와 Cl_2는 99% 반응하는 것으로 가정한다.)

① 200
② 185
③ 156
④ 100

해설

$NaCl + H_2O \rightarrow NaOH + \frac{1}{2}Cl_2 + \frac{1}{2}H_2 \rightarrow HCl$

58.5 : 36.5
117ton : x

∴ $x = 73\,ton \rightarrow 73\,ton \times 0.99 \div 0.39 = 185\,ton$

14 황산 중에 들어 있는 비소산화물을 제거하는 데 이용되는 물질은?

① NaOH
② KOH
③ NH_3
④ H_2S

해설

As(비소), Se(셀레늄) : H_2S를 이용해 황화물로 침전 제거

15 석유정제에 사용되는 용제가 갖추어야 하는 조건이 아닌 것은?

① 선택성이 높아야 한다.
② 추출할 성분에 대한 용해도가 높아야 한다.
③ 용제의 비점과 추출성분 비점의 차이가 적어야 한다.
④ 독성이나 장치에 대한 부식성이 적어야 한다.

해설

용제의 조건
• 선택성이 커야 한다.
• 원료유와 추출용제 사이의 비중차가 커서 추출할 때 두 액상으로 쉽게 분리할 수 있어야 한다.

정답 10 ① 11 ② 12 ③ 13 ② 14 ④ 15 ③

- 추출성분의 끓는점과 용제의 끓는점 차가 커야 한다.
- 증류로써 회수가 쉬워야 한다.
- 열적, 화학적으로 안정해야 하고 추출성분에 대한 용해도가 커야 한다.
- 독성이나 장치에 대한 부식성이 작아야 한다.

16 연료전지에 있어서 캐소드에 공급되는 물질은?

① 산소 ② 수소
③ 탄화수소 ④ 일산화탄소

> 해설

- Anode(양극) : $H_2 \rightarrow 2H^+ + 2e^-$ (산화)
- Cathode(음극) : $\frac{1}{2}O_2 + 2H^+ + 2e^- \rightarrow H_2O$ (환원)

17 수성가스로부터 인조석유를 만드는 합성법을 무엇이라 하는가?

① Williamson법 ② Kolb-Smith법
③ Fischer-Tropsch법 ④ Hoffman법

> 해설

Fischer–Tropsch법
수성가스 $CO + H_2$로 액체상태의 탄화수소, 즉 인조석유를 만드는 방법

18 카프로락탐에 관한 설명으로 옳은 것은?

① 나일론 6.6의 원료이다.
② Cyclohexanone Oxime을 황산처리하면 생성된다.
③ Cyclohexanone과 암모니아의 반응으로 생성된다.
④ Cyclohexane과 초산과 아민의 반응으로 생성된다.

> 해설

- 카프로락탐의 개환중합으로 Nylon 6 생성

- 카프로락탐 제법(직접 산화)

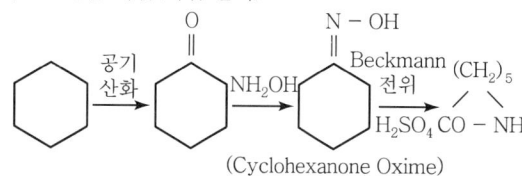

19 반도체 제조 공정 중 패턴이 형성된 표면에서 원하는 부분을 화학반응 혹은 물리적 과정을 통하여 제거하는 공정을 의미하는 것은?

① 세정 공정 ② 에칭 공정
③ 포토리소그래피 ④ 건조 공정

> 해설

에칭(Etching)
- 패턴이 형성된 표면에서 원하는 부분을 화학반응 혹은 물리적 과정을 통하여 제거하는 공정
- 노광 후 PR(포토레지스트)로 보호되지 않는 부분(감광되지 않는 부분)을 제거하는 공정

20 다음 물질 중 친전자적 치환반응이 일어나기 쉽게 하여 술폰화가 가장 용이하게 일어나는 것은?

① $C_6H_5NO_2$ ② $C_6H_5NH_2$
③ $C_6H_5SO_3H$ ④ $C_6H_4(NO_2)_2$

> 해설

- 친전자성 치환반응
  친전자체(E^+)가 방향쪽 고리와 반응하여 한 개의 수소와 치환

- 술폰화

- 친전자성 치환기 반응성
  $-NH_2 > -OH > -CH_3 > -Cl > -SO_3H > -NO_2$

2과목 반응운전

21 부피 3.2L인 혼합흐름반응기에 기체 반응물 A가 1L/s로 주입되고 있다. 반응기에서는 $A \to 2P$의 반응이 일어나며 A의 전화율은 60%이다. 반응물의 평균 체류시간은?

① 1초 ② 2초
③ 3초 ④ 4초

해설

$\varepsilon_A = y_{A0}\delta = \dfrac{2-1}{1} = 1$

$\tau = \dfrac{3.2\text{L}}{1\text{L/s}} = 3.2\text{s}$

$1 + \varepsilon_A X_A = 1 + 1 \times 0.6 = 1.6$

$\bar{t} = \dfrac{\tau}{1+\varepsilon_A X_A} = \dfrac{3.2}{1.6} = 2\text{s}$

22 회분식 반응기에서 0.5차 반응을 10min 동안 수행하니 75%의 액체 반응물 A가 생성물 R로 전화되었다. 같은 조건에서 15min간 반응을 시킨다면 전화율은 약 얼마인가?

① 0.75 ② 0.85
③ 0.90 ④ 0.94

해설

$-r_A = \dfrac{-dC_A}{dt} = kC_A^{0.5}$

$C_{A0}\dfrac{dX_A}{dt} = k\sqrt{C_{A0}(1-X_A)}$

$\therefore \dfrac{dX_A}{\sqrt{1-X_A}} = \dfrac{k}{\sqrt{C_{A0}}}dt$

$\displaystyle\int_0^{0.75}\dfrac{dX_A}{\sqrt{1-X_A}} = \int_0^{10}\dfrac{k}{\sqrt{C_{A0}}}dt$

$-2\sqrt{1-X_A}\Big|_0^{0.75} = \dfrac{k}{\sqrt{C_{A0}}} \times 10$

$\therefore \dfrac{k}{\sqrt{C_{A0}}} = 0.1$

$-2\sqrt{1-X_A}\Big|_0^{X_A} = 0.1t = 0.1 \times 15\text{min}$

$-2\sqrt{1-X_A} + 2 = 1.5$

$\sqrt{1-X_A} = 0.25$

$\therefore X_A = 0.94$

23 직렬로 연결된 2개의 혼합흐름반응기에서 다음과 같은 액상반응이 진행될 때 두 반응기의 체적 V_1과 V_2의 합이 최소가 되는 체적비 V_1/V_2에 관한 설명으로 옳은 것은?(단, V_1은 앞에 설치된 반응기의 체적이다.)

$$A \to R \quad (-r_A = kC_A^n)$$

① 0 이면 V_1/V_2는 항상 1보다 작다.
② $n=1$이면 V_1/V_2는 항상 1이다.
③ $n>1$이면 V_1/V_2는 항상 1보다 크다.
④ $n>0$이면 V_1/V_2는 항상 1이다.

해설

- 1차 반응 : 동일한 크기의 반응기가 최적($V_1 = V_2$)
- $n>1$: 작은 CSTR → 큰 CSTR $V_1/V_2 < 1$
- $n<1$: 큰 CSTR → 작은 CSTR $V_1/V_2 > 1$

24 다음의 액상반응에서 R이 요구하는 물질일 때에 대한 설명으로 가장 거리가 먼 것은?

$$A + B \to R, \quad r_R = k_1 C_A C_B$$
$$R + B \to S, \quad r_S = k_2 C_R C_B$$

① A에 B를 조금씩 넣는다.
② B에 A를 조금씩 넣는다.
③ A와 B를 빨리 혼합한다.
④ A의 농도가 균일하면 B의 농도는 관계없다.

해설

$\dfrac{r_R}{r_S} = \dfrac{k_1 C_A C_B}{k_2 C_R C_B} = \dfrac{k_1}{k_2}\dfrac{C_A}{C_R}$

C_A의 농도를 크게 한다.
C_B의 농도는 무관하다.

25 2차 액상 반응, $2A \rightarrow$ Products가 혼합흐름반응기에서 60%의 전화율로 진행된다. 다른 조건은 그대로 두고 반응기의 크기만 두 배로 했을 경우 전화율은 얼마로 되는가?

① 66.7% ② 69.5%
③ 75.0% ④ 91.0%

해설

CSTR 2차

$$k\tau C_{A0} = \frac{X_A}{(1-X_A)^2}$$
$$= \frac{0.6}{(1-0.6)^2} = 3.75$$

$$k2\tau C_{A0} = \frac{X_A}{(1-X_A)^2} = 2 \times 3.75$$

$$\frac{X_A}{(1-X_A)^2} = 7.5$$

정리하면 $7.5X_A^2 - 16X_A + 7.5 = 0$
근의 공식에 의해
$$X_A = \frac{16 \pm \sqrt{16^2 - 4 \times 7.5 \times 7.5}}{15}$$
$$= 0.695(69.5\%)$$

26 자동촉매반응(Autocatalytic Reaction)에 대한 설명으로 옳은 것은?

① 전화율이 작을 때는 관형흐름반응기가 유리하다.
② 전화율이 작을 때는 혼합흐름반응기가 유리하다.
③ 전화율과 무관하게 혼합흐름반응기가 항상 유리하다.
④ 전화율과 무관하게 관형흐름반응기가 항상 유리하다.

해설

자동촉매반응
반응 생성물 중의 하나가 촉매로 작용하는 반응
• X_A가 낮을 때 : CSTR 선택
• X_A가 중간일 때 : CSTR, PFR
• X_A가 높을 때 : PFR 선택

27 A가 R이 되는 효소반응이 있다. 전체 효소농도를 $[E_0]$, 미카엘리스(Michaelis) 상수를 $[M]$라고 할 때 이 반응의 특징에 대한 설명으로 틀린 것은?

① 반응속도가 전체 효소농도 $[E_0]$에 비례한다.
② A의 농도가 낮을 때 반응속도는 A의 농도에 비례한다.
③ A의 농도가 높아지면서 0차 반응에 가까워진다.
④ 반응속도는 마카엘리스 상수 $[M]$에 비례한다.

해설

$$-r_A = r_R = \frac{K[E_0][A]}{[M]+[A]}$$

• $-r_A$(반응속도)는 효소농도 $[E_0]$에 비례한다.
• $[A]$가 낮을 때 반응속도는 A의 농도 $[A]$에 비례한다.
$$-r_A = r_R = \frac{K[E_0][A]}{[M]}$$
• $[A]$가 높아지면 $[A]$에 무관하므로 0차 반응에 가까워진다.
$$-r_A = r_R = \frac{K[E_0][A]}{[A]} = K[E_0]$$
• 나머지는 효소농도 $[E_0]$에 비례한다.

28 다음의 균일계 액상평행반응에서 S의 순간 수율을 최대로 하는 C_A의 농도는?

(단, $r_R = C_A$, $r_S = 2C_A^2$, $r_T = C_A^3$이다.)

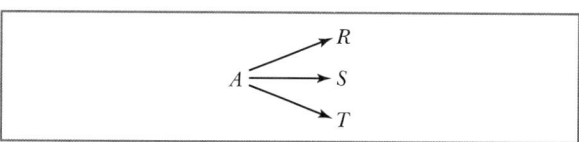

① 0.25 ② 0.5
③ 0.75 ④ 1

해설

$$\phi = \frac{dC_S}{dC_A + dC_S + dC_T}$$
$$= \frac{2C_A^2}{C_A + 2C_A^2 + C_A^3} = \frac{2C_A}{1 + 2C_A + C_A^2}$$
$$= \frac{2C_A}{(1+C_A)^2}$$

$$\frac{d\phi}{dC_A} = \frac{d}{dC_A}\left\{\frac{2C_A}{(1+C_A)^2}\right\} = 0$$

$$\frac{2(1+C_A)^2 - 4C_A(1+C_A)}{(1+C_A)^4} = \frac{2(1-C_A^2)}{(1+C_A)^4} = 0$$

$\therefore\ C_A = 1$일 때 $\phi = 0.5$

29 비가역 0차 반응에서 전화율이 1로 반응이 완결되는 데 필요한 반응시간에 대한 설명으로 옳은 것은?

① 초기 농도의 역수와 같다.
② 속도상수 k의 역수와 같다.
③ 초기 농도를 속도상수로 나눈 값과 같다.
④ 초기 농도에 속도상수를 곱한 값과 같다.

해설

$C_{A0}X_A = kt \qquad \therefore\ t = \dfrac{C_{A0}}{k}$

30 90mol%의 A 45mol/L와 10mol%의 불순물 B 5mol/L와의 혼합물이 있다. A/B를 100/1 수준으로 품질을 유지하고자 한다. D는 A 또는 B와 다음과 반이 반응한다. 완전반응을 가정했을 때, 필요한 품질을 유지하기 위해서 얼마의 D를 첨가해야 하는가?

| $A + D \to R$ | $-r_A = C_A C_D$ |
| $B + D \to S$ | $-r_B = 7C_B C_D$ |

① 19.7mol
② 29.7mol
③ 39.7mol
④ 49.7mol

해설

$A + D \to R \qquad -\dfrac{dC_A}{dt} = C_A C_D$ ············ ㉠

$B + D \to S \qquad -\dfrac{dC_B}{dt} = 7C_B C_D$ ········ ㉡

㉠ $\div$ ㉡을 하면

$\dfrac{dC_A}{dC_B} = \dfrac{C_A}{7C_B}$

$\displaystyle\int_{C_{A0}}^{C_A}\dfrac{dC_A}{C_A} = \int_{C_{B0}}^{C_B}\dfrac{dC_B}{7C_B}$

$7\ln\dfrac{C_A}{C_{A0}} = \ln\dfrac{C_B}{C_{B0}}$

$7\ln\dfrac{C_A}{45} = \ln\dfrac{C_B}{5}$

$\left(\dfrac{C_A}{45}\right)^7 = \dfrac{C_B}{5} \qquad \dfrac{C_A}{C_B} = \dfrac{100}{1}$

$\left(\dfrac{100C_B}{45}\right)^7 = \dfrac{C_B}{5}$

$\therefore\ C_B = \left(\dfrac{45^7}{5 \times 100^7}\right)^{\frac{1}{6}} = 0.3$

$\therefore\ C_A = 30$

$C_A + C_B = 30 + 0.3 = 30.3$(남은 것)

첨가해야 하는 D의 양 $= (45+5) - 30.3$
$= 19.7$mol/L

$\therefore$ 1L당 19.7mol의 D를 첨가해야 한다.

31 다음 그림은 1기압하에서의 A, B 2성분계 용액에 대한 비점선도(Boiling Point Diagram)이다. $X_A = 0.40$인 용액을 1기압하에서 서서히 가열할 때 일어나는 현상을 설명한 내용으로 틀린 것은?(단, 처음 온도는 40℃이고, 마지막 온도는 70℃이다.)

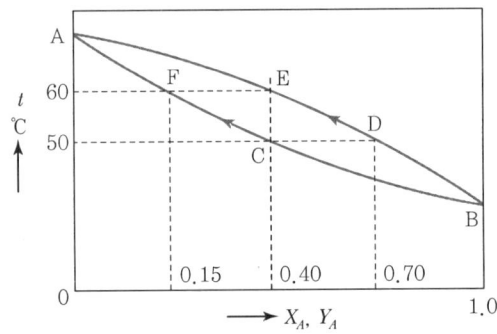

① 용액은 50℃에서 끓기 시작하여 60℃가 되는 순간 완전히 기화한다.
② 용액이 끓기 시작하자마자 생긴 최초의 증기조성은 $Y_A = 0.70$이다.
③ 용액이 계속 증발함에 따라 남아 있는 용액의 조성은 곡선 DE를 따라 변한다.
④ 마지막 남은 한 방울의 조성은 $X_A = 0.15$이다.

해설

$x_A = 0.4 \to y_A = 0.7$
용액의 조성은 곡선 CF를 따라 변하고 기상의 조성은 DE를 따라 변한다.

32 어떤 기체가 줄-톰슨 전환점(Joule-Thomson Inversion Point)이 될 수 있는 조건은?
(단, $dH = C_P dT + \left[V - T\left(\frac{\partial V}{\partial T}\right)_P\right]dP$이다.)

① $T\left(\frac{\partial V}{\partial T}\right)_P = V$ ② $\left(\frac{\partial V}{\partial T}\right)_P = V$

③ $T\left(\frac{\partial V}{\partial T}\right)_P = 0$ ④ $\left(\frac{\partial V}{\partial T}\right)_P = \frac{1}{V}$

해설

$\mu = \left(\frac{\partial T}{\partial P}\right)_H$

$dH = 0$(등엔탈피), $\mu = \left(\frac{\partial T}{\partial P}\right)_H = 0$

전환곡선은 μ가 양인 영역과 음인 영역으로 구분해준다.

$dH = C_P dT + \left[V - T\left(\frac{\partial V}{\partial T}\right)_P\right]dP = 0$

$C_P dT = \left[T\left(\frac{\partial V}{\partial T}\right)_P - V\right]dP$

$\left(\frac{\partial T}{\partial P}\right)_H = \frac{T\left(\frac{\partial V}{\partial T}\right)_P - V}{C_P} = 0 \quad \therefore V = T\left(\frac{\partial V}{\partial T}\right)_P$

33 1mol의 이상기체의 처음상태 50℃, 10kPa에서 20℃, 1kPa로 팽창했을 때의 엔트로피(S)의 변화는?
$\left(\text{단, } C_p = \frac{7}{2}R\text{이다.}\right)$

① $-2.6435R$ ② $2.6435R$
③ $-1.9616R$ ④ $1.9616R$

해설

1mol, 50℃, 10kPa → 20℃, 1kPa

$\Delta S = C_p \ln\frac{T_2}{T_1} + R\ln\frac{P_1}{P_2}$

$\therefore \Delta S = \frac{7}{2}R\ln\frac{293}{323} + R\ln\frac{10}{1} = 1.9616R$

34 기상 반응계에서 평형상수 K가 다음과 같이 표시되는 경우는?(단, ν_i는 성분 i의 양론계수이고 $\nu = \sum_i \nu_i$이다.)

$$K = \left(\frac{P}{P°}\right)^\nu \prod_i y_i^{\nu_i}$$

① 평형혼합물이 이상기체이다.
② 평형혼합물이 이상용액이다.
③ 반응에 따른 몰수 변화가 없다.
④ 반응열이 온도에 관계없이 일정하다.

해설

$\prod_i \left(\frac{\hat{f}_i}{f_i°}\right)^{\nu_i} = K$

$\prod_i \left(\frac{\hat{f}_i}{P°}\right)^{\nu_i} = K$

$\hat{f}_i = \hat{\phi}_i y_i P$

$\prod_i (y_i \hat{\phi}_i)^{\nu_i} = \left(\frac{P}{P°}\right)^{-\nu} K$

이상기체 $\hat{\phi}_i = 1$

$K = \left(\frac{P}{P°}\right)^\nu \prod_i y_i^{\nu_i}$

• 이상기체
• K는 온도만의 함수

35 다음 중 이심인자(Acentric Factor) 값이 가장 큰 것은?

① 제논(Xe)   ② 아르곤(Ar)
③ 산소(O_2)   ④ 크립톤(Kr)

해설

• 동일한 이심인자 값을 갖는 모든 유체들은 같은 T_r, P_r에서 비교했을 때 거의 동일한 Z값을 가지며 이상기체거동에서 벗어나는 정도도 거의 같다.
• ω(이심인자)의 정의에 따라 아르곤(Ar), 크립톤(Kr), 제논(Xe)의 ω는 0이 된다.

정답 32 ① 33 ④ 34 ① 35 ③

36 어떤 화학반응의 평형상수의 온도에 대한 미분계수가 0보다 작다고 한다. 즉, $\left(\dfrac{\partial \ln K}{\partial T}\right)_P < 0$ 이다. 이때에 대한 설명으로 옳은 것은?

① 이 반응은 흡열반응이며, 온도가 증가하면 K값은 커진다.
② 이 반응은 흡열반응이며, 온도가 증가하면 K값은 작아진다.
③ 이 반응은 발열반응이며, 온도가 증가하면 K값은 작아진다.
④ 이 반응은 발열반응이며, 온도가 증가하면 K값은 커진다.

> 해설
> $\dfrac{d\ln K}{dT} = \dfrac{\Delta H}{RT^2} < 0$
> $\Delta H < 0$ ················ 발열반응
> 온도가 증가하면 K는 작아진다.

37 비리얼 방정식(Virial Equation)이 $Z = 1 + BP$로 표시되는 어떤 기체를 가역적으로 등온압축시킬 때 필요한 일의 양은?(단, $Z = \dfrac{PV}{RT}$, B : 비리얼 계수)

① 이상기체의 경우와 같다.
② 이상기체의 경우보다 많다.
③ 이상기체의 경우보다 적다.
④ B값에 따라 다르다.

> 해설
> $\dfrac{PV}{RT} = 1 + BP$, $PV = RT + BPRT$
> P에 대해 정리하면
> $P = \dfrac{RT}{V - BRT}$, $V - BRT = \dfrac{RT}{P}$
> $W = \int_1^2 P dV = \int_1^2 \dfrac{RT}{V - BRT} dV$
> $= RT \ln \dfrac{V_2 - BRT}{V_1 - BRT} = RT \ln \left(\dfrac{RT/P_2}{RT/P_1}\right) = RT \ln \left(\dfrac{P_1}{P_2}\right)$
> ∴ 이상기체의 일과 같다.

38 다음 중에서 공기표준 오토(Air-Standard Otto) 엔진의 압력-부피 도표에서 사이클을 옳게 나타낸 것은?

① 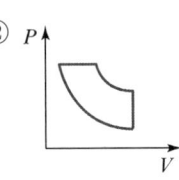   ②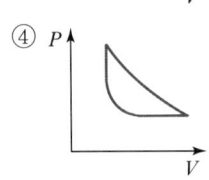

③ 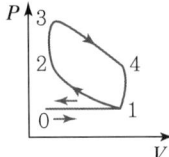   ④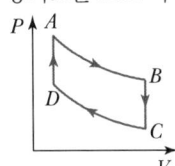

> 해설
> • 오토기관 사이클
>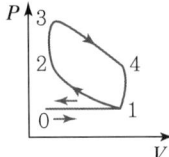
>
> • 공기표준 오토 사이클
>
>
> • 공기표준 디젤 사이클
>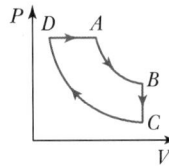
>
> • 기체-터빈 기관의 이상적인 사이클
>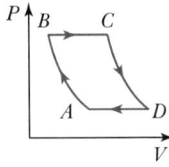

정답 36 ③ 37 ① 38 ①

39 다음 중 기-액 상평형 자료의 건전성을 검증하기 위하여 사용하는 것으로 가장 옳은 것은?

① 깁스-두헴(Gibbs-Duhem) 식
② 클라우지우스-클레이페이론(Clausius-Clapeyron) 식
③ 맥스웰 관계(Maxwell Relation) 식
④ 헤스의 법칙(Hess's Law)

해설

① Gibbs-Duhem 식 : 기-액 상평형 자료의 건전성을 검증
$n_1 d\mu_1 + n_2 d\mu_2 = 0$
$x_1 d\mu_1 + (1-x_1) d\mu_2 = 0$

② Clausius-Clapeyron 식
$\ln \dfrac{P_2}{P_1} = \dfrac{\Delta H}{R} \left(\dfrac{1}{T_1} - \dfrac{1}{T_2} \right)$

③ Maxwell Relation
$\left(\dfrac{\partial T}{\partial V} \right)_S = -\left(\dfrac{\partial P}{\partial S} \right)_V \quad \left(\dfrac{\partial T}{\partial P} \right)_S = \left(\dfrac{\partial V}{\partial S} \right)_P$
$\left(\dfrac{\partial S}{\partial V} \right)_T = \left(\dfrac{\partial P}{\partial T} \right)_V \quad -\left(\dfrac{\partial S}{\partial P} \right)_T = \left(\dfrac{\partial V}{\partial T} \right)_P$

④ Hess's Law
화학반응에서 반응열은 그 반응의 시작과 끝 상태만으로 결정되며, 도중의 경로에는 무관하다는 법칙이다.

40 G^E가 다음과 같이 표시된다면 활동도 계수는?(단, G^E : 과잉깁스에너지, B, C : 상수, γ : 활동도 계수, x_1, x_2 : 액상 성분 1, 2의 몰분율이다.)

$$\dfrac{G^E}{RT} = Bx_1 x_2 + C$$

① $\ln \gamma_1 = B{x_2}^2$
② $\ln \gamma_1 = B{x_2}^2 + C$
③ $\ln \gamma_1 = B{x_1}^2 + C$
④ $\ln \gamma_1 = B{x_1}^2$

해설

$\dfrac{G^E}{RT} = Bx_1 x_2 + C$

$\dfrac{nG^E}{RT} = nB \dfrac{n_1 n_2}{(n_1+n_2)^2} + C = B \dfrac{n_1 n_2}{(n_1+n_2)} + C$

$\ln \gamma_1 = \left[\dfrac{\partial(nG^E/RT)}{\partial n_1} \right]_{P,T,n_j}$

$= B \dfrac{n_2(n_1+n_2) - n_1 n_2}{(n_1+n_2)^2} + C = B \dfrac{n_2^2}{(n_1+n_2)^2} + C$

$\therefore \ln \gamma_1 = B{x_2}^2 + C$

3과목 단위공정관리

41 어떤 공업용수 내에 칼슘(Ca) 함량이 100ppm일 때 이를 무게 백분율(wt%)로 환산하면 얼마인가?(단, 공업용수의 비중은 1.0이다.)

① 0.01%
② 0.1%
③ 1%
④ 10%

해설

$100\text{ppm} = \dfrac{1}{10^6} \times 100\text{mg/kg} = 100 \times 10^{-6}$
$= 100 \times 10^{-6} \times 100(\%)$
$= 0.01\%$

42 162g의 C, 22g의 H_2의 혼합연료를 연소하여 CO_2 11.1vol%, CO 2.4vol%, O_2 4.1vol%, N_2 82.4vol% 조성의 연소가스를 얻었다. 과잉공기%는 약 얼마인가?

① 17.3
② 20.3
③ 15.3
④ 25.3

해설

$162\text{g C} \times \dfrac{1\text{mol}}{12\text{g}} = 13.5\text{mol}$

$22\text{g H}_2 \times \dfrac{1\text{mol}}{2\text{g}} = 11\text{mol}$

C + O_2 → CO_2 H_2 + $\dfrac{1}{2}O_2$ → H_2O
1 : 1   1 : 0.5
13.5 : x 11 : y
∴ x = 13.5mol   ∴ y = 5.5mol

정답 39 ① 40 ② 41 ① 42 ③

필요한 산소량=(13.5+5.5)mol=19mol

필요 공기량=19mol×$\frac{1}{0.21}$=90.5mol Air

연소가스 100mol 중
N_2가 82.4%이므로 N_2는 82.4mol

82.4mol N_2×$\frac{1}{0.79}$=104.3mol Air

과잉공기 % = $\frac{과잉량}{이론량}$×100

= $\frac{공급량-이론량}{이론량}$×100

= $\frac{104.3-90.5}{90.5}$×100 = 15.3%

43 3atm의 압력과 가장 가까운 값을 나타내는 것은?

① 309.9kg_f/cm^2　② 441psi
③ 22.8cmHg　④ 30.3975N/cm^2

해설

① 309.9kg_f/cm^2 × $\frac{1atm}{1.0332kg_f/cm^2}$ = 300atm

② 441psi × $\frac{1atm}{14.7psi}$ = 30atm

③ 22.8cmHg × $\frac{1atm}{76cmHg}$ = 0.3atm

④ 30.3975N/cm^2 × $\frac{100^2cm^2}{1m^2}$ × $\frac{1atm}{101.3×10^3N/m^2}$ = 3atm

44 82℃에서 벤젠의 증기압은 811mmHg, 톨루엔의 증기압은 314mmHg이다. 같은 온도에서 벤젠과 톨루엔의 혼합 용액을 증발시켰더니 증기 중 벤젠의 몰분율은 0.5이었다. 용액 중의 톨루엔의 몰분율은 약 얼마인가?(단, 이상기체이며 라울의 법칙이 성립한다고 본다.)

① 0.72　② 0.54
③ 0.46　④ 0.28

해설

라울의 법칙
$P = p_A + p_B = x_A P_A + x_B P_B$

$y_A = \frac{P_A x_A}{P}$

$0.5 = \frac{811 × x_A}{811 × x_A + 314(1-x_A)}$

∴ $x_A = 0.28$, $x_B = 1 - x_A = 0.72$

45 노점 12℃, 온도 22℃, 전압 760mmHg의 공기가 어떤 계에 들어가서 나올 때 노점 58℃, 전압이 740mmHg로 되었다. 계에 들어가는 건조공기 mole당 증가된 수분의 mole 수는 얼마인가?(단, 12℃와 58℃에서 포화수증기압은 각각 10mmHg, 140mmHg이다.)

① 0.02　② 0.12
③ 0.18　④ 0.22

해설

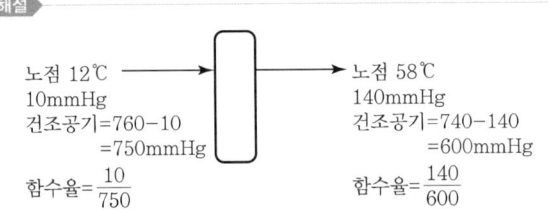

수분의 변화량(증가량)= $\frac{140}{600} - \frac{10}{750}$

= 0.22mol H_2O/mol Dry Air

46 다음 중 나머지 셋과 서로 다른 단위를 갖는 것은?

① 열전도도÷길이
② 총괄열전달계수
③ 열전달속도÷면적
④ 열유속(Heat Flux)÷온도

해설

① $\frac{k}{l}$ = kcal/m^2 h ℃

② U = kcal/m^2 h ℃

③ $\frac{q}{A}$ = kcal/m^2 h

④ $\frac{q}{At}$ = kcal/m^2 h ℃

정답　43 ④　44 ①　45 ④　46 ③

47 수분을 함유하고 있는 비누와 같이 치밀한 고체를 건조시킬 때 감률건조기간에서의 건조속도와 고체의 함수율과의 관계를 옳게 나타낸 것은?

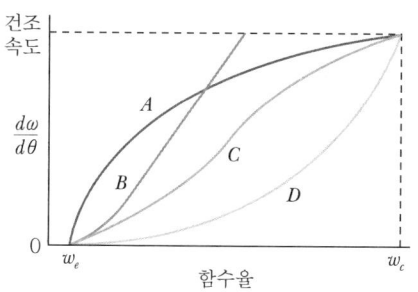

① A
② B
③ C
④ D

해설

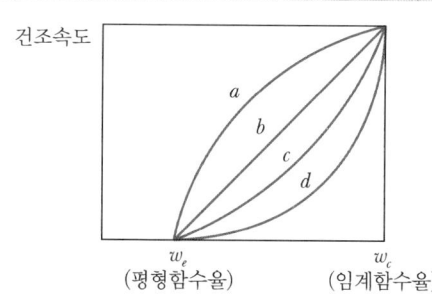

- a(볼록형) : 식물성 섬유 재료
- b(직선형) : 여제, 플레이크
- c(직선형＋오목형) : 곡물, 결정품
- d(오목형) : 비누와 같은 치밀한 고체의 건조

48 오리피스미터(Orifice Meter)에 U자형 마노미터를 설치하였고 마노미터는 수은이 채워져 있으며, 그 위의 액체는 물이다. 마노미터에서의 압력차가 15.44kPa이면 마노미터의 읽음은 약 몇 mm인가?(단, 수은의 비중은 13.6이다.)

① 75
② 100
③ 125
④ 150

해설

$\Delta P = g(\rho_A - \rho_B)R$

15.44kPa = 15,440N/m²이므로

15,440N/m² = 9.8m/s² × (13.6 − 1) × 1,000kg/m³ × R

∴ $R = 0.125$m $= 125$mm

49 롤 분쇄기에 상당직경 5cm의 원료를 도입하여 상당직경 1cm로 분쇄한다. 롤 분쇄기와 원료 사이의 마찰계수가 0.34일 때 필요한 롤의 직경은 몇 cm인가?

① 35.1
② 50.0
③ 62.3
④ 70.1

해설

$\mu = \tan\alpha$
$0.34 = \tan\alpha$
∴ $\alpha = 18.8$
$\cos\alpha = \dfrac{R+d}{R+r} = \dfrac{R+1/2}{R+5/2} = 0.947$
$R = 35.3$cm
∴ 롤의 직경 = 70.6cm

50 산소 75vol%와 메탄 25vol%로 구성된 혼합가스의 평균분자량은?

① 14
② 18
③ 28
④ 30

해설

$\overline{M}_{av} = 32 \times 0.75 + 16 \times 0.25 = 28$

51 임계상태에 대한 설명으로 옳지 않은 것은?

① 임계상태는 압력과 온도의 영향을 받아 기상거동과 액상거동이 동일한 상태이다.
② 임계온도 이하의 온도 및 임계압력 이상의 압력에서 기체는 응축하지 않는다.
③ 임계점에서의 온도를 임계온도, 그때의 압력을 임계압력이라고 한다.
④ 임계상태를 규정짓는 임계압력은 기상거동과 액상거동이 동일해지는 최저압력이다.

해설

임계온도 이하에서 기체는 응축한다.

정답 47 ④ 48 ③ 49 ④ 50 ③ 51 ②

52 보일러에 Na_2SO_3를 가하여 공급수 중의 산소를 제거한다. 보일러 공급수 200톤에 산소함량이 2ppm일 때 이 산소를 제거하는 데 필요한 Na_2SO_3의 이론량은?

① 1.58kg ② 3.15kg
③ 4.74kg ④ 6.32kg

해설

$2Na_2SO_3 + O_2 \rightarrow 2Na_2SO_4$
$2 \times 126 : 32$
$\quad x : 200 \times 10^3 \text{kg} \times 2 \times 10^{-6}$
$\therefore x = 3.15\text{kg}$

---

53 반경이 R인 원형파이프를 통하여 비압축성 유체가 층류로 흐를 때의 속도분포는 다음 식과 같다. v는 파이프 중심으로부터 벽 쪽으로의 수직거리 r에서의 속도이며, V_{max}는 중심에서의 최대속도이다. 파이프 내에서 유체의 평균속도는 최대속도의 몇 배인가?

$$v = V_{max}(1 - r/R)$$

① 1/2 ② 1/3
③ 1/4 ④ 1/5

해설

평균유속 $v_{av} = \bar{v} = \bar{u}$
$\dot{m} = \rho \bar{u} A = \rho Q$
　여기서, $\dot{m}$: 질량유량, Q : 부피유량
$\bar{u} = \dfrac{\dot{m}}{\rho A} = \dfrac{Q}{A} = \dfrac{1}{A}\int_A u \, dA$
관의 단면적 $A = \pi r^2$, $dA = 2\pi r dr$
$\therefore \bar{u} = \dfrac{1}{A}\int u \, dA = \dfrac{1}{\pi R^2}\int_0^R u \cdot 2\pi r dr$
$\quad = \dfrac{1}{\pi R^2}\int_0^R V_{max}\left(1 - \dfrac{r}{R}\right) \cdot 2\pi r dr$
$\quad = \dfrac{2\pi}{\pi R^2} V_{max}\int_0^R \left(r - \dfrac{r^2}{R}\right) dr$
$\quad = \dfrac{2}{R^2} V_{max}\left[\dfrac{1}{2}r^2 - \dfrac{1}{3R}r^3\right]_0^R$
$\quad = \dfrac{2}{R^2} V_{max}\left(\dfrac{1}{2}R^2 - \dfrac{1}{3}R^2\right) = \dfrac{1}{3} V_{max}$

---

54 분배의 법칙이 성립하는 영역은 어떤 경우인가?

① 결합력이 상당히 큰 경우
② 용액의 농도가 묽을 경우
③ 용질의 분자량이 큰 경우
④ 화학적으로 반응할 경우

해설

분배법칙
농도가 묽을 경우 추출액상에서의 용질의 농도와 추잔액상에서의 용질의 농도비는 일정하다.

분배율
$k = \dfrac{y}{x} = \dfrac{\text{추출상에서 용질의 농도}}{\text{추잔상에서 용질의 농도}}$

---

55 습한 재료 10kg을 건조한 후 고체의 무게를 측정하였더니 7kg이었다. 처음 재료의 함수율은 얼마인가? (단, 단위는 kg H_2O/kg 건조고체)

① 약 0.43 ② 약 0.53
③ 약 0.62 ④ 약 0.70

해설

함수율 $= \dfrac{\text{수분kg}}{\text{건조고체kg}} = \dfrac{3\text{kg}}{7\text{kg}}$
$= 0.43$kg H_2O/kg 건조고체

---

56 증발장치에서 수증기를 열원으로 사용할 때의 장점으로 거리가 먼 것은?

① 가열을 고르게 하여 국부과열을 방지한다.
② 온도변화를 비교적 쉽게 조절할 수 있다.
③ 열전도도가 작으므로 열원 쪽의 열전달계수가 작다.
④ 다중효용관, 압축법으로 조작할 수 있어 경제적이다.

정답 52 ② 53 ② 54 ② 55 ① 56 ③

해설

수증기를 열원으로 사용할 경우의 이점
- 가열이 균일하여 국부적인 과열의 염려가 없다.
- 압력조절밸브의 조절에 의해 쉽게 온도를 변화, 조절할 수 있다.
- 증기기관의 폐증기를 이용할 수 있다.
- 물은 다른 기체, 액체보다 열전도도가 크므로, 열원 측의 열 전달계수가 커진다.
- 다중효용, 자기증기압축법에 의한 증발을 할 수 있다.

57 다음 반응의 표준반응열은?(단, 298K에서 표준 연소열 $\Delta H°_{298}$은 $C_2H_5OH(l) = -326.7$kcal/mol, $CH_3COOH(l) = -208.4$kcal/mol, $CH_3COOC_2H_5(l) = -538.8$kcal/mol, $H_2O(l) = 0$kcal/mol이다.)

$$C_2H_5OH(l) + CH_3COOH(l) \rightarrow CH_3COOC_2H_5(l) + H_2O(l)$$

① +3.7kcal/mol
② -3.7kcal/mol
③ -6.7kcal/mol
④ +6.7kcal/mol

해설

표준반응열 = Σ생성물의 생성열 - Σ반응물의 생성열
= Σ반응물의 연소열 - Σ생성물의 연소열

$\Delta H_R = [(-326.7) + (-208.4)] - [-538.8 + 0]$
$= 3.7$kcal/mol

58 다음과 같은 일반적인 베르누이의 정리에 적용되는 조건이 아닌 것은?

$$\frac{P}{\rho g} + \frac{V^2}{2g} + Z = \text{constant}$$

① 직선 관에서만의 흐름이다.
② 마찰이 없는 흐름이다.
③ 정상 상태의 흐름이다.
④ 같은 유선상에 있는 흐름이다.

해설

베르누이의 정리의 조건
- 마찰이 없는 흐름
- 정상상태
- 비압축성 유체
- 같은 유선상의 유체

59 관 속을 흐르는 난류의 압력 손실은?
① 평균유속에 비례한다.
② 평균유속의 제곱에 비례한다.
③ 평균유속의 제곱근에 반비례한다.
④ 관 직경의 제곱에 비례한다.

해설

$\Delta P = \frac{2f\bar{u}^2 \rho L}{g_c D}$

∴ 평균유속의 제곱에 비례한다.

60 벤젠 40mol%와 톨루엔 60mol%의 혼합물을 200kmol/h의 속도로 정류탑에 비점으로 공급한다. 유출액의 농도는 95mol%, 벤젠과 관출액의 농도는 98mol%의 톨루엔이다. 이때 최소환류비를 구하면 얼마인가?(단, 벤젠과 톨루엔의 순성분 증기압은 각각 1,180mmHg, 481mmHg이다.)

① 1.5
② 1.7
③ 1.9
④ 2.1

해설

㉠ α(비휘발도)

$\alpha = \frac{P_A}{P_B} = \frac{1,180}{481} = 2.45$

$y = \frac{\alpha x}{1 + (\alpha - 1)x}$

$x_F = 0.4$

$y = \frac{2.45 \times 0.4}{1 + (2.45 - 1)0.4} = 0.62$

㉡ 최소환류비

$R_{Dm} = \frac{x_D - y_F}{y_F - x_F} = \frac{0.95 - 0.62}{0.62 - 0.4} = 1.5$

정답 57 ① 58 ① 59 ② 60 ①

4과목 화공계측제어

61 PD 제어기에 다음과 같은 입력신호가 들어올 경우, 제어기 출력 형태는?(단, K_c와 τ_D는 각각 1이다.)

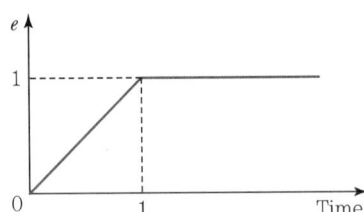

①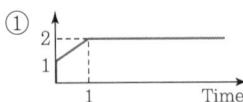

②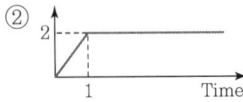

③

④

해설

$X(t) = tu(t) - (t-1)u(t-1)$

$X(s) = \dfrac{1}{s^2} - \dfrac{e^{-s}}{s^2}$

$Y(s) = G(s)X(s)$

$\quad = K_c(1+\tau_D s)\left[\dfrac{1}{s^2} - \dfrac{e^{-s}}{s^2}\right]$

$\quad = (1+s)\left(\dfrac{1}{s^2} - \dfrac{e^{-s}}{s^2}\right)$

$\quad = \dfrac{1}{s^2} - \dfrac{e^{-s}}{s^2} + \dfrac{1}{s} - \dfrac{e^{-s}}{s}$

$y(t) = tu(t) - (t-1)u(t-1) + u(t) - u(t-1)$
$\quad = (t+1)u(t) - tu(t-1)$

- $0 < t < 1$이면, $y(t) = t+1$
- $t > 1$이면, $y(t) = 1$

62 어떤 계의 단위계단 응답이 다음과 같을 경우 이 계의 단위충격응답(Impulse Response)은?

$$Y(t) = 1 - \left(1 + \dfrac{t}{\tau}\right)e^{-\frac{t}{\tau}}$$

① $\dfrac{t}{\tau}e^{-\frac{t}{\tau}}$

② $\dfrac{t}{\tau^2}e^{-\frac{t}{\tau}}$

③ $\left(1 + \dfrac{t}{\tau}\right)e^{-\frac{t}{\tau}}$

④ $\left(1 - \dfrac{t}{\tau}\right)e^{-\frac{t}{\tau}}$

해설

$Y(t) = 1 - \left(1 + \dfrac{t}{\tau}\right)e^{-\frac{t}{\tau}}$

$Y'(t) = -\dfrac{1}{\tau}e^{-\frac{t}{\tau}} + \left(1 + \dfrac{t}{\tau}\right)\dfrac{1}{\tau}e^{-\frac{t}{\tau}} = \dfrac{t}{\tau^2}e^{-\frac{t}{\tau}}$

63 제어계의 구성요소 중 제어오차(에러)를 계산하는 것은 어느 부분에 속하는가?

① 측정요소(센서)
② 공정
③ 제어기
④ 최종제어요소(엑추에이터)

해설

제어오차(에러)는 제어기에서 계산한다.

정답 61 ③ 62 ② 63 ③

64 다음의 적분공정에 비례 제어기를 설치하였다. 계단형태의 외란 D_1과 D_2에 대하여 옳은 것은?

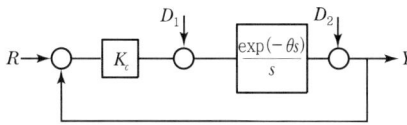

① 외란 D_1에 대한 Offset은 없으나, 외란 D_2에 대한 Offset은 있다.
② 외란 D_1에 대한 Offset은 있으나, 외란 D_2에 대한 Offset은 없다.
③ 외란 D_1 및 D_2에 대하여 모두 Offset이 있다.
④ 외란 D_1 및 D_2에 대하여 모두 Offset이 없다.

해설

$$Y(s) = \frac{\frac{K_c e^{-\theta s}}{s}}{1+\frac{K_c e^{-\theta s}}{s}}R + \frac{\frac{e^{-\theta s}}{s}}{1+\frac{K_c e^{-\theta s}}{s}}D_1 + \frac{1}{1+\frac{K_c e^{-\theta s}}{s}}D_2$$

• $D_1 = \frac{1}{s}(R = D_2 = 0)$

$$\lim_{t\to\infty} y(t) = \lim_{s\to 0} sY(s) = \lim_{s\to 0} s\frac{\frac{e^{-\theta s}}{s}}{1+\frac{K_c e^{-\theta s}}{s}}\frac{1}{s}$$

$$= \lim_{s\to 0}\frac{e^{-\theta s}}{s + K_c e^{-\theta s}} = \frac{1}{K_c}$$

Offset $= r(\infty) - y(\infty)$
$= 0 - \frac{1}{K_c} = -\frac{1}{K_c}$

• $D_2 = \frac{1}{s}(R = D_1 = 0)$

$$\lim_{t\to\infty} y(t) = \lim_{s\to 0} sY(s) = \lim_{s\to 0} s\frac{1}{1+\frac{K_c e^{-\theta s}}{s}}\frac{1}{s}$$

$$= \lim_{s\to 0}\frac{1}{1+\frac{K_c e^{-\theta s}}{s}} = \lim_{s\to 0}\frac{s}{s + K_c e^{-\theta s}} = 0$$

Offset $= r(\infty) - y(\infty)$
$= 0 - 0 = 0$

65 Laplace 변환 등에 대한 설명으로 틀린 것은?
① $y(t) = \sin\omega t$의 Laplace 변환은 $\omega/(s^2+\omega^2)$이다.
② $y(t) = 1 - e^{-t/\tau}$의 Laplace 변환은 $1/(s(\tau s+1))$이다.
③ $y(t)$에 θ만큼의 시간지연이 가해진 함수의 Laplace 변환은 $y(s-\theta)$이다.
④ Laplace 변환은 선형변환으로 중첩의 원리(Superposition Principle)가 적용된다.

해설

① $y(t) = \sin\omega t \xrightarrow{\mathcal{L}} Y(s) = \frac{\omega}{s^2+\omega^2}$

② $y(t) = 1 - e^{-t/\tau} \xrightarrow{\mathcal{L}} Y(s) = \frac{1}{s} - \frac{1}{s+\frac{1}{\tau}} = \frac{1}{s(\tau s+1)}$

③ $y(t)$에 θ만큼 시간지연 → $Y(s)e^{-\theta s}$

④ 중첩의 원리
$\mathcal{L}\{af(t) + bg(t)\} = a\mathcal{L}\{f(t)\} + b\mathcal{L}\{g(t)\}$

66 비례 제어기를 이용하는 어떤 폐루프 시스템의 특성방정식이 $1 + \frac{K_c}{(s+1)(2s+1)} = 0$과 같이 주어진다. 다음 중 진동응답이 예상되는 경우는?
① $K_c = -1.25$
② $K_c = 0$
③ $K_c = 0.25$
④ K_c에 관계없이 진동이 발생한다.

해설

$2s^2 + 3s + 1 + K_c = 0$

$s = \frac{-3 \pm \sqrt{9-8(1+K_c)}}{4}$

$9 - 8(1+K_c) < 0$이면 진동응답

$\therefore K_c > \frac{1}{8}(0.125)$

그러므로 보기에서 0.125보다 큰 수는 ③ 0.25이다.

67 그림과 같은 블록 다이어그램으로 표시되는 제어계에서 R과 C 간의 관계를 하나의 블록으로 나타낸 것은?(단, $G_a = \dfrac{G_{C2}G_1}{1+G_{C2}G_1H_2}$ 이다.)

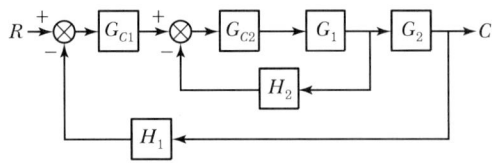

① $R \rightarrow \boxed{\dfrac{G_{C2}G_1G_2}{1+G_{C1}G_aG_2H_1}} \rightarrow C$

② $R \rightarrow \boxed{\dfrac{G_{C1}G_aG_2}{1+G_{C1}G_aG_2H_1}} \rightarrow C$

③ $R \rightarrow \boxed{\dfrac{G_{C1}G_aG_2}{1+G_{C1}G_{C2}G_1G_2H_1}} \rightarrow C$

④ $R \rightarrow \boxed{\dfrac{G_aG_2}{1+G_{C1}G_{C2}G_1G_2H_1}} \rightarrow C$

해설

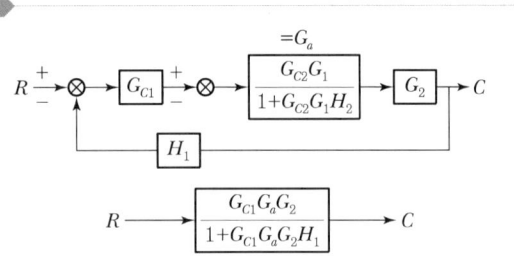

68 다음 그림은 외란의 단위계단 변화에 대해 잘 조율된 P, PI, PD, PID에 의한 제어계 응답을 보인 것이다. 이 중 PID 제어기에 의한 결과는 어떤 것인가?

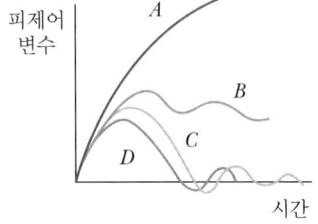

① A
② B
③ C
④ D

해설
- A : 없음
- B : P 제어
- C : PI 제어
- D : PID 제어

69 이득이 1인 2차계에서 감쇠계수(Damping Factor) $\xi < 0.707$일 때 최대 진폭비 $(AR)_{\max}$는?

① $\dfrac{1}{2\sqrt{1-\xi^2}}$

② $\sqrt{1-\xi^2}$

③ $\dfrac{1}{2\xi\sqrt{1-\xi^2}}$

④ $\dfrac{1}{\xi\sqrt{1-2\xi^2}}$

해설

진폭비 $AR = \dfrac{\text{출력변수의 진폭}}{\text{입력변수의 진폭}}$

$= \dfrac{K}{\sqrt{(1-\tau^2\omega^2)^2+(2\tau\omega\zeta)^2}}$

정규진폭비 $AR_N = \dfrac{AR}{K}$

AR_N이 최대일 경우 $\tau\omega = \sqrt{1-2\zeta^2}$

$\therefore AR_{N\cdot\max} = \dfrac{1}{2\zeta\sqrt{1-\zeta^2}}$

70 어떤 반응기에 원료가 정상상태에서 100L/min의 유속으로 공급될 때 제어밸브의 최대유량을 정상상태 유량의 4배로 하고 I/P 변환기를 설정하였다면 정상상태에서 변환기에 공급된 표준전류신호는 몇 mA인가?(단, 제어밸브는 선형특성을 가진다.)

① 4
② 8
③ 12
④ 16

정답 67 ② 68 ④ 69 ③ 70 ②

> **해설**

I/P 변환기

I/P 변환기는 제어실 혹은 중앙제어장치로부터 4~20mA 전류신호를 받아 공압신호로 전환하여 출력하는 제어장치이다.

$$y - y_1 = \frac{y_2 - y_1}{x_2 - x_1}(x - x_1)$$

$$100 - 0 = \frac{400 - 0}{20 - 4}(x - 4)$$

$$\therefore x = 8$$

71 다음 중 되먹임 제어계가 불안정한 경우에 나타나는 특성은?

① 이득여유(Gain Margin)가 1보다 작다.
② 위상여유(Phase Margin)가 0보다 크다.
③ 제어계의 전달함수가 1차계로 주어진다.
④ 교차주파수(Crossover Frequency)에서 갖는 개루프 전달함수의 진폭비가 1보다 작다.

> **해설**

이득여유가 1보다 작은 경우 불안정하다.
GM(이득여유)이 1.7~2.0, PM(위상여유)이 30~45° 범위를 갖도록 조정한다.

72 Anti Reset Windup에 관한 설명으로 가장 거리가 먼 것은?

① 제어기 출력이 공정입력한계에 걸렸을 때 작동한다.
② 적분동작에 부과된다.
③ 큰 설정치 변화에 공정출력이 크게 흔들리는 것을 방지한다.
④ Offset을 없애는 동작이다.

> **해설**

- Reset Windup : 제어기 출력 $m(t)$가 최대허용치에 머물고 있음에도 불구하고 $\int e(t)$ 값은 계속 증가되는 현상
- Anti Reset Windup : 적분제어의 결점인 Reset Windup을 없애 주는 동작이다.

73 어떤 항온조에서 항온조 내의 온도계가 나타내는 온도와 항온조 내의 실제 유체온도 사이의 관계는 이득이 1인 1차계로 나타낼 수 있으며, 이때 시간상수는 0.2min이다. 평형상태에 도달한 후 항온조의 유체온도가 1℃/min의 속도로 평형상태의 값에서 시간에 따라 선형적으로 증가하기 시작하였다. 이 경우 1min 경과 후 온도계의 온도와 항온조 내 실제 유체온도 사이의 온도차는 얼마인가?

① 0.2℃   ② 0.8℃
③ 1.5℃   ④ 2.0℃

> **해설**

$$G(s) = \frac{Y(s)}{X(s)} = \frac{1}{\tau s + 1}, \tau = 0.2$$

선형적으로 증가 $X(t) = t \rightarrow X(s) = \frac{1}{s^2}$

$$Y(s) = G(s)X(s)$$
$$= \frac{1}{(\tau s + 1)s^2}$$
$$= -\frac{\tau}{s} + \frac{1}{s^2} + \frac{\tau}{s + 1/\tau}$$

$$\therefore y(t) = -\tau + t + \tau e^{-\frac{t}{\tau}}$$
$$y(1) = -0.2 + 1 + 0.2e^{-1/0.2} = 0.8$$

$x - y = X - Y = 1 - 0.8 = 0.2℃$

74 다음 중 1차계의 시상수 τ에 대하여 잘못 설명한 것은?

① 계의 저항과 용량(Capacitance)의 곱과 같다.
② 입력이 단위계단함수일 때 응답이 최종치의 85%에 도달하는 데 소요되는 시간과 같다.
③ 시상수가 큰 계일수록 출력함수의 응답이 느리다.
④ 시간의 단위를 갖는다.

> **해설**

τ는 최종치의 63%에 도달하는 데 소요되는 시간과 같다.

정답 71 ① 72 ④ 73 ① 74 ②

75 앞먹임 제어(Feedforward Control)의 특징으로 옳은 것은?

① 공정모델값과 측정값과의 차이를 제어에 이용
② 외부교란변수를 사전에 측정하여 제어에 이용
③ 설정점(Set Point)을 모델값과 비교하여 제어에 이용
④ 공정의 이득(Gain)을 제어에 이용

> **해설**
> 앞먹임 제어(Feedforward Control)
> 외부교란을 측정하여 외부교란이 공정에 미치게 될 영향을 사전에 보정시키는 제어방법

76 특성방정식이 $1 + \dfrac{K_c}{(s+1)(s+2)} = 0$로 표현되는 선형 제어계에 대하여 Routh-hurwitz의 안정 판정에 의한 K_c의 범위를 구하면?

① $K_c < -1$
② $K_c > -1$
③ $K_c > -2$
④ $K_c < -2$

> **해설**
> Routh 안정성 판별법
> $1 + \dfrac{K_c}{(s+1)(s+2)} = 0$
> $s^2 + 3s + 2 + K_c = 0$
>
> | 1 | 1 | $2+K_c$ |
> |---|---|---|
> | 2 | 3 | 0 |
> | 3 | $\dfrac{3(2+K_c)}{3} > 0$
 $2 + K_c > 0$
 $K_c > -2$ | |

77 공정의 정상상태 이득(k), Ultimate Gain(K_{cu}) 그리고 Ultimate Period(P_u)를 실험으로 측정하였다. $k = 2$, $K_{cu} = 3$, $P_u = 3.14$일 때, 이와 같은 결과를 주는 1차 시간지연 모델 $G(s) = \dfrac{ke^{-\theta s}}{\tau s + 1}$의 시간상수 τ를 구하면?

① 1.414
② 2.958
③ 3.163
④ 3.872

> **해설**
> $K_{cu} = \dfrac{1}{AR_c} = 3$, $AR_c = \dfrac{1}{3}$
> $P_u = \dfrac{2\pi}{\omega_u} = 3.14$, $\omega_u = 2$
> $AR = \dfrac{K}{\sqrt{\tau^2\omega^2 + 1}} = \dfrac{2}{\sqrt{4\tau^2 + 1}} = \dfrac{1}{3}$
> $\therefore \tau = 2.958$

78 PID 제어기에서 미분동작에 대한 설명으로 옳은 것은?

① 제어에러의 변화율에 반비례하여 동작을 내보낸다.
② 미분동작이 너무 작으면 측정잡음에 민감하게 된다.
③ 오프셋을 제거해 준다.
④ 느린 동특성을 가지고 잡음이 적은 공정의 제어에 적합하다.

> **해설**
> PID 제어계에서 미분동작
> • 미분동작은 입력신호의 변화율에 비례하여 동작한다.
> • 미분동작이 클수록 측정잡음에 민감하다.
> • 미분동작은 오프셋을 제거하지 못한다.
> • 시상수가 크고 잡음이 적은 공정의 제어에 적합하다.

정답 75 ② 76 ③ 77 ② 78 ④

79 전달함수가 $G(s) = \dfrac{3}{s^2+3s+2}$ 과 같은 2차계의 단위계단(Unit Step) 응답은?

① $\dfrac{3}{2}e^{-t} + 3(1+e^{-2t})$

② $-3e^{-t} + \dfrac{3}{2}(1+e^{-2t})$

③ $3e^{-t} - 3(1+e^{-2t})$

④ $e^{-t} - 3(1+e^{-2t})$

해설

$Y(s) = G(s)X(s)$
$= \dfrac{3}{s^2+3s+2} \cdot \dfrac{1}{s} = \dfrac{A}{s} + \dfrac{B}{(s+1)} + \dfrac{C}{(s+2)}$
$= \dfrac{A(s+1)(s+2) + Bs(s+2) + Cs(s+1)}{s(s+1)(s+2)}$
$= \dfrac{3/2}{s} - \dfrac{3}{s+1} + \dfrac{3/2}{s+2}$

$\therefore y(t) = \dfrac{3}{2} - 3e^{-t} + \dfrac{3}{2}e^{-2t}$
$= -3e^{-t} + \dfrac{3}{2}(1+e^{-2t})$

80 전달함수 $G(s) = \dfrac{10}{s^2+1.6s+4}$ 인 2차계의 시정수 τ와 Damping Factor ξ의 값은?

① $\tau = 0.5$, $\xi = 0.8$ ② $\tau = 0.8$, $\xi = 0.4$
③ $\tau = 0.4$, $\xi = 0.5$ ④ $\tau = 0.5$, $\xi = 0.4$

해설

$G(s) = \dfrac{10}{s^2+1.6s+4} = \dfrac{10/4}{\dfrac{1}{4}s^2 + 0.4s + 1}$

$\tau^2 = \dfrac{1}{4}$ $\therefore \tau = \dfrac{1}{2}$

$2\tau\xi = 0.4$ $\therefore \xi = 0.4$

정답 79 ② 80 ④

2025년 제1회 복원기출문제

1과목 공업합성

01 헥산(C_6H_{14})의 구조이성질체 수는?
① 4개　　② 5개
③ 6개　　④ 7개

해설
이성질체
분자식은 같으나, 분자의 배열이 다른 것
㉠ C−C−C−C−C−C
㉡ C−C−C−C−C
　　　　|
　　　　C
㉢ C−C−C−C−C
　　　|
　　　C
㉣ C−C−C−C
　　|　|
　　C　C
㉤ 　　C
　　　|
　C−C−C−C
　　　|
　　　C

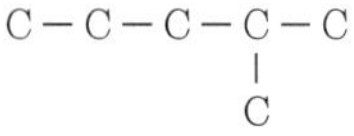

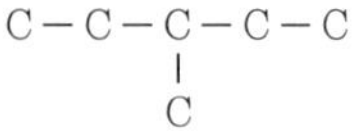

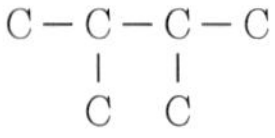

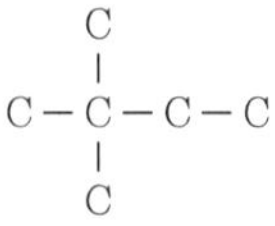

02 옥탄가에 대한 설명으로 틀린 것은?
① iso−옥탄의 옥탄가를 0으로 하여 기준치로 삼는다.
② 가솔린의 안티노크성(Antiknock Property)을 표시하는 척도이다.
③ n−헵탄과 이소옥탄의 비율에 따라 옥탄가를 구할 수 있다.
④ 탄화수소의 분자구조와 관계가 있다.

해설
옥탄가
- 가솔린의 안티노크성을 수치로 표현한 것
- iso−옥탄의 옥탄가를 100, n−헵탄의 옥탄가를 0으로 정한 후 이소옥탄가의 %를 옥탄가라 한다.

03 반도체 공정에 대한 설명 중 틀린 것은?
① 감광반응되지 않은 부분을 제거하는 공정을 에칭이라 하며, 건식과 습식으로 구분할 수 있다.
② 감광성 고분자를 이용하여 실리콘웨이퍼에 회로패턴을 전사하는 공정을 리소그래피(Lithography)라고 한다.
③ 화학기상증착법 등을 이용하여 3족 또는 6족의 불순물을 실리콘웨이퍼 내로 도입하는 공정을 이온주입이라 한다.
④ 웨이퍼 처리공정 중 잔류물과 오염물을 제거하는 공정을 세정이라 하며 건식과 습식으로 구분할 수 있다.

해설
화학기상증착(CVD)
형성하고자 하는 증착막 재료의 원소가스를 기판 표면 위에 화학반응시켜 원하는 박막을 형성시키는 공정이다.

이온주입
전하를 띤 원자인 도판트(B, P, As)를 주입, 즉 불순물을 웨이퍼 내부로 확산시키는 공정이다.

04 니트로화제로 주로 공업적으로 사용되는 혼산은?
① 염산+인산　　② 질산+염산
③ 질산+황산　　④ 황산+염산

해설
니트로화제
- 질산, 초산, 인산, N_2O_4, N_2O_5, KNO_3, $NaNO_3$
- $H_2SO_4+HNO_3$의 혼산

정답 01 ②　02 ①　03 ③　04 ③

05 접촉식 황산 제조 시 원료가스를 충분히 정제하는 이유는 As, Se와 같은 불순물이 있을 경우 바나듐 촉매보다는 백금 촉매에 이 현상이 더욱 두드러지게 나타나기 때문이다. 이 현상은?

① 장치 부식 ② 촉매독
③ SO_2 산화 ④ 미건조

해설

V_2O_5 촉매
- 촉매독 물질에 대한 저항이 크다.
- 10년 이상 사용할 수 있다.
- 고온에서 안정하고 내산성이 크다.
- 다공성이며 비표면적이 크다.

06 다음 반응식으로 공기를 이용한 산화반응을 하고자 한다. 공기와 NH_3의 혼합가스 중 NH_3의 부피 백분율은?

$$4NH_3 + 5O_2 \rightarrow 4NO + 6H_2O + 216.4\text{kcal}$$

① 44.4 ② 34.4
③ 24.4 ④ 14.4

해설

$4NH_3 + 5O_2 \rightarrow 4NO + 6H_2O$
$NH_3 : O_2$의 부피비 $= 4 : 5$ 이므로
NH_3 4L
O_2 5L 라 하면

$5\text{L } O_2 \times \dfrac{100}{21} = 23.8\text{L 공기}$

$\dfrac{4}{4+23.8} \times 100 = 14.4\%$

07 다음 중 전도성 고분자가 아닌 것은?

① 폴리아닐린 ② 폴리피롤
③ 폴리실록산 ④ 폴리티오펜

해설

전도성 고분자
가볍고 가공이 쉬운 장점을 유지한 채 전기를 잘 통하는 플라스틱으로 대부분 전자수용체 또는 전자공여체를 고분자에 도포함으로써 높은 전도율을 얻는다.
예 폴리아닐린, 폴리아세틸렌, 폴리피롤, 폴리티오펜

08 암모니아와 산소를 이용하여 질산을 합성할 때, 생성되는 질산 용액의 농도(wt%)는?

① 68 ② 78
③ 88 ④ 98

해설

직접합성법
고농도 질산을 얻기 위한 방법으로, 암모니아를 산소와 반응시켜 78% HNO_3을 생성한다.

09 솔베이법과 염안소다법을 이용한 소다회 제조과정에 대한 비교 설명 중 틀린 것은?

① 솔베이법의 나트륨 이용률은 염안소다법보다 높다.
② 솔베이법이 염안소다법에 비하여 암모니아 사용량이 적다.
③ 솔베이법의 경우 CO_2를 얻기 위하여 석회석 소성을 필요로 한다.
④ 염안소다법의 경우 원료인 NaCl을 정제한 고체 상태로 반응계에 도입한다.

해설

솔베이법	• NaCl 이용률이 75% 미만 • NH_3 사용량이 상대적으로 적다. • CO_2를 얻기 위해 석회석 소성이 필요하다. $CaCO_3 \rightarrow CaO + CO_2$
염안소다법	• NaCl 이용률이 100% • NH_3 증류탑, 석회로가 필요 없고, 함수정제장치가 불필요하다. • NH_3 손실이 크다. • $NaHCO_3$ Scale 제거능력이 없다.

정답 05 ② 06 ④ 07 ③ 08 ② 09 ①

10 열경화성 수지와 열가소성 수지로 구분할 때 다음 중 나머지 셋과 분류가 다른 하나는?

① 요소 수지
② 폴리에틸렌
③ 염화비닐
④ 나일론

해설

열가소성 수지
가열 시 연화되어 외력을 가할 때 쉽게 변형되므로 이 상태로 성형, 가공한 후에 냉각하면 외력을 가하지 않아도 성형된 상태를 유지하는 수지
예 폴리에틸렌, 폴리프로필렌, 폴리염화비닐, 폴리스티렌, 아크릴수지, 불소수지, 폴리비닐아세테이트

열경화성 수지
가열하면 일단 연화되지만, 계속 가열하면 점점 경화되어 나중에는 온도를 올려도 용해되지 않고, 원상태로도 되돌아가지 않는 수지
예 페놀수지, 요소수지, 멜라민수지, 우레탄수지, 에폭시수지, 알키드수지, 규소수지

11 고분자 성형방법에 대한 설명으로 옳은 것은?

① 사출성형 : 고분자의 용융, 금형채움, 가압, 냉각단계로 성형하는 방법이다.
② 압축성형 : 온도를 가하여 고분자를 연화시킨 후 가열된 Roller 사이를 통과시켜 성형하는 방법이다.
③ 압출성형 : 성형재료를 금형의 빈 공간에 넣고 열을 가한 후 높은 압력을 가하여 성형하는 방법이다.
④ 압연성형 : 플라스틱 펠릿을 용융시킨 후 높은 압력으로 용융체를 다이(Die) 속으로 통과시켜 성형하는 방법이다.

해설

고분자 성형방법
- 사출성형 : 플라스틱을 녹인 후 금형에 넣어 고화시켜 성형품을 만드는 방법
- 압축성형 : 열경화성 수지나 열가소성 수지의 가장 일반적인 성형법. 성형재료를 금형의 오목한 부분에 넣고 압력과 열을 가하여 성형하는 방법
- 압출성형 : 열가소성 플라스틱을 가열·가압하여 유동상태로 하여 다이 속으로 통과시켜 성형하는 방법
- 압연성형 : 고분자를 연화시켜 롤러(Roller) 사이를 통과시켜 성형하는 방법

12 황산의 원료인 아황산가스를 황화철광(Iron Pyrite)을 공기로 완전연소하여 얻고자 한다. 황화철광의 10%가 불순물이라 할 때 황화철광 1톤을 완전연소하는 데 필요한 이론공기량은 표준상태 기준으로 약 몇 m³인가?(단, Fe의 원자량은 56이다.)

① 460
② 580
③ 2,200
④ 2,480

해설

$4FeS_2 + 11O_2 \rightarrow 2Fe_2O_3 + 8SO_2$
$1,000kg \times 0.9 : x$
$4 \times 120 \quad : 11 \times 32kg$
$\therefore x = 660kg$

$PV = \dfrac{w}{M}RT$

$V = \dfrac{wRT}{PM}$

$= \dfrac{660kg \times 0.082m^3 \, atm/kmol \, K \times 273K}{1atm \times 32kg/kmol}$

$= 462m^3$

$462m^3 \, O_2 \times \dfrac{100m^3 \, Air}{21m^3 \, O_2} = 2,198.6m^3$

13 수소화 정제법에 대한 설명으로 틀린 것은?

① 고온·고압하에서 촉매를 사용한다.
② 황, 질소 및 산소화합물 등을 제거하는 방법이다.
③ 원료유를 수소와 혼합하여 이용한다.
④ 환경오염 때문에 현재는 사용되지 않는다.

해설

수소화 정제법
- 수소 첨가, 촉매 이용으로 S, N, O, 할로겐 등의 불순물을 제거한다.
- 아스팔트질의 생성 억제가 가능하며, 촉매독이 제거된다.
- 황화합물 속의 황을 황화수소로, 산소화합물 속의 산소를 물로, 질소화합물 속의 질소를 암모니아로 각각 전환시켜 제거한다. → 환경오염 유발을 억제

정답 10 ① 11 ① 12 ③ 13 ④

14 자체만으로는 촉매작용이 없으나 촉매의 지지체로서 촉매의 유효면적을 증가시켜 촉매의 활성을 크게 하는 것은?

① Mixed Catalyst
② Co-Catalyst
③ Carrier
④ Catalyst Poison

해설
담체, Carrier
자체로는 촉매작용이 없으나 촉매의 지지 역할을 한다.
- Co-Catalyst : 조촉매
- Catalyst Poison : 촉매독

15 다음 중 고분자의 유리전이온도를 측정하는 방법이 아닌 것은?

① Differential Scanning Calorimetry
② Dilatometry
③ Thermal Gravimetric Analysis
④ Dynamic Mechanical Analysis

해설
유리전이온도 측정법
- DSC(Differential Scanning Calorimetry)
- DMA(Dynamic Mechanical Analysis)
- Dilatometry

16 접촉식 황산제조방법에 대한 설명 중 옳지 않은 것은?

① 백금, 바나듐 등의 촉매가 이용된다.
② SO_3는 물에만 흡수시켜야 한다.
③ 촉매층의 온도는 410~420℃로 유지하면 좋다.
④ 주요 공정별로 온도 조절이 중요하다.

해설
접촉식 황산제조법
Pt 또는 V_2O_5 촉매를 사용하여 SO_2를 공기 중의 산소와 산화시켜 SO_3로 전화시킨 후 98.3% 진한 황산에 흡수시켜 발연황산을 제조하는 방법

17 Polyvinyl Alcohol의 주원료 물질에 해당하는 것은?

① 비닐알코올
② 염화비닐
③ 초산비닐
④ 플루오르화비닐

해설
폴리비닐알코올(PVA)

$$\left[CH_2-CH \atop OCCH_3 \atop \| \atop O \right] + CH_3OH \xrightarrow{NaOH} \left[CH_2-CH \atop OH \right] + CH_3COONa$$

초산비닐 → PVA

18 공업적으로 테레프탈산을 제조하는 데 사용되는 반응은?

① 벤젠의 산화
② 나프탈렌의 산화
③ m-크실렌(Xylene)의 산화
④ p-크실렌(Xylene)의 산화

해설
① 벤젠의 산화

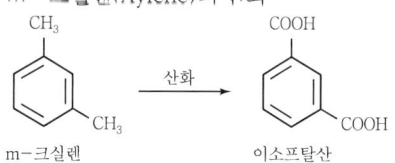
벤젠 → 말레산 무수물

② 나프탈렌의 산화

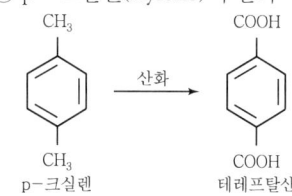
나프탈렌 → 프탈산 무수물

③ m-크실렌(Xylene)의 산화

m-크실렌 →(산화)→ 이소프탈산

④ p-크실렌(Xylene)의 산화

p-크실렌 →(산화)→ 테레프탈산

정답 14 ③ 15 ③ 16 ② 17 ③ 18 ④

19 다음 중 기하이성질체를 나타내는 고분자가 아닌 것은?

① 폴라부타디엔　　② 폴리클로로프렌
③ 폴리이소프렌　　④ 폴리비닐알코올

해설

기하이성질체

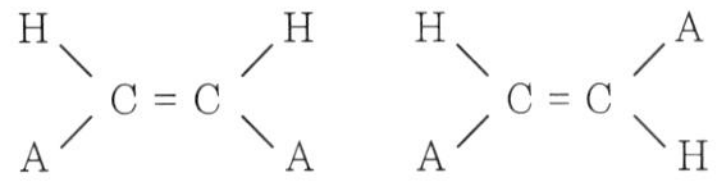

cis　　trans

① 부타디엔

폴리부타디엔

cis　　trans

② 클로로프렌

폴리클로로프렌

cis　　trans

③ 이소프렌

폴리이소프렌

cis　　trans

④ 비닐알코올

폴리비닐알코올

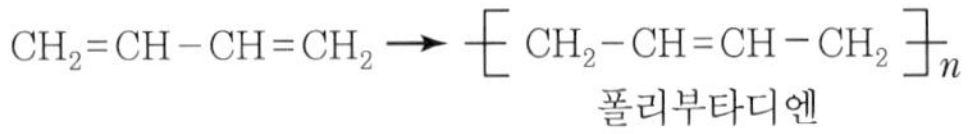

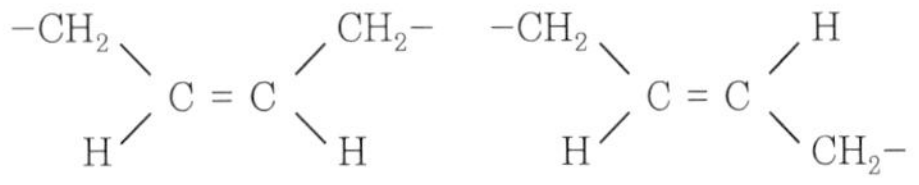

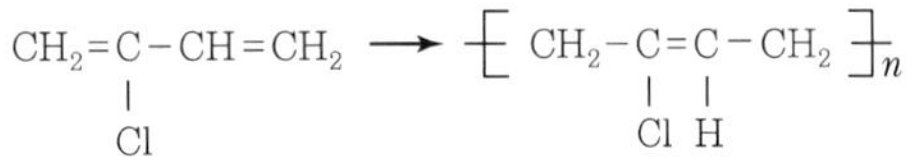

20 윤활유의 성상에 대한 설명으로 가장 거리가 먼 것은?

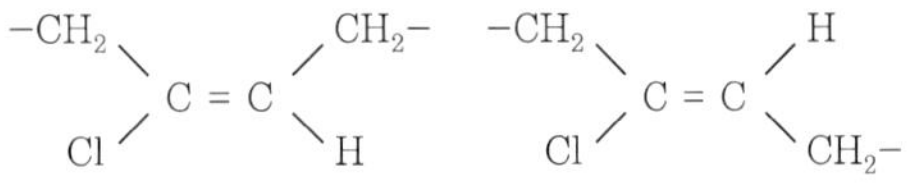

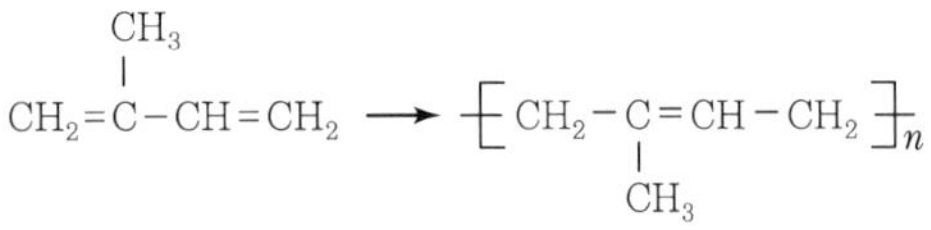

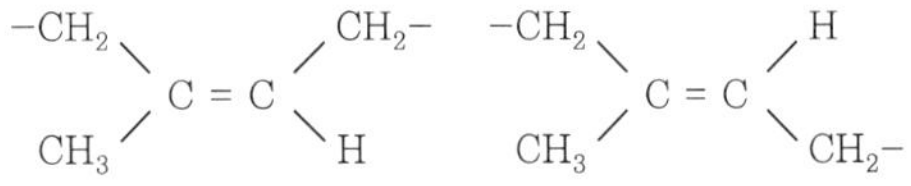

① 유막강도가 커야 한다.
② 적당한 점도가 있어야 한다.
③ 안정도가 커야 한다.
④ 인화점이 낮아야 한다.

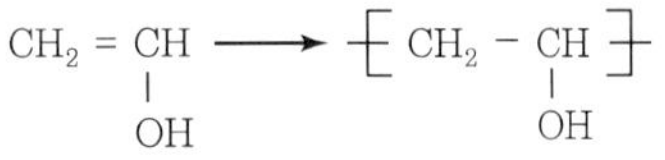

해설

윤활유

- 고체 표면에 안정한 기름막을 형성
- 적당한 점도
- 안정도가 커야 함(열, 산, 부식성이 적어야 함)
- 인화성이 없어야 함

2과목 반응운전

21 $2A \rightleftarrows B+C$의 기초반응식에서 반응속도식을 옳게 나타낸 것은?(단, k_1은 정반응 속도상수, k_2는 역반응 속도상수이다.)

① $-r_A = kC_A{}^2 - k_2C_BC_C$
② $-r_A = -kC_A{}^2 + k_2C_BC_C$
③ $-r_A = -kC_A{}^2 - k_2C_BC_C$
④ $-r_A = kC_A{}^2 + k_2C_BC_C$

해설

$2A \underset{k_2}{\overset{k_1}{\rightleftarrows}} B+C$ 기초반응

$-r_A = k_1C_A^2 - k_2C_BC_C$

정답 19 ④ 20 ④ 21 ①

22 $A \to 2R$인 기체상 반응은 기초 반응(Elementary Reaction)이다. 이 반응이 순수한 A로 채워진 부피가 일정한 회분식(Batch) 반응기에서 일어날 때 10분 반응 후 전화율이 80%이었다. 이 반응을 순수한 A를 사용하여 공간시간(Space Time)이 10분인 Mixed Flow 반응기에서 일으킬 경우 A의 전화율은 약 얼마인가?

① 91.5% ② 80.5%
③ 65.5% ④ 51.5%

해설

$A \to 2R$ 기초반응

⟨batch⟩ $-kt = \ln(1 - X_A)$
$-k \times 10\text{min} = \ln(1 - 0.8)$
$\therefore k = 0.161$

순수한 A이므로 $y_{A0} = 1$
$\varepsilon_A = y_{A0}\delta = 1 \times \dfrac{2-1}{1} = 1$

⟨CSTR⟩ $k\tau = \dfrac{X_A}{1-X_A}(1 + \varepsilon_A X_A)$

$0.161 \times 10\text{min} = \dfrac{X}{1-X}(1+X)$

$X^2 + 2.61X - 1.61 = 0$

근의 공식 이용 $X = \dfrac{-2.61 \pm \sqrt{2.61^2 + (4)(1.61)}}{2}$

$\therefore X = 0.515$

23 적당한 조건에서 A는 다음과 같이 분해되고 원료 A의 유입속도가 100L/h일 때 R의 농도를 최대로 하는 플러그흐름반응기의 크기는?(단, $k_1 = 0.2/\text{min}$, $k_2 = 0.2/\text{min}$이고 $C_{A0} = 1\text{mol/L}$, $C_{R0} = C_{S0} = 0$이다.)

$$A \xrightarrow{k_1} R \xrightarrow{k_2} S$$

① 5.33L ② 6.33L
③ 7.33L ④ 8.33L

해설

$k_1 = k_2$

$\tau_{p \cdot opt} = \dfrac{\ln \dfrac{k_2}{k_1}}{k_2 - k_1}$ (일반식)

$\tau_{p \cdot opt} = \dfrac{1}{k}$ ($k_1 = k_2 = k$일 때)

$\tau = \dfrac{V}{v_0}$ $V = \tau v_0 = \dfrac{100\text{L/h} \times 1\text{h}/60\text{min}}{0.2\text{min}^{-1}} ≒ 8.33\text{L}$

24 속도상수에 관한 설명으로 옳지 않은 것은?

① 속도상수 k의 지수함수항 값은 같은 온도에서 활성화 에너지가 작아질수록 커진다.
② 속도상수 k값은 온도가 올라갈수록 커진다.
③ 속도상수의 활성화 에너지와 온도의존성을 제안한 사람은 Arrhenius이다.
④ 어떤 1개소의 온도에서 속도상수 k를 측정하면 활성화 에너지를 알 수 있다.

해설

속도상수
$k = Ae^{-E_a/RT}$
$\ln \dfrac{k_2}{k_1} = \dfrac{E_a}{R}\left(\dfrac{1}{T_1} - \dfrac{1}{T_2}\right)$

$\therefore$ 2개의 온도에서 속도상수 k를 측정해야 활성화 에너지를 알 수 있다.

25 반응물 A가 다음의 평행반응으로 혼합흐름반응기에서 반응한다. 이 반응에서 복하는 생성물의 순간적인 수득분율의 최댓값은 얼마인가?(단, S는 목적하는 생성물, R과 T는 목적하지 않는 생성물이다.)

• $A \xrightarrow{k_1} R$, $r_R = 1$	• $A \xrightarrow{k_1} S$, $r_S = 3.0C_A$
• $A \xrightarrow{k_1} T$, $r_T = 1.0C_A^2$	

① 0.5 ② 0.6
③ 0.7 ④ 0.8

정답 22 ④ 23 ④ 24 ④ 25 ②

해설

㉠ $\phi = \dfrac{dC_S}{-dC_A} = \dfrac{r_S}{-r_A} = \dfrac{3C_A}{1+3C_A+C_A^2}$

㉡ 최댓값

$\dfrac{(분자)'(분모)-(분자)(분모)'}{(분모)^2}=0$ 이므로

$\dfrac{3(1+3C_A+C_A^2)-3C_A(3+2C_A)}{(1+3C_A+C_A)^2}=0$

분자가 0이 되어야 하므로
$3+9A+3C_A^2 = 9C_A+6C_A^2$
$3C_A^2 = 3$
$\therefore C_A = 1$

㉢ 목적하는 생성물(S)의 순간적인 수득분율의 최댓값
$= \dfrac{3}{1+3+1} = \dfrac{3}{5} = 0.6$

---

26 액상 순환반응($A \rightarrow P$, 1차)의 순환율이 ∞일 때 총괄 전화율은?

① 관형 흐름반응기의 전화율보다 크다.
② 완전혼합흐름반응기의 전화율보다 크다.
③ 완전혼합흐름반응기의 전화율과 같다.
④ 관형 흐름반응기의 전화율과 같다.

해설

- R(순환율)$=0$: PFR
- $R = \infty$: CSTR

---

27 반감기가 20h인 어떤 방사성 유체를 200L/h의 속도로 각각 용적이 40,000L인 2개의 직렬교반조를 통과하여 처리하였다. 이 반응기를 통과함으로써 방사능은 몇 % 감소되는가?(단, 방사선 붕괴를 1차 반응으로 간주한다.)

① 95.8% ② 96.8%
③ 97.8% ④ 98.4%

해설

㉠ 1차 반응의 반감기
$t_{1/2} = \dfrac{\ln 2}{k}$
$\therefore k = \dfrac{\ln 2}{t_{1/2}} = \dfrac{\ln 2}{20}$

㉡ 같은 크기 N개의 CSTR을 직렬로 연결할 때 최종전화율 X_{Af}
$\dfrac{C_o}{C_N} = \dfrac{1}{1-X_{Af}} = (1+k_m\tau)^N$
$1-X_{Af} = (1+k_m\tau)^{-N}$
$\therefore X_{Af} = 1-(1+k_m\tau)^{-N}$

㉢ $\tau = \dfrac{V}{v_0} = \dfrac{40,000\text{L}}{200\text{L/h}} = 200\text{h}$, $N=2$이므로
$X_{Af} = 1-\left(1+\dfrac{\ln 2}{20}\cdot 200\right)^{-2} = 0.984(98.4\%)$

---

28 효소반응에 의해 생체 내 단백질을 합성할 때에 대한 설명으로 틀린 것은?

① 실온에서 효소반응의 선택성은 일반적인 반응과 비교해서 높다.
② Michaelis−Menten 식이 사용될 수 있다.
③ 효소반응은 시간에 대해 일정한 속도로 진행된다.
④ 효소와 기질은 반응 효소−기질 복합체를 형성한다.

해설

효소반응
Michaelis−Menten 식
$-r_A = r_R = \dfrac{kC_{E_0}C_A}{C_M+C_A}$

여기서, C_{E_0} : 효소 농도, C_M : 미카엘리스 상수

---

29 연속반응 $A \xrightarrow{k_1} R \xrightarrow{k_2} S$에서 $C_S = C_{A0}[1-\exp(-k_1 t)]$인 경우 반응속도상수의 관계를 가장 옳게 나타낸 것은?

① $k_2 \gg k_1$ ② $k_2 = k_1$
③ $k_2 + k_1 = 0$ ④ $k_2 \ll k_1$

정답 26 ③ 27 ④ 28 ③ 29 ①

해설

$$A \xrightarrow{k_1} R \xrightarrow{k_2} S$$

$$\frac{C_A}{C_{A0}} = e^{-k_1 t}$$

$$\frac{C_R}{C_{A0}} = \frac{k_1}{k_2 - k_1}(e^{-k_1 t} - e^{-k_2 t})$$

$$\frac{C_S}{C_{A0}} = 1 + \frac{k_2}{k_1 - k_2} e^{-k_1 t} + \frac{k_1}{k_2 - k_1} e^{-k_2 t}$$

㉠ $k_2 \gg k_1$ 일 때

$$\frac{C_S}{C_{A0}} = 1 - e^{-k_1 t}$$

㉡ $k_1 \gg k_2$ 일 때

$$\frac{C_S}{C_{A0}} = 1 - e^{-k_2 t}$$

30 다음과 같이 진행되는 반응은 어떤 반응인가?

> Reactants → (Intermediates)*
> (Intermediates)* → Products

① Non-Chain Reaction
② Chain Reaction
③ Elementary Reaction
④ Nonelementary Reaction

해설

㉠ 연쇄반응(Chain Reaction)
- 개시단계 : 반응물 → (중간체)*
- 전파단계 : (중간체)*＋반응물 → (중간체)*＋생성물
- 정지단계 : (중간체)* → 생성물

㉡ 비연쇄반응
  반응물 → (중간체)*
  (중간체)* → 생성물

㉢ 기초반응(Elementary Reaction)
  반응속도식이 화학양론수에 맞는 반응

㉣ 비기초반응
  반응속도식이 화학양론수와 관계없는 반응

31 평형의 의미를 옳게 나타낸 것은?

① 거시적인 척도나 미시적인 척도에서 모두 변화가 없는 상태
② 미시적인 척도에서는 변화가 있지만 거시적인 척도에서는 변화가 없는 상태
③ 거시적인 척도에서는 변화가 있지만 미시적인 척도에서는 변화가 없는 상태
④ 거시적인 척도나 미시적인 척도에서 모두 변화가 있는 상태

해설

평형
- 거시적 척도 : 시간에 따라 변하지 않는 정지된 상태
- 미시적 척도 : 정지된 것이 아니라, 시간에 따라 변화하는 상태

32 그림과 같은 공기표준 오토 사이클의 효율을 옳게 나타낸 식은?(단, a는 압축비이고, γ은 비열비이다.)

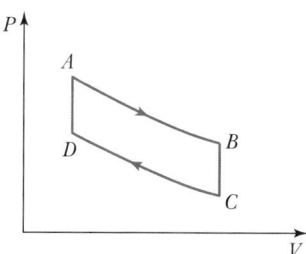

① $1 - a^{\gamma}$
② $1 - a^{\gamma - 1}$
③ $1 - \left(\dfrac{1}{a}\right)^{\gamma}$
④ $1 - \left(\dfrac{1}{a}\right)^{\gamma - 1}$

해설

공기표준 Otto 사이클
- CD : 가역단열압축과정
- DA : 등적과정(열흡수)
- AB : 가역단열팽창과정
- BC : 등적과정(냉각)

효율 $\eta = 1 - \dfrac{T_B - T_C}{T_A - T_D} = 1 - \left(\dfrac{1}{a}\right)^{\gamma - 1}$

압축비 $a = \dfrac{V_C}{V_D}$

정답 30 ① 31 ② 32 ④

33 벤젠과 톨루엔으로 된 이상용액이 110℃, 2atm에서 기액평형을 이루고 있다. 증기 중 벤젠의 몰분율은? (단, 110℃에서 벤젠의 증기압은 1,750mmHg, 톨루엔의 증기압은 760mmHg이다.)

① 0.64 ② 0.77
③ 0.88 ④ 0.94

해설
$P = P_A x_A + P_B(1-x_A)$
$2 \times 760 \, mmHg = 1,750 \times x_A + 760(1-x_A)$
$\therefore x_A = 0.768$
$y_A = \dfrac{P_A x_A}{P} = \dfrac{1,750 \times 0.768}{2 \times 760} = 0.88$

34 어떤 화학반응의 평형상수에 대한 온도의 미분계수가 $\left(\dfrac{\partial \ln K}{\partial T}\right)_P > 0$으로 표시된다. 이 반응에 대하여 옳게 설명한 것은?

① 흡열반응이며, 온도 상승에 따라 K 값은 커진다.
② 발열반응이며, 온도 상승에 따라 K 값은 커진다.
③ 흡열반응이며, 온도 상승에 따라 K 값은 작아진다.
④ 발열반응이며, 온도 상승에 따라 K 값은 작아진다.

해설
$\dfrac{d \ln K}{dT} = \dfrac{\Delta H°}{RT^2}$
- $\Delta H° > 0$: 흡열반응이며, 온도가 증가할 때 K가 증가
- $\Delta H° < 0$: 발열반응이며, 온도가 증가할 때 K가 감소

35 산소 1mol이 25℃에서 100atm으로부터 10atm까지 가역적으로 단열팽창하였을 때의 최종 부피는 몇 L인가?(단, 비열비는 1.4이고 산소는 이상기체로 가정한다.)

① 1.268 ② 2.168
③ 3.804 ④ 4.336

해설
$\left(\dfrac{P_1}{P_2}\right) = \left(\dfrac{V_2}{V_1}\right)^\gamma$

$V_1 = \dfrac{nRT}{P_1} = \dfrac{1 \times 0.082 \times 298}{100} = 0.244 \, L$

$\left(\dfrac{100 \, atm}{10 \, atm}\right) = \left(\dfrac{V_2}{0.244}\right)^{1.4}$

$\therefore V_2 = 0.244 \left(\dfrac{100}{10}\right)^{\frac{1}{1.4}} = 1.26 \, L$

36 기상 반응계에서 평형상수 K가 다음과 같이 표시되는 경우는?(단, K는 성분 i의 양론계수이고, $\nu = \sum_i \nu_i$이다.)

$$K = \left(\dfrac{P}{P°}\right)^\nu \prod_i y_i^{\nu_i}$$

① 평형혼합물이 이상기체이다.
② 평형혼합물이 이상용액이다.
③ 반응에 따른 몰수 변화가 없다.
④ 반응열이 온도에 관계없이 일정하다.

해설
$K = \left(\dfrac{P}{P°}\right)^\nu \prod_i y_i^{\nu_i}$

$\prod_i (y_i \phi_i)^{\nu_i} = \left(\dfrac{P}{P°}\right)^{-\nu} K$

$\phi_i = 1 \rightarrow$ 이상기체

$\prod_i (y_i)^{\nu_i} = \left(\dfrac{P}{P°}\right)^{-\nu} K$

$\therefore K = \left(\dfrac{P}{P°}\right)^\nu \prod_i (y_i)^{\nu_i}$

37 아보가드로수(N_A)와 기체상수(R)의 관계를 옳게 표현한 식은?(단, k는 볼츠만상수, h는 플랑크상수이다.)

① $R = kN_A$ ② $R = \dfrac{k}{N_A}$
③ $R = hN_A$ ④ $R = \dfrac{N_A}{h}$

정답 33 ③ 34 ① 35 ① 36 ① 37 ①

해설

Boltzmann 식
$S = k \ln \Omega$

여기서, Ω : 열역학적 확률

$k = \dfrac{R}{N_A}$: Boltzmann 상수

여기서, R : 기체상수
N_A : 아보가드로수

38 1,100K, 1bar에서 2mol의 H_2O와 1mol의 CO가 다음과 같이 전이 반응한다. 이 반응의 표준 깁스(Gibbs) 에너지 변화는 $\Delta G° = 0$이다. 혼합물을 이상기체로 가정하면 반응한 수증기의 분율은?

$$CO(g) + H_2O(g) \rightarrow CO_2(g) + H_2(g)$$

① 0.333 ② 0.367
③ 0.500 ④ 0.667

해설

CO	+	H_2O	→	CO_2	+	H_2
1mol		2mol				
-1		-1		$+1$		$+1$
0		1		1		1

$y_{H_2O} = \dfrac{1\,mol}{3\,mol} = 0.33$

39 퓨가시티(Fugacity) f_i 및 퓨가시티 계수 ϕ_i에 관한 설명으로 틀린 것은?(단, $\phi_i = \dfrac{f_i}{P}$ 이다.)

① 이상기체에 대한 $\dfrac{f_i}{P}$의 값은 1이 된다.

② 잔류 깁스(Gibbs) 에너지 G_i^R과 ϕ_i의 관계는 $G_i^R = RT \ln \phi_i$로 표시된다.

③ 퓨가시티 계수 ϕ_i의 단위는 압력의 단위를 가진다.

④ 주어진 성분의 퓨가시티가 모든 상에서 동일할 때 접촉하고 있는 상들은 평형 상태에 도달할 수 있다.

해설

$G^R = G - G^{ig} = RT \ln \dfrac{f_i}{P} = RT \ln \phi_i$

여기서, f_i : 퓨가시티
P : 압력
ϕ_i : 퓨가시티 계수(무차원)

이상기체 $\phi_i = 1$

40 실험실에서 부동액으로서 30mol% 메탄올 수용액 4L를 만들려고 한다. 25℃에서 4L의 부동액을 만들기 위하여 25℃의 물과 메탄올을 각각 몇 L씩 섞어야 하는가?

25℃	순수성분	30mol%의 메탄올 수용액의 부분 mole 부피
메탄올	40.727cm³/g mol	38.632cm³/g mol
물	18.068cm³/g mol	17.765cm³/g mol

① 메탄올=2.000L, 물=2.000L
② 메탄올=2.034L, 물=2.106L
③ 메탄올=2.064L, 물=1.936L
④ 메탄올=2.100L, 물=1.900L

해설

x : MeOH의 몰수, y : H_2O의 몰수

$38.632x + 17.765y = 4,000$ ⎤ 연립방정식을 풀면
$\dfrac{x}{x+y} = 0.3 \rightarrow 0.7x = 0.3y$ ⎦

$x = 49.95, y = 116.55\,mol$

∴ $49.95\,mol \times 40.727\,cm^3/mol = 2,034\,cm^3 = 2.034L$
$116.55\,mol \times 18.068\,cm^3/mol = 2,105.8\,cm^3 = 2.106L$

정답 38 ① 39 ③ 40 ②

3과목 단위공정관리

41 18℃, 1atm에서 $H_2O(l)$의 생성열은 -68.4kcal/mol이다. 18℃, 1atm에서, $C(s)+H_2O(l) \to CO(g) + H_2(g)$의 반응열이 42kcal이다. 이를 이용하여 18℃, 1atm에서의 $CO(g)$ 생성열을 구하면 몇 kcal/mol인가?

① $+110.4$ ② $+26.4$
③ -26.4 ④ -110.4

해설

$C(s)+H_2O(l) \to CO(g)+H_2(g)$ $\Delta H_R = 42\,kcal$
$H_2 + \frac{1}{2}O_2 \to H_2O(l)$ $\Delta H_f = -68.4\,kcal$
$\therefore C(s) + \frac{1}{2}O_2(g) \to CO(g)$ $\Delta H = 42 - 68.4$
$\qquad\qquad\qquad\qquad\qquad = -26.4\,kcal/mol$

42 공급원료 1몰을 원료공급단에 넣었을 때 그중 증류탑의 탈거부(Stripping Section)로 내려가는 액체의 몰수를 q로 정의한다면, 공급원료가 차가운 액체일 때 q값은?

① $q>1$ ② $0<q<1$
③ $-1<q<0$ ④ $q<-1$

해설

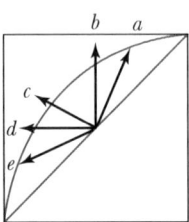

- $a(q>1)$: 차가운 원액
- $b(q=1)$: 비등에 있는 원액(포화원액)
- $c(0<q<1)$: 부분적으로 기화된 원액
- $d(q=0)$: 노점에 있는 원액(포화증기)
- $e(q<0)$: 과열증기 원액

43 기체흡수에 관한 설명으로 옳은 것은?

① 기체속도가 일정하고 액 유속이 줄어들면 조작선의 기울기는 증가한다.
② 액/기(L/V)비가 크면 조작선과 평형선의 거리가 줄어서 흡수탑의 길이가 길어진다.
③ 일반적으로 경제적인 조업을 위해서는 조작선과 평형선이 대략 평행이 되어야 한다.
④ 향류 흡수탑의 경우에는 한계 기액비가 흡수탑의 경제성에 별로 영향을 미치지 않는다.

해설

액/기(L/V)비

- 기체속도가 일정하고 액 유속이 줄어들면 조작선의 기울기는 감소한다.
- 조작선과 평형곡선의 간격이 클수록 흡수의 추진력이 커지므로 흡수탑의 높이는 작아도 된다.
- L/V비는 맞흐름탑에서 흡수의 경제성에 미치는 영향이 크다.

44 벤젠 40mol%와 톨루엔 60mol%의 혼합물을 100kmol/h의 속도로 정류탑에 비점의 액체상태로 공급하여 증류한다. 유출액 중의 벤젠 농도는 95mol%, 관출액 중의 농도는 5mol%일 때 최소 환류비는 약 얼마인가? (단, 벤젠과 톨루엔의 순성분 증기압은 각각 1,016, 405mmHg이다.)

① 0.63 ② 1.4
③ 2.51 ④ 3.4

해설

$\alpha(\text{비휘발도}) = \dfrac{P_B^*}{P_T^*} = \dfrac{1,016}{405} = 2.51$

$y = \dfrac{\alpha x}{1+(\alpha-1)x}$
$\quad = \dfrac{2.51 \times 0.4}{1+(2.51-1)\times 0.4} = 0.626 ≒ 0.63$

$R_{Dm} = \dfrac{x_D - y_f}{y_f - x_f}$
$\quad = \dfrac{0.95 - 0.63}{0.63 - 0.4} = 1.39 ≒ 1.4$

45 순수한 산소와 공기를 혼합하여 60vol%의 산소가 포함된 산소, 질소 혼합물을 만들려고 한다. 혼합물 제조 시 필요한 공기와 산소의 부피비를 옳게 나타낸 것은? (단, 공기는 산소 21vol%, 질소 79vol%이다.)

① 1 : 0.465
② 1 : 0.580
③ 1 : 0.673
④ 1 : 0.975

해설

$$\text{Air} \begin{cases} 21\% \ O_2 \\ 79\% \ N_2 \end{cases} + xO_2 \rightarrow \begin{matrix} O_2 : 60\% \\ N_2 : 40\% \end{matrix}$$

$79 : (x+21) = 40 : 60$
$\therefore x = 97.5$
$\therefore$ Air : O_2 = 100 : 97.5 = 1 : 0.975

46 14.8vol%의 아세톤을 함유하는 질소혼합 기체가 20℃, 745mmHg하에 있다. 비교습도는 약 얼마인가? (단, 20℃에서 아세톤의 포화증기압은 184.8mmHg 이다.)

① 92%
② 88%
③ 53%
④ 20%

해설

$p_v = 745\text{mmHg} \times 0.148 = 110.26\text{mmHg}$

$H_P = \dfrac{p_v}{p_s} \times \dfrac{P-p_s}{P-p_v} \times 100$

$= \dfrac{110.26}{184.8} \times \dfrac{745-184.8}{745-110.26} \times 100$

$= 52.66\%$

47 과즙이나 젤라틴 등을 농축하는 데 가장 적합한 증발법은 다음 중 어느 것인가?

① 진공증발
② 고온증발
③ 다중 효용증발
④ 고압증발

해설

진공증발
과즙이나 젤라틴과 같이 열에 예민한 물질을 증발시킬 경우 진공증발함으로써 저온에서 증발시킬 수 있어 열에 의한 변질을 방지할 수 있다.

48 자유표면이 있는 액체가 경사면을 흘러가고 있다. 속도구배가 완전히 발달한 층류로 층의 두께가 일정하다고 할 때 층의 두께는 1mm이다. 액체 부하를 포함하여 다른 조건이 동일하고 유체의 밀도만 2배가 될 때 층의 두께는 약 얼마인가?

① 0.53mm
② 0.63mm
③ 1.59mm
④ 2.59mm

해설

$\dot{m} = \rho \bar{u} A$

$= \rho \times (\delta \times w) \times \dfrac{\rho g \delta^2 \cos\theta}{3\mu}$

$= \dfrac{\rho^2 g \delta^3 w \cos\theta}{3\mu}$

밀도를 제외한 다른 조건은 동일하므로

$\delta^3 \propto \dfrac{1}{\rho^2}$

$\delta \propto \rho^{-\frac{2}{3}}$

$\delta \propto 2^{-\frac{2}{3}} = 0.63$배

$\therefore \delta = 1 \times 0.63 = 0.63\text{mm}$

49 수직관식 증발관이 수평관식 증발관보다 좋은 이유가 아닌 것은?

① 열전달 계수가 크다.
② 관석이 생성될 경우 가열관 청소가 용이하다.
③ 증기 중의 비응축 기체의 탈기효율이 좋다.
④ 증발효과가 좋다.

해설

수평관식	수직관식
• 액층이 깊지 않아 비점 상승도가 작다. • 증기 측의 비응축기체 탈기효율이 좋다.	• 액의 순환이 좋으므로 열전달계수가 커서 증발효과가 좋다. • 관석이 생성될 경우 가열관의 청소가 쉽다. • 수직관식이 더 많이 사용되며 관석의 생성 염려가 없을 때에만 수평관식을 사용한다.

정답 45 ④ 46 ③ 47 ① 48 ② 49 ③

50 탑 내에서 기체속도를 점차 증가시키면 탑 내 액정체량(Hold Up)이 증가함과 동시에 압력손실은 급격히 증가하여 액체가 아래로 이동하는 것을 방해할 때의 속도를 무엇이라고 하는가?

① 평균속도
② 부하속도
③ 초기속도
④ 왕일속도

해설
- 편류(Channeling, 채널링) : 액이 한곳으로만 흐르는 현상
- 부하속도 : 기체의 속도가 차차 증가하면 탑 내의 액체유량이 증가한다. 이때의 속도를 부하속도라 하며, 흡수탑의 작업은 부하속도를 넘지 않는 범위 내에서 해야 한다.
- 왕일점(Flooding Point, 범람점) : 기체의 속도가 아주 커서 액이 거의 흐르지 않고 넘치는 점으로 향류조작이 불가능하다.

51 15℃에서 포화된 NaCl 수용액 100kg을 65℃로 가열하였을 때 이 용액에 추가로 용해시킬 수 있는 NaCl은 약 몇 kg인가?(단, 15℃에서 NaCl의 용해도는 6.12kmol/1,000kg H₂O, 65℃에서 NaCl의 용해도는 6.37kmol/1,000kg H₂O이다.)

① 1.1
② 2.1
③ 3.1
④ 4.1

해설
- 15℃에서 $6.12 \text{kmol} \times \dfrac{58.5\text{kg}}{1\text{kmol}} = 358\text{kg NaCl}/1,000\text{kg H}_2\text{O}$

  $1,358\text{kg} : 358\text{kg} = 100\text{kg} : x$
  ∴ $x = 26.36\text{kg NaCl}$, 물 $= 73.64\text{kg H}_2\text{O}$

- 65℃에서 $6.37 \text{kmol} \times \dfrac{58.5\text{kg}}{1\text{kmol}} = 372.6\text{kg}$

  $1,000\text{kg} : 372.6\text{kg} = 73.64\text{kg} : y$
  ∴ $y = 27.44\text{kg NaCl}$

∴ $27.44 - 26.36 = 1.08\text{kg}$ 더 용해할 수 있다.

52 비중이 1인 물이 흐르고 있는 관의 양단에 비중이 13.6인 수은으로 구성된 U자형 마노미터를 설치하여 수은의 높이차를 측정해보니 약 33cm이었다. 관 양단의 압력차(기압)는 얼마인가?

① 0.2
② 0.4
③ 0.6
④ 0.8

해설
$\Delta P = \dfrac{g}{g_c}(\rho_A - \rho_B)R$

$= \dfrac{\text{kg}_f}{\text{kg}}(13.6 - 1) \times 1,000\text{kg/m}^3 \times 0.33\text{m}$

$= 4,158\text{kg}_f/\text{m}^2 \times 1\text{m}^2/100^2\text{cm}^2 \times \dfrac{1\text{atm}}{1.0332\text{kg}_f/\text{cm}^2}$

$= 0.4\text{atm}$ (기압)

53 반경이 R인 원형파이프를 통하여 비압축성 유체가 층류로 흐를 때의 속도분포는 다음 식과 같다. v는 파이프 중심으로부터 벽 쪽으로의 수직거리 r에서의 속도이며, $V_{\max}$는 중심에서의 최대속도이다. 파이프 내에서 유체의 평균속도는 최대속도의 몇 배인가?

$$v = V_{\max}(1 - r/R)$$

① 1/2
② 1/3
③ 1/4
④ 1/5

해설
평균유속 $v_{av} = \bar{v} = \bar{u}$
$\dot{m} = \rho \bar{u} A = \rho Q$
  여기서, $\dot{m}$: 질량유량
  Q : 부피유량
$\bar{u} = \dfrac{\dot{m}}{\rho A} = \dfrac{1}{A}\int_A u\, dA$
관의 단면적 $A = \pi r^2$, $dA = 2\pi r\, dr$

정답 50 ② 51 ① 52 ② 53 ②

$$\therefore \bar{u} = \frac{1}{A}\int u\,dA = \frac{1}{\pi R^2}\int_0^R u \cdot 2\pi r\,dr$$
$$= \frac{1}{\pi R^2}\int_0^R V_{\max}\left(1-\frac{r}{R}\right)\cdot 2\pi r\,dr$$
$$= \frac{2\pi}{\pi R^2}V_{\max}\int_0^R \left(r-\frac{r^2}{R}\right)dr$$
$$= \frac{2}{R^2}V_{\max}\left[\frac{1}{2}r^2-\frac{1}{3R}r^3\right]_0^R$$
$$= \frac{2}{R^2}V_{\max}\left(\frac{1}{2}R^2-\frac{1}{3}R^2\right) = \frac{1}{3}V_{\max}$$

54 전압이 1atm에서 n-헥산과 n-옥탄의 혼합물이 기-액 평형에 도달하였다. n-헥산과 n-옥탄의 순성분 증기압이 1,025mmHg와 173mmHg이다. 라울의 법칙이 적용될 경우 n-헥산의 기상 평형 조성은 약 얼마인가?

① 0.93 ② 0.69
③ 0.57 ④ 0.49

해설
$760 = 1,025x_A + 173(1-x_A)$
$\therefore x_A = 0.689$
$y_A = \dfrac{p_A}{P} = \dfrac{P_A x_A}{P}$
$= \dfrac{1,025 \times 0.689}{760} = 0.93$

55 매우 넓은 2개의 평행한 회색체 평면이 있다. 평면 1과 2의 복사율은 각각 0.8, 0.6이고 온도는 각각 1,000K, 600K이다. 평면 1에서 2까지의 순복사량은 얼마인가? (단, Stefan-Boltzman 상수는 $5.67 \times 10^{-8} W/m^2 K^4$ 이다.)

① 12,874W/m² ② 25,749W/m²
③ 33,665W/m² ④ 47,871W/m²

해설
$q = \sigma A \mathcal{F}_{1,2}(T_1^4 - T_2^4)$, $A_1 \fallingdotseq A_2$
여기서, $\sigma = 5.67 \times 10^{-8} W/m^2 K^4$

$$\mathcal{F}_{1,2} = \frac{1}{\dfrac{1}{F_{1,2}}+\left(\dfrac{1}{\varepsilon_1}-1\right)+\dfrac{A_1}{A_2}\left(\dfrac{1}{\varepsilon_2}-1\right)}$$
$$= \frac{1}{1+\left(\dfrac{1}{0.8}-1\right)+\left(\dfrac{1}{0.6}-1\right)}$$

$$\therefore \frac{q}{A} = (5.67 \times 10^{-8})\left(\frac{1}{\dfrac{1}{0.8}+\dfrac{1}{0.6}-1}\right)\times(1,000^4 - 600^4)$$
$= 25,749 W/m^2$

56 교반기 중 점도가 높은 액체의 경우에는 적합하지 않으나 점도가 낮은 액체의 다량 처리에 많이 사용되는 것은?

① 프로펠러(Propeller)형 교반기
② 리본(Ribbon)형 교반기
③ 앵커(Anchor)형 교반기
④ 나선형(Screw)형 교반기

해설
• 프로펠러형 교반기
  점도가 높은 액체나 무거운 고체가 섞인 액체의 교반에는 적당치 못하며, 점도가 낮은 액체의 다량 처리에 적합하다.
• 리본형 교반기, 나선형 교반기
  점도가 큰 액체에 사용, 교반, 운반

57 에탄과 메탄으로 혼합된 연료가스가 산소와 질소 각각 50mol%씩 포함된 공기로 연소된다. 연소 후 연소가스 조성은 CO_2 25mol%, N_2 60mol%, O_2 15mol%이었다. 이때 연료가스 중 메탄의 mol%는?

① 25.0 ② 33.3
③ 50.0 ④ 66.4

해설
$CH_4 + C_2H_6 + 6O_2 + 6N_2 \rightarrow 3CO_2 + 6N_2 + \dfrac{1}{2}O_2 + 5H_2O$

| 1 | 1 | 6 | 6 | 3 | 6 | $\dfrac{1}{2}$ | 5 |

60mol 60mol 25mol% 60mol% 15mol%

정답 54 ① 55 ② 56 ① 57 ②

$CO_2 + O_2 + N_2 = 100$mol 기준
공기의 양을 Amol이라 하면
$N_2 : A \times 0.5 = 100 \times 0.6$
$\therefore A = 120$mol
  $O_2 : 60$mol, $N_2 : 60$mol
60mol O_2 - 15mol O_2 = 45mol O_2(반응에 소모)

$CH_4 + 2O_2 \rightarrow CO_2 + 2H_2O$
  1 : 2 : 1
  x : $2x$: x

$C_2H_6 + \frac{7}{2}O_2 \rightarrow 2CO_2 + 3H_2O$
  1 : $\frac{7}{2}$: 2
  y : $\frac{7}{2}y$: $2y$

O_2 소모량 : $2x + \frac{7}{2}y = 45$ ⎤ 연립방정식을 풀면
CO_2 생성량 : $x + 2y = 25$ ⎦ $x=5$ $y=10$

$\frac{x}{x+y} = \frac{5}{5+10} \times 100 = 33.3\%$

58 액액추출의 추제 선택 시 고려해야 할 사항으로 가장 거리가 먼 것은?

① 선택도가 큰 것을 선택한다.
② 추질과의 비중차가 적은 것을 선택한다.
③ 비점이 낮은 것을 선택한다.
④ 원용매를 잘 녹이지 않는 것을 선택한다.

해설

추제의 선택
- 선택도가 커야 한다.
  선택도 $\beta = \frac{y_A/y_B}{x_A/x_B} = \frac{y_A/x_A}{y_B/x_B} = \frac{k_A}{k_B}$
  여기서, k : 분배계수
- 회수가 용이해야 한다.
- 값이 싸고 화학적으로 안정해야 한다.
- 비점 및 응고점이 낮으며, 부식성과 유동성이 적고 추질과의 비중차가 클수록 좋다.

59 Fick의 법칙에 대한 설명으로 옳은 것은?

① 확산속도는 농도구배 및 접촉면적에 반비례한다.
② 확산속도는 농도구배 및 접촉면적에 비례한다.
③ 확산속도는 농도구배에 반비례하고 접촉면적에 비례한다.
④ 확산속도는 농도구배에 비례하고 접촉면적에 반비례한다.

해설

Fick의 법칙
$N_A = \frac{dn_A}{d\theta} = -D_G A \frac{dC_A}{dx}$ (kmol/h)
  여기서, D_G : 분자확산계수(m²/h)

확산속도는 농도구배에 비례하고, 접촉면적에 비례한다.

60 고체면에 접하는 유체의 흐름에 있어서 경계층이 분리되고 웨이크(Wake)가 형성되어 발생하는 마찰현상을 나타내는 용어는?

① 두손실(Head Loss)
② 표면마찰(Skin Friction)
③ 형태마찰(Form Friction)
④ 자유난류(Free Turbulent)

해설

㉠ 마찰
  - 표면마찰 : 경계층이 분리되지 않을 때의 마찰
  - 형태마찰 : 경계층이 분리되어 웨이크가 형성되면, 이 웨이크 안에서 에너지가 더욱 손실된다. 이러한 마찰은 고체의 위치와 모양에 따라 달라지므로 형태마찰이라 한다.
㉡ 두손실(Head Loss)
  유체가 장치 안을 통과할 때 손실되는 에너지의 양
㉢ 자유난류
  고체벽이 존재하지 않는 속도의 크기와 방향이 시간적으로 변하는 유체의 흐름
㉣ 벽난류
  흐르는 유체가 고체 경계와 접촉될 때 생기는 난류

4과목 화공계측제어

61 다음 블록선도에서 $\dfrac{C}{R}$의 전달함수는?

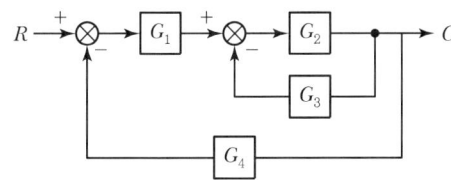

① $\dfrac{G_1 G_2}{1 + G_1 G_2 + G_3 G_4}$
② $\dfrac{G_1 G_2}{1 + G_2 G_3 + G_1 G_2 G_4}$
③ $\dfrac{G_3 G_4}{1 + G_1 G_2 G_3 G_4}$
④ $\dfrac{G_1 G_2}{1 + G_1 + G_3 + G_4}$

해설

$G(s) = \dfrac{C(s)}{R(s)} = \dfrac{직선}{1 + 회선}$

62 PID 제어기를 이용한 설정치 변화에 대한 제어의 설명 중 옳지 않은 것은?

① 일반적으로 비례이득을 증가시키고 적분시간의 역수를 증가시키면 응답이 빨라진다.
② P 제어기를 이용하면 모든 공정에 대해 항상 정상상태 잔류오차(Steady State Offset)가 생긴다.
③ 시간지연이 없는 1차 공정에 대해서는 비례이득을 매우 크게 증가시켜도 안정성에 문제가 없다.
④ 일반적으로 잡음이 없는 느린 공정의 경우 D 모드를 적절히 이용하면 응답이 빨라지고 안정성이 개선된다.

해설

- 비례이득을 증가시키고 적분시간을 감소시키면 응답이 빨라진다.
- 적분공정일 경우 P 제어기만 사용해도 Offset(잔류편차)을 제거할 수 있다.

63 총괄전달함수가 $\dfrac{1}{(s+1)(s+2)}$ 인 계의 주파수 응답에 있어 주파수가 2rad/s일 때 진폭비는?

① $\dfrac{1}{\sqrt{10}}$
② $\dfrac{1}{2\sqrt{10}}$
③ $\dfrac{1}{5}$
④ $\dfrac{1}{10}$

해설

$\dfrac{1}{s^2 + 3s + 2} = \dfrac{1/2}{\dfrac{1}{2}s^2 + \dfrac{3}{2}s + 1}$

$\tau^2 = \dfrac{1}{2}$ ∴ $\tau = \dfrac{1}{\sqrt{2}}$

$2\tau\zeta = \dfrac{3}{2}$, $2 \cdot \dfrac{1}{\sqrt{2}} \cdot \zeta = \dfrac{3}{2}$ ∴ $\zeta = \dfrac{3}{2\sqrt{2}}$

$K = \dfrac{1}{2}$

64 앞먹임 제어(Feedforward Control)의 특징으로 옳은 것은?

① 공정모델값과 측정값과의 차이를 제어에 이용
② 외부교란 변수를 사전에 측정하여 제어에 이용
③ 설정점(Set Point)을 모델값과 비교하여 제어에 이용
④ 제어기 출력값은 이득(Gain)에 비례

해설

Feedforward 제어
- 외부교란을 사전에 측정하여 제어에 이용함으로써 외부교란 변수가 공정에 미치는 영향을 미리 보정하여 주도록 하는 제어를 말한다.
- 피드포워드 제어기는 측정된 외부교란 변숫값들을 이용하여 제어되는 변수가 설정치로부터 벗어나기 전에 조절변수를 미리 조정한다.

65 0~500℃ 범위의 온도를 4~20mA로 전환하도록 스팬 조정이 되어 있던 온도센서에 맞추어 조율되었던 PID 제어기에 대하여, 0~250℃ 범위의 온도를 4~20mA로 전환하도록 온도센서의 스팬을 재조정한 경우, 제어 성능을 유지하기 위하여 PID 제어기의 조율은 어떻게 바뀌어야 하는가?(단, PID 제어기의 피제어 변수는 4~20mA 전류이다.)

① 비례이득값을 2배 늘린다.
② 비례이득값을 1/2로 줄인다.
③ 적분상수값을 1/2로 줄인다.
④ 제어기 조율을 바꿀 필요 없다.

해설

K(비례이득) $= \dfrac{\text{전환기의 출력범위}}{\text{전환기의 입력범위}}$

$K_1 = \dfrac{20-4}{500-0} = \dfrac{16}{500}$ mA/℃

$K_2 = \dfrac{20-4}{250-0} = \dfrac{16}{250}$ mA/℃

$K_2 = 2K_1$이므로 K_2를 $\dfrac{1}{2}$로 줄여야 한다.

($\therefore K_1 = K_2$)

66 공정이득(Gain)이 2인 공정을 설정치(Set Point)가 1이고 비례이득(Proportional Gain)이 1/2인 비례(Proportional) 제어기로 제어한다. 이때 오프셋은 얼마인가?

① 0 ② 1/2
③ 3/4 ④ 1

해설

K_c(공정이득) $= 2$ Set Point $= 1$

K_p(비례이득) $= \dfrac{1}{2}$

$G(s) = \dfrac{Y(s)}{X(s)} = \dfrac{G_c G_p}{1+G_c G_p} = \dfrac{2 \times \dfrac{1}{2}}{1+2 \times \dfrac{1}{2}} = \dfrac{1}{2}$

$C(s) = G(s)X(s) = \dfrac{1}{2} \times 1 = \dfrac{1}{2}$

Offset $= R(\infty) - C(\infty) = 1 - \dfrac{1}{2} = \dfrac{1}{2}$

67 1차 공정의 계단응답의 특징 중 옳지 않은 것은?

① $t=0$일 때 응답의 기울기는 0이 아니다.
② 최종응답 크기의 63.2%에 도달하는 시간은 시상수와 같다.
③ 응답의 형태에서 변곡점이 존재한다.
④ 응답이 98% 이상 완성되는 데 필요한 시간은 시상수의 4~5배 정도이다.

해설

1차 공정의 계단응답

$Y(t) = G(s)X(s) = \dfrac{K}{\tau s + 1} \cdot \dfrac{A}{s}$

$y(t) = KA(1-e^{-t/\tau})$

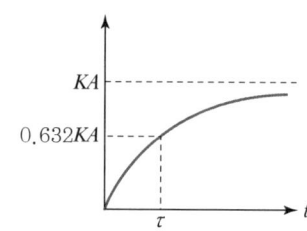

t	$y(t)/A$	t	$y(t)/A$
0	0	4τ	0.982
τ	0.632	5τ	0.993
2τ	0.865	∞	1
3τ	0.950		

68 이득이 1인 2차계에서 감쇠계수(Damping Factor) $\xi < 0.707$일 때 최대 진폭비 $(AR)_{\max}$는?

① $\dfrac{1}{2\sqrt{1-\xi^2}}$
② $\sqrt{1-\xi^2}$
③ $\dfrac{1}{2\xi\sqrt{1-\xi^2}}$
④ $\dfrac{1}{\xi\sqrt{1-2\xi^2}}$

정답 65 ② 66 ② 67 ③ 68 ③

> 해설

진폭비 $AR = \dfrac{\text{출력변수의 진폭}}{\text{입력변수의 진폭}}$

$\qquad = \dfrac{K}{\sqrt{(1-\tau^2\omega^2)^2 + (2\tau\omega\zeta)^2}}$

정규진폭비 $AR_N = \dfrac{AR}{K}$

AR_N이 최대일 경우 $\tau\omega = \sqrt{1-2\zeta^2}$

$\therefore AR_{N\cdot\max} = \dfrac{1}{2\zeta\sqrt{1-\zeta^2}}$

$\zeta < 0.707$

69 어떤 반응기에 원료가 정상상태에서 100L/min의 유속으로 공급될 때 제어밸브의 최대유량을 정상상태 유량의 4배로 하고 I/P 변환기를 설정하였다면 정상상태에서 변환기에 공급된 표준전류신호는 몇 mA인가?(단, 제어밸브는 선형특성을 가진다.)

① 4   ② 8
③ 12   ④ 16

> 해설

I/P 변환기

I/P 변환기는 제어실 혹은 중앙제어장치로부터 4~20mA 전류신호를 받아 공압신호로 전환하여 출력하는 제어장치이다.

$y - y_1 = \dfrac{y_2 - y_1}{x_2 - x_1}(x - x_1)$

$100 - 0 = \dfrac{400 - 0}{20 - 4}(x - 4)$

$\therefore x = 8$

70 공정유체 10m³를 담고 있는 완전혼합이 일어나는 탱크에 성분 A를 포함한 공정유체가 1m³/h로 유입되며 또한 동일한 유량으로 배출되고 있다. 공정유체와 함께 유입되는 성분 A의 농도가 1시간을 주기로 평균치를 중심으로 진폭 0.3mol/L로 진동하며 변한다고 할 때 배출되는 A의 농도변화의 진폭은 약 몇 mol/L인가?

① 0.5   ② 0.05
③ 0.005   ④ 0.0005

> 해설

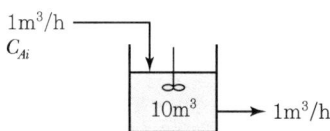

성분 A에 대한 물질수지

$\dfrac{d(VC_A)}{dt} = q_i C_{Ai} - q_o C_A$

$V\dfrac{dC_A}{dt} = q_i C_{Ai} - q_o C_A$

$\xrightarrow{\mathcal{L}} Vs C_A(s) = q C_{Ai}(s) - q C_A(s)$

$q_i = q = 1\text{m}^3/\text{h}$

$C_A(s) = \dfrac{1}{10s+1} C_{Ai}(s)$

$\dfrac{C_A(s)}{C_{Ai}(s)} = \dfrac{1}{10s+1}$

$\therefore K = 1,\ \tau = 10$

$\hat{A} = \dfrac{KA}{\sqrt{\tau^2\omega^2 + 1}} = \dfrac{1 \times 0.3}{\sqrt{10^2 \times 6.28^2 + 1}} = 0.0048$

$T = 1\text{h}$ 주기이므로

$\omega = 2\pi f \left(f = \dfrac{1}{T}\right)$

$\quad = 2 \times 3.14 \times \dfrac{1}{1} = 6.28$

$\omega = \omega_r$(공명진동수)일 때 AR은 최대이고 출력변수는 입력변수보다 큰 진폭을 갖는 진동을 나타낸다.

71 폐루프 특성방정식이 다음과 같을 때 계가 안정하기 위한 K_c의 필요충분조건은?

$$20s^3 + 32s^2 + (13 - 4.8K_c)s + 1 + 4.8K_c$$

① $-0.21 < K_c < 1.59$
② $-0.21 < K_c < 2.71$
③ $0 < K_c < 2.71$
④ $-0.21 < K_c < 0.21$

해설

1	20	$13-4.8K_c$
2	32	$1+4.8K_c$
3	$a=\dfrac{32(13-4.8K_c)-20(1+4.8K_c)}{32}>0$ $\therefore K_c < 1.59$	
4	$\dfrac{a(1+4.8K_c)-0}{a}>0$ $\therefore K_c > -0.21$ $\therefore -0.21 < K_c < 1.59$	

72 기초적인 되먹임 제어(Feedback Control) 형태에서 발생되는 여러 가지 문제점들을 해결하기 위해서 사용되는 보다 진보된 제어방법 중 Smith Predictor는 어떤 문제점을 해결하기 위하여 채택된 방법인가?

① 역응답 ② 지연시간
③ 비선형 요소 ④ 변수 간 상호 간섭

해설

Smith Predictor
공정의 모델을 이용하여 공정의 시간지연을 보정해 주는 모델 예측 제어기이다.

73 Anti Reset Windup에 관한 설명으로 가장 거리가 먼 것은?

① 제어기 출력이 공정입력한계에 걸렸을 때 작동한다.
② 적분동작에 부과된다.
③ 큰 설정치 변화에 공정출력이 크게 흔들리는 것을 방지한다.
④ Offset을 없애는 동작이다.

해설

Anti Reset Windup
Reset Windup은 적분제어 작용에서 나타나는 현상으로 오차 $e(t)$가 0보다 클 경우 $e(t)$의 적분값은 시간이 갈수록 점점 커지게 된다. 제어기 출력 $m(t)$가 최대 허용치에 머물고 있음에도 불구하고 $e(t)$의 적분값은 계속 증가하는데 이 현상을 Windup이라고 하고, 이 현상을 방지하는 기능을 Anti Reset Windup이라 한다.

74 다음 함수를 Laplace 변환할 때 올바른 것은?

$$\frac{d^2X}{dt^2}+2\frac{dX}{dt}+2X=2$$
$$X(0)=X'(0)=0$$

① $\dfrac{2}{s(s^2+2s+3)}$ ② $\dfrac{2}{s(s^2+2s+2)}$
③ $\dfrac{3}{s(s^2+2s+1)}$ ④ $\dfrac{2}{s(s^2+s+2)}$

해설

$s^2X(s)+2sX(s)+2X(s)=\dfrac{2}{s}$

$(s^2+2s+2)X(s)=\dfrac{2}{s}$

$X(s)=\dfrac{2}{s(s^2+2s+2)}$

75 단면적이 3ft^2인 액체저장탱크에서 유출유량은 $8\sqrt{h-2}$로 주어진다. 정상상태 액위(h_s)가 9ft일 때, 이 계의 시간상수(τ : 분)는?

① 5 ② 4
③ 3 ④ 2

해설

$A=3\text{ft}^2$, $q_o=8\sqrt{h-2}$, $h_s=9\text{ft}$

q_o 선형화

$q_o=8\sqrt{h_s-2}+\dfrac{8}{2\sqrt{h_s-2}}(h-h_s)$

$=8\sqrt{9-2}+\dfrac{8}{2\sqrt{9-2}}(h-9)=\dfrac{4}{\sqrt{7}}h+\dfrac{20}{\sqrt{7}}$

$A\dfrac{dh}{dt}=q_i-q$

$=q_i-\left(\dfrac{4}{\sqrt{7}}h+\dfrac{20}{\sqrt{7}}\right)$

$\downarrow$

$\dfrac{h}{\sqrt{7}/4} \leftarrow R(\text{저항})$

$\therefore \tau=AR=3\times\dfrac{\sqrt{7}}{4}\approx 2\text{min}$

정답 72 ② 73 ④ 74 ② 75 ④

76 전달함수가 다음과 같은 2차 공정에서 $\tau_1 > \tau_2$이다. 이 공정에 크기 A인 계단 입력변화가 야기되었을 때 역응답이 일어날 조건은?

$$G(s) = \frac{Y(s)}{X(s)} = \frac{K(\tau_d s + 1)}{(\tau_1 s + 1)(\tau_2 s + 1)}$$

① $\tau_d > \tau_1$ ② $\tau_d < \tau_2$
③ $\tau_d > 0$ ④ $\tau_d < 0$

해설

τ_d의 크기	응답모양
$\tau_d > \tau_1$	Overshoot가 나타남
$0 < \tau_d \leq \tau_1$	1차 공정과 유사한 응답
$\tau_d < 0$	역응답

77 Routh Array에 의한 안정성 판별법 중 옳지 않은 것은?

① 특성방정식의 계수가 다른 부호를 가지면 불안정하다.
② Routh Array의 첫 번째 칼럼의 부호가 바뀌면 불안정하다.
③ Routh Array Test를 통해 불안정한 Pole의 개수도 알 수 있다.
④ Routh Array의 첫 번째 칼럼에 0이 존재하면 불안정하다.

해설

Routh Array에 의한 안정성 판별법
- Routh Array의 첫 번째 열의 요소가 모두 양이면 모든 근이 복소수 왼쪽 열린 반평면에 존재한다. → 안정하다.
- 복소수 오른쪽 열린 반평면에 존재하는 근의 수는 요소의 부호가 바뀌는 횟수와 같다.
- Array 구성과정에서 첫 번째 열의 요소가 0이 되면 허수축 위에 근이 존재함을 의미하며, Array 구성은 더 이상 진행될 수 없다.

78 전달함수의 극(Pole)과 영(Zero)에 관한 설명 중 옳지 않은 것은?

① 순수한 허수 Pole은 일정한 진폭을 가지고 진동이 지속되는 응답 모드에 대응된다.
② 양의 Zero는 전달함수가 불안정함을 의미한다.
③ 양의 Zero는 계단입력에 대해 역응답을 유발할 수 있다.
④ 물리적 공정에서는 Pole의 수가 Zero의 수보다 항상 같거나 많다.

해설

전달함수

$$G(s) = \frac{Y(s)}{X(s)} = \frac{b_m s^m + b_{m-1} s^{m-1} + \cdots + b_1 s + b_0}{a_n s^n + a_{n-1} s^{n-1} + \cdots + a_1 s + a_0}$$

- 분자와 분모는 각각 n, m차 멱급수 함수이다.
- 분모의 차수 n은 m 이상이다.
- 극(Pole)은 분모의 근이고, 영(Zero)은 분자의 근이다.
- 양의 Pole은 전달함수가 불안정함을 의미한다.

79 시간상수가 1min이고 이득(Gain)이 1인 1차계의 단위응답이 최종치의 10%로부터 최종치의 90%에 도달할 때까지 걸린 시간(Rise Time; t_r, min)은?

① 2.20   ② 1.01
③ 0.83   ④ 0.21

해설

$$G(s) = \frac{K}{\tau s + 1} = \frac{1}{s+1}$$

$$Y(s) = \frac{1}{s+1} \cdot \frac{1}{s} = \frac{1}{s} - \frac{1}{s+1}$$

$$y(t) = 1 - e^{-t}$$

$$\frac{y(t)}{K} = y(t) = 1 \text{(정상상태)}$$

$0.1 = (1 - e^{-t})$ ∴ $t = 0.105$
$0.9 = (1 - e^{-t})$ ∴ $t = 2.302$
∴ 10% → 90%까지 걸린 시간
  $t_r = 2.302 - 0.105 = 2.2$

정답 76 ④ 77 ④ 78 ② 79 ①

80 서보(Servo)제어에 대한 설명 중 옳은 것은?
① 설정점의 변화와 조작변수와의 동작관계이다.
② 부하와 조작변수와의 동작관계이다.
③ 부하와 설정점의 동시변화에 대한 조작변수와의 동작관계이다.
④ 설정점의 변화와 부하와의 동작관계이다.

해설
- 서보(Servo)제어 : 설정값이 시간에 따라 변화할 때 제어변수를 설정값으로 유지시키고자 하는 제어
- 조절(Regulatory)제어 : 외부교란의 영향에도 제어변수를 설정값으로 유지시키고자 하는 제어

정답 80 ①

2025년 제2회 복원기출문제

1과목 공업합성

01 스타이렌-부타디엔-스타이렌 블록공중합체를 제조하는 방법은?

① 양이온 중합
② 리빙 음이온 중합
③ 라디칼 중합
④ 메타로센 중합

해설

리빙 음이온 중합
- 활성중심이 계속 살아 있어서, 모노머를 추가하면 다시 성장이 가능
- 블록 공중합체의 합성에 이용

02 석유정제에 사용되는 용제가 갖추어야 하는 조건이 아닌 것은?

① 선택성이 높아야 한다.
② 추출할 성분에 대한 용해도가 높아야 한다.
③ 용제의 비점과 추출성분 비점의 차이가 적어야 한다.
④ 독성이나 장치에 대한 부식성이 적어야 한다.

해설

용제의 조건
- 선택성이 커야 한다.
- 원료유와 추출용제 사이의 비중차가 커서 추출할 때 두 액상으로 쉽게 분리할 수 있어야 한다.
- 추출성분의 끓는점과 용제의 끓는점 차가 커야 한다.
- 증류로써 회수가 쉬워야 한다.
- 열적, 화학적으로 안정해야 하고 추출성분에 대한 용해도가 커야 한다.
- 독성이나 장치에 대한 부식성이 작아야 한다.

03 석유의 증류, 전화과정 등에서 포함되는 불순물을 제거하거나 불쾌한 냄새를 제거하는 방법으로 가장 거리가 먼 것은?

① 용제추출
② 스위트닝
③ 수소화정제
④ 비스브레이킹

해설

석유정제
- 산, 알칼리
- 용제에 의한 방법
- 흡착법
- 스위트닝법
- 수소화정제

※ 비스브레이킹 : 점도가 높은 찌꺼기유에서 점도가 낮은 중질유를 얻는 방법(470℃)

04 석유화학공정 중 전화(Conversion)와 정제로 구분할 때 전화공정에 해당하지 않는 것은?

① 분해(Cracking)
② 알킬화(Alkylation)
③ 스위트닝(Sweetening)
④ 개질(Reforming)

해설

스위트닝(Sweetening)
부식성과 악취의 티올(메르캅탄)을 산화하여 무부식성과 무취의 이황화물로 만드는 정제법
$2RSH + (O) \rightarrow R_2S_2 + H_2O$

전화공정	정제공정
• 분해(열분해, 접촉분해)	• 산, 알칼리 정제
• 리포밍(개질)	• 흡착정제
• 알킬화	• 스위트닝
• 이성화	• 수소화 처리법

정답 01 ② 02 ③ 03 ④ 04 ③

05 원유의 증류 시 탄화수소의 열분해를 방지하기 위하여 사용되는 증류법은?

① 상압증류 ② 감압증류
③ 가압증류 ④ 추출증류

> 해설
> ㉠ 상압증류
>   • 대기압하에서 증류
>   • 원유를 상압하에서 증류하여 나프타, 등유, 경유 등을 유출하고, 잔유 등과 분리
> ㉡ 감압증류
>   • 상압증류의 잔유에서 비점이 높은 윤활유 등을 얻을 때
>   • 비교적 저온에서 증류할 수 있어 열분해를 방지할 수 있다.
> ㉢ 가압증류
>   • 대기압보다 높은 압력에서 증류
>   • 중유, 경유로 가압증류로 분해하여 가솔린 제조
> ㉣ 추출증류
>   공비혼합물을 분리시키기 위해 액액추출의 효과와 증류의 효과를 이용

06 H_2SO_4 60%, HNO_3 32%, H_2O 8%의 질량조성을 가진 혼합산 100kg을 벤젠으로 니트로화할 때 그중 질산이 화학양론적으로 전부 벤젠과 반응하였다면 DVS (Dehydration Value of Sulfuric Acid) 값은 얼마인가?

① 2.50 ② 3.50
③ 4.50 ④ 5.50

> 해설
> $$DVS = \frac{\text{혼합산 중 황산의 양}}{\text{반응 후 혼합산 중 물의 양}}$$
>
>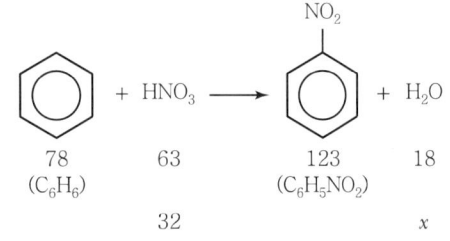
>
> | 78 | 63 | 123 | 18 |
> |---|---|---|---|
> | (C_6H_6) | | ($C_6H_5NO_2$) | |
> | | 32 | | x |
>
> $\therefore x = \dfrac{32 \times 18}{63} = 9.14$
>
> $\therefore DVS = \dfrac{60}{9.14 + 8} = 3.5$

07 아닐린(Aniline)을 출발물질로 하여 염화벤젠디아조늄을 생성하는 디아조화 반응과 관계가 없는 것은?

① 염화수소 ② 에틸렌
③ 아질산나트륨 ④ 방향족 1차 아민

> 해설
>
> $\text{C}_6\text{H}_5\text{NH}_2 + 2HCl + NaNO_2 \rightarrow \text{C}_6\text{H}_5\text{N}{\equiv}N^+Cl^- + NaCl + H_2O$

08 [보기]의 설명에 가장 잘 부합되는 연료전지는?

[보기]
• 전극으로는 세라믹 산화물이 사용된다.
• 작동온도는 약 1,000℃이다.
• 수소나 수소/일산화탄소 혼합물을 사용할 수 있다.

① 인산형 연료전지(PAFC)
② 용융탄산염 연료전지(MCFC)
③ 고체산화물형 연료전지(SOFC)
④ 알칼리 연료전지(AFC)

> 해설
> ① 인산형 연료전지(PAFC)
>   • 인산을 전해질로 사용
>   • 전극은 백금 또는 니켈입자를 탄소-테프론의 다공성물질에 분산시킨 형태로 되어 있다.
>   • 연료전지 중 가장 먼저 상용화
> ② 용융탄산염 연료전지(MCFC)
>   • 전해질로 Li_2CO_3, K_2CO_3, $LiAlO_2$ 등의 혼합물을 사용
>   • 650℃ 정도의 고온 유지
> ③ 고체산화물형 연료전지(SOFC)
>   • 지르코니아(ZrO_2)와 같은 산화물 세라믹 사용
>   • 약 1,000℃에서 작동
> ④ 알칼리 연료전지(AFC)
>   • 산화전극 : Pt-Pd 합금(백금-팔라듐)과 테프론의 혼합물
>   • 환원전극 : Pt-Au 합금과 테프론의 혼합물
>   • 전해질은 다공성 물질에 KOH 용액을 흡수시킨 것을 사용

정답 05 ② 06 ② 07 ② 08 ③

09 산화하여 아세톤이 되는 것은?

① $CH_3CH_2CH_2OH$
② CH_3CHCH_3
　　　　$|$
　　　OH
③ CH_3CH_2CHO
④ CH_3CHCH_3
　　　　$|$
　　　CHO

해설

1차 알코올의 산화

$CH_3CH_2OH \underset{\text{환원}}{\overset{-H_2 \text{산화}}{\rightleftharpoons}} CH_3CHO \underset{\text{환원}}{\overset{O \text{산화}}{\rightleftharpoons}} CH_3COOH$

　에탄올　　　　아세트알데히드　　　아세트산

2차 알코올의 산화

$CH_3 - \underset{|}{CH} - CH_3 \underset{\text{환원}}{\overset{\text{산화}}{\rightleftharpoons}} CH_3\underset{\|}{C}CH_3$
　　　OH　　　　　　　　　O

　이소프로필알코올　　아세톤(디메틸케톤)

10 다음 중 P형 반도체를 제조하기 위해 실리콘에 소량 첨가하는 물질은?

① 비소
② 안티몬
③ 인듐
④ 비스무트

해설

- P형(13족) : B, Al, Ga(갈륨), In(인듐), 정공 발생
- N형(15족) : P, As(비소), Sb(안티몬), 자유전자 발생

11 접촉식 황산제조 공정에서 전화기에 대한 설명 중 옳은 것은?

① 전화기 조작에서 온도 조절이 좋지 않아서 온도가 지나치게 상승하면 전화율이 감소하므로 이에 대한 조절이 중요하다.
② 전화기는 SO_3 생성열을 제거시키며 동시에 미반응 가스를 냉각시킨다.
③ 촉매의 온도는 200℃ 이하로 운전하는 것이 좋기 때문에 열교환기의 용량을 증대시킬 필요가 있다.
④ 전화기의 열교환방식은 최근에는 거의 내부 열교환방식을 채택하고 있다.

해설

전화기
- Pt 또는 V_2O_5 촉매를 사용하여 $SO_2 \rightarrow SO_3$로 전화시킨 후 냉각하여 흡수탑에서 98% H_2SO_4에 흡수시켜 발연황산을 만든다.
- 가장 중요한 조작은 온도조절이다.
  → 온도조절이 좋지 않아 온도가 지나치게 상승하면 전화율이 감소하므로 온도조절이 중요하다.

12 다음 중 유화중합 반응과 관계없는 것은?

① 비누(Soap) 등을 유화제로 사용한다.
② 개시제는 수용액에 녹아 있다.
③ 사슬이동으로 낮은 분자량의 고분자가 얻어진다.
④ 반응온도를 조절할 수 있다.

해설

유화중합(에멀션 중합)
- 비누 또는 세제성분의 일종인 유화제를 사용하여 단량체를 분산매 중에 분산시키고, 수용성 개시제를 사용하여 중합시키는 방법이다.
- 중합열의 분산이 용이하고, 대량생산에 적합하다.
- 세정과 건조가 필요하다.
- 반응온도를 조절할 수 있다.
- 분자량이 큰 고분자를 얻을 수 있다.

13 Fischer-Tropsch 반응을 옳게 표현한 것은?

① $nCO + (2n+1)H_2 \rightarrow C_nH_{2n+2} + nH_2O$
② $C_nH_{2n+2} + H_2O \rightarrow CH_4 + CO_2$
③ $CH_3OH + H_2 \rightarrow HCHO + H_2O$
④ $CO_2 + H_2 \rightarrow CO + H_2O$

해설

피셔-트롭시 합성
일산화탄소의 접촉수소화에 의한 탄화수소합성법
$nCO + (2n+1)H_2 \rightarrow C_nH_{2n+2} + nH_2O$

정답 09 ② 10 ③ 11 ① 12 ③ 13 ①

14 다음 중 비료의 3요소에 해당하는 것은?

① N, P_2O_5, CO_2
② K_2O, P_2O_5, CO_2
③ N, K_2O, P_2O_5
④ N, P_2O_5, C

해설

비료의 3요소
N(질소), K_2O(칼륨), P_2O_5(인)

15 반도체 공정 중 감광되지 않은 부분을 제거하는 공정은?

① 노광
② 에칭
③ 세정
④ 산화

해설

에칭
노광 후 PR(포토레지스트)로 보호되지 않는 부분을 제거하는 공정

16 PVC의 분자량 분포가 다음과 같을 때 수평균 분자량($\overline{M_n}$)과 중량평균 분자량($\overline{M_w}$)은?

분자량	분자 수
10,000	100
20,000	300
50,000	1,000

① $\overline{M_n} = 4.1 \times 10^4$, $\overline{M_w} = 4.6 \times 10^4$
② $\overline{M_n} = 4.6 \times 10^4$, $\overline{M_w} = 4.1 \times 10^4$
③ $\overline{M_n} = 1.2 \times 10^4$, $\overline{M_w} = 1.3 \times 10^4$
④ $\overline{M_n} = 1.3 \times 10^4$, $\overline{M_w} = 1.2 \times 10^4$

해설

수평균분자량 $\overline{M_n} = \dfrac{\sum M_i N_i}{\sum N_i}$

중량(무게)평균분자량 $\overline{M_w} = \dfrac{\sum M_i^2 N_i}{\sum M_i N_i}$ (i종의 평균값의 기여도를 나타냄)

$$\overline{M_n} = \frac{(10,000)(100)+(20,000)(300)+(50,000)(1,000)}{1,000+300+100}$$
$$= 4.1 \times 10^4$$

$$\overline{M_w} = \frac{(10,000)^2(100)+(20,000)^2(300)+(50,000)^2(1,000)}{(1,000)(100)+(20,000)(300)+(50,000)(1,000)}$$
$$= 4.6 \times 10^4$$

17 건식법에 의한 인산제조공정에 대한 설명 중 옳은 것은?

① 인의 농도가 낮은 인광석을 원료로 사용할 수 있다.
② 고순도의 인산은 제조할 수 없다.
③ 전기로에서는 인의 기화와 산화가 동시에 일어난다.
④ 대표적인 건식법은 이수석고법이다.

해설

㉠ 습식법 : 인광석을 산에 분해시켜서 인산 제조
  • 염산분해법
  • 질산분해법
  • 황산분해법 – 주로 사용
㉡ 건식법 : 인광석을 환원하여 인을 만들고 이를 산화 흡수시켜 인산을 제조
  • 용광로법
  • 전기로법

습식법의 인산	• 순도가 낮고 농도도 낮다. • 품질이 좋은 인광석을 사용해야 한다. • 주로 비료용
건식법의 인산	• 저품위 인광석을 처리할 수 있다. • 인의 기화와 산화를 따로 할 수 있다. • 고순도, 고농도의 인산 제조 • Slag는 시멘트의 원료

18 결정성 폴리프로필렌을 중합할 때 다음 중 가장 적합한 중합방법은?

① 양이온 중합
② 음이온 중합
③ 라디칼 중합
④ 지글러 – 나타 중합

해설

지글러 – 나타 중합
• 폴리에틸렌, 폴리프로필렌 등 폴리올레핀 제조
• $TiCl_4 + Al(C_2H_5)_3$ 촉매

정답 14 ③ 15 ② 16 ① 17 ① 18 ④

19 염화수소가스를 제조하기 위해 고온, 고압에서 H_2와 Cl_2를 연소시키고자 한다. 다음 중 폭발 방지를 위한 운전조건으로 가장 적합한 $H_2 : Cl_2$의 비율은?

① 1.2 : 1
② 1 : 1
③ 1 : 1.2
④ 1 : 1.4

해설
폭발 방지를 위해 $H_2 : Cl_2 = 1.2 : 1$의 비로 주입한다.

20 염산을 르블랑(Le Blanc)법으로 제조하기 위하여 소금을 원료로 사용한다. 100% HCl 3,000kg을 제조하기 위한 85% 소금의 이론량은 약 얼마인가?(단, NaCl M.W=58.5, HCl M.W=36.5이다.)

① 3,636kg
② 4,646kg
③ 5,657kg
④ 6,667kg

해설
$2NaCl + 2H_2O \rightarrow 2NaOH + H_2 + Cl_2 \rightarrow 2HCl$
2×58.5 : 2×36.5
x : $3,000$ kg
$x = 4,808$ kg(100%일 때)
∴ 85% NaCl의 양 $= \dfrac{4,808}{0.85} = 5,656.5$ kg

2과목 반응운전

21 정용회분식 반응기(Batch Reactor)에서 반응물 $A(C_{A_0} = 1\,\mathrm{mol/L})$가 80% 전환되는 데 8분 소요되었고, 90% 전환되는 데 18분이 소요되었다면 이 반응은 몇 차 반응인가?

① 0차
② 2차
③ 2.5차
④ 3차

해설
$C_A^{1-n} - C_{A0}^{1-n} = k(n-1)t$
$C_A = C_{A0}(1 - X_A) = 1 - X_A$
$(1-X_A)^{1-n} - 1 = k(n-1)t$
$(1-0.8)^{1-n} - 1 = k(n-1) \times 8$ ·········· ㉠
$(1-0.9)^{1-n} - 1 = k(n-1) \times 18$ ·········· ㉡
㉠÷㉡을 정리하면
$0.2^{1-n} - \dfrac{4}{9} \times 0.1^{1-n} = \dfrac{5}{9}$
$n = 2$일 때 성립

Batch 2차 $\dfrac{1}{C_A} - \dfrac{1}{C_{A_0}} = kt \qquad ktC_{A_0} = \dfrac{X_A}{1-X_A}$

$k_1 = \dfrac{X_A}{tC_{A_0}(1-X_A)} = \dfrac{0.8}{8 \times 1 \times (1-0.8)}$
$= 0.5 \,\mathrm{L/mol\,min}$

$k_2 = \dfrac{0.9}{18 \times 1 \times (1-0.9)} = 0.5$

∴ $k_1 = k_2$이므로 2차

22 어떤 2차 반응에서 60℃의 속도상수가 1.46×10^{-4} L/mol s이며, 활성화 에너지는 60kJ/mol일 때 빈도계수(Frequency Factor)를 옳게 구한 것은?

① 1.8×10^5 L/mol s
② 2.8×10^5 L/mol s
③ 3.8×10^5 L/mol s
④ 4.8×10^5 L/mol s

해설
$k = Ae^{-E_a/RT}$
$1.46 \times 10^{-4} = A\exp\left[-\dfrac{60,000\,\mathrm{J/mol}}{8.314\,\mathrm{J/mol\,K} \times 333\,\mathrm{K}}\right]$
$= A \times 3.87 \times 10^{-10}$
∴ $A = 3.77 \times 10^5 \,\mathrm{L/mol\,s}$

23 다음과 같은 기상반응이 진행되고 있다. 처음에 A만으로 반응을 시작한 경우, 부피팽창계수 ε_A는 얼마인가?

$4A \rightarrow B + 6C$

① 0.25
② 0.5
③ 0.75
④ 1.0

해설

$$\varepsilon_A = y_{A0}\delta = 1 \cdot \frac{(6+1)-4}{4} = \frac{3}{4}$$

24 다음의 액상 병렬반응을 연속흐름반응기에서 진행시키고자 한다. 이때 같은 입류조건에 A의 전화율이 모두 0.9가 되도록 반응기를 설계한다면 어느 반응기를 사용하는 것이 R로의 전화율을 가장 크게 해주겠는가? (단, $r_R = 20\,C_A$이고, $r_S = 5\,C_A^2$이다.)

① 플러그흐름반응기
② 혼합흐름반응기
③ 환류식 플러그흐름반응기
④ 다단식 혼합흐름반응기

해설

$r_R = 20\,C_A$
$r_S = 5\,C_A^2$

선택도 $\dfrac{r_R}{r_S} = \dfrac{20\,C_A}{5\,C_A^2} = \dfrac{4}{C_A}$

C_A의 농도를 낮추어야 하므로 CSTR을 이용한다.

25 자기촉매 반응에서 목표 전화율이 반응속도가 최대가 되는 반응 전화율보다 낮을 때 사용하기에 유리한 반응기는?(단, 반응생성물의 순환이 없는 경우이다.)

① 혼합반응기
② 플러그반응기
③ 직렬 연결한 혼합반응기와 플러그반응기
④ 병렬 연결한 혼합반응기와 플러그반응기

해설

자동촉매반응

X_A가 낮을 때	X_A가 중간일 때	X_A가 높을 때
CSTR 선택	PFR, CSTR 선택	PFR 선택
$V_c < V_p$	$V_c \simeq V_p$	$V_c > V_p$

26 $\dfrac{1}{2}$차 반응을 수행하였더니 액체 반응 물질이 10분 간에 75%가 분해되었다. 같은 조건하에서 이 반응을 완결하는 데 필요한 시간은 몇 분이겠는가?

① 20　　② 25
③ 30　　④ 35

해설

$C_A^{1-n} - C_{A0}^{1-n} = k(n-1)t$

$C_A^{\frac{1}{2}} - C_{A0}^{\frac{1}{2}} = -\dfrac{k}{2}t$

$C_{A0}^{\frac{1}{2}}(1-X_A)^{\frac{1}{2}} - C_{A0}^{\frac{1}{2}} = -\dfrac{k}{2}t$

$C_{A0}^{\frac{1}{2}}(1-0.75)^{\frac{1}{2}} - C_{A0}^{\frac{1}{2}} = -\dfrac{1}{2}k \times 10$

$0.5\,C_{A0}^{\frac{1}{2}} - C_{A0}^{\frac{1}{2}} = -5k$

$-0.5\,C_{A0}^{\frac{1}{2}} = -5k \qquad \therefore\ k = 0.1\,C_{A0}^{\frac{1}{2}}$

$C_{A0}^{\frac{1}{2}}(1-0.75) - C_{A0}^{\frac{1}{2}} = -\dfrac{1}{2} \times 0.1 \times C_{A0}^{\frac{1}{2}} \times t$

$\therefore\ t = 20\,\text{min}$

27 $A \to R$인 반응이 부피가 0.1L인 플러그흐름반응기에서 $-r_A = 50\,C_A^2\,\text{mol/L min}$으로 일어난다. A의 초기농도 C_{A0}는 0.1mol/L이고 공급속도가 0.05L/min일 때 전화율은 얼마인가?

① 0.509　　② 0.609
③ 0.809　　④ 0.909

해설

$A \to R$　PFR

$\tau = \dfrac{V}{v_0} = C_{A0}\displaystyle\int_0^{X_A} \dfrac{dX_A}{-r_A}$

$= C_{A0}\displaystyle\int_0^{X_A} \dfrac{dX_A}{50\,C_{A0}^2(1-X_A)^2} = \dfrac{1}{50\,C_{A0}}\left[\dfrac{1}{1-X_A}\right]_0^{X_A}$

$\dfrac{0.1\text{L}}{0.05\text{L/min}} = \dfrac{1}{50 \times 0.1}\left[\dfrac{1}{1-X} - 1\right]$

$10 = \dfrac{1}{1-X} - 1 \qquad 11 = \dfrac{1}{1-X} \qquad \therefore\ X = 0.909$

정답 24 ②　25 ①　26 ①　27 ④

28 다음 중 고체촉매반응의 7단계의 순서로 올바른 것은?

① 외부 확산 → 내부 확산 → 흡착 → 표면반응 → 탈착 → 내부 확산 → 외부 확산
② 내부 확산 → 외부 확산 → 흡착 → 표면반응 → 탈착 → 내부 확산 → 외부 확산
③ 내부 확산 → 외부 확산 → 탈착 → 표면반응 → 흡착 → 외부 확산 → 내부 확산
④ 외부 확산 → 흡착 → 내부 확산 → 표면반응 → 내부 확산 탈착 → 외부 확산

해설

고체촉매반응

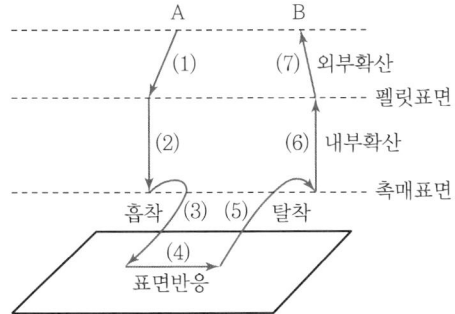

29 다음과 같은 단분자형의 1차 연속 반응이 회분식 반응기에서 일어난다. 공급물에서의 생성물 R과 S의 농도가 모두 0일 때 $k_1 = 0.05\text{s}^{-1}$, $k_2 = 0.005\text{s}^{-1}$이고, 이때 R은 목적하는 생성물, S는 목적하지 않는 생성물이나. 반응이 30초가 경과했을 때의 초기농도에 대한 A의 농도비 C_A/C_{A0}는 얼마인가?

$$A \to R \to S$$

① 0.012
② 0.022
③ 0.223
④ 0.243

해설

Batch 1차 $-\ln\dfrac{C_A}{C_{A0}} = kt = -\ln(1-X_A)$

$-\ln\dfrac{C_A}{C_{A0}} = 0.05 \times 30 = 1.5$

$\therefore \dfrac{C_A}{C_{A0}} = e^{-1.5} = 0.223$

30 다음은 n차($n>0$) 단일 반응에 대한 한 개의 혼합 및 플러그흐름반응기 성능을 비교 설명한 내용이다. 옳지 않은 것은?(단, V_m은 혼합흐름반응기 부피, V_p는 플러그흐름반응기 부피를 나타낸다.)

① V_m은 V_p보다 크다.
② V_m/V_p는 전화율의 증가에 따라 감소한다.
③ V_m/V_p는 반응차수에 따라 증가한다.
④ 부피변화 분율이 증가하면 V_m/V_p가 증가한다.

해설

전화율이 클수록 $\dfrac{V_m}{V_p}$는 증가한다.

31 화학반응이 자발적으로 일어날 때 깁스(Gibbs) 에너지와 엔트로피의 변화량을 옳게 표시한 것은?(단, $\Delta G_{계}$: 계의 깁스자유에너지 변화, ΔS_{total} : 계와 주위 전체의 엔트로피 변화)

① $(\Delta G_{계})_{T,P} < 0$, $\Delta S_{total} > 0$
② $(\Delta G_{계})_{T,P} > 0$, $\Delta S_{total} > 0$
③ $(\Delta G_{계})_{T,P} = 0$, $\Delta S_{total} = 0$
④ $(\Delta G_{계})_{T,P} > 0$, $\Delta S_{total} < 0$

해설

자발적 변화 : $(\Delta G)_{T,P} < 0$, $\Delta S_{total} > 0$

32 2성분계 공비혼합물에서 성분 A, B의 활동도 계수를 γ_A와 γ_B, 증기압을 P_A 및 P_B라 하고 이 계의 전압을 P_t라 할 때 γ_B를 옳게 나타낸 것은?(단, B 성분의 기상 및 액상에서의 몰분율은 y_B와 x_B이며, 퓨가시티 계수 $\hat{\phi}_B = 1$이라 가정한다.)

① $\gamma_B = \dfrac{P_t}{P_B}$ ② $\gamma_B = \dfrac{P_t}{P_B(1-x_A)}$

③ $\gamma_B = \dfrac{P_t y_B}{P_B}$ ④ $\gamma_B = \dfrac{P_t}{P_B x_B}$

해설

$y_i P = x_i \gamma_i P_i^{sat}$
$P = y_A P + y_B P = x_A \gamma_A P_A^{sat} + x_B \gamma_B P_B^{sat}$
$y_A P = x_A \gamma_A P_A$ ⎫ 공비점에서 액체의 조성과 기체의
$y_B P = x_B \gamma_B P_B$ ⎭ 조성은 같다. $x_B = y_B$

$\therefore \gamma_B = \dfrac{P}{P_B}$

33 1atm, 100℃ 포화수증기의 엔탈피(H)와 엔트로피(S)는 각각 얼마인가?(단, 0℃ 포화수의 $S=0$, $H=0$, 0℃에서 100℃까지 물의 평균비열은 1.0kcal/kg℃, 100℃에 대한 증발잠열은 538.9kcal/kg이다.)

① $H = 538.9$kcal/kg, $S = 1.756$kcal/kg K
② $H = 638.9$kcal/kg, $S = 1.443$kcal/kg K
③ $H = 638.9$kcal/kg, $S = 1.756$kcal/kg K
④ $H = 100$kcal/kg, $S = 0.312$kcal/kg K

해설

$H = 1\text{kcal/kg}℃ \times 100℃ + 538.9\text{kcal/kg}$
$\quad = 638.9\text{kcal/kg}$
$S = \Delta S_1 + \Delta S_2$
$\Delta S_1 = C_p \ln\dfrac{T_2}{T_1} = 1 \times \ln\dfrac{373}{273} = 0.312$kcal/kg K
$\Delta S_2 = \dfrac{Q}{T} = \dfrac{538.9}{373} = 1.44$kcal/kg K
$\Delta S = \Delta S_1 + \Delta S_2 = 1.756$kcal/kg K

34 열역학적 성질에 대한 설명 중 옳지 않은 것은?

① 순수한 물질의 임계점보다 높은 온도와 압력에서는 상의 계면이 없어지며 한 개의 상을 이루게 된다.
② 동일한 이심인자를 갖는 모든 유체는 같은 온도, 같은 압력에서 거의 동일한 Z값을 가진다.
③ 비리얼(Virial) 상태방정식의 순수한 물질에 대한 비리얼 계수는 온도만의 함수이다.
④ 반 데르 발스(Van der Waals) 상태방정식은 기 – 액 평형상태에서 3개의 부피 해를 가진다.

해설

대응상태의 원리

㉠ 대응상태의 원리를 이용하여 T_r(환산온도), P_r(환산압력)에서 Z값을 구하면 거의 같은 Z값을 갖게 된다.
㉡ ω(이심인자) : 유체들을 같은 T_r, P_r에서 비교하면 대체로 거의 같은 압축인자를 가지며 이상기체 거동에서 벗어나는 정도도 비슷하다. 단순유체(Ar, Kr, Xe)에 대해 거의 정확하나, 복잡한 유체에 대해서 구조적인 편차를 갖는다.
$\omega = -1 - \log\left[P^{sat}(T_r = 0.7)/P_c\right]$
단순유체의 경우 $\omega = 0$

35 다음 도표상의 점 A로부터 시작되는 여러 경로 중 액화가 일어나지 않는 공정은?

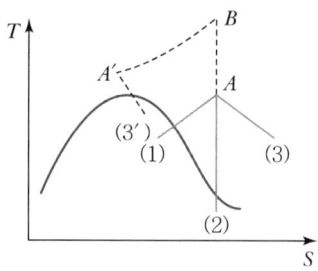

① $A \to (1)$ ② $A \to (2)$
③ $A \to (3)$ ④ $A \to B \to A' \to (3')$

해설

액화공정
• $A \to (1)$: 일정 압력하에서 열교환에 의하여
• $A \to (2)$: 일이 얻어지는 팽창공정(등엔트로피 팽창)
• $A \to B \to A' \to (3')$: 조름공정에 의하여

36 크기가 동일한 3개의 상자 A, B, C에 상호작용이 없는 입자 10개가 각각 4개, 3개, 3개씩 분포되어 있고, 각 상자들은 막혀 있다. 상자들 사이의 경계를 모두 제거하여 입자가 고르게 분포되었다면 통계 열역학적인 개념의 엔트로피 식을 이용하여 경계를 제거하기 전후의 엔트로피 변화량은 약 얼마인가?(단, k는 Boltzmann 상수이다.)

① $8.343k$ ② $15.324k$
③ $22.321k$ ④ $50.024k$

해설

$S = k \ln \Omega$ 부피의 압력
$\Omega = \dfrac{n!}{n_1! n_2! n_3!} = \dfrac{10!}{4! 3! 3!} = 4,200$
∴ $S = k \ln 4,200 = 8.343k$

37 이상기체의 줄-톰슨 계수(Joule-Thomson Coefficient)의 값은?

① 0   ② 0.5
③ 1   ④ ∞

해설

$\mu = \left(\dfrac{\partial T}{\partial P}\right)_H = \dfrac{-\left(\dfrac{\partial H}{\partial P}\right)_T}{\left(\dfrac{\partial H}{\partial T}\right)_P} = -\dfrac{1}{C_P}\left(\dfrac{\partial H}{\partial P}\right)_T$

$\mu = \dfrac{V(\beta T - 1)}{C_P}$

$\beta T = \dfrac{T}{V}\left(\dfrac{\partial V}{\partial T}\right)_P$
$= \dfrac{T}{V}\left(\dfrac{R}{P}\right) = \dfrac{RT}{PV} = 1$

이상기체 $\mu = 0$

38 깁스-두헴(Gibbs-Duhem)의 식에 대한 올바른 표현은?(단, M : 몰당 용액의 성질, $\overline{M_i}$: 용액 내 i성분의 부분몰 성질, x_i : 몰분율)

① $\left(\dfrac{\partial M}{\partial P}\right)_{T,x} dP + \left(\dfrac{\partial M}{\partial T}\right)_{P,x} dT + \sum_i x_i d\overline{M_i} = 0$

② $\left(\dfrac{\partial M}{\partial P}\right)_{T,x} dP - \left(\dfrac{\partial M}{\partial T}\right)_{P,x} dT + \sum_i x_i d\overline{M_i} = 0$

③ $\left(\dfrac{\partial M}{\partial P}\right)_{T,x} dP + \left(\dfrac{\partial M}{\partial T}\right)_{P,x} dT - \sum_i x_i d\overline{M_i} = 0$

④ $\left(\dfrac{\partial M}{\partial P}\right)_{T,x} dP - \left(\dfrac{\partial M}{\partial T}\right)_{P,x} dT - \sum_i x_i d\overline{M_i} = 0$

해설

Gibbs-Duhem 식
균일 다성분계(용액)가 갖는 열역학적 성질이 나타내는 관계식

$\left(\dfrac{\partial M}{\partial P}\right)_{T,x} dP + \left(\dfrac{\partial M}{\partial T}\right)_{P,x} dT - \sum_i x_i d\overline{M_i} = 0$

39 PV^n = 상수인 폴리트로픽 변화(Polytropic Change)에서 정용과정인 변화는?(단, n은 정수이고, $\gamma = \dfrac{C_p}{C_v}$이다.)

① $n = 0$ ② $n = \pm \infty$
③ $n = 1$ ④ $n = \gamma$

해설

폴리트로픽 공정
PV^n = 일정

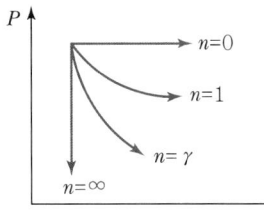

- $n = 0$: 등압과정
- $n = 1$: 등온과정
- $n = \gamma$: 단열과정
- $n = \infty$: 정용과정

정답 36 ① 37 ① 38 ③ 39 ②

40 $Z = 1 + BP$와 같은 비리얼 방정식(Virial Equation)으로 표시할 수 있는 기체 1몰을 등온가역과정으로 압력 P_1에서 P_2까지 변화시킬 때 필요한 일 W를 옳게 나타낸 식은?(단, Z는 압축인자이고 B는 상수이다.)

① $W = RT \ln \dfrac{P_1}{P_2}$

② $W = RT \ln \dfrac{P_1}{P_2} + B$

③ $W = RT \ln \dfrac{P_1}{P_2} + BRT$

④ $W = 1 + RT \ln \dfrac{P_1}{P_2}$

해설

$Z = \dfrac{PV}{RT} = 1 + BP$

$PV = RT + BPRT$

$\therefore P = \dfrac{RT}{V - BRT}$

$W = \int_{V_1}^{V_2} P dV = \int_{V_1}^{V_2} \dfrac{RT}{V - BRT} dV$

$= RT \ln \dfrac{V_2 - BRT}{V_1 - BRT}$

$= RT \ln \dfrac{RT/P_2}{RT/P_1} = RT \ln \dfrac{P_1}{P_2}$

3과목 단위공정관리

41 안지름이 20mm인 관 속을 비중 1.2의 액체가 7.3cm/s의 유속으로 흐른다. 액체의 점도는 0.9cP이고 관의 길이가 1km일 때 압력손실은 약 몇 kg$_f$/cm²인가?

① 0.536
② 0.236
③ 0.0536
④ 0.0236

해설

$D = 20\text{mm} = 2\text{cm}$
$u = 7.3\text{cm/s}$
$\rho = 1.2\text{g/cm}^3$
$\mu = 0.9 \times 0.01\text{P}$
$L = 1\text{km} = 1,000\text{m}$

$N_{Re} = \dfrac{D\bar{u}\rho}{\mu} = \dfrac{2 \times 7.3 \times 1.2}{0.9 \times 0.01} = 1,946.7$

마찰손실 $F = \dfrac{\Delta P}{\rho} = \dfrac{32\mu\bar{u}L}{g_c D^2 \rho}$

$\therefore \Delta P = \dfrac{32\mu\bar{u}L}{g_c D^2}$

$= \dfrac{32 \times (0.9 \times 0.001) \times (7.3 \times 0.01) \times 1,000}{9.8 \times (0.02)^2}$

$= 536 \text{kg}_f/\text{m}^2 = 0.0536 \text{kg}_f/\text{cm}^2$

42 복사전열에서 총괄교환인자 F_{12}가 다음과 같이 표현되는 경우는?(단, ε_1, ε_2는 복사율이다.)

$$F_{12} = \dfrac{1}{\dfrac{1}{\varepsilon_1} + \dfrac{1}{\varepsilon_2} - 1}$$

① 두 면이 무한히 평행한 경우
② 한 면이 다른 면으로 완전히 포위된 경우
③ 한 점이 반구에 의하여 완전히 포위된 경우
④ 한 면은 무한 평면이고, 다른 면은 한 점인 경우

해설

㉠ 큰 공통 내에 작은 물체가 있을 경우($A_2 \gg A_1$)

$q = 4.88 A_1 \varepsilon_1 \left[\left(\dfrac{T_1}{100}\right)^4 - \left(\dfrac{T_2}{100}\right)^4 \right]$

㉡ 무한히 큰 두 평면이 평행한 경우

$q = 4.88 A_1 \dfrac{1}{\dfrac{1}{\varepsilon_1} + \dfrac{1}{\varepsilon_2} - 1} \left[\left(\dfrac{T_1}{100}\right)^4 - \left(\dfrac{T_2}{100}\right)^4 \right]$

정답 40 ① 41 ③ 42 ①

43 상계점(Plait Point)에 대한 설명으로 옳지 않은 것은?

① 추출상과 추잔상의 조성이 같아지는 점이다.
② 상계점에서 2상(相)이 1상이 된다.
③ 추출상과 평형에 있는 추잔상의 대응선(Tie-line)의 길이가 가장 길어지는 점이다.
④ 추출상과 추잔상이 공존하는 점이다.

> 해설

상계점(Plait Point, 임계점)
• 추출상과 추잔상에서의 조성이 같아지는 점
• 상계점에서 2상이 1상이 된다.
• 대응선(Tie-line)의 길이가 0이 된다.

44 다음 중 Drag Coefficient(C_0)를 구하고자 할 때 사용되는 법칙에 대한 설명으로 가장 옳은 것은?

① 레이놀즈수가 아주 작을 때 Stoke의 법칙을 사용한다.
② 레이놀즈수와 관계없이 Stoke의 법칙을 사용한다.
③ 일반적으로 Stoke의 법칙을 사용하되 레이놀즈수가 작을 때는 Newton의 법칙을 사용한다.
④ 점도의 크기에 따라 Stoke의 법칙과 Newton의 법칙을 구별하여 사용한다.

> 해설

침강
• $N_{Re} < 0.1$: Stoke의 법칙
• $0.1 < N_{Re} < 1{,}000$: Allen의 법칙
• $1{,}000 < N_{Re} < 20{,}000$: Newton의 법칙

45 보일러에 Na_2SO_3를 가하여 공급수 중의 산소를 제거한다. 보일러 공급수 200톤에 산소함량이 2ppm일 때 이 산소를 제거하는 데 필요한 Na_2SO_3의 이론량은?

① 1.58kg
② 3.15kg
③ 4.74kg
④ 6.32kg

> 해설

$2Na_2SO_3 + O_2 \rightarrow 2Na_2SO_4$
$2 \times 126 : 32$
$x : 200 \times 10^3 kg \times 2 \times 10^{-6}$
$\therefore x = 3.15 kg$

46 물질의 증발잠열(Heat of Vaporization)을 예측하는 데 사용되는 식은?

① Raoult의 식
② Fick의 식
③ Clausius-Clapeyron의 식
④ Fourier의 식

> 해설

① Raoult's Law
$P = P_A x_A + P_B(1-x_A)$
$y_A = \dfrac{p_A}{P} = \dfrac{P_A x_A}{P}$

② Fick's Law
$N_A = -D_G A \dfrac{dC_A}{dx}$

③ Clausius-Clapeyron 식
$\ln\left(\dfrac{P_2}{P_1}\right) = \dfrac{\Delta H}{R}\left(\dfrac{1}{T_1} - \dfrac{1}{T_2}\right)$

④ Fourier's Law
$q = -kA \dfrac{dt}{l}$

47 25℃에서 벤젠이 Bomb 열량계 속에서 연소되어 이산화탄소와 물이 될 때 방출된 열량을 실험으로 재어 보니 벤젠 1mol당 780,890cal이었다. 25℃에서의 벤젠의 표준연소열은 약 몇 cal인가?(단, 반응식은 다음과 같으며 이상기체로 가정한다.)

$$C_6H_6(l) + 7\dfrac{1}{2}O_2(g) \rightarrow 3H_2O(l) + 6CO_2(g)$$

① -781,778
② -781,588
③ -781,201
④ -780,003

해설

$\Delta H = \Delta U + \Delta nRT$
$= (-780,890)\text{cal} + \left(6 - \dfrac{15}{2}\right)\text{mol}$
$\times 1.987\,\text{cal/mol K} \times 298\text{K}$
$= -781,778\,\text{cal}$

48 이상기체 A의 정압열용량을 다음 식으로 나타낸다고 할 때 1mol을 대기압하에서 100℃에서 200℃까지 가열하는 데 필요한 열량은 약 몇 cal/mol인가?

$$C_p(\text{cal/mol K}) = 6.6 + 0.96 \times 10^{-3}T$$

① 401
② 501
③ 601
④ 701

해설

$Q = \displaystyle\int_{T_1}^{T_2} C_p\,dT$
$= \displaystyle\int_{373}^{473} (6.6 + 0.96 \times 10^{-3} T)\,dT$
$= \left. \left(6.6T + \dfrac{1}{2} \times 0.96 \times 10^{-3} T^2\right)\right|_{373}^{473}$
$= 6.6(473 - 373) + \dfrac{1}{2} \times 0.96 \times 10^{-3}(473^2 - 373^2)$
$= 700.6\,\text{cal/mol}$

49 캐비테이션(Cavitation) 현상을 잘못 설명한 것은?

① 공동화(空洞化) 현상을 뜻한다.
② 펌프 내의 증기압이 낮아져서 액의 일부가 증기화하여 펌프 내에 응축하는 현상이다.
③ 펌프의 성능이 나빠진다.
④ 임펠러 흡입부의 압력이 유체의 증기압보다 높아져 증기는 임펠러의 고압부로 이동하여 갑자기 응축한다.

해설

Cavitation(공동화) 현상
• 임펠러 흡입부의 압력이 유체의 증기압보다 낮아져서 액체 내에 증기기포가 발생하는 현상이다.

• 증기기포가 벽에 닿으면 부식이나 소음이 발생하므로 설계자는 공동화 현상을 파악하도록 설계해야 한다.

50 "분쇄에 필요한 일은 분쇄 전후의 대표 입경의 비 (D_{p_1}/D_{p_2})에 관계되며 이 비가 일정하면 일의 양도 일정하다."는 법칙은 무엇인가?

① Sherwood 법칙
② Rittinger 법칙
③ Bond 법칙
④ Kick 법칙

해설

Lewis 식
$\dfrac{dW}{dD_p} = -kD_p^{-n}$

• Rittinger의 법칙
$n = 2$
$W = k_R'\left(\dfrac{1}{D_{p_2}} - \dfrac{1}{D_{p_1}}\right) = k_R(S_2 - S_1)$

• Kick의 법칙
$n = 1$
$W = k_K \ln \dfrac{D_{p_1}}{D_{p_2}}$

• Bond의 법칙
$n = \dfrac{3}{2}$
$W = 2k_B\left(\dfrac{1}{\sqrt{D_{p_2}}} - \dfrac{1}{\sqrt{D_{p_1}}}\right)$
$= \dfrac{k_B}{5} \dfrac{\sqrt{100}}{\sqrt{D_{p_2}}}\left(1 - \dfrac{\sqrt{D_{p_2}}}{\sqrt{D_{p_1}}}\right)$
$= W_i \sqrt{\dfrac{100}{D_{p_2}}}\left(1 - \dfrac{1}{\sqrt{\gamma}}\right)$

51 3층의 벽돌로 쌓은 노벽의 두께가 내부부터 차례로 100, 150, 200mm, 열전도도는 0.1, 0.05, 1.0kcal/m h ℃이다. 내부온도가 800℃, 외벽의 온도는 40℃일 때, 외벽과 중간벽이 만나는 곳의 온도(℃)는?

① 76
② 97
③ 106
④ 117

정답 48 ④ 49 ④ 50 ④ 51 ①

해설

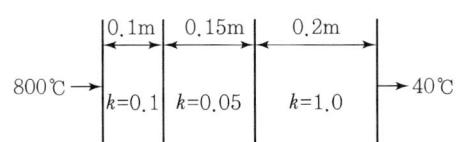

$$\frac{q}{A} = \frac{\Delta t}{\frac{l_1}{k_1}+\frac{l_2}{k_2}+\frac{l_3}{k_3}} = \frac{\Delta t}{R_1+R_2+R_3}$$

$$= \frac{(800-40)℃}{\frac{0.1}{0.1}+\frac{0.15}{0.05}+\frac{0.2}{1}} = \frac{(800-40)℃}{1+3+0.2}$$

$$= 180.95\,kcal/h\,m^2$$

$R = R_1+R_2+R_3$
$= 1+3+0.2 = 4.2$

$\Delta t : \Delta t_1 = R : R_1$
$(800-40) : \Delta t_1 = 4.2 : 1$
$\Delta t_1 = 800 - t_2 = 180.95$
$\therefore t_2 = 619.05$

$\Delta t_1 : \Delta t_2 = R_1 : R_2$
$180.95 : \Delta t_2 = 1 : 3$
$\Delta t_2 = t_2 - t_3 = 619.05 - t_3 = 542.85$
$\therefore t_3 = 76.2℃$

52 CO_2 25vol%와 NH_3 75vol%의 기체 혼합물 중 NH_3의 일부가 흡수탑에서 산에 흡수되어 제거된다. 흡수탑을 떠나는 기체 중 NH_3 함량이 37.5vol%일 때, NH_3 제거율은?(단, CO_2의 양은 변하지 않으며 산 용액은 증발하지 않는다고 가정한다.)

① 15% ② 20%
③ 62.5% ④ 80%

해설

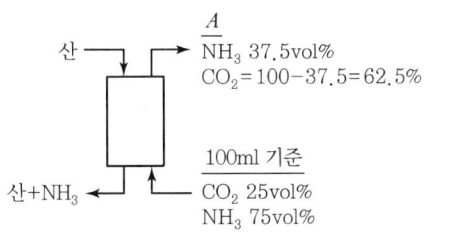

$A \times 0.625 = 100 \times 0.25$
$\therefore A = 40\,mol$
흡수탑을 떠나는 기체 중 $NH_3 = 40mol \times 0.375 = 15mol$
제거된 NH_3의 양 $= 75mol - 15mol = 60mol$

$\therefore NH_3$ 제거율 $= \frac{60}{75} \times 100 = 80\%$

53 관(Pipe, Tube)의 치수에 대한 설명 중 틀린 것은?

① 파이프의 벽두께는 Schedule Number로 표시할 수 있다.
② 튜브의 벽두께는 BWG 번호로 표시할 수 있다.
③ 동일한 외경에서 Schedule Number가 클수록 벽두께가 두껍다.
④ 동일한 외경에서 BWG가 클수록 벽두께가 두껍다.

해설

㉠ Schedule No.
  • 강관, 주철관의 규격
    Schedule No. $= 1,000 \times \frac{내부작업압력}{재료의\ 허용응력}$
  • Schedule No.에서는 번호가 클수록 두께가 커진다.
㉡ BWG(Birmingham Wire Gauge)
  • 응축기, 열교환기 등에서 사용되는 배관용 동관류는 BWG로 표시한다.
  • BWG값이 작을수록 관벽이 두꺼운 것이다.

54 5℃에서 정용반응열(ΔH_V)이 $-326.1kcal$일 때 같은 온도에서 정압반응열(ΔH_P ; kcal)은?

$$C_2H_5OH(l) + 3O_2(g) \to 3H_2O(l) + 2CO_2(g)$$

① 325.5 ② -325.5
③ 326.7 ④ -326.7

해설

$\Delta H = \Delta U + \Delta nRT$
$\Delta H_P = \Delta H_V + \Delta nRT$
$= -326.1kcal + (2-3)mol \times 1.987cal/mol\,K$
$\quad \times 298K \times \frac{1kcal}{1,000cal}$
$= -326.7kcal$

정답 52 ④ 53 ④ 54 ④

55 유체가 난류($Re > 30,000$)로 흐르고 있는 오리피스 유량계에 사염화탄소(비중 1.6) 마노미터를 설치하여 50cm의 읽음값을 얻었다. 유체비중이 0.8일 때, 오리피스를 통과하는 유체의 유속은(m/s)?(단, 오리피스 계수는 0.61이다.)

① 1.91
② 4.25
③ 12.1
④ 15.2

해설

$$u_o = \frac{C_o}{\sqrt{1-m^2}}\sqrt{\frac{2g(\rho_A - \rho_B)R}{\rho_B}}\,[\text{m/s}]$$

$$m = \frac{A_o}{A} = \left(\frac{D_o}{D}\right)^2 \qquad \beta = \frac{D_o}{D}$$

$N_{Re} > 30,000$에서 C_o가 거의 일정하고 β와 무관
$\beta < 0.25$이면 $\sqrt{1-\beta^4} \fallingdotseq 1$

$$\therefore u_o = 0.61\sqrt{\frac{2 \times 9.8(1.6-0.8) \times 1,000 \times 0.5}{0.8 \times 1,000}}$$
$$= 1.91\text{m/s}$$

56 건조 특성곡선에서 항률건조기간으로부터 감률건조기간으로 바뀔 때의 함수율은?

① 전(Total)함수율
② 자유(Free)함수율
③ 임계(Critical)함수율
④ 평형(Equilibrium)함수율

해설

임계함수율(w_c)
항률건조기간에서 감률건조기간으로 바뀔 때의 함수율

57 벤젠과 톨루엔의 혼합물을 비점, 액상으로 증류탑에 공급한다. 공급, 탑상, 탑저의 벤젠 농도가 각각 45, 92, 10wt%, 증류탑의 환류비가 2.2이고 탑상 제품이 23,688.38kg/h로 생산될 때 탑 상부에서 나오는 증기의 양(kmol/h)은?

① 360
② 660
③ 960
④ 990

해설

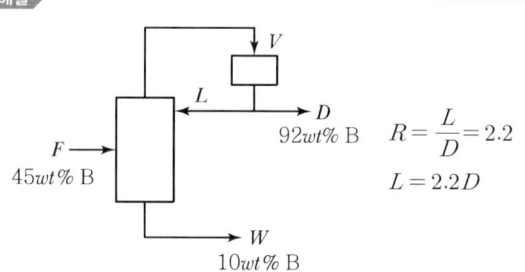

$23,688.38\text{kg/h} \times 0.92 = 21,793.3\text{kg/h}$ B
$23,688.38\text{kg/h} \times 0.08 = 1,895.07\text{kg/h}$ T

$21,793.3\text{kg/h B} \times \dfrac{1\text{kmol}}{78\text{kg}} = 279.4\text{kmol/h}$ B ⎫
$1,895.07\text{kg/hT} \times \dfrac{1\text{kmol}}{92\text{kg}} = 20.6\text{kmol/h}$ T ⎭ 300kmol/h

$\therefore V = L + D = 2.2D + D = 3.2D$
$= 3.2 \times 300\text{kmol/h}$
$= 960\text{kmol/h}$

58 비중이 0.7인 액체를 0.2m³/s의 속도로 수송하기 위해 기계적 일이 5.2kg_f m/kg만큼 액체에 주어지기 위한 펌프의 필요 동력(HP)은?(단, 전효율은 0.7이다.)

① 6.70
② 12.7
③ 13.7
④ 49.8

해설

$\dot{m} = \rho u A = \rho Q$
$= 0.7 \times 1,000\text{kg/m}^3 \times 0.2\text{m}^3/\text{s} = 140\text{kg/s}$

$P = \dfrac{\dot{m}W}{76}$

$= \dfrac{140\text{kg/s} \times 5.2\text{kg}_f\,\text{m/kg} \times 0.7}{76} = 6.7\text{HP}$

59 다음 무차원군 중 밀도와 관계없는 것은?

① 그라스호프(Grashof) 수
② 레이놀즈(Reynolds) 수
③ 슈미트(Schmidt) 수
④ 너셀(Nusselt) 수

해설

- $N_{Gr} = \dfrac{gD^3\rho^2\beta\Delta t}{\mu^2} = \dfrac{부력}{점성력}$
- $N_{Re} = \dfrac{Du\rho}{\mu} = \dfrac{관성력}{점성력}$
- $N_{Sc} = \dfrac{\mu}{\rho D_{AB}}$: 열전달에서 N_{Pr}에 해당
- $N_{Nu} = \dfrac{hD}{k} = \dfrac{대류열전달}{전도열전달}$

60 용액의 증기압 곡선을 나타낸 도표에 대한 설명으로 틀린 것은?(단, γ는 활동도 계수이다.)

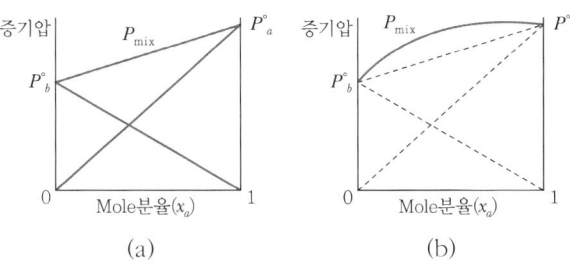

① (a)는 $\gamma_a = \gamma_b = 1$로서 휘발도는 정규상태이다.
② (b)는 $\gamma_a < 1$, $\gamma_b < 1$로서 휘발도가 정규상태보다 비정상적으로 낮다.
③ (a)는 벤젠-톨루엔계 및 메탄-에탄계와 같이 두 물질의 구조가 비슷하여 동종분자 간 인력이 이종분자 간 인력과 비슷할 경우에 나타난다.
④ (b)는 물-에탄올계, 에탄올-벤젠계 및 아세톤-CS_2계가 이에 속한다.

해설

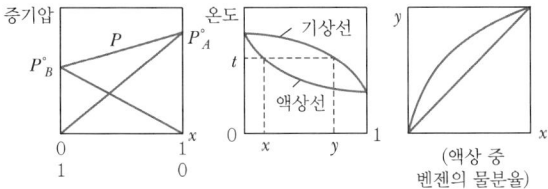

㉠ 최저공비혼합물

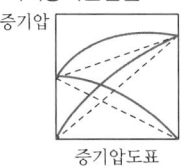 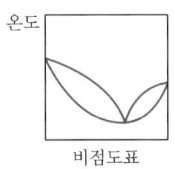 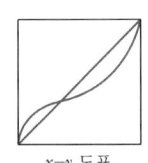
증기압도표 　 비점도표 　 x-y 도표

- $\gamma_A > 1$, $\gamma_B > 1$ (휘발도가 이상적으로 높은 경우)
- 증기압도표 : 극대점, 비점도표 : 극소점
- 같은 분자 간 친화력>다른 분자 간 친화력
- **예** 물-에탄올, 에탄올-벤젠, 아세톤-CS_2

㉡ 최고공비혼합물

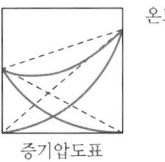 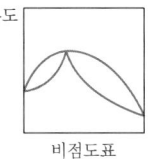 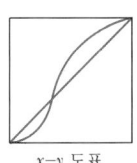
증기압도표 　 비점도표 　 x-y 도표

- $\gamma_A < 1$, $\gamma_B < 1$ (휘발도가 이상적으로 낮은 경우)
- 증기압은 낮아지고, 비점은 높아진다.
  → 증기압도표 : 극소점, 비점도표 : 극대점
- 같은 분자 간 친화력<다른 분자 간 친화력
- **예** 물-HCl, 물-HNO_3, 물-H_2SO_4

4과목 화공계측제어

61 초기상태 공정입출력이 0이고 정상상태일 때, 어떤 선형 공정에 계단입력 $u(t)=1$을 입력했더니, 출력 $y(t)$는 각각 $y(1)=0.1$, $y(2)=0.2$, $y(3)=0.4$이었다. 입력 $u(t)=0.5$를 입력할 때 각각의 출력은?

① $y(1)=0.1$, $y(2)=0.2$, $y(3)=0.4$
② $y(1)=0.05$, $y(2)=0.1$, $y(3)=0.2$
③ $y(1)=0.1$, $y(2)=0.3$, $y(3)=0.7$
④ $y(1)=0.2$, $y(2)=0.4$, $y(3)=0.8$

해설

계단입력 $u(t)=1$
$y(1)=0.1$　$y(2)=0.2$　$y(3)=0.4$
입력이 $u(t)=0.5$이면 출력도 $\dfrac{1}{2}$이 된다.
$y(1)=0.05$　$y(2)=0.1$　$y(3)=0.2$

62 블록선도의 전달함수 $\left(\dfrac{Y(s)}{X(s)}\right)$는?

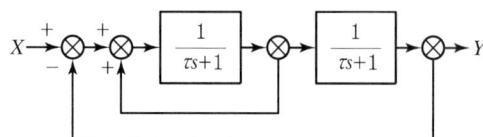

① $\dfrac{1}{\tau s+1}$ ② $\dfrac{1}{(\tau s+1)^2}$

③ $\dfrac{1}{\tau s^2+\tau s+1}$ ④ $\dfrac{1}{\tau^2 s^2+\tau s+1}$

해설

$$\dfrac{Y(s)}{X(s)} = \dfrac{\dfrac{1}{\tau s+1}\cdot\dfrac{1}{\tau s+1}}{1-\dfrac{1}{\tau s+1}+\dfrac{1}{(\tau s+1)(\tau s+1)}}$$

$$= \dfrac{1}{\tau^2 s^2+\tau s+1}$$

63 $G(j\omega)=\dfrac{10(j\omega+5)}{j\omega(j\omega+1)(j\omega+2)}$ 에서 ω가 아주 작을 때, 즉 $\omega \to 0$일 때의 위상각은?

① $-90°$ ② $0°$
③ $+90°$ ④ $+180°$

해설

$G(i\omega)=\dfrac{25(0.2i\omega+1)}{i\omega(i\omega+1)(0.5i\omega+1)}$

$\phi = \angle G(i\omega)$

$= \tan^{-1}(0.2\omega)-\tan^{-1}(\omega)-\tan^{-1}(0.5\omega)-\dfrac{\pi}{2}$

$= \tan^{-1}(0)-\tan^{-1}(0)-\tan^{-1}(0)-\dfrac{\pi}{2}$

$= -\dfrac{\pi}{2}(-90°)$

64 열교환망 문제에 대한 공정흐름 데이터는 다음과 같다. 최소허용온도차가 10℃일 때 뜨거운 유틸리티 요구량과 차가운 유틸리티 요구량은 각각 얼마인가?

Stream	T_s(℃)	T_t(℃)	C_p(MW K^{-1})
H1	250	40	0.15
H2	200	80	0.25
C1	20	180	0.2
C2	140	230	0.3

① 7.5MW, 10MW ② -7.5MW, 14MW
③ 1.5MW, 2.5MW ④ 1.5MW, 6.5MW

해설

$\Delta T_{\min}=10℃$

Stream	T_s(℃)	T_t(℃)	T_i(℃)	T_f(℃)	C_p(MW K^{-1})
H1	250	40	245	35	0.15
H2	200	80	195	75	0.25
C1	20	180	25	185	0.2
C2	140	230	145	235	0.3

- 최소 뜨거운 유틸리티 요구량 : 7.5MW
- 최소 차가운 유틸리티 요구량 : 10MW
- 고온 Pinch 온도 : $145+5=150℃$
- 저온 Pinch 온도 : $145-5=140℃$

정답 62 ④ 63 ① 64 ①

65 다음 공정의 단위 임펄스 응답은?

$$G_P(s) = \frac{4s^2+5s-3}{s^3+2s^2-s-2}$$

① $y(t) = 2e^t + e^{-t} + e^{-2t}$
② $y(t) = 2e^t + 2e^{-t} + e^{-2t}$
③ $y(t) = e^t + 2e^{-t} + e^{-2t}$
④ $y(t) = e^t + e^{-t} + 2e^{-2t}$

해설

$$Y(s) = \frac{4s^2+5s-3}{s^3+2s^2-s-2} \cdot 1$$
$$= \frac{4s^2+5s-3}{(s+1)(s-1)(s+2)}$$
$$= \frac{2}{s+1} + \frac{1}{s-1} + \frac{1}{s+2}$$
$$\therefore y(t) = 2e^{-t} + e^t + e^{-2t}$$

66 그림과 같은 단면적이 3m²인 액위계(Liquid Level System)에서 $q_o = 8\sqrt{h}$ m³/min이고 평균 조작수위($\bar{h}$)는 4m일 때, 시간상수(Time Constant ; min)는?

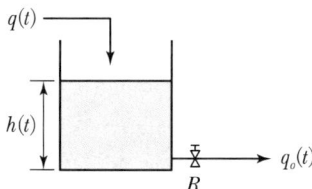

① $\frac{4}{9}$
② $\frac{3\sqrt{3}}{4}$
③ $\frac{3}{4}$
④ $\frac{3}{2}$

해설

$A\frac{dh}{dt} = q_i - q_o$
$q_o = 8\sqrt{h}$
$\xrightarrow{\text{선형화}} q_o = 8\sqrt{h_s} + \frac{8}{2}\frac{1}{\sqrt{h_s}}(h - h_s)$
$= 8\sqrt{4} + \frac{4}{\sqrt{4}}(h-4) = 8 + 2h$

$A\frac{dh}{dt} = q_i - 8 - 2h$
$3\frac{dh'}{dt} = q_i' - 2h'$
$= q_i' - \frac{h'}{1/2} \leftarrow R$
$\frac{3}{2}\frac{dh'}{dt} = \frac{1}{2}q_i' - h'$
$\therefore \tau = AR = \frac{3}{2}$

67 Error(e)에 단위계단 변화(Unit Step Change)가 있었을 때 다음과 같은 제어기 출력응답(Response ; P)을 보이는 제어기는?

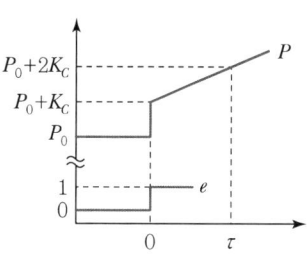

① PID
② PD
③ PI
④ P

해설

PI 제어기 계단응답
$E(s) = \frac{1}{s}$
$M(s) = K_c\left(1 + \frac{1}{\tau_I s}\right) \cdot \frac{1}{s}$
$= K_c\left(\frac{1}{s} + \frac{1}{\tau_I s^2}\right)$
$m(t) = \bar{m} + K_c\left(1 + \frac{t}{\tau_I}\right)u(t)$

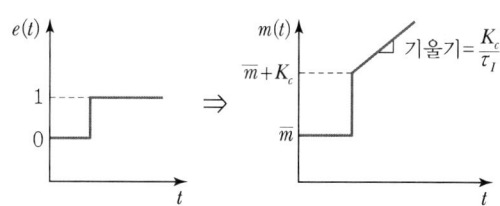

68 주파수 응답에서 위상앞섬(Phase Lead)을 나타내는 제어기는?

① P 제어기
② PI 제어기
③ PD 제어기
④ 제어기 모두 위상의 지연을 나타낸다.

> **해설**
> - 위상앞섬(Phase Lead) – D 제어
> - 위상지연(Phase Lag) – I 제어

69 $G(s) = \dfrac{10}{(s+1)^2}$ 인 공정에 대한 설명 중 틀린 것은?

① P 제어를 하는 경우 모든 양의 비례이득 값에 대해 제어계가 안정하다.
② PI 제어를 하는 경우 모든 양의 비례이득 및 적분시간에 대해 제어계가 안정하다.
③ PD 제어를 하는 경우 모든 양의 비례이득 및 미분시간에 대해 제어계가 안정하다.
④ 한계이득, 한계주파수를 찾을 수 없다.

> **해설**
> ① P 제어
> $$1 + \dfrac{10K_c}{(s+1)^2} = 0$$
> $$s^2 + 2s + 1 + 10K_c = 0$$
>
> | 1 | 1 | $1+K_c$ |
> |---|---|---|
> | 2 | 2 | |
> | 3 | $\dfrac{2(1+10K_c) - 1 \times 0}{2} > 0$ | |
> | | $1 + 10K_c > 0$ | |
> | | $\therefore K_c > -\dfrac{1}{10}$ | |
>
> 양의 K_c에 대하여 안정하다.
>
> ② PI 제어
> $$1 + \dfrac{10K_c}{(s+1)^2}\left(1 + \dfrac{1}{\tau_I s}\right) = 0$$
> $$\tau_I s^3 + 2\tau_I s^2 + \tau_I s + 10K_c \tau_I s + 10K_c = 0$$
>
> | 1 | τ_I | $\tau_I + 10K_c \tau_I$ |
> |---|---|---|
> | 2 | $2\tau_I$ | $10K_c$ |
> | 3 | $\dfrac{2\tau_I(\tau_I + 10K_c \tau_I) - 10K_c \tau_I}{2\tau_I} > 0$ | |
> | | $\therefore K_c > \dfrac{\tau_I}{5(1 - 2\tau_I)}$ | |
>
> $\tau_I > 0$ 이므로 $1 - 2\tau_I > 0$ 이어야 한다.
> $$\therefore 0 < \tau_I < \dfrac{1}{2}$$
> 모든 양의 값에 해당되지 않는다.
>
> ③ PD 제어
> $$1 + \dfrac{10K_c}{(s+1)^2}(1 + \tau_D s) = 0$$
> $$s^2 + 2s + 10K_c \tau_D s + 1 + 10K_c = 0$$
>
> | 1 | 1 | $1 + 10K_c$ |
> |---|---|---|
> | 2 | $2 + 10K_c \tau_D$ | |
> | 3 | $\dfrac{(2 + 10K_c \tau_D)(1 + 10K_c)}{(2 + 10k_c \tau_D)} > 0$ | |
> | | $1 + 10K_c > 0$ | |
> | | $\therefore K_c > -\dfrac{1}{10}$ | |
>
> 양의 K_c에 대하여 안정하다.
>
> ④ 직접치환법에 의해 한계이득, 한계주파수를 찾을 수 있다.

70 2차계의 전달함수가 아래와 같을 때 시간상수(τ)와 제동계수(Damping Ratio ; ζ)는?

$$\frac{Y(s)}{X(s)} = \frac{4}{9s^2 + 10.8s + 9}$$

① $\tau = 1$, $\zeta = 0.4$
② $\tau = 1$, $\zeta = 0.6$
③ $\tau = 3$, $\zeta = 0.4$
④ $\tau = 3$, $\zeta = 0.6$

해설

$$\frac{Y(s)}{X(s)} = \frac{\frac{4}{9}}{s^2 + \frac{10.8}{9}s + 1}$$

$\therefore \tau^2 = 1$ $\tau = 1$

$2\tau\zeta = \frac{10.8}{9}$

$\therefore \zeta = \frac{10.8}{18} = 0.6$

71 어떤 제어계의 특성방정식이 다음과 같을 때 한계주기(Ultimate Period)는?

$$s^3 + 6s^2 + 9s + 1 + K_c = 0$$

① $\frac{\pi}{2}$
② $\frac{2}{3}\pi$
③ π
④ $\frac{3}{2}\pi$

해설

$s^3 + 6s^2 + 9s + 1 + K_c = 0$
$(i\omega)^3 + 6(i\omega)^2 + 9(i\omega) + 1 + K_c = 0$
$-i\omega^3 - 6\omega^2 + 9\omega i + 1 + K_c = 0$
$(1 + K_c - 6\omega^2) + i(9\omega - \omega^3) = 0$
$\omega(9 - \omega^2) = 0$ $\therefore \omega_u = 0, \pm 3$
$1 + K_c - 6 \times 3^2 = 0$ $\therefore K_c = 53$

한계주기 $P_u = \frac{2\pi}{\omega_u}$

$\therefore P_u = \frac{2\pi}{3}$

72 공정 $G(s) = \frac{1}{(s+1)^4}$ 에 대한 PI 제어기를 Ziegler-Nichols법으로 튜닝한 것은?

① $K_c = 0.5$, $\tau_I = 2.8$
② $K_c = 1.8$, $\tau_I = 5.2$
③ $K_c = 2.5$, $\tau_I = 6.8$
④ $K_c = 2.5$, $\tau_I = 2.8$

해설

$\tau = 1$

$AR = \frac{1}{(\sqrt{\omega^2 + 1})^4}$

$\phi = -4\tan^{-1}(\omega)$

$-180° = -4\tan^{-1}(\omega)$

$\therefore \omega_u = 1$

$AR_c = \frac{1}{(\omega^2 + 1)^2} = \frac{1}{(1+1)^2} = 0.25$

$P_u = \frac{2\pi}{\omega_u} = 2\pi$

$\therefore \tau_I = \frac{2\pi}{1.2} = 5.2$

$\therefore K_c = 0.45 K_{cu} = 0.45 \frac{1}{AR_c}$

$= \frac{0.45}{0.25} = 1.8$

73 $\frac{2}{10s + 1}$로 표현되는 공정 A와 $\frac{4}{5s + 1}$로 표현되는 공정 B에 같은 크기의 계단입력이 가해졌을 때 다음 설명 중 옳은 것은?

① 공정 A가 더 빠르게 정상상태에 도달한다.
② 공정 B가 더 진동이 심한 응답을 보인다.
③ 공정 A가 더 진동이 심한 응답을 보인다.
④ 공정 B가 더 큰 최종응답 변화값을 가진다.

해설

B의 시간상수가 A의 시간상수보다 작으므로 B가 정상상태에 더 빠르게 도달하며, B의 이득이 더 크므로 더 큰 최종응답 변화값을 갖는다.

정답 70 ② 71 ② 72 ② 73 ④

74 블록선도에서 Servo Problem인 경우 Proportional Control($G_c = K_c$)의 Offset은?(단, $T_R(t) = U(t)$인 단위계단신호이다.)

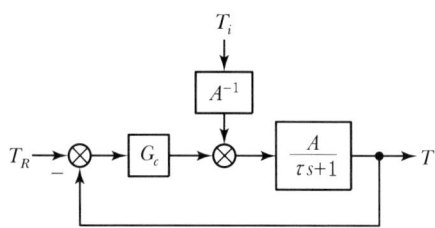

① 0
② $\dfrac{1}{1-AK_c}$
③ $-\dfrac{1}{1+AK_c}$
④ $\dfrac{1}{1+AK_c}$

해설

$T_R(t) = 1 \quad T_R(s) = \dfrac{1}{s}$

$T = \dfrac{\dfrac{K_cA}{\tau s+1}}{1+\dfrac{K_cA}{\tau s+1}} \cdot \dfrac{1}{s} = \dfrac{K_cA}{\tau s+1+K_cA} \cdot \dfrac{1}{s}$

최종치 정리
$\lim_{t \to \infty} y(t) = \lim_{s \to 0} sY(s)$

$\lim_{s \to 0} sT(s) = \lim_{s \to 0} s\dfrac{K_cA}{\tau s+1+K_cA} \cdot \dfrac{1}{s} = \dfrac{K_cA}{1+K_cA}$

Offset $= T_R(t) - T(t)$

$= 1 - \dfrac{K_cA}{1+K_cA} = \dfrac{1}{1+K_cA}$

75 특성방정식에 대한 설명 중 틀린 것은?

① 주어진 계의 특성방정식의 근이 모두 복소평면의 왼쪽 반평면에 놓이면 계는 안정하다.
② Routh Test에서 주어진 계의 특성방정식이 Routh Array의 처음 열의 모든 요소가 0이 아닌 양의 값이면 주어진 계는 안정하다.
③ 주어진 계의 특성방정식이 $s^4+3s^3-4s^2+7=0$일 때 이 계는 안정하다.
④ 특성방정식이 $s^3+2s^2+2s+40=0$인 계에는 양의 실수부를 가지는 2개의 근이 있다.

해설

Routh 안정성 판별법
$s^4+3s^3-4s^2+7=0$

1	1	-4
2	3	7
3	$\dfrac{-12-7}{3} < 0$	

∴ 이 계는 불안정하다.

$s^3+2s^2+2s+40=0$

1	1	2
2	2	40
3	$\dfrac{2\times2-1\times40}{2} = -18 < 0$	
4	$\dfrac{-18\times40-0}{-18} = 40 > 0$	

1열의 부호가 2번 바뀜 → 양의 근이 2개

76 다음 중 ATO(Air-To-Open) 제어밸브가 사용되어야 하는 경우는?

① 저장탱크 내 위험물질의 증발을 방지하기 위해 설치된 열교환기의 냉각수 유량 제어용 제어밸브
② 저장탱크 내 물질의 응고를 방지하기 위해 설치된 열교환기의 온수 유량 제어용 제어밸브
③ 반응기에 발열을 일으키는 반응 원료의 유량 제어용 제어밸브
④ 부반응 방지를 위하여 고온 공정 유체를 신속히 냉각시켜야 하는 열교환기의 냉각수 유량 제어용 제어밸브

해설

ATO(Air-To-Open) = FC = NC
평상시나 사고 후에는 닫혀 있고, 공기압이 가해질 때 열리는 밸브 → 위험해지면 밸브를 닫아야 하는 경우에 사용한다.

정답 74 ④ 75 ③ 76 ③

77 복사에 의한 열전달식은 $q = \sigma A T^4$으로 표현된다. 정상상태에서 $T = T_s$일 때 이 식을 선형화하면? (단, σ와 A는 상수이다.)

① $\sigma A (T - T_s)$
② $\sigma A T_s^4 (T - T_s)$
③ $3\sigma A T_s^3 (T - T_s)^2$
④ $4\sigma A T_s^3 (T - 0.75 T_s)$

해설

Taylor 급수전개

$$f(s) = f(x_s) + \frac{df}{dx}(x_s)(x - x_s)$$

$q = \sigma A T^4$

선형화하면

$$\begin{aligned} q &= \sigma A T_s^4 + 4\sigma A T_s^3 (T - T_s) \\ &= \sigma A T_s^4 + 4\sigma A T_s^3 T - 4\sigma A T_s^4 \\ &= 4\sigma A T_s^3 T - 3\sigma A T_s^4 \\ &= 4\sigma A T_s^3 (T - 0.75 T_s) \end{aligned}$$

78 공정유체 10m³를 담고 있는 완전혼합이 일어나는 탱크에 성분 A를 포함한 공정유체가 1m³/h로 유입되며 또한 동일한 유량으로 배출되고 있다. 공정유체와 함께 유입되는 성분 A의 농도가 1시간을 주기로 평균치를 중심으로 진폭 0.3mol/L로 진동하며 변한다고 할 때 배출되는 A의 농도변화 진폭(mol/L)은?

① 0.5
② 0.05
③ 0.005
④ 0.0005

해설

$$\tau = \frac{V}{q} = \frac{10\text{m}^3}{1\text{m}^3/\text{h}} = 10\text{h}$$

$$\omega = 2\pi f = \frac{2\pi}{T} = \frac{2\pi}{1\text{h}} = 2\pi$$

$$\hat{A} = \frac{A}{\sqrt{\tau^2 \omega^2 + 1}} = \frac{0.3}{\sqrt{10^2(2\pi)^2 + 1}}$$
$$= 0.0048\text{mol/L} \fallingdotseq 0.005\text{mol/L}$$

79 PID 제어기의 적분제어 동작에 관한 설명 중 잘못된 것은?

① 일정한 값의 설정치와 외란에 대한 잔류오차(Offset)를 제거해 준다.
② 적분시간(Integral Time)을 길게 주면 적분동작이 약해진다.
③ 일반적으로 강한 적분동작이 약한 적분동작보다 폐루프(Closed Loop)의 안정성을 향상시킨다.
④ 공정변수에 혼입되는 잡음의 영향을 필터링하여 약화시키는 효과가 있다.

해설

적분동작
- 적분시간 τ_I의 증가는 응답을 느리게 한다. 적분동작을 크게 하면 폐루프의 안정성을 떨어뜨린다.
- 잔류편차(Offset)를 제거해 준다.

80 위상지연이 180°인 주파수는?

① 고유 주파수
② 공명(Resonant) 주파수
③ 구석(Corner) 주파수
④ 교차(Crossover) 주파수

해설

① 고유 주파수 $\zeta = 0$일 때 진동수 $f = \frac{1}{2\pi\tau}$
② $\zeta < 1$ AR_N은 최댓값 $\frac{dAR_N}{d\omega} = 0$

$\omega = \omega_r = \frac{\sqrt{1 - 2\zeta^2}}{\tau} > 0$ $\zeta < \frac{\sqrt{2}}{2} = 0.707$

공명진동수(ω_r)에서 AR은 최대이고 출력변수는 입력변수보다 큰 진폭을 갖는 진동을 나타낸다.
③ Corner 주파수 = Break 주파수 $\tau\omega = 1$
④ 임계 주파수 : $\phi = -180°$ 일 때 주파수(ω_c)

정답 77 ④ 78 ③ 79 ③ 80 ④

2025년 제3회 복원기출문제

1과목 공업합성

01 다음은 질산을 생성하는 Ostwald 공정을 나타낸 화학반응식이다. 균형이 맞추어진 화학반응식의 반응물과 생성물의 계수 a, b, c, d가 옳게 나열된 것은?

$$a\text{NH}_3 + b\text{O}_2 \rightarrow c\text{NO} + d\text{H}_2\text{O}$$

① $a=2, b=3, c=2, d=3$
② $a=6, b=4, c=5, d=6$
③ $a=4, b=5, c=4, d=6$
④ $a=1, b=1, c=1, d=1$

해설
- N : $a=c$, $a=c=1$
- H : $3a=2d$, $d=\dfrac{3}{2}$
- O : $c+d=2b$, $b=\dfrac{5}{4}$

$\text{NH}_3 + \dfrac{5}{4}\text{O}_2 \rightarrow \text{NO} + \dfrac{3}{2}\text{H}_2\text{O}$

각 항에 ×4를 하면
$4\text{NH}_3 + 5\text{O}_2 \rightarrow 4\text{NO} + 6\text{H}_2\text{O}$

02 암모니아 산화법에 의한 질산제조에서 백금 – 로듐 (Pt – Rh) 촉매에 대한 설명 중 옳지 않은 것은?
① 백금(Pt) 단독으로 사용하는 것보다 수명이 연장된다.
② 촉매독 물질로서는 비소, 유황 등이 있다.
③ 동일온도에서 로듐(Rh) 함량이 10%인 것이 2%인 것보다 전화율이 낮다.
④ 백금(Pt) 단독으로 사용하는 것보다 내열성이 강하다.

해설
Pt – Rh(10%)가 가장 많이 사용된다.

03 중질유와 같이 비점이 높고, 높은 온도에서 분해되며, 물과 섞이지 않는 물질의 증류법은?
① 가압증류법
② 상압증류법
③ 공비증류법
④ 증기증류법

해설
석유 정제공정의 증류법
- 상압증류 : 원유를 가열한 후 상압증류탑으로 보내어 비점차로 나프타, 등유, 경유, 찌꺼기유, 유분으로 분류
- 감압증류 : 상압증류의 잔유에서 윤활유와 같은 비점이 높은 유분을 얻을 때 사용
- 추출증류 : 공비혼합물의 증류
- 수증기증류 : 윤활유 등의 중질유의 비점이 높은 물질의 비점을 낮추어 증류

04 합성염산을 제조할 때는 폭발의 위험이 있으므로 주의해야 한다. 염산 합성 시 폭발을 방지하는 방법에 대한 설명으로 가장 거리가 먼 것은?
① 불활성 가스를 주입하여 조업온도를 낮춘다.
② H_2를 과잉으로 주입하여 Cl_2가 미반응 상태로 남지 않도록 한다.
③ 반응완화 촉매를 주입한다.
④ HCl의 생성속도를 빠르게 한다.

해설
합성염산 제조 시 폭발 방지방법
- $Cl_2 : H_2 = 1 : 1.2$
- 불활성 가스로 Cl_2를 희석한다.
- 반응완화 촉매를 사용한다.
- 연소 시 H_2를 먼저 점화 후 Cl_2와 연소시킨다.

정답 01 ③ 02 ③ 03 ④ 04 ④

05 하루 117ton의 NaCl을 전해하는 NaOH 제조 공장에서 부생되는 H_2와 Cl_2를 합성하여 39wt% HCl을 제조할 경우 하루 약 몇 ton의 HCl이 생산되는가?(단, NaCl은 100%, H_2와 Cl_2는 99% 반응하는 것으로 가정한다.)

① 200　　② 185
③ 156　　④ 100

해설

$NaCl + H_2O \rightarrow NaOH + \frac{1}{2}Cl_2 + \frac{1}{2}H_2 \rightarrow HCl$

　58.5　　　　　　:　　　　　36.5
117ton　　　　　　:　　　　　 x

∴ $x = 73$ton

$\dfrac{73 \times 0.99}{0.39} = 185$ton

06 벤젠을 산 촉매를 이용하여 프로필렌에 의해 알킬화함으로써 얻어지는 것은?

① 프로필렌옥사이드　② 아크릴산
③ 아크롤레인　　　　④ 쿠멘

해설

쿠멘 제조법

$CH_3-CH=CH_2$ + 벤젠 → 쿠멘 → 페놀 + CH_3COCH_3(아세톤)
프로필렌

07 아크릴수지 중에서 유리 대용으로 사용되는 것은?

① Nylon 6,6　　② PMMA
③ 폴리에틸렌(PE)　④ 폴리염화비닐(PVC)

해설

PMMA(폴리메틸메타크릴레이트)
- 투명성 우수
- 비중이 작고 가벼움
- 가공성 우수
- 절연성

08 다음 중 소다회의 사용 용도로 가장 거리가 먼 것은?

① 판유리　　　② 시멘트 주원료
③ 조미료, 식품　④ 유지합성세제

해설

소다회(Na_2CO_3)의 용도
- 유리 제조
- 세제
- 금속제련 · 가공
- 제지 · 펄프산업
- 식품첨가물

09 케텐과 알코올이 반응할 때 주생성물은?

① 알데하이드　　② 카르복시산
③ 아세트산 에스터　④ 아미드

해설

$CH_2=C=O + R-OH \rightarrow CH_3COOR$
　케텐　　　알코올　　아세트산에스터

10 열분해(Cracking) 식 중 옳지 않은 것은?

① $R-CH_2-CH_2-CH_2-R'$
　$\rightarrow R-CH=CH_2 + R'-CH_3$
② $R-CH_2-CH_2-CH_2-CH_3$
　$\rightarrow R-CH_3 + CH_2=CH-CH_3$
③ $R-CH_2-CH_2-CH_2-\dot{C}H-R'$
　$\rightarrow R-CH_2-\dot{C}H_2 + CH_2=CH-R'$
④ $R-CH_2-CH_2-CH_2-CH_3$
　$\rightarrow R-CH_3 + R-CH=CH_2$

해설

절단되기 쉬운 정도
삼차 탄소 > 이차 탄소 > 일차 탄소

β절단
탄소 라디칼을 기준으로 β탄소와 γ탄소 사이에 절단이 일어난다.

정답 05 ②　06 ④　07 ②　08 ②　09 ③　10 ④

11 접촉식 황산 제조방법에 대한 설명 중 옳지 않은 것은?

① 백금, 바나듐 등의 촉매가 이용된다.
② SO_3는 주로 물에 흡수시켜야 한다.
③ 촉매층의 온도는 410~420℃로 유지하면 좋다.
④ 주요 공정별로 온도 조절이 중요하다.

해설
SO_3는 흡수탑에서 98.3% H_2SO_4에 흡수시켜 발연황산을 만든다.

12 염산제조에 있어서 단위 시간에 흡수되는 HCl 가스양(G)을 나타낸 식은?(단, K는 HCl 가스 흡수계수, A는 기상-액상의 접촉면적, ΔP는 기상-액상과의 HCl 분압차이다.)

① $G = K^2 A$
② $G = K\Delta P$
③ $G = \dfrac{K}{A}\Delta P$
④ $G = KA\Delta P$

해설
HCl 가스의 흡수량
$G = \dfrac{dw}{d\theta} = KA\Delta P$

13 다음 중 암모니아를 원료로 하지 않는 것은?

① $(NH_4)_2SO_4$
② NH_4Cl
③ $CaCN_2$
④ $(NH_4)_2CO$

해설
NH_3 : 암모니아

14 음성감광제와 양성감광제를 비교한 것 중 틀린 것은?

① 음성감광제가 양성감광제보다 노출속도가 빠르다.
② 음성감광제가 양성감광제보다 분해능이 좋다.
③ 음성감광제가 양성감광제보다 공정상태에 민감하다.
④ 음성감광제가 양성감광제보다 접착성이 좋다.

해설
감광제
빛이나 열 등의 에너지에 노출되었을 때 내부구조가 바뀌는 특성을 가진 유기고분자 물질

음성(Negative)	양성(Positive)
빛을 조사한 부분, 즉 노광된 부분은 남아 있고 빛이 차단된 영역이 제거된다.	빛을 조사한 부분, 즉 노광된 부분이 가용성이 되어 현상액에서 쉽게 제거된다.
분해능이 낮다.	분해능이 높다.
노출속도가 빠르다.	노출속도가 느리다.

15 다음 중 아세트알데히드의 제법으로 옳은 것은?

① 메탄올+산소
② 메탄올+초산
③ 에탄올+산소
④ 에탄올+초산

해설
알코올의 산화
$C_2H_5OH \rightarrow CH_3CHO \rightarrow CH_3COOH$
  에탄올   아세트알데히드   아세트산

$CH_3OH \rightarrow HCHO \rightarrow HCOOH$
 메탄올   포름알데히드   포름산

16 프로필렌, CO 및 H_2의 혼합가스를 촉매하에서 고압으로 반응시켜 카르보닐 화합물을 제조하는 반응은?

① 옥소 반응
② 에스테르화 반응
③ 니트로화 반응
④ 스위트닝 반응

해설
Oxo 반응
• $CH_3-CH=CH_2 + CO + H_2$
  $\rightarrow CH_3-CH_2-CH_2-CHO$
• 올레핀 + CO + H_2 → 탄소 수가 하나 더 증가된 알데히드

정답 11 ② 12 ④ 13 ③ 14 ② 15 ③ 16 ①

17 분자량이 1.0×10^4g/mol인 고분자 100g과 분자량 2.5×10^4g/mol인 고분자 50g, 그리고 분자량 1.0×10^5g/mol인 고분자 50g이 혼합되어 있다. 고분자 물질의 수평균분자량은?

① 16,000
② 28,500
③ 36,250
④ 57,000

해설

수평균 분자량

$$\overline{M_n} = \frac{\sum M_i N_i}{\sum N_i}$$

$$= \frac{(100+50+50)\text{g}}{(100/1 \times 10^4) + (50/2.5 \times 10^4) + (50/1 \times 10^5)\text{mol}}$$

$$= 16,000$$

18 다음 중 축합(Condensation) 중합반응으로 형성되는 고분자로서 알코올기와 이소시안산기의 결합으로 만들어진 것은?

① 폴리에틸렌(Polyethylene)
② 폴리우레탄(Polyurethane)
③ 폴리메틸메타크릴레이트(Polymethyl Methacrylate)
④ 폴리아세트산비닐(Polyvinyl Acetate)

해설

우레탄수지(폴리우레탄, 이소시아네이트고분자)

$$\text{HO}-\text{R}'-\text{OH} + \text{O}=\text{C}=\text{N}-\text{R}-\text{N}=\text{C}=\text{O}$$

$$\rightarrow \left[\text{R}'-\text{O}-\overset{\overset{\text{O}}{\|}}{\text{C}}-\text{NH}-\text{R}-\text{NH}-\overset{\overset{\text{O}}{\|}}{\text{C}}-\text{O}\right]_n$$

19 고분자에서 열가소성과 열경화성의 일반적인 특징이 옳게 설명된 것은?

① 열가소성 수지는 유기용매에 녹지 않는다.
② 열가소성 수지는 분자량이 커지면 용해도가 감소한다.
③ 열경화성 수지는 열에 잘 견디지 못한다.
④ 열경화성 수지는 가열하면 경화하다가 더욱 가열하면 연화한다.

해설

- 열가소성 수지 : 가열 시 연화되어 외력을 가할 때 쉽게 변형되므로, 성형가공 후 냉각하면 외력을 제거해도 성형된 상태를 유지하는 수지
- 열경화성 수지 : 가열 시 일단 연화되지만, 계속 가열하면 점점 경화되어, 나중에는 온도를 올려도 연화, 용융되지 않고 원상태로 되지도 않는 성질의 수지

20 N_2O_4와 H_2O가 같은 몰비로 존재하는 용액에 산소를 넣어 HNO_3 30kg을 만들고자 한다. 이때 필요한 산소의 양은 약 몇 kg인가?(단, 반응은 100% 일어난다고 가정한다.)

① 3.5
② 3.8
③ 4.1
④ 4.5

해설

$N_2O_4 + H_2O + \frac{1}{2}O_2 \rightarrow 2HNO_3$

$2N_2O_4 + 2H_2O + O_2 \rightarrow 4HNO_3$

32kg : 4×63kg
x : 30kg

∴ $x = 3.81$kg

2과목 반응운전

21 액상 가역 1차 반응 $A \rightleftarrows R$을 등온하에서 반응시켜 평형전화율 X_{Ae}는 80%로 유지하고 싶다. 반응온도를 얼마로 해야 하는가?(단, 반응열은 온도에 관계없이 $-10,000$cal/mol, 25℃에서의 평형상수는 300, $C_{R0} = 0$이다.)

① 75℃
② 127℃
③ 185℃
④ 212℃

정답 17 ① 18 ② 19 ② 20 ② 21 ②

> **해설**

$$K_c = \frac{C_{Re}}{C_{Ae}} = \frac{M + X_{Ae}}{1 - X_{Ae}} \qquad \left(M = \frac{C_{R0}}{C_{A0}} = 0\right)$$

$$\therefore K_c = \frac{0.8}{1 - 0.8} = 4$$

$$\ln \frac{K_2}{K_1} = \frac{\Delta H}{R}\left(\frac{1}{T_1} - \frac{1}{T_2}\right)$$

$$\ln \frac{4}{300} = \frac{-10,000}{1.987}\left(\frac{1}{298} - \frac{1}{T_2}\right)$$

$$\therefore T_2 = 400K = 127℃$$

22 $2A \rightleftharpoons B + 2C$의 반응속도식으로 옳은 것은?

① $-r_A = k_1 C_A^2 - k_2 C_B C_C$
② $-r_A = k_1 C_A - k_2 C_B C_C$
③ $-r_A = -k_1 C_A^2 + k_2 C_B C_C$
④ $-r_A = k_1 C_A - k_2 C_B^2 C_C^2$

> **해설**

기초반응에서 반응식의 계수가 차수이므로
$-r_A = k_1 C_A^2 - k_2 C_B C_C$가 성립한다.

23 촉매작용의 일반적인 특성에 대한 설명으로 옳지 않은 것은?

① 활성화 에너지가 촉매를 사용하지 않을 경우에 비해 낮아진다.
② 촉매작용에 의하여 평형 조성을 변화시킬 수 있다.
③ 촉매는 여러 반응에 대한 선택성이 높다.
④ 비교적 적은 양의 촉매로도 다량의 생성물을 생성시킬 수 있다.

> **해설**

촉매(Catalyst)
• 활성화 에너지를 조절하여 반응속도를 조절한다.
• 촉매는 단지 반응속도만을 변화시키며 평형에는 영향을 미치지 않는다.

24 Plug Flow 반응기(PFR)와 Mixed Flow 반응기(MFR)를 서로 연결하여 반응을 실행하고자 한다. 반응물 A의 전환율이 가장 큰 경우는?

① $n > 1$, PFR → 작은 CSTR → 큰 CSTR
② $n < 1$, PFR → 큰 CSTR → 작은 CSTR
③ $n > 0$, PFR → 작은 CSTR → 큰 CSTR
④ $n > 1$, 큰 CSTR → 작은 CSTR → PFR

> **해설**

• $n > 1$: PFR → 작은 CSTR → 큰 CSTR 순서로 배열
• $n < 1$: 큰 CSTR → 작은 CSTR → PFR 순서로 배열

25 그림은 단열조작에서 에너지수지식의 도식적 표현이다. 발열반응의 경우 불활성 물질을 증가시켰을 때 단열조작선은 어느 방향으로 이동하겠는가?(단, 실선은 불활성 물질이 없는 경우를 나타낸다.)

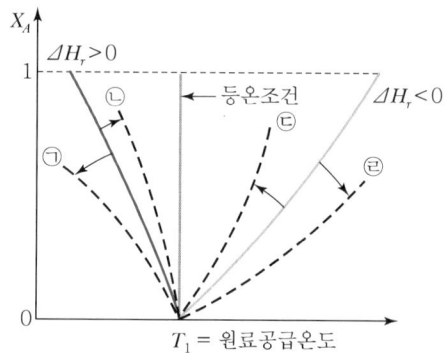

① ㉠
② ㉡
③ ㉢
④ ㉣

> **해설**

• ㉡, ㉢은 Inert(불활성 물질)를 증가시킨 경우
• ㉠, ㉣은 Inert(불활성 물질)를 제거시킨 경우

26 다음과 같은 반응에서 최초 혼합물인 반응물 A가 25%, B가 25%인 것에 불활성 기체가 50% 혼합되었다고 한다. 반응이 완결되었을 때 용적변화율 ε_A는 얼마인가?

$$2A + B \to 2C$$

① -0.125 ② -0.25
③ 0.5 ④ 0.875

해설

$$\begin{aligned}\varepsilon_A &= y_{A0}\delta \\ &= 0.25 \times \frac{2-2-1}{2} \\ &= -0.125\end{aligned}$$

27 순환식 플러그흐름반응기에 대한 설명으로 옳은 것은?

① 순환비 = ∞인 경우, 반응기 설계식은 혼합흐름식 반응기와 같게 된다.
② 순환비는 $\dfrac{\text{계를 떠난 양}}{\text{환류량}}$으로 표현된다.
③ 반응기 출구에서의 전화율과 반응기 입구에서의 전화율의 비는 용적변화율의 제곱에 비례한다.
④ 반응기 입구에서의 농도는 용적변화율에 무관하다.

해설

- 순환비 $R = \dfrac{\text{반응기 입구로 되돌아가는 유체의 부피}}{\text{계를 떠나는 부피}}$
- $R = 0$: 플러그흐름반응기(PFR)
  $R = \infty$: 혼합흐름반응기(CSTR)
- $X_{A1} = \left(\dfrac{R}{R+1}\right) X_{Af}$
- $C_{A1} = C_{A0}\left(\dfrac{1 + R - R X_{Af}}{1 + R + R \varepsilon_A X_{Af}}\right)$

28 균일 2차 액상반응($A \to R$)이 혼합반응기에서 진행되어 50%의 전환을 얻었다. 다른 조건은 그대로 두고, 반응기만 같은 크기의 플러그흐름반응기로 대체시켰을 때 전환율은 어떻게 되겠는가?

① 47%   ② 57%
③ 67%   ④ 77%

해설

- 2차 CSTR

$$\frac{X_A}{(1-X_A)^2} = C_{A0} k\tau$$

$$\frac{0.5}{(1-0.5)^2} = C_{A0} k\tau = 2$$

- 2차 PFR

$$\frac{X_A}{1-X_A} = C_{A0} k\tau = 2$$

$$X_A = 0.67\,(67\%)$$

29 부피유량 v가 일정한 관형반응기 내에서 1차 반응 $A \to B$이 일어난다. 부피유량이 10L/min, 반응속도상수 k가 0.23/min일 때 유출농도를 유입농도의 10%로 줄이는 데 필요한 반응기의 부피는?(단, 반응기의 입구조건 $V = 0$일 때 $C_A = C_{A0}$이다.)

① 100L   ② 200L
③ 300L   ④ 400L

해설

$$k\tau = -\ln \frac{C_A}{C_{A0}}$$

$$C_A = 0.1 C_{A0}$$

$$0.23\tau = -\ln \frac{0.1 C_{A0}}{C_{A0}}$$

$$\therefore \tau = 10\,\text{min}$$

$$\tau = \frac{V}{v_0}$$

$$\therefore V = \tau v_0 = 10\,\text{min} \times 10\,\text{L/min} = 100\,\text{L}$$

정답 26 ① 27 ① 28 ③ 29 ①

30 반응속도상수에 영향을 미치는 변수가 아닌 것은?

① 반응물의 몰수 ② 반응계의 온도
③ 반응활성화 에너지 ④ 반응에 첨가된 촉매

해설
반응속도상수
- $\ln k = \ln A - \dfrac{E_a}{RT}$
- 활성화 에너지가 작고 절대온도가 클 때 k값이 커진다.

31 비흐름계(폐쇄계)에 대한 설명으로 옳지 않은 것은?

① 계와 외계 사이에 물질이 출입하지 않는다.
② 내부에너지 변화가 고려된다.
③ 에너지 교환은 열과 일 모두 가능하다.
④ 계를 통과하는 물질의 유량을 고려해야 한다.

해설
폐쇄계는 유입, 유출이 없으므로 유량을 고려하지 않는다.

32 줄-톰슨(Joule-Thomson) 팽창이 해당되는 열역학적 과정은?

① 정용과정 ② 정압과정
③ 등엔탈피 과정 ④ 등엔트로피 과정

해설
줄-톰슨 공정
$\mu = \left(\dfrac{\partial T}{\partial P}\right)_H$
여기서, H : 등엔탈피

33 오토기관(Otto Cycle)의 열효율을 옳게 나타낸 식은?(단, r는 압축비, γ는 비열비이다.)

① $1 - \left(\dfrac{1}{r}\right)^{\gamma}$ ② $1 - \left(\dfrac{1}{r}\right)^{\gamma+1}$
③ $1 - \left(\dfrac{1}{r}\right)^{\gamma-1}$ ④ $1 - \left(\dfrac{1}{r}\right)^{\frac{1}{\gamma-1}}$

해설
Otto Cycle
효율 $\eta = 1 - \left(\dfrac{1}{r}\right)^{\gamma-1}$

여기서, r : 압축비 = $\dfrac{V_C}{V_D}$

γ : 비열비 = $\dfrac{C_P}{C_V}$

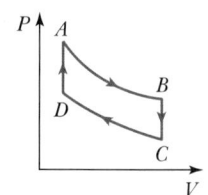

34 이성분혼합물에 대한 깁스-두헴(Gibbs-Duhem) 식에 속하지 않는 것은?(단, γ는 활성도 계수(Activity Coefficient), μ는 화학퍼텐셜, x는 몰분율이고 온도와 압력은 일정하다.)

① $x_1\left(\dfrac{\partial \ln \gamma_1}{\partial x_1}\right) + (1-x_1)\left(\dfrac{\partial \ln \gamma_2}{\partial x_1}\right) = 0$
② $x_1\left(\dfrac{\partial \mu_1}{\partial x_1}\right) + (1-x_1)\left(\dfrac{\partial \mu_2}{\partial x_1}\right) = 0$
③ $x_1 d\mu_1 + x_2 d\mu_2 = 0$
④ $(\gamma_1 + \gamma_2)dx_1 = 0$

해설
Gibbs-Duhem 식
- $x_1 d\mu_1 + (1-x_1)d\mu_2 = 0$
- $x_1\left(\dfrac{\partial \mu_1}{\partial x_1}\right) + (1-x_1)\left(\dfrac{\partial \mu_2}{\partial x_1}\right) = 0$
- $x_1\left(\dfrac{\partial \ln f_1}{\partial x_1}\right) + (1-x_1)\left(\dfrac{\partial \ln f_2}{\partial x_1}\right) = 0$
- $x_1\left(\dfrac{\partial \ln \gamma_1}{\partial x_1}\right) + (1-x_1)\left(\dfrac{\partial \ln \gamma_2}{\partial x_1}\right) = 0$

35 고립계의 평형 조건을 나타내는 식으로 옳은 것은?(단, G : 깁스에너지, N : 몰수, H : 엔탈피, S : 엔트로피, U : 내부에너지, V : 부피)

① $\left(\dfrac{\partial S}{\partial U}\right)_{V,N} = 0$ ② $\left(\dfrac{\partial S}{\partial V}\right)_{G,V} = 0$
③ $\left(\dfrac{\partial S}{\partial N}\right)_{H,N} = 0$ ④ $\left(\dfrac{\partial S}{\partial H}\right)_{N,V} = 0$

정답 30 ① 31 ④ 32 ③ 33 ③ 34 ④ 35 ①

해설
$dU = TdS - PdV$
고립계 : $dU = 0$
$dU = TdS - PdV = 0$
$T\left(\dfrac{\partial S}{\partial U}\right)_{V,N} - P\left(\dfrac{\partial V}{\partial U}\right)_{S,N} = 0$
$\left(\dfrac{\partial S}{\partial U}\right)_{V,N} = 0$
$\left(\dfrac{\partial V}{\partial U}\right)_{S,N} = 0$

36 $\Delta H = 100x_A + 150x_B + x_Ax_B(10x_A + 5x_B)$이고, A는 40% 존재하며 A의 엔탈피(H_A)가 450J/mol, B의 엔탈피(H_B)가 300J/mol일 때 A와 B의 혼합용액의 엔탈피(J/mol)는 얼마인가?

① 131.68 ② 360
③ 491.68 ④ 556.6

해설

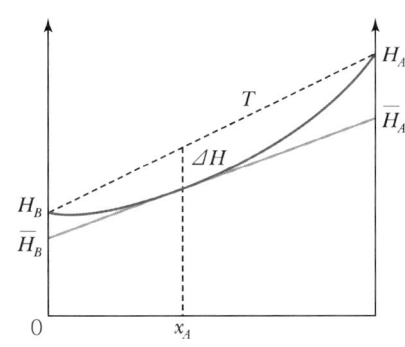

$\Delta H = 100x_A + 150x_B + x_Ax_B(10x_A + 5x_B)$
  $= 100(0.4) + 150(0.6) + (0.4)(0.6)(10 \times 0.4 + 5 \times 0.6)$
  $= 131.68 \text{J/mol}$
$H = \Delta H + x_AH_A + x_BH_B$
  $= x_A\overline{H_A} + x_B\overline{H_B}$
$H = \Delta H + x_AH_A + x_BH_B$
  $= 131.68 + (0.4)(450) + (0.6)(300)$
  $= 491.68 \text{J/mol}$

37 등온과정에서 이상기체의 초기압력이 1atm, 최종압력이 10atm일 때 엔트로피 변화 ΔS를 옳게 나타낸 것은?

① $\Delta S = -R$ ② $\Delta S = -2.303R$
③ $\Delta S = 4.606R$ ④ $\Delta S = RT\ln 5$

해설
등온과정
$\Delta S = \dfrac{Q_{rev}}{T} = nR\ln\dfrac{P_1}{P_2} = nR\ln\dfrac{1}{10} = -nR\ln 10$

$n = 1$mol이라 하면,
∴ $\Delta S = -R\ln 10 = -2.303R$

38 동일한 계 내에서 ΔS_{irr}, ΔS_{rev} 크기로 옳은 것은?

① $\Delta S_{rev} \geq \Delta S_{irr}$ ② $\Delta S_{rev} \leq \Delta S_{irr}$
③ $\Delta S_{rev} > \Delta S_{irr}$ ④ $\Delta S_{rev} = \Delta S_{irr}$

해설
$\Delta S \geq \int \dfrac{dQ}{T}$

39 1,100K, 1bar에서 2mol의 H_2O와 1mol의 CO가 다음과 같이 전이 반응한다. 이 반응의 표준 깁스(Gibbs) 에너지 변화는 $\Delta G° = 0$이다. 혼합물을 이상기체로 가정하면 수증기의 반응률(%)은?

$CO(g) + H_2O(g) \rightarrow CO_2(g) + H_2(g)$

① 33.35 ② 36.57
③ 50.00 ④ 66.65

해설
$\Delta G° = 0$
$\Delta G° = -RT\ln K$
$K = 1$

CO	+	H_2O	→	CO_2	+	H_2
1mol		2mol				
$-x$		$-x$		$+x$		$+x$
$1-x$		$2-x$		x		x

정답 36 ③ 37 ② 38 ② 39 ①

$$K = \frac{x^2}{(1-x)(2-x)} = 1$$
$$x^2 = 2 - 3x + x^2$$
$$3x = 2$$
$$\therefore x = \frac{2}{3} = 0.667 \qquad \frac{0.667}{2} \times 100 = 33.35\%$$

40 291K에서 H_2O의 생성열(ΔH)이 -241.82kJ/mol일 때 299K에서의 반응열은?(단, 291K에서 299K의 평균 열용량은 H_2O : 33.14, H_2 : 28.84, O_2 : 29.12 J/mol K이다.)

① -241.9kJ/mol
② -323.9kJ/mol
③ -82.08kJ/mol
④ -198.56kJ/mol

해설

$$H_2 + \frac{1}{2}O_2 \rightarrow H_2O$$
$$\Delta H_{299K} = \Delta H_{291K} + \Delta C_p(299 - 291)$$
$$\Delta H_{299K} = -241.82\text{kJ/mol}$$
$$+ \left(33.14 - 28.84 - \frac{1}{2} \times 29.12\right) \text{J/mol K}$$
$$\times (299 - 291)\text{K} \times \frac{1\text{kJ}}{1,000\text{J}}$$
$$= -241.90\text{kJ/mol}$$

3과목 단위공정관리

41 유량측정기구 중 부자 또는 부표(Float)라고 하는 부품에 의해 유량을 측정하는 기구는?

① 로터미터(Rotameter)
② 벤투리미터(Venturi Meter)
③ 오리피스미터(Orifice Meter)
④ 초음파유량계(Ultrasonic Meter)

해설

유량계
- 오리피스미터 : 차압유량계
- 벤투리미터 : 차압유량계
- 로터미터 : 면적유량계이며, 유체를 밑에서 위로 올려 보내면서 부자(Float)를 띄워 정지하는 곳에서 유리관의 눈금을 읽어 유량을 알 수 있다.
- 초음파유량계 : 음파가 유체 속에서 흐름방향으로 흐를 때와 흐름의 반대방향으로 흐를 때의 속도 차이를 이용하여 유체의 속도를 측정하는 장치

42 SI 단위계의 유도단위와 차원의 연결이 틀린 것은? (단, 차원의 표기법은 시간 : t, 길이 : L, 질량 : M, 온도 : T, 전류 : I이다.)

① Hz(Hertz) : t^{-1}
② C(Coulomb) : $I \times t^{-1}$
③ J(Joule) : $M \times L^2 \times t^{-2}$
④ rad(radian) : $-$(무차원)

해설

① Hz(Hertz) : 초당 반복운동이 일어난 횟수로서 진동수의 단위(t^{-1})
② C(Coulomb) : 1A의 전류가 1s 동안 흐를 때 이동하는 전하의 양(It)으로 $1\text{C} = 1\text{A} \times 1\text{s}$
③ J(Joule) : $1\text{J} = 1\text{kg m}^2/\text{s}^2 = 1\text{N m}[ML^2t^{-2}]$
④ rad(radian) : 무차원수이며, $180° = \pi\,\text{rad}$

43 교반 임펠러에 있어서 Froude Number(N_{Fr})는? (단, n은 회전속도, D_a는 임펠러의 직경, ρ는 액체의 밀도, μ는 액체의 점도이다.)

① $\dfrac{nD_a^2\rho}{\mu}$
② $\dfrac{D_a v \rho}{\mu}$
③ $\dfrac{n^3 D_a \rho}{g}$
④ $\dfrac{n^2 D_a}{g}$

해설

$$N_{Fr} = \frac{n^2 D_a}{g}$$
여기서, D_a : 날개의 지름
n : 교반기의 날개 속도

변형 $N_{Re} = \dfrac{nD_a^2\rho}{\mu}$

정답 40 ① 41 ① 42 ② 43 ④

44 3층의 벽돌로 쌓은 노벽의 두께가 내부부터 차례로 100, 150, 200mm, 열전도도는 0.1, 0.05, 1.0kcal/m h ℃이다. 내부온도가 800℃, 외벽의 온도는 40℃일 때, 외벽과 중간벽이 만나는 곳의 온도(℃)는?

① 76 ② 97
③ 106 ④ 117

> 해설

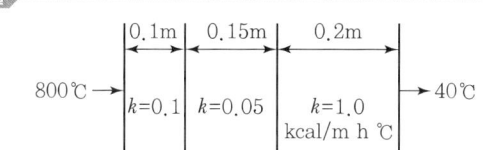

$$\frac{q}{A} = \frac{\Delta t}{\frac{l_1}{k_1} + \frac{l_2}{k_2} + \frac{l_3}{k_3}} = \frac{\Delta t}{R_1 + R_2 + R_3}$$

$$= \frac{(800-40)℃}{\frac{0.1}{0.1} + \frac{0.15}{0.05} + \frac{0.2}{1}}$$

$$= 180.95 \,\text{kcal/h m}^2$$

$R = R_1 + R_2 + R_3$
$= 1 + 3 + 0.2 = 4.2$

$\Delta t : \Delta t_1 = R : R_1$
$(800-40) : \Delta t_1 = 4.2 : 1$
$\Delta t_1 = 800 - t_2 = 180.95$
$\therefore t_2 = 619.05℃$

$\Delta t_1 : \Delta t_2 = R_1 : R_2$
$180.95 : \Delta t_2 = 1 : 3$
$\Delta t_2 = t_2 - t_3 = 619.05 - t_3 = 542.85℃$
$\therefore t_3 = 76.2℃$

45 비중 1.2, 외관의 내경이 150cm, 내관의 외경이 50cm인 이중관에 어떤 유체가 0.25m/s의 속도로 흐를 때, Reynolds 수는?(단, 유체의 점도는 2mPa·s이다.)

① 1.0×10^6 ② 1.0×10^7
③ 1.5×10^5 ④ 1.5×10^6

> 해설

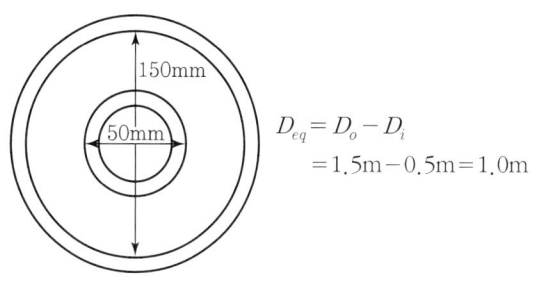

$D_{eq} = D_o - D_i$
$= 1.5\text{m} - 0.5\text{m} = 1.0\text{m}$

$\rho = 1.2 \times 1,000 \text{kg/m}^3$

$N_{Re} = \frac{Du\rho}{\mu} = \frac{(1\text{m})(2.5\text{m/s})(1,200\text{kg/m}^3)}{2 \times 10^{-3}\text{kg/m s}} = 1.5 \times 10^6$

46 비중이 1인 물이 흐르고 있는 관의 양단에 비중이 13.6인 수은으로 구성된 U자형 마노미터를 설치하여 수은의 높이차를 측정해보니 약 33cm이었다. 관 양단의 압력차(기압)는 얼마인가?

① 0.2 ② 0.4
③ 0.6 ④ 0.8

> 해설

$\Delta P = \frac{g}{g_c}(\rho_A - \rho_B)R$

$= \frac{\text{kg}_f}{\text{kg}}(13.6-1) \times 1,000\text{kg/m}^3 \times 0.33\text{m}$

$= 4158 \text{kg}_f/\text{m}^2 \times 1\text{m}^2/100^2\text{cm}^2 \times \frac{1\text{atm}}{1.0332 \text{kg}_f/\text{cm}^2}$

$= 0.4 \text{atm (기압)}$

47 확산계수의 단위(차원)로 옳은 것은?

① L/T^2 ② L^2/T
③ ML/T^2 ④ M/LT^2

> 해설

① $[L/T^2]$: m/s², 가속도
② $[L^2/T]$: m²/s, 확산계수
③ $[ML/T^2]$: kg m/s² = N, 힘
④ $[M/LT^2]$: $\frac{\text{kg m/s}^2}{\text{m}^2}$ = N/m² = Pa, 압력

정답 44 ① 45 ④ 46 ② 47 ②

48 C₂H₄ 40kg을 연소시키기 위해 800kg의 공기를 공급하였다. 과잉공기 백분율은 약 몇 %인가?

① 45.2
② 35.2
③ 25.2
④ 12.2

해설

$C_2H_4 + 3O_2 \rightarrow 2CO_2 + 2H_2O$
28kg : 3×32kg
40kg : x
∴ $x = 137.14 kgO_2$ 필요

$137.14 kgO_2 \times \dfrac{1 kmolO_2}{32 kgO_2} \times \dfrac{100 kmolAir}{21 kmolO_2} \times \dfrac{29 kgAir}{1 kmolAir}$
$= 591.84 kgAir$가 필요하다.

과잉공기 백분율 $= \dfrac{\text{과잉량}}{\text{이론량}} \times 100$
$= \dfrac{800 - 591.84}{591.84} \times 100$
$= 35.2\%$

49 탄소 3g을 산소 16g 중에서 완전연소시켰을 때 연소 후 혼합기체의 부피는 표준상태에서 몇 L인가?

① 5.6
② 11.2
③ 19.8
④ 22.4

해설

$\dfrac{3gC}{} \Big| \dfrac{1molC}{12gC} = 0.25 molC$

$\dfrac{16gO_2}{} \Big| \dfrac{1molO_2}{32gO_2} = 0.5 molO_2$

	C	+	O₂	→	CO₂
처음 농도)	0.25mol		0.5mol		0
반응 농도)	−0.25		−0.25		+0.25mol
평형 농도)	0		0.25mol		0.25mol

∴ 연소 후 혼합기체의 부피
$0.5 mol \times \dfrac{22.4L}{1mol} = 11.2L$

50 벤젠 45mol%, 톨루엔 55mol%의 혼합물을 100 kmol/h로 증류탑에 급송하여 증류한다. 유출액의 농도는 벤젠이 96mol%이고 관출액은 톨루엔 97mol%이다. 공급액은 비점에서 공급되며, 벤젠의 액조성이 45mol%일 때 기−액 평형상태의 증기조성은 70mol%이다. 이때 최소환류비를 구하면 얼마인가?

① 1.04
② 1.08
③ 1.10
④ 1.15

해설

$R_{Dm} = \dfrac{x_D - y_F}{y_F - x_F} = \dfrac{0.96 - 0.7}{0.7 - 0.45} = 1.04$

51 2성분계 증류에 관한 다음 식 중에서 옳지 않은 것은?

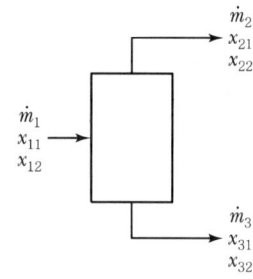

① $\dfrac{\dot{m}_1}{\dot{m}_2} = \dfrac{x_{21} - x_{31}}{x_{11} - x_{31}}$
② $\dfrac{\dot{m}_3}{\dot{m}_2} = \dfrac{x_{21} - x_{11}}{x_{11} - x_{31}}$
③ $x_{11} + x_{12} = 1$
④ $\dfrac{\dot{m}_1}{\dot{m}_3} = \dfrac{x_{21} + x_{31}}{x_{21} - x_{11}}$

해설

지렛대 원리

$\dfrac{\dot{m}_1}{\dot{m}_2} = \dfrac{x_{21} - x_{31}}{x_{11} - x_{31}}, \quad \dfrac{\dot{m}_3}{\dot{m}_2} = \dfrac{x_{21} - x_{11}}{x_{11} - x_{31}}, \quad \dfrac{\dot{m}_1}{\dot{m}_3} = \dfrac{x_{21} - x_{31}}{x_{21} - x_{11}}$

$x_{11} + x_{12} = 1$
$x_{21} + x_{22} = 1$
$x_{31} + x_{32} = 1$

52 이중관 열교환기 내관으로 고온의 기름이 흐르고, 외관으로 저온의 기름이 흐른다. 총괄열전달계수는 얼마인가?

$h_i = 1,500 \text{kcal/m}^2 \text{ h } ℃$
$h_o = 1,000 \text{kcal/m}^2 \text{ h } ℃$
$l = 2.5 \text{cm}$
$k = 37.5 \text{kcal/m h } ℃$

① 428.57
② 14.63
③ 665.59
④ 233.3

해설

$$U = \cfrac{1}{\cfrac{1}{h_i} + \cfrac{l}{k} + \cfrac{1}{h_o}}$$

$$= \cfrac{1}{\cfrac{1}{1,500} + \cfrac{0.025}{37.5} + \cfrac{1}{1,000}}$$

$$= 428.57 \text{kcal/m}^2 \text{ h } ℃$$

53 반대수(semi-log) 좌표계에서 직선을 얻을 수 있는 식은?(단, F와 y는 종속변수이고, t와 x는 독립변수이며, a와 b는 상수이다.)

① $y(t) = at^b$
② $y(t) = ae^{bt}$
③ $y(x) = ax^2 + b$
④ $y(x) = ax$

해설

① $y(t) = at^b$
$\underline{\log y(t) = \log a + b \log t}$
∴ log-log 좌표

② $y(t) = ae^{bt}$
$\underline{\log y(t) = \log a + bt \log e = \log a + \cfrac{b}{2.3} t}$
∴ semi-log 좌표

③ $y - b = ax^2$
$\underline{\log(y-b) = \log a + 2\log x}$
∴ log-log 좌표

④ $y = ax$ ∴ 일반 좌표

54 0℃, 1atm에서 22.4m³의 혼합가스에 900kcal의 열을 정압하에서 가열하였을 때, 가열 후 가스의 온도(℃)는?(단, 혼합가스는 이상기체로 가정하고, 혼합가스의 평균분자 열용량은 7.9kcal/kmol ℃이다.)

① 68.67℃
② 119.50℃
③ 113.92℃
④ 336.29℃

해설

$PV = nRT$
$1\text{atm} \times 22.4\text{m}^3 = n \times 0.082 \text{m}^3 \text{ atm/kmol K} \times 273\text{K}$
∴ $n = 1\text{kmol}$
$900\text{kcal} = 1\text{kmol} \times 7.9\text{kcal/kmol ℃} \times \Delta t$
$\Delta t = t - 0℃ = 113.92℃$
∴ $t = 113.92℃$

55 펄프를 건조기 속에 넣어 수분을 증발시키는 공정이 있다. 이때 펄프가 75wt%의 수분을 포함하고, 건조기에서 100kg의 수분을 증발시켜 수분 25wt%의 펄프가 되었다면 원래의 펄프 무게는 몇 kg인가?

① 125
② 150
③ 175
④ 200

해설

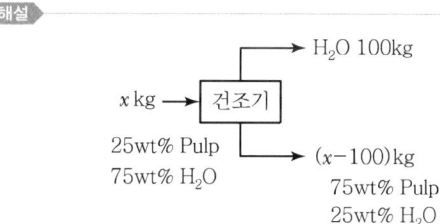

대응성분 : Pulp
$x \times 0.25 = (x - 100) \times 0.75$
∴ $x = 150\text{kg}$

56 추제(Solvent)의 성질 중 틀린 것은?
① 선택도가 클 것
② 회수가 용이할 것
③ 화학결합력이 클 것
④ 가격이 저렴할 것

> **해설**

추제
- 선택도가 커야 한다.
$$\beta = \frac{y_A/y_B}{x_A/x_B} = \frac{y_A/x_A}{y_B/x_B} = \frac{k_A}{k_B}$$
- 회수가 용이해야 한다.
- 값이 싸고 화학적으로 안정해야 한다.
- 비점 및 응고점이 낮으며 부식성과 유동성이 작고 추질과의 비중차가 클수록 좋다.

57 물질의 상변화 없이 온도를 변화시키는 데 쓰이는 열을 무엇이라고 하는가?

① 잠열 ② 현열
③ 반응열 ④ 흡수열

> **해설**

- 현열 : 물질의 상변화 없이 온도를 변화시키는 데 쓰이는 열
- 잠열 : 물질의 상이 바뀔 때 흡수하거나 방출되는 열로 온도변화는 없음

58 공기의 비열이 C_g, 수증기의 비열이 C_v일 때, 습비열 식으로 옳은 것은?

① $C_H = C_g + C_v$
② $C_H = C_g + C_v/H$
③ $C_H = C_v + C_g H$
④ $C_H = C_g + C_v H$

> **해설**

습비열
$C_H = C_g + C_v H$
  여기서, C_g : 공기의 비열
    C_v : 수증기의 비열
    H : 절대습도

59 열화학반응식을 이용하여 클로로포름의 생성열을 계산하면 약 얼마인가?

- $CHCl_3(g) + \frac{1}{2}O_2(g) + H_2O(aq) \rightleftarrows CO_2 + 3HCl(aq)$
  $\Delta H_R = -121,800\,cal$ ········ ㉠

- $H_2(g) + \frac{1}{2}O_2(g) \rightleftarrows H_2O(l)$
  $\Delta H_1 = -68,317.4\,cal$ ········ ㉡

- $C(s) + O_2(g) \rightleftarrows CO_2(g)$
  $\Delta H_2 = -94,051.8\,cal$ ········ ㉢

- $\frac{1}{2}H_2(g) + \frac{1}{2}Cl_2(g) \rightleftarrows HCl(g)$
  $\Delta H_3 = -40,023\,cal$ ········ ㉣

① 28,108cal ② −28,108cal
③ 24,003cal ④ −24,003cal

> **해설**

$CO_2 + 3HCl \rightarrow CHCl_3 + \frac{1}{2}O_2 + H_2O \quad \Delta H_R = 121,800$

$H_2O \rightarrow H_2 + \frac{1}{2}O_2 \quad \Delta H_1 = 68,317.4$

$C + O_2 \rightarrow CO_2 \quad \Delta H_2 = -94,051.8$

$+)\ \frac{3}{2}H_2 + \frac{3}{2}Cl_2 \rightarrow 3HCl \quad \Delta H_3 = 3\times(-40,023)$

$\overline{C + \frac{1}{2}H_2 + \frac{3}{2}Cl_2 \rightarrow CHCl_3 \quad \Delta H = -24,003.4}$

60 베르누이 정리의 가정으로 옳지 않은 것은?

① 비압축성 유체 ② 비점성 유체
③ 정상상태 흐름 ④ 직선상에서만의 흐름

> **해설**

베르누이 정리의 조건
- 비압축성 유체
- 정상상태 흐름
- 같은 유선상에서의 흐름

정답 57 ② 58 ④ 59 ④ 60 ④

4과목 화공계측제어

61 열교환기에서 외부교란변수로 볼 수 없는 것은?
① 유출액 온도
② 유입액 온도
③ 유입액 유량
④ 사용된 수증기의 성질

해설
외부교란변수 : 공정에 영향을 미치는 요인
※ 유출액의 온도는 결과값이므로 외부교란변수가 아니다.

62 화학공장에서 공정제어의 필요성에 대한 설명으로 다음 중 가장 거리가 먼 것은?
① 균일한 제품을 생산하여 제품의 질을 향상시키기 위해 필요하다.
② 온도나 압력 등의 공정변수들을 잘 관리하여 사고를 예방하기 위해 필요하다.
③ 생산비 절감 및 생산성 향상을 위해 필요하다.
④ 공장운전의 완전 무인화를 위해 필요하다.

해설
공정제어의 이점
- 공정 안정성의 개선
- 환경적 공정제약의 충족
- 보다 엄격한 제품규격의 만족
- 원료와 에너지의 보다 효율적인 활용
- 이익의 증대

63 다음 블록선도에서 전달함수 $\dfrac{B}{U_2(s)}$ 로 옳은 것은?(단, $G = G_C G_1 G_2 G_3 H_1 H_2$)

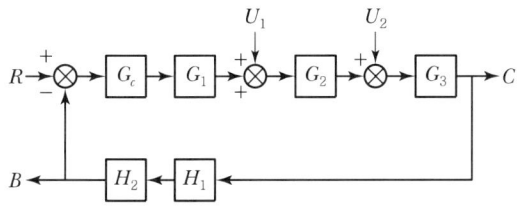

① $\dfrac{G_2 G_3}{1+G}$
② $\dfrac{G_C G_1 G_2 G_3}{1+G}$
③ $\dfrac{G_3 H_1 H_2}{1+G}$
④ $\dfrac{G_2 G_3 H_1 H_2}{1+G}$

해설

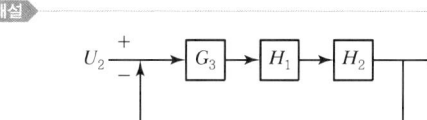

$\dfrac{B}{U_2} = \dfrac{G_3 H_1 H_2}{1 + G_C G_1 G_2 G_3 H_1 H_2} = \dfrac{G_3 H_1 H_2}{1+G}$

64 어떤 제어계의 특성방정식은 $1 + \dfrac{K_c K}{\tau s + 1} = 0$으로 주어진다. 이 제어시스템이 안정하기 위한 조건은?(단, τ는 양수이다.)
① $K_c K > -1$
② $K_c K < 0$
③ $\dfrac{K_c K}{\tau} > 1$
④ $K_c < 1$

해설
특성방정식
$1 + \dfrac{K_c K}{\tau s + 1} = 0 \qquad \tau s + 1 + K_c K = 0$
$s = \dfrac{-1 - K_c K}{\tau} < 0 \qquad \therefore K_c K > -1$

65 이득이 1이고 시간상수가 τ인 1차계의 Bode 선도에서 Corner Frequency $\omega_c = \dfrac{1}{\tau}$ 일 경우 진폭비 AR의 값은 얼마인가?
① $\sqrt{2}$
② 1
③ 0
④ $\dfrac{1}{\sqrt{2}}$

해설
$\tau \omega = 1$
$AR = \dfrac{K}{\sqrt{\tau^2 \omega^2 + 1}} = \dfrac{1}{\sqrt{2}}$

정답 61 ① 62 ④ 63 ③ 64 ① 65 ④

66 비례 제어기를 사용하는 어떤 제어계의 폐회로 전달함수는 $\dfrac{Y(s)}{X(s)} = \dfrac{0.6}{0.2s+1}$이다. 이 계의 설정치 X에 Unit Step Change(단위계단변화)를 주었을 때 Offset은?

① 0.4
② 0.5
③ 0.6
④ 0.8

해설

Offset $= r(\infty) - y(\infty)$
$r(\infty) = 1$
$Y(s) = \dfrac{0.6}{0.2s+1} \cdot \dfrac{1}{s} = \dfrac{3}{s(s+5)} = \dfrac{3}{5}\left[\dfrac{1}{s} - \dfrac{1}{s+5}\right]$
$y(t) = \dfrac{3}{5}(1 - e^{-5t})$
$t \to \infty \quad y(\infty) = \dfrac{3}{5} = 0.6$
∴ Offset $= 1 - 0.6 = 0.4$

67 어떤 항온조에서 항온조 내의 온도계가 나타내는 온도와 항온조 내의 실제 유체온도 사이의 관계는 이득이 1인 1차계로 나타낼 수 있으며, 이때 시간상수는 0.2min이다. 평형상태에 도달한 후 항온조의 유체온도가 1℃/min의 속도로 평형상태의 값에서 시간에 따라 선형적으로 증가하기 시작하였다. 이 경우 1min 경과 후 온도계의 온도와 항온조 내 실제 유체온도 사이의 온도차는 얼마인가?

① 0.2℃
② 0.8℃
③ 1.5℃
④ 2.0℃

해설

$G(s) = \dfrac{Y(s)}{X(s)} = \dfrac{1}{\tau s + 1}, \tau = 0.2$

선형적으로 증가 $X(t) = t \to X(s) = \dfrac{1}{s^2}$

$Y(s) = G(s)X(s) = \dfrac{1}{(\tau s + 1)s^2} = -\dfrac{\tau}{s} + \dfrac{1}{s^2} + \dfrac{\tau}{s+1/\tau}$

∴ $y(t) = -\tau + t + \tau e^{-\frac{t}{\tau}}$
$y(1) = -0.2 + 1 + 0.2e^{-1/0.2} = 0.8$
$x - y = X - Y = 1 - 0.8 = 0.2$℃

68 특성방정식 $1 + \dfrac{G_c}{(2s+1)(5s+1)} = 0$과 같이 주어지는 시스템에서 제어기 G_c로 비례 제어기를 이용할 경우 진동응답이 예상되는 경우는?(단, K_c는 비례이득이다.)

① $K_c = 0$
② $K_c = 1$
③ $K_c = -1$
④ K_c에 관계없이 진동이 발생된다.

해설

$1 + \dfrac{G_c}{(2s+1)(5s+1)} = 0 \quad G_c = K_c$
$(2s+1)(5s+1) + K_c = 0$
$10s^2 + 7s + 1 + K_c = 0$
$s = \dfrac{-7 \pm \sqrt{49 - 40(1+K_c)}}{20}$

진동응답이 되려면 허근이 되어야 하므로
$49 - 40(1+K_c) < 0$
$K_c > \dfrac{49}{40} - 1$
∴ $K_c > 0.225$

69 어떤 압력측정장치의 측정범위는 0~400psig, 출력범위는 4~20mA로 조정되어 있다. 이 장치의 이득을 구하면 얼마인가?

① 25mA/psig
② 0.01mA/psig
③ 0.08mA/psig
④ 0.04mA/psig

해설

$K = \dfrac{20-4}{400-0} = 0.04 \text{mA/psig}$

정답 66 ① 67 ① 68 ② 69 ④

70 PID 제어기 조율에 관한 내용 중 옳은 것은?

① 시상수가 작고 측정잡음이 큰 공정에는 미분동작을 크게 설정한다.
② 시간지연이 큰 공정은 미분과 적분동작을 모두 크게 설정한다.
③ 적분공정의 경우 제어기의 적분동작을 더욱 크게 설정한다.
④ 시상수가 작을수록 미분동작은 작게 적분동작은 크게 설정한다.

해설
① 시상수가 작고 측정잡음이 큰 공정에는 미분동작을 작게 설정한다.
② 시간지연이 큰 공정은 미분동작은 크게, 적분동작은 작게 설정한다.
③ 적분공정의 경우 제어기의 적분동작을 작게 설정한다.

71 $\frac{d^2y(t)}{dt^2}+2\frac{dy(t)}{dt}=u(t)$, $y(0)=\frac{dy(0)}{dt}=0$으로 표현되는 동특성 공정의 단위계단응답은?

① $(2e^{-t}-2+t)U(t)$
② $(-2e^{-t}-2+t)U(t)$
③ $(e^{-t}+1-t)U(t)$
④ $\frac{1}{4}(e^{-2t}-1+2t)$

해설
$s^2Y(s)+2sY(s)=\frac{1}{s}$

$Y(s)=\frac{1}{s(s^2+2s)}=\frac{1}{s^2(s+2)}$

$=\frac{A}{s}+\frac{B}{s^2}+\frac{C}{s+2}$

$=-\frac{1/4}{s}+\frac{1/2}{s^2}+\frac{1/4}{s+2}$

$=\frac{1}{4}\left(\frac{1}{s+2}-\frac{1}{s}+\frac{2}{s^2}\right)$

$\therefore y(t)=\frac{1}{4}(e^{-2t}-1+2t)$

72 제어변수의 온도를 측정하는 열전대의 수송지연이 0.5min일 때 제어변수와 측정값 간의 전달함수는?

① $e^{-0.5}$
② $e^{-0.5s}$
③ $e^{0.5s}$
④ $e^{-0.5t^2}$

해설
수송지연이 t_0만큼 있을 때 $\mathcal{L}\{f(t-t_0)\}$는 $e^{-t_0s}F(s)$로 나타낸다.

73 다음 중 ATO(Air-To-Open) 제어밸브가 사용되어야 하는 경우는?

① 저장 탱크 내 위험물질의 증발을 방지하기 위해 설치된 열교환기의 냉각수 유량 제어용 제어밸브
② 저장 탱크 내 물질의 응고를 방지하기 위해 설치된 열교환기의 온수 유량 제어용 제어밸브
③ 반응기에 발열을 일으키는 반응 원료의 유량 제어용 제어밸브
④ 부반응 방지를 위하여 고온 공정 유체를 신속히 냉각시켜야 하는 열교환기의 냉각수 유량 제어용 제어밸브

해설
ATO(Air-To-Open) 제어밸브
- 공기압의 증가에 따라 열리는 공기압 열림 밸브
- 평상시 또는 사고 시 닫혀 있는 밸브
- 발열을 일으키는 원료의 유량제어용 제어밸브에 이용

74 안정한 1차계의 계단응답에서 시간이 시정수(Time Constant)의 3배가 되면 응답은 최댓값의 몇 %에 도달하는가?

① 83.2%
② 89.2%
③ 92.3%
④ 95%

해설
1차계 단위계단응답

t	$y(t)/A$	t	$y(t)/A$
0	0	4τ	0.982
τ	0.632	5τ	0.993
2τ	0.865	∞	1
3τ	0.950		

정답 ▶ 70 ④ 71 ④ 72 ② 73 ③ 74 ④

75 다음 중 임계진동수를 바르게 설명한 것은?

① 임계진동수란 Bode 선도에서 위상각이 $-180°$일 때의 진동수이다.
② 임계진동수란 1차 공정의 Bode 선도에서 진폭비를 나타내는 선의 기울기가 변화하는 진동수를 의미한다.
③ 임계진동수란 진폭비가 1일 때의 진동수를 의미한다.
④ 임계진동수는 시간상수의 역수값을 나타낸다.

해설

1차 공정의 Bode 선도

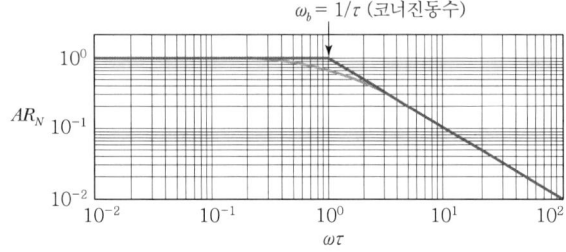

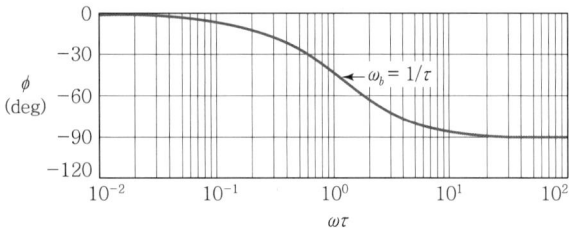

이득마진과 위상마진

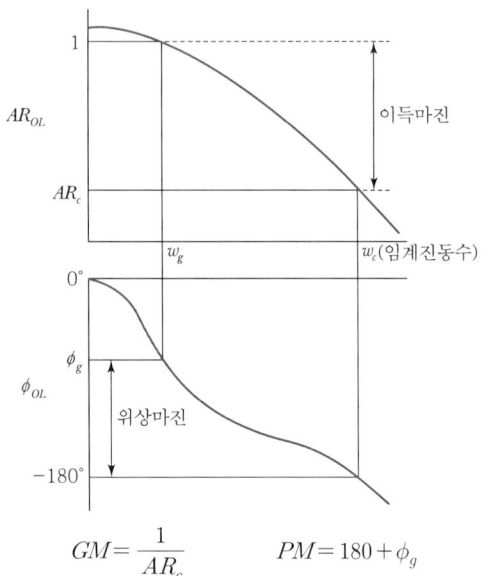

$GM = \dfrac{1}{AR_c} \qquad PM = 180 + \phi_g$

76 전달함수가 $G(s) = \dfrac{2s-1}{s^2+4s+3}$ 인 공정에 단위계단 입력변화가 도입되었다. 응답의 초기값과 최종값을 바르게 짝지은 것은?

① 초기값 = 1/3, 최종값 = 0
② 초기값 = 0, 최종값 = $-1/3$
③ 초기값 = $-1/3$, 최종값 = 1/3
④ 초기값 = 0, 최종값 = 0

해설

$G(s) = \dfrac{2s-1}{s^2+4s+3}$

$Y(s) = \dfrac{2s-1}{s^2+4s+3} \times \dfrac{1}{s}$

초기값 $\lim\limits_{s \to \infty} s \times \dfrac{2s-1}{s^2+4s+3} \times \dfrac{1}{s} = 0$

최종값 $\lim\limits_{s \to 0} s \times \dfrac{2s-1}{s^2+4s+3} \times \dfrac{1}{s} = -\dfrac{1}{3}$

77 다음의 공정변수 제어 중 미분동작이 제어성능 향상에 가장 도움이 되는 경우는?

① 배관을 흐르는 기체 유량 제어
② 배관을 흐르는 액체 유량 제어
③ 혼합 탱크의 액위 제어
④ 반응기의 온도 제어

해설

제어기의 미분동작은 Offset은 존재하나, 최종값에 도달하는 시간이 단축되므로 반응기의 온도제어에 적합하다.

78 2차계의 진동응답에서 오버슈트가 가장 크게 일어나는 경우의 제동비(ξ)는?

① $\xi = 1$ ② $\xi = 10$
③ $\xi = 0.01$ ④ $\xi = 0.5$

해설

- $\xi < 1$ (과소감쇠시스템)
  ξ가 작을수록 진동의 폭이 커진다.

정답 75 ① 76 ② 77 ④ 78 ③

- $\xi = 1$(임계감쇠시스템)
  진동을 보이지 않으면서 정상상태값에 가장 빠르게 도달한다.
- $\xi > 1$(과도감쇠시스템)
  진동을 보이지 않으나, $\xi = 1$의 경우보다 느리게 정상상태값에 도달한다.

79 전달함수가 원하는 Closed-loop 응답이 각각 $G(s) = \dfrac{3}{(5s+1)(7s+1)}$, $(C/R)_d = \dfrac{1}{6s+1}$일 때 얻어지는 제어기의 유형과 해당되는 제어기의 파라미터를 옳게 나타낸 것은?

① P 제어기, $K_c = \dfrac{1}{3}$

② PD 제어기, $K_c = \dfrac{2}{3}$, $\tau_D = \dfrac{35}{6}$

③ PI 제어기, $K_c = \dfrac{1}{3}$, $\tau_I = 12$

④ PID 제어기, $K_c = \dfrac{2}{3}$, $\tau_I = 12$, $\tau_D = \dfrac{35}{12}$

해설

$G(s) = \dfrac{3}{35s^2 + 12s + 1}$, $\left(\dfrac{C}{R}\right)_d = \dfrac{1}{6s+1}$

$G_c(s) = \dfrac{1}{G}\left[\dfrac{\left(\dfrac{C}{R}\right)_d}{1 - \left(\dfrac{C}{R}\right)_d}\right]$

$= \dfrac{35s^2 + 12s + 1}{3}\left[\dfrac{\dfrac{1}{6s+1}}{1 - \dfrac{1}{6s+1}}\right]$

$= \dfrac{35s^2 + 12s + 1}{3}\left[\dfrac{\dfrac{1}{6s+1}}{\dfrac{6s}{6s+1}}\right]$

$= \dfrac{1}{6s}\left[\dfrac{35s^2 + 12s + 1}{3}\right] = \dfrac{35}{18}s + \dfrac{2}{3} + \dfrac{1}{18s}$

$= \dfrac{2}{3}\left[1 + \dfrac{35}{12}s + \dfrac{1}{12s}\right]$

∴ $K_c = \dfrac{2}{3}$, $\tau_I = 12$, $\tau_D = \dfrac{35}{12}$, PID 제어기

80 전달함수가 $G(s) = \dfrac{8}{2s^2 + 3s + 9}$와 같은 2차계에 크기가 0.1인 계단변화가 도입되었다. 응답 $y(t)$의 최댓값은 얼마인가?

① 0.116 ② 1.116
③ 2.116 ④ 3.116

해설

$G(s) = \dfrac{8}{2s^2 + 3s + 9}$, $X(s) = \dfrac{0.1}{s}$

$Y(s) = G(s)X(s) = \dfrac{0.8/9}{s\left(\dfrac{2}{9}s^2 + \dfrac{1}{3}s + 1\right)}$

$\tau^2 = \dfrac{2}{9}$, $\tau = \dfrac{\sqrt{2}}{3} = 0.4714$

$2\tau\zeta = \dfrac{1}{3}$, $\zeta = \left(\dfrac{1}{3}\right)\left(\dfrac{3}{2\sqrt{2}}\right) = 0.3536$

$K = \dfrac{0.8}{9} = 0.0889$

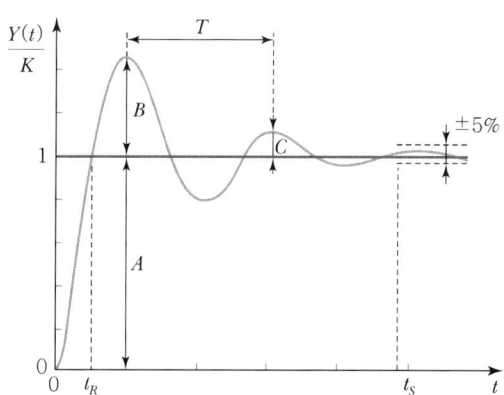

$y(t)$의 최종값(A)

$A = \lim_{t \to \infty} y(t) = \lim_{s \to 0} s \times \dfrac{0.8/9}{s\left(\dfrac{2}{9}s^2 + \dfrac{1}{3}s + 1\right)} = \dfrac{0.8}{9}$

$= 0.0889 = K$

오버슈트 $= \dfrac{B}{A} = \exp\left(\dfrac{-\pi\zeta}{\sqrt{1-\zeta^2}}\right)$

$= \exp\left(\dfrac{-\pi(0.3536)}{\sqrt{1-0.3536^2}}\right) = 0.3050$

$B = 0.3050 \times 0.0889 = 0.0271$

$y(t)$의 최댓값은 $A + B = 0.0889 + 0.0271 = 0.1160$

정답 79 ④ 80 ①